Wörterbuch GeoTechnik/Dictionary Geotechnical Engineering

Helmut Herrmann • Herbert Bucksch

Wörterbuch GeoTechnik/ Dictionary Geotechnical Engineering

Deutsch-Englisch/German-English

2. Auflage

Volume 1

A–K

Springer Reference

LS -1

Helmut Herrmann
Günzstr. 1
86356 Neusäß

Herbert Bucksch
(deceased)

ISBN 978-3-642-33334-7 ISBN 978-3-642-33335-4 (eBook)
ISBN 978-3-642-33336-1 (print and electronic bundle)
DOI 10.1007/978-3-642-33335-4
Springer Heidelberg New York Dordrecht London

This work is based on the first edition of Volume II of the "Wörterbuch der GeoTechnik/Dictionary of Geotechnical Engineering", by Herbert Bucksch, published by Springer Verlag 1998, ISBN: 978-3-540-58163-5.

Library of Congress Control Number: 2013937511

Printed on acid-free paper

Springer is part of Springer Science+Business Media (www.springer.com)

Vorwort zur 2. Auflage

Die neue Auflage enthält ca. 10 000 Neueinträge. Dabei wurden zum ersten Mal auch Kontextbeispiele aufgeführt (z.B. *Kontext: Ein Erdbeben der Stärke/Magnitude 9.2 auf der Richterskala = Context: an earthquake registering 9.2 on the Richter scale*). Diese Praxis wird im englisch-deutschen Band, der voraussichtlich Mitte 2014 erscheint, weiter fortgeführt und erweitert.

In dieser Ausgabe wurden zusätzlich zu sonstigen Begriffen der Geotechnik auch weitere Fachwörter aus dem geotechnischen Ingenieurwesen mit aufgenommen, wie der Baugrunduntersuchung im Feld, der Baugrundverbesserung, der Rammsondierung, der Injektionsverfahren und der Fels- und Bodeneigenschaften. Desweiteren auch Begriffe aus der Finiten Elemente Methode (FEM) sowie Begriffe und Definitionen aus dem Multilingual Landslide Glossary.

Das vorliegende Wörterbuch berücksichtigt rechtschreibliche Änderungen gegenüber der früheren Orthografienorm (vor 1996) sowie die Duden Vorzugsschreibungen (Beispiele: jetzt *dass*; früher *daß*, jetzt *Flussablagerung*; früher *Flußablagerung*; jetzt *Fotografie*, früher *Photographie* usw.). Wenn der Eintrag aber durch eine Reihe weiterer Synonyme nicht überfrachtet wird, wurde auch die nach wie vor weiterhin gültige Rechtschreibung an zweiter Stelle nach der *Duden Vorzugsschreibung* geschrieben (Beispiel: Schusspunktgeofon, Schusspunktgeophon).

Leider konnten in diesem Werk Hinweise zu neueren Normen aus zeitlichen Gründen noch nicht berücksichtigt werden. Dies wird jedoch im englisch-deutschen Band verstärkt der Fall sein.

Der Bearbeiter der 2. Auflage ist dankbar für jede Hinweise, die aus der Fachwelt kommen. Nur konstruktive Kritik und Verbesserungsvorschläge können helfen das Werk weiter zu verbessern. Je früher sie eingehen, desto eher können sie bereits im voraussichtlich Mitte 2014 erscheinenden englisch-deutschen Band berücksichtigt werden. Der Bearbeiter ist erreichbar unter der E-Mail: hherrm5040@augustakom.net

Preface to the Second Edition

The new edition contains around 10,000 new entries and examples of context have also been added for the first time (e.g., *Context: an earthquake registering 9.2 on the Richter scale = Kontext: Ein Erdbeben der Stärke/Magnitude 9.2 auf der Richterskala*). This practice will be continued and adopted to a greater extent in the English-German volume, which is expected to be published in the middle of 2014.

Apart from other geotechnical terms, specialist terms from the geotechnical engineering sector have also been added in this edition, including geotechnical field investigation, foundation ground improvement, dynamic probing and grouting, as well as rock and soil characteristics. Terms relating to the finite element method (FEM) have been included along with terms and definitions from the Multilingual Landslide Glossary.

This dictionary takes changes in the spelling of certain words into consideration with reference to previous orthographic standards (prior to 1996) and the preferred Duden variant (examples: now *dass*, previously *daß*; now *Flussablagerung*, previously *Flußablagerung*; now *Fotografie*, previously *Photographie*). The alternative spelling is included after the preferred Duden variant (example: Schusspunktgeofon, Schusspunktgeophon), however, as long as an entry is not overloaded with a series of other synonyms.

The author was unfortunately unable to include references to more recent standards because of the limited time available. However, they will be included to a greater extent in the English-German volume.

The compiler of this second edition would be grateful for any feedback from the experts. Such a work of reference can only be improved on the basis of constructive criticism and suggestions for improvement. The sooner they are received, the sooner they can be taken into consideration for the English-German volume that is expected to be published in the middle of 2014. The compiler may be contacted by e-mail at hherrm5040@augustakom.net

Vorwort zur 1. Auflage

Geotechnik beschäftigt sich mit den besonderen technischen Verfahren, die unter Berücksichtigung der geologischen Gegebenheiten eines Ortes im Ingenieurbau angewandt werden. Sie beinhaltet Theorie und Praxis der geotechnischen Bauausführungen.

Die Geotechnik umfaßt eine Vielzahl geo- und ingenieurwissenschaftlicher Teilgebiete. Über die in sie einfließenden Wissenschaften hinaus beinhaltet die Geotechnik verstärkt auch Aspekte, die zur Lösung ökonomischer, technischer und umweltbezogener Aufgabenstellungen beitragen. Zur Geotechnik und den ihr nahestehenden Fachgebieten gibt es heute eine Vielzahl von Publikationen in Englisch und Deutsch. Daher sind alle, die sich in irgendeiner Weise mit diesem Fachgebiet beschäftigen, zur Vervollständigung ihres technischen Wissens darauf angewiesen, auch Literatur außerhalb ihrer jeweiligen Muttersprache zu lesen. Dieses Wörterbuch kann einen wertvollen Beitrag zum besseren Verständnis der Geotechnik leisten. Es beinhaltet auch Begriffe, die nur im weiteren Sinne zur Geotechnik zählen, so etwa aus den Bereichen Erkundung, Verfahren, Kartierung, Vermessung, Lagerstättenkunde, Bergbau und allgemeine Geologie und erfüllt somit die Ansprüche eines großen Benutzerkreises, wobei britische und amerikanische Versionen berücksichtigt und semantische Unterschiede so genau wie möglich wiedergegeben werden.

Verlag und Autor hoffen, mit diesem Wörterbuch einen Beitrag zur Überwindung der Sprachgrenzen im Bereich der Geotechnik geschaffen zu haben.

Brühl (Rheinland)

Herbert Bucksch
Februar 1998

Preface to the First Edition

Geotechnical engineering involves the methods applied in respect of the geological conditions of a project site to render them suitable for civil engineering projects.

Embracing both theory and practice, it requires a knowledge of engineering and geoscience since both have major contributions to make in solving the economic, technical and ecological problems encountered in this type of work. There are many publications on geotechnical engineering in English and German, and all whose work or interest brings them into this field of human activity can benefit doubly by reading and studying the available literature in both languages, especially in the absence of suitable translations. This dictionary deals with the following fields: General geology, applied geophysics, mining, irrigation, soil science, soil mechanics, drainage, earthquake science and engineering, earthmoving, reconnaissance geology, rock construction, rock mechanics, mountain building, geomorphology, foundation engineering, groundwater, geological archaeology, hydrogeology, civil engineering hydraulics, engineering geology, speleology, mapping, mineralogy, petrography, deep drilling, tunnel and gallery construction, science of mineral deposits, oceanography, blasting and shooting, and surveying.

British and American terms are marked as such, and semantic differences defined and explained.

Should this dictionary help people to move easily from one language to another in geotechnical engineering, the publisher and author will consider the effort invested in its publication well worth-wile.

Brühl (Rheinland), Germany

Herbert Bucksch
February 1998

Hinweise zur Benutzung

Alle Eintragungen, einschließlich Eigennamen, Abkürzungen und Wortkombinationen sind alphabetisch geordnet.

Klammern:

(a) Eckige Klammern:

(1) Erklärung, Kontext oder Definition eines Wortes, z.B.:
Abböschung *f*, Abdachung [*Eine sanft gegen den Horizont geneigte Fläche*]

(2) Hinweise, z.B.:
Abbau *m* [*Tiefbohranlage*]

(b) Runde Klammern:

(3) Auslassungen von Wörtern oder Wortteilen, z.B.:
(Abbau)Wandhöhe *f* = Abbauwandhöhe

(4) Auslassungen von Buchstaben, z.B.:
(Pfahl)Abschneid(e)höhe *f* = (Pfahl) Abschneidhöhe = Abschneid(e)höhe = Pfahlabschneidhöhe

(5) Abkürzungen, z.B.:
(Brit.) = Großbritannien
(US) = USA
(⚒) = Bergbau

Das Komma trennt Synonyme.

Das Semikolon trennt Synonyme die in Deutschland, Österreich und der Schweiz gebräuchlich sind und frühere Synonyme, z.B. absolutes Gewicht *n* [*frühere Benennung*]; absolute Masse *f*

Das Geschlecht der deutschen Wörter ist wie folgt angegeben:

m = männlich
f = weiblich
n = sächlich
m(pl) = Das Wort ist im Plural angegeben, die Einzahl ist männlich; f(pl) und n(pl) sind sinngemäß zu verstehen

Abkürzungen:

B.S. = British Standard
A.S.T.M. = American Society for Testing Materials
DIN = Deutsches Institut für Normung e.V.
M/G = Mineralogie/Geologie
s.a. = siehe auch
(*1) = Grundbegriffe der Felsmechanik u. der Ingenieurgeologie, Verlag Glückauf
MLG* Multilingual Landslide Glossary (deutscher Text von Professor E. Krauter; Englischer Text von D.M. Cruden)
(⚒) = Bergbau

Explanatory Notes

The terms including proper names, abbreviations and word combinations are compiled in alphabetical order.

Brackets are used:

(a) Square brackets:

(1) To define, explain a term or give a context in which it occurs, e.g.
Abböschung *f*, Abdachung [*Eine sanft gegen den Horizont geneigte Fläche*]

(2) To inform about a term, e.g.
Abbau *m* [*Tiefbohranlage*]

(b) Round brackets:

(3) For terms or part of terms which can be omitted, e.g.
(Abbau)Wandhöhe *f* = Abbauwandhöhe

(4) For omitting a letter or letters, e.g.
(Pfahl)Abschneid(e)höhe *f* = (Pfahl) Abschneidhöhe = Abschneid(e)höhe = Pfahlabschneidhöhe

(5) For abbreviations, e.g.
(Brit.) = Great Britain
(US) = USA
(⚒) = Bergbau

The comma separates synonyma.

The semicolon separates synonyma used in Germany, Austria and Switzerland and synonyms which have been discarded, e.g absolutes Gewicht *n* [*frühere Benennung*]; absolute Masse *f*

The gender of the German words is indicated by:
m = masculine
f = feminine
n = neuter
m(pl) = The term is given in its plural form, with the singular being masculine; f(pl) and n(pl) apply accordingly.

The German letter "ß" means "sz"

Abbreviations:
B.S. = British Standard
A.S.T.M. = American Society for Testing Materials
DIN = Deutsches Institut für Normung e.V.
M/G = Mineralogy/Geology
s.a. = see also
(*1) = Basic terminology of rock mechanics and engineering geology (in German); Verlag Glückauf
MLG* Multilingual Landslide Glossary (Geman text by Professor E. Krauter; English test by D.M. Cruden, Canada)
(⚒) = Mining

A

AA, Aufschlussabraum *m* [*Der im Aufschlussraum eines Tagebauprojektes bewegte Abraum*] • exposed (over) burden volume, stripped (over)burden volume

Aack *m* (⚒) [*Graben oder Stollen, der dazu dient den Grubenraum von Wasser frei zu halten*] • dewatering trench, dewatering gallery

Aalabstieg *m* [*Stromab(wärts) gerichtete Aalwanderung*] • downstream migration of eel, downstream eel migration

Aalaufstieg *m* • upstream migration of eel, upstream eel migration

Aalleiter *f* • eel ladder, eel pass

Aalteich *m* • eel pond, eel bed, eel preserve

Aa-Lava *f*, Brockenlava • aa [*Hawaiian word*]; apalhraun [*Iceland*]; aa lava, dead lava, scoriaceous lava, clinkery lava [*A solidified lava characterized by an exceedingly rough, jagged or spinose surface. Most of the surface is covered with a layer of loose fragmental clinkery (also called "scoriaceous", but "clinkery" is the better term) material a few centimeters thick. Below the surface the clinker fragments may be stuck finely together. Typically, the upper clinker layer is underlain by, and grades into, a central massive layer*]

Aa-Lava-Rinne *f* • aa channel [*A narrow, sinuous channel in which an aa (lava) stream moves downward and away from a central vent or fissure to feed an aa flow*]

AAmF, Aufschlussabraum *m* mit Freilegung [*Die Bewegung des Aufschlussraumes legt nutzbare mineralische Rohstoffe frei. Der AAmF ist der um den AAoF verminderte Aufschlussabraum*] • (over)burden volume stripping with laying bare of minerals

AAoF, Aufschlussabraum *m* ohne Freilegung [*Die Bewegung des Aufschlussabraumes legt keine nutzbaren mineralischen Rohstoffe frei*] • (over)burden volume stripping without laying bare of minerals

Aapamoor *n*, Strangmoor • string bog, string peatland

Aasgrube *f* • garbage pit

AASHO-Bodenklassifizierungssystem *n* • AASHO classification system [*A soil classification system dating from 1928 and mainly used by highway engineers. All soils are divided into seven groups designated A-1 through to A-7 based on their decreasing order of stability. Highly organic soils are designated as A-8*]

AASHO-Versuch *m* ➋ Proctor(verdichtungs)versuch

Aa-Textur *f* • aa structure [*Applied to loose clinkers or welded angular blocks of scoriaceous lava*]

Abänderungsflächen *f(pl)* (M/G) • secondary faces

(ab)ätzen, verätzen [*In einem Sinkwerke salzhaltiges Gebirge auslaugen*] • to dissolve rock salt

abbaggern • to excavate, to dig away

abbaken • to mark out, to beacon

abbanken (⚒) • to cut a bed of rock

Abbänker *m* (⚒) • buttocker

Abbau *m*, Ausbringen *n*, Abbaubetrieb *m*, Ausbeutung *f*, Nutzung, Ausbringung, Abbauen *n* (⚒) • extraction, exploitation, cutting (out), getting, recovery, recovering, production, working, mine(ral) working, working of minerals, excavation in mining, mining (excavation), winning, digging, mining work [*The process of removing minerals from the Earth. It consists of fragmentation (or in special cases solution) of minerals from their solid state, loading them, and transporting them to the surface if they were mined underground*]

Abbau *m* [*Ein Grubenbau in der Lagerstätte in welchem das nutzbare Material gewonnen und einem Fördermittel zugeführt wird*] (⚒) • workings, mine workings

Abbau *m* [*von Stein, Fels*] • quarrying

Abbau *m* [*von Maschinen, einer Fabrik usw.*] • dismantlement, dismantling

Abbau *m*, Katamorphismus *m* • katamorphism, catamorphism [*A process of metamorphism occurring at or near the earth's surface and resulting in production of simple minerals from complex minerals through oxidation, hydration, solution, and other processes*]

Abbau *m* ➋ Degradierung

Abbau *m* [*Tiefbohranlage*] • rigging-down

Abbau *m* (der Querschnitt(s)fläche) ➋ Auffahrung

Abbau *m* der Strosse ➋ Strossen(ab)bau

Abbau *m* des Flözes in voller Mächtigkeit • full-seam extraction

Abbau *m* dünner Gänge • chloriding [*Statistical Research Bureau of the USA. Mining thin veins*]

Abbau *m* im Lagerstättenausbiss (⚒) • level-free working

Abbau *m* in größerer Teufe ➋ Tiefbau

Abbau *m* mit nachträglichem Pfeilerabbau • first mining [*Mining throughout the entire area before robbing begins*]

Abbau *m* mit natürlicher Wasserhaltung (⚒) • level-free working, level-free extraction

H. Herrmann, H. Bucksch, *Wörterbuch GeoTechnik/Dictionary Geotechnical Engineering*,
DOI 10.1007/978-3-642-33335-4,

A

Abbau *m* mit schwebendem Verhieb, schwebender Abbau (⚒) • rising working, rising extraction

Abbau *m* mit streichendem Verhieb, streichender Abbau (⚒) • working (along) the strike, strike working, extraction (along) the strike, strike extraction; *less frequent:* working to the strike, extraction to the strike

Abbau *m* nach der Teufe [*Er erfolgt bei massigen oder linsenförmigen Lagerstätten. Er kann sich auch aus dem Hügelabbau nach Abtrag des Hügels entwickeln. Der Förderbezugspunkt liegt deutlich über dem Schwerpunkt der abzubauenden Massen*] • depth mining

Abbau *m* nach Mitchell, Mitchellabbau • Mitchell slicing system

Abbau *m* über Tage ➋ (Über)Tageabbau

Abbau- und Fördersystem *n* [*Unterirdisches Bauen*] • extraction and conveyance system [*underground construction*]

Abbaubandförderer *m* • face belt conveyor

abbaubar, nutzbar, ausbringbar • extractable, extractible, gettable, recoverable

Abbaubarkeit *f* • degradability

Abbaubarkeit *f* ➋ (Ab)Baufähigkeit

Abbaubedingungen *f(pl)* • mining conditions

Abbaubegleitstrecke *f* [*Parallel angelegter Zugangsweg zu den Abbaukammern*] • drift

Abbauberme *f* [*Steinbruch*] • pavement ledge, pavement berm(e), work(ing) ledge, work(ing) berm(e)

Abbaubetrieb *m* (⚒) • workings [*an excavation or a series of excavations made in quarrying, mining or tunnelling*]

Abbaubetrieb *m* [*die Tätigkeit an sich*] • mining operation [*A mine operation consists of four main work areas: excavation areas, processing plant, waste storage, and supporting services*]

Abbaubetriebspunkt *m* ➋ Arbeitsbrust

(Ab)Baublock *m* • mining block, block to be mined, extraction block

Abbaubohren *n*, Gewinnungsbohren [*Gewinnen von Mineralien durch Bohren*] • extraction drilling, production drilling, extraction boring, production boring

Abbaudruck *m* (⚒) [*Eine gegenüber dem normalen Überlagerungsdruck des Gebirges verursachte Druckzunahme, die in der Umgebung von Abbauräumen entsteht*] • extraction pressure]

Abbaudynamik *f*, Gebirgsdynamik [*Untertagebau und Bergbau*] • ground movement, strata movement(s)

abbaudynamische Messung *f* • measurement of strata movement; measurement of strata behaviour (Brit.); measurement of strata behavior (US)

Abbaueinwirkungen *f(pl)* • effects of subsidence; *less frequent:* influences of subsidence

abbauen, abtreiben [*Gestein*] • to quarry, to separate, to knock off [*rock*]

abbauen, nutzen, ausbringen, gewinnen (⚒) • to produce, to extract, to cut (out), to get, to work (out), to mine (out), to win

abbauen, räumen [*Halde*] • to clean

abbauen (⚒) ➋ anlegen

abbauen ➋ leerfördern [*Erdgas; Erdöl*]

abbauen [*Pfeiler*] ➋ rauben

abbauen [*Tiefbohranlage*] • to rig down

abbauen [*Gebäude*] • to demolish, to pull down

abbauen [*Maschinen, Fabrik usw.*] • to dismantle

Abbauen *n* ➋ Abbau

abbauen der Kohle von Hand, gewinnen der Kohle von Hand, auskohlen von Hand • to scallop

abbauen einer Erzstufe, abstufen • to break a sample of ore, to get a sample of ore

(ab)baufähig, (ab)bauwürdig, ausbeutbar, förderbar [*Eine Lagerstätte oder ein Lagerstättenteil sind (ab)bauwürdig, wenn sich der Abbau wirtschaftlich lohnt oder zur Bedarfsdeckung notwendig ist*] • paying, workable, profitable, pay(able), quick, worthy of being worked, mineable, alive, exploitable, recoverable, productive

(ab)baufähige Formation, (ab)bauwürdige Formation *f*, ausbeutbare Formation • pay formation, paying formation, payable formation, mineable formation, profitable formation, workable formation [*A body of rock, earth, or ore the value of which is enough to justify exploitation*]

(ab)baufähiges Erz, (ab)bauwürdiges Erz, ausbeutbares Erz *n* • pay ore, paying ore, workable ore, profitable ore, payable ore, mineable ore

(Ab)Baufähigkeit *f*, (Ab)Bauwürdigkeit, Ausbeutbarkeit, Abbaubarkeit (⚒) • mineability, profitability, workability

Abbaufeld *n*, Baufeld, Feld, Grubenfeld (⚒) • panel of coal, panel, production panel, working panel [*The area of coal extracted by a pair of development roads in longwall or pillar methods of mining. It is usually limited at the extreme and farthest from the shaft by the boundary of the property*]

Abbaufestigkeit *f* (⚒) • extraction strength

Abbaufolge *f* • extraction sequence

Abbauförderer *m* • face conveyor, face conveyer

Abbauförderstrecke *f* (⚒) • hauling gallery

Abbauförderung *f* (⚒) • clearance

Abbaufortschritt *m* • face advance

(Abbau)Front ***f*** ➔ Arbeitsbrust

(Abbau)Frontrolle ***f*****,** (Abbau)Frontrolloch *n* (⚒) • face chute

Abbaugebiet ***n*****,** Revier *n*, Bergbaugebiet, Abbauzone *f* • mining region, mining district, work(ing) zone

Abbaugelände ***n*****,** Abbauland *n* (⚒) • extraction land, extraction terrain

Abbaugerechtigkeit ***f*** (⚒) [*Die Erlaubnis, Bodenschätze im Bergbau abzubauen*] • right of exploitation, mining right(s)

Abbaugeschwindigkeit ***f*** (⚒) • extraction rate, rate of advance

(Ab)Baugrenze ***f*** ➔ (Gruben)Feldgrenze

Abbauhammer ***m*** • pick-hammer (mining)

Abbauhöhe, Bauhöhe *f* (⚒) • height of work(ing), work(ing) height, lift, workable thickness, extraction height

Abbauhorizont ***m*****,** Gewinnungshorizont • extraction horizon

Abbauindustrie ***f*****,** Gewinnungsindustrie • extractive industry [*(a) of minerals in short supply - location fixed by the occurrence of the minerals; (b) of minerals - clay, limestone, etc. - in abundant supply and so susceptible of planned location*]

Abbaukammer ***f*****,** Kammer [*Tunnelbau*] • digging chamber, excavating chamber, extraction chamber [*tunnel(l)ing*]

Abbaukammer ***f*****,** Kammer • breast, chamber [*In coal mines, a chamber driven in the seam from the gangway, for the extraction of coal*]

Abbaukante ***f*** [*Steinbruch*] • edge of (a/the) quarry, excavation edge [*of a quarry*]

Abbaukiste ***f*** (⚒) • rake

Abbaukolonne ***f*****,** Abbaumannschaft *f*, Abbautrupp *m* [*Tiefbohranlage*] • rigging-down crew, rigging-down gang, rigging-down party

Abbaulagerstätte ***f*** [*Im Abbau befindliche Lagerstätte*] • working deposit

Abbauland ***n*****,** Abbaugelände *n* (⚒) • extraction land, extraction terrain

Abbauleistung ***f*** (⚒) • extraction output

Abbaumannschaft ***f*****,** Abbaukolonne *f*, Abbautrupp *m* [*Tiefbohranlage*] • rigging-down crew, rigging-down gang, rigging-down party

Abbaumethode ***f*** ➔ Abbauverfahren

Abbauort ***m*** (⚒) [*allgemein*] • working

Abbauort ***n*****,** Ort [*Örterbau*] • room [*A wide working place in a flat mine*]

Abbaupfeiler ***m*****,** Bein *n* [*Ein in oder zwischen Abbauräumen stehenbleibender, zu späterem Abbau bestimmter Lagerstättenteil von meist regelmäßiger Form mit der Aufgabe, das Dach für eine bestimmte Zeit zu stützen*] (⚒) • temporary pillar, rib

Abbaupilotkopf ***m*** • digging (-type) pilot head, excavating(-type) pilot head [*microtunnel(l)ing*]

Abbauplan ***m*** ➔ Gruben(gebäude)aufriss

Abbauplanung ***f*** [*Entwurf eines technischen Systems zum Rohstoffabbau*] (⚒) • extraction planning

Abbauplatz ***m*** ➔ Arbeitsbrust

Abbaupunkt ***m*** (⚒) [*Bergwerk, Steinbruch*] • working face

Abbauraum ***m*** (⚒) • extraction space, extraction area

Abbaurichtung ***f*** • direction of mining, mining direction, direction of excavation

Abbauriss ***m*** (im Hangenden), Hangendabbauriss *m* • roof break

Abbauriss *m* (im Liegenden), Liegendabbauriss *m* (⚒) • foot(wall) break, floor break

Abbauschacht ***m*** (⚒) • working pit, mine working shaft

(Abbau)Scheibe ***f*** [*Ein im allgemeinen söhliger, selten geneigter Lagerstättenabschnitt von ein- bis mehrfacher Streckenhöhe, der in einem Zuge abgebaut wird. Scheiben verlaufen im allgemeinen winklig zum Hangenden und Liegenden. Bei söhliger Lagerung entsprechen sie den Bänken*] • slice, extraction slice

Abbauschicht ***f*** (⚒) • extraction shift

Abbauschuss ***m*****,** Gewinnungsschuss • cut shot [*A shot designed to bring down coal which has been sheared or opened on one side*]

Abbauschwerpunkt ***m*** (⚒) • focal point of exploitation, focal point of extraction

Abbausohle ***f*** (⚒) • extraction level

Abbausprengen ***n*****,** Gewinnungssprengen • production blasting, extraction blasting

Abbaustelle ***f*** (⚒) • production place, mining place, working face, (mine(ral)) work(ing) place, extraction place

Abbaustelle ***f*** ➔ Arbeitsbrust

Abbaustoß ***m*** • working face, coal face

Abbaustrecke ***f*** • panel entry, gangway (US), drive, drift [*Drives divide the deposit into longitudinal regions which can be mined out systematically one after the other*]

Abbaustrecke ***f*** • gate, gate-road, stall, heading [*British longwall system*]

Abbaustrecke ***f*** **rechtwink(e)lig zu den Hauptschlechten** (⚒) • bo(a)rd [*A road driven at right angles to the main cleavage planes of the coal*]

Abbaustrossenhöhe, Strossenhöhe *f* • height of single benching, bench(ing) height [*The vertical height of*

A

a bank as measured between its highest point or crest and its toe at the digging level]

Abbausystem ***n*** (⚒) • extraction system

Abbautechnik ***f*** (⚒) • extraction engineering

Abbautempo ***n*** [*Tunnelbohrtechnik*] • excavation rate

Abbauteufe ***f*****,** Abbautiefe *f* • depth of mining, mining depth, extraction depth

Abbautrupp ***m*** ➋ Abbaumannschaft

abbauunwürdig ➋ taub

Abbauverfahren ***n*****,** (Ab)Bauweise *f*, Bergbauverfahren, Abbaumethode *f*, Bauverfahren, Bergbaumethode, Baumethode [*Ein Verfahren nach welchem der Lagerstättenabbau planmäßig durchgeführt wird*] (⚒) • mining method, extraction method, working method

Abbauverfahren ***n*** [*allgemein, z. B. bei Einschnitten im Fels*] • excavation method, excavation works

Abbauverfahren ***n*** (⚒) • exploitation method

Abbauverhältnisse ***m(pl)*** (⚒) • extraction conditions, mining conditions

Abbauverlust ***m*****,** Gewinnungsverlust [*Die durch den jeweiligen Stand der Technik und die wirtschaftlichen Bedingungen in der Lagerstätte zurückbleibenden Vorräte (Anfangsvorräte minus Gesamtausbeute)*] • unrecoverable reserves, nonrecoverable reserves, mining loss, extraction loss

Abbauwand ***f*****,** Abtragwand, Gewinnungswand, Bruchwand, Steinbruchwand • quarry face, quarry wall

Abbauwand ***f*** (⚒) • extraction face, mining face

Abbauwand ***f*** ➋ Arbeitsbrust

Abbauwand ***f*****,** Wand • bank, bench face [*A mass of soil or rock rising above a digging or trucking level*]

Abbauwand ***f*** **im Tagebau,** Tagebauwand

(Abbau)Wandanzug ***m*****,** (Abbau)Wandneigung *f* • mining face batter, extraction face batter

(Abbau)Wandhöhe ***f*** • bank height, bench height, digging height [*The vertical height of a bank as measured between its highest point or crest and its toe at the digging level or bench*]

(Abbau)Wandhöhe ***f*** • face height [*The vertical height of the wall at which excavation ist proceeding at a quarry or opencast pit*]

(Abbau)Wandneigung ***f*** ➋ (Abbau)Wandanzug

abbauwärts, feldwärts (⚒) • in-over, inby(e) (side) [*Toward the working face, or interior, of the mine; away from the shaft or entrance. Opposite of outby(e) (side)*]

(Ab)Bauweise ***f*** ➋ Abbauverfahren

(ab)bauwürdig, (ab)baufähig, ausbeutbar, förderbar [*Eine Lagerstätte oder ein Lagerstättenteil sind (ab)bauwürdig, wenn sich der Abbau wirtschaftlich lohnt oder zur Bedarfsdeckung notwendig ist*] • paying, workable, profitable, pay(able), quick, worthy of being worked, mineable, alive, exploitable, recoverable, productive

(ab)bauwürdig in späterer Zukunft, verborgen • latent [*Said of deposits that may be exploited in the more distant future*]

(ab)bauwürdige Eisenerzvorräte ***m(pl)*** ➋ (derzeit) (ab)bauwürdige Eisenerzvorräte

(ab)bauwürdige Formation ***f*****,** (ab)baufähige Formation, ausbeutbare Formation • pay formation, paying formation, payable formation, mineable formation, profitable formation, workable formation [*A body of rock, earth, or ore the value of which is enough to justify exploitation*]

(ab)bauwürdige Vorräte ***m(pl)*** ➋ (derzeit) (ab)bauwürdige Vorräte

(ab)bauwürdiger Streifen ***m*** [*Innerhalb eines goldführenden Konglomerats*] • pay(ing) streak

(ab)bauwürdiges Erz ***n*****,** (ab)baufähiges Erz, ausbeutbares Erz • pay(ing) ore, workable ore, profitable ore, payable ore, mineable ore

(ab)bauwürdiges Flöz ***n*** (⚒) • workable seam

(Ab)Bauwürdigkeit ***f*****,** (Ab)Baufähigkeit *f*, Ausbeutbarkeit, Abbaubarkeit (⚒) • mineability, profitability, workability

Abbauzeit ***f*** [*Tiefbohranlage*] • rig-down time

Abbauzeit ***f*** [*Kran, Maschine*] • stripdown time

Abbauzone ***f*****,** Abbaugebiet *n* (⚒) • work(ing) zone

abbefördern • to transport away

abbiegen [*Bewehrungsstäbe*] • to bend, to bend down, to bend up

abbilden • to image

abbildend • imaging

abbildende Röntgenmikroskopie ***f*** • imaging transmission X-ray microscopy, TXM

abbildendes Radarsystem ***n*** **mit synthetischer Apertur,** synthetische Apertur *f* • synthetic aperture radar (system), SAR, coherent aperture radar (system) [*A high resolution side(ways) looking radar (system) that achieves is resolution by synthetically generating the equivalence of a large antenna. It measures the amplitude and phase of the radar return from each target over a finite time interval (the SAR integration time)*]

abbildendes Spektrometer ***n*** • imaging spectrometer

Abbildung ***f*** ➋ unechte Projektion

Abbildungsebene ***f*** • image plane of projection

Abbildungsfehler ***m*** ➋ (optische) Abbildungsfehler

A

Abbildungskristallisation *f* [*Eine Abbildung vorhandener tektonischer Gesteinsbewegungen, z. B. Falten, Scherflächen usw. durch eine Neukristallisation, die nach der Verformung einsetzt*] • facsimile crystallization, mimetic crystallization
Abbildungsschärfe *f* [*Fotogrammetrie*] • sharp definition, sharpness
Abbildungssystem *n* [*Universaltheodolit*] • inverter knob
Abbindebeginn *m* [*des Betons*] • initial set
Abbindebeschleuniger *m* • accelerator, setting accelerator
Abbindebeginn *m* • initial setting
Abbindegeschwindigkeit *f* • rate of setting
abbinden [*Beton*] • to begin to set, to set, to harden *(The process of solidification by a mortar, concrete or cement paste after losing its plasticity)*
Abbinden *n* ➋ Abbindung
Abbindeverzögerer *n* • retarder, cement retarder
Abbindewärme *f* • setting heat, hydration heat
Abbindezeit *f* **des Zements** [*Tiefbohrtechnik*] • waiting-on-cement time
Abbindung *f* • setting [*the actual process*], set [*the solidified state reached by a concrete, cement paste or mortar after losing its plasticity*]
Abbindung *f* **unter Wasser** • submerged curing [*soil-cement mix(ture)*]
abblasen, abwehen, auswehen, deflatieren, ausblasen • to deflate [*See note under "deflation"*]
Abblasung *f* ➋ Deflation
Abblasungsbeckensee *m* ➋ Deflationsbeckensee
abblättern (M/G) • to flake off, to scale, to spall, to exfoliate
abbohren, abteufen durch Bohren • to sink by boring, to sink by drilling
abbohren [*Den letzten Abschnitt eines Bohrloches bohren*] • to finish boring
Abbohren *n* **der (Orts)Brust** • face shothole drilling
Abbohren *n* **eines Erdölvorkommens mit bekannter Begrenzung** *f* • inner pool drilling, inside pool drilling, internal pool drilling, interior pool drilling
abbohren von Wasser • to drain pits by borings
Abbohrer *m* [*Beim Steinsprengen der letzte Sprengbohrer oder Satzbohrer*] • finishing jumper
Abbohrprüfung *f*, Abbohrversuch *m*, Abbohrprobe *f* • drill-off test
(Ab)Bohrbrust *f* • drill(ing) face
(Ab)Bölzen *n* ➋ Abstreben
(Ab)Bölzung *f* ➋ Abstreben
abböschen • to slope, to slope down, to slope back, to incline, to give batter [*Context: Pits should be sloped back or shored. The hill should be sloped down all around and sown with grass seeds*]
Abböschen *n*, Böschungsbau *m*, Böschungsherstellung *f* • slope construction, slope production
Abböschung *f*, Abdachung [*Eine sanft gegen den Horizont geneigte Fläche*] • sloping area
Abbrandgeschwindigkeit *f* ➋ Brenngeschwindigkeit
Abbrandzeit *f* ➋ Abbrennzeit
abbrechen [*eines Bauwerks*], einreißen, niederreißen, abreißen, abtragen • to demolish, to raze, to tear down, to flatten, to take down
abbrennen [*Sprengtechnik*] • to burn
Abbrenngeschwindigkeit, Brenngeschwindigkeit *f*, Abbrandgeschwindigkeit • burning velocity
Abbrenngeschwindigkeit *f*, Abschmelzgeschwindigkeit
Abbrennleistung *f*, Abschmelzgeschwindigkeit
Abbrennstumpfschweißen *n* • electric flash welding, flash butt welding, flash welding,
Abbrennzeit *f*, Brennzeit, Abbrandzeit [*Sprengtechnik. Zeitspanne zum Durchlaufen des Abbrands durch eine (Pulver)Zündschnur oder des Abbrands eines Zündlichtes. DIN 20163*] • burning rate, burning time
Abbruch *m* [*Loslösung eines durch Strömung, Eisschollen oder Umfallen von hart am Ufer stehenden Bäumen unterhöhlten Uferteiles*] • tumbling
Abbruch *m*, Abriss *m* [*eines Gebäudes, einer Brücke usw.)* • demolition
Abbruchbagger *m* • demolition excavator
Abbruchhammer *f* • excavator hammer [*for excavation work*]; demolition hammer [*for demolition work*]
Abbruchlinie *f* (M/G) • line of cleavage
Abbruchlinie *f* ➋ glatte Abbruchlinie
Abbruch(material) *m, (n)* [*Das von den Ufern der Seen, des Meeres, der Flüsse und der Ströme unter dem Einfluss des Wellenschlages und der Strömung abgelöste Material*] • broken-down material
Abbruchschere *f* • demolition shears
Abbruchschutt *m* • demo(lition) debris, demo (lition) waste
Abbruchufer *n* ➋ Unterschneidungshang
Abdachung *f*, Abböschung [*Eine sanft gegen den Horizont geneigte Fläche*] • sloping area
abdämmen [*gegen Wärmeverlust bzw. gegen Kälte*] • to insulate
abdämmen [*einen Fluss*] • to dam [*a river or stream*]
abdämmen [*einen Fluss: vollständig:*] • to dam up [*to block a river completely*]

Abdämmen ***n*****,** Rückstauen, Absperren • damming, retaining [*Keeping back water by means of a dam*]

Abdämmung ***f*** [*Fluss/Strom*] • dam, embankment

Abdämmung ***f*** **durch Moräne(n)** • morainic damming, morainal damming

Abdämmung ***f*** **durch Sandsäcke,** Sandsackabsperrung, Sandsackabdämmung, Absperrung durch Sandsäcke • damming by sandbags, sandbag damming, retaining by sandbags, sandbag retaining, sandbagging

Abdämm(ungs)gewässer ***n*** • dammed-up body of water, dammed-up water body, dammed-up waters

Abdämmungssee ***m*** • barrier lake, obstruction lake, ponded lake [*A lake whose waters are impounded by the formation of a natural dam or barrier, such as a landslide, alluvium in a delta, glacial moraine, ice, or lava*]

Abdämmungssee ***m*** • volcanic barrier lake [*A lake formed when fragmental ejecta or streams of tuffaceous mud and debris obstructed the drainage*]

Abdämmungssee ***m*****,** Stausee *m* [*Talsperre*] • damming lake, retaining lake

Abdämmungsstufe ***f*** • step due to ponding, ponding step

Abdampfstutzen ***m*** [*Dampfturbine*] • exhaust nozzle

Abdampfung ***f*****,** Gradierung *f* [*Salinenwesen*] • graduation of brine, brine graduation, refining of brine, brine refining

Abdeckboden ***m*****,** Deckboden *m*, Überdeckungsboden • cover(ing) soil

abdecken ➜ futtern

abdecken, abräumen, abtragen, aufdecken (⚒) • to strip, to remove the shelf

Abdecken ***n*** [*Kartografie*] • masking

Abdecken ***n*** ➜ Abtrag(en)

Abdeckgestein ***n*****,** Deckgestein, Überdeckungsgestein (⚒) • cover(ing) rock [*Rock forming the protective cover(ing) over mine workings*]

Abdecklänge ***f*****,** Überdeckungslänge *f* • cover(ing) height, height of overlying ground

Abdeckung ***f*****,** Deckwerk *n*, Futter *n*, Bekleidung, Auskleidung, Verkleidung • revetment, chemise [*A protective covering to a soil or rock surface to prevent scour(ing) by weather or water. It may be a wall, but differs from the retaining wall in that its function is to protect the soil or rock, not to withstand its thrust. Common revetments are grass, maritime plants, faggots* [*US-spelling: fagot*]*, fascine mattresses, pitching, beaching, precast concrete slabs, cast-in-place concrete slabs, rip-rap, asphalt sheets, aprons, and reinforced grass*]

Abdeckung ***f*** ➜ Abtrag(en)

(Ab)Deckungsstein ***m*****,** Deck(werk)stein, Bekleidungsstein, Verkleidungsstein, Auskleidungsstein, Futterstein • revetment stone, chemise stone

Abdeichung ***f*****,** Eindeichung, Eindeichen, Abdeichen *n* • dyking(-in), diking(-in), embanking

abdichten (gegen) • to seal (against)

(Ab)Dichten ***n*****,** (Ab)Dichtung *f* • seal(ing)

(Ab)Dichten ***n*****,** (Ab)Dichtung *f* • plugging, blinding, blocking, clogging (up) [*When a well is abandoned for any reason, either temporarily or permanently, it must be sealed off to ensure that no escape of any kind can occur. This sealing-off is generally accomplished by insertion of a plug of cement*]

(Ab)Dichten ***n*** **gegen Grundwasser,** (Ab)Dichtung *f* gegen Grundwasser • sealing against groundwater

(ab)dichten mit Lehmschlag, (ab)dichten mit Tonschlag, (ab)dichten mit Lettenschlag • to puddle, to pug [*To make watertight by packing with puddle (clay)*]

(Ab)Dichten ***n*** **mit Lehmschlag,** Lehmschlagarbeit *f*, Tonschlagarbeit, Lettenschlagarbeit, (Ab)Dichten mit Tonschlag, (Ab)Dichten mit Lettenschlag • pugging, puddle(d) work, puddling

(Ab)Dichtsporn ***m*** ➜ Abschlusswand

(Ab)Dichtstab ***m*****,** (Ab)Dichtungsstab [*Stoneyschütze*] • seal(ing) rod, sta(u)nching rod

(Ab)Dichtstrecke ***f*****,** (Ab)Dichtungsstrecke [*Kanal*] • seal(ing) section, seal(ing) stretch

(Ab)Dichtung ***f*****,** (Ab)Dichten *n* • seal(ing)

(Ab)Dichtung ***f*****,** Absperrung • cutoff [*An impermeable wall, collar, or other structure placed beneath the base or within the abutments of a dam to prevent or reduce losses by seepage along a construction interface or through porous fractured strata. It may be made of concrete, compacted clay, interlocking sheetpiling, or grout injected along a line of holes*]

(Ab)Dichtung ***f*** ➜ (Ab)Dichten [*Brunnen*]

(Ab)Dichtung ***f*** **gegen Grundwasser,** (Ab)Dichten *n* gegen Grundwasser • sealing against groundwater

(Ab)Dichtung ***f*** **gegen drückendes Wasser,** wasserdichte (Ab)Dichtung *f*, (Ab)Dichten *n* gegen drückendes Wasser [*DIN 18336*] • (membrane) waterproofing, diaphragm waterproofing, structural waterproofing [*Waterproofing a surface, such as a concrete or masonry wall below ground, by applying a thin layer (membrane) of an impervious material such as polyethylene, bitumen, etc., to the surface, or by the use of a penetrating surface sealer*]

A

(Ab)Dichtung *f* von Felswänden • sealing of rock faces

(Ab)Dicht(ungs)arbeiten *f* • seal(ing) work

(Ab)Dicht(ungs)beton *m* [*(Ab)Dichtung gegen Grundwasser*] • seal(ing) concrete

(Ab)Dicht(ungs)estrich *m* • seal(ing) jointless floor, seal(ing) screed, seal(ing) washfloor

Abdichtungsgraben *m*, Herdgraben • (toe) cutoff trench [*In dams, a trench excavated well below the foundation to an impervious layer and then filled with clay or concrete to make a watertight barrier*]

(Ab)Dicht(ungs)haut *f* ➋ (Ab)Dicht(ungs)teppich

(Ab)Dicht(ungs)holz *n*, Holz(ab)dichtung *f* [*Gleitschütz(e)*] • wood(en) seal(ing), timber seal (ing); log seal(ing) (US)

(Ab)Dicht(ungs)jalousie *f* [*Wehr*] • (water)tight curtain, waterproof curtain, sta(u)nch, sta(u)nching blind, impervious curtain, impermeable curtain [*It consists of planks supported by mov(e)able wood(en) beams*]

(Ab)Dicht(ungs)kern *m* ➋ (Dicht(ungs))kern

(Ab)Dicht(ungs)lage *f* ➋ undurchlässige Schicht

(Ab)Dicht(ungs)manschette *f* • seal(ing) collar

Abdichtungsmaßnahmen *f(pl)* • sealing measures

(Ab)Dicht(ungs)material *n* • (water)tight material, impervious material, impermeable material [*Material, usually rich in clay and/or silt-size particles that resists penetration by water*]

Abdichtungsmauer *f* • cut-off wall

(Ab)Dicht(ungs)putz *m* [*(Ab)Dichtung gegen Grundwasser*] • seal(ing) plaster

(Ab)Dicht(ungs)schicht *f* ➋ (Ab)Dicht(ungs)teppich

Abdicht(ungs)schicht *f* ➋ undurchlässige Schicht

(Ab)Dicht(ungs)schirm *m* • (water)tight curtain, (waterproof) curtain, impermeable curtain, impervious curtain

(Ab)Dicht(ungs)schlämme *f* ➋ Absieg(e)-lungsschlämme

(Ab)Dicht(ungs)schleier *m* ➋ Einpressschleier

(Ab)Dicht(ungs)(schlitz)wand *f*, (Ab)Sperr(schlitz)-wand • diaphragm wall, seal(ing) (trench) slurry wall [*A diaphragm wall is basically a deep trench excavated in the soil, into which concrete and/or other materials are placed. The result is a membrane in the soil that limits the lateral movement of pore fluids, or provides ground restraint when excavation proceeds. Trenches are usually 2-3' thick, and can extend beyond 150'. They are formed in contiguous panels from 8-25' long and can total thousands of feet in length or perimeter. The excavation is conducted under bentonite slurry, which stabilizes the trench before being replaced by the final product, usually some type of concrete. The same techniques can be used to form T-shaped Panels – or barrettes – which will accept substantial vertical loads similar to piles or caissons*]

(Ab)Dicht(ungs)schürze *f* ➋ (Ab)Dicht(ungs)teppich

(Ab)Dicht(ungs)schwelle *f* • seal(ing) sill, seal(ing) cill

(Ab)Dicht(ungs)stab [*Stoneyschütze*] ***m*** • seal(ing) rod, sta(u)nching rod

(Ab)Dicht(ungs)strecke [*Kanal*] ***f*** • seal(ing) section, seal(ing) stretch

(Ab)Dicht(ungs)suspension *f* • seal(ing) suspension

(Ab)Dicht(ungs)system *n* • waterproofing system

(Ab)Dicht(ungs)teppich *m*, (Ab)Dicht(ungs)(vor)-lage *f*, (Ab)Dicht(ungs)haut *f*, (Ab)Dicht(ungs)schicht *f*, (Ab)Dicht(ungs)schürze *f*, Schürze, Oberflächen(ab)-dichtung *f*, Außen(ab)dichtung, Dichtung [*Talsperre*] • (dam) (water)tight blanket, (dam) impervious blanket, (dam) impermeable blanket dam, (waterproof) blanket, (dam) thin zone [*"Facing", "membrane", "face", "lining", "check""diaphragm" and "sheet" may be used synonymously for "blanket"*]

(Ab)Dicht(ungs)ton *m* • seal(ing) clay

(Ab)Dicht(ungs)wand *f* ➋ Abschlusswand

(Ab)Dicht(ungs)wand *f*, (Untergrund)Stauwand, Sickersperre *f* [*Zur Verhinderung der Durchströmung von Wasser unter einem Bauwerk*] • underflow barrier

(Ab)Dicht(ungs)zone *f* [*Staudamm*] • (water)tight section, impervious section

abdrehen der Wellen verbunden mit abflauen • to fall back

Abdrosseln *n*, Drosseln • throttling

Abdruck *m* [*im Gestein*] • impression, imprint, mark

Abdruck *m*, Ausfüllung *f*, Ausguss *m*, Negativform *f* [*Ausfüllung des Epireliefs bei Strömungsmarken in Form von Wülsten, Kegeln oder Zapfen*] • cast, filling, counterpart, mineral filling [*See note under "mold" (US)*]

Abel-Flammpunktprüfer *m* • Abel flashpoint apparatus [*Used for determining the flashpoint of petroleum*]

Abendgang *m* (⚒) • shaft having a westerly direction

Abendsmaragd *m*, Chrysolith *m*; [*Fehlbenennung*] • chrysolite [*A misleading term applied in gemology to several yellow to yellowish-green gems. Correctly used it refers to the pale-yellow to yellowish-green gem variety of olivine*]

Abendstoß *m* (⚒) • western side of a mine, western side of a pit

Abendtonne *f* • miner's tub placed at the western side

Abendweite *f*, westliche Weite • western amplitude

abermals folgend, resequent • re(con)sequent

A

Aberration *f*, (optischer) Abbildungsfehler *m* • aberration

Abessinier(brunnen) *m* ➋ Norton-Brunnen

ABF, (akustischer) Bohrlochfernseher *m* • (bore)hole televiewer, well(bore) televiewer

Abfackelungseinrichtung *f* • burn-off facility, flare system [*A flare system burns off volatile vapors*]

Abfackelschornstein *m* • flare stack

abfahren von Lagerstätten • to examine deposits by means of adits

Abfahren *n* **von Bildeinzelheiten im Auswertegerät** • delineation [*photogrammetry*]

Abfahren *n* **von Isolinien,** Abfahren von Konturlinien, Abfahren von Profillinien • contour-following [*photogrammetric plotter*]

Abfallabkapselung *f*, Abfalleinkapselung • waste encapsulation

Abfallabwurfanlage *f* • refuse chute facility

Abfallbehältnis *n* • refuse scrap container

Abfallbehältnisreinigung *f* • refuse container cleaning

Abfallbehältnisreinigungsfahrzeug *n* • vehicle for cleaning refuse containers

Abfallbewirtschaftung *f*, Abfallwirtschaft *f* • waste management

Abfallboden *m*, Sturzboden • spillway apron

Abfallboden *m* [*frühere Benennung*], Abfallwand

Abfalldeponie *f* [*Zur Endlagerung von Abfallstoffen oder von Industrieprodukten als Kippe, Halde oder in Restlöchern*], Müllkippe *f*, Deponie *f*, Mülldeponie *f*, Kippe *f*, Abfallkippe *f* • refuse dump, garbage dump (US), disposal site, depository, trash disposal site (US), landfill

Abfalleimer *m* • rubbish bin (Brit.), dust bin (Brit.), dustbin (Brit.); garbage can (US), trash can (US)

Abfalleinkapselung *f*, Abfallabkapselung • waste encapsulation

abfallen [*Von Erzen: im Gehalt geringer werden, weniger Ausbeute geben*] (⚒) • to become of a worse quality

abfallen gegen ➋ (ein)fallen gegen

abfallen von Gängen (⚒) • to separate

abfallend ➋ (ein)fallend

abfallend [*Strand; Ufer*] • shelving

abfallende Bewetterung *f*, absteigende Bewetterung, absteigende Wetterführung, abfallende Wetterführung, Abwärtsbewetterung, Abwärtswetterführung (⚒) • downcast ventilation, intake ventilation, downward ventilation, descensional ventilation, homotropal ventilation

abfallende Böschung *f* • down-slope

abfallende Lagen *f*, abfallende Schichten *f* (⚒) • layers with inclination off the miner

abfallender Strahl *m* ➋ überfallendes Wasser

abfallendes Gelände *n*, Hanggelände, abfallendes Terrain *n*, Hangterrain • inclined ground, sloping ground

Abfallentsorgung *f*, Entsorgung • disposal, waste disposal, (waste) clean(ing) up, disposal of waste materials

Abfallgroßbehältnis *n* • large-capacity refuse container

Abfallkippe *f* • waste dump, waste tip

Abfallkompostierung *f* • refuse composting

Abfallkraftwerk *n* • waste-to-energy (power) plant

Abfallpressbehältnis *n* • refuse compaction container

Abfallpresse *f* • waste press, waste compactor, garbage press

Abfallreifen-Kraftwerk *n* • waste tire-to-energy (power) plant (US); waste tyre-to-energy (power) plant (Brit.)

Abfallrücken *m*, Abschussrücken, Überfallrücken, Überlaufrücken • spillway face, spillway slab

Abfallsack *m* • refuse sack *(made of paper, fabric, plastic)*

Abfallsackhalter *m* • waste sack holder, refuse sack holder

Abfallsprengen *n*, Abfallsprengung *f* • waste blasting

Abfall(stoff) *m* [*nicht mehr nutzbar*] • waste

Abfall(stoff)bekämpfung *f* • waste minimization, waste control

Abfall(stoff)deponie *f* ➋ Müllkippe

Abfall(stoff)kippe *f* ➋ Müllkippe

Abfallumladeanlage *f* • refuse reloading facility

Abfallverbrennung *f* • waste incineration, incineration of waste (*or:* refuse)

Abfallverwertung *f* • waste recovery

Abfallwirtschaft *f*, Abfallbewirtschaftung *f* • waste management

Abfallwirtschaftsamt *n* ➋ Abfallwirtschaftsbetrieb

Abfallwirtschaft(s)berater *m* • waste management consultant

Abfallwirtschaftsbetrieb *m* [*in Städten*], Abfallwirtschaftsamt • municipal waste collection department

Abfallzerkleinerer *m*, Abfallzerkleinerungsmaschine *f* • refuse grinder

Abfallzinn *n*, Zinnabfall *m* [*Aufbereitung*] • gatch

Abfangbalken *m* • capping beam

A

abfangbar [*Bohrgestänge*] • retainable
(Ab)Fangdrän ***m*** ➲ Hinterdrän
abfangen [*Last*] ➲ aufnehmen
abfangen, anbauen [*Eine Schicht, besonders beim Nachfallpacken*] (⚒) • to hold
abfangen [*Druck im Untertagebau*] • to resist
abfangen ➲ abspreizen
Abfangen ***n*** • capture [*In a crystal structure, the substitution of a trace element for a major element of lower valence, e.g. Ba*$^{++}$ *for K*$^{+}$]
Abfangen ***n*** ➲ Abstreben
(Ab)Fanggraben ***m*,** Sammelgraben, Hanggraben, Auffanggraben, Hintergraben, Saumgraben, Abhanggraben [*Zur Aufnahme des talwärts fließenden Oberflächenwassers*] • intercepting ditch, catch(water) ditch, diversion ditch, interception ditch
Abfangkonstruktion ***f*** • bracing structure, propping structure
Abfangregenmesser ***m*,** Auffangregenmesser • interceptometer [*A rain-collecting device fixed under trees and foliage; its catch is compared with that of a rain-gauge installed in the open, to determine rainfall lost by interception*]
Abfangspeicherung ***f*,** Auffangspeicherung *f* [*Die während eines Regens oberhalb der Erdoberfläche aufgefangene und festgehaltene Niederschlagshöhe*] • interception storage
Abfangterrasse ***f*** • diversion terrace [*A terrace formed across sloping ground to intercept runoff and reduce soil erosions, or to prevent excess runoff from flowing over lands on the lower side*]
Abfangträger ***m*** • holding girder, reinforced concrete supporting beam, capping beam
Abfangung ***f*,** Anzapfung • capture, piracy, robbery, beheading, stream capture [*The natural diversion of the headwaters of one stream or river into the channel of another stream or river having greater erosional activity and flowing at a lower level; especially diversion effected by a stream or river eroding headward at a rapid rate so as to tap and lead off the waters of another stream or river*]
Abfangung ***f*** [*von Gründungen und Bauwerken*] • stabilising, stabilizing (US); stabilisation, stabilization, propping (US) [of foundations and structures]
Abfangung ***f*,** Auffangung • interception [*Interception is the process whereby precipitation is caught and held back by foliage*]
Abfangung ***f*** ➲ Abstreben
Abfangwand ***f*** ➲ Abschlusswand
Abfang(ungs)wirkungsgrad ***m*** ➲ (Auf)Fang(ungs)-wirkungsgrad
abfeuern ➲ zünden
abfiltern, (aus)filtern, ausfiltrieren, abfiltrieren • to filter (off)
Abflachungsmethode ***f*** [*für Hänge*] • flattening method
abfließen, ablaufen • to flow, to discharge, to run off
abfließen [*Wasser aus einem Einzugsgebiet*] • to leave a catchment area
Abfließen ***n*** **der Hydratationswärme** • dissipation of the heat of hydration (*or:* hydration heat)
abfluchten, anzielen, visieren, abvisieren [*Vermessung*] • to sight (out)
Abfluss, Ausfluss *m* • outflow, efflux, discharge [*The act or process of flowing out, e.g. the discharge of water from a river into the sea*]
Abfluss, Ausfluss *m* [*Zeichen: QA. Einheit: m*^{3}*/s. Quotient aus Wassermenge die an einem bestimmten Querschnitt ausfließt und der dazu benötigten Zeit*] • rate of outflow, outflow rate
Abfluss ***m*,** Ablauf *m* • outflow [*Water that flows out; e.g. groundwater seepage and stream or river water, flowing out of a drainage basin. Also, the amount of water that has flowed out*]
Abfluss ***m*,** Ablauf *m*, Ausfluss • flow, runoff [*The term "flow" is nebulous, and confusion arises from a lack of precision in terminology. It is widely used as a synonym both for, velocity' and, discharge'*]
Abfluss ***m*,** Ausfluss [*Ausfließender Arm eines Hauptwasserlaufes oder eines Sees*] • effluent, effluent stream
Abfluss ***m*** ➲ Ableitung
Abfluss ***m*** **über Tage** ➲ Übertageausfluss
Abfluss ***m*** **unter Druck** • pressure flow
Abflussbecken ***n*** ➲ Ableitungsbecken
Abflussdauerlinie ***f*** • flow duration curve
Ablussdefizit ***n*** • flow deficiency
Abflussdurchschnitt(s)wert ***m*** ➲ Abflussmittelwert
Abflussganglinie ***f*** ➲ Ganglinie der benötigten Abflussmengen
Abflussgebiet ***n*** **im Meer** [*Strom*] • receiving basin
Abflussgebiet ***n*** [*eines Meeres od. eines Sees*] • drainage area
Ablussgebiet ***n*** [*eines Flusses*] • catchment area
Abfluss(ge)rinne ***f (n)*,** Ablauf(ge)rinne *f (n)* • gutter [*For carrying off excess surface water to a gull(e)y*]
Abflussgraben ***m*,** Grund(ge)rinne *f*, *(n)* [*hydraulische Seifengewinnung*] • ground sluice [*A channel or trough in the ground through which earth containing valuable mineral is sluiced for placer mining*]

A

Abflussgraben ***m,*** Unter(wasser)graben, Unter(wasser)kanal *m,* Abflusskanal, Ableitungsgraben, UW-Graben, Ableitungskanal, UW-Kanal, Auslaufkanal, Ablaufkanal, Ableitungskanal, Auslaufgraben, Ablaufgraben [*Zur Abführung des aus den Turbinen kommenden Wassers*] • tailrace channel, discharge channel, channel tailrace, drainage ditch, drain ditch

Abflusshöhe ***f,*** Ablaufhöhe, Gebietsabfluss *m* [*Quotient aus Abflusssumme und zugehörigem Einzugsgebiet. Zeichen hA. Einheit: mm*] • depth of runoff, depth of discharge, depth of flow, runoff depth, discharge depth, flow depth

Abflussjahr ***n,*** hydrografisches Jahr, hydrologisches Jahr [*Einjähriger, nach hydrologischen Gesichtspunkten festgesetzter Zeitraum. In Deutschland vom 1. November bis zum 31. Oktober des folgenden Kalenderjahres*] • water year, climatic year, hydrologic(al) year, hydrographic(al) year [*A special grouping of the periods of the year to facilitate water supply studies. The United States Geological Survey uses October 1 to September 30, otherwise the 12-month period ending June 30*]

Abflusskanal ***m*** ➋ Unter(wasser)graben

Abflusskarte ***f,*** Ablaufkarte *f* • discharge map, flow map, runoff map

Abflusskoeffizient ***m*** • runoff coefficient

Abflusskurve ***f*** [*Fehlbenennung*] ➋ Durchflusskurve

Abflussleistung ***f*** [*Drän*] • discharge rate

abflusslose Sammelgrube ***f*** • function chamber without discharge

abflusslose Wasseransammlung ***f*** • stagnum [*A small lake or pool of water lacking an outlet*]

abflussloser See ***m,*** ausflussloser See, Endsee • closed lake, lake without outlet, terminal lake, imprisoned lake, undrained lake

abflussloses Becken ***n*** • basin with interior drainage

Abflusslosigkeit ***f*** • inner drainage, interior drainage, internal drainage, inland drainage, closed drainage, endor(h)eism [*A pattern of streams that drain toward the centre of a basin rather than toward the sea*]

Ablussmarke ***f*** [*Eine an einem Bauwerk, einer Vegetation oder einem Festgestein angebrachte Marke, die den punktuellen Scheitelwasserstand eines Abflusses anzeigt*] • discharge mark

Abfluss(menge) ***m, (f)*** ➋ (Oberflächen)Abfluss(menge)

Abfluss(menge) ***m, (f)*** ➋ Volumenstrom

Abflussmessung ***f*** • flow measurement

Abflussmittelwert ***m,*** Ablaufmittelwert, Abflussdurchschnitt(s)wert, Ablaufdurchschnitt(s)wert • mean discharge value, mean runoff value, mean flow value, average runoff value, average discharge value, average flow value

Abflussmodell ***n,*** Ablaufmodell • discharge model, flow model, runoff model

Abflussöffnung ***f*** ➋ Ablauföffnung

Abflussprofil ***n*** ➋ benetzter Wasserlaufumriss

Abflusspunkt ***m*** ➋ Sammelpunkt

Abflussrinne ***f*** • drainage channel, gutter

Abflussrohr ***n*** • waste pipe, drainpipe

Abflussschleife ***f*** [*Hochwasser*] • loop rating

Abflusssee ***m,*** See mit Abfluss • open lake [*A lake that has an effluent*]

Abflussspende ***f,*** Wasserspende, Ablaufspende • yield factor of a catchment, catchment yield factor [*Volume of discharge in a second of time for each square mile of tributary area*]

Abflussstatistik ***f,*** Ablaufstatistik • discharge statistics, flow statistics, runoff statistics

Abflussstelle ***f*** ➋ Sammelpunkt

Abflussstollen ***m,*** Auslaufstollen [*Von Schieberkammer zum Ableitungstunnel unter Umgehung des Krafthauses*] • drainage gallery, drainage drift; drainage tunnel (US)

Abflusssummenlinie ***f,*** Abfluss-Summenlinie, Abflussmengen-Summenlinie • discharge mass curve, flow mass curve, mass flow curve, mass diagram, summation hydrograph, cumulative flow curve, summation curve, integrated flow curve

Abflussüberleitung ***f,*** Ablaufüberleitung [*Von einem Einzugsgebiet in ein anderes*] • interbasin diversion

Abflussverhältnis ***n,*** Ablaufverhältnis [*Abfluss/Niederschlags-Verhältnis in einem Gebiet und einer Zeitspanne*] • discharge ratio, flow ratio, runoff ratio

Abflussvorhersage ***f,*** Ablaufvorhersage • discharge forecasting, flow forecasting, runoff forecasting

abfluten, fallen [*Hochwasser*] • to flow off, to recede

Abfolge ***f*** • origin [*The term "Abfolge" is difficult to translate into English. It refers to the whole of the magmatic, or sedimentary, or metamorphic processes. The English term "origin" is the most suitable to convey the meaning of "Abfolge"*]

Abfolge ***f*** ➋ Folge

(Ab)Folge ***f*** **der Umläufe,** Streifen(ab)folge *f,* Umlauf(ab)folge [*Fernerkundung*] • swathing pattern

(Ab)Fördergefäß ***n*** • discharge vessel

(Ab)Förderleitung ***f*** • discharge line

(Ab)Förderpumpe ***f*** • discharge pump

(Ab)Förderung ***f*** [*z. B. Boden*] • removal

Abförderung des Abraums ➋ Förderung des Abraums

(Ab)Förder(ungs)(rohr)leitung ***f*** • discharge (pipe) line

Abforstung ***f*,** Abholzung *f* • deforestation

abfrischen [*Gesteinsmasse*] (⚒) • to obtain a smooth dry surface by cutting

abführen, abnutzen [*Werkzeug und Gezäh der Bergleute*] (⚒) • to wear

Abgabe ***f*,** Abzug *m* (⚒) • outfeed, discharge [*e.g. of a mineral*]

Abgabe ***f*,** Grundzehnter *m*, Zehnter, Grundabgabe (⚒) • due, duty

Abgabe ***f*** (⚒) ➜ Aufgabe

Abgabefähigkeit ***f*,** Abgabevermögen *n* [*Ein Prozentsatz des theoretischen Abflusses am Anfang und Ende einer Kanalstrecke*] • escaping power

Abgabefläche ***f*** • discharge area [*An area in which subsurface water, including both groundwater and vadose water, is discharged to the land surface, to surface water bodies, or to the atmosphere*]

Abgabestelle ***f*** (⚒) • discharge point [*The point where the water lifted in a mine is discharged*]

Abgabevermögen ***n*,** Abgabefähigkeit *f* [*Ein Prozentsatz des theoretischen Abflusses am Anfang und Ende einer Kanalstrecke*] • escaping power

Abgang ***m*** ➜ Schwänzel

Abgang ***m*,** Sedimenttransport *m* • (sediment) discharge

Abgänge ***f*** ➜ Schwänzel

Abgängeteich ***m*,** Abgangteich • tailing(s) pond, tail(s) pond

Abgangssperre ***f*,** Abgängesperre • tailing(s) dam, tail(s) dam

Abgangszinn ***n*** • mean quality tin, average quality tin

Abgasreinigung ***f*** • waste gas purification

abgebaggerte Geländeoberkante ***f*** • excavated grade

abgebaut, (herein)gewonnen (⚒) • gotten, won

abgebaut (⚒) • mined-out

abgebaut von Hand, handabgebaut (⚒) • hand-mined, manually mined

abgebautes Flöz ***n*** • mined-out seam

Abgeben ***n*** (⚒) ➜ Absteckung

Abgeben ***n*** (⚒) ➜ Abwerfen

Abgebepunkt ***m*** [*Ein Festpunkt, von welchem aus ein anderer, durch einen Markscheiderzug ermittelter Punkt, oder eine Entfernung, Richtung und dergleichen bezeichnet, vermessen wird*] (⚒) • fix(ed) point

abgebogene Stahleinlagen ***f(pl)*** [*in auf Biegung beanspruchten Stahlbeton-Konstruktionsteilen ist eine Schubbewehrung notwendig, die aus den unteren Trageinlagen durch Abbiegen unter 45-60° erreicht wird*] • shear reinforcement, bent-up reinforcement bars, bent-up reinforcement, bent-up re-bars

abgebogener Pfahl ***m*** • cantilever(ed) pile, deflected pile, cantilevering pile [*A vertical pile against the top of which cantilever action from a lateral force is applied*]

(ab)gebölzt, abgespreizt, abgestrebt, verstrebt, abgespannt, abgefangen, verspreizt, abgesprießt, versprießt [*Die Spreizen sind waag(e)recht oder nahezu waag(e)recht angeordnet*] • braced, strutted (apart)

(ab)geböscht • sloped, sloping

(ab)geböschter Graben ***m*** ➜ Graben

abgebrannte Brennelemente ***n(pl)*,** verbrauchte Kernbrennstäbe *m(pl)*, verbrauchter Kernbrennstoff *m* • spent nuclear material (*or:* fuel)

abgebrochene Mitnehmerstange ***f*** • kelly down

abgebunden [*Beton*] • set

abgebundener Beton ***m*** • set concrete

abgedämmte Wanne ***f*,** Wanne mit natürlicher Dammschüttung • barrier basin [*A basin formed by natural damming, for example, by landslide or moraine. It may contain a barrier lake*]

abgedeckte Karte ***f*** [*Eine geologische Karte, die zur Darstellung von Systemen bzw. Abteilungen des Untergrundes die Deckschichten weglässt*] • stripped map

abgefangen ➜ (ab)gebölzt

abgefangener Fluss ***m*,** angezapfter Fluss • captured stream, pirated stream, robbed stream [*A stream whose former upper course has been diverted into the channel of another stream by capture*]

abgefangener Niederschlag ***m*** [*Nebelniederschlag; Rauhfrost*] • indirect precipitation

abgefangenes Spurenelement ***n*** • captured trace element

abgeflacht • flattened

abgegeben (⚒) ➜ abgesteckt

abgegebene Grundwassermenge ***f*,** Grundwasserabgabe(menge) *f*, abgegebenes Grundwasser *n* • groundwater discharge, (groundwater) decrement [*The groundwater or quantity of groundwater released*]

abgegebenes Gas ***n*** • released gas

abgegebenes Grundwasser ***n*** ➜ abgegebene Grundwassermenge

abgehauen, niedergehauen, donlägig getrieben, nach dem Fallen getrieben (⚒) • driven to the hade

Abgehen ***n*** [*gleitgefährdete Felsmasse*] • falling away, falling off

Abgehende ***n*** ➜ Apophyse

abgehender Trum(m) ***m*** ➜ Apophyse

A

abgehobener Pfahl ***m*** [*Ein Pfahl, der sich mit seiner Spitze von der tragfähigen Schicht abgehoben hat*] • lifted pile, risen pile
abgekantet (⚒) • emarginated
abgekippte Erde ***f*** ➋ verkippter Boden
abgekippter Boden ***m*** ➋ verkippter Boden
abgekippter Fels ***m*** ➋ geschütteter Fels
abgelagert, abgesetzt, aufgeschüttet • depositional, deposited [*Formed by the process of deposition*]
abgeläutertes Erz ***n*** • slime-free ore
abgeleitete Karte ***f*,** Folgekarte, deduktive Karte, Interpretationskarte, Auswertungskarte • derivative map [*It is derived from geologic(al) data on several maps and based on interpretation of geologic(al) structure, lithology, topography, rainfall, groundwater levels, vegetation and other features*]
abgeleiteter Wert ***m*** [*ein über Theorie, Korrelation und Erfahrung aus Versuchsdaten sich ergebender geotechnischer Wert*] • derived value
abgeleitetes Kartenzeichen ***n*** • representational (map) symbol
abgelöstes Elektron ***n*** • photoelectron [*An electron emitted by the photoelectric effect*]
abgepfählt, abgesteckt, abgepflockt, verpflockt, verpfählt; abgegeben (⚒) • pegged (out), staked (out), set out (with pegs)
abgepfändeter (Graben)Verbau ***m*,** (vor)gepfändeter (Graben)Verbau, angesteckter (Graben)Verbau, vorgetriebener (Graben)Verbau • (fore)poled (trench) shoring, spiled (trench) shoring, horseheaded (trench) shoring
abgepflockt ➋ abgepfählt
abgepumpt • developed [well]
abgeriegeltes Tal ***n*,** (ab)gesperrtes Tal, Hindernistal • blocked(-up) valley, obstructed valley
abgerissen [*Gelände*] • broken, disrupted
abgerissene Scholle ***f*,** eingeklemmte Scholle • horse [*Large block of displaced wall rock caught along a fault, particularly a high-angle normal fault*]
abgerissener Schuss ***m*** ➋ Abreißer
abgerollte Kupferstücke ***f*** • "float" copper
abgerundet [*Sandkörner; Gegensatz:* ➋ *scharfkantig*] • rounded
(ab)gescherte Decke ***f*,** Deckgebirgsdecke • stripped sheet
(ab)geschertes Erz ***n*,** Ruschelerz, Erzbrekzie *f* • drag (ore)
abgeschlagener Schuss ***m*** ➋ Abreißer
abgeschlagenes Sprengloch ***n*** ➋ Abreißerloch
abgeschlossene Kondensation ***f*,** abgeschlossene Zusammendrängung *f* [*Fossilien altersmäßig nicht mehr trennbar*] • extreme condensation
abgeschlossene Rutschung ***f*** [*Zustand einer Rutschungsaktivität; Definition lt. MLG*/Krauter: Eine* ***abgeschlossene*** *Rutschung ist eine inaktive Rutschung, die nicht mehr von ihren ursprünglichen Ursachen beeinflusst wird.*] • abandoned landslide [State of activity of a landslide; *according to the MLG*/D.M.Cruden: An* ***abandoned*** *landslide is an inactive landslide which is no longer affected by its original causes.*]
abgeschlossenes Stollenstück ***n*,** Druckkammer *f* [*Druckkammerversuch*] • gallery for rock test, tested gallery length, sealed off section
abgeschnittene Intrusion ***f*** • satellitic intrusion
abgeschnittener Mäander ***m*,** aufgegebener Mäander, toter Mäander, verlassener Mäander, verlorener Mäander • cutoff meander, abandoned meander, dead meander [*It has been abandoned by its stream or river after the formation of a neck cutoff*]
(ab)gesenkt [*(Grund)Wasserspiegel*] • lowered, reduced, predrained, drawn down, depressed
(ab)Gesenkte ➋ (ab)gesunkener Flügel
abgesenkte (Unterwasser)(Tunnel)Röhre ***f*,** eingegrabene (Unterwasser)(Tunnel)Röhre, versenkte (Unterwasser)(Tunnel)Röhre, Tunnel(Ab)Senkröhre, Absenk(tunnel)röhre, Versenk(tunnel)röhre • sunk(en) (tunnel) tube, immersed (tunnel) tube, submerged (tunnel) tube
abgesenkter Flügel ***m*** ➋ (ab)gesunkener Flügel
abgesenkter Stau ***m*,** abgesenkter Wasserspiegel *m* [*Talsperre*] • drawn down water level, lowered water level
(ab)gesenkter Stau ***m*,** Senkstau • drawdown (storage) state
abgesenkter Tunnel ***m*,** versenkter Tunnel, eingegrabener Tunnel, (Ab)Senktunnel, Versenktunnel • sunk(en) tunnel, immersed tunnel, submerged tunnel, trench (type) subaqueous tunnel [*A subaqueous tunnel constructed by the prefabrication of units and their submergence and joining in a prepared trench*]
abgesenkter (Unterwasser)Betonrohrtunnel ***m*,** versenkter (Unterwasser)Betonrohrtunnel *m*, eingegrabener (Unterwasser)Betonrohrtunnel, Absenk-Betonrohrtunnel, Betonrohr-Absenktunnel • concrete sunk(en)-tube tunnel, concrete immersed tube tunnel, concrete submerged tube tunnel
abgesenkter (Unterwasser)Rohrtunnel ***m*,** versenkter (Unterwasser)Rohrtunnel, eingegrabener

(Unterwasser)Rohrtunnel, Absenk-Rohrtunnel, Rohr-Absenktunnel, Versenk-Rohrtunnel, Rohr-Versenktunnel • sunk(en)-tube tunnel, immersed tube tunnel, submerged tube tunnel

abgesenkter (Unterwasser)Stahlrohrtunnel *m*, versenkter (Unterwasser)Stahlrohrtunnel, eingegrabener (Unterwasser)Stahlrohrtunnel, (Ab)Senk-Stahlrohrtunnel, Stahlrohr-(Ab)Senktunnel • steel sunk(en)-tube tunnel, steel immersed tube tunnel, steel submerged tube tunnel

abgesenkter (Unterwasser)Straßenrohrtunnel *m*, versenkter (Unterwasser)Straßenrohrtunnel, eingegrabener (Unterwasser)Straßenrohrtunnel, Versenk-Straßenrohrtunnel, (Ab)Senk-Straßenrohrtunnel • sunk(en)-tube road tunnel, sunk (en)-tube highway tunnel, immersed tube road tunnel, immersed tube highway tunnel, submerged tube road tunnel, submerged tube highway tunnel

abgesenkter Wasserspiegel *m*, abgesenkter Stau *m* [*Talsperre*] • drawn down water level, lowered water level

abgesetzt, abgelagert, aufgeschüttet • depositional, deposited [*Formed by the process of deposition*]

abgesetzt, aufgesetzt [*Senkkasten*] • founded [*A caisson is founded when it settles on its bed*]

abgesetzt [*(Ölfeld)Bohrrohre*] • landed, set

abgesetzter Niederschlag *m* [*Tau; Reiß*] • direct precipitation

abgesonderter Kern *m* ➋ abgelöster Kern

abgesondertes Wasser *n* des Betons • bleed water of concrete

abgespalten, diaschist • diaschistic [*Said of the rock of a minor intrusion that consists of a differentiate, i.e., its composition is not the same as that of the parent magma*]

abgespalten • differentiated [*Said of an igneous intrusion in which there is more than one rock type, owing to differentiation*]

abgespaltener Quergang *m* • differentiated dike, differentiated dyke

abgespannt ➋ (ab)gebölzt

abgesperrte Förderbohrung *f*, geschlossene Förderbohrung, abgesperrtes Förderbohrloch *n*, geschlossenes Förderbohrloch • shut-in well [*An oil or gas well that is closed (off)*]

(ab)gesperrtes Tal *n*, abgeriegeltes Tal *n*, Hindernistal • blocked(-up) valley, obstructed valley

abgespreizt, (ab)gebölzt, abgestrebt, verstrebt, abgespannt, abgefangen, verspreizt, abgesprießt, versprießt [*Die Spreizen sind waag(e)recht oder nahezu waag(e)recht angeordnet*] • braced, strutted (apart)

abgespritzter Boden *m*, abgespülter Boden, abgespritzte Erde, abgespülte Erde *f* • jet-loosened earth, jet-loosened soil [*It is obtained by directing an earth-loosening stream of water against the soil by means of a jet nozzle*]

abgespült, abgeströmt

abgesteckt, abgepfählt, abgepflockt, verpflockt, verpfählt; abgegeben (⚒) • pegged (out), staked (out), set out (with pegs)

abgesteifte Wand *f* • strutted wall

Abgestemmte *n*, Vorsatz *m* (⚒) • step of pack-walls below an overhand stope

abgestorben, verschwunden • extinct, dead

abgestrebt ➋ (ab)gebölzt

(ab)gestuft, gradiert • graded

(ab)gestufte Gründung *f* ➋ (ab)getrepptes Fundament

(ab)gestufte Schichtung *f*, gradierte Schichtung, Gradierung, diadaktische Schichtung • graded bedding, diadactic structure, diatactic structure, grading bedding [*A type of bedding in which each layer displays a gradual and progressive change in particle size, usually from coarse at the base of the bed to fine at the top. It may form under conditions in which the velocity of the prevailing current declines in a gradual manner, as by deposition from a single short-lived turbidity current*]

(ab)gestufter Filter *m*, Stufenfilter *m, n*, zusammengesetzter Filter, (ab)gestuftes Filter *n*, zusammengesetztes Filter • composite filter, graded filter, compound filter

(ab)gestufter Hang *m*, (ab)getreppter Hang *m*, Stufenhang, Treppenhang • step(ped) slope

(ab)gestufter Spitzpfahl Raymond *m*, Raymondpfahl • (Raymond) Step-taper concrete pile [*registered trademark*]; Raymond pile

(ab)gestuftes Fundament *n* ➋ (ab)getrepptes Fundament

(ab)gestuftes Kartenzeichen *n* • graduated (map) symbol

abgestumpft • betrunked [*Applied to free partial submergence of a river system; rivers that were formerly connected flow into the sea by separate mouths*]

abgestumpfter Tiefseeberg *m*, Guyot *m* • guyot, tablemount, tableknoll [*A type of seamount at about 200 m depth that has a platform top*]

(ab)gestützter Aushub *m*, gesicherter Aushub • retained excavation, supported excavation

A

(ab)gesunkene Oberfläche ***f*****,** Sinkoberfläche, Einsturzoberfläche • subsided surface

(ab)gesunkener Flügel ***m*****,** (ab)gesenkter Flügel, (Ab)Gesunkene *n*, (Ab)Gesenkte *n* • thrown side, lowered side, downthrow (side) [*The lower side of a fault after displacement has occurred*]

abgetastet • scanned

abgetauchte lithosphärische Platte ***f*** • subducted lithospheric plate

abgetragen ➋ bloßgelegt

abgetragen, formzerstört, zerstört • destructional [*Said of a landform that owes its origin or general character to the removal of material by erosion and weathering; e.g. a mesa, cliff, plain, or canyon resulting from the wearing down or away of the land surface*]

abgetragene Felsmasse ***f*****,** Felsabtrag *m* • excavated rock, cut rock, dug rock

abgetragene Landfläche ***f*****,** erodierte Landfläche, ausgenagte Landfläche • erosion (land) surface [*A land surface shaped by agents of erosion*]

abgetrennter Arbeitsplatz ***m*** **im Großraumbüro** • cubicle

(ab)getreppte (Beton)Einzelgründung ***f*****,** (ab) getrepptes (Beton)Einzelfundament *n* • step(ped) (concrete) footing, bench(ed) (concrete) footing

(ab)getreppte Böschung ***f*** • bench(ed) slope

(ab)getreppte Gründung ***f*****,** (ab)getrepptes Fundament *n*, (ab)gestuftes Fundament, (ab)gestufte Gründung, Stufenfundament, Stufengründung, Treppenfundament, Treppengründung • step(ped) foundation, bench(ed) foundation

(ab)getreppter Hang ***m*****,** (ab)gestufter Hang, Stufenhang, Treppenhang • step(ped) slope

(ab)getrepptes (Beton)Einzelfundament ***n*****,** (ab) getreppte (Beton)Einzelgründung *f* • step(ped) (concrete) footing, bench(ed) (concrete) footing

(ab)getrepptes Fundament ***n*****,** (ab)getreppte Gründung *f*, (ab)gestuftes Fundament, (ab)gestufte Gründung, Stufenfundament, Stufengründung, Treppenfundament, Treppengründung • step(ped) foundation, bench(ed) foundation

(ab)gewalzte (Auf)Schüttung ***f*****,** Walz(auf)füllung *f*, (ab)gewalzte (Auf)Füllung, Walz(auf)schüttung • rolled fill(ing)

(ab)gewalzte Erd(auf)füllung ***f*****,** Walz-Erd(auf)-füllung, (ab)gewalzte Erd(auf)schüttung, (ab) gewalzter Erdauftrag *m*, Walz-Erd(auf)schüttung, Walz-Erdauftrag • rolled earth fill(ing)

(ab)gewalzte Tonschüttung ***f*****,** Walz-Tonschüttung • rolled clay fill(ing)

(ab)gewalzter Kern ***m*****,** Walzkern [*Staudamm*] • rolled core

(ab)gewalzter (Stau)Damm ***m*****,** Walz(stau)damm • rolled earth (fill) dam

(ab)gewalzter Ton(dichtungs)kern ***m*****,** Walz-Ton-(dichtungs)kern • rolled clay core [*fill dam*]

abgewichene Bohrung ***f*****,** abgewichenes Bohrloch *n* • crooked (bore)hole, deviated (bore-)hole, "off vertical" (bore)hole

abgewichener Pfahl ***m*** [*Ein Pfahl der beim Rammen von der gewünschten Richtung abwich, meistens durch ein Hindernis*] • deflected pile, displaced pile

(ab)gewinkelte Welle ***f*** [*Unter einem Bohrmotor zur Auslenkung*] • bent sub

abgewickelte Fläche ***f*** • developed surface

abgewittert, weggewittert • weathered off, weathered away

abgeworfen ➋ aufgelassen

abgeworfener Boden ***m*** ➋ verkippter Boden

abgeworfener Fels ***m*** ➋ geschütteter Fels

abgezogene Hangendkohle ***f*** • rear coal

abgleichen [*Auf ein bestimmtes Maß*] • to true

abgleichen [*Bodenverfestigung mit Zement usw.*] • to shape

abgleichen, abziehen, abgleichen [*Beton: mit Hilfe eines 'Abstreifers' oder einer Maschine*] • to strike off, to screed *(removing concrete in excess of what is required to bring the surface to grade)*

(Ab)Gleitdecke ***f*** • downsliding nappe

(Ab)Gleitfläche ***f*** [*Meteorologie*] • level of subsidence, subsidence level

(Ab)Gleitung ***f*** ➋ Abscherung

(Ab)Gleitversuch(s)probe ***f*** [*Trennflächenuntersuchung*] • tilt(ing) test sample

abgraben [*Eine Bodenerhöhung beseitigen*] • to dig off

Abgraben ➋ Abgrabung

Abgrabung ***f*** • digging into the ground

Abgreifen ***n*** [*Von Koordinaten aus einer Karte*] • cartometric scaling

Abgrenzung ***f*** **gegen Sohle,** Sohlenabgrenzung (⚒) • bottom parting

Abgrund ***m*****,** Schlund • *m* abyss, deep hollow, chasm, gulf [*The older forms in English were abime, abysme from the French. The Latin abyssus was adopted as a more learned word and thus the word has had five variants, abime, abysm, abysmus, abyssus, abyss. Used from 1398 as the great deep, the primal chaos, from 1639 as a bottomless gulf, any apparently unfathomable cavity.*]

abgründig ➋ unermesslich tief

A

abgrundtief ➋ unermesslich tief

Abgrusung ***f*** ➋ körniger Zerfall

abhalten [*Eine Strecke durch Holzverdämmung absperren*] (⚒) • to keep off the waters by timbering

Abhalter ***m*** **(bei Kranarbeiten)** • banksman [*offshore engineering*]

Abhandlung ***f*** ➋ Arbeit

(Ab)Hang ***m*,** Berghang, Berglehne *f*, Gehänge *n* • hillside, flank of (a) hill, (hill)slope; coast [*USA and Canada*]; bank [*Northern England and Scotland*] [*An inclined part of a hill between its crest and the drainage line at the foot of the hill*]

(Ab)Hangabbau ***m*,** Gehängeabbau [*Die Lagerstätte ragt deutlich aus einer mehr oder weniger gleichförmigen Umgebung heraus. Es sind Härtlinge, die der Erosion standgehalten haben; die Umgebung wurde erodiert*] • hillside mining, (hill)slope mining

(Ab)Hang(ab)rutschung ***f*,** Gehänge(ab)rutschung • hillside slump(ing), (hill)slope slump(ing), hillside rotation(al) slide, (hill)slope rotation(al) slide

(Ab)Hangabtrag(ung) ***f*,** Gehängeabtrag(ung) *m*, (*f*) • hillside deplanation, (hill)slope deplanation

(Ab)Hanganalyse ***f*,** Gehängeanalyse • hillside analysis, (hill)slope analysis

(Ab)Hanganschnitt ***m*,** Anschnitt *m*, Gehängeanschnitt [*Auf- und Abtrag bei einem Erdkörper treffen zusammen*] • hillside cut(ting), (hill) slope cut(ting)

(Ab)Hangauffüllung ***f*,** (Ab)Hangaufschüttung, Gehängeauffüllung, Gehängeaufschüttung • hillside fill(ing), (hill)slope fil(ling)

(Ab)Hangbewegung ***f*,** (Ab)Hangmassenverlagerung, Gehängebewegung, Gehängemassenverlagerung [*Die Verlagerung von Gesteinsmassen aus höheren in tiefere Lagen nur infolge der Schwerkraft, im Gegensatz zum Transport vom Massen, der ebenfalls durch Schwerkraft, aber mittels Wasser, Wind, Schnee oder Eis verursacht wird. Die Grenze zwischen beiden Fällen liegt bei einem Mittelwert des Verhältnisses Transportmedium: Gesteinsmasse von 1:1*] • hillside movement, (hill) slope movement

(Ab)Hangbildung ***f*,** Gehängebildung • hillside formation, (hill)slope formation

(Ab)Hangboden ***m*,** Gehängeboden; Ranker *m* [*Österreich*] • hillside soil, (hill)slope soil

(Ab)Hangbruch ***m*,** Gehängebruch • hillside break, hillside rupture, (hill)slope break, (hill)slope rupture

Abhängehaken ***m*** **am Kehrrad,** Kehrrad-Abhängehaken *m* [*Tiefbohrtechnik*] • disconnecting hook, throw-off hook

abhängen ➋ absetzen [*Verrohrung*]

Abhängen ***n*** **der Verrohrung** • hanging the casing

(Ab)Hangentwässerung ***f*,** Gehängeentwässerung • hillside drainage, (hill)slope drainage

(Ab)Hangentwick(e)lung ***f*,** Gehängeentwick(e)lung • hillside development, (hill)slope development

(Ab)Hangexposition ***f*,** (Ab)Hangneigungsrichtung *f*, Gehängeneigungsrichtung, Gehängeexposition • hillside exposure, (hill)slope exposure [*See note under "exposure"*]

(Ab)Hangfilterung ***f*,** (Ab)Hangfiltration *f*, Gehängefilterung, Gehängefiltration • hillside filtration, (hill)slope filtration

(Ab)Hangforschung ***f*,** Gehängeforschung • hillside research, (hill)slope research

(Ab)Hangfuß ***m*,** Gehängefuß • hillside toe, (hill)slope toe

(Ab)Hanggefälle ***n*,** Gehängegefälle • hillside line, (hill)slope line

Abhanggraben ***m*** ➋ (Ab)Fang(e)graben

(Ab)Hanggrube ***f*,** Gehängegrube • hillside pit, (hill) slope pit

(Ab)Hanggrundwasser ***n*,** Gehängegrundwasser • hillside groundwater, (hill)slope groundwater

(Ab)Hanghydrologie ***f*,** Gehängehydrologie • hillside hydrology, (hill)slope hydrology

abhängig [**Gelände**] • sloping, inclining

(Ab)Hangkarte ***f*,** Gehängekarte • hillside map, (hill) slope map

(Ab)Hangkriechen ***n*,** Gehängekriechen [*Langsame Verformungen, die über einen längeren Zeitraum im Lockergestein oder Fels entstanden sind*] • hill(side) creep(ing), (hill)slope creep(ing) [*The bending over the upper parts of steeply inclined strata on a (hill)slope due to the downward pull of soil and superficial deposits into the valley*]

(Ab)Hanglabilität ***f*,** Gehängelabilität • hillside instability, (hill)slope instability

(Ab)Hanglehm ***m*,** Gehängelehm • hillside loam, (hill) slope loam

(Ab)Hangmassenverlagerung ***f*,** (Ab)Hangbewegung, Gehängebewegung, Gehängemassenverlagerung [*Die Verlagerung von Gesteinsmassen aus höheren in tiefere Lagen nur infolge der Schwerkraft, im Gegensatz zum Transport vom Massen, der ebenfalls durch Schwerkraft, aber mittels Wasser, Wind, Schnee oder Eis verursacht wird. Die Grenze zwischen beiden Fällen liegt bei einem Mittelwert des Verhältnisses Transportmediumi:Gesteinsmasse von 1:1*] • hillside movement

A

(Ab)Hangneigungsrichtung ***f***, (Ab)Hangexposition *f*, Gehängeneigungsrichtung, Gehängeexposition • hillside exposure, (hill)slope exposure [*See note under "exposure"*]

(Ab)Hang(neigungs)winkel ***m***, Gehänge(neigungs)-winkel • hillside angle, (hill)slope angle

(Ab)Hangprofil ***n***, Gehängeprofil • hillside profile, (hill)slope profile

(Ab)Hangquelle ***f***, Gehängequelle • contact spring, hillside spring, outcrop spring

(Ab)Hangrückverlagerung ***f***, Gehängerückverlagerung • slope retreat, slope recession, scarp retreat, scarp recession [*The progressive recession of a scarp or of the side of a hill or mountain; suggested causes include back-wearing (parallel slope retreat) and down-wearing*]

(Ab)Hangschutt ***m***, Gehängeschutt • weathered hillside rock, weathered (hill)slope rock, hillside weathered rock, (hill)slope weathered rock, hillside waste, (hill)slope waste, hillfoot debris, talus, scree

(Ab)Hangseife ***f***, Gehängeseife • hillside placer, (hill) slope placer

(Ab)Hangsickerung ***f***, Gehängesickerung • hillside seepage, (hill)slope seepage

(Ab)Hangspülung ***f***, Gehängespülung • hillside wash, (hill)slope wash

(Ab)Hangstandfestigkeitskarte ***f***, Gehängestandfestigkeitskarte • hillside stability map, (hill)slope stability map

(Ab)Hangsteinbruch ***m***, Gehängesteinbruch • hillside quarry, (hill)slope quarry

(Ab)Hangverdrängung ***f***, Gehängeverdrängung • hillside replacement, (hill)slope replacement [*The maximum angle decreases through replacement from below by gentle slopes, causing the greater part of the profile to become occupied by the concavity, which may be either smoothly curved or segmented*]

(Ab)Hangverfall ***m***, Gehängeverfall • hillside decline, (hill)slope decline [*The steepest part of the slope progressively decreases in angle, accompanied by the development of a convexity and a concavity*]

(Ab)Hangverflachung ***f***, Gehängeverflachung • hillside flattening, (hill)slope flattening

(Ab)Hangversagen ***n***, Gehängeversagen • hillside failure, (hill)slope failure

(Ab)Hangverwitterung ***f***, Gehängeverwitterung • backweathering [*Weathering that contributes to slope retreat*]

(Ab)Hangwind ***m***, Gehängewind • incline wind

abheben ➋ (ab)streichen

abheben des Hangenden über dem Salz (⚒) • to take off the first earth

(ab)hebern • to siphon, to syphon

Abhilfearbeiten ***f*** • remedial works

Abhilfe(maßnahme) ***f***, Gegenmaßnahme • remedy, remedial measure

(Ab)Hobeln ***n*** [*Kohle*] • ploughing (off) (Brit.); plowing (off) (US)

Abholzung ***f*** • deforestation

Abhorchmethode ***f***, Abhorchverfahren *n* [*Zur Erkennung von undichten Stellen in unterirdischen Flüssigkeitsleitungen*] • listening method

abhütten [*Bergwerk*] (⚒) • to break

Abioglyphe ***f*** • abioglyph [*A hieroglyph of inorganic origin*]

Abiotikum ***n***, Azoikum

Abkapselung ***f***, Einkapselung *f* • encapsulation

Abkehrattest ***n*** [*Das dem abkehrenden Bergmann über sein Verhalten erteilte Zeugnis*] (⚒) • testimonial

abkehrend, obsequent • obsequent, anticonsequent, inverted [*Said of a geologic(al) or topographic(al) feature that does not resemble or agree with a consequent feature from which it developed of a later date*]

Abkehrfluss ***m***, obsequenter Fluss, Stirnfluss, Gegenfluss [*Er verläuft entgegengesetzt zum Schichtfallen*] • obsequent stream, anticonsequent stream, inverted stream

Abkehrstrom ***m***, obsequenter Strom, Stirnstrom, Gegenstrom [*Er verläuft entgegengesetzt zum Schichtfallen*] • obsequent river, anticonsequent river, inverted river

Abkehrtal ***n***, obsequentes Tal *n*, Stirntal, Gegental • obsequent valley, anticonsequent valley, inverted valley [*One which has been cut back along the beheaded valley, on account of the lesser resistance offered by it, as compared with the higher ground on either side*]

(ab)keilen • to wedge (free from the floor), to lift the bed by wedging [*quarrying work*]

(ab)keilen • to wedge

(Ab)Keilen ***n***, Keilspalten, (Ab)Keilung *f*, Steinspaltung, Abschlitzen, Abschlitzung • (bed lifting by) wedging [*The process of splitting masses of rocks by means of wedges*]

(Ab)Keilpunkt ***m*** [*amerikanischer Stahlverbau*] • blocking point

Abkerb- und Abscherverfahren ***n*** [*Ausbruch unter Tage*] • post-splitting method

abkippen, kippen [*Scholle*] • to tip, to tilt

Abkippen ***n***, Auskippen, (Aus)Schütten, Abwerfen, Verkippen • tipping, dumping

A

Abkippen *n* über Böschung • slope dumping, slope tipping [*Process in which fill material is pushed over the edge of a slope and allowed to roll down the slope*]

Abklingbecken *n* [*für verbrauchte Brennelemente in Atomreaktoren*] • spent fuel pool

abklingen, ausklingen [*Geräusch; Erschütterung*] • to die (away), to fade, to decay

abklingen [*einer Setzung*] • to fade

abklingen, verebben • to ebb (away) [*flood*]

Abklingen *n*, Ausklingen [*Geräusch; Erschütterung*] • decay, fading, dying(-away)

abklingende Falte *f* ➲ ausklingende Falte

abklingende vulkanische Tätigkeit *f* ➲ ausklingende vulkanische Tätigkeit

Abklingentfernung *f*, Ausklingentfernung • decay distance, dying(-away) distance, fading distance [*The distance through which swell travels after leaving the generating area*]

Abklingkonstante *f*, Dämpfungskonstante, Ausklingkonstante • decay constant [*The time t for an exponentially decaying quality to decrease to 1/e of its initial value (e is the base of the Napierian logarithm)*]

Abklingkurve *f*, Ausklingkurve • decay curve, dying (away) curve, fading curve

Abklingphase *f*, Ausklingphase [*Hochwasser*] • falling stage, receding stage

Abklingzeit *f*, Ausklingzeit • fading time, decay time, dying(-away) time

abklopfen [*nach dem Feuersetzen*] (⚒) • to break the rock with the hammer

(Ab)Klopfen *n* • chipping [*Removing seams and other surface defects in metal manually with chisel or gouge, or by machine, before further processing*]

(Ab)Klopfen *n* der Firste, Firsten(ab)klopfen, Beklopfen der Firste, Firstenbeklopfen (⚒) • sounding, drumming, jowling [*Knocking on a mine roof to see whether it is sound or safe to work under*]

Ab-Kluft, Lagerkluft *f* • bed(ding) joint

Abkohlen *n* • breaking coal, coal breaking

Abkohler *m*, (Kohlen)Hauer *m*, (Kohlen)Häuer • (coal) digger, (coal) getter, faceman, (coal) hewer [*A coal miner who performs the duties involved in drilling underground openings into which explosives are charged and set off, to extract coal, slate, and rock*] [*Loosely also called "miner"*]

Abkommende *n* ➲ Apophyse

Abkommnis *n* ➲ Apophyse

abkoppeln [*Pilotrohr*] • to disconnect

Abkühlbecken *n* [*für verbrauchte Brennstäbe in einem Reaktor*] • (reactor) cooling pool

(Ab)Kühl(ungs)fläche *f* • cooling surface [*jointing of igneous rocks*]

(Ab)Kühl(ungs)riss *m* • cooling crack [*It is formed as a result of cooling of an igneous rock*]

(Ab)Kühl(ungs)spalt(e) *m*, *(f)* • cooling fissure

ablagern, absetzen [*Geomorphologie*] • to deposit

Ablagern *n*, Absetzen • deposition [*The laying down of potential rock-forming material by such agencies as flowing water, waves, winds, glaciers, ice, or gravity*]

Ablagerung *f* ➲ (Boden)Ablagerung

Ablagerung *f*, Absetzung, Absatz *m* [*Geomorphologie*] • deposit, deposition

Ablagerung *f*, Bett *n* • bed [*A detrital or sedimentary superficial deposit*]

Ablagerung *f* ➲ Sediment

Ablagerung *f* ➲ Sedimentation

Ablagerung *f* aus rascher und sehr starker Strömung • storm deposit

Ablagerungs(ab)hang *m* ➲ (Auf)Schütt(ungs)(ab)hang

Ablagerungsbasis *f* • base level of deposition [*The highest level to which a sedimentary deposit can be built; if built of marine deposits, it coincides with the base level of erosion*]

Ablagerungsbecken *n* • basin of deposition, deposition(al) basin [*An original basin or area of deposition of a group of sedimentary rocks. Because of confusion with other uses of the term "basin", the French word "cuvette" has been used by L.J. Wills and others*]

Ablagerungsböschung *f*, Absetzböschung, Aufschütt(ungs)böschung • deposition(al) slope, accumulation slope, deposited slope

Ablagerungsbrekzie *f*, Absetzbrekzie, Aufschütt(ungs)brekzie • deposition(al) breccia, accumulation breccia

Ablagerungsfächer *m*, Aufschütt(ungs)fächer *m*, Absetzfächer • deposition(al) fan, accumulation fan, deposit(ed) fan

Ablagerungsfläche *f*, Spülfeld *n*, Spülfläche, Ablagerungsfeld, Absetzfeld, Absetzfläche, Spülstelle *f*, Ablagerungsstelle, Absetzstelle [*Nassbaggerung*] • disposal area, disposal point, dump(ing) point, fill disposal area, fill dump(ing) area, dump(ing) area; dredge discharge pool (US); dredger discharge pool (Brit.)

Ablagerungsfolge *f*, Absetzfolge, Aufschüttfolge, Aufschüttungsfolge • deposition(al) sequence, deposition(al) succession, accumulation sequence, accumulation succession

ablagerungsfreie Fließgeschwindigkeit *f* • nonsilting velocity, transport(ation) velocity

A

[*The velocity of water in a channel that maintains silt in movement*]

Ablagerungsgebiet *n*, Sedimentationsgebiet • sedimentation area, sedimentation region

Ablagerungsgebiet *n* [*von Lawinen*] • deposition zone [*of avalanches*]

Ablagerungsgefüge *n*, Absetz(ungs)gefüge, Aufschütt(ungs)gefüge • deposition(al) (rock) fabric [*It results from deposition during the rock's formation*]

Ablagerungsgehänge *n* ➲ Aufschütt(ungs)(ab)hang

Ablagerungsgestein *n* ➲ Sedimentgestein

Ablagerungsgrenzfläche *f*, Absetz(ungs)grenzfläche, Aufschütt(ungs)grenzfläche • deposition(al) interface, accumulation interface

Ablagerungskegel *m*, Aufschütt(ungs)kegel, Absetz(ungs)kegel • deposition(al) cone, accumulation cone, deposited cone

ablagerungsmäßig, aufschütt(ungs)mäßig, absetz(ungs)mäßig • depositional [*Pertaining to the process of deposition, e.g. a "deposition(al) basin" or "deposition(al) surface"*]

Ablagerungsmechanismus *m*, Absetz(ungs)mechanismus, Aufschütt(ungs)mechanismus • deposition(al) mechanism, accumulation mechanism

Ablagerungsmilieu *n*, Absetz(ungs)milieu, Aufschütt(ungs)milieu • deposition(al) environment, environment of deposition, accumulation environment

Ablagerungsplatz *m* ➲ (Aussatz)Kippe

Ablagerungsreg(e)lung *f*, Absetz(ungs)regelung, Aufschütt(ungs)reg(e)lung *f* • control by accumulation, accumulation control [*accumulation (hill)slope*]

Ablagerungsschichtung *f* ➲ Absatzschichtung

Ablagerungsschwerpunkt *m* • depocenter (US); depocentre (Brit.) [*In geology, a site of maximum deposition*]

Ablagerungssequenz *f* • depositional sequence

Ablagerungsstelle *f* ➲ Ablagerungsfläche

Ablagerungsvergangenheit *f*, Absetz(ungs)vergangenheit, Aufschütt(ungs)vergangenheit [*Lagerstätte*] • deposition(al) history, accumulation history

Ablagerungsvorgang *m*, Absetz(ungs)vorgang, Aufschütt(ungs)vorgang • deposition(al) process, accumulation process

Ablagerungszone *f* • deposit zone [*In the case of a rockfall, this is the area where the rocks stop moving*], deposition zone

ablandig ➲ meer(es)wärtig

ablandiger Wind *m*, Landwind • offshore wind

Ablass *m*, Auslass • outlet [*That portion of a pipe, pump, or structure through which water or air leaves*]

Ablass *m* auf mittlerer Höhe, Auslass auf mittlerer Höhe [*Talsperre*] • middle-height discharge gallery; middle-height discharge tunnel (US)

ablassen ➲ versenken

ablassen • to drain off, to draw off, to let off [*The water of a ditch, trench or tank*]

ablassen [*Druckluft*] • to release

Ablassen *n* [*Talsperre*] • drawdown

Ablassen *n* der Vorspannkraft • release of prestressing force

Ablassflügelmauer *f* ➲ Auslassflügelmauer

Ablasskegel *m*, Auslasskegel [*Grundablass-Drosselklappe*] • outlet bellmouth

Ablassöffnung *f* ➲ Ablauföffnung

Ablassregulierschütz(e) *n*, *(m)*, Auslassregulierschütz(e), Entleer(ungs)schütz(e) • outlet control gate, outlet regulator gate

Ablassschacht *m*, Auslassschacht, Entleer(ungs)schacht • outlet shaft

Ablassschieber *m*, Entleer(ungs)schieber, Auslassschieber [*Talsperre*] • outlet valve

Ablassstollen *m*, Entleer(ungs)stollen, Ablaufstollen, Auslaufstollen [*Talsperre*] • discharge tunnel, outlet tunnel (US); discharge gallery, outlet gallery, outflow gallery

Ablassverschluss *m*, Auslassverschluss, Entleerungsverschluss [*Talsperre*] • emptying gate, outlet gate

Ablation *f* • ablation, wastage [*The wearing away of rocks, as by erosion or weathering*]

Ablation *f*, Zehrung *f*, Abschmelzung und Verdunstung • ablation, wastage, surface melting of ice, glacier wastage, melt-out [*The reduction in volume of a glacier ice cover or snow cover due to melting, evaporation and wind*]

Ablationsfläche *f* ➲ Ablationszone

Ablationsgebiet *n* ➲ Ablationszone

Ablationskegel *m*, Gletschertisch *m*, Zehrungskegel, Abschmelz(ungs)kegel, Zehrkegel [*Ein Eiskegel umhüllt von einer Lockermaterialschicht wächst aus der Gletscheroberfläche heraus*] • ablation cone, wastage cone

Ablationsmenge *f*, Zehr(ungs)menge, Abschmelz(ungs)- und Verdunstungsmenge • ablation [*The amount of snow or ice removed, in this sense, the opposite of accumulation*]

Ablationsmesser *m*, Zehr(ungs)messer, Abschmelz(ungs)messer • ablatograph [*It records ablation by*

measuring the distance which a snow, ice or firn surface changes during the period of observation, because of ablation and regalation]

Ablationsmoräne ***f,*** Abschmelz(ungs)moräne, Zehr(ungs)moräne, Flachmoräne, Rückenmoräne • ablation moraine, wastage moraine [*An uneven pile or continuous layer of ablation till or ablation debris, either overlying ice in the ablation area or resting on ground moraine derived from the same glacier*]

Ablationspegel ***m,*** Abschmelz(ungs)pegel, Zehr(ungs)pegel • ablation stake, wastage stake

Ablationszeit ***f,*** Abschmelz(ungs)zeit, Zehr(ungs)zeit • ablation season, summer season, wastage season

Ablationszone ***f,*** Zehr(ungs)gebiet *n,* Zehr(ungs)fläche *f,* Ablationsgebiet, Ablationsfläche, Abschmelz(ungs)gebiet, Abschmelz(ungs)fläche, Zehr(ungs)zone, Abschmelz(ungs)zone • ablation zone, ablation area, wastage zone, wastage area, zone of ablation, zone of wastage, area of dissipation, dissipator [*The section in a glacier or snowfield where ablation exceeds accumulation*]

Ablauf ***m,*** Abfluss *m,* Ausfluss • flow, runoff [*The term "flow" is nebulous, and confusion arises from a lack of precision in terminology. It is widely used as* a *synonym both for "velocity" and "discharge"*]

Ablauf ***m,*** Bauablauf • cycle, construction cycle, building cycle

Ablauf ***m*** ➜ Ableitung

Ablauf ***m*** ➜ Fluter

Ablauf ***m*** ➜ Vorgang

Ablauf . . . , (Schacht)Ablauf . . .

Ablaufbecken ***n*** ➜ Ableitungsbecken

Ablaufdiagramm ***n*** [*z. B. für die Planung einer Sprengung*] • process chart, process diagram

Ablaufdurchschnitt(s)wert ***m*** ➜ Abflussmittelwert

ablaufen, abfließen • to flow, to discharge, to run off

Abläufer ***m,*** Eisbock *m,* Gegenpfeiler *m,* Strombrecher • starling, jetty, sterling [*Piles (usually timber) driven into the streambed or riverbed upstream of a bridge pier - and downstream in tidal water – to protect it from floating rubbish, ice, etc.*]

Abläufer ***m*** ➜ Apohyse

Ablauffolge ***f*** ➜ Vorgangsfolge

Ablaufgeomorphologie ***f*** ➜ Vorgangsgeomorphologie

Ablauf(ge)rinne ***f, (n),*** Abfluss(ge)rinne • gutter [*For carrying off excess surface water to a gull(e)y*]

Ablaufhilfsmittel ***n,*** Vorgangshilfsmittel, Prozesshilfsmittel *n* • process tool

Ablaufhöhe ***f,*** Abflusshöhe, Gebietsabfluss *m* [*Quotient aus Abflusssumme und zugehörigem Einzugsgebiet. Zeichen hA. Einheit: mm*] • depth of runoff, depth of discharge, depth of flow, runoff depth, discharge depth, flow depth

Ablaufkanal ***m*** ➜ Unter(wasser)graben

Ablaufkarte ***f,*** Abflusskarte • discharge map, flow map, runoff map

Ablauf(menge) ***m, (f)*** ➜ Volumenstrom

Ablauf(menge) ***m, (f)*** ➜ (Oberflächen)Ablauf(menge)

Ablaufmittelwert ***m,*** Abflussmittelwert *m,* Abflussdurchschnitt(s)wert, Ablaufdurchschnitt(s)wert • mean discharge value, mean runoff value, mean flow value, average runoff value, average discharge value, average flow value

Ablaufmodell ***n,*** Abflussmodell • discharge model, flow model, runoff model

Ablauföffnung ***f,*** Abflussöffnung, Wehröffnung, Durchflussöffnung, Ablassöffnung, Auslauföffnung, Durchlassöffnung • (weir) sluiceway, discharge opening, (weir) outlet, (weir) waterway, (weir) hatch [*An opening in a diversion weir, usually adjacent to the head gate; may consist of an open panel in the weir or a gate near the base of the weir*]

Ablauföffnung ***f*** [*z. B. in einer Spundwand*] • water outlet [*in a sheet pile wall*]

Ablaufrinne ***f*** ➜ Priel

Ablaufstatistik ***f,*** Abflussstatistik • discharge statistics, flow statistics, runoff statistics

Ablaufstollen ***m*** ➜ Ablassstollen

Ablaufstollen ***m*** ➜ Auslaufstollen

Ablaufverhältnis ***n,*** Abflussverhältnis [*Abfluss/Niederschlags-Verhältnis in einem Gebiet und einer Zeitspanne*] • discharge ratio, flow ratio, runoff ratio

Ablaufvorhersage ***f,*** Abflussvorhersage • discharge forecasting, flow forecasting, runoff forecasting

Abläuterfass ***n,*** Abläuterkiste *f* • washing trunk

(ab)läutern [*Erz*] • to wash (in screening), to buddle, to clean

ableiten • to channel away [*water flow*]

Ableiter ***m*** ➜ (Bewässerungs)Ableiter

Ableitung ***f,*** Beileitung, Überleitung • diversion [*The change in character, location or direction of flow of a natural water course. Engineer's Definition: Has two distinct meanings, which will be clear in context. In one, it is the taking of water from a watercourse for a beneficial purpose (irrigation, water supply, power, etc.) even though a portion may return to the same watercourse. The other is the deflection of surface waters* *or watercourse waters so that they discharge into a watercourse to which they are not naturally tributary. Deflection of flood-water is not diversion*]

Ableitung *f*, Auslauf *m*, Abfluss *m*, Ablauf • tailrace [*The gallery or channel that conveys the water from the turbine(s) to the water course*]

Ableitung *f* [*im Sinne von Übertragung, z. B. von horizontalen od. vertikalen Kräften*] • transmission

Ableitung *f* geotechnischer Kenngrößen • derivation of geotechnical parameters

Ableitungsbecken *n*, Auslaufbecken, Abflussbecken, Ablaufbecken • tailrace pool [*dam*]

Ableitungs(ge)rinne *f*, (*n*) • flume [*An artificial inclined channel used for diverting the water of a stream or river from its channel for the purpose of washing or dredging the sand and gravel in the dry bed or to aid engineering construction*]

Ableitungsgraben *m* ➋ Unter(wasser)graben

Ableitungskanal *m* ➋ Unter(wasser)graben

Ableitungsmechanismus *m*, Problemlösungskomponente *f* [*Geoinformationssystem; Landinformationssystem. Teil eines Expertensystems, der aus Grundregeln ein komplexes Wissen ermitteln kann*] • interference engine

Ableitungsstollen *m* ➋ Auslaufstollen

Ablenkbauwerk *n* ➋ Ablenkwerk

Ablenkblech *n* ➋ Blechschikane

Ablenkdüsen(bohr)meißel *m*, Düsenablenk(bohr)-meißel, Ablenkturbine *f* [*Richtbohren*] • jet deflection bit, nozzle deflection bit; jet deflexion bit, nozzle deflexion bit (Brit.)

ablenken • to deviate, to deflect, to kick off [*To change the course of a borehole*]

Ablenkturbine *f* ➋ Ablenkdüsen(bohr)meißel

Ablenk(ungs)fluss *m*, Ablenker *m*, Umleitungsfluss, Umlauffluss • diverter, diverting stream [*A stream that effects diversion, e.g. a capturing stream*]

Ablenk(ungs)keil *m*, Abweich(ungs)keil, Richtkeil • deflecting wedge, deflection wedge, Hall-Rowe wedge, spade-end wedge, Thomson wedge; deflexion wedge (Brit.); whipstock [*undesirable usage*] [*A wedge-shaped tool inserted in a (bore)hole to direct the bit along a prescribed course. British spelling is "deflexion"*]

Ablenk(ungs)kern *m* • deflecting core [*The core removed from a deflected (bore)hole*]

Ablenk(ungs)magnet *m* • deflecting magnet, deflection magnet

Ablenk(ungs)pfropfen *m* • deflecting plug, base plug, deflection plug; deflexion plug (Brit.) [*A tapered cylinder, generally of wood, placed in a (bore)hole and into which a deflection drive wedge may be driven in a random or orient(at)ed position*]

Ablenk(ungs)punkt *m* [*Richtbohren*] • kickoff point

Ablenk(ungs)werkzeug *n* [*Tiefbohrtechnik*] • deflection tool, deflecting tool, kickoff tool; deflexion tool (Brit.)

Ablenkverbauung *f* [*Lawinenverbauung*] • braking structure

Ablenkwerk *n*, Ablenkwerk *n* [*Lawinenverbauung*] • deflecting structure

Ablesegerät *n* • reading device, readout unit

Ablesemikroskop *n* • reading microscope

ablesen • to read, to take a reading

Ableseokular *n* • reading eyepiece

Ablesevorrichtung *f*, Höhenindex *m*, Höhenzeiger *m* [*Theodolit für Senkrechtmessung*] • reading device

Ablesung *f* • reading, taking a reading

Ablöser *m*, Entlastungssprengloch *n*, Entspannungssprengloch, Ablösesprengloch • relief hole, main hole, principal hole, reliever, relieving hole, relief blast(ing) (bore)hole; easer (Brit.) [*Any of the holes fired after the cut holes and before the lifter holes or rib holes in breaking ground for tunnelling or shaft sinking*]

Ablösung *f*, Abscherung, Absonderung, Loslösung, Abgleitung • decollement, detachment, decollation; strip thrust [*obsolete*] [*Detachment structure of strata owing to deformation, resulting in independent styles of deformation in the rocks above and below. It is associated with folding and with over-thrusting*]

Ablösung *f* [*Abweichung der Randstromlinie von der festen Begrenzung (Wand(ung)) einer Strömung. Das dadurch entstehende Ablösungsgebiet (Totwasser, Walzen) ist im allgemeinen sehr turbulent*] • flow separation, separation of flow

Ablösung *f*, Loslösung • decollement, detachment [*Separation of transportable soil grains from a soil layer, usually by running water, raindrop impact, or wind*]

Ablösung *f* • ravelling (Brit.); raveling (US) [*The loosening and falling of materials from a bank or face*]

Ablösung *f* des Gebirges, Gebirgsablösung [*Untertagebau*] • sluffing

Ablösung *f* des Strahles, Strahlablösung • freeing of the nappe (US); separation of the water layer (Brit.)

Ablösungsverlust *m* • separation loss, breakaway loss, freeing loss [*fluid mechanics*]

(ab)loten, absenkeln, abseigern, absaigern • to plumb

Abloten *n* ➋ Lotung

Ablotung *f* ➋ Lotung

Abluftkamin *m* • exhaust air chimney

A

abmarken (⚒) • to take a plan of (the) subterranean workings
Abmesskasten *m* [*Betonherstellung*] • gauge box
Abminderungsbeiwert *m* • reduction coefficient
Abminderungsfaktor *m* [*bei horizontalen Pfahlgruppen*] • reduction factor [*for horizontal pile groups*]
abnagen ➋ abtragen
Abnahmekontrolle *f* • compliance control
Abnahmeprüfung *f* • acceptance test
abnehmbarer Meißel *m* • detachable bit, rip bit, knockoff bit
Abnehmen *n*, Wegziehen [*Förderwagen*] (⚒) • banking out, offtaking
abnehmende Abflussmengenkurve *f* • recession hydrograph, normal recession curve [*The curve obtained from specified length of hydrograph that represent discharge from channel storage or a natural valley after subtracting base flow; the curve showing the decreasing flow rate in a stream channel*]
abnehmender Ganglinienabschnitt *m* • recession, falling limb [*That portion of a hydrograph which shows the rate of decrease of stage or discharge following the passage of a crest, the opposite of rising limb*]
a(b)normale Berührung *f* ➋ mechanischer Kontakt
a(b)normale Falte *f* • abnormal fold [*An anticlinorium in which there is an upward convergence of the axial surfaces of the subsidiary folds*]
a(b)normale Metamorphose *f* • abnormal metamorphism [*It effects the rocks at the immediate contact of an igneous mass*]
a(b)normaler Formationsdruck *m*, a(b)normaler Lagerstättendruck • abnormal formation pressure [*Any departure from the normal formation pressure, i.e. either subpressure or surpressure*]
a(b)normaler Kontakt *m* ➋ mechanischer Kontakt
a(b)normales Antiklinorium *n* • abnormal anticlinorium [*The axial planes of subsidiary folds diverge upward*]
a(b)normales Synklinorium *n* • abnormal synclinorium [*A synclinorium with axial planes of subsidiary folds converging downward*]
abnormes (Ein)Fallen *n* ➋ antithetisches (Ein)Fallen
abnutzen, abführen [*Werkzeug und Gezäh der Bergleute*] (⚒) • to wear
Abnutzung *f* ➋ Schliff
abpfählen gegen das Hangende (⚒) • to stake down
Abpfählung *f*, Absteckung, Abpfählen, Abstecken *n*, Abpflockung, Verpflockung, Abpflocken, Verpflocken, Verpfählung, Verpfählen; Abgeben (⚒) • pegging (out), setting out (with pegs), site-marking, staking (out)
Abpfändblech *n*, (Vor)Pfändblech *n*, Ansteckblech, Getriebeblech, Vortreib(e)blech • (fore)poling plate, horseheading plate, spiling plate
Abpfändbrett *n*, (Vor)Pfändbrett *n*, Ansteckbrett, Vortreib(e)brett, Getriebebrett • timber (fore)poling board, timber (fore)poling plank, timber spiling board, timber spiling plank, timber horseheading board, timber horseheading plank [*"Wood(en)" may synonymously be used for "timber"*]
abpfänden, (vor)pfänden, anstecken, vortreiben • to (fore)pole, to spile, to horsehead
Abpfänden *n* ➋ (Schacht)Abpfänden
Abpfänden *n*, (Vor)Pfänden, Vortreiben, Getriebearbeit *f*, Anstecken, Getriebezimmern *n*, Abtreibezimmern • (fore)poling, spiling, horseheading, marciavanti, driving of (fore)poles, (fore)pole driving, driving of spiles, spile driving [*In tunnelling, driving forepoles ahead over the caps of the last fourpiece set(t) erected, to give temporary protection over miners who are putting up the next permanent set(t) or are digging*]
Abpfändhilfe *f* ➋ Vorpfändhilfe
Abpfändkappe *f* ➋ Vorpfändkappe
Abpfandkeil *m* ➋ Keil
Abpfändlatte *f* ➋ Bergmannslatte
Abpfändung *f* ➋ (Vor)Pfändung
abpfeilern ➋ rauben
Abpflocken *n* ➋ Absteckung
Abplaggen *n*, Rasenstechen, Absoden, (Rasen) Plaggenabtrag *m*, (Rasen)Sodenabtrag, Rasentafelabtrag, Rasenziegelabtrag • sod lifting, sod removal
Abplattung *f*, Flachheit *f* • flatness
Abplattungsindex *m*, Flachheitsverhältnis *n* • flatness index; flatness ratio [*Wentworth*]
Abplattungswert *m*, Flachheitswert [*Cailleux; Lüttig*] • flatness value
Abplatzen *n*, Abplatzung *f* [*z. B. von Fliesen*] • chipping
Abplatzung *f* [*des Betons*], Abplatzen *n* • spalling [*of concrete*]
Abpressungsfiltration *f* • filter-press differentiation
abpumpen • to develop [*well*]
(Ab)Pumpstelle *f* • abstraction point [*groundwater lowering*]
(ab)putzen • to trim, to finish [*fascines*]
Abräumer *m* • barer [*A workman who removes surface soil and overburden*]

A

Abrasion *f* • abrasion [*The removal of surface material from any solid through the frictional action of another solid, a liquid, or gas or combination thereof*]

Abrasion *f* • abrasion [*Wearing away of sedimentary rock chiefly by currents of water laden with sand or other rock debris by glaciers*]

abrasionsfähig • abrasive [*Having qualities conducive to or derived from abrasion*]

Abrasionsfähigkeit *f*, Abrasionsvermögen *n* • abrasiveness

Abrasionsküste *f*, Abtragungsküste, Brandungserosionsküste • sea erosion coast, abrasion coast, marine erosion coast

Abrasionsmaterial *n* • washings, abraded material [*It is transported by water*]

Abrasionsplatte *f*, Abrasionsplattform *f* • wave(cut) platform, abrasion platform, abrasion plane, wave-cut bench

Abrasionsstück *n* • abrasive (ground) [*A small, hard, sharp-cornered rock fragment, mineral particle, or sand grain used by natural agents in abrading rock material or land surfaces*]

Abrasionstafelland *n* • abrasion tableland [*A tableland with outcrops of various rocks which have been reduced to approximately the same level by denuding agents*]

Abrasionsvermögen *n*, Abrasionsfähigkeit *f* • abrasiveness

Abrasionsverschleiß *m* • abrasive wear(ing)

abrasiv [*Baugrund*] • abrasive [*subsoil*]

Abrasivität *f* [*von Gestein*] • abrasiveness [*of rock*]

Abraum *m* [*Tunnel- und Rohrvortriebstechnik*] • excavated material

Abraum *m* ➋ Obergebirge

Abraum(ab)förderung *f*, (Ab)Förderung des Abraums, Abraumtransport *m*, Transport des Abraums • (over) burden haulage, (over)burden transport(ation)

Abraumabtrag(ung) *m*, (*f*), Abräumen *n* • (over)burden stripping, stripping (over)burden, encallowing, stripping off waste, (over)burden cutting

Abraumbetrieb *m* [*als Anlage*] • stripping operation (s), mine, (over)burden operation(s)

Abraumboden *m*, Abraumerde *f* • (over)burden soil, (over)burden earth

Abraumböschung *f* • (over)burden slope

Abraumdamm *m* • (over)burden bank [*The stripped (over)burden (= spoil) is stacked as a long ridge parallel with the cut and as far as possible from undisturbed (over)burden (= high wall)*]

Abraum(decke) *m*, (*f*) ➋ Obergebirge

Abraumdeponie *f*, Abraumkippe *f* • (over)burden dump, (over)burden tip

Abraumdicke *f*, Abraummächtigkeit *f* • (over)burden depth, (over)burden thickness

Abraumdruck *m*, Abraumlast *f* • (over)burden load, (over)burden pressure

abräumen, abdecken, abtragen, aufdecken (⚒) • to strip

abräumen, abschieben, abtragen • to strip [*topsoil*]

Abräumen *n* • pioneering [*The first working over of rough or overgrown areas prior to excavation*]

Abräumen *n* • reclaiming [*Removing material from a stockpile*]

Abräumen *n* ➋ Abraumabtrag(ung)

Abräumen *n* ➋ Abtrag(en)

Abräumen des Liegenden, Nachreißen *n* des Liegenden, Abtreiben des Liegenden, Beräumen des Liegenden, Bereißen des Liegenden • foot(wall) brushing, foot(wall) ripping

Abraumentsorgung *f*, Abraumbeseitigung *f* • (over) burden disposal

Abraumerde *f*, Abraumboden *m* • (over)burden soil, (over)burden earth

Abraumfels *m*, Abraumgestein *n* • (over)burden rock

Abraumförderer *m*, Abraumtransporteur *m* • (over) burden conveyor, (over)burden transporter, (over)burden conveyer

Abraumförderung *f* [*bei der Rohrvortriebstechnik*] • soil transportation

abraumfreie Gewinnung *f*, abraumfreier Abbau *m* • quarrying [*Winning economic minerals directly at or near the surface; there is no overburden*]

Abraumgestein *n*, Abraumfels *m* • (over)burden rock

Abraumgleis *n* • (over)burden track, (over)burden line

Abraumgraben *m* [*Die Abraumzüge werden auf der Kippe in Abraumgräben entleert, aus denen der Abraum von Absetzern wieder aufgenommen wird*] • (over)burden ditch

Abraumgut *n*, Abraummaterial *n* • (over)burden material

(Abraum)Halde *f* • overburden, (over)burden pile, (over)burden dump

(Abraum)Haldenbegrünung *f*, Begrünung von Abraumhalden • strip land reclamation

(Abraum)Haldenlaugung *f* • dump leaching, leach dump operation(s)

Abraumkippe *f*, Abraumdeponie *f* • (over)burden dump, (over)burden tip

A

Abraum/Kohle-Verhältnis ***n*** • (over)burden-to-coal ratio

Abraumlage ***f,*** Abraumschicht *f* • (over)burden course, (over)burden layer

Abraumlast ***f,*** Abraumdruck *m* • (over)burden load, (over)burden pressure

Abraummächtigkeit ***f,*** Abraumdicke *f* • (over)burden depth, (over)burden thickness

Abraummaterial ***n,*** Abraumgut *n* • (over)burden material

Abraum/Mineral-Verhältnis ***n,*** Mineral/Abraum-Verhältnis • economic(al) stripping ratio [*The ratio of (over)burden to ore or coal in the open-cast method of mining*]

Abraumpfeiler ***m*** (⚒) • stopping

Abraumsalz ***n*** ➋ Kali(roh)salz

Abraumschicht ***f,*** Abraumlage *f* • (over)burden course, (over)burden layer

Abraumschnitt ***m*** [*Gewinnungstechnik)* • (over)burden section

Abraumseilbahn ***f*** • (over)burden ropeway, (over) burden cableway

Abraumsprengen ***n*** • (over)burden blasting

Abraumsprengstoff ***m*** • stripper (blasting) explosive, (over)burden (blasting) explosive

Abraumspülen ***n,*** Abraumspülförderung *f,* Abraumspültransport *m* • (over)burden hydraulicking

Abraumtransport ***m*** ➋ Abraum(ab)förderung

Abraumtransporteur ***m,*** Abraumförderer *m* • (over) burden conveyor, (over)burden transporter, (over)burden conveyer

Abraumumschlag ***m*** [*Vorgang, bei dem der Abraum vom Gewinnungsort bzw. Zwischenlagerungsort im Gewinnungsraum zum Ort einer Verkippung im Verkippungsraum transportiert wird*] • (over)burden handling

Abräumung ***f*** ➋ Abtrag(en)

Abraumverhältnis ***n*** • (over)burden ratio

Abraumverkippen ***n,*** Verkippen des Abraums • (over)burden dumping, (over)burden tipping

Abreiben ***n,*** Abreibung *f* • detrition [*A wearing-away by rubbing of rock masses*]

abreißen ➋ zubruchgehen

abreißen • to wrench off [*glacier*]

Abreißer ***m,*** Gasschuss *m,* Ausbläser, Versager, abgerissener Schuss, abgeschlagener Schuss, Fehlschuss, wirkungsloser Schuss, ausgekochter Schuss, ausgeblasener Schuss [*Gezündete Sprengung, deren hochgespannte Gase aus dem Laderaum entweichen ohne die Vorgabe zu werfen*] • blow(n)-out shot, blow(out), cutoff (shot), windy shot

Abreisserloch ***n,*** Gassprengloch, Pfeifenloch, Ausbläserloch, Fehlsprengloch, Versagerloch, abgeschlagenes Sprengloch, (Loch)Pfeife *f* • blow(n)-out hole, blow(out) hole, deadhole, cutoff hole

Abreißzünder ***m,*** Abrisszünder • pull wire (fuse) lighter, pull wire fuze lighter, break igniter [*The freshly cut fuse end is inserted in the open end of the lighter until it touches the end of the wire, which is then deliberately pulled, setting off a mechanical lighting arrangement*]

abrichten [*Dem Bohrloch und Anfall für den Stempel das richtige Verhältnis geben; eine Arbeit des Zimmersteigers*] (⚒) • to trim

Abrieb ***m,*** Schliff *m,* Abscheuerung *f,* Abschleifung, Abnutzung, mechanische Zerkleinerung • mechanical wearing away [*Of rock and soil by the action of solid materials moved along by wind, waves, running water, glaciers, or gravity*]

Abriebhärte ***f,*** Abriebwiderstand *m,* Abriebfestigkeit *f* • abrasion hardness, abrasion resistance, wear(ing) hardness, wear(ing) resistance

Abriebindex ***m*** • abrasion index, abradability index

Abrieb-pH ***m*** [*Infolge hydrolitischer Austauschvorgänge stellt sich im Oberflächenbereich verwitterter Minerale ein spezifischer, vom Gesamtmilieu unabhängiger, pH-Wert ein. Er wird als Abrieb-pH bezeichnet (zwischen* 5 und *11) und beeinflusst Verwitterungsverlauf und Art der neugebildeten Minerale*] • abrasion-pH

Abriebprüfer ***m*** • abraser, abrasion tester

Abriebwiderstand ***m*** ➋ Abriebhärte

abriegeln [*ein Tal, eine Schlucht durch eine Rutschmasse wie bei der Vajont Katastrophe*] • to block [*a valley, a gorge by a landslide mass*]

Abriegelungssee ***m*** • natural dammedlake

Abriss ***m*** • sketch, outline [*e.g. of the geologic history*]

Abriss ***m*** • time break, shot break, shot moment, time instant, shot instant [*In seismic prospecting, a record of the instant of generation of seismic waves, as by an explosion*]

Abriss ***m,*** Abbruch *m* [*eines Gebäudes, einer Brücke usw.*] • demolition

Abriss ***m*** [*an einer Massenbewegung*] • scarp

Abrissbereich ***m***, Abrissgebiet *n* [*Felsrutschung*] • scarp area

Abrissgebiet ***n***, Abrissbereich *m* [*einer Massenbewegung*], Abrissbereich *m* • scarp area

Abrisskante ***f*** [*Felsrutschung; Felssturz*] • scarp margin

Abrissnische ***f*** • slide scar, rockslide scar

A

Abrisspunkt ***m*****,** Festpunkt • bench(-)mark, bench point [*A point of known or assumed elevation above or below an adopted datum, used as reference in determining and recording other elevations*]

Abrisspunktmarke ***f*****,** Festpunktmarke • bench mark, B.M., bench point, bench station [*A surface monument bearing a marked point whose elevation above or below an adopted datum, such as sea level, is known. It is used to provide an absolute datum for settlement measurements*]

Abrisspunktstab ***m*****,** Festpunktstab • bench(-)mark rod, B.M. rod, bench point rod, bench station rod

Abrisszünder ***m*** ➋ Abreißzünder

Abrollen ***n*** [*von Spanngliedern*] • uncoiling [*of prestressing members*]

Abrollvorrichtung ***f*****,** Abwickelgerät [*für Spannglieder*] • unwinding device, swift

Abrüstungsvorrat ***m*** ➋ Abrostungszuschlag

Abrostungszuschlag ***m*** • rust allowance, provision of extra material thickness for loss by rust

abrupter Gefällewechsel ***m*****,** Gefällebruch *m* • abrupt change of gradient

Abrutschen ***n*** **der Betonplatte** • sliding of the concrete slab

abrutschen, absitzen (⚒) • to slip, to glide off, to glide down

abrutschende Massen ***f(pl)*** • sliding masses

Absacken ***n*****,** Setzen *n*, Setzung *f*, Absackung • settlement, settling, subsidence [*Downward movement(s) of soil or of the structure which it supports due to the consolidation of the soil*]

absaigern ➋ (ab)loten

Absarokit ***m*** • absarokite [*An alkalic basalt of about equal portions of olivine, augite, labradorite, and sanidine, with accessory biotite, apatite, and opaque oxides; leucite is occasionally present in small amounts*]

Absattelung ***f*****,** Absteifung • propping

Absatz ***m*** [*Einschnittböschung*] • lift

Absatz ***m*** • nip [*A small, very low cliff or break in slope produced at the high water mark by wavelets, and often cited as an initial feature in the development of a shoreline of emergence*]

Absatz ***m*** ➋ Ablagerung

Absatz ***m*** ➋ Bankett

Absatz ***m*** ➋ Sedimentation

Absatz ***m*** • sludge [*The removed material resulting from chemical treatment, coagulation, flocculation, sedimentation, flotation, and/or biological oxidation of water or sewage*]

Absatzboden ***m*****,** Kolluvialboden, Derivatboden, umgelagerter Boden, zusammengeschwemmter Boden • colluvial soil

Absatzgestein ***n*** ➋ Sedimentgestein

absätzig (⚒) • intermissive, not continuing in the same stratum, cutoff

Absatzschichtung ***f*****,** sedimentäre Schichtung, Ablagerungsschichtung [*Siehe Anmerkung unter "Schichtung"*] • sedimentary bedding, sedimentary stratification

Absatzschwelle ***f*** [*Thenardsche Hubschütze*] • tooth(ed) bar, tripping bar

absatzweises Sprengen ***n*****,** sektionsweises Sprengen • discontinuous blasting

Absaugung ***f*** • drainage [e.g. *methane drainage*]

abschaben • to corrade

Abschabung ***f*****,** Korrasion *f*, Abschleifung • corrasion, cutting [*The rock particles carried by the current strike against the channel floor (= bed) and sides without sufficient impact to break out new particles. Corrasion is performed by solution, and by mechanical wear. Generally speaking, "corrosion" is the name given to freeing of loosened rock fragments from their place of origin*]

abschalen • to pare [*quarry-stone*]

Abschalrohr ***n*** • stop end pipe

(ab)schattierte Tiefenlinienkarte ***f*****,** Untergrundreliefkarte • shadowgraphic map

(Ab)Scheiden ***n*****,** Trennung *f* (von Erdöl und Wasser), Dehydration *f*, Dehydratisierung, Entwässerung, Wasserentzug *m* • separation of water from petroleum, dehydration

Abscheren ***n*****,** (Ab)Scher(ungs)sprengen, Scheren • shear(ing) blasting, shearing

Abscherfalte ***f*****,** Scherfalte, Gleitbrettfalte [*tektonische Geologie*] • shear(ing) fold, slip fold, glide fold

Abscherlinie ***f*****,** Vorabscherlinie • preshearing (blasting) line

Abschermethode ***f*****,** Schermethode

Abschersprengen ***n*****,** Vorabscheren • preshearing (blasting) [*It resembles cushion blasting in drilling and loading, but firing is in advance of the main blast*]

Abscherung ***f*****,** Ablösung, Absonderung, Loslösung, Abgleitung • decollement, detachment, decollation; strip thrust [*obsolete*] [*Detachment structure of strata owing to deformation, resulting in independent styles of deformation in the rocks above and below. It is associated with folding and with over-thrusting*]

(Ab)Scher(ungs)backe ***f*** [*Tiefbohrtechnik*] • shear(ing) ram

(Ab)Scher(ungs)bewegung ***f*** • shear(ing) movement

(Ab)Scher(ungs)festigkeit *f* • shear(ing) strength
(Ab)Scher(ungs)fläche *f* • shear(ing) plane, shear (ing) surface
(Ab)Scher(ungs)kluft *f* • shear(ing) joint; slip joint [*less preferred synonym*]
(Ab)Scher(ungs)spannung *f* • shear(ing) stress
(Ab)Scher(ungs)sprengen *n,* Abscheren, Scheren • shear(ing) blasting, shearing
(Ab)Scher(ungs)sprengloch *n* • shear(ing) blasthole
(Ab)Scher(ungs)rutschung *f* • shear(ing) slide
(Ab)Scher(ungs)weg *m* • shear(ing) path
(Ab)Scher(ungs)welle *f,* S-Welle, Transversalwelle, transversale Raumwelle, zweiter Haupteinsatz *m,* sekundärer Haupteinsatz, Sekundärwelle • equivoluminal wave, secondary wave, S-wave, transverse wave, shear wave, rotation(al) wave, tangential wave, distortional wave
(Ab)Scher(ungs)widerstand *m* • shear(ing) resistance
Abscher(verfahr)en *n,* Schermethode
Abschervorgang *m* • shearing process
Abscheuerung *f* ➲ Windschliff
abschieben, abräumen, abtragen • to strip [*top-soil*]
Abschieben *n* **von Mutterboden**
➲ Mutterbodenabtrag
Abschieber *m* (⚒) • banker off [*Australia*]
Abschiebung *f* • gravity fault, normal fault, normal slip fault, slump fault [*A fault along which the hanging wall has moved down relative to the footwall. The angle of the fault is usually 45°-90°. There is dip separation but there may or may not be dip slip. "Faulting" may synonymously be used for "fault"*]
Abschiebung *f,* Hauptverwerfung, Zerlegungsbruch *m* [*Verschiebungen von Schollen längs geneigten Grenzflächen, mit welchen eine Verwerfung des seitlichen Schollenabstandes verbunden ist. Indem eine Hangendscholle abwärts und eine Liegendscholle aufwärts rückt, rücken beide zugleich um eine durch die Flächenneigung und den Verschiebungsbetrag bestimmte Strecke voneinander ab. Es ist also keine absolute Abwärtsbewegung*] • main fault, principal fault
Abschiebungsfläche *f,* Hauptverwerfungsfläche, Zerlegungsbruchfläche • main fault area, principal fault area
abschiefern • to exfoliate, to spall [*To peel off in concentric layers, as some rocks weather*]
Abschiefern *n;* Abschuppen *n,* Abschuppung *f* [*If scales are involved*] • exfoliation, spalling, sheeting, sheet jointing; desquamation [*obsolete*] [*The process by which concentric scales, plates or shells of rock, from less than a centimeter to several meters in thickness, are successively spalled or stripped from the bare surface of a large rock mass*]
Abschirmbeton *m* • concrete for atomic radiation shielding
abschirmen ➲ beschirmen
Abschirmung *f* • screening
Abschirmung *f,* Beschirmung • shielding [*A grounded metallic enclosure for reducing noise, capacitively or inductively coupled into an electrical circuit*]
Abschirm(ungs)damm *m* • baffle embankment, baffle bank [*For reducing noise and screening off operations from the surrounding area*]
Abschirm(ungs)konstante *f* • screening constant
Abschirm(ungs)wand *f* • screening wall
Abschirm(ungs)wirkung *f,* Abschirm(ungs)effekt *m* [*Geostatistik*] • screen(ing) effect
Abschlag *m*; s.a. ➲ Sprengabschnitt [*Der Abschlag ist der durch Sprengen aus dem Gebirgsverband abgeschlagene Teil des Gesteins* (*1)] • blasted section [*Context: Pneumatic drills and hand tools are used to smooth the surface of the blasted section and remove loose pieces of rock*]
Abschlag *m* [*Tunnelbau*] • round of advance [*Context: For the first rounds of advance a mini-excavator was used*]
Abschlaglänge *f,* Abschlagtiefe *f* • (blasting) pull, depth of (a) round, length of a round, round depth, round length, footage per round, advance per round, advance per shield rotation, round footage [*The unit of advance during the firing of each round of shotholes in a tunnel or gallery. A pull of 6 to 7 feet is common. With the burn cut, a tunnel pull of up to 9 feet has been achieved. In Great Britain, pulls of about 6 feet are common, while the trend is towards pulls up to 8 feet. In South Africa, the drag cut is used widely and pulls of 8 feet are obtained*]
abschlagsweise • round by round [*Context: The shotcrete support was placed round by round*]
abschlag(s)weiser Streckenvortrieb *m,* abschlag(s)-weises Streckenauffahren *n* • cyclic advance
Abschlagtiefe *f* ➲ Abschlaglänge
(Ab)Schlämmen *n* • wet analysis [*The mechanical analysis of soil particles smaller than 0.06 mm*]
Abschlämmen *n,* Absetzen, Ausschlämmen, Sedimentieren, Schlämmen, Setzen • deposition, depositing, settling, building-up [*The act or process of settling solid material from a liquid suspension*]
abschleifen, abschaben • to corrade, to cut [*river bed; stream bed*]

A

Abschleifung *f* ❯ Abschabung
Abschleifung *f* ❯ Schliff
Abschleifung *f* ❯ Windschliff
Abschließen *n*, Aufrichten, Aufstellen [Wehr] • raising, closing
Abschlitzen *n* ❯ (Ab)Keilen
Abschlitzung *f* ❯ (Ab)Keilen
Abschluss *f* [*z. B. einer Uferwand*] • facing [*such as of a waterfront wall*]
Abschlussdamm *m* der Spülfläche, Abschlussdamm des Spülfeldes, Abschlussdamm der Ablagerungsstelle [*Nassbaggerung*] • retaining dyke, retaining dike, damming dyke, damming dike; surrounding embankment (of spoil ground) (Brit.)
Abschlussfangedamm *m*, Absperr(ungs)fangedamm • closing cofferdam, closure cofferdam, shutoff cofferdam, stop cofferdam, cutoff cofferdam
Abschluss(faschinen)lage *f* • lowest (fascine) row
Abschlussfehler *m* [*Vermessung*] • closing error, closure error, misclosure, error of closure
(Ab)Schlussfehlerausgleich *m* • (survey) balancing [*The process of distributing the closing error of survey. Balancing methods assume that the error of closure is the net result of systematic, rather than accidental, errors throughout the level or traverse line; therefore, the adjustment is distributed systematically from the initial point*]
Abschlussrohr *n* [*in Form einer Trompete, am Ende eines einbetonierten Spannglieds*] • end trumpet, duct closure pipe
Abschlussschütz(e) *n, (m)*, Grundablassverschluss *m* [*Talsperre*] • lower gate, bottom gate
Abschlusswand *f*, Fußwand, Herdwand, Trennwand, Abfangwand, Sporn *m*, Verherdung *f*, (Ab)Dicht(ungs)-wand, (Ab)Sperr(ungs)wand, (Ab)Dicht(ungs)sporn, Herdsporn • (toe) cutoff (wall), toe wall, screen, foundation cutoff, cutoff toewall, seal(ing) wall, seepage seal (ing) wall, seepage cutoff (wall), seepage barrier, core wall, key wall [*A trench beneath or adjacent to a dam filled with impermeable material or a grout curtain designed to prevent seepage in the foundation beneath a dam. It may or may not have an inspection gallery*]
Abschmelzung *f* ❯ Entgletscherung
Abschmelzung *f* und Verdunstung ❯ Ablation
Abschmelz(ungs) ... ❯ Ablations ...
Abschmelz(ungs)kegel *m* ❯ Gletschertisch
Abschneid(e)höhe *f* ❯ (Pfahl)Abschneid(e)höhe
Abschneiden *n*, Amputieren, Abschürfen, Kappen, Verstümmeln • truncation [*In geomorphology, an act or instance of cutting or breaking-off the top or end of a geologic(al) structure of landform, as by erosion*]
Abschneiden *n* [*Anfangsteil der Seismogramme mit den ersten Einsätzen*] • muting
Abschnitt *m*, Block *m* • section, block [*A section of a concrete dam emplaced within forms or contained between upstream and downstream forms and adjacent sections of the dam is a block*]
Abschnitt *m* ❯ (Achsen)Abschnitt
Abschnitt *m*, Strecke *f*, Haltung *f* • reach [*The length of a channel, uniform with respect to discharge, area, and slope*]
Abschnitt *m* [*zeitstratigrafisch*] • stage [*timestratigraphic*]
Abschnittsweise Frischluft(versorgungs)steuerung *f* [*Tunnel*] • fresh air control on a sectionalized basis
abschnittsweise heraussprengen • to blast out in sections
Abschnürung *f* [*Einschluss*] • necking
Abschöpfbehälter *m* [*Tiefbohrtechnik*] • skimming tank
Abschöpfen *n* • skimming [*Diverting surface water by a shallow overflow to obtain the cleanest water*]
Abschöpfsonde *f* • skimming well
Abschotten *n* (⚒) • bashing [*The building of walls and nonporous stoppings for the complete isolation of a mine district in which a fire has occurred*]
abschrämen ❯ schrämen
Abschrämmen *n* [*mit Hämmern; Abflachungsmethode für Hänge*] • scrubbing
abschrauben, losschrauben • to back off, to unscrew
Abschraubspill *n* ❯ automatisch wirkendes Spill
Abschreitkartierung *f* [*Das Gelände wird in eng nebeneinander liegenden parallelen Streifen abgeschritten und die Reliefelemente und Formen werden kartiert*] • method of traversing, traversing method
Abschuppen *n*, [*If scales are involved*] ❯ Abschiefern
Abschuppung *f* ❯ Abschiefern
(ab)schürfen, abziehen, flachbaggern • to skim [*To remove the top layer or the irregularities in the ground surface*]
(Ab)Schürfen *n*, Abziehen, Flachbaggern • skimming [*The removal of the top layer or of the irregularities in the ground surface*]
Abschürfen *n* [*Geomorphologie*] ❯ Abschneiden
abschüssig, prall, schroff, steil ((ab)fallend), jäh, abstürzend • bold, steep(ly sloping)
abschüssige Böschung *f*, steile Böschung, Steilböschung • abrupt slope, steep slope, precipitous slope
abschüssige Förderbahn *f*, abschüssige Grubenbahn, abschüssige Schienenbahn, Steilgrubenbahn,

Steilförderbahn, Steilschienenbahn (⚒) • steep tram road, steep wagon road; steep tram railway (Brit.); steep rolleyway, steep tramway

Abschüssigkeit *f* • declivity, slope, fall [*The descent of land or of a hill*]

Abschussrücken *m*, Abfallrücken, Überfallrücken, Überlaufrücken • spillway face, spillway slab

abschützen, zurückhalten [*Aufschlag(e)wasser von Maschinen um dieselben zum Stillstand zu bringen*] • to stop

abschwellen, fallen, sinken, absinken [*Wasserspiegel*] • to fall

abschwemmen, wegschwemmen, fortschwemmen • to wash away, to wash off

Abschwemmen *n* ➲ Wegschwemmen

Abschwemmung *f*, Abspülung • (rain)wash [*The washing away of loose surface material by rainwater after it has reached the ground but before it has been concentrated into definite streams; specifically sheet erosion*]

Abschwemmung *f*, Abspülung • sheet erosion, slope wash, surface wash, unconcentrated wash, sheetwash [*The removal of thin layers of surface material more or less evenly from an extensive area of gently sloping land, by broad continuous sheets of running water rather than by streams flowing in well-defined channels, e.g. erosion that occurs when rain washes away a thin layer of top-soil*]

Abschwemmung *f* [*Unterspülung eines Brückenpfeilers durch reißendes Wasser*] • scour

Abschwimmen *n* von Eis, Eis(ab)trieb *m* • ice run [*Flow of ice in a watercourse. An ice run may be light or heavy and may consist of frazil, anchor, slush or sheet ice*]

Absehen *n* • sight [*surveying*]

Absehen *n* ➲ (Ein)Visieren

Absehfehler *m* ➲ Kollimations(achsen)fehler

Absehkreuz *n* ➲ Visiertafel

Absehlinie *f* ➲ Visierlinie

abseigern ➲ (ab)loten

Abseigerschnur *f*, Senkelschnur, Senkelfaden *m*, Abseigerfaden, Lotschnur, Lotfaden • plumb line, plumb thread

Abseiltechnik *f* [*Einsatz bei der Erkundung von steilen Gebirgshängen*] • rappelling technique

Absenk ... ➲ abgesenkte(r) ...

Absenk ... ➲ versenkte(r) ...

Absenkbrunnen *m*
➲ Grundwasser(ab)senk(ungs)-brunnen

Absenkdiagramm *n* [*Senkkasten*] • lowering diagram [*caisson*]

Absenkeinheit *f* [*einer Schachtbohrmaschine*] • sinking unit [*of a shaft boring machine*]

Absenkelement *n* ➲ Absenk(tunnel)element

absenkeln, (ab)loten, abseigern, absaigern • to plumb

Absenkeln *n* ➲ Lotung

absenken ➲ schlagen

absenken, versenken, ablassen [*Schwimmkasten*] • to sink, to set down [*a floating caisson*]

absenken [*des Wasserspiegels in einem Staubecken*] • to draw down [*the water level in a reservoir*], to drop the water level

(Ab)Senken *n* ➲ Schlagen

(Ab)Senken *n*, (Ab)Senkung *f*, (Wasser)Spiegel(ab)-senken, (Wasser)Spiegel(ab)senkung • drawdown, lowering, drop, sinking, abatement, depression [*water level*]

(Ab)Senken *n* • predrainage, lowering [*It involves lowering the water before excavation by using pumped wells, wellpoints or ejectors*]

(Ab)Senken *n* des Hangenden ➲ (Ab)Senkung des Hangenden

(Ab)Senken *n* (des Wasserspiegels) ➲ (Ab)Senkung

(Ab)Senken *n* eines geometrischen Ortes, Absinken eines geometrischen Ortes • locus subsidence, subsidence of (a) locus

Absenken *n* des Senkkastens • sinking the caisson

(ab)senken von Grundwasser, trockenhalten • to lower the groundwater table

Absenkgerüst *n*, Senkgerüst, Absenkungsgerüst [*Absenken eines Senkkastens*] • sinking scaffold, lowering staging, sinking staging

Absenkgerüstturm *m* ➲ Peilturm

Absenkgeschwindigkeit *f*
➲ (Senkkasten)Absenk-geschwindigkeit

Absenkgewicht *n* [*Senkkasten*] • lowering weight [*caisson*]

Absenkhalbmesser *m* ➲ (Ab)Senk(ungs)halbmesser

Absenkhöhe *f*, Absenkungshöhe [*Höhenunterschied zwischen dem Wasserspiegel bei Normalabfluss und demjenigen bei Senkung. Zeichen hs. Einheit: m*] • lowering head, drawdown head

Absenkinsel *f* ➲ Inselschüttung

Absenkinselverfahren *n* ➲ Sandinselverfahren

Absenkort *m* [*z. B. für einen Senkkasten*] • sinking site, sinking location

Absenkphase *f* [*Senkkasten*] • lowering phase

(Ab)Senkponton *m*, (Ab)Senkungsponton • lowering pontoon, sinking pontoon

Absenkradius *m* ➲ Absenk(ungs)radius

Absenkstelle *f* [*z. B. für Teile, die unter Wasser verbaut werden wie Tunnelelemente*] • setting-down location

A

Absenkstelle *f* ➔ (Senkkasten)Absenkstelle

Absenkstrecke *f*, Stromstrecke, Flussstrecke, Absenkungsstrecke • tunnel-in-trench length [*underwater tunnel*]

Absenktiefe *f* • sinking depth

Absenktunnel *m*, (Ab)Senkungstunnel [*Unterwassertunnelbau*] • tunnel-in-trench, submerged tunnel

(Ab)Senk(tunnel)element *n*, Tunnel(ab)senkelement, Versenk(tunnel)element, Absenk(Tunnel)stück *n*, Tunnelabsenkeinheit *f*, Tunnelabsenkstück, versenktes (Tunnel)Element, eingegrabenes (Tunnel)Element • sunk(en) (tunnel) unit, immersed (tunnel) unit, immersed (tunnel) element, sunk(en) (tunnel) element, sinking (tunnel) unit, sinking (tunnel) element, submerged (tunnel) unit, submerged (tunnel) element

(Ab)Senkung *f*, (Ab)Senken *n* (des Wasserspiegels, des Stauniveaus), (Wasser)Spiegel(ab)senken, (Wasser) Spiegel(ab)senkung • drawdown, lowering, drop, sinking, abatement, depression [*water level*]

(Ab)Senkung *f* des Hangenden, Hangendabsenkung, Senken *n* der oberen Schicht(en), (Ab) Senken des Hangenden, (Ab)Senken der Firste • squeeze; swag [*In Lancashire coalfield, England*] [*A form of failure of bearing capacity, common in coal mines, caused by the mining-induced stress increase on supporting coal pillars. Bending of the roof strata is often reflected as subsidence at the ground surface*]

(Ab)Senk(ungs)brunnen *m* ➔ Grundwasser(ab)senk(ungs)brunnen

(Ab)Senk(ungs)entfernungskurve *f*, Absenk(ungs)abstand(s)kurve [*Brunnen*] • distance-drawdown curve, drawdown-distance curve

(Ab)Senk(ungs)gleichung *f*, Brunnengleichung • well equation, drawdown equation, lowering equation

(Ab)Senk(ungs)halbmesser *m*, (Ab)Senk(ungs)radius *m* [*Grundwasserabsenkung*] • influence radius, radius of influence

(Ab)Senk(ungs)höhe *f* [*Höhenunterschied zwischen dem Wasserspiegel bei Normalabfluss und demjenigen bei Senkung. Zeichen hs. Einheit: m*] • lowering head, drawdown head

(Ab)Senk(ungs)kegel *m*, (Ab)Senk(ungs)trichter *m*, Entnahmetrichter, Entnahmekegel • depression cone, influence cone, (groundwater) drawdown cone, pumping-depression cone, (well)cone of depression, (well)cone of influence, groundwater depression cone [*The depression in the water table around a well defining the area of influence of the well. "Basin" and "funnel" and "crater" may be used synonymously for "cone"*]

(Ab)Senk(ungs)kurve *f*, (Ab)Senk(ungs)linie *f* • drawdown curve [*Plot of drawdown with radial distance from well*]

(Ab)Senk(ungs)kurve *f*, (Ab)Senk(ungs)linie *f* • drawdown curve [*The longitudinal profile of the water surface in an open channel where the depth of flow has been decreased by decrease in channel roughness or by increase in channel width or by a steepening of the bed slope. The water surface for some distance upstream of the point where the regime changes has a longitudinal curve which is convex upwards*]

(Ab)Senk(ungs)last *f* [*Unterwassertunnelbau*] • lowering load, sinking load

(Ab)Senk(ungs)linie *f*, (Ab)Senk(ungs)kurve *f* • drawdown curve [*Plot of drawdown with radial distance from well*]

(Ab)Senk(ungs)linie *f*, (Ab)Senk(ungs)kurve *f* • drawdown curve [*The longitudinal profile of the water surface in an open channel where the depth of flow has been decreased by decrease in channel roughness or by increase in channel width or by a steepening of the bed slope. The water surface for some distance upstream of the point where the regime changes has a longitudinal curve which is convex upwards*]

(Ab)Senk(ungs)menge *f* • lowering quantity, drawdown quantity

(Ab)Senk(ungs)methode *f*, (Ab)Senk(ungs)verfahren *n* [*Unterwassertunnelbau*] • lowering method, sinking method, tunnel element lowering method, tunnel element sinking method

(Ab)Senk(ungs)methode *f*, *n* [*Rohrvortriebsverfahren*] • shaft sinking method

(Ab)Senk(ungs)(ober)fläche *f* [*Brunnen*] • drawdown surface, lowering surface

(Ab)Senk(ungs)ponton *m* ➔ Absenkponton

(Ab)Senk(ungs)radius *m*, Absenk(ungs)halbmesser *m* [*Grundwasserabsenkung*] • influence radius, radius of influence

(Ab)Senk(ungs)rinne *f* [*Unterwassertunnelbau*] • trench

(Ab)Senk(ungs)tiefe *f* [*(Grund)Wasserspiegel*] • lowering depth, predraining depth, reducing depth

(Ab)Senk(ungs)trichter *m*, (Ab)Senk(ungs)kegel *m*, Entnahmetrichter, Entnahmekegel • depression cone, influence cone, (groundwater) drawdown cone, pumping-depression cone, (well)cone of depression, (well)cone of influence, groundwater depression cone

[*The depression in the water table around a well defining the area of influence of the well. "Basin" and "funnel" and "crater" may be used synonymously for "cone"*]

(Ab)Senk(ungs)tunnel ***m*** ➋ (Ab)Senktunnel

(Ab)Senk(ungs)verfahren ***n*** ➋ Absenk(ungs)-methode

Absenkvermessung ***f*** [*für Senkkasten*] • lowering survey

(Ab)Senk(ungs)versuch ***m*** [*Das mit Packern isolierte Intervall wird einem plötzlichen Überdruck ausgesetzt*] • slug test

Absenk(ungs)vorgang ***m*** [*Absenkkasten*] • lowering operation [*caisson*]

(Ab)Senk(ungs)weite ***f*** [*Länge der (Ab)Senkungslinie in der Waag(e)rechten*] • horizontal drawdown length

(Ab)Senk(ungs)zeit ***f*** • drawdown time

(Ab)Senk(ungs)zeitkurve ***f*** [*Brunnen*] • time-draw down curve, drawdown-time curve

(Ab)Senk(ungs)ziel ***n*** [*Talsperre*] • minimum water storage elevation, drawdown elevation

Absetz(ab)hang ***m*** ➋ Aufschütt(ungs)(ab)hang

absetzbarer Stoff ***m,*** Sinkstoff • settleable solid, settling solid, flo(a)table solid [*Suspended solid which subsides in quiescent sewage in a reasonable period. Two hours is a common arbitrary period*]

Absetzbecken ***n*** • settlement tank, sedimentation pond

Absetzböschung ***f,*** Ablagerungsböschung, Aufschütt(ungs)böschung • deposition(al) slope, accumulation slope, deposited slope

Absetzbrekzie ***f,*** Ablagerungsbrekzie, Aufschütt(ungs)brekzie • deposition(al) breccia, accumulation breccia

absetzen, ablagern [*Geomorphologie*] • to deposit

absetzen, aufsetzen [*Senkkasten*] • to found

absetzen [*Ein Stück vom Gestein*] (⚒) • to beat off, to break off

absetzen, einbauen, einlassen, einbringen, einführen, abhängen • to land, to set, to insert, to run (in), to lower [*casing*]

absetzen [*Einen Schacht nicht in seiner ursprünglichen Richtung, sondern zur Seite rücken, so dass auf der gesamten Teufe mehrere Schächte entstehen*] • to break in a shaft

absetzen • to launch [*offshore drilling*]

Absetzen ***n,*** Ablagern, Aufschütten • deposition [*The laying down of potential rock-forming material by such agencies as flowing water, waves, winds, glaciers, ice, or gravity*]

Absetzen ***n,*** Abschlämmen, Ausschlämmen, Sedimentieren, Schlämmen, Setzen • deposition, depositing, settling, building-up [*The act or process of settling solid material from a liquid suspension*]

Absetzen ***n,*** Aufhören • break [*A general term used in mining geology for any discontinuity in the rock, such as a fault, a fracture, or small cavity*]

Absetzerhalde ***f*** [*Tagebau*] • stacker pile

Absetzerkippe ***f*** [*Tagebau*] • stacker tip, stacker dump

Absetzfächer ***m*** ➋ Aufschütt(ungs)fächer

Absetzfeld ***n*** ➋ Spülfeld

Absetzfläche ***f*** ➋ Spülfeld

Absetzflansch ***m*** [*Tiefbohrtechnik*] • landing spool

Absetzfolge ***f,*** Ablagerungsfolge, Aufschüttfolge, Aufschüttungsfolge • deposition(al) sequence, deposition(al) succession, accumulation sequence, accumulation succession

Absetzgefüge ***n,*** Ablagerungsgefüge, Aufschütt(ungs)gefüge • deposition(al) (rock) fabric [*It results from deposition during the rock's formation*]

Absetzgehänge ***n*** ➋ Aufschütt(ungs)(ab)hang

absetzig [*Kohlenflöz*] (⚒) • wandering

Absetzkahn ***m*** • launch barge [*offshore drilling*]

Absetzkegel ***m,*** Aufschütt(ungs)kegel

Absetzmaß ***n*** • sedimentation rate

absetzmäßig ➋ ablagerungsmäßig

Absetzmechanismus ***m,*** Ablagerungsmechanismus, Aufschütt(ungs)mechanismus • deposition(al) mechanism, accumulation mechanism

Absetzmilieu ***n,*** Ablagerungsmilieu, Aufschüttungsmilieu, Aufschüttmilieu • deposition(al) environment, environment of deposition, accumulation environment

Absetzreg(e)lung ***f,*** Ablagerungsreg(e)lung, Aufschütt(ungs)reg(e)lung • control by accumulation, accumulation control [*accumulation (hill)slope*]

Absetzstelle ***f*** ➋ Spülfeld

Absetztiefe ***f*** ➋ (Bohr)Rohrabsetztiefe

Absetzung ***f,*** Ablagerung *f,* Absatz *m* [*Geomorphologie*] • deposit

Absetzung ***f*** ➋ (Boden)Ablagerung *f*

Absetzung ***f*** ➋ Sedimentation

Absetz(ungs)grenzfläche ***f,*** Ablagerungsgrenzfläche, Aufschütt(ungs)grenzfläche • deposition(al) interface, accumulation interface

Absetz(ungs)probe ***f*** ➋ Schlämmanalyse

Absetz(ungs)vergangenheit ***f,*** Ablagerungsvergangenheit, Aufschütt(ungs)vergangenheit [*Lagerstätte*] • deposition(al) history, accumulation history

A

Absetz(ungs)vorgang *m***,** Ablagerungsvorgang, Aufschütt(ungs)vorgang • deposition(al) process, accumulation process
Absetzverfahren *n* **nach Haas** • sedimentation method according to Haas, sedimentation technique according to Haas
(Ab)Sieben *n* • screening
(Ab)Sieben *n* **in der Grube** • in-pit screening
(ab)sieben von Hand • dillue [*In Cornwall, to separate tin ore by washing in a hand sieve*]
Absieg(e)lungsschicht *f* [*Bodenverfestigung*] • protective coat, protection coat
Absieg(e)lungsschicht *f* **als Tränkung** [*Bodenverfestigung*] • protective coat by penetration, protection coat by penetration
Absieg(e)lungsschlämme *f***,** Versieg(e)lungsschlämme, (Ab)Dicht(ungs)schlämme • seal(ing) slurry, seal(ing) mud
absinken ➋ fallen
absinken [*Schacht; Brunnen*] ➋ schlagen
(ab)sinken • to subside
(ab)sinken • to bed down [*Sediment in a channel*]
Absinken *n* • letdown [*The natural lowering (in the stratigraphic section) of slabs and fragments of a resistant formation by weathering and erosion of more vulnerable underlying rock; e.g. the stage of brecciation in which bedding is but little disturbed*]
Absinken *n***,** Versinken, Absinkung *f*, Versinkung • sinking, downwelling [*The downward movement of surface water, generally caused by converging currents or by a water mass that becomes denser than the surrounding water*]
Absinken *n* [*Schacht; Brunnen*] ➋ Schlagen
Absinken *n* **eines geometrischen Ortes,** Absenken eines geometrischen Ortes • locus subsidence, subsidence of (a) locus
absinkend ➋ supergen
absinkende Anreicherung *f* ➋ supergene Anreicherung
Absinker *m* **von (Schacht)Sümpfen,** (Schacht) Sumpfabsinker, Kunstwärter, Pumpenwärter, Maschinenwärter • sump man, water-lodge man, water (sump) man, engine man, engineer
Absinkung *f* ➋ Absinken
Absinkung *f* [*Schacht; Brunnen*] ➋ Schlagen
(ab)sintern (⚒) • to leak
Absit *m* • absite [*A mineral containing uranium, thorium, titanium, and rare earths, and discovered in South Australia in pegmatitic association*]
absitzen, abrutschen (⚒) • to slip, to glide off, to glide down
Absoden *n* ➋ Abplaggen
absohlen (⚒) • to wear out
absolute Bestimmung *f* **der Schwerebeschleunigung,** absolute Schweremessung [*Die Bestimmung der Schwerebeschleunigung wird absolut ausgeführt, d. h. im Messungsvorgang auf die Grundeinheiten der Länge und Zeit selbst zurückgeführt*] • absolute gravity measurement
absolute Darstellung *f* [*Kartografische Darstellung von abgrenzbaren Kartengegenständen nach ihrer Menge*] • absolute representation
absolute Durchlässigkeit *f* • absolute permeability, induced capacity [*The ratio of the magnetic flux density to the intensity of the magnetic field in a medium; measurement is in webers per square meter in the meter-kilogram-second system*]
absolute Dürre *f* • absolute drought [*Applied in U.K. to periods of 15 consecutive days or more to none of which is credited 0.25 mm (0.01 inch) of rain or more*]
absolute Feuchte *f***,** absolute Feuchtigkeit *f* • absolute humidity [*Quantity of water vapo(u)r in unit volume of humid air. Expressed in gr/ft^3 or g/cm^3. In meteorology the preferred term is "vapo(u)r concentration" previously known as, vapo(u)r density*']
absolute Firste *f***,** absolutes Dach *n*, absolutes Hangende *n* (⚒) • absolute roof, absolute back, absolute top [*The entire mass of strata overlying a subsurface point of reference*]
absolute (Geo)Chronologie *f* • absolute chronology [*It involves dating of geologic(al) events in years*]
absolute Geometrie *f* [*Die Koordinaten topologischer Elemente, die sich nach Berücksichtigung unterschiedlicher Erfassungsresultate (der gemessenen Geometrie) ergeben*] • absolute geometry
(absolute) Geopotentialtopografie *f* • (absolute) geopotential topography [*In geophysics, the topography of any surface as represented by lines of equal geopotential*]
absolute Größe *f* • absolute size, total energy release [*(earth)quake*]
absolute Höhe *f* • absolute altitude [*The true vertical distance above the terrain*]
absolute Isohypse *f* • absolute isohypse [*A line that has the properties of both constant pressure and constant height above mean sea level*]
absolute Lichtbrechung *f* **eines Mineralkorns** • absolute refraction of a mineral grain
absolute Masse *f***,** absolutes Gewicht *n* [*frühere Benennung* • absolute weight

A

absolute Oberfläche ***f*** • absolute surface [*The amount of surface of the various soil phases which are in contact with each other*]

absolute Orientierung ***f*** • absolute orientation [*The adjusting to proper scale, orienting of the model datum parallel to a given vertical datum, and positioning of the model with reference to the horizontal datum of a stereoscopic model or model group*]

absolute Schweremessung ***f*****,** absolute Bestimmung der Schwerebeschleunigung [*Die Bestimmung der Schwerebeschleunigung wird absolut ausgeführt, d.h. im Messungsvorgang auf die Grundeinheiten der Länge und Zeit selbst zurückgeführt*] • absolute gravity measurement

absolute Strombahn ***f*** • absolute flow path, absolute stream path

absolute Stromlinie ***f*** • absolute streamline, absolute flow line

absolute Viskosität ***f*****,** dynamische Viskosität [*Proportionalitätsfaktor bei der Übertragung von Schubspannung in Geschwindigkeitsgefälle. Charakteristische Größe für die innere Reibung einer Flüssigkeit. Zeichen h, Einheit: kg/(m s)*] • dynamic viscosity, coefficient of (molecular) viscosity, absolute viscosity, viscosity coefficient

absolute Zeit ***f*** • absolute time [*Geologic(al) time measured in years, as determined by radioactive decay of elements. Jeletzky (1956) proposed that the term be abandoned because its usage, based on criteria peculiar to the Earth and having the present part of geologic history as its starting point, is "incorrect and highly misleading"*]

absoluter (Äthyl)Alkohol ***m*****,** wasserfreier (Äthyl) Alkohol • absolute alcohol, anhydrous alcohol

absoluter Druck ***m*** • absolute pressure [*Pressure indicated by a pressure ga(u)ge plus the atmospheric pressure*]

absoluter Schweremesser ***m*** • absolute gravity instrument, absolute gravity meter [*A device for measuring the true value of gravity at a point*]

absoluter Siedepunkt ***m*** • absolute boiling point

absolutes Dach ***n*****,** absolute Firste *f*, absolutes Hangende *n* (⚒) • absolute roof, absolute back, absolute top [*The entire mass of strata overlying a subsurface point of reference*]

absolutes Gewicht ***n*** [*frühere Benennung*]; absolute Masse *f* • absolute weight

absolutes plattenexternes System ***n*** ➋ plattenexternes System

Absolutmagnetometer ***n*** • absolute magnetometer [*An instrument used to measure the intensity of a magnetic field without reference to other magnetic instruments*]

Absolutsetzung ***f*** • absolute settlement

Absolutwert ***m*****,** Betrag *m* • absolute value of a vector, magnitude of a vector

Absonderung ***f*****,** Gesteinsabsonderung [*Die Zerteilung einer Gesteinsmasse in Stücke an Klüften, Spalten, Schicht- und Schieferungsflächen*] • jointing, breaking

Absonderung ***f*** ➋ Abscherung

Absonderungskluft ***f*** • breaking joint

absorbierbar ➋ einsaugbar

absorbieren, aufsaugen, einsaugen • to absorb, to suck up, to suck in

absorbierend, saugfähig • absorbent

absorbiertes Wasser ***n*** • absorbed water

Absorption ***f*** • absorption [*The assimilation or incorporation of a gas or liquid by a solid body or aggregate*]

Absorptionsterrasse ***f*****,** längsgefällelose Terrasse, waag(e)rechte Terrasse • level terrace, absorption terrace, horizontal terrace, absorptive terrace [*It is level along the contour in order to hold rainwater so that it infiltrates the soil*]

Absorptionsverlust ***m*****,** Füll(ungs)verlust

Absorptionswasser ***n*****,** Benetzungswasser • connate water [*Water absorbed on mineral grains of reservoir rock and not produced with oil or gas*]

Abspalten ***n*** [*schonendes Sprengverfahren: DIN 20163*] • smooth blasting

Abspaltung ***f*** • differentiation [*By this process, two or more different rocks are derived from a single magma body*]

abspanen, spanabheben • to chip [*To break small fragments from the surface of a material*]

Abspanen ***n*****,** Spanabheben • chipping [*Removing excessive though not defective material*]

Abspannen ***n*** ➋ Abstreben

Abspannseil ***n*** [*z. B. für ein Schneenetz*] • guy [*such as for a snow net*]

Abspannseil ***n*** [*Autokran*] • support cable

Abspannung ***f*** [*Streb-Strecken-Übergang*] (⚒) • face end (support(ing)) system

Abspannung ***f*** ➋ Abstreben

(Ab)Sperranlage ***f*** ➋ Stau(bau)werk

(Ab)Sperrdamm ***m*** [*Gezeitenkraftwerk*] • tidal power dam, tide power dam

absperren, schließen • to cut off, to shut off, to close

absperren, schließen • to close in [*To shut off the flow, as from an oil gas, or artesian well*]

(ab)sperren • to dam [*To obstruct or confine a flow of water*]

A

Absperren *n*, Absperrung *f*, Grundwasser(ab)sperren, Grundwasser(ab)sperrung • (groundwater) cutoff [*This method prevents groundwater flow to the excavation. Steel sheeting, slurry (concrete) walls, ground freezing, secant piles and tremie seals are used to cut off ground water flow*]

Absperren *n*, Schließen • cutting off, shutting off, closing

Absperren *n*, Schließen • closing in [*Shutting off the flow, as from an oil, gas, or artesian well*]

Absperren *n* [*Wasserlauf*] • barrage, barring [*The formation of an artificial bar in a water course, to increase the depth of water*]

Absperren *n* ➋ Rückstauen

Absperrung *f*, (Ab)Dichtung • cutoff [*An impermeable wall, collar, or other structure placed beneath the base or within the abutments of a dam to prevent or reduce losses by seepage along a construction interface or through porous fractured strata. It may be made of concrete, compacted clay, interlocking sheetpiling, or grout injected along a line of holes*]

Absperrung *f*, Absperren *n*, Grundwasser(ab)sperren, Grundwasser(ab)sperrung • to prevent groundwater inflow, (groundwater) cutoff [*This method prevents groundwater flow to the excavation. Steel sheeting, slurry (concrete) walls, ground freezing, secant piles and tremie seals are used to cut off groundwater flow*]

Absperrung *f* durch Sandsäcke ➋ Abdämmung durch Sandsäcke

Absperrung *f* einer wasserspeichernden Schicht, Absperrung von Lagerstätten mit großer Wasserabgabe • water shut-off treatment, W.S.O. treatment

Absperr(ungs)fangedamm *m*, Abschlussfangedamm • closing cofferdam, closure cofferdam, shutoff cofferdam, stop cofferdam, cutoff cofferdam

Absperr(ungs)vorrichtung *f* • cutoff [*A device for cutting off, as a mechanism for shutting off the admission of a working fluid (as steam) to an engine cylinder*]

Absperr(ungs)vorrichtung *f*, Preventer *m* [*(Erd) Ölbohrloch*] • preventer

(Ab)Sperr(ungs)wand *f* ➋ Abschlusswand

abspreizen, abstreben, verspreizen, abspannen, abfangen, verstreben, bölzen, (ab)sprießen; spreizen [*Die Spreizen sind waag(e)recht oder nahezu waag(e)recht angeordnet*] • to strut (apart), to brace, to buck up, to prop

(Ab)Spreizen *n* ➋ Abstreben

(Ab)Spreizung *f* ➋ Abstreben

absprengen [*im Sinne von 'abplatzen'*] • to spall off, to break off, to split off

absprengen [*mit Sprengstoff*] ➋ wegsprengen

Absprengen *n* [*Abflachungsmethode für Hänge*] • blasting

Absprengung *f* einer dombürtigen Glutlawine [*Ein Typus der Glutwolkeneruption*] • Pele discharged lateral type

Absprießen *n* ➋ Abstreben

Absprießung *f* ➋ Abstreben

Abspritzen *n* mit Hydromonitor(en), Gewinnung *f* mit Hydromonitor(en), hydraulische Gewinnung, Abspritzgewinnung, Druckstrahlbaggerung, Spülabbau *m* durch Lösen mit Hochdruckwasserstrahl, hydraulischer Abbau, Spritzabbau • hydraulic mining, hydraulicking, hydraulic stripping, (hydraulic) sluicing, jetting, hydraulic jetting, hydraulic working, wet mining [*Hydraulic excavation of a placer deposit or gravel banks followed by flow through flumes with riffles in the bottom (called sluices) which collect gold or other heavy mineral*]

Abspülung *f*, Abschwemmung • sheet erosion, slope wash, surface wash, unconcentrated wash, sheetwash [*The removal of thin layers of surface material more or less evenly from an extensive area of gently sloping land, by broad continuous sheets of running water rather than by streams flowing in well-defined channels, e.g. erosion that occurs when rain washes away a thin layer of topsoil*]

Abspülung *f*, Ausspülung [*Auf unterirdischen Bahnen im Locker- und Blockmaterial*] • wash(ing) out

Abspülung *f*, Abschwemmung • (rain)wash [*The washing away of loose surface material by rainwater after it has reached the ground but before it has been concentrated into definite streams; specifically sheet erosion*]

(Ab)Spülung *f*, Boden(ab)spülung [*Flächenhafter und linienhafter Bodenabrieb durch fließendes Wasser*] • water erosion, erosion by water, (soil) wash

Abspülung *f* [*Von Küsten durch die Meer(es)wellen*] • breach (of the sea)

Abspunden *n* • cutting off by sheet pile wall(s)

Abstammung *f*, Herkunft *f* • descent

Abstand *m*, Entfernung *f*, Bildpunktabstand, Bildpunktentfernung • separation [*The distance between similar image points on two different photo(graph)s properly set up for stereoscopic viewing*]

Abstand *m* ➋ Lücke

Abstand *m*, Entfernung *f* • distance

Abstand *m* cl-cl, Entfernung *f* cl-cl • chlorine-chlorine distance

Abstand *m* der Kluftflächen [*im Fels*] • fracture spacing

A

Abstand *m* der Klüfte [*im Fels*] • joint spacing

Abstand *m* der Kristallebenen ➋ Gitterebenenabstand

Abstand *m* der Strebepfeilerachsen [*Pfeiler(stau)-mauer*] • buttress spacing (US); spacing of counterforts c. to c.

Abstand *m* vom hinteren Objektivhauptpunkt bis zur Ebene der besten Bilddefinition • equivalent focal length

Abstand *m* von Sprengladungen [*Unter dem Abstand zweier Sprengladungen (beispielsweise in Bohrungen) ist die kürzeste Entfernung zwischen diesen beiden Ladungen (Sprengbohrungen) zu verstehen* (*1)] • spacing distance between explosive charges, spacing of charges

Abstand(s)bedingung *f*, Entfernungsbedingung [*Fotogrammetrie*] • distance condition

Abstand(s)brücke *f*, Entfernungsbrücke [*Stereoautograf*] • distance piece

Abstand(s)fehler *m*, Entfernungsfehler [*Fotogrammertrie*] • distance error

Abstand(s)-Grundwassergeschwindigkeit *f*, Entfernungs-Grundwassergeschwindigkeit [*Quotient aus der Länge eines Stromlinienabschnittes und der vom Grundwasser beim Durchfließen dieses Abschnittes benötigten Zeit. Va = Ds/Dt. Zeichen: va. Einheit: m/s*] • distance groundwater velocity

Abstand(s)halter *m* • spacer

Abstand(s)halter *m* [• chair [*in reinforced-concrete construction a device for maintaining the position of reinforcing rods in a pouring operation*]

Abstand(s)messung *f*, Entfernungsmessung • distance measurement

Abstand(s)wagen *m*, Entfernungswagen • distance carriage [*photogrammetric plotter*]

Abstecheisen *n* ➋ Erdschaber

Abstechmesser *n* ➋ Erdschaber

Absteckabmessung *f*, Absteckmaß *n* • setting-out dimension

Abstecken *n* ➋ Absteckung

Abstecken *n* goldführender Seifen in viereckigen Blöcken • blocking (out) [*Australia*]

Absteckmaß *n*, Absteckabmessung *f* • setting-out dimension

(Absteck)Pflock *m*, Absteckpfahl *m*, Tracierpfahl, Stickel *m*, Absteckstab *m*, Absteckpfählchen *n* [*Etwa 1 m lang*] • (setting-out) peg, (setting-out) stake, tracing stake, tracing peg, (tracing) picket, surveyor's stake, surveyor's peg [*A short pointed rod driven into the ground to mark a line or a level. A nail driven into the top of the peg usually shows the position of the point*]

Absteckpunkt *m* • setting-out point

Absteckraster *m* • setting-out grid

Absteckung *f*, Abpfählung, Abpfählen, Abstecken *n*, Abpflockung, Verpflockung, Abpflocken, Verpflocken, Verpfählung, Verpfählen; Abgeben (⚒) • pegging (out), setting out (with pegs), site-marking, staking (out)

Abstehenlassen *n* [*Metallurgie*] • dead melting

absteifen ➋ aussteifen

absteifen (⚒) • to plant struts

Absteifen *n* ➋ Aussteifen

Absteifglied *n* ➋ Steife

Absteifung *f*, Absattelung • propping

Absteifung *f* ➋ Aussteifen

Absteif(ungs)element *n* ➋ Steife

Absteif(ungs)glied *n* ➋ Steife

Absteif(ungs)rippe *f* ➋ Aussteif(ungs)rippe

absteigende Bewetterung *f*, abfallende Bewetterung, absteigende Wetterführung, abfallende Wetterführung, Abwärtsbewetterung, (⚒) • downcast ventilation, intake ventilation, downward ventilation, descensional ventilation, homotropal ventilation

absteigende Entwick(e)lung *f* [*Rumpffläche*] • waning development, declining development

absteigende Quelle *f*, Auslaufquelle • descending spring, declining spring

Abstellfläche *f* [*Tiefbohrtechnik*] • stand-back area

Abstellgleise *n(pl)*, Anschlussgleise *n(pl)*, Nebengleise *n(pl)* • railroad sidings

Abstellkapazität *f* [*Tiefbohrtechnik*] • stand-back capacity

Abstelllast *f* [*Tiefbohrtechnik*] • stand-back weight

Abstellrohr *n* • stop-end tube

(ab)sterben [*Bakterie*] • to die off

(ab)sterbender Gletscher *m*, verschwindender Gletscher • dying glacier

(ab)sterbender See *m* • dying lake [*A lake nearing extinction from any cause*]

Abstichpunkt *m* [*Fester Punkt, von dem aus mittels Maßstab, Band- oder Stechpegel die Wasserspiegelhöhe eingemessen wird*] • datum plate

Abstieg *m* ➋ (Aal)Abstieg

Abstieg *m* ➋ (Fisch)Abstieg

Abstieg *m* [*in ein Bergwerk, z.B. über Leitern*] • descent

Abstimmung *f*, Richtstrahlbildung [*Aufhebung zeitlicher Verschiebungen*] • beamforming [*array seismology*]

A

Abstimmung *f* [*Werden die Eigenfrequenzen eines Systems an die gegebene Erregerfrequenz angepasst spricht man von ‚Abstimmung'*]; s.a. ➋ Hochabstimmung • tuning [*If the natural frequencies of a system are adjusted relative to the given frequency of excitation this is called ‚tuning'; refer also to high tuning*]

Abstimmungsfehler *m* • error of run, run error [*surveying*]

Abstoßen *n* (⚒) ➋ Absetzen

(Ab)Strahlen *n* • (jet) blasting

(Ab)Strahlsand *m* • (jet)blasting sand

abstraktes (Karten)Zeichen *n* • abstract (map) symbol

abstreben ➋ abspreizen

Abstreben *n*, Verstreben, Abstrebung *f*, (Ab)Spreizen, Verspreizen, (Ab)Bölzung, Verstrebung, Abspreizung, Abspannung, Absprießen, Verspreizung, (Ab)Bölzen, Abfangung, Absprießung, Abspannen, Abfangen, Versprießen, (Ab)Bolzung, Spreizung, Sprießung, Absteifung [*Die Spreizen sind waag(e)recht oder nahezu waag(e)recht angeordnet*] • bracing, strutting (apart)

(ab)streichen, abheben [*Beim Erzsetzvorgang, das taube Gestein von der Erzunterlage auf dem Sieb entfernen*] • to scrape (off), to skim, to skim off, to take off

Abstreifer *m* • stripper (rubber) [*drilling*]

Abstreifer *m* [*am Schneidrad eines Schneidradbaggers*] • scraper

Abströmen *n* der Druckluft [*unabsichtliches Entweichen*] • compressed air escaping

(ab)strossen, abtreppen [*Erdbau*] • to dig in steps, to excavate in steps, to bench, to dig by benches, to work by benches, to cut by benches, to excavate by benches

(ab)strossen (⚒) • to mine by banks

Abstufung *f* der Bewehrung • curtailment of the reinforcement

Abstumpfen *n* • betrunking [*The removal of the lower part of a river by submergence of a valley or by recession of the coast, leaving the several upper branches of the drainage system to enter the sea as independent rivers*]

Absturz *m* • drop [*A steep part of a pipe or channel*]

Absturz *m*, Kaskade *f*, Gefällestufe *f* • cascade; force [*northern England*] [*A stream or river irregularity intermediate between a waterfall and a rapid*]

Absturzbauwerk *n* • drop structure [*e.g. for connecting a higher sewer to a lower one*]

Absturzbauwerkgrube *f* • drop structure pit

Absturzdrän *m* • drop drain

abstürzen [*Erz oder Kohle im Rolloch*] (⚒) • to buck

abstürzend ➋ abschüssig

(ab)stützen, sichern • to retain, to support

abstürzgefährdet • in danger of falling

Abstützgehäuse *n* [*Autokran*] • outrigger housing

Abstützspindel *f* [*Autokran*] • screw jack

Abstützung *f* [*Böschung*] • restraint [*Of a slope by retaining wall, ground anchors or piles*]

Abstützung *f* [*Autokran*] • outrigger

Abstützungssystem *n* [*Autokran*] • prop-up system

Abszisse *f* • abscissa [*Plural: absicssae or abscissas*]

Abszissenachse *f* • x-axis

Absucher *m* • fossicker [*A miner who gleans what has been left on abandoned workings, mostly on the surface*]

Abtastbereich *m* • scanning range

Abtast(bild)verzerrung *f* • scanner distortion [*The geometric(al) distortion that is characteristic of scanner image*]

abtasten • to scan

Abtasten *n* • scanning

abtastendes hochauflösendes Aufnahmegerät *n*, hochauflösendes abtastendes Aufnahmegerät • high-resolution visible unit, HRV unit

abtastendes Mikrowellenradiometer *n*, elektronisch zeichnendes Mikrowellenradiometer • electronic scanning microwave radiometer

Abtaster *m* ➋ (Bild)Abtaster

Abtaster *m* ohne Bewegung des Abtastkopfes [*Ein Trommel- oder ein Flachbettabtaster ohne Ablenkung oder Translation*] • solid state scanner

Abtastfrequenz *f* • scanning rate, scanning frequency

Abtastgeometrie *f* • scanner geometry

Abtast- und Haltekreis *m* • sample-and-hold unit, track-and-hold unit

Abtast- und Halteverstärker *m* • sample-and-hold amplifier, track-and-hold amplifier [*It has an output that is proportional to the input until a "hold" signal is received*]

Abtastlinie *f*, Abtastzeile *f* • scanning line

Abtast-Mehrkanal-Mikrowellen-Radiometer *n* • scanning multi(ple)-channel microwave radiometer, SMMR

Abtastradiometer *n* • very high resolution radiometer, VHRR, scanning radiometer

Abtasterate *f* [*eines messenden Sensors*] • sampling rate

Abtastsignal *n* • scanning signal

Abtastspiegel *m* • scanning mirror

Abtaststereoskop *n* • scanning stereoscope

Abtasttheorem *n* • sampling theorem

Abtastüberlappung *f* • overscan(ning)

Abtastung *f* in Rasterform, räumliche Auflösung [*Überführung der kontinuierlichen Bildfunktion in eine nichtkontinuierliche durch Diskretisierung in der x-y-Bildebene*] • sampling

Abtastwinkel ***m*** • scanning angle

Abtastzeichnung ***f*** • scanned drawing

Abtastzeile ***f,*** Abtastlinie *f* • scanning line

Abteilung ***f,*** Hauptgruppe *f* • supergroup [*An assemblage of related groups, or of formations and groups, having significant lithologic(al) features in common*]

Abteilung ***f,*** Revier *n* (⚒) • district, section

Abteilung ***f,*** Serie *f,* stratigrafische Einheit *f* 3. Ordnung [*Die Epoche ist das geochronologische Äquivalent der Serie*] • series [*A timestratigraphic unit ranked next below a system. Loosely used in petrology for related igneous rocks*]

Abteilung ***f*** ➋ Abschlag

Abteuf . . . ➋ (Schacht)Abteuf . . .

(Ab)Teufarbeit(en) ***f(pl)*** • sinking work

Abteufeimer ***m,*** Abteufkübel, Teufkübel *m,* Teufeimer, Tonne *f,* (Schacht)Förderkübel [*Ein großes Fördergefäß zur Ausförderung aus einem Schacht*] (⚒) • kibble, hudge, kibbul, skip

(ab)teufen, schlagen, niederbringen, herunterbringen, absenken, treiben, einbringen, absinken [*Schacht; Brunnen*] • to sink, to put down, to deepen, to drive, to reach depth

Abteufen ***n,*** Schlagen, Niederbringen, Herunterbringen, Absenken, Treiben, Einbringen, Absinken [*Schacht; Brunnen*] • sinking, deepening, putting down, driving, reaching depth

Abteufen ***n*** **im Baggerbetrieb** [*Caisson*] • sinking by excavator

Abteufen ***n*** **im Spülbetrieb** [*Caisson*] • sinking by flushing

Abteufen ***n*** **von Bohrungen** • drilling boreholes

abteufen • [*a mine shaft or a well*] to deepen, to sink, to bore

abteufen [*z. B. Säulen*] • to lower

Abteufen ***n*** **der Stiche** [*Schmalwandherstellung*] • construction of the panels [*of a thin cut-off wall*]

abteufen durch Bohren, abbohren • to sink by boring, to sink by drilling

abteufende Bohrung ***f*** • drilling well, boring well

Abteufer ***m,*** Schachthauer • shaftman, (shaft) sinker

Abteufkübel ***m,*** Abteufeimer, Teufkübel, Teufeimer, Tonne *f,* (Schacht)Förderkübel [*Ein großes Fördergefäß zur Ausförderung aus einem Schacht)* (⚒) • kibble, hudge, kibbul, skip

Abteufpumpe ***f*** • drainage pump

Abteufring ***m*** • sinking drum [*force drop shaft*]

Abteufschuss ***m*** (⚒) • sumping shot, sumper

Abteuftiefe ***f,*** Absenktiefe *f,* Teuftiefe • sinking depth

Abteufverfahren ***n*** [*Die Abteufverfahren sind Methoden, um Schächte in Gebirgsschichten planmäßig abzusenken* (*1)] • shaft sinking method

abtorfen, stechen • to dig peat, to cut peat

Abtrag ***m*** ➋ Denudation

Abtrag ***m,*** Einschnitt *m,* Aushub *m* • cut(ting), [*The space formed by the excavating of the natural ground*]

Abtrag und Auftrag ***m,*** Anschnitt, Aushub und Aufschüttung, Einschnitt und Damm, Abtrag und Aufschüttung, Aushub und Auftrag, Einschnitt und Auftrag • digging and fill(ing), cut(ting) and fill(ing), excavating and fill(ing) [*The process of excavating, moving the excavated material to another location, and using it as fill with allowance for swell or shrink from cut to fill*]

Abtrag- und Auffüllmethode ***f,*** Abtrag- und Auffüllverfahren *n* [*Gründungswesen*] • strip-and-fill method

Abtrag- und Auftragmodell ***n*** [*Erdbau*] • intersurface model, (cut)fill model

Abtrag(ab)hang ***m*** ➋ Erosions(ab)hang

Abtrag(absteck)pflock ***m,*** Einschnitt(absteck)-pflock, Aushub(absteck)pflock • cut stake, cut peg

abtragen, ausnagen, abnagen • to base level [*To reduce by erosion to, or toward the condition of a plain at, base level*]

abtragen, ausnagen, erodieren, zerfressen, abnagen • to erode

abtragen, einschneiden • to lower a grade, to cut a grade, to dig a grade, to excavate a grade

abtragen, flächenhaft abtragen, bloßlegen, entblößen • to denude [*To wear away or remove overlying matter from and so expose to view, as underlying rocks*]

abtragen (⚒) ➋ abdecken

abtragen [*Mutterboden*] ➋ abräumen

Abtrag(en) ***m, (n),*** Abräumen, Freimachen, Abdecken, Freilegen Freimachung, Abtragung *f,* Abräumung, Abdeckung, Freilegung, Bloßlegen, Bloßlegung, Aufdecken, Aufdeckung [*Eine Schicht, um Darunterliegendes freizulegen*] • exposing, stripping, layer stripping, uncovering, exposure, baring, laying bare, laying open

Abtrag(en) ***m, (n)*** • downwearing [*A process contributing to the development of a peneplain*]

Abtrag(en) ***m, (n)*** • downwearing [*Erosion that causes the flattening-out of a hill or mountain and the decline of its slope*]

Abtragen ***n,*** Einschneiden • cutting a grade, lowering a grade, grade cutting, grade lowering, excavating a grade, grade excavation, digging a grade, grade digging

A

Abtragen *n* ➜ Erosion

abtragend, erodierend, ausnagend, zerfressend, abnagend • erosive, eroding, causing erosion

Abtragland *n* ➜ Altgebiet

Abtragneigung *f,* Einschnittneigung, Aushubneigung • cut batter, cut inclination, excavation batter, excavation inclination

Abtrag(ung) *m, (f)* ➜ Denudation

Abtragung *f* [*von Lasten*] • transfer, transmission, transmitting [*of loads*]

Abtragung *f* • abtragung [*This German term means that part of degradation not resulting directly from erosion, i.e. preparation and reduction of rock debris by weathering and translocation of wash*]

Abtragung *f* [*Aufgrund von Höhenunterschieden werden unter dem Einfluss der Schwerkraft Gesteine und Verwitterungsprodukte aus höheren in tiefere Lagen bewegt*] • downward movement

Abtragung *f* ➜ Abtrag(en)

Abtragung *f* ➜ Erosion

Abtragung *f* **der Bauwerkslasten** • structural load transfer

Abtrag(ung) *m, (f)* **durch Meer(es)brandung** ➜ Brandungsabtrag(ung)

Abtrag(ungs) ... ➜ Erosions ...

Abtragungsbereich *m* [*an einer Böschung*] • denudation area

Abtrag(ungs)böschung *f* ➜ Böschung im Abtrag

Abtrag(ungs)gebiet *n* ➜ Altgebiet

Abtrag(ungs)gelände *n,* Aushubgelände, Einschnittgelände • cut terrain, cut ground, excavated terrain, excavated ground

Abtrag(ungs)küste *f,* Abrasionsküste, Brandungserosionsküste • sea erosion coast, abrasion coast, marine erosion coast

Abtrag(ungs)land *n* ➜ Altgebiet

Abtrag(ungs)masse *f,* Einschnittmasse [*Erdbau*] • cut yardage, cut mass

Abtragungsmechanik *f,* Erosionsmechanik, Ausnagungsmechanik • mechanics of erosion, erosion mechanics

Abtrag(ungs)menge *f* ➜ Aushubmenge

Abtrag(ungs)neigung *f* ➜ Einschnittneigung

Abtrag(ungs)oberfläche *f,* Einschnittoberfläche • cut(ting) surface

Abtrag(ungs)planum *n,* Einschnittplanum, Aushubplanum [*"Planum" wird in der Schweiz "Planie" genannt*] • excavation (sub)grade, cutting (sub)grade, excavation base grade, cutting base grade (US); excavation formation, cutting formation (Brit.)

Abtragungsprodukt *n* **kristalliner Gesteine** • first cycle sediment

Abtrag(ungs)tiefe *f,* Aushubtiefe, Baggertiefe • cut(ting) depth, depth of cut(ting), cut, excavating depth, depth of excavation, digging depth, depth of digging [*The depth to which material is to be excavated to bring the surface to predetermined grade*]

Abtrag(ungs)volumen *n* ➜ Aushubmenge

Abtragungsvorgang *m* • degradation process [*wearing down of the land*]

Abtrag(ungs)wand *f,* Einschnittwand, Aushubwand • cut face, excavated face

Abtrag(ungs)welle *f,* zerstörende Welle • destructive wave [*A wave that moves more beach material seawards than landwards, resulting in a diminution in the size of the beach*]

Abtragwand *f,* Abbauwand, Gewinnungswand, Bruchwand, Steinbruchwand, Abtragungswand • quarry face, quarry wall

Abtreib(e)arbeit(en) *f(pl)* (⚒) • shoring up the attle

abtreiben, abbauen [*Gestein*] • to quarry, to separate, to knock off [*rock*]

abtreiben ➜ durchschlagen

abtreiben (⚒) ➜ nachreißen

abtreiben [*Untertagebau. Wenn ein Gestein durch einen Bogen abgespannt werden soll, den dazu nötigen Raum vorrichten*] • to drive off

Abtreiben *n* (⚒) ➜ Nachreißen

Abtreiben *n* **des Liegenden** ➜ Nachreißen des Liegenden

Abtreibezimmern *n* ➜ Abpfänden

Abtreibezimmerung *f* ➜ Getriebezimmerung

Abtrennstelle *f* [*Getriebezimmerung*] • cutoff point [*The point where the tails of the spiles are cut off prior to concreting*]

abtreppen ➜ (ab)strossen [*Erdbau*]

Abtreppen *n* ➜ Strossenbetrieb

Abtreppung *f* • stepped benching

abtreten [*Von der Fahrkunst*] (⚒) • to step off

Abtrieb *m* • drift [*A condition in air navigation brought about when the aircraft is displaced by cross winds. The aircraft is blown or drift off course. Photographs taken under conditions of drift will not give complete stereoscopic coverage. Edges of the photograph will not be parallel to the aircraft flight path or air base line*]

Abtriebmesser *m* • driftmeter [*A meter to measure the motion of an aircraft lateral to its heading caused by the force of cross-track wind*]

Abtritt *m* (⚒) • landing place, step(ping) place

A

Abtropfstein *m*, Stalaktit *m*, Deckenzapfen *m* • stalactite; tubular stalactite [*partial synonym*] [*A conical or cylindrical speleothem that hangs from the ceiling of a cave. It is deposited from drops of water and is usually composed of calcite but may be formed of other minerals. The term was first used by Worm 1642*]

abtun ➋ zünden

Abtun *n*, Zünden • setting off (the charge)

Abtun *n* **der Hilfssprengschüsse** • square up

Abukuma-Fazies *f*, metamorphe Fazies vom Abukumatyp • Abukuma(-type) facies [*A type of dynathermal regional metamorphism characterized by low pressure*]

abvisieren ➋ abfluchten

Abwage *f*, Abwägen *n*, stückweises Höhenmessen • levelling by parts (Brit.); leveling by parts (US) [*surveying*]

abwägen, bergmännisch nivellieren [*Die Höhe eines Punktes gegen einen anderen bestimmen*] (⚒) • to (survey and) level underground

Abwägen *n*, Abwage *f*, stückweises Höhenmessen • levelling by parts (Brit.); leveling by parts (US) [*surveying*]

(Ab)Walzen *n* • rolling [*Applying a surcharge to the ground*]

(ab)wandern, auswandern [*Punkte*] (⚒), to move

Abwärme *f* • waste heat

abwärtige Strecke *f* ➋ (fluss)abwärtige Strecke

abwärtige Strecke *f* ➋ (strom)abwärtige Strecke

abwärts geschleppt, tiefgeschleppt [*Die Schichten des hangenden Schenkels bzw. der gehobenen Scholle einer Schleppung*] • dragged downward(s)

abwärts neigen • to dip, to incline downhill

abwärts ziehender Fisch *m* ➋ talwärts wandernder Fisch

Abwärtsanker *m* • tiedown (anchor)

Abwärtsbewetterung *f* ➋ absteigende Bewetterung

Abwärtsbohren *n* [*Einen zylindrischen Hohlraum im Gestein herstellen, er wird bei kleiner Weite "Bohrloch", bei großer Weite "Bohrschacht" genannt*] • drilling downward(s), down drilling, drop drilling

Abwärts(ein)fallen *n* • downdip [*A direction that is downwards and parallel to the dip of a structure or surface*]

Abwärtsgeführter Blockbau *m* **mit Gerüst (zimmerung) und Versatz** (⚒) • descending block method with square-set(ting) and (back)fill(ing)

(abwärtsgeführter) Querbruchbau *m* ➋ Etagenbruchbau

Abwärtsgeschwindigkeit *f* [*Abwärtsbewegung im Gletschernährgebiet*] • submergence velocity

Abwärtsschleppung *f*, Schleppung nach unten • downward drag

Abwärtsventilator *m* (⚒) • blowdown fan [*It forces air into a mine*]

Abwärtswetterführung *f* ➋ absteigende Bewetterung

Abwasser *n* • soil, sewage [*As opposed to surface water and waste water*]

Abwasseraufbereitungsanlage *f* • waste water treatment plant

Abwasserauslaufstollen *m* **(ins Meer)** • (sea) outfall gallery; (sea) outfall tunnel (US)

Abwasserberegnung *f* ➋ Beregnung mit Abwasser

Abwasserbewässerung *f*, Bewässerung mit Abwasser, Oberflächenberieselung mit Abwasser • sewage irrigation, land treatment; broad irrigation (US)

Abwasserentsorgung *f* • sewage disposal

Abwasserentsorgungsleitung *f* ➋ Abwasserleitung

Abwasserentsorgungsnetz *n* • sewage disposal network

Abwasserkanal *m*, Kanal • sewage conduit, sewage duct; sewage tunnel (US)

Abwasserkanalbau *m*, Kanalbau • sewage conduit construction, sewage duct construction; sewage tunnel construction (US)

Abwasserkanalsanierung *f* • sewer (pipe) rehabilitation, sewer line rehabilitation

Abwasserleitung *f* • sewer pipe, sewer (line), sewage disposal line, waste disposal line, sewer

Abwasserleitungsauskleidung *f* **aus (Beton)Fertigteilen,** (Beton)Fertigteil-Abwasserleitungsauskleidung • precast sewer lining, prefab(ricated) sewer lining

Abwasserleitungsrohr *n* • sewage pipe

Abwasserprojekt *n* • sewerage project, sewage scheme

Abwasserpumpwerk *n* • sewage pumping station

Abwasserrohr ➋ Abwasserleitungsrohr

Abwasserrohrleitung *f* • sewer(age) pipeline, sewage pipeline

Abwasserrohrleitungsmolch *m* • sewage pipeline pig

Abwassersammler *m* • intersecting sewer

Abwasserschlammverklappen *n* **im Ozean** • ocean (ic) sewage sludge dumping

Abwassersystem *n* • sewage system [*A complete system of piping, pumps, basins, tanks, unit processes, and appurtenances for the collection, transportation, heating, and discharging of sewage (= household and commercial wastewater) and industrial waste-water.*]

Abwasserverregnung *f* ➋ Beregnung mit Abwasser

abwehen, abblasen, auswehen, deflatieren, ausblasen • to deflate [*See note under "deflation"*]

A

Abwehr *f*, Bekämpfung *f* • control

Abwehrmaßnahme *f*, Bekämpfungsmaßnahme • control measure

Abwehung *f* ➋ Deflation

Abwehungsbeckensee *m* ➋ Deflationsbeckensee

abweichen • to stray off course, to be out of alignment [*e.g. a tunnel boring machine*]

abweichen, verlaufen, neigen [*Bohrloch*] • to drift, to deviate, to deflect

Abweichen *n*, Neigen, Verlaufen, Abweichung *f*, Neigung, Verlauf *m* • drift, deviation, deflection, crooking; deflexion (Brit.) [*The departure of a drilled hole from being straight. The hole may be either vertical or inclined and the departure may be in any direction. Deviation may be intentional, as in direction drilling, or undesirable. In more general use, the angle of departure of a well bore from the vertical, without reference to direction*]

abweichen um 90° von der horizontalen Lage ➋ saiger stehend

Abweichung *f* [*Bei den petrografischen inhomogenen Streifenarten der Kohle hängt der erreichte Wert vom gefundenen Wert an flüchtigen Bestandteilen ab, und zwar je nach dem, ob es sich um H-reiche oder H-arme Streifenarten handelt, nach der einen oder anderen Seite*] • volatile displacement

Abweichung *f* • kickout [*The lateral distance from a drilling site reached by a directional well*]

Abweichung *f* ➋ Abweichen

Abweichung *f* ➋ (Schildachsen)Abweichung

Abweichung *f* [*Autokran: Endausleger von Grundauslegerlinie*] • offset

Abweichung *f* des Windes, Windabweichung, Abweichung von der Isobarenrichtung • cross-isobaric wind

Abweichung *f* von der Lotrechten • out-of-vertical position

Abweich(ungs)aufnahme *f* ➋ Neigungs(ver)messung

Abweich(ungs)keil *m*, Ablenk(ungs)keil, Richtkeil • deflecting wedge, deflecting plug, correcting wedge, deflection wedge, Hall-Rowe wedge, spade-end wedge, Thomson wedge; deflexion wedge (Brit.); whipstock [*undesirable usage*] [*A wedge-shaped tool inserted in a (bore)hole to direct the bit along a prescribed course. British spelling is "deflexion"*]

Abweich(ungs)korrektur *f*, Verlaufkorrektur [*Bohrloch*] • drift correction, deviation correction

Abweich(ungs)log *n* • deviation log

Abweich(ungs)messer *m*, Abweich(ungs)anzeige(r), Neigungsanzeige(r) *f*, *(m)*, Neigungsmesser [*Richt(ungs)bohren*] • drift indicator, drift meter, drift recorder, (in)clinometer, direction indicator

Abweich(ungs)(ver)messung *f* ➋ Neigungs(ver)-messung

Abweich(ungs)winkel *m*, Verlaufwinkel • deflection angle, deflecting angle; deflexion angle (Brit.) [*The angular change in the course of a (bore)hole produced unintentionally*]

Abweich(ungs)winkel *m* der Magnetnadel, magnetisches Azimut *n*, magnetischer Azimut [*Unterschied zwischen dem magnetischen und dem wirklichen Meridian eines Ortes*] • magnetic azimuth

Abweiser *m* • deflector; plow (US) [*A device across the path of a conveyor placed at the correct angle to deflect objects or discharge bulk materials*]

Abweiser *m* ➋ Schutzbuhne

abwerfen, aufgeben, auflassen, verlassen, einstellen, stilllegen, tot schreiben [*Einen Schacht oder Grubenbau außer Gebrauch setzen, d. h. ihn verschließen, verbühnen oder verstürzen*] (⚒) • to abandon, to give up, to lay (in), to discontinue working, to neglect a mine

Abwerfen *n*, Abwurf *n*, Aufgabe *f*, Auflassen, Verlassen, Einstellen, Aufgeben, stilllegen, Einstellung *f*, Stilllegung (⚒) • abondonment, abandoning, laying (in), giving up, discontinuing working

Abwerfen *n* ➋ Abkippen

abwerten • to downgrade [*To reduce the value, e.g. by the addition of waste rock to ore*]

Abwetter *f*, ausziehende Wetter, Ausziehwetter, Auszugwetter, Abzugwetter (⚒) • upcast air, uptake air, discharge air, return(ed) air

Abwetterschacht *m*, Auszieh(wetter)schacht *m*, Auszugschacht, Entlüftungsschacht, Abzug(s)schacht, Ausziehturm *m*, Wetterturm [*Abwetteröffnung einer Grube mit Sauglüfter über Tage. Bei einem blasenden Ausziehschacht ist der Hauptgrubenlüfter unter Tage*] (⚒) • discharge (air) shaft, discharge (air) pit, discharge (air) stack, discharge (air) well, discharge ventilation shaft, discharge ventilation pit, discharge ventilation well, discharge ventilation stack, upcast ventilating pit, outlet shaft, uptake (air) shaft, uptake ventilating shaft, upcast (air) shaft, upcast ventilating shaft, upcast (ventilating) stack, return air shaft, outtake, outlet shaft

Abwetterstrecke *f*, ausziehende Wetterstrecke, (Wetter)Ausziehstrecke; (Wetter)Ausziehlauf *m* (⚒) [*Österreich*] • upcast airway, uptake airway, return gate roadway, return (airway)

A

Abwetterstrom *m,* Auszieh(wetter)strom, ausziehender Wetterstrom, Abzug(wetter)strom (⚒) • upcast ventilation, uptake ventilation, discharge ventilation, return ventilation

Abwickelgerät *n,* Abrollvorrichtung *f* [*für Spannglieder*] • unwinding device, swift

abwinden (⚒) • to strick [*Cornwall. To let a man down the shaft by a windlass*]

abwirken [*Salzwerk*] • to finish the boiling

Abwirken *n* [*Salzwerk*] • boiling finish

Abwracker *m* • knacker

Abwurf *m* ➋ Abwerfen

Abwurfrutsche *f,* Abwurfschurre *f* • discharge chute

abyssisch, unermesslich tief, abyssal, abgründig, abgrundtief, grundlos • abyssal, unfathomable, fathomless; abysmal [*obsolete*] [*The current trend is to use "abyssal" as restricted to the depths of the ocean below 1000 fathoms (6000 feet). With geologists "abyssal" has been dropped in favour of "plutonic" as applied to igneous rocks which have consolidated at great depths*]

abyssisches Ablagern *n,* abyssisches Absetzen, abyssische Sedimentation *f,* Tiefseeablagern, Tiefseeabsetzen, Tiefseesedimentation • deep-sea deposition, deep-sea sedimentation, abyssal deposition, abyssal sedimentation

abyssopelagisch • abyssopelagic, abyssal pelagic [*Pertaining to the open-ocean or pelagic environment at abyssal depths, below 2000 meters (6000 feet)*]

Abziehbohle *f* • screeding beam

abziehen (⚒) ➋ gewältigen

abziehen (⚒) • to draw (off), to draw down, to pull

abziehen, (ab)schürfen, flachbaggern • to skim [*To remove the top layer or the irregularities in the ground surface*]

Abziehen *n,* (Ab)Schürfen, Flachbaggern • skimming [*The removal of the top layer or of the irregularities in the ground surface*]

Abziehen *n* (⚒) • drawing (off), draw-off, drawing down, pulling

Abziehen *n* **von Bergwasser** ➋ Felsdränung

Abziehen von Erz, Erzabziehen *n* • ore drawing, drawing of ore

Abziehhaken *m,* Förderhaken (⚒) • bank hook [*Midland Coalfield, England. An iron hook with which the banksman pulls the full cars off the cage*]

Abziehloch *n,* Erzlutte *f,* Abziehstelle *f* (⚒) • box hole

Abziehmethode *f,* Abziehverfahren *n* [*Kartografie*] • strip-mask method

Abziehschicht *f* [*Kartografie*] • strip mask, window negative, peel (off) coat(ing)

Abziehstelle *f* (⚒) ➋ Abziehloch

Abziehtechnik *f,* Folientechnik [*Herstellung von Folien von Gesteinsanschliffen. Der Anschliff wird geätzt, in Aceton getaucht und mit einer Folie bedeckt. Diese wird nach dem Trocknen abgezogen und entweder auf Papier oder zur mikroskopischen Untersuchung zwischen Objektgläser geklebt*] • peel technique

Abziehverfahren *n,* Abziehmethode *f* [*Kartografie*] • strip-mask method

Abzimmern *n* ➋ Zimmern

Abzimmerung *f* ➋ Zimmerung

(abzubauende) Vorräte *f* ➋ (derzeit) (ab)bauwürdige Vorräte

Abzug *m,* Abgabe *f* (⚒) • outfeed, discharge [*e.g. of a mineral*]

Abzug *m* • offtake [*A channel for taking away air or water; also, the point of beginning of such a channel*]

Abzug *m* • drawoff [*reservoir*]

Abzug *m* **auf niedriger Höhe** • low-level drawoff [*reservoir*]

Abzugaufbruch *m,* Abzughochbruch, Abzugüberbruch (⚒) • draw(ing) raise

Abzugfläche *f* (⚒) • drawing area

Abzugfolie *f* • peel

Abzugfoliendruck *m* • peel print

Abzug(ge)rinne *f,* Wasserabzug *m,* Entwässerungs(ge)-rinne *f (n)* • drain(age)way [*A channel or course along which water moves in draining an area*]

Abzughochbruch *m,* Abzugaufbruch, Abzugüberbruch (⚒) • draw(ing) raise

Abzugkanal *m,* Durchlass *m,* Drumme *f* • culvert

Abzugschacht *m* ➋ Auszieh(wetter)schacht

Abzugstelle *f* (⚒) • draw(ing) point

Abzugstollen *m* • drawoff gallery, drawing(-off) gallery; drawoff tunnel, drawing(-off) tunnel (US) [*reservoir*]

Abzugstrecke *f* ➋ (Wetter)Ausziehstrecke

Abzugüberbruch *m* ➋ Abzugaufbruch

Abzug(wetter) *m, (f)* ➋ Abwetter

Abzug(wetter)strom *m* ➋ Auszieh(wetter)strom

Abzweig *m,* Arm *m* • branch

Abzweig *m,* Arm *m* • divaricating channel, distributary (branch) [*A stream flowing out of the main channel of another stream and not rejoining it, as in a delta or alluvial fan*]

Abzweig *m* ➋ Hausanschluss

Abzweigbohren *n* • sidetracking [*In directional drilling, the drilling of a branch hole at any point*]

abzweigloser Einsteigschacht *m,* abzweigloser Einstiegschacht [*Er ist meistens am Brechpunkt*

A

einer Abwasserleitung angeordnet] • line manhole [*A manhole on a sewer at a point where no other sewers connect. It is often located at a point where the sewer changes direction, either in line or grade*]

AC-Boden *m*, Rendzina

Achat *m* (M/G) • agate

achat(art)ig • agate-like, achaty

achatgemörsert • heated in an agate mortar

Achatmandel *f* [*Flussgeröll(e)*] • catalinite

Achatonyx *m* • onyx agate [*A banded agate with straight parallel bands of white and different tones of gray*]

Achondrit *m* • achondrite [*A stony meteorite free from chondrules and nickel-iron; some members of this group contain plagioclase and approach a basaltic composition*]

Achse *f*, Drehachse [*Trommelwehr*] • spindle

(Achsen)Abschnitt *m*, kristallografischer Parameter *m* • intercept [*One of the three linear dimensions or diameters of a sedimentary particle*]

Achs(en)abstand *m* der Dränstränge, Dränabstand [*DIN 1185*] • drain interval, drain spacing

Achs(en)austritt(s)punkt *m* • point of axis emergence

Achsensattel *m* • bulge, valley bulge [*It may develop in an area of horizontal rocks. If clay or some similar substance is overlain by a more competent bed, beneath a valley the clay may rise upward to produce an anticlinal structure that is called a bulge*]

Achsenschnittpunkt *m*
➲ (Foto)Achsen-schnittpunkt

Achsfarbe *f*, Extremfarbe, Achsenfarbe • extreme colour, axial colour (Brit.); extreme color, axial color (US)

Achsialebenenspur *f*, Spur der Achsialebene • trace of axial plane, axial plane trace

Achslast *f* [*Eisenbahnbau*] • axle load

achteckig • octagonal

Achteckzimmerung *f* (⚒) • octagonal set(t) [*This set is a design for very heavy ground, the timbering being followed by concrete, placed in front of and between the set(t)s*]

Achterebbe *f*, Hinterebbe *f*, letzte Ebbe • ebb end

Achtkant *m* [*Diamantschliff*] • single cut

Achtling *m* • eightling [*A crystal twin consisting of eight individuals*]

Ackerkrume *f* ➲ (Boden)Krume

Ackerrain *m* ➲ Rain

ac-Kluft *f* • ac-joint [*A cross joint in folded sedimentary rock that is parallel to the fold axis*]

Across-Track Interferometrie *f* [*zur Bestimmung von Geländetopografien*] • across-track-interferometry

Adamellit *m* • adamellite [*It may be regarded as a quartz-hornblende-mica diorite, though the name is also used as equivalent to quartz monzonite. Adamellite has been called a granite, with plagioclase forming one-third to two-thirds of the total fel(d)spar*]

Adamellit *m*, Quarzmonzonit • quartz monzonite, adamellite [*A plutonic rock containing major plagioclase, orthoclase and quartz, with minor biotite, and hornblende and accessory apatite, zircon, and opaque oxides. With an increase in plagioclase and femic minerals, the rock passes into granodiorite and with an increase in orthoclase it passes into granite*]

adamische Erde *f*, Rötelerde

Adap(ta)tion *f*, Anpassung *f*, Angepasstsein *n*, Angleichung • adap(ta)tion

Additionsbetrag *m*, Additionskonstante *f* • addition constant, additive constant

Additionskonstante *f* • additive constant

Additionssatz *m* für ein Zweiphasengemisch [*Bestimmung der seismischen Geschwindigkeiten für verdichtete, wassergefüllte Sand- oder Kalksteine*] • time-average-equation

Adel *m* [*Die Reichhaltigkeit einer Lagerstätte*] • richness

Adelit *m* • adelite, $CaMg(AsO_4)(OH,F)$ [*A colo(u)rless to gray, bluish-gray, yellowish-gray, yellow, or light green orthorhombic mineral consisting of a basic arsenate of calcium and magnesium, usually occurs in massive form. It sometimes has appreciable fluorine*]

Adelszone *f* ➲ Erzfall

Ader *f* [*Eingesprengte Streifen einer fremden Steinart, z. B. Sandstein mit Eisenadern, Marmor mit Quarzadern*] • vein, cloud

Ader *f* [*irreführende Benennung*] ➲ Gang

Ader *f* ➲ Erzschnur

Adergneis *m* • veined gneiss

Adermarmor *m* ➲ geäderter Marmor

Adhäsion *f*, Haften, Anhaften, Anhängen *n* • adhesion [*The molecular attraction between contiguous surfaces*]

Adhäsionswasser *n*, Haftwasser, Häutchenwasser, Anhaftwasser, Anhangwasser • pellicular water, adhesive water, film water, hygroscopic water [*Water molecules held on surfaces of particles by forces of adhesion*]

adhäsiver Tonboden *m* • adhesive clay soil

adiagnostisch • indistinguishable

Adinol *m* • adinole [*A greenish-gray, fine-textured rock formed from shales, clays, and slates by contact metamorphism, involving principally the introduction of soda. It is composed of albite or of albite and quartz with interstitial chlorite and iron minerals, and forms the country rock of some diabase dikes and ore deposits*]

A

Adinol-Hornfels ***m*** • adinole-hornfels [*A contact metamorphic rock intermediate between adinole and hornfels*]

Adinolschiefer ***m*** • adinole-schist, schistose adinole

Adlerstein ***m*,** Klapperstein, Aëtit *m* • eagle-stone, aetite [*A walnut-sized concretionary nodule (usually of clay ironstone or flint), often containing a loose stone in its hollow interior, and believed by the ancients to be taken by an eagle to her nest to facilitate egg-laying*]

Adlervitriol ***n*,** Doppelvitriol • eagle vitriol

Adlerzange ***f*,** Steinzange *f* • stone pincers

Adneder Marmor ***m*** • Adnet marble

adressierbares Interface ***n*** • addressable interface

Adressraum ***m*** [*Ein Suchgitter für raumbezogene gespeicherte Daten (EXCELL oder GRID FILE)*] • directory

Adsorptionswärme ***f*** • heat of adsorption, adsorption heat [*Quantity of heat evolved in adsorption of a definite quantity of gas on a bare surface*]

Adsorptionswasser ***n*,** Anlagerungswasser [*Wasser im Boden, das infolge äußerer oder innerer Adsorption an Bodenteilchen gebunden ist. Es kann sich an den Bodenteilchen befinden (Häutchenwasser) oder in den Zwickeln zwischen zwei oder mehreren Körnern haften ((Poren)Zwickelwasser). Es kann auch in feinkörnigen Böden als Kapillarwasser vorhanden sein*] • adsorption water, adsorbed water, water of adsorption

Adventivkegel ***m*,** Parasitärkegel, Schmarotzerkegel • adventitious cone, adventive cone [*Less-preferred synonyms: parasitic cone, lateral cone, minor cone, and subsidiary cone*]

Adventivkrater ***n*,** Parasitärkrater, Lateralkrater, Nebenkrater, Schmarotzerkrater • adventitious crater, adventive crater [*Less-preferred synonyms; parasitic crater, lateral crater, subcrater*]

AD-Wandler ***m*** • analogue-to-digital converter

Ae ***f*,** einfache Abraumbewegung

AEM-Methode ***f*,** aero-elektromagnetische Methode • aero-electromagnetic method

Aerationszone ***f*,** Bodenfeuchtigkeitszone, Übergrundwasserspiegelzone, Sickerraum *m*, ungesättigte Zone, vadose Zone, Zone über dem Grundwasserspiegel; lufthaltige Zone [*Fehlbenennung, weil in dieser Zone besonders dicht über dem Grundwasserspiegel luftfreie Gesteine vorkommen*] • zone of aeration, zone of suspended water, aeration zone, suspended water zone, zone of alteration, unsaturated zone, vadose (water) zone, non-saturated zone [*The zone above the groundwater table in which the interstices are partly filled with ground air except in the saturated position of the capillary fringe*]

aërische Erosion ***f*** ➋ Winderosion

Aero . . ., Luft . . .

aerodynamische Stabilität ***f*** [*Im Fall von Schrägseil- und Hängebrücken wichtige Eigenschaft der Brücke der Windkraft zu widerstehen*] • aerodynamic stability [*of a bridge, especially of cable-stayed and suspension bridges*]

aerodynamisches Deck ***n*** [*Beim Brückenbau ein Fahrbahnträger mit einem konischen Querschnitt, der für die aerodynamische Stabilität sorgt*] • aeorodynamic deck

aero-elektromagnetische Methode ***f*,** AEM-Methode • aero-electromagnetic method

aeromagnetische Anomalie ***f*,** luftmagnetische Anomalie

Aerolith ***m*** ➋ Steinmeteorit

Aerosit ***m*** ➋ Pyrargyrit *m* [*nach Glocker 1831*]

Aerosol ***n*** • aerosol

Aetit ***m*** ➋ Adlerstein

affine einscharige Gleitung ***f*** **Sanders,** laminare Gleitung Eskolas • homogeneous rotational strain

After ***m*,** Schwänzel *m*, Abgang *m*, Abgänge *f*, Berge *f* • tailing(s), tail(s) [*Reject from a concentration or cleaning or classification process*]

Afterhaufen ***m*** (⚒) • impalpable powder heap

Afterkristall ***m*,** Truggestalt *f* • pseudomorph, pseudomorphous crystal, false form, allomorph [*A mineral whose outward crystal form is that of another mineral species, it has developed by alteration, substitution, paramorphism, or incrustation. A pseudomorph is described as being "after" the mineral whose outward form it has, e.g. quartz after fluorite*]

Afterschleuse ***f*,** Stauschleuse [*Stauschleuse an einem kleinen Wasser. Manche öffnen sich wenn das aufgestaute Wasser eine gewisse Höhe erreicht hat*] • swelling sluice

Agglomerat ***n*** • agglomerate

Agglomerat *n* mit Poren vollständig mit Flüssigkeit gefüllt • capillary state agglomerate

Agglomerationsprozess ***m*** • agglomeration process

Aggradationstopografie ***f*** ➋ Anwachstopografie

Aggregat ***n*** ➋ (Mineral)Aggregat

Aggregatpfahl ***m*** • aggregate pile

Aggregatproben(n)ahme ***f*** [*Probe(n)nahme in wenigen benachbarten Bereichen*] • cluster sampling, cluster sample taking, nested sampling, nested sample taking

Aggregatzustand ***m*** [*fest; flüssig; gasförmig*] • state of matter

A

aggressives Medium ***n*** • aggressive medium
Agitatoren ***m****(pl)* [*zur Verwirbelung einer Suspension*] • agitators [*to swirl a suspension*]
Aggressivität ***f*** [*des Bodens, Wassers, der Atmosphäre usw.*] • agressiveness; *less frequent:* agressivity
Agstein ***m*****,** Gagat(h) *m*, Jet(t) *m*, Pfennigstein • jet(t), agstein, gagate; black amber [*misnomer*]
AGw ➋ Grundwasserquerschnitt(fläche)
ägyptischer Alabaster ***m*** • Egyptian alabaster [*Banded calcite found near Thebes, Egypt. Same material as onyx marble*]
ägyptischer Granit ***m*****,** roter Granit, Rotgranit • red granite, Egyptian granite
Ahming ***f*** ➋ Aichpfahl
Ähnlichkeitsgesetz ***n*** • similarity law
Ähnlichkeitsgrad ***m*** • sorting [*The degree of similarity of sedimentary particles in a sediment*]
Ähnlichkeitsgrundsatz ***m*** [*Übertragungsverhältnis für die Umrechnung von geometrischen, kinematischen und dynamischen Größen einer Strömung auf die entsprechenden Größen einer zweiten Strömung*] • similarity principle
Aichpfahl ***m*****,** Malpfahl, Heimstock *m*, Sickerpfahl, Peil *m*, Ahming *f* [*Ein Pfahl der den gesetzlich erlaubten Stand des Aufschlagwassers eines Triebwerkes oder auch die zulässige Höhe der Schützenschwelle angibt*] • water gauge, marker; water gage (US)
Aikinit ***m*****,** Nadelerz *n* • needle ore, aikinite [*A lead-copper-bismuth sulphate*]
Airborne Laserscanning ***n*** (ALS) [*Flächenhaft, abtastende Sensoren, welche zur direkten Erfassung der topografischen Geländeoberfläche dienen*] • Airborne Laser Scanning [*ALS is a method with high precision and a large point density*]
Airgun-Impuls-Technik ***f*** • airgun pulse technique
Airgun-Technik ***f*** • airgun technology
Airy-Phase ***f*** • Airy phase [*An acoustic(al) wave formed by an explosion in shallow water over a flat bottom*]
Aitiontik ***f*** • systematic geography
akadische Gebirgsbildung ***f*****,** mitteldevonische Gebirgsbildung [*In Nordamerika ostwärts der Appalachen*] • Acadian orogeny, Late Devonian diastrophism
Akanthit ***m*****,** Tiefsilberglanz *m* • acanthite, Ag_2S
Akaustobolith ***m*** • acaustobiolith [*A noncombustible organic rock, or one formed by organic accumulation of minerals*]
Akkordant ***m*** ➋ Gedingenehmer
Akkordeonfalte ***f*** ➋ Zickzackfalte
Akkretionskeil ***m*** • outer arc
Akkumulation ***f*** [*Ein Rutschungsmerkmal; Definition lt. MLG*/Krauter: Volumen des verlagerten Materials, das über der ursprünglichen Geländeoberfläche liegt.*] • accumulation [*A landslide feature; according to the MLG*/D.M.Cruden: The volume of the displaced material which lies above the original ground surface.*]
Akkumulationsformel ***f*** • accumulation formula
Akkumulationsterrasse ***f*** • accumulation terrace
Akkumulationszone ***f*** [*Ein Rutschungsmerk-mal;Definition lt. MLG*/Krauter: Bereich der Rutschung, in dem das verlagerte Material über der ursprünglichen Geländeoberfläche liegt*] • zone of accumulation [*A landslide feature; according to the MLG*/D.M.Cruden: The area of the landslide within which the displaced material lies above the original ground surface.*]
aklinal ➋ horizontal
Akline ***f*****,** magnetischer Äquator *m*, aklinischer Äquator • aclinic line, dip equator, magnetic equator, acline, aclinic structure [*The magnetic equator, or line surrounding the Earth and cutting the terrestrial equator, on which the magnetic needle has no dip but lies horizontal*]
aklinisch, neigungslos • aclinic, without inclination, aclinal, without dip [*Geophysics. Referring to a situation where a freely suspended magnetic needle remains in a horizontal position*]
aklinischer Äquator ***m*** ➋ Akline
a-Kohle ***f*** ➋ aktive Kohle
Akratopege ***f*** • cool spring [*Spring water temperature below mean yearly surface temperature*]
Akrozone ***f*****,** Artzone [*Eine Biozone, die auf einer einzigen Art beruht*] • range zone, acrozone, zonite
Aktinolith ***m*** • actinolite, $Ca_2(MgFe)5(Si_4O_{11})2(OH)_2$ [*Symbol: Ac*]
Aktinolithschiefer ***m*** • actinolityte, actinolitic schist
Aktinometer ***n*****,** Strahlenmesser *m* • actinometer [*An instrument used to measure the intensity of radiant energy, particularly that of the sun*]
Aktinometrie ***f*** [*Messung der Strahlungsintensität der Sonne*] • actinometry
Aktionshalbmesser ***m*** **einer Erdölförderbohrung,** Entölungshalbmesser • drainage radius of an oil well, radius of oil drainage
Aktionsradius ***m*** [*Kran*] • driving range
aktive kapillare Steighöhe ***f*** • active capillary height (*or:* rise)
aktive Kapillarität ***f*** [*Der Kapillarsaum bleibt bei Grundwasseraufstieg – also bei Befeuchtung – schmaler als bei Grundwasserabsenkung infolge Entwässerung*] • wetting capillarity

A

aktive Kohle *f*, Aktivkohle, a-Kohle, A-Kohle • activated carbon, active carbon, activated (char)coal, active (char)coal

aktive Rankinesche Zone *f*, tätige Rankinesche Zone • active Rankine zone

aktive Rutschung *f* [*Zustand einer Rutschungsaktivität; Definition lt. MLG*/Krauter: Eine **aktive** Rutschung ist gegenwärtig in Bewegung.*] • active landslide [State of activity of a landslide; *according to the MLG*/D.M.Cruden: An **active** landslide is currently moving.*]

aktive seismische Methode *f* ➔ aktives seismisches Verfahren

aktive Spannung *f*, tätige Spannung • active stress [*It is being generated at the present, for example, by gravitational or tectonic loading*]

aktiver Dauerfrost *m*, tätiger Dauerfrost active • permafrost [*Permanently frozen ground (permafrost) which, after thawing by artificial or unusual natural means, reverts to permafrost under normal climatic conditions*]

aktiver Erddruck *m*, angreifender Erddruck, tätiger Erddruck [*Kleinstmöglicher Erddruck, bei dem der gestützte Erdkörper noch standsicher ist, d. h. nicht nachrutscht*] • active earth pressure

aktiver Frostmusterboden *m*, tätiger Frostmusterboden, tätiger Strukturboden im weiteren Sinne, aktiver Strukturboden im weiteren Sinne • active patterned ground [*It is growing or still developing*]

aktiver Gletscher *m*, tätiger Gletscher • active glacier [*A glacier in which some of the ice is flowing*]

aktiver Grenzerddruck *m* • active limit earth pressure

aktiver Rankinescher Druck *m*, tätiger Rankinescher Druck • active Rankine pressure

aktiver Rankinescher Zustand *m*, tätiger Rankinescher Zustand • active Rankine state, active equilibrium

aktiver Rutschhang *m* • active landslide slope

aktiver Stalaktit *m*, tätiger Stalaktit • dripping stalactite

aktiver Strukturboden *m* im weiteren Sinne ➔ tätiger Frostmusterboden

aktiver Vulkan *m*, nichterloschener Vulkan, tätiger Vulkan • active volcano, explosive volcano

aktives seismisches Verfahren *n*, seismisches aktives Verfahren, tätiges seismisches Verfahren, aktive seismische Methode *f*, seismische aktive Methode, seismisches tätiges Verfahren • active (seismic) method [*A seismic method that involves monitoring artificially induced signals*]

Aktivhöhle *f* • active cave, live cave [*A cave in which running water is still at work in developing it*]

Aktivieren *n* der Option, Optionsaktivieren • selective availability, SA

aktivierte Tonerde *f*, Aktivtonerde • activated alumina

Aktivierung *f* • activation

Aktivierung *f* [*Kieselgur. Zweites Brennen bei rund 1000° C*] • flux calcination

Aktivierungsenergie *f* • activation energy

Aktivisolierung *f* • active isolation

Aktivkohle *f*, aktive Kohle *f*, a-Kohle, A-Kohle • activated carbon, active carbon, activated (char)coal, active (char)coal

Aktivtonerde *f*, aktivierte Tonerde • activated alumina

Aktivzone *f* ➔ Auftaulage

Aktualismus *m*, Aktualitätsprinzip *n* [*Die Lehre, dass alle vergangenen Phänomene und Vorgänge durch jetzige erklärt werden können*] • actualism, uniform(itarian)-ism, principle of uniformity, uniformity principle, principle of uniform(itarian)ism

Aktuogeologie *f*, Aktualgeologie *f* [*Untersuchung der Bildung fossil vorkommender geologischer Urkunden in der Gegenwart*] • actual geology, actuogeology

Aktuosediment *n* • actual sediment

Aktuo-Sedimentologie *f* • deposition(al) sedimentary environments, accumulation sedimentary environments

Akustik ... ➔ Schall ...

Akustiklehre *f*, Schalllehre • acoustics

Akustisch ... ➔ Schall ...

(akustische) Zementationskontrolle *f* von Tiefbohrlöchern • (acoustical) cement (bond) logging, bond logging

(akustischer) Bohrlochfernseher *m*, ABF • (bore) hole televiewer, well(bore) televiewer

akustisches Kernen *n*, Bohrlochmessung *f* durch Schallreflexion • acoustical coring, sonic coring, sound coring

(akustisches) Zementlog *n* [*Methode zur Zementationskontrolle von Tiefbohrlöchern*] • (acoustical) cement (bond) log, bond log, CBL

AKW *n* ➔ Atomkraftwerk

akzessorischer Gemengteil *m*, Akzessorium *n*, mineralischer Übergemengteil • accessory (mineral)

Alabandin *m* ➔ Manganblende

Alamandinspinell *m* • natural violet spinel; al(a)-mandine spinel [*misnomer*]

Alarm-Hochwassermarke *f*, Warn-Hochwassermarke, Wasserstand *m* nahe der Hochwassermarke • warning (flood) stage [*The stage when a flood begins to cause inconvenience or damage locally near a gauge*]

Alaskagletscher *m* ➔ Vorlandgletscher

Alaunfass *n* (⚒) • cooler

A

alaungeschwängert • alumish

Alaunschiefer *m* • alum shale [*A clayey rock containing carbonaceous material and marcasite or pyrite. When decomposed, the iron sulfide forms sulphuric acid which attacks the alumina and potash of the rock, forming common alum*]

Alaunstein *m* • rock alum

Alb(ian) *n* • [*European stage: uppermost Lower Cretaceous, or Middle Cretaceous of some authors (above Aptian, below Cenomanian)*]

Albit-Epidot-Hornfels-Fazies *f* • knotted hornfels facies, albite-epidote-hornfels facies

algebraisches Polynom *n* • algebraic polynomial

Algenkohle, Bogheadkohle *f* • boghead coal, algal coal, gélosic coal, tomite, sapromyxite, algae coal; kerosine shale [*New South Wales*] [*A sapropelic coal resembling cannel coal in its physical properties, but consisting dominantly of algal matter rather than spores*]

Algenvergesellschaftung *f* **mit mehreren Invertebratengruppen** • mixed associations, mixed communities, high biotic diversity

Algenvergesellschaftung *f* **mit nur wenigen Invertebratengruppen** • low biotic diversity

Al-gesättigt • metaaluminous

Algonkium *n* [*frühere Benennung*] ➋ Proterozoikum

Algophytikum *n* ➋ Archäophytikum

algorithmisches Generalisieren *n* • (map) generalization of means of ADP (= automatic data processing)

Alhidadenachse *f,* Stehachse *f,* Vertikalachse, Senkrechtachse, Umdrehungsachse • vertical axis [*The line through the centre of a theodolite or transit about which the alidade rotates*]

Alhidadenspiegel *m* ➋ Indexspiegel

Alignement *n* [*geodätisch-fotogrammetrische Überwachung*] • alignment

aliphatisches Aminokation *n* • short-chain amine cation

Alkaliaugit *m* • soda pyroxene

alkalibeständig • alkali-resistant

Alkaliboden *m,* Salzboden, halomorpher Boden [*Versalzter Boden in den semiariden und ariden Gebieten*] • salt soil, halomorphic soil

Alkali-Diabas *m*; Trachydolerit *m* [*Fehlbenennung*] • trachydolerite [*An alkalic basalt composed of orthoclase or anorthoclase, along with labradorite and a small amount of fel(d)spathoids*]

Alkalireaktion *f* **von Zuschlägen** • alkali-aggregate reaction

alkalisch • alkaline [1. *Having properties of an alkali.* 2. *Having pH greater than* 7]

Alkalisilikat *n* • alkali silicate

Alkalität *f* **eines Öles** [*Ausgedrückt als KOH/g Öl*] • total base number, TBN

Allanit *m,* Orthit • orthite, allanite

allerhöchstes Tidehochwasser *n,* HHThw • mosthigh high tide

allerhöchstes Tideniedrigwasser *n,* HHTnw • most-high low tide

allerkleinst • ultramicro

allerniedrigstes Tidehochwasser *n,* NNThw • most-low high tide

allerniedrigstes Tideniedrigwasser *n,* NNTnw • most-low low tide

allgemein anerkannte Regeln *f(pl)* (der Technik, Baukunst usw.) • general state-of-the-art

allgemeine Bau(grund)geologie *f,* allgemeine Ingenieurgeologie im Bauwesen, Ingenieurgeologie des Baugrundes, Baugrunderkennung *f,* [*Untersuchung der Eigenschaften und des Verhaltens geologischer Körper als Baugrund, Ursachen und Wirkungen geodynamischer Vorgänge im Baugrund*] • general geotechnical engineering

allgemeine Geologie *f,* dynamische Geologie • dynamic geology [*Treats generally of causes, agencies, and processes of geological change, but is frequently more or less confined to earth movements, and is thus used in much the same sense as structural or orogenic geology or diastrophism*]

allgemeine Geologie *f,* physikalische Geologie [*Sie hat den stofflich-strukturellen Zustand sowie die diesen herbeiführenden Vorgänge in der Lithosphäre - vom Beginn ihrer Entstehung bis zur Gegenwart - zum Gegenstand. Sie stützt sich dabei auf Naturgesetze, insbesondere von Physik und Chemie. Nicht verwechseln mit "Geodynamik"*] • physical geology

allgemeine Geophysik *f* • general geophysics

allgemeine Hydrologie *f* [*Sie befasst sich mit den Erkenntnissen der Grundlagenforschung, die in der angewandten Hydrologie in die Praxis umgesetzt werden*] • general hydrology

allgemeine Ingenieurgeologie *f* • general engineering geology, general geologic(al) engineering

allgemeine Ingenieurgeologie *f* **im Bauwesen,** (allgemeine) Bau(grund)geologie, Ingenieurgeologie des Baugrundes, Baugrunderkennung *f* [*Untersuchung der Eigenschaften und des Verhaltens geologischer Körper als Baugrund, Ursachen und Wirkungen geodynamischer Vorgänge im Baugrund*] • general geotechnical engineering

allgemeine Mineralogie ***f,*** Kristallkunde *f* • general mineralogy
allgemeine Praxis ***f*** • common practice [*Context: In some countries hit by earthquakes it is common practice to have an open first floor area by using columns to support the upper floors*]
allgemeines Fehlerfortpflanzungsgesetz ***n*** [*frühere Benennung*], Kovarianzfortpflanzungsgesetz • covariance propagation law
Allgemeinformel ***f*** • general formula
allitische Terra rossa ***f*** ➋ vererdeter Kalksteinrotlehm
allmählich veränderliches Fließen ***n*** • gradually varied flow [*The flow in a channel where the velocity changes slowly along the channel and the flow is assumed uniform for an increment of length*]
allmähliche Neigung ***f*** • gradual inclination
allochthone Höhlenbildung ***f*** • erratically developed cave formation
allochthoner Kontaktskarn ***m,*** Taktit *m* • tactite; skarn [*approximate synonym*]
Allophanton ***m*** • allophane clay
allo(thi)gen, fremd entstanden • allogenic, allothigenous, allo(thi)gene [*Formed or generated elsewhere, usually at a distant place, specifically said of rock constituents and minerals that were derived from pre-existing rocks and transported to their present depositional site, or that came into existence before the rock of which they now constitute a part and at some place other than where now found*]
allo(thi)gene Auswürflinge ***f*** • accidental ejecta, noncognate ejecta [*Pyroclastic rock formed from pre-existing nonvolcanic rocks or from volcanic rocks unrelated to the erupting volcano*]
allo(thi)gener Kristall ***m*** ➋ xenomorpher Einsprengling
allotriomorph, xenomorph(isch) • xenomorphic (-granular), allotriomorphic(-granular), anidiomorphic, leptomorphic; anhedral [*European usage*]
Alloysit ***m*** [*Tonmineral*] • alloysit
allseitig (ein)fallen, umlaufend (ein)fallen • qua-quaversal, qua-qua-versal [*Dipping outward in all directions from a central point; as a dome in stratified rocks*]
allseitig gleicher Druck ***m,*** gleicher allseitiger Druck • confining pressure [*An equal, all-sided pressure*]
allseitiges (Ein)fallen ***n*** • quaquaversal dip(ping), quaquaversal inclination, qua-qua-versal inclination, qua-qua-versal dip(ping)
Alluvial(ab)hangquelle ***f*** • boundary spring, alluvial slope spring, alluvious slope spring [*A gravity spring whose water issues from the lower slope of an alluvial cone*]
Alluvialdiamantkies ***m,*** Diamantalluvialkies • diamond-bearing alluvial gravel, alluvial diamond-bearing gravel
Alluvialebene ***f*** • alluvial plane
alluviale (Auf)Füllung ***f*** • warping, warpage [*The process of filling up hollows by deposit of alluvium*]
alluviale tiefe Zinnlagerstätte ***f,*** tiefe alluviale Zinnlagerstätte
alluvialer Sanduntergrund ***m*** • alluvial sand subsoil
Alluvialfächertisch ***m*** • fan mesa [*An alluvial fan remnant left standing after dissection of the fan*]
Alluvialterrassenseife ***f*** • high-level placer, alluvial terrace placer
Alluvialzinn ***n*** ➋ Seifenzinn
Alluvium ***n*** [*veraltete Benennung*]; Holozän *n* • Holocene, Recent [*1. Time and strata younger than the Pleistocene. 2. Considered by some to be the last subdivision of the Pleistocene representing presumed interglacial time following Wisconsin glaciation*]
Allwetterbad ***n*** • all-weather swimming pool
Alm ***m*** ➋ Süßwasserkalk
Along-Track Interferometrie (ATI) ***f*** [*zur Ermittlung der Geschwindigkeit von sich langsam bewegenden Objekten, wie Fluss- und Meeresströmungen*] • along-track-interferometry, ATI
Alpen ***f(pl)*** • Alps
Alpental ***n*** • Alpine valley
Alpentransversale ***f*** • rail route crossing the Alps
Alpentunnel ***m*** • alpine tunnel
alpine Morphologie ***f*** • alpine morphology
alpiner Randsee ***m,*** Zungenbeckensee, Vorlandsee, Piedmontsee, Bergfußsee, Gebirgsfußsee • piedmont lake
ALS ➋ Airborne Laserscanning
Altablagerung ***f*** • old deposit
Altaiden ***f,*** altaidisches Orogen *n* [*Das Gebirgssystem, das durch die variszische oder herzynitische Faltung in jungpaläozoischer Zeit, hauptsächlich im Oberkarbon, in mehreren Faltungsphasen aufgebaut wurde*] • Altaid(e)s, Altaid orogeny
Altarm ***m*** ➋ Altwasser(see)
Altarmland ***n,*** Altwasserland *n*, Totarmland • oxbow [*A term used in New England for the land enclosed, or partly enclosed, within an oxbow (bend of a stream or river)*]

A

Altbau *m*, Altbauwerk *n* • old building
Altbergbau *m* • old mining
Altbestand *m* ➋ Paläosom
Alte *m*, Alter Mann, Alter Bau [*Verlassener, abgesperrter, versetzter oder zu Bruch geworfener Grubenbau oder -raum*] • gob area, gob, ancient working, old working, mined-out working, waste material, collapsed roof material, mined-out room, mined-out area, goaf, guag; condie, cundy [*Scotland*];leavies [*Cornwall*]; waste area [*literary*]
Altenwohnhaus *n* • residential building for senior citizens
Altenwohnstift *m*, Altenstift *m* • old people's home, aged persons home
alte österreichische Tunnelbauweise *f* • old Austrian tunnelling method (Brit.); old Austrian tunneling method (US); OATM [*pronounced "oatum"*]
Alter *n* [*Der Vorzug, den der eine von zwei Bauenden, welche auf dasselbe Grubenfeld Anspruch erheben, als früher Belehnter hat*] (⚒) • first claim
Alter *n* bei Belastung • age at loading
alter Mann *m*, Alter Bau, Alte *m* [*Verlassener, abgesperrter, versetzter oder zu Bruch geworfener Grubenbau oder -raum*] • gob area, gob, ancient working, old working, mined-out working, waste material, collapsed roof material, mined-out room, mined-out area, goaf, guag; condie, cundy [*Scotland*];leavies [*Cornwall*]; waste area [*literary*]
Alternativhypothese *f* • alternative hypothesis
alternierend verformt werden [*Boden*] • to undergo an alternating deformation
alter strossenförmiger Tagebau *m*, Strossenbau von Tage niedergehend, Tagesstrossenbau • goffan, goffen, coffin [*A pit made by working down into a gozzan. The loose material was dug out and either shovel(l)-ed up step-by-step to the surface (shovelling), or hoisted out of the pit by a bucket and windlass, or in the side of a hill or cliff, wheel-barrowed out*]
älterer Geschiebemergel *m* • older drift
Altersbestimmung *f*, Datierung *f* • dating, age measurement, age determination
Altersbestimmungsmethode *f* ➋ Datierungs-verfahren
Altersparallelisierung *f* • chronocorrelation [*It demonstrates correspondence in age and in chronostratigraphic position*]
Altersskala *f*, Zeitmessung(s)skala, zeitliche (Ab)Folge *f* • chronology
Altersstellung *f* [*Lagerstätte*] • age relation(ship)
altes Riff *n* • fossil reef, ancient reef
älteste ➋ tiefste
älteste Unterkreide *f* ➋ tiefste Unterkreide
alteuropäischer Brilliantschliff *m* • old mine cut
Altfläche *f*, Schnittfläche, Fastebene *f*, Kappungsebene, Verflachung *f*, Niveau *n*, Flachtalrelief *n* • peneplain, base-level peneplain, peneplane
Altgebiet *n*, Altland *n*, Abtrag(ungs)gebiet, Abtrag(ungs)land • oldland, ancient land [*An extensive area (such as the Canadian shield) of ancient crystalline rocks reduced to low relief by long-continued erosion and from which the materials of later sedimentary deposits were derived*]
altgeologisch • low geologic
Altglascontainer *m* ➋ Glascontainer
Altgrad *m* [*Symbol: °*] • degree [*photogrammetry*]
Altgradteilung *f* • sexagesimal graduation [*theodolite; surveying*]
Altjäger *m* • pal(a)eohunter
Altland *n*, Altgebiet *n*, Abtrag(ungs)gebiet, Abtrag(ungs)land • oldland, ancient land [*An extensive area (such as the Canadian shield) of ancient crystalline rocks reduced to low relief by long-continued erosion and from which the materials of later sedimentary deposits were derived*]
Altlast *f* • abandoned waste, contaminated site
Altlast *f* ➋ Sonderabfall
Altlasten *f(pl)* • toxic waste deposits, waste disposal sites, contaminated soil, contaminated sites, residual waste
Altlastenverdachtsfall *m* • suspected contaminated site
Altlastsanierung *f* • remediation of contaminated sites
Altmaterial *n* ➋ Wiedergewinnungsmaterial
Altmoräne *f* • lower moraine
Altnetz *n* [*Eisenbahnnetz*] • existing network
Altpaläozoikum *n* • old Palaeozoic (era)
altpaläozoische Gesteinsserien *f(pl)* • old Palaeozoic series of rocks
Altrohrleitung *f* • old pipe
Altschneedecke *f* • old snow pack
Altstandort *m* • old site, old location
Altsteinzeit *f*, Paläolithikum
Alttertiär *n* • Lower Tertiary, Early Tertiary
altvulkanisch, palneotyp • palneotypal, old volcanic
Altwaldbestand *m* • old-growth forest, old seral forest
Alt(wasser)arm *m* ➋ Altwasser(see)
Altwasserland *n* ➋ Altarmland

Altwasserlauf *m* • abandoned course [*A lengthy segment of river or stream abandoned when the river or stream forms a new course across the flood plain*]

Altwasserlaufablagerung *f* • abandoned course deposit

Altwasser(see) *n, (m),* Alt(wasser)arm *m,* Totarm • oxbow (lake), cutoff (lake), crescentic lake; banco [*Texas*]; abandoned segment, loop lake, moat, mortlake, abandoned channel, dead stream branch, horseshoe lake; billabong [*Australia*] [*A lunate or horseshoe-shaped lake alongside a stream or river in an abandoned channel after a cutoff is formed and the ends of the original banks are, eventually, silted up*]

Altwassersumpf *m* • hammock, hummock [*Terms applied in the SE U.S. to a fertile area of deep, humus-rich soil, generally covered by hardwood vegetation and often rising slightly above a plain or swamp, especially an island of dense, tropical undergrowth in the Florida Everglades*]

Al-übersättigt • peraluminous

Alu-Deckenstütze *f* • aluminium floor prop

Aluminium-Eisen-Spinell *m* ➋ Eisen(-Tonerde)-spinell

Aluminium-Hydrosilikate *n(pl)* • hydrous aluminum silicates

Aluminium Oktaeder *m* • aluminium octahedron

Alu-Paneel Deckenschalung *f* • aluminium panel slab formwork

Alu-Träger Deckenschalung *f* • aluminium beam slab formwork

Alu-Trägerrost Deckenschalung *f* • aluminium grid slab formwork

Al-untersättigt ➋ peralkalisch

Alvar *m,* Rendzina

Am, mehrfache Abraumbewegung

Amalgamationspfanne *f* • pan amalgamator, (amalgamating) pan

Amazonasstein *m,* Amazonit *m,* grüner Mikroklin *m;* Amazonasjade *m* [*Fehlbenennung*] • green microcline, amazonite, amazonstone; Amazon stone [*obsolete*]

Amblygonit *m* • amblygonite; hebronite [*misnomer*]

Amboss *m* • anvil

Ambossfeder *f* • anvil spring

Ambra *f* ➋ Vogelbernstein

amerikanischer Brunnen *m* ➋ Norton-Brunnen

amerikanischer Rubin *m* ➋ Rosenquarz *m* [*nach Blumenbach 1799*]

Ammongelatine 1 *f* [*frühere Benennung*)*;* Gelatinedonarit 1 *n* • gelatin(e) donarite 1

Ammoniakgas *n* mit gewöhnlichem Wasserstoff • ordinary ammonia

Ammoniakgas *n* mit schwerem Wasserstoff • heavy ordinary ammonia

Ammonium *n* • ammonium

Ammoniumnitrat *n* • ammonium nitrate

Ammonsalpeter-Sprengstoff *m* • ammonium nitrate explosive

amorpher Magnesit *m* ➋ Gelmagnesit

amorphes Quarzglas *n,* Lechatelierit *m* • lechatelierite

Ampangabeit *m* ➋ Samarskit

Ampelitschiefer *m* • terra ampelitis

Amphibien-Löffelbagger *m* • amphibious trench excavator

amphibischer Landschaftssaum *m* im Gezeitenbereich • tidal fringe, tide fringe

Amphibol *m* • amphibole [*A group of dark rock forming ferromagnesian silicate minerals, closely related in crystal form and composition and having the general formula:* $A_2 3B_5\ (Si,Al)_8O_{22}\ (OH)_2$ *where* $A = Mg, Fe^{+2}, Ca$, *or Na, and* $B = Mg, Fe^{+2}, Fe^{+3}$, *or Al*]

Amphibol *m* • amphibole [*A mineral of the amphibole group, such as hornblende, antophyllite, cummingtonite, tremolite, actinolite, rebeckite, glaucophane, and arfvedsonite*]

amphibolhaltiger Kalkstein *m,* Hemithren

Amphibolit-Fazies *f,* Amphibolitfazies *f* • amphibolite facies

Amphigenspat *m,* Leuzit *m,* $KAlSi_2O_6$ [*frühere Benennung: weißer Granat m*] • leucite, grenatite, amphigene, vesuvian, Vesuvian garnet [*It is often called "white garnet", which it resembles*]

Amplitudenkurve *f* • amplitude curve

Amplitudensteuerung *f* • gain control, volume control [*In a seismic amplifier, a device to change the amplification with time. It may be automatic by individual channel, gauged for all channels together, programmed prior to the shot, or otherwise prearranged*]

Amputieren *n,* Abschneiden, Abschürfen, Kappen, Verstümmeln • truncation [*In geomorphology, an act or instance of cutting or breaking-off the top or end of a geologic(al) structure of landform, as by erosion*]

Amt *n* für Bodenforschung ➋ Geologisches Amt

Amt *n* für Geodäsie, Geodätisches Amt *n* • Geodetic Survey

amtliches Kartenwerk *n,* staatliches Kartenwerk; Landeskartenwerk [*Schweiz*] • official map series

an Land, auf dem Land [*an der Küste*] • onshore

A

an Ort ➜ vor Ort
Analogiemethode ***f***, Analogieverfahren *n* • field plotter method
Analogsignal ***n*** • analogous signal
Analysensieb ***n***, (Prüf)Sieb • sieve
analytische Geomorphologie ***f***, dynamische Geomorphologie *f* • dynamic geomorphology, analytical geomorphology
analytische Methode ***f***, Bündelausgleichung *f*, analytisches Verfahren *n* • bundle adjustment (operation)
Anatektit ***m***, Wiederaufschmelzungsgestein *n*, Umschmelungsgestein • anatectite, anatexite [*Rock formed by anatexis*]
Anatexis ***f***, Umschmelzung *f*, Wiederaufschmelzung • anatexis, remelting [*Melting of pre-existing rock. This term is commonly modified by terms such as intergranular, partial, differential, selective, or complete*]
anbacken ➜ steckenbleiben
Anbau ***m*** [*Mehrzahl: Anbauten*] • annex (US+GB), annexe (Brit.) [*Plural: annexes; a structure that is added to a main building, usually at a later time*]
Anbaubodengüte ***f*** ➜ Bonität
anbauen, abfangen [*Eine Schicht, besonders beim Nachfallpacken*] (⚒) • to hold
Anbaufräse ***f*** • attachment cutter
Anbohren ***n***, Anritzen • drilling-in [*The process of completing a well by setting casing just above the producing formation and then drilling into it, leaving it uncased*]
anbrechen • to cut into a vein, to cut into a lode, to begin
Anbringen ***n*** **der Schlagpatrone unten an der Ladung** • bottom priming [*The primer (cartridge) is placed near the bottom of the charge or hole*]
Anbruch(s)bank ***f*** [*Steinbruch*] • first bed
ANC-Sprengstoff ***m*** • ANC explosive
andecken mit Mutterboden • to topsoil
Andengletschertyp ***m*** ➜ Wandervergletscherung
Änderung ***f*** **in Transportleistung** [*Schwermineralführung*] • downstream compositional variation
Andesit ***m*** • andesite; trap rock [*quarryworker's term*] [*An igneous extrusive rock of fine grained texture, consisting chiefly of fel(d)spar and ferromagnesian minerals. Medium colo(u)r. Hard and heavy. It is the volcanic equivalent of a diorite*]
Andesitbasalt ***m*** • andesite basalt [*1. Nepheline or leucite-basanite. 2. A collective name for rocks intermediate between andesite and basalt*]
Andesitbrekzie ***f*** • andesite breccia
Andesitglas ***n*** • andesite glass [*A glassy rock found as selvage on some andesite flows*]
andesitischer Dazit ***m*** • andesitic dacite
andesitischer Diabas ***m*** • andesitic diabase
andesitischer Melaphyr ***m*** • andesitic melaphyre
andesitisches Glas ***n*** • andesitic glass [*A natural glass that is chemically equivalent to andesite*]
Andesitlinie ***f***, Andesitgürtel *m*, Andesitring • Marshall line, andesite line [*The geographical boundary between the circum-Pacific petrographical province characterized by andesites (Pacific suite) and the mid-Pacific province characterized by basalts (e.g. Hawaii)*]
Andesitmagma ***n***, Andesitschmelze *f* • andesite magma
Andesitobsidian ***m*** • andesite obsidian
Andesitpechstein ***m*** • andesite pitchstone [*An andesite rock with a glassy base*]
Andesitperlit ***m***, Andesitperlstein *m* • andesite pe(a)rlite, andesite pearlstone
Andesitschmelze ***f*** ➜ Andesitmagma
Andesittuff ***m*** • andesite tuff
Andesittuffhorizont ***m*** • andesite tuffite horizon
Andienöffnung ***f*** [*Tunnelbau*] • control aperture [*tunnelling*]
Andrang ***m*** ➜ (Wasser)Andrang
Andruckfarbskala ***f*** [*Kartografie*] • colour tab (Brit); color tab (US)
Aneinanderpassen ***n*** [*Klaste. Nicht verwechseln mit tektonischem und diagenetischem Fitting (Stylobrekzie)*] • fitting
anelastische Form- und Spannungsänderungen ***f*** *(pl)* • anelastic changes of shape and stress
anelastische Zustandsänderung ***f*** • anelastic change of state
anfahren, antreffen • to encounter, to meet [*formation; rock*]
anfahren [*Durch Ortbetrieb eine abbauwürdige Mineralmasse erreichen*] • to cut, to discover (⚒)
anfahren, einfahren, hinabfahren (⚒) • to go below, to go down, to (go) underground
Anfahren ***n***, Ingangsetzung
Anfahren ***n*** • start-up [*Driving operations in underground work*]
Anfahrschacht ***m*** • tunnel access shaft
Anfahrverlust ***m***, Ingangsetzungsverlust
Anfall ***m*** [*Eine geebnete Gesteinsfläche am Hangende eines Baues zur Anlegung eines Zimmerungsholzes*] (⚒)• dressed rock face
anfällig, gefährdet • prone (to)
Anfälligkeit ***f*** • sensitivity

anfänglich senkrechter hochgestoßener kraterbürtiger Tuffstrom *m* [*Ein Typus der Gluttufferuption*] • Mount Catmay tuff-flow type

anfänglich senkrecht hochgestoßener kraterbürtiger Tuffstrom *m* aus kleinem Krater und möglicherweise angrenzenden Spalten [*Ein Typus der Gluttufferuption*] • novarupta tuff-flow type

anfänglich senkrecht hochgestoßener kraterbürtiger Tuffstrom *m* aus zahlreichen weit verbreiteten Spalten [*Ein Typus der Gluttufferuption*] • concealed fissure-orifice type, hidden fissure-orifice type

Anfangsbedingung(en) *f* • initial condition(s)

Anfangserhärtung *f* • initial hardening

Anfangskonsolidation *f*, Anfangskonsolidierung *f* • initial consolidation, first stage consolidation [*It occurs instantaneously*]

Anfangslastausmitte *f* • initial eccentricity

Anfangsmenge *f*, starke Gabe *f* [*Rillenbewässerung*] • run-in-stream

Anfangspfahl *m*, Kopfpfahl; Kopfpilot *m*, Anfangspilot [*Österreich*] • leading pile [*A pile at the head of a row of piles*]

Anfangs-Porenwasserüberdruck *m* • initial excess pore pressure

Anfangs-Porenzahl *f*, Anfangsporenzahl • initial void ratio; *less frequent:* initial voids ratio

Anfangspunkt *m*, Nullpunkt, Startpunkt • origin, zero point, starting point [*Any arbitrary point from which a magnitude is reckoned on a scale or measuring device*]

Anfangsrammung *f* • seating drive

Anfangsregen *m*, Initialregen [*Die Regenmenge, die zu Beginn eines Regens fällt, bevor der Sättigungsdampfdruck vollständig aufgefüllt ist*] • initial rain(fall)

Anfangsspannung *f* • initial stress

Anfangsstandsicherheit *f*, Anfangsstandfestigkeit • initial stability

Anfangs-Tangentenmodul *m* • initial tangent modulus

Anfangstragkraft *f*, Kammlast *f* (⚒) • setting load, initial (load-)bearing capacity

Anfangsverpressdruck *m* • initial injection pressure

Anfangsvertikalspannung *f* • initial vertical stress

Anfangsvorspannung *f* [*Spannbeton*] • initial prestressng

Anfangswert *m* • initial value

anfärben • to stain

(An)Färbungsmethode *f*, (An)Färbungsverfahren *n* [*z. B. zur Kennzeichnung kieseliger Partien bei kretazischen Kalk/Flint-Wechsellagen*] • staining method

Anfärb(ungs)reagens *n* • stain

Anflug *m*, Beschlag *m* [*Feiner, metallisch glänzender Überzug des Gesteins, durch Zersetzung metallischer Mineralien oder Niederschlag des Rauches von Schießpulver auf den feuchten Wänden entstanden*] • efflorescence, bloom

Anflug *m* [*Ein Mineral, im allgemeinen ein metallisches, in Blättchen auf der Oberfläche eines Gesteins*] • film

angeätzt, leicht geätzt • slightly etched

angebacken, festgeworden, steckengeblieben [*Bohrer im Bohrloch*] • burned, frozen, stuck, burnt

angebacken ➋ verschweißt

angebackene Kohle *f* ➋ verschweißte Kohle

Angebotspalette *f* • range of products and services

angedeutet, erkennbar [*Mineralvorräte*] • indicated

Angefrieren *n* • adfreezing, frost-grip [*The adhesion of frost-susceptible soil in contact with foundation walls due to freezing resulting in sufficient bond to transfer heaving pressure from the soil to the structure*]

angegliederte Insel *f* ➋ verknüpfte Insel

angegriffenes Fossil *n*, angelöstes Fossil • corroded fossil, partly dissolved fossil

angehängte Wand *f* • back-tied wall

angehängter Nachläufer *m* [*am Schneidrad*] • hinged back-up [*on cutting wheel*]

angehäuft, angesammelt • accumulated

angelenkt, Gelenk. . ., gelenkig • articulated, hinged, linked

angelöstes Fossil *n*, angegriffenes Fossil • corroded fossil, partly dissolved fossil

angenommenes niedrigstes Hochwasser *n*, niedrigstes angenommenes Hochwasser, Basishochwasser, Grundhochwasser • basic stage flood

Angepasstsein *n* ➋ Adap(ta)tion

angerundet ➋ wenig gerundet

angesät, eingesät • seeded, sown

angesäuert, säuerlich • acidulated, slightly acid, acidulous

angesammelt, angehäuft • accumulated

angesammelte Wassermasse(n) *f* (⚒) • house of water, water house

angeschmiegter (Überfall)Strahl *m*, aufliegender (Überfall)Strahl • adherent nappe

angeschrägter Rohrschuh *m* [*Tiefbohrtechnik*] • mull shoe

(an)geschüttete Geländeoberkante *f*, aufgeschüttete Geländeoberkante • fill(ing) grade

Angeschwemmte *n* • wash [*Loose or eroded surface material (such as gravel, silt, sand) collected, transported,*

A

and deposited by running water, as on the lower slopes of a mountain range, especially coarse alluvium]

angeschwemmter Seetang ***m*** • cast-up seaweed

angeschwemmtes Metallager ***n,*** Metallager im angeschwemmten Land • deposit mine

angesetzter Stauschild ***m,*** (Stau)Schnabel(ansatz) *m* [*Walzenwehr*] • projecting lip, projecting shield [*It rotates into contact with the sill*]

angesteckter (Graben)Verbau ***m*** ➋ (vor)ge-pfändeter (Graben)Verbau

angetroffene Bodenschichten ***f(pl)*** • penetrated soil strata (*or*: soil layer)

angewachsen, zugewachsen • accreted [*See note under "accretion"*]

Angewäge ***n*** [*Alle Teile zur Auflagerung eines Rades mit seinem Zapfen*] (⚒) • supporters, wheel frame

angewandte Geophysik ***f,*** physikalischer Aufschluss *m*, physikalische Aufschließung *f* • geophysical exploration, applied geophysics [*The use of geophysical techniques, e.g. electric, gravity, magnetic, seismic and thermal, in the search(ing) for economically valuable hydrocarbons, mineral deposits, or water supplies, or to gather information for engineering projects*]

angewandt-geologische Aufgabe ***f*** • problem of applied geology, applied geology problem

angewandte praxisorientierte Forschung ***f*** • applied practical research

angewittert, leicht verwittert, schwach verwittert • slightly weathered

angewittertes Gebirge ***n*** • slightly weathered rock

angewitterter Geschiebelehm ***m*** • mesotil [*A semi-plastic or semifriable derivative of chemically weathered till, developed beneath a partially drained area, and intermediate in texture between gumbotil and silttil*]

angewittertes Tonmaterial ***n*** • claycrete [*Weathered argill(ace)ous material forming a layer immediately overlying bedrock*]

(an)gewürgt [*Sprengtechnik*] • crimped

angezapfter Fluss ***m,*** abgefangener Fluss • captured stream, pirated stream, robbed stream [*A stream whose former upper course has been diverted into the channel of another stream by capture*]

angezündet (⚒) • lighted, lit [*safety lamp*]

angezündet • lit, lighted [*fuse*]

Angleichung ***f*** ➋ Adap(ta)tion

Angliederungsinsel ***f*** ➋ verknüpfte Insel

angreifender Erddruck ***m,*** aktiver Erddruck, tätiger Erddruck [*Kleinstmöglicher Erddruck, bei dem der gestützte Erdkörper noch standsicher ist, d. h. nicht nachrutscht*] • active (earth) pressure

angrenzendes Gebäude ***f*** • adjacent structure (*or*: building)

Angriff ***m*** ➋ Auffahrung

Angriff ***m*** ➋ Sprengabschnitt

Angriff(s)bohren ***n,*** Vortriebsbohren, Ausbruchsbohren • heading drilling

Angriff(s)sprengen ***n*** ➋ Vortriebssprengen

Angriffstelle ***f*** ➋ Portal

Anhaften ***n*** ➋ Adhäsion

Anhaftwasser ***n*** ➋ Haftwasser

Anhaltekopie ***f*** [*Schweiz; Österreich*]; Anhaltkopie [*Ein- oder mehrfarbige Kopie als Anhalt für die Bearbeitung der Reinzeichnung oder die Herstellung des Kartenoriginals*] • drawing key, guide copy, key flat, layout guide

anhalten [*Bei einer Vermessung von einem festen Punkt ausgehen*] • to proceed from a fixed point

Anhängen ***n*** ➋ Adhäsion

Anhängewasser ***n,*** Anhängselwasser, Anlagewasser, Bergfeuchtigkeit *f*, Bergfeuchte *f*, Bergschweiß *m;* Haftwasser [*Fehlbenennung*] • ground moisture

Anhangwasser ***n*** ➋ Haftwasser

anhauen [*Einen Ort, einen Stollen, eine Strecke anfangen; Gestein, Stoß eines Baues angreifen*] (⚒) • to open on

anhäufend, aufhäufend • cumulative

Anhäufung ***f,*** Ansammlung, Aufhäufung • accumulation

Anhäufung ***f,*** Ansammlung, Aufhäufung • accumulation, entrapment [*In petroleum geology, the movement of gas and oil into porous formations or favo(u)rable structures and their resulting concentration in quantity*]

Anhöhe ***f*** • lift [*A slight rise or elevation of the ground*]

anholen, heraufziehen • to draw, to raise, to hoist [*Ore, coal, rock, etc., to the surface*]

Anhydrit ***m*** • anhydrite

Anhydrit ***m*** **mit Maschengefüge** • chickenwire anhydrite

anhydritische Zement ***m*** • anhydrite cement

Anisium ***n*** [*erste, chronostratigrafische Stufe der Mittleren Trias*] • Anisian

anisotroper Boden ***m*** • anisotropic soil mass

anisotropes Festigkeitsverhalten ***n*** • anisotropic strength behaviour (US: behavior)

Anisotropie ***f;*** s.a. ➋ Bodenanisotropie, Felsanisotropie • anisotropy

Anisotropieachsen ***f(pl)*** • axes of anisotropy

Anisotropiefaktor ***m*** • anisotropy factor

ankehren [*In Steinsalz oder salzhaltigem Gebirge dazu ausgehauene Räume mit Wasser füllen, um das Salz auszulaugen*] • to fill with water

Ankehrschurf ***m*** [*Steinsalzbergbau*] (⚒) • winze for conveying water, water winze

Anker ***m*** [*Die im Bohrloch eingebaute und am erd- oder felsseitigen Ende verankerte, verklebte oder verpresste Ankerstange (= Stahlzugglied) wird am luftseitigen Ende (= Ankerkopf) mit einer Mutter über eine an der freien Oberfläche des Gebirges oder an einem betonierten Ankerkopf aufliegende Ankerplatte befestigt und gespannt*] • (ground) anchor

Ankerabstand ***m,*** Verankerungsabstand • anchor interval

Ankerarm ***m*** [*Brückenbau: Der Seitenspann einer* ➋ *Auslegerbrücke, der den Ausleger trägt*] • anchor arm

Ankerausbau ***m,*** Gebirgsverankerung *f* [*Untertagebau und Bergbau*] • ground bolting, ground anchoring, ground anchorage

Ankerbarren ***m,*** Ankerstab *m,* Verankerungsbarren, Verankerungsstab [*Im Fundament einbetonierter Profilstab, in den die Ankerschrauben eingehängt werden. Die Ankerkanäle werden nach dem Richten vergossen. Die Konstruktion dient zur Verteilung der Ankerzugkraft im Gründungskörper*] • anchor(ing) rod, anchorage rod, foundation rod, holding-down rod

Ankerblock ***m,*** Verankerungsblock • deadman [*The anchorage for a tie-back rod or cable, usually embedded in the ground*]

Ankerbohrgerät ***n*** • anchor drilling rig

Ankerbohrloch ***n*** [*Bohrloch zur Aufnahme von Ankern für den Grubenausbau und in der Felsmechanik*] • anchor drillhole

Ankerbohrung ***f*** • anchor borehole, anchor drilling

Ankerbolzen ***m,*** Verankerungsbolzen, Fundamentbolzen • anchor(ing) bolt, hold-down bolt, anchorage bolt, foundation bolt

Ankerbuhne ***f*** [*Fangbuhne mit zwei abweichenden Flügeln, also etwa in Form eines Ankers, und einer den Strom oder Fluss spaltenden Landspitze (Scheidung) um stromaufwärts Verlandungen zu veranlassen*] • crocked groyne, crocked jetty; crocked groin (US)

Ankereinbau ***m*** • anchor installation

Ankereinbaugerät ***n*** • anchor installation rig

Ankereinsetzer ***m*** (⚒) • roof bolter [*workman*]

Ankereisen ***n*** [*Straßenbetondecke*] • tie bar

Ankerfaschine ***f,*** Verankerungsfaschine • anchor(ing) fascine, anchorage fascine, anchor(ing) faggot, anchorage faggot [*US-spelling: fagot*], anchor(ing) kid, anchorage kid

(Anker)Gurt ***m,*** Holm *m,* Zange *f,* Längstraverse *f,* Leitbohle *f,* Längsgurt, Streckbalken *m,* Bindebalken, Binderiegel *m* [*Baugrubenverbau*] • wale (piece), ranger, w(h)aler (US); waling (piece) (Brit.); transverse plank, binding piece, tie, (bind) rail, piling rail, intertie, waling member, waling, horizontal beam, w(h)aler beam [*A horizontal beam usually of wood or steel or reinforced concrete, which supports poling boards, runners or sheet piles or the earth next to an excavation and is held in place by horizontal struts (called "braces" in USA)*]

Ankerhaltevermögen ***n,*** Ankerhaltefähigkeit *f* • anchor holding capacity

Ankerhöhenverhältnis ***n,*** Verankerungshöhenverhältnis • anchor level ratio [*anchored bulkhead*]

Ankerit ***m,*** Braunkalk *m,* Rohwand *m* • cleat spar, ankerite, $CaCO_3.(Mg,Fe,Mn)CO_3$ [*It consists largely of carbonate of calcium, magnesium, and iron. A substance intermediate between dolomite and siderite, white to greenish, weathering to brown*]

Ankerkabel ***n,*** Verankerungskabel • anchor(ing) cable, anchorage cable

Ankerkopf ***m*** • anchor head

Ankerkopfverschiebung ***f*** • anchor head displacement

Ankerkörper ***m,*** Verankerungskörper • anchor(ing) body, anchor(ing) mass, anchorage body, anchorage mass

Ankerkraft ***f*** • anchor load

Ankerkraftgeber ***m*** • anchor load cell

Ankerlastmessdose ***f*** • anchor load cell

Ankerleine ***f*** • anchorage cable, mooring cable

Ankerlinie ***f,*** Verankerungslinie • anchor line [*anchored bulkhead*]

Ankermörtel ***m*** • anchor grout

Ankerpfahl ***m,*** Verankerungspfahl • stay pile, anchorage pile, deadman pile, anchor(ing) pile [*A pile driven or cast in the ground as an anchorage for a land tie holding back a sheet pile wall, etc.*]

Ankerpfahlachse ***f*** • anchor pile axis

Ankerpfahldurchbiegung ***f*** [*aufgrund einer Setzung des Bodens*] • bending of the anchor pile [*due to settlement of the soil*]

Ankerplatte ***f,*** Ankertafel *f,* Verankerungsplatte, Verankerungstafel • anchor(ing) slab, anchorage slab

Ankerraster ***n*** • tie spacing

Ankerschaft ***m*** • anchor rod

Ankerschraube ***f,*** Verankerungsschraube • anchorage screw, anchor(ing) screw

Anker-Spannstab ***m*** • prestressed anchor

Anker(spund)wand ***f,*** Verankerungs(spund)wand • anchoring sheet pile wall, anchored sheet pile wall

Ankerstab ***m*** ➋ Ankerbarren

A

Ankerstab, Verankerungsstab *m* • land tie [*A tie-rod holding a sheet pile or other retaining wall to a buried dead man or stay pile*]
Ankerstein *m* • mooring stone
Ankerstollen *m,* Verankerungsstollen • anchor(ing) gallery, anchorage gallery; anchor(ing) tunnel, anchorage tunnel (US)
Ankerstrecke *f,* Verankerungsstrecke • anchor(ing) section, anchorage section
Ankertafel *f* ➋ Ankerplatte
Ankertafel *f* • deadman
Ankerung *f* • anchoring
Ankervorspannung *f* • anchor prestressing
Ankerwand *f* ➋ Verankerungswand
Ankerzugverhältnis *n,* Verankerungszugverhältnis • anchor pull ratio [*anchored bulkhead*]
Ankerung *f* **mit Schlitz** ➋ (Ver)Ankerung mit Schlitz
(Anker)Verbund *m* **zweier Anker mit mehreren Stangen** (⚒) • roof truss
Ankerverbundausbau *m,* Verbundankerausbau [*Untertagebau*] • composite roof bolting, compound roof bolting
Ankerwandfußpunkt *m* [*Spundbauwerk*] • toe of the anchor wall
Ankerwandnachgiebigkeit *f* • anchor wall deformation due to bending
Ankerzugversuch *m* • anchor test
Ankneifzange *f* ➋ Sprengkapselzange
ankolben, anpistonieren [Öl- oder *Gasbohrloch*] • to swab in
Ankommen *n* [*Förderkorb*] (⚒) • banking
Ankunft *f* ➋ Einsatz
Ankunftsdauer, Empfangsdauer *f,* Einsatzdauer, Zeitdauer bis zum Anfangseinsatz, Dauer bis zum Anfangseinsatz • kick time, onset time, arrival time, break time [*Time interval for first seismic wave to arrive at geophone*]
(An)Kuppler *m* (⚒) • flatman [*North of England*]
Ankylostomiasis *f,* Wurmkrankheit
Anlage *f* [*Ein soweit abgenutztes Gezähe, dass es allein nicht mehr zu gebrauchen ist und daher mit einem anderen zu einem neuen zusammengeschweißt wird*] (⚒) • used-up tools, worn-out tools
Anlage *f* • installation, facility, plant
Anlage *f* • lie [*A British term for the disposition of topographic features or for the slope of the land surface*]
Anlagekarte *f* [*Zu nautischen Veröffentlichungen*] • chartlet
Anlagerungswasser *n* ➋ Adsorptionswasser
Anlagewasser *n* ➋ Anhängewasser
Anlandungstopografie *f* ➋ Anwachstopografie
An- und Auslaufen *n* [*einer Maschine, wie z. B. eines Vibrationsbärs*] • start-up and shut-down
Anlauf *m* [*Abstand des Schusspunktes zur ersten Geofongruppe*] • inline offset
anlaufen (⚒) • to work upwards
Anlaufstrecke *f* [*Sprengen*] • predetonation distance, run up distance, induction distance, detonation development distance
Anlaufzeit *f* • lead time
Anlegedruck *m* [*von Schiffen*] • berthing pressure [*of vessels*]
Anlegefläche *f* • mooring surface
Anlegegoniometer *n,* Kontaktgoniometer • contact goniometer [*It measures the solid angle between two crystal planes by contact with the surface*]
anlegen, einleiten, abbauen (⚒) • to establish
anlegen [*Straßen*] • to lay down [*roads*]
anlegen [*Wenn eine Lagerstätte allmählich in einem Teil ihrer Mächtigkeit führend wird*] • to get productive
anlegen [*Schifffahrt*] • to berth
Anlegen *n* **eines Bergwerkes** • mining venture
Anlegeplatz *m* ➋ (Schiffs)Liegeplatz
Anlieger *m* (die/Plural)
Anlegerahmen *m* [*Fotogrammetrie*] • registering frame, backing frame
an Materialbrücken absetzende Trennfläche *f* • discontinuity interrupted by rock bridging
Anmachwasser *n* • mixing water [*e.g. for concrete*]
Anmoorgley *m* • histic gley soil
(An)Näherung *f* **für langsame Strömung** • slow flow approximation
Annäherungsformel *f,* Näherungsformel *f* • approximation formula
anomale Niederschläge *m(pl)* • abnormal rainfall, anomalous rainfall
anordnen von Ankern in Tandem • to piggyback [*offshore engineering*]
Anordnung *f* **der Bohrlöcher,** Bohrlochanordnung *f* • bore hole arrangement (*or:* pattern), drill hole arrangement (*or:* pattern), drill pattern
anorganisch-chemisch • inorganic chemical
anorganische Mikroanalyse *f* • inorganic microanalysis
anorganischer Abfall *m* • rubbish [*General waste not including food waste. The term comprises both combustible and noncombustible material. If rubbish is mixed with garbage the whole then becomes refuse*]
anorganischer Boden *m,* mineralischer Boden, Mineralboden • mineral soil, inorganic soil [*It is*

composed mainly of inorganic matter, in contrast to a soil composed largely of organic matter]
anorganogenes Gestein ***n*****,** minerogenes Gestein
An-Ort-Durchlüftung ***f*** • in(-)place aeration, in(-)situ aeration [*groundwater bioreclamation*]
Anpassen ***n*****,** Verteilung *f* (⚒) • distribution of mines
Anpassung ***f*****,** Adap(ta)tion *f*, Angepasstsein *n* • adap-(ta)tion
anpassungsfähig • flexible
Anpassungsfähigkeit ***f*** • adaptability
Anpassungslieferant ***m*** [*Erdöl*] • string supplier
Anpfahl ***m*** ➋ Kopfbalken
anpflocken • to stake to
anpistonieren, ankolben [*Öl- oder Gasbohrloch*] • to swab in
Anplaggen ***n*** ➋ (Rasen)Sodenandeckung
Anpralllast ***f*** [*Pfahlfundament*] • impact load
Anpressdruck ***m*** [*z. B. eines Bohrers, der Bohrkrone*] • contact pressure
Anraum ***m*** • fog deposit
anquenzeln (⚒) • to fasten the kibble
anregen, erregen [*Eine Welle in der Seismik*] • to excite
anregen ➋ dynamisch anregen
Anregung ***f*****,** Erregung [*z.B. mittels eines Bodenrüttlers usw.*] • excitation [*such as by means of a ground vibrator etc.*]
anreichern, ergänzen • to recharge, to replenish, to nourish
anreichern, konzentrieren • to concentrate, to upgrade, to beneficiate [*To reduce the amount of gangue in an ore*]
Anreicherung ***f*****,** Ergänzung • recharge, replenishment, nourishment
Anreicherungsbrunnen ***m*** **für Grundwasser,** Grundwasser-Anreicherungsbrunnen, Injektionsbrunnen, Schluckbrunnen, Ergänzungsbrunnen für Grundwasser, Grundwasser-Ergänzungsbrunnen, Auffüll(ungs)brunnen • recharge well, recharging well, injection well, replenishment well, replenishing well, diffusion well, diffusing well, nourishing well, input well
Anreicherungsfläche ***f*****,** Ergänzungsfläche, Versickerungsfläche, Einsickerungsfläche • (intake) area of aquifer, aquifer (intake) area, intake area, recharge area (of aquifer), inlet area (of aquifer), aquifer inlet area, inlet area, infiltration area of aquifer [*The area of geologic formation at the surface from which an aquifer is fed by water courses and precipitation*]
Anreicherungshorizont ***m*****,** B-Horizont, Einwaschungshorizont, Anreicherungsschicht *f*, Illuvialhorizont, Einschwemmungshorizont, Unterboden *m*, Illuviationszone *f*, Unterkrume *f* • B-horizon, zone of concentration, zone of illuviation, concentration zone, illuviation zone, zone of accumulation, accumulation zone, horizon B, subsoil, illuvial horizon
Anreicherungspumpen ***n*****,** Ergänzungspumpen • recharge pumping, recharging pumping, replenishing pumping, replenishment pumping, nourishing pumping
Anreicherungsschicht ***f*** ➋ Anreicherungshorizont
Anreicherungswasser ***n*****,** Ergänzungswasser, Injektionswasser • recharge water, replenishment water, recharging water, replenishing water, nourishing water
Anrichter ***m*** ➋ Erzprobierer
Anriss ***m*** (⚒) • slight break
Anrissfläche ***f*****,** Anrissgebiet *n* [*einer Schneebrettlawine*] • starting zone [*of a snow slab avalanche*]
Anrissgebiet ***n*** • failure scar
Anrissnische ***f*** [*Anrissnischen befinden sich im oberen Teil einer Fels- oder Hangrutschung und stellen die Grenze dar zwischen dem stabilen Bereich und der Rutschung od. die Grenze zwischen 2 Rutschkörpern*] • scarp niche
anrissig • showing slight breaks
Anrisslinie ***f*** [*einer Schneebrettlawine*] • fracture line [*of a snow slab avalanche*]
Anritzen ***n*****,** Anbohren • drilling-in [*The process of completing a well by setting casing just above the producing formation and then drilling into it, leaving it uncased*]
(an)säen, einsäen, besamen • to seed, to sow
(An)Säen ***n*****,** Besamung *f*, Ansaat • sowing, seeding
Ansammlung ***f*** **kleinster Eisschollen** • cake ice [*An accumulation of ice cakes*]
Ansatzkante ***f*** • face [*An edge of rock used as a starting point in figuring drilling and blasting*]
Ansatzstück ***n*****,** Verlängerungsstück • sub [*well drilling*]
Ansaugbereich ***m*** [*der Arbeitskammer; Unterirdisches Bauen*] • intake zone, intake area [*working chamber; underground construction*]
Ansaugplatte ***f*****,** Saugplatte • vacuum back [*aerial camera magazine*]
anscharen, übersetzen, überfahren [*Herankommen und Kreuzen eines Ganges oder Trum(m)s an und durch einen anderen Gang oder Strecke*] • to cut, to cross
anschauliche Abstraktion ***f*** • observation abstraction
Anschaulichkeit ***f*** [*Kartografie*] • clarity, purity
anschießen [*Gestein durch Absprengen entblößen*] • to open on rock(s) by blasting

A

Anschlag ***m*** ➋ (Rohr)Anschlag

Anschlag ***m*,** Schachtanschlag [*Übergangsbereich einer Sohle oder Teilsohle zu einem Schacht oder Blindschacht, an dem Förderwagen auf- und abgeschoben werden und Personen den Förderkorb verlassen und betreten können*] • ingate (plot), onsetting station, (shaft) inset

Anschlag ***m*** • stopper [*drilling*]

anschlagen (⚒) • to tighten prop wedges

anschlagen [*Schifffahrt, z. B. Seile befestigen*] • to fasten (to), to fix to

Anschlageisen ***n*** [*Autokran*] • pearweight

Anschläger ***m*** • hanger-on [*A man who attaches or detaches the tubs or trams on an endlessrope haulage in a coal mine. A hitcher(-on) performs a similar task at the shaft bottom*]

Anschlagfäustel ***m*,** Schlägel *m*, Fäustel (⚒) • breaking hammer, mallet, miner's hammer

Anschlagslinie ***f*** [*Linienförmige Verbindung von Abflussmarken entlang der Geländeoberfläche, die die Schnittkurve zwischen der Oberfläche der höchsten, während des Ereignisses aufgetretenen Wasserspiegelfläche und der Geländeoberfläche bildet (IAN Report 101*]. • track of discharge

anschließen to tie in [*surveying*]

Anschliff ***m*** [*Zur Untersuchung von Erzen verwendetes Präparat mit im Unterschied zum Dünnschliff polierter Oberfläche*] • polished thin section, thin polished section; microsection [*partial synonym*]

Anschliffätzung ***f*** • chromographic contact printing

Anschluss ***m*** **aufeinanderfolgender Bilder,** Folgebildanschluss [*Fotogrammetrie*] • image extension, conjunction of successive images, picture extension, conjunction of successive pictures, photo(graphic) extension

Anschlussbewehrung ***f*** • connecting reinforcement, reinforcement link

Anschlussfehler ***m*,** (Folge)Bildanschlussfehler • bridging error [*photogrammetry*]

Anschlussfoto ***n*** • successive photo(graph)

Anschlussgleise ***n(pl)*** ➋ Abstellgleise

Anschlusskabel ***n*** • pigtail

Anschlusskanal ***m*** [*Abwasserkanal*] • connecting sewer

Anschlussleitung ***f*,** Verbindungsleitung [Spreng*technik*] • connecting wire circuit, connection wire circuit

Anschlussmessung ***f*** [*Fotogrammetrie*] • measuring by conjunction, conjunction measurement

Anschlussmessung ***f*** • tie [*surveying*]

Anschlusspunkt ***m*** [*terrestrisches Netz*] • free orbit

Anschlusspunkt ***m*,** Passpunkt, Verbindungspunkt [*In den oberen und unteren Randbereichen eines Luftbildes nach Bildinhalt willkürlich gewählter Punkt zur Verknüpfung mehrerer Luftbilder zu einem Bildverband*] • wing point, tie point, pass point

Anschlusspunktnetz ***n*,** Passpunktnetz, Verbindungspunktnetz • wing point network, tie point network, pass point network

Anschlussrahmen ***m*** [*Rahmenausbau*] (⚒) • lead set(t)

Anschlussstollen ***m*,** Verbindungsstollen • connecting gallery, connection gallery; connecting tunnel, connection tunnel (US)

Anschlussstrang ***m*** • service pipe [*The whole of the pipe (communication pipe plus supply pipe = Endstrang plus Grundstückstrang) between the main and consumer's premises*]

Anschmauchung ***f*** (⚒) • slight junction

anschneiden, steil (ab)böschen [*Eine Einschnitt- oder Dammböschung steiler als gewöhnlich abböschen, um Raum für ein Bankett oder einen Weg zu gewinnen*] • to slope steep(ly), to cut steep down, to escarp, to slope steep down, to cut steep(ly)

anschneiden [*Ursprünglich anschneiden der Bergkosten auf dem Kerbholz; Anschnitt halten, das heißt Verrechnen der Ausgaben; die Berechnung abschließen*] (⚒) • to account for the miner's wages

Anschneiden ***n*** **von Pfahlfüßen**
➋ (Pfahl)Fuß-verbreiterung

Anschnitt ***m*,** (Ab)Hanganschnitt, Gehängeanschnitt [*Auf- und Abtrag bei einem Erdkörper treffen zusammen*] • hillside cut(ting), (hill)slope cut(ting), cut, cutting

Anschnitt ***m*,** Abtrag *m* und Auftrag *m*, Aushub *m* und Aufschüttung *f*, Einschnitt und Damm *m*, Abtrag und Aufschüttung, Aushub und Auftrag, Einschnitt und Auftrag • digging and fill(ing), cut(ting) and fill(ing), excavating and fill(ing) [*The process of excavating, moving the excavated material to another location, and using it as fill with allowance for swell or shrink from cut to fill*]

Anschnitt ***m*** (⚒) • account of mining expenses

Anschnitt ***m*,** Seiteneinschnitt [*Bau einer Straße an einem Hang*] • side-cut(ting), side forming; side long cut [*deprecated*]

Anschnittbuch ***n*** (⚒) • account book, book of accounts

(An)Schütten ***n*,** (Auf)Füllen, Auftragen, Aufschütten • filling, fill spreading, fill(ing) up, fill(ing) operation

anschütten ➋ aufschütten

Anschüttung ***f*** ➋ Auftrag

Anschüttung ***f*****,** Seitenschüttung [*Erdbau*] • side fill(ing), lateral fill(ing) (up)

Anschütt(ungs) ... ➋ (Auf)Schütt(ungs) ...

anschützen [*Wehr*] • to dam (up)

Anschüttung ***f*** [*Wehr*] • damming(-up)

anschwellen, aufschwellen [*Gewisse Mineralien unter dem Einfluss der Lötrohrflamme*] • to tumefy [*assaying*]

(An)Schwellen ***n*****,** (an)steigender (Wasser)Stand *m* • rising (water) stage, flush

Anschwellung ***f*** [*Eines Gewässers infolge Vorbeiganges einer Tidewelle*] • rise in the water level due to the passage of a tidal wave

Anschwellung ***f*** **des Bodens,** Anschwellen *n* des Bodens [*z. B. durch heftige Regenfälle*] • swelling of (a/the) soil

anschwemmen, anspülen

Anschwemmung ***f*****,** Kolmatierung • clogging

Ansetzbohrer ***m*** • spudder [*The drill bit used to begin a bore(hole)*]

Ansetzbohrgerät ***n*** • spudder [*A small drilling rig, used to start a well(bore)*]

ansetzen • to collar, to spud(-in), to locate, to start a (bore)hole, to start a well(bore)

Ansetzen ***n*** • collaring, spudding(-in), locating, starting a (bore)hole, starting a well(bore)

Ansetzen ***n*** **des Rammrohres** • setting up of driving tube

Ansetzen ***n*** **eines Flözes,** Fall *m*, Scheidungsspalt *m* (⚒) • break

Ansoden ***n*** ➋ (Rasen)Sodenandeckung

Anspannen ***n*** [*eines Ankers zur Prüfung des Tragverhaltens*] • proof loading

Ansprechträgheit ***f*** • response inertia

anspruchsvoll [*technische Geräte*] • sophisticated

anstauen, (auf)stauen, einstauen, (ein)speichern • to bank (up), to store, to retain, to pen, to swell, to dam (up), to back (up), to impound, to pond, to accumulate [*To confine the water in a river, stream, or canal by means of weir(s), dam(s), or the like, so as to form a head of water*]

Ansteck ... ➋ (Vor)Pfänd ...

anstecken ➋ abpfänden

Anstecken ***n*****,** Anzünden [*Zündschnur*] • igniting, lighting(-up), firing, discharging a shot

Anstecken ***n*** ➋ Abpfänden

Ansteckkeil ***m*** ➋ Keil

Anstecklatte ***f*** ➋ Bergmannslatte

Ansteckung ***f*****,** (Vor)Pfändung, Getriebezimmerung, Abpfändung • (fore)poling system, horseheading system, spiling system

Ansteckung ***f*** **mit Endblöcken,** (Vor)Pfändung mit Endblöcken, Getriebezimmerung mit Endblöcken • tail-block (system of) forepoling, tail-block (system of) horseheading, tail-block (system of) spiling

anstehend [*Gestein; Erz; Kohle*] • genuine, fast, solid

Anstehende ***n*** ➋ anstehender Fels

anstehendes Entnahmematerial ***n*** • borrow potential

anstehende Kohle ***f*****,** Kohle am Abbaubetriebspunkt • coal at (work(ing)) face, (work(ing)) face coal, coal in solid

anstehender Fels ***m*****,** Anstehende *n*, anstehendes Gestein *n*, anstehender Fels in situ, festes Gestein, fester Fels, unzerklüftetes Gestein, unzerklüfteter Fels, gewachsener Fels, massiver Fels, gewachsenes Gestein, massives Gestein [*Vom Geologen angewendete Benennungen. Manchmal ist mit diesen Benennungen das Nebengestein im Gegensatz zum Mineral gemeint*] • bedrock, rock mass, reef, rockhead, cap-rock, in(-)place rock, in(-)situ rock, grown rock, bottom rock, rock in place, rock in situ; solid bedrock, solid rock (Brit.) [*Any solid rock exposed at the surface of the earth or overlain by unconsolidated material*]

anstehender Schiefer(ton) ***m*** • shale bed rock, shale caprock, shale rockhead, solid shale

anstehender Ton ***m*** • solid clay

anstehender Torf ***m*****,** gewachsener Torf

anstehendes (Erd)Öl ***n*****,** ursprünglicher (Erd)Ölvorrat *m*, (Erd)Ölreserve *f* • in(-)place petroleum, petroleum in place, oil in place, O.I.P., in(-)situ petroleum, in(-)situ oil, in(-)place oil

anstehendes Erz ***n*****,** ursprüngliches Erz • in(-)place ore, ore in situ, ore in place, in(-)situ ore, rock ore, unbroken ore

anstehendes Gestein ***n*** ➋ anstehender Fels

anstehendes Material ***n*****,** gewachsenes Material • in(-)place material, bank material, in(-)situ material, material in place, material in situ [*Soil or rock in place before excavation or blasting*]

Ansteigen ***n*** • rising

ansteigende Kreuzblätterung ***f*****,** ansteigende Kreuzblattschichtung, ansteigende Kreuzfeinschichtung [*Sandstein; Konglomerat; Brekzie*] • climbing cross lamination

ansteigender Ganglinienabschnitt ***m*****,** Konzentrationsabschnitt • rising limb [*The rising portion of the hydrograph resulting from runoff of rainfall or snowmelt. This term is most commonly used in discussion of the mathematical or theoretical characteristics of the hydrograph rather than in reference to a specific storm event*]

A

ansteigendes Tal ***n*,** Hängetal • hanging valley, suspended valley, suspension valley; valleuse [*French*] [*A tributary valley whose floor is higher than the main valley produced when erosion deepening the main valley more rapidly than the tributary*]

ansteuern • to access

Anstellschiebekappe ***f*** [*Kappe mit hydraulisch verstellbarem Vorderteil*] (⚒) • hydraulic cap sill, hydraulic cap cill

Anstieg ***m*** • rise [*An upward slope in the land*]

Anstiegszeit ***f*** **(bei Zugrichtung vom Pegel weg)** [*Einheitsganglinienverfahren*] • time to peak, tp, TP

anstoßend, beieinander gelegen • contiguous [*Touching without fusion, used irrespective of whether the parts are like or unlike*]

anströmen [*Im Anfließen ansetzen*] • to add flowing against

Anström(ge)rinne ***f*, *(n)*,** Zulauf(ge)rinne • channel of approach, approach (open) channel, open channel of approach

Antarktikeis ***n*,** Südpoleis • polar cap [*An ice sheet centered at the South Pole, i.e. Antarctica*]

antarktischer Zwischenstrom, Zirkumpolarstrom *m* • circumpolar current

Anteil ***m*** **an Quarzstaub** [*verantwortlich für die Berufskrankheit der Silikose*] • share of quartz dust [*it is the source of silicosis, an industrial disease*]

Anthrakonit ***m*,** Stinkstein *m* • swinestone, stinkstone, anthraconite, lacullan [*A stone that emits anodo(u)r on being struck or rubbed, specifically a bituminous limestone or brown dolomite that give off a fetid smell (owing to the decomposition of organic matter) when rubbed or broken. It may emit a "sweet-and-sour" smell if the carbonate rock is rich in organic-phosphatic material*]

Anthrazit ***m*,** Anthrazitkohle *f*, Steinkohle • anthracite, anthracite coal, hard coal; *less frequent:* glance coal, stone coal, blind coal [*A hard compact, non-bituminous natural coal of high luster differing from bituminous coal in containing only a small amount of volatile matter and burning almost with a smokeless flame*]

Anthrazit ***m*** • buckwheat anthracite [*In the USA about 14 to about 9 mm*]

Anthrazit ***m*** • rice anthracite [*USA about 9 to 5 mm*]

Anthrazitstaub ***m*** • culm [*Coal dust or finegrained waste from anthracite mines*]

anthropogene Einflüsse ***m(pl)*** • human influences, anthropogenic influences

anthropogener Eingriff ***m*** • anthropogenic alteration, human intervention

anthropogener Kartengegenstand ***m*,** anthropogenes Kartenobjekt *n* • cultural feature, cultural subject [*An artificial or man-made feature as shown on a map*]

anthropogener Prozess ***m*,** vom Menschen verursachter Prozess *m* • anthropogenic process, man-made process

Anthropozän ***n*** • anthropocene [*the most recent period in the Earth's history*]

Antidüne ***f*** • hydraulic dune

Antigorit ***m*,** Blätterserpentin *m*, Pikrolit, Baltimorit, $Mg_3Si_2O_5(OH)_4$ • antigorite, picrolite, baltimorite [*A platy or lemallar variety of serpentine; caused by intense shearing stress as in dislocation-metamorphism*]

antiklinal, sattelartig (gelagert), gewölbeartig (gelagert) • anticlinal [*Structural geology. Pertaining to an anticline*]

Antiklin(al)e ***f*** ➲ Sattel

Antiklinalstruktur ***f*** **mit über die Bruchränder gezerrter Sedimenthaut** • trapdoor block, trapdoor structure

Antiklinaltal ***n*** • combe [*A large longitudinal depression or valley along the crest or side of an anticline in the folded Jura Mountains of the European Alps, formed by downfaulting or more generally by differential erosion, often occurring along the line of junction of a hard crystalline rock with one that is soft*]

Antiklinaltheorie ***f*,** Satteltheorie, Gewölbetheorie • anticlinal theory, anticline theory, arch theory [*The theory that water, oil, and gas accumulate in the order named in upbowed strata, provided such a structure contains reservoir rocks in proper relation to source rocks and impervious barrier*]

Antiklinalzone ***f*** • anticlinal zone

Antiklinorium ***n*** • anticlinorium, compound arch, arch, (arch(ed)) upfold, (up)arching fold, anticlinal arch [*A series of anticlines and synclines, so grouped that, taken together, they have the general outline of an arch. Opposed to synclinorium*]

Antimon ***n*,** Sb • antimony

Antimonblende ***f*** ➲ Kermesit

Antimon(-III-)chlorid ***n*,** Antimonbutter *f*, $SbCl_3$ • butter of antimony, antimony butter

Antimonglanz ***m*** ➲ Antimonit

antimonhaltiger Bleiglanz ***m*,** Steinmannit *m* • steinmannite

Antimonit ***m*,** Antimonglanz *m*, Stibnit *m*, Grauspießglanz • antimonite, antimony glance, gray antimony, grey antimony, stibnite; stibium [*obsolete*], Sb_2S_3

A

Antimonnickel *n*, Breithauptit *m*, NiSb • breithauptite, antimonial nickel [*A light copper red mineral consisting of nickel antimonide; commonly occurs in association with silver minerals*]

Antimonnickelglanz *m*, Ullmanit *m* • ullmanite, nickel antimony glance, NiSbS

Antimonpentasulfid *n*, Goldschwefel *m*, Fünffachschwefelantimon *n* • pentasulphid(e) of antimony, antimony pentasulphid(e), golden sulphid(e) of antimony

Antimonsilber *n*, Dyskrasit *m* • dyscrasite, antimonial silver [*A silver-white mineral, Ag_3Sb*]

Antimonsilberblende *f*

➲ Pyrargyrit [*nach Glocker 1831*]

Antimontrioxid *n*, Valentinit

antithetisches (Ein)Fallen *n*, inverses (Ein)Fallen, abnormes (Ein)Fallen, widersinniges (Ein)Fallen • rollover, dip reversal [*A feature of some Gulf Coast growth faults, in which the beds of the downthrown block dip toward the fault surface in an orientation opposite to that produced by drag*]

antreffen, anfahren • to encounter, to meet [*formation; rock*]

Antrieb(s)mechanismus *m* • driving mechanism

Antriebsmoment *n* [*einer Maschine*] • driving torque

Antrieb(s)scheibenförderung *f*, Riemenscheibenförderung, Treibscheibenförderung (⚒) • band-wheel hoisting

Antritt *m* [*Die feste Schicht klares Haufwerk, Berge, die durch häufiges Auftreten auf einer Bühne, auf Tragewerk und dergl. entstanden sind*] (⚒) • indurated mud

Antwortfrequenz *f* [*des beobachteten Objekts*] • response frequency [*of an observed object*]

Antwortpolare *f* • response polar

Antwort-Spektrum *n* [*Erdbebentechnik*] • response spectrum [*Earthquake engineering*]

Anvisieren *n* ➲ (Ein)Visieren

anvisierter Speicher *m* • target

Anwachsen *n*, Zuwachsen • accretion [*Gradual deposition of material around a nucleus or along the walls of a cavity. According to J.D. Todd (1903) an accretion is produced by an outward growth from a centre*]

Anwachslage *f*, Anwuchslage, Anwachsschicht *f*, Anwuchsschicht, Zuwachslage, Zuwachsschicht • accretion layer, aggradation layer, building-up layer [*dune bedding*]

Anwachsstrand *m*, Zuwachsstrand, Anwuchsstrand • accretion beach (zone), aggradation beach (zone), prograding beach (zone), building-up beach (zone) [*"Area" may synonymously be used for "zone"*]

Anwachstopografie *f*, Anwuchstopografie, Verlandungstopografie, Auflandungstopografie, Aufhöhungstopografie, Aufschwemmungstopografie, Landanwuchstopografie, Auffüllungstopografie, Aggradationstopografie, Anlandungstopografie • accretion topography, building-up topography, aggradation topography [*Topographic features built by accumulation of sediment, e.g. meander scrolls*]

anwenderfreundlich, benutzerfreundlich • userfriendly

anwendungsbezogene Forschung *f* • applied research

Anwendungsgrenze *f* • application limit

anwerfen [*z. B. einer Rüttelplatte*] • to start up

Anwohner *m*, Bewohner *m* • resident, local inhabitant

(An)Würg(e)backe *f* • crimping jaw

(An)Würg(e)einkerbung *f* • crimp

(An)Würg(e)fläche *f* • crimping surface

(An)Würgen *n* [*Festkneifen der Sprengkapsel auf die Zündschnur*] • capping of fuse, capping of fuze, crimping

(An)Würgen *n* **von Hand**, Hand(an)würgen • hand crimping, manual crimping, capping

(an)würgen [*Sprengkapsel an Zündschnur*] • to crimp, to cap

(An)Würg(e)station *f* • crimping station, capping station

(An)Würg(e)zange *f* ➲ Sprengkapselzange

Anzahl *f* **der Freiheitsgrade**, Freiheitsgrad(an)zahl, Zahl der Freiheitsgrade • number of degree(s) of freedom [*See note under "degree(s) of freedom"*]

Anzahl *f* **der Trennflächen je m Kernlänge** • number of discontinuities per metre of core length

Anzapfung *f*, Abfangung • capture, piracy, robbery, beheading [*The natural diversion of the headwaters of one stream or river into the channel of another stream or river having greater erosional activity and flowing at a lower level; especially diversion effected by a stream or river eroding headward at a rapid rate so as to tap and lead off the waters of another stream or river*]

Anzeichen *n* • token [*Wales. A thin bed of coal, etc., indicating a thicker seam at no great distance*]

Anzeichner *m*, Vorzeichner • tracer, decorator [*In the stonework industry, one who lays out or traces lettering and designing on the surface of marble and granite to prepare the stone for cutting*]

Anzeige *f*, direkte Ausgabe *f* [*Die unmittelbar mit den Augen erfassbare (lesbare) Ausgabe. Sie wird bei anzeigenden Messgeräten in Einheiten der Messgeräte*

A

oder als Zahlenwert angegeben, bei Messgeräten mit Skalenanzeige auch in Skalenteilen] • display

Anzeigegerät *n* für Kraftmessung • load recorder

Anzeige(n) *f, (n)*, Indikation *f* • tracing

Anzeiger *m* ➋ Markierungsmittel

anzielen, abfluchten, (ein)visieren, abvisieren [*Vermessung*] • to sight (out)

Anzielen *n* ➋ (Ein)Visieren

anzünden, zünden, abtun, abfeuern • to ignite, to set alight, to light(-up), to fire, to discharge a shot [*A safety fuse is ignited by a flame. A plain detonator is ignited by safety fuse. An electric(al) detonator is ignited by a current that fuses a fusible bridgehead embedded in a flashing mix(ture) • Black powder is ignited by safety fuse*]

Anzünden *n*, Anstecken [*Zündschnur*] • ligniting, lighting(-up), firing, discharging a snot

Anzünden *n*, Flammenzündung *f* • flame ignition

Anzünder *m* ➋ (Pulver)Zündschnuranzünder

Anzündhütchen *n* [*Sprengtechnik*] • percussion cap, percussion cup [*A small copper cap, or cup, containing fulminating powder which explodes when struck by a sharp blow*]

(An)Zündlitze *f* • igniter core

äolisch ➋ windtransportiert

äolische Ablagerung *f* ➋ Windablagerung

äolische Abtragung *f* ➋ Deflation

äolische Erosion *f* ➋ Winderosion

äolischer Abtragungsbeckensee *m* ➋ Deflationsbeckensee

äolischer Boden *m*, windverfrachteter Boden, Windabsatzboden, windtransportierter Boden, wind (ab)gelagerter Boden, Flugboden • eolian soil, flying soil, drift(ing) soil, (wind)blown soil, windborne soil, drift(ed) soil, wind-deposited soil, wind drift soil, windlaid soil, wind(-driven) soil, eolic soil, aeolian soil

äolischer Sand *m* ➋ Windabsatzsand

äolischer Strudeltopf *m*, Windloch *n* • (a)eolic hole, (a)eolian hole

äolische Sandablagerung *f*, Sandablagerung durch Wind • accretion, (a)eolian sand deposition, (a)eolic sand deposition

äolisches Kolluvium *n*, Äolium, windtransportiertes Kolluvium, wind(ab)gelagertes Kolluvium, windgeschlossenes Kolluvium • colluvial (a)eolian soil, (wind)blown colluvial soil, windborne colluvial soil, wind-deposited colluvial soil, windlaid colluvial soil, wind-drift colluvial soil, wind(-driven) colluvial soil, (a)eolic colluvial soil, (a)eolian colluvial soil

äolisches Sediment *n*, Windablagerung *f*, windabgelagertes Sediment, windtransportiertes Sediment, windverfrachtetes Sediment • flying sediment, (wind) blown sediment, windborne sediment, wind-deposited sediment, windlaid sediment, drifted sediment, drift(ing) sediment, wind(-driven) sediment, (a)eolian sediment, (a)eolic sediment

Äonothem *n* [*stratigrafisch*] • eonothem

Apachenträne *f*, Obsidianknollen *m* • obsidian nodule

Apatit *m*, Kalziumphosphat *n* • apatite, calcium phosphate [*A group of variously colo(u)red hexagonal minerals consisting of calcium phosphate together with fluorine, chlorine, hydroxyl, or carbonate in varying amounts and having the general formula $Ca_5(O_4,CO_3)_3$ (F,OH,Cl. Also any mineral of the apatite group, such as fluorapatite, chlorapatite, hydroxylapatite, carbonate-apatite, and francolite; when not specified, the term usually refers to fluorapatite. The apatite minerals occur as accessory minerals in almost all igneous rocks, in metamorphic rocks, and in veins and other ore deposits; and most commonly as fine-grained and often impure masses as the chief constituent of phosphate rock and of most or all bones and teeth*]

Apatit *m* • apatite [*A group of hexagonal minerals having the general formula $A_5(RO_4)_3$(F,OH,Cl), where A = Ca, Sr, or Pb, and R = P, As, V, or less commonly Si. Examples include svabite, hedyphane, mismetite, pyromorphite, and vanadinite. Symbol: Ap*]

APEAGO Minipressiomètre [*Internat. Bezeichnung*] • APEAGO minipressiomètre

Aphrosiderit *m* ➋ Ripidolit

Aplit *m* • aplite, haplite; salt horse [*quarryman's term*] [*Fine-grained granitic dike rock made up of light colo(u)red mineral constituents, mostly quartzite and fel(d)spar, used to manufacture glass and enamel*]

Apophyse *f*, Abkommende, Abgehende *n*, Ab-kommnis *n*, abgehender Trum(m) *m*, abgehendes Trum(m) *n*, Nebengang *m*, Ausläufer *m*, Biegung *f* [*Ein Teil eines Erzganges setzt ins Hangende oder Liegende hinaus*] • deviating lode, branch(-thread) lode [*As called by miners*], deviating vein, branch (-thread) vein [*As called by geologists*], apophysis, tongue

Approximation *f* • approximation

Approximationsfunktion *f* • approximation function

Apt(ien) *n*, Aptium *n* [*European stage: Lower Cretaceous, or Lower and Middle Cretaceous of some authors (above Barremian, below Albian*] • Aptian

Aquädukt *m* [*brückenartiges Bauwerk*] • aqueduct

A

Aqualungentauchen ***n*** • Scuba diving

aquamarinfarbener synthetischer Spinell ***m;*** synthetischer Aquamarin *m* [*Handelsbenennung*] • synthetic aquamarine [*trade name and misnomer*], synthetic corundum, synthetic spinel

Aquaplaning ***n*** • aquaplaning, hydroplaning

Aquaplaning-Effekt ***m*** • aquaplaning (*or*: hydroplaning) effect

Aquapulsor ***m*** ➔ Flut(kraft)werk

Aquifer ***m,*** Grundwasserführer *m*, Grundwasserleiter *m*, Grundwasserbett *n*, grundwasserführende Schicht *f*, Grundwasserspeicher *m*; Grundwasserhorizont *m*, Grundwasserträger [*Diese beiden Benennungen sind nach DIN 4049 (1) zu vermeiden. Ein Aquifer, auch als Grundwasserbett bekannt ist ein Gesteinskörper mit Hohlräumen, der zur Führung von Grundwasser dient*] • rock aquifer, aquifer, groundwater reservoir, groundwater horizon, groundwater-bearing formation, groundwater-bearing zone, groundwater storage reservoir, permeable unit, porous matrix, groundwater-bearing stratum, groundwater-bearing deposit

Äquatorgezeit ***f,*** Äquatortide *f* • equatorial tide [*1. A lunar fortnightly tide. 2. A tidal component with a period of 328 hours*]

Äquatorhalbmesser ***m,*** Äquatorradius *m* • equatorial radius [*The radius assigned to the great circle making up the terrestrial equator; approximately 6,378,099± 116 meters*]

Äquatorialebene ***f*** [*Kugel*] • horizontal plane, equatorial plane

äquatorialer Gegenstrom ***m*** • equatorial countercurrent

Äquatorialregen ***m,*** Zenitalregen • zenithal rain

Äquatorialstrom ***m,*** Passatstrom • equatorial current

äquatorische Hauptdeformationszone ***f*** [*Heute in der Karibischen See, im Südatlantik und in der Banda-See (östlich Java) angedeutet*] • equatorial maximum deformation belt

äquatornah • near-equatorial

Äquatorradius ***m,*** Äquatorhalbmesser *m* • equatorial radius [*The radius assigned to the great circle making up the terrestrial equator; approximately 6,378,099± 116 meters*]

äquatorständig, transversal [*Projektion*] • equatorial, transversal, transverse

äquatorständige Azimutalprojektion ***f,*** transversale Azimutalprojektion, Wulffsche Netz *n*, winkeltreues Netz • transverse azimuthal projection, equatorial azimuthal projection, globular projection, Wulff net, stereonet

äquatorständige gnomonische Azimutalprojektion ***f,*** äquatorständige zentrale Azimutalprojektion, transversale zentrale Azimutalprojektion, transversale gnomonische Azimutalprojektion • transverse gnomonic azimuthal projection, transverse central azimuthal projection, transverse great-circle azimuthal projection, equatorial gnomonic azimuthal projection, equatorial central azimuthal projection, equatorial great-circle azimuthal projection

äquatorständige orthografische Azimutalprojektion ***f,*** transversale orthografische Azimutalprojektion • transverse orthographic azimuthal projection, equatorial orthographic azimuthal projection

äquatorständige stereografische Azimutalprojektion ***f,*** transversale stereografische Azimutalprojektion • transverse Stereographic azimuthal projection, equatorial stereographic azimuthal projection

äquatorständige zentrale Azimutalprojektion ***f,*** äquatorständige gnomonische Azimutalprojektion, transversale zentrale Azimutalprojektion, transversale gnomonische Azimutalprojektion • transverse gnomonic azimuthal projection, transverse central azimuthal projection, transverse great-circle azimuthal projection, equatorial gnomonic azimuthal projection, equatorial central azimuthal projection, equatorial great-circle azimuthal projection

Äquatortide ***f,*** Äquatorgezeit *f* • equatorial tide [*1. A lunar fortnightly tide. 2. A tidal component with a period of 328 hours*]

äquidistant • equidistant

Äquidistanz ***f,*** identische Entfernung *f* • equidistance

Äquidistanz ***f*** [*Kartografie*] • constant contour value

Äquinoktialgezeit ***f,*** Äquinoktialtide *f* • equinoctial tide [*A tide occurring when the sun is near equinox. During this period, spring-tide ranges are greater than average*]

Äquinoktialpunkt ***m,*** Punkt der Nachtgleiche, Nachtgleichepunkt • equinoctial point

Äquinoktialregen ***m*** • equinoctial rain

Äquinoktienspringtide ***f,*** Springtide zur Zeit der Äquinoktien • equinoctial spring tide

Äquipotentiallinien ***f(pl)*** • lines of equal potential (along which no current flows), equipotential line [*Surface potential method*]

Äquipotentiallinienmethode ***f,*** Äquipotentiallinienverfahren *n* [*Ein geoelektrisches Messverfahren*] • equipotential line method

Äquipotentialoberfläche ***f,*** Äquipotentialfläche *f*, höhengleiche Oberfläche, Niveaufläche • (gravity) equipotential surface, gravitation(al) equipotential

A

surface, level surface, surface of equal gravitation(al) potential [*A surface, within a field of flow, such that the total head is the same for all points on the surface, and therefore the direction of flow is perpendicular to the surface at all points*]

Äquitemperaturmetamorphose *f* • equitemperature metamorphism; destructive metamorphism [*obsolete*]

äquivalenter (Korn)Durchmesser *m* [*Durchmesser eines Korns, das im Vergleich zu einem betrachteten unregelmäßig geformten Korn dieselbe Dichte besitzt und das in derselben Flüssigkeit bei derselben Temperatur dieselbe Sinkgeschwindigkeit aufweist. Zeichen: da, Einheit: mm*] • sedimentation diameter, equivalent (grain) diameter

Äquivalentwelkepunkt *m* • equivalent wilting point

Ära *f* [*geochronologisch*] • era

Aräometer *n* ➋ Senkwaage

Ärathem *n* [*stratigrafisch*] • erathem

Aramid *n* [*Ein Kunststoff mit sehr hoher Zugfestigkeit; kommt bei sehr großen Spannweiten im Brückenbau zum Einsatz*] • aramid

arbeiten • to work [*To undergo gradual movement, such as heaving, sliding, or sinking; said of rocks*]

Arbeiten *f* • works

Arbeiten *n* unter Druckluft, Arbeiten unter Pressluft • work in compressed air

arbeitender Fels *m*, arbeitendes Gestein *n* • living rock [*The upward expansion of rock on removal of load in quarrying is relieved by sheeting, or perhaps simply by bodily arching or lifting, but there is left a lateral component of expansion. This immense force remains imprisoned in the rock, until it is allowed relief in a deep quarry (or a mine or deep gorge) • It is this force that closes drill holes, produces rock-bursts, and lends a certain plausibility to the expression the "living rock"*]

Arbeiter *m* zum Haspelziehen ➋ Haspelknecht

Arbeitsablauf *m* ➋ Arbeitsvorgang

Arbeitsaufwand *m* • work input

Arbeitsböschung *f* • working slope

Arbeitsbrücke *f* ➋ Dienstbrücke

Arbeitsbühne *f* • working platform

Arbeitsbrust *f*, Ort(s)brust, Brust, (Abbau)Front *f*, Abbausteile *f*, Abbauwand *f*, Abbaubetriebspunkt *m*, Abbauplatz *m*, Ort(s)fläche *f* [*Tunnel-, Stollen- und Bergbau*] • work(ing) area, work(ing) place, headend, forebreast, work(ing) spot, work(ing) point, face, tunnel face

Arbeitscontainer *m* [*Teil eines Rohrvortriebssystems*] • control container [*Part of the micro-tunnel(l)ing system*]

Arbeitsebene *f* [*Tagebau. Trennebene, auf der Gewinnungsgeräte, Verkippungsgeräte oder Fördermittel betrieben werden*] • work(ing) level (⚒)

Arbeitsebene *f* [*Grundbau*] • working platform

Arbeitsfuge *f* • construction joint

Arbeitsgemeinschaft *f*, Arge *f* • joint venture, working partnership

Arbeitsgerät *n* • operating equipment

Arbeitsgraben *m* • work(ing) trench [*On the quarry floor. It relieves strain in the rock and provides working space on vertical faces*]

Arbeitshöhe *f* • working height

Arbeitskammer *f* [*Unterirdisches Bauen*] • working chamber [*Underground construction*]

Arbeitskammerdecke *f* [*Senkkasten*] • working chamber ceiling, ceiling of the working chamber [*caisson*]

Arbeitskammerwand *f* • working chamber wall

Arbeitskarte *f* [*Seevermessung*] • fair sheet; smooth sheet (US)

Arbeitskoeffizient, Erzeugungskoeffizient *m* [*Wasserkraftwirtschaft*] • energy capability coefficient

Arbeitsmaßstab, Zeichenmaßstab *m*, Auftrag(s)-maßstab [*Kartografie*] • plotting scale

Arbeitsort *m*, (Rasen)Hängebank *f*, Bank [*An der Mündung eines Förderschachtes*] (⚒) • (pit-)bank (level), banking level, hangbank, surface level, landing place, bank of drawing shaft, draw(ing)-shaft bank, top landing bench, banking surface, landing stage, landing (of shaft), shaft landing, head stage, station, tipple, colliery surface, coal mine surface; pitmouth [*Derbyshire*]; hangbench, settle-bords [*Newcastle on Tyne*]

Arbeitspause *f* • rest break

Arbeitspfahl *m* • working pile

Arbeitsphase *f* • operating phase

Arbeitsplan *m* ➋ Arbeitszeichnung

Arbeitsplanum *n* ➋ Arbeitsplattform

Arbeitsplattform *f*, Arbeitsplanum *n* • work platform, working platform

Arbeitspodest *n* • service platform

Arbeitsraum *m* • work(ing) space

Arbeitsraum *m* zum Schuttern, Arbeitsraum zum (Auf)Schottern [*Schweiz*] • muck(ing) room, spoil room

Arbeitsschutz *m* • industrial safety, occupational protection

Arbeitsschutzbehörde *f* • occupational protection authority

Arbeits- und Gesundheitsschutz *m* • industrial safety and health protection (*or:* health care), occupational and health protection

Arbeitssicherheit *f* • occupational safety
Arbeitstagung *f* • workshop
Arbeitstiefe *f* [*eines Baggers*] • working depth
Arbeitsunterbrechung *f* • break in construction work
Arbeitsvermögen *n* (im ballistischen Mörser gemessen), Sprengenergie *f* (im ballistischen Mörser gemessen) [*Mit 10g Sprengstoff ermittelt*] • (weight) strength, energy content
Arbeitsvorbereitung *f* • work preparation
Arbeitsvorgang *m*, Arbeitsprozess *m*, Arbeitsablauf *m* • work(ing) process
Arbeitszeichnung *f*, Arbeitsplan *m* • working plan, working drawing
Arbeitszettel *m* je Auftrag, Stückzeitzettel, Auftrag(s)-zettel • job time ticket
Arbeitszugang *m* • working access [*To a tunnel or gallery*]
archäische Zeit *f*, Azoikum
Archäophytikum *n*, Eophytikum, Algophytikum • Eophytic [*A pal(a)eobotanic division of geologic time, signifying that time during which algae were abundant*]
Arche *f* ➋ Freiarche
Architekturstein *m* • decorative stone [*It is used for architectural decoration*]
archivieren • to archive
Arcusfunktion *f* • inverse trigonometric function
arenitischer Dolomit *m*, sandiger Dolomit • dolarenite, consolidated dolomitic sand [*A dolomitic rock consisting predominantly of detrital dolomite particles of sand size*]
Argandsche Falte *f* • basement fold [*A compressional structure (fold or thrust) that formed within a continent and affected the entire thickness of the continental crust. This obsolete term is the English translation of Argand's plis de fond*]
Arge *f*, Arbeitsgemeinschaft *f* • joint venture, working partnership
Argentit *m*, Silberglanz *m* • argentite
Argentobismutit *m* • silver bismuth sulfid(e) (US); silver bismuth sulphid(e)
arithmetischer Mittelwert *m* • arithmetical mean value, arithmetic mean
arktisch • arctic
arktischer Gletschergürtel *m* • ice belt [*The fringe of ice along an Arctic coast*]
Arm *m*, (Dünen)Arm
Arm *m*, (Fluss)Arm
Arm *m* ➋ (Strom)Arm
Arm *m*, Abzweig *m* • branch
Arm *m*, Abzweig *m* • divaricating channel, distributary (branch) [*A stream flowing out of the main channel of another stream and not rejoining it, as in a delta or alluvial fan*]
Arm *m* • reach [*A narrow area of a lake, reaching into the land*]
Ärmelkanal *m* • English Channel
(Ärmel)Kanaltunnel *m* • Chunnel, Channel Tunnel
armenische (Gebirgs)Kette *f*, herzynische variszische (Gebirgs)Kette [*Armorica ist der römische Name der Bretagne. Diese Kette erstreckt sich von Südirland über Südengland und die Bretagne bis zum französischen Zentralplateau*] • Hercynian chain, Variscan chain; Armorican chain [*obsolete*]
Armenit *m* • armenite [*A hydrated aluminosilicate, $BaCa_2Al_6SiO_{28}.2H_2O$, as colo(u)rless pseudohexagonal (orthorhombic) crystals; from Armen mine, Kongsberg, Norway*]
armer rötlichbrauner lateritischer Boden *m*, verarmter rötlichbrauner lateritischer Boden • dystrophic reddish brown lateritic soil
Armerz *n*, geringhaltiges Erz
armes Gangstück *n* • cutting [*A mingled part of ore which is poor*]
Armgas *n* [*Vom Gasolin befreites Erdgas*] • stripped gas, residue gas
armierte Bodenwand *f* ➋ bewehrte Erdwand
armierte Erde *f*, bewehrte Erde, bewehrter Boden *m*, armierter Boden, verstärkte Erde, verstärkter Boden • reinforced soil, reinforced earth
armiertes Erdbauwerk *n* ➋ bewehrtes Erdbauwerk
Armierung *f*, Bewehrung *f* [*Stahleinlagen in Mauerwerk und Beton*] • reinforcement
Armierungseisen *n* • reinforcing bar, reinforcement bar, reinforcement
Armierungsstabmuffe *f*, Bewehrungsstabmuffe • (rebar) lap splice
Arschleder *n*, Fahrleder, Bergleder (⚒) • breech leather, miner's apron
arsenhaltig • arsenical
Arsenikalkies *m* [*frühere Benennung*]; Löllingit *m* • loellingite, löllingite, leucopyrite, $FeAs_2$
Arsenkupfer *n* ➋ Domeykit
Arsenkupfererz *n*, Olivenerz
Arsennickelglanz *m* [*frühere Benennung*]; Graunickelkies *m*, Gersdorffit *m*, Nickelglanz , NiAsS • gersdorffite, nickel glance
Arsensilberblende *f* ➋ lichtes Rotgültigerz
Arten(ab)sterben *n*, Artenauslöschen • species extinction

A

Artengruppen *f* • speciation
Artenkreis *m* • species-group
Artentod *m* ➲ Aussterben
artesische negative Druckhöhe *f*, negative artesische Druckhöhe • negative artesian head [*A term applied to a well in which the hydrostatic pressure is negative and the free water level is below the existing groundwater table level*]
artesische positive Druckhöhe *f*, positive artesische Druckhöhe • positive artesian head [*Applied to an aquifer or well in which the static pressure is positive and the free water level is above the existing groundwater level*]
artesische Quellfassung *f*, Steigbrunnen *m* • flowing artesian well, blow well [*An artesian well whose head is sufficient to raise the water above the land surface. Not to be confused with "blowing well")*
artesischer Grundwasserleiter *m* • Artesian aquifer
artesischer negativer Brunnen *m*, negativer artesischer Brunnen *m* • negative artesian well, artesian negative well
artesischer Restdruck *m* • residual artesian pressure, remnant artesian pressure
artesischer Schwerkraftbrunnen *m* • (combined) artesian-gravity well
artesisch gespannter Aquifer *m* • aquifer under artesian pressure
artesisch gespanntes Wasser *n* • water under artesian pressure
Artzone *f*, Akrozone [*Eine Biozone, die auf einer einzigen Art beruht*] • range zone, acrozone, zonite
Arvernensis-Schotter *m* • arvernensis gravel
Arztcontainer *m* [*Einsatz im Tunnelbau*] • emergency container
Asbest *m* mit Fasern senkrecht zum Salband • cross fibre asbestos; cross fiber asbestos (US)
Asbestfasern *f(pl)* • asbestos fibers (US), asbestos fibres (Brit.)
Asbestzement *m* • asbestos cement
Ascharit *m*, Szaibelyit *m* • szaibelyite, ascharite, száibelyite, $MgBO_2$ (OH)
Asche *f*, Vulkanasche • pumicite, (volcanic) ash, (volcanic) dust [*See note under "pumice". Fine pyroclastic material (under 2 mm dia., under 0.063 mm dia. for fine ash). The terms usually refer to the unconsolidated material but are sometimes also used for its consolidated counterpart tuff*]
aschenartige Rendzina *f*, Xerorendzina, Trockenrendzina; Popylucha *f*, Popelucha [*Russische Volksnamen aus dem Gouvernement Saratow. Dimo 1903*] • dry rendzina
Aschenauswurf *m* • ejection of ashes, ash ejection
Aschenboden *m*, Podsol *m* • Podzol, Podsol [*Russian terms*]; ash soil [*A great soil group in the 1938 classification system. A group of zonal soils having an organic mat and a very thin organic-mineral layer overlying a gray, leached A2 horizon and a dark brown, illuvial B horizon enriched in iron oxide, alumina, and organic matter. It develops under coniferous or mixed forests or under heath, in a cool to temperate moist climate (USDA, 1938).*]
Aschengebirge *n*, Mehlbatz *m* • earth marl in seams, seam earth marl
Aschengestein *n*, Aschenfels *m* • ash rock [*Rock consisting of volcanic ash*]
aschenreiche Kohle *f* • crow coal, craw coal [*Certain earthy coal which contains very little bitumen and a large percentage of ash*]
Aschentuff *m*, Glastuff • vitric tuff [*It is composed of volcanic glass fragments*]
Aschenwirbelring *m* • volcanic vortex ring
A-Schild *m* [*einer Planierraupe*] • A-blade, angled blade [*of a dozer*]
a-Schlechte *f* ➲ Dehnungsschlechte
Ashgill(stufe) *n*, *(f)*; unterer Silur *m* [*frühere Benennung*] • Ashgillian [*European stage: Upper Ordovician (above Upper Caradocian, below Llandoveraian of Silurian)*]
Asiderit *m* ➲ Steinmeteorit
Aspalath *m* • green ebony
Asphalt *m* [*für den Straßenbau*] • asphalt
Asphalt *m* (M/G) • bitumen
asphaltartige Kohle *f* aus Angola • libolite [*A variety of albertite from Angola*]
Asphaltbeton *m* • asphalt(ic) concrete
Asphaltbetonmembran(e) *f* • preformed asphaltic concrete, membrane asphaltic concrete [*channel lining*]
Asphaltdecke *f* • asphalt cover
Asphaltgestein *n*, bituminöses Gestein • bituminous rock, bituminous stone, rock asphalt [*A rock, but usually sandstone or limestone, naturally impregnated with asphalt*]
Asphaltit *m* • vein bitumen, asphaltite [*For instance, gilsonite, grahamite, etc.*]
Asphaltkocher *m* • potman [*A skilled man who prepares and heats solid asphalt in a cauldron with suitable amount of grit*]
Asphaltsandstein *m*, bituminöser Sandstein, erdpechhaltiger Sandstein, Bitumensandstein • asphaltic sandstone
Asphaltsumpf *m* • tar pit [*An area in which an accumulation of natural bitumen is exposed at the land*

surface, forming a trap into which animals (esp. vertebrates) fall and sink, their hard parts being preserved in the bitumen]
Aspirationspsychrometer *n* • ventilated psychrometer
Assimilationsgestein *n*, Syntektit *m* • syntectite [*A rock formed by syntexis*]
astförmig ➜ baumförmig
Ästhetik *f* [*wichtiger Aspekt z. B. bei Brücken*] • aesthetics
ästhetisch • aesthetic
ästhetische Ansprüche erfüllen [*Bauwerke*] • to meet aesthetic requirements (*or:* demands)
ästig • ramified
Astrapyalith *m* ➜ Fulgurit
Astroblem *n*, Aufschlagstelle *f* [*Meteorit*] • fossil meteorite crater, astrobleme
Astrogeologie *f*, Kosmogeologie • astrogeology, exogeology, geoastronomy, extraterrestrial geology, space geology [*Sometimes also called "lanetary geology"*]
astronomische Geodäsie *f*, physikalische Geodäsie, Erdmessung *f* • physical geodesy
astronomische Gezeit *f*, astronomische Tide *f* • equilibrium tide, gravitation(al) tide, gravity tide, astronomical tide [*The hypothetical semidaily tide as described by the equilibrium theory for a frictionless, nonrotating water-covered Earth*]
astronomischer Azimut *m* • astronomical azimuth
astronomischer Horizont *m* • rational horizon, celestial horizon, astronomic horizon [*That circle of the celestial sphere formed by the intersection of the celestial sphere and a plane through the center of the Earth and perpendicular to the zenith nadir line*]
Ästuar(ium) *n*, Trichtermündung *f*, Mündungsgebiet *n* [*Halbgeschlossener Wasserkörper an der Küste mit freier Verbindung zum Meer und mit landwärtiger Verdünnung durch Süßwasser*] • estuary
assurische (Faltunge)Phase *f* • Asturian orogeny, Mid-Upper Carboniferous diastrophism
Asymmetrieindex I_2 *m* [von *Reineck und Wunderlich*] • ripple symmetry index, RSI [*A term used by Tanner, 1960, to express the degree of symmetry of a ripple (mark), defined as the ratio of the horizontal length of the gentle (upcurrent) side; an asymmetric ripple (mark) has an index greater than 1*]
asymmetrisch • asymmetric(al)
asymmetrische Rechteckplattengründung *f*, unsymmetrische Rechteckplattengründung, unsymmetrische (durchgehende) Fundamentplatte *f*, asymmetrische (durchgehende) Fundamentplatte • combined asymmetrical rectangular (column) footing
asymmetrische Rippel(marke) *f*, Strömungsrippel (marke) • current ripple (mark)
Asymptote *f* [*Das ist eine Gerade, der sich eine ins Unendliche verlaufende Kurve nähert, ohne sie je zu erreichen*] • asymptote [*a straight line that is approached by a curve as one of the variables in the equation of the curve approaches infinity*]
Asymptotenwert *m* • asymptotic value
asymptotisch • asymptotic(al)
asymptotische Deviatorspannung *f* • asymptotic deviator stress
asymptotischer Zustand *m* • asymptotic state
aszendentes Erz *n*, Primärerz, Ersterz • primary ore
Atakamit *m* ➜ Salzkupfererz [*veraltete Benennung*]
atektonisch • non-tectonic, atectonic
atektonische Störung *f* • atectonic fault
Atemgas *n*, Atmungsgas • diver's gas, breathing gas, diving gas, respiration gas
Atemschutzgerät *n*, Atmungsgerät, Sauerstoffgerät • breathing apparatus, breathing gear, respirator
Äthan *n* • ethane [*Colo(u)rless, gaseous; C_2H_6; contained in the gases given off by petroleum and in illuminating gas*]
Äthaninjektionsloch *n* • ethane well [*Underground gas storage*]
Äthylalkohol *m*, Äthanol *n* • ethanol
atlantische Sippe *f* **mit K-Vormacht** ➜ mediterrane Sippe
Atlaserz *n* • fibrous malachite, fibrous green carbonated copper
Atlasgips *m* ➜ Fasergips
Atlaspfahl *m* [*Fa. FRANKI*] • Atlas pile
Atlasspat *m* ➜ Fasergips
Atlasstein *m* ➜ Fasergips
Atmosphärilien *f* [*Die physikalisch und chemisch wirksamen, in der Atmosphäre vorkommenden Stoffe, wie z. B. Kohlensäure, Ozon, Sauerstoff, Salpetersäure, Ammoniak, Wasser und Wasserdampf*] • climatic agencies
atmosphärische Grenzschicht *f* • surface (boundary) layer, friction layer, ground layer, atmospheric boundary layer
atmosphärische Korrosion *f* • atmospheric corrosion
atmosphärische Störung *f* ➜ Wetterstörung
atmosphärischer Druck *m* ➜ barometrischer Druck
Atmungsgas *n*, Atemgas • diver's gas, breathing gas, diving gas

A

Atmungsgerät *n,* Atemschutzgerät, Sauerstoffgerät • breathing apparatus, breathing gear, respirator

Atmungsschutzvorrichtung *f* • respiratory protective device

Atmungsventil *n* [*Erdölgewinnung*] • breather

Atoll *n,* Lagunenriff *n* • atoll, lagoon island, ring reef, reef ring

Atombindung *f,* kovalente Bindung, Elektronenpaarbindung • covalent bond(ing) [*The electron is shared by two atoms*]

Atomchemie *f,* Kernchemie • nuclear chemistry [*Study of the atomic nucleus, including fission and fusion reactions and their products*]

Atomendlager *n* • nuclear repository

Atomenergie *f,* Kernenergie • nuclear energy, atomic energy

Atomgeologie *f,* Kerngeologie

Atomgruppe *f* [*Die meisten Minerale sind Gemenge von einzelnen Atomgruppen (Radikalen), die nicht elektroneutral sind*] • atomic group

Atomkernen *n,* Atomformationsmessung

Atomkraftwerk *n,* AKW *n,* Kernkraftwerk *n* • nuclear power generating station, nuclear power plant [*A power plant for large-scale generation of electric(al) power in which the source of energy is nuclear fusion*]

Atommeiler *m* • nuclear reactor

Atommüll *m* • nuclear waste, radwaste, radioactive waste

Atommüllendlager *n,* Atommüllspeicher *m,* Atom Endlager *n* • nuclear waste repository, radioactive waste repository, radwaste repository, repository, permanent repository, spent fuel storage facility

Atommüllendlagerung *f,* (Atommüll)Speicherung • radioactive waste storage, radwaste storage, nuclear waste storage

Atommüllentsorgung *f* • nuclear waste disposal, radioactive waste disposal, radwaste disposal

Atomphysik *f,* Kernphysik • nuclear physics [*The study of the characteristics, behavio(u)r and internal structures of the atomic nucleus*]

Atomstromerzeugung *f,* Kernstromerzeugung • nuclear electric(al) power generation [*Large-scale generation of electric(al) power in which the source of energy is nuclear fusion*]

Attacke *f* ➋ Sprengabschnitt

Atterbergsche Fließgrenze *f,* Fließgrenze [*Wassermasseverhältnis an der Grenze zwischen sehr weich plastischer und breiiger bis flüssiger Konsistenz, Formelzeichen: w_L. Einheitenzeichen: kg/kg und % (Masse)*] • liquid limit, Atterberg liquid limit [*Symbols: LL, w_L*]

Atterbergsche Grenzen *f(pl),* Atterberg'sche Grenzen, Plastizitätsgrenzen • Atterberg limits

Atterbergsche Konsistenzgrenzen *f,* Konsistenzgrenzen nach Atterberg, Atterberg-Grenzen • consistency limits, Atterberg limits (of soil), Atterberg consistency limits

Attraktor *m* • attractor

Ätzkali *n,* Kaliumhydroxid *n,* KOH • potassium hydroxid(e), caustic potash; potash [*not recommended synonym*]

Ätznatron *n* • caustic soda

Ätzwanne *f* [*Im zerfallenen Kalkstein*] • etched pothole, solution pan, panhole, kamenitza; opferkessel [*partial synonym*] [*Spanish local name "tinajita"*]

Aue *f,* Niederung *f* • bottom, low-lying land; flat [*This term is used in northern and central U.S.*] [*Land along a river or stream*]

Auelehm *m* ➋ Auenlehm

Auenboden *m* ➋ holozähe Marsenboden

Auenlehm *m,* Auelehm *m* • riverine loam

Auenparabraunerde *f,* Parabraunerde-Au(en)boden *m* • para-brown earth in flood plains

Auenregosol *m,* Paternia *f,* Niederungsregosol • paternia

Auenschwarzerde *f* ➋ Tschernitza

Auenton *m* • riverine clay

Auentschernosum *m* ➋ Tschernitza

auf den neuesten Stand der Technik bringen [*Bauwerk, Tunnel usw.*] • to upgrade to the current (*or:* latest) state of the art

auf Endtiefe ausheben • to excavate to its final depth

auf Grund setzen [*Schwimmkasten*] • to set down

auf offener See • in the open sea

auf Pfählen, pfahlgegründet; auf Piloten, pilotengegründet [*Österreich*] • piled, pile-founded

auf Schadenersatz verklagen • to sue for damage compensation

auf Silikatbasis bestehendes Injektionsgut *n* • silicate based grout mix

Aufarbeitung *f* [*z. B. von Sedimenten*] • reworking

Aufarbeitung *f* **und Umlagerung** [*Schwermineral*] • recycling

Aufbau *m* • erection, build-up

Aufbau *m,* Struktur *f,* Bau • structure [*In structural geology, the general disposition, altitude, arrangement, or relative positions of the rock masses of a region or area; the sum total of the structural features of an area,* *consequent upon such deformational processes as faulting, folding, and igneous intrusion*]

Aufbau *m*, Zusammensetzung *f* • composition, build-up

Aufbau *m* eines Einzug(s)gebietes, Zusammensetzung *f* eines Einzug(s)gebietes • drainage composition [*Quantitative description of a drainage basin in terms of stream and/or river order, drainage density, bifurcation ratio, and stream-length or river-length ratio. Term introduced by Horton, 1945, to imply "the numbers and length of streams and/or tributaries of different sizes or orders, regardless of their pattern"*]

Aufbaubild *n*, Strukturbild, Baubild • structure pattern [*rock*]

aufbauen [*Tiefbohranlage*] • to rig up

aufbauende Ebene *f* • constructional plain [*A plain due mainly to deposition of material*]

Aufbauform *f* • accumulative form

Aufbaukolonne *f*, Aufbaumannschaft *f*, Aufbautrupp *m* [*Tiefbohranlage*] • rigging-up crew, rigging-up gang, rigging-up party

Aufbauküste *f* • constructional coast

Aufbaumeister *m* [*Tiefbohranlage*] • rigging up pusher

Aufbäumen *n* der Welle ➋ (Wellen)Auflauf

Aufbäumen *n* der Welle in flachem Wasser • increase in wave height in shallow water

Aufbaumerkmal *n*, (großes) Aufbaumerkmal

Aufbaumerkmal *n* ➋ (kleines) Aufbaumerkmal

Aufbauphase *f*, Montagephase [*Bohrinsel*] • work-up phase

Aufbauplan *m* [*veraltete Benennung*] ➋ Flächennutzungsplan, Flächenwidmungsplan [*Österreich*]; vorbereitender Bauleitplan, FNP, Landnutzungsplan, Bodennutzungsplan • land use plan, plan of land use, outline development plan

Aufbauquerschnitt *m* [*Staudamm*] • composite (cross-)section, compound (cross-)section

Aufbau(stau)damm *m* • earth(work) (embankment) dam of composite cross section, composite earth(en) (embankment) dam, compound earth(en) (embankment) dam, composite (earth(work)) fill (embankment) dam

Aufbaustrecke *f*, zusammengesetzte Strecke [*Richtbohren*] • build-up section, composition section

Aufbereitung *f* • degree of reduction, reduction degree [*Degree to which a regolith is broken up into fine particles*]

Aufbereitung *f* • preparation [*Preparing run-of-mine coal to meet market specifications by washing and sizing*]

Aufbereitungsabgänge *f* • mill tailings

Aufbereitungsanlage *f*, Aufbereitungsanstalt *f* • mill, preparation plant, preparation installation, processing plant, processing installation

Aufbereitungsgang *m* [*Wie er in einem Stammbaum dargestellt ist*] • preparation routing, processing routing

Aufbereitungstechnik *f* • processing engineering, preparation engineering

Aufbeton *m* • concrete topping

Aufbetonieren *n* • concreting

Aufbeulung *f* ➋ (Schicht)Aufbiegung

Aufbewahrungsbecken *n* [*für verbrauchte Brennelemente; Atomtechnik*] • storage pool

(aufblasbare) Druckluftmanschette *f* *Kiesschüttungsbrunnen*] • packer, packing

Aufblätterung *f* ➋ (Schichten)Aufblätterung

Aufblätterung *f*, Blätterung, Kristallisationsschieferung • foliation [*The laminated structure resulting from segregation of different minerals into layers parallel to the schistosity. Foliation is considered synonymous with "flow cleavage", "slaty cleavage" and "schistosity" by many writers to describe parallel fabrics in metamorphic rocks and considerable ambiguity attends their current use*]

Aufblätterungsebene *f*, Blätterungsebene • foliation plane

aufbohren, ausbohren [*Vergrößern des Bohrlochdurchmessers*] • to ream, to drill out

aufbohren [*im Sinne von ausbrechen durch eine Tunnelbohrmaschine*] • to excavate

Aufbranden *n* [*an einem Gegenhang aufgrund eines Bergsturzes*] • surge

aufbrausen • to effervesce, to fizz

Aufbrausen *n* • effervescence, fizzing

Aufbrechdruck *m* • frac pressure

Aufbrechdruck *m* ➋ (hydraulischer) Aufbrechdruck

aufbrechen, aufhauen, hochbrechen, überhauen, überbrechen, hochhauen • to raise; to rise [*Cornish*]

aufbrechen, aufreißen [*Erdöl- und Erdgasförderung*] • to fracture

aufbrechen [*Felsgestein*] • to fragment, to fracture

aufbrechen [*Schlitzwand*] • to break through [*a diaphragm wall*]

Aufbrechen *n*, Aufbruch *m* • breakup, holing [*The melting, loosening, fracturing, or destruction of snow or floating ice during the spring; specifically the destruction of the ice cover on a water course during the spring thaw*]

A

Aufbrechen ***n*** ➔ Frac-Behandlung

Aufbrechen ***n*** ➔ Hochbrechen

Aufbrechen ***n*** **des Gebirges,** Aufreißen des Gebirges • ground crack

Aufbrechflüssigkeit ***f,*** Aufreißflüssigkeit, Rissbildungsflüssigkeit, Brechflüssigkeit, Fracflüssigkeit [*Erdölgewinnung*] • fracturing liquid, fracture liquid

Aufbrechgradiente ***f,*** Aufreißgradiente [*Erdöl- und Erdgasförderung*] • fracture gradient; failure gradient (US)

Aufbrechinjektion ***f*** [*Als Aufbrechinjektionen werden Injektionen bezeichnet, die dazu dienen, künstlich herbeigeführte oder bereits vorhandene Klüfte, Hohlräume und Poren aufzufüllen*] • fracture grouting, hydrofrac grouting, fracture injection

(Aufbrech)Säuerung ***f,*** Aufreißsäuerung, Fracsäuerung, Rissbildungssäuerung • fracture acidizing

Aufbrechsand ***m,*** Erdölsammelsand • hydrafrac sand

Aufbruch ***m,*** Aufbrechen *n* • breakup, holing [*The melting, loosening, fracturing, or destruction of snow or floating ice during the spring; specifically the destruction of the ice cover on a water course during the spring thaw*]

Aufbruch ***m,*** Hebung *f* • lift, heave, uplift(ing), heaving, ground heaving, lifting [*1. The uplifting of earth between or near piles, caused by the displacement of soil by pile driving. 2. The uplift of a previously driven pile caused by the driving of an adjacent pile. 3. The upward movement of soil and/or foundations supported on soil, by expansion occurring in the soil as a result of such factors as freezing and swelling due to increased water content or sulphite soils exposed to air*]

Aufbruch ***m,*** Hochbruch, Überbruch, aufgebrochener Schacht *m*, hochgebrochener Schacht, überbrochener Schacht, Aufwärtsbruch [*Ein einem Schacht ähnlicher Grubenbau von einer Sohle in die nächst höhere getrieben*] • raise(d shaft); rise(d shaft) [*Cornish*]

Aufbruch ***m*** ➔ Aufhau

Aufbruchbohrbühne ***f,*** Aufbruchbohrplattform *f*, Hochbruchbohrbühne, Hochbruchbohrplattform, Überbruchbohrbühne, Überbruchbohrplattform, Aufwärtsbohrplattform, Aufwärtsbohrbühne • raise climber; rise climber [*Cornish*]

Aufbruchbohren ***n,*** Hochbruchbohren, Überbruchbohren, Aufwärtsbohren • raise drilling, up drilling, raise boring; rise boring, rise drilling [*Cornish*]

aufbruchbohren ➔ aufwärtsbohren

Aufbruchbohrer ***m,*** Hochbruchbohrer, Überbruchbohrer, Aufwärtsbohrer • raise borer; rise borer [*Cornish*]

Aufbruchbohrloch ***n,*** Hochbruchbohrloch, Aufwärtsbohrloch, Überbruchbohrloch • raise (bore-)hole; rise (bore)hole, rising (bore-)hole [*Cornish*]

Aufbruchbohrplattform ***f*** ➔ Aufbruchbohrbühne

Aufbruchhauer ***m,*** Überbruchhauer, Hochbruchhauer, Aufwärtshauer • raise man, raise miner; rise miner, rise man [*Cornish*]

Aufbruchkluft ***f,*** Hebungskluft • (ground) heaving joint, lift(ing) joint, heave joint, uplift(ing) joint

Aufbruchkörper ***m*** [*Überschlägige Berechnung der Sicherheit gegen hydraulischen Grundbruch*] • noncohesive soil body, frictional soil body

Aufbruchperiode ***f*** • breakup [*The period during the spring thaw when a breakup occurs*]

Aufbruchrahmen ***m*** [*Rahmenausbau*] (⚒) • raiseset(t); rise set(t) [*Cornish*]

Aufbrüche ***f*** [*die z. B. bei unsachgemäßer Ausführung beim Düsenstrahlverfahren im Umfeld entstehen können*] • cracks

Aufdeckarbeit ***f,*** Aufdecken *n* [*Im Steinbruch einen abzubauenden Stein von Tage aus aufsuchen, statt durch Stollen und Schächte*] • uncapping

aufdecken (⚒) ➔ abdecken

Aufdecken ***n*** ➔ Abtrag(en)

aufdrehen [*verstellbare Düse*] • to pinch out

Aufeinanderfolge ***f*** ➔ Folge

Aufeinanderfolge ***f*** **der Schichten,** Schichtenfolge • stratigraphy [*The arrangement of strata, especially as to geographic position and chronologic order of sequence*]

Aufeishügel ***m,*** Gefrornishügel, Eishügel • frost mound, soil blister, suffosion knob [*A knoll, hummock, or conical mound in a permafrost region, containing a core of ice, and representing a generally seasonal and localized upwarp of the land surface, caused by frost heaving and/or hydrostatic pressure of ground water*]

Aufeishügel ***m*** **mit Quelle,** Eishügel mit Quelle, Gefrornishügel mit Quelle • ice mound, icing mound, ice blister [*A thick, localized surface mound on an icing, it may form by the upwarp and breaching of a layer of ice (as in a watercourse) by the hydrostatic pressure of water, which then issues from the mound as a freezing spring*]

Aufenthaltskammer ***f*** [*Mit Mauer und Stahltür explosionssicher angelegt*] (⚒) • emergency haven

Aufenthaltsraum ***m*** • day room

Auferlegung ***f*** • superposition, superimposition, supraposition [*The natural order in which rocks are accumulated in beds one above the other*]

auffahren [*Untertagebau)* [*z. B. einen Tunnel in Ton, Kalkstein, Gips, Sand*] ➔ durchschlagen

Auffahren ***n,*** Auffahrung *f,* Vortreiben, Angriff *m,* Ausbruch *m,* Abbau *m* (der Querschnitt(s)fläche), Vortrieb *m,* Durchörtern *n,* unterirdischer Vortrieb, Untergrundvortrieb [*Tunnel- und Stollenbau*] • heading, driving, advance, attack, drivage, excavation, drive, advancing, piercing, heading driving, driving of heading, face advance

auffahren im Metergedinge, auffahren im Häuergedinge, auffahren im Lachtergedinge, auffahren in Gedingearbeit (⚒) • to drive for a pitch, to tutwork

Auffahren ***n*** **von Hausanschlüssen,** unterirdischer Hausanschlussvortrieb *m* • driving house connections

Auffahren ***n*** **von Pfeilerstrecken** ➔ (maschinelles) Auffahren von Pfeilerstrecken

Auffahren ***n*** **von Pfeilerstrecken im Sprengvortrieb** (⚒) • conventional operation, cyclic operation, conventional mining, cyclic mining [*The cycle of operations includes cutting coal, drilling shot holes, charging and shooting holes, loading coal, and installing roof support*]

Auffahren ***n*** **von Strecken** • development heading

Auffahrgeschwindigkeit ***f,*** Auffahrleistung *f,* Vortriebsgeschwindigkeit, Vortriebsleistung [*Tunnel- und Stollenbau*] • driving rate, advance rate, heading rate, penetration rate, rate of advance, RoA, rate of heading, rate of driving, rate of penetration

Auffahrschild ***m,*** Vortrieb(s)schild • driv(ag)e shield, driving shield, advance shield, advancing shield

Auffahrstrecke ***f,*** Vortrieb(s)strecke • driv(ag)e section, driving section, advance(d) section, advancing section

Auffahrung ***f,*** Auffahren *n,* Vortreiben, Angriff *m,* Ausbruch *m,* Abbau *m* (der Querschnitt(s)fläche), Vortrieb *m,* Durchörtern *n,* unterirdischer Vortrieb, Untergrundvortrieb [*Tunnel- und Stollenbau*] • heading, driving, advance, attack, drivage, excavation, drive, advancing, piercing, heading driving, driving of heading, face advance

Auffaltung ***f*** • inner buckling, internal buckling, interior buckling

Auffangbohrloch ***n*** ➔ Entwässerungsbohrloch

Auffangdrän ***m*** ➔ Hinterdrän

Auffanggraben ***m*** ➔ (Ab)Fanggraben

Auffanggrube ***f*** [*zur Aufnahme eines Tanks*] • protective pit

Auffangkorb ***m*** ➔ Geschiebe(auffang)korb

Auffangregenmesser ***m,*** Abfangregenmesser • interceptometer [*A rain-collecting device fixed under trees and foliage; its catch is compared with that of a rain-gauge installed in the open, to determine rainfall lost by interception*]

Auffangspeicherung ***f,*** Abfangspeicherung [*Die während eines Regens oberhalb der Erdoberfläche aufgefangene und festgehaltene Niederschlagshöhe*] • interception storage

Auffang(tal)sperre ***f*** ➔ Hochwasser(tal)sperre

Auffangung ***f,*** Abfangung • interception

(Auf)Fang(ungs)wirkungsgrad ***m,*** Abfang(ungs)-wirkungsgrad • trap efficiency [*The percentage of the total inflow of sediment retained in a reservoir*]

Auffangvermögen ***n*** [*einer Stützverbauung zum Schutz gegen Lawinen*] • retention capacity

Auffangwerk ***n*** [*Lawinenverbauung*] • retainment structure

Auffindung ***f,*** Fündigwerden *n,* Auffinden, Entdeckung, Entdecken [*Der Nachweis (ab) bauwürdigen Minerals*] • discovery, discovering strike

Auffingerung ***f*** • digitation [*The emanation of subsidiary recumbent anticlines from a larger recumbent anticline*]

Auffüllboden ***m*** • backfill soil

auffüllen [*Gelände*] • to raise by fill(ing)

auffüllen ➔ aufschütten

Auffüllen ***n,*** Füllen *n,*(An)Schütten, Auftragen, Aufschütten • filling, fill spreading, fill(ing) up, fill (ing) operation

Auffüllen ***n*** **einer Schleuse** • filling of a lock

Auffüllen ***n*** [*eines Staubeckens*] • infill, filling

Auffüllen ***n*** [*Pumpe*] • priming

Auffüllrohrschuh ***m*** [*Tiefbohrtechnik*] • differential fill-up shoe

Auffüllung ***f,*** Auftrag *m,* Schüttung, Aufschüttung, Anschüttung, Dammaufschüttung bis zukünftiges Planum [*Schüttung für einen Verkehrsweg, dessen Gradiente so hoch oberhalb der Geländeoberfläche liegt, dass die Böschungen beiderseits der Krone abwärts gerichtet sind*] • fill(ing), backfill, fill material, infilled ground, embankment

(Auf)Füll(ungs) . . . ➔ Ablagerungs . . .,

(Auf)Füll(ungs) . . . ➔ (Auf)Schütt(ungs) . . .

Auffüll(ungs)brunnen ***m*** ➔ Anreicherungsbrunnen für Grundwasser

Auffüll(ungs)kegel ***m,*** Auffüll(ungs)trichter *m* • cone of recharge, recharge cone, replenishment cone,

A

nourishment cone, replenishing cone [*Elevation of piezometric surface around a recharge well*]

Auffüllungs(topo)grafie *f* ➲ Anwachstopografie

Auffüll(ungs)zwischenstück *n* [*Tiefbohrtechnik*] • differential fill-up collar

auffüttern • to fill up

Aufgabe *f* (⚒) ➲ Abwerfen

Aufgabeerz *n* • heads [*The ore entering the mill for treatment*]

aufgabenbezogenes öffentliches Programm *n*, zweckbezogenes öffentliches Programm • mission-orien(ta)ted program(me) [*It has as its main purpose the solution of practical problems faced by an agency in meeting its public responsibility*]

Aufgabenstellung *f* • engineering task, task in hand

Aufgabetrichter *m* [*Teil eines Stopfrüttlers mit einer pneumatischen Beschickungsvorrichtung*] • feeding funnel, hopper

aufgeben ➲ abwerfen

Aufgeben *n* ➲ Abwerfen

Aufgeber *m*, Belader, Füller • charger, filler

(auf)geblähter Perlit *m*, Blähperlit • expanding pe(a)rlite; bloating pe(a)rlite, bloated pe(a)rlite (Brit.)

aufgebogener Bewehrungsstab *m* • bent reinforcement bar

aufgebrachter Druck *m* • applied pressure

aufgebrochen, aufwärtsgebrochen, übergehauen, hochgebrochen, über(ge)brochen, aufgehauen, hochgehauen [*Blindschacht*] • raised; rised [*Cornish*]

aufgebrochener Schacht *m* ➲ Aufbruch

aufgedrängter Tuff *m* • mobilized tuff

aufgefangene Wassermenge *f* • catchment [*The amount of water that is caught*]

aufgefrorenes Eis *n* • super(im)posed ice

aufgefüllter Boden *m*, aufgeschütteter Boden • filled soil

aufgefüllter Talboden *m* [*durch Flussanschwemmung*] • alluvial fill

(auf)gefülltes Altwasser *n*, (auf)gefüllter Altarm *m*, (auf)gefüllter Totarm • clay plug, filled abandoned channel, filled abandoned segment

aufgegeben ➲ aufgelassen

aufgegebener Mäander *m*, abgeschnittener Mäander, toter Mäander, verlassener Mäander, verlorener Mäander • cutoff meander, abandoned meander, dead meander [*It has been abandoned by its stream or river after the formation of a neck cutoff*]

aufgegliederter Fluss *m* ➲ zergliederter Fluss

aufgegliederter Strom *m* ➲ zergliederter Strom

aufgegliedertes Entwässerungsnetz *n*, zergliedertes Entwässerungsnetz • dismembered drainage (system) [*A complex drainage (system) that has been altered by dismembering, thus creating a series of independent rivers that enter the sea by separate mouths*]

aufgegliedertes Talsystem *n*, zergliedertes Talsystem

aufgehauen ➲ aufwärtsgebrochen

Aufgehen *n*, Gedeihen

Aufgehen *n*, Wachsen *n*, Aufquellen *n*, Quellen *n* [*Die Vermehrung des Volumens gewachsener Erdschichten, die ausgeschachtet und an anderer Stelle abgelagert wurden*] • swell, swelling

Aufgehende *n* • superstructure

aufgehendes Bauwerk *n* • rising structure

aufgelagert, aufliegend, darüber liegend • superjacent [*Said of a stratum situated immediately upon or over a lower stratum or an unconformity*]

aufgelagert, darüber liegend, aufliegend • superincumbent [*Said of a superjacent layer, especially one that is situated so as to exert pressure*]

aufgelassen, verlassen, aufgegeben, abgeworfen, eingestellt, stillgelegt, auflässig (⚒) • laid in, abandoned, given up, discontinued, disused

aufgelassener Steinbruch *m* • abandoned quarry

aufgelegte Ladung *f* ➲ Aufleger

(auf)gelockert • loosened

aufgelockerte einschichtige Packung *f* [*Fracbehandlung. Im Riss einstellbare Durchlässigkeitskapazität*] • partial monolayer

aufgelockerter Felsverband *m* • loosened rock mass

aufgelockertes Gestein *n* • loosened rock

aufgelöste Bauweise *f* [*Tunnel- und Stollenbau*] • method (of attack) with several drifts, several drifts method

aufgelöste Bohrpfahlwand *f* ➲ Bohrpfahlwand mit großem Pfahlabstand

aufgelöste Gewicht(s)sperre *f*, Mauer in aufgelöster Bauweise, Pfeiler(tal)sperre, Pfeiler(stau)mauer *f*, Pfeilersperrmauer, aufgelöste (Stau)Mauer, aufgelöste (Tal)Sperre, aufgelöste Sperrmauer, Strebepfeiler(tal)sperre, Pfeilersperre • buttress dam, pier dam; counterfort (type) dam (Brit.) [*A dam consisting of a watertight upstream face supported at intervals on the downstream side by a series of intermittent supports termed buttresses. Buttress dams take many forms: multiple arch, multiple dome, plank, flat slab, deck, hollow gravity, cellular gravity, and solid head dams are all essentially buttress dams*]

A

aufgelöste Gewichtssperre System Noetzli ***f*** ➔ Rundpfeilerkopf(stau)mauer

aufgelöste Massiv(stau)mauer ***f*** ➔ Massiv-Pfeiler-(tal)sperre

aufgelöste Schöpfwerkbauweise ***f*** • divided section construction

aufgelöste Verbauung ***f*** [*Lawinenverbauung*] • separated structures

aufgelöster Felsverband ***m*****,** aufgelöster Gesteinsverband • discontinuous rock mass, interrupted rock mass

aufgelöster walzenbildender Sturzbecken-Energieumwandler ***m*** • slot(ted) roller bucket (type) energy dissipator

aufgelöste Wand ***f*** ➔ Bohrpfahlwand mit großem Pfahlabstand

(auf)gelöstes Gas ***n*****,** Lösungsgas • dissolved gas, inner gas, internal gas, interior gas, solution gas [*Natural gas which is in solution with crude oil in a reservoir*]

aufgelöstes Schöpfwerk ***n*****,** Schöpfwerk in aufgelöster Bauweise [*Einlaufbauwerk, Maschinenhaus und Auslaufbauwerk des Schöpfwerkes sind nicht zu einem Bauwerk vereinigt*] • separated mechanical water raising plant

aufgenommene Last ***f*****,** gestützte Last • accepted load, sustained load, carried load, supported load

aufgepfropfter Fluss ***m*** • ingrafted stream, engrafted stream

aufgepfropfter Strom ***m*** • engrafted river, ingrafted river

aufgequollene Sohle ***f*** (⚒) • heaving bottom, heaving floor, bulging bottom, bulging floor

aufgerauhte Futterröhre ***f*** [*Tiefbohrtechnik*] • extreme line casing

aufgeschlossen • disclosed

aufgeschlossen im Tiefbau, ausgerichtet, erschlossen im Tiefbau (⚒) • developed

aufgeschlossener Guano ***m*****,** Guanosuperphosphat *n* [*Mit Schwefelsäure behandelt*] • dissolved guano

aufgeschrumpfter Bohrrohrverbinder ***m*****,** Schrumpf(gestänge)verbinder • shrink grip tool joint

aufgeschüttet [*Damm*] • raised, tipped [*embankment*]

aufgeschüttet ➔ abgelagert

aufgeschüttete Geländeoberkante ***f*****,** (an)geschüttete Geländeoberkante, aufgefüllte Geländeoberkante • fill(ing) grade, filled grade

aufgeschütteter Boden ***m*****,** aufgefüllter Boden, (an)geschütteter Boden • filled soil, fill(ing) soil

aufgeschütteter Damm ***m*****,** Damm, Schüttdamm • bank, embankment, fill(ed) bank, fill embankment [*A linear structure of fill material constructed so as to extend above the ground surface for the purpose of holding back water or to carry a road or a railroad*]

aufgeschwemmtes Gebirge ***n*****,** diluviales Gebirge, obere Tertiärformation *f*, Schuttland *n* • diluvial group

aufgesetzt, abgesetzt [*Senkkasten*] • founded [*A caisson is founded when it settles on its bed*]

aufgesetzt [*vulkanisches Relief*] • superadded, super(im)posed

aufgesetzte Rinne ***f*** • bench flume

aufgesetzte Wanne ***f*****,** Umwallungssee *m* • enclosure basin, inclosure basin, surrounding basin

aufgesetzter Fluss ***m*** • super(im)posed stream

aufgesetzter Teilpfahl ***m*** • spliced pile section

aufgestauchtes Gewinde ***n*** • rolled thread

aufgestautes Wasser ***n*** ➔ Stauwasser

aufgetauchte Küste ***f*** ➔ Auftauchküste

aufgewachsen • ongrown

aufgewühlt • voily [*Said of turbulent, agitated, or swirling water*]

Aufgleitfläche ***f*** [*Meteorologie*] • upslide surface

Aufgleitregen ***m*** • warm-front rain

Aufgleitvorgang ***m*** [*im Fels*] • inclined sliding process

Aufgleitwinkel ***m*** • angle of inclined sliding

Aufgliederung ***f*****,** Zergliederung • dismembering [*The making of a tributary into an independent stream by a change of geologic(al) conditions*]

Aufhau ***m*****,** Überhau, Überbruch *m*, Hochbruch, Aufbruch [*Erzbergbau*] [*Ein in der Lagerstätte schwebend von unten nach oben aufgefahrener, streckenartiger Grubenbau. Gegensatz: Abhau (von oben nach unten hergestellt)*] • raise heading, raise drift, raising; rise heading, rise drift, rising [*Cornish*]

aufhäufend, anhäufend • cumulative

aufhauen, aufbrechen, hochbrechen, überhauen, überbrechen, hochhauen • to raise; to rise [*Cornish*]

aufhauen, auftreiben [*Gang*] (⚒) • to open

Aufhauen ***n*****,** Hochbrechen, Aufbrechen, Überhauen, Überbrechen, Hochhauen • raising, raise work; rising, rise work [*Cornish*]; working up, cutting from below [*When a large shaft is required as part of the finished job, but is not needed for the early tunnel work, it may more economically cut from below*]

Aufhau ***n*** **im Unterbaufeld** (⚒) • subpanel raise heading; subpanel rise heading (Brit.)

aufhauen von oben nach unten, abhauen

Aufhärtung ***f*** ➔ Anhäufung

A

Aufhaumaschine, flözgängige Streckenvortriebsmaschine *f,* Stallschrämmaschine (⚒) • (in-)seam heading machine, (in-)seam miner
aufhöhen ➜ aufstocken
Aufhöhen *n* ➜ Erhöhung
Aufhöhung *f* ➜ Erhöhung
Aufhöhungstopografie *f* ➜ Anwachstopografie
aufholbare Verbindung *f* [*Für Unterwasser-Steuerventile einer schwimmenden Tiefbohranlage*] • pod
Aufhören *n,* Absetzen • break [*A general term used in mining geology for any discontinuity in the rock, such as a fault, a fracture, or small cavity*]
Aufhören *n* [*Eines Flözes für eine kurze Strecke*] (⚒) • momentaneous suppression of a seam
Aufkadung *f,* Aufkastung [*Vorübergehende Aufhöhung eines Deiches bei steigendem Wasser*] • temporary raising, temporary heightening
Aufkehrricht *m* (⚒) • scrapings
Aufkrempen *n* [*Deckenhinterrand*] • dragging
aufladen [*Das Haufwerk eines Abschlages durch die Lademaschine*] • to clean a round, to load out
aufladen, verladen (⚒) • to draw [*To collect broken coal in trucks*]
Aufladung *f* ➜ Primärladung
Aufladungsmethode *f,* Aufladungsverfahren *n* • mise à la masse [*French. A drill-hole resistivity or induced-polarization survey technique in which a buried contour is directly energized and serves as a large buried electrode. Potentials are measured on the surface, in (bore)holes, or underground. A great depth of exploration is expected with the technique*]
Auflager *n* ➜ Widerlager
Auflagerdruck *m* • bearing pressure, bearing load
Auflagerfläche *f,* (Last)Auflagerfläche
Auflagerlast *f,* Kämpferlast, Widerlagerlast (⚒) • (a)butment load [*Weight transferred to the adjacent solid rock by unsupported roof*]
Auflagerung *f* [*von Holzsteifen, Stahlsteifen*] • bearing
Auflagerung *f,* Überlagerung, Überdeckung (⚒) • overlying ground, overlying strata, cover, overlying (formation), covering, super(im)posed ground, super (im)posed strata
auflandig, landseitig, nach Land zu, strandwärts, landwärts, strandseitig, landwärtig • onshore, shoreside [*Pertaining to, in the direction toward, or located on the shore*]
auflandiger Wind *m,* Seewind, landseitiger Wind • onshore wind, shore side wind
auflandiges Tal *n,* verlandetes Tal [*Die Auffüllung der Talauen mit Schutt kann Mächtigkeiten von wenigen Metern bis rund 40 m erreichen. Wird durch die Aufschüttung nicht nur das alte Bett, sondern auch ein Teil der Hänge bedeckt, spricht man von einem ertrunkenen Tal. Nicht verwechseln mit "ersoffenes Tal")* • silted (up) valley, landed up valley
Auflandung *f* ➜ Schluffablagerung
Auflandungsbecken *n,* Verlandungsbecken • settling basin [*An artificial basin or trap designed to collect the suspended sediment of a watercourse before it flows into a reservoir and hereby prevent the rapid siltation of the reservoir. It is usually provided with means to draw off the clear water*]
Auflandungsöffnung *f,* Verlandungsöffnung [*unterbrochenes Leitwerk*] • silting (up) opening, silt deposition opening
Auflandungsstrecke *f,* Verlandungsstrecke [*Im Unterlauf eines Wasserlaufes*] • siltation section, siltation stretch, silting (up) section, silting (up) stretch
Auflandungstopografie *f* ➜ Anwachstopografie
auflassen ➜ abwerfen
Auflassen *n* (⚒) ➜ Abwerfen
auflässig ➜ aufgelassen
Auflassung *f* ➜ Aufgabe
Auflast *f* • surcharge, surcharge load
Auflastfilter *m, n,* Filterauflast *f* • filter load [*If upward flow of water is taking place, to help prevent quick conditions occurring, a load should be placed on the surface of the soil, thus increasing the effective pressure. This load should consist of a coarser material (filter) than the soil it is stabilizing*]
Auflaststandwand *f* ➜ Stützwand mit Auflast
Auflaststützwand *f* ➜ Stützwand mit Auflast
Auflastverdichtung *f* • gravity compaction, surcharge densification, gravitation(al) compaction, gravity densification, gravitation(al) densification, surcharging compaction, surcharge densification, surcharging compaction, [*Compaction of sediment resulting from overburden pressure*]
Auflastwirkung *f* • surcharge effect
Auflaufen *n* ➜ Schwall
auflaufender Brecher *m* ➜ (Wellen)Auflauf
auflaufendes Meer(es)wasser *n,* auflaufendes Seewasser • feeder current, rising tide
Auflegeknäpper(sprenge)n *n,* Freisteinsprengen mit Aufleger, Auflegerfreisteinsprengen • mudcap(ping), bulldozing (US); plastering, plaster shooting, poulticing [*Boulder blasting by fixing a piece of dynamite stick to the boulder with a lump of clay*]
Aufleger *m,* Auflegeknäpper, aufgelegte Ladung *f* • mudcap(ping) charge, bulldozing charge (US);

plaster shooting charge, plastering charge, poulticing charge

Auflegerbohrloch *n* [*Spreng(bohr)loch in nicht ladegerechten Gesteinsbruchstücken*] • mudcap(ping) drillhole, bulldozing drillhole (US); plaster shooting drillhole, plastering drillhole, poultizing drillhole

Auflicht *n* • reflected light

Auflichtbeleuchtung *f* • episcopic illumination

Auflichtmikroskop *n*, Erzmikroskop • ore microscope, metallographic microscope, reflected light microscope, reflect(oriz)ing microscope

Auflichtmikroskopie *f*, Erzmikroskopie • ore microscopy; minera(lo)graphy [*obsolete*]

aufliegend, aufgelagert, darüber liegend • superjacent [*Said of a stratum situated immediately upon or over a lower stratum or an unconformity*]

aufliegender (Überfall)Strahl *m*, angeschmiegter (Überfall)Strahl • adherent nappe

Auflockerung *f* • loosening (up), bulking, disintegration

Auflockerung *f* [*der Lockergesteine/Festgesteine*] • loosening [*of soft rocks/hard rocks*]

Auflockerung *f* **des Höhenlinienbildes (bei dichter Scharung)** [*Kartografie*] • featheredging, feathering

Auflockerung *f* **des Korngefüges** • relaxation of the grain structure

Auflockerung im Fels • loosened zone in rock

Auflockerungsdruck *m* [*Die Wirkung der auf dem Ausbau eines Untertagehohlraumes lastenden von Natur aus lockeren oder der durch Bauausführung sich lösenden Gebirgsmassen*] • loosening pressure, bulking pressure, breaking (up) pressure

Auflockerungslast *f* • loosening load, bulking load, breaking (up) load

Auflockerungsschuss *m*, Entspannungsschuss • destress(ing) shot, relieving shot, (stress-)relief shot, (stress-)relaxation shot

(Auf)Lockerung(ssprengen) *f*, *(n)*, Auflockerungssprengung *f* [*Mit kleinen Sprengladungen werden die Vorgaben nicht geworfen, sondern nur aufgelockert*] • loosening (up) blasting, bulking blasting

(Auf)Lockerungszone *f* [*Eine Auflockerungszone ist ein Felsbereich, bei dem durch Schaffung freier Flächen infolge Gefügelockerung die Gebirgsfestigkeit herabgesetzt und die Verformbarkeit erhöht ist* (*1)] • loosening zone, bulking zone

auflösen [*Einen festen Körper durch chemische Verwandlungskraft oder chemische Anziehung in einen flüssigen zergehen lassen*] • to dissolve

Auflösung *f* [*digitale Bildauflösung*] • resolution

Auflösung *f* [*Einer der sensorbedingten Faktoren*] • minimum visible

Auflösung *f* • (dis)solution [*A process of chemical weathering of mineral and rock material*]

Auflösung *f* **der Schrägentfernungsreichweite** • range resolution

Auflösung innerhalb der Verwitterungszone, chemische Auflösung *f* • intrastratal solution, differential solution, diagenetic solution [*Removal by chemical solution of certain mineral species from within a sedimentary bed following deposition*]

Auflösungselement *n* ➋ Bildelement

Auflösungsgrenze *f*
➋ (mikroskopische) Auflösungsgrenze

Auflösungskaverne *f*, Auflösungshohlraum *m* • solution cavity, solution cavern [*It is created artificially or naturally by circulating water which dissolves soluble rock, e.g. salt*]

Auflösung(skraft) *f* • resolving power, resolution

Auflösungsleistung *f* • resolution output

Auflösungsvermögen *n* [*Tachymeter*] • resolution power

Aufnahme *f* ➋ Foto

Aufnahme *f* ➋ (Land)Aufnahme

Aufnahme *f*, geologische ➋ geologische Aufnahme

Aufnahme *f* **der reflektierten eigenthermischen Strahlung** • line-scan

Aufnahmebildweite *f* [*Fotogrammetrie*] • main image distance, main photo(graph) distance, principal image distance, principal photo(graph) distance

Aufhahmeblatt *n* ➋ Feldaufnahmeblatt

Aufnahmegebiet *n* [*Luftbild(ver)messung*] • target area

Aufnahmegegenstand *m* ➋ Ding

Aufnahmegerät *n*, Bildgerät • image device, picture device

Aufnahmegerät *n* ➋ Aufnehmer

Aufnahmegeschwindigkeit *f*, Spülgeschwindigkeit für waag(e)rechten Transport [*Geschwindigkeit beim Entfernen des Bohrkleins von der Bohrlochsohle im Wirkungsbereich des Bohrers*] • take-up drilling fluid velocity, take-up flush(ing) fluid velocity

Aufnahmekamera *f*, Aufnahmekammer *f* • taking camera [*photogrammetry*]

Aufnahmekanal *m* • channel [*In geophysics, a system of interconnected devices through which data may flow from source to recovery, for example, geophone, cable, amplifier, recorder*]

Aufnahmelücke *f* • gap [*photogrammetry*]

Aufnahmemaßstab ***m*** • taking scale [*photogrammetry*]
Aufnahmepunkt ***m*** ➔ (Gelände)Nadirpunkt
Aufnahmerichtung ***f*** [*Fotogrammetrie*] • bearing of the plate perpendicular
Aufnahmesektion ***f*** ➔ Feldaufnahmeblatt
Aufnahmestation ***f*,** Empfangsstation • receiving station
Aufnahmetheodolit ***m*** ➔ Fototheodolit
Aufnahmewirkungsgrad ***m*** [*z. B. eines Baggers*] • yield
aufnehmbarer Sohldruck ***m*** • allowable bearing pressure
aufnehmen, abfangen [*Last*] • to sustain, to carry, to accept, to support, to bear [*Context: Soils are unable to bear tensile stresses*]
aufnehmen • to scoop up [*The muck with a bucket or shovel*]
aufnehmen • to sense, to pick up [*Arrival of seismic waves by a geophone*]
Aufnehmer ***m*,** Aufnahmegerät *n*, Empfänger [*Das erste Glied einer Messeinrichtung. Es nimmt den Messwert der Messgröße auf und gibt ein diesem entsprechendes Messsignal ab*] • pickup, picker (up), receiver
Aufnehmer ***m*,** Geofon, Geophon *n*, Seismometer *n*, Tauchspulenempfänger, Erschütterungsmesser • geophone, bug, detector, pot, seismometer, jug, geotector, tortuga, receiving sensor, pickup (element), seismic detector, seismic geophone; seis [*colloquial term*] [*Detecting device which receives seismic impulses*]
Aufpfahl ***m*,** Spundpfahl *m* [*20–30 cm dick, vieleckig zugespitzt, auf der einen Seite mit Spund, auf der entgegengesetzten Seite mit Nut*] [*Spundwand; Grundbau*] • plank-pile, groove(d) pile
Aufprall ***m*** ➔ Einschlag
Aufprallmarke ***f*,** (Rück)Prallmarke • bounce mark
Aufprallmarkenabdruck ***m*,** (Rück)Prallmarkenabdruck [*Strömungsmarke. "Negativform" und "Ausfüllung" können synonym für "Abdruck" verwendet werden. Siehe Anmerkung unter "Abdruck"*] • bounce mark cast
Aufprallmetamorphose ***f*** ➔ Einschlagmetamorphose
Aufprallschlacke ***f*** ➔ Einschlagschlacke
Aufpressmoräne ***f*** ➔ Eiskantenmoräne
Aufpressung ***f*** • upthrust, upheaval [*An upheaval of rock; said preferably of a violent upheaval*]
Aufpumpen ***n*,** Aufspülen [*Nassbaggergut*] • filling ground by pumping dredged materials
Aufpunkt ***m*** • space point [*photogrammetry*]
(auf)quellen [*Gang*] • to swell [vein]
(Auf)Quellen ***n*,** Stau *m* [*Erhöhung des Wassers in Wasserläufen durch Verengung oder Erhöhung der Sohle*] • backwater
(Auf)Quellen ***n*** ➔ Aufgehen
(Auf)Quellen ***n*** **des Liegenden** (⚒) ➔ Sohlendruck
(Auf)Quellung ***f*** ➔ Auftrieb
Aufräumarbeiten ***f(pl)*** [*nach Abbrucharbeiten*] • clearing work
aufräumen, aufsäubern [*Einen Schacht reinigen und wieder zugänglich machen*] • to clear the attle
Aufragung ***f*** [*Geomorphologie*] • eminence
aufrechte Antikline ***f*,** symmetrische Antikline • symmetric(al) anticline
aufrechter Schenkel ***m*** [*Überfaltungsdecke*] • normal limb
aufrechtes Bild ***n*** • erect image, erect picture
aufrechtes Fernrohrbild ***n*** • erect telescopic image, erect telescopic picture
Aufreißbarkeit ***f*** [*von Felsgestein*] • rippability
Aufreißdruck ***m*** ➔ (hydraulische) Aufreißdruck
aufreißen [*eine Straße für Reparaturarbeiten*] • to dig up (the road)
aufreißen [*von Felsgestein mittels einer Planierraupe mit Reißzähnen*] • to rip up, to tear up [*a rock mass using a bulldozer with rippers*]
aufreißen, aufbrechen [*Erdöl- und Erdgasförderung*] • to fracture
Aufreißen ***n*,** Reißen *n* [*z. B. von Felsgestein: dabei wird das Material durch einen an einer Planierraupe angebauten Reißzahn, auch Aufreißer genannt, gezogen*] • ripping [*of rock; the material is mechanically loosened by ripping the rock material with a ripper shank attached to a bulldozer*]
Aufreißen ***n*** ➔ Frac-Behandlung
Aufreißen ***n*** **des Gebirges,** Aufbrechen des Gebirges • ground crack
Aufreißen ***n*** **eines Flüssigkeitsfilmes** • liquid film breakdown, liquid film break-up
Aufreißen ***n*** **von Korngerüsten** • cracking of grain skeleton
Aufreißer ***m*** [*Reißzahn für das mechanische Lösen des Felses*] • ripper, ripper shank [*attached to a bulldozer for the mechanical loosening of a rock mass*]
Aufreißer ***m*** **mit Parallelaufhängung,** Parallelogrammaufreißer *m* [*Damit wird das Felsgestein durch einen an einer Planierraupe angebauten Reißzahn (Aufreißer) gezogen*] • ripper with parallelogram linkage design shank

Aufreißflüssigkeit *f,* Aufbrechflüssigkeit, Rissbildungsflüssigkeit, Brechflüssigkeit, Fracflüssigkeit [*Erdölgewinnung*] • fracturing liquid, fracture liquid

Aufreißgradiente *f,* Aufbrechgradiente [*Erdöl- und Erdgasförderung*] • fracture gradient; failure gradient (US)

Aufreißsäuerung *f,* (Aufbrech)Säuerung, Fracsäuerung, Rissbildungssäuerung • fracture acidizing

Aufreißwand *f,* Trennwand, Leitwand, Leitflügel *m,* Strömungsteiler *m* [*In einem offenen Kanal oder Becken um Höhe zu gewinnen, die Auslassgeschwindigkeit auszugleichen oder die Beckenlänge zu verringern*] • splitter (wall), divider wall, vane

Aufreißwilligkeit *f,* Reißfähigkeit *f* [*eines abzubauenden Felsmaterials mittels eines an einer Planierraupe befestigten Reißzahns*] • ripping ability, rippability [*of a rock mass*]

Aufrichten *n,* Abschließen, Aufstellen [*Wehr*] • raising, closing

Aufrichteprisma *n* [*Fotogrammetrie*] • image rotation correcting prism, erecting prism, picture rotation correcting prisma

Aufrichter *m* [*für Grabenverbau*] • upright [*for trench sheeting and bracing*]

aufrollen (⚒) • to work out a whole district in one direction

Aufrollkarte *f* • ribbon map

Aufrüstung *f* [*z. B. um einen Tunnel auf den neuesten Stand der Technik zu bringen*] • upgrade

Aufsalzung *f,* Versalzung, Versalzen *n,* Aufsalzen • salinization, salting [*In a soil of an arid, poorly drained region, the accumulation of soluble salts by evaporation of the waters that carried them to the soil zone*]

Aufsanden *n,* Aufsandung *f* • sanding, sand accumulation, building-up of sand [*The accumulation or building up of sand, as by the action of currents in filling a harbo(u)r*]

aufsatteln • to raise the bank of a shaft

aufsättigen • to saturate

Aufsätzel *m,* Auslaufröhre, Oberpumpstöckel, Ausguss(röhre) *m, (f)* [*Eine ungefähr 50 cm lange Röhre, welche bei Brunnen oben seitwärts in die Pumpröhre eingesetzt ist*] • spout, discharge spout

Aufsatzklappe *f* • flash weir; flash dam (US)

Aufsatzkranz *m* [*gusseiserne Cuvelage*] (⚒) • tub

Aufsatzkreisel *m* • gyro(scope) attachment

Aufsatzrohr *n* [*kommt beim Rütteldruckverfahren zum Einsatz*] • extension pipe

Aufsatzrüttler *m* [*Tiefenverdichtung*] • vibratory hammer

aufsäubern, aufräumen [*Einen Schacht reinigen und wieder zugänglich machen*] • to clear the attle

aufsaugen, absorbieren, einsaugen • to absorb, to suck up, to suck in

Aufsaugmittel *n* [*Dynamit*] • dope

Aufsaugsubstanz *f* [*Sie nimmt an der explosiven Umsetzung teil*] • combustible absorbent [*straight dynamite*]

aufschieben [*Fördergefäß auf Seilkorb*] (⚒) • to insert

Aufschieber *m* • hanger-on, signal man [*In England, the man who runs the full trams upon the cages and gives the signals to hoist*]

Aufschlämmung *f,* Schlämme *f* • slurry

Aufschlämmung *f,* Schlamm *m* [*Bitumenextraktion aus Ölsand*] • pulp

Aufschlag *m* ➋ (Tropfen)Aufschlag

Aufschlag *m,* Einschlag, Aufprall *m* • impact [*meteorite*]

aufschlagen [*Schale beim Fließgrenzengerät*] • to drop [*Cup in the liquid-limit device*]

Aufschlagerosion *f* ➋ (Tropfen)Aufschlagerosion

Aufschlagmetamorphose *f,* Einschlagmetamorphose *f,* Aufprallmetamorphose • impact metamorphism [*A type of shock metamorphism in which the shock waves and the observed changes in rocks and minerals result from the hypervelocity impact of a body such as a meteorite*]

Aufschlagschlacke *f,* Einschlagschlacke *f,* Aufprallschlacke • impact slag [*Glassy material produced mainly by the melting of local sediment or rock where a meteorite has struck the earth*]

Aufschlagstelle *f,* Astroblem *n* [*Meteorit*] • fossil meteorite crater, astrobleme

Aufschleppboden *m,* Schleppboden

Aufschleppe *f,* (Schiffs)Aufschleppe

aufschließen, explorieren • to explore

aufschließen, chemisch aufschließen • to open (up), to digest

aufschließen durch Bohren ➋ (ab)bohren

aufschließen durch Schießen • to shoot [*To explore an area by seismic shooting*]

aufschließen im Tiefbau, ausrichten, erschließen im Tiefbau (⚒) • to develop

Aufschließen *n,* Aufschließung *f,* Aufschluss *m* [*Herstellen des Zugangs zur Lagerstätte durch Grubenbaue der Ausrichtung*] • opening(-up) of ground, ground opening(-up)

A

Aufschließen *n* **eines Außerbilanzvorrates,** Aufschließung *f* eines Außerbilanzvorrates, Aufschluss *m* eines Außerbilanzvorrates • resource exploration

Aufschließen *n* **eines geothermischen Außerbilanzvorrates,** Aufschließung *f* eines geothermischen Außerbilanzvorrates • geothermal resource exploration

Aufschließung *f*, Aufschließen *n*, Aufschluss *m* [*Herstellen des Zugangs zur Lagerstätte durch Grubenbaue der Ausrichtung*] • opening(-up) of ground, ground opening(-up)

Aufschließung *f*, Aufschluss *m* [*Planmäßige Erfassung der Gesteins- und Lagerungsverhältnisse, des Trennflächensystems, der Wasserführung sowie Ermittelung der Gebirgseigenschaften und Gebirgskennzahlen. Es wird empfohlen "Aufschluss" bzw. "Aufschließung" nur für direkte Methoden zum Aufschließen des Gebirges zu verwenden*] • exploration

Aufschließung *f*, Aufschluss *m*, Herauslösung [*Aus einem Körnungsverband*] • liberation

Aufschließungsanschnitt *m*, Aufschlussanschnitt *m* [*Tagebau. Im Hang hergestellter Aufschlussraum*] • opening(-up) sidehill cut

Aufschließungsarbeiten *f(pl)*, Aufschlussarbeiten *f* • exploration work, exploratory work

Aufschließungsbau *m*, Aufschlussbau *m* • opening (-up) work

Aufschließungsbohren *n*, Aufschlussbohren *n* • exploration drilling, exploratory drilling

Aufschließungsbohrloch *n*, Aufschlussbohrloch *n* • exploration drillhole, exploratory drillhole

Aufschließungsbohrung *f*, Aufschlussbohrung *f* • exploration well, exploratory well, wildcat (well), test (ing) well [*A risk venture in oil well(bore) drilling in an untested area*]

Aufschließungschemie *f*, Aufschlusschemie *f* • exploration chemistry, exploratory chemistry

Aufschließungsdatenanalyse, Aufschlussdatenanalyse *f* • exploration data analysis, exploratory data analysis

Aufschließungserfolg, Aufschlusserfolg *m* • exploration discovery, exploratory discovery

Aufschließungsfigur, Aufschlussfigur *f* [*Form des Aufschlussraumes nach seiner Herstellung im Gebirge entsprechend dem Tagebauprojekt*] • opening(-up) pattern

Aufschließungsgeochemie *f*, Aufschlussgeochemie *f* • exploration geochemistry, exploratory geochemistry

Aufschließungsgeochemiker *m*, Aufschlussgeochemiker *m* • exploration geochemist, exploratory geochemist

Aufschließungsgeologe *m*, Aufschlussgeologe *m* • exploration geologist, exploratory geologist

Aufschließungsgeologie *f*, Aufschlussgeologie *f* • exploration geology, exploratory geology

Aufschließungsgeophysik *f*, Aufschlussgeophysik *f* • exploration geophysics, exploratory geophysics

Aufschließungsgeophysiker, Aufschlussgeophysiker *m* • exploration geophysicist, exploratory geophysicist

Aufschließungsgraben *m*, Aufschlussgraben *m* • opening(-up) trench

Aufschließungsgrube *f*, Aufschlussgrube *f* • opening (-up) pit

Aufschließungshammerbohren *n*, Aufschlusshammerbohren *n* • exploration hammer drilling, exploratory hammer drilling

Aufschließungskorngröße *f*, Aufschlusskorngröße, Herauslösungskorngröße *f* • liberation grain size

Aufschließungsmisserfolg *m*, Aufschlussmisserfolg *m* • exploration failure, exploratory failure

Aufschließungsraum *m*, Aufschlussraum *m* [*Im Tagebauprojekt festgelegtes und beim Aufschließen zu beseitigendes Volumen an Abraum und Rohstoff*] • opening(-up) volume

Aufschließungsstelle *f*, Aufschlussstelle *f* [*Tagebaubereich in dem der Rohstoffaufschluss für den Abbau des Feldes erfolgt*] • opening(-up) zone

Aufschließungsstollen *m*, Aufschlussstollen *m* • exploration gallery, exploratory gallery; exploration tunnel, exploratory tunnel (US)

Aufschließungsstratigrafie *f*, Aufschlussstratigrafie *f* • exploration stratigraphy, exploratory stratigraphy

Aufschließungsstrecke *f*, Aufschlussstrecke *f* • monkey drift, exploration drift, exploratory drift, small drift [*A small pilot tunnel advanced at the crown to permit the consulting geologists to verify, as the work progresses, the preliminary evaluations of the state of the rock which they had made from borings and surface examination of the geology of the site*]

Aufschließungssystem *n*, Aufschlusssystem *n* • exploration system, exploratory system

Aufschließungstechnik *f*, Aufschlusstechnik *f* • exploration technique, exploratory technique

Aufschließungstiefe *f*, Aufschlusstiefe *f* • depth of exploration, exploration depth [*The maximum depth of the cause of a geophysical anomaly that is just recognizable above noise*]

Aufschließungstrichter *m*, Aufschlusstrichter *m* • opening(-up) funnel

Aufschließungsuntersuchung *f*, Aufschlussuntersuchung *f*, Herauslösungsuntersuchung • liberation analysis

Aufschließungsverzeichnis *n*, Aufschlussverzeichnis *n* • exploration list, exploratory list

Aufschließungszeit *f*, Aufschlusszeit *f* [*Innerhalb dieser Zeit werden die im Tagebauprojekt festgelegten Maßnahmen für den Aufschluss durchgeführt. Am Ende dieser Zeit sollte die bestimmte Jahresfördermasse erreicht sein*] • opening(-up) period

Aufschluss *m*, Aufschließung *f* [*Planmäßige Erfassung der Gesteins- und Lagerungsverhältnisse, des Trennflächensystems, der Wasserführung sowie Ermittelung der Gebirgseigenschaften und Gebirgskennzahlen. Es wird empfohlen "Aufschluss" bzw. "Aufschließung" nur für direkte Methoden zum Aufschließen des Gebirges zu verwenden*] • exploration

Aufschluss *m*, Aufschließung *f*, Herauslösung [*Aus einem Körnungsverband*] • liberation

Aufschluss *m* ➋ Aufschließen

Aufschluss ... ➋ Aufschließungs ...

Aufschluss ➋ Aufschlusspunkt und ➋ Baugrundaufschluss

Aufschluss *m* **im Fels** *m* • investigation of rocks

Aufschluss *m* **im Tiefbau,** Ausrichtung *f* [*Herstellung aller Grubenbaue für das Aufsuchen und Anfahren einer Lagerstätte von der Tagesoberfläche aus*] (⚒) • development, mode of entry, driving of openings, preliminary development, mine development

Aufschlussabraum *m*, A A [*Der im Aufschlussraum eines Tagebauprojektes bewegte Abraum*] • exposed (over)burden volume, stripped (over)burden volume, opening(-up) (over)burden

Aufschlussabraum *m* **mit Freilegung,** AAmF [*Die Bewegung des Aufschlussraumes legt nutzbare mineralische Rohstoffe frei. Der AAmF ist der um den AAoF verminderte Aufschlussabraum*] • (over)burden volume stripping with laying bare of minerals

Aufschlussabraum *m* **ohne Freilegung,** AAoF [*Die Bewegung des Aufschlussabraumes legt keine nutzbaren mineralischen Rohstoffe frei*] • (over)burden volume stripping without laying bare of minerals

Aufschlussanschnitt *m* **im Tagebau,** Hangaufschluss *m* im Tagebau [*Im Hang hergestellter Aufschlussraum. Er wird angewendet beim Gewinnen von Erzen, Baustoffen, Silikatrohstoffen, zum Teil auch von Kohle, am Hang oder am Berg oberhalb eines geografischen Plateaus*] • exposed hillside (over)burden/ mineral volume, stripped hillside (over)burden/mineral volume

Aufschlussart *f* (⚒) • investigation method

Aufschlussbaggerung *f* **im Tagebau** [*Gewinnung mit Bagger von Abraum, Rohstoff und Nebengestein im Aufschlussraum*] • exposed (over)burden/mineral volume excavation, stripped (over)burden/mineral volume excavation

Aufschlussbirne *f* **im Tagebau,** birnenförmiger Aufschlussraum *m* • pear-shaped exposed (over) burden/mineral volume, pear-shaped stripped (over) burden/mineral volume

Aufschlussbohren im Tiefbau, Ausrichtungsbohren *n* (⚒) • development drilling [*Delineation of the size, mineral content, and disposition of an ore body by drilling boreholes*]

Aufschlussbohrung *f* • exploration drilling; test boring; *less frequent:* exploration boring

Aufschlussmaßnahmen *f(pl)* • exploration measures, investigation measures

Aufschlussmethode *f*, Aufschlussverfahren *n* [*Unter Aufschlussmethoden versteht man die Methoden, mit deren Hilfe planmäßig die Gesteins- und Lagerungsverhältnisse, das System der Trennflächen sowie die Wasserführung erkundet und die Gebirgseigenschaften bzw. - kennzahlen ermittelt werden können* (*1)] • investigation method, exploration method

Aufschlussprofilieren *n*, Profilieren • lateral search, profiling [*Exploration wherein sensors are moved along a line and a profile is developed*]

Aufschlusspunkt *m* [*Versuchswerte werden aus den verschiedenen Aufschlusspunkten zu einem nicht zu frühen Zeitpunkt zusammengestellt*] • test location

Aufschlussrohstoff *m* [*Der im Aufschlussraum eines Tagebauprojektes bewegte Rohstoff*] • exposed mineral volume, stripped mineral volume

Aufschlusstiefe *f* • investigation depth

Aufschlussverfahren *n* ➋ Aufschlussmethode

Aufschlussvolumen *n* [*Im Tagebauprojekt festgelegtes Volumen an Abraum und Rohstoff, das in der Aufschlussphase bewegt wird*] • exposed (over)burden/ mineral volume, stripped (over)burden/mineral volume

aufschmelzen ➋ auftauen

(auf)schottern; schuttern [*Schweiz*] • to muck (out), to remove spoil, to evacuate spoil, to remove muck, to evacuate muck

aufschütten, auftragen, (auf)füllen, wieder verfüllen, (an)schütten • to refill, to fill (up)

A

aufschütten [*Damm*] • to raise, to tip [*embankment*]
Aufschütten ***n*** ➋ (An)Schütten
Aufschüttgefüge ***n*** ➋ Ablagerungsgefüge
Aufschütthöhe ***f,*** Auftrag(ungs)höhe, (Auf)Füll(lungs)höhe, Anschütt(ungs)höhe, (Auf)Schüttungshöhe • fill(ing) height, fill(ing) depth, height of fill(ing), depth of fill(ing)
Aufschüttkrone ***f,*** (Auf)Füll(ungs)krone, Anschüttkrone, Auftrag(ungs)krone, Aufschüttungskrone, Anschüttungskrone • fill(ing) crest, fill (ing) crown
Aufschüttmaterial ***n,*** Auftrag(ungs)material *n,* (Auf)Schütt(ungs)masse *f,* Auftrag(ungs)masse, (Auf)Füll(ungs)material, (Auf)Füllungsmasse, Anschütt(ungs)material, Anschütt(ungs)masse, (Auf)Schüttungsmaterial [*"Gut" kann synonym für "Material" und "Masse" verwendet werden*] • fill(ing) material, fill(ing)
Aufschüttung ***f*** • embankment, fill, made-up ground
Aufschütt(ungs) ... ➋ Ablagerungs ...
Aufschütt(ungs)(ab)hang ***m,*** Aufschütt(ungs)gehänge *n,* Ablagerungs(ab)hang, Ablagerungsgehänge, Absetz(ab)hang, Absetzgehänge • deposition(al) hillside, ground gain hillside, accumulation (hill)slope, ground gain (hill)slope, deposition(al) hill(slope), accumulation hillside, deposited (hill)slope, deposited hillside
Aufschütt(ungs)arbeit(en) ***f,*** Auftragarbeiten, (Auf)Füll(ungs)arbeiten • fill(ing) work
Aufschütt(ungs)aufbau ***m*** **mit Massenausgleich** • balance(d) fill(ing) build-up
Aufschütt(ungs)bau ***m,*** (Auf)Füll(ungs)bau, Anschütt(ungs)bau, Auftragbau • fill(ing) construction
Aufschütt(ungs)fläche ***f,*** (Auf)Füll(ungs)fläche, Auftrag(ungs)fläche, Anschüttfläche, Anschüttungsfläche • fill(ing) area
Aufschütt(ungs)höhe ***f,*** (Auf)Füll(ungs)höhe, Auftraghöhe, Anschütt(ungs)höhe • fill(ing) level (Brit); fill(ing) elevation (US)
aufschütt(ungs)mäßig, ablagerungsmäßig, absetzmäßig • depositional [*Pertaining to the process of deposition, e.g. a "deposition(al) basin" or "deposition (al) surface"*]
Aufschütt(ungs)planum ***n,*** (Auf)Füll(ungs)planum, Anschütt(ungs)planum, Auftragplanum [*Schweiz: Planie*] • fill(ing) subgrade
Aufschütt(ungs)profil ***n,*** (Auf)Füll(ungs)profil, Auftragprofil, Anschütt(ungs)profil • fill(ing) profile
Aufschütt(ungs)sand ***m,*** (Auf)Füll(ungs)sand, Auftragsand, Anschütt(ungs)sand • fill(ing) sand
Aufschütt(ungs)-Terrasse ***f*** • fill terrace [*The part of a former alluvial valley floor built upward by deposition of valley-filling sediments; it includes filltop terrace and fillstrath terrace. The term in this sense is somewhat confusing and should be abandoned*]
Aufschütt(ungs)zone ***f,*** (Auf)Füll(ungs)zone, Auftrag(ungs)zone, Anschütt(ungs)zone • fill(ing) zone
aufschwellen, anschwellen [*Gewisse Mineralien unter dem Einfluss der Lötrohrflamme*] • to tumefy [*assaying*]
Aufschwemmungstopografie ***f*** ➋ Anwachstopografie
Aufschwimmen ***n,*** (hydraulischer) Grundbruch *m* im engeren Sinne • heave
Aufschwimmen ***n*** [*durch Auftriebskräfte*] • uplift
aufschwimmen lassen [*einen Tank*] • to float
Aufseher ***m*** • man in charge
aufsetzen, absetzen [*Senkkasten*] • to found
Aufsetzen ***n*** **des Bestecks,** Pricken • levelling (Brit.); leveling (US) [*geodesy*]
Aufsetzlinie ***f*** [*Inlandeisschichten*] • grounding line
Aufsetzstunde ***f,*** Liegestunde • hour of rest, rest hour (⚒)
Aufsetzvorrichtung ***f,*** Schachtfalle *f* • wing, rest, shut, fan, dog, catch, k(e)ep, (landing) chair, stop [*A retractable rest on which the mine cage is supported during its stop at the shaft landing*]
Aufsichtaufnahme ***f,*** Aufsichtbild *n* • ground range image, ground range picture
Aufsichtsbehörde ***f*** • supervisory authority
aufsitzen (⚒) • to go solid
Aufsitzer ***m,*** festgefahrener Bock *m* • solid chock
Aufsitzer ***m,*** festgefahrener Stempel *m* (⚒) • solid prop
(Auf)Spalten ***n*** • disintegration, dissociation [*The physical breakdown of material, usually shale, as a result of immersion in water or weathering*]
(auf)spaltend [*Chemie*] • dissociative, tending to dissociate [*Causing dissociation or direct decomposition*]
Aufspaltung ***f*** • split
Aufspaltung ***f*** ➋ Grabenbildung
(Auf)Speicherung ***f,*** Stau *m,* Aufstau, (Wasser)-Einstau, Stauanhebung, Aufstauung [*Talsperre*] • filling, reservoir filling, impounding, storage, pondage
Aufsplitterung ***f*** • spallation [*The ejection of atomic particles from a nucleus following the collision of an atom and a high-energy particle (e.g. a cosmic ray), which results in the formation of a different isotope that is not a fission product*]
aufsprengen • to blast open, to open by blasting
Aufsprengung ***f*** [*beim Nachverpressen*] • fractured zone

A

Aufspülen ***n*,** Aufpumpen [*Nassbaggergut*] • filling ground by pumping dredged materials

Aufspülen ***n*** ➲ Spülbau

(Auf)Spül(ungs)bauwerk ***n*** • hydraulic fill(ing) structure, hydraulic placement structure [*It is constructed by depositing soils transported as a slurry*]

Aufspül(ungs)fläche ***f*** ➲ Spülauftragfläche

Aufspüren ***n*** • tracing

Aufstand ***m*** [*Beglaubigte Beschreibung des Standes einer Grube*] (⚒) • (official) statement

Aufstandsfläche ***f*** [*eines Pfahls, einer Säule*] • base area [*of a pile or column*], column support, pile support

Aufstand(s)pfahl ***m*** ➲ Spitzen(druck)pfahl

Aufstand(s)pfahl ***m*** **mit Mantelreibung** ➲ Spitzen(druck)pfahl mit Mantelreibung

Aufstand(s)pfahl ***m*** **mit teilweiser Mantelreibung** ➲ Spitzen(druck)pfahl mit teilweiser Mantelreibung

Aufstau ***m*** ➲ (Auf)Speicherung

(auf)stauen, anstauen, einstauen, (ein)speichern • to bank (up), to store, to retain, to pen, to swell, to dam (up), to back (up), to impound, to pond, to accumulate [*To confine the water in a river, stream, or canal by means of weir(s), dam(s), or the like, so as to form a head of water*]

(auf)stauen [*Durch den Bau einer Talsperre*] • to dam

Aufstauhöhe ***f*** ➲ (Ein)Stauhöhe

Aufstaureg(e)lung ***f*,** (Ein)Staureg(e)lung, Speicher(ungs)reg(e)lung • storage control, storage regulation

Aufstauung ***f*,** Stauwasser *n* • banking

Aufstauwirkung ***f*** [*Hochwasser*] • confinement effect

Aufsteckmäkler ***m*** • rope-suspended lead(er)

aufstehen [im *Bohrloch*] • to stand up

Aufsteigen ***n*** **von Tiefenwasser,** Auftrieb *m*, Aufquellung *f*, Tiefenwasseraufstieg [*Von nährstoffreichem Wasser aus der Tiefe*] • up-welling

(auf)steigende Plattengrenze ***f*** [*Basaltisches Material steigt aus dem Erdmantel auf und bildet eine ozeanische Kruste*] • accreting margin

(auf)steigende (Rotary)Spül(ungs)säule ***f*** • rising mud column

(auf)steigende Schlauchquelle ***f*** ➲ Röhrenquelle

(auf)steigende Strömung ***f*** • rising current

(auf)steigendes Grundwasser ***n*,** Steig(grund)wasser • rising (ground)water

Aufstellebene ***f*** [*zur Herstellung eines Senkkastens*] • construction platform

Aufstellen ***n*** ➲ Abschließen

Aufstellung ***f*** **von Kristallen,** Kristallaufstellung • setting of crystals

Aufstellungsbeschluss ***m*** [*BGB §2. Der Beschluss zur Aufstellung des* ➲ *Bebauungsplans*] • resolution to set up a development plan

Aufstellzeit ***f*,** Montagezeit, Richtzeit [*Einer Maschine auf der Baustelle*] • set(ting)-up time

Aufstemmung ***f*** [*nach Milch*], Übersichbrechen *n* [*nach Sueß*], Platzaustausch *m* [*nach Salomon*] • overhead stoping [*Term given by R.A. Daly. With reference to large intrusive bodies, the passive rifting of blocks from the chamber walls*]

Aufstieg ***m*** ➲ (Aal)Aufstieg

Aufstieg ***m*** ➲ (Fisch)Aufstieg

Aufstieg(s)kanal ***m*** ➲ Vulkanstiel

Aufstieg(s)versuch ***m*** [*Das mit Packern isolierte Intervall wird einem plötzlichen Unterdruck ausgesetzt*] • slug test

aufstocken, erhöhen, aufhöhen • to raise, to heighten

Aufstocken ***n*** ➲ Erhöhung

Aufstürzung ***f*,** (Aussatz)Kippe *f*, Haldengelände *n*, Deponie *f*, Ablagerungsplatz *m*, Kippengelände, Sturzplatz, Kippstelle *f* [*An der Aussatzkippe werden unbrauchbare Massen abgekippt. Als Aussatzkippen eignen sich sehr gut verlandete Tümpel, ausgebeutete Kiesgruben, ausgebeutete Sandgruben, ausgebeutete Kohlengruben usw.*] • spoil dump, spoil deposit, spoil area, spoil tip, spoil site, disposal area, disposal site, spoil ground, tipping ground, spoil bank, tip site, dump(ing) site, dump(ing) ground, dump(ing) terrain, spoil terrain, tip heap, dump

Aufsuchen ***n*** ➲ Suchen

aufsuchen, suchen, prospektieren • to search, to prospect; to explore [*misnomer*]

Aufsucher ***m*,** Prospektor, Sucher • prospector, searcher [*A person engaged in searching for valuable minerals, or in testing supposed discoveries of the same*]

Aufsuchung ***f*,** Suche *f*, Aufsuchen *n*, Prospektieren, Prospektion *f* [*Lagerstätten*] • (mineral) prospection, (mineral) prospecting, (mineral) search(ing)

Aufsuchung ***f*** **durch Trogwaschen,** Prospektieren *n* durch Trogwaschen, Suche *f* durch Trogwaschen • tracing by panning, panning tracing; tracing [*in the western USA*]; loaming [*Australia*]

Aufsuch(ungs)bohrloch ***n*** ➲ Prospektionsbohrloch

Aufsuch(ungs)erlaubnis ***f*** ➲ Prospektionserlaubnis

Aufsuch(ungs)gebiet ***n*** ➲ Prospektionsgebiet

Aufsuch(ungs)grube ***n*** ➲ Prospektionsgrube

Aufsuch(ungs)loch ***n*,** Prospektionsloch, Suchloch • prospecting hole, search(ing) hole [*General terms for any shaft, pit, adit, drift, gallery (US = tunnel) or drill hole made for the purpose of prospecting mineral-bearing*

A

ground. More specific terms as prospect(ing) shaft etc., are generally used]

Aufsuch(ungs)schacht *m* ➜ Prospektionsschacht

Aufsuch(ungs)stollen *m*, Suchstollen, Prospektionsstollen • prospection gallery, prospecting gallery, search(ing) gallery; stollo quaerens [*Latin*] (⚒) [*"Gallery" is called "tunnel" in the USA*]

Aufsuch(ungs)tektonik *f* ➜ Prospektionstektonik

Auftauboden *m* ➜ Auftaulage

Auftauchküste *f*, Hebungsküste, aufgetauchte Küste • raised coast, emerged coast, coast of emergence

Auftauchung *f*, Emportauchung, Heraushebung, Emergenz *f* • emergence [*Coast. A change in the level of water and land such that the land is relatively higher and areas formerly under water are exposed; it results either from an uplift of the land or from a fall of the water level*]

Auftauch-Untertauch-Küste *f*, Untertauch-Auftauch-Küste • composite coast, compound coast [*A coast affected by emergence during one period and by submergence at a later period, both movements being of roughly equal magnitude, as along the coast of New Zealand near Wellington*]

Auftauen *n*, Entfrosten *n*, Frostaufgang *m* • thawing, defrosting, frost melt

auftauender Permafrostboden *m* • thawing permafrost

Auftaulage *f*, Auftauschicht *f*, Auftauboden *m*, Mollisol *m*, periodischer Frostboden, Aktivzone, Auftauzone *f* • active layer, annually thawed layer, seasonally frozen ground, yearly thawed layer, thawed active layer, active zone, seasonal frost, mollisol [*Surface layer of ground, above the permafrost that is alternately frozen each winter and thawed each summer; it represents seasonally frozen ground on permafrost. Its thickness ranges from several centimeters to a few meters*]

Auftauperiode *f*, Tauperiode • frost-melt period, period of thawing (out), thawing (out) period

Auftauregion *f* [*ehemaliger Permafrostgebiete*] • melt region

(Auf)Tautiefe *f* • depth of thaw(ing), thaw(ing) depth

Auftauwasser *n*, Tauwasser, Schmelzwasser • thaw water, melt(ing) water, snow water, melted snow and ice

Auftauzone *f* ➜ Auftaulage

Aufteilung *f*, Verteilung [*Zwischen zwei Objekten*] • partition

Auftrag *m* (vergeben) • (to award) a contract

Auftrag *m*, Auffüllung *f*, Füllung, Schüttung, Aufschüttung, Anschüttung, Dammaufschüttung bis zukünftiges Planum [*Schüttung für einen Verkehrsweg, dessen Gradiente so hoch oberhalb der Geländeoberfläche liegt, dass die Böschungen beiderseits der Krone abwärts gerichtet sind*] • fill, filling, embankment, made-up ground

Auftrag ... ➜ Aufschütt(ungs) ...

auftragen, (auf)schütten, (auf)füllen, anschütten • to fill (up)

auftragen • to plot [*survey*]

Auftragen *n* ➜ (An)Schütten

Auftraggeber *m* • client

Auftragsangebot *n* • successful tender, successful bid

Auftraggeberliste *f* ➜ Kundenliste

Auftraggeberverzeichnis *n* ➜ Kundenliste

Auftragnehmer *m* ➜ Unternehmer

Auftragsarbeit *f*, Vertrag(s)arbeit • contract work

Auftragsmaßstab *m* ➜ Zeichenmaßstab

Auftragszettel *m* ➜ Stückzeitzettel

auftreffen [*z. B. auf eine geologische Störzone*] • to encounter, to hit

auftreffendes Licht *n*, auftreffender Strahl *m* • incident light, incident ray [*That which strikes the surface or enters a stone (Edelstein) as distinguished from the light which has subsequently entered the stone and, in most cases, been refracted or reflected*]

auftreiben, aufhauen [*Gang*] (⚒) • to open

Auftrieb *m*, Aufsteigen *n* von Tiefenwasser, (Auf)Quellung *f*, Tiefenwasseraufstieg [*Von nährstoffreichem Wasser aus der Tiefe*] • upwelling

Auftrieb *m*, Auftreiben *n*, Auftrieb(s)kraft *f* [*1. Nach dem Prinzip von Archimedes die auf einen im Wasser eintauchenden Körper wirkende Kraft. 2. Im erweiterten Sinne die Kraft infolge Wasserdrucks senkrecht von unten nach oben auf ein Bauwerk. Eine Staumauer, ein Staudamm, ein Wehr oder eine Gründungswanne sind nicht ins Wasser eingetaucht, sondern in den Baugrund eingebunden und unterliegen den Beanspruchungen durch Wasserdruck*] • buoyant force, buoyancy, flo(a)tation, uplift [*Uplift or buoyancy are a factor for structures whose basements are below the water table*]

Auftrieb durch Gaskappe, Gaskappenauftrieb *m* [*Erdölförderung*] • gas(-cap) drive, cap drive

Auftrieb(s)belastung *f* • buoyancy loading, buoyant loading, flo(a)tation loading

Auftrieb(s)gebiet *n* [*Meer*] • upwelling region

Auftriebskörper *m* [*für Bauten im offenen Wasser*] • buoyancy device

Auftrieb(s)kraft *f*, Auftrieb *m* [*1. Nach dem Prinzip von Archimedes die auf einen im Wasser eintauchenden Körper wirkende Kraft. 2. Im erweiterten*

A

Sinne die Kraft infolge Wasserdrucks senkrecht von unten nach oben auf ein Bauwerk. Eine Staumauer, ein Staudamm, ein Wehr oder eine Gründungswanne sind nicht ins Wasser eingetaucht, sondern in den Baugrund eingebunden und unterliegen den Beanspruchungen durch Wasserdruck] • buoyant force, buoyancy, flo(a)-tation

Auftriebskräfte *f(pl)* [*an einem Hang*] • uplift forces

Auftrieb(s)sicherung *f* • buoyancy control, flo(a)-tation control, buoyancy protection, protection against uplift

Auftrieb(s)strömung *f,* Auftrieb(s)strom *m* [*Meer*] • upwelling current

Auftrieb(s)wasser *n* [*Meer*] • upwelling water

Auftrieb(s)widerstand *m* • uplift resistance

Auftropfstein *m,* Stalagmit *m,* Bodenzapfen *m* • stalagmite [*A conical or cylindrical speleothem that is developed upward from the floor of a cave by the action of dripping water. It is usually composed of calcite but may be formed of other minerals. The term was first used by Worm in 1642*]

Auftrümerung *f* [*Lagerstätte*] • horsetail

Aufwallen *n,* Schäumen, Aufbrausen [*z. B. der entstehenden Kohlensäure bei der Behandlung einer Probe mit verdünnter Salzsäure zur Bestimmung des Kalkgehalts*] • effervescence [*such as of the carbonic acid when treating a sample with dilute hydrochloric acid to determine its lime content*]

aufwältigen, freimachen [*Eine anzugreifende Masse durch Hindernisbeseitigung zur Gewinnung vorbereiten*] • to clear up (a mine), to clear out (a mine), to redrill, to redrive, to work over

Aufwältigung *f,* Freimachen *n,* Aufwältigen (⚒) • clearing out , working over, clearing up, redriving, redrilling

Aufwältigungswinde *f* • production rig [*oil; gas*]

Aufwand *m* • effort

aufwändig [*z. B. Bau*] • labour-intensive (Brit.), labor-intensive (US)

aufwärtige Strecke *f* ➜ (fluss)aufwärtige Strecke

aufwärtige Strecke *f* ➜ (strom)aufwärtige Strecke

aufwärts ➜ bergwärts

aufwärts geschleppt, hochgeschleppt [*Die Schichten des liegenden Schenkels bzw. der absinkenden Scholle einer Schleppung*] • dragged upward(s)

aufwärts losschlagen [*Mit der Schlagschere*] • to jar up

aufwärts wandernder Fisch *m* ➜ bergwärts wandernder Fisch

Aufwärtsbohrbühne *f* ➜ Aufbruchbohrbühne

aufwärtsbohren, hochbohren, überbruchbohren, aufbruchbohren • to raise-bore; to rise-bore [*Cornish*]

Aufwärtsbohren *n* ➜ Aufbruchbohren

Aufwärtsbohrer *m* ➜ Aufbruchbohrer

Aufwärtsbohrloch *n* ➜ Aufbruchbohrloch

Aufwärtsbohrplattform *n* ➜ Aufbruchbohrbühne

Aufwärtsbruch *m* ➜ Aufbruch

Aufwärts(ein)fallen *n* • updip [*A direction that is upwards and parallel to the dip of a structure or surface*]

Aufwärts(fluss)strecke, flussaufwärtige Strecke *f* • up stream section

aufwärtsgebrochen, aufgebrochen, übergehauen, hochgebrochen, über(ge)brochen, aufgehauen, hochgehauen [*Blindschacht*] • raised; rised [*Cornish*]

aufwärtsgehende Strosse *f,* aufwärtsgehende Stufe *f,* aufwärtsgehender stufenförmiger Absatz *m,* First(en)-strosse, First(en)stufe • overhand stope, overhand bench, overhand step [*1. It is made by working upward from a level into the ore above. 2. One in which the ore above the point of entry to the stope is attacked, so that severed ore tends to gravitate towards discharge chutes and stope is self-draining*]

aufwärts gerichtete Kraft *f* [*bei Absenken des Senkkastens*] • uplift force

Aufwärtshauer *m* ➜ Aufbruchhauer

Aufwärtsmethode *f,* Aufwärtsverfahren *n* • bottom-up method, bottom-up placement procedure [*Compaction grouting in which the grout pipe is withdrawn in stages, and grout is injected into the space left at the bottom of the pipe at each step*]

Aufwärtsschmelzen *n* • undermelting [*The melting from below of any floating ice*]

Aufwärts(strom)strecke, stromaufwärtige Strecke *f* • upriver section, upcurrent (river) section

Aufwärtsverfahren *n,* Aufwärtsmethode *f* • bottom-up method, bottom-up placement procedure [*Compaction grouting in which the grout pipe is withdrawn in stages, and grout is injected into the space left at the bottom of the pipe at each step*]

aufwärtswandernde Flutwelle *f,* Schwallwelle • hydraulic bore [*A wave in an open channel which advances upstream from a point where flow has stopped or diminished because of obstruction*]

Aufwärtswanderung *f* • upward migration

Aufweitbohrung *f,* Erweitungsbohrung, Aufweitungsbohrung • reaming bore [*microtunnel(l)-ing*]

Aufweiter *m,* Erweiterer • reamer [*A hand or machine tool for finishing a drilled hole. It has a cylindrical or conical shaft with cutting flutes or teeth*]

A

Aufweithülse ***f***, Erweiterungshülse, Aufweitungshülse • reaming sleeve [*microtunnel(l)ing*]
Aufweitkopf ***m***, Erweiterungskopf, Aufweitungskopf • reaming head, expander head [*microtunnel(l)ing*]
Aufweitungsbohrkrone ***f*** • enlargement core bit
Aufweitungsbohrer ***m*** • reamer
Aufweitungsbohrung ***f*** [*unterirdischer Rohrvortrieb*] • reamer drilling
eine zweite Aufweitungsbohrung auffahren [*unterirdischer Rohrvortrieb*] • to perform a second reamer drilling
Aufweitungsloch ***n*** • enlarger [*A hole drilled to enlarge the opening*]
Aufweitungssprengladung ***f*** • camouflet [*A small explosive charge used to enlarge an excavation, to spring or chamber out a hole so that a bigger explosive load can then be charged*]
Aufweitungswirkung ***f*** ➋ (Gitter)Aufweit(ungs)-wirkung
aufwändig ➋ aufwändig
aufwerfen • to throw up (the ground), to throw up the soil, to throw up the earth
(Auf)Winden ***n***, (Zutage)Förderung *f*, Aufziehen, Hochwinden, Hochfördern (⚒) • drawing (up), drawing out, winding
Aufwölbung ***f*** • tumescence [*In volcanology, the swelling or uparching of a volcano during periods of rising magma preceding an eruption*]
Aufwölbung ***f*** ➋ Quellen in der Sohle
Aufwölbung ***f*** ➋ (Schicht)Aufbiegung
Aufwölbungszone ***f*** [*die durch das mechanische Lösen des Felsgesteins mittels eines an einer Planierraupe befestigten Reißzahns entsteht*] • camber zone
Aufwuchsboden ***m*** • sedentary soil [*Soil formed directly from the decay and decomposition of the solid rocks on which it lies. Contrast: secondary or transported soil*]
Aufzeichnen ***n***, Registrieren *n*, Schreiben • recording
Aufzeichnung ***f***, Registrierung, schriftlicher Nachweis *m* • record
Aufzeichnungssystem ***n*** **des Ist-Zustandes der Strebbetriebsmittel** • mine operating system, Minos
Aufzeit ***f*** • shotpoint time, time at shotpoint, shooting point time, time at shooting point, explosion point time, time at explosion point, uphole time [*In seismic exploration, the time required for the seismic impulse to travel from the charge in the shothole to the surface of the earth*]
(auf)ziehen ➋ (hoch)winden
Aufziehen ***n*** ➋ (Zutage)Förderung
(auf)ziehen des Bohrzeuges, (auf)ziehen der Bohrgarnitur, herausziehen des Bohrzeuges, herausziehen der Bohrgarnitur • to pull the drilling tools out, to hoist the drilling tools out, to withdraw the drilling tools
Aufzugkübel ***m*** • charging hopper
Augenbasis ***f*** • eye base, interpupillary distance
Augengabbro ***m*** • eye-gabbro, augen-gabbro
Augengneis ***m*** • eye-gneiss, augen-gneiss [*General terms for gneissose rocks containing phacoidal crystals or aggregates. The augen (eyes) may represent uncrushed fragments, or porphyroblasts*]
Augengranulit ***m*** • eye-granulite, augen-granulite
Augenkohle ***f*** • eye coal, circular coal
Augenlage ***f***, Augenstellung *f* • eye position
Augenmarmor ***m*** • eye(-spotted) marble
Augenscheinnahme ***f*** • visual examination
Augenscheinschätzung ***f*** • visual estimation
Augenschiefer ***m*** • eye-schist, augen-schist [*A metamorphic rock characterized by the presence of recrystallized minerals in schistose streaks and lenticles*]
Augenstab ***m*** [*Ein Kettenglied früherer Hängebrücken, deren Flachstäbe mittels Ringösen untereinander verbunden waren*] • eyebar
Augenstellung ***f***, Augenlage *f* • eye position
Augentextur ***f*** • eye(d) structure, augen structure
Augenzeugenbericht ***m*** • eyewitness account (*or:* report)
Aulakogen ***n*** [*Eine Furche, die vom Kontinentrand mit keilförmigem Grundriss in den Kontinent hineinläuft*] • failed rift
Aureole ***f*** ➋ blauer Flammensaum
Auripigment ***n*** ➋ rotes Arsenglas
Auripigment ***n*** ➋ Operment
aus dem Vollen • off the solid [*Blasting coal from the solid with no precutting or shearing*]
aus lärmschutztechnischen Gründen • for noise abatement reasons
Aus- und Einbauen ***n*** **des (Bohr)Gestänges** ➋ Wechsel
ausarbeiten [*Relief*] • to leave upstanding
ausbaggern [*Gewässer*] • to clear out the mud
ausbaggern ➋ baggern
Ausbau ***m*** [*Verkehrswege, Bahnstrecken*] • development
Ausbau ***m*** [*z. B. einer Wasserstraße*] • upgrading [*such as the stretch of a waterway*]
Ausbau ***m*** [*Ausbau ist jede Art von Tragwerk, das in Hohlräume unter Tage eingebracht wird, um diese zu stützen oder ihre Eigentragfähigkeit zu erhöhen (*1)*]

A

endgültige Sicherung *f*, konstruktive Sicherung, bleibende Sicherung, dauernde Sicherung [*Untertagebau*] • underground support, (permanent) (ground) (support(ing)) system, structural (ground) (support(ing)) system

Ausbau *m*, Nutzung *f* • water resources development, development of water resources

Ausbau *m* (⚒) • roof (support(ing)) system

Ausbau *m*, Rückbau • removal [*Removing, e.g. the liner plates, from a starting or target pit in microtunnel(l)ing*]

Ausbau *m* [*Tiefbohrtechnik. Von der Sohle bis zutage*] • bottoms-up

Ausbau *m* einer Strommündung in See, Ausbau einer Strommündung ins Meer • prolongation of a river mouth seawards

Ausbau *m* mit Schiebekappe, Nachziehschritt *m*, Schiebekappenausbau, Vorziehen *n* nach dem Schritt-zurück-System (⚒) • immediate forward support, IFS

Ausbau *m* und Einbau des (Bohr)Gestänges ➲ Wechsel

Ausbauanker *m* ➲ bergmännischer Anker

ausbaubar, ausbaufähig, nutzbar [*Wasserkräfte; Strom; Fluss*] • developable

ausbaubarer Anker *m* • removable anchor

Ausbaubogen *m* (⚒) • support arch

Ausbauchung *f*, Stauchung • swell [*An enlarged place in, or a part of, an orebody, as opposed to a pinch*]

Ausbauchung *f* in cm^3 [*nach Trauzl*] • expansion of the axial hole in a large lead cylinder

Ausbauelement *n*, Ausbauglied *n* [*Untertagebau*] • (permanent) support(ing) element, (permanent) support(ing) member, (permanent) support(ing) product

ausbauen, konstruktiv sichern [*Tunnel- und Stollenbau*] • to support (permanently)

ausbauen, nutzen [Fluss; *Strom; Wasserkräfte*] • to develop

ausbauen ➲ entrohren

Ausbau(en) *m*, *(n)* [*Tiefbohrtechnik*] • pulling (out), extracting

ausbaufähig, ausbaubar, nutzbar [*Wasserkräfte; Strom; Fluss*] • developable

Ausbaugeschwindigkeit *f* [*Tiefbohrtechnik*] • pulling (out) rate, extracting rate

Ausbaugeschwindigkeit *f* [*z. B. einer Bahnstrecke*] • design speed

Ausbauglied *n*, Ausbauelement *n* [*Untertagebau*] • (permanent) support(ing) element, (permanent) support(ing) member, (permanent) support(ing) product

Ausbaugröße *f*, Ausbaukapazität *f* • design capacity

Ausbauplan *m* • installation plan

Ausbaurücker *m* ➲ (Grubenschreit)Ausbaurücker

Ausbauschema *n* • (permanent) support(ing) pattern

Ausbausog *m* [*Tiefbohrtechnik. Im Gestänge*] • pulling (out) suction, extracting suction

Ausbaustrecke *f* [*Bahnlinie*] • railroad track extension [*railway/railroad*]

Ausbauteil *m*, *n* (⚒) ➲ Ausbauelement

Ausbauwasser *n* • developed water [*A legal term applied to an artificially induced flow of water in a watercourse*]

Ausbauwiderstand *m* [*Ausbauwiderstand ist die Stützkraft des Ausbaus, bezogen auf 1 m^2 zu stützender Gebirgsoberfläche* (*1)] • (permanent) support(ing) resistance, support load density

Ausbauzeit *f* [*Tiefbohrtechnik*] • pulling (out) time, extracting time

ausbeißen ➲ ausgehen

Ausbeißen *n* ➲ Ausstreichen

ausbeißende Kohle *f* ➲ ausgehende Kohle

ausbeißendes Erz *n* ➲ Ausbisserz

ausbeutbar ➲ (ab)baufähig

ausbeutbare Formation *f* ➲ (ab)bauwürdige Formation

ausbeutbares Erz *n* ➲ (ab)bauwürdiges Erz

Ausbeutbarkeit *f* ➲ (Ab)Baufähigkeit

Ausbeutefaktor *m* [*Erdöl; Erdgas*] • ultimate recovery

ausbeuten ➲ leerfördern

ausbeuten eines Kohlenfeldes • to fit a coalfield

Ausbeute(r)grube *f*, fördernde Grube, Fördergrube • active mine, acive pit, producing mine, producing pit, productive mine, productive pit, pay(ing) mine, pay(ing) pit, profitable mine, profitable pit, workable mine, workable pit

Ausbeutung *f*, Erschöpfung • depletion, exhaustion, carrying to end, working-out

Ausbeutung *f* ➲ Abbau

ausbeutungsunwürdig ➲ taub

Ausbeutungszone *f* ➲ Produktionszone

ausbilden [*Böschung*] • to true up [*slope*]

Ausbildungsform *f* • external form, exterior form, outer form [*mineral*]

Ausbildungsgebiet *n* ➲ Übungsgebiet

Ausbildungskippregel *f*, Schulungskippregel, Übungskippregel, Trainingskippregel • training alidade

Ausbildungstheodolit *m*, Schulungstheodolit, Trainingstheodolit, Übungstheodolit • training theodolite

A

Ausbildungsweise ***f*****,** Fazies *f* [*Die Gesamtheit der Merkmale eines geologischen Körpers in seinem jetzigen Zustand wird bestimmt durch das Milieu, das zu seiner Bildung führte*] • facies

Ausbiss ***m*** [*Verschneidung mit der Erdoberfläche*] • outcrop, exposure, grass crop, surface expression, projection; crop [*deprecated*] [*That part of geologic formation or structure that appears at the surface of the Earth*]

Ausbisserz ***n*****,** ausstreichendes Erz, ausbeißendes Erz, Erz im Schichtliegenden • (out)crop(ping) ore, ore (out)crop(ping), cropper ore, outbreak ore; blow [*Australia*]

Ausbisskarte ***f*** • outcrop (geology) map

Ausbisskartierung ***f*** • outcrop (geology) mapping

Ausbissläufer ***m*** • outcrop chaser [*He depends for his correlation of rock exposures and orebodies upon his skill to walk the outcrop throughout its course*]

Ausbisslinie ***f*****,** natürliche Aufschlusslinie [*Talanschnitt; Bodenerhebung*] • natural exposure line

Ausbissvereinzelung ***f*** • multi(ple)-exposure method, isolation of outcrops [*A geological mapping method which consists in drawing the outlines of all outcrops, thus separating or isolating rock exposures from concealed ground*]

ausblasen ➋ abblasen

ausblasen, zurückschlagen [*Sprengtechnik*] • to blow out

Ausblasen ***n*** **von Bohrklein,** Luftspülung *f* • air flushing, puff blowing [*Blowing chips out of a (bore)hole by means of exhaust air from the drill*]

Ausbläser ***m*****,** Fehlschussloch *n*, Versagerschussloch • failed hole, missed hole, misfired hole, unexploded hole [*A loaded blasting hole which did not explode*]

Ausbläser ***m*****,** Luftausbruch *m* • blowout, rupture [*In compressed air work, a sudden loss of air from a tunnel, gallery or caisson*]

Ausbläser ***m*** ➋ Abreißer

Ausbläsergefahr ***f*** [*beim Druckluftvortrieb*] • danger of blowouts

Ausbläserloch ***n*** ➋ Abreißerloch

Ausblasung ***f*** ➋ Deflation

Ausblasungsbeckensee ***m*** ➋ Deflationsbeckensee

Ausblasungssee ***m*** ➋ Winderosionssee

ausblocken, vorrichten (⚒) • to block (out)

Ausblocken ***n*****,** Vorrichten • blocking (out) [*In economic geology, delimitation of an ore body on three or four sides in order to develop it, i.e., to make estimates of its tonnage and quality. The part so prepared is an ore block*]

ausblühen ➋ ausgehen

ausbohren ➋ aufbohren

Ausbohren ***n*** **von Zement,** Zementausbohren [*Tiefbohrtechnik*] • drilling out [*A term used for drilling residue cement at the bottom of a casing string after a cement job*]

ausbrechen [*Fels; z. B. im Tunnelbau*] • to excavate [*rock*]

ausbrechen, gewaltsam ausbrechen [*Vulkan*] • to blow out, to erupt

ausbrechen, gewaltsam austreten [*Erdgas oder Erdöl in Bohrlöchern aus großen Tiefen*] • to blow out, to rupture

ausbrechen ➋ durchschlagen

Ausbrechkraft ***f*** [*eines Radladers*] • break-out force [*of a wheel loader*]

Ausbreitmaß ***n*** [*von Beton*] • slump

Ausbreitversuch ***m*** [*von Beton*] • slump test, consistency test

Ausbreitung ***f*** [*von Erschütterungen*] • propagation [*of shocks*]

Ausbreitungswahrscheinlichkeit ***f*** • probability of propagation, propagation probability

ausbremsen [*z. B. einen Vortrieb durch brüchiges Gestein ausbremsen, d. h. unterbrechen*] • to interrupt

ausbringbar ➋ abbaubar

(ausbringbare) Grundwasserreserve ***f*****,** (ausbringbarer) Grundwasservorrat *m* • groundwater reserve, recoverable groundwater

ausbringen ➋ abbauen

Ausbringen ***n*****,** Abbau *m*, Abbaubetrieb *m*, Ausbeutung *f*, Nutzung, Ausbringung, Abbauen *n* (⚒) • extraction, cutting (out), getting, recovery, recovering, production, working, (mineral) working, excavation in mining, mining (excavation), winning [*The process of removing minerals from the Earth. It consists of fragmentation (or in special cases solution) of minerals from their solid state, loading them, and transporting them to the surface if they were mined underground*]

Ausbringen ***n*** • metallurgic(al) performance

Ausbringung ***f*** ➋ Abbau

Ausbruch ***m*** [*Der beim Sprengen erzeugte Hohlraum*] • blasted cavity, shot cavity

Ausbruch ***m*****,** Eruption *f*, gewaltsames Austreten *n* • eruption, outburst, blowout, rupture

Ausbruch ***m*** • extravasation [*The eruption of molten or liquid material from the earth as lava from a vent, water from a geyser, etc.*]

Ausbruch ***m*** [*z.B. in einer Schlitzwand, zwischen 2 Schächten usw.*] • breakthrough

Ausbruch ***m*** ➋ Auffahrung

Ausbruch ***m*** ➋ Ausbruchsmaterial

Ausbruchdurchmesser ***m*** [*der Schildmaschine*] • excavated diameter, excavated cross-section

Ausbruchhöhe ***f*** • excavated height

Ausbruchfläche ***f*** [*Tunnelbau*] • excavated area

Ausbruchquerschnitt ***m*** [*Tunnelbau*] • excavated cross-section

Ausbruchsarbeiten ***f*,** unterirdische Aushubarbeiten • underground excavation work

Ausbruchsbau ***m*** ➋ unterirdischer Bau

Ausbruchsbohren ***n*** ➋ Angriff(s)bohren

Ausbruch(s)bohren ***n*,** unterirdisches Bohren • underground drilling

Ausbruchs(erd)beben, vulkanisches (Erd)Beben *n* • volcanic (earth)quake

Ausbruchskaverne ***f*,** künstliche Kaverne • underground hall, artificial cavern, (man)made cavern

Ausbruchsklasse ***f*** • blasted cavity class, shot cavity class

Ausbruchskopf ***m*** [*Tiefbohrtechnik*] • flow head

Ausbruchskubatur ***f*** [*Untertagebau*] • volume of underground excavation, underground excavation volume

Ausbruchsmaterial ***n*** • muck [*Context: A dinter loader transported the muck to the working chamber*]

Ausbruchsnische ***f*** **bei Hangunterschneidung,** Mäandernische *f* • wall niche, meander niche [*A crescentic wall niche that has been deepened and its curvature enlarged by down-cutting contemporaneous with undercutting by a stream*]

(Ausbruchs)Profil ***n*,** Bohrung *f*, Ausbruchsquerschnitt *m* [*Tunnel- und Stollenbau*] • bore

(Ausbruchs)Profil ***n*** • digging lines, extraction lines [*In tunnel, gallery and shaft work*]

Ausbruch(s)querschnitt ***m*** ➋ Bohrung

Ausbruch(s)querschnitt ***m*,** Vollprofil *n*, Gesamtquerprofil [*Untertagebau*] • full section

Ausbruchsring ***m*,** Ring [*Felsausbruch im Untertagebau*] • bay

Ausbruchsschieber ***m*** ➋ Ringraum(ab)dicht(ungs)-garnitur

Ausbruchsquerschnitt(fläche) ***m*, *(f)*** • excavated cross section(al area), excavated CSA

Ausbruchssprengen ***n*,** Vortriebssprengen *n*, Angriff(s)sprengen • heading blasting, driving blasting, advance blasting, progress blasting, attack blasting, excavation blasting, driv(ag)e blasting

Ausbruchsstelle ***f*** • deployment zone [*unweathered part of a rock cliff/rock wall which is likely to be origin of the block according to size and shape of the block and the location of deployment. (IAN Report 101)*]

Ausbruchvolumen ***n*** [*z. B. für Tunnel- und Kavernenbau*] • excavation volume, excavated volume [*such as for tunnel and cavern construction*]

ausbühnen [*Schacht*] • to brattice up

ausdauernde Quelle ***f*** ➋ ständig laufende Quelle

ausdauernder Fluss ***m*,** perennierender Fluss *m*, ständig laufender Fluss, Dauerfluss, permanenter Fluss • perennial stream, permanent stream, live stream [*A stream which contains water at all times except during extreme drought*]

ausdauernder See ***m*,** perennierender See, Dauersee • perennial lake, permanent lake

Ausdehnung ***f*** [*Diese Ausdehnung, die das Gestein durch die Druckentlastung beim Erbohren und Ziehen des Bohrkerns erfährt, wird von der unter Oberflächenbedingungen gemessenen Porosität abgezogen*] • rebound

Ausdehnung ***f*,** (räumliche) Erstreckung • extension, extent

Ausdehnungskluft ***f*,** Erstreckungskluft • extension joint [*It forms parallel to a compressive force. In a sense it is a tension fracture*]

Ausdehnungskoeffizient ***m*** • coefficient of expansion

Ausdehnungsloch ***n*** • relieving hole, relief hole [*Michigan cut*]

Ausdehnungsvorgang ***m*** **beim Gefrieren** • frost movement

Ausdehn(ungs)wasser ***n*** ➋ Über(schuss)sätti-gungswasser

Ausdeichen ***n*** • separation by (means of) a dike (or dikes)

(Aus)Deutung ***f*,** Auswertung, Interpretation *f* [*"Semantik" aus der Linguistik hat eine Begriffserweiterung erfahren und wird häufig im Sinne von "Interpretation" verwendet. Beispiele sind: a) Ermittlung der Wassertemperatur durch Fernerkundung, b) Ermittlung des Zustandes von Wäldern durch Infrarotaufnahmen. c) Statistische Unterscheidung von Wohn-, Wirtschafts- und Behördengebäuden durch multitemporale Aufnahmen*] • interpretation

ausdobben [*Einen Graben von Schilf und Schlamm reinigen*] • to clear out, to cleanse of mud

Ausdobben ***n*,** Grabenreinigen, Grabenräumen, Grabensäubern • ditch cleaning

Ausdruckelektronik ***f*,** Protokollelektronik • readout electronics, print-out electronics

Ausdrücken ***n*** • extrusion [*The act or process of thrusting out*]

A

ausdünnen, verdrücken, auskeilen, verdünnen, schmäler werden, ausschwänzen • to peter (out), to pinch (out), to taper (out), to thin (out), to wedge (out), to thin away, to die away, to die (out), to end (off), to lens (out)

Ausdünnen ***n*** ➋ Auskeilen

Ausdünstungsmesser ***m,*** Transpirationsmesser, Phytometer *n* • phytometer

Auseinanderfließen ***n*** ➋ Diffluenz

auseinanderfließend, auseinanderlaufend • diffluent, dispersed by flowing [*Said of a stream, river or glacier that flows away or splits into two or more branches*]

Auseinanderlaufen ***n,*** Diffluenz *f,* Auseinanderfließen • diffluence, dispersion by flowing

auseinanderlaufend, auseinanderfließend • diffluent, dispersed by flowing [*Said of a stream, river or glacier that flows away or splits into two or more branches*]

Auseinanderreißen ***n,*** Zerrung *f* • disjunction, disjoining

auseinanderreißend ➋ disjunktiv

Auserzen ***n*** • mining (out) ore, cutting (out) ore, extracting ore

Ausfachung ***f*** ➋ Verzug

Ausfachung ***f*** ➋ (Brust)Ausfachung

Ausfachung ***f*** [*Zwischenraum zwischen den Pfählen einer Trägerbohlwand (aufgelöste Bohrpfahlwand)*] • infill walling [*space in between the reinforced piles of a soldier pile wall made up of shotcrete or in-situ concrete*], *lagging* [*made up of unreinforced concrete piles*]

Ausfachungsbrett ***n*** ➋ Ort(s)brustbrett

ausfahren [*Bergmann durch eine Strecke*] (⚒) • to move through, to travel through

ausfahren (⚒) • to go out, to go to bank, to go up, to come out, to come up, to ascend, to leave the mine, to get out (of the pit), ascending

Ausfahren ***n*** (⚒) • getting out (of the pit), ascending

Ausfahrgeschwindigkeit ***f*** [*z. B. bei der Herstellung von Kalkpfählen*] • lifting speed

Ausfahr(t)grube ***f*** ➋ Endgrube

Ausfahr(t)schacht ***m*** ➋ Endschacht

Ausfahr(t)öffnung ***f*** • exit opening [*microtunne(l)ing*]

Ausfahr(t)schleuse ***f*** • exit lock

Ausfalldauer ***f*** [*Zeitdauer, in der eine Tiefbohranlage nicht die vorgesehene Funktion erfüllt. Diese Dauer setzt sich zusammen aus der tatsächlichen Instandsetzungsdauer und den Verzögerungen durch Warten auf Personal und Ersatzteile, Herbeischaffen von Hilfs- und Transportmitteln usw.*] • rig downtime

Ausfallkörnung ***f*** • gap grading

Ausfallstraße ***f*** • exit road

Ausfallwahrscheinlichkeit ***f*** • failure probability, probability of failure, default probability

Ausfäller ***m,*** Elektrolyt *m* • electrolyte

Ausfallschicht ***f,*** unterdrückte Schicht • omitted bed

Ausfällung ***f,*** Präzipitation *f* • precipitation

Ausfällung ***f*** **durch organische Materie oder Organismen,** organische Ausfällung • organic precipitation

Ausfällungslagerstätte ***f,*** Präzipitationslagerstätte • precipitation deposit

Ausfällungssedimentgestein ***n*** ➋ Präzipitations-sedimentgestein

ausfiedern (⚒) • to fill up with iron wedges

(aus)filtern, abfiltern, ausfiltrieren, abfiltrieren • to filter (off)

ausfließen, (aus)schütten [*Quelle*] • to flow

Ausfließen ***n,*** Ausgießen, Ergießen • effusing, pouring out, effusion [*The act or process of effusing or pouring out*]

ausfließend • effluent, emanating, flowing out

ausfließendes Entwässerungswasser ***n*** • dewatering effluent, unwatering effluent, drainage effluent

ausflocken; brechen [*bei Tropfenverteilungen*] • to flocculate [*To aggregate into small lumps, said especially of soils and colloids*]

Ausflockung ***f*** **;** Brechung [*bei Tropfenverteilungen*] • flocculation [*Aggregation into small lumps, said especially of soils and colloids*]

(Aus)Flockungsstoff ***m*** • flocculating agent

Ausflug(s)karte ***f*** • tourist map

Ausfluss ***m,*** Abfluss *m* [*Ausfließender Arm eines Hauptwasserlaufes oder eines Sees*] • effluent, warnambool, effluent stream

Ausfluss ***m*** ➋ Abfluss

Ausfluss ***m*** • effluent [*A liquid discharged as waste, such as contaminated water from a factory or the outflow from a sewage works; water discharged from a storm sewer or from land after irrigation*]

Ausfluss ***m,*** (Aus)Schüttung *f* [*Quelle*] • flow

Ausfluss ***m*** **an der Oberfläche** ➋ (vulkanischer) Ausguss

Ausfluss ***m*** **über Tage** ➋ Übertageausfluss

Ausflussganglinie ***f,*** Auslaufganglinie • outflow hydrograph

ausflussloser See ***m*** ➋ abflussloser See

ausfördern (⚒) • to draw, to wind, to haul

Ausfugung ***f*** • pointing

Ausfuhr ***f*** ➋ (Wasser)Ausfuhr

A

Ausführungsbeispiel ***n*** • example, execution example
Ausführungsfehler ***m*** • deficiency in workmanship
Ausführungsplanung ***f*** • execution planning
Ausfüllen ***n*,** Einfüllen • infilling, filling-in [*Deposition by which sediment falls or is washed into depressions, cracks, or holes, as the filling-in of crevasses upon the melting of glacier ice*]
Ausfüllung ***f*,** Abdruck *m*, Ausguss *m*, Negativform *f* [*Ausfüllung des Epireliefs bei Strömungsmarken in Form von Wülsten, Kegeln oder Zapfen*] • cast, counterpart, (mineral) filling [*See note under "mold" (US)*]
Ausfüll(ungs)masse ***f*,** (Gang)Ausfüll(ungs)masse
Ausfurchen ***n*** [*Gletschergebiet*] • rock scoring
ausfuttern, verrohren, einfassen [*Bohrloch*] • to case, to line
ausfüttern, ausstampfen mit Ton • to clay
Ausfuttern, Verrohren *n*, Einfassen [*Bohrloch*] • casing installation
Ausgabe ***f*** **auf Mikrofilm,** Mikrofilmausgabe • computer output on microfilm, COM
Ausgabegerät ***n*,** Ausgeber *m* [*Das letzte Glied in einer Messvorrichtung. Es kann ein direkter Ausgeber (Sichtausgeber, z. B. ein Anzeigegerät oder ein Schreiber) oder ein indirekter Ausgeber (z. B. Lochkartenausgeber, Magnetbandausgeber, Magnetspeicher) sein*] • output device
Ausgangs-Spannungszustand ***m*** • initial stress state
Ausgangsbedingung ***f*,** Originalbedingung • original condition
Ausgangsgestein ***n*** ➋ C-Horizont
Ausgangskornspannung ***f*** • initial grain stress
Ausgangsmaßstab ***m*** ➋ Grundkarten(werk)maßstab
Ausgangsmaterial ***n*,** Ausgangsstoff *m* • parent(al) material [*The unconsolidated material, mineral or organic, from which the solum develops*]
Ausgangsmaterial ***n*** ➋ Paläosom
Ausgangsportal ***n*** • exit portal
Ausgangsprobe ***f*** • original sample
Ausgangsspannung ***f*** • initial stress
Ausgangssteifigkeit ***f*** [*eines Systems*] • initial stiffness [*of a system*]
ausgasendes Flöz ***n*** • fiery seam
Ausgasung ***f*** • gas emission
Ausgasungsschuss ***m*,** Entgasungsschuss (⚒) • brushing shot [*A charge fired in the air of a mine to blow out obnoxious gases or to start an air current*]
ausgebaggerte Fahrrinne ***f*** • dredged channel, excavated trench
ausgebaut [*Tunnel- und Stollenbau*] • permanently supported
Ausgeber ***m*** ➋ Ausgabegerät
ausgebesserte Förderkohle ***f*** • through-and-through
ausgebeutet ➋ leer(gefördert)
ausgebeuteter Ölschiefer ***m*** • spent oil shale
ausgebildet [*Kristall*] • terminated
ausgeblasener Schuss ***m*** ➋ Abreißer
ausgebrochene Bohrung ***f*** ➋ eruptierendes Bohrloch
ausgebrochene Sonde ***f*** ➋ eruptierendes Bohrloch
ausgebrochener Schacht ***m*** ➋ eruptierendes Bohrloch
ausgebrochenes Material ***n*** [*Tunnelbau*] • excavated material
ausgedehnt • persistent, extensive [*As applied to a vein or orebody*]
ausgefachte Bohrpfahlwand ***f*** ➋ Bohrpfahlwand mit großem Pfahlabstand
(aus)gefüllte Kolkrinne ***f*** • scour-and-fill, washout, cut and fill [*A channel or channel-like feature produced in a sedimentary deposit by the scouring action of flowing water and later filled with the sediment of a later deposit*]
(aus)gefüllte Spundwand ***f*,** verfüllte Spundwand • fill(ed) sheet pile wall, fill(ed) sheet(pil)ing wall, fill (ed) piling wall, fill(ed) (sheet)piling, fill(ed) bulkhead [*An anchored bulkhead which is backfilled to make, for instance, the foundation for a quay*]
ausgefuttert, eingefasst, verrohrt [*Bohrloch*] • cased, lined
ausgeglichene Formationsdichte ***f*,** ausgeglichene Gebirgsdichte • compensated formation density, FDC, compensated strata density, compensated beds density
ausgeglichene stratigrafische Sprunghöhe ***f*** [*Zwischen beiden Flügeln einer Schubfläche*] • sole-out
Ausgeglichenheit ***f*** ➋ natürliches Gleichgewicht
ausgegossen ➋ eingegossen
ausgehauener Kohlenraum ***m*** (⚒) • old coal working
ausgehen, ausstreichen, zutagetreten, ausbeißen, zutagegehen, ausblühen • to come out to (the) day, to come up to (the) day, to come up to (the) grass, to crop out, to outcrop, to appear on the surface, to come up to (the) surface; to bassit, to basset [*obsolete*]
Ausgehen ***n*,** Ausstreichen, Ausbeißen, Zutagetreten, Zutagegehen • outcropping, cropping (out); basseting, bassiting [*obsolete*]
Ausgehende ***n*,** Schicht(en)kopf *m*, Ausstreichende, Ausstrich *m*, Kamm *m*, Ausstreicher *m*, Gesteinsausbiss, Felsausbiss *m* [*Der Schnitt einer Gesteinsschicht mit der Erdoberfläche*] • daystone, rock

A

outcrop; outcrop, basset (edge), bassit (edge) [*obsolete*]; course [*An old term used in Great Britain*]
ausgehende Kohle *f*, ausstreichende Kohle, Kohle im Schichtliegenden, ausbeißende Kohle • coal (out)crop (ping), (out)crop(ping) coal, cropper coal, outbreak coal [*Coal worked by opencast methods*]
ausgehobene Absorptionsterrasse *f*, ausgehobene längsgefällelose Terrasse • excavated level terrace, excavated absorption terrace
ausgehungert, isoliert [*Rippel(marke)*] • incomplete, starved
ausgekehlter Überfallaufreißer *m*, ausgekehlter Überlaufaufreißer, ausgekehlter Entlastungsaufreißer • (spillway) bucket splitter, bucket spillway splitter
ausgekeilt, ausgespitzt [*Flöz*] (⚒) • dwindled (away), wrung-out
ausgekesselt • kettled [*In geology hollowed out like a kettle, as rock surfaces by glacial scouring*]
ausgekippte Erde *f* ➋ verkippter Boden
ausgekippter Boden *m* ➋ verkippter Boden
ausgekippter Fels *m* ➋ geschütteter Fels
ausgekochter Schuss *m* ➋ Fehlzündungsschuss
ausgekohlt ➋ leergefördert
ausgelaugt, entkalkt • decalcified [*Said of a soil that has been leached of its calcium carbonate*]
ausgelaugt • leached
ausgelaugter Löss *m* ➋ Lösslehm
ausgelöste Lawine *f* • triggered avalanche
ausgenagte Landfläche *f* ➋ erodierte Landfläche
ausgeprägt, deutlich • distinct
ausgeprägt plastisch [*Schluff, Ton*] • [*Silt, clay*] of high plasticity
ausgeprägte Schichtfläche *f* • master bedding plane
ausgeprägt zusammendrückbarer Schluff *m* • silt of high compressibility
ausgepresst, verpresst, Auspress ..., Verpress ... • (pressure) grouted
ausgepresstes Wasser *n* [*Unter einem sehr hohen Druckgradient ausgepresstes und dadurch entsalzenes Wasser*] • effluent water
ausgequetschter Mittelschenkel, verdünnter Mittelschenkel *m* • drawn-out middle limb, middle drawn-out limb, squeezed middle limb, middle squeezed limb
ausgequetschter Schenkel, verdünnter Schenkel *m* • drawn-out limb, squeezed limb
ausgerammte Fußverbreiterung *f* [*Ortbetonverdrängungspfahl*] • compacted expanded base
ausgereifter Hang *m* ➋ reifer Hang
ausgerichtet, aufgeschlossen im Tiefbau, erschlossen im Tiefbau (⚒) • developed
ausgerundete (Mess)Blende *f* • round-edged orifice meter, round-edged orifice plate
ausgeschachteter Brunnen *m* ➋ Schachtbrunnen
ausgeschwemmt, ausgewaschen • eluviated [*Said of a soil horizon or of materials that have been subjected to the process of eluviation*]
ausgespitzt, ausgekeilt [*Flöz*] (⚒) • dwindled (away), wrung-out
ausgespültes Spülloch *n* • cavity fit [*wellpoint*]
ausgestampfter Kies *m* • compacted gravel
ausgesteifte Baugrube *f* • braced excavation
ausgesteifte Schlitzwand *f* • braced (concrete) diaphragm wall
ausgestreut ➋ eingesprengt
ausgesüßt, süß, entsalzt • fresh [*Water containing less than 1000 dissolved parts of salt per million parts of water (p.p.m.) or milligrammes per litre (mg/l)*]
ausgesüßtes Eis *n*, entsalztes Eis, gesüßtes Eis • fresh ice [*Ice that has been salty but now is fresh*]
ausgetrockneter Fluss *m* • lost stream, dried-up stream [*In an arid region*]
ausgewaschen, ausgeschwemmt • eluviated [*Said of a soil horizon or of materials that have been subjected to the process of eluviation*]
ausgewaschene Goldteilchen *f* ➋ Flutgold
ausgewogene Brunnenschüttung *f* • equilibrium well discharge [*The ultimate steady rate of discharge for a given constant drawdown in a well*]
ausgewogene (Grundwasser)Absenkung *f* • equilibrium drawdown [*The ultimate, constant drawdown for a steady state of pumped discharge*]
ausgewogener Oberflächenabfluss *m*, ausgewogener Oberflächenablauf, ausgewogener oberirdischer Abfluss, ausgewogener oberirdischer Ablauf *m* • equilibrium surface discharge, equilibrium surface runoff, equilibrium surface flow, equilibrium overland discharge, equilibrium overland runoff, equilibrium overland flow [*The steady state of surface discharge which results from a long-continued, steady state of net rain(fall), with discharge rate equal to a net rain(fall) rate*]
(aus)gezackter Bruch *m* • hackly fracture, jagged fracture [*mineral*]
(aus)gezimmert, verzimmert • timbered
ausgezogener Mittelschenkel *m* • stretched out middle limb, thinned middle limb
ausgiebig regnen • to rain prolifically

A

ausgießen ➋ eingießen

Ausgießen *n*, Ausfließen, Ergießen • effusing, pouring out, effusion [*The act or process of effusing or pouring out*]

Ausgießen *n* ➋ Eingießen

Ausgleich(s)becken *n*, Ausgleich(s)weiher *m* [*Talsperre*] • balancing reservoir, compensating reservoir, equalizing reservoir, regulating reservoir

Ausgleich(s)bewegung *f* [*z. B. an einem Hang*] • compensating movement

Ausgleich(s)drän *m* • equalizing drain, balancing drain

Ausgleich(s)gründung *f*, Ausgleich(s)fundament *n* • compensated foundation

Ausgleich(s)kabel *n*, (Stahl)Ausgleich(s)kabel

Ausgleich(s)kammer *f* ➋ Ausgleich(s)schacht

Ausgleich(s)küste *f* [*Sie zeigt einen Wechsel von Steil- und Flachküste, deren ursprüngliche Vorragungen und Einbuchtungen durch Abrasion und Sedimentation allmählich ausgeglichen wurden*] • simplification coast, simplified coast

Ausgleich(s)linie *f*, (Erd)Massenausgleich(s)linie • balance line

Ausgleich(s)matte *f* • levelling mat(tress) (Brit.); leveling mat(tress) (US); equalizing mat(tress)

Ausgleich(s)membrane *f* • compensating diaphragm [*theodolite*]

Ausgleichs(s)platte *f*, Kompensationsplatte • correction plate, compensation plate [*photogrammetry*]

Ausgleich(s)punkt *m* ➋ (Massen)Ausgleich(s)punkt

Ausgleich(s)salzstrom *m*
➋ Salzausgleich(s)-strömung

Ausgleich(s)schacht *m*, Gleichgewicht(s)kammer, Gleichgewicht(s)schacht *m*, Ausgleich(s)kammer, Sektorkammer *f*, Sektorschacht [*Sektorverschluss-(organ)*] • equalizing chamber, balancing chamber, gate pit, gate well; gate recess (US)

Ausgleich(s)seil *n*, (Draht)Ausgleich(s)seil

Ausgleich(s)speicherung *f* • control(ling) storage, balance(d) storage, regula(riza)tion storage, regulating storage [*The storage of a volume of water, usually only sufficient for one day during which outflow varies according to usage and inflow may be fairly constant*]

Ausgleich(s)stein *m* • balance jewel

Ausgleich(s)strömung *f*, kalte Auftrieb(s)strömung • compensation current

Ausgleich(s)tank *m* • equalizing tank [*offshore engineering*]

Ausgleich(s)tiefe *f* • compensation depth, compensation level, depth of compensation, level of compensation [*Tectonics. According to the concept of isostasy, the depth above which the rock material is brittle and below which there is a slow movement of plastic rock material to adjust to changes in load on the Earth's surface. Estimates of the depth of compensation range from 35 miles to 75 miles*]

Ausgleich(s)tiefe *f* [*Kanal*] • equalizing depth, balancing depth

Ausgleich(s)weiher *m*, Ausgleich(s)becken *n* [*Talsperre*] • balancing reservoir, compensating reservoir, equalizing reservoir, regulating reservoir

Ausgleichung *f* **mit Anschluss an ein übergeordnetes Netz** [*Programmsystem GEONET*] • connected adjustment

Ausgleichung *f* **mit Teilspurminimierung** [*Programmsystem GEONET*] • transformed adjustment

Ausgleichung *f* **unter Zwang**, Zwang(s)ausgleichung [*Programmsystem GEONET*] • constrained adjustment

ausgraben • to unearth, to undig

Ausguss *m*, Erguss, Effusion *f* • effusion [*That which is effused or poured out*]

Ausguss *m* ➋ Abdruck

Ausguss *m* ➋ (vulkanischer) Ausguss

Ausgusskasten *m* [*Pumpensatz*] (⚒) • drain-box

Ausguss(röhre) *m*, *(f)* ➋ Auslaufröhre

Aushagerung *f* ➋ (Boden)Aushagerung

Aushagerung *f*, Bodenverschlechterung, Bodendegradierung • soil degradation

aushalten ➋ scheiden

Aushalten *n* [*Berge in der Grube*] (⚒) • triage

Aushalten *n* [*Gang*] • extent

aushärten • to set and harden

aushärtender Stoff *m* • hardening substance

Aushärtung *f* [*Schlauchverfahren für Rohrsanierung*] • curing

Aushauchen *n* ➋ Ausströmen

Aushauchung *f* ➋ Ausströmen

Aushaueisen *n*, Haue *f* (⚒) • hoe

aushauen (⚒) • to hew out, to get out

ausheben, schachten, graben; buddeln [*volkstümlich*] • to dig, to excavate, to cut down

ausheben eines U-Grabens • to trench, to dig a trench, to excavate a trench

ausheben eines V-Grabens • to ditch, to dig a ditch, to excavate a ditch

A

Aushöhler *m* [*Kammersprengen*] • excavator
Aushöhlung *f* ➋ unterirdische Auslaugung
Aushub *m* ➋ Bodenaushub
Aushub *m* ➋ Einschnitt
Aushub *m* in allen Bodenklassen und Weichgestein • common excavation, common digging, common cutting [*Contract term including earthy materials and weathered or soft rock and cemented materials, which are usually ripped for loading purposes. It includes boulders up to 0.76 m^3 (1 yd^3) in volume*]
Aushub *m* in gewachsenem Boden • primary excavation [*Digging in undisturbed soil, as distinguished from rehandling soil stockpiles*]
Aushub *m* mit Bodentrennung, Trennaushub • selective digging [*Separating two or more types of soil while digging them*]
Aushub *m* und Aufschüttung *f*
➋ Abtrag und Auftrag
Aushub(absteck)pflock *m*
➋ Einschnitt(absteck)-pflock
Aushubarbeit(en) *f(pl)*, Aushubbetrieb *m*, Grabbetrieb, Grabarbeit(en); Buddeln *n*, Buddelei *f* [*volkstümlich*] • digging work, digging operation(s), excavation operation(s), excavation work [*In open air*]
aushubbedingt • due to the excavation
Aushubbeginn *m* • breaking ground [*Initial excavation work indicating the start of construction*]
Aushubbereich *m* • excavation area; excavated zone; *less frequent:* excavation radius
Aushubbetrieb *m* ➋ Aushubarbeit(en)
Aushubboden *m*, Aushuberde *f* • bank, excavated earth, excavated soil, dug earth, dug soil [*Any soil which is to be dug from its natural position*]
Aushubböschung *f* ➋ Böschung im Abtrag
Aushubdeponie *f* ➋ (Bau)Aushubdeponie
Aushubebene *f* • building pit base
Aushubentwässerung *f* • excavation dewatering, excavation unwatering
Aushub(erd)planum *n*, Aushub(erd)planie *f* [*Schweiz*] • extraction (sub)grade, extraction base grade (US); extraction formation (Brit.)
Aushubgelände *n*, Abtrag(ungs)gelände *n*, Einschnittgelände, Grabgelände • cut terrain, cut ground, excavated terrain, excavated ground
Aushubgrenze *f*, Grabgrenze • digging limit, limit of digging, limit of excavation, excavation limit
Aushubgut *n*, Aushubmaterial *n*, Grabmaterial, Grabgut • digging material(s), excavation, cut(ting) material(s), excavated material(s), excavation material (s), cut(ting)s
Aushubholzbohle *f* • runner [*Timber plank with a pointed end driven down from the top as the excavation proceeds, so that the bottom of the timbering is always below the level of the digging*]
Aushubkontrolle *f* • excavation control, controlling excavation
Aushubmaterial *n* ➋ Aushubgut
Aushubmaterial *n* der Baustelle, Baustellen-Aushubmaterial • native cut [*The opposite of borrow(ed) material if used as fill material*]
Aushubmaterial *n* ohne Sprengung • unclassified material(s) [*Soil and loose materials that can be removed without blasting*]
Aushubmeißel *m*, Grabmeißel • digging bit [*A noncoring bit, usually similar to a steel drag or mud bit*]
Aushubmenge *f*, Aushubvolumen *n*, Abtragmenge, Abtrag(ungs)volumen, Einschnittmenge, Einschnittvolumen, Abtragungsmenge • cut, cut(ting) volume, excavated volume [*The volume of excavation for a given cut*]
Aushubmutterboden *m* • excavated topsoil
Aushubnachfall *m* • excavation cave-in
Aushubneigung *f* ➋ Einschnittneigung
Aushubphase *f* • excavation phase
Aushubplanum *n* ➋ Einschnittplanum
Aushubprofil *n*, Grabprofil • digging lines, extraction lines, digging profile, excavation profile [*In open air work*]
Aushubraum *m*, Baggerungsraum [*Bei einer Brunnengründung "Brunnenaushubraum" oder "Brunnenbaggerungsraum" genannt*] • shell, well, shaft, cylinder [*open caisson*]
Aushubschacht *m*, Grabschacht • digging shaft, excavation shaft, excavating shaft [*A shaft through which excavation is carried on*]
Aushubschacht *m* [*Druckluftsenkkasten*]
➋ Materialschacht
Aushubsetzung *f* • settlement due to excavation, excavation settlement
Aushubsicherung *f*, vorläufiger Aushubausbau *m*, provisorischer Aushubausbau, vorübergehender Aushubausbau, zeitweiliger Aushubausbau, Aushubverbau • temporary excavation (support(ing)) system
Aushubsohle *f* • excavation floor, excavation bottom, base of the excavation
Aushubstelle *f*, Grabstelle • digging site, excavation site, diggings
Aushubtiefe *f*, Abtrag(ungs)tiefe, Baggertiefe • cut(ting) depth, depth of cut(ting), cut, excavating

depth, (total) excavation depth, depth of excavation, digging depth, depth of digging [*The depth to which material is to be excavated to bring the surface to predetermined grade*]

Aushubverbau *m* ➋ Aushubsicherung

Aushubverfahren *n* [*z.B. der Fa. Möbius AG. In einem Prospekt der Firma heißt es: Für das Aushubverfahren wird ein offenes Stahlrohr, d = 40 cm – 150 cm, verwendet. Das Rohr wird mit einer zum Verdrängungsverfahren vergleichbaren Gerätekonfiguration bis in den tragfähigen Boden gebracht u. anschließend mit einer Bohrschnecke ausgebohrt. Hierfür wird ein gesondertes Bohrgerät eingesetzt. Bei beengten Platzverhältnissen kann durch eine spezielle Aufnahmekonstruktion mit integriertem Drehbohrkopf die Bohrschnecke auch von der Ramme aufgenommen und bedient werden. Anschließend erfolgt der Einbau der Geokunststoffhülle u. der Säulenfüllung. Das Säulenmaterial wird durch die Rüttlerwirkung beim Herausziehen des offenen Stahlrohres verdichtet. Das Verfahren wird bei Böden mit hohem Eindringwiderstand und/oder bei Baumaßnahmen mit angrenzenden Bauten, Verkehrsanlagen etc., für die die Minimierung der dynamischen Belastung erforderlich ist, eingesetzt*] • excavation method

Aushubverhältnisse *n(pl)* • digging conditions, excavation conditions

Aushubvolumen *n,* Aushubmenge *f,* Abtragmenge, Abtrag(ungs)volumen, Einschnittmenge, Einschnittvolumen, Abtragungsmenge • cut, cut(ting) volume, excavated volume [*The volume of excavation for a given cut*]

Aushubwand *f,* Grabwand • digging wall, digging face, excavation wall, excavation face

Aushubwand *f* ➋ Einschnittwand

Aushubwerkzeug *n,* Grabwerkzeug • digging tool

Aushubwiderstand *m,* Grabwiderstand • digging resistance

Aushubzelle *f,* Grabzelle [*offener (Senk)Kasten*] • open cell, open well, open compartment, digging well, digging cell, digging compartment

auskeilen ➋ verdrücken

Auskeilen *n,* Flözverschmälerung *f,* Flözverdrückung, Nachlassen der Flözmächtigkeit, Auskeilung, Verdrückung • nip, baulk [*A sudden thinning out, for a certain distance, of a bed of coal*] (⚒)

Auskeilen *n,* Verdrücken, Ausdünnen, Verdünnen, Schmälerwerden, Ausschwänzen • petering (out), pinching (out), thinning (out), wedging (out), dying (out), ending (off), tapering (out), thinning away, dying away, lensing (out) [*Of a stratum in one or more directions*]

auskeilende Wechsellagerung *f* ➋ wechselseitige Verzahnung

auskeilender Gang *m* **nach der Teufe hin** • gash vein [*A nonpersistent vein that is wide above and narrow below, and that terminates within the formation of traverses. The term was originally applied to vein fillings of solution joints in limestone*]

(aus)kesseln, vorkesseln, schnüren • to chamber, to spring, to squib [*See note under "chambering"*]

(Aus)Kesseln *n,* Kesselsprengung *f,* Kesselsprengen, Schnüren, Vorkesseln • chambering, springing, squibbing, sprung borehole method [*The firing of successively larger charges of explosive with little stemming until the hole bottom is sufficiently enlarged to take the final charge (which is properly stemmed) • The method is much used for heavy blasts in quarrying*]

Auskesselung *f* • bell hollow, roof hollow, top hollow, buck hollow (⚒) [*A conical cavity in a coal-mine roof caused by the falling of a large concretion*]

Auskesselung *f* • bell hole [*bell-mo(u)ld*]

Auskesselung *f* [im *Tiefbohrloch*] • breakout

Auskesselung *f* [*Kesselsprengen*] • cavity

Auskippen, Abkippen *n,* (Aus)Schütten, Abwerfen, Verkippen • tipping, dumping

auskleiden, bekleiden, verkleiden • to line, to face

auskleiden ➋ futtern

Auskleiden *n,* Bekleiden, Verkleiden • lining installation, lining placement, facing installation, facing placement

Auskleidung *f,* Verkleidung, Bekleidung, Schale *f* • lining, facing [*With reference to a canal, tunnel, gallery or shaft, a coating of asphaltic concrete or cement concrete or steel to provide watertightness. Generally, the covering of the surface, mostly the inner surface of anything*], steel lining

Auskleidung *f* ➋ Abdeckung

Auskleidung *f* **eines Tunnels** ➋ Tunnelauskleidung

Auskleidungsarbeiten *f(pl),* Bekleidungsarbeiten, Verkleidungsarbeiten • lining work, facing work

Auskleidungsblech *n,* Bekleidungsblech, Verkleidungsblech • lining plate, liner (plate), facing plate

Auskleidungsmauer *f,* Futtermauer, Verkleidungsmauer, Bekleidungsmauer [*Eine relativ dünne Mauer aus Naturstein oder Trockenmauerwerk, die sich an eine Böschung unter gleichem oder etwas steilerem Winkel lehnt und am Böschungsfuß frostfrei gegründet ist*] • revetment (masonry) wall

A

Auskleidungsmauer *f* aus Natursteinmauerwerk, Futtermauer aus Natursteinmauerwerk, Verkleidungsmauer aus Natursteinmauerwerk, Bekleidungsmauer aus Natursteinmauerwerk • (natural) stone revetment wall

Auskleidungsmauer *f* aus Trockenmauerwerk ➋ Futtermauer aus Trockenmauerwerk

Auskleidungsstein *m* ➋ (Ab)Deckungsstein

Auskleidungssteine *f*, Futtersteine, Bekleidungssteine, Verkleidungssteine [*8–20 cm Größe*] • beaching [*Loose-graded stones from 3 to 8 in. in size used in a layer 1 to 2 ft thick for revetting reservoirs and embankments below the level of the pitching*]

Auskling ... ➋ Abkling ...

ausklingen, abklingen [*Geräusch; Erschütterung*] • to die (away), to fade, to decay

Ausklingen *n* ➋ Abklingen

ausklingende Falte *f*, abklingende Falte • lessening fold

ausklingende vulkanische Tätigkeit *f*, abklingende vulkanische Tätigkeit • declining volcanic activity

Ausklinkvorrichtung *f* • release mechanism

Ausknicken *n* [*dünner Schichtpakete an einem Hang, die zum Versagen einer Böschung führen können; oder: z. B. Ausknicken von Bogenrippen bei einer Bogenbrücke usw.*] • buckling

Auskofferungsbaugrube *f* • coffering trench

auskohlen • to work out coal, to extract coal, to get coal, to bring out coal

Auskohlen *n* • working out of coal, extracting coal, getting coal, bringing out coal

auskohlen von Hand ➋ gewinnen der Kohle von Hand

(aus)kolken, unterspülen, unterwaschen, ausspülen • to undercut by water, to bare by water, to undermine by water, to scour, to blow (up)

(Aus)Kolken *n*, (Aus)Kolkung *f*, Unterwaschung, Unterwaschen, Unterspülung, Unterspülen, Ausspülung, Kolkbildung, Ausschürfen • scour(ing), baring by water, underwashing, blow(ing)-up [*The action of flowing water as it lifts and carries away the material on the sides or bottom of a waterway*]

(Aus)Kolken *n* • fluting [*The process of forming a flute by the cutting or scouring action of a water current flowing over a muddy surface*]

(Aus)Kolken *n* und (Auf)Füllen scour(ing) and (re)fill (ing) [*The process of alternate excavation and (re)fill (ing) of a channel, as by a stream, a river or the tides*]

(Aus)Kolkung *f*, Kolk *m* • flute [*A primary sedimentary structure consisting of a discontinuous scoop-shaped or lobate depression, or groove, generally 2-10 cm in length, usually formed by the scouring action of a turbulent, sediment-laden current of water flowing over a muddy bottom, and having a steep or abrupt upcurrent end where the depth of the mark tends to be the greatest. Its long axis is generally parallel to the current*]

(Aus)Kolk(ungs)eintiefung *f*, (Aus)Kolk(ungs)vertiefung, (Aus)Kolk(ungs)loch *n* • scour(ing) depression, scour(ing) hole

(Aus)Kolk(ungs)abwehr *f*, (Aus)Kolk(ungs)bekämpfung *f* • scour(ing) control

(Aus)Kolk(ungs)kamm *m* [*Parallel zum Wind orientierter, schmaler, spitzer Kamm von festem Schnee*] • scour-remnant ridge

(Aus)Kolk(ungs)leiste *f* • skirt [*A dropped edge of a footing, which confines the foundation soil and prevents scour(ing), e. g. at the two ends of a culvert*]

(Aus)Kolk(ungs)riefe *f* • scour(ing) lineation [*A smooth, low ridge, 2-5 cm wide, formed on a sedimentary surface*]

(Aus)Kolk(ungs)rinne *f* • scour(ing) channel, scourway [*A channel created by a powerful water current, particularly the temporary channels formed by streams on the edge of a Pleistocene ice sheet*]

(Aus)Kolk(ungs)strecke *f* [*Eine eingetiefte Unterwasserstrecke*] • scour(ing) reach

(Aus)Kolk(ungs)strömungf • scour-provoking current

(Aus)Kolk(ungs)verzögerung *f* [*Was der Flutstrom bringt kann ein gleich starker Ebb(e)strom nicht wieder wegführen*] • scour(ing) lag

auskragend • cantilevering

Auskragung *f* • cantilever

auskratzen (⚒) • to unram

Auskratzen *n* (⚒) • unramming

Auskratzen *n* von Versagern, Auskratzen von Fehlschüssen • unramming of misfired shots

auskristallisieren • to crystallize out

Auslauf *m* ➋ (Wellen)Auslauf

Ausladung *f* [*eines Krans*] • reach, outreach, radius, range [*of a crane*]

Ausland(s)bergbau *m* • foreign mining

Ausland(s)erz *n* ➋ Fremderz

Ausland(s)kohle *f*, Einfuhrkohle, Fremdkohle • imported coal, foreign coal, non-domestic coal

auslängen ➋ durchschlagen

auslängen (⚒) • to push on the works

Auslängung *f* • elongation, lengthening [*A strain term signifying increase in length*]

Auslass *m*, Ablass • outlet [*That portion of a pipe, pump, or structure through which water or air leaves*]

Auslass *m* auf mittlerer Höhe ➔ Ablass auf mittlerer Höhe

Auslassbauwerk *n* ➔ Betriebsauslass

Auslassflügelmauer *f*, Unterwasserflügelmauer, Ablassflügelmauer • outlet wing wall, downstream wing wall

Auslassgletscher *m*, Ausläufer, Eisstrom *m* [*Talgletscherähnlicher Auslass von Eisschilden oder Eiskappen*] • outlet glacier, effluent glacier [*It is located on the periphery of an ice cap. Obsolete term: ice stream*]

Auslasskegel *m*, Ablasskegel [*Grundablass-Drosselklappe*] • outlet bellmouth

Auslassregulierschütz(e) *n*, (*m*) ➔ Ablassregulier-schütz(e)

Auslassschacht *m* ➔ Ablassschacht

Auslassschieber *m* ➔ Ablassschieber

Auslassstollen *m* • outlet tunnel

Auslassventil *n* [*z. B. an einem Fräsbaum*] • outlet valve

Auslassverschluss *m* ➔ Ablassverschluss

Auslauf *m*, Ableitung *f*, Abfluss *m*, Ablauf • tailrace [*The gallery or channel that conveys the water from the turbine(s) to the water course*]

Auslauf *m* [*Zum Rücklauf einer Bohrspülung*] • riser

Auslaufbauwerk *n*, Betriebsauslass *m*, Auslassbauwerk • reservoir outlet (works), outfall structure

Auslaufbecher *m* • Ford viscosity cup [*ASTM D 1200*]

Auslaufbecken *n*, Ableitungsbecken, Abflussbecken, Ablaufbecken • tailrace pool [*dam*]

Auslaufen *n* der Erze • conveyance of ores, ore conveyance

auslaufende Quelle *f* ➔ (Frei)Fließquelle

Ausläufer *m* ➔ Apophyse

Ausläufer *m*, Abzieher

Ausläufer *m*, Auslassgletscher *m*, Eisstrom *m* [*Talgletscherähnlicher Auslass von Eisschilden oder Eiskappen*] • outlet glacier, effluent glacier [*It is located on the periphery of an ice cap. Obsolete term: ice stream*]

Ausläufer *m* ➔ Abkommnis

Ausläufer *m* ➔ Bergvorsprung

Auslaufganglinie *f*, Ausflussganglinie • outflow hydrograph

Auslaufgebiet *n* [*einer Lawine*] • avalanche runout zone

Auslaufgebiet *n* [*einer Steinschlag-Sturzbahn*] • rockfall runout zone

Auslaufgraben *m* ➔ Unter(wasser)graben

Auslaufkanal *m* • outlet channel

Auslauföffnung *f* ➔ Ablauföffnung

Auslaufportal *n* • downstream portal [*See note under "portal"*]

Auslaufpreventer *m*, Diverter [*Tiefbohrtechnik*] • bell nipple

Auslaufquelle *f*, absteigende Quelle *f* • descending spring, declining spring

Auslaufquelle *f* ➔ (Frei)Fließquelle

Auslaufrohr *n*, Spül(ungs)auslauf *m* [*Tiefbohrtechnik*] • bell nipple

Auslaufröhre *f*, Aufsätzel *m*; Oberpumpstöckel *n* [*Österreich*], Ausguss(röhre) *m*, (*f*) [*Eine ungefähr 50 cm lange Röhre, welche bei Brunnen oben seitwärts in die Pumpröhre eingesetzt ist*] • spout, discharge spout

Auslaufstollen *m*, Abflussstollen, Ableitungsstollen, Ablaufstollen [*Von Schieberkammer zum Ableitungstunnel unter Umgehung des Krafthauses*] • drainage gallery, drainage drift; drainage tunnel (US)

Auslaufstollen *m* ➔ Ablassstollen

Auslaufversuch *m*, Pumpversuch mit konstantem Unterdruck

auslaugarmer Spritzbeton *m* • non-leaching shotcrete

(aus)laugbar, (aus)laug(ungs)fähig • leachable

(Aus)Laugbarkeit *f*, (Aus)Laugfähigkeit, (Aus)Laug(ungs)vermögen *n*, Auslaugungsfähigkeit • leachability

auslaugen [*ein Gestein*] • to wash out

(Aus)Laugen *n*, (Aus)Laugung *f*, Herauslösung, Herauslösen • leaching, lixiviation [*(a) The separation, selective removal, or dissolving-out of soluble constituents from a rock or ore-body by the natural action of percolating water. (b) The removal in solution of nutritive or harmful constituents (such as mineral salts and organic matter) from an upper to a lower soil horizon by the action of percolating water, either naturally (by rainwater) or artificially (by irrigation). (c) The extraction of soluble metals or salts from an ore by means of slowly percolating solutions, e.g. the separation of gold by treatment with a cyanide solution*]

Auslaugerei *f*, Laugung, Auslaugen *n*, Ausziehen, Extrahieren, Laugen, Laugerei, Auslaugung *f* [*Trennung der löslichen Bestandteile einer Substanz durch ein Lösungsmittel von den unlöslichen*] • extracting, leaching (out), extraction

(Aus)Laugfähigkeit *f*, (Aus)Laugbarkeit *f*, (Aus)Laug(ungs)vermögen *n*, Auslaugungsfähigkeit • leachability

(Aus)Laugung *f* ➔ (Aus)Laugen

(Aus)Laugung *f* ➔ Auslaugerei

(aus)laug(ungs)fähig, (aus)laugbar • leachable

A

Auslaug(ungs)fähigkeit *f* ➔ (Aus)Laugbarkeit

(Aus)Laug(ungs)mittel *n* • leach(ing) agent

Auslaugverhalten *n* (*versinterungsrelevanter Stoffe aus Spritzbeton*) • leaching behaviour (of shotcrete materials affected by sintering)

(Aus)Laug(ungs)vermögen *n* ➔ (Aus)Laugbarkeit

(Aus)Laug(ungs)versuchshalde *f* • leaching trial dump, leaching trial heap, leaching trial pile

Auslegeholz *n* [*Tunnelzimmerung*] • bar, wood(en) bar

Ausleger *m*, Rohrleger-Ausleger • stinger [*offshore engineering*]

Ausleger *m* [*eines Krans*] • jib, boom

Ausleger *m* [*einer Brücke; Ein Bauteil, das an einem Ende befestigt ist während das andere Ende frei schwebt*] • cantilever

Auslegerarm *m* • jib arm

Auslegerbrücke *f* • cantilever bridge

Auslegergründung *f*, Kraggründung • cantilever(ed) foundation, cantilevering foundation

Ausleger-Gründungsplatte *f* ➔ Gründungs-Krag-platte

Auslegerkran *m* • derrick

Auslegung *f* ➔ Bemaßung

Auslegungshilfe *f* ➔ Bemessungshilfe

Auslegungslast *f* ➔ Bemessungslast

Auslenkung *f* • deflection

Auslese *f*, Sortierung *f* • sorting [*The result of sorting*]

Auslese *f* ➔ (natürliche) Auslese

Auslese(erz)gewinnung *f*, selektive (Erz)Gewinnung • selective (ore) mining, robbing a mine [*A method of mining whereby ore of unwanted high value is mined in such manner as to make the low-grade ore left in the mine incapable of future profitable extraction*]

Auslesen *n*, Sortieren • sorting [*Selection by natural processes during transport of rock particles according to size, specific gravity, durability, shape, or other characteristics*]

Auslieger *m* ➔ Zeugenberg

auslochen (⚒) • to dig upwards

Auslöschung *f* • extinction [*optics*]

Auslösch(ungs)band *n* • extinction band

Auslösch(ungs)kurve *f* • extinction curve

Auslösehaken *m*, Entkopp(e)lungshaken, Sicherheitshaken (⚒) • detaching hook [*A mechanism inserted between a mine cage and the winding rope. It releases automatically the rope from the cage if overwinding occurs*]

Auslösemechanismus *m*, Triggermechanismus *m* [*z. B. für einen Bergsturz*] • trigger mechanism

Auslöser *m*, Auslöseereignis *n* [*für einen Bergsturz, eine Hangrutschung usw.*] • triggering event, trigger

Auslöseventil *n* [*Formationsprobegerät*] • disc valve, disk valve, trip valve

Auslösungs(erd)beben *n* • simultaneous earthquake, simultaneous quake

Auslösungslage *f* [*Mineral*] • dark position

ausmauern [*Senkkasten; Schacht; Gründungsbrunnen; Brunnen*] • to stein, to steyn, to steen

Ausmauerung *f* [*Senkkasten; Schacht; Gründungsbrunnen; Brunnen*] • steining, steyning, steening

ausmessen mit der Kette, vermessen mit der Kette • to chain [*surveying*]

Ausmessgerät *n* [*Fotogrammetrie*] • measuring apparatus, measuring machine

Ausmitte *f*, Ausmittigkeit *f* • eccentricity

ausmittige Spülwasseröffnung *f* • offcenter waterway port (US); offcentre waterway port (Brit.) [*A waterway port in a noncoring diamond bit, not located in the centre of the bit face*]

Ausmittigkeit *f*, Ausmitte *f* • eccentricity

ausnagen, abtragen, abnagen • to base level [*To reduce by erosion to, or toward the condition of a plain at, base level*]

ausnagen, abtragen, erodieren, zerfressen, abtragen • to erode

ausnagen, korrodieren, benagen • to corrode

Ausnagen *n* ➔ Erosion

ausnagend ➔ abtragend

Ausnagung *f*, Erosion *f*, Abtragen *n*, Abtragung, Ausnagen • erosion

Ausnagung *f*, Korrosion *f*, Benagung • corrasion [*misnomer*]; corrosion [*"Corrosion" should preferably be restricted to chemical action*]

Ausnagung *f* in der Glazialperiode, Erosion *f* in der Glazialperiode, Abtrag(ung) *m*, *(f)* in der Glazialperiode • erosion during glacial period

Ausnagung *f* im engeren Sinne ➔ Fluvialerosion

Ausnagungs . . . ➔ Erosions . . .

Ausnutzung der Scherfestigkeit *f* • shear strength mobilisation (US: mobilization)

Ausnutzungsgrad *m* der Scherfestigkeit • ratio of mobilized shear strength

Ausnutzungsgrad *m* [*einer Maschine*] • efficiency rate

Auspanzerung *f* • steel pipe lining [*tunnel; gallery*]

auspeilen [*Untersuchen der Wassertiefe mit dem Senkblei*] • to examine the ground

auspfählen, (ver)pfählen • to pile

Auspfählen *n*, (Ver)Pfählen *n* • piling

auspfützen (⚒) • to draw the low waters
Ausprägung *f* des Gipfels der Verteilungskurve • peakedness
Auspress . . . ➲ Einpress. . .
Auspressabteufen *n*, Verpressabteufen • cementation (shaft) sinking [*A technique of shaft sinking through strata containing water by injecting liquid cement or chemicals into the ground*]
auspressbar, verpressbar • groutable
Auspressbarkeit *f*, Verpressbarkeit • groutability [*The conditions in which grounds are able to receive pressure grouts for the purposes intended*]
Auspressen *n* ➲ Einpressen
Auspressen *n* mit doppelt wirkendem Strahl, Einpressen mit doppelt wirkendem Strahl, Verpressen mit doppelt wirkendem Strahl, Injizieren *n* mit doppelt wirkendem Strahl [*Eine Stütztechnik für Böden mit Alluvionsmerkmalen*] • double-acting jet grouting, double-acting jet injection
Auspressgel *n*, Verpressgel, Einpressgel [*Gelierende echte Lösung, z. B. (Natron)Wasserglas plus Chlorkalzium nacheinander injiziert - Reaktion nach Joosten*] • grouting gel, grout injection gel, (grout) injecting gel, injection (grout(ing)) gel, pressure grouting gel [*See note under "sodium silicate (injection) grout"*]
Auspressgut *n* ➲ Verpressmittel
Auspressharz *n*, Verpressharz, Einpressharz, Injizierharz, Injektionsharz • grouting resin, grout injection resin, (grout) injecting resin, injection (grout(ing)) resin, pressure grouting resin, Newtonian low-viscosity grout [*It has a viscosity close to that of water. See note under "sodium silicate (injection) grout"*]
Auspressherdwand *f*, Verpressherdwand • grouted (toe) cutoff (wall), grout curtain (toe) cutoff (wall), injection curtain (toe) cutoff (wall) [*See note under "(toe) cutoff (wall)"*]
Auspresshilfe *f*, Einpresshilfe, Verpresshilfe, Injektionshilfe, Injizierhilfe [*Sie verhindert das Absetzen des Einpressmörtels in Spannkanälen beim Spannbeton mit nachträglichem Verbund und bewirkt ein mässiges Quellen zur Verbesserung der Haftung*] • grout(ing) aid, (grout) injection aid, injection (group(ing)) aid, pressure grout(ing) aid
Auspressmittel *n* ➲ Verpressmittel
Auspresssäule *f*, Verpressmaterialsäule
Auspressstollen *m*, Einpressstollen, Verpressstollen, Injektionsstollen, Injizierstollen • grouting gallery, (grout) injection gallery, injection (grout(ing)) gallery, pressure grouting gallery [*"Tunnel" is used for "gallery" in the USA*]
Auspressteppich *m*, Einpressteppich, Verpressteppich, Injektionsteppich, Injizierteppich • grout (ing) blanket, injection (grout(ing)) blanket, (grout) injection blanket, (grout) injecting blanket, pressure grouting blanket [*A grouted zone in the shallow portion of a foundation which has been treated to improve its strength and reduce its permeability*]
Auspresszwiebel *f*, Verpresszwiebel • grout bulb [*It is formed by extending the grout hole to just below the grout pipe or by raising the grout pipe*]
auspumpen [*z. B. eine Grube*] • to pump out
Ausquetschungsdifferentiation *f* ➲ Filter-differentiation
Ausquetschversuch *m*, Ausquetschprobe *f*, Ausquetschprüfung *f* [*Torf*] • squeezing test
ausrammen, umspunden, ausspunden, einspunden [*Baugrube mit Spundbohlen*] • to close a building pit by means of sheet piling
Ausrammen *n* des Schaftbetons [*bei Pfahlgründungen*] • compaction during driving of the concrete shaft
ausrauben ➲ rauben
(Aus)Räumbecken *n* • bowle [*A polje-like extension of planed limestone caused by accelerated corrosion from acidic water coming from the surrounding shales*]
(Aus)Räumbohren *n* • (rotary) drag bit drilling, rotating drag bit drilling, rotative drag bit drilling
(aus)räumen [*Gestein*] • to wash away
(Aus)Räumen *n* • broaching [*drill hole*]
(aus)räumende Wellentätigkeit *f* • quarrying action of the waves, quarrying wave action
(Aus)Räumer *n* ➲ Krätzer
(Aus)Räummeißel *m* • drag (rotary) bit, rotary drag bit, rotative drag bit, rotating drag bit
(Aus)Räumung *f* ➲ (Gesteins)Ausräumung
Ausreißer *m* [*Datenverarbeitung*] • outlier
ausrichten, aufschließen im Tiefbau, erschließen im Tiefbau (⚒) • to develop
ausrichten, orientieren [*z. B. Bilder bei der stereoskopischen Betrachtung*] • to position
Ausrichten *n*, (Ein)Visieren, Absehen • boning(-in) [*Operation of levelling or regulating the straightness of trenches by sighting along the top of a series of tee pieces, known as boning rods*]
Ausrichter *m*, Pfahlausrichter • (pile) monkey, (pile) rabbit, (pile) topman [*The workman who climbs the lead to position pile beneath the hammer*]

A

Ausrichttafel *f*, Visiertafel, Nivellierkreuz, Absehkreuz *n*, (T-förmiger) Fluchtstab *m* • boning(-in) rod, boning(-in) stick, boning(-in) board, sighting(-in) rod, sighting(-in) stick, sighting(-in) board

Ausrichtung *f*, Aufschluss *m* im Tiefbau [*Herstellung aller Grubenbaue für das Aufsuchen und Anfahren einer Lagerstätte von der Tagesoberfläche aus*] • development, mode of entry, driving of openings, preliminary development, mine development

Ausrichtung *f*, Einreg(e)lung • orientation [*In describing crystal form and symmetry, the placing of the crystal so that its crystallographic axes are in the conventional position*]

Ausrichtungsarbeiten *f* • development work [*Work undertaken to open up ore or coal bodies as distinguished from the work of actual coal or ore extraction. Sometimes development(al) work is distinguished from exploratory work on the one hand and from stope preparation on the other*]

Ausrichtungs(berg)mann *m* (⚒) • development miner

Ausrichtungsblock *m* (⚒) • development block

Ausrichtungsbohren *n*, Aufschlussbohren im Tiefbau (⚒) • development drilling [*Delineation of the size, mineral content, and disposition of an ore body by drilling boreholes*]

Ausrichtungserz *n* • development ore

Ausrichtungsgestein *n* (⚒) • development rock [*In South Africa, the rock broken during development work in payable ground, which contains both valuable and barren rock and is, therefore, included in the tonnage sent to the reduction plant of a mine*]

Ausrichtungsingenieur *m* (⚒) • development engineer

Ausrichtungslauf *m* [*Österreich*]; Ausrichtungsstrecke *f* • development level, development heading

Ausrichtungsmannschaft *f*, Ausrichtungskolonne *f*, Ausrichtungstrupp *m* (⚒) • development gang

Ausrichtungsstrecke *f*; Ausrichtungslauf *m* [*Österreich*] • development level, development heading

Ausrichtungsvortrieb *m*, Vortrieb im Tiefbau (⚒) • development driv(ag)e [*A shaft, gallery, lateral, crosscut, level or staple pit to prove and render accessible the coal or ore to be extracted*]

Ausrieseln *n* [*Sand*] • trickling

Ausrollgrenze *f*, untere Plastizitätsgrenze [*Früher "Festigkeitsgrenze" genannt*] • (lower) plastic limit plasticity index [*Symbols: PL,* WP]

Ausrottung *f* • extermination [*The local or regional disappearance of a species that still exists elsewhere, as a result of changing environmental conditions, disease, competitions, or other adverse conditions*]

Ausrundung *f* [*eines Profils*] • curvature

Ausrundung *f* • (roller-)bucket energy dissipator, (spillway) bucket, (spillway) trough, reverse(d) curve, roller-bucket toe, bucket(shaped) toe [*The curved bottom portion of a spillway. The bucket deflects upward and outward, the water flowing down the inclined surface of the spillway*]

Ausrundung *f* • ogee curve (Brit.); bucket of ogee (US)

ausrüsten [*die Schalung abnehmen*] • to remove the scaffolding

Ausrüstung *f* [*Abnahme der Schalung*] • removal of the scaffolding, striking [*from beneath a completed arch*]

Ausrüstung *f* für Eigenpotentialmessung • spontaneous potential (field) equipment, self-potential (field) equipment

Ausrüstungspier *f* • fitting-out pier

aussaigern, ausseigern [*Metallurgie*] • to eliquate, to liquate out

Aussaigerung *f* ➋ Saigerung

Aussalzen *n* • salting out

Aussatzdamm *m* • waste bank [*Any accumulation composed of waste material, e.g. a bank where excess earth excavated during the digging of a ditch is dumped parallel to it*]

(Aussatz)Kippe *f*, Aufstürzung *f*, Haldengelände *n*, Deponie *f*, Ablagerungsplatz *m*, Kippengelände, Sturzplatz, Kippstelle *f* [*An der Aussatzkippe werden unbrauchbare Massen abgekippt. Als Aussatzkippen eignen sich sehr gut verlandete Tümpel, ausgebeutete Kiesgruben, ausgebeutete Sandgruben, ausgebeutete Kohlengruben usw.*] • spoil dump, spoil deposit, spoil area, spoil tip, spoil site, disposal area, disposal site, spoil ground, tipping ground, spoil bank, tip site, dump(ing) site, dump(ing) ground, dump(ing) terrain, spoil terrain, tip heap, dump

Aussatz(material) *m*, *(n)* • waste (material) [*In earthwork engineering the valueless material which is dug, hauled and dumped to get it out of the way*]

Aussatz(material) *m*, *(n)* • waste (material) [*Valueless rock, earth, or gangue*]

Ausschachtbrunnen *m* ➋ Schachtbrunnen

(Aus)Schachten *n* hinter der Zimmerung • poling back [*Excavating behind timbering*]

(Aus)Schachter *m* • hand digger, (manual) digger

(Aus)Schachtung *f* • digging

Ausschachtung *f* [*Baugrube*] • excavation

A

ausschalen • to strike (*or:* remove, strip) (the) formwork

Ausschalfestigkeit ***f*** [*Die Festigkeit zum Zeitpunkt des Ausschalens*] • release strength

Ausschalungshilfe ***f*** ➲ Trennmittel

Ausscheiden ***n*** ➲ Entmischung

Ausscheiden ***n*** **fester Niederschläge** [*Steigrohrstrecke bei der Erdgasförderung*] • freezing condition, freeze condition

Ausscheidung ***f*** ➲ Entmischung

Ausscheidung ***f*** **von** $CaCO_3$**,** Kalziumkarbonatausscheidung • deposition of calcium carbonate

Ausscheidungsgang ***m*** • exudation vein, segregated vein [*As called by geologists*], exudation lode, segregated lode [*As called by miners*] [*A vein in which the filling is believed to have been derived from the adjacent country rock by percolating water carrying the dissolved mineral matter into the fissure*]

Ausscheidungsmineral ***n*****,** Entmischungsmineral • exsolution mineral, unmixing mineral [*It forms through exsolution from other minerals by cooling and is mostly included in them*]

Ausscheidungsprozess ***m*** [*im Porenraum befindliches Wasser od. vorhandene Luft werden abgegeben*] • segregation process

Ausschlag ***m*** [*Im Wasserbau, ein Stück Land stromaufwärts vor dem Winter- oder Hauptdeich*] • upstream land

Ausschlag ***m*** • kick [*Short deflection of a trace or pointer*]

Ausschlag ***m*****,** Spitze *f* • peak [*well logging*]

ausschlägeln • to hollow [*precious stone*]

ausschlagen ➲ zertrümmern von Hand

Ausschlagen ***n*** [*Des Hohlraumes hinter einer Schachtmauerung mit Ton*] • coffering

(aus)schlämmen • to elutriate

(Aus)Schlämmen ***n*** • elutriation [*The separation of coarse from fine material by the upward movement of circulating fluid*]

(Aus)Schlämmen ***n*** ➲ Absetzen

(Aus)Schlämm(ungs)gerät ***n*** • elutriator

(Aus)Schlämm(ungs)röhre ***f*** • elutriating tube

Ausschleifungssee ***m*****,** Eiserosionssee

Ausschleusen ***n*** • return stay, return stop [*air lock*]

Ausschleusungskrankheit ***f*** ➲ Caissonkrankheit

Ausschleuszeiten ***f(pl)*** [*Schildvortriebstechnik*] • transfer times

Ausschlusssmaragd ***m*** • morish emerald

Ausschöpfen ***n*** • scooping (out)

Ausschramm ***m*** (⚒) • trench work

ausschreiben [*ein Bauprojekt*] • to offer for tender

Ausschreibung ***f*** [*Ausschreibungsphase*] • tendering stage

Ausschreibung ***f*** • invitation to bid, invitation to tender

ausschroten, austonnen, verstempeln • to line [*shaft*]

Ausschürfen ***n*** ➲ (Aus)Kolken

Ausschürfung ***f*** ➲ Exaration

ausschütten, ausfließen, schütten [*Quelle*] • to flow

(Aus)Schütten ***n*** ➲ Abkippen

Ausschüttung ***f*** ➲ Ausfluss

ausschwänzen ➲ verdrücken

Ausschwänzen ***n*** ➲ Auskeilen

ausschwimmen [*einen Schwimmkasten*] • to float (out) [*a floating caisson*]

Ausschwimmen ***n*** [*eines Schwimmkastens*] • float-out [*of a floating caisson*]

Ausschwitzen ***n*****,** Schwitzen • bleeding, giving off, exudation [*1. Oil or gas from pore spaces or fractures, it can be observed in drill cores. 2. Of small amounts of water from coal or rock*]

ausschwitzender Kern ***m*** ➲ (öl)ausschwitzender Kern

Aussehen ***n*** • aspect, appearance [*The gross or overall lithologic or biologic characteristics of a stratigraphic unit as expressed at any particular point*]

ausseigern, aussaigern [*Metallurgie*] • to eliquate, to liquate out

Ausseigerung ***f*** ➲ Saigerung

Außen(ab)dichtung ***f*** ➲ (Ab)Dicht(ungs)teppich

Außen(abraum)kippe ***f*** [*Verkippung des Abraums außerhalb des Tagebaues zu einer Halde*] • outer (over)burden dump, outer (over)burden tip

Außenböschung ***f*****,** luftseitige Böschung • external slope, exterior slope, outslope, outer slope [*reservoir*]

Außenböschung ***f*** ➲ meer(es)seitige Böschung

außenbürtig, exogen [*Geologische Erscheinungen, die durch Kräfte hervorgerufen werden, die ihren Ursprung außerhalb der Erde haben (Sonne, Mond), in erster Linie die den Wasserkreislauf und die Atmosphärenbewegung bewirkende Sonnenstrahlung. Die exogenen Vorgänge spielen sich in den Organismen, dem Wasser und der Atmosphäre ab. Endogen sind vor allem Ablagerung und Abtragung*] • exogenetic (Brit.); exogenic (US)

außenbürtige Dynamik ***f*** ➲ exogene Dynamik

außenbürtige Kräfte ***f*** ➲ exogene Dynamik

Außen(deich)land ***n*****,** (Deich)Vorland [*Über MW oder MThw liegendes Gelände zwischen Gewässer und Deich*] • dyke foreshore, dike foreshore

A

Außen(deich)land ***n*,** Außen(deich)gelände *n*, blinder Arm *m*, Heller *m*, Butenland • false channel, outland

Außendichtung ***f*** ➲ (Ab)Dicht(ungs)teppich

Außenelektrode ***f*** [*Messanordnung nach Wenner*] • outside electrode

Außenfehlzündung ***f*,** Außenversager *m* • misfire outside the (blast)hole

Außenkippe ***f*** ➲ Außen(abraum)kippe

Außenkruste ***f*** • external crust, exterior crust, outer crust

Außenland ***n*** ➲ Außen(deich)land

Außenpfahl ***m*,** Bordpfahl, Butenpfahl [*Pfahl in der Außenpfahlreihe eines Fangedammes*] • external pile, exterior pile, border pile, outer pile, standard pile

Außenrammung ***f*** [*Pfahlrammung*] • external driving, outer driving, exterior driving

Außenrüttler ***m*** • concrete form vibrator

Außenschale ***f*** [*Untertagebau*] • temporary lining, auxiliary lining

Außenschleuse ***f*** **(des ersten Salzteiches)** • tide sluice

Außenschneidrad ***n*** [*einer Tunnelbohrmaschine*] • outer cutting wheel

Außensenke ***f*** ➲ Vorsenke

Außen(trag)stempel ***m*,** Unter(trag)stempel, Unter(trag)ständer *m*, Außen(trag)ständer, Unter(trag)pfosten *m*, Außen(trag)pfosten, Unter(trag)stütze *f*, Außen(trag)stütze, Unter(trag)steher *m*, Außen(trag)steher (⚒) • lower prop member, lower stay member, lower post member, lower stanchion member

Außenversager ***m*,** Außenfehlzündung *f* • misfire outside the (blast)hole

Außenwasserspiegel ***m*** [*im Gegensatz zum Wasserspiegel innerhalb eines Schachts*] • water table in the surrounding ground

Außenwölbung ***f*,** Konvexität *f* • convexity

Außenzone [*Erzlagerstätte*] • wall zone

außer Kontrolle geraten [*Erdölbohrung*] • to go wild

Außerbetriebnahme ***f*,** Außerbetriebsetzung *f* • decommissioning [*of a factory, a mine etc.*]

Außerbilanzgesamtvorräte ***m(pl)*** ➲ (geologische) Gesamtvorräte

Außerbilanzvorräte ***m(pl)*** • (mineral) resources [*Not to be confused with "mineral reserves"*]

Außerbilanzvorräte ***m(pl)*** **minus bedingte Außerbilanzvorräte** • submerged (mineral) resources

Außerbilanzwasservorrat ***m*** • water resource

äußere Tragsicherheit ***f*** [*eines Fundaments*] • external ultimate limit state [*of a foundation*]

äußeres Gefrierrohr ***n*,** (äußeres) Frostrohr, (äußeres) Vereisungsrohr [*Gefrierverfahren. Das unterste Gefrierrohr ist geschlossen*] • external freezing pipe, external freeze pipe, outer freezing pipe, outer freeze pipe, exterior freezing pipe, exterior freeze pipe

äußeres Produkt ***n*** ➲ Vektorprodukt

äußeres Sublitoral ***n*** • circalittoral

äußeres Ufer ***n*** ➲ Unterschneidungshang

außergewöhnliche (Erd)Bebenbeanspruchung ***f*** • rare intense (earth)quake, RIE

außergewöhnlicher Hochwasserrückhalteraum ***m*** [*Teil des Hochwasserrückhalteraumes zwischen Überfallkrone bzw. Oberkante Verschluss in Staustellung und höchstem Stauziel*] • surcharge flood

außergewöhnliches Springhochwasser ***n*** • highwater exceptional spring (tide)

außerhalb einer Moräne (gelegen) • extramorainal, extramorainic

außerirdisch • extraterrestrial

außerpolarer Gletscher ***m*** ➲ temperierter Gletscher

äußerste Tiefe ***f*,** Extremtiefe • extreme depth

äußerster Welkepunkt ***m*** • ultimate wilting point

außertropisches Gebirge ***n*,** Gebirge in den Außertropen

Aussetzdeponie ***f*** ➲ (Bau)Aussetzdeponie

aussetzen, versetzen [*Einen ausgehauenen Raum mit Bergen*] (⚒) • to set pack walls

aussetzende Förderung ***f*,** intermittierende Förderung, diskontinuierliche Förderung [*Erdöl*] • flowing by heads

aussetzende Gasliftförderung ***f*,** intermittierende Gasliftförderung *f*, diskontinuierliche Gasliftförderung • slug-lifting

aussetzende Quelle ***f*,** Springquelle • periodic spring, ebbing and flowing spring [*A spring that ebbs and flows, owing to natural siphon action. Such springs issue mainly from carbonate rocks, in which solution channels form the natural siphons. It is distinguished from a geyser by its temperature - that of ordinary groundwater - and general lack of gas emission*]

aussichtserregend ➲ gestaltig

aussichtsvoll ➲ gestaltig

Aussickerung, Heraussickerung *f*, Wegsickerung, Fortsickerung • outward seepage, outseepage [*The water emerges from the ground along some rather extensive line or surface*]

Aussickerung ***f*** ➲ (Grundwasser)Aussickerung

aussparen, offen halten [*z. B. eine Fluchtstrecke*] • to carry, to maintain, to keep open (⚒)

Aussparung *f* • blockout [*in the concrete*]; recess, gap [*such as in a bored pile wall*]
Aussparung *f* in Bohrschiffmitte • moon-pool
ausspitzen, auskeilen [*Flöz*] • to dwindle (away), to wring-out
Ausspitzen, Auskeilen *n* [*Flöz*] • dwindling (away), wringing-out
ausspülen ➋ (aus)kolken
ausspülen • to flush
Ausspülen *n* • flushing
Ausspülen *n* der Bodenteilchen durch die Sohlfläche eines Belastungsfilters [*Bodenmechanik*] • escape of soil particles through the voids of a loaded inverted filter
Ausspülung *f*, Abspülung [*Auf unterirdischen Bahnen im Locker- und Blockmaterial*] • wash(ing) out
Ausspülung *f* ➋ (Aus)Kolken
Ausspülungsgefahr *f* • risk of erosion
ausspunden ➋ umspunden
ausstampfen mit Ton, ausfüttern • to clay
Ausstechzylinder *m* [*zur Probenentnahme*] • sampler tube, cutting cylinder
aussteifen, steifen, versteifen, absteifen • to stiffen
Aussteifen *n*, Aussteifung *f*, Versteifen, Versteifung, Absteifen, Absteifung • stiffening, bracing, to retain the ground,
aussteifendes Gründungselement *n* • stiffening foundation element
Aussteifglied *n*, Steife *f*, Aussteif(ungs)element *n*, Versteifungsglied, Versteifungselement, Absteif(ungs)-element, Aussteif(ungs)glied, Absteif(ungs)glied • stiffener, stiffening member
Aussteifungsarbeiten *f(pl)* • reinforcement operations
Aussteifungsblech *n* • strengthening sheet
Aussteifungsmaßnahmen *f(pl)* • reinforcement measures
Aussteifungsmittel *n* [*z. B. für den Grabenverbau*] • bracing device [*such as used for trench sheeting and bracing*]
Aussteifungsrahmen *m* [*für den Grabenverbau*] • supporting frame [*for trench sheeting and bracing*]
Aussteif(ungs)rippe *f*, Versteif(ungs)rippe, Absteif-(ungs)rippe • stiffening rib
Aussterben *n*, Erlöschen, Artentod *m* • extinction [*evolution*]
Ausstoß(ung) *m*, (*f*), Auswurf *m*, Auswerfen *n* expulsion
(aus)strahlend, divergent • divergent, radiating [*Extending in different directions from a point*]
ausstreichen, ausgehen, zutagetreten, ausbeißen, zutagegehen, ausblühen • to come out to (the) day, to come up to (the) day, to come up to (the) grass, to crop out, to outcrop, to appear on the surface, to come up to (the) surface; to bassit, to basset [*obsolete*]
Ausstreichen *n*, Ausgehen, Ausbeißen, Zutagetreten, Zutagegehen • outcropping, cropping (out); basseting, bassiting [*obsolete*]
Ausstreichende *n* ➋ Ausgehende
ausstreichende Kohle *f*, ausgehende Kohle, Kohle im Schichtliegenden, Tagebaukohle, ausbeißende Kohle • coal (out)crop(ping), (out)crop(ping) coal, cropper coal, outbreak coal [*Coal worked by opencast methods*]
ausstreichendes Erz *n*, Ausbisserz, ausbeißendes Erz, Tagebauerz, Erz im Schichtliegenden • (out)crop (ping) ore, ore (out)crop(ping), cropper ore, outbreak ore; blow [*Australia*]
Ausstreicher *m* ➋ Ausgehende
Ausstrich *m* • ledge [*A quarry exposure or natural outcrop of a mineral deposit*]
Ausstrich *m* ➋ Ausgehende
Ausstrich *m* ➋ (eiserner) Hut
Ausstrichgrenze *f* zweier Gebirge, Tagesgrenze zweier Gebirge [*Untertagebau und Bergbau*] • ground boundary, boundary of grounds
Ausströmen *n*, Exhalation *f*, Aushauchen, Aushauchung *f*, Ausströmung • exhalation
ausströmendes Wasser *n* [*bei Flut*] • outgoing water
Ausströmungskanal *m* [*Magmakammer*] • (out-) wash channel
Ausstrudelung *f*, Evorsion *f* • evorsion, pothole erosion [*of rivers or streams*]
Ausstrudelungsbecken *n*, Evorsionsbecken *n* • evorsion basin, basin due to evorsion, pothole erosion basin, basin due to pothole erosion
Austausch *m* • exchange
Austauschvermögen *n* ➋ (Ionen)Austauschvermögen
Austausch *m* Wasser-Gestein, Wasser-Gestein(s)-Austausch • water-rock interaction
austauschbar • exchangeable
austauschbarer Natriumprozentsatz *m* [*Boden: Er ergibt sich aus austauschbarem Natriumgehalt geteilt durch Kationenaustauschkapazität mal 100*] • exchangeable sodium percentage, ESP
Austauschfähigkeit *f*, Austauschvermögen *n* • exchange capacity
Austauschmuster *n* • exchange pattern [*In the case of densimetric exchange between parallel flows*]

A

Austauschvermögen ***n*****,** Austauschfähigkeit *f* • exchange capacity
Austernbank ***f*** • oyster bed
Austiefungssee, Erosionssee, Ausnagungssee, Abtrag(ungs)see • erosion lake
austonnen, ausschroten, verstempeln • to line [*shaft*]
Austorfung ***f*** • peat removal
austränken ➲ ertränken
Austränken ***n*** ➲ Ersaufen
austragen, herausspülen [*Entfernen der Pochtrübe aus dem Pochtrog*] • to run off [*The sand from the stamps*]
Austrag(ungs)terrasse ***f*** ➲ Erosionsterrasse
australische Dornsteppe ***f*****,** Dornsteppe Australiens, Gras-Dornbusch-Steppe • scrub
australischer Roteichenpfahl ***m*** ➲ Jarrahpfahl
austreibbare Härte ***f*****,** vorübergehende Härte, vorläufige Härte, verschwindende Härte, temporäre Härte, Karbonathärte, KH [*Wasserhärte*] • carbonate hardness; temporary hardness [*This term is becoming obsolete*]
Austreten ***n*****,** Übertreten [*Wasserlauf*] • outflanking
Austritt ***m*** • seepage [*An area, generally small, where water or oil percolates slowly to the land surface. For water it may be considered as a synonym of seepage spring, but it is used by some for flows too small to be considered as a spring*]
Austritt(s)pupille ***f*** [*Fotogrammetrie*] • exit pupil
Austritt(stelle) ***m, (f)*****,** Emergenzstelle, Austrittsstelle • emergence, resurgence, rise, rising; debouchure [*French*] [*Streams. The point where an underground stream appears at the surface to become a surface stream*]
Austritt(s)verlusthöhe ***f*** [*Zeichen: hv, a Einheit: m*] • outlet head loss
austrocknen • to desiccate, to dry out, to dry up
Austrocknen ***n*****,** Austrocknung *f* • desiccation, drying out, drying up, drying
Austrocknung ***f*** ➲ Austrocknen
Austrocknungskluft ***f*** • drying-out joint, drying-up joint, desiccation joint
Austrocknungspolygon ***n*** • desiccation polygon, shrinkage polygon, mud-crack polygon, mud-flat polygon, drought polygon [*A small non-sorted polygon formed in a nonfrigid environment (as on a mud flat) by drying of moist, clayey soil or sediment, thus producing contortion resulting in cracking. The polygon normally has three to five sides which may measure 2–30 cm in length*]
Austrocknungsriss ***m*****,** Luftriss, Trockenriss, Schlammriss, Schlammwolkenriss, Netzleiste *f* • mud crack, sun crack, desiccation crack, klizoglyph, drying crack [*When dried under the sun's rays for a sufficiently long time, mud and clay shrink and crack in a network of fissures which inclose polygonal areas. The term "sun crack" should be given preference to "mud crack", because in most instances desiccation is through exposure to heat of the sun, and other materials (e.g. some limestones) may be similarly cracked. "Mud cracked limestone" is a little incongruous*]
Ausufern ***n*** [*Übertreten des Wassers aus dem Gewässerbett*] • overflow, overbank flow
Ausuferung ***f*** [*Übertreten des Wassers aus dem Gewässerbett*] • overflowing, overtopping
Ausuferungsmenge ***f*** • overbank flow [*That portion of flow which exceeds the carrying capacity of the channel and overflows the adjoining flood plain(s)*]
Ausuferungswasserstand ***m*** [*Wasserstand zu Beginn des Ausuferns. Die Benennung "Ausuferungshöhe" sollte nicht mehr verwendet werden*] • (initial) overflow head
Auswahl ***f*** **des Stützstellenabstandes** [*Digitaltechnik*] • sampling rate
Auswahlmethode ***f*****,** Auswahlverfahren *n* [*Grundwasseruntersuchung auf vier Hauptgruppen*] • screening
auswandern [*Gebirge im Untertagebau*] • to creep
(Aus)Waschen ***n*** • sluicing [*Concentrating heavy minerals, e.g. gold or cassiterite, by washing unconsolidated material through boxes (sluices) equipped with riffles that trap the heavier materials on the box floor*]
(Aus)Waschen ***n*****,** Trogwaschen, Schüsselwaschen (von Hand) • panning washing; dulang washing [*Malayan term*] [*A technique of prospecting for heavy metals, e.g. gold, by washing placer or crushed vein material in a pan. The lighter fractions are washed away, leaving the heavy metals behind in the pan*]
Auswaschen ***n*** **mit (Ge)Rinnen,** (Erz)Auswaschen mit (Ge)Rinnen
(Auswasch)Gerinne ***n*** ➲ Waschrinne
(Aus)Waschung ***f*****,** Verarmung • eluviation [*The downward movement of soluble or suspended material in a soil, from the A horizon to the B horizon by groundwater percolation. The term refers especially but not exclusively to the movement of colloids, whereas "leaching" refers to the complete removal of soluble materials*]
Auswasch(ungs)ebene ***f*** ➲ Sander(ebene)
Auswasch(ungs)(erd)beben ***n*** • subsidence (earth) quake, subsidence quake
Auswasch(ungs)horizont ***m*****,** Eluvialhorizont, Verarmungshorizont [*Der durch Wasserversickerung seiner Nährstoffe beraubte Teil des A-Horizonts einiger*

Bodentypen] • eluviation zone, eluvial (soil) horizon, zone of eluviation

Auswasch(ungs)kegel ***m*** • (out)wash cone

Auswasch(ungs)terrasse ***f,*** Frontterrasse • (out)wash terrace, frontal terrace, overwash terrace

auswechseln der Zimmerung, auswechseln von Hölzern, nachzimmern (⚒) • to retimber, to renew timbers, to relieve timbers

Auswechseln ***n*** **der Zimmerung,** Auswechseln von Hölzern, Nachzimmern • retimbering, renewing timbers, relieving timbers

auswehen ➋ abblasen

Auswehung ***f*** ➋ Deflation

Auswehungsbeckensee ***m*** ➋ Deflationsbeckensee

Ausweiche ***f,*** Nebengleis *n* (⚒) • parting, side track, turnout, siding [*In a haul(age) road*]

Ausweiche ***f,*** Weiche(stelle)

ausweichen, sich hereinschieben [*Gebirge*] (⚒) • to flow (into)

Ausweichnische ***f*** [*Tunnel- und Stollenbau*] • layby niche

Ausweichprinzip ***n*** • deformation principle

Ausweichung ***f,*** Streckenstummel *m,* kurzer Einbruch *m* (⚒) • offset [*A short drift or crosscut driven from a main gangway or level*]

ausweiten [*österreichische Tunnelbauweise*] • to open (the section) outwards

ausweitende Rutschung ***f*** [*Definition lt. MLG*/ Krauter: In einer sich* ***ausweitenden*** *Rutschung breitet sich die Gleitfläche in einer oder in beiden Flanken der Rutschung aus.*] • widening landslide [*after the MLG*/ D.M.Cruden: In a* ***widening*** *landslide the rupture surface is extending into one or both flanks of the landslide.*]

Auswerfen ***n*** ➋ Ausstoß(ung)

Auswerk ***n,*** Sonnenwerk, Zuleitungsgraben *m* [*Seesalzwerk*] • conductor of brackish water

Auswertbarkeit ***f,*** Deutungsfähigkeit, Deutungsvermögen *n,* Interpretationsfähigkeit, Interpretationsvermögen • interpretability

Auswertecomputer ***m*** ➋ Auswerterechner

Auswertemöglichkeit ***f*** • evaluation option

Auswerterechner ***m***, Auswertecomputer *m* • evaluation computer

auswerten, deuten, interpretieren • to interpret

Auswerter ***m,*** Deuter *m,* Interpretierer, Interpretator • interpreter

Auswerteverfahren ***n*** • evaluation method

Auswertung ***f*** [*von Daten*] • evaluation, assessment

Auswertung ***f,*** (Aus)Deutung, Interpretation *f* [*"Semantik" aus der Linguistik hat eine Begriffserweiterung erfahren und wird häufig im Sinne von "Interpretation" verwendet. Beispiele sind: a) Ermittlung der Wassertemperatur durch Fernerkundung. b) Ermittlung des Zustandes von Wäldern durch Infrarotaufnahmen. c) Statistische Unterscheidung von Wohn-, Wirtschafts- und Behördengebäuden durch multitemporale Aufnahmen*] • interpretation

Auswertung ***f*** • compilation [*photogrammetry*]

Auswertung ***f*** **der Baugrundtragfähigkeit,** Deutung der Baugrundtragfähigkeit, Interpretation *f* der Baugrundtragfähigkeit • structural interpretation of the ground, structural rendition of the ground

Auswertungskarte ***f*** ➋ abgeleitete Karte

Auswienung ***f,*** Deichausbesserung • dyke repair, dike repair

Auswirkungen ***f(pl)*** [*eines erkannten Problems, z. B. Hangbewegungs-Phänomene*] • impact, implications, effects (on)

auswittern • to effloresce

Auswitterung ***f*** [*Chemische Zersetzung von Mineralmassen durch die Atmosphäre. Auf der Oberfläche bilden sich Zersetzungsprodukte*] • efflorescence

Auswitterung ***f*** • weathering from bottom to top, upward weathering, weathering out

Auswucht-Gütestufe ***f*** (VDI 2060) • balancing quality grade (ISO 1940/1)

Auswurf ***m*** ➋ Ausstoß(ung)

Auswurf ***m*** • solid discharge

Auswurfrohr ***n*** **für Bohrgut** [*Spülbohrverfahren*] • drill-pipe chute

Auswürfling ***m*** [*Vulkan*] • volcano ejection

Auswürfling ***m*** **aus dem nichtvulkanischen Untergrund** ➋ (Vulkan)Auswürfling aus dem nichtvulkanischen Untergrund

Auswürflinge ***f*** ➋ (vulkanische) Auswürflinge

Auswurf(s)kegel ***m*** ➋ Spratzkegel

(Aus)Zählen ***n*** • counting

(Aus)Zementierung ***f***
➋ (Bohrloch)(Aus)Zemen-tierung

ausziehen ➋ (her)ausziehen

ausziehen [*Pfahl; Spundbohle*] • to extract, to pull out

ausziehen [*Pumpenkolben*] (⚒) • to draw

Ausziehen ***n,*** Auszug *m* [*Wetter*] (⚒) • upcast, uptake, discharge, return

Ausziehen ***n*** ➋ Laugung

Ausziehen ***n,*** Ziehen *n* [*Pfahl; Spundbohle*] • extracting, pull(ing) out

ausziehende Wetter ***n,*** Abwetter *f,* Ausziehwetter, Auszugwetter (⚒) • upcast air, uptake air, discharge air, return(ed) air

A

ausziehende Wetterstrecke ***f*****,** Abwetterstrecke, (Wetter)Ausziehstrecke; (Wetter)Ausziehlauf *m* [*Österreich*] (⚒) • upcast airway, uptake airway, return gate roadway, return (airway)

ausziehender Wetterstrom ***m***
➋ Ausziehwetter-strom

Ausziehfestigkeit ***f*****,** Ausziehwiderstand *m* [*Pfahl; Spundbohle*] • extracting resistance, extracting strength, pull out resistance, pull(ing) out strength, pulling out resistance

Ausziehhebel ***m*** ➋ (Pfahl)Ausziehhebel

Ausziehlauf ***m*** [*Österreich*]
➋ ausziehende Wetterstrecke

Auszieh(luft)strom ***m*****,** Luftausziehstrom (⚒) • return airflow, return air stream, return air current, return current of air, return stream of air, air return flow, air return current, air return stream

Ausziehprüfung ***f*****,** Ausziehversuch *m*, Ausziehprobe *f* [*Pfahl; Spundbohle*] • extracting test, pull(ing) (out) test

Ausziehschraube ***f*** ➋ (Pfahl)Ausziehschraube

Ausziehstrecke ***f*** ➋ Abwetterstrecke

Ausziehstrom ***m*** ➋ Auszieh(wetter)strom

Ausziehturm ***m*** ➋ Auszieh(wetter)schacht

Ausziehversuch ***m*** ➋ Pfahl-Ausziehversuch

Ausziehversuch ***m*** [*Stahlbetonprüfung*] • pull-out test

Ausziehwetter ***n*** ➋ Abwetter

Auszieh(wetter)schacht ***m*****,** Abwetterschacht, Auszugschacht, Entlüftungsschacht, Abzugschacht, Ausziehturm *m*, Wetterturm [*Abwetteröffnung einer Grube mit Sauglüfter über Tage. Bei einem blasenden Ausziehschacht ist der Hauptgrubenlüfter unter Tage*] • discharge (air) shaft, discharge (air) pit, discharge (air) stack, discharge (air) well, discharge ventilation shaft, discharge ventilation pit, discharge ventilation well, discharge ventilation stack, upcast ventilating pit, outlet shaft, uptake (air) shaft, uptake ventilating shaft, upcast (air) shaft, upcast ventilating shaft, upcast (ventilating) stack, return air shaft, outtake, outlet shaft (⚒)

Auszieh(wetter)strom ***m*****,** Abwetterstrom, ausziehender Wetterstrom, Abzug(wetter)strom • upcast ventilation, uptake ventilation, discharge ventilation, return ventilation (⚒)

Ausziehwiderstand ***m*****,** Ausziehfestigkeit *f* [*Pfahl; Spundbohle*] • extracting resistance, extracting strength, pull out resistance, pull(ing) out strength, pulling out resistance

auszimmern ➋ verzimmern

Auszimmern ***n*****,** Zimmern *n*, Verzimmern, Abzimmern • timbering, setting timber supports, placing of timber (⚒)

Auszimmerung ***f*** ➋ (Schacht)Auszimmerung

Auszimmerung ***f*****,** Schrotzimmerung [*Bei der Bolzenschrotzimmerung sind die Schachtgevier(t)e in Abständen und bei der Vollschrotzimmerung dicht an dicht verlegt*] • cribbing

Auszimmerung, Zimmerung *f*, Verzimmerung, Abzimmerung, Holzeinbau(ten) *m*, *(f)*, Holzverbau *m* • timbering, timber (support(ing)) system, timberwork, timber structure [*"Wood(en) may be used synonymously for "timber"*]

auszirkulieren [*Kick*] • to circulate out

Auszug ***m*****,** Ausziehen *n* [*Wetter*] • upcast, uptake, discharge, return (⚒)

Auszugrohr ***n*** [*Talsperre*] • draught tube, draft tube

Auszugschacht ***m*** ➋ Auszieh(wetter)schacht

Auszugwetter ***f*** ➋ Abwetter

authigen, autogen • authigen(et)ic, authigenous [*Terms applied to minerals or rocks which originate in the place in which they occur*]

Authigen ***n*** • authigene [*An authigenic mineral or rock constituent, e. g. a mineral of an igneous rock, the cement of a sedimentary rock if deposited directly from solution, or a mineral resulting from metamorphism*]

Autobahnbrücke ***f*** • Autobahn bridge (Germany), motorway bridge (Brit.), freeway bridge (US), interstate highway bridge (US), expressway bridge (US)

Autobahntunnel ***m*** • Autobahn tunnel (Germany), motorway tunnel (Brit.), freeway tunnel (US), interstate highway tunnel (US), expressway tunnel (US)

Autochthoner Torf ***m*****,** gewachsener Torf

autogen ➋ authigen

Autokollimationszenitokular ***n*** • diagonal autocollimation eyepiece

Autokorrelationslänge ***f*** • auto-correlation length

automatisch wirkendes Spill ***n*****,** gewindelösendes Spill, Abschraubspill [*(Rotary)Hebewerk*] • break-out cathead

automatische gesteuerte Gangkernkontrolle ***f*****,** gesteuerte automatische Gangkernkontrolle *f* [*Seismik*] • ganged auto(matic) gain control

automatische GPS-Station ***f*****,** permanent messende GPS-Station *f* [*GPS = Global Positioning System*] • active control point, ACP

automatische Kohlenkleinwaage ***f*****,** Kohlenklein(ver)wiegeautomat *m* • billy playfair

automatische Messzentrale *f* • automatic measuring station

Automatische Vortriebsmaschine Nassförderung *f*, AVN • automatic tunnel(l)ing machine with slurry material removal

Automatische Vortriebsmaschine Nassförderung *f* mit Druckluftregelung des Stützdruckes, AVND • Automatic tunnel(l)ing machine with slurry material removal and compressed air control of the support pressure

Automatische Vortriebsmaschine Nassförderung *f* mit einer Öffnung in der Schottwand Tür, AVNT • automatic tunnel(l)ing machine with slurry material removal and an opening in the bulkhead partition door

automatische Zielerfassung *f* [*z. B. durch einen Tachymeter*] • automatic target acquisition

automatische Zielerkennung *f*, ATR • Automatic Target Recognition

automatischer Abfangkeil *m* [*Tiefbohrtechnik*] • power slip

automatischer Regenschreiber *m*, selbstschreibender Regenmesser • hyetograph, self-registering rain-gauge, self-recording rain-gauge; self-registering rain-gage, self-recording rain-gage (US)

automatisches Nivellier(instrument) *n*, selbsteintragendes Nivellier(instrument) • self-adjusting level, self-aligning level; self-levelling level (Brit.); self-leveling level (US)

automatisiert erstellen [*z.B. einen Notausstieg im Tunnelbau*] • to make by automated means [*such as an emergency exit in tunnel(l)ing*]

automorph, idiomorph • idiomorphic(-granular), automorphic, euhedral [*The term "idiomorphic" was originally proposed by Rosenbusch (1887) to describe individual euhedral crystals. Though "idiomorphic" lacks priority, it is now commonly applied to the igneous rock texture characterized by such euhedral crystals especially in American usage*]

Autorenoriginal *n*, Kartenmanuskript *n* [*Handgezeichnete Vorlage für eine Karte*] • compilation manuscript, compilation plot

Autotiefgarage *f* • underground parking lot

Autotunnel *m*, Kraftfahrzeugtunnel, Motorfahrzeugtunnel • tunnel for automobile traffic, automobile tunnel

AVN, Automatische Vortriebsmaschine Nassförderung *f* • automatic tunnel(l)ing machine with slurry material removal

AVND, Automatische Vortriebsmaschine Nassförderung *f* mit Druckluftregelung des Stützdruckes • Automatic tunnel(l)ing machine with slurry material removal and compressed air control of the support pressure

AVNT, Automatische Vortriebsmaschine Nassförderung *f* mit einer Öffnung in der Schottwand Tür • automatic tunnel(l)ing machine with slurry material removal and an opening in the bulkhead partition door

axial belasteter Pfahl *m* • axially loaded pile

axial gestauchter Probekörper *m* • axially compressed specimen

axiale Längenänderung *f* [*einer Gründung*] • variation of axial length

axiale Pfahlkopfverschiebung *f* • axial pile head displacement

axialer Pfahlwiderstand *m* • axial pile resistance

axiales Erdbeben *n*, axiales Beben • linear (earth) quake

axiales Stauchen *n* • axial strain (loading), to subject to all-round stresses

Axialspannung *f* • axial stress

axialsymmetrische Verformung *f* • axisymmetric strain

axialsymmetrischer Baugrund *m* • axisymmetric ground

Azetat *n*, essigsaures Salz *n*, Essigsäureester *m* • acetate

Azetat(abzug)folie *f*, Azetatfilm *m* • acetate peel

Azetylen(sicherheits)(gruben)lampe *f*, Karbidlampe (⚒) • acetylene (flame) (safety) lamp, carbide lamp

Azimut *m* • azimuth

Azimut *m* bezogen auf die Hauptvertikalebene der Aufnahme • ground plumb bearing

Azimutgleiche *f* • equal bearing curve

B

Bach ***m*** • brook; gutter [*obsolete*]; stell (Brit.)
Bachbett ***n*** • stream bed
Bächlein ***n***, Rinnsal *n* • runnel, runlet, rundle, rindle, rivulet, streamlet, little brook, small brook; riveret [*obsolete*]
b-Achse ***f*** • b-axis [*One of the crystallographic axes used as reference in crystal description. It is the axis that is oriented horizontally, right-to-left. In an orthorhombic or triclinic crystal, it is usually the macro-axis. In a monoclinic crystal, it is the orthoaxis. The letter 'b' usually appears in italics*]
B-Achse ***f*** [*Falten(zone)*] • pitching axis, plunging axis
backende Kohle ***f***, backfähige Kohle, Backkohle • binding coal, caking coal, agglomerating coal
Backenheber ***m*** ➋ (Bohr)Rohrkrebs
Backenlagerblech [*am Ankerpfahl*] • jaw bearing plate
Backenpreventer ***m*** [*Tiefbohrtechnik*] • ram(-type) preventer
backfähige Kohle, backende Kohle *f*, Backkohle • binding coal, caking coal, agglomerating coal
Backindex ***m*** • caking index, agglutinating value, agglutinating power [*It indicates the degree of caking, coking, or binding together of a coal when a sample is heated in a prescribed manner*]
Backkohle ***f*** ➋ backende Kohle
Baddeleyit ***m*** • baddeleyite, brazilite, ZrO_2 [*A colo(u)rless yellow, brown, or black monoclinic mineral. It may contain some hafnium, titanium, iron and thorium*]
Badekaue ***f***, (Wasser)Kaue *f* • (mine) head shower house, (mine) head bath
Bäderkunde ***f*** • balneology [*The science of the healing qualities of baths, especially with natural mineral waters*]
Badestrand ***m*** • bathing beach
Badlands ***n***, Badland *n* [*Ein von Erosionsrinnen vollkommen aufgegliedertes Gelände, das kaum noch ebene Flächen enthält*] • badlands
Bagger ***m*** • excavator
Bagger ***m*** **mit Reifenfahrwerk** • excavator with wheeled chassis
Baggeranbaugerät ***n*** • excavator attachment
Baggerarm ***m*** • excavator arm
Baggerbeutel ***m*** • dredging bag, dredging net [*A bag fixed on the end of a long pole for dredging mud and sand from the bottom of a watercourse*]
Baggerböschung ***f*** [*Sie entsteht dort, wo beim Tagebauaufschluss in der Aufschlussfigur mit der Gewinnung begonnen wird*] • excavator slope, digger slope
Baggerboje ***f***, Baggertonne *f* • dredging buoy
baggerfähiges Material ***n*** • ground suitable for mechanical excavation
Baggerführer ***m*** • excavator driver, dredger driver
Baggergreifer ***m*** • clamshell bucket
Baggerlader ***m*** • backhoe loader
Baggerloch ***n*** • excavated hole
baggern ➋ abbaggern
baggern, ausbaggern, nassbaggern • to dredge
baggern, trockenbaggern, ausbaggern • to dig mechanically, to excavate mechanically, to cut (down) mechanically, to dig by machine, to excavate by machine, to cut (down) by machine
Baggerrinne ***f*** • excavated channel
Baggersand ***m*** • excavated sand
Baggerschacht ***m*** • dredging well [*Dredging wells are part of large open caissons*]
Baggerschaufel ***f*** • excavator shovel
Baggerschnitt ***m*** • excavator cut(ting)
Bagger-Schüttverfahren ***n*** • excavation/fill method
Baggersee ***m*** [*Nassbaggerung*] • dredging lake
Baggersee ***m*** [*Trockenbaggerung*] • excavated lake
Baggersohle ***f*** [*Nassbaggerung*] • dredged bottom
Baggersohle ***f*** [*Trockenbaggerung*] • excavated bottom
Baggerspiel ***n*** • digging cycle, excavating cycle, excavation cycle
Baggertiefe ***f*** ➋ Abtrag(ungs)tiefe
Baggertiefe ***f*** [*eines Nassbaggers*] • dredging depth
Baggertonne ***f***, Baggerboje *f* • dredging buoy
Baggertorf ***m*** • excavated peat, drag peat
Baggerung ***f*** ➋ (Aus)Baggerung
Baggerungsraum ***m***, Aushubraum [*Bei einer Brunnengründung "Brunnenaushubraum" oder "Brunnenbaggerungsraum" genannt*] • shell, well, shaft, cylinder [*open caisson*]
Baggerungsunternehmer ***m*** • digging contractor, excavation contractor, excavator
Bahama-Krümelkalk(stein) ***m***, Bahamit *m*, granulierte Bahamakalk(stein), Bahama-Pillenkalk

H. Herrmann, H. Bucksch, *Wörterbuch GeoTechnik/Dictionary Geotechnical Engineering*,
DOI 10.1007/978-3-642-33335-4, © Springer-Verlag Berlin Heidelberg 2013

B

(stein) • bahamite [*Consolidated lime(stone) composed of sediment similar to that now accumulating in the Bahamas; high purity, generally fine grained, massively bedded, widely extensive, without abundant fossils*]

Bahn ***f***, Umlaufbahn • orbit, path [*It is described by a body in its revolution around another body*]

Bahnbestimmung ***f*** ➋ (Umlauf)Bahnbestimmung

bahnbrechende Vortriebstechnik ***f*** • pioneering tunnel(l)ing technology

Bahnbrückenpfeiler ***m*** • railroad bridge pier

Bahndamm ***m*** • railway embankment

Bahndammsicherung ***f*** • securing the railway embankment

Bahndammstuhl ***m*** • railway embankment seat

Bahneinschnitt ***m*** ➋ (Eisen)Bahneinschnitt

Bahnelektron ***n***, kreisendes Elektron • orbital electron

Bahngeschwindigkeit ***f*** ➋ Ist-Grundwasser-geschwindigkeit

Bahngeschwindigkeit ***f*** [*eines Satelliten*] • orbit velocity

Bahnhof ***m*** **in offener Baugrube** ➋ (U-)Bahnhof in offener Baugrube

Bahn(linie) ***f*** • trajectory [*The curve that a moving body in a field, or a characteristic of a field, describes in space*]

Bahn(linie) ***f*** [*Weg eines Flüssigkeitsteilchens. Bei stationärer Strömung sind Bahn- und Stromlinien identisch*] • trajectory

Bahnhof(bauwerk) ***m, (n)*** ➋ (U-)Bahnhof(bauwerk)

Bahnknotenpunkt ***m*** ➋ (Eisen)Bahnknotenpunkt

Bahnschranke ***f*** • railway crossing barrier

Bahntunnelbau ***m*** ➋ (Eisen)Bahntunnelbau

Bahnübergang ***f*** • railway crossing

Bahn- und Straßentunnel ***m*** ➋ (Eisen)Bahn- und Straßentunnel

Bahr ***m*** • bahr [*A body of water found in the Saharan region, frequently in the form of a deep natural spring*]

Bai ***m***, Sandstaubniederschlag *m* • bai, sandmist [*A "mist" that occurs in China and Japan in spring and fall, when loose earth is churned up by the wind so that clouds of dust rise to great heights, afterwards collecting moisture and falling as colo(u)red mist which produces a thick coating or very fine yellow dust*]

Bajocien ***n*** • Bajocian [*A European stage: the middle Middle or lower Middle Jurassic geologic time, above Aalenian, below Bathonian*]

Bajonettverschluss-Stoßverbindung ***f***, Stoßverbindung mit Bajonettverschluss • steel bayonet joint and lug, bajonet(-type) locking joint [*Herkules pile*]

Bake ***f***, Fluchtstab *m*, Fluchtstange *f* • range pole, range rod, ranging pole, sight(ing) pole, sight(ing) rod, ranging rod, lining pole, lining rod, line pole, line rod, banderolle

bakterielle Laugung, Bakterienlaugung *f* • bacteria leaching

Bakteriengüte ***f*** • bacterial quality

Bakulit ***m*** • baculite [*A crystallite that looks like a dark rod*]

Bakulitmergel ***m*** • baculite marl

Balanzier ***m***, (Bohr)Schwengel *m* [*Seil(schlag)bohren*] • walking beam, working beam, drilling beam, trunnion, walking bar, lever, oscillating beam

Balge ***f*** ➋ Wattstrom

Balje ***f*** ➋ Wattstrom

Balken ***m*** **(mit) der Schlankheit 10** [*Balkenbrücke*] • beam with a slenderness ratio of 10

Balken ***m*** **mit Voute(n)**, Voutenbalken *m* [*Brückenbau*] • haunched girder, haunched beam

Balken- und Blechverzug ***m*** • beam and plate lagging

Balkenbrücke ***f*** [*einfachste Brückenform*] • beam bridge

Balkendamm ***m*** (⚒) • beam wall, beam dam

Balkendiagramm ***n*** • bar chart

Balkendrumme ***f*** ➋ (Holz)Balkendrumme

Balkeneisen ***n***, Kamazit *m* • balk iron

Balkenfundament ***n***, Balkengründung *f* • beam foundation

Balkenpreventer ***m*** • ram blow-out preventer, ram BOP

Balkentragwerk ***n*** [*Brückenbau*] • beam structure

Balkentür ***f*** (⚒) • beam door

Balkenunterfangung ***f*** • needle (beam) underpinning, needling [*An underpinning method by transferring the load to temporary horizontal beams, called "needles"*]

Balkenverzug ***m*** • beam lagging

Balkenwaage, Westphalwaage *f* • Westphal balance, beam balance [*In mineral analysis, a balance used to determine specific gravity of a heavy liquid*]

Balkenwirkung ***f*** • beam action

ballastieren [*z. B. Senkkasten*] • to ballast

Ballastierung ***f*** [*bei Konstruktionen im offenen Wasser*] • ballasting

Ballastkammer ***f***, Ballastraum *m* • ballast chamber

Ballaststoffe ***m****(pl)* • ballast materials

Ballasttank ***m*** • ballast tank

Ballastüberwacher ***m*** • ballast control man [*offshore drilling*]

Ballen ***m***, (Gummi)Ballen

Ballenzinn *n* • roll tin
ballistische Messkamera *f* [*Fotogrammetrie*] • ballistic camera
Ballon *m* ➋ (Gummi)Blase
Ballonbildmesskunst *f*, Ballonfotogrammetrie *f*, fotografische Ballonmesskunst • balloon photogrammetry
Ballon-Bohrlochprüfung *f*, Bohrloch-Ballonprüfung • (bore)hole balloon test, well(bore) balloon test
Ballonfoto(grafie) *n, (f)* • balloon photo(graph)
Ballonsatellit *m* • balloon satellite
Ballonsonde *f* • pressuremeter, push-in pressuremeter [*A soil testing device that produces a stress-strain curve for a soil. It began with the work of Louis Ménard in France in the 1950s. He inserted a cylindrical "balloon" into a drilled hole and for ordinary soils inflated it to a maximum pressure between 2.5 and 10 MPa (360-1450 psi). For very hard soils or weak rocks the pressure can reach 20 MPa (2900 psi)*]
Ballonsonde *f*, Sondenballon *m* • balloon sonde, sounding balloon
Ballontheodolit *m* • balloon theodolite
Ballung *f*, Bündel *n* • cluster
Ballungsgebiet *n*, Ballungszentrum *n* • urban agglomeration, conurbation, built-up area
Balme *f* • balm [*A concave cliff or precipice, forming a shelter beneath the overhanging rock*]
Balsaholz *n* • balsa wood
Baltimorit *m* ➋ Antigorit
Bambusbohren *n* • bamboo drilling; kazusa-bori [*Japan*] [*The drilling rig is made only from bamboo. The most suitable application for the technique is near villages to supply domestic water and save women long walks for water*]
Bananen(anbau)doline *f* • banana sink(hole) [*Terms used in the Bahamas for a sink(hole) in which it is customary to cultivate bananas and sugar cane*]
Band *n* • band [*A frequency or wavelength interval*]
Band *n* • band [*A stratum or lamina conspicuous because it differs in colo(u)r from adjacent layers; a group of layers displaying colo(u)r differences is described as being banded*]
Band *n* ➋ Sprieße
Band *n* ➋ (Mess)Band
Bandabraum *m* • belt-conveyed (over)burden
Bandachat *m*, Bänderachat, gebänderter Achat • band(ed) agate, stripe(d) agate, banding agate, bandy agate
Bandagendraht *m* • tie wire, binding wire
Bandait *m* • bandaite [*A dacite type of extrusive rock composed of bytownite and labradorite. It was named by Iddings in 1913 for Bandai San, Japan. Usage is not recommended*]
bandaufnehmen, band(ver)messen • to tape
Bandaufzeichnung *f* ➋ (Magnet)Bandaufzeichnung
Bandbergförderung *f*, Bergbandförderung • (belt) conveyor hoisting
Bandblitz *m* • band(ed) lightning, banding lightning, bandy lightning
Banddrän *m* • band drain
Bandeinheit *f* ➋ (Magnet)Bandeinheit
Bandeisenerz *n* ➋ lagenförmiges Eisenerz
Bandeisenstein *m* ➋ gebänderter Eisenstein
Bänderachat *m*, Bandachat, gebänderter Achat • band(ed) agate, stripe(d) agate, banding agate, bandy agate
bänderartige und schichtige Blei-Zink-Lagerstätte *f* • run (US)
Bändereisenerz *n* ➋ lagenförmiges Eisenerz
Bändereisenstein *m* ➋ lagenförmiger Eisenstein
Bändererz *n*, Banderz, Streifenerz, gebändertes Erz • band(ed) ore, banding ore, bandy ore, stripe(d) ore
Bändergang *m*, gebänderter Gang, Bandgang, Streifengang • band(ed) vein, banding vein, bandy vein, stripe(d) vein, ribbon vein [*A vein made up of layers of different minerals parallel with the walls. The term "lode", as called by miners, may be used synonymously for "vein", as called by geologists*]
Bändergneis *m*, Lagengneis, Bandgneis, gebänderter Gneis • band(ed) gneiss, banding gneiss, bandy gneiss, stripe(d) gneiss
Bänderkalkstein *m*, gebänderter Kalkstein, Bandkalkstein • band(ed) limestone, banding limestone, bandy limestone, stripe(d) limestone
Bänderkohle *f*, Bandkohle *f*, Streifenkohle • stripe(d) coal, (bright-)band(ed) coal, common-band(ed) coal, banding coal, bandy coal [*Heterogenous coal containing bands of various luster. It is usually bituminous although banding occurs in all ranks of coal*]
Bändermarmor *m*, gebänderter Marmor, Bandmarmor • band(ed) marble, banding marble, bandy marble, stripe(d) marble
Bänderopal *m* • band(ed) opal, bandy opal, stripe(d) opal, banding opal; onyx opal [*misnomer*]
Bänderstruktur *f*, Streifenstruktur • band(ed) structure, banding structure, bandy structure, stripe(d) structure [*A structure developed in many igneous and metamorphous rocks owing to layers, stripes, flat lenses,*

B

or streaks which differ noticeably in mineral composition and/or texture]

Bändersyenit *m*, gebänderter Syenit, Bandsyenit, Streifensyenit • band(ed) syenite, banding syenite, bandy syenite, stripe(d) syenite

Bänderton *m*, Warventon, Bandton, gebänderter Ton, Streifenton • band(ed) clay, banding clay, bandy clay, stripe(d) clay, varve(d) clay, bedded clay

Bändertorf *m*, Bandtorf, gebänderter Torf, Streifentorf • band(ed) peat, stripe(d) peat, straticulate peat, bandy peat, banding peat

Bänderung *f* • banding, striping

Bänderung *f* [*Gletschereis*] • foliation; banding [*non-preferred synonym*]

Bänderungsfüllung *f* [*z. B. durch Diffusion in kolloidalem Material*] • band(ed) precipitation, banding precipitation, bandy precipitation

Banderz *n* ➋ Bändererz

Bandextensometer *n*, Band-Feinlänge(n)messer *m* • tape extensometer

Bandförderung *f*, Bandtransport *m* • belt conveyance, belt haulage, belt transport(ation)

Bandgang *m* ➋ Bändergang

Bandgneis *m* ➋ Bändergneis

Bandhammer *m* (⚒) • large hammer

Bandkalkstein *m* ➋ Bänderkalkstein

Bandkohle *f*, Bänderkohle, Streifenkohle • band(ed) coal, stripe(d) coal, bright-band(ed) coal, common-band(ed) coal, banding coal, bandy coal [*Heterogenous coal containing bands of various luster. It is usually bituminous although banding occurs in all ranks of coal*]

Bandmalachit *m*, Bändermalachit

Bandmarmor *m* ➋ Bändermarmor

Bandmaß *n* ➋ (Mess)Band

Bandmaßtrommel *f*, Messbandtrommel • tape reel

Bandmessung *f* • tape measurement

Bandstrecke *f* (⚒) • (belt) conveyor bottom road

Bandstruktur *f* [*Schmale Quarzbänder in Gold-Quarzgängen die mit dünnen dunklen Lagen veränderten Nebengesteins wechseln*] • ribbon structure

Bandsyenit *m* ➋ Bändersyenit

Bandtagebau *m*, Tagebau mit Bandbetrieb • conveyor (haulage) open workings, conveyor (haulage) surface workings

Bandton *m* ➋ Bänderton

Bandtorf *m*, Bändertorf, gebänderter Torf, Streifentorf • band(ed) peat, stripe(d) peat, straticulate peat, bandy peat, banding peat

Bandtransport *m*, Bandförderung *f* • belt conveyance, belt haulage, belt transportation

band(ver)messen, bandaufnehmen • to tape

Band(ver)messung *f* ➋ Stahlband(ver)messung

Bank *f* • bank [*A long narrow island along the Atlantic coast of the U.S.A., composed of sand and forming a barrier between the island lagoon or sound and the ocean*]

Bank *f* • bank, submerged plateau [*A relatively flat-topped elevation of the sea floor at shallow depth (generally less than 200 m), typically on the continental shelf or near an island*]

Bank *f* • bank [*This term is used in South Africa for a moderately high scarp (up to 500 m) consisting of resistant rock layers and forming a high hill or a low mountain, often occurring in groups of two or more with broad longitudinal valleys in between. The term is most often used in the plural: banks. Afrikaans etymology*]

Bank *f* [*Eine Gesteinsschicht, die durch zwei deutliche etwa schichtparallele Fugen begrenzt wird und Mächtigkeiten von einigen Zentimetern bis einigen Metern aufweist*] • bed, layer, stratum

Bank *f* ➋ Schichtenfolge

Bank *f* • sill [*A submarine ridge or rise at a relatively shallow depth, separating a basin from another basin or from an adjacent sea and causing the basin to be partly closed, e.g. in the Straits of Gibraltar*]

Bank *f*, Stufe *f* • bank [*dry dock*]

Bank *f* ➋ (Rasen)Hängebank

Bankablagerung *f* • bank deposit [*A mound, ridge or terrace of sediment rising above and about the surrounding sea bottom*]

Bankaufschiebung *f* • bedding thrust, bedding glide [*A thrust (fault) that is parallel to the bedding*]

bankeben, bankparallel • parallel to the bed

Bankebene *f*, Bankparallele *f* (⚒) • direction parallel to the bed

Bankett *n*, Berme *f* • berm(e), banquette [*A horizontal ledge in the sloping surface of an embankment or cutting*]

Bankett *n*, Latsche *f* [*Grundmauer*] • grass table, ground table

Bankett *n* ➋ unbewehrtes (Beton)Streifenfundament

Bankett *n* ➋ Streifengründung

Bankett *n*, Stufe, Absatz *m* • bench, step

Bankettgraben *m* ➋ Streifengründungsgraben

bankig, gebankt [*Felsgestein*] • bedded, with horizontal layers

bankinterne Verfältelung, schichtinterne Verfältelung, Verfältelung *f*, Wulstbank *f*, Wickelstruktur *f*, Wickelschichtung [*Sie besteht im Normalfall aus schmalen, diapirartig aufsteigenden Sätteln und breiten,* *kissenförmigen Mulden im cm- und dm-Bereich]* • convolute bedding, convolute lamination, convolution, contorted bedding, curly bedding, crinkled bedding, hassock structure

Bankkluft *f* • cutter, bed(ding) joint [*Quarrying terms for a joint running parallel to the dip of the rock bed*]

Bankmächtigkeitsabnahme *f* und Kornverfeinerung *f* • thinning and fining upward sequences

bankparallel [*Als bankparallel wird jede Richtung oder Fläche parallel zur Schichtung (unabhängig vom Streichen) bezeichnet* (*1)] bankeben • parallel to the bed

Bankparallele *f*, Bankebene *f* (⚒) • direction parallel to the bed

bankparallele Verschiebung *f* (⚒) • lateral force

bankrecht [*Der Begriff bankrecht hat sich im Bergbau zur Beschreibung einer Richtung orthogonal zur Bankung und damit auch zur Schichtung eingeführt. Als bankparallel wird jede Richtung oder Fläche parallel zur Schichtung (unabhängig vom Streichen), als bankschräg werden alle übrigen Richtungen im Gebirge bezeichnet* (*1)]; senkrecht zur Bankung • normal to the bed

Bankrechte [*Fehlbenennung*]; Banksenkrechte *f* (⚒) • direction normal to the bed

bankschräg [*Begriffsbestimmung, siehe unter 'bankrecht'*] • oblique to the bed

Bankschräge *f* (⚒) • direction oblique to the bed

Banktiefe *f* • sill depth [*Depth to the top of a sill responsible for partly closing a basin*]

Bankung *f* [*Plattige Absonderung von Gesteinen*] • bedding

Bankungsteilbarkeit *f* • bedding fissility [*The capacity possessed by many sedimentary rocks, particularly those that are finegrained, of tending to part parallel to the bedding*]

Bankwäsche *f* • bar diggings [*A term applied in the Western U.S. to digging for gold or other precious materials located on a bar or in the shallows of a stream or river, and worked when the water is low*]

Bär *m* [*Fallbär*]; Fallbär *m* • drop hammer, ram

Bär *m* [*Rammbär*] • pile hammer, pile driver, hammer

Bärgewicht *n* • drop hammer weight

Bar *n* • bar [*A unit of pressure equal to 106 dynes/ sqcm or 100 kN/m^2 or 14.504 psi*]

Barbadoserde *f* • Barbados earth [*A deposit of fossil radiolarians*]

barfuß [*Die Lage eines Stempels unmittelbar am Gestein, ohne Fußpfahl oder Anpfahl*] (⚒) • without sole and tymp

Barge *f*, Leichter *m*, Pram *m* • barge, lighter, pram

Baritrose(tte) *f* • barite rose(tte), petrified rose(tte)

Bariummuskovit *m* • barium muscovite

Bariumtitanat *n* • barium titanate, titanate of barium [*A crystal with the chemical formula $BaTiO_3$*]

Barograf *m*, Barograph *m*, Schreibbarometer *n*, Registrierbarometer • barograph, aneroid barograph, aneroidograph, barometrograph, recording barometer [*An aneroid barometer arranged so that the deflection of the aneroid capsule actuates a pen which graphs a record on a rotating drum*]

Barogramm *n* • barogram [*The record of an aneroid barograph*]

Barograph *m* ➔ Barograf

Barometer *n*, Luftdruckmesser, Luftschweremesser *m*; Wetterglas *n* [*Fehlbenennung*] • barometer

Barometrie *f*, Luftdruckmesslehre *f* • barometry

barometrischer Brunnenwirkungsgrad *m* • barometric (well) efficiency [*In a well, the ratio of water-level fluctuation to the change in atmospheric pressure that causes the fluctuation*]

barometrischer Druck *m*, Barometerdruck, atmosphärischer Druck • barometric pressure, air pressure, atmospheric pressure [*The pressure, or force per unit area, exerted by the atmosphere on any surface beneath or within it. Normal pressure at sea level is 1013.251 /millibars, or 1,013,250 dynes per cm^2. Equivalent common measures are 76.0 cm, or 29.92 inches, of mercury; 1033.3 cm, or 33.9 feet, of water; and 14.66 lb per in^2*]

barometrischer Höhenmesser *m* • pressure altimeter, barometric altimeter [*An aneroid barometer calibrated to convert atmospheric pressure into altitude*]

Barothermograf *m* • barothermograph [*An instrument which records simultaneously barometric pressure and temperature on the same chart*]

Barothermografaufzeichnung *f* [*Aufzeichnung von Kurven des atmospherischen Zustands*] • barothermogram [*The record made by a barothermograph*]

Barre *f* ➔ Flutbrandung

Barre *f*, Sandfinger *m* [*Ein linearer, gegen das Meer vorgreifender, schmaler Sandkörper, der in einer Rinne eines sich in Zweige zerlegenden Stromes abgelagert wurde*] • barfinger

Barre *f*, Sedimentwall *m* • bar, marine bar [*Generic term for any of various elongate offshore ridges, banks, or mounds of sand, gravel, or other unconsolidated material, submerged at least at high tide, and built up by the*

B

action of waves or currents on the water bottom, especially at the mouth of a river or estuary, or at a slight distance from the beach. A bar commonly forms an obstruction to water navigation]

Barrels *f* pro Monat • bpm, barrels per month

Barrels *f* pro Tag • bpd, barrels per day

Barrême *n* • Barremian [*European stage: Lower Cretaceous, above Hauterivian and below Aptian*]

Barrenbergbau *m* • bar mining [*The mining of river bars, usually between high and low waters, although the river is sometimes deflected and the bar worked below water level*]

Barrenquelle *f*, Barrierquelle, Rückstauquelle, Stauquelle, Überfallquelle, Überfließquelle, Überfließer *m,* Umlaufquelle, Überlauf(quelle) *m, (f)* [*Eine Barre stellt sich dem Grundwasserfluss entgegen, staut das Grundwasser und zwingt es über die Barrenkrone zu fließen*] • barrier spring, overflow spring

Barrensand *m* ➋ deltaischer Rinnensand

Barrierebrunnen *m*, Staubrunnen • barrier well [*A type of recharge well, generally one of several along a line, used to inject water of usable quality to build up a ridge of such water between wells used for water supply and a potential source of contamination, as between water supply wells and the salt water front in a coastal area*]

Barrierquelle *f*, Barrenquelle, Rückstauquelle, Stauquelle, Überfallquelle, Überfließquelle, Überfließer *m,* Umlaufquelle, Überlauf(quelle) *m, (f)* [*Eine Barre stellt sich dem Grundwasserfluss entgegen, staut das Grundwasser und zwingt es über die Barrenkrone zu fließen*] • barrier spring, overflow spring

Barrierriff *n* ➋ Wallriff

Barrow-Typus *m*, Hochdrucktypus • Barrovian(-type) facies series

Bart *m* [*Die Strauben an der Zimmerung oder am Gezäh*] (⚒) • splintered tool head

Bart *m* [*Ein zu Spänen und Federn aufgeschlitztes Holzstück zum Anbrennen der Holzstöße beim Feuersetzen*] (⚒) • wood split up in shavings

Bart *m*, Vorstoß *m* [*Das über die Pfähle vorstehende Endstück bei Rostschwellen*] • jutty, flap, sill flap, sill jutty, juffer flap, juffer jutty, cill flap, cill jutty

Bartbalken *m*, Spundpfahl *m* • Wakefield pile, triple lap pile [*It consists of three planks bedded or spiked together, with the middle plank offset so as to form a tongue along one edge and corresponding groove on the other*]

Bartmoos *n* • beard moss, earth moss

Barysphäre *f*, Eisennickelkern *m,* Nickeleisenkern • centrosphere, barysphere; bathysphere [*not recommended synonym*]; pyrosphere, nickel-iron mass, iron-nickel mass

Baryt *m*, Schwerspat *m,* $BaSO4$ • baryte(s), barite, heavy spar, barytine, barytite; natural barium sulfate (US); natural barium sulphate; tiff [*south-east Missouri*]

Barytbeton *m* • barite concrete

Barytocölestin *n* • barytocelestite [*Sulphate of barium and strontium*]

Baryt(spat)erde *f*, Schwerspaterde, erdiger Baryt(spat) *m,* erdiger Schwerspat • earthy barite, earthy barytes, earthy heavy spar, earthy barytite, earthy barytine

Basalbreccie *f*, Basalbrekzie • basal breccia

basale Grundwasseroberfläche *f* • basal groundwater table [*The water table of a body of basal (ground)water*]

basale Scherung *f* [*Tektonik*] • basal drag

basale Schubfläche *f* • sole fault, décollement fault, detachment fault, detachment thrust, basal thrust plane [*A low-angle thrust fault forming the base of a thrust nappe; also, the basal main fault of an imbrication*]

basaler Feinzyklus *m* ➋ Dachbank

basaler Grobzyklus *m*, Sohlbank *f,* positive Sequenz *f* [*klastisches Sediment*] • fining upwards

basaler Schrägzuschnitt *m* • oblique truncation of base

Basalgrundwasser *n* • basal (ground)water [*A term that originated in Hawaii and refers to a major body of ground water floating on and in hydrodynamic equilibrium with salt water*]

Basalkonglomerat *n*, Sockelkonglomerat, Grundkonglomerat • basal conglomerate [*A condition in which the lower part of the younger (= upper) deposit at an unconformity consists of conglomerate made of fragments of the older (= lower) deposit. It records the progressive encroachment of the sea-beach on the former dry-land*]

Basalquarzit *m* • basal quartzite

Basalsandstein *m* • basal sandstone [*A condition in which the lower part of the younger (= upper) deposit at an unconformity consists of sandstone made of fragments of the older (= lower) deposit*]

Basalsediment *n* • basal sediment

Basalstollen *m* • basal tunnel (US); basal gallery [*A water supply tunnel along the basal (ground)water table in basaltic areas, esp. Hawaii*]

Basalt *m* • basalt; trap rock [*quarryworker's term*]; green rock [*Staffordshire*] [*General terms for*

dark-colo(u)red mafic igneous rocks, commonly extrusive but locally intrusive (e.g. as dikes), composed chiefly of calcic plagioclase and clinopyroxene, the fine-grained equivalent of gabbro]

Basaltandesit *m* • basaltic andesite, basaltine andesite [*Rocks of the calc-alkaline kindred that are intermediate, in one or more respects, between typical basalt and typical andesite. The terms are widely used but never precisely defined; their use is not recommended*]

Basalt(bohr)kern *m* • basaltic core, basaltine core

Basaltdecke *f* • basaltic cover, basaltine cover

Basalteisenerz *n* • basaltic iron ore, basaltine iron ore

Basaltfels *m*, Basaltgestein *n* • basaltic rock, basaltine rock [*General terms incorporating fine-grained, compact, dark-colo(u)red extrusive igneous rocks such as basalt, diabase, dolerite and dark-colo(u)red andesite*]

basaltförmig • basaltiform

Basaltgang *m* • basaltic dike, basaltic dyke, basaltine dike, basaltine dyke

Basaltgestein *n*, Basaltfels *m* • basaltic rock, basaltine rock [*General terms incorporating fine-grained, compact, dark-colo(u)red extrusive igneous rocks such as basalt, diabase, dolerite and dark-colo(u)red andesite*]

Basaltglas *n* ➔ Hyalith

Basalthornblende *f*, basaltische Hornblende • basaltic hornblende, basaltine hornblende, lamprobolite, oxyhornblende

Basaltinsel *f* • basaltic island, basaltine island

basaltisch • basaltic, basaltine

basaltische Hornblende *f*, Basalthornblende *f* • basaltic hornblende, basaltine hornblende, lamprobolite, oxyhornblende

basaltische Kruste *f* ➔ Sima

basaltischer Gehängeschutt *m* • basaltic scree, basaltine scree

basaltisches Magma *n*, Basaltmagma, basaltische Schmelze *f*, Basaltschmelze • basaltic liquid, basaltic magma, basaltine liquid, basaltine magma

Basaltit *m*, olivinfreier Basalt *m* • basaltite [*An old term revived by the International Geological Congress in 1900 and applied to olivine-free basalt. Not recommended usage*]

Basaltjaspis *m*, Basaltporphyr *m*, Basaltschiefer *m* [*Ist kein Basalt, sondern ein durch vulkanische Einwirkung halb oder ganz verschlackter und dadurch einem vulkanischen, lavaartigen Gestein im Äußeren ähnlich gewordener Grauwacke(n)schiefer*] • basaltic porphyry, basaltine porphyry

Basaltkissen *n* • basaltic pillow, basaltine pillow

Basaltkonglomerat *n* • basaltic conglomerate, basaltine conglomerate

Basaltlage *f*, Basaltschicht *f* • basaltic layer, basaltine layer [*A layer is sometimes termed "basaltic layer" if it possesses the appropriate seismic velocity from about 6.5 to about 7.0 km/s, although nothing may be known about its composition*]

Basaltlava *f* • basaltic lava, basaltine lava

Basaltmagma *n*, basaltisches Magma, basaltische Schmelze *f*, Basaltschmelze • basaltic liquid, basaltic magma, basaltine liquid, basaltine magma

Basaltplateau *n*, Lavaplateau • lava plateau, basaltic plateau, basaltine plateau

Basaltporphyr *m*, Basaltjaspis *m*, Basaltschiefer *m* [*Ist kein Basalt, sondern ein durch vulkanische Einwirkung halb oder ganz verschlackter und dadurch einem vulkanischen, lavaartigen Gestein im Äußeren ähnlich gewordener Grauwacke(n)schiefer*] • basaltic porphyry, basaltine porphyry

Basaltquelle *f* • basaltic spring, basaltine spring

Basaltsäule *f* • basaltic column, basaltine column

Basaltschicht *f*, Basaltlage *f* • basaltic layer, basaltine layer [*A layer is sometimes termed "basaltic layer" if it possesses the appropriate seismic velocity from about 6.5 to about 7.0 km/s, although nothing may be known about its composition*]

Basaltschiefer *m* ➔ Basaltporphyr

Basaltschild(vulkan) *m* • lava shield, basaltic shield, basaltine shield [*A shield volcano of the basaltic type*]

Basaltschlacke *f*, verschlackter Basalt *m*, Erdschlacke, rheinischer Mühlstein *m*, Lungenstein • basaltic scoria, basaltine scoria

Basaltschmelze *f* ➔ basaltisches Magma

Basaltstrom *m*, flüssige Basaltmasse *f* • basaltic flow, basaltine flow

Basalttuff *m* • basaltic tuff, basaltine tuff

Basaltvulkanismus *m* • basaltic volcanism, basaltic vulcanism, basaltine volcanism, basaltine vulcanism

Basaltwacke *f* • basaltic wacke, basaltine wacke

Basaltwand *f* • basaltic face, basaltine face, hureaulite *Without the olivine, the rock would be called "tephrite". The term was coined by Brongniart in 1813*]

Basanomelan *m*, Titaneisen *n* • basanomelan

Base *f* • base [*A substance with basic properties*]

Base *f*, Kation *f* • base, cation

Base *f*, Lauge *f* • base [*A substance whose water solution has a bitter taste and a soapy feel and changes the colo(u)r of certain organic dyes*]

B

Basenaustauschfähigkeit *f*
➔ Kationenaustauschvermögen
Basenaustauschvermögen *n*
➔ Kationenaustauschvermögen
Basis *f* ➔ (Mess)Basis(linie)
Basis(ab)dichtung *f* • base seal(ing)
Basisberichtigung *f*, Basiskorrektur *f* • base correction, base adjustment [*Of geophysical measurements to express them relative to the value of a base station*]
basisch • basic, subsilicic [*Said of igneous rocks having a silica content of less than 55 percent*]
basisch schwefelsaures Eisenoxid *n*, Misy *m*, Copiapit *m*, $2Fe_2O_3$x $5SO_3$x $17H_2O$ • mis(s)y
basischer Diorit *m* • basic diorite
basischer Einschluss *m* • basic inclusion
basischer Fels *m* ➔ basisches Gestein
basischer Gneis *m* • basal gneiss
basischer Hornfels *m* • basic hornfels [*It is derived from a basic igneous rock*]
basischer Schiefer *m* • basic schist [*A schistose rock that forms from the metamorphism of a basic igneous rock. Also used for rocks of similar composition and texture even if origin is doubtful*]
basisches Chlorblei *n* ➔ Mineralgelb
basisches Gestein *n*, basischer Fels *m* • basic rock [*A term rather loosely used in lithology generally meaning one of the following: (1) an igneous rock containing less than 55 percent of silica, free or combined, (2) an igneous rock in which minerals comparatively low in silica and rich in the metallic bases, such as the amphiboles, the pyroxenes, biotite, and olivine, are dominant, or (3) an igneous rock composed chiefly of dark-colored minerals. In all three senses contrasted with acid. The term is misleading, undesirable, and becoming obsolete. As used in the first sense above, it is being replaced by subsilicic and as used in the second sense, it should be replaced by mafic or by some term denoting the dominant mineral or minerals*]
basisches Magnesiumkarbonat *n* • technical carbonate, basic magnesium carbonate [*It has a somewhat variable composition, but is approximately $4MgCO_3.Mg(OH)_2.5H_2O$. It is a white granular material, which is mixed with about 15 per cent of asbestos fibre to make a product called 85-per cent magnesia. This is used in making molded forms for heat insulation*]
Basischwerden *n* • basification [*Enrichment of a rock in elements such as calcium, magnesium, iron, and manganese*]
Basiseinstellung *f* [*Fotogrammetrie*] • base setting
Basisentfernungsmesser *m* • topographic(al) range finder, topographic(al) distance meter
Basisfläche *f*, Grundfläche *f* [*Kristall*] • basal face
Basisflächenpseudomorphismus *m*, zweidimensionaler Pseudomorphismus • two-dimensional pseudomorphism
Basisflächenzentriert • end centered (US); end-centred (Brit.)
Basis-(Flug)Höhen-Verhältnis *n* • base-height ratio, base-altitude ratio, B/H ratio [*The ratio between the air base and the flight height of a stereoscopic pair of aerial photographs*]
Basishochwasser *n*
➔ angenommenes niedrigstes Hochwasser
Basiskarte *f* • base map [*A map of any kind showing essential outlines necessary for adequate geographic reference, on which additional or specialized information is plotted for a particular purpose; especially a topographic map on which geologic information is recorded*]
Basiskomponente *f*, Grundkomponente [*Fotogrammetrie*] • base constituent
Basiskorrektur *f*, Basisberichtigung *f* • base correction, base adjustment [*Of geophysical measurements to express them relative to the value of a base station*]
Basislatte *f* • subtense bar [*surveying*]
Basis(linie) *f* ➔ (Mess)Basis(linie)
Basislinie *f*, Kiellinie *f* [*Falte*] • base (line)
Basisnetz *n*, Grundliniennetz • base net(work) [*A surveying system of quadrilaterals and triangles that include and are quite close to a base line in a triangulation system*]
Basisniederschlag(s)höhe *f*, No • mean lower summer precipitation, average lower summer precipitation
Basisnormale *f* • base standard
Basispunktsonde *f* [*Eigenpotentialmethode*] • fixed (SP) electrode
Basissandstein des britischen Oberkarbons, flözleerer Kohlensandstein *m*, Mühlenstein • Millstone (grit), Millstone sandstone [*Any hard, siliceous rock suitable for use as a material for millstones; specifically the Millstone Grit of the British Carboniferous Coal Measures. It was formerly more or less current in England as a synonym for Pottsville conglomerate*]
Basisspiegel *m* der Erosion, Erosionsbasis *f*, Abtrag(ungs)basis, Ausnagungsbasis [*"Niveau" kann synonym für "Basis" verwendet werden*] • base level (of erosion), erosion base level [*The level, actual or potential, toward which erosion constantly works to lower the land*]
Basisstation *f*, Station 1. Ordnung • base station, first-order station
Basisstollen *m* • base gallery; base tunnel (US)

B

Basistunnel ***m*** [*Ein Tunnel tief unter einem Gebirge*] • base tunnel

Basisverhältnis ***n***, Verhältnis zwischen Basis und Flughöhe [*Fotogrammetrie*] • base ratio, ratio of the base to the flying height

Basisvermessen ***n*** • base surveying

Basisvermessung ***f*** • base survey

Basiswagen ***m*** [*Stereoautograf*] • base carriage, transversal carriage

Basit ***m*** • basite [*A basic igneous rock*]

Basler Taufstein, Kreuzstein *m*, Schörlstein • schorl rock [*Cornwall. A granular rock composed essentially of aggregates of needle-like crystals of black t(o)urmaline (= schorl) associated with quartz, and resulting from the complete t(o)urmalization of granite*]

Bassanit ***m***, Vibertit • bassanite, vibertite, $CaSO_4.1/2H_2O$ [*A white mineral consisting of hydrated calcium sulfate; a pseudomorph of gypsum*]

Bastardsmaragd ***m*** [*Fehlbenennung*]; Peridot *m* • peridot(e); bastard emerald [*misnomer*] [*A transparent to translucent green gem variety of olivine*]

Bastinit, Hureaulith *m*, Palait • hureaulite, bastinite, palaite, $Mn_5(PO_4)_2[PO_3\,(OH)]_2.\,4H_2O$

Bastit ***m***, Schillerspat *m* • bastite, schiller spar

Batholith ***m***, Liegendkörper *m* • batholith, bathylith, abyssolith [*A huge, domed, intrusive igneous body of at least 40 square miles in extent whose sides slope gently outward, enlarging downward. It presumably has no bottom. Bateman and Longwell*]

Bathometer ***n***, Bathymeter, Wassertiefenmesser *m*, Tiefseelot *n* • bathymeter

Bathonien ***n*** • Bathonian [*A European stage of geologic time: Middle Jurassic, below Callovian, above Bajocian*]

Bathyalfazies ***f***, pelagische Fazies • deep-sea facies, pelagic facies

bathygen • bathygenic

Bathygenese ***f*** • bathygenesis [*Negative or subsident tectonic movement; tectonic lowering of marine basins. It is analogous to epeirogeny or positive tectonic movements associated with the continents*]

bathygrafisch [*Tiefen zeichnerisch dargestellt*] • bathygraphical

Bathymeter ***n***, Bathometer *n*, Wassertiefenmesser, Tiefseelot *n* • bathymeter

Batteriemanganerz ***n*** • battery-grade manganese ore

Bau ***m***, Grubenbau • (mine) work(ing) [*The whole strata excavated in working a seam*] (⚒)

Bau ***m***, Kriechspur, Wohnspur *f*, Grabgang *m*, Bohrgang [*Von Würmern und anderen Tieren geschaffene röhrenförmige Öffnung im Boden. Eine der fünf Lebensspuren nach Seidacher*] • burrow, locomotion trail, vermiform burrow

Bau ***m*** ➋ Struktur

Bauablauf ***m***, Ablauf • cycle, construction cycle, building cycle, construction process, construction sequence

Bauabschnitt ***m*** [*im Bau*] • construction phase (*or.* stage)

Bauabschnitt ***m***, Block *m* • block [*A division of a mine, usually bounded by workings, but sometimes by survey lines or other arbitrary limits*]

Bauabschnittsabbauplan ***m*** ➋ Blockabbauplan

Bauachse(n)absteckpflock ***m*** • center stake (US); centre stake (Brit.) [*Stakes indicating the centerline of construction*]

Bauaktivität ***f*** • construction activity

Bauarbeiter ***m*** • construction worker.

Bauarbeiterin ***f*** • construction worker

Bauarbeiten ***f(pl)*** • construction work, engineering works

Bauarbeiten ***f(pl)*** **unter Tage** • underground construction work

Bauaufgabe ***f*** • construction task

Bauaufnahme ***f***, Bau(ver)messung *f* • building survey, building measurement, construction survey, construction measurement [*Surveys for construction layout establish systems of reference points that are not likely to be disturbed by the work*]

Bauaufsicht ***f***

➋ Bauüberwachung ➋ Bauaufsichtsbehörde

bauaufsichtliche Vorschriften ***f(pl)*** • building regulations

bauaufsichtliche Zulassung ***f*** • official approval specification

Bauaufsichtsbehörde ***f*** • building supervisory board

Bauausführung ***f*** • construction phase

Bauaushub ***m***, (Ingenieur) Bauaushub

(Bau)Aushubdeponie ***f***, (Bau)Aussetzdeponie • waste area for excavated material

(Bau)Aussetzdeponie ***f***, (Bau)Aushubdeponie *f* • waste area for excavated material

baubetriebliche Aspekte ***m(pl)*** • construction management aspects

baubetriebliche Erschütterungen ***f(pl)*** • disturbances due to construction activities

baubetriebliche Gründe ***m(pl)*** • operational reasons

Baubetriebssetzung ***f*** • settlement due to construction operations

Baubild ***n*** ➋ Strukturbild

B

Baublock *m* (⚒) ➲ (Ab)Baublock
Baublock *m* • building block, construction block
(Bau)Bodenerschließung *f* ➲ Erschließung
Bauboom *m* • housing boom
Baubrücke, Dienstbrücke *f*, Bausteg *m*, Dienststeg [*Talsperrenbau*] • service gangway (Brit.); distributing bridge, overhead track way, construction trestle (US)
bauchige Böschung *f* • bellied slope, belly slope
Baucontainer *m* ➲ Baustellencontainer
Baudock *n* • building dock, construction dock
Baudurchführung *f* • construction implementation, construction
Baudynamik *f* • structural dynamics
baudynamisch modellieren • to model according to the theory of structural dynamics
Bauernerde *f* ➲ (Boden)Krume
bauen • to erect, to build
Bauen *n* auf See • construction work at sea
baufähig ➲ (ab)baufähig
baufähige Erzvorräte *f* ➲ (ab)baufähige Erzvorräte
baufällig [*Brücken usw.*] • rickety [*bridges etc.*]
Baufehler *m* • structural fault (of a building), building defect [*Building defects are areas of non-compliance with existing Building Codes, various Standards and published acceptable tolerances and standards*]
Baufeld *n*, Abbaufeld *n*, Feld • panel, production panel, working panel [*The area of coal extracted by a pair of development roads in longwall or pillar methods of mining. It is usually limited at the extreme and farthest from the shaft by the boundary of the property*]
Baufels *m* ➲ Felsbaustoff
Baufirma *f* • contractor, construction company
(Bau)Flächenerschließung *f* ➲ Erschließung
Bauflöz *n* (⚒) • worked seam
Bauform *f* • structural form, form of structure
Baufortschritt *m* • construction progress, building progress
Bauführer *m* • site foreman, foreman, site supervisor [*A site foreman is the lead worker on a construction site. Workers have to report to the foreman*]
Baugebiet *n* • construction area, building land, construction land
Baugefährdung *f* [*Verstoß gegen die allgemein anerkannten Regeln der Technik und dadurch Gefährdung von Leib oder Leben eines anderen oder anderer*] • building hazard, construction(al) hazard
Baugelände *n*, Bauterrain *n*, Bauland *n* [*im Sinne von Bauplatz*] Bauplatz *m* • construction site, site, construction ground, construction terrain, building terrain, building ground
(Bau)Geländeerschließung *f* ➲ Erschließung
Baugenehmigung *f* [*Der Antrag auf Erteilung einer Baugenehmigung muss bei der lokalen Baubehörde gestellt werden. Im Antrag sind detailliert darzustellen: Lageplan, Bauzeichnungen, Gebäudespezifizierungen, Heizungs-, Lärm- u. Feuerschutzpläne*] • building permit (general term), residential building permit (for residential homes, commercial building permit (for commercial projects), (full) planning permission (Brit.) [*Brit.: There are* ***outline planning permissions*** *which put forward the principles of a planning application rather than presenting the building scheme in its entirety. But this must be followed by a further application. After this secondary application is approved, development can begin. In most cases, however, it is far more efficient to apply for* ***full planning permission***
Baugeologe *m*, Ingenieurgeologe im Bauwesen • geotechnical engineer in building, construction geotechnical engineer, building geotechnical engineer, building geologist, construction geologist
Baugeologie *f* • structural engineering geology, engineering structural geology, building geology, construction geology [*The extreme variability of the physical character of the earth materials in which it is necessary to construct underground openings is the source of many of the major problems in design. The features of rocks that are important in the design of underground openings are the physical properties of rock in relation to engineering structural geology. In building construction, an engineer may choose the materials which will compose the final structure. A mining engineer, however, has very little choice in the location of mine openings and the materials in which he must construct them. In addition to the physical properties of solid rock, it is necessary to evaluate the overall rock mass as structural material to minimize the problems of engineering design*]
Baugeologie *f* ➲ Ingenieurgeologie im Bauwesen
Baugesetzbuch *n* • Federal Building Code, code of construction law, code of building law, construction law code, building law code
Baugestein *n* ➲ Felsbaustoff
baugleich [*Maschine*] • identical [*machine*]
Baugleis *n*, Hilfsgleis
Baugranit *m* • building granite, construction granite
Baugrenze *f* ➲ (Gruben)Feldgrenze
Baugrube *f* • excavation pit, excavating pit, excavation, (building) pit, construction pit, construction excavation, workpit [*Also* colloquially *called "cut"*]
Baugrubenaushub *m* • (building) pit excavation, construction pit excavation, workpit excavation

Baugrubenaussteifung *f* • excavation bracing, excavation pit bracing

Baugrubenböschung *f* • (building) pit slope, excavation slope, construction pit slope, workpit slope

(Baugruben)Horizontal(ab)senkung *f* • (building) pit dewatering by drains, (building) pit unwatering by drains, construction pit dewatering by drains, construction pit unwatering by drains, workpit dewatering by drains, work-pit unwatering by drains

Baugrubenschlitzwand *f* • foundation pit diaphragm wall, construction trench diaphragm wall

Baugrubensicherung *f* • stability of excavation, excavation support, excavation stabilisation (US: stabilization)

Baugrubensicherung *f*, vorläufiger Baugrubenausbau *m*, provisorischer Baugrubenausbau, zeitweiliger Baugrubenausbau, vorübergehender Baugrubenausbau, Baugrubenverbau • temporary (building) pit (support (ing)) system, temporary construction pit (supporting) system, temporary workpit (supporting) system

Baugrubensicherungswand *f* • (building) pit (support(ing)) wall, construction pit (support(ing)) wall, workpit (support(ing)) wall

Baugrubensohle *f* • (building) pit bottom, (building) pit floor, building pit base, construction pit bottom, bottom of the excavation, construction pit floor, workpit floor, workpit bottom, invert of the construction pit, floor slab in an excavation

Baugrubentiefe *f* • (building) pit depth, workpit depth, construction pit depth

Baugrubenumschließung *f*; s.a. ➋ Baugrubenwand • retaining structure for an excavation pit;

Baugrubenverankerung *f* • (building) pit anchorage, workpit anchorage, construction pit anchorage

Baugrubenverbau *m* ➋ Baugrubensicherung

Baugrubenverkleidung *f* • excavation lining, (building) pit sheeting, (building) pit sheathing, construction pit sheeting, construction pit sheathing, workpit sheeting, workpit sheathing [*See note under* ➋ *Verkleidung*]

Baugrubenwand *f*, Baugrubenumschließung *f* • (building) pit wall, construction pit wall, workpit wall, excavation wall, excavation lining, excavation support wall, support wall

Baugrubenwasser *n* • (building) pit water, construction pit water, workpit water

Baugruben-Wasserhaltung *f* [*Offene (Baugruben) Wasserhaltung und (Baugruben)Horizontalabsenkung*] • sump pumping, wet pit pumping, sump (pit) drainage [*With this method, groundwater and surface water are allowed to flow into the excavation as it proceeds. The water is collected in ditches and drains, conveyed by them to a (pump) sump and pumped away*]

Baugrubenzimmerung *f* • (building) pit timbering, construction pit timbering, workpit timbering

B

Baugrund *m* [*Schicht, auf der gegründet wird. Der Bauingenieur bezeichnet alle im Untergrund auftretenden Gesteine einschließlich der Verwitterungszone mit "Boden". Alle Baukonstruktionen die auf der Erde errichtet werden stehen im steten Kontakt und in Wechselwirkung mit ihrem Grund. Die rechtzeitige Untersuchung des Baugrunds an Ort und Stelle durch entsprechende Felduntersuchungen sorgt für eine zweckmäßige Planung von Entwurf und Ausführung der Bauarbeiten und verhindert Bauverzögerungen*] • ground, support(ing) medium, foundation soil, foundation bed, soil, site, subsoil, support(ing) ground, foundation ground, natural foundation, founding ground, founding material, founding strata [*The soil or rock on which a structure or building rests. The word "foundation" is also used as an equivalent to the word "substructure" and then means "Unterbau" in German*]

Baugrund - Aufschluss durch Schürfe und Bohrungen sowie Entnahme von Proben (DIN 4021) • Ground – Exploration by excavation, boring and sampling (DIN 4021)

Baugrund und Grundwasser (DIN 4022; 3 Teile) • subsoil and groundwater (DIN 4022, 3 parts)

Baugrund- und Wasserbohrungen; Zeichnerische Darstellung der Ergebnisse (DIN 4023) • subsoil and water borings; graphic presentation of the results (DIN 4023)

Baugrund – Felduntersuchungen (DIN 4094) • Subsoil – field investigations (DIN 4094)

Baugrundänderung *f* ➋ Baugrundveränderung

Baugrundaufbau *m*, Untergrundaufbau, Baugrundzusammensetzung *f*, Untergrundzusammensetzung • succession of strata, (foundation) ground composition, natural foundation composition

Baugrundaufschluss *m*, Untergrundaufschluss, Baugrundaufschliessung *f*, Untergrundaufschließung, Baugrunduntersuchung, Untergrunduntersuchung • (foundation) ground exploration, natural foundation exploration, (foundation) ground examination, natural foundation examination, (foundation) ground investigation, natural foundation investigation, soil investigation, subsoil examination, subsoil investigation, geotechnical field investigation

Baugrundaufschluss durch Sondierungen *m* • ground investigation by penetration testing

B

Baugrundaufschlussbohrung *f*, Baugrundaufschlussbohren *n*, Baugrundaufschließungsbohrung, Baugrundaufschließungsbohren • (foundation) ground exploration drilling, natural foundation exploration drilling

Baugrundbeherrschung *f*, Untergrundbeherrschung • (foundation) ground control, natural foundation control

Baugrundbelastung *f*, Untergrundbelastung • (foundation) ground loading, natural foundation loading

Baugrundbeschaffenheit *f*, Baugrundverhältnisse *f*, Untergrundverhältnisse; • (foundation) ground conditions, natural foundation conditions, site conditions, geological conditions

Baugrunddämpfung *f* • subsoil inherent damping

baugrunddynamische Untersuchungsmethode *f*, baugrunddynamisches Untersuchungsverfahren *n* • soil dynamic method

baugrunddynamisches Problem *n* • problem related to soil dynamics

Baugrundeigenschaft *f* [*im Sinne von* ➋ *Bodeneigenschaft*]

Baugrundeigenschaft *f* [*gegenüber der Bodeneigenschaft; die Baugrundeigenschaften sollten aus den Ergebnissen von Labor- und Feldversuchen sowie aus sonstigen bekannten Vorinformationen abgeleitet werden*] • (foundation) ground property, natural foundation property, in-situ property [*as against soil property*]

Baugrundentspannung *f*, Entspannung *f* des Baugrunds • ground stress release

Baugrunderhitzung *f*, Untergrunderhitzung • (foundation) ground heating, heating of (the) (foundation) ground, natural foundation heating [*It is carried out by burning liquid or gas fuels under pressure in sealed boreholes*]

Baugrunderkennung *f* ➋ (allgemeine) Bau(grund)-geologie

Baugrunderkundung *f*, Baugrunduntersuchung *f*, Untergrunderkundung *f*, Baugrundaufschluss *m*, Erkundung *f* des Untergrunds *f* • subsoil exploration, soil investigation, ground investigation, site reconnaissance, field reconnaissance, soil reconnaissance, subsurface exploration, subsurface reconnaissance, (geotechnical) site investigation, geotechnical investigation, (foundation) ground reconnaissance, ground investigation, natural foundation reconnaissance

Baugrundfeder *f* • soil spring

Baugrundforschung *f*, Untergrundforschung • (foundation) ground research, natural foundation research

Baugrundgefrierung *f*, (Baugrund)Vereisung, Bodenvereisung, Bodengefrierung, Untergundvereisung, Untergrundgefrierung [*Mit Sole oder flüssigem Stickstoff. Im Untertagebau "Gebirgsvereisung" oder "Gebirgsgefrierung" genannt*] • (foundation) ground freezing, (soil) freezing, artificial freezing of soil, artificial freezing of (foundation) ground, natural foundation freezing [*It is carried out in two stages: active freezing and passive freezing. During active freezing, a dense wall of frozen soil is formed to the necessary thickness. After the ice wall has been established, active freezing ceases and passive freezing begins. Passive freezing is the maintenance of the wall of frozen soil in the thickness required to resist pressure form unfrozen soil and water*]

Bau(grund)geologie *f* ➋ (allgemeine) Bau(grund)-geologie

Baugrundgeophysik *f*, Untergrundgeophysik • (foundation) ground geophysics, natural foundation geophysics

Baugrundgutachten *n*, Untergrundgutachten *n* • ground investigation report, ground report, (foundation) ground expertise, ground expert opinion, natural foundation expertise, (foundation) ground expert testimony, natural foundation expert testimony, (foundation) ground expert evidence, natural foundation expert evidence

Baugrundkarte *f*, Untergrundkarte • (foundation) ground map, natural foundation map

Baugrundkartierung *f*, Untergrundkartierung • (foundation) ground mapping, natural foundation mapping

Baugrund-Kennwert *m* ➋ Baugrundparameter

Baugrundmechanik *f*, Untergrundmechanik • (foundation) ground mechanics, natural foundation mechanics

Baugrundparameter *m*, Baugrund-Kennwert • soil parameters, foundation soil parameters, subsoil parameter, geotechnical parameter, ground parameter

Baugrundpflege *f*, Untergrundpflege • (foundation) ground care, natural foundation care

Baugrundprobe *f*, Untergrundprobe • (foundation) ground sample, natural foundation sample

Baugrundprofil *n*, Untergrundprofil • (foundation) ground profile, natural foundation profile, soil succession

Baugrundriss *m*, Riss im Baugrund, Untergrundriss, Riss im Untergrund • (foundation) ground crack, natural foundation crack

Baugrundsachverständiger ***m*** • soil expert, soil mechanics expert, ground expert

Baugrundsanierung ***f***, Untergrundsanierung • (foundation) ground rehab(ilitation), natural foundation rehab(ilitation)

Baugrundschicht ***f***, Untergrundschicht *f* • (foundation) ground stratum, (foundation) ground layer, natural foundation stratum, natural foundation layer

Baugrundschutz ***m***, Untergrundschutz • (foundation) ground protection, natural foundation protection

Baugrundschwingung ***f*** ➋ Baugrundvibration

Baugrundsondierung ***f***, Untergrundsondierung • (foundation) ground sounding, natural foundation sounding

Baugrundstabilisation ***f***, Untergrundstabilisation, Baugrundverfestigung *f*, Untergrundverfestigung • (foundation) ground stabilization, natural foundation stabilization

Baugrundsteifigkeit ***f*** • ground stiffness

Baugrundtechnik ***f*** ➋ Grundbau(technik)

Baugrundtragkraft ***f***, Untergrundtragkraft • (foundation) ground (load)bearing capacity, natural foundation (load)bearing capacity

Baugrund-Tragwerk-Interaktion ***f*** • soil-structure interaction

Baugrunduntersuchung ***f*** ➋ Baugrundaufschluss

Baugrunduntersuchung ***f*** **im Feld** • geotechnical field investigation

Baugrunduntersuchungsbohren ***n***, Untergrunduntersuchungsbohren • (foundation) ground examination drilling, natural foundation examination drilling

Baugrundveränderung ***f***, Baugrundänderung, Untergrund(ver)änderung • (foundation) ground variation, natural foundation variation

Baugrundverbesserung ***f***, Untergrundverbesserung, Baugrundvergütung, Untergrundvergütung [*Um die Festigkeit und Steifigkeit von Baugrund zu erhöhen, wird die Baugrundverbesserung durchgeführt. Dazu gehören z. B. die Bodenkonsolidierung durch Rüttelverdichtung, der Bodenaustausch, eine eventuelle Bodenvermörtelung, die Vereisung usw.*] • (foundation) ground improvement, (foundation) ground modification, natural foundation improvement, natural foundation modification, densification, modifying the ground; ground modification [*Ground modification is used on many construction sites to densify granular material, to avoid potential settlement or the susceptibility to liquefaction. The numerous techniques which have been devised for improving ground can be applied to many engineering sites. They can be broadly divided into those which better the loadbearing properties of the ground, and those which control seepage*]

Baugrundverbesserungstechnik ***f*** • ground improvement technique

Baugrundvereisung ***f*** ➋ (Bau)Grundgefrierung

Baugrundverfestigung ***f*** ➋ Baugrundstabilisation

Baugrundvergütung ***f*** ➋ Baugrundverbesserung

Baugrundverhalten ***n*** • soil behavior (US), soil behaviour (Brit.)

Baugrundverhältnisse ***f***, Untergrundverhältnisse; Baugrundbeschaffenheit *f* • (foundation) ground conditions, natural foundation conditions, site conditions, geological conditions

Baugrundverstein(er)ung ***f***, Untergrundverstein(er)ung • (foundation) ground (improvement by) petrification, natural foundation (improvement by) petrification

Baugrundvibration ***f***, Untergrundvibration, Baugrundschwingung *f*, Untergrundschwingung • (foundation) ground vibration, natural foundation vibration

Baugrundvibrationsüberwachung ***f***, Untergrundvibrationsüberwachung • (foundation) ground vibration monitoring, natural foundation vibration monitoring

Baugrundwiderstand ***m*** • ground resistance

Baugrundzusammensetzung ***f*** ➋ Baugrundaufbau

bauhaft (⚒) • in working-state

Bauherr ***m, (f)*** • client, builder-owner, promoter, employer, owner

Bauherrenschaft ***f*** ➋ Bauherr

Bau(hilfs)stollen ***m*** ➋ Zugang(s)stollen

Bauhistoriker ***m*** • architectural historian

Bauhof ***m*** [*einer Kommune*] • materials depot

Bauhöhe ***f***, Abbauhöhe (⚒) • height of word(ing), work(ing) height, lift, workable thickness

Bauhöhe ***f***, lichte Höhe, Lichthöhe [*Untertagebau*] • headroom, clear height

Bauholz ***n*** • timber

Bau-Hydromechanik ***f***
➋ technische Hydro-mechanik

Bauingenieur ***m*** • civil engineer

Baukastensystem-Nivellier(instrument) ***n*** • modular(-type) level

Baukies ***m*** • building gravel, construction gravel

Baukonsortium ***n*** • construction consortium

Baukontrolle ***f*** ➋ Bauüberwachung

B

Baukörper ***n*** • structural body
baukulturell erhalten *[z. B. Orts- und Landschaftsbild]* • to achieve preservation of historic buildings and districts
Bauland ***n*** • building ground, building land
Baulanderschließung ***f***, Erschließung, (Bau)Bodenerschließung, (Bau)Flächenerschließung, (Bau) Geländeerschließung, (Bau)Terrainerschließung, Baureifmachung, Zuwegung, technische Infrastruktur *f* • (land) improvement, building land improvement, improvement to land, installation of improvements *[Facilities, usually public utilities, such as sidewalks or sewers, added to land which increase its usefulness]*
Baulärm ***m*** • construction noise
Baulastträger ***m*** *[der öffentlichen Hand]* • public construction agency, client
Bauleiter ***m*** • construction site manager, site manager
Bauleitplan ***m*** *[Dazu gehören nach dem BGB: der* ➋ *Flächennutzungsplan (vorbereitender Bauleitplan) und der* ➋ *Bebauungsplan (verbindlicher Bauleitplan). Die Bauleitpläne sind von den Gemeinden aufzustellen]* • land-use plan, master plan; in Germany the Bauleitplan consists of a preparatory land-use plan (Flächennutzungsplan) and a legally binding land-use plan (Bebauungsplan) (physical) development plan, area development plan *[Context: The owner or the legal entity of the land, who intends to develop his land for any purpose other than that earmarked in the approved* ***Master Plan****, has to make an application, along with relevant documents, to the concerned authority for consideration]*
Bauleitplanung ***f*** • (physical) development planning, planning for (physical) development, town and country planning, area development planning
Bauleitung ***f***; s.a. ➋ Bauüberwachung • site office
Bauleitungsdienst ***m*** • building guidance service, construction guidance service
baulich labil • structurally unstable *[soil; rock]*
bauliche Anlagen • buildings
bauliche geologische Untersuchung ***f***, geologische bauliche Untersuchung • construction geologic(al) investigation
bauliche Güteeinbuße ***f*** • structural deterioration
bauliche Küstenerosion ***f*** *[Erosion verursacht durch Küstenbauwerke]* • coastal erosion as related to man-made structures *[As opposed to natural coastal erosion]*
bauliche Labilität ***f*** • structural instability, structural unstableness
bauliche Landschaftsgestaltung ***f*** • hard landscaping *[Paving, walls; brickwork etc.]*
bauliche Unterhaltung ***f***, Schaden(s)behebung • structural maintenance
baulicher Erosionsschutz ***m*** • mechanical erosion control
Baulos ***n*** • contract section, section, lot
Bauma ***f***, Baumaschinenmesse *f* • construction machinery trade fair
Baumachat ***m***, Dendritenachat, Dendrachat • arborescent agate, tree-like agate, dendrachate, dendritic agate, branching agate, Indian agate, dendroid agate
Baumaschinen ***f(pl)*** • construction machinery and equipment
Baumaschinenmesse ***f***, BAUMA *f* • construction machinery trade fair
Baumaßnahme ***f*** • proposed structure, building project, structural work, construction activity
Baumaterialgrube ***f*** *[Schweiz]*; Baustoffgrube • building materials pit, construction materials pit
Baumaterial ***n*** • building material
Baumaxt ***f***, Holz(fäller)axt
Baumbruch ***m*** • tree swamp, wooded swamp
baumechanische Hypothese ***f*** • structural hypothesis
Baumédichte ***f*** • gravity *[Petroleum. A general term for API gravity or Baumé gravity of crude oil]*
Baumerde ***f*** ➋ (Boden)Krume
Baumerkmal ***n*** ➋ (kleines) Aufbaumerkmal
Baumethode ***f*** (⚒) ➋ Bauweise
baumförmig, dendritisch, farnförmig, astförmig • dendritic, arborescent, dendroid
Baumgehölz ***n*** • woodland
Baumgrenze ***f*** • tree limit, tree line, timber line, timber limit *[The line marking the limit of the growth of trees. The terms can be used both of altitude in mountainous regions and of latitude in poleward extension]*
Baumischmethode ***f***, Baumischverfahren *n* • mix(ed)(-)in(-)place stabilization, mix(ed)(-)in(-)situ stabilization *[The soil on the site is first pulverized, then mixed with a stabilizing agent, compacted and if necessary surfaced. All work is performed on the site]*
Baumlandschaft ***f*** • treescape
baumlos • treeless; plain *[Australia]*
(baumlose) Kältesteppe ***f***, Tundra *f* • tundra, bryochore *[One of the level or undulating treeless, but mossy, plains characteristic of arctic regions, having a black muck soil and a permanently frozen subsoil. Often also called "cold desert"]*
Baumlosigkeit ***f*** • treelessness
Baumreihe ***f*** • tree line, tree row

B

Baumschlucht ***f*** • dingle [*A small well-wooded narrow valley*]
Baumstamm ***m*** • tree trunk
(Baum)Stammgrundschwelle ***f*** • log weir; log dam (US) [*A low weir of triangular cross section, built of layers of logs placed side by side with butt ends downstream*]
Baumstruktur ***f*** • dendritic texture, arborescent texture, dendroid texture [*A texture in which the minerals have a branching treelike form*]
Baumstumpf ***m*** [*In der Wasserlauf- oder Seensohle eingebetteter Baumstamm oder Ast. Er ist an der Wasseroberfläche nicht oder nur zum Teil sichtbar*] • snag
Baumwuchs ***m*** • tree growth
Baune ***f*** ➔ Buhne
Baunivellier(instrument) ***n*** • builder's level, building levelling instrument, construction levelling instrument (Brit.); building leveling instrument, construction leveling instrument (US); building(surveyor's) level, construction (surveyor's) level
Baunutzungsverordnung ***f*** • zoning ordinance
Bauordnungsbehörde ***f*** • building code authority, construction code authority
Baupfahl ***m*** • working pile [*As opposed to a test pile*]
Bauphase ***f*** • construction phase, building phase
Bauplatz ***m*** Baugelände
Bau-Porenwasserdruck ***m*** [*Porenwasserdruck bei einer in der Ausführung befindlichen Schüttung*] • construction pore (water) pressure
Bauprojekt ***n***, Bauvorhaben *n* • building project, development on land, construction project
Baureifmachung ***f*** ➔ Erschließung
Baureparatur ***f*** • structural repair
Baurohstofftagebau ***m*** • building raw material opencast mining, building raw material opencut mining, building raw material daylight mining, construction(al) raw material opencast mining, construction(al) raw material opencut mining, construction(al) raw material daylight mining
Bausand ***m*** • building sand, construction sand
Bauschacht ***m***, Einflugschacht
Bauschaden ***m*** • building damage
Bauschadensfall ***m*** • building damage case
Bauschutt ***m*** • construction debris, debris, demolition waste, (demolition) rubble
Bauschuttkippe ***f*** • building debris dump, building debris tip, construction debris dump, construction debris tip
Bausohle ***f***, (Arbeits)Sohle, Abbausohle, Stand *m* (⚒) • work(ing) level, work(ing) horizon
Baustatik ***f*** • statics
Bausteg ***m*** ➔ Dienstbrücke
Baustahl ***m*** • construction steel; *less frequent:* constructional steel
Baustahlgewebe ***n*** • steel mesh fabric, reinforcing steel mesh
Baustahlgewebematte ***f***, Baustahlmatte *f* • wire mesh (mat), steel mat
Baustahlgewebebewehrung ***f*** • reinforcement wire mesh, wire mesh reinforcement
Baustahlmatte ***f*** ➔ Baustahlgewebematte
Baustein ***m*** • building stone, construction stone
Baustelle ***f*** • (job-)site, construction site, building site
Baustelle ***f*** [*als Warnzeichen an der Straße*], *Straßenarbeiten* • roadworks (Brit.), roadwork (US)
Baustellenanfang ***m*** [*Linienbaustelle*] • start(ing) site
Baustellenaufnahme ***f***, Baustellen(ver)messung *f* • (job-)site survey, (job-)site measurement
Baustellen-Aushubmaterial ***n***, Aushubmaterial der Baustelle • native cut [*The opposite of borrow(ed) material if used as fill material*]
Baustellenbedingungen ***f(pl)*** • building site conditions
Baustellenbegehung ***f*** [*vor Angebotsabgabe*] • (job) site inspection
Baustellenbereich ***m*** • construction site area
Baustellenbeton ***m*** • job-mix(ed) concrete
Baustellenbetrieb ***m*** • site operations
Baustellenbewertung ***f*** • (job-)site appraisal, (job) site evaluation
Baustellencontainer ***m***, Baucontainer *m* • building site container, construction site container
Baustelleneinrichtung ***f*** • (construction) site equipment (*or:* facilities, installation(s)), equipment on site, (construction) site set-up
Baustelleneinrichtungskosten ***f*** • site equipment cost(s)
Baustellenentwässerung ***f*** ➔ Baustellentrockenhaltung
Baustellenentwässerungsanlage ***f*** • construction dewatering system, construction unwatering system
Baustellenerfordernisse ***n(pl)*** • requirements of the construction site
Baustellenfahrzeug ***n*** • construction site vehicle
Baustellenkennzeichnung ***f* von Böden** • field identification of soils, soil identification in the field
Baustellenlängsstraße ***f*** • pioneer road [*A semipermanent road built along the job to provide means for moving workers, equipment and machinery*]
Baustellenmessung ➔ Baustellenvermessung

B

Baustellenpersonal ***n*** • building site staff
Baustellenplan ***m*** • (job-)site plan
Baustellenreife ***f*** ➲ zur Baustellenreife bringen
Buastellenplattform ***f*** • building site platform
Baustellenreport ***m*** • construction log
Baustellenteam ***n*** • construction team
Baustellentrockenhaltung ***f***, Trockenhaltung der Baustelle, Baustellenentwässerung • construction unwatering, construction dewatering
Baustellenuntersuchung ***f*** • (job-)site investigation [*Collecting basic data about, and the testing of surface and underground materials at the site, for the purpose of preparing suitable designs for an engineering structure or other use*]
Baustellenverkehr ***m*** • construction site traffic
Baustellenvermessung ***f***, Baustellenaufnahme *f* • (job-)site survey, (job-)site measurement
Baustellenverordnung ***f*** • Ordinance governing construction
Baustoff(e) ***m***, **(*f*)** • building material(s), construction material(s), structural material(s)
Baustoffaufschließung ***f***, Baustoffaufschluss *m;* Baumaterialaufschluss [*Schweiz*] [*Siehe Anmerkung unter "Aufschluss"*] • construction materials exploration, building materials exploration
Baustoffgewinnung ***f*** • to obtain construction materials
Baustoffgrube ***f;*** Baumaterialgrube [*Schweiz*] • building materials pit, construction materials pit
Baustoffschacht ***m***, Materialschacht, Aushubschacht • material(s) shaft [*pneumatic caisson*]
Baustraße ***f*** • temporary road, side road, construction road
Bautagebuch ***n*** • construction diary, builder's diary
Bautätigkeit ***f*** • construction activity
bautechnisch-geotechnische Interpretation ***f*** [*z. B. von Messungen*] • constructional-geotechnical interpretation
bautechnische Eigenschaft ***f*** • structural property
bautechnische Modellbildung ***f*** • structural model formation
Bauteil ***n*** • structural element
Bauterrain ***n***, Baugelände *n*, Bauland *n* • building terrain, building land, construction terrain, building ground, construction land, construction ground
(Bau)Terrainerschließung ***f*** ➲ Erschließung
Bautheodolit ***m*** • building theodolite, construction theodolite
Bauträger ***m***, Bauunternehmer *m* • real estate promoter, real estate developer, developer, project promoter
Bauüberwachung ***f***, Baukontrolle *f* • construction supervision, building supervision, building monitoring, construction monitoring, building inspection, construction inspection
bauunreifes Land ***n*** • raw land
Bauunternehmen ***n***, Bauunternehmer *m*, Bauunternehmerin *f*, Bauunternehmen *n* • construction company, building contractor, contractor
Bauunternehmer ***m*** • contractor
Bauverfahren ***n*** ➲ Bauweise
Bauverfahrenstechnik ***f*** ➲ Bauweise
Bauvermesser ***m*** • building surveyor, construction surveyor
Bau(ver)messung ***f***, Bauaufnahme *f* • building survey, building measurement, construction survey, construction measurement [*Surveys for construction layout establish systems of reference points that are not likely to be disturbed by the work*]
Bauvertrag ***m*** • construction contract
bauvertragsmäßige Streitigkeit ***f*** • contractual disagreement
Bauvorhaben ***n*** • development project, development, building scheme, construction scheme
Bauweise ***f*** (⚒) Abbauverfahren *n*, Bergbauverfahren, Abbaumethode *f*, Bauverfanren, Bergbaumethode, Baumethode, Abbauweise, Bergbauweise [*Ein Verfahren nach welchem der Lagerstättenabbau planmäßig durchgeführt wird*] (⚒) • mining method
Bauweise ***f*** [*Bauverfahren*] • construction method
Bauweise ***f*** ➲ geschlossene Bauweise
Bauweise ***f*** **System (Alfred) Kunz** ➲ (Ring)Bauweise mit Kunz-Rüstung
Bauwerk ***n*** [*Das Bauwerk ist nicht Bestandteil des Grundstücks*] • structure, geotechnical structure, building (structure), artificial structure
Bauwerk ***n*** **an Land** • onshore structure
Bauwerk ***n*** **unter Geländeoberfläche**, eingegrabenes Bauwerk • buried structure
Bauwerk-Baugrund-Wechselwirkung ***f***, Wechselwirkung zwischen Bauwerk und Baugrund • structure-ground interaction, ground-structure interaction
Bauwerkbewegung ***f*** • structural motion [*During an earthquake*]
Bau(werk)deformation ***f***, Bau(werk)verformung *f*, Bau(werk)formänderung • structure deformation

(Bauwerk)Grundlinie ***f*** • (structure) base line [*A line from which a structure is set out*]
Bauwerkhinterfüllung ***f*** • structure backfill(ing)
Bauwerklast ➋ Bauwerkslast
Bau(werk)pfahl ***m*** • non-test pile, structure pile, structural pile
Bauwerkrest ***m*** • structure remain
Bauwerksdämpfung ***f*** • structural damping (of a building)
Bauwerksdaten ***f*** • design parameters of the structure
Bauwerksetzung ***f***, Setzung • settlement [*The subsidence of a structure, caused by compression or movement of the soil below the foundation*]
Bauwerksgründung ***f*** • foundation slab
Bauwerkslast ***f***, Bauwerklast *f* • structure load, structural load, building load, edifice load
Bauwerkspfahl ***m*** • structural pile
Bauwerksreste ***m*** *(pl)* • structural remains
Bauwerkssetzung ***f*** • structure settlement
Bauwerksteifigkeit ***f*** • structure stiffness, stiffness of a structure, structural rigidity
Bauwerksüberwachung ***f*** • structure monitoring, surveillance of structure(s)
Bauwerksüberwachungsmessung ***f*** • structure monitoring measurement
Bauwerkverformung ***f***, Bau(werk)deformation *f*, Bau(werk)formänderung • structure deformation
bauwerkverursachte Spannung ***f*** • structure-induced stress
Bauwerkverwitterung ***f*** • structure weathering
Bauwerksverhalten ***n*** • behavior (US) of a structure; behaviour (Brit.) of a structure
Bauwesen ***n***, Bautechnik *f* • structural engineering, building engineering, building industry, building and construction industry, building trade
bauwürdig ➋ (ab)bauwürdig
bauwürdig nach Verbesserung der Bedingungen ➋ bedingt (ab)bauwürdig
bauwürdige ... ➋ (derzeit) (ab)bauwürdige ...
bauwürdiger Streifen ***m*** ➋ (ab)bauwürdiger Streifen
bauwürdiges Erz ***n*** ➋ (ab)bauwürdiges Erz
bauwürdiges Flöz ***n*** ➋ (ab)bauwürdiges Flöz
Bau(würdigkeits)grenze ***f*** **durch Probieren bestimmt** ➋ Abbauwürdigkeitgrenze durch Probieren bestimmt
Bauxit ***m*** • b(e)auxite
Bauxitton ***m*** • b(e)auxite clay
Bauzaun ***m*** • hoarding [*a temporary fence consisting of boards placed around a building to be erected*]
Bauzeichnungsprüfer ***m*** • checker, check(ing) engineer [*An engineer section leader who is usually fully qualified and checks structural drawings*]
Bauzeit ***f*** [*für ein neu zu erstellendes Objekt*] • construction time
Bauzeit ***f*** [*für Sanierungsarbeiten*] • time required for the work
Bauzeitenplan ***m*** • construction time schedule, construction schedule, construction (time) plan
Bauzeithochwasser ***n***, bauzeitliches Hochwasser • construction flood
Bauzeitverzögerung ***f*** • construction time delay
bauzerstörender Index ***m*** • damage index [*(earth) quake*]
bauzerstörendes Erdbeben ***n*** • destructive (earth) quake
Bauzerstörungsanzeiger ***m***, Schaden(s)anzeiger • damage indicator [*(earth)quake damages*]
Baveno(-Zwillings)gesetz ***n*** • Baveno (twin) law
Bayes-Verfahren ***n*** • Bayesian analysis
Baystörung ***f*** • Bay-disturbance [*terrestrial magnetic field*]
BBergG ➋ Bundesberggesetz
bc-Kluft ***f*** ➋ S-Kluft
Be- und Entlüftungsanlage ***f*** ➋ Lüftungsanlage
Be- und Entlüftungsgebäude ***n*** ➋ Ventilatorgebäude
Be- und Entlüftungsschacht ***m*** ➋ Luftschacht
Be- und Entlüftungsschema ***n***, Lüftungsschema, Ventilationsschema • ventilation pattern, air pattern
Be- und Entlüftungsstation ***f*** ➋ Ventilatorstation
beabsichtigte Nadiraufnahme ***f***, Senkrecht(luft)-aufnahme, Vertikal(luft)aufnahme, Senkrecht(luft)-bild, Vertikal(luft)bild *n* [*Aufnahmen mit streng senkrechter Aufnahmeachse, sogenannte Nadiraufnahmen, sind wegen der unvermeidlichen Flugzeugbewegungen nicht zu erzielen. Die mit der Aufnahmekammer verbundene Libelle zeigt nicht die Lotrichtung, sondern die Richtung der Resultierenden aus Erd- und Flugzeugbeschleuni-gung an. Bei beabsichtigten Nadiraufnahmen (= Senkrechtaufnahmen) können aber die Nadirentfernungen im Durchschnitt unter 2g und maximal unter etwa 5g gehalten werden*] • vertical photo(graph), vertical air photo(graph), vertical aerial photo(graph)
beanspruchen, belasten • to load

B

Beanspruchung ***f***, Belastung [*Durch Spannung und/ oder Dehnung*] • loading
Bearbeitung ***f*** • processing
Bearbeitungsauszug ***m*** [*Der Anwender definiert einen räumlichen und/oder thematischen Ausschnitt des Datenbestands als eine logische Einheit, die er mit einem Namen versehen und unter diesem Namen abrufen kann*] • view
Beaufort(wind)skala ***f*** • Beaufort (wind) scale [*A wind scale in which the force of the wind is indicated by a series of numbers from 0 to 12*]
Beaufort(wind)stärke ***f*** • Beaufort force, Beaufort number [*A number denoting the speed (or so-called strength) of the wind according to the Beaufort wind scale*]
bebaute Fläche ***f***, Bebauung *f* [*der Zustand*] • built-up area, urban area (in a city)
Bebauung ***f***, bebaute Fläche *f* [*der Zustand*] • built-up area, urban area (in a city)
Bebauung ***f*** [*der Vorgang*] • erection of houses, building on (new sites) [*Context: investors are interested in building on new sites, which seemingly decrease the costs of the acquisition of land and public utility equipment.*]
Bebauungsplan ***m*** [*In Deutschland: Der räumliche Geltungsbereich eines Bebauungsplans ergibt sich aus der* ➲ ***Planzeichnung****, die Teil des Bebauungsplans ist. Zunächst wird vom Bauamt ein Vorentwurf der Öffentlichkeit vorgestellt. Dieser wird dann konkretisiert, eventuell abgeändert (Bestandsplan und Änderungsplan werden aufgezeigt) und wird schließlich verbindlich*] • legally binding land-use plan, building plan, development plan
Beben . . . ➲ Erdbeben . . .
Beboutsches Klappenwehr ***n*** • Bebout wicket weir; Bebout wicket dam (US) [*A mov(e)able weir similar to a Chanoine wicket weir with the following exceptions: the legs of the horse, instead of being rigid, have a knee joint, the prop consists of two parallel members that are hinged to the base slab instead of a single member sliding in a groove*]
Beckelinie ***f*** • Becke line [*In the Becke test, a bright line, visible under the microscope, that separates substances of different refractive indices*]
Becken ***n*** • basin [*an area in which the strata dip from the margins toward a common center (Random House dictionary)*]
Becken ***n*** • cuvette [*French. A basin in which sedimentation is going on, as distinct from a tectonic basin due to folding of pre-existing rocks, and not necessarily basin-shaped as far as the present structure is concerned, e.g. the Anglo-Parisian cuvette was the region in which the Lower Cainozoic rocks of Britain and North France accumulated. It is now folded into the Paris Basin, Hampshire Basin, and London Basin*]
Becken ***n*** • pool
Becken ***n*** ➲ Speicherbecken
Becken ***n*** **auf der Ozeanseite eines Inselbogens**, Vorsenke *f*, Vortiefe *f* • forearc basin, outer arc basin
Beckenabfluss ***m*** ➲ Speicher(becken)abfluss
Beckenablagerung ***f*** • basin deposit
Beckenanreicherung ***f***, Beckenergänzung • basin recharge [*The difference between precipitation and run-off for a given storm; it is that portion of the precipitation that remains in the basin as soil moisture, surface storage, ground water, etc.*]
Beckenausbaugrad ***m***, Speicherausbaugrad [*Speichernutzraum geteilt durch mittlere jährliche Zuflussmenge*] • storage ratio, impounding ratio, impoundment ratio [*The net available storage of a body of water divided by the mean annual flow*]
Beckenbetrieb ***m*** ➲ Speicher(becken)betrieb
Beckenbewässerung ***f*** • basin irrigation
Beckenbildung ***f*** • basining [*In geology, a settlement of the ground in the form of basins, in many cases at least due to the solution and transportation of underground deposits of salt and gypsum. Such basining produces numerous depressions from those of 50 square miles in area, in the high plains region east of the Rocky Mountains*]
Beckenergänzung ***f***, Beckenanreicherung *f* • basin recharge [*The difference between precipitation and run-off for a given storm; it is that portion of the precipitation that remains in the basin as soil moisture, surface storage, ground water, etc.*]
Beckenergiebigkeit ***f*** ➲ Speicher(becken)ergiebigkeit
Beckenfalte ***f*** • basin fold [*A synclinal or anticlinal fold in a structured basin*]
Beckenfazies ***f*** • basin facies
Beckeninhalt(s)kurve ***f*** ➲ Speicherbeckeninhalt(s)-linie
Beckenlebensdauer ***f*** ➲ Speicher(becken)-lebensdauer
Beckenräumung ***f*** ➲ Speicher(becken)räumung
Beckenregion ***f*** • basin region
Beckensand ***m*** • basin sand
Beckenschluff ***m*** • basin silt
Beckensediment ***n*** • basin sediment
Beckensedimentation ***f*** • basin sedimentation
Beckenstudie ***f*** • basin evaluation, basin assessment, basin study

Beckental ***n*** • basin valley [*A broad, shallow valley with gently sloping sides*]
Beckentektonik ***f*** • basin tectonics
Beckenton ***m*** • basin clay
Beckenüberflutung ***f***, Einstau *m* • reservoir inundation
beckenwärts • basinward
Beckenwasser ***n*** • basin water
Beckenwehr ***n*** ➋ Speicher(becken)wehr
Beckenwüste ***f*** • basin desert
Beckenzufluss ***m*** ➋ Speicher(becken)zufluss
Bedarfsfall ***m*** • case of need
bedecken • to cover
bedeckt, bewölkt, wolkig, getrübt, trübe • clouded, cloudy [*gem(stone)*]
bedeckt mit Bewuchs, bewachsen, bepflanzt • vegetal, crop(s)-covered, vegetated, plant(covered)
bedeckt, verhüllt [*Gelände*] • closed, enclosed [*military topography*]
bedeckte Saat ***f***, Decksaat • covered seed
bedeckte Seifenlagerstätte ***f*** • deep lead [*A placer deposit covered by sheets of basalt lava or by fairly thick overburden*]
bedeckter Himmel ***m*** • overcast sky
bedeckter Karst ***m***, unterirdirscher Karst • (soil) covered karst, soily karst [*These terms can refer either to limestones covered simply with soil and vegetation, or to limestones covered with alluvium or other sediments*]
bedecktes (Tunnel)Portal ***n*** • covered (tunnel) portal
Bedeutung ***f*** • significance
Bedford-Kalkstein ***m***, Spergenit *m*, Indiana-Kalkstein • spergenite, Bedford limestone, Indiana limestone
Bediener ***m*** • operator
Bedienungsgang ***m***, Leitungsgang *m* [*Begehbare Leitungsstollen*] • walk-in passage
Bedienungskammer ***f*** [*Talsperre*] • operating chamber
Bedienungspersonal ***n*** • operating personnel, operating staff
Bedienungswarte ***f***, Bedienungsstation *f* [*Talsperre*] • control cab(in), control station
bedingt (ab)bauwürdig (⚒) • paramarginal [*The portion of sub-economic resources that (a) border on being economically producible or (b) is not commercially available solely because of legal or political circumstances*]
bedingt (ab)bauwürdig, bedingt ausbeutbar, bauwürdig nach Verbesserung der Bedingungen (⚒) • submarginal [*The portion of subeconomic resources which would require a substantially higher price (more than 1.5 times the price at the time of determination) or a major cost reducing advance in technology*]
bedingt (ab)bauwürdige Lagerstätte ***f*** [*Lagerstättenvorrat der zur Zeit nicht (ab)bauwürdig ist, es aber unter günstigen Bedingungen werden kann*] • marginal deposit
bedingt (ab)bauwürdige Vorräte ***f*** ➋ Grenzvorräte
bedingt (ab)bauwürdiges Erz ***n***, grenzbauwürdiges Erz • marginal ore
bedingt ausbeutbar, bedingt (ab)bauwürdig, bauwürdig nach Verbesserung der Bedingungen (⚒) • submarginal [*The portion of sub-economic resources which would require a substantially higher price (more than 1.5 times the price at the time of determination) or a major cost reducing advance in technology*]
bedingt ausbeutbar, bedingt (ab)bauwürdig [*Bodenschätze*] • sub-economic
bedingte Vorräte, Grenzvorräte *f*, bedingt (ab) bauwürdige Vorräte • marginal (mineral) resources
bedingter Horizont ***m***, gedachter Horizont, Phantomhorizont • phantom horizon [*In seismic reflection prospecting, a line constructed so that it is parallel to the nearest actual dip segment at all points along a profile*]
Bedingung ***f*** • condition
Beekit ***m*** • beekite, agatized coral
beenden des Schmelzens ➋ ausblasen
beengte Platzverhältnisse ***f*** • limited space
Beerenwachs ***n*** • berry wax
Beet ***n*** • check [*An area of land between ridges which confine the irrigation water*]
Beetgraben ***m*** • dead furrow
Beetgrabenbau ***m*** • (land) bedding [*Elevating the surface of fields into a series of parallel beds or "lands" by grading or ploughing and separating them with shallow surface drains*]
befahrbar • accessible by vehicle
Befahrbarkeit ***f*** • trafficability [*Capability of terrain to bear traffic*]
befestigte Straße ***f*** • paved road
Befestigungsgrad ***m*** [*Verhältnis der befestigten Fläche zum angeschlossenen Entwässerungsgebiet, z. B. in % oder in ha/ha. DIN4045*] • seal(ing) factor
Befeuchtung ***f*** **und Austrocknung** ➋ (Wechsel von) Befeuchtung und Austrocknung [*Strandplatte*]
befliegen • to cover [*photogrammetry*]
Befliegung ***f*** ➋ (Bild)Befliegung
Befliegung ***f***, Flug *m*, Vermessungsflug, Vermessungsbefliegung • flying, overflying (an area), flight, survey flying, surveying flight, flight mission

Befüllen ***n***, Beladen • filling [*The loading of a material transport vehicle with loose material(s)*]

B

Befund ***m***, Untersuchungsergebnis *n* • finding

begehbar • man-entry, accessible, by foot, man-size, walk-in, walkable

begehbares Bauwerk ***n*** • walkable structure

Begehbarkeit ***f*** • accessibility

Begleitboden ***m*** • soil inclusion in a map unit

Begleitbruch ***m*** ➋ Begleitverwerfung

Begleiter ***m*** ➋ (Erz)Begleiter

Begleiterscheinung ***f*** • accessory phenomenon

Begleitflöz ***n***, Nebenflöz • accompanying seam, associated seam, horse, rider [*A body of sandstone or shale occupying a channel in a coal seam*]

Begleitgas ***n*** • accompanying gas

Begleitgelände ***n***, Begleitterrain *n* [*Das Begleitgelände einer Tiefenlinie ist im Bereich der Abtragungshohlform mit konvergierend-linearem Abflusssystem das Gelände bis zur beiderseitigen Wasserscheide. Wenn keine deutliche Wasserscheide vorhanden ist, dann ist es das Gelände bis ungefähr zur Mitte des Abstandes zu den beiderseits benachbarten und ungefähr parallel laufenden Tiefenlinien*] • accompanying area, accompanying terrain, associated terrain, associated area

Begleitortstrecke ***f***, Strecke *f* mit Begleitort (⚒) • double entry, twin entries, dual entries

Begleitparaklase ***f*** ➋ Begleitverwerfung

Begleitrohstoff ***m*** • accompanying raw material

Begleitsprung ***m***, Begleitverwerfung *f*, Begleitbruch *m*, Begleitparaklase *f*, Begleitstörung • accompanying fault, associated fault

Begleitstörung ***f*** ➋ Begleitsprung

Begleitstrecke ***f*** • back entry [*The entry used for secondary purposes in two-entry system of mining*]

Begleitstrecke ***f***, Parallelstrecke • parallel heading, parallel drift

Begleittektonik ***f*** • accompanying tectonics

Begleitterrain ***n***, Begleitgelände *n* [*Das Begleitgelände einer Tiefenlinie ist im Bereich der Abtragungshohlform mit konvergierend-linearem Abflusssystem das Gelände bis zur beiderseitigen Wasserscheide. Wenn keine deutliche Wasserscheide vorhanden ist, dann ist es das Gelände bis ungefähr zur Mitte des Abstandes zu den beiderseits benachbarten und ungefähr parallel laufenden Tiefenlinien*] • accompanying area, accompanying terrain, associated terrain, associated area

Begleitverwerfung ***f***, Begleitsprung *m*, Begleitbruch *m*, Begleitparaklase *f*, Begleitstörung • accompanying fault, associated fault

Begleitwetterstrecke ***f*** (⚒) • back entry [*The air course parallel to and below an entry*]

begonnene Kondensation ***f***, begonnene Zusammendrängung *f* [*Sie zeigt alle jene Bildungen, die Anzeichen eines einsetzenden Kondensationsvorganges aufweisen*] • minimal condensation

begrabenes Eis ***n***, verstecktes Eis, verschüttetes Eis, verdecktes Eis, maskiertes Eis, überdecktes Eis • buried ice

begradigtes Bett ***n*** [*Wasserlauf*] • rectified channel

begrenzte Bauhöhe ***f*** • limited headroom

begrenzte Bewegung ***f***, orogene(tische) Bewegung, gebirgsbildende Bewegung, gebirgsformende Bewegung • concentrated movement, orogen(et)ic movement

Begrenzung ***f*** **der Durchlässigkeit** [*Gasspeicher*] • edge of permeability, permeability edge

Begrenzungslinie ***f*** [*z. B. eines Geländes*] • boundary line

Begrenzungsmauer ***f*** [*Tosbecken*] • training wall [*stilling basin*]

begriffliches Generalisieren ***n*** [*Begriffliches Umsetzen von Kartengegenständen in übergeordnete Raumbegriffe durch Zusammenfassen gleichartiger Gegenstände oder Erfassen von Gefügeeinheiten*] • group (map) generalization

begrünbar • (such as a crib wall) which can be planted with vegetation

begrünbare Stützkonstruktion ***f*** ➋ Raumgitterwand

begrünen durch Ansaat, berasen durch Ansaat • to sow down to grass, to seed down to grass, to sow with grass seed

Begrünen ***n*** **mit Hydrosaat** • hydroseeding

begrünt • vegetated

begrünte Holzkrainerwand ***f*** • vegetated timber crib wall

begrünte Trockenmauer ***f*** [*Hangsicherung*] • vegetated dry stone block wall

begrünter Drahtschotterbehälter ***m*** • vegetated hard gabion

begrünter Erdkörper ***m*****, mit Geotextilien bewehrt** • vegetated soft gabion

begrünter Werder ***m***, Wörd

begrüntes Dach ***n*** • green roof

Begrünung ***f*** • revegetation, landscaping

Begrünung ***f*** **durch Ansaat**, Berasung durch Ansaat • sowing down to grass, seeding down to grass, sowing with grass seed

Begrünung ***f*** **durch Sodenandeckung** ➋ (Rasen) Sodenandeckung

Begrünung *f* von Abraumhalden, Abraumhaldenbegrünung • strip land reclamation

Begrünungsmatte *f* • vegetation mat, revegetation mat, vegetation blanket, revegetation blanket

Begrünungsmethode *f* • greening method

Begutachtung *f* der Ergebnisse, Bewertung der Ergebnisse [*z. B. der Ergebnisse einer Aufschlussbohrung*] • information assessment, information evaluation

Behälterfundament *n*, Behältergründung *f* • tank foundation, container foundation

Behaglichkeitstemperatur *f*, Behaglichkeitswärme *f* (⚒) • effective temperature [*A measure of warmth employed to assess the health and comfort conditions of mine workings*]

behandelt • treated

Beharrungsrumpf *m* • persistent peneplain

Behauen *n* • chipping [*Reducing in size by breaking away small fragments from a material*]

beheizter Behälter *m* zur Trennung von Öl/Gas/Wasser [*Tiefbohrtechnik*] • heater-treater

Behelfsbohlensperre *f*, zeitweiliger (Stau)Bohlen(wasser)verschluss *m*, provisorischer (Stau)Bohlen(wasser)verschluss • temporary flashboards

Behelfsfahrweg *m* • makeshift road

Behelfsmethode *f*, Behelfsverfahren *n* • makeshift method

Beherrschung *f* • control

Beherrschung *f* der Firste • roof control, top control, back control

Beherrschung *f* des Grundwassers [*während des Baus*] • mastering the groundwater [*during construction*]

behindertengerechte Zugangsrampe *f* • disabled-access ramp

beholmen [*Die Holme auf die Pfähle legen*] • to cap [*piles*]

bei einsetzendem Tauwetter • at the start of a thaw, when a thaw sets in

beid(er)seitig behauener Flusskiesel *m* [*In den Traditionen Sangiran und Pacitanian an der Südküste Mittel-Javas*] • chopper, chopping tool

beieinander gelegen, anstoßend • contiguous [*Touching without fusion, used irrespective of whether the parts are like or unlike*]

Beigang *m*, Beileh(e)n *n* (⚒) • accessory lease

Beigang *m* ➔ Apophyse

Beilbyschicht *f* [*Polieren*] • Beilby layer

Beileh(e)n *n*, Beigang *m* (⚒) • accessory lease

Beileitung *f*, Ableitung, Überleitung • diversion [*The change in character, location or direction of flow of a natural water course. Engineer's Definition: Has two distinct meanings, which will be clear in context. In one, it is the taking of water from a watercourse for a beneficial purpose (irrigation, water supply, power, etc.) even though a portion may return to the same watercourse. The other is the deflection of surface waters or watercourse waters so that they discharge into a watercourse to which they are not naturally tributary. Deflection of flood-water is not diversion*]

Beileitung *f* [*Anlage zur Vergrößerung des natürlichen Einzugsgebietes*] • collecting works, collection works, collective works

Beileitung *f* • catchwater [*A channel or pipe to intercept the runoffs from an adjoining catchment area and conduct the water into an impounding reservoir*]

Beileitungsstollen *m*, Überleitungsstollen • transmountain water diversion gallery; transmountain water diversion tunnel (US)

Beilplanimeter *n*, Schneidenplanimeter • hatchet planimeter

Beimengung *f* ➔ Gemengeteil

beimischen • to add (to)

Bein, Kohlenbein *n* • fender of coal, (coal) fender

Bein *n*, Abbaupfeiler *m* [*Ein in oder zwischen Abbauräumen stehenbleibender, zu späterem Abbau bestimmter Lagerstättenteil von meist regelmäßiger Form mit der Aufgabe, das Dach für eine bestimmte Zeit zu stützen*] (⚒) • temporary pillar, rib

Bein *n* ➔ Stempel

Beinasche *f* ➔ Knochenasche

Beitel *m*, Rackstock *m*, Klöppel *m*, Knebel *m* [*Beim Faschinenbinden und Pontonbrückenbau*] • rackstick, rabbit

Beiwert *m*, Faktor *m* [*Er wird verwendet für eine Zahl um das Verhältnis einer Größe zu einer Ausgangsgröße gleicher Dimension zu kennzeichnen. Der Faktor kann reell oder komplex sein*] • factor

Bekämpfung *f*, Abwehr *f* • control

Bekämpfungsmaßnahme *f*, Abwehrmaßnahme • control measure

bekannt, entdeckt [*Bodenschätze*] • identified [*resources*]

bekannte Basislinie *f* • known baseline

bekannter (Lagerstätten)Vorrat *m*, bekannte Bodenschätze *f* • reasonably assured resources, R.A.R.

bekannter niedrigster Wasserstand *m*, niedrigster bekannter Wasserstand • lowest recorded (water) level

B

bekiest, kiesbedeckt • gravel-topped, gravel-covered
bekleiden, auskleiden, verkleiden • to line, to face
bekleiden, futtern, auskleiden, verkleiden, abdecken • to revet [*See note under "revetment"*]
Bekleiden ***n***, Auskleiden *n*, Verkleiden • lining installation, lining placement
Bekleidung ***f*** ➋ Abdeckung
Bekleidung ***f*** ➋ Auskleidung
Bekleidungsarbeiten ***f(pl)***, Auskleidungsarbeiten *f*, Verkleidungsarbeiten • lining work, facing work
Bekleidungsblech ***n***, Auskleidungsblech, Verkleidungsblech • lining plate, liner (plate), facing plate
Bekleidungsmauer ***f*** ➋ Futtermauer
Bekleidungsmauer ***f*** **aus Natursteinmauerwerk** ➋ Futtermauer aus Natursteinmauerwerk
Bekleidungsmauer ***f*** **aus Trockenmauerwerk** ➋ Futtermauer aus Trockenmauerwerk
Bekleidungsstein ***m*** ➋ (Ab)Deck(ungs)stein
Bekleidungssteine ***f*** ➋ Futtersteine
Beklopfen ***n*** **der Firste** ➋ (Ab)Klopfen der Firste
bekömmliches Wasser ***n*** • wholesome water
bekohlen • to coal [*To supply with coal for fuel*]
bekriechbar • crawl-in, creep-in
beladen (⚒) • to cleek [*In Scotland, to load cages at the shaft bottom or at midworkings*]
Beladen, Befüllen *n* • filling [*The loading of a material transport vehicle with loose material(s)*]
(Be)Ladequerschlag ***m*** (⚒) • loading crosscut, crosscut for loading
Belader, Aufgeber *m*, Füller • charger, filler
Beladestelle ***f***, Ladestelle
Belanger-Grenzgeschwindigkeit ***f*** ➋ kritische Geschwindigkeit nach Belanger
Belastbarkeit ***f*** [*z. B. einer Spundwand*] • load bearing capacity [*such as of a sheet pile wall*]
belasten, beanspruchen • to load
Belastung ***f***, Beanspruchung *f* [*Durch Spannung und/oder Dehnung*] • loading
Belastung ***f*** [*durch Straßen-, Schienen- und Baustellenverkehr*] • surcharge [*resulting from construction site traffic*]
Belastung ***f*** [*gewichtsmäßig*] • loading
Belastungsanzeiger ***m*** ➋ Bohrdruckmesser
Belastungsbericht ***m*** • loading report
Belastungs-Berührungs-Metamorphose ***f***, Belastungs-Kontakt-Metamorphose • load-contact metamorphism
Belastungsbild ***n***, Lastbild • load(ing) diagram
Belastungsdruck ***m*** • loading pressure
Belastungsfahne ***f*** • load wave [*The salient curved unevenness of underlying material that appears to have been "squirted up" into a superjacent turbidity. Current deposit as a result of unequal settling of the overlying material, it resembles a ripple mark or other wavelike structure*]
Belastungsfilter ***m, n*** • loaded filter, weighted filter
Belastungsgeschichte ***f*** • load history
Belastungsgröße ***f*** • loading value
Belastungs-Kontakt-Metamorphose ***f***, Belastungs-Berührungs-Metamorphose • load-contact metamorphism
Belastungsmarke ***f***, Lastmarke • load mould (Brit.); load mold (US); load mark(ing) [*The mo(u)ld of a load cast, the depression in an underlying stratum, occupied by a load pocket, such as the sea-floor surface beneath a depositing turbidite*]
Belastungsmesser ***m*** ➋ Bohrdruckmesser
Belastungsmetamorphose ***f*** [*nach Milch*], Statothermalmetamorphose [*nach Daly*] • load metamorphism [*A type of static metamorphism in which high temperature has been a controlling influence, as well as overhead pressure*]
Belastungsnullpunkt ***m*** • loading zero point
Belastungsplatte ***f*** ➋ Lastplatte
Belastungsplattenversuch ***m***, Lastplattenversuch *m*, Lastverteilungsplattenversuch • (load-)bearing plate test, (load-)carrying plate test, load(ing) plate test, weight-carrying plate test
Belastungsprobe ***f*** ➋ Belastungsversuch
Belastungsprüfung ***f*** ➋ Belastungsversuch
Belastungsrichtung ***f*** • loading direction
Belastungsstufe ***f*** • loading increment
Belastungstasche ***f*** • load pocket [*The material within a load cast, consisting of a "bulge of sand" pressing into an underlying stratum*]
Belastungstektonik ***f*** • loading (geo)tectonics
Belastungsversuch ***m***, Lastversuch, Belastungsprobe *f*, Lastprobe, Belastungsprüfung, Lastprüfung *f* • load (ing) test
Belastungsvorrichtung ***f*** • loading device
Belastungswulst ***f, m***, Einsink(ungs)ausguss *m*, Auflastspur *f* • load cast(ing), teggoglyph
Belastungszyklus ***m*** • load cycle
Belatten ***n***, Verlatten • lathing, placing laths, installation of laths
Belattung ***f***, Verlattung • laths
Belaubungszeit ***f*** • period coming into leaf [*Context: two trees growing close together may be seen to vary a couple of weeks in their period of coming into leaf*]

Belchen ***m*** ➋ Koppe
belebter Boden ***m*** • organic soil
Belegholz ***n*** ➋ Ort(s)brustbrett
Beleghölzer ***f***, (Brust)Verzug *m*, Brett(er)verzug, Ort(s)-brustverzug, Verzug(s)bretter *f*, Bretterschild *m*, Verschalung *f*, (Brust)Ausfachung, Zumachebretter, Ort(s)brustbretter • breast boarding, breast-boards, end boards, facing boards, face lagging, face boards, (ort) lagging, ort boards, lagging boards, breast lagging, end lagging, breasting boards, breasting of the face, face breasting [*Partial or complete braced supports across the tunnel face which holds back soft ground during tunnel driving*]
Belegung ***f*** • miner's company
Belehnung ***f*** **mit dem Bergregal,** Spezialverleihung
beleuchtet [*Geländefläche beim Befliegen*] • illuminated
Beleuchtung ***f*** • illumination
Beleuchtungsgeometrie ***f*** • illumination geometry
Beleuchtungswinkel ***m*** • illumination angle
belgische (Tunnel)Bauweise ***f***, französische (Tunnel) Bauweise, Unterfangungsbauweise, First(en)(ort-Sohlen)-strossenbau *m*, First(en)vortrieb *m* • Belgian (tunnel(l)-ing) method, heading-and-bench method, top heading and bench method [*The top portion is driven first, but only a round ahead of the bench*]
belgischer Marmor ***m*** • rance (marble), Belgian marble [*A dull red marble with blue and white markings*]
Belichten ***n*** [*Foto*] • exposure, exposing
Belichtung ***f*** [*Foto*] • exposure
Belichtungszeitpunkt ***m*** [*Fotogrammetrie*] • exposure instant, exposure moment
beliebiger Schnitt ***m*** • random section
Belüftungs . . ., Lufteinlass . . .
Belüftungsstollen ***m*** • ventilation tunnel
Bemaßung ***f***, Dimensionierung, Festlegung von Abmessungen, Bemessung, Auslegung • dimensioning
Bemaßungshilfe ***f***, Bemessungshilfe, Dimensionierungshilfe, Auslegungshilfe *f* • dimensioning aid
Bemaßungslast ***f***, Bemessungslast *f*, Dimensionierungslast, Auslegungslast • dimensioning load
Bemessung ***f*** ➋ Bemaßung
Bemessung ***f*** **der Erdbebensicherheit** • earthquake-resistant design
Bemessungs-Bodentragwert ***m*** • design soil (load-) bearing value
Bemessungs(erd)beben ***n*** • design (earth)quake, DE
Bemessungsereignis ***n*** • event threshold
Bemessungsfrostindex ***m*** • design freezing index [*The freezing index of the coldest winter in a 10-year period of record or the average of the three coldest winters in 30 years of record*]
Bemessungsganglinie ***f*** • design hydrograph
Bemessungsgrundwasserspiegel ***m***, Berechnungsgrundwasserspiegel [*Bei nicht bindigen Böden höchster, nach Möglichkeit langjährig ermittelter Grundwasserstand zuzüglich des erforderlichen Sicherheitsmaßes nach der Norm, bei bindigen Böden in Geländeoberfläche anzusetzen*] • design (ground)water table
Bemessungshilfe ***f***, Bemaßungshilfe, Dimensionierungshilfe, Auslegungshilfe • dimensioning aid
Bemessungshochwasser ***n*** • design flood [*The flood, either observed or synthetic, which is chosen as the basis for the design of a hydraulic structure*]
Bemessungshochwasserabfluss ***m***, Bemessungshochwasserablauf *m*, Bemessungshochwasserausfluss [*DIN 4048, Teil 1*] • design flood discharge, design flood flow, design flood runoff
Bemessungshochwasserzufluss ***m***, Bemessungshochwasserzulauf *m*, Bemessungshochwasserzustrom *m* • design flood inflow, design flood influx
Bemessungskriterium ***n*** • dimensioning criterion
Bemessungslast ***f***, Bemaßungslast, Dimensionierungslast, Auslegungslast • dimensioning load
Bemessungsregen ***m***, maßgebender Regen [*Regen bestimmter Häufigkeit, Stärke und Dauer, welcher der Berechnung einer Entwässerungsanlage zugrunde gelegt werden soll (DIN4045)*] • design storm, design rain(fall)
Bemessungsregeln ***f(pl)*** [*z. B. zur Bemessung von Böschungs- und Sohlensicherungen an Binnenwasserstraßen*] • rating rules [*for designing bank and bed protection for inland waterways*]
Bemessungsregenspende ***f*** • design rain(fall) intensity, design storm intensity
Bemessungssohldruck ***m*** • design bearing pressure
Bemessungsstauhöhe ***f*** • design elevation, design level [*dam*]
Bemessungsverfahren ***n*** • design method
Bemessungswert ***m*** • design value
Bemessungswert ***m*** **des Tragwiderstands,** Entwurfstragfähigkeit *f*, Entwurfswiderstand *m* • design resistance
Bemessungswelle ***f*** • design wave
Bemessungswert ***m*** • design value
Bemusterung ***f***, Probe(n)entnahme *f*, Probe(n)-gewinnung, Beprobung, Probennahme, [*Bergleute und*

B

Geologen verwenden "Bemusterung" nicht immer im gleichen Sinne. Manche bezeichnen damit nur die Probe(n)nahme, andere alle Arbeitsgänge zur Feststellung der Hauptparameter (Mächtigkeit, Gehalt und Rohstoffdichte) eines Mineralkörpers und Dritte verwenden "Bemusterung" nur für die Entnahme eines oder mehrerer Muster im Unterschied zu den Proben] • sampling, sample taking, sampling operation, sample recovery

Bemusterungsraster ***m*** ➋ Beprobungsraster

benachbarte bauliche Anlagen ***f(pl)*** • adjacent buildings

benachbarte Bohrung ***f*** • adjacent borehole

benachbarter Netzpunkt ***m*** [*bei der Winkel- und Streckenmessung*] • neighbouring (US: neighboring) net point

benagen ➋ korrodieren

Benagung ***f*** ➋ Korrosion

Benchmark-Test ***m*** • benchmark test

benetzer Umfang ***m*** • wetted perimeter

benetzter Umfang ***m*** **nach Lacey**, Lacey-Abflussprofil *n* • Lacey's waterway, Lacey's wetted perimeter

benetzter Wasserlaufumriss ***m***, Abflussprofil *n*, benetzter Umfang *m* • waterway, wetted perimeter [*That portion of a watercourse which is actually occupied by water*]

Benetzungsfähigkeit ***f***, Benetzungsvermögen *n* • wettability [*The ability of a liquid to form a coherent film on a surface, owing to the dominance of molecular attraction between the liquid and the surface over the cohesive force of the liquid itself*]

Benetzungsphase ***f*** • wetting phase

Benetzungswasser ***n***, Absorptionswasser • connate water [*Water absorbed on mineral grains of reservoir rock and not produced with oil or gas*]

Benetzungswiderstand ***m*** [*Bodenteilchen*] • wetting resistance

Benetzungswinkel a ***m*** [*Wasseranstieg in Kapillarrohren und Spalten*] • contact angle a

bengalischer Amethyst ***m*** ➋ Sap(p)hir

bengalisches Feuer ***n***, Buntfeuer • Bengal fire [*A mix(ture) of realgar, potassium nitrate, and sulphur. Used in pyrotechnics*]

bengalisches Streichholz ***n*** • Bengal match

Benioffzone ***f*** • Benioff fault plane, Benioff (seismic) zone [*A zone of earthquake hypocentres distributed on well-defined planes that dip from a shallow depth into the earth's mantle to depths as great as 700 kilometres*]

Benitoit ***m***, Himmelstein *m*, $BaTiSi_3O_9$ • benitoite, heaven stone [*Acid titano-silicate of barium*]

Benjamingummi ***n, m*** ➋ Benzoë(gummi)

Benjaminharz ***n*** ➋ Benzoë(gummi)

Benne ***f*** ➋ Buhne

benötigte Durchflussmenge ***f*** • discharge demand, flow demand, runoff demand [*The flow required to satisfy demands on a system, such as fire demand or industrial process-water demand*]

benötigte Kraftwerk-Durchflussmenge ***f*** • discharge demand, flow demand, runoff demand [*The discharge needed in a watercourse to meet all power requirements placed upon a hydroelectric power plant using water from it. Such discharge need not consist entirely of natural flow, some of it can be supplied by storage, pondage, or regulation*]

Benotobohrgerät ***n***, Benoto(schwerlast)bohrpfahlmaschine *f* • Benoto caisson(-boring) machine, Benoto pier(-boring) machine

Benoto-Gründungsbrunnen ***m***, Benoto(-Senk)-brunnen, Benoto-Brunnenpfahl *m*, Benoto-(schwerlast)bohrpfahl • Benoto caisson, Benoto pier

Benotopfahl ***m*** • Benoto (bearing) pile

Benoto(schwerlast)bohrpfahlmaschine ***f***, Benotobohrgerät *n* • Benoto caisson(-boring) machine

benthonisch • benth(on)ic, demersal [*Pertaining to the benthos; also, said of that environment*]

Benthos ***n*** • benthos [*Those forms of marine life that are bottom-dwelling*]

Bentonit ***m*** • bentonite, volcanic clay, soap clay, mineral soap, amargesite, bentonite clay; bentonitic clay; taylorite [*obsolete*]; Retinite [*trade name*] [*A soft, plastic, porous, light colo(u)red rock composed essentially of clay minerals of the montmorillonite (smectite) group plus colloidal silica, and produced by devitrification and accompanying chemical alteration of a glassy igneous material, usually a tuff or volcanic ash. Also commercially known as "Volclays"*]

Bentonit-Bodeneinschluss ***m*** • bentonite-soil inclusion

Bentonit(bohr)spülung ***f***, Bentonit(bohr)schlamm *m*, Bentonitbohrflüssigkeit *f*, Bentonitspülflüssigkeit, Bentonitspülschlamm • bentonite (drilling) mud, bentonite drilling liquid, bentonite rotary liquid, bentonite rotary mud, bentonitic drilling liquid, bentonitic drilling mud, bentonitic rotary liquid, bentonitic rotary mud, bentonite-laden liquid, bentonite-laden mud, Bentonite slurry, Denver mud, heaven stone

Bentoniteinschluss ***m*** [*im Pfahlbeton*] • bentonite inclusion

Bentonitentsander ***m*** • bentonite desander

Bentonitfilm ***m*** • bentonite film

Bentonit-Fugen(ab)dichtung ***f*** • bentonite joint seal(ing)

Bentonit-Geomembran(e) ***f*** • bentonite geomembrane

bentonitgestützt • bentonite-supported, bentonite-stabilized

Bentonit-gestützte Bohrung ***f*** • bentonite-slurry supported borehole

Bentonitgleitmantel ***m***, Bentonitgleitschicht *f* • bentonite slurry coat

Bentonitkugeln ***f****(pl)* • bentonite pellets

Bentonitmantel ***m*** • bentonite jacket

Bentonitmischanlage ***f*** • bentonite mixer

Bentonitquellband ***n*** • bentonite expanding strip

Bentonitreste ***m****(pl)* • bentonite residues

Bentonit-(Rohr)Ringleitung ***f***, Bentonit-Ring(rohr)-leitung • bentonite ring (pipe)line

Bentonitschiefer ***m*** • bentonite shale

Bentonitschild ***m*** [*Untertagebau*] • bentonite shield

Bentonitschmierung ***f*** • bentonite (slurry) lubri(fi)-cation, slurry lubrication

Bentonitspülflüssigkeit ***f*** ➋ Bentonit(bohr)spülung

Bentonitspülschlamm ***m*** ➋ Bentonit(bohr)spülung

Bentonitstange ***f*** [*Gequollene Bentonitstangen dichten das Bohrloch vollständig ab*] • bentonite stick

Bentonit-Stützflüssigkeit ***f*** [*Schlitzwand*] • bentonite slurry, bentonite grout, bentonite mud

Bentonit-Stützflüssigkeit(s)graben ***m*** • bentonite slurry trench, bentonite grout trench

Bentonit-Stützflüssigkeits-Mischmaschine ***f***, Bentonit-Stützflüssigkeits-Mischer *m* • bentonite-water mud mixer, bentonite-water mud mixing machine

Bentonitsuspension ***f*** • bentonite slurry, bentonite suspension

bentonitvergüteter Kern ***m***, Kern mit Bentonit vergütet [*Schüttstaudamm*] • bentonite-modified core

Bentonitversiegeler ***m*** • bentonite sealer, bentonite seal(ing) agent

Bentonit-Wasser-Schlämme ***f***, Wasser-Bentonit-Schlämme, Bentonit-Wasser-Suspension • bentonite-water slurry, bentonite-water grout

Bentonit-Zement-Kügelchen ***n*** • bentonite-cement pellet [*A dry pellet of 1:3 cement-bentonite, dumped in to backfill and seal a bore hole quickly*]

Bentonit-Zement Suspension ***f***, Bentonit-Zement Mischung • bentonite-cement suspension, bentonite-cement mixture, bentonite-cement slurry

benutzerfreundlich, anwenderfreundlich • user-friendly

Benutzerschnittfläche ***f*** [*Geoinformationssystem; Landinformationssystem. Gesamtheit der Möglichkeiten, die einem Anwender im Rahmen der interaktiven Ausnutzung der Programme und der Daten eines EDV-Systems zur Verfügung stehen*] • user interface

benutzte Brennelemente
➋ verbrauchte Brennelemente

Benzin-Ethylalkohol-Gemisch ***n***, Benzin-Ethylalkohol-Mischung *f* • gasohol

Benzin-(Gruben)Sicherheitslampe ***f***, Davy-(Gruben)Sicherheitslampe

Benzoë(gummi) ***f***, ***(m***, ***n)***, Benzoëharz *n*, Benjamingummi, Benjaminharz • benjamin, benzoin

Benzol ***n*** • benzene; benzol (commercial form); C_6H_6

beobachtetes größtes Hochwasser ***n*** ➋ größtes beobachtetes Hochwasser

beobachtetes Hochwasser ***n*** • experience flood

beobachtetes Hochwassermaximum ***n*** ➋ größtes beobachtetes Hochwasser

beobachtetes höchstes Hochwasser ➋ größtes beobachtetes Hochwasser

Beobachtung ***f*** [*von Massenbewegungen*] • monitoring

Beobachtungsaufwand ***m*** • observational expenditure

Beobachtungsbohrloch ***n***, Beobachtungsbohrung *f* • observation well(bore), observation bore(hole), observation drill hole

Beobachtungsbrunnen ***m***, Inspektionsbrunnen, Kontrollbrunnen, Prüfbrunnen • inspection well, observation well [*1. An excavated well or vertical borehole used to observe changes in seepage flow through or beneath dams during filling and drawdown. 2. An excavated well or vertical borehole used to observe groundwater movement*]

Beobachtungsergebnis ***n*** • observation result

Beobachtungsfehler ***m*** [*Fotogrammetrie*] • personal error, observation error, error in observation

Beobachtungsfilter ***m***, ***n***, Peilbrunnen *m* [*Kiesschüttungsbrunnen*] • observation strainer, observation filter

Beobachtungsgang ***m***, Besichtigungsgang, Kontrollgang, Inspektionsgang, Prüfgang [*"Stollen" kann synonym für "Gang" verwendet werden. Begehbarer Hohlraum in Staumauern und in Herdmauern von Staudämmen*] • inspection gallery, inspection drift, observation gallery, observation drift; inspection tunnel, observation tunnel (US); footway (Brit.)

Beobachtungslücke ***f*** [*Seismik*] • offset

B

Beobachtungsmethode *f* • observational method
Beobachtungsmuster *n*, Beobachtungsschema *n* • observation pattern
Beobachtungsobjekt *n* • observed object
Beobachtungspfeiler *m* • observation pillar
Beobachtungsplan *m* • observation plan
Beobachtungspunkt *m* [*z. B. für ein Erdbeben*] • observation point [*such as of an earthquake*]
Beobachtungsschacht *m*, Kontrollschacht, Inspektionsschacht, Prüfschacht [*Talsperre*] • inspection shaft, observation shaft
Beobachtungsschema *n*, Beobachtungsmuster *n* • observation pattern
Beobachtungsstation *f* [*z. B. in Schneelawinengebieten od. für die Satellitenbeobachtung*] • observation station
Beobachtungsstollen *m* ➲ Beobachtungsgang
bepflanzt ➲ bewachsen
beproben • to take samples
Beprobung *f* [*z. B. des Untergrunds*] ➲ Bemusterung
Beprobungsraster *m*, Probe(n)nahmeraster, Bemusterungsraster • sampling grid
beräumen [*Das durch* ➲ *Aufreißen locker gewordene Material entfernen*] • to remove the material [*that was loosened by ripping*]
beräumen (⚒) ➲ nachreißen
Beräumen *n* (⚒) ➲ Nachreißen
Beräumen *n* des Liegenden (⚒) ➲ Nachreißen des Liegenden
berasen • to turf, to grass
berasen durch Ansaat, begrünen durch Ansaat • to sow down to grass, to seed down to grass, to sow with grass seed
Berasung *f* • grass seeding
Berasung *f* durch Ansaat, Begrünung durch Ansaat • sowing down to grass, seeding down to grass, sowing with grass seed
Berasung *f* durch Sodenandeckung ➲ (Rasen) Sodenandeckung
Beratung *f* • consultancy, consultation
Beratungsdienst *m* • consultancy service, consulting service, consultation service
Beratungsgeologe *m* • consultant geologist, consulting geologist, consultation geologist
berechnet, gerechnet, errechnet • calculated, computed
Berechnung *f* im Zuge der Messung • on-line calculation, on-line computation
Berechnungsannahme *f* • assumption for calculation
Beratungsbedarf *m* • need for consultation
Berechnungsgrundwasserspiegel *m*, Bemessungsgrundwasserspiegel *m* [*Bei nicht bindigen Böden höchster, nach Möglichkeit langjährig ermittelter Grundwasserstand zuzüglich des erforderlichen Sicherheitsmaßes nach der Norm, bei bindigen Böden in Geländeoberfläche anzusetzen*] • design groundwater table
Berechnungsmodell *n* • analysis model
Berechnungsverfahren *n*, Berechnungsweg *m* • design method, computational method
Beregnung *f*, Verregnung [*Das Feld wird beregnet und die Flüssigkeit wird verregnet*] • sprinkling (irrigation), overhead irrigation, sprinkler irrigation, irrigation
Beregnung *f* mit Abwasser, Verregnung von Abwasser, Abwasserberegnung, Abwasserverregnung • sewage sprinkler irrigation, sewage sprinkling (irrigation), sewage overhead irrigation
Beregnung *f* mit Schmutzwasser, Schmutzwasserverregnung, Verregnung von Schmutzwasser, Schmutzwasserberegnung • waste(water) sprinkling
Beregnungsanlage *f*, Verregnungsanlage, Regneranlage • sprinkling (irrigation) system, sprinkler irrigation system, overhead irrigation system
Beregnungsbetrieb *m*, Verregnungsbetrieb, Regnerbetrieb • sprinkling (irrigation) operation(s), sprinkler irrigation operation(s), overhead irrigation operation(s)
Beregnungsgerät *n* ➲ Wassersprenger
Beregnungshöhe *f*, Regengabe *f*, Verregnungshöhe • sprinkling intensity
Beregnungskanone *f*, Regenkanone, Verregnungskanone • sprinkling (irrigation) gun, sprinkler irrigation gun, overhead irrigation gun
Beregnungsleitung, Regnerleitung *f*, Verregnungsleitung • sprinkling (irrigation) line, sprinkler irrigation line, overhead irrigation line
Beregnungsmaschine *f*, Verregnungsmaschine, Regnermaschine [*Beregnungsmaschinen entnehmen das Wasser aus einem Grabensystem oder als um einen Punkt drehbare Maschinen (Fregat) aus einem Bohrbrunnen*] • sprinkling (irrigation) machine, sprinkler irrigation machine, overhead irrigation machine
Beregnungsplan *m*, Verregnungsplan, Regnerplan • sprinkling (irrigation) plan, sprinkler irrigation plan, overhead irrigation plan
Beregnungstest *m* • sprinkling test
Bereich *m* ➲ (Fang)Bereich
Bereich *m* • range

Bereich *m* starker Strömung, starker Strömungsbereich • quickwater [*The part of a stream or river characterized by a strong current*]
Bereich *m*, Wirkungsraum *m* • domain
bereißen (⚒) ➋ nachreißen
Bereißen *n* (⚒) ➋ Nachreißen
Bereithaltung *f* ➋ (Wasser)Bereithaltung
Bereitschaftsboot *n* • standby boat [*offshore drilling*]
Berg *m* [*Beim Salzbergbau eine zwischen zwei Horizonten liegende Grubenabteilung nebst allen darin enthaltenen Bauen*] (⚒) • level
Berg *m* • berg [*geomorphology*] [*(a) A term used in the Hudson River valley, N.Y., for a mountain or hill. Etymol: Dutch bergh, akin to German Berg, "mountain". (b) A term used in South Africa for a mountain or mountain range. Etymol: Afrikaans.*]
Berg *m* [*elektronischer Kompensationsbandschreiber*] • peak
Berg *m* [*Geneigte Strecke im Gestein oder im Flöz, die nach ihrem Hauptzweck Förderberg oder Wetterberg genannt wird*] (⚒) • inclined heading, sloping heading
Berg *m* • mount [*An abbreviated form of "mountain", especially used preceding a proper name and usually referring to a particular summit within a group of elevations. Abbreviated: mt. and mtn.*]
Berg *m* (⚒), (ein)fallende (Orts)Strecke *f*, Bremsberg *m*, einfallender Stollen *m* • (braking) incline, clook, flat inclined plane, gradient, gravity incline, haul(age) plane, inclined roadway, ginney (road), jinny (road), (inclined) plane, run, raise heading, self-acting incline, brake incline, gravity plane, godevil plane, underground gravity plane, sloping plane [*Loaded wagons come down and empty wagons go up*]
Bergakademie *f* • school of mines, mining academy, mining college
Bergalaun *m*, Steinalaun *m* • stone alum
Bergalit, Petalit *m*, Kastor, Lithionfeldspat *m*, $LiAlSi_4O_{10}$ • lithia-fel(d)spar, petalite [*A white, gray, or colourless monoclinic mineral*]
Bergarbeiterdorf *n*, Grubendorf
Bergarbeiterkolonne *f* ➋ Kameradschaft
Bergarbeiterlager *n* • mining camp
Bergarbeiterlohn *m* bei einem Betrieb mit Gewerkschaftsmitgliedern und gewerkschaftslosen Arbeitern (⚒) • open-shop mine wage
Bergarbeitermannschaft *f* ➋ Kameradschaft
Bergarbeitersiedlung *f* • camp, mining town
Bergarbeitertrupp *m* ➋ Kameradschaft
Bergbalsam *m* ➋ Erdöl
Bergbandförderung *f*, Bandbergförderung • conveyor hoisting, conveyor hoisting
Bergbau *m* • mining [*Taking of minerals from the earth*]
Bergbau *m* über Tage, Tagebau, Übertagebergbau • opencast mining, opencut mining, daylight mining, surface mining, (open) pit mining, mining by surface workings
Berg(bau)- und Aufbereitungstechnik *f* • mineral engineering [*Engineering concerned with the discovery, development, and exploitation of coal, ores, and minerals, as well as the cleaning, sizing, and dressing of the products*]
Bergbauaktivitäten *f(pl)* • mining activities
Bergbauanlagen *f(pl)* und -geräte *f(pl)* • mining plant and equipment
Bergbau(ausbau)profil *n*, Gruben(ausbau)profil, Bergwerk(ausbau)profil • mine support(ing) section, mining support(ing) section
Bergbau(ausbau)stahl *m*, Gruben(ausbau)Stahl *m*, Bergwerk(ausbau)stahl • mine support(ing) steel, mining support(ing) steel
Bergbauausstellung *f* • mining exhibition, mining show
Bergbaubahn *f* ➋ Grubenbahn
Bergbaubebenlehre *f* ➋ Bergbau(erd)bebenlehre
Bergbaubeleuchtung *f* ➋ Grubenbeleuchtung
Berg(bau)berater *m* • mining consultant
Bergbaubernstein *m* • earth stone, mineral amber [*opposite: sea amber*]
Bergbaubetreiber *m* ➋ Bergwerkbetreiber
Bergbaubogen *m* ➋ Grubenbogen
Bergbaueinfluss *m* • mining influence
Bergbaueinwirkungen *f(pl)* [*ein Lastfall bei Bauwerken, die dem Einfluss des Bergbaus ausgesetzt sind*] • mining-induced effects
Bergbauelektriker *m* ➋ Grubenelektriker
Bergbauenergie *f* • mining power, mine power [*Power is applied to mining in six distinctive ways: electricity, diesel power, compressed air, hydraulic power, steam power and hydroelectricity*]
Bergbauentwässerungspumpe *f* ➋ Grubenentwässerungspumpe
Bergbau(erd)bebenlehre *f*, Bergbauseismologie *f* • mining seismology; mining seismography [*obsolete*]
Bergbaufels *m*, Bergbaugestein *n*, Grubengestein, Grubenfels • mine rock

B

Bergbaufelsmechanik *f*, Bergbaugesteinsmechanik • mining rock mechanics
Bergbaufolgelandschaft *f* • post-mining landscape
Bergbauförderung *f* • mining production
Bergbauforschung *f* • mining research
Bergbaugebiet *n* ➋ Revier
bergbaugebunden • mining-bound, mine-bound
Bergbaugeografie *f* • mining geography
Bergbaugeologe *m*, Ingenieurgeologe im Bergbau, Montangeologe • geotechnical engineer in mining, mining geotechnical engineer, mining geologist, book miner
Bergbaugeologie *f*, Ingenieurgeologie im Bergbau, Geologie für Bergbauingenieure, Montangeologie, Grubengeologie, Geotechnik *f* im Bergbau • geotechnical engineering in mining, mining (engineering) geology, book geology, geology in mining (engineering), engineering geology of mining, mine geology
Bergbaugeophysik *f* • mining geophysics
Bergbaugeostatik *f* • mining geostatics
Bergbaugeostatistik *f* • mining geostatistics
Berg(bau)gesellschaft *f* • mining company
Bergbaugestein *n*, Bergbaufels *m*, Grubengestein, Grubenfels • mine rock
Bergbaugesteinsmechanik *f*, Bergbaufelsmechanik *f*, Grubengesteinsmechanik *f*, Grubenfelsmechanik • mining rock mechanics
Bergbauhalde *f*, Bergbaukippe *f*, Grubenhalde, Grubenkippe, Bergwerkhalde, Bergwerkkippe • mine dump, mining dump, mining pile, mine pile, mine heap, mining heap
Bergbauhandbuch *n* • mining manual
Bergbauhaspel *f* ➋ (Schacht)Fördermaschine
Bergbauholz *n*, Grubenholz, Bergwerkholz • mine (grade) timber
Bergbauhydraulik *f*, Grubenhydraulik, Bergwerkhydraulik • mine hydraulics, mining hydraulics
Bergbauhydrogeologie *f*, Hydrogeologie im Bergbau • mining hydrogeology
Bergbauhydrologie *f*, Hydrologie im Bergbau • mining hydrology
bergbauinduzierte Seismizität *f* • mining-induced seismicity
Berg(bau)ingenieur *m* ➋ Bergwerkingenieur
Bergbaujahrbuch *n* • mining annual
Bergbaukarte *f*, Grubenkarte • mining map
Bergbaukunst *f* [*Ausübung der Bergwerkkunde*] • mining art
Bergbaulampe *f* ➋ Grubenlampe
Bergbaulandschaft *f* • mining landscape
Bergbaulaser *m* • mining laser
bergbauliche Einwirkungen *f(pl)* • mining-induced effects
Bergbaulicht *n* ➋ Grubenlampe
Bergbaulieferant *m*, Bergbauzulieferer *m* • mining supplier
Bergbaulok(omotive) *f* ➋ Grubenlok(omotive)
Bergbaumechanik *f*, Grubenmechanik • mining mechanics
Bergbaumechaniker *m*, Bergwerkmechaniker *m*, Grubenmechaniker • mine mechanician
Bergbaumethode *f* ➋ Bauweise
Bergbaumineral *n* • mining mineral
Bergbauprofil *n* ➋ Bergbau(ausbau)profil
Berg(bau)recht *n* • mining law; ius metallicorum, ius regale subterraneum [*Latin*]
Bergbaurettungsstelle *f* ➋ Grubenrettungsstation
Bergbaurettungstechnik *f* ➋ Grubenrettungs-technik
Bergbaurettungstrupp *m* ➋ Grubenrettungstrupp
Bergbauschacht *m*, (Gruben)Schacht • shaft, mine shaft, mining shaft
Bergbauschaden *m* ➋ Senkungsschaden
Bergbauschiene *f* ➋ Grubenschiene
Bergbauschmied *m* ➋ Bergwerkschmied
Bergbauseismologie *f*, Bergbau(erd)bebenlehre *f* • mining seismology; mining seismography [*obsolete*]
Bergbausektor *m* • mining field
Berg(bau)senkung *f* (⚒) • inbreak, day fall, (mining) subsidence, flash [*A subsidence of the surface over a mine due to mining*]
Berg(bau)senkungsingenieur *m*, Senkungsingenieur • subsidence engineer
Berg(bau)(senkungs)schaden *m*, Senkungsschaden • mining damage, subsidence damage
Bergbausicherheit *f*, Grubensicherheit, Bergwerksicherheit • safety-in-mines, safety-in-pits, mine safety, pit safety
Bergbausprengen *n* ➋ Grubensprengen
Bergbausprengstoff *m* • mining explosive
Bergbaustahl *m* ➋ Bergbau(ausbau)stahl
Bergbaustandort *m* • mining location, mining site
Bergbaustandorte *m(pl)* • diggings, mining locations, mining sites [*All mineral deposits and mining camps*]
Bergbaustempel *m*, Stempel *m*, Bergwerkstempel, Grubenstempel, Bein *n* (⚒) • prop, roof support prop, mine prop, (mine) post, stick, roof (support) stick, mine stick, stull, stanchion, stay, punch(eon), leg, roof support post

Bergbaustollen ***m***, Grubenstollen [*Er tritt mindestens an einem Ende ohne Schacht zu Tage. Nicht verwechseln mit "Strecke"*] • mining gallery; mining tunnel (US)
Bergbautätigkeit ***f*** • mining activity
Berg(bau)technik ***f*** [*Als betriebliche Anwendung, nicht als Kunde oder Lehre (mining engineering)*] • mining technique
Bergbautektonik ***f*** • tectonics of mining, mining tectonics
Bergbautreibender ***m***, Gewerker • miner, mine adventurer [*One who is engaged in the business or occupation of getting valuable natural substances out of the earth*]
Bergbauüberwachungssystem ***n*** ➋ Grubenüberwachungssystem
Bergbau-Umwelt(schutz)technik ***f*** • environmental engineering in mines, mining environmental engineering
Bergbauverfahren ***n*** ➋ Bauweise
Bergbauvorplanung ***f*** • mining preplanning
Bergbauwehr ***f*** ➋ Grubenwehr
Bergbauweise ***f*** ➋ Bauweise
Bergbauwesen ***n***, Grubenwesen • mining practice
Berg(bau)wirtschaftler ***m*** • mining economist
berg(bau)wirtschaftlich • in reference to mining economics, concerning mining economics, mining-economical
Berg(bau)wissenschaft ***f*** • mining science; ars metallica [*Latin*]
Bergbauzulieferer ***m***, Bergbaulieferant *m* • mining supplier
Bergbauzündmittel ***n*** • mining (shot)firing product, mining (shot) ignition product
Bergblau ***n*** • mountain blue [*A blue copper mineral, specifically azurite and chrysocolla*]
Bergbutter ***f*** • bergbutter [*An impure alum or copperas efflorescence, of a butterlike consistency, doozing from alum slates*]
(Berge)Brech- und (Berge)Versatzmaschine ***f*** (⚒) • crusher stower, breaker stower, crusher stowing machine, breaker stowing machine
Bergeis ***n*** [*frühere Benennung*] ➋ Bergkristall
Bergeisen ***n*** • gad, picker; gedn [*Cornwall*]
Bergekasten ***m*** (⚒) • tailbox, filled chock, dirt filled chock, rubbish filled chock
(Berge)Klauber ***m*** (⚒) • (nut) picker, wailer
Berge(klein) ***f, (n)*** • dirt, rubbish attel, attle, mine waste, rejects, stone, waste (rock), pit waste, accumulated waste, refuse (rock); millock [*Cornwall and Australia*]
Bergemauer ***f***, Trockensteinmauer, Damm *m* • pack(ing) case, pack(ing) wall(ing), dry (stone) wall(ing), pack [*It is built in a colliery or metal mine to support the roof*]
Bergemittel ***n*** ➋ (dünnes) Bergemittel
Bergemittel ***n*** ➋ Nebengestein
Bergemühle ***f*** [*Ein zur Gewinnung von Bergen zu Bergeversatz so vorgerichteter unterirdischer Raum, dass das ungestützte Gestein von selbst hereinbricht und nur weggefördert werden muss*] (⚒) • gobstuff getting place
Bergepfeiler ***m***, Pfeiler aus Bergen (⚒) • bigging, rubbish pillar
Bergerippe ***f*** (⚒) • packwall(ing), waste pack, pillar of waste, waste pillar
Bergerolle ***f***, Bergerolloch *n* (⚒) • waste (rock) pass, waste (rock) chute
Bergeschacht ***m*** (⚒) • dirt winding shaft
Bergeüberschuss ***m***, Überschussberge *f* (⚒) • waste (rock) excess
Bergeversatz ***m***, Versatz *m* (⚒) [*Das Verfüllen des beim Abbau einer Lagerstätte entstandenen Hohlraums. Dabei wird zwischen einem 'Vollversatz' und einem 'Teilversatz' unterschieden*] • stowing, backfilling
Bergeversetzen ***n***, Versetzen (⚒) • stowing, packing, gobbing (up), waste filling, debris filling
Bergeversetzer ***m***, Versatzarbeiter (⚒) • stower
Bergewirtschaft ***f*** • tailing(s) disposal, tail(s) disposal
(Berge)Zwischenlage ***f*** ➋ Nebengestein
bergfei ***n*** • native (⚒)
Bergfeldeigentum ***n*** • staked claim
Bergfeste ***f***, Feste (⚒) • cranch [*A part of a vein that is left unworked*]
Bergfeste ***f*** (⚒) ➋ Pfeiler
Bergfeuchte ***f*** ➋ Bergfeuchtigkeit
bergfeuchter Fels ***m***, bergfeuchtes Gestein *n* • greenstone [*A quarryman's term for freshly cut stone, containing water*], stained rock, sap rock
Bergfeuchtigkeit ***f*** ➋ Anhängewasser
Bergflachs ***m***, Steinflachs • mountain flax, earth flax [*A fine silky asbestos*]
Bergfleisch ***n*** • rock flesh, mountain flesh [A *spongy variety of asbestos*]
bergfrei • unimpeached for mining, free for mining
Bergfreie ***n*** (⚒) • free ground
Bergfreie ***n*** ➋ freies Feld
Bergfrohn(e) ***f***, Frohn(e) *f*, Grundzins *m*, Bergherrnabgabe *f*, Tonnenzins (⚒) • royalty, tithe, compelled work [*The landowner's share of the value of minerals produced on a property. It is commonly a fixed amount per ton*]

B

Bergfußebene ***f*** ➋ Piedmontebene
Bergfußfläche ***f*** ➋ Piedmontfläche
Bergfußgletscher ***m*** ➋ Vorlandgletscher
Bergfußkies ***m*** ➋ Vorlandkies
Bergfußkuppel ***f*** ➋ Piedmontkuppel
Bergfußland ***n*** ➋ Piedmont
Bergfußniederung ***f*** • linear depression [*geomorphology*]
Bergfußsee ***m*** ➋ alpiner Randsee
bergfußseitig, gebirgsfußseitig • piedmont [*An adjective meaning "lying or formed at the base of a mountain range"*]
Bergfußstufe ***f*** ➋ Piedmontstufe
Bergfußterrasse ***f*** ➋ Piedmontterrasse
Bergfußtreppe ***f*** ➋ Piedmonttreppe
Berggebäude ***n*** ➋ Bergwerk(anlage)
Berggehölz ***n*** ➋ Grubenzimmerung
Berggericht ***n*** **für Zinngruben** • stannary-court [*Cornwall*]
Berggezimmer ***n*** ➋ Grubenzimmerung
Berggipfel ***m***, Gipfel *m* • mountain peak; ben [*Scottish*]
Berggold ***n***, Goldkies *m* • rock gold
Berggold ***n***, Primärgold [*Gold aus primären Lagerstätten gewonnen*] • primary gold
Berggrün ***n***, grüne Berglasur *f*, Ungarischgrün, Tirolergrün, Kupfergrün, Schiefergrün • mountain green
Berghaar ***n***, biegsamer Asbest *m* • flexible asbestos
Berghammer ***m***, Haueisen *n* • head(ed) pickax(e)
Berghandel ***m*** ➋ Kohlenbergwerkgebäude
Berghang ***m***, (Ab)Hang *m*, Berglehne *f*, Gehänge *n* • hillside, flank of (a) hill, (hill)slope; coast [*USA and Canada*]; bank [*Northern England and Scotland*] [*An inclined part of a hill between its crest and the drainage line at the foot of the hill*]
Berghaspel ***m***, ***f***, Hornhaspel (⚒) • windlass
Bergherrnabgabe ***f*** ➋ Frohn(e)
Bergholz ***n***, Holzasbest *m*, holzförmiger Asbest, gemeiner Asbest • rock wood, ligneous asbestos, mountain wood
Berghund ***m*** ➋ Schlepphund
bergig, gebirgig • mountainous
Berginspektor ***m***, Bergverwalter, Einfahrer • viewer, mine inspector, pit inspector, mine superintendent, pit superintendent, inspector of mines, inspector of pits, (safety) examiner
Bergkalkstein ***m*** • mountain limestone [*A term used in England for a Subcarboniferous limestone occurring in the hills and mountains; specifically the Early carboniferous limestone forming the Pennine Chain of northern England*], Subcarboniferous limestone
Bergknappschaft ***f***, Knappschaft • corporation of miner's, miner's corporation, union of miner's, miner's union
Bergkork ***m*** • rock cork, mountain cork, pilolite [*It occurs sometimes massive, sometimes in plates and with impressions*]
Bergkrankheit ***f***, Höhenkrankheit, Gebirgskrankheit • mountain sickness, soroche [*This sickness attacks miners who are newcomers in high altitudes. Symptoms are headaches, nausea, vomiting and nosebleed*]
Bergkristall ***m***; Bergeis *n* [*frühere Benennung*] • mountain crystal, rock crystal; crystallus montanus [*Latin*]
Bergkristall ***m*** • rock crystal; Arabian diamond [*misnomer*]
Bergkristall ***m*** • rock crystal; Bornholm diamond [*misnomer*]
Bergkristall ***m*** • rock crystal; Brazilian diamond [*misnomer*]
Bergkristall ***m*** • rock crystal; Buxter's diamond [*misnomer*]
Bergkristall ***m*** • rock crystal; mountain crystal
Bergkristall ***m***, edler Glasquarz *m*, kristallisierter Quarz • crystallized quartz
Bergkristall ***m*** **(Quarzgruppe)**; deutscher Diamant *m* [*Handelsbenennung*] • rock crystal; German diamond [*misnomer*]
Bergkuppe ***f*** • mountain knoll, mountain know(l)e
Bergland ***n*** • mountain region, mountainous land, hilly country
Berglandschaft ***f***, Gebirgslandschaft • mountain(ous) landscape
Bergleder ***n*** • mountain leather, leatherstone [*A fibrous clay mineral such as sepiolite or palygorskite*]
Bergleder ***n*** (⚒) • mountain leather, rock leather, mountain paper [*A tough variety of asbestos, occurring in thin flexible sheets made of interlaced fibres*]
Bergleder ***n*** ➋ Fahrleder
Berglehne ***f*** ➋ Berghang
Bergleute (*pl;* Singular: Bergmann *m*) • miners
bergmännisch aufbrechen • to excavate by mining means
bergmännisch aufgefahren ➋ bergmännisch vorgetrieben
bergmännisch geschaffener Hohlraum ***m***, bergmännischer Hohlraum • mined cavity, mined opening
bergmännisch gewinnen • to mine

bergmännisch nivellieren, abwägen [*Die Höhe eines Punktes gegen einen anderen bestimmen*] (⚒) • to (survey and) level underground

bergmännisch vorgetrieben, bergmännisch aufgefahren [*Stollen; Tunnel*] • mined, driven by underground means (without disturbing the surface)

bergmännisch vorgetriebener Stollen *m* ➲ Bohrstollen

bergmännisch vorgetriebener tiefer Tunnel *m*, tiefer bergmännisch vorgetriebener Tunnel • deep-driven tunnel

bergmännisch vorgetriebener Tunnel *m* ➲ Bohrtunnel

bergmännische Bauweise *f*, geschlossene Bauweise, unterirdische Bauweise, (untertägige) Bauweise • underground method, mining method [*As opposed to the cut-and-cover method in tunnel construction*]

bergmännische Vortriebsarbeiten *f* [*Tunnel- und Stollenbau*] • mining operations, mining work

bergmännischer Anker *m*, Kurzanker, Ausbauanker • anchor bolt, bolt (anchor)

bergmännischer Anschluss *m* [*Tunnel- und Stollenbau im Fels*] • drilled connection

bergmännischer Gebirgsdruck *m* • mining rock pressure

bergmännischer Hohlraum *m*, bergmännisch geschaffener Hohlraum • mined cavity, mined opening

bergmännischer Tunnelbau *m* ➲ Tunnelvortrieb

bergmännischer Tunnelvortrieb *m* • tunnel(l)ing accomplished by mining means

Bergmannslatte *f*, (Vor)Pfändlatte, Abpfändlatte, Anstecklatte, Vortreib(e)latte, Getriebelatte, Schutzlatte, Decklatte [*"Bretty", "Diele" und "Pfahl" können synonym für "Latte" verwendet werden*] • (fore)poling board, (fore)pole, spile, spiling board, horsehead(ing board), spill, lath, astel, back lath [*A timber or steel plank driven into the soft ground at the tunnel face over supporting steel or timber sets to hold back soil during excavation. In spite of being called "board" it may be a steel plank*]

Bergmassiv *n*, Gebirgsmassiv • mountain(ous) mass (if) [*The dominant, central mass of a mountain ridge, more or less defined by lengthwise or crosswise valleys*]

Bergmeister *m* (⚒) • bergh-master [*A chief officer among the Derbyshire miners*]

Bergmilch *f*, Mondmilch, Bergmehl *n*; Elf's Milch [*Schweizer Dialekt*] • moonmilk, mountain milk, rock milk, rock meal; bergmehl [*German*]; bergmeal, aparic mineral; lublinite [*partial synonym*] [*A soft white plastic calcareous deposit which occurs in the walls of limestone caves. It may consist of calcite, hydromagnesite, nesquebonite, huntite, aragonite, magnesite, or dolomite*]

Bergnadel *f* ➲ Geologenkompass

Bergpech *n*, Erdpech • earth pitch, maltha, malthite, mineral tar, mountain tar; brea [*Trinidad*]

Bergpfad *m*, Gebirgspfad • mountain trail

Bergquelle *f*, Gebirgsquelle • mountain spring

Bergregal *n* • mineral royalty

Bergschaden *m* • mining-induced damage, mining damage, subsidence damage

Bergschadenkunde *f* [*Die Lehre von Bodenbewegungen, deren Messung und Vorausberechnung über bergbaubedingten Abbauhohlräumen*] • mining subsidence engineering

Bergschadensicherung *f* • mining damage prevention, subsidence damage prevention

Bergschlag *m* • (rock) burst

Bergschranke *f*, Gebirgsschranke *f* • mountain barrier

bergschüssig (⚒) • mingled with earthy substance

Bergschutt *m* ➲ Felsschutt

Bergschwefel *m* ➲ gediegener Schwefel

Bergschweiß *m* ➲ Anhängewasser

Bergsee *m*, Gebirgssee • mountain lake

Bergsegen *m*, Bergwerkertrag *m*, Grubensegen, Grubenertrag • mine return, mine produce

bergseitig, oberwasserseitig, oberhalb, oberstrom, bergwärts, (tal)aufwärts, talauf [*Auf eine Wasserlaufstrecke oberhalb eines Bauwerkes bezogen*] • upstream, U/S, headwater, headward, upvalley, upslope

Bergsenkung *f* ➲ Berg(bau)senkung

Bergsporn *m*, Bergvorsprung *m*, Ausläufer *m* • spur, prong [*A small hill extending from a prominent range of hills or mountains; a subordinate ridge or lesser elevation projecting sharply from the crest or side of a hill, mountain, or other highland surface*]

Bergstrichelung *f* ➲ Schraffierung

Bergstrichkarte *f*, Schraffurenkarte • hachure map

Bergsturz *m* [*Gehört zum* ➲ *Rutschtyp Fallen nach dem Multilingual Landslide Glossary. Zur Unterscheidung zwischen Steinschlag, Steinfall, Felssturz und Bergsturz: beim Steinschlag od. Steinfall sind die Einzelkörper bis 0,3 m^3,' das Gesamtvolumen bis 5 m^3; beim Felssturz haben die Einzelkörper eine Größe ab 0,3m^3 und als Gesamtvolumen gilt eine Größe ab 5 m^3; beim Bergsturz gilt ein Gesamtvolumen ab 10.000 m^3.*] • rock fall [*'Falling' is the generic term for this type of mass movement according to the Multilingual Landslide Glossary.*]

Bergsturzmaterial *n* • landslip material, landslide material

B

Bergsucht *f* (⚒) • pulmonary disease
Berg(tal)sperre *f*, Gebirgs(tal)sperre • mountain dam
Bergtobel *m* • mountain gulch
Bergtrog *m* • miner's trough
Bergtunnel *m*, Gebirgstunnel • mountain tunnel
Bergungstauchen *n* • salvage diving
Bergverwalter *m*, Berginspektor, Einfahrer • viewer, mine inspector, pit inspector, mine superintendent, pit superintendent, inspector of mines, inspector of pits, (safety) examiner
Bergvorsprung *m*, Bergsporn *m*, Ausläufer *m* • spur, prong [*A small hill extending from a prominent range of hills or mountains; a subordinate ridge or lesser elevation projecting sharply from the crest or side of a hill, mountain, or other highland surface*]
Bergwagenkippe *f*, (Gruben)Wagenkippe *f* (⚒) • (mine) car dump, (mine) car tipple, pit car dump, pit car tipple
bergwärts ➋ bergseitig
bergwärts wandernder Fisch *m*, bergwärts ziehender Fisch, aufwärts wandernder Fisch, aufwärts ziehender Fisch • upstream migrant (fish)
Bergwasser *n* [*Das im Fels in Klüften, Fugen, Störungen und im offenen Porenraum ruhende oder strömende Grundwasser wird als Bergwasser bezeichnet* (*1)] • mountain water
Bergwasserspiegel *m*, Bergwasserstand *m* • mountain water level
Bergwasserstand *m*, Bergwasserspiegel *m* • mountain water level
Bergwerk *n*, Grube *f* • delf [*England*]; gro(o)ve [*Derbyshire*]; huel [*Cornwall*]
Bergwerk *n* mit geneigtem Streckenzugang, Grube *f* mit geneigtem Streckenzugang • slope mine [*It is opened by a slope or an incline*]
Bergwerk *n* mit Gleichstrombetrieb, Gleichstrom-Bergwerk • direct-current mine, D-C mine
Bergwerkabgabe *f*, Grubenabgabe • acreage rent [*In mining, royalty or rent paid by the lessee for working and disposing of minerals at the rate of so much per acre*]
Bergwerk(anlage) *n*, *(f)*, Berggebäude *n*, Grubenanlage, Grubengebäude • mine, mining plant [*Any and all parts of the property, either on the surface or underground, that contributes directly or indirectly to the mining and handling of ores, or coal. Up to the middle of the 19th century "quarry" was often used for a mine*]
Bergwerkarbeiterin *f* (⚒) • balmaiden [*Cornwall*]
Bergwerkatmosphäre *f* ➋ Grubenatmosphäre
Bergwerk(ausbau)profil *n* ➋ Gruben(ausbau)profil
Bergwerk(ausbau)stahl *m* ➋ Gruben(ausbau)stahl
Bergwerkbahn *f*, Grubenbahn, Bergbaubahn • mine line, trackway
Bergwerkbelegschaft *f*, Grubenbelegschaft • mine work force
Bergwerkbeleuchtung *f*, Grubenbeleuchtung, Bergbaubeleuchtung • mine illumination
Bergwerkbetreiber *m*, Grubenbetreiber, Bergbaubetreiber • mine operator
Bergwerkbewetterung *f*
➋ Bewetterung (der Grubenbaue)
Bergwerkbogen *m*, Grubenbogen, Bergbaubogen • mine arch
Bergwerkbrand *m*, Grubenbrand • mine fire
Bergwerkdamm *m*, Grubendamm • mine dam
Bergwerkeingang *m*, Grubeneingang • mine head, mine brow, pit brow, pithead [*The top of a mine shaft and all the plant and machines around it*]
Bergwerkelektriker *m*, Grubenelektriker, Bergbauelektriker • mine electrician
Bergwerkentwässerung *f* ➋ Grubenwasserhaltung
Bergwerkentwässerungspumpe *f*, Grubenentwässerungspumpe, Bergbauentwässerungspumpe • mine dewatering pump, mine drainage pump, mine unwatering pump
Bergwerk(erd)beben *n* • mine (earth)quake
Bergwerkertrag *m*, Bergsegen, Grubensegen *m*, Grubenertrag • mine return, mine produce
Bergwerkerweiterung *f*, Grubenerweiterung • mine expansion
Bergwerkexplosion *f*, Grubenexplosion • mine explosion
Bergwerkförderung *f*, Grubenförderung • mine haulage
Bergwerkfolgeeinrichtungen *f*, Bergwerkgrundausstattung *f*, Bergwerkinfrastruktur *f*, Grubengrundausstattung, Grubeninfrastruktur, Grubenfolgeinrichtungen • mine infrastructure [*The underground transport, maintenance and supply systems*]
Bergwerkgas *n*, Grubengas • mine gas [*The term includes carbon dioxid(e), hydrogen sulfid(e), methane, carbon monoxid(e), sulfur dioxid(e) and black damp*]
Bergwerkgegenschreiber *m*, Grubengegenschreiber • mine controller, controller of (a) mine
Bergwerkgesinde *n*, Grubengesinde (⚒) • ordinary workmen [*They assist the miners*]
Bergwerkgrundausstattung *f*, Bergwerkfolgeeinrichtungen *f*, Bergwerkinfrastruktur *f*, Grubengrundausstattung, Grubeninfrastruktur,

Grubenfolgeeinrichtungen • mine infrastructure [*The underground transport, maintenance and supply systems*]
Bergwerkhalde *f* ➋ Bergbauhalde
Bergwerkhaspel *f, m* ➋ (Schacht)Fördermaschine
Bergwerkholz *n* ➋ Bergbauholz
Bergwerkhydraulik *f* ➋ Bergbauhydraulik
Bergwerkinfrastruktur *f* ➋ Bergwerkgrundausstattung
Bergwerkingenieur *m*, Grubeningenieur, Berg(bau)-ingenieur • mine engineer
Bergwerkinspektor *m*, Bergwerkverwalter (⚒) • ground-bailiff
Bergwerkkarte *f* ➋ Gruben(gebäude)aufriss
Bergwerkkippe *f* ➋ Bergbauhalde
Bergwerklampe *f*, Grubenlampe, Grubenlicht *n*, Bergwerklicht, Bergbaulampe, Bergbaulicht • mine(r's) light, pit lamp, pit light, mine(r's) lamp; bug torch (US)
Bergwerkleuchte *f*, Grubenleuchte • mining light fitting
Bergwerklicht *n* ➋ Bergwerklampe
Bergwerklok(omotive) *f*, Grubenlok(omotive), Bergbaulok(omotive) • mine engine, mine locomotive
Bergwerklöschfahrzeug *n*, Grubenlöschfahrzeug
Bergwerkluft *f* ➋ Wetter
Bergwerkohle *f* ➋ Grubenkohle
Bergwerkmauerung *f*, Grubenmauerung • mine masonry (work), mine walling
Bergwerkmaurer *m* ➋ Grubenmaurer
Bergwerkmechaniker *m*, Bergbaumechaniker, Grubenmechaniker • mine mechanician
Bergwerkohle *f*, Grubenkohle, Zechenkohle • mine coal [*Coal obtained by mining as distinguished from charcoal*]
Bergwerkpfeiler *m*, Grubenpfeiler • mine pillar
Bergwerkplaner *m*, Grubenplaner • mine planner
Bergwerkplanung *f* ➋ Grubenplanung
Bergwerkrettung *f*, Grubenrettung • mine rescue
Bergwerkrettungsstelle *f* ➋ Grubenrettungsstation
Bergwerkrettungstechnik *f*, Grubenrettungstechnik, Bergbaurettungstechnik • mine rescue engineering
Bergwerkrettungstrupp *m*, Grubenrettungstrupp, Bergbaurettungstrupp • mine rescue team, mine rescue party, mine rescue crew, mine rescue gang
Bergwerkprofil *n* ➋ Bergbau(ausbau)profil
Bergwerkschiene *f*, Grubenschiene, Bergbauschiene • mine rail
Bergwerkschmied *m*, Grubenschmied, Bergbauschmied • mine blacksmith
Bergwerkshalde *f* • slagheap
Bergwerksicherheit *f* ➋ Bergbausicherheit
Bergwerksindustrie *f* • mining industry
Bergwerksprengen *n*, Grubensprengen, Bergbau-sprengen • mine blasting
Bergwerkstahl *m* ➋ Bergbau(ausbau)stahl
Bergwerkstaub *m*, Grubenstaub • mine dust
Bergwerkstempel *m* ➋ Stempel
Bergwerkstollen, Grubenstollen, Bergbaustollen *m* • mine gallery; mine tunnel (US)
Bergwerkteufe *f*, Grubenteufe *f* • mine depth
Bergwerküberwachungssystem *n*, Grubenüber-wachungssystem, Bergbauüberwachungssystem • mine monitoring system
Bergwerkeverfall *m*, Verfall der Bergwerke
Bergwerkverfüllung *f*, Grubenverfüllung • mine infilling
Bergwerkverwalter *m* ➋ Bergwerkinspektor
Bergwerkwasser *n*, Grubenwasser • mine (drainage) water
Bergwerkwasserhaltung *f* ➋ Grubenwasserhaltung
Bergwerkwehr *f*, Grubenwehr, Bergbauwehr • mine rescue brigade
Bergwerkzimmerung *f*, Grubenzimmerung, Bergge-hölz *n*, Berggezimmer *n* • mine timbering, mine timberwork
Bergwetternetz *n*, Grubenwetternetz, Wetternetz • mine air network
Bergwirtschaftler *m* ➋ Berg(bau)wirtschaftler
Bergwissenschaft *f* ➋ Berg(bau)wissenschaft
Bergzerreißung *f* [*Unter Bergzerreißung wird die Kinematik und die Geometrie von Kriech- und Gleitvorgängen von Felsmassen an Hängen und Böschungen infolge Schwerkrafteinwirkung verstanden* (*1)*; gehört nach dem MLG* zum Bewegungstyp ‚Fließen und Gleiten'.*] • mountain splitting, gravity deformation extending deep into the mountain slopes, gravitation(al) deformation extending deep into the mountain slopes [*'Flowing' and 'Sliding' are the generic terms for this type of mass movement according to the Multilingual Landslide Glossary.*]
Bergzimmermann *m* ➋ (Gruben)Zimmermann
Bergzinn *n* • mine-tin
Bergzug *m*, Gebirgszug *m*, Zug • mountain range, range [*1. Loosely, same as mountain chain. 2. Strictly one of the component portions of a mountain chain, formed by a single otogenic movement (monogenetic)*]
Berichtabfassung *f* • report writing

B

berichtigtes Nettoaufschüttmaterial ***n*** • net corrected fill(ing) [*Net fill(ing) after making allowance for swell(ing) or shrink(age) from cut to fill*]

Berichtigung ***f*** **für Strömung**, BS, Strömungsberichtigung [*(Ab)Driftwinkel*] • current correction angle

Berichtigungsauffahren ***n***, Korrekturauffahren • remining, redriving [*In case of misalignment in driving a tunnel or gallery*]

Beries(e)lung ***f*** • graded-border irrigation

Beries(e)lungsfeld ***n***, Rieselfeld • (soil) absorption field, disposal field, drain field, leach(ing) field, septic field for disposal of domestic waste, irrigated sewage field, waste (water) farm [*A system of trenches containing coarse aggregate and distribution pipe through which effluent may seep for leach into surrounding soil*]

Beries(e)lungs(feld)graben ***m***, Riesel(feld)graben • (soil) absorption (field) trench, disposal field trench, drain field trench, leach(ing) field trench [*A trench containing coarse aggregate and a distribution pipe through which effluent may flow, covered with earth*]

beringen • to ferrule [*pile*]

Beringit ***m*** • beringite, barkevikite-trachyte [*Bering Island, Bering Sea, Kamchatka. A melanocratic gray soda-trachyte containing phenocrysts of barkevikite in a fine-grained groundmass composed of alkali-fel(d)spar, a little quartz, ore and apatite*]

Berkeyit ***m*** • berkeyite [*A variety of lazulite from Brazil*]

Berliner Bauweise ***f*** [*Eine Entwicklung der Berliner Wasserbetriebe für den Rohrvortrieb unter der Straße und die unterirdische Herstellung von Hausanschlüssen*] • Berlin construction method

Berliner Verbau ***m*** [*frühere Benennung*]; Trägerbohlwand *f* [*Seine ursprüngliche Form mit im Abstand von 1 bis 3 m senkrecht gerammten I-Trägern und einer zwischen Trägerflanschen und Erdwand verteilten waag(e)rechten Ausfachung aus Holzbohlen wurde zu Beginn des 20. Jahrhunderts beim Bau der Berliner U-Bahn entwickelt*] • Berlin(-type) (support(ing)) system, Berlin wall

Berme ***f***, Bankett *n* • berm(e), banquette [*A horizontal ledge in the sloping surface of an embankment or cutting*]

Berme ***f*** • berm(e) [*geomorphology*]

Berme ***f***, Vorland *n* • foreland, berm(e) [*In fortification between wall and moat*]

Bermudaschwelle ***f*** • Bermuda rise

Bernstein ***m*** • amber

Bernsteinalaun ***m***, bernsteinsaure Tonerde *f* • aluminous amber

Bernsteinsäure ***f*** • succinic acid, salt of amber, amber salt

Berrias ***n*** • Berriasian [*European stage: lowermost Lower Cretaceous (above Tithonian-Upper Volgian of Jurassic, below Valanginian)*]

Beryll ***m*** (G/M) • beryl

Bersten ***n*** • bursting

Berstgestänge ***n*** [*einer Berstmaschine für die Kanalsanierung*] • bursting gear

Berstkopf ***m*** [*einer Berstmaschine für die Kanalsanierung*] • splitter head [*of a splitter machine; line rehabilitation*]

Berstlining ***n*** [*Bei diesem Verfahren handelt es sich um eine grabenlose Rohrerneuerung gegenüber einer offenen Bauweise. Gas-, Wasser- sowie Abwasserleitungen werden auf diese Weise erneuert, indem das Altrohr mittels einer Schlagramme zerstört wird*] • pipe bursting; *less frequent:* burst lining [*Pipe bursting may be performed in two manners: dynamic or static. This method requires no new trench. Through the use of a bursting head, the old pipe is destroyed and pushed into the surrounding ground making room for a new similar-sized pipe*]

Berstmaschine ***f*** [*Berstlining Verfahren*] • splitter machine [*Pipe bursting technology*]

Berstmaschine ***f*** **auf Zug stellen** • to set the splitter machine to pulling mode

Berst(ungs)druck ***m*** • bursting pressure

Berst(ungs)kluft ***f*** • bursting joint

Berthierit ***m*** [*nach W. Haidinger, 1871*]; Eisenantimonglanz *m* [*nach P. Groth, 1874*] • berthierite [*A dark steel-gray mineral: $FeSb_2S_4$*]

Berufserkrankung ***f*** • occupational disease

Berufsgenossenschaft ***f*** • professional association

Berufsgenossenschaft ***f*** **der Bauwirtschaft** • professional association for the building industry

berufsgenossenschaftliches Regelwerk ***n*** • liability insurance association code of standards

Beruhigungsbecken ***n***, Tosbecken, Wasserberuhigungsbecken, Wassertosbecken, Energieumwandlungsbecken, Sturzbecken [*Talsperre; Wehr; Schleuse*] • stilling basin, stilling box, stilling pool, cushioning basin, cushioning box, cushioning pool, absorption basin, absorption box, absorption pool, tumbling basin, tumbling box, tumbling pool, water cushion

Beruhigungsgitter ***n*** [*Einlauf bei Absetzbecken*] • smoothing inlet structure

Beruhigungskammer ***f***, Toskammer, Wasserberuhigungskammer, Wassertoskammer • stilling chamber, cushioning chamber, absorption chamber

Beruhigungsschleuse ***f*** [*Eine feste Wehrart*] • flood sluice, relief sluice

berührt [*Boden*] ➋ gestört

Berührungsgeschwindigkeit ***f*** [*Statische mittlere Strömungsgeschwindigkeit an der Außenseite eines Schwebstoffteilchens*] • edge velocity

Berührungslinie ***f*** ➋ (wandernde) Berührungslinie

berührungslos, kontaktlos • non-contact

berührungslos erkunden ➋ fernerkunden

berührungslos erkundet, fernerkundet • remotely reconnoitred

berührungsloser Wegaufnehmer ***m*** • contactless (*or:* contact-free) displacement transducer

Beryll ***m*** • beryl, $Be_3Al_2Si_6Oi_{18}$ [*It is the principal ore of beryllium*]

Beryllium ***n*** [*Chemisches Element; ein zweiwertiges Erdalkalimetall*] • beryllium

Beryllzwilling ***m*** • twin(ned) beryl, beryl twin

Berzelianit ***m***, Selenkupfer *n* • berzelianite, berzeline, copper selenuriet, selenuriet of copper, Cu_2Se

besamen ➋ (an)säen

Besamung ***f***, (An)Säen *n*, Ansaat *f*, Besämung • sowing, seeding

Besatzampulle ***f*** ➋ (Wasser)Besatzampulle

Besatzbeutel ***m***,Verdämm(ungs)beutel • stem(ming) bag, (tamping) bag [*Fire-resistant paper or plastic bag, about 8 inches long, filled with dry sand for stemming shotholes*]

Besatzpatrone ***f***, Verdämm(ungs)patrone • stemming cartridge, tamping cartridge

Besatzpfropfen ***m***, Verdämm(ungs)pfropfen • tamping plug, stemming plug [*A plug of iron or wool used instead of tamping (material) to close up a loaded blasthole*]

Besatzstock ***m***, Verdämm(ungs)stock • stemming stick, tamping stick

beschädigte Versorgungsleitungen ***f****(pl)* • broken utility lines

Beschaffenheit ***f***, Zustand *m* • condition, state

Beschaffenheit(s)beschreibung ***f***, Zustand(s)-beschreibung • description of state, description of condition

beschichteter Stein ***m***, überzogener Stein, (Edel)Stein mit Oberflächeneinlagerungen [*Gemnologie*] • coated stone

Beschichtung ***f***, Überzug *m* • coat(ing)

Beschickungsvorrichtung ***f*** • feeding device

beschirmen, abschirmen • to shield

Beschirmung ***f*** ➋ Abschirmung

Beschlag ***m***, Anflug *m* [*Feiner, metallisch glänzender Überzug des Gesteins, durch Zersetzung metallischer Mineralien oder Niederschlag des Rauches von Schießpulver auf den feuchten Wänden entstanden*] • efflorescence, bloom

beschleunigt • accelerated

beschleunigte Erosion ***f*** ➋ zunehmende Erosion

Beschleunigung ***f*** **der Hebung**, Hebungsbeschleunigung • acceleration of upheaval, upheaval acceleration

Beschleunigung ***f*** **der Schwere**, Schwere-beschleunigung, Fallbeschleunigung, Schwerkraft-beschleunigung, Erdbeschleunigung, Gravitationsbeschleunigung, gravitative Beschleunigung [*Zeichen: g. Einheit: m/s^2*] • gravity acceleration, acceleration of gravity, gravitation(al) acceleration, acceleration of free fall, apparent gravity, acceleration due to gravity

Beschleunigungs- und Neigungsmesserboje ***f*** • pitch and roll buoy

Beschleunigungsaufzeichnung ***f*** • accelerogram [*A record made by an accelerograph*]

Beschleunigungsausschlag ***m*** [*Kreiselkompass*] • ballistic error

Beschleunigungsamplitude ***f*** [*Beschreibungsgröße z. B. einer harmonischen Schwingung*] • acceleration amplitude [*a characteristic value, such as for a harmonic vibration*]

Beschleunigungsaufzeichnung ***f*** [*Erdbebenmessung*] • acceleration record

Beschleunigungsmesser ***m*** • accelerometer

Beschleunigungsschreiber ***m*** • accelerograph

Beschleunigungsseismogramm ***n***, Beschleunigungs-Seismogramm *n* • acceleration seismogram, acceleration (earth)quake record

Beschleunigungs-Zeit-Funktion ***f*** [*Beschreibungsgröße z. B. einer harmonischen Schwingung*] • acceleration versus time function [*a characteristic value, such as for a harmonic vibration*]

Beschneideformat ***n***, Beschnittformat [*Kartografie*] • trim size

beschneiden [*Kartografie*] • to trim

Beschnittformat ***n***, Beschneideformat *n* [*Kartografie*] • trim size

Beschotterung ***f*** • ballasting

beschränkt ausgebildetete Rutschung ***f*** [*Definition lt. MLG*/Krauter: In einer* ***beschränkt*** *ausgebildeten Rutschung gibt es zwar einen Abriss, aber am Fuß der Rutschmasse ist eine Gleitfläche nicht ausgebildet.*] • confined landslide [*according to the MLG*/D.M.*

B

*Cruden: In a **confined** landslide there is a scarp but no rupture surface visible at the foot of the displaced mass.*]

beschränktes Becken ***n*** • barred basin, restricted basin, silled basin [*A depression in the ocean floor characterized by topographically restricted water circulation, often resulting in oxygen depletion*]

beschreibende Meteorologie ***f*** • descriptive meteorology, aerography

beschreibende Stratigrafie ***f*** ➋ Lithostratigrafie

beschwerte stützende Flüssigkeit ***f***, beschwerte Stützflüssigkeit [*Schlitzwandherstellung*] • filler(-type) (trench) slurry

Beschwerungsmittel ***n***, Beschwerungssubstanz *f* [*Bohrspülung*] • weight(ing) agent, weight(ing) material

Beschwerungsspat ***m*** [*Spülung in der Tiefbohrtechnik*] • weight(ing) spar

Beseitigung ***f*** • removal

Besenreis ***n***, Buschholz

besetzen, verdämmen • to tamp, to stem [*blasthole*]

Besetzen ***n*** • chipping [*The process of handsetting diamond fragments in a bit*]

besetzen der Ortsbrust • to load face holes with explosive

Besichtigungsgang ***m***, Beobachtungsgang, Kontrollgang, Inspektionsgang, Prüfgang [*"Stollen" kann synonym für "Gang" verwendet werden. Begehbarer Hohlraum in Staumauern und in Herdmauern von Staudämmen*] • inspection gallery, inspection drift, observation gallery, observation drift; inspection tunnel, observation tunnel (US); footway (Brit.)

Besiedlungsdichte ***f*** • habitation density

Besitzer ***m***, Mitbauender [*Bei einer Grube, wenn mehr als 8 Besitzer vorhanden sind und der Gesamtbesitz in 128 (nach anderen Gesetzgebungen etwas mehr oder weniger) Kuxen geteilt ist*] (⚒) • shareholder

Besodung ***f*** ➋ (Rasen)Sodenandeckung

beständige Förderung ***f***, stabilisierte Förderung [*Erdgas; Erdöl*] • settled production

Beständigkeitsprinzip ***n***, Kontinuitätsprinzip, Stetigkeitsprinzip [*Hydromechanik. Konstanz des Produktes aus Querschnitt(s)fläche und mittlerer Fließgeschwindigkeit einer unzusammendrückbaren Flüssigkeit innerhalb einer Stromröhre; Massenerhaltungssatz*] • continuity principle, principle of continuity

Bestand ***m*** • inventory

Bestand ***m*** [*im Sinn: vorhandenes Gebäude*] • existing structure

Bestand(s)aufnahme ***f*** • inventory

Bestand(s)karte ***f*** [*Die kartografische Darstellung eines bestehenden Zustandes*] • inventory map

Bestandteil ***m***, Glied *n* • constituent

beste lineare und erwartungstreue Abschätzung ***f*** [*Vorratsermitt(e)lung*] • best linear unbiased estimation

beste Teilbarkeit ***f*** • rift, direction of easiest parting, quartering way, first direction of breakability [*rock*]

bestechen des Gezimmers (⚒) • to sound the timberwork

bestecken [*Ein Gezäh mit einem Helm versehen*] • to helve a miner's tool

Besteg ***m, n***, Lettenschicht *f*, Zwischenmittel *n*, Lettenbesteg [*Die Kluft ist völlig ausgefüllt*] • selvage, pug, selvedge, coating, gouge, [*Ore deposit. A thin layer of soft, earthy fault-comminuted rock material along the wall of a vein or between the country rock and the vein, so named because a miner is able to "gouge" it out and thereby facilitate the mining of the ore itself*]

bester Schätzwert ***m*** • unbiased estimate

bester Zinnerzsand ***m*** • crop of tin, tin crop

bestes Erz ***n*** ➋ Scheid(e)erz

bestimmte Stellung ***f*** • specified position

Bestimmung ***f*** • determination

Bestimmung ***f*** **der Pixelwerte mit Hilfe rotierender Koordinatenachsen** [*digitale Bildverbesserung*] • main component enhancement, principal component enhancement

Bestimmung ***f*** **des Gesamtwassers**, Gesamtwasserbestimmung [*anorganische Mineralanalyse*] • determination of water, water determination

Bestimmung ***f*** **von Höhenunterschieden** • determination of differences in elevation

Bestimmungsmethode ***f***, Bestimmungsverfahren *n* • systematic analysis

Bestimmungsstrahl ***m*** • datum ray [*photogrammetry*]

bestocken [*Bäume anpflanzen*] • to timber

bestrahlt • irradiated

Bestrahlungsstärke ***f*** • irradiance

bestrichene Windbahn ***f*** ➋ Luvbreite

bestücktes Werkzeug ***n*** • tipped tool

Beta-Radioaktivität ***f*** • beta activity

Beton ***m*** **von fließfähiger Konsistenz** ➋ Weichbeton

Beton(ab)deckung ***f***, Betondeckwerk *n*, Betonfutter *n*, Betonauskleidung, Betonverkleidung, Betonbekleidung • concrete revetment, concrete chemise

Beton-Abfallboden ***m***, Beton-Sturzboden, Beton-Abfallpritsche *f*, Beton-Sturzpritsche, luftseitiger

B

Betonboden, Betonschürze *f,* unterwasserseitiger Betonboden • downstream concrete apron, air-side concrete apron, downstream concrete floor, downstream concrete bottom, air-side concrete floor, air-side concrete bottom, concrete downstream apron, concrete downstream floor, concrete downstream bottom, concrete air-side apron, concrete air-side floor, concrete air-side bottom [*A floor or lining of concrete to protect a surface such as the pavement below chutes, spillways, or at the toes of dams*]

Betonabzugkanal *m*, Betondurchlass

Betonausbau *m*, endgültige Betonsicherung *f,* konstruktive Betonsicherung, bleibende Betonsicherung, dauernde Betonsicherung [*Untertagebau*] • (permanent) concrete (ground) (support(ing)) system

Betonausgleich(s)schicht *f*, Betonausgleich(s)lage *f,* Betonsauberkeit(s)schicht, Betonsauberkeit(s)lage • concrete blinding, concrete mat(tress), layer of lean-mix blinding concrete, blinding (layer of) concrete [*A thin layer of lean concrete applied to a surface to fill voids and to provide a smoother, cleaner, drier, or more durable finish*]

Betonauskleidungsmauer *f* ➋ Betonfuttermauer

Betonbauteil *n* • concrete component

Betonbauwerk *n* • concrete structure

Betonbekleidung *f* ➋ Betondeckwerk

Betonbett(ung) *n, (f)* • concrete bedding [*Support in or on which pipe is laid*]

Betonblockstützwand *f* • concrete block retaining wall, concrete block bearing wall

Betonbogengewichts(stau)mauer *f*, Bogenbetongewichts(stau)mauer • concrete arch(ed) gravity dam, arch(ed) concrete gravity dam

Betonbogen(tal)sperre *f*, Bogenbeton(tal)sperre • concrete arch(ed) dam, arch(ed) concrete dam

Betonbohrinsel *f* • concrete-island drilling structure, concrete drilling island, CIDS

Betonbohrpfahlwand *f*, Bohrbetonpfahlwand • contiguous concrete bored pile wall, contiguous bored concrete pile wall [*"Neighbouring" (Brit.) and "neighboring" (US) may synonymously be used for "contiguous"*]

Betonbüchse *f* ➋ Zementierbüchse

Betoncaisson *m*, Betonsenkkasten *m,* Betonsenkhohlkörper *m,* Beton(hohl)senkkörper • concrete caisson, concrete foundation caisson [*See note under "caisson"*]

Betondachkappe *f*, Betonkappe, Betonfirst(en)kappe, Betondeckenkappe, Betonunterzug *m* [*Untertagebau*] • concrete roof bar, concrete top bar, concrete back bar, roof concrete bar, top concrete bar, back concrete bar

Betondamm *m* (⚒) • concrete wall, concrete dam, concrete pack

Beton(dauer)ausbau *m* [*Tunnel- und Stollenbau*] • concrete permanent (ground) support (system)

Betondecke *f* • concrete pavement

Betondeckenkappe *f* ➋ Betondachkappe

(Beton)Deckenplatte *f* [*unterirdischer Hohlraum*] • roof (concrete) slab, concrete roof slab

Betondeckung *f* • concrete cover

Betondeckwerk *n*, Beton(ab)deckung *f,* Betonfutter *n,* Betonauskleidung, Betonverkleidung, Betonbekleidung • concrete revetment, concrete chemise

Betondiamantbohren *n*, Diamantbetonbohren • concrete diamond drilling, concrete diamond boring

Beton-Doppelröhrentunnel *m*, Doppelröhren-Betontunnel • double tube concrete tunnel, dual tube concrete tunnel, twin tube concrete tunnel, two-tube concrete tunnel

Beton-Druckluft-(Senk)Kasten *m*, Beton-Pressluft-(Senk)Kasten, pneumatischer Beton(senk)kasten • (compressed-)air concrete caisson, pneumatic concrete caisson

Betondübel *m* • concrete dowel

Betoneinbaulast *f*, Betonierlast

Betoneinzelfundament *n*, Betoneinzelgründung *f* • concrete footing

Betonentwässerungsrohr *n*, Entwässerungsbetonrohr • drainage concrete pipe, concrete drainage pipe

Betonfangedamm *m* • concrete cofferdam

Betonfertighohlpfahl *m*, Hohlbetonfertigpfahl • hollow precast pile, precast hollow pile

Betonfertigteil . . ., Fertigteil . . .

(Beton)Fertigteil-Abwasserleitungsauskleidung *f*, Abwasserleitungsauskleidung aus (Beton)Fertigteilen • precast sewer lining, prefab(ricated) sewer lining

(Beton)Fertigteil-Bauwerk *n* • precast concrete structure, prefabricated concrete structure (*or* building)

(Beton)Fertig(teil)pfahl *m* • precast (concrete) pile, premoulded (concrete) pile; premolded (concrete) pile (US) [*1. Precast reinforced (concrete) pile. 2. Precast prestressed (concrete) pile*]

(Beton)Fertigteil-Segmentpfahl *m*, Segment-(Beton)Fertigteilpfahl • precast segmental (concrete) pile, segmental precast (concrete) pile

(Beton)Fertigtunnelteil *m, n* • tunnel section, concrete tunnel section, precast tunnel section

Betonfertigteilwand *f* • prefabricated concrete wall
Betonfirst(en)kappe *f* ➋ Betondachkappe
Betonflächengründung *f*, Betonplattengründung • concrete raft (foundation) (system), concrete (single) slab (foundation) (system), concrete mat (foundation) (system), concrete ground slab (system) [*See note under "foundation (system)"*]
Beton-Förderplattform *f*, Beton-Produktionsplattform, Förder-Betonplattform, Produktions-Betonplattform • concrete production platform, production concrete platform
Betonformstein(dauer)ausbau *m* [*Tunnel- und Stollenbau*] • concrete block permanent (ground) support (system)
Betonführungswand *f*, Betonleitwand [*Hochwasserüberfall*] • concrete training wall, concrete guide wall
Betonfundament *n*, Betongründung *f* • concrete foundation
Betonfundamentkörper *m* mit geschlossenem Querschnitt, Betongründungskörper *m* mit geschlossenem Querschnitt • concrete monolith [*See note under "monolith"*]
Betonfundamentplatte *f*, Betongrundplatte, Betongründungsplatte • concrete (foundation) raft, concrete (foundation) slab, concrete (foundation) mat(tress), concrete grade raft, concrete grade slab, concrete grade mat(tress)
Betonfußmauer *f* • concrete cutoff wall
Betonfutter *n* ➋ Betondeckwerk
Betonfuttermauer *f*, Betonverkleidungsmauer, Betonbekleidungsmauer, Betonauskleidungsmauer • concrete revetment wall, concrete chemise wall
betongefüllte Bohrpfahlstützwand *f*, Bohrpfahlstützwand mit Betonfüllung • contiguous bored pile retaining wall, interlock(ing) bored pile retaining wall [*Interlocking is done by drilling and concreting alternate piles, then using a chisel to drill in the space between these piles forming a deep groove in each of the latter. The drilled-out space is then filled with concrete to form the continuous wall*]
Betongelenk *n* [*z. B. bei einer Brücke*] • concrete hinge
Betongrundplatte *f*, Betonfundamentplatte *f*, Betongründungsplatte • concrete (foundation) raft, concrete (foundation) slab, concrete (foundation) mat(tress), concrete grade raft, concrete grade slab, concrete grade mat(tress)
Betongründung *f*, Betonfundament *n* • concrete foundation
Betongründungskörper *m* mit geschlossenem Querschnitt, Betonfundamentkörper mit geschlossenem Querschnitt • concrete monolith [*See note under "monolith"*]
Betongründungsplatte *f* ➋ Betonfundamentplatte
Beton-Grünschwelle *f* [*Hangfußsicherung*] • vegetated crib wall of prefabricated concrete
Beton-Hochwasserschutzwand *f* • concrete flood wall
(Beton)Hohlblockpackung *f* • (concrete) hollow block packing
Beton(hohl)senkkörper *m* ➋ Betonsenkkasten
Betonholm *m* [*oberer Abschluss einer Spundwand*] • concrete capping beam [*upper section of a sheet pile wall*]
Betonieren *n* im Schwimmzustand • concreting in floating condition
Betonieren *n* unter Wasser, Kontraktorverfahren *n* [*Kontext: im Kontraktorverfahren betonieren*] • tremie method, tremie contract method [*Context: to place concrete by tremie method*]
Betonierfuge *f* • concreting joint
Betoniergeschwindigkeit *f* • concreting speed, concrete placement rate, rate of placement of concrete
Betonierrohr *n* • tremie pipe
Betoniertakt *m* • concrete batch sequence
Betonkappe *f*, Betondachkappe, Betonfirst(en)-kappe, Betondeckenkappe, Betonunterzug *m* [*Untertagebau*] • concrete roof bar, concrete top bar, concrete back bar, roof concrete bar, top concrete bar, back concrete bar
Betonkasten *m*, Betonkiste *f* • crib(work), concrete-filled crib(work), cribbing, concrete-filled cribbing [*Large timber cells which are sunk full of concrete to make a bridge foundation*]
Betonkern *m*, massive Kernmauer *f* [*Staudamm*] • concrete core (wall)
Betonkern(stau)damm *m*, Kernmauer(stau)damm, Betonkern(tal)sperre *f*, Kernmauer(tal)sperre • concrete core (wall) (type) dam
Betonkiste *f*, Betonkasten *m* • crib(work), concrete-filled crib(work), cribbing, concrete-filled cribbing [*Large timber cells which are sunk full of concrete to make a bridge foundation*]
Betonleitwand *f*, Betonführungswand [*Hochwasserüberfall*] • concrete training wall, concrete guide wall
Betonlieferant *m* • concrete supplier
Betonlöffel *m* ➋ Zementierbüchse
Betonmischer *m* • concrete mixer
Betonmischung *f* • concrete mixture, concrete mix
Beton-Meer(es)bauwerk *n*, Beton-Seebauwerk • sea concrete structure, concrete sea structure, marine

concrete structure, submarine concrete structure, undersea concrete structure

Betonortwand ***f***, Ortbetonwand *f* • situ (concrete) well

Betonpfahl ***m*** • concrete pile; cement pile [*deprecated*]

Betonpfahl ***m*** **mit Fußverbreiterung**, Klumpfuß-Betonpfahl • belled (out) concrete pile

Betonpfahl ***m*** **mit Fußverbreiterung** ➋ Klumpfußpfahl

Betonpfahlbündelplatte ***f*** ➋ Betonpfahlkopfplatte

Betonpfahlfundament ***n***, Betonpfahlgründung *f* • concrete pile foundation

Betonpfahlfuß ***m***, Pfahl-Betonfuß • concrete pile base, concrete pile foot, concrete pile tip, concrete pile toe

Betonpfahl-Grundbauwerk ***n***, Betonpfahl-Gründungskörper *m* • concrete-piled foundation structure, concrete-piled foundation body

Betonpfahlgründung ***f***, Betonpfahlfundament *n* • concrete pile foundation

Betonpfahl-Gründungskörper ***m***, Betonpfahl-Grundbauwerk *n* • concrete-piled foundation structure, concrete-piled foundation body

Betonpfahlkopfplatte ***f***, Betonpfahlrostplatte, Betonpfahlbündelplatte • concrete pile cap

Betonpfahlrost ***m*** • concrete pile grillage, concrete pile grating, concrete pile grate

Betonpfahlrostplatte ***f***, Betonpfahlkopfplatte *f*, Betonpfahlbündelplatte • concrete pile cap

Betonpfahlschaft ***m***, Pfahlbetonschaft • pile concrete shaft, concrete pile shaft

Betonpfahlschuh ***m***, Pfahlbetonschuh • concrete pile shoe, pile concrete shoe

Betonpfahlsperre ***f***, Betonpfahlwand *f* • concrete pile barrier

Betonpfahlspitze ***f***, Pfahl-Betonspitze • concrete pile point

Betonpfahlwand ***f***, Betonpfahlsperre *f* • concrete pile barrier

Betonpfropfen ***m***, Betonplombe *f*, Betonstopfen • concrete plug

Betonplatte ***f*** • concrete slab

Betonplattendeckwerk ***n***, Betonplattenfutter *n*, Betonplatten(ab)deckung *f*, Betonplattenauskleidung, Betonplattenverkleidung, Betonplattenbekleidung • concrete slab revetment, concrete slab chemise

Betonplattengründung ***f***, Betonflächengründung • concrete raft (foundation) (system), concrete (single) slab (foundation) (system), concrete mat (foundation) (system), concrete ground slab (system) [*See note under "foundation (system)"*]

Betonplombe ***f***, Betonpfropfen *m*, Betonstopfen • concrete plug

B

Beton-Pressluft(senk)kasten ***m***, Beton-Druckluft-(senk)kasten, pneumatischer Beton(senk)kasten • (compressed-)air concrete caisson, pneumatic concrete caisson

Beton-Produktionsplattform ***f***, Beton-Förderplattform, Förder-Betonplattform, Produktions-Betonplattform • concrete production platform, production concrete platform

Betonpumpe ***f*** • concrete pump

Betonqualität ***f*** • concrete quality

Beton-Rechtecktunnel ***m***, Rechteck-Betontunnel • concrete rectangular tunnel, rectangular concrete tunnel

Beton-Rezeptur ***f*** • concrete mix formulation, concrete mix

Betonröhren-U-Bahntunnel ***m***, U-Bahntunnel aus Betonröhren • concrete pipe tube

Betonrohr-(Ab)Senktunnel ***m*** ➋ versenkter (Unterwasser)Betonrohrtunnel

Beton-Rohrpfahl ***m***, Rohr-Betonpfahl • concrete-filled pipe pile

Betonrüttelkörper ***m***, Betonrüttelsäule *f* [*Zur Übertragung senkrechter Lasten durch stark zusammendrückbare Schichten auf gut belastbarem Untergrund. Dabei wird über ein Betonrohr und eine Betonpumpe Beton zugegeben. Der umliegende Boden darf aber nicht zu weich sein.*] • vibro-concrete column, VCC, vibrated concrete pile, cast-in-situ displacement pile

Betonrüttelpfahl ***m***, Rüttelbetonpfahl, Vibrationsbetonpfahl, Vibrobetonpfahl • vibrated concrete pile, vibro-concrete fill

Betonrüttelsäule ***f*** ➋ Betonrüttelkörper

Betonsägetechnik ***f*** • concrete sawing technology

Betonsauberkeit(s)lage ***f*** ➋ Betonausgleich(s)schicht

Betonschacht ***m*** • concrete(-lined) shaft

Beton(schacht)kranz ***m*** • concrete (shaft) collar

Betonschale ***f*** [*Tunnelbetonschale*] • concrete shell

Betonscheider ***m***, Betonscheidewand *f* (⚒) • concrete bulkhead

Betonschleuse ***f*** [*Druckluftgründung*] • concrete lock

Betonschlitzwand ***f*** • concrete slurry (trench) wall

Betonschlitzwandelement ***n*** ➋ Einzelschlitzelement

Betonschotter ***m***, Betonschutt *m* • concrete rubble

Betonschürze ***f*** ➋ Beton-Abfallboden

B

Beton-(Schwer)Gewicht(s)(tal)sperre *f*, Beton-(Schwer)Gewicht(s)(stau)mauer *m*, Beton- (Schwer) Gewicht(s)sperrmauer • gravity (mass) concrete dam, mass concrete (gravity) dam, (concrete) gravity dam

Beton-Schwimm-Senkkasten *m* • concrete floating (box) caisson

Betonschwinden *n* • concrete shrinkage

Beton-Seebauwerk *n*, Beton-Meer(es)bauwerk • sea concrete structure, concrete sea structure, marine concrete structure, submarine concrete structure, undersea concrete structure

Betonsenkkasten *m*, Betoncaisson *m*, Betonsenkhohlkörper *m*, Beton(hohl)senkkörper • concrete foundation caisson, concrete caisson [*See note under "caisson"*]

Betonsperre *f* ➋ Beton(stau)mauer

Betonsperrmauer *f* ➋ Beton(stau)mauer

Betonsplit *m* ➋ Brechkies

Betonspund(wand)bohle *f* • concrete sheet pile

Betonstahl *m* • reinforcing steel

Beton(stau)mauer *f*, Staumauer, Talsperren(stau)-mauer, Sperrmauer, Betonsperrmauer, Betonsperre *f* • concrete dam

Betonstopfen *m* ➋ Betonpfropfen

Betonstreifengründung *f* [*Siehe Anmerkung unter "Streifengründung"*] • concrete wall footing, concrete strip footing, concrete continuous footing

Beton-Sturzboden *m*, Beton-Abfallboden *m*, Beton-Abfallpritsche *f*, Beton-Sturzpritsche, luftseitiger Betonboden, Betonschürze *f*, unterwasserseitiger Betonboden • downstream concrete apron, air-side concrete apron, downstream concrete floor, downstream concrete bottom, air-side concrete floor, air-side concrete bottom, concrete downstream apron, concrete downstream floor, concrete downstream bottom, concrete air-side apron, concrete air-side floor, concrete air-side bottom [*A floor or lining of concrete to protect a surface such as the pavement below chutes, spillways, or at the toes of dams*]

Betonstützwand *f* • concrete retaining wall, concrete bulkhead

Betontragpfahl *m* • concrete (load-)bearing pile, concrete load-carrying pile

Betontragteil *n* • concrete girder

Beton(tunnel)röhre *f*, Tunnelbetonröhre • concrete (tunnel) tube, tunnel concrete tube

Betonüberbau *m* • concrete superstructure

Betonufermauer *f* • concrete seawall [*See note under "seawall"*]

Betonulme *f* [*Tunnel- und Stollenbau*] • concrete side wall

Betonunterzug *m* ➋ Betonkappe

Betonverdichtung *f* • concrete compaction

Betonverdrängungspfahl *m* ➋ Ort(beton)Rammpfahl

Betonverflüssiger *m* • superplasticizer, plasticizer

Betonverkleidung *f*, Erdwandbetonverkleidung, Wandbetonverkleidung • concrete sheeting, concrete sheathing [*See note under* ➋ *Verkleidung*]

Betonverkleidung *f* ➋ Betondeckwerk

Betonverkleidungsmauer *f*, Betonfuttermauer, Betonbekleidungsmauer, Betonauskleidungsmauer • concrete revetment wall

Betonverpresspfahl *m* [*DIN 4128*] • concrete grouted pile, concrete injected pile

Betonverrohrung *f* [*Pfahl*] • concrete casing

Betonversatz *m*, zementverfestigter Versatz, Magerbetonversatz, zementstabilisierter Versatz (⚒) • cement-stabilized tailings, cemented hydraulic backfill

Betonversatz als Sturzversatz, Sturzbetonversatz *m* (⚒) • cemented rockfill

betonversiegelt • sealed with concrete

Betonwand *f* • concrete wall

Betonwanne *f* [*Bauwerk(ab)dichtung*] • concrete tanking

Betonwärmebehandlung *f*, Wärme(beton)-behandlung

Betonwellenbrecher *m* • concrete (wall) breakwater

Betonzugfestigkeit *f* • concrete tensile strength, concrete's tensile strength, tensile strength of concrete

Betonzusammensetzung *f* • concrete composition

Betonzusatzmittel *n*, Betonzusatz *m* • concrete admixture, admixture

Betonzuschlagstoff(e) *m (f)* • aggregate, aggregates [*such as sand, gravel, crushed stone*]

betrachten • to view

Betrachter *m* • viewer

Betrachtung *f* ➋ (Bild)Betrachtung

Betrachtungsgerät *n* ➋ (Bild)Betrachtungsgerät

Betrachtungsstellung *f*, Positivstellung • observing position, positive position [*photo(graph)*]

Betrag *m*, Absolutwert *m* • absolute value of a vector, magnitude of a vector

betreiben, führen (⚒) • to carry on the (mine) work(ings)

betreiben • to work, to operate [*e.g. a quarry, a tunnel*]

Betreiber *m* • operator

Betreibermodell ***n*** [*Finanzierung und Betrieb eines Bauprojekts werden für einen Zeitraum von ca. 30 Jahren auf Private übertragen*] • operator model
betreute Wohnanlage ***f*** • assisted living facility, assisted living home
Betrieb ***m*** • operation(s)
betriebliche Anforderung ***f***, Betriebsanforderung • operation(al) requirement
betriebliche Verhältnisse ***f*** **im Untertagebau** • underground practice in mining, underground mining practice
betriebliche Zwänge ***m(pl)*** • operational considerations
betriebliches Mächtigkeitsverhältnis ***n*** [*Tagebau*] • stripping ratio
Betriebsabteilung ***f*** • operation(al) department
Betriebsanforderung ***f***, betriebliche Anforderung *f* • operation(al) requirement
Betriebsart ***f*** ➋ Gang
Betriebsart ***f*** • operating mode
Betriebsauslass ***m***, Auslaufbauwerk *n*, Auslassbauwerk • reservoir outlet (works)
Betriebsdatenvisualisierung ***f*** • operating data visualisation
Betriebsdruck ***m***, gefahrener Druck • operating pressure
Betriebsentlastungsanlage ***f*** [*Talsperre*] • service spillway
Betriebsgelände ***n*** • company grounds, company property
betriebsgeologische Erkundung ***f***, Nacherkundung *f* • post-reconnaissance
Betriebsgewicht ***n*** [*z. B. eines Schiffes*] • operating weight
Betriebsgraben ***m*** • service trench
Betriebskompressor ***m*** • operational compressor
Betriebslogistik ***f*** • operation(al) logistics
Betriebsplanverfahren ***n*** [*Bundesberggesetz*] • plan of operations [*as required by German mining legislation*]
Betriebsschacht ***m*** [*Im Gegensatz zum Förderschacht*] (⚒) • operating shaft, service shaft
Betriebsschacht ***m*** • service shaft, operating shaft
Betriebsschwingungen ***f(pl)*** • operating vibrations
Betriebssicherheitsverordnung ***f*** (BetrSichV) [*Verordnung über Sicherheit u. Gesundheitsschutz bei der Bereitstellung von Arbeitsmitteln und deren Benutzung bei der Arbeit, über Sicherheit beim Betrieb überwachungsbedürftiger Anlagen und über die Organisation des betrieblichen Arbeitsschutzes*] • Occupational Safety Ordinance
Betriebssohle ***f*** (⚒) • active level
Betriebsstoffe ***m(pl)*** • working materials
Betriebsstollen ***m*** • operating gallery, service gallery; operating tunnel, service tunnel (US)
Betriebsstollen ***m***, Schieberstollen [*Talsperre*] • gate gallery; gate tunnel (US)
Betriebsstrecke ***f*** • operational track section; operating track section
Betriebstag ***m*** [*(Erd)Ölförderung*] • stream day
Betriebstunnel ***m*** • service tunnel, operating tunnel
Betriebstunnel ***m*** **unter dem Meer**, Betriebstunnel unter der See • sea service tunnel, marine service tunnel, undersea service tunnel, subsea service tunnel, submarine service tunnel
betriebsunfähige Bohrung ***f***, betriebsunfähiges Bohrloch *n* • junked well [*A well abandoned as a result of loss or failure of downhole equipment which cannot be retrieved by fishing, or repair*]
Betrieb(s)wasser ***n***, Aufschlag(s)wasser
Betriebswasser ***n*** ➋ Druckwasser
Betriebswasser ***n*** [*z. B. in einem Pumpspeicherkraftwrk*] • operating water [*e.g. in a pump storage power station*]
Betriebswasserleitung ***f*** ➋ Druckleitung
Betriebswasserrohr ***n*** ➋ Druck(wasser)rohr
Betriebswasserschacht ***m*** ➋ Wasserkraftschacht
Betriebswasserspiegel ***m*** • dynamic water level, operating water level
Betriebswasserstollen ***m*** ➋ Triebwasserstollen
Betriebsweg ***m*** [*Arbeitsrecht: der Weg vom Werkstor bis zum Arbeitsplatz*] • way to work
Betriebswehr ***n***, Wehr *n*, Sperrwehr, Stauwehr; Wuhr *n* [*Schweiz*] • weir; dam (US) [*A structure across a stream or river over which the water flows. It is built to raise the upstream water level. If it is built to measure the flow it is called "weir" in the USA and "measuring weir" in Great Britain*]
Bett ***n***, Ablagerung *f* • bed [*A detrital or sedimentary superficial deposit*]
Bett ***n***, Gewässerbett • channel, runway, trough
Bett ***n*** ➋ Bett(ung)
Bettabfluss ***m*** • channel runoff
Bettablagerung ***f*** • channel deposit
Bettabtrag(ung) ***m*** ➋ Betterosion
Bettanpassung ***f*** • channel adjustment [*For instance, above and below a dam*]
Bettanwuchs ***m***, Bettauffüllung *f*, Bettauflandung, Bettverlandung, Bettaufhöhung, Bettanschwemmung, Bettaufschwemmung, Bettanlandung, Bettaggradation *f* • channel accretion, channel aggradation, channel

alluviation, channel upbuilding, channel sediment deposition, channel upgrading, channel aggrading, channel building up [*The gradually building up of a bed or bank(s) of a watercourse as a result of sediment deposition*]

Bett(auf)füllung ***f*** • channel fill(ing) deposit [*An alluvial deposit in a stream or river channel, especially one in an abandoned cutoff channel or where the transporting capacity of the water is insufficient to remove material supplied to the channel*]

Bettausbau ***m*** • channel improvement, channel development

Bettaushub ***m*** [*Fluss; Strom; Kanal*] • channel excavation, channel digging

Bettauskleidung ***f***, Bettverkleidung, Bettbekleidung [*Fluss; Strom; Kanal*] • channel revetment, channel lining, channel facing

Bettausnagung ***f***, Betterosion *f*, Bettabtrag(ung) *m, (f)* • channel erosion, concentrated wash [*Erosion in which material is removed by water flowing in well-defined courses; erosion caused by channel flow*]

Bettbarre ***f***, Bettbank • channel bar [*It is located in the stream or river course*]

Bettbegradigung ***f*** • channel rectification

Bettbeständigkeit ***f*** • channel stability

Bettbildung ***f*** • channel formation

Bettdurchbrechen ***n***, Bettdurchstechen • channel cutting

Bettdurchbruch ***m***, Bettdurchstich *m* • channel cut

Bettdurchflussberechnung ***f*** • channel routing

Bettdurchlassfähigkeit ***f***, Bettdurchlassvermögen *n* • channel conveyance

Bettdurchstechen ***n***, Bettdurchbrechen *n* • channel cutting

Bettdurchstich ***m***, Bettdurchbruch *m* • channel cut

Betteinschränkung ***f*** • channel constriction

Bettenge ***f***, Engbett *n* [*Strom; Fluss*] • narrow channel

Betterosion ***f***, Bettausnagung, Bettabtrag(ung) *m, (f)* • channel erosion, concentrated wash [*Erosion in which material is removed by water flowing in well-defined courses; erosion caused by channel flow*]

Betterweiterung ***f***, Bettvergrößerung [*Fluss; Strom; Kanal*] • channel enlargement

Bettform ***f***, Bettgestalt *f* • channel shape, channel form

Bettfüllungszahl ***f*** • (water-)stage fluctuation in percent of the total stage range

Bettgefälle ***n*** [*Wasserlauf*] • channel slope

Bettgeometrie ***f*** • channel geometry

Bett(ge)rinne ***f, (n)*** [*Wasserlauf*] • gutter, channel gutter [*The lowest portion of a channel containing an alluvial deposit and usually the zone of maximum enrichment*]

Bettgestalt ***f***, Bettform *f* • channel shape, channel form

Bettgestaltung ***f*** • channel configuration

Betthydraulik ***f*** [*Fluss; Strom; Kanal*] • channel hydraulics

Bettprofil ***n*** • channel profile

Bettquerschnitt ***m*** • channel cross-section

Bettrauh(ig)keit ***f*** • channel roughness, channel rugosity

Bettreibung ***f*** [*Fluss; Strom; Kanal*] • channel friction

Bettreibungsmessung ***f*** • channel control [*A stream-ga(u)ging or river-ga(u)ging control which depends mainly on channel friction*]

Bettsand(stein) ***m*** • channel sand(stone) [*Sand or sandstone deposited in a stream or river bed eroded into the underlying ground. If exposed, such sands may contain valuable minerals (such as gold); if buried, they may contain oil or gas*]

Bettschale ***f*** ➋ Bettverkleidung

Bettsohle ***f***, Sohle, Gewässer(bett)sohle [*Unterer Teil des Gewässerbetts*] • bed, bottom, floor, channel bed, channel bottom, channel floor [*Of any body of water*]

Bettspeicherung ***f*** [*Fluss; Strom*]; Kanal • channel storage

Bettstrecke ***f*** • channel reach, channel stretch

Bettströmung ***f*** [*Fluss; Strom; Kanal*] • channel flow

Bett-Tiefe ***f*** • channel depth

Bettufer ***n*** [*Wasserlauf*] • channel bank

Bettumtrassierung ***f*** • channel recrouting

Bett(ung) ***n, (f)*** • bed, bedding [*Ground or support on which something, e.g. a pipe in a trench or ditch is laid*]

Bett(ung) ***n, (f)*** **aus körnigem Material**, körnige Bettung, körniges Bett • granular bed(ding), granular blanket, bed(ding) of granular material, blanket of granular material, granular carpet

Bett(ungs)boden ***m***, Bett(ungs)erde *f* • bed(ding) soil, bed(ding) earth

Bettungsmodul ***m;*** Bettungsziffer *f* [*frühere Benennung*] • coefficients of (sub)grade reaction, coefficient of base grade reaction, (sub)grade reaction coefficient, modulus of (sub)grade reaction, subgrade modulus, base grade reaction coefficient (US); coefficient of formation reaction, formation reaction coefficient (Brit.) [*An experimentally determined ratio*

between the vertical (sub)grade reaction and the deflection at a point on the contact surface]
Bettungsmodultheorie *f* • subgrade reaction theory, subgrade modulus theory
Bettungsmodulverfahren *n* • subgrade reaction method, subgrade reaction approach, subgrade modulus method
Bettungsmodulverlauf *m* • subgrade reaction distribution, subgrade modulus distribution
Bettungsspannung *f* • subgrade stress
Bettvergrößerung *f*, Betterweiterung [*Fluss; Strom; Kanal*] • channel enlargement
Bettverkleidung *f*, Bettauskleidung, Bettbekleidung, Bettschale [*Fluss; Strom; Kanal*] • channel lining, channel facing
Bettverlandung *f* ➋ Bettanwuchs
Bettwanderung *f* • channel migration
Beugung *f* • diffraction
Beugungsbild *n* • diffraction pattern
Beugungsgitter *n* • diffraction grating [*An optical device for analyzing a light beam or electromagnetic wave into constituent wavelengths*]
Beugungssprenkelung *f* • diffraction mottling [*A diffuse diffraction pattern on a radiograph as a result of X-raying thin crystalline sections*]
Beugungswelle *f*, gebeugte Welle • diffracted wave
Beule *f* [*Aufgewölbtes Schichtgestein, das am Beulenrand ausgedünnt und zum Teil flexurartig aufgerichtet ist*] • uplift
Beule *f* • bending fold
Beule *f* ➋ verdeckter Hügel
Beulen *n*, Beulung *f* • fold bending
Beulen *n*, Knicken *n* [*Geotechnischer Sprachgebrauch für Massebewegungen: Parallel zur Oberfläche einer Steilböschung plattenartiges Aufbrechen; Kopfrotation im unteren, Fußrotation im oberen Teil; Gehört nach dem MLG* zum Bewegungstyp ‚Kippen'.*] • warping, buckling [*'Toppling' is the generic term for this type of mass movement according to the Multilingual Landslide Glossary. slab-shaped breaking up parallel to the surface of a steep slope: head rotation in the lower part and foot rotation in the upper part.*]
beulenförmig auftreiben, beulenförmig heben • to dome up [*e.g. the Black Hills in South Dakota*]
beulenförmige Auftreibung *f*, beulenförmige Hebung • domical uplift
Beulung *f*, Beulen *n* • fold bending
beurteilen [*des Baugrunds*] • to appraise [*the subsoil*]
Beurteilung betonangreifender Wässer, Böden und Gase (DIN 4030) • Assessment of water, soil and gases for their aggressiveness to concrete (DIN 4030)
Beurteilungsgröße *f* • assessment criterion
bevorstehendes Versagen *n* [*eines geotechnischen Systems*] • impending failure [*of a geotechnical structure*]
bevorstehender Zusammenbruch *m* [*eines geotechnischen Systems*] • impending collapse [*of a geotechnical structure*]
bewachsen, bedeckt mit Bewuchs, bepflanzt • vegetal, crop(s)-covered, vegetated, plant(cover)ed
bewachsene Fläche *f* • planted area
bewachsener See *m* • weed-choked lake
Bewachsung *f* ➋ (Boden)Bewachsung
bewaldeter Sandrücken *m* ➋ Sandrücken mit Waldbestand
bewaldetes Gebirgstal *n* • wooded mountain valley
bewaldetes Tal *n* • wooded valley
Bewaldung *f*, Walddecke *f*, Waldbewuchs *m* • forest cover, forest vegetation
Bewältigung *f* von Steinen und Fremdkörpern [*Bodenförderung/Schildvortriebstechnik*] • mastering boulders and other obstacles
bewässerbar • irrigable
Bewässerbarkeit *f* • irrigability
bewässern • to water, to irrigate
Bewässerung *f* ➋ (Boden)Bewässerung
Bewässerung *f* mit Grundwasser, Grundwasserbewässerung [*Durch Brunnen*] • groundwater irrigation
Bewässerung *f* während der Wachstumsruhe • dormant-season irrigation
Bewässerung *f* mit Abwasser, Abwasserbewässerung *f*, Oberflächenberieselung mit Abwasser • sewage irrigation, land treatment; broad irrigation (US)
Bewässerungsabgabe *f* • duty of (irrigation) water, duty, (irrigation) water duty, irrigation (water) requirement [*The quantity of irrigation water applied to a given area for the purpose of maturing its crop. The terms "duty of (irrigation) water" and "consumptive use" are used interchangeably. If all the water applied to the irrigated area is consumed, then the duty of water will be equal to the consumptive use, but there is usually considerable waste of water incident to applying it to the land, so the terms may not be synonymous*]
(Bewässerungs)Ableiter *m* • waste ditch

B

Bewässerungsabteilung ***f*** • bay, irrigation bay [*The area of ground between adjacent contour ditches, contour banks, border checks, or border ditches*]

Bewässerungsagronom ***m*** • irrigation agronomist

Bewässerungsanlage ***f*** • irrigation facility, irrigation system

Bewässerungsauslass ***m*** • (irrigation) bay outlet, (irrigation) bay stop, ditch outlet, ditch stop, irrigation outlet

Bewässerungsbauwerk ***n*** • irrigation structure

Bewässerungsbrunnen ***m*** • irrigation well

Bewässerungsdüker ***m*** • irrigation (inverted) syphon, irrigation dive culvert, irrigation sag pipe

Bewässerungsfeld ***n*** • irrigated field

Bewässerungsfläche ***f*** • irrigation area

Bewässerungsfurche ***f***, Rieselfurche • irrigation furrow

Bewässerungsgebiet ***n*** • irrigation zone

Bewässerungs(ge)rinne ***f, (n)*** • irrigation channel

Bewässerungsgraben ***m*** [*U-Graben*] • irrigation trench

Bewässerungsgraben ***m*** [*V-Graben*] • irrigation ditch

Bewässerungshauptkanal ***m***, Hauptbewässerungskanal • main (irrigation) canal, feed canal, storage canal, principal (irrigation) canal [*It conveys water from a storage reservoir or point of diversion to laterals for branch canals or to a group of irrigated farms*]

Bewässerungskanal ***m*** • irrigation canal

Bewässerungskanalbauwerk ***n*** • irrigation canal structure

Bewässerungskanone ***f*** • irrigation gun

Bewässerungs-Keramikdocht ***n***, Keramikdocht zur Bewässerung • water wick

Bewässerungsland ***n*** • irrigation land

Bewässerungslandwirtschaft ***f*** • irrigation agriculture

Bewässerungsleitung ***f*** • irrigation conduit

Bewässerungsnebenkanal ***m***, Bewässerungsseitenkanal • irrigation lateral (canal)

Bewässerungsplan ***m*** • irrigation layout (plan) [*A scale drawing showing the entire arrangement for the irrigation of a farm; it may show quantity of water used or required, ground slopes, elevations at key points, etc.*]

Bewässerungsprobe ***f***, Bewässerungsprüfung *f*, Bewässerungsversuch *m* • irrigation test

Bewässerungspumpstation ***f***, Bewässerungspumpwerk *n* • irrigation pumping station

Bewässerungsregner ***m*** ➜ Wassersprenger

Bewässerungsrichtung ***f*** • direction of irrigation, irrigation direction

Bewässerungsrohr ***n*** • irrigation pipe

Bewässerungs(rohr)leitung ***f*** • irrigation (pipe)line

Bewässerungsschleuse ***f*** • drowning sluice, irrigation sluice

Bewässerungsseitenkanal ***m***, Bewässerungsnebenkanal *m* • irrigation lateral (canal)

Bewässerungsspeicher(becken) ***m, (n)*** • irrigation pool

Bewässerungsspeicherung ***f*** • irrigation storage

Bewässerungsstärke ***f*** • irrigation intensity

Bewässerungssteuerung ***f*** • irrigation control

Bewässerungsstollen ***m*** • irrigation gallery; irrigation tunnel (US)

Bewässerungsstreifen ***m*** • (irrigation) strip [*A long rectangular area of land in an irrigated field or orchard having a definite slope and bounded by ridges or borders to retain the irrigation water*]

Bewässerungs(tal)sperre ***f*** • irrigation dam, farm dam

Bewässerungstechnik ***f*** • irrigation engineering

Bewässerungsteilnehmer ***m*** • irrigator

Bewässerungsterrasse ***f*** • irrigation terrace

Bewässerungsverband ***m*** • irrigation district [*An organization operating under legal regulations for financing, constructing, and operating an irrigation system*]

Bewässerungsverlustwasser ***n*** [*Derjenige Teil der Bewässerungswassermenge oder des Regens, der am unteren Ende des Feldes als Verlust abfließt*] • surface runoff

Bewässerungsversuch ***m*** ➜ Bewässerungsprobe

Bewässerungsvogt ***m*** • water-bailiff; ditch rider (US) [*An officer who controls and regulates water within a section of an irrigation area*]

Bewässerungswasser ***n***, Wässerwasser • irrigation water [*The quantity of water artificially applied in the process of irrigation. It does not include precipitation*]

Bewässerungswasserentnahme ***f*** • irrigation (water)withdrawal

Bewässerungswassermenge ***f*** • irrigation head, irrigating head, irrigation flow [*1. The flow of water required or available for irrigation. 2. The flow of water rotated among a group of irrigators. 3. The flow of water in a single farm lateral or distributed at a single irrigation*]

Bewässerungswassermenge ***f*** **von 102,7 m^3 pro Tag oder 1,189 l/s** • acre-inch per day, acre-in.

per day [*It is equal to a flow which will cover 1 acre to a depth of 1 in. in a 24-hr period, or 0.042 cfs*]

Bewässerungswasser-Schuss(ge)rinne *f, (n)* • irrigation water chute

Bewässerungswasserverlust *m* • operation waste, irrigation water loss [*Water lost from an irrigation system*]

Bewässerungswehr *n*, Wässerwehr [*Wehr in einem Wasserlauf, das der Entnahme von Wässerwasser dient*] • irrigation weir; irrigation dam (US)

Bewässerungswesen *n* • irrigation practice

Bewässerungswiese *f*, Rieselwiese • irrigation meadow

Bewässerungswirkungsgrad *m* • irrigation efficiency, distribution efficiency [*The percentage of the total inflow into the channel system that is recorded as deliveries to the farms or fields*]

bewegliche Arbeitskammer *f*, Tauch(er)glocke *f*, bewegliche Druckluftkammer, wiedergewonnene Arbeitskammer, wiedergewonnene Druckluftkammer • diver's bell, diving bell

bewegliche Sohle *f*, Wandersohle [*Wasserlauf*] • mov(e)able bed, moving bed, shifting bed, mobile bed [*It consists of readily transportable materials*]

bewegte Moräne *f*, Wandermoräne • migratory moraine

bewegter See *m* ➋ Waffel

Bewegungsablauf *m* [*von Massenverlagerungen*] • kinematics [*of mass movements*], sequence of movements

Bewegungsbahn *f* [*einer Rutschmasse*] • movement path

Bewegungs-Differentialgleichung *f* • differential equation of motion

Bewegungsebene *f* • movement plane

Bewegungsfreiheit *f* • kinematic freedom

Bewegungsgebiet *n* • displacement area

Bewegungsgleichung *f* • equation of motion

Bewegungsmarke *f* ➋ Bewegungspunkt

Bewegungsmessung *f* • movement measurement, displacement measurement

Bewegungsmechanismus *m* • displacement mechanism

Bewegungsmonitoring *n* [*beim unterirdischen Bauen*] • movement monitoring [*in underground construction*]

Bewegungspunkt *m*, Bewegungsstation *f*, Bewegungsmarke *f* • movement point, movement station, movement mark

Bewegungsspur *f* • ichn(ol)ite, fossil footprint, fossil track, fossil footpath

Bewegungsstation *f*, Bewegungspunkt *m*, Bewegungsmarke *f* • movement point, movement station, movement mark

Bewegungszone *f* • movement zone

Bewehren *n* ➋ Bewehrung

bewehrte Bodenwand, bewehrte Erdwand *f*, armierte Erdwand, armierte Bodenwand, verstärkte Erdwand, verstärkte Bodenwand • reinforced earth wall, reinforced soil wall

bewehrte Erde *f*, armierte Erde, bewehrter Boden *m*, armierter Boden, verstärkte Erde, verstärkter Boden • reinforced soil, reinforced earth

bewehrte Spritzbetonschale *f* • reinforced shotcrete shell, reinforced shotcrete lining

bewehrte Streifengründung *m* ➋ Stahlbeton-Streifenfundament mit Hauptbewehrung in Querrichtung

bewehrter Beton *m*, Stahlbeton • reinforced concrete

bewehrtes Erdbauwerk *n*, verstärktes Erdbauwerk, armiertes Erdbauwerk • reinforced earth structure, reinforced soil structure [*A single, coherent gravity mass that can be engineered for a variety of load requirements*]

bewehrtes Gras *n*, verstärktes Gras • reinforced grass [*Grass grown through gaps between interlocking precast concrete slabs*]

Bewehrung *f*, Armierung *f* [*Stahleinlagen in Mauerwerk und Beton*] • reinforcement

Bewehrungsanschluss *m* • reinforcement connection

Bewehrungsbügel *m*, Bügel *m* [*für die Bewehrung*] • reinforcement stirrup, stirrup

Bewehrungsführung *f* • reinforcement pattern, pattern of reinforcement

Bewehrungsgehalt *m* • reinforcement content

Bewehrungskorb *m* • reinforcement cage

Bewehrungslage *f* aus Geokunstoffen • geofabric reinforcement

Bewehrungsmatte *f* • reinforcement mat

Bewehrungsstabmuffe *f*, Armierungsstabmuffe • (rebar) lap splice

Bewehrungsverteilung *f* • arrangement of (reinforcement) bars

Beweissicherung *f*, (vorsorgliche) Beweisaufnahme *f* • perpetuating testimony [*The taking of testimony in order to preserve it for future use, as where it is in danger of being lost before the matter to which it relates can be made the subject of judicial investigation*]

Bewertung *f* der Ergebnisse, Begutachtung der Ergebnisse [*z. B. der Ergebnisse einer Aufschlussbohrung*] • information assessment, information evaluation

Bewetterung *f* [*z. B. beim Tunnelbau*] • ventilation [*such as in tunnelling*]

Bewetterung *f* (der Grubenbaue), Wetterversorgung, Wetter(führ)ung, Wetterlösung, Grubenbewetterung, Bergwerkbewetterung, Bewettern *n*, Wetterwirtschaft *f* • mine ventilation, mine aeration

Bewetterungs- und Fahrtrum(m) *n*, *(m)* ➔ Wetter- und Fahrtrum

Bewetterungsabteilung *f*, Wetterabteilung (⚒) • ventilating district, air district

Bewetterungsanlage *f* • mine ventilation system, mine ventilation plant, mine ventilation installation, mine aeration system, mine aeration plant, mine aeration installation

Bewetterungsaufbruch *m*, Wetteraufbruch (⚒) • ventilation raise, air raise; ventilation rise, air rise (Brit.)

Bewetterungsbläser *m*, Wetterbläser [*Er bläst Luft in die Grubenbaue*] • mine (air) blower, air machine

Bewetterungsblende *f* ➔ Wetterscheider

Bewetterungsbohrloch *n* ➔ Wetterbohrung

Bewetterungsbrücke *f*, Wetterbrücke (⚒) • ventilation bridge, air bridge, overcast

Bewetterungsdamm *m*, Wetterdamm (⚒) • ventilation wall, ventilation dam, air dam, air wall, ventilation barrage, air barrage

Bewetterungsdrosseltür *f*, Wetterdrosseltür *f* (⚒) • ventilation regulator, air regulator [*An adjustable door installed in permanent air stoppings to control ventilating current*]

Bewetterungsdurchbruch *m*, Wetterdurchbruch (⚒) • ventilation breakthrough, air breakthrough

Bewetterungsgardine *f* (⚒) ➔ Wettergardine

Bewetterungsingenieur *m*, Wetteringenieur (⚒) • ventilation engineer, air engineer

Bewetterungsknoten *m*, Wetterknoten (⚒) • ventilation node, air node

Bewetterungskreislauf *m*, Wetterkreislauf (⚒) • ventilation circuit, air circuit

Bewetterungskreuzung *f*, Wetterkreuzung (⚒) • ventilation crossing, air crossing

Bewetterungskühler *m*, Bewetterungskühlmaschine, Wetterkühlmaschine *f*, Wetterkühler [*Kältemaschine zur Kühlung der Grubenwetter*] • mine (air) cooler, air cooler (for mines), air cooling machine

Bewetterungsloch *n*, Wetterloch (⚒) • ventilation slit, air slit, bolt hole, cross hole

Bewetterungslutte *f*, (Wetter)Lutte, (Wetter)Lotte, Bewetterungslotte, Büze *f* (⚒) • ventilation pipe, air pipe, fang, ventilation conduit, air conduit, spout

Bewetterungsluttenband, (Wetter)Luttenband *n* (⚒) • ventilation pipe bandage, air pipe bandage

Bewehrungsmatte *f* • reinforcement mat, reinforcing mat

Bewetterungsnot *f*, Wetternot (⚒) • want of good air

Bewetterungsofen *m* (⚒) ➔ Wetterofen

Bewetterungsquerschnittfläche *f*, Wetterquerschnittfläche (⚒) • ventilation area, air area

Bewetterungsriss *m*, Wetterriss, Wetterstammbaum *m*, Bewetterungsstammbaum (⚒) • ventilation plan, air plan

Bewetterungsrost *m*, Wetterrost (⚒) • ventilation grillage, air grillage

Bewetterungssauger *m*, Wettersauger [*Er saugt Luft aus den Grubenbauen*] • mine (air) extractor, air machine

Bewetterungsschacht *m*, Wetterschacht (⚒) • ventilation pit, air pit, air shaft, air stack, air well, ventilation shaft, ventilation stack, ventilation well, bypass shaft, bypass pit, bypass stack, bypass well

Bewetterungsscheider *m* ➔ Wetterscheider

Bewetterungsschieber *m*, Wetterschieber (⚒) • ventilation shutter, air shutter

Bewetterungsschlauch *m*, Wetterschlauch (⚒) • ventilation hose, air hose

Bewetterungsschleuse *f*, Wetterschleuse (⚒) • ventilation lock, air lock

Bewetterungssohle *f* ➔ Wetterstollen

Bewetterungsstammbaum *m* ➔ Wetterriss

Bewetterungsstollen *m* ➔ Wetterstollen

Bewetterungsstrecke *f* ➔ Wetterstollen

Bewetterungstechnik *f*, Wettertechnik (⚒) • ventilation engineering, air engineering

Bewetterungsteilstrom *m* ➔ Wetterteilstrom

Bewetterungsteilung *f*, Wetterteilung (⚒) • ventilation split, (air) split

Bewetterungstuch *n* (⚒) ➔ Wettergardine

Bewetterungsüberwachung *f*, Wetterüberwachung • mine air monitoring

Bewetterungsverschlag *m* ➔ Wetterscheider

Bewetterungsweg *m* ➔ Wetterstollen

Bewilligung *f* von Wasserentnahmerechten über die durchschnittlichen Abflussmengen hinaus • over-adjudication of water priorities

Bewitterungsmesser *m* • weatherometer

bewölkt, bedeckt, wolkig, getrübt, trübe • clouded, cloudy [*gem(stone)*]

Bewölkung ***f*** ➋ Trübe
bewohnbarer Stützpunkt ***m*** [*Forschungsplattform*] • habitable supply point
bewohnte Erde ***f***, Ökumene *f* [*Wüsten, Moore, Hochgebirge und Polarländer sind anökumenische Räume*] • ecumene [*That part of the Earth that is permanently inhabited*]
Bewuchs ***m*** ➋ Bodenbewuchs
bewurzelte Gehölzpflanzen ***f(pl)*** • rooted scrubs
Bezahlung ***f*** **der Arbeiter mit Waren**, Deputat *n* (⚒) • truck system
Beziehung ***f*** **vom Typ 1:M** [*Geoinformationssystem; Landinformationssystem. Beziehung zwischen Datengruppen, die einer Realisierung der ersten Datengruppe keine, eine oder mehrere Realisierungen der zweiten Datengruppe zuordnet*] • one to many
Beziehung ***f*** **vom Typ 1:1** [*Geoinformationssystem; Landinformationssystem. Beziehung zwischen Datengruppen, die in beiden Richtungen eindeutig ist*] • one to one
Beziehung ***f*** **vom Typ M:N** [*Geoinformationssystem; Landinformationssystem. Beziehung zwischen Datengruppen, die in keiner Richtung eindeutig ist*] • many to many
Bezifferung ***f*** • numbering
bezogene Lagerungsdichte (I_D) ***f*** [*des Bodens*] • relative density (I_D)
bezüglich Erde und Mond • geoselenic [*Relating to the Earth and the Moon*]
Bezugsdruck ***m*** • reference pressure
Bezugsebene ***f***, Höhenebene [*Des Bildmittelpunktes im Stereopaar. Symbol: ho*] • datum (plane), datum surface
Bezugsfläche ***f*** • reference surface [*It is used in seismics to minimize or eliminate local topographic and near-surface effects. Seismic times and velocity determinations are adjusted to the datum plane as if source and seismometers had been located on this plane and as if no low-velocity layer existed*]
Bezugsflächenhöhe ***f***, Bezugsflächenniveau *n*, Bezugsflächenkote *f* • reference surface level
Bezugshalbzelle ***f*** • reference half cell [*electrical potential measurement*]
Bezugshorizont ***m*** • datum, datum horizon, contour horizon, structural datum [*A geologic(al) horizon used as a reference plane for the position of rock strata or for the comparative measurement of the strata thickness*]
Bezugshorizont ***m*** • reference horizon [*In surveying, one of several lines or planes used as reference for observation and measurement relative to a given location on the Earth's surface and referred generally to a horizontal direction; especially apparent horizon. The term is also frequently applied to celestial horizon, actual horizon, and artificial horizon*]
Bezugskopf ***m*** • reference head
Bezugskurve ***f*** • reference curve
Bezugslinie ***f*** • reference line [*A line that serves as a reference or base for the measurement of other quantities, e.g. a datum line*]
Bezugsort ***m*** [*Ort, für den in den Gezeitentafeln ausführlich berechnete Eintrittszeiten und Höhen der Hoch- und Niedrigwasser angegeben sind*] • standard port (Brit.); reference station (US)
Bezugspegel ***m*** • reference gage (US); reference gauge
Bezugspfahl ***m*** • reference pillar [*A permanent plate is attached to the top of it and is capable of accommodating a wide range of standard instruments including theodolites, EDM equipment, lasers, targets and optical plummets*]
Bezugspunkt ***m*** • reference point [*An assumed or fixed point used as a reference from which calculations or measurements may be taken*]
Bezugspunktsystem ***n*** • reference point system [*A network of reference points*]
Bezugsschnur ***f***, Schnur [*Verwerfung*] • string line, string cord
Bezugssystem ***n*** **zur Vertikalen**, Bezugssystem zur Senkrechten • vertical reference unit, VRU
Bezugswert ***m*** • datum, reference, base [*In surveying, any numerical or geometric(al) quantity or value that serves as a base for other quantities or values*]
BGB (Bürgerliches Gesetzbuch) [*in Germany*] • Code of Civil Law, German Civil Code
B-Horizont ***m***, Anreicherungshorizont, Einwaschungshorizont, Anreicherungsschicht *f*, Illuvialhorizont, Einschwemmungshorizont, Unterboden *m*, Illuviationszone *f*, Unterkrume *f* • B-horizon, zone of concentration, zone of illuviation, concentration zone, illuviation zone, zone of accumulation, accumulation zone, horizon B, subsoil, illuvial horizon
biaxialer Neigungssensor ***m*** • biaxial inclinometer
Biaxialverformung ***f*** • biaxial deformation
Biaxialversuch ***f*** • biaxial test
Bibliolith ***m***, versteinerte Handschrift *f* • bibliolite
Bickfordsche (Guttapercha)Zündschnur ***f*** ➋ (Pulver)Zündschnur
Bieberit ***m***, Kobaltvitriol *n*, $CO[SO_4].7H_2O$ • cobalt vitriol, bieberite, red vitriol [*A fleshred to rose-red mineral occurring especially in crusts and stalactites*]
Biegebemessung ***f*** • bending design

Biegebewehrung ***f*** • bending reinforcement, reinforcement against bending

B

Biegebruch ***m*** • bending failure

Biegefalte ***f*** • flexural fold, flexure fold

Biegefaltung ***f*** • flexural folding, flexure folding [*It occurs in response to a (vertical) bending movement*]

Biegefestigkeit ***f*** • resistance to bending

Biegefließfalte ***f*** • flexural flow fold, flexure flow fold

Biegegleiten ***n*** • flexural gliding [*Slip on planes that are being bent about an axis. Usually applied to slip on an atomic scale, but may also refer to slip on bedding or other planes during flexural slip folding*]

Biegegleitfalte ***f*** • flexural slip fold, flexure slip fold, bed(ding) slip fold

Biegegleitfaltung, Schichtgleitfaltung *f*, Gleitbiegefaltung [*Die letzte Benennung gibt die Beziehung zwischen Gleiten und Biegen in der richtigen Reihenfolge an*] • bed(ding) slip folding, flexural slip folding, flexure slip folding

Biegelinie ***f*** • bending line

Biegemomentenverteilung ***f*** • bending moment distribution

Biegepfahl ***m*** • pile capable of resisting bending

biegesteife Pfahlkopfplatte ***f*** • stiff pile cap

biegesteifes Bauwerk ***n*** • flexurally rigid structure

Biegesteifigkeit ***f*** [*z. B. einer Spundwand*] • bending stiffness, bending strength [*such as of a sheet pile wall*]

biegeweich • flexible

Biegewiderstand ***m*** • bending resistance

Biegezugbeanspruchung ***f*** • flexural tensile stress

biegsam • flexible

biegsame Platte ***f*** • flexible footing

biegsamer Asbest ***m***, Berghaar *n* • flexible asbestos

biegsamer Quarz ***m*** ➋ Itakolumit

Biegsamkeit ***f*** • flexibility

Biegung ***f***, Kehre *f*, Krümme *f*, Krümmung *f* • bend, curve, turn [*In the course, bed or channel of a stream or river, not yet developed into a meander*]

Bieler-Watson-Methode ***f***, Bieler-Watson-Verfahren *n* • Bieler-Watson method [*A method of electrical resistivity surveying in which a large coil about 600 x 1200 ft is placed on the ground and excited by 500 cycles AC. The voltages induced in the ground are measured in a separate circuit*]

Bienenerz ***n*** [*Durchlöcherte, ausgewitterte Erzstufen*] • honeycomb(ed) ore, alveolar ore

Bifurkation ***f***, Gab(e)lung *f* [*Im Deutschen wird hiermit eine flussabwärts oder stromabwärts gerichtete Gab(e)lung verstanden*] • bifurcation

Bifurkationsverhältnis ***n***, Gab(e)lungsverhältnis [*Gewässernetz*] • bifurcation ratio [*symbol: Rb*]

Bikarbonat ***n*** • bicarbonate [*A salt containing a metal and the radical HCO_3, e.g. $NaHCO_3$*]

Bikarbonat-Wetterdynamit ***n*** ➋ (Natrium)Bikarbonat-Wetterdynamit

Bilanz ***f*** • balance, mass balance, mass budget, regime (n), economy [*The change in mass (the difference between total accumulation and gross ablation) of a glacier over some defined interval of time, determined either as a value at a point, an average over an area, or the total mass change for the glacier. The units normally used are millimeters, meters, or cubic meters of water equivalent, but kilograms per square meter or kilograms are used by some*]

Bilanzjahr ***n*** • balance year, budget year [*The period from the time of minimum mass in one year to the time of minimum mass in the succeeding year for a glacier; the period of time between the formation of one summer surface and the next*]

Bild ... ➋ (Luft)Bild ...

Bild ***n*** [*Das Ergebnis einer Aufnahme, sowohl fotografischer als auch nichtfotografischer Systeme*] • image, picture

Bild ***n***, Einzelbild [*Rechner. Gerastertes und quantisiertes, d. h. digitalisiertes, zweidimensionales Abbild einer Szene. Dieses Bild ist nicht umkehrbar eindeutig. Mathematisch lässt sich das (Einzel)Bild als eine zweidimensionale diskrete Bildfunktion darstellen, die die Lichtintensität in Abhängigkeit von Zeile und Spalte angibt*] • image, picture

Bild ***n***, Foto *n*, Aufnahme *f*, fotografisches Bild, Messbild, Lichtbild • photographic(al) image, photographic(al) picture

Bild ***n*** **für kreisende Gezeitenströmung während einer Periode** • current ellipse

(Bild)Abtaster ***m*** • scanner [*An optical-mechanical imaging system in which a rotating or oscillating mirror sweeps the instantaneous field of view of the detector across the terrain. Not recommended synonym: line scanner*]

Bildabtaster ***m*** • frame grabber

Bildanalysator ***m*** • image analyser, picture analyser

Bildanalyse ***f*** • image analysis, picture analysis [*It may consist of qualitative interpretation, film density or colo(u)r mapping, or spatial measurement*]

Bildanalysesystem ***n*** • image analysing system, picture analysing system

Bildanschluss ***m*** ➋ (Folge)Bildanschluss

Bildanschlussfehler ***m*** ➋ (Folge)Bildanschlussfehler

Bildatlas *m* • pictorial atlas

Bildauflösung *f* • image resolution, picture resolution [*It is defined as a measure of the smallest ground radiometric element that can be recorded on an image*]

Bildaufzeichnung *f* • image recording, image registration

Bildauswerter *m*, Bilddeuter *m* • image interpreter, picture interpreter

Bildbasis *f* • image base, picture base

Bildbasis *f*, Fotobasis, Lichtbildbasis [*Linearer Abstand von Bildmittelpunkt (M) und übertragenem Bildmittelpunkt (M'); Abbild des Flugweges zwischen zwei aufeinanderfolgenden Aufnahmepositionen. Symbole: b1, b2*] • photobase

(Bild)Befliegung *f*, Bildflug *m* • image flight, picture flight

Bildbereich *m* • image section, picture section

Bildbereichkorrelation *f*, Korrelation von Bildbereichen • subregion correlation

Bildbeschreibung *f* • image description, picture description

(Bild)Betrachtung *f*, Projektion *f* • viewing

(Bild)Betrachtungsgerät *n*, Projektor *m* • viewer

Bildbewegung *f*, Bildwanderung • image migration, image motion, picture migration, picture motion

Bildbildung *f* • image formation, picture formation [*photogrammetry*]

Bilddaten *f* • image data, picture data

Bilddatenverarbeitung *f*, Bild(informations)-verarbeitung • image (data) processing, picture (data) processing

Bilddeuter *m*, Bildauswerter • image interpreter, picture interpreter

Bilddiagramm *n* [*Abwandlung des Säulendiagramms, in welchem die Rechtecke durch kleine schematische Abbildungen ersetzt sind, die das Wesentliche in entsprechender Größe zeigen, was sonst durch die Säule dargestellt wird*] • pictogram

Bilddichte *f* • image density, picture density

Bilddichteabtaster *m* • image density scanner, picture density scanner, image density scan(ning) device, picture density scan(ning) device

Bildebene *f* [*Fotogrammetrie*] • image plane [*photogrammetry*]

Bildeinordnung *f* in ein geografisches Ordinatennetz ➋ Satellitenbildeinordnung in ein geografisches Ordinatennetz

Bildelement *n*, digitales Bildmatrixelement, Punkt *m*, Auflösungselement, Bildpunkt, Fotodiode *f*, Flächenelement • image element, picture element, pixel, pel, small scene element

Bildelementecho *n*, Bildpunktecho, Punktecho, digitales Bildmatrixelementecho, Fotodiodenecho, Flächenelementecho • image element response, picture element response, pixel response, pel response, small scene element response

bildend • forming

Bilder *f* • imagery, images, pictures

Bild(er)überlagerung *f* • imagery overlay, images overlay, pictures overlay

Bildfehler *m* • image error, picture error

Bildfeld *n* [*Fotogrammetrie*] • image field, area of picture surface, picture field, area of image surface

Bildflug *m*, (Bild)Befliegung *f* • image flight, picture flight

Bildflugzeug *n* • photo aeroplane

Bildfolge *f* • image sequence, picture sequence

Bildfolgezeit *f* • cycling time, exposure interval [*photogrammetry*]

Bildfußpunkt *m*, Bildnadir *m* • image nadir, picture nadir

bildgebendes Radarverfahren *n* [*z. B. SLAR*] • imaging radar method

Bildgeologie *f* ➋ Luftbildgeologie

Bildg(e)rade *f* • straight image line, straight picture line [*photogrammetry*]

Bildgerät *n*, Aufnahmegerät • image device, picture device

Bildgüte *f* • image quality, picture quality

Bildhauermarmor *m*, Statuenmarmor • statuary marble, statuary stone

(Bild)Hauptvertikale *f*, (Bild)Hauptsenkrechte *f* [*Fotogrammetrie*] • main line, principal line, line of maximum tilt, maximum tilt line

Bildhorizont *m* [*Fotogrammetrie*] • horizon trace

Bildhorizont *m* [*Zentralprojektion*] • image horizon, picture horizon

Bild(informations)verarbeitung *f* ➋ Bilddatenverarbeitung

Bildjaspis *m* • scenic jasper, picture jasper [*It has fanciful patterns that may resemble scenery, such as ocean waves, shores and rolling hills*]

Bildkalibrierung *f* • image calibration, picture calibration

Bildkarte *f* • image map, picture map

Bildkonstante *f*, Bildweite *f* • main distance, principal distance [*The distance from the projection centre to the negative plane; it is not always equal to the focal length of the lens*]

B

Bildkoordinate *f*, Fotokoordinate, Lichtbildkoordinate [*Fotogrammetrie*] • plate co-ordinate, image co-ordinate, picture co-ordinate
Bildkoordinatenfehler *m* • image co-ordinate error, picture co-ordinate error, plate co-ordinate error
(Bild)Körnung *f* • (image) graininess, picture graininess
bildliche Darstellung *f* • pictorial representation
bildliches Kartenzeichen *n* • pictorial (map) symbol
Bildlotpunkt *m*, Lichtbildlotpunkt, Fotolotpunkt [*Fotogrammetrie*] • plate plumb point
Bildmarke *f* ➋ Kollimationsmarke
Bildmaßstab *m* [*Verhältnis zwischen Bildstrecke und Geländestrecke bzw. Kartenstrecke in einem Bezugsniveau. Symbol: Mb. Maßstabszahl: mb*] • scale, image scale, picture scale
Bildmustererkennung *f* • image pattern recognition, picture pattern recognition
Bildnadir *m*, Bildfußpunkt *m* • image nadir, picture nadir
Bildnummer *f* • exposure number [*photogrammetry*]
Bildobjektiv *n* [*Fotogrammetrie*] • image field lens, picture field lens
Bildorientierung *f* [*bei der digitalen Fotogrammetrie*] • picture orientation
Bildplan *m* [*Fotogrammetrie*] • aerial mosaic
Bildplanherstellung *f* • construction of aerial mosaics, aerial mosaic construction [*photogrammetry*]
Bildplankarte *f* [*Fotogrammetrie*] • aerial mosaic map
Bildpunkt *m* • image point, picture point [*In photographic mapping, an image on a photograph corresponding to a definite object on the ground*]
Bildpunkt *m* ➋ Bildelement
Bildpunktabstand *m* ➋ Abstand
Bildpunktecho *n*, Bildelementecho, Punktecho, digitales Bildmatrixelementecho, Fotodiodenecho, Flächenelementecho • image element response, picture element response, pixel response, pel response, small scene element response
Bildpunktentfemung *f* ➋ Abstand
Bildradar *n* • imaging radar
bildsam ➋ verformbar [*Boden*]
Bildsamkeitsbereich *m*, Plastizitätsbereich • plastic range [*The range of water content within which a soil possesses plasticity*]
Bildsamkeitsdiagramm *n* ➋ Plastizitätsdiagramm
Bildsamkeitsindex *m*, Plastizitätsindex [*Der numerische Unterschied zwischen Fließgrenze und Ausrollgrenze eines Bodens*] • plasticity index, index of plasticity [*Symbols: PI, IP*]

Bildschärfe *f* • definition [*phogrammetry*]
Bildschirmdarstellung *f* • screenshot
Bildschirmgerät *n*, Sichtgerät • display terminal
Bildschirmkopieren *n* • hardcopy(ing)
(Bild)Schlitztriangulation *f* • slot(ted)-templet triangulation
Bildsegment *n* • image segment, picture segment
Bildsegmentierung *f* • image segmentation, picture segmentation
Bildspeicher *m* [*Halbleiterspeicher zur Aufnahme digitalisierter Videobilder*] • frame memory
Bildspeichertiefe *f* • frame memory depth
Bildspektroskopie *f* • spectrographic imaging
Bildstärke *f* • image intensity, picture intensity
Bildstrahl *m* [*Reflektionsseismik*] • image ray
Bildstreifen *m* ➋ Flugstreifen
Bildtheodolit *m*, Fototheodolit, Aufnahmetheodolit, Lichtbildtheodolit • phototheodolite
Bildträger *m*, Einlegerahmen *m*, Lichtbildträger, Fototräger [*Fotogrammetrie*] • plate carrier, film carrier, negative carrier
Bildtransformierung *f*, Umbildung [*Die allgemeine Umformung eines Bildes oder Bildteiles nach einem gegebenen mathematischen Ansatz*] • image transformation, picture transformation
Bildtrennung *f* • image separation, picture separation
Bildüberdeckung *f* ➋ (Stereo)Bildüberdeckung
Bildüberdeckungslücke *f*
➋ (Stereo)Bildüber-deckungslücke
Bildüberlappung *f* • image overlap(ping), picture overlap(ping)
Bildung *f*, Entstehung, Werdung • formation, fm.
Bildungsbedingung *f*, Entstehungsbedingung, Werdungsbedingung • formation condition
Bildungsgeschichte *f*, Entstehungsgeschichte, Werdungsgeschichte • formation history
Bildungsmechanismus *m*, Entstehungsmechanismus, Werdungsmechanismus • formation mechanism
Bildungstiefe *f* • formation depth
Bildungsvorgang *m*, Entstehungsvorgang, Werdungsvorgang • formation process
Bildungswärme *f*, Entstehungswärme, Werdungswärme • heat of formation, formation heat
Bildverbesserung *f*, Bildverstärkung • image enhancement, picture enhancement
Bildverbesserung *f* **am einzelnen Bildelement** point operation
Bildverbesserung *f* **mit optischem Hervorheben oder Unterdrücken eines Bildelementes in Bezug auf seine Nachbarelemente** • local operation

(Bild)Vergrößerung ***f*** • (optical) magnification, (optical) enlargement, image magnification, image enlargement

Bildverlagerung ***f***, Punktverschiebung *f* durch (Gelände)Höhenunterschied(e), Lagefehler *m* durch (Gelände)Höhenunterschied(e) • relief displacement, radial displacement due to relief [*photogrammetry*]

Bild(ver)messung ***f*** ➲ Fotogrammetrie

Bildverstärkung ***f***, Bildverbesserung • image enhancement, picture enhancement

Bildvertauschung ***f*** [*Fotogrammetrie*] • transposition of images, transposition of pictures

Bildvordergrundmarke ***f*** [*Fotogrammetrie*] • foreground collimating point

Bildwagen ***m*** • darkroom trailer [*photogrammetry*]

Bildwanderung ***f***, Bildbewegung • image migration, image motion, picture migration, picture motion

Bildwandler ***m*** • image converter, picture converter

Bildwandlerröhre ***f*** • image converter tube, picture converter tube

Bildweite ***f***, Bildkonstante *f* • main distance, principal distance [*The distance from the projection centre to the negative plane; it is not always equal to the focal length of the lens*]

Bildwiederholungssichtgerät ***n*** • refresh display terminal

Bildzerlegungsröhre ***f*** [*elektronischer Abtaster*] • image dissector tube, picture dissector tube

Bildzuordnung ***f*** • image correlation, picture correlation

Bims ***m*** • pumice [*In a petrographic sense, pumice is essentially an aluminum silicate of igneous origin with a cellular structure formed by a process of explosive volcanism. Pumicite, also called volcanic ash or dust, is a pumice subjected to additional volcanism whereby the cellular structure is broken down to form a very finely divided, unconsolidated material. A partial consolidation of the pumicite through cementation or through volcanic heat results in a rock described as a tuff or a welded tuff, respectively*]

Bimsboden ***m*** • pumice soil

Bimsbreccie ***f***, Bimsbrekzie • pumiceous breccia

Bimskonglomerat ***n*** • pumiceous conglomerate

Bimsperlit ***m*** • pumiceous pe(a)rlite

Bimsrhyolit ***m*** • pumiceous rhyolite [*It appears to have been emplaced as shallow, nearly vertical intrusive bodies or extrusive domes*]

Bimsschaum ***m*** • pumiceous froth

Bimsstein ***m*** • pumice stone

bimssteinartig • pumiceous [*Said of the texture of a pyroclastic rock, e.g. pumice, characterized by numerous small cavities, presenting a spongy, frothy appearance; finer than scoriaceous. Also, said of a rock exhibiting such texture*]

Bims(stein)schüttung ***f*** • loose pumice

binäres metallisches System ***n*** • binary system of the solid solution type

Binärsprengstoff ***m***, Zwei-Komponentensprengstoff • double component explosive, binary explosive, dual component explosive, twin component explosive, two-component explosive

Bindebalken ***m*** ➲ (Anker)Gurt

Bindebock ***m***, Faschinenbock, Kreuzbock, Bindebank, Faschinenbank *f* • (fascine) trestle, kid trestle, (fascine) horse, kid horse, (fascine) cross, faggot trestle, faggot horse, faggot cross [*US-spelling: fagot*]; kid cross

Bindefestigkeit ***f***, Kohäsionsfestigkeit • cohesive strength [*Inherent strength of a material when normal stress across the prospective surface of failure is zero*]

Bind(e)gerte ***f*** ➲ Bind(e)weide

Bindekraft ***f*** ➲ Kohäsionskraft

Bindemittel ***n*** • binder(s), bonding substance(s), bonding agent, binding agent [*such as cement, lime, gypsum*]

Bindemittelgemisch ***n*** • bonding agent mixture

Bindemittelsuspension ***f*** • bonding agent suspension

Binden ***n*** **von Faschinen** • binding of fascines

Binder ***m***, bindiger (Ab)Rutsch(ungs)körper *m*, bindige (Ab)Rutsch(ungs)masse, nicht rolliger (Ab) Rutsch(ungs)körper, nicht rollige (Ab)Rutsch(ungs)-masse *f* • cohesive slump(ing) body, cohesive slump (ing) mass, cohesive rotational (land)slide body, cohesive rotational (land)slide mass

Binderiegel ***m*** ➲ (Anker)Gurt

Binderpech ***n*** • pitch binder, binding pitch

Binderstabilisierung ***f*** ➲ (Boden)Binderstabilisierung

Binderverfestigung ***f*** ➲ (Boden)Binderstabilisierung

Bind(e)weide ***f***, Wiede *f*, Weede *f*, Bind(e)gerte *f* [*Weidengerte zum Binden von Reisbündeln, Faschinen, Anbinden der Bäume usw.*] • gad, withe, binder

bindig, kohäsiv • cohesive [*Said of a soil that has relatively high shear(ing) strength when air-dried, and high cohesion when wet, e.g. a clay-bearing soil*]

bindige Lockergesteine ***n(pl)*** • loose cohesive rocks

bindige Schicht ***f*** • cohesive stratum [*Plural: strata*]

bindiger (Ab)Rutsch(ungs)körper ***m***, Binder *m*, bindige (Ab)Rutsch(ungs)masse, nicht rolliger (Ab)Rutsch(ungs)körper, nicht rollige

B

(Ab)Rutsch(ungs)masse *f* • cohesive slump(ing) body, cohesive slump(ing) mass, cohesive rotational (land) slide body, cohesive rotational (land)slide mass

bindiger Boden ***m*** [*z. B. Ton, Schluffe*] • cohesive soil

bindiger weicher Boden ***m***, weicher bindiger Boden *m* • soft cohesive soil

Bindigkeit ***f***, Kohäsion *f* • cohesion, no load shear (ing) strength [*Shear(ing) strength of a rock not related to interpartial friction*]

Bindung ***f*** • bond(ing)

Bindwase ***f***, Faschine *f*, Bortze *f* • fascine, faggot [*US-spelling: fagot*], kid

Binge ***f***, Pinge [*Eine durch das Zusammenbrechen bergmännischer Baue auf der Oberfläche entstandene Vertiefung*] • collapse shaft, collapsing shaft, fall shaft

Bingham-Körper ***m*** [*Der Bingham-Körper ist das mathematische Modell für einen Stoff, der beim Überschreiten einer bestimmten Schubspannung (Fließgrenze) fließt* (*1) • bingham body

Binghamit ***m*** • binghamite, chatoyant quartz with goethite inclusions

Binghamsche Flüssigkeit ***f*** • Bingham fluid

Binnenbecken ***n*** • inland basin, internal basin, interior basin

Binnenbereich ***m*** • inland area

Binnenböschung ***f***, Landböschung [*Deich*] • inland slope

Binnendeich ***m***, Landdeich • inner dike, interior dike, internal dike, inner dyke, interior dyke, internal dyke, interior dike

Binnendeichland ***n*** ➋ Polder

Binnendelta ***n*** • inner delta, interior delta, internal delta

Binnendüne ***f*** ➋ Winddüne

Binnenebene ***f*** • inner plain, interior plain, internal plain [*A plain situated at a distance from the ocean or separated from it by mountains*]

Binnenfleet ***n***, Binnentief *n* [*Graben hinter einem Deich, der das Wasser zur Deichschleuse leitet*] • inner leat, internal leat, interior leat

Binnengewässer ***n, f*** • inland waters

Binnengewässerökosystem ***n*** • limnic-fluviatile ecosystem

Binnengroden ***m*** ➋ Polder

Binnenhafen ***m*** • inland port, inland harbour (US: harbor)

binnenländisch • inland [*Pertaining to or lying in the interior part of a country or continent, or not bordering the sea*]

Binnenland ***n*** ➋ Deichland

Binnenland ***n*** • inner land, internal land, interior land

Binnenmeer ***n*** • epicontinental sea, inland sea, continental sea [*A sea within a continent*]

Binnenmeer ***n*** • sea [*An inland body of salt water*]

Binnenpfahl ***m*** ➋ Füll(ungs)pfahl

Binnensalzmarsch ***f*** • inland salt (marsh), salina

Binnenschifffahrt ***f*** • inland navigation

(Binnen)See ***m***, Landsee • lake; llyn [*Welsh term*]; lough [*Ireland*] [*Any inland body of standing water occupying a depression in the Earth's surface, generally of appreciable size (larger than a pond)*]

Binnensenke ***f*** • inner depression, internal depression, interior depression

Binnentief ***n***, Binnenfleet *n* [*Graben hinter einem Deich, der das Wasser zur Deichschleuse leitet*] • inner leat, internal leat, interior leat

(Binnen)Wasserstraße ***f*** • waterway, inland waterway [*Any body of water other than the sea, which is or can be used by water crafts as a means of travel*]

Binnit ***m***, Tennantit [*Eine Arsenfahlerzvarietät mit Silbergehalt*] • binnite, tennantite

binokulare Kopflupe ***f*** • televiewers

bioabbaubar, biologisch abbaubar • biodegradable

biochemisch • biochemical

Bioerdkunde ***f***, Biogeografie *f* • biogeography, chorology

Biofazieskarte ***f*** • biofacies map [*A facies map based on pal(a)eontologic attributes, showing areal variation in the overall pal(a)eontologic character of a given stratigraphic unit. It may be based on proportions or population discriminants of the fossil organisms present, or on ratios among them*]

Biogen ***n*** • skeletal grain, skeleton grain

biogene Aufarbeitung ***f*** [*z. B. von Sedimenten*] • biogen(et)ic reworking

biogener Meer(es)schlamm ***m*** • slab

Biogeochemie ***f***, Geochemie der biogenen Prozesse, organische Geochemie, Geochemie der lebenden Materie • biogeochemistry, organic geochemistry

biogeochemischer Aufschluss ***m***, biogeochemisches Aufschließen *n* • biogeochemical exploration

Biogeografie ***f***, Bioerdkunde *f* • biogeography, chorology

biogeophysikalisch • biogeophysical

Bioglyphe ***f*** [*Eine Hieroglyphe organischen Ursprungs*] • bioglyph, organic hieroglyph

Bioherm ***n*** [*Durch Organismen aufgebaute hügel- oder linsenförmige massige Gesteinskörper; zur Zeit des*

Aufbaues und Wachstums das umgebende Sediment aktiv überragend] • bioherm

Biokalkarenit *m* • biocalcarenite [*A calcarenite containing abundant fossils or fossil fragments, e.g. a crinoidal limestone*]

Bioklast *m* [*Bruchstück eines Organismenhartteiles*] • bioclast

Biolithit *m*, Fossil(ien)restkalk *m* [*Gestein mit mehr als 50 % Biogenen. B.L. Folk (1959) verwendet "Biolithit" für Gesteine, die überwiegend aus primär starr miteinander verbundenen Fossilresten bestehen*] • biolithite

biologisch abbaubar, bioabbaubar • biodegradable

biologische Abtragung *f*, biologische Erosion *f*, biologische Ausnagung, biologischer Abtrag *m* • biologic(al) erosion

biologische Behandlung *f* [*Abwasser; Erdreich*] • biologic(al) treatment

biologische Erosion *f* • bioerosion

biologische Höhlenforschung *f* • biospeleology

biologische Verwitterung *f*, organische Verwitterung • biologic(al) weathering, organic weathering

biologisch-physikalische Verwitterung *f*, physikalisch-biologische Verwitterung • physico-biologic(al) weathering, biologic(al)-physical weathering

Biomasse *f* • standing crop, biomass

Biomer *n*, biostratigrafische Einheit *f* [*Durch seinen (gleichalt(e)rigen) Fossilieninhalt gekennzeichnete Gesteinsschichtenkomplex*] • biostrat(igraph)ic unit

biometrisch • biometrical

Biomikrit *m* [*Mehr als 10 % des Gesteins bestehen aus feststellbaren Fossilresten*] • biomicrite

biomorph • biomorphic [*Pertaining to or incorporating the forms of organisms; e.g. "biomorphic sediments" containing fossil forms*]

Bionomie *f*, Ökologie *f* • bionomics, ecology [*The study of plants and animals in relation to their environment*]

Biopelit *m*, schwarzer Schiefer *m*, Schwarzschiefer • dark shale, black shale, biopelite

Biopelitkomplex *m*, schwarzer Schieferkomplex, Schwarzschieferkomplex • dark shale unit, black shale unit, biopelite unit

Bioraum *m* • biospace, realized ecological hyperspace [*That part of the environmental hyperspace lattice that actually represents conditions existing on the Earth*]

Biosparit *m* • biosparite [*A limestone made up of less than 25% oolites and less than 25% infraclasts, with the volume ratio of fossils and fragments to pellets being more than 3:1 and the calcite cement content being greater than the microcrystalline calcite cement content*]

Biosphäre *f*, Sphäre der Lebewesen [*Im erweiterten Sinne Sphäre der biogenen organischen Substanzen*] • biosphere

biostratigrafische Einheit *f* ➲ Biomer

biostratigrafische Zone *f*, Biozone • biostrat(igraph)ic zone

Biostrom *m*, geschichteter An-Ort-Fossilkalk *m* [*Ober- und Untergrenze sind planparallel, zur Zeit des Aufbaues und Wachstums das umgebende Sediment nicht aktiv überragend*] • biostrome [*Not to be confused with "biosome"*]

biotechnische Entwässerung *f* • biotechnical drainage

(biotische) Gemeinschaft *f*, Lebensgemeinschaft • community, biotic(al) community [*A group of living or fossil organisms occurring together because they possess an integrated system (food chain or food web) of energy transfer operating through several different feeding or trophic levels*]

Biotit *m*, schwarzer Glimmer *m* • biotite, black mica

Biotitglimmerschiefer *m*; Biotitschiefer [*Fehlbenennung*] • biotite mica schist

Biotitgneis *m* • biotite gneiss

Biotit-Muskovit-Granit *m*, Zweiglimmergranit • two-mica granite, muscovite-biotite granite, biotite-muscovite granite, true granite [*as called by Rosenbusch*], binary granite [*as called by Keyes*], moscovite-biotite granite

Biotsche Theorie *f* • theory of Biot

Bioverfügbarkeit *f* • bioavailability

Biozone *f*, biostratigrafische Zone • biostrat(igraph)ic zone

bipolare Elektrode *f*, Zwischenelektrode

Bipyramide *f*, Dipyramide • dipyramid, bipyramid [*A closed crystal form consisting of two pyramids that are arranged base to base so that they appear as mirror images across the plane of symmetry*]

birnenförmiger Aufschlussraum *m*, Aufschlussbirne *f* im Tagebau • pear-shaped exposed (over)burden/mineral volume, pear-shaped stripped (over)burden/mineral volume

Bisektrix *f*, Winkelhalbierende *f* • bisectrix

Bismut *n*, Wismut • bismuth

Bismuteinkristall *m*, Wismuteinkristall • bismuth single crystal

Bismut(h)in(it) *m* ➲ natürlicher Schwefelwismut

B

Bismutit *m*, Wismutspat *m*, kohlensaures Wismutoxyd *n*, kohlensaures Wismutoxid • bismut(h)ite, bismuth spar

Bismut(o)plagionit *m*, Cannizarit *m* • cannizzarite [*A mineral: lead bismuth sulfid(e)*]

Bithynium *n* • Bithynian

Bittersalz *n*, englisches Salz, Epsomit *m*, Epsomsalz, Haarsalz, schwefelsaures Salz, Federsalz, $MgSO_4.7H_2O$ • epsomite, Epsom salt, hair salt, bittersalt

Bittersee *m* • bitter lake [*It is rich in sulfates and alkaline carbonates, as distinct from a salt lake*]

Bitukies *m*, Bitumenkies *m* • bituminous gravel

Bitumenanstrich *m* • bitumen coating

Bitumenanteil *m*, Bitumengehalt *m*, Bitumenprozente *f* • asphaltness (US); (asphaltic) bitumen quantity (Brit.) [*The quantity of asphalt (US)/(asphaltic)bitumen (Brit.) contained in petroleum expressed as a percentage of the total mass*]

Bitumenbeton *m* • bituminous concrete

Bitumenemulsioneinpressung *f*, Bitumenemulsioneinpressen *n*, Bitumenemulsioninjektion *f*, Bitumenemulsioninjizieren • bituminous emulsion grouting, bituminous emulsion (grout) injection [*See note under "grout injection"*]

Bitumenfilm *m* • primer [*In soil stabilization a bituminous spray with which soil is covered after compaction so as to waterproof it*]

Bitumengehalt *m* ➋ Bitumenanteil

bitumenhaltig, bitumenenthaltend, bitumenführend • bituminiferous

Bitumenkies *m*, Bitukies *m* • bituminous gravel

Bitumenmastix *m* • bituminous mastic [*A bituminous material with very fine aggregate*]

Bitumenmergel *m*, Bitumen-Schieferton *m*, Kerogen-Schieferton, Kerogen-Mergel; Ölschiefer *m* [*Diese Benennung ist doppelt falsch, weil er kein gewinnbares Öl enthält und nicht geschiefert ist*] • oil shale, resinous shale, resinoid shale, kerogen shale

Bitumenmergel *m*, bituminöser Mergel • bituminous marl

Bitumenprozente *f* ➋ Bitumenanteil

Bitumensand *m* • black sand, asphaltic sand [*A natural mix(ture) of asphalt (US)/ (asphaltic) bitumen (Brit.) and sand*]

Bitumensandstein *m* ➋ bituminöser Sandstein

Bitumen-Schieferton *m*, Bitumenmergel *m*, Kerogen-Schieferton, Kerogen-Mergel; Ölschiefer *m* [*Diese Benennung ist doppelt falsch, weil er kein gewinnbares Öl enthält und nicht geschiefert ist*] • oil shale, resinous shale, resinoid shale, kerogen shale

Bitumenschlämme *m(pl)* • bituminous grout, bituminous slurry [*A mix(ture) of bituminous material and sand finer than one-fourth inch (6 mm), which, when heated, will flow into place without mechanical manipulation*]

bituminöse (Boden)Stabilisierung *f* ➋ (Boden)Stabilisierung *f* mit Bitumen

bituminöse (Damm)(Ab)Dichtung *f* [*Staudamm*] • bituminous impervious element

bituminöse Emulsionseinpressung *f* • (bitumen) emulsion injection [*A process of artificial cementing in which a bituminous emulsion is injected into soils which have a particle size of 2 - 0.6 mm*]

bituminöse Erdstoffverfestigung *f* ➋ (Boden)Stabilisierung mit Bitumen

bituminöse Masse *f*, bituminöser Stoff *m* • bitumen (US); bituminous material [*Generic term defined as a class of black or dark-colo(u)red (solid, semisolid, or viscous) cementitious substances, natural or manufactured, composed principally of high molecular weight hydrocarbons, of which asphalts, tars, pitches, and asphaltites are typical*]

bituminöse Stabilisierung *f* ➋ (Boden)Stabilisierung mit Bitumen

bituminöse Stabilisierung *f* nasser Böden • waterproofing (type of) bituminous (soil) stabilization, bituminous waterproofing (type) soil stabilization [*It deals with soils, either as a whole or as a portion of a total material, which have very low degrees of stability when wet and the water resistance of which is increased by stabilization*]

bituminöse Verfestigung *f* ➋ (Boden)Stabilisierung mit Bitumen

bituminöser Bodenstabilisator *m*, bituminöser Erdstoffstabilisator • bituminous (soil) stabilizer, bituminous (soil) stabilizing agent

bituminöser Gips *m*, Stinkgips • bituminous gypsum, asphaltic gypsum, fetid gypsum

bituminöser Gneis *m* • bituminous gneiss

bituminöser Mergel *m*, Bitumenmergel • bituminous marl

bituminöser Sandstein *m*, Asphaltsandstein, erdpechhaltiger Sandstein, Bitumensandstein • asphaltic sandstone

bituminöser Stoff *m*, bituminöse Masse *f* • bitumen (US); bituminous material [*Generic term defined* *as a class of black or darkcolo(u)red (solid, semisolid, or viscous) cementitious substances, natural or manufactured, composed principally of high molecular weight hydrocarbons, of which asphalts, tars, pitches, and asphaltites are typical*]

bituminöses Gestein *n*, Asphaltgestein • bituminous rock, bituminous stone, rock asphalt [*A rock, but usually sandstone or limestone, naturally impregnated with asphalt*]

bituminöses Holz *n* ➲ lignitische Braunkohle

bituminöses Tongestein *n* • jet rock

B-Kluft *f*, Längskluft • strike joint

Blachfeld *n* ➲ flache Gegend

Blähgrad *m*, Blähzahl *f* [*DIN 51741. Maß für das Backvermögen von Steinkohle*] • swelling index, free swelling index

Blähperlit *m*, (auf)geblähter Perlit • expanding pe(a)rlite; bloating pe(a)rlite, bloated pe(a)rlite (Brit.)

Blaine-Wert *m* • Blaine value

Blänke *f* • blink [*A brightening of the sky near the horizon or the underside of a cloud layer, caused by reflection of light from a snow- or ice-covered surface*]

Blänke *f* des Grundwasserspiegels, Grundwasserspiegelblänke [*Vertiefte Stelle im Gelände, die eine mit dem Grundwasser ausgespiegelte, sonst aber isolierte Wasseransammlung enthält*] • groundwater pond

blank geglüht • bright annealed

Blankanlassen *n* • bright soft tempering

blanker Fels *m* ➲ nackter Fels

blanker Karst *m* ➲ Kahlkarst

blankes Gestein *n* ➲ nackter Fels

blankes Gold *n*, Blankgold • bright gold

Blanko-Bohrlochlogformular *n*, Blanko-Logformular • blank (borehole) log form, blank drill hole log form, blank well(bore) log form

Blankokarte *f* • blank map

Blase *f* ➲ (Gummi)Blase

Blase *f* ➲ (Lava)Blase

Blase *f* ➲ (Libellen)Blase

Blaseerde *f*, Brauseerde • loose mould; loose mold (US)

Blaseloch *n* • blow(hole), buller, puffing hole, spouter, boiler; gloup, gloap [*Scottish*] [*A hole in the land near the shore through which air and water are forced by the rising tide*]

blasende Bewetterung *f*, blasende Wetterführung (⚒) • blowing (mine) ventilation

Blaseneindruck *m*, Gasröhre *f*, Gas-Trichter *m* • bubble impression, bubble mark [*A small, shallow depression (about 2.5 cm in dia.) formed on a beach or sedimentary surface by a gas bubble after it has been dislodged into the air or water above. It has a smooth surface, is not margined by a raised rim, and may pass downward into a tube*]

Blasenkupfer *n* ➲ Blisterkupfer

Blasenmethode *f* ➲ (Gummi)Blasenmethode

Blasenpunkt *m*, Kochpunkt, Gasentlösungspunkt, Entgasungsbeginn *m* • bubble point [*A state of fluids characterized by the coexistence of a liquid phase with an infinitesimal quantity of gas phase in equilibrium*]

Blasenschürze *f*, (Luft)Blasenschürze

Blasensextant *m*, Libellensextant • bubble sextant [*A sextant with a bubble or spirit level to indicate the horizontal. The sextant can be used when the horizon is not visible*]

Blasensperre *f*, (Luft)Blasensperre

Blasentang *m*, Fukus *m* • bladder wrack

Blasenverfahren *n* ➲ (Gummi)Blasenmethode

Blasenvorhang *m*, (Luft)Blasenschürze

blasig, blisterig, krispelig • blistered [*Affected with blisters, covered with vesicles*]

blassgrüner Turmalin *m* • pale green t(o)urmaline; emeral(d)ite [*misnomers*]

Blasrohrofen *m*, Einblasrohrofen

blassroter Beryll *m*, Morganit *m*, rosa Beryll • vorobyevite, worobieffite, rosterite, morganite, pink beryl

Blastese *f*, Sprossung *f* [*Sprossung einer Mineralart (Neubildung durch Umkristallisation in festem Zustand) bei der Metamorphose von Gesteinen*] • blastesis

Blastomylonit *m* • blastomylonite [*Any mylonitic rock in which some recrystallization and/or neomineralization has taken place*]

Blatt *n* ➲ (Karten)Blatt

Blatt *n* [*Pfahlschuh*] ➲ Lappen

Blatt *n*, Blättchen *n* • leaf [*A very thin sheet or plate of metal, as gold*]

Blatt *n* • leaf [*The principal photosynthetic appendage of higher plants. Typically leaves have a petiole or stalk and a veined widened portion of lamina*]

Blatterde *f* • leaf mold (US); leaf mould

Blättchen *n*, Blatt *n* • leaf [*A very thin sheet or plate of metal, as gold*]

Blättchenmineral *n*, Schuppenmineral • flaky mineral, flakelike mineral

B

Blättergneis *m* • leaf gneiss
blätt(e)rig ➋ lamelliert
blätt(e)rige Ablösung *f* • front parting [*diallage*]
blätt(e)rige Bank *f* [*Steinbruch*] • foliate(d) bed
blätt(e)rige Struktur *f* ➋ Blätterstruktur
blätt(e)rige Textur *f* ➋ Blättertextur
Blätterkohle *f*, Schieferkohle, Büschelkohle, Schichtenkohle, blätt(e)rige Kohle • foliate(d) coal
Blätterserpentin *m* ➋ Antigorit
Blatterstein *m*, Variolith *m*, Perldiabas *m* • variolite [*A general term, coined by Aldrovande in 1648, for aphanitic and finegrained igneous rocks containing variolos. The term is derived from the Latin for "smallpox", in allusion to the spotted appearance of weathered surfaces*]
Blätter(stein)bruch *m* • sheet quarry
blättersteppige Landschaft *f* [*Karstfläche*] • blister (ed) relief
Blättertellur *m*, Nagyagit *m*, $Au_2Pb_{10}Sb_2Te_6S_{15}$ • black tellurium, nagyagite, tellurium glance [*A lead-gray mineral consisting of a sulphide of lead, gold, tellurium, and antimony*]
Blättertorf, Laubtorf *m*, Papiertorf • leaf peat, paper peat, lamellar peat
Blätterung *f*, Aufblätterung • foliation [*The laminated structure resulting from segregation of different minerals into layers parallel to the schistosity. Foliation is considered synonymous with "flow cleavage", "slaty cleavage"and "schistosity"by many writers to describe parallel fabrics in metamorphic rocks and considerable ambiguity attends their current use*]
Blätterungsebene *f*, Aufblätterungsebene • foliation plane
blättrige Gebirgsfazies *f* • foliated rock facies
Blätterzeolith *m* • foliaceous zeolite, foliate(d) zeolite
Blattgeschiebe *n*, Blattverschiebung *f* • heave (Brit.); shift fault (US)
Blattgleitung *f*, Translatierung • slip, (crystal) gliding, translation(al) gliding [*Deformation of crystalline material by orderly displacement of atoms such that good crystal structure remains after the process is finished. It often produces crystal twins*]
Blattglimmer *m* • (mica) book [*A crystal of mica, usually large and irregular. It is so named because of the resemblance of its cleavage plates to the leaves of a book*]
Blattgold *n*, geschlagenes Gold, Blütengold, Breitgold • beaten gold, leaf gold
Blattgold *n* • leaf gold [*Gold occurring naturally as thin flakes or sheets*]
Blattinjektion *f* • leaf injection [*Paper-thin sheet of pegmatite alternating with thin sheet of schist*]
Blattmeißel *m*, Schneidenmeißel • drag bit
Blattmetall *n*, geschlagenes Metall • beaten metal, leaf metal
Blattrandlinie *f*, Kartenfeldrandlinie; Kartenfeldbegrenzung *f* [*Schweiz*] • neat line
blattschnittfrei [*eine Karte*] • seamless [*map*]
Blattsilber *n*, geschlagenes Silber • beaten silver, leaf silver
Blattstoß *m* [*Grabenverbau: ein einzelner Aufrichter, der über die anstoßenden Enden anschließender Bohlen greift*] • upright covering the ends of two adjoining planks [*trench sheeting and bracing*]
Blattstruktur *f* • book texture
Blattverschiebung *f*, Blattgeschiebe *n* • heave (Brit.); shift fault (US)
Blattzinn *n* • leaf tin, beaten tin
Blauachat *m* • false lapis [*Agate artificially dyed blue*]
Blauasbest *m*, Krokydolith *m*, Blaueisenstein *m*, Fasersiderit *m* • blue asbestos, crocidolite, krokidolite, cape blue
Blaueisenerde *f*, erdiges Eisenblau *n* • earthy phosphate of iron, earthy iron phosphate
Blaueisenstein *m* • blue ironstone [*A blu(e)ish iron-bearing mineral; specifically crocidolite and vivianite*]
blauer Chalzedon *m*; blauer Mondstein *m* [*Fehlbenennung*] • common chalcedony
blauer feinkörniger Turmalin *m*, feinkörniger blauer Turmalin *m* • blue peach
blauer Flammensaum *m*, Sicherheitslampenaureole *f*, Aureole, Flammenkegel *m* (⚒) • blue cap, blue halo, blue tip
blauer Himmel *m*, klarer Himmel • blue sky
blauer Indikolith *m*, blauer Indigolith *m* • blue indicolite, blue indigolite
blauer isotroper Kupferglanz *m* [*frühere Benennung*]; Digenit *m* • digenite, alpha chalcocite, blue chalcocite
blauer Karmin *m* • blue carmine
blauer Konzentrationsstein *m*, Blaustein [*Zwischenprodukt der Kupfergewinnung*] • blue metal
blauer Mergel *m*, blauer Schlaf *m* • blue marl; marga cerulea [*Latin*]
blauer Mondstein *m* [*Fehlbenennung*]; blauer Chalzedon *m* • common chalcedony
blauer Opal *m* [*Fehlbenennung*] ➋ Blauspat
blauer Schlaf *m*, blauer Mergel *m* • blue marl; marga cerulea [*Latin*]

blauer Zirkon *m*; Siamaquamarin *m* [*Handelsbenennung und Fehlbenennung*] • Siam aquamarine [*trade name and misnomer*]; blue zircon

blaues Steinsalz *n*, Steinsalz mit einer blauen Zone • blue halite, blue rock salt, blue (impure) common salt

blaues Vitriol *n*, Blaustein *m*, Chalkantit *m* • chalcanthite, blue stone, blue vitriol, $CuSO_4 \cdot 5H_2O$

Blaugas *n*, Flaschengas • bottle gas, blue gas [*A gas consisting of volatile hydrocarbons, from propane to pentane, mixed with hydrogen and methane under pressure. It withstands pressure and hence may be transported in steel tanks under pressure in liquefied form. May be used as a fuel to operate combustion engines in lieu of gasoline. Sold under various trade names*]

Blaugrund *m* • blue ground [*South Staffordshire, England. Strata of the coal measures, consisting principally of beds of hard clay or shale*]

Blaugrund *m* [*Der blaugraue bis grünbläuliche Kimberlit(tuff); das Muttergestein südafrikanischer Diamanten, in unverwittertem Zustand*] • blue ground, blue earth

bläulicher Jade *m* • blu(e)ish jade, Lao Kan C'hing jade

Blauquarz *m* • blue quartz [*A faintly blue or lavender variety of crystalline quartz, containing needlelike mediums of rutile. It occurs as grains in metamorphic and igneous rocks*]

Blauschlamm *m*, Blauschlick *m* • blue mud

Blauspat *m*, Lazulit(h) *m*, (prismatischer) Lasurspat, unechter Lasurstein *m*, Blaustein; blauer Opal *m* [*Fehlbenennung*] • lazulite, blue spar, azure spar, false lapis (lazuli); blue opal [*misnomer*] [*Not to be confused with "lazurite"*]

Blaustein *m*, blauer Konzentrationsstein [*Zwischenprodukt der Kupfergewinnung*] • blue metal

Blaustein *m*, blaues Vitriol *n*, Chalkantit *m* • chalcanthite, blue stone, blue vitriol, $CuSO_4 .5H_2O$

Blaustein *m* ➲ Kobalt

Blaustein *m* ➲ Blauspat

Blauton *m* • blue clay

Blauweiß *n* [*Diamant*] • (blue) river

(Blech)Hose *f*, (Blech)Mantel *m* [*Pfahl*] • (steel) shell

Blechluftschacht *m* • plate air shaft

Blechschikane *f*, Schikaneblech, Umlenkblech, Umlenkplatte, Störkörperblech *n*, Leitblech, Blechstörkörper *m*, Ablenkblech, Prallplatte *f*, Störkörperplatte [*Wasserbau*] • baffle plate, plate baffle, deflecting plate, deflector plate

Blechverzug *m* • plate lagging

Blei *n* • lead

Bleiabschirmung *f*, Bleischirm *m* • lead screen(ing)

Bleiader *f* [*In einer Schicht*] • string of lead, lead string

Bleiballastierung *f* [*zur Gebäudestabilisierung*] • lead weight loading [*to stabilise a building*]

Bleibarren *m* • lead sow, sow of lead

Bleibaum *m* [*Durch Ausfällen von Blei aus seinen Salzlösungen durch unedlere Metalle erhalten*] • lead tree, metal tree

bleibende Auflockerung *f*, dauernde Auflockerung [*Lösen von gewachsenem Boden oder Fels*] • permanent bulking, permanent bulkage, permanent loosening, permanent breaking-up

bleibende Betonsicherung *f* ➲ Betonausbau

bleibende Böschung *f*, Standböschung, endgültige Böschung, dauernde Böschung [*Sie entsteht beim Herstellen von Einschnitten, Rampen und Dämmen*] • permanent slope

bleibende Formänderung *f* • permanent deformation

bleibende Fuge *f* • permanent joint

bleibende Härte *f* ➲ Nichtkarbonathärte

bleibende Sicherung *f* ➲ Ausbau

bleibende Spritzbetonsicherung *f* ➲ Spritzbetonausbau

bleibende Stollensicherung *f*, Stollenausbau *m*, endgültige Stollensicherung, dauernde Stollensicherung, konstruktive Stollensicherung • (permanent) gallery (support(ing)) system, (permanent) drift (support(ing)) system; (permanent) tunnel (support(ing)) system (US)

bleibende Tunnelsicherung *f*, Tunnelausbau *m*, dauernde Tunnelsicherung, endgültige Tunnelsicherung, konstruktive Tunnelsicherung • (permanent) tunnel (support(ing)) system

bleibende Verrohrung *f*, Dauerverrohrung • permanent casing

bleibender Verzug ➲ Dauerverzug

Bleiblock *m* [*kann zur Stabilisierung eines Gebäudes eingesetzt werden*] • lead block [*may be used to stabilize a building*]

Bleiblock *m* ➲ Bleimulde

Bleiblockausbauchungsprobe *f*, Bleimörserprobe [*Sprengstofftechnik*] • lead block test

Bleicherde *f*, Bleichton *m* • bleaching clay, bleaching earth

Bleichkalk *m*, Bleichpulver *n* • chlorid(e) of lime, lime chlorid(e), bleaching powder, bleaching lime, $CaOCl_2$

Bleichlauge *f* • leach liquor

B

bleienthaltend, bleihaltig, bleiführend • plumbiferous
Bleierde *f* • earthy lead spar
Bleierzaufbereitungsanlage *f* • bingstead [*England*]
Bleierzgangart *f*, Gangart auf Bleierzgängen (⚒) • kevel, kevil [*Derbyshire*]
Bleierzklumpen *f* • boosework [*In Yorkshire, England, a miner's name for lumps of lead ore which are found there both in the perpendicular fissures and in the bellies*]
Bleierzstück *n* • pee [*Derbyshire. A piece of lead ore. A variation of pea*]
Bleifluss *m* • crystallized lead
bleiführend ➋ bleihaltig
Bleigang *m* • lead vein [*As called by geologists*]; lead lode [*As called by miners*]
Bleigans *f*, Bleimulde *f*, Bleiganz *f*, Bleiblock *m*, Bleimassel *f* • lead pig
Bleigelb *n*, Mineralgelb, basisches Chlorblei *n* • mineral yellow
Bleigewicht *n* ➋ Senkblei
Bleiglanzhaufwerk *n* • chunk mineral [*Wisconsin*]
Bleiglas *n* • lead glass [*mineral*]
bleihaltig, bleienthaltend, bleiführend • plumbiferous
bleihaltiger Ikurolith *m*, $(Bi, Pb)_{3.82}(Se, S, Te)_3$ • plumbian ikurolite
Bleihornerz, Hornblei(erz) *n*, Phosgenit *m* • phosgenite, cromfordite, horn lead, corneous lead, hornblei, chlorocarbonate of lead, corniferous lead, $Pb_2Cl_2(CO_3)$
Blei(hütten)rauch *m* • flight
Blei-Isotopen-Alter *n* • lead-isotope age, lead-lead age [*An age in years calculated from the ratio of lead-207 to lead-206, a by-product of the uranium-thorium-lead age method*]
Blei-Isotopen(-Alters)bestimmung *f*, Blei-Isotopen-Datierung • lead-isotope dating, lead-lead dating, lead-isotope age measurement, lead-lead age measurement
Bleilagerstätte *f* • lead deposit
Bleilasur *f* ➋ Kupferbleispat
Bleilotleine *f*, Bleilotschnur *f*, Lotleine *f*, Lotschnur • sounding line, lead line [*The line attached to a sounding lead*]
Bleimassel *f* ➋ Bleimulde
Bleimikrolith *m* • plumbian microlite
Bleimörserprobe *f*, Bleiblockausbauchungsprobe *f* [*Sprengstofftechnik*] • lead block test
Bleimulde *f*, Bleigans *f*, Bleiganz *f*, Bleiblock *m*, Bleimassel *f* • lead pig
Bleimulm *m*, mulmiger Bleiglanz *m* • friable galena, crumbly galena, bad galena
Bleiocker *m* • lead ocher, plumbic ocher, lead ochre, plumbic ochre, lead ocker, plumbic ocker
Bleirauch *m* ➋ Blei(hütten)rauch
Bleischirm *m*, Bleiabschirmung *f* • lead screen(ing)
Bleischweif *m* • striate(d) galena
Bleiselenit *m* [*veraltete Benennung*]; Molybdomenit • molybdomenite, $PbSeO_3$ [*A colo(u)rless to yellowish-white mineral*]
Bleisilberspießglanz *m* • lead silver antimony sulfid(e) (US); lead silver antimony sulphid(e)
Bleisilikat *n* • lead silicate, silicate of lead
Bleispat *m*, Zerussit *m*, Cerussit; Weißbleierz *n* [*veraltete Benennung*]; $PbCO_3$ • cerussite, white lead ore, lead spar
Bleispeise *f* • lead speiss
Bleispiegel *m* • specular galena
Bleistiftgraphit *m* • pencil graphite
Bleiuranat *n* • lead uranate
Blei-Uran-Datierungsmethode *f* ➋ Uran-Blei-Datierungsverfahren
Bleivergiftung *f* • plumbism, lead poisoning, saturnism
Bleiwaage *f*, Senkwaage • levelling plummet (Brit.); leveling plummet (US); plummet level, plumb level
Blei-Wismut-Mineral *n* • lead-bismuth mineral
Blei-Zink-Grube *f* • lead-zinc mine
Blende *f* ➋ (Mess)Blende
Blende *f* • blende, blind [*Any of several minerals (chiefly metallic sulfides) with bright or resinous but nonmetallic luster, e.g. zinc blende*]
Blende *f* ➋ Zinkblende *f* [*nach Hausmann 1819*]
blend(eart)ig, blendemäßig • blendous, pertaining to blende
blendeführend, blendehaltig, blendeenthaltend • blendous, containing blende, blendy
Blendenmessung *f* [*Der Wirkdruck als Maß für die Durchflussmenge wird durch Querschnittverengung mittels einer runden Lochscheibe oder Blende erzeugt*] • restrictor measuring
Blendfaschine *f*, Deckfaschine • cover(ing) fascine, cover(ing) faggot [*US-spelling: fagot*], cover(ing) kid, blind fascine, blind faggot, blind kid
Blendrahmen *m*, Scheublech *n* (⚒) • blinker
Blesswerk *n*, Deckwerk, Schlange *f* • fascine fence, fence of fascines, faggot fence, fence of faggots [*US-spelling: fagot*]; kid fence, fence of kids
Blick *m*, Sicht *f* • view, sight(ing), vision

Blickebene *f*, Sichtebene [*Fotogrammetrie*] • sight(ing) plane, view plane, vision plane, plane of sight(ing), plane of view, plane of vision

Blickfeld *n* ➋ Sichtfeld

Blicklinie *f* ➋ Visierlinie

Blickwinkel *m*, Sichtwinkel • view angle, sight(ing) angle

blind, verdeckt • blind [*Said of a mineral deposit that does not crop out*]

Blindbacke *f*, Totalbacke [*Bohrlochkopf*] • blind ram

Blindbohrschacht *m*, Bohrblindschacht (⚒) • blind drilled shaft, drilled blind shaft

blinde Klippe *f*, flache Stelle *f*, Unterwasserklippe, flache Klippe, blinde Stelle, Blindklippe, Flachstelle, Flachklippe • blind rock, sunken rock

blinde Mutung *f* (⚒) • false mine claim

blinder Arm *m* ➋ Außen(deich)land

blinder Ausbiss *m*, verdeckter Ausbiss • blind outcrop [*An outcrop buried under the surface soil or sedimentary rock, only exposed by stripping overburden or pitting*]

blinder Pfeiler *m* (⚒) tfx ➋ Blindpfeiler

blindes Treiben *n*, Blindtreiben (⚒) • winding within a mine

blindes Wehr *n*, festes Kronenwehr, Wehr mit fester Krone, festkroniges Wehr • fixed crest weir, fixed crown weir, blind weir; fixed crest dam, fixed crown dam, blind dam (US)

Blindgang *m* • blind lode [*As called by miners*]; blind vein [*As called by geologists*]

Blindhöhle *f* • blind cave

Blindholz *n*, Futterholz, Füllbrett *n*, Grund *m* (⚒) • ground, bottom

Blindklippe *f* ➋ blinde Klippe

Blindort *n* (⚒) • blind level

Blindpfeiler, blinder Pfeiler *m* (⚒) • crept pillar

Blindrohrtour *f* ➋ Rohrtour die nicht zu Tage tritt

Blindschacht *m*, Stapelschacht (⚒) • blind pit, blind shaft, jackhead (pit), inner pit, inner shaft, internal shaft, little winds, shank, way shaft, staple (pit), staple shaft, underground shaft, subterranean shaft, subterraneous shaft, subsurface shaft, subvertical shaft, jack shaft; winze [*Canada*] [*It is used in a large mine for extending the workings without interfering with the main shaft operations or to reach depths or locations beyond easy reach of the main shaft. It is customary to restrict the terms "interior shaft" and "inner shaft" to an opening provided with hoisting facilities; otherwise such an opening is called either a "winze" or a "raise", according to whether the advancing direction is downward or upward*]

Blindsekundärtal *n*, Sekundärblindtal • secondary blind valley, blind secondary valley [*This valley becomes blind through the formation of sinkholes in a bed of a normal karst stream*]

Blindstrecke *f* (⚒) • dummy road

Blindstreckenhandversatz *m* (⚒) • dummy road packing

Blindtreiben, blindes Treiben *n* (⚒) • winding within a mine

Blindvortrieb *m* • blind driving, blind heading, blind advance

Blinkeinrichtung *f* • blink(ing) device, flickering device

Blinkmikroskop *n* • blink(ing) microscope, flickering microscope

blisterig, blasig, krispelig • blistered [*Affected with blisters, covered with vesicles*]

Blisterkupfer *n*, Konverterkupfer, Blasenkupfer • blister copper, pimple copper

Blitz *m* • lightning

Blitzfotolyse *f* • flash photolysis

Blitzröhre *f* • lightning tube, sand tube, tubular fulgurite [*See note under "fulgurite"*]

Blitzschlag *m* • lightning stroke

Blitzsinter *m*, Fulgurit *m* • fulgurite, lightning stone [*An irregular, glassy, often tubular or rod-like structure or crust produced by the fusion of loose sand (or rarely, composed rock) by lightning, and found especially on exposed mountain tops or in dune areas of deserts or lake shores. It may measure 40 cm in length or 5 to 6 cm in diameter*]

Blitzsinterglas *n*, Fulguritglas • fulgurite glass

Block *m*, Abschnitt *m* • section, block [*A section of a concrete dam emplaced within forms or contained between upstream and downstream forms and adjacent sections of the dam is a block*]

Block *m*, Bauabschnitt *m* • block [*A division of a mine, usually bounded by workings, but sometimes by survey lines or other arbitrary limits*]

Block *m* • block, angular fragment

Block ➋ Felsbrocken, Blöcke

Blockabbauplan *m*, Bauabschnittabbauplan • block (mining) plan

blockartige Mosaiktextur *f* [*Kristallfläche*] • block structure

Blockausgleichung *f* [*Verfahren der räumlichen Streifentriangulation*] • block adjustment (operation)

Blockausgleichung *f* **mit Selbstkalibrierung** ➋ (fotogrammetrische) Blockausgleichung mit Selbstkalibrierung

B

Blockbau *m* mit Gerüstzimmerung, Blockbau mit Rahmenzimmerung (⚒) • square set(t)stoping, Nevada system, square-set(t) underhand, pillar-and-stope, back-filling method, square-set(t) and fill

Blockbewegung *f* [*geotechnischer Sprachgebrauch für Massenbewegung. Gehört nach dem MLG* zum Bewegungstyp ‚Driften und Gleiten'.*] • block movement [*'Spreading and/or sliding' is the generic term for this type of mass movement according to the Multilingual Landslide Glossary.*]

Blockbruchbau *m* (⚒) • block caving (mining) [*It involves the undercutting of large blocks of ore. The settlement, following undercutting, causes crushing and fracturing of the ore. As broken ore is drawn off the block settles continuously and subsidence eventually extends to the surface. Ore is drawn off at the bottom of the blocks until cap rock, or overburden appears at the drawpoints, indicating that ore in the block has been exhausted*]

Blockdiagramm *n* • block diagram [*A view of an imaginary rectangular block of the earth's crust. It is as if upon a rectangular block of wood two geologic(al) sections had been drawn on two adjoining sides and a map on the top face, while the block itself had been sketched in a position such that these three forces were visible to the eye*]

Blockelemente *n(pl)* [*Einbauart bei der DMM-Methode*] • block elements

Blockfläche *f* (⚒) • block area

Blockfuß *m* [*Böschungsfuß aus Blöcken*] • block toe

Blockfundament *n* [*ein Maschinenfundament*] • block foundation

Blockgründung *f*, Blockfundament *n* [*Für Hafendämme, Wellenbrecher und Kaimauern. Die Blöcke werden auf einem Werkplatz hergestellt und an Ort und Stelle mit oder ohne Verzahnung versetzt*] • block foundation, foundation of blocks

Blockhalde *f* ➋ Schutthalde

blockierende Tonscheibe *f* vor dem Schneidrad • clay segment in front of the cutting wheel blocking it

blockierte Rutschung *f* [*Zustand einer Rutschungs-aktivität; Definition lt. MLG*/Krauter: Eine **blockierte** Rutschung hat sich innerhalb der letzten 12 Monaten bewegt, ist aber zur Zeit nicht aktiv.*] • suspended landslide [State of activity of a landslide; *according to the MLG*/D.M.Cruden: A **suspended** landslide has moved within the last 12 months but is not active at present.*]

blockierte Übergabe *f* (⚒) • blocked chute [*Blockage of the transfer point or chute between two consecutive conveyor belts*]

blockig, großstückig • blocky

blockiges Gestein *n* • blocks of rock

Blockinhalt *m* (⚒) • block content

Blockkies *m* • lag gravel, cobble [*Gravel rolled or dragged along a watercourse bed at a lower rate than the finer particles of sediment*]

Blocklava *f* [*Eine Abart der Aa-Lava. Eigenschaften: Kühl und zähflüssig. Oberflächenbeschaffenheit: Polyedrisch, kompakte bis porenarme Blöcke. Innerer Lavastrom konstant*] • block lava, aphrolith

Blockleger *m* [*Küstenmotorschiff zum Versetzen von Stein- bzw. Betonblöcken*] • blocklayer

Blocklufttriangulation *f* • block aerial triangulation, aerial block triangulation

Blockmeer *n* ➋ Schutthalde

Blockprobe *f* • block sample

Blockregen *m* [*Modellregen mit konstanter Regenstärke und vorgegebener Regenhäufigkeit*] • block rain(fall)

Blockreihe *f* [*Blockgründung für Hafendämme, Wellenbrecher und Kaimauern*] • tier of blocks, row of blocks, course of blocks

Blockrutschung *f* [*eines Hangs*] • block slide [*of a slope*]

Blockschlag *m*, Blocksturz *m* • boulder fall

Blockschutt *m* • scree

Blockschüttungswellenbrecher *m* • rubble (mound) breakwater (of the rockfill type) [*It is made of a core of quarry run covered by layers of very large blocks of stone or concrete*]

Blockstrom *m*, Steinstrom • rock train, (stone) train, block train [*The rock material in process of transport at the sides and in the middle of a glacier and subject to the dynamic forces of the glacier*]

Blocksturz *m*, Blockschlag *m* • boulder fall

Blocktriangulation *f* • block triangulation

Blockverlader *m* ➋ (Stein)Blockverlader

Blockverstellung *f* [*im Gebirge*] • block dislocation

Blockverzug *m* [*Untertagebau*] • block lagging

Blockwandwehr *f*, Holzwehr *n* • wood(en) weir, timber weir; wood(en) dam, timber dam (US)

blockweise aufeinanderfolgende Überrelaxation *f* [*Vermessungskunde*] • blockwise successive over-relaxation, BSOR, successive blockwise over-relaxation

Blockzinn *n*, gemeines Zinn *n*, Pfundzinn, Probezinn • block tin, common tin

Blöcke *m(pl)* [*Korngrößengruppe: größer als 200 mm*] • boulders [*grain size range: larger than 200 mm*]

bloßes Auge *n* • unaided eye, naked eye

bloßgelegt, entblößt, (flächenhaft) abgetragen • denuded [*In geology, rocks exposed by the action of denudation*]
bloßlegen, freilegen, freimachen • to lay bare, to divest of cover(ing), to expose, to uncover, to strip
bloßlegen ➋ abtragen
Bloßlegen *n*, Freimachen, Freilegen • day-lighting [*In engineering geology, the exposure of a planar feature, such as bedding or a fault, by an open cut whose angle is steeper than that of the exposed feature*]
bloßlegen ➋ abdecken
Bloßlegen *n* ➋ Abtrag(en)
Bloßlegung *f* ➋ Denudation
Bloßliegen *n*, Freiliegen • exposure [*An area of rock formation or geologic structure that is visible ("hammerable"), either naturally or artificially, i.e. is unobscured by soil, vegetation, water, or the works of man; also, the condition of being exposed to view at the Earth's surface*]
Bluffsandstein *m* • Bluff sandstone
Blutachat *m* • blood(y) agate [*Flesh-red, pink, or salmon-colo(u)red agate from Utah*]
Bluten *n* [*Erz*] • red silver mixing [*ore*]
Blütengold *n* ➋ geschlagenes Gold
Blutjaspis *m*, Blutstein *m*, Heliotrop *m* • bloodstone, heliotrope, oriental jasper, blood jasper
Blutkoralle *f*, Rotkoralle • blood coral, red coral
Blutregen *m*, Staubregen • blood rain, dust fall [*Rain with a reddish colo(u)r caused by dustlike material, containing iron oxid(e), picked up from the air by raindrops during descent, often leaving a red stain on the ground; e.g. the blood rain of Italy, containing red dust carried north by great storms from the Sahara desert region*]
Blutstein *m*, Blutjaspis *m*, Heliotrop *m* • bloodstone, heliotrope, oriental jasper, blood jasper
Bö *f* • squall; haud [*Scotland*]
B_2O_3-Schmelze *f* • boron trioxid(e)
Bock *m*, Gestell *n* • horse [*A saw horse or other simple frame or support*]
Bock *m*, Kolonne *f* [*Hölzernes Stützgerüst im Stollen- und Tunnelbau*] • trestle
Bockgestell *n* • fascine chandelier, faggot chandelier [*US-spelling: fagot*]; kid chandelier [*It forms cover to workmen*]
Bockschild *m* (⚒) • chock shield
Bockschildausbau *m* (⚒) • chock shield support
Bodden *m* • bodden [*German*]; indentation [*One of the irregularly shaped inlets of the Baltic coast between Mecklenburg and the Oder in contrast to the long, straight-sided deep "fö(h)rden"*]
Bodenkern *m* ➋ Bodenprobekern
Boden *m* ➋ Baugrund
Boden *m* ➋ Rh(e)golith
Boden *m*, Sohle *f* • toe, bottom [*The bottom of a drillhole (especially one used for blasting) as distinguished from its open end*]
Boden *m* [*Ein Partikelgemisch aus Körner und Wasser (=Zweiphasensystem) oder zusätzlich mit Luft oder Gasen (=Dreiphasensystem), das vom mechanisch-physikalischen Standpunkt aus schwer erfassbar ist und über vielfältige Eigenschaften verfügt. Im bodenmechanischen Sinn gehört zum Boden jedoch nicht der Humus, der landwirtschaftlich genutzt wird, also die oberste, im wesentlichen organische Schicht. Als Unterscheidungsmerkmal der unterschiedlichen Bodentypen dient der Durchmesser der Partikel. Das sind ➋ Kies, ➋ Sand, ➋ Schluff* und ➋ *Ton*] • soil [*1. In pedology, that earth material which has been so modified and acted upon by physical, chemical and biological agents that it will support rooted plants. 2. In engineering geology the term is equivalent to r(h)egolith. 3. In military geology "soil" is used in the sense of r(h)egolith in discussion of engineering problems, and in the standard pedologic sense in discussion of cross-country movement problems*]
Boden *m* mit Plastizitätsindex von 5 bis 10 • low plasticity soil
Boden *m* mit Tonverlagerung • luvisol
Boden *m* mit Tonverlagerung und Stauwasser • stagno-gleyic luvisol
Boden *m* über dem Dauerfrostbereich • suprapermafrost layer, supragelisol [*The soil layer above the permafrost consisting of the active layer and whereever present, taliks and the pereletok*]
Boden *m* unter Auftrieb • soil which is acted on by buoyancy (*or:* uplift)
Bodenabbau *m* • soil extraction
Bodenabbau *m* an der Ortsbrust • soil face excavation [*microtunnel(l)ing*], soil removal at the face
Bodenabbau *m* mit Druckwasserstrahl • soil jetting
Boden(ab)dichtung *f* • soil liner
Boden(ab)förderung *f* • soil removal
(Boden)Ablagerung *f*, (Boden)Absetzung • (soil) deposit [*A sedimentary layer of soil*]
Bodenablösung *f*, Bodenloslösung • soil detachment
Bodenabraum *m* • soil (over)burden
Boden(ab)scherfestigkeit *f* • soil shear(ing) strength, soil shear(ing) resistance

Boden(ab)scherprobe ***f***, Boden(ab)scherversuch *m*, Boden(ab)scherprüfung *f* • soil shear(ing) test

(Boden)Absetzung ***f*** ➲ (Boden)Ablagerung

Boden(ab)spülung ***f***, (Ab)Spülung [*Flächenhafter und linienhafter Bodenabrieb durch fließendes Wasser*] • water erosion, erosion by water, (soil) wash

Boden(ab)spülung ***f*** • soil flushing [*groundwater bioreclamation*]

Bodenabtrag ***m*** [*der natürliche*] • soil erosion

Bodenaggregat ***n***, Kornhaufen *m* • soil aggregate [*A single mass or cluster of soil particles, such as a clod, crumb or granule*]

Bodenalkali(ni)tät ***f*** • soil alkalinity

Bodenalter ***n*** • pedologic(al) age, soil age [*The relative maturity of a soil profile*]

Bodenanalyse ***f*** • soil analysis [*In the lab(oratory)*]

Bodenandeckung ***f***, Bodenüberdeckung • soil covering, soiling

Bodenanfangstemperatur ***f*** • ground temperature

Bodenangriffsfähigkeit ***f***, Bodenangriffsvermögen *n* • soil aggressiveness

Bodenanisotropie ***f*** • soil anisotropy

Bodenanker ***m*** ➲ Erdanker

Bodenanreicherung ***f*** • soil enrichment

Bodenart ***f***, Bodentyp *m* [*Komplexe Grundeinheit der Bodensystematik, die unter Zugrundelegung der Profildifferenzierung alle Böden mit ähnlichem Entwicklungszustand und ähnlicher Dynamik zusammenfasst*] • soil type, type of soil [*In Europe, the term is roughly equivalent to the term "great soil group"*]

Bodenatmung ***f*** [*Austausch der kohlensäurereichen Bodenluft gegen die atmosphärische Luft*] • soil breathing

Bodenaufbau ***m*** • soil stratification

Bodenaufbringung ***f*** [*Stützung der Ankerwand*] • backfilled soil

Bodenaufbruch ***m***, Erdaufbruch • ground disruption, soil disruption, earth disruption

Boden(auf)füllung ***f*** • soil fill(ing)

Bodenauflast ***f*** • soil surcharge

Bodenauflockerung ***f*** [*Beim Lösen von gewachsenem Boden*] • soil bulking, soil bulkage, soil growth, soil swell(ing), soil loosening

Bodenauflockerungstiefe ***f*** • soil loosening depth

Bodenauflösung ***f*** • ground resolution

Bodenaufnahmedaten ***f(pl)*** • ground data; ground truth [*deprecated*] [*Information collected on or near the surface of the Earth, in conjunction with an aerial or remote-sensing survey*]

Bodenaufnahmepunkt ***m*** • ground camera station, ground exposure station [*The point on the ground occupied by the camera lens at the moment of exposure*]

Bodenaufschließung ***f***, Bodenaufschluss *m* • soil exploration

Bodenauftauen ***n***, Erdauftauen • ground thawing, soil thawing, earth thawing

(Boden)Aushagerung ***f*** • soil impoverishment

Bodenaushub ***m*** [*Tätigkeit*] • soil digging, soil excavation, excavation of soil, excavation work

Bodenaushubgrenze ***f*** • building pit periphery, excavation boundary

Bodenauspressen ***n***, Bodenverpressen *n*, Bodenverpressung *f*, Bodenauspressung • soil grouting

Bodenausrollgerät ***n*** • (soil-)thread rolling device

Bodenaussetzen ***n*** [*Aushubboden nicht mehr verwenden*] • soil wastage, wastage of soil

Bodenausspülung ***f***, Bodenauswaschung • soil washout

Bodenaustausch ***m***, Bodenwechsel *m* [*einfachste Baugrundverbesserung, indem weniger tragfähige Schichten, wie Torf, entfernt werden und durch Sand od. Kies ersetzt werden;* s.a. ➲ Kasten-Bodenaustausch-Verfahren] • soil exchange, soil change, soil replacement

Bodenaustausch ***m*** **im Wabenverfahren** • soil replacement using the honeycomb method

Bodenaustausch ***m*** **mit Rohren** • soil exchange with pipes

Bodenauswaschung ***f***, Bodenausspülung • soil washout

Bodenauswehung ***f***; Winderosion *f* [*Fehlbenennung*] • soil blow

Bodenballast ***m*** • soil ballast

bodenbedeckt, bodenüberdeckt • soil-covered

Bodenbedeckung ***f*** • soil cover, ground cover [*Any material, organic or inorganic, or plant life other than lawn used to cover an area*]

bodenbedingt, edaphisch, ortsständig • edaphic [*Said of geologic(al) formations or effects resulting from or influenced by local conditions of the soil or substrate; also, an old term applied to any soil characteristic that affects plant growth, e.g. alkalinity and acidity*]

Bodenbedingungen ***f***, Bodenverhältnisse *f* • soil condition(s)

Bodenbefahrbarkeit ***f*** • soil trafficability [*Capacity of the soil to support moving vehicles*]

Bodenbehandlung *f* **für Einsaat und (Rasen) Sodenandeckung** • ground preparation for seeding and sodding
Bodenbeherrschung *f* • soil control
Bodenbelastungsschema *n* • soil loading pattern
Bodenbelüftung *f*, Bodendurchlüftung *f* • soil aeration
Boden-Bentonit-(Ab)Sperrwand *f* • soil-bentonite (slurry trench) cut-off wall [*The typical soil-bentonite cutoff wall is constructed by excavating and backfilling a narrow vertical trench down to underlying impervious strata, keeping the trench full during excavation with a hydrated bentonite and water slurry. The supporting element is the hydrostatic force exerted by the slurry upon the face of the excavation. If suitable, the excavated soil is mixed with bentonite slurry to form the soil-bentonite backfill. The wall functions as a vertical barrier to the lateral flow of groundwater and other liquids*]
Boden-Bentonit-Schlämme *m(pl)* • soil bentonite slurry
Bodenbeprobung *f*, (Boden)Probe(n)nahme *f* • soil sampling, sampling of soils, soil sample taking
Bodenbereich *m* • soil domain
Bodenbeschaffenheit *f* • soil composition
Bodenbeschreibung *f* • pedography [*The systematic description of soils; an aspect of soil science*]
Bodenbesitz(stand)karte *f*, Liegenschaftskarte, Katasterkarte, Flurkarte • (real) estate map, (real) property map, fixed estate map, landholding map, land(ed) property map, cadastral map, fixed property map
Bodenbestandteil *m* • soil component, soil constituent
Bodenbestimmung *f* ➋ Kennzeichnung von Böden
Bodenbettung *f* • soil bedding [*An earth layer on which something rests continuously*]
(Boden)Bewachsung *f* ➋ Pflanzendecke
(Boden)Bewässerung *f* • (soil) irrigation, (soil) watering
Bodenbewegung *f* • ground movement
Bodenbewertung *f* • soil rating, soil evaluation
Bodenbewirtschaftung *f* ➋ (Kultur) Bodenbewirtschaftung
Bodenbewuchs *m*, Pflanzendecke, Vegetation(sdecke) *f*, Pflanzenkleid *n*, Vegetationskleid, Pflanzenbestand *m*, (Boden)Bewachsung *f* • plant cover(ing), vegetation (cover(ing)), ground cover(ing), vegetal cover(ing), plant carpet, vegetal carpet, vegetation carpet, plant mantle, vegetal mantle, vegetation mantle, (mantle of) vegetation, crops, cover(ing) of vegetation, carpet of vegetation, ground vegetation, vegetation overgrowth, vegetal overgrowth
bodenbildend • pedogenic, soil-forming, soil-making [*Pertaining to soil formation*]
bodenbildendes Mineral *n* • soil-forming mineral, soil-making mineral, pedogenic mineral
Bodenbildung *f*, Bodenentstehung, Bodengenese *f* [*Diese Benennungen machen allgemeine Aussagen über die Entstehung von Böden im Gegensatz zur "Bodenentwick(e)lung" (soil evolution) die auf die Entwick(e)lung des Bodens vom Ausgangsgestein her hinweist, also eine Funktion der Zeit ist*] • soil formation, soil genesis, pedogenesis
Bodenbildungszone *f*, Pedosphäre *f* • pedosphere [*The part of the earth in which soil-forming processes occur*]
Bodenbinder *m* • soil binder [*A grass or other plant capable of preventing soil erosion by forming dense mats or roots*]
(Boden)Binderstabilisierung *f*, (Boden) Binderverfestigung [*Mit Zement, Trasszement, Heißteer, Heißbitumen, chemischen Lösungen usw.*] • (soil) binder stabilization, (soil) stabilization with binder, (soil) binder solidification, (soil) solidification with binder
Bodenbiologie *f* • soil biology
Bodenbitumen *n* • soil bitumen [*A crude lipide extract from soils*]
Bodenbö *f* • ground squall
Bodenböschung *f* • soil slope
Bodenböschungslabilität *f* • soil slope instability
Bodenbreitstückchen *n*, Bodenprobe *f* [*Fließgrenzenermitt(e)lung*] • soil pat, pat of soil
(Boden)Bröckchen *n*, crumb
(Boden)Bröcklein *n*, crumb
Bodenchemie *f* • soil chemistry
Bodendämpfung *f* • soil damping [*A dynamic soil resistance force that is a direct function of pile velocity*]
Bodendeckung *f* • ground cover
Bodendeformation *f* • soil deformation
Bodendegradierung *f* ➋ Bodenverschlechterung
Bodendehnungsmesser *m* • soil strain gauge, soil strain meter; soil strain gage (US)
Bodendeutung *f*, Bodeninterpretation *f* • soil interpretation
Bodendichte *f*, Dichte des Bodens • soil density

B

Bodendichtemessung *f* mit Gamma-Einstichsonde (n) • (single) probe gamma ray transmission method for measuring in-situ-densities of soils

Bodendruck *m* • soil pressure

Boden(dünn)schliff *m* [*In der Bodenkunde werden Bodendünnschliffe zur Klärung genetischer Fragen für Struktur- und mineralogische Untersuchungen usw. verwendet. Im Gegensatz zu Gestein(s)(dünn)schliffen ist die Erstellung von Boden(dünn)schliffen arbeitsaufwendiger, weil die poröse Bodenprobe mit einem völlig aushärtendem Kunstharz getränkt werden muss*] • soil slice, soil (thin) section (plate)

Bodendurchhang *m* [*Tankgründung*] • sag of the tank bottom, ground slack [*tank foundation*]

Bodendurchlässigkeit *f* • soil permeability

Bodendurchlässigkeitsfaktor *m*, Bodendurchlässigkeitsbeiwert *m*, Bodenkonstante *f* • soil permeability factor, soil coefficient of permeability

Bodendurchlässigkeitswert *m*
➔ (Darcysche) Bodendurchlässigkeitswert

Bodendurchlüftung *f*, Bodenbelüftung • soil aeration

Bodendurchschlagrakete *f* ➔ Erdrakete

Bodendurchwurzelung *f* • root penetration in soil

Bodendynamik *f* • soil dynamics

bodendynamisches Problem *n* • dynamic soil problem, soil dynamics problem

bodendynamisches Verfahren *n*, Dynaseisverfahren, bodendynamische Methode *f*, Dynaseismethode • (combined) vibrator and seismic methods

bodeneigener Torf *m*, gewachsener Torf

Bodeneigengewicht *n* • dead weight of the soil

Bodeneigenschaft *f* • soil property

Bodeneinbruch *m*, Bodeneinsturz *m* • soil cave-in

bodeneindringendes Funkmesssystem *n*, bodeneindringendes Radarsystem • ground penetrating radar system

Bodeneinteilung *f*, Bodenklassifikation *f*, Bodenklassifizierung *f*, Bodenunterteilung *f*, Bodensystematik *f*, Bodenbezeichnung *f* • soil classification, classification of soils

Bodeneis *n* ➔ fossiles Eis

Bodenelektrode *f* • ground electrode

Bodenempfang(s)station *f* [*Satellitenerkundung*] • ground receiving station

Bodenentfernung *f* • ground range [*On SLAR images, the distance from the flight path to an object*]

Bodenentfernungsdarstellung *f* [*Fernerkundung*] • ground range representation

Bodenentfestigung *f* • soil softening

Bodenentfrostung *f*, Erdentfrostung • ground defrosting, soil defrosting, earth defrosting

Bodenentnahmemethode *f*, Bodenentnahmeverfahren *n* [*Eine Förderschnecke wird in das Pilotrohr eingeführt und mit einem Aufweitungskopf mit Schneidvorrichtungen in der Startgrube gekoppelt*] • conveying auger method, conveying screw method [*microtunnel(l)ing*]

Bodenentsalzung *f*, Bodensalzentzug *m* • soil salt removal, soil desalination

Bodenentsorgung *f*, Erdreichentsorgung • soil disposal [*Disposal of effluents and sludges from industrial processes into the soil*]

Bodenentstehung, Bodenbildung *f*, Bodengenese *f* [*Diese Benennungen machen allgemeine Aussagen über die Entstehung von Böden im Gegensatz zur "Bodenentwick(e)lung" (soil evolution) die auf die Entwick(e)lung des Bodens vom Ausgangsgestein her hinweist, also eine Funktion der Zeit ist*] • soil formation, soil genesis, pedogenesis

Bodenentwässerung *f* • soil dewatering

Bodenentwick(e)lung *f* [*Entwick(e)lung des Bodens vom Ausgangsgestein her. Die Bodenentwick(e)lung ist eine Funktion der Zeit*] • soil evolution

Bodenerhebung *f* • rising ground

Bodenerkundung *f* • soil reconnaissance, soil investigation

Bodenersatzverfahren *n* [*Kommt bei Verwendung geokunstoffummantelter Sandsäulen zum Einsatz. Hierbei werden mit Greifern Bohrlöcher im Schutz einer Verrohrung ausgehoben. Dabei wird der unten vernähte Geokunststoffschlauch in das Bohrloch eingelegt und mit Sand gefüllt*] • soil replacement method

Bodenerschließung *f* ➔ Erschließung

Bodenerschöpfung *f* • soil exhaustion

Bodenerschütterung *f*, Bodenunruhe *f* • ground shaking

Bodenerwärmung *f* • soil heating

Bodenfachmann *m* • soil expert, soil specialist

Bodenfarbton *m* • soil tone

Bodenfauna *f* • soil fauna

Bodenfeine *n*, Bodenfeinstoff *m* • soil fine (material), soil fines

Bodenfeinstruktur *f*, Feinbodenstruktur • fine (soil) texture [*Containing >35 per cent clay*]

Bodenfestigkeit *f*, Bodenwiderstand *m* • soil resistance, soil resistivity, soil strength

Bodenfeuchte *f*, Bodenwasser *n*, Bodenfeuchtigkeit *f* • soil water, soil moisture, rhizic water [*This latter term was proposed by Meinzer in 1939*]

Bodenfeuchtemangel ***m***, Bodenfeuchtigkeitsmangel • moisture field deficiency [*The quantity of water that would be required to restore the soil moisture content to field moisture capacity*]

Bodenfeuchtigkeitszone ***f***, Aerationszone, Übergrundwasserspiegelzone, Sickerraum *m*, ungesättigte Zone, vadose Zone, Zone über dem Grundwasserspiegel; lufthaltige Zone [*Fehlbenennung, weil in dieser Zone besonders dicht über dem Grundwasserspiegel luftfreie Gesteine vorkommen*] • zone of aeration, zone of suspended water, aeration zone, suspended water zone, zone of alteration, unsaturated zone, vadose (water) zone, non-saturated zone [*The zone above the groundwater table in which the interstices are partly filled with ground air except in the saturated position of the capillary fringe*]

Bodenfilter ***m, n*** [*Gedränte, eingeebnete Bodenfläche, die unter Verzicht auf landwirtschaftliche Nutzung mit Abwasser beschickt wird, um es durch die Filterwirkung des Erdbodens und die Einwirkung von Kleinlebewesen zu reinigen*] • land filter

Bodenfilterung ***f***, Bodenfiltration *f* [*Entfernung von Abwasserinhaltsstoffen bei der Verrieselung von vorgereinigtem Abwasser im Untergrund*] • soil filtration

Bodenflachmischen ***n***, Flachbodenmischen • shallow soil mixing

Bodenfliese ***f*** • floor tile

Bodenfließen ***n***, Solifluktion *f* [*Gehört nach dem MLG* zum Bewegungstyp ‚Fließen'.*] • solifluction [*'flowing' is the generic term for this type of mass movement according to the Multilingual Landslide Glossary.*]

Bodenflüssigkeit ***f*** • soil liquid

Bodenfördersystem ***n*** [*für das Befördern des vom Bohrkopf abgebauten Bodens zur Startbaugrube*] • soil transport(ation) system

Bodenförderung ***f*** • soil extraction

Bodenförderung ***f*** **mit Pferd und Wagen**, Bodentransport *m* mit Pferd und Wagen • leading, teaming (Brit.)

Bodenforschung ***f*** • soil research

Bodenforschungsamt ***n***, Geologisches Amt, Amt für Bodenforschung • Geologic(al) Survey

Bodenfraktion ***f*** ➲ Boden(korn)fraktion

Bodenfrost ***m***, (Boden)Gefrornis *f* • ground frost, soil frost, earth frost [*An occurrence of below-freezing temperature on the surface of the ground, while the air temperature remains above the freezing point*]

Bodenfrostmesser ***m*** • cryopedometer

Bodenfruchtbarkeit ***f*** • soil fertility [*It is not synonymous with "soil productivity"*]

Boden-Fundament-Last-System ***n*** • soil-foundation-load system

Boden-Fundament-System ***n*** • soil-foundation system

Bodengare ***f*** • tilth [*The physical condition of a soil relative to its fitness for the growth of a specified plant or sequence of plants*]

Bodengas ***n*** [*Zwischen dem Grundwasserspiegel und der Erdoberfläche vorkommendes Gas*] • ground gas

Bodengas-Kohlenwasserstoff-Anomalie ***f***, Kohlenwasserstoff-Bodengas-Anomalie *f* • leak(age) halo [*An annular area of ground surface above a petroleum accumulation, supposedly characterized by an abnormal concentration in the soil gas of hydrocarbons which have leaked from the petroleum beneath*]

Bodengassonde ***f*** • ground gas probe

Bodengefrierung ***f*** ➲ Baugrundgefrierung

(Boden)Gefrornis ***f***, Bodenfrost *m* • ground frost, soil frost, earth frost [*An occurrence of below-freezing temperature on the surface of the ground, while the air temperature remains above the freezing point*]

Bodengefüge ***n*** • soil fabric

bodengefüllter Blechbehälter ***m*** **zur Verdunstungsmessung** • soil tank, vegetation tank [*A soil-filled tank used for measuring evaporation and evapotranspiration*]

Bodengekriech ***n***, Gekriech • soil creep, creep [*The soil that has slowly and interceptibly moved from a higher to a lower level*]

Bodengemeinschaft ***f*** ➲ Bodengesellschaft

Bodengemisch ***n***, Bodenmischung *f* • composite soil, compound soil [*A soil consisting of coarse and fine grains*]

Bodengenese ***f*** ➲ Bodenbildung

Bodengeografie ***f*** • pedogeography, soil geography

Bodengeologie ***f*** • soil geology

Bodengeophysik ***f*** • ground geophysics [*As opposed to "airborne geophysics"*]

Bodengerüst ***n***, Bodenskelett *n* • soil skeleton

Bodengesellschaft ***f***, Bodenvergesellschaftung *f*, Bodengemeinschaft, Bodensippe *f*, Bodensippschaft, Bodenverwandtschaft [*Flächenmäßige Zusammenfassung von verschiedenen Böden nach naturräumlichen Gegebenheiten, z. B. Darstellung auf einer kleinmaßstäblichen Bodenkarte*] • soil association, soil community, soil species

Bodengrenzfläche ***f*** • soil interface [*e.g. between impermeable and permeable soils*]

B

Bodengrundbruch ***m*** • soil groundbreak [*See note under "groundbreak"*]

Bodengutachten ***n*** • soil expertise, soil witness, soil investigation report, site investigation report

Bodengüte ***f*** • soil quality

Bodenhaftung ***f*** [*Bulldozer*] • traction

bodenhaltiges Wasser ***n*** • soil-laden water

Bodenhebung ***f*** • surface heave

Bodenhohlraum ***m***, Bodenpore *f* • soil pore, soil void, soil interstice

(Boden)Horizont ***m*** • (soil) horizon, soil zone

Bodenhub ***m*** • heave [*Context: The heave potential of soil is dependent on the properties of the soil, such as plasticity index, clay content and shrinkage limit*]

Boden-/Humusgemisch ***n*** • soil-humus mixture

Bodenimpfung ***f*** • inoculation of the soil, soil inoculation

Bodeningenieur ***m***, Erdbauingenieur • soil engineer

Bodeninstrumentation ***f*** • soils instrumentation [*e.g. of a dam*]

Bodeninterpretation ***f***, Bodendeutung *f* • soil interpretation

Bodenkalkung ***f*** • subsoil liming

Bodenkarte ***f***, pedologische Karte • soil map

Bodenkartierung ***f*** • soil mapping

Boden-Kegeleindring(ungs)messer ***m*** [*Zur Bestimmung des kalifornischen Tragfähigkeitsverhältnisses (CBR)*] • soil (assessment) cone penetrometer, MEXE cone penetrometer

Bodenkenngröße ***f*** ➋ Bodenkennwert

Bodenkennwert ***m***, Bodenkenngröße *f* • soil characteristic, soil parameter, ground parameter

Bodenkennwerte ***f*** **des Untergrunds** • subsurface soil parameters

Bodenkennzeichnung ***f***, Kennzeichnung von Böden, Bodenbestimmung • identification of soil(s), soil identification

Bodenkern ***m*** ➋ Boden(probe)kern

Bodenklappen(-Förder)gefäß ***n*** (⚒) • drop-bottom bucket, drop-bottom skip

Bodenklasse ***f*** • soil class

Bodenklassifikation ***f***, Bodeneinteilung *f*, Bodenklassifizierung, Bodenunterteilung, Bodensystematik *f* • soil taxonomy [*a term used by the US Department of Agriculture*], soil classification, classification of soils

Bodenklima ***n*** • soil climate

Bodenkörper ***m***, Bodenmasse *f*; s.a. geschichteter ➋ Bodenkörper • bulk soil, soil mass, soil member, soil body [*Solids space plus voids space*]

Bodenkolloid ***n*** • soil colloid

Bodenkomplex ***m*** [*Zusammenfassung von mehr oder weniger verschiedenen Bodenindividuen, die kleinflächig nebeneinander liegen und auf einer Bodenkarte nicht getrennt darstellbar sind*] • soil complex

Bodenkonditionierung ***f*** • soil conditioning

Bodenkonsolidierung ***f*** • soil consolidation, ground consolidation

Bodenkonstante ***f*** ➋ Bodendurchlässigkeitsbeiwert

Boden(korn)fraktion ***f*** • soil (grain) fraction

Bodenkriechen ***n*** [*Bodenkriechen od. Bodenfließen kann in 5 Kategorien unterteilt werden:* ➋ *Muren,* ➋ *schnelle Muren,* ➋ *Schlammströme,* ➋ *Erdfließungen* und ➋ *Kriechvorgänge.*] • soil creep(ing), surficial creep(ing) [*The gradual, steady downhill movement of soil and loose rock material on a slope that may be very gentle but is usually steep;'flowing' is the generic term for this type of mass movement according to the Multilingual Landslide Glossary.*]

(Boden)Krume ***f***, Ackerkrume, Kulturboden *m*, Baumerde, Dammerde *f*, Bauernerde, Gewächserde, Krummenhorizont *m* • vegetable soil, surface soil; topsoil [*partial synonym*] [*The upper 12 to 20 cm of a soil that is tilled*]

(Boden)Krümel ***m*** • crumb

(Boden)Kruste ***f*** • crust, soil crust [*A surface layer of soil that becomes harder than the underlying horizon*]

Bodenkübel [*Einsatz beim unterirdischer Rohrvortrieb*] • muck bucket

Bodenkunde ***f***, Pedologie *f* • soil science, pedology [*Pedology is one of the disciplines of soil science, the study of soil morphology, genesis, and classification. It is sometimes used as a synonym of soil science*]

bodenkundliche Konzeptkarte ***f*** • pedologic(al) field base map

bodenkundliche Organisation ***f*** • soil establishment

Bodenlanze ***f*** • soil lance

Bodenlawine ***f*** • entire snowcover avalanche, full-depth avalanche; ground avalanche [*obsolete*]

Bodenlawine ***f*** • soil avalanche

Bodenlockerung ***f*** • loosening of the soil, subsoiling

Bodenlösung ***f***, flüssige Bodenphase *f* • soil solution, liquid soil phase

Bodenloslösung ***f***, Bodenablösung • soil detachment

Bodenluftkapazität ***f*** ➋ Bodenporosität

Bodenmagnetometer ***n***, magnetisches Bodenmessinstrument *n* • ground magnetometer [*It is primarily suitable for making static observations of magnetic field intensity on the surface of the Earth*]

Bodenmantel ***m*** • soil mantle

Bodenmasse ***f***, Bodenkörper *m* • bulk soil, soil mass, soil body [*Solids space plus voids space*]

(Boden)Massenausgleich ***m***, Erdmassenausgleich, Erdarbeiten *f* mit Massenausgleich • balance(d) cut(ting) and fill(ing), heavy grading, balance(d) earthworks, earthwork balancing, earthwork equalizing, balancing of earthwork, equalizing of earthwork

Bodenmechanik ***f*** [*Sie umfasst Baugrundmechanik und Erdbaumechanik*] • soil mechanics [*is the study of engineering properties in soil*][Context: *For a stability analysis to be of any use, it must be properly formulated. This requires a) knowledge of geology b) knowledge of soil mechanics principles c) a theoretical and practical understanding of soil properties at the construction site*]

Bodenmechanik ***f*** **und Grundbau** ***m*** • geotechnics (US) [*This term was developed by the American Society of Civil Engineers in 1974 as a replacement for "soil mechanics and foundation engineering" to give a broader connotation to the discipline and particularly to encompass the subject of rock mechanics*]

Bodenmechanikberater ***m*** • soil (mechanics) consultant

Bodenmechaniker ***m*** • soil mechanic, soil engineer

bodenmechanisch • soil-mechanical, soil mechanics, geotechnical

bodenmechanische Eigenschaften ***f(pl)*** • soil-mechanical (*or:* soil mechanics) properties, soil-mechanics parameters, geotechnical characteristics (of the soil)

bodenmechanische Hypothese ***f*** • soil-mechanical hypothesis

bodenmechanische Kennwerte ***m(pl)*** • soil-mechanical parameters, geotechnical characteristic parameters

bodenmechanische Laboruntersuchung ***f*** • soil mechanics laboratory test

bodenmechanische Untersuchung ***f*** • soil mechanics investigation, soil-mechanical investigation

bodenmechanischer Versuch ***m*** • soil-mechanical test, soil-mechanical testing

bodenmechanischer Laborversuch ***m*** • soil-mechanical laboratory test

bodenmechanisches Gutachten ***n*** • soil mechanics report

bodenmechanisches Verhalten ***n*** [*des Baugrunds*] • soil mechanics behaviour, (*US spelling:* behavior)

Bodenmerkmal ***n*** [*Eine der drei Gruppen von in einem Luftbild enthaltenen Überresten früherer Landschaften*] • soil marking

Bodenmikrobiologie ***f*** • soil microbiology

Bodenmikromorphologie ***f*** • soil micromorphology

Bodenmilieu ***n*** • soil environment

Bodenmineral ***n*** • soil mineral

Bodenmineralogie ***f*** • soil mineralogy

Bodenmischen ***n*** • soil mixing

Bodenmischung ***f***, Bodengemisch *n* • composite soil, compound soil [*A soil consisting of coarse and fine grains*]

Bodenmorphologie ***f*** • soil morphology

Bodenmüdigkeit ***f*** • soil fatigue

Bodenmulde ***f*** ➔ (Gelände)Senke

Bodennachfallmasse ***n***, Bodennachfall *m*, Nachfallboden(masse) *m, (f)* • sloughing of soil, loss of ground, ground loss [*The volume of soft ground flowing into an excavation*]

Bodennachgiebigkeit ***f*** • ground compliance

Bodennagel ***m***, Injektionsdübel *m* • soil nail

bodennahe Rückströmung ***f*** **im Küstengebiet**, Sog *m*, Brandungssog • undertow [*A below surface current of water running seaward normal to the coastline and of a pulsating character. It helps to scour the submerged shelf along the shore and it also carries seaward the material eroded by the water*]

bodennahe Salzwassserströmung ***f*** **in einem Ästuar** • salt-water underrun, seawater underrun [*The more rapid movement of the bottom water in tidal estuaries, making the bottom water saltier than the top water*]

Bodennässestau ***m***, Bodenverwässerung *f*, Bodenvernässung, Staunässe *f*, (Stau)Vernässung, schädliche Bodennässe • (soil) waterlogging, soil wetness

Bodennebel ***m*** • radiation fog, ground fog

Bodennutzung ***f***, Flächennutzung, Landnutzung • land use

Bodennutzungskarte ***f***, Flächennutzungskarte, Landnutzungskarte • land use map

Bodennutzungskartierung ***f***, Flächennutzungskartierung, Landnutzungskartierung • land use mapping

Bodennutzungsplan ***m*** ➔ Flächennutzungsplan

Bodennutzungsplanung ***f***, Landnutzungsplanung, Flächennutzungsplanung • land use planning

Bodenoberfläche ***f*** • soil surface

Bodenoberfläche ***f*** ➔ Geländeoberfläche

Bodenoberflächeneis ***n*** ➔ Fibereis

Bodenoberkante ***f*** ➔ Geländeoberfläche

Bodenobjekterkennung ***f*** ➔ Zielobjekterkennung

Bodenortsbrust ***f*** • soil face [*microtunnel(l)ling*]

Bodenpassage ***f*** ➔ Grundwasseranreicherung

B

B

Boden-Pfahl-Wechselwirkung *f* • soil-pile interaction

Bodenpflanze *f* ➔ Landpflanze

Bodenpfropfen *m*, Bodenstopfen • soil plug [*Inside a pipe in microtunnel(l)ing*]

Bodenpfropfen *m*, Bodenstopfen *m* • soil plug [*Material that rises in open-end pile as it is driven*]

Bodenphase *f* • soil phase [*A soil type in which one feature has been accentuated although the main profile form is unaltered*]

Bodenphysik *f* • soil physics

bodenphysikalische Eigenschaft *f* • soil physical property

Bodenplastik *f* [*Der aus der Erde hervorgehende Gegensatz und Wechsel zwischen konkaven und konvexen Oberflächenformen*] • ground configuration

Bodenplatte *f* • bottom slab, floor slab

Bodenpore *f*, Bodenhohlraum *m* • soil pore, soil void, soil interstice

Bodenporenwasserdruck *m*, Porenwasserdruck • pore (water) pressure, void water pressure, interstice water pressure, interstitial water pressure, neutral stress, neutral pressure [*The pressure of water in a saturated soil, may be determined by a Bourdon pressure gauge*]

Bodenporenwasserdruckmessdose *f*, Porenwasserdruckmessdose • pore (water) pressure cell, void (water) pressure cell, interstice (water) pressure cell

Bodenporosität *f*, Luftkapazität des Bodens, Bodenluftkapazität • soil porosity

Bodenpressung *f* [*Die in der Gründungssohle eines Bauwerks wirkende Normalspannung. Die Bodenpressung ist ein Maß für die Beanspruchung des Baugrundes durch die über die Gründung eingeleiteten Lasten, vermindert um den Sohlenwasserdruck (Auftrieb)*] • foundation pressure, soil pressure

Bodenpressung *f*, Sohl(en)normalspannung • pressure on underlying soil layer(s), bearing pressure

Bodenprisma *n* • soil prism

Bodenprobe *f*, Bodenprüfung *f*, Bodenversuch *m* • soil test

Bodenprobe *f*, Sohl(en)probe • bottom sample [*A sample obtained by collecting a portion of material on the bottom of a container or the like*]

Bodenprobe *f* • soil sample

Bodenprobe *f*, Geländeprobe [*Fels- oder Erd(reich)-probe*] • ground sample [*Rock or soil sample*]

Bodenprobe *f* ➔ Bodenbreitstückchen

Bodenprobekern *m*, gekernte Bodenprobe *f* • soil (test(ing)) core, (test(ing)) core of soil, core(d) soil sample

Bodenprobe(n))-Entnahmegerät *n* **mit längsgeteiltem Rohr** • split barrel (soil) sampler, split tube (soil) sampler

Bodenprobe(n))-Entnahmerohr *n*, Entnahmestutzen *m*, offenes (Boden)Probe(n)entnahmegerät *n* [*Durch Schlag oder statischen Druck in den Boden eingetrieben*] • tube (soil) sampler, sample(r) tube, barrel (soil) sampler, soil pencil, sampling tube

Bodenprobe(n)nahme *f*, Bodenbeprobung *f* • soil sampling, sampling of soils, soil sample taking

Bodenprobe(n)nehmer *m*, (Boden)Probe(n)-entnahmegerät *n* • soil sampler, soil sampling device, soil sampling tool

Bodenprobe(n)nehmer *m* **mit Metallfolie** • metal foil soil sampler

Bodenprobe(n)trockenschrank *m*, (Boden)Probe(n)-trockenofen *m*, Trockenschrank, Trockenofen • oven for drying soil samples, soil samples drying oven

Bodenprofil *n*, Bodenschichtenprofil • soil profile [*This term has long been used by pedologists to designate the changes brought about in the uppermost layers of the earth's crust by the soil-forming process. Soil engineers apply the term to all changes observable in materials overlying the bedrock regardless of the nature or origin of these changes. Thus the term as now used in engineering has a considerably broader meaning than in pedology and geology*], soil succession, soil system

Bodenprofilanalyse *f*, Bodenschichtenprofilanalyse • soil profile analysis

Bodenprüfmethode *f*, Bodenprüfverfahren *n* • soil test(ing) method

Bodenprüfung *f*, Bodenprobe *f*, Bodenversuch *m* • soil test

Bodenprüf(ungs)labor(atorium) *n* • soil (test(ing)) lab(oratory)

Bodenpunkt *m*, Fußpunkt [*Fotogrammetrie*] • ground mark

Bodenquelle *f* • spring of intermediate depth, intermediate depth spring

Bodenräumer *m* ➔ Erdschaber

Bodenrakete *f*, Erdrakete, Rakete, Erdverdrängungshammer *m*, Bodenverdrängungshammer, Bodendurchschlagrakete, Erddurchschlagrakete • (soil) displacement hammer, displacement(-type) mole, (soil) piercing arrow, (soil) displacement moling tool, moling device, (impact) moling tool, (impact) mole, trenchless impact system

Bodenraketenvortrieb *m*, Erdraketenvortrieb, Erdverdrängungsvortrieb, Bodenverdrängungsvortrieb • (impact) moling, (soil) displacement moling

Bodenrauhigkeit *f* • ground roughness

Bodenreaktion *f* [*Kennzeichen für saure oder basische Verhältnisse im Boden*] • soil reaction

Bodenreform *f* • land reform

Bodenreibungswinkel *m* • soil friction angle

Bodenresonanz *f* • ground resonance, soil resonance, earth resonance

Bodenrheologie *f* • soil rheology

Bodenrolle *f*, Rolle [*Ermitt(e)lung der Ausrollgrenze eines Bodens*] • (soil) thread

Bodenrüttler *m* • soil vibrator, ground vibrator

Boden-Rüttler System *n* • soil vibrator system, ground vibrator system

Bodensäule *f* • soil column

Bodensäuregrad *m* • soil acidity, soil acidness, soil acid strength

Bodensalz *n*, Pfannenstein *m* [*Salzsiederei*] • scratch

Bodensalzentzug *m*, Bodenentsalzung *f* • soil salt removal, soil desalination

Bodensanierung *f* • soil rehab(ilitation)

Bodenschaber *m* ➜ Erdschaber

Bodenscharre *f* ➜ Erdschaber

Bodenschicht *f* • soil layer, soil stratum, (*Plural:* soil strata)

Boden(schichten)profil *n* • soil profile [*This term has long been used by pedologists to designate the changes brought about in the uppermost layers of the earth's crust by the soil-forming process. Soil engineers apply the term to all changes observable in materials overlying the bedrock regardless of the nature or origin of these changes. Thus the term as now used in engineering has a considerably broader meaning than in pedology and geology*]

Boden(schichten)profilanalyse *f* • soil profile analysis

Boden(schichten)profilprobe(n)nahme *f* • soil profile sample taking, soil profile sampling

Boden(schichten)verzeichnis *n* • soil section sheet, soil section diagram

Bodenschichtung *f* • soil stratification

Bodenschlitz *m*, Erdschlitz, Schlitz [*Schlitzwand*] • slurry trench, slurry wall trench, guide trench

Bodenschnitzler *m* • soil shredder

Bodenschürftransport *m*, Erdschürftransport • dozing (off), bulldozing

Bodenschutz *m* • soil protection

Bodenschwelle *f* ➜ Grundschwelle

Bodenschwingung *f* • ground vibration

Bodensee *m* • Lake Constance, Lake of Constance [*a lake bordering Germany, Switzerland and Austria*]

Bodensenke *f* ➜ (Gelände)Senke

Bodensetzung *f*, Setzung des Bodens • soil settlement, ground settlement

Bodensippe *f* ➜ Bodenvergesellschaftung

Bodensippschaft *f* ➜ Bodenvergesellschaftung

Bodenskelett *n*, Bodengerüst *n* • soil skeleton

Bodensog *m* • soil suction

Bodensonde *f* • soil probe [*A pointed steel rod used to measure the depth of water penetration in soil irrigation*]

Bodensorption *f* • soil sorption

Bodenspannanker *m* ➜ vorgespannter Bodenanker

Bodenspannung *f* • soil stress

Bodenspreize *f*, Grundspreize, Sohl(en)spreize, Liegendholz *n*, Grundbalken *m*, Grundschwelle *f* • ground cill, ground sill [*A timber laid across the floor of a heading or a trench*]

Bodenspülung *f* ➜ Boden(ab)spülung

(Boden)Stabilisation *f* durch Hitze • baking of soil, firming of soil, soil baking, soil firming [*Stabilizing soil by driving moisture out of it by heat*]

(Boden)Stabilisator *m* • (soil) stabilizer, (soil) stabilizing agent

(Boden)Stabilisierung *f*, (Boden)Verfestigung [*Veränderung der Bodeneigenschaften an und nahe der Oberfläche*] • (soil) stabilization, (soil) solidification

(Boden)Stabilisierung *f* mit Bitumen, (Boden) Verfestigung mit Bitumen, Erdstoffstabilisierung mit Bitumen, Erdstoffverfestigung mit Bitumen, bituminöse (Boden)Stabilisierung, bituminöse (Boden)Verfestigung, bituminöse Erdstoffstabilisierung, bituminöse Erdstoffverfestigung • bituminous (soil) stabilization [*There are two primary types of bituminous soil stabilization: 1. Cementation type, 2. Waterproofing type*]

(Boden)Stabilisierung *f* mit Kies, (Boden) Verfestigung mit Kies • gravel (soil) stabilization, gravel ground stabilization

(Boden)Stabilisierung *f* mit Sand, (Boden) Verfestigung *f* mit Sand • sand (soil) stabilization, sand ground stabilization

Boden-Stahl-Bauwerk *n* • soil-steel structure

Bodenstampfer *m*, Rüttelstampfer [*kommt z. B. zum Einsatz bei Bodenaustausch, bei dem die einzelnen Schichten durch Schlagen verdichtet werden*] • power rammer

Bodenstandfestigkeit *f* • soil stability

bodenständiger Torf *m*, gewachsener Torf

Bodenstörung *f* • soil disturbance

Bodenstoff *m* • soil material [*The material in a pedological soil profile lying below the soil (solum) if* *the term "soil" is used in reference to only the upper horizons in the profile*]

B

Bodenstopfen ***m***, Bodenpfropfen *m* • soil plug [*Inside a pipe in microtunnel(l)ing*]

Bodenstopfen ***m***, Bodenpfropfen *m* • soil plug [*Material that rises in open-end pile as it is driven*]

Bodenstratigrafie ***f***, Pedostratigrafie • soil stratigraphy

bodenstratigrafisch, pedostratigrafisch • soil-stratigraphic

bodenstratigrafische Einheit ***f***, pedostratigrafische Einheit *f* • soil-stratigraphic unit

(Boden)Streifendrän ***m*** • (soil) strip drain

Bodenströmung ***f*** ➋ (Meeres)Bodenströmung

Bodenstruktur ***f*** • soil structure

Bodensuspension ***f***, Bodenaufschwemmung *f* • soil suspension

Bodensuspension ***f*** [*Übergang von Bodenfracht nach Suspensionsfracht*] • intermittent suspension

Bodensymbol ***n***, Bodenzeichen *n* • soil symbol

Bodensystematik ***f*** ➋ Bodeneinteilung

Bodentausch ***m*** ➋ Boden(aus)tausch

Bodentechnik ***f***, Erdbautechnik • soil engineering [*The practice of engineering that applies the principles of soil mechanics to the design of engineering structures*]

Bodenteilchen ***n*** • soil particle

Bodenthermik ***f*** • soil thermionics

Boden-Tiefmischen ***n***, Tief-Bodenmischen • deep (soil) mixing, DSM [*Deep soil mixing differs from jet grouting in two ways. The equipment is not high pressured, and it mixes the grout and soil to a defined dimension. In jet grouting, grout injected under high pressure forms a column that is of uncertain dimension*]

Bodenton ***m*** • soil clay

Bodentränkung ***f*** • soil impregnation [*Impregnation of a soil from its surface may be successfully resorted to when it is desired to improve the properties of a relatively thin upper layer*]

Bodentragfähigkeit ***f***, Bodentragvermögen *n*, Bodentragkraft *f* • (load)bearing capability of soil, (load)bearing capacity of soil, soil (load) bearing capacity, soil bearing capability

Bodentragfähigkeitsverlust ***m*** • soil failure

Bodentragfähigkeitsverlust ***m*** **durch Bodenwasserdruckzunahme** • soil failure by liquefaction

Bodentransport ***m*** [*Fließgewässer*] • traction

Bodentransport ***m*** [*Verkehrswege*] • ground transport, earth transport

Bodentransport ***m*** **mit Pferd und Wagen**, Bodenförderung *f* mit Pferd und Wagen • leading, teaming (Brit.)

Bodentyp ***m***, Bodenart *f* [*Komplexe Grundeinheit der Bodensystematik, die unter Zugrundelegung der Profildifferenzierung alle Böden mit ähnlichem Entwick(e)lungszustand und ähnlicher Dynamik zusammenfasst*] • soil type [*In Europe, the term is roughly equivalent to the term "great soil group"*]

Bodentypenkarte ***f*** • soil type map

bodentypische Festsubstanzen ***f*** • typical solid soil particles

bodenüberdeckt, bodenbedeckt • soil-covered

Bodenüberdeckung ***f***, Bodenandeckung • soil cover, soil covering, soiling

Bodenumlagerung ***f*** • shifting of soil, soil shifting

Bodenunruhe ***f***, Bodenerschütterung *f* • ground shaking

Bodenunruhe ***f***, Mikroseismik *f* • microseism, seismic noise [*Small motions in the Earth that are unrelated to an earthquake and that have a period of 1.0 to 9.0 sec. They are caused by a variety of natural and artificial agents, especially atmospheric events*]

Bodenunterlage ***f*** • soil base

Bodenuntersuchung ***f*** • soil examination, soil investigation, soil analysis

Bodenuntersuchung ***f*** **im Felde** • soil survey [*An investigation of the soil profile at a site by trial pits, boreholes and perhaps geophysical surveys*]

Bodenunterteilung ***f*** ➋ Bodeneinteilung

Bodenveränderliche ***f*** • soil variable

Bodenveränderlichkeit ***f*** • soil variability

Bodenverbesserung ***f*** [*z. B. bei einem Boden mit zu großem Wassergehalt durch Beimischung von Feinkalk, wodurch der Boden gebunden wird, durch die entstehende Wärme eine Verdunstung einsetzt und damit der Wassergehalt reduziert und dadurch schließlich eine gute Verdichtung erreichbar wird.*] • soil improvement, soil modification, soil conditioning, ground improvement

Bodenverdichtung ***f*** [*zur Baugrundverbesserung; die einzelnen Lagen werden verdichtet. Eine nicht beabsichtigte Verdichtung kann aufgrund von Schwingungen, z. B. durch Verkehrseinwirkungen oder Eigengewicht erfolgen*] • soil compaction, compaction of the soil, soil densification, densification of the soil [*compaction is a process of increasing soil density, usually by mechanical means. The object is to increase shear strength and as a result bearing capacity. Accidental* *(or consequential) compaction can occur as a result of the impact by traffic or self-weight]*

Bodenverdichtung *f* durch Einschlämmen ➲ Einschlämmen

Bodenverdrängung *f* • soil displacement

Bodenverdrängungs-Aufweit(ungs)kopf *m*, Bodenverdrängungs-Erweiterungskopf *f* • soil-displacing reaming head [*microtunnel(l)ing*]

Bodenverdrängungshammer *m* ➲ Erdrakete

Bodenverdrängungsvortrieb *m* ➲ Erdraketenvortrieb

Boden(ver)dübelung *f* • soil dowelling; soil doweling (US) [*Through a slip surface with micropiles*]

Bodenverdunstung *f* • soil discharge, soil evaporation [*The release of water from the soil by evaporation and transpiration. The water may have been derived from the soil or from the zone of saturation by way of the capillary fringe*]

Bodenverdunstung *f* durch Pflanzenwuchs • transpiration [*This term refers to the removal of soil moisture by vegetation*]

Bodenvereisung *f* • (soil) stabilization by freezing, (soil) solidification by freezing, ground freezing

Bodenverfestigung *f*, (Boden)Stabilisierung *f* [*Veränderung der Bodeneigenschaften an und nahe der Oberfläche*] • soil stabilization, soil solidification, soil consolidation

Bodenverfestigung *f* [*Veränderung der Bodeneigenschaften in der Tiefe*] • deep (soil) stabilization

Bodenverfestigung mit Bitumen, (Boden) Stabilisierung *f* mit Bitumen, Erdstoffstabilisierung mit Bitumen, Erdstoffverfestigung mit Bitumen, bituminöse (Boden)Stabilisierung, bituminöse (Boden)Verfestigung, bituminöse Erdstoffstabilisierung, bituminöse Erdstoffverfestigung • bituminous (soil) stabilization [*There are two primary types of bituminous soil stabilization: 1. Cementation type, 2. Waterproofing type*]

Bodenverfestigung *f* mit Kalk, hydraulische (Boden) Verfestigung • deep (soil) stabilization with lime, hydraulic deep (soil) stabilization

Bodenverfestigung *f* mit Kalkbreiverpressung in Bohrlöchern, Kalkbreistabilisierung mit Bohrungen [*Straßenbau*] • drill lime stabilization

Bodenverfestigung mit Kies, (Boden)Stabilisierung *f* mit Kies • gravel (soil) stabilization, gravel ground stabilization

Bodenverfestigung *f* mit Sand, (Boden)Stabilisierung *f* mit Sand • sand (soil) stabilization, sand ground stabilization

B

Bodenverflüssigung *f* [*Die plötzliche Entfestigung eines Bodens durch dynamische Beanspruchung, wie z. B. bei Erdbeben*] • soil liquefaction [*Liquefaction takes place when the pressure exerted by the water present in saturated soil becomes so great that the soil particles become suspended in the water*]

Bodenverformung *f* • soil deformation

Bodenvergesellschaftung *f*, Bodengesellschaft *f*, Bodengemeinschaft, Bodensippe *f*, Bodensippschaft, Bodenverwandtschaft [*Flächenmäßige Zusammenfassung von verschiedenen Böden nach naturräumlichen Gegebenheiten, z. B. Darstellung auf einer kleinmaßstäblichen Bodenkarte*] • soil association, soil community

Bodenverhältnisse *f*, Bodenbedingungen *f* • soil conditions, ground conditions

bodenverlegt ➲ erdverlegt

Bodenverlegung *f*, Vergrabung, Erdverlegung, Eingrabung • burial

Bodenverlust *m* [*Elektrolyse*] • loss in soil, soil loss

Bodenvermörtelung *f* • soil grouting, grouting of soil

(boden)vernagelte Wand *f*, injektionsverdübelte Wand • soil-nailed wall, soil-nailed face

Boden(ver)nagelung *f*, Injektionsverdübelung, (Ver)Nagelung • soil nailing [*A method of insitu soil reinforcement that combines soil nails and shotcrete in the construction of retaining structures*]

Bodenvernässung *f* ➲ Boden(nässe)stau

Bodenverölung *f* • petroleum pollution of the ground, oil pollution of the ground

Bodenverpressen *n*, Bodenauspressen, Bodenverpressung *f*, Bodenauspressung • soil grouting

Bodenversalzung *f* • soil salinization

Bodenverschlechterung *f*, Aushagerung, Bodendegradierung • soil degradation

Bodenverschmutzung *f*, Bodenverunreinigung, Bodenverseuchung • soil pollution, soil contamination

Bodenverstärkung *f* • soil reinforcement

Bodenversuch *m* ➲ Bodenprüfung

Bodenvertiefung *f* ➲ (Gelände)Senke

Bodenverwässerung *f* ➲ Boden(nässe)stau

Bodenverwandtschaft *f* ➲ Bodenvergesellschaftung

Bodenverwertung *f* • soil usage

Bodenvolumen *n* [*Raum, den ein definierter Bodenkörper einschließlich der Hohlräume einnimmt*] • soil volume

B

Bodenvolumenänderung ***f*** • volume change of (a) soil [*Shrinkage and swell*]

Bodenvorrat ***m*** • soil resource

Bodenwärmehaushalt ***m*** • soil heat regime

Bodenwärmeleitfähigkeit ***f***, Bodenwärmeleitvermögen *n* • soil thermal conductivity, soil heat conductivity

Bodenwärmestrom ***m*** • soil heat flow, soil thermal flow

Bodenwasser ***n*** [*Schweiz*]; Grundwasser • ground water, plerotic water [*That part of the subsurface water which is in the zone of saturation. The terms "underground water", "subterrane(an) water", "phreatic water" and "subsurface water" have been used as synonyms for "groundwater", but their use is to be discouraged*]

Bodenwasser ***n***, Bodenfeuchte *f*, Bodenfeuchtigkeit *f* • soil water, soil moisture, rhizic water [*The last term was proposed by Meinzer in 1939*]

Bodenwasser ***n*** ➋ Liegendwasser

Boden-Wasser-Beziehung ***f*** • soil water relationship

Bodenwasserdruck ***m*** • soil water pressure

Boden-Wasserleitfähigkeit ***f***, Boden-Wasserleitvermögen *n* • soil hydraulic conductivity, soil water conductivity

Bodenwassermasse ***f*** [*Masse des Bodenwassers in einer Bodenprobe oder einem Bodenvolumen*] • soil water mass

Bodenwasseroberfläche ***f***, Bodenwasserspiegel *m* • soil water table

Bodenwasserphysik ***f*** • soil water physics, physics of soil water

Bodenwasserpotential ***n***, Matrixpotential; Kapillarpotential [*frühere Benennung*] • capillary potential, matrix potential, soil water potential [*A number representing the work required to move unit mass of water from the soil to an arbitrary reference location and energy state*]

Bodenwasserrückhalt ***m*** • water retention in soil, soil water retention

Bodenwasserspiegel ***m***, Bodenwasseroberfläche *f* • soil water table

Bodenwasservolumen ***n*** [*Volumen des Bodenwassers in einer Bodenprobe oder einem Bodenvolumen*] • soil water volume

Bodenwechsel ***m***, Boden(aus)tausch *m* • soil change, soil replacement

Bodenwiderstand ***m***, Bodenfestigkeit *f* • soil resistance, soil resistivity, soil strength

Bodenwiderstandswert ***m*** • soil resistance value

Bodenwind ***m*** • surface wind, ground wind

Bodenwirkung ***f*** • soil action

Bodenwissenschaft ***f*** • soil science; agrology [*obsolete*] [*Sometimes also called "pedology"*]

Bodenwissenschaftler ***m*** • soil scientist

Boden-Wurzel-Wert ***m*** • soil-root value

Bodenzapfen ***m*** ➋ Stalagmit

Bodenzähigkeit ***f*** • soil viscosity

Bodenzeichen ***n***, Bodensymbol *n* • soil symbol

Bodenzement ***m*** • soil-cement [*A mixture of natural soils, portland cement and water. It is similar to concrete and rock*]

Bodenzement(ab)dicht(ungs)wand ***f*** • soil-cement wall

Boden-Zement-Abschlusswand ***f*** ➋ Boden-Zement-Sporn

Bodenzementblock-Ufersicherung ***f*** • soil-cement block (bank) revetment [*Soil-cement blocks are used for bank protection in Asia. The blocks are made of a mix(ture) of soil, cement, and water*]

Boden-Zement-Gemisch ***n*** • soil-cement mixture

(Boden)Zementierung ***f*** • (soil) cementation

Boden-Zement-Sackufersicherung ***f*** • soil-cement bag revetment, soil-cement sack revetment, soil-cement bag chemise, soil-cement sack chemise, soilcrete bag chemise, soilcrete sack chemise [*The bags are filled with soil-cement*]

Boden-Zement-Säule ***f*** • soil-cement column, soilcrete column

Boden-Zement-Sporn ***m***, Boden-Zement-Sperrwand *f*, Boden-Zement-Abschlusswand • soil-cement cutoff (wall), soilcrete cutoff (wall), soil-cement cutoff trench, soilcrete cutoff trench

Boden-Zement-(Straßen)Decke ***f***, zementverfestigte (Straßen)Decke • soil-cement pavement, soil-cement paving, soil-cement surfacing, soilcrete pavement, soilcrete paving, soilcrete surfacing

Bodenzerkleinerung ***f*** • soil comminution, soil (size-)reduction

Bodenzusammendrückbarkeit ***f*** • soil compressibility

Bodenzusammendrückung ***f*** • soil compression

Bodenzusammensetzung ***f*** • soil composition

Bodenzylinder ***m*** • soil cylinder

Böden ***m(pl)*** **mit kontinuierlichen Spannungs- und Verschiebungsfeldern** • soils with continuous stress and strain fields

Bogen ***m*** **mit Zugband** • tied arch

Bogenanfang ***m*** **des Gewölbeinnern**, Innenleibungsanfang [*Vielfachbogen(stau)mauer*] • springing of intrados, springing of soffit (Brit.); intrados springing (line), soffit springing (line) (US)

Bogenanfang *m* des Gewölberückens [*Pfeiler(stau)mauer*] • extrados springing line (US)

Bogenauswirkung *f* • arching effect

Bogenbetongewichts(stau)mauer *f*, Betonbogengewichts(stau)mauer • concrete arch(ed) gravity dam, arch(ed) concrete gravity dam

Bogenbeton(tal)sperre, Betonbogen(tal)sperre *f* • concrete arch(ed) dam, arch(ed) concrete dam

Bogenbrücke *f* • arch bridge; *less frequent*: arched bridge

Bogendüne *f* • bow dune

Bogenmaß *n* • radian

Bogenkonstruktion *f* [*Brückenbau*] • arch construction (technique)

Bogenlängenverfahren *n* • arc-length method

Bogenmauer *f* • curved arch dam

Bogenmauer *f* mit gleichem Bogenzentriwinkel, Jörgensen-Mauer, Gleichwinkel(stau)mauer, Bogen(stau)mauer mit gleichbleibendem Öffnungswinkel, Bogen(stau)mauer mit Festwinkel, Festwinkelbogen(stau)mauer • constant angle arch(ed) dam, arch(ed) dam with constant angle [*An arch(ed) dam in which the angle subtended by any horizontal section is constant throughout the whole height of the dam*]

Bogenmoräne *f* • terminal moraine, arcuate moraine, crescent(ic) moraine; marginal moraine [*obsolete*] [*The end moraine, extending across a glacial valley as an arcuate or crescentic ridge, that marks the farthest advance or maximum extent of a glacier. It is formed at or near a more or less stationary edge, or at a place marking the cessation of an important glacial advance*]

Bogenpfeiler(stau)mauer *f* ➲ Gewölbereihen(stau)mauer

Bogenrippe *f* [*Brückenbau*] • arch rib

Bogenscheitel *m*, Scheitel [*einer Bogenbrücke*] • crown

Bogenschnitt *m*
➲ trigonometrische Punktbestimmung

Bogen(schwer)gewicht(s)(tal)sperre *f*, Bogen(schwer)gewicht(s)(stau)mauer *f*, (Schwer)Gewicht(s)bogen(tal)sperre, (Schwer)Gewicht(s)bogen(stau)mauer [*Die Gewichtskraftwirkung für die ganze Mauer überwiegt; z. B. die Chastangsperrre in Südfrankreich*] • gravity arch(ed) dam, arch(ed) gravity dam, mass(ive) concrete arch(ed) dam

Bogen(sperr)mauer *f* gleicher Dicke, Bogen(tal)sperre *f* gleicher Dicke • constant-thickness arch(ed) dam

Bogensperrmauer *f* mit veränderlichem Halbmesser (oder Radius), Bogen(stau)mauer mit veränderlichem Halbmesser (oder Radius), Bogen(tal)sperre *f* mit veränderlichem Halbmesser (oder Radius) • variable radius arch(ed) dam, arch(ed) dam with variable radius

Bogenstaumauer *f* • arch(ed) concrete dam, arch dam, arched dam wall

Bogen(stau)mauer *f* mit angenähert gleichbleibendem Halbmesser (oder Radius), Gleichradius(stau)mauer, Gleichhalbmesser(stau)mauer, Zylinder(tal)sperre *f*, Zylindersperrmauer, Gleichradiussperrmauer, Gleichradius(tal)sperre, Gewölbe(stau)mauer mit angenähert gleich(bleibend)em Radius (oder Halbmesser), kreiszylindrische (Tal) Sperre • constant radius arch(ed) dam, arch(ed) dam with constant radius; single centre arch(ed) dam (Brit.); single center arch(ed) dam (US) [*An arch(ed) dam in which every horizontal segment or slice of the dam has approximately the same radius of curvature*]

Bogen(stau)mauer *f* mit Festwinkel ➲ Bogenmauer mit gleichem Bogenzentriwinkel

Bogen(stau)mauer *f* mit gleichbleibendem Öffnungswinkel ➲ Bogenmauer mit gleichem Bogenzentriwinkel

Bogen(stau)mauer *f* mit veränderlichem Halbmesser (oder Radius), Bogensperrmauer mit veränderlichem Halbmesser (oder Radius), Bogen(tal)sperre *f* mit veränderlichem Halbmesser (oder Radius) • variable radius arch(ed) dam, arch(ed) dam with variable radius

Bogen(tal)sperre *f* gleicher Dicke, Bogen(sperr)mauer *f* gleicher Dicke • constant-thickness arch(ed) dam

Bogen(tal)sperre *f* mit veränderlichem Halbmesser (oder Radius) ➲ Bogensperrmauer mit veränderlichem Halbmesser (oder Radius)

Bogenverbau *m* • arch (ground) (supporting) system, arch formation (supporting) system, arch strata (supporting) system

Bogenversetzeinrichtung *f* • arch setting device

Bogenwehr *n*, gekrümmtes Wehr • curved weir; curved dam (US)

Bogenwirkungsherd *m*, Gewölbewirkungsherd [*Felsmechanik*] • focus of arching (action), focus of arch(ing) effect, focus of arch action [*See note under "arching (action)"*]

Bogenwirkungszustand *m*,
Gewölbewirkungszustand *m* • state of arching (action), condition of arching (action), state of arch

(ing) effect, condition of arch(ing) effect, state of arch action, condition of arch action

B

Bogheadkohle ***f***, Algenkohle • boghead coal, algal coal, gélosic coal, tomite, sapromyxite, algae coal; kerosine shale [*New South Wales*] [*A sapropelic coal resembling cannel coal in its physical properties, but consisting dominantly of algal matter rather than spores*]

bogige Kreuzschichtung ***f***, Muldenkreuzschichtung, Synklinale Kreuzschichtung, schaufelförmige Kreuzschichtung, trogförmige Kreuzschichtung [*"Schrägschichtung" kann synonym für "Kreuzschichtung" verwendet werden*] • trough set of cross-strata, trough cross-stratification [*Any set of cross strata whose lower bounding surface is a curved surface of erosion resulting from channel(l)ing and subsequent deposition. According to E. D. McKee and G. W. Weir, 1953*]

Bohemium ***n*** [*frühere Benennung*] ➔ Silur

Bohle ***f*** [*(Graben)Verbau*] • board, plank

Bohle ***f***, Holzbalken *m* • balk [*A timber for supporting the roof of a mine, or for carrying any heavy load*]

Bohlendecke ***f*** **über Schachtsumpf**, Schachtsumpfbohlendecke (⚒) • sump planks, sump thick boards

Bohlendrän ***m*** ➔ Bretterdrän

Bohlenrollenverschluss ***m***, Bohlenrollochverschluss (⚒) • plank chute-gate

Bohlenschuh ***m*** • lance shoe

Bohlenwand ***f*** ➔ Bohlwand

Bohl(en)werk ***n***, Bollwerk, Schälung *f*, Hölzung [*z. B. für die Uferbefestigung*] • walling timber

Bohlträger ***m*** • solder pile

Bohlträgerwand ***f*** • soldier pile wall

Bohlwand ***f***, Bohlenwand • block wall, timber sheeting, close timbering, close sheeting, close boarding [*Planks placed touching each other against the ground. Used in running ground*]

Bohlwand ***f***, Bohlenwand • (H-pile and) lagging wall, H-pile wall [*It is built by driving steel H-piles a few feet apart and laying heavy timbers horizontally between them*]

böhmische Kreideformation ***f*** • Bohemian chalk formation

böhmischer Chrysolith ***m*** [*Fehlbenennung*] ➔ isländischer Achat

böhmischer Chrysolith ***m*** [*Fehlbenennung*] ➔ Wasserchrysolith

böhmischer Diamant ***m*** [*Handelsbenennung*], Bergkristall *m* [*Quarzgruppe*] • Bohemian diamond [*misnomer*], rock crystal

böhmischer Granat ***m*** • Bohemian garnet [*A yellowish-red to dark intense red gem variety of pyrope obtained from Bohemia*]

böhmischer Topas ***m*** ➔ Citrin (Quarzgruppe)

böhmischer Topas ***m*** [*Fehlbenennung*]; gebrannter Amethyst *m* • burnt amethyst, heattreated yellow quartz, burned amethyst [*A brown variety of amethyst, resembling topaz*]

Bohnerz ***n*** • pisolitic iron ore

Bohr- und Injektionsanker ***m*** [*Der mit Beton verpresste Injektionsanker wird in ein Bohrloch gestellt*] • drilled hole injection anchor

Bohr- und Sprengarbeit ***f***, Bohren *n* und Sprengen • drilling and blasting (work), drill-and-blast (work)

Bohr- und Sprengmethode ***f***, Bohr- und Sprengverfahren *n* • drill-and-blast method

Bohr- und Sprengvortrieb ***m*** • drilling and blasting heading, drill-and-blast heading

Bohrabbau ***m*** **(der Querschnitt(s)fläche)** ➔ Bohrvortrieb

Bohrablauf ***m***, Bohrvorgang *m* • drilling process

Bohrabweichung ***f*** • drilling deviation

Bohrachse ***f*** • bore axis

Bohralgen ***f*** • boring algae

Bohrangriff ***m*** ➔ Bohrvortrieb

Bohranker ***m*** • drill-anchor

Bohranlage ***f*** • drill(ing) rig, rig

Bohrarbeit(en) ***f(pl)***, Bohrbetrieb *m* [*DIN 18301*] • drilling work, drilling operation(s)

Bohrarbeiter ***m***, Bohrturmarbeiter • roughneck, floorman, rig helper, floorhand, rig hand, rotary driller helper, bully, roustabout [*He works on the derrick floor and handles the placing of the slips in the rotary table to support the drill string on a round trip and to handle the make-up and break-out tongs and the spinning chain which are used to make or break joints when running or pulling a drill string*]

Bohrarm ***m*** • drilling boom

Bohrauffahren ***n*** ➔ Bohrvortrieb

Bohrausbruch ***m*** ➔ Bohrvortrieb

Bohrbär ***m***, Schwerstange *f*, Bohrkragen *m* [*Rotarybohren*] • drill(ing) collar, drill(ing) system, collar

Bohrbärstrang ***m***, Schwerstangenstrang, Bohrkragenstrang [*Rotarybohren*] • drill(ing) collar string, drill(ing) system string, collar string

bohrbar • drillable

(bohrbarer) Zementationspacker ***m*** [*Bohrloch-Druckzementation. Diese Vorrichtung ermöglicht eine* *völlige (Ab)Dichtung des darunter liegenden perforierten Futterrohrteiles und eine solide Verankerung in den Futterrohren. Sie kann einen einseitig hohen Druck aufnehmen]* • (cement) retainer, cementer

Bohrbarkeit *f* [*Die Nachgiebigkeit des Gebirges beim Eindringen eines Bohrers*] • drillability

Bohrbarkeit(s)gleichung *f* • drillability equation

Bohrbarkeit(s)index *m* • drillability index

Bohrbarkeit(s)versuch *m*, Bohrbarkeit(s)probe *f*, Bohrbarkeit(s)prüfung *f* • drillability test

Bohrbefund *m* • borehole evidence

Bohrbelastung *f* • drilling loading

Bohrbereich *m* • drilling range

Bohrberme *f* • drilling berm

Bohrbetonpfahlwand *f*, Betonbohrpfahlwand • contiguous concrete bored pile wall, contiguous bored concrete pile wall [*"Neighbouring" (Brit.) and "neighboring" (US) may synonymously be used for "contiguous"*]

Bohrbetrieb *m*, Bohrarbeit(en) *f(pl)* [*DIN 18301*] • drilling work, drilling operation(s)

Bohr(betriebs)führer *m*, Bohr(betriebs)inspektor *m* • drilling superintendent [*He is in charge of the drilling operations*]

Bohrblindschacht *m*, Blindbohrschacht (⚒) • blind drilled shaft, drilled blind shaft

Bohrblock *m* • drilling block

Bohrbock *m* ➋ (Bohr)Schwengelpfosten

Bohrbockstrebebalken *m*, Bohrbockstütze, (Bohr) Schwengelbockstütze *f*, (Bohr-)Schwengelbockstrebebalken [*pennsylvanisches Seil(schlag)bohren*] • sam(p)son-post brace

Bohrbrunnen *m* • drilled (water) well

Bohrbrunnenpfeiler *m* • drilled caisson, drilled pier [*It is made by driving a heavy steel pipe with a cutting shoe down to bedrock and as far into the rock as it will go. In this respect the caisson is a pile. After refusal, the soil encased in the pipe is removed, a hole is drilled through the decomposed top layer into sound rock by means of a churn drill, and the hole and the pipe are filled with concrete. These procedures are characteristic for piers*]

Bohrbrust *f* ➋ (Ab)Bohrbrust

Bohrbühne *f*, Bohrplattform *f* • drill(ing) platform, drill(ing) floor [*A plank-covered work area around the collar of a (bore)hole at the base of a drill tripod or derrick*]

Bohrcontainer *m* • boring container

Bohrdatenregistriergerät *n*, Bohrdatenschreiber *m* • drilling (data) recorder

Bohrdatensammlung *f* • well data system [*Various information files that include the factual information on historical drilling operations. Information from current drilling activity is added to the historical files periodically as an updating procedure*]

Bohrdiagramm *n* • drill chart, drilling chart

Bohrdiamant *m* • bullet, gem (grade) [*As used by drillers and bit setters, a small, virtually flawless, lustrous, nearly spherical, industrial-grade diamond, which on rare occasions may be used as a drill diamond*]

Bohrdiamanten *m(pl)*, Bohrdiamantkristalle *m(pl)*, Borts *m(pl)*, schwarze Diamanten *m(pl)* • drill(ing) series, drill(ing) diamonds, drillings

Bohrdränloch *n*, Dränbohrloch [*Baugrundverbesserung durch Entwässerung*] • bored drain hole

(Bohr)Drehtischhaupteinsatz *m* • master bushing

(Bohr)Dreibock *m* • (drill) tripod

Bohrdruck *m* [*Rotarybohranlage*] • pull down

Bohrdruckanzeiger *m* ➋ Bohrdruckmesser

Bohrdruckdiagramm *n* • weight indicator chart

Bohrdruckmesser *m*, Bohrdruckmessgerät *n*, Gewichtskontrollmesser, Belastungsanzeiger, Belastungsmesser, Bohrdruckanzeiger, Gewichtsanzeiger • weight indicator, drilling indicator, drillometer, (drill(ing)) bit weight indicator, load indicator

Bohrdurchmesser *m* [*einer Tunnelbohrmaschine*] • boring diameter [*of a tunnel boring machine*]

Bohreimer *m* • drilling bucket [*A closed rotary boring tool with its cutting edge at its base. Spoil is removed from the bucket by swinging it to one side of the bore and releasing the hinged bottom of the bucket*]

Bohreinlageverbindung *f* [*z. B. beim Aufkipptafelbau*] • drill-in insert connection

bohren • to drill [*To make a circular hole with a drill*]

bohren ➋ (ab)bohren

Bohren *n* • drilling [*The act or process of making a circular hole with a drill for purposes such as blasting, exploration, prospecting, valuation, or obtaining oil, gas, or water*]

Bohren *n* **in unerschlossenem Gebiet**, Pilotbohren, Pionierbohren • wildcat drilling, wildcatting

Bohren *n* **mit Freifall** ➋ (Meißel) Bohren mit Freifall

Bohren *n* **mit durchlaufender Schnecke**, Schneckenbohrung • continuous flight augering

Bohren *n* **mit Gasspülung**, Gas(spülungs)bohren • gas drilling

Bohren *n* **mit Schwingungsdämpfer**, Schwingungsdämpferbohren • shock sub drilling

B

Bohren *n* ohne geologische Vorarbeiten • blind drilling

Bohren *n* und (Aus)Räumen • drilling and broaching [*quarrying*]

Bohren *n* und Sprengen, Bohr- und Sprengarbeit *f* • drilling and blasting (work), drill-and-blast (work)

bohren von Hand • to chump [*To drill a shot hole by hand*]

Bohren *n* von Löchern für die Schirmverpressung, Bohren von Löchern für die Schleierverpressung • curtain drilling

Bohrende *n* • (bore)hole end, well(bore) end

Bohrer *m*, Bohrmeißel *m*, Meißel • (drill(ing)) bit [*Also called drill(ing) crown in Africa and England. One of a number of different types of detachable cutting tools used to cut circular holes in rock, wood, metal, etc.*]

Bohrerdruck *m*, Meißeldruck *m*, Meißelmasse *f*, Bohrermasse • drill(ing) thrust, bit load, bit pressure, drill(ing) pressure, bit weight, drill(ing) weight [*The weight or pressure applied to a bit in drilling expressed as the number of pounds or tons of weight or pressure applied*]

Bohrerprobe *f* [*Am Bohrer haftende Gebirgsprobe*] • (drill(ing)) bit sample

Bohrerstange *f*, (Diamant)Bohrerstange

Bohrfeld *n*, Bohrgelände *n* • drill(ing) field, drill(ing) area, drill(ing) zone

Bohrfestigkeit *f* • drilling strength

Bohrfirma *f* ➋ (Tief)Bohrfirma

Bohrflüssigkeit *f* • drilling fluid

Bohrflüssigkeit-Richtungsbohrmachine *f* [*Die Bohrflüssigkeit trifft am vorderen Ende des Bohrkopfes zur Auflockerung des Erdreiches aus*] • fluid-assisted directional boring machine, fluid-assisted directional drilling machine, fluid-assisted guided boring machine, fluid-assisted guided drilling machine, liquid-assisted directional boring machine, liquid-assisted directional drilling machine, liquid-assisted guided boring machine, liquid-assisted guided drilling machine

Bohrformation *f*, Bohrgebirge *n* • drilling formation, drilling ground, drilling strata

Bohrfortschritt *m*, Bohrgeschwindigkeit *f* [*Beim Bohren gemessene Eindring(ungs)tiefe je Zeiteinheit (cm/min.) mit Angabe des Bohrhammers, Bohrschneidendurchmessers, Luftdruckes usw.*] • drill(ing) progress, drill(ing) rate, drill(ing) speed, rate of drilling progress, rate of penetration, penetration rate, drill bit revolutions per minute, feed rate, feed speed

Bohrfortschritt(s)änderung *f*, Bohrfortschritt(s)-wechsel *m* • drilling break

Bohrfortschritt(s)anzeiger *m* [*Er zeigt den Bohrfortschritt pro einer zu wählenden Zeiteinheit, z. B. pro Stunde, an. Er ist auch ein Warngerät um zu verhindern, dass der Flaschenzugkolben in die Turmrollenverlängerung gezogen werden kann*] • rig runner

Bohrfortschritt(s)diagramm *n*, Bohrfortschritt(s)-schaubild *n* • drilling progress chart, drilling rate chart

Bohrfortschritt(s)wechsel *m*, Bohrfortschritt(s)-änderung *f* • drilling break

Bohrfußleistung *f* [*1Fuß = 12 in. = 30,48 cm*] • drilling footage, drilling feet

Bohrgang *m* ➋ Bau

Bohrgarnitur *f* • drilling assembly, drilling shaft [*It consists of bit, drill collar, drill pipe, tool joint and the kelly*]

Bohrgarnitur *f* zur Neigungshaltung [*Richt(ungs)-bohren*] • holding assembly, holding shaft

Bohrgebirge *n*, Bohrformation *f* • drilling formation, drilling ground, drilling strata

Bohrgelände *n*, Bohrfeld *n*, Bohrterrain • drill(ing) field, drill(ing) area, drill(ing) zone

Bohrgenauigkeit *f* • drilling accuracy

Bohrgerät *n* • drilling equipment, drilling machine, drill(ing) rig [*Drill rigs can be used for water well drilling, mineral exploration, geotechnical and environmental drilling, geothermal drilling, construction work, and a wide range of other applications*]

Bohrgerüst *n*, Caisson *m* [*Hubinsel. Zum Schutz der Standrohre gegen Abknicken nach Abzug der Bohranlage*] • well protector

Bohrgeschwindigkeit *f*, Bohrfortschritt *m* [*Beim Bohren gemessene Eindring(ungs)tiefe je Zeiteinheit (cm/min.) mit Angabe des Bohrhammers, Bohrschneidendurchmessers, Luftdruckes usw.*] • drill(ing) progress, drill(ing) rate, drill(ing) speed, drilling velocity, rate of drilling progress, rate of penetration, penetration rate, drill bit revolutions per minute, feed rate, feed speed

(Bohr)Gestänge *n*, Bohrstrang *m* • drill string, drill (ing) rods [*microtunneller*]

(Bohr)Gestänge *n* • drill pipe [*The heavy steel pipe that turns the drill bit in rotary drilling by transmitting the motion from the rotary table of the drilling rig to the bit at the bottom of the hole, and that conducts the drilling mud from the surface to the bottom. It is normally formed of 30-ft. sections connected end to end*]

(Bohr)Gestängeabfangkeil *m*, (Bohr)Gestängekeilfänger *m* • drill pipe slip, (rotary) slip
(Bohr)Gestängeaufholen *n*, (Bohr)Gestängeziehen • drill pipe extraction, drill pipe withdrawal
Bohrgestängeausbau *m* **zwecks Ersetzen eines abgenutzten Meißels** • making a trip [*Removal of the drill pipe for the purpose of replacing a worn bit*]
(Bohr)Gestängebruch *m* • drill pipe twist-off, drill pipe breakage, drill pipe rupture
(Bohr)Gestängedrehschlüssel, (Bohr)Gestängehaken(schlüssel) *m* • drill pipe hook, drill pipe wrench
(Bohr)Gestängeelevator *m*, (Bohr)Gestängefahrstuhl *m* • drill pipe elevator
(Bohr)Gestängeelevatorbügel *m*, Elevatorbügel, (Bohr)Gestängefahrstuhlbügel • (drill) pipe bail
(Bohr)Gestängegewinde *n* • drill pipe thread
(Bohr)Gestängehaken(schlüssel) *m*, (Bohr)Gestängedrehschlüssel • drill pipe hook, drill pipe wrench
(Bohr)Gestängehebebock *m* • drill pipe lifter
(Bohr)Gestängehebekappe *f* • drill pipe handling plug
(Bohr)Gestängekaliber *n* • drill pipe gauge; drill pipe gage (US)
(Bohr)Gestängekeilfänger *m*, (Bohr)Gestängeabfangkeil *m* • drill pipe slip, (rotary) slip
(Bohr)Gestängelänge *f* • drill pipe rack
(Bohr)Gestängelast *f* • drill pipe load
(Bohr)Gestängerückschlagventil *n* • drill pipe float valve
(Bohr)Gestängeschneider *m*, Perforator zum Schneiden des (Bohr)Gestänges • drill pipe cutter
(Bohr)Gestängeschützer *m*, (Bohr)Gestängeschoner • drill pipe protector
(Bohr)Gestänge(schutz)nippel *m* • drill pipe nipple
(Bohr)Gestängesicherheitsverbinder *m* [*Tiefbohrtechnik*] • (drill pipe) safety joint
(Bohr)Gestängespül(ungs)versuch *m* • drill pipe test [*The type of fluid and its pressure are tested through the drill pipe. This test yields pressure data and a large column of fluids. It is necessary to make an extra trip into the well bore with the drill pipe to obtain this test. An adaptation of this test may be used to collect samples of formation fluid for laboratory analysis during drilling operations*]
(Bohr)Gestänge(transport)wagen *m* • drill pipe buggy
(Bohr)Gestängeübergang *m* • drill pipe sub
(Bohr)Gestängeverbinder *m*, Bohrkupp(e)lung *f*, Tiefbohrgestängeverbinder • tool joint
(Bohr)Gestängeverschraubung *f* • drill pipe spinner, iron roughneck
(Bohr)Gestängewagen *m*, Hund *m* • buggy
(Bohr)Gestängezange *f* • break-out (device), break-out rod tongs, drill pipe tongs
(Bohr)Gestängeziehen *n*, (Bohr)Gestängeaufholen • drill pipe extraction, drill pipe withdrawal
(Bohr)Gestängezug *m* • drill pipe stand
Bohrgrube *f* [*Unter(flur)bohrung*] • horizontal drilling pit
Bohrgut *n* ➋ (Bohr)Schmant
Bohrgutaustrag *m* • removal of cuttings
Bohrgutförderung *f* • transportation of cuttings
Bohrhaken *m* • drilling hook
Bohrhandbuch *n* • drilling (practice(s)) manual
Bohrhöhe *f*, Bohrkote *f*, Bohrniveau *n* • drilling level, drilling elevation
Bohr(hohl)gestänge *n* ➋ Hohlbohrgestänge
Bohrhohlschnecke *f*, Hohlbohrschnecke, Schneckenhohlbohrer *m* • hollow drill(ing) auger
Bohr-Hubinsel *f* **mit ausstellbaren Beinen**, Hub-Bohrinsel mit ausstellbaren Beinen • canted leg jack-up (type) drilling rig [*"Barge" may synonymously be used for "rig"*]
Bohr-Hubinsel *f* **mit überkragender Bohranlage**, Hub-Bohrinsel mit überkragender Bohranlage • cantilever(ed) jack-up (type) drilling rig [*"Barge" may synonymously be used for "rig"*]
Bohrhydraulik *f* • drilling hydraulics
Bohringenieur *m*, Tiefbohringenieur • drilling engineer
Bohrinsel *f*, Bohrplattform *f* • offshore (drilling) platform, island drilling system, offshore drilling rig, offshore (mobile) platform, drilling island, seagoing (drilling) platform, (mobile) drilling platform, production platform [*A structure for drilling into the seabed to obtain oil and/or gas*]
Bohrinsel *f* **mit verschiebbarem Bohrturm** ➋ (Öl) Bohrinsel mit verschiebbarem Bohrturm
Bohrinselbauhof *m*, Bohrplattformbauhof • offshore (drilling) platform construction yard
Bohrkampagne *f*, Bohrperiode *f* • drilling campaign, drilling period
Bohrkarte *f* • drilling (base) map
Bohrkeller *m* [*Offshore-Plattform*] • drilling basement area
Bohrkern *m* • drill core, core sample
Bohrkernindex *m*, RQD [*Summe der Längen aller Kernstücke mit einer Größe von mehr als 10 cm bezogen*

B

auf die gesamte Bohrlänge] • rock quality designation (RQD: This refers to the sum of the length of the core pieces exceeding 100 mm, expressed as the percentage of the total length of the drill hole)

Bohrkernprobe *f*, Kernbohrprobe • drill core sample

Bohrkernuntersuchung *f* • drill core examination

Bohrklein *n* ➋ Bohrschmant

Bohrkopf *m* • drill head, (rotary) swivel head, boring head [*The assembly which applies the drilling pressure and rotation for the drill rods*]

Bohrkopf *m* [*einer Tunnelbohr- od Rohrvortriebsmaschine*] • cutterhead [*of a tunnel boring or microtunnel(l)ing machine*]

Bohrkopfschild *m* [*der TBM*] • cutterhead shield

Bohrkopfüberwacher *m* • drill head monitor

Bohrkopfverstellung *f* [*Tunnelbohrmaschine*] • cutterhead adjustment system [*tunnel boring machine*]

Bohrkosten *f*, Kosten des Bohrens • drilling costs

Bohrkosten *f*, Kosten einer Bohrung, Bohrlochkosten • total well costs

Bohrkostenprozente *f*, prozentuale Bohrkosten *f* • drilling costs percentage

Bohrkote *f*, Bohrhöhe *f*, Bohrniveau *n* • drilling level, drilling elevation

Bohrkragen *m* ➋ Schwerstange

Bohrkragenstrang *m* ➋ Schwerstangenstrang

Bohrkreuz *n* ➋ Eruptionskreuz

Bohrkrone *f* • drill bit, drilling bit, bit

Bohrkrückel *m* [*Tiefbohrtechnik*] • brace head

Bohrkupp(e)lung *f*, (Bohr)Gestängeverbinder *m*, Tiefbohrgestängeverbinder • tool joint

Bohrladeloch *n* ➋ (Spreng)Ladeloch

Bohrlafette *f* • drilling mast, drill rig

Bohrlänge *f* • drilled length

Bohrlanze *f* • drilling lance, drill lance

Bohr-Last(kraft)wagen *m*, Bohr-LKW *m* • drilling truck (US); drilling lorry (Brit.)

Bohrleistung *f* [*im Tunnelbau*] • tunnelling performance (Brit.), tunneling performance (US)

Bohrleistung *f* pro Mineur und Schicht • drilling performance per driller and shift

Bohrleiter *f* • compartment ladder

Bohrloch *n*, Bohrung *f* • borehole, well(bore) [*A circular hole made by boring; especially a deep hole of small diameter, such as an oil or water well*]

Bohrloch *n*, Bohrung *f* • drill hole [*A circular hole made by drilling, especially one made by cable tools, or one made to explore for valuable minerals or to obtain geologic(al) information*]

Bohrloch *n* [*Von unten nach oben zur Wasserabzapfung*] (⚒) • drain-bore

Bohrloch *n* an Land, Landbohrloch • (bore)hole on land, well(bore) on land, land borehole, land well (bore)

Bohrloch *n* für Untertageverbrennung • thermal recovery well(bore), thermic recovery well(bore), thermal recovery bore(hole), thermal recovery drill hole, thermic recovery drill hole, thermic recovery bore (hole)

Bohrloch *n* in Produktion bringen, Bohrung *f* in Produktion bringen [*Erdöl; Erdgas*] • to bring in a well

Bohrloch *n* mit Erz, Erzbohrloch • (bore)hole showing ore, well(bore) showing ore

Bohrloch *n* mit Flüssigkeitsstützung • borehole with liquid support

Bohrloch *n* mit sehr kleiner Förderung, Bohrung *f* mit sehr kleiner Förderung, unergiebige Bohrung, unergiebiges Bohrloch, Melksonde *f*, Melkbohrloch, Melkbohrung • marginal well(bore), marginal (bore) hole [*Texas*]; stripper (well(bore)), stripper (bore)hole

Bohrloch *n* ohne Erz, Bohrung *f* ohne Erz, erzloses Bohrloch, erzlose Bohrung • no ore borehole, no ore drill hole

Bohrlochablenkung *f* • (bore)hole deflection, well (bore) deflection; (bore)hole deflexion, well(bore) deflexion (Brit.)

Bohrloch(ab)sperrung *f*, Bohrlochsperre *f* • (bore) hole shutoff, well(bore) shutoff

Bohrlochabstand *m* • (bore)hole spacing, well(bore) spacing, drill hole interval [*Areal location and interrelationship between producing oil or gas wells in a field; calculated for the maximum ultimate production from a given reservoir*]

Bohrlochabstand(s)größe *f* • (bore)hole location, well(bore) location [*The spacing unit between two (bore)holes, e.g. a 50-acre location*]

Bohrlochabweichung *f* • angle of deflection, deflection angle, dogleg severity; angle of deflexion, deflexion angle (Brit.) [*The angular change in the course of a borehole produced accidentally or intentionally*]

Bohrlochabweichung *f*, Bohrlochverlaufen *n* • borehole deviation, (bore)hole drift, well(bore) drift [*The deviation, or the angle of deviation, of a borehole from the vertical or from its intended course*]

Bohrlochabweichung *f* mit dem Schichtenfallen • down-structure deflection of the well

Bohrlochabweichungsmesser *m*, Bohrlochverlaufmesser • (bore)hole drift meter, (bore)hole drift indicator, (bore)hole deviation meter, (bore)hole deviation indicator, well(bore) drift meter, well(bore) drift indicator, well(bore) deviation meter, well(bore) deviation indicator

Bohrlochachse *f* • borehole axis

Bohrlochanordnung *f*, Anordnung *f* der Bohrlöcher • bore hole arrangement (*or:* pattern), drill hole arrangement (*or:* pattern), drill pattern, drill hole pattern

Bohrlochaufweitung *f* • borehole expansion

Bohrlochaufweitungsversuche (DIN 4094-5) • Borehole deformation tests (DIN 4094-5)

Bohrlochauswaschung *f* • (bore)hole washout, well (bore) washout

(Bohrloch)(Aus)Zementierung *f* • (bore)hole cementation, well(bore) cementation, (bore)hole cementing, well(bore) cementing

Bohrloch-Ballonprüfung *f*, Ballon-Bohrlochprüfung • (bore)hole balloon test, well(bore) balloon test

Bohrlochbergbau *m* • (bore)hole mining [*A general term for any process in which the wanted mineral values of a deposit are fluidized in place by some means and removed from the deposit via borehole*]

Bohrlochbeschreibung *f* • (bore)hole record, well (bore) record [*In exploratory drilling the term refers to a description of the borehole based on the borehole logs, the samples taken, and the report of the geologist*]

Bohrlochbohren *n* • (bore)hole drilling, well(bore) drilling

Bohrlochdaten *f* • (bore)hole data, (bore)hole information, well(bore) data, well(bore) information

Bohrlochdichte *f* [*Verhältnis von Bohrlochanzahl zu Lagerstättenoberfläche*] • (bore)hole density, well (bore) density

Bohrloch-Dilatometer *n* [*Ein zylindrisches Gerät, bei dem ein dehnbarer Gummipacker zum Einsatz kommt, um einen gleichmäßigen Druck durch eine Flüssigkeit oder ein Gas auf die Wandung einer Bohrung aufzubringen, wobei die Aufweitung der Bohrung mittels elektrischer Wegaufnehmer gemessen wird*], Bohrlochverformungssonde *f* • (bore)hole dilatometer, well (bore) dilatometer [*A cylindrical device in which a flexible rubber membrane is used to apply uniform pressure by a gas or fluid. The pocket displacement is then measured by way of displacement transducers*]

Bohrlochdiverter *m* [*Tiefbohrtechnik*] • well diverter

Bohrlochdruck *m* • (bore)hole pressure, well(bore) pressure [*The natural pressure of oil, gas, or water in a well*]

Bohrlochdurchmessermessung *f*, Bohrlochweitenmessung, Kalibermessung • caliper logging, section-gage logging (US); calliper logging (Brit.); section-gauge logging, CAL logging

Bohrlocheigenpotential *n* • (bore)hole spontaneous potential, (bore)hole self potential, (bore)hole SP potential, (bore)hole natural potential [*"Well(bore)" may synonymously be used for "(bore)hole"*]

Bohrlochentspannungsversuch *m* [*Ein Bohrlochentspannungsversuch dient der Ermittlung der ursprünglichen Spannungen im Fels (primärer Spannungszustand des Gebirges) am Boden eines Bohrlochs. Dabei misst man die Deformationen, die beim Freibohren eines Kerns entstehen* (*1)] • drill hole stress-relief test

(Bohrloch)Elektromagnetiklog *n* • (bore)hole electromagnetic log, (well(bore)) electromagnetic log, EM log

Bohrlöcherverbindung *f* mit elektrischem Strom hoher Spannung • electrolinking

Bohrlochfehlzündung *f* ➔ Innenversager

Bohrloch-Felstrümmer *f* • slough [*The fragments of rocky material from the wall of a (bore)hole*]

Bohrlochfernmessung *f*, Fernbohrlochmessung • (bore)hole telemetry, well(bore) telemetry

Bohrlochfernseher *m*

➔ (akustischer) Bohrlochfernseher

Bohrlochfernsehkamera *f*, Fernsehbohrlochkamera • (bore)hole television camera, well(bore) television camera

Bohrlochfertigstellung *f*

➔ Fertigstellung einer Bohrung

Bohrlochformation *f*, Bohrlochgebirge *n* • (bore)hole formation, well(bore) formation

Bohrloch-Gammastrahlungsmessung *f*, Gamma-Bohrlochstrahlungsmessung • gamma-ray (well (bore)) logging, GRL [*A method of logging boreholes by observing the natural radioactivity of the rocks through which the hole passes. It was developed for logging holes which cannot be logged electrically because they are cased*]

Bohrlochgasabscheider *m* • gas anchor [*Petroleum engineering. A downhole gas separator used to reduce gas-in-oil froth before the pump to increase pump efficiency*]

Bohrlochgebirge *n*, Bohrlochformation *f* • (bore) hole formation, well(bore) formation

Bohrlochgeophysik *f* • (bore)hole geophysics, well (bore) geophysics

B

Bohrlochgravimeter ***n***, Bohrlochschweremesser *m* • (bore)hole gravimeter, (bore)hole gravity meter, well (bore) gravimeter, well(bore) gravity meter

Bohrlochgravimetermethode ***f*** ➋ Bohrlochschweremesserverfahren

Bohrlochgreifer ***m*** • grab

Bohrlochhangende ***n*** [*Richt(ungs)bohren*] • high side

Bohrlochhydraulik ***f*** • (bore)hole hydraulics, well (bore) hydraulics [*That branch of production engineering which deals with the motion of fluids (oil, gas and water) in tubing, casing, or the annulus between tubing and casing*]

Bohrlochinjizierbarkeit ***f*** • (bore)hole injectivity, well (bore) injectivity

Bohrlochinklinometer ***n***, Bohrloch-Inklinometer • borehole inclinometer

Bohrlochkamera ***f*** • (bore)hole camera, well(bore) camera

Bohrlochkern ***m*** • (bore)hole core, well(bore) core

Bohrlochkontrolle ***f*** • well survey

Bohrlochkontollkosten ***f*** [*Sie umfassen die Kosten für geologische und technische Messungen und das Überwachen und Richten des Bohrlochverlaufes*] • well survey costs

Bohrlochkopf ***m***, (Bohrloch)Mündung *f*, (Bohrloch) Mundloch *n*, Bohrlochmund *m* • hole head, (bore) hole top, well(bore) opening, well(bore) mouth, well (bore) head, well(bore) top, collar, hole collar

Bohrlochkopf ***m*** **mit Sicherungsschieber** ➋ Eruptionskreuz

Bohrlochkosten ***f*** ➋ Bohrkosten

Bohrlochkrater ***m*** • well crater [*A large funnel-shaped cavity at the top of an oil or gas well, resulting from a blowout or occasionally from caving*]

Bohrlochlagevermessung ***f*** • borehole position measurement

Bohrlochlänge ***f*** [*Sprengtechnik*] • drill hole length

Bohrlochseitenabstand ***m*** • hole spacing

Bohrlochlängsgeber ***m*** • (bore)hole axial strain indicator, well(bore) axial strain indicator

Bohrlochlog ***n***, Log, Bohrmeisterlog, Schichtenbuch *n* • (bore)hole log, (well(bore)) log, driller's log, geophysical log, wire-line log [*1. A graphic representation of the lithology and/or stratigraphic units traversed by a borehole (Schicht(en)profil, Bohrprofil). 2. The similar presentation of the variation of some physical property in a borehole with depth, such as resistivity, self-potential, gammaray intensity or velocity. 3. The record of formations penetrated, drilling progress, record of depth of water, oil, gas, or other minerals, the record of size and length of pipe used, and other written or recorded facts having to do with drilling a well*]

Bohrlochlogformular ***n***, Logformular • (bore)hole log form, (well(bore)) log form

Bohrlochmessgerät ***n*** **mit flexibler Messsonde** [*Es wird durch die Spülung bis in die Schwerstange hinuntergepumpt und streckt seine flexible Messsonde durch eine Meißeldüse heraus*] • drill pipe electric log

(Bohrloch)Messkabel ***n*** • logging cable

Bohrlochmessung ***f*** [*geophysikalische; als geophysikalische Bohrlochmessung bezeichnet man die Ermittlung physikalischer Gesteinsparameter in Bohrlöchern zur Identifikation der Gesteine und deren Lagerung* (*1). *Es gibt die akustische, die elektrische und die kernphysikalische Bohrlochmessung*] • borehole geophysical logging, borehole logging

Bohrlochmessung ***f*** **durch Schallreflexion**, akustisches Kernen *n* • acoustical coring, sonic coring, sound coring

Bohrlochmethode ***f***, Bohrlochverfahren *n* [*Bei dieser Art des Ausschneideverfahrens werden die Rückfederungen nicht mehr unmittelbar auf der Probe sondern in der unmittelbaren Umgebung eines Bohrloches gemessen, das an der interessierenden Stelle des Bauteiles gebohrt wird, wobei der Bohrlochdurchmesser je nach Heterogenität des Baustoffes zwischen wenigen Millimetern und mehreren Zentimetern liegen kann*] • hole-drilling strain-ga(u)ge method of measuring residual stresses

Bohrlochmilieu ***n*** • (bore)hole environment, well (bore) environment

(Bohrloch)Mund(loch) ***m, (n)*** ➋ (Bohrloch)Kopf

Bohrlochneigungsmesser ***m*** • (bore)hole (in)clinometer, well(bore) (in)clinometer

Bohrlochorientierung ***f*** • borehole orientation

Bohrlochpacker ***m***, Bohrlochpresskopf *m*, Bohrlochverschluss *m* • (bore)hole packer, (bore)hole packing, well(bore) packer, well(bore) packing

Bohrlochperiskop ***n*** • (bore)hole periscope, well (bore) periscope

Bohrlochpfeife ***f***, Bohrlochspur *f* • remaining part of a borehole after blasting

Bohrlochpfropfen ***m***, Bohrlochplombe *f*, Bohrlochstopfen • (bore)hole plug, well(bore) plug

Bohrlochpiezometer ***n*** • (bore)hole piezometer, well (bore) piezometer

Bohrlochpresse ***f*** • (bore)hole jack, well(bore) jack

Bohrlochpressenversuch ***m*** [*Ein direktes Aufschlussverfahren*] • (bore)hole jack test, well(bore) jack test [*It consists of the application of an undirectional load to opposite sides of an uncased (bore)hole via a jack with curved loading plates. The load is applied by means of a hydraulic pressure system*]

Bohrlochpresskopf ***m*** ➲ Bohrlochpacker

Bohrlochprobe ***f*** • (bore)hole sample, well(bore) sample [*It is obtained by boring for the purpose of determining the nature of the foundation material*]

Bohrlochprofil ***n*** • drill hole profile

Bohrlochquergeber ***m*** • (bore)hole diametral strain indicator, well(bore) diametral strain indicator

Bohrlochrammsondierung ***f*** (DIN 4094-2) • Borehole dynamic probing, BDP

Bohrlochreihe ***f*** • drill hole row

Bohrlochschema ***n*** • (bore)hole pattern, well(bore) pattern

Bohrlochschießen ***n*** • (bore)hole shooting, well (bore) shooting [*The firing of a charge of high explosive in the bottom of a well(bore) for the purpose of increasing the flow of water, oil, or gas*]

Bohrlochschüttung ***f*** • (bore)hole flow, well(bore) flow

Bohrlochschwere ***f***, Bohrlochschwerkraft *f* • (bore)hole gravity

Bohrlochschweremesser ***m***, Bohrlochgravimeter *n* • (bore)hole gravimeter, (bore)hole gravity meter, well (bore) gravimeter, well(bore) gravity meter

Bohrlochschweremesserverfahren ***n***, Bohrlochschweremessermethode *f*, Bohrlochgravimeterverfahren, Bohrlochgravimetermethode • (bore)hole gravimeter method, (bore) hole gravity meter method, well(bore) gravimeter method, well(bore) gravity meter method

Bohrlochschwerkraft ***f***, Bohrlochschwere *f* • (bore)hole gravity

Bohrlochseitendruckversuch ***m*** • lateral pressure test in borehole

Bohrlochsicherung(sarbeiten) ***f*** • mud and casing and cementing work

Bohrlochsicherungsgarnitur ***f*** ➲ Ringraum(ab)dicht(ungs)garnitur

Bohrlochsicherungskosten ***f*** • mud and casing and cementing costs

Bohrlochsohle ***f*** • borehole bottom, well(bore) bottom, bottom of the borehole, drill hole base

Bohrlochsohlendruck ***m*** • bottom-hole pressure, (bore)hole bottom pressure, reservoir pressure, BHP [*The pressure produced in a well at or near the depth of a reservoir formation. It may be measured as a "flowing (bottom-hole) pressure" or as a "shut-in (bottom-hole) pressure" to record the rate of pressure buildup during the survey period*]

Bohrlochsohlentemperatur ***f*** • bottom-hole temperature, (bore)hole bottom temperature [*The temperature of the fluid at or near the bottom of a borehole, significantly lower than the temperature of the formation if borehole fluids have been circulated recently or are being produced with expansion into the well bore*]

Bohrlochsohlenprobe ***f*** • (bore)hole bottom sample, bottom sample, well(bore) bottom sample

Bohrlochsonde ***f*** ➲ optische Bohrlochsonde

Bohrlochsonde ***f*** • (bore)hole probe, well(bore) probe

Bohrlochspannungsmesser ***m*** • (bore)hole inclusion stressmeter, well(bore) inclusion stressmeter [*It differs from a borehole deformation meter in that it may be calibrated directly in terms of stress even though its response to stress is a measured strain or some other effect which results from that strain. These instruments are, in fact, hard rigid or near-rigid inclusions whereas borehole deformation meters may be either soft inclusions offering little resistance to borehole deformation, or simply profile measuring devices that offer no resistance at all*]

Bohrlochsperre ***f***, Bohrloch(ab)sperrung *f* • (bore)hole shutoff, well(bore) shutoff

Bohrlochspur ***f***, Bohrlochpfeife *f* [*Die Bohrlochspur ist der nach dem Sprengvorgang am stehenbleibenden Gebirge erhalten gebliebene Anteil der Bohrlochwand eines Spreng- od. Leerbohrloches* (*1)] • remaining part of a borehole after blasting

Bohrlochstopfen ***m*** ➲ Bohrlochpfropfen

Bohrlochstrecke ***f*** • drill string

Bohrlochtest ***m*** • bore hole test, drill hole test

Bohrlochteufe ***f***, Bohrlochtiefe *f* • (bore)hole depth, well(bore) depth, drill hole depth

Bohrlochtiefe ***f*** ➲ Bohrlochteufe

Bohrlochtotpumpen ***n***, Totpumpen • (bore)hole killing, well(bore) killing, killing (a well(bore)) [*Overcoming the tendency of a well to flow by filling it with drilling mud of suitable density*]

Bohrlochüberprüfer ***m*** [*Ein fahrbares Gerät zum Messen der (Erd)Ölförderung von Förderbohrungen*] • (bore)hole checker, well(bore) checker

Bohrloch- und Ladungsanordnung ***f*** [*Sprengtechnik*] • borehole and (explosive) charge arrangement

Bohrlochventil ***n*** • shut in valve

B

Bohrlochverfahren ***n***, Bohrlochmethode *f* [*Bei dieser Art des Ausschneideverfahrens werden die Rückfederungen nicht mehr unmittelbar auf der Probe sondern in der unmittelbaren Umgebung eines Bohrloches gemessen, das an der interessierenden Stelle des Bauteiles gebohrt wird, wobei der Bohrloch-durchmesser je nach Heterogenität des Baustoffes zwischen wenigen Millimetern und mehreren Zentimetern liegen kann*] • hole-drilling strain-ga(u)ge method of measuring residual stresses

Bohrlochverformungsmesser ***m*** • (bore)hole deformation meter, well(bore) deformation meter [*This is a device which measures changes in the cross-sectional dimensions of a borehole in rock, when the borehole is deformed as a result of stress change*]

Bohrlochverformungssonde ***f***, (Bohrloch)Dilatometer *n* • (bore)hole dilatometer, well(bore) dilatometer

Bohrlochverlaufen ***n***, Bohrlochabweichung *f* • (bore)hole drift, well(bore) drift [*The deviation, or the angle of deviation, of a borehole from the vertical or from its intended course*]

Bohrlochverlaufmesser ***m***, Bohrlochabweichungsmesser • (bore)hole drift meter, (bore)hole drift indicator, (bore)hole deviation meter, (bore)hole deviation indicator, well(bore) drift meter, well(bore) drift indicator, well(bore) deviation meter, well(bore) deviation indicator

Bohrlochvermessung ***f*** • (bore)hole surveying, well (bore) surveying, directional surveying [*Measuring the azimuth and slope of a (bore)hole at selected depths, often to help with directional drilling*]

Bohrlochverrohrung ***f*** • borehole casing

Bohrlochversager ***m***, Innenversager, Innenfehlzündung *f*, Bohrlochfehlzündung • misfire in the (blast)hole

Bohrlochverschluss ***m*** ➋ Bohrlochpacker

Bohrlochversuch ***m*** • borehole test, drillhole test

Bohrlochwand ***f***, Bohrlochwandung *f* • drill hole wall, bore-hole wall

Bohrlochwandkern ***m*** • (bore)hole wall core, (side)wall core, well(bore) wall core [*This sample is extracted from the wall of a (bore)hole, either by shooting a retractable hollow projectile, or mechanically*]

Bohrlochwandkernen ***n*** • (bore)hole wall sampling, (side)wall sampling, (side)wall coring, well(bore) wall sampling, bore(hole) wall coring, well(bore) wall coring

Bohrlochwandkerngerät ***n*** • (bore)hole wall sampler, (side)wall sampler, (side)wall sample taker, (bore)hole wall sample taker, well(bore) wall sampler, well(bore) wall sample taker

Bohrlochwand-Kernschießen ***n***, Seitenwand-Kernschießen • (bore)hole wall percussion gun coring, (side)wall percussion gun coring, well(bore) wall percussion gun coring

Bohrlochwand(ung) ***f***, Seitenwand(ung) • (bore)hole wall, (side)wall, well(bore) wall

Bohrlochweitenmessung ***f***, Bohrlochdurchmessermessung, Kalibermessung • caliper logging, section-gage logging (US); calliper logging (Brit.); section-gauge logging, CAL logging

Bohrlöffel ***m*** (⚒) • scooping iron, scouring bit

Bohrmannschaft ***f*** [*im Tunnelbau*] • tunnelling team (Brit.), tunneling team (US)

Bohrmarker ***m*** • borehole marker

Bohrmehl ***n***, (Bohr)Schmant *m*, Bohrgut *n*, Bohrklein *n* • (bore)hole cut(ting)s, well(bore) cut(ting)s, cut (ting)s, debris, dirt; drillings [*misnomer*]

Bohrmeißel ***m***, Bohrer *m*, Meißel • (drill(ing)) bit [*Also called drill(ing) crown in Africa and England. One of a number of different types of detachable cutting tools used to cut circular holes in rock, wood, metal, etc.*]

Bohrmeister ***m*** • toolpusher [*US slang*]; head driller, drill foreman

Bohrmeisterbüro ***n*** • doghouse [*Driller's office on the derrick floor*]

Bohrmeisterlog ***n*** ➋ Log

Bohrmeisterschreibfach ***n***, Schreibfach für Bohrmeister • knowledge box

Bohrmeter ***m*** • drilling metre (Brit.), drilling meter (US)

Bohr(meter)leistung ***f*** • drilling metres, drilled metres, drilling meterage, drilled meterage

Bohrmethode ***f***, Bohrverfahren *n* • drilling method, drilling process

Bohrmittel ***n*** • drilling medium [*e.g. drilled steel shot*]

Bohrniveau ***n*** ➋ Bohrhöhe

Bohrperforation ***f*** [*eine mechanische Vorbehandlung der industriellen Imprägnierung zur Erhöhung der Standdauer von Hölzern*] • drilled perforation

Bohrperiode ***f***, Bohrkampagne *f* • drilling campaign, drilling period

Bohrpfahl ***m*** • bore(d) pile, bored piling; *less frequent:* drilled pile

Bohrpfahl ***m*** ➋ Ort(beton)bohrpfahl

Bohrpfahl ***m*** **mit Fußverbreiterung**, Fußbohrpfahl • bell(ed) bored pile, bored bell(ed) pile

Bohrpfahlloch ***n*** • pile (bore)hole

Bohrpfahlstützwand ***f*** **mit Betonfüllung**, betongefüllte Bohrpfahlstützwand • contiguous bored pile retaining wall, interlock(ing) bored pile retaining wall [*Interlocking is done by drilling and concreting alternate piles, then using a chisel to drill in the space between these piles forming a deep groove in each of the latter. The drilled-out space is then filled with concrete to form the continuous wall*]

Bohrpfahlwand ***f*** [*Eine senkrechte Wand aus dicht nebeneinander stehenden Ortbetonpfählen*] • contiguous bored piles, contiguous bored pile wall, bored pile wall, piling wall

Bohrpfahlwand ***f*** **mit großem Pfahlabstand**, aufgelöste Bohrpfahlwand *f*, ausgefachte Bohrpfahlwand *f* [*die Zwischenräume nennt man* ➋ *Ausfachung*] • widely spaced bored pile wall, soldier pile wall

Bohrplattform ***f***, Bohrbühne *f* • drill(ing) platform, drill(ing) floor [*A plank-covered work area around the collar of a (bore)hole at the base of a drill tripod or derrick*]

Bohrplattform ***f***, Bohrinsel *f* • drilling platform, offshore (drilling) platform, island drilling system, offshore drilling rig, offshore (mobile) platform, drilling island, seagoing (drilling) platform, (mobile) drilling platform, production platform [*A structure for drilling into the seabed to obtain oil and/ or gas*]

Bohrplattformbauhof ***m***, Bohrinselbauhof • offshore (drilling) platform construction yard

Bohrplatzeinrichtung ***f*** • drill site setup

Bohrplatzkosten ***f***, Kosten des Bohrplatzes • well site costs

Bohrprobe ***f*** • drilled sample, drilling sample

Bohrprobe(n)anzeiger ***m*** • drilled sample logger, drilling sample logger

Bohrprobe(n)nahme ***f***, Probe(n)nahme durch Bohrungen • drill sampling, sampling by drilling [*A method of sampling a deposit by sinking boreholes in a regular pattern into it, generally from the surface*]

Bohrprobe(n)nahme ***f*** **durch Luftspülung** • prospect sampling by air-flush drilling

Bohrprofil ***n***, Schichtenaufzeichnung *f* • drill log, drilling log, boring log [*The record of the events and the type and characteristics of the formations penetrated in drilling a borehole*]

Bohrprofil ***n*** ➋ Bohrlochprofil

Bohrprogramm ***n*** **in unerschlossenem Gebiet** ➋ Pilotbohrprogramm

Bohrprotokoll ***n*** • boring record, drilling record

Bohrpunkt ***m*** ➋ Bohr(loch)(ansatz)punkt

Bohrraster ***n*** • borehole grid

Bohrrichtung ***f*** • drilling direction

Bohrrohr ***n*** • sand pot [*Subaqueous rock excavation by drilling from a boat. The sand pot is a pipe 6 to 10 in. in diameter with a hopper top. This is placed upon the rock, and the drill, having a hollow rod, is placed on the rock through this pipe. Water forced through the drill rod washes the drilled rock materials from the hole through the sand pot as the drill is operated. The dynamite charge is placed through a hollow tube lowered to the bottom of the hole*]

Bohrrohr ***n*** • (drill) casing pipe, drill casing, casing

(Bohr)Rohrabsenkkeil ***m***, Verrohrungsabsenkkeil, Futterrohrabsenkkeil • casing whipstock

(Bohr)Rohrabsetztiefe ***f***, (Bohr)Rohreinbautiefe, Futterrohrabsetztiefe, Futterrohreinbautiefe, Verrohrungs(absetz)tiefe, Verrohrungseinbautiefe, Einbautiefe, Absetztiefe • (casing) landing depth, casing seat, (casing) setting depth, casing depth

(Bohr)Rohrbirne ***f*** ➋ (Bohr)Rohrtreibebirne

(Bohr)Rohrdoppelflansch ***m***, Verrohrungsdoppelflansch, Futterrohrdoppelflansch • casing spool

(Bohr)Rohre ***f*** (Ölfeld)➋ Bohrrohre

(Bohr)Rohre ***f*** **mit Sicherheits-muffe(nverbindung)**, Futterrohre mit Sicherheitsmuffe(nverbindung), Verrohrung *f* mit Sicherheitsmuffe(nverbindung) • slip joint casing

(Bohr)Rohre ***f*** **ohne Endverstärkung**, Futterrohre ohne Endverstärkung, Verrohrung *f* ohne Endverstärkung, glatte Bohrrohre, glatte Futterrohre, glatte Verrohrung • plain casing

(Bohr)Rohreinbautiefe ***f***, (Bohr)Rohrabsetztiefe, Futterrohrabsetztiefe, Futterrohreinbautiefe, Verrohrungs(absetz)tiefe, Verrohrungseinbautiefe, Einbautiefe, Absetztiefe • (casing) landing depth, casing seat, (casing) setting depth, casing depth

(Bohr)Rohr(einhänge)schäkel ***m***, Futterrohr(einhänge)schäkel, Verrohrungs(einhänge)-schäkel [*"Bügel" kann synonym für "Schäkel" verwendet werden*] • casing clevis

(Bohr)Rohrfahrstuhl ***m***, Futterrohrfahrstuhl, Verrohrungsfahrstuhl, (Bohr)Rohrelevator *m*, Futterrohrelevator, Verrohrungselevator • casing elevator

B

(Bohr)Rohrfang *m*, (Bohr)Rohrfänger *m*, Verrohrungsfang, Verrohrungsfänger, Futterrohrfang, Futterrohrfänger • casing dog, casing grab

(Bohr)Rohrfangglocke *f*, Verrohrungsfangglocke, Futterrohrfangglocke • casing bowl

(Bohr)Rohrflansch *m*, Futterrohrflansch, Verrohrungsflansch • casing flange

(Bohr)Rohrförderhaken *m*, Verrohrungsförderhaken, Futterrohr(förder)haken • casing hook

(Bohr)Rohrgewinde *n*, Futterrohrgewinde, Verrohrungsgewinde • casing thread

(Bohr)Rohrglätter *m*, (Bohr)Rohrtreibebirne *f*, Bohr(treibe)birne, Bohrrohrbirne, Verrohrungsglätter, Verrohrungs(treibe)birne, Futterrohr(treibe)birne, Futterrohrglätter, Treibebirne • (casing) swedge

(Bohr)Rohrgröße *f*, Futterrohrgröße, Verrohrungsgröße • casing size

(Bohr)Rohrhülse *f*, Futterrohrhülse *f*, Verrohrungshülse • casing sleeve

(Bohr)Rohrkaliber *n*, Futterrohrkaliber, Verrohrungskaliber • casing gauge; casing gage (US)

(Bohr)Rohrkanone *f* ➔ (Bohr)Rohrschießgerät

(Bohr)Rohrkarre(n) *f*, *(m)*, Verrohrungskarre(n), Futterrohrkarre(n) [*am Bohrturm*] • casing wagon

(Bohr)Rohrkeil *m*, Futterrohrkeil, Verrohrungskeil • casing slip

(Bohr)Rohrkopf *m*, Verrohrungskopf, Futterrohrkopf • casing head [*A fitting at the head of an oil or gas well that allows the pumping operation to take place, as well as the separation of oil and gas*]

(Bohr)Rohrkratzer *m*, (Bohr)Rohrschrapper, Rohrschrapper, Rohrkratzer, Verrohrungsschrapper, Verrohrungskratzer, Kratzer, Futterrohrkratzer, Futterrohrschrapper • casing scraper

(Bohr)Rohrkrebs *m*, Futterrohrkrebs, Verrohrungskrebs, Backenheber *m*, Krebs • (casing) spear

(Bohr)Rohrlocher *m* ➔ (Bohr)Rohrschießgerät

(Bohr)Rohrmuffenlog *n*, (Futterrohr)Muffenlog, Verrohrungsmuffenlog • (casing) collar log, CCL, casing coupling log

(Bohr)Rohrpacker *m*, Verrohrungspacker, Futterrohrpacker • casing packer, casing packing

(Bohr)Rohrprüfer *m*, Verrohrungsprüfer, Futterrohrprüfer • casing tester [*A closely fitting rubber-flanged bucket or a similar tool let down in an oil well to determine the location of a leak in the casing*]

(Bohrrohr)Pumpe *f*, Verrohrungspumpe, Rohrpumpe, Futterrohrpumpe • casing pump

(Bohrrohr)Reinigungsbüchse *f*, Futterrohrreinigungsbüchse, Rohrreinigungsbüchse, Verrohrungsreinigungsbüchse • casing bailer

(Bohr)Rohrroller *m*, Verrohrungsroller, Futterrohrroller, Roller • casing roller

(Bohr)Rohrrüttler *m*, (Bohr)Rohrvibrator, Verrohrungsrüttler, Verrohrungsvibrator, Futterrohrrüttler, Futterrohrvibrator • casing oscillator, casing vibrator

(Bohr)Rohrschelle *f*, Verrohrungsschelle, Futterrohrschelle • casing clamp

(Bohr)Rohrschießgerät *n*, Futterrohrschießgerät, Verrohrungsschießgerät, (Bohr)Rohrlocher *m*, Verrohrungslocher, Futterrohrlocher, Perforator *m*, Futterrohrkanone *f*, (Bohr)Rohrkanone, Verrohrungskanone • casing gun, perforating gun, piercing gun, gun perforator, casing perforator

(Bohr)Rohrschlitzer *m*, Futterrohrschlitzer, Verrohrungsschlitzer • casing splitter, casing ripper

(Bohr)Rohrschneider *m*, Verrohrungsschneider

(Bohr)Rohrschrapper *m*, (Bohr)Rohrkratzer, Rohrschrapper, Rohrkratzer, Verrohrungsschrapper, Verrohrungskratzer, Kratzer, Futterrohrkratzer, Futterrohrschrapper • casing scraper

(Bohrrohr)Schuh *m*, Futterrohrschuh, Verrohrungsschuh, Schuh • casing shoe [*A rigid annular fitting placed at the lower end of a metal well casing, commonly with a cutting edge on the bottom*]

(Bohr)Rohrschuss *m*, Verrohrungsschuss, Futterrohrschuss • casing element

(Bohr)Rohrspülkopf *m*, Verrohrungsspülkopf, Futterrohrspülkopf • casing water swivel

(Bohr)Rohrtreibebirne *f*, (Bohr)Rohrglätter *m*, Bohr(treibe)birne, (Bohr)Rohrbirne, Verrohrungsglätter, Verrohrungs(treibe)birne, Futterrohr(treibe)birne, Futterrohrglätter, Treibebirne • (casing) swedge

(Bohr)Rohrunterschneider *m*, Verrohrungsunterschneider, Futterrohrunterschneider • casing underreamer

(Bohr)Rohrverbindung *f*, Futterrohrverbindung, Verrohrungsverbindung • casing joint [*It is formed by a coupling*]

(Bohr)Rohrvibrator *m*, (Bohr)Rohrrüttler, Verrohrungsrüttler *m*, Verrohrungsvibrator, Futterrohrrüttler, Futterrohrvibrator • casing oscillator, casing vibrator

(Bohr)Rohrzange *f*, Futterrohrzange, Verrohrungszange, Rohrzange, Zange • casing tongs

(Bohr)Rohrzementierkopf *m*, Futterrohr-Zementierkopf, Verrohrungs-Zementierkopf • casing-cementing head

(Bohr)Rohrzentrierkorb *m*, Verrohrungszentrierkorb, Futterrohrzentrierkorb • casing centralizer

(Bohr)Rohrzirkulationsperforator *m*, Futterrohrzirkulationsperforator, Verrohrungszirkulationsperforator • casing puncher

Bohrrückstände *m(pl)* • drilling debris

Bohrrunde *f* • drilling run

Bohrsanddrän *m*, gebohrter Sanddrän, Sandbohrdrän • drilled sand drain

Bohrschablonenrahmen *m* [*meer(es)technische Konstruktion*] • template, templet

Bohrschacht *m* [*Bohrloch das als Tagesschacht oder Blindschacht der Fahrung, dem Materialtransport oder der Wetterführung dient*] (⚒) • drilled shaft

Bohrschappe *f* • auger bit

Bohrschema *n* • drilling diagram (*or:* scheme), drill diagram (*or:* scheme)

Bohrschicht *f* • drilling shift, drilling turn, drilling watch

Bohrschiff *n* • drill(ing) boat, drill(ing) ship, drill(ing) vessel [*There are three forms of drill boats in general use: 1. A floating barge equipped with mov(e)able towers on which the drills are mounted. 2. A floating barge equipped with drilling frames, which are arranged to lower the drills to the rock surface. 3. A floating platform or barge equipped with tripod drills*]

Bohrschlag *m* • drilling impact

Bohrschlamm *m* • drill sludge, drilling mud

(Bohr)Schlamm(spülungs)behälter *m* • (drilling) mud storage tank, mudflush storage tank, flushing mud storage tank

(Bohr)Schlamm(spülungs)kuchen *m*, Filterkuchen • (drilling) mud cake, flushing mud cake, mudflush cake

(Bohr)Schlamm(spülungs)öl *n* • (drilling) mud oil, flushing mud oil, mudflush oil

(Bohr)Schlamm(spülungs)waage *f* • (drilling) mud balance, mudflush balance, flushing mud balance

Bohrschlitz *m* • drilling slot

Bohrschmant *m*, Bohrmehl *n*, Bohrgut *n*, Bohrklein *n* • (bore)hole cut(ting)s, drill cuttings, (well(bore)) cut (ting)s, cuttings, debris, dirt; drill mud, drillings [*misnomer*]

(Bohr)Schmantprobe *f* • (bore)hole cut(ting)s sample, (well(bore)) cut(ting)s sample, debris sample, dirt sample drillings [*The rock chippings and mud produced during drilling and used as a sample. The assay of the sludge is somewhat unreliable and it is not regularly retained for assay except when passing through friable or weathered ore sections*]

(Bohr)Schmanttragfähigkeit *f*, (Bohr)Schmanttragvermögen *n* • cut(ting)s carrying capacity, cut(ting)s conveying capacity

Bohrschnecke *f*, Schneckenbohrer *m* • drilling auger, auger (drill), soil auger, earth auger, helical auger

Bohrschneckenpfahl *m*, Schneckenbohrpfahl • drilled pile, continuous flight auger pile, augercast pile

Bohrschraube *f*, Stellschraube, Nachlassschraube, Nachlassvorrichtung *f* [*amerikanisches Seil(schlag)-bohren*] • temper-screw, drill-head

(Bohr)Schwengel *m*, Balanzier *m* [*Seil(schlag)bohren*] • walking beam, working beam, drilling beam, trunnion, walking bar, lever, oscillating beam

(Bohr)Schwengelbock *m*, (Bohr)Schwengelpfosten *m*, Bohrbock [*pennsylvanisches Seil(schlag)bohren*] • sam(p)son-post

(Bohr)Schwengelbockstrebebalken *m* ➋ Bohrbockstrebebalken

(Bohr)Schwengelpfosten *m*, (Bohr)Schwengelbock *m*, Bohrbock [*pennsylvanisches Seil(schlag)bohren*] • sam(p)son-post

(Bohr)Sprengloch *n* ➋ (Spreng)Ladeloch

(Bohr)Spülen *n*, (Bohr)Spülung *f* • drilling fluid circulation, rotary drilling fluid circulation

(Bohr)Spülluft *f* • drilling air, flush(ing) air

(Bohr)Spül-Luft-Wasser-Gemisch *n*, (Bohr)Spül-Luft-Wasser-Mischung *f* • drilling air-water mix(ture), flush(ing) airwater mix(ture)

Bohr(spül)schlamm *m* **mit Erdgas durchsetzt** ➋ (Rotary)Spülung mit Erdgas durchsetzt

(Bohr)Spülung *f*, Rotary(bohr)spülung, (Bohr)Spül(ungs)mittel *n*, (Bohr)Spül(ungs)medium *n* • drilling fluid, rotary drilling fluid, fluid, fluid medium, circulation fluid, flush(ing) fluid, flush(ing) medium [*These terms generally refer to all fluids and include gas, air, water, oil, and mud. On the other hand, "drilling mud" refers to a suspension of solids in water or oil, or of droplets of one of these liquids dispersed in the other*]

(Bohr)Spülung *f* **mit gerbsaurem Kalk versetzt**, (Bohr)Spülschlamm *m* mit gerbsaurem Kalk versetzt • lime-tannate mud, tannate-lime mud [*rotary drilling*]

B

(Bohr)Spül(ungs)chemikal *n*, Rotary(bohr)spül(ungs)chemikal • drilling chemical, rotary drilling chemical

(Bohr)Spül(ungs)ingenieur *m* • (rotary) drilling fluid engineer, fluid engineer

(Bohr)Spül(ungs)luft *f* • (bore)hole cleaning air, cleaning air, well(bore) cleaning air

(Bohr)Spül(ungs)medium *n* ➋ (Bohr)Spülung

(Bohr)Spöl(ungs)mittel *n* ➋ (Bohr)Spülung

(Bohr)Spül(ungs)säule *f* **im Gestänge** [*Lufthebebohranlage*] • drilling fluid column

(Bohr)Spül(ungs)schaum *m*, Rotaryspül(ungs)-schaum [*Luft-Wasser-Schaummittel-Gemisch*] • drilling foam, flush(ing) foam, rotary drilling foam

(Bohr)Spül(ungs)strom *m* • (rotary) drilling fluid current, fluid current

Bohrspül(ungs)verlust *m*, Spül(ungs)verlust *m* • circulation loss, flushing loss, loss of circulation, loss of flushing, (rotary) drilling fluid circulation loss [*The result of drilling fluid escaping into the formation by way of crevices or porous media*]

(Bohr)Spül(ungs)wasser *n* • drilling water, water flush

Bohrstandort *m*, Bohrstelle *f* • drilling location, drilling site

Bohrstange *f* • drill(ing) rod [*A thin, lightweight drill tubing, such as used in shallow-depth core or seismic shothole drilling*]

Bohrstange *f* • drill(ing) rod [*microtunneller*]

Bohrstange *f* • bore (iron) rod, boring (iron) rod [*An iron rod used for soil and foundation testing called "drill (ing) rod" by drillers and miners*]

Bohrstaub *m* • drill(ing) dust

Bohrstaubsammler *m* • drill(ing) dust collector

Bohrstelle *f*, Bohrstandort *m* • drilling location, drilling site

Bohrstößer *m*, Bohrstück *n* (⚒) • head of (the) punch, punch head

Bohrstollen *m*, gebohrter Stollen, bergmännisch vorgetriebener Stollen, Stollen in geschlossener Bauweise • bore, (machine-)bored gallery, mechanically bored gallery, driven gallery [*"Tunnel" is used in the USA synonymously for "gallery"*]

Bohrstrosse *f* • drill bench

Bohrsuspension *f* • drilling mud, flushing fluid

Bohrtechnik *f*, Tiefbohrtechnik • drilling engineering

Bohrteilsohle *f*, Bohrzwischensohle (⚒) • drilling sublevel

Bohrterrain *n* ➋ Bohrgelände

Bohrtiefe *f*, erbohrte Tiefe, Bohrteufe, erbohrte Teufe • drilled depth, drilling depth

Bohrträger *m* • girder set in a drill(ed) hole, girder inserted in a (bore)hole

Bohrträgersicherung *f*, Bohrträgerverbau *m*, vorläufiger Bohrträgerausbau, provisorischer Bohrträgerausbau, zeitweiliger Bohrträgerausbau, vorübergehender Bohrträgerausbau • inserted girder temporary (support(ing)) system

Bohr(treibe)birne *f* ➋ (Bohr)Rohrtreibebirne

Bohrtrog *m* [*Ein kleiner Trog für das Wasser beim Nassbohren*] • small water trough

Bohrtunnel *m*, gebohrter Tunnel, bergmännisch vorgetriebener Tunnel, Tunnel in geschlossener Bauweise • bore, (machine-)bored tunnel, mechanically bored tunnel, driven tunnel

Bohrturmarbeiter *m*, Bohrarbeiter • roughneck, floorman, rig helper, floorhand, rig hand, rotary driller helper, bully, roustabout [*He works on the derrick floor and handles the placing of the slips in the rotary table to support the drill string on a round trip and to handle the make-up and break-out tongs and the spinning chain which are used to make or break joints when running or pulling a drill string*]

(Bohr)Turmkronenbühne *f* • crown platform

(Bohr)Turmmannschaft *f*, (Bohr)Turmbelegschaft, (Bohr)Turmkolonne *f*, (Bohr)Turmtrupp *m* • drilling (rig) crew, drilling (rig) gang, drilling (rig) party, drilling (rig) personnel, drilling (rig) staff, drilling (rig) team, rig crew, rig gang, rig party, rig staff, rig team, rig personnel

Bohr- und Sprengvortrieb *m*, Bohr- und Sprengarbeit [*im Tunnelbau*] • drill and blast drive, drill+blast [*tunnelling method*]

Bohrung *f* [*Tunnel- und Stollenbau*] • bore

Bohrung *f*, Nennweite *f*, NW, Innendurchmesser *m*, lichter Durchmesser • inner diameter, bore, inside diameter, internal diameter, interior diameter [*pipe; cylinder*]

Bohrung *f*, Bohrloch *n* • (drill) hole [*A circular hole made by drilling, especially one made by cable tools, or one made to explore for valuable minerals or to obtain geologic(al) information*]

Bohrung *f* [*Der Vorgang selbst*] • drilling, drilling operation, boring, boring operation

Bohrung *f* **als Filter** • bored filter

Bohrung *f* **einer fremden Gesellschaft mit unbekannten Ergebnissen** [*Tiefbohrtechnik*] • no dope well

Bohrung *f* in Produktion bringen, Bohrloch *n* in Produktion bringen [*Erdöl; Erdgas*] • to bring in a well

Bohrung *f* mit durchlaufender Schnecke, Schneckenbohrung • continuous flight augering

Bohrung *f* ohne Erz, Bohrloch *n* ohne Erz, erzloses Bohrloch, erzlose Bohrung • no ore (bore)hole, no ore well (bore)

bohrungsbestätigtes Konzept *n* • play concept [*petroleum basin study*]

Bohrungsdiagramm *n*, Bohrungslog *n* • completion log

Bohrungsfertigstellung *f* ➋ Fertigstellung einer Bohrung

Bohrunternehmung *f* ➋ (Tief)Bohrunternehmung

Bohruntersuchung *f* [*Baugrund*] • drilling examination

Bohrverfahren *n*, Bohrmethode *f* • drilling method

Bohrvorgang *m*, Bohrablauf *m* • drilling process

Bohrvorschlag *m* [*Bewertung eines Prospektes*] • well proposal

Bohrvorschub *m* • drilling feed

Bohrvorschubsteuerung *f* • drilling feed control

Bohrvortrieb *m*, Bohrvortreiben *n*, Bohrangriff *m*, Bohrauffahren, Bohrabbau *m* (der Querschnitt(s) fläche), Bohrausbruch *m* [*Tunnel-und Stollenbau*] • drilling heading

Bohrwagen *m* • drilling rig

Bohrwagenbediener *m* • churn-drill operator, blasthole driller, blasting hole well driller, well driller operator, clipper blast-drill operator, cable (tool) drill operator [*In mining and in the quarry industry, one who drills holes with a churn drill (= cable drill) in rock and overlying ground of open-pit mines or quarries to obtain samples, or to provide holes in which explosives are charged and set off to break up the solid mass*]

Bohrwasser *n* [*Im Grundwasser ist unter Wasserzugabe zu bohren, wenn baugrundschädigendes Eindringen von Erde durch die Bohrlochsohle zu erwarten ist*] • drilling water

Bohrwerkzeug *n* • drilling tool, drill tool

Bohrwerkzeug am Gestänge *n* • drilling tool attached to drill rods

Bohrwesen *n* • drilling practice

Bohrwetterschacht *m* ➋ Wetterbohrschacht

Bohrwiderstand *m* • drilling resistance

Bohrwinkel *m* • drilling angle

Bohrwinkelanzeiger *m*, Richtinstrument *n* • drilling angle indicator

Bohrwirbel *m* ➋ Drehkopf

Bohrwirbelbolzen *m* ➋ Spülkopfbolzen

Bohrwirbelhaken *m* ➋ Spülkopfhaken

Bohrwirbelkugel *f* ➋ Spülkopfkugel

Bohrzeit *f* • drill(ing) time

Bohrzeitdiagramm *n*, Bohrzeitlog *n* • drill(ing)time log [*A strip log showing the time required to drill an increment of depth, e.g. minutes per foot, in a borehole. Rapid drilling (a fast break) often indicates a porous reservoir rock*]

Bohrzeug *n* [*Beim pennsylvanischen Seilbohren besteht es aus Schlagbohrmeißel, Schwerstange und Rutschschere*] • drilling tools, boring tools

Bohrzwischensohle *f*, Bohrteilsohle (⚒) • drilling sublevel

Böigkeitsgrad *m* • gustiness intensity

Bolid *m* ➋ Feuerkugel

Boliden-Gravimeter *n*, Boliden-Schwerkraftmesser *m*, Lindblad-Malmquist-Gravimeter, Lindblad-Malmquist-Schwerkraftmesser • Boliden gravimeter, Lindblad-Malmquist gravimeter [*An electrical stable gravimeter with a moving system suspended on a pair of bowed springs. The moving system carries electrical condenser plates at each end, one to measure the position of the moving system, the other to apply a balancing force to bring the system to a fixed position*]

Boll *m* ➋ Koppe

Bollwerk *n*, Bohl(en)werk *n*, Schälung *f*, Hölzung [*z. B. für die Uferbefestigung*] • walling timber

Bollwerk *n* • bulkhead, bulwark [*A structure of wood, stone, steel or concrete erected along the shore of a water body to arrest wave action or along a steep embankment to control erosion*]

Bolson *m*, Wüstental *n* • bolson [*An extensive, alluvium-floored desert basin almost surrounded by mountains and having drainage with low gradients toward a playa or central depression. The term comes from the Spanish word for purse*]

Bolsonebene *f*, Wüstentalebene • bolson plain [*A broad, intermontane plain in the central part of a bolson or semibolson, composed of deep alluvial accumulations washed into the basin from the surrounding mountain*]

Bolsonsee *m*, Wüstentalsee • bolson [*A temporary lake, usually saline, formed in a bolson. Etymol: Spanish "bolsón" (= large purse)*]

Boltonit *m* • boltonite [*A greenish or yellowish granular variety of forsterite from Bolton, Mass. (USA)*]

Boltwoodit *m* • boltwoodite, $K_2(UO_2)2(SiO_3)2(OH)_2.5H_2O$

B

Boltzmann-Konstante ***f*** • Boltzmann constant, Boltzmann's constant

Boltzmann-Verteilung ***f*** • Boltzmann distribution, Boltzmann's distribution

bolusartig • bolary

bolusartiger Silikatboden ***m***, Plastosol *m* [*Hochplastischer kieselsäurereicher, roter Boden*] • plastosol, plastic soil

bölzen ➋ (ab)sprießen

Bolzen ***m*** (⚒) ➋ Stempel

Bolzen ***m***, Spannriegel *m*, Schachtbolzen, Schachtspannriegel • struddle, shaft struddle

Bolzenschrotzimmerung ***f***, Bolzenauszimmerung [*Schachtbau. Die Gevier(t)e liegen in einem gewissen Abstand übereinander und sind durch Bolzen gegenseitig abgestützt*] • separated cribbing, separated timbering, open cribbing, open timbering, shaft timbering with props between cribs

Bolzung ***f*** ➋ Abstreben

Bölzung ***f*** ➋ Abstreben

Bombe ***f*** ➋ (Vulkan)Bombe

Boomse Klei ***m*** [*holländischer Ausdruck: tertiäre Tonschicht*] • Boomse Klei [*dutch term: Tertiary clay layer*]

Bonität ***f***, Kulturbodengüte *f*, Kulturbodenqualität *f*, Anbaubodengüte, Anbaubodenqualität • fertility degree, goodness

Boot ***n*** • boat

Boothit ***m*** • boothite [*A blue monoclinic mineral:* $CuSO_4{\cdot}7H_2O$*. Its blue colo(u)r is lighter than that of chalcanthite*]

Boot(s)anker ***m***, Dregganker

Bor ***n*** • boron

Bora ***f*** • bora, borino [*A katabatic wind of the northern Adriatic coast*]

Borax ***m***, Tinkal *m* • borax, tincal, $Na_2B_4O_7{\cdot}10H_2O$

Bor(ax)kalk ***m*** ➋ Fernsehstein

Boraxperle ***f*** • borax bead, tincal bead [*The type of bead commonly used in blowpipe analysis of metallic compounds*]

Boraxsee ***m***, Tinkalsee • borax lake, tincal lake

Bord ***m*** [*Kleine Erhöhung an einem Kanalufer*] • dowel

Börde ***f*** • boerde [*The sub-Hercynian loess zone in northern Germany or individual regions within this zone, e.g. Magdeburg boerde, Soest boerde, etc.*]

Bordpfahl ***m***, Außenpfahl, Butenpfahl [*Pfahl in der Außenpfahlreihe eines Fangedammes*] • external pile, exterior pile, border pile, outer pile, standard pile

bordvoller Durchfluss ***m*** ➋ ufervoller Durchfluss

Bore ***f*** ➋ Flutbrandung

Bormineral ***n*** • boron mineral

Bornit ***m***, Buntkupferkies *m*, Buntkupfer(erz) *n*, Kupferlebererz • erubescite, (natural) bornite, variegated copper ore, purple copper ore; horseflesh ore [*Cornish name*]; Cu_5FeS_4

Borokalzit ***m*** • borocalcite

Boronatrokalzit ***m*** ➋ Fernsehstein

borsaurer Kalk ***m*** ➋ Fernsehstein

Borst ***m***, Erdriss *m* [*Erddamm*] • cleft

Bort ***m***, Bohrdiamant *m*, schwarzer Diamant • bo(o)rt, boart, bortz, bowr, borts, black diamond, carbon(ado), carbon diamond

Bortkugeln ***f***, ballas

Bortrifluorid-Zählrohr ***n*** • Bortrifluoride counter

Borts ***m(pl)*** ➋ Bohrdiamanten

Bortze ***f*** ➋ Faschine

Borwolframsäure ***f*** • borotungstic acid

bösartig [*Gleichungssystem*] • ill conditioned

Bösche ***f***, Steilwand *f* • gravity slope [*The upper, relatively steep slope of a hillside, commonly lying at the angle of repose of the material eroded from it; it is steeper than the wash slope below. Name given by H. A. Meyerhoff*]

böschen ➋ (ab)böschen

Böschen ***n*** ➋ (Ab)Böschen

Böschung ***f*** • slope [*The inclined face of a cutting or embankment*]

Böschung ***f*** **im Abtrag**, Böschung im Einschnitt, Böschung im Aushub, Einschnittböschung, Abtrag(ungs)böschung, Aushubböschung • cut(ting) slope, digging slope, excavation slope, slope of cut(ting), slope of excavation, excavated slope

Böschung ***f*** **im Fels** ➋ Felsböschung

Böschung ***f*** **in bindigem Boden** • cohesive slope

Böschungs(ab)dichtung ***f*** • slope seal(ing)

Böschungsabflachung ***f***, Böschungsverflachung • slope flattening

Böschungsabrichten ***n***, Böschungsglätten, Böschungsabziehen • slope dressing, slope grading

Böschungsabschnitt ***m*** • slope portion, slope section

Böschungs(absteck)pflock ***m*** • slope stake, slope peg

Böschungsabtrag ***m*** • slope removal

böschungsabwärts • downslope

Böschungsabziehen ***n*** ➋ Böschungsglätten

Böschungsaufgabe ***f*** • slope problem

Böschungsausbau ***m***, konstruktive Böschungssicherung *f* • (permanent) slope (support(ing)) system

Böschungsausladung *f*, waag(e)recht gemessene Böschungsbreite *f* • projection of (a) slope, sally of (a) slope, slope projection, slope sally
Böschungs(aus)rundung *f* • slope rounding-off
Böschungsbau *m*, (Ab)Böschen *n*, Böschungsherstellung *f* • slope construction, slope production
Böschungsbegradigung *f* • slope rectification
Böschungsbepflanzung *f*, mechanischer Buschlagenbau *m* • slope planting
Böschungsberechnung *f* • slope calculation
Böschungsbereich *m* • slope zone
Böschungsbeton *m* • slope concrete
Böschungsbetonieren *n* • slope pouring
Böschungsbewegung *f* • slope movement
Böschungsbruch *m* • slope fracture, slope rupture, slope failure [*The causes and nature of a slope failure should be understood before undertaking corrective action.*]
Böschungsbruchnachweis *m* • slope stability analysis, analysis of slope stability, slope failure analysis
Böschungsbruchuntersuchung *f* • slope failure investigation, embankment failure investigation
Böschungsdeformation *f*, Böschungsverformung *f* • slope deformation
Böschungsdiagramm *n*, Neigungsmaßstab *m* • slope diagram
Böschungsdrän *m* • slope drain [*See note under "drain"*]
Böschungsdränage *f*, Böschungsdränung *f*, unterirdische Böschungsentwässerung • slope (underground) drainage, underground slope drainage
Böschungseinsturz *m*, Böschungsnachfall *m* • slope caving, slope cave(-in), slope collapse
Böschungsentwurf *m*, Böschungskonstruktion *f* • slope design
Böschungserosions(schutz)zaun *m* • slope erosion (control) fence, slope erosion protection fence
Böschungsexposition *f*, Böschungsneigungsrichtung *f* • slope exposure [*See note under "exposure"*]
Böschungsfaschine *f* • embankment fascine
Böschungsfläche *f* • slope area
Böschungsflügel *m* [*An Brücken, Durchlässen und Stützmauern anschließende Böschungen abgrenzende Mauer*] • slope wing
Böschungsfuß *m*, unterer Böschungsabschnitt *m* • toe of slope, slope toe
Böschungsfußbruch *m* • slope toe failure, slope toe rupture
Böschungsfußkreis *m* • slope toe circle
Böschungsfuß-U-Graben *m*, Böschungsgraben • slope toe trench
Böschungsfuß-V-Graben *m*, Böschungsgraben • slope toe ditch
Böschungsgeometrie *f* • slope geometry
Böschungsglätten *n*, Böschungsabrichten, Böschungsabziehen • slope dressing, slope grading
Böschungsgleichgewicht *n* • slope equilibrium,
Böschungsgleichgewicht *n* **im Fels** • rock slope equilibrium, rock slope stability
Böschungsgraben *m*, Böschungsfuß-U-Graben • slope toe ditch
Böschungsgraben *m*, Böschungsfuß-U-Graben • slope toe trench
Böschungsgraben *m* ➋ Graben
Böschungsherstellung *f* ➋ (Ab)Böschen
Böschungshöhe *f* • slope height
Böschungsinstrumentierung *f* • slope instrumentation
Böschungskante *f* • slope edge, edge of a slope
Böschungskegel *m* • cone of slope, slope cone
Böschungskeil *m* • slope wedge
Böschungskonstruktion *f*, Böschungsentwurf *m* • slope design
Böschungskopf *m*, oberer Böschungsabschnitt *m* • slope head, head of slope
Böschungskreis *m* • slope circle
Böschungskriechen *n* • slope creep(ing)
Böschungskrone *f* • slope crest, slope crown
Böschungskronengraben *m* • shoulder ditch [*A ditch constructed above a cut slope to convey surface water runoff and reduce erosion or cutting of the slope*]
Böschungslabilität *f* • slope instability
Böschungslehre *f* [*versetzbare*] • slope marker
Böschungsleiter *f* [*Aus zwei Brettern mit Lattensprossen zum Verlegen und Anpatschen der Rasensoden an Böschungen*] • slope ladder
Böschungsmauer *f* • slope masonry wall
Böschungsnachfall *m*, Böschungseinsturz *m* • slope caving, slope cave(-in), slope collapse
Böschungsneigung *f* [*Tangens des Böschungswinkels, d. h. Verhältnis des Höhenunterschiedes von 1 m zur waag(e)rechten Entfernung zweier Punkte auf der Böschung, deren Höhenunterschied 1 m beträgt. Böschungswinkel und Böschungsneigung sind vielfach gleichbedeutend*] • slope ratio, slope inclination, slope angle [*Slope angle and slope inclination can be used alternatively*]

B

Böschungsneigungsrichtung *f*, Böschungsexposition *f* • slope exposure [*See note under "exposure"*]
Böschungsoberkante *f* • slope top, slope crest
Böschungspflaster *n* • slope paving
Böschungsplastik *f* • three-dimensional effect of landform representation according to the rule "the steeper the darker", spatial effect of landform representation according to the rule "the steeper the darker"
Böschungsprofil *n* • slope profile
Böschungsprofilaufnahme *f*, Böschungsprofil(ver)-messung *f* • slope profile survey, slope profile measurement
Böschungsrichtung *f* • slope direction
Böschungsschattierung *f*, Böschungsschummerung [*Siehe Anmerkung unter "Schummerung"*] • slope shading
Böschungsschema *n* • slope pattern
Böschungsschnittwinkel *m* • slope cutting angle
Böschungsschraffe *f* • slope hachure
Böschungsschulter *f* • slope shoulder, shoulder of the slope, upper rim of the slope
Böschungsschutz *m* • slope protection
Böschungssenke *f* • slope depression
Böschungssicherung *f*, Böschungsverbau, vorläufiger Böschungsausbau *m*, provisorischer Böschungsausbau, zeitweiliger Böschungsausbau, vorübergehender Böschungsausbau • temporary slope (support(ing)) system, slope protection
Böschungssickerung *f* • slope seepage
Böschungssodenandeckung *f* • slope sodding
Böschungsstabilisierung *f* • slope stabilization
Böschungsstandsicherheit *f*, Böschungssicherheit *f*, Böschungsstandfestigkeit *f* [*Einhaltung des natürlichen Böschungswinkels*] • slope stability, embankment stability
Böschungssteilheit *f* • slope steepness
Böschungsstützplatte *f* • slope baffle, retainer baffle, slope retainer, retaining baffle
Böschungssystem *n* [*Ein aus mehreren übereinander liegenden Böschungen gebildetes System mit Trennebenen*] • slope system
Böschungstätigkeit *f* • slope activity
Böschungstätigkeit(s)überwachung *f* • slope activity monitoring
Böschungsterrasse *f* • slope terrace
Böschungsüberwachung *f* • slope monitoring
Böschungsunterhaltung *f* • slope maintenance
Böschungsverbau, Böschungssicherung *f*, vorläufiger Böschungsausbau *m*, provisorischer Böschungsaus-bau, zeitweiliger Böschungsausbau, vorübergehender Böschungsausbau • temporary slope (support(ing)) system
Böschungsverflachung *f*, Böschungsabflachung • slope flattening
Böschungsverformung *f*, Böschungsdeformation *f* • slope deformation
Böschungsvernagelung *f* • slope nailing
Böschungsverschneidung *f* • slope cutting
Böschungsverwitterung *f* • backweathering [*Weathering that contributes to slope retreat*]
Böschungsvorbereitung *f* • slope preparation
Böschungswasser *n* • slope water
Böschungswinkel *m* [*Böschungswinkel und Böschungsneigung sind vielfach gleichbedeutend*] • slope angle, angle of slope, angle of repose [*Slope angle and slope inclination can be used alternatively*]
Böschungsziehen *n* **mit Straßenhobel** • sloping with grader, grader sloping
böse Wetter *f* [*Der Gesundheit nachteilige Wetter*] • chokedamp [*A mine atmosphere that causes choking, or suffocation, due to insufficient oxygen. As applied to "air" that causes choking, does not mean any single gas or combination of gases*]
Bosjemanit *m* • bosjemanite, manganoso-magnesian alum
Bosshardt-Zeiss-Tachymeter *n*, B.-Z.-Tachymeter • Bosshardt-Zeiss tacheometer
Bostonit *m* • bostonite [*A light-colo(u)red, fine-grained dike rock composed almost entirely of soda-orthoclase fel(d)spar, which occurs in rough, irregular, rudely oriented, lath-shaped crystals*]
Boston-Senkbrunnen *m*, Gow-Senkbrunnen • Gow caisson, Boston caisson, caisson pile [*A device for sinking small shafts through soft clay or silt to prevent excessive loss of ground. A short cylinder of steel plate is driven into the clay or silt which is then excavated within it until the clay or silt in the bottom begin to heave. Another short cylinder of slightly smaller diameter is then driven inside the first and so on until the shaft reaches firm ground. The shaft is then filled with concrete and the steel tubes withdrawn as the concrete rises to their level. The excavation is belled out at the base.*]
Botryolith *m*, Faserdatolith • botryolite, bottrytes, biborosilicate of lime [*A radiated, columnar datolite with a botryoidal surface*]
Boudinage *f* • boudinage, sausage structure
Bougueranomalie *f* • Bouguer anomaly [*A gravity anomaly calculated after corrections for latitude, elevation and terrain*]

B

Bouguerkorrektion ***f*** • Bouguer correction, Bouguer reduction [*It accounts for attraction of material between the station and the datum plane, which was ignored in the free-air calculation*]
Bouguerschicht ***f*** • Bouguer plate [*An imaginary layer, having infinite length and a thickness equal to the height of the observation point above the reference surface, which is usually the geoid (Mueller & Rockie, 1966, page 13)*]
Bouguerschwere ***f***, Bouguerschwerkraft *f* • Bouguer gravity
Bouguerschwere-Anomalien ***f(pl)*** • bouguer gravity anomalies
Boulangerit ***m***, $Pb_5Sb_4S_{11}$ oder $5PbS.2Sb_2S_3$ • boulangerite
Boulé-(Verschluss)Klappe ***f***, Boulé-(Verschluss)Tafel *f*, Boulé-Stauklappe, Boulé-Stautafel [*Wehr*] • sliding shutter Boulé, slide shutter Boulé; sliding wicket Boulé (US)
Bourdondruck(mess)dose ***f***, Röhren(feder)manometer *n*, Bourdonröhre *f* • Bourdon tube, Bourdon (tube) (pressure) gauge [*US spelling: gage*]
Bournonit ***m***, Rädelerz *n*, Spießglanzbleierz • wheel ore, $PbCuSbS_3$
Boussinesqsches Spannungsdiagramm ***n*** ➋ Druckzwiebel
Bouteillenstein ***m***, Wasserchrysolith *m*, Moldavit *m*; böhmischer Chrysolith [*Fehlbenennung*] • moldavite, moldauite, moldorite, pseudochrysolite; Bohemian chrysolite [*misnomer*] [*Transparent green natural glass occurring as rolled pebbles in the valley of the Vlatava (in German "Moldau"), Bohemia. It is regarded by some petrologists as a variety of obsidian and by others as extraterrestrial.*]
Brabank ***f*** [*In einem Hafen ein mit zum Kielholen eines Schiffes nötigen Winden und Werkzeugen versehener Platz*] • careening wharf
Brachvorrat ***m***, verlorener Vorrat • lost reserve
Brachyantiklinale ***f***, Dom *m*, Kuppelsattel *m* [*Eine Sattelfalte von ungefähr gleicher Länge und Breite. Ihr Querschnitt im Kartenbild ist etwas kreisförmig bis elliptisch.*] • brachyanticline
Brachygeosynklinale ***f*** • brachygeosyncline [*A deep, oval depression formed during the later stages of geosynclinal deformation; a type of secondary geosyncline*]
Brachysynklinale ***f***, Schüssel *f* • brachysyncline
Bracke ***f***, Brackwasserteich *m* • brackish water pond
Brackgrundwasserleiter ***m*** • brackish water aquifer
brackig, brackisch, halbsalzig • brackish, briny, breachy
Brackigkeit ***f*** • brackishness
Brackmarsch ***f*** • brackish water marsh
Brackwasser ***n*** • brackish water, briny water
Brackwasserbruch ***m*** • brackish water swamp
Brackwasserteich ***m***, Bracke *f* • brackish water pond
Brackwasserzone ***f*** • brackish water zone [*The region in the vicinity of a river mouth, in which the fresh water of the river mixes with the salt water of the sea*]
Brackwattboden ***m***, brackischer Wattboden, brackiger Wattboden • brackish (inter)tidal flat soil
Brammallit ***m*** • brammallite, sodium illite
Brand ***m*** **im Alten Mann**, Feuer *n* im Alten Mann, Brand im Alten Bau, Feuer im Alten Bau (⚒) • gob fire
brandbeschädigt, feuerbeschädigt • damaged by fire, scorched
branden, brechen, sich brechen [*Welle*] • to break
Branden ***n*** **der Deckenstirn** • breakers at the nappe front [*gravity tectonics*]
brandende Flutwelle ***f*** ➋ Flutbrandung
Brandfläche ***f*** [*Topografie*] • burn, burned-over area, burnt-over area
brandige Wetter ***f***, Kohlenmonoxyd *n* • carbon monoxid(e), CO, white damp [*A colo(u)rless, odo(u)rless, tasteless, toxic, and flammable gas produced by the incomplete combustion of carbonaceous material*]
Brandmauer ***f*** • fire wall
Brandmeldeanlage ***f*** [*für längere Tunnel*] • fire alarm system
Brandrestpfeiler ***m*** (⚒) • fire rib, (fire) barrier
Brandrodung(sfeldbau) ***f***, ***(m)***, Wanderhackbau • shifting cultivation
Brandschiefer ***m***, Brennschiefer, Kohlenschiefer • carbonaceous shale [*A dark-grey or black shale, commonly associated with coal seams, with an ash content greater than 50%*]
Brandschutz ***m*** • fire protection
Brandschutzmatte ***f*** • fire protection mat
Brandschwaden ***m***, Feuerschwaden (⚒) • fire afterdamp
brandsetzen, feuersetzen (⚒) • to drive by fire, to drive by decrepitation, to set fire
Brandsetzen ***n***, Feuersetzen • fire setting, decrepitation, fire driving [*In tunneling through rock in bygone days, the building of a fire against the rock face and the sudden cooling of the heated surface with water. The rock was split and the broken pieces were removed*]
Brandung ***f*** • breaking of waves, wave breaking
Brandung ***f*** • surf [*The wave activity in the surf zone*]

B

Brandung *f* durch Herabstürzen, Brandung in Volutenform, Überschlagen *n* (der Welle), Wellenüberschlag *m* • plunging

Brandung *f* infolge Zusammenbruches oder Aufgleitens der Welle • spilling [*The process by which steep waves break on approaching the shore, white water appears on the crest and the wave top gradually runs over, without a crash*]

Brandung *f* in Volutenform, Brandung durch Herabstürzen, Überschlagen *n* (der Welle), Wellenüberschlag *m* • plunging

Brandungsabtrag(ung) *m, (f)*, Abtrag(ung) durch Meer(es)brandung, Meer(es)erosion, Brandungsabrasion, Wellenerosion, Wellenabrasion *f* • sea erosion, marine erosion, sea abrasion, marine abrasion, wave erosion, wash(ing)

Brandungsbereich *m* ➋ Brandungszone

Brandungsbrekzie *f*; Brandungsbreccie [*Diese Schreibweise ist zu vermeiden*] • surf breccia

Brandungsdecke *f* • surging nappe

Brandungserosionsküste *f* ➋ Abrasionsküste

Brandungsgeschiebetransport *m*, Strandverdriftung *f* • coastal transport [*The movement of littoral drift*]

Brandungskehle *f*, Brandungskerbe *f*, Kliffkehle, Kliffkerbe • (wave-cut) notch, nip, cliff notch [*A deep narrow cut at the base of a sea cliff above which the cliff overhangs. In limestone the notch is a product of chemical solution and wave action but in other types of rock, wave action is the chief cutting tool*]

Brandungskluft *f* • wave-cut chasm

Brandungslinie *f*, Brecherlinie, Sturzwellenlinie, Überbrecherlinie • breaker line, breaking (wave) line, plunge line, bore line [*The axis along which a wave breaks as it approaches the shore*]

Brandungsnische *f* • cove [*A small, often circular or semicircular wave-cut indentation in a cliff; it usually has a restricted or narrow entrance*]

Brandungsrinne *f* • surf trough

Brandungsrippel(marke) *f* • surf ripple (mark)

Brandungsschlag *m* • breaking wave impact, breaker impact

Brandungsschutt *m* • wave-worn material

Brandungssog *m* ➋ bodennahe Rückströmung im Küstengebiet

Brandungsstrom *m*, Wellenströmung *f* • wave current

Brandungsstromversetzung *f*, Stromversetzung durch Brandungsbänke • drift due to waves breaking along the length of a coast

Brandungstopografie *f* • wave-cut topography

Brandungstor *n* • sea arch, marine arch, natural arch, marine bridge, sea bridge, natural bridge

Brandungswelle *f* ➋ Flutbrandung

Brandungswelle *f* in kabbeliger See, Brecher *m* in kabbeliger See, Überbrecher in kabbeliger See, Sturzwelle in kabbeliger See • breaker due to clapotis, surf wave due to clapotis, breaking wave due to clapotis, bore due to clapotis

Brandungswellenhöhe *f*, Brecherhöhe, Überbrecherhöhe, Sturzwellenhöhe • breaker depth, surf wave depth, depth of breaking, breaking (wave) depth, bore depth [*Still-water depth at the point where the wave breaks*]

Brandungszone *f*, Schorre *f*, Brandungsbereich *m* [*Die von den Brandungswellen überspülte Fläche ganz gleich ob sie aus festem Fels, Felsuntergrund mit aufsitzenden Lockermassen oder aus Lockermassen besteht*] • surf zone, breaker zone, breaking wave zone, surf wave zone, surf (region), bore zone

Brandversuch *m* • fire test

Branntkalk *m* ➋ ungelöschter Kalk

Branntkalkgrube *f* • (lime) pit

Brardsche Probe *f*, Brardsche Prüfung *f*, Brardscher Versuch *m* [*Ein seit 1828 bestehendes Materialprüfungsverfahren, bei welchem durch Auskristallisieren der Salze Gesteine, Ziegel usw. zersprengt werden*] • crystallization test

Brasilianer-Gesetz *n* • Brazil twin law [*A type of twin law in quartz in which the twin plane is perpendicular to one of a crystallographic axes*]

brasilianischer Saphir *m* • Brazilian sapphire [*A transparent blue variety of t(o)urmaline occurring in Brazil and used as a gemstone*]

brasilianischer Topas *m* • Brazilian topaz [*Topaz mined in Brazil and ranging in colo(u)r from pure white to blue; especially yellowish topaz*]

Brasilianit *m* • brazilianite, $NaAl_3(PO_4)2(OH)_4$ [*A yellow-green to greenish-yellow monoclinic mineral. Obsolete synonym: wavellite*]

Brasilidenzyklus *m* • Brasiliano cycle

Brasilrubin *m* [*Fehlbenennung*]; roter Topas *m* • red topaz

Brasilsmaragd *m* [*Handelsbenennung*], grüner Turmalin *m* • Brazilian emerald [*misnomer*]; green t(o)urmaline

Brauchwasser *n* • water for domestic (*or:* industrial) use

Braunbleierz *n*, brauner Pyromorphit *m* • brown lead ore, brown pyromorphite

Braunboden *m* • Brown soil [*A great soil group in the 1938 classification system, a group of zonal soils having a brown surface and a light-colo(u)red subsurface over an accumulation of calcium carbonate. It developed in a temperature of cool semi-arid climate (USDA/1938). Most of these soils are now classified as Ustolls and Xerolls*]

(brauner) Podsol(boden) *m* ((grau-)brauner) ➔ Podsolboden

braune Rendzina *f*, degradierter Humuskarbonatboden *m* • brown rendzina

Brauneisensandstein *m*, Limonitsandstein • limonitic sandstone

Brauneisenstein *m* (G/M) • brown iron ore

Brauneisenzone *f* ➔ (eiserner) Hut

brauner eutropher Tropenboden *m* ➔ eutropher brauner Tropenboden

brauner Glaskopf *m* [*Mineral*] • earthy brown h(a)ematite

brauner jahreszeitlich kryogen vergleyter Waldboden *m* • brown seasonal cryogenic gleyed forest soil

brauner Latosol *m* • brown latosol

Brauner (Laub)Waldboden *m* • Brown earth, Brown Forest soil [*A great soil group in the 1938 classification system; an intrazonal, calcimorphic group of soils that develop in a temperate climate under decidous forest. It has a calcium-rich parent material, and has a mull horizon but no horizon of clay or sesquioxides (USDA, 1938). Most Brown Forest soils are now classified as Ochrepts*]

brauner Mediterranboden *m* ➔ Kalksteinbraunlehm

Brauner Mittelmeerboden *m* • Brown Mediterranean soil [*It has an ABC horizon sequence and differs from the Red Mediterranean soil in the B-horizon colo(u)r; the solum is often non-calcareous*]

brauner pseudovergleyter Waldboden *m* • brown (forest) gley(ed) soil, brown (forest) gley(ed) earth

brauner Pyromorphit *m*, Braunbleierz *n* • brown lead ore, brown pyromorphite

brauner Schantungboden *m* • noncalcic brown soil, Shantung (brown) soil

brauner Steppenboden *m* ➔ Präriebоden

brauner ungesättigter Waldboden *m*, ungesättigter brauner Waldboden • brown forest non saturated soil

brauner vergleyter und podsolierter Waldboden *m* • brown gleysolic and podzolized forest soil

Braunerde-Ascheboden *m* ➔ Sekundärpodsol(boden)

Braunerde-Rendzina *f* • brown calcareous soil, calcareous brown soil

Braunerz *n* • brown ore [*A term suggested for the limonite group of iron ore minerals*]

braungrauer pseudovergleyter Waldboden *m* • brownish-gray forest gleyed soil, brownish-grey forest gleyed soil

braungrauer Waldboden *m* • brownish-gray forest soil, brownish-grey forest soil

Braunkalk *m*, Ankerit *m*, Rohwand *m* • cleat spar, ankerite, $CaCO_3$. $(Mg,Fe,Mn)CO_3$ [*It consists largely of carbonate of calcium, magnesium, and iron. A substance intermediate between dolomite and siderite, white to greenish, weathering to brown*]

Braunkohle *f* • brown coal, lignite, soft coal (US)

Braunkohlen(berg)bau *m* • brown coal mining

Braunkohlenholz *n* • brown coal wood, lignite wood

Braunkohlenkraftwerk *n* • brown coal fired station (*or:* plant)

Braunkohlenquarzit, Süßwasserquarzit *m*, Tertiärquarzit, Frischwasserquarzit • limno-quartzite, freshwater quartzite

Braunkohlensandstein *m* • brown coal grit

Braunkohlenschacht *m* • brown coal shaft

Braunkohlensiderit *m* • brown coal siderite

Braunkohlentagebau *m* • open pit brown coal mining, brown coal open cast mining, open pit lignite mining, open brown coal pit

Braunkohlentiefbau *m*, Tiefbraunkohlenbau • brown coal deep mining, deep brown coal mining

Braunkohletagebau *m* ➔ Braunkohlentagebau

Braunkohltagebau *m* ➔ Braunkohlentagebau

Braunkorund *m* • brown corundum [*The yellowish-brown gem variety of corundum. Hardness 9, specific gravity 4*]

Braunlehm *m*, Braunplastosol *m* • brown fersiallitic soil

bräunlicher Zirkon *m* • zirconite, brown(ish) zircon, jacinth

Braunmoostorf *m* • brown moss peat

Braunrot *n* [*Ein braunrotes Eisenoxydhydrat*] • trip, brown-red

Braunsandstein *m* • Portland stone [*A purplish-brown sandstone (brownstone) from Portland, Connecticut, USA*]

Braunspat *m* • brown spar [*The iron-bearing variety of dolomite which turns brownish on exposure*]

Braunspinell *m* • brown spinel [*A yellowish-brown gem variety of spinel*]

B

Braunstein *m*, Glasmacherseife *f*, Mangansuperoxid *n*, Manganhyperoxid • black-wad, manganese ore, black oxide of manganese

Braunsteinblende *f* ➋ Manganblende

Braunstinkkohle *f*, Stinkbraunkohle *f* • stink coal [*Brown coal which on burning emits odo(u)r of petroleum*]

Braunwassersee *m*, dystropher See • dystrophic lake [*Lake whose bottom water has little oxygen and nutrient matter*]

Brauseerde *f*, Blaseerde • loose mould; loose mold (US)

Brausestein *m* ➋ Siedestein

Bravaisgitter *n*, Kristallgitter • crystal lattice, Bravais lattice, space lattice, direct lattice, (translation-(al)) lattice [*It is named for the nineteenth-century French physicist, Auguste Bravais, who demonstrated that there are only 14 possible unique kinds of crystal lattices. "Direct lattice" is used when comparison is made with the "reciprocal lattice"*]

Bravoit *m*, Nickelpyrit *m*, Hengleïnit *m* • bravoite, $(Ni,FE)S_2$ [*A yellow sulfide ore of nickel containing iron*]

Brazilit *m* • brazilite [*A mix(ture) of baddeleyite, zircon and altered zircon. The term has also been applied to an oil shale, to a fibrous variety of baddeleyite, and as a synonym of baddeleyite*]

BrCN ➋ Bromcyan

Breccie *f*, Brekzie, Bretschie, Bresche [*Ein psephitisches Sediment aus kantigen Gesteinsbruchstücken*] • breccia, rubblerock

Brech- und (Berge)Versatzmaschine *f* ➋ (Berge) Brech- und (Berge)Versatzmaschine

Brechbarkeit *f* [*Lichtstrahl*] • refrangibility

Brecheisen *n* • jimmy

brechen [*Hartzerkleinerung*] • to crush, to break

brechen, ausflocken [*bei Tropfenverteilungen*]; ausflocken • to flocculate [*To aggregate into small lumps, said especially of soils and colloids*]

brechen, branden, sich brechen [*Weile*] • to break

brechen [*Formation in der Tiefbohrtechnik*] • to break down

brechen • to fail, to fracture, to rupture

Brechen *n* [*Hartzerkleinerung*] • crushing

Brechen *n* [*Wasserwelle*] • breaking

Brechen *n* unter Tage, unterirdisches Brechen • underground crushing, underground breaking

Brecher *f* • surf [*A collective term for breakers*]

Brecher *m* in kabbeliger See, Brandungswelle *f* in kabbeliger See, Überbrecher in kabbeliger See, Sturzwelle in kabbeliger See • breaker due to clapotis, surf wave due to clapotis, breaking wave due to clapotis, bore due to clapotis

Brecherfundament *n* • foundation for a crusher

Brecherhöhe *f*, Brandungswellenhöhe, Überbrecherhöhe, Sturzwellenhöhe • breaker depth, surf wave depth, depth of breaking, breaking (wave) depth, bore depth [*Stillwater depth at the point where the wave breaks*]

Brecherlinie *f*, Brandungslinie, Sturzwellenlinie, Überbrecherlinie • breaker line, breaking (wave) line, plunge line, bore line [*The axis along which a wave breaks as it approaches the shore*]

Brecherraum *m* • crusher area

Brecherschnecke *f* • breaker auger

Brecher(see) *m* ➋ Flutbrandung

Brechfähigkeit *f*, Brechvermögen *n* [*Blockbruchbau*] • crushing property

Brechflüssigkeit *f* ➋ Aufbrechflüssigkeit

Brechgutklauber *m* • plateman, platform man [*In coal mining, a labourer who works on the platform of a breaker, picking out rock and oversize lumps from coal before it enters conveyors that transport it to points for further treatment or for loading*]

Brechkies *n* • crushed gravel

Brechmoment *n* [*Tiefbohrtechnik*] • break-out torque

Brechstange *f* [*Steinbruch*] • kinsh [*quarry*]

Brechung *f* [*bei Tropfenverteilungen*]; Ausflockung • flocculation [*Aggregation into small lumps, said especially of soils and colloids*]

Brechung *f*, Refraktion *f* • refraction

Brechungs . . . ➋ Refraktions . . .

Brechungsindex *m* ➋ (Licht)Brechungsindex

Brechungsseismik *f* ➋ RA-Seismik

Brechvermögen *n*, Brechfähigkeit *f* [*Blockbruchbau*] • crushing property

breiiger Boden *m* • very soft soil

breiig-weiche Masse *f* • soft slurry mass

Breistrom *m* • earthflow, earth flow

Breitbandgruppierung *f* • wide band array

Breitbandseismometer *n* • wide band seismometer

breitbeiniger Streckenbogen *m* (⚒) • splay-legged (roadway) arch

Breite *f* • latitude

Breite *f* der Gleitfläche W_r [*Rutschungsdimension; Definition lt. MLG*/Krauter: **Die Breite der Gleitfläche, W_r,** ist die maximale Breite zwischen den Flanken der Rutschung, senkrecht zur Längsachse, L_r*] • width of the rupture surface W_r [*landslide dimension; according to the MLG*/D.M.Cruden: **The width of the rupture surface, W_r**, is the maximum width* *between the flanks of the landslide, perpendicular to the length, L_r.]*

Breite *f* der Rutschmasse W_d [*Rutschungsdimension; Definition lt. MLG*/Krauter: Die* ***Breite der Rutschmasse,*** *W_d, ist die maximale Breite der Rutschmasse senkrecht zur Längsachse, L_d.*] • width of the displaced mass W_d [*landslide dimension; according to the MLG*/D.M.Cruden: The* ***width of the displaced mass,*** *W_d is the maximum breadth of the displaced mass perpendicular to the length, L_d.*]

breite Hangterrasse *f* • broad-base terrace [*A ridge-like terrace with gently sloping sides, a rounded top with a dish-shaped channel to control erosion by diverting runoff along the contour of sloping ground at a nonscouring velocity*]

Breiteisen *n* (⚒) • cross-chisel

Breiten(grad)komplement *n* • colatitude

Breitenkreis *m* • parallel of latitude

Breitenschwankung *f*, Polhöhenschwankung [*Der Rotationspol beschreibt eine zyklische Bahn auf der Erdoberfläche*] • wobble

Breitenunterschied *m*, Vertikalparallaxen

Breitenverformung *f* • squat [*Deformation of an underground cavity in which the crown deflects downwards and the walls outwards*]

Breitenzunahme *f* einer Schütt(stau)-dammgründung, Verlaufen *n* einer Schütt(stau)-dammgründung [*Der Druck des Schüttmaterials nach außen erzeugt eine Breitenzunahme (=Verlaufen) des Fundaments*] • spreading of base, base spreading, spreading of foundation, foundation spreading

breites Stromtal *n* • dale [*A term used in northern England and southern Scotland for a broad, open river valley*]

breites Wehr *n* • broad-crested weir

breitgeschmiedet [*z. B. Rundstähle*] • flat-forged

breitgipf(e)lig [*Kurvenform*] • platykurtic

Breitgold *n* ➒ geschlagenes Gold

Breithaue *f* ➒ Lettenhaue

Breithaupt-Härteskala *f* • Breithaupt's scale of hardness [*An extended Mohs' scale of hardness*]

Breithauptit *m*, Antimonnickel *n*, NiSb • breithauptite, antimonial nickel [*A light copper red mineral consisting of nickel antimonide; commonly occurs in association with silver minerals*]

Breithaupt-Zwillingsgesetz *n* • Breithaupt's twin law [*A rare type of normal twin law in fel(d)spar, in which the twin plane is (111)*]

breitkroniges (Mess)Wehr, breitkantiges (Mess)Wehr *n*, Rechteck(mess)wehr, Messrechteckwehr • rectangular (broad-crested) weir, (rectangular) wide-crested weir, (rectangular) long-crested weir, broad-crested weir [*"Dam" is used in the USA for "weir"*]

B

Brekzie *f*, Breccie *f*, Bretschie, Bresche [*Ein psephitisches Sediment aus kantigen Gesteinsbruchstücken*] • breccia, rubblerock

Brekzienbildung *f* • brecciation, breccia formation

Brekzienerz *n* • breccia ore

Brekziengang *m* • breccia dike, breccia dyke [*A sedimentary dyke composed of breccia injected into the country rock. See note under "dyke"*]

Brekzienjasper *m* • creolin, brecciated jasper

Brekzienkonglomerat *n*, brekziöses Konglomerat • breccia conglomerate

Brekzienpore *f* • breccia pore

Brekzienporosität *f* • breccia porosity, interparticle porosity in a breccia

Brekziensandstein *m* • breccia sandstone

Brekzienschlot *m* ➒ Vulkanstiel

Brekziierung *f* und Bänderung und Schmelzkonstruktion [*Sammelbenennung*] • structural composite lava flows

brekziöses Konglomerat *n*, Brekzienkonglomerat • breccia conglomerate

Bremsberg *m* ➒ (ein)fallende (Orts)Strecke

Bremsbergbediener *m* (⚒) • bencher

Bremsbergwagen *m* • inclined bogie, braking incline bogie

Bremser, Zugbegleiter *m* (⚒) • patcher

Bremskraft *f* • brake force

Bremsschacht *m*, saigerer Bremsweg *m*, seigerer Bremsweg (⚒) • jinny shaft, ginney shaft, brake shaft

Bremsstrahlung *f*, "weißes Röntgenlicht" *n* • bremsstrahlung [*German*]

Bremswirkung *f* [*z. B. von Lawinenverbauten, um die Geschwindigkeit der Lawinen zu verringern*] • braking effect

brennbare Flüssigkeit *f*, flüssiger Brennstoff *m* • liquid fuel

Brennbohren *n* ➒ thermisches Bohren

Brennbohrer *m*, Flamm(en)(strahl)bohrer, Feuerstrahlbohrer, Schmelzbohrer • (flame) jet drill, fusion drill, thermal lance

Brennelement *n*, Brennstab *m* [*Atomtechnik*] • fuel rod

Brennen *n*, Erhitzung *f* [*Pelettierung*] • firing

brennende Bohrung *f*, brennende Sonde *f*; brennender Schacht *m* [*Galizien*] • burning well, well on fire

B

Brennereinbruch ***m***, Michiganeinbruch • bund(ed) cut, burn(ed) breaking-in, Michigan cut, woodchuck cut, Michigan breaking-in, woodchuck breaking-in, Cornish cut, Cornish breaking-in [*A cut made in the face of a heading for which three or four holes are drilled normal to the face and in a triangle or square, 12 to 18 inches on a side, with another hole in the centre. One, two, or three holes are loaded and shot, the others relieve the pressure and induce breaking. A cavity is formed to which other shots in the face readily break. Used for especially tough ground*]

Brennereinbruchloch ***n***, Michiganeinbruchloch • burn hole, Michigan hole; cathole [*slang*]

Brennereinbruchschuss ***m***, Michiganeinbruchschuss • burn hole shot, Michigan hole shot; cathole shot [*slang*]

Brennfleckgröße ***f*** • effective size (of a radiographic source)

Brenngeschwindigkeit ***f***, Abbrenngeschwindigkeit, Abbrandgeschwindigkeit • burning velocity

Brenngrube ***f*** • pit [*A hole in the ground in which to burn something; as a lime pit; a charcoal pit*]

Brennort ***n*** (⚒) • heading driven by fire

Brennperforator ***m***, Feuerstrahlperforator, Flamm(en)(strahl)perforator, Schmelzperforator • jet perforator, flame jet perforator, cone shot perforator, fusion perforator, conical shot perforator

Brennschiefer ***m***, Brandschiefer *m*, Kohlenschiefer • carbonaceous shale [*A dark-grey or black shale, commonly associated with coal seams, with an ash content greater than 50%*]

Brennschiefer ***m*** • pyroschist, pyroshale [*It contains sufficient hydrocarbons to burn with a bright flame, or one yielding volatile hydrocarbon or inflammable gas when heated*]

brennschneiden • to burn (cut) [*To cut metal with a gas flame*]

Brennschneiden ***n*** • flame cutting

Brennstab ***m***, Brennelement *n* [*Atomtechnik*] • fuel rod

Brennstoff ***m*** • fuel, combustible material

Brennstoff-Bodenschatz ***m*** • fuel mineral resource

Brennstoffelement ***n*** • fuel cell

Brennstoffkarte ***f*** • fuel map

Brennstoffverhältnis ***n*** [*Steinkohle*] • fuel ratio

Brennstoffwirkungsgrad ***m*** • fuel efficiency

Brenntorf ***m*** • turf, combustible peat [*Peat that has been dried for use as a fuel*]

Brennweite ***f*** [*des fotografischen Objektivs*] • focal length, focal distance [*of the photographic lens*]

Brennzeit ***f***, Abbrennzeit, Abbrandzeit [*Sprengtechnik. Zeitspanne zum Durchlaufen des Abbrands durch eine (Pulver)Zündschnur oder des Abbrands eines Zündlichtes. DIN 20163*] • burning rate, burning time

Brennziegel ***m***, Brikett *n*, Kohlenpressstein *m* • coal-cake, coal-dust brick, patent-fuel

brenzliger Geruch ***m;*** brenzlicher Geruch [*Österreich*] • gob stink, gob odour (Brit.); gob odor (US)

Bresche ***f*** ➧ Breccie

Breschen(ge)rinne ***f, (n)*** [*Wasserbau*] • breaching channel

Bretschie ***f*** ➧ Breccie

Bretterbewetterungsblende ***f*** ➧ Bretterwetterscheider

Bretterbewetterungsscheider ***m*** ➧ Bretterwetterscheider

Bretterdrän ***m***, Holzdrän, Bohlendrän • wood(en) drain, timber drain

Bretterschild ***m*** ➧ (Brust)Verzug

Bretterverschlag ***m*** • partition boards, wooden partition

Brett(er)verzug ***m*** ➧ (Brust)Verzug

Bretterwetterblende ***f***, Bretterwetterscheider *m*, Bretterbewetterungsscheider, Bretterbewetterungsblende • board brattice, board brattis, board brettice, board brettis, board (air) partition (brattice), board ricket, board deflector brattice [*See note under "brattice"*]

Bretterzaun ***m*** • boarding fence

Brettscheider ***m*** [*Am Fuß der Stürzrolle zum Aufhalten der Kohle und als Abdichtung gegen Luftverlust an der Ortsbrust*] (⚒) • check battery

Brewsterit ***m*** • brewsterite, (Sr, Ba, Ca) $Al_2Si_6O_{16}$ $5H_2C$

Brewsterwinkel ***m*** • polarizing angle, Brewster angle [*The angle at which unpolarized light is incident upon a surface so that it acquires the maximum plane polarization*]

Brikett ***n***, Brennziegel *m*, Kohlenpressstein *m* • coal-cake, coal-dust brick, patent-fuel

Brikett ***n*** • eggette

Brikett ***n*** • strike-a-light

Brillenwand ***f*** [*Beim Pilotrohrverfahren bei hohem Grundwasserstand*] • gland

Brillenwand ***f*** [*in der Zielbaugrube*] • reception seal

Brilliant ***m*** [*Runder, ganz geschliffener Diamant*] • brilliant (cut diamond) [*These terms are less correctly applied to any brilliant cut gem(stone)*]

Brilliantenschleifen ***n*** • brilliant cutting

Brink ***m*** ➧ Hügelchen

brisanter (Gesteins)Sprengstoff *m* ➲ detonierender (Gesteins)Sprengstoff

brisanter Pulversprengstoff *m* ➲ detonierender Pulversprengstoff

Brisanz *f* • brisance [*The ability of an explosive to break or shatter by shock or impact, as distinct from gas pressure*]

Brisanzsprengstoff *m* • brisance blasting explosive

britisches Kartennull *n* • Ordnance (Survey) Datum, O.D. [*The datum used by the Ordnance Survey Department for their system of levels which is the Mean Sea Level at Newlyn, in Cornwall, as derived from the mean of the hourly readings recorded by the automatic gauge there for the period of six years from 1st May, 1915 to 30th April, 1921*]

britisches Küstenmeer *n* • British sea

Briz *m*, Löss *m* [*örtliche Benennung*] • loess, löss, windlaid silt deposit, bluff formation, (a)eolian silt deposit [*Called "lehm" in Alsace and sometimes "limon" in France, but this usage should be abandoned*]

Brochanthit *m* • brochanthite [*An emerald green variety of chalcanthite and found in copper gossans*]

Bröckchen *n* ➲ (Boden)Bröckchen

bröckelig, zerreibbar, zerreiblich, gebräch, mürbe, mild(e), gebrech, (ge)schneidig, schnätig [*Mit scharfem Gezäh(e) leicht brechendes Gestein. "Gebrech" kommt von "brechen", "gebräch" ist daher eine unrichtige Schreibweise*] • friable, crumbly, bad, soft

Bröck(e)ligkeit *f*, Zerreibbarkeit, Zerreiblichkeit, Gebrächheit *f*, Gebrechheit • friability, friableness

Brockelloch *n* ➲ Napf

bröckelnd brüchig, verfallend [*Gebäude*] • crumbling

Bröckeltorf *m* ➲ erdiger Torf

Brocken *f*, Schrott *m* [*Fangarbeit(en) in der Tiefbohrtechnik*] • junk, junk iron

Brockenfänger *m*, (hydraulischer) Fangkorb *m*, Schrottkorb [*Fangen von Kleineisenteilen in der Tiefbohrtechnik*] • junk basket, junk catcher

Brockenfänger *m* mit Linksspülung [*Fangarbeiten in der Tiefbohrtechnik*] • reverse-circulation junk basket, reverse-circulation junk catcher

Brockenlava *f*, Aa-Lava • aa [*Hawaiian word*]; apalhraun [*Iceland*]; aa lava, dead lava, scoriaceous lava, clinkery lava [*A solidified lava characterized by an exceedingly rough, jagged or spinose surface. Most of the surface is covered with a layer of loose fragmental clinkery (also called "scoriaceous", but "clinkery" is the better term) material a few centimeters thick. Below the surface the clinker fragments may be stuck finely together. Typically, the upper clinker layer is underlain by, and grades into, a central massive layer*]

Brockenprobe(stück) *f, (n)* • chunk sample [*soil exploration*]

Brodel *m*, Broden *m* [*Schlechte Ausdünstung in Bergwerken*] (⚒) • exhalation

Brodelboden *m* • nonsorted circle [*Patterned ground, whose mesh is dominantly circular und has a nonsorted appearance due to the absence of a border of stones such as that characterizing sorted circles*]

Bromanteil *m*, Bromgehalt *m* • bromine content

Bromcyan *n*, Cyanbromid *n*, BrCN • cyanogen bromid(e)

Brongniartin *m*, Glauberit *m* • glauberite, $Na_2Ca(SO_4)_2$ [*A brittle, gray-yellow monoclinic mineral having vitreous luster and saline taste*]

Bronzit *m*, halbprismatischer Schillerspat *m* • bronzite, hemiprismatic schiller-spar

Bronzitit *m* • bronzitite [*A pyroxenite composed almost entirely of bronzite*]

Brookit *m*, Pyromelan *m* • pyromelane, brookite [*A brown, reddish, or sometimes black orthorhombic mineral, TiO_2. It is trimorphous with rutile and anatase, and occurs in druses and cavities*]

(Brösel)Hüllenmikrotextur *f* • coated microstructure

brotlaibige Absonderung *f*, Wollsackabsonderung • loaf-like jointing, pillow jointing

Brownmillerit *m* • brownmillerite, celite, Ca_2AlFeO_5

Bruch *m* (⚒) • cave

Bruch *m* [*Einsturz eines bergmännischen Baues*] (⚒) • fall

Bruch *m* • fracture; failure (US) [*In structural geology, general terms for any break in a rock, whether or not it causes displacement, due to mechanical failure by stress. Fracture includes cracks, joints, and faults*]

Bruch *m* • fracture [*Mineral. The breaking of a mineral other than along planes of cleavage. A mineral can be described in part by its characteristic fracture, e.g. uneven, fibrous, conchoidal, or hackly*]

Bruch *m* [*Gestänge; Seil; usw.*] • breaking

Bruch *m*, kritische Festigkeit *f* • rupture, critical strength

Bruch *m*, Ruptur *f* • fracture, rupture [*In experimental structural geology, deformation due to a momentary loss of cohesion or loss of resistance to differential stress and a release of stored elastic energy*]

Bruch *m* ➲ Haufwerk

Bruch *m* ➲ Verwerfung

Bruch *m* • sag [*A depression in a coal seam*]

Bruch *m* • swamp [*1. "In geography, low, spongy land generally saturated with moisture, and unfit either for agricultural or pastoral purposes. The term is commonly used as synonymous with bog; but a swamp may be here and there studded with trees, while bogs are destitute of trees, though frequently covered with grasses and aquatic vegetation." (Page, David, 1865) 2. An area of saturated ground supporting dominantly trees and shrubs*]

Bruch *m*, Verbruch, Zubruchwerfen *n*, Hereinbrechen (⚒) • caving

Bruch, Steinbruch *m* • quarry, pit, stone pit, stone quarry; stone quarry pit [*South Africa*]; quarpit [*obsolete*]; quarrel; delf [*England*] [*An open working for the extraction of building stone*]

Bruch . . . ➔ Verwerfungs . . .

Bruchabbauraum *m*, Steinbruchabbauraum • quarry workings [*That part of a quarry where the material is won*]

Bruchabfall *m*, Steinbruchabfall • quarry waste

Brucharbeiten *f*, Bruchbetrieb *m*, Steinbrucharbeiten, Steinbruchbetrieb • quarry operation(s), quarrying operation(s) [*Of nonmetallic minerals and rocks, usually hard, but excluding coal*]

Brucharbeiter *m* ➔ Steinbrecher

Bruchausbreitung *f* in einer Richtung [*(Erd)Beben*] • unidirectional-unilateral fracture, unilateral-unidirectional fracture

Bruchausbreitung *f* in zwei Richtungen [*(Erd) Beben*] • bidirectional-unilateral fracture, unilateral-bidirectional fracture

Bruchaushub *m*, Steinbruchaushub • excavation from quarry, quarry excavation

Bruchbagger *m*, Steinbruchbagger *m* • quarry excavator

Bruchbank *f*, Steinbruchbank • quarry bed

Bruchbau *m* • caving mining, caving [*The caved material in a mine acts as a natural bed of backfill against which the main roof deflects*]

Bruchbau *m* [*Im Braunkohlentiefbau werden die Pfeiler "Brüche"genannt*] (⚒) • room and pillar (system)

Bruchbau *m* • working in the broken

Bruchbaublock *m* (⚒) • caved(-in) block

Bruchbaufeld *n* (⚒) • caved(-in) area

Bruchbedingung *f* • collapse condition

Bruchbedingung *f* von Tresca • Tresca failure condition

Bruchberater *m*, Steinbruchberater • quarrying consultant

Bruchberge *f*, Einsturzmaterial *n*, Bruchmassen *f* [*Untertagebau*] • blockage, caved(-in) material

Bruchbetreiber *m*, Steinbruchbetreiber • quarry operator, stone producer

Bruchbetrieb *m*, Bruchunternehmen *n*, Bruchunternehmung *f*, Steinbruchbetrieb, Steinbruchunternehmen, Steinbruchunternehmung • quarry enterprise, quarry undertaking

Bruchbild *n*, Bruchmuster *n* • fracture pattern; failure pattern (US)

Bruchblock *m* • caving block, cave block

Bruchboden *m*, Gley *m*, mineralischer Nassboden, Grundwasserboden, Glei • gley (soil), glei (soil) [*Soil developed under conditions of poor drainage, resulting in reduction of iron and other elements and in grey colours and mottle*]

Bruchdeformation *f*, Bruchverformung *f*, disjunktive Deformation, disjunktive Verformung • disjoining deformation, disjunctive deformation

bruchdurchsetzt, verworfen, gestört • faulted

Bruchebene *f*, Bruchfläche *f* • fracture plane, plane of fracture; failure plane, plane of failure (US) [*The surface along which rocks and earths fail*]

Brucherscheinung *f* • rupture phenomenon

Bruchfähigkeit *f* ➔ Bruchvermögen

Bruchfalte *f* • fracture fold; failure fold (US)

Bruchfaltengebirge *n* • mountain formed of disrupted folds

Bruchfestigkeit *f* • tensile strength

Bruchfläche *f*, Bruchebene *f* • fracture plane, plane of fracture; failure plane, plane of failure (US) [*The surface along which rocks and earths fail*]

Bruchfläche *f* (Geol.) • plane of break, break plane

Bruchflächengeometrie *f* • fracture geometry

Bruchflächenlehre *f* • fracture surface study, fractography; failure surface study (US)

Bruchfließen *n* [*Fels*] • post-failure

Bruchfortpflanzungsgeschwindigkeit *f* • fracture velocity; failure velocity (US)

Bruchfortpflanzungsgeschwindigkeit *f* von Felsgestein ➔ (Spröd)Bruchfortpflanzungsgeschwindigkeit von Felsgestein

Bruchfuge *f* [*im Erdmantel*] • break junction [*in the earth's mantle*]

Bruchgerade *f* • failure line, line of failure

Bruchgestein *n* • quarry rock

Bruchgut *n*, Bruchmaterial *n* (⚒) • caving material, cave material, cavings

Bruchhalde *f*, Steinbruchhalde • quarry pile

Bruchhöhe *f* (⚒) • caving height [*The height to which the immediate roof strata cave after removal of face supports*]

Bruchhypothese *f* • failure theory, failure hypothesis
Bruchkreis *m* • failure circle
brüchig, (klein)stückig • fragmentary, fragmented
brüchig ➋ bröckelnd
brüchiger Fels ➋ brüchiges Gestein
brüchige Felsformation *f* • brittle rock formation
brüchiges Erz *n* ➋ Dürrerz
brüchiges Gestein *n* • unconsolidated rock, brittle rock
Bruchindex *m* (⚒)• caving index
Bruchkante *f* (⚒) • breaking edge
Bruchkante *f* **des Hangenden**, Hangendbruchkante (⚒) • breaking roof edge
Bruch-Kinematismus *m* • failure kinematism
Bruchkörper *m* • failure body
Bruchkriechen *n*, kritisches Kriechen • fracture creep (ing), fracture slow flow(age); failure creep(ing), failure slow flow(age) (US)
Bruchkriterium *n* Versagenskriterium *n* [*z. B. von Trennflächenscharen*] • failure criterion [*such as of a set of discontinuities*]
Bruchlager *n*, Lager(seite) *n, (f)*, hartes Lager, natürliches Lager • cleaving grain, natural bed (of a stone)
Bruchlast *f* • fracture load, ultimate load; failure load, limit load, collapse load
Bruchlastfaktor *m* • load factor associated with collapse
Bruchlinie *f* (⚒) • caving line
Bruchlinie *f*, (Mohrsche) Hüllkurve *f* • Mohr('s) envelope, envelope of rupture, rupture envelope, intrinsic line, rupture line; envelope of failure, failure envelope, failure line (US)
bruchlose Formänderung *f*, bruchlose Verformung, bruchlose Deformation *f* [*Metamorphose*] • strain without shear(ing), deformation without shear(ing)
Bruchmassen *f* ➋ Bruchberge
Bruchmaterial *n*, Bruchgut *n* (⚒) • caving material, cave material, cavings
Bruchmechanismus *m* • failure kinematism, fracture mechanism, failure mechanism
Bruchmoortorf *m*, Mischtorf, gemischter Torf • mixed peat
Bruchmuschel *f* • rupture shell
Bruchmuster *n*, Bruchbild *n* fracture pattern; failure pattern (US)
Bruchort *n* [*Ein Ort, welches beim Bruchbau in die zusammengebrochene Masse, den Bruch, getrieben wird, um bauwürdige Masse zu finden*] • heading driven in falls, caving heading
(Bruch)Pläner *m* • rag(stone) [*In British usage, any of various hard, coarse, rubbly or shelly rocks that weather with a rough irregular surface, e.g. a flaggy sandstone or limestone used as a building stone. The term appears in certain British stratigraphic names, as the Kentish Rag (a cretaceous sandy limestone in East Kent)*]
Bruchporosität *f* • fracture porosity, secondary porosity; failure porosity (US)
Bruchquerbau *m* **in Doppelscheiben**, Querbruchbau in Doppelscheiben, Doppelscheiben-Querbruchbau, Doppelscheiben-Bruchquerbau (⚒) • double-slice cross-cut caving, dual-slice cross-cut caving, twin-slice cross-cut caving, two-slice cross-cut caving, cross-cut caving in double slices
bruchrauh, spaltrauh [*Schiefer*] • natural-cleft, natural-split
Bruchscherfestigkeit *f* [*Boden*] • maximum strength, peak strength
Bruchscherspannung *f* • ultimate shear resistance
Bruchscholle *f* • fracture block; failure block (US)
bruchschwierig, hart • strong [*Scottish term*]; hard, not easily broken
Bruchsetzung *f* [*Pfahlgründung*] • failure settlement [*pile foundation*]
Bruchsohle *f* (⚒) • caving level
Bruchsohle *f*, Steinbruchsohle • quarry floor, quarry base level, floor of quarry, base level of quarry, quarry bottom, bottom of quarry
Bruch(spannungs)kreis *m* [*Bodenmechanik*] • fracture circle, circle of fracture; failure circle, circle of failure (US)
Bruchsprengen *n*, Bruchsprengung *f*, Steinbruchsprengen, Steinbruchsprengung • quarry blasting
Bruchsprengloch *n*, Steinbruchsprengloch • quarry (blast)hole, quarry blasting hole
Bruchspur *f* [*Kluftbild*] • fracture trace; failure trace (US)
Bruchstein *m* **auf das Lager gelegt**, lagerrecht versetzter Bruchstein, liegender Bruchstein • quarry-stone laid upon its cleaving grain
Bruchstein *m* **gegen das Lager versetzt**, hängender Bruchstein • quarry-stone laid contrary to its cleaving grain
Bruchsteinabfall *m* • quarryings
Bruchsteine *f*, rohes Steinbruchmaterial *n* • quarry-run (material), rubble, run of (the) quarry [*Rough stones from a quarry*]
Bruchsteinmauer *f* • rubble(work) wall
Bruchsteinpackung *f* • rubble fill

B

Bruchsteinschlag ***m***, zerschlagener Bruchstein *m*, Bruchsteinknack *m* • broken quarry-stone

Bruchstempel ***m***, Dammstempel, Fangstempel, Orgelstempel, Reihenstempel, nachgiebiger Stempel [*"Stütze", "Pfosten", "Steher" und "Ständer" können synonym für "Stempel" verwendet werden*] (⚒) • breaker prop, breaker post, breaker stay, breaker stanchion, breaking prop, breaking post, breaking stay, breaking stanchion

Bruchstollen ***m***, Steinbruchstollen • quarry gallery; quarry tunnel (US)

Bruchstrecke ***f*** (⚒) • caving drift

Bruchstück ***n***, Klast *m* • clast [*An individual grain, fragment, or constituent of detrital sediment or sedimentary rock produced by physical breakdown of a larger mass*]

Bruchstück ***n*** [*Von einem Ausbiss*] • float piece; shoad [*Cornish*]

Bruchstück ***n*** [*Von Gestein, Erz oder eisernem Hut an oder nahe der Erdoberfläche oder in Wasserläufen*] • float(er)

Bruchstücke ***n(pl)*** [*Von einem Ausbiss oder von Ausbissen*] • float pieces; shoads [*Cornish*]

Bruchstückprospektion ***f***, Bruchstücksuche *f*, Bruchstückaufsuchen *n* • tracing float; shoading [*Cornish*] [*Pieces of ore (float) are broken from outcrop by processes of erosion, and gradually work their way downhill into water courses, where they may be carried long distances. The prospector finding float on a hillside, or in a gulch or watercourse, tries to follow it back to its source. A rough idea of the distance which float has travel (l)ed is gained from the size and abundance of pieces, and their roughness or water-worn condition*]

Bruchtechnik ***f***, Steinbruchtechnik • quarry engineering

Bruchufer ***n*** ➋ Unterschneidungshang

Bruchunternehmen ***n***, Bruchbetrieb *m*, Bruchunternehmung *f*, Steinbruchbetrieb, Steinbruchunternehmen, Steinbruchunternehmung • quarry enterprise, quarry undertaking

Bruchverformung ***f***, Bruchdeformation *f*, disjunktive Deformation, disjunktive Verformung • disjoining deformation, disjunctive deformation, deformation at failure, strain at failure

Bruchverhalten ***n*** [*des Bodens*] • rupture behaviour (US: behavior)

Bruchwachstum ***n***, Steinbruchwachstum [*In wirtschaftlicher Hinsicht*] • quarry growth

Bruchwahrscheinlichkeit ***f***, Böschungsbruchwahrscheinlichkeit

Bruchwahrscheinlichkeit *f* einer Instabilität • probability of rock failure

Bruchwaldtorf ***m*** • forest-swamp peat

Bruchwand ***f*** ➋ Abtragwand

Bruchwasser ***n*** • swamp water

Bruchwinkel ***m*** (⚒) • break angle, angle of break

Bruchzone ***f*** • fracture zone; failure zone (US)

Bruchzone, Zertrümmerungszone *f*, Verruschelungszone • crushed zone

Bruchzustand ***m*** • failure locus

Bruchzustand ***m*** ➋ im Bruchzustand

Brucit ***m*** • brucite, $Mg(OH)_2$

Brücke ***f*** • node [*A point along a fault where a change in direction of displacement occurs*]

Brücke ***f***, Verstopfung *f* • bridge [*A rock fragment, caving, or other obstruction that lodges (either accidentally or intentionally) part way down in a (bore)hole (as in an oil well)*]

Brückenabraum ***m*** • bridge-conveyed (over)burden

Brückenachse ***f*** • bridge axis, axis of the bridge

Brückenabbruch ***m*** • bridge demolition

Brückenaufbau ***m*** • bridge deck

Brückenbauer ***m***, Brückeningenieur *m* • bridge engineer

Brückencaisson ***m***, Brückensenkkasten *m*, Brückensenkhohlkörper *m*, Brücken(hohl)senkkörper • bridge (foundation) caisson [*See note under "foundation caisson"*]

Brückenufer ***n*** ➋ Unterschneidungshang

Brückendraht ***m***, Glühdraht • bridge wire, heating wire [*The fine platinum wire which is heated by the passage of an electric current to ignite the priming charge of an electric blasting cap(sule), an electric squib, or similar devices*]

Brückenflockung ***f*** • bridging flocculation

Brückengeländer ***n*** • parapet

Brückengeländerwand ***f*** • parapet wall

Brückenglühzünder ***m***, Glühbrückenzünder • bridge wire detonator, bridge wire exploder

Brücken(hohl)senkkörper ***m*** ➋ Brückensenkkasten

Brückeningenieur ***m***, Brückenbauer *m* • bridge engineer

Brückenkran ***m*** • overhead hoist, overhead crane, bridge crane

Brückenoberbau ***m*** • bridge superstructure

Brückenpfeiler ***m*** • bridge pier, bridge pillar

(Brücken)Pfeilergründung ***f*** • pier foundation, bridge pier foundation

Brückenpfropfen ***m***, Brückenstopfen • bridge plug [*A mechanical device or a volume of cement deliberately*

set in a well bore at a given depth in order to seal off the hole below]

Brückenschalung ***f*** • bridge formwork, bridge shuttering

Brückensenkkasten ***m***, Brückencaisson *m*, Brückensenkhohlkörper *m*, Brücken(hohl)senkkörper • bridge (foundation) caisson [*See note under "foundation caisson"*]

Brückenstopfen ***m***, Brückenpfropfen *m* • bridge plug [*A mechanical device or a volume of cement deliberately set in a well bore at a given depth in order to seal off the hole below*]

Brückenträger ***m*** • bridge truss, bridge girder

Brückenüberquerung ***f*** • bridge crossing

Brückenwiderlager ***n*** • bridge abutment, abutment

Brückenwiderlager ***n*** **aus bewehrter Erde** • reinforced soil abutment

Brückenwiderstand ***m*** [*Widerstand der Glühbrücke eines Brückenzünders. DIN 20163*] • bridge resistance

Brückenzementation ***f*** [*Tiefbohrtechnik*] • plug cementation

Brunhesepoche ***f*** [*Bis 0,69 my. Siehe Anmerkung unter "Polaritätsepoche"*] • Brunhes (normal) epoch

Brunizem ***m*** ➋ Prärieboden

Brunnen ***m***, Prame *f* [*Eine in das Gestein eingehauene Furche*] (⚒) • groove cut in the rock

Brunnen ***m*** ➋ (Gründungs)Brunnen

Brunnen ***m*** ➋ (Wasser)Brunnen

Brunnen ***m*** **im bewegten Grundwasser** • well in flowing (ground)water

Brunnen ***m*** **im gespannten Grundwasser**, gespannter (Grund)Wasserbrunnen *m* • confined ((ground)water) well [*A well of which the sole source of supply is confined groundwater*]

Brunnen ***m*** **im unbewegten Grundwasser** • well in nonflowing (ground)water

Brunnen ***m*** **mit Aushubzellen** ➋ (Senk)Brunnen mit Aushubzellen

Brunnen ***m*** **mit Fußverbreitung** ➋ (Gründungs) Brunnen mit Fußverbreitung

Brunnen ***m*** **mit gelochter Verrohrung** ➋ (Wasser) Brunnen mit gelochter Verrohrung

Brunnen ***m*** **mit gleichmäßigem Durchmesser** • well of one diameter

Brunnen ***m*** **mit maschinell hergestellter Erweiterung** ➋ (Gründungs)Brunnen mit maschinell hergestellter Erweiterung

Brunnen ***m*** **mit natürlichem Filter** • natural strainer well [*A well which draws water from an aquifer of partly incoherent material and whose specific capacity has been increased by the withdrawal of some of the fine sediments around the well*]

Brunnen ***m*** **mit perforierter Verrohrung** ➋ (Wasser)Brunnen mit gelochter Verrohrung

Brunnen(ab)senken ***n***, Brunnen(ab)senkung *f* • well drawdown, well lowering, well drop, well depression, well abatement

Brunnenabstand ***m*** • well distance, well spacing

Brunnenabteufen ***n*** • well sinking, well digging, well excavation

Brunnenabteufer ***m***, Brunnengräber *m* • well sinker, well digger [*A skilled man who sinks a shallow well with pick and shovel*]

Brunnenalterung ***f*** ➋ (Wasser)Brunnenalterung

Brunnenanlage ***f*** ➋ (Mehr)Brunnenanlage

Brunnenauskleidung ***f***, Brunnenbekleidung, Brunnenverkleidung • well lining, well facing

Brunnenausmauerung ***f***, Brunnenmauerwerk *n* • well steining, well steyning, well steening, well masonry

Brunnenausrüstung ***f*** ➋ (Wasser)Brunnenausrüstung

Brunnenbatterie ***f***, Brunnengruppe *f* • battery of wells, well battery [*Wells connected to a pump or other lifting appliance for withdrawal of water*]

Brunnenbau ***m*** [*DIN 18302*] • (water) well construction, (water) well building

Brunnenbauer ***m*** • well builder

Brunnenbauindustrie ***f*** • well industry

Brunnenbeeinflussung ***f*** ➋ (gegenseitige) Brunnenbeeinflussung

Brunnenbekleidung ***f***, Brunnenauskleidung *f*, Brunnenverkleidung • well lining, well facing

Brunnenbohranlage ***f*** ➋ (Wasser)Brunnenbohranlage

Brunnenbohren ***n*** • well boring, well drilling

Brunnenbohrer ***m*** • well borer, well driller

Brunnenbohrloch ***n*** [*Bohrloch zur Wassergewinnung, zum Entwässern und zur Grundwasserspiegelabsenkung. Im Braunkohle(n)bergbau "Entwässerungsbohrloch" (drainage drillhole) genannt*] • well(bore) (drill)hole

Brunnendach ***n*** • well roof

Brunneneinlauf ***m***, Brunnenzulauf *m* • well intake [*The well screen, perforated sections of casing, or other openings through which water from a water-bearing formation enters a well*]

Brunneneintritt(s)verlust ***m*** • well loss

Brunnenentnahme ***f*** • drawing from a well

Brunnenentwässerung ***f*** • drainage by wells, well drainage

B

Brunnenentwässerung ***f***, geschlossene Wasserhaltung [*Grundwasser(ab)senkung durch Pumpen des Grundwassers aus Brunnen*] • groundwater lowering by wells

Brunnenergiebigkeit *f* • well yield

Brunnenerhaltung *f* • well preservation

Brunnenfassungsfähigkeit *f*, Brunnenfassungsvermögen *n*, Brunnenleistung *f* [*Diejenige Wassermenge, die ein Brunnen entsprechend der benetzten Filterfläche in der Zeiteinheit unter der Voraussetzung aufnehmen kann, dass der Höchstwert des Gefälles am Brunnenmantel auftritt*] • (water) well capacity

Brunnenfeld *n* • (water) well field [*A tract of land containing a number of water wells*]

Brunnenfernsehen *n* • well television

Brunnenfertigstellung *f* • (water) well completion

Brunnenfilter *m, n* • well filter

Brunnenfilterröhre *f*, Röhren-Brunnenfilter *m, n* • tube well screen, tube strainer, well screen tube

Brunnenfluten *n* • well flooding, well overtopping [*Diverting water from watercourses when the supply exceeds the demand and allowing it to pass into the saturation zone through a well constructed for the purpose*]

Brunnenformel *f* • well formula

Brunnenfunktion *f* von u; Funkion W(u); [*nach Theis*] • well function

Brunnengalerie *f*, Brunnengruppe *f* • group of wells, well group

Brunnenganglinie *f* • well hydrograph

Brunnengas *n* • well gas

Brunnengleichung *f* ➔ (Ab)Senk(ungs)gleichung

Brunnengräber *m*, Brunnenabteufer • well sinker, well digger [*A skilled man who sinks a shallow well with pick and shovel*]

Brunnengründung *f* • well foundation, shaft foundation, caisson foundation

Brunnen-Grundwasserleiter-System *n* • well-aquifer system

Brunnengruppe *f*, Brunnenbatterie *f* • battery of wells, well battery [*Wells connected to a pump or other lifting appliance for withdrawal of water*]

Brunnengruppe *f*, Brunnengalerie *f* • group of wells, well group

Brunnenhaus *n*, Brunnenstube *f*, Brunnenkessel *m* • well house, well room [*A small building or room enclosing a well and its apparatus*]

Brunnenhöchstergiebigkeit *f*, maximale Brunnenergiebigkeit, höchste Brunnenergiebigkeit, größte Brunnenergiebigkeit • maximum well discharge, maximum well yield, peak well discharge, peak well yield

Brunnenhydraulik *f* • hydraulics of wells, well hydraulics

Brunnenkandel *n*, Brunnenröhre *f* • well tube

Brunnenkessel *m* ➔ Brunnenhaus

Brunnenkies *m* • well gravel

Brunnenkopf *m*, Brunnenöffnung *f*, Brunnenmund *m* • wellhead, well top, well mouth [*The top of a well*]

(Brunnen)Kranz *m* • (well) curb, flat ring; (well) kerb (Brit.) [*The stone or concrete border round the mouth of a well*]

Brunnenleistung *f* ➔ Brunnenfassungsfähigkeit

Brunnenmacherkitt *m* • well putty

Brunnenmauerwerk *n*, Brunnenausmauerung *f* • well steining, well steyning, well steening, well masonry

Brunnenmund *m* ➔ Brunnenkopf

Brunnenpfahl *m* mit Fußverbreiterung ➔ (Gründungs)Brunnen *m* mit Fußverbreiterung

Brunnenpfeife *f*, Pfeife, Grundwasser(stand)messgerät *n*, Rangsche Spiegelmesser *m* [*Zum Einmessen des Wasserspiegels in Brunnen und Beobachtungsrohren*] • bathometer, well depth sounder, well depth finder, well whistle

Brunnenpfeifenrohr *n*, Pfeifenrohr • bathometer tube

Brunnenpfeiler *m*, (Gründungs)Brunnen *m*, Senkbrunnen, Versenkbrunnen • cylinder, cylindrical column [*A steel tube of 0.25 to 1.5 m dia., 3 mm or more thick, driven through bad ground to bedrock, excavated inside, filled with concrete and used as a pile foundation and in underpinning*]

Brunnenprofil *n* • well profile [*The projection of a wellbore path onto a plane*]

Brunnenrand *m*, Deckstein *m* der Brunneneinfassung • brim of (a) well, well brim

Brunnenreihe *f* • well series

Brunnenrohr *n* [*Elektroosmose*] • well electrode

Brunnenröhre *f*, Brunnenrrohr *n*, Brunnenkandel *n* • well tube, well pipe

Brunnenschacht *m* • well shaft

Brunnenschüttung *f* • well discharge

Brunnenseiher *m* • well screen, strainer

(Brunnen)Seitenstrang *m* • (well) lateral

Brunnensohle *f* • well bottom, well floor

Brunnensole *f* • well brine

Brunnensteigleitung *f*, Brunnensteigrohr *n* • well riser, well standpipe

(Brunnen)Steinausmauerung *f* • stone steining, stone steyning, stone steening

Brunnenströmung *f* • well flow

Brunnenstube *f*, Brunnenhaus *n*, Brunnenkessel *m* • well house, well room [*A small building or room enclosing a well and its apparatus*]

Brunnenstützwand *f*

➋ (Gründungs)Brunnen-stützwand

Brunnensumpf *m* • well sump

Brunnensumpfrohr *n* • well sump pipe

Brunnenteufe, Brunnentiefe *f* • well depth

Brunnenübergang(sstück) *m*, *(n)* • well transition piece

Brunnenvergangenheit *f* • well history

Brunnenverkleidung *f* ➋ Brunnenauskleidung

Brunnenverockerung *f* • iron hydroxid(e) deposition in well(s)

Brunnenverrohrung *f* • well tubing

Brunnenverschmutzung *f*, Brunnenverunreinigung • well pollution, well contamination

Brunnenwand(ung) *f* • well wall

Brunnenwasser *n* • well water

Brunnenwasserstand(s)messer *m* • well gauge; well gage (US)

Brunnenwiderstand *m* • well resistance

Brunnenwinde *f* • well winch

Brunnenziegel *m* • well brick

Brunnenzoll *m*, Wasserzoll • water inch

Brunnenzulauf *m*, Brunneneinlauf • well intake [*The well screen, perforated sections of casing, or other openings through which water from a water-bearing formation enters a well*]

Bruntonkompass *m* • (Brunton) pocket transit, Brunton (compass) [*A small pocket compass, with sights and reflector attached, used for geological mapping and surveying*]

Brust *f* ➋ Arbeitsbrust

(Brust)Ausfachung *f* ➋ (Brust)Verzug

Brustbrett *n* ➋ Ort(s)brustbrett

Brustelement *n* • wailing, wale [*A vertical beam put in contact with a sheeting or other beam, to hold them in place*]

Brustholz *n* [*(Graben)Verbau*]; senkrechter Aufrichter *m*, Lasche *f* • (vertical) upright

Brustholz *n* ➋ Ort(s)brustbrett

Brustholz *n* • timber soldier beam, wood(en) soldier beam, wood(en) soldier pile, timber soldier pile [*A short vertical timber in a narrow cut*]

Brustholz *n* • vertical timber member, vertical wood (en) member [*It supports a horizontally sheeted earth bank*]

Brustplanke *f* [*frühere Benennung*] ➋ Spundbohle

Brustschild *m*, Querschild *m*, S-Schild *m* [*einer Planierraupe*] • S-blade, straight blade [*of a dozer*]

Bruststück *n* [*Zwei in einem stumpfen Winkel vereinigte Schwellen des Drempels zum Anschlag für die Schleusentore*] • sill mitre, cill mitre (Brit.); sill miter, cill miter (US)

Brüstung *f* [*Brückenbau*] • parapet, bridge parapet [*made of reinforced concrete, timber, aluminum, structural steel or any other material*]

Brüstung *f* [*Balkon, Treppe*] • balustrade

Brüstung *f*, Fensterbrüstung *f* • window sill; *less frequent:* window breast

Brustverbau *m*, Ort(s)brustverbau (⚒) • temporary work(ing) face (support(ing)) system

Brust(verbau)brett *n* ➋ Ort(s)brustbrett

(Brust)Verzug *m*, Beleghölzer *f*, Brett(er)verzug, Ort(s)brustverzug, Verzug(s)bretter *f*, Bretterschild *m*, Verschalung *f*, (Brust-)Ausfachung, Zumachebretter • breast boarding, breast-boards, end boards, facing boards, face lagging, face boards, (ort) lagging, ort boards, lagging boards, breast lagging, end lagging, breasting boards, breasting of the face, face breasting, work(ing) face lagging [*Partial or complete braced supports across the tunnel face which holds back soft ground during tunnel driving*]

Bruttoauflagerdruck *m* • gross bearing pressure, total bearing pressure

Bruttoförderung *f*, Rohförderung [*Gewinnung von Bodenschätzen. Die in die Aufbereitung gelangende Fördermenge*] • gross production, total production

Bruttoregen *m*, Gesamtregen • gross rain(fall), total rain(fall)

Bruttosetzung *f* • gross settlement, total settlement [*Total downward movement of a pile or pile group under applied load*]

Bruttovorräte *f* • gross reserves

Bruttowasserkraftpotential *n*, Gesamtwasserkraftpotential [*Das theoretische Wasserkraftpotential oder Gesamtpotential der einzelnen Fluss- und Stromsysteme von den Quellen bis zur Mündung*] • gross water power potential, total water power potential

BS, Berichtigung *f* für Strömung, Strömungsberichtigung [*(Ab)Driftwinkel*] • current correction angle

B-Tektonit *m* [*Rotation um die b-Achse*] • B-tectonite [*A tectonite whose fabric is dominated by linear elements. Not in common use, having been largely replaced by "L-tectonite"*]

Buchan-Typus *m*, Niederdruck-Zwischengruppe *f* • Buchan(-type) facies series [*Rocks produced in a type of dynamothermal regional metamorphism rather*

similar to that of the Abukuma-type facies series but in a somewhat higher pressure environment, of 3000 to 4000 bars]

Buchit *m* • buchite [*A partially vitrified inclusion of sandstone in basalt*]

Bucholzit *m* • bucholzite

Buchonit *m* • buchonite [*An extrusive rock formed of labradorite, titanaugite, and titaniferous hornblende, with nepheline and sodic sanidine and accessory biotite, apatite and opaque oxides*]

Büchse *f* ➔ Schmantlöffel

Büchsenbügel *m* ➔ Schöpflöffelbügel

Büchsenprobe *f* ➔ Schmantlöffelprobe

Büchsenseil *n* ➔ Schöpf(löffel)seil

Büchsenseilrolle *f* ➔ Schöpf(büchsen)seilrolle

Büchsenseiltrommel *f* ➔ Schöpf(löffelseil)trommel

Büchsenventil *n* ➔ Schmantlöffelventil

Bucht *f* • bay, basin [*A recess in the shore or an inlet of a sea or lake between two capes or headlands, not as large as a gulf but larger than a cove*]

Buchtbank *f*, Buchtuntiefe *f* • bay shoal (area), bay bank, bay high bed, bay dividing ridge [*See note under "bank"*]

Buchtende *n* • bayhead [*The part of a bay that lies farthest inland from the larger body of water with which the bay is in contact*]

Buchtengebirge *n*, (ein)gebuchtetes Gebirge, zerlapptes Gebirge, zerschnittenes Gebirge • embayed mountain, mountain embayment [*A mountain that has been depressed enough for sea water to enter the bordering valleys*]

Buchtenküste *f*, zerlappte Küste, (ein)gebuchtete Küste, zerschnittene Küste • embayed coast, coast embayment [*A coast with many projecting headlands, bays and outlying islands, usually resulting from submergence*]

Buchtmündungsbarre *f* • pocket beach, bayhead beach

Buchtseitenstrand *m* • bayside beach

Buchttal *n*, Talbucht *f* • embayed valley, valley embayment

Buchtuntiefe *f*, Buchtbank *f* • bay shoal (area), bay bank, bay high bed, bay dividing ridge [*See note under "bank"*]

Buckel *m* [*Form eines Hangs, der durch flächen- od. linienhafte Abtragung entstanden ist*] • hump [*Shape of a slope resulting from areal or linear erosion*]

Buckel *m* • knob [*A peak or other projection from the top of a hill or mountain*]

Buckel *m* ➔ Hügelchen

Buckeleis *n* • buckel ice [*Ice of pale colo(u)r between one dark ogive band and the next*]

Bucket-Fundament *n* [*Fundament für Offshore-Windenergieanlage*] • bucket foundation

Buddelei *f* ➔ Aushubbetrieb

buddeln ➔ schachten

Buddeln *n* ➔ Aushubbetrieb

Buddeln *n* ➔ Schachten

Bug *m* ➔ Druckstrebe

Büge *f* ➔ Druckstrebe

Bügel *m* [*für die Bewehrung*], Bewehrungsbügel *m* • reinforcement stirrup, stirrup

Bügel *m* • bail [*A steel half hoop over a kibble by which it hangs from the hoisting rope*]

Bühl(gang) *m* ➔ Vulkanstiel

Buhne *f*, Buhn *n*, Baune *f*, Benne *f*, Sporn *m*, Flügel *m*, Stack *n*, Stacke *f*, Schlange *f*, Kribbe *f*, Krippe *f*, Traverse *f* • groyne, jetty; groin (US) [*A barrier built out from a seashore, river bank, stream bank or lake shore to protect the land from erosion and sand movements, among other functions*]

Buhnenkopf *m* • jetty head, groyne head; groin head (US)

Bühnenmann *m* [*Tiefbohrtechnik*] • pipe racker

Buhnenschaft *m*, Querwerk *n* • stem bank, shank

Bühnloch *n* (⚒) • prop hole, post hole, stay hole, stanchion hole, holing, hitch, hollow

Bühnlocheinhauen *n* • needling (⚒) [*The process of cutting a hole in a rock preparatory to the insertion of a timber support*]

Bühnwagen *m*, Gestellwagen [*Er besteht aus einem Gestell mit Boden zum Aufnehmen der Fördergefäße*] (⚒) • troll(e)y

Buhrstein *m*, Burrstein, kavernöser Süßwasserquarzit *m*, Mühlenstein • buhrstone, bur(r)stone, millstone, burr [*A siliceous rock suitable for use as millstones, e.g. an open-textured, porous but tough, fine-grained sandstone, or a silicified fossiliferous limestone. In some sandstones, the cement is calcareous*]

Bulgenkunst *f*, Eimerkunst, Paternosterwerk *n*, Paternosterkunst [*Eine Wasserhebemaschine, bei welcher an einer über eine Scheibe gelegte Kette ohne Ende lederne Eimer, Bulgen, befestigt sind, die das Wasser in die Höhe fördern*] (⚒) • chain pump

Bülte *f*, Kaupe *f* • rush

Bündel *n*, Ballung *f* • cluster

Bündelanker *m*, Spannkabel *n* [*Felssicherung*] • stressed cable

Bündelausgleichung *f*, analytische Methode *f*, analytisches Verfahren *n* • bundle adjustment (operation)
Bündelblockausgleichung *f* • bundle block adjustment (operation)
Bündelpfahl *m* • cluster pile
Bündelsiedestein *m* ➲ Stilbit
Bündelspannglied *n* • multiple-strand anchor, multiple-bar anchor, multiple tendon
Bündelzeolith *m* ➲ Stilbit
B- und C-Straßen *f(pl)* • tertiary roads [*A plan may divide roadways into three major categories: arterial, secondary and tertiary for snow clearing purposes. Arterial streets are the main thoroughfares, which are typically bus routes and are cleared first. The next focus is secondary streets (größere Nebenstraßen), which are generally the straight roadways that feed into arterial streets. Tertiary roads (B und C-Straßen), the narrow residential streets that feed into secondary streets. In winter, they are the last to be ploughed*]
Bundesamt *n* **für Wasser und Geologie**, BWG [*Schweiz*] • Federal Office for Water and Geology, FOWG [*Switzerland*]
Bundesanstalt *f* **für Geowissenschaften und Rohstoffe** *f* • Federal Institute for Geosciences and Natural Resources [*in Germany*]
Bundesanstalt *f* **für Wasserbau** *f* [*die zentrale technisch-wissenschaftliche Bundesoberbehörde in den Bereichen des Aus- und Neubaus, des Betriebs und der Unterhaltung der Bundeswasserstraßen. Sie ist zentrale Dokumentations- und Informationsstelle für die Forschung u. Entwicklung in den Bereichen Verkehrswasserbau, Bautechnik (einschließlich der Gestaltung von Bauwerken), Geotechnik, Wasserbau im Binnen- und Küstenbereich, einschließlich der Schiffstechnik. Sie ist im Besitz einer Datenbank, in der die Versuchs-ergebnisse regional typischer Bodenarten archiviert werden*] • Federal Institution for Waterways Construction (in Germany)
Bundesautobahn *f* • Federal motorway (Brit.), Federal expressway (US)
Bundesbergbaugesetz *n* ➲ Bundesberggesetz
Bundesberggesetz *n*, BBergG *n* • federal mining law, German Federal mining act
Bundes-Bodenschutzgesetz *n*, BBodSchG • Federal Law for the protection against detrimental changes in soils and of the remediation of contaminations
Bundesfernstraße *f* • Federal highway, federal trunk road
Bundes-Immissionsschutzgesetz *n*, BimSchG [*Germany*] • Law for the protection against adverse environmental effects as a result of air pollution, noise, vibrations and similar processes
Bundesland *n* • federal state
Bundesministerium für Verkehr, Bau- und Wohnungswesen *n* [*bis 1998, dann* ➲ *Bundesminsterium für Verkehr, Bau und Stadtentwicklung*] • Federal Ministry for Transport, Building and Housing [*in Germany: until 1998*]
Bundesministerium für Verkehr, Bau und Stadtentwicklung *n* [*in Germany*] • Federal Ministry for Transport, Building and Urban Development [*in Germany*]
Bundesnaturschutzgesetz *n*, BnatSchG [*Germany*] • Law for the protection of nature and maintenance of the landscape
Bundeswasserstraße *f* • federal waterway
Bündner Schiefer *m* • Bündner shale
Bundpfahl *m*, Eckpfahl • corner pile
Bundspundbohle *f*, Eckspundbohle [*Dickes Vierkantholz an den Ecken einer Holzspundwand*] • corner sheet pile
Bunkerbau *m* • bunker construction
Bunsenin *n*, Gelberz *n*, Krennerit *m* • krennerite, white tellurium, $(AuAg)Te_2$ [*A silver-white to pale-yellow mineral. It often contains silver*]
bunt, verschiedenfarbig • variegated [*Said of a sediment or sedimentary rock, such as red beds or sandstone, showing variations of colo(u)r in irregular spots, streaks, blotches, stripes, or reticulate patterns*]
Bunter *m*, Buntsandstein *m*, untere Trias *f*, Untertrias • Lower Trias(sic), Early Trias(sic)
bunter Sandstein *m*, eisenockeriger Sandstein, Vogesensandstein • variegated sandstone
Bunterz *n* • variegated ore
Buntfeuer *n*, bengalisches Feuer • Bengal fire [*A mix-(ture) of realgar, potassium nitrate, and sulphur. Used in pyrotechnics*]
Buntkupferkies *m*, Bornit *m*, Buntkupfer(erz) *n*, Kupferlebererz • bornite, erubescite, natural bornite, variegated copper ore, purple copper ore; horseflesh ore [*Cornish name*]; Cu5FeS4
Buntlehm *m* • terra colorada
Buntmetallerz *n* • ore for brass and bronze, brass and bronze ore
Buntsandstein *m*, Bunter *m*, untere Trias *f*, Untertrias • Lower Trias(sic) sandstone, Early Trias(sic) sandstone
Buntwacke *f* • sparagmite

B

Burgundische Pforte ***f*** • Burgundy Gate

Burrstein ***m***, Buhrstein, kavernöser Süßwasserquarzit *m*, Mühlenstein • buhrstone, bur(r)stone, millstone, burr [*A siliceous rock suitable for use as millstones, e.g. an opentextured, porous but tough, fine-grained sandstone, or a silicified fossiliferous limestone. In some sand-stones, the cement is calcareous*]

Bürgersteig ***m***, Gehweg *m*, Gehsteig *m*, Fußweg *m*, Fußgängerweg *m* • pavement (Brit.), sidewalk (US), footpath

Bürogebäude ***n***, Bürohaus *n* • office block, office building (US)

Büroräume ***m(pl)***, Wirtschaftsräume *m(pl)* • office space [*Context: Two towers with a combined 3.1 million square feet of office space are opening before the end of the year in the downtown financial district*]

Bürstenwerk ***n*** [*frühere Benennung*] ➜ (Pfahl)Rost

Bürstwand ***f*** [*frühere Benennung*] ➜ Spundwand

Büschelform ***f*** [*Anordnung der Schrägkabel bei einer Schrägkabel-Brücke, bei der alle Kabel von der Pylonspitze ausgehen*] • fan shape

Büschelkohle ***f*** ➜ Blätterkohle

Buschmatte(n) ***f***, Buschwerkmatte *f* • brushwood mat(ting)

Buschmatratze ***f*** • brush mat(ting) [*erosion protection*]

Buschräumer ***m*** • brush cutter [*A member of a survey or line clearance crew engaged primarily in cutting access paths through brush or underbrush*]

Busch(räum)haken ***m*** • brush hook [*A short heavy hook with an ax(e) handle, used by surveyors for cutting brush*]

Buschwerkmatte(n) ***f***, Buschmatte *f* • brushwood mat (ting)

Bus-Kabel ***n*** • bus cable

Büßereis ***n***, Zackeneis • penitent ice [*A nieve penitente consisting mainly of ice*]

Büßerschnee, Zackenfirn(schnee) *m* • penitent snow; nieve penitente [*Spanish*]

Buschlage ***f*** [*platziert zwischen Drahtschotter-behältern*] • brush layer [*placed between hard gabions*]

Butenböschung ***f***, meer(es)seitige Böschung, Butenabdachung, Wasserabdachung, Flutseite *f*, seeseitige Böschung, Außenböschung • external slope, exterior slope, seaward slope, outer slope, flood side, front

Butenhafen ***m***, Außenhafen

Butenland ***n*** ➜ Außen(deich)land

Butenpfahl ***m*** ➜ Außenpfahl

Butylkautschuk ***m*** • butyl rubber

Butzenwerk ***n***, Putzenwerk [*Ein Zusammenvorkommen von Butzen in einer Gebirgspartie*] • bed (formed) of ore pockets

Büze ***f*** ➜ (Wetter)Lutte

Bysmalith ***m***, Pfropf *m* • bysmalith, (intruded) plug [*An injected body of igneous rock having the shape of a cone or cylinder which has either penetrated in the surface or terminates in a dome of strata like that over a laccolith*]

Bytownitfels ***m***, Bytownitgestein *n* • bytownitite, bytownitfels [*An igneous rock composed almost entirely of bytownite*]

B.-Z.-Tachymeter, Bosshardt-Zeiss-Tachymeter *n* • Bosshardt-Zeiss-Tacheometer

C

c-Achse ➜ Drehachse

Caen-Stein ***m*** [*Weicher, aber wetterbeständiger Kalkstein aus der Gegend von Caen in der Normandie*] • Caen stone

Caisson ***m***, Bohrgerüst *n* [*Hubinsel. Zum Schutz der Standrohre gegen Abknicken nach Abzug der Bohranlage*] • well protector

Caisson ***m*** **mit Bentonitschlämme**, Senkkasten *m* mit Bentonitschlämme • lubricated caisson

Caissonabsenken, Senkkastenabsenken *n* • caisson sinking, caisson lowering

Caissonabsenk(ungs)geschwindigkeit ***f***, (Senkkasten)Absenk(ungs)geschwindigkeit • (caisson) sinking rate, (caisson) lowering rate

Caissonabsenk(ungs)stelle ***f***, (Senkkasten)Absenk(ungs)stelle • (caisson) lowering site, (caisson) sinking site, (caisson) sinking location

Caissonabsetzen ***n***, Senkkastenabsetzen • caisson landing

Caissonarbeiten ***f***, Senkkastenarbeiten • caisson (construction) work

Caissonaushub ***m***, Senkkastenaushub • caisson excavation, caisson digging

Caissonbauweise ***f*** • caisson construction method

Caissonerkrankung ***f*** ➜ Caissonkrankheit

Caissonfußring ***m***, Senkkastenfußring • caisson base ring, caisson foot ring

Caissongründung ***f***, Senkkastengründung • caisson foundation

Caissonkonstruktion ***f***, Senkkastenkonstruktion • caisson design

Caissonkrankheit ***f***, Pressluftkrankheit, Drucklufterkrankung *f*, Entschleusungskrankheit, Caissonerkrankung, Presslufterkrankung, Druckluftkrankheit, Ausschleusungskrankheit, Senkkastenkrankheit, Senkkastenerkrankung, Dekompressionskrankheit, Dekompressionserkrankung • caisson disease, (compressed-)air illness, bends, (compressed-)air disease, (compressed-)air sickness, screws, decompression sickness, air bends, decompression illness, caisson sickness

Caissonmantel ***m***, Senkkastenmantel • caisson shell

Caissonmethode ***f*** ➜ Druckluftgründungsverfahren

Caissonschneide ***f***, Senkkastenschneide • caisson cutting edge, caisson knife edge, caisson edge

Caissonschuh ***m***, Senkkastenschuh • caisson shoe

Caissonverfahren ***n*** ➜ Druckluftgründungsverfahren

Calaküste ***f*** • cala(s) coast

Calaverit ***m*** • calaverite [*A yellowish or tinwhite, monoclinic mineral commonly containing gold telluride and minor amounts of silver*]

Calcarenit ***m*** **mit > 70 % eckigen Bruchstücken** • skeletal calcarenite

Calcarent ***m***, Kalkarent • calcarent, limestone-sandstone

Calcisiltit ***m***, Kalzisiltit, Kalksiltstein *m* • calcisiltite, limestone-siltstone [*Limestone or dolomite made up of silt-sized particles*]

Calcit ***m*** ➜ Kalkspat

Calcitit ***m***, Kalzitit • calcitite [*A term used by Kay 1951) for a rock composed of calcite; e. g. a limestone*]

Caldera ***m***, Kaldera, Kessel *m* • calde(i)ra [*A large basin-shaped volcanic depression, more or less circular or cirque-like in form, the diameter of which is many times greater than that of the included volcanic vent or vents, no matter what the steepness of the walls or form of the floor*]

Calderasee ***m***, Kalderasee, Kesselsee • calde(i)ra lake [*A crater lake in a calde(i)ra*]

Calichelager ***n*** **aus Natriumsulfat** • chuco [*A term used in Chile for a caliche deposit composed mainly of sodium sulfate*]

Calomel ***m*** ➜ Quecksilberhornerz

Cambridge Cone Pressuremeter ***n*** [*Internat. Bezeichnung*] • Cambridge cone pressuremeter

Cambridge Self-Boring Pressuremeter ***n***, CSBP [*Internat. Bezeichnung*] • Cambridge self-boring pressuremeter, CSBP

Camee ***f*** ➜ Gemme

Caméréwehr ***n***, Rolladenwehr, Jalousiewehr, Rollvorhangwehr • Caméré weir, curtain weir; Caméré dam, curtain dam (US) [*It was invented by Caméré and introduced in 1876–1880 at Port Villez on the lower Seine. In it wooden curtains that can be rolled up from the bottom were substituted for the needles in the Poirée weir*]

Camptonit ***m*** • camptonite [*A lamprophyre having pyroxene, sodic hornblende and olivine as dark constituents and labradorite as its light constituent. Sodic orthoclase may also be present*]

Cannelkohle ***f*** ➜ Kännelkohle

H. Herrmann, H. Bucksch, *Wörterbuch GeoTechnik/Dictionary Geotechnical Engineering*,
DOI 10.1007/978-3-642-33335-4,

C

Cannizarit ***m***, Bismut(o)plagionit *m* • cannizzarite [*A mineral: lead bismuth sulfid(e)*]

CAPWAP-Verfahren ***n*** • CAPWAP method

Carbonhärte ***f*** [*von Wasser*] ➔ Karbonhärte

Cardox-Sprengen ***n***, Sprengen mit Kohlensäure, CO_2-Sprengen • Cardox blasting [*A method of blasting by inserting a steel pipe charged with compressed carbon dioxides into a hole in the material to be blasted*]

Carneol(stein) ***m***, Karneol(stein) • Carneol [*trade name*]; carnelian, cornelian, red(dish) c(h)alcedony, pink-dyed c(h)alcedony

Carraramarmor ***m*** • Carrara marble [*A general name given to all the marbles quarried near Carrara, Italy. The prevailing colo(u)rs are white to bluish, or white with blue veins; a fine grade of statuary marble is here included*]

Cartermethode ***f***, Carterverfahren *n* [*Ermitt(e)lung der möglichen Erdgasdauerförderung und der Fließverhältnisse im Träger*] • double flow method, dual flow method, twin flow method, two-flow method

Castor ***m*** [*Markennamen für einen Behälter für die Lagerung und den Transport radioaktiven Materials*] • Castor[*international trade name for a cask for storage and transport of radioactive material*], *sometimes used as a synonym for fuel element container*

Castor-Behälter ***m***, Castorbehälter *m* • Castor container

Cäsiummagnetometer ***n***, Zesiummagnetometer • cesium (vapour) magnetometer (Brit.); cesium (vapor) magnetometer (US), caesium magnetometer [*A type of optically pumped magnetometer that measures the absolute total magnetic intensity with extreme sensitivity by determining the Larmer frequency of cesium atoms*]

C-Berge ***f***, Vergasungsberge (⚒) • carbonaceous refuse

CBP ➔ Controlled Boring Process

CBR(–Verhältnis) ***n***, kalifornisches Tragfähigkeitsverhältnis • California bearing ratio, CBR [*A ratio for designing flexible pavements*]

C_{14}-Datierung ***f*** • natural radiocarbon measurement

CCD-Kamera ***f*** • CCD camera

CCD-Sensor ***m*** • CCD sensor

CCD-Zeilensensor ***m*** • CCD line sensor

C-Diskontinuität ***f*** ➔ Konrad-Diskontinuität

CECE • CECE, Committee for European Construction Equipment

Celsian ***m*** • celsian, $BaAl_2Si_2O_8$ [*Colo(u)rless, monoclinic mineral consisting of barium fel(d)spar*]

CEN [*Comité Européen de Normalisation*], Europäisches Komitee für Normung • European Committee for Standardization

Cerargyrit ***m***, Kerargyrit, Chlorsilber *n*, Chlorargyrit, AgCl; (Silber)Hornerz *n* [*veraltete Benennungen*] • hornsilver, carneous silver, cerargyrite, kerargyrite, chlorargyrite

Ceraunsinter ***m*** ➔ Fulgurit

Cer(er)it ***m***, Cerinstein *m*, unteilbares Cererz *n*, Zer(er)it, Zersilikat *n* • cerite, cerine [*A brown rare-earth hydrous silicate of cerium and other metals found in gneiss, hardness is 5.5 on Mohs' scale, and specific gravity is 4.86.*]

Cerithienschicht ***f*** • Cerithien layer

Cerolit ***m***, Wachsstein *m* • cerolite

Cerussit ***m*** ➔ Bleispat

Cesarolith ***m*** • cesarolite, $H_2PbMn_3O_8$ [*A steel-gray mineral consisting of acid lead manganate occurring in spongy masses*]

Ceylondiamant ***m*** [*Handelsbenennung*]; farbloser Zirkon *m* • Ceylon diamond [*misnomer*]; colourless zircon (Brit.); colorless zircon (US)

ceylonischer Zirkon ***m*** • jargo(o)n, hyacinth of Ceylon, Ceylon hyacinth [*A colo(u)rless, pale-yellow, or smoke gem variety of zircon from Sri Lanka*]

Ceylonit ***m***, Kandit

Ceylonopal ***m*** [*Handelsbenennung*]*;* Mondstein *m* (Feldspatgruppe) • Ceylon opal [*misnomer*]*;* moonstone, hecatolite; water stone [*obsolete*]

Ceylon-Peridot ***m***, gelbgrüner Turmalin *m* • yellow-green t(o)urmaline; peridot(e) of Ceylon, Ceylon chrysolite, Ceylon peridot(e) [*misnomers*]

Ceylonschliff ***m*** • Ceylon (brilliant) cut

Chalcedon ***m***, Chalzedon • chalcedony; frost stone [*A local trade name for chalcedony found near Barstow, California, in 1912, which contains white inclusions thought to be opal*]

Chalcedonyx ***m*** • chalcedonyx [*An onyx with alternating stripes or bands of gray and white. It is valued as a semiprecious stone*]

Chalk-Gruppe ***f*** • chalk group

Chalkantit ***m*** ➔ blaues Vitriol

Chalkoalumit ***m***, Chalcoalumit • chalcoalumite, $CuAl_4(SO_4)(OH)_{12}.3H_2O$

Chalkocyanit, Hydrozyanit *m*, $CuSO_4$ • chalcocyanite, hydrocyanite

Chalkolith ***m***, Tobernit *m* [*nach A.G. Werner, 1786*], Kupferuranglimmer *m*, grüner Glimmer [*nach A.G. Werner, 1793*] • tobernite, chalcolite, copper uranite, cuprouranite

chalkophiles Element ***n*** [*Es befindet sich vorwiegend in der Sulfidzone von Meteoriten*] • chalcophile element

Chalkophyllit ***m***, Kupferglimmer *m* • chalcophyllite, copper mica

Chalkopyrit ***m*** ➜ Narrengold

Chalkosphäre ***f***, Oxid-Sulfid-Schale *f*, Zwischenschicht *f* [*1700 km dick*] • chalcosphere [*That zone or layer of the Earth containing heavy metal oxides and sulfides*]

Chalkostibit ***m***, Kupferantimonglanz *m*, Wolfsbergit, $CuSbS_2$ • chalcostibite, wolfsbergite [*A lead-gray mineral consisting of antimony copper sulfide*]

Chalkotrichit ***m***, haar(förm)iges Rotkupfererz *n*, Haarkupfererz, Kupferblüte *f* • chalcotrichite, plush copper (ore), hair copper (ore), copper bloom

Chalmersit, Kubanit *m* • cubanite, chalmersite, $CuFe_2S_3$

Chalzedon ***m***, Chalcedon • chalcedony; frost stone [*A local trade name for chalcedony found near Barstow, California, in 1912, which contains white inclusions thought to be opal*]

Chandlersche Periode ***f***, Newcombsche Periode • Chandler period [*The period of the Chandler wobble*]

changierend, schillernd • chatoyant

chaotische Gleitmasse ***f***, Geröll(e)ton *m* • pebbly mudstone, mass flow

Chapman-Jouget-Detonation ***f*** ➜ C-J-Detonation

Chapman-Jouget-Ebene ***f***, C-J-Ebene • Chapman-Jouget plane, C-J plane [*The "point" along a confined cylindrical column of explosives at which the detonation shock wave reaction is complete, and from which point onwards a permanent steady-state reaction continues*]

Charakteristik ***f*** • regime(n) [*The system or other characteristic of a stream or river, in other words, its habits with respect to velocity and volume, form of and changes in channel, capacity to transport sediment, amount of material supplied for transportation, etc.*]

Charakteristik ***f*** **eines Stempels**, Stempelkennlinie *f*, Stempelcharakteristik, Stempellastwegkurve, Lastwegkurve *f* eines Stempels, Kennlinie eines Stempels (⚒) • load-yield curve, resistance-yield curve

Charakteristiken-Feld ***n*** • field of characteristics

Charakteristiken-Methode ***f*** ➜ Charakteristiken-Verfahren

Charakteristiken-Netz ***n*** • characteristic network

Charakteristiken-Verfahren ***n***, Charakteristiken-Methode [*von Sokolovski*] • method of characteristics [*from Sokolovski*]

charakteristische Strahlung ***f***, Eigenstrahlung des Anodenmaterials • characteristic radiation

charakteristische Tiefe ***f***, Übergangstiefe • transition (al) depth, characteristic depth [*gradually varied flow*]

charakteristische Widerstands-Setzungs-Linie ***f*** **(WSL)** [*Pfahlfundamente*] • characteristic pile resistance settlement curve

charakteristischer Bettungsmodul ***m*** • characteristic modulus of subgrade reaction

charakteristischer Mittelwert ***m*** • characteristic mean

charakteristischer Reststrom ***m*** [*Meer*] • characteristic residual current

charakteristischer Wert [*einer Baugrundeigenschaft: der Wert, der die geotechnische Verhaltensweise eines Bauwerks in dem jeweils betrachteten Grenzzustand bestimmt. Er wird aus einer Anzahl von Versuchwerten ermittelt.*] • characteristic value

Chargenmischer ***m*** • batch mixer

Chassingit ***m***, Olivin-Achondrit • chassingite [*An achondritic stony meteorite composed almost entirely (95%) of olivine, with accessory amounts of chromite, and lacking nickel-iron. It resembles terrestrial aunite*]

Cheddit ***m*** • Cheddite [*Explosive containing $KClO_3$, castor oil, and a nitrohydrocarbon. Chedd, Switzerland (where explosive was first made)*]

Chefetage ***f*** ➜ Vorstandsetage

Chemie ***f*** **der Erde**, Geochemie • geochemistry

Chemiefaser ***f***, Chemiefasergarn • chemical fibre (US: fiber), synthetic fibre (US: fiber)

Chemiegeologie ***f***, chemische Geologie • chemical geology

Chemikal(ie) ***n, (f)*** **zur Herabsetzung des Filtrationsverlustes** [*Erdöl- und Erdgasgewinung*] • fluid-loss additive

Chemikalienbohrer ***m*** • chemical drill [*It is used for drilling rock in the laboratory or could be used on a wireline. An electric detonator would be used to break a seal between a chamber of compressed gas and a chamber containing the reactive chemical. The compressed gas forces the fluorine or other chemical through a catalyst, producing a high-velocity chemical jet that dissolves the rock*]

Chemikaliengesetz ***n***, ChemG [*Germany*] • Chemicals Act, law on chemical substances, Law for the protection against hazardous materials

chemisch abgewittert, tiefenverwittert, chemisch verwittert, tiefenabgewittert, entfestigt [*technische Gebirgsklassifizierung*] • chemically defect, chemically weathered

chemisch aufschließen, aufschließen • to open (up), to digest

chemisch gebundenes Wasser ***n*** [*Es tritt in fester chemischer Verbindung in den wasserhaltigen Silikaten* *und Salzen auf und ist in zahlreichen organischen Verbindungen enthalten*] • chemically bound water

chemisch reines Zinn *n*, Reinstzinn *n* • chempure tin [*Purest commercially available tin, 99.9 per cent tin*]

C

chemisch verfestigter Boden *m* • chemically solidified soil

chemisch versteinert • chemically petrified

chemisch verwittert ➋ chemisch abgewittert

chemisch verwitterter Fels *m* ➋ zersetztes Gestein

chemisch verwittertes Gestein *n* ➋ zersetztes Gestein

chemisch-biologische Verwitterung *f* • chemico-biological weathering

chemische Abflussmengenmessung *f* • chemihydrometry, chemical gauging; chemical gaging (US) [*Measuring the quantity of flowing water by determining the dilution of a chemical solution introduced upstream at the known rate and concentration*]

chemische Abwitterung *f*, chemische Verwitterung, Tiefenverwitterung, Tiefenabwitterung, Gesteinsentfestigung, Entfestigung, Kornverbandlockerung • chemical weathering, decomposition, decay, disintegration, chemical defect(s), deconsolidation

chemische Auflösung *f*, Auflösung innerhalb der Verwitterungszone • intrastratal solution, differential solution, diagenetic solution [*Removal by chemical solution of certain mineral species from within a sedimentary bed following deposition*]

chemische Auswaschung *f*, chemische Verarmung [*Boden*] • chemical eluviation

chemische Bodenkonsolidierung *f* • chemical soil consolidation [*Strengthening and sealing loose heavily watered ground around tunnels, galleries and shafts. A gel-forming chemical is injected into the ground which is more or less consolidated*]

chemische Denudation *f* • chemical denudation [*The process by which the land surface is wasted by material going into solution and being taken into the sea*]

chemische explosive Verbindung *f*, explosive chemische Verbindung • explosive chemical compound, chemical explosive compound

chemische Gasbildung *f* [*Emulsionssprengstoff*] • chemical gassing

chemische Geologie *f*, Chemiegeologie • chemical geology

chemische (Kluft)Verpressung *f* • chemical grouting

chemische Lagerstätte *f* • chemical deposit

chemische Nassanalyse *f*, nasse chemische Analyse • wet chemical analysis, chemical wet analysis [*Any of the methods for chemical determinations using a liquid as part of the process. Typically it refers to gravimetric analysis and volumetric analysis*]

chemische Struktur *f*, chemischer Bau *m* • chemical structure [*e.g. of coal*]

chemische Verarmung *f*, chemische Auswaschung *f* [*Boden*] • chemical eluviation

(chemische) Verbindung *f* • compound [*A definite combination of two or more chemical elements*]

chemische Verfahrenstechnik *f* • chemical engineering operations

chemisch verfestigte Erdwand *f* • chemically stabilised (US: stabilized) earth wall

chemische Versteinerung *f* [*als Baumaßnahme*] • chemical petrifaction, chemical soil solidification

chemische Verwitterung *f*, chemische Abwitterung, Tiefenverwitterung, Tiefenabwitterung, Gesteinsentfestigung, Entfestigung, Kornverbandlockerung • chemical weathering, decomposition, decay, disintegration, chemical defect(s), deconsolidation

chemische Verwitterung *f* in Kugelform ➋ kugel(förm)ige Verwitterung

chemischer Bau *m*, chemische Struktur *f* • chemical structure [*e.g. of coal*]

chemischer Sauerstoffbedarf *m*, CSB • (chemical) oxygen demand, COD, dischromate value

chemischer Zusatzstoff *m* • chemical additive

chemisches Sedimentgestein *n*, chemisches Ablagerungsgestein, chemisches Absatzgestein, Füllungsgestein [*Früher: chemisches Schichtgestein. Die wichtigsten Lockerprodukte sind Kalkschlamm und Dolomitschlamm und die wichtigsten Festprodukte (Gesteine) sind Kalkstein und Dolomitstein. Weitere wichtige Produkte sind Steinsalz, Kalisalz, Brauneisenoolith, Kalksinter und Kieselsinter*] • chemical (sedimentary) rock, (sedimentary) rock chemically formed from solution

chemisch-mineralisch • chemico-mineralogical

chemisch-technischer Holzschutz *m* • chemical timber preservation

Chemismus *m* [*chemische Reaktion*] • chemism [*chemical reaction*]

chemogen • chemogenic

Cheopspyramide *f* • Great pyramid of Cheops

Chiastolit *m* • chiastolite, cross-stone, crucite, macle

Chiastolitschiefer *m* • chiastolite slate [*A finegrain(ed), metamorphosed, carbonaceous slate without any prominent cleavage or schistosity and containing conspicuous crystals of chiastolite*]

Chicago-Senkbrunnen *m* • Chicago caisson, Chicago well [*A cylindrical hole of about 1–2 m dia. is dug by*

hand for a depth which varies from as little as 2 ft in soft clay to 6 ft in stiff clay. The sides of the excavation are accurately trimmed and lined with vertical boards held against the clay by two or more steel rings. The hole is then deepened for several more feet and lined in the same manner as before. When the bottom reaches final elevation, the hole is filled with concrete]

Chilesalpeter *m* • caliche, Chile niter, Chile saltpeter (US); Chile nitre, Chile saltpetre (Brit.) [*commercial names*] [*This sodium nitrate ($NaNO_3$) is found in large quantities in caliche in arid regions of northern Chile*]

Chinaopal *m* • China opal [*Common opal resembling white porcelain*]

Chinasilber *n*, chinesisches Silber • white China

chinesische Bohranlage *f* ➋ (Seil)Freifall(meißel)-bohranlage

chinesischer Bohrer *m* ➋ (Seil)Freifall(meißel)bohrer

chinesischer Bernstein *m* ➋ Chinabernstein

chinesisches Bohren *n*, (Seil)Freifall(meißel)bohren, Meißel(seil)freifallbohren, Seilbohren • cable (tool) drilling, yo-yo drilling, churn drilling; standard method of drilling [*obsolete*] [*A weighted bit at the bottom of a cable falls against the formation being penetrated*]

Chi-Quadrat-Prüfung *f* • chi-square test [*A statistical test that employs the sum of values given by the quotients of the squared difference between observed and expected (theoretical) frequencies divided by the expected frequency. It enables assessment of goodness of fit, association, or commonalty in a population, and is used to determine equivalency of observed sample and expected population*]

Chloanthit *m*, Weißnickelkies *m*, $(Ni,Co)As_{2-3}$ • chloanthite, white nickel, cloanthite

Chlorapatit *m* • chlorapatite, $Ca_5(PO_4)_3Cl$

Chlorastrolit *m* • chlorastrolite, Lake Superior greenstone, green starstone

Chlorat *n*, chlorsaures Salz *n* • chlorate

Chloratit *m*, Chloratsprengstoff *m* • chlorate (industrial) explosive, chlorate commercial explosive, chlorate blasting explosive

Chlorbromsilbererz *n*, Embolit *m* [*Aus Chile und Mexiko*] • embolite, bromchlorargyrite

Chloridgehalt *m* • chlorinity, chlorine equivalent

Chloridgehalt *m* in Gramm bezogen auf 1 Liter Meer(es)wasser bei 20°C • chlorosity

chloritische Kreide *f* • lower chalk

Chloritisierung *f* • chloritization [*The replacement by alteration of ferromagnesian minerals of chlorite*]

Chloritisierung *f* • chloritization [*The replacement by, conversion into, or introduction of chlorite*]

Chloritoid *m* • chloritoid [*A micaceous mineral: $Fe_2Al_4Si_2O_{10}(OH)_4$. It occurs in dull-green or dark-green to gray or grayish-black masses of brittle folia in metamorphosed argillaceous sedimentary rocks, and is related to the brittle micas. Magnesium may be present*]

chloritreich [*Gang*] • peachy

Chlorit-Serizit-Phyllit *m* • chlorite-sericite-phyllite

Chloritserizitschiefer *m*, Taschenschiefer • chlorite-sericite schist [*A low-grade, finegrained variety of mica schist without biotite*]

Chlorkalium *n* ➋ Silvin

Chlorokalzit *m* • chlorocalcite, hydrophyllite [*Calcium chloride, $CaCl_2$, in white cubic crystals, or as an incrustation at Vesuvius, Italy*]

Chloromelanit *m* • chloromelanite [*A dark-green to nearly black variety of jadeite*]

Chloropal *m*, grüne Eisenerde *f* • chloropal

Chlorose *f* • chlorosis [*The yellowing of the leaves of plants sometimes caused by a deficiency of iron necessary in the formation of chlorophyll. Is useful as a guide to ore since nickel, cobalt, copper, zinc, chromium, and manganese are all antagonistic to iron in the plant metabolism*]

chlorsaurer Kalk *m*, überoxydierter salzsaurer Kalk • chlorate of lime, lime chlorate

chlorsaures Salz *n*, Chlorat *n* • chlorate

Chlorsilber *n* ➋ Cerargyrit

Chondrit *m* • chondrite [*A stony meteorite containing small globules known as chondrules, composed of silicate minerals with or without glass; small amounts of nickel-iron are also characteristic*]

C-Horizont *m*, Untergrund *m*, unveränderlicher Untergrund, Ausgang(s)gestein *n* • C-horizon [*A mineral horizon of a soil, lying beneath the A and/or B horizons, consisting of unconsolidated rock material that has been relatively little affected by pedogenic processes*]

Chrap *m*, Rendzina

Christensenit *m*, Tridymit *m*, SiO_2 • tridymite, christensenite [*A mineral consisting, like quartz, of silica, but differing in crystallization*]

Christobalit *m* • christobalite, cristobalite [*A mineral, like quartz, SiO_2, and present in many siliceous volcanic rocks, both as cavity lining and constituent in the fine-grained groundmass*]

Christophit *m*, Marmatit *m* • marmatite, christophite

chrom-dreiwertig • chromic [*Of, pertaining to, or containing chromium in the trivalent state; for example, chromic oxid(e), Cr_2O_3*]

chrom-zweiwertig • chromous [*Pertaining to chromium in its state of lowest combining power*]

C

Chromeisenerz *n* [*nach Hausmann 1813*] ➔ Chromit *m* [*nach Haidinger 1845*]

chromenthaltend, chromhaltig, chromführend • chromiferous, containing chrome

Chromerz *n*, metallurgischer Chromit *m* • chrome ore

Chromerzausdehnung *f* [*Durch Mischkristallbildung hervorgerufen*] • bursting

Chromerzbergbau *m* • chrome ore mining

chromführend ➔ chromhaltig

Chromglimmer *m* ➔ chromhaltiger Glimmer

chromhaltig, chromenthaltend, chromführend • chromiferous, containing chrome

chromhaltiger Glimmer *m*, Fuchsit *m*, Chromglimmer *m* • chrome mica, fuchsite

Chromit *m* [*nach Haidinger 1845*], Chromeisenstein *m*, Chromeisenerz *n* [*nach Hausmann 1813*], Chrom-Eisen-Oxid *n* • chromite, chrome iron (ore), chromic iron (ore) $FeCr_2O_4$

Chromlignit-Chromlignosulfonat-Spülung *f* • ClCLS mud

Chrom-Lignit-Spülung *f* [*Tiefbohrtechnik*] • chrome-lignite mud

Chromrückgewinnung *f* aus Spülbädern • chrome waste treatment

Chromzinnober *m*, österreichischer Zinnober • mercury protochromate, protochromate of mercury

Chron *n* • chron [*(a) The time span of a chronozone. (b) A term preferred by Dunbar and Rodgers (1957) as a "reasonably unambiguous" and "mnemonic" syn. of moment (c) A term used by Sutton (1940) for the time interval during which a "group" (now referred to as a "stage") of rocks was formed; i.e. used as a syn. of age. The term was introduced by Williams (1901) for an indefinite division of geologic time, and used by Wheeler et al. (1950) as a general geologic time unit*]

Chronolith *m* • time rock

Chronologie *f*, Zeitrechnungslehre *f* • chronology

Chronostratigrafie *f*, Zeitstratigrafie [*Beide Benennungen sind Pleonasmen, weil "Stratigrafie" ohne Zeitkriterium unmöglich ist. Das gleiche gilt für die englischen Benennungen*] • chronostratigraphy, time-stratigraphy

Chronotektonik *f* • chrono(geo)tectonics

Chronozone *f* • chronozone, chronostratigraphy zone

Chrysoberyll *m*, Cymophan *m*, Kymophan • chrysoberyl, chrysopal, gold beryl, cymophane [*A hard mineral: $BeAl_2O_4$. It is usually yellow, pale green, or brown, contains a small amount of iron, and is used as a gem (stone). Principal variations are cat's-eye and alexandrite. Not to be confused with "golden beryl"*]

Chrysoberyllkatzenauge *n* • oriental cat's-eye, chrysoberyl cat's-eye

Chrysokollquarz *m*, Azurlit

Chrysolith *m*, Abendsmaragd *m* • chrysolite [*A misleading term applied in gem(m)ology to several yellow to yellowish-green gems. Correctly used it refers to the pale-yellow to yellowish-green gem variety of olivine*]

Chrysolith *m* • chrysolite [*(a) A yellowish-green, reddish, or brownish variety of olivine in which the ratio of magnesium to total magnesium plus iron is between 0.90 and 0.70 or in which the Fe_2SiO_4 content is 10–30 mole percent. The name has at times carried a wider meaning, as a syn. of olivine. (b) A name that has been applied at various times to topaz, prehnite, and apatite. This usage is obsolete. Not to be confused with chrysotile*]

CIC-Methode *f*, CIC-Verfahren *n* [*Goldgewinnung mit Aktivkoks aus Zyanidlösung*] • carbon-in-columns method

CIL-Methode *f*, CIL-Verfahren *n* [*Goldgewinnung*] • carbon-in-leach method

Cimolit *m*, richtiger Kimolit, kimolische Erde, cimolische Erde *f* • cimolite [*A white, greyish, or reddish hydrous aluminium silicate mineral occurring in soft, claylike masses*]

CIP-Methode *f*, CIP-Verfahren *n* [*Goldgewinnung*] • carbon-in-pulp method

CIPW-System *n*, Normsystem nach Cross, Iddings, Pirsson und Washington • norm system, quantitative system, C.I.P.W. system, American system [*A system of classification and nomenclature for igneous rocks based on the norm for each rock. Only undecomposed rocks of which accurate chemical analyses are available are classifiable in this system, which consequently is more used in detailed petrologic(al) studies than in ordinary geologic(al) or mining work. This system was devised by Messrs. Cross, Iddings, Pirsson, and Washington*]

C-Isotopen-Zusammensetzung *f*, Kohlenstoffisotopenzusammensetzung • carbon isotopic composition, carbon isotope composition

Citrin *m* (im eigentlichen Sinn), Citrin (Quarzgruppe), gelber Quarz *m*, Gelbquarz; böhmischer Topas [*Handelsbenennung*] [*Im Gegensatz zu den erhitzten Amethysten mit einer ähnlichen, aber meist intensiveren Färbung*] • citrine, topaz quartz, false topaz, citrine quartz, yellow quartz; quartz topaz, Colorado topaz [*misnomers*] [*Called Bohemian topaz [misnomer] by jewellers when cut as a gem*]

Citrin ***m*** **(Quarzgruppe);** spanischer Topas *m* [*Handelsbenennung*] • Spanish topaz [*misnomer*], yellowish brown quartz

Citrin ***m*** **(Quarzgruppe),** Citrin (im eigentlichen Sinn), gelber Quarz *m*, Gelbquarz; böhmischer Topas *m* [*Handelsbenennung*] [*Im Gegensatz zu den erhitzten Amethysten mit einer ähnlichen, aber meist intensiveren Färbung*] • citrine, topaz quartz, false topaz, citrine quartz, yellow quartz; quartz topaz, Colorado topaz [*misnomers*] [*Called Bohemian topaz* [*misnomer*] *by jewellers when cut as a gem*]

Citrin ***m*** **(Quarzgruppe)**
➔ Goldtopas [*Handelsbenennung und Fehlbenennung*]

C-J-Ebene ***f*****,** Chapman-Jouget-Ebene • Chapman-Jouget plane, C-J plane [*The "point" along a confined cylindrical column of explosives at which the detonation shock wave reaction is complete, and from which point onwards a permanent steady-state reaction continues*]

Clannysche Sicherheitslampe ***f*****,** Sicherheitslampe Clanny (⚒) • Clanny lamp

Clapeyronsche Gleichung ***f*****,** Clausius-Clapeyronsche Gleichung • Clapeyron('s) equation, Clapeyron-Clausius equation, Clausius-Clapeyron equation [*As usually used, this is an expression developed by Clausius (1850) relating the pressure and temperature of a phase transition in a closed system (such as melting) when the two modifications of the same substance coexist in equilibrium. It includes the heat of the transformation and the volume change of the transformation*]

Clarinit ***m*** • clarinite [*The major maceral of clarain, according to the Stopes classification; the term is no longer in general use*]

Clarit ***m*** • clarite [*A coal microlithotype that contains a combination of vitrinite and exinite totalling at least 95%, and containing more of each than of inertinite*]

Clarke ***n*** • clarke, crustal abundance [*The average abundance of an element in the crust of the Earth. It is named in honor of F.W. Clarke*]

Clarke-Ellipsoid ***n*** **von 1866** • Clarke ellipsoid of 1866 [*The ellipsoid of reference for geodetic surveys in North and Central America, the Hawaiian Islands, and the Philippines. It was the basis of the North America datum of 1927*]

Clarke-Konzentration ***f*** • clarke of concentration [*The concentration of an element in a mineral or rock relative to its crustal abundance. The term is applied to specific and average occurrences*]

Clarofusain ***m*** • clarofusain [*A transitional lithotype of coal characterized by the presence of fusinite and vitrinite, with other macerals; fusinite is more abundant than it is in fusoclarain*]

Clarofusit ***m*** • clarofusite [*A type of coal intermediate between clarite (predominant) and fusite*]

Clarotelain ***m*** • clarotelain [*A transitional lithotype of coal characterized by the presence of teienite, with lesser amounts of other macerals*]

Clarotelit ***m*** • clarotelite [*A type of coal intermediate between clarite (predominant) and telite*]

Clarovitrain ***m*** • clarovitrain [*A transitional lithotype of coal characterized by the presence of vitrinite (collenite or telenite), with lesser amounts of other macerals*]

Clarovitrit ***m*** • clarovitrite [*A type of coal intermediate between clarite (predominant) and vitrite*]

Clausius-Clapeyronsche Gleichung ***f*****,** Clausius-Clapeyron-Gleichung, Clapeyron'sche Gleichung • Clapeyron('s) equation, Clapeyron-Clausius equation, Clausius-Clapeyron equation [*As usually used, this is an expression developed by Clausius (1850) relating the pressure and temperature of a phase transition in a closed system (such as melting) when the two modifications of the same substance coexist in equilibrium. It includes the heat of the transformation and the volume change of the transformation*]

Clausthalit ***m*****,** Selenblei *n*, PbSe • clausthalite, lead selenide

Cleavelandit ***m*****,** Kieselspat *m* • cleavelandite [*A white form of albite with a lamellar structure*]

Cleveit ***m*** • cleveite [*A variety of uraninite containing cerium*]

Cleveland-Flammpunktprüfer ***m*****,** Flammpunktprüfer nach Cleveland • Cleveland open cup

Cliffordit ***m*** [*kubisch*] • cliffordite, UTc_3O_8

Cliftonit ***m*** [*Pseudomorphose von Graphit nach Diamantkristallen*] • cliftonite

Clintonit ***m*****,** Klintonit • clintonite, seybertite, xantophyllite, $Ca(Mg,Al)_3(Al_3Si)O_{10}(OH)_2$

C_{14}-Methode ***f*****,** C_{14}-Verfahren *n* [*Alterbestimmung von kohlenstoffhaltigen Substanzen*] • C_{14}method

Close-fit Verfahren ***n*** ➔ compact pipe

Cluster Bohrungen ***f(pl)*** • cluster boreholes

CMC-Säule ***f*** • Controlled Modulus Column

CO^2 Speicherung ***f*** **im Untergrund** • underground CO^2 storage

Cobaltin ***m*** ➔ Glanzkobalt

Codebild ***n*****,** Kodebild • code image, code picture

Coelestin ***n*****,** $SrSO_4$ • celestite, c(o)elestine

Colcrete Beton ***m*** • Colcrete

Colcrete Matte ***f*** • Colcrete mat

Colcrete Mörtel ***m*** • Colcrete mortar

Colcrete Verfahren ***m*** • Colcrete method, cement-sand slurry method

Colli(ni)t ***n*** • collinite [*A maceral in coal, homogeneous in appearance, formed from gelified material and locking in cell structure*]

Colmix-Verfahren ***n*** • Colmix Method

Coloradoit ***m***, Tellurquecksilber *n*, Quecksilbertellurid *n* • coloradoite, HgTe [*A grayish-black, isometric telluride mineral with a metallic lustre; specific gravity is 8.6*]

Coloumb-Feld ***n*** • Coloumb field [*The elastic field created by a stationary charged particle*]

Compact Pipe ***f*** [*ein rundes, aber während des Extrusionsprozesses C-förmig gefaltetes PE-Rohr, das in zu sanierende Schächte eingeführt wird und Aufgrabungen überflüssig macht. Mit heißem Wasserdampf und ca. 5 bar Druck wird erreicht, dass der Kunststoff wieder die ursprünglich runde Form annimmt. Während des Abkühlvorgangs legt sich die Compact Pipe eng an die Wand des alten Rohrs an (close-fit Verfahren)*] • compact pipe

Compozer-Verfahren ***n*** • Compozer method

Compton-Streuung ***f*** • Compton scattering, gammaray scattering, Compton process [*The elastic scattering of photons by electron*]

Computer-Leistung ***f*** • computer processing power

Comtrac® [*Geokomposit aus einer hochmodulen Bewehrung mit integrierter Vliesstoffkomponente für die Bewehrungs-, Trenn- und Filterfunktion*] • Comtrac®

Congelifraktion ***f*** ➋ Frostverwitterung

Conodonten ***f(pl)*** • conodonts

Conodontenzonen ***f*** • zonal conodonts

Conraddiskontinuität ***f***, Konrad-Diskontinuität, Sial/Sima-Grenze *f*, C-Diskontinuität, seismische Unstetigkeitsfläche *f*, Sprungfläche • Conrad discontinuity [*The seismic velocity discontinuity within the Earth's crust that is equivalent to the boundary between the sial and the sima, at which velocities increase from 6.1 km/sec to 6.4 - 6.7 km/sec. It is not always discernible, i.e. there may be a general increase in velocity with depth in the crust, with no evidence of layer boundaries*]

Conradschicht ***f***, Konradschicht • Conrad layer, intermediate layer, lower crustal layer [*The seismic region of the Earth between the Conrad discontinuity and the Mohorovičič discontinuity*]

Containerhafen ***m*** • container port

Containerkaje ***f*** • container quay

Containerpflanze ***f*** • container plant

Containerstandfläche ***f*** • container yard

Containerumschlaganlage ***f***, Containerumschlagsanlage *f* • container terminal

Containerumschlags-Hafenbecken ***n*** • container-handling port basin

Containerumschlagszahl ***f*** • container turnover figure

Containerverkehr ***m*** • container traffic

Controlled Boring Process (CBP) ***m*** [*Dabei handelt es sich um ein Sicherungs- und Überwachungssystem mit Auswerte- und Analysefunktion für eine sichere Prozessführung beim maschinellen Tunnelbau*] • Controlled Boring Process (CBP) [This is a safety and monitoring system with evaluation and analysis functions to achieve safer process guidance in mechanised tunnelling]

Cooperit ***m*** • cooperite, (Pt,Pd)S [*A steelgray tetragonal mineral of metallic lustre consisting of a sulphide of platinum, occurring in irregular grains in igneous rocks*]

Copalin ***m*** ➋ fossiler Kopal

Copiapit ***m*** ➋ Misy

Coplan-Stabilisierungs-Verfahren ***n***, CSV-Verfahren *n* [*Es handelt sich hier um ein Gründungsverfahren, bei dem Stabilisierungssäulen im Vollverdrängungsverfahren in bindigen Böden mit und ohne Sandanteilen sowie organische Böden nicht ausreichender Tragfähigkeit eingebracht werden*] • Coplan stabilisation method

Coquimbit ***m***, $Fe_2(SO_4)_3.9H_2O$ • coquimbite, white copperas

Coquina ***f*** [*Mehr oder weniger gut mechanisch sortierte Organismenhartteile, schwach bis mäßig stark zementiert und verfestigt. Gewöhnlich aus Schill bestehend. Material in Sandkorngröße oder feiner kann Mesocoquina genannt werden. Mikrocoquina entspricht der Schreibkreide*] • coquina

Coquinit ***m*** • coquinite [*Compact, well-indurated, and firmly cemented equivalent of coquina*]

Corallian ***n***, Korallenoolith *m* • Oxfordian, Corallian [*European stage: Upper Jurassic (above Callorian, below Kimmeridgian)*]

Corbiculaschicht ***f*** • Corbicula layer

Cordierit ***m***, Kordierit, Iolit, Dichroit • cordierite, iolite, dichroite [*A light-blue to dark-blue or violet-blue orthorhombic mineral: $(Mg,Fe)_2Al_4Si_5O_{18}$*]

Cordonbau ***m*** [*Hangsicherung*] • cordon construction

Corne de Vache [*"Kuhhorn": im Brückenbau eine abgeflachte Form des Bogens, der die Brücke schlanker erscheinen lässt*] • corne de vache

Cornwall-Strossenbau ***m*** • Cornish underhand stoping, cornish underbreaking [*Stope is worked around a raise or winze between two levels*]

COSAD System ***n*** • COSAD system, Computer-aided system for automatization of deformation measurements [*A measurement system which will detect deformations in structures, rock faces and extended earth-surface areas. The device is semi-automatic with electronic data-acquisition parts*]

Cosalit ***m*** • cosalite, $Pb_2Bi_2S_5$ [*A lead-gray or steel-gray mineral consisting of lead, bismuth, and sulphur; specific gravity is 6.39-6.75*]

Costra • Costra [*A hard conglomerate found in the desert of Northern Chile*]

Couetteströmung ***f*** • Couette flow

Coulomb-Material ***n*** • Coulomb material

Coulombsche Drehwaage ***f***, Coulombsche Torsionswaage • Coulomb's balance

Coulombsche Gleichung ***f*** • Coulombs equation [*An equation to determine the shear strength of a soil, thus: S = C + P tan j, where S = shear strength; C = cohesion; P = pressure at right angles to the plane of shear; j = angle of shearing resistance of the soil. The equation was developed by C. A. Coulomb in 1776*]

Coulombsche Theorie ***f***, klassische Erddrucktheorie, Gleitkeiltheorie • classical earth-pressure theory, wedge theory, Coulomb's (earth-pressure) theory, sliding wedge theory [*Advanced by Coulomb in 1776 and relates to the forces tending to overturn a retaining wall. It is based on the wedge-shaped block of ground that would slide forward should the wall fail*]

Coulombsche Torsionswaage ***f***, Coulombsche Drehwaage • Coulomb's balance

Coulombsches Gesetz ***n*** • Coulombs law [*The straight-line law connecting shear stress and compressive stress as suggested by Coulomb during the eighteenth century is: t = c + s tan j; where t = shear stress; s = total compressive stress; c = apparent cohesion; and j = angle of shearing resistance (internal friction). It should be noted that although c and j are called "apparent cohesion" and "angle of shearing resistance", they are only empirical constants for a particular soil under certain conditions of drainage, void ratio, etc. Laboratory values are of little use unless these conditions are the same on site.*]

Counterflushverfahren ***n*** • counter flush method

CPD-Ergebnisse ***n(pl)*** • CPD results

CPR-Test ***m*** • CPR test, constant rate of penetration test

Crackinginjektion ***f*** • cracking injection

Crandallit ***m***, Pseudowavellit • crandallite, pseudowavellite, $CaAl_3(PO_4)_2\ (OH)_5.H_2O$

Crinoidenkalkstein ***m***, Krinoidenkalkstein • crinoidal limestone, encrinite, encrinal limestone

Criquina ***f*** • criquina [*A coquina composed of crinoid fragments*]

Crookesit ***m*** • crookesite $(Cu,Tl,Ag)_2Se$ [*A selenium mineral occurring in lead-gray masses and having a metallic appearance*]

CSB ***m***, chemischer Sauerstoffbedarf • (chemical) oxygen demand, COD, dischromate value

CSV-Bodenstabilisierung ***f***, CSV-Verfahren, Coplan-Stabilisierungs-Verfahren *n* [*Es handelt sich hier um ein Gründungsverfahren, bei dem Stabilisierungssäulen im Vollverdrängungsverfahren in bindigen Böden mit und ohne Sandanteilen sowie organische Böden nicht ausreichender Tragfähigkeit eingebracht werden*] • CSV soil stabilisation method

CSV-Verfahren ***n*** ➔ CSV-Bodenstabilisierung

CT-Funktion ***f*** ➔ Modulationsübertragungsfunktion

Cu-Erz ***n***, Kupfererz *n* • copper ore, ore of copper

Cu-Hg-Sb-Fahlerz ***n*** ➔ Schwatzit

Culmannscher Erddruck ***m***, Erddruck nach Culmann • Culmann's earth pressure

Culmannsche Methode ***f***, Culmannsches Verfahren *n* • Culmann's (graphical) method [*It determines graphically the distribution of load between vertical and batter piles*]

Cuprit ***m***, Ziegelerz *n*, Kupferpecherz, Kuprit, Rotkupfererz, Kupferoxydul *n* • cuprite, red copper (ore), ruby copper (ore), red oxid(e) of copper, octahedral copper ore, red copper oxid(e)s, Cu_2O [*A red (crimson, scarlet, vermilion, brownish-red) isometric mineral. It is an important ore of copper, and occurs as a secondary mineral in the zone of weathering of copper lodes*]

Cuproazid ***n***, Kupferazid • copper azide

Curiepunkt ***m***, kritische Stofftemperatur *f* • Curie point, Curie temperature

Curiewaage ***f*** • Curie balance [*A magnetic balance used to determine saturation magnetization as a function of temperature, hence to determine Curie point*]

Cuvelagezimmerung ***f***, Küvelagezimmerung, Holzküvelage *f* [*Wasserdichter Schachtausbau mit Holzringen*] (⚒) • crib tubbing, curb tubbing

C_{14}-Verfahren ***n***, C_{14}-Methode *f* [*Alterbestimmung von kohlenstoffhaltigen Substanzen*] • C_{14}method

C

Cyanbromid ***n***, Bromcyan *n*, BrCN • cyanogen bromid(e)

Cyanit ***m***, Kyanit, Disthen *m* • cyanite, kyanite, disthene, sappare [*A mineral, Al_2SiO_5, trimorphous with sillimanite and andalusite. Triclinic*]

Cyanitschiefer ***m*** ➋ Disthenschiefer

Cyanotrichit ***m*** ➋ Kupfersam(me)terz

Cyansilber ***n***, Silbercyanid *n* • deutocyanide of silver, silver deutocyanide

Cyklosilikat ***n***, Ringsilikat • cyclosilicate, ring silicate

Cylindrit ***m*** ➋ Kylindrit

Cymophan ***m***, Chrysoberyll *m*, Kymophan • chrysoberyl, chrysopal, gold beryl, cymophane [*A hard mineral: $BeAl_2O_4$. It is usually yellow, pale green, or brown, contains a small amount of iron, and is used as a gem (stone). Principal variations are cat's-eye and alexandrite. Not to be confused with "golden beryl"*]

D

D'Alembertsche Ergänzungskraft ***f*****,** Trägheitskraft • d'Alembert's force [*The result of the external forces and the kinetic reaction acting on a body equals zero*]

Dach ***n*** (⚒) ➋ Firste

Dach ***n*** [*Batholithentheorie*] • cover

Dach ***n*** • top [*geology*]

Dachbank ***f*****,** negative Sequenz *f*, basaler Feinzyklus *m* [*klastisches Sediment*] • coarsening upward

Dachbehandlung ***f*** (⚒) ➋ Firstenbehandlung

Dachboden ***m*** • loft

Dächerung ***f*** ➋ Traufendach

Dachfläche ***f*****,** obere Schichtfläche • top stratum surface, upper stratum surface

Dachfläche ***f*** • superface [*The top or upper surface of a stratigraphic unit*]

Dachgebirge, Obergebirge, Oberlage *f*, Abraum (decke) *m*, *(f)*, Deckschutt *m*, Oberschicht *f*, Deckgebirge *n*, Deckschicht, Decklage; Oberabraum [*Benennung in einem Mittelbetrieb*] • baring, top, topspit, waste (material), uncallow, (over)burden, shelf, earth roof, overlay, plat(t), stripping waste, surface cover(ing); tir [*Scotland*]; cap-rock, cap(ping) (US) [*The two latter terms are usually used for consolidated material*]

Dachgeschoß ***n*** • attic

Dachschichten ***f*****,** unmittelbares Hangendes *n* (⚒) • immediate roof, roof strata

Dachschiefer ***m*****,** Tonschiefer; Ley *m* [*rheinischer Dachschieferbergbau)* [*Er ist verfestigter als der Schieferton*] • slate, roof(ing) slate, clay-slate [*A compact, fine-grained metamorphic rock that possesses slaty cleavage and hence can be split into slabs and thin plates. Most slate was formed from shale*]

Dachschieferabbau ***m*****,** Tonschieferabbau • slate quarrying, roof(ing) slate quarrying

Dachschieferbergbau ***m*****,** Tonschieferbergbau • roof (ing) slate mining

Dachschieferblock ***m*****,** Tonschieferblock; Leyblock [*rheinischer Dachschieferbergbau*] • slate block, roof (ing) slate block, clay-slate block

Dachschieferbruch ***m*****,** Tonschieferbruch, Schieferbruch • slate quarry, roof(ing) slate quarry

Dachschiefergang ***m*** ➋ Tonschiefergang

Dachschieferplatte ***f*****,** Tonschieferplatte • slate slab, roof(ing) slate slab

Dachschieferstollen ***m*****,** Tonschieferstollen • slate gallery, roof(ing) slate gallery [*"Tunnel" is used in USA for "gallery"*]

Dachscholle ***f*** • (roof) pendant [*A downward projection of country rock into an igneous intrusion*]

Dachtropf(en)wasser ***n*** (⚒) • dropper [*Water droppings from the roof*]

Dachziegellagerung ***f*** ➋ Schuppung

Dachziegellagerungsstruktur ***f*** ➋ Imbrikationsstruktur

Dachzimmer ***n*** • attic room

Dakhnor-Mikronormale ***f*** • Dakhnor microlog

Dalbe(n) ***f, (m)*** ➋ (Duck)Dalbe(n)

Dalbenpfahl ***m*** ➋ (Duck)Dalbenpfahl

Dalbentheorie ***f*** • dolphin theory

Dallasit ***m*** • dallasite [*A green and white rock from Vancouver Island, British Columbia*]

Dalle ***f*** ➋ (Duck)Dalbe(n)

Dallenpfahl ***m*** ➋ (Duck)Dalbenpfahl

Dalradian-Typus ***m*****,** Kyanit-Sillimanit-Typus • Dalradian [*A series of highly metamorphosed rocks of the Scottish Highlands. It is mostly late Precambrian in age but contains a Cambrian fauna in its upper part*]

Daltonsche Gesetz ***n*** • Dalton's law, law of partial pressures, law of partial vapo(u)rs [*The law that the pressure of a gas mix(ture) is equal to the sum of the partial pressures of the gases composing it*]

Damaszenererde ***f*****,** Rötel(erde)

Damm ***m*** [*Bauwerk zur Trennung der abgedämmten von den übrigen Grubenbauen. Trennung aus wetter- bzw. brandtechnischen Gründen oder zum Schutz gegen Explosionen und Wassereinbruch*] (⚒) • dam

Damm ***m*** • dam [*An obstruction formed by a natural agent across a water course so as to produce a lake or pond*]

Damm ***m*** [*erhöhter Fußweg in einem See oder im Meer*] • causeway

Damm ***m*****,** Flutbrandung, Gezeitenbrandung *f*, Tide(n)-brandung, Bore *f*, Sprungwelle *f*, Sturzwelle, brandende Flutwelle, Stürmer *m*, Seebär *m*, Brecher(see) *m*, *(f)*, Brandungswelle, Sturzsee *f*, Barre *f*, Wasserbarre, Überbrecher [*Heftiger Wellenzusammenbruch mit Schaumbildung*] • bore, tidal bore, eigre, eager, breaking wave, breaker, breaking sea, tide bore, surf wave; mascaret [*French*]; pororoca [*In a tributary of the Amazonas River*]

Damm ***m*** (⚒) ➋ Bergemauer

H. Herrmann, H. Bucksch, *Wörterbuch GeoTechnik/Dictionary Geotechnical Engineering*,
DOI 10.1007/978-3-642-33335-4,

D

Damm *m*, aufgeschütteter Damm, Schüttdamm • bank, embankment, fill(ed) bank, fill(ed) embankment [*A linear structure of fill material constructed so as to extend above the ground surface for the purpose of holding back water or to carry a traffic facility*]

Damm *m* aus Erdschüttung, Erd(schüttungs)(stau)-damm, Erd(schüttungs)(tal)sperre *f* • earth (embankment) dam, earthen dam, earthfill embankment dam, earthwork dam, earthfill dam; earth(fill) wall [*South Africa*]

Damm *m* aus dünnen Tonschichten [*Wasserbau*] • flood flanking

Damm *m* aus Kiesschüttung ➋ Kies(füll)(stau)-damm

Dammaufschüttung *f* bis zukünftiges Planum ➋ Auftrag

Dammbalkennut *f* • stoplog groove

Dammbalkenschütz(e) *n*, *(m)* Einlegebalkenschütz(e), Staubohlenschütz(e), Staubrett(er)schütz(e), Querbalkenschütz(e), Plankenschütz(e) • flashboard regulator, stoplog regulator, ba(u)lk regulator, drop-bar regulator, plank regulator, stop-plank regulator, kurrie regulator [*"Regulator" is called "check-gate" in the USA*]

Dammbalkenwehr *n*, Staubalkenwehr, Einlagebalkenwehr, Querbalkenwehr, Plankenwehr, Staubohlenwehr, Staubrett(er)wehr • flash-board weir, stop-plank weir, stoplog weir, drop-bar weir, ba(u)lk weir, plank weir, kurrie weir [*"Weir" is called "dam" in the USA*]

Dammbaumaterial *n*, Dammbaustoff *m* (⚒) • dam material, dam fill

Dammbeton *m* (⚒) • dam concrete

Dammböschung *f* • embankment slope, embankment flank

Dammbruch *m* • dam failure

Dammdelta *n* • levee delta [*A delta having the form of a long narrow ridge, resembling a natural levee*]

(Damm)Dichtung *f* • (water)tight element, impervious element

Dammerde *f* ➋ (Boden)Krume

Dämmerungswirkung *f* • sky wave effect

Dämmerzone *f* • twilight zone, disphotic zone

Dammgrube *f* (⚒) • dam pit

Dammgründung *f* für eine Schnellstraße • foundation work for a highway embankment

Dammhöhe *f* • dam height

Dammkanal *m* • lode [*In Cambridge and East Anglia. A channel or watercourse, usually partly artificial, and embanked above the surrounding country*]

Dämmkern, (Dicht(ungs))Kern *m*, Abdichtkern, Innendichtung *f*, Abdichtungskern • (water)tight core, (water)tight diaphragm, (impervious) core, impervious diaphragm, impermeable core, impermeable diaphragm [*A core on a zoned embankment dam consisting of impervious material*]

Dammkern *m* • dam core

Dammkippe *f* • bank dump, bank tip, embankment dump, embankment tip

Dammkörper *m* [*beim Gleisbau*] • embankment

Dammkörper *m* ➋ (Stau)Dammkörper

Dammkrone *f* • embankment crest, dam crest

Dammlast *f* • dam load

Dammoberlage *f*, Dammoberschicht *f* • top layer of embankment, top course of embankment, top layer of bank, top course of bank, embankment top layer, embankment top course, bank top layer, upper layer of embankment, bank top course

Dammriff *n*, Wallriff, Barrierriff, wachsendes Riff • barrier reef [*A type of coral reef that lies some distance from a continental coast or volcanic island. A lagoon of open water from a few hundred feet to several miles wide lies between the reef and the mainland. The reef itself is a long, narrow strip of coral rock and sand, broken in a few places by passages from the lagoon to the open ocean. It may be roughly circular if it encloses an island*]

Dammschulter *f* • dam shoulder

Dammschüttung *f* • embankment, fill, embankment fill

Dammsohle *f* • dam base

Dammstandsicherheit *f* • dam stability

Dammstempel *m* (⚒) ➋ Bruchstempel

Dammtor *n*, Dammtür *f* (⚒) • dam door

Dampfdruck *m* • vapor pressure (US), vapour pressure (Brit.)

Dampfeinpressen *n* ➋ Einpressen von Dampf

Dampfeinpressung *f* ➋ (zyklische) Dampfeinpressung

Dämpfen *n*, Dämpfung *f* • damping [*The loss of amplitude of an oscillation, owing to absorption*]

dämpfende Eigenschaften *f* des Baugrunds • damping properties of the subsoil

Dämpfer *m* • damper

Dampfexplosion *f* [*Vulkan*] • steam blast

Dampffluten *n* [*(Erd)Ölgewinnung*] • steam flooding

Dampffördermaschine *f*, Förderdampfmaschine (⚒) • steam hoist, steam winch

Dampfinjektor *m* [*seismische Anregung*] • steam gun

Dampfkesselkohle *f* ➋ Kesselkohle

Dampfkraftwerkstrom *m* • steam-electric power

Dampfkugel *f* (⚒) • suffocating ball

Dampflöffelbaggertagebau *m* • steam shovel mining

Dampflöffelbaggertagebau(grube) *m, (f)* • steam shovel mine [*An open-cut mine in which steam shovels are used for loading cars*]

Dampfquelle *f* • steam vent

Dampfsättigung *f* • vapor saturation (US), vapour saturation (Brit.)

Dampfstoßtränkung *f*, (Stoß)Tränkung mit Dampf [*Staubbekämpfung*] (⚒) • steam infusion

Dampfturbosatz *m* • steam-turbine set

Dämpfung *f*, Dämpfen *n* • damping [*The loss of amplitude of an oscillation, owing to absorption*]

Dämpfungsarbeit *f* • damping energy

Dämpfungsgrad *m* [*für Baustoffe*] • damping grade [*for building materials*]

Dämpfungskapazität *f* • damping capacity

Dämpfungskoeffizient *m* • damping coefficient

Dämpfungskonstante *f*, Abklingkonstante • decay constant [*The time t for an exponentially decaying quality to decrease to 1/e of its initial value (e is the base of the Napierian logarithm)*]

Dämpfungskraft *f* • damping force

Dämpfungsmatrix *f* • damping matrix

Dämpfungssteifigkeit *f* [*des Bodens*] • damping stiffness [*of the soil*]

Dämpfungstiefe *f* • depth of penetration, penetration depth, skin depth, attenuation distance [*In remote sensing, the depth below the surface of a material by which the incident radiation has been attenuated to 1/e (e is the base of the Napierian logarithm), or to 37 per cent*]

Danaide *f* [*Zylindrischer Behälter mit kreisrunden kalibrierten Öffnungen im Boden zur Messung und Ableitung gehobener Wassermengen*] • orifice bucket

Danait *m*, Kobaltarsenkies *m* • danaite [*A variety of arsenopyrite containing cobalt*]

Darcy-Einheit *f* • darcy [*A unit of permeability, named after the French scientist Darcy. A porous medium has a permeability of one Darcy if a rate of viscous flow of one cubic centimeter per square centimeter second of a liquid of one centipoise viscosity is caused by the application of a pressure gradient of one atmosphere per centimeter*]

Darcyscher (Boden)Durchlässigkeitswert *m* • coefficient of permeability, permeability coefficient, hydraulic conductivity [*The imaginary average velocity of water through the total (voids and solids) area of soil under a hydraulic gradient of 1. Zeichen: K*]

Darcysches Gesetz *n*, Darcy-Gesetz, Darcy'sches Filtergesetz *n* • Darcy's law

Darg *m* • sea vegetation-formed peat, marine vegetation-formed peat

Darstellung *f* von Nachbarschaftsflächen • region adjacency graph, RAG

darüber liegend, aufgelagert, aufliegend • superincumbent [*Said of a superjacent layer, especially one that is situated so as to exert pressure*]

Darwinglas *n* • queenstownite, Darwin glass

das Ziel selbstsuchender Theodolit *n* • target searching theodolite

Dateienvergleich *m* • file comparing, file comparison

Daten *f* • data [*Facts, particularly those that can be expressed numerically*]

Datenaufbereitung *f*, Datenbehandlung; Datenumgang • data handling, data processing

Datenaufnahme *f* • data acquisition

Datenaufzeichner *m*, Datenschreiber, Datenregistriergerät *n* • data recorder, data recording instrument

Datenaufzeichnung, Datenregistrierung *f*, Datenschreiben *n* • data recording

Datenbehandlung, Datenaufbereitung *f*, Datenumgang • data handling, data processing

Datendienst *m* • data service

Datenerfassung *f*, Datensammlung, Datenerhebung, Datengewinnung *f* • data acquisition, data collection

Datenerfassungssystem *n* • data acquisition system, data collection system

Datenfernübertragung *f* • remote data transfer

Datenfluss *m* • data flow

Datengewinnung *f*, Datensammlung, Datenerhebung, Datenerfassung • data acquisition, data collection

Datengrundlage *f* • data available

Datenkabel *n* • data cable

Datenkompression *f* in Rasterzellen [*Der Bildinhalt beim zeichnerischen Durchlauf der Rasterzellen ändert sich, bezogen auf alle Zellen, nur selten*] • run length encoding

Datenlogger *m* • data logger

datenloses Einzug(s)gebiet *n* • ungauged catchment; ungaged catchment (US) [*It has no rainfall and runoff records*]

Datennummer *f* • DN, data number [*An integer used to represent a variable (usually brightness) in a digital image*]

Datenregistriergerät *n* ➲ Datenschreiber

Datenregistrierung *f*, Datenaufzeichnung, Datenschreiben *n* • data recording

Daten-Relaissatellit *m* • tracking and data relay satellite, TDRS

Datensammlung *f*, Datenerfassung, Datenerhebung • data acquisition, data collection

Datenschreiben *n* ➋ Datenregistrierung

Datenschreiber *m*, Datenaufzeichner, Datenregistriergerät *n* • data recorder, data recording instrument

Datenübereinstimmung *f* [*Dendrochronologie*] • cross dating

D

Datenumgang *m* ➋ Datenbehandlung

Datenumwand(e)lung *f* • data conversion

Datenvisualisierung *f* • data visualisation

Datenvisualisierungs-Software *f* • data visualisation software

Datierung *f*, Altersbestimmung • dating, age measurement, age determination

Datierungsmethode *f*, Datierungsverfahren *n*, Altersbestimmungsverfahren, Altersbestimmungsmethode • dating method, age (measurement) method, age determination method

Datolit(h) *m* • dystome spar, humboldtite, datolite, $CaBSiO_4(OH)$ [*This monoclinic mineral commonly occurs in cavities and cracks in diabase and basalt. It is sometimes used as a minor gem*]

Datumlinie *f* ➋ internationale Datumlinie

DAUB [*Deutscher Ausschuss für unterirdisches Bauen*] • DAUB [*German Committee for Underground Construction*]

Daubenzimmerung *f* ➋ Fassdaubenzimmerung

Dauer *f* **bis zum Anfangseinsatz** ➋ Empfangsdauer

Daueranker *m* [*DIN 4125T.2. Zur rückwärtigen Verankerung von Spundwandbauwerken und Bohrpfahlwänden*] • permanent anchor, permanent bolt

Dauerbauwerk *n* • permanent structure

Dauerbeständigkeit *f* • durability

Dauererschütterungen *f(pl)* [*auf Bauwerke*] • continuous vibrations [*on buildings*]

Dauerfeldbau *m*, Dauerpflugbau • tillage system

Dauerfluss *m* ➋ perennierender Fluss

Dauerfrost *m* • perpetual frost [*The term "permafrost" in some dictionaries is incorrect, since this term only refers to a perennially frozen subsoil*]

Dauerfrostaufgang *m* • depergelation, permafrost degradation, degradation of permafrost [*The act or process of thawing permanently frozen ground*]

Dauerfrostboden *m* [*Das ganze Jahr hindurch bis zu einer Tiefe von 500 m gefrorener Boden, meist in Polar- und subpolaren Gebieten, zB. Sibirien, Kanada, Alaska, Grönland*] Permafrostboden, Pergelisol *m*, Gefrornisschicht *f*, Gefrornisboden, ewige Gefrornis *f*, ewiges Bodeneis *n*; Merslota *f* [*russisch*] • permafrost, permafrost soil, pergelisol, ever frozen ground, permanently frozen ground, perennially frozen ground, constantly frozen ground, eternally frozen ground, perpetually frozen ground, stable frozen ground [*"Frozen soil" may be used as a synonym for "frozen ground"*]

Dauerfrostbodenbildung *f*, Permafrost(boden)-bildung • pergelation, permafrost formation

Dauerfrostbodengrenze *f*, Permafrostbodengrenze • permafrost line, pergelisol line, permanent frost line [*A line on a map representing the geographic limit of permafrost*]

Dauerfrostbodeninsel *f*, Permafrostbodeninsel • permafrost island, pergelisol island, permanent frost island [*A small, shallow, isolated path of permafrost surrounded by unfrozen ground; occurs on protected north-facing slopes in regions of sporadic permafrost*]

Dauerfrostbodenoberfläche *f*, Permafrostbodenoberfläche • permafrost table, permanent frost table, upper permafrost table, pergelisol table, permanently frozen ground table [*The upper limit of permafrost, represented by an irregular surface dependent on local factors*]

Dauerfrostgrundwasser *n* • intrapermafrost water [*Layers or lenses of unfrozen ground water within permafrost*]

Dauerfrostzone *f*, Permafrostzone, Kryosphäre *f* • cryosphere [*All of the Earths's surface that is permanently frozen*]

Dauergrasland *n*, Dauergrünland • permanent grassland

dauerhafte Sicherung *f* [*Tunnelbau*] • permanent support [*tunnelling*]

dauerhaftes Erdbauwerk *n* • permanent earth structure

Dauerhaftigkeit *f* • durability

Dauerhärte *f*, Nichtkarbonathärte, permanente Härte, NKH, bleibende Härte • noncarbonate hardness; permanent hardness [*This term is becoming obsolete*] [*Hardness of water, expressed as $CaCO_3$, that is in excess of the $CaCO_3$, equivalent of the carbonate and bicarbonate alkalinity. It cannot be removed by boiling.*]

Dauerhohlraum *m*, großer unterirdischer Hohlraum • permanent opening

Dauerlinie *f* **der Durchflussmengen**, Durchfluss(mengen)dauerlinie • discharge duration curve, flow duration curve, runoff duration curve

Dauermessstelle *f* • permanent control [*A stream-ga(u)ging or river-ga(u)ging control which is substantially unchanging, and is not appreciably effected by scour fill, or backwater*]

dauernd bewässerungsfähiges Gebiet *n* • perennial area
dauernde Auflockerung *f*, bleibende Auflockerung [*Lösen von gewachsenem Boden oder Fels*] • permanent bulking, permanent bulkage, permanent loosening, permanent breaking-up
dauernde Böschung *f* ➋ bleibende Böschung
dauernde Betonsicherung *f* ➋ Betonausbau
dauernde Sicherung *f* ➋ Ausbau
dauernde Spritzbetonsicherung *f* ➋ Spritzbetonausbau
dauernde Stollensicherung *f* ➋ Stollenausbau
dauernde Tunnelsicherung *f* ➋ Tunnelausbau
Dauerpflugbau *m*, Dauerfeldbau • tillage system
Dauerquelle *f* ➋ ständig laufende Quelle
Dauerregen *m* • continual rain(fall), continuous rain (fall)
Dauerschacht *m* • permanent shaft
Dauerschneegrenze *f* • permanent snow line
Dauerschweb(e)stoffe *m(pl)* • permanent suspended load [*Very fine particles may not settle in the river at all and so be carried to the sea*]
Dauersee *m* ➋ perennierender See
Dauerströmung *f* [*Meer*] • permanent current
dauerverankert • permanently anchored
Dauerverankerung *f* • permanent anchorage
dauerverrohrter Pfahl *m* • permanently cased pile
Dauerverrohrung *f*, bleibende Verrohrung • permanent casing
Dauerverzug *m*, bleibender Verzug • permanent lagging
Dauerwasserstandslinie *f*, Wasserstandsdauerlinie *f* • water level duration curve
Daumenregel *f*, Isobarenregel [*Variante des barischen Windgesetzes. Legt man die rechte Hand mit dem Mittelfinger in Isobarenrichtung, so zeigt der Daumen in Windrichtung, oder hält man die ausgestreckte Hand so, dass der Daumen in Richtung des Windes zeigt, so gibt der Mittelfinger die Richtung der Isobaren an, und das Tief liegt auf der Daumenseite der Hand und das Hoch gegenüber*] • rule of thumb, thumb rule
DAVIS [*Eine projektbezogene Windows Datenbank, die von Ingenieuren und Hydrogeologen benützt wird*] • DAVIS [*A project-related Windows data base used by engineers and hydrogeologists*]
Dazit *m*, Quarzandesit *m* • quartz andesite, dacite
Dazittuff *m* • dacite tuff [*A rock formed of fine, dacitic volcanic detritus such as dust, ashes, sand, or fine fragments resulting from explosive volcanic eruptions by which lava is blown into fine fragments. The fresh rock is grayish to dark grey to brownish, but the altered rock is light gray to buff and pale brown. It closely resembles rhyolitic tuff and may be stratified by water action*]
DE, Drahterkennbarkeit *f* • penetrameter sensitivity (US); wire sensitivity (Brit.); radiographic sensitivity
Debye-Scherrer-Aufnahme *f*, Debye-Scherrer-Diagramm *n* • debyeogram, Debye-Scherrer diagram, x-ray powder pattern
Debye-Scherrer-Methode *f*, Debye-Scherrer-Verfahren *n* [*Röntgenografisches Verfahren der Mineralidentifizierung, wobei feines Kristallpulver mit monochromatischem Röntgenlicht bestrahlt wird*] • Debye-Scherrer method, (x-ray) powder method
Déchet *m* [*Gezeitenperiode während der sich der Hub von Springwasser bis Nippwasser verringert*] • decrease
Deckarbeiter *m* • deckhand [*offshore drilling*]
Deckaufbau *m* [*Leuchtturm od. Schiff*] • deck superstructure
Deckbasalt *m* • blanket basalt
Deckbewegung *f* ➋ Symmetrieoperation
Deckblatt *n* • correction graph, datum(-plane) correction graph, transparent templet [*stereometer plotting*]
Deckblatt *n* [*Seekarte*] • chartlet
Deckboden *m*, Abdeckboden, Überdeckungsboden • cover(ing) soil
Deck-Dekompressionskammer *f*, Rettungskammer
Decke *f* ➋ Hut
Decke *f*, Ferndecke • nappe [*French*]; decke [*German*] [*A sheetlike, allochthonous rock unit, which has moved on a predominantly horizontal surface. The mechanism may be thrust faulting, recumbent folding, or both. The term was first used as "nappe de recouvrement" (Schürdt, 1893) for the large allochthonous sheets of the western Alps, and it has been adopted into English*]
Deckelabzugkanal *m*, Plattendurchlass
Deckelbauweise *f* [*Tunnel- und Baugrubenherstellung*] • top-down construction method (*or:* technique)
Deckeldrumme *f*, Plattendurchlass
Deckeldurchlass *m*, Plattendurchlass
Deckenab(bau)riss *m*, First(en)ab(bau)riss (⚒) • roof break, back break, top break [*"Fracture" and "crack" may synonymously be used for "break"*]
Decken(ab)senkung *f*, Firsten(ab)senkung *f* • roof crushing, roof lowering, back squeezing, back crushing, back lowering, roof squeezing, top crushing, top lowering, top squeezing
Deckenanker *m*, First(en)anker • roof anchor, top anchor, back anchor, roof bolt, top bolt, back bolt

Deckenankereinbau ***m*** • roof bolt installation, top bolt installation, roof anchor installation, top anchor installation, back anchor installation, back bolt installation

Deckenankerplatte ***f*,** First(en)ankerplatte • roof bolt plate, top bolt plate, roof anchor plate, top anchor plate

D

Deckenausgasung ***f*,** First(en)ausgasung • roof emission, back emission, top emission

Deckenauskesselung ***f*,** First(en)auskesselung • roof saddle, back saddle, top saddle

Deckenbasis ***f*,** Ferndeckenbasis • nappe bottom, decke bottom

Decken(bohr)loch ***n*,** First(en)(bohr)loch • roof (bore)hole, top (bore)hole, back (bore)hole

Deckenbrett ***n*,** First(en)brett • roof board, top board, back board

Deckendruck ***m*,** First(en)druck • roof pressure, top pressure, back pressure

Deckenerguss ***m*,** Lavafeld *n* • lava field [*A more or less well-defined area that is covered by lava flows*]

Deckenerz ***n*,** First(en)erz • roof ore, top ore, back ore

Deckenfenster ***n*** ➔ tektonisches Fenster

Deckenfragment ***n*,** First(en)fragment • roof remnant, top remnant, back remnant

Deckengestein, First(en)gestein *n* (⚒) • roof stone, top stone, back stone

Deckenhohlraum ***m*,** First(en)hohlraum • roof cavity, top cavity, back cavity

Deckenkappe ***f*** ➔ Kappe

Deckenkohle ***f*** ➔ Oberbank eines Kohlenflözes

Deckenläufer ***m*,** First(en)läufer • roof runner, top runner, back runner

Deckenloch ***n*** ➔ Decken(bohr)loch

Deckenmulde ***f*,** Ferndeckenmulde • nappe depression, decke depression

Deckenpaket ***n*,** Ferndeckenpaket • pile of nappes, nappe pile, pile of decken, decke pile

Deckenpfahl ***m*** ➔ First(en)brett

Deckensand ***m*** • sheet sand, carpet sand

Deckensandstein ***m*** • sheet sandstone

Deckensattel ***m*,** Ferndeckensattel • nappe culmination, decke culmination

Deckenschalung ***f*** • floor formwork, ceiling formwork, floor shuttering, slab formwork; *less frequent:* ceiling shuttering

Deckenscheitel ***m*,** Ferndeckenscheitel • nappe apex, decke apex

Deckenschlitz ***m*,** First(en)schlitz • roof cut, top cut, back cut

Deckenschotter ***m*** • sheet gravel [*Notably in the Northern Alpine foreland corresponding to Günz and Mindel glaciations*]

Deckenschram ***m*,** Firstenschram • roof (under)cut, top (under)cut, back (under)cut

Deckenschussloch ***n*,** First(en)schussloch, First(en)-sprengloch, Deckensprengloch • roof (blast(ing)) hole, back (blast(ing)) hole, back (blast(ing)) hole

Deckenspalt(e) ***m*, *(f)*,** Kamin *m* • chimney [*A vertical rounded shaft in the roof of a cave passage, smaller than an aven*]

Deckensprengloch ***n*** ➔ First(en)schussloch

Deckenstirn ***f*** • brow [*The frontal portion of a nappe, in which the strata commonly are overrolled*]

Deckenstirn ***f*,** Ferndeckenstirn • nappe front, decke front

Deckenstollen ***m*** ➔ First(en)stollen

Deckenstufe ***f*,** First(en)stufe • roof step, top step, back step

Deckenstütze ***f*** • floor prop; *less frequent:* ceiling prop

Deckentisch ***m*** [*Diese Schalungsmethode eignet sich für große Flächen und große Schalhöhen*] • table formwork, table form [*This type of formwork is suitable for large areas and formwork heights*]

Deckenüberschiebung ***f*** • thrust mass

Deckenverbau ***m*,** First(en)verbau • roof support, top support, back support

Deckenverzug ***m*,** First(en)verzug • roof lagging, top lagging, back lagging

Deckenvortrieb ***m*** ➔ First(en)stollen

Deckenwurzel ***f*,** Wurzel • root scar, root zone [*The source or original attachment of the root of a nappe*]

Deckenzapfen ***m*** ➔ Stalaktit

Deckenzimmerung ***f*,** First(en)zimmerung • roof timbering, top timbering, back timbering, top timbers, roof timbers, back timbers

Deckfalte ***f*,** liegende Falte, Falte mit waag(e)rechter Sattellinie, Falte mit horizontaler Sattellinie • horizontal fold, level fold, non-plunging fold

Deckfaschine ***f*,** Blendfaschine • cover(ing) fascine, cover(ing) faggot [*US-spelling: fagot*]; cover(ing) kid, blind fascine, blind faggot, blind kid

Deckgebirge ***n*** ➔ Obergebirge

Deckgebirge ***n*** • sedimentary rock mountain resting on crystalline basement

Deckgebirge ***n*,** Überbau *m*, Schichttafel *f* • superstructure, suprastructure [*tectonics*]

Deckgebirgsdecke ***f*,** (ab)gescherte Decke • stripped sheet

Deckgestein ***n*****,** Abdeckgestein, Überdeckungsgestein (⚒) • cover(ing) rock [*Rock forming the protective cover (ing) over mine workings*]
Deckgestein ***n*** • cap-rock [*1. A comparatively impervious stratum immediately overlying an oil or gas-bearing rock. 2. Gravel, sand, or desert debris cemented by porous calcium carbonate, also the calcium carbonate itself (Mexico and South-west U.S.)*]
Deckholz ***n*** (⚒) • stull covering
Decklage ***f*** ➋ Obergebirge
Decklage ***f*** **aus verschiedenem Material** • blanketing [*The covering of a layer of one type of material by a layer of another type of material*]
Decklatte ***f*** ➋ Bergmannslatte
Decklehm ***m*** • clay cover
Deckmeister ***m*** • deck pusher [*offshore drilling*]
Deckoperation ***f*****,** Symmetrieoperation, Symmetriebewegung *f*, Deckbewegung [*Kristallografie*] • symmetry operation
Deckplatte ***f*****,** Fahrbahnplatte *f*, Fahrbahntafel *f*, Brückenfahrbahn, Fahrbahn [*Brückenbau*] • deck slab, deck, bridge deck
Decksaat ***f*****,** bedeckte Saat • covered seed
Deckschicht ***f*** • top layer, covering layer
Deckschichtenmächtigkeit ***f*** • top layer thickness
Deckschicht ***f*****,** Deltadeckschicht • (delta) topset (bed) [*One of the beds laid down horizontally on top of a delta*]
Deckschicht ***f*** ➋ Obergebirge
Deckscholle ***f*****,** Klippe *f*, Überschiebungsinsel *f*, Schubklippe, Überschiebungsklippe [*Die in den Alpen und Karpathen übliche Benennung "Klippe" geht auf die unrichtige Vorstellung zurück, dass es sich um eine kleine, klippenartig aus dem Untergrund heraus-stehende Gesteinsmasse handelt. In Wirklichkeit sind Erosionsreste kleiner Überschiebungskörper oder tektonische Schollen, tektonisch in fremden Gesteinen eingebettet, gemeint.*] • klippe, thrust outlier, nappe outlier
Deckschutt ***m*** ➋ Obergebirge
Deckschwelle ***f*****,** Oberschwelle, Holm *m*, Holster *n*, Hulben *m*, Holbe *f*, Kappe *f*, Kron(en)holz *n*, Kron(en)schwelle, Jochpfette *f*, Jochschwelle, Polster *n* [*Österreich: m*]; Holben, Jochträger • sill, holm, head-beam, cill, cap(ping) (piece)
Deckstein ***m*** **der Brunneneinfassung,** Brunnenrand *m* • brim of (a) well, well brim
Deckung ***f*** [beim *Sprengen*] • safe cover
Deckung ***f*****,** Verdoppelung • doubling
Deckungsstein ***m*** ➋ (Ab)Deckungsstein
Deckwalze(n)wechselsprung ***m*****,** Wechselsprung mit Deckwalze • direct (hydraulic) jump, direct standing wave, direct standing surge [*The jump is high, that is, the change in depth is great*]
Deckwerk ***n*****,** Blesswerk, Schlange *f* • fascine fence, fence of fascines, faggot fence, fence of faggots [*US-spelling: fagot*], kid fence, fence or kids, revetment
Deckwerk ***n*** ➋ Abdeckung
Deckwerke ***n****(pl)* [*gegen natürliche und schiffserzeugte Wellen und Strömungen*] • rip-rap
Deckwerkstein ***m*****,** (Ab)Deckungsstein, Bekleidungsstein, Verkleidungsstein, Auskleidungsstein, Futterstein • revetment stone, chemise stone
Deckwerkstein ***m*** • riprap stone [*See note under "riprap"*]
Deckwerksbau ***m*** • revetment construction, construction of revetments
Deckwerksverblockung ***f*** [*Wasserstraßenbau*] • revetment grouting, grouting of revetments
deduktive Karte ***f*** ➋ abgeleitete Karte
Deep Lime Mixing Methode ***f*****,** DLM [*Eine in Japan entwickelte Methode der Kalkpfahlherstellung*] • Deep Lime Mixing Method, DLM
Deep Mixing Methode ***f*****,** DMM [*Sammelbegriff für die mechanische Einbringung einer Bewehrung mittels rotierender Mischwerkzeuge unter Hinzufügung eines Bindemittels in den zu verbessernden Boden*] • Deep Mixing Method
Definitionsblock ***m*** [*Vorratsklassifikation*] • definition block
Deflagration ***f*****,** Verpuffung *f*, Explosion 1. Ordnung • deflagration [*A chemical reaction accompanied by vigorous evolution of heat, flame, sparks, or spattering of burning particles. In blasting, it describes explosion of black powder, in contrast with more rapid detonation of dynamite*]
Deflagrationspunkt ***m*****,** Verpuffungspunkt, Explosionspunkt 1. Ordnung • deflagration point
Deflagrator ***m*** • deflagrator [*A form of the voltaic battery used for producing combustion, particularly the combustion of metallic substances*]
deflagrieren, verpuffen • to deflagrate, to react slowly [*low explosive (material)*]
deflagrierender Sprengstoff ***m*****,** (gewerblicher) Pulversprengstoff [*DIN 20163. Sich langsam umsetzender Sprengstoff*] • powder(ed) (industrial) explosive, powder(ed) commercial explosive, powder (ed) blasting explosive, low explosive (material), powder(ed) explosive (material), deflagrating explosive (material), mild explosive (material) [*It has reaction velocities as low as 30 m/sec*]
deflatieren ➋ abblasen

D

Deflation ***f*****,** Windabtragung *f*, äolische Abtragung, Abblasung, Abwehung, Auswehung, Ausblasung • deflation [*The wind sweeps over the ground and cleans it of all loose particles that cover it*]

Deflationsbeckensee ***m*****,** Windkesselsee, Windabtragungsbeckensee, äolischer Abtragungsbeckensee, Abwehungsbeckensee, Auswehungsbeckensee, Abblasungsbeckensee, Ausblasungsbeckensee • deflation lake, windscoured lake [*A lake in a basin which has been formed by deflation*]

Deformation ***f*** ➋ Verformung

Deformationsamplitude ***f*** • deformation amplitude

Deformationsanzeiger ***m*****,** Verformungsanzeiger

Deformationsebene ***f*****,** Verformungsebene, Formänderungsebene; Formungsebene [*nach F. Kare*]; Faltungsfläche *f* [*nach H. Bredding, H. Furtak und E. Hellermann, 1964*] • strain plane, deformation plane

Deformationsentlastung ***f*****,** Verformungsentlastung *f*, Formänderungsentlastung • strain relief, deformation relief

Deformationsentlastungsverfahren ***n*****,** Verformungsentlastungsverfahren *n*, Formänderungsentlastungsverfahren • strain relief method, deformation relief method [*Measuring the strain or deformation of rock if it is relieved of its load*]

Deformationsgeschwindigkeit ***f*****,** Verformungsgeschwindigkeit, Formänderungsgeschwindigkeit • strain rate, deformation rate

Deformationsgradiente ***f*** ➋ Verformungsgradiente

Deformationsintensität ***f*****,** Verformungsintensität, Formänderungsintensität • strain

Deformationskarte ***f*** • deformation map

Deformationsmechanismus ***m*** ➋ Verformungsmechanismus

Deformations(mess)dose ***f*****,** Verformungs(mess)dose, Formänderungs(mess)dose • strain cell, deformation cell

Deformationsmessung ***f*****,** Verformungsmessung, Formänderungsmessung • strain measurement, deformation measurement

Deformationsmonitoring ***n*** [*beim Unterirdischen Bauen*] • deformation monitoring [*in underground construction*]

Deformationspuffer *m* [*gegen Pressungsbewegungen z. B. in Bergsenkungsgebieten*] • deformation buffer [*against lateral pressure movements in subsidence areas*]

Deformationsrosette ***f*** ➋ (Verformungs)Messrosette

Deformationstensor ***m*****,** Verformungstensor, Formänderungstensor • strain tensor, deformation tensor

Deformationsweg ***m*****,** Verformungsweg, Formänderungsweg • strain trajectory, deformation trajectory

Deformationswiderstand ***m*** • deformation resistance

Deformationszustand ***m*****,** Verformungszustand, Formänderungszustand • strain state, deformation state

Deformationszwilling ***m*****,** Verformungszwilling, Formänderungszwilling • strain twin, deformation twin, mechanical twin, glide twin [*A crystal twin that is produced by gliding, i.e. deformation with a pre-existing crystal*]

Deformationszwillingsbildung ***f*** ➋ Verformungszwillingsbildung

Deformationszyklus ***m*** • deformation cycle

deformierte Welle ***f*** **mit Spitzkamm** • wave of limited form, wave of limited shape

deformierter Kalzit ***m*****,** verformter Kalzit • strained calcite, deformed calcite

degradierender Fluss ***m*** • degrading stream [*1. A stream that is actively cutting down its channel or valley and that is capable of transporting more load than it is supplied with. 2. A stream that is downcutting approximately at grade*]

degradierte Schwarzerde ***f*****,** degradierter Tschernosem *m* • Degraded Chernozem [*A great soil group in the 1938 USDA classification system, a group of zonal soils having a dark brown to black surface horizon and an underlying gray leached horizon that in turn rests on a brown horizon. Most of the soils are now classified as Boralts and Borolls*]

degradierter Humuskarbonatboden ***m*****,** braune Rendzina *f* • brown rendzina

Degradierung ***f*****,** Solodisation *f*, Abbau *m* [*Von Na-Ionen durch H-Ionen*] • degradation, solodization

Degradierung ***f*****,** Strukturwand(e)lung [*Der Vorgang durch welchen der Boden seine krümelige Struktur verliert*] • puddling

degressive Bohrleistung ***f*** • decreased drilling progress

Dehnergrube ***f*** ➋ Zwischenpressstation

Dehnerschacht ***m*** ➋ Zwischenpressstation

Dehnerstation ***f*** ➋ Zwischenpressstation

Dehnerstationschild ***m*****,** Zwischenpressstationschild [*(Rohr)Vorpressen*] • intermediate jacking station shield, intermediate (push(ing)) station shield, intermediate thrust(ing) station shield, interjack shield

Dehnfuge ***f*****,** Dehnungsfuge *f* [*einer Brücke; Müssen in gewissen Abständen vorhanden sein, da sich Bauteile beispielsweise bei Temperaturanstieg ausdehnen. Bei*

Brücken liegen die Dehnungsfugen im Übergangsbereich von Widerlager und Überbau; Quelle: ADAC] • expansion joint, expansion groove

Dehnmessstreifen ***m*****,** DMS-Streifen *m* • strain gauge

Dehnsteifigkeit ***f*** • expansion rigidity

Dehnung ***f*** **für Angleichung der Grundwertverteilung an das Histogram** • histogram-equalized stretch

dehnungsbehindert gelagertes Betonbauteil ***n*** • restrained concrete component

Dehnungsbruch ***m*** • strain break(age), strain rupture

Dehnungsdeviator ***m*** • deviator of strain, deviatoric strain

Dehnungsfuge ***f*** ➋ Dehnfuge

Dehnungsgeber ***m*** • strain transducer, strain gauge (US: gage)

Dehnungsmesser ***m*** • (resistance) strain gauge; (resistance) strain gage (US) [*"Meter" may be used synonymously for "gauge" and "gage"*]

Dehnungsmessinstrument ***n*** • strain-measuring instrument

Dehnungsmessstreifen ***m*** [*kommt z. B. bei der Drucksondierung zum Einsatz*] • strain gauge [as used in cone penetration test]

Dehnungsmessung ***f*** • (resistance) strain gauging; (resistance) strain gaging (US), strain measurement

Dehnungsmesswert ***m*** • strain value

Dehnungsprofil ***n*** • strain profile

Dehnungsratenfeld ***n*** • strain rate field

Dehn(ungs)riss ***m*** [*Auf einer Harnischfläche*] • tension gash, tensile gash

Dehnungsschlechte ***f*****,** a-Schlechte [*Sie verläuft fast immer senkrecht zur Schichtung. Ihre Trennflächen weisen keine Bewegungsspuren auf und sind oft mit einem dünnen Überzug aus Kalkspat, Ankerit oder Schwefelkies versehen*] • strain cleat (plane), expansion cleat (plane) [*Called "strain cleet (plane)" and "expansion cleet (plane)" in Derbyshire*]

Dehnungstensor ***m*** • strain tensor

Dehnungs- und Spannungsverteilung ***f*** • strain and stress distribution

Dehnungsverteilung ***f*** • strain distribution

Dehottay-Methode ***f*****,** Dehottay-Verfahren *n* • Dehottay process [*A ground freezing process for shaft sinking or foundations in which liquid carbon dioxid(e) or liquid nitrogen is pumped in*]

Dehydra(ta)tion ***f*****,** Dehydra(ta)tisierung *f*, Entwässerung • dehydration, drying, dehydrating [*Removal of H_2O from molecular compound by heat or chemical action*]

Dehydra(ta)tionswasser ***n*****,** Dehydra(ta)tisierungswasser • water of dehydration, dehydration water [*It has been set free from its chemically combined state*]

Dehydration ***f*** ➋ Trennung (von Erdöl und Wasser)

dehydratisieren, entwässern • to dehydrate [*To render free from water*]

Dehydratisierung ***f*** ➋ Trennung (von Erdöl und Wasser)

Deich(ab)deckung ***f*****,** Deichdeckwerk *n* • dyke revetment, dike revetment, dyke chemise, dike chemise

Deichabschnitt ***m*** • dyke section, dike section

Deichacht ***f*** ➋ Deichgenossenschaft

Deichanfahrt ***f*****,** Deichrampe *f* • dyke ramp, dike ramp

Deicharbeiter ***m*** • dyker, diker [*One who works at dikes*]

Deichaufseher ***m*****,** Deichmeister, Deichvogt • dyke master, dike master

Deichausbesserung ***f*****,** Auswienung • dyke repair, dike repair

Deichbasis ***f*****,** Deichsohle *f* • dyke bottom, dike bottom

Deichbau ***m*** • dyke construction, dyke building, dike building, dike construction

Deichbauer ***m*** • dyker, diker [*One who constructs dikes*]

Deichbeschauer ***m*** • dyke inspector, dike inspector

Deichböschung ***f*** • dyke slope, dike slope

Deichbruch ***m*** • dyke burst, dyke failure, dyke rupture, dike burst, dike failure, dike rupture, dyke breach, dike breach

Deichbuch ***n*****,** Deichrolle *f* • dyke register, dike register

Deichdeckwerk ***n*** ➋ Deich(ab)deckung

Deichdurchfahrt ***f*****,** Deichlücke *f* • dyke gap, dike gap

Deicherhaltung ***f*****,** Deichpflege *f* • dyke preservation, dyke care, dike preservation, dike care

Deichfuß ***m*** [*Grenzlinie zwischen Deichböschung und Gelände. Es gibt einen außenseitigen und binnenseitigen Deichfuß*] • dyke toe, dike toe

Deichgenossenschaft ***f*****,** Deichverband *m*, Deichacht *f*; Deichschau *f* [*am Unterrhein*] • dyke cooperative (society), dike cooperative (society), dyke union, dike union

Deichgericht ***n*** • dyke court, dike court

Deichgraben ***m*****,** Ringgraben, Rhynschloot *m* [*Außenseitig oder binnenseitig entlang dem Deichfuß geführter Entwässerungsgraben*] • dyke ditch, dike ditch

Deichgraf ***m*****,** Deichgräfe *m*, Deichhauptmann *m* • dyke grave, dyke reeve, dike grave, dike reeve

Deichhauptmann ***m*** ➋ Deichgraf

Deichholzung ***f*** • dyke pile-work, dike pile-work

Deichkappe ***f***, Deichkrone *f*, Deichkamm *m* • dyke crest, dyke crown, dike crest, dike crown

Deichkern ***m*** • dike core, dyke core

Deichland ***n***, Binnenland, eingedeichtes Land [*Das innerhalb des Deiches liegende geschützte Land, im Gegensatz zum ungeschützten Außenland, in Norddeutschland "Butenland"genannt*] • dykeland, dikeland

D

Deichlandmelioration ***f***, Küstenmelioration • land improved by diking, land improved by dyking

Deichlast ***f***, Deichpflicht(igkeit) *f* • charge of dyke repair, charge of dike repair, dyke repair charge, dike repair charge

Deichlinie ***f*** [*Durchlaufende Deichstrecke mit allen Bauwerken und Anlagen. Im Küstengebiet liegen häufig mehrere Deichlinien hintereinander*] • dyke line, dike line

Deichlücke ***f***, Deichdurchfahrt *f* • dyke gap, dike gap

Deichmeister ***m***, Deichaufseher, Deichvogt • dyke master, dike master

Deichpflege ***f***, Deicherhaltung *f* • dyke preservation, dyke care, dike preservation, dike care

Deichpflicht(igkeit) ***f***, Deichlast *f* • charge of dyke repair, charge of dike repair, dyke repair charge, dike repair charge

Deichrampe ***f***, Deichanfahrt *f* • dyke ramp, dike ramp

Deichreife ***f*** • readiness for endyking

Deichrichter ***m*** • dyke judge, dike judge

Deichrolle ***f*** ➔ Deichbuch

Deichscharte ***f*** [*Verschließbare Deichöffnung zum Durchführen eines Verkehrsweges*] • gate(d) dyke opening, dyke opening with gate, dike opening with gate, gate(d) dike opening

Deichschau ***f*** [*am Unterrhein*] ➔ Deichgenossenschaft

Deichschau(ung) ***f*** • dyke inspection, dike inspection

Deichschleuse ***f***, Sie(h)l *n*, *m*, Syl *n*, *m*, Syhle *f* • dyke lock, dyke drain, dike lock, dike drain

Deichschleusenberme ***f*** ➔ Sie(h)lberme

Deichschlott ***m*** ➔ Notdeich

Deichschoß ***m*** • dyke rates, dike rates

Deichschutz ***m*** • dyke protection, dike protection

Deichsicherungwerk ***n*** [*Zum Deich gehörende Anlage, zur Standfestigkeit des Deiches bestimmt*] • dyke stability structure, dike stability structure

Deichsohle ***f***, Deichbasis *f* • dyke bottom, dike bottom

Deichverband ***m***, Deichgenossenschaft *f*, Deichacht *f*; Deichschau *f* [*am Unterrhein*] • dyke cooperative (society), dike cooperative (society), dyke union, dike union

Deichverteidigung ***f*** • dyke defense, dike defense; dyke defence, dike defence (Brit.)

Deichverteidigungsweg ***m*** [*Auf der Binnenseite am Deich entlangführender befestigter Weg oder Deichzugang*] • dyke defense path, dike defense path; dyke defence path, dike defence path (Brit.)

Deichvogt ***m*** ➔ Deichmeister

(Deich)Vorland ***n***, Außen(deich)land [*Über MW oder MThw liegendes Gelände zwischen Gewässer und Deich*] • dyke foreshore, dike foreshore, dike foreland

Deichzug ***m*** • dyke range, dike range

Deining ***f*** ➔ Dünung

Deisterformation ***f***, Deisterschicht *f*, Wealdenformation, Wealdenschicht, Hilfsformation, Hilfsschicht [*Die ältesten Kreidebildungen in Norddeutschland*] • deister formation, wealden formation

Dejektionsfächer ***m***, Schwemmfächer • dejection fan, fan of dejection

Dekkanbasalt ***m*** • Deccan basalt [*Fine-grained, nonporphyritic, tholeiitic basaltic lava consisting essentially of labradorite, clino-pyroxene, and iron ore, found in the Deccan region of Southeastern India*]

Deklination ***f***; Missweisung *f* [*nautisch*] • (magnetic) declination, (magnetic) variation [*The angle, variable with geographic position, between the direction in which the magnetic needle points and the true meridian*]

Deklinations(ge)zeit ***f***, Deklinationstide *f* • declination tide

Deklinationskreisel ***m***, nordsuchender Kreisel • declination gyro, azimuth stabilized gyro

Deklinationstide ***f***, Deklinations(ge)zeit *f* • declination tide

Deklinatorium ***n***, Deklinatoriums-Kompass *m* [*Instrument zur Messung der erdmagnetischen Deklination. Die einfachste Form des Deklinatoriums ist der Kompass*] • declinometer, declination compass, declinator

Dekompressionserkrankung ***f*** ➔ Caissonkrankheit

Dekompressionskrankheit ***f*** ➔ Caissonkrankheit

dekomprimieren [*Taucher nach ihrer Arbeitsschicht*] • to decompress [*divers after completing their work shift*]

Dekor(ations)putz ***m***, Schmuckputz • ornate plaster

Dekorrelation ***f*** ➔ zeitliche Dekorrelation

Delle ***f***, Leetge *f* • slack [*A hollow or depression in a sandbank or mudbank on a shore*]

Dellenbildung ***f*** [*im Gelände*] • dip formation

Dellenit ***m***, Rhyodazit, Toskanit • rhyodacite, dellenite, toscanite; quartz latite [*obsolete*]

Delta ***n*** • delta

Delta... • deltaic [*Pertaining to or characterized by a delta. Having or forming a delta*]

Delta *n* welches von der natürlichen Entwässerung des Landes in einen glazialen Stausee geschüttet wurde • land-stream delta [*As opposed to "overflow delta"*]

Deltaabhang *m* • delta slope

Deltaablagerung *f* • delta(ic) deposit, delta plain deposit [*Sedimentary deposit laid down in a delta*]

Deltaarm *m*, Mündungsarm • delta distributary

Deltaauenbruch *m*, Deltaniederungsbruch • delta floodplain swamp

Deltabarre, Mündungsbarre *f* • delta bar [*A bar formed by a tributary that is building a delta into the channel of the main river*]

Deltabildung *f* • deltafication, delta formation

Deltabucht *f* [*Zwischen den Loben der Mündungsarme eines Deltas*] • interdistributary bay

Deltadamm *m* • delta bank, delta embankment

Deltadammsee *m* • delta levee lake

Deltadeckschicht *f*, Deckschicht • (delta) topset (bed) [*One of the beds laid down horizontally on top of a delta*]

Deltaebene *f* • delta plain

Deltafächer *m* • delta fan [*A deposit formed by the merging of an alluvial fan with a delta*]

Deltageomorphologie *f* • delta geomorphology

Deltainsel *f* • delta island

deltaischer Rinnensand *m*, Fingersand, Barrensand • barfinger sand, deltaic sand

Deltakegel *m* • delta cone

Deltakies *m* • delta gravel

Deltakunde *f* • deltalogy, deltology [*The study of deltas and delta formation*]

Deltaküste *f* • delta(ic) coast

Deltaküstenebene *f* • delta(ic) coastal plain [*A coastal plain formed by the coalescene of deltas*]

Deltamarsch *f* • delta marsh

Deltamilieu *n* • delta environment

Deltaniederungsbruch *m*, Deltaauenbruch • delta floodplain swamp

Deltasand *m* • delta sand

Delta-Schelfvorschüttung *f* • delta foreset

Deltaschichtung *f* • delta bedding

Deltaschwemmland *n* • delta flat

Deltasedimentation *f* • delta(ic) sedimentation

Deltasee *m* • delta lake

Deltastirn *f* • delta front

Deltastirnplatte *f*, Deltastirnplattform *f* • delta front platform

Deltastrom *m* • delta river

Deltaterrasse *f* • delta terrace

Deltoiddodekaeder *n* • deltohodron, deltoidal dodecahedron, tetragonal tristetrahedron

Demant *m* [*poetisch*] • adamant

demantartig [*poetisch*]; diamantartig • adamantine [*Like a diamond in hardness or luster. Some consider hardness is not a part of definition*]

Demantglanz *m* ➋ diamantartiger Glanz

demanthart [*poetisch*]; diamanthart • adamantean

Demantoid *m* (Granatgruppe); Uralsmaragd *m* [*Handelsbenennung*], Kalkeisengranat *m* • demantoid (garnet), Bobrowka garnet; Ural(ian) emerald [*misnomer*]

Demantspat *m* ➋ Korund

Demidowit *m* • demidovite, blue compact chrysocolla

Demonstrationsmikroskop *n*, Vorführungsmikroskop • demonstration microscope

Demonstrationstunnel *m*, Vorführungstunnel • demonstration tunnel

Dendritenachat *m*, Baumachat, Dendrachat • arborescent agate, tree-like agate, dendrachate, dendritic agate, branching agate, Indian agate, dendroid agate

dendritisch, baumförmig, farnförmig, astförmig • dendritic, arborescent, dendroid

dendrogeomorphologische Analyse *f* • dendrogeomorphic analysis

Denison-Gerät *n* [*Erstmals 1939 in Texas beim Bau der Denison(tal)sperre eingesetzt. Es ist ein Doppelrohr-Entnahmegerät (Rotations-Kern-Gerät)*] • Denison (soil) sampler, Denison core barrel

denitrifizierende Bakterie *f* • denitrifying bacterium, bacterium calcis

Denkmal(s)granit *m* • monumental granite

Denkmalpflege *f* • historic preservation

denkmalschützerische Aspekte *m(pl)* • conservational aspects of monuments

Denkmal(s)zerfall *m* • monument disintegration, monument decay

Denudation *f*, Stoffabtrag(ung) *m*, *(f)*, (flächenhafte) Abtragung, Entblößung, (Land)Erniedrigung, Bloßlegung, (flächenhafter) Abtrag [*Die Abtragung durch Meer(es)brandung ausgenommen*] • areal erosion, degradation, denudation, destruction, wearing-away, wearing-down [*The lowering of any portion of the Earth's surface by erosion and weathering. Some authorities regard "denudation" as the actual process, and "degradation" as the result produced*]

Denudations(ab)hang *m*, Denudationsgehänge *n* • denudation hillside, denudation (hill)slope, ground loss hillside, ground loss (hill)slope

Denudationsbetrag *m* • denudation rate, rate of denudation

D

Denudationsgebirge ***n*** [*Es entstand durch flächenhafte Abtragung, z. B. die Schwäbische Alb*] • denudation mountain, circumdenudation mountain

Denudationshochland ***n*** • upland(s), denudation highland [*The heights above the valleys are hills, not mountains. Especially Scotland, as in Southern Uplands, but both upland and uplands are used very loosely. There is usually an implication of subdued relief and frequently also of an inland situation, away from the coast*]

Denudationsterrasse ***f*** • structural rock bench, denudation terrace

Deoxidation ***f*,** Reduktion • deoxidation, reduction

Depilage ***f*** ➋ Pfeilerabbau

Depolarisierung ***f*** • depolarization

Deponie ***f*** ➋ (Aussatz)Kippe

Deponie ***f*** • landfill site

Deponie ***f*** ➋ Mülldeponie

Deponieabdeckung ***f*,** (Müll)Kippenabdeckung • (sanitary) landfill cover(ing)

Deponie(ab)dichtung ***f*,** (Müll)Kippen(ab)dichtung • (sanitary) landfill closure

Deponieabfall ***m*,** Deponieabfälle • landfill wastes

Deponieauskleidung ***f*,** (Müll)Kippenauskleidung • (sanitary) landfill lining

Deponiebau ***m*** • landfill construction

Deponiebetreiber ***m*,** Kippenbetreiber • (commercial) landfill operator

Deponiebetreiber ***m*,** (Müll)Kippenbetreiber • (sanitary) land fill operator

Deponiedamm ***m*** • earthfill dam

Deponiegas ***n*,** (Müll)Kippengas • (sanitary) landfill gas

Deponiegasentlüftung ***f*,** (Müll)Kippengasentlüftung • (sanitary) landfill gas ventilation

Deponierbarkeit ***f*** • dumpability

Deponiehalde ***f*** • disposal site pile, depository pile

Deponielandgewinnung ***f*,** (Müll)Kippenlandgewinnung • reclamation of (sanitary) landfills, (sanitary) landfill reclamation [*For industrial and commercial development*]

Deponiesickerwasser ***n*,** (Müll)Kippensickerwasser • (sanitary) landfill seepage water

Deponie-Standort ***m*** • landfill site

Depression ***f*** [*Unter dem Meer(es)spiegel liegende Tiefebene*] • depression

Deputat ***n*,** Bezahlung *f* der Arbeiter mit Waren (⚒) • truck system

Deputatkohle ***f*** • collier's coal, house coal, quarter coal [*A certain weight of coal or a load of 1 ton, which is supplied at agreed periods and either free or at a cheap rate, to colliery workers who are householders*]

derber Erztrum(m) ***m*,** derbes Erztrum(m) *n* • ore sheet

Derbyshire-Fluorit ***m*,** Derbyshire-Flussspat *m* • blue John, derbystone, Derbyshire spar; cann, cand [*Cornwall*] [*A massive, fibrous or columnar and blue or purple variety of fluorite found in Derbyshire, England. It is frequently banded, and is used especially for the manufacture of vases.*]

Deregulierung ***f*** • deregulation

Derivatboden ***m*** ➋ Absatzboden

Derrickausleger ***m*** • derrick mast

Derrickkran ***m*** • derrick crane

(derzeit) (ab)bauwürdige Eisenerzvorräte ***f*,** Eisenerzreserve(n) *f* • iron-ore reserve(s)

(derzeit) (ab)bauwürdige Erzvorräte ***f*,** Erzreserve(n) *f* • ore reserve(s)

(derzeit) (ab)bauwürdige Vorräte ***f*,** Reserven *f*, Bilanzvorräte, (abzubauende) Vorräte, Nutzvorräte • (mineral) reserves, commercial (mineral) reserves

derzeit (ab)bauwürdiges Eisenerz ***n*** • actual ore [*South Africa*]

(derzeit) nicht (ab)bauwürdig, (derzeit) un(ab)bauwürdig [*Vorratsklasse*] • potential

Desaulesit ***m*,** Pimelit *m* • pimelite, desaulesite [*An apple-green clay mineral of the montmorillonite group. $(Ni, Mg)_3Si_4O_{10}(OH)_2 < 4H_2O$*]

deskriptive Stratigrafie ***f*** ➋ Lithostratigrafie

Desmin ***m*,** Stilbit *m*, Garbensiedestein, Bündelzeolith, Strahlzeolith *m*, Bündelsiedestein, Strahlsiedestein *m* • stilbite, desmine, epidesmine [*A zeolitic mineral. It occurs in sheaflike aggregates of crystals and also in radiated masses. $NaCa_2Al_5Si_{13}O_{16}x14H_2O$*]

Desorption ***f*,** Freiwerden *n* • desorption

destabilisieren [*z. B. einen Hang*] • to destabilise (Brit.), to destabilize (US) [*such as a slope*]

Destabilisierung ***f*** • destabilization (US), destabilisation (Brit.)

Destillat ***n*,** Kondensat • condensate, distillate [*A heavier hydrocarbon occurring usually in gas reservoirs of great depth and high pressure. It is normally in the vapo(u)r phase but condenses as reservoir pressure is reduced by production of gas*]

Destillationsbitumen ***n*** • straight-run bitumen [*A residual bitumen obtained as a result of distilling a selected petroleum*]

Destillatlagerstätte ***f*,** Destillatfundstätte, Destillatvorkommen *n*, Destillatvorkommnis *n* • distillate pool

destillierter Grünspan ***m*,** kristallisierter Grünspan, neutraler Grünspan • crystallized verdigris

destilliertes Wasser ***n***, überdampftes Wasser • distilled water

Destinezit ***m***, Diadochit • destinezite, diadochite [*A brown or yellowish mineral:* $Fe_2(PO_4)(SO_4)(OH)x5H_2O$. *It is isomorphous with sarmientite*]

destruktive Arbeitsmethode ***f***, destruktives Arbeitsverfahren *n* [*Kartografie*] • destructive generalization

Destrukturierungsprozess ***m*** • destructurising process

deszendent, supergen, absinkend • supergene, hypergene, secondary [*Said of a mineral deposit or enrichment formed near the surface, commonly by descending solution; also, said of those solutions and of that environment*]

deszendente Anreicherung ***f***, supergene Anreicherung *f*, absinkende Anreicherung • supergene enrichment, hypergene enrichment, (secondary) enrichment, downward enrichment [*The supergene processes of mineral deposition. Near-surface oxidation produces acidic solutions that leach metals, carry them downward, and redeposit them, thus enriching sulfid(e) minerals already present. Supergene enrichment has been important in upgrading porphyry copper deposits to the status of ore*]

Deszendenztheorie ***f*** [*Nach dieser Theorie ist das Gangmaterial durch Lösungen von oben her eingeführt*] • descension theory

Detailerkundung ***f*** [*Entscheidung über den Abbau der Lagerstätte im Tagebau oder im Tiefbau*] • detail(ed) reconnaissance

Detailkartierung ***f*** • detail(ed) mapping

Detektor ***m***, Strahlungsdetektor • detector, radiation detector [*The component of a remote-sensing system that converts electromagnetic radiation into a signal that can be recorded*]

Determinismus ***m***, Zufallsunabhängigkeit *f* • determinism [*The theory that all natural occurrences are determined by antecedent causes or take place in accordance with natural laws. It excludes chance and probabilistic explanations*]

deterministische Wellentheorie ***f*** [*Zuordnung eines Strömungsfeldes der Orbitalgeschwindigkeiten zu einer Wellenform (Sinuswelle; Trochoide usw.)*] • deterministic wave theory

deterministischer Anteil ***m*** [*Statistik*] • trend

deterministisches Modell ***n***, zufallsunabhängiges Modell • deterministic model

deterministisches Bemessungsverfahren ***n*** • deterministic design approach

deterministisches Verfahren ***n***, zufallsunabhängiges Verfahren • deterministic process [*In this process, there is an exact mathematical relationship between the independent variables in the system*]

Detersion ***f*** [*Abschleifung des Felsuntergrunds durch das Eis*] • detersion

Detonation ***f***, Explosion 2. Ordnung [*Die Koppelung der energieliefernden Umsetzungen eines Explosivstoffes mit einem Verdichtungsstoß, der diese Umsetzung auslöst und sich mit Überschallgeschwindigkeit fortpflanzt*] • detonation, reaction shock

Detonationsdruck ***m*** [*Er ist dem Quadrat der Detonationsgeschwindigkeit und der Sprengstoffdichte proportional*] • detonation pressure

Detonationsfähigkeit ***f***, Detonationsvermögen *n* • detonation ability

Detonationsfang ***m***, Detonationsfänger *m* • detonation trap [*It prevents a detonation initiated in one part of a system from propagating to another*]

Detonationsgeschwindigkeit ***f*** • detonation velocity, detonation rate, velocity of detonation, V.O.D., detonating velocity, rate of detonation, detonating rate, detonation speed, detonating speed, speed of detonation

Detonationskalorimeter, Sprengstoffkalorimeter • detonation calorimeter

Detonationskopf ***m*** • detonation head

Detonationsladung ***f*** • detonating charge

Detonationsmechanik ***f*** • mechanics of detonation, detonation mechanics

Detonationsmittel ***n***, Detonationsstoff *m* • detonant, detonating agent

Detonationsrichtung ***f*** • detonation direction

Detonationsstoß ***m***, Verdichtungsstoß [*DIN 20163. Verdichtungsstoß in der Chapman-Jouguet-Ebene eines detonierenden Sprengstoffs; er löst einen Verdichtungsstoß im angrenzenden Medium entsprechend den Impedanzen der Detonation und des Mediums aus*] • detonation shock

Detonationsübertragung ***f*** • transmission of detonation, detonation transmission

Detonationsübertragungsempfindlichkeit ***f*** • gap sensitivity, gap sensitiveness [*It is determined by the comparative length of air gap or discontinuity between two cartridges in a single charge*]

Detonationsübertragungsprüfung ***f***, Prüfung der Übertragungsweite [*Sprengpatrone*] • gap test(ing)

Detonationsverlauf ***m***, Detonationsvorgang *m* • detonation process

Detonationsvermögen ***n***, Detonationsfähigkeit *f* • detonation ability

D

Detonationsverzögerung ***f*****,** Detonationsverzug *m* • detonating delay, detonation delay

Detonationswelle ***f*** • wave of detonation, detonation wave

Detonationszone ***f*** • detonation zone

Detonationszündschnur ***f*** ➋ Sprengschnur

detonative Zersetzung ***f*****,** detonativer Zerfall *m* [*Sprengstoff*] • detonating decomposition, detonating decay

Detonator ***m*****,** Sprengkapsel *f* • (blasting) cap(sule), detonating cap(sule), plain detonator [*A copper or alumin(i)um shell closed at one end and containing a charge of detonating compound, which is ignited by electric current or the spark of a fuse. Used for detonating high explosives*]

Detonatorzange ***f*** ➋ Sprengkapselzange

detonieren • to detonate

detonierende Ladung ***f*****,** hochexplosive Ladung • high-explosive charge

detonierende Sprengstoffseele ***f*** • high-explosive core [*detonating fuse*]

detonierende Zündschnur ***f*****,** Sprengschnur, Detonationszündschnur, Knallzündschnur • detonating fuse, detonating cord, DC [*A fuse consisting of high explosive that fires the charge without the assistance of any other detonator. It consists of a high-explosive core of pentaerythritol tetranitrate (P.E.T.N.) enclosed in tape and wrapped with textile countering yarn. Usually this fuse is then reinforced or completely enclosed in a strong waterproof plastic outer cover. The finished external diameter is normally about 0.2 inch. Prima-cord is the best known branch*]

detonierender (Gesteins)Sprengstoff ***m*****,** (hoch) brisanter (Gesteins)Sprengstoff [*Unterteilt in gelatinöse Gesteinssprengstoffe, Sprengschlämme, pulverförmige Gesteinssprengstoffe auf Nitratgrundlage und Chloratsprengstoffe*] • high blasting explosive, rapid blasting explosive, high-explosive (material), rapid explosive (material), detonating blasting explosive, detonating explosive (material), HE, quick explosive (material) detonating rock (industrial) blasting material, detonating rock commercial blasting explosive [*An explosive (material) that detonates, that is, explodes almost instantaneously. High explosives include all the dynamites, permissible explosives, and the low powders. They are all fired by a detonator, and the transformation from the solid to the gaseous form is much faster*]

detonierender Pulversprengstoff ***m*****,** (hoch) brisanter Pulversprengstoff • rapid powder, fast powder, quick powder [*Dynamite or other blasting materials having a high speed detonation*]

Detraktion ***f*****,** splitternde Gletschererosion *f* • (glacial) plucking, (glacial) quarrying [*The acquisition of parts of the bedrock by a glacier when water enters cracks in the rock and subsequently freezes with resulting detachment of rock fragments as the ice moves forward*]

detritisch • detrital

detritischer Fels ***m*****,** detritisches Gestein *n*, Trümmerfels, Trümmergestein • breccia, conglomerate, fragmental rock, detrital rock [*It is made up of particles or fragments worn from other rocks*]

Detritoexinit ***m*** • liptodetrinite (maceral)

Detritoinertinit ***m*** • inertodetrinite (maceral)

Detritovitrinit ***m*** • vitrodetrinite (maceral)

Detritusbildung ***f*** • detrition [*A general term to express the process concerned in producing detritus*]

Detritusfresser ***m*** • deposit feeder, sediment feeder, detritovore [*An animal that obtains its food from detrital material and associated microorganisms on the sea floor; e.g. sea cucumber, scaphopod*]

Detrituskalk ***m*** [*Aus Bruchstücken mehr oder weniger verfestigter Kalksedimente zusammengesetzt. Nach Form und Größe dieser Bruchstücke unterscheidet man Kalkkonglomerate (verrundete, über 2 mm große Gerölle), Kalkbrekzien (eckige, über 2 mm große Bruchstücke), Kalkarenite (0.063-2 mm große detritische Kalkkörner), Intraklastkalke (Resedimente, aus Intraklasten zusammengesetzt)*] • detritus lime

deuten, auswerten, interpretieren • to interpret

Deuter ***m*****,** Auswerter, Interpretierer, Interpretator • interpreter

deuterisch • deuteric, paulopost, epimagmatic

deuterische Lösungskristallisation ***f*** ➋ Kristallisation durch deuterische Lösungen

deutlich, ausgeprägt • distinct

Deutsche Gesellschaft für Geotechnik ***f*** • German Society for Geotechnical Engineering

deutsche Mittelgebirge ***f*** • hercynia silva

deutscher Diamant ***m*** [*Handelsbenennung*], Bergkristall *m* (Quarzgruppe) • rock crystal; German diamond [*misnomer*]

deutscher Türstock ***m*** [*Siehe Anmerkung unter "Türstock". Stempel und Kappe sind verblattet*] (⚒) • German gallows

deutscher Türstock ***m*** **mit Kniestempelverstärkung am Oberstempel,** K-Bau *m*, Türstockverstärkung *f* mit Spreizen [*Ein ganzer oder halber Türstock mit einem k-förmigen Einbau als Kniestempelverstärkung*] (⚒) • K-support

deutsches Bohren *n* ➋ (Meißel)Bohren mit Freifall
Deutung *f* ➋ (Aus)Deutung
Deutung *f* der Baugrundtragfähigkeit, Auswertung der Baugrundtragfähigkeit, Interpretation *f* der Baugrundtragfähigkeit • structural interpretation of the ground, structural rendition of the ground
Deutungsfähigkeit *f*, Auswertbarkeit, Deutungsvermögen *n*, Interpretationsfähigkeit, Interpretationsvermögen • interpretability
Deviator *m*, Abweichende *f* • deviator
Deviatorebene *f* • deviator plane
Devon *n*; Mesopaläozoicum [*in Sibirien*] • Devonian; Age of Fishes [*informal designation*]
Devon Englands, englische Devon *n* • Old Red
Devon/Karbon-Grenze *f* • Devonian/Carboniferous boundary
devonische Rotsandstein *m* Großbritanniens • Old Red Sandstone, ORS
Dewalquit *m* • dewalquite
Deweylit *m*, Gymnit *m* • deweylite, gymnite [*A mix (ture) of clinochrysotile (or sometimes lizardite) and stevensite. It was formerly regarded as a mineral of the serpentine group*]
dextrale Reaktivierung *f* • dextral reactivation
Dezimalbruch *m* • decimal fraction, decimal
DGM, digitales Geländemodell *n* [*Zur Abgrenzung von der Lagedarstellung auch "digitales Höhenmodell", DHM genannt*] • digital terrain model, digital land model, digital ground model
DGPS, Differentielles GPS • DGPS, Differential GPS
diabasähnlich • diabasic [*Resembling diabase*]
diabasisch • diabasic [*Composed of diabase*]
diablastisch • diablastic [*Pertaining to a texture in metamorphic rock that consists of intricately intergrown and interpenetrating constituents, usually with rodlike shapes (Becke, 1903)*]
diadaktisch, diataktisch • diatactic, diadactic, graded [*Said of a sedimentary structure, like that shown by varves, characterized by the repetition of a pair of unlike laminae showing a gradation in grain size from coarse below to fine above*]
diadaktische Schichtung *f*
➋ (ab)gestufte Schichtung
Diadochit *m*, Destinezit *m* • destinezite, diadochite [*A brown or yellowish mineral:* $Fe_2(PO_4)(SO_4)(OH) \times 5H_2O$. *It is isomorphous with sarmientite*]
Diagenese *f* ohne Sedimentbedeckung, Stadium *n* ohne Sedimentbedeckung • pre-burial stage
Diagenese *f* unter geringmächtiger Sedimentbedeckung, Stadium mit geringmächtiger Sedimentbedeckung, frühgenetisches Stadium *n* • shallow burial stage, shallow buried stage
Diagenesephase *f* • diagenesis stage
Diaglyphe *f* [*Während der Diagenese geformte Marke oder Hieroglyphe*] • diaglyph
Diagnoseausgleichung *f* • diagnostic adjustment
Diagonalaussteifung *f*, Schrägaussteifung • diagonal strutting
Diagonalbau *m* [*Abbau in einer mittleren Richtung zwischen dem Fallen und Streichen einer Lagerstätte*] (⚒) • working by diagonal boards
Diagonal(blatt)schichtung *f*
➋ Kreuz(blatt)-schichtung
diagonaler Pfeilerbau *m* (⚒) • diagonal pillar method
diagonaler Pfeilerbruchbau *m*, Pfeilerbruchbau mit Schräg(streck)en, Pfeilerbruchbau mit diagonalen Pfeilerstrecken • slant-chute caving
Diagonalkluft *f* • oblique joint, diagonal joint; (hkO) joint [*partial synonym*] [*A joint whose strike is oblique to the strike of the sedimentary strata, or to the cleavage plane of the metamorphic rocks, in which it occurs*]
Diagonalküste *f*, Schrägküste • diagonal coast, oblique coast [*It is oblique to the direction of the strike of the coastal formations*]
Diagonallage *f*, Diagonalstellung *f* • diagonal position
Diagonalmatrix *f* • diagonal matrix
Diagonalsandbarre *f*, Sanddiagonalbarre • reticulated bar [*One of a group of slightly submerged sandbars in two sets, both of which are diagonal to the shoreline, forming a crisscross pattern. Reticulated bars are observed in bays and lagoons on the inside of barrier islands*]
Diagonalscheibe *f*, Schrägscheibe (⚒) • diagonal slice
Diagonalschnitt *m* • diagonal section
Diagonalstäbe *m(pl)* [*Brückenbau*] • diagonals, diagonal rods
Diagonalstellung *f*, Diagonallage *f* • diagonal position
Diagonalstrebe *f*, Schrägstrebe • diagonal brace
Diagonal(streck)e, Schräg(streck)e *f* (⚒) • run, slant [*A heading driven diagonally between the dip and the strike of a coal seam*]
Diagonalverwerfung *f*, spießeckige Verwerfung • diagonal fault, oblique fault
Diagonalzimmerung *f* • raked timbering [*It is diagonally braced to prevent deformation*]
Diagramm *n*, Zahlenwertfigur *f* • chart, diagram [*It gives information about some variable quantity*]

D

Diagrammabtaster ***m*** • chart scanner
Diagrammkarte ***f*** • diagrammatic map, cartogram
Diagrammpapier ***n*** • chart paper
Diagrammschreiber ***m*** • diagram plotter
Diagrammverfahren ***n*,** Diagramm-Methode *f* • diagrammatic method [*cartographic representation*]

D

Diaklase ***f*** ➋ Kluft
Diaklasenschar ***f*,** Kluftschar • set of joints, joint set
diaklinal • diaclinal [*Said of a stream or river or valley that passes through or across a fold, with a direction at right angles to the strike of the underlying strata. Also said of a region having diaclinal streams or rivers*]
Diamagnetismus ***m*** [*Die Substanzen haben kein magnetisches Moment, sie werden im Magnetfeld abgestoßen*] • diamagnetism
Diamant ***m*** • diamond; rock [*slang term*]
Diamant ***m*** **ohne absolute Farbe** [*"Blue white" wird aber auch fälschlicherweise für Steine benutzt die eine deutlich gelbliche Färbung haben*] • blue-white diamond [*A misused term, once applied in the gem trade to diamonds without body colo(u)r, i.e. colo(u)rless or slightly bluish stones of the highest quality. Misapplication to yellowish stones has made the term meaningless*]
Diamantabrichtwerkzeug ***n*** • diamond dressing tool
Diamant(ab)schleifen ***n*** • diamond grinding (off)
Diamantalluvialkies ***m*,** Alluvialdiamantkies • diamond-bearing alluvial gravel, alluvial diamond-bearing gravel
diamantartig; demantartig [*poetisch*] • adamantine [*Like a diamond in hardness or luster. Some consider hardness is not a part of definition*]
diamantartiger Glanz ***m*,** Diamantglanz, Demantglanz • adamantine luster (US); adamantine lustre
Diamantbergbau ***m*** • diamond mining
Diamantbergwerk ***n*** • diamond mine
Diamantbetonbohren ***n*,** Betondiamantbohren • concrete diamond drilling, concrete diamond boring
Diamantbildung ***f*** • diamond genesis
Diamantbohranlage ***f*** • diamond drilling rig
Diamantbohren ***n*** • diamond drilling, diamond system
Diamantbohrer ***m*** • diamond drill, diamond system
Diamantbohrerarbeiter ***m*** • diamond driller, core driller, core-drill operator, diamond-drill operator, diamond-drill runner, diamond-point drill operator, shot(−core) drill operator, test borer, test-hole driller, wash driller [*One who sets up and operates a diamond drill that is used to obtain solid cores of strata drilled through so that the character of the ground, the wealth of ore, or strength of material for foundations may be determined. He may set diamonds in the bit as they become worn or chipped, or are lost (diamond drill setter)*]
Diamantbohrerprobe ***f*** • diamond drill sample
Diamantbohrwerkzeug ***n*** • diamond drilling tool
Diamanten ***f*** **pro Karat** • diamonds per carat, stones per carat [*The number of relatively equal size diamonds having a weight of 1 carat*]
Diamant(en)ausbeute ***f*** • diamond recovery, diamond yield, diamond output
Diamant(en)fund ***m*** • diamond find
Diamantenhändler ***m*** • diamond dealer, diamond broker
diamantenthaltend, diamanthaltig, diamantführend • diamond-bearing, diamond-containing, diamondiferous
Diamantenwäsche(r) ***f*, *(m)*** • diamond washer; shaker [*West Africa*] [*An apparatus used for washing diamondiferous gravel*]
Diamanterweiterer ***m*** • diamond reamer
diamantführend ➋ diamanthaltig
Diamantgitter ***n*** • diamond lattice
Diamantglanz ***m*,** diamantartiger Glanz *m*, Demantglanz • adamantine luster (US); adamantine lustre
Diamantgräberei ***f*** • diamond diggings, diamond excavations
Diamantgrobstaub ***m*,** Grobdiamantstaub • coarse diamond dust
diamanthaltig, diamantenthaltend, diamantführend • diamond-bearing, diamond-containing, diamondiferous
diamanthart; demanthart [*poetisch*] • adamantean
Diamantkern(bohr)en ***n*** • diamond core drilling, diamond coring
Diamantkorn ***n*,** Diamantsplitter *m* • diamond particle, diamond fragment, diamond grain
Diamantkrone ***f*** [*Diamant Bohrtechnik*] • diamond bit
Diamantlebensdauer ***f*** • diamond life [*The amount of cutting a diamond will accomplish before being completely worn away by abrasion*]
Diamantmeißel ***m*** • diamond bit, bort(-set) bit, bortz bit [*A rotary-drilling bit studded with diamonds (usually bort). It is used for drilling and coring in extremely hard rock*]

Diamantmeißeldruck ***m*** • diamond pressure, pressure per diamond, stone pressure, pressure per stone [*The proportional amount of total feed pressure applied to a diamond bit theoretically borne by an individual diamond inset in the face of the bit*]

Diamantmeißelverschleiß ***m*** • diamond wear, diamond loss

Diamantpulver ***n*****,** Diamantstaub *m* • diamond dust, diamond powder, powder(ed) diamond

Diamantröhre ***f*****,** Schlot *m* • pipe, diamond pipe

Diamantschneiden ***n*** • diamond cutting

Diamantschneider ***m*** • diamond cutter [*An individual skilled in the art of shaping diamonds as gems*]

Diamantschneider ***m*** • diamond cutter [*A tool in which a diamond, shaped as a cutting point, is inserted*]

Diamantschotter ***m*** • high-level gravel [*from the Upper Gong Gong on the Vaal river near Kimberley*]

Diamantschrott ***m*** • diamond scrap

Diamantseife ***f*** • diamond placer

Diamantspan ***m*****,** Spandiamant *m* • chip diamond, diamond chip

Diamantspat ***m*****,** Korund *m*, Demantspat, Al_2O_3 • corundum, diamond spar, adamantine spar, corindon, hard spar [*The name "corundum" of this mineral is sometimes prefixed to the names of rocks containing it, as corundum syenite*]

Diamantsplitter ***m*****,** Diamantkorn *n* • diamond particle, diamond fragment, diamond grain

Diamantsprenglochbohren ***n*****,** Sprenglochdiamantbohren • blasthole diamond drilling, diamond blasthole drilling, shothole diamond drilling, diamond shothole drilling

Diamantstaub ***m*****,** Diamantpulver *n* • diamond dust, diamond powder, powder(ed) diamond

Diamantwaschrückstände ***m(pl)*** • diamond washings

Diamantzinn ***n*** • diamond pewter

Dianit ***m*** ➋ Niobit

Diaphanität ***f*** • diaphaneity [*The light-transmitting quality of a mineral*]

Diaphorit ***m*****,** Ultrabasit *m* • ultrabasite, diaphorite, $Pb_2Ag_3Sb_3S_8$ [*A gray-black orthorhombic mineral*]

Diaphthorese ***f*** **im neueren Sinne** ➋ Rückwand(e)-lung

Diaphthorese ***f*** **im Sinne Stinis** ➋ Verwitterungsgrad

Diapirdruck ***m*** [*(Erd)Ölausbruch*] • bottom pressure

Diapirfaltung ***f*****,** Durchspießung • diapiric fold, piercement dome, piercement fold, piercing dome, piercing fold, diapir [*Anticline in which a mobile core, such as salt, has injected the more brittle overlying rock*]

Diapirismus ***m*** • diapirism; tiphon [*obsolete*]

Diapositiv ***n*** [*Fotogrammetrie*] • diapositive, transparent positive, transparency

diaschist, abgespalten • diaschistic [*Said of the rock of a minor intrusion that consists of a differentiate, i.e., its composition is not the same as that of the parent magma*]

diaschistes Ganggestein ***n*** ➋ Spaltungsgestein

Diastem ***n*****,** Omissionsfläche *f*, kleine Sedimentationslücke *f*, kleine Sedimentationsunterbrechung *f*, kurze Pause *f*, geringe Schicht(en)lücke • diastem, non-sequence, sedimentation break of short time lapse [*The latter term is preferred in Great Britain*]

Diastrophe ***f*** • diastrophe [*In geology, an event characterized by a deformation of the earth's crust*]

Diastrophismus ***m*** [*Gesamtheit der tektonischen Veränderungen der Erdkruste sowie die Ergebnisse dieser Veränderungen*] • diastrophism, tectonism

diataktisch, diadaktisch • diatactic, diadactic, graded [*Said of a sedimentary structure, like that shown by varves, characterized by the repetition of a pair of unlike laminae showing a gradation in grain size from coarse below to fine above*]

Diatexis ***f*****,** Durchschmelzung *f* [*Mobilisation des Gesamtmaterials unter Einschluss dunkler Gemengeteile*] • diatexis [*High-grade (i.e. near, but not complete) anatexis, involving rock components with high melting points*]

Diatomee ***f*****,** Kieselalge *f* • diatom

Diatomeenerde ***f*** • diatomaceous earth [*consisting of tiny fossilized water plants*]

diatomeenhaltig, kieselalgenhaltig • diatomaceous [*Composed of or containing numerous diatoms or their siliceous remains*]

Diatomeenschlick ***m*****,** Kieselalgenschlick • diatom ooze [*A deep-sea pelagic sediment containing at least 30% diatom frustules; it is a siliceous ooze*]

diatomer Kupferspat ***m*** ➋ Laumon(t)it

Diatrem ***n*** ➋ Vulkanstiel

Dia-Vortrag ***m*** • slide presentation

DIC ➋ Digitale Bildkorrelation *f*

Dichroismus ***m*****,** Zweifarbigkeit *f* [*Eigenschaft vieler Kristalle das Licht nach zwei Richtungen in verschiedene Farben zu zerlegen*] • dichroism

Dichroit ***m*** ➋ Cordierit

dicht, undurchlässig • impervious, impermeable

dicht bebauter Innenstadtbereich ***m*** • densely built-up inner-urban area (*or:* inner-city area)

dicht bebautes Gebiet ***n*** • densely built-up area

dicht besiedeltes Gebiet ***n*** • densely populated area, densely residential area

Dichte ***f*,** Explosionsstoffdichte • density, explosive (material) density [*The mass of an explosive per unit volume. Expressed in gm/cc. Water has a density of 1.0 gram per cubic centimeter*]

dichte Einzelkorntextur ***f*** • dense single-grained structure

dichte harte Steinkohle ***f*,** harte dichte Steinkohle • coal stone

Dichteausgleich(s)strömung ***f*** • density compensation current

Dichtegradient(e) ***m*, *(f)*** • density gradient

Dichtekarte ***f*** • density map

Dichtelog ***n*** • densilog

Dichtemesser ***m*** • densitometer [*An instrument for the measurement of the density of an image produced by light, X-rays, gamma rays, etc., on a photographic plate; used in some dust-sampling instruments*]

Dichtemuster ***n*,** Dichteschema *n* • density pattern

Dichten ***n*** ➋ (Ab)Dichten

dichten der Bohrlochwand(ung) ➋ (ab) Dichten der Bohrlochwand(ung)

Dichten ***n*** **gegen Grundwasser** ➋ (Ab)Dichten gegen Grundwasser

dichten mit Lehmschlag ➋ (ab)dichten mit Lehmschlag

Dichten ***n*** **mit Lehmschlag** ➋ (Ab)Dichten mit Lehmschlag

Dichtenorm ***f*** • density standard

Dichteprofil ***n*** • density profile [*A line of gravity readings taken over a topographic feature with appreciable relief that is not associated with variations in density or structure, the object of which is to determine the best density factor for elevation corrections*]

dichter Boden ***m*** • overconsolidated soil

dichter Chlorit ***m*,** Pseudophit *m* • pseudophite, Styrian jade [*Compact, massive chlorite resembling serpentine, in part clinochlore and in part penninite*]

dichter Eisrand ***m*,** Eisbarre *f* • ice bar

dichter Kalk(stein) ***m*,** Massenkalk(stein) • compact(ed) lime(stone)

dichter Magnesit ***m*,** Gelmagnesit, amorpher Magnesit • gel magnesite

dichter Manganit ***m*,** Photizit *m*, Mangankiesel *m* • photizite

dichter Mergel ***m*** ➋ Mergelstein

dichter Verrohrungssitz ***m*** • tight casing seat

dichter Cölestin ***m*,** kalk(halt)iges schwefelsaures Strontium *n*, schwefelsaures kalk(halt)iges Strontium, dichter Zölestin • compact celestine

dichtes Schneetreiben ***n*** • dense snow blizzard

dichtes Schwarzmanganerz ***n*,** unteilbares Manganerz, Schwarzeisenstein *m* • black iron ore

Dichteschema ***n*,** Dichtemuster *n* • density pattern

Dichteschichtung ***f*** • density stratification [*The formation of identifiable layers of different densities in bodies of water*]

Dichteschritt ***m*** [*Wiedergabe eines Seismogrammteils*] • variable density representation, VDR

Dichtesonde ***f*** • density probe

Dichtestrom ***m*,** Trübestrom, Suspensionsstrom • turbidity current, density current, suspension current [*Oceanography. A highly turbid, relatively dense current carrying large quantities of clay, silt, and sand in suspension which flows down a submarine slope through less dense sea water*]

Dichte-Tiefe-Funktion ***f*** • density depth function

Dichtetrennung ***f*** [*Bildauswertung mit besserer Unterscheidung der Grautöne*] • density slicing

Dichteunterschied ***m*** • density difference

Dichteverteilung ***f*** • density spread [*After the confluence of streams differing in density*]

Dichtewechsel ***m*** • densimetric exchange [*Exchange between parallel flows*]

Dichtewelle ***f*** ➋ P-Welle

dicht(gelagert), kompakt • dense, compact, tightly arranged

dichtgelagerter Boden ***m*** • dense soil, tightly packed soil

dichtgelagerter Sand ***m*,** kompakter Sand • dense sand, tightly-packed sand, close sand [*A sand so closely packed that it has low porosity and makes a poor oil reservoir*]

Dichtheit ***f*,** Undurchlässigkeit *f*, Dichtigkeit • watertightness, imperviousness, impermeability, impermeableness

Dichtheitsprüfung ***f*** • leak test, permeabiliy test, water permeability test, air permeability test

Dichtmachen ***n*** ➋ (Wasser)Dichtmachen

Dichtschirm ***m*** [*Injektionsarbeiten*] • grout curtain

Dichtsohle ***f*** • grout slab

Dichtsuspension ***f*** • impervious fluid

Dichtteil ***m*, *n*** [*Tiefbohrtechnik*] • seal [*extreme line casing*]

Dichtung ***f*** ➋ (Damm)Dichtung

Dichtung ***f*** ➋ (Ab)Dicht(ungs)(vor)lage

Dichtung *f* gegen drückendes Wasser ➋ (Ab)Dichtung gegen drückendes Wasser

Dichtung *f* gegen Grundwasser ➋ (Ab)Dichtung gegen Grundwasser

Dichtung *f* von Felswänden ➋ (Ab)Dichtung von Felswänden

Dicht(ungs) . . . ➋ (Ab)Dicht(ungs) . . .

Dichtungsflansch *m* [*z. B. im Brunnenbau*] • sealing flange

Dichtungsfolie *f* • sealing membrane

(Dicht(ungs))Kern *m*, Dämmkern, Abdicht(ungs)-kern, Innendichtung *f* • (water)tight core, (water) tight diaphragm, (impervious) core, impervious diaphragm, impermeable core, impermeable diaphragm, sealing core [*A core on a zoned embankment dam consisting of impervious material*]

Dicht(ungs)lage *f* ➋ undurchlässige Schicht

Dicht(ungs)schicht *f* ➋ undurchlässige Schicht

Dichtwand *f*, Einphasenschlitzwand *f* • slurry wall, (impermeable) cut-off wall

Dichtwandbaustoff *m* • impermeable cut-off material

Dichtwandmasse *f* [*zur Herstellung einer Dichtwand*] • cut-off material

Dichtwandsuspension *f* • slurry for cut-off wall

Dicke *f* • thickness

Dicke-Berta-Sonde *f* • large calibre probe, large calibre sonde, large caliber probe, large caliber sonde

Dickenkoordinate *f* von 30 μ • finishing birefringence colour (Brit.); finishing birefringence color (US) [*Of a crystal of random orientation in a thin section*]

dicker Mergel *m* ➋ verhärteter Mergel

dickplattig • plain [*oil shale*]

Dickstein *m*, ungeschliffener Diamant *m* • brait, rough diamond

dickverzinkt • thick galvanized (US), thick galvanised (Brit.)

dickwandiger (Boden)Probe(n)(ent)nahmestutzen *m*, dickwandiges (Boden)Probe(n)(ent)nahmerohr *n* • thick-wall(ed) (steel) (soil) sampling tube

dickwandiges (Boden)Probe(n)(ent)nahmegerät *n* mit quergeteiltem Probezylinder • thick-wall(ed) sampler with sample cylinder divided transversely

dickwandiges Profil *n* [*z. B. bei Spundwandstahl*] • thick profile [*such as of sheet piling steel*]

Diehnung *f* ➋ Dünung

Dielektrikphysik *f* • dielectric physics

dielektrische Festigkeit *f* • dielectric strength, breakdown potential

Dielenlager *n* ➋ Grundschwelle

Dienstbarkeit *f* [*ein dingliches Nutzungsrecht an einer fremden Sache*] • servitude, easement

Dienstbrücke *f*, Baubrücke, Bausteg *m*, Dienststeg [*Talsperrenbau*] • service gangway (Brit.); distributing bridge, overhead track way, construction trestle (US)

Dieselbär *m* • Diesel pile hammer

Diesel-Bentonit-Einpressung *f* [*Tiefbohrtechnik*] • gunk squeeze

Diesel-Bentonit-Stopfen *m* [*Tiefbohrtechnik*] • gunk plug

Diesellok(omotive) *f* • oil-engined locomotive, diesel locomotive

diesig [*Wetter*] • misty, hazy

Differentialanalyse, Komplexanalyse *f* [*Sie beruht im wesentlichen auf der Herausarbeitung von Grundtypen, die mit zunehmender Einengung der Merkmale zu einer Typenabfolge führen und - unter Verwendung der Beziehungen von Typus und Individium in der Geografie - zum geografischen Individium hinleiten*] • differential analysis

Differentialentzerrung *f* • differential rectification [*In the orthophoto technique, the photographic image is rectified differentially, or by applying rectification to elementary areas of photographs*]

Differentialentzerrung *f* nullter Ordnung • zero-order differential rectification

Differentialgleichung *f* • differential equation

Differentialpiezometer *n* • differential piezometer

Differentialquotient *m* • differential quotient

Differentialtemperaturlog *n* • differential temperature log

Differentialthermoanalyse *f*, Differential-Thermo-Analyse • differential thermoanalysis

Differential-Thermoanalysen-Kurve *f* • differential thermogram

Differentialwasserschloss *n*, Steigrohrwasserschloss [*Talsperre*] • differential surge tank

Differentiat *n* ➋ Neosom

Differenzdruckmesser *m* • differential pressure transducer, differential pressure gauge

Differenzenverfahren *n* • difference procedure

differentielle Radarinterferometrie *f* • differential radar interferometry

differentielle SAR-Interferometrie *f*, Differential SAR-Interferometrie *f*, D-InSAR • differential SAR interferometry

differenzielle Setzung *f*, ungleichmäßige Setzung *f* • differential settlement

differenzielle Steifigkeit *f* • differential stiffness

differentielles Stoffgesetz *n* • differential constitutive law
differenzierte Zone *f*, kritische Zone [*Intrusivkomplex des Bushvelds in Transvaal*] • critical zone, level of maximal differentiation
Differenzmodell *n* • difference model
D
Differenzpegel *m* • differential gauge; differential gage (US)
Differenz-Spulen-Methode *f*, Differenz-Spulen-Verfahren *n* [*Geoelektrik*] • shoot-back method
Differenz-Spulenverfahren *n* mit waag(e)rechter Sendespule • horizontal shoot-back method
Diffluenz *f*, Auseinanderlaufen *n*, Auseinanderfließen • diffluence, dispersion by flowing
Diffusion *f* [*allmähliche Mischung*] • diffusion
Diffusion *f* im festen Zustand • interdiffusion
Diffusionsbild *n* • diffusion pattern [*A dispersion pattern as a result of upward movement of ions in vadose water*]
Diffusionsdifferentiation *f* [*flüssiges Magma*] • diffusion differentiation
Diffusionsgeschwindigkeit *f* • diffusion velocity
Diffusionsgesetz *n* • diffusion law
Diffusionsgleichung *f* • diffusion equation
Diffusionskonstante *f* • diffusion constant
Diffusionsstrom *m* • diffusion flow
Diffusionstheorie *f* der Konsolidation • diffusion theory of consolidation
diffusreflektierende Fläche *f* • diffuse reflector [*Any surface which reflects incident rays in a multiplicity of directions because of irregularities in the surface*]
Digenit *m*, blauer isotroper Kupferglanz *m* [*frühere Benennung*] • digenite, alpha chalcocite, blue chalcocite
digital, ziffernweise • digital
Digitalaufzeichnung *f*, Digitalregistrierung • digital recording
digitale Bildbearbeitung *f*
➲ digitale Bildverarbeitung
digitale Bildkorellation *f*, DIC [*Damit können Bewegungen von Oberflächenstrukturen während eines Experiments verfolgt werden*] • Digital Image Correlation, DIC
digitale Bildverarbeitung *f*, digitale Bildbearbeitung *f* • digital image processing, digital picture processing
digitale Bildverbesserung *f* • digital image enhancement, digital picture enhancement
digitale Fotogrammetrie *f* • digital photogrammetry
digitale Kartenbearbeitung *f* an dezentralen Arbeitsplatzrechnern • desktop mapping
digitale Karthografie *f* • digital cartography
digitale seismische Datenverabeitung *f* nach nahen Schwingungsweiten (oder Amplituden) • real amplitude processing
digitales Bildmatrixelement, Bildelement *n*, Punkt *m*, Auflösungselement, Bildpunkt, Fotodiode *f*, Flächenelement • image element, picture element, pixel, pel, small scene element
digitales Bildmatrixelementecho *n*
➲ Bildelementecho
digitales Geländemodell *n*, DGM [*Zur Abgrenzung von der Lagedarstellung auch "digitales Höhenmodell", DHM, genannt*] • digital terrain model, digital land model, digital ground model
digitales Höhenmodell *n*, DHM • digital elevation model, DEM
digitales Nivellierinstrument *n*, digitales Nivelliergerät • digital level
digitales Oberflächenmodell *n* • digital surface model, DSM
digitales Orthofoto *n* • digital orthophoto
digitales Terrainmodell *n* • digital terrain model, DTM
digitalgesteuert • digitally controlled
digitalisieren • to digitize [*To sample a continuous function at discrete time intervals and to record the values as a sequence of numbers*]
Digitalisieren *n* [*Umwandeln von Planvorlagen in digitale Koordination*] • digitalizing
Digitalisierung *f* • digitizing, digitization
Digitalisier(ungs)gerät *n*, Erfassungsgerät für bildliche oder grafische Vorlagen, Digitalisier(ungs)-tisch *m* • digitizer
Digitallog *n* • digital log [*A well log whose curves have been discretely sampled and recorded on a magnetic tape for use in computer-processed interpretation and plotting*]
Digitalnivellier *n* • digital levelling instrument, digital level
Digitalnivelliersystem *n* • digital levelling instrument system
Digitalregistrierung *f*, Digitalaufzeichnung • digital recording
Digitalvoltmeter *m* • digital voltmeter
Dikalziumsilikat *n* • dicalcium silicate [*A compound having the composition $2CaO.Si0_2$, abbreviated C_2S, that occurs in Portland cement clinker*]
Dilatanz *f* • dilatancy [*An increase in the bulk volume during deformation caused by a change from close-packed structure to open-packed structure, accompanied*

by an increase in the pore volume. The latter is accompanied by rotation of grains, micro-fracturing, and grain boundary slippage]

Dilatanzbehinderung *f* • prevention of dilatancy

Dilatanzneigung *f* • tendency for dilatancy

Dilatanzverhältnis *n* • dilatancy ratio

Dilatanzwinkel *m* • dilatancy angle, angle of dilatancy

Dilatation *n* [*Relativverschiebung der Trennflächenufer normal zur Trennflächenebene*] • dilatation [*Term for the relative displacement of the discontinuity surfaces normal to the discontinuity plane*]

Dilation *f* • dilatation [*A strain consisting of a change in volume without change in shape and includes expansion and contraction*]

Dilatograph *m* [*Instrument zur Feststellung der Volumenänderung von Gesteins- oder Bohrproben in Abhängigkeit von der Temperatur*] • dilatograph

Dilatometer *n* ➋ Bohrloch-Dilatometer

Dilatometermodul *n* • dilatometer modulus

Dilatometerversuch in Böden, SDT ***m*** • soil dilatometer test

Dilatometerversuch in Fels, RDT ***m*** • rock dilatometer test, RDT

diluviale Ablagerung *f* • diluvial deposit

diluviales Gebirge *n*, aufgeschwemmtes Gebirge, obere Tertiärformation *f*, Schuttland *n* • diluvial group

diluviales Geschiebe *n* ➋ Moräne

Diluvialgeologie *f* • diluvial geology

Dimensionierung *f*, Bemaßung, Festlegung von Abmessungen, Bemessung, Auslegung • dimensioning

Dimensionierungshilfe *f* ➋ Bemessungshilfe

Dimensionierungslast *f* ➋ Bemessungslast

dimensionslose Einheitsganglinie *f*, dimensionslose EGL, Einheitsganglinie in dimensionsloser Form • synthetic unit (hydro)graph, dimensionless unit (hydro)graph, non-dimensional unit (hydro)graph

dimensionslose Zeitvariable *f* • dimensionless time variable

DIME-Struktur *f* [*Ausprägung eines Vektormodells das 0-Zellen (nulldimensionale Elemente bzw. Knoten), 1-Zellen (eindimensionale Elemente bzw. Knoten) und 2-Zellen (zweidimensionale Elemente bzw. Flächen) beinhaltet, wobei alle Kanten in Zyklen eingebunden sind. Die Flächen einer DIME-Struktur sind Knoten eines dualen Graphen*] • double independent map encoding, dual independent map encoding, twin independent map encoding

Ding *n*, Objekt *n*, Aufnahmegegenstand *m* [*Fotogrammetrie*] • object

Ding ... ➋ Objekt ...

Dingbrennpunkt *m*, dingseitiger Brennpunkt, vorderer Brennpunkt [*Fotogrammetrie*] • front focus

Diogenit *m* • diogenite, rodite [*An achondritic stony meteorite composed essentially of bronzite or hypersthene*]

Diopsid *m*, Malacolit *m* • diopside [*Symbol: D.*] [*A mineral of the clinopyroxene group: $CaMg(Si0_3)_2$*]

Diopter *m* • sight, diopter

Diopter *m* mit verschiebbarem Visier • folding sight vane, folding diopter vane

Diopterkompass *m* • sight(ing) vane compass

dioptrisches Fernrohr *n*, Refraktor *m* • refracting telescope

Diorit *m* • diorite [*A plutonic igneous rock composed essentially of sodic plagioclase (usually andesine) and hornblende, biotite, or pyroxene. Small amounts of quartz and orthoclase may be present*]

Dioritisierung *f* • dioritization

diplogenetisch • diplogenetic [*Said of mineral deposit that is in part syngenetic and in part epigenetic in origin*]

Diplomingenieur *m* für Vermessungswesen • surveying engineer

Dipol *m* • dipole [*Two poles of opposite charge an infinitesimal distance apart*]

Dipol-Dipol-Anordnung *f* • dipole-dipole array

Dipolfeld *n*, Hauptfeld, reguläres Feld • dipole field [*A mathematically simple magnetic field, having an axis of symmetry, with magnetic-field lines pointing outward along one half of the axis (positive pole) and inward along the other half (negative pole). Most magnetic fields that are sufficiently remote from their source resemble a dipole field*]

Dipolmoment *n* • dipole moment

Dipolsondierung *f* • dipole sounding

diprismatischer Schaumspat *m*, Laumon(t)it *m*, Fasergeolith *m*, Lomon(t)it, diatomer Kupferspat • laumon(t)ite, lomon(t)ite

Dipyr *m*, Schmelzstein *m*, Mizzonit *m* • mizzonite, dipyre, dipyrite [*A mineral of the scapolite group, composed of 54-57% silica*]

Dipyramide *f*, Bipyramide • dipyramid, bipyramid [*A closed crystal form consisting of two pyramids that are arranged base to base so that they appear as mirror images across the plane of symmetry*]

direkt anbetonieren • casting the concrete to provide direct bonding

Direktabfluss *m* [*Zeichen: QD Einheit: m^3/sec*] • direct runoff, immediate runoff [*The part of runoff which enters a stream channel promptly after rainfall or snow melting. It is the sum of surface runoff, prompt subsurface*

runoff and stream channel precipitation. In certain hydrograph analysis procedures, the direct runoff is assumed either to include or to exclude the entire prompt subsurface runoff, not just a portion of it]

Direktablesung *f* • direct reading

direkte Aufschließung *f*, direkter Aufschluss *m* [*Bohrungen; Sondierbohrungen; Felsfreilegungen, Schürfe (Schürfgruben, Schürfgräben, Schürfschächte), Probestollen und Probeschächte*] • underground exploration [*"Direct" may synonymously be used for "underground"*]

D

direkte Aufschließungsmethode *f*
➋ direktes Aufschlussverfahren

direkte Ausgabe *f*, Anzeige *f* [*Die unmittelbar mit den Augen erfassbare (lesbare) Ausgabe. Sie wird bei anzeigenden Messgeräten in Einheiten der Messgeräte oder als Zahlenwert angegeben, bei Messgeräten mit Skalenanzeige auch in Skalenteilen*] • display

direkte Batholithenaufquellung *f* [*Durch Aufschmelzen und Einbrechen des Daches, z. B. Yellowstone Park*] • foundering eruption

direkte Initiierung *f* • direct initiation [*The detonator is placed in the last cartridge to be inserted in the shothole with the active end of the detonator pointing inwards. This minimizes the risk of gas ignition*]

direkte Methode *f*, direktes Verfahren *n* [*Die zu messende Größe bewirkt eine Auslenkung oder Ablesung eines Instrumentes*] • direct method

direkte Reduktionsmethode *f*, direktes Reduktionsverfahren *n* [*Eisenerz*] • direct reduction method

direkte Scherprüfung *f*, direkter Scherversuch *m*, direkte Scherprobe *f* [*Bodenmechanik. Die Scherkraft wird unmittelbar aufgebracht und eine Scherfläche in der Probe erzwungen*] • direct shear(ing) test

direkte Spülung *f*, Direktspülung [*Eintritt des Spülstromes durch das Hohlgestänge*] • direct flushing, straight (direct) circulation

direkte Summierung *f* der Seismometerausgänge [*Die Ausrichtung der auf gleichzeitig an allen Instrumenten, d. h. mit unendlicher Scheingeschwindigkeit des Verbundsystems, eintreffenden Signale*] • delay-and-sum-method [*seismic array*]

direkte Unterfangung *f* • underpinning proper, direct underpinning

direkte Wärmeschichtung *f*, Tropenschichtung, lineare Wärmeschichtung • tropic(al) temperature lamination, direct temperature lamination

direkter Aufschluss *m*, direkte Aufschließung *f*; s.a. ➋ direkter Bodenaufschluss [*Bohrungen; Sondierbohrungen; Felsfreilegungen, Schürfe (Schürfgruben, Schürfgräben, Schürfschächte), Probestollen und Probeschächte*] • underground exploration [*"Direct" may synonymously be used for "underground"*]

direkter Ausgeber *m*, Messgerät *n* mit direkter Ausgabe, Sichtausgeber [*z. B. Anzeigegerät; Schreiber*] • display device

direkter Auslaufstollen *m* [*Von Schieberkammer zum Ableitungstunnel unter Umgehung des Krafthauses*] • penstock drainage gallery; penstock drainage tunnel (US)

direkter Bodenaufschluss *m* [*dazu gehört der Schurf einschließlich Untersuchungsstollen und -schächte, Bohrungen und Kleinbohrungen*] • direct ground investigation (method) [*Test pits including exploratory headings and shafts, drilling and small-scale drilling*]

direkter Eingriff des Menschen • direct intervention of man

direkter Hochwasserschutz *m* • flood proofing, flood adjustment

(direkter) piezoelektrischer Effekt *m*, direkter Piezoeffekt • piezoelectric(al) effect [*The generation of electric polarization in certain dielectric crystals as a result of the application of mechanical stress*]

direkter Scherversuch *m*, direkte Scherprüfung *f*, direkte Scherprobe *f* [*Bodenmechanik. Die Scherkraft wird unmittelbar aufgebracht und eine Scherfläche in der Probe erzwungen*] • direct shear(ing) test

direktes Aufschlussverfahren *n*
➋ direkter Bodenaufschluss

direktes Reduktionsverfahren *n*, direkte Reduktionsmethode *f* [*Eisenerz*] • direct reduction method

direktes Verfahren *n*, direkte Methode *f* [*Die zu messende Größe bewirkt eine Auslenkung oder Ablesung eines Instrumentes*] • direct method

Direktkohle(n)versturz *m*, Kohlendirektversturz • coal strip mining, strip coal mining [*Where the coal seam lies close to the surface, it is more economical to remove the overburden that covers the coal seam*]

Direkt-Rotaryspülung *f*, (Rotary)Direktspülung [*Eintritt des Spülstromes durch das Bohrgestänge*] • straight (mud) circulation

Direktübertragung *f* [*Befindet sich ein Satellit im Empfangsbereich einer Bodenstation, dann werden die Daten mit dem Messvorgang direkt oder unmittelbar danach übertragen*] • real time transmission

Direktversturzabsetzer *m*, DV-Absetzer • cross pit conveyor, CPC

Direktzufluss *m* • channel inflow

Direktzufluss *m* • direct intake [*Recharge to the aquifer directly through the zone of saturation*]
disharmonische Falte *f* • disharmonic fold [*It is not uniform in magnitude or form throughout the entire thickness of stratified beds affected by it*]
disharmonische Faltung *f* • disharmonic folding
disjunktiv, zerrend, auseinanderreißend • disjunctive, disjoining
disjunktive Deformation *f* ➋ Bruchdeformation
disjunktive Verformung *f* ➋ Bruchdeformation
diskoidal, scheibenförmig • discoid(al) [*Having the shape of a disc; e.g. a solitary corallite*]
diskoidales Objekt *n*, scheibenförmiges Objekt • discoid [*An object having a discoid(al) shape*]
diskontinuierliche Förderung *f* ➋ aussetzende Förderung
diskontinuierliche Gasliftförderung *f* ➋ intermittierende Gasliftförderung
diskontinuierliches Kriechen *n* [*Bewegungsvorgang bei Rutschungen*] • discontinuous creeping
Diskontinuität *f*, Unterbrechung *f*, Unstetigkeit *f* • discontinuity, break [*Stratigraphy. Any interruption in sedimentation, whatever its cause or length, usually a manifestation of non-depositionand accompanying erosion*]
Diskontinuität *f*, Unterbrechung *f*, Unstetigkeitsfläche *f* • discontinuity, interface, seismic discontinuity, seismic interface, velocity interface, velocity discontinuity [*A surface at which seismic-wave velocities abruptly change; a boundary between seismic layers of the Earth*]
Diskontinuität *f* großer Erstreckung ➋ geologische Störung
Diskontinuitätsebene *f* • discontinuity plane
Diskontinuitätslinie *f* • discontinuity line
Diskontinuumechanik *f* • discontinuum mechanics
diskordant • discordant, (structurally) unconformable [*Lacking conformity or parallelism of bedding or structure*]
diskordante Überlagerung *f* • true inconformity
Diskordanz *f*, ungleichförmige Lagerung *f* • discordance [*In geology, a lack of parallelism between contiguous strata*]
Diskordanz *f*, Unkonformität *f* • unconformity; structural discordance (Brit.) [*A substantial break or gap in the geologic record where a rock unit is overlain by another that is not next in stratigraphic succession, such as an interruption in the continuity of a depositional sequence of sedimentary rocks or a break between eroded igneous rocks and younger sedimentary strata. It results from a change that caused deposition to cease for a considerable span of time, and it normally implies uplift and erosion with loss of the previously formed record. An unconformity is of longer duration than a diastem. Since the essential feature of an unconformity, as understood in Great Britain, is structural discordance rather than a time gap, the British do not recognize disconformity and paraconformity as unconformities. For a historical study of inconformities, see Tomkeieff (1962)*]
Diskordanzfalle *f* • overlap(ping) seal
Diskordanzfläche *f*, Unkonformitätsfläche • unconformity (surface), surface of unconformity [*A surface that separates one set of rocks from another younger and bedded set and that represents a period of non-deposition, weathering, or erosion, either subaerial or subaqueous, prior to the deposition of the younger set. Although most commonly applied to an interruption in the continuity of a sequence of sedimentary rocks, the terms are also used for breaks in a sequence of layered volcanic, or pyroclastic, rocks, if erosion or weathering is evident, and for the break between eroded igneous or metamorphic rocks and younger bedded rocks*]
Diskordanzindex *m* • discordance index [*A numeric statistic used by Pearn (1964, p. 401) to represent the amount of deviation of any actual rock sequence from the ideal cyclothem. It is defined as the minimum value of the number of missing lithologic units. Symbol: G*]
diskrete Modellvorstellung *f* [*kommt zur Lösung felsmechanischer Problemstellungen zum Einsatz*] • discrete conceptual model(ling) [*may be applied to solve rock mechanics problems*]
Diskredisierung *f* [*äußere od. innere*] • discredisation [*external or internal*]
Diskredisierungsfehler *m* • discredisation error
diskrete Frequenz *f* • discrete frequency
diskusförmig/stengeliger Index *m* [*Geröll*] • oblate-prolate-index
Dislokation *f*, geologische Störung *f*, Diskontinuität *f* großer Erstreckung, Verschiebung • displacement, dislocation [*In structural geology, general terms for the relative movement of the two sides of a fault measured in any chosen direction, also, the specific amount of such movement*]
Dislokationsberührung *f* ➋ mechanischer Kontakt
Dislokations(erd)beben *n*, tektonisches (Erd)Beben • dislocation (earth)quake, tectonic (earth)quake [*One which accompanies the greater tectonic movements in the Earth's crust*]
Dislokationskontakt *m* ➋ mechanischer Kontakt

Dislokationslinie ***f*** [*Schnitt einer Dislokationsfläche mit der Erdoberfläche*] • dislocation line

Dislokationsmetamorphose ***f*** [*Benennung für Dynamometamorphose und Regionalmetamorphose*] • dislocation metamorphism

Dislokationstextur ***f*** • crush-border [*A microscopic, granular metamorphic structure sometimes characterizing adjacent fel(d)spar particles in granite in consequence of their having been crushed together during or subsequent to their crystallization*]

disloziert • dislodged

Dismikrit ***m*** [*Mikrit mit unregelmäßig verteilten, spaterfüllten Hohlräumen*] • dismicrite

Dispergiergerät ***n*,** hochtouriges Rührgerät • high-speed stirrer

Dispergierung ***f*** • dispersion

disperse Phase ***f*** • dispersed phase [*Colloidal material suspended in another phase, which in turn is known as the dispersion medium*]

Dispersion ***f*,** Zerstreuung *f* • dispersion [*optics*]

Dispersionserscheinung ***f*** [*Tachymeter*] • dispersion phenomenon

Dispersionsfernrohr ***n*** [*Tachymeter*] • dispersion telescope

Dispersionshof ***m*** • dispersion halo

Dispersionsvarianz ***f*** [*Geostatistik*] • dispersion variance

Dispersionsverfahren ***n*** • dispersion method

dispersive Tone ***m(pl)*** [*Sie weichen bei Wasserkontakt auf und werden bereits bei geringen Fließgeschwindigkeiten erodiert*] • dispersive clays

Dissertation ***f*** • graduate thesis

Dissipation ***f*** **des Porenwasserdrucks,** Porenwasserdruck-Dissipation • pore pressure dissipation

Dissipationsgeschwindigkeit ***f*** • rate of dissipation

Dissipationsgrad ***m*** • degree of dissipation

Dissolutionsraum ***m*** • space of dissolution, dissolution space [*A space or cavity in or between rocks, formed by dissolving away of rock material. Contrasted with space of discission*]

Distanzlatte ***f*** ➲ Latte

Distanzskelettierung ***f*** [*Aus der binären Ausgangsmatrix B wird eine Rastermatrix B' erzeugt, in der jedem 1-Bildpunkt seine Distanz zum Rand des jeweiligen Musters zugeordnet wird*] • medial axis transformation, grassfire algorism, wavefront algorism

Distanzmesser ***m*** • distance measurement instrument

Distanzmessung ***f*** • distance measurement

Distanzstück ***n*,** Eckpfosten *m* • corner post [*vertical shaft*]; distance piece [*inclined shaft*]

Disthen ***m*** ➲ Cyanit

Disthenschiefer ***m*,** Kyanitschiefer, Cyanitschiefer • cyanite schist, kyanite schist, disthene schist, sappare schist

Distometer ***n*** • distometer

Distraktion ***f*,** Zerrung *f* [*Das seitliche Auseinanderweichen von Erdschollen*] • distraction

distraktiv, zerrend • distractive

distraktive Bruchtektonik ***f*,** Zerrungstektonik • distractive (geo)tectonics

Diszissionsraum ***m*** • space of discission, discission space [*A space or cavity in or between rocks, formed by deformation of the rocks. Contrasted with space of dissolution*]

Dithizonverfahren ***n*,** Dithizonmethode *f* [*geochemisches Prospektieren. Dithizon = Diphenylthiocarbazon*] • dithizone method, diphenylthiocarbazone method, dithizone field test

divergent, (aus)strahlend • divergent, radiating [*Extending in different directions from a point*]

Divergenzfall ***m*** [*Fotogrammetrie*] • case of divergence, divergence case

divergierende (krustenerzeugende) Plattengrenze ***f*** • accreting plate boundary, divergent plate boundary [*A boundary between two plates that are moving apart, with new oceanic-type lithosphere being created at the seam*]

Diverter ***m*,** Auslaufpreventer [*Tiefbohrtechnik*] • bell nipple

Divertikulation ***f*** [*Der Vorderabschnitt einer in Bewegung geratenen Decke löst sich durch Zergleitung in Linsen auf, von denen die obersten, aus den jüngsten Schichtgliedern bestehenden, vorauseilen und von den später ankommenden tektonisch überlagert werden*] • diverticulation

DJM ➲ Dry Jet Mixing Methode

DLM ➲ Deep Lime Mixing Methode

DMM ➲ Deep Mixing Methode

DMS ➲ Dehnmessstreifen

Dochtdrain ***m*** ➲ Dochtdrän

Dochtdrän ***m*,** Stechdrän, Dränddocht *m* [*Papp(stech)drän; Vlies(stech)drän; Kunststoff(stech)drän. Der Drän wird mit einem Spezialgerät in den Boden gestochen*] • (rope-like) wick drain, (soil) drainage wick, (soil) dewatering wick, (soil) unwatering wick

Dochtdräneinbaumaschine ***f*,** Stechdräneinbaumaschine, Drändochteinbaumaschine • wick installation machine

Dochtdränentwässerung ***f*,** Stechdränentwässerung, Drändochtentwässerung • wicking

Dochtstellschraube *f* [*Grubenlampe*] (⚒) • pricker
Dockbaugrube *f* • dock excavation, excavated dock
Dockgrube *f* • dock basin
Dockschleuse *f*, Seeschleuse • sea lock, dock lock, marine lock, harbour lock, harbor lock (US)
Docksohle *f* • dock floor slab
Dogger *m* • dogger stone [*A miner's term for a brown, compact, relatively pure, monolithic clay ironstone interbedded with oolithic ironstones in the British Middle Jurassic*]
Doggerkarbonate *m(pl)* • Dogger carbonates, Middle-Jurassic carbonates
Dohlenbrücke *f*, Gossenbrücke
dohnlägig [*Fehlbenennung*]; tonnlägig [*Die Verflachung eines Schachtes oder Ganges unter 74 bis 45 Grad*] • inclined, dipping
Dolerit *m* • dolerite [*In the United States, a dark igneous rock, the mineral constituents of which are not determinable megascopically*]
Dolerit *m* ➋ Grobbasalt
Doline *f*, Sinkloch *n*, Karstschlot *m*, Erdfall *m*, Karstdoline, Karsttrichter *m*, Schluckloch, Schwalgloch, Schlundloch; Ponor *m* [*Südslawischer Volksausdruck*]; Katavothre *m* [*Volksausdruck aus den griechischen Karstgebieten*] [*Stelle in einem Fließgewässer, an der ein Teil des Abflusses durch Versickerung verschwindet*]; (Fluss)Schwinde *f* [*Stelle in einem Fließgewässer, an der der gesamte Abfluss durch Versickerung verschwindet*] • sink(hole), cockpit, swallow (hole), doline, leach hole, shakehole, sotch; collapse sink(hole), solution sink(hole), swallet (hole), ponor [*partial synonyms*]
Dolinenkarst *m* • sink(hole) karst [*The typical karst of temperate regions*]
Dolmetscher *m* • interpreter
Dolo ... [*Diese Vorsilbe bedeutet, dass Dolomit die vorherrschende Mineralphase der entsprechenden Bildung ist*] • dolo ...
Dolomikrit *m* • dolomicrite, dolomite mudstone
Dolomit *m* • dolomite [*A common rock-forming mineral, $CaMg(CO_3)_2$*]
Dolomit *m* • dolomite [*A rock in which the mineral dolomite predominates. At one end of the spectrum is high-calcium limestone, with at least 95% calcite, $CACO_3$; at the other end is high-purity dolomite, containing 87% to 94% of the mineral dolomite, $CaMg (CO_3)_2$ or 40% to 43% $MgCO_3$*]
Dolomitasche *f* • earthy dolomite
Dolomitbank *f* • stinker [*In New South Wales, Australia, a bed of dolomite*]
Dolomit(beton)zuschlag(stoff) *m* • dolomite (concrete) aggregate
Dolomitbildung *f* durch Verdunstung [*Einer der drei frühdiagenetischen Mechanismen der Dolomitisierung. In einem ariden, sehr flachen Küstenstreifen verdunstet das Porenwasser aus der obersten Sedimentschicht und wird durch unterirdisch vom Meer her nachfließendes Wasser ergänzt*] • evaporative pumping
Dolomiten *f* [*Gebirgskette*] • Dolomites
Dolomitfleckigkeit *f* • dolomitic mottling
Dolomitgestein *n* • dolomite rock
Dolomitisierung *f* • dolomi(ti)zation [*The conversion of limestone to dolomite by reaction with saline waters shortly after deposition, by reaction with low-temperature groundwater after burial, or by reaction with hydrothermal solutions*]
Dolomitkalk *m* • dolomitic lime, dolomite lime [*Lime containing 30 to 50 per cent magnesium and 70 to 50 per cent calcium oxid(e) as contrasted with a lime containing 95 to 98 per cent calcium oxid(e). ASTM STP No. 148-D*]
Dolomitkalkstein *m*, Gelbkalkstein • dolomitic limestone, dolomite limestone
Dolomitkarbonatit *m*, Rauhaugit
Dolomitknolle *f* ➋ Torfdolomit
Dolomitkonglomerat *n* • dolomitic conglomerate, dolomite conglomerate [*In Somerset, England, a breccia conglomerate of Keuper age*]
Dolomitmarmor *m* • dolomitic marble, dolomite marble
Dolomitschutt *m* • dolomite débris, dolocitic débris
Dolomitzerfall *m* bei thermischem Gleichgewicht • equilibrium thermal decomposition of dolomite
Dom *m*, Brachyantiklinale *f*, Kuppelsattel *m* [*Eine Sattelfalte von ungefähr gleicher Länge und Breite. Ihr Querschnitt im Kartenbild ist etwas kreisförmig bis elliptisch*] • brachyanticline
Doma *m* [*Aus zwei dachförmig aneinanderstoßenden Flächen bestehende offene kristallografische Form*] • dome
Domeykit *m*, Weißkupfer *n*, Arsenkupfer • domeykite, Cu_3As [*A thin-white or steel-gray mineral consisting of copper arsenide; specific gravity is 7.2 - 7.75*]
Dominion Reef-System *n* • Dominion Reef [*South Africa*]
Domvulkan *m*, Lavadom *m* • mamelon [*A small, rounded volcano formed over a vent by slow extrusion of viscous, siliceous lava*]
Donarit *m* • donarite [*An explosive consisting of 70 per cent ammonium nitrate, 25% trinitrotoluol and 5% nitroglycerin(e)*]

Donbrett ***n*** • hade plank, hading plank

Donholz ***n*,** Querholz, Schachteinstrich *m*, Einstrich, Querbalken *m*, Joch *n* [*Ein im freien Schachtraum zwischen den Stößen eingefügter, nicht zur Unterstützung des Gesteins, sondern zur Befestigung der Vorrichtungen zum Fahren, Fördern usw., oder als Schachtscheider dienender, auch Wandruten abspreizender Stempel*] (⚒) • transverse beam, bunton, divider, stemple, cross beam, hading shaft traverse

D

donlägig getrieben ➋ abgehauen

Donleger(schacht) ***m*,** donlegiger Schacht • hading shaft

Donleglinie ***f*** (⚒) • hade line

Donnerei ***n*,** Schwüle *f* • thunder egg [*A popular term for a small, geodelike body of chalcedony, opal, or agate that has weathered out of welded tuffs of central Oregon*]

Donnerstein ***m*** • ceraunite, thunder-bolt

Dop ***m*** [*Hütchen der Kompassnadel*] • dab

Doppelabbaustrecken ***f*** (⚒) • double drives, dual drives, twin drives, companion drives

doppelachsig, zweiachsig • biaxial

Doppelachsigkeit ***f*,** Zweiachsigkeit • biaxiality

doppelbasisch, zweibasisch • bibasic, dibasic

Doppelbildentfernungsmesser ***m*** • double image range finder, double picture range finder, dual image range finder, dual picture range finder, twin image range finder, twin picture range finder, two-image range finder, two-picture range finder [*"Telemeter" may synonymously be used for "range finder"*]

Doppelbildkomparator ***m*** • double image comparator, dual image comparator, twin image comparator, two-image comparator, double picture comparator, dual picture comparator, twin picture comparator, two-picture comparator

Doppelbildtheodolit ***m*,** Doppelaufnahmetheodolit, Doppelfototheodolit, Doppelfototheodolit • photogonimeter for pairs of photographs

Doppelbildung ***f*** ➋ Verzwillingung

Doppelblattmeißel ***m*,** Zweiblattmeißel, Doppelschneidenmeißel, Zweischneidenmeißel • two-bladed drag bit

Doppelböschungseinschnitt ***m*** • through cut(ting) [*It has slopes on both sides. If there is little cut(ting) on one side, it is sometimes called a sidehill cut(ting) (Gehängeanschnitt)*]

Doppelbogen(stau)mauer ***f*** • double-arch(ed) dam

Doppelbohle ***f*** [*Spundbohle*] • double pile

Doppel(bohr)gestänge ***n*** • double string

doppelbrechend • doubly refracting

Doppelbrechung ***f*,** optische Anisotropie *f* • double refraction, birefringence, twin refraction, dual refraction

Doppelbrunnen ***m*** [*Zur Entwässerung geschichteten Baugrundes*] • double well, dual well, twin well

doppeldimensionale Fourier-Summierung ***f*,** zweidimensionale Fourier-Summierung • double dimensional Fourier synthesis, dual dimensional Fourier synthesis, twin dimensional Fourier synthesis, two-dimensional Fourier synthesis

Doppel-Elektroden-Sonde ***f*,** Zwei-Elektroden-Sonde • double electrode log, dual electrode log, twin electrode log, two-electrode log

Doppelentsandungsbecken ***n*** • double sand catching basin, twin sand catching basin, dual sand catching basin

Doppel-Erdschicht ***f*,** Zweier-Erdschicht

Doppelfadenaufhängung ***f*** [*Instrument*] • bifilar suspension

Doppelfalte ***f*** • double frontal fold, dual frontal fold, twin frontal fold

Doppelfalte ***f*;** Pilzfalte [*nach Albert Heim, 1878*] • mushroom fold

doppelflügeliger Abbau ***m*,** zweiflügeliger Abbau (⚒) • working two faces away from a central roadway

Doppelfototheodolit ***m*** ➋ Doppelbildtheodolit

doppelgeschossiger Tunnel ***m*** ➋ Zwei-Stockwerk Tunnel

Doppelgezäh ***n*** • double pick, double men [*In Cornwall, two men who use one pick, one during the day, and one at night, so that the pick is kept constantly at work*]

Doppelgleis-Tunnel-Bogen(sicherungs)rahmen ***m*,** Doppelgleis-Tunnel-Bogenrahmensicherung *f* • double track tunnel arch(ed) set(t), dual track tunnel arch(ed) set(t), twin track tunnel arch(ed) set(t), two-track tunnel arch(ed) set(t) [*"Framing" may synonymously be used for "set(t)". An arch(ed) set for double track tunnel*]

Doppelhaue ***f*** ➋ Doppel(keil)haue

Doppelhaushälfte ***f*** • semi-detached house

Doppelhäuer ***m*,** Doppelhauer (⚒) • able miner

Doppelhochwasser ***n*** • double tide, dual tide, twin tide [*A high tide consisting of two high-water maxima of nearly the same height separated by a slight lowering of water*]

Doppel-Holzpfahlwand ***f*** • camp sheathing [*A retaining wall holding back the bank of a river or a barge bed. It consists of two connected rows of timber piles 1.5 - 3 m apart, the space between being filled with earth*]

Doppelhorizont-Fördersonde ***f*** • double zone well, dual zone well, twin zone well, two-zone well

Doppel-Induktions-Log ***n*** • double induction log, dual induction log, twin induction log

Doppelkammeranlage ***f,*** Zweikammeranlage [*Kammersprengen*] • double coyote chamber system, two-coyote chamber system, dual coyote chamber system, twin coyote chamber system

Doppelkegelhohlkörper ***m*** **(für Gründungsarbeiten),** Doppelkonushohlkörper (für Gründungsarbeiten) [*Die Kegel sind abgestumpft*] • double cone (bottom) shell (for foundation work) [*The cones are truncated*]

Doppel(kegel)rollenmeißel ***m,*** Zwei(kegel)-rollenmeißel [*Tiefbohrtechnik*] • double cone (rock) (drill(ing)) bit, dual cone (rock) (drill(ing)) bit, twin cone (rock) (drill(ing)) bit, two-cone (rock) (drill (ing)) bit

Doppelkeilanker ***m,*** Keildoppelanker • sliding wedge bolt, slide wedge bolt

Doppelkeileinbruch ***m,*** Keildoppeleinbruch • double wedge cut, dual wedge cut, twin wedge cut, two-wedge cut [*A drill hole pattern consisting of a shallow wedge within an outer wedge and is often used to obtain deep pull in hard rock*]

Doppel(keil)haue ***f,*** Zweispitz *m* (⚒) • double pointed pick, dual pointed pick, twin pointed pick; flang [*Cornwall*]

Doppelkernrohr ***n*** • double-tube core barrel, double core barrel

doppelkohlensaures Natron ***n,*** Natriumbikarbonat *n* • sodium bicarbonate, baking soda, diacid carbonate of sodium, $NaHC0_3$

doppelkohlensaures Salz ***n*** • acid carbonate

Doppelkomponentengeofon, Doppelkomponentengeophon ***n,*** Zweikompo-nentengeofon • double component geophone, dual component geophone, twin component geophone, two-component geophone

Doppelkonushohlkörper ***m*** **(für Gründungsarbeiten),** Doppelkegelhohlkörper *m* (für Gründungsarbeiten) [*Die Kegel sind abgestumpft*] • double cone (bottom) shell (for foundation work) [*The cones are truncated*]

Doppelkopfbohranlage ***f*** • twin rotary head system, double rotary head system

doppelkreisiges Goniometer ***n,*** zweikreisiges Goniometer • double circle goniometer, dual circle goniometer, twin circle goniometer, two-circle goniometer

doppelmagmatisch, bimagmatisch

Doppelmuffe ***f*** [*Tiefbohrtechnik*] • double box, dual box, twin box [*A connector screwed double female with fast tapered threads to accommodate two drill pipe pins*]

Doppelniedrigwasser ***n*** • double tide, dual tide, twin tide [*A low tide consisting of two low-water minima separated by a slight rise of water*]

Doppelnivellement ***n*** • double run line, dual run line, twin run line

Doppelpentagon ***n*** • double pentagonal prism, dual pentagonal prism, twin pentagonal prism

Doppelpfeilersperrmauer ***f,*** Doppelpfeiler(tal)sperre *f,* Doppelpfeiler(stau)mauer, Hohlpfeiler(tal)sperre, Hohlpfeiler(stau)mauer, Hohlpfeilersperrmauer [*Zwei Pfeiler sind zu einem Hohlpfeiler vereinigt*] • double buttress dam, dual buttress dam, twin buttress dam, twobuttress dam, hollow buttress dam [*"Pier dam" may synonymously be used for "buttress dam"*]

Doppelphasenkonvektion ***f,*** Zweiphasenkonvektion • double phase convection, dual phase convection, twin phase convection, two-phase convection

Doppelfototheodolit ***m*** ➋ Doppelbildtheodolit

Doppelprojektor ***m*** [*Fotogrammetrie*] • double projector, dual projector, twin projector, camera plastica

Doppel-Ring(scher)gerät ***n,*** Doppel-Torsions-(scher)gerät • direct double-shear(ing) ring apparatus

Doppelröhren-Betontunnel ***m,*** Beton-Doppelröhrentunnel • double tube concrete tunnel, dual tube concrete tunnel, twin tube concrete tunnel, two-tube concrete tunnel

Doppelröhren-(Omni)Bustunnel ***m,*** Doppelröhren-Autobustunnel • double tube (omni)bus tunnel, dual tube (omni)bus tunnel, twin tube (omni)bus tunnel, two-tube (omni)bus tunnel

Doppelrohr-Entnahmegerät ***n,*** Rotations-Kern-Gerät [*Die ursprüngliche Form dieses Gerätes ist das Denison-Gerät*] • double barrel (soil) sampler, double tube (soil) sampler, dual barrel (soil) sampler, dual tube (soil) sampler, twin barrel (soil) sampler, twin tube (soil) sampler, two-barrel (soil) sampler, two-tube (soil) sampler

Doppelrohr-Kernluft(spülungs)bohren ***n*** • double tube air core drilling, dual tube air core drilling, twin tube air core drilling, two-tube air core drilling

Doppelrohrverfahren ***n*** • double tube drilling

Doppelrotorkopf ***m*** [*kommt bei der Herstellung von Erdwärmesonden zum Einsatz*] • double rotary drill head

Doppelsäule ***f*** • double column

Doppelschichteis ***n*,** Überschubeis • rafted ice [*A form of pressure ice in which one floe overrides another*]

Doppelschichtung ***f*,** Überschub *m* • rafting [*A form of deformation of floating ice wherein one piece overrides another, thus creating rafted ice. It is most common in new ice and young ice*]

D

Doppelschild ***m*,** Teleskopschild *m* [*für den Tunnelbau*] • double shield [*for tunnelling*]

Doppelschild-Hartgesteinsmachine ***f*** [*für den Tunnelbau*] • double shield solid rock machine [*for tunnelling*]

Doppelschild-Tunnelbohrmaschine ***f*,** Doppelschild-TBM • double shield tunnel boring machine, double-shield TBM

Doppelschneidenmeißel ***m*** ➋ Doppelblattmeißel

Doppelschneidensenkkasten ***m*** • double cutting edge caisson, dual cutting edge caisson, twin cutting edge caisson, two-cutting edge caisson

Doppelschrämschnitt ***m*,** Doppelschram *m* • double shear cut (in coal), dual shear cut (in coal), twin shear cut (in coal)

Doppelseitenfluss ***m*,** doppelt seitwärts verschobener Fluss • double lateral stream, dual lateral stream, twin lateral stream

doppelseitig (ab)tauchende Falte ***f*,** zweiseitig (ab-)tauchende Falte • doubly plunging fold

Doppel(sicherheits)schieber ***m*** [*Tiefbohrtechnik*] • double gate (preventer), dual gate (preventer), twin gate (preventer), two-gate (preventer)

Doppel-Skisprung-Überlauf ***m*** **über die Krafthausdecke,** Doppel-Sprungschanze *f* [*Talsperre*] • double ski-jump crossing over the roof of the power house, two-jet ski-jump crossing over the roof of the power house

Doppelsonde ***f*** • double probe, dual probe, twin probe

Doppelspat ***m*** ➋ Kalkspat

Doppelspundwand ***f*,** doppelte Spundwand, Kastenspundwand • double wall sheetpiling, double skin sheetpiling, dual wall sheetpiling, dual skin sheetpiling, twin wall sheetlining, twin skin sheetpiling, two-wall sheetpiling, two-skin sheetpiling

Doppel(spund(wand))bohle ***f*,** Spund(wand)doppelbohle • double sheet pile, dual sheet pile, twin sheet pile

Doppelspundwandfangedamm ***m*,** doppelwandiger (Spundwand)Fangedamm, Kastenspundwandfangedamm • double wall cofferdam, dual wall cofferdam, twin wall cofferdam, two-wall cofferdam [*A cofferdam consisting of two parallel lines of steel or wood(en) sheetpiling, the space between being backfilled to insure both stability and watertightness. "Skin" may synonymously be used for "wall"*]

Doppelstockschutz ***m*** [*eine mechanische Vorbehandlung der industriellen Imprägnierung zur Erhöhung der Standdauer von Hölzern*] • two-layer protection

Doppel-Stockwerk-Tunnel ***m*,** Zwei-Stockwerk-Tunnel, zweigeschossiger Tunnel, zweietagiger Tunnel, doppelgeschossiger Tunnel, doppeletagiger Tunnel • over-and-under (tunnel) structure

doppelt (ab)gewinkelt, zweimal (ab)gewinkelt [*Bohrmotor*] • double tilted, dual tilted, twin tilted

doppelt gekrümmte Bogenmauer ***f*** • double-curved arch dam, doubly-curved arch dam

doppelt gekrümmte (Bogen)(Tal)Sperre ***f*** • double curvature (arch) dam, dual curvature (arch) dam, twin curvature (arch) dam, two-cuvature (arch) dam

doppelt margarinsaures Kali ***n*,** zweifach margarinsaures Kali • bimargarate of potash, potash bimargarate

doppelt phosphorsaurer Kalk ***m*,** zweifach phosphorsaurer Kalk • biphosphate of lime, lime biphosphate

doppelt seitwärts verschobener Fluss ***m*,** Doppelseitenfluss • double lateral stream, dual lateral stream, twin lateral stream

doppelt streichende Strecke ***f*** (⚒) • double mine, dual mine, twin mine

doppelte Spundwand ***f*,** Doppelspundwand, Kastenspundwand • double wall sheetpiling, double skin sheetpiling, dual wall sheetpiling, dual skin sheetpiling, twin wall sheetpiling, twin skin sheetpiling, two-wall sheetpiling, two-skin sheetpiling

doppelteiliger Bogen ***m*,** zweiteiliger Bogen (⚒) • double element arch, dual element arch, twin element arch, two-element arch

doppelter Korrosionsschutz ***m*** • double corrosion protection

doppelter Türstock ***m*** [*In der Zimmerung zwei senkrechte Hölzer mit darauf liegender Kappe*] (⚒) • double durns, double forks, double timber set(t), double set(t) of timbers

doppeltes Kräftepaar ***n*** • double couple, dual couple, twin couple

Doppel-T-Träger ***m*** • H-section, double T-beam

Doppel-Torsions(scher)gerät ***n*,** Doppel-Ring(scher)-gerät • direct double-shear(ing) ring apparatus

Doppeltrichter ***m*,** Sandersatzgerät *n* [*Prüfung der Dichte und Wichte des Bodens*] • sand calibration device, sand replacement device, calibrated sand device
Doppel-T-Träger-Kronenbalken ***m***
➋ H-Kronenbalken
Doppeltunnel ***m*,** Zwillingstunnel [*bergmännisch vorgetrieben*] • double bore tunnel, twin bore tunnel, dual bore tunnel, two-bore tunnel
Doppelung ***f*** [*Aschenader*] • flaw
Doppel-Unterschied-Mehrdeutigkeit ***f*** • double difference ambiguity, dual difference ambiguity, twin difference ambiguity, two-difference ambiguity
Doppelvitriol ***n*,** Adlervitriol • eagle vitriol
Doppelwand-Pilotgestänge ***n*** [*Einsatz beim Rohrvortrieb*] • double wall pilot rods
doppelwandige Krainerwand ***f*** [*zur Hangfußsicherung*] • double header crib wall
doppelwandiger Holzfangedamm ***m*** • double wall wood(en) cofferdam, dual wall wood(en) cofferdam, twin wall wood(en) cofferdam, two-wall wood(en) cofferdam, double wall timber-sheeted cofferdam, Ohio (River) (type) cofferdam [*The sheeting is not driven but is set into a system of articulating wales and tie rods*]
doppelwandiger (Spundwand)Fangedamm ***m***
➋ Doppelspundwandfangedamm
Doppel(wasser)verteilersystem ***n*** • double water system, dual water system, twin water system
Doppel-Wellenbrecher ***m*** • tandem breakwater [*The waves are tripped by the smaller breakwater, also called reef, and weaken in the energy-dissipation zone between reef and main breakwater*]
doppelwertig, zweiwertig • cobaltous [*Pertaining to cobalt in its state of lowest combining power*]
doppelwertig, zweiwertig • ferrous [*Containing iron as a divalent*]
Doppelwinkelmessung ***f*** [*terrestrische Navigation*] • fix by two horizontal angles
Doppel-Y-Bohle ***f*** [*eine Rüttelbohle*] • double-Y-plank [*a vibratory plank*]
Doppelzapfen ***m*** [*Tiefbohrtechnik*] • double pin, dual pin, twin pin [*A connector screwed with fast tapered double male threads to accommodate two drill pipe boxes*]
Doppelzonenfördersonde ***f*,** Zweizonenfördersonde • double completion well, dual completion well, twin completion well [*Single well casing containing two production tubing strings, each in a different zone of the reservoir (one lower, one higher) and each separately controlled*]
Doppelzonenförderung ***f*** [*Es wird gleichzeitig aus zwei Erdhölhorizonten gefördert*] • double (well) completion, dual (well) completion, twin (well) completion, two-well completion
Doppelzug ***m*** [*(Bohr)Gestängelänge eines an jeder zweiten Verbindung getrennten (Bohr)Gestängezuges*] • double stand, dual stand, twin stand
Dopplerfrequenzverschiebung ***f*** • Doppler frequency shift
Dopplerit ***m*,** Humusgel *n* • dopplerite, peat gel, brown coal gel, torf-dopplerit, Weichbraunkohlen-dopplerit [*A naturally occurring gel of humic acids found in peat bogs or where an aqueous extract from a low-rank coal can collect*]
Dopplerströmungsmesser ***m*** • Doppler current meter
Dorn ***m*** ➋ (Fang)Dorn
Dorn ***m*** **und Sicherheitsverbinder** ➋ (Fang)Dorn und Sicherheitsverbinder
Dorngehölz ***n*,** Dornsträucher *f*, Dorngesträuch *n*, Dornbuschwerk *n* • thornbush, dornveld, thorn scrub
Dornsteppe ***f*** **Australiens,** australische Dornsteppe, Gras-Dornbusch-Steppe • scrub
Dosendruckmessung ***f*** • pressure cell measurement
Dosenlibelle ***f*,** Dosenniveau *n* • circular (spirit) level, round (spirit) level
Dosenmembran(e) ***f*** ➋ (Druck)Dosenmembran(e)
Dosensextant ***m*,** Taschensextant • box sextant, pocket sextant
Douglasie ***f*** [*das Holz der Douglasie od. der Baum selbst*] • Douglas fir
Drachanker ***m*,** Dregganker
Drachen ***m*** [*für die Bauwerksüberwachung mittels einer Kamera*] • kite [*for structure monitoring using a camera*]
Drachenfelstrachyt ***m*,** Drakonit *m* • drakonite; Drachenfels trachyte [*Not recommended usage*]
Drachenfotografie ***f*** • kite photography
Drahtbehälter ***m*,** Drahtkorb *m*, Drahtkasten *m*, Drahtkoffer *m* • gabion (cage), pannier [*A rectangular wire box (or basket) filled with relatively small-size stones or earth*]
Drahtbiegemaschine ***f*,** Drahtbieger *m* • wire bender, wire bending machine
Drahtbuhne ***f*** • wire (mesh) groyne, wire mesh jetty; wire (mesh) groin (US)
Drahtdehnungsmesser ***m*** • wire extensometer
Drahterdebehälter ***m*,** Drahterdekorb *m*, Drahterdekasten *m*, Drahterdekoffer *m* • earth gabion (cage),

D

earth pannier [*A rectangular wire box (or basket) filled with earth*]

Drahterkennbarkeit ***f***, DE • penetrameter sensitivity (US); wire sensitivity (Brit.); radiographic sensitivity

Drahtgeflecht ***n*** [*z. B. für Steinschlag-Schutzgitter*] • wire mesh, steel mesh

D

Drahtgewichtpegel ***m*** • wire weight gauge; wire weight gage (US)

Drahtgitter ***n*** • wire mesh

Drahtgitterrohrfahrt ***f***, Drahtgitterrohrtour *f* [*Sie tritt nicht zu Tage*] • screen liner

Drahtgrobkiesbehälter ***m*** ➲ Drahtschotterbehälter

Drahtklemme ***f*** • wire clamp

Drahtkorb ***m***, Drahtbehälter *m*, Drahtkasten *m*, Drahtkoffer *m* • gabion (cage), pannier [*A rectangular wire box (or basket) filled with relatively small-size stones or earth*]

Drahtmodell ***n*** [*Verallgemeinerung des Vektormodells auf drei Dimensionen*] • wire frame model

Drahtnetzverhängung ***f*** • wire mesh net

Drahtsäge ***f*** • wire saw [*quarrying*]

Drahtsägen ***n*** • wire sawing [*quarrying*]

Drahtschlinge ***f*** [*zur Befestigung überlappender Raumgitterpaneele*] • wire loop

Drahtschotterbehälter ***m***, Drahtschotterkorb *m*, Drahtschotterkasten, Drahtschotterkoffer *m*, Drahtgrobkiesbehälter, Drahtgrobkieskorb, Drahtgrobkieskasten *m*, Drahtgrobkieskoffer [*Hangsicherung*] • coarse(-)grain(ed) gravel gabion (cage), hard gabion [*for slope protection*], coarse-grain(ed) pannier [*A rectangular wire box (or basket) filled with coarse(−)grain(ed) gravel*]

Drahtschottergabione ***f*** • wire-basket gabion

Drahtschotterkörper ***m*** ➲ Stein-Schanzkorb

Drahtschotterwalze ***f*** [*Wasserbau*] • stone mesh

Drahtseil ***n*** [*Tiefbohrtechnik*] • wireline, wirerope, wire rope, wirecable

(Draht)Seilabstreifer ***m*** • wireline wiper, wirerope wiper, wirecable wiper

(Draht)Seilarbeit(en) ***f*** • wireline work, wirerope work, wirecable work

(Draht)Seilbahn ***f*** • aerial railway, aerial tramway, ropeway, cable tramway, cable railway

(Draht)Seilführung ***f*** • wireline guid(anc)e, wirerope guid(anc)e, wirecable guid(anc)e

(Draht)Seilkernen ***n*** • wireline coring, wirerope coring, wirecable coring

(Draht)Seilkernrohr ***n*** • wireline core barrel, wirerope core barrel, wirecable core barrel, wireline coring tube, wirerope coring tube, wirecable coring tube

(Draht)Seilpreventer ***m*** • wireline preventer, wirerope preventer, wirecable preventer

(Draht)Seilschneider ***m*** • wireline cutter, wireline cutting tool, wirerope cutter, wirerope cutting tool, wirecable cutter, wirecable cutting tool

(Draht)Seilspeer ***m*** • wireline grab, wireline spear, wirerope grab, wirerope spear, wirecable grab, wirecable spear [*fishing*]

(Draht)Seilwirbel ***m*** • wireline swivel, wirerope swivel, wirecable swivel

Drahtskelettkörper ***m*** [*für Hangsicherung*] • wire skeleton

Drain ➲ Drän

Drainage ***f*** [*frühere Benennung*] ➲ Dränung

Drainagetunnel ***m*** • drainage tunnel

Drakonit ***m***, Drachenfelstrachyt *m* • drakonite; Drachenfels trachyte [*Not recommended usage*]

Drall ***m*** [*Steinschlagsimulation*] • spin

Drän ***m*** [*Im Deutschen wird einschränkend mit "Drän" nur eine unterirdisch verlegte Rohrleitung (Dränrohrstrang) zur Aufnahme und Ableitung überschüssigen Bodenwassers bezeichnet*] • drain [*An open drain or a closed drain for conveying surplus surface or subsoil water, sewage or wastewater*]

Dränabdrückprüfung ***f***, Dränabdrückversuch *m*, Dränabdrückprobe *f* • drain air test, drain pneumatic test [*Air is pumped into the drain*]

Dränabstand ***m***, Achs(en)abstand der Dränstränge [*DIN 1185*] • drain interval, drain spacing

Dränabstand(s)formel ***f*** • drain-spacing formula, drain interval formula

Dränage ***f*** ➲ Dränung

Dränage ***f*** **in offener Bauweise** • opencut drainage

Dränagearbeit(en) ***f(pl)*** [*DIN 18308*] • (underground) drainage work, underdrainage work

Dränageauslass ***m*** • (underground) drainage outlet, underdrainage outlet [*The outlet or lower end of a drainage ditch or other drainage channel*]

Dränagebauwerk ***n*** • (underground) drainage structure, underdrainage structure

Dränagebrunnen ***m*** ➲ Schluckbrunnen

Dränagegraben ***m*** • (underground) drainage trench, underdrainage trench

Dränagegrube ***f*** • (underground) drainage pit, underdrainage pit

Dränagehydraulik ***f*** • (underground) drainage hydraulics, underdrainage hydraulics

Dränagekoeffizient ***m*** • (underground) drainage coefficient, underdrainage coefficient [*The discharge of an underdrainage system expressed in inches of depth of*

water which must be removed from the drainage area in 24 hr]

Dränageleitung ***f***, Dränleitung *f* • (underground) drainage line, underdrainage line, drainage pipe

Dränagepumpen ***n*** • (underground) drainage pumping, underdrainage pumping

Dränagerohr ***n*** • (underground) drainage pipe, underdrainage pipe

Dränageschacht ***m*** • (underground) drainage shaft, underdrainage shaft

Dränageschema ***n*** • (underground) drainage pattern, underdrainage pattern

Dränageschicht ***f*** • drainage layer

Dränage(system) ***f, (n)*** [*Eine Anlage zur Beseitigung von Oberflächenwasser und im Untergrund angesammelten Wassers durch unterirdische Dräne*] • (underground) drainage system, underdrainage system

Dränagetiefe ***f*** • (underground) drainage depth, underdrainage depth

Dränagetunnel ***m*** ➋ Drainagetunnel

Dränagewasser ***n*** • (underground) drainage water, underdrainage water

Dränageweg ***m*** • drainage path

Dränagewirkung ***f*** • drainage effect

Dränanlage ***f*** [*Sie besteht aus Drän(en), Kontrollvorrichtungen, Spülvorrichtungen und Ableitungen*] • drainage system

Dränanschluss ***m*** • drain connection

Dränasphalt ***m*** • porous asphalt

Dränbeton ***m*** • pervious concrete [*a material that offers the durability and low life-cycle costs of a typical concrete pavement while retaining storm-water runoff. However, it does not have the load-bearing strength of traditional concrete and is used for low-volume applications only in residential areas and parks*]

Dränbohrloch ***n***, Bohrdränloch [*Baugrundverbesserung durch Entwässerung*] • bored drain hole

Dränddocht ***m*** ➋ Stechdrän

Drändochteinbaumaschine ***f*** ➋ Dochtdräneinbaumaschine

Drändochtentwässerung ***f*** ➋ Dochtdränentwässerung

Dränelement ***n*** [*Ein Teil für die Herstellung eines Dräns; z. B. Dränrohr, Dränmatte, Dränplatte, Dränstein*] • drain element

Drängraben ***m*** • drainage ditch

dränierter Tunnel ***m*** • drained tunnel

dränierter Young's Modul ***m*** • drained Young's modulus

dränierter Versuch ***m***, D-Versuch *m* • consolidated drained test, CD test

Dränfräsrille ***f*** ➋ Fräsrille(ndrän)

dränieren • to drain underground

dränierter Dreiaxialversuch ***m*** ➋ entwässerter Dreiaxialversuch

Dränlage ***f*** ➋ Filter(schicht)

Dränleitung ***f***, Dränageleitung *f* • (underground) drainage line, underdrainage line, drainage pipe

Dränmaßnahme ***f*** • drainage measure

Dränmaterial ***f*** • drainage material

Dränmündung ***f*** • drain outfall

Dränreinigung ***f*** • drain clearance

Dränrohr(ver)leger ***m*** [*Arbeiter*] • drainlayer, drainage pipe layer

Dränrohrleitung ***f*** • drain pipe

Dränrohrverlegung ***f*** • drainlaying, drainage pipe laying [*Placing drains in trenches and ditches in the ground*]

Dränschicht ***f***, Filterschicht [*Staudamm*] • pervious shell

Dränschicht ***f*** ➋ Filter(schicht)

Dränschlitz ***m*** ➋ Fräsrille(ndrän)

Dränstrang ***m*** • drain run, drain section, drain

Dräntiefe ***f*** • drain depth

Dränung ***f***, unterirdische Entwässerung *f*, Dränage *f*, Grundentwässerung *f*; Drainage *f* [*frühere Benennung*] • (underground) drainage, underdrainage, subsurface drainage, drainage system, sub-drainage [*The removal of surplus water from the soil or from prepared beds by a system of underdraws*]

Dränungsverband ***m***, Entwässerungsgenossenschaft *f* • drainage association, drainage district, drainage cooperative (society) [*An organization operating under legal regulations for financing, constructing, and operating a drainage system*]

Dränweg ***m*** ➋ Dränageweg

Dränwirkung ***f*** • drainage effect

Drehachse ***f*** [*z. B. eines exzentrisch laufenden Motors*] • axis of rotation [*e.g. of an eccentrically running rotor*]

Drehachse ***f***, Achse [*Trommelwehr*] • spindle

Drehachse ***f***, kristallografische Hauptachse, c-Achse • crystal(lographic) axis [*Not to be confused with "optical axis"*]

drehbar ermittelter Winkelwert ***m*** [*Mineralogie. Mit drehbarem Analysator und drehbarem Glimmerpräparat in kurzer Zeit für verschiedene Wellenlängen gemessen*] • rotation(al) property

drehbare Rutsche ***f*** [*Betonverteilung einer Schachtauskleidung*] • whirling spouting system

Drehbodenprobe(n)bohren ***n*,** Rotationsbodenprobe(n)bohren • rotary soil sample drilling, rotating soil sample drilling, rotation soil sample drilling, rotative soil sample drilling

Drehbohranlage ***f*** ➲ Drehbohrgerät

Drehbohren ***n*** ➲ Rotarybohren

D

Drehbohrgerät ***n*,** Drehbohranlage *f* • rotary drilling rig, drilling rig

Drehbohrtechnik ***f*** • rotary drilling

Drehbohrverfahren ***n*** • rotary drilling method

Drehbrunnen ***m*,** Ziehbrunnen, Galgenbrunnen • open bucket well, draw(ing) well (Brit.); sweep well (US)

Drehdiagramm ***n*** [*Kristall*] • rotation photograph

Drehen ***n*** [*Verdrängungspfahl*] • screwing

drehend [*Lösen des Bodens: Bohrtechnik*] • rotary [*soil loosening method in drilling for soil samples*]

drehende Trockenbohrung ***f*** • rotary dry drilling, rotation dry drilling, rotative dry drilling, rotating dry drilling

drehendes Bohren ***n*,** Rotarybohren, Rotarybohrung, Drehbohren, rotierendes Bohren • rotary drilling, California system, rotating drilling, rotation drilling, rotative drilling, rotary system

drehendes, direktes Spülbohrverfahren ***n*** • direct rotary drilling

drehendes Fließen ***n*** • rotation(al) flow [*Each liquid particle has an angular velocity about its own mass centre*]

drehendes, indirektes Spülbohrverfahren ***n*** • reverse circulation drilling

drehendes, umgekehrtes Spülbohrverfahren ***n*** ➲ drehendes, indirektes Spülbohrverfahren

Drehfähigkeit ***f*** **von Quarz,** Drehvermögen *n* von Quarz • rotary dispersion of quartz

Dreh-Kernbohrmaschine ***f*** • rotary coring machine, rotation coring machine, rotative coring machine, rotating coring machine

Drehkopf ***m*,** Drehring *m*, Drehwirbel *m*, Wirbel, Spülkopf, Rotationskopf, Bohrwirbel • (rotary) swivel, rotating swivel, rotative swivel, rotation swivel [*It supports the drill pipe and also serves as a water or mud connection*]

Drehkopfbolzen ***m*,** Spülkopfbolzen, Rotationskopfbolzen, Bohrwirbelbolzen, Wirbelbolzen, Drehringbolzen, Drehwirbelbolzen • (rotary) swivel pin, rotating swivel pin, rotation swivel pin, rotative swivel pin

Drehkopfhaken ***m*,** Spülkopfhaken, Rotationskopfhaken, Bohrwirbelhaken, Wirbelhaken, Drehringhaken, Drehwirbelhaken • (rotary) swivel hook, rotating swivel hook, rotation swivel hook, rotative swivel hook

Drehkopfkugel ***f*,** Spülkopfkugel, Rotationskopfkugel, Bohrwirbelkugel, Wirbelkugel, Drehringkugel, Drehwirbelkugel • (rotary) swivel ball, rotating swivel ball, rotation swivel ball, rotative swivel ball

Drehkreuz ***n*** [*z.B. am Eingang einer Schauhöhle*] • turnstile

Drehkristallmethode ***f*,** Drehkristallverfahren *n* • oscillation method

Drehkristall-Röntgenogramm ***n*** • rotating crystal X-ray photograph

Drehlage ***f*** **der Gefügekörner** ➲ vektoriertes Gefüge

Drehmelder ***m*** • teletorque, synchro [*photogrammetry*]

Drehmoment(en)schlüssel ***m*** • torque wrench (US), torque spanner (Brit.); *less frequent:* torque measuring wrench

Drehpfahl ***m*** [*für die Verankerung von Baggern*] • swivel pile

Drehregnerkopf ***m*,** Drehsprengerkopf, Regnerdrehkopf, Sprengerdrehkopf • rotary (irrigation) head, rotating (irrigation) head, rotation (irrigation) head, rotative (irrigation) head

Drehring ***m*,** Drehkopf *m*, Drehwirbel *m*, Wirbel, Spülkopf, Rotationskopf, Bohrwirbel • (rotary) swivel, rotating swivel, rotative swivel, rotation swivel [*It supports the drill pipe and also serves as a water or mud connection*]

Drehringbolzen ***m*** ➲ Spülkopfbolzen

Drehringhaken ***m*** ➲ Drehkopfhaken

Drehringkugel ***f*** ➲ Drehkopfkugel

Drehschlagbohreinrichtung ***f*,** Drehschlagbohrgerät *n* • rotary-percussion drilling equipment

Drehschlagbohren ***n*** • rotary percussion drilling [*It uses a roller type bit as opposed to rotary percussive drilling in which a regular chisel type bit or a modified version is used which is raked negatively to the direction of rotation*]

Drehschlagbohren ***n*** • rotary percussive drilling, percussive rotary drilling [*Bits used are either of the regular chisel type or in a modified version raked negatively to the direction of rotation. This drilling method should not be confused with that employed in the USA, particularly in drilling for oil which is called rotary percussion drilling, in which a roller-type bit is used*]

Drehschlagbohrer ***m*** • rotary percussion drill, percussion rotary drill

Drehschlagbohrer ***m*** • rotary percussive drill, percussion rotary drill

Drehschlagbohrgerät ***n***
➋ Drehschlagbohr-einrichtung

Drehschlagbohrung ***f*** • borehole produced using a rotary-percussion drill

drehschlagender Bohrhammer ***m*** • rotating percussion drill

Drehschlagkopf ***m*** • rotary-percussion head

Drehschrägarmwaage ***f*,** Schrägarmdrehwaage • inclined beam torsion balance

Drehsondierung ***f*,** Rotationssondierung [*Eindrehen einer Stahlstange*] • rotary sounding, rotating sounding, rotative sounding, rotation sounding

Drehspiegelung ***f*** [*Atomarer Aufbau der Kristalle*] • rotary reflection [*"Reflexion" may synonymously be used for "reflection"*]

Drehspiegel(ungs)achse ***f*** [*Kristallografie*] • rotary reflexion axis, rotating reflexion axis, rotation reflexion axis, rotative reflexion axis, rotorefletion axis, rotoreflexion axis

Drehsprenger ***m*** • rotary (irrigation) sprinkler, rotating (irrigation) sprinkler, rotation (irrigation) sprinkler, rotative (irrigation) sprinkler

Drehsprengerkopf ***m*,** Drehregnerkopf, Regnerdrehkopf, Sprengerdrehkopf • rotary (irrigation) head, rotating (irrigation) head, rotation (irrigation) head, rotative (irrigation) head

Drehtisch ***m*,** Rotary(bohr)tisch • rotary (table), RT, table, turntable [*The geared rotating table that propels the kelly and the drill stem when drilling a borehole with an oil-field-type rotary rig*]

Drehtischdrehmoment ***n*** • (rotary) table torque

Drehtischgerät ***n*,** Rotary(bohr)tischgerät • (rotary) table unit, rotative table unit, rotating table unit, rotation table unit [*It is designed to rotate the rotary table of a rotary drilling machine*]

Drehtischhaupteinsatz ***m***
➋ (Bohr)Drehtischhaupteinsatz

Drehtisch-Rotarybohren ***n*,** Rotary-Drehtischbohren • (rotary) table drilling, rotative table drilling, rotating table drilling, rotation table drilling

Drehung ***f*,** (Wellen) Drehung

Dreh(ungs)matrize ***f*** • rotation(al) matrix

Drehungsrate ***f*** • rate of rotation

Drehvektor ***m*** • rotation vector

Drehvermögen ***n*** **von Quarz,** Drehfähigkeit *f* von Quarz • rotary dispersion of quartz

Drehwaage ***f*,** Torsionswaage, Schwerevariometer *n* • torsion(al) balance, gravity-variometer [*A geophysical prospecting instrument for locating gravity anomalies; its use is generally confined to shallow and localized investigations*]

Drehwaage ***f*** **von Shaw and Lancaster Jones** • gravity gradiometer, gravitation(al) gradiometer

(Drehwaage)Gehängespiegel ***m*** • (balance) beam mirror

Drehwaagendraht ***m*,** Torsionswaagendraht • torsion (al) wire, torsion(al) filament [*It supports the beam in a torsion(al) balance*]

Drehwirbel ***m*** ➋ Drehkopf

Drehwirbelbolzen ***m*** ➋ Drehkopfbolzen

Drehwirbelhaken ***m*** ➋ Drehkopfhaken

Drehwirbelkugel ***f*** ➋ Drehkopfkugel

Drehzwilling ***m*,** Rotationszwilling • rotation (crystal) twin [*Its symmetry is formed by apparent axial rotation of 180°*]

dreiachsiale Druckprüfung ***f*,** dreiachsialer Druckversuch *m*, dreiachsiale Druckprobe *f*, dreiachsiger Druckversuch, dreiachsige Druckprüfung, dreiachsige Druckprobe, dreiaxialer Druckversuch, Triaxialdruckversuch, Triaxialdruckprüfung, Triaxialdruckprobe • triaxial compression test, cell test

dreiachsiale Scherprüfung ***f*,** dreiachsige Scherprüfung, Triaxialprüfung, Triaxialprobe *f*, Triaxialversuch *m*, dreiachsiger Scherversuch, dreiachsige Scherprobe, dreiachsiale Scherprobe, dreiachsialer Scherversuch [*Untersuchung der Scherfestigkeit eines Erdstoffes*] • triaxial (shear(ing)) test

dreiachsialer Spannungszustand ***m*,** dreiachsiger Spannungszustand • triaxial state of stress [*None of the principal stresses is zero*]

dreiachsiales Festigkeitsprüfen ***n*,** dreiachsiges Festigkeitsprüfen • triaxial strength testing

dreiachsiales Scher(prüf)gerät ***n*,** Triaxial(scher)-(prüf)gerät, dreiachsiges Scher(prüf)gerät • triaxial shear(ing) test apparatus

dreiatomiges Molekül ***n*** • triatomic molecule

dreiaxialer Druckversuch ***m***
➋ dreiachsiale Druckprüfung

dreiaxialer entwässerter Druckversuch ***m***
➋ entwässerter Dreiachsialversuch

dreiaxiales Geogitter ***n*** • triaxial geogrid

Dreiaxialversuch ***m*** • triaxial test

dreibasischer phosphorsaurer Kalk ***m*,** neutraler phosphorsaurer Kalk • tricalcic phosphate, bone-earth phosphate, neutral calcium phosphate

Dreiblattmeißel ***m*,** Dreischneidenmeißel • three-blade (d) drag bit, triple-blade(d) drag bit

3D-Modelliertechnik *f* • 3D modelling software technology
3D-Modellierung *f* • 3D modelling
3D-Oberflächenform *f* • 3-D surface shape
3D-Riss-und Fugenmessgerät *n*
➋ Riss-und Fugenmessgerät
3D-Seismik *f* ➋ Flächen(reflexions)seismik
dreidimensional, räumlich • spatial, three-dimensional, triple-dimensional
dreidimensionale Holografieaufnahme *f*
➋ Hologramm
dreidimensionale numerische Simulation *f* • 3-dimensional numerical simulation
dreidimensionale Wirkung *f*, stereoskopische Wirkung, räumliche Wirkung • three-dimensional effect, triple-dimensional effect, stereo(scopic) effect, spatial effect [*air photography*]
Dreidrahtaufhängung *f* • trifilar suspension [*A construction used in some gravity meters in order to increase their sensitivity. It consists of a disk supported by a helical spring at its centre and three equally spaced wires at its circumference*]
Dreieckaufnahme *f* ➋ Triangulation
Dreieck-Einheitsganglinie *f* • triangular unit hydrograph
Dreieckpunkt *m*, TP, trigonometrischer Punkt • trigonometric(al) point
Dreiecksraster *n* • triangular grid (pattern)
Dreieckselement *n* • triangular element
Dreieckselement *n* **mit konstantem Dehn(ungs)-ansatz,** DreiKnoten-Element [*mechanisches Verhalten von Sand*] • contact strain element, CST element
Dreieckslast *f* • triangular load, triangular loading
Dreiecksnetzgrundlinie *f* • triangular base line
Dreiecksraster *n* • triangular grid (pattern)
Dreieckstruktur *f* • triangular texture [*In mineral deposits, texture produced when exsolved or replacement mineral crystals are arranged in a triangular pattern, following the crystallographic directions of the host mineral*]
Dreieck(ver)messung *f* ➋ Triangulation
Dreieck(ver)messung *f* **mit unabhängigen Modellen**
➋ Triangulation mit unabhängigen Modellen
Dreier-Prismenhalter *m* • triple tilt prism holder
Dreierzug *m*, Dreigestängezug • treble
Dreifachbohle *f* [*Spundbohle; Larssen Profil*] • triple pile, triple Larssen sheet pile
Dreifach(bohr)gestänge *n* • triple string
Dreifacheinbruch *m* • slabbing cut, swing cut [*A cut which is suitable for a wide tunnel face in which the whole face is blasted in three separate rounds of shots, each round breaking to the face made free by the previous round*]
Dreifachfüllbohle *f* [*Larssen Profil; für kombinierte Spundwand*] • triple intermediate pile [*Larssen profile: for a combined sheet pile wall*]
Dreifach-Gleitschienen(graben)verbau *m*, dreifacher Gleitschienen(graben)verbau • triple sliderail (trench) shoring
Dreifachkamera *f*, Dreifachkammer *f* • three-lens camera, triple-lens camera
Dreifachkernrohr *n* • triple-tube core barrel, triple-tube barrel
Dreifachzug *m* [*Tiefbohrtechnik*] • thribble (stand)
Dreifarbigkeit *f* • trichroism
Dreifeldbalken *m* [*Balkenbrücke*] • three-span beam
Dreifuß *m*, Stativ *n* • tripod, three-screw level(ling) base, triplescrew level(ling) base [*surveying*]
dreigeschossiges Wohngebäude *n* • three-storey residential building (Brit.); three-story residential building (US)
Dreigestängezug *m*, Dreierzug treble
Dreigutscheidung(s)-Zyklon *m* • three-product cyclone, triple-product cyclone
Dreikanter *m*, Windkanter mit Dreieckquerschnitt • dreikanter, three-facet(t)ed pebble, triple-facet(t)ed pebble, pyramid(al) pebble [*Pebble shaped by (a)eolian sandblasting with plane faces bounded by three sharp edges or angles*]
Drei-Knoten-Element *n*, Dreieckselement mit konstantem Dehn(ungs)ansatz [*mechanisches Verhalten von Sand*] • contact strain element, CST element
Dreikuppelsperrmauer *f*, Dreikuppel(stau)mauer, Dreikuppel(tal)sperre *f* • three-dome(-shaped) dam, three-cupola(-shaped) dam, triple-dome(-shaped) dam, triple-cupola(-shaped) dam
Dreilochmethode *f*, Dreilochverfahren *n*, Verfahren mit äußeren Schusslinien, Methode mit äußeren Schusslinien • three-hole method, triple-hole method, method of external shot lines
dreimänniges Felsbohren *n*, dreimänniges Gesteinsbohren • three-hand drilling, triple-hand drilling
Dreimeilengrenze *f* • three-mile limit, triple-mile limit [*The seaward limit of the territorial sea or marginal sea of 3 nautical miles (about 5.6 km), the one-time range of a cannon shot*]
Dreiphasensystem *n* [*Böden aus festen Bodenkörnern zwischen denen mit Flüssigkeit* ***und*** *Gas gefüllte*

Hohlräume verbleiben]; s.a. Zweiphasensystem] • three-phase system

Dreiplattenkompensator ***m*** [*Fotogrammetrie*] • three-table compensator, triple-table compensator

Drei-Punkte-Methode ***f*,** Drei-Punkte-Verfahren *n* • three-point construction, triple-point construction [*Geologic(al) mapping. The boreholes are grouped into a series of triangles. The level at which a given surface is encountered in each of the boreholes is then marked on the map. The difference in values at the corners of the triangles is then uniformly distributed along their sides*]

Dreireihensprengen ***n*** • three-row blasting, triple-row blasting

Dreischichtentextur ***f*** • three-layer structure, triple-layer structure [*Structure in minerals composed of repeated layered units each consisting of an alumin(i)-um octahedral layer between two silicon tetrahedral layers as in muscovite. Both Al and Si can be replaced by other elements*]

Dreischneidenmeißel ***m*,** Dreiblattmeißel • three-blade(d) drag bit, triple-blade(d) drag bit

dreiseitig vorgerichtetes Erz ***n*,** dreiseitig ausgeblocktes Erz, gemessenes Erz, sichtbares Erz • blocked-out ore, ore blocked out, measured ore, developed reserves, ore in sight, assured mineral, visible ore, developed ore [*Orebody exposed and developed on three sides and for which tonnage and quality estimates have been made*]

Dreistoff-Feldspat ***m*,** ternärer Feldspat • ternary fel(d)spar [*Any fel(d)spar containing more than 5% of a third component, e.g. anorthoclase, soda sanidine, and potassium oligoclase or potassium andesine*]

dreiteiliger (Stahl)(Strecken)Bogen ***m*** [*Untertagebau*] • three-part steel set(t), triple steel set(t)

dreiwertig • cobaltic [*Pertaining to cobalt in its state of highest combining power*]

dreiwertig • cupric [*Pertaining to copper in its state of highest combining power*]

dreizelliger Pressiometer Test [*nach Ménard: bestehend aus oberer Schutzzelle, Messzelle und unterer Schutzzelle*] ***m*** • three-cell pressiometer test [*consisting of upper guard cell, test cell and lower guard cell*]

Dreizylindermaschine ***f*** • three-cylinder machine

Drempel ***m*** [*Schwelle im Schleusenboden, auf die sich das Schleusentor im geschlossenen Zustand stützt*]; s.a. ➋ Kniestock • lock gate sill

Drempelarm ***m*** ➋ Schlagschwelle

Drempelhöhe ***f*** • rise of sill, sill rise [*lock gate*]

Drempelmauer ***f*,** Fallmauer

Drempeltiefe ***f*** • depth of the lock gate

Driften ***n*** [*Ein Rutschungstyp; Definition lt. MLG*/Krauter:* ***Driften*** *bedeutet eine laterale Bewegung Fels- oder kohäsiver Bodenmassen bei einem gleichzeitigen Einsinken in die liegenden weniger kompetenten Schichten. Eine intensive Scherung auf Gleitflächen findet nicht statt. Driften kann durch Liquifaktion oder Fließen (und Extrusion) des liegenden weniger kompetenten Materials entstehen.*] • spread, spreading [*A landslide type; according to the MLG*/D.M.Cruden: A* ***spread*** *is an extension of a cohesive soil or rock mass combined with a general subsidence of the fractured mass of cohesive material into softer underlying material. The rupture surface is not a surface of intense shear. Spreads may result from liquefaction or flow (and extrusion) of the softer material.*]

Drifterscheinung ***f*** • drift phenomenon

Drift(strom) ***f*, *(m)*,** Trift(strom) • drift, drift current, wind current, wind drift, wind driven current [*One of the wide, slower movements of surface oceanic circulation under the influence of, and subject to diversion or reversal by, prevailing wind, e.g. the easterly drift of the North Pacific*]

Drilling ***m*** [*Kristall*] • threeling, trill(ing)

Drillung ***f*,** Torsion *f*, Verdrehung • torsion

Drill(ungs)steifigkeit ***f*** ➋ Verdreh(ungs)steifigkeit

drinnen, vor Ort, an Ort • in the drift, in the face, in the roadhead, at the face, local, inward; ben [*Scottish term*]; bain [*obsolete Scottish term*]

Drittelführer ***m*,** Ortsälteste(r) *m* [*In der Kohle*] (⚒) • butty-collier

Drittelführer ***m*,** (Schacht)Abteufmeister • deputy (-overman) of sinkers

dritter Stock ***m*** • third floor, fourth floor (US)

dritter thermodynamischer Hauptsatz ***m*,** Nernstscher Hauptsatz • third law of thermodynamics [*The statement that the entropy of any perfect crystalline substance becomes zero at the absolute zero of temperature*]

drohend [*Wetter*] • ugly

Drossel ***f*** [*(Erd)Öl*] • flow bean

Drossel ***f*** (⚒) • regulator [*Its opening can be enlarged or diminished according to the quantity of air required in an airway*]

Drossel ***f*** [*Venturikanalmesser*] • contracted throat

Drosselabschnitt ***m*,** Drosselstrecke *f* [*Strecke mit vermindertem Querschnitt zur Abflussverminderung*] • throttle length, throttle section

drosseln [*verstellbare Düse*] • to pinch in, to throttle

Drosseln ***n*,** Abdrosseln • throttling

D

Drosselstrecke *f*, Drosselabschnitt *m* [*Strecke mit vermindertem Querschnitt zur Abflussverminderung*] • throttle length, throttle section
Drosseltür *f* (⚒) • regulator door, scale door, door regulator
Druck *m* von Dämpfen und Flüssigkeiten und Gasen • fluid pressure
Druckanstiegmengenmessung *f*
➜ Gibson-Messverfahren
Druckaufbau *m* • pressure buildup
Druckaufnehmer *m* • pressure gauge
Druckausbreitungslinie *f* • pressure-spreading line
Druckausgleich *m* • pressure equalisation (US: equalization)
Druckausgleichrohr *n*, Standrohr, Steigturm *m* [*Talsperre*] • standpipe, pressure compensation pipe
Druckausgleichsstollen *m* • pressure compensation tunnel
Druckbank *f*, wasserseitiger Fuß *m*, oberwasserseitiger Fuß • heel, upstream toe [*The part of the base on the water side of a dam*]
Druckbanklinie *f* ➜ oberwasserseitige Fußlinie
Druckbehälter *m* [*Atomtechnik*] • pressure vessel
druckbehinderte Osmose *f* • pressure-retarded osmosis
Druckbelastung *f* [*auf ein Bauwerk*] • compressive load
Druckbohren *n* • pressure drilling [*A process of rotary drilling in which the drilling fluid is kept under pressure in an enclosed system*]
Druckbrunnen *m* • pressure well
Druckbrunnen *m* [*Tiefbrunnen bei dem das Wasser mit Tauchpumpen hochgedrückt wird*] • submersible pump well
(Druck)Dosenmembran(e) *f* • pressure cell diaphragm
(druckeingestelltes) Sicherheitsventil *n* [*Erdöl- und Erdgasfördertechnik*] • storm choke
Drücken *n* [*Z. B. Zinkblende durch Silber bzw. Cyanid*] • deactivation
drückend, druckhaft [*Gebirge im Untertagebau*] • squeezing
drückende Gebirgsschichten *f* [*Tiefbohrtechnik*] • abnormal pressure formations
drückender Schieferton *m*, quellender Schieferton • heaving shale
Druckentlastung *f* • decompression, pressure relief
Druckentlastungskurve *f*, Entlastungskurve *f* • decompression curve [*soil*]
(Druck)Entlastungsventil *n*, Sicherheitsventil • (pressure) relief valve, safety valve, decompression valve, pop off (valve), pressure-release valve
Drücker *m* • depressant, bathotonic reagent, surface-tension depressant, depressing agent [*froth flotation*]
Druckerhalt(ung) *m*, *(f)* • pressure maintenance [*The introduction of a fluid into an oil or gas reservoir to maintain the pressure and thereby improve ultimate recovery*]
Druckerhöhungspumpe *f* • booster pump
Druckerholungsphase *f* [*Doppelpackerversuch*] • pressure static recovery, PSR
Druckfaltung *f* • compression folding, compressive folding
Druckfeld *n* • pressure field
druckfest ➜ (stand)fest
Druckfestigkeit *f* • crushing strength, compressive strength, compression strength [*The load at which a solid material fails in unconfined compression*]
Druckfilter *m*, *n* ➜ Schnellsandfilter
Druckfortpflanzung *f* • pressure propagation
Druckfühler *m* • pressure sensor
Druckgeber *m* • pressure transducer
Druckgefälle *n* • pressure gradient, hydraulic gradient
Druckgefälle *n* ➜ Niveaudifferenz
Druckgefälleverlust *m* ➜ Fallhöhenverlust
Druckgefäß *n* • bomb, pressure vessel [*A vessel in which experiments can be conducted at high temperature and pressure. It is used in geochemistry and in experimental petrology*]
Druckgeophon *n*, Druckgefon *n* • pressure geophone
Druckgestänge *n* • pneumatic linkage
Druckgleichheit *f* • isobarism
Druckgriff-Zündgerät *n*, Druckgriff-Zündmaschine *f* • push-down (shot-)firing machine, push-down blasting machine, push-down exploder, push-down blaster, push-down (blasting) battery, push-down firer, push-down (shot) ignition machine
Druck(gruben)damm *m* • pressurized (mine) stopping [*It is erected in the intake and return roadways of a district to isolate an open fire or spontaneous heating and in which the pressures on both sides of the stopping are made equal by the use of auxiliary fans. By making the air pressures equal, fresh air does not reach the fire through one stopping and foul gases are not expelled by the other. A small regulator is used in the auxiliary fan ducting to maintain equal pressures at all times*]
Druckgurt *m* [*Einsatz bei Uferspundwänden*] • compression waling

druckhaft, drückend [*Gebirge im Untertagebau*] • squeezing

druckhaft [*Gebirgsverhalten*] • compressed [*rock behaviour*]

druckhaft werden • to develop (dangerous) pressure, to develop squeeze [*ground*]

Druckhöhe *f* ➋ (piezometrische) Druckhöhe

Druckhöhe *f* • hydraulic head [*The water level at a point upstream from a given point downstream*]

Druckhöhe *f* [*Meteorologie*] • pressure altitude

Druckhöhe *f* • (pressure) head p/γ

Druckhöhe *f* [*Tiefe eines Flächenelementes unter dem Wasserspiegel*] • height of water, water height

Druckhöhe 0 *f*, Nulldruckhöhe • zero pressure altitude [*altimetry*]

Druckhöhe *f* ➋ Niveaudifferenz

Druckhöhenschwankung *f* [*Meteorologie*] • pressure-altitude variation

Druckhöhenverlust *m*, Fallhöhenverlust, Druckgefälleverlust [*Talsperre*] • head loss, fall loss

Druck-imprägniertes Holz *n* [*LIGNUM Gütezeichen*] • pressure impregnated timber

Druckkammer *f*, abgeschlossenes Stollenstück *n* [*Druckkammerversuch*] • gallery for rock test, tested gallery length, sealed off section

Druckkammer *f* [*Schildvortriebstechnik*] • pressure chamber

Druckkernbohrung *f* • pneumatic core drilling

Druckkissen *n*, Schneedruckkissen • pressure pillow [*A snow-measuring device consisting of a circular flat bladder about 75 mm (3 in.) deep. The pillow is filled with an antifreeze solution and when the snow builds up on it the resulting pressure is recorded by an open-end manometer*]

Druckkissen *n* ➋ (Press)Kissen

Druckkluft *f*, Pressungskluft • compression(al) joint, compressive joint [*A shear(ing) joint formed by compression(al) forces*]

Druckkristallisation *f* • piezocrystallization [*In petrology, the crystallization of magmas during orogenic deformation and thus under a condition of stress*]

Druck-Krustenabbiegung *f* • downbuckle, tectogene in restricted sense [*A compressional downfolding of sialic crust, associated with oceanic trenches*]

Drucklage *f*, Kohlenstoßgleitfläche *f* • face slip [*The front slip of a coal seam*]

Drucklaugung *f* • pressure leaching

druckleeres Gebiet *n*, totes Gebiet (⚒) • dead area

Druckleitung *f*, Triebwasserleitung, Betriebswasserleitung, Kraftwasserleitung, Zuleitungswasserleitung, Druckwasserleitung [*Wasserkraftwerk*] • penstock

Druckleitungsschacht *m* ➋ Wasserkraftschacht

Drucklinie *f* ➋ Wasseroberflächenlinie

Drucklösung *f* • pressure solution, grain margin dissolution, pressolution

Druckluft *f* • compressed air

Druckluftanlage *f* • air compressor, compressed air plant

Druckluftarbeit(en) *f(pl)*, Pressluftarbeiten, pneumatische Arbeit(en) • (compressed-)air work(ing), pneumatic work(ing), compressed air operations

Druckluft-Arbeitskammer *f*, Pressluft-Arbeitskammer, pneumatische Arbeitskammer • (compressed-)air box, pneumatic box, (compressed-) air (work(ing)) chamber, pneumatic (work(ing)) chamber

Druckluftaushub *m*, Pressluftaushub, pneumatischer Aushub • digging under (compressed) air, excavation under (compressed) air, excavating under (compressed) air

Druckluftbaustelle *f* • compressed air site

Druckluftbaustelleneinrichtung *f* • compressed air site installation

Druckluftbeaufschlagung *f* • compressed-air application

Druckluftbereich *m* [*Druckluftsenkkasten*] • compressed air area

Druckluft-Boden(durchschlag)rakete, Druckluft-Erd(durchschlag)rakete *f*, Druckluft-Bodenverdrängungshammer *m*, Pressluft-Erd(durchschlag)rakete, Pressluft-Boden(durchschlag)rakete, Pressluft-Bodenverdrängungshammer, pneumatische Erd-(durchschlag)rakete, pneumatische Boden-(durchschlag)rakete, pneumatischer Bodenverdrängungshammer • (compressed-)air (soil) displacement hammer, pneumatic (soil) displacement hammer, (compressed-)air displacement(-type) mole, pneumatic displacement(-type) mole, (compressed-)air soil displacement moling tool, pneumatic soil displacement moling tool, (compressed-)air moling tool, pneumatic moling tool, pneumatic (impact) mole, (compressed-)air impact mole

(Druck)Luft(bohr)spülung *f*, (Druck)Luft(bohr)-spülungsmittel *n* • (compressed-)air (rotary) drilling fluid, (compressed-)air fluid

(Druck)Luft(bohr)spülung *f*, (Druck)Luft(bohr)-spülen *n* [*Als Spülmittel dient Druckluft. Sie kann ohne oder mit Zusätzen von Schaumbildnern zum besseren*

Abführen des Bohrkleins angewendet werden] • (compressed-)air (rotary) drilling fluid circulation, (compressed-)air flushing

Druckluftcaisson ***m*** ➋ Druckluft(senk)kasten

Druckluftcaissongründung ***f***
➋ Druckluft(senk)-kastengründung

D

Druckluftdruck ***m*,** Pressluftdruck, pneumatischer Druck • (compressed-)air pressure, pneumatic pressure

Druckluft-Erd(durchschlag)rakete ***f*,** Druckluft-Boden(durchschlag)rakete, Druckluft-Bodenverdrängungshammer *m*, Pressluft-Erd(durchschlag)-rakete, Pressluft-Boden(durchschlag)rakete, Pressluft-Bodenverdrängungshammer, pneumatische Erd(durchschlag)rakete, pneumatische Boden(durchschlag)-rakete, pneumatischer Bodenverdrängungshammer • (compressed-)air (soil) displacement hammer, pneumatic (soil) displacement hammer, compressed-air displacement(-type) mole, pneumatic displacement (-type) mole, (compressed-)air soil displacement moling tool, pneumatic soil displacement moling tool, (compressed-) air moling tool, pneumatic moling tool, pneumatic (impact) mole, (compressed-)air impact mole

Drucklufterkrankung ***f*** ➋ Caissonkrankheit

Druckluftgeräte ***n(pl)*** • pneumatic equipment

Druckluftgründungsmethode ***f*,** Druckluftgründungsverfahren *n*, Pressluftgründungsverfahren, Pressluftgründungsmethode, pneumatisches Gründungsverfahren, pneumatische Gründungsmethode, Caissonverfahren, Caissonmethode, Senkschachtverfahren mit Überdruckkammer • (compressed-)air method, pneumatic method, plenum method [*The method of sinking caissons by pumping air into the working chamber, in order to exclude the water, and thereby affording a dry space in which excavation may be carried on*]

Druckluftkammer ***f*,** Pressluftkammer, pneumatische Kammer, [*Druckluft(senk)kasten*] • (compressed-)air (caisson) chamber, caisson (air) chamber, pneumatic (caisson) chamber

Druckluftkompressor ***m*** • compressed air compressor

Druckluftkrankheit ***f*** ➋ Caissonkrankheit

Druckluftladegerät ***n***
➋ (Sprengloch)Druckluft-ladegerät

Druckluftlanze ***f*** • compressed air lance

Druckluftleitung ***f*** • compressed-air pipe, compressed air piping

Druckluftmanschette ***f***
➋ (aufblasbare) Druckluftmanschette

Druckluftpegel ***m*,** Pressluftpegel, pneumatischer Pegel [*Der Wasserstand wird durch Druckluft erfasst und auf eine Schreibeinrichtung übertragen*] • (compressed-)air gauge; (compressed-)air gage (US) [*"Pneumatic" may synonymously be used for "(compressed) air"*]

Druckluftpiezometer ***n*,** Pressluftpiezometer, pneumatisches Piezometer • (compressed-)air piezometer, pneumatic piezometer

Druckluft-Rohrerneuerung ***f*** **im Berstverfahren**
➋ Druckluft-Rohrsplittung

Druckluft-Rohrsplittung ***f*,** Pressluft-Rohrsplittung, pneumatische Rohrsplittung, pneumatische Rohrerneuerung im Berstverfahren, Druckluft-Rohrerneuerung im Berstverfahren, Pressluft-Rohrerneuerung im Berstverfahren • (compressed-) air pipe bursting, pneumatic pipe bursting

Druckluft-(Rohr)Vortrieb ***m*,** Pressluft(Rohr)-Vortrieb, pneumatischer (Rohr)Vortrieb, Rohrvortrieb unter Druckluft(anwendung), Rohrvortrieb unter Pressluft(anwendung) [*Weitere Benennungen siehe unter "gesteuerter (Rohr)Vortrieb"*] • (compressed) air (pipe)jacking, (compressed-)air pipe thrusting, pneumatic (pipe-)jacking, pneumatic pipe thrusting [*For further terms please refer to "(pipe-)jacking"*]

Druckluftschacht ***m*,** Pressluftschacht, pneumatischer Schacht [*Ein unter Druckluft abgesenkter Schacht*] • (compressed-)air shaft, pneumatically sunk shaft

Druckluft-Schildvortrieb ***m*,** Schildvortrieb mit Druckluft, Pressluft-Schildvortrieb, pneumatischer Schildvortrieb, Schildvortrieb mit Pressluft • shield driving with compressed air, (compressed-)air shield driving, pneumatic shield driving

Druckluftschleuse ***f*,** pneumatische Schleuse, Pressluftschleuse • (compressed-)air (caisson) lock, caisson (air) lock, pneumatic (caisson) (air) lock

Druckluft(senk)gründung ***f*,** Pressluft(senk)gründung, pneumatische Senkgründung • (compressed-)air sunk foundation, pneumatic sunk foundation

Druckluftsenkkasten ***m*,** Pressluftsenkkasten, Druckluftcaisson *m*, Pressluftcaisson [*Ein unten offener luftdichter Kasten aus Stahl oder Stahlbeton, der über Tage hergestellt und dann unter dem Grundwasserspiegel oder im offenen Wasser abgesenkt wird und der als Gründung für ein Bauwerk dient. In vielen Fällen ist er ein selbständiges Bauwerk, welches im Boden und unter Wasser verbleibt. Beim Absenken wird das Wasser durch Druckluft ferngehalten)* • (compressed-)air caisson, pneumatic caisson

Druckluftsenkkastenarbeiter *m*, Pressluftsenkkastenarbeiter • sandhog

Druckluftsenkkastengründung *f*, Pressluftsenkkastengründung, pneumatische Senkkastengründung, Druckluftcaissongründung, Pressluftcaissongründung, pneumatische Caissongründung, (pneumatische) Wasserverdrängung [*Das Prinzip der pneumatischen Wasserverdrängung besteht darin, dass in einem von fünf Seiten wasser- und luftdicht abgeschlossenen Raum Pressluft mit einem Druck eingeführt und gehalten wird, der das Wasser durch die freigelassene sechste Seite aus dem Raum verdrängt. Diese sechste Seite ist entweder die untere Öffnung eines Caissons bzw. Senkkastens, oder, beim horizontalen Vortrieb von Tunneln, die Ortsbrust*] • (compressed-)air (caisson) foundation, pneumatic (caisson) foundation

Druckluft(speicher)kaverne *f*, Pressluft(Speicher)-kaverne, pneumatische Speicherkaverne • (compressed-)air (storage) cavern

Druckluftspülen *n* [*Rammhilfe*] • compressed air flushing, flushing with compressed air

Drucklufttank *m* • compressed air tank

Drucklufttauchen *n*, Presslufttauchen, pneumatisches Tauchen • (compressed-)air diving, pneumatic diving [*Diving in which air is supplied under high pressure to prevent lung collapse*]

Druckluftverfahren *n* • compressed air method

Druckluftverordnung *f*, Verordnung *f* über Arbeiten in Druckluft [*in Deutschland*] • German Compressed Air Regulations, Regulations governing operations under compressed air

(Druck)Luftversatz *m*, Pressluftversatz, pneumatischer Versatz (⚒) • (compressed-)air filling, pneumatic filling

Druckluftversorgung *f* • compressed air supply

Druckluftvortrieb *m* [*Tunnelbau*] • compressed air drive *(tunnelling)*

(Druck)Luft-Wasser-(Bohr)Spül(ungs)mittel *n*, (Druck)Luft-Wasser-(Bohr)Spülung *f* • (compressed)-air-water (rotary) drilling fluid, (compressed-)air-water fluid

(Druck)Luft-Wasser-(Bohr)Spülen *n*, (Druck)Luft-Wasser-(Bohr)Spülung *f* [*Als Spülmittel dient Druckluft mit Wasserzusatz*] • (compressed-)air-water (rotary) drilling fluid circulation, (compressed-)air-water (rotary) flushing

Druckluftwellenbrecher *m*, Pressluftwellenbrecher, pneumatischer Wellenbrecher • (compressed-)air breakwater, pneumatic breakwater

Druckluftwesen *n* im Bergbau • (compressed-)air practice in mining, pneumatic practice in mining

Druck(mess)dose *f* • pressure cell

Druck(mess)dose *f* nach Gloetzl, Gloetzl-Druck-(mess)dose • Gloetzl pressure cell [*It consists of a flatjack connected to a pneumatic or hydraulic transducer which in turn is connected by twin flexible plastic tubes to a terminal panel or gauge house*]

(druck)nachgiebiger Stempel *m*, Gleitstempel [*"Ständer", "Pfosten", "Stütze", "Tragstempel" und "Steher" können synonym für "Stempel" verwendet werden*] [*Untertagebau*] • sliding prop, yielding prop, collapse prop, yieldable prop [*"Stay", "stanchion" and "post" may synonymously be used for "prop"*]

(druck)nachgiebiger Streckenbogen *m*, Gleitstreckenbogen (⚒) • sliding roadway arch, slide roadway arch, yielding roadway arch

Druckpegel *m* • bubble gauge; bubble gage (US) [*A stage recorder in which gas pressure is equated to water level*]

Druckpfahl *m* [*Auf Druck beanspruchter Pfahl*] • compression pile, pressure pile

Druckpfahlgruppe *f* • compression pile group

Druckpfahlwiderstand *m* • compressive resistance of pile

Druckpolster *m* [*Österreich: n*] [*Absenken eines Tunnelelementes*] • crushing pad

Druckporenmesser *m* [*In das poröse Medium wird ein Mittel, z. B. Stickstoff, hineingepresst und Porenverteilung, Porengröße und Porenvolumen werden automatisch aufgezeichnet*] • pressure porosimeter

Druck-Porenziffer-Linie *f*, Porenziffer-Druck-Linie • pressure-void ratio curve, compression curve [*A curve obtained from a consolidation test showing the relationship between pressure and void ratio of a soil sample*]

Druckpotential *n* [*Bodenwasser*] • pressure potential

Druckprobe *f*, Druckversuch *m*, Druckprüfung *f* • crushing test, compressive test, compression test [*Testing of a material to destruction to determine its ultimate compression strength*]

Druckpumpe *f*, Drucksatz *m*, Druckwerk *n* (⚒) • forcing set

Druckquarzit *m* [*Durch Drucklösung verdichteter, meist toniger oder glimmerführender Sandstein*] • pressolved quartzite

Druckquelle *f* [*Dilatometer*] • pressure source

Druckregistrierappart *m*, Druckschreiber *m* • pressure recorder

Druckring *m* [*Rohrvorpressen*] • thrust ring

D

Druckring *m* für Hauptpressstation, Pressring für Hauptpressstation • (pipe) jacking ring for main jacking station, main (pipe) jacking ring, principal (pipe) jacking ring

Druckring *m* für Zwischenpressstation, Pressring für Zwischenpressstation • (pipe) jacking ring for intermediate jacking station, intermediate (pipe) jacking ring

Druckröhre *f*, Piezometerröhre • pressure tube, piezometric tube, piezometer tube [*A tube with openings on its side to measure static head or pressure without any velocity head component*]

Druckrohranker *m* • compression tube anchor

Druckrohrauskleidung *f* • pressure pipe lining

Drucksatz *m*, Druckpumpe *f*, Druckwerk *n* (⚒) • forcing set

Druckschacht *m* • pressure shaft

Druck-Scherfestigkeit *f* • compression shear(ing) strength, compressive shear(ing) strength [*soil*]

Druckschlag *m* • pressure bump [*The more or less sudden failure of a coal pillar due to roof pressure, the coal may be forced with some violence into the roadways and other open spaces*]

Druckschmelzpunkt *m* • pressure melting point

Druckschmelzung *f* • pressure melting

Druckschreiber *m*, Druckregistrierapparat *m* • pressure recorder, recording pressure gauge

Druckschuss *m* • cracker shot

Druckschwall *m* • pressure surge

Drucksetzungslinie *f* [*DIN 18134 Plattendruckversuch*] • load settlement line (*or:* curve)

Drucksilo *m* [*z.B. für die Aufbereitung des Spritzbetons*] • pressure silo

Drucksonde *f* • static (penetration) sounding rod, static (penetration) testing rod, static (penetration) sounding stick, static (penetration) testing stick, soil penetrometer, penetrometer, cone penetrometer

Drucksondenspitze *f*, Sondenspitze *f* • penetrometer tip

Drucksondieren *n*, Drucksondierung *f* [*Die Drucksonde wird durch eine statische Kraft mit gleichbleibender Geschwindigkeit in den Boden gedrückt, wobei der Gesamtwiderstand und der Spitzenwiderstand getrennt gemessen werden können*] • pressure sounding, static (penetration) testing, static (penetration) sounding, (static) cone penetration test, CPT (DIN 4094–1), cone penetrometer test

Drucksondieren *n* mit Presse, Drucksondierung *f* mit Presse, statische Sondierung mit Presse, statisches Sondieren mit Presse • press(type) pressure sounding

Drucksondieren *n* mit Winde, Drucksondierung *f* mit Winde, statische Sondierung mit Winde, statisches Sondieren mit Winde • winch(type) pressure sounding

Druckspalt(e) *m*, *(f)* • compression fissure, compressive fissure

Druckspannung *f*, Pressungsspannung • compression(al) stress, compressive stress

Druckspitze *f* [*Ein Anstieg des Verpressdrucks bei der Niederdruck-Injektion mit anschließendem abrupten Abfall ist ein Hinweis, dass der Boden aufgerissen wurde oder dass sich Klüfte geöffnet haben, was zu einem unkontrollierten Abfluss des Verpressguts führt*] • pressure peak

Druck-Stauchungs-Linie *f* • stress-strain line

Druck-Stauchungs-Verhalten *n* • stress-strain behaviour (GB; behavior: US)

Drucksteuerung *f* [*z. B. eines Dilatometers*] • pressure control [*such as of a dilatometer*]

Druckstollen *m* [*Tunnelbau*] • gallery, pressure tunnel

Druckstollenkraftwerk *n*
➔ Hochdruck(wasser)-kraftwerk

Druckstoß *m* [*Rasche Druckänderung in einer Druckleitung durch Durchflussänderung*] • water hammer, fluid hammer, hydraulic shock [*A surge in pressure resulting when a fluid is in motion and is suddently forced to change direction, such as when a valve is closed*]

Druckstoß *m*, Sprengstoß • blasting shock, blasting percussion

Druckstoß *m* [*beim Verpressen*] • pressure jerk

Druckstrahlbaggerung *f*
➔ Abspritzen mit Hydromonitor(en)

Druckstrahltagebau *m* • hydraulic placer mine [*It is worked by means of a water stream directed against a bank of sand, gravel, or talus*]

Druckstrebe *f*, Sprieße *f*, Spreize *f*, Band, Steife, Stützband, Tragband, Strebe(band) *f*, (*n*); Bug *m*, Büge *f* [*Hessen*]; Sprießel *n* [*Österreich*] • strut, stay brace; brace(r) (US) [*A piece resisting thrusts in the direction of its own length, may be upright, diagonal, horizontal, or inclined*]

Druckstufe *f* [*Rohrleitungen verschiedener Druckstufen*] • pressure level

Drucktiefenmesser *m* • pressure sounder, pressure depth meter [*A device, based on Boyle's law, for measuring depths*]

Drucktopografie *f* • height pattern, isobaric topography, baric topography, pressure topography [*In meteorology, the general geometric characteristics of the distribution of height of a constant-pressure surface as shown by contour-lines on a constant-pressure chart*]

Drucktränkung *f* • pressure process [*Treatment of mine timber to prevent decay by forcing a preservative into the cells of the wood. Preservatives used are creosote, zinc chlorid(e), sodium fluoride and the like*]

Druckübertragungsring *m* [*Rohrvorpressen*] • thrust transfer ring, pressure transfer ring

Druckumlagerung *f* • pressure redistribution

Druckunterschied *m* • differential pressure, difference in pressure

Druckunterschied *m* an der Bohrlochsohle • drawdown [*The difference between the static and the flowing bottomhole pressure*]

Druckunterschied(-Geschiebe)fänger *m* • pressure-difference (type) sampler [*It provides a larger exit than entrance in order to reduce the flow disturbance at the upstream side and approximate an intake velocity to that of the stream*]

Druckverlust *m* [*Hydraulik*] • head loss

Druckvermerk *m* [*Kartografie*] • unit imprint

Druckversuch *m*, Druckprobe *f*, Druckprüfung *f* • crushing test, compressive test, compression test [*Testing of a material to destruction to determine its ultimate compression strength*]

Druckvorspannung *f* [*eines Betonbauteils*] • compression prestressing

Druckwand *f* [*Tunnelbau*] • pressure wall

Druckwand *f* aus Stahlbeton • reinforced concrete pressure wall

Druckwasser *n* [*Fehlbenennung, weil alles Grundwasser unter einem mit der Tiefe unter dem Grundwasserspiegel steigendem Druck steht*]; gespanntes (Grund)Wasser • confined (ground)water [*Groundwater confined by overlying and underlying rocks or other material of low permeability and lacking free hydraulic connection with overlying groundwater except at the intake. Confined groundwater moves under a hydraulic gradient due to difference in head between intake and discharge areas of the confined water body*]

Druckwasser *n*, Körwasser, Kuverwasser, Qualmwasser, Truhwasser [*Dieses Wasser dringt bei hohen Außenwasserständen durch den Untergrund in eingedeichtes Binnenland*] • rushing out water

Druckwasser *n* [*Rütteldruckverfahren*] • water jet, jet water

Druckwasser *n*, Triebwasser, Betriebswasser, Kraftwasser, Zuleitungswasser • penstock water

Druckwasserleitung *f* ➜ Druckleitung

Druckwasserrohr *n*, Triebwasserrohr, Betriebswasserrohr, Kraftwasserrohr, Wasserkraftrohr, Zuleitungsrohr • penstock pipe

Druckwasserschacht *m* ➜ Wasserkraftschacht

Druck(wasser)stollen *m*, Triebwasserstollen, Betriebswasserstollen, (Wasser)Kraftstollen, Kraftwasserstollen, Stollen mit innerem Überdruck, Scheiteldruckstollen, Zuleitungsstollen • penstock gallery, pressure gallery, pressurized gallery, (water) power gallery, hydro(electric) gallery, conversion gallery, gallery penstock, hydraulic power gallery, hydro (power) gallery, aqueous (pressure) gallery, aqueous pressure penstock [*'Gallery' is also called 'tunnel' in the USA and South Africa. "Drift" may be used synonymously for "gallery"*]

Druckwasserstrahl *m* • pressure water jet

Druckwegnehmen *n*, Entspannen • depressurizing

Druckwelle *f* ➜ P- Welle

Druckwellengeschwindigkeit *f* [*Zeichen: a,c Einheit: m/s. Ausbreitungsgeschwindigkeit einer Druckänderung im Wasser*] • velocity of pressure wave, pressure wave velocity

Druckwerk *n* ➜ Drucksatz

Druckzelle *f* • pressure cell

Druckzementierung *f* • squeeze cementing (operation) [*In completing an oil well*]

Druckzentrum *n* • center of pressure (US); centre of pressure (Brit.) [*The point on an area subjected to fluid pressure, over which the whole force due to the pressure on the area may be taken to act*]

Druckzone *f* • squeeze [*A mine area (such as a section in a coal seam) undergoing a squeeze*]

Druckzwiebel *f*, Spannungsdiagramm *n* nach Boussinesq, Boussinesqsches Spannungsdiagramm • pressure bulb, bulb of pressure

drücken, pressen [*statische Verdichtung*] • to compact

Druidenstein *m*, Sarsenstein • greywether, graywether, sarsen (stone), druid(ical) stone, saracen (stone) [*Grey rounded blocks of sandstone or quartzite remaining as residual boulders when less resistant material has been eroded away. So called from their resemblance, at a distance, to grazing sheep (wether)*]

Drum(lin) *m*, Rückenberg *m*, Schildberg • drum(lin); druman [*Irish and Gaelic*]; hogback, hog's back [*New England*] [*A land form composed of heterogeneous glacial drift which may include some lenslike layers of sand and gravel*]

Drumme *f* ➜ Durchlass

Druse *f* • druse [*A cavity with crystals and sometimes filled with water. Some writers use the term as synonymous with geode, but others specify that the crystals be of the same minerals as the enclosing rock, which usage would exclude most geodes*]

D

Drusenmineral ***n*** • drusy mineral
drüsig • drusy
drusiger Gang ***m*** ➋ klüftiger Gang
Dry Jet Mixing Methode ***f*,** DLM [*Kalkpfahlherstellmethode in Japan, bei der Zement und Luft in den Baugrund eingeführt wird*] • Dry Jet Mixing Method
DSV ➋ Düsenstrahlverfahren
DTA ***f*,** duldbare tägliche Aufnahme
Dübel ***m*** ➋ (Fels)Dübel
Dübel(bohr)loch ***n*** • dowel drill(hole)
(Duck)Dalbe(n) ***f*, *(m)*,** Dückdalbe(n), Dalle *f* • dolphin [*A group of piles driven close and tied together to provide a fixed mooring in the open sea or a guide for ships coming into a narrow harbo(u)r entrance*]
(Duck)Dalbenpfahl ***m*,** Dückdalbenpfahl, Dallenpfahl [*Zum Anlegen oder Festmachen von Schiffen. Zum Bündel vereinigte Pfähle heißen (Duck)Dalbe(n) die auch zur Führung von Schiffen dienen*] • dolphin pile
Duckstein ***m*,** Trass *m* • trass [*A German term applied to a light-coloured, silicified, trachytic tuff produced from deposits in the middle Rhine Valley*]
Ducksteintuff ***m*,** Trasstuff • trass tuff
Duff ***m*** ➋ Rohhumus [*nach Fricke 1905 und Ramann 1911*]
Duffstein ***m*** ➋ Duckstein
Dufrenit ***m*** ➋ Grüneisenstein
Dufrenoysit ***m*** • dufrenoysite, $Pb_2As_2S_5$ [*A lead gray to steel gray, monoclinic mineral consisting of lead arsenic sulfide*]
Duktilpfahl ***m*** • ductile cast iron pile
Duktilität ***f*** [*des Bodens*] • (soil) ductility
Düker ***m*** • inverted siphon, inverted syphon, sag pipe, dive culvert [*It carries water under railways, rivers, streams, roads, and ground depressions. The inlet and outlet structures are usually of reinforced concrete, with a connecting pipe or pipes of similar material*]
Dükerauslauf(bauwerk) ***m*, *(n)*** • inverted siphon outlet (structure)
Dükereinlass(bauwerk) ***m*, *(n)*,** Dükereinlauf(bauwerk) *m, (n)* • inverted siphon inlet (structure)
Dükerschacht ***m*** • cross(ing) shaft
dumpfig, stickig (⚒) • dampy
Düne ***f*** • dune
Dünenablagerung ***f*** • dune deposit
Dünenbau ***m*,** Dünenstruktur *f* • dune structure
Dünenfuß ***m*** • dune base
Düneninsel ***f*** • dune island
Dünenkette ***f*,** Dünenreihe *f*, Dünenzug *m* • dune ridge, dune chain [*A series of parallel dunes, whose movements are arrested by the growth of vegetation, along the shore of a retreating sea*]
Dünenkomplex ***m*,** Dünensystem *n* • dune complex, dune system [*The totality of topographic forms, especially dunes, which comprise the moving landscape*]
Dünenküste ***f*** • dune coast
Dünenpflanze ***f*** • dune plant
Dünenquertal ***n*** • slack [*A hollow or depression between lines of shore dunes*]
Dünenreihe ***f*,** Dünenkette *f*, Dünenzug *m* • dune ridge, dune chain [*A series of parallel dunes, whose movements are arrested by the growth of vegetation, along the shore of a retreating sea*]
Dünensand ***m*** • dune sand
Dünensandstein ***m*** • dune sandstone
Dünenschichtung ***f*** • dune bedding
Dünenschutzbauwerk ***n*,** Dünensicherungsbauwerk • dune protection structure
Dünensicherung ***f*,** Dünenstabilisierung • dune stabilization
Dünenstabilisierung ***f*,** Dünensicherung • dune stabilization
Dünenstruktur ***f*,** Dünenbau *m* • dune structure
Dünensystem ***n*,** Dünenkomplex *m* • dune complex, dune system [*The totality of topographic forms, especially dunes, which comprise the moving landscape*]
Dünental ***n*** ➋ Windgasse
Dünenversteinerung ***f*** • dune lithification
Dünenwanderung ***f*** • dune migration, migration of dunes, dune activity, activity of dunes
Dünenwanne ***f*,** Windgasse *f*, Dünental *n* [*ungenaue Benennung*] • dune valley, dune slack, dune passage(way)
Dünenzug ***m*** ➋ Dünenkette
Düngegips ***m*,** Gipsdünger *m* • land plaster [*Gypsite and anhydrite as applied to the soil as conditioner and fertilizer*]
Düngekalk ***m*,** Kalkdünger *m* • liming material, aglime, agricultural lime
düngende Bewässerung ***f*** [*Mit dem Bewässerungswasser werden dem Boden Pflanzennährstoffe zugeführt*] • fertilizing irrigation, organic irrigation
Dunit ***m*** • dunite, olivine rock [*Peridotite in which the mafic mineral is almost entirely olivine, with accessory chromite almost always present. Named by Hochstetter in 1864 from Dun Mountains, New Zealand*]
dunkelbraun anlaufend • tarnishing dark brown
Dunkelfeld ***n*** • dark field, DF
dunkler Biotitgneis ***m*** **in Berührung mit Granit** • black horse [*Term used by quarrymen to denote a dark biotite gneiss in contact with granite*]

dunkler Gemengeteil ***m*,** dunkle Beimengung *f* • dark constituent

dunkler hydromorpher tiefhumoser Boden ***m*,** hydromorpher dunkler tiefhumoser Boden, tiefhumoser dunkler hydromorpher Boden • hydroearth soil

dunkler Larvikit ***m*,** Labrador dunkel *m* • Emerald pearl [*international commercial name*]

dunkler mächtiger tiefhumoser Boden ***m*,** mächtiger dunkler tiefhumoser Boden, tiefhumoser mächtiger dunkler Boden • thick earth soil

dunkles feinkörniges Eruptivgestein ***n*** • whin-stone [*A colloquial British term for dolerite, basalt, and other dark fine-grained igneous rocks. The term is derived from the Whin Sill in northern England*]

dunkles Rotgültigerz ***n*,** Pyrargyrit *m* [*nach Glocker 1831*]; Aerosit *m*, dunkles Rotgülden *n*, Antimonsilberblende *f* • pyrargyrite, dark(-red) (ruby) silver (ore), antimonial red silver, argyrythrose, aerosite, Ag_3SbS_3

dünn (⚒) • meager

dünnbettig • thin-bedded

Dünne ***f*** • thinness

dünne Abschieferung ***f*,** schal(enförm)ige Ablösung, Schalenabrissbildung [*Sie entsteht durch Spannungsumlagerung im Gestein*] • scaling

dünne Eisensteinlage ***f*,** dünne Eisensteinschicht *f* • delf [*England. A thin layer of ironstone*]

dünne Kante ***f*,** zugeschärfte Kante • knife edge, feather edge [*The fine edge of a board, etc. that thins off to one side, so as to resemble a wedge in section*]

dünne Kohlenlage ***f*,** dünne Kohlenschicht *f* • delf [*England. A thin layer of coal*]

dünne Sedimentschicht ***f*** [*< 1 cm dick*] • lamina; straticule [*French*]; thin sedimentary layer

dünne Ton-Wasser-Schlämme ***m*** *(pl)* • clash [*In Scotland, a thin slurry of clay and water*]

(dünnes) Bergemittel ***n*,** Schrampacken *m* (⚒) • drift band [*Illinois: A thin band or layer of soft earthy material occurring in a coal seam*]

dünnes Flöz ***n*,** geringmächtiges Flöz • thin seam

dünnes Kohlenflöz ***n*** • coal pipe [*A very thin seam of coal*]

dünnes Toneisensteinband ***n*** • chitter

Dunnetölschiefer ***m*** • Dunnet shale [*An oil shale from 4 to 12 feet in thickness, found in Scotland*]

dünngeschichteter Ton ***m*** • book clay, leaf clay [*Clay deposited in thin leaflike laminae*]

dünnlagiger Aushub ***m*,** dünnschichtiger Aushub • skiving, digging in thin layers, excavation in thin layers, excavating in thin layers

dünnscheitelige Falte ***f*** • supratenuous fold

dünnschichtig, feinschichtig, dünnlagig, feinlagig • straticulate [*Characterized by numerous very thin parallel layers, whether separable or not, either of sedimentary deposition (as a bed of clay), or of deposition from solution (as in a stalagmite or banded agate*]

dünnschichtiger Aushub ***m*,** dünnlagiger Aushub • skiving, digging in thin layers, excavation in thin layers, excavating in thin layers

dünnschleifen • to (thin) section

Dünnschleifen ***n*** • (thin) sectioning

Dünnschliff ***m*** • (thin) section, microsection [*A fragment of rock or mineral ground to paper thinness, usually 0.03 mm, polished, and mounted between glasses as a microscopical slide*]

Dünnschliffmikroskop ***n*** • petrologic(al) microscope

Dünnschliffpräparat ***n*** • grain mount

Dünnstein ***m*** [*Kupfer*] • best regule, spongy metal

dünnwandiger (Boden)Probe(n)nehmer ***m*,** dünnwandiges (Boden)Probe(n)entnahmegerät *n*, Shelbystutzen *m*, dünnwandiges Entnahmerohr *n*, dünnwandiger Zylinder *m* • thin-wall(ed) tube (sampler), Shelby (soil) sampler, thin-wall(ed) barrel (sampler), Shelby tube (sampler), Shelby barrel (sampler), thin-wall(ed) (soil) sampler, Shelby tube sampler spoon

dünnwandiges Profil ***n*** [*z. B. bei Spundwandstahl*] • thin profile [*such as of sheet piling steel*]

Dunstzone ***f*,** Stratosphere *f* • stratosphere, isothermal zone, isothermal layer, isothermal region, upper atmosphere of constant temperature

Dünung ***f*,** Schwell *m*; Deining, Diehnung [*frühere Benennungen*] • swell, free waves, long waves [*Wind-generated waves which have advanced into regions of weaker winds or calm*]

Duogrid® [*Je nach Anforderung wird dieses Geokomposit aus dem Geogitter Fornit® od Fortrac® und integrierter Vliesstoffkomponente hergestellt*] • Duogrid®

Duplexstruktur ***f*** [*Die Einzelschuppen (horses) sind zwischen einer liegenden und hangenden Hauptüberschiebungsfläche gestapelt*] • stacked-up pile of horses

Dupuitannahme ***f*,** Dupuithypothese *f* [*Grundwasser(ab)senkung*] • Dupuit's hypothesis

Dupuit-Forchheimer-Gleichung ***f*** [*Sie nimmt an, dass nur waag(e)rechte Strömung vorkommt und dass die Fließgeschwindigkeit dem Gefälle der Grundwasseroberfläche genau proportional ist*] • Dupuit-Forchheimer equation

Dupuithypothese ***f*,** Dupuitannahme *f* [*Grundwasser(ab)senkung*] • Dupuit's hypothesis

D

Dupuitsche Gleichung *f* • Dupuit equation
Durain *m* • durain, cull coal; attritus (US)
durch Abspülung geformter Hang *m* • down-wash shaped slope
durchbaggern [*Gewässer*] • to clear out the mud, to clear of the mud
Durchbiegung *f* [*z. B. einer Brücke, eines Schalendachs usw.)*] • bending [*of a bridge, a shell roof etc.*]
durchbohrte (Tal)Sperre *f*, (Tal)Sperre *f* mit Ablauf • sluice dam
durchbrechen ➋ durchschlagen
durchbrechen, durchstechen [*Strom; Fluss*] • to cut off
Durchbrechen *n*, Durchbruch *m* • breakthrough [*The erosive action of water in wearing or cutting a passage*]
Durchbrechen *n*, Durchstechen • cutoff [*The formation of a cutoff*]
Durchbrechen *n*, Durchstechen [*Wasserlauf*] • cutting off
Durchbrechungsgrad *m* [*Kluftnetz*] • degree of separation, separation degree
Durchbruch *m* • breakthrough, holing [*The channel made by the erosive action of water*]
Durchbruch *m*, Durchbrechen *n* • breakthrough [*The erosive action of water in wearing or cutting a passage*]
Durchbruch *m*, Durchhieb *m*, Durchtrieb, Durchschlag *m* [*Tunnel, Stollen, Strecke im Bergbau, in einer Schlitzwand usw.*] • hole-through, cut-through, breakthrough, holing-through
Durchbruch *m* • gap [*A break in levee through which a stream distributary may flow*]
Durchbruchgewässer *n*, Durchstichgewässer • cutoff [*The crescent-shaped body of water separated from the main stream by a cutoff*]
Durchbruchsfächer *m* • crevasse splay
Durchbruchtal *n* • transverse valley, cross valley [*A valley having a direction at right angle to the strike*]
Durchdringbarkeit *f* ➋ Permeabilität
durchdringende Strahlung *f* • penetrating radiation
Durchdringungslösung *f*, Lösung zweiter Ordnung • penetration solution
Durchdringungszwilling *m*, Penetrationszwilling, Durchwachsungszwilling • penetration twin, interpenetration twin
Durchdrückbauwerk *n* ➋ Vorpressbauwerk
durchdrücken, durchpressen, durchstoßen, vordrücken, vorpressen, vorstoßen, vortreiben, vorschieben, eintreiben • to jack (through), to jack in, to drive (through), to shove (through), to shove into place, to push through, to thrust (through), to jack into place, to push (into place), to thrust (into place), to force (into place), to force through
Durchdrücken *n* ➋ (Rohr)Vortrieb
durchdrungener Fels *m*, durchdrungenes Gestein *n* • invaded rock
durchfahren ➋ durchschlagen [*Untertagebau*]
Durchfahrt *f* • pass(age) [*A navigable channel connecting a body of water with the sea; e.g. a narrow opening between two closely adjacent islands or through a coastal obstruction such as a barrier reef, a barrier island, a bar, or a shoal*]
Durchfahrtshöhe *f* [*von Unterführung od. Brücke*] • clearance, clearance height
durchfallender Niederschlag *m* • throughfall [*Water from precipitation that falls through the plant cover directly onto the ground or that drips onto the ground from branches and leaves*]
durchfeuchtet • moisture-laden
durchfeuchteter Schutt *m* • debris saturated with water, rock waste saturated with water
Durchfeuchtung *f* • dampness penetration, wetting
Durchfluss *m* • flow-through
Durchflussabnahme *f*, Durchflussreduktion *f* • discharge reduction, discharge decrease, flow reduction, flow decrease, runoff reduction, runoff decrease
Durchflussänderung *f* • discharge variation, flow variation, runoff variation
Durchflussbeiwert *m*, Durchflussfaktor *m* • discharge factor, flow factor, runoff factor
Durchflussberechnung *f* • discharge computation, flow computation, discharge calculation, flow calculation, runoff calculation, runoff computation
Durchflussbild *n* • discharge pattern, flow pattern, runoff pattern
Durchflussbreite *f* [*einer Brücke*] • clearance width
Durchflusscharakteristik *f* • discharge characteristics, flow characteristics, runoff characteristics
Durchflussdaten *f* • discharge data, flow data, runoff data
Durchflussdauer *f* • discharge duration, flow duration, runoff duration
Durchflussdauer *f* • discharge period, flow period, runoff period
Durchflussdiagramm *n* • discharge diagram, flow diagram, runoff diagram
Durchflussdruck *m* • discharge pressure, flow pressure, runoff pressure
Durchflussfaktor *m*, Durchflussbeiwert *m* • discharge factor, flow factor, runoff factor

Durchflussformel ***f*** • discharge formula, flow formula, runoff formula

Durchflussgefälle ***n*** • discharge gradient, flow gradient, runoff gradient

Durchflussgeschwindigkeit ***f*** • discharge velocity, flow velocity, runoff velocity

Durchflussgleichung ***f*** • discharge equation, flow equation, runoff equation

Durchflusshäufigkeit ***f*** • discharge frequency, flow frequency, runoff frequency

Durchflusshöhenregulierung ***f*** • discharge level control, flow level control, runoff level control [*Use of any type of barrier in a flume, partially filled pipe, stream, river, etc., to maintain the desired water depth*]

Durchflusskoeffizient ***m*** • discharge coefficient, flow coefficient, coefficient of discharge, coefficient of flow, runoff coefficient, coefficient of runoff

Durchflussmaximum ***n,*** größter Durchfluss *m,* Größtdurchfluss, Höchstdurchfluss, maximaler Durchfluss, Maximaldurchfluss, höchster Durchfluss • maximum flow, maximum discharge, peak flow, peak discharge

Durchfluss(menge) ***m, (f)*** ➋ Volumenstrom

Durchfluss(menge) ***m, (f)*** **bei Ebbestrom** ➋ Ebbestromdurchfluss(menge)

Durchfluss(mengen)dauerlinie ***f,*** Dauerlinie der Durchflussmengen • discharge duration curve, flow duration curve, runoff duration curve

Durchflussmengenganglinie ***f*** • discharge hydrograph, flow hydrograph, runoff hydrograph [*A graph in which discharge is plotted as ordinate and time as an abscissa*]

Durchfluss(mengen)messung ***f,*** Messung der Durchflussmenge(n) • discharge measurement, discharge measuring, flow measurement, runoff measurement, runoff measuring, gauging; gaging (US) [*The determination of the quantity of water flowing per unit of time in a channel, conduit, or orifice at a given point by means of current meters, rod floats, weirs, pilot tubes or other measuring devices or methods*]

(Durchfluss)Messstelle ***f,*** Pegel(mess)stelle, Pegel(mess)station *f* [*An einem Wasserlauf für Beobachtungen der Geschwindigkeit und der Querschnittsfläche im Hinblick auf die Zustimmung der Abflussmenge*] • discharge site, gauging site, (velocity area) gauging station, gauge station, flow measuring post, runoff measuring post [*US spelling is "gage"*]

Durchflussöffnung ***f*** ➋ Ablauföffnung

Durchflusspegel ***m*** • discharge gauge, flow gauge, runoff gauge; discharge gage, flow gage, runoff gage (US)

Durchflussprofil ***n*** ➋ Flutraum

Durchflussquerschnitt ***m,*** Durchströmungsquerschnitt, Durchstromquerschnitt [*Die von einer Flüssigkeit durchflossene Fläche normal zur Hauptströmungsrichtung. Zeichen: A. Einheit: m^2*] • discharge (cross-)section(al area), flow (cross-)section(al area), runoff (cross-)section(al area)

Durchflussquerschnitt(fläche) ***m, (f)*** **bei Flutstrom,** Flutstrom-Durchflussquerschnitt(fläche) *m, (f)* [*Zeichen Af. Einheit m^2*] • cross-section(al area) of flood current flow, CSA of flood current flow

Durchflussreduktion ***f,*** Durchflussabnahme *f* • discharge reduction, discharge decrease, flow reduction, flow decrease, runoff reduction, runoff decrease

Durchflussregistriergerät ***n,*** Durchflussschreiber *m* • discharge recorder, flow recorder, runoff recorder

Durchflussregulierung ***f*** • discharge regulation, flow regulation, runoff regulation

Durchflusssonde ***f*** • flow probe

Durchflusssteigerung ***f,*** Durchflusszunahme *f* • discharge augmentation, flow augmentation, discharge increase, flow increase, runoff increase, runoff augmentation

Durchflussstreifen ***m*** • flow channel [*hydraulics of soils*]

Durchflusstabelle ***f,*** Durchflusstafel *f* • discharge table, rating table, flow table, runoff table [*A table showing the relationship between the ga(u)ge height and the discharge of a stream or conduit at a given ga(u)ging station*]

Durchflussverhältnis ***n*** • (water-)stage-discharge relation [*The relation between water level and discharge of a conduit at a specific station for a given flow condition*]

Durchflussverlust ***m*** • discharge loss, flow loss, runoff loss

Durchflussvolumen ***n*** • discharge volume, flow volume, runoff volume

Durchflussvorgang ***m*** • discharge process, flow process, runoff process

Durchflusswächter ***m*** • discharge monitor, flow monitor, runoff monitor

durchflusswirksam • discharge-producing, flow-producing, runoff-producing

Durchfluss-Zeit-Diagramm ***n,*** Durchfluss-Zeit-Schaubild *n* • discharge-time graph, flow time-graph, runoff-time graph

Durchflusszunahme *f*, Durchflusssteigerung *f* • discharge augmentation, flow augmentation, discharge increase, flow increase, runoff increase, runoff augmentation
Durchflusszustand *m* • discharge state, flow state, runoff state
Durchführbarkeitsuntersuchung *f* • feasibility investigation
Durchführung *f* • procedure
durchfurcht • ditchy [*Abounding in ditches or deep furrows*]
Durchgang *m*, Kulmination *f*, Meridiandurchgang • culmination, transit [*The movement that a star or the sun crosses the meridian, used by surveyors for determining (1) the geographical meridian and (2) the latitude and longitude*]
Durchgang *m* • pass(ageway), passage
durchgängige Qualitätssicherung *f* • consistent quality assurance, sustainable quality assurance
Durchgangs-Großtal *n*, Groß-Durchgangs-Tal • corridor valley
Durchgangsschacht *m* • through shaft
Durchgangsverkehr *m* • through traffic, transit traffic
durchgehbar • walk-through
durchgehend verrohrte Endlosschnecke *f* • cased continuous flight auger
(durchgehende) Fundamentplatte *f*, Plattengründung *f* • merged individual footing [*This footing is intermediate between a single spread footing and a mat. In essence, several individual footings are merged to form a little mat supporting several columns, usually an exterior column and one or more interior ones*]
durchgehende Hohlbohrschnecke *f* • continuous flight hollow auger, hollow continuous flight auger
(durchgehende) Trapezfundamentplatte *f* für ungleiche Lasten, Trapez-Plattengründung *f* für ungleiche Lasten • combined trapezoidal (column) footing for unequal loads
durchgehende Trennfläche *f* • persistent discontinuity [*a continuous plane in a rock mass*]
durchgehende, geschlossene Trennfläche *f* • persistent, closed discontinuity
durchgehende, nicht gefüllte Trennfläche *f* • persistent disontinuity with no filling
durchgehende unebene Trennfläche *f* • persistent uneven discontinuity
durchgehende Unterfangung *f* in lamellenartiger Bauweise, Lamellenunterfangung • continuous lamella underpinning
durchgehende unverrohrte Endlosschnecke *f* • continuous flight auger without drill casing
durchgehende Wand *f* • continuous wall
durchgehender Bodenkern *m* • continuous soil core [*It extends from top to bottom of a (soil) stratum*]
durchgehender Fluss *m* [*Fluss ohne zeitweise trockene Abschnitte*] • continuous stream
durchgehender Strom *m* [*Strom ohne zeitweise trockene Abschnitte*] • continuous river
durchgehendes Kriechen *n*, Schwergewicht(s)-kriechen, fortlaufendes Kriechen • continuous creep(ing) [*It is produced by the force of gravity unaided by other agents*]
durchgreifend, durchschneidend [*Ein jüngeres Gestein, meistens ein Eruptivgestein, durchschneidet ältere Gesteine*] • penetrative
Durchhalten *n* [*Schicht*] • continuity
durchhängende Böschung *f* • sag slope
Durchhang *m*; s. auch ➔ Bodendurchhang • slack
Durchhangmesser *m* • sagmeter
durchhauen ➔ durchschlagen
Durchhieb *m*, Durchbruch *m*, Durchtrieb, Durchschlag *m* [*Tunnel; Stollen m; Strecke im Bergbau*] • hole-through, cut-through, breakthrough, holing-through
Durchhieb *m*, Pfeilerdurchhieb • crosscut, breakthrough, pillar piercing [*In room and pillar mining, the piercing of the pillars at more or less regular intervals for the purpose of haulage and ventilation*]
Durchhiebansatz *m* (⚒) • butt-off (place)
Durchkreuzungsfalte *f* ➔ Kreuzfalte
Durchkreuzungsfaltung *f* ➔ Kreuzfaltung
Durchkreuzungszwilling *m* • cruciform twin
durchkriechbar • crawl-through, creep-through
durch Kriechen verursachte Stauchung *f* • creep strain
Durchlass *m*, Abzugkanal *m*, Drumme *f* • culvert
Durchlass *m* [*für einen Bach*], Bachdurchlass *m* • culvert
Durchlassfrequenz *f* • pass [*In remote sensing the frequency transmitted by a filter*]
durchlässiger Kalkstein *m*, poröser Kalkstein • permeable limestone, pervious limestone, porous limestone
durchlässiges Gestein *n* ➔ (wasser)durchlässiges Gestein
durchlässiges Material *n* • permeable material
Durchlässigkeit *f* im engeren Sinne, Permeabilität *f*, Durchdringbarkeit, hydraulische Leitfähigkeit, hydraulisches Leitvermögen *n* • permeability, perviousness

Durchlässigkeit *f* unter Druck • hydraulic permeability [*The capacity of a rock or soil for transmitting water under pressure; may be different in different directions*]

Durchlässigkeitsapparat *m* mit abnehmendem Wasserdruck, Durchlässigkeitsgerät *n* mit abnehmendem Wasserdruck • falling-head permeameter, variable-head permeameter

Durchlässigkeitsbeiwert *m* [*der Trennfläche*] • coefficient of permeability [*of the discontinuity*]

Durchlässigkeitsgerät *n* mit abnehmendem Wasserdruck, Durchlässigkeitsapparat *m* mit abnehmendem Wasserdruck • falling-head permeameter, variable-head permeameter

Durchlässigkeitsgerät *n* mit gleichbleibendem Wasserdruck, Durchlässigkeitsmesser *m* mit gleichbleibender Druckhöhe [*Bodenmechanik*] • constant-head permeameter

Durchlässigkeitsgesetz *n* • permeability law

Durchlässigkeitskoeffizient *m*, Durchlässigkeitsbeiwert *m* • (field) coefficient of permeability, field permeability coefficient, coefficient of field permeability [*The permeability coefficient defined for prevailing conditions rather than for a temperature of 60° F*]

Durchlässigkeitskontrast *m* [*Felsgestein*] • permeability contrast

Durchlässigkeitskurve *f* • first curve, potential curve, natural curve, permeability curve, porosity curve [*electric(al) log*]

Durchlässigkeitskurve *f* • second curve, resistivity curve [*electric(al) log*]

Durchlässigkeitsmesser *m* • permeameter

Durchlässigkeitsmesser *m* mit gleichbleibender Druckhöhe, Durchlässigkeitsgerät *n* mit gleichbleibendem Wasserdruck [*Bodenmechanik*] • constant-head permeameter

Durchlässigkeitsprobe *f* bei gleichbleibendem Wasserdruck, Durchlässigkeitsprüfung *f* bei gleichbleibendem Wasserdruck, Durchlässigkeitsversuch *m* bei gleichbleibendem Wasserdruck [*Bodenmechanik*] • constant-head permeability test

Durchlässigkeits-Tensor *m*, Durchlässigkeitstensor *m* • permeability tensor

Durchlässigkeitsversuch *m* • permeability test

Durchlässigkeitsversuch *m* mit abnehmendem Wasserdruck • falling-head permeability test, variable-head permeability test

Durchlasskanal *m* • barrel [*The water passage in a culvert*]

Durchlassöffnung *f*, Wehröffnung, Abflussöffnung, Ablauföffnung • weir sluiceway, weir outlet, weir hatch, weir waterway, weir opening

Durchlaufbehälter *m*, Durchlauftank *m* [*An der Bohrung zur Trennung von Öl, Wasser und Gas*] • gunbarrel

durchlaufende Bewehrung *f* • continuous reinforcement

durchlaufende Uferwand *f* • continuous waterfront wall

durchlaufendes Fossil *n* • persistent fossil

Durchläufer *m*, Durchlaufmineral *n* [*Mineral welches in allen Tiefenzonen metamorpher Gesteine auftreten kann*] • ubiquitous mineral

Durchlaufmischer *m* • continuous mixer, continuous mixing plant

Durchlaufträger *m* [*Brückenbau*] • continuous beam

Durchlaufwirkungsgrad *m* [*Erdgasproduktion*] • sweep efficiency, volumetric efficiency

Durchlicht *n* • transmitted light

durchmeißeln [*Schichten, die zu hart wären, um ein Durchrammen zu ermöglichen*] • to chisel through

Durchmesser *m* (*von Körnern: In der Bodenmechanik ist dabei der äquivalente Durchmesser gemeint, da die Körner nicht immer kugelförmig sind. Er wird definiert als die Maschenweite eines Siebes, durch die ein Korn gerade noch hindurchfällt*) • diameter

Durchmesser *m* nach Martin, x_{Ma} [*Die zur Messrichtung parallele, die Projektionsfläche halbierende Sehne*] • Martin's diameter [*particle shape factor*]

durchmischter Reaktor *m* [*anaerobe Verfahrenstechnik*] • completely stirred tank reactor

durchnässt • soggy

durchörtern, durchschlagen [*Untertagebau*] • to hole

durchörtern [*Tunnelbau*] • to tunnel through, to pass through, to penetrate, to drive through

Durchörtern *n* ➔ Auffahrung

Durchpausungstektonik *f* • cover (geo)tectonics, rejuvenated (geo)tectonics

Durchpressbauwerk *n*, Vorpressbauwerk, Vordrückbauwerk, Eintreibbauwerk, Durchdrückbauwerk, Durchstoßbauwerk [*Tunnel; Stollen*] • jacked(-in) structure, pushed(-in) structure, thrusted(-in) structure [*It involves the jacking in of preformed structures horizontally at shallow depths beneath a road, or rail, without disrupting traffic*]

durchpressen, durchdrücken, durchstoßen, vordrücken, vorpressen, vorstoßen, vortreiben, vorschieben, eintreiben • to jack (through), to drive (through), to shove (through), to shove into place, to push through, to thrust (through), to jack into place, to push (into place), to thrust (into place), to force (into place), to force through

Durchpressen *n* ➋ (Rohr)Vortrieb

durchpumpen [*Tiefbohrtechnik*] • to break circulation

durchqueren, überqueren • to cross

durchragen • to stick out

Durchrammung *f* [*z. B. von verschiedenen Schichten*] • penetration

Durchsatzleistung *f* [*z. B. einer Förderschnecke*] • throughput rate [*such as of a screw conveyor*]

Durchschallungsmessung *f* [*Der Boden wird in einem Bohrloch dynamisch angeregt und die Wellenausbreitung in benachbarten Bohrlöchern gemessen*] • cross hole seismics

Durchscherungs-Überschiebung *f* • shear(ing)-thrust, scissions-thrust

Durchschlag *m* ➋ Durchbruch

durchschlagbares Fernrohr *n*, umlegbares Fernrohr • transiting telescope

durchschlagen, durchbrechen, durchhauen, forttreiben, vorhauen, einbringen, auslängen, durchtreiben, durchörtern, (vor)treiben, auffahren, ausbrechen, abtreiben, erlängen, durchfahren [*Tunnel; Stollen; Strecke im Bergbau*] • to hole-through, to cut-through, to pierce, to drift, to breakthrough, to advance, to head, to drive (through), to hole out, to run out, to head out, to work (through), to cross, to mine, to penetrate, to bore

durchschlagen • to thirl [*To cut through from one working into another*] (⚒)

Durchschlag(s)röhre *f* ➋ Vulkanstiel

durchschlämmter parabraunerdeähnlicher Boden *m* der kühlhumiden Gebiete des nordöstlichen Nordamerika • Brown Podzol(ic soil) [*A great soil group in the 1938 classification, a group of zonal soils that is similar to a Podzol but lacks the leached, light-colo(u)red A_2 horizon. It is considered by some authorities to be a type of Podzol rather than the separate soil group (USDA, 1938). Most of these soils are now classified as Andepts or Orthods*]

(Durch)Schleusen *n* [*Druckluftgründung*] • stay in an air lock, stop in an air lock

Durchschmelzung *f*, Diatexis *f* [*Mobilisation des Gesamtmaterials unter Einschluss dunkler Gemengeteile*] • diatexis [*High-grade (i.e. near, but not complete) anatexis, involving rock components with high melting points*]

durchschneidend, durchgreifend [*Ein jüngeres Gestein, meistens ein Eruptivgestein, durchschneidet ältere Gesteine*] • penetrative

Durchschnitt *m* • cut-away view

Durchschnitt *m*, Durchschnitt(s)wert *m* • mean (value), average (value) [*It is established from a series of observations, for purposes of comparison; for example, the normal for annual precipitation as used by the United States Weather Bureau is the average of at least 10 yr. of record and is changed only at 10 yr. intervals*]

Durchschnitt *m* • intersection [*Of two sides of a mountain chain*]

durchschnitten, schwierig, kupiert, zerschnitten [*Gelände*] • intersected, broken

durchschnittliche . . ., mittlere . . .

Durchschnitt(s)korngröße *f*, mittlere Korngröße • mean grain size, average grain size

Durchschnitt(s)wert *m*, Durchschnitt *m* • mean (value), average (value) [*It is established from a series of observations, for purposes of comparison; for example, the normal for annual precipitation as used by the United States Weather Bureau is the average of at least 10 yr. of record and is changed only at 10 yr. intervals*]

durchsetzt (M/G) • intermingled

durchsichtiger Rauchquarz *m*, transparenter Rauchquarz, lichtdurchlässiger Rauchquarz • transparent smoky quartz; Colorado diamond [*misnomer*]

durchsickern, durchtreten • to seep through, to percolate, to percolate through, to trickle through

Durchsickerung *f*, Perkolation *f* • percolation, leaks, seepage, seeping through [*Slow laminar movement of water through small openings within a porous material. Also used as a synonym of "infiltration". Flow in large openings, such as caves is not included*]

Durchsicker(ungs)teich *m*, Perkolationsteich • percolation pond

Durchsickerungswasser *n*, Perkolationswasser • percolating water

Durchsickerungsweg *m*, Perkolationsweg, • path of percolation, percolation path [*The path taken by water along the contact surface between the base of a dam or other structure and the foundation soil*]

durchsintern (⚒) • to seep through, to percolate, to percolate through, to trickle through

Durchspießung *f*, Diapirfaltung • diapiric fold, piercement dome, piercement fold, piercing dome, piercing fold, diapir [*Anticline in which a mobile core, such as salt, has injected the more brittle overlying rock*]

Durchspülen *n* • jetting through [*e.g. of a wellpoint*]

durchstechen, durchbrechen [*Strom; Fluss*] • to cut off

Durchstechen ***n*****,** Durchbrechen *n* [*Wasserlauf*] • cutting off, cutoff

Durchstich ***m*** [*Beseitigung von Windungen in einem Wasserlauf*] • cut

Durchstichgewässer ***n*****,** Durchbruchgewässer • cutoff [*The crescent-shaped body of water separated from the main stream by a cutoff*]

Durchstichverhältnis ***n*** [*Das Längenverhältnis von Bogen und Sehne eines Mäanders, bei welchem im allgemeinen ein Durchstich erfolgt*] • cutoff ratio

Durchstoßbauwerk ***n*** ➲ Vorpressbauwerk

durchstoßen ➲ durchdrücken

Durchstoßen ***n*** ➲ (Rohr)Vortrieb

Durchstoßpunkt ***m*** **der optischen Achse mit der Platte,** optischer Bildmittelpunkt [*Fotogrammetrie*] • optical image centre, optical plate centre, optical picture centre (Brit.); point where the optical axis cuts the plate [*US spelling = center*]

Durchstrahlungsmikroskop ***n*** • transmission electron microscope, TEM

Durchströmung ***f*** **des Gebirges** • flow through the rock mass

Durchströmungsquerschnitt ***m*****,** Durchflussquerschnitt *m*, Durchstromquerschnitt [*Die von einer Flüssigkeit durchflossene Fläche normal zur Hauptströmungsrichtung. Zeichen: A. Einheit:* m^2] • discharge (cross-)section(al area), flow (cross)-section(al area), runoff (cross-)section(al area)

durchteufen • to penetrate, to sink through, to sink a shaft to great depth

Durchteufung ***f*** • sinking through, penetration

durchtreiben ➲ durchschlagen

Durchtrennungsgrad ***m*** [*eines Gesteins durch Trennflächen*] • degree of separation

durchtreten, durchsickern • to seep through, to percolate

Durchtrieb ***m*** ➲ Durchbruch

Durchtunnelung ***f*** • tunnelling through (Brit.); tunneling through (US)

durchwachsene Kohle ***f*** ➲ unreine Kohle

Durchwachsungszwilling ***m*** ➲ Durchdringungszwilling

durchwühltes Sediment ***n*** • churned sediment

Durchwurzelung ***f*** • root penetration

Durit ***m*** • durite [*A coal microlithotype that contains a combination of inertinite and exinite total(l)ing at least 95%, and containing more of each than a vitrinite*]

Duroclarit ***m*** [*Ein Mikrolithtyp, dessen Mazeralvergesellschaftung zwischen Clarit und Durit liegt, aber näher am Clarit*] • duroclarite

dürr [*Kluft*] • empty

Dürre ***f*****,** Trockenheit *f* • drought

dürrefreies Jahr ***n*** • non-drought year

Dürregebiet ***n*** • drought area

Dürregröße ***f*** • drought magnitude

Dürrejahr ***n*** • drought year

Dürrerz ***n*****,** Silbererz mit geringem Bleigehalt, brüchiges Erz • dry (silver) ore [*An ore of silver which requires added lead and fluxes for treatment*]

Düse ***f*** [*Tiefbohrtechnik*] • bean

Düsenablenk(bohr)meißel ***m*****,** Ablenkdüsen(bohr)-meißel, Ablenkturbine *f* [*Richtbohren*] • jet deflection bit, nozzle deflection bit; jet deflexion bit, nozzle deflexion bit (Brit.)

Düsenbohren ***n*** ➲ thermisches Bohren

Düsenbohrmeißel ***m*** [*Tiefbohrtechnik*] • jet bit, jet rock drilling bit, jet drilling bit, nozzle drilling bit, nozzle rock drilling bit

Düsenmeißelrichtbohren ***n*****,** Richtbohren mit Ablenkturbine • jet deflection drilling; jet deflexion drilling (Brit.)

Düsenrotarybohren ***n*****,** Rotarydüsenbohren • jet rotary drilling, rotary jet drilling

Düsenspülung ***f*** [*Rotarybohren*] • jet flushing

Düsenstock ***m*** [*Tiefbohrtechnik*] • choke manifold

Düsenstrahlinjektion ***f*****,** Düselstrahlverfahren *n*, DSV [*Darunter wird eine Bodenvermörtelung verstanden bei der das Verpressmittel durch eine Düse mit Drücken von 300–600 bar injiziert wird. Die ursprüngliche Bodenstruktur wird dabei zerstört, aber mit dem anstehenden Boden durchgemischt und führt letztendlich zu einer Erhöhung der Tragfähigkeit des Bodens*] • jet grouting, jet grouting technique, jet grouting method, jetting method

Düsenstrahlkörper ***m*** [*Düsenstrahlverfahren*] • jet grouting element

Düsenstrahllamelle ***f*** [*Düsenstrahlverfahren*] • jet wall

Düsenstrahlrohrschneider ***m*** • jet (pipe) cutter

Düsenstrahlsäule ***f*** • jet grouted column, jet grout column

Düsenstrahlverfahren ***n*****,** DSV, Düselstrahlinjektion *f* [*Darunter wird eine Bodenvermörtelung verstanden bei der das Verpressmittel durch eine Düse mit Drücken von 300–600 bar injiziert wird. Die ursprüngliche Bodenstruktur wird dabei zerstört, aber mit dem*

D

anstehenden Boden durchgemischt und führt letztendlich zu einer Erhöhung der Tragfähigkeit des Bodens] • jet grouting, jet grouting technique, jet grouting method, jetting method

Düsenstrahlwand *f* • jet grouted wall

Düsenwind *m* • mountain-gap wind of the Dardanelles

D-Versuch ➜ dränierter Versuch

DV-Absetzer *m*, Direktversturzabsetzer • cross pit conveyor, CPC

D-Versuch *m* ➜ entwässerter Dreiaxialversuch

Dwarssee(gang) *f*, *(m)*, Quersee(gang) *f*, *(m)* • beam sea, athwart sea [*Waves moving in a direction approximately 90° from the heading*]

Dwog *m* • buried dense topsoil horizon, dense buried topsoil horizon

Dy *m* [*Braunschlamm(boden)*] • dy

Dyakisdodekaeder *m* [*Kristallform*] • didodecahedron, diploid, diplohedron, dyakisdodecahedron

Dyakisdodekaederklasse *f* • diploidal class [*That crystal class in the isometric system having symmetry 2/m³*]

Dyas *f*, Perm *n* • Permian; Dyas(sic) [*obsolete*]

Dygyttja *f*, dystrophe Gyttja • dystrophic gyttja [*See note under "gyttja"*]

dynamisch arbeitende Sonde *f* • dynamic penetrometer

dynamisch anregen [*z.B. mittels eines Bodenrüttlers*] • to excite dynamically [*by means of a ground vibrator*]

dynamisch beanspruchtes Gebäude *n* • dynamically loaded building

dynamisch belastetes Grundbauwerk *n* • dynamically loaded foundation structure

dynamische Amplitude *f* • dynamic amplitude

dynamische Beanspruchung *f* • dynamic load

dynamische Belastung *f* • dynamic loading

dynamische Berichtigung *f*, dynamische Korrektur *f* • dynamic correction [*In seismic work a correction for normal moveout*]

dynamische Eigenschaften *f(pl)* [*des Bodens*] • dynamical properties [*of the soil*]

dynamische Erregung *f* • dynamic excitation

dynamische Geologie *f*, allgemeine Geologie • dynamic geology [*Treats generally of causes, agencies, and processes of geological change, but is frequently more or less confined to earth movements, and is thus used in much the same sense as structural or orogenic geology or diastrophism*]

dynamische Geomorphologie *f*, analytische Geomorphologie • dynamic geomorphology, analytical geomorphology

dynamische Gleichung *f*, Energiegleichung • energy equation

dynamische Intensivverdichtung *f*, DYNIV [*Bei diesem Verfahren kommen Fallmassen bzw. Fallplatten aus Stahl oder Stahlbeton von 20–40 t zum Einsatz. Diese werden aus Fallhöhen von 5–40 m, in einem Rasterabstand von 5–15 m mehrmals fallengelassen*] • dynamic intensive compaction, dynamic consolidation [*Einsatz in feinkörnigen Böden*]

dynamische Konsolidation *f* • dynamic consolidation

dynamische Korrektur *f*, dynamische Berichtigung *f* • dynamic correction [*In seismic work a correction for normal moveout*]

dynamische Metamorphose *f*, Dynamometamorphose • dynamic metamorphism, dynamometamorphism [*It is produced exclusively or largely by rock deformation, principally folding and faulting*]

dynamische Pfahlanalyse *f* • dynamic pile analysis

dynamische Pfahlprobebelastung *f* • dynamic pile load test

dynamische Pfahl(ramm)formel *f*, dynamische Rammformel • dynamic (pile) formula, dynamic (pile) driving formula [*Any of several formulas by which the bearing capacity of a driven pile can be calculated from the energy of the pile hammer and the penetration of the pile under each blow*]

dynamische Rammformel *f*, dynamische Pfahl(ramm)formel • dynamic (pile) formula, dynamic (pile) driving formula [*Any of several formulas by which the bearing capacity of a driven pile can be calculated from the energy of the pile hammer and the penetration of the pile under each blow*]

dynamische Spannungsmessung *f* • dynamic stress measurement

dynamische Steifigkeit *f* • dynamic stiffness

dynamische Stoßbelastung *f* [*z. B. auf einen Pfahl*] • dynamic impact load [*applied to a pile*]

dynamische Stratigrafie *f* • dynamic stratigraphy

dynamische Tiefenverdichtung *f*, Fallgewichtsverdichtung *f* [*Eine moderne Methode zur Bodenverbesserung. Dabei wird eine schockartige Belastung des zusammendrückbaren Untergrunds mittels eines 15 bis 30t schweren Fallgewichts aufgebracht. Nur anwendbar, wo benachbarte Gebäude durch die Erschütterungen nicht beeinträchtigt werden*] • deep dynamic compaction [*Natural soil deposits can be densified by dropping repeatedly large weights from great heights in a grid pattern on the ground surface*]

dynamische Überschwemmung *f* • dynamic flooding

dynamische Verdichtung *f* [*erfolgt z. B. durch Rüttelplatten u. Flaschenrüttler*] • dynamic compaction

dynamische Viskosität *f*, absolute Viskosität [*Proportionalitätsfaktor bei der Übertragung von Schubspannung in Geschwindigkeitsgefälle. Charakteristische Größe für die innere Reibung einer Flüssigkeit. Zeichen h, Einheit: kg/(m s)*] • dynamic viscosity, coefficient of (molecular) viscosity, absolute viscosity, viscosity coefficient

dynamische Wechselwirkung *f* • dynamic interaction

dynamische Wechselwirkung *f* Baugrund/Bauwerk • dynamic ground/structure interaction

dynamischer Bettungsmodul *m* • dynamic bedding modulus

dynamischer Dehnungsmesser *m* • dynamic (resistance) strain gauge; dynamic (resistance) strain gage (US) [*"Meter" may be used synonymously for "gauge" and "gage"*]

dynamischer Druck *m*, Staudruck, Geschwindigkeitsdruck [*Zeichen pk. Einheit bar, Pa*] • dynamic pressure, stagnation pressure, velocity pressure [*The pressure that a moving fluid would have if it were brought to rest by isentropic flow against a pressure gradient*]

dynamischer Eindring(ungs)widerstand *m* • dynamic penetration resistance

dynamisches Bruchverhalten *n* [*des Bodens*] • dynamic rupture behaviour (US: behavior) [*of the soil*]

dynamisches Deformationsverhalten *n* [*des Bodens*] • dynamical deformation behaviour (US: behavior) [*of the soil*]

dynamisches Gleichgewicht *n* • dynamic equilibrium

dynamisches Modell *n* • dynamic model

Dynamit *n* [*früher: m*] [*Es besteht aus Sprenggelatine und Zusätzen von chemisch wirksamen Pulvern (insbesondere Natronsalpeter) und brennbaren Substanzen*] • dynamite

Dynamit 1; Gelatinedynamit *n* [*veraltete Benennung*] • gelatin(e) dynamite, gelatinous dynamite, straight gelatin(e) dynamite; gelignite (Brit.) [*The explosive base is a jelly made by dissolving nitrocotton in nitroglycerin(e). Some of the nitrocotton and glycerin(e) may be replaced by ammonia nitrate. The first is known as "straight gelatin(e) dynamite" and the second as "ammonia gelatin(e) dynamite*]

Dynamitladung *f* • dynamite charge

Dynamitlager *n*, Dynamitmagazin *n* • dynamite magazine, dynamite store

Dynamitpatrone *f* • dynamite cartridge

Dynamitschuss *m* • dynamite shot

Dynamitseismik *f* • dynamite seismics

Dynamitsprengen *n*, Dynamitsprengung *f* • dynamiting, dynamite blasting

Dynamitverhältnis *n* • dynamite ratio

dynamoelektrische Zündmaschine *f* • blasting machine, battery, dynamo exploder, blasting battery [*A portable dynamo that generates enough electric(al) current to detonate electric(al) blasting caps when the machine rack bar or handle is given a quick, downward push*]

Dynamometamorphose *f*, dynamische Metamorphose • dynamic metamorphism, dynamometamorphism [*It is produced exclusively or largely by rock deformation, principally folding and faulting*]

Dynamometer *n*, Kraftmesser *m* • dynamometer [*Appliance used in engineering to measure power, either as output, input, or transitional*]

Dynamozünder *m* • dynamo exploder, dynamo detonator

Dynaseisverfahren *n*, bodendynamisches Verfahren *n*, bodendynamische Methode *f*, Dynaseismethode • (combined) vibrator and seismic methods

Dyn(e) *n*, *(f)* • dyne [*The unit of force in the centimeter-gram-second system of units, equal to the force which imparts an acceleration of 1 cm/sec to a 1 gram mass*]

DYNIV ➋ Dynamische Intensivverdichtung

Dyskrasit *m*, Antimonsilber *n* • dyscrasite, antimonial silver [*A silver-white mineral, Ag_3Sb*]

Dysodil *n*, Pappenkohle *f*, Papierschiefer *m*, Papierkohle [*Die Benennung "Blätterkohle" ist zu vermeiden, da in ihr wohl Blätter vereinzelt eingelagert sein können, sie aber nicht aus Blättern bzw. Kutikulen entstanden ist, und weil unter "Blättern" hier blattförmig dünne Schichten verstanden werden*] • dysodile, diatom-saprocol

dystrophe Gyttja *f*, Dygyttja • dystrophic gyttja [*See note under "gyttja"*]

dystropher See *m*, Braunwassersee • dystrophic lake [*Lake whose bottom water has little oxygen and nutrient matter*]

E

Earth Observation Center ***n*****,** EOC [*Das EOC umfasst das Deutsche Fernerkundungsdatenzentrum (DFD) und das Institut für Methodik der Fernerkundung (IMF)* [*Das Institut forscht auf dem Gebiet der Fernerkundung und entwickelt wissenschaftliche Auswertemethoden und anwendungsorientierte Lösungen zu Umwelt und Klima, Mobilität und Planung, zivile Sicherheit sowie zur Prävention und Management bei Naturkatastrophen*] • Earth Observation Center

EROS Data Center *n* [*Eine wissenschaftliche Einrichtung der US-Regierung, die mit Sattelitenaufnahmen der Erde Grundlagen für die Kartografie erstellt.*] • **E**arth **R**esources **O**bservation and **S**cience Center, EROS Data center [A *remotely sensed data management, systems development, and research field center for the U.S. Geological Survey's (USGS) Climate and Land Use Change Mission Area*]

Ebbe ***f*****,** Niedrigwasser *n*, Niederwasser • low water, low tide, L.W., lw. [*The lowest limit of the sea water level reached by the lowering tide*]

Ebbe ***f*****,** Tidefall *m*, Gezeitenfall; Fallendwasser *n* [*frühere Benennung*] • fall of tide, (tidal) fall, falling tide, outgoing tide, receding tide, (tide of) ebb, ebb tide [*See note under "rising tide"*]

Ebbe ... ➔ Niedrigwasser ...

Ebbe ***f*** **und Flut** ***f*****,** Gezeiten *f*, Tiden *f* • tides, falling tide and rising tide, ebb and flow

Ebbe ***f*** **und Flut** ***f*** **in Seen,** Seenspiegelschwankungen *f* • lake level variations

Ebbe- und Flutkraftwerk ***n*** ➔ Flut(kraft)werk

Ebbe- und Flutschleuse ***f*****,** Flut- und Ebbeschleuse • tidal lock, tide lock

Ebberinne ***f*** • ebb channel, ebb tide channel

Ebbestrom ***m*** • ebb current; ebb tide [*erroneous synonym*]

Ebbestromdurchfluss(menge) ***m*****, *(f)*****,** Durchfluss(menge) bei Ebbestrom [*Zeichen: Qe. Einheit* m^3/s*. Quotient aus Wassermenge, die zu einem bestimmten Zeitpunkt während der Ebbestromdauer einen Querschnitt durchströmt und der dazu benötigten Zeit*] • ebb discharge, ebb flow, ebb throughflow (volume)

Ebbe(strom)kenterungswasser ***n*****,** Ebbe(strom)umkehrwasser, Stillwasserpunkt *m* in der Nähe von Tnw, Stauwasser bei Ebbe, Stauwasser bei Niedrigwasser • slack water at low tide, slack water on the ebb, slack (tide) on the ebb

Ebbewassermenge ***f*** • ebb volume, volume of (the) ebb

Ebbezeit ***f*** ➔ Niedrigwasserzeit

eben • planar [*Lying or arranged as a plane or in planes*]

ebene Böschung ***f*** • straight slope

ebene Verformungszustände ***m(pl)*** • plane strain conditions

Ebene ***f*** ➔ Flachland

Ebene ***f*** • plane [*A two-dimension form that is without curvature; ideally, a perfectly flat or smooth surface. In geology, the term is applied to such features as a bedding plane or a planation surface*]

ebene Bildtriangulation ***f*****,** Radialtriangulation • radial triangulation, planimetric triangulation [*It provides only horizontal control (X and Y co-ordinates)*]

ebene Blechhaut ***f*** [*Segmentverschluss*] • flat (skin) plate

ebene Gegend ***f*** ➔ flache Gegend

ebene Gleitfläche ***f*** • plan slide surface, plane sliding surface

ebene Pfeilerkopf(stau)mauer ***f*****,** ebene Pfeilerkopf(tal)sperre *f*, ebene Pfeilerkopfsperrmauer • tee (solid) head buttress dam, tee (solid) head pier dam, solid tee head buttress dam, solid tee head pier dam

ebene Sohle ***f*** [*Strom; Fluss*] • plane bed [*A sedimentary bed without elevations or depressions larger than the maximum size of the bed material. It is characteristic of the lower part of the upper flow regime*]

ebene Strömung ***f*****,** zweidimensionale Strömung • two-dimensional flow

ebene Trennflächenwandung ***f*** [*Oberflächenstruktur des Gesteins*] • planar discontinuity surface

ebene Verformung ***f*** • plane strain

Ebenenhöhe ***f*****,** Ebenenkote *f*, Ebenenniveau *n* • equal level, equal elevation

Ebenenlandschaft ***f*** • plain landscape

Ebenenniveau ***n*** ➔ Ebenenhöhe

ebener Grenzerddruck ***m*** • plane limit earth pressure

ebener (Pfeiler)Kopf ***m*** [*Pfeilerkopf(stau)mauer*] • tee (solid) head, solid tee head

ebener Rückwärtseinschnitt ***m*****,** Rückwärtseinschnitt in der Ebene • three-point problem method, triple-point problem method [*The method of solving the three-point problem in planetable surveying, commonly by taking backsights on three previously located stations*]

H. Herrmann, H. Bucksch, *Wörterbuch GeoTechnik/Dictionary Geotechnical Engineering*,
DOI 10.1007/978-3-642-33335-4, © Springer-Verlag Berlin Heidelberg 2013

E

ebener Schnitt ***m*** • plane section

ebener Spannungszustand ***m*** • plane stress condition, two-dimensional stress condition (*or*: situation)

ebener Verzerrungszustand ***m*** • plane distortion state

ebenes Land ***n*** ➋ flache Gegend

ebenes Terrain ***n*,** ebenes Gelände *n* • level terrain, level ground, flat terrain

ebenflächig begrenzte Kreuzschichtung ***f*,** ebenflächig begrenzte Schrägschichtung • composite stratification, planar set of cross strata, planar cross-stratification, compound stratification [*Any set of cross-strata whose lower bounding surface is a planar surface of erosion resulting from level(l)ing and subsequent deposition. "Compound" can apply equally well to the other two basic types (simple and trough) and is therefore a source of confusion. If used at all, "compound" cross-stratification should apply to a combination of the basic types*]

ebengeschichtete Sandschichtung ***f*** • evenly laminated sand bedding

Ebenheit ***f*** • horizontally planed area [*karstland*], smoothness

Ebenwehr ***n*** [*Beim Salzbergbau ein Wehr, das in gleicher Sohle mit dem Sinkwerk(e) durch Verschluss der Sinkwerkebene gebildet ist*] (⚒) • dam

EBGEO, Empfehlungen für Bewehrungen aus Geokunststoffen • German recommendations for geosynthetic reinforcements

ebnen ➋ (ver)ebnen

ebnen ➋ abrichten

Echinit ***m*** ➋ Judenstein

Echograf ***m*,** Echograph *m* • sound recorder

Echoimpuls ***m*** • reflected pulse

Echolot ***n*** • acoustical altimeter, sonic altimeter, sound altimeter, acoustical depth finder, sonic depth finder, sound depth finder, echo sounder, depth sounder, sonic depthfinder

Echolotgeschwindigkeit ***f*** • echo sounding velocity, depth sounding velocity

Echolotkegel ***m*** • echo sounding cone, depth sounding cone, sonic depth cone

Echolotmessung ***f*** • echo-sounder measurement, echo-sounding measurement

Echolotpeilung ***f*** • echo sounding

Echolotung ***f*,** Echoloten *n* • sound navigation and ranging, (radio) echo sounding, SONAR, sonar [*A technique akin to radar, often used for locating submerged objects or water depths*]

Echoortungstechnik ***f*** • echo-ranging technique [*Typical echo-ranging techniques are radar, sonar, ultrasonic, marine and seismic reflection*]

Echoprinzip ***n*** • echo principle, sonar principle

Echosignal ***n*** • echo signal, target signal, video signal

Echosignal ***n*** [*Radar*] • response signal

echte Geosynkinale ***f*,** Orthogeosynklinale, Orthogeosynklinalpaar *n* • orthogeosyncline, primary geosyncline, geosynclinal couple

echte Kohäsion ***f*,** echte Haftfestigkeit, echte Bindigkeit, tatsächliche Kohäsion, wahre Kohäsion, wirkliche Kohäsion, wahre Haftfestigkeit, wahre Bindigkeit, wirkliche Haftfestigkeit, wirkliche Bindigkeit, tatsächliche Haftfestigkeit, tatsächliche Bindigkeit *f* • true cohesion

echte Vulkanexplosion ***f*,** Vulkanausbruch *m* • volcanic eruption, volcanic event, lava emission, emission of lava, melting out

echter Edelstein ***m*** • true precious stone

echter Gebirgsdruck ***m*,** echter Schicht(en)druck, echter Formationsdruck, Umlagerungsdruck [*Im Untertagebau der in der Wand eines Hohlraumes wirkende Druck, wenn durch die Spannungsumlagerungen des sekundären Spannungszustandes die Grenze zwischen dem elastischen Gebirgsverhalten und dem plastischen Verhalten (Fließgrenze bzw. Bruch) überschritten wird*] • true ground pressure, true strata pressure, true formation pressure, true surrounding medium pressure

echter Glei(boden) ***m*,** echter Gley(boden), echter gleyartiger Boden, echter gleiartiger Boden • true gley soil

echter Löss ***m*** ➋ Urlöss

echter Rhyolith ***m*** [*Hyaline und ähnliche Rhyolite*] • true rhyolite

echter Schicht(en)druck ***m*,** echter Gebirgsdruck, echter Formationsdruck, Umlagerungsdruck [*Im Untertagebau der in der Wand eines Hohlraumes wirkende Druck, wenn durch die Spannungsumlagerungen des sekundären Spannungszustandes die Grenze zwischen dem elastischen Gebirgsverhalten und dem plastischen Verhalten (Fließgrenze bzw. Bruch) überschritten wird*] • true ground pressure, true strata pressure, true formation pressure, true surrounding medium pressure

echter Schmuckstein ***m*** • true (gem)stone

echter Spaltengang ***m*** • true fissure vein [*As called by geologists, "vein" is called "lode" by miners*]

echtes Grundwasser ***n*,** spezifisches Grundwasser, spezielles Grundwasser, Porengrundwasser [*Es füllt die Gesteinsporen zusammenhängend aus und bildet einen Grundwasserspiegel*] • pore groundwater, interstice groundwater, void groundwater

echtes Überströmwehr *n*
➋ vollkommenes Überfallwehr
Echtzeit *f* • real time
Echtzeitfotogrammetrie *f* • real-time photogrammetry
Echtzeituhr *f* • real time clock
Echtzeitvorhersage *f* • real time forecasting
Eckbau *m* [*Rahmenausbau*] (⚒) • corner set(t)
Ecke *f* • corner
Ecke *f* [*Kristall*] • solid angle
Eckgrundstück *n* • corner lot, corner plot, corner site
Eckpfahl *m*, Bundpfahl • corner pile
Eckpfosten *m*, Distanzstück *n* • corner post [*vertical shaft*]; distance piece [*inclined shaft*]
Eckpunkt *m* • corner (point) [*photogrammetry*]
Eckrohr *n* [*eines Leuchtturms*] • corner post [*of a lighthouse*]
Eckschachtrahmen, Schachteckrahmen *m* (⚒) • side shaft frame
Eckspundbohle *f*, Bundspundbohle [*Dickes Vierkantholz an den Ecken einer Holzspundwand*] • corner sheet pile
edaphisch, bodenbedingt, ortsständig • edaphic [*Said of geologic(al) formations or effects resulting from or influenced by local conditions of the soil or substrate; also, an old term applied to any soil characteristic that affects plant growth, e.g. alkalinity and acidity*]
edel, Edel ... • precious [*A term used by mineralogists to imply the finest variety of gems or minerals; for example, precious garnet, precious beryl, etc.*]
edel, rein • noble [*Used in mineralogy to express superiority or purity, for example, noble opal, noble t(o)urmaline, noble serpentine etc.*]
Edelfall *m* • shoot of precious metal ore
Edelgas *n* • inert gas, noble gas, rare gas
Edelkastanie *f* [*Holz der Edelkastanie od. der Baum selbst*] • sweet chestnut
Edelkastanienholz *n* ➋ Edelkastanie
Edelmetallgewicht *n* • troy weight
edelmetallhaltige Bleilegierung *f* • dove bullion
Edelstein *m* [*Vom Juwelier "Stein" genannt*] • precious stone, noble stone [*A gemstone that, owing to its beauty, rarity, durability, and hardness, has the highest commercial value and traditionally has enjoyed the highest esteem since antiquity, strictly, any genuine gem material. Loosely called "stone"*]
(Edel)Stein *m* mit Oberflächeneinlagerungen
➋ beschichteter Stein
Edelsteinkunde *f*, Gemmologie
(Edel)Steinschneidekunst *f*, Glyptik *f* • glyptics
Edinit *m* • edinite, prase [*A translucent and dull leekgreen variety of chalcedonic quartz*]
edler Achat *m*, orientalischer Achat • oriental agate [*Understood to be all the most beautiful and translucent agate*]
edler Feldspat *m*, Feueropal *m*, Sonnenstein *m*, Sonnenopal • fire opal, sun opal, pyrophane
edler Glasquarz *m*, Bergkristall *m*, kristallisierter Quarz • crystallized quartz
edler Opal *m*; orientalischer Opal, morgenländischer Opal [*Fehlbenennungen*] • oriental opal
edles Geschicke *n* [*Reiches Silbererz, das in den Schnittlinien von Gängen im Freiberger Revier vorkommt*] • rich silver ore
EDV ➋ Elektronische Datenverarbeitung
effektive ..., wirksame ...
effektive Horizontalspannung *f* • effective horizontal stress condition
effektive Spannung *f* • effective stress
effektiver Spannungstensor *m* • effective stress tensor
effektiver Druck *m* ➋ Korngefügedruck
Effusion *f* ➋ (vulkanische) Effusion
Effusion *f* [*Die Bewegung der Fluide unter dem Einfluss von Druckunterschieden*] • effusion
Effusion *f* ➋ Ausguss
effusiv • effusive [*Of or pertaining to the pouring forth of lava*]
Effusivgestein *n* • effusive rock
Effusivstadium *n* • effusive stage [*The second cooling stage for volcanic rocks*]
Eggonit *m* ➋ Kolbeckit
EGL, Einheitsganglinie *f*, hydrografischer Einheitswert *m* • unit hydrograph [*A simple model of the response of a catchment to rainfall. This concept was introduced by Sherman in 1932*]
Eglestonit *m* • eglestonite [*A brownish-yellow, darkening on exposure to black, oxy-chlorid(e) of mercury, Hg_4Cl_2O*]
ehemaliges Schelf *n* ➋ Schelfstruktur
Eichbehälter *m*, Eichtank *m* • prover tank
Eiche *f* [*Holz des Eichenholzbaums od. der Baum selbst*] • oak
Eichenbauholz *n* • oak timber
Eichenblätterstein *m*, versteinertes Eichenholz *n* • dyrite
Eichenholz *n* ➋ Eiche
Eichenschälwald *m* • oak-bark woodland
Eichkurve *f*, Pegelkurve *f*, Pegelschlüssel [*Flusskunde: Bei jeder Wasserstandsmessstelle werden jährlich und in*

regelmäßigen Abständen Durchflussmessungen durchgeführt, um eine mathematische Funktion zwischen Wasserstand und Durchfluss zu ermitteln. Diese mathematische Beziehung bezeichnet man als "Pegelkurve" oder "Schlüsselkurve"] • flow rating curve [*for a flow gauging station*]

Eichkurve *f* [*an einem Gerät*] • calibration curve

Eichrinne *f*, Messrinne *f* • measuring flume

E

Eieranthrazit *m* • egg(s) anthracite [*USA about 82 to about 70 mm*]

Eieranthrazit *m* • nut anthracite [*USA: about 45 to about 27 mm*]

Eierschalendiagenese *f* • eggshell diagenesis

eiförmig • ovate, egg-shaped, ovoid

Eigenantrieb *m* ➋ mit Eigenantrieb

Eigenbedarf(s)kohlengrube *f*, Eigenbedarf(s)zeche *f* • captive coal mine

Eigenberge *f*, Eigenbergeversatzgut *n*, Eigenbergeversatzmaterial *n* (⚒) • development waste (material)

Eigenbewegung *f* [*eines Beobachtungspunktes gegenüber Bauwerk od. Baugrund, sichtlich gemacht durch rechtzeitig angebrachte Vermarkungen*] • self-movement

Eigendrehimpuls *m* des Elektrons • spin

eigene Asche *f* • inherent ash, plant ash, constitutional ash, fixed ash [*The ash or inorganic material present in the original vegetation that ultimately formed the coal seam. This ash is not visible and cannot be removed by washing. It commonly amounts to about 1%*]

eigene Verdämmung *f*, horizontaler Damm

eigene Verspündung *f*, horizontaler Damm

eigener Damm *m*, horizontaler Damm

Eigenfehler *m*, subjektiver Fehler • subjective error

Eigenfeuchte *f*, Eigenfeuchtigkeit *f* • inherent moisture, bed moisture [*In coal, that fraction of the moisture content that is structurally contained in the coal*]

Eigenfeuchte *f*, Eigenfeuchtigkeit *f* • moisture content, water of composition, inherent moisture, composition water

Eigenform *f* • eigen-mode

Eigenformverfahren *n* • eigen-mode method

Eigenfrequenz *f* • natural frequency, eigenfrequency

eigengefärbt, idiochromatisch • idiochromatic

Eigengewicht *n* [*Gebäude, Brücke usw.*] • dead load, dead weight, own weight

Eigengewicht *n* [*eines Schiffes*] • unladen weight

Eigengewicht *n* [*eines Fahrzeugs*] • tare weight

Eigengewicht *n* • cohesive arching [*Of bulk materials in bunkers and silos*]

Eigengewicht *n* des Bodens • dead weight of the soil, soil weight

Eigengewicht(s)setzung *f* • settlement under own weight

Eigenimpulsmethode *f*, Eigenimpulsverfahren *n* • characteristic pulse method

Eigenlast *f* • own weight [*Context: if the soil should settle under its own weight...*]

Eigenlehner, Eigenlöhner *m*; Einspänniger *m* [*Österreich*] (⚒) • working mine owner

Eigenpotential *n* • spontaneous potential, self potential, natural potential, SP

Eigenpotentialanomalie *f* • spontaneous potential anomaly, self-potential anomaly, SP anomaly, natural potential anomaly

Eigenpotential-Bohrlochaufnahme *f*, Eigenpotential-Bohrloch(ver)messung *f* • spontaneous (geophysical) (well) logging, self-potential (geophysical) (well) logging, SP (geophysical) (well) logging, natural potential (geophysical) (well) logging

Eigenpotential(-Bohrloch)gradient *m* • spontaneous potential gradient, self-potential gradient, SP gradient, natural potential gradient

Eigenpotential(-Bohrloch)log *n* • spontaneous potential (well) log, SP (well) log, natural potential (well) log, self-potential (well) log [*It is obtained by recording the naturally occurring voltage difference between an electrode on the land surface (or embedded in the drilling mud pit, if used) and another electrode lowered into a (bore)hole. "Electric(al) log" may synonymously be used for "well (log)"*]

Eigenpotentialkurve *f*, Porositätskurve [*Sie zeigt das Eigenpotential zur Unterscheidung poröser und undurchlässiger Schichten an*] • spontaneous potential curve, SP curve, natural potential curve

Eigenpotentialmethode *f*, Eigenpotentialverfahren *n* • spontaneous potential method, self-potential method, SP method, natural potential method

Eigenpotentialprospektieren *n*, Eigenpotentialsuche *f* • spontaneous potential prospection, spontaneous potential search(ing), natural potential prospection, natural potential search(ing), self-potential prospection, SP prospection, self-potential search (ing), SP search(ing)

Eigenschwingung *f*, Grundschwingung [*z. B. Bauwerk bei Erdbebenlast*] • response acceleration

Eigenschwingung *f* [*z. B. eines Senkkastens*] • self-oscillation

Eigensetzung *f* • inherent settlement [*The sinking of a foundation caused by the loads it superimposes on the*

soil below it, rather than by the loads on any adjacent foundation]

Eigenspannung *f* • internal stress, eigenstress

Eigenspannungszustand *m* • state of self-stress, self-stress state

Eigenstrahlung *f* des Anodenmaterials, charakteristische Strahlung • characteristic radiation

eigentliche Dünung *f*, eigentlicher Schwall *m* • underswell

eigentliche Erkundung *f* • reconnaissance proper

eigentliche Grundwasserquelle *f* • deep groundwater spring, groundwater spring of the piezometric surface

eigentliche Wüste *f*, heiße Wüste, vollaride Wüste • hot desert [*The mean annual temperature is higher than 18 °C (64.4 °F)*]

Eigentumsanlage *f* • condominium (US), condo (US) [*an apartment house in which each flat is owned by the individual who lives in it*]

Eigentumswohnung *f* • condominium (US), condo (US) [*a unit in an apartment house made up of individual flats. It is owned by the person who lives in it*]

Eigenversatz *m* (⚒) • self-fill

Eigenversetzen *n* (⚒) • self-filling

Eigenwertaufgabe *f* • eigen value problem

Eigenwertlöser *m* • eigen value solver

Eignung *f* • acceptability, suitability [*State or condition of meeting minimum standards for use*]

Eignungsfaktor *m* • suitability factor

Eignungsprüfung *f* [*z. B. für Kalk um die Art und Menge des Kalkes für eine Bodenverfestigung zu wählen*] • suitability test

Eimerkettenbagger *m*
➋ Eimerkettenschwimmbagger

Eimerkettenschwimmbagger *m*, Eimerkettenbagger *m* [*ein mechanisch wirkender Nassbagger*] • elevator bucket excavator, floating elevator dredger

Eimerkunst *f*, Bulgenkunst, Paternosterwerk *n*, Paternosterkunst [*Eine Wasserhebemaschine, bei welcher an einer über eine Scheibe gelegte Kette ohne Ende lederne Eimer, Bulgen, befestigt sind, die das Wasser in die Höhe fördern*] (⚒) • chain pump

Eimerleiter *f* [*z. B. eines Eimerkettenschwimmbaggers*] • bucket ladder

Eimerseilbagger *m*, Schürfkübelbagger, Schleppschaufelbagger, Schlepplöffelbagger, Zugkübelbagger, Löffelbagger mit Schleppschaufel(einrichtung) • dragline (bucket) excavator, dragline digger, dragline (-type) shovel, boom dragline

(ein)gespült, spülgebohrt [*Filterbrunnen; Pfahl*] • jetted, installed by jetting, water-jetted

einachsig • uniaxial

einachsig beanspruchte Platte *f* [*Plattengründungen*] • mono-axially stressed raft

Einachsigkeit *f* • uniaxiality

Ein-Arbeitsgang-Verfahren *n* [*Bodenvermörtelung*] • single-pass mixing, one-pass mixing

einäugiges Sehen *n* • monocular vision, seeing with one eye

einaxiale Druckfestigkeit *f* [*Pfahlgründung*] • uniaxial compressive strength, unconfined compressive strength [*pile foundation*]

einaxiale Druckprobe *f*, einaxialer Druckversuch *m*, einaxiale Druckprüfung *f* [*Eine zylindrische Bodenprobe wird bei unbehinderter Seitenausdehnung in der Längsachse bis zu einem Bruch belastet*] • single-axial compression test, one-axial compression test, unconfined compression test

einaxiale Kurzzeitfestigkeit *f* [*für einaxiale Kriechversuche*] • uniaxial short-term compressive strength [*for uniaxial creep tests*]

einaxialer Druckversuch *m* • uniaxial compression test

einaxiales Geogitter *n* • uniaxial geogrid

einbahniger Grundwasserleiter *m*, einwegiger Grundwasserleiter • single-path aquifer, one-path aquifer

Einbau *m* • installation, placement, placing

Einbauelement *n* [*Untertagebau und Bergbau*] • (ground) support element, (ground) support product

einbauen, absetzen, einlassen, einbringen, einführen, abhängen • to land, to set, to insert, to run (in) [*casing*]

Einbauen *n* und Verdichten • placing and compacting [*earthwork*]

Einbaukennlinie *f* [*Untertagebau und Bergbau*] • (ground) support yield curve

Einbaulanze *f* • stitcher lance

Einbaustelle *f* [*für einen Senkkasten*] • setting-down location

Einbautechnik *f* • installation technique, placement technique, placing technique

Einbautiefe *f* • installation depth

Einbautiefe *f* ➋ (Bohr)Rohrabsetztiefe

Einbauverfahren *n* • installation method

Einbauzeit *f* • set-up time

Ein-Becken-Gezeitenkraftwerk *n*, Ein-Becken-Tidekraftwerk • single-pool (tidal) (power) plant, single-pool (tidal) (power) installation, one-pool (tidal) (power) plant, one-pool (tidal) (power) installation

einbeschriebener Kreis *m* • inscribed circle

E

E

einbiegendes Ufer ***n*** ➔ Unterschneidungshang
Einbildinstrument ***n*** • monocular instrument [*photogrammetry*]
Einbildkomparator ***m*,** Monokomparator [*Fotogrammetrie*] • monocomparator
Einbildfotogrammetrie ***f*** • single photogrammetry
Einbindelänge ***f*** ➔ (Pfahl)Einbindelänge
einbinden • to imbed, to embed
einbinden in [Kontext: *Da die Schlitzwände nicht ins Tertiär einbinden, ist* ein *Baggervortrieb unter Druckluft erforderlich*] • to extend into [*Context: As the diaphragm walls do not extend into the tertiary, a drive with an excavator under compressed air is required*]
Einbinden ***n*** • tie-in [*In geophysics, the relating of a new station or value to ones already established*]
Einbindepunkt ***m*** • tie point [*A point to which a tie is made; esp. a point of closure of a survey either on itself or on another survey*]
Einbindetiefe ***f*** [*z. B. für eine Tankgründung od. Pfahlgründung*] • embedment depth, embedment, imbedment depth, embedded depth
Einbindungsfläche ***f*** • lowered plain
Einbohlenrüttelverfahren ***n*** • single-lance vibratory (*or:* vibwall) technique
einbrechen [*Einbrechen in andere Gang- und Gebirgsarten; z. B. bricht Kies, Blende usw. ein*] • to occur, to show
einbrechen ➔ nachfallen
Einbrechen ***n*,** Einbruch *m* • inflow(ing) [*water*]
einbringen, herstellen [*Pfähle durch Rammen, Rütteln, Eindrücken oder Drehen*] • to install [*piles by driving, vibrating, jacking or screwing*]
einbringen ➔ absetzen
einbringen ➔ durchschlagen
einbringen ➔ schlagen
Einbringen ***n*** ➔ Schlagen
Einbringen ***n*** • priming [*Act of placing detonator in explosive charge*]
Einbringung ***f*,** Einbringen *n* [*z. B. einer Bewehrung*] • insertion, introduction [*of reinforcement*]
Einbringung ***f*,** Einbringen *n*, Herstellung [*Pfähle für ein Pfahlfundament*] • installation
Einbruch ***m*** [*Die im regelmäßigen Betrieb von Grubenbauen bei dem ersten Angriff eines Stoßes gemachte Vertiefung, der erste Einschnitt*] (⚒) • core, entering wedge
Einbruch ***m*,** Einbrechen *n* • inflow(ing) [*water*]
Einbruch ***m*** • run(-in) [*Flow of material into an underground cavity*]
Einbruch ***m*,** Zubruchgehen *n*, Hereinbrechen (des Hangenden), Grubeneinsturz *m* (⚒) • breaking down, caving(-in), dropping, block-crushing
Einbruch ***m*** [*Zuerst hereingesprengter Teil eines Abschlages, durch den ein Hohlraum geschaffen wird, auf dessen freie Flächen anschließend die in Vortriebsrichtung gebohrten Sprengbohrlöcher ihre Vorgabe werfen*] • breaking(-in),cut
Einbruchbrekzie ***f*** ➔ Einsturzbrekzie
Einbruchcaldera ***f*** ➔ Einsturzkessel
einbruchfähig, einsturzfähig • collapsible
Einbruchhohlraum ***m*** • breaking(-in) void, breaking (-in) cavity, cut void, cut cavity
Einbruchkessel ***m*** ➔ Einsturzkessel
Einbruchmethode ***f*,** Einbruchverfahren *n* • breaking-in method, cut method
Einbruchschuss ***m*** • breaking-in shot, cut shot
Einbruch(spreng)loch ***n*** • breaking(-in) hole, cut hole [*In tunnel(l)ing, an easer to be drilled and fired so as to break out a leading wedge(shaped) hole and thus enable to later holes in the complete round of shots to act more effectively*]
Einbruchsprengen ***n*** • breaking(-in) blasting, cut blasting
Einbruchstelle ***f*,** Einsturzstelle • cave-in [*A place where material has collapsed*]
Einbruchtal ***n*,** Einsturztal • collapse valley
Einbruchverfahren ***n*,** Einbruchmethode *f* • breaking-in method, cut method
Einbuchten ***n*,** Zerlappen, Zerschneiden • embayment [*Act or process of forming a bay*]
einbuchtendes Ufer ***n*** ➔ Unterschneidungshang
Einbuchtung ***f*,** Zerlappung, Zerschneidung • embayment [*A deep depression in a shoreline forming a large bay*]
Einbuchtung ***f*** ➔ Unterschneidungshang
einbühnen (⚒) • to hole, to hitch
Eindampfungsgestein ***n*,** Evaporit *m*, Verdampfungsgestein, Eindampfungssediment *n*, Verdampfungsediment • evaporate (rock), evaporite (rock), saline residue, saline deposit [*Nonclastic sedimentary rock precipitated from water solution as a result of evaporation, e.g. anhydrite, potash salt, rock salt, certain limestones*]
eindeichen • to dyke, to dike
Eindeichung ***f*,** Abdeichung, Eindeichen, Abdeichen *n* • dyking(-in), diking(-in), embanking
Eindeutigkeitstheorem ***n*** • uniqueness theorem
eindimensional • one-dimensional

eindimensionale Konsolidierung *f* • single-dimensional consolidation, one-dimensional consolidation

eindimensionale Wellenausbreitungstheorie *f* • one-dimensional wave propagation theory

eindimensionales Berechnungsverfahren *n*, Stromfadentheorie *f*, eindimensionale Berechnungsmethode *f* [*Zusammenfassung einer Stromröhre durch Integration über dem Fließquerschnitt zu einem gedachten Stromfaden, mit dessen Hilfe die Querschnittsmittelwerte wie bei einer Stromfadenströmung berechnet werden können*] • theory of liquid filament, theory of flow filament, theory of filament of flow, liquid filament theory, flow filament theory

eindringen • to penetrate

eindringen • to pipe [*Of soil into a subterranean cavity system in the case of a hydraulic groundbreak*]

eindringen (⚒) ➋ einbrechen

Eindringen *n* [*von Wasser in den Untergrund*] • penetration [*of water into the ground*]

Eindringfähigkeit *f* [*eines Rüttelgeräts*] • penetration capability

Eindringformationsmessung *f*, Eindring(ungs)kernen *n*, Eindringungsformationsmessung • penetration logging, penetration coring [*Rate of penetration by rotary-drilled, cable-tooled, and core-drilled wells has been of primary concern to geologists, engineers, contractors, and operators for years, particularly from standpoint of drilling procedures, economics, and correlation. During the past two decades, various instruments have been designed, redesigned, and applied for accurately recording rates of penetration of stratigraphic sections. Among these instruments is the Geolograph (see T. W Brown, "Rig Instrumentation for Modern Drilling Programs"). Data recorded by this device are accepted widely by the petroleum industry for determining certain subsurface rock parameters and recording of drilling activities.*]

Eindringgeschwindigkeit *f* [*z. B. bei der Drucksondierung, Gewichtssondierung*] • rate of penetration, penetration rate [*penetration test*]

Eindringgeschwindigkeit [*von Wasser*] • entrance velocity [*of water*]

Eindringhilfen *f(pl)* [*Luft und Wasser; Rütteldruckverdichtung*] • penetration aids

Eindringstrecke *f*, Eindringlänge [*einer Stützflüssigkeit*] • penetration length [*of a supporting fluid*]

Eindringtiefe *f* ➋ Eindringungstiefe

Eindringtiefe *f* **pro Schlag** • set, pile set [*The distance a pile penetrates with one blow from the driving hammer*]

Eindringungsbereich *m* • penetration range

Eindringungsformationsmessung *f* ➋ Eindringformationsmessung

Eindringungskegel *m* • penetration cone

Eindringungskernen *n* ➋ Eindringformationsmessung

Eindringungsmesser *m* • penetrometer

Eindringungstiefe *f* • depth of penetration, penetration depth [*The depth at which the integrated temperature differentials of adjacent spatial resolution cells are equivalent to the temperature resolution of the sensor*]

Eindringungstiefe *f* • depth of penetration, penetration depth [*The depth from which radiation may still reach the receiver. Such radiation is integrated over the distance downwards from the surface*]

Eindringungstiefe *f* • depth of penetration, penetration depth [*The depth in a dissipative medium at which the electric field intensity associated with a plane electromagnetic wave is smaller than its value at the surface of the medium by 1/e (e is the base of the Napierian logarithm)*]

Eindringungswiderstand *m* • balk, penetration resistance [*Refusal of a drill bit to cut and/or the refusal of a drive pipe, sampling barrel, or cone penetrometer to be driven deeper*]

Eindringungswiderstand *m* [*System Pfahl-Boden*], Sondierwiderstand *m* • penetration resistance

Eindringungszone *f* **der Bohrlochflüssigkeit** • zone of invasion of bore hole fluid

Eindringvermögen *n* [*eines Rüttelgeräts; eines Planierraupen-Schildes*] • penetration capacity [*of a vibrator; of the metal shield attached to a bulldozer*]

Eindringwiderstand ➋ Eindringungswiderstand

Eindrücken *n*, Einspießen [*Bogen in die Firste*] (⚒) • (arch) spiring

Eindrücken *n* [*Verdrängungspfahl*] • jacking

Eindrückvorrichtung *f* • driving device

einebnen, (ver)ebnen, (ein)planieren • to level

Einebnung *f*, Verebnung • grading, gradation; levelling (Brit.); leveling (US) [*In geomorphology, the level(l)ing of the land, or the bringing of a land surface or area to a uniform or nearly uniform grade or slope through erosion, transportation, and deposition, specifically the bringing of a stream bed or river bed to a slope at which the water is just able to transport the material delivered to it*]

E

Einebnung *f*, Verebnung [*Die Landschaft wird derart eingeebnet, dass weder Material weggeführt noch zugeführt wird, wobei innerhalb der Materialtransport stattfindet*] • equiplanation

Einebnungsfläche *f* • base-level plain [*A flat surface, area or lowland produced by the wearing-down of a region to or near its level*]

Ein-Elektroden-Anordnung *f* [*Eine Elektrode ist an der (Erd)Oberfläche fest angebracht (Erdungselektrode), die andere ist in das Bohrloch eingeführt*] • single-electrode configuration, one-electrode configuration

Einerprisma *n* • single prism

einfach ausgesteifter Fangedamm *m*, einfach versteifter Fangedamm • single-way braced cofferdam, one-way braced cofferdam

Einfach-Bogensperrmauer, Einzel-Bogensperrmauer *f*, Einzel-Bogen(stau)mauer, Einfach-Bogen(stau)mauer, Einzel-Gewölbesperrmauer, Einfach-Gewölbe(stau)-mauer, Einzel-Gewölbe(stau)mauer, Einfach-Gewölbesperrmauer, Einfach-Bogen(tal)sperre, Einfach-Bogen(tal)sperre, Einzel-Gewölbe(tal)sperre, Einfach-Gewölbe(tal)sperre *f* • single arch(ed) dam

einfache Abkühlungseinheit *f* [*Ignimbritstrom*] • simple cooling unit

einfache Bedienung *f* • simple operation

einfache (Kristall)Schiebung *f* • single crystal slip

einfache Lastaufteilungsmethode *f*, einfaches Lastaufteilungsverfahren *n*, einschnittiges Lastaufteilungsverfahren, einschnittige Lastaufteilungsmethode • simplified trial-load method, abridged trial-load method

einfache Schwarzzündschnur *f*, schwarze Einfachzündschnur • black single fuse, black single fuze, single black fuse, single black fuze

einfache Zange *f*, einspringende Zange [*Zwei g(e)radlinige Brustwehren, die in einem Winkel zusammenstoßen, dessen Öffnung zur Feindseite liegt*] • single tenail

einfacher Wüstenboden *m* • primitive desert(ic) soil

einfaches Abflussregime *n*, einfaches Ablaufregime [*Im Jahresgang treten nur je eine Hoch- und Niedrigwasserperiode auf*] • simple runoff regime(n)

einfaches Bodenprofil *n*, reguläres Bodenprofil • regular soil profile, simple soil profile [*The boundaries between strata are more or less parallel*]

einfaches Fehlerfortpflanzungsgesetz *n* [*frühere Benennung*]; Varianzfortpflanzungsgesetz *n* • variance propagation law

einfaches Gebirge *n*, einzyklisches Gebirge • single-cycle mountain, one-cycle mountain

einfaches Gestein *n*, gleichartiges Gestein [*Es besteht aus Teilen eines Hauptminerals, z. B. Quarzit oder Gips*] • simple rock

einfaches Lastaufteilungsverfahren *n*, einfache Lastaufteilungsmethode *f*, einschnittiges Lastaufteilungsverfahren, einschnittige Lastaufteilungsmethode • simplified trial-load method, abridged trial-load method

einfaches Nivellieren *n* • low-order levelling (Brit.); low-order leveling (US)

Einfachextensometer *n* • single-rod extensometer

Einfach-Gewölbesperrmauer *f*
➋ Einfach-Bogensperrmauer

Einfach-Gleitschienen(graben)sicherung *f*, Einfach-Gleitschienen(graben)verbau *m* • single slide rail (trench) support

Einfachkernrohr *n* • single-tube core barrel

Einfachkernrohr *n* mit grobgezahnter Stirn, Einfachkernrohr mit Spinne, Spinnen-Einfachkernrohr • basket (type) core barrel

einfachkohlensaures Salz *n* • neutral carbonate

Einfachmineral *n* • simple mineral

Einfachpacker *m* [*für Injektionsarbeiten*] • single packer [*for grouting work*]

Einfachschergerät *n* • simple shear apparatus

Einfachschild *m* [*Tunnelbohrtechnik*] • single shield

Einfachschild-Tunnelbohrmaschine *f*, Einfachschild-TBM • single shield tunnel boring machine, single-shield TBM

Einfachschwefeleisen *n* • ferrous sulphid(e); ferrous sulfid(e) (US)

Einfach(sicherheits)schieber *m* [*Tiefbohrtechnik*] • single-gate (preventer), one-gate (preventer)

Einfachstangenextensometer *n* • single rod extensometer

einfach verankerte Spundwand *f* • single-anchored sheet pile wall

einfachwirkendes Einzelbecken *n* [*Die Gezeitenenergie wird durch Turbinen nur in einem Strömungssinn genutzt*] • single-acting single basin, single single-acting basin

Einfachzündschnur *f*, Einzelzündschnur • single fuse, single fuze

Einfädeler *m*, Spundwandeinfädeler • (sheet pile) monkey, (sheet pile) rabbit, (sheet pile) topman [*The workman who sits atop a sheet pile wall and threads interlocks*]

einfädeln • to lace, to thread [*To raise and slip a pile interlock, such as a steel sheet pile, into the interlock of an adjoining pile*]

einfädeln • to pitch [*A pile into a prebored hole for driving*]
einfahren, anfahren, hinabfahren (⚒) • to go below, to go down, to (go) underground
Einfahrer ***m*** ➤ Berginspektor
Einfahrgeschwindigkeit ***f*** [*z. B. bei der Herstellung von Kalkpfählen*] • lowering speed
Einfahr(t)öffnung ***f*** • inlet opening [*microtunnel(l)-ing*]
Einfahr(t)schacht ***m*** ➤ Einstiegschacht
Einfahr(t)schleuse ***f*** • entry lock
Einfallauflösung ***f*** • dip resolution
(ein)fallen • to dip
(Ein)fallen ***n*** [*Neigung einer Lagerstätte gegen die Horizontalebene des Beobachtungsortes*] • dip(ping), inclination; dook [*Scotland*] [*When these terms are used without qualification, the maximum inclination or full dip(ping) is implied*]
(Ein)Fallen ***n*** **an Bohrkernen** • core dip(ping)
(Ein)Fallen ***n*** **der Verwerfung** • fault dip(ping)
(ein)fallen gegen, einsetzen gegen, einschließen gegen, abfallen gegen • to dip up
(Ein)Fallen ***n*** **gegen die Lotrechte,** (Ein)Fallen gegen die Senkrechte, (Ein)Fallen gegen die Vertikale, starkes (Ein)Fallen, Einschießen • hade, rise, underlay, underlie [*In structural geology, the complement of the dip, the angle that a structural surface makes with the vertical, measured perpendicular to the strike. It is little used*]
(ein)fallen gegen die Senkrechte, (ein)fallen gegen die Lotrechte, (ein)fallen gegen die Vertikale, stark (ein)fallen, einschießen • to hade [*To incline from the vertical*]
(ein)fallend, einsetzend, einschließend, abfallend • dipping
(ein)fallende Lagen ***f(pl),*** (ein)fallende Schichten *f* (⚒) • layers with inclination towards the miner
(ein)fallende (Orts)Strecke ***f,*** Bremsberg *m,* (einfallender) Stollen *m,* Berg (⚒) • (braking) incline, clook, flat inclined plane, gradient, gravity incline, haul (age) plane, inclined roadway, ginney (road), jinny (road), (inclined) plane, run, raise heading, self-acting incline, brake incline, gravity plane, godevil plane, underground gravity plane, sloping plane [*Loaded wagons come down and empty wagons go up*]
(ein)fallende Sprunghöhe ***f*** • dip slip, normal displacement [*In a fault, the component of the movement or slip that is parallel to the dip of the fault*]
(ein)fallende Wetter ***f*** ➤ einziehende Wetter
(ein)fallende (Wetter)Strecke ***f***
➤ (Wetter)Ein-ziehstrecke
(ein)fallender Stollen ***m*** ➤ Strecke
(ein)fallfrei ➤ horizontal
(Ein)Falllinie ***f*** • line of dip, dip line, direction of dip, dip direction [*A line of greatest inclination of a stratum to the horizontal*]
(Ein)Fallkarte ***f*** • dip chart
(Ein)Fallmessung ***f,*** Streichmessung [*Diese Messung lässt Streichen und* Einfallen *der Schichten erkennen. Sie gibt damit Hinweise auf tektonische Stromlinien, wenn der Schichtenverband nach Streichen und Einfallen unvermittelt wechselt*] • diplog
(Ein)Fallwinkel ***m*** • dip
(Ein)Fallzeichen ***n*** • dip strike symbol
Einfaltung ***f*** • interfolding [*The simultaneous development of discrete fold systems with different orientations*]
Einfamilienhaus ***n*** • single-family detached house
Einfamilienreihenhaus ***n*** • single-family row house
einfarbige Strahlung ***f,*** monochromatische Strahlung • monochromatic radiation [*Electromagnetic radiation having wavelengths confined to an extremely narrow range*]
Einfärbungen, die durch das Verdunsten überschüssigen Anmachwassers entstehen [*im Beton*] • bleed-water effects [*on concrete*]
einfeldrige Brücke ***f*** • single-span bridge; *less frequent:* one-span bridge
einfassen ➤ ausfuttern
Einflussbeiwert ***m*** • influence factor
einflügelige First(en)bauweise ***f,*** einflügeliger First(en)bau *m* (⚒) • single overhand stoping, single overbreaking
einflügeliger Abbau ***m*** • uni-directional working, one-way working
einflügeliger Strossenbau ***m,*** einflügelige Strossenbauweise • simple underhand stoping
einflügeliger Strossenstoß ***m*** • simple underhand stope, simple underbreaking
Einfrieren ***n,*** Festbrennen [*Der Abschlag beim Brennereinbruch kommt oft nicht bis zur vollen Tiefe der Einbruchbohrlöcher herein. Das feinstückig zerschlagene Gestein "backt" im Einbruchstiefsten zusammen, es "brennt" fest*] • freeze, freezing
einführen ➤ absetzen
Einfuhrerz, Fremderz *n,* Ausland(s)erz • foreign ore, import(ed) ore, non-domestic ore
Einfuhrkohle ***f,*** Ausland(s)kohle, Fremdkohle • imported coal, foreign coal, nondomestic coal
Einfüllen ***n,*** Ausfüllen • infilling, filling-in [*Deposition by which sediment falls or is washed into depressions, cracks, or holes, as the filling-in of crevasses upon the melting of glacier ice*]

E

Eingabepunkt ***m*****,** Eingabestelle *f* • injection station [*The point or cross section at which an indicating solution is injected into a watercourse to measure velocity and discharge*]
Eingang ***m*****,** Öffnung *f* • mouth, opening, entrance [*Of a geomorphic feature, such as a cave, valley or canyon*]
Eingangshalle ***f*** [*z. B. im Krankenhaus*] • entrance hall,
E
Ein-Gang-Bodenstabilisierungsmethode ***f*****,** Ein-Gang-Bodenstabilisierungsverfahren *n* • single-pass method of soil stabilization, one-pass method of soil stabilization
Eingang(s)stollen ***m*** ➋ Zugang(s)stollen
eingebettet, eingeschlossen • enclosed, inclosed, embedded [*In a matrix*]
eingebettetes Quadradfundament ***n*** • embedded square foundation, square embedded foundation
eingebettetes starres Kreisfundament ***n*** • rigidly embedded circular foundation
(ein)gebuchtete Küste ***f*** ➋ Buchtenküste
(ein)gebuchtetes Gebirge ***n*****,** Buchtengebirge, zerlapptes Gebirge, zerschnittenes Gebirge • embayed mountain, mountain embayment [*A mountain that has been depressed enough for sea water to enter the bordering valleys*]
eingedämmt • landlocked [*Artificially or nearly artificially enclosed by land*]
eingedeicht • dyked(-off), diked(-off)
eingedeichtes Land ***n*** ➋ Deichland
eingedrehter Pfahl ***m*****,** eingeschraubter Pfahl, Schraub(bohr)pfahl • screw pile [*A steel pile or reinforced-concrete pile similar to a disk pile but having a portion of a helicoid at its point so as to enable the pile to be screwed into place*]
eingedrehter Stahlbetonpfahl ***m*** ➋ Stahlbetonschraub(en)pfahl
eingedrehter Stahlpfahl ***m*****,** eingeschraubter Stahlpfahl, Stahlschraub(en)pfahl, Schraubenstahlpfahl, Schraubstandpfahl • screw steel pile, steel screw pile, steel Braithwaite pile
eingedrückt [*(Bohr)Gestänge*] • mashed
eingedrückter Pfahl ***m*** • jacked pile
eingefasst, ausgefüttert, ausgefuttert, verrohrt [*Bohrloch*] • cased, lined
eingefasstes Schelf ***n*****,** geschütztes Schelf, eingefasster Schelf *m*, geschützter Schelf *m* • rimmed shelf, protected shelf
Eingefrieren ***n*** • freezing-up, freeze-up [*Failure of a refrigerating machine to operate normally due to formation of ice at the expansion device*]
eingefroren • frozen up
eingefurchter Kegel ***m*** • trenched cone
eingegossen, vergossen, ausgegossen [*Das Material wird in einen Hohlraum oder Hohlräume eingegossen und der Hohlraum oder die Hohlräume wird/werden vergossen (= ausgegossen)*] • grouted
eingegraben, erdverlegt, bodenverlegt, vergraben • buried
eingegrabene Bauwerkgründung ***f*** • buried structure foundation
eingegrabene (Unterwasser)(Tunnel)Röhre ***f*****,** abgesenkte (Unterwasser)(Tunnel)Röhre, versenkte (Unterwasser)(Tunnel)Röhre, Tunnelabsenkröhre, Absenk(tunnel)röhre, Versenk(tunnel)röhre • sunk(en) (tunnel) tube, immersed (tunnel) tube, submerged (tunnel) tube
eingegrabener Pfahl ***m*** • backfilled pile
eingegrabener Tunnel ***m*** ➋ abgesenkter Tunnel
eingegrabener (Unterwasser)Betonrohrtunnel ***m*** ➋ versenkter (Unterwasser)Betonrohrtunnel
eingegrabener (Unterwasser)Rohrtunnel ***m*** ➋ versenkter (Unterwasser)Rohrtunnel
eingegrabener (Unterwasser)Stahlrohrtunnel ***m*** ➋ versenkter (Unterwasser)Stahlrohrtunnel
eingegrabener (Unterwasser)Straßenrohrtunnel ***m*** ➋ abgesenkter (Unterwasser)Straßenrohrtunnel
eingegrabenes Bauwerk ***n*****,** Bauwerk unter Geländeoberfläche • buried structure
eingegrabenes (Tunnel)Element ***n*** ➋ Absenk(tunnel)element
eingekieselter Feinsandstein ***m*****,** Ganister *m* [*Aus unverrundeten Körnern*] • gan(n)ister [*A fine, hard quartzose sandstone; used to make refractory silica bricks to line certain furnaces for metallurgical processes*]
eingeklemmte Scholle ***f*****,** abgerissene Scholle • horse [*Large block of displaced wall rock caught along a fault, particularly a high-angle normal fault*]
eingelagert, eingeschaltet, wechselgelagert, wechsellagernd, zwischengelagert, zwischengeschaltet • intercalated [*Said of layered material that exists or is introduced between layers of different character; especially said of relatively thin strata of one kind of material that alternate with thicker strata of some other kind, such as beds of shale that are intercalated in a body of sandstone*]
eingelagerte Zwischenschichten ***f(pl)*** • interbedded soil layers
eingelagerte Tonlinse ***f*** [*Waschen auf Diamanten*] • false bed(-)rock
eingepresst, injiziert • injected
(ein)gepresste Spundwand ***f*** • jacked sheet pile wall

eingerasteter Zustand *m* [*Phasen-Regel-Kreise der Empfänger*] • tracking
eingerüttelter Pfeiler *m*, Rüttelpfeiler • vibration-installed pier [*It is a small-diameter pier installed in sand*]
eingesackte Haushalt(s)kohle *f*, (Haushalt(s))-Sackkohle
eingesät, angesät • seeded, sown
(ein)geschachtelt [*Untersuchung mit geschachtelten Modellen*] • nested
(ein)geschachtelte Terrasse *f* • nested terrace
eingeschaltet, eingelagert, wechselgelagert, wechsellagernd, zwischengelagert, zwischengeschaltet • intercalated [*Said of layered material that exists or is introduced between layers of different character; especially said of relatively thin strata of one kind of material that alternate with thicker strata of some other kind, such as beds of shale that are intercalated in a body of sandstone*]
eingeschlossen, eingebettet • enclosed, inclosed, embedded [*In a matrix*]
eingeschlossene Findlinge *m(pl)* [*in Geschiebemerkel*] • enclosed erratics
eingeschlossener Mäander *m* • incised meander, inclosed meander, enclosed meander [*Generic terms for an old stream meander that has become deepened by rejuvenation and that is more or less closely bordered or enclosed by valley walls. Two types are usually recognized: entrenched meander and ingrown meander*]
eingeschlossener See *m* • enclosed lake, inclosed lake [*A lake that has neither surface influent nor effluent and that never overflows the rim of its basin, e.g. a crater lake or kettle lake*]
eingeschlossenes (Erd)Öl *n* • blocked oil
eingeschneit, verschneit • snowed-up, snowbound
eingeschnitten [*Edelstein; Schmuckstein*] • carved
eingeschraubter Pfahl *m*, eingedrehter Pfahl, Schraub(bohr)pfahl • screw pile [*A steel pile or reinforced-concrete pile similar to a disk pile but having a portion of a helicoid at its point so as to enable the pile to be screwed into place*]
eingeschraubter Stahlbetonpfahl *m* ➋ Stahlbetonschraub(en)pfahl
eingeschraubter Stahlpfahl *m*, eingedrehter Stahlpfahl, Stahlschraub(en)pfahl, Schraub(en)stahlpfahl • screw steel pile, steel screw pile, steel Braithwaite pile
eingeschwommene Fertigteile *n(pl)* [*bei einer Gründung unter Wasser*] • ready-made components floated into place
eingeschwungener Zustand *m* • steady state
eingespannter Bogen *m* [*einer Bogenbrücke*] • fixed arch
eingespannter Pfahl *m*, Pfahl im (Pfahl)Rost eingespannt • pile fixed at the top, top-fixed pile
eingesprengt, feinverwachsen, gesprenkelt, ausgestreut, imprägniert • disseminated, scattered, spotty [*Said of throughout a mineral deposit in which the desired minerals occur as scattered particles in the rock, but in sufficient quantity to make the deposit an ore. There is no genetic connotation*]
(ein)gespülter Brunnen *m*, (Ein)Spülbrunnen, spülgebohrter Brunnen • jetted (water) well [*It is constructed by a high-velocity stream of water which is directed downward into the earth. It is used in well-point systems for dewatering excavation sites*]
(ein)gespülter Pfahl *m*, (Ein)Spülpfahl, spülgebohrter Pfahl • jetted pile
(ein)gespülter Sand *m*, (Ein)Spül(ungs)sand • sand placed by sluicing, sluiced sand
(ein)gespülter Sanddrän *m*, (Ein)Spülsanddrän, spülgebohrter Sanddrän • jetted sand drain
(ein)gespülter Schraub(bohr)pfahl *m* ➋ Spülschraubpfahl
(ein)gespülter (wasserdichter) Kern *m*, wasserdichter (ein)gespülter Kern, Sumpf *m*, Kernteich *m*, Spül(ungs)kern, Kernbecken *n* [*Staudamm*] • core pool, hydraulic fill(ing) core [*The fines slowly settle out, forming an impervious core held in place by pervious shells. Excess water from the pool is drawn off*]
eingestellt ➋ aufgelassen
eingestellte Spundwand *f* • inserted sheet pile wall
eingestürzter Bau *m* ➋ zubruchgegangener Bau
eingetaucht [*Körper in eine Flüssigkeit*] • submerged
eingetiefte Gravur *f* ➋ Gemme
eingewachsen • ingrown
eingewachsener Mäander *m* • ingrown meander [*It exhibits pronounced asymmetry of cross profile*]
eingießen, vergießen, ausgießen [*Das Material wird in einen Hohlraum oder Hohlräume eingegossen und der Hohlraum oder die Hohlräume wird/werden vergossen (= ausgegossen)*] • to grout
Eingießen *n*, Vergießen, Ausgießen [*Das Material wird in einen Hohlraum oder Hohlräume eingegossen und der Hohlraum oder die Hohlräume wird/werden ausgegossen (= vergossen)*] • grouting
eingleisiger Tunnel *m* • single-track tunnel, one-track tunnel
Eingrabkahn *m* [*Er zieht den Einspülschlitten beim Unterwassertunnelbau*] • bury barge, trenching barge

E

Eingrabung ***f*** ➲ Vergrabung

Einhängepunkt ***m*** [*Erdbebentechnik; Beschleunigungswert im Antwort-Spektrum*] • reference point [*Earthquake engineering; acceleration value in the response spectrum*]

einhäuptige Schleuse ***f*** • sta(u)nch, flash-lock [*It has only one gate or a pair of gates at one location, whereas the pond lock uses a gate (or a pair of gates) at each end of a lock chamber*]

E

einhauen, schlagen [*Gestein(s)zeichen*] (⚒) • to mark

einhausen • to encase [*Context: Two compressors were installed and incased to the north of the control aperture*]

Einheben ***n*** [*z. B. eines Wandelementes*] • insertion [*e.g. of a wall panel*]

einheimisch • native, endemic, indigenous [*Said of an organism or group of organisms that is restricted to a particular region or environment*]

einheimisches Erz ***n*,** Inlanderz, inländisches Erz • home ore, domestic ore

Einheitsbeiwert ***m*** **der Tidehöhe eines Hafens** • semi-range of the tide at a port on a day of mean equinoctial springs

Einheitsform ***f*,** Elementarform • fundamental form, unit form

Einheitsganglinie ***f*,** EGL, hydrografischer Einheitswert *m* • unit hydrograph [*A simple model of the response of a catchment to rainfall. This concept was introduced by Sherman in 1932*]

Einheitsganglinie ***f*** **in dimensionsloser Form** ➲ dimensionslose Einheitsganglinie

Einheitsmantelreibung ***f*** **des Bodens** • unit shaft resistance of soil

Einheits-Schleppkraft ***f*** • unit tractive force, unit drag force, unit shear(ing) force [*The average value of the tractive force per unit of wetted area*]

Einheitstensor ***m*** • unit tensor

Einheits-Tragfähigkeit ***f*,** Einheits-Tragvermögen *n* [*Baugrund*] • unit (load)bearing capacity [*e.g. ton per sq.ft.*]

einhüftige Schrägkabel-Brücke ***f*** • unsymmetrical cable-stayed bridge

einhüftige Unterfangung ***f*** • one-sided underpinning

Einkammeranlage ***f*** [*Kammersprengen*] • single coyote chamber system, one-coyote chamber system

Einkanter ***m*** [*Nach J. Walter, 1911*] • single-facet(t)ed pebble, one-facet(t)ed pebble [*A ventifact upon which only one facet has been cut by wind blown sand*]

Einkapselung ***f*,** Abkapselung [*z. B. eines kontaminierten Bodens*] • encapsulation

Einkerbung ***f*** • denting

Einkieselung ***f*** • introduction of silica, silica introduction

Einkornbeton ***m*,** Filterbeton • single-grain(ed) concrete, one-grain concrete, like-grained concrete

Einkornfüller ***m*** • single-grain filler, one-grain filler

einkreisiges Goniometer ***n*** • single-circular goniometer, one-circular goniometer

Einkristall ***m*** • single crystal

Einkristallaufnahme ***f*** • single crystal diffraction, one-crystal diffraction

Einkristalldraht ***m*** • single crystal wire, one-crystal wire

einkristallin • single crystalline

Einkristallröntgendiffraktometer ***n*** • single crystal x-ray diffractometer, one-crystal x-ray diffractometer

Einlage ***f*** ➲ Kappholz

Einlagebalkenwehr ***n*** ➲ Dammbalkenwehr

einlagern [*Gesteinskunde; Bergbau*] • to encase

Einlagerung ***f*,** Einschluss *m* [*In ein magmatisches Gestein eingeschlossenes Stück fremden Materials*] • inclusion; enclosure, enclave [*The usage of the latter terms is not common in the USA*]

Einlagerung ***f*,** Einschluss *m* [*In einem Kristall eingeschlossenes Stück fremden Materials*] • inclusion; enclosure, enclave [*The usage of the latter terms is not common in the USA*]

Einlagerung ***f*** • persistent parting [*In a coal bed*]

Einlagerung ***f*,** Wechsellagerung, Einschaltung, Zwischenlagerung, Zwischenschaltung • intercalation

Einlagerungsgrundwasser ***n*,** Speicher(ungs)-grundwasser • stored groundwater [*Water available only from storage as opposed to capture*]

Einlagerungsmineral ***n*** ➲ Wechsellagerungsmineral

einlagige Tunnelbekleidung ***f*,** einlagige Tunnelverkleidung, einlagige Tunnelauskleidung • single-pass (tunnel) lining [*It consists solely of a layer of precast concrete or other type of liners without the usual inner secondary lining of cast(-)in(-)place concrete*]

Einlass ***m*,** Tief *n* • creek, inlet [*1. A narrow opening by which the water penetrates into the land. 2. A narrow arm of the sea. 3. An indentation in the sea coast, in the bank of a lake or a river or stream. It is narrow and extends further into the land than a cove*]

Einlass ***m*,** Einlauf *m*, Zufluss *m*, Zulauf • intake [*That portion of a pipe, pump or structure through which air or water enters from the source of supply*]

Einlass(bauwerk) ***m*, *(n)*** ➲ Einlaufbauwerk

Einlass(bauwerk) ***m*, *(n)*** **zum Kraftwerk,** Einlauf (bauwerk) zum Kraftwerk [*als Sperre augebildet*] •

power plant intake structure, penstock dam, power station intake structure

Einlassbefestigung ***f*****,** Tiefbefestigung • inlet stabilization, creek stabilization [*Due to the need for safe, navigable entrance to the sea, inlets are often stabilized by jetties. These structures are designed to halt migration, to restrict the movement of littoral material into the inlet, to maintain a safe channel depth free from shoaling, and to provide protection from storms*]

einlassen ➋ absetzen

Einlassmündung ***f*****,** Tiefmündung • inlet mouth [*See note under "inlet"*]

Einlassschacht ***m*****,** Einlaufschacht, Zuflussschacht, Zulaufschacht • intake shaft, inlet shaft

Einlassstollen ***m*****,** Einlaufstollen, Zuflussstollen, Zulaufstollen • intake gallery, inlet gallery, access gallery, intake drift, inlet drift; intake tunnel, inlet tunnel (US)

Einlassturm ***m*****,** Turmeinlass *m,* Einlaufturm, Turmeinlauf *m,* Zulaufturm, Zuflussturm [*Talsperre*] • intake tower, inlet tower

Einlassverschluss ***m*****,** Einlaufverschluss [*Talsperre*] • head gate, intake gate, inlet gate

Einlasswanderung, Tiefwanderung *f* • inlet migration [*See note under "inlet"*]

Einlauf ***m*****,** Einlass *m,* Zufluss *m,* Zulauf • intake [*That portion of a pipe, pump or structure through which air or water enters from the source of supply*]

Einlaufbauwerk, Entnahmebauwerk, Einlauf *m,* Einlass(bauwerk) *m, (n),* Einlauf-Rohrstollen *m,* Entnahme-Rohrstollen [*Talsperre*] • inlet works, intake works, head works, inlet structure, intake structure, head structure, inlet pipe gallery, intake pipe gallery; inlet pipe tunnel, intake pipe tunnel (US)

Einlauf(bauwerk) ***m, (n)*** **zum Kraftwerk**, Einlass (bauwerk) zum Kraftwerk [*als Sperre augebildet*] • power plant intake structure, penstock dam, power station intake structure

Einlaufkanal ***m*****,** Einlauf(ge)rinne *f, (n),* Zulauf(ge)rinne, Zulaufkanal [*Talsperre*] • inlet channel, intake channel

Einlaufportal ***n*** • upstream portal [*See note under "portal"*]

Einlauf-Rohrstollen ***m*** ➋ Einlaufbauwerk

Einlaufschacht ***m*****,** Einlassschacht, Zuflussschacht, Zulaufschacht • intake shaft, inlet shaft

Einlaufstollen, Einlassstollen *m,* Zuflussstollen, Zulaufstollen • intake gallery, inlet gallery, intake drift, inlet drift; intake tunnel, inlet tunnel (US)

Einlauftrichter ***m*** • circular weir at the entry; circular dam at the entry (US) [*morning glory spillway*]

Einlaufturm ***m*** ➋ Einlassturm

Einlaufverschluss ***m*****,** Einlassverschluss [*Talsperre*] • head gate, intake gate, inlet gate

Einlegebalkenschütz(e) ***n, (m)*** ➋ Dammbalkenschütz(e)

Einlegerahmen ***m*****,** Bildträger *m,* Lichtbildträger, Fototräger [*Fotogrammetrie*] • plate carrier, film carrier, negative carrier

einleiten, anlegen, abbauen [*Abbau*] (⚒) • to establish

Einlieger ***m*** • inlier [*A mass of older stratified rocks surrounded by geologically younger rocks*]

einmal (ab)gewinkelt [*Bohrmotor*] • single tilted

einmal gestützte Spundwand ***f*** • singly supported sheet pile wall

Einmal-Kühlwasserdurchlauf ***m*** • once-through cooling

Ein-Mann-Stein ***m*** • one-man stone [*A piece of natural stone that one man can handle conveniently*]

einmännisch • single-handed

einmaschige Siebung ***f*****,** einmaschiges Sieben *n* • close sizing [*Sizing with screens fairly close in size of aperture (mesh)*]

Einmassenschwinger ***m*** [*Kelvin-Voigt Modell*] • one-mass vibrator [*Kelvin-Voigt model*]

Einmassensystem ***n*** [*Amboss und Fundament sind fest verbunden*] • one-mass system

Einmessen ***n*** [*eines Lasergeräts; Rohrvortriebstechnik*] • alignment [*of a laser*]

einmetallisch, monometallisch • monometallic [*Consisting of but one metal*]

Einmündung ***f*** [*Ort an welchem zwei Gewässer zusammenfließen*] • emboguing

Ein-Norm-Ausgleichung ***f*** [*Programmsystem GEONET*] • single-norm adjustment, one-norm adjustment

Einpassung ***f*** • set(ting)-up [*photogrammetry*]

Einpfählung ***f*** ➋ Pfahlzaun

Einphasen-(Beton)Schlitzwand ***f*****,** Einphasen-Stützflüssigkeitswand • single-phase slurry (trench) wall, one-phase slurry (trench) wall [*See note under "slurry (trench) wall"*], single-phase diaphragm wall

Einphasenmethode ***f*****,** Einphasenverfahren *n* [*z. B. bei der Herstellung von (Ab)Dichtschlitzwänden*] • single-phase method, one-phase method, single-phase construction technique

Ein-Phasen-(Rohr)Vortrieb ***m*** • single-stage (pipe) jacking, one-stage (pipe) jacking

Einphasensuspension ***f*** • single-phase slurry

E

(ein)planieren ➋ einebnen

(ein)poldern • to empolder, to (im)polder [*To reclaim land by the creation of polders*]

(Ein)Poldern *n* ➋ (Neu)Landgewinnung nach dem Polderverfahren

Einpressanker *m,* Injektionsanker, Injizieranker • injection anchor

Einpressbarkeit *f,* Injizierbarkeit • injectivity [*The conditions in which pressure grouts are able to penetrate a permeable formation*]

Einpressbedingungen *f(pl)* • injection conditions, grouting conditions

Einpressbohrloch *n,* Einpressbohrung *f,* Auspressbohrloch *n,* Verpressbohrloch *n,* Injektionsbohrloch *n,* Injizierbohrloch *n* • grout(ing) drillhole, (grout) injection drillhole, injection (grout(ing)) drillhole, injection borehole

Einpressdruck *m,* Verpressdruck, Injizierdruck, Injektionsdruck [*Siehe Anmerkung unter "Einpressung"*] • grouting pressure, (grout) injection pressure, injection (grout(ing)) pressure

Einpressemulsion *f,* Auspressemulsion, Verpressemulsion, Injektionsemulsion, Injizieremulsion • grouting emulsion, injection emulsion, pressure grouting emulsion, emulsion grout

einpressen, injizieren • to inject

Einpressen *n,* Injizieren *n,* Injektion *f,* Verpressen *n,* Auspressen *n* [*Das Injektionsgut wird in einen Hohlraum oder Hohlräume eingepresst (= injiziert) und der Hohlraum oder die Hohlräume wird/werden ausgepresst (= verpresst)*] • grouting, grout injection, (grout) injecting, injection (grouting), pressure grouting [*Grouting is a procedure whereby a fluid is injected into pores, fissures or voids to improve specific properties of soil, rock or concrete once the grout sets*]

Einpressen *n,* Pressen *n* • jacking(-in) [*A means of imposing a static driving force on a pile by using jacks. Used extensively to install piles in underpinning of structures*]

Einpressen *n* **in die Gaskappe,** Gaskappeneinpressen • external (gas) injection, exterior (gas) injection, crestal injection, (gas-)cap injection, outer (gas) injection [*Pressure-maintenance gas injection with wells located in the structurally higher positions of the reservoir, usually in the primary or secondary gas cap*]

Einpressen *n* **in die Ölzone,** Injizieren in die Ölzone • inner injection, pattern injection, internal injection, interior injection, dispersed (gas) injection; gas repressurizing [*misnomer*] [*Gas injection pressure maintenance of an oil reservoir in which the injection wells are arranged geometrically, to distribute the gas uniformly throughout the oil-productive portions of the reservoir*]

Einpressen *n* **mit doppelt wirkendem Strahl,** Injizieren mit doppelt wirkendem Strahl; Auspressen mit doppelt wirkendem Strahl, Verpressen mit doppelt wirkendem Strahl, [*Eine Stütztechnik für Böden mit Alluvionsmerkmalen*] • double-acting jet grouting, double-acting jet injection

Einpressen *n* **unter Preventerabschluss** [*Tiefbohrtechnik*] • bradenhead squeezing

Einpressgel *n* ➋ Verpressgel

Einpressgraben *m,* Injektionsgraben, Injiziergraben, Auspressgraben, Verpressgraben • grout(ing) trench, injection (grout(ing)) trench [*A trench excavated to enable construction of a grout(ing) cap*]

Einpressharz *n* ➋ Verpressharz

Einpresshilfe *f,* Auspresshilfe, Verpresshilfe, Injektionshilfe, Injizierhilfe [*Sie verhindert das Absetzen des Einpressmörtels in Spannkanälen beim Spannbeton mit nachträglichem Verbund und bewirkt ein mäßiges Quellen zur Verbesserung der Haftung*] • grout(ing) aid, (grout) injection aid, injection (grout(ing)) aid, pressure grout(ing) aid

Einpresslanze *f,* Injektionslanze, Injizierlanze, Auspresslanze, Verpresslanze, Lanze [*Rohr mit verlorener Spitze*] • grouting lance, grout injection lance, injection (grout(ing)) lance, pressure grouting lance

Einpressloch *n,* Injektionsloch, Injizierloch, Auspressloch, Verpressloch • grout hole, injection hole

Einpressmittel *n,* Einpressmaterial *n,* Verpressmittel *n,* Verpressgut *n,* Einpressgut *n,* Auspressmittel *n,* Auspressgut *n,* Injektionsmittel *n,* Injektionsgut *n* • grout, injection grout, pressure grout

Einpressmittelsäule *f,* Verpressmittelsäule, Verpressgutsäule, Einpressgutsäule, Auspresssäule • grout(ing) column, (grout) injection column, injection (grout(ing)) column, pressure grouting column

Einpressmörtel *m,* Injektionsmörtel, Injiziermörtel, Auspressmörtel, Verpressmörtel • grouting mortar, (grout) injection mortar, injection grout(ing) mortar, pressure grouting

Einpressnadel *f,* Verpressnadel, Nadel, Injektionsnadel, Injiziernadel, Auspressnadel • grouting needle, grout injection needle, injection (grout(ing)) needle, pressure grouting needle

(Ein)Presspfahl *m,* Vorpresspfahl • jacked(-in) pile, jack pile, pushed(-in) pile, thrusted(-in) pile [*Where complete freedom from vibration and noise is essential*

a jacked(-in) pile can be used in which precast sections of reinforced concrete or steel pipe are successively jacked down one after the other against the structure above it for strengthening of foundations]

(Ein)Presspfahl *m* **aus Stahlbetonfertigteilen,** Stahlbetonfertigteil-(Ein)Presspfahl • prefab(ricated) reinforced concrete jacked(-in) pile, prefab(ricated) reinforced concrete jack pile [*See note under "jacked (-in) pile"*]

Einpresspumpe *f*, Injektionspumpe, Injizierpumpe, Auspresspumpe, Verpresspumpe • grouting pump, (grout) injection pump, injection (grout(ing)) pump, pressure grouting pump

Einpressrohr *n*, Verpressrohr, Injizierrohr, Injektionsrohr • grouting pipe, (grout) injection pipe, injection (grout(ing)) pipe

Einpressschlauch *m*, Auspressschlauch, Verpressschlauch, Injektionsschlauch, Injizierschlauch • grouting hose, (grout) injection hose, injection (grout(ing)) hose, pressure grouting hose

Einpressschleier *m*, Verpressschleier, Auspressschleier, Injektionsschleier, Injizierschleier, (Ab)Dicht(ungs)-schleier [*"Schürze" und "Schirm" können synonym für "Schleier" verwendet werden*] • grout(ing) curtain, grout(ing) veil, (grout) injection curtain, (grout) injection veil, pressure grout(ing) curtain, pressure grout (ing) veil [*A zone in bedrock beneath a dam and parallel to its length that has been injected with grout to stop or reduce seepage. See note under "grout barrier"*]

Einpresssperre *f*, Auspresssperre, Verpresssperre, Injektionssperre, Injiziersperre • grout(ing) barrier, injection (grout(ing)) barrier, grout injection barrier, (grout) injecting barrier, pressure grouting barrier [*Not to be confused with a grout curtain, which may lie between two grout barriers*]

Einpress-Spülmethode *f*, Einpress-Spülverfahren *n* • jacking-jetting method

Einpressstollen *m*, Auspressstollen, Verpressstollen, Injektionsstollen, Injizierstollen • grouting gallery, (grout) injection gallery, injection (grout(ing)) gallery, pressure grouting gallery [*"Tunnel" is used for "gallery" in the USA*]

Einpressstutzen *m*, Injektionsstutzen, Injizierstutzen, Auspressstutzen, Verpressstutzen [*Spannbeton*] • grout (ing) vent, (grout) injection vent, injection (grout (ing)) vent, pressure grout(ing) vent [*A plastic pipe provided, at intervals, along the length of a tendon duct to enable the tendon to be completely grouted in after stressing has been completed. "Socket" may synonymously be used for "vent"*]

Einpresssuspension *f*, Injektionssuspension, Injiziersuspension, Auspresssuspension, Verpresssuspension • grout(ing) suspension, (grout) injection suspension, injection (grout(ing)) suspension, pressure grouting suspension

Einpressteppich *m*, Auspressteppich, Verpressteppich, Injektionsteppich, Injizierteppich • grout(ing) blanket, injection (grout(ing)) blanket, (grout) injection blanket, (grout) injecting blanket, pressure grouting blanket [*A grouted zone in the shallow portion of a foundation which has been treated to improve its strength and reduce its permeability*]

Einpressverfahren *n* • grouting method

Einpresszement *m*, Verpresszement, Auspresszement • cement (injection) grout, cement pressure grout

Einpresszementmörtel *m*, Injektionszementmörtel, Injizierzementmörtel, Verpresszementmörtel • grouting cement mortar, (grout) injection cement mortar, injection (grout(ing) cement mortar, pressure grouting cement mortar

Einpumpprobe *f*, Einpumpversuch *m*, Einpumpprüfung *f* • pumping-in test [*Water is pumped into the ground via a bore-hole for estimating the groutability of ground*]

Einpunktsprengung *f* • single-point explosion

Ein-Punkt-Fließgrenzenverfahren *n*, Ein-Punkt-Fließgrenzenmethode *f* • single-point liquid limit method, one-point liquid limit method

einrammen, rammen, eintreiben, (ein)schlagen • to drive (by impact), to hammer down [*piling*]

Einrammen *n*, Rammen *n*, (Ein)Schlagen, Eintreiben, Schlagrammen [*Pfahl; Spundbohle*] • driving (in) (by impact), hammering (down), impact driving, hammer driving

Einregelung *f*, Ausrichtung • orientation [*In describing crystal form and symmetry, the placing of the crystal so that its crystallographic axes are in the conventional position*]

einreißen, fehlbohren • to bore away, to bore untrue

Einrichtungen *f(pl)* **am Standort** • on-site facilities

einrütteln, vibrationsverdichten • to vibrate, to compact by vibration

(Ein)Rütteln *n* **von Pfählen,** (Ein)Rüttelung *f* von Pfählen • vibration of piles, vibratory pile driving, embedment of piles by vibration

Einrüttelungsformel *f* ➋ (Pfahl)Einrüttelungsformel

einsäen, (an)säen, besamen • to seed, to sow

Einsatz *m*, Empfang *m*, Ankunft *f* • kick, break, onset, arrival [*The initial appearance of seismic energy on a seismic record*]

Einsatzbedingungen ***f(pl)*** • field conditions
Einsatzbereich ***m*** [*für Geräte*] • field of application, sector of application
Einsatzdauer ***f*** ➔ Empfangsdauer
Einsatzkohle ***f*** • coal feed
Einsatzkohlenmischung ***f*** • coal feed blend
Einsatzmauer ***f*,** Fallmauer
Einsatzplan ***m*** [*NAVSTAR-GPS-System*] • session list
einsaugen ➔ aufsaugen
Einschalen-Ausbau ***m*,** einschaliger Ausbau [*Tunnel; Stollen*] • single-liner permanent support, single-lining permanent support, one-liner permanent support, one-lining permanent support
einschalige Tübbingauskleidung ***f*** • single-layer segmental lining
Einschaltmineral ***n*** • released mineral
Einschaltung ***f*** ➔ Einlagerung
Einscharungsmoräne ***f*,** Scheidemoräne • sub-glacial moraine
einschichtige dichte Packung ***f*,** Grenzschicht *f* [*Fracbehandlung. Im Riss einstellbare Durchlässigkeitskapazität*] • monolayer
Einschienenhängebahn ***f*** [*Tunnelbau*] • monorail
einschießen ➔ (ein)fallen gegen die Senkrechte
Einschießen ***n*** ➔ (Ein)Fallen gegen die Lotrechte
Einschlag ***m*,** Aufschlag, Aufprall *m* • impact [*meteorite*]
einschlagen (⚒) • to begin a digging
(Ein)Schlagen ***n*** ➔ (Ein)Rammen
Einschlagkrater ***m*,** Meteorkrater, Feuerkugelkrater • meteor crater
Einschlagmetamorphose ***f*,** Aufschlagmetamorphose, Aufprallmetamorphose • impact metamorphism [*A type of shock metamorphism in which the shock waves and the observed changes in rocks and minerals result from the hypervelocity impact of a body such as a meteorite*]
Einschlagschlacke ***f*,** Aufschlagschlacke, Aufprallschlacke • impact slag [*Glassy material produced mainly by the melting of local sediment or rock where a meteorite has struck the earth*]
Einschlagtrichter ***m*** [*durch einen herabfallenden Stein, Fels od. Block*] • crater
Einschlämmen ***n*,** Einspülen, Einspülverfahren, Bodenverdichtung *f* durch Einschlämmen, Spülspritzverfahren, Spülkippverfahren, Wasserstrahlverfahren • sluicing
einschließen gegen ➔ (ein)fallen gegen
einschließend ➔ (ein)fallend
einschließender Streb ***m*** ➔ (ein)fallender Streb
Einschluss ***m*,** Einlagerung *f* [*In ein magmatisches Gestein eingeschlossenes Stück fremden Materials*] • inclusion; enclosure, enclave [*The usage of the latter terms is not common in the USA*]
Einschluss ***m*,** Einlagerung *f* [*In einem Kristall eingeschlossenes Stück fremden Materials*] • inclusion, enclosure, enclave [*The usage of the latter term is not common in the USA*]
Einschlusssalz ***n*,** fossiles Salz
Einschneidebildmessung ***f*** ➔ Messtischfotogrammetrie
einschneiden, abtragen • to lower a grade, to cut a grade, to dig a grade, to excavate a grade
einschneiden (⚒) • to break into a face
Einschneiden ***n*,** Abtragen • cutting a grade, lowering a grade, grade cutting, grade lowering, excavating a grade, grade excavation, digging a grade, grade digging
Einschneiden ***n*,** Tiefenerosion *f* • degradation, downcutting, gradation [*The vertical erosion performed by a stream or river in order to establish or maintain uniformity of grade*]
Einschnitt ***m*,** Abtrag *m*, Aushub *m* • cutting, cut, cutting [*The space formed by the excavating of the natural ground*]
Einschnitt ***m*** • gain [*A notch, mortise, or groove (as in a timber or wall) for a beam or joist*]
Einschnitt ***m*** **und Auftrag** ***m*** ➔ Abtrag und Auftrag
Einschnitt ***m*** **und Damm** ***m*** ➔ Abtrag und Auftrag
Einschnitt(absteck)pflock ***m*,** Abtrag(absteck)pflock, Aushub(absteck)pflock • cut stake, cut peg
Einschnittarbeitsebene ***f*** ➔ Arbeitsebene im Einschnitt
Einschnittböschung ***f*** ➔ Böschung im Abtrag
Einschnittbreite ***f*** [*Erdbauwerk*] • width of cut
Einschnittgelände ***n*** ➔ Abtrag(ungs)gelände
einschnittige Lastaufteilungsmethode ***f*** ➔ einfaches Lastaufteilungsverfahren
Einschnittmasse ***f*,** Abtrag(ungs)masse [*Erdbau*] • cut yardage, cut mass
Einschnittmenge ***f*** ➔ Aushubmenge
Einschnittneigung ***f*,** Abtrag(ungs)neigung, Aushubneigung • cut inclination, cut batter, excavation batter, excavation inclination
Einschnittoberfläche ***f*,** Abtrag(ungs)oberfläche • cut(ting) surface
Einschnittplanum ***n*,** Abtrag(ungs)planum, Aushubplanum ["*Planum*" *wird in der Schweiz* "*Planie*" *genannt*] • excavation (sub)grade, cutting (sub)grade, excavation base grade, cutting base grade (US); excavation formation, cutting formation (Brit.)

Einschnittsböschung *f* • cut slope

Einschnitt-Standfestigkeitswinkel *m* • bench slope [*The angle, measured in degrees of deviation from the horizontal, at which the earthy or rock material will stand in an excavated, terracelike cut in an open-pit mine or quarry*]

Einschnitttiefe *f* [*Erdbauwerk*] • depth of cut

Einschnittvolumen *n* ➜ Aushubmenge

Einschnittwand *f*, Abtrag(ungs)wand, Aushubwand • cut face, excavated face

Einschnürung *f*, Verdrückung • pinch [*The narrow portion of a lode or orebody*]

Einschnürung *f*, Verengung • narrowing, restriction, constriction, contraction

Einschnürung *f* [*im Pfahl*] • necking [*of the pile shaft*]

Einschnürungshöhe *f* • drawdown [*In a watercourse or conduit, the difference between the water surface elevation at a constriction and what the elevation would be if there were no constriction*]

Einschnürungskoeffizient *m* • coefficient of contraction, contraction coefficient [*The ratio of the smallest cross-sectional area of a jet discharged under pressure from an orifice, to the orifice area*]

Einschub *m*, Einsink(ungs)weg *m*, Zusammenschub (⚒) • yield [*Of props, arches, etc.*]

Einschubkennlinie *f* (⚒) • yield curve

Einschubmethode *f*, Einschubverfahren *n* [*Rohrsanierung*] • pushing-in (relieving) method

Einschubwiderstand *m*, Einsink(ungs)widerstand (⚒) • resistance to yield, yield resistance

Einschweißen *n* • encapsulation [*The encasing of a document in a plastic envelope of which the edges are then sealed*]

Einschwimm- und Absenkverfahren *n* • float-in and set-down method

einschwimmen [*einen Schwimmkasten*] • to float in

Einschwimmen *n* [*eines Schwimmkastens*] • floating-in

Einschwemmungshorizont *m* ➜ B-Horizont

Einschwimm- und Absenkverfahren *n* [*Unterwassertunnelbau*] • tunnel-in-trench method

Einschwimmen *n* • floating into position

einseitig freigelegte Stützwand *f* • diaphragm wall exposed on one side

einseitig verfälscht, nicht repräsentativ • biased

einseitig zusammengesetztes Faltengebirge *n* • unilaterally compound folded mountain

einseitige Kettengebirgsausbildung *f* • canoe shape

einseitiger Graben *m* • fault-angle depression

Einsetzen [*einer Sprengladung*] • inserting, insertion [*of a charge*]

einsetzen gegen, (ein)fallen gegen, einschließen gegen, abfallen gegen • to dip up

Einsetzen *n* der Flut, Fluteinsatz *m* • entering of flood, flood entry

einsetzend, (ein)fallend, einschließend, abfallend • dipping

einsetzendes Tauwetter *n*

➜ bei einsetzendem Tauwetter

einsetzender Streb *m* ➜ (ein)fallender Streb

einsickern, eintreten • to seep into, to infiltrate

Einsickerung *f*, Versickerung • infiltration

Einsickerungsfläche *f* ➜ Anreicherungsfläche

Einsickerungsgang *m*, Versickerungsgang • infiltration vein [*As called by geologists*], infiltration lode [*As called by miners*] [*A vein in which the minerals have been deposited from solution*]

Einsickerungsmesser *m*, Versickerungsmesser • infiltrometer

Einsink(ungs)ausguss *m* ➜ Belastungswulst

Einsink(ungs)widerstand *m*, Einschubwiderstand (⚒) • resistance to yield, yield resistance

Einsink(ungs)weg *m*, Einschub *m*, Zusammenschub (⚒) • yield [*Of props, arches, etc.*]

Einspänniger *m*, Eigenlöhner

Einspann(ungs)lager *n* (⚒) • point of clamping, clamping point

Einspann(ungs)moment *n* • fixing moment

(ein)speichern ➜ (auf)stauen

Einspielen(lassen) *n* der (Libellen)Blase • bubble centering, centering of the bubble (US) [*British spelling is "centreing"*]

Einspießen *n*, Eindrücken [*Bogen in die Firste*] (⚒) • (arch) spiring

einspitzige (Keil)Haue *f*, Einspitz *m* (⚒) • single-point(ed) pick, one-point(ed) pick

Einsprengungserz *n*, Imprägnationserz • disseminated ore, scattered ore [*The valuable mineral is fairly evenly distributed through the gangue as crystals or aggregates of regular size*]

Einsprengungslagerstätte *f*, Imprägnationslagerstätte • disseminated deposit, scattered deposit

einspringende Zange *f*, einfache Zange [*Zwei g(e)radlinige Brustwehren, die in einem Winkel zusammenstoßen, dessen Öffnung zur Feindseite liegt*] • single tenail

(Ein)Spülbrunnen *m*, (ein)gespülter Brunnen, spülgebohrter Brunnen • jetted (water) well [*It is constructed by a high-velocity stream of water which is directed downward into the earth. It is used in well-point systems for dewatering excavation sites*]

(Ein)Spüldruck ***m*** • jetting pressure
Einspülen ***n,*** Einschlämmen, Einspülverfahren, Bodenverdichtung *f* durch Einschlämmen, Spülspritzverfahren, Spülkippverfahren, Wasserstrahlverfahren • sluicing
einspülen [*mit Druckwasser*] • to jet, to drive by water jet, to install by jetting, to embed [*such as plastic pipes*]
(Ein)Spülen ***n,*** Spülbohren • jetting, water-jet driving, water boring, water drilling, water jetting, wet boring [*Driving piles or sheet piles into the ground by jetting water under high pressure ahead of the pile tip or sheet pile tip as it is being driven*]
Einspülen ***n,*** Unterspülen [*Unterwassertunnelbau*] • hydraulicking
(Ein)Spülfilter ***m, n*** • jetting filter
(Ein)Spülflüssigkeit ***f*** • jetting liquid
(Ein)Spülhilfe ***f*** • jetting aid
(Ein)Spülkette ***f*** • jetting chain
(Ein)Spüllanze ***f*** • jetting lance
(Ein)Spülloch ***n,*** (Ein)Spülöffnung *f* [*Spülspitze*] • jetting opening
(Ein)Spülpfahl ***m,*** (ein)gespülter Pfahl, spülgebohrter Pfahl • (water-)jetted pile
(Ein)Spülsanddrän ***m,*** (ein)gespülter Sanddrän, spülgebohrter Sanddrän • jetted sand drain
(Ein)Spülschlauch ***m*** • jetting hose
(Ein)Spülschlitten ***m*** • jetting sled
(Ein)Spülstrom ***m*** • jetting flow
(Ein)Spülturm ***m,*** Unterspülturm [*Unterwassertunnelbau*] • hydraulicking tower
Einspülung ***f*** **von Rohren,** Rohreinspülung [*Kunststoffrohre in offenem Wasser*] • pipe jetting
(Ein)Spül(ungs)boden ***m,*** illuvialer Boden • illuvial soil
(Ein)Spül(ungs)sand ***m,*** eingespülter Sand • sand placed by sluicing, sluiced sand
(Ein)Spül(ungs)verdichtung ***f*** • jetting [*Consolidating granular soil by injecting a high-velocity stream of water into the soil mass to agitate the grains into closer contact*]
Einspülverfahren ***n*** ➋ Einschlämmen
(Ein)Spülwasser ***n*** • jetting water, jetted water
einspunden ➋ umspunden
Einstabanker ***m*** • single bar anchor
Einstabpfahl ***m*** [*Herstellung möglich in beengten und größtenteils lärm- und erschütterungsarmen Platzverhältnissen*] • one-bar pile
einstationärer Entfernungsmesser ***m*** • single station range finder, single station ranger, single station distance meter
Einstau ***m,*** Beckenüberflutung *f* • reservoir inundation
Einstau ***m,*** Stau • heading up [*The upstream rise in water level from a construction because of regulation of flow as when gates at a barrage are closed*]
Einstauben ***n*** **von Strecken,** Streckeneinstauben (⚒) • stone dusting
(Ein)Staudruck ***m*** • storage water pressure
(ein)stauen ➋ (auf)stauen
(Ein)Stau(en) ***m, (n)*** • reservoir filling
(Ein)Stauhöhe ***f,*** Aufstauhöhe, Speicher(ungs)höhe • storage depth, impounding depth, impoundment depth
Einstaukonstante ***f*** ➋ Speicherkonstante
Einstauoberfläche ***f,*** Stauoberfläche • reservoir surface [*The surface of a reservoir at any level*]
(Ein)Staureg(e)lung ***f,*** Aufstaureg(e)lung, Speicher(ungs)reg(e)lung • storage control, storage regulation
Ein-(Stau)Tafel-Schütz(e) ***n, (m)*** • single-leaf (sluice) gate, one-leaf (sluice) gate
(Ein)Stauteich ***m*** [*Erdbecken auf Rieselfeldern zur vorübergehenden Aufstauung von Abwasser, wenn die Verrieselung, z. B. bei starkem Frost, nicht möglich ist*] • spreading grounds, distributing grounds, distribution grounds
Einstauvorgang ***m*** [*bei Dämmen*] • impounding
Einstechen ***n,*** Verstechen [*Drängraben*] • blinding
Einsteckschliff ***m*** • plunge cut
Einsteig(e)brunnen ***m,*** Einstiegbrunnen • open well [*A well large enough for a man to descend to the water level*]
Einsteig(e)schacht ***m,*** Hilfsschacht, Zugang(s)schacht, Einstiegschacht, Einfahr(t)schacht, Bauschacht • access shaft, construction shaft, building shaft
Einsteigkammer ***f*** ➋ Einstiegkammer
Einsteigschacht ***m*** ➋ Schacht
Einsteigschachtabstand ***m*** ➋ Mannlochabstand
Einsteigschachtbaugrube ***f*** ➋ Mannlochbaugrube
Einsteigschachtring ***m*** ➋ Schachtring
einstellen, fokussieren • to focus
einstellen (⚒) ➋ abwerfen
einstellen auf [*Ein Messinstrument*] • to set to
Einstellen (⚒) ➋ Abwerfen
einstellen der Schützen ➋ abschützen
Einstellen ***n*** **der Schützen** ➋ Abschützen
Einstelllupe ***f,*** Einstellungslupe, Fokussier(ungs)lupe • focus(s)ing lens, sight(ing) lens, adjustment lens, adjusting lens
Einstellmethode ***f,*** Einstellverfahren *n* [*Grabenverbau*] • pre-dug trench method

Einstellmikroskop *n,* Fokussier(ungs)mikroskop, Einstellungsmikroskop [*Fotogrammetrie*] • focus(s)ing microscope, sight(ing) microscope, adjustment microscope, adjusting microscope

Einstellung *f* • accommodation, focus(s)ing of the eye lenses

Einstellung *f* (⚒) ➔ Abwerfen

Einstell(ungs) ... ➔ Fokussier(ungs) ...

Einstell(ungs)bereich *m* • accommodation [*The limits or range within which a stereoplotting instrument is capable of operating*]

Einstell(ungs)ebene *f,* Fokussier(ungs)ebene • focus(s)ing plane, sight(ing) plane, adjustment plane, adjusting plane

Einstell(ungs)lupe *f,* Fokussier(ungs)lupe • focus(s)ing lens, sight(ing) lens, adjustment lens, adjusting lens

Einstell(ungs)marke *f,* Fokussier(ungs)marke • focus (s)ing mark, sight(ing) mark, adjustment mark, adjusting mark

Einstell(ungs)skala *f,* Fokussier(ungs)skala • focus(s)ing scale, sight(ing) scale, adjustment scale, adjusting scale

Einstell(ungs)weite *f* ➔ Zielweite

Einstell(ungs)wert *m,* Fokussier(ungs)wert [*Fotogrammetrie*] • focus(s)ing value, sight(ing) value, adjustment value, adjusting value

Einstell(ungs)verfahren *n,* Einstell(ungs)methode *f* [*Grabenverbau*] • pre-dug trench method

Einstichsonde *f* • single probe

Einstiegbrunnen *m,* Einsteig(e)brunnen • open well [*A well large enough for a man to descend to the water level*]

Einstiegkammer *f,* Zugang(s)kammer, Einsteigkammer • access chamber

Einstiegschacht *m* ➔ Einsteigschacht

Einstiegschacht *m* ➔ Schacht

Einstiegschachtabstand *m* ➔ Mannlochabstand

Einstiegschachtbaugrube *f* ➔ Mannlochbaugrube

Einstiegschachtring *m* ➔ Schachtring

Einstrahlung *f,* Besonnung

Einstreuung *f* • crossfeed, crosstalk [*Interference resulting from the unintentional pickup by one channel of information or noise on another channel*]

Einstrich *m,* Scheidewand *f* (⚒) • partition timber, timber partition

Einstrich *m* ➔ Querholz

Ein-Strich-Fluss *m* • single-line stream, one-line stream [*A stream too narrow to depict at the given scale on a map by two lines representing the banks*]

einströmende Wetter *f,* einziehende Wetter, (ein) fallende Wetter (⚒) • intake air, inlet air

einströmende (Wetter)Strecke *f* ➔ (Wetter)Einziehstrecke

Einströmung *f* ➔ Zufluss

Einströmungsganglinie *f* ➔ Ganglinie der Speicherzuflussmengen

Einströmungshöhle *f* ➔ Zuflusshöhle

einstufige Grundwasser(ab)senkung *f* • single-stage groundwater lowering, single-stage groundwater drawdown, single-stage groundwater control, single-stage groundwater drawing down [*"One-stage" may synonymously be used for "single-stage"*]

einstufiges hölzernes Überfallwehr mit steilem Absturz, einstufiges Kastenwehr *n* • single-stage box weir, one-stage box weir; single-stage box dam, one-stage box dam (US)

Einsturzbeben *n* ➔ Einsturzerdbeben

Einsturzbecken *n* • cove [*A basin or hollow where the surface of the land has caved in as from solution of underlying rock*]

Einsturzbrekzie *f,* Karstbrekzie, Einbruchbrekzie, Nachfallbrekzie [*"Brekzie" kann auch "Breccie" geschrieben werden*] • collapse breccia, founder breccia, collapsing breccia [*Angular rock fragments derived from the collapse of rock, overlaying a hollow space*]

Einsturzcaldera *m,* Einsturzkessel *m,* Einbruchkessel, Einsturzkaldera, Einbruchkaldera, Einbruchcaldera, Nachfallcaldera, Nachfallkaldera, Nachfallkessel • collapse caldera, sunken caldera [*A caldera formed primarily as a result of collapse due to withdrawal of magmatic support*]

einstürzen, nachfallen, einbrechen [*Bohrloch*] • to crater

einstürzende Formation *f* ➔ nachfallendes Gebirge

einstürzendes Gebirge *n* ➔ nachfallendes Gebirge

einstürzendes Ufer *n,* nachfallendes Ufer • caving bank

Einsturzerdbeben *n* • collapse (earth)quake, subsidence earthquake, subsidence quake

einsturzfähig, einbruchfähig • collapsible

Einsturzgefahr *f* • danger of collapse, danger of collapsing

Einsturzkessel *m,* Einsturzcaldera *m,* Einbruchkessel, Einsturzkaldera, Einbruchkaldera, Einbruchcaldera, Nachfallcaldera, Nachfallkaldera, Nachfallkessel • collapse caldera, sunken caldera [*A caldera formed primarily as a result of collapse due to withdrawal of magmatic support*]

Einsturzmaterial *n,* Bruchberge *f,* Bruchmassen *f* [*Untertagebau*] • blockage, caved(-in) material

Einsturzmaterial *n,* Nachfall *m,* Einsturzgut *n* [*z. B. bei einem Ufer*] • caving material, cave material, cavings

Einsturzoberfläche ***f*** ➜ (ab)gesunkene Oberfläche

Einsturzstelle ***f*****,** Einbruchsteile • cave-in [*A place where material has collapsed*]

Einsturztal ***n*****,** Einbruchtal • collapse valley

Eintag(s)gezeit ***f*****,** Eintag(s)tide *f* • diurnal tide, daily tide [*A tide with one high water and one low water in a tidal day, as in the Gulf of Mexico*]

Eintauchschmelze ***f*****,** Tauchschmelze • immersion melt

E

Einteichen ***n*** • ponding [*embankment compaction*]

Einteilen ***n*****,** Teilen • graduation [*The method or system of placing degrees or other equally spaced intermediate marks on an instrument or device (such as a tape or thermometer) to represent standard or conventional values*]

einteiliger Pfahl ***m*****,** monolithischer Pfahl • single-piece pile, one-piece pile, monolithic pile

einteiliger Schlagbohrer ***m*** • monobloc drill

einteiliges Schneidrad ***m*** • single-section cutting wheel

Einteilung ***f*****,** Systematik *f*, Klassifikation *f* • classification

Einteilung ***f*****,** Teilung • graduation [*One of the equal divisions or dividing lines on a graduated scale or one of the marks equally spaced on a device or instrument*]

Einteilung ***f*** **der Gesteine in Handelsgruppen,** Gesteinseinteilung in Handelsgruppen • trade grouping (of rocks), rock trade grouping

Einteilung ***f*** **der Lagerstättenvorräte,** Vorratsklassifikation *f*, Vorratseinteilung, Vorratssystematik, Klassifikation der Lagerstättenvorräte, Systematik *f* der Lagerstättenvorräte • classification of mineral resources

Eintiefung ***f*** • depression, hollow [*On a surface, e.g. a rock surface*]

Eintiefung ***f*** • mold (US); mould, mark(ing) [*An original mark or primary depression made on a sedimentary surface; e.g. a flute, striation, or groove. The filling of such a depression produces a cast; unfortunately some authors reserve the usage and regard the structure on the bottom of beds as "molds" and others regard "cast" and "mold" or "mark(ing)"as synonymous*]

Eintreibbauwerk ***n*** ➜ Vorpressbauwerk

eintreiben, (ein)rammen, (ein)schlagen • to drive (by impact), to hammer down [*piling*]

eintreiben ➜ durchdrücken

Eintreiben ***n*** ➜ (Ein)Rammen

Eintreiben ***n*** ➜ (Rohr)Vortrieb

eintreten, einsickern • to seep into, to infiltrate

Eintretenswahrscheinlichkeit ***f*** • occurence probability

Eintritt(s)geschwindigkeit ***f*** • entrance velocity

Eintritt(s)pupille ***f*** [*Fotogrammetrie*] • entrance pupil

Eintritt(s)reflektor ***m*** [*Autokartograf*] • ingress reflector

Eintritt(s)verlusthöhe ***f*** [*Zeichen: hve. Einheit: m*] • inlet head loss

eintrocknender See ***m*****,** verschwindender See • evanescent lake [*A short-lived lake formed after a heavy rain*]

(Ein)Visieren ***n*****,** Ausrichten, Absehen • boning(-in), sighting(-in) [*Operation of levelling or regulating the straightness of trenches by sighting along the top of a series of tee pieces, known as boning rods*]

(Ein)Visieren ***n*****,** Zielen, Einzielen, Anzielen, Zielung *f*, Anvisieren • sighting(-in), boning(-in) [*Setting out intermediate levels on the straight line jointing two given level pegs*]

Einwaage ***f*** • original sample weight, initial weight

Einwägung ***f*** ➜ nivellitische Höhen(ver)messung

Einwägung ***f*** **dritter Ordnung** ➜ Nivellierung dritter Ordnung

Einwägung ***f*** **zweiter Ordnung** ➜ Nivellierung zweiter Ordnung

Einwanderung ***f*** **eines granitisch-aplitischen Saftes in ein aufblätterndes Schichtenpaket** • lit-par-lit [*French*]; leaf-by-leaf [*In petrology, the intimate penetration of bedded, schistose, or other foliate rocks by innumerable narrow sheets and tongues of granitic rock, usually granitic igneous rocks*]

einwandfrei epigenetisch • clearly epigenetic

einwandige Krainerwand ***f*** [*zur Hangfußsicherung*] • single header crib wall

einwandiger offener Rechtecksenkkasten ***m*****,** offener einwandiger Rechtecksenkkasten • single-wall rectangular open (foundation) caisson, open single-wall rectangular (foundation) caisson

einwandiger Spundwandfangedamm ***m*** • single-skin sheet pile cofferdam, one-skin sheet pile cofferdam

Einwaschungshorizont ***m*** ➜ B-Horizont

einwegiger Grundwasserleiter ***m*****,** einbahniger Grundwasserleiter • single-path aquifer, one-path aquifer

Einwerfer ***m*****,** Heifer [*Ein Stempel, Türstock, der bei großem Druck zwischen zwei andere zu deren Unterstützung eingelegt wird*] (⚒) • durn(s) of relief, relief durn(s)

einwertig • mercurous [*Pertaining to mercury in its state of lowest combining power*]

einwertig • monovalent, univalent
Einwickelstruktur *f* • involution
Einwirktiefe *f* [*Fallplattenverdichtung*] • effective depth
Einwirkung *f* • action
Einwirkungsbereich *m*, Einwirkungszone *f* (⚒) • (zone of) affected (over)burden
Einwirkungsdauer *f* [*Beim Verdichtungsvorgang*] • time of application
Einwirkungs-Setzungslinie *f* [*Pfahlgründung*] • load-settlement curve
Einwitterung *f* • weathering from top to bottom, downward weathering
Einwurfstangenhalter *m* [*Tiefbohrtechnik*] • bar drop sub
Einzeitigkeit, Gleichzeitigkeit *f* • simultaneousness
Ein(zel)bildfotogrammetrie *f* • single-image photogrammetry, single-picture photogrammetry, one-image photogrammetry, one-picture photogrammetry
Einzelanzeige *f* [*Beim zweiten Analysenschritt der Grundwasseruntersuchung*] • target
Einzelberg *m*, Inselberg • inselberg [*German*]; peak, island mountain; tolt [*New Foundland*] [*A prominent isolated residual knob, hill, or small mountain of circumdenudation, usually smoothed and rounded, rising abruptly from and surrounded by an extensive lowland erosion surface in a hot, dry region (as in the deserts of southern Africa or Arabia), generally bare and rocky although partly buried by the debris derived from and overlapping its slopes; it is characteristic of an arid or semiarid landscape in a late stage of the erosion cycle*]
Einzelberg *m* ➋ Zeugenberg
Einzelberg *m* ➋ Härtling
Einzelbild *n*, Bild [*Rechner. Gerastertes und quantisiertes, d. h. digitalisiertes, zweidimensionales Abbild einer Szene. Dieses Bild ist nicht umkehrbar eindeutig. Mathematisch lässt sich das (Einzel)Bild als eine zweidimensionale diskrete Bildfunktion darstellen, die die Lichtintensität in Abhängigkeit von Zeile und Spalte angibt*] • image, picture
Einzelbild *n*, Einzelfoto(grafie) *n*, *(f)* • exposure, individual picture [*Of a strip of photographs*]
Ein(zel)bild *n* • single image, single picture
Einzelbilddeutung *f*, Einzelbildinterpretation *f* • non-stereo(scopic) interpretation
Einzelbildkartiergerät *n* • single-photo plotting apparatus, one-photo plotting apparatus
Einzelbildüberdeckung *f*
➋ Überdecken der Einzelbilder
Einzelbildübergreifen *n*
➋ Überdecken der Einzelbilder
Einzelbildüberlappung *f*
➋ Überdecken der Einzelbilder
Einzelbildüberschneidung *f*
➋ Überdecken der Einzelbilder
Einzel-Bogensperrmauer *f*, Einfach-Bogensperrmauer, Einzel-Bogen(stau)mauer, Einfach-Bogen(stau)mauer, Einzel-Gewölbesperrmauer, Einfach-Gewölbe(stau)-mauer, Einzel-Gewölbe(stau)mauer, Einfach-Gewölbesperrmauer, Einzel-Bogen(tal)sperre, Einfach-Bogen(tal)sperre, Einzel-Gewölbe(tal)sperre, Einfach-Gewölbe(tal)sperre *f* • single arch(ed) dam
einzelbrechend • single refracting, singly refracting
Einzeldruckpfahl *m* • single compression pile
Einzeleinschluss *m* • single inclusion
Einzelfalte *f* • single fold
Einzelfoto(grafie) *n*, *(f)*, Einzelbild *n* • exposure, individual picture [*Of a strip of photographs*]
Einzelfundament *n*, Einzelgründung *f* • isolated footing, independent footing, spread footing, pad footing, pad foundation, single pad, individual footing, single footing, footing foundation [*An independent base for a pier or column*]
Einzelgänger-Schürfer *m* • lone-wolf prospector
Einzel-Gewölbesperrmauer *f*
➋ Einzel-Bogen-sperrmauer
Einzelgründung *f*, Einzelfundament *n* • isolated footing, spread footing, pad footing, individual footing, single footing [*An independent base for a pier or column. "Foundation" is sometimes used for "footing"*]
Einzelhof *m* • isolated farm [*The farm land is not necessarily consolidated*]
Einzel(kammer)schleuse *f* • single-chamber lock, one-chamber lock
Einzelkoralle *f*, solitäre Koralle, Hornkoralle • solitary coral, cup coral, horn coral, fossil cow's horn, four-part coral, simple coral
Einzelkornbodenstruktur *f* • single (soil) structure [*No aggregates - individual detrital grains and small rock fragments, common in strongly leached horizons, arenosols and underlying unaltered sandy material*]
Einzelkorngefüge *n* • single-grain fabric
Einzelkornstruktur *f* ➋ Einzelkornbodenstruktur
Einzelladung *f* [*Sprengtechnik*] • single charge
Einzellagenrutschung *f* • single-bed slump(ing), one-bed slump(ing)
Einzellast *f* • point load, single concentrated load(ing)

Einzellenfangedamm ***m*****,** einzelliger Fangedamm • single-cell cofferdam, one-cell cofferdam

Einzel-Mehrzweck-Speicher ***m*****,** Mehrzweck-Einzel-Speicher • single-multi(ple)-purpose reservoir, SMPR

Einzelmessung ***f*** [*Vermessen des Bohrloches nach Neigung und Richtung mit Lotgerät*] • single shot, run

einzelnes Luftbild ***n*** • single aerial photo(graph)

Einzelpacker ***m*** • single packer

E

Einzelpfahl ***m*** • single pile

Einzelpfahlgründung ***f*** • single pile foundation

Einzelpfahlmantelfläche ***f*** • shaft area of a/the single pile layer

Einzelpfeiler ***m*** [*Pfeiler(tal)sperre*] • single buttress, single pier

Einzelprobe ***f*** [*Sie wird bei einer einmaligen Entnahme erhalten*] • increment

Einzelpunktaufnahme ***f*****,** Einzelpunkt(ver)messung *f* [*Bohrlochabweichung*] • single-shot survey, one-shot survey

Einzelpunktneigungsmesser ***m*** • single-shot inclinometer, one-shot inclinometer

Einzelrutschung ***f*** [*Art der Rutschungsaktivität; Definition lt. MLG*/Krauter: Eine* ***Einzelrutschung*** *weist nur eine Einzelbewegung des verlagerten Materials auf.*] • single landslide [*Style of landslide activity; according to the MLG*/D.M.Cruden: A* ***single*** *landslide is a single movement of displaced material.*]

Einzelsäule ***f*** • single column

Einzelschießen ***n*****,** Punktschießen *n* [*Seismik*] • point shooting, single shooting

Einzelschlitzelement ***n*****,** Schlitzwandelement, Betonschlitzwandelement [*Bei dem vom Pilgerschrittverfahren abgewandelten Verfahren der Schlitzwandherstellung werden die senkrechten Schlitzwandelemente auch für die Übertragung von Bauwerkslasten auf tiefere tragfähige Schichten verwendet; statisch gesehen wie die Ramm- und Bohrpfähle*] • slurry (trench) wall bearing element, slurry (trench) wall barrette, strip pile; barrette [*French*] [*A large rectangular concrete pier excavated and concreted under slurry*]

Einzelschuss ***m*****,** Punktschuss *m* • point shot, single shot

Einzelspannglied ***n*** • single-bar tendon

Einzelträger ***m*** [*einer Brücke*] • T-beam

Einzelüberdeckung ***f*** • single cover(age)

Einzeluntersuchung ***f*** • detailed investigation, detailed examination

Einzelwelle ***f*** • solitary wave

Einzelwolke ***f*** • detached cloud

Einzelzündschnur ***f*****,** Einfachzündschnur • single fuse, single fuze

Einzementieren ***n*****,** Zementieren [*Tiefbohrtechnik*] • cementing

Einzementieren ***n*** **von Futterrohren,** Zementieren von Futterrohren • casing cementing

Einzementierschuh ***m*****,** Zementierschuh [*Tiefbohrtechnik*] • cementing casing shoe

einziehen [*Ein Neurohr bei der Rohrerneuerung*] • to draw into, to pull in

Einziehen ***n*** **und Aufweiten** [*Schlauchverfahren für Rohrsanierung*] • winching and inflation

einziehende Wetter ***f*****,** einströmende Wetter, (ein)fallende Wetter (⚒) • intake air, inlet air

einziehende (Wetter)Strecke ***f*****,** (Wetter)Einziehstrecke, einströmende (Wetter)Strecke, (ein)fallende (Wetter)Strecke (⚒) • intake gate (road), intake gateway, intake road(way); intake entry (US); intake drift(way), intake (airway) [*A main passage for air in a mine. "Inlet" may be used synonymously for "intake"*]

einziehende Wetterstrecke ***f*** **parallel zur Förderstrecke** (⚒) • parallel intake airway [*An intake airway parallel to the haulageway*]

Einziehmethode ***f*****,** Einziehverfahren *n* [*Rohrsanierung*] • pulling-in (relieving) method

Einziehschacht ***m*****,** Einzugschacht (⚒) • downcast (shaft), intake air shaft, inlet air shaft [*The shaft through which the fresh air is drawn or forced into the mine*]

Einziehstrecke ***f*** ➋ einziehende (Wetter)Strecke

Einziehwetterstrom ***m*** ➋ Frischluft

Einzielen ***n*** ➋ (Ein)Visieren

Einzonenbauweise, englische Bauweise, [*Untertagebau*] • English method, English timbering system

Einzugschacht ***m*****,** Einziehschacht (⚒) • downcast (shaft), intake air shaft, inlet air shaft [*The shaft through which the fresh air is drawn or forced into the mine*]

Einzugsdichte ***f*** • drainage density [*An index of a real channel development, equal to the total length of all stream and/or river channels divided by the area. Symbol: D*]

einzugsfähig [*vorher zusammen verbaute Rohrleitung*] • ready for installation

Einzugsgebiet ***n*** • watershed area, catchment area, drainage area, drainage system, gathering ground, feeding ground, drainage basin, catchment (basin), (hydrographic) basin, tributary area, collecting area [*The area drained by a stream or river or by their systems*]

Einzugsgebiet ***n*** • watershed [*This word is causing great confusion because of the complete difference between British and American usage. The British usage is equivalent to water-parting, the American equivalent to catchment area. Through such international agencies as UNESCO and FAO (Food and Agriculture Organization) the American meaning has spread widely in recent years. In the United States there are now Watershed Conservancy Districts, Watershed Managers and Watershed Associations. Syracuse University has a Watersheds Institute. In all these cases "watershed" is used in the sense of catchment area*]

Einzugsgebietbauwerk ***n*** • catchment (area) structure; watershed (area) structure (US)

Einzugsgebiet-Bodenfeuchte-Index ***m*** • catchment wetness index, CWI; watershed wetness index (US) [*unit hydrograph procedure*]

Einzugsgebietcharakteristik ***f*** • regime(n), hydrologic(al) regime(n), water regime(n) [*The characteristic behavio(u)r and the total quantity of water involved in a drainage basin, determined by measuring such quantities as rainfall, surface and underground storage and flow, and evapotranspiration*]

Einzug(s)gebietergiebigkeit ***f*** • catchment yield; watershed yield (US)

Einzugsgebiethydrologie ***f*****,** Wasserscheide(n)hydrologie • (drainage) basin hydrology; watershed hydrology (US)

Einzugsgebiet-Ökosystem ***n*** • catchment (area) ecosystem; watershed ecosystem (US)

Einzugshalbmesser ***m*****,** Einzug(s)radius *m*, Zuflusshalbmesser, Zuflussradius • drainage radius [*Radius of zone actually supplying water to a pumping well*]

Einzugsvolumen *n* [*Erdöl- und Erdgasgewinnung*] • reservoir volume

Ein-Zweck-(Speicher)Becken ***n*** • single-purpose (storage) reservoir, one-purpose (storage) reservoir [*Such reservoirs are created mainly for industries such as mines, where the life of the dam will depend upon the resources of the mine, for town water supply and for beautification and recreation*]

einzyklisch, monozyklisch • monocyclic [*See note under "cyclic"*]

einzyklisches Gebirge ***n*****,** einfaches Gebirge • single-cycle mountain, one-cycle mountain

Eisabfuhr ***f*** ➲ Eisgang

Eisabführung ***f*** ➲ Eisgang

Eisabgang ***m*** ➲ Eisgang

Eisablagerung ***f*****,** Moräne *f*, diluviales Geschiebe *n*, glaziales Geschiebe, transportiertes Gletschermaterial *n* • moraine [*The term moraine is often used synonymously with till or glacial drift, but when used with modifiers it more correctly denotes a particular landform which can consist of only till, of mix(tur)es of till and stratified (glacial) drift, or of only stratified (glacial) drift*]

Eis(ab)trieb ***m*****,** Abschwimmen *n* von Eis • ice run [*Flow of ice in a watercourse. An ice run may be light or heavy and may consist of frazil, anchor, slush or sheet ice*]

E

Eisaggregat ***n*** ➲ Gefrieraggregat

Eisalbedo ***f*** [*Siehe Anmerkung unter "Albedo"*] • ice albedo

Eisanwachsen ***n*****,** Vereisen • ice accretion [*The process by which a layer of ice builds up on solid objects which are exposed to freezing precipitation or to supercooled fog or cloud droplets*]

Eis(auf)bruch ***m*****,** Eiszerfall *m* • (ice) disintegration, ice breaking-up, breaking-up of the ice, ice boom, debacle

Eisaufschiebung ***f*** • ice pile-up, piling up of ice, blocking ice (formation)

Eisaufstau ***m*** [*in Fließgewässern*] • ice jam

Eisbarchan ***m*****,** Eissicheldüne *f* • ice-barchan (dune) [*A small crescentic dune composed of very cold ice crystals*]

Eisbarre ***f*****,** dichter Eisrand *m* • ice bar

eisbedeckt • ice covered, glacierized [*Contrast glaciated. The term "glacierized" has not yet found general favo(u)r*]

Eisbedeckung ***f*** • glacification [*Covering of an area by ice in the form of glaciers, ice-sheets, or floating ice*]

Eisbelastung ***f*****,** Eislast *f* • ice loading

Eisbereich ***m*** ➲ Vereisungsbereich

Eisberg ***m*** • (ice)berg [*A large (ice)berg is properly called "ice mountain"*]

Eisbeton ***m*** • ice concrete, icecrete [*A dense frozen mix (ture) of sand, rock fragments, and ice*]

Eisbetrieb ***m*** ➲ Gefrierbetrieb

Eisbildung ***f*** [*(Baugrund)Vereisung; Gebirgsvereisung*] • ice growth, ice formation

Eisblänke ***f*** • bare ice [*Ice without a snow cover*]

Eisblänke ***f*** [*In den Polarmeeren der helle Widerschein des Polareises am Horizont*] • iceblink

Eisbock ***m*****,** Abläufer *m*, Gegenpfeiler *m*, Strombrecher • starling, jetty, sterling [*Piles (usually timber) driven into the streambed or riverbed upstream of a bridge pier - and downstream in tidal water - to protect it from floating rubbish, ice, etc.*]

Eisboden ***m*****,** Frostboden, gefrorener Boden • frost soil, cryomorphic soil, frozen soil; t(j)aele, tjäle

E

[*Swedish and Norwegian*]; merzlota [*Russian*] [*Soil having a temperature below freezing, generally containing water in the form of ice. The terms "t(j)aele" and "tjäle" designate not only frozen soil but also the condition of the ground (=Gefrornis)*]

Eis(bohr)loch *n*, Gefrier(bohr)loch, Frost(bohr)loch, Gefrierbohrung *f*, Eisbohrung, Vereisungsbohrung, Frostbohrung, Vereisungs(bohr)loch [*(Baugrund) Vereisung; Gebirgsvereisung* (⚒)] • freezing (bore) hole, freezing well(bore), freeze (bore)hole, freeze well (bore), ice (bore)hole, ice well(bore)

Eisbrechen *n* • breaking of ice

Eisbrei *m* • frazil slush, ice slush, grease ice [*An agglomerate of loosely packed frazil (ice) floating on the water surface which can accumulate under the ice cover*]

Eisbrocken *m*, Eishümpel *m* [*Zwischen Scholle und Eisberg*] • growler

Eisdecke *f* • ice cover

Eisdeckengleichung *f* • ice-thickness equation [*An empirical equation relating sheet-ice thickness to accumulated degree-days below freezing, hi = a (1.06 ÷s) where hi is the ice thickness in inches, a is the coefficient of snow cover and load conditions, and s is the accumulated degree-days since freeze-up based on degree Fahrenheit below freezing*]

Eisdom *m* • ice dome

Eisdruck *m*, Frostdruck, Vereisungsdruck, Gefrierdruck [*(Baugrund)Vereisung; Gebirgsvereisung* (⚒)] • freezing pressure, freeze pressure, ice pressure, frost pressure

Eisdruck *m*, Eisschub *m*, Eisschiebung *f* • ice shove, ice thrust(ing), ice push(ing) [*The lateral pressure exerted by the expansion of shoreward moving ice, especially of lake ice*]

Eisdruckfestigkeit *f* • (ultimate) compressive strength of ice

Eisen *n* • iron [*mineral*]

Eisen *n* und Schlägel *m* (⚒) • mallet and gad

(Eisen- und) Schlägel-Arbeit, Schlägel- und Eisen-Arbeit *f*, Schnattelarbeit [*Österreich*] (⚒) • driving with mallet and gad

Eisenalaun *m*, Federalaun • iron alum, alum feather, feather alum, butter rock [*Not to be confused with "mountain butter". A double sulphate of iron and potassium that occurs native and is then called "halotrichite"*]

Eisen-Ammonium-Alaun *m* • iron ammonium alum

Eisenanreicherung *f* • iron enrichment

Eisenantimonerz *n* • iron antimony sulfid(e) (US); iron antimony sulphid(e)

Eisenantimonglanz *m* [*nach P. Groth, 1874*], Berthierit *m* [*nach W. Haidinger, 1871*] • berthierite [*A dark steel-gray mineral: $FeSb_2S_4$*]

eisenarmer Epidot *m* • low iron epidote, poor iron epidote

eisenarmer oolitischer Hämatitquarzit *m* [*Eisenerzlager bei Pretoria, Südafrika*] • pisolitic ironstone

(eisenarmer) Weißlehm *m* • terra blanca

Eisenascheboden *m*, Eisenpodsol(boden) • iron podzol, iron podsol

Eisenauszimmerung *f* ➜ Eisenrüstung

Eisenbahndamm *m*, Bahndamm *m* • railway embankment (Brit.), railroad embankment (US)

Eisenbahndammböschung *f* • railway embankment (Brit.), railroad embankment (US)

Eisenbahndammrutschung *f* • failed railway embankment (Brit.), failed railroad embankment (US)

Eisenbahneinschnitt *m* • railway cut (Brit.); railroad cut (US)

Eisenbahn-Hochgeschwindigkeitstrasse *f* • high-speed rail link

Eisenbahnknotenpunkt *m* • railway hub (Brit.); railroad hub (US)

Eisenbahnschwelle *f* • railway sleeper (Brit.) railroad sleeper (US)

Eisenbahn- und Straßentunnel *m*, Straßen- und (Eisen)Bahntunnel • highway-railway tunnel, railway-highway tunnel, road-railway tunnel, railway-road tunnel (Brit.); road-railroad tunnel, railroad-road tunnel, highway-railroad tunnel, railroad-highway tunnel (US)

Eisenbahnstrecke *f* • rail route, railway line (Brit.), railroad line (US)

Eisenbahntalbrücke *f* • railway viaduct (Brit.), railroad viaduct (US)

Eisenbahntrasse *f* • rail link, railway link (Brit.), railroad link (US)

Eisenbahntunnel *m* • rail tunnel, railway tunnel (Brit.), railroad tunnel (US)

Eisenbahntunnelbau *m* • railway tunnelling (Brit.); railroad tunneling (US)

Eisenbahnunterfahrung *f*, Eisenbahnunterquerung, Eisenbahnunterkreuzung, grabenlose Eisenbahnüberquerung, geschlossene Eisenbahnüberquerung • trenchless rail(way) crossing, no-dig rail(way) crossing, non-disruptive rail(way) crossing (Brit.); trenchless rail(road) crossing, no-dig rail(road) crossing, non-disruptive rail(road) crossing (US)

Eisenblau *n* • iron phosphate, phosphate of iron

Eisenblüte *f*, Faseraragonit *m* • flos ferri

Eisenbrunnen *m*, Eisenquelle *f* • chalybeate spring
Eisenbügel *m* [*zur Sicherung eines Bauwerks; sind zu wenig vorhanden führt das zu einer Reduzierung der Tragfähigkeit*] • steel bracket
Eisencordierit *m*, Eisenkordierit • iron cordierite, sekaninaite, $(Fe,Mg)_2Al_4Si0_{18}$
Eisendruse *f* • crystallized iron-ore
eisenenthaltend ➋ eisenschüssig
eisenenthaltender tropischer Boden *m* ➋ eisenhaltiger tropischer Boden
Eisenerz *n* • iron ore, irony ore
Eisenerzförderung *f* • iron ore production
Eisenerzgeophysik *f* • iron-ore geophysics
Eisenerz(gesamt)vorräte *m(pl)* ➋ (geologische) Eisenerz(gesamt)vorräte
Eisenerzgrube *f*, Eisenerzmine *f* • iron ore mine [*See note under "mine"*]
Eisenerzlager(stätte) *n*, *(f)* • iron-ore deposit
Eisenerzmine *f*, Eisenerzgrube *f* • iron ore mine [*See note under "mine"*]
Eisenerzmulm *m*, mulmiges Eisenerz *n* • rubble iron ore, dust iron ore, earthy iron ore [*Iron ore formed in Brazil on the surface of itabarite and derived from it by the breaking up of the thinner intercalated layers, more or less completely free from the associated siliceous elements by rain and wind action*]
Eisenerzreserve(n) *f*, (derzeit) (ab)bauwürdige Eisenerzvorräte *f* • iron-ore reserve(s)
(Eisen)Erzschwamm *m*, schwammig gewachsenes (Eisen)Erz
Eisenerztagebau *m* • opencast iron ore mining, opencut iron ore mining, daylight iron ore mining, surface iron ore mining, (open) pit iron mining [*"Extraction" and "working" may synonymously be used for "mining"*]
Eisenerztagebau(grube) *m*, *(f)* • iron ore opencast mine [See *note under "opencast mine"*]
Eisenformation *f* • iron formation [*A chemical sedimentary rock, typically thin-bedded and/ or finely laminated, containing at least 15 % iron of sedimentary origin, and commonly but not necessarily containing layers of chert. Various primary facies (usually not weathered) of iron formation are distinguished on the basis of whether the iron occurs predominantly as oxid (e), silicate, carbonate, or sulfid(e). Most iron formations are of Precambrian age*]
(Eisen)Frischschlacke *f*, schwarzer Eisenkalk *m* • finery cinders, finery slag
eisenführend ➋ eisenschüssig
eisengefärbt • iron-stained

Eisenglanz *n*, Glanzeisenstein *m*, Specularit *m* • specularite, specular iron, gray h(a)ematite, grey h(a)ematite, iron glance [*A black or grey variety of h(a)ematite with a splendent metallic luster, often showing iridescence. It occurs in micaceous or foliated masses, or in tabular or disklike crystals*]
Eisengley *m*, eisenreicher Gley • iron-rich gley soil
Eisengleypodsol(boden) *m* • iron gley podzol
Eisenglimmer *m* • iron mica, micaceous h(a)ematite
Eisengranat *m*, Rothoffit *m* • rothoffite
Eisengraupe *f* • granular bog iron ore
eisenhaltig ➋ eisenschüssig
eisenhaltige Ausfüll(ungs)zone *f* • ferrito zone
eisenhaltige Hartkruste *f* ➋ Eisenkruste
eisenhaltige Knolle *f* • ferrous concretion, ferrous nodule
eisenhaltiger Horizont *m* ➋ Eisenkruste
eisenhaltiger Kalkstein *m* ➋ Kalkeisenstein
eisenhaltiger Sandstein *m* ➋ Eisensandstein
eisenhaltiger Schieferton *m*, Schieferletten *m* • bind [*Derbyshire. Indurated argillaceous shale or mudstone very commonly forming the roof of a coal seam and frequently containing clay ironstone*]
eisenhaltiger tropischer Boden *m*, tropischer eisenhaltiger Boden, eisenschüssiger tropischer Boden, tropischer eisenschüssiger Boden, eisenenthaltender tropischer Boden, tropischer eisenenthaltender Boden • ferruginous tropical soil, tropical ferruginous soil
eisenhaltiges hartes Gestein *n*, hartes eisenhaltiges Gestein *n* • kat, cat, gat [*Cornwall*]
Eisenhumuspodsol *m* • ferrohumic podzol
Eisenhut *m*, (eiserner) Hut, ocker(halt)iger Letten *m*, eisenschüssiger Letten, Ausstrich *m*, Brauneisenzone *f* • capping of gossan, ore cap(ping), ironstone blow, capping of gozzan, oxidized cap, gossan (ore), gozzan (ore), iron cap(ping), iron hat, gossan hat, (leached) capping; chapeau de fer [*French*]; colorados [*Western United States*]; broile, bryle [*Cornwall*] [*An iron-bearing weathered product overlying a sulphide deposit. It is formed by the oxidation of sulphides and the leaching-out of the sulphur and most metals, leaving hydrated iron oxides and rarely sulphates*]
Eisenhypersthen *m* • ferrosilite, iron hypersthene, $FeSi0_3$ [*Symbol: Fs*]
Eisen(-III)- . . ., Ferri. . . [*dreiwertiges Eisen enthaltend*] • ferric, containing iron as a trivalent
Eisen(-III)-Chloridkristall *m*, Ferrichloridkristall • ferric chlorid(e) crystal
Eisenjaspilit *m* • ferruginous jasper

E

Eisenkiesel ***m*** • iron flint
eisenkieselsaures Salz ***n*** • ferro-silicate
Eisenknötchen ***n*** • cannock
Eisenkobalterz ***n*** ➋ Safflorit
Eisenkordierit ***m***, Eisencordierit • iron cordierite, sekaninaite, $(Fe,Mg)_2Al_4Si0_{18}$
Eisenkruste ***f***, Eisenpanzer *m*, eisenhaltige Hartkruste, eisenhaltiger Horizont *m* • ferricrete, ferruginous (duri)crust
Eisenleberkies ***m*** • hepatic iron-pyrites
Eisenmanganerz ***n*** • iron manganese ore
Eisenmanganknolle ***f*** • ferromanganese nodule
Eisenmeteorit ***m*** • iron meteorite, siderite, meteoric iron; aerosiderite [*obsolete*]
Eisenmulm ***m*** • earthy iron ore, earthy limonite
Eisennickelkern ***m***, Barysphäre *f*, Nickeleisenkern • centrosphere, barysphere; bathysphere [*not recommended synonym*]; pyrosphere, nickel-iron mass, iron-nickel mass
Eisenniere ***f***, Nierensteinerz *n*, nierenförmiges Eisenerz • reniform iron ore
eisenockeriger Sandstein ***m***, bunter Sandstein, Vogesensandstein • variegated sandstone
Eisenölseife ***f*** • iron oleate
Eisenoolithkalkstein ***m*** • iron oolite limestone
Eisenopal ***m***, Jasp(is)opal, Opaljaspis *m* • opal jasper, jasper opal, jaspopal
Eisenortstein ***m*** • iron pan [*A hard layer often occurring in sands and gravels a short distance below the surface, resulting from the leaching of iron from the upper layers and its subsequent deposition as hydrated oxid(e) of iron at a lower level*]
Eisenoxyd ***n*** • ferric oxide, iron oxide
Eisenoxydul ***n***, Ferrooxyd *n* • ferrous oxid(e)
Eisenoxyduloxid ***n*** • ferroso-ferric oxid(e)
Eisenpanzer ***m***, Eisenkruste *f*, eisenhaltige Hartkruste, eisenhaltiger Horizont *m* • ferricrete, ferruginous (duri)crust
Eisenpecherz ***n*** ➋ Triplit
Eisenpfahl ***m***; Eisenpilot *m* [*Österreich*] • iron pile
Eisenpodsol(boden) ***m***, Eisenascheboden • iron podzol, iron podsol
Eisenpyrit ***m*** • iron pyrite; braz(z)il, brazzle, brassil [*British dialectal terms for iron pyrite, especially associated with coal*]
Eisenquelle ***f***, Eisenbrunnen *m* • chalybeate spring
Eisenrahm ***m***, Eisenschaum *m* • iron froth
eisenreich • iron-rich
eisenreicher Gley ***m***, Eisengley • iron-rich gley soil
Eisenrhodonit ***m*** • iron-rhodonite
Eisenrüstung ***f***, Stahlrüstung, Eisen(aus)zimmerung, Stahl(aus)zimmerung [*Tunnel;Stollen*] • steel supports, steel timbering
Eisensäuerling ***m*** • chalybeate water
Eisensand ***m*** • iron sand [*A sand containing particles of iron ore (usually magnetite), as along a coastal area*]
Eisensandstein ***m***, eisenschüssiger Sandstein, eisenhaltiger Sandstein • iron-sandstone, ferruginous sandstone, New Sandstone; Hastings sand (Brit.)
Eisen-Schachtring ***m***, Schacht-Eisenring • iron (shaft) (curb-)ring, shaft iron (curb-)ring
Eisenschaum ***m***, Eisenrahm *m* • iron froth
eisenschüssig • ferriferous, iron-bearing, containing iron
eisenschüssiger Kalkstein ***m***, Kalkeisenstein, eisenhaltiger Kalkstein • calcareous iron-stone, ferruginous limestone
eisenschüssiger Letten ***m*** ➋ (eiserner) Hut
eisenschüssiger ochriger Letten ***m***, ochriger eisenschüssiger Letten • gal [*Cornwall. A hard rusty gossan*]
eisenschüssiger Sandstein ***m***, Eisensandstein, eisenhaltiger Sandstein • iron-sandstone, ferruginous sandstone, New Sandstone; Hastings sand (Brit.)
eisenschüssiger tropischer Boden ***m*** ➋ eisenhaltiger tropischer Boden
Eisensilikat ***n*** • iron silicate
Eisensinter ***m***, Pittizit *m* • pittizite, pitticite; pitchy iron ore [*obsolete*] [*A hydrous sulfarsenate of iron, found in yellowish, brownish, and reddish reniform masses*]
Eisenspat ***m***, Siderit *m*, Spateisenstein *m*, Weißeisenerz *n* • siderite, chalybite, sparry iron, spathic iron, jun(c)kerite, iron spar, rhombohedral iron ore, siderose; white iron ore [*obsolete*]
Eisenstab ***m*** **mit Markierungsfähnchen,** Markierungsnadel *f*, Führungsstab, Zählnadel [*Zum Abstecken von Strecken, z. B. Basislinien, im Grasland. Diese 2 m langen, dünnen Eisenstäbe werden nach einer bestimmten Schrittzahl in die Erde gesteckt*] • chaining arrow, chaining pin, taping arrow, taping pin, surveyor's arrow, surveyor's pin
Eisenstein ***m*** [*postpräkambrische Fe-Ablagerungen*] • ironstone
Eisenstein ***m*** **der zusammen mit Kohle bei Merthyr-Tydoie vorkommt** (⚒) • duffrin-brass [*South Wales*]
Eisensteinknolle ***f*** • ironstone nodule
Eisensteinkruste ***f***, Krusteneisenstein *m* • ironstone crust, crust ironstone

Eisensteinlager *n* im Kohlengebirge • dogger [*In the Cleveland iron district, England, a bed of inferior ironstone overlying the main seam*]
Eisensteinmeteorit *m* ➊ Lithosiderometeorit
Eisensteintagebau *m* • opencast ironstone quarry, opencut ironstone quarry, daylight ironstone quarry, surface ironstone quarry, (open) pit ironstone quarry
Eisensteinvorkommen *n*, Eisensteinvorkommnis *n* • delf [*England. A vein, seam, or bed of ironstone*]
Eisen(-Tonerde)spinell *m*, Herzynit *m*, Aluminium-Eisen-Spinell, Al_2Fe0_4 • hercynite, iron spinel, ferrospinel [*A black mineral of the spinel group; crystallizes in the isometric system*]
Eisenuranit *m* • iron uranite
Eisenvitriol *n*, Melanterit *m* • iron vitriol, melanterite
Eisenwasserbau *m*, Stahlwasserbau • steel hydraulics construction
Eisenwasserbau *m* ➊ Stahlwasserbau
Eisenwasserbauingenieur *m*, Stahlwasserbauingenieur • steel hydraulics construction engineer
Eisenwasserbautechnik *f*, Stahlwasserbautechnik • steel hydraulics construction engineering
Eisenwasserbauwerk *n*, Stahlwasserbauwerk • steel hydraulics structure
Eisenwolframat *n* • iron tungstate
Eisenwolframit *m*, Ferberit *m* • eisenwolframite, ferberite
eisenzeitliche Kultur *f* • Iron Age culture
eiserner Bestand *m*, eiserner Speicherbeckeninhalt *m* • holdover storage [*The portion of the useful storage normally remaining in a reservoir at the end of the drawdown period and held over for use only in a critically dry year*]
(eiserner) Hut *m*, Eisenhut, ocker(halt)iger Letten *m*, eisenschüssiger Letten, Ausstrich *m*, Brauneisenzone *f* • capping of gossan, ore cap(ping), ironstone blow, capping of gozzan, oxidized cap, gossan (ore), gozzan (ore), iron cap(ping), iron hat, gossan hat, (leached) capping; chapeau de fer [*French*]; colorados [*Western United States*]; broile, bryle [*Cornwall*] [*An iron-bearing weathered product overlying a sulphide deposit. It is formed by the oxidation of sulphides and the leaching-out of the sulphur and most metals, leaving hydrated iron oxides and rarely sulphates*]
eiserner Speicherbeckeninhalt *m*, eiserner Bestand *m* • holdover storage [*The portion of the useful storage normally remaining in a reservoir at the end of the drawdown period and held over for use only in a critically dry year*]
Eisfächer *m* [*Ein schmales Eispiedmont welches höchstens 1 km vom Meer landeinwärts reicht*] • ice fan
Eisfalte *f* • ice fold
Eisfeld *n* • ice field [*A large, level area of ice, either of sea ice ("more than five miles across") or an ice cap or highland ice*]
Eisfestigkeit *f* • ice strength
Eisfront *f* • (ice) front, ice barrier [*The floating vertical cliff forming the seaward edge of an ice sheet or other glacier that enters water, ranging in height from 2 to about 50 m above sea level*]
Eisführen *n* ➊ Eisgang
Eisfuß *m*, Festeis *n* • ice foot, land floe, shore floe, landfast ice, (bally)cadder, (belli)catter, shore-ice belt; kaimoo [*Eskimo term*]
Eisgang *m*, Eistreiben *n*, Eisführen, Eistrieb *m*, Eisabgang, Eisabfuhr *f*, Eisabführung *f* [*Massenhaftes Abschwimmen von Eis, das vorher in Ruhe war*] • ice-drift(ing)
Eisgang *m* • ice gang, debacle, ice run [*A water rush following a break-up of ice*]
eisgeformt, glazial geformt • crystic
Eisgehalt *m* [*Anteil des Eises in gefrorenem Gestein*] • ice content
Eisgischt *f* • freezing sprays, freeze sprays, ice sprays
Eishafen *m* • iceport [*An embayment in an ice front, often of a temporary nature, where ships can moor alongside and load directly onto the ice sheet*]
Eishochwasser *n* • ice flood
Eishöhle *f* • glacière [*French*]; ice glen, ice cave, freezing cavern, ice grotto [*Cave in which ice forms and persists through most of the year*]
Eishügel *m* ➊ Aufeishügel
Eishügel *m* mit Quelle, Aufeishügel mit Quelle, Gefrornishügel mit Quelle • ice mound, icing mound, ice blister [*A thick localized surface mound on an icing, it may form by the upwarp and breaching of a layer of ice (as in a watercourse) by the hydrostatic pressure of water which then issues from the mound as a freezing spring*]
Eishümpel *m*, Eisbrocken *m* [*Zwischen Scholle und Eisberg*] • growler
Eiskante *f* • ice edge [*The boundary at any given time between the open sea and sea ice of any kind, whether drifting or fast. When wind or swell compact the ice edge it may be called a compacted ice edge; when dispersed, it may be called an open ice edge*]
Eiskantenmoräne *f*, Stauch(ungs)moräne, Aufpressmoräne, Schubmoräne, Staumoräne [*Sie wird*

durch die mechanische Tätigkeit der Eiskante zusammengeschoben] • push(ridge) moraine, thrust moraine, shoved moraine, upset(ted) moraine

Eiskappe *f* • ice cap [*Non-preferred synonyms: ice carapace, cap, glacier cap. An ice sheet of less than about 50.000 sq.km. resting on rock*]

Eiskaskade *f* • ice fall, ice cascade [*The part of a glacier that is highly crevassed because of a very steep slope of the glacier bed*]

E

Eiskeil *m* • ice wedge, ground-ice wedge, ice vein

Eiskernmoräne *f* • ice-core(d) moraine

Eisklippe *f* • ice cliff; ice front [*Not recommended synonym in the sense of any vertical wall of ice*]

eisklüftig • frost-cleft

Eiskörper *m* ➲ Frostkörper

Eiskörper *m* ➲ vereister Baugrund

Eiskörpervorwuchs *m* ➲ Frostkörpervorwuchs

Eiskorb *m*, Gefrierkorb, Frostkorb, Vereisungskorb [*(Baugrund)Vereisung; Gebirgsvereisung (⚒)*] • freezing basket, freeze basket, ice basket

Eiskrachen *n* • ice quake [*The convulsion which accompanies the break-up of an ice field or ice floe*]

Eiskreis *m* ➲ Frostkreis

Eiskristall *m* • ice crystal [*A macroscopic particle of ice with a regular structure, usually hexagonal; it is anisotropic*]

Eiskristallausfüllung *f*, Eiskristallausguss *m* • ice-crystal cast [*A crystal cast formed by the filling of an ice-crystal mark(ing) with mud or small sand; it commonly appears as a straight, slightly raised ridge on the underside of a sandstone bed*]

Eiskristallbildung *f* • ice segregation

Eiskristalle *f*, Eisnadeln *f* • diamond dust, ice crystals, ice needles, frost in the air, frost mist, frost snow, snow mist, poudrin

Eiskristallmarke *f* • ice-crystal mark(ing) [*A crack formed on a sedimentary surface by the sublimation of an ice crystal*]

Eiskristalltheorie *f* • ice-crystal theory, Bergeron-Findeisen theory

Eiskruste *f* • ice crust [*A thin layer of ice on a rock surface, formed by freezing of water condensed from the air*]

Eiskruste *f* • ice crust [*In glaciology. A type of snow crust, formed when meltwater or rainwater freezes to form a continuous layer of ice on the surface of deposited snow*]

Eiskruste *f* • ice rind, ice crust, rind, crust [*A brittle, thin sea ice formed on a quiet surface by direct freezing or from grease ice, usually in water of low salinity; its thickness is generally less than 5 cm, and it is easily broken into rectangular pieces by wind or swell*]

Eiskunde *f* • glaciology [*The study of ice and ice action in all their forms*]

Eiskurve *f*, Gefrierkurve, Vereisungskurve, Frostkurve [*(Baugrund)Vereisung; Gebirgsvereisung (⚒)*] • freezing curve, freeze curve, ice curve

Eislanze *f*, Gefrierlanze, Frostlanze, Vereisungslanze [*(Baugrund)Vereisung; Gebirgsvereisung (⚒)*] • freezing lance, freeze lance, ice lance, frost lance, brine lance

Eislast *f*, Eisbelastung *f* • ice loading, ice load

Eislaufschiebung *f* • piling up of ice

Eislawine *f*, Gletscherlawine • ice avalanche, ice fall [*Fall of ice from a hanging glacier*]

Eislinse *f* [*Eine Bodenerhebung, die durch Frost ausgelöst wird*] • ice lens [*A lens-shaped elevation of the ground due to the action of frost*]

Eislochbohren *n* ➲ Gefrierlochbohren

eisloser gefrorener Boden *m*, gefrorener Boden ohne Eis • dry frozen ground, dry frozen soil [*Relatively loose and crumbly ground or soil that has a temperature below freezing but contains no ice*]

Eismantel *m* • ice mantle, ice sheet [*A continuous mass of ice and snow of considerable thickness and large area. Ice sheets may be resting on rock or floating. Ice sheets of less than about 50.000 sq.km. resting on rock are called ice caps. Not to be confused with "sheet ice"*]

Eismasse *f* • ice mass, mass of ice

Eismethode *f*, Gefrierverfahren *n*, Vereisungsverfahren, Frostverfahren, Eisverfahren, Gefriermethode *f*, Vereisungsmethode, Frostmethode [*(Baugrund)Vereisung; Gebirgsvereisung (⚒)*] • freezing method, freeze method, ice method

Eismusterboden *m*, Strukturboden, Frostmusterboden • patterned ground [*Previous terms more or less synonymous: structural ground, frost pattern soil, soil pattern, soil structure, structure soil. The last two terms are now discarded because humus and a soil profile may be absent in patterned ground*]

Eisnadel *f* • ice needle

Eisnadeln *f*, Eiskristalle *f* • diamond dust, ice crystals, ice needles, frost in the air, frost mist, frost snow, snow mist, poudrin

Eisnebel *m* • ice fog, frost fog, frozen fog, frost flake, ice-crystal fog, rime fog, pogonip, air hoar

Eisperiode *f* • ice period [*The period of time from freezing to breakup of ice*]

Eisphysik *f* • ice physics

Eispfahl *m*, Eisbalken

Eispiedmont *m*, Vorlandeisfächer *m* [*Ein tief liegender, eisbedeckter Küstenstrich vor einer Gebirgsflanke, dessen Oberfläche sanft meer(es)seitig abgedacht und der 50 m bis 50 km breit ist*] • ice piedmont

Eispressen *n*, Eispressung *f* [*Druckwirkung einer geschlossenen Eisdecke, z. B. Eisstand bei Flüssen, auf Wasserbauwerke*] • ice pile up, pile up of ice

Eispunkt *m*, Gefrierpunkt, Frostpunkt [*Erstarrungspunkt des Wassers*] • ice point, freezing point, frosting point

Eisriss *m*, Frostriss, Frostspalt(e) *m*, *(f)* • frost crack, ice crack [*A nearly vertical fracture developed by thermal contraction in frozen ground or in rock with appreciable ice content*]

Eisriss *m* • split of ice cover, ice cover split

Eisschacht *m* ➋ Gefrierschacht

Eisschachtabteufen *n* ➋ Gefrier(schacht)abteufen

Eisschachtbau *m*, Gefrierschachtbau, Vereisungsschachtbau, Frostschachtbau • freezing shaft construction, freeze shaft construction, frozen shaft construction, ice shaft construction, freezer shaft construction

Eisscheide *f* • iceshed

Eisschelf *n* • barrier ice [*A term used by Robert F. Scott in 1902 for the ice constituting the Antarctic ice shelf (which was then called an "ice barrier"). The synonym "shelf ice" seems to be more commonly used for the natural ice itself*]

Eisschiebung *f* ➋ Eisschub

Eisschlamm *m*, Schlammeis *n* • sludge (ice), slush (ice), cream ice, ice sludge [*A dense, soupy accumulation of new sea ice formed during an early stage of freezing, and consisting of incoherent floating frazil crystals that may or may not have slightly frozen together; it forms a thin gluey layer and gives the sea surface a steel-gray or leaden colo(u)r*]

Eisschleier *m* ➋ Frostschleier

Eisscholle *f* [*Einzeln an der Wasseroberfläche schwimmender flacher Eiskörper*] • ice floe, sheet of floating ice, floating ice sheet, floe, block of ice

Eisschub *m*, Eisdruck *m*, Eisschiebung *f* • ice shove, ice thrust(ing), ice push(ing) [*The lateral pressure exerted by the expansion of shoreward moving ice, especially of lake ice*]

Eisschubrücken *m*, Stauchrücken • ice-push(ed) ridge

Eisschubwirkung *f* ➋ Exaration

Eissicheldüne *f*, Eisbarchan *m* • ice-barchan (dune) [*A small crescentic dune composed of very cold ice crystals*]

Eisspat *m* • ice spar [*A white or colo(u)rless, glassy, transparent variety of orthoclase, specifically sanidine*]

Eisspat *m*, Kryolith *m* [*Ein Aluminiummineral, das gelegentlich als feste Phase in Dreiphaseneinschlüssen im Topas auftritt*] • cryolite, Greenland spar, ice stone, sodium-alumin(i)um fluorid(e), Na_3AlF_6

Eissperre *f* • ice dam, ice barrier [*A river or stream obstruction formed of floating blocks of ice that may cause ponding and widespread flooding during spring and early summer*]

Eissprengen *n* • ice blasting

Eisstau *m* • embacle [*The piling up of ice in a waterway after a refreeze, and the pile so formed*]

Eisstaub *m*, Kryokonit *m* • cryoconite [*This term was introduced by A.E. Nordenskjöld, who, during his first expedition to the Greenland Ice Cap, observed numerous water-filled cylindrical holes sunk into the ice. The bottoms of these holes are covered with dust a few millimetres thick. This powdery dust he called "cryoconite" from Greek "kruos" (ice) and konis (dust)*]

Eisstaubablation *f* ➋ Kryokonitabschmelzung

Eisstaubabschmelzung *f* ➋ Kryokonitabschmelzung

Eisstaubzehrung *f* ➋ Kryokonitabschmelzung

Eisstausee *m* • glacier lake, glacial lake, marginal lake, ice-ponded lake, ice-dam(med) lake [*A lake held in place by the damming of natural drainage by the edge or front of a glacier or ice-sheet, as a lake ponded by glacier ice advancing across a valley, or a lake occurring along the margin of a continental ice sheet*]

Eissteiß *m* • bummock [*A downward projection from the underside of sea ice; the submariners counterpart of an ice hummock*]

Eisstelle *f* ➋ Gefrierstelle

Eisstiel *m* ➋ (Gletscher)Eisstiel

Eisstollen *m* • ice gallery; ice tunnel (US)

Eisstoß *m* • ice impact

Eisstrecke *f* ➋ Froststrecke

Eisstreifen *m* • ice belt, ice strip [*A band of fragments of sea ice in otherwise open water*]

Eisstrom *m* ➋ Auslassgletscher

Eisstromnetz *n* • dendritic glacier, arborescent glacier, dendroid glacier [*A trunk glacier joined by many tributary glaciers to form a pattern that resembles a branching tree*]

Eisstromnetz *n* • transection glacier [*A glacier that entirely fills a valley system overflowing the divides between the valleys*]

Eisstromnetz *n* [*Über einer Wasserscheide zusammenhängende Talgletschergemeinschaft*] • net of glacial streams

E

Eistätigkeit ***f*** • ice action

Eistasche ***f*** • ice pocket

Eistechnik ***f*** ➔ Gefriertechnik

Eistektonik ***f*,** Glazialtektonik, glaziale Tektonik • glacier tectonics, glacial tectonics

Eisteufe ***f*** ➔ Gefriertiefe

Eistiefe ***f*** ➔ Gefriertiefe

eistransportiert, eisverfrachtet • conveyed by ice, transported by ice, drifted by ice

E

Eistreiben ***n*,** Eisgang *m*, Eisführen, Eistrieb *m*, Eisabgang, Eisabfuhr *f*, Eisabführung *f* [*Massenhaftes Abschwimmen von Eis, das vorher in Ruhe war*] • ice-drift(ing)

Eisumbildung ***f*** • glacification [*The action of converting into ice*]

Eisverfahren ***n*** ➔ Gefrierverfahren

eisverfrachtet, eistransportiert • conveyed by ice, transported by ice, drifted by ice

eisverfrachteter Boden ***m*,** glazialer Boden, eistransportierter Boden • iceborne soil, ice-deposited soil, ice-laid soil, glacial soil

eisverschärfte Rippe ***f*,** eisverschärftes Felsband *n* [*Wenn zwei Gletscher in parallelen Tälern eng nebeneinander auftreten, dann kann sich die Eisscheide infolge von Übersteilung zunehmend verschmälern, bis sie zu wenig mehr als einem vom Eis verschärften Felsband (= Rippe) reduziert ist*] • cleaver

Eisversetzung ***f*** • ice jam, block ice

Eisvorstoß ***m*** • ice advance

Eiswall ***m*** ➔ Eis(druck)wall

Eiswand ***f*** • ice wall [*An ice clift forming the seaward margin of an inland ice sheet, ice piedmont, or ice rise. The rock basement may be at or below sea-level. In contrast to an ice front, an ice wall is aground, not afloat*]

Eiswirkung ***f*** • glaciation [*The action of a glacier or icesheet on the rocks over which it has passed or still passes*]

Eiswüste ***f*** • ice desert

Eiszapfen ***m*** • icicle [*Hanging spike of clear ice formed by the freezing of dripping water*]

Eiszeit ***f*,** Glazialzeit, Kaltzeit • glacial epoch, drift epoch, glacial period, ice age [*Any part of geologic(al) time, from Precambrian onward, in which the climate was notably cold in both the northern and southern hemispheres, and widespread glaciers moved toward the equator and covered a much larger total area than those of the present day, specifically the latest of the glacial epochs, known as the Pleistocene (Epoch). "Glacial period" as a synonym of "glacial epoch", specifically the Pleistocene (Epoch), is not strictly correct as glacial intervals during Earth history were not of the period rank, but of shorter duration*]

Eiszeit ***f*** • Ice Age [*When used without qualification the Ice Age signifies the latest of the geological ice ages corresponding broadly with the Pleistocene Period and better termed the Great Ice Age. Some writers content that and then "Great Ice Age" suggests that it was monoglacial rather than polyglacial in character and accordingly advocate the dropping of the term but it is too widely used for that to happen*]

Eiszeitalter ***n*** • glacial (age) [*A subdivision of glacial epoch, especially of the Pleistocene (Epoch)*]

Eiszeithypothese ***f*,** Glazialtheorie *f* • glacial theory, glacier theory, glacialism [*In theory, first proposed about 1840 and now universally accepted, that the drift was deposited through the agency of glaciers and ice sheets moving slowly from higher to lower latitudes during the Pleistocene (Epoch)*]

Eiszeithypothesenanhänger ***m*,** Glazialtheorieanhänger • glacialist [*A believer in the glacial theory*]

eiszeitlich • glaciogen(et)ic

eiszeitlich geformtes Gelände ***n*,** eiszeitlich gebildetes Gelände • glacial terrain

Eiszerfall ***m*,** Eis(auf)bruch *m* • (ice) disintegration, ice breaking-up, breaking-up of the ice, ice boom, debacle

Eiszuwachs ***m*,** Schneezuwachs • accumulation, alimentation; nourishment [*glaciology*] [*All processes that add snow or ice to a glacier, floating ice, or snow cover, including snow fall, condensation, avalanching, snow transport by wind, and freezing of liquid water*]

Eiszuwachsmenge ***f*,** Schneezuwachsmenge • accumulation [*The amount of snow or other solid precipitation added to a glacier or snow field by accumulation*]

Ejektor-Sprengstofflademaschine ***f*,** Ejektor-Sprengstofflader *m* [*Einbringen von Sprengstoff in Bohrlöcher*] • ejector (blasthole) charger, ejector (blasthole) loader, ejector (blasthole) charging machine, ejector (blasthole) loading machine

Eklipse ***f*,** Finsternis

Eklogit ***m*,** Smaragditfels *m* • eclogite, eklogite

Eko(nomiser) ***m*** ➔ Rauchgas-Wasservorwärmer

Eläolith ***m*,** Ölstein *m* • el(a)eolite

Elaeolithsyenit ***m*,** Eläolithsyenit, Nephelinsyenit • nepheline syenite; el(a)eolite syenite [*obsolete*]

elastisch gebetteter Balken ***m*** *(pl)* • elastically bedded beam

elastisch gebettete zweiachsige Platte ***f*** • elastic bi-axial plate

elastisch gebetteter Stabzug *m* • elastically bedded continuous beam
elastisch gestützter Balken *m(pl)* • elastically supported beam
elastisch verformtes Elementarmagnetgitter *n* • homogeneously distorted cubic ferromagnetic lattice
elastische Bettung *f* [*Bodenmechanik*] • (continuous) elastic support, elastic continuous support
elastische Deformation *f* ➔ elastische Verformung
elastische Eigenschaft *f* • elastic property
elastische Entspannung *f* • elastic rebound [*Elastic recovery from strain*]
elastische Entspannungstheorie *f* **von Reid,** Reidtheorie • elastic-rebound theory, Reid mechanism
elastische Formänderung *f*, elastische Verformung, elastische Deformation *f* • elastic deformation, elastic strain
elastische Kupplung *f* [*Teil eines Schleusenrüttlers*] • elastic coupling [*An integral part of a bottom feed vibrator*]
elastische Länge *f* [*z.B. eines Pfahls*] • elastic length [*e.g. of a pile*]
elastische Nachwirkung *f* • (elastic) afterworking, elastic aftereffect, creep recovery, transient strain, transient deformation [*The gradual recovery of elastic strain when stress is released*]
elastische Schicht *f* • elastic layer
elastische Setzungsberechnung *f* • elastic settlement analysis
elastische Systemsteifigkeit *f* • elastic stiffness of the system
elastische Verformung *f*, elastische Formänderung, elastische Deformation *f* • elastic deformation, elastic strain
elastische Verkantung *f* [*eines Brückenpfeilers*] • elastic tilt(ing) [of a bridge pier]
elastische Verkürzung *f* • elastic shortening, elastic reduction [*compression pile*]
elastischer Balken *m* • elastic beam
elektrischer Druckaufnehmer *m* [*für Fernmessung*] • electrical pressure gauge [*for remote monitoring*]
elastischer Halbraum *m* • elastic halfspace
elastischer Widerstand *m* • elastic resistance
elastisches Erdharz *n*, Elaterit *m* • elaterite, mineral caoutchouc, elastic bitumen; liverite [*Utah*]; fungus subterraneus [*obsolete*]
elastisches Fundament *n* • elastic foundation
elastisches Kontinuum *n* • elastic continuum
elastisches Schwellen *n* • elastic swelling
elastisches Stoffgesetz *n* • elastic constitutive law
elastisch-viskoplastisches Stoffgesetz *n* • elastic-viscoplastic constitutive law
ealstisch-viskoplastische Spannnungsdehnungsbeziehung *f* • elastic-viscoplastic stress-strain behaviour (US: behavior)
elastisch-viskoplastisches Spannungsverformungsverhalten *n* [*von Trennflächen*] • elastic-viscoplastic stress-strain behaviour (US: behavior) [*of discontinuities*]
Elastizitätsgleichung *f* • elastic stress-strain relationship
Elastizitätskennwert *m* • elastic parameter
Elastizitätskonstante *f* • elastic constant, elastic parameter
Elastizitätslehre *f* • theory of elasticity
Elastizitätsmodul *m*, E-Modul • modulus of elasticity, elastic modulus, coefficient of elasticity [*A measure of the rigidity of a material; ratio of stress, within proportional limit, to corresponding strain. Specifically, the modulus obtained in tension or compression is Young's modulus, stretch modulus, or modulus of extensibility; the modulus obtained in torsion or shear is modulus of rigidity, shear modulus, or modulus of torsion; the modulus covering the ratio of the mean normal stress to the change in volume per unit volume is the bulk modulus. The tangent modulus and secant modulus are not restricted within the proportional limit; the former is the slope of the stress-strain curve at a specified point; the latter is the slope of a line from the origin to a specified point on the stress-strain curve.*]
elastizitätstheoretisch abschätzen • to estimate by the theory of elasticity
elastizitätstheoretische Berechnung *f* • elastic analysis
elastizitätstheoretische Spannungsverteilung *f* • stress distribution of elastic theory
Elastizitätstheorie *f* • theory of elasticity, elasticity theory, elastic theory, elastic continuum theory
Elastokinetik *f* • elastokinetics
elastomeres Kissen *n* • elastomere cushion
elastoplastische Berechnung *f* • elastoplastic analysis
elastoplastische FE-Berechnung *f* • elastoplastic finite element analysis
elastoplastisches Modell *n* • elastoplastic model
elastoplastisches Stoffmodell *n* • elastoplastic constitutive model
Elastoplastizität *f* • elastoplasticity, elasticity
Elastostatik *f* • elastostatics
elastoviskos ➔ elastisch-viskos

Elaterit *m*, elastisches Erdharz *n* • elaterite, mineral caoutchouc, elastic bitumen; liverite [*Utah*]; fungus subterraneus [*obsolete*]

Elbe-Eiszeit *f*, Elbe-Kaltzeit *f*, Menap Kaltzeit *f* • Menap cold period [*North European glacial stage: Pleistocene (below Elster). Equivalent to the Günz of the Alpine sequence and Nebraskan*]

Eldoradoit *m*, geblicher Quarz *m* • eldoradoite; yellowish quartz [*California*]

E

Elektrifzierung *f* [*z. B. einer Eisenbahnstrecke*] • electrification [*such as of a railroad line*]

Elektrik *f* ➋ elektrische Prospektion

Elekrolytkupfer *n* • electrolytic copper

elektrische Anisotropie *f* • electrical anisotropy

elektrische Bodenforschung *f* • electric soil research

elektrische Bodenforschung *f* [*Fehlbenennung*] ➋ elektrische Prospektion

elektrische Bohrlochvermessung *f* • (electric) resistivity (bore)hole logging, (electric) resistivity (well (bore)) logging [*Petroleum engineering. The measurement of subsurface electrical resistivities (normal and lateral to the (bore)hole) during electrical logging of oil wells*]

elektrische Entladung *f* • (electric) discharge

elektrische Feldstärke *f* • electric field intensity, voltage gradient

elektrische Gebirgsmessung *f* ➋ Elektrokernen

elektrische Gesteinsverfestigung *f*, Elektro-Gesteinsverfestigung • electrical induration [*A method of strengthening ground by passing a direct current of 300-500 volts through the rocks. The current induces marked changes in the physical and chemical properties of the rocks with a considerable increase in strength*]

elektrische (Grund)Wasseraufsuchung *f*, elektrische (Grund)Wasserprospektion *f*, elektrische (Grund) Wassersuche *f* • electrical groundwater prospection, electrical groundwater search(ing)

elektrische Kraftmessdose *f* • load cell

elektrische Länge *f* [*Abstand zwischen den Randspulen einer Induktionssonde*] • spacing

elektrische Messung *f* im Bohrloch ➋ Elektrokernen

elektrische Messungen *f* in Bohrlöchern ➋ Elektrokernen

elektrische Methode *f*, elektrisches Verfahren *n* [*Baugrundverbesserung*] • electrical method

elektrische Methode *f* nach Schlumberger ➋ Schlumberger-Gleichstromfeld-Verfahren

elektrische Prospektion *f*, elektrisches Prospektieren *n*, elektrisches Aufsuchen, elektrische Aufsuchung *f*, elektrische Suche *f*, Elektrik *f*, elektrische Bodenforschung [*Fehlbenennung*] • electric prospection, electric prospecting, electric search(ing)

elektrische (Prospektions)Methode *f*, elektrisches (Prospektions)Verfahren *n* • electric method [*A geophysical prospecting method that depends on the electrical or electrochemical properties of rocks. The resistivity, spontaneous-polarization, induced-polarization, and inductive-electromagnetic methods are the principal electrical methods*]

(elektrische) Spitzenleistung *f* • demand power, peak power [*The maximum amount of energy consumed in any consecutive number of minutes during a specific time. Demand is measured in kilowatts and is the average rate of consumed energy during the peak period. This method of establishing the maximum demand rate does not penalize the company for very short peaks. From Coal Age, volume 71, No. 8, August 1966, page 270*]

elektrische Suche *f* ➋ elektrische Prospektion

elektrische Verkokung *f* • electrocarbonization

elektrische Widerstandsmessung *f*, spezifische Widerstandsmessung • (electric) resistivity survey, specific resistance survey

elektrische Widerstandsmessung *f* vom Bohrloch aus ➋ Schlumberger-Gleichstromfeld-Verfahren

elektrische Zündung *f* • electric ignition

elektrischer Druckgeber *m* • electrical pressure transducer

elektrischer Schlag *m* • electric strike

elektrischer Schreibpegel *m*, Elektro-Schreibpegel • (water-)stage transmitter [*A device designed to transmit electrically a reading of the water level as it changes, for recording on a mechanically actuated chart*]

elektrischer Strom *m* ➋ Strom

elektrischer Wegaufnehmer *m* • electrical displacement transducer

elektrischer Widerstand *m* [*Kohlenflöze heben sich im allgemeinen durch hohen elektrischen Widerstand hervor. Sonden mit geringem Elektrodenabstand haben ein gutes Auflösungsvermögen in lotrechter Richtung, so dass eine solche Messung Hinweise auf Flözmächtigkeit und -struktur gibt. Aufgrund unterschiedlichen elektrischen Widerstandes kann auch verwässertes Gestein von dichtem unterschieden werden*] • laterolog 3

elektrischer Widerstand *m*, spezifischer Widerstand • (electric) resistivity, specific resistance, electric resistance [*The electrical resistance offered by a material to the flow of current, times the cross-sectional area of current flow and per unit length of current path; the reciprocal of the conductivity*]

elektrischer Widerstand ***m*** [*elektronisches Teil*] • electric resistor [*a part*]
elektrischer Zünder ***m*,** Elektrozünder • electric detonator, electric exploder [*In the electric detonator, a fusehead replaces the safety fuse and, when electric current is passed through the fusehead, it ignites a flashing composition which, in turn, initiates the explosive charge in the detonator. A typical electric detonator consists of four main components, namely: (1) the detonator tube containing the explosive charge; (2) the fusehead; (3) the neoprene plug closure; and (4) the leading wires*]
elektrischer zündschnurloser Zeitzünder ***m*,** zündschnurloser elektrischer Zeitzünder, Eschbachzünder • fuseless electric delay detonator, fuseless electric delay exploder
elektrisches Aufsuchen ***n*** ➋ elektrische Prospektion
elektrisches Auftauen ***n*** • electric thawing
elektrisches Dipolmoment ***n*** • electrical dipole moment
elektrisches Grundwassermodell ***n*** • electrical groundwater model [*Electrical current is analogous to groundwater discharge, voltage analogous to head, conductance analogous to permeability, and capacitance analogous to storage*]
elektrisches Kernen ***n*,** Elektrokernen, geoelektrische Bohrlochmessung *f*, elektrische Messung im Bohrloch, elektrische Messungen *f* in Bohrlöchern, elektrische Gebirgsmessung • electric coring, core (well(bore)) logging, electric (well(bore)) logging, electric (bore-)hole logging
elektrisches Orientierungsgerät ***n*** [*Komplettieren einer Bohrung*] • powered orienting tool
elektrisches Potential ***n*,** Elektropotential • electrical potential [*The electric(al) potential existing in rock formations include (1) telluric potential, (2) electrochemical potential, and (3) contact potential*]
elektrisches Prospektieren ***n*** ➋ elektrische Prospektion
elektrisches (Prospektions)Verfahren ***n*** ➋ elektrische (Prospektions)Methode
elektrisches Verfahren ***n*,** elektrische Methode *f* [*Baugrundverbesserung*] • electrical method
elektrisches Verfahren ***n*** **nach Schlumberger** ➋ Schlumberger-Gleichstromfeld-Verfahren
Elektrisiermaschine ***f*,** Zündelektrisiermaschine [*frühere Benennungen*]; Elektrozündmaschine • firing machine, electric(al) blasting machine
Elektrizität ***f*** ➋ Strom
Elektrizitätsgewinnung ***f*** • generation of electricity
Elektrizitätswerk ***n*** ➋ Energieversorgungsunternehmen
Elektrizitätswirtschaft ***f*** • power industry
Elektroakustikwandler ***m*,** elektroakustischer Wandler • electroacoustic transducer, sound transducer
Elektrobandpegel ***m*** • electric tape gauge; electric tape gage (US)
Elektro-Bodendruckmessdose ***f*,** Elektro-Erddruckmessdose • electrical earth pressure cell, electrical soil pressure cell
elektrochemisch • electrochemical
Elektrode ***f*,** Metallspieß *m* [*Eigenpotentialverfahren*] • electrode, metal stake
Elektrodenanordnung ***f*** • electrode arrangement, electrode array
Elektrodenpolarisation ***f*** • electrode polarization, overvoltage
Elektrodensonde ***f*,** Sonde • sonde, probe [*A circular container in which electrodes are set. The sonde is supported during logging in approximately the centre of the (bore)hole*]
elektrodynamischer Höhenmesser ***m*** • absolute altimeter
Elektro-Erddruckmessdose ***f*,** Elektro-Bodendruckmessdose • electrical earth pressure cell, electrical soil pressure cell
Elektro-Gesteinsverfestigung ***f*,** elektrische Gesteinsverfestigung • electrical induration [*A method of strengthening ground by passing a direct current of 300-500 volts through the rocks. The current induces marked changes in the physical and chemical properties of the rocks with a considerable increase in strength*]
Elektrohandlampe ***f*** (⚒), Handelektrolampe
Elektrokegeleindring(ungs)messer ***m*** • electrical cone penetrometer [*There are two types, viz. the parallel-side(d) probe and the type in which the diameter is reduced immediately behind the conical point*]
Elektrokernen ***n*** ➋ elektrisches Kernen
Elektrokinetik ***f*** • electrokinetics
elektrokinetische Erscheinung ***f*** • electrokinetic phenomenon
Elektrolog ***n*,** Formationslog • electrical log, electric log, E-log [*Generic terms for a well log that displays electrical measurements of induced current flow (resistivity log, induction log) or natural potentials (spontaneous-potential log) in the rocks of an uncased borehole. Such a log typically consists of the spontaneous-potential (SP) curve and one or more resistivity or induction curves. The Archie equation forms the basis for interpretation of electric(al) logs. Informal synonym: resistivity log*]

Elektrolyselösung *f* • electrolytic solution
Elektrolyt *m*, Ausfäller *m* • electrolyte
Elektrolytbrücke *f* • liquid junction
elektrolytisch abgeschieden, elektrolytisch niedergeschlagen [*Metall*] • electro-deposited
elektrolytische Abscheidung *f*, elektrolytischer Niederschlag *m* [*Metall*] • electrodeposit
elektrolytische Gewinnung *f* • electrowinning
elektrolytische Polarisation *f*, Membran(e)-polarisation • membrane polarization, electrolytic polarization
Elektromagnet(ab)scheider *m* • electromagnetic separator
Elektromagnetiklog *n*
➲ (Bohrloch)Elektromagnetiklog
elektromagnetische Aufnahme *f*,
elektromagnetische (Ver)Messung *f* • electromagnetic survey, electromagnetic measurement
elektromagnetische Aufschlussmethode *f*,
elektromagnetisches Aufschlussverfahren *n*, elektromagnetisches Aufschließungsverfahren, elektromagnetische Aufschließungsmethode • electromagnetic method, EM method [*An electrical exploration method based on the measurement of alternating magnetic fields associated with currents artificially or naturally maintained in the subsurface. If these currents are induced by a primary alternating magnetic field, the name inductive electromagnetic method applies, whereas if they are conducted into the ground via electrodes, the name conductive electromagnetic method applies*]
elektromagnetische Bohrloch(ver)messung *f*, elektromagnetische Bohrlochaufnahme *f* • electromagnetic (geophysical (well(bore)) logging, EM (geophysical (well(bore)) logging
elektromagnetische Distanzmessung *f*, EDM • electromagnetic distance measurement, EDM
elektromagnetische Entfernungsmessung *f* • electromagnetic distance measurement
elektromagnetische Kartierung *f* • electromagnetic mapping, EM mapping
elektromagnetische Methode *f*, elektromagnetisches Verfahren *n* • electromagnetic (geophysical) method, geophysical electromagnetic method
elektromagnetische Prospektion *f*,
elektromagnetisches (Auf)Suchen *n*, elektromagnetische Suche, elektromagnetische Aufsuchung • electromagnetic surveying, electromagnetic prospecting, electromagnetic searching, electromagnetic prospection [*Underground surveying carried out by generating electromagnetic waves at the surface of the earth; the waves penetrate the earth and induce currents in conducting ore bodies, thereby generating new waves that are detected by instruments at the surface or by a receiving coil lowered into a borehole*]
elektromagnetische Reflektionsseismik *f* • electromagnetic reflection seismics, electromagnetic reflexion seismics
elektromagnetische Strahlung *f*, EM-Strahlung *f* • electromagnetic radiation, EMR, electromagnetic energy, EM radiation
elektromagnetische Theorie *f* • wave theory of light, light wave theory, electromagnetic theory
elektromagnetische (Ver)Messung *f*,
elektromagnetische Aufnahme *f* • electromagnetic survey, electromagnetic measurement
elektromagnetische Welle *f* • electromagnetic wave
elektromagnetischer Detektor *m* • electromagnetic detector, EM detector [*An instrument used in aerial geophysical prospecting for the direct detection of conducting ores*]
elektromagnetischer Seismograf *m* • electromagnetic seismograph
elektromagnetisches Aufschlussverfahren *n*,
elektromagnetische Aufschlussmethode *f*, elektromagnetisches Aufschließungsverfahren, elektromagnetische Aufschließungsmethode • electromagnetic method, EM method [*An electrical exploration method based on the measurement of alternating magnetic fields associated with currents artificially or naturally maintained in the subsurface. If these currents are induced by a primary alternating magnetic field, the name inductive electromagnetic method applies, whereas if they are conducted into the ground via electrodes, the name conductive electromagnetic method applies*]
elektromagnetisches (Auf)Suchen *n*
➲ elektro-magnetische Prospektion
elektromagnetisches Feld *n* • electromagnetic field, EM field
elektromagnetisches Spektrum *n* • electromagnetic spectrum [*The ordered array of known EM radiation extending from the shortest (cosmic rays) to the longest (radio waves)*]
elektromagnetisches Verfahren *n*,
elektromagnetische Methode *f* • electromagnetic (geophysical) method, geophysical electromagnetic method
elektromagnetisches Verfahren *n* mit waag(e)-rechtem Primärkreis • horizontal loop method [*An electromagnetic method in which the planes of the transmitting and receiving coils are horizontal*]

Elektrometer ***n*** • electrometer [*An instrument for measuring voltage without appreciable current*]
Elektromethode ***f,*** Elektroverfahren *n* • electrical (geophysical) method, geophysical electrical method
Elektronenbeschuss ***m*** • electron bombardement
Elektronendichte ***f*** • electron density
Elektronendichteprofil ***n*** • electron density profile
Elektronendichtestörung ***f*** • electron density perturbation
Elektronenerregung ***f*** • electron excitation
Elektronenleitung ***f*** • electronic conduction
Elektronenmikrosonde ***f*** • electron (micro)probe, microanalyzer
Elektronenpaarbindung ***f*** ➲ kovalente Bindung
Elektronenquarz ***m*** • electronic grade quartz
Elektronenspinnresonanz ***f,*** ESR, EPR [*Die wichtigste Methode zur Aufklärung der geometrischen und elektronischen Struktur paramagnetischer Defekte*] • electron spin resonance, ESR, electron (para)magnetic resonance, (para)magnetic resonance
Elektronenstrahl ***m,*** Kat(h)odenstrahl • electron beam, cathode ray
Elektronenübergang ***m*** • electron transition
elektroneutral [*Kontext: Die meisten Minerale sind Gemenge von einzelnen Atomgruppen (Radikale), die nicht elektroneutral sind*] • electrically neutral
Elektronikreduziertachymeter ***n*** • electronic reduction tacheometer
Elektroniktachymeter ***n*** • electronic tacheometer [*A combination of theodolite and an electronic distance measurement instrument which enables distances and angles to be measured together*]
elektronisch zeichnendes Mikrowellenradiometer ***n,*** abtastendes Mikrowellenradiometer • electronic scanning microwave radiometer
elektronische Berechnung ***f,*** elektronisches Rechnen *n* • electronic calculation, electronic computation
elektronische Datenverarbeitung ***f,*** EDV • electronic data processing
elektronische Distanzmessung ***f*** • electronic distance measurement
elektronische Entfernungsmessung ***f,*** • electronic distance measurement, EDM
elektronische Kamera ***f*** • electronic camera
elektronische Libelle ***f*** • electronic spirit level
elektronische Seekarte ***f,*** elektronische Meer(es)karte • electronic (navigation(al)) chart
elektronischer Messwerterfasser ***m*** • datalogger
elektronischer Seismograf ***m***, elektronischer Seismograf *m* • electronic seismograph
elektronisches Hilfsmittel ***n*** • electronic aid
elektronisches Rechnen ***n,*** elektronische Berechnung *f* • electronic calculation, electronic computation
elektronisches Suchgerät ***n,*** elektronisches Ortungsgerät • electronic locator [*For positioning of underground facilities*]
Elektronnegativität ***f*** • electron negativity
elektrooptische Entfernungsmessung ***f*** • electro-optical distance measurement, EDM
elektrooptischer Abtaster ***m*** • electric-optic scanner
elektrooptischer Entfernungsmesser ***m*** • electro-optical distance-measuring instrument
elektrooptisches Vermessen ***n*** • electro-optical surveying
Elektroosmose ***f*** • electro-osmosis, electroosmosis [*The phenomenon of moisture migration through a porous system such as soil, brought about by an electric potential*]
Elektro(osmose)bodenstabilisierung ***f,*** elektroosmotische Bodenstabilisierung • electroosmotic stabilization of soils, electrical stabilization of soils
Elektroosmoseentsalzung ***f*** • electroosmose treatment [*A process for the removal of objectionable salts from water by passing the water through diaphragms from cell to cell containing anode and cathode poles*]
Elektropiezometer ***n*** • electrical piezometer
elektrophoretisch • electrophoretic
Elektropotential ***n,*** elektrisches Potential • electrical potential [*The electric(al) potential existing in rock formations include (1) telluric potential, (2) electrochemical potential, and (3) contact potential*]
Elektro-Schreibpegel ***m,*** elektrischer Schreibpegel • (water-)stage transmitter [*A device designed to transmit electrically a reading of the water level as it changes, for recording on a mechanically actuated chart*]
Elektrosondierung ***f*** • electrical sounding
Elektrosprengen ***n,*** Elektrosprengung *f* • electric(al) blasting [*Blasting in which a number of holes are fired electrically*]
Elektro(spreng)zünder ***m*** ➲ Elektrozünder
elektrostatische (Ab)Scheidung ***f*** • electrostatic separation of minerals, high-tension separation of minerals
elektrostatische Bindung ***f*** • electrostatic bonding
elektrostatische Bindungskraft ***f*** • electrostatic bonding force
elektrostatische Ortung ***f*** • electrostatic detection [*The detection and location of any type of solid body, such as a mineral deposit, by measuring the associated electrostatic field which arises spontaneously or is induced by the detection equipment*]

E

elektrostatischer Zeichner *m* • electrostatic plotter

elektrostatisches Feld *n*, statisches elektrisches Feld • electrostatic field

Elektrotauchlackieren *n* • electrodeposition

Elektrotechnik *f* • electrotechnics [*The methods, processes, and operations in which electricity is applied and the equipment used*]

Elektroverfahren *n*, Elektromethode *f* • electrical (geophysical) method, geophysical electrical method

E

Elektrozeitzünder *m* • electric delay detonator, electric delay exploder

Elektrozünder *m*, Elektrosprengzünder • electric detonator, electric exploder [*In the electric detonator, a fusehead replaces the safety fuse and, when electric current is passed through the fusehead, it ignites a flashing composition which, in turn, initiates the explosive charge in the detonator. A typical electric detonator consists of four main components, namely: (1) the detonator tube containing the explosive charge; (2) the fusehead; (3) the neoprene plug closure; and (4) the leading wires*]

Elektrozündmaschine *f*; Elektrisiermaschine, Zündelektrisiermaschine [*frühere Benennungen*] • firing machine, electric(al) blasting machine

Elektrum *n*, Goldsilber *n*, Silbergold *n*, güldisches Gediegensilber, Weißgold der Gallier, silberhaltiges (Frei)Gold • electrum, argentiferous gold, argentian gold, elektrum, electron, elektron, auriferous native silver; electre, elector [*obsolete*] [*A natural deep-yellow to pale-yellow alloy of gold and silver, sometimes employed in the decorations of ancient temples and palaces*]

Elementareinheit *f* • fundamental unit

Elementarform, Einheitsform *f* • fundamental form, unit form

Elementarkörperdimension *f* [*Kristallografie*] • lattice dimension

Elementarlandschaft *f* • elementary landscape

Elementarteilchen *n* • fundamental particle, elementary particle

Elementarzusammensetzung *f* [*Gehalt der organischen Brennstoffsubstanzen an Kohlenstoff, Wasserstoff, Sauerstoff, Schwefel und Stickstoff*] • ultimate composition

Elementgruppe *f* [*koagulierte Gefüge*] • cluster

Elementhäufigkeit *f* • elemental abundance

Elementmatrix *f* • element matrix

Elementspannung *f* • element stress

Elementversuch *m* [*Korngerüst-Test*] • element test [*grain skeleton test*]

Elementwanderung *f* • element migration

Eleonorit *m* • eleonorite [*A variety of beraunite*]

Elevation *f* [*Sie gibt, gemessen in Grad, den Höhenwinkel eines Satelliten über dem Horizont an. Sie ist damit die Ergänzung der Zenitdistanz zu einem rechten Winkel. Die Elevation spielt sowohl bei der Planung (Abschattung durch Hindernisse) als auch der Auswertung einer GPS-Messung eine wichtige Rolle. Aufgrund der Tatsache, dass Signale von Satelliten mit geringer Elevation einen längeren Weg durch die Atmosphäre zurücklegen, können Messungen zu diesen Satelliten oft problematisch sein*] • elevation

Elevator *m*, Fahrstuhl *m* [*Tiefbohrtechnik*] • elevator

Elevatorbügel *m*, Fahrstuhlbügel [*Tiefbohrtechnik*] • bail

Elevator(en)hebekappe *f*, Fahrstuhlhebekappe [*Tiefbohrtechnik*] • elevator sub

Elevator-Scraper *m* • elevating scraper

Elf's Milch *f* ➜ Mondmilch

Eliasfeuer *n*, Elmsfeuer • Saint Elmo's fire, St. Elmo's fire, brush discharge

Ellipsenabschnitt *m* • ellipse section

Ellipsenlava *f* • ellipsoidal lava [*1. Pillow lava. 2. An inclusive term for any lava flow with an ellipsoidal pattern, i.e. pillow lava and the lava toes of pahoehoe*]

Ellipsenrückenberg *m*, elliptischer Rückenberg • mammilary hill [*A smooth, rounded, more or less elongate drumlin having an elliptical base*]

ellipsoidparallel, ungefähr parallel [*Inertialvermessungsgerät Ferranti FILS MK II*] • local-level

elliptische (Gas)Blase *f* [*In einer viskosen Schmelze*] • elliptical vesicle

elliptischer Rückenberg *m*, Ellipsenrückenberg • mammilary hill [*A smooth, rounded, more or less elongate drumlin having an elliptical base*]

Elmsfeuer *n*, Eliasfeuer • Saint Elmo's fire, St. Elmo's fire, brush discharge

Elstereiszeit *f*, Elsterkaltzeit [*Durch Ablagerungen in Thüringen, Sachsen und im Harz nachgewiesene Eiszeit, entspricht der Mindeleiszeit des Alpenvorlandes*] • Elsterian

Elt-Werk *n* ➜ Energieversorgungsunternehmen

Eluatverhalten *n* • elution behaviour (Brit.), elution behavior (US)

eluvial • eluvial [*Economic geology. Said of an incoherent ore deposit, such as a placer, resulting from the decomposition or disintegration of rock in place. The material may have slumped or washed downslope for a short distance but has not been transported by a watercourse*]

eluvial • eluvial [*Sedimentology. Pertaining to or composed of wind-deposited eluvium, e.g. the "eluvial (or passive) phase" of a dune cycle, marked by sufficient vegetation to check deflation*]

Eluvialhorizont *m,* Auswasch(ungs)horizont, Verarmungshorizont [*Der durch Wasserversickerung seiner Nährstoffe beraubte Teil des A-Horizonts einiger Bodentypen*] • eluviation zone, eluvial (soil) horizon, zone of eluviation

Eluviallehm *m* • eluvial loam

Eluvialsand *m* • eluvial sand

Eluvium *n,* Eluvialschutt • eluvium, residue, weathering product, residuum, residual deposit, eluvial debris, eluvial rock waste [*Weathering. An accumulation of rock debris produced in place by the decomposition or disintegration of rock*]

Elvan *m* • elvan [*Cornish term for pneumatolized granite rocks containing tourmaline, fluorite, or topaz*]

Elevator(en)bügel *m,* (Bohr)Gestängeelevator(en)-bügel, (Bohr)(Gestänge)Fahrstuhlbügel • (drill) pipe bail

Emanometer *n* • emanometer, radon shifter

Embolit *m,* Chlorbromsilbererz *n* [*Aus Chile und Mexiko*] • embolite, bromchlorargyrite

embryonaler Ozean *m,* Graben *m* mit ozeanischer Unterlage • protoceanic rift

Emergenz *f* ➋ Emportauchung

Emergenzstelle *f* ➋ Austritt(stelle)

Emersion *f* ➋ Emportauchung

Emersionsfläche *f* • hardground, hard ground, hard-ground [*A zone at the sea bottom, usually a few cm thick, the sediment of which is lithified to form a hardened surface, often encrusted, discolored, case-hardened, bored, and solution-ridden. It implies a gap in sedimentation and may be preserved stratigraphically as an unconformity*]

Emildin *m,* Emilit *m* • emildine, emilite [*A spessartite garnet that contains yttrium, but no chromium, and little or no magnesium; from Namibia*]

Emissionsfähigkeit *f,* Emissionsvermögen *n* • emissivity [*The ratio of radiant flux from a body to that from a black body at the same kinetic temperature*]

emittierte Strahlung *f,* Temperaturstrahlung • temperature radiation

E-Modul *m,* Elastizitätsmodul • modulus of elasticity, elastic modulus, coefficient of elasticity [*A measure of the rigidity of a material; ratio of stress, within proportional limit, to corresponding strain. Specifically, the modulus obtained in tension or compression is Young's modulus, stretch modulus, or modulus of extensibility; the modulus obtained in torsion or shear is modulus of rigidity, shear modulus, or modulus of torsion; the modulus covering the ratio of the mean normal stress to the change in volume per unit volume is the bulk modulus. The tangent modulus and secant modulus are not restricted within the proportional limit; the former is the slope of the stress-strain curve at a specified point; the latter is the slope of a line from the origin to a specified point on the stress-strain curve.*]

Empfänger *m* ➋ Aufnehmer

Empfänger *m,* Ortungsgerät *n* • hand(-held) receiver [*It monitors the position of the boring head in trenchless pipe laying*]

Empfängerabstand *m* **der Sonde** [*Schall-Laufzeit-Messung*] • spacing

Empfängergewinn *m* • receiver gain

Empfänger-Oszillator *m* • receiver oscillator

Empfängeruhr *f* • receiver clock

Empfängeruhrenfehler *m* [*Er beschreibt die Differenz zwischen der Uhr im GPS-Empfänger und der GPS-Zeit (Atomzeit). Die in den meisten GPS-Empfängern verwendeten Quarzoszillatoren haben meist eine geringe Genauigkeit, d. h. eine mehr oder minder starke Drift. Nach einer anfänglichen Zeitsynchronisation mit der GPS-Zeit ist danach zu jeder Beobachtungsepoche eine gewisse Abweichung zu beobachten. Diese Abweichung ist bei der Auswertung der Messungen zu berücksichtigen*] • receiver-clockoffset

Empfänger-(Ultra-)Schallkopf *m* • receiving transducer

Empfang *m,* Einsatz *m,* Ankunft *f* • kick, break, onset, arrival [*The initial appearance of seismic energy on a seismic record*]

Empfangsdauer *f,* Ankunftsdauer, Einsatzdauer, Zeitdauer bis zum Anfangseinsatz, Dauer bis zum Anfangseinsatz • kick time, onset time, arrival time, break time [*Time interval for first seismic wave to arrive at geophone*]

Empfangskanal *m* • receiver channel

Empfangslinie *f* [*Seismik*] • receiver line

Empfangsoptik *f* [*eines Distanzmessers*] • receiving optics [*of a distance measurement instrument*]

Empfangsraum *m,* Foyer *n* • lobby

Empfangsstation *f,* Aufnahmestation • receiving station

empfindlich • sensitive, susceptible

empfindlich gegen Biegung • sensitive to bending

empfindlich gegen Querkräfte [*Pfahlgründung*] • sensitive to shear forces

empfindlicher Boden ***m,*** schwieriger Boden [*"Erde" f kann synonym für "Boden" verwendet werden*] • difficult soil, problem soil, susceptible soil, difficult earth, problem earth, sensitive soil, sensitive earth
Empfindlichkeit ***f,*** Sensitivität [*z. B. von Tonen*] • sensitivity [*e.g. of clays*]
Empfindlichkeitsschwelle ***f*** • susceptibility threshold, sensitivity threshold, sensitiveness threshold
empirische Beziehung ***f*** • empirical relationship
empirische Erfahrungswerte ***m(pl)*** • empirical factors
empirische Formel ***f*** • empirical formula
empirische Gleichung ***f*** • empirical equation
empirischer Ansatz ***m*** • empirical approach
empirisches Verfahren ***m*** • empirical method, empirical procedure
emporgedrungen, eruptiv • eruptive [*Said of a rock formed by the solidification of magma; i.e. either an extrusive or an igneous rock. Most writer restrict the term to its extrusive or volcanic sense*]
Emportauchung ***f,*** Auftauchung, Heraushebung, Emergenz *f,* Emersion *f* • emergence [*Coast. A change in the level of water and land such that the land is relatively higher and areas formerly under water are exposed; it results either from an uplift of the land or from a fall of the water level*]
empyrodoxer Feldspat ***m*** ➲ Sanidin
Emscher ***m*** [*grauer Mergel*] • Coniacian-Santonian; Emscherian [*obsolete*]
Emschermergel ***m*** • Emscher marl; *less frequent:* Emscherian marl
EM-Strahlung ***f,*** elektromagnetische Strahlung *f* • electromagnetic radiation, EMR, electromagnetic energy, EM radiation
Emulsions-Aufbrechmedium ***n,*** Emulsions-Aufreißmedium, Emulsions-Rissbildungsmedium • emulsion(-type) (formation) fracturing fluid [*It consists of oil and either water or acid; one phase is dispersed as tiny droplets in the other phase*]
Emulsionssprengstoff ***m*** [*Er enthält Öl, Wasser, sauerstoffliefernde Salze, Emulgator und Hohlraumbildner*] • emulsion explosive (slurry)
Emulsionsspülung ***f*** • emulsion mud [*Solids and liquids in suspension in a second liquid. Principally a water-base mud in which a small quantity of oil is suspended to give the fluid better lubrication densities and minimize the onset of drilling bit balling*]
Endanreicherung ***f*** [*Eisenerz*] • cleaner stage
Endbank ***f*** ➲ letzte Bank
Endbestimmungsort ***m*** [*für abgebautes Material, z. B. beim Tunnelbau*] • final destination site
Endblock ***m*** • tail-block [*(fore)poling*]
Endböschung ***f*** • end slope, terminal slope
Endeck(e) ***n, (f)*** ➲ (Kristall)Endeck(e)
Endfehler ***m*** • final error
Endfläche ***f,*** Kristallendfläche • base of crystal, crystal base
endgelagerter Schwengel ***m*** [*Tiefbohrtechnik*] • grasshopper beam
Endgrube ***f,*** Zielgrube, Ausfahr(t)grube [*Tunnel- und Stollenbau*] • end pit, terminal pit, target pit, aim pit, receiving pit, reception pit [*"Excavation" may synonymously be used for "pit"*]
endgültige Berg(bau)senkung ***f*** • final mining subsidence, final day fall
endgültige Betonsicherung ***f,*** Betonausbau *m,* konstruktive Betonsicherung, bleibende Betonsicherung, dauernde Betonsicherung [*Untertagebau*] • (permanent) concrete (ground) (support(ing)) system
endgültige Böschung ***f*** ➲ bleibende Böschung
endgültige Holzsicherung ***f,*** Holzausbau *m* [*Untertagebau*] • (permanent) wood(en) (ground) (support(ing)) system, (permanent) timber (ground) (support(ing)) system
endgültige Klinkermauerwerksicherung ***f,*** Klinkermauerwerkausbau *m* [*Tunnel- und Stollenbau*] • clinker brick masonry (permanent) (ground) (support(ing)) system
endgültige Sicherung ***f,*** Ausbau *m,* konstruktive Sicherung, bleibende Sicherung, dauernde Sicherung [*Untertagebau*] • permanent (ground) (support(ing)) system, structural (ground) (support(ing)) system [*"Underground" may synonymously be used for "ground"*]
endgültige Spritzbetonsicherung ***f,*** Spritzbetonausbau *m,* bleibende Spritzbetonsicherung, dauernde Spritzbetonsicherung, konstruktive Spritzbetonsicherung [*Untertagebau*] • spray(ed) concrete (permanent) (ground) (support(ing)) system
endgültige Stahlsicherung ***f,*** Stahlausbau *m* [*Untertagebau*] • (permanent) steel (ground) (support(ing)) system
endgültige Stollensicherung ***f*** ➲ Stollenausbau
endgültige Streckensicherung ***f,*** Streckenausbau *m* (⚒) • road(way) permanent (support(ing)) system, (permanent) road(way) (support(ing)) system

endgültige Tunnelsicherung *f* ❯ Tunnelausbau

endgültiger Ausbau *m*, verbleibender Ausbau [*Untertagehohlraum*] • permanent (support(ing)) system

endgültiger Grubenausbau *m*, verbleibender Grubenausbau • pit (permanent) (support(ing)) system, permanent pit (support(ing)) system

endgültiges Pfeilerrauben *n* (⚒) • complete pillar robbing, final pillar robbing

endgültiges Referenzfeld *n* [*Geomagnetik*] • definite geomagnetic reference field, DGRF

Endkante *f* (M/G) • terminal edge

Endkorn(größe) *n*, *(f)* • final grain (size)

Endlager *n* ❯ Atommüll-Endlager

Endlagerkammer *f* • repository disposal room

Endlagerung *f* • final storage

Endlagerung *f* [*Schadstoff*] • confinement

Endlagerungskaverne *f* • confinement cavern

Endlagerversetzen *n* • repository (back)filling

endlich • finite

endlich messbar • finite measurable

Endliche *f* • finite distance

endliche Leitfähigkeit *f*, endliches Leitvermögen *n* • finite conductivity

endlicher flüssigkeitsdurchströmter Raum *m*, flüssigkeitsdurchströmter endlicher Raum [*Impulssatz in der Hydromechanik*] • control volume

endlicher Zeitabstand *m* • finite time interval

endliches Element *n*, finites Element • finite element

endliches Leitvermögen *n*, endliche Leitfähigkeit *f* • finite conductivity

Endlochpfahl *m*, Ort(beton)rammpfahl ohne Futterrohr [*Ein kegelförmiger Fallstößel fällt vom Gerüst einer Kunstramme wiederholt auf den Boden herab und bohrt sich dabei in ihn ein, verdichtet ihn und schafft einen Hohlraum*] • preexcavated uncased concrete pile

Endlosbohrschnecke *f*, Endlosschnecke *f* • continuous flight auger

Endmaßstab *m* • reproduction scale [*The scale of the printed map*]

Endmoräne *f* • end moraine, frontal moraine [*A ridgelike accumulation that is being produced at the margin of an actively flowing glacier at any given time; a moraine that has been deposited at the lower or outer end of a glacier. Sometimes also called "terminal moraine"*]

endobiontisch • endobiontic [*Said of an organism living in bottom sediments*]

endogen, innenbürtig • endogenous, endogenetic (Brit.); endogenic (US) [*Sometimes a difference is made between endogenetic (Designating rocks formed by solidification from fusion, precipitation from solution, or sublimation -opposed to clastic) and endogenic (Pertaining to, having to do with, or designating the processes of metamorphism, etc., taking place within the earth - opposed to exogenic)*]

endogener geodynamischer Prozess *m* • endogenous geodynamic process

Endoglyphe *f* • endoglyph [*A hieroglyph occurring within a single sedimentary bed*]

Endoklast *m*, Intraklast [*Klastischer Gefügebestandteil; das Ausgangsmaterial ist im Ablagerungskomplex zu suchen, es handelt sich um resedimentiertes Material. In Gesteinsbewegungen wird das Vorkommen von Intraklasten durch die Silbe "intra" ausgedrückt*] • intraclast

Endoskarn *m* • endoskarn [*Skarn formed by replacement of intrusive or other aluminous rock*]

endostratische Falte *f*, synsedimentäre Falte • intraformational fold

endotherme Reaktion *f* [*von Mineralien*] • endothermic reaction [*in minerals*]

Endrumpf *m* • end peneplain; endrumpf [*German*] [*The German term "endrumpf" has been proposed by W. Penck (1924) for the final landscape or plain that results from the erosion of a landmass that had high relief; it represents the end product of a period of degradation marked by waning uplift. Although W.Penck considered the Davisian peneplain as an equivalent term, endrumpf differs in that it does not imply a particular sequence of development leading up to level(l)ing of the original relief. Endrumpf may be more likened to an extended use of pediplain. Literally translated endrumpf means "terminal torso"*]

Endschacht *m*, Zielschacht, Ausfahr(t)schacht [*Tunnel- und Stollenbau*] • end shaft, terminal shaft, target shaft, receiving shaft, reception shaft, aim shaft

Endsee *m* ❯ abflussloser See

Endsee *m*, Wüstensee • desert lake

Endsetzung *f* • final settlement

Endstadium *n*, Schlussstadium • ultimate stage, final stage, end stage

Endteufe *f*, Schlussteufe [*Tiefbohrtechnik*] • final depth, final drilling depth, limit depth, total depth, T.D

Endtiefe *f*; s.a. ❯ auf Endtiefe ausheben • final depth

endverstärkte Pumprohre *f*, Pumprohre mit Endverstärkung [*Tiefbohrtechnik*] • upset(ted) tubing

Endwiderstandsmessung ***f*** • earth-resistivity measurement

Energie ***f*,** (elektrischer) Strom *m*, Elektrizität *f* • power, electricity, (electrical) current

Energiebilanz ***f*** • energy balance

Energiebilanzgleichung ***f*** • energy-balance equation [*With this equation, it is possible to obtain the sum of energy conducted as sensible heat and energy utilized by evaporation. The ratio of these two terms is known as Bowen's ratio*]

E

Energiebilanzmethode ***f*,** Energiebilanzverfahren *n* • energy-balance method [*It is similar to the water balance method except that it deals with the continuity of flow of energy instead of water*]

Energiedichte ***f*** • energy density

Energiedissipation ***f*** • energy dissipation

Energieeffizienz ***f*** • energy efficiency

Energiefernversorgungsnetz ***n*** • power grid

Energiefreisetzung ***f*** • energy release

Energiegleichung ***f*,** dynamische Gleichung • energy equation

Energiehaushalt ***m*,** Wärmehaushalt [*Erde*] • energy budget, heat budget, thermal budget

Energiehöhe ***f*,** Energieniveau *n*, spezifische Energie *f* [*Zeichen hE. Einheit m*] • energy head [*The elevation of the hydraulic grade line at any section plus the velocity head of the mean velocity of the water in that section. The energy of a unit height of the stream. The energy head may refer to any datum, or to an inclined plane, such as the bed of a conduit*]

Energiehöhe ***f*** • energy level [*The kinetic energy (due to wave or current action) that existed or exists in the water of a sedimentary environment, either at the interface of deposition or a meter or two above it*]

Energiehöhengefälle ***n*** [*Neigung der Energiehöhenlinie in Fließrichtung. Zeichen IE. Einheit 1*] • energy gradient, energy slope

Energieindex ***m*** • energy index [*Mineral. A term used by Gruner (1950) for a number that expresses the stability of a silicate. It is equal to the bridging factor multiplied by the electronegativity. Quartz has the highest energy index (1.80)*]

Energieindex ***m*** [*Relatives Maß für die mutmaßliche Wasserenergie, nach P.E. Schenk (1967) ausgedrückt durch die Allochemenmenge plus Mineralkörnern/Mikrit-Menge*] • energy index

Energiekabel ***n*,** Stromkabel • power cable

Energiekreislauf ***n*** • energy cycle

Energieniveau ***n*,** Energiehöhe *f*, spezifische Energie *f* [*Zeichen hE. Einheit m*] • energy head [*The elevation of the hydraulic grade line at any section plus the velocity head of the mean velocity of the water in that section. The energy of a unit height of the stream. The energy head may refer to any datum, or to an inclined plane, such as the bed of a conduit*]

Energiestoß ***m*** [*auf eine Geländeoberfläche durch die Stoßverdichtung*] • energy impact

Energiestrahl ***m*** • beam [*A ray or collection of focus(s)-ed rays of radiated energy*]

Energieträger ***m*** • energy source

Energieumwandlung ***f*** • energy conversion

Energieumwandlungsbecken ***n*** ➔ Beruhigungsbecken

Energie(höhen)linie ***f*** [*Verbindungslinie aller Endpunkte der senkrecht über einem Bezugshorizont grafisch aufgetragenen Energiehöhen. Diese Linie wird hauptsächlich in der Stromfadentheorie angewendet. DIN 4044*] • energy (grade) line

Energieverbund ***m*** • energy network

Energievernichter ***m*** ➔ Schikane

Energievernichterbelüfter ***m*** ➔ Schikanebelüfter

Energievernichtung ***f*,** Energieverzehrung [*Talsperre*] • energy dissipation

Energievernichtungsblock ***m*,** Energieverzehrungsblock, Prellblock, Prallblock • baffle block

Energievernichtungspfeiler ***m*,** Energieverzehrungspfeiler, Prellpfeiler, Prallpfeiler, Störpfeiler • baffle pier [*A pier on the apron of an overflow dam, to dissipate energy and prevent scour*]

Energievernichtungs-Schutzwand ***f*** • energy-absorbing protective wall

Energievernichtungsschwelle ***f*** ➔ Prallschwelle

Energievernichtungswehr ***n*,** Energieverzehrungswehr, Prellwehr, Prallwehr • baffle weir; baffle dam (US)

Energieversorgung ***f*** • energy supply

Energieversorgungsunternehmen ***n*,** EVU, Elektrizitätswerk *n*, Elt-Werk • power utility, electrical supply company, energy supply company, power supply company

Energieverzehrung ***f*,** Energievernichtung [*Talsperre*] • energy dissipation

Energieverzehrungsblock ***m*,** Energievernichtungsblock, Prellblock, Prallblock • baffle block

Energieverzehrungspfeiler ***m*,** Energievernichtungspfeiler, Prellpfeiler, Prallpfeiler, Störpfeiler • baffle pier [*A pier on the apron of an overflow dam, to dissipate energy and prevent scour*]

Energieverzehrungsschwelle ***f*** ➔ Prallschwelle

Energieverzehrungswehr *n*, Energievernichtungswehr, Prellwehr, Prallwehr • baffle weir; battle dam (US)
Energiewandler *m* • energy converter
Energiezerstreuung *f* [*Seismik*] • energy dissipation
eng gefaltet, stark gefaltet • closely folded, intensely folded, densely folded
eng geklüfteter Fels *m* • densely fissured rock
enggestufte Kiese *m(pl)* [*Kurzzeichen GE nach DIN 18196*] • uniformly graded gravel
enggestufte Kornverteilung *f* • steep grain size distribution
enggestufte Sande *m(pl)* [*Kurzzeichen SE nach DIN 18196*] • uniformly graded sand
Engbett *n*, Bettenge *f* [*Strom; Fluss*] • narrow channel
Engbohrloch *n* • slim hole, rat hole
enge Wechsellagerung *f* • narrow strata
Enge *f*, Engpass *m* • narrow [*A constricted section of a mountain pass(age) or narrow passage between mountains. Commonly used in the plural: narrows*]
enger langer Kohlenpfeiler *m*, langer enger Kohlenpfeiler • ranee [*In Scotland, a long narrow coal pillar*]
enges Loch *n* • boiling pot [*Sambesi River*]
englische Bauweise *f* ➋ Einzonenbauweise
englische Devon *n*, Devon Englands • Old Red
englische Erde *f*, Rötel(erde) *m*, *(f)*, adamische Erde, Adam(s)erde, Damaszenererde • Adamic earth, terra adamica, Adam's earth [*Terms used for common clay, in reference to the material of which Adam, the first man, was made, specifically a kind of red clay*]
englisches Salz *n*, Bittersalz, Epsomit *m*, Epsomsalz, Haarsalz, schwefelsaures Salz, Federsalz, $MgS0_4.7H_20$ • epsomite, Epsom salt, hair salt, bittersalt
Englochbohren *n* • slim-hole drilling, rat-hole drilling
Englochkernbohren *n* • narrow-hole core drilling
engmaschiges Drahtgitter *n* • fine wire mesh, fine-meshed wire netting
Engpass *m*, Enge *f* • narrow [*A constricted section of a mountain pass(age) or narrow pass(age) between mountains. Commonly used in the plural: narrows*]
Engpass *m*, Hohlweg *m*, Tobel *m*, Klamm *f* • defile [*A long, narrow pass(age) through hills or mountains, often forming the approach to a larger pass(age)*]
Engpass-Rutschung *f* • narrow pass slide
engschichtig geklüftetes Sedimentgestein *n* • thin-bedded sedimentary rock
engständig • close-standing
engständige feine Trennfugenschar *f*, Trennflächen *f* für das Schieferungs-s • fracture cleavage, closely-spaced jointing, false cleavage, fault-slip cleavage, strain-slip cleavage, rift, close-joint cleavage; failure cleavage (US) [*Parting of a rock along closely spaced parallel fractures so that it cleaves into a series of thin sheets. The distance between the planes of cleavage can be measured, and is commonly a matter of millimeters or centimeters. The cleavage is entirely independent of the orientation of the mineral grains and is thus quite different from flow cleavage in which the parallel orientation of the mineral grains governs the cleavage.*]
Enstatit *m* • enstatite, chladnite, $MgSi0_3$
Entalkylierung *f* • dealkylation
Entbasung *f*, Versauerung, Versäuerung • acidification, acid impact
Entbituminisierung *f* • debitumenization, devolatilization [*Obsolete terms referring to the removal of volatile material from coal as a result of heat and pressure*]
entblößen ➋ abtragen
entblößt, bloßgelegt, (flächenhaft) abgetragen • denuded [*In geology, rocks exposed by the action of denudation*]
entblößte Felsfußfläche *f* • subaerial bench [*A term used by Lawson, 1915, for a non-alluviated, concave-upward sediment*]
Entblößung *f* ➋ Denudation
Entdecken *n* ➋ Auffindung
entdeckt, bekannt [*Bodenschätze*] • identified [*resources*]
Entdeckung *f* ➋ Auffindung
Entdolomitisierung *f* • dedolomitization
Entemulgierbarkeit *f* • demulsibility [*The rate of separation of the components of an emulsion*]
Entemulgieren *n* • demulsification
Entenschnäbel-Überlauf *m* [*Talsperre*] • duckbills (type) spillway
enterben (⚒) • to deprive of rate for drainage
Entfärbung *f* • depigmentation
entfernt, abgelegen
Entfernung *f*, Abstand *m*, Bildpunktabstand, Bildpunktentfernung • separation [*The distance between similar image points on two different photo (graph)s properly set up for stereoscopic viewing*]
Entfernung *f*, Abstand *m* • distance
Entfernung *f* auf See • distance at sea
Entfernung cl-cl *f*, Abstand cl-cl *m* • chlorine-chlorine distance
Entfernungsbedingung *f*, Abstand(s)bedingung [*Fotogrammetrie*] • distance condition
Entfernungsbrücke *f*, Abstand(s)brücke [*Stereoautograf*] • distance piece

E

Entfernungsfehler ***m,*** Abstand(s)fehler [*Fotogrammetrie*] • distance error

Entfernungs-Grundwassergeschwindigkeit ***f,*** Abstand(s)-Grundwassergeschwindigkeit [*Quotient aus der Länge eines Stromlinienabschnittes und der vom Grundwasser beim Durchfließen dieses Abschnittes benötigten Zeit, va= Ds/Dt. Zeichen: va. Einheit: m/s*] • distance groundwater velocity

E

Entfernungslatte ***f*** ➋ Latte

Entfernungsmesser ***m*** [*Er wird in einem u-förmigen Träger um seine senkrechte Achse gedreht und um seine waag(e)rechte Achse gekippt*] • ranger, distance meter, range finder

Entfernungsmessung ***f,*** Abstand(s)messung • distance measurement

Entfernungswagen ***m,*** Abstand(s)wagen • distance carriage [*photogrammetric plotter*]

entfestigen • to destrengthen

entfestigt ➋ chemisch abgewittert

Entfestigung ***f,*** Entfestigen *n* • destrengthening

Entfestigung ***f,*** Erweichung [*Die Abnahme des Schubwiderstandes bei Fortsetzung der Gestaltänderung nach Erreichen eines Grenzzustandes*] • softening

Entfestigung ***f*** ➋ chemische Verwitterung

Entfestigung ***f*** ➋ Instabilität

Entfeuchtung ***f*** • dehumidification, humidity removal

Entflockung ***f*** • deflocculation

Entfrosten, Auftauen *n* • thawing, defrosting, frost melt

entgast • gas-free

Entgasung ***f*** (⚒) • gas drainage

Entgasungsbeginn ***m*** ➋ Kochpunkt

Entgasungskegel ***m*** • blister cone [*A small cone produced by the expansion and escape of gas or vapo(u)r from liquid lava*]

Entgasungsschacht ***m*** [*Mülldeponie*] • gas barrier shaft

Entgasungsschuss, Ausgasungsschuss *m* (⚒) • brushing shot [*A charge fired in the air of a mine to blow out obnoxious gases or to start an air current*]

Entgasungsstrecke ***f*** (⚒) • gas drain

Entgasungssystem ***n*** [*Mülldeponie*] • gas barrier (system)

entgegen längen (⚒) • to dig sideways

entglasen • to devitrify

entgegenwirken [*z. B. dem Grundwasserdruck*] • to counter [*such as the groundwater pressure*]

Entglasung ***f,*** Kristallumwand(e)lung [*Petrografie. Übergang des amorphen in den kristallisierten Zustand bei vulkanischen Gesteinen*] • devitrification

Entgleisungsholz ***n*** (⚒) • drop log [*A timber which in an emergency case can be dropped by a remote control across a mine track at the top or bottom of an incline to derail cars*]

Entgleisungsschutzvorrichtung ***f*** (⚒) • derail(er) [*A safety device for derailing mine cars to protect miners working below*]

Entgletscherung ***f,*** Gletscherschwund *m*, Abschmelzung • deglaciation [*The uncovering of a land area from beneath a glacier of ice sheet by the withdrawal of ice due to the shrinkage by melting. As used in Great Britain, the term is restricted to a process that occurred in the past, in contrast to de-glacierization. Also the result of deglaciation*]

Enthalpie ***f,*** Wärmeinhalt *m* • heat content, enthalpy

enthaltend, führend, haltig • bearing, containing, carrying

enthauen (⚒) • to encroach

Enthaupten ***n,*** Köpfen • beheading [*Depriving things of their top or foremost part*]

Enthaupten ***n,*** Köpfen • beheading [*The removal of the upper part of a stream's drainage area by wave erosion*]

enthaupten, köpfen • to behead [*To deprive things of their top or foremost part*]

enthaupteter Fluss ***m,*** geköpfter Fluss • beheaded stream [*Its headwaters have been captured by another stream*]

enthaupteter Strom ***m,*** geköpfter Strom • beheaded river

enthauptetes Tal ***n*** ➋ geköpftes Tal

entkalkt, ausgelaugt • decalcified [*Said of a soil that has been leached of its calcium carbonate*]

entkalkter Löss ***m*** ➋ Lösslehm

Entkalkung ***f,*** Kalkabnahme *f* • decalcification

Entkalkungsprozess ***m*** • decalcification process

Entkieselung ***f*** • desilic(ific)ation [*In soil science: The removal of silica from a soil profile by intense weathering and leaching. In petrology: The removal of silica from a rock or magma by the breakdown of silicates and the resultant freeing of silica, or by reaction between a body of magma and the surrounding wall rock*]

Entkopp(e)lungshaken ***m,*** Auslösehaken, Sicherheitshaken (⚒) • detaching hook [*A mechanism inserted between a mine cage and the winding rope. It releases automatically the rope from the cage if overwinding occurs*]

Entkrautung ***f,*** Krautung • water-weed removal

Entladung ***f*** **von Spannungen** [*im Erdinneren*] • relief of internal stresses [*within the earth's crust*]

entlassen (⚒), ablegen

entlastete Futtermauer *f*, Breschmauer

Entlastung *f*, Lastwegnahme *f* [*Gebirgsdruck*] (⚒) • relaxation, unloading, strain freedom, freedom of strain, deformation freedom, load relief

Entlastung *f* durch Erosion, Entlastung durch Ausnagung, Entlastung durch Abtrag(ung) • erosion unloading [*Expansion of rocks as pressure is released due to erosion*]

Entlastungsabfluss *m*, Überfallabfluss, Überlaufabfluss • spillway discharge

Entlastungsablass *m*, Entlastungsauslass • relief outlet, relieving outlet

Entlastungsabwasserleitung *f* • relief sewer, relieving sewer

Entlastungsabzugkanal *m*, Entlastungsdurchlass *m*, Entlastungsdrumme *f* • relief (drainage) culvert

Entlastungsanlage *f* ➋ Überfall

Entlastungsanlagesohle *f*, Überlaufsohle, Überfallsohle • spillway invert, spillway bottom, spillway floor

Entlastungsast *m* • unloading curve

Entlastungsauslass *m*, Entlastungsablass • relief outlet, relieving outlet

Entlastungsauslaufbauwerk *n* ➋ Überlaufauslaufbauwerk

Entlastungsbecken *n*, Überlaufbecken, Überfallbecken • spillway basin

Entlastungsbohren *n*, Entspannungsbohren • relief drilling, relieving drilling

Entlastungsbohrloch *n*, Entspannungsbohrloch [*Bohrloch zum Entspannen des Gebirges, beispielsweise beim Bekämpfen von Gebirgsschlägen oder bei Gasausbrüchen*] • relief drillhole, relieving drillhole

Entlastungsbrunnen *m*, Entspannungsbrunnen • relief well, relieving well [*A vertical well or borehole downstream of, or in the downstream shoulder of, an embankment dam (or other type of dam) to collect and control seepage through or under the dam and so reduce water pressure. A line of such wells forms a drainage curtain*]

Entlastungsdrän *m* • relief drain, relieving drain

Entlastungsdruck *m* • relief pressure, relieving pressure, unloading pressure

Entlastungsdüker *m* • relief dive culvert, relief sag pipe, relief (inverted) syphon, relief (inverted) siphon

Entlastungsdurchlass *m*, Entlastungsabzugkanal *m*, Entlastungsdrumme *f* • relief (drainage) culvert

Entlastungseinlauf *m*, Überfalleinlauf, Überlaufeinlauf • spillway inlet, spillway intake

Entlastungsfreibord *m* ➋ Überfallfreibord

Entlastungsgraben *m* • relief trench, relieving trench [*For relieving pore pressures at a slope toe*]

Entlastungsgraben *m*, Überfallgraben, Überlaufgraben • spillway ditch

Entlastungskanal *m* • inundation canal, floodage canal, relief canal [*It depends for its supply upon the water level in another watercourse. It may or may not have some form of head regulator*]

Entlastungskanal *m* ➋ Überlaufkanal

Entlastungskrone *f* ➋ Überfallkrone

Entlastungskurve *f*, Druckentlastungskurve • decompression curve [*soil*]

Entlastungsleistung *f*, Überlaufleistung, Überfallleistung • spillway capacity [*The capacity of a spillway to pass flood water*]

Entlastungsleitung *f* [*Bohrlochkopf*] • choke line

Entlastungsmodul *m* • unloading modulus, modulus for unloading conditions

Entlastungsplatte *f* • relief slab, relieving slab

Entlastungsplattform *f* • relief platform, relieving platform [*A deck at the land side of a retaining wall such as a sheet-piled jetty to transmit heavy loads (loaded lorries or wagons) vertically down to the wall*]

Entlastungsreißfuge *f* • release fracture

Entlastungsrohr *n*, Überfallrohr, Überlaufrohr • spillway pipe

Entlastungsschacht *m* • relief shaft

Entlastungs-Schuss(ge)rinne *f*, (*n*), Überlauf-Schuss(ge)rinne, Überfall-Schuss(ge)rinne • spillway race, spillway chute [*An open conduit conducting the water, usually at supercritical velocity, from the reservoir to the waterway downstream from the dam*]

Entlastungssegmentverschluss(organ) *m*, (*n*) • radial spillway gate

Entlastungssprengen *n*, Entspannungssprengen [*Sprengen zur Entspannung des Gebirges: 1. Auflockerungssprengen 2. Erschütterungssprengen*] • relief blasting, relieving blasting

Entlastungssprengloch *n*, Ablöser *m*, Entspannungssprengloch, Ablösesprengloch • relief hole, main hole, principal hole, reliever, relieving hole, relief blast(ing) (bore)hole; easer (Brit.) [*Any of the holes fired after the cut holes and before the lifter holes or rib holes in breaking ground for tunnelling or shaft sinking*]

Entlastungsstollen *m*, Überlaufstollen, Überfallstollen • spillway gallery; spillway tunnel (US)

Entlastungsstraße *f*; s.a. ➋ Umgehungsstraße • bypass, bypass road

Entlastungsstrecke *f* ➋ Überfallstrecke

Entlastungstektonik *f* • relief tectonics

E

Entlastungsumlauf *m,* Überfallumlauf, Überlaufumlauf • spillway culvert

Entlastungsventil *n* ➲ (Druck)Entlastungsventil

Entlastungsverschluss *m* ➲ Überlaufverschluss

Entlastungswehr *n,* Überfallwehr, Überlaufwehr • spillway weir, crest-control weir, waste weir, overflow weir, overtoppable weir, overfall weir; spillway dam, overtoppable dam, waste dam (US) [*A structure which passes overflow from a dam reservoir into a channel or spillway leading to the water course below the dam; usually constructed at one extremity of the dam and built upwards from solid ground and not from the embankments*]

Entleerungs... ➲ Ablass...

Entlüftungsschacht *m* [*Tunnelbau*] • ventilation shaft

Entmagnetisieren *n* • demagnetising (Brit.) demagnetizing (US)

Entmagnetisierung *f* • demagnetisation (Brit.) demagnetization (US)

Entmanganung *f* • manganese removal

Entmineralisierung *f* ➲ Mineralienreduktion

Entmischung *f,* Entmischen *n,* Ausscheiden, Ausscheidung • exsolution, unmixing [*The process whereby an initially homogeneous solid solution separates into two (or possibly more) distinct crystalline phases without addition or removal of material, i.e. without change in the bulk composition. It generally, though not necessarily, occurs on cooling*]

Entmischung *f* • segregation

Entmischung *f* • unmixing [*Segregation and concentration of sedimentary material during diagenesis*]

Entmischungsmineral *n,* Ausscheidungsmineral • exsolution mineral, unmixing mineral [*It forms through exsolution from other minerals by cooling and is mostly included in them*]

Entnahme *f* ➲ (Massen)Entnahme

Entnahme *f,* Wasserentzug, Wasserentnahme, Entzug *m* [*Aus einem Wasserlauf oder aus dem Grundwasser*] • abstraction, water abstraction

Entnahmebauwerk, Einlaufbauwerk, Einlauf *m,* Einlass(bauwerk) *m, (n),* Einlauf-Rohrstollen *m,* Entnahme-Rohrstollen [*Talsperre*] • inlet works, intake works, head works, inlet structure, intake structure, head structure, inlet pipe gallery, intake pipe gallery; inlet pipe tunnel, intake pipe tunnel (US)

Entnahmebereich *m* [*Teil des Absenkungstrichters, aus welchem das Wasser direkt in die Grundwasserfassung strömt, wo die Strömungsfäden am Brunnen enden*] • contribution zone, drawing(-off) zone, drawoff zone

Entnahmebetrieb *m* ➲ (Massen)Entnahmebetrieb

Entnahmeboden *m,* Entnahmeerde *f,* Fremdboden, Fremderde • borrow(ed) soil, import(ed) soil, borrow(ed) earth, import(ed) earth, off-site soil

Entnahmebrunnen *m*
➲ (Grundwasser)Entnahmebrunnen

Entnahmeerde *f,* Entnahmeboden *m,* Fremdboden, Fremderde • borrow(ed) soil, import(ed) soil, borrow (ed) earth, import(ed) earth, off-site soil, off-site earth

Entnahmegebiet *n* ➲ (Massen)Entnahmezone

Entnahmegerät *n* ➲ Probenentnahmegerät

Entnahmegrube *f* ➲ (Massen)Entnahmegrube

Entnahmekegel *m* ➲ (Ab)Senk(ungs)trichter

Entnahmekies *m* • borrow(ed) gravel, import(ed) gravel

Entnahmekurve *f* • depletion curve [*It shows the groundwater storage loss, by seepage or flowage into streams, or from any storage or channel*]

Entnahmematerial *n* • borrow(ed) material, imported) fill(ing) material, borrow; reclaim pit material [*Australia*] [*Soil or rock material obtained from off site for use as fill on a construction project*]

Entnahmemenge *f,* Wasserentnahmemenge • withdrawal [*The amount of water removed from a source for use*]

Entnahmeprotokoll *n* • sampling log

Entnahmerohr *n* • tube sampler

Entnahme-Rohrstollen *m*
➲ Einlaufbauwerk [*Talsperre*]

Entnahmesand *m* • borrow(ed) sand, import(ed) sand

Entnahmestutzen *m,* (Bodenprobe(n))Entnahmerohr *n,* Probe(n)-entnahmerohr, offenes (Boden)Probe(n)-entnahmegerät *n* [*Durch Schlag oder statischen Druck in den Boden eingetrieben*] • tube (soil) sampler, sample (r) tube, barrel (soil) sampler, soil pencil, sampling tube

Entnahmestutzen(boden)probe *f* • tube (soil) sample, barrel (soil) sample

Entnahmetrichter *m* ➲ (Ab)Senk(ungs)trichter

Entnahmezone *f* ➲ (Massen)Entnahmezone

Entnahmezone *f* • contributing region [*A region contributing to well discharge in inclined watertable flow*]

entnehmen [*Material nach der Massenlinie*] • to borrow; to reclaim [*Australia*]

Entölung *f* • petroleum removal, oil removal, petroleum drainage, oil drainage

Entölungsgrad *m* [*Kohlenwasserstoffvorkommen*] • drainage-recovery factor

Entölungshalbmesser ***m*,** Aktionshalbmesser einer Erdölförderbohrung • drainage radius of an oil well, radius of oil drainage

Entölungskegel ***m*,** Entölungskonus *m* [*Um ein Bohrloch herum*] • petroleum drainage cone, oil drainage cone

entrohren, ziehen, ausbauen [*Bohrrohre*] • to withdraw casing, to pull casing

entsalzt ➲ süß

entsalztes Eis ***n*,** ausgesüßtes Eis, gesüßtes Eis • fresh ice [*Ice that has been salty but now is fresh*]

entsalztes Meer(es)wasser ***n*,** entsalztes Seewasser • treated seawater

Entsalzung ***f*** ➲ Mee(es)wasserentsalzung

Entsander ***m*** • desander (separation unit)

Entsandungsanlage ***f*** • desanding plant

Entsandungsschütz(e) ***n*, *(m)*** • sand (sluice) gate [*A sluice gate used for sluicing out sand and sediment collected at a sand trap in an irrigation canal*]

Entsäuerung ***f*,** Säurewegnahme *f* • deacidification

Entschädigungskosten ***f*** • indemnity costs

Entschäumen ***n*** • defoaming

Entschäumer ***m*,** Entschäumungsmittel *n* • defoamer, defoaming agent

Entscheidungskriterium ***n*** • deciding factor

Entschleusungskrankheit ***f*** ➲ Caissonkrankheit

Entschwefelung ***f*** [*Beseitigung des Schwefelwasserstoffanteils aus schwefelwasserstoffhaltigem Gas*] • sweetening

Entseuchung ***f*** • decontamination

Entsilbern ***n*,** Entsilberung *f* • desilvering, desilverization

Entsorgung ***f*,** Abfallentsorgung • (waste) disposal, (waste) clean(ing) up

Entsorgung ***f*** **in das Meer** ➲ Verkippen auf See

Entsorgungsanlage ***f*** • (waste) disposal facility

Entsorgungsberater ***m*** • (waste) disposal consultant

Entsorgungsbrunnen ***m*** • (waste) injection well [*A well used for the injection of waste water or other liquids into the ground. Because the wastes rarely degrade to an innocuous condition but are simply stored, they are not truly disposed of, hence this term is preferred to "(waste-) disposal well"*]

Entsorgungskonzept ***n*** • disposal concept

Entsorgungsnetz ***n*** • disposal network

Entsorgungsrohrleitung ***f*** • waste disposal line, disposal line

Entsorgungsteich ***m*** • (waste) holding pond, (waste) disposal pond [*e.g. for holding toxic solutions*]

Entsorgungstunnel ***m*** • disposal tunnel

entspannen [*Wasser durch Entspannungsbrunnen*] • to decrease uplift pressure

Entspannen ***n*,** Druckwegnehmen • depressurizing

Entspannen ***n*,** Entspannung *f*, Spannungsentladen, Spannungsentladung • destressing, stress relief, stress relaxation [*In deep mining, relief of pressure on (a) butments of excavation. Performed by drilling laterally and blasting to loosen the zones of peak stress. The peak load surrounding the stope walls is thus transformed deeper into the undisturbed rock, and a protective barrier is formed*]

entspannt, spannungsfrei • stress-relieved, stress-free

Entspannung ***f*** **des Baugrunds** ➲ Baugrundentspannung

Entspannungsbohren ***n*,** Entlastungsbohren • relief drilling, relieving drilling

Entspannungs(bohr)loch ***n*,** Entlastungsbohrloch [*Bohrloch zum Entspannen des Gebirges, beispielsweise beim Bekämpfen von Gebirgsschlägen oder bei Gasausbrüchen*] • relief drillhole, relieving drillhole

Entspannungs(bohr)loch ***n*,** Entspannungsbohrung *f* • relief well, relief (bore)hole, relieving well, relieving (bore)hole [*Directional well, drilled to intersect a well that is blowing out, through which heavy drilling fluid is pumped down to "kill" the blow-out well*]

Entspannungs(bohr)loch ***n*,** Entspannungsbohrung *f* [*z. B. beim Keileinbruch*] • stab-hole

Entspannungsbrunnen ***m*,** Entlastungsbrunnen • relief well, relieving well [*A vertical well or borehole downstream of, or in the downstream shoulder of, an embankment dam to collect and control seepage through or under the dam and so reduce water pressure. A line of such wells forms a drainage curtain*]

Entspannungsbrunnenreihe ***f*** • drainage curtain

Entspannungsschuss ***m*,** Auflockerungsschuss • destress(ing) shot, relieving shot, (stress-)relief shot, (stress-)relaxation shot

Entspannungssprengen ***n*,** Entlastungssprengen [*Sprengen zur Entspannung des Gebirges: 1. Auflockerungssprengen 2. Erschütterungssprengen*] • relief blasting, relieving blasting

Entspannungssprengloch ***n*** ➲ Entlastungssprengloch

Entspannungsvorgang ***m*** [*bei einem überkonsolidierten Boden*] • distension process

entspringen [*Gewässer*] • to spring from, to originate in

Entstehung ***f*,** Bildung *f*, Werdung • formation, fm.

Entstehung *f* nichtmetallischer Lagerstätten, Genese *f* nichtmetallischer Lagerstätten • genesis of non-metallic mineral deposits

Entstehungs... ➔ Bildungs...

Entstehungsvorgang *m*, Bildungsvorgang, Werdungsvorgang • formation process

Entsteinung *f* [*z. B. bei der Urbarmachung von Ödland*] • stone removal

E

entwässerbar • drainable

entwässerbare Porenzahl *f*, entwässerbare Porenziffer *f*, entwässerbarer relativer Porenraum *m*, entwässerbares relatives Porenvolumen *n*, relativer entwässerbarer Porenraum, relatives entwässerbares Porenvolumen • drainable void ratio

entwässern, dehydratisieren • to dehydrate [*To render free from water*]

entwässern, trockenhalten [*Nicht verwechseln mit "dränieren" = to drain underground*] • to dewater, to unwater, to drain

entwässerter Dreiaxialversuch *m*, entwässerter Scherversuch, Langsamversuch, entwässerter dreiaxialer Druckversuch, dreiaxialer entwässerter Druckversuch, dränierter Dreiaxialversuch, D-Versuch • consolidated drained test, S-test, slow test, drained (shear(ing)) test [*A triaxial test of soil samples in which essentially complete consolidation under the confining pressure is followed by application of additional axial (or shearing) stress in such a manner that the water in the specimen is allowed to drain*]

Entwässerung *f*, Trockenhaltung [*Nicht verwechseln mit "Dränage" = (underground) drainage*] • dewatering, unwatering [*Removing surface water from a given area either by gravity or by pumping*]]

Entwässerung *f* ➔ Dehydra(ta)tion

Entwässerung *f* ➔ Trennung *f* (von Erdöl und Wasser)

Entwässerung *f* durch Austrocknung, Entwässerung durch Verdunstung, Trockenhaltung durch Austrocknung, Trockenhaltung durch Verdunstung • drainage by desiccation, desiccation drainage, drainage by evaporation, evaporation drainage, evaporation dewatering, evaporation unwatering

Entwässerung *f* durch Dränage, Trockenhaltung durch Dränage • dewatering by underground drainage, unwatering by underground drainage

Entwässerung *f* durch Pumpen, Trockenhaltung durch Pumpen • dewatering by pumping, unwatering by pumping, drainage by pumping

Entwässerung *f* in den Ozean, Ozeanentwässerung • external drainage, exor(h)eism [*Drainage whereby the water reaches the ocean directly or indirectly*]

Entwässerungsabgabe *f*, Entwässerungsgebühr *f* • drainage rate, drainage charge [*A charge or levy upon the owners or occupiers of all lands within a district where a Government, State, or Authority carries out drainage works*]

Entwässerungsabteilung *f* • bed, land, drain bed, drain land [*See note under "(land) bedding"*]

Entwässerungsanlagenkonstruktion *f* • drainage design

Entwässerungsanweisung *f* • drainage order

Entwässerungsbau(werk) *m*, *(n)* • drainage structure, drainage work

Entwässerungsbecken *n* • drainage basin [*The area from which water is carried off by a drainage system*]

Entwässerungsbedingungen *f(pl)* • drainage conditions

Entwässerungsbetonrohr *n*, Betonentwässerungsrohr • drainage concrete pipe, concrete drainage pipe

Entwässerungsbezirk *m* • drainage district [*An area which has a drainage rate levied on its land-holders*]

Entwässerungsbohrloch *n*, Entwässerungsbohrung *f*, Auffangbohrloch, Auffangbohrung • drainage well, drainage drill(hole), drainage borehole [*A drilled hole designed to intercept seepage water within or beneath a dam*]

Entwässerungsbrunnen *m* • dewatering well, unwatering well, water extraction well

Entwässerungsdienstbarkeit *f* • drainage easement

Entwässerungsfaktor *m* • drainage factor [*The ratio of the volume of drainage water, evacuated through artificial drains from an irrigated area, to the volume of irrigation water, supplied to this area*]

Entwässerungsgebühr *f*, Entwässerungsabgabe *f* • drainage rate, drainage charge [*A charge or levy upon the owners or occupiers of all lands within a district where a Government, State, or Authority carries out drainage works*]

Entwässerungsgefälle *n* • drainage head [*Difference in elevation between two points in an area to be drained*]

Entwässerungsgenossenschaft *f*, Dränungsverband *m* • drainage association, drainage district, drainage co-operative (society) [*An organization operating under legal regulations for financing, constructing, and operating a drainage system*]

Entwässerungsgeotextilie *f* • drainage geotextile

Entwässerungs(ge)rinne *f*, *(n)* ➔ Wasserabzug

Entwässerungsgraben *m* [*Rechteckprofil*] • drainage trench

Entwässerungsgraben *m* [*V-Profil*] • drainage ditch

Entwässerungshahn *m* • drainage valve
Entwässerungshochbruch *m* (⚒)• drainage raise(d shaft)
Entwässerungskanal *m* • drainage canal [*A canal built and used primarily to convey water from an area where surface and soil conditions provide no natural outlet for precipitation*]
Entwässerungskanalisierung *f* • channel(l)ing for drainage, drainage channel(l)ing
Entwässerungskappe *f* • drainage cap
Entwässerungskern *m* • drainage core
Entwässerungskoeffizient *m* • drainage coefficient [*The amount of runoff (expressed in water depth or other unit) removed or drained from an area in 24 hours*]
Entwässerungskurve *f* • dehydration diagram [*mineral*]
Entwässerungslage *f* ➋ Filter(schicht)
Entwässerungslauf *m* • drainage line [*The channel or course of a stream or river in a drainage system*]
Entwässerungsmannloch *n*, Entwässerungsschacht *m* • drainage manhole
Entwässerungsmaßnahme *f* [*für ein Erdbauwerk*] • drainage measure
Entwässerungsmulde *f* • drainage depression
Entwässerungsnutzen *m* • drainage benefit
Entwässerungsordnung *f* • drainage code
Entwässerungspumpanlage *f*, Entwässerungspumpwerk *n*, Entwässerungspumpstation *f* • drainage pumping plant, drainage pumping installation, drainage pumping station
Entwässerungsrohr *n* • drainage pipe
Entwässerungs(rohr)leitung *f* • drainage (pipe)line
Entwässerungssammler *m*, Sammler • trunk line, connecting drainage line [*In a storm drain system, the main line for transporting the storm water. It is generally quite deep in the ground so that laterals coming from fairly long distances can drain by gravity into the trunk line*]
Entwässerungsschacht *m*, Entwässerungsmannloch *n* • drainage manhole
Entwässerungsschacht *m* • drainage shaft
Entwässerungsschicht *f* ➋ Filter(schicht)
Entwässerungssieb *n* • dewatering screen, unwatering screen, drainage screen
Entwässerungssumpf *m* • drainage sump
Entwässerungssumpf-Steig(e)leitung *f* • drainage sump riser
Entwässerungssystem *n* • drainage system
Entwässerungstechnik *f* • drainage engineering
Entwässerungsteppich *m* • (horizontal) drainage blanket [*It is used in fill dams to intercept seepage from the downstream filter zone and to prevent the development of uplift pressures at the interface between the dam and its foundation*]
Entwässerungsterrasse *f* • drainage terrace, (cross) slope ditch
Entwässerungsterrassen *f(pl)* • (cross-)slope ditch system, drainage(-type) terraces
Entwässerungswasser *n* • drainage water
Entwässerungsweg *m* • drainage path [*The longest distance the water would have to travel to exit from the soil*]
Entwässerungswirtschaft *f* • drainage economics
Entwerfer *m*, Konstrukteur *m* • designer
entwickelte leukokrate Schmelze *f* [*Geochemie*] • evolved melt
Entwick(e)lung *f*, Werdegang *m* • development [*A geologic(al) term applied to those progressive changes in fossil genera, and species, which have followed one another during the deposition of the strata of the Earth*]
Entwick(e)lungsarbeit(en) *f* • development work [*It seeks to obtain benefits from applied research, and does not, in principle, involve the utilization of any new scientific results, but it often calls for much empirical, technical, and scientific knowledge in a wide variety of fields*]
Entwick(e)lungsgeschichte *f* • chronogenesis
Entwick(e)lungszug *m* • trend
Entwickler *m* [*Fotogrammetrie*] • developer
Entwurf *m*, Konstruktion *f* • design
Entwurfsbearbeiter *m* • designer
Entwurf(s)bericht *m*, Konstruktionsbericht • design report
Entwurf(s)böschung *f*, Konstruktionsböschung • design slope
Entwurf(s)element *n*, Konstruktionselement • design element
Entwurfskriterium *n* • design criterion
Entwurf(s)last *f*, Lastannahme *f*, Konstruktionslast • design load, load assumption, load hypothesis
Entwurfsplanung *f* • design planning
Entwurf(s)tragfähigkeit *f* ➋ Bemessungswert des Tragwiderstands
Entwurf(s)überlegung *f*, Konstruktionüberlegung • design consideration
Entwurf(s)untersuchung *f* ➋ Konstruktionsuntersuchung
Entwurf(s)vollkommenheit *f*, Konstruktionsvollkommenheit • design integrity
Entwurf(s)wasserdurchfluss *m* ➋ größter Normaldurchfluss

Entwurf(s)widerstand *m*
➔ Bemessungswert des Tragwiderstands
Entwurzeln *n* (von Bäumen) • (tree) uprooting
entzerren • to rectify
entzerrend • rectifying
Entzerrer *m*, Entzerrungsgerät *n* • rectification apparatus, rectifier [*It restores the distorted picture to its true state, by printing a new picture on to a tilted table*]

E

entzerrte Vergrößerung *f* • rectified enlargement
entzerrter Druck *m* • rectified print
entzerrtes Mosaik *n*, (Luft)Bildplan *m* • controlled mosaic, rectified mosaic [*A photo-plan composed of a large number of rectified prints joined together by pasting them on a scaled map or plan*]
Entzerrung *f* [*Die spezielle Umbildung als (meist fotografische) projektive Transformation eines Bildes oder Bildteiles auf eine ausgezeichnete Ebene des Dingraumes. In der Luftbildmessung ist die ausgezeichnete Ebene die Grundrissebene. Die Entzerrung erfolgt vorzugsweise fotografisch*] • rectification
Entzerrungsgerät *n*, Entzerrer *m* • rectification apparatus, rectifier [*It restores the distorted picture to its true state, by printing a new picture on to a tilted table*]
Entzerrungskamera *f*, Entzerrungskammer *f* • rectifying camera
Entzerrungsfotogrammetrie *f*, Entzerrungsbildmesskunst *f*, fotogrammetrische Entzerrungsmesskunst • rectification photogrammetry
(Entzerrungs)Vergrößerer *m* • (rectifying) enlarger [*Movements of the plan board are mechanically connected to the lens, so that the condition of sharp definition is maintained*]
Entzinken *n* • dezincing
entzinken • to dezinc, to dezincify, to dezinkify
Entzinnen *n* • detinning
entzinnen • to detin
Entzug *m* ➔ Entnahme
(ent)zünden • to ignite, to fire
Eodiagenese *f* • eodiagenesis
eokambrische Vereisung *f* • eocambrian glaciation
Eophytikum *n*, Archäophytikum, Algophytikum • Eophytic [*A pal(a)eobotanic division of geologic time, signifying that time during which algae were abundant*]
Eötvöseinheit *f* • eötvös [*In geophysics, a unit of horizontal gradient of gravitational acceleration, equal to a change in gravitational acceleration of 1 x 10^{-9} gallons over a horizontal distance of 1 centimeter*]
Eozän *n* [*gefolgt vom Oligozän; vorausgegangen war das Paläozän*] • the Eocene
Eozoikum *n* • Eozoic
EPB-Schild *m*, Erddruckschild *m* • earth pressure balance shield
ep(e)irogenetisch, kontinentbildend • epeirogen(et)ic
ephemerer Fluss *m* • episodischer Fluss
ephemeres Flussbett *n*, episodisches Flussbett, Trockenflussbett • ephemeral stream channel
Epidot *m*, Pistazit *m* • pistacite, pistazite, epidote
Epifels *m*, Epigestein *n* [*Das deutlich geschieferte Gestein der Epizone*] • epirock
Epigenese *f* • epigenesis, superimposition [*The establishment, originally on a cover of rocks now removed by erosion, of a stream or drainage system on existing underlying rocks independently of their structure. Gilbert (1877, p. 144) recognized superimposition from an unconformable cover of sediments, from a surface of alluvium, and from a surface produced by planation*]
Epigenese *f* • epigenesis [*The change in the mineral character of a rock as a result of external influences operating near the Earth's surface, e. g. mineral replacement during metamorphism*]
Epigenese *f* • epigenesis, meta(dia)genesis [*The changes, transformations, or processes, occurring at low temperatures and pressures, that affect sedimentary rocks subsequent to their compaction, exclusive of surficial alteration (weathering) and metamorphism; e.g. postdepositional dolomitization. The terms are equivalent to late diagenesis (as used in the U.S.) and to metharmosis, but is considered by Russian geologists to include those changes occurring subsequent to diagenesis (as defined in a restricted sense)*]
epigenetisches Tal *n* • super(im)posed valley
Epiglyphe *f* • epiglyph [*A hieroglyph on the top of a sedimentary bed*]
Epilimnion *n* • epilimnion [*The layer of water above the thermocline in a fresh water lake or pool; the opposite of hypolimnion. In the ocean, the equivalent is the mixed layer*]
Epimagma *n* • epimagma [*A gas-free, vesicular magmatic residue of semisolid, pasty consistency formed by cooling and depletion of gas content of liquid lava in a lava lake*]
Epimarmor *m* • epimarble
Epimetamorphose *f* • epimetamorphism
Epipolargeometrie *f* • epipolar geometry
Episode *f*, zyklusstörendes Ereignis *n* • accident
episodischer Fluss *m*, Trockenfluss, ephemerer Fluss [*Unregelmäßig zeitweilig wasserführender Fluss*] • ephemeral stream, episodic stream

episodischer See ***m*** • accidental lake

episodisches Flussbett ***n*****,** ephemeres Flussbett, Trockenflussbett • ephemeral stream channel

Epitaxis ***f*****,** orientierte Verwachsung *f*, orientierter Verwuchs *m* [*Zweier Mineralarten*] • epitaxy, epitaxis, orien(ta)ted overgrowth

epithermale (Erz)Lagerstätte ***f*****,** extrusiv-hydrothermale (Erz)Lagerstätte, niedrigthermale (Erz) Lagerstätte [*200°C -120 °C. Nach Park & Mac Diarmid (1970) 200 °C - 50 °C*] • epithermal deposit

epithermische Neutronenbestimmung ***f*** **der Porosität von der Bohrlochwand(ung)** • sidewall epithermal neutron porosity logging

epithermisches Neutronenlog ***n*** • epithermal-neutron log, r-en log [*A well log of the wall-contact log type that measures radioactivity induced by neutron-neutron reactions*]

Epizentralentfernung ***f*** [*eines Erdbebens*] • epicentral distance

Epizentrum ***n*** • epicenter (US); epicentre (Brit.); epicentrum [*The point on the Earth's surface directly above the hypocentre, also called focus*]

Epizone ***f*** • epizone [*A term for the shallow depth zone of metamorphism, suggested by the German geologist Grubenmann, in which the minerals sericite, talc, serpentine, hornblende, and chlorite are formed*]

Epizone ***f*** [*Grünschieferfazies*] • late metagenesis

Epizyklus ***m*****,** (Nach)Folgezyklus • epicycle [*Minor cycle occurring within a major one*]

EPk, (Mess)Kesselverdunstung *f* • pan evaporation

Epoxid(harz)abzugfolie ***f*** • epoxy peel

Epoxyd(harz)(einpress)schlämme ***f*** • epoxy (resin) grout

EPR ➋ Elektronenspinnresonanz

Epsomit ***m*** ➋ Bittersalz

Epsomsalz ***n*** ➋ Bittersalz

Erbbach ***m*** ➋ Erbfluss

Erbbereiten ***n*****,** Erbvermessen, erbliches Vermessen [*Die gerichtliche Handlung des nochmaligen genauen Vermessens und Zuteilen eines Grubenfeldes, wenn dasselbe zur Ausbeuteverteilung gekommen ist: Zum Erbe bereiten, zum festen Besitz gewähren*] • surveying officially a paying mine

Erbfluss ***m*****,** Hauptfluss, Erbbach *m* [*Nach alten Berggesetzen ein Fluss, der bei Verleihung als eine gewisse Grenze betrachtet wird, über dessen Mitte hinaus bei streichendem Felde dessen Massen von einem diesseitigen Punkte aus nicht hinüber zu erstrecken sind*] (⚒) • stream crossing a vein (and forming after ancient right the boundary of a claim)

Erbfluss ***m*** • inherited stream, superposed stream

Erbkux ***f*** (⚒)• free-share

erbliches Vermessen ***n*** ➋ Erbbereiten

erbohren • to reach by drilling, to strike by drilling

erbohrte Mächtigkeit ***f*****,** Mächtigkeit im Bohrloch • drilled thickness, drilling thickness

erbohrte Tiefe, Bohrtiefe *f*, Bohrteufe, erbohrte Teufe • drilled depth, drilling depth

Erbschacht ***m*** (⚒)• deepest pit of a mine, deepest mine pit

erbsenähnlich • pisiform [*Resembling the size and shape of a pea*]

Erbs(en)anthrazit ***m*** • pea anthracite [*USA about 22 to about 14 mm*]

erbsenförmiger, sandiger Kies ***m*** • peabody sandy gravel

Erbsenstein ***m*****,** Pisolith *m*, Sprudelstein • pisolite, peastone, pea grit [*A sedimentary rock, usually a limestone, made up chiefly of pisolites cemented together; a coarse-grained oolite*]

Erbskies ***m*** • pea gravel [*Clean gravel the particles of which equal peas in size, about 3/16 in. (5 mm) in diameter*]

Erbstollen ***m*** [*Ein Wasserableitungsstollen der in einer gesetzlich bestimmten Teufe unter der Oberfläche ankommt Dadurch werden gewisse Rechte gegen den Fundgrübner erlegt*] (⚒) • main adit level, principal adit level; stollo hereditarius, cuniculus habens ius possessionis [*Latin*]

Erbstollengebühr ***f*** **des vierten Pfennigs** (⚒) • quarta pars expensarum [*Latin*]

Erbstuf(f)e ***f*** [*Eine eingehauene Stuf(f)e zur Bezeichnung der Grenze bis zu welcher einem Stollen die Erbgerechtigkeit gehört*] (⚒) • rock drift mark, drift rock mark

Erbtal ***n*** • inherited valley, superposed valley

Erbteufe ***f*** [*Diejenige Teufe, welche ein von einem anderen Unternehmer getriebener Stollen bei einer Grube einbringen muss, um gegen diese Grube die Rechte eines Erbstollens zu erlangen*] (⚒) • depth for claiming drainage rates, depth of an adit levee sufficient to claim drainage rates, depth to the adit for draining a mine

Erbvermessen ***n*****,** Erbbereiten, erbliches Vermessen [*Die gerichtliche Handlung des nochmaligen genauen Vermessens und Zuteilen eines Grubenfeldes, wenn dasselbe zur Ausbeuteverteilung gekommen ist: Zum Erbe bereiten, zum festen Besitz gewähren*] • surveying officially a paying mine

Erd ....., terrestrisch • terrestrial [*Pertaining to the Earth*]

Erd-Ackerterrasse *f* • earth lynchet
Erdalkali *n* • earthy base
Erdaltertum *n* ➔ Paläozoikum
Erdanker *m*, Bodenanker • soil anchor, soil bolt, earth anchor, ground anchor, earth bolt [*A tension support which limits structural movement by providing a prestressed connection to the ground*]
Erdanschüttung *f* ➔ Erd(auf)füllung
Erdanziehung *f* ➔ Schwereanziehung
Erdarbeiten *f* [*DIN 18300*] • groundworks, earthworks, earthwork operation(s), groundwork operation(s)
Erdarbeiten *f* mit Massenausgleich ➔ (Boden)Massenausgleich
Erdarbeiter *m* • groundhog, groundman [*A labourer who digs in the ground or who works under the ground. In contradistinction to a sand-hog, who works under water in a pneumatic caisson*]
Erdarmierungstechnik *f*, Erdbewehrungstechnik • earthwork reinforcement technique
Erdaufbau *m*, Erdzusammensetzung *f* • Earth's composition
Erdaufbruch *m*, Bodenaufbruch • ground disruption, soil disruption, earth disruption
Erd(auf)füllung *f*, Erd(auf)schüttung, Erdauftrag *m*, Erdanschüttung • earth fill(ing), earth backing
Erdauffüllungsbauwerk *n*, Erdbauwerk, Erd(auf)-schütt(ungs)bauwerk • earth (fill) structure, earthwork
Erdauflast *f* • earth surcharge
Erdaufnahme *f* • terrestrial photograph
Erdauftauen *n*, Bodenauftauen • ground thawing, soil thawing, earth thawing
Erdaufwölbung *f*, Geoantiklinale *f* • ge(o)anticline, regional anticline; ge(o)anticlinal [*obsolete*] [*A broad uplift, generally referring to the land mass from which sediments in a geosyncline are derived*]
Erdaushub *m* [*Als Ergebnis der Tätigkeit*] • earth excavation
Erdaushub *m* [*als Tätigkeit*] • earth digging, earth excavation
erdäußere Dynamik *f* ➔ exogene Dynamik
erdäußere Kräfte *f* ➔ exogene Dynamik
Erdbahn *f* ➔ Erd(umlauf)bahn
Erdballen *m*, Erdklumpen *m* • clob [*Cornwall*]; clod (of earth), lump (of earth)
Erdbalsam *m* • earth balsam [*A variety of asphalt from Pechelbronn, Alsace*]
Erdbau *m* [*kontrollierte Aufschüttungen und Dämme*] • earthwork, earthwork construction
Erdbaugeochemie *f* • earthwork geochemistry, geochemistry of earthwork
Erdbauingenieur *m* • earthwork engineer
Erdbaumaschinen *f(pl)* • earthwork(s) equipment, earthmoving equipment
Erdbaumechanik *f* [*Sie beschäftigt sich mit dem Verhalten des Lockergesteins als Baustoff*] • earthwork mechanics
Erdbauphase *f*, Erdbaustadium *n* • earthwork stage of construction, stage of earthwork construction
Erdbauprojekt *n*, Erdbauvorhaben *n* • earthwork project
Erdbaustelle *f* • earthwork(s) site
Erdbaustoffe *m(pl)* • earthwork materials
Erdbautechnik *f*, Bodentechnik • soil engineering, earthwork engineering, engineering in earth, groundwork engineering, engineering in soil [*The practice of engineering that applies the principles of soil mechanics to the design of engineering structures*]
Erdbautektonik *f* • earthwork (geo)tectonics
Erdbauunternehmer *m* • earthwork contractor
Erdbauverfahren *n* • earthwork method (*or:* process)
Erdbauvorhaben *n*, Erdbauprojekt *n* • earthwork project
Erdbauwerk *n*, Erd(auf)füllungsbauwerk *n* • earth fill structure, earth structure, earthwork
Erdbeben *n* [*Kontext: Ein Erdbeben der Stärke/Magnitude 9.2 auf der Richterskala*] • earthquake, (seismic) shaking, seism, shock, seismic event, macroseism; earth din [*slang*] [*Context: an earthquake registering 9.2 on the Richter scale*]
erdbebenaktiv • earthquake active, seismically active
erdbebenanfällig ➔ erdbebengefährdet
Erdbebenanzeichen *n*, Vorläufer(erscheinung) *m, (f)* • precursor, earthquake precursor, foreshock
erdbebenartige Erschütterung *f* • spasmodic tremor
Erdbebenaufzeichnung *f*, Seismogramm *n* • earthquake record, seismogram, seismographic record, seismological record, seismic record [*The chart of an earthquake as recorded on a seismograph*]
Erdbebenbauordnung *f*, Erdbebensicherheitsordnung, Erdbebenvorschrift *f* • earthquake (building) code, earthquake construction code, seismic (building) code, seismic construction code, seismological (building) code, seismological construction code
Erdbebenbeanspruchung *f* ➔ Erdbebenbelastung
Erdbebenbelastung *f*, Erdbebenbeanspruchung • earthquake loading(ing), seismic load(ing), seismological load(ing)

Erdbebenbereitschaft *f* • earthquake preparedness, seismic preparedness, seismological preparedness

erdbebenbeschädigt • earthquake-damaged, seismic-damaged, seismologically damaged

Erdbebenbeschleunigung *f* • earthquake acceleration, seismic acceleration, ground acceleration, seismological acceleration

erdbebenbewusst • earthquake-conscious, seismologically conscious, seismic-conscious

Erdbebenbruch *m* • earthquake rupture, earthquake fracture, seismological rupture, seismological fracture, seismic rupture, seismic fracture

Erdbebendonner *m* • earthquake sound, seismic sound, seismological sound [*An air wave associated with an earthquake*]

Erdbebenenergie *f* • earthquake energy, seismic energy, seismological energy

erdbebenerregte Bewegung *f* • earthquake induced motion

erdbebenerregte Schwingung *f* • earthquake-excited oscillation, earthquake-excited vibration, earthquake-induced oscillation, earthquake-induced vibration, seismic-excited oscillation, seismologically excited oscillation, seismologically excited vibration, seismologically induced oscillation, seismologically induced vibration, seismic-induced oscillation, seismic-induced vibration, seismic-excited vibration

erdbebenerregte Trägheitskräfte *f(pl)* • earthquake induced inertia forces

Erdbebenerregung *f* • earthquake excitation, seismic excitation, seismological excitation

Erdbebenerscheinung *f* • earthquake phenomenon, seismic phenomenon, seismologic(al) phenomenon, seismicity

Erdbebenerschütterung *f* • earthquake oscillation, earthquake vibration, seismic oscillation, seismic vibration, seismological vibration, seismological oscillation

erdbebenerzeugend • earthquake-generating

Erdbebenfortpflanzung *f* • earthquake propagation, seismic propagation, seismological propagation

erdbebengefährdet, erdbebenanfällig, unruhig • earthquake prone, seismically-prone, seismic prone, endangered by earthquake(s)

Erdbebengefährdung *f,* Erdbebenfälligkeit • earthquake hazard, seismic risk, seismological hazard

Erdbebengefahrenkarte *f* • earthquake risk map, earthquake hazard map, seismic risk map, seismic hazard map, seismological risk map, seismological hazard map

Erdbebengeografie *f* • earthquake geography, seismic geography, seismological geography

Erdbebengeologie *f,* Makroseismologie, Makroseismik *f* • earthquake geology, seismic geology, seismological geology

Erdbebengrad *m,* Grad, Erdbebengröße *f,* Magnitude *f* • earthquake magnitude, seismological grade, earthquake grade, seismic grade, (seismic) magnitude, seismological magnitude [*A rating of energy release for a given (earth)quake. It is calculated from measurements on seismograms and defined in terms of the logarithm of the maximum amplitude of the seismogram*]

Erdbeben(größen)skala *f,* Erdbebengradskala, Gradskala • earthquake magnitude scale, earthquake grade scale, seismic (magnitude) scale, seismological grade scale, seismological magnitude scale, seismic grade scale

Erdbebengürtel *m,* seismischer Gürtel • earthquake belt, seismic belt, seismological belt [*An elongate earthquake zone, especially a zone of subduction or sea floor spreading*]

Erdbebenhäufigkeit *f,* Seismizität *f* • earthquake frequency, seismological frequency, seismicity, seismic frequency

Erdbebenherd *m,* Herd • focus, seismic focus, earthquake focus

Erdbebenherdtiefe *f,* Herdtiefe • focal depth, focus depth, depth of focus, seismic focus depth [*The distance from the focus of an earthquake to the epicentre*]

Erdbebeningenieur *m* • earthquake engineer, seismic engineer, seismological engineer

Erdbeben-Ingenieurwesen *n,* Erdbebentechnik *f,* erdbebensicheres Bauwesen • earthquake engineering, seismic engineering, seismological engineering, engineering seismology

Erdbebeninsel *f* • earthquake shadow, seismic shadow, seismological shadow

Erdbebenintensität, makroseismische Intensität *f,* Erdbebenstärke *f,* Stärke, makroseismische Stärke • earthquake intensity, (seismic) intensity, seismological intensity

erdbebenisoliertes Bauwerk *n* • earthquake isolated structure, seismic-isolated structure

Erdbebenisolierung *f* • earthquake isolation, seismic isolation, seismological isolation

Erdbebenkarte *f* • earthquake map, seismological map, seismic map

Erdbebenkartierung *f* • earthquake mapping, seismological mapping, seismic mapping

E

Erdbebenkatastrophe *f*, Katastrophen(erd)beben *n* • catastrophic earthquake, disaster earthquake

Erdbebenkonstruktion *f*, erdbebensichere Konstruktion • earthquake design, seismic design, seismological design

Erdbebenkraft *f*, seismische Kraft • earthquake force, seismic force, seismological force

erdbebenlabil • earthquake unstable, seismically unstable, seismologically unstable

Erdbebenlast *f* • earthquake load, seismic load, seismological load

Erdbebenlastfall *m* • earthquake load case, seismic load case, seismological load case

Erdbebenmesskunde *f*, Seismometrie *f* • seismometry [*The scientific study, determination and recording of earthquake phenomena, especially by means of the seismometer; the scientific study, theory and application of the seismometer*]

Erdbebenphysik *f*, Mikroseismik, Mikroseismologie *f* • earthquake physics, seismic physics, seismological physics

Erdbebenprognostik *f* [*Eine interdisziplinäre Geowissenschaft zur längerfristigen Abschätzung von (Erd)Bebengefahren*] • earthquake prognostics, earthquake hazard assessment, earthquake risk evaluation

Erdbebenreaktion *f* eines Bauwerkes • earthquake response, seismic response, seismological response

Erdbebenregion *f* • earthquake area, earthquake region, seismic area, seismic region [*The region affected by a particular earthquake*]

Erdbebenschaden *m* • earthquake damage, seismic damage, seismological damage

Erdbebenschutt *m* • earthquake rubble, seismological rubble, seismic rubble

Erdbebenschutz *m* • earthquake protection, seismic protection, seismological protection

Erdbebenschwarm *m* • earthquake swarm, seismic swarm, seismological swarm

Erdbebenseismik *f* • earthquake seismics

Erdbebenseismogramm *n* der Magnitude 6,2 • strong motion seismogram

Erdbebenseismologie *f* • earthquake seismology

erdbebensicher • earthquake-proof, earthquake-resistant, shake-proof, shake-resistant, seismically safe, seismically resistant

erdbebensicher machen, erdbebensicher bauen, erdbebensicher gestalten • to earthquake-proof, to shakeproof

erdbebensichere Fuge *f* • earthquake-resistant joint, seismic joint, seismological joint

erdbebensichere Konstruktion *f*, Erdbebenkonstruktion • earthquake design, seismic design, seismological design

erdbebensicherer Verband *m* • earthquake bracing (system), earthquake strutting (system), seismic bracing (system), seismic strutting (system)

erdbebensicheres Bauen *n* • earthquake construction, seismic construction, seismological construction [*"Building may synonymously be used for "construction"*]

erdbebensicheres Bauwesen *n*
➤ Erdbeben-Ingenieurwesen

Erdbebensicherheit *f*,
Erdbeben-Widerstandsfähigkeit *f* • earthquake resistance, earthquake safety, seismic resistance, seismic safety, seismological resistance, seismological safety

Erdbebensicherheitsordnung *f*,
Erdbebenbauordnung, Erdbebenvorschrift *f* • earthquake (building) code, earthquake construction code, seismic (building) code, seismic construction code, seismological code

Erdbebensicherheitsverbesserung *f* • seismic upgrade, seismic retrofit, seismic strengthening [*structure*]

Erdbebensicherung *f* • earthquake guarding, seismic guarding, seismological guarding

Erdbebensimulator *m* • earthquake simulator, seismic simulator, seismological simulator

Erdbebenspalt(e) *m*, *(f)* • crevass(e); crevice [*colloquial*] [*A wide deep break or fissure in the Earth after an earthquake*]

Erdbebenspur *f* • earthquake trace, seismic trace, seismological trace

Erdbebenstärke *f* ➤ Erdbebenintensität

Erdbebenstandfestigkeit *f* • earthquake stability, seismic stability, seismological stability

Erdbebenstation *f*, Erdbebenwarte *f* • earthquake station, earthquake observatory, seismic station, seismic observatory, seismological station, seismological observatory

Erdbebenstoß *m*, Erdstoß • earthquake shock, seismic shock, seismological shock

Erdbebenstoßdämpfer *m*, Erdstoßdämpfer • earthquake isolator, seismic isolator, earthquake shock absorber, seismic shock absorber, seismological shock absorber, seismological isolator

Erdbebentätigkeit *f* • earthquake activity, seismic activity, seismological activity

Erdbebentechnik *f*, Erdbeben-Ingenieurwesen *n*, erdbebensicheres Bauwesen • earthquake engineering, seismic engineering, seismological engineering, engineering seismology

Erdbebentechnikberater ***m*** • earthquake engineering consultant, seismic engineering consultant, seismological engineering consultant, engineering seismology consultant

Erdbebentechnologie ***f*** • earthquake technology, seismic technology, seismological technology

erdbebentektonisch, seismotektonisch • seismotectonic

Erdbebenüberwachung ***f*** • earthquake monitoring, seismic monitoring, seismological monitoring

Erdbebenverhalten ***n*** • earthquake performance, seismic performance, seismological performance; earthquake behaviour, seismic behaviour, seismological behaviour (Brit.); earthquake behavior, seismic behavior, seismological behavior (US)

Erdbebenvorhersage ***f*** • earthquake prediction, seismic prediction, seismological prediction

Erdbebenvorschrift ***f*** ➲ Erdbebenbauordnung

Erdbebenwarte ***f*,** Erdbebenstation *f* • earthquake station, earthquake observatory, seismic station, seismic observatory, seismological station, seismological observatory

Erdbebenwelle ***f*** • earthquake wave, seismic wave, seismological wave; earth wave [*obsolete*]

Erdbebenwesen ***n*,** Seismik *f* • seismism [*The process and phenomena involved in earthquakes*]

Erdbeben-Widerstandsfähigkeit ***f*,** Erdbebensicherheit *f* • earthquake resistance, earthquake safety, seismic resistance, seismic safety, seismological resistance, seismological safety

Erdbebenwirkung ***f*** • earthquake effect, seismic effect, seismological effect

Erdbebenwirkungsgrad ***m*** • earthquake efficiency, seismic efficiency, seismological efficiency

Erdbebenzone ***f*** • earthquake zone, seismic zone, seismological zone

Erdbeben(zonen)karte ***f*** • earthquake zone map, seismic zone map, seismological zone map

erdbedecktes Bauwerk ***n*** • earth-sheltered structure, earth-covered structure

Erdbeobachtungssatellit ***m*** [*für die Fernerkundung*], EOS • earth observation satellite, EOS

Erdbeschleunigung ***f*** ➲ Schwerebeschleunigung

Erdbeton ***m*** • soil concrete

Erdbewegung ***f*** • earth movement [*Differential movement of the earth's crust; elevation or subsidence of (the) land; diastrophism; faulting; folding; mountain building*]

Erdbewegung ***f*,** Erdförderung, Erdverlagerung • earthmoving, earth handling; dirtmoving (US)

Erdbewegung ***f*** • ground motion [*A general term for all seismic motion, including ground acceleration, velocity, displacement, and strain*]

Erdbewegung ***f*** **unter Wasser,** Unterwasser-Erdbewegung [*Gemeint ist hier nicht die Nassbaggerei bei der von der Wasseroberfläche aus schwimmend gearbeitet wird, sondern die Erdbewegung auf dem Boden des Gewässers*] • underwater dirtmoving, subaqueous dirtmoving (US); underwater earthmoving, subaqueous earthmoving, underwater earth handling, subaqueous earth handling

Erdbewegungsgeräte ***f*** ➲ Erdbaugeräte

Erdbewegungsingenieur ***m*** • earthmoving engineer, earth handling engineer

Erdbewegungstechnik ***f*** • earthmoving engineering, earth handling engineering

Erdbewehrungstechnik ***f*,** Erdarmierungstechnik • earthwork reinforcement technique

Erdbildmessung ***f*,** terrestrische Fotogrammetrie *f*, Erdfotogrammetrie [*Aufnahme von erdfesten Standpunkten aus*] • terrestrial photogrammetry, terrestrial method, photography from ground stations, ground photogrammetry

Erdblock ***m*** • earth block

Erdböschung ***f*** • earth slope

Erdbohren ***n*** • earth boring [*Action of driving a hole in ground other than rock by means of a boring rig for any purpose*]

Erdbrunnen ***m*** • hole, earth well [*A well dug in earth material*]

Erdbuhne ***f*** [*Durch Spundwand gesichert*] • earth groyne; earth groin; earth jetty

Erddamm ***m*** • earth(en) embankment, earth(en) bank, earth dam, soil embankment, soil bank

Erddamm ***m*** **für unhältiges Gut,** Erddamm für unhältige Abgänge (⚒) • earthwork tailings bank, earthwork tailings embankment [*For settling out tailings*]

Erddamm ***m*** **mit Querschnittaufbau in Filterform,** Erddamm mit symmetrischem Filteraufbau • zoned earth(fill) dam, zoned fill (embankment) dam, earth (fill) dam with materials of various permeabilities

Erddampf ***m*,** Naturdampf • geothermal steam, natural steam

Erddrän ***m*** ➲ Fräsrille(ndrän)

Erddränpflug ***m*** ➲ Maulwurfdränpflug

Erddränung ***f*** ➲ Fräsrillendränung

Erddrehung ***f*** • Coriolis force, geostrophic force [*Wrongly Corioli's force. Named from G.G. de Coriolis 1792 -1843*]

E

Erddruck ***m*** [*das ist die zwischen einer stützenden Wand und dem Boden wirkende Kraft. Seine Größe ist abhängig von der Scherfestigkeit des Bodens sowie, falls vorhanden, von der Relativverschiebung zwischen Wand und Boden*] • soil pressure, earth pressure

Erddruck ***m*** **nach Culmann,** Culmannsche Erddruck • Culmann's earth pressure

Erddruckaufnehmer ***m*** • earth pressure cell

E

Erddruckbeiwert ***m*** • earth pressure coefficient, coefficient of active earth pressure

Erddruckbelastung ***f*,** Erddrucklast *f* • earth-pressure load(ing)

Erddruckentwicklung ***f*** • earth pressure development

Erddruckermittlung ***f*** • earth pressure determination

erddruckfrei • earth-pressure-free

Erddruckgeber ***m*** • earth-pressure transducer

erddruckgestützte Schildmaschine ***f*** • fluid-supported shield machine

Erddruckkissen ***n*** • earth pressure cushion

Erddruckkoeffizient ***m*** • coefficient of earth-pressure, earth-pressure coefficient [*The principal stress ratio at a given point in a soil*]

Erddruckkraft ***f*** • earth pressure force

Erddruckkraft ***f*** ➋ stützende Erddruckkraft

Erddrucklinie ***f*,** Stellungslinie • earth-pressure line [*Culmann's graphical construction*]

Erddruckmessdose ***f*** • earth-pressure (measuring) cell

Erddruckneigung ***f*** • earth pressure inclination

Erddruckordinate ***f*** • earth pressure ordinate

Erddruckschild ***m*,** EPB-Schild *m*, Schild bei erdgestützter (Orts)Brust • earth-pressure balanced shield, earth-pressure balance shield, EPB-shield, earth-pressure shield

Erddruck-Schildmaschine ***f*** • earth pressure balance (EPB) shield machine

Erddruckspannung ***f*** • earth-pressure stress

Erddrucktheorie ***f*** • earth-pressure theory

Erddruck-Tunnelbohrmaschine ***f*** • earth pressure balance (EPB) tunnel boring machine

Erddrucküberlagerung ***f*** • superposition of earth pressure

Erddruckumlagerung ***f*,** Erddruckverlagerung • earth-pressure redistribution

Erddruckverteilung ***f*** • earth pressure distribution

Erddruckwirkung ***f*** • earth pressure effect

Erddurchschlagrakete ***f*** ➋ Erdrakete

Erde ***f*** • earth [*An amorphous fine-grained material, such as a clay or a substance resembling clay; e.g. fuller's earth*]

Erde ***f*** • earth [*Chemistry. A difficulty reducible metallic oxid(e) (such as alumina), formerly regarded as an element; others: air, water, fire*]

Erde ***f*** • earth [*Geology. A general term for the solid materials that make up the physical globe, as distinct from water and air*]

Erde ***f*** • earth [*Sedimentology. An organic deposit that has remained unconsolidated although it is no longer in the process of accumulation; e.g. radiolarian earth*]

Erde ***f*** • Earth [*That planet of the solar system which is fifth in size of a major planet*]

Erde ***f*** • ground, earth [*1. The voltage level of the ground. 2. The reference voltage level of an electrical system or instrument*]

Erdeinbau ***m*** • earth placement, earth placing

Erdeinbiegung ***f*** ➋ Geosynklin(al)e

Erdeinschnitt ***m*** • earth cut(ting)

Erdeisgeologie ***f*** • krystic geology

Erdelektrizität ***f*,** Geoelektrizität • geoelectricity, terrestrial electricity [*Electric phenomena and properties of the earth; used in a broad sense to include atmospheric electricity*]

Erdellipsoidoberfläche ***f*** • terrestrial spheroid surface area

erden • to earth

Erdentfrostung ***f*,** Bodenentfrostung • ground defrosting, soil defrosting, earth defrosting

Erdentnahme ***f*** • earth borrow

Erderkundungssatellit ***m*** • Earth reconnaissance satellite

Erderwärmung ***f*** • global warming

Erdfall ***m*** ➋ Doline

Erdfang(e)damm ***m*** • earth (embankment) cofferdam, earth dike cofferdam, earth dyke cofferdam, earthen cofferdam

Erdfaulbecken ***n*,** Faulteich *m* [*Becken in Erdbauweise zur Faulung von Schlamm oder Abwasser. DIN 4045*] • digestion earth basin, digestion earth lagoon, anaerobic earth basin, anaerobic earth lagoon

Erd-Fels-(Stau)Damm ***m*** ➋ zusammengesetzter Steinschütt(ungs)damm

Erdfernrohr ***n*,** Fernrohr mit Bildaufrichtung • erecting telescope

Erdfernrohrokular ***n*,** terrestrisches Okular • terrestrial eyepiece

erdfeucht • earth-moist, naturally-moist

erdfeuchter Boden ***m*** • partially saturated soil

Erdfigur ***f*** • figure of the Earth

Erdfließen ***n*,** Erdfließung *f* [*Der Begriff Erdfließen bezeichnet eine murenähnliche, aber im allgemeinen* *langsamere, seichtere und über kurze Entfernungen reichende Fließbewegung des Bodens über dem Hang, die durch ein vorübergehendes Auftreten von positivem Porenwasserdruck herbeigeführt wird]* • earth flow

Erdfließen *n* mit fortschreitender Ausbreitung • earth-flow with progressive propagation

Erdförderung *f*, Erdbewegung, Erdverlagerung • earthmoving, earth handling; dirtmoving (US)

Erdfüllung *f* • earth fill

Erdfülllungsbauwerk *n* ➲ Erd(auf)füllungsbauwerk

Erdgalle *f* • moist vein in marble

Erdgas *n*, Naturgas [*1. Erdgas (non associated gas). 2. Erdölgas (associated gas)*] • natural gas

Erdgas(ab)scheidung *f*, Naturgas(ab)scheidung, Erdgas(ab)trennung, Naturgas(ab)trennung • (natural) gas separation

Erdgasausströmung *f* ➲ Gasausströmung

Erdgasaustritt *m* ➲ Gasausströmung

Erdgasbohrloch *n*, Naturgasbohrloch, Erdgasbohrung *f*, Naturgasbohrung • (natural) gas wellbore, (natural) gas borehole, (natural) gas drill hole, (natural) gas well

Erdgasbohrplatte *f*, Naturgasbohrplatte, Erdgasbohrplattform, Naturgasbohrplattform *f* • (natural) gas platform

Erdgas(bohr)spülung *f*, Naturgas(bohr)spülung • (natural) gas drilling fluid

(erd)gasdurchsetzte (Rotary)Spülung *f*, (Rotary) Spülung mit Erdgas durchsetzt, (erd)gashaltige (Rotary)Spülung, vergaste (Rotary)Spülung, Bohr(spül)schlamm *m* mit Erdgas durchsetzt, vergaster Bohrspülschlamm • gas-cut (drilling) mud

Erdgaserkundung *f*, Naturgaserkundung • (natural) gas reconnaissance

Erdgasexhalation *f* ➲ Gasausströmung

Erdgasfeld *n*, Naturgasfeld • (natural) gas field [*Two or more gas pools on a single geologic feature or otherwise closely related*]

Erdgasfeldbetrieb *m*, Naturgasfeldbetrieb • (natural) gas field operation(s)

Erdgas-Flüssigkeit *f*, Naturgas-Flüssigkeit • (natural) gas liquid, N.G.L. [*A liquid derived from natural gas, including condensate, L.P.G. and natural gasoline. Usually the term excludes L.N.G.*]

erdgasführend, erdgashaltig, naturgashaltig, naturgasführend • (natural) gas-bearing, (natural) gas-carrying

erdgasführender Horizont *m*, naturgasführender Horizont • (natural) gas horizon

Erdgasgeologie *f*, Naturgasgeologie • (natural) gas geology

erdgashaltig, erdgasführend, naturgashaltig, naturgas-führend • (natural) gas-bearing, (natural) gas-carrying

(erd)gashaltige (Rotary)Spülung *f* ➲ (Rotary)Spülung *f* mit Erdgas durchsetzt

Erdgaslagerstätte *f*, Naturgaslagerstätte • (natural) gas reservoir, (natural) gas pool, (natural) gas deposit [*An accumulation of natural gas found with or near accumulations of crude oil in the earth's crust*]

E

Erdgasspeicher *m*, Naturgasspeicher [*Speicher zur Lagerung von Naturgas*] • (natural) gas reservoir

Erdgasspeicherbehälter *m*, Naturgasspeicherbehälter • (natural) gas storage reservoir, (natural) gas storage tank

Erdgasspeichergestein *n*, Naturgasspeichergestein • (natural) gas reservoir rock

Erdgas(speicher)kaverne *f* • (natural) gas storage cavern

Erdgastechnik *f*, Naturgastechnik

Erdgasuntergrundspeicher, Naturgasuntergrundspeicher • (natural) gas underground storage reservoir, (natural) gas subsurface storage reservoir, (natural) gas subterranean storage reservoir, (natural) gas subterraneous storage reservoir

Erdgasuntergrundspeicherung *f*, Naturgasuntergrundspeicherung • (natural) gas underground storage, (natural) gas subsurface storage, (natural) gas subterranean storage, (natural) gas subterraneous storage

Erdgaswanderung *f*, Naturgaswanderung • (natural) gas migration

Erdgeschichte *f*, Geologiegeschichte, geologische Geschichte • history of geology, geohistory, geologic (al) history, Earth history [*Not to be confused with "historical geology"*]

Erdgeschoss *n* • ground floor (Brit.), first floor (US)

erdgestützte Stützkonstruktion *f* • earth-filled retaining structure

Erdgezeitenkraft *f*, Erdtidekraft • earth tidal force

Erdgleiche *f* ➲ Geländeoberfläche

Erdgraben *m* ➲ Erdzuleiter

Erdgroßmulde *f*, Geosynklin(al)e *f*, Erdtrog *m*, Senkungstrog, Senkungswanne *f*, Synklinalbecken *n*, geologische Großmulde, Erdeinbiegung *f*, krustaler Senkungsgraben *m* [*Ein säkular sinkender Sedimentationsraum*] • geosyncline; geosynclinal [*obsolete*]

Erdhacke *f*, Erdhaue *f* • earth hoe

Erdhobel *m* • grader

E

erdhistorische Fossilienschichtung *f* im geologischen Profil • strat(igraph)ic system of organized fossils
erdig, vererdet • earthy [*Composed of or resembling earth, or having the properties or nature of earth*]
erdige Bleiblüte *f*, erdiges Flockenerz *n*, erdiges Traubenblei *n*, veredelte Bleiblüte, veredeltes Flockenerz, veredeltes Traubenblei • earthy arsenate of lead, earthy lead arsenate
erdige Braunkohle *f*, veredelte Braunkohle • bog coal, earthy brown coal
erdige Brekzie *f*, vererdete Brekzie • earthy breccia
erdige Kobaltblüte *f*, Kobaltbeschlag *m* • earthy cobalt bloom
erdige Terra rossa *f* ➔ vererdeter Kalksteinrotlehm
erdige Weichbraunkohle *f* • earthy soft brown coal
erdiger Baryt(spat) *m* ➔ Baryt(spat)erde
erdiger Bruch *m* • earthy fracture, earthy rupture [*It resembles that of a lump of hard clay*]
erdiger Fluss *m*, Flusserde *f*, Natofkit *m* • earthy fluor
erdiger Gips *m*, Gipserde *f*, Himmelsmehl *n*, mehliger Gips, Mehlgips • gypsite, gypsum earth, earthy gypsum, farina(ceous) gypsum, mealy gypsum [*A weakly consolidated earthy mix(ture) of gypsum and clay or silt*]
erdiger Kalksteinbraunlehm *m* ➔ vererdeter Kalksteinbraunlehm
erdiger Kalksteinrotlehm *m* ➔ vererdeter Kalksteinrotlehm
erdiger Malachit *m* • earthy malachite
erdiger Rotlehm *m*, vererdeter Rotlehm • earthy red loam, red earthy loam
erdiger Rotlehm *m* [*In der Nomenklatur Kubienas (1953)*] ➔ armer rötlichbrauner lateritischer Boden
erdiger Schwerspat *m* ➔ Baryt(spat)erde
erdiger tonarmer Torfboden *m*, tonarmer erdiger Torfboden • clay-poor earthy peat soil
erdiger Torf *m*, Erdtorf, Bröckeltorf • crumble peat [*It is friable and earthy*]
erdiges Eisenblau *n*, Blaueisenerde *f* • earthy phosphate of iron, earthy iron phosphate
erdiges Flockenerz *n* ➔ erdige Bleiblüte
Erdinduktionskompass *m* • flux-gate compass
Erdinduktor *m*, Induktionsneigungsmesser *m* • earth inductor (compass), induction (in)clinometer, dip inductor
Erdinnere *n* • Earth's interior
Erdinselchen *n* ➔ Polygonboden
Erd-Kastenstützwand *f*, Erd-Kastenstandwand • earth crib wall [*See note under 'crib wall'*]
Erdkegel *m*, Maßkegel, Maßhügel *m* [*Ein Geländekegel der bei in Akkord ausgeführten Erdarbeiten im Abtrag stehen bleibt, um nach Beendigung der Arbeiten beim Vermessen die frühere Geländehöhe sehen zu können*] • witness, old man
Erdkeilgewicht *n* • earth wedge
Erdkern *m* • earthcore
Erdkern *m*, Nife *n* • Earth's core
Erdkern-Fels(schütt(ungs))staudamm *m* • earth core rock(fill) dam, rock(fill) earth core dam
Erdkern-Staudamm *m* • earth core dam
Erd-Kies-Schüttungs(-Tal)sperre *f* • (combined) earth-and-gravel fill embankment (type) dam
Erdklima *n*, Weltklima • global climate
Erdklumpen *m*, Erdballen *m* • clob [*Cornwall*]; clod (of earth), lump (of earth)
Erdkörper *m* • soil body
Erdkratze *f* ➔ Erdschaber
Erdkrümmung *f* • Earth's curvature
Erdkruste *f*, Lithosphäre *f*, Silikatkruste der Erde, Kruste • Earth's crust, crust
Erdladung *f* • earth's electric(al) charge
Erdlage *f* ➔ Erdschicht
Erdmagnetfeld *n*, erdmagnetisches Feld, geomagnetisches Feld • geomagnetic field, terrestrial magnetic field, ground's magnetic field, Earth's magnetic field
Erdmagnetfeldumkehr *f*, Umkehr des Erdmagnetfeldes • reversal of the Earth's magnetic field
erdmagnetisch, geomagnetisch • geomagnetic, terrestrial magnetic, earth-magnetic
erdmagnetische Änderung *f*, geomagnetische Änderung • geomagnetic variation, terrestrial magnetic variation, earth-magnetic variation
erdmagnetische Aufnahme *f*, erdmagnetische (Ver) Messung *f*, geomagnetische (Ver)Messung, geomagnetische Aufnahme • geomagnetic survey, terrestrial magnetic survey, earth-magnetic survey
erdmagnetische Polarumkehr(ung) *f*, geomagnetische Polarumkehr(ung) • geomagnetic (polarity) reversal, geomagnetic field reversal, polarity reversal, field reversal [*A change in the Earth's magnetic field between normal polarity and reversal polarity*]
erdmagnetische Senkrechtstärke *f*, erdmagnetische Vertikalintensität *f* • Earth's vertical magnetic intensity
erdmagnetische Störung *f*, geomagnetische Störung • geomagnetic disturbance, terrestrial magnetic disturbance, earth-magnetic disturbance

erdmagnetische Untersuchung ***f***, geomagnetische Untersuchung • geomagnetic investigation, terrestrial magnetic investigation, earth-magnetic investigation

erdmagnetische (Ver)Messung ***f***, erdmagnetische Aufnahme *f*, geomagnetische (Ver)Messung, geomagnetische Aufnahme • geomagnetic survey, terrestrial magnetic survey, earth-magnetic survey

erdmagnetische Vertikalintensität ***f***, erdmagnetische Senkrechtstärke *f*, geomagnetische Vertikalintensität, geomagnetische Senkrechtstärke • Earth's vertical magnetic intensity

erdmagnetischer Äquator ***m***, geomagnetischer Äquator • geomagnetic equator, terrestrial magnetic equator, earth-magnetic equator

erdmagnetischer Pol ***m***, geomagnetischer Pol [*Nicht verwechseln mit "magnetischer Pol" bei dem das erdmagnetische Feld unmittelbar senkrecht gerichtet ist*] • terrestrial magnetic pole, Earth's magnetic field, geomagnetic pole; magnetic pole [*approximate synonym*] [*A point of emergency at the Earth's surface of the axis of the geocentric magnetic dipole that most closely approximates the Earth's magnetic field*]

erdmagnetisches Feld ***n***, Erdmagnetfeld, geomagnetisches Feld • geomagnetic field, terrestrial magnetic field, Earth's magnetic field

Erdmagnetismus ***m***, Geomagnetismus, irdischer Magnetismus • geomagnetism, Earth's magnetism, terrestrial magnetism [*The magnetism of the Earth*]

Erdmantel ***m***, Mantel [*Lithosphäre plus Chalkosphäre*] • Earth's mantle, mantle

(Erd)Massenausgleich ***m*** ➜ (Boden)Massenausgleich

(Erd)Massenausgleich(s)linie ***f***, Ausgleich(s)linie • balance line

(Erd)Massenausgleich(s)punkt ***m*** ➜ (Massen) Ausgleich(s)punkt

(Erd)Massenberechnung ***f*** • earthwork quantification, earthwork calculation, earthwork computation

Erdmessung ***f*** ➜ physikalische Geodäsie

Erdmittelalter ***n***, Reptil(ien)zeitalter, Mesozoikum *n* • Mesozoic (era); age of gymnosperms, age of reptiles, reptilian age [*informal designations*]; Secondary [*obsolete*] [*One of the grand divisions or eras of geologic(al) time, follows the Pal(a)eozoic and succeeded by the Cenozoic era, comprising the Trias(sic), Jura(ssic), and Cretaceous periods*]

Erdmittelpunkt ***m*** • Earth's center (US); Earth's centre (Brit.)

Erdnagel ***m*** • earth nail

Erdnähe ***f***, Perigäum *n* [*Der Mondbahnpunkt, bei dem der Mond der Erde am nächsten steht*] • perigee (altitude), lowest altitude

Erdnaht ***f*** ➜ Lineament

Erdneuzeit ***f*** ➜ Känozoikum

Erdoberflächensignatur ***f*** • earth surface signature

Erdöl ***n***, Roh(erd)öl, (Roh)Petroleum *n*, Öl, Bergbalsam *m* [*Man nennt die hellen Öle "Naphtha", die gelblichen "Petroleum" und die bräunlichen, zähen "Bergteer"*] • petroleum, (crude) oil, crude petroleum, raw oil, rock oil, native naphtha, crude naphtha, mineral naphtha; earth-oil [*obsolete*]; pitch [*An old vernacular term*]

(Erd)Öl ***n*** **von (Erd)Ölprovenienz,** (Erd)Ölfraktion *f* • petroleum oil

(erd)ölabbauende Mikrobe ***f*** • petroleum-degrading microbe, oil-degrading microbe

(Erd)Ölanzeichen ***n***, (Erd)Ölindikation *f* • petroleum show, oil show

(Erd)Ölaufbereitung ***f*** • petroleum refining, petroleum processing, oil refining, oil processing

(Erd)Öl-Aufbrechmedium ***n***, (Erd)Öl-Aufreißmedium, (Erd)Öl-Rissbildungsmedium • petroleum-base(d) (formation) fracturing fluid, oil-base(d) (formation) fracturing fluid, refined-oil (formation) fracturing fluid [*It consists of specific cuts from fractionating towers or specific blends of various cuts*]

(Erd)Ölaufschließer ***m*** • petroleum explorationist, oil explorationist

(Erd)Ölaufsuchung ***f***, (Erd)Ölprospektion *f*, (Erd) Ölsuche *f* • petroleum exploration, oil exploration, petroleum search(ing), oil search(ing), petroleum prospection, oil prospection, petroleum prospecting, oil prospecting

(Erd)Ölausbiss ***m*** • petroleum (out)crop, oil (out) crop

(Erd)Ölausbruch ***m*** • wildcat flowing

(Erd)Ölaustritt ***m***, (Erd)Ölquelle *f*, (Erd)Ölausfluss *m* • petroleum seepage, "petroleum spring", oil seepage, "oil spring"

(Erd)Ölbecken ***n*** • petroleum basin, oil basin

(erd)ölbenetzt • petroleum-wet(ted), oil-wet(ted)

(Erd)Ölbergbau ***m*** • petroleum mining, oil mining

(Erd)Ölbergbaugeologie ***f*** [*(Erd)Öltiefbaugeologie und (Erd)Öltagebaugeologie*] • petroleum mining geology, oil mining geology

(Erd)Ölbergwerk ***n***, (Erd)Ölgrube *f* • petroleum mine, oil mine

Erdölbildung ***f*** • oleogenesis

(Erd)Ölbohranlage *f* • petroleum rig, oil rig

(Erd)Ölbohrloch *n*, (Erd)Öl(förder)bohrung, (Erd) Ölfundbohrung *f* • well(bore), petroleum borehole, petroleum drill hole, oil well(bore), oil drill hole, oil (bore)hole

(Erd)Ölbohrlochbrand *m* • petroleum fire, oil fire

(Erd)Öl-(Bohr)Spül(ungs)schlamm *m* • petroleum-base(d) (drilling) mud, oil-base(d) (drilling) mud [*A drilling mud with clay particles suspended in oil rather than in water*]

E

(Erd)Ölchemikalie *f* • petroleum chemical, petrochemical, oil chemical

(Erd)Ölchemikalienindustrie *f* • petroleum chemicals industry, oil chemicals industry

(Erd)Öldelta *n* • petroleum delta, oil delta

(erd)ölenthaltend, (erd)ölführend, (erd)ölhaltig • petroleum-bearing, oil-bearing, petroliferous

(erd)ölenthaltende Schicht *f* ➋ (Erd)Ölträger

(erd)öl(ent)haltendes Gestein *n* ➋ (Erd)Ölspeichergestein

(Erd)Ölentstehung *f* • petroleum origin, oil origin

(Erd)Ölerkundung *f* • petroleum reconnaissance, oil reconnaissance

(Erd)Ölerkundungsgeologie *f* • petroleum reconnaissance geology, oil reconnaissance geology

(Erd)Ölfalle *f*, Strukturfalle • petroleum trap, oil trap

(Erd)Ölfeldbetrieb *m* • petroleum field operation (s), oil field operation(s)

(Erd)Ölfeldgeologie *f* [*Sie umfasst (Erd)Ölprüfungsgeologie, (Erd)Ölfördergeologie und Anwendung der Atomenergie*] • petroleum field geology, oil field geology, petroleum pool geology, oil pool geology, petroleum accumulation geology, oil accumulation geology, petroleum reservoir geology, oil reservoir geology

(Erd)Ölfeldleitungssystem *n* • petroleum field gathering system, oil field gathering system

(Erd)Ölfeldwasser *n* • petroleum field water, oil field water

(Erd)Ölfeldwinde *f* • petroleum field winch, oil field winch [*An extremely powerful low speed winch on a crawler tractor*]

(Erd)Ölfernleitung *f* • petroleum pipeline, oil pipeline

(Erd)Öl(förder)betrieb *m* • petroleum producing operation(s), oil producing operation(s)

(Erd)Öl(förder)bohrung *f*, (Erd)Ölbohrloch *n*, (Erd) Ölfundbohrung • well(bore), petroleum borehole, petroleum drill hole, oil well(bore), oil drill hole, oil (bore)hole

(Erd)Ölfördergeologie *f* • petroleum recovery geology, oil recovery geology

(Erd)Öl(förder)horizont *m*, (Erd)Ölproduktionshorizont • petroleum producing horizon, oil producing horizon, oil producing zone, oil-productive horizon, oil-productive zone, petroleum-producing zone, petroleum-productive horizon, petroleum-productive zone [*"Formation" may synonymously be used for "horizon" and "zone"*]

(Erd)Ölförderingenieur *m* • petroleum production engineer, oil production engineer

(Erd)Ölförderkolben *m* • petroleum well swab, oil well swab

(Erd)Ölförder(rohr)fahrt *f*, (Erd)Ölproduktions(rohr)fahrt, (Erd)Ölproduktions(rohr)tour *f*, (Erd)Ölförder(rohr)tour • petroleum (production) casing string, oil (production) casing string, oil production string (of casing), oil (casing) string, oil pay string (of casing), petroleum production (string of casing), petroleum (casing) string, petroleum pay string (of casing)

(Erd)Ölfördertechnik *f* • petroleum production engineering, oil production engineering

(Erd)Ölförderung *f*, (Erd)Ölproduktion *f* • petroleum production, oil production

(Erd)Ölförderung *f* mittels unterirdischer Verbrennung, (Erd)Ölproduktion *f* mittels unterirdischer Verbrennung • petroleum production by underground combustion, oil production by underground combustion

(Erd)Ölförder(ungs)betrieb *m* • petroleum operation (s), oil operation(s)

(Erd)Ölfraktion *f*, (Erd)Öl *n* von (Erd)Ölprovenienz • petroleum oil

(erd)ölführend, (erd)ölenthaltend, (erd)ölhaltig • petroleum-bearing, oil-bearing, petroliferous

(erd)ölführende Schicht *f*, (Erd)Ölträger *m*, (erd)ölenthaltende Schicht • petroleum stratum, petroliferous stratum, oil-bearing stratum, petroleum bearing zone, oil-bearing zone, petroliferous zone

(erd)ölführender Fels *m*, (erd)ölführendes Gestein *n* • petroleum rock, oil rock

(erd)ölführender geologischer Horizont *m*, (Erd) Ölhorizont • petroleum horizon, oil horizon

(Erd)Ölfundbohrung *f* ➋ (Erd)Ölbohrloch

(Erd)Ölgas *n* [*Erdgas aus Erdöllagerstätten welches höhere Kohlenwasserstoffe enthält*] • petroleum gas, oil gas

(Erd)Ölgeochemie *f* • petroleum geochemistry, oil geochemistry

(Erd)Ölgeologe *m* • petroleum geologist, oil geologist

(Erd)Ölgeologie *f* [*Sie umfasst (Erd)Ölerkundungsgeologie, (Erd)Ölfeldgeologie und (Erd)Ölbergbaugeologie*] • petroleum geology, oil geology

(Erd)Ölgeophysiker ***m*** • petroleum geophysicist, oil geophysicist

(Erd)Ölgeruch ***m*** • petroleum odor, oil odor (US); petroleum odour, oil odour (Brit.)

(Erd)Ölgewinnung ***f*** • petroleum recovery, oil recovery

(Erd)Ölgewinnung ***f*** **durch Erhitzen** • thermal oil recovery, thermal petroleum recovery

(Erd)Ölgrube ***f*,** (Erd)Ölbergwerk *n* • petroleum mine, oil mine

(erd)ölhaltig ➲ (erd)ölführend

(erd)ölhöffiges Gebiet ***n*** [*Ein Gebiet in dem Ölführung möglich ist oder ein Gebiet, das eine möglicherweise ölführende Struktur überlagert*] • prospective acreage, prospective oil land, area overlying a possibly oil-bearing structure

(Erd)Ölhöffigkeit ***f*** • petroleum possibility, oil possibility

(Erd)Ölhorizont ***m*,** (erd)ölführender geologischer Horizont • petroleum horizon, oil horizon

(Erd)Ölindikation ***f*,** (Erd)Ölanzeichen *n* • petroleum show, oil show

(Erd)Ölingenieur ***m*** • petroleum engineer, oil engineer

(Erd)Ölkahn ***m*** • petroleum barge, oil barge

(Erd)Ölkartierung ***f*** • petroleum mapping, oil mapping

(Erd)Ölkohlenwasserstoff ***m*** • petroleum hydrocarbon, oil hydrocarbon

(Erd)Ölkoks ***m*** • petroleum coke, oil coke

(Erd)Ölkopfleitung ***f*** • petroleum header tube, oil header tube

(Erd)Öllache ***f*** • petroleum spill, oil spill

(Erdöl)Lagerdruck ***m*** • closed pressure

(Erd)Öl(lager)kaverne ***f*,** (Erd)Ölspeicherkaverne • petroleum (storage) cavern, oil (storage) cavern

(Erd)Öllager(stätte) ***n, (f)*,** (Erd)Ölspeicher *m* • petroleum accumulation, oil accumulation, oil pool, oil reservoir, petroleum pool, petroleum reservoir, petroleum field, oil field [*A subsurface accumulation of petroleum that will yield crude oil in economic quantities. A "field" may be one reservoir, or it may include two or more separate reservoirs, all of which, however, are related to the same geologic(al) structure or to the same stratigraphic environment*]

(Erd)Öllagerstättendruck ***m*** • petroleum reservoir pressure, oil reservoir pressure

(Erd)Öllagerstättentechnik ***f*** • petroleum reservoir engineering, oil reservoir engineering

(Erd)Öllager(stätten)wasser ***n*,** (Erd)Ölspeicherwasser [*Mit (Erd)Öl vorkommendes Wasser*] • petroleum pool water, oil pool water, oil reservoir water, oil accumulation water, petroleum reservoir water, petroleum accumulation water

(Erd)Ölmigration ***f*,** (Erd)Ölwanderung *f* • petroleum migration, oil migration

(Erd)Ölmuttergestein ***n*** • petroleum source rock, oil source rock

(Erd)Ölplattform ***f*** • oil rig

(Erd)Ölproduktion ***f*,** (Erd)Ölförderung *f* • petroleum production, oil production

(Erd)Ölproduktion ***f*** **mittels unterirdischer Verbrennung,** (Erd)Ölförderung *f* mittels unterirdischer Verbrennung • petroleum production by underground combustion, oil production by underground combustion

(Erd)Ölproduktionshorizont ***m*,** (Erd)Öl(förder)horizont • petroleum producing horizon, oil producing horizon, oil producing zone, oil-productive horizon, oil-productive zone, petroleum-producing zone, petroleum-productive horizon, petroleum-productive zone [*"Formation" may synonymously be used for "horizon" and "zone"*]

(Erd)Ölproduktions(rohr)fahrt ***f*,** (Erd)Ölförder(rohr)fahrt, (Erd)Ölproduktions(rohr) tour *f*, (Erd)Ölförder(rohr)tour • petroleum (production) casing string, oil (production) casing string, oil production string (of casing), oil (casing) string, oil pay string (of casing), petroleum production (string of casing), petroleum (casing) string, petroleum pay string (of casing)

(Erd)Ölproduktion(rohr)leitung ***f*** • petroleum products (pipe)line, oil products (pipe)line

(Erd)Ölprospektion ***f*,** (Erd)Ölaufsuchung *f*, (Erd) Ölsuche *f* • petroleum exploration, oil exploration, petroleum search(ing), oil search(ing), petroleum prospection, oil prospection, petroleum prospecting, oil prospecting

(Erd)Ölprüf(ungs)geologie ***f*** • petroleum test geology, oil test geology

(Erd)Ölquelle ***f*,** (Erd)Ölaustritt *m*, (Erd)Ölausfluss *m* • petroleum seepage, "petroleum spring", oil seepage, "oil spring"

(Erd)Ölrauch ***m*** [*Rauch von brennendem (Erd)Öl*] • petroleum smoke, oil smoke

(Erd)Ölreserve ***f*** ➲ anstehendes (Erd)Öl

(Erd)Öl-Rissbildungsmedium ***n*** ➲ (Erd)Öl-Aufbrechmedium

Erdölsammelsand ***m*,** Aufbrechsand • hydrafrac sand

(Erd)Ölsand ***m*** • petroleum sand, oil sand

(Erd)Ölscheitelbohrloch ***n*,** (Erd)Ölscheitelbohrung *f*, (Erd)Ölscheitelsonde *f* • crest (oil) well, crest petroleum well

E

(Erd)Ölschiefer ***m*** • petroleum-bearing shale, oil-bearing shale, petroliferous shale

(Erd)Ölsicherheits(gruben)lampe ***f*** (⚒) • petroleum (-burning) (flame) safety lamp, oil(-burning) (flame) safety lamp

(Erd)Ölsondenbohren ***n*** • petroleum well drilling, oil well drilling

(Erd)Ölspeicher ***m*,** (Erd)Öllager(stätte) *n, (f)* • petroleum accumulation, oil accumulation, oil pool, oil reservoir, petroleum pool, petroleum reservoir, petroleum field, oil field [*A subsurface accumulation of petroleum that will yield crude oil in economic quantities. A "field" may be one reservoir, or it may include two or more separate reservoirs, all of which, however, are related to the same geologic(al) structure or to the same stratigraphic environment*]

(Erd)Ölspeichergestein ***n*,** Speichergestein, (erd)öl-(ent)haltendes Gestein, (Erd)Ölträgergestein • petroleum (reservoir) rock, oil (reservoir) rock, petroleum-bearing rock, oil-bearing rock, petroliferous rock

(Erd)Ölspeicherkaverne ***f*,** (Erd)Öl(lager)kaverne • petroleum (storage) cavern, oil (storage) cavern

(Erd)Ölspeicherwasser ***n*,** (Erd)Öllager(stätten)wasser [*Mit (Erd)Öl vorkommendes Wasser*] • petroleum pool water, oil pool water, oil reservoir water, oil accumulation water, petroleum reservoir water, petroleum accumulation water

(Erd)Ölspülung ***f*** • petroleum mud, oil mud

(Erd)Ölsuche ***f*** ➜ (Erd)Ölprospektion

(Erd)Öltagebaugeologie ***f*** • petroleum open cut geology, oil open cut geology

(Erd)Öltechnik ***f*** • petroleum engineering, oil engineering

(Erd)Öltiefbaugeologie ***f*** • petroleum underground mining geology, petroleum subsurface mining geology, petroleum subterranean mining geology, petroleum subterraneous mining geology, oil underground mining geology, oil subsurface mining geology, oil subterraneous mining geology, oil subterranean mining geology

(Erd)Ölträger ***m*,** (erd)ölführende Schicht *f*, (erd)ölenthaltende Schicht • petroleum stratum, petroliferous stratum, oil-bearing stratum, petroleum-bearing zone, oil-bearing zone, petroliferous zone

(Erd)Ölträgergestein ***n*** ➜ (Erd)Ölspeichergestein

(Erd)Ölunfall ***m*** • petroleum accident, oil accident

(Erd)Ölverdrängung ***f*** • petroleum displacement, oil displacement

(erd)ölverschmutzte (Bohr)Spülung ***f*** • petroleum-cut (drilling) mud, oil cut (drilling) mud [*Drilling mud unintentionally admixed with crude oil, may result from oil entering the mud while drilling or from a drillstem test of an oil reservoir*]

(Erd)Ölvorkommen ***n*,** (Erd)Ölvorkommnis *n* • petroleum occurrence, oil occurrence

(Erd)Ölwanderung ***f*,** (Erd)Ölmigration *f* • petroleum migration, oil migration

(Erd)Ölwanderungsweg ***m*** • petroleum migration path, oil migration path, petroleum migration avenue, oil migration avenue, petroleum migration channel, oil migration channel

(Erd)Öl-Wasser-Grenz(fläch)e ***f*** • petroleum-water contact, oil-water contact, petroleum-water interface, oil-water interface [*The boundary surface between an oil accumulation and the underlying bottom water*]

(Erd)Ölwehr ***f*** • petroleum control, oil control

Erdpech ***n*,** Bergpech • earth pitch, mineral tar [*A kind of asphalt*]

erdpechhaltiger Sandstein ***m***
➜ bituminöser Sandstein

Erdpfeife ***f*** ➜ Sandröhre

Erdpfeiler ***m*** • (earth) pillar, fairy chimney, hoodoo (column); penitent, demoiselle, cheminée fée, cheminée de fées [*French*] [*A tall, conical column of unconsolidated to semiconsolidated earth material, (e.g. clay, till, or landslide debris), produced by differential erosion in a region of sporadic heavy rainfall (as in a badland or a high alpine valley), and usually capped by a flat, hard boulder that shielded the underlying softer material from erosion; it often measures 6 to 9 m in height, and its diameter is a function of the width of the protective boulder*]

Erdpflanze ***f*,** Landpflanze, Bodenpflanze [*Gegensatz: Meer(es)pflanze)*] • rooted plant [*Context: Areas are not considered to have soil if the surface is permanently covered by water too deep for the growth of rooted plants*]

Erdfoto ***n*** • terrestrial photo

Erdfotogrammetrie ***f*** ➜ Erdbildmessung

Erdpech ***n*** [*veraltete Benennung für* ➜ Asphalt]

Erdphysik ***f*** • physics of the Earth, Earth physics

Erdplanum ***n*;** (Erd)Planie *f* [*Schweiz*] [*Die vom Erdbau bearbeitete Oberfläche des Untergrundes im Einschnitt oder des Unterbaues auf Straßendämmen*] • (sub-)grade, base grade, final grade (US); formation (Brit.)

(Erd)Planumhöhe ***f*;** (Erd)Planiehöhe [*Schweiz*] • (sub)grade level, base grade level (US); formation level (Brit.) [*The new level of the ground on completion of earthworks; the reduced level of the ground to which earthworks have been, or will be executed. "Elevation" may synonymously be used for "level"*]

(Erd)Planumschutzschicht *f*; (Erd)Planieschutzschicht [*Schweiz*] • (sub)grade protection layer, base grade protection layer (US); formation protection layer (Brit.)

Erdpol *m* • terrestrial pole, geographic(al) pole

Erdpolschwankung *f*, Eulersche Nutation *f* • Chandler wobble, Eulerian nutation [*A movement in the Earth's axis of rotation, the period of motion being about 14 months*]

Erdpolster *n* [*Österreich: m*] • earth pad

Erdpyramide *f* • earth pyramid, soil pyramid [*A less steep-sided and more conical earth pillar, occurring especially where rainwash is the chief agent of erosion*]

Erdrakete *f*, Bodenrakete, Rakete, Erdverdrängungshammer *m*, Bodenverdrängungshammer, Bodendurchschlagrakete, Erddurchschlagrakete • (soil) displacement hammer, displacement(-type) mole, (soil) piercing arrow, (soil) displacement moling tool, moling device, (impact) moling tool, (impact) mole, trenchless impact system, nodig impact system [*e.g. Grundomat*] [*Displacement is by thrust and impact*]

Erdraketenvortrieb *m*, Bodenraketenvortrieb, Erdverdrängungsvortrieb, Bodenverdrängungsvortrieb • (impact) moling, (soil) displacement moling

Erdraum *m* • terrestrial environment, Earth's environment

Erd-Raumbildmessung *f*, terrestrische Stereofotogrammetrie *f*, Raumbildmessung von erdfesten Standpunkten aus • terrestrial stereophotogrammetry

Erdräumer *m*, Erdschaber, Abstecheisen *n*, Bodenscharre *f*, Minenkratze *f*, Erdscharre, Bodenräumer, Bodenschaber, Abstechmesser *n*, Erdkratze, Bodenkratze [*Ein halbzirkelförmig gebogenes Eisen mit hölzernen Griffen zum geräuschlosen Abschneiden der Erde beim Minieren*] • miner's drag, miner's scraper, miner's bent-shovel, miner's crooked shovel

Erdreich *n* • ground soil, ground earth

Erdreichentsorgung *f*, Bodenentsorgung • soil disposal [*Disposal of effluents and sludges from industrial processes into the soil*]

Erdrinde *f* • crust of the earth

Erdriss *m*, Borst *m* [*Erddamm*] • cleft

Erdrotation *f*, Erdumdrehung *f* • earth's rotation

Erdruhedruck *m* [*Der Erddruck, der auf eine unverschiebliche Wand wirkt, wird als Erdruhedruck bezeichnet. Zwischen Bauwerk und Boden sind keine Verformungen vorhanden*] • earth pressure at rest, neutral earth pressure, at-rest earth pressure, at-rest pressure, static earth pressure

Erdruhedruckbeiwert *m*, Ruhedruckbeiwert *m* • coefficient of earth pressure at rest

Erdrutsch *m*, Geländerutschung *f* [*allgemein*]; Erdschlipf *m*; s.a. ➋ Rutschung • landslide, landslip (Brit.), slide of earth (*or:* rock) [*the downward movement under the influence of gravity of a mass of earth, rock or artificial fill on a slope*];

Erdsack *m* • earth-filled bag

Erdschaber *m*, Erdräumer, Abstecheisen *n*, Bodenscharre *f*, Minenkratze *f*, Erdscharre, Bodenräumer, Bodenschaber, Abstechmesser *n*, Erdkratze, Bodenkratze [*Ein halbzirkelförmig gebogenes Eisen mit hölzernen Griffen zum geräuschlosen Abschneiden der Erde beim Minieren*] • miner's drag, miner's scraper, miner's bent-shovel, miner's crooked shovel

Erdschacht *m* • hole, earth shaft [*A shaft dug in earth material*]

Erdschale *f* • shell, Earth shell

Erdscharre *f* ➋ Erdschaber

Erdschicht *f* • stratum, layer of earth

Erdschlacke *f* ➋ verschlackter Basalt

Erdschlitz *m*, Bodenschlitz, Schlitz, Wandschlitz, schlitzförmiger Graben *m* [*Schlitzwand*] • slurry (wall) trench, guide trench

Erdschlussauslöser *m* • earth leakage trip

Erdschlussschutz *m* • earth fault lock-out

Erdschürftransport *m*, Bodenschürftransport • dozing (off), bulldozing

Erdschüttdamm *m* • earth fill dam

Erdschüttung *f* • earth fill

Erdschütt(ungs)kern *m* • earth(fill) core

Erdschütt(ungs)körper *m* • earth(fill) body; earth (fill) wall [*South Africa*]

Erdschütt(ungs)piezometer *n* • earth fill(ing) piezometer

Erd(schüttungs)(stau)damm *m*, Damm aus Erdschüttung, Erd(schüttungs)(tal)sperre *f* • earth (embankment) dam, earthen dam, earthfill embankment dam, earthwork dam, earthfill dam; earth(fill) wall [*South Africa*]

Erdschutzwall *m* • earth traverse

erdseitiger Sporn *m* [*Winkelstützmauer*] • heel

Erdsondieren *n*, Erdsondierung *f* • earth probing, earth sounding

Erdspalt(e) *m*, *(f)* • earth fissure

Erdsprengen *n*, Erdsprengung *f* • earth blasting

erdstabilisierende Lösung *f* • earth stabilizing solution

Erdstabilisierung *f* • earth stabilization

Erdstatik *f* • earth statics

Erdstation *f* [*für die Satellitenbeobachtung*] • terrestrial station [*for satellite observation*]

erdstatischer Nachweis *m* • earth statical analysis

erdstatisches Verfahren *n* • earth statics method, soil-mechanics method

Erdstoffstabilisierung *f* mit Bitumen ➔ (Boden)Stabilisierung mit Bitumen

Erdstoffverfestigung *f* mit Bitumen ➔ (Boden)Stabilisierung mit Bitumen

Erdstollen *m* • earth gallery; earth tunnel (US)

Erdstoß *m*, Erdbebenstoß • earthquake shock, earth shock, tremor, seismic shock, seismological shock

Erdstrahlung *f* • terrestrial radiation, Earth radiation [*The total infrared radiation emitted from the Earth's surface*]

Erdstrom *m*, Tellurstrom • telluric current, earth current, ground current [*Natural electric current that flows in large sheets on or near the Earth's surface*]

Erdstrommethode *f*, Tellurik *f*, Erdstromverfahren *n*, Tellurstrommethode, Tellurstromverfahren • earth current method, ground current method, telluric (current) method [*An electrical exploration method in which the Earth's natural field is measured at two or more stations simultaneously and a quantitative estimate of the electric(al) properties of the section is obtained thereby*]

Erdstruktur *f* • Earth's structure

Erdstützbauwerk *n* • earth retaining structure

Erdteer *m*, Bergteer • maltha, mountain tar, malthite, brea, mineral tar [*A black viscid substance intermediate between petroleum and asphalt*]

Erdteil *m*, Kontinent *m* [*Die Wörter "Kontinent" und "continent" dürfen nicht mit "Festland" verwechselt werden, denn "Festland" umfasst auch die Inseln und steht somit im Gegensatz zum Meer*] • continent

Erdtidekraft *f*, Erdgezeitenkraft • earth tidal force

Erdtiefen *f* • underearth [*The depths of the Earth*]

Erdtorf *m*, erdiger Torf, Bröckeltorf • crumble peat [*It is friable and earthy*]

Erdtrog *m* ➔ Erdgroßmulde

Erdtunnel *m* • earth tunnel

Erdufer *n* • earth bank

Erdumdrehung *f*, Erdrotation *f* • earth's rotation

Erd(umlauf)bahn *f* • Earth's orbit

Erd(umlauf)bahnelement *n* • Earth's orbital element

Erd- und Grundbaumaßnahmen *f(pl)* • geotechnical works

erd- und grundbautechnische Berechnung *f* • geotechnical analysis

Erdung *f* ➔ Erden

Erdungsmesser *m* • earth tester

Erdunterlage *f* [*Unterlage bei Eintreibung schräger Steifen oder Stützen*] • earth sill, earth cill

Erdurfels *m* • basic granulate

Erdverbundkonstruktion *f* • earth bonded construction

Erdverdrängungshammer *m* ➔ Erdrakete

Erdverdrängungsvortrieb *m* ➔ Erdraketenvortrieb

Erdverlagerung *f* ➔ Erdbewegung

erdverlegt, eingegraben, bodenverlegt, vergraben • buried

erdverlegte Rohrleitung *f* • underground pipeline, buried pipeline

Erdverlegung *f* ➔ Vergrabung

Erdvermessung *f* [*Die Aufnahmestandorte werden vom Gelände bestimmt*] • ground survey [*A survey made by ground methods, as distinguished from an aerial survey*]

Erdwall *m*, Wall [*(Land)Streifenbewässerung*] • control ridge, border, low levee

Erdwand *f* • earth face [*See note under "face"*]

Erdwand *f* [*Wand aus lehmiger oder fetter Dammerde*] • earth wall

Erdwandbetonverkleidung *f*, Betonverkleidung, Wandbetonverkleidung • concrete sheeting, concrete sheathing [*See note under* ➔ *Verkleidung*]

Erdwandbohle *f*, Verkleidungsbohle *f*, Wandbohle • sheeting member, sheathing member

Erdwandstahlverkleidung *f*, Stahlverkleidung, Wandstahlverkleidung • steel sheeting, steel sheathing [*See note under* ➔ *Verkleidung*]

Erdwandverkleidung *f*, Verkleidung, Wandverkleidung [*Nicht "(Ver)Schalung"*] • sheeting, sheathing [*Horizontal or vertical members of wood, steel or concrete placed in contact with earth, usually on a vertical plane, for the purpose of retaining an earth bank in position*]

Erdwärme *f*, Geowärme • terrestrial heat, ground heat

Erdwärmeenergie *f*, geothermische Energie, geothermale Energie • geothermal energy, geothermal electric power, geothermal power, electric geothermal power [*Concentration of natural heat of the earth occurs in five recognized geological environments: (1) hydrothermal convection, (2) magma, (3) hot dry rock, (4) supernormal thermal gradient, and (5) geopressure zones*]

Erdwärmefeld *n* ➔ geothermisches Feld

Erdwärmefluss *m*, Geowärmefluss • terrestrial heat flow, ground heat flow, terrestrial thermal flow, ground thermal flow

Erdwärmefluss ***m*** **pro Zeiteinheit** • geothermal flux, heat flux [*Geothermal heat flow per unit time*]
Erdwärmekarte ***f,*** Geowärmekarte, geothermische Karte, geothermale Karte • geothermal map
Erdwärmekartierung ***f,*** Geowärmekartierung, geothermische Kartierung, geothermale Kartierung • geothermal mapping
Erdwärmemesser ***m,*** Geothermometer *n* • geothermometer, geologic(al) thermometer
Erdwärmemessung ***f,*** Geowärmemessung • geothermal measurement, geothermometry
Erdwärmepotential ***n*** ➋ geothermisches Potential
Erdwärmesonde ***f*** • geothermal heat probe
Erdwärmevorkommen ***n*** ➋ geothermisches Feld
Erdwelle ***f*** • earthborne wave
Erdwiderlager ***n*** • earth abutment, earth support
Erdwiderstand ***m,*** passiver Erddruck *m* • passive (earth) pressure, passive (earth) resistance, earth resistance, passive soil pressure, passive soil resistance [*The resistance of an earth surface to deformation by other forces. The word pressure in this sense is not correct, since it is used to mean 'force', but it is universally accepted)*]
Erdwiderstandsbeiwert ***m*** • coefficient of passive earth pressure
Erdwissenschaft ***f,*** Geowissenschaft • earth science, geoscience [*All embracing terms, for sciences related to the Earth (analogous, in educational parlance, to "life science"). The term earth science is occasionally used as a synonym for "geology" or "geologic(al) science(s)", but this usage is misleading because in its wider sense earth science may be considered to include such subjects as meteorology, physical oceanography, soil chemistry, agronomy, hydrology, geodesy, and geography*]
Erdwissenschaftler ***m*** • earth scientist, geoscientist
erdwissenschaftlich, geowissenschaftlich • geoscientific
Erdzeitbeschreibung ***f,*** Geochronografie *f,* geologische Zeitbeschreibung • geochronography, geologic(al) chronography
Erdzeitlehre ***f,*** Geochronologie *f,* geologische Zeitgliederung *f* • geochronology, geologic(al) chronology; geochrony [*obsolete*] [*A branch of isotope geology concerned with the analytical measurement of time*]
Erdzeitmesser ***m*** • geochronometer [*A physical feature, material, or element whose formation, alteration or destruction can be calibrated or related to a known time interval*]
Erdzeitmessung ***f,*** Geochronometrie *f* • geochronometry, measurement of geological time, geologic (al) time measurement
Erdzuleiter ***m,*** Erd(zuleitungs)graben *m* [*Bewässerung*] • earth supply ditch
Erdzusammensetzung ***f,*** Erdaufbau *m* • Earth's composition
Ereignisdokumentation ***f*** • landslide inventory
Ereignis(ab)folge ***f*** ➋ Geschehnis(ab)folge
Ereigniskarte ***f*** • event inventory map, inventory map
Ereigniskataster ***m; n*** • event inventory
Erektor ***m*** [*einer Schildmaschine*] • erector [*of a shield machine*]
erfahrener (Auf)Sucher ***m,*** erfahrener Prospektor • sourdough, experienced prospector, experienced searcher
Erfahrungswerte ***m(pl)*** • empirical data (*or:* values)
Erfassung ***f*** **der Topografie** • topography acquisition
Erfassung ***f*** **von Luftbildern** [*Fernerkundung*] • aerial photograph acquisition
Erfassungsgerät ***n*** **für bildliche oder grafische Vorlagen,** Digitalisier(ungs)gerät, Digitalisier(ungs)tisch *m* • digitizer
ergänzen, anreichern • to recharge, to replenish, to nourish
Ergänzung ***f,*** Anreicherung • recharge, replenishment, nourishment
Ergänzungsboden ***m*** ➋ Kornverbesserungsboden
Ergänzungsbrunnen ***m*** **für Grundwasser** ➋ Anreicherungsbrunnen für Grundwasser
Ergänzungsfels ***m*** ➋ Komplementärfels
Ergänzungsfläche ***f,*** Anreicherungsfläche, Versickerungsfläche, Einsickerungsfläche • (intake) area of aquifer, aquifer (intake) area, intake area, recharge area (of aquifer), inlet area (of aquifer), aquifer inlet area, inlet area, infiltration area of aquifer [*The area of geologic formation at the surface from which an aquifer is fed by water courses and precipitation*]
Ergänzungsgestein ***n*** ➋ Komplementärfels
Ergänzungspumpen ***n,*** Anreicherungspumpen • recharge pumping, recharging pumping, replenishing pumping, replenishment pumping, nourishing pumping, nourishment pumping
Ergänzungswasser ***n,*** Anreicherungswasser, Injektionswasser • recharge water, replenishment water, recharging water, replenishing water, nourishing water
Ergebnisse ***f*** **aus einer Gewichtssondierung** • weight sounding test results
Ergebnisdarstellung ***f*** • test report
ergebnislose Bohrung ***f*** ➋ Fehlbohrloch
ergebnisloses Bohrloch ***n*** ➋ Fehlbohrloch
ergeesen [*Verwittern von Erz auf der Lagerstätte*] • to weather at the ore deposit

Ergiebigkeit *f*, Wasserandrang *m* [*Eine Eigenschaft eines Grundwasserleiters*] • yield
Ergiebigkeit *f* einer Lagerstätte, Haltigkeit einer Lagerstätte, Lagerstättenergiebigkeit, Lagerstättenhaltigkeit • deposit yield, yield of (a) deposit
Ergiebigkeit *f* (eines Einzug(s)gebietes) • water yield, water crop, runout [*The runoff from a drainage basin*]
Ergiebigkeitsdauer *f* einer Bohrung • well life
Ergießen *n* ➋ Ausfließen
Erguss *m*, Ausguss, Effusion *f* • effusion [*That which is effused or poured out*]
Erguss *m* ➋ (vulkanischer) Ausguss
Erguss *m* [*Der auf eine bestimmte Breite bezogene Durchfluss. Zeichen: q. Einheit:* $m^3/(sm)$] • discharge per unit width, flow per unit width, runoff per unit width
Erguss *m* • extrusion [*In geology, the outflowing of lava upon the earth's surface from vents or fissures*]
Ergussbasalt *m* • extrusive basalt
Ergussgestein *n*, Vulkanit *m*, vulkanisches Gestein • volcanite, vulcanite, extrusive (igneous) rock, volcanic (igneous) rock; trap rock [*Quarryworker's term for extrusive (igneous) rocks such as basalt and andesite*]
Ergussland *n* • plain with lava overflow(s), lava overflow plain
erhärtet, verhärtet • indurated, hardened [*Rock or soil hardened by heat, pressure, air, or cementation*]
Erhärtung *f*, Verhärtung • induration, hardening [*The hardening by the action of heat, pressure, air, or cementation of a compact rock*]
erhalten [*Lagerstättendruck*] • to repressure
Erhaltung *f* des Schichtenzusammenhanges (⚒) • maintenance of the strata in undisturbed condition
Erhaltungssatz *m* • conservation law
Erhebung *f* • elevation, height, high, prominence [*Geomorphology. A topographic feature of any size that rises above the adjacent land or the surrounding sea, lake or watercourse bottom*]
Erhebung *f* • hammock, hummock [*A rounded or conical knoll, mound, hillock, or other small elevation. Also, a slight rise of ground above a level surface*]
Erhebung *f* von Gebäudeschäden • assessment of damage to residential buildings
Erhebungskrater *m* • elevation crater
erhitzter (Schmuck)Stein *m* • heated (gem)stone [*It has been heated to change its colo(u)r, such as blue zircon, or to improve its colo(u)r, such as many aquamarines*]
Erhitzung *f*, Brennen *n* [*Pelettierung*] • firing
erhöhen, aufstocken, aufhöhen • to raise, to heighten
Erhöhen *n*, Erhöhung *f*, Aufstockung, Aufstocken, Aufhöhung, Aufhöhen • heightening, raising
Erhöhung *f*, Erhöhen *n*, Aufstockung, Aufstocken, Aufhöhung, Aufhöhen • heightening, raising
Erholungsgebiet *n*, Freizeitgebiet • recreation area
Erholungstalsperre ➋ Freizeit(-Tal)sperre
Ericit *m*, Heidenstein *m* [*Dendrit mit strauchähnlichen Zeichnungen*] • erikite, heath-stone
erkanntes Erz *n* • demonstrated ore
erkennbar, angedeutet [*Mineralvorräte*] • indicated
Erkennung *f* der Kohle-Nebengestein-Grenze (⚒) • horizon control
Erklärungskomponente *f* [*Geoinformationssystem; Landinformationssystem. Teil eines Expertensystems, der das Zustandekommen komplexer Schlussfolgerungen erklärt*] • why-how-utility
Erkundung *f* • reconnaissance, exploration, investigation
Erkundung *f* aus der Ferne, Fernerkundung *f* • remote reconnaissance [*The collection of information about an object by a recording device that is not in physical contact with it. The term is usually restricted to mean methods that record reflected or radiated electromagnetic energy, rather than methods that involve significant penetration into the Earth. The technique employs such devices as the camera, infrared detectors, microwave frequency receivers, and radar system*]
Erkundung *f* vor Ort • reconnaissance on site
Erkundungsarbeit(en) *f(pl)* • reconnaissance work, reconnaissance inspection
Erkundungsaufnahme *f* • reconnaissance survey
Erkundungsbohren *n*, Erkundungsbohrung *f*, Hauptbohrung, Hauptbohren • investigation drilling, reconnaissance drilling
Erkundungsbohrloch *n*, Erkundungsbohrung *f* [*Nachgewiesene Lagerstätten werden mit Erkundungsbohrungen so untersucht, dass sie zum Aufschluss und Abbau vorbereitet werden können*] • investigation borehole, reconnaissance (bore)hole
Erkundungsbohrung *f* • soil investigation boring
Erkundungsflug *m* • reconnaissance flight
Erkundungsfrist *f* • reconnaissance time
Erkundungsgeologe *m* • reconnaissance geologist
Erkundungsgeologie *f* • reconnaissance geology
Erkundungsgeophysik *f* • reconnaissance geophysics
Erkundungsklasse *f* [*Sie wird aus Gebirgsklasse und Böschungsklasse gebildet und gibt Auskunft über Art und Umfang der weiteren geotechnischen Erkundungsmaßnahmen*] • reconnaissance class

Erkundungsmittel ***n, f*** • reconnaissance means
Erkundungsnetz ***n*** • reconnaissance network
Erkundungsphase ***f*** • reconnaissance stage
Erkundungsfotografie ***f*** • reconnaissance photography
Erkundungsprobe(n)nahme ***f*** • reconnaissance sampling, reconnaissance sample taking
Erkundungsseismik ***f*** • reconnaissance seismics
Erkundungsstollen ***m*** • reconnaissance gallery; reconnaissance tunnel (US), exploration tunnel
Erkundungstechnik ***f*** • reconnaissance engineering
Erkundungsteufe ***f,*** Erkundungstiefe *f* • reconnaissance depth
Erkundungstheorie ***f*** • reconnaissance theory
Erkundungsuntersuchung ***f*** • reconnaissance examination
Erkundungsvorrat ***m*** • reconnaissance resource
Erkundungswissenschaft ***f*** [*Die Bedingungen für das Auffinden und den Such- und Erkundungsprozess, einschließlich der industriellen Einschätzungen der entdeckten und erkundeten Lagerstätten*] • reconnaissance science
Erkundungsziel ***n*** • reconnaissance target
erlängen [*Eine Mutung auf die gesetzlich vorgeschriebene Frist verlängern lassen, innerhalb welcher nach Einlegung der Mutung die Bestätigung erfolgen muss*] (⚒) • to drive, to prolong
erlängen ➋ durchschlagen
Erlanger semantisches Netzwerksystem ***n,*** ERNEST • semantic network system for pattern understanding
erlaubt, zulässig • tolerable, admissible, allowable
Erlengebüsch ***n*** • alder bush
Erlöschen, Aussterben *n,* Artentod *m* • extinction [*evolution*]
erloschen [*Vulkan*] • extinct, dead
ermittelter Erddruck ***m*** • computed earth pressure
Ermittlung ***f*** **wasserwirtschaftlicher Kennlinien und Kurven von Becken (= Speichern),** Hochwasserberechnung mit Becken, Hochwasserberechnung mit Speichern • reservoir (flow) routing
Ermittlung ***f*** **wasserwirtschaftlicher Kennlinien und Kurven eines Abschnittes** • single-reach routing, one-reach routing
Ermüdung ***f*** • fatigue, endurance [*Failure of a material after many repetitions of a stress that of itself is not strong enough to cause failure*]
Ermüdungsnachweis ***m*** • fatigue analysis
Ermüdungsverhältnis ***n*** • fatigue ratio, endurance ratio [*The ratio of the endurance limit of a material to its static, tensile strength*]

ernährende Grenze ***f*** ➋ Grundwasseranreicherungsgrenze
ERNEST ***m,*** Erlanger semantisches Netzwerksystem *n* • semantic network system for pattern understanding
erneuerbare Energien ***f(pl)*** • renewable energies
Erneuerungslänge ***f*** [*Rohrerneuerung*]• replacement length
erneut auffahren, wiederauffahren [*Tunnel; Stollen*] • to redrive
erneut rammen, nachrammen • to redrive
erneuter Vorgang ***m*** • rejuvenation, revival [*The renewal of any geologic(al) process, such as the reactivation of a fissure*]
erneutes Rammen ***n,*** Nachrammen *n* • redriving [*e.g. a lengthened pile*]
erniedrigen • to degrade, to wear down by erosion
Erniedrigen ***n,*** Erniedrigung *f* • planation [*The bringing of a surface of the Earth to a level or plane condition by natural or artificial means, as the complex process by which a stream or river develops its floodplain*]
Erniedrigung ***f*** ➋ (Land)Erniedrigung
erodierbar ➋ erosionsanfällig
erodieren ➋ abtragen
erodierend ➋ abtragend
erodierendes Bett ***n*** • eroding channel [*A channel in which the energy of a stream or river is greater than that required to move the sediment available for transport*]
erodierte Landfläche ***f,*** abgetragene Landfläche, ausgenagte Landfläche • erosion (land) surface [*A land surface shaped by agents of erosion*]
erodierter Vulkanschlot ***m*** **mit radialen Gängen in Neumexiko** • ship rock
eröffnen, öffnen [*Grubenbetrieb*] (⚒) • to open
Erosion ***f,*** Ausnagung *f,* Abtragen *n,* Abtragung, Ausnagen • erosion, denudation
Erosion ***f*** **durch fließendes Wasser** • wash(ing) [*In geomorphology, erosion or wearing-away by running water*]
Erosion ***f*** **durch Gletscher** ➋ Gletschererosion
Erosion ***f*** **in der Glazialperiode,** Ausnagung in der Glazialperiode, Abtrag(ung) *m, (f)* in der Glazialperiode • erosion during glacial period
Erosion ***f*** **mit gleichzeitiger Sedimentation,** Sedimentationserosion • contemporaneous erosion [*Erosion of a local or unimportant character that goes on while sedimentation is taking place quite generally elsewhere*]
Erosions ... • erosional [*Pertaining to or produced by the wearing-away of the land*]

Erosions(ab)hang ***m,*** Erosionsgehänge *n,* Ausnagungs(ab)hang, Ausnagungsgehänge, Abtrag(ab)hang, Abtrag(ungs)gehänge, Abtragungs(ab)hang • erosion hillside, erosion (hill)slope, erosional hillside, erosional (hill)slope

Erosionsabwehr ***f,*** Erosionsbekämpfung *f,* Abtrag(ungs)abwehr, Abtrag(ungs)bekämpfung, Ausnagungsabwehr, Ausnagungsbekämpfung [*"Schutz" und "Sicherung" können synonym für "Abwehr" und "Bekämpfung" verwendet werden*] • erosion control (protection)

erosionsanfällig, abtrag(ungs)anfällig, ausnagungsanfällig, erodierbar • erosion-prone, prone to erosion, erodible, susceptible to erosion

Erosionsanfälligkeit ***f,*** Abtrag(ungs)anfälligkeit, Ausnagungsanfälligkeit • erosion susceptibility, erosion sensitiveness, susceptibility to erosion, sensitiveness to erosion

Erosionsarbeit ***f,*** Abtrag(ungs)arbeit, Ausnagungsarbeit • erosion work

Erosionsbasis ***f,*** Basisspiegel *m* der Erosion, Abtrag(ungs)basis, Ausnagungsbasis [*"Niveau" kann synonym für "Basis" verwendet werden*] • base level (of erosion), erosion base level [*The level, actual or potential toward which erosion constantly works to lower the land*]

Erosionsbekämpfung ***f,*** Erosionsabwehr *f,* Abtrag(ungs)abwehr, Abtrag(ungs)bekämpfung, Ausnagungsabwehr, Ausnagungsbekämpfung [*"Schutz"und "Sicherung" können synonym für "Abwehr" und "Bekämpfung" verwendet werden*] • erosion control (protection)

erosionsbeständig, erosionssicher abtragbeständig, abtrag(ungs)sicher, ausnagungsbeständig, ausnagungssicher, abtragungsbeständig • erosion-resistant, erosionproof, nonerodible

Erosionsbetrag ***m,*** Erosionsrate *f,* Ausnagungsbetrag, Ausnagungsrate, Abtrag(ungs)betrag, Abtrag(ungs)rate • erosion rate

Erosionsbruch ***m,*** Abtrag(ungs)bruch, Ausnagungsbruch • erosion rupture, erosion fracture

Erosionscaldera ***m,*** Erosionskaldera, Ausnagungscaldera, Ausnagungskaldera, Erosionskessel *m,* Ausnagungskessel, Abtrag(ungs)kessel, Abtrag(ungs)caldera, Abtrag(ungs)kaldera • erosion caldera

Erosionsdetritus ***m,*** Erosionsschutt

Erosionsdiskordanz ***f,*** Sedimentationslücke *f* • disconformity, parallel unconformity, erosion(al) unconformity, nonangular unconformity, para-unconformity, relief unconformity

Erosionsdüne ***f,*** Abtrag(ungs)düne, Ausnagungsdüne • erosion dune, dune of erosion

Erosionsdurchbruch ***m,*** Abtrag(ungs)durchbruch, Ausnagungsdurchbruch • erosion breakthrough

Erosionsebene ***f,*** Abtrag(ungs)ebene, Ausnagungsebene • erosion plain, plain of erosion

Erosionserneuerung ***f*** • rejuvenation [*The action of stimulating a stream or river to renewed erosive activity as by uplift or by a drop of sea level*]

Erosionsfähigkeit ***f,*** Erosionsvermögen *n* • erosiveness [*The quality, degree or capability of accomplishing erosion. The power or tendency to effect erosion*]

erosionsfreie Geschwindigkeit ***f*** • noneroding velocity [*The velocity of water in a channel that will maintain silt in movement but will not scour the bed*]

erosionsfreier Gürtel ***m*** • belt of no erosion

Erosionsfurche ***f,*** Erosionsrinne *f* • flute [*In geomorphology, a small, shallow channel formed by differential weathering and erosion running nearly vertically down a rock surface*]

Erosionsgebiet ***n,*** Erosionszone *f* • zone of erosion, erosion zone [*The area from which continental glaciers have removed material by erosion. It is mostly a bare rock surface*]

Erosionsgebirge ***n,*** Abtrag(ungs)gebirge *n,* Ausnagungsgebirge [*Aus der Zertalung durch fließendes Wasser hervorgegangen*] • mountain of erosion, erosion mountain

Erosionsgehänge ***n,*** Erosions(ab)hang *m,* Ausnagungs(ab)hang, Ausnagungsgehänge, Abtrag(ab)hang, Abtrag(ungs)gehänge, Abtragungs (ab)hang • erosion hillside, erosion (hill)slope, erosional hillside, erosional (hill)slope

Erosionsgeschwindigkeit ***f,*** Abtrag(ungs)geschwindigkeit, Ausnagungsgeschwindigkeit • erosion velocity, erosive velocity, eroding velocity [*The minimum average velocity required for eroding homogeneous material of a given particle size*]

Erosionsgrundbruch ***m,*** Ausnagungsgrundbruch, Abtrag(ungs)grundbruch • erosion ground-break, foundation failure due to erosion

Erosionshärtling(s)fläche ***f*** • stripped fossil plain [*An erosional plain covered by newer rocks and later re-exposed by erosion*]

Erosionshaltung ***f,*** Erosionsstrecke *f,* Abtrag(ungs)strecke, Abtrag(ungs)haltung,

Ausnagungsstrecke, Ausnagungshaltung • erosion reach

Erosionskaldera *m,* Erosionscaldera, Ausnagungscaldera, Ausnagungskaldera, Erosionskessel *m,* Ausnagungskessel, Abtrag(ungs)-kessel, Abtrag(ungs)caldera, Abtrag(ungs)kaldera • erosion caldera

Erosionskante *f* • erosion edge

Erosionskarte *f,* Abtrag(ungs)karte, Ausnagungskarte • erosion map

Erosionskartierung *f,* Ausnagungskartierung, Abtrag(ungs)kartierung • erosion mapping

Erosionskessel *m* ➋ Erosionscaldera

Erosionsklasse *f,* Abtrag(ungs)klasse, Ausnagungsklasse • erosion class [*A group of similar erosion conditions, or a characteristic combination of erosion conditions, such as moderate sheet erosion, at a specified time. Used as part of the land information given on a soil conservation survey map*]

Erosionskontrolle *f,* Ausnagungskontrolle, Abtrag(ungs)kontrolle • erosion checking

Erosionskrater *m* • makhtésh [*Israel*]; erosion crater

Erosions(land)form *f,* Abtrag(ungs)(land)form, Ausnagungs(land)form • erosion (land)form

Erosionslandschaft *f,* Abtrag(ungs)landschaft, Ausnagungslandschaft • erosion landscape

Erosionsmarke *f* • scour mark(ing)

Erosionsmechanik *f,* Abtrag(ungs)mechanik, Ausnagungsmechanik • mechanics of erosion, erosion mechanics

Erosionsplateau *n,* Erosionsplattform *f* • erosion(al) platform [*A relatively level surface formed by erosion in contrast to a platform or terrace formed by deposition or aggradation*]

Erosionsprozess *m* ➋ Erosionsvorgang

Erosionsrate *f,* Erosionsbetrag *m,* Ausnagungsbetrag, Ausnagungsrate, Abtrag(ungs)betrag, Abtrag(ungs)-rate • erosion rate

Erosionsreaktion *f* • erosion response

Erosionsrelief *n* • sheeting

Erosionsrille *f,* Abtrag(ungs)rille, Ausnagungsrille • erosion groove

Erosionsrinne *f,* Erosionsfurche *f* • erosion furrow, flute [*In geomorphology, a small, shallow channel formed by differential weathering and erosion running nearly vertically down a rock surface*]

Erosionsröhre *f,* Ausnagungsröhre, Abtrag(ungs)röhre • erosion tube, piping

Erosionsschaden *m* • erosion damage

Erosionsschlucht *f,* Rachel *f,* schluchtförmiges Erosionstal *n* • canyon; cañon [*Spanish*] [*Incorrectly spelled "canon"*]

Erosionsschutzmatte *f* • erosion control mat, erosion control blanket

Erosionsschutzsystem *n* • erosion control system, erosion protection system

Erosionsschutzterrasse *f* • contour terrace

Erosionssee *m,* Austiefungssee, Ausnagungssee, Abtrag(ungs)see • erosion lake

erosionssicher, abtragbeständig, erosionsbeständig, abtrag(ungs)sicher, ausnagungsbeständig, ausnagungssicher, abtragungsbeständig • erosion-resistant, erosion-proof, nonerodible

erosionssichere Deckschicht *f* [*Erdbau u. Uferschutz*] • erosion-proof cover layer

Erosionssicherung *f* • erosion control, erosion protection

Erosionssicherungsdecke *f* • erosion control (protection) blanket

Erosionssohle *f,* Ausnagungssohle, Abtrag(ungs)sohle [*Wasserlauf*] • erosion bed

Erosionssperre *f,* Ausnagungssperre, Abtragungs-sperre, Abtragsperre • erosion barrier

Erosionsstärke *f,* Abtrag(ungs)stärke, Ausnagungsstärke • erosion intensity [*Symbol: Ea*]

Erosionsstrecke *f,* Erosionshaltung *f,* Abtragungsstrecke, Abtrag(ungs)haltung, Ausnagungsstrecke, Ausnagungshaltung, Abtragstrecke • erosion reach

Erosionsstufe *f,* Ausnagungsstufe, Abtragungsstufe *f,* Abtragstufe • (down) stepping (erosion) surface, step-like erosion surface

Erosionstätigkeit *f* • erosion(al) activity

Erosionstal *n,* Abtrag(ungs)tal, Ausnagungstal • erosion valley

Erosionstektonik *f,* Abtrag(ungs)tektonik, Austragungstektonik • erosion(al)(geo)tectonics

Erosionsterrasse *f,* Ausnagungsterrasse, Austrag-(ungs)terrasse, Abtrag(ungs)terrasse • erosion terrace

Erosionstiefe *f,* Ausnagungstiefe, Abtragungstiefe, Abtragtiefe • depth of erosion, erosion depth

Erosionstiefsee-Ebene *f,* Tiefsee-Erosionsebene *f* • plain of marine erosion, marine erosion plain

Erosionstopografie *f,* Ausnagungstopografie, Abtrag(ungs)topografie • erosion topography

Erosionsverebnung *f,* Erosionsverflachung, Abtrag(ungs)verebnung, Abtrag(ungs)verflachung,

Ausnagungsverebnung, Ausnagungverflachung • erosion flattening

Erosionsverhütung *f*, Ausnagungsverhütung, Abtrag(ungs)verhütung • erosion prevention

Erosionsvermögen *n*, Erosionsfähigkeit *f* • erosiveness [*The quality, degree or capability of accomplishing erosion. The power or tendency to effect erosion*]

Erosionsvorgang *m*, Ausnagungsvorgang, Erosionsprozess *m*, Ausnagungsprozess, Abtrag(ungs)prozess, Abtrag(ungs)vorgang • erosion process

Erosionswechsel *m*, Abtrag(ungs)wechsel, Austragungswechsel • rejuvenation [*A change in conditions of erosion, leading to the initiation of a new erosion cycle*]

Erosionswelle *f*, Abtrag(ungs)welle, Ausnagungswelle • erosion wave

Erosionswiderstand(s)streifen *m* • spreader strip [*A strip of ground, of variable width, planted to an erosion resistant crop, to retard and fan out the runoff from cultivated land on the rise side*]

Erosionszeitraum *m*, Erosionszeitspanne *f* • erosion (al) interval

Erosionszone *f*, Erosionsgebiet *n*, Abtrag(ungs)zone, Abtrag(ungs)gebiet, Austragungszone, Austragungsgebiet • zone of erosion, erosion zone [*The area from which continental glaciers have removed material by erosion. It is mostly a bare rock surface*]

Erosionszyklus *m*, Abtrag(ungs)zyklus, Ausnagungszyklus • erosion cycle, cycle of erosion, geographic cycle, geomorphic cycle, cycle of denudation, denudation cycle, physiographic(al) cycle

erosiver Fels *m* • erosive rock

erosiv-korrosiver Abtrag *m* • erosive-corrosive denudation

Erpoglyphe *f*, Wurmspur *f* • erpoglyph, worm cast (ing) [*A cylindrical mass of earth or mud excreted by an earthworm*]

Erratiker *m*, erratischer Block *m* [*In den Alpen "Geißberger" genannt*] • erratic (block), erratic boulder, erratic bowlder, glacial erratic, glacial boulder, glacial bowlder, ice boulder, ice bowlder [*A rock fragment carried by glacial ice, or by floating ice, deposited at some distance from the outcrop from which it was derived, and generally thought not necessarily resting on bedrock of different lithology. Size ranges from pebble to a house-size block*]

erratisch, verirrt, gletscherverfrachtet, gletschertransportiert [*Gestein*] • erratic; traveled (US); travelled (Brit.)

erratischer Block *m*, Erratiker *m* [*In den Alpen "Geißberger" genannt*] • erratic (block), erratic boulder, erratic bowlder, glacial erratic [*A rock fragment carried by glacial ice, or by floating ice, deposited at some distance from the outcrop from which it was derived, and generally thought not necessarily resting on bedrock of different lithology. Size ranges from pebble to a house-size block*]

erratischer Erzblock *m* • ore boulder, ore bowlder

(erratischer) Korallenblock *m* • (erratic) coral block

erratisches Geschiebe *n* • drift

errechnet ➋ gerechnet

errechnetes größtes Hochwasser *n*
➋ größtes errechnetes Hochwasser

erregen, anregen [*Eine Welle in der Seismik*] • to excite

Erregerdrehzahl *f* • excitation speed of rotation

Erregerfrequenz *f* • excitation frequency

Erregerkraft *f* [*einer Maschine*] • force of excitation, excitation force

Erregerzentrum *n* [*Geophysik*] • disturbance point, point of disturbance, wave source, source of (the) wave

Erregung *f*, Anregung • excitation

erreichen [*Höhe eines Hochwassers*] • to crest [*Context: the flood crested 46 feet above normal water level*]

errichten [*Gebäude, Haus*] • to put up, to found (a building, a house); [*Context: As many buildings suffering movement problems are founded on clay soils...*]

errichten [*Lot*] • to level (with the plummet)

Ersatzbalkenverfahren *n* [*von Blum*] • equivalent beam method

Ersatzbrücke *f* • replacement bridge, replacing bridge

Ersatzkraft *f* • substitute force

Ersatzlastverfahren *n* • substitute load procedure (*or:* method), equivalent-load method

Ersatzleitung *f* • replacement line, replacing line

Ersatzmethode *f*, Ersatzverfahren *n* [*Prüfung der Dichte und Wichte des Bodens*] • calibrated method, calibration test, replacement test

Ersatznaturgas *n*, Naturtauschgas, synthetisches Erdgas, synthetisches Naturgas [*Synthetisches Gas mit den Brenneigenschaften von Erdgas*] • substitute natural gas, synthetic natural gas, SNG

Ersatzstoff *m* [*zur Befüllung eines durch eine Probenentnahme entstandenen Hohlraums*] • replacement material [*to fill a cavity produced by sampling*]

Ersatzstreifenlast *f* • equivalent strip load

ersaufen, ertränken, austränken, verwässern [*Eine Grube durch Füllung mit Wasser unzugänglich machen*] • to drown (out), to go to water, to inundate (⚒)

Ersaufen ***n,*** Ertränken, Verwässern, Austränken [*Fördersonde*] • drowning (out)

Ersaufen ***n,*** Ertrinken, Verwässern • drowning [*The submergence of a land surface or topography beneath water, either by a rise in the water level or by a sinking or subsidence of the land*]

Ersaufen ***n*** • mine inundation

Erscheinung ***f*** • phenomenon

erschlagen (⚒) • to cut in old workings

Erschlagen ***n*** [*Mit dem Grubenbetrieb durch Gestein in alte Baue gelangen*] (⚒) • cutting in old workings

erschließen [*z. B. ein Baugebiet durch den Bau eines Verkehrswegs*] • to make accessible

erschließen im Tiefbau (⚒) ➋ ausrichten

Erschließung ***f,*** (Bau)Landerschließung, (Bau)Bodenerschließung, (Bau)Flächenerschließung, (Bau)Geländeerschließung, (Bau)Terrainerschließung, Baureifmachung, Zuwegung, technische Infrastruktur *f* • development, (land) improvement, building land improvement, improvement to land, installation of improvements [*Facilities, usually public utilities, such as sidewalks or sewers, added to land which increase its usefulness*]

Erschließungsgelände ***n*** • development area

erschlossen im Tiefbau (⚒) ➋ ausgerichtet

erschöpfen, leerfördern, abbauen, ausbeuten, tot bauen [*Bei Erdöl und Erdgas "erschöpfen", "leerfördern" und "ausbeuten". Bei Kohle "auskohlen" und bei Erz "totbauen" und "abbauen"*] • to exhaust, to work out, to spent, to deplete, to use up, to expend, to consume, to carry to end

erschöpfen, leerfördern, vollständig gewinnen (⚒) • to mine (out) completely, to win completely, to get completely

Erschöpfen ***n,*** Verarmen • depletion, exhaustion, depleting, exhausting [*The action of exhausting soil*]

erschöpft, leer(gefördert), ausgebeutet, abgebaut, totgebaut [*Bei Erdöl und Erdgas nur "erschöpft", "leergefördert" und "ausgebeutet". Bei Kohle "ausgekohlt" und bei Erz "totgebaut" und "abgebaut"*] • exhausted, worked-out, spent, depleted, used up, expended, consumed, carried to end, dead

erschöpfter Brunnen ***m,*** trockener Brunnen, leerer Brunnen • dead well, dry well, exhausted well, depleted well, spent well, used up well, expended well, consumed well, well carried to end [*A well that has been completely drained*]

Erschöpfung ***f,*** Ausbeutung • depletion, exhaustion, carrying to end

Erschöpfungskegel ***m,*** Erschöpfungstrichter *m* • cone of exhaustion, exhaustion cone [*A cone-shaped depression in the potentiometric surface of a body of groundwater that develops around a well when water is being withdrawn more rapidly than it can percolate laterally*]

erschroten [*Durch bergmännischen Betrieb Wasserzugänge öffnen, herbeiziehen, bekommen*] (⚒) • to meet with water

erschürfen, erschroten, ersinken, erteufen [*Lagerstätte*] • to discover by digging, to discover by excavation, to strike by digging, to strike by excavation, to open on

Erschütterung ***f*** • concussion [*Shock or sharp air waves caused by an explosion or heavy blow*]

Erschütterung ***f,*** Unruhe *f* • shaking, disturbance, shock, vibration

Erschütterungen ***f(pl)*** **durch produktiven Maschinenbetrieb** • disturbances due to production machinery

Erschütterungsausbreitung ***f*** • shock propagation, vibration propagation

Erschütterungsauswirkungen ***f(pl)*** • vibration effects

Erschütterungsbelastung ***f*** **für das Personal** [*durch Maschinen*] • effect of (machine) vibration on personnel

Erschütterungseinwirkung ***f*** • effect (*or:* impact) of vibrations

Erschütterungsemissionen ***f(pl)*** • vibration emissions

erschütterungsempfindlich • sensitive to vibration

erschütterungsfrei • vibration-free

erschütterungsfreies Sprengen ***n*** • controlled blasting

Erschütterungsherd ***m*** • vibration source

Erschütterungsmesser ***m*** ➋ Geofon

Erschütterungsmessung ***f*** • vibration measurement

Erschütterungsschicht ***f*** • earthquake sheet, seismic sheet, seismological sheet

Erschütterungsschutz ***m*** • vibration protection technology, shock protection

Erschütterungsübertragung ***f*** [*Maschinenfundament*] • vibration propagation

Erschütterungswelle ***f,*** (seismische) Welle • (seismic) wave [*A general term for all elastic waves produced by earthquakes or generated artificially by explosives. It includes both body waves and surface waves*]

Erschütterungszahl ***f*** [*Erdbebenerschütterung*] • vibration coefficient [*Earthquake vibration*]

E

ersetzbar • replaceable
ersetzen • to replace
Ersetzungssystem *n* [*Methode zur Wissensrepräsentierung und Wissensbereitstellung*] • productive system, production system
ersinken ➲ erschürfen
ersoffen ➲ ertrunken
ersoffene Bohrung *f* ➲ verwässerte Bohrung
ersoffene Sonde *f* ➲ verwässerte Bohrung
ersoffene Strommündung *f*, ertrunkene Strommündung, verwässerte Strommündung • drowned river mouth [*The lower end of a river that is widened or submerged by seawater invading the coast. Example: Chesapeake Bay*]
ersoffenes Atoll *n*, ertrunkenes Atoll, verwässertes Atoll • drowned atoll [*An atoll occurring at great depth, so that further coral algal reef growth is prevented, such atolls indicate relatively rapid subsidence*]
ersoffenes Riff *n*, ertrunkenes Riff, verwässertes Riff • drowned reef [*A reef situated at such great depth that reef growth is prevented or greatly hampered*]
ersoffenes Tal *n*, ertrunkenes Tal, verwässertes Tal [*Nicht verwechseln mit "auflandiges Tal"*] • drowned valley, valley gone to water, inundated valley, submerged valley, (over-)flooded valley [*A valley of a dissected land surface, the lower parts of which have been inundated by the sea as a result of submergence of the land margin*]
Erstankunft *f* ➲ Primäreinsatz
erstarrendes Magma *n* • solidifying magma
erstarrt, eruptiv • igneous; pyrogenous, eruptive [*deprecated*] [*Said of a rock or mineral that solidifies from molten or partly molten material, i.e. from a magma; also, applied to processes leading to, related to, or resulting from the formation of such rocks. Igneous rocks constitute one of the three main classes into which rocks are divided, the others being metamorphic and sedimentary*]
erstarrte Lava *f* • solidified lava, consolidated lava
erstarrter Lavastrom *m* • congealed lava flow, congealed lava stream [*The solidified mass of rock formed when a lava stream congeals*]
Erstarrung *f* • solidification
Erstarrungsbeschleuniger *m* • solidification accelerator
Erstarrungsbrekzie *f* ➲ Magmabrekzie
Erstarrungsgestein *n* ➲ Glutflussgestein
Erstarrungskruste *f* • congealed crust [*The frozen surface of a lava stream or of a lava lake*]
Erstarrungsniveau *n* • level of solidification, solidification level
Erstarrungswärme *f* • solidification heat
Erstauskleidung *f* ➲ Primärauskleidung
Erstbefüllung *f* [*eines Staubeckens*] • initial filling
Erstbekleidung *f* ➲ Primärauskleidung
Erstbelastung *f* [*Flat Dilatometer Versuch*] • initial load, initial loading [*Flat Dilatometer test*]
Erstblindtal *n*, Primärblindtal • primary blind valley [*A river from impermeable rock enters strongly porous jointed limestone, its water disappears in the limestone fissures and in time big sinkholes are formed there*]
Erstdüne *f*, Kleindüne, Primärdüne, Vordüne [*Natürliche, vielfach um Strandquecken (Agropyrum) eingeleitete erste Dünenbildung*] • primary dune
erste Bisektrix *f* ➲ erste Mittellinie
erste Blitzbahn *f* • leader (streamer)
erste Ebbe *f*, Vorebbe • first of the ebb(-tide), beginning of the ebb(-tide)
erste Grube *f* (⚒) • prime gap
erste Mittellinie *f*, spitze Mittellinie, erste Bisektrix *f*, spitze Bisektrix [*Die Halbierende des spitzen Winkels der optischen Achse eines biaxialen Minerals*] • acute bisectrix
erste Ordnung *f* • first order
erste Rohrfahrt *f* ➲ Leitrohrfahrt
erste Rohrtour *f* ➲ Leitrohrfahrt
erste (Rotary)Hebewerkvorgelegewelle *f*, Hauptvorgelegewelle • (rotary) draw works drive shaft, (rotary) hoist drive shaft, drive shaft, main drive shaft, principal drive shaft
Ersteinsatz *m* ➲ Primäreinsatz
Erstempfang *m* ➲ Primäreinsatz
erster Blitzschlag *m* • leader stroke
erster Haupteinsatz *m* ➲ P-Welle
erster Mohrsche Spannungskreis *m* • first Mohr circle [*total stresses*]
erster Spatenstich *m* • breaking ground
erster Stock *m* • first floor (Brit.), upper floor (Brit.) second floor (US)
erster Trennkessel *m* [*Bitumenextraktion aus Ölsand*] • lower settler
Ersterkundung *f* • primary reconnaissance
Ersterz *n* ➲ aszendentes Erz
erstes Bodenteilchen *n*, primäres Bodenteilchen • primary soil particle
erstes (Erdöl)Destillat *n*, primäres (Erdöl)Destillat • heads, heading
erstes Schmelzen *n*, Roharbeit

Erstfeld *n*, Primärfeld [*elektromagnetisches Aufschlussverfahren*] • primary field, source field
Erstfeldinduktion *f*, Primärfeldinduktion • primary field induction
Erstfüllung *f*, Primärfüllung • priming, first filling [*Of a reservoir, canal or other structure with water*]
Erstgammastrahl *m*, Primärgammastrahl • primary gamma ray, natural gamma ray
Erstgammastrahlformationsmessung *f* ➲ Primärgammastrahlkernen
Erstgammastrahlkernen *n* ➲ Primärgammastrahlkernen
Erstgefüge *n*, Primärgefüge • primary fabric, apposition fabric
erstickend (⚒) • choky
Erstickungssprengung *f* • choke blasting
erstklassiges Erz *n* • first-class ore, shipping ore
Erstkonsolidation *f*, Primärkonsolidation, Primärkonsolidierung, Erstkonsolidierung *f* • primary consolidation, second-stage consolidation, hydro-dynamic consolidation, primary compression, primary time effect [*This stage is accompanied and governed by the expulsion of water from the soil voids*]
Erstladung *f* ➲ Primärladung
Erstlöss *m* ➲ Urlöss
Erstmann *m* (⚒) • reeve [*In Canada, a foreman in a coal mine*]
Erstpolygon *n*, Primärpolygon • primary traverse
Erstreckung *f* ➲ (räumliche) Erstreckung
Erstreckungskluft *f*, Ausdehnungskluft • extension joint [*It forms parallel to a compressive force. In a sense it is a tension fracture*]
Erstsprengen *n*, Primärsprengen • primary blasting, blasting in situ [*As opposed to secondary blasting*]
Ersttektogenese *f*, Primärtektogenese • primary tectogenesis [*Vertical uplift over a geotumor (Haarmann 1930)*]
Erstverkleidung *f* ➲ Primärauskleidung
erteufen ➲ erschürfen
ertränken, ersaufen, austränken, verwässern [*Eine Grube durch Füllung mit Wasser unzugänglich machen*] (⚒) • to drown (out), to go to water, to inundate
Ertrinken *n*, Ersaufen *n*, Verwässern [*Fördersonde*] • drowning (out)
Ertränken *n*, Ersaufen, Verwässern • drowning [*The submergence of a land surface or topography beneath water, either by a rise in the water level or by a sinking or subsidence of the land*]
ertrunken, verwässert, ersoffen [*Eine Grube durch Füllung mit Wasser unzugänglich gemacht*] (⚒) • drowned (out), gone to water, inundated
ertrunkene Bohrung *f* ➲ verwässerte Bohrung
ertrunkene Sonde *f* ➲ verwässerte Bohrung
ertrunkene Strommündung *f*, ersoffene Strommündung, verwässerte Strommündung • drowned river mouth [*The lower end of a river that is widened or submerged by sea-water invading the coast. Example: Chesapeake Bay*]
ertrunkene Strommündung *f*, Liman *m* • liman [*A shallow muddy lagoon, bay, or marshy lake, formed at the mouth of a river behind the seaward deposits of a delta and protected by a barrier or a spit*]
ertrunkenes Atoll *n*, ersoffenes Atoll, verwässertes Atoll • drowned atoll [*An atoll occurring at great depth, so that further coral algal reef growth is prevented, such atolls indicate relatively rapid subsidence*]
ertrunkenes Riff *n*, ersoffenes Riff, verwässertes Riff • drowned reef [*A reef situated at such great depth that reef growth is prevented or greatly hampered*]
ertrunkenes Tal *n*, ersoffenes Tal, verwässertes Tal [*Nicht verwechseln mit "auflandiges Tal"*] • drowned valley, valley gone to water, inundated valley, submerged valley, (over-)flooded valley [*A valley of a dissected land surface, the lower parts of which have been inundated by the sea as a result of submergence of the land margin*]
ertüchtigen [*z. B. Böden, Tunnel, Pfahlwände usw.*] • to improve [*e.g. soil*], to upgrade [*a tunnel, piling walls etc.*]
Ertüchtigung *f* [*z. B. des Untergrunds*] • improvement [*such as soil improvement*], strengthening [*of soil structure etc.*], upgrading [*a tunnel, piling walls etc.*]
eruptierend • blowing
eruptierende Bohrung *f*, eruptierendes Bohrloch *n*, unkontrollierbarer (Erd)Ölspringer *m*, ausgebrochene Sonde *f*, wild eruptierende Sonde, ausgebrochene Bohrung; ausgebrochener Schacht *m* [*Galizien*] • (bore)hole out of control, wild oil well, wild petroleum well, well(bore) out of control, oil well out of control, petroleum well out of control
Eruption *f*, Ausbruch *m*, gewaltsames Austreten *n* • eruption, outburst, blowout, rupture
Eruptionsblock *m*, Vulkanblock • volcanic block, ejected block
Eruptionsbrekzie *f*, Magmabrekzie, Eruptivbrekzie, Erstarrungsbrekzie • igneous breccia; pyrogenous breccia [*obsolete*]; eruptive breccia [*deprecated*] [*1.*

E

A breccia that is composed of fragments of igneous rock. 2. Any breccia produced by igneous processes, e.g. volcanic breccia, intrusion breccia]

Eruptionskanal *m* ➋ Vulkanstiel

Eruptionskegel *m* • eruption cone, cone of eruption

Eruptionskopfdüse *f* • top-hole choke, top-hole flow bean

Eruptionskreuz *n*, Produktionskreuz, Bohrkreuz, Leitungsabzweigungen *f*, Bohrlochkopf *m* mit Sicherungsschieber • Christmas tree, x-mass tree

Eruptionsperiode *f*, Tätigkeitsperiode [*Vulkan*] • active period, eruption period

Eruptionsregen *m*, Vulkanregen • eruption rain, volcanic rain [*A rain following a volcanic eruption that results from condensation of the eruption's associated steam*]

Eruptionswolke *f* • eruption cloud, explosion cloud, volcanic cloud

eruptiv, emporgedrungen • eruptive [*Said of a rock formed by the solidification of magma; i.e. either an extrusive or an igneous rock. Most writes restrict the term to its extrusive or volcanic sense*]

eruptiv, erstarrt • igneous; pyrogenous [*obsolete*]; eruptive [*deprecated*] [*Said of a rock or mineral that solidifies from molten or partly molten material, i.e. from a magma; also, applied to processes leading to, related to, or resulting from the formation of such rocks. Igneous rocks constitute one of the three main classes into which rocks are divided, the others being metamorphic and sedimentary*]

Eruptivbrekzie *f* ➋ Eruptionsbrekzie

eruptive Eklogitfazies *f*, Griquait *m* • griquaite, garnet pyroxenite [*A coarse-grained garnet and clinopyroxene rock that may or may not contain olivine or phlogopite. It occurs as nodular xenoliths in kimberlite pipes and dikes. Named by Beck in 1907 for Griqualand, South West Africa. Not recommended usage*]

eruptive Förderung *f*, Förderungsbeginn *m* • flush production [*The yield of an oil or gas well during the early period of production and before the output has settled down to what may be regarded as usual for the field or district in which it is drilled*]

eruptive natürliche Förderung *f*, natürliche eruptive Förderung, freier Auslauf *m* [*Erdöl aus einer Bohrung*] • natural flow

Eruptivgangserie *f* • sheeted dikes, sheeted dykes

Eruptivgestein *n* [*Im weiteren Sinne die Magmagesteine, im engeren Sinne die Ergussgesteine (= vulkanische Gesteine)*] • eruptive rock

Eruptivmarmor *m*, Karbonatit *m* • carbonatite [*The term is not synonymous with limestone. Carbonatites are intrusive carbonate rocks which are associated with alkaline igneous intrusive activity*]

Eruptivsonde *f*, frei ausfließende Sonde, frei ausfließendes (Erd)Ölbohrloch *n*; frei ausfließender Schacht *m* [*Galizien*] • (bore)hole producing by flow, well(bore) producing by flow, flowing (bore)hole, flowing well(bore), flowing oil well, running well(bore)

erwärmende Bewässerung *f* • warm(ing)-up irrigation

Erwärmung *f* • warming

erwartetes Erz *n* • ore expectant, expected ore [*The whole or any part of the ore below the lowest level or beyond the range of vision*]

Erweichung *f*, Entfestigung [*Die Abnahme des Schubwiderstandes bei Fortsetzung der Gestaltänderung nach Erreichen eines Grenzzustandes*] • softening

Erweiterer *m*, Aufweiter • reamer [*A hand or machine tool for finishing a drilled hole. It has a cylindrical or conical shaft with cutting flutes or teeth*]

erweitern in Aufwärtsrichtung • to up-ream

erweiterter Mauerfuß *m* für Küvelage, Küvelage(mauer)fuß (⚒) • stone head

Erweiterung *f* [*Anlage*] • extension

Erweiterung *f* des AD-Wandlerbereiches durch vorgeschaltete Verstärker • grain ranging [*array seismology*]

Erweiterungsaufsuchen *n*
➋ Erweiterungs-prospektion

Erweiterungsbohren *n* [*Vergrößern des Bohrlochdurchmessers durch Aufbohren des Bohrloches*] • reaming

Erweiterungsbohrloch *n*, Erweiterungsbohrung *f* • development well [*A well drilled within the known or proved productive area of an oil field, with the expectation of obtaining oil or gas from the producing formation or formations in that field*]

Erweitungsbohrung *f*, Aufweitbohrung *f*, Aufweitungsbohrung • enlargement boring, reaming bore [*microtunnel(l)ing*]

Erweiterungsbohrung *f* auf bekanntem Horizont
➋ Felderweiterungsbohrloch

Erweiterungsbohrung *f* in der Nähe eines erschlossenen Feldes [*Erdöl; Erdgas*] • new pool wildcat

Erweiterungshaltung *f*, Erweiterungsstreckenabschnitt *m*, Erweiterungsstaustrecke *f* • expanding (level) reach, expanding pond, expanding section, expanding stretch, expanding length [*A reach of*

a water course wherein the flow is decelerating; the velocity head at the lower cross section is less than the velocity head at the upper cross section]
Erweiterungshülse *f*, Aufweit(ungs)hülse • reaming sleeve [*microtunnel(l)ing*]
Erweiterungskopf *m*, Aufweit(ungs)kopf • reaming head [*microtunnel(l)ing*]
Erweiterungsprospektion *f*, Erweiterungsprospektieren *n*, Erweiterungsaufsuchen, Erweiterungsaufsuchung *f*, Erweiterungssuche *f* [*Prospektion zur Wiederaufnahme des Abbaues einer Lagerstätte oder zur Ermittlung ihrer Fortsetzung*] • secondary prospection, secondary prospecting
Erweiterungsstreckenabschnitt *m* ➋ Erweiterungshaltung
Erz *n* aufschließbar durch Mahlen, Erz aufschließbar durch Mahlung • free milling ore, free grinding ore
Erz *n* aufschließbar durch Zerkleinerung • free comminution ore
Erz *n* im Schichtliegenden ➋ Ausbisserz
Erz *n* zweiter Klasse • second-class ore, mill(ing) ore [*This grade of ore requires some cleaning or concentration before a marketable product or a grade suitable for further treatment can be obtained*]
Erzabbau *m* • stoping [*Stoping is the next stage in mining operations following on development; it consists in exploiting the ore-body by the drilling and blasting of holes in the rock, and the removal of the broken ore to the level below; a stope is the excavation so formed. The excavation left after stoping operations are finished is also known as a stope, but it is better to refer to such as an "abandoned stope". Stoping practice differs considerably in different mining centres scattered throughout the world; but it is to be noticed that, where conditions are similar, an attempt at conformity in method is visible*]
Erzabbauerlaubnis *f*, Erzabbaurecht *n* • ore leave [*The right to win ore*]
Erzabläutern *n*, Erzabsetzen • jigging of ore, ore jigging
Erz(ab)scheider *m* • ore separator [*A cradle, frame, jigging machine, washer or other device or machine used in separating the metal from broken ore, or ore from worthless rock*]
Erzabteilsilo *n*, *m* ➋ Erztaschensilo
Erzabziehen *n*, Abziehen von Erz • ore drawing, drawing of ore
Erzaggregat *n* • ore aggregate
Erzanhäufung *f*, Putze *f* • accumulated vein [*As called by geologists*]; accumulated lode [*As called by miners*]
Erz(an)polieren *n* • ore polishing
Erzanschliff *m* • polished ore section, polished section of ore
erzarmes Grubenfeld *n*, Grubenfeld mit wenig Erz • tucker ground [*Australia*]; poor ore ground
Erzaufschluss *m* • ore liberation
Erz(auf)sucher *m*, Erzprospektor *m* • ore prospector, ore searcher [*See note under "prospector"*]
Erzaufsuchung *f*, Erzsuche *f*, Erzaufsuchen *n*, Erzprospektion *f* • ore prospection, ore prospecting, ore search(ing)
Erzausbeute *f* • ore yield, ore percentage
Erzausbringen *n* • yielding ore
Erzausladeanlage *f* • ore unloader
Erzausscheidung *f* • ore deposition
Erzband *n* [*stark erzführende Zone*] • ore band
(Erz)Begleiter *m* • (ore) companion
Erzbein *n* • ore back end
Erzbergbau *m* • ore mining
Erzbergwerk *n*, Erzgrube *f* [*Alle bergmännischen Baue und Anlagen aller Art an einem Ort über und unter Tage zur Erzgewinnung*] • metal(lic) pit, ore mine, ore pit, metal(lic) mine
Erzbergwerk *n* ➋ Erz-Untertagebau
erzbildend • ore-forming, ore-building
Erzbildner *m* • ore-forming fluid, mineralizer
Erzbildung *f*, Erzgenese *f*, Erzentstehung • ore genesis, ore formation
Erzblechstreicher *m* ➋ Erzstreichblech
Erzblock *m* • ore block, block of ore [*A section of an orebody, usually rectangular, that is used for estimates of overall tonnage and quality*]
Erzbohrloch *n*, Bohrloch *n* mit Erz • (bore)hole showing ore, well(bore) showing ore
Erzbrechen *n* • ragging
Erzbrekzie *f* ➋ (ab)geschertes Erz
Erzbruchbau(weise) *m*, *(f)*, Erzzubruchwerfen *n* • ore caving (system)
Erzbunker *m* • ore bunker
Erzdieb *m* • caver
Erzdurchgang *m* • ore pass(ageway), ore passage
erzdurchschossen, erzimprägniert • ore-impregnated
erzenthaltend ➋ erzhaltig
Erzentstauben *n* • ore dedusting [*Cleaning ore, using pneumatic means and screening, to remove dust and other fine impurities*]
Erzentstehung *f* ➋ Erzgenese
Erzeugungskoeffizient *m*, Arbeitskoeffizient [*Wasserkraftwirtschaft*] • energy capability coefficient
Erzfahrer *m* ➋ Erzfrachter

E

Erzfall ***m*,** (Erz)Gangveredelung *f*, Adelszone *f*, Erzmittel *n* • (ore) shoot, bonanza, rich ore body [*A portion of a lode which carries values above the pay limit*]

Erzfall ***m*,** Erzschlauch *m* • ore pipe [*A long and relatively thin deposit which commonly is formed at an intersection of two planes*]

Erzfall ***m*,** Knauer *m* [*Sehr hartes Mineral in einem Gang*] • burk

E

Erzfalle ***f*** • ore trap

(Erz)Feinteile ***n****(pl)* [*Die feinen Teile beim Erzsieben, die durch das Sieb fallen*] • (ore) fell

Erzfeld ***n*** • ore allotment, ore field, ore area, ore complex

Erzfeste ***f*** [*Siehe Anmerkung unter ‚Bergfeste"*] • permanent ore pillar, abandoned ore pillar

Erzflöz ***n*** • ore bed, ore seam [*An ore deposit of wide extent in sedimentary rock*]

Erzförderstrecke ***f*** • ore haulage level

Erzfrachter ***m*,** Erzschiff *n*, Erzfahrer, Erztransporter • ore (bulk) carrier, ore vessel, ore freighter

erzführend, erzhaltig, vererzt, erzenthaltend • ore-bearing, ore-containing, ory

Erzgang ***m*** • ore lode, lode [*As called by miners*]

Erzgang ***m*** • ore vein, metallic vein [*As called by geologists*]

Erzgängchen ***n*** ➋ Erzschnur

Erzgangnebengestein ***n*** • wrough [*Scotland*]

(Erz)Gangveredelung ***f*** ➋ Erzfall

Erzgattierung ***f*,** Gattierung • gathering, ore mixing

erzgebirgische Gebirgsbildung ***f*** • Erzgebirgian orogeny [*One of the about 30 short-lived orogenies during phanerozoic time identified by Stille, in this case in the early Upper Carboniferous (Namurian or Westphalian)*]

erzgebirgisches Streichen ***n*** • Erzgebirgian strike

Erzgedinge ***n*,** Markgedinge, Scheidegedinge, Metergedinge, Häuergedinge [*Das Gedinge auf die herausgeschlagene Länge und/oder Höhe der Stollen, Strecken und Schächte*] (⚒) • contract work system, job work system, piece work system, tribute work system, ton work system, tut work system, tut bargain system; cope [*Derbyshire*]

Erzgedingenehmer ***m*** (⚒) • contract work man; coper [*Derbyshire*]

Erzgehalt ***m*,** Metallgehalt (von Erz), Erzmetallgehalt • (ore) grade, (ore) tenor, (ore) content, runs [*The relative quantity or the percentage of ore in an orebody*]

Erzgelände ***n*,** Erzland *n*, Erzterrain *n* • ore ground, ore land, ore terrain, mineral ground, mineral land, mineral terrain

Erzgenese ***f*,** Erzbildung *f*, Erzentstehung • ore genesis, ore formation

Erzgeologe ***m*** • ore geologist

Erz(gesamt)vorräte ***m****(pl)* ➋ (geologische) Erz-(gesamt)vorräte

Erzgeschiebe ***n*** • ore boulder train, ore bowlder train

Erzgräber ***m*** • ore digger

Erzgrenze ***f*** • ore limit

Erzgroßkörper ***m*,** Großerzkörper • ore mass [*A large orebody of irregular shape standing at any angles*]

Erzgrube ***f*,** Erzbergwerk *n* [*Alle bergmännischen Baue und Anlagen aller Art an einem Ort über und unter Tage zur Erzgewinnung*] • metal(lic) pit, ore mine, ore pit, metal(lic) mine

Erzgrubeninspektor ***m*,** Erzbergwerkinspektor

Erzgrubenwagen ***m*** • ore (mine) car

Erzhalde ***f*** • ore dump, ore (stock)pile, ore heap

Erzhaldenplatz ***m*,** Erzumschlagplatz, Erzstapelplatz • ore handling yard

erzhaltig ➋ erzführend

Erzhaufwerk ***n*,** hereingebrochenes Erz *n* (⚒) • caved (-in) ore, dropped ore, fallen ore, pile of broken ore, broken ore pile

erzhöffiges Gebiet ***n*** • critical area [*In mineral prospecting, a region considered to be favourable, from geological age and structure considerations, for the occurrence of ore*]

Erzhöffigkeit ***f*** • previsional metallogeny, ore potential

Erzhof ***m*** • ore (formation) aureole

Erzholzstreicher ***m*** • wood(en) limp; wood(en) limpeth [*Derbyshire*] [*See note under "limp"*]

Erzhorizont ***m*** • ore horizon

Erzimprägnationszone ***f*** • ore impregnation zone

erzimprägniert, erzdurchschossen • ore-impregnated

Erzinhalt ***m*** ➋ Erzführung

Erzinjektion ***f*** • ore injection

Erzkahn ***m*** • ore barge

Erzkammersilo ***n*, *m*** ➋ Erztaschensilo

Erzkern ***m*** [*Das Innerste, durch Verwitterung oder Rösten nicht Angegriffene*] • kernel

Erzklumpen ***f*,** Stückerz *n*, Erzstücke *f* • ore in pieces, lump ore

Erzknolle ***f*** • ore nodule

Erzknoten ***m*,** Vererzungsknoten • ore knot

Erzkörper ***m*** • ore body

Erzkörperausbiss ***m*** • ore body outcrop; ore body crop [*deprecated*] [*See note under "outcrop"*]

Erzkubikmaß ***n*** [*Es enthält 672 Kubikzoll*] • dish

Erzlagergang ***m*** [*Intrusives flächenhaft ausgedehntes Erzlager aus magmatischen Substanzen gebildet und parallel zur Schichtung des Nebengesteins eingelagert*] • ore sill, ore cill

Erzlager(platz) ***n, (m)*** • ore (storage) yard, ore stock yard

Erzlagerstätte ***f*** • ore deposit [*Any valuable deposit of ore*]

Erzland ***n,*** Erzgelände *n*, Erzterrain *n* • ore ground, ore land, ore terrain, mineral ground, mineral land, mineral terrain

erzleer, nicht erzführend, erzlos, nicht erzhaltig • barren of ore, without ore(s), oreless

Erzlineal ***n*** ➲ (lang)gestreckte (Erz)Linse

Erzlinie ***f*** • ore line

erzlos ➲ erzleer

erzlose Bohrung ***f*** ➲ Bohrloch ohne Erz

Erzlösung ***f*** • ore solution

Erzlutte ***f,*** Abziehloch *n*, Abziehstelle *f* (⚒) • box hole

Erzmagma ***n*** • ore magma [*A heavy and highly concentrated solution containing metals and nonmetals*]

erzmagmatisch • ore-magmatic

Erzmasse ***f*** **fertig zum Schmelzen,** schmelzbereite Erzmasse [*Sie ist gewaschen und geröstet*] • caxou

Erzmeer(es)hafen ***m,*** Erzseehafen • sea ore terminal, marine ore terminal

Erzmehl ***n*** ➲ gepochtes Erz

Erzmetallgehalt ***m*** ➲ Erzgehalt

Erzmikroskop ***n,*** Auflichtmikroskop • ore microscope, metallographic microscope

Erzmikroskopie ***f,*** Auflichtmikroskopie • ore microscopy; minera(lo)graphy [*obsolete*]

Erzmineral ***n*** • ore mineral

Erzmittel ***n*** [*Ein Lagerstättenteil, der erzhaltend zwischen mehreren unhaltigen inneliegt*] • ore floor, ore course, floor of ore, course of ore, horizontal ore shoot, part of ore lode

Erzmittel ***n*** ➲ Erzfall

Erzmühle ***f*** ➲ Stürzrolle

Erzmulm ***m,*** mulmiges Erz *n* • rubble ore, dust ore, earthy ore

(Erz)Nest ***n,*** (Erz)Niere *f*, (Erz)Butze(n) *f*, *(m)*, (Erz) Putze(n), Erzanhäufung *f* • bunch, nodule, squat; accumulated vein [*As called by geologists*]; accumulated lode [*As called by miners*] [*A small isolated mass of ore, as distinguished from a continuous vein*]

Erzofen ***m,*** (Erz)Röstofen • ore calciner, ore calcining furnace, ore roasting furnace

Erzpellet ***n*** • ore pellet

Erzpetrografie ***f*** • ore petrography

Erzpetrologie ***f*** • ore petrology, ore rock study, study of ore rocks

Erzpfeiler ***m*** • ore pillar, pillar of ore, level pillar [*Left over level at bottom of overhand stopes*]

Erzpicke ***f*** • chlorid(e) stick, ore stick [*A steel bar, usually octagonal, about seven-eighths of an inch thick and 4 feet long, with each end sharpened, and 5 to 6 inches bent outward at 45°. Used for digging out bits of rich ore*]

Erzplatz ***m*** • ore plot [*A place where the dressed ore is kept*]

Erzpolieren ***n*** ➲ Erz(an)polieren

Erzprobe ***f,*** mengenmäßige Erzanalyse *f*, quantitative Erzanalyse • ore assay, assay

Erzprobierer ***m,*** Hüttenprüfer, Anrichter • ore assayer

Erzprospektion ***f*** ➲ Erzsuche

Erzprospektor ***m,*** Erz(auf)sucher • ore prospector, ore searcher [*See note under "prospector"*]

Erzprovinz ***f*** • ore province [*Preferential occurrence of some kinds of ore deposits in certain well-developed areas, for example, the porphyry-copper deposits of the southwestern United States*]

(Erz)Putze(n) ***f, (m)*** ➲ (Erz)Nest

Erzquerschlag ***m*** • ore cross-drift

Erzquetschwerk ***n,*** Quetschwerk • chatroller

Erzrangierbahnhof ***m,*** Erzverladebahnhof • ore marshalling yard

Erzreinigung ***f*** **im Waschgraben,** Waschgraben-Erzreinigung • trunking [*Cornwall*]

Erzreserveanalyse ***f,*** Erzreserveuntersuchung *f* • ore reserve(s) analysis, ore reserve(s) examination

Erzreserve(n) ***f,*** (derzeit) (ab)bauwürdige Erzvorräte *f* • ore reserve(s)

Erzrevier ***n*** • ore district

Erzrohrleitung ***f*** • (ore) slurry (pipe)line

(Erz)Rollochverladung ***f*** ➲ (Erz)Rollenverladung

Erzrösten ***n*** • ore roasting, ore calcining

(Erz)Rösthütte ***f*** • (ore) calcining house, (ore) roasting house

(Erz)Röstofen ***m,*** Erzofen • (ore) calciner, (ore) calcining furnace, (ore) roasting furnace

(Erz)Röststadel ***m*** • (ore) roasting spot, (ore) calcining spot

(Erz)Röststaub ***m*** • dust of roasted ore(s), roasted ore dust

Erzsammler ***m*** • ore pocket [*Excavation near hoisting shaft into which ore from stopes is moved, preliminary to hoisting*]

Erzscheibe ***f*** • ore slice

E

Erzscheidebank ***f*** ➋ Erzscheideplatte

(Erz)Scheidehaus ***n*,** (Erz)Sortierhaus • (ore) sorting house

(Erz)Scheiden ***n*,** (Erz)Sortieren [*Sortenmäßiges Trennen eines Erzes in die verschiedenen Minerale*] • (ore) cobbing, (ore) sorting, (ore) separating, (ore) handling

(Erz)Scheideplatte ***f*,** (Erz)Scheidebank *f*, (Erz) Scheidetisch *m* • cob(bing) plate, cob(bing) table [*An iron plate on which ore is ground by hand by means of a muller. Used for the final reduction of ore samples for assaying*]

Erzscheider ***m*** ➋ Erz(ab)scheider

Erzschiff ***n*,** Erzfrachter *m*, Erzfahrer, Erztransporter • ore (bulk) carrier, ore vessel, ore freighter

Erzschlamm ***m*** ➋ Erztrübe

Erzschlämmen ***n*** • ore tying

Erzschlämmgraben ***m*** • ore ty(e)

Erzschlauch ***m*,** Erzfall *m* • ore pipe [*A long and relatively thin deposit which commonly is formed at an intersection of two planes*]

(Erz)Schmelzherd ***m*** • ore hearth

Erzschmitze ***f*** • ore ribbon

Erzschnur ***f*,** fadenähnlicher Erzgang *m*, Erzgängchen *n*, Ader *f* • small metalliferous lode [*As called by miners*]; stringer; small metalliferous vein [*As called by geologists*]; veinlet

Erzschram ***m*** • ore channel, lode country [*The space between the walls or boundaries of a lode which is occupied by ore and veinstone*]

Erzschwamm ***m*,** Metallschwamm

Erzschwamm ***m*** ➋ (Eisen)Erzschwamm

Erzschwebe ***f*** • horizontal ore pillar

Erzseehafen ***m*,** Erzmeer(es)hafen • sea ore terminal, marine ore terminal

Erzseife ***f*,** Seife • ore placer

(Erz)Sortieren ***n*** ➋ (Erz)Scheiden

(Erz)Sortierer ***m*,** (Erz)Scheider • (ore) sorter [*A labo(u)rer who sorts ore from waste rock by hand as it is dumped from mine surface. May sort cleaned ore into various grades, judging grades by sight*]

(Erz)Sortierhaus ***n*,** (Erz)Scheidehaus • (ore) sorting house

Erzspuren ***f*** **im Letten der Verwerfungsklüfte** ➋ Gangbesteg *m*

Erzstapelplatz ***m*** ➋ Erzumschlagplatz

Erzstock ***m*** [*Eine große Erzmasse, meist von Nebengestein umschlossen*] • ore stock

Erzstreichblech ***n*,** Erzblechstreicher *m* • sheet-metal limp; sheet-metal limpeth [*Derbyshire*] [*See note under "limp"*]

Erzstreichen ***n*** • ore run

Erzstreicher ***m*** • limp; limpeth [*Derbyshire*] [*A sheet metal or wooden scrape for removing poor ore from the top of a sieve*]

Erzstruktur ***f*** • ore texture

Erzstück ***n*,** Erzstuf(f)e *f* • prill, stuff ore [*A nugget of virgin metal*]

Erzstücke ***f*** ➋ Erzklumpen

Erzstufe ***f*** • shamble, shelf, bench, shammel [*One of the stages, from one to another of which ore is thrown successively in raising it to the level above, or to the surface*]

Erzstuf(f)e ***f*,** Erzstück *n* • prill, stuff ore [*A nugget of virgin metal*]

Erzsuche ***f*,** Erzaufsuchung *f*, Erzaufsuchen *n*, Erzprospektion *f* • ore prospection, ore prospecting, ore search(ing)

Erztagebaugrube ***f*** • opencast ore mine, opencut ore mine, daylight ore mine, surface ore mine, (open) pit ore mine

Erztaschensilo ***m*, *n*,** Erzwabensilo, Erzkammersilo, Erzabteilsilo • ore storage (compartment) bin, ore storage box bin, ore storage box silo, ore storage compartment silo

Erzteilchen ***n*** • knit

Erzterrain ***n*** ➋ Erzgelände

Erzteufe ***f*,** Erztiefe *f* • depth where the ore is richest, richest ore depth

Erztextur ***f*** • ore structure

Erztransporter ***m*** ➋ Erzfrachter

Erztrübe ***f*,** Pochtrübe, Erzschlamm *m* • ore pulp, mineral pulp, ore slime, mineral slime, ore sludge, mineral sludge

Erztrumm ***n*, *m*** • sticking of ore, ore sticking, ore string

Erzumschlag ***m*** • ore handling

Erzumschlagplatz ***m*,** Erzhaldenplatz, Erzstapelplatz • ore handling yard

Erzuntertagebau ***m*,** Erzuntertagegrube *f*, Erzbergwerk *n* • underground ore mine

Erzverhüttung ***f*** • ore smelting

Erzverkrustung ***f*** • ore crustification [*The deposition of ore in layers on walls, or around fragments of wall rock, in faults and fissures*]

Erzverladebahnhof ***m*,** Erzrangierbahnhof • ore marshalling yard

Erzverladung ***f*** • ore loading

Erzverunreinigung ***f*** • ore contamination, ore dilution, ore pollution

Erzvorbrechen ***n*** • primary ore crushing, ore precrushing

Erzvorkommen *n*, Erzvorkommnis *n* • ore occurrence

Erzwabensilo *m, n*, Erztaschensilo, Erzkammersilo, Erzabteilsilo • ore storage (compartment) bin, ore storage box bin, ore storage box silo, ore storage compartment silo

Erzwaschen *n*, Nassaufbereitung *f*, nasse Aufbereitung • tying, shaking, washing

Erzwäsche(r) *f*, *(m)* • ore washer

Erzwäscher *m*, Seifenarbeiter, Schlammherdarbeiter, Herdarbeiter • buddler

Erzwaschbecken *n* (⚒) • trunk

Erz-Wasser-Gemisch *n*, Erz-Wasser-Mischung *f* [*Transport in Rohrleitungen*] • (ore) slurry

Erzwert *m* • ore leave [*The value of ore in place*]

Erzwiege *f*, Wiege • (ore) cradle, (ore) rocker [*For recovering ore particles*]

Erzwissenschaft *f* • ore science

erzwungene gedämpfte Schwingung *f* • forced damped oscillation (*or*: vibration)

erzwungene Schwingung *f* • forced oscillation (*or*: vibration)

erzwungene ungedämpfte Schwingung *f* • forced undamped oscillation (*or*: vibration)

erzwungene Welle *f* • derived wave [*The tide generated in a waterway by the tidal fluctuation in the ocean*]

Erzzone *f* • ore zone [*A horizon in which ore minerals occur*]

Erzzubruchwerfen *n* ➲ Erzbruchbau(weise)

Erzzug *m* • ore train

(Erz)Zwischenprodukt *n* [*Ein unfertiges Produkt aus einem Teilprozess der Aufbereitung, das meist noch Ganggestein und an ihm gebundenes Erz enthält*] • (ore) middling (particle), (ore) middling product

Esch *m* ➲ Plaggosol

Eschbachzünder *m* ➲ zündschnurloser elektrischer Zeitzünder

Esche *f* [*Holz der Esche*] • ash

Eskerdelta *n*, Wallbergdelta, Osdelta • sand plateau, esker delta; sand plain [*New England*]

ES-Messung *f*, Widerstandsmessung [*Elektrische Bohrlochmessung in süßer Spülung. Es werden Widerstandskurve und Eigenpotentialkurve gemessen*] • electric survey

ESR, Elektronenspinnresonanz *f*, EPR [*Die wichtigste Methode zur Aufklärung der geometrischen und elektronischen Struktur paramagnetischer Defekte*] • electron spin resonance, ESR, electron (para)magnetic resonance, paramagnetic resonance

Esse *f* ➲ Vulkanstiel

Esse(n)kohle *f*, Schmiedekohle • smithy coal, forge coal, (black)smith coal

Essigsäureester *m* ➲ essigsaures Salz

essigsaure Magnesia *f* • acetate of magnesia, magnesia acetate

essigsaurer Kalk *m* • acetate of lime, lime acetate, pyrolignate of lime

essigsaures Eisenoxydul *n* • protoacetate of iron, iron protoacetate

essigsaures Kupferoxyd *n* ➲ Kupferazetat

essigsaures Salz *n*, Azetat *n*, Essigsäureester *m* • acetate

Esskohle *f*, Kesselkohle, Dampfkesselkohle, kurzflammige Kohle • steam coal, short-flaming coal, stoker coal

Estavelle *f*, Wechselschlund *m* [*Eine Öffnung der Karstlandschaft, die, je nach Wasserregime, als Schwinde oder als Karstquelle fungiert*] • estavelle

estnischer Ölschiefer *m*, Kukersit *m* • Est(h)onian (oil) shale, kukersite

ET *f*, Evapotranspiration *f*, Gesamtverdunstung *f* • evapotranspiration [*The loss of moisture from a wet surface by evaporation and plant transpiration. Evapotranspiration is viewed by some engineers as an unnecessary term. The terms "evapotranspiration" and "consumptive use" are frequently used interchangeably. However, they are synonymously only if evapotranspiration is used to indicate the amount of water consumed (used up and lost) by change from a liquid state to a vapo(u)r state in evaporation and transpiration in raising plants*]

Etage *f*, söhlige Scheibe *f* (⚒) • level slice

Etagenbau *m*, Teilsohlenpfeilerbau [*Die Abbauhöhe wird zwischen zwei Sohlen durch Strecken in (Abbau)Scheiben unterteilt, deren Hereingewinnung im Rück-bau bei stufenförmiger Verhieb(s)linie erfolgt*] (⚒) • sublevel stoping

etappenweise (Baugrund)Vereisung *f*, etappenweises (Baugrund)Gefrieren *n*, etappenweise (Baugrund)Gefrierverfestigung [*"Stufenweise" kann synonym für "etappenweise" verwendet werden*] • step freezing (up)

Etesienklima *n*, Mittelmeerklima • etesian climate, Mediterranean climate

Etesienwind *m*, Mittelmeerwind • etesian wind, Mediterranean wind; meltemi [*Turkish*] [*Originally applied to the prevailing northerly summer winds of Greece, now extended to similar winds prevailing for a shorter or longer period of the summer in other parts of the Mediterranean*]

etwas eckig, schlecht gerundet [*Mineralkorn*] • subangular, somewhat angular

EU-Richtlinie *f* • European Union guideline

Eudurit *m* • dull clarain

Eugeosynklin(al)e *f* • eugeosyncline, pliomagmatic zone [*An orthogeosyncline in which volcanic rocks are abundant*]

euhedral • euhedral, automorphic(-granular), idiomorphic(-granular) [*Said of the shape of a crystal that is completely bounded by its own rational faces and whose growth during crystallization or recrystallization was not restrained or interfered with by adjacent grains. The term "euhedral" was proposed, originally in reference to igneous rock components by Cross et al. (1906) in preference to the synonymous terms "idiomorphic(-granular)" and "automorphic(-granular)" (as they were originally defined)*]

E

Eukrit *m*, Klinohypersthen-Anorthit-Achondrit • eucrite, eukrite, eucryte, eukryte [*An archondritic stony meteorite composed essentially of calcic plagioclase and pigeonite. It has a higher content of iron and calcium than that of howardite. Eucrites were originally regarded as anorthite-augite meteorites*]

Eulersche Nutation *f*, Erdpolschwankung *f* • Chandler wobble, Eulerian nutation [*A movement in the Earth's axis of rotation, the period of motion being about 14 months*]

Euler-Zahl *f* [*Zeichen: Eu. Einheit: 1. Gleichung:* $Eu=Dp/rn^2$] • Euler('s) number [*Inertial force directed by pressure gradient force*]

eulitoraler Bereich *m*, Zwischenbereich [*Bereich zwischen Hochwasser- und Niedrigwasserlinie*] • eulittoral zone

Eulytin *m*, Kieselwismuterz *n*, Wismutoxyd *n* • eulytite, eulytine, bismuth blende, agricolite, $Bi_4Si_30_{12}$

Euphodit *m*, Saussuritgabbro *m* • euphotide [*A gabbro in which the fel(d)spar has been saussuritized. The term was originally applied by Haüy as a synonym of gabbro. It is obsolete in the U.S.A. but is still used by French petrologists*]

Eurit *m*, Weißstein *m* • eurite

europäische Richtlinie *f(pl)* • European guideline

europäisches Festland *n* • mainland of Europe, continental Europe [*As distinguished from the British Isles. "The Continent" is used colloquially by people of the British Isles*]

Eustratigrafie *f*, Orthostratigrafie • orthostratigraphy [*Standard or main stratigraphy based upon recognized zonal fossils*]

eutektisch • eutectic

eutektische Linie *f*, cotektische Linie

eutektische Temperatur *f*, eutektischer Punkt *m* • eutectic point, eutectic temperature

Eutektoperthit *m*, Mesoperthit • mesoperthite, eutectoperthite

eutroph, nährstoffreich [*Gewässer*] • eutrophic

eutropher Boden *m*, nährstoffreicher Boden • active soil, eutrophic soil

Evaporation *f*, Verdunstung *f* • evaporation [*The process by which water becomes vapo(u)r, including vapo(u)rization from free water surfaces, from land surfaces and from snow and ice, but excluding transpiration*]

Evaporation *f* aus Lockersedimentporen • capillary evaporation

Evaporimeter *n*, Verdunstungsmesser *m* • evaporimeter, evaporation gauge, evapograph, atm(id)ometer; evaporation gage (US) [*Four main classes may be distinguished: 1. Large evaporation tanks sunk into the ground or floating in water. 2. Small evaporation pans. 3. Porous porcelain bodies. 4. Porous paper wick devices*]

Evaporit *m*, Eindampfungsgestein, Verdampfungsgestein *n*, Eindampfungssediment *n*, Verdampfungssediment • evaporate (rock), evaporite (rock), evaporite deposit, saline residue, saline deposit [*Nonclastic sedimentary rock precipitated from water solution as a result of evaporation, e.g. anhydrite, potash salt, rock salt, certain limestones*]

Evaporitsulfat *n* • evaporite sulphate; evaporite sulfate (US)

Evapotranspiration *f*, ET, Gesamtverdunstung *f* • evapotranspiration [*The loss of moisture from a wet surface by evaporation and plant transpiration. Evapotranspiration is viewed by some engineers as an unnecessary term. The terms "evapotranspiration" and "consumptive use" are frequently used interchangeably. However, they are synonymously only if evapotranspiration is used to indicate the amount of water consumed (used up and lost) by change from a liquid state to a vapo(u)r state in evaporation and transpiration in raising plants*]

Evidenzblatt *n* [*Österreich*] ➔ Fortführungsvorlage

Evolutionsrate *f* • evolutionary pulsation

Evorsion *f*, Ausstrudelung *f* • evorsion, pothole erosion [*of rivers or streams*]

Evorsionsbecken *n*, Ausstrudelungsbecken • evorsion basin, basin due to evorsion

EVU *n*, Energieversorgungsunternehmen *n*, Elektrizitätswerk *n*, Elt-Werk • power utility, electrical supply company

ewige Gefrornis ***f*** ➋ Permafrost(boden)
ewige Teufe ***f*****,** ewige Tiefe *f* • unknown depth, abyssal depth
ewiges Bodeneis ***n*** ➋ Permafrost(boden)
Exaration ***f*****,** Gletscherauspflügung, Schubwirkung *f* des Eises, herauspflügende Glazialerosion *f*, Eisschubwirkung, Ausschürfung [*Im Lockermaterial vor der Gletscherstirn*] • exaration, glacial denudation, erosion by glacial ice
Exavation ***f*** [*frühere Benennung*] ➋ Detraktion
Exfiltration ***f*** • groundwater seepage into a watercourse
Exhalation ***f*****,** Ausströmen *n*, Aushauchen, Aushauchung *f*, Ausströmung • exhalation
Exhalationslagerstätte ***f*** • exhalative deposit
Exinit ***m*** • exinite (maceral) [*A hard coal maceral group including sporinite, cutinite, alginite, resinite, and liptodetrinite, derived from spores, cuticular matter, resins, and waxes. It is relatively rich in hydrogen and is a common component of attrital coal*]
Existenzbereich ***m*** • existence range
Exkursion ***f*** • visit, field trip
Exkursionsführer ***m*** • field(-trip) guide(book), visit guide(book)
exogen, außenbürtig [*Geologische Erscheinungen, die durch Kräfte hervorgerufen werden, die ihren Ursprung außerhalb der Erde haben (Sonne, Mond), in erster Linie die den Wasserkreislauf und die Atmosphärenbewegung bewirkende Sonnenstrahlung. Die exogenen Vorgänge spielen sich in den Organismen, dem Wasser und der Atmosphäre ab. Endogen sind vor allem Ablagerung und Abtragung*] • exogenous, exogenetic (Brit.); exogenic (US)
exogene Dynamik ***f*****,**exogene Kräfte, außenbürtige Dynamik, außenbürtige Kräfte, erdäußere Dynamik, erdäußere Kräfte *f* [*Wechselwirkung von Hydrosphäre und Atmosphäre mit der Lithosphäre (Verwitterung, Abtrag(ung); Transport; Diagenese) sowie kosmische Einwirkungen auf die Erde*] • exogenetic dynamics, exogenetic forces (Brit.); exogenic dynamics, exogenic forces (US)
exogene Kontaktmetamorphose ***f*****,** exomorphe Kontakt metamorphose [*Gegensatz: endogene Kontaktmetamorphose*] • exogenous contact metamorphism [*Not to be confused with "exogenic"*]
exogene Kräfte ***f*****,** exogene Dynamik *f*, außenbürtige Dynamik, außenbürtige Kräfte, erdäußere Dynamik, erdäußere Kräfte *f* [*Wechselwirkung von Hydrosphäre und Atmosphäre mit der Lithosphäre (Verwitterung, Abtrag(ung); Transport; Diagenese) sowie kosmische Einwirkungen auf die Erde*] • exogenetic dynamics, exogenetic forces (Brit.); exogenic dynamics, exogenic forces (US)
exogener geodynamischer Prozess ***m*** • exogenous geodynamic process
Exogeosynklinale ***f*** ➋ Saumtiefe
Exoglyphe ***f*** • exoglyph [*A hieroglyph found on the surface of a sedimentary bed*]
Exokarst ***m*****,** Oberflächenkarst • surface karst
exokinetische Spalte ***f*****,** exokinetischer Spalt *m* [*Der Anlass zur Bildung liegt außerhalb des Gesteins*] • exokinetic fissure
exomorphe Kontaktmetamorphose ***f*****,** exogene Kontaktmetamorphose [*Gegensatz: endogene Kontaktmetamorphose*] • exogenous contact metamorphism [*Not to be confused with "exogenic"*]
Exoskarn ***m*** • exoskarn [*Skarn formed by replacement of limestone or dolomite*]
exotherme Reaktion ***f*** [*von Mineralien*] • exothermic reaction [*in minerals*]
exotische Scholle ***f*** • exotic block
Expansionsanker ***m*** ➋ Spreizanker
Expansionshülsenanker ***m*****,** Spreizhülsenanker • expansion shell bolt, expansion sleeve bolt
Expansionszement ***m*** • expansive cement grout
expansiver Boden ***m*** [*Expansive Böden sind die Ursache vieler Fundamentprobleme. Aufgrund der Tatsache, dass in ihnen quellfähige Minerale vorhanden sind, quellen sie sobald sie mit Wasser in Berührung kommen. Auch Straßen können dadurch angehoben werden*] • expansive soil [*Expansive soils are the cause of many foundation problems. They swell as soon as they come into contact with water because they contain minerals with high swelling capacity.*]
Experimentalhydraulik ***f*** • experimental hydraulics
Explodierbarkeit ***f*** ➋ Explosionsfähigkeit
explodieren • to explode, to fulminate
Explorationsbohrung ***f*** • exploratory drilling
explorieren, aufschließen • to explore
explorieren durch Bohren ➋ (ab)bohren
Explosion ***f*** **1. Ordnung** ➋ Deflagration
Explosion ***f*** **2. Ordnung,** Detonation *f* [*Die Koppelung der energieliefernden Umsetzungen eines Explosivstoffes mit einem Verdichtungsstoß, der diese Umsetzung auslöst und sich mit Überschallgeschwindigkeit fortpflanzt*] • detonation, reaction shock
Explosionsbrekzie ***f*** ➋ Vulkanbrekzie
Explosionsdamm ***m*** (⚒) • explosion dam, explosion wall

Explosionsdruck ***m,*** Explosivdruck • explosive pressure, explosion pressure

Explosionsentlastung ***f*** • explosion relief

Explosionsfähigkeit ***f,*** Explosionsvermögen *n,* Explodierbarkeit • explosibility, explosiveness

Explosionsgemisch ***n*** ➋ explosives Gemisch

Explosionsgraben ***m*** • explosion graben

Explosionskraft ***f,*** Explosivkraft *f* • explosive force, explosive power, explosion force, explosion power

Explosionsleistung ***f,*** Explosivleistung • explosive performance, explosion performance

Explosionsmischung ***f*** ➋ explosives Gemisch

Explosionsnaht ***f*** • explosion seam

Explosionspunkt ***m*** **1. Ordnung** ➋ Verpuffungspunkt

Explosionsquelle ***f*** • explosive source

Explosionsröhre ***f*** ➋ Vulkanstiel

Explosionsschlot ***m*** ➋ Vulkanstiel

Explosionsschwaden ***m*** • explosion gases, shock damp [*See note under "afterdamp"*]

Explosionsschwadenmesser ***m*** • explosimeter, combustible-gas indicator

Explosionsstärke ***f,*** Explosivstärke *f* • explosive strength, explosion strength

Explosionsstaub ***m*** • explosive dust, explosion dust

Explosionsstoffdichte ***f,*** Dichte • density, explosive (material) density [*The mass of an explosive per unit volume. Expressed in gm/cc. Water has a density of 1.0 gram per cubic centimeter*]

Explosionstemperatur ***f*** [*Theoretisch ermittelte Temperatur der Sprengschwaden im Augenblick der Umsetzung unter Annahme konstanten Volumens*] • explosion temperature

Explosionstuff ***m*** • explosion tuff

Explosionsverdichtung ***f*** ➋ Sprengverdichtung

Explosionsvermögen ***n,*** Explosionsfähigkeit *f,* Explodierbarkeit • explosibility, explosiveness

Explosionswärme ***f*** [*Theoretisch ermittelte, durch die chemische Umsetzung der Explosivstoffe frei werdende Wärmemenge. Angaben in kJ/kg*] • explosion heat

Explosionswelle ***f*** • explosive wave, explosion wave

Explosionswetter, explosive Wetter *f* (⚒) • explosive atmosphere, explosion atmosphere

Explosionswolke ***f*** • surge

Explosionszündung ***f*** • blowup

Explosivdruck ***m,*** Explosionsdruck • explosive pressure, explosion pressure

explosive chemische Verbindung ***f,*** chemische explosive Verbindung • explosive chemical compound, chemical explosive compound

explosive Gasmischung ***f,*** explosives Gasgemisch *n* • explosive gas mix(ture), explosion gas mix(ture)

explosive Gewalt ***f*** • explosive violence

explosive Mischung ***f,*** explosives Gemisch *n,* Explosionsgemisch, Explosionsmischung • explosive mix(ture), explosion mix(ture)

explosive Wetter ***f,*** Explosionswetter (⚒) • explosive atmosphere, explosion atmosphere

explosiver Ausbruch ***m*** • explosion eruption [*An eruption or eruption phase that is characterized by the energetic ejection of pyroclastic material*]

explosives Gasgemisch ***n,*** explosive Gasmischung *f* • explosive gas mix(ture), explosion gas mix(ture)

explosives Gemisch ***n,*** explosive Mischung *f,* Explosionsgemisch, Explosionsmischung • explosive mix(ture), explosion mix(ture)

Explosivfelsanker ***m*** • explosive rock bolt

Explosivkraft ***f,*** Explosionskraft • explosive force, explosive power, explosion force, explosion power

Explosivleistung ***f,*** Explosionsleistung • explosive performance, explosion performance

Explosivstärke ***f,*** Explosionsstärke • explosive strength, explosion strength

Explosivstoffdepot ***n,*** Explosivstofflager *n* • explosives area, dump [*A temporary storage area, usually in the open, for bombs, ammunition, equipment, and supplies*]

explosivstofffreier Slurry-Sprengstoff ***m*** • explosive free from nitro-glycerine

exponierter Hang ***m*** • exposed slope

Exposition ***f*** • exposure [*The nature and degree of openness of a place to wind, sunlight, weather, oceanic influences, etc.*]

Extensometer ***n*** [*zur Messung der Längenänderung bzw. Dehnung*] • extensometer

Externrotation ***f,*** reine Drehung *f* [*Eine Lageänderung ohne Verformung. Ein Körper wird um seine Achse rotiert, ohne dass zwischen den Massenpunkten des Körpers Relativbewegungen stattfinden*] • pure rotation, simple rotation, rotation(al) strain

Extremwert ***m,*** Extremum *n* • extreme value

Extrahieren ***n*** ➋ Laugung

Extraklast ***m*** [*Bruchstück eines verfestigten Karbonatgesteins (Kalklithit oder Dololithit) von außerhalb des Ablagungsraumes*] • extraclast, carbonate rock fragment

Extraktionskolben ***m*** • extraction flask

Extrapolation ***f*** • extrapolation

Extremereignis ***n*** [*das sind z.B. starke und seltene Beschleunigungen von großen Rutschhängen oder ein konzentriertes Auftreten mehrerer, kleinerer*

Rutschungen] • extreme event [*such as large movements of landslide-prone slopes or concentrated occurrences of small landslides*]

extrem flache Handbewegung *f* [*nach Schultze*] • extreme shallow mass movement [*after Schultze*]

extrem tief, übertief • ultradeep, superdeep

extrem tiefe Fangarbeit *f*, übertiefe Fangarbeit • ultradeep fishing work, superdeep fishing work

extrem tiefe Strecke *f*, tiefste Strecke

extreme Flachböschung *f* • extremely flat slope

extreme Konsolidierung *f*, Vollkonsolidierung, extreme Konsolidation *f*, Vollkonsolidation [*Sie lässt keine Reaktion mehr zu*] • full consolidation, extreme consolidation

extremes Infrarot *n* [*15-1000 mm*] • extreme infrared

Extremfarbe *f*, Achsfarbe, Achsenfarbe • extreme colour, axial colour (Brit.); extreme color, axial color (US)

Extremtiefe *f*, äußerste Tiefe • extreme depth

Extrusion *f* durch Dachdurchschmelzung • extrusion by de-roofing, de-roofing extrusion [*Magma having reached the earth's surface by the foundering of part of the roof of a batholith*]

extrusiv-hydrothermale (Erz)Lagerstätte *f*, epithermale (Erz)Lagerstätte, niedrigthermale (Erz) Lagerstätte [*200° C - 120° C. Nach Park & Mac Diarmid (1970) 200° C - 50° C*] • epithermal deposit

extrusiv-magmatische Abfolge *f* • extrusive-magmatic origin [*See note under "origin"*]

Exzenterpresse *f*, Exzenterquetsche *f* [*Formatisieren von Mineralien*] • trimmer

Exzentertheodolit *m* • eccentric transit

exzentrisch belastetes Fundament *n* • foundation under eccentric load, foundation subjected to eccentric load

exzentrische Lotung *f*, exzentrisches Loten *n* [*Die Lotlinie wird durch die Schnittlinie zweier "Zielebenen" realisiert*] • eccentric optical plumbing, optical eccentric plumbing

exzentrische Masse *f* • excentric mass (Brit.), eccentric mass (US)

exzentrischer Tropfstein *m*, Heliktit *m* • helictite, eccentric (concretion)

Ezkurrit *m* • ezcurrite [*A triclinic mineral: $Na_4B_{10}O_{17}$. It is dimorphous with nasinite*]

Ezurit *m* • ezurite [*Any fine-grained granitic rock*]

F

Facettenboden ***m*** ➋ Polygonboden

Fachbaum ***m*,** Rücken *m*, Wehrbaum, Überfallschwelle *f* • (weir) sill, (weir) cill

Fachbehörde ***f*** • regulatory authority

Fachbeitrag ***m*** • specialist article

Fächer ***m*,** Lavafächer • fan, lava fan [*A fan-shaped mass of congealed lava that formed on a steep slope by the continually changing direction of flow*]

Fächer ***m*** • fan

Fächer ***m*** ➋ Wetterrad

Fächerabschlag ***m*** • fan(-shaped) (blasting) round

Fächerbohren ***n*** • fan drilling, fan-shaped drilling [*Drilling boreholes in different vertical and horizontal directions from a single-drill setup*]

Fächerdelta ***n*** • fan delta [*A gently sloping alluvial deposit produced where a mountain stream flows out into a lowland*]

Fächerebene ***f*** • fan(-shaped) plain

Fächerfalte ***f*** • fan fold

Fächer-First(en)einbruch ***m*** ➋ italienischer First(en)-einbruch

Fächergeometrie ***f*** • fan geometry

Fächerkies ***m*** • fan gravel

Fächerkoralle ***f*** • fan coral

Fächermulde ***f*,** Synklinorium *n*, Großmulde • synclinorium, synclinore [*A composite synclinal structure of regional extent composed of lesser folds*]

Fächerrand ***m*** • fan margin

Fächersand ***m*** • fan sand

Fächersattel ***m*** • fan structure [*An arrangement of closely folded strata such that the axial planes of the fold dip on each side of a mountain pass or range toward the central axial plane of the range itself, so that the whole has a structure, in cross section, resembling that of an open fan held upright*]

Fächerscheitel ***m*** • fan apex

Fächersonaranlage ***f*** [*Flächenhafte Vermessung des Meer(es)bodens*] • hydrographic multi(ple)-beam sweeping survey echosounder, hydrosweep

Fächerspalt(e) ***m*, *(f)*** • fan fissure

Fächerspaltung ***f*,** Spalt(ungs)fächer *m* • cleavage fan, fan cleavage, fan cleaving, cleaving fan [*A type of axial-plane cleavage in which the cleavage planes fan out at small to large angles on each flank of the axial planes of fold*]

Fächersprenganlage ***f*** • fan-shaped blasting round system

Fächersprengen ***n*** • fan blasting

Fächerwinkel ***m*** • fan angle

Fächerwurzel ***f*,** Schuttkegelkopf *m* • fanhead, upper fan segment [*The area on an alluvial fan close to its apex*]

Fachgeologe ***m*** • expert geologist

Fachreferat ***n*** **Messtechnik** • Department for Measurement Technology

Fachtagung ***f*** • specialist conference

Fachwerkbalken ***m*** [*Brückenbau*] • truss girder

Fachwerkbindersystem ***n*** • lattice girder system

Fachwerkstab ***m*** • truss bar

Fachwerkträger ***m*** [*Brückenbau*] • truss

Fachwerkträgerbrücke ***f*** • truss bridge

Fachwerkwirkung ***f*** [*Brückenbau*] • truss effect

Fachwissen ***n*,** Spezialwissen • in-depth knowledge, special knowledge

Fackelkohle ***f*** ➋ Kännelkohle

fadenähnlicher Erzgang ***m*** ➋ Erzschnur

fadenähnlicher Kalksteingang ***m*** ➋ Kalksteinschnur

fadenförmig, haarförmig, haaricht • capillary, filiform, wiry, hairlike, threadlike [*Said of a mineral that forms hairlike crystals, e.g. millerite*]

Fadenisobathe ***f*** • thread isobath

Fadenkreuz ***n*** [*frühere Benennung*]; Strichkreuz • reticule [*A system of wires, cross hairs, threads, dots, or very fine edged lines, placed in the eyepiece of an optical instrument (such as a surveyor's telescope) perpendicular to its principal focus, to define the sight line off the telescope or to permit a specific pointing to be made on a target or signal or a reading to be made on a rod or scale*]

Fadenlot ***n*** • thread plumb

Faden-Pahoehoe(lava) ***f*** • filamented pahoehoe (lava), filamented pahuhu (lava)

Fahlband ***n*,** sulfidgehärtete Schieferlage *f* • fahlband [*German*] [*A band of sulphide impregnation in metamorphic rock. The sulphides are too abundant to be classed as accessory minerals, but too sparse to form an ore lens. Fahlbands have a characteristic rusty-brown appearance on weathering*]

Fahlerz ***n*,** Tetraedrit *m* • fahlore, tetrahedrite, gray copper ore, panabase, grey copper ore, stylotypite; fahlerz [*German*]; $(Cu, Fe)_{12}Sb_4S_{13}$

Fahlerz ***n*** • fahlore, gray copper ore, grey copper ore; fahlerz [*German*]; $(Cu,Fe)_{12}As_4S_{13}$

Fahr- und Materialrolle ***f*** • manway, ladderway [*A compartment, vertical or inclined, for the*

H. Herrmann, H. Bucksch, *Wörterbuch GeoTechnik/Dictionary Geotechnical Engineering*,
DOI 10.1007/978-3-642-33335-4, © Springer-Verlag Berlin Heidelberg 2013

accommodation of ladders, pipes and timber chutes. The drivage may be a winze or a raise and its purpose is to give convenient access to a stope]
Fahrbahn ***f*** [*im Sinne von Fahrspur*] • lane, traffic lane, track
Fahrbahn ***f*** [*Brückenfahrbahn*] ➔ Fahrbahnplatte
Fahrbahn ***f*** [*im Sinne von* ➔ Straße]
Fahrbahndecke ***f*** **aus Beton** ➔ Betondecke
Fahrbahnlinie ***f*** • roadway line
Fahrbahnplatte ***f*** [*Brückenbau*] Deckplatte *f*, Fahrbahntafel *f*, Brückenfahrbahn, Fahrbahn • deck slab, deck, bridge deck
Fahrbahntafel ***f*** ➔ Fahrbahnplatte
Fahrbahnverlauf ***m*** ➔ Straßenverlauf
fahrbare Küste ***f*,** gesunde Küste • clear coast [*A coast free from cliffs and rocks*]
fahrbares Mischladegerät ***n*** • mobile mixing plant
Fahrböschung ***f*,** geometrische Gefälle *n* [*Die Fahrböschung ist die Neigung der Verbindungsgeraden des obersten Punktes der Ausbruchsstelle und des entferntesten Punktes der Ablagerung gemessen entlang der Spur des Steinschlages, entlang der Trajektorie (IAN Report 101)*] • reach angle, run-out line
fahren [*Bergmann*] (⚒) • to move, to travel
fahren [*z. B. ein Bohrlochlog*] • to run
Fahren ***n*,** Fahrung *f*, Mannschaftsförderung (⚒) • moving, movement, travel, manhandling, manriding, man haul(age), travelling (Brit.); traveling (US)
Fahrfeld ***n*** ➔ Mannesfahrt [*Österreich*]
Fahrkorbhaube ***f*** (⚒) • bonnet, cage cover
Fahrkunst ***f*,** Fahrmaschine *f* [*Eine Maschine zum Ein- und Ausfördern der Mannschaft mittels auf- und niedergehender, mit Tritten versehener Gestänge*] (⚒) • man engine
Fahrleder ***n*,** Arschleder, Bergleder (⚒) • breech leather, miner's apron
Fahrmaschine ***f*** ➔ Fahrkunst
Fahrrinne ***f*,** schmales Fahrwasser *n* [*Von Natur gegebener oder künstlich hergestellter ziemlich langer Wasserweg, eingefasst von Hindernissen. Er dient als genügend tiefer und sicherer Zugang zu einem Hafen oder zu einer Reede*] • channel, traffic channel, navigable channel, navigation(al) channel, ship(ping) channel, ship(ping) passage, fairway, access channel
Fahrröhre ***f*,** Verkehrsröhre [*Röhrentunnel*] • vehicular tube, traffic tube, transportation tube
Fahrrolle ***f*** • manway [*A passageway for the use of miners only*]
Fahrspur ***f*,** Fahrbahn *f* • lane, traffic lane
Fahrsattel ***m*** (⚒) ➔ Knebel
Fahrstuhl ***m*** ➔ Elevator
Fahrstuhlbügel ***m*** ➔ Elevator(en)bügel
Fahrstuhl ***m*** ➔ Elevator
Fahrstuhlhebekappe ***f*** ➔ Elevator(en)hebekappe
Fährte ***f*,** Fußabdruck *m* • footprint, track
Fahrt(e)(auf)gang ***m*** (⚒) • ladder access
Fahrt(e)baum ***m*** • mine ladder standard, mining ladder standard
Fahrt(e)bühne ***f*** (⚒) • ladder-stage
Fahrt(e)haken ***m*** (⚒) • ladder-hook
Fahrt(e)haspe ***f*** (⚒) • ladder hasp
Fahrt(e)klammer ***f*** [*Eine Handhabe beim Auftreten auf eine und beim Abtreten von einer Fahrt*] (⚒) • handle
Fahrt(e)loch ***n*,** Fahrt(e)öffnung *f* [*In einer Fahrt(e)bühne*] (⚒) • ladder-stage opening, ladder-stage (man) hole
Fahrt(e)schacht ***m*,** Leiterfahrt(e)schacht • footway (shaft), ladder compartment, climbing shaft, ladder shaft, ladderway (shaft), stairway, circulation shaft [*A shaft with ladders and stages used only for descending and ascending mines*]
Fahrtfehler ***m*** [*Kreiselkompass*] • speed error
Fahrtiefe ***f*** • navigation(al) depth, nautical depth
Fahrtunnel ***m*,** Streckentunnel • running tunnel, non-station tunnel
Fahrtunnel, Verkehrstunnel *m* [*Nicht verwechseln mit Fahrtunnel als Streckentunnel einer Untergrundbahn*] • traffic tunnel, transportation tunnel, vehicular tunnel
Fahrung ***f*** (⚒) ➔ Fahren
Fahrung ***f*** **in Schächten** ➔ Seilfahrt
Fahrwasser ***n*** ➔ (schmales) Fahrwasser
Fahrweg ***m*** [*Österreich*]; Mannesfahrt *f*, Fahrfeld *n* [*Ein zum Ein- und Ausfahren bestimmter Bau: Stollen; Schacht; Strecke*] • travel(ling) track, travel(ling) way (Brit.); travel(ing) way, travel(ing) track (US)
Fahrwiderstand ***m*** [*z. B. eines Saugbaggers im Wasser*] • seaway resistance
Fahrzeugstellplatz ***m*** • vehicle standing area
Faktor ***m*,** Beiwert *m* [*Er wird verwendet für eine Zahl um das Verhältnis einer Größe zu einer Ausgangsgröße gleicher Dimension zu kennzeichnen. Der Faktor kann reell oder komplex sein*] • factor
faktorielle Versuchsplanung ***f*,** Planen *n* von Versuchen • factorial design
Falkenauge ***n*** • falcon's eye, silica pseudomorph of blue crocidolite
Falkenstein ***m*,** Habichtstein • hieracites
Fall ..., (Ein)Fall ...

Fall ***m*****,** Ansetzen *n* eines Flözes, Scheidungsspalt *m* (⚒) • break

Fall ***m*****,** Meteoritenfall • fall, meteorite fall [*One or more meteorites that are picked up immediately after they have reacted the Earth's surface and for which information (place and time of fall) are known*]

Fall ***m*****,** Wasserfall • fall, waterfall, fall of water, chute; overfall [*obsolete*] [*Any precipitous descent of water. The plural "(water)falls" is commonly used in place names, especially when applied to a series of waterfalls*]

Fallbär ***m*****,** Bär *m* • drop hammer

Fallbeispiel ***n*** • case study

Fallbeschleunigung ***f*** ➋ Schwerebeschleunigung

Fallbewegung ***f*** [*Fallbewegungen sind abrupte Bewegungen von geologischem Material, welche sich von Steilböschungen oder Kliffen loslösen und sich vor allem durch freien Fall, Springen und Rollen auszeichnen (VARNES, 1978)*] • fall movement

Fallbirne ***f*** • monkey

Fallbohren ***n*** • jarring

Falldrän ***m*** • downdrain [*For transporting water down steep slopes*]

Falle ***f*** ➋ Schütz(e)

fallen, abfluten [*Hochwasser*] • to flow off, to recede

fallen, abschwellen, sinken, absinken [*Wasserspiegel*] • to fall

fallen ➋ (ein)fallen

fallen ➋ nachfallen

fallen gegen ... ➋ (ein)fallen gegen ...

Fallen ***n*** **gegen...** ➋ (Ein)Fallen gegen ...

Fallen ***n*** **und Streichen** ➋ (Ein)Fallen und Streichen

Fallen ***n*** [*Ein Rutschungstyp; Definition lt. MLG*/Krauter:* ***Fallen*** *beginnt mit dem Lösen von Boden- oder Felsmaterial in einem steilen Hang entlang einer Fläche auf der geringe oder keine Scherbewegungen stattfinden. Das Material stürzt dann größtenteils frei fallend, springend oder rollend ab. Geotechnischer Sprachgebrauch: Fallen, Stürzen*] • fall [*A landslide type; according to the MLG*/D.M.Cruden: A* ***fall*** *starts with the detachment of soil or rock from a steep slope along a surface on which little or no shear displacement takes place. The material then descends largely through the air by falling, saltation or rolling*]

fallend ➋ (ein)fallend

fallende ... ➋ (ein)fallende...

fallende Haupt(förder)strecke ***f*****,** einfallende Haupt(förder)strecke (⚒) • inclined main (haulage) drift, inclined mother gate

fallende (Orts)Strecke ***f*** ➋ (ein)fallende (Orts)Strecke

fallender Stollen ***m*** ➋ (ein)fallende (Orts)Strecke

fallender Strebbau ***m*** • dip longwall mining

fallendes (Meeres)Wasser ***n*** • ebbing water

Fallendwasser ***n*** ➋ Ebbe

(Fall)Fangschere ***f*****,** Schlagschere, Stangenschere, Rutsch(fang)schere, Wolfsrachen *m* • rotary jars, fishing jars

Fallgeschwindigkeit ***f*** • fall velocity

Fallgewicht ***n*** [*Zylinderförmiges Eisengewicht bei der Torpedierung von Tiefbohrschächten*] • go-devil

Fallgewicht ***n*****,** Stampfgewicht *n* [*Die Verdichtungsarbeit eines Bodens kann im Labor durch Fallgewichte durchgeführt werden, um so Feldbedingungen mit üblichen Verdichtungsgeräten (Bodenstampfer, Rüttelplatten, Grabenwalzen, Vibrationswalzen usw.) zu simulieren*] • drop weight, falling weight, heavy weight

Fallgewicht(s)methode ***f*****,** Fallgewicht(s)verfahren *n* [*Ein mehrere Tonnen schweres Gewicht wird aus etwa 2,5 m Höhe auf die Erde fallen gelassen. Die gegenüber einer Sprengladung durch den Aufschlag erzeugte Erschütterungsenergie ist gering, sie wird jedoch dadurch erhöht, dass das Ergebnis einer Reihe von Aufschlägen (2-100), in der Nähe des ersten Aufschlages ausgeführt, auf Magnetbänder aufgenommen und zusammengespielt wird. Hierbei heben sich die nicht in Phase liegenden oberflächennahen Störschwingungen zum Teil auf, während sich die in Phase liegenden Schwingungen verstärken. Die Ergebnisse decken sich weitgehend mit denen der Sprengseismik*] • weightdrop(ping) method, drop(ping) weight method

Fallgewichtsverdichtung ***f*** ➋ dynamische Tiefenverdichtung

Fallhammer ***m*** • anvil (block), drive block, drophammer, drive hammer [*A heavy sleeve-shaped weight used as a hammer or pile-driver for driving pipe or casing into overburden or other soft rock materials*]

Fallhammerhöhe ***f*****,** Hammerfallhöhe • driller's stroke, fall, height of fall of a drop hammer weight [*Height of fall of a drop hammer weight to drive a (metal) casing or soil sampling tool*]

Fallhöhe ***f*** ➋ Niveaudifferenz

Fallhöhe ***f*** ➋ Geschwindigkeitshöhe

Fallhöhe ***f*** [*aus der eine Fallmasse, z. B. ein Rammbär, gefallen wird*] • drop height, height of fall

Fallhöhenverlust ***m*****,** Druckhöhenverlust, Druckgefälleverlust [*Talsperre*] • head loss, fall loss

Fallkessel ***m*****,** tiefes Sturzbett

Falllinie ***f*** • slope line, line of slope

Fallplatte ***f*** • drop weight
Fallplattenverdichtung ***f*** • dynamic compaction (method)
Fallrichtung ***f*** [*eines Gesteins*] • direction of fall, fall direction
fallrichtungsweise, in Fallrichtung • downdip [*Parallel to or in general direction of the dip of a bed, rock stratum, or vein*]
Fallmasse ***f*** • dropping mass
Fallschacht ***m,*** Überlaufschacht, Überfallschacht • drop shaft
Fallschacht ***m*** ➋ Wasserkraftschacht
Fallschirmsonde ***f*** • dropsonde, parachute radiosonde
Fallschutzholz ***n*** • stull piece [*A piece of timber placed slanting over the back of a level to prevent rock falling into the level from the stopes above*]
Fallstreifen ***f*** • fall streaks, fall wisps, precipitation trails, virga [*Wisps or streaks of water or ice particles falling out of a cloud but evaporating before reaching the earth's surface as precipitation*]
Fallstudie ***f*** • case study
Fallzeichen ***n*** ➋ (Ein)Fallzeichen
fallweise kontrollieren • to check on a case-by-case basis
falsch bohren, verbohren • to drill untrue
falsche Ebberinne ***f*** • blind ebb channel, ebb blind channel
falsche Flutrinne ***f*** • blind flood channel, flood blind channel
falsche Grundwasseroberfläche ***f*** ➋ schwebender Grundwasserspiegel
falsche Lagerfläche ***f,*** falsches Lager *n* • breaking-grain
falsche Schieferung ***f*** • closed foliation [*The foliae appear megascopically as a continuous felt of flakes or rods*]
falscher Bernstein ***m*** ➋ löch(er)iger Bernstein
falscher Grundwasserspiegel ***m,*** schwebender Grundwasserspiegel *m,* schwebende Grundwasseroberfläche, falsche Grundwasseroberfläche *f* • perched (ground)water table, apparent (ground)water table [*If there is a sequence such as, for instance, sand-clay-sand then there may be a water table revealed in the upper layer of sand but not in the clay*]
falsches Grundwasser ***n,*** schwebendes Grundwasser • perched (ground)water [*Water in a saturated zone located within the zone of aeration or unsaturated zone*]
falsches Hängetal ***n*** • mock hanging valley, mock perched valley
falsches Lager ***n,*** falsche Lagerfläche *f* • breaking-grain
Falschfarbenbild ***n*** • false colour composite (Brit.), false color composite (US), FCC
Falte ***f,*** Schichtenbiegung *f* • fold [*Structural geology. A curve or bend of a planar structure such as rock strata, bedding planes, foliation or cleavage. It is usually a deformation product, although its definition is descriptive and not genetic and may include primary structures*]
Falte ***f*** **mit gefältelten Schenkeln,** zusammengesetzte Falte • composite fold, compound fold [*It is made up of smaller anticlines and synclines*]
Falte ***f*** **mit horizontaler Sattellinie** ➋ liegende Falte
Falte ***f*** **mit waag(e)rechter Sattellinie** ➋ liegende Falte
Fältelmarke ***f*** ➋ Runzelmarke
Fältelung ***f*** [*Pendeln der Stellung von Schieferungsflächen*] • foliation
Falten ***n,*** Faltung *f* • folding [*The formation of folds in rocks*]
Falten- und Überschiebungsgürtel ***m*** • fold (and) thrust belt
Faltenachse ***f*** • fold axis
Faltenachsenebene ***f,*** Achsenebene
Faltenbau ***m,*** Faltenstruktur *f* • fold architecture, fold structure
Faltendurchkreuzung ***f*** ➋ Kreuzfaltung
(Falten)Flanke ***f,*** (Falten)Flügel *m,* (Falten)Schenkel *m,* (Falten)Seite *f* • flank, limb, side, fold flank, fold limb, fold side, wing; (fold) shank [*obsolete*] [*One of the two parts of an anticline or syncline on either side of the axis*]
Faltengebirge ***n*** • fold mountain
Faltengeometrie ***f*** • fold geometry
Faltengürtel ***m*** ➋ Gebirgsbildungszone
Faltenhorst ***m*** • fold horst
Faltenjura ***m,*** Kettenjura • Fold Jura, High Chain Jura
Faltenküste ***f,*** gefaltete Küste • fold coast [*A coast whose configuration is controlled by folded rocks*]
Faltenmulde ***f,*** Faltensenke *f,* Faltenvertiefung *f* • trough, fold trough [*The lowest point of a given stratum in any profile through a fold*]
(Falten)Schenkel ***m*** ➋ (Falten)Flanke
(Falten)Seite ***f*** ➋ (Falten)Flanke
Faltensenke ***f,*** Faltenmulde *f,* Faltenvertiefung *f* • trough, fold trough [*The lowest point of a given stratum in any profile through a fold*]
Faltenspalt(e) ***m, (f)*** • fold fissure
Faltenspiegel ***m*** • enveloping surface
Faltenstil ***m*** • folding style

Faltenstruktur *f*, Faltenbau *m* • fold architecture, fold structure
Faltentektonik *f* • fold tectonics
Faltenvergenz *f* [*Tektonik*] • regard
Faltenvertiefung *f* ➲ Faltenmulde
Faltenverwerfung *f*, gefaltete Verwerfung • fold fault [*An overfold, the middle limb of which is replaced by a fault surface*]
Faltenwinkel *m* • fold pitch, pitch of fold [*The angle between the horizontal and an axial line passing through all the highest or lowest points of a given stratum of a syncline or anticline*]
Faltenzug *m* [*In Streichrichtung ausgedehnte Falte*] • fold train
Faltlinsenstereoskop *n* • folding lens stereoscope
Faltrohranker *m* • Swellex [*Trade name of Atlas Copco Deutschland GmbH*]
Faltung *f*, Falten *n* • folding [*The formation of folds in rocks*]
Faltung *f* durch Faltung, gefaltete Falte *f* • folded fold
Faltungsdiskordanz *f* • differential folding
Faltungs(erd)beben *n* • earthquake due to folding
Faltungsfläche *f* ➲ Deformationsebene
faltungsfreudig [*tektonisches Stockwerk*] • mobile
Faltungsgebiet *n* • folding area
Faltungsgebirge *n* [*1. Faltengebirge. 2. Bruchfaltengebirge. 3. Deckfaltengebirge*] • mountain formed by folding
Faltungskluft *f* • folding joint
Faltungsmechanik *f* • mechanics of folding
Faltungsmechanismus *m* • mechanism of folding
Faltungsreife *f* • folding maturity
Faltungssee *m* • folding lake
Faltungstektonik *f* • folding tectonics
Faltungszone *f* • bow area, bow zone
Falzbürste *f* [*frühere Benennung*] ➲ Spundbohle
Familie *f* [*Geologie*] • clan
Fang *m* ➲ (Bohr)Rohrfang
Fang *m*, (Ein)Fang
Fangarbeit *f* ➲ Instrumentieren
Fangbaum *m* [*Kunstgestänge*] (⚒) • catch
(Fang)Bereich *m* [*Tiefbohrtechnik*] • range, fishing range
(Fang)Dorn *m*, Spitzfänger *m* [*Tiefbohrtechnik*] • tap, pin tap, taper(ed) tap
(Fang)Dorn *m* und Sicherheitsverbinder *m* [*Fangarbeit in der Tiefbohrtechnik*] • tap with safety joint
Fangdornführungsrohr *n*, Spitzfängerführungsrohr [*Tiefbohrtechnik*] • (fishing) tap(er) bowl
Fangdrän *m* ➲ (Ab)Fangdrän
Fangedamm *m*; Wasserfang *m* [*veraltete Benennung*] • cofferdam [*A usually temporary structure enclosing all or part of the construction area so that construction can proceed in the dry. A diversion cofferdam diverts a river or stream into a pipe, channel or tunnel*]
Fangedamm *m* mit Erdschüttung [*Gegen eine Holzwand oder Spundwand wird eine Erdschüttung eingestampft*] • dam cofferdam
Fangedamm-Spundwand *f* • cofferdam sheeting, cofferdam bulkhead, cofferdam sheet pile wall, cofferdam (sheet)piling
Fangedamm(ab)dichtung *f* • cofferdam seal(ing)
Fangedamm(ab)sperrung *f* • cofferdamming
Fangedammabsteifung *f*, Fangedammaussteifung, Fangedammversteifung • cofferdam stiffening
Fangedammbau *m* • cofferdamming, cofferdam building, cofferdam construction
Fangedammbaugrube *f* • cofferdam (building) pit, cofferdam construction pit, cofferdamming pit
Fangedammberme *f* • cofferdam berm
Fangedammbruchsteine *f* • cofferdam rubble
Fangedammfuß *m* • cofferdam toe
Fangedammgründung *f* • cofferdam foundation
Fangedammkasten *m* • cofferdam box
Fangedamm-Mauerwerk *n* • cofferdam masonry
Fangedammpfeiler *m* • cofferdam pier; cofferdam pillar [*South Africa*] [*Such a pier is a portion of a cofferdam which is allowed to remain in place*]
Fangedammspundbohle *f* • cofferdam sheet pile
Fangedammversteifung *f* ➲ Fangedammabsteifung
Fangedammwand *f* • cofferdam wall
Fangedammzelle *f* • cofferdam cell
Fang(e)graben *m* ➲ (Ab)Fang(e)graben
fangen, fischen, instrumentieren [*Tiefbohrtechnik*] • to fish, to extract, to recover a fish, to fish up, to dislodge
Fangen *n*, Instrumentieren, Fischen, Fangarbeit *f*, Instrumentation *f*, Havariebehebung *f* [*Tiefbohrtechnik*] • fishing, extracting, recovering a fish, fishing up, fishing job, dislodgment of tools
Fänger *m* [*Tiefbohrtechnik*] • fisherman
Fanggerät *n*, Fänger *m*, Fangwerkzeug *n*, Havariewerkzeug, Fanginstrument *n* [*Tiefbohrtechnik*] • fishing tool, emergency tool
Fanggestänge *n* [*Tiefbohrtechnik*] • fishing string
Fanggraben *m* ➲ Abfanggraben
Fanggraben *m* [*zum Sammeln des Wassers aus der unmittelbaren Umgebung*] • drainage ditch
Fanggreifer *m* [*Tiefbohrtechnik*] • fishing grab

Fanghaken ***m*** ➔ Glückshaken
Fanghals ***m*** • fishing neck
Fanginstrument ***n*** ➔ Fanggerät
Fangkorb ***m*,** Geschiebe(auffang)korb, Auffangkorb • cage screen
Fangkorb ***m*** [*Tiefbohrtechnik*] • basket grapple
Fanglomerat ***n*,** verfestigter Blocklehm *m* • fanglomerate [*A sedimentary rock consisting of slightly water-worn, heterogeneous fragments of all sizes, deposited in an alluvial fan and later cemented into firm rock*]
Fangmagnet ***m*,** permanentmagnetischer Fänger *m* [*Zum Entfernen von Kleinmaterialien aus dem Bohrloch*] • fishing magnet
Fangspeer ***m*,** Löffelhaken *m* [*Eine mit Widerhaken versehene Eisenstange für verschiedene Fangarbeiten*] • fishing spear
Fangspeer ***m*** ➔ (Seil)Fangspeer
Fangspinne ***f*** [*Zum Fangen von größeren Stahlteilen oder Nichteisenmetallteilen ohne Fräsereinsatz auf der Bohrlochsohle*] • fishing spider
Fangspirale ***f*** [*Tiefbohrtechnik*] • fishing spiral
Fangstempel ***n*** ➔ Bruchstempel
Fangwand ***f*** [*als Schutz gegen Steinschlag*] • catch wall
Fangwerkzeug ***n*** ➔ Fanggerät
Fangwirkungsgrad ***m*** ➔ (Auf)Fangwirkungsgrad
Farbabtaster ***m*,** Farbenabtaster • colour scanner (Brit.); color scanner (US)
Farbe ***f*** • colour (Brit.); color (US)
Färben ***n*** ➔ (An)Färben
Farb(en)abtaster ***m*** • colour scanner (Brit.); color scanner (US)
Farb(en)blindheit ***f*** • colour blindness (Brit.); color blindness (US)
Farb(en)erhöhung ***f*,** Farb(en)verstärkung • colour enhancement (Brit.); color enhancement (US)
Farbenlehre ***f*** • chromatics
Farb(en)mineral ***n*** • chromatic mineral
Farbenmischprojektor ***m*** • colour additive viewer (Brit.); color additive viewer (US)
Farbenspiel ***n*,** Schiller *m* • schiller; play of colours (Brit.); play of colors (US) [*The play of colo(u)rs seen by reflected light in some minerals, in which minute platy inclusions are arranged in parallel planes; the schiller effect is produced by the interference of light from these induced plates*]
Farb(en)verstärkung ***f*,** Farb(en)erhöhung • colour enhancement (Brit.); color enhancement (US)
Farbgebung ***f*** ➔ (Karten)Farbgebung
farbiger Diamant ***m*** • modern(e) cut, fancy stone, fancy diamond [*Any diamond with a natural body colo(u)r strong enough to be attractive rather than off-colo(u)r. Red, pink, blue, and green are very rare, orange and violet rare; strong-yellow, yellowish-green, brown and black stones are common*]
farbiger Schlammsprudel ***m*** • paint-pot [*A colo(u)red mud-well usually associated with geysers and hot springs, as in Yellowstone National Park. Rising water throws out blue, pink, yellow, white and red mud, generally when there is too little water to form a spring and the surrounding rock have been weathered to clay with compounds of iron*]
farbloser Topas ***m*** [*In Brasilien "pinga d'agua" (Wassertropfen) genannt*] • white topaz
farbloser Zirkon ***m*;** Ceylondiamant *m* [*Handelsbenennung*] • Ceylon diamond [*misnomer*]; colourless zircon (Brit.); colorless zircon (US)
Farbluftbild ***n*,** Luftfarbbild • colour aerial photo(graph), colour air photo(graph) (Brit.); color aerial photo(graph), color air photo(graph) (US)
Farbordnung ***f*** • colour order (Brit.); color order (US)
Farbfotografie ***f*** **aus der Luft,** Luftfarbfotografie • colour aerial photography (Brit.); color aerial photography (US)
Farbsaum ***m*** • colour fringe (Brit.); color fringe (US)
Farbstoffmarkierung ***f*,** Spurenmarkierung • tracer marking
Farbton ***m*** • color tint (US), colour tint (Brit.), tone
Farbtonwechselhäufigkeit ***f*** • texture [*In remote sensing the frequency of change and arrangement of tones in an image*]
Färbungsmethode ***f*** ➔ (An)Färbungsmethode
Farbzahl ***f*,** Mafikgrenze *f* • colour ratio, colour index (Brit.); color ratio, color index (US)
farnförmig ➔ baumförmig
Faschinat ***n*,** Faschinierung *f*, Faschinenverkleidung, Faschinenauskleidung, Faschinenbekleidung, Faschinen(ab)deckung, Faschinen(pack)werk *n*, Faschinenverbau *m*, Packwerk • fascine revetment, fascine work, fascinery, faggot revetment, faggot work [*US-spelling: fagot*]; faggotting, fascine filling, kid revetment, kid work; fascinage [*obsolete*] [*Revetment of water course banks with faggots in submerged places, where grass cannot be planted. "Chemise" may be used synonymously for "revetment"*]
Faschine ***f*,** Bindwase *f*, Bortze *f* • fascine, wattle, kid, faggot [*US-spelling: fagot*]
Faschinen(ab)deckung ***f*** ➔ Faschinat
Faschinenauskleidung ***f*** ➔ Faschinat
Faschinenbank ***f*** ➔ Faschinenbock

Faschinenbekleidung *f* ➋ Faschinat
Faschinenbinden *n* • fascine binding, kid binding
Faschinenbock *m*, Bindebock, Kreuzbock, Bindebank, Faschinenbank *f* • (fascine) trestle, kid trestle, (fascine) horse, kid horse, (fascine) cross, kid cross
Faschinenbrücke *f*, Faschinendamm *m* • fascine causeway, kid causeway, fascine bridge, kid bridge
Faschinenbuhne *f* [*Sie geht ungefähr 1 m in das Ufer hinein und besteht aus Vorlege- und Bundfaschinen, alle 50-100 cm weit verpfählt, mit Erde und Rasen belegt und mit Weiden und Erlen bepflanzt*] • fascine (work) groyne, fascine (work) groin, fascine (work) jetty
Faschinenbühne *f*, Faschinenplattform *f* • fascine platform, kid platform
Faschinendamm *m*, Faschinenbrücke *f* • fascine causeway, kid causeway, fascine bridge, kid bridge
Faschinendrän *m* • fascine drain, kid drain
Faschinenfloß *n*, Sinkstück *n* • fascine raft, kid raft
Faschinenhaue *f* • fascine hatchet, kid hatchet, field hatchet
Faschinenholz *n* • fascine wood, kid wood
(Faschinen)Kreuzbock *m* • fascine-making cross, faggot-making cross [*US-spelling: fagot*]; kid-making cross
Faschinenlage *f*, Faschinenschicht *f* • fascine layer, fascine matting, fascine course, kid layer, kid course
Faschinenmatte *f* • fascine mat(tress), fascine matting, kid mat(tress)
Faschinenmattenauskleidung *f*, Faschinenmattenfutter *n*, Faschinenmattenverkleidung, Faschinenmattenbekleidung • fascine mat(tress) revetment, kid mat(tress) revetment, [*"Chemise" may synonymously be used for "revetment"*] [*See note under "revetment"*]
Faschinen(pack)werk *n* ➋ Faschinierung
Faschinenpfahl *m* ➋ Lehrpfahl
Faschinenplattform *f*, Faschinenbühne *f* • fascine platform, faggot platform [*US-spelling: fagot*]; kid platform
Faschinenschicht *f*, Faschinenlage *f* • fascine layer, fascine course, faggot layer [*US-spelling: fagot*]; kid layer, kid course
Faschinenverbau *m* ➋ Faschinierung
Faschinenverkleidung *f* ➋ Faschinierung
Faschinenwehr *n* • fascine weir, kid weir, fascine dam, kid dam, fagot dam (US)
(Faschinen)Wippe *f*, Faschinenwurst *f* • saucisse, saucisson, wipped fascine, wipped kid
Faschinierung *f*, Faschinat *n*, Faschinenverkleidung, Faschinenauskleidung, Faschinenbekleidung, Faschinen(ab)deckung, Faschinen(pack)werk *n*, Faschinenverbau *m*, Packwerk • fascine revetment, fascine work, fascinery, faggotting, fascine filling, kid revetment, kid work; fascinage [*obsolete*] [*Revetment of water course banks with faggots* [*US-spelling: fagots*] *in submerged places, where grass cannot be planted. "Chemise" may be used synonymously for "revetment"*]
Fase *f* • chamfer; chamber [*corrupted term*]
Fasen(schleif)rad *n* • chamfer(ing) (grinding) wheel
Faseraragonit *m*, Eisenblüte *f* • flos ferri [*A coralloid variety of aragonite*]
Faserasbest *m* • fibrous asbestos, mineral flax
Faserbaddeleyit *m* • brazilite [*A fibrous variety of baddeleyite*]
Faserbaryt *m* • fibrous barite, fibrous baryte(s), fibrous barytite, fibrous barytine; fibrous tiff [*southeast Missouri*]
faserbewehrter Tübbing *m* • fibre-reinforced segment (Brit.), fiber-reinforced segment (US)
Faserbraunkohle *f* ➋ lignitische Braunkohle
Faserdatolith *m*, Botryolith • botryolite, bottrytes, biborosilicate of lime [*A radiated, columnar datolite with a botryoidal surface*]
Fasereisen *n* • fibrous iron [*An iron having a fibrous texture*]
Fasergeolith *m* ➋ Laumon(t)it
Fasergips *m*, spätiger Gips, Seidengips, Atlasgips, Federgips, Federweiß *n*, Atlasspat *m*, Atlasstein *m* • fibrous gypsum, satin spar, satin stone
faserig • fibrous
faserige Braunkohle *f*, lignitische Braunkohle, holzartige Braunkohle, Faserbraunkohle, bituminöses Holz *n*, holzige Braunkohle • bituminous wood, board coal, wood coal, woody lignite, xyloid coal, xyloid lignite [*A variety of brown coal having the fibrous structure of wood*]
faseriger Bruch *m* • fibrous fracture [*mineral*]
faseriger Habitus *m* • fibrous habit [*The tendency of certain minerals, e.g. asbestos, to crystallize in needlelike grains or fibres*]
faseriger Jamesonit *m*, faseriges Federerz *n* • fibrous jamesonite, fibrous feather ore, fibrous gray antimony, fibrous grey antimony
faseriger Roteisenstein *m* ➋ (roter) Glaskopf
faseriger Torf *m* ➋ Fasertorf
faseriger Zinnstein *m*, Holzzinn *n*, SnO_2 • Cornish tin ore, wood-tin, dneprovskite; costean, costeen [*early Cornish names*] [*A nodular or reniform brownish variety of cassiterite, having a concentric structure of radiating fibres resembling dry wood in appearance*]

faseriges Federerz *n*, faseriger Jamesonit *m* • fibrous jamesonite, fibrous feather ore, fibrous gray antimony, fibrous grey antimony
Faserillit *m* • fibrous illite
Faserkalk *m* • fibrous calcite; satin spar [*misnomer*]
Faserlehm *m* • fibrous loam
Fasersiderit *m* ➲ Blauasbest
Fasersiedestein *m*, Faserzeolith *m*, Spreustein • fibrous zeolite
Faserstruktur *f* • fibrous texture
Fasertalk *m* • fibrous talc
Fasertorf *m*, filziger Torf, Wurzeltorf, faseriger Torf, Rasentorf, Filztorf • fibrous peat, wood(y) peat
Faserzement *m*, Zement A [*Kalksteinzementation*] • fibrous cement, fiber cement (US); fibre cement (Brit.)
Faserzeolith *m*, Fasersiedestein *m*, Spreustein • fibrous zeolite
Faserzinnober *m* • fibrous cinnabar
Fassade *f* • facade
Fassadenschalung *f* • facade formwork
(Fass)Daubenzimmerung *f* [*Sie bildet ein Rohr*] • stave timbering
fassen [*Grundwasser*] • to capture
Fassfüllort *n* ➲ Grundort
Fassstall *m* ➲ Grundort
Fassungshydrodynamik *f* • catchment hydrodynamics
Fassungsvermögen *n* [*auch eines Behälters*], Stauinhalt *m* [*Talsperre*] • capacity
Fastebene *f* ➲ Altfläche
Fasthöchstwert *m*, Fastmaximalwert • near-maximum value
Fastisoklinalfalte *f* • carinate fold [*It is almost isoclinal*]
Fastkristall *m* ➲ Flüssigkristall
Fassstelle *f* ➲ Füllort
faule Küste *f*, gefährliche Küste • foul coast, dangerous coast [*A coast full of cliffs and rocks*]
Fäule *f* [*Lettiges Gestein welches die Erze scheidet*] • brittle stones
faulendes Gezimmer *n* (⚒) ➲ unhaltbares Gezimmer
Fäulnis *f* • putrefaction
Fäulnis *f* bei Luftzutritt [*z. B. Holzpfähle*] • rotting in air [*such as timber piles*]
Faulschlamm *m* • putrid mud, sludge
Faulschlammgestein *n* ➲ Sapropelit
Faulschlammkohle *f* ➲ Sapropelkohle
Faulteich *m*, Erdfaulbecken *n* [*Becken in Erdbauweise zur Faulung von Schlamm oder Abwasser. DIN 4045*] • digestion earth basin, digestion earth lagoon, anaerobic earth basin, anaerobic earth lagoon
Faunareich *n* • faunal realm
Faunengemeinschaft *f* • faunal assemblage
Faunenprovinz *f* • faunal province [*A geographic region characterized by a specific assemblage of animals more or less widely distributed within it*]
Fäustel *m* (⚒) ➲ Anschlagfäustel
fazielle Falle *f* • deposition(al) oil trap, accumulation oil trap
Fazies *f*, Ausbildungsweise *f* [*Die Gesamtheit der Merkmale eines geologischen Körpers in seinem jetzigen Zustand wird bestimmt durch das Milieu, das zu seiner Bildung führte*] • facies
Fazies(ab)folge *f* • facies sequence, facies succession
Faziesabweichungskarte *f* [*Sie stellt den Abstand einer Fazieszusammensetzung von einer vorher gewählten optimalen Fazies dar*] • (vertical) variability map of stratigraphic units
Faziesanalyse *f* [*Die Analyse der Unterschiede gleichaltriger Sedimente, der Klärung der Gesetzmäßigkeiten und die Ursachen dieser Unterschiede*] • facies analysis
Faziesbereich *m*, Fazieszone *f* • facial zone
Faziesebene *f* • facies plane [*A term used by Caster (1934) for the boundary between magmafacies and parafacies, although it is usually not sharp enough to be recognizable as a plane in any section*]
faziesgleich • isogradal, isograde, isofacial
Faziesgrenze *f* • facies boundary
Fazieskartierung *f* [*Quantitative Kartierung faziell bedingter lithologischer Änderungen; Änderung lithologischer Eigenschaften*] • quantitative mapping
Fazieskunde *f* • study of facies; facieology [*Not recommended usage*]
Faziesmischung *f*, Faziesgemisch *n* • intermingled facies
Faziesrekurrenz *f* • stratal repetition
Fazieszone *f*, Faziesbereich *m* • facial zone
FDP ➲ **Full Displacement Pressuremeter *n***
FE-Berechnung *f* • FE calculation
Feder(ab)dichtung *f* [*Absenkwalze im Wasserbau*] • spring water seal
Federalaun *m*, Eisenalaun • iron alum, alum feather, feather alum, butter rock [*Not to be confused with "mountain butter". A double sulphate of iron and potassium that occurs native and is then called "halotrichite"*]
Federbarometer *n* • orometer
Federblech *n* [*Wehrverschluss*] • seal(ing) strip

Feder-Bohrschraube ***f,*** Feder-Nachlassvorrichtung *f* [*amerikanisches Seilbohren*] • spring temper-screw, spring drill-head

Federdiabas ***m,*** Plumosediabas • plumose diabase [*A variety of dolerite-pegmatite characterized by a coarse texture and long curling plumes or blades of pyroxene, resembling green blades of grass*]

Federelement ***n*** • spring element

Feder(erd)bebenschreiber ***m,*** Federseismograf, Federseismograph *m,* Federerschütterungsmesser • spring seismograph

Federerschütterungsmesser ***m*** ➋ Federseismograf

Federerz ***n*** ➋ haar(förm)iger Antimonglanz

Federfundament ***n*** [*ein Maschinenfundament*] • spring foundation

Federgips ***m*** ➋ Fasergips

Federgravimeter ***n,*** Federschweremesser *m* • spring gravimeter, spring gravity meter

Federkeilverfahren ***n,*** Sprengkeilverfahren, Sprengkeilmethode *f,* Federkeilmethode • plug-and-feathers method, multi(ple)-wedge method, plug-and-feathering [*A conical rod of metal was driven between one or two thin metal wedges put in a rock crack, or later in holes drilled with a rectangular bit, so forcing the rock to split.*]

Federkernfänger ***m*** • spring core catcher

Federkissen ***n*** • spring cushion

Federkonstante ***f*** • spring constant

Federmodell ***n*** • spring model

Feder-Nachlassvorrichtung ***f,*** Feder-Bohrschraube *f* [*amerikanisches Seilbohren*] • spring temper-screw, spring drill-head

federnde Eigenschaften ***f(pl)*** **des Baugrunds** • elastic properties of the subsoil

Federsalz ***n*** ➋ Bittersalz

Federschweremesser ***m,*** Federgravimeter *n* • spring gravimeter, spring gravity meter

Federseismograf ***m,*** Federseismograph *m,* Feder(erd)bebenschreiber *m,* Federerschütterungsmesser • spring seismograph

Federwaage ***f*** **nach Jolly,** Jolly-Federwaage • Jolly balance [*In mineral analysis, a delicate spring balance used to measure specific gravity*]

Federweiß ***n*** ➋ Fasergips

Fehlabschlag ***m,*** Versagerabschlag, Fehlsprengstrecke *f,* Versagersprengabschnitt, Fehlsprengabschnitt *m,* Versagersprengstrecke • failed round, missed round, misfired round, unexploded round [*A round in which all or part of the explosive has failed to detonate*]

Fehlbenennung ***f,*** Fehlname *m* • misnomer, erroneous name

fehlbohren, einreißen • to bore away, to bore untrue

Fehlbohrloch ***n,*** Fehlbohrung *f,* trockenes Bohrloch, trockene Bohrung, ergebnislose Bohrung, ergebnisloses Bohrloch, sterile Sonde *f* • dry well(bore), dry (bore) hole, duster

Fehldeutung ***f*** • misinterpretation

fehlende Dränung ***f*** **am Böschungsfuß** • undrained embankment toe

fehlende Dränung ***f*** **am Dammfuß** • undrained dam toe

Fehler ***m*** **als Ganzes** [*Wenn der mittlere Proben- und Analysenfehler nicht gegen Null geht*] • overall bias [*in geochemical data*]

Fehlerbeherrschung ***f*** • error control

Fehlerellipse ***f*** • error ellipse

Fehlerfortpflanzung ***f*** • error propagation

Fehlergleichung ***f*** • error equation

Fehlergleichung ***f*** [*Fotogrammetrie*] • observational equation, working equation

Fehlergröße ***f*** • error value

Fehlerkurve ***f*** • error curve [*photogrammetry*]

Fehlerlehre ***f*** • theory of errors

Fehlerortung ***f,*** Fehlersuche *f,* Mängelortung, Mängelsuche • defect location

Fehlerquelle ***f*** • error source

Fehlersuche ***f*** **unter Benutzung der Größe der Verbesserungen für die Beurteilung der Güte der Beobachtungen** • data snoofing

Fehlertafel ***f*** [*Fotogrammetrie*] • error table, table of errors

Fehler-/Varianzfortpflanzung ***f*** • variance propagation

Fehler-/Varianzfortpflanzungsgesetz ***n,*** F.F.G. • variance propagation law

fehlgezündet, versagt • misfired, failed, unexploded

Fehlkorn ***n*** [*Unter Fehlkorn sind Überkorn und Unterkorn bei der Klassierung zu verstehen. Überkorn ist zu grob im Siebdurchgang, Unterkorn zu fein im Siebübergang*] • outsize

Fehllenkung ***f,*** Fehlsteuerung [*Fehlbenennung*] • faulty steering, mis-steering [*microtunnel(l)ing*]

Fehlname ***m,*** Fehlbenennung *f* • misnomer, erroneous name

Fehlschuss ***m*** ➋ Abreißer

Fehlschuss ***m*** ➋ Fehl(zündungs)schuss

Fehlschussloch ***n,*** Ausbläser *m,* Versagerschussloch • failed hole, missed hole, misfired hole, unexploded hole [*A loaded blasting hole which did not explode*]

F

Fehlsprengabschnitt ***m*** ➋ Fehlabschlag

Fehlsprengloch ***n*** ➋ Abreißerloch

Fehlsprengstrecke ***f*** ➋ Fehlabschlag

Fehlstelle ***f*** [*Pfahl*] • void

Fehlsteuerung ***f*** [*Fehlbenennung*]; Fehllenkung • faulty steering, mis-steering [*microtunnel(l)ing*]

fehlzünden, versagen [*Sprengtechnik*] • to miss, to misfire, to fail, to unexplode

Fehlzünden ***n*,** Versagen, Fehlzündung *f* [*Sprengtechnik*] • misfiring

F

Fehlzündungsladung ***f*** ➋ Versagerladung

Fehl(zündungs)schuss ***m*,** Versager *m* [*Ein (Spreng) Schuss dessen Ladung sich nicht oder unvollständig umgesetzt hat*] • failed shot, misfired shot, unexploded shot, missed shot

Fehn ***n*,** Fenn, grundwasserfeuchtes Gebiet *n* • fen, wash [*Waterlogged, spongy ground containing alkaline decaying vegetation, characterized by reeds, that may develop into peat. It sometimes occurs in the sink(hole)s of karst regions*]

Fehnkultur ***f*** • Dutch fen culture, sand-mix culture

FE-Methode ***f*,** Methode *f* der finiten Elemente • finite element method

feiern (⚒) • to leave work

feig (⚒) ➋ unhaltbar

feiges Gestein ***n*** ➋ unhaltbares Gestein

feiges Gezimmer ***n*** (⚒) ➋ unhaltbares Gezimmer

Feiggezimmer ***n*** (⚒) ➋ unhaltbares Gezimmer

fein, mild(e), zäh(e) [*Aufbereitung*] • fine, tough, sticky

fein eingesprengt, verwachsen [*Erz*] • chat(ty)

fein eingesprengter Zinnstein ***m*** • floran (tin) [*An exceedingly small grained tin, scarcely perceivable in the stone though perhaps very rich. Also tin which is stamped very small, is called floran(tin) - quasi flower tin*]

fein einstellen [*Objekt im Fernrohr*] • to point precisely

Feinanteile [*eines Bodens*] • fines

Feinauflösung ***f*** • fine resolution

Feinbewegung ***f*** [*Fotogrammetrie*] • slow motion

Feinbewegungsschraube ***f*** [*Fotogrammetrie*] • slow motion screw

feinblasig • fine-bubbly

Feinbodenstruktur ***f*,** Bodenfeinstruktur • fine (soil) texture [*Containing >35 per cent clay*]

Feindetritusgyttja ***f*** • fine detritus gyttja

feine Bodenteilchen ***n****(pl)* • minute soil particles

Fein(ein)ebnen ***n*,** Fein(ein)planieren • fine grading

Feineinwägung ***f*** ➋ Präzisionsnivellierung

Feineisenerz ***n*** • fine iron ore

Feinentsandung ***f*** • fine sand removal

Feinerde ***f*** • fine earth, material [*This material is divided into sand, silt and clay*]

feiner Schotter ***m*** • fine gravel

Feinerz ***n*** • fine ore

feines Weiß ***n*** [*Farbenskala der reinen Diamanten*] • top tresselton; blue(-white) tresselton [*misnomer*]

feinfaserig • finely pachoidal

Feinflockengrafit ***m*,** Feinflockengraphit • fine flake graphite

Feingehalt ***m*** [*Gold; Silber*] • fineness

feingekörnt ➋ feinkörnig

feingekörnter Kalkstein ***m*,** feinkörniger Kalkstein • fine-grained limestone, post stone

feingekörnter Sandstein ***m*,** feinkörniger Sandstein • fine-grained sandstone, post stone

feingemascht, feinmaschig • close-meshed

feingeschlämmt • levigated

feinglied(e)rige Hangfurchen ***f****(pl)* ➋ filterförmig zerschnittene Landschaft

Feinhaarsieb ***n*** • dilluer [*Cornwall*]; fine hair sieve [*tin ore*]

Feinheitskennkurve ***f*** ➋ Summenkurve

Feinheitskennlinie ***f*** ➋ Summenkurve

Feinkalk ***m*** [*eignet sich für die Bodenverfestigung von feinkörnigen Böden*] • finish lime, lime powder, pulverized lime

Feinkaverne ***f*,** Gesteinslösungspore *f* • rug

Feinkies ***m*** [*Korndurchmesser: 2,0 bis 6.0 mm*] • fine gravel, granule gravel, uncemented granules [*Rounded rock fragments larger than very coarse sand grains but smaller than pebbles. Rounded pieces too small to be called pebbles have still been too large to be called sand grains in the practice of most geologists*]

feinklastisches Gestein ***n*,** Gaize *f* • gaize [*A porous fine-grained micaceous glauconitic sandstone, containing much soluble silica, occurring among the Cretaceous rocks of France and Belgium*]

Feinkohle ***f*** [*Deutschland 6 mm*] • grains

Feinkoks ***m*** ➋ Koksgrus

Feinkokskohle ***f*,** Koksfeinkohle • coking smalls

Feinkorn ***n*** • fine grain, fines

feinkörnig, mikrokörnig, feingekörnt [*Böden, Sand*] • microgranular, fine-grained [*soils, sands*], granulitic, fine-granular; euritic, microgranitic, microgranitoid [*not recommended synonyms*] [*Said of the texture of a microcrystalline, xenomorphic igneous rock. Also, said of a rock with such a texture*]

feinkörnig und dicht (gelagert) • close-grained [*Consisting of fine, closely spaced particles, crystals or other elements*]

(fein)körnige Opaksubstanz ***f,*** Mikrinitkörner *f,* Feinmikrinit *m* • granular opaque matter, granular carbonaceous matter
feinkörnige Zuschlagstoffe • fine aggregate
feinkörniger blauer Turmalin ***m,*** blauer feinkörniger Turmalin • blue peach
feinkörniger Kalkstein ***m,*** feingekörnter Kalkstein • fine-grained limestone, post stone
feinkörniger Muskovitgranit ***m,*** Granulit *m* • granulite [*A fine-grained muscovite-bearing granite, especially in the French literature*]
feinkörniger Sandstein ***m,*** feingekörnter Sandstein • fine-grained sandstone, post stone
Feinkornumlagerung ***f,*** Suffosion *f,* mechanische Zerstörung [*Herausspülen feiner Teilchen aus Gewässerbett und Gewässersohle. Gegensatz: Kolmation*] • suffosion
feinkristallin • finely crystalline
feinkristalline Kieselsäure ***f*** ➔ Flint
feinlagig ➔ feinschichtig
Feinlängenmessanlage ***f*** • extensometer system
Feinlängenmesser ***m*** [*Die Anzeigegenauigkeiten betragen 0,01 bis 1 mm bei Messbereichen von 5 m bis 50 m*] • extensometer
feinlamellare Textur ***f*** • sliced structure
Feinmagnetit ***m*** • magnetite fines
feinmaschig, feingemascht • close-meshed, fine-meshed
feinmaschiges Drahtgitter ***n*** [*Hangsicherung*] • close-meshed (*or:* fine-meshed) wire grating
Feinmikrinit ***m*** ➔ Mikrinitkörner
Feinnivelliergerät ***n,*** Feinnivellier(instrument) *n* • fine level((l)ing instrument)
Feinnivellierung ***f*** ➔ Präzisionsnivellierung
Feinplanum ***n;*** Feinplanie *f* [*Schweiz*] [*Ein auf der Frostschutzschicht, wenn erforderlich, Sauberkeits- oder Filterschicht herzustellendes Planum mit zulässigen Abweichungen von ± 2 cm gegenüber der Sollhöhe*] • finish (sub)grade (US); finish formation (Brit.)
Feinpore ***f*** • fine pore
Feinsand ***m*** [*Korndurchmesser: 0,06 - 0,2 mm*] • fine sand
Feinsand-Entwässerungsverfahren ***n*** **nach Streck,** vacuum (well) method
Feinsandlage ***f*** • fine sand layer
feinsandig • fine sandy
Feinschichtfalte ***f*** [*Im Liegenden einer Belastungsmarke*] • load fold
feinschichtig, dünnschichtig, feinlagig, dünnlagig • straticulate [*Characterized by numerous very thin parallel layers, whether separable or not, either of sedimentary deposition (as a bed of clay), or of deposition from solution (as in a stalagmite or banded agate*]
Feinschichtung ***f*** • lamination, laminations
Feinschluff ***m*** [*Korndurchmesser: 0,002 - 0,006 mm*] • fine-grained silt, fine silt
feinschuppiger Muskovit ***m,*** Gilbertit
Feinschutt ***m*** • fine débris, fine rock waste
Feinstbindemittel ***n*** • microfine binder, ultra fine cement
Feinstboden ***m,*** Feinsterde *f,* Superfeinboden, Superfeinerde • superfine soil, superfine earth, very fine soil, very fine earth, ultrafine earth, ultrafine soil, finest soil, finest earth
Feinstdetritus ***m*** ➔ Lutit
feinstes Blauweiß ***n*** [*Farbenskala der reinen Diamanten*] • (blue)jager
Feinstglimmersand ***m*** • nest mica sand
Feinstkorn ***n,*** Superfeinkorn • finest grain, ultrafine grain, superfine grain, very fine grain
Feinstsand ***m,*** Superfeinsand, Mehlsand • finest sand, ultrafine sand, superfine sand, very fine sand, flour(y) sand
Feinstschluff ***m,*** Superfeinschluff • very fine silt, superfine silt, finest silt, ultrafine silt
Feinteile ***f*** ➔ (Erz)Feinteile
Feintrieb ***m*** [*an einem Theodolithen*] • fine adjustment screw [*on a theodolite*]
feinverwachsen, eingesprengt, gesprenkelt, ausgestreut, imprägniert • disseminated, scattered, spotty [*Said of throughout a mineral deposit in which the desired minerals occur as scattered particles in the rock, but in sufficient quantity to make the deposit an ore. There is no genetic connotation*]
Feinzerkleinerung ***f*** • fine comminution
Feinzielung ***f*** [*Tachymeter*] • precision sighting
Feld ***n,*** Grubenfeld, Mutungsfeld, Abbaufeld, Grundlehen *n* (⚒) • claim, mining claim, set [*In mining law, a portion of public land on which an individual may have mining rights. Size and other legal restrictions vary from country to country*]
Feld ***n*** • field [*A broad term for the outdoor area, away from the lab(oratory), in which a geologist makes first-hand observations and collects data, samples of any kind, and fossils*]
Feld ***n*** • field [*A natural area or land section containing or yielding some particular, especially mineral resource*]
Feld ***n*** • field [*In geophysics, that space in which an effect, e.g. gravity or magnetism, occurs and is*

measurable. It is characterized by continuity, i.e. there is a value associated with every location within the space]

Feld *n* [*In einem Streb*] (⚒) • track [*Pass(age) in a face between two rows of props*]

Feld *n* [*einer Balkenbrücke*] • span

Feld *n* von Dehnungsraten ➋ Dehnungsratenfeld

Feldanweisung *f* • field instruction

Feldanwendung *f*, Feldgebrauch *m* • field application, field use

F

Feldapparat(ur) *m*, *(f)* • field apparatus

Feldarbeiten *f* • field work

Feldarbeit(en) *f(pl)*, Feldbetrieb *m* [*Vermessung*] • field operation(s)

Feldaufbaumethode *f*, Feldaufbauverfahren *n* • field build-up method

Feldaufnahmeblatt *n*, Feldoriginal *n* [*Deutschland*]; Aufnahmeblatt [*Österreich*]; Aufnahmesektion *f* [*Schweiz*] • field manuscript record of a topographic survey

Feldaufnehmen *n* ➋ Feld(ver)messen

Feldaufzeichnungen *f*, Felddaten *f* • field record, field data

Feldausrüstung *f* • field equipment

Feldbegehung *f*, Feldvergleich *m* • field completion survey, field inspection, field comparison [*photogrammetry*]

Feldbeispiel *n* • field example

Feldbeobachtung *f* • field observation, observation in the field

Feldbetrieb *m*, Feldarbeit(en) *f(pl)* [*Vermessung*] • field operation(s)

Feldbewässerung *f* • field irrigation, irrigation of fields

Feldboden *m* • tilled soil

Feld-Bodenprüfen *n* • in(-)place soil testing, in-situ soil testing, field soil testing

Feldbuch *n*, Zugbuch, Handregister *n* [*Vermessung*] • field book

Feldbuchaufzeichnung *f*, Zugbuchaufzeichnung, Handregisteraufzeichnung [*Vermessung*] • field book record

Felddaten *f*, Feldaufzeichnungen *f* • field record, field data

Felddatenerfassung *f* • field data acquisition, field record acquisition

Felddichteprüfung *f*, Felddichteversuch *m*, Felddichteprobe *f* • field density test

Felddrän *m* • field drain [*A shallow ditch with flat side slopes, which farm machinery can cross*]

Felddurchlässigkeit *f* • field permeability [*Permeability corresponding to the temperature which occurs under field conditions*]

Felddurchlässigkeitsversuch *m* • field permeability test

Feldelektrode *f*, Stromelektrode • current electrode

Felderbau *m* (⚒) ➋ Strecken- und Pfeilerbau in geschlossenen Abteilungen

Felderweiterungsbohrloch *n*, Felderweiterungsbohrung *f*, Erweiterungsbohrung auf bekanntem Horizont, Erweiterungsbohrloch auf bekanntem Horizont • step out well(bore), outpost well(bore) [*A well drilled beyond the proven limits of a field in order to investigate a possible extension of the oil or gas accumulation*]

Feld(es)breite *f* (⚒) • cut width, track width, width of cut, width of track

Feld(es)grenze *f* ➋ (Gruben)Feld(es)grenze

Feld(es)länge *f* (⚒) • run

Feld-Feuchtigkeits-Äquivalent *n* [*Derjenige Wassergehalt - Wassergewicht geteilt durch Gewicht der Festmasse - bei dem ein Tropfen Wasser auf der ebenen Oberfläche des Bodens nicht sogleich absorbiert wird, sondern sich ausbreitet und der Oberfläche ein glänzendes Aussehen verleiht*] • field (moisture) equivalent [*It is defined as the minimum moisture content, expressed as a percentage of the weight of the oven-dried soil, at which a drop of water placed on a smooth surface of the soil will not immediately be absorbed by the soil, but will spread out over the surface and give it a shiny appearance, abbrev. FMF, symbol Wme*]

Feldforschung *f* • field research

Feldgebrauch *m*, Feldanwendung *f* • field application, field use

Feldgeologe *m* • field geologist

Feldgeologie *f* • field geology [*It is geology as practiced by direct observation of outcrops, exposures, landscapes, and drill cores. Rocks and rock materials are investigated in their natural environment*]

Feldgeophysik *f* • field geophysics

Feldgestänge *n* [*Ein zur Übertragung der Bewegung einer Maschine über Tage hingeführtes Gestänge*] (⚒) • flat rods

Feldgraben *m* • field ditch

Feldhydrogeologie *f* • field hydrogeology

Feldinstrumentation *f* • field instrumentation

Feldjustiervorrichtung *f* [*Fotogrammetrie*] • field adjusting device

Feldkapazität *f*, Speicherfeuchte *f*, Speicherfeuchtigkeit *f*, Wasserkapazität • field (moisture)

capacity, normal moisture capacity [*The approximate quantity of water which can be permanently retained in the soil in opposition to the downward pull of gravity*]

Feldkarte *f* • field map

Feldkarte *f*, Grubenfeldkarte, Grubenfeldriss *m*, Feldriss • (mining) claim map

Feldkartierung *f* • field mapping

Feldkontrolle *f* • field check(ing)

Feldkurve *f* • field curve

Feldlager *n* • field camp

Feldlinie *f*, Kraftlinie • line of force, force line [*An imaginary line in a field of force (such as an electric, magnetic, or gravitational field) whose tangent at any point gives the direction of the field at that point; the lines are spaced so that the number through a unit area perpendicular to the field represents the intensity of the field*]

feldmäßige Bestimmung *f* • field determination

feldmäßiges Erkennungsverfahren *n* zum Benennen der natürlichen mineralischen Bodenarten • field method for the identification of naturally occurring mineral soils

Feldmesserkompass *m* • surveyor's compass, surveyor's dial [*A surveying instrument used for measuring horizontal angles, specifically one designed for determining a magnetic bearing of a sight(ing) line by the use of a sight(ing) device, a graduated horizontal circle, and a pivoted magnetic needle*]

Feldmesskunde *f*, Vermessung *f*, Feldvermessung, niedere Geodäsie *f* • surveying [*The applied science that teaches the art of making surveys as are necessary to determine the area of any part of the Earth's surface, the length and directions of the boundary lines, and the contour of the surface, and of accurately delineating the whole on paper*]

Feldmessung *f* • field measurement

Feldmethode *f*, Feldverfahren *n* • field method

Feldoriginal *n* [*Deutschland*]; Feldaufnahmeblatt *n*; Aufnahmeblatt [*Österreich*]; Aufnahmesektion *f* [*Schweiz*] • field manuscript record of a topographic survey

Feldortstoß *m* ➋ unterer (Abbau)Stoß

Feldortstrecke *f* ➋ Grundstrecke

Feldfotogrammeter *n* • field photogrammeter

Feldfototheodolit *m* • field phototheodolite

Feldprobe *f*, Feldversuch *m*, Feldprüfung *f* • in-place test, in(-)situ test, field test, test in place, test in situ

Feldprotokoll *n* • field protocol

Feldprüfmethode *f*, Feldprüfverfahren *n* • field test(ing) method

Feldrain *m*, Rain, Ackerrain • lynchet(t), linchard, linch(et), rein, unploughed strip, landshard [*A strip of green land between two pieces of ploughed land*]

Feldriss *m* ➋ Grubenfeldkarte

Feldseismograf *m*, Feldseismograph *m* • field seismograph

Feldspat *m* • feldspar

Feldspatgrauwacke *f* • feldspathic graywacke, lithic arkosic wacke; high-rank graywacke of Krynine (1945)

Feldspatgruppe *f* • fel(d)spar group (of minerals); orthose [*obsolete. Introduced by Haüy, 1801*]

feldspatisch • feldspathic [*Pertaining to fel(d)spar*]

feldspatisieren • to fel(d)spathize [*To change to fel(d)spar*]

feldspatloser Granit *m*, Greisen *m* • greisen [*A pneumatolytically altered granitic rock composed largely of quartz, mica and topaz. The mica is usually muscovite or lepidolite. Tourmaline, fluorite, rutile, cassiterite, and wolframite are common accessory minerals*]

Feldspatporphyroklast *m* • feldspar porphyroclast

Feldspatquarzit *m* • fel(d)spar quartzite

Feldspat-Quarzschiefer *m* [*Er enthält mehr Quarz als Feldspat*] • fel(d)spar-quartz schist

Feldspatsand *m* • feldspar sand

Feldspatsetzmaschine *f* • fel(d)spar jig

Feldspatwacke *f* • feldspathic wacke, subarkosic wacke

Feldstärke *f* • field intensity, field strength

Feldstation *f* • field station

Feldstation *f* [*Telemetriesystem*] • remote unit

Feldstecher *m* • field glass

Feldstein *m*, Findling *m* • boulder, bowlder; gibber [*aboriginal Australian*] [*General terms for any rock that is too heavy to be lifted readily by hand*]

Feldsteinfeld *n* ➋ Findling(s)feld

Feldsteinstrom *m* ➋ Findling(s)feld

Feldtätigkeit *f* • field activity

Feldtheoriebegriff *m* • field theory concept

Feldtisch *m*, Messtisch • planetable [*It is used for constructing a map in the field*]

Feldtisch... ➋ Messtisch...

Feldüberwachung *f* • field monitoring

Feldumkehr(ung) *f* • magnetic reversal

Felduntersuchung *f* • field examination

Feldverfahren *n*, Feldmethode *f* • field method

Feldvergleich *m*, Feldbegehung *f* • field completion survey, field inspection, field comparison [*Fotogrammetry*]

Feldvergleich *m* bei Geländebegehung [*Erfassung von Relieftypen mit Hilfe von Satellitenfoto*] • ground check(ing)

Feld(ver)messen ***n*,** Flurvermessen, Feldaufnehmen, Fluraufnehmen, Land(ver)messen, Landaufnehmen • field surveying, field measuring, land surveying, land measuring [*The measurement of dimensional relationship among points, lines and physical features on or near the Earth's surface. Basically surveying determines horizontal distances, elevation differences, directions, and angles. These basic determinations are applied further to computation of areas and volumes and to establishment of locations*]

F

Feld(ver)messer ***m*,** Vermesser, Geometer, Gelände(ver)messer, Terrain(ver)messer, Land(ver)messer • surveyor, land surveyor, field surveyor, topographic(al) surveyor, geometer, ground surveyor, land measurer, bounder, terrain surveyor; landimer [*old Scots law*]

Feldvermessung ***f*** ➋ Vermessung

Feldversuch ***m*,** Feldprobe *f*, Feldprüfung *f* • in-place test, in-situ test(ing), field test, test in place, test in situ, field investigation, field trial

Feldversuch ***m*** **mit unterirdischer Teilverbrennung** • multi(ple)-well thermal recovery test

Feldwaage ***f*** **für Senkrechtstärke**
➋ Inklinationsnadel

feldwärts, abbauwärts (⚒) • in-over, inby(e) (side) [*Toward the working face, or interior, of the mine; away from the shaft or entrance. Opposite of outby(e) (side)*]

Felleniusmethode ***f***
➋ (schwedische) (Gleit)Kreismethode

Feloid ***n*** • feloid [*It signifies all the fel(d)spars and feldspathoid(al) minerals*]

Fels ***m*** [*dessen Übergang zum Boden ist meist fließend*], Festgestein, (kompaktes) Gestein • rock

Fels ***m*** **der Regionalmetamorphose,** Gestein *n* der Regionalmetamorphose • low-grade metamorphic rock

Felsabbau ***m*** • rock excavation

Fels(ab)gleiten ***n*,** Fels(ab)gleitung *f*, Felsrutsch(ung) im engeren Sinne • rock slide, rock sliding, rock gliding, rock slip(page); rockslide avalanche [*obsolete*]

Fels(ab)hang ***m*,** Felsgehänge *n* • rock hillside, rock (hill)slope

Felsabhobelung ***f*** • rock planation, rock planing

Felsabraum ***m*** ➋ festes Deckgebirge

Felsabtrag ***m*,** abgetragene Felsmasse *f* • excavated rock, cut rock, dug rock, removed rock

Felsabtrag ***m*** [*Die abzutragende Felsmasse*] • rock to be cut, rock to be dug, rock to be removed, rock to be excavated

Felsabtrag ***m*** ➋ Felsausbruch

felsähnlicher Boden ***m*** • rocklike soil

Felsanhöhe ***f*** ➋ Felsbuckel

Felsanisotropie ***f*** • rock anisotropy

Felsanker ***m*** [*Im Gegensatz zum Felsnagel ist der Felsanker auf Zugbeanspruchung ausgelegt*] • rock bolt, rock anchor [*A bar, usually of steel, used in rock bolting. It is generally at least one meter in length and about 2 cm in diameter, and it is provided with a device for expanding the leading end so that it may be anchored firmly in rock. Rock bolts are classified according to the means by which they are secured or anchored: expansion, wedge, grouted, and explosive*]

Felsankerausbau ***m*,** Felsverankerung *f* • rock bolting

Felsarbeiten ***f*** • rock works

Felsart ***f*** • type of rock

Felsarten ***f*,** Gebirgsarten, Gesteine *f* [*Größere Mineralmassen, sofern ihnen eine gewisse Selbstständigkeit zusteht und sie eigenen Lagerungsgesetzen folgen. Sie sind entweder einfache, gleichartige, die nur aus einem Mineralkörper bestehen, oder scheinbar gleichartige, d. h. solche, bei denen kaum mit bewaffnetem Auge, oft nur durch Anwendung mechanischer oder chemischer Trennungsmittel, verschiedenartige Mineralien unterschieden werden können, oder auch zusammengesetzte, gemengte, ungleichartige, bei denen mit dem Auge verschiedenartige Mineralien erkannt und durch mechanische oder chemische Mittel abgeschieden werden können, oder Konglomerate oder Breccien, aus Trümmern oder dergl. zusammengefügt. Dazu kommen noch die Kohlen und die aus kieseligen Gerippen oder Panzern von Infusorien bestehenden Felsarten. Das Gefüge kann sein: körnig, schieferig, dicht, porphyr oder mandelsteinartig*] • rocks

Fels(auf)füllung ***f*,** Stein(auf)füllung, Stein(auf)schüttung, Fels(auf)schüttung • rockfill(ing)

Fels(auf)füllungsfangedamm ***m*,** Stein(auf)füllungsfangedamm, Stein(auf)schütt(ungs)fangedamm, Fels(auf)(schüttungs)fangedamm • rockfill(ing) cofferdam

Fels(auf)füllungsgründung ***f*,**
Stein(auf)füllungsgründung, Stein(auf)(schütt(ungs))gründung, Fels(auf)(schütt(ungs))gründung • rockfill (ing) foundation

Felsausbiss ***m*** ➋ Ausgehende

Felsausbruch ***m*,** Felsaushub *m*, Felsabtrag(ung) *m*, *(f)* • rock excavation, rock digging, rock cut, rock cutting (down)

Felsausdehnung ***f*** • rock expansion

Felsaushubtechniker ***m*** • rock excavator

Fels(aushub)untersuchung *f* • rock (excavation) investigation, investigation of rock (excavation) [*In the field*]
Felsauskleidung *f*, Felsverkleidung, Felsbekleidung, Felsschale *f* • rock lining
Felsausnagung *f*, Felserosion *f* • rock erosion
Felsauspressen *n* ➲ Felsverpressen
Felsbalken *m*, Felsplatte *f* (⚒) • rock beam
Felsband *n* • cliff band
Felsbank *f* • rock bed
Felsbau *m*, Gesteinsbau • rock building, rock construction, rock engineering
Felsbau *m* über Tage, Gesteinsbau über Tage, offener Felsbau, oberirdischer Felsbau, oberirdischer Gesteinsbau, übertägiger Felsbau, übertägiger Gesteinsbau, Übertagefelsbau, Übertagegesteinsbau, offener Gesteinsbau • surface rock construction, surface rock building, above-grade rock construction, above-grade rock building, above-ground rock construction, above-ground rock building
Felsbauer *m*, Felsbauingenieur, Petroingenieur • rock (construction) engineer, rock building engineer
Felsbaugrund *m*, Felsuntergrund • rock (foundation) ground, natural rock foundation
Fels(bau)mechanik *f*, Petromechanik [*Bauingenieurwesen*] • rock mechanics
Fels(bau)mechaniker *m*, Petromechaniker • rock mechanician
Felsbaustoff *m*, Gesteinsbaustoff, Baufels *m*, Baugestein *n* • rock material, building rock, construction rock
Felsbautechnik *f* • rock (construction) engineering, rock building engineering
Felsbauwerk *n* • rock structure, rock work
Felsbauwerk *n* unter Tage, unterirdisches Felsbauwerk, geschlossenes Felsbauwerk [*Tunnel; Kaverne; Stollen; Schacht*] • underground rock structure
Felsbauwerküberwachung *f* • rock structure monitoring, rock work monitoring [*The surveillance of structures in rock, either visually or with the help of instruments*]
Felsbegrünung *f* [*durch Begrünung mit Hydrosaat, Begrasung und Anpflanzung von Bäumen*] • rock slope greening [*such as by hydroseeding, turfing and planting of trees*]
Felsbehandlung *f* • rock treatment
Felsbekleidung *f* ➲ Felsverkleidung
Felsbelastungsversuch *m* • rock loading test
Felsberme *f* • rock berm(e)
Felsbewegung *f* • rock movement
felsbildendes Gemengeteil *n* ➲ Hauptgemengeteil
felsbildendes Mineral *n* ➲ Hauptgemengeteil
Felsblock *m* • rock block, boulder
Felsblockankerloch *n* • block hole [*A small hole drilled into a rock-block or boulder into which an anchor bolt is placed*]
Felsboden *m* [*Fehlbenennung*] ➲ Gestein(s)grund
Felsbogen *m* • rock arch
Felsbohrbarkeit *f* • rock drillability
Felsbohren *n* • rock drilling, drilling of rock [*Action of driving a drill hole in rock by means of a drilling rig for any purpose*]
Felsbohrloch *n*, Felsbohrung *f* • rock borehole, rock drillhole, rock well(bore)
Felsbohrmaschine *f* • rock-boring machine
Felsbolzen *m* • rock bolt
Felsböschung *f* • rock slope, rockslope
Felsbrechen *n* • breaking down rock
Felsbrocken *m* • boulder
Felsbrocken(tal)sperre *f* ➲ Stein(gerüst)(stau)damm
Felsbuckel *m*, Rundbuckel, Rundhöcker *m*, Rundung *f*, Felsbult *f*, Felshügelchen *n*, Felsanhöhe *f* • sheep (back) rock, whaleback, embossed rock; roche moutonée [*French*]; glaciated knob, mammillated rock, sheep-back, dressed rock, muttoned rock, rock hammock, rock hummock, low rock hillock, sca(u)r, scaw, rock eminence
Felsdamm *m* • rock embankment, rock bank
Felsdeformation *f*, Felsverformung *f*, Felsformänderung • rock strain, rock deformation
Felsdichte *f* • rock density
Felsdicht(ungs)lage *f*, Felsdicht(ungs)schicht *f*, Felsdicht(ungs)schürze *f* • rock facing, rock membrane, rock sheet, rock blanket, rock diaphragm [*A layer of rocks placed on the face of a dam to prevent wave erosion of deeper materials*]
Felsdränung *f*, Gebirgsentwässerung in Fels • rock dewatering, rock unwatering
(Fels)Dübel *m* • (rock) dowel [*It comprises a bar installed in a drillhole and bonded to the rock over its full length*]
Felsdynamik *f* • rock dynamics
Felseinbau *m* • rock placement, rock placing
Felseinpressen *n*, Felsverpressen, Felsauspressen, Felsinjizieren, Felsinjektion *f* • rock grouting, rock grout injection
Felseinschnitt *m* • rock cut(ting)
Felsen *m* • rock [*Any prominent peak, cliff, or promontory, usually bare, when considered as a body, e.g. the Rock of Gibraltar*]

F

Felsen ***m*** [*frühere Benennung*] (⚒) ➋ Nebengestein
Fels(en)ahornpfahl ***m*** • hard maple pile, rock maple pile
Fels(en)brücke ***f*** • (natural) stone arch, arch [*A landform similar to a natural bridge but not formed by erosive agencies*]
Fels(en)ebene ***f*** • rock-cut surface
Fels(en)meer ***n*** • chaos of rocks, rock chaos, blocks of all sizes, all-size blocks
Fels(en)pflanze ***f*** • rock plant [*A plant that grows upon or among rocks*]
Fels(en)quelle ***f*** • rock spring
Fels(en)tasche ***f*** • water pocket, tinaja [*A small, bowl-shaped depression on a bedrock surface, where water may gather*]
Felsentnahme ***f*** • rock borrow
Felsentstehung ***f*,** Felsgenese *f* • genesis of rocks, rock genesis
Felsentwässerung ***f*,** Gebirgsentwässerung [*Untertagebau. Abziehen von Bergwasser in Teilbereichen des Gebirges*] • rock drainage, rock dewatering, rock unwatering
Fels(en)wüste ***f*,** Steinwüste • rock desert, rocky desert
Fels-Erd-(Tal)Sperre ***f*** ➋ zusammengesetzter Steinschütt(ungs)(stau)damm
Felserosion ***f*,** Felsausnagung *f* • rock erosion
Felsfaktor ***m*** • rock mass factor, rock quality index
Felsfestigkeit ***f*** • rock strength
Felsformänderung ***f*** ➋ Felsverformung
Felsfragmente ***n(pl)*,** Felstrümmer *f*, Felsbrocken *f* • rock fragments
Felsfundament ***n*,** Felsgründung *f* • rock foundation [*A structure foundation which rests on solid rock*]
Felsfuß ***m*** • rock toe
Felsgebirge ***n*** [*Untertagebau*] • rock ground
Felsgehänge ***n*,** Fels(ab)hang *m* • rock hillside, rock (hill)slope
Felsgekriech ***n*** • rock creep [*The rock matter that has slowly and interceptibly moved from a higher to a lower level*]
Felsgenese ***f*,** Felsentstehung *f* • genesis of rocks, rock genesis
Felsgeologie ***f*** • rock geology
Fels(gerüst)(stau)damm ***m*** ➋ Stein(gerüst)(stau)-damm
Felsgesims ***n*** • rock cornice [*An overhanging formation of rock, usually on a ridge or at the top of a couloir*]
Felsgestein ***n*** • rock substratum
Felsgipfel ***m*** • rock summit
Felsgleiten ***n*** ➋ Fels(ab)gleiten
Felsgleitungsbereich ***m*** • rockslide sector
Felsgrat ***m*** [*allgemein*] • ridge
Felsgrat ***m*,** Grat *m* [*Form eines Hangs, der durch flächen- od. linienhafte Abtragung entstanden ist*] • arête [*Shape of a slope resulting from areal or linear erosion*]
Felsgrund ***m*** • rock [*It lies at nor near the surface of a body of water, or along a jagged coastline, especially where dangerous to shipping*]
Felsgrundbruch ***m*** • rock groundbreak [*See note under "groundbreak"*]
Felsgründung ***f*,** Felsfundament *n* • rock foundation [*A structure foundation which rests on solid rock*]
Fels-Güte-Bezeichnung ***f*,** RQD [*Kenngröße bei Kernbohrung*] • rock quality designation, RQD [*rotary core drilling parameter*]
Felsgüteklassifikation ***f*,** Gesteins(güte)klassifikation • rock mass classification, rmc, rock quality designation, rqd [*Used to help designing underground cavities. The rock masses are classified according to strength, discontinuities, groundwater, foldings and faults. Description in ASTM Special Technical Publication 984, a report of a 1987 symposium*]
Felsgütemaß ***n*,** RMR • rock mass rating, RMR, rock mass rating system
Felshärte ***f*** • rock hardness
Felshang ***m*** • rock slope
Felshangende ***n*,** Gesteinshangende • overhead rock [*underground construction*]
Felshaufwerk ***n*,** Felschutterhaufen *m* • rock muck(ing) pile, rock (spoil) pile, rock muck(ing) heap, rock (spoil) heap
Felshohlraum ***m*** • rock cavity, cavern
Felshohlraumbau ***m*** • cavern construction in rock
Felshorizont ***m*** • rock horizon, rock surface
Felshügelchen ***n*** ➋ Felsbuckel
Felshydraulik ***f*,** Gesteinshydraulik • rock hydraulics
felsig, steinig • rocky, stony
felsige Auflagerungsfläche ***f*** [*Wackelstein*] • pedestal, rock pedestal
felsiger Streckenabschnitt ***m*** • rocky section
felsiges Gelände ***n*** • rocky terrain
Felsinjektion ***f*** ➋ Felsverpressen
Felskammer ***f*** • rock chamber
Felskarst ***m*** • rock karst
Felskaverne ***f*** • rock cavern
Felskavernenspeicherung ***f*,** Felskavernenlagerung • storage in excavated rock cavern(s)
Felskeil ***m*** • rock wedge

Felskessel ***m*** • rock hole [*Australia*]; rock tank [*A natural tank formed in rock by differential weathering or differential erosion*]
Felskippmulde ***f,*** Gesteinskippmulde • rock body [*A dump body with oak planking set inside a double steel floor*]
Felsklippe ***f*** • rock cliff
Felsknistern ***n,*** Gesteinsknistern • rock noise [*Rock bursts are often preceded by differences in the minor noises that are given out by rocks. Listening instruments have therefore been devised to record them*]
Felsköcher ***m,*** Gesteinsköcher • rock socket
Felskörper ***m,*** Gesteinskörper • rock body, rock mass
Felskriechen ***n,*** Gesteinskriechen • rock creep(ing), rock slow flow(age) [*A gradual movement of disintegrated (= loose) rock due to atmospheric changes, water, etc.*]
Felslabilität ***f*** • rock instability
Felslageveränderung ***f,*** Felsverschiebung, Felsverlagerung • rock displacement, rock dislocation
Felslandschaft ***f,*** Gesteinslandschaft • rockscape
(Fels)Leiste ***f,*** Gesteinsleiste, Felssims *m, n,* Gesteinssims • bench, ledge, rock bench, rock ledge [*These benches are developed in the ordinary processes of land degradation, faulting, and the like*]
Felslinie ***f*** • rock contour line
Felsmasse ***f*** • rock mass; *less frequent:* rockmass
Felsmassenfestigkeit ***f*** • rock mass strength; *less frequent:* rockmass strength
Felsmassiv ***n*** • rock massif, mass of rock
Felsmechanik ***f*** • rock mechanics [*The geotechnical study of deformation resulting from the strain of rocks due to stresses is called rock mechanics*]
felsmechanische Eigenschaften ***f(pl)*** • mechanical properties of rock, rock mechanical properties, mechanical properties of rock materials, mechanical properties of rock mass
felsmechanische Grundlagenforschung ***f*** • basic research in rock mechanics
felsmechanische Kenntnisse ***f*** • knowledge about the mechanical properties of rock
felsmechanische Kennwerte ***m(pl)*** • rock mechanics parameters
felsmechanische Methode ***f*** • rock mechanics method
felsmechanische Untersuchungen ***f,*** gesteinsmechanische Untersuchungen • investigations of the rock for engineering purposes, rock mechanics investigations
felsmechanischer Versuch ***m,*** felsmechanische Untersuchung, [*der Vorgang selbst*] • rock mechanical test, rock mechanical testing
felsmechanisches Problem ***n*** • rock mechanics problem
Felsmeißel ***m*** • rock chisel [*hand-held type*], rock hammer [*attached to a hydraulic excavator*]
Felsnadel ***f,*** Kliffpfeiler *m* • sea stack, marine stack, sea needle, marine needle [*Familiar terms in geography and geology for pointed, detached masses of rock standing out from the cliff, or shores to which they geologically belong, and from which they have been severed by the erosive action of the tides and waves*]
Felsnadel ***f*** • (rock) stack, (rock) needle; rauk [*swedish*] [*An upstanding, steep-sided mass of rock rising above its surroundings on all sides from a slope or hill*]
Felsnagel ***m*** [*Er ist auf Scherbeanspruchung ausgelegt*] • rock nail
Felsnagelung ***f*** ➋ Fels(ver)nagelung
Felsnase ***f*** • rock nose
Felsnische ***f,*** Gesteinsnische • cove [*A hollow recess in a rock*]
Felsoberflächeninstrument ***n*** • rock surface instrument
Felspfeiler ***m*** • rock pillar, hoodoo (column) [*A fantastic column, pinnacle, or pillar of rock produced in a region of sporadic heavy rainfall by differential weathering or erosion of horizontal strata, facilitated by joints and by layers of varying hardness, and occurring in varied and often eccentric or grotesque forms*]
Felsplanum ***n;*** Felsplanie *f* [*Schweiz*] • rock subgrade
Felsplatte ***f,*** Felsbalken *m* (⚒) • rock beam, rock plate
Felsprobe ***f*** • rock specimen
Felsqualitätsindex ***m*** • rock mass quality index
Felsreibung ***f*** • rock friction
Felsriegel ***m,*** Felsschwelle *f,* Riegel, Schwelle • riegel, rock bar, threshold, (bed)rock threshold, (bed)rock sill, (bed)rock cill, (bed)rock bar; verrou [*French*] [*A low, transverse ridge or barrier of bedrock on the floor of a glacial valley, especially common in the Alps; it separates a rock basin from the gently sloping valley bottom farther downstream*
Felsrippe ***f*** • rock rib
Felsriss ***m*** • crevice, fissure, cleft, cranny [*in a rock*]
Felsrutsch ***m,*** Felsrutschung *f* • rock slide, rockslide, cliff slide [*The downward and outward, and usually rapid movement of essentially consolidated slope-forming rock material of newly detached segments of bedrock sliding on geologically predetermined sliding surfaces*

F

such as bedding planes, joint or fault surfaces, or any other plane of separation or discontinuity]

Felsrutsch(ung) *m, (f)* im engeren Sinne ➲ Fels(ab)-gleiten

Felssanierung *f* • rock rehab(ilitation)

Felsschale *f* ➲ Felsverkleidung

Felsscheidewand *f*, Felsscheider *m* (⚒) • rock bulkhead

Felsschlipf *m* ➲ Fels(ab)gleiten

Felsschlucht *f* • rock gorge

F

Felsschneiden *n* • rock-cutting

Felsschutt *m*, Bergschutt • talus, scree [*A heap of rock waste at the base of a cliff or a sheet of coarse debris (=Schuttdecke) mantling a mountain slope. By most writers, "scree" is considered to be a synonym for "talus" but it is a more inclusive term. Whereas talus is an accumulation of material at the base of a cliff, scree also includes loose material lying on slopes without cliffs. Many local terms are in common use, as clatter, clitter, eboulis, glitter, glye(r)s, screef, etc. Etymologically "talus" signifies a slope, although incorrectly used for the material composing the slope*]

Felsschutterhaufen *m*, Felshaufwerk *n* • rock muck (ing) pile, rock spoil pile

Felsschutterhaufen *m*, Felshaufwerk *n*

Felsschüttung *f*, Steinschüttung • rockfill [*A mass of large stones placed in water to form a base, as for a pier*]

Fels(schüttungs)material *n*, Steinschütt(ungs)material • rockfill(ing) material

Felsschütt(ungs)(stau)damm *m* ➲ Stein(gerüst)(stau)damm

Felsschütt(ungs)wehr *n*, Steinschütt(ungs)wehr • rock weir; rock dam (US)

Felsschütt(ungs)wellenbrecher *m*, Steinschüttwellenbrecher, Steinschüttungswellenbrecher • rubble (mound) breakwater, rock breakwater, mound breakwater [*It is made of a core of quarry run covered by layers of large stone*]

Felsschwelle *f*, Felsriegel *m*, Riegel, Schwelle • riegel, rock bar, threshold, (bed)rock threshold, (bed)rock sill, (bed)rock cill, (bed)rock bar; verrou [*French*] [*A low, transverse ridge or barrier of bedrock on the floor of a glacial valley, especially common in the Alps; it separates a rock basin from the gently sloping valley bottom farther downstream*]

Felssicherung *f* ➲ Felsstabilisation

Felssicherung *f* durch zugbeanspruchte (Stahl) Stäbe, Verspannung *f* • rock stabilization by tensilestressed (steel) rods

Felssims *m, n* ➲ (Fels)Leiste

Felsspannanker *m* ➲ vorgespannter Felsanker

Felsspannung *f* • rock stress

Felsspion *m*, Gesteinsspion • strain monitor, deformation monitor

Felsspitze *f* [*Bei einem Gebirgsgletscher*] • rognon

Felsspitze *f* • rock peak

Felssporn *m* ➲ Sporn

Felssprengen *n* • rock blasting

Felssprengstoff *m*, Gesteinssprengstoff [*Im Gegensatz zu Wettersprengstoffen brauchen Gesteinssprengstoffe Anforderungen hinsichtlich Schlagwetter- und Kohlenstaubsicherheit nicht zu genügen*] • rock (industrial) blasting explosive, rock commercial blasting explosive

Felssprengung *f* • breakage by blasting

Felsstabilisation *f*, Felsverfestigung, Felsvergütung Felsstabilisierung *f*, Felssicherung [*als Maßnahme*] • rock stabilization, rock consolidation, rock-fall protection

Felsstollen *m* • rock gallery; rock tunnel (US) [*A gallery dug through solid rock*]

Felsstrahlbohren *n*, Strahlfelsbohren, Gesteinsstrahlbohren, Strahlgesteinsbohren • abrasion drilling, abrasive drilling [*A rock cutting technique. Instead of using a conventional bit, an abrasive material, such as blasting sand, is directed through nozzles at high velocity to remove the rock by erosion*]

felsstratigrafische Einheit *f*, gesteinsstratigrafische Einheit • rock-stratigraphic unit [*group; formation; member; and bed*] [*These units are defined on lithology which serves as the major control for geologic mapping*]

Felsströmung *f*, Strömung im Fels • current in rock, rock current

Felsstruktur *f* • rock structure

Felssturz *m* [*Zur Unterscheidung zwischen Steinschlag, Steinfall, Felssturz und Bergsturz: beim Steinschlag od. Steinfall sind die Einzelkörper bis 0,3 m^3,· das Gesamtvolumen bis 5 m^3; beim Felssturz haben die Einzelkörper eine Größe ab 0,3 m^3 und als Gesamtvolumen gilt eine Größe ab 5 m^3; beim Bergsturz gilt ein Gesamtvolumen ab 10.000 m^3*] • heavy rockfall, rockfall, blockfall [*When the mass moves through the air, the movement is a rockfall, but in a rockslide the mass of rock moves downslope; unfortunately these two terms are often used interchangeably*]

Felssturznische *f* • rockfall niche

Felssubstanz *f* • rock substance [*The solid part of the rock mass typically obtained as a drill rock core*]

Felstafel *f* • rock layer

Felstechniker *m* • rock technician

Felstiefe *f* • rock depth, depth of rock
Fels-Topografie *f* • rock topography
Felstor *n*, Gesteinstor • perforated rock, pierced rock
Fels-Trajektorie *f* • rock trajectory
Felstrümmer *f*, Felsfragmente *f*, Felsbrocken *f* • rock fragments
Felstunnel *m* • rock tunnel [*A tunnel dug through solid rock*]
Fels-Tunnelbau *m*, Gesteins-Tunnelbau [*Gegensatz: Bodentunnelbau*] • rock tunnelling (Brit.); rock tunnel building, rock tunnel construction; rock tunneling (US)
Fels-Tunnelstahlverbau *m* • rock tunnel steel (rib) (ground) support(ing) system, rock tunnel steel ribs [*They are roughly of six types: continuous rib with or without invert strut, rib and post, rib and wall plate, rib wall plate and post, full circle rib and line plate. Sometimes, the full circle rib is used together with line plate, but this is usually in soft ground tunnels*]
Felsüberdeckung *f* [*z. B. eines Tunnels; muss auch bei Lawinenverbauungen im Gebirge berücksichtigt werden*] • rock cover(ing)
Felsüberhang *m*, *seltener:* Felsenüberhang • rock overhang, overhanging rock
Felsufer *n* • rock bank
Felsulmenpfahl *m*, Traubenulmenpfahl • rock elm pile, cork elm pile, hickory elm pile, Canadian rock elm pile
Felsuntergrund *m*, Felsbaugrund • rock (foundation) ground, natural rock foundation, rock subsurface
Felsuntersuchung *f* • rock examination
Felsverankerung *f* ➋ Felsankerausbau
Felsverband *m* ➋ Felsverbund
Felsverbund *m*, Felsverband *m* • (surrounding) rock mass
Felsvereisung *f* • rock freezing
Felsverfestigung *f* ➋ Felsstabilisation
Felsverformbarkeit *f* • rock deformability
Felsverformung *f*, Felsdeformation *f*, Felsformänderung • rock strain, rock deformation
Felsvergütung *f* ➋ Felsstabilisation
Felsverkleidung *f*, Felsauskleidung, Felsbekleidung, Felsschale *f* • rock lining
Fels(ver)nagelung *f* • rock nailing
Felsverpressen *n*, Felseinpressen, Felsauspressen, Felsinjizieren, Felsinjektion *f* • rock grouting, rock grout injection
Felsverschiebung *f*, Felslageveränderung, Felsverlagerung • rock displacement, rock dislocation
Felsverstärkung *f* • rock reinforcement, rock strengthening
Felsverwitterung *f* • rock weathering, clastation, rock disintegration, rock rot
Felsverwitterungszone *f* • rock weathering zone
Felsvorsprung *m* • rock prominence
Felswärme *f* • rock heat
Felswand *f* • rock bank, rock wall, rock face, cliff face [*A mass of rock rising above a digging or trucking level*]
Felswechsel *m* • rock change
Felswiderlager *n* • rock (a)butment
Felswüste *f*, Steinwüste, Gesteinswüste, Schuttwüste • stony desert, stone desert, rock(y) desert
Felszacken *m* • rock jag
Felszeichnung *f*, Petroglyph *m* • petroglyph [*Literally, a rock carving; it usually excludes writing and therefore is of prehistoric or protohistoric age*]
Felszerstörung *f* • rock destruction
Felszertrümmerung *f* • rock shattering
FE-Methode *f* ➋ Finite Element(e) Methode
femisch • femic [*A mnemonic term derived from "fe" for iron and "m" for magnesium and applied to the group of standard normative minerals in which these elements are an essential component, including the pyroxene and olivine molecules and most of the normative accessory minerals (magmatite, ilmenite, hematite). The corresponding term for the ferro-magnesian minerals actually present in a rock is "mafic"*]
Fenderpfähle *f*, Pfahlfender
Fenderung *f* • fendering
FE-Netz *n* ➋ Finite-Element(e)-Netz
Fengit *m* [*Durchsichtiger Alabaster oder Marmor; im frühen Mittelalter als Surrogat des Fensterglases verwendet*] • fengite
Fenitisation *f* • fenitization [*Widespread alkali metasomatism of quartzofeldspathic country rocks in the environs of carbonatite complexes. The name fenite for the altered rock was originated by Brögger*]
Fenn *n*, Fehn, grundwasserfeuchtes Gebiet *n* • fen, wash [*Waterlogged, spongy ground containing alkaline decaying vegetation, characterized by reeds, that may develop into peat. It sometimes occurs in the sink(hole)s of karst regions*]
Fenster *n*, tektonisches Fenster, Deckenfenster, geologisches Fenster • window, tectonic window; fenêtre [*French*]; fenster [*German*]
Fensteraussparung *f* • window box-out
Fensterbrüstung *f* • window breast, window sill, windowsill
Fenstergefrierung *f* ➋ Lückenvereisung

Fensterstollen ***m*,** Zugang(s)stollen, Seitenstollen, Nebenstollen, Tagesstollen, Bau(hilfs)stollen, Hilf(s)-stollen für den Bau, Eingang(s)stollen, Zugang *m* [*Nebenstollen in der Gebirgswand*] • adit, approach adit, construction adit, entry gallery, access gallery, entrance gallery; access tunnel, (entrance) tunnel, entry tunnel (US), material tunnel [*It is horizontal, if it is inclined it is called "drift". A crosscut opening on to the surface*]

Fenstervereisung ***f*** ➲ Lückenvereisung

F

Ferberit ***m*,** Eisenwolframit *m* • eisenwolframite, ferberite

fernab von Magmen, telemagmatisch

Fernanzeiger ***m*** • remote indicator

fernausgelöst • remotely released

Fernbahntunnel ***m*** • main line (railway) tunnel

fernbedient, fernbetätigt • teleoperated, teleactuated

fernbeobachtend • teleobserving

Fernbereich ***m*,** Weitbereich • far range [*The position of a SLAR image farthest from the aircraft flight path*]

Fernbohrlochmessung ***f*,** Bohrlochfernmessung • (bore)hole telemetry, well(bore) telemetry

Ferndecke ***f*** ➲ Decke

Ferndecken ... ➲ Decken ...

Ferner ***m*** [*Tirol*]; Gletscher *m*; Kees *m* [*Salzburg und Kärnten*] • glacier; ice stream [*popular term*]

Fern(erd)beben ***n*** • remote earthquake, distant earthquake, earthquake of distant origin, earthquake with remote epicentre, teleseism, tele(earth)quake

fernerkundet, berührungslos erkundet • remotely reconnoitred

Fernerkundung ***f*,** Erkundung *f* aus der Ferne [*Die Gewinnung von Informationen der Erdoberfläche mittels Messung und Interpretation von ihr ausgehender Energiefelder*] • remote sensing, remote reconnaissance [*The collection of information about an object by a recording device that is not in physical contact with it. The term is usually restricted to mean methods that record reflected or radiated electromagnetic energy, rather than methods that involve significant penetration into the Earth. The technique employs such devices as the camera, infrared detectors, microwave frequency receivers, earth observation satellites (EOS), airborne laser scanning and radar system*]

Fernerkundung ***f*** **mit eigener elektromagnetischer Strahlungsquelle** • active remote reconnaissance, active system [*Remote reconnaissance methods that provide their own source of electromagnetic radiation. The energy pulses are emitted by the sensor itself. Radar is an example*]

Fernerkundungsaufnahme ***f*,** (Geo)Fernerkundungsaufnahme

Fernerkundungsmethode ***f*** • remote reconnaissance method

Fernfeld ***n*** • region further away [*from an explosion*]

ferngesteuert • remote(ly) controlled

ferngesteuerte Aushubgeräte ***n(pl)*** • remote(ly)-controlled excavation equipment

ferngesteuerter Bohrkopf ***m*** [*einer Tunnel- od. Rohrvortriebsmaschine*] • remote-controlled cutter head

Fernheizung ***f*** • long-distance heating

Fernheizungsstollen ***m*** • district heating gallery; district heating tunnel (US)

Fernheizversorgung ***f*** • distance heating provision

Ferninfraroterkundung ***f*,** Infrarotfernerkundung *f* • infrared remote reconnaissance, remote infrared reconnaissance

Fernkopierer ***m*** • facsimile equipment, fax

Fernmessanlage ***f*** • telemetering system, remote measurement system

Fernmessung ***f*** • remote measurement, telemetering

Fernmessung ***f*,** Telemetrie *f* • telemetry

Fernobjektiv ***n*** • telephoto lens

Fernpunkt ***m*** [*Stereoaufnahme*] • distant point

Fernrohr ***n*** ➲ (Ziel)Fernrohr

Fernrohr ... ➲ (Ziel)Fernrohr...

Fernrohr mit Bildaufrichtung, Erdfernrohr • erecting telescope

Fernrohrleistung ***f*** [*Bildkartiergerät*] • optical performance, telescopic performance

Fernrohrspiegel ***m*,** kleiner Spiegel [*Sextant*] • horizon mirror

Fernrohrvorsatz ***m*** • telephoto monocular [*SLR*]

Fernschneepegel ***m*,** Schneefernpegel • snow scale [*A device bearing markings so that snow depth can be read directly from a distance without disturbing the snow cover*]

Fernsehabtastkamera ***f*** • television scanner camera

Fernsehbohrlochkamera ***f*,** Bohrlochfernsehkamera • (bore)hole television camera, well(bore) television camera

Fernsehsonde ***f*** • television probe

Fernsehsondierung ***f*** • television probing, TV probing

Fernsehstein ***m*,** Natronkalkborat *n*, Ulexit *m*, borsaurer Kalk, Bor(ax)kalk *m*, Boronatrokalzit *m*, $NaCaB_50_9+8H_20$ • boronatrocalcite, borate of lime, lime borate, ulexite, natroborocalcite, cotton ball (borax)

Fernstraße *f* • federal highway
Fernübertragung *f* von Daten • remote data transfer
Fernüberwachung *f* • telemonitoring
Fernüberwachungsanlage *f* • telemonitoring system
Fernverbindung *f* • trunk road
Fernwärme *f* • distance heating
Fernwärme(rohr)leitung *f* • long-distance heat (pipe)line
Fernwasserstandanzeiger *m* • distant water level indicator
Fernzündanlage *f* [*Die Zündung wird durch elektrische Fernbetätigung ausgelöst, beispielsweise als Zentralzündung*] • remote firing assembly, remote igniting assembly
Ferralitbildung *f* • ferral(l)itisation [*The process of formation of ferralitic soils. This term is not specific and should not be used*]
Ferral(l)it *m* • ferral(l)ite [*A humid, tropical soil formed by the leaching of silica and bases by middly acidic or neutral solutions and characterized by a large content of iron oxid(e)*]
Ferral(l)it *m* • ferral(l)ite [*A term used in the formerly French territories of North Africa for a soil that originated from basic crystalline rocks that have undergone chemical change and that consist of a mix(ture) of hydrates of iron, alumin(i)um, and sometimes manganese and titanium*]
ferral(l)itischer Boden *m* • ferral(l)itic soil [*It has a silica/sesquioxid(e) ratio of less than 2*]
Ferrelsche Gesetz *n* • Ferrel's law [*The statement that the centrifugal force produced by the rotation of the Earth (= Coriolis force) causes a rotational deflection of currents of water and air to the right in the Northern Hemisphere and to the left in the Southern Hemisphere*]
Ferrettozone *f* • ferretto zone [*A term used by early geologists for a reddish or reddish-brown B horizon produced under conditions of free subsurface drainage in permeable near-surface material such as loess or sand and gravel extending to the surface or overlain by thin fill. It is the well-drained equivalent of gumbotil*]
Ferri... *n*, Eisen(-III)- ... [*dreiwertiges Eisen enthaltend*] • trivalent ferric, containing iron
Ferridcyankalium *n*, rotes Blutlaugensalz *n*, Kaliumeisencyanid *n* • ferrycyanide of potash, red prussiate of potash
Ferrimagnetismus *m* • ferrimagnetism
Ferroeisen *n*, zweiwertiges Eisen • ferrous iron
ferromagnetisches Ferri-Oxyd *n*, Fe_20_3 • ferromagnetic ferric oxid(e)
Ferromagnetismus *m* • ferromagnetism [*A type of magnetic order in which all magnetic atoms in a domain have their movements aligned in the same direction, loosely, any type of magnetic order*]
Ferromanganamphibol *m* • ferromanganese amphibole
Ferrooxyd *n*, Eisenoxydul *n* • ferrous oxid(e)
Ferrosalz *n* • ferrous salt
Ferrosilizium *n*, Siliziumeisen *n* [*8-95 % Si,Fe*] • ferrosilicon
Ferrowolfram *n* • ferrotungsten
Fertigbeton *m* • precast concrete
Fertig-(Beton-)Grundbalken *m* • precast reinforced concrete ground beam
Fertigbetonpfahl *m* mit Stoßverbindung, Herkulespfahl • Hercules pile, precast (concrete) pile with internal sleeve couplings
Fertigdrän *m* • prefab(ricated) drain [*A type of drain in foundation engineering*]
Fertigdurchmesser *m* • finished diameter
Fertigfundament *n* • prefabricated foundation
Fertigholzrahmen *m* • prefab(ricated) timber frame, prefab(ricated) timber shoring, prefab(ricated) wood(en) frame, prefab(ricated) wood(en) shoring [*trench shoring*]
Fertigmörtelstopfsäule *f* • vibro concrete column
Fertigpfahl *m* aus Stahl • prefabricated steel pile
Fertigrasen *m* • rolled turf
Fertigschlämme *f* • premix(ed) grout, premix(ed) slurry
Fertig-Senkrechtdrän *m* ➔ Senkrecht-Fertigdrän
Fertigspülung *f* [*Tiefbohrtechnik*] • premix(ed) mud
Fertig-Stahlbeton-Grundbalken *m* • reinforced precast (concrete) ground beam [*See note under "ground beam"*]
Fertigstahlbetonpfahl *m*, Stahlbetonfertigpfahl • precast reinforced (concrete) pile, preformed reinforced (concrete) pile, reinforced precast (concrete) pile, reinforced preformed (concrete) pile
Fertigstellung *f* eines Bohrloches, Fertigstellung einer Bohrung, Bohrlochfertigstellung, Bohrungsfertigstellung, Herrichtung [*Bis zur Aufnahme der Förderung*] • (bore)hole completion, well(bore) completion
Fertigstellung *f* [*eines Bauwerks*] • completion
Fertigstellungstermin *m* • target deadline, completion deadline
Fertigteil-Ankerkörper *m*, Fertigteil-Verankerungskörper • precast anchorage body, precast anchoring body, precast anchorage mass, precast anchoring mass

F

Fertigteilauskleidung *f,* Fertigteilbekleidung, Fertigteilverkleidung • precast (concrete) lining
Fertigteilkonstruktion *f* • prefabricated structure
Fertigteilpfahl *m* **mit Stoßverbindung** • (mechanically) jointed pile, precast (concrete) pile with mechanical joints
Fertigteilplatz *m* • precasting yard
Fertigteilschlitzwand *f* • precast slurry (trench) wall, precast concrete diaphragm wall
Fertigteilsegmentrammpfahl *m,* Fertigteilsegmentverdrängungspfahl • driven precast segmental pile, displacement precast segmental pile
Fertigteil-Senkrechtwellenbrecher *m* • precast vertical breakwater
Fertigteilspannbetonpfahl *m,* Spannbetonfertigteilpfahl • prestressed precast (concrete) pile, precast prestressed (concrete) pile, premoulded prestressed (concrete) pile, prestressed premoulded (concrete) pile
Fertigteil-Stahlbeton-Schlitzwand *f,* Stahlbeton-Fertigteil-Schlitzwand • precast reinforced (concrete) slurry (trench) wall
Fertigteiltunnelröhre *f* • precast tunnel tube
Fertigteil-Verankerungskörper *m,* Fertigteil-Ankerkörper • precast anchorage body, precast anchoring body, precast anchorage mass, precast anchoring mass
Fertigteilverkleidung *f* ➋ Fertigteilauskleidung
Fertigtrockenmischung *f* [*aus Tonen und Spezialbindemitteln*] • pre-mixed dry mixture [*consisting of clay and special binders*]
Fertigtunnelteil *m, n* ➋ (Beton)Fertigtunnelteil
Fertigungsanlage *f* • production facility
Fertigungsstraße *f* • assembly line
Fertigverdrängungspfahl *m* • prefabricated displacement pile
Fertig-Vertikaldrän *m* ➋ Senkrecht-Fertigdrän
Fertigverzug *m* • prefab(ricated) lagging
Fesselballon *m* [*für Aufnahmezwecke*] • captive balloon
fest (⚒) • hard [*hanging wall*]
fest gelagerter Sand *m* • dense sand
fest werden, steckenbleiben, anbacken [*Bohrer im Bohrloch*] • to freeze, to (get) stuck, to burn
Festabfall *m* [*nicht mehr nutzbar*] • solid waste
festbohren ➋ (sich) festbohren
Festbohren *n* • stucking (in drilling), freezing (in drilling), fastening (in drilling)
Festbrennen *n,* Einfrieren [*Der Abschlag beim Brennereinbruch kommt oft nicht bis zur vollen Tiefe der Einbruchbohrlöcher herein. Das feinstückig zerschlagene Gestein "backt" im Einbruchstiefsten zusammen, es "brennt" fest*] • freeze
Festbrennstoff-Bodenschatz *m* • solid fuel mineral resource
Festdachtank *m* • fixed roof tank, tank with fixed roof
Feste *f* ➋ Pfeiler
feste Erde *f* • rigid Earth
feste Firste *f,* Festfirste (⚒) • solid back, solid roof, solid top
feste Lösung *f* [*In silikatischen Systemen*] • crystalline solution
feste Massenhaushalt(s)messperiode *f* [*Gletscherhaushalt*] • fixed date system
feste Position *f* • fix [*A position determined from terrestrial, electronic, or astronomical data*]
feste Scholle *f* [*Meer(es)boden*] • rigid plate
feste Sohle *f* [*Geognosie*] • strong floor
feste Verbindung *f* **zum Land** [*z. B. über einen Damm oder eine Hilfsbrücke*] • fixed land link
Festeis *n,* Eisfuß *m* • ice foot, land floe, shore floe, landfast ice, (bally)cadder, (belli)catter, shore-ice belt; kaimoo [*Eskimo term*]
fester Abraum *m,* festes Deckgebirge *n,* Felsabraum, Gesteinsabraum • rock (over)burden
fester Einschluss *m* • solid inclusion [*In gemstones, a small fragment of mineral which was inclosed during the growth of the crystal, or which crystallized out contemporaneously with the crystal*]
fester Fels *m* ➋ Anstehende
fester Kohlenstoff *m* • fixed carbon
fester Sauerstoff *m* • solid oxygen
fester schieferiger Sandstein *m,* schieferiger fester Sandstein • hazle
fester Sprengstoff *m* • solid (blasting) explosive
festes Deckgebirge *n,* fester Abraum *m,* Felsabraum, Gesteinsabraum • rock overburden
festes Erz *n* • solid ore
festes Gebirge *n* (⚒) • solid ground
festes Gestein *n;* s.a. ➋ anstehender Fels • solid bedrock, solid rock, bedrock [*Solid rock underlying the soil*]
festes Gestein *n,* Hartgestein • hard rock [*(a) A term used loosely for igneous or metamorphic rock, as distinguished from sedimentary rock. (b) A rock that is relatively resistant to erosion. (c) Rock that requires drilling and blasting for its economical removal. (d) A term used loosely by drillers for a pre-Cretaceous sedimentary rock that is drilled relatively slowly and that produces samples usually readily identified as to depth interval*]; metal [*obsolete*]

festes Gestein *n* unter dem Abraum (⚒) • fast stone head
festes Kronenwehr *n*, blindes Wehr, Wehr mit fester Krone, festkroniges Wehr • fixed crest weir, fixed crown weir, blind weir; fixed crest dam, fixed crown dam, blind dam (US)
festes Seezeichen *n*, Landmarke *f* • monument, landmark
festfahren ➔ sich festfahren
Festfirste *f*, feste Firste (⚒) • solid back, solid roof, solid top
festgefahren [*Stempel*] (⚒) • gone solid
festgefahrener Bock *m*, Aufsitzer *m* (⚒) • solid chock
festgefahrener Stempel *m*, Aufsitzer *m* (⚒) • solid prop
festgefressen • frozen up [*An article lodged inside a borehole so tightly that it cannot be pulled*]
festgehaltene (Umlauf)Bahn *f* • constrained orbit
Festgestein *n* • solid rock, hard rock, compact rock, bedrock
Festgesteinsböschung *f* • hard rock slope, solid rock slope
festgeworden, angebacken, steckengeblieben [*Bohrer im Bohrloch*] • burned, frozen, stuck, burnt
Festhöhe *f* • fixed elevation [*It has been adopted as a result of previous adjustment of spirit level(l)ing and is held at its accepted value in any subsequent adjustment*]
Festigkeit *f* • strength [*The resistance to failure, continuing flow or fracture*]
Festigkeitsanisotropie *f* • strength anisotropy
Festigkeitseigenschaft *f* • strength property, strength characteristic
Festigkeitsentwick(e)lung *f* • strength development
Festigkeitsindex *m* • strength index
Festigkeitsparameter *m* • strength parameter
Festigkeitsprobe *f*, Festigkeitsprüfung *f*, Festigkeitsversuch *m* • strength test
Festigkeitsverhalten *n* [*z. B. von Mörtel- und Betonmischungen*] • strength behaviour (Brit.), strength behavior (US)
Festkörperspur *f* • solid body trace
Festkroniges Wehr *n* ➔ festes Kronenwehr
Festland *n* • continent, terra firma, earth, mainland, fastland [*The land as opposed to the water*]
Festland *n*, Landoberfläche *f* • land surface
Festlandbau *m* • land building
Festland(s)...., terrestrisch • terrestrial [*Pertaining to the Earth's dry land*]
Festland(s)düne *f*, Winddüne *f*, Inlanddüne, Binnendüne, Kontinentaldüne • inland dune
Festland(s)eisdecke *f* • glacial sheet
Festland(s)kruste *f* • continental crust
festland(s)nah, neritisch, zur Flachsee gehörig • neritic
Festland(s)sockel *m* ➔ Flachseebezirk
Festlandsockelanstieg *m*, Kontinentalanstieg
Festlegung *f* von Abmessungen ➔ Bemaßung
festmachen ➔ anlegen
Festmacheplatz *m* ➔ (Schiffs)Liegeplatz
Festpunkt *m*, Abrisspunkt • bench(-)mark, bench point [*A point of known or assumed elevation above or below an adopted datum, used as reference in determining and recording other elevations*]
Festpunkt *m* • control point, fixed point, ground point of control [*Any point located on a photograph and map and used for controlling the positioning of photograph information on the map. Also any point on a photograph used in radial triangulation to compile a point control network on which photograph information is subsequently compiled*]
Festpunkt *m* [*Fotogrammetrie*] • fixed point, ground point of control
Festpunktanzeiger *m*, Festteufenanzeiger [*Fangarbeiten im Bohrloch*] • freezing point indicator, freeze point indicator
Festpunktdichte *f*, Passpunktdichte • control density [*photogrammetry*]
Festpunktebene *f* [*Fotogrammetrie*] • hill plane
Festpunktfeld *n* ➔ geodätisches Festpunktfeld
Festpunkthöhe *f*, Passpunkthöhe • control elevation, control height, control level [*photogrammetry*]
Festpunktknopf *m* • control stud [*Mechanical radial triangulation; photogrammetry*]
Festpunktmarke *f*, Abrisspunktmarke • bench-mark, B.M., bench point, bench station [*A surface monument bearing a marked point whose elevation above or below an adopted datum, such as sea level, is known. It is used to provide an absolute datum for settlement measurements*]
Festpunktmarkierung *f* • beacon, monument [*A mark set up by a surveyor to define an important fixed point*]
Festpunktnetz *n* • fixed point grid
Festpunktpause *f* • control sheet, control templet [*photogrammetry; rectification*]
Festpunktstab *m*, Abrisspunktstab • bench(-)mark rod, B.M. rod, bench point rod, bench station rod
Festpunktverdichtung *f*, Passpunktverdichtung • control extension [*photogrammetry*]

Feststoff ***m*** • solid
Feststoffanteil ***m,*** Feststoffprozentsatz *m*, Feststoffprozente *f* • solid content, solid percentage
Feststoffaufbereitung ***f*** • solid processing, solid dressing
feststoffbezogen • solid-related
Feststoffbrücke ***f*** • solid bridge
Feststoffchemie ***f*** • chemistry of solids
Feststoffe ***f*** • sediment load, load, solid material, solids [*The solid material that is transported by water in a water course. The total sediment load of a water course is equal to bed material load plus wash load, and is expressed as the dry weight of all sediment that passes a given point in a given period of time*]
feststoffenthaltend ➲ feststoffführend
Feststoffförderung ***f,*** Feststofftransport *m* • solid transport(ation), solid conveyance
Feststofffracht ***f,*** Gesamtsedimentlast *f*, Sedimentgesamtlast • total (sediment) load, total solid material, total solids [*It is equal to bed material load plus wash load, and is expressed as the dry weight of all sediment that passes a given point in a given period of time*]
Feststoffgehalt ***m*** [*(Bohr)Spülschlamm*] • solid content
Feststoffgemisch ***n,*** Feststoffmischung *f* • solid(-solid) mix(ture)
Feststoffgeochemie ***f*** • geochemistry of solids, solid geochemistry
Feststoffgeschwindigkeit ***f*** • solid velocity
Feststoffkonzentration ***f,*** Sedimentkonzentration *f* • sediment concentration [*The ratio of the weight of the sediment in a water-sediment mix(ture) to the total weight of the mix(ture). Sometimes expressed as the ratio of the volume of sediment to the volume of mix (ture). It is dimensionless and is usually expressed in percentage for high values of concentration and in parts per million for low values*]
Feststoffmassenstrom ***m*** • solids mass flow
Feststoffmischung ***f,*** Feststoffgemisch *n* • solid(solid) mix(ture)
Feststoffprozente ***f*** ➲ Feststoffanteil
Feststoffraum ***m*** • solids space
Feststoff(rohr)leitung ***f*** • solid (pipe)line
Feststoffsuspension ***f*** • solid particle suspension
Feststofftransport ***m*** [*Feststoffe, die in der Zeiteinheit durch den betrachteten Querschnitt treiben. Der auf 1 m Breite bezogene Feststofftransport wird als Feststofftrieb bezeichnet (DIN 4044)*] • sediment load discharge, load discharge, solid (material) discharge [*See note under "sediment load"*]
Feststofftransport ***m,*** Feststoff-Förderung *f* • solid transport(ation), solid conveyance
Feststofftrennung ***f*** • solid(-solid) separation
feststoffführend, feststoffenthaltend • solid-bearing
Feststoff(ver)pumpen ***n*** • solid pumping
Feststoffvolumen ***n*** [*Bodenmechanik*] • volume of (the) solid substance, solid volume
Festteufe ***f,*** Festpunkt *m* [*Fangarbeiten im Bohrloch*] • freezing point, freeze point
Festteufenanzeiger ***m,*** Festpunktanzeiger [*Fangarbeiten im Bohrloch*] • freezing point indicator, freeze point indicator
Festungsachat ***m*** • fortification agate [*An agate having angular markings or parallel zigzag lines resembling the plan of a fortification*]
Festwerden ***n*** [*z. B. Beton*] • setting
Festwerden ***n*** **durch Differenzdruck,** Seitenkleben [*Tiefbohrtechnik*] • differential sticking
Festwert ***m,*** gleichbleibender Wert • constant
Festwinkelbogen(stau)mauer ***f*** ➲ Bogenmauer mit gleichem Bogenzentriwinkel
fette Kohle ***f,*** stark backende Kohle, Fettkohle • strongly caking coal, round coal, strongly agglomerating coal, fat coal [*It contains much volatile oily matter*]
fetter Ton ***m,*** Fettton • fat clay, long clay
fettig • greasy [*Applied to the luster of minerals. Having the luster of oily glass, as nepheline*]
fettig anfühlen • to feel greasy
Fettigkeit ***f*** • greasiness
Fettsäure ***f*** • fatty acid
feucht • humid, damp, moist, slightly wet
Feuchtbiotop ***n, m,*** Feuchtgebiet *n* • wetland
Feuchtboden ***m*** • humid soil
feuchte Tropen ***f*** • humid tropics
Feuchte(ab)dicht(ungs)membran(e) ***f,*** Feuchtesperrmembran(e) [*A membrane to prevent moisture penetration by capillary action, in contrast to "waterproofing", which prevents the actual flow of water through a material*] • dampproof(ing) membrane
Feuchteanteil ***m*** ➲ Wassergehalt
Feuchteäquivalent ***n,*** Feuchtigkeitsäquivalent, Zentrifugal-Feuchtigkeitsäquivalent, Zentrifugal-Feuchteäquivalent • centrifuge moisture equivalent, CME, moisture equivalent
Feuchte-Dichte-Kurve ***f*** ➲ Proctorkurve
Feuchtegehalt ***m*** ➲ Wassergehalt
Feuchtenachweis ***m,*** Feuchtigkeitsnachweis • moisture proofing
feuchtes Erdgas ***n*** ➲ nasses Erdgas
feuchtes Naturgas ***n*** ➲ nasses Erdgas

Feuchtesonde *f*, Feuchtigkeitssonde • humidity probe
Feuchtgebiet *n*, Feuchtbiotop *n, m* • wetland
Feuchtigkeit *f* [*z.B. im Sand*] • moisture [*e.g. in the sand*], water content
Feuchtigkeitsäquivalent *n*, Feuchteäquivalent, Zentrifugal-Feuchtigkeitsäquivalent, Zentrifugal-Feuchteäquivalent • centrifuge moisture equivalent, CME, moisture equivalent
Feuchtigkeitsanteil *m* ➋ Wassergehalt
Feuchtigkeits-Dichte-Kurve *f* ➋ Proctorkurve
Feuchtigkeitsgehalt *m* ➋ Wassergehalt
Feuchtigkeitsnachweis *m*, Feuchtenachweis • moisture proofing
Feuchtigkeitsregime *n* • moisture regime
Feuchtigkeitssonde *f*, Feuchtesonde • humidity probe
Feuchtigkeitsverhältnisse *n(pl)* • humidity conditions
Feuchtschneelawine *f* [*frühere Benennung*] ➋ Grundlawine
feuchttropische Berglandschaft *f*, feuchttropische Gebirgslandschaft • mountain(ous) humid tropics
Feuchtwald *m* ➋ (immergrüner) Feuchtwald
Feuer *n* [*Edelstein*] • brilliancy [*Brilliancy should not be confused with "scintillation" and "dispersion"*]
Feuer *n*, Glanz *m* und Farbenspiel *n* • fire [*Flashes of the different spectral colo(u)r seen in diamonds and other gemstones as the result of dispersion*]
Feuer *n* im Alten Mann, Brand *m* im Alten Mann, Brand im Alten Bau, Feuer im Alten Bau (⚒) • gob fire
Feuerbecken *n* [*Zum Einhängen in den Wetterschacht*] • coal pan
Feuerberg *m*, Vulkan *m* • volcano, burning mountain; vulcano [*obsolete*]
Feuerbergasche(n) *f*... ➋ (Vulkan)Asche(n) ...
Feuerbergsand *m*, vulkanischer Sand, Kratersand, natürlicher Schlackensand • volcanic sand
feuerbeschädigt, brandbeschädigt • damaged by fire, scorched
Feuerblende *f* (⚒) • fire isolating stopping [*Stopping for isolating fire in a mine*]
Feuerblende *f* [*nach Breithaupt 1832*]; Pyrostilpnit *m* [*nach Dana 1868*] • fireblende, pyrostilpnite, Ag_3SbS_3
Feuerbraunkohle *f* • fuel brown coal [*Incorrectly termed 'non-bituminous brown coal'*]
feuerfest • refractory
feuerfester Ton *m*, ff. Ton • fire clay, refractory clay
Feuerkübel *m*, Wetterzugkübel [*Ein im Schacht hängendes Gefäß mit Feuer zur Erzeugung des Wetterzuges*] (⚒) • fire kibble
Feuerkugel *f*, Feuermeteor *m*, großer Meteor, Bolid *m* • fireball, bolide [*A bright or brilliant meteor with luminosity that equates or exceeds that of the brightest planets*]
Feuerkugel *f*, Meteor *m* • meteor
Feuerkugelkrater *m* ➋ Einschlagkrater
Feuerlosigkeit *f*, Trübe *f*, Fleckige *n*, Wässerige *n*, Trübheit *f*, Bewölkung *f* • cloudiness [*gem(stone)*]
Feueropal *m*, edler Feldspat *m*, Sonnenstein *m*, Sonnenopal • fire opal, sun opal, pyrophane
Feuerregen *m*, guimbrit
(Feuer)Roststab *m* • (fire) grate bar
Feuerschiff *n* • lightship, light ship
Feuerschneise *f* • firelane
Feuerschwaden *m*, Brandschwaden (⚒) • fire afterdamp
Feuersee *m*, Lavasee • lava lake [*A lake of molten lava, usually basaltic, in a volcanic crater or depression. The term refers to solidified and partly solidified stages as well as to the molten, active lava lake*]
feuersetzen, brandsetzen (⚒) • to drive by fire, to drive by decrepitation, to set fire
Feuersetzen *n*, Brandsetzen • fire setting, decrepitation, fire driving [*In tunneling through rock in bygone days, the building of a fire against the rock face and the sudden cooling of the heated surface with water. The rock was split and the broken pieces were removed*]
Feuerstein *m* • firestone; feuerstein [*German*] [*Any fine-grained siliceous stone formerly used for striking fire, specifically flint*]
Feuerstein *m* ➋ Flint
Feuersteinbergbau *m*, Flintbergbau
Feuersteinbergwerk *n*, Flintgrube
Feuersteingrube *f*, Flintgrube
Feuerstrahlbohren *n* ➋ thermisches Bohren
Feuerstrahlbohrer *m* ➋ Flamm(en)(strahl)bohrer
Feuerstrahlperforator *m*, Brennperforator, Flammen(strahl)perforator, Schmelzperforator • jet perforator, flame jet perforator, cone shot perforator, fusion perforator, conical shot perforator
Feuersturm *m* • fire storm, fire whirl, fire devil (coll.)
Feuerverzinken *n* ➋ Feuerverzinkung
Feuerverzinkung *f*, Feuerverzinken *n* • hot-dip galvanising (Brit.), hot-dip galvanizing (US), hot galvanising, hot-dip zinc coating
Feuerwächter *m* [*Er bleibt beim Feuersetzen nach dem Anzünden der Feuer in der Grube um Brand zu verhüten, z. B. Brennen der Zimmerung*] (⚒) • fireman
ff., feuerfest • refractory

Fibereis ***n*****,** Säulcheneis, Bodenoberflächeneis • acicular ice, fibrous ice, satin ice [*Freshwater ice consisting of numerous long crystals and hollow tubes having variable form, layered arrangement and a content of air bubbles, it forms at the bottom of an ice layer near its contact with water*]

fibroblastische Struktur ***f*****,** nematoblastische Struktur • fibroblastic texture, nematoblastic texture

Fibroferrit ***m*** • fibroferrite, $Fe(SO_4)(OH)\cdot 5H_2O$

Fichte ***f*** [*Holz der Fichte und der Baum selbst*] • spruce

F

Fichtenbruch ***m*** • spruce swamp

Fichtenholz ***n*** ➋ Fichte

Fieder ***f*** • ruffle [*A roughness or disturbance of a surface, such as a ripple on a water surface*]

fiederartig, gestaffelt • en échelon [*French*]; in steplike arrangement

Fiederblätterung ***f*** • chevron cross-lamination, zigzag cross-lamination, herringbone cross-lamination [*Under conditions of frequently differing current direction, as along the littoral zone, thin layers of sand are cross-laminated in opposite direction in alternating layers*]

Fiederfalte ***f*** ➋ gestaffelte Falte

fiederförmig • pennate

Fiederkluft ***f*** • gash joint [*Short tension fracture sometimes locally developed in a weak bed between two thick strong beds*]

Fiedermarke ***f*****,** Winkelmarke, gefiederte Schleifrille *f* • chevron mark, herringbone mark, V(ee)-mark, zigzag mark

Fiedermarkenausfüllung ***f*****,** Winkelmarkenausfüllung, gefiederte Schleifrillenausfüllung [*"Abdruck" und "Negativform" können synonym für "Ausfüllung" verwendet werden*] • chevron (mark) cast, herringbone (mark) cast, V(ee)(-mark) cast, zigzag (mark) cast

Fiederspalt(e) ***m*****,** ***(f)*** • (open) gash fracture [*A small-scale tension fracture that occurs at an angle to a fault and tends to remain open*]

fieren [*beim Absetzen eines Schwimmkörpers, z. B. für eine Forschungsplattform*] • to slacken a cable

fiktive Isolinie ***f*****,** Pseudoisolinie, fiktive Wertlinie • pseudoisoline

fiktiver Himmelskörper ***m*****,** fiktives Gestirn *n* • imaginary celestial body

Filage ***f*** ➋ Uferparallellinien

Filmauflösung ***f*** • film resolution

Filmbetrachtungsgerät ***n*** • film viewer

Filmentwick(e)lung ***f*** • film processing

Filmkamera ***f*** [*Fotogrammetrie*] • film camera

Filmplanlegung ***f*** • film flattening [*photogrammetry*]

Filmrahmen ***m*** [*Fotogrammetrie*] • focal film register

Filter ***m*****,** ***n*** ➋ Filterschicht

Filter ***m*****,** ***n*** **mit Harfenabstreifer** • string discharge filter

Filterabschnitt ***m*****,** Filterstrecke *f* • filter section

Filterauflast ***f*****,** Auflastfilter *m*, *n* • filter load [*If upward flow of water is taking place, to help prevent quick conditions occurring, a load should be placed on the surface of the soil, thus increasing the effective pressure. This load should consist of a coarser material (filter) than the soil it is stabilizing*]

Filterauflastkonstruktion ***f*****,** Auflastfilterkonstruktion • filter load design

Filterbeton ***m*****,** Einkornbeton • single-grain(ed) concrete, one-grain concrete

Filterboden ***m*** [*Brunnenbau*] • filter bottom

Filterbrunnen ***m*** • screen well

Filterdifferentiation ***f*****,** Pressungsdifferentiation, Ausquetschungsdifferentiation [*Petrologie*] • squeezing-out differentiation

Filterdrän ***m*** • filter drain

Filterfaktor ***m*****,** Sperrfaktor [*Kiesschüttungsbrunnen. Die Verhältniszahl zwischen engstem Durchgang und Schüttkorngröße nach Sichardt (1952)*] • screening factor

filterförmig zerschnittene Landschaft ***f*****,** Zerrachelung *f*, feinglied(e)rige Hangfurchen *f*, Rachellandschaft • Badlands, badlands [*Intricately stream-dissected topography, characterized by a very fine drainage network with high drainage densities (77 to 747 miles per square mile) and short steep slopes with narrow interfluves. Badlands develop on surfaces with little or no vegetative cover, overlying unconsolidated or poorly cemented clays or silts, sometimes with soluble minerals such as gypsum or halite. They may also be induced in humid areas by removal of the vegetative cover through overgrazing, or by air pollution from sulfide smelting. The term was first applied to an area in Western South Dakota, which was called "mauvaise terres" by the early French fur traders*]

Filtergeschwindigkeit ***f*****,** spezifischer Durchfluss *m* [*Eine fiktive Fließgeschwindigkeit, die sich aus dem Gesetz von DARCY herleitet, wenn man den Quotienten von Durchflussrate Q zum Gesamtdurchflussquerschnitt F des porösen Mediums bildet: v = Q/F = K I (ms-1). Da diese Filtergeschwindigkeit immer wieder mit einer wahren Fließgeschwindigkeit verwechselt wird, schlagen LOHMAN et al. (1972) vor, für v die Benennung spezifischer Durchfluss zu benutzen.*] • specific discharge, Darcyan velocity, discharge velocity

Filtergesetz ***n*** • filter law
Filterkeil ***m*** • filter wedge
Filterkies ***m*** • filter gravel
Filterkuchen ***m*,** (Bohr)Schlamm(spülungs)kuchen • (drilling) mud cake, flushing mud cake, mudflush cake, filter cake
Filterlage ***f*** ➲ Filter(schicht)
Filtermanteleigenschaft ***f*** [*eines Dräns*] • filter material characteristic
filtern ➲ (aus)filtern
Filterregeln ***f(pl)*** • filter rules
Filterrohr ***n*** • filter pipe, filter tube
Filterrohrkiesbrunnen ***m*** ➲ lotrechtes Rohrfilter
Filtersand ***m*** • filter sand
Filtersandstein ***m*,** Filtriersandstein • dripstone
Filterschicht ***f*,** Dränschicht, Filter *m, n* [*Staudamm*] • pervious shell
Filter(schicht) ***m*, *n*, *(f)*,** Entwässerungsschicht, Filterlage *f*, Entwässerungslage, Dränschicht, Dränlage [*Sie schließt an eine zu entwässernde durchlässige Schicht an und hat ebenfalls die Aufgabe Erosion, Abspülung und Zerstörung zu verhindern*] • drainage layer, drain layer, draining layer, filter layer, drainage filter, drainage fill
Filter(schicht) ***m*, *n*, *(f)*** [*Sie bildet den Übergang von einer (ab)dichtenden Lehmschicht zu einer porösen, stark durchlässigen Schüttung oder umgekehrt und schützt die hauptsächlich dichte bindige Schicht gegen Erosion, Abspülung und Zerstörung*] • filter layer
Filterschlitz ***m*** • filter slot
Filterselbstretter ***m*** [*Atemschutzgerät*] • filter self-rescuer
Filterstein ***m*** • filter stone
Filterstrecke ***f*,** Filterabschnitt *m* (⚒) • filter section
Filterströmung ***f*** • filtration flow
Filterung ***f*** • filtration
Filtrationsverlustprüfung ***f*** [*Erdöl- und Erdgasgewinnung*] • fluid-loss test [*Measure of fracturing fluid loss versus time (spurt loss) before the fluid-loss agent forms a non-permeable layer in the reservoir pore matrix*]
Filtratwasserabgabe ***f*** • discharge of filtrate water
Filtriersandstein ***m*,** Filtersandstein • dripstone
filzig ➲ (kristallin)filzig
filziger Torf ***m*,** Fasertorf, Wurzeltorf, faseriger Torf, Rasentorf, Filztorf, Weißtorf • fibrous peat, wood(y) peat
finaler Durchbruch ***m*** [*Tunneldurchbruch*] • final breakthrough
Finalstadium ***n*,** Konsolidationsstadium, Konsolidierungsstadium [*Es kennzeichnet den abgeschlossenen Übergang des Faltungsgebietes in eine junge Tafel*] • consolidation stage, final stage
finden, fündig werden • to strike, to discover [*To reach a mineral deposit suddenly or unexpectedly*]
Findling ***m*,** Feldstein *m* • erratic block, boulder; *less frequent:* bowlder; gibber [*aboriginal Australian*] [*General terms for any rock that is too heavy to be lifted readily by hand*]
Findling(s)feld ***n*,** Findling(s)strom *m*, Feldsteinstrom, Feldsteinfeld • bowlder field, boulder stream, boulder field, bowlder stream, stone field, stone stream, rock field, rock stream, rock river, stone river, boulder river, stone run, rock run, boulder run, bowlder run [*Sometimes incorrectly referred to as "block field" or "rock glacier". An accumulation of boulders or angular blocks, with no fine sizes in the upper part, over solid or weathered bedrock, colluvium, or alluvium*]
Findling(s)moräne ***f*** ➲ Feldsteinmoräne
Findling(s)prospektion ***f*,** Feldsteinprospektieren
Findling(s)wall ***m*,** Feldsteinwall
Fingerabdrucktechnik ***f*** [*Diese Technik ist anwendbar, wenn in einem Gebiet bereits große Lagerstätten gefunden worden sind. Sie geht davon aus, dass dann, wenn Erkundungsproben in der Bleiisotopenzusammensetzung dem Blei der bereits gefundenen, abbauwürdigen Lagerstätte desselben Gebietes sehr ähneln, angenommen werden kann, dass eine neue abbauwürdige Lagerstätte vorliegt*] • fingerprint technique
Fingerbühne ***f*,** Gestängebühne [*Tiefbohrtechnik*] • monkey board, small board, finger board
fingerförmig vorgebautes Delta ***n*,** gelapptes Delta • lobate delta, arcuate delta [*A curved or bowed delta with its convex outer margin facing the sea or lake, such as that formed at the mouth of the Ebro River, Danube River, Rhine River and some others*]
Fingerrolle ***f*** (⚒) • short branch-raise, finger-raise
Fingersand ***m*,** deltaischer Rinnensand, Barrensand • barfinger sand
finite Differenzenmethode ***f*** • finite difference method
finite-Elemente-Mehrphasen-Modell ***n*** • multiphase finite element model
Finite-Element(e)-Netz ***n*,** FE-Netz *n* • finite element net, FE-net
Finite Element(e) Methode ***f*** • finite element method
finites Kriechgesetz ***n*** • finite creep law
finites Stoffgesetz ***n(pl)*** • finite constitutive law (*or:* relation)
finites Element ***n*,** endliches Element • finite element

Fiorit ***m*** ➋ Kieselsinter

Firmenbauleiter ***m*** ➋ Bauleiter

Firmengelände ***n*** ➋ Betriebsgelände

Firn ***m*** • nevé, névé [*French. The crystalline or granular snow on the upper part of a glacier, which has not been compressed into ice*]

Firstbereich ***m*** **des Tunnels** • roof of the tunnel, top of the tunnel

Firstbewehrung ***f*** • roof reinforcement

Firste ***f*** [*Bei denjenigen Strecken in der Lagerstätte wo sie durch das Hangende gebildet wird, auch, Dach"genannt;* ebenso im Tunnelbau] • roof, top, back

F

First(en)ab(bau)riss ***m,*** Deckenab(bau)riss (⚒) • roof break, back break, top break [*"Fracture" and "crack" may synonymously be used for "break"*]

Firsten(ab)klopfen ***n,*** (Ab)Klopfen der Firste, Beklopfen der Firste, First(en)beklopfen (⚒) • sounding, drumming, jowling [*Knocking on a mine roof to see whether it is sound or safe to work under*]

First(en)abloter ***m*** • upward sighting plummet

Firsten(ab)senkung ***f,*** Decken(ab)senkung • roof crushing, roof lowering, back squeezing, back crushing, back lowering, roof squeezing, top crushing, top lowering, top squeezing; bent [*Scottish term*]

First(en)anker ***m,*** Deckenanker • roof anchor, top anchor, back anchor, roof bolt, top bolt, back bolt

Firstenankerplatte ***f,*** Deckenankerplatte • roof-bolt plate, topbolt plate, roof anchor plate, top anchor plate

First(en)arbeitsbühne ***f,*** First(en)kasten *m,* Deckenarbeitsbühne, Deckenkasten [*Er ist in der Firste einer Strecke angebracht. Siehe Anmerkung unter "Arbeitsbühne"*] (⚒) • roof bunding, roof stull, top bunding, top stull, back bunding, back stull

First(en)ausgasung ***f,*** Deckenausgasung • roof emission, back emission, top emission

First(en)auskesselung ***f,*** Deckenauskesselung • roof saddle, back saddle, top saddle

First(en)bau ***m*** **ohne Versatz,** versatzloser First(en)-bau • open overhand stoping, open overbreaking [*These stopes are limited in general to deposits having strong walls and are strong enough to stand unsupported over back of stope*]

First(en)bau(weise) ***m, (f)*** (⚒) • overhand stoping, overbreaking [*It is an inverted underhand stoping, miners working upward underneath the ore to be broken*]

First(en)behandlung ***f,*** Deckenbehandlung [*Bei denjenigen Strecken in der Lagerstätte wo die Firste durch das Hangende gebildet wird "Dachbehandlung" genannt*] (⚒) • roof treatment, top treatment, back treatment

First(en)beklopfen ***n*** ➋ Fist(en)(ab)klopfen

First(en)(bohr)loch ***n,*** Decken(bohr)loch • roof (bore)hole, top (bore)hole, back (bore)hole

First(en)brett ***n,*** Deckenbrett • roof board, top board, back board

First(en)brett ***n,*** First(en)pfahl *m,* Deckenbrett, Deckenpfahl • roof plank, back plank, back sheet, top plank, top sheet, roof sheet

First(en)bruch ***m*** ➋ Zubruchgehen der Firste

First(en)druck ***m,*** Deckendruck • roof pressure, top pressure, back pressure

First(en)einsturz ***m*** ➋ Zubruchgehen der Firste

First(en)erz ***n,*** Deckenerz • roof ore, top ore, back ore

First(en)-Fächereinbruch ***m,*** italienischer First(en)-einbruch, Fächerfirst(en)einbruch • top fan cut, upper fan cut, top fan breaking-in, upper fan breaking-in

First(en)fragment ***n,*** Deckenfragment • roof remnant, top remnant, back remnant

First(en)gestein ***n,*** Deckengestein (⚒) • roof stone, balnstone

First(en)hohlraum ***m,*** Deckenhohlraum • roof cavity, top cavity, back cavity

First(en)kappe ***f,*** Kappe, Deckenkappe (⚒) • (roof) bar, top bar, back bar

First(en)kasten ***m*** ➋ First(en)arbeitsbühne

First(en)kohle ***f*** ➋ Oberbank einer Kohlenflöze

First(en)läufer ***m,*** Deckenläufer • roof runner, top runner, back runner

First(en)linie ***f,*** Sattelfirst *m,* Deckenlinie, Satteldecke • crest (line) [*Line which joins the highest points of a folded surface in successive parallel vertical or near-vertical cross-section of the fold*]

First(en)loch ***n,*** Deckenloch • roof hole, top hole, back hole

First(en)(ort-Sohlen)strossenbau ***m*** ➋ belgische (Tunnel)Bauweise

First(en)pfahl ***m,*** First(en)brett *n,* Deckenbrett, Deckenpfahl • roof plank, back plank, back sheet, top plank, top sheet, roof sheet

First(en)pfeiler ***m,*** Deckenpfeiler • roof pillar, top pillar, back pillar

First(en)rückbau ***m*** [*Fehlbenennung*] (⚒) ➋ Etagenbau

First(en)schießen ***n,*** Hereinschießen der Firste, Deckenschießen, Hereinschießen der Decke • heading-and-bench blasting, underhand blasting

First(en)schlitz ***m,*** Deckenschlitz • roof cut, top cut, back cut

First(en)schram ***m*****,** Deckenschram • roof undercut, top undercut, back undercut

First(en)schussloch ***n*****,** Deckenschussloch, First(en)-sprengloch, Deckensprengloch • roof (blast(ing)) hole, top (blast(ing)) hole, back (blast(ing)) hole

First(en)segment ***n*** (⚒) • top section [*Of a three-piece road(way) arch*]

First(en)standfestigkeit ***f*****,** Deckenstandfestigkeit • roof stability, top stability, back stability

First(en)stollen ***m*****,** First(en)vortrieb *m*, Deckenstollen, Deckenvortrieb • roof (pilot) heading, top (pilot) heading, roof (pilot) advance, top (pilot) advance, back (pilot) advance, back (pilot) heading, tunnel crown

First(en)stollen-Kernbauweise ***f*****,** Kernbauweise mit First(en)stollen • multi(ple)-drift method, multi (ple)-heading method [*A combination of the side- and top-drift methods*]

First(en)stoßbau ***m*** **als Speicherbau** ➔ Speicherbau

First(en)stoßbau ***m*** **mit Haufwerkspeicherung** ➔ Speicherbau

First(en)-Strossenbau(weise) ***m, (f)*****,** Strossen-Firstenbau(weise) • combined stoping [*Upper part of lift in underhand and lower part overhand*]

First(en)stufe ***f*****,** Deckenstufe • roof step, top step, back step

First(en)verzug ***m*****,** Deckenverzug • roof lagging, top lagging, back lagging

First(en)vortrieb ***m*** ➔ belgische (Tunnel)Bauweise

First(en)vortrieb ***m*** ➔ First(en)stollen

First(en)-Wetterkreuz(ung) ***n, (f)*** (⚒) • overcast air crossing, roof air crossing, ventilation air crossing [*See note under "air crossing"*]

First(en)zimmerung ***f*****,** Deckenzimmerung • roof timbering, top timbering, back timbering, top timbers, roof timbers, back timbers

Fisch ***m*** [*Im Bohrloch verlorener Teil*] • fish

(Fisch)Abstieg ***m*** [*Stromab(wärts) gerichtete Fischwanderung*] • downstream migration of fish, downstream fish migration

(Fisch)Aufstieg ***m*** [*Stromaufwärts gerichtete Fischwanderung*] • upstream migration of fish, upstream fish migration

Fischbauch(stau)klappe ***f*** • fish-belly gate

Fischdreg(haken) ***n, (m)*****,** Dreg(haken)

fischen, fangen, instrumentieren [*Tiefbohrtechnik*] • to extract, to recover a fish, to fish (up), to dislodge

Fischen ***n*** ➔ Instrumentieren

Fischereikarte ***f*** [*eine Seekarte*] • fishing chart

Fischfräsen ***n*****,** Fräsen eines Fisches [*Tiefbohrtechnik*] • milling up a fish, fish milling up

(Fisch)Grätendrän ***m*****,** Kornährendrän • chevron drain, herringbone drain, zigzag drain, V(ee)-drain [*Called "counterfort" in a railway cutting*]

(Fisch)Grätenentwässerung ***f*****,** Kornährenentwässerung • chevron drainage, herringbone drainage, V(ee)-drainage, zigzag drainage

(Fisch)Grätenstruktur ***f*****,** Kornährenstruktur • chevron texture, herringbone texture, zigzag texture, V(ee)-texture

Fischlebensraum ***m*** • fish habitat

Fischpass ***m*** • chute; fish way (US)

Fischschwanzmeißel ***m*** • fishtail bit, drag bit

Fischsterben ***n*** • fish kill

Fisch(zucht)teich ***m*** • fish rearing pond

Fizelyit ***m*** • fizelyite [*A metallic lead-gray mineral composed of a lead silver antimony sulfid(e) (US)/ sulphid(e), occurring as prisms*]

flach • flat [*In geomorphology, having or marked by a continuous surface or stretch of land that is smooth, even, or horizontal, or nearly so, and that lack any significant curvature, slope, elevation, or depression*]

flach, flachliegend [*Lagerstätte*] • blanket

flach auf Ton gegründetes Fundament ***n*** • shallow foundation on clay

flach (ein)fallen, schwach (ein)fallen, gering (ein) fallen • to dip gently, to low-dip, to dip at low angle, to dip flat

flach (ein)fallend • flat dipping, gently dipping

flach (ein)fallender Gang ***m*** • flat lode [*As called by miners*]; flat vein [As *called by geologists*]

Flachabhang ***m*****,** Flachgehänge *n* • flat hillside, flat (hill)slope

Flachaushub ***m*** • shallow digging, near-surface digging, shallow excavation, near-surface excavation

flachbaggern ➔ (ab)schürfen

Flachbaggern ***n*** ➔ Abziehen

Flachbau ***m*** • low-rise building

Flachbau ***m*** **der Erdkruste** • shallow structure of the earth crust

Flachbeben ***n*** • planar quake

Flachbecken ***n*****,** flaches Becken • flat basin

Flachbettabtaster ***m*** [*Die Fotozellen werden über ein Schlittensystem bewegt*] • sliding scanner, slide scanner

Flachbettzeichner ***m*** ➔ Tischzeichner

Flachbodenmischen ***n*****,** Bodenflachmischen • shallow soil mixing

Flachbohle ***f*** [*Spundwandzelle*] • flat-web sheet pile [*for a sheet piled cell*]
Flachbohrbereich ***m*** • shallow drilling range, near-surface drilling range
Flachbohren ***n*,** oberflächennahes Bohren • shallow drilling, near-surface drilling
Flachbohrloch ***n*,** oberflächennahes Bohrloch [*Bis etwa 500 m tief*] • shallow (bore)hole, near-surface (bore)hole
Flachbohrpfahl ***m*,** Kurzbohrpfahl • short bored pile, short drilled pile [*See note under "bored cast-in-situ pile"*]
Flachbohr(pfahl)gründung ***f*,** Kurzbohr(pfahl)-gründung, Flachbohr(pfahl)fundament *n*, Kurzbohr-(pfahl)fundament • short bored pile foundation, short drilled pile foundation
Flachbohrtechnik ***f*** • shallow drilling engineering, near-surface drilling engineering
Flachbohrung ***f*,** Flachsonde *f*, oberflächennahe Sonde, oberflächennahe Bohrung; Flachschacht *m*, oberflächennaher Schacht [*in Galizien*] • shallow well, near-surface well [*oil; natural gas*]
Flachböschung ***f*,** Rücken *m*, mäßig geneigte Böschung • glacis, flat slope, mild slope, gentle slope, gently inclined slope
Flachbrunnen ***m*** • shallow well, near-surface well
Flachdach ***n*** • flat roof, terrace roof
Flachdrain ***m*** • flat drain
Fläche ***f*,** Lagerfläche [*Fläche eines Steines mit welcher er im Steinbruch oder Mauer aufliegt*] • bed
Fläche ***f*** • space, area, extent [*As used by geographers "space" means extent or area, usually expressed in terms of the earth's surface. It does not mean outer space (Weltraum), or space in the sense of things arranged in tidy rows, or space in the sense of a continuous expanse extending in three dimensions*]
flache Bauhöhe ***f*** [*Streblänge und flache Bauhöhe sind gleich, wenn der Kohlenstoß des Strebes genau im Einfallen verläuft, also die kürzeste Entfernung der beiden zum Streb gehörenden Abbaustrecken darstellt*] (⚒) • horizontal projection of face length, projection of face length in the direction of full dip, projection of face length on a horizontal plane
flache Donläge ***f*,** flache Donlage, flache Donlege (⚒) • flat hade, flat hading
flache Erzlagerstätte ***f*** • blanket (ore) deposit [*Miner's terms for a horizontal, tabular orebody. The terms have no genetic connotation*]
flache Falte ***f*,** offene Falte • open fold
flache (Gas)Blase ***f*** [*In einer viskosen Schmelze*] • tabular vesicle
flache Gegend ***f*,** flaches Land *n*, ebene Gegend, ebenes Land, Blachfeld *n* [*Feldmesskunst*] • plain field, champai(g)n, champian, champion, level field, level open country, flat open country, open unenclosed land [*As opposed to that partitioned into fields*]
Fläche ***f*** **gleicher Infiltrationsfähigkeit,** Fläche gleichen Infiltrationsvermögens • isopotal area, area of equal infiltration capacity [*in a watershed*]
Fläche ***f*** **gleicher Wellengeschwindigkeit** [*Seismik*] • iso-velocity surface
flache Hangbewegung ***f*** • shallow slope movement
flache Klippe ***f*** ➜ blinde Klippe
flache Küste ***f*,** Flachküste • shallow coast
flache Lagerung ***f*,** flaches Flöz *n* (⚒) • flat seam
flache Randsee ***f*** ➜ flaches Randmeer
flache Rippel(marke) ***f*,** Flachrippel(marke) [*Sie besitzt auf der Leeseite eine stark ausgebildete Leewalze und ist durch eine tangentiale Anlagerung der Schrägschichtungsblätter an die Unterlage charakterisiert*] • accretion ripple (mark), aggradation ripple (mark), building-up ripple (mark)
flache Rohrfilterschicht ***f*** ➜ waag(e)rechte Rohrfilterschicht
flache See ***f*,** glatte See • smooth sea
flache Sprungweite ***f*** **(einer Verwerfung)** • lateral separation
flache Stelle ***f*,** blinde Klippe *f*, Unterwasserklippe, flache Klippe, blinde Stelle, Blindklippe, Flachstelle, Flachklippe • blind rock, sunken rock
flache Verwerfung ***f*,** geringe Verwerfung • low(-angle) fault, low dip(ping) fault [*It dips less than 45°*]
Flach(ein)fallen ***n*** ➜ geringes (Ein)Fallen
Flacheinschnitt ***m*** ➜ (offener) Flacheinschnitt
Flacheinsteigschacht ***m*** • shallow manhole [*An inspection chamber of the same cross-section all the way up*]
Flacheisen ***n*** [*Werkzeug*] • flat bar
Flacheisenverankerung ***f*** [*Dammbalkenwehr*] • retaining plate
flächenartige Lasteintragung ***f*** [*z. B. bei Pfahlgruppengründungen*] • areal load
flächendeckend • area-wide
Flächendränage ***f*** • surface drainage
Flächendruck ***m*** [*(Stempel)Schloss*] (⚒) • contact pressure, surface pressure [*(prop) yoke*]
Flächenelement ***n*** ➜ Bildelement
Flächenelementecho ***n*** ➜ Bildelementecho
Flächenerguss ***m*,** Lavaflut *f* • lava flood
Flächenerschließung ***f*** ➜ Erschließung
Flächenfederkonstante ***f*** • area spring constant

Flächenfehler *m* • error in area [*photogrammetry*]
Flächenflachgründung *f,* Plattenflachgründung, Flachplattengründung, Flachflächengründung [*Siehe Anmerkung unter "Plattengründung"*] • shallow raft (foundation) (system), shallow mat (foundation) (system), shallow slab (foundation) (system), shallow ground slab (system)
Flächenflut *f* • floodsheet
Flächengefüge *n* • fabric of planes, rock fabric of planes, petrofabric of planes, structural fabric of planes [*See note under "fabric"*]
Flächengründung *f,* Plattengründung [*Eine Gründung, die in der Sohlfläche senkrechte, geneigte, mittige und ausmittige Kräfte abträgt, und zwar sowohl bei Flach- als auch bei Tiefgründungen*] • spread foundation, raft foundation (system), (single) slab (foundation) (system), mat (foundation) (system), ground slab (system)
Flächengründungsplatte *f* ➔ Gründungsplatte
(flächenhaft) abgetragen ➔ bloßgelegt
flächenhaft abtragen, abtragen, bloßlegen, entblößen • to denude [*To wear away or remove overlying matter from and so expose to view, as underlying rocks*]
(flächenhafte) Abtragung *f* ➔ Denudation
flächenhafte hydroakustische Meer(es)boden(ver)-messung *f,* hydroakustische flächenhafte Meer(es)-boden(ver)messung • side-scan sonar
flächenhafte hydroakustische Meer(es) bodenkartierung *f,* hydroakustische flächenhafte Meer(es)bodenkartierung • side-scan-sonar mapping
(flächenhafter) Abtrag *m* ➔ Denudation
Flächenkartenzeichen *n* [*Kartenzeichen in flächiger Form im Gegensatz zum körperhaften Kartenzeichen*] • perspective non-volume (map) symbol
Flächenkartierung *f,* Regionalkartierung • regional mapping
Flächenlawine *f* • unconfined avalanche
Flächenleistung *f* [*Fotogrammetrie*] • ground coverage
Flächenneigung *f* • surface inclination
Flächennutzung, Bodennutzung *f,* Landnutzung • land use
Flächennutzungskartierung *f,* Bodennutzungskartierung, Landnutzungskartierung • land use mapping
Flächennutzungskarte *f,* Bodennutzungskarte, Landnutzungskarte • land use map
Flächennutzungsplan *m,* FNP [*vorbereitender Bauleitplan nach BGB (Baugesetzbuch). Der FNP stellt die erste vorbereitende Phase der Bauleitplanung von Kommunen dar. Es ist die Aufgabe der Gemeinden solche zu erstellen. Darin wird die Bodennutzung in ihrem Gemeindegebiet in unterschiedliche Kategorien eingeteilt: z. B. Wohnbauflächen, gemischte Bauflächen, gewerbliche Bauflächen und Sonderbauflächen (Baunutzungsverordnung §1)*] • preparatory land-use plan, land development plan, master plan, full-scale plan [*In Germany: The Flächennutzungsplan is the preparatory development plan, followed by the* ➔ *Bebauungsplan which is binding. The term* ➔ *Bauleitplan covers both, the FNP and the Bebauungsplan. Nearly every Gemeinde has a FNP and their policies are binding on the local authorities, public authorities and bodies acting as public agencies. In Scotland the FNP equals structure and local plans*]
Flächennutzungsplanung *f* ➔ Landnutzungsplanung
Flächenpol *m* • face pole, pole of (the) face [*stereographic crystal projection*]
Flächenschritt *m* [*Wiedergabe eines Seismogrammteils*] • variable-area representation, variable-area recording, VAR [*A method of displaying seismic data in which the height of a blackened area on film or paper is proportioned to the signal amplitude*]
Flächenseismik *f,* 3D-Seismik [*Flächenhafte Verteilung der Sende- und Empfangslinien in einem möglichst regelmäßigen Gitter, so dass eine dreidimensionale Erfassung des Untergrundes möglich ist*] • 3D-seismics
flächenseismische Daten *f,* 3D-seismische Daten • 3D seismic data
Flächensprengung *f* • area blasting
Flächenspülung *f* [*Eine Abtragungsform, die durch abrinnendes Regenwasser auf einer großen Fläche entsteht*] • sheet erosion, sheetwash, sheet wash
Flächensymbolprototyp *m* • basic repeat
Flächentektonik *f,* Plattentektonik • plate tectonics, raft tectonics
Flächentiefgründung *f,* Plattentiefgründung, Tiefplattengründung, Tiefflächengründung [*Siehe Anmerkung unter "Plattengründung"*] • deep raft (foundation) (system), deep mat (foundation) (system), deep slab (foundation) (system), deep ground slab (system)
Flächentragwerk *n* • raft
Flächentreue *f* • equal-area property, fidelity to area, truth of area, area fidelity, area truth [*map*]
flächentreue Karte *f* • equal-area map, equivalent map, authalic map, homolographic map
flächentreue Polarprojektion *f* • equal-area hemispheric projection

flächentreue Projektion *f* • equal-area (map) projection, homolographic (map) projection, equivalent (map) projection, hymalographic (map) projection, authalic (map) projection [*A (map) projection having a constant area scale; it is not conformal and is not used for navigation. "Net" may synonymously be used for "projection"*]

Flächenverhieb *m* (⚒) • area increment of (face) advance, area rate of (face) advance

Flächenvermessung *f* • planimetry, survey of area, area(l) survey, measurement of area, area(l) measurement

Flächenwidmungsplan *m*, Aufbauplan [*veraltete Benennung*]; vorbereitender Bauleitplan, Flächennutzungsplan, Landnutzungsplan, Bodennutzungsplan, FNP [*Österreich*] • land use plan, plan of land use, outline development plan

flächenzentriert [*Kristall*] • face-centered, F-centered (US); face-centred, F-centred (Brit.)

flächige Lastabtragung *f* • planar load transfer

flacher Bogen *m* [*einer Bogenbrücke*] • shallow arch

flacher Granitdom *m* • ruware [*South Africa. A low, flattish or gently domed, granitic pediment or outcrop of bare rock. It occurs where flat or gently dipping joint systems are prominent*]

flacher Pfeiler *m* [*einer Brücke*] • shallow pier

flacher Sandstand *m* • greve

flacher See *m*, seichter See, Flachsee • shallow lake

Flach(erd)beben *n* • (earth)quake [*The focus is at a depth of less than 70 km*]

flaches Becken *n*, Flachbecken • flat basin

flaches Einfallen *n* ➔ geringes (Ein)Fallen

flaches Flöz *n*, flache Lagerung *f* (⚒) • flat seam

flaches Gewässer *n* • still water

flaches Hochland *n*, Hochebene *f* • high plain [*An extensive area of relatively level land not situated near sea level*]

flaches Land *n*, flache Gegend *f*, ebene Gegend, ebenes Land, Blachfeld *n* [*Feldmesskunst*] • plain field, champai(g)n, champian, champion, level field, level open country, flat open country, open unenclosed land [*As opposed to that partitioned into fields*]

flaches Randmeer *n*, Schelfmeer, Schelfsee *f*, flache Randsee • shelf sea, shallow marginal sea [*A shallow marginal sea situated on the continental shelf, rarely exceeding 150 fathoms (275 m) in depth, e.g. the North Sea. See note under "epicontinental sea"*]

flaches Wasser *n* • shallow water

Flachfallen *n* ➔ geringes (Ein)Fallen

Flachflächengründung *f* ➔ Plattenflachgründung

Flachfundament *n*, Flachgründung *f*, Flachfundation (*Schweiz*) • shallow foundation, ordinary foundation, spread foundation, near-surface foundation [*It is laid at a relatively shallow depth on soil or rock of competent bearing capacity below the ground surface, above as well as below the groundwater table. Shallow foundations are classed into 1. footings, 2. mats or rafts, and 3. combined footings*]

flachfundiertes Gebäude *n* • shallow-founded building

Flachfurche *f* [*Bewässerung*] • shallow furrow, corrugation

flachgegründet • shallow-founded

flach gegründetes Bauwerk *n* ➔ Flachfundament

Flachgehänge *n*, Flachabhang *m* • flat hillside, flat (hill)slope

flachgeneigter Schacht *m* (⚒) • incline [*A flatly inclined opening*]

Flachgewässer *n*, Seichtgewässer • wash, shallow water body, shallows [*An expanse of shallow waters*]

Flachgewebe *n* • flat fabric

Flachgraben *m*, oberflächennaher Graben [*U-Querschnitt*] • shallow trench, near-surface trench

flachgründig, untief, seicht [*Gewässer*] • shallow, shoal

flachgründige Quelle *f*, seichtgründige Quelle • shallow spring

flachgründige Verwitterung *f* ➔ Oberflächenverwitterung

Flachgründung *f*, Flachfundament *n* • shallow foundation, ordinary foundation, spread foundation, near-surface foundation [*It is laid at a relatively shallow depth on soil or rock of competent bearing capacity below the ground surface, above as well as below the groundwater table. Shallow foundations are classed into 1. footings, 2. mats or rafts, and 3. combined footings*]

Flachheit *f*, Abplattung *f* • flatness

Flachheitsverhältnis *n*, Abplattungsindex *m* • flatness index; flatness ratio [*Wentworth*]

Flachheitswert, Abplattungswert *m* [*Cailleux; Lüttig*] • flatness value

Flachherd *m* [*Aufbereitung*] • table

Flachhöhle *f*, oberflächennahe Höhle • shallow cave, near-surface cave [*It is close to the ground surface*]

Flachklippe *f* ➔ flache Stelle

Flachküste *f*, marine Küste [*Sie besteht aus Strand, Vorstrand und Schorre (Riffzone)*] • flat coast, low coast, shallow coast

Flachland *n*, Ebene *f* • level (country), flat country, flat (land), plain, level land [*Any large expanse of*

relatively flat, usually low-lying country; specifically any alluvial tract of recent formation, such as the Bedford Level in Lincolnshire, England]

Flach(land)form *f* • flat(tish) (land) form

Flachlava *f*, Kissenlava • pillow lava, ellipsoidal lava

flach(liegend) [*Lagerstätte*] • blanket

Flachmeer *n* ➲ Flachsee

Flachmeer(es)bergbau *m*, Schelfmeer(es)bergbau, Flachseebergbau, Schelfseebergbau • offshore mining

Flachmeer(es)insel *f*, Flachseeinsel • offshore (belt) island, flat sea island, offshore waters island

Flachmeer(es)sediment *n*, Flachseesediment • offshore (belt) sediment, offshore waters sediment, offshore zone sediment, flat sea sediment

Flachmeer(es)sedimentation *f*, Flachseesedimentation • offshore (belt) deposition, offshore (belt) sedimentation, offshore waters deposition, offshore waters sedimentation, offshore zone deposition, offshore zone sedimentation, flat sea deposition, flat sea sedimentation

Flachmeer(es)strömung *f*, Flachseeströmung • offshore (belt) current, flat sea current, offshore zone current, offshore waters current

Flachmeer(es)-Untiefe *f*, Flachsee-Untiefe • offshore shoal (area)

Flachmeer(es)wasser *n*, Flachseewasser, Schelfmeer(es)wasser, Schelfseewasser • offshore water [*Water lying seaward of inshore water, whose physical properties are influenced only slightly by continental condition*]

Flachmoor *n*, Grünlandmoor, Niedermoor, Wiesenmoor • low(-level) moor

Flachmoräne *f* ➲ Ablationsmoräne

Flachmulde *f* • swale [*A slight depression, sometimes swampy, in generally level land*]

Flachneigung *f* • shallow inclination

Flachplattengründung *f* ➲ Plattenflachgründung

Flachpresse *f* • flat jack

Flachprofil *n* [*als Verkleidungselement*] • flat section

Flachprofil *n*, Flachspund(wand)bohle • straight-web sheet pile, flat-web sheet pile

Flachrippel(marke) *f*, flache Rippel(marke) [*Sie besitzt auf der Leeseite eine stark ausgebildete Leewalze und ist durch eine tangentiale Anlagerung der Schrägschichtungsblätter an die Unterlage charakterisiert*] • accretion ripple (mark), aggradation ripple (mark), building-up ripple (mark)

Flachrutschung *f* [*eines Hangs*] • shallow slide [*of a slope*]

Flachschacht *m* ➲ Flachsonde

Flachschlauch *m* • lay-flat hose

Flachschüttelspirale *f*, Schüttelflachspirale [*Erzaufbereitung*] • shaken helicoid

Flachsee *f*, Schelf *n* unterhalb der tiefsten Brandungseinwirkung, Flachmeer *n* • offshore (belt), offshore waters, flat sea, offshore zone [*It extends from the outer margin of the rather steeply sloping shoreface to the edge of the continental shelf. It is a comparatively flat zone of variable width*]

Flachsee *m* ➲ seichter See

Flachseebergbau *m* ➲ Flachmeer(es)bergbau

Flachseebezirk *m*, (Kontinental)Schelf *n*, *m*, Kontinentalsockel *m*, Kontinentaltafel *f*, Festland(s)-sockel • (continental) shelf [*The relatively shallow belt of sea-bottom bordering a continental mass, the outer edge of which sinks rapidly to the deep ocean-floor*]

Flachseeinsel *f*, Flachmeer(es)insel • offshore (belt) island, flat sea island, offshore waters island

Flachseesediment *n*, Flachmeer(es)sediment • offshore (belt) sediment, offshore waters sediment, offshore zone sediment, flat sea sediment

Flachseesedimentation *f*, Flachmeer(es)sedimentation • offshore (belt) deposition, offshore (belt) sedimentation, offshore waters deposition, offshore waters sedimentation, offshore zone deposition, offshore zone sedimentation, flat sea deposition, flat sea sedimentation

Flachseeströmung *f*, Flachmeer(es)strömung • offshore (belt) current, flat sea current, offshore zone current, offshore waters current

Flachsee-Untiefe *f*, Flachmeer(es)-Untiefe • offshore shoal (area)

Flachseewasser *n*, Flachmeer(es)wasser, Schelfmeer(es)wasser, Schelfseewasser • offshore water [*Water lying seaward of inshore water, whose physical properties are influenced only slightly by continental condition*]

Flachseismik *f* • shallow seismic(s), near-surface seismics

Flachsohle *f* • flat invert, flat bottom, flat floor [*tunnel; gallery*]

Flachsonde *f*, Flachbohrung *f*, oberflächennahe Sonde, oberflächennahe Bohrung; Flachschacht *m*, oberflächennaher Schacht [*in Galizien*] • shallow well, near-surface well [*oil; natural gas*]

Flachspundwand *f* • straight(-web) sheetpiling, flat(-web) sheetpiling

Flachspund(wand)bohle *f*, Flachprofil *n* • straight (-web) sheet pile, flat(-web) sheet pile

Flachstelle *f* ➲ blinde Klippe

Flachstrand *m* • flat beach

F

Flachtalrelief *n* ➋ Altfläche
Flachteich *m* • shallow pond
Flachtunnel *m*, oberflächennaher Tunnel, seichtliegender Tunnel • shallow tunnel, near-surface tunnel
Flachufer *n*, Gleitufer
Flachwagen *m* [*für den Startschacht/Tunnelbau*] • flat car
Flachwasser *n*, Seichtwasser • shallow water [*1. Commonly water of such depth that surface waves are noticeably effected by bottom topography. It is customary to consider water of depths less than half the surface wave length as shallow water. 2. More strictly, in hydrodynamics, with regard to progressive gravity waves, water in which the depth is less than 1/25th the wave length. Also called "very shallow water"*]
Flachwasserbecken *n*, Seichtwasserbecken • shallow-water basin [*In a port for river craft*]
Flachwasserküste *f*, Seichtwasserküste • shallow-water coast
Flachwassersediment *n*, Seichtwassersediment • shallow-water sediment
Flachwasserwelle *f*, Seichtwasserwelle • long wave, shallow-water wave
flachwellig-hügelige Landschaft *f* • gently undulating hill-type landscape
Flachwinkelverwerfung *f* • flat (over)thrust(ing), long-angle faulting
Flachwurzel *f* • shallow root, near-surface root, spread root
Flachwurzler *m* • shallow-rooted plant
Flachzapfen *m* • depressed flute cast [*A flat or weakly developed flute cast*]
Flachzellenfangedamm *m* • cofferdam with flat cells, flat-cell cofferdam
Fladen *m*, Flädle *n* • fladen, flädle [*German*]; flat cake [*1. A distinctive, pancake-shaped body resembling a volcanic bomb and composed of glass, rock fragments and minerals, found in the suevites at the Ries basin in Germany. It exhibits flow structure and surface sculpturing apparently produced by aerodynamic forces. 2. Any similar glass-rich aerodynamically shaped body, formed by meteorite impact, and found associated with other meteorite impact structures*]
Fladenlava, Pahoehoe(-Lava) *f* • pahoehoe (lava), pahuhu lava [*Hawaiian words*]; helluhraun [*Iceland*]; dermolith [*obsolete*]; live lava
fladerig (⚒) • flawy
F-Lage *f*, O_F-Horizont *m*, (Ver)Moderungshorizont, F-Schicht *f*, Vermoderungsschicht, (Ver) Moderungslage [*früher: A01-Horizont*] [*Moder als Humusform*] • fermentation (layer)
Flammenbohren *n* ➋ thermisches Bohren
Flammenkegel *m* ➋ blauer Flammensaum
Flammenmergel *m* • golt
flammensicherer Sprengstoff *m* ➋ Schlagwettersprengstoff
Flamm(en)sperre *f* • flame barrier
Flamm(en)(strahl)bohrer *m*, Brennbohrer, Feuerstrahlbohrer, Schmelzbohrer • (flame) jet drill, fusion drill, thermal lance
Flamm(en)(strahl)perforator *m* ➋ Feuerstrahlperforator
Flammenzündung *f*, Anzünden *n* • flame ignition
Flammpunktprüfer *m* mit offenem Tiegel • open cup
Flammpunktprüfer *m* mit offenem Tiegel nach Tagliabue • Tag(liabue) open cup
Flammpunktprüfer *m* nach Cleveland, Cleveland-Flammpunktprüfer • Cleveland open cup
Flamm(strahl)reinigung *f* • flame cleaning
Flamm(strahl)schrämen *n* • (flame) jet channeling (US); (flame) jet channelling (Brit.) [*A cut several inches wide is made by a flame jet, fed by oxygen and fuel oil, that reaches a temperature of at least 3,990° F (2,200° C)*]
Flanke *f* ➋ (Falten)Flanke
Flanke *f* [*Ein Rutschungsmerkmal; Definition lt. MLG*/Krauter: Das in-situ liegende Material, das unmittelbar an die seitlichen Abrisse anschließt. Die Beschreibung mit Kompassrichtung wird bevorzugt; falls mit rechts oder links bezeichnet, bezieht sich dies aus der Sicht von oben nach unten.*] • flank [*A landslide feature; according to the MLG*/D.M.Cruden: The undisplaced material adjacent to the sides of the rupture surface. Compass directions are preferable in describing the flanks but if left and right are used, they refer to the flanks as viewed from the crown.*]
Flankenerddruck *m* • earth pressure at the flanks
Flankeneruption *f*, Seiteneruption • flank eruption, lateral eruption, side eruption
Flankenvereisung *f*, Wandervergletscherung, Andengletschertyp *m* • migratory glaciation
Flaschengas *n*, Blaugas • bottle gas, blue gas [*A gas consisting of volatile hydrocarbons, from propane to pentane, mixed with hydrogen and methane under pressure. It withstands pressure and hence may be transported in steel tanks under pressure in liquefied form. May be used as a fuel to operate combustion engines in lieu of gasoline. Sold under various trade names*]

Flaschenpost ***f*** • drift bottle, bottle post
Flaschenrüttler ***m*** [*für die dynamische Verdichtung*] • internal vibrator
Flankenwinkel ***m*** • flank angle
Flaschenzugbühne ***f*,** Flaschenzugplattform *f* (⚒) • brace [*A platform over the mouth of a shaft to which tackle is fastened*]
Flaser ***f*** • flaser [*Streaky layers of parallel, scaly aggregates that surround the lenticular bodies of granular material in flaser structure; caused by pressure and shearing during metamorphism*]
Flasergabbro ***m*** • flaser gabbro [*Coarse-grained blastomylonite formed by dislocation metamorphism of a gabbro. Flakes of mica or chlorite sweep around augen of fel(d)spar and/or quartz with much recrystallization and neomineralization*]
Flat-Dilatometer, DMT ***n*** • flat dilatometer, DMT
Flatschenerzgang ***m*** • blob(by) (ore) vein
Flat-Top Kran ***m*** • flat-top crane
Flattern ***n*** ➋ (Pfahl)Flattern
flaues Negativ ***n*** • faint negative, contrastless negative
Flechtmatte ***f*** • stranded mat
Flechtwerk ***n*,** Flechtzaun *m*, Horde *f*, Hürde *f*, Hurde, Weidengeflecht *n* • hurdle work, wattle work, hurdling, wattling [*Osiers (laths) interlaced with vertical sticks to make a low fence on a watercourse bank which encourages silting or discourages scour(ing)*]
Flechtzaun ***m*,** Gehänge *n* [*In die Fluss- oder Stromsohle geschlagen*] • bandal
Flechtzaun ***m*** • stake dam [*In soil conservation, brush held in an advantageous place by staggered rows of stakes for the purpose of retarding water-flow velocity on a slope*]
Flechtzaun ***m*** [*zur Hangsicherung*] • wattle fence [*made of inert brushes, such as bamboo, reed etc.*]
Flechtzaunbau ***m*,** Gehängebau • bandalling
Fleck ***m*** • mottle [*A small, irregular body of material in a sedimentary matrix of different texture; difference in colo(u)r not being essential*]
Fleck ***m*** • mottle [*A spot, blotch, or patch of colo(u)r occurring on the surface of a sediment or soil*]
Fleckalabaster ***m*** ➋ gefleckter Alabaster
Fleck(en) ..., gefleckt • maculose, spotted, knotted [*Said of a group of contact metamorphic rocks, e.g. spotted slates, that have a spotted character, also, said of the structure itself*]
Fleckenbildung ***f*** • mottling [*The formation of mottles or of a mottled appearance*]
Fleck(en)dachschiefer ***m*** ➋ gefleckter Tonschiefer
Fleck(en)helligkeit ***f*** • spot brightness
Fleckenkalkstein ***m*** • mottled limestone
Fleck(en)tonschiefer ***m*** ➋ gefleckter Tonschiefer
Fleckenriff ***n*,** Knollenriff, Kuppenriff • reef knoll, knoll reef
Fleckenzone ***f*** • F zone [*laterite profile*]
fleckig • mottled
Fleckige ***n*** ➋ Trübe
fleckiger Alabaster ***m*** ➋ gefleckter Alabaster
fleckiges Aussehen ***n*** • mottled appearance
Fleckigkeit ***f*** • mottling [*Variation of colo(u)r in sediments and soils, as represented by localized spots, patches, or blotches of colo(u)r or shades of colo(u)r*]
Fleckschiefer ***m*** • fleckschiefer [*German. A type of spotted slate characterized by minute flecks or spots of indeterminate material*]
Fledermausguano ***m*,** Fledermauskot *m*, Höhlenkot, Höhlenguano • bat guano, cave guano
Fleet ***n*** [*niederdeutsch*]; Flet [*hochdeutsch*]; Graacht *f* [*Niederlande*] • fleet [*A place where water flows; a creek, inlet, run of water. Non obsolete or occasionally used locally, but common in place names; e.g. Fleet St., London; Northfleet, Kent*]
Fleinserde ***f*,** Rendzina
fleischfarben • flesh-red
fleischfarbenes Steinmark ***n*,** Karnat *m* • carnat
Flet ***n*,** Fleet *n* [*niederdeutsch*]; Graacht *f* [*Niederlande*] [*hochdeutsch*] • fleet [*A place where water flows; a creek, inlet, run of water. Non obsolete or occasionally used locally, but common in place names; e.g. Fleet St., London; Northfleet, Kent*]
flexibler Bohrstrang ***m*** • climber assembly
Flexur ***f*,** Kniefalte *f* • flexure, hinge [*The locus of maximum curvature or bending in a folded surface, usually a line*]
Flexur ***f*** ➋ Scheitellinie
Flickstandlinie ***f*** [*Fotogrammetrie*] • patchline base
fliegende (Rohr)Leitung ***f*,** tragbare (Rohr)Leitung, Trag(rohr)leitung • portable (pipe)line
fliegendes Rohr ***n*** ➋ Tragrohr
Fliegenstein ***m*,** Näpfchenkobalt *n* • flaky arsenic
Fliegeraufnahmemosaik ***n*,** Luftbildmosaik, Fliegerfotomosaik, Fliegerbildmosaik, Luftaufnahmemosaik, Luftfotomosaik, Flug(zeug)-bildmosaik, Flug(zeug)aufnahmemosaik, Flug(zeug)-fotomosaik, Aerobildmosaik, Aeroaufnahmemosaik, Aerofotomosaik • aerial photo(graph) mosaic, air (borne) photo(graph) mosaic, airplane photo(graph) mosaic, flying photo(graph) mosaic, flight photo (graph) mosaic, airview mosaic, aerophoto(graph)

mosaic [*"Shot", "image" and "picture" may synonymously be used for "photo(graph)"*]

Fliegerbildmosaik *n* ➲ Luftbildmosaik

Fliegerhandkamera *f*, Fliegerhandkammer *f* • hand(-held) aerial camera, hand(-held) airborne camera

Fliehkraft *f* • centrifugal force

Fliese *f* • tile

Fliesenkleber *m* • tile adhesive

Fließanteil *m* [*einer Lawine*] • dense flow part

Fließart *f* • flow type

F

fließbar, fließfähig • flowable

fließbar, strömbar • fluid [*Having the property of flowing; consisting of particles that move freely among themselves, so as to give way before the slightest pressure*]

Fließbarkeit *f*, Fließvermögen *n*, Fließfähigkeit • fluidity, flowability [*The reciprocal of viscosity, expresses the ability of a substance to flow*]

Fließbedingung *f* • flow condition

Fließbeton *m* • flowing concrete, fluid concrete

Fließbett *n*, Wirbelbett • fluidized bed

Fließbettkohlenvergasung *f*, Wirbelbettkohlenvergasung *f* • fluidized bed coal gasification

Fließbettreaktor *m*, Schwebebettreaktor [*anaerobe Verfahrenstechnik*] • expanded bed reactor

Fließbild *n* • flow pattern

Fließdruck *m* • flow pressure

(Fließ)Druckstabilisierung *f* [*Erdöl- und Gassonde*] • (flow) pressure stabilization

Fließebene *f* • planar flow structure, platy (flow) structure [*May be expressed by the parallel arrangement of platy mineral (giving a foliation), by slablike inclusions, by schlieren, or by bands of different mineralogy or texture*]

Fließeigenschaft *f* • flow property

Fließeinheit *f* [*Ignimbrit*] • flow unit

fließempfindlicher Boden *m* • flow-sensitive soil

Fließen *n*, Fließerscheinung *f* • boil, blow [*A run of wet material, usually quicksand, on the bottom of an excavated hole or under the cutting edge of a caisson, resulting when the water pressure on the outside is greater than that on the inside. An ordinary spring is a boil carrying water only*]

Fließen *n* [*Ein Rutschungstyp; Definition lt. MLG*/Krauter: **Fließen** ist eine räumliche, kontinuierliche Bewegung bei der Scherflächen nur kurzzeitig vorhanden, dicht angeordnet und gewöhnlich nicht erhalten sind. Die Geschwindigkeitsverteilung der bewegten Masse gleicht der einer viskosen Flüssigkeit. Geotechnischer Sprachgebrauch auch: '➲ Talzuschub und Bergzerreißung, ➲ Bodenkriechen, Schuttkriechen Bodenfließen (Solifluktion), ➲ Schlammstrom, ➲ Schuttstrom, Schichtfließen*] • flow, flowing [*A landslide type; according to the MLG*/D.M.Cruden: A **flow** is a spatially continuous movement in which surfaces of shear are shortlived, closely spaced and not usually preserved. The distribution of velocities in the displacing mass resembles that in a viscous fluid.*]

Fließen *n* • squeeze [*The plastic movement of a soft rock in the walls of a borehole*]

Fließen *n* ➲ Strömen *n* [*Fluids*]

Fließen *n* bei einzelnen Unebenheiten • isolated roughness flow

Fließen *n* von Wasser im Boden • (soil-)moisture flow

fließend • flowing

fließender Verkehr *m* • current moving traffic, moving traffic

fließendes Grundwasser *n* • flowing groundwater, flowing plerotic water

fließendes Wasser *n* • flowing water, moving water, running water

Fließentstehung *f* • flow development

Fließerscheinung *f*, Fließen *n* • boil, blow [*A run of wet material, usually quicksand, on the bottom of an excavated hole or under the cutting edge of a caisson, resulting when the water pressure on the outside is greater than that on the inside. An ordinary spring is a boil carrying water only*]

fließfähig, fließbar • flowable

fließfähige Lava *f* • mobile lava

fließfähige (Spreng)Schlämme *f* • fluid slurry (explosive)

fließfähiger Schlämme-Sprenghilfsstoff *m*, fließfähiger Schlämme-Hilfssprengstoff • fluid slurry(-type) blasting agent

Fließfähigkeit *f* ➲ Fließbarkeit

Fließfalte *f*, ptygmatische Falte [*Materialfluss vom Sattel zur Mulde*] • flow(age) fold

Fließfaltung *f* • flow folding in rocks [*Some of the complex fold structure of rock salt deposits and of Archean formations in many parts of the world, in which the folding has no recognizable systematic relationship to externally applied forces, can be explained only by assuming that these rocks have had an extremely low rigidity, and flowed under small stress differences like viscous fluids*]

Fließfläche *f* • flow area, area of flow

Fließformänderung *f* ➲ kontinuierliche Verformung

Fließformel *f* • formula of flow, flow formula

Fließfunktion *f* ➲ Stromfunktion

fließgefährdeter Boden ***m*** • running soil

Fließgefährdung ***f*** • flow risk

Fließgefälle ***n*** • flow gradient

Fließgeschwindigkeit ***f*** [*Zeichen: v. Einheit: m/s. Quotient aus Fließstrecke und Zeit*] • flow rate, flow velocity, velocity of flow, rate of flow, flow speed

Fließgesetz ***n*** • flow law

Fließgewässer ***n*,** Wasserlauf *m*, Wasserzug *m* [*Ständig oder zeitweise fließendes oberirdisches Gewässer*] • waterway, watercourse [*Any natural or artificial channel or depression in the surface of the earth for passage of water*]

Fließgewässerbelüftung ***f*** [*Sauerstoffzufuhr in ein Fließgewässer durch Druckluft, Oberflächenbelüftung oder Turbinenbelüftung zur Erhöhung des Sauerstoffgehaltes in stark belasteten Strecken bei kritischer Wasserführung und bei warmem Wetter*] • instream aeration

Fließgewässerbett ***n*** ➋ Wasserlaufbett

Fließgewässersohle ***f*,** Wasserlaufsohle, Wasserzugsohle • waterway bed, watercourse bed

Fließgewässerüberquerung ***f*,** Wasserlaufüberquerung, Wasserzugüberquerung • waterway crossing, watercourse crossing

Fließgrenze ***f*,** Atterbergsche Fließgrenze [*Wassermasseverhältnis an der Grenze zwischen sehr weich plastischer und breiiger bis flüssiger Konsistenz, Formelzeichen: wL. Einheitenzeichen: kg/kg und % (Masse)*] • liquid limit, Atterberg liquid limit [*Symbols: LL, WL*]

Fließgrenze ***f*** • elastic limit, yield point [*The maximum stress that a specimen can withstand without undergoing permanent deformation either by solid flow or by rupture*]

Fließgrenze ***f*** **des Injektionsgutes** • yield value of the grout

Fließgrenzengerät ***n*** • liquid-limit device

Fließgrenzengerät ***n*** **von Casagrande** • Casagrande liquid limit device

Fließgrenzenindex ***m*** [*Bodenmechanik*] • flow index [*The slope of a flow curve of a standard liquid-limit test of soils, plotted with water content as ordinate on an arithmetic scale and number of flows as abscissa on a logarithmic scale*]

Fließ(grenzen)kurve ***f*** [*Bodenmechanik*] • flow curve [*A graph of points obtained in a test for liquid limit*]

Fließkohle ***f*,** Kolloidkohle • coal-in-oil suspension, colloid(al) fuel [*A fluid mix(ture) of pulverized coal dispersed in either fuel oil or coal tar oil, used as a fuel chiefly in large plants*]

Fließkonstante ***f*** • flow constant

Fließlawine ***f*** • flowing avalanche, flow avalanche, dense flow avalanche

Fließlawinenmodell ***n*** • flowing avalanche model

Fließlehm ***m*,** Quicklehm, sensitiver Lehm • quick loam

Fließmarke ***f*** ➋ Strömungsmarke

Fließmesser ***m*** • flow meter

Fließmittel ***n*** [*für Beton*] ➋ Betonverflüssiger

Fließphase ***f*** • flow(ing) phase

Fließphysik ***f*** • flow(ing) physics, physics of flow(ing)

Fließquelle ***f*** ➋ (Frei)Fließquelle

Fließregel ***f*** • flow rule

Fließrichtung ***f*** • flow direction

Fließröhre ***f*,** Stromröhre • flow conduit

Fließrose ***f*** • flow rose

Fließrutsch(ung) ***m*, (*f*),** Schlammstrom *m* und Gesteinsstrom, Hangmure *f*, Hautrutsch *m*, Hautrutschung *f* • slope-type debris flow, earthflow, flow slide [*A mass-movement landform and process characterized by downslope translation of soil and weathered rock over a discrete based shear surface (landslide) within well defined lateral boundaries. The basal shear surface is more or less parallel with the ground surface in the downslope portion at the earthflow, which terminates in lobelike forms. Overall, little or at rotation of the slide mass occurs during displacement, although, in the vicinity of the crown scarp, minor rotation is usually observed in a series of slump blocks. Earthflows grade into mudflows through a continuous range in morphology associated with increasing fluidity. Also spelled: earth flow*]

Fließsand ***m*** [*Nicht verwechseln mit "Schwimmsand". Mit der im Sand vorhandenen Schubbeanspruchung - zum Beispiel unter der Oberfläche von Böschungen - bringt eine irgendwie gerichtete Strömung den Sand zum Fließen*] • quicksand

Fließsichtbarmachung ***f*,** Sichtbarmachung von Fließvorgängen • flow visualization

Fließstörung ***f*** • flow disturbance

Fließstruktur ***f*,** Fluidalstruktur, Fließgefüge *n* [*"Fluidaltextur" und "Fließtextur" nach H. Rosenbusch*] • flow texture, fluidal texture, rhyotaxitic texture; fluxion texture [*obsolete*]

Fließton ***m*,** Quickton, sensitiver Ton • quick clay

Fließtrichter ***m*** • flow funnel

Fließübergang ***m*,** Fließwechsel *m* [*Übergang vom Strömen zum Schießen (stetig, kontinuierlich) oder umgekehrt (unstetig, diskontinuierlich) bei Gerinneströmungen*] • flow transition, transition of flow

Fließunterschied *m* • flow difference
Fließverformung *f* ➋ kontinuierliche Verformung
Fließvermögen *n*, Fließbarkeit *f*, Fließfähigkeit • fluidity, flowability [*The reciprocal of viscosity, expresses the ability of a substance to flow*]
Fließverzögerung *f*, Fließverzug *m* • flow delay, flow retard(ation)
Fließvorgang *m* • flow process
Fließwasserquelle *f* ➋ (Frei)Fließquelle
Fließwechsel *m*, Fließübergang *m* [*Übergang vom Strömen zum Schießen (stetig, kontinuierlich) oder umgekehrt (unstetig, diskontinuierlich) bei Gerinneströmungen*] • flow transition, transition of flow
Fließweg *m* • flow path
Fließwiderstand *m* • flow resistance, resistance to flow
Fließwulst *m*, *f* [*unklare Benennung*] ➋ Strömungsmarke
Fließzone *f* ➋ Plastosphäre
Flint *m*, Feuerstein *m*, feinkristalline Kieselsäure *f* • flint; black chert [*England*]; petrosilex [*obsolete*] [*see note under "flint"*]
Flintknolle *f* ➋ Feuersteinknolle
Flintton *m* • b(e)auxite shale
Flinzmergel *m* [*Süddeutschland*]; Miozänmergel • Miocene marl
Flinzsand *m* [*Süddeutschland*]; Miozänsand • Miocene sand
Flocke *f* • floccule [*soil structure*]
Flocke *f* • flake
Flockeneis *n* • flake ice
Flockenerz *n*, flockige Bleiblüte *f* • filamentous arseniate of lead
Flockengefüge *n* • flocculated fabric, flocculate structure
Flockentextur *f* • flocculent structure
flockig (M/G) • flocculent
Flößer(ei)fluss *m* • floatable stream, stream for rafting
Flößereisperre *f* • log dam [*A dam to furnish water for driving logs*]
Flößer(ei)strom *m* • river for rafting, flo(a)table river
flohmiger Bernstein *m* • oily-looking dim amber
Florengebiet *n*, Pflanzengebiet, Florenregion *f*, Pflanzenregion • plant region
Florenreich *n*, Pflanzenreich • plant kingdom
Florentiner Marmor *m*, Ruinenmarmor, Trümmermarmor • ruin marble, Florence marble, Florentine marble
Floßrinne *f*, Floßgasse *f*, Floßdurchlass *m* • log chute, log way, timber flume

Flossen-Brücke *f* [*Ein Brückentyp, bei dem eine senkrechte Platte aus Spannbeton oberhalb der Fahrbahn das Tragwerk trägt*] • fin-back bridge
Flotation *f* [*Aufbereitungsverfahren für die Anreicherung von Mineralien und Gesteinen*] • flotation
Flotationsabgänge *f* • washery tailings
Flotationsaufspaltung *f*, Flotationsdifferentiation *f* • crystal flo(a)tation, flo(a)tation (of crystals) [*In petrology, the floating of lightweight crystals in a body of magma*]
Flottsand *m*, Sandlöss *m* • sand loess, sandy loess
Flöz *n* [*Gesteinsschicht mit wirtschaftlich bedeutenden Rohstoffen, wie Kohle, Salz, Erze*] • seam, horizontal stratum, layer
Flöz, Kohlenflöz *n* • coalbed, coal stratum [*(Coal) seam is more commonly used in the USA and Canada*]
Flöz *n* von 45° Neigung • half edge seam
Flöz zuerst abbauen, vorausbauen (⚒) • to work first [*of a seam*]
Flözanschnitt *m* • seam cut
Flözausbringen *n* • seam extraction, seam output, seam recovery
Flözbank *f* (⚒) • division of (a) seam, seam division
Flözbergbau *m* ➋ flözgängiger Bergbau
Flözbrand *m*, Flözfeuer *n* • seam fire
Flözdolomit *m*, Zechsteindolomit • secondary dolomite
Flözdurchschallung *f* • (in-)seam transmission survey
Flöz(ein)fallen *n* • seam dip(ping)
Flözentwässerung *f* • seam drainage
Flözerstreckung *f* • seam course
Flözfaltung *f* • seam roll
Flözfeuer *n*, Flözbrand *m* • seam fire
flözgängige Streckenvortrieb(s)maschine *f*, Aufhaumaschine, Stallschrämmaschine (⚒) • (in-)seam heading machine, (in-)seam miner
flözgängiger Bergbau *m*, Flözbergbau • (in)seam mining [*The conventional system of mining in which the development headings are driven in the coal seam*]
flözgängiger Vortrieb *m*, flözgängiges Auffahren *n*, flözgängiges Vortreiben • (in-)seam drivage, (in-)seam driving
Flözgestaltung *f* • seam structure [*A coal seam's physical characteristics, such as partings, thickness, nature and position of joints, and any bands of dirt or inferior coal*]
Flözgewinnungsmechanik *f* • seam mechanics
Flözgranit *m*, Sekundärgranit • secondary granite
Flözhangende *n* • seam hanging wall

Flözkamm *m*, Verdrückung *f*, Verschmälerung • roll, horseback, floor roll [*An elongated upheaval of the floor material into a coal seam, causing thinning of the seam*]

Flözlagerstätte *f* • seam deposit

Flözleere *f* • dividing slate, parting [*A slate stratum separating two benches of a coalbed*]

flözleerer Kohlensandstein *m*, Basissandstein des britischen Oberkarbons, Mühlenstein • Millstone (grit), Millstone sandstone [*Any hard, siliceous rock suitable for use as a material for millstones; specifically the Millstone Grit of the British Carboniferous Coal Measures. It was formerly more or less current in England as a synonym for Pottsville conglomerate*]

flözleeres Gestein *n* ➋ Nebengestein

Flözliegende *n*, Flözsohle *f* • seam floor, seat stone [*The rock stratum immediately underlying a coal seam or mineral deposit 'Floor' in coal mining corresponds to 'footwall' in metal mining*]

Flözmächtigkeit *f* (⚒) • thickness of seam, seam thickness

Flözoberbank *f* ➋ Oberbank eines Kohlenflözes

Flözpaket *n* • seam(s) group, group of seams, seam(s) complex, complex of seams

Flözporphyr *m*, Sekundärporphyr • secondary porphyry

Flözprofil *n* • seam section

Flözreichtum *m*, Flözüberfluss *m* • abundance of seams, seam abundance, wealth of seams, seam wealth, richness of seams, seam richness

Flözriss *m* • seam plan, plan of seams

Flözschlag *m*, Kohlenausbruch *m* (⚒) • coal burst

(Flöz)Schrämmittel *n* • clay dirt

Flözsohle *f* ➋ Flözliegende

Flözsprung *m*, kleine Verwerfung *f* • hitch

Flözstörungen *f* • swelling, coal-swelling

Flözstrecke *f* • seam heading

Flözteil *m*, *n* • panel [*A division or main district of workings in a seam*]

Flözüberfluss *m*, Flözreichtum *m* • abundance of seams, seam abundance, wealth of seams, seam wealth

Flözunregelmäßigkeit *f* • seam discontinuity

Flözverdickung *f*, Verdickung • swell(y), swilly, swally [*England. A local thickening of a coal seam*]

Flözverformung *f* • roll(er) [*One of the minor deformations or dislocations of a coal seam, such as washouts, small monoclinal folds, or faults with little displacement*]

Flözverschmälerung *f*, Auskeilen *n*, Flözverdrückung, Nachlassen der Flözmächtigkeit, Verdrückung (⚒) • nip [*A sudden thinning out, for a certain distance, of a bed of coal*]

Flözvertaubung *f* • washout, seam washout [*In a coal seam, a mass of shale, siltstone, or sandstone filling a channel that was cut into the coal swamp during the time of deposition*]

(Flöz)Vertiefung *f* • swally, swelly [*A trough, or syncline, in a coal seam*]

Flözwelle *f*, Kanalwelle [*Eine Love-Welle*] • (in-)seam wave

Flözwellenseismik *f* [*Rayleigh-Kanalwellen werden zur Erfassung von Flözunregelmäßigkeiten benutzt*] • (in-)seam wave seismic(s)

Flözzerschlagung *f*, Zerschlagung • split, seam split

Fluchtbauwerk *n* • escape structure

Fluchtentafel *f* ➋ Fluchtlinientafel

Fluchtg(e)rade *f*, Fluchtlinie *f* [*Fotogrammetrie*] • vanishing line

flüchtig, verflüchtigungsfähig • volatile, readily vaporizable [*Readily passing off by evaporation*]

flüchtiger Bestandteil *m* • volatile (component), volatile flux, fugitive constituent

flüchtiger Felsausbau *m* ➋ Felssicherung

flüchtiges Nivellement *n* ➋ Vorblick

Fluchtlinie *f*, Fluchtg(e)rade *f* [*Fotogrammetrie*] • vanishing line

Fluchtlinientafel *f*, Leitertafel, Fluchtentafel, Tafel mit Punktskala, Punktskalatafel [*Nomografie*] • nomogram, nomograph(ic chart), alignment chart; alinement chart (US)

Fluchtnische *f* (⚒) • refuge hole, refuge stall

Fluchtpunkt *m* [*Fotogrammetrie*] • vanishing point

Fluchtpunktsteuerung *f* [*Fotogrammetrie*] • vanishing point control

Flugschacht, Flugwegschacht

Fluchtstab *m* ➋ Visiertafel

Fluchtstab *m*, Bake *f*, Fluchtstange *f* • range pole, range rod, ranging pole, sight(ing) pole, sight(ing) rod, ranging rod, lining pole, lining rod, line pole, line rod

Fluchtweg *m* • escape route, escapeway

Fluchtwegschacht *m*, Not(weg)schacht, Rettungsschacht • escape shaft, emergency shaft, rescue shaft, life-saving shaft

Flucht(weg)stollen *m*, Not(weg)stollen, Rettungsstollen • emergency gallery, escape gallery, resume gallery, life saving gallery; emergency tunnel, escape tunnel, rescue tunnel, life-saving tunnel (US)

Fluder *m*, Gefluder *n* • chute, canal, ditch, inclined timber trough [*The overflow water or mud from a borehole is conducted through it from the collar of the borehole to the sump. The chute may be fitted with baffles*

and screens to cause the cuttings to settle in the chute before reaching the sump]
Flug . . ., Luft . . .
Flug ***m,*** Befliegung *f,* Vermessungsflug, Vermessungsbefliegung • flying, flight, surveying flying, surveying flight, flight mission
Flugasche ***f*** [*zuweilen als Füller im Einsatz*] • fly ash [*used sometimes as a filler*]
Flugascheauspressschlämme ***f,*** Flugascheeinpressschlämme, Flugascheverpressschlämme, Flugascheinjektionsschlämme, Flugascheinjizierschlämme • fly ash (filler) grout
Flugbahnnummer ***f,*** Umlaufnummer • path number
Flugboden ***m*** ➋ äolischer Boden
Flügel ***m*** ➋ (Falten)Flanke
Flügel ***m*** [*Flügelsonde*] • blade
Flügel ***m,*** Horn *n* • horn, wing [*The pointed end of a dune or beach cusp; e.g. the forward, outer end of a barchan crescent*]
Flügel ***m*** • radial blade, vane
Flügel ***m*** ➋ Buhne
Flügel ***m*** **nach Oberwasser** ➋ Oberwasserflügel
Flügel ***m*** **nach Unterwasser** ➋ Unterwasserflügel
Flügel(ab)scherfestigkeit ***f*** • vane shear(ing) strength
Flügeldamm ***m*** [*(Tal)Sperre*] • wing bank, wing embankment
Flügelfüßlerschlick ***m,*** Pteropodenschlick • pteropod ooze
Flügel(hand)sonde ***f,*** Handflügelsonde • hand (shear (ing)) vane tester, manual (shear(ing)) vane tester
Flügelmeißel [*Bohrkrone*] • wing bit
Flügelpfahl ***m*** • wing pile
Flügelradwindmesser ***m*** • vane anemometer [*Movement of the air causes vanes on the instrument to rotate, which in turn move a pointer on a dial*]
Flügelrahmen ***m,*** (Schacht)Kranz
Flügelscherversuch ***m*** (DIN 4094-2) • Field vane test, FVT (DIN 4094-2)
Flügelsonde ***f*** [*zur Bestimmung der Scherfestigkeit des Bodens. An der Spitze der Sonde befinden sich mehrere Flügel. Nachdem das Gerät bis auf die gewünschte Tiefe gebracht wurde, wird die Sonde gedreht, wobei ein zylindrischer Bodenkörper abgeschert wird*] • vane
Flügelsondenfestigkeit ***f*** • vane shear strength
Flügelsondenversuch ***m*** • vane test, vane shear test [*Vane tests can be conducted either in the field or in the laboratory, the laboratory vane is similar to the field vane*]
Flügelsondierung ***f,*** ➋ Flügelsondenversuch
Flügel-(Stahl-)Trägerprofil-Pfahl ***m,*** (Stahl) Trägerprofil-Flügelpfahl • wing steel H-pile, steel wing H-pile
Flügelstahlbetonpfahl ***m,*** Stahlbetonflügelpfahl [*Durch die axial-symmetrisch angeordneten Flügel wird die Aufstand(s)fläche vergrößert*] • reinforced-concrete wing(ed) pile, wing(ed) reinforced-concrete pile
Flügelstahlpfahl ***m,*** Stahlflügelpfahl • wing steel pile, steel wing pile
Flügelströmungsmesser ***m,*** hydrometischer Flügel *m* • vane (current) meter
Flügelwand ***f*** • wing wall, (a)butment wall [*A side wall extending from the headwall of a dam downstream the length of the apron, so as to confine and direct overfall and to reduce sloughing of channel banks*]
Flügelwand ***f*** [*einer Bogenbrücke*] • wing wall
Flügelwand ***f*** • wing wail [*It guides a stream or river into a bridge opening or a culvert barrel*]
Fluggeologe ***m,*** Luftbildgeologe, Aerogeologe, Luftfotogeologe, Luftlichtbildgeologe • photogeologist, image geologist, picture geologist
Fluggeologie ***f,*** Luftbildgeologie, Aerogeologie, Bildgeologie, Luftlichtbildgeologie, Fotogeologie • photogeology, image geology, picture geology [*Geological interpretation of the morphologic(al) characteristics of a landscape as appearing on air photo*]
Fluggeschwindigkeit ***f*** **über Grund,** Grundgeschwindigkeit [*Fotogrammetrie*] • ground speed
Flughöhe ***f*** • flight altitude
Flughöhenmesser ***m*** • radio-altimeter [*An instrument carried in survey aircraft during profile flying, to ensure constant height above ground*]
Fluglinie ***f*** • flight line, flying line [*A line drawn on a map or chart to represent the track over which an aircraft has been flown, or the course over which it is to be flown*]
Flugfotograf ***m,*** Luftfotograf [*Fotogrammetrie*] • camera operator, chamber operator
Flugfotopaar ***n*** ➋ Luftbildpaar
Flugplan ***m*** • flight plan
Flugplatz ***m*** • airfield, airport [*including facilities for shelter and repair*]
Flugplatzpiste ***f,*** Flugzeugpiste *f* • airport runway, runway; *less frequent:* airplane runway
Flugsand ***m*** ➋ Windabsatzsand
Flugschnee ***m,*** Treibschnee • drift(ing) snow
Flugstreifen ***m,*** Streifen, Bildstreifen, Luftbildstreifen • (flight) strip, photo strip, (photo) run, flight run [*A series of successive aerial photographs along a single flight course. Sometimes loosely called a "flight line"*]

Flugstreifen ***m*** **mit 60-prozentiger Überdeckung der benachbarten Aufnahmen** [*Luftbildmessung*] • strip with overlap of about 60% in the direction of flight

Flugweg ***m*** • flight path, flight course

Flugwegreihenfilm ***m*** • flight path strip film, flight course strip film

Flug(zeug)aufnahmemosaik ***n*** ➋ Luftbildmosaik

Flugzeugpiste ***f*****,** Flugplatzpiste *f* • airport runway, runway; *less frequent:* airplane runway

Fluid ***n*** • fluid [*A substance which can readily flow, i.e. in which there can be a continuous relative motion between one particle and another. A fluid is inelastic in shear, and therefore continuously deforms under application of a shear force without the possibility of a return to its original disposition. Fluids are subdivided into the following: Liquids which have a definite volume for a given mass, i.e. they cannot readily be altered (say, compressed) due to changes of temperature or pressure - if liquid is poured into a container, a clearly defined interface is established between the liquid and the atmosphere. Gases generally exhibit no clear interface, will expand to fill any container, and are readily compressible.*]

Fluidalstruktur ***f*****,** Fließstruktur, Fließgefüge *n* [*"Fluidaltextur" und "Fließtextur" nach H. Rosenbusch*] • flow texture, fluidal texture, rhyotaxitic texture; fluxion texture [*obsolete*]

Fluideinschluss ***m*****,** fluider Einschluss • fluid inclusion; liquid inclusion [*partial synonym*]

fluider Brennstoff ***m*** • fluid fuel

Fluid-Logging Verfahren ***n*** • fluid logging method

Fluoborit ***m*** • fluoborite, nocerite [*A colo(u)rless hexagonal mineral,* $Mg_3(BO_3)(F,OH)_3$]

Fluor ***n*** • fluor [*An obsolete name for a mineral belonging to a group including fluorite and characterized by the alchemists as resembling gems and usable as metallurgic fluxes*]

Fluoreszenz ***f*** [*Eigenschaft der meisten Fettöle und Mineralien, eingestrahltes Licht in anderer Farbe zurückzustrahlen*] • bloom, fluorescence

Fluoreszenzmessmethode ***f*****,** Fluoreszenzmessverfahren *n* • fluorometric method

Fluoreszenzmessung ***f*** **am Bohrklein** • fluorologging [*This logging technique is based on the principle that the rocks overlying an oil accumulation are characterized by anomalously high fluorescent intensities. Logs are prepared by plotting the fluorescent intensity of well cuttings against depth*]

Fluoreszenzschirm ***m*** [*Zum Nachweis der Mineralradioaktivität*] • fluorescence screen

Fluorid ***n*****,** Fluorverbindung *f* • fluorid(e) [*A compound of fluorine with one other element or radical*]

Fluorit ***m*****,** Flussspat *m* • fluorite, fluorspar

Fluorsilber ***n*****,** Silberfluorid *n* • fluorid(e) of silver, silver fluorid(e), tachiol

Fluorverbindung ***f*****,** Fluorid *n* • fluorid(e) [*A compound of fluorine with one other element or radical*]

Fluorwasserstoffsäuremethode ***f*** ➋ Noltonverfahren

Flur ***f*****,** Geländeoberfläche *f,* Geländeoberkante *f,* Erdgleiche *f,* Terrainoberfläche, Terrainoberkante, Terraingleiche, Geländegleiche, Bodenoberfläche, Bodenoberkante, GOK • ground surface, ground line, (ground) grade, terrain surface, terrain line, terrain grade, topographic(al) surface

Flurabstand(s)kurve ***f*** ➋ Grundwasserisobathe

Flurabstand(s)linie ***f*** ➋ Grundwasserisobathe

Fluraufnahme ***f*****,** Flur(ver)messung *f,* Land(ver)messung, Landaufnahme • field survey, land survey, field measurement, land measurement

Fluraufnehmen ***n*** ➋ Feld(ver)messen

Flurbuch ***n*****,** Kataster *n, m,* Liegenschaftskataster, Flurkataster • field book, cadastral land register [*A volume which identifies, by numbers referring to parcels of land delineated on a map, all lands within a given geographical area with the names of their owners and, usually, their extent and occupiers*]

Flurkarte ***f*** • fields map

Flurkarte ***f*** ➋ Liegenschaftskarte

Flurkartierung ***f*** ➋ Katasterkartierung

Flurplatte ***f*****,** Fußplatte [*Unterlegplatte zur Vergrößerung von Stempelfußflächen. Sie verhindert Einsinken von Stempeln ins Liegende*] (⚒) • base plate, floor plate, foot plate, sole plate

Flurstückentwässerungsleitung ***f*****,** Grundstückentwässerungsleitung • lot drainage (pipe-)line

Flurvermessen ***n*****,** Feld(ver)messen, Feldaufnehmen *n,* Fluraufnehmen, Land(ver)messen, Landaufnehmen • field surveying, field measuring, land surveying, land measuring [*The measurement of dimensional relationship among points, lines and physical features on or near the Earth's surface. Basically surveying determines horizontal distances, elevation differences, directions, and angles. These basic determinations are applied further to computation of areas and volumes and to establishment of locations*]

Flur(ver)messung ***f*****,** Fluraufnahme, Land(ver)messung, Landaufnahme *f* • field survey, land survey, field measurement, land measurement

Fluss *m* • stream; floss (Brit.) [*A course of running water usually flowing in a particular direction in a definite channel and discharging into another body of water*]

Fluss *m*, Strömen *n*, Fließen [*Flüssigkeiten*] [*Fluids*] • flow [*The forward continuous movement of a fluid, such as gases, vapo(u)rs, or liquids, through closed or open channels or conduits*]

Fluss *m* • flow [*The mass of material moved by a flow*]

Fluss *m* erster Ordnung • first-order stream [*It has no tributary or tributaries*]

F

Fluss *m* mit Pegelmessungen • gauged stream; gaged stream (US)

Fluss *m* mit Sohlenwanderung • stream with shifting bed, shifting-bed stream

Fluss *m* ohne Pegelmessung • ungauged stream; ungaged stream (US)

Fluss- und Strombeschreibung *f*, Potamografie *f*, Strom- und Flussbeschreibung • potamography, river and stream description, stream and river description

Fluss- und Stromkunde *f*, Potamologie *f*, Strom-und Flusskunde • potamology, river and stream science, stream and river science

Flussabfangung *f*, Flussanzapfung • stream capture, stream piracy, stream robbery, stream beheading [*See note under "capture"*]

Flussabfluss(menge) *m* ➋ Flussdurchfluss(menge)

Flussabflussvorhersage *f* • stream forecast(ing)

Flussablagerung *f* ➋ Stromalluvium

Flussabschnitt *m* ➋ Fluss(stau)haltung

flussab(wärts) [*In der Binnenschifffahrt "talwärts"*] • downstream, D/S

Flussanzapfung *f*, Flussabfangung • stream capture, stream piracy, stream robbery, stream beheading [*See note under "capture"*]

Flussarbeit(en) *f* • stream work

Flussaufeis *n* • stream icing

(fluss)aufwärtige Strecke *f*, Aufwärts(fluss)strecke • upstream section

Flussausbau *m* • stream development, stream improvement, stream training [*Mainly, engineering works and practices to improve the flow conditions of a stream and to control erosion and siltation*]

Flussbankwäsche *f* • stream bar diggings [*See note under "bar diggings"*]

Flussbarre *f* • stream bar

Flussbau *m* • stream conservancy

Fluss(bau)ingenieur *m* • stream engineer

Flussbauliches Modell *n*, Flussmodell • stream model

Flussbautechnik *f* • stream engineering [*The design and execution of works for the utilization of streams and for the protection of adjacent lands from the action of stream water*]

Flussbauten *f*, Flussbauwerke *f* • stream works, stream structures

Flussbauvorhaben *n* • stream project

Flussbauwerk *n* • stream structure, stream works

Flussbecken *n* ➋ Flussgebiet

Flussbeckenerfassung *f*, Flussgebiet(s)erfassung • stream basin pooling, stream area pooling

Flussbeckenkarte *f*, Flussgebiet(s)karte • stream basin map, stream area map

Flussbegradigung *f* [*Verkürzung des bisherigen Flusslaufes*] • stream straightening

Flussbenutzer *m* • stream user

Flussbergbau *m* • stream mining [*Mining or extracting beds of existing streams after deflection of their courses, or by dredging without changing the flow of water*]

Flussbett *n*, Flussrinne *f* • stream channel (way), stream runway, stream trough

Flussbettdurchfluss(menge) *m*, *(f)* • stream channel discharge (water)

Flussbetteinschnürung *f*, Flussbettverengung • stream channel narrowing, stream channel restriction

Flussbettkrümmung *f* • stream channel bend, stream channel curvature

Flussbettlinie *f* • stream channel line [*See note under "channel line"*]

Flussbettmuster *n* • stream channel pattern

Flussbettsediment *n* • stream channel sediment

Flussbettseife *f* • stream channel placer

Flussbettspeicherung *f* • stream channel storage

Flussbettverengung *f*, Flussbetteinschnürung *f* • river bed narrowing, stream channel narrowing, stream channel restriction

Flussbettvergrößerung *f* • stream channel enlargement

Flussbettverkürzung *f* • stream channel shortening

Flussbettvertiefung *f* • river bed deepening

Flussbewirtschaftung *f* • stream management

Flussbifurkation *f*, Flussspaltung, Flussgab(e)lung *f* [*Siehe Anmerkung unter "Bifurkation"*] • stream bifurcation

Flussbiologie *f* • stream biology

Flussbogen *m* ➋ Flusskrümmung

Flussbrücke *f* • river bridge

Flusscharakter(istik) *m*, *(f)* • stream character(istics) [*type; form; regime(n) and kind*]

Flussdeich *m* • stream dyke, stream dike

Flussdelta *n* • river delta

Flussdiagramm ***n*** • flow diagram, flow chart

Flussdichte ***f*** [*Die Summe der Flusslängen dividiert durch Größe des Einzugsgebietes*] • stream density

Flussdükerschacht ***m*** • stream cross(ing) shaft

Flussdurchbruch ***m*,** Flussdurchstich *m* • stream cutoff

Flussdurchfluss(menge) ***m*, *(f)*;** Flussabfluss(menge) [*Fehlbenennungen*] [*Wassermenge die je Zeiteinheit einen Flussdurchflussquerschnitt durchfließt. Einheit:* m^3/s] • stream discharge (water), stream runoff, stream flow [*Measured in cubic foot per second*]

Flusseinschnitt ***m*** • stream cut

Flusseinzug(s)gebiet ***n*** • stream watershed [*See note under "watershed"*]

Flusseis ***n*** • stream ice [*1. Ice formed by a stream. 2. Ice carried by a stream*]

Flusserde ***f*,** erdiger Fluss *m*, Natofkit *m* • earthy fluor

Flusserfassbarkeit ***f*** • ratio of stream discharge obtainable, obtainable stream discharge ratio

Flusserosion ***f*** • river erosion, flurosion, stream erosion

Flussfangedamm ***m*** • stream cofferdam

Flussfeststoffe ***f*** • stream (sediment) load, stream solid material, stream solids [*See note under "sediment load"*]

Flussform ***f*** • stream form

Flussgab(e)lung ***f*** ➜ Flussspaltung

Flussganglinie ***f*** • hydrograph of stream flow, stream (flow) hydrograph

Flussgebiet ***n*,** Sammelgebiet, Flussbecken *n*, Sammelbecken [*Diejenige Landesfläche innerhalb welcher alle Zuflüsse liegen*] • stream basin, stream area

Flussgebiet(s)erfassung ***f*,** Flussbeckenerfassung • stream basin pooling

Flussgebiet(s)karte ***f*,** Flussbeckenkarte • stream basin map

Flussgefälle ***n*,** Flussneigung *f* gegen die Waag(e)rechte • stream gradient, stream slope, slope of stream, gradient of stream [*The general slope, or rate of change in vertical elevation per unit of horizontal distance, of the water surface of a flowing stream*]

Flussgefällebruch ***m*,** Gefällebruch • break in the stream profile, convex angle in the stream profile, stream profile break

Flussgefüge ***n*** [*Gesteinskunde*] • pressure fluxion

Flussgeschwindigkeit ***f*** • stream velocity

Flusshaltung ***f*** ➜ Fluss(stau)haltung

Flusshydraulik ***f*** • stream hydraulics

Flusshydrologie ***f*,** Flusskunde *f* • stream hydrology

Flüssigabfall ***m*** [*nicht mehr nutzbar*] • liquid waste

flüssige Basaltmasse ***f*,** Basaltstrom *m* • basaltic flow, basaltine flow

flüssige Bodenphase ***f*,** Bodenlösung *f* • soil solution, liquid soil phase

flüssige Luft ***f*** ➜ flüssiger Sauerstoff

flüssige Phase ***f*,** Sumpfphase • liquid phase

flüssiger Brennstoff ***m*,** brennbare Flüssigkeit *f* • liquid fuel

flüssiger Industrieabfall ***m*** • industrial liquid waste, liquid industrial waste [*The liquid waste from an industrial process, as distinct from domestic and sanitary waste*]

F

flüssiger Kohlenwasserstoff ***m*** • liquid hydrocarbon

flüssiger Kristall ***m*,** Flüssigkristall, Fastkristall • liquid crystal

flüssiger Sauerstoff ***m*,** Flüssigsauerstoff; flüssige Luft *f* [*Fehlbenennung*] • liquid oxygen

flüssiger Sprengstoff ***m*,** Sprengöl *n* • liquid high explosive, liquid explosive

flüssiger Stickstoff ***m*,** Flüssigstickstoff • liquid nitrogen, LN_2

Flüssigerdgas ***n*,** Flüssignaturgas [*Durch Kühlung verflüssigtes Erdgas*] • liquefied natural gas, LNG

Flüssigerdgastank ***m*** • LNG storage tank

flüssiges Halogen ***n*** • liquid halogen

flüssiges NG, flüssiges Nitroglyzerin *n* • liquid NG, liquid nitroglycerin(e)

flüssiges Wasser ***n*** [*Gegensatz: Wasser in fester oder gasförmiger Form: Eis; Schnee; Hagel; Reif; Wasserdampf*] • liquid water

Flüssiggas ***n*** [*Propan und Butan*] • liquid petroleum gas, LPG

flüssiggestützter Vortrieb ***m*** • slurry-supported tunnel(l)ing operation

Flüssigkeitsdämpfer ***m*** [*für Maschinenfundament*] • liquid damper

Flüssigkeitsdämpfung ***f*** • liquid damping

Flüssigkeitsdichtemesser ***m*** • hydroareometer

Flüssigkeitsdruck ***m*** • liquid pressure

Flüssigkeitsdruckdifferenz ***f*** • fluid pressure difference

Flüssigkeits(druck)messdose ***f*** • hydraulic load cell, liquid load cell

flüssigkeitsdurchströmter endlicher Raum ***m*,** endlicher flüssigkeitsdurchströmter Raum [*Impulssatz in der Hydromechanik*] • control volume

Flüssigkeitseinschluss ***m*** • liquid inclusion

Flüssigkeitsersatzmethode ***f*,** Flüssigkeitsersatzverfahren *n* [*Prüfung der Dichte und Wichte des Bodens*] • liquid calibration test, liquid replacement test, calibrated liquid method

Flüssigkeitsfilm *m* • liquid film
flüssigkeitsgedämpft • liquid damped
flüssigkeitsgestützt, flüssiggestützt [*Schlitzwandherstellung; Tunnelbau*] • liquid-supported, fluid-supported, fluid-stabilised, (US: fluid-stabilized), slurry-supported
flüssigkeitsgestützte Erdwand *f* • fluid-stabilized (*or:* fluid-supported) earth wall
flüssigkeitsgestützte Ortsbrust *f* [*Schildmaschine*] • fluid-supported face [*of a shield machine*]
flüssigkeitsgestützte Schildmaschine *f* • fluid-supported shield machine
flüssigkeitsgestützter Bohrpfahl *m* • slurry-supported bored pile
flüssigkeitsgestützter Mix-Schild *m* • fluid-supported mixshield
Flüssigkeitshebermulde *f*, (Saug)Hebermulde
Flüssigkeitsheberrohr *n* ➲ (Saug)Heberrohr
Flüssigkeitslaser *m* • liquid laser
Flüssigkeitsleckage *f* • liquid leakage
Flüssigkeitslibelle *f*, Libelle *f* [*für Vermessungen*] • spirit level
Flüssigkeitsmagnetik *f* • liquid magnetics
Flüssigkeitsmantel *m* • liquid jacket
Flüssigkeitsprobe(n)nahme *f* • thieving, sampling of (a) liquid, liquid sampling
Flüssigkeitsreibung *f* • liquid friction
Flüssigkeitsschild *n* [*für unterirdisches Bauen*] • fluid-supported shield [*for underground construction*]
Flüssigkeitsschildvortrieb *m* • fluid-supported drive
Flüssigkeitsstrahl *m* • liquid jet
Flüssigkeitsströmung *f* • liquid flow
Flüssigkeitsstützung *f* • liquid support
Flüssigkeitsteilchen *n* • liquid particle
Flüssigkeitsvolumen *n* • fluid volume
Flüssig-Kohlendioxid *n* • liquid carbon dioxid(e)
Flüssigkristall *m*, flüssiger Kristall, Fastkristall • liquid crystal
Flüssignaturgas *n* ➲ Flüssigerdgas
Flüssigpropan *n* • liquid propane, liquid dimethylmethane
Flüssigsauerstoff *m*, flüssiger Sauerstoff; flüssige Luft *f* [*Fehlbenennung*] • liquid oxygen
Flüssigsprengstoff *m* ➲ (gewerblicher) Flüssigsprengstoff
Flüssigstickstoff, flüssiger Stickstoff *m* • liquid nitrogen, LN_2
Flüssigstickstoff(-Boden)vereisung *f* [*Direktverdampfung von flüssigem Stickstoff im Gefrierrohr - 196 °C*] • liquid nitrogen ground freezing

Flussinsel *f*, Werder *m* • river island, stream island
Flusskanalisierung *f* • river channelisation (Brit.), river channelization (US), stream channelization, stream channel modification, stream stabilization
Flusskarte *f* • river map, stream map
Flusskies *m* • river gravel, stream gravel
Flusskiessand *m* • gravel(ly) river sand, gravel(ly) stream sand
Flusskiessohle *f*, Kiesflusssohle • river gravel bed, gravel stream bed, stream gravel bed
Flusskohle *f* • river coal, stream coal [*Coal dredged from stream beds downstream from mining areas whence it has been washed*]
Flusskonglomerat *n* • river conglomerate, stream conglomerate
Flusskorrektion *f*, Flusskorrektur *f* [*Sie bezweckt eine Hebung bestehender Fehler des Flusses durch Herbeiführung richtiger Beziehungen zwischen Abflussmenge, Profilbreite, relativem Gefälle und Wassertiefe und damit die Erzielung eines unschädlichen Beharrungszustandes von Sohle und Ufer des Flusses. Sofern es sich außerdem speziell für Zwecke der Schifffahrt um Einschränkung der Wassergeschwindigkeit, namentlich aber um Herstellung bzw. Erhaltung einer beständigen Fahrwasserrinne mit stets genügender Fahrwassertiefe handelt, erweitert sich die Flusskorrektion zu einer Flussregelung*] • river correction, stream correction
Flusskrümmung *f*, Flussbogen *m* • river bend, stream bend, stream curvature
Flusskunde *f*, Flusshydrologie *f*, Fluss- und Stromkunde *f* • river hydrology, stream hydrology, potamology, river and stream science, stream and river science
Fluss(längs)profil *n* • river (longitudinal) profile, stream (longitudinal) profile
Flusslängswerk *n*, Flussrichtwerk, Flussstreichwerk, Flussleitdamm *m*, Fluss(leit)parallelwerk, Flusslängsbau(werk) *m*, *(n)* • stream longitudinal structure, stream training structure, stream longitudinal facility, stream training facility, stream longitudinal work, stream training work
Flusslandschaft *f* • river landscape, stream landscape
Flusslauf(strecke) *m*, *(f)* • river course, stream course
Flussleitdamm *m* ➲ Flusslängswerk
Fluss(leit)parallelwerk *n* ➲ Flusslängswerk
Flussliman *m* • river liman, stream liman [*See note under "liman"*]
flusslos • riverless, streamless, lacking a stream, without (a) stream

Flussmäander ***m,*** freier Mäander, Wiesenmäander • river meander, free(-swinging) meander [*It displaces itself very easily by lateral corrasion, especially where vertical corrasion is of no importance*]

Flussmechanik ***f*** • river mechanics, mechanics of streams, stream mechanics

Flussmitte ***f*** • middle of the river, midstream, middle of the stream

Flussmodell ***n,*** flussbauliches Modell • river model, stream model

Flussmorphologie ***f*** • river morphology, stream morphology, channel morphology, fluvimorphology [*The study of the channel pattern and the channel geometry at several points along a stream channel, including the network of tributaries within the drainage basin*]

Flussmündung ***f*** • river mouth, stream mouth, entry; water-fit, water foot [*Scottish terms*]

Flussneigung ***f*** **gegen die Waag(e)rechte,** Flussgefälle *n* • river gradient, stream gradient, stream slope, slope of stream, gradient of stream [*The general slope, or rate of change in vertical elevation per unit of horizontal distance, of the water surface of a flowing stream*]

Flussnetz ***n,*** Flusssystem *n* • river system, stream system, stream network, water system, water network

Flussnutzungsprojekt ***n*** • river-use project, stream-use project

Flussoberlauf ***m*** • stream upper reach, stream upper length, stream upper section, stream upper course, stream upper stretch

Flussparallelwerk ***n*** ➲ Fluss(leit)parallelwerk

Flusspegel ***m,*** Flussstand *m,* Flusswasserstand • river level, river water level, stream level, stream water level

Flusspegel ***m,*** Pegelmesslatte *f,* Lattenpegel *m,* Pegellatte *f,* Skalenpegel *m* • river gauge (Brit.), river gage (US), stream gauge (Brit.), stream gage (US)

Flusspegelmessung ***f*** • stream gauging; stream gagging (US)

Flusspegelstation ***f*** • stream gauging station; stream gaging station (US), gauging station

Flussprofil ***n*** ➲ Fluss(längs)profil

Flussquelle ***f*** • stream source

Flussquellgebiet ***n*** • stream headwater(s), stream waterhead, headwaters

Flussreaktion ***f*** • stream response [*Streams are dynamic and respond to natural and man-induced charges*]

Flussreg(e)lung ***f;*** Flussregulierung [*Diese Benennung ist nicht mehr zu verwenden*] • stream regula(riza)tion, stream control

Flussreg(e)lungsbecken ***n*** • stream-regulating lake, stream control lake, stream-regulating reservoir, stream control reservoir, stream regula(riza)tion lake, stream regula(riza)tion reservoir

Flussrichtwerk ***n*** ➲ Flusslängswerk

Flussrinne ***f,*** Flussbett *n* • stream channel (way), stream runway, stream trough

Flussrohkies ***m,*** Rohflusskies, ungesiebter Flusskies • stream-run gravel

Flussrohsand ***m,*** ungesiebter Flusssand, Rohflusssand • stream-run sand

Flusssandbank ***f*** • river sandbank, stream sandbank

Flusssandriff ***n*** • river sand bar, stream sandbar, stream sand reef

Flusssandsohle ***f*** • river sand bed, stream sand bed

Flusssäuberung ***f*** • river clean-up, stream clean-up

Flusssäureflasche(n)neigungsmessung ***f,*** Säureflasche(n)neigungsmessung • acid-tube method, acid-bottle method, acid-dip survey, acid(-dip) test [*A special tube containing a dilute solution of hydrofluoric acid is lowered on drill rods down a deep borehole and left for about an hour whilst the acid etches the glass to reveal the horizon. After withdrawal the dip of the borehole and its direction can be measured*]

Flusssäuremethode ***f*** ➲ Noltonverfahren

flusssaurer geformter Kalk ***m,*** gemeiner Flussspat

flusssaurer Kalk ***m*** ➲ Fluorit

Flusssäureverfahren ***n*** ➲ Noltonverfahren

Flussschifffahrt ***f*** • river navigation, stream navigation

Flussschlamm ***m*** • river mud, stream mud

Flussschleuse ***f*** • river (navigation) lock, stream (navigation) lock

Flussschlucht ***f*** • flume (US) [*A ravine, gorge, or narrow defile with a stream running through it*]

Flussschlucht ***f*** • river gorge, stream gorge

Flussschluff ***m*** • river silt, stream silt

Flussschnelle ***f*** • river rapids, stream rapids [*The singular form "rapid" is rarely used*]

Flussschutt ***m,*** Geschiebe *n* Stromschutt *m* • streamwash [*Alluvial material on streambeds/riverbeds and in flood channels subject to erosion and deposition*]

(Fluss)Schwinde ***f*** ➲ Doline

Flussschwinden ***n*** • stream interruption

Flusssedimente ***n*** *(pl)* • stream sediments

Flusssee ***m*** • stream lake

Flussseife ***f,*** fluviatile Seife • stream placer

Flussseite ***f*** • stream face, stream side [*Of a stream embankment*]

flussseitig, flusswärts • streamward(s)

Flusssohle *f* • river bottom, river bed, stream bed,

Flusssohlenaufhöhung *f* • river (bed) accretion, stream (bed) accretion

Flusssohlengraben *m* • river bed trench, stream bed trench

Flussspaltung, Flussbifurkation *f*, Flussgab(e)lung *f* [*Siehe Anmerkung unter "Bifurkation"*] • river bifurcation, stream bifurcation

Flussspat *m*, Fluorit *m* • fluorite, fluorspar

Flussspeicher(ungs)see *m*, Flussstausee • stream storage lake

F

Flusssperre *f*, Flusssperr(bau)werk *n*, Flussstau(bau)werk • river barrage, stream barrier

Flussstadium *n* • streamhood

Flussstand *m* ➋ Flusswasserstand

Fluss (stau)haltung *f*, Fluss(stau)strecke *f*, Fluss(stau)-abschnitt *m* • stream pond, stream pool

Flussstausee *m*, Flussspeicher(ungs)see • stream storage lake

Flussstollen *m* • river gallery, stream gallery; stream tunnel (US)

Flussstreichwerk *n* ➋ Flusslängswerk

Flussströmung *f*, Strömung • river current, stream current [*A steady current in a stream*]

Flusssystem *n*, Flussnetz *n* • river system, stream system, stream network, water system, water network

Flusstätigkeit *f* • river action, river activity, fluviation, stream action, stream activity

Flusstal *n* • river valley, stream(-cut) valley, stream-carved valley

Flussterrasse *f* • river terrace, stream terrace [*One of a series of level surfaces in a stream valley, flanking and more or less parallel to the stream channel, originally occurring at or below, but not above, the stream level, and representing the dissected remnants of an abandoned flood plain, stream bed or valley floor produced during a former stage of erosion or deposition*]

Flussterrassenkiesseife *f*, Terrassenkiesseife • bench placer, terrace placer, bar placer [*A bench gravel that is mined as a placer*]

Flusstransportfähigkeit *f*, Flusstransportvermögen *n*, Flusstransportkraft *f* • stream competence, stream competency [*See note under "competence"*]

Flusstrübe *f* ➋ Schwebe

Flusstunnel *m* • stream tunnel

Flussüberquerung *f* • stream crossing

Flussüberschwemmung *f* • stream flooding

Flussufer *n* • riverbank, river bank, stream bank

Flussuferauskolkung *f* • river bank scouring, stream bank scour(ing)

Flussuferbau *m* • construction of river (*or:* stream) banks

Flussuferdamm *m* • natural river levee, natural stream levee

Flussufereinbuchtung *f* • river bank inlet, stream bank inlet

Flussufererosion *f* • river bank erosion, stream bank erosion

Flussufererosion(s)bekämpfung *f* • river (*or:* stream) bank erosion control

Flussuferschutzbauwerk *n* • river (*or:* stream) bank retaining wall

Flussuferstandfestigkeit *f* • river (*or:* stream) bank stability

Flussuferstrecke *f*, Flussuferstreifen *m*, Flussuferzeile *f* • river bank stretch, stream front(age) [*The margin of land or town on the streamside*]

Flussumkehr *f* • stream inversion

Flussumleitung *f* • river bypass, stream bypass, stream diversion, stream bypass gallery

Flussumleitungsstollen *m* • river diversion gallery (*or:* tunnel), stream diversion gallery; stream diversion tunnel, stream bypass tunnel (US) [*For diverting a stream during construction*]

Flussunterfahrung *f*, Flussunterquerung *f* • under-river crossing

Flussunterhaltung *f* • river maintenance, stream maintenance

Flussveränderliche *f* • river variable, stream variable

Flussverflechtung *f*, Flussverwilderung, Flussvielverzweigung • river anastomosing, river braiding, stream braiding, stream anastomosing, stream anastomosis, braided stream course

Flussverschiebung *f* durch Erddrehung • deflection of streams due to terrestrial rotation; deflexion of streams due to terrestrial rotation (Brit.)

Flussverschmutzung *f*, Flussverunreinigung • river pollution, river contamination, stream pollution, stream contamination

Flussverwilderung *f*, Flussverflechtung, Flussvielverzweigung • river anastomosing, river braiding, stream braiding, stream anastomosing, stream anastomosis, braided stream course

flusswärts, flussseitig • streamward side

Flusswasser *n* • river water, stream water

Flusswasserentnahme *f* • river water removal, stream water abstraction

Flusswasserfassung *f* • river water intake, stream intake

Flusswasserstand *m* • river water level, stream water level, river level, river stage, stream stage [*Height of stream water surface relative to a given datum*]

Fluss(wasser)standschwankung *f* • river level fluctuation, stream breathing [*The fluctuation of water level of a stream*]

Flusswehr *n* • river weir, stream weir; stream dam (US)

Flusswindungen *f* • river tortuosity, stream tortuosity

Flusswirkungsgrad *m* • river efficiency, efficiency of a stream, stream efficiency [*It is the capacity of a stream per unit discharge and unit slope, or the quotient of capacity by the product of discharge and slope. It is a measure of the stream's potential work of transportation in relation to its potential energy*]

Flut *f*, Steigtide *f*, Steiggezeit *f* • rising tide; flood tide [*This term is discriminately used for rising tide or landward current. Technically, flood refers to current. The use of the terms "ebb" and "flood" to include the vertical movement (tide) leads to uncertainty. These terms should be applied only to the horizontal movement (current)*]

Flut- und Ebbekraftwerk *n* ➔ Flut(kraft)werk

Flut- und Ebbeschleuse *f*, Ebbe- und Flutschleuse • tidal lock, tide lock

flutartige Überschwemmung *f*, durch heftige Regenfälle ausgelöste Überschwemmung *f* • flash flood

flutbare Bohrinsel *f*, Halbtauch(bohr)anlage *f* • submersible (drilling) rig

flutbare Plattform *f*, Halbtauchplattform • submersible barge rig [*offshore drilling*]

Flutbarkeit *f*, Wasserflutbarkeit [*Eignung eines Ölsandes zum Wasserfluten*] • (water) floodability

Flutbasalt *m* • flood basalt

Flutbecken *n* ➔ Hochwasser(auffang)becken

Flutbett *n* ➔ Hochwasserbett

Flutbohrloch *n*, Flutbohrung *f* • injection well, input well [*A well in an oil or gas field through which water, gas, steam or chemicals are pumped into the reservoir formation for pressure maintenance or secondary recovery*]

Flutbrandung *f*, Damm *m*, Gezeitenbrandung, Tide(n)brandung, Bore *f*, Sprungwelle *f*, Sturzwelle, brandende Flutwelle, Stürmer *m*, Seebär *m*, Brecher (see) *m*, *(f)*, Brandungswelle, Sturzsee, Barre *f*, Wasserbarre, Überbrecher [*Heftiger Wellenzusammenbruch mit Schaumbildung*] • bore, tidal bore, eigre, eager, breaking wave, breaker, breaking sea, tide bore, surf wave; mascaret [*French*]; pororoca [*In a tributary of the Amazonas River*]

Flutdauer *f*, Steigdauer [*Zeitspanne, während der das Wasser steigt*] • flood duration

Flutdelta *n* • flow delta, spillover lobe

Fluteinsatz *m*, Einsetzen *n* der Flut • entering of flood, flood entry

Fluten *n*, Treiben • flushing [*The driving of oil or gas from a trap through the agency of ground water. Flushing may occur wherever there is sufficient ground water in motion, but particularly near the rims of artesian basins*]

Fluten *n*, Wasserfluten, Wassertrieb *m* • (water) flooding, (water-)drive, oil-field (water)flooding, oil-field (water-)drive [*Technique of increasing recovery of oil (secondary recovery) from an oil reservoir by injection of water through input wells into the formation to drive the oil toward producing wells. Informally called "waterflood"*]

Fluten *n* von Klumpenschüttungen • flooding of lump fabrics

fluten • to flood [*To fill more or less completely with water*]

Fluter *m*, Waschrinne *f*, (Auswasch)Rinne, Gefluder *n*, (Auswasch)Gerinne *n* • sluice box, launder; palong [*Malaya*] [*A long trough used to recover minerals*]

Fluterarbeiter *m*, Waschrinnenarbeiter, Gefluderarbeiter (⚒) • sluice tender, launder tender [*In metal mining, a labourer who tends sluice boxes*]

fluterzeugender Himmelskörper *m*, fluterzeugendes Gestirn *n* • generating celestial body

Flutgelände *n* • floodland

Flutgerinne *n*, Flutrinne *f* [*Rinne im Mündungsgebiet eines Stromes oder im Watt, die vorwiegend vom Flutstrom durchflossen wird*] • flood channel, flood tide channel

Flutgold *n*, Pulvergold, Staubgold, Goldpulver *n*, Goldstaub *m*, ausgewaschene Goldteilchen *f* • float gold, flour gold, powder(ed) gold, powdery gold, dust gold, gold dust, gold powder, floating gold [*Gold which is so very fine that it will float on water and cannot, normally, be settled in sluice boxes or on blanket*]

Flutgraben *m* • leat, stream, lead; level [*Not to be confused with a level mined in rock*] [*A watercourse, usually artificial, leading to or from a mill, mine, reservoir, etc.*]

Flutgrenze *f* • head of (the) tide, tide head, high-water line, landwash, high tide line

Flutgröße *f* ➔ Gezeitenumkehr

Flutkartierung *f* • flood mapping

Flutkatastrophe *f*, Katastrophenflut *f* • catastrophic tidal flood (Brit.); super tidal flood, record tidal flood (US); disaster tidal flood, destructive tidal flood

Flutkatastrophe *f*, Überschwemmungskatastrophe • deluge, cataclysm [*Any overwhelming flood of water, especially the Noachian deluge*]

Flut(kraft)werk *n*, Gezeitenkraftwerk, Tide(n)kraftwerk, Ebbe- und Flutkraftwerk, ozeanisches Flutkraftwerk, Aquapulsor *m*, Flut- und Ebbekraftwerk • tidal power plant, tide (power) plant, tidal generating plant, tide generating plant, tidal (power) station, tide (power) station, tidal generating station, tide generating station

F

Flutmaschine *f* [*Eine von den Gezeitenbewegungen angetriebene Maschine*] • tidal machine, tide machine

Flutmesser *m* ➔ Gezeitenpegel

Flutmulde *f* ➔ Gezeitentümpel

Flutraum *m* [*Inhalt eines Tidestromes oberhalb eines Querschnittes zwischen den Linien der geometrischen Orte von Niedrigwasser und Hochwasser*] • tidal capacity, tide capacity

Flutrinne *f*, Flutgerinne *n* [*Rinne im Mündungsgebiet eines Stromes oder im Watt, die vorwiegend vom Flutstrom durchflossen wird*] • flood channel, flood tide channel

Flutseite *f* ➔ meer(es)seitige Böschung

Flutsperrwerk *n*, (Sturm)Flutsperrwerk

Flutströmung *f* • (tidal) flow, tide flow, tide flood, (tidal) flood

Flutstrom *m* • flood current; flood tide [*misnomer*] [*The tidal current associated with the increase in the height of a tide, generally set toward the shore or up a tidal river or estuary*]

Flutstromdurchfluss(menge) *m*, *(f)* [*Zeichen: Qf. Einheit:* m^3/s. *Quotient aus Wassermenge, die zu einem bestimmten Zeitpunkt während der Flutstromdauer einen Querschnitt durchströmt und der dazu benötigten Zeit*] • flood current discharge, flood current flow, flood current throughflow (volume)

Flutstrom-Durchflussquerschnitt(fläche) *m*, *(f)*, Durchflussquerschnitt(fläche) bei Flutstrom [*Zeichen Af. Einheit* m^2] • cross-section(al area) of flood current flow, CSA of flood current flow

Flut(strom)kenterungswasser *n*, Flut(strom)umkehrwasser, Stillwasserpunkt *m* in der Nähe von Tnw, Stauwasser bei Hochwasser, Stauwasser bei Flut • slack water at high tide, slack water on the flood, slack (tide) on the flood

Flutstromlinie *f*, Isotache *f* [*Linie gleicher Wassergeschwindigkeit in einem Durchflussquerschnitt*] • cofluctual line

Flut(strom)umkehrwasser *n*, Flut(strom)kenterungswasser, Stillwasserpunkt *m* in der Nähe von Tnw, Stauwasser bei Hochwasser, Stauwasser bei Flut • slack water at high tide, slack water on the flood, slack (tide) on the flood

Flut(stunden)linie *f*, Linie gleicher Hochwasserzeit, Isorrhachie *f* • cotidal line [*A line on a chart or map passing through all points where high water occurs at the same time*]

Flut(stunden)linienkarte *f*, Isorrhachiekarte • cotidal chart [*A chart of cotidal lines that show approximate locations of high water at hourly intervals as measured from a reference meridian, usually Greenwich*]

Fluttor *n* • sea gate [*A gate which serves to protect a harbour or tidal basin from the sea*]

Flutversuch *m* an Kernen, Kernflutversuch [*Zur Bestimmung der nach dem Fluten verbleibenden Ölsättigung*] • flood pot test

Flutvorhersage *f* ➔ Gezeitenvorhersage

Flutwassermenge *f* • flood volume, volume of (the) flood [*Volume of water entering in the flood tide*]

Flutwechsel *m* ➔ Gezeitenumkehr

Flutwelle *f*, Translationswelle [*Die mit Massentransport bzw. Massenverschiebung verbundene und sich in Fließrichtung oder entgegen derselben ausbreitende Erhöhung des Wasserspiegels in Binnengewässern*] • flood wave

Flutwelle *f* ➔ Riesenwelle

Flutwellen-Längsprofil *n*, Längsprofil durch die Flutwelle • instantaneous profile

fluvial • fluvial [*1. Of or pertaining to a river or stream. 2. Existing, growing, or living in or about a stream or river. 3. Produced by the action of a stream or river*]

fluviale Ablagerung *f* • fluviatile deposit [*Geologists nearly always use "fluviatile" instead of "fluvial" when referring to deposits laid down in or by rivers or streams*]

fluviale Denudation *f*, fluvialer Abtrag *m*, fluviale Abtragung *f* • fluvial denudation [*Erosional reduction of a land surface by streams or rivers, assisted by weathering, mass washing, and overland flow*]

fluviale Tätigkeit *f* • fluviation [*Collectively, all the numerous activities of streams and rivers*]

fluvialer Erosionszyklus *m*, normaler Erosionszyklus • fluvial cycle of erosion, normal cycle of erosion [*The complete reduction or lowering of a region to base level is affected largely by running water, specifically the action of rivers and streams as the dominant erosion agents*]

fluvialer See ***m*** • fluvial lake [*1. A lake with a perceptible flow of water, e.g. a body of water connecting two larger bodies whose differences in elevation may be sufficient to create a flow from one to another. 2. A slowly moving part of a river, as where its width has been expanded*]

Fluvialerosion ***f*** • fluvial erosion

fluviatile Seife ***f*****,** Flussseife • stream placer

fluviatile Seife ***f*****,** Stromseife • river placer

fluviatiler Feststofftransport ***m*** • fluvial sediment transport

fluviatiles Delta ***n*** • river-dominated delta

fluviatiles Seifenzinn ***n*****,** Strom(seifen)zinn • river (placer) tin, river tin placer

fluvioklastischer Fels ***m*****,** fluvioklastisches Gestein *n* • fluvioclastic rock, potamoclastic rock [*A hydroclastic rock containing current-or river-worn fragments*]

fluviomarine Ablagerung ***f*** • fluviomarine deposit [*A deposit brought into the sea from the land, and there rearranged by the sea water, and thus often containing remains of land, freshwater, and marine minerals*]

fluvioterrestrisch • fluvioterrestrial [*Of or pertaining to the land and fresh waters of the Earth, not marine*]

Fluxion ***f*** [*Die unendlich kleine Zunahme einer veränderlichen Größe*] • fluxion

Fluxiontextur ***f*** • fluxion structure

flyschartig gradierte Schichtung ***f*** [*Es ändert sich nur die Korngröße des groben Endes der Verteilungskurve; der Feinanteil bleibt gleich*] • coarse tail grading

Flyschfazies ***f*** • flysch facies

Flysch ***m*** ➔ Flyschgestein

Flyschformation ***f*** • flysch formation

Flyschgestein ***m, (n)*** [*Klastisches Sedimentgestein, welches während einer gebirgsbildenden Hauptphase in schmalen Geosynklinalen am Rande alpiner Orogene (Faltengebirge), durch Abtrag festländischen Materials zur Ablagerung kam*] • flysch, flysch rock

Flyschschiefer ***m*** • flysch shale

FMI-Verfahren ***n*** ➔ Fräs-Misch-Injektions-Verfahren

FNP ➔ Aufbauplan [*veraltete Benennung*]

Föhn ***m*** • foehn; föhn [*Europe*]; chinook [*USA*]

Fö(h)rde ***f*** • fö(h)rde [*German. A long and narrow inlet of the sea in boulder clay country or surrounded by terminal moraines; a local name for the sea inlets in eastern Schleswig-Holstein. The fö(h)rden are believed to be drowned valleys, formed originally by river flowing beneath the ice-sheet. They provided very good harbo(u)rs until the days of really big ships*]

Fö(h)rdenküste ***f*** • fö(h)rden coast [*West of the Oder two types of coast are distinguished, the bodden coast and the fö(h)rden coast. The latter lies at the south eastern side of the Jutland peninsula*]

Foid ***n*** • foid [*A collective term coined by Johannsen (1917) to denote the feldspathoid group of minerals*]

Fokalpunkt ***m*****,** winkeltreuer Punkt • focal point, main focus, principal focus [*The focus for a beam of incident rays parallel to the axis of a lens or optical system*]

Fokalpunkttriangulierung ***f*****,** Fokalpunkttriangulation *f* • focal point triangulation

fokussieren, einstellen • to focus

fokussierende Bohrlochsonde ***f*****,** fokussierendes Bohrloch(ver)messungsgerät *n* • focus(s)ed current log(ger), focus(s)ed current logging device, focus(s)ed current logging instrument

Fokussier(ungs) ... ➔ Einstell(ungs)...

Folge ***f*****,** Reihenfolge, Sequenz *f*, Abfolge, Aufeinanderfolge • sequence, succession, sequential arrangement

Folge ***f*** ➔ Schichtglied

Folge ***f*** [*Seismologie*] • spit-out

Folge ***f*** **der Umläufe** ➔ (Ab)Folge der Umläufe

Folge ***f*** **von Messwerten,** Messwertfolge [*Seismik*] • sequence of samples, sample sequence

Folge ***f*** **von steilen basischen Gängen** • sheet(ed) complex

Folgebecken ***n*** [*Nach Aufstieg des Orogens zu dessen Seiten gebildeter Trog*] • successor basin

Folgebild ***n*** • consecutive negative, consecutive photograph [*photogrammetry*]

(Folge)Bildanschluss ***m*****,** Anschluss aufeinanderfolgender Bilder [*Fotogrammetrie*] • image extension, conjunction of successive images, picture extension, conjunction of successive pictures, photo(graphic) extension, bridging

(Folge)Bildanschlussfehler ***m*****,** Anschlussfehler • bridging error [*photogrammetry*]

Folgeentwässerung ***f*** ➔ konsequente Entwässerung

Folgefluss ***m*****,** konsequenter Fluss, (mit)folgender Fluss • consequent (stream), original stream [*A stream that originates on a newly exposed or recently formed surface and that flows along a course determined entirely by the initial slope and configuration of that surface; a stream whose flow direction is directly related to and a necessary consequence of the original dip-slope surface of the land and the geologic(al) structure of the area*]

Folgefluss ***m*** **2. Ordnung,** resequenter Fluss • resequent stream, reconsequent stream, renewed consequent stream

Folgefluss ***m*** **in (Ein)Fallrichtung,** konsequenter Fluss in (Ein)Fallrichtung, (mit)folgender Fluss in (Ein)

Fallrichtung • dip stream [*A consequent stream flowing in the general direction of dip of the strata it traverses*]

Folgegestänge ***n*** [*Teil einer Berstmaschine für die Kanalsanierung*] • trailing gear

Folgekarte ***f,*** abgeleitete Karte, deduktive Karte, Interpretationskarte, Auswertungskarte • derivative map [*It is derived from geologic(al) data on several maps and based on interpretation of geologic(al) structure, lithology, topography, rainfall, groundwater levels, vegetation and other features*]

F

Folgekosten ***f*** • follow-up costs

Folgemaßstabkarte ***f*** [*Nach verschiedenen Unterlagen erstellte Karte*] • compiled map

Folgen ***f(pl)*** [*eines negativen Ereignisses*] • consequences [*in the aftermath of a negative event, such as a landslide*]

folgend, konsequent, mitfolgend • consequent [*A term applied to certain geologic(al) and topographic(al) features implying that they have originated as a consequence of existing conditions or features*]

folgende... ➔ konsequente...

Folgeschalter ***m*** • sequence switch

Folgestich ***m*** [*z. B. bei der Schlitzwandherstellung*] • construction of the successive panel [*of a diaphragm wall*]

Folgestrom ***m*** ➔ konsequenter Strom

Folgestrom ***m*** **in (Ein)Fallrichtung,** konsequenter Strom in (Ein)Fallrichtung, (mit)folgender Strom in (Ein)Fallrichtung • dip river [*A consequent river flowing in the general direction of dip of the strata it traverses*]

Folgetal ***n*** ➔ konsequentes Tal

Folgewasserscheide ***f*** ➔ konsequente Wasserscheide

Folgezyklus ***m*** ➔ (Nach)Folgezyklus

Folie ***f*** ➔ (Kartier)Folie

Folienabziehen ***n,*** Folienabzug *m* • peeling

Folientechnik ***f,*** Abziehtechnik *f* [*Herstellung von Folien von Gesteinsanschliffen. Der Anschliff wird geätzt, in Aceton getaucht und mit einer Folie bedeckt. Diese wird nach dem Trocknen abgezogen und entweder auf Papier oder zur mikroskopischen Untersuchung zwischen Objektgläser geklebt*] • peel technique

Fonolit ***m*** ➔ Klingstein

Fontäne ***f*** ➔ (Wasser)Fontäne

Foraky-Gefrierverfahren ***n,*** Foraky-Gefriermethode *f* • Foraky freezing method

Foraminiferenkalkstein ***m*** • foraminiferal limestone

Foraminiferenschlick ***m*** • foraminiferal ooze

Förderabfall ***m,*** Produktionsabfall • production decline, pumping decline [*oil*]

Förderabfallkurve ***f,*** Produktionsabfallkurve [*Erdöl*] • production decline curve, pumping decline curve

Förderabgabe ***f,*** Förderzins *m* • royalty [*A landowner's share of the value of minerals produced on a property. It is commonly a fractional share of the current market value of oil or gas*]

Förderanlage ***f*** • (mine) headgear [*The head-frame or head tower and the plant in it*]

Förderanlage ***f,*** Transportanlage (⚒) • haul(age) plant, haul(age) installation, hauling plant, hauling installation

Förderaufseher ***m*** • onsetter [*The man in charge of winding operations underground. He is stationed at the shaft side and gives all signals from his inset to the winding engineman*]

Förderaufseher ***m*** [*Tiefbohrtechnik*] • gang pusher

Förderaufseher ***m*** (⚒) • tram clearer

Förderbahn ***f,*** Fördergleis *n,* Transportgleis, Transportbahn (⚒) • haul(age) track, hauling track

Förderband ***n*** • conveyor belt, belt conveyor

Förderbandsystem ***n*** [*Tunnelbau*] • conveyor belt system

förderbar ➔ (ab)baufähig

Förderberg ***m,*** Transportberg (⚒) • inclined haul(age) heading, inclined conveyance heading, sloping haul(age) heading, sloping conveyance heading

Förder-Betonplattform ***f*** ➔ Beton-Förderplattform

Förderbetrieb ***m*** (⚒) • handling

Förderbetriebsleiter ***m*** [*Tiefbohrtechnik*] • lease operator

Förderbrunnen ***m*** ➔ Laufbrunnen

Förderdampfmaschine ***f,*** Dampffördermaschine (⚒) • steam hoist, steam winch

Förder(draht)seil ***n,*** Förder(stahl)kabel *n* • mine (wire) rope, mine (steel) cable

Förderdruck ***m*** [*z. B. des Injektionsguts*] • delivery pressure

Fördererz ***n,*** Roherz • raw ore, run(-of-mine) ore, altogether ore, ore rough from the mine, crude ore, mine-run ore, rough ore

Förderfähigkeit ***f,*** Fördervermögen *n,* Transportfähigkeit, Transportvermögen • capacity [*The ability of a current of water or wind to transport detritus, as shown by the amount measured at a given point per unit of time. Capacity may vary according to the detrital grain size*]

Fördergefäß ***n*** (⚒) • braize [*Scotland*]

Fördergefäße-Wechselort, Wechselort *n* der Fördergefäße (⚒) • changing place

Fördergeologe ***m*****,** Produktionsgeologe • production geologist [*petroleum; natural gas*]
Fördergeologie ***f*****,** Produktionsgeologie [*Erdöl; Erdgas*] • production geology
Fördergerüst ***n*****,** Förderturm *m*, Schachtgerüst, Schachtturm • (mine) headframe, shaft tower, gallows frame, (mine) head tower, shaft headframe, poppet, puppet
Fördergestänge ***n*****,** Rollbahn *f*, Transportgestänge • mine track, mine roadway
Fördergestellanlage, Schachtgestellanlage *f*, Korbanlage, Schachtkorbanlage, Förderkorbanlage, Gestellanlage (⚒) • cage hoist(ing) installation, cage winding installation
Fördergestellförderung ***f*** ➋ Schachtkorbförderung
Fördergestellgatter ***n*****,** Förderkorbgatter, Korbgatter, Gestellgatter, Schachtkorbgatter, Schachtgestellgatter (⚒) • cage gate
Fördergleis ***n*****,** Förderbahn *f*, Transportgleis, Transportbahn (⚒) • haul(age) track, hauling track
Fördergrube ***f*** ➋ fördernde Grube
Fördergrus(kohle) ***m*****,** ***(f)*** • mine slack
Förderhaken ***m*****,** Abziehhaken (⚒) • bank hook [*Midland Coalfield, England. An iron hook with which the banksman pulls the full cars off the cage*]
Förderhaken ***m*** ➋ (Bohr)Rohrförderhaken
Förderhaspel ***f*****,** ***m*** ➋ (Schacht)Fördermaschine
Förderhauptstrecke ***f*** ➋ Hauptförderstrecke
Förderhorizont ***m*** ➋ Produktionszone
Förderingenieur ***m*****,** Produktionsingenieur [*Erdöl; Erdgas*] • production engineer
Förderjunge ***m*** ➋ Ladejunge
Förderkapazität ***f*** [*eines Dräns*] • discharge capacity [*of a drain*]
Förderkorb ***m*****,** Schachtkorb • pit cage [*The structure used in mine shafts for transport(ation)*]; (*for coal also:*) coal skip
Förderkorb(ab)fänger ***m*****,** Förderkorbfang *m* (⚒) • cage arrestor
Förderkorbanlage ***f*** ➋ Schachtgestellanlage
Förderkorbförderung ***f*****,** Schachtkorbförderung, Schachtgestellförderung, Fördergestellförderung, Korbförderung, Gestellförderung (⚒) • cage hoisting, cage winding
Förderkorbgatter ***n*****,** Fördergestellgatter, Korbgatter, Gestellgatter, Schachtkorbgatter, Schachtgestellgatter (⚒) • cage gate
Förderkorbtiefenanzeiger ***m*****,** Schachtkorbtiefenanzeiger (⚒) • depth indicator [*A dial or other appliance on a winding apparatus which indicates to the man in charge the position of cage in the shaft. The indicator must be in addition to any mark on the rope or drum*]
Förderkübel ***m*** ➋ (Schacht)Förderkübel
Förderleistung ***f*****,** Transportleistung (⚒) • haul(age) capacity, hauling capacity
Förderleitung ***f*** • conveying pipe
Förderleute ***f*** (⚒) • trackmen
Fördermann ***m*****,** Lader *m*, Verlader • putter, haulier, trammer, drawer, driver; pusher [*Arkansas*] [*A man who conveys coal from the working place to the tramway*]
Fördermaschine ***f*** ➋ (Schacht)Fördermaschine
Fördermaschinen-Fahrbremse ***f*** • mine winder brake engine
Fördermaschinenhaus ***n*****,** Treibehaus, Maschinenkaue *f*, Maschinenzentrale *f*, Maschinenhaus • engine house
Fördermeister ***m*****,** Produktionsmeister • production supervisor [*oil; gas; colloquially called "pumper"*]
Fördermenge ***f*** [*z. B. des Injektionsguts*] • delivery
Fördermengenmessung ***f*** **bei weit geöffneter Bohrung** [*Erdöl- und Erdgasgewinnung*] • open-flow test(ing)
Fördermittel ***n*****,** Transportmittel (⚒) • haul(age) means, hauling means
fördern (⚒) ➋ (zutage) fördern
fördern [*Streckenförderung*] (⚒) • to hurry
fördern, produzieren [*Erdöl; Erdgas*] • to produce
fördern mit (Saug)Heber • to siphon (off), to siphon away, to syphon (off), to syphon away
fördernde Betriebspunkte ***f*** (⚒) • active workings [*All places in a mine that are ventilated and inspected regularly*]
fördernde Grube ***f*****,** Ausbeute(r)grube, Fördergrube • active mine, acive pit, active working, producing mine, producing pit, productive mine, productive pit, pay (ing) mine, pay(ing) pit, profitable mine, profitable pit, workable mine, workable pit
fördernder Teufenabschnitt ***m*****,** produzierender Teufenabschnitt (⚒) • producing interval
Förderprüfmessung ***f*****,** Produktionsprüfmessung • production testing measurement [*It provides data to help estimating how much oil and/or gas a well can produce*]
Förderpumpe ***f*** • feed pump, lift pump
Förderquerschlag ***m*****,** Transportquerschlag (⚒) • haul (age) cross-cut, hauling cross-cut
Förderrad-Hauptlagerstütze ***f*****,** Treibscheibenbock *m*, Treibscheibenlagerung *f* [*pennsylvanische Seilbohren*] • jack post
Förder(rohr)fahrt ***f*****,** Produktions(rohr)fahrt, Produktions(rohr)tour *f*, Förder(rohr)tour [*Letzte*

F

Rohrfahrt außer den Filterrohren] • production casing string, production string (of casing), pay(ing) string (of casing)

Fördersand *m* ➋ Produktionssand

Förderschacht *m*, Treibschacht (⚒) • draw(ing) shaft, extraction shaft, work(ing) pit, hauling pit, hoist(ing) shaft, pulley shaft, winding shaft, lift(ing) way, lift(ing) shaft, haul(age) shaft, draw(ing) pit, extraction pit, work(ing) shaft, hauling shaft, hoist(ing) pit, lift(ing) pit, hoist(ing) way, haul(age) pit

F

Förderschalen-Schutzdach *n* (⚒) • overhead cover

Förderschlot *m* ➋ Vulkanstiel

Förderschnecke *f* [*Der Materialabzug beim Tunnelbau erfolgt aus der Abbaukammer oft über F.*] • screw conveyor, conveyor auger, conveying auger, auger screw [*These are used to remove material from the extraction chamber in tunnel(l)ing*]

Förderseil *n* (⚒) • winding rope, drawing(-up) rope

Förderseilhaken *m*, Kübelhaken • clevis, clivis, clive, cliwy, crab, device [*A bit of turned iron with a spring, for fastening a bucket to a rope*]

Fördersohle *f*, Transportsohle (⚒) • draw(ing) road [*In Scotland, an underground passage along which ore is conveyed*]

Fördersohle *f*, Transportsohle (⚒) • haul(age) level, hauling level

Fördersonde *f*, produzierende Sonde, Produktionssonde [*Erdgas; Erdöl*] • producer (well(bore)), pay (ing) well(bore), producing well(bore), productive well(bore), production well(bore)

Förder(stahl)kabel *n*, Förder(draht)seil *n* • mine (wire) rope, mine (steel) cable

Fördersteiger *m* (⚒) • driver boss

Fördersteigleitung *f*, Produktionssteigleitung • production riser

Förderstollen *m*, Transportstollen • mine transportation) gallery; mine transport(ation) tunnel (US)

Förderstrecke *f* ➋ (Gruben)Förderstrecke

Förderstrecke *f*, Grundstrecke (⚒) • gateway, gate (road), main brow, trail road, principal brow, gate roadway [*A road through the worked-out area (goaf) for haulage in long-wall working of coal*]

Förderstrecke *f* mit Kettenbetrieb, Ketten(förder)strecke, Kettenbahn *f* (⚒) • chain road, chain way

Fördersystem *n*, Transportsystem (⚒) • haul(age) layout, haul(age) system, hauling layout, hauling system

Fördertonne *f* (⚒) • corb

Fördertrommel *f*, Haspeltrommel, Transporttrommel (⚒) • haul(age) drum, hauling drum

Förderturm *m*, Fördergerüst *n*, Schachtgerüst, Schachtturm • (mine) headframe, shaft tower, gallows frame, (mine) head tower, shaft headframe, poppet, puppet

Förderung *f* ➋ (Zutage)Förderung

Förderung *f*, Transport *m*, Streckenförderung, Streckentransport (⚒) • ganging [*Midland coalfield, England*], (underground) haulage, (underground) hauling

Förderung *f* ➋ Produktion

Förderung *f* des Abraums, Abraum(ab)förderung *f*, Abraumtransport *m*, Transport des Abraums • (over) burden haul(age), (over)burden transport(ation), transference of excavated material

Förderung *f* mit Seilgewicht(s)ausgleich (⚒) • balance(d) hoisting, balance(d) drawing(up)

Förderung *f* von Hand ➋ (Strecken)Förderung von Hand

Förderungsbeginn *m*, eruptive Förderung *f* • flush production [*The yield of an oil or gas well during the early period of production and before the output has settled down to what may be regarded as usual for the field or district in which it is drilled*]

Förder(ungs)karren *m* (⚒) • dray

Förder(ungs)kübel *m* (⚒) • dray

Förderungsrückgangkurve *f* • decline curve [*A graph of the decline in production of an oil or gas well or group of wells*]

Förderungssprung *m*, Produktionssprung [*Erdöl; Erdgas*] • production jump

Förderungsvorrichtung *f*
➋ (Ab)Förderungsvorrichtung

Fördervermögen *n*, Förderfähigkeit *f*, Transportfähigkeit, Transportvermögen • capacity [*The ability of a current of water or wind to transport detritus, as shown by the amount measured at a given point per unit of time. Capacity may vary according to the detrital grain size*]

Förderwagen *m* ➋ Grubenwagen

(Förder)Wagenzug *m*, Rollhuntzug *m*, Rollhundzug (⚒) • ginney, jinny, journey of trams, rake of trams, gang of trams, journey of tubs, gang of tubs, set of tubs, rake of tubs, set of trams, train of tubs, train of trams

(Förder)Wagenzugbediener *m*, Rollhuntzugbediener *m*, Rollhundzugbediener (⚒) • jinny attendant, ginney attendant, jinny tender, ginney tender, jinnier

Förderweite *f* ➋ Schubweite

Förderweite *f*, Transportweite (⚒) • draw [*In Scotland, the distance that mineral is hauled by trammers*]

Förderzins ***m*,** Förderabgabe *f* • royalty [*A landowner's share of the value of minerals produced on a property. It is commonly a fractional share of the current market value of oil or gas*]
Förderzone ***f*** ➲ Produktionszone
Forellenstein ***m*** • troctolite, forellenstein, troutstone [*A gabbro composed principally of calcic plagioclase and olivine. It has no augite*]
Form ***f*,** Gestalt *f* • shape
Form ***f*** [*Gussform*] • mould, mold (US)
Formänderung ***f*,** Verformung, Deformation *f* • deformation, strain [*Change in the shape or volume of a body as a result of stress; a change in relative configuration of the particles of a substance*]
Formänderungs ... ➲ Verformungs ...
Formänderungsarbeit ***f*** • deformation energy
Formänderungsenergie ***f*** • deformation energy
formänderungsfähig ➲ (ver)formbar
Formänderungsprozess ***m*** [*z. B. eines Hangs*] • shaping process
formal [*Erzgang*] • structural
Formation ***f*** ➲ (geologische) Formation
Formationengruppe ***f*** ➲ (geologische) Formation
Formations... ➲ Gebirgs...
Formationsbeherrschung ***f*** • formation control
Formationsbeiwert ***m*,** Formationsfaktor *m* • resistivity factor, formation (resistivity) factor [*The ratio of the conductivity of an electrolyte to the conductivity of a rock saturated with that electrolyte. Symbol: F.*]
Formationsbrechen ***n*** ➲ Frac-Behandlung
Formationsdichtelog ***n*** [*Radioaktive Porositätsbestimmung einer Gebirgsschicht im Bohrloch*] • formation density log, FDL
Formationsdruck ***m*,** Lagerstättendruck • formation pressure [*The pressure acting on the fluids (i.e. formation water, oil, and gas) in the pore space of the formation*]
Formationsgas ***n*,** Trägergas • formation gas
(Formations)Glied ***n*,** Schichtglied, Folge *f* [*Eine lithostratigrafische Einheit*] • member
Formationsgrenze ***f*** • contact between two formations
(Formations)Gruppe ***f*** • group, rock unit, unit [*The formal lithostratigraphic unit next in rank above formation. A group includes two or more contiguous or associated formations with significant lithologic features in common. The type or reference sections of a group are those of its component formations. The proposal for recognition of a group should outline clearly the unifying characteristics on which it is based and the formations of which it is composed. A group name customarily combines a geographic name with the word "group", and no lithologic designation is included. Abbrev:gr.*]
Formationskunde ***f*** • stratigraphy in the larger sense
Formationslog ***n*,** Elektrolog • electrical log, electric log, E-log [*Generic terms for a well log that displays electrical measurements of induced current flow (resistivity log, induction log) or natural potentials (spontaneous potential curve) in the rocks of an uncased borehole. Such a log typically consists of the spontaneous-potential (SP) curve and one or more resistivity or induction curves. The Archie equation forms the basis for interpretation of electric(al) logs. Informal synonym: resistivity log*]
Formationsmedium ***n*,** Trägermedium • formation fluid [*Oil, gas, and water*]
Formationsmessung ***f*,** Kernen *n* • logging, coring [*oil well*]
Formationsprobe ***f*,** Formationsprüfung *f*, Formationsversuch *m* • formation test, drillstem test [*A technique for delivering, to the surface, samples of fluids and recorded gas, oil, and water pressures from subsurface formations; such data allows satisfactory completion of a well*]
Formationsprofil ***n*** ➲ Schichtenprofil
Formationsüberdruck ***m*,** Lagerstättenüberdruck • surpressure, overpressure [*Formation pressure exceeding hydrostatic*]
Formationsunterdruck ***m*,** Lagerstättenunterdruck • lower-than-hydrostatic formation pressure, subnormal formation pressure, subpressure
Formationsversuch ***m*** ➲ Formationsprobe
formbar ➲ verformbar
Formbeiwert ***m*** • shape coefficient, shape factor
Formblatt ***n*** [*z. B. für die Aufnahme u. Dokumentation von Massenbewegungen*] • form
Formel ***f*** ➲ Gleichungsformel
Formenreichtum ***m*** ➲ Formenschatz
Formengemeinschaft ***f*,** Formengesellschaft • form assemblage
Form(en)kreis ***m*** • form(en)kreis [*German*]; morphogenetic region [*The concept of a morphogenetic region or form(en)kreis is that under a certain set of climatic conditions, particular geomorphic processes will predominate and hence will give to the landscape of the region characteristics that will set it off from those of other areas developed under different climatic conditions*]
Formenlehre ***f*,** Morphologie *f* • morphology [*The science of form, and the structures and development which influence form*]
Formenmannigfaltigkeit ***f*** [*feste Erdoberfläche*] • multitude of forms

Formenmessung *f*, Morphometrie *f* • morphometry [*The art or process of measuring the external form of objects*]

Formenschatz *m*

➋ (geomorphologischer) Formenschatz

Formenschatz *m*, Formenreichtum *m* • richness of forms, wealth of forms

Formenschwärze *f* • blacking [*Carbonaceous materials, such as plumbago, graphite, and powdered carbon used in coating pouring ladles, mo(u)lds, runners and pig beds*]

Formensystem *n* [*feste Erdoberfläche*] • form system

Formenüberfluss *m* ➋ Formenschatz

Formgebung *f* [*z. B. der Schneidarme einer Tunnelbohrmaschine*] • shape, design

Formkohle *f* • crumble coal

Formungsebene *f* ➋ Deformationsebene

formzerstört, abgetragen, zerstört • destructional [*Said of a landform that owes its origin or general character to the removal of material by erosion and weathering; e.g. a mesa, cliff, plain, or canyon resulting from the wearing down or away of the land surface*]

Fornit® [*Hochfestes Geogitter zur Flächenstabilisierung*] • Fornit®

Förnahorizont *m* ➋ L-Lage

Förstersonde *f* ➋ Sättigungskernmagnetometer

Forscher *m* • researcher

Forschungsansatz *m* • research approach

Forschungsanstalt *f* für Wasserbau

➋ Wasserbaulabor(atorium)

Forschungsbeihilfe *f* • research grant

Forschungsbohrloch *n*, Forschungsbohrung *f* • research borehole, research drill hole, research well (bore)

Forschungsbohrung *f* • research drilling

Forschungsbühne *f*, Forschungsplattform *f* [*Erschließung von Erdöl- und Erdgaslagerstätten im Meer*] • research platform

Forschungsreise *f* • (exploring) expedition

Forschungsziel *n* • research objective

Forsterit *m*, Mg_2Si0_4 • forsterite, white olivine [*Symbol: Fo*]

Forsteritmarmor *m* • forsterite-marble [*The metamorphic product of a limestone containing silica, in which process crystalline calcite together with forsterite are formed*]

forstliche Luftbilddeutung *f* • silvicultural aerophoto(graph) interpretation

Forstmarmor *m* • forest marble, landscape marble

Forstwirtschaft *f* • forestry

Fortführen *n* [*Österreich*] ➋ (Karten)Fortführen

Fortführungsvorlage *f*, Laufendhaltungsvorlage; Evidenzblatt *n* [*Österreich*]; Nachführungsvorlage [*Schweiz*] • compilation of (map) revision material for information in the next (map) edition

fortgeschrittene Kondensation *f*, fortgeschrittene Zusammendrängung *f* [*Fossilien lassen noch eine gewisse Zonierung erkennen*] • considerable condensation

fortgeschrittenes Diagenesestadium *n* [*Bildung von Illit aus Smektiten*]; tiefes Diagenesestadium, spätes Diagenesestadium [*Bildung der thermisch stabilen 2-M-Illit-Polymorphen*] • deep burial stage, deep burial diagenesis

fortlaufendes Kriechen *n*

➋ Schwergewicht(s)kriechen

Fortrac®-Geogitter [*werden aus hochmodulen, kriecharmen, synthetischen Garnen hergestellt und mit einer Polymer-Schutzschicht ausgerüstet*] • Fortrac® geogrid [*These grids are made of highly modular, low-creep, synthetic yarns and come with a protective polymer coat*]

Fortrac 3D® [*Bewehrung gegen das Abgleiten von Bodenschichten mit Bodenerosionssicherung*] • Fortrac 3D®

fortschreitende Gezeitenwelle *f*, fortschreitende Tide(n)welle • progressive tidal wave, progressive tide wave [*A wave the crest of which advances, so that the times of high and low water progress from one end of a body of water to the other*]

fortschreitende Rutschung *f* [*Definition lt. MLG*/Krauter: In einer **fortschreitenden** Rutschung breitet sich die Gleitfläche in Bewegungsrichtung aus.*] • advancing landslide [*In an **advancing** landslide the rupture surface is extending in the direction of movement.*]

Fortschwemmen *n*, Wegschwemmen, Abschwemmen • fluviraption, washing away, washing off, sweeping away, sweeping off [*Of loose material by moving water*]

fortsetzende Rutschung *f* [*Definition lt. MLG*/Krauter: In einer sich **fortsetzenden** Rutschung bewegt sich die Rutschmasse ohne sichtbare Veränderung der Gleitfläche und des Volumens des verlagerten Materials.*] • moving landslide [*according to the MLG*/D.M.Cruden: In a **moving** landslide the displaced material continues to move without any visible change in the rupture surface and the volume of the displaced material.*]

Fortsickerung *f* ➋ Heraussickerung

forttragen [*Feld*] (⚒) • to go beyond one's ground
forttreiben ➋ durchschlagen
forttreiben (⚒) • to extend a digging
Fossil ***n*** ➋ Petrefakt
fossile Düne ***f*** • fossil dune [*An ancient desert dune*]
fossile Frucht ***f*,** Fruchtversteinerung *f* • lithocarp
fossile Geländeoberfläche ***f*** • fossil land form
fossile Kohle ***f*** • fossil coal
fossile Rutschmasse ***f*** • fossil slide mass
fossile Rutschung ***f*** [*Zustand einer Rutschungsaktivität; Definition lt. MLG*/Krauter: Eine* ***fossile*** *Rutschung ist eine inaktive Rutschung, die sich unter erheblich unterschiedlichen klimatischen und geomorphologischen Bedingungen im Vergleich zur Gegenwart entwickelt hatte.*] • relict landslide [State of activity of a landslide; *according to the MLG*/D.M. Cruden: A* ***relict*** *landslide is an inactive landslide which developed under climatic or geomorphological conditions considerably different from those at present.*]
fossile Seifenlagerstätte ***f*** • fossil placer deposit
fossile Wasserrinne ***f*** • dumb fault
fossiler Boden ***m*** ➋ Paläoboden
fossiler Brennstoff ***m*** • fossil fuel, fossil combustible material [*General terms for any hydrocarbon that may be used for fuel: chiefly petroleum, natural gas, and coal*]
fossiler Dauerfrost ***m*** ➋ passiver Dauerfrost
fossiler Karst ***m*,** freiliegender Karst • fossil karst, relic(t) karst [*Karst formed in an earlier geologic epoch and never covered by later deposits*]
fossiler Karst ***m*,** Paläokarst, vergrabener Karst • fossil karst, pal(a)eologic(al) karst, buried karst [*A rock or area that has been karstified and subsequently buried under sediments*]
fossiler Kopal ***m*,** Kopalin *n*, Kopalit *m*, Copalin • copalite [*Dann's name (1868) for the fossil Highgate resin, found in the blue clay of Highgate Hill (England)*]; copaline, fossil copal, mineral resin
fossiler Kotballen ***m*,** Koprolith *m* • coprolite, fossil (ized) excrement, fossil(ized) dung [*Of fishes, reptiles, and mammals. Generally composed of calcium phosphate, hence "coprolite" is loosely used to include phosphatic nodules of any kind*]
fossiler Mensch ***m*,** menschliche Fossilie
fossiler Permafrost ***m*** ➋ passiver Dauerfrost
fossiler Stoßzahn ***m*** • fossil tusk
fossiler Torf ***m*** • lignum fossile, fossil peat
fossiles Eis ***n*,** unterirdisches Eis, Bodeneis, Steineis • ground ice, fossil ice, underground ice, subsurface ice, subsoil ice, subterraneous ice, ground frost [*All ice, of whatever origin or age, found below the surface of the ground, especially a lens, sheet, wedge, seam, or irregular mass, of clear nonglacial ice enclosed in perennially or seasonally frozen ground, often at considerable depth. Used by many authors as synonymous with anchor ice*]
fossiles Eislager ***n*** • ice bed
fossiles Eisloch ***n*,** Toteisloch • dead ice hole, stagnant ice hole
fossiles Harz ***n*** • fossil resin [*Any of the natural or earth type resins, which derive their characteristics through ag(e)ing in the ground*]
fossiles Holz ***n*** ➋ versteinertes Holz
fossilführender Kalkstein ***m*,** Fossilienkalkstein • dudley rock
Fossilführung ***f*,** Fossilgehalt *m* • content of fossils, fossil content
fossil(ien)arm • poorly fossiliferous
Fossil(ien)armut ***f*** • fossil deficiency
fossil(ien)frei • unfossiliferous
fossil(ien)führend, fossil(ien)haltig, fossil(ien)enthaltend • fossiliferous, containing fossils, fossil-bearing, fossil-carrying
Fossil(ien)geologe ***m*** • rock reader
Fossil(ien)gesellschaft ***f*** • (fossil) assemblage [*A collection of fossils based on the differing proportions of a great number of fauna or flora present in the strata, together with a few specimens that are limited in their vertical range*]
Fossil(ien)kammer ***f*** • fossil chamber
fossil(ien)leer, fossillos [*Gestein*] • barren
Fossil(ien)mehl ***n*** • fossil flour
Fossil(ien)reichtum ***m*** • fossil wealth, fossil richness
Fossil(ien)restkalk ***m*,** Biolithit *m* [*Gestein mit mehr als 50 % Biogenen. B.L. Folk (1959) verwendet "Biolithit" für Gesteine, die überwiegend aus primär starr miteinander verbundenen Fossilresten bestehen*] • biolithite
Fossil(ien)seife ***f*** • fossil placer
Fossil(ien)zone ***f*** • cenozone, assemblage zone [*A biozone consisting of a body of strata whose content of fossils, or of fossils of a certain kind, taken in its entirety, constitutes a natural assemblage or association that distinguishes it in biostratigraphic character from adjacent strata. It is named for one or more of the fossils particularly representative of the assemblage*]
Fossilierung ***f*** • fossilization
Foto ***n*,** Bild *n*, Aufnahme *f*, fotografisches Bild, Messbild, Lichtbild • photographic(al) image, photographic(al) picture, photo(graph)
(Foto)Achsenschnittpunkt ***m*,** (Foto)Mittelpunkt • center point, photo(graph) center (point), plate

center (US); centre point, plate centre, photo(graph) centre (point) (Brit.); principal point of plate axes, main point of plate axes [*It is located at the intersection of the two lines connecting fiducial marks on opposite edges of the photograph. For photographs that record no fiducial marks the center point may be approximately located at the intersection of diagonal lines drawn from opposite corners of the photograph*]

Fotoaufzeichnung *f* ➋ fotografische Aufzeichnung

F

Fotobasis *f*, Bildbasis, Lichtbildbasis [*Linearer Abstand von Bildmittelpunkt (M) und übertragenem Bildmittelpunkt (M'); Abbild des Flugweges zwischen zwei aufeinanderfolgenden Aufnahmepositionen. Symbole: b_1,b_2*] • photobase

Fotochemie *f*, Lichbildchemie • photochemistry

Fotodiode *f* ➋ Bildelement

Fotodiodenecho *n* ➋ Bildelementecho

fotoelektrische Beobachtung *f* • photoelectrical observation

fotoelektrischer Abtaster *m* • photoelectrical scanner

fotoelektrischer Staubauswerter *m* (⚒) • photoelectrical dust assessor

Fotoerkundung *f*, fotografische Erkundung, Lichtbilderkundung • photo(graph(ic)) reconnaissance

Fotogeologie *f* ➋ Luftbildgeologie

fotogeologisch, luftbildgeologisch • photogeologic(al)

fotogeologische Aufschließung *f*, fotogeologischer Aufschluss *m* • photogeologic(al) exploration

fotogeologische Karte *f* • photogeologic(al) map

Fotogeophysik *f*, Lichtbildgeophysik • photogeophysics

Fotografie *f* • photography [*A collective term for photographs*]

Fotografie *f* ausgelegter (Luft)Bilder, (Luft) Bildauslage *f* • print laydown

Fotografie *f* mit Kamerabatterien mit nur einer Auslösung [*Luftbildtechnik*] • cluster photography

Fotografieren *n* • photography [*The process of producing photographs*]

fotografische Aufzeichnung *f*, fotografische Registrierung, Fotoaufzeichnung, Fotoregistrierung, Lichtbildaufzeichnung, Lichtbildregistrierung • photo (graph(ic)) record

fotografische Ballonmesskunst *f* ➋ Ballonbildmesskunst

fotografische Erkundung *f*, Fotoerkundung, Lichtbilderkundung • photo(graph(ic)) reconnaissance

fotografische Registrierung *f*, fotografische Aufzeichnung, Fotoaufzeichnung, Fotoregistrierung, Lichtbildaufzeichnung, Lichtbildregistrierung • photo (graph(ic)) record

fotografisches Bild *n* ➋ Foto

fotografisches Messbild *n*, Fotogramm *n* • photogram [*The term "photograph" is often used as a synonym for "photogram". A photogram is a photograph taken with a photogrammetric camera, a precision camera with fiducial or collimating marks and with a fixed distance between the negative plane and the lens*]

Fotogramm *n*, fotografisches Messbild *n* • photogram [*The term "photograph" is often used as a synonym for "photogram". A photogram is a photograph taken with a photogrammetric camera, a precision camera with fiducial or collimating marks and with a fixed distance between the negative plane and the lens*]

Fotogrammeter *n* • photogrammetric instrument

Fotogrammetrie *f* ➋ Fotogrammetrie

Fotogrammetrie *f*, Messbildverfahren *n*, (fototopografische) Bild(ver)messung *f* [*Das System der Fotogrammetrie besteht aus der Rekonstruierung eines Objekts aus seinen Fotografien. Befinden sich die Aufnahmekammern in der Luft – Satellit, Flugzeug, spricht man von* ➋ *Luftbildfotogrammetrie, befinden sie sich am Boden spricht man von* ➋ *terrestrische Fotogrammetrie*] • photogrammetry

fotogrammetrische Aufnahme *f* • photogrammetrical photo

(fotogrammetrische) Blockausgleichung *f* mit Selbstkalibrierung, selbstkalibrierte (fotogrammetrische) Blockausgleichung • self-calibrating block adjustment

fotogrammetrische Entzerrungsmesskunst *f* ➋ Entzerrungsfotogrammetrie

fotogrammetrische Methode *f* • photogrammetrical method

fotogrammetrische Standlinie *f* • photogrammetrical stand line

fotogrammetrischer Kartierer *m* • photogrammetrist [*One skilled in the compilation of maps from aerial photographs*]

fotogrammetrisches Koordinationssystem *n* • photogrammetric system of co-ordinates

Fotokartierung *f* • photo(graph(ic)) mapping

Fotokoordinate *f*, Bildkoordinate, Lichtbildkoordinate [*Fotogrammetrie*] • plate coordinate, image co-ordinate, picture coordinate

Fotolinearsignatur ***f*,** Fotoliniensignatur, Fotolineation *f* • photographic(al) lineation
Fotolotpunkt ***m*** ➋ Bildlotpunkt
Fotolumineszenz ***f*** • photoluminescence
fotomagnetische Bohrloch(ver)messung ***f*** • photomagnetic (bore)hole surveying
fotomagnetisches Bohrloch(ver)messungsgerät ***n*** • photomagnetic (bore)hole (surveying) instrument
fotometrische Erzsortierung ***f*** • photometric ore sorting
(Foto)Mittelpunkt ***m*,** (Foto)Achsenschnittpunkt • center point, photo(graph) center (point), plate center (US); centre point, plate centre, photo(graph) centre (point) (Brit.); principal point of plate axes, main point of plate axes [*It is located at the intersection of the two lines connecting fiducial marks on opposite edges of the photograph. For photographs that record no fiducial marks the center point may be approximately located at the intersection of diagonal lines drawn from opposite corners of the photograph*]
Fotonadir ***m*,** Lichtbildnadir • photo(graph) nadir [*The photograph(ic) image position of the ground nadir; in a truly vertical photograph it coincides with the centre point*]
Fotoneigungsmesser ***m*,** Lichtbildneigungsmesser • photoclinometer [*An integral part of a dipmeter for registering directions of the contact points of the electrodes*]
fotorealistische Visualisierung ***f*** • rendering
Fotoregistrierung ***f*** ➋ fotografische Aufzeichnung
Fotorosette ***f*,** kombinierte spannungsoptische Rosette • photorosette
Fotoschichtenkunde ***f*,** Fotostratigrafie *f*, Fotoschichtenlehre *f* • photostratigraphy
Fototalrandgefügespur ***f*** ➋ Talrandlinear
Fototheodolit ***m*,** Bildtheodolit, Aufnahmetheodolit, Lichtbildtheodolit • phototheodolite
Fototopografie ***f*,** topografisches Aufnahmeverfahren *n*, topografische Aufnahmemethode *f* • phototopography
(fototopografische) Bild(ver)messung ***f*** ➋ Fotogrammetrie
Fototräger ***m*** ➋ Bildträger
Fototriangulierung ***f*,** Fototriangulation *f* • phototriangulation
Fourier-Analyse ***f*** • Fourier analysis
Fourier-Spektrum ***n*** [*Erdbebentechnik*] • Fourier spectrum [*Earthquake engineering*]
Fourier-Transformation ***f*** • Fourier transformation
Fowlerit ***m*** • fowlerite [*A variety of rhodonite containing zinc*]
Foyait ***m*** • foyaite [*A nepheline syenite containing a predominance of potassium fel(d)spar. Originally described by Blum as synonymous with nepheline syenite, and later applied by Brögger to nepheline syenite with trachytic texture. Its name is derived from Foya, Portugal*]
F-Phlogopit ***m*** • fluorophlogopite
Frac-Behandlung ***f*,** (hydraulisches) Aufbrechen *n*, (hydraulische) Rissbildung, (hydraulisches) Aufreißen, (hydraulische) Risserzeugung, Formationsbrechen, Fracverfahren, Fracmethode *f* • hydraulic fracturing, (rock) hydrafracturing, (rock hydraulic) fracturing, formation fracturing, frac [*A technique used in the petroleum industry to stimulate production from a depleted oil well. It consists of sealing off a section of a borehole in the rock, then introducing fluid pressure into this section and increasing the pressure until the wall of the borehole is caused to fracture*]
Frac-Verfahren ***n*,** Frac Grouting Verfahren *n* [*Anstatt dass das Injektionsgut in die einzelnen Bodenporen vordringt, sprengt es bei dieser Methode den Baugrund auf und dringt in die sich bildenden Strukturen ein. Dazu muss der Verpressdruck entsprechend hoch eingestellt werden*] • frac grouting (technique)
Fracflüssigkeit ***f*** ➋ Aufbrechflüssigkeit
Fracht ***f*** • load [*The material that is moved or carried by a natural transporting agent, such as a watercourse, a glacier, the wind, waves, tides and currents*]
Frachtsortierung ***f*** **von Muschelklappen,** Schalensortierung • differential sorting of pelecypod valves in the swash zone
Frachtung ***f*** ➋ Verfrachtung
Frachtung ***f*** **in gradierter Suspension** ➋ Verfrachtung i.g.S.
Frachtungsvorgang ***m*** ➋ Verfrachtungsvorgang
Fracsäuerung ***f*** ➋ (Aufbrech)Säuerung
Fragebogen ***m*** [*z. B. zur Erhebung von Gebäudeschäden*] • questionnaire
Fragmentation ***f*** • fragmentation
Fraktion ***f*** ➋ Korn(größen)klasse
fraktionierte Aufspaltung ***f*,** fraktionierte Kristallisation *f* • fractional crystallization, fractionation [*Petrology. Separation of a magma into two phases, crystal and liquid, possibly followed by a gross separation of the two phases from each other by other processes, such as filter pressing, gravity settling, etc.*]

F

F

fraktionierte Aufspaltung *f*, fraktionierte Kristallisation *f* • fractional crystallization, fractionation [*Salt. Controlled precipitation from a saline solution of salts of different solubilities, as affected by varying temperatures or by the presence of other salts in solution*]

fraktionierte Benetzbarkeit *f* • fractional wettability, speckled wettability [*It views a partially oil-wet rock as being made up of a grain fraction which is totally oil-wet and the remaining grain fraction as totally water-wet*]

fraktionierte Schmelzung *f*, Teilschmelzung [*Die sich bildende Schmelze wird sofort vom Ausgang(s)gestein entfernt*] • fractional melting

fraktioniertes Magma *n*, Teilmagma • fractional magma, part magma, sub-magma

Franckeit *m*, $5PbS.3SnS_2.Sb_2S_3$ • franckeite [*A dark-gray or black massive mineral composed of lead antimony tin sulfide*]

Frankibohrpfahl *m* mit Flüssigkeitsstützung • (Franki) underslurry pile

Frankigroßbohrpfahl *m* mit Flüssigkeitsstützung • (Franki) large(-diameter) underslurry pile

(Franki-)Kies(stampf)pfahl *m* • (Franki) soil-compression pile, (Franki) soil-compression column [*Instead of concrete, a graded granular fill, without cement, is used*]

Franki-Ortbetonverdrängungspfahl *m* • Franki cast-in-place displacement pile

Frankipfahl *m*, Ortbetonrammpfahl mit ausgestampftem Fuß • Franki pile, Franki-type pile, (Franki) displacement caisson, (Franki) pressure injected footing, (Franki) PFI [*Enlarged base and shaft are formed by ramming concrete into soil, which is displaced and compacted - not excavated*]

Franklinit *m*, Zinkeisenerz *n* • franklinite

Frankolit *m*, Staffelit *m* [*Krustenförmige, knollige, traubige Ausbildungen des Karbonatapatits; kommt hauptsächlich in Staffel an der Lahn in Klüften von verwittertem basaltischen Gestein vor*] • staffelite, francolite

französische (Tunnel)Bauweise *f*, belgische (Tunnel) Bauweise, Unterfang(ungs)bauweise, Firsten(ort-Sohlen)strossenbau *m*, Firstenvortrieb *m* • Belgian (tunnel(l)ing) method, heading-and-bench method, top heading-underhead bench method [*The top portion is driven first, but only a round ahead of the bench*]

Fräsbaum *m* • cutting blade(s)

Fräsdrän *m* • cut drain

Fräse *f* • cutter

Fräsen *n* eines Fisches, Fischfräsen [*Tiefbohrtechnik*] • milling up a fish, fish milling up

Fräskopf *m* • cutterhead

Fräskrone *f* [*Fangarbeiten in der Tiefbohrtechnik*] • rasp, fishing rasp

Fräslader *m* [*Kohlenbergbau: zum Abbau der Kohle*] • continuous miner, continuous miner unit

Fräs-Misch-Injektions-Verfahren *n*, FMI Verfahren *n* [*Ein hauptsächlich in Deutschland zum Einsatz kommendes Verfahren, bei dem das Lockergestein mit einer speziell entwickelten Grabenfräse unter Hinzugabe einer Bindemittelsuspension aufgefräst und vermischt wird*] • FMI-method (a cut, mix, inject method) applied mainly in Germany

Frasnien *n* • Frasnian [*European stage: Upper Devonian (above Givetian, below Famennian*]

Fräsrille(ndrän) *f*, *(m)*, rohrloser Drän, Maulwurfdrän, Schlitzdrän, Dränfräsrille *f*, Dränschlitz *m*, Erddrän • mole drain, pipeless drain [*A pipe-like channel in the subsoil*]

Fräsrillendränpflug *m*, Maulwurfdränpflug, Schlitzdränpflug, Erddränpflug, rohrloser Dränpflug • mole (drain) plough, pipeless (drain) plough; mole (drain) plow, pipeless (drain) plow (US)

Fräsrillendränung *f*, Schlitzdränung, Maulwurfdränung, Erddränung [*DIN 1185*] • mole drainage, pipeless drainage

Frässchlitzwand *f* • road-header diaphragm wall

Frässchuh *m* [*Fangarbeiten in der Tiefbohrtechnik*] • burn shoe

Fräswalze *f* • rotary cutter

Fraßspur *f* • nutritional trace

Fratz-Magnetscheider *m* • isodynamic Separator Model L-l

Frauenglas *n*, Marienglas

frech [*Gestein von verworrener Struktur, schwer zu gewinnen, meistens der Erzführung ungünstig*] • tough [*rock*]

frei, gediegen • native, free [*Occurring in nature uncombined, usually applied to metals and minerals*]

frei, offen [*Gelände*] • open

frei, sauber, rein • free, open [*(bore)hole*]

frei aufgelagerte Ankerwand *f* • freely supported anchor plate

frei ausfließende Sonde *f*, Eruptivsonde, frei ausfließendes (Erd)Ölbohrloch *n*; frei ausfließender Schacht *m* [*Galizien*] • (bore)hole producing by flow, well(bore) producing by flow, flowing (bore)hole, flowing well(bore), flowing oil well, running well(-bore)

frei (aus)fließender Brunnen *m*, Laufbrunnen, Förderbrunnen • flowing well, running well,

discharging well [*A well that yields water at the land surface without pumping or other lifting device. It is distinguished from a flowing artesian well by the possibility that the flow may be due to gas rather than artesian pressure*]
frei entwässernd • free draining
Freischütz(e) ***n, (m),*** wüstes Gerinne
frei stehender Pfahl ***m,*** Langpfahl [*Er befindet sich nur mit seinem unteren Ende im Baugrund, das obere Ende ist über dem Baugrund und wird auf Knicken beansprucht*] • long pile, free-standing pile
frei (ver)bauen, sich (frei) verbauen, verbauen, sich bauen, im Freibaue stehen [*Eine Grube die weder zuschussbedürftig ist noch Überschuss abgibt*] (⚒) • to work a mine without loss
frei von Hindernissen, frei von Klippen und Untiefen • safe, clear, easy of access, of easy access
frei von inneren Merkmalen ➋ lupenrein
Freiarche ***f,*** Schleusen(ge)rinne *f, (n)*, Arche, Gerinne • clough arch, paddle hole [*It allows water to pass into or out of a lock*]
Freibergit ***m*** ➋ Silberfahlerz
Freibohren ***n*** ➋ (Kern)Freibohren
Freibohrkerntechnik ***f*** • strain relief overcoring technique
Freibord ***n*** • freeboard [*The difference in elevation between the top of the dam and the maximum reservoir level that would be attained during the spillway design flood*]
Freibord ***m*** [*Die Höhe eines Senkkastens über dem Wasserspiegel*] • freeboard
freie Ausflussdauer ***f*** **einer Bohrung,** natürliche Ausflussdauer einer Bohrung • flowing life (of a well), well flowing life
freie Bohrung ***f*** ➋ unverrohrtes Bohrloch
freie Böschung ***f*** • free slope
freie Düne ***f*** • free dune
freie Entlastung(sanlage) ***f*** ➋ vollkommener Überlauf
freie Feuchte ***f,*** freie Feuchtigkeit *f* • free water, free moisture [*Water that can be removed from another substance, as in ore analysis, without changing the composition or structure of the substance*]
freie großräumige Landschaft ***f*** • wide open country
freie (Grundwasser)Oberfläche ***f,*** freier Grundwasserspiegel *m* [*Wenn eine Strömung entsteht, weicht der Grundwasserspiegel von der waag(e)rechten Lage ab und bildet ein Gefälle in Strömungsrichtung*] • free (ground)water table, unconfined (ground) water table
freie Kieselsäure ***f*** • free silica
freie Landschaft ***f*** • open land
freie Länge ***f,*** ungebundene Länge • free length, unbonded length [*rock and soil anchors*]
freie Netzausgleichung ***f*** [*Programmsystem GEONET*] • free adjustment
freie Schaukelwelle ***f*** ➋ freie Seiche
freie Schwingung ***f*** [*Erdkörper*] • mode
freie Schwingung ***f*** • free oscillation, free vibration
freie See(n)sohle ***f*** • flat [*The low-lying, exposed, flat end of a lake delta or of a lake bottom*]
freie Seiche ***f,*** gedämpfte Seiche, freie Schaukelwelle *f*, gedämpfte Schaukelwelle • free seiche, damp(en)ed seiche [*It usually occurs in lakes*]
freie Standzeit ***f*** [*z. B. eines Frostkörpers*] • free stand-up time [*such as of a freeze wall*]
freie Wand ***f*** (⚒) • free wall [*The wall of an ore vein in which the vein filling scales off clearly from the gouge or wall rock*]
freie Wandhöhe ***f*** • free wall height
freier Atmosphärenwind ***m,*** Gradientenwind • gradient wind [*Any horizontal wind tangent to the contour line of a constant pressure surface (or to the isobar of a geopotential surface) at the point in question. At such points where the wind is gradient, the Coriolis acceleration and the centripetal acceleration together exactly balance the horizontal pressure force*]
freier Auslauf ***m*** ➋ natürliche eruptive Förderung
freier Grundwasserspiegel ***m,*** freie (Grundwasser)Oberfläche *f* [*Wenn eine Strömung entsteht, weicht der Grundwasserspiegel von der waag(e)rechten Lage ab und bildet ein Gefälle in Strömungsrichtung*] • free (ground)water table, unconfined (ground)water table
freier Mäander ***m,*** Flussmäander, Wiesenmäander • free(-swinging) meander [*It displaces itself very easily by lateral corrasion, especially where vertical corrasion is of no importance*]
freier Oberflächenabfluss ***m*** [*Hydrologie*] • free surface flow
freier Schwefel ***m*** ➋ gediegener Schwefel
freier Strahl ***m*** ➋ (Überfall)Strahl
freier Überfall ***m*** ➋ vollkommener Überlauf
freier Überlauf ***m*** ➋ vollkommener Überlauf
freier Wirbel ***m*** • (free) surface vortex
freierklären • to declare (a mining claim) forfeited
freies Bohrloch ***n,*** unverrohrtes Bohrloch, unverrohrte Bohrung *f*, freie Bohrung • uncased (bore)hole, uncased well(bore), uncased drill hole, open (bore)hole, open well(bore), open drill hole
freies Gelände ***n*** • open terrain

F

freies Generalisieren *n*, subjektives Generalisieren • free (map) generalization

freies Grundwasser *n* • unconfined (ground)water, phreatic (ground)water, nonartesian (ground)water, free groundwater [*It has a free water table, i.e. water not confined under pressure beneath relatively impermeable rocks*]

freies Land, Freiland *n* • open land

freies Sublimat *n* ➋ Quecksilberhornerz

freies Überfallwehr *n*, vollkommenes Überfallwehr, echtes Überströmwehr, vollkommenes Überlaufwehr, freies Überlaufwehr, echtes Überlaufwehr, freies Überströmwehr, vollkommenes Überströmwehr, echtes Überfallwehr • free (overfall) weir, free overflow weir, clear (overfall) weir, clear overflow weir [*"Dam" is used synonymously in the USA for "weir"*]

freies Wasser *n* • free water [*Liquid water within a mass of deposited snow*]

freies Wasser *n* [*Im Roh(erd)öl, im Unterschied zum Emulsionswasser*] • free water

Freieslebenit *m*, Schilfglaserz *n* • freieslebenite

Freifallbär *m* [*Gehört zur Gruppe der Rammbäre. Kostengünstige aber langsame Methode, Pfähle durch das Eigengewicht des Freifallbärs in das Erdreich zu rammen*] • drop hammer

freifallende (Meer(es))Temperatursonde *f* [*Zur einmaligen Benutzung mit dünner Kabelverbindung zum Schiff, die bei Überschreiten einer Höchsttiefe abreißt*] • expendable bathythermograph, xBT

Freifallhammer *m* • freefall hammer

Freifallklassierer *m* • free fall sizer

Freifall(meißel)bohranlage *f*
➋ (Seil)Freifall-(meißel)bohranlage

Freifall(meißel)bohrer *m*
➋ (Seil)Freifall(meißel)-bohrer

Freifall(meißel)bohren *n*, (Meißel)Bohren mit Freifall, deutsches Bohren [*1. Schwengelfreifallbohren, 2. Seilfreifallbohren*] • free-fall(ing) tool drilling, German (type) drilling

Freifall(meißel)bohren *n*
➋ (Seil)Freifall(meißel)bohren

Freifallrammung *f* • drop hammer driving

Freifallschere *f* • free-fall(ing) jar

(Frei)Fließquelle *f*, freifließende Quelle, Rieselquelle, Fließwasserquelle, auslaufende Quelle, Auslaufquelle • free-flowing spring

Freigabe *f* • dereliction [*A recession of water from a body of water so that land is left dry*]

freigegebenes Land *n* • derelict [*A tract of dry land formed by dereliction*]

Frei(ge)rinne *f, (n)* ➋ Leergraben

Freigraben *m* ➋ Leergraben

Freihandschlitzmaschine *f*, Kohlensäge *f* • coal saw

freihändig (einen Entwurf) zeichnen • to draw (a design) freehand

Freihandzeichnen *n* • freehand sketching, sketching freehand

Freihandzeichnung *f* • freehand drawing

frei hängender Rüttler *m* • freely suspended vibrator

Freiheitsgrad *m*, Freiheitsgrade *f* • degree(s) of freedom, freedom degree(s), variance [*The capability of variation in a chemical system. The number of degrees of freedom in a system may be defined as the number of independent, intensive variables (e. g. temperature, pressure, and concentration in the various phases) necessary to define the system completely, or as the number of variables that may be changed independently without causing a change in phases*]

Freiheitsgrad(an)zahl *f*, Anzahl der Freiheitsgrade, Zahl der Freiheitsgrade • number of degree(s) of freedom [*See note under "degree(s) of freedom"*]

Freiland *n*, freies Land • open land

freilegen, bloßlegen, freimachen • to lay bare, to divest of cover(ing), to expose, to uncover, to strip

Freilegen *n* ➋ Freimachen

Freilegung *f* ➋ Erosion

Freilegung *f* durch Erosion • denudation, exhumation [*The uncovering or exposure by erosion of a pre-existing surface, landscape, or feature that had been buried*]

Freilegung des Festgesteins *f* [*durch Verwitterung*] • bedrock denudation

Freilegung *f* von Baugelände, Räumung(sarbeiten) *f*, Räumen *n* (und Roden), Säubern [*Entfernen aller pflanzlichen Hindernisse*] • clearing (work), clearing operations, land clearing, stripping, site clearing, clearing and grubbing

Freileitung *f* • overhead power line

Freiliegen *n*, Bloßliegen • exposure [*An area of rock formation or geologic structure that is visible ("hammerable"), either naturally or artificially, i.e. is unobscured by soil, vegetation, water, or the works of man; also, the condition of being exposed to view at the Earth's surface*]

freiliegender Karst *m*, fossiler Karst • fossil karst, relic(t) karst [*Karst formed in an earlier geologic epoch and never covered by later deposits*]

Freiluftschaltanlage *f*, Umspannwerk *n*, Schalthof *m* • switchyard, outdoor switchgear

freimachen, aufwältigen [*Eine anzugreifende Masse durch Hindernisbeseitigung zur Gewinnung vorbereiten*]

• to clear up (a mine), to clear out (a mine), to redrill, to redrive, to work over

freimachen ➔ bloßlegen

Freimachen *n*, Bloßlegen, Freilegen • day-lighting [*In engineering geology, the exposure of a planar feature, such as bedding or a fault, by an open cut whose angle is steeper than that of the exposed feature*]

Freimachen *n*, Aufwältigung *f*, Aufwältigen (⚒) • clearing out, clearing up, redrilling, redriving, working over

Freimachen *n* • development, (water) well development [*In the construction of a water well, the pumping of fine-grained material adjacent to a drill hole enabling water to enter the hole more freely*]

Freimachen *n* ➔ Abtrag(en)

Freimembran(e)-Erddruckmessdose *f*, Freimembran(e)-Bodendruckmessdose • free diaphragm earth pressure cell, free diaphragm soil pressure cell

Freiräumen *n* • barring (down) [*Loosening ore in a bin by means of a bar, so that it will flow through the chute*]

Freirecht *n* ➔ Frist(ung)

Freisaat *f*, offen liegende Saat • uncovered seed, exposed seed

Freischicht *f*, ledige Schicht, Nachschicht [*Eine Schicht außer einer regelmäßigen*] (⚒) • extra task, extra shift

Freischleusen-Schuss(ge)rinne *f*, *(n)*, Leerschuss(ge)rinne • downstream undersluice channel, downstream scour(ing) sluice channel

Freischneiden *n* • clearance cutting

Freischurf *m* [*Die Befugnis in einem Bezirk allein zu schürfen*] (⚒) • permission to explore, exploring permission

Freispiegelbrunnen *m* • well in aquifer with free water surface

Freispiegelleitung *f*, Freispiegelrohr *n* • surface line pipe, surface line, non-pressure pipeline

Freispiegel(ge)rinne *f*, *(n)* • free level gutter

Freispiegelstollen *m*, Stollen mit freiem Gefälle • free level gallery; free level tunnel (US)

Freispülen *n* ➔ hydraulische Prospektion

freistehender Gipfel *m*, Einzelgipfel

freistehender Pfahl *m*, Langpfahl [*Pfahl, der über den Baugrund emporragt und nur mit seinem unteren Ende im Baugrund steht. Er wird vorwiegend bei Pfahlgründungen im Wasser verwendet*] • pile partly in the ground, long pile, free standing pile

freistehender Pfahlrost *m* [*Die Pfähle reichen über Geländeoberkante in die Pfahlkopfplatte hinein. Gegensatz: Fundamentpfahlrost*] • free-standing pile grillage, free-standing pile grating, free-standing pile grate, long pile grillage, long pile grating, long pile grate

Freisteinsprengen mit Aufleger, Auflegeknäppersprengen *n*, Auflegerfreisteinsprengen, Auflegeknäppern • mudcap(ping), bulldozing (US); plastering, plaster shooting, poulticing [*Boulder blasting by fixing a piece of dynamite stick to the boulder with a lump of clay*]

Freisteinsprengen mit untergelegter Ladung, Unterlegerknäpper(sprengen) *n*, Unterlegerknäppersprengung *f* • undermining, snakeholing, snakehole blasting [*It resembles mud capping but differs essentially in that the explosive is under, rather than on top, of the rock. Where large masses of rock are piled up together, the charge of explosive can be placed on the upper surface of the lower fragments and thus have a bed. The same results can be attained by this method as by mud capping with the use of about one-half the amount of explosive*]

Freistrahlüberfall *m* ➔ vollkommener Überlauf

Freistrahlüberlauf *m* ➔ vollkommener Überlauf

Freiung, Frist(ung) *f*, Freirecht *n*, Stillstand(s)frist (ung) [*Das zeitweilige Aufheben der gesetzlichen Verpflichtung eine Grube in Betrieb zu halten, ohne doch auf ihren Besitz zu verzichten (in Frist halten)*] (⚒) • delay, respite

Freiwerden *n*, Desorption *f* • desorption

Freizeitgebiet *n*, Erholungsgebiet • recreation area

Freizeit(-Tal)sperre *f*, (Tal)Sperre für Erholungszwecke, Erholungstalsperre • dam for recreational purposes

Freizeit(verhalten(s))geografie *f* • leisure geography

Fremdabfall(stoff) *m* [*nicht mehr nutzbar*] • import (ed) waste

fremdartiges Geröll(e) *n* • exotic pebbles

Fremdbedarf(s)zeche *f* • commercial (coal) mine

Fremdberge *f*, Fremdversatz(material) *m*, *(n)* (⚒) • extraneous dirt, extraneous stowing material, import (ed) dirt, import(ed) stowing material

Fremdboden *m* ➔ Entnahmeboden

Fremdeinschluss *m*, Xenolith *m* • exogenous inclusion (of Johannsen), accidental inclusion, (accidental) xenolith, exogenous enclosure, enallogene of Lacroix, foreign inclusion, exogen(et)ic inclusion, allothigenous ejectum of Wolff, enallogene enclave, enallogene enclosure; enclave (US) [*obsolete*]

Fremdeisen *n* • tramp iron

fremdenstanden ➔ allo(thi)gen

Fremderde *f* ➔ Entnahmeboden

Fremderz *n*, Einfuhrerz, Ausland(s)erz • foreign ore, import(ed) ore, nondomestic ore

fremdes Grundwasser *n*, Schichtwasser • foreign groundwater, layer groundwater

Fremdfluss *m* • exotic stream

Fremdgebiet *n* • perched polder part

Fremdkohle *f* ➋ Einfuhrkohle

Fremdkörper [*in Untergrund*] • unknown object [*in the ground*]

Fremdstrom *m* • exotic river [*It derives much of its waters from a drainage system in another region; e.g. a river that has its source in a humid or well-weathered area but that flows across a desert before reaching the sea. An example is the Nile*]

fremdvergeben • to outsource

Fremdversatz(material) *m*, *(n)*, Fremdberge *f* (⚒) • extraneous dirt, extraneous stowing material, import (ed) dirt, import(ed) stowing material

Fremdwasser *n* • foreign water [*Water occurring in a body of water which originated in another drainage basin*]

Fremdwasser *n* [*In die Kanalisation eindringendes Grundwasser, unerlaubt über Fehlanschlüsse eingeleitetes Wasser und einer Schmutzwasserleitung zufließendes Oberflächenwasser. DIN 4045*] • infiltration water

Fremdwasser *n* • water flowing into reclaimed land

Fremdwasserabfluss *m*, Fremdwasserablauf *m* [*Zeichen: Qf. DIN 4045*] • specific infiltration water flow

Fremontit *m* • fremontite, natronmontebrasite [*A mineral, (Na,Li)AlP0$_4$COH,F). It is isomorphous with amblygonite and montebrasite*]

frequenzabhängiges Filterverfahren *n*, frequenzabhängige Filtermethode *f* [*Die Signale werden durch ihre Geschwindigkeit und ihre Frequenz vom Rauschen getrennt*] • filter-and-sum-method [*seismic array*]

Frequenzbereichmethode *f*, Frequenzbereichverfahren *n* [*Geoelektrik*] • frequency domain method

Frequenz(en)zuteilung *f* • frequency allocation, frequencies allocation

Frequenzgleichung *f* • frequency equation, dispersion equation

Frequenznormale *f* • frequency standard

Frequenzsondierung *f* • very low frequencies sounding, VLF sounding

Frequenzspektrum *n* • frequency spectrum

Fressbau(te) *m*, *(f)* [*Eine der fünf Lebensspuren nach Seidacher*] • feeding trail

Fressen *n* • galling, seizing [*Developing a condition on the rubbing surface of one or both mating parts where excessive friction between high spots results in localized welding with subsequent spalling and a further roughening of the surface*]

Frevelschutz *m* [*für Lärmschutzwände*] • anti-ingress screen [*for noise-barrier walls*]

(Freyssinet-)Kapselpresse *f*, (Press)Kissen *n*, Plattenpresse nach Freyssinet, Druckkissen • (Freyssinet(-type)) flat jack

frisch, gut, lebhaft [*Wetter*] (⚒) • good, fresh

frisch, nicht verwittert, unverwittert • fresh, unweathered

Frischbeton *m* • freshly-mixed concrete, fresh concrete, green concrete [*green concrete has set but not appreciably hardened*]

Frischbetonlast *f* • fresh concrete load

frische Brise *f* [*Beaufortskala*] • fresh breeze

Frischkuchen *m* ➋ Saigerkuchen

Frischluft *f*, Frischwetter *f*, Einziehwetterstrom *m*, frische Wetter, unverdorbene Wetter, gute Wetter (⚒) • fresh (mine) air, fresh pit air [*Air free from constant touch with the surface*]

Frist(ung) *f*, Freiung, Freirecht *n*, Stillstand(s)frist (ung) [*Das zeitweilige Aufheben der gesetzlichen Verpflichtung eine Grube in Betrieb zu halten, ohne doch auf ihren Besitz zu verzichten (in Frist halten)*] (⚒) • delay, respite

Fritten *n* • fritting, preliminary fusing, partly fusing

Fritten *n*, Frittung *f* • baking [*The hardening or toughening of rocks through heating by magma or lava. It produces contact metamorphism*]

fritten • to frit, to partly fuse, to preliminary fuse

Fröschel *n* (⚒) • ladder wedge

Frohbergit *m* • frohbergite [*It is isomorphous with marcasite, found in polished sections of telluride ore from Montbray, Quebec, Canada*]

Frohn(e) *f*, Bergfrohn(e), Grundzins *m*, Bergherrnabgabe *f*, Tonnenzins (⚒) • royalty, tithe, compelled work [*The landowner's share of the value of minerals produced on a property. It is commonly a fixed amount per ton*]

Front *f* ➋ (Abbau)Front

Front *f*, Gebirgsfront • front [*In geomorphology, the more or less linear outer slope of a mountain range that rises above a plain or plateau*]

Front *f* [*Ein Rutschungsmerkmal; Definition lt. MLG*/Krauter: Vordere, meist gekrümmte Begrenzung des verlagerten Materials der Rutschung, die am weitesten vom Hauptabriss entfernt ist.*] • toe [*A landslide feature;*

according to the MLG/D.M.Cruden: The lower, usually curved margin of the displaced material of a landslide, it is the most distant from the main scarp.*]

Front *f*, Wetterfront • front [*In meteorology, the contact of the Earth's surface between two different air masses, commonly cold and warm, that generally moves in an easterly direction*]

frontale Betrachtung *f* • direct viewing

Frontdüne *f*, Vorderdüne • frontal dune

Frontkipper *m* ➋ Kopfkipper

Frontrolle *f* ➋ (Abbau)Frontrolle

Frontstufe *f*, Paraklinalstufe, Schichtkopfstufe • paraclinal escarpment

Frontterrasse *f*, Auswasch(ungs)terrasse • (out)wash terrace, frontal terrace, overwash terrace

Frosch *m* (⚒) • ladder-peg

Fröschling *m* ➋ Knagge

Frost *m* • frost, climatologic(al) frost [*Temperatures below 0° C which cause freezing*]

Frostachat *m* • frost agate [*Gray chalcedony with white markings which resemble frost or snow*]

Frostaggregat *n*, Gefrieraggregat, Vereisungsaggregat, Eisaggregat [*(Baugrund)Vereisung; Gebirgsvereisung* (⚒)] • freezing set, freeze set, ice set

Frostaufgang ➋ Auftauen

Frostaufreißen *n* • frost ripping

Frost-Auftau-Festigkeit *f* • soundness [*Resistance of rock to disintegration from repeated freezing and thawing*]

Frostausbreitung *f* [*im Boden*] • frost propagation

Frostbaugrund *m* ➋ vereister Baugrund

Frostbereich *m* ➋ Vereisungsbereich

Frostbeständigkeit *f* ➋ Frostwiderstand

Frostbetrieb *m* ➋ Gefrierbetrieb

Frostbeule *f* • frost boil [*The effect of softening of a soil mass due to thaw after frost heave*]

Frostblume *f* • frost flower, ice flower

Frostboden *m*, Eisboden, gefrorener Boden • frost soil, cryomorphic soil, frozen soil; t(j)aele, tjäle [*Swedish and Norwegian*]; merzlota [*Russian*] [*Soil having a temperature below freezing, generally containing water in the form of ice. The terms "t(j)aele" and "tjäle" designate not only frozen soil but also the condition of the ground (= Gefrornis)*]

Frostbodenkunde *f* ➋ Kryopedologie

Frost(bohr)loch *n* ➋ Gefrier(bohr)loch

Frostbohrung *f* ➋ Gefrier(bohr)loch

Frostdauer *f* • frost duration

Frostdruck *m*, Eisdruck, Vereisungsdruck, Gefrierdruck [*(Baugrund)Vereisung; Gebirgsvereisung* (⚒)] • freezing pressure, freeze pressure, ice pressure, frost pressure

Frosteindringung *f* • frost penetration

Frost(eindring(ungs))linie *f* • penetrating frostline

Frost(eindring(ungs))teufe *f* ➋ Gefriertiefe

Frost(eindring(ungs))tiefe *f* ➋ Gefriertiefe

Frosteinebnung *f*, Landoberflächeneinebnung durch Frost, Geländeeinebnung durch Frost • cryoplanation [*Erosion and reduction of land surface under the influence of frost action, including the removal of the material so formed by running water*]

frostempfindlich, gefrierempfindlich • frost-susceptible, frost-sensitive

Frostempfindlichkeit *f* • frost susceptibility

Frostempfindlichkeitsgrad *m* • degree of frost susceptibility, frost susceptibility degree

Frostfenster *n* ➋ Gefrierlücke

Frostfestigkeit *f* ➋ Frostwiderstand

Frostfortpflanzung *f* • frost propagation

frostfreie Zone *f* • frostless zone, green belt, verdant zone, thermal belt, thermal zone [*The warmest part of a slope above a valley floor, lying between the layer of cold air which forms over the valley floor on calm clear nights and the cold hill tops or plateaus; the air flowing down the slopes is warmed by mixing with the air above ground level, and to some extent also by adiabatic compression*]

Frostfrontfortschritt *m* • frost front propagation

Frostgehalt *m* [*Eis*] • cold content

Frostgeschwindigkeit *f*, Gefriergeschwindigkeit • freezing rate, freeze rate, frost rate

Frostgrad *m* • degree of frost, frost degree

Frostgraupeln *f* • small hail

Frosthebung *f* • frost heave

Frosthebungscharakteristik *f* ➋ Frosthebungsverhalten

Frosthebungsdruck *m* • frost heave pressure

Frosthebungsrate *f* • frost heave rate

Frosthebungsverhalten *n*, Frosthebungscharakteristik *f* • frost heave behaviour (Brit.), frost heave behavior (US)

Frosthügel *m* • ice heaved mound

Frostindex *m* • frost index

Frostkeil *m* • frost wedge [*A term used loosely for any ice wedge, whether in perennially or seasonally frozen ground or in fossil form; any wedge-shaped mass whose origin involves freezing conditions*]

Frostkorb *m*, Eiskorb Gefrierkorb, Vereisungskorb [*(Baugrund)Vereisung; Gebirgsvereisung* (⚒)] • freezing basket, freeze basket, ice basket

Frostkörper *m,* Gefrierkörper, Eiskörper, Vereisungskörper [*(Baugrund)Vereisung; Gebirgsvereisung* (⚒)] • freezing mass, ice mass, frozen mass, frozen soil (body), frozen wall

Frostkörper *m* ➜ vereister Baugrund

Frostkörpervorwuchs *m,* Vereisungskörpervorwuchs, Gefrierkörpervorwuchs, Eiskörpervorwuchs [*(Baugrund) Vereisung; Gebirgsvereisung* (⚒)] • freezing ground protuberance, protuberance of frozen ground, frozen ground protuberance, freeze ground protuberance, ice ground protuberance

Frostkreis *m,* Gefrierkreis, Vereisungskreis, Eiskreis [*(Baugrund)Vereisung; Gebirgsvereisung* (⚒)] • freezing circle, freeze circle, ice circle

Frostkriechen *n* • frost creep(ing) [*Movement caused by expansion and contraction of freeze-thaw*]

Frostkurve *f* ➜ Eiskurve

Frostlanze *f* ➜ Eislanze

Frostlauge *f* ➜ Gefrierlösung

Frostlehre *f* ➜ Kältelehre

Frostlochbohren *n,* Gefrierlochbohren, Vereisungslochbohren, Eislochbohren • freezing hole drilling, freeze hole drilling

Frostlösung *f* ➜ Gefrierlösung

Frostlücke *f* ➜ Gefrierlücke

Frostmesser *n* ➜ Kältemesser

Frostmethode *f* ➜ Gefrierverfahren

Frostmusterboden *m* ➜ Strukturboden

Frostperiode *f,* Gefrierperiode • freezing season, frost season

Frostphysik *f,* Kältephysik, Gefrierphysik, Kryophysik • cryophysics

Frostpolygon *n* • frost polygon [*One of the net(work) polygons forming polygonal ground*]

Frostperiode *f* • spell of frost, period with frost

Frostprozess *m* ➜ Gefriervorgang

Frostpunkt *m* ➜ Eispunkt

Frostpunkterniedrigung *f,* Gefrierpunkterniedrigung • freezing-point depression

Frostpunkt(temperatur) *m, (f)* ➜ Gefrierpunkt(temperatur)

Frostriss *m,* Eisriss, Frostspalt(e) *m, (f)* • frost crack, ice crack [*A nearly vertical fracture developed by thermal contraction in frozen ground or in rock with appreciable ice content*]

Frostrisspolygon *n* • frost-crack polygon [*A non-sorted polygon produced by low-temperature contraction of frozen ground*]

Frostrisspolygonboden *m* ➜ Polygonboden

Frostrohr *n* ➜ (äußeres) Gefrierrohr

Frostschacht *m* ➜ Gefrierschacht

Frostschachtabteufen *n* ➜ Gefrier(schacht)abteufen

Frostschachtbau *m* ➜ Gefrierschachtbau

Frostschaden *m* • frost damage

Frostschieben *n,* Frostschub *m* • frost thrust(ing) [*Lateral soil movement during freezing*]

Frostschleier *m,* Gefrierschleier, Vereisungsschleier, Eisschleier [*(Baugrund)Vereisung; Gebirgsvereisung* (⚒)] • freezing curtain, freeze curtain, ice curtain

Frostschutt *m* • frost debris, frost rock waste

Frostschutz *m* • frost control, frost protection

Frostschutzbewässerung *f* [*Eine Frostschutzberegnung um Schäden durch Strahlungsfröste zu verhüten*] • frost-protective irrigation

Frostschutzflüssigkeit *f* • anti-freeze liquid

Frostschutzmaßnahme *f* • frost protection measure, frost protective measure, frost control measure

Frostschutzneigung *f* • frost batter [*A forward inclination of the back face near the top of a wall, the object being to allow the earth to lift upward under the action of frost and thus prevent an additional horizontal pressure at the top of the wall*]

Frostschutzschicht *f* • frost protection layer

frostsicher • frostproof

frostsicherer Boden *m* • frost-resistant soil

Frostspalt(e) *m, (f)* ➜ Eisriss

Frostspaltung *f* ➜ Frostverwitterung

Frostspeicher *m* ➜ Gefrierspeicher

Frostsporn *m* • frost belt, frost dam [*A ditch constructed to assist the early and rapid freezing of the soil in order to block the seepage of subsurface flow from entering a critical area*]

Frostsprengung(sverwitterung) *f* ➜ Frostverwitterung

Froststelle *f* ➜ Gefrierstelle

Froststrecke *f,* Gefrierstrecke, Vereisungsstrecke, Eisstrecke [*(Baugrund)Vereisung; Gebirgsvereisung (⚒)*] • freezing section, ice section, freeze section, frozen section, frost section

Froststruktur *f* ➜ Kryostruktur

Frost-Tau Zyklus *m* • frost-thaw cycle

frost/tauempfindlicher Boden *m* • frost-active soil [*A soil which is liable to freeze and thus undergoes changes in volume and bearing capacity*]

Frosttechnik *f* ➜ Gefriertechnik

Frosttiefe *f* • frost depth

Frostträger *m* ➜ Kälteträger

Frostuntergrund *m* • frozen ground [*Ground that has a temperature of* 32^{0}*F or lower, or of 0° C or lower, and* *which generally contains a variable quantity of water in the form of ice*]

Frostverfahren ***n*** ➜ Gefrierverfahren

Frostverhältnisse ***f*** • frost conditions

Frostverschluss ***m*** [*bewegungsauslösender Faktor bei Hängen*] • ice clogging, sealing due to frost

Frostverwitterung ***f*,** Spaltenfrostverwitterung *f*, Congelifraktion *f*, mittelbare Temperaturverwitterung, Frostspaltung, Frostsprengung(sverwitterung) • (con) gelifraction, frost shattering, frost splitting, frost riving, frost bursting, frost weathering, frost wedging, gelivation [*The splitting or disintegration of rocks as the result of the freezing of the water contained*]

Frostvorgang ***m*** ➜ Gefriervorgang

Frostwand ***f*** • frozen soil wall barrier, frozen earth wall

Frostwechselhäufigkeit ***f*** • frost change frequency

Frostwiderstand ***m*,** Gefrierwiderstand, Frostfestigkeit *f*, Gefrierfestigkeit, Frostbeständigkeit, Gefrierbeständigkeit • freezing resistance, resistance to freezing, freeze resistance, frost resistance

Frostwirkung ***f*** • frost action [*The alternate freezing and thawing of moisture in materials and the resultant effects on these materials and on the structure of which they are a part or with which they are in contact*]

Frostwissenschaft ***f*,** Kältewissenschaft, Gefrierwissenschaft • cryogenics, science of extreme cold

Frostzerstörung ***f*** • frostwork

Froude-Zahl ***f*** [*Zeichen: Fr, Einheit: 1, Gleichungen:* $Fr = v/(\div gl)$ *ebenfalls gebräuchlich* $Fr = v^2/gl$] • Froude('s) number

Frucht ***f*,** getreidekornähnliche Blaste *f* [*Fruchtschiefer*] • wheat grain, grain of wheat

fruchtbarer Boden ***m*** • fertile soil

Fruchtfolge ***f*** • crop sequence

Fruchtschiefer ***m*** • fruchtschiefer [*A type of spotted slate characterized by concretionary spots having shapes suggestive of grains of wheat*]

Fruchtversteinerung ***f*,** fossile Frucht *f* • lithocarp

früh • early [*Pertaining to or occurring near the beginning of a segment of time*]

frühdiagenetisch • early diagenetic

frühe amerikanische Tunnelbauweise ***f*** • early American tunnel(l)ing method, EATM [*It embodies the drill-load-blast-muck cycle of excavation. Tunnel support was provided by the American timbering system and by masonry arches when necessary. Later, steel ribs were used instead of timbering*]

Frühexplosion ***f*** • premature explosion

frühgenetisches Stadium ***n*** ➜ Diagenese unter geringmächtiger Sedimentbedeckung

Frühjahrsdurchfluss(menge) ***m, (f)*** ➜ Frühjahrsvolumendurchfluss

Frühjahrshärte ***f*** • spring hardness [*water*]

Frühjahrsschmelze ***f*** • spring melt(ing), spring thaw

Frühjahrsschnee ***m*** ➜ Körnerschnee

Frühjahrs-Tag- und Nachtgleiche ***f*** • spring equinox, vernal equinox, March equinox

Frühjahrsvolumendurchfluss, Frühjahrsvolumenstrom *m*, Frühjahrsdurchfluss (menge) *m, (f)* • spring discharge (water), spring runoff (water), spring throughflow (volume), spring flow (water) [*Measured in cubic feet per second*]

Frühlingspunkt ***m*,** Punkt der Frühlings-Tag-und Nachtgleiche • vernal point, first point of Aries

Frühpleistozän ***n*** • Early Pleistocene

frühreif, jungreif • early mature

Frühschwindung ***f*,** plastische Schwindung

frühtragender Stempel ***m*** (⚒) • early-bearing prop

Frühwarnmöglichkeiten ***f(pl)*** [*für Bergstürze, Hangrutschungen usw.*] • early warning possibilities

F-Schicht ***f*** ➜ F-Lage

Fuchs ***m*,** verbohrtes Schussloch *n*, verbohrtes Sprengloch • untrue shothole, irregular shot-hole, untrue blasthole, irregular blasthole

Fuchsit ***m*,** chromhaltiger Glimmer, Chromglimmer *m* • chrome mica, fuchsite

Fuge ***f*** [*Eine bei der Zusammenfügung von Festkörpern entstehende Diskontinuität. Der Sprachgebrauch erlaubt die Benennung "Fuge" nur auf das Gefügte, nicht jedoch auf eine durch Zerlegung (Trennung) entstandene Diskontinuität. Eine mineralisierte Kluft ist also eine "Fuge", ebenso sind flächige Gefügeelemente des Gesteins (Schichtflächen und Spaltbarkeitsebenen) "Fugen"*] • joint

Fugenanordnung ***f*** • joint arrangement

Fugenbandeinlage ***f*** • waterstop insert

Fugendrainage ***f*** • joint drainage

Fugenkammer ***f*** [*Schwimmkasten*] • joint chamber

fugenloses Gebäude ***n*** • jointless building

Fugenmesser ***n*** • joint cutter

Fugenprofil ***n*** • joint profile

Fugensystem ***n*** • joint system

Fugen(ver)füllung ***f*** • mudding the joints, joint mudding [*To prevent air loss between liner plates*]

Fugen(ver)schluss-Tauch(er)glocke ***f*** [*Tauch(er)-glocke für den Fugen(ver)schluss in einer Herdmauer*] • diver's bell for joint sealing, diving bell for joint sealing

Fugro McClelland Cone pressuremeter ***n*** [*Internat. Bezeichnung*] • Fugro McClelland Cone pressuremeter

Fühler ***m*,** Sensor *m* • sensor
führen, betreiben (⚒) • to carry on the (mine) work (ings)
führen von Hochwasser, Hochwasser führen • to flood
führend, enthaltend, haltig • bearing, containing, carrying
Führer ***m*** [*Buch*] • directory, (practical) guide
Führung ***f*** ❯ Leitbaum
Führungsaufsatz mit Nonius ***m*** • vernier headpiece
Führungsbaum ***m*** ❯ Leitbaum
Führungsdorn ***m*** [*einer Berstmaschine für die Zerstörung einer alten Leitung; meist birnenförmig*] • guidance mandrel [*of a splitter machine; usually pear-shaped*]
Führungsgerüst ***n*** • leading system, guide-framework [*for lowering a caisson*]
Führungsgerüst ***n*** [*für Pfahlgründungsverfahren bei Wassertiefen über 20 m. Dabei werden die Stahlpfähle duch die Führung gerammt*] • jacket, template
Führungsglocke ***f*** [*Tiefbohrtechnik*] • bell guide
Führungshaube ***f*** • guide hood
Führungshut ***m*** [*lösbare Fangglocke*] • standard guide
Führungspfahl, Leitpfahl, Richtpfahl • guide pile, guiding pile [*A pile driven down vertically near a caisson to act as a guide during sinking or to guide sheet piling*]
Führungspferch ***m*,** Leitpferch [*Bagger-Senkkasten-gründung*] • guide pen, guiding pen
Führungsplatte ***f*** • guide plate
Führungspunkt ***m*,** Leitpunkt • guide point, guiding point
Führungsring ***m*** • guide ring
Führungsrohr ***n*** [*Rohrvortrieb*] • lead pipe
Führungsrohr ***n*** • guide tube
Führ(ungs)schacht ***m*,** Richtschacht, Pilotschacht, Vorschacht • pilot shaft, pioneer shaft
Führungsschlitten ***m*** (⚒) • rider [*A crosshead above a kibble*]
Führungsschuh ***m*,** Gleitschuh • cage stone [*A fitting attached on the side of a cage by bolts so that they engage the rigid guides in a shaft*]
Führungssichel ***f*,** Leitsichel • guid(anc)e divider [*cathead*]
Führungs(spund)bohle ***f*** • standard pile, guide (sheet) pile, standard sheet pile [*In an excavation supported by sheet piles, a heavy vertical square pile which is driven close to them and carries the walings (horizontal members) which first guide, and later support the sheet piles. It is strutted to a similar pile on the far side of the excavation or to a dumpling or to a raking shore. It carries the full earth pressure from the walings*]
Führungsstab ***m*** ❯ Markierungsnadel
Führungsstollen ***m*,** Pilotstollen, Vorstollen, Richtstollen • pilot gallery, pioneer gallery, pilot drift, pioneer drift, pilot heading, pioneer heading, pilot bore, pioneer bore; pilot tunnel, pioneer tunnel (US) [*A gallery excavated to explore ground conditions and assist in final excavation. "Advance(d)" may synonymously be used for "pilot" and "pioneer"*]
Führungswand ***f*,** Leitwand [*Schlitzwandherstellung*] • guid(anc)e wall
Fukoschlauch ***m*** • Fuko injection hose
Fukus ***m*,** Blasentang *m* • bladder wrack
Fulgurit ***m*,** Blitzsinter *m* • fulgurite, lightning stone [*An irregular, glassy, often tubular or rod-like structure or crust produced by the fusion of loose sand (or rarely, composed rock) by lightning, and found especially on exposed mountain tops or in dune areas of deserts or lake shores. It may measure 40 cm in length or 5 to 6 cm in diameter*]
Fulguritglas ***n*,** Blitzsinterglas • fulgurite glass
Full-Displacement Pressuremeter ***n*,** FDP • full displacement pressuremeter, FDP
Füll ... ❯ Auftrag ...
Füllbank ***f*** ❯ Füllort
Füllbeton ***m*** • backfill concrete, concrete fill
Füllboden ***m*** [*Grabenbau*] • filling soil, fill
Füllbohle ***f*** [*Spundwand*] • intermediate sheet pile
Füllbrett ***n*** ❯ Blindholz
Fülleisen ***n*,** Plessit *m* • plessite [*A fine-grained intergrowth of kamacite and taenite. It occurs as triangular or polygonal areas in iron meteorites exhibiting Widmanstätten structure*]
Füllen ***n*** ❯ Auffüllen
füllen ❯ aufschütten
Füller ***m*,** (Ein)Füll(arbeit)er
Füller ***m*,** Füllstoff *m*, Mineralfüller, Mineralfüllstoff • filler, mineral filler
Füller ***m*** ❯ Aufgeber
Fullererde ***f*,** Walkererde, grüne Seifenerde • fuller's earth, creta, walker's earth
Füllkörperkolonne ***f*,** Füllkörpersäule *f* • packed (fractionating) column, packed (fractionating) tower
Füllmarke ***f*** [*Staubecken*] • filling mark
Füllmasse ***f*** [*Zwischenmasse bei Sandstein, die lediglich die Zwischenräume zwischen den Felstrümmern ausfüllt, ohne sie fest und dauernd zu verkitten*] • filling agent having no cementing power

Füllmenge *f* [*eines Stausees*], Stauvolumen *n* • storage capacity, storage volume, volume of impounded water [*of a reservoir*]

Füllort, Grundort *n*, unteres Füllort, untere Hängebank *f*, Schachtstation *f*, Schachthängebank, Füllbank, Fassfüllort, Schachtöffnung *f*, Fassstall *m* [*Grubenbau am Schacht zur Überleitung der waage(e)-rechten Sohlenförderung in die senkrechte Schachtförderung*] (⚒) • bottom, (bottom) landing, kip, hanging-on, lodge, shaft landing, shaft station, tripplat(t)

Füll(ortarbeit)er *m* (⚒) • dumper, tip end man, tub loader [*A man who sees that the tubs are filled from the conveyor at the dump*]

Füllrolle *f*, Rolle • bing hole [*Derbyshire*]; pass [*A hole or chute through which ore or coal is thrown*]

Füllstein *m* • expletive (stone)

Füllstoff *m*, Füller *m*, Mineralfüller, Mineralfüllstoff • filler, mineral filler

Füllstrom *m* [*Meer*] • fill(ing) current

Füllung *f* ➋ Auffüllung

Füllung *f* • fill [*Any sediment deposited by any agent so as to fill or partly fill any depression*]

Füllung *f* von Trennflächen • filling of joints

Füll(ungs)... ➋ (Auf)Schütt(ungs) ...

Füll(ungs)erz *n* in Querspalten, Leitergang *m* • ladder vein [*As called by geologists*]; ladder lode [*As called by miners*] [*One of a series of mineral deposits in transverse, roughly parallel fractures that have formed along foliation planes perpendicular to the walls of a dike during its cooling, or along shrinkage joints in basaltic rocks or dikes*]

Füllungsgestein *n* ➋ chemisches Sedimentgestein

Füll(ungs)material *n* • infilling, filling [*Material used for filling in*]

Füll(ungs)pfahl *m*, Innenpfahl, Binnenpfahl [*Fangedamm*] • fill(ing) pile

Füll(ungs)rinne *f* • channel cast, gouge channel, washout, channel fill(ing) [*Cast of small groove-like channel or very large groove, generally sand-filled and cut in shale*]

Füll(ungs)schwall *m* [*Er wandert flussabwärts*] • fill (ing) surge

Füllvermögen *n* [*z. B. des an einem Bulldozer angebrachten Schildes*] • filling capacity

Fumarole *f* • fumarole [*A hole in a volcanic region, from which gases and vapo(u)rs issue at high temperature*]

Fumarolestadium *n* • fumarolic stage [*A late or decadent type of volcanic activity characterized by the emission of gases and vapo(u)rs from a vent or fumarole*]

Fund *m* • find

Fundament *n*, Gründung *f*, Fundation (Schweiz) • foundation [*That member which provides support for the structure and its loads. It includes the soil or rock of the Earth's crust and any special part of the structure which serves to transmit the loads into the soil or rock. More often, the term "foundation" is applied in a restricted sense only to the transition member. Unfortunately this can lead to trouble, since the ability of the transition member to provide support is limited by the capabilities of what is beneath. Therefore foundation engineering must consider the foundation system as a whole rather than as isolated, independent elements*]

Fundament *n* gegen Auftrieb, Gründung *f* gegen Auftrieb • buoyant foundation [*It is so designed that the sum total of its own weight and all load it carries is roughly equal to the weight of water logged material it displaces*]

Fundamentachse *f* • foundation axis

Fundamentaufbau *m* ➋ Gründungskonzeption

Fundamentbalken *m*, Gründungsbalken • foundation girder, grade beam [*A continuous footing reinforced to act as a beam*]

Fundamentbehandlung *f*, Gründungsbehandlung • foundation treatment

Fundamentbeton *m* • footing concrete

Fundamentbolzen *m* ➋ Ankerbolzen

Fundamentbreite *f* • foundation width

Fundamentbreite *f* eines Strebepfeilers, Strebepfeiler-Fundamentbreite • base thickness of buttress, buttress base thickness, base thickness of pier, pier base thickness, base thickness of bracket, bracket base thickness

fundamentieren, gründen, fundieren • to found [*To make a foundation*]

Fundamentgeometrie *f*, Fundamentform *f* • foundation geometry

Fundamentgruppe *f* • foundation group

Fundamentkante *f* • foundation edge

Fundamentkörper *m* ➋ Gründungskörper

Fundamentkörper *m* mit geschlossenem Querschnitt, Gründungskörper mit geschlossenem Querschnitt, Monolith *m*, Grundbauwerk *n* mit geschlossenem Querschnitt • monolith [*A large hollow foundation sunk as an open caisson and excavated by grabbing crane. It has several compartments or wells of which the bottoms are sealed to the foundation when this is reached. The wells are also often filled with concrete.*

A monolith may also be sunk as a box caisson or be built from the foundation with a cofferdam or pneumatic caisson]

Fundamentlast *f* • foundation load

Fundamentmasse *f* • foundation mass, mass of the foundation

Fundamentmaterial *n* • foundation material

Fundamentpfeiler *m*, Gründungspfeiler • deep pier [*It may be defined as a vertical, columnlike engineering structure on land as well as in open water, whose purpose is to transmit safely structure load onto a deep-lying, firm, and load-bearing stratum of soil or rock covered by soft materials. The piers may be prismatic or cylindrical. Since the function of piers is basically the same as that of piles, no sharp distinction between piers and piles can really be made. The main difference between them is the method of their installation into the ground*]

Fundamentplatte *f*
➤ (durchgehende) Fundamentplatte

Fundamentradius *m* • foundation radius, footing radius

Fundamentrost *m* • foundation raft

Fundamentsetzung *f* • foundation settlement

Fundamentsohle *f* • foundation base, foundation slab

Fundamentsteifigkeit *f* • foundation stiffness

Fundamentuntergrund *m*, Gründungsuntergrund • foundation bed [*The rock or soil layer immediately beneath the foundation, which receives the load of an engineering structure*]

Fundamentverhalten *n* • foundation behaviour (US: behavior)

Fundationstiefe *f* ➤ Gründungstiefe

Fundexpfahl *m* • Fundex pile

Fundgrube *f* [*Die erste auf einem Gang in Besitz genommene Feldeslänge von 32 yards*] (⚒) • foundermere [*Derbyshire*]

Fundieren *n*, Gründen • founding

Fundierungstechnik *f* [*Schweiz*] ➤ Grundbautechnik

fündig werden, finden • to strike, to discover [*To reach a mineral deposit suddenly or unexpectedly*]

fündiges Gebiet *n*, sicheres Gebiet, nachgewiesenes Gebiet [*Das Vorkommen von Bodenschätzen ist nachgewiesen*] • proven area, proved area, proven land, proved land

Fündigkeitsverhältnis *n* • success ratio [*The ratio of the number of successful wells drilled in a certain area or venture to the total number of exploration wells drilled there*]

Fündigwerden *n*, Auffindung *f*, Auffinden, Entdeckung, Entdecken [*Der Nachweis (ab) bauwürdigen Minerals*] • discovery, discovering strike, striking

Fundort *m* (M/G) • locality, location

Fundstelle *f* • discovery [*A place where a mineral is found*]

Fünffachkamera *f*, Fünffachkammer *f* • five-lens camera [*photogrammetry*]

Fünffachschwefelantimon *n* ➤ Antimonpentasulfid

Fünfling *m* • fiveling [*A crystal consisting of five individuals*]

Fünfspulensonde *f* • five-coil sonde, 5FF 40 sonde [*It consists of five coils, with the main coils 40 inches apart*]

fünfwertig • pentavalent, quinquevalent

funikulares Wasser *n*, Funikularwasser • funicular water [*Capillary water contained in a cluster of rock or soil particles in the zone of aeration, the interstices of the cluster being completely filled with water bounded by a single closed capillary meniscus*]

funkengeschützt [*gegen Schlagwetter*] • spark-protected

Funkenzündung *f* • spark(ing) ignition

funkferngesteuerter Walzenschrämlader *m* (⚒) • radio-remote controlled shearer loader

Funkfernsteuerung *f* [*eines Walzenschrämladers*] (⚒) • radio remote control

Funkmessanlage *f*, Radaranlage, Funkortungsanlage • radar installation

Funkmessbefliegung *f*, Radarbefliegung, Funkortungsbefliegung • radar flight

Funkmessbild *n*, Radarbild, Funkortungsbild • radar image, radar picture

Funkmess(bild)geometrie *f*, Radar(bild)geometrie, Funkortungs(bild)geometrie • radar (image) geometry, radar picture geometry

Funkmessbildgrauton *m*, Radarbildgrauton, Funkortungsbildgrauton • radar (image) speckle, radar picture speckle

Funkmessdepressionswinkel *m*, Radardepressionswinkel, Funkortungsdepressionswinkel • radar angle of depression, radar depression angle [*The angle formed by the horizontal plane and the line of the radar beam to a ground feature*]

Funkmessecho *n*, Radarecho, Funkortungsecho • radar echo [*The reflection or reradiation of radio frequency energy sent back to the receiver*]

Funkmessfernerkundung *f*, Radarfernerkundung, Funkortungsfernerkundung • radar remote reconnaissance

Funkmessmosaik *n*, Radarmosaik, Funkortungsmosaik • radar mosaic

Funkmessschatten *m*, Radarschatten, Funkortungsschatten • radar shadow
Funkmesssignal *n*, Radarsignal, Funkortungssignal • radar signal
Funkmessstrahl *m*, Radarstrahl, Funkortungsstrahl • radar beam
Funkmesstechnik *f*, Radartechnik, Funkortungstechnik • radar engineering
Funkortung *f*, Radar *n*, Funkmessung • radar, radio detecting and ranging
Funkortungs... ➋ Funkmess ...
Funksender *m* • radio transmitter
Funksignal *n* • radio signal
Funksonde *f* • radiosonde
Funktion *f* der Zeit und der augenblicklichen Satellitenkonstellation • relative-dilution-of-precision value, RDOP
Funktion W(u) *f*, Brunnenfunktion von u [*nach Theis*] • well function
Funktional *n* • functional
funktionale Ausschreibung *f* • functional tendering
Funktionstüchtigkeit *f* [*einer Anlage*] • efficiency
Furche *f* • channel [*A linear erosional feature similar to but larger than a groove. Best developed in turbidite sequences*]
Furche *f* [*Fließgrenzenbestimmung nach Casagrande und ASTM*] • groove
Furche *f* • furrow [*A depressed part of the crust of any size with a distinct linear development*]
Furchenbewässerung *f* • (ridge-and-)furrow irrigation [*The use of furrows or small ditches for conveying irrigation water from a supply ditch or header. When the furrows are placed across the general slope, the method is called "gradient irrigation"*]
Furchenmarke *f* • ridge
Furchenrücken *m* • furrow ridge
Furchenspatel *m*, Furchenzieher *m* [*Fließgrenzengerät nach Casagrande*] • grooving tool
Furchenziehung *f* [*Fließgrenzenermitt(e)lung eines Bodens*] • cutting (of) grooves, groove cutting
Furt *f*, Schwinde *f*, Schwelle *f* • ford(ing), wath; drif [*Afrikaans*] [*A shallow place in a river or stream where a crossing may be effected*]
Fusainbildung *f* • fusinization [*The process in coalification which results in the formation of fusain*]
Fusinit *m* • fusinite (maceral) [*A maceral of coal within the inertite group, with cellular structure of high reflectance and relatively high carbon content, it consists of carbonized woody material. Fusinite is characteristic of fusain*]
Fusit *m* • fusite [*A coal microlithotype that contains at least 95% fusinite. It is a variety of inertite*]
Fuß *m* • foot, lower break [*The lower bend of a fold or structural terrace*]
Fuß *m* • foot [*The bottom of a slope, grade or declivity*]
Fuß *m* [*Ein Rutschungsmerkmal;Definition lt. MLG*/Krauter: Unterer Teil der Rutschmasse, der über die Gleitfläche hinausreicht und über der ursprünglichen Geländeoberfläche liegt, auch als Rutschungszunge bezeichnet.*] • foot [*A landslide feature; according to the MLG*/D.M.Cruden: The portion of the landslide that has moved beyond the toe of the surface of rupture and overlies the original ground surface*]
Fuß *m* • toe [*The lowest edge of a cut where the slope intersects the grade and the lowest edge of a hill where the slope intersects the ground*]
Fußabdruck *m*, Fährte *f* • footprint, track
Fuß(ab)hang *m* • foot slope
Fußanschneidegerät *n* [*für Bohrpfahl*] • belling bucket
Fußanschnitt *m* ➋ (Pfahl)Fußanschnitt
Fußaufschüttung *f* • toe fill(ing)
Fußauskreuzung *f* [*bei Pfahlgründungen*] • cross-brace [*for pile foundations*]
Fußausrammung *f* [*zur Erhöhung der Pfahltragfähigkeit*] • expanded base [*pile foundation; to increase the end bearing capacity*]
Fußbeschwerung *f* • toe weight [*Additional material placed at the toe of an embankment dam to increase its stability*]
Fußbohrpfahl *m*, Bohrpfahl mit Fußverbreiterung • bell(ed) bored pile, bored bell(ed) pile
Fußbreite *f* [*z. B. eines Dammes*] • width of base
Fußdeich *m*, Klampe *f* • dyke stage, bank, dike stage
Fußdrän *m* • counter drain [*It runs along the foot of a canal or embankment to remove leakage water and strengthen the bank*]
Fußdrän *m* • toe drain [*Subdrain installed near the downstream toe of a dam or levee to intercept seep(age)*]
Fußdruck *m* ➋ Fußtragkraft
Fußentwässerung *f* • toe drainage
Fußerweiterung *f* mit Stützflüssigkeit, Klumpfuß *m* mit Stützflüssigkeit [*z. B. bei einem Gründungsbrunnen*] • slurry bell
Fußfilterlage *f*, Fußfilterschicht *f* • toe filter [*A graded filter constructed at the lower end of an earth dam on its free side*]
Fußfläche *f*, Pediment *n*, Glacis *f* [*"Pediment" wird seit Ende des 19. Jh. von amerikanischen Autoren in verschiedenem Sinne gebraucht. Es ist eine durch*

verschiedene Abtragungskräfte erzeugte terrassenartige Felsfußfläche in Gebirgen des ariden bis halbariden Klimabereiches] • pediment, piedmont interstream flat, conoplain, rock pediment [*The term "rock plane" is used by Johnson in 1932 as a synonym, but this usage is not recommended as there are many approximately planate rock surfaces that lack the areal extent and climatic restriction of a pediment*]

Fußgängerbrücke *f* • pedestrian bridge, foot bridge footbridge, overcrossing

F

Fußgängertunnel *m*, Personentunnel • underground walkway, foot tunnel, foot subway, pedestrian tunnel

Fußgängerüberweg *m* [*allgemein*] • pedestrian crossing (Brit.), crosswalk (US) [*A crosswalk is defined as "the portion of a roadway designated for pedestrians to use in crossing the street" and may be either marked or unmarked (Institute of Transportation Engineers*]

Fußgängerüberweg *m* [*mit meist weißen Streifen*], Zebrastreifen *m* • zebra crossing [*An area of roadway delineated by white stripes which run parallel to the centre of the roadway and which give the pedestrian the right of way*]

Fußgängerweg *m*, Fußweg *m*, Gehweg *m*, Gehsteig *m*, Bürgersteig *m* • pavement (Brit.), foot pavement, sidewalk (US), footpath

Fußgletscher *m* • foot glacier, expanded glacier, bulb glacier [*A small piedmont glacier consisting of an expanded foot*]

Fußhöhle *f* • stack cave

Fußlagerung *f* [*Pfahlfundament*] • foot support [*pile foundation*]

Fußlinie *f* • foot [*In a landslide or slump, the line of intersection (usually buried, but inferred) between the surface of rupture and the original ground surface*]

Fußlotpunkt *m*, Lotfußpunkt • foot of a dropped perpendicular, dropped perpendicular foot [*photogrammetry*]

Fußmauer *f*, Sporn *m* • foot(wall), toe wall [*A low retaining wall constructed at the foot of an earth slope*]

Fußpfahl *m* [*Untertagebau*] • stay sill, stay cill

Fußplatte *f*, Nivellierplatte • foot plate [*A metal disc used as a rod support at a turning point in level(l)ing*]

Fußplatte *f*, Flurplatte [*Unterlegplatte zur Vergrößerung von Stempelfußflächen. Sie verhindert Einsinken von Stempeln ins Liegende*] (⚒) • base plate, floor plate, foot plate, sole plate

Fußpunkt *m*, Bodenpunkt [*Fotogrammetrie*] • ground mark

Fußpunkterregung *f* [*Schwingungstechnik*] • base point excitation

Fußscheibe *f* • foot plate, foot treadle [*photogrammetry*]

Fußschraube *f*, Nivellierschraube • foot screw, plate screw; levelling screw (Brit.); leveling screw (US)

Fußschutz *m* [*Böschung*] • toe protection

Fußsickerung *f* [*Böschung*] • toe seepage

Fußspitze *f* [*Ein Rutschungsmerkmal;Definition lt. MLG*/Krauter: Teil der* ***Front****, der am weitesten vom* ***Top*** *der Rutschung entfernt ist.*] • tip [*A landslide feature; according to the MLG*/D.M.Cruden: The point on the* ***toe*** *farthest from the* ***top*** *of the landslide.*]

Fußtragkraft *f*, Fußwiderstand *m*, Fußdruck *m* • toe bearing [pile]

Fußverbreiterung *f* ➋ (Pfahl)Fußverbreiterung

fußverbreiteter Pfahl *m*, Pfahl mit Fußverbreiterung

Fußverpressung *f* [*Bohrpfahl*] • pressure grouting of the pile base, grouting of the base

Fußwand *f*, Abschlusswand, Herdwand, Trennwand, Abfangwand, Sporn *m*, Verherdung *f*, (Ab)Dicht(ungs)wand, (Ab)Sperrwand, Abschlusswand, (Ab)Dichtsporn, Herdsporn • (toe) cutoff (wall), toe wall, screen, foundation cutoff, cutoff toewall, seal(ing) wall, seepage seal(ing) wall, seepage cutoff (wall), seepage barrier, core wall [*A trench beneath or adjacent to a dam filled with impermeable material or a grout curtain designed to prevent seepage in the foundation beneath a dam. It may or may not have an inspection gallery*]

Fußweg *m*, Fußgängerweg *m*, Gehweg *m*, Gehsteig *m*, Bürgersteig *m* • pavement (Brit.), sidewalk (US), footpath

Fußwiderstand *m*, Fußtragkraft *f*, Fußdruck *m* • toe bearing [pile]

Fußzone *f* [*eines Hangs*] • bottom are [*of a slope*]

Futter *n* ➋ Abdeckung

Futterholz *n*, Blindholz, Füllbrett *n*, Grund *m* (⚒) • ground, bottom

Futterholz *n*, Futterklotz *m* • block(ing)

Futtermauer *f*, Auskleidungsmauer, Verkleidungsmauer, Bekleidungsmauer [*Eine relativ dünne Mauer aus Naturstein oder Trockenmauerwerk, die sich an eine Böschung unter gleichem oder etwas steilerem Winkel lehnt und am Böschungsfuß frostfrei gegründet ist*] • revetment (masonry) wall, chemise (masonry) wall

Futtermauer *f* aus Natursteinmauerwerk, Auskleidungsmauer aus Natursteinmauerwerk, Verkleidungsmauer aus Natursteinmauerwerk,

Bekleidungsmauer aus Natursteinmauerwerk • (natural) stone revetment wall, (natural) stone chemise wall

Futtermauer *f* aus Trockenmauerwerk, Verkleidungsmauer aus Trockenmauerwerk, Auskleidungsmauer aus Trockenmauerwerk, Bekleidungsmauer aus Trockenmauerwerk • dry masonry revetment wall, dry rubble revetment wall, rubble masonry revetment wall [*"Chemise" may synonymously be used for "revetment"*]

füttern, bekleiden, auskleiden, verkleiden, abdecken • to revet [*See note under "revetment"*], to line *(such as an extraction chamber)*

Futterrohr... ➋ (Bohr)Rohr...

Futterrohre *f* (Ölfeld) ➋ Bohrrohre

Futterrohrkeiltopf *m* ➋ Keiltopf

Futterrohr-Ort(beton)rammpfahl *m*, Ort(beton)rammpfahl mit verlorenem Futterrohr • pre-excavated driven-shell concrete pile

Futterrohrschläge *f*, Verrohrungsschläge, Mantelrohrschläge, Rohrschläge • casing blows [*The blows, usually of a 300 pound hammer falling 18 in. onto a soil sampler casing while making a soil boring*]

Futterstein *m* ➋ (Ab)Deckungsstein

Futtersteine *f*, Auskleidungssteine, Bekleidungssteine, Verkleidungssteine, (Ab)Deck(ungs)steine, Deck-(werk) steine [*8-20 cm Größe*] • beaching, revetment stones, chemise stones [*Loose-graded stones from 3 to 8 in. in size used in a layer 1 to 2 ft thick for revetting reservoirs and embankments below the level of the pitching*]

Fuzzi-Logik *f* • Fuzzi logic

F

G

Gabbro *m*, Paulitfels, Schillerfels *m* [*Fehlbenennungen: (schwedischer) schwarzer Granit m, schwarzer schwedischer Granit. Kristallines Tiefengestein mit den Hauptbestandteilen Kalknatronfeldspat und Diallag, dazu meist reichlich Eisenerz, öfters Olivin, auch wohl Augit oder Hornblende, selten Quarz. In Schlesien "Zobtenfels" und volkstümlich "Krötenstein"genannt*] • gabbro

gabbroartig, gabbroid • gabbroic

Gabbrodiorit *m* • gabbro diorite

Gabbrofamilie *f* • gabbro clan

gabbroider lagergangartiger Intrusivkörper *m*, lagergangartiger gabbroider Intrusivkörper • stock of layered gabbro, layered gabbro stock

Gabbroporphyr *m* • gabbro porphyry

Gabbroporphyrit *m* • gabbro porphyrite

Gabbroschale *f* ➋ Sima

Gabbrosyenit *m* • ortho(cla)se gabbro, gabbro syenite

Gabelblitz *m* • forked lightning

Gabelstapler *m* • forklift, forklift truck

Gabelstütze *f*, Steinbrecher *m* (⚒) • thill-prop

Gab(e)lung *f*, Bifurkation *f* [*Im Deutschen wird hiermit eine flussabwärts oder stromabwärts gerichtete Gabelung verstanden*] • bifurcation

Gab(e)lung *f*, Zusammenfluss *m* • confluence, fork, junction [*A place where two or more streams join to form a larger waterway*]

Gab(e)lungsverhältnis *n*, Bifurkationsverhältnis [*Gewässernetz*] • bifurcation ratio [*symbol: Rb*]

Gabione *f* [*Die Gabione ist ein mit unterschiedlichen Steinen gefüllter Drahtkorb. Sie kommt im Straßen- und Wegebau in Form von Gabionenwänden zum Einsatz. Sie dienen zur Abstützung von Hängen oder als Lärmschutzwände*] • gabion

Gabionenwand *f* • gabion wall, stone gabion wall

Gadscha *f*, Rendzina

Gaffel *f* (⚒) • dog hook

Gagat *m*, Agstein *m*, Jet(t) *m*, Pfennigstein • jet(t), agstein, gagate; black amber [*misnomer*]

Gagatit *m* • gagatite [*Coalified woody mineral, resembling jet(t)*]

Gahnit *m*, Zinkspinell *m* • gahnite, zinc spinel [*A dark-green to yellowish, gray, or black mineral of the spinel series; $ZnAl_2O_4$. It often contains some magnesium*]

Gaipel *m*, Göpel

Gaize *f*, feinklastisches Gestein *n* • gaize [*A porous fine-grained micaceous glauconitic sandstone, containing much soluble silica, occurring among the Cretaceous rocks of France and Belgium*]

Gale-Alhidade *f* • Gale alidade, explorer's alidade [*Named for Hoyt S. Gale 1876 -1952, American geologist*]

Galenobismutit *m*, PbS Bi_2S_3 • galenobismutite, lead-bismuth ore [*A lead-gray or tin-white mineral consisting of bismuth sulfid(e), specific gravity is 6.9*]

Galgenbrunnen *m* ➋ Ziehbrunnen

gallussaures Salz *n* • gallate

Galmeiblende *f* • calamine blende, cadmia blende

Galvanoskop *n*, Leit(ungs)prüfer

Gamma(bohrloch)log *n* • gamma (well(bore)) log, gamma (bore)hole log, gamma drill hole log, gamma-ray log [*It is for lithologic(al) interpretation and enhances the interpretation of electrical logs*]

Gamma-Bohrlochstrahlungsmessung *f*, Bohrloch-Gammastrahlungsmessung • gamma-ray (well(bore)) logging, GRL [*A method of logging boreholes by observing the natural radioactivity of the rocks through which the hole passes. It was developed for logging holes which cannot be logged electrically because they are cased*]

Gamma-Einstichsonde *f* • gamma(-ray) (single) probe, single gamma(-ray) probe

Gamma-Gamma-Dichtelog *n* • gamma-gamma (well (bore)) log, gamma-gamma (bore)hole log, (bulk) density log [*The well log curve of induced radioactivity showing the bulk density of rocks and their contained fluids. It is a porosity log of the wall-contact type, indicating formation density by recording the back scatter of gamma rays*]

Gamma-Gamma-Dichtemessung *f* • gamma-gamma density logging [*Measuring the bulk density of rock materials; the profile curve opposite coal layers is very low*]

Gammastrahl *m* • gamma ray

Gammastrahlensonde *f* • gamma-ray probe [*A gamma-ray counting device built into a watertight case to be lowered into a borehole*]

Gammastrahlenspektrometrie *f* • gamma-ray spectrometry [*Determination of gamma-ray energies and states of polarization, and also studies of the correlations between gamma rays emitted in sequence from a nucleus*]

Gammastrahlenspektroskopie *f* • gamma-ray spectroscopy [*The observation of a gamma-ray spectrum and all processes of recording and measuring that go with it*]

H. Herrmann, H. Bucksch, *Wörterbuch GeoTechnik/Dictionary Geotechnical Engineering*,
DOI 10.1007/978-3-642-33335-4, © Springer-Verlag Berlin Heidelberg 2013

Gamma(strahlen)spektrometer ***n*** • gamma-ray spectrometer

Gammastrahlung ***f***, γ-Strahlung • gamma radiation, γ-radiation

Gammateilchen ***n*** • gamma particles

Gang ***m*** [*Gravimeter*] • drift

Gang ***m*** • vein [*As called by geologists. See note under "lode"*]

Gang ***m*** **mit vielen waag(e)rechten Klüften** • dice(y) coal [*In Cornwall, a lode or vein possessing many horizontal joints*]

Gangabzweigpunkt ***m*** • point of the horse, horse point

G

Gangapophyse ***f*** • spur [*A small ore vein branching from a main one*]

Gangart auf Bleierzgängen, Bleierzgangart *f* (⚒) • kevel, kevil [*Derbyshire*]

Gangart ***f*** **mit fein eingesprengtem Erz** • deaf ore

Gangartdrücker ***m*** • rock depressant

Gangausbuchtung ***f*** **(⚒)** • blow [*A large mass of gangue, isolated or forming a sudden enlargement on a lode*]

Gangbergbau ***m*** • lode mining

Gangbesteg ***m***, Erzspuren *f* im Letten der Verwerfungsklüfte • scrowl [*In Cornwall loose ore at the point where a lode is disturbed by a cross vein*]

Gangeinschnürung ***f*** • bout

Gangfäustel ***n*** **(⚒)** • ragging hammer

Ganggefolgschaft ***f*** [*nach Rosenbusch 1923*] • (dyke) cluster, (dike) cluster [*The cluster of dikes which accompanies intrusive bodies, penetrating not only into the country rock around the intrusion, but also into the already solidified pluton itself*]

Ganggerippe ***n***, Gangrippen *f* [*Herauspräparierte feste vulkanische Spaltenfüllungen*] • volcanic skeleton

Ganggestein ***n*** • ganggestein [*In German mining terminology, the detached pieces of more or less altered country rock enclosed in ore veins. Not to be confused with the petrographic term "Ganggestein"*]

Ganggestein ***n*** **mit Erzspuren** • dredgy ore [*Cornwall*]

Gangkreuz ***n*** • tournhouse [*The point where the miner turns from a crosscut along the course of a lode*]

Gangkreuzung ***f*** • tye [*The point where two veins cross each other*]

Ganglagerstätte ***f*** • vein deposit [*As called by geologists*], lode deposit [*As called by miners*]

Gangletten ***m***, tonige Gangmasse *f* • douk(e), dowk [*In England, a soft clay found in veins. Probably derived from the Saxon word deagem, meaning to knead or mix with water*]

Ganglinie ***f*** • hydrograph [*A graph showing, for a given point on a watercourse or conduit, the stage, discharge, velocity, available power, or other properties of water flow with respect to time*]

Ganglinie ***f*** **der benötigten Abflussmenge** ***n***, Abflussganglinie • hydrograph of demand, hydrograph of use, demand hydrograph, use hydrograph

Ganglinie ***f*** **der Speicherzuflussmengen,** Zuflussganglinie, Zulaufganglinie, Zustromganglinie, Zuströmungsganglinie, Einströmungsganglinie • inflow hydrograph, reservoir hydrograph, influx hydrograph

Ganglinienmethode ***f***, Ganglinenverfahren *n* • hydrographic method

Ganglinientabelle ***f*** **für einen Hochwasserzeitraum** • partial duration series

Ganglinientrennung ***f*** • hydrograph separation

Gangmasse ***f*** (⚒) [*Das taube Gestein einer Minerallagerstätte*] • stuff, trade

Gang(mutungs)feld ***n*** • lode claim [*As called by miners*]

Gang(mutungs)feld ***n*** • vein claim [*As called by geologists*]

Gang-Nebengestein-Verhältnis ***n*** • vein-wall rock relationship [*As called by geologists*], lode-wall rock relationship [*As called by miners*]

Gangnetz ***n*** • net of veins, vein net [*As called by geologists*]

Gangnetz ***n*** • network of lodes, lode network [*As called by miners*]

Gangquarz ***m*** • vein quartz [*As called by geologists*], lode quartz [*As called by miners*]

Gangrippen ***f***, Ganggerippe *n* [*Herauspräparierte feste vulkanische Spaltenfüllungen*] • volcanic skeleton

Gangstock ***m***, stehender Erzstock • (vertical ore) stock, chimneylike ore body [*See note under "stock"*]

Gangstrecke ***f*** • vein drift [*As called by geologists*], lode drift [*As called by miners*]

Gangstreichen ***n*** • course of vein, strike of vein, vein strike [*The horizontal line on which the vein cuts the country rock; "vein" as called by geologists is called "lode" by miners*]

Gangstück ***n***, geringhaltiges Erz

Gangsystem ***n*** ➋ Gangzug

Gangtektonik ***f*** • structural relations of fissure veins [*"veins" are called "lodes" by miners*]

Gangtrum(m) ***m, n*** ➋ Zweigtrum(m)

Gangunterschied *m* [*In einem Schliff*] • path difference

Gangverfolgung *f* • chasing [*Following a vein by its range or direction*]

Gangverhalten *n* • lode quality [*As called by miners*]; vein quality [*As called by geologists*]

gangweise (M/G) • in veins

Gangzug *m* [*1. Zusammenvorkommen mehrerer Gänge gleicher Beschaffenheit. 2. Aus mehreren Trum(m)en bestehender Gang*] • lode tract, tract of lodes [*As called by miners*]

Gangzug *m*, Gangsystem *n* • vein tract, tract of veins [As *called by geologists*] [*An assemblage of veins of a particular area, age, or fracture system, usually inclusive of more than one vein*]

Ganister *m*, eingekieselter Feinsandstein *m* [*Aus unverrundeten Körnern*] • gan(n)ister [*A fine, hard quartzose sandstone; used to make refractory silica bricks to line certain furnaces for metallurgical processes*]

Gänsekötigerz *n*, gänsekötiges Erz *n* • goose dung ore, goose silver ore [*An inferior grade of iron sinter containing silver*]

ganz eigengestaltig, panidiomorph(körnig) • panidimorphic(-granular), idiomorphic [*Johanssen (1939) states that Rosenbusch, who first used the term panidiomorphic(-granular) in 1887, incorrectly applied it to the microgranular xenomorphic texture of aplite, although he had defined it as involving euhedral components; this usage was corrected in the last edition of Rosenbusch's book, by its editor, Osann*]

ganze Schrotzimmerung *f*, Voll(aus)zimmerung, Vollschrotzimmerung, (Aus)Zimmerung bis zum Stoß, Kasten(aus)zimmerung, ganze (Aus) Zimmerung, Schrot *m* [*Die Schachtgeviere sind dicht an dicht verlegt*] • boxing, close joint timbering, close cribbing, close set timber, close timbering, contact timbering, contact cribbing, solid shaft timbering with cribs

ganzglasig, vollglasig • holohyaline [*Said of an igneous rock that is composed entirely of glass*]

Ganzheit *f* • entity

ganzjährig • perennial

ganzjährige Bewässerung *f* • perennial irrigation

Ganzkreiswinkelmesser, Vollkreiswinkelmesser *m* • full circle protractor

ganzkristallin, holokristallin, vollkristallin • holocrystalline; pleocrystalline [*obsolete*]

Ganzmantelkonvektion *f* • whole mantle convection

garbenähnlich • sheaflike

garbenförmige Textur *f* • sheaf structure [*The arrangement of certain fibrous minerals, such as antigorite, in bundles or sheafs*]

Garbenschiefer *m* • caraway seed rock, garbenschiefer [*A type of spotted slate characterized by concretionary spots whose shape resembles that of a caraway seed*]

Garbensiedestein *m* ➋ Stilbit

Gardelochfilter *m*, *n*, Louvrefilter [*Brunnen*] • louvre screen

Gareisen *n* [*Eisenstange beim Garmachen des Kupfers*] • trial rod, test(ing) rod

Garkupfer *n* • rose(tte) copper

Garkupferrosette *f* • rose(tte)-copper cake

Garngewebe *n* • canvas

Garngewebeschwimmer *m* • captive float, reefing float [*A canvas skirt, with stiffening rings spaced at regular intervals, supported by a float resting on the water surface. By reefing, or clamping the required number of stiffening rings to the float to shorten the canvas skirt, its length is adjusted to the depth of the channel*]

Garnierit *m*, Numeit • garnierite, noumeite, nepouite [*An apple-green or pale green mineral, probably (Ni, Mg)$_3$Si$_2$0$_5$(OH)$_4$. The ratio Ni/Mg is highly variable. This mineral has been regarded as having no crystal structure, but it may be monoclinic; it is sometimes considered to be a nickel-rich antigorite. It is an important ore of nickel and is used as a gemstone. A variety of go(e)thite*]

Gartenboden *m*, Hortisol *m*, Gartenerde *f* • hortisol, garden soil, garden earth

Gartenmauer *f* • garden wall

Gasabgabe *f* • gas release

Gas-Adsorptions-Chromatografie *f* • gas adsorption chromatography

Gasalarmanlage *f* (⚒) • gas alarm (system) [*A signal system which warns mine workers of dangerous concentration of firedamp*]

Gasanwendungstechnik *f* • gas application engineering

Gasanzeige *f* • gas indication

Gasaufschließungsbohrloch *n*, Gasaufschlussbohrloch • gas exploration well(bore), gas exploratory well (bore), gas exploration borehole, gas exploratory borehole, gas exploration drill hole, gas exploratory drill hole

Gasausbruch *m*, Gaseruption *f* • gas eruption, gas outburst, blower

Gasausströmung ***f*****,** Gasaustritt *m*, Erdgasaustritt, Erdgasausströmung, Erdgasexhalation *f*, Gasexhalation, Naturgasaustritt, Naturgasausströmung, Naturgasexhalation • gas show, gas seep(age), gas spurt, gas escape [*Escape of natural gas at the ground surface, sometimes an indicator of oil beneath*]

Gasbenzin ***n*****,** Gasolin *n* • natural gasoline, condensate, distillate [*Liquid hydrocarbons, generally clear or pale straw-colo(u)red and of high API gravity (above 60°), that are produced with wet gas*]

Gasblase ***f*** • gas bubble

Gasbläser ***m*** • gas blower (⚒) [*A stream of gas from a coal seam*]

Gasbohrloch ***n*****,** Gasbohrung *f*, Gassonde *f* • gas well (bore), gas (bore)hole, gas drillhole

Gaschi ***m*****,** Rendzina

Gas-Chromatografie ***f*** • gas chromatography, G. C.

Gasdichtigkeit ***f*** • gas tightness

gasdurchlässig • gas-pervious

Gasdurchlässigkeit ***f*** • permeability to gas(es)

gasdurchsetzte (Rotary)Spülung ***f***
➋ (erd)gas-durchsetzte (Rotary)Spülung

Gasdurchsetzung ***f*** **der Spülung** [*Tiefbohrtechnik*] • cutting of mud by gas, gas mud cutting

Gaseinbruch ***m*** (⚒) • blow [*A sudden rush of gas into a mine from the rock or the coal*]

Gaseinlagerung ***f*****,** Gasspeicherung • gas storage

Gaseinpressen ***n*** [*Zur Wiederbelebung bzw. zur Erhaltung des Lagerstättendruckes*] • repressuring, returning gas under pressure to the sands

Gaseinpressung ***f*** • gas injection, gas input, gas intake

Gaseinschluss ***m*** • gas inclusion

Gasentlösung ***f*****,** Lösungsgastrieb *m*, Gasentlösungstrieb, natürlicher Gastrieb • inner gas drive, inner gas lift, dissolved gas drive, dissolved gas lift, (internal) gas drive, (internal) gas lift, solution gas drive, interior gas drive, gas depletion drive, solution gas lift, interior gas lift [*A primary oil recovery process in which oil is displaced from the reservoir by the expansion of the gas originally dissolved in the liquid*]

Gasentlösungspunkt ***m*** ➋ Kochpunkt

Gasentzündung ***f*** (⚒) • gas ignition [*The setting on fire of an accumulation of firedamp in a coal mine*]

Gaseruption ***f*****,** Gasausbruch *m* • gas eruption, gas outburst, blower

Gasexhalation ***f*** ➋ Gasausströmung

Gasfeld ***n*** • gas field, gas pool

Gasflammkohle ***f*** [*Nicht verwechseln mit "Gaskohle"*] • gas flame coal [*Coal containing 35 to 40 per cent volatiles (dry, ashless basis)*]

Gas-Flüssigkeits-Chromatografie, Gas-Verteilungs-Chromatografie *f* • gas distribution chromatography

gasförmige Bestandteile ***m(pl)*** [*im Boden*] • gaseous constituents

gasförmige Bohrspülung ***f*** • gaseous drilling fluid

gasfreie Grube, schlagwetterfreie Grube *f* • naked lamp mine, non-gassy mine, non-fiery mine

gasführende Zwischenlage ***f*** • gas streak

Gasfund ***m*** • gas find

gasgefüllter Porenraum ***m*** [*Sediment*] • bright spot

gasgesättigte Kohle ***f*** ➋ klingende Kohle

Gasgleichung ***f*** • gas equation

Gasgraben ***m*** [*Mit körnigem Material gefüllter Graben zur Unterbrechung der Deponiewanderung*] • gas barrier trench

gashaltige (Rotary)Spülung ***f***
➋ (erd)gashaltige (Rotary)Spülung

Gashauptleitung ***f*****,** Hauptgasleitung • gas main

Gaskanal ***m*** • gas channel

Gaskanone ***f*** [*seismische Anregung*] • gas gun

Gaskappe ***f*** • gas cap [*An accumulation of natural gas overlying an oil pool in a dome or anticline or other trap*]

Gaskappenauftrieb ***m*****,** Auftrieb durch Gaskappe [*Erdölförderung*] • gas(-cap) drive, cap drive

Gaskappenauftriebspeicher ***m*****,** Gaskappenauftriebträger • cap drive reservoir, gas(-cap) drive reservoir, cap drive pool, gas(-cap) drive pool

Gaskappeneinpressen ***n*****,** Einpressen in die Gaskappe • external (gas) injection, exterior (gas) injection, crestal injection, (gas-)cap injection, outer (gas) injection [*Pressure-maintenance gas injection with wells located in the structurally higher positions of the reservoir, usually in the primary or secondary gas cap*]

(Gas)Kappengas ***n*** • (gas-)cap gas

Gaskernen ***n*** • gas coring

Gaskohle ***f*****,** gasreiche Kohle [*Nicht verwechseln mit "Gasflammkohle"*] • gas coal, coal rich in gas

Gaskonstante ***f*** • gas constant

Gaskreislauf ***m*** • recycling [*In a gas condensate reservoir, it is necessary to maintain the reservoir pressure in order to prevent condensate forming (i.e. some of the gas liquefying) and soaking into the reservoir rock, where it would be irretrievable. Condensate is removed from produced wet gas, and residual dry gas is recycled (injected back into the reservoir) in order to maintain pressure. When condensate recovery is complete, the reservoir is "blown down" to recover the dry gas*]

Gasleitungsstollen ***m*** • gas line gallery; gas line tunnel (US)

Gas-Luft-Gemisch-Verbrennung *f* • gaseous combustion
Gas-Öl-Verhältnis *n* • gas/oil ratio, GOR, gas factor
Gasolin *n*, Gasbenzin *n* • natural gasoline, condensate, distillate [*Liquid hydrocarbons, generally clear or pale straw-colo(u)red and of high API gravity (above 60°), that are produced with wet gas*]
Gaspotential, pneumatisches Potential *n* [*Bodenwasser*] • pneumatic potential, gas pressure potential
gasreiche Kohle, Gaskohle *f* [*Nicht verwechseln mit "Gasflammkohle"*] • gas coal, coal rich in gas
Gasröhre *f*, Blaseneindruck *m*, Gas-Trichter *m* • bubble impression, bubble mark [*A small, shallow depression (about 2.5 cm in dia.) formed on a beach or sedimentary surface by a gas bubble after it has been dislodged into the air or water above. It has a smooth surface, is not margined by a raised rim, and may pass downward into a tube*]
Gassättigungsgrad *m* • hydrometric(al) condition
Gassand(stein) *m* • gas sand(stone) [*A sand or sandstone containing a large quantity of natural gas*]
Gasschott *n* (⚒) • gas bulkhead
Gasschuss *m* ➲ Abreißer
Gasschussloch *n* ➲ Gassprengloch
Gassonde *f* ➲ Gasbohrloch
Gasspeicherung *f*, Gaseinlagerung • gas storage
Gassprengloch, Abreißerloch *n*, Pfeifenloch, Ausbläserloch, Fehlsprengloch, Versagerloch, abgeschlagenes Sprengloch, (Loch)Pfeife *f* Gasschussloch • blow(n)-out hole, blow(out) hole, deadhole, cutoff hole
Gas(spülungs)bohren *n*, Bohren mit Gasspülung • gas drilling
Gas(spülungs)bohren *n* **mit Gas/Rohölgemisch** • mist drilling
Gasspürgerät(e) *n*, *(f)* • gas detection equipment
Gastasche *f* [*im Porenraum. Gastaschen entstehen z. B. bei rascher Be- od. Entwässerung*] • gas pocket [*in the pore space*]
Gasthermometer *n* • gas thermometer
Gastmineral *n*, Metasom *n* • metasom(e), guest (mineral) [*A replacing mineral, which grows in size at the expense of another mineral (the host or palosome); a mineral grain formed by metasomatism*]
Gas-Trichter *m* ➲ Gasröhre
Gasüberwachung *f* • gas monitoring, gas surveillance, gas supervision
Gasverhältnis *n* ➲ (Spreng)Gasverhältnis
Gasversorgungstechnik *f* • gas supply engineering
Gas-Verteilungs-Chromatografie *f*, Gas-Flüssigkeits-Chromatografie • gas distribution chromatography
Gasvorrat *m*, ursprüngliches Gas *n* • in(-)place gas, gas in place, in(-)situ gas, gas in situ
Gaswanderung *f* • gas migration
Gas-Wasser-Grenzfläche *f* • gas-water contact, gas-water interface
Gaswirtschaft *f* • gas industry
gaszerbrochenes Sediment *n* • gasoclastic sediment [*A sediment resulting from sedimentary volcanism, such as mud ejected by enormous volumes of gas*]
Gaszufluss *m* • gas inflow
Gaszwischenraum *m* [*Fortpflanzung der Detonation bei pulverförmigen Sprengstoffen*] • gas space
Gattierung *f*, Erzgattierung • gathering, ore mixing
Gattung *f* • genus
Ga(u)lt *m* [*Ein blauer oder grüner Kalkmergel, der in der Kreideformation den oberen Grünsand vom unteren trennt*] • gau(l)t
Gaußsche Koordinate *f*, transversale Mercatorkoordinate, Gauß-Krüger-Koordinate • transverse Mercator co-ordinate, Gaussian co-ordinate
Gauß-Integralsatz *m*, Integralsatz von Gauß • Gauss' theorem
Gaußverteilung *f* • Gaussian distribution, normal distribution
Gayet *f* ➲ Kännelkohle
Gaza *f*, Rendzina
GCC ➲ geokunststoffummantelte Sandsäule
geadert • veined
geantiklinal • ge(o)canticlinal [*Pertaining to a geanticline*]
gebaggerte Spundwand *f* • dredged sheet pile wall, dredged sheet(pil)ing wall, dredged piling wall, dredged bulkhead, dredged (sheet-)piling [*An anchored bulkhead from which the soil near the toe is dredged. If the work is carried out in the dry, the bulkhead may be called "dug bulkhead"*]
gebändert • banded, striped, banding, bandy [*Terms applied to rocks having thin and nearly parallel bands of varying colo(u)rs, minerals or textures*]
gebänderte Ablagerung *f* • lamination
gebänderter Achat *m* ➲ Bandachat
gebänderter Eisenquarzit *m*, Itabirit *m*, Quarzbändererz *n* • itabirite, band(ed)-quartz h(a)ematite, h(a)ematite schist
gebänderter Eisenstein *m*, lagenförmiger Eisenstein, Bandeisenstein, Bändereisenstein • band(ed) ironstone, straticulate ironstone, ironstone in layers, bandy ironstone, banding ironstone, stripe(d)

G

ironstone [*These terms are used in South Africa for iron formation consisting essentially of iron oxides and chert occurring in prominent layers or bands of brown or red and black. This usage of the term "ironstone" is at variance with that applied in the U.S.A. and elsewhere*]

gebänderter Gang *m*, Bändergang, Bandgang, Streifengang • band(ed) vein, banding vein, bandy vein, stripe(d) vein, ribbon vein [*A vein made up of layers of different minerals parallel with the walls. The term "lode", as called by miners, may be used synonymously for "vein", as called by geologists*]

gebänderter Gneis *m* ➋ Bändergneis

G

gebänderter Kalkstein *m*, Bänderkalkstein, Bandkalkstein • band(ed) limestone, banding limestone, bandy limestone, stripe(d) limestone

gebänderter Malachit *m*, Bändermalachit

gebänderter Marmor *m*, Bändermarmor, Bandmarmor • band(ed) marble, banding marble, bandy marble, stripe(d) marble

gebänderter Obsidian *m*, Bänderobsidian

gebänderter Syenit *m*, Bändersyenit, Bandsyenit, Streifensyenit • band(ed) syenite, banding syenite, bandy syenite, stripe(d) syenite

gebänderter Ton *m* ➋ Bänderton

gebänderter Torf *m* ➋ Bändertorf

gebändertes Eisenerz *n*, lagenförmiges Eisenerz, Bändereisenerz, Bandeisenerz • band(ed) iron ore, stripe(d) iron ore, banding iron ore, bandy iron ore

gebändertes Erz *n* ➋ Bändererz

gebankt, bankig • bedded

Gebäudeanschluss *m*, Hausanschluss, Abzweig *m* • housing connection, take-off connection, lateral, branch, building connection, connection to housing, service connection, house connection

Gebäudeanschluss(leitung) *m, (f)* ➋ Hausanschluss(leitung)

Gebäudefundament *n*, Gebäudegründung *f* • building foundation

Gebäudegründung *f* ➋ Gebäudefundament

Gebäuderesonanzen *f(pl)* • resonance effects on buildings

Gebäudestrang *m*, öffentlicher Gebäudestrang • kerb-to-house utility installation

Gebäudeumnutzung *f* • change of building use

Gebäudeunterfahrung *f*, Gebäudeunterquerung • building undercrossing [*Context: when undercutting, structures, the following procedure should be followed*]

Gebäudeversicherung *f* • building insurance

gebaute Flözmächtigkeit *f* • effective seam thickness, effective thickness of seam

gebettet (M/G) • imbedded

gebeugte Welle *f*, Beugungswelle • diffracted wave

gebeugte Welle *f* [*frühere Benennung*] ➋ P-Welle

Gebiet *n* mit Senken, Senkengebiet • depression area

Gebiet *n* mit gleicher Regenverteilung • rain(fall) province

Gebietsabfluss *m* ➋ Abflusshöhe

Gebietsbilanz *f* • equation of hydrologic(al) equilibrium, hydrologic(al) equilibrium equation

Gebietsentscheid *m* [*ein Begriff aus der deutschsprachigen Rechtssprache in der Tschechischen Republik. Das Gebiets(entscheidungs)verfahren kann zum Erlass von 5 Arten von Gebietsentscheiden führen: Standortbescheid (häufigste Art des Gebietsentscheids), Raumnutzungsbescheid, Schutzgebietsbescheid und Schutzzonenbescheid sowie Bausperre*] • outline planning permission

Gebietsverlust *m*, Vermischung *f* der Einzug(s)gebiete, Leckage *f* eines Einzug(s)gebietes • catchment (area) leakage; watershed leakage (US) [*Seepage or flowage of water underground from one drainage basin to an outlet in a neighbouring drainage basin or directly to the sea*]

Gebirge *n* • bally, bolly [*Terms used in northern California for a mountain. It is thought to be a corruption of "buli", an American Indian term for mountain*]; mountain [*Abbreviated: mt. and mtn.*] [*Any part of the Earth's crust higher than a hill*]

Gebirge *n* [*Untertagebau und Bergbau*] • ground, surrounding medium, country

Gebirge *n* [*geologischer Terminus*] • rock mass, stratum, geological stratum [*Plural: strata*]

Gebirge *n* [*nicht mehr im Verband*] • disturbed rock mass, disturbed massif

Gebirge *n* im Verband • undisturbed rock mass, undisturbed massif

Gebirge *n* nicht mehr im Verband • disturbed rock mass, disturbed massif

gebirgig, bergig • mountainous

gebirgiges Land *n*, bergiges Land *n* • mountainous country, mountainous land

Gebirgsablösung *f*, Ablösung des Gebirges [*Untertagebau*] • sluffing

Gebirgsart *f* • species of rock

Gebirgsarten *f*, Felsarten, Gesteine *f* [*Größere Mineralmassen, sofern ihnen eine gewisse Selbständigkeit zusteht und sie eigenen Lagerungsgesetzen folgen. Sie sind entweder einfache, gleichartige, die nur aus einem Mineralkörper bestehen, oder scheinbar gleichartige, d. h. solche, bei denen kaum mit bewaffnetem Auge, oft nur durch

Anwendung mechanischer oder chemischer Trennungsmittel, verschiedenartige Mineralien unterschieden werden können, oder auch zusammengesetzte, gemengte, ungleichartige, bei denen mit dem Auge verschiedenartige Mineralien erkannt und durch mechanische oder chemische Mittel abgeschieden werden können, oder Konglomerate oder Breccien, aus Trümmern oder dergl. zusammengefügt. Dazu kommen noch die Kohlen und die aus kieseligen Gerippen oder Panzern von Infusorien bestehenden Felsarten. Das Gefüge kann sein: körnig, schieferig, dicht, porphyroder mandelsteinartig] • rocks

Gebirgsbau ***m,*** Gebirgsstruktur *f* • mountain structure

Gebirgsbehandlung ***f,*** Formationsbehandlung [*Untertagebau und Bergbau*] • ground treatment

Gebirgsbeherrschung ***f*** [*Untertagebau und Bergbau*] • ground control, strata control

Gebirgsbeherrschungswesen ***n*** [*Untertagebau und Bergbau*] • strata control practice, ground control practice

Gebirgsbereich ***m*** • ground zone

gebirgsbildend, orogen(etisch), gebirgsformend, orogenisch • orogen(et)ic

gebirgsbildende Bewegung ***f*** ➋ begrenzte Bewegung

gebirgsbildender Zyklus ***m,*** gebirgsformender Zyklus, orogene(tische)r Zyklus, orogenischer Zyklus • tectonic cycle, geologic(al) cycle, orogen(et)ic cycle, geotectonic cycle, geosynclinal cycle [*A time interval during which a mobile belt evolved into an orogenic belt, passing through preorogenic, orogenic, and postorogenic stages*]

Gebirgsbildung ***f,*** Orogenese *f* • orogeny, oro-genesis, mountain building, mountain making [*The process of formation of mountains. The term "orogeny" came into use in the middle of the 19th Century, when the process was thought to include both the deformation of rocks within the mountains, and the creation of the mountainous topography. Only much later was it realized that the two processes were mostly not closely related, neither in origin nor in time*]

Gebirgsbildungszone ***f,*** Orogen *n*, Faltengürtel *m;* orogenischer Gürtel, orogene(tische)r Gürtel • orogen(e), orogen(et)ic belt, fold belt [*A linear or arcuate region that has been subjected to folding and other deformation during an orogen(et)ic cycle*]

Gebirgsbogen ***m*** • mountain arc

Gebirgsdruck ***m*** • rock pressure

Gebirgsdruckfestigkeit ***f*** [*Untertagebau und Bergbau*] • compressive strength of the rock material, ground competence

Gebirgsdurchlässigkeit ***f,*** Formationsdurchlässigkeit • formation permeability, ground permeability

Gebirgsdynamik ***f,*** Abbaudynamik [*Untertagebau und Bergbau*] • ground movement

gebirgseigene Spannung ***f*** [*Felsmechanik*] • in(-)place stress, in(-)situ stress, local stress [*It can be considered to take two forms: active and residual*]

Gebirgseinsturz ***m*** [*Untertagebau und Bergbau*] • ground collapse

Gebirgsentfestigung ***f*** • massif-weakening

Gebirgsentspannung ***f*** [*Untertagebau und Bergbau*] • ground destressing, destressing (of) ground

Gebirgsentwässerung ***f,*** Felsentwässerung [*Untertagebau. Abziehen von Bergwasser in Teilbereichen des Gebirges*] • rock drainage

Gebirgsentwässerung ***f*** **in Fels,** Felsdränung • rock dewatering, rock unwatering

Gebirgsfaktor ***m*** [*Untertagebau und Bergbau*] • ground (resistivity) factor

Gebirgsfaltung ***f*** • mountain folding

Gebirgsfazies ***f*** • rock facies

Gebirgsfestigkeit ***f*** • rock mass strength, strength of the rock mass, strata cohesion

gebirgsformend ➋ gebirgsbildend

gebirgsformende Bewegung ***f*** ➋ begrenzte Bewegung

gebirgsformender Zyklus ***m*** ➋ gebirgsbildender Zyklus

Gebirgsformung ***f*** • mountain(ous) sculpture

Gebirgsforschung ***f*** • mountain research

Gebirgsfront ***f,*** Front • front [*In geomorphology, the more or less linear outer slope of a mountain range that rises above a plain or plateau*]

Gebirgsfußebene ***f*** ➋ Piedmontebene

Gebirgsfußfläche ***f*** ➋ Piedmontfläche

Gebirgsfußkies ***m*** ➋ Vorlandkies

Gebirgsfußkuppel ***f*** ➋ Piedmontkuppel

Gebirgsfußland ***n*** ➋ Piedmont

Gebirgsfußsee ***m*** ➋ alpiner Randsee

gebirgsfußseitig, bergfußseitig • piedmont [*An adjective meaning "lying or formed at the base of a mountain range"*]

Gebirgsfußstufe ***f*** ➋ Piedmontstufe

Gebirgsfußterrasse ***f*** ➋ Piedmontterrasse

Gebirgsfußtreppe ***f*** ➋ Piedmonttreppe

Gebirgsgeomorphologie ***f*** • mountain geomorphology

Gebirgsgefrierung ***f*** [*Untertagebau*] ➋ (Baugrund)Gefrierung

Gebirgsgipfel ***m*** ➋ Gipfel

G

Gebirgsgletscher ***m*** • mountain glacier, alpine glacier; ice stream [*obsolete*]

Gebirgshydrografie ***f*** • orohydrography [*It deals with the relations of mountains to drainage*]

Gebirgsinjektion ***f*** • rock grouting

Gebirgsinsel ***f*** • mountain island

Gebirgskalksteinbruch ***m*** • crease [*A limestone quarry in a mountain side*]

Gebirgskamm ***m*** • mountain ridge, ridge, mountain comb(e), mountain crest,

Gebirgskartografie ***f*** • mountain cartography

Gebirgskern ***m*** [*Untertagebau und Tiefbohrtechnik*] • ground core

G

Gebirgskette ***f*** • mountain chain, chain of mountains; cordillera [*Spanish*] [*A complex, connected series of several more or less parallel mountain ranges and mountain systems grouped together without regard to similarity of form, structure, and origin, but having a general longitudinal arrangement or well-defined trend, e.g. the Mediterranean mountain chain. Loosely also called "mountain range"*]

Gebirgsklasse ***f*** • rock class

Gebirgsklassifizierung ***f*** • rock mass classification scheme

Gebirgskörper ***m*** • mountain body

Gebirgskrankheit ***f*** ➲ Bergkrankheit

Gebirgskurort ***m*** • mountain resort

Gebirgskurort ***m*** **in den Tropen,** Tropengebirgskurort • hill station, mountain resort in the tropics, tropical mountain resort

Gebirgslandschaft ***f*,** gebirgige Landschaft, Berglandschaft • mountain(ous) landscape

Gebirgslauf ***m*,** Gebirgsstrecke *f* • mountain tract, torrent tract [*The narrow, upper part of a stream near its source in the mountains*]

Gebirgslehre ***f*,** Orografie *f* • orography, orology [*A branch of physical geography that deals with mountains and mountain systems*]

Gebirgslöss ***m*** • mountain loess

Gebirgsmagnetismus ***m*** • mountain magnetism

Gebirgsmasse ***f*,** Gebirgsverband *m* [*Untertagebau und Bergbau*] • groundmass

Gebirgsmassiv ***n*,** Bergmassiv • mountain(ous) mass (if) [*The dominant, central mass of a mountain ridge, more or less defined by lengthwise or crosswise valleys*]

Gebirgsmechanik ***f*** [*Die Lehre von den Spannungen, Formänderungen oder Bewegungen und Zerstörungen im Gebirge bzw. der Wiederverfestigung von Bruchmassen einschließlich der Beherrschung dieser Vorgänge. Sie erforscht die Zusammenhänge zwischen bergmännischen Eingriffen in das Gebirge und den Reaktionen des Gebirges. Dabei werden vor allem Spannungen und Bruchvorgänge im Nahbereich bergmännischer Hohlräume erfasst*] • ground mechanics

Gebirgsnebenfluss ***m*** • mountain tributary

Gebirgspass ***m*** ➲ Tor

Gebirgspfad ***m*,** Bergpfad • mountain trail

Gebirgsproben(n)ehmer ***m*,** Schicht(en)probennehmer • ground sampler, ground sample taker

Gebirgsprofil ***n*,** Schichtenprofil, Formationsprofil, Teufenmaßstab *m* • sample log, lithologic log, graphic log, formation log, groundlog [*A log depicting the sequence of lithologic(al) characteristics of the rocks penetrated in drilling a well, compiled by a geologist from microscopic examination of well cuttings and cores. The information is referred to depth of origin and is plotted on a strip log form*]

Gebirgsprofilmessung ***f*** ➲ Formationsprofilmessung

Gebirgsquelle ***f*,** Bergquelle • mountain spring

Gebirgsregion ***f*** • mountain(ous) region [*A general term for a relatively large area of elevated or mountainous land standing prominently above adjacent low areas*]

Gebirgsrumpf ***m*** • mountain stump, mountain remnant

Gebirgsschlag ***m*** ➲ Mikro(erd)beben

gebirgsschonendes Sprengen ***n*** ➲ mildes Sprengen

Gebirgsschranke ***f*,** Bergschranke • mountain barrier

Gebirgssee ***m*,** Bergsee • mountain lake

Gebirgsspannung ***f*,** Formationsspannung [*Untertagebau und Bergbau*] • ground stress

Gebirgsspitze ***f*** • needle [*A pointed mountain summit*]

Gebirgs(stand)festigkeit ***f*,** Formations(stand)-festigkeit • formation stability, ground stability, formation strength, ground strength

Gebirgsstandzeit ***f*,** Formationsstandzeit [*Untertagebau und Bergbau*] • ground standing time, foundation standing time

Gebirgsstollen ***m*** • mountain gallery; mountain tunnel (US)

Gebirgsstrecke ***f*,** Gebirgslauf *m* • mountain tract, torrent tract [*The narrow, upper part of a stream near its source in the mountains*]

Gebirgsstruktur ***f*,** Gebirgsbau *m* • mountain structure

Gebirgssystem ***n*** • system of mountains, mountain system

Gebirgstal ***n*** • mountain valley

Gebirgs(tal)sperre ***f*,** Berg(tal)sperre • mountain dam

Gebirgstrennflächen ***f(pl)*** • rock discontinuity planes

Gebirgstunnel ***m*****,** Bergtunnel • mountain tunnel
Gebirgsüberlagerung ***f*** • mountainous overburden
gebirgsumschlossen, gebirgsumgeben, intermontan • intermont(ane), intermountain [*Located between or surrounded by mountains*]
Gebirgsverankerung ***f*****,** Ankerausbau *m* [*Untertagebau und Bergbau*] • ground bolting, ground anchoring, ground anchorage
Gebirgsverband ***m*****,** Gebirgsmasse *f* [*Untertagebau Bergbau, Geotechnik*] • rockmass, groundmass
Gebirgsvereisung ***f*** [*Untertagebau*] ➋ (Baugrund) Gefrierung
Gebirgsverformung ***f*** • deformation of rock masses
Gebirgsverhalten ***n*** • rock behaviour (US: behavior), strata behaviour (US: behavior)
Gebirgsverhältnisse ***f*** [*Untertagebau und Bergbau*] • ground conditions [*Not in the sense of "soil"*]
Gebirgswand ***f*** • mountain wall
Gebirgswasser ***n*****,** Formationswasser • formation water, native water; connate water [*misnomer*] [*Water present in a water-bearing formation under natural conditions, as opposed to introduced fluids, such as drilling mud*]
Gebirgswurzel ***f*** • mountain root
Gebirgswurzel ***f*** • root zone [*That zone in the crust from which thrust faults emerge*]
Gebirgszug ***m*****,** Bergzug, Zug • mountain range, range [*1. Loosely, same as mountain chain. 2. Strictly, one of the component portions of a mountain chain, formed by a single orogenic movement (monogenetic)*]
Gebirgszugfestigkeit ***f*** [*Felsbau*] • tensile strength of rockmass, tenacity of rockmass
Gebirgszugsystem ***n*** • mountain system [*A group of mountain ranges exhibiting certain unifying features, such as similarity in form, structure, and alignment, and presumably originating from the same general causes; especially a series of ranges belonging to an orogenic belt*]
geblähter Perlit ***m*** ➋ (auf)geblähter Perlit
Gebläsezug ***m*****,** Saugzug • blast draft, blast draught, forced draft, forced draught [*It is produced by a blower, as by blowing in air beneath a fire or drawing out the gases from above*]
geblicher Quarz ***m*****,** Eldoradoit *m* • eldoradoite; yellowish quartz [*California*]
gebohrter Sanddrän ***m*****,** Bohrsanddrän, Sandbohrdrän • drilled sand drain
gebohrter Stollen ***m*** ➋ Bohrstollen
gebohrter Tunnel ***m*** ➋ Bohrtunnel
gebölzt ➋ (ab)gebölzt
geböscht ➋ (ab)geböscht
geböschte Krone ***f*****,** (ab)geböschte Krone
geböschter Graben ***m*** ➋ (ab)geböschter Graben
geböschter Wellenbrecher ***m*****,** wellenabsorbierender Wellenbrecher [*Gegensatz: senkrechter Wellenbrecher (= wellenreflektierender Wellenbrecher)*] • slope(d) breakwater, wave-breaking breakwater, energy-absorbing breakwater
gebräch, gebrech [*Diejenige Beschaffenheit, bei der ein Gestein gut brechend ist, also ohne große Mühe gewonnen werden kann, z. B. gewöhnliche Braunkohle, weiche Steinkohle und eventuell Tonschiefer*] • brittle (⚒)
gebräch, mittelhart, gebrech [*Gebirge im Untertagebau*] • medium-hard
gebräch ➋ bröckelig
gebräches Gebirge ***n*** • collapsible rock (formation)
gebräche Formation ***f*****,** gebräches Gebirge *n* (⚒) • loose ground [*As used by miners, rock that must be barred down to make an underground workplace safe; also fragmented or weak rock in which underground openings cannot be held open unless supported, as with timber sets and lagging*]
Gebrächheit ***f*** ➋ Bröck(e)ligkeit
gebrannter Amethyst ***m*****;** böhmischer Topas *m* [*Fehlbenennung*] • burnt amethyst, heat-treated yellow quartz, burned amethyst [*A brown variety of amethyst, resembling topaz*]
gebrannter Amethyst ***m*** **(Quarzgruppe)** ➋ Goldtopas [*Handelsbenennung und Fehlbenennung*]
gebrannter Kalk ***m*** ➋ ungelöschter Kalk
gebrannter Knochen ***m*** ➋ Knochenasche
gebrannter (Schmuck)Stein ***m*** • burned (gem)stone, burnt (gem)stone [*Its colo(u)r has been altered by burning: e.g. amethyst, which changes from purple to clear, or tiger-eye, which changes from yellowish-brown to reddish-brown*]
gebrannter Ton ***m*****,** Terrakotta *f* • baked clay
gebrannter Ton ***m*** [*z. B. innerhalb jurassischer kohlenführender Schichten*] • burnt rock, burned rock
Gebrauchslast ***f*** • useful load, working load (such as of piles), service load
Gebrauchslastbereich ***m*** • working load range
Gebrauchstauglichkeit ***f*** [*eines Bauwerks, einer Maschine*] • serviceability [*of a building or a machine*]
Gebrauchstauglichkeitsnachweis ***m*** • analysis of the serviceability, serviceability verification, check of the serviceability (limit state)
gebrauchte Brennstäbe ➋ verbrauchte Brennstäbe
gebrauchte Wetter ***f*** (⚒) • bad air [*Air vitiated by powder fumes, noxious gases, or insufficient ventilation*]

G

gebrech, gebräch [*Diejenige Beschaffenheit, bei der ein Gestein gut brechend ist, also ohne große Mühe gewonnen werden kann, z. B. gewöhnliche Braunkohle, weiche Steinkohle und eventuell Tonschiefer*] (⚒) • brittle

gebrech ➋ bröckelig

gebrech ➋ mittelhart

Gebrechheit *f* ➋ Bröck(e)ligkeit

gebremster (Tunnel)Röhrenablauf *m* • restrained launching (of (tunnel) tubes), restrained (tunnel) tubes launching [*The launching speed is controlled by suitable drag devices. These control the run-out distance of the tube in the water*]

G

gebrochen • broken, fractured [*sedimentary terrain*]

gebrochen [*Gestein; Erz*] • broken, crushed

gebrochene Lagerstätte *f* ➋ Verwerfungslagerstätte

gebrochene Welle *f* • head wave, refracted wave, conic(al) wave, von Schmidt wave

gebrochener Dolomit *m*, Brechdolomit

gebrochener Fels *m* • crushed rock

gebrochener Schotter *m* ➋ (Straßen)Schotter

gebrochener Quarzit *m* • crushed quartzite

gebrochenes Gestein *n* • crushed rock

gebuchtete Küste *f* ➋ Buchtenküste

Gebühren(straßen)tunnel *m*, Wegegeld(straßen)tunnel; Maut(straßen)tunnel [*Österreich*] • toll highway tunnel, toll road tunnel

gebundene Feuchte *f*, gebundene Feuchtigkeit *f* • fixed moisture [*Moisture held in the soil below the hygroscopic limit*]

gebundene Länge *f* • fixed length, bond length, grip length [*rock and soil anchors and reinforcing bars*]

gebundenes Grundwasser *n* • fixed groundwater [*A groundwater in material having interstices so small that it is held permanently to the wall of the interstices, or moves so slowly that it is not available for withdrawal at useful rates*]

gebundenes Porenwasser *n* [*Tonmineral*] • single water layer

gebundenes Wasser *n* • bound water [*1. Water that is a portion of a system such as tissues or soil and does not form ice crystals until the materials temperature is lowered to about -20°C. 2. Water held strongly on the surface or in the interior of colloidal particles*]

gebundenes Wasser *n* • held water [*It is retained within the soil mass as liquid or vapo(u)r*]

Gebundenheitstheorie *f* [*Theorie der Gebundenheit einer Erzführung an bestimmte stratigrafische Sedimentärkomplexe*] • source bed concept

Gebüsch *n* • shrubbery

gebüschelt • fascicled

GEC®, Geotextile Encased Column®, Säule *f* mit Geokunststoffummantelung [*Fa. Möbius AG*] • Geotextile Encased Column

GEC-Tragsystem *n* [*Fa. Möbius AG: Es besteht aus gleichmäßig angeordneten Säulen aus nichtbindigem Material, mit dem die Bauwerkslasten auf den tragfähigen Untergrund abgesetzt werden*] • GEC foundation system

gedachter Brunnen *m* ➋ imaginärer Brunnen

gedachter Horizont *m*, bedingter Horizont, Phantomhorizont • phantom horizon [*In seismic reflection prospecting, a line constructed so that it is parallel to the nearest actual dip segment at all points along a profile*]

gedämpfte Seiche *f*, freie Seiche, freie Schaukelwelle *f*, gedämpfte Schaukelwelle • free seiche, damp(en)ed seiche [*It usually occurs in lakes*]

Gedanit *m* • friable amber, gedanite, mellow amber

gedeckte Drumme *f* ➋ Plattendrumme

gedeckter Abzugkanal *m* ➋ Plattendrumme

gedeckter Durchlass *m*, Plattendurchlass

gedeihend auf saurem Boden • calcifuge [*According to Abercrombie et al., 1951, "of plants, growing best on acid soils"*]

gediegen, frei • native, pure, free [*Occurring in nature uncombined, usually applied to metals and minerals*]

gediegene Kupferstücke *n(pl)* • barrel copper; barrel work [*Term used in the Lake Superior mining region*] [*Pieces of native copper occurring in sizes large enough to be extracted from the gangue, and of sufficient purity to be smelted without mechanical concentration*]

gediegener Schwefel *m*, Jungfernschwefel, Bergschwefel, freier Schwefel [*Mineral*] • native sulfur, virgin sulfur (US); native sulphur, virgin sulphur

gediegenes Sublimat *n* ➋ Quecksilberhornerz

Gedinge *n*, Kohlengedinge • stint, stent, cut, darg, butty system [*A fixed work target on the coal face which every collier is expected to do in one shift or in one week. In longwall conveyor work, it is the area, length, or volume of face which regularly clears or loads out*]

Gedingeabzug *m* • contract account [*For explosives, drill steels, etc.*]

Gedingearbeit(en) *f* (⚒) • contract work, job work, piece work, ton work, tut work, tut bargain

Gedingehäuer *m*, Halthäuer, Gedingehauer, Halthauer • contract work man, job work man, piece work man, ton work man, (tut) bargain man, (tut) work man, tutworker, chargeman stallman, contract hewer, (tut) bargain in taker, piece hewer; soper [*Dergyshire*]

Gedingemessen ***n*** (⚒) ➲ Abnehmen
Gedingenehmer ***m*,** Akkordant *m* • contractor, governor, taker; gaffer [*This term is a corruption of 'governor'*]
Gedingestufe ***f*** (⚒) • job-mark
Gedingeträger ***m*** (⚒) • headman of a pair, pair headman
gedreht, gewunden [*z. B. Kristall*] • twisted
gedrosselte Gabe ***f*,** gedrosselte (Wasser)Menge *f* [*Rillenbewässerung*] • cut-back-stream
gedrosselter Schwallraum ***m*,** gedrosselter Leitungsregler *m*, gedrosseltes Wasserschloss *n* • throttled surge tank, throttled surge chamber, throttled conduit regulator, restricted orifice surge tank, restricted orifice surge chamber, restricted orifice conduit regulator
gedrückter (Überfall)Strahl ***m*** • depressed nappe
gedrückter Fels ***m*** • rock under pressure
geeignet • acceptable, appropriate, suitable
geerdet • earthed, grounded
Geest ***f*** • geest [*Alluvial material that is not of recent origin lying on the surface. An example is the sandy region of the North Sea coast in Germany*]
Gefahr ***f*** **von Kolkbildung** • risk of scouring
gefährden • to endanger
gefährdet, anfällig • prone (to)
Gefährdung ***f*** • exposure to a hazard, endangering, hazard, threat
Gefährdung durch die Natur, Naturgefährdung *f* • natural hazard
Gefährdungsanalyse ***f*** • hazard analysis, hazard assessment
Gefährdungsabschätzung ***f*** • hazard assessment, risk assessment
Gefährdungspotential ***n*** • hazard potential
Gefahrenabfall ***m*,** Sonderabfall, Altlast *f*, Schadabfall • hazardous waste, dangerous waste
Gefahrenabwehr ***f*** • hazard protection
Gefahrenanalyse ***f*** • hazard analysis
Gefahrenausmaß ***n*** • hazard extent
Gefahrenbereich ***m*** • hazard area
Gefahrenbestandteil ***m*,** Schadbestandteil • hazardous constituent in waste
Gefahrenbeurteilung ***f*** • hazard assessment
Gefahrenbeurteilung ***f*** **per Befliegung** • hazard assessment based on aerial photography
Gefahrenchemikal ***n*,** Schadchemikal • hazardous chemical
Gefahr(en)deich ***m*,** Schardeich [*Deich, dessen Außenböschung unmittelbar in die Uferböschung oder in das Watt übergeht, der also kein Vorland hat*] • dyke direct along the water body, dike direct along the water body
gefahrener Druck ***m*,** Betriebsdruck • operating pressure
Gefahrenflüssigkeit ***f*,** Schadflüssigkeit • hazardous liquid
Gefahrenhinweisfläche ***f*** • potential hazard area
Gefahrenhinweiskarte ***f*** • hazard index map; *in landslide areas:* landslide susceptibility map, susceptibility map
Gefahrenkarte ***f*;** s.a. ➲ Gefahrenzonenkarte • danger map, hazard map
Gefahrenkartierung ***f*** [*geologische Massenbewegungen*] • danger zone mapping
Gefahrenkataster ***n*** • risk register
Gefahrenpotential ***n*** • hazard potential
Gefahrenstoff ***m*** **als Verunreiniger,** Schadstoff als Verunreiniger • hazardous contaminant
Gefahrenzonenkarte ***f*** • hazard zone map
Gefahrgut ***n*** • dangerous materials, dangerous goods, hazardous materials, hazmat, HazMat
gefährliche Küste, faule Küste *f* • foul coast, dangerous coast [*A coast full of cliffs and rocks*]
gefährlicher Kreis ***m*** [*Rückwärtsschnitt in der Lage (ver)messung*] • dangerous circle
gefährlicher Zylinder ***m*** [*Fotogrammetrie – Rückschritt im Raum*] • dangerous cylinder [*resection in space*]
Gefahrstoff ***m*** • dangerous material, toxic material, hazardous material
Gefahrstoffverordnung ***f*** [*Verordnung zum Schutz von Gefahrstoffen*] • Ordinance governing hazardous materials
Gefälle ***n*** • gradient [*of a road, of the ground water level etc.*], decline, slope [*A part of a surface feature that slopes upward or downward; a slope, as of a stream channel or of a land surface. The synonymous term 'grade' is used in engineering*]
Gefälle ***n*** [*Verkehrsschild*] • steep slope ahead [*traffic sign*]
Gefälle ***n*** [*einer Leitung, eines Rohrs*] • inclination
Gefälle ***n*,** Niveaudifferenz *f*, Fallhöhe *f*, Druckhöhe, Druckgefälle, Gefällhöhe, Niveauunterschied *m* [*Talsperre*] • head, fall
Gefälle ***n*** **in (Ab)Transportrichtung** [*Tagebau*] • favourable grade (Brit.); favorable grade (US); downgrade in the direction of haul(ing)
Gefällebruch ***m*,** abrupter Gefällewechsel *m* • abrupt change of gradient

Gefällebruch ***m*,** Flussgefällebruch • break in the stream profile, convex angle in the stream profile, stream profile break, stream profile convex angle

Gefällebruch ***m*,** Stromgefällebruch • river profile break, break in the river profile, convex angle in the river profile, river profile convex angle

Gefälledruckleitung ***f*** • hydrostatic pressure line

Gefällehöhe ***f*** ➋ Niveaudifferenz

Gefälle(ge)rinne ***f*, (*n*)** • chute [*A sloping channel or passage for the conveyance of water, or of things floating in water to a lower level*]

Gefällelinie ***f*** • hydraulic axis, inclination line, line of inclination, inclination axis, hydraulic line, axis of inclination

G

Gefällemesshaltung ***f*,** Gefällemessstrecke *f* • trial reach, test(ing) reach [*A reach, especially one between two ga(u)ging stations, that is long enough to be used in the determination of a slope*]

Gefällerichtung ***f*** • slope direction

Gefällesprung ***m*** [*Geomorphologie*] • jog

gefällestark • steeply sloped

Gefällestufe ***f*** ➋ Kaskade

Gefälleunterschied ***m*** • drop [*The difference in water-surface elevations measured upstream and downstream from a constriction or obstacle in the water course*]

Gefällevergrößerungsbereich ***m*** [*Der Teil des Durchstiches eines Flusses oder Stromes, in welchem die Geschwindigkeit zunimmt*] • drop-off section

Gefällevortrieb ***m*,** Gefälleabschnitt

Gefälleweite ***f*** • fall [*The distance to which a physiographic feature, e.g. a stream, slopes*]

Gefällsrichtung ***f*** • direction of the slope, slope direction

Gefällstrecke ***f*** [*kanalisierter Fluss*] • slope section, slope portion

gefältelt • crumpled, plicated

gefaltete Falte ***f*,** Faltung *f* durch Faltung • folded fold

gefaltete Küste ***f*,** Faltenküste • fold coast [*A coast whose configuration is controlled by folded rocks*]

gefaltete Verwerfung ***f*,** Faltenverwerfung • fold fault [*An overfold, the middle limb of which is replaced by a fault surface*]

Gefäß ***n*** [*Eigenpotentialmethode*] • pot

Gefäßabteilung ***f*,** Kübelabteilung (⚒) • skip road

Gefäßaufzug ***m*,** Kübelaufzug (⚒) • skip hoist(ing machine), skip winder, skip winding machine

Gefäßbarometer ***n*,** Kapselbarometer • cistern barometer, ordinary barometer

Gefäßförderung ***f*,** Kübelförderung (⚒) • skip winding, skip hoisting

Gefäßniederschlag(s)messer ***m*** ➋ Totalisator

Gefäßregenmesser ***m*** ➋ Totalisator

gefiederte Falte ***f*** ➋ gestaffelte Falte

gefiederte Schleifrille ***f*** ➋ Fiedermarke

gefiederte Schleifrillenausfüllung ***f*** ➋ Fiedermarkenausfüllung

gefiederter Rillen(marken)ausguss ***m*** • ruffled groove cast [*A groove cast with a feather pattern, consisting of a groove with lateral wrinkles that join the main cast in the down-current direction at an acute angle*]

gefilterter linearer Poissonprozess ***m*,** linearer gefilterter Poissonprozess [*Modellierung von Durchfluss-tagesmittelwerten*] • shot-noise process

gefleckt, Fleck(en)... • maculose, spotted, knotted [*Said of a group of contact metamorphic rocks, e.g. spotted slates, that have a spotted character, also, said of the structure itself*]

Gefließmarke ***f*,** Strömungsmarke, Fließmarke • flow mark(ing), current mark(ing) [*A small ridge formed on the upper surface of a muddy sediment by a current of water*]

(geflochtene) Siebmatte ***f*,** (geflochtene) Gittermatte, (geflochtene) Schutzmatte, (geflochtene) Sinkmatte [*Am Mississippi und Missouri zur Deckung der beweglichen Ufer verwendet*] • screen mat

geflößtes Holz ***n*,** Flößholz

Gefluder ***n*,** Fluder • chute, canal, ditch, inclined timber trough [*The overflow water or mud from a borehole is conducted through it from the collar of the borehole to the sump. The chute may be fitted with baffles and screens to cause the cuttings to settle in the chute before reaching the sump*]

Gefluder ***n*** ➋ Waschrinne

Gefluderarbeiter ***m*** ➋ Fluterarbeiter

geflutete Zone ***f*** • invaded zone [*Petroleum engineering. Transitional downhole area between the area invaded completely by drilling mud and uncontaminated bulk of the reservoir*]

gefolgertes Erz ***n*** • inferred ore [*Ore for which there are quantitative estimates of tonnage and grade made in only a general way, based on geologic relationships and on past mining experience, rather than on specific sampling*]

Gefolgschaft ***f*** • accompaniment

geformte Braunkohle ***f*** ➋ Moorkohle

geformter flusssaurer Kalk ***m*,** gemeiner Flussspat

gefräste Wand ***f*** • cutter diaphragm wall

Gefrieraggregat ***n*,** Frostaggregat, Vereisungsaggregat, Eisaggregat [*(Baugrund) Vereisung; Gebirgsvereisung (⚒)*] • freezing set, freeze set, ice set

Gefrier-Auftau-Verwitterung ***f*** • frost action, freeze-and-thaw action [*The weathering process caused by repeated cycles of freezing and thawing*]

gefrierbar • freezable

Gefrierbaugrund ***m*** ➔ vereister Baugrund

Gefrierbereich ***m*,** Vereisungsbereich, Frostbereich, Eisbereich [*(Baugrund)Vereisung; Gebirgsvereisung (⚒)*] • freezing zone, frozen zone, ice zone, freeze zone

Gefrierbeständigkeit ***f*** ➔ Frostwiderstand

Gefrierbetrieb ***m*,** Vereisungsbetrieb, Frostbetrieb, Eisbetrieb [*(Baugrund)Vereisung; Gebirgsvereisung* (⚒)] • freezing operation(s), ice operation(s), freeze operation(s)

Gefrierbodenkunde ***f*** ➔ Kryopedologie

Gefrier(bohr)loch ***n*,** Eis(bohr)loch, Frost(bohr)loch, Gefrierbohrung *f*, Eisbohrung, Vereisungsbohrung, Frostbohrung, Vereisungs(bohr)loch [*(Baugrund) Vereisung; Gebirgsvereisung (⚒)*] • freezing (bore) hole, freezing well(bore), freeze (bore)hole, freeze well (bore), ice (bore)hole, ice well(bore)

Gefrierdruck ***m*** ➔ Frostdruck

gefrierempfindlich, frostempfindlich • frost-susceptible, frost-sensitive

gefrieren • to freeze

Gefrieren ***n*** • congelation, gelation, freezing [*The change from a fluid to a solid state*]

Gefrieren ***n*** **mit flüssigem Stickstoff** ➔ Stickstoffvereisung

Gefrieren ***n*** **mit Sole/Lauge** ➔ Solevereisung

Gefrieren ***n*** **ungesättigten Bodens in geschlossenem System** • closed freezing of unsaturated soil

gefrierender Bodenbereich ***m*** • freezing soil area, frozen fringe

Gefrierfenster ***n*,** Gefrierlücke *f*, Frostlücke, Frostfenster, Vereisungslücke, Vereisungsfenster [*(Baugrund)Vereisung; Gebirgsvereisung* (⚒)] • freezing gap, freeze gap, frozen gap, ice gap

Gefrierfestigkeit ***f*** ➔ Frostwiderstand

Gefrierflüssigkeit ***f*,** Kälteflüssigkeit, Gefriersole *f*, Kältesole [*(Baugrund)Vereisung; Gebirgsvereisung (⚒)*] • refrigerating brine, refrigeration brine, ground refrigerating brine, ground refrigeration brine, refrigerated brine

Gefriergeschwindigkeit ***f*,** Frostgeschwindigkeit • freezing rate, freeze rate, frost rate

Gefriergesetz ***n*** • freezing law

Gefrierkörper ***m*,** Frostkörper, Eiskörper, Vereisungskörper [*(Baugrund)Vereisung; Gebirgsvereisung* (⚒)] • freezing mass, ice mass, frozen mass

Gefrierkörper ***m*,** Frostkörper, Vereisungskörper • freezing body

Gefrierkörper ***m*** ➔ vereister Baugrund

Gefrierkörpervorwuchs ***m*** ➔ Frostkörpervorwuchs

Gefrierkreis ***m*,** Frostkreis, Vereisungskreis, Eiskreis [*(Baugrund) Vereisung; Gebirgsvereisung* (⚒)] • freezing circle, freeze circle, ice circle

Gefrierkurve ***f*,** Eiskurve, Vereisungskurve, Frostkurve [*(Baugrund)Vereisung; Gebirgsvereisung* (⚒)] • freezing curve, freeze curve, ice curve

Gefrierlanze ***f*,** Eislanze, Frostlanze, Vereisungslanze [*(Baugrund)Vereisung; Gebirgsvereisung* (⚒)] • freezing lance, freeze lance, ice lance, frost lance, brine lance

Gefrierlauge ***f*,** Gefrierlösung *f*, Sole *f*, Vereisungslösung, Vereisungslauge, Kältelösung, Kältelauge, Frostlösung, Frostlauge [*(Baugrund)Vereisung; Gebirgsvereisung*] (⚒) • freezing solution, freezing brine, freezing liquid, cold solution, cold brine, cold liquid, freeze solution, freeze brine, freeze liquid

Gefrierlehre ***f*,** Kältelehre, Frostlehre, Kryologie *f* • cryology, study of glaciology [*Shortly before the Second World War the term "cryology" was coined in central Europe for the study of glaciology*]

Gefrierlochbohren ***n*,** Frostlochbohren, Vereisungslochbohren, Eislochbohren • freezing hole drilling, freeze hole drilling

Gefrierlösung ***f*,** Gefrierlauge *f*, Sole *f*, Vereisungslösung, Vereisungslauge, Kältelösung, Kältelauge, Frostlösung, Frostlauge [*(Baugrund) Vereisung; Gebirgsvereisung* (⚒)] • freezing solution, freezing brine, freezing liquid, cold solution, cold brine, cold liquid, freeze solution, freeze brine, freeze liquid

Gefrierlücke ***f*,** Gefrierfenster *n*, Frostlücke, Frostfenster, Vereisungslücke, Vereisungsfenster [*(Baugrund)Vereisung; Gebirgsvereisung* (⚒)] • freezing gap, freeze gap, frozen gap, ice gap

Gefriermesser ***m*** ➔ Kältemesser

Gefriermethode ***f*** ➔ Gefrierverfahren

Gefriermethode ***f*** **von Poetsch** ➔ Gefrierverfahren *n* von Poetsch

Gefrierniederschlag ***m*** • freezing precipitation [*Any form of liquid precipitation that freezes upon impact with the ground or exposed objects, e.g., freezing rain and freezing drizzle*]

Gefrierpedologie *f* ➲ Kryopedologie

Gefrierperiode *f*, Frostperiode • freezing season, frost season

Gefrierphysik *f* ➲ Kältephysik

Gefrierprozess *m*, Gefriervorgang *m*, Vereisungsvorgang, Vereisungsprozess, Frostvorgang, Frostprozess • freezing process, freeze process

Gefrierpunkt *m*, Eispunkt, Frostpunkt [*Erstarrungspunkt des Wassers*] • ice point, freezing point, frosting point

Gefrierpunkterniedrigung *f*, Frostpunkterniedrigung • freezing-point depression

Gefrierpunkt(temperatur) *m* *(f)*, Frostpunkt (temperatur) *m*, *(f)* • freezing point (temperature), frost point (temperature), freeze point (temperature)

Gefrierrohr *n* ➲ (äußeres) Gefrierrohr

Gefrierschacht *m*, Vereisungsschacht, Frostschacht, Eisschacht [*(Baugrund)Vereisung; Gebirgsvereisung* (⚒)] • freezing shaft, freeze shaft, frozen shaft, ice shaft, freezer shaft

Gefrier(schacht)abteufen *n*, Vereisungs(schacht)-abteufen, Eisschachtabteufen, Frostschachtabteufen • freezing sinking, freeze sinking, ice sinking [*A method of shaft sinking in waterlogged strata by the use of cold brine circulating through a system of pipes until an ice wall is formed*]

Gefrierschachtbau *m*, Eisschachtbau, Vereisungsschachtbau, Frostschachtbau • freezing shaft construction, freeze shaft construction, frozen shaft construction, ice shaft construction, freezer shaft construction

Gefrierschachtverfahren *n* • freeze shaft method

Gefrierschleier *m*, Frostschleier, Vereisungsschleier, Eisschleier [*(Baugrund-)Vereisung; Gebirgsvereisung* (⚒)] • freezing curtain, freeze curtain, ice curtain

Gefriersole *f* ➲ Gefrierflüssigkeit

Gefrierspeicher *m*, Vereisungsspeicher, Frostspeicher [*flüssiges Erdgas*] • freezing-storage cavity, frozen-storage cavity, freeze-storage cavity

Gefrierstelle *f*, Vereisungsstelle, Froststelle, Eisstelle [*(Baugrund)Vereisung; Gebirgsvereisung* (⚒)] • freezing point, freeze point, ice point

Gefrierstrecke *f*, Froststrecke, Vereisungsstrecke, Eisstrecke [*(Baugrund)Vereisung; Gebirgsvereisung* (⚒)] • freezing section, ice section, freeze section, frozen section, frost section

Gefrierstruktur *f*, Kryostruktur, Kältestruktur, Froststruktur [*z. B. von gefrorenem Boden*] • cryogenic texture

Gefriersystem *n* [*(Baugrund)Vereisung; Gebirgsvereisung* (⚒)] • freezing system, freeze system

Gefriertechnik *f*, Vereisungstechnik, Frosttechnik, Eistechnik [*(Baugrund)Vereisung; Gebirgsvereisung* (⚒)] • freezing engineering, frozen ground engineering, freeze engineering

Gefriertemperatur *f* • freezing temperature

Gefriertiefe *f*, Vereisungstiefe, Eistiefe, Frost(eindring-(ungs))tiefe; Gefrierteufe *f*, Vereisungsteufe, Frost-(eindring(ungs))teufe, Eisteufe [*Gebirgsvereisung; (Baugrund)Vereisung*] • freezing depth, freeze depth, freeze level, ice (penetration) depth, ice (penetration) level, depth of frost (penetration), freezing level

Gefrierträger *m*, Kälteträger, Frostträger, Vereisungsträger [*(Baugrund)Vereisung; Gebirgsvereisung* (⚒)] • freezing agent, cold agent

Gefrierung *f* ➲ (Baugrund)Gefrierung

Gefrierverfahren *n*, Eismethode, Vereisungsverfahren, Frostverfahren, Eisverfahren, Gefriermethode *f*, Vereisungsmethode, Frostmethode [*(Baugrund) Vereisung; Gebirgsvereisung* (⚒)] • freezing method, freeze method, ice method, ground freezing (method)

Gefrierverfahren *n* von Poetsch, Poetschverfahren, Gefriermethode *f* von Poetsch, Poetschmethode • Poetsch freezing method, Poetsch freezing process

Gefriervorgang *m*, Gefrierprozess *m*, Vereisungsvorgang, Vereisungsprozess, Frostvorgang, Frostprozess • freezing process, freeze process

Gefrierwiderstand *m*, Frostwiderstand, Frostfestigkeit *f*, Gefrierfestigkeit, Frostbeständigkeit, Gefrierbeständigkeit • freezing resistance, resistance to freezing, freeze resistance, frost resistance

Gefrierwissenschaft *f* ➲ Kältewissenschaft

gefroren ➲ (künstlich) gefroren

Gefrorene *n* • congelation, gelation [*The product of the change from a fluid to a solid state*]

gefrorener Baugrund *m*, vereister Baugrund, Frostkörper *m*, Gefrierkörper, Eiskörper, Vereisungskörper, Frostbaugrund, Gefrierbaugrund, Vereisungsbaugrund [*Mit Sole oder flüssigem Stickstoff vereist*] • frozen foundation (ground), ice cylinder, cylinder of frozen ground, frozen ground cylinder, frozen natural foundation

gefrorener Boden *m* ➲ Frostboden

gefrorener Boden *m* ➲ (künstlich) gefrorener Boden

gefrorener Boden *m* ohne Eis, eisloser gefrorener Boden • dry frozen ground, dry frozen soil [*Relatively loose and crumbly ground or soil that has a temperature below freezing but contains no ice*]

Gefrornis *f* ➔ Bodenfrost

Gefrornisboden *m* ➔ Permafrost(boden)

Gefrornishügel *m*, Aufeishügel, Eishügel • frost mound, soil blister, suffosion knob [*A knoll, hummock, or conical mound in a permafrost region, containing a core of ice, and representing a generally seasonal and localized upwarp of the land surface, caused by frost heaving and/or hydrostatic pressure of ground water*]

Gefrornishügel *m* **mit Quelle** ➔ Aufeishügel *m* mit Quelle

Gefrornisschicht *f* ➔ Permafrost(boden)

Gefüge *n* [*Ökosystem*] • pattern

Gefüge *n* ➔ (Boden)Gefüge

Gefüge *n*, Gesteinsgefüge • fabric, rock fabric, petrofabric, texture, structural fabric [*In structural geology, the complete spatial and geometrical configuration of all those components that make up a deformed rock. It covers such terms as texture, structure, and preferred orientation, and so is an all-encompassing term that describes the shapes and characters of individual parts of a rock mass in space. The term was first defined by Sander (1930), who used the German word "Gefüge"*]

Gefügeachse *f*, Gesteinsgefügeachse • fabric axis, rock fabric axis, tectonic axis, petrofabric axis, reference axis, structural fabric axis

Gefügeaggregat *n*, (Boden)Gefügeaggregat

Gefügeanalyse *f*, Gesteinsgefügeanalyse • structural petrology, fabric analysis, petrofabric analysis, petrofabrics [*The analysis of fabric on the thin- section or micro scale. It includes the study of grain shapes and relationships (micro-structure) and the study of crystallographic preferred orientations*]

Gefügebestandteil *m*, Grundbestandteil, Gemengeteil *m*, *n*, Mazeral *m* [*Kohle*] • maceral, micropetrological unit

Gefügediagramm *n*, Gesteinsgefügediagramm • fabric diagram, rock fabric diagram, petrofabric diagram, orientation diagram, structural fabric diagram [*In structural petrology, a stereographic or equal area projection of fabric elements*]

Gefügeelement *n*, (Boden)Gefügeelement

Gefügeelement *n*, Gesteinsgefügeelement • fabric element, rock fabric element, petrofabric element, structural fabric element [*A component of a (rock) fabric*]

Gefügekompass *m* ➔ Geologenkompass

Gefügekorn *n*, (Boden)Gefügekorn

Gefügekunde *f* **nach Sander**, Gesteinsgefügekunde nach Sander • structural analysis [*It includes the analysis of structural features on all scales from thin section to discontinuous outcrop. It also involves placing interpretations on the movements and stress fields that were responsible for deformation*]

gefügekundliche Messungen *f*, gesteinsgefügekundliche Messungen • fabric study, rock fabric study, petrofabric study, structural fabric study

Gefügemechanik *f*, Gesteinsgefügemechanik • structural mechanics, fabric mechanics, petrofabric mechanics

Gefügemodell *n* [*für Fels*] • structural model [*of rock mass*]

gefüllte Trennfläche *f* • filled discontinuity

gefüllter Totarm *m* ➔ (auf)gefülltes Altwasser

gefülltes Altwasser *n* ➔ (auf)gefülltes Altwasser

gefülltes Spülloch *n* • (sand) filled cavity pit [*wellpoint*]

gefundenes Erz *n* • prospective ore

gefurcht (M/G) • furrowed, sulcate, sulcated [*having long, narrow grooves or channels*]

Gegenabhang *m*, Gegengehänge *n* • counter (hill) slope, counter hillside

Gegenarbeitsschicht *f* • offside, opposite work-shift

gegeneinander abgesteifte Wände *f(pl)* • walls strutted against each other

gegeneinander ausgesteifte Leitwände *f(pl)* • strutted guide walls

gegenfallend, widersinnig (ein)fallend • hading against the dip

Gegenflügel *m* ➔ Unterwasserflügel

Gegenfluss *m* ➔ Abkehrfluss

Gegengehänge *n*, Gegen(ab)hang *m* • counter (hill) slope, counter hillside

Gegengewicht(s)schüttung *f* • counterweight fill (ing)

Gegengewichtswagen *m* [*eintrüm(m)iger Bremsberg*] (⚒) • barney, bullfrog, donkey, groundhog, larry, mull, ram, truck [*A small car, attached to a rope or cable, used to push cars up an inclined plane*]

Gegenhang *m* • opposite slope, opposite bank; *less frequent:* counter slope,

Gegenione *n(pl)* • counter-ions

Gegenklappe *f* ➔ Unterwasserflügel

gegenläufige Teilverbrennung *f* [*Arbeitsverfahren der Erdölgeologie*] • reverse combustion

Gegenlenkung *f*; Gegensteuerung [*Fehlbenennung*] • trimming [*microtunnel(l)ling*]

Gegenmaske *f* [*Kartografie*] • complementary mask

Gegenmaßnahme, Abhilfe(maßnahme) *f* • remedy, remedial measure

Gegenmauer *f*, Überfallmauer [*Tosbecken*] • end wall [*stilling basin*]
Gegenort *n* (⚒) • counter excavation
Gegenosmose *f*, Umkehrosmose • reverse(d) osmosis, hyperfiltration, RO
Gegenpfeiler *m* ➋ Abläufer
Gegenschein *m* • (zodiacal) counterglow, gegenschein [*A round, or elongated, faint, ill-defined spot of light in the sky at a point 180° from the sun*]
Gegenschichtarbeiter *m* • offsider [*A man working on the opposite shift*]
Gegenschusslaufzeitkurve *f* • counter-shot travel time curve
Gegensee *f* • head sea
gegenseitig (ein)fallende Verwerfung *f*, widersinnig fallende Verwerfung • trough fault [*If two parallel dislocations are inclined toward each other, they form a trough fault and include a wedge-shaped mass of rock which is on the downthrow side of both displacements, while if they incline away from each other the inclined mass is on the upthrow side of both*]
gegenseitige Beeinflussung *f* • mutual interference
(gegenseitige) Brunnenbeeinflussung *f* • interference of wells, well interference [*Two or more wells are pumping from the same aquifer and near each other, the areas of influence can overlap*]
Gegenstand(s)marke *f* • tool mark(ing)
Gegensteuerung *f* [*Fehlbenennung*]; Gegenlenkung • trimming [*microtunnel(l)ling*]
Gegenstrom *m*, Umkehrstrom • reversing current, reverse(d) current, rectilinear current [*A common characteristic of the flow of a tidal watercourse, such that the flow is alternately upstream (flood current) and downstream (ebb current)*]
Gegenstrom *m* ➋ Abkehrstrom
Gegenstromspülung *f* ➋ indirekte Spülung
Gegentaktschwingung *f* [*beim Zweimassensystem*] • vibration with both masses out of phase
Gegental *n* ➋ obsequentes Tal
gegenüberliegendes Flussufer *n* • opposite river bank
Gegenufer *n* • opposed bank, opposite bank, opposing bank
Gegenverkehr *m* • opposite-direction traffic
Gegenwart(s)geologie *f* • present geology
Gegenwind *m* • headwind, opposing wind
gegliedertes Stützwerk *n* [*Lawinenverbauung*] • separated supporting structure
gegreiferte Wand *f* [*Die Bodenförderung erfolgt aus dem Schlitz mit Hilfe eines Tieflöffels*] • grabbed wall [*The soil is removed from a trench using a backhoe excavator*]
gegründet • founded
Gehänge *n*, Flechtzaun *m* [*In die Fluss- oder Stromsohle geschlagen*] • bandal
Gehänge *n* ➋ (Ab)Hang
Gehänge. . . ➋ (Ab)Hang . . .
Gehängeanschnitt *m* ➋ Anschnitt
Gehängebau *m*, Flechtzaunbau • bandalling
Gehängekohlenflöz *n*, Hangkohlenflöz *n* • hillside coal seam
Gehängelehm *m* • slope wash; *less frequent:* slope loam
Gehängemoor *n*, Hangmoor • hanging moor, suspended moor, suspension moor
Gehängemoorquelle *f*, Hangmoorquelle • hanging moor spring, suspended moor spring, suspension moor spring
Gehängeschutt *m* • talus material, scree material
Gehängespiegel *m* ➋ (Drehwaage)Gehängespiegel
Gehängeverwitterung *f* • weathering (back) of the slope
Gehalt *m* mal Mächtigkeit *f* [*Lagerstätte*] • grade x thickness, GT
gehauen (aus einem Fels) • rock-hewn [*Cut out of (the) rock*]
gehäufte Fassungsfähigkeit *f*, gehäuftes Fassungsvermögen *n* [*z. B. Baggerschaufel*] • heaped capacity
Gehbahn *f* [*amtliche Bezeichnung; Gehbahnen sind für den Fuß- und Radfahrerverkehr bestimmte, befestigte und abgegrenzte Teile der öffentlichen Straßen*] • pedestrian and bicycle way, pedestrian and bike way, pedestrian and bike lane [*in a city/town*]
gehelmtes Bergeisen *n*, geöhrtes Bergeisen, gehelmtes Setzeisen, geöhrtes Setzeisen, gehelmtes Eisen, geöhrtes Eisen, gehelmter Keil *m*, geöhrter Keil, gehelmter Fummel *m*, geöhrter Fummel, Locheisen (⚒) • helve gad; helve gedn [*Cornwall*]; helve picker
gehemmte Faltung *f* • bound folding
Gehlenit *m*, Velardenit • velardenite, gehlenite [*A mineral of the mellilite group, Ca_2AlSiO_7. It is isomorphous with akermanite*]
gehoben • heaved, uplifted, raised, elevated
gehobene Stromsohle *f* • batture [*French*]; elevated river bed
gehobener Pfahl *m* • heaved pile, uplifted pile, raised pile, elevated pile [*A pile which heaves due to ground displacement resulting from installing of a subsequent pile of a group*]

gehobener Strand ***m*** • raised beach, strandline [*An ancient beach occurring above the present shoreline and separated from the present beach, having been elevated above the high-water mark either by local crustal movements (uplift) or by lowering of sea level, and often bounded by inland cliffs*]

Gehölz ***n*** • shrubs, brushes

Gehölzrasen ***m*** • woody sward

gehörig, zugänglich, zugängig [*Grubenbau*] (⚒) • accessible

Gehörschutz ***m*** [*eine Art Kopfhörer, die bei bestimmten Arbeiten, zum Schutz des Gehörs getragen wird*] • ear protector [*A device such as an ear muff or a plug which is used to protect the human ear from loud noise*]

Gehsteig ***m*** ➋ Gehweg

Gehweg ***m,*** Fußweg *m,* Fußgängerweg, Gehsteig *m,* Bürgersteig *m* • pavement (Brit.), sidewalk (US), footpath

Geiger-Müller-Röhre ***f*** • Geiger(-Müller) tube, G-M tube

Geiger-Müller-Zähler ***m,*** Geiger-Müller Zählrohr *n* • Geiger(-Müller) counter, G-M counter

Geiger-Müller-Zählrohr ***n*** **in einer 50 cm langen Messsonde** • T-bar probe

Geisir ***m,*** Geysir, Geiser, Springquelle *f,* pulsende Quelle, pulsierende Quelle, Siedequelle, Springer *m* • geyser, gusher, pulsating spring, spouter, ebbing and flowing spring, gush(ing) spring

Geißberger ***m*** ➋ Erratiker

Geißfuß ***m*** ➋ Glückshaken

GeJ_2 ***n*** • germanous iodide

gekappte Antiklinale ***f*** • scalped anticline, breached anticline, unroofed anticline [*An anticline whose crest has been deeply eroded, so that it is flanked by inward-facing erosional scarp*]

gekerbt, geschartet • notched

gekernt • cored

gekernte Bodenprobe ***f,*** Boden(probe)kern *m* • soil (test(ing)) core, (test(ing)) core of soil, core(d) soil sample

gekernte Strecke ***f,*** Kernstrecke, Kernmarsch *m* [*Tiefbohrtechnik*] • cored interval, cored section

gekippte Falte ***f,*** überkippte Falte, überliegende Falte, umgekippte Falte, überstürzte Falte, Überfalte • overturned fold, overfold, inverted fold, reverse(d) fold [*It has tilted beyond the perpendicular, sequence of strata thus appears reversed*]

geklüftet [*Fels*] • fissured, jointed, cracked [*rock*]

geklüfteter Geschiebemerkel ***m*** • fissured boulder clay

geklüftetes Felsgestein ***n*** • jointed rock

geknäppert, nachgesprengt • blockholed (US); popshooted (Brit.)

geknickte Strandneigung ***f*** • line of demarcation of the beach slope, beach slope demarcation line

geknickter Polygonzug ***m,*** geknickter Standlinienzug • chain traverse

geköpfter Fluss ***m,*** enthaupteter Fluss • beheaded stream [*Its headwaters have been captured by another stream*]

geköpfter Strom ***m,*** enthaupteter Strom • beheaded river

geköpftes Tal ***n,*** Talstrunk *m,* Taltorso *m,* enthauptetes Tal • beheaded valley

gekörnt, körnig • granular [*Said of the texture of a rock that consists of mineral grains of approximately equal size. The term may be applied to sedimentary rocks, e.g. sandstones, but is especially used to describe holocrystal-line igneous rocks whose major-phase grain size ranges from 2 to 10 mm. Not recommended synonym: granitic. The synonym "granoblastic" is used for metamorphic rock*]

gekörnte Hochofenschlacke ***f,*** künstlicher Sand *m* • granulated blastfurnace slag

gekörnt-kristallin, körnig-kristallin • granular-crystalline

gekräuselte See ***f,*** Kräuselsee • gently rippled sea

gekreuzte Dispersion ***f,*** Kreuzdispersion [*Kristallografie*] • crossed dispersion

gekreuzte Nicols ***f*** • crossed nicols, crossed polars

Gekriech ***n,*** Bodengekriech • soil creep, creep [*The soil that has slowly and interceptibly moved from a higher to a lower level*]

Gekriech ***n*** ➋ Wander(gesteins)schutt

gekritzt [*durch Eis*] • covered with ruts, rut-covered

Gekrösefaltung ***f*** • enterolithic folding

Gekröse-Pahoehoe(lava) ***f*** • entrail pahoehoe (lava), entrail pahuhu (lava)

Gekrösestein ***m*** [*Grauer Anhydrit in darmförmig gewundenen Lagen im Salzton eines Steinsalzlagers*] • tripestone

gekrümmt • curved

gekrümmte (Ab)Rutsch(ungs)fläche ***f*** • concave-upward slip-plane [*slump(ing)*]

gekrümmte Böschung ***f*** • curved slope

gekrümmte Gebirgsbildungszone ***f,*** gekrümmtes Orogen *n* • oroflex

gekrümmte Voute ***f*** [*Balkenbrückenbau*] • curved haunch

gekrümmter Temperaturverlauf ***m*** • curved temperature profile

gekrümmtes Saugrohr ***n*** [*Wasserkraftwerk*] • elbow draft tube, elbow (draught) tube
gekrümmtes Wehr ***n,*** Bogenwehr • curved weir; curved dam (US)
geladenes Teilchen ***n*** • charged particle
Gelamon ***n*** [*ein Standardsprengstoff*] • Gelamon
Gelände ***n,*** Geländepartie *f*, Land *n*, Terrain *n* • land, ground, terrain
Gelände ... ➲ Land ...
Geländeauffüllung ***f***, Geländeaufhöhung *f* • landfill, fill, made-up ground, artificial land elevation
Geländeaufhöhung ***f***, Geländeauffüllung *f* • landfill, fill, made-up ground, artificial land elevation
Geländeauflast ***f*** • top loading
Geländeaufnahme ***f*** • terrain survey
Geländebegehung ***f*** • geotechnical field review, field work, field checking
Geländeberichtigung ***f*** ➲ kartografische Berichtigung
Geländebewertung ***f,*** Terrainbewertung, Landbewertung • estimate of ground, estimate of land, estimate of terrain [*Study of the ground features of an area in planning a military operation*]
Geländebruch ***m*** • base failure, slope failure
Geländebruchsicherheit ***f*** • safety against ground failure, safety against slope failure, safety against shear failure
Geländedarstellung ***f*** • relief representation [*photogrammetry*]
Geländedeformation ***f*** • terrain deformation, land deformation, surface deformation
Geländeebene ***f*** [*Fotogrammetrie*] • ground plane
Geländeeinebnung ***f*** **durch Frost** ➲ Frosteinebnung
Geländeeinschnitt ***m*** [*allgemein*] • cut
Geländeeinschnitt ***m*** [*im Straßenbau*] • road cut
Geländeerschließung ***f*** ➲ Erschließung
Geländefläche ***f*** [*Fotogrammetrie*] • ground area
Geländeförderung ***f,*** Geländetransport *m* • off-the-road hauling, off-the-highway hauling, off-the-road transportation, off-the-highway transportation
Geländeform ***f*** • land form
geländegängiger Bagger ***m*** • all-terrain excavator
geländegängiger Schreitbagger ***m*** • all-terrain walking excavator
Geländegängigkeit ***f*** [*z. B. eines Baggers*] • cross-country mobility (*or:* capability), all-terrain capability [*such as of an excavator*]
Geländegängigkeitskarte ***f*** • CCM map, cross country movement map
Geländegleiche ***f*** ➲ Geländeoberfläche
Geländegleichheit ***f*** • sameness of terrain
Geländegraben ***m*** • cross-country ditch
Gelände(Höhe) ***f*** • relief height [*photogrammetry*]
Geländehöhenunterschied ***m*** • relief variation
Geländekammer ***f*** • natural terrain unit
Geländeknickpunkt ***m*** [*Fotogrammetrie*] • ground break
Geländekoordinate ***f*** [*Fotogrammetrie*] • ground coordinate
Geländekorrektur ***f,*** kartografische Berichtigung *f*, kartografische Korrektur, Geländeberichtigung • cartographic correction
Geländemechanik ***f*** • terramechanics
(Gelände)Mulde ***f*** ➲ (Gelände)Senke
Geländemuldenrestwasser ***n*** • residual depression storage, residual pocket storage [*Depression storage existing at the end of the period of excess(ive) rain(fall)*]
(Gelände)Nadir(punkt) ***m,*** Aufnahmepunkt [*Zum Aufnahmezeitpunkt lotrecht unter dem Objektivzentrum der Aufnahmekammer befindlicher Geländepunkt. Symbol: N*] • ground nadir (point), nadir plumb point
Geländeneigung ***f*** • slope inclination, inclination of the slope, ground inclination, slope of the ground surface
Geländenivellement ***n*** • ground levelling
Geländeoberfläche ***f,*** GOF, Flur *f*, Geländeoberkante *f*, GOK, Erdgleiche *f*, Terrainoberfläche, Terrainoberkante, Terraingleiche, Geländegleiche, Bodenoberfläche, Bodenoberkante • ground level, ground surface, ground line, (ground) grade, terrain surface, terrain line, terrain grade, topographic(al) surface
Geländeoberfläche ***f*** [*Form des Geländes*]; Geländeform *f* • land form, land shape
Geländeoberkante ***f*** ➲ Geländeoberfläche
Geländeobjekterkennung ***f,*** Zielobjekterkennung, Objekterkennung, Bodenobjekterkennung • ground target analysis, (terrain) target analysis
Geländeprobe ***f,*** Bodenprobe [*Fels- oder Erd(reich)-probe*] • ground sample [*Rock or soil sample*]
Geländeprofil ***n,*** Terrainprofil [*Der Verlauf des ursprünglichen Geländes im Längsprofil und den Querprofilen*] • ground profile, terrain profile
Geländepunkt ***m,*** Terrainpunkt [*Fotogrammetrie*] • ground point
Geländerippen ***m*** • terrain rib
Geländerutschung ***f,*** Erdrutsch *m* ➲ Rutschung
Geländerüttler ***m,*** Geländevibrator *m* • buggy-mounted vibrator
Geländeschnitt ***m*** • terrain section

(Gelände)Senke ***f,*** (Gelände)Vertiefung *f,* (Gelände) Mulde *f,* Bodensenke, Bodenmulde, Bodenvertiefung • depression, ground depression, basin, trough, natural depression, hollow, sag; howe [*Eastern Scottish*]
Geländesenkung ***f,*** Oberflächensenkung *f* • ground subsidence, surface subsidence, areal subsidence
Geländeskizze ***f*** • area outline, topographical outline
Geländesprung ***m*** [*allgemein*] • ground level difference, (height) difference in ground surface elevation
Geländesprung ***m*** [*senkrechter*] • (vertical) cut
Geländestrecke ***f*** [*Fotogrammetrie*] • ground distance
Geländestreifen ***m,*** Landstreifen, Terrainstreifen • strip of ground, ground strip
Geländestufe ***f*** • terrace
Geländetransport ***m,*** Geländeförderung *f* • off-the-road hauling, off-the-highway hauling, off-the-road transportation, off-the-highway transportation
Geländeuntersuchung ***f*** • ground investigation, terrain investigation
Geländeveränderung ***f*** • change in the topography
Geländevermesser ***m*** ➲ Vermesser
Geländevertiefung ***f,*** (Gelände)Senke *f,* (Gelände) Mulde *f,* Bodensenke, Bodenmulde, Bodenvertiefung • depression, ground depression, basin, trough, natural depression, hollow, sag; howe [*Eastern Scottish*]
Geländevibrator ***m,*** Geländerüttler • buggy-mounted vibrator
Geländewelle ***f,*** Hügelchen *n,* Holm *m,* Brink *m,* Buckel *m,* Terrainwelle, Wörth *m* • knoll, hillock, mound; know(e), knowle [*Scottish terms*] [*A small, low, rounded hill*]
gelappte Bankung ***f,*** lappige Brandung • composite foreset bedding, compound foreset bedding [*Used by Lahee to describe sections seen in a lobate delta where the cross-bedding occurs in lenticular sets with concave erosional bases very similar to trough cross-bedding*]
gelappte Küste ***f,*** lappige Küste • lobate coast
gelappte Stufe ***f,*** lappige Stufe, Lappenstufe • step, lobate soil [*patterned ground*]
gelapptes Delta ***n,*** fingerförmig vorgebautes Delta • lobate delta, arcuate delta [*A curved or bowed delta with its convex outer margin facing the sea or lake, such as that formed at the mouth of the Ebro River, Danube River, Rhine River and some others*]
Gelatinedonarit 1 ***n,*** Ammongelatine 1 *f* [*frühere Benennung*] • gelatin(e) donarite 1
Gelatinedynamit ***n*** [*veraltete Benennung*], Dynamit 1 • gelatin(e) dynamite, gelatinous dynamite, straight gelatin(e) dynamite; gelignite (Brit.) [*The explosive base is a jelly made by dissolving nitrocotton in nitroglycerin(e). Some of the nitrocotton and glycerin(e) may be replaced by ammonia nitrate. The first is known as "straight gelatin(e) dynamite" and the second as "ammonia gelatin(e) dynamite"*]
Gelatinemethode ***f,*** Gelatineverfahren *n* • gelatin(e) method, gelatinous method, MacGeorge's method [*borehole surveying*]
Gelatinepatrone ***f*** • cartridge of gelatin(e), gelatin(e) cartridge, gelatinous cartridge
Gelatinesprengstoff ***m*** ➲ Sprenggummi
Gelatingel ***n*** • gelatin(e) gel, gelatinous gel
gelatinieren • to gel
gelatiniertes Nitroglyzerin ***n*** ➲ Sprenggummi
gelatiniertes Sprengöl ***n*** ➲ Sprenggummi
Gelatinierung ***f*** • gelation [*The formation of a gel from a sol, as by coagulation or by precipitation with an electrolyte*]
gelatinös • gelatine, gelatinous
gelatinöse Ammon(ium)nitratsprengstoff ***m*** • ammonium nitrate gelatin(e) dynamite [*This explosive is similar to the straight gelatin(e) except that the main constituent is ammonium nitrate instead of sodium nitrate*]
Gelbbleierz ***n,*** Wulfenit *m* • wulfenite, yellow lead ore
gelbe Arsenblende ***f*** ➲ Orpiment
gelbe Erde ***f*** ➲ Uranocker
Gelbeisenerde ***f,*** Gelbjarosit *m,* Vitriolgelb *n* • ocher-yellow jarosite, ocher-yellow utahite, ochre-yellow jarosite, ochre-yellow utahite, ocker-yellow jarosite, ocker-yellow utahite
Gelbeisenerz ***n*** ➲ Jarosit
Gelbeisenstein ***m*** • yellow clay-iron-stone
gelber Hornstein ***m*** • rabban [*Cornwall. A dry yellowish gessan*]
gelber Mediterranboden ***m,*** Gelberde *f* • yellow mediterranean soil
gelber Quarz ***m*** ➲ Citrin (Quarzgruppe)
gelber Saphir ***m;*** orientalischer Topas *m* [*Handelsbenennung*] • oriental topaz, Indian topaz [*misnomers*]; yellow sapphire
gelber Zinkspat ***m*** • turkey(-fat) ore [*The yellow variety of smithsonite which contains Cd*]
Gelberz ***n,*** Bunsenin *n,* Krennerit *m* • krennerite, white tellurium, $(AuAg)Te_2$ [*A silver-white to pale-yellow mineral. It often contains silver*]
gelbgrüner Saphir ***m*** • yellowish-green sapphire; oriental chrysoberyl [*misnomer*]
gelbgrüner Turmalin ***m,*** Ceylon-Peridot *m* • yellow-green t(o)urmaline; peridot(e) of Ceylon, Ceylon chrysolite, Ceylon peridot(e) [*misnomers*]

G

Gelbildner ***m*** • gelling agent
Gelbjarosit ***m*** ➲ Gelbeisenerde
Gelbkalkstein ***m*** ➲ Dolomitkalkstein
Gelbkupfererz ***n,*** Narrengold *n,* Kupferkies *m,* Chalkopyrit *m,* $CuFeS_2$ • chalcopyrite, yellow copper ore, copper pyrites, pyrites of copper, fool's gold, yellow pyrites, run, copper-iron sulphid(e); copper-iron sulfid(e) (US)
gelblich-grüner Moosachat ***m*** • yellowish-green moss agate; amberine [*misnomer*]
Gelbmergel ***m*** • yellow marl
Gelbquarz ***m*** ➲ Citrin (Quarzgruppe)
Geldverschwendung ***f*** **auf Staatskosten** [*für öffentliche Einrichtungen*] • boondoggle
Gelenk..., angelenkt, gelenkig • articulated, hinged, linked
Gelenkpfahl ***m,*** Pfahl mit (Pfahl)Rost gelenkig verbunden • pile hinged at the top, top-hinged pile
Gelenkquarz ***m,*** Itakolumit *m,* biegsamer Quarz • itacolumite; articulite [*obsolete*]; flexible quartz
gelenktes Bohren ***n,*** Lenkbohren [*grabenloser Rohreinbau*] • guided boring, guided drilling, steerable boring, steerable drilling
gelenktes Bohrwerkzeug ***n,*** Lenkbohrwerkzeug [*grabenloser Rohreinbau*] • guided drilling tool, steerable drilling tool
Gelenkstück ***n*** [*Teil einer Berstmaschine*] • swivel-joint element [*such as of a splitter machine*]
Gelisolifluktion ***f*** • solifluction, solifluxtion
Gelmagnesit ***m,*** dichter Magnesit, amorpher Magnesit • gel magnesite
Gelmischung ***f,*** Weichgelmischung *f* [*Injektionsgut*] • grout gel
gelochte Blechplatte ***f,*** Lochblechplatte [*Wird in die Wüste mitgenommen um Dünen- und Flugsandgegenden passieren zu können*] • sand sheet, sand metal sheet
gelochte Verrohrung ***f,*** perforierte Verrohrung, Lochverrohrung • perforated casing
gelockert ➲ (auf)gelockert
gelöst [*Über einem Stollen anstehend*] (⚒) • level-free
gelöst durch einen Stollen (⚒) • drained by means of an adit
gelöste Bestandteile ***m(pl)*** [*im Grundwasser*] • dissolved particulates
gelöste (Fest)Stoffe ***m(pl),*** Lösungsgehalt *m* • solution load, dissolved load, dissolved solids [*See note under "sediment load"*]
gelöster Boden ***m*** [*durch den Bohrkopf*] • loosened soil
gelöster Gang ***m*** • level-free vein [*As called by geologists*]; level-free lode [*As called by miners*]
gelöster Inhaltsstoff ***m*** [*Er passiert einen Filter von bestimmter Maschengröße*] • dissolved filter material
gelöster organischer Kohlenstoff ***m*** • dissolved organic carbon, DOC
Gelsprengstoff ***m*** ➲ (Spreng)Schlämme
Gelsprengstoffgemisch ***n*** ➲ (Spreng)Schlämmegemisch
Gelsprengstoffladung ***f*** ➲ (Spreng)Schlämmeladung
Gelsprengstoff-LKW ***m*** ➲ (Spreng)Schlämmepumpen-LKW
Gelsprengstoffmischung ***f*** ➲ (Spreng)Schlämmegemisch
Gelsprengstoffpatrone ***f,*** (Spreng)Schlämmepatrone
Geltungsbereich ***m*** [*einer Norm*] • scope of application, field of application, area of applicability
gemäßigt, mäßig • temperate, moderate [*Not excessive in degree*]
gemäßigter Gletscher ***m*** ➲ temperierter Gletscher
gemagertes Erz ***n,*** geringhaltiges Erz
gemahlen • ground
gemahlener Glimmer ***m*** • ground mica
gemahlenes Steinsalz ***n*** • broad salt, ground rock salt
Gemarkung ***f*** • township, tithing [*In Saxon times of England the land was laid out in townships for occupation by communities of men*]
Gemauerte Drumme ***f*** ➲ Mauerwerkdrumme
gemauerte Vollsteine ***m(pl)*** [*Baustoffe für Unterfangungskörper*] • solid brick masonry
gemauerter Abzugkanal ***m*** ➲ Mauerwerkdrumme
gemauerter Brunnen ***m*** ➲ Mauerwerkbrunnen
gemauerter Durchlass ***m*** ➲ Mauerwerkdrumme
Gemeinbergwerk ***n,*** Gemeingrube *f* • mine worked in common
Gemeinde ***f*** [*This is the primary unit of local government in Germany*] • municipality, commune (in Germany: either rural (Landgemeinde) or urban (Stadt); see also: ➲ Kreis
gemeine Braunkohle ***f,*** ungeformte Braunkohle • common brown coal
gemeine Kluft ***f*** [*Sie entsteht durch gebirgsbildende Kräfte oder langsame Hebung und Senkung der Erdrinde*] • common joint
gemeiner Asbest ***m*** ➲ Bergholz
(gemeiner) Glimmer ***m,*** Moskauer Glas *n,* russisches Glas, Weißglimmer, Muskovit *m,* Kaliglimmer, $KAl_2(AlSi_3)O_{10}(OH)_2$ • muscovite, common mica,

mirror stone, moscovite, Muscovy glass, white mica; adamsite [*obsolete*]; potash mica [*misnomer*]
gemeiner Opal *m* • common opal, opal without colo(u)r play
gemeiner Quarz *m* • common quartz
gemeiner Vulkan *m* ➋ Stratovulkan
gemeines Zinn *n*, Blockzinn, Pfundzinn, Probezinn • block tin, common tin
Gemeingrube *f*, Gemeinbergwerk *n* • mine worked in common
gemeinsame Lösung *f*, Gemeinschaftslösung • mutual solution
gemeinsame Plasmabewegung *f* [*Je nach Region auch als Diffusion oder Konvektion bezeichnet*] • bulk motion
gemeinsame Tiefenpunktstapelung *f* [*Seismik*] • horizontal mixing, horizontal stacking
gemeinsamer Mittelpunkt *m* [*Sender und Empfänger werden in gleichen Entfernungsschritten zu beiden Seiten des gemeinsamen Mittelpunktes auseinandergezogen, um günstige Bedingungen für die Auswertung zu schaffen*] • common midpoint
gemeinsamer Reflexionspunkt *m*, gemeinsamer Tiefenpunkt • common depth point, CDP, common reflection point, common reflexion point [*A portion of the subsurface that is involved in producing seismic reflections at different offset distances on several profiles*]
gemeinsames Kippen *n* • common tilt(ing) [*photogrammetry*]
gemeinsames Referenzbild *n* • master image, master picture
gemeinsames Stützenfundament *n*, kombiniertes Stützenfundament • combined (column) footing, common (column) footing [*Where the exterior building columns are so located with respect to the property lines that sufficient bearing area cannot be obtained for a symmetrical isolated footing, a combined footing can be used. In such a footing, the exterior column in question is carried on a common footing with the adjacent interior column, the footing being of such size and shape as to give the required bearing area and to make the centre of gravity of the loads coincide with the centre of the upward reaction*]
Gemeinschaft *f* ➋ (biotische) Gemeinschaft
Gemeinschaft *f* ➋ Vergesellschaftung
gemeinschaftliche Gesamtinterpretation [*für ein Bauwerk*] • shared overall interpretation
Gemeinschaftslösung *f*, gemeinsame Lösung • mutual solution
Gemenge *n* • mixture
Gemengeteil *m*, *n*, Beimengung *f* • constituent (mineral)
Gemengeteil *m*, *n* ➋ Grundbestandteil
gemessenes Erz *n* ➋ dreiseitig vorgerichtetes Erz
gemischt, verwachsen, komplex [*Mineral*] • complex, complicated
gemischt körnig ➋ gemischtkörnig
gemischt mechanisch-chemisches Sedimentgestein *n*, gemischtes Sedimentgestein • mixed sedimentary rock, sedimentary mixed rock
gemischte Gezeit *f*, gemischte Tide *f* • mixed tide [*It is characterized by appreciably differing successive high and low water stages. The mixed tides may be predominantly diurnal or semidiurnal*]
gemischte Rendzina *f*, Pararendzina [*Ein zwischen dem Ranker und der Rendzina stehender flachgründiger A-C-Bodentyp*] • pararendzina, mixed rendzina
gemischter Boden *m*, Mischboden • mixed soil [*Any combination of the four main textural classes: gravel, sand, silt, and clay*]
gemischter Meteorit *m* ➋ Lithosiderometeorit
gemischter Torf *m* ➋ Mischtorf
gemischter Vulkan *m* ➋ Stratovulkan
gemischtes Erz *n*, Mischerz • mixed ore [*An ore of both oxidized and unoxidized minerals*]
gemischtes Produkt *n*, Spätprodukt [*Vektoralgebra*] • mixed product
gemischtes Sedimentgestein *n*, gemischt mechanisch-chemisches Sedimentgestein • mixed sedimentary rock, sedimentary mixed rock
gemischtkörnig [*gemischt-körnige Böden sind z. B. sandiger Lehm, lehmiger Sand*] • mixed-grained
gemischtkörniger Boden *m* • composite soil, mixed-grained soil
gemischtwirtschaftliches Unternehmen *n* • mixed commercial enterprise
gemittelte prozentuale Niederschlagsganglinie *f*, gemittelte prozentuale Regenganglinie, prozentuale gemittelte Regenganglinie, prozentuale gemittelte Niederschlagsganglinie • mean percentage (rain) hyetograph, average percentage (rain) hyetograph
Gemme *f* [*Sie hat ein tiefeingeschnittenes Bild*] • carved gem
genagelte Stützwand *f*, Nagelstützwand • nailed retaining wall, nailed bulkhead
genagelter Boden *m* • nailed soil
Genauigkeit *f* • accuracy [*The closeness of agreement between a test result, or the average for a set, and the*

unknown true value. Not to be confused with "precision"]

Genauigkeitsabschätzung *f* • accuracy estimate

Genauigkeitsabtastung *f* • accurate scanning

Genauigkeitsanalyse *f* • accuracy analysis

Genauigkeitsbetrachtung *f* • accuracy consideration

Genauigkeitseinbuße *f* [*bei der Vermessung*] • loss of accuracy

Genauigkeit(sgrad) *f*, *(m)* • accuracy [*Surveying. Accuracy is nearness to truth and is measured by the deviation of a measurement from the average. Absolute accuracy is unobtainable. The practical limits of accuracy in building are about 1/8 inch for the placing of walls and floors, and about 1 inch for long tunnels meeting in the underground centre. See note under "precision"*]

Genauigkeitskontrolle *f* • accuracy check(ing) [*The procurement of presumptive evidence of a map's compliance with specified accuracy standards, indicates the relative (rather than the absolute) accuracy of map features*]

Genehmigungsverfahren *n* • licensing procedure

geneigt, schräg [*gegen die Waag(e)rechte*] • sloping, inclined, sloped, slant, oblique

geneigte Blocklagen *f(pl)*, Schrägverband *m* • sliced (block) work, sloping bond, inclined bond [*breakwater construction*]

geneigte Ebene *f*, wellenbrechende Böschung *f*, Neigungsebene • wave-breaker

geneigte Falte *f*, Schrägfalte, verengte Falte • inclined fold [*Its axial plane is inclined*]

geneigte Förderstrecke *f* mit Wellenbetrieb, geneigte Kettenförderstrecke (⚒) • chain brow road, chain brow way

geneigte Wand *f* • inclined wall

geneigte (Ober)Wasserseite *f*, geneigte Stauseite, geneigte OW-Seite • water slope, upstream slope [*fill dam*]

geneigter Fensterstollen *m*, geneigter Zugang(s)stollen, geneigter Tagesstollen, geneigter Bau(hilfs)stollen, geneigter Eingang(s)stollen, geneigter Seitenstollen, geneigter Nebenstollen, Schrägzugang(s)stollen, Schrägfensterstollen, Schrägtagesstollen, Schrägbau(hilfs)stollen, Schrägeingang(s)stollen, Schrägseitenstollen, Schrägnebenstollen • inclined (approach) adit, drift, sloping (approach) adit

geneigter Großbohrpfahl *m* • raking large diameter bored pile

geneigter Hang *m* • inclined slope

geneigter Jochpfahl *m* ➋ Schrägjochpfahl

geneigter Kern *m* • inclined core, sloping core [*fill dam*]

geneigter Pfahl *m*, Schrägpfahl, Neigungspfahl • spur pile, batter(ed) pile, raking pile, inclined pile, angled pile, raker pile [*Pile driven at an angle to provide horizontal as well as vertical components. Normally expressed as a ratio of horizontal to vertical (i.e., 1:4 = 1 horizontal to 4 vertical)*]

geneigter Stempel *m*, Schrägstempel, Neigungsstempel [*"Ständer"; "Stütze"; "Anpfahl"; "Pfosten"; "Trassstempel" und "Steher" können synonym für "Stempel" verwendet werden*] • spur prop, batter(ed) prop, raking prop, inclined prop, angled prop, rake(r) prop [*"Stay"; "stanchion" and "post" may synonymously be used for "prop"*]

geneigter Zugang(s)stollen *m*
➋ geneigter Fensterstollen

geneigtes Bohrloch *n*, Schräg(bohr)loch • angle (bore)hole, incline(d) (bore)hole, downhole [*It is drilled at an angle not perpendicular to the earth's surface*]

geneigtes Flöz *n*, schräges Flöz (⚒) • pitching seam, inclined seam, sloping seam

General(ein)fallen *n* • mean dip(ping), average dip (ing), general strata inclination

Generalgeding(e)träger *m* ➋ Grubenpächter

Generalsanierung *f* [*von älteren Gebäuden*] • complete rehabilitation [*of old structures*]

Generalstreichen *n*, Hauptstreichen [*Das durchschnittliche Hauptstreichen eines Ganges im Gegensatz zum Spezialstreichen*] • general bearing, general strike

Generator *m*, Oszillator • oscillator [*induction log*]

Genese *f* nichtmetallischer Lagerstätten, Entstehung *f* nichtmetallischer Lagerstätten • genesis of nonmetallic mineral deposits

genetisch verwandt • genetically related, cognate [*In structural geology, said of fractures and joints in a system that have the same deformational type and time of origin*]

genetische geomorphologische Karte *f* • genetic geomorphological map [*In this method of geomorphological mapping, landforms are shown according to their presumed origin; past and present processes, together with the "age" of the landform, are also given*]

genormter Standard-Laborversuch *m* • standardised laboratory test

genutzte Quelle *f* • utilized spring

Geoakustik *f* • geoacoustics [*The study of the sounds of the Earth, e.g. those of a volcanic eruption*]

Geoantiklinale *f*, Erdaufwölbung *f* • ge(o)anticline, regional anticline; ge(o)anticlinal [*obsolete*] [*A broad uplift, generally referring to the land mass from which sediments in a geosyncline are derived*]

Geoarchäologe *m* • geo-archaeologist
Geobarometer *n* • geobarometer [*A mineral pair the composition of which is pressure-dependent*]
Geobiologie *f* • geobiology [*Not to be confused with "biogeology"*]
Geobombe *f* [*Eine mit Sprengstoff und Zeitzünder versehene Kugel die schwebend durch masseerfüllte Karsthohlräume triftet. Die durch die Explosion ausgelösten Schallwellen werden an der Oberfläche mit Geofonketten registriert*] • geobomb
Geobotanik *f* • geobotany [*The study of vegetation to define geologic(al) differences of the landscape*]
geobotanische Aufschließung *f*, geobotanischer Aufschluss *m* • geobotanical exploration
geobotanische Aufsuchung *f*, geobotanische Prospektion *f*, geobotanische Suche *f*; geobotanische Bodenforschung [*Fehlbenennung*] • geobotanical prospecting, geobotanical prospection, geobotanical search(ing)
Geobruch *m* ➋ Geofraktur
Geochemie *f*, Chemie der Erde • geochemistry
Geochemie *f* der biogenen Prozesse, Biogeochemie, organische Geochemie, Geochemie der lebenden Materie • biogeochemistry, organic geochemistry
Geochemie *f* im weiteren Sinne, mineralogisch-chemische Geologie *f* • mineralogic(al) chemical geology
Geochemie *f* stabiler Isotope, stabile Isotopengeochemie • stable isotope geochemistry
Geochemietechnik *f*, geochemische Technik • geochemical engineering
Geochemiker *m* • geochemist
geochemisch • geochemical
geochemische Analyse *f* • geochemical analysis [*The application of chemical analysis to geological problems*]
geochemische Anomalie *f* • geochemical anomaly [*A concentration of one or more elements in rock, soil, sediment, vegetation, or water that is markedly higher than background. The term may also be applied to hydrocarbon concentrations in soil*]
geochemische Aufschließung *f*, geochemischer Aufschluss *m* • geochemical exploration
geochemische Aufschlussmethode *f*, geochemisches Aufschlussverfahren *n*, geochemisches Aufschließungsverfahren, geochemische Aufschließungsmethode • geochemical exploration method
geochemische Aufsuchung ➋ geochemische Prospektion
geochemische Erkundung *f* • geochemical reconnaissance
geochemische Fazies *f* • geochemical facies
geochemische Fazieskartierung *f* • geochemical survey [*The mapping of geochemical facies*]
geochemische Häufigkeit *f* [*Element*] • geochemical abundance
geochemische Karte *f* • geochemical map
geochemische Kartierung *f* • geochemical mapping
geochemische Probe *f* • geochemical sample
geochemische Prospektion *f*, geochemische Suche *f*, geochemische Aufsuchung *f*; geochemische Bodenforschung [*Fehlbenennung*] • geochemical prospection, geochemical search(ing), geochemical prospecting
geochemische Tätigkeit *f* • geochemical activity
geochemische Technik *f*, Geochemietechnik • geochemical engineering
geochemische Umwelt *f*, geochemisches Milieu *n* • geochemical environment
geochemische Vererbung *f* • geochemical heritage
geochemische Vergangenheit *f* • geochemical history
geochemische Wechselwirkungen *f(pl)* • geochemical interactions
geochemischer Aufschluss *m*, geochemische Aufschließung *f* • geochemical exploration
geochemischer Befund *m* • geochemical assessment
geochemischer Zyklus *m* • geochemical cycle
geochemisches Aufschlussverfahren *n*, geochemische Aufschlussmethode *f*, geochemisches Aufschließungsverfahren, geochemische Aufschließungsmethode • geochemical exploration method
Geochronografie *f*, Erdzeitbeschreibung *f*, geologische Zeitbeschreibung • geochronography, geologic(al) chronography
Geochronologie *f*, Erdzeitlehre *f*, geologische Zeitgliederung *f* • geochronology, geologic(al) chronology; geochrony [*obsolete*] [*A branch of isotope geology concerned with the analytical measurement of time*]
geochronologisch • geochronological; geochronical [*obsolete*]
Geochronometrie *f*, Erdzeitmessung *f* • geochronometry, measurement of geologic(al) time, geologic(al) time measurement
Geodäsie *f* • geodesy
Geodaten *f* • spatial data
Geodatenamt *n* • Geodata Office
Geodät *m* • geodesist

G

geodätisch-photogrammetrische Überwachung [*von Böschungen, Hängen, und Stützmauern*] • metrological monitoring [*of embankments, slopes and retaining walls*]

geodätisch vermessen • to measure geodetically

Geodätische *f*, geodätische Linie *f* [*Die kürzeste Linie zwischen zwei Punkten auf einer mathematisch definierten Fläche (auf einer Kugel Großkreise)*] • geodetic line

geodätische Analyse *f* • geodetic analysis

geodätische Aufgabe *f* • geodetic task, geodesic task

geodätische Aufnahme *f*, geodätische Vermessung *f* • geodetic survey(ing), geodesic survey(ing) [*A survey of a large area accomplished by geodetic surveying and used for the precise location of basic points for controlling other surveys*]

geodätische Grundlage *f* • geodetic control, geodesic control

geodätische Höhe *f* [*Lotrechter Abstand eines Punktes innerhalb einer Strömung von einem Bezugshorizont. Zeichen: z. Einheit: m*] • geodetic height

geodätische Interpretation *f* • geodetic interpretation, geodesic interpretation

geodätische Kamera *f* • geodesic camera, geodetic camera

geodätische Lage *f* • geodetic position [*The latitude and longitude of a point on the earth's surface referred to an adopted spheroid of reference. Geodetic positions are determined by triangulation from an initial station whose position has been arbitrarily adopted after a consideration of astronomical data*]

geodätische Linie *f*, Geodätische *f* [*Die kürzeste Linie zwischen zwei Punkten auf einer mathematisch definierten Fläche (auf einer Kugel Großkreise)*] • geodetic line

geodätische Messung *f* • geodetic measurement, geodesic measurement

geodätische Methode *f* • geodetic method, geodesic method

geodätische Nullinie *f* • null geodesic

geodätische Schnellvermessung *f*, Tachymetrie *f*, geodätische Schnellaufnahme *f* • tachymetry, stadia work, tachymetrie survey(ing) [*The name is derived from Greek words meaning "quick measurement". In this method distances and heights may be computed by observation from a tacheometer to a levelling staff and the application of trigonometry; no direct measurement such as chaining or taping is required*]

geodätische Überwachung *f* • geodetic monitoring

geodätische Vermessung *f*, geodätische Aufnahme *f* • geodetic survey(ing) [*A survey of a large area accomplished by geodetic surveying and used for the precise location of basic points for controlling other surveys*]

geodätische Verschiebungsmessung *f* • geodetic displacement measurement

geodätischer Äquator *m* • geodetic equator, geodesic equator

geodätischer Azimut *m* • geodetic azimuth, geodesic azimuth [*The angle between the tangent to the meridian at a given point and the tangent to the geodesic line from the given point to the azimuth point*]

geodätischer Meridian *m* • geodetic meridian, geodesic meridian, geographic(al) meridian [*A line (ellipse) on the spheroid having the same geodetic longitude at every point*]

geodätischer Richtungswinkel *m* • geodetic direction angle

Geodätisches Amt *n*, Amt für Geodäsie • Geodetic Survey, Geodesic Survey

geodätisches Aufnahmenetz *n*, Netz bei geodätischen Aufnahmen, geodätisches Vermessungsnetz • canvass of survey, survey(ing) canvass, geodetic survey(ing) canvass

geodätisches Aufnehmen *n*, geodätisches Vermessen • geodetic surveying, geodetic engineering, *less frequent:* geodesic engineering

geodätisches Festpunktfeld *n* • geodetic (*or:* geodesic) fixed point field

geodätisches Forschungsinstitut *n* • geodetic research institute

geodätisches Netz(werk) *n* • geodetic net(work), geodesic net(work)

geodätisches Überwachungsnetz *n* • geodetic monitoring network, geodesic monitoring network

geodätisch-statische Interpretation *f* • geodetic-statistical (*or:* geodesic-statistical) interpretation

Geode *f* [*Sekretionsform, bei der der Gesteinshohlraum beinahe oder ganz durch Mineralien (z. B. Quarz, Chalzedon, Kalkspat) ausgefüllt ist. Eine kleine Geode heißt Mandel*] • geode

Geodepression *f* • geodepression [*Haarmann's term for a long, narrow depression on the scale of a geosyncline, but not necessarily filled with sediments*]

geodisch • geodic [*Of or pertaining to a geode; resembling a geode*]

geodischer Gang *m*, klüftiger Gang, drusiger Gang • ruggy vein [*As called by geologists*], ruggy lode [*As called by miners*]

Geodynamik *f* • geodynamics [*It deals with the forces and processes of the interior of the Earth*]
geodynamische Vergangenheit *f* • structural history
geodynamischer Prozess *f* • geodynamic process
geöhrtes Bergeisen *n*, gehelmtes Bergeisen, gehelmtes Setzeisen, geöhrtes Setzeisen, gehelmtes Eisen, geöhrtes Eisen, gehelmter Keil *m*, geöhrter Keil, gehelmter Fummel *m*, geöhrter Fummel, Locheisen (⚒) • helve gad; helve gedn [*Cornwall*]; helve picker
Geoeiskunde *f* ➲ Geogefrierlehre
Geoelektrik *f* [*durch Erzeugung eines Gleichstromfelds im Boden mittels Elektroden wird der spezifische elektrische Widerstand ermittelt*] • geoelectrics [*A direct current field in the soil is generated by inserting two electrodes in the soil. The specific electric resistivity is then measured*]
geoelektrische Bohrlochmessung *f* ➲ Elektrokernen
geoelektrische Gleichstrommethode *f*, geoelektrisches Gleichstromverfahren *n* • geoelectric direct current method, geoelectric d.c. method
geoelektrische Tiefensondierung *f*, GTS • vertical electric sounding, VES
geoelektrisches Verfahren *n* • geoelectrical method
Geoelektrizität *f*, Erdelektrizität • geoelectricity, terrestrial electricity [*Electric phenomena and properties of the earth; used in a broad sense to include atmospheric electricity*]
Geoelektronik *f* • geoelectronics
Geofon *n*, Geophon *n*, Aufnehmer *m*, Seismometer *n*, Tauchspulenempfänger, Erschütterungsmesser • geophone, bug, detector, pot, seismometer, jug, geotector, tortuga, receiving sensor, pick-up (element), seismic detector, seismic geophone; seis [*colloquial term*] [*Detecting device which receives seismic impulses*]
Geoforschungszentrum *n*, GFZ (Potsdam) • German National Research Centre for Earth Sciences
geöffnete Verwerfung *f*, klaffende Verwerfung, Zerrbruch *m* • open fault
geöffneter Trennflächenabschnitt *m* • opened discontinuity section
Geofraktur *f*, Geobruch *m*, Geosutur *f*, Erdnaht *f* [*nach Cloos*]; Lineament *n* • linear feature, linear trend, lineament; linear [*not recommended synonym*] [*A linear topographic feature of regional extent that is believed to reflect crustal structure. Examples are fault lines, aligned volcanoes and straight stream and river courses*]
Geofunkmesssystem *n* ➲ Georadar
Geogefrierlehre *f*, Geokryologie *f*, Geokältelehre, Geofrostlehre, Geoeiskunde *f* • geocryology
geogene Stoffanreicherung *f*, Lagerstätte *f*, geogene Stoffkonzentration *f* [*Ein räumlich begrenzter, geologischer Körper, in welchem bestimmte chemische Elemente durch natürliche Vorgänge erheblich stärker konzentriert sind als im Gesamtmittel des bergbaulich zugänglichen Teils der Erdkruste*] • deposit
Geogenie *f*, Geogenese *f*, Geogonie [*Wissenschaft von der Entstehung der Erde*] • geogeny, geogony
Geogitter *n* • geogrid
Geogitter *n* aus Polyvinylalkohol *n*, PVA-Geogitter • PVA geogrid
geogitterbewehrt • geogrid-reinforced
geogitterbewehrte Tragschicht *f* • geogrid-reinforced bearing layer
Geogitterbewehrung *f* • geogrid reinforcement
Geognosie *f* [*veraltete-Benennung*]; Geologie [*Die Geologie besitzt unter den geologischen Wissenschaften (neben der Paläontologie) den stärksten historisch-genetischen Akzent. Es ist nicht richtig, sie mit der "Erd(krusten)geschichte" vollkommen zu identifizieren, denn einer ihrer Hauptzweige, die Allgemeine Geologie, beschäftigt sich zu einem bestimmten Teil mit den unter gegenwärtigen Bedingungen wirkenden Wechselbeziehungen physikalischer, chemischer und biologischer Kräfte in und auf der Erde unter dem Aspekt: Gegenwart gleich Schlüssel zur Vergangenheit. Hier liegen die Berührungspunkte mit der Geografie. Das, was als Gliederungsprinzip für die Geowissenschaften gilt, das Verhältnis struktursystematische/historisch-genetische Komponente, ist unmittel-bares Kennzeichen für die innere Systematik der Einzelwissenschaft Geologie*] • geology
Geograf *m*, Geografin *f*, Geograph *m*, Geographin *f* • geographer
geografische Breite *f* • geographic(al) latitude [*A general term, applying alike to astronomic latitude and geodetic latitude*]
geografische Erkundung *f* • geographic(al) reconnaissance
geografische Geologie *f* • geographic(al) geology
geografische Größenordnung *f* • order of geographic(al) magnitude, geographic(al) magnitude order
geografische Länge *f* • terrestrial longitude
geografische Verbreitung *f* • geographic(al) distribution
geografischer Horizont *m*, örtlicher Horizont, sichtbarer Horizont, natürlicher Horizont; Kimm (linie) *f*, Seehorizont • geographic(al) horizon, apparent horizon, local horizon, visible horizon, natural

G

horizon, sensible horizon [*The distant line along which earth and sky appear to meet. In both popular usage and weather observing, this is the usual conception of horizon*]

geografischer Norden *m*, Geografischnord *m* • geographic(al) north, true north

geografisches Informationssystem *n*, GIS • geographic information system, GIS

Geograph(in) *m*, *(f)* ➋ Geograf

geographisch(e/er) ➋ geografisch(e/er)

Koordinatennetz *n*, Koordinatennetz [*Der Bildgeometrie angepasst*] • gridding

G

Geohydraulik *f* • geohydraulics

Geohydrodynamik *f* • geohydrodynamics

Geohydrologie *f* • geohydrology [*Proposed by O.C. Meinzner (1942) as a branch of hydrology dealing with subterranean waters. See note under "hydrology"*]

geohydrologische Methode *f*, geohydrologisches Verfahren *n* [*Durch Erfassen der geohydrologischen Verhältnisse in einem definierten Gebiet werden die Grundwasserströmungen mengenmäßig ermittelt. Dazu werden für mehrere Zeiten nach Grundwasserstand(s)-messungen Grundwassergleichenpläne aufgestellt. Dadurch können die Bereiche, aus denen das Wasser den Fassungen (Brunnen) zuströmt, insbesondere Uferfiltratanteil, abgegrenzt werden*] • geohydrologic method

Geoid *n* • geoid [*The figure of the earth considered as a mean sea-level surface extended continuously through the continents*]

Geoidundulation *f* • geoid undulation

Geoinformation *f* • geo-information

Geo(ingenieur)bau *m* [*Er umfasst bohrtechnische Leistungen, Sanierungserkundungen, Deponievorbereitungen, Rekultivierung und Überwachung, Pegeldienst, Pegelbeobachtung, Pegelsanierung, Brunnensanierung und Sanierung von Wasserbauwerken*] • geoconstruction, geobuilding

Geoisotherme *f*, Linie *f* gleicher Erdtemperatur, Isogeotherme [*Sie verbindet Orte gleicher Temperatur unter der Erdoberfläche*] • isogeotherm(al line), geoisotherm(al line)

Geokältelehre *f* ➋ Geogefrierlehre

Geokodierung *f* • geo-coded processing

Geokosmologie *f* • geocosmology, geoastronomy

geokratisch • geocratic [*Term applied by Stefanini in 1917 to land areas, the sum of whose movements has been upward*]

Geokronit *m* • geocronite, $Pb_5SbAsS8$ [*A mineral composed of lead-gray lead antimony arsenic sulfid(e)*]

Geokryologie *f*, Geogefrierlehre *f*, Geokältlehre, Geofrostlehre, Geoeiskunde *f* • geocryology

Geokunststoff *m* • geotextile

Geokunststoffe *f* [*Pl; Oberbegriff für Produkte bei denen zumindest ein Bestandteil aus synthetischem oder natürlichem Polymerwerkstoff hergestellt ist. Es kann ein Flächengebilde, ein Streifen sein oder eine dreidimensionale Struktur aufweisen, das bei geotechnischen Anwendungen im Bau im Kontakt mit dem Boden oder auch anderen Baustoffen zur Anwendung kommt. Dazu gehören Geotextilien, Geogitter, Geonetze, Geomembranen.*] • geosynthetics

geokunststoffbewehrt • geosynthetics-reinforced, geotextile-reinforced; *less frequent:* geoplastic-reinforced

Geokunstoffgitter *n* ➋ Geogitter

Geokunststoff-Matte *f* • geosynthetic mat

Geokunststoffschlauch *m* • geotextile liner

geokunststoffummantelte Sandsäule *f* [*Sie kommen in den Fällen zur Anwendung, wo der Boden zu weich ist, um Schottersäulen effektiv einzusetzen*] • geotextile coated (sand) column, GCC, sand column encased by geotextiles

Geokunststoffummantelung *f* • geotextile casing

Geologenberuf *m* ausüben • to geologize, to discourse as a geologist, to practice geology

Geo(logen)hacke *f* • geologist's pick, rock pick

Geologenhammer *m*, geologischer Hammer • geological hammer, geologist's hammer; *less frequent:* geologic hammer

Geologenkompass *m*, Handkompass, Gefügekompass, Bergnadel *f*, geologischer Kompass • geologist's compass, geologic(al) compass

Geo(logen)werkzeug *n* • geologist's tool, rock tool

Geologie *f*; Geognosie [*veraltete Benennung*] [*Die Geologie besitzt unter den geologischen Wissenschaften (neben der Paläontologie) den stärksten historisch-genetischen Akzent. Es ist nicht richtig, sie mit der "Erd(krusten)geschichte" vollkommen zu identifizieren, denn einer ihrer Hauptzweige, die Allgemeine Geologie, beschäftigt sich zu einem bestimmten Teil mit den unter gegenwärtigen Bedingungen wirkenden Wechselbeziehungen physikalischer, chemischer und biologischer Kräfte in und auf der Erde unter dem Aspekt: Gegenwart gleich Schlüssel zur Vergangenheit. Hier liegen die Berührungspunkte mit der Geografie. Das, was als Gliederungsprinzip für die Geowissenschaften gilt, das Verhältnis struktursystematische/ historisch-genetische Komponente, ist unmittelbares Kennzeichen für die innere Systematik der Einzelwissenschaft Geologie*] • geology

Geologie *f* betreiben • to geologize, to study geology

Geologie *f* für Bauingenieure, Ingenieurgeologie im Bauwesen, Baugeologie, Geotechnik *f* für Bauingenieure • geotechnical engineering in building, civil engineering geology, geology in civil engineering, engineering geology of construction, geotechnical engineering in construction [*That part of civil engineering involving the interrelationship between the geological environment and the works of man. It signifies studies and designs for civil engineering works such as structure foundations, retaining structures, slope stabilization, tunnels, galleries, shafts, erosion control, airfield and highway pavement support, earth and rock fill dams and embankments whether constructed in soil or rock*]

Geologie *f* für Bergbauingenieure ➋ Ingenieurgeologie im Bergbau

Geologiegeschichte *f* ➋ Erdgeschichte

Geologieingenieur *m*, Ingenieurgeologe *m* • engineer (ing) geologist, excavator, geologic(al) engineer

geologisch-baugrundmechanisch schwieriges Gebiet *n* • geologically and mechanically difficult soil environment

geologisch entsorgter Atommüll *m* • geologically disposed nuclear waste(s)

geologisch untersuchen • to geologize, to make geologic(al) investigations

geologisch vermessen • to survey geologically

geologisch wirksamster Wind *m* • dominant wind

geologische Aufnahme *f* [*Darunter wird das räumliche Erfassen geologischer Gegebenheiten eines zu untersuchenden Gebietes verstanden (1*)*] • geological survey, geological mapping

geologische bauliche Untersuchung *f*, bauliche geologische Untersuchung • construction geologic(al) investigation

(geologische) Eisenerz(gesamt)vorräte *f(pl)* • iron-ore resources

geologische Erkundung *f* • geologic(al) reconnaissance

geologische Erkundungskarte *f* • reconnaissance geologic(al) map, geologic(al) reconnaissance map

geologische Erosion *f* • geologic(al) erosion, normal erosion [*Erosion of rocks and soils under natural conditions and undisturbed by human activity*]

(geologische) Erz(gesamt)vorräte *m(pl)* • ore resources

geologische Exkursion *f*, geologischer Streifzug *m* • geologic(al) expedition

geologische Faktorenanalyse *f* • geologic(al) factor analysis

geologische Feldarbeit *f* • geologic(al) field work

(geologische) Formation *f*, lithologische Einheit *f*, Formationengruppe *f* • formation, geologic(al) formation, geological terrane [*As used in geology, any assemblage of rocks which have some character in common, whether of origin, age, or composition*]

geologische Forschung *f* mit mathematischen Methoden • geomathematics

geologische Gefügespur *f*, geologisches Linear *n*, geologische Lineation *f* • geologic(al) fracture trace, geologic(al) rupture trace, geologic(al) linear

geologische Gegebenheiten *f(pl)* • geological conditions (features, surroundings)

geologische Geophysik *f* ➋ Geophysik für den Geologen

(geologische) Gesamtvorräte *m(pl)*, Außerbilanzgesamtvorräte • total (mineral) resources, geologic(al) total resources, geologic(al) overall resources, geologic(al) aggregate resources, overall (mineral) resources, aggregate (mineral) resources

geologische Geschichte *f* ➋ Erdgeschichte

geologische Grenze *f* • geologic(al) boundary

(geologische) Grenzgehalttheorie *f*, (geologische) Schwellengehalttheorie • cutoff theory

geologische Großmulde *f* ➋ Geosynklin(al)e

geologische Grundlagen *f(pl)* *(erforderliche Daten für IT-Programme]* • geological data

geologische Karte *f* • geologic(al) map

geologische Kartierung *f* • geologic(al) mapping

geologische Katalogisierung *f* • geologic(al) catalog (u)ing

geologische Korrelation *f*, geologische Zuordnung *f* [*Korrelation gleichaltriger Schichten verschiedener Bohrungen oder Ausstriche*] • geologic(al) correlation

geologische Landesaufnahme *f* • geologic(al) surveying

geologische Lineation *f* ➋ geologisches Linear

geologische Lokalität *f* • geologic(al) site

geologische Massenbewegung *f* • geological mass movement

geologische Naturgefahr *f*, Georisiko *n* • geo-hazard

geologische Oberflächenkartierung *f*, geologische Übertagekartierung • geologic(al) surface mapping

geologische Orgel *f*, Sandröhre *f*, Erdpfeife *f*, Sandschlot *m* der Kreide, Schuttschlot der Kreide [*Eine tiefe, zylinderförmige, mit Sand und Schutt ausgefüllte Höhlung in der weißen Kreide*] • sand pipe, (sand) gall

geologische Petrologie *f* • geologic(al) petrology

geologische Provinz *f* • geologic(al) province

geologische Satellitenfotografie ***f*** • geologic(al) orbital photography, geologic(al) satellite photography
(geologische) Schürfbohrung ***f*** • structural test hole, well drilled for geological purposes
(geologische) Schwellengehalttheorie ***f*,** (geologische) Grenzgehalttheorie • cutoff theory
geologische Störung ***f*,** Dislokation *f*, Diskontinuität *f* großer Erstreckung, Verschiebung • displacement, dislocation, geological fault [*In structural geology, general terms for the relative movement of the two sides of a fault measured in any chosen direction, also, the specific amount of such movement*]

G

geologische Störzone ***f*** • geological fault zone, geological disturbance zone
geologische Struktur ***f*,** geologischer (Auf)Bau *m* • geologic(al) structure, geologic(al) feature, "grain" of the country, structural grain [*The total structural features in an area*]
geologische Tabelle ***f*** • geologic(al) legend, geologic(al) explanation [*The first term is preferred by the U.S. Geological Survey. Attached to geologic(al) maps is a legend which shows the correct sequence of formations. The oldest formation is shown at the bottom, the youngest at the top. This constitutes a geologic(al) column*]
geologische Theorie ***f*** [*Die genaue, widerspruchsfreie Wiedergabe des Wesens der geologischen Erscheinungen*] • geologic(al) theory
geologische Übersichtskarte ***f*** • general(ized) geologic(al) map, geologic(al) general(ized) map
geologische Übertagekartierung ***f*,** geologische Oberflächenkartierung • geologic(al) surface mapping
geologische Umwelt ***f*,** Geoumwelt, geologisches Milieu *n*, Geomilieu • geoenviroment, geologic(al) environment
geologische Unterwasserkartierung ***f*** • under-water geologic(al) mapping, geologic(al) underwater mapping, subaqueous geologic(al) mapping, geologic(al) subaqueous mapping
geologische Unwägbarkeiten ***f(pl)*** • geological imponderables
geologische Verhältnisse ***f*** • geologic(al) conditions
geologische (Ver)Messung ***f*** • geologic(al) survey
geologische Vorhersage ***f*** • geologic(al) forecast (ing)
geologische Wissenschaft ***f*,** Geowissenschaft [*Die geologischen Wissenschaften sind auf die Lithosphäre räumlich und zeitlich beschränkt. Ihre Aufgabe ist die Klärung der Bildungs- und Entwicklungsgeschichte der oberen festen Erdhüllen, d. h. der Erdkruste und des oberen Mantels bis in eine Tiefe von ungefähr 400 km. Geologische Wissenschaften sind Geophysik, Geochemie, Mineralogie, Petrografie, Paläontologie und Geologie*] • geologic(al) science, geoscience
geologische Zeit ***f*** • geologic(al) time
geologische Zeitbeschreibung ***f*** ➲ Geochronografie
geologische Zeitgliederung ***f*** ➲ Geochronologie
geologische Zeitskala ***f*,** geologische Zeittabelle *f* • geologic(al) time scale, time scale [*The time relationships established for the geologic(al) column*]
geologische Zuordnung ***f*,** geologische Korrelation *f* [*Korrelation gleichaltriger Schichten verschiedener Bohrungen oder Ausstriche*] • geologic(al) correlation
geologischer (Auf)Bau ***m*,** geologische Struktur *f* • geologic(al) structure, geologic(al) feature, "grain" of the country, structural grain [*The total structural features in an area*]
geologischer Baustoff ***m*** • geological material
geologischer Beweis ***m*,** geologisches Zeugnis *n* • evidence
geologischer Festigkeitsindex ***m*,** GSI • geological strength index [*by Hoek*], GSI
(geologischer) Grenzgehalt ***m***
➲ untere (Ab)Bauwürdigkeitsgrenze
geologischer Hammer ***m*,** Geologenhammer • geologist's hammer, rock hammer
(geologischer) Horizont ***m*** • (geologic(al)) horizon [*A stratigraphic(al) level or plane; it has no thickness. The term is not a synonym of stratum or bed*]
geologischer Kompass ***m*** ➲ Geologenkompass
geologischer Laie ***m*** • nongeologist
geologischer Leiter ***m*** [*Geoelektrik*] • geologi(cal) conductor
geologischer Querschnitt ***m*,** geologisches Querprofil *n* • geologic(al) cross-section [*A diagram showing the arrangement of rocks in a vertical plane*]
geologischer Schelf ***m*** ➲ Schelfstruktur
geologischer Schnitt ***m*,** stratigrafischer Schnitt, geologisches Profil *n*, stratigrafisches Profil • geologic (al) section, (stratigraphic) section [*A graphic representation, made from actual observations or inferred from other evidence, of underground geologic(al) conditions along a given line or plane of the earth's crust*]
(geologischer) Schwellengehalt ***m***
➲ untere (Ab)Bauwürdigkeitsgrenze
geologischer Streifzug ***m*,** geologische Exkursion *f* • geologic(al) expedition
geologischer Vorgang ***m*** • geologic(al) process
geologischer Werdegang ***m*** • geologic(al) evolution
geologischer Zeitraum ***m*** • geologic period

geologisches (Abfall)Endlager *n* • geologic(al) (waste) repository
geologisches Alter *n* • geologic(al) age
Geologisches Amt *n*, Bodenforschungsamt, Amt für Bodenforschung • Geologic(al) Survey
geologisches Fenster *n* ➲ tektonisches Fenster
geologisches Gesetz *n* • geologic(al) law
geologisches Handbuch *n*, Handbuch der Geologie • manual of geology, geology manual, handbook of geology, geology handbook
geologisches Kartenblatt *n* • geologic(al) map sheet
geologisches Linear *n*, geologische Gefügespur *f*, geologische Lineation *f* • geologic(al) fracture trace, geologic(al) rupture trace, geologic(al) linear
geologisches Milieu *n* ➲ geologische Umwelt
geologisches Profil *n* ➲ geologischer Schnitt
geologisches Querprofil *n*, geologischer Querschnitt *m* • geologic(al) cross-section [*A diagram showing the arrangement of rocks in a vertical plane*]
geologisches Schelf *n* ➲ Schelfstruktur
geologisches Standortkriterium *n* • geologic(al) location criteria
geologisches Vorerkundungsbohren, Untersuchungsbohren *n* [*Erdöl; Erdgas; Kohle; Erz*] • structure hole drilling
geologisches Zeugnis *n*, geologischer Beweis *m* • evidence
Geomagnetik *f*, Erdmagnetik • geomagnetics, terrestrial magnetics
geomagnetisch, erdmagnetisch • geomagnetic, terrestrial magnetic, earth-magnetic
geomagnetische... ➲ erdmagnetische...
Geomagnetismus *m*, Erdmagnetismus, irdischer Magnetismus • geomagnetism, Earth's magnetism, terrestrial magnetism [*The magnetism of the Earth*]
Geomaterial *n*, Geostoff *m* • geomaterial
Geomathematik *f* ➲ mathematische Geologie
Geomatiker *m* • geomatician
geomechanische Klassifizierung *f* • geo-mechanics classification, geomechanical classification
Geomedizin *f* • geomedicine; medicinal geography [rare]; medical geography
Geomembran(e) *f* [*Dünne, flexible Folien mit niedriger Duchlässigkeit. Sie schützen gegen das Eindringen von Gasen und Flüssigkeiten. Polyäthylen und PVC haben das früher verwendete Butylkautschuk ersetzt*] • geomembrane
Geometer *m* ➲ Vermesser
geometrisch-dynamischer Vorgang *m* • dynamic geometric process
geometrische Amplitudendivergenz *f* • spread factor
geometrische Angleichung *f* • geometric(al) adjustment
geometrische Auflösung *f* • geometric(al) resolution
(geometrische) Einwägung *f* ➲ nivellitische Höhenvermessung
geometrisches Gefälle *n*, Fahrböschung *f* [*Die Fahrböschung ist die Neigung der Verbindungsgeraden des obersten Punktes der Ausbruchsstelle und des entferntesten Punktes der Ablagerung gemessen entlang der Spur des Steinschlages, entlang der Trajektorie (IAN Report 101)*] • run-out line, reach angle
geometrische Gesteinsanalyse *f* • geometric(al) rock analysis
geometrische Grundlagen *f(pl)* (*erforderliche Daten für IT-Programme*] • geometrical data
(geometrische) Höhen(ver)messung *f* ➲ nivellitische Höhenvermessung
geometrische kartografische Darstellung *f*, kartografische geometrische Darstellung • cartographic representation of densities related to geometric(al) real units
geometrische Modellierung *f* [*von Fels*] • geometric modelling (Brit.) [*of rock*], geometric modeling (US)
(geometrische) Nivellierung *f* ➲ nivellitische Höhenvermessung
geometrische Optik *f*, Strahlenoptik • geometri(cal) optics
geometrische Seismik *f* • geometric(al) seismics
geometrische Veränderung *f* [*am Bauwerk*] • geometrical deformation [*of a structure*]
geometrische Verzerrung *f* [*eines Bildes*] • geometric distortion [*of an image*]
geometrischer Ort *m* **der Hochwasser** • high-water locus, high tide locus, locus of high water, locus of high tide
geometrisches Nivellement *n* ➲ nivellitische Höhenmessung
geometrisches Zeichnen *n*, Strichzeichnen • linear drawing
geomikrobiologisch • geomicrobiologic(al)
Geomineralogie *f* [*Als Geomineralogie werden Teile der Gesteins- und Lagerstättenkunde sowie die Mineral-Topografie und Mineral Paragenesen-Lehre zusammengefasst*] • geomineralogy
geomorph • geomorphic [*Pertaining to the form of the Earth or of its surface features, e.g. a geomorphic province*]
Geomorphochronologie *f* • geomorphochronology

G

Geomorphogenie *f* • geomorphogeny, genetic physiography [*The part of geomorphology that deals with the origin, development and changes of the Earth's surface features or landforms*]

Geomorphografie *f*, Geomorphographie • geomorphography

Geomorphologe *m* • geomorphologist

Geomorphologie *f*, Landschaftsformung *f* • geomorphology

geomorphologisch • geomorphic, geomorphologic [*Pertaining to geomorphology*]

geomorphologische Kartierung *f* • geomorphological mapping

geomorphologische Lage *f* • geomorphologic situation

(geomorphologischer) Formenschatz *m* • landform ensemble, relief feature ensemble, ensemble of landforms, ensemble of relief features, group of related landforms, related landform group

Geomorphometrie *f* • geomorphometry

Geonetz *n* • geonet

Geonomie *f* • geonomy [*A term variously recommended as a synonym for geology, as the science of the dynamic Earth, as the science concerned exclusively with the physical forces relating to the Earth, and to denote the study of the Earth's upper mantle. The word has not been given broad recognition or acceptance, and the variety of proposed definitions suggests that it should be used with care, if at all*]

Geoobjekt *n* • spatial object

Geoökologie *f*, Umweltgeologie • environmental geology, geoecology

Geophon *n*, Geofon *n*, Aufnehmer *m*, Seismometer *n*, Tauchspulenempfänger, Erschütterungsmesser • geophone, bug, detector, pot, seismometer, jug, geotector, tortuga, receiving sensor, pick-up (element), seismic detector, seismic geophone; seis [*colloquial term*] [*Detecting device which receives seismic impulses*]

Geophonanlage *f*, Geofonanlage *f* • geophone spread [*In seismic work, the layout of detectors to obtain information by shooting*]

Geophonbündel *n*, Geofonbündel *n* • geophone array

Geophongruppe *f*, Geofongruppe *f* • multi(ple)-geophones, multi(ple)-recording groups, multi(ple)-detectors

Geophonkette *f*, Geofonkette *f* • geophone string

Geophonkonfiguration *f*, Geofonkonfiguration *f* • geophone pattern

Geophonverteilung *f*, Geofonverteilung *f* • spread, seismometer spread, seismic spread [*The layout of geophone groups from which data from a single shot are recorded simultaneously*]

Geophysik *f*, Physik der Erde, geophysikalische Wissenschaft *f*, physiografische Geologie *f* [*Die Wissenschaft von den physikalischen Eigenschaften des Erdballes und von den physikalischen Vorgängen, die sich im Innern, an seiner Oberfläche und in seiner Umgebung abspielen: Gravimetrie, Seismik, Magnetik, Elektrik usw.*] • geophysical science, geophysics, science of geophysics

geophysikalisch • geophysical

geophysikalische Aufnahme *f*, geophysikalische (Ver)Messung *f* • geophysical survey

geophysikalische Aufsuchung *f* ➋ geophysikalische Suche

geophysikalische (Aus)Deutung *f*, geophysikalische Auswertung, geophysikalische Interpretation *f* [*Siehe Anmerkung unter "Deutung"*] • geophysical interpretation

geophysikalische Bohrlochmethode *f*, geophysikalisches Bohrlochverfahren *n* • (bore)hole geophysical method, well(bore) geophysical method [*Borehole techniques that permit direct active viewing of the borehole wall, photographing of the wall or otherwise obtaining a visual image of the physical appearance of the wall may be considered as borehole geophysical methods*]

geophysikalische Bohrlochmessung *f* • geophysical borehole measurement

geopysikalische Eigenschaft *f* • geophysical property

geophysikalische Erkundung *f* • geophysical exploration; *less frequent:* geophysical reconnaissance

geophysikalische Forschung *f* • geophysical research

geophysikalische Interpretation *f* ➋ geophysikalische (Aus)Deutung

geophysikalische kombinierte Bohrlochmessung *f*, kombinierte geophysikalische Bohrlochmessung *f* • multi(ple) method geophysical (well) logging, combined method geophysical (well) logging

geophysikalische Messung *f* • geophysical measurement

geophysikalische Methode *f*, geophysikalisches Verfahren *n* • geophysical method

geophysikalische Suche *f*, geophysikalische Prospektierung *f*, geophysikalische Aufsuchung, geophysikalisches Aufsuchen *n* • geophysical prospection, geophysical prospecting, geophysical search(ing)

geophysikalische Technik *f* [*Als Anwendungsform, nicht als Wissenschaft*] • geophysical technique

geophysikalische Technik *f*, Geophysiktechnik, Ingenieurgeophysik *f* • geophysical engineering, engineering geophysics [*A branch of applied geophysics that applies scientific methods for locating mineral deposits*]

geophysikalische Untersuchung *f* • geophysical investigation

geophysikalische Untersuchungsmethode *f* • geophysical investigation method

geophysikalische Untersuchungstätigkeit *f* **im Küstenbereich** • geophysical offshore work

geophysikalische (Ver)Messung *f*, geophysikalische Aufnahme *f* • geophysical survey

geophysikalische Vorauserkundung *f* • geophysical advance exploration

geophysikalische Wissenschaft *f* ➲ Geophysik

geophysikalische Zeitreihe *f* • geophysical time series, stationary time series

geophysikalischer Feldversuch *m* • geophysical in situ test(ing)

geophysikalischer Labor(atoriums)ofen *m* • geophysical lab(oratory) furnace

geophysikalisches Aufnehmen *n*
➲ geophysikalisches (Ver)Messen

geophysikalisches Aufsuchen *n* ➲ geophysikalische Suche

geophysikalisches Bohrlochverfahren *n*, geophysikalische Bohrlochmethode *f* • (bore)hole geophysical method, well(bore) geophysical method [*Borehole techniques that permit direct active viewing of the borehole wall, photographing of the wall or otherwise obtaining a visual image of the physical appearance of the wall may be considered as borehole geophysical methods*]

geophysikalisches Verfahren *n*, geophysikalische Methode *f* • geophysical method

geophysikalisches (Ver)Messen *n*, geophysikalisches Aufnehmen • geophysical surveying, geophysical measurement [*The making and interpretation of certain physical measurements with the object of furthering the study of subsurface geological conditions of structure or material • Such surveying is used in the mapping of ore deposits and oil-bearing structures and also in the research in pure geology*]

Geophysiker *m* • douser, doodlebugger, doucer, dowser [*Commonly used by drillers as names for a person skilled in the use of geophysical devices*]

Geophysiker *m* • geophysicist

Geophysiktechnik *f*, geophysikalische Technik, Ingenieurgeophysik *f* • geophysical engineering, engineering geophysics [*A branch of applied geophysics that applies scientific methods for locating mineral deposits*]

Geopolymerbeton *m* • geopolymeric concrete

Geopolymerchemie *f* • geopolymeric chemistry

Geopotential *n* • geopotential [*The potential energy of a unit mass relative to sea level, numerically equal to the work that would be done in lifting the unit mass from sea level to the height at which the mass is located; commonly expressed in terms of dynamic height or geopotential height*]

Geopotentialtopografie *f*
➲ (absolute) Geopotentialtopografie

Georadar *n*, Untergrundradar, Geofunkmesssystem, Untergrundfunkmesssystem *n* • ground(-probing) radar, geo-radar

geordnet • ordered

georeferenzieren • to geo-reference

georeferenziert • georeferenced, geo-referenced

Georisiko *n*, geologische Naturgefahr *f* • geo-hazard

Georisikoforschung *f* • geo-hazard research

Geosphäre *f* • geosphere [*Any of the spheres or layers of the Earth*]

Geosphäre *f* • geosphere [*The lithosphere, hydrosphere and atmosphere combined*]

Geostatik *f* [*Die Lehre vom Gleichgewicht der Kräfte vor, während und nach der Herstellung eines Hohlraumbauwerkes, z. B. eines Tunnels*] • geostatics

geostationär • geostationary

geostatisch • geostatic [*1. Pertaining to earth in a quiescent condition due to a balance of forces or pressures. 2. Having the quality of maintaining earth in equilibrium*]

geostatischer Druck *m* • geostatic pressure, lithostatic pressure, overburden pressure, rock pressure, stereostatic pressure [*The vertical pressure at a point in the Earth's crust, equal to the pressure caused by the weight of a column of the overlying rock or soil*]

geostatischer Spannungszustand *m* [*des Bodens*] • geostatic stress state [*of the soil*]

geostatisches Gleichgewicht *n* • geostatic(al) equilibrium

geostatistisch regionalisierte Bodeneigenschaften *f(pl)* • geostatistically regionalised properties of soil

Geostoff *m*, Geomaterial *n* • geomaterial

geostratigrafisch • geostratigraphic [*Pertaining to worldwide stratigraphy; e.g. "geostratigraphic standards" or "geostratigraphic stage"*]

Geosutur *f* ➋ Geofraktur

geosynklinal • geosynclinal [*Pertaining to a geosyncline*]

Geosynklin(al)e *f*, Erdgroßmulde *f*, Erdtrog *m*, Senkungstrog, Senkungswanne *f*, Synklinalbecken *n*, geologische Großmulde, Erdeinbiegung *f*, krustaler Senkungsgraben *m* [*Ein säkular sinkender Sedimentationsraum*] • geosyncline; geosynclinal [*obsolete*]

Geosynklinalkette *f* • geosynclinal range

Geosynklinalsediment *n*, Präflysch *m* • geosynclinal sediment

geosynthetische Tondichtungsbahn *f* • geosynthetic clay liner

G

Geotechnik *f* [*auch bekannt als* ***geotechnisches Ingenieurwesen****, ist eine junge Teildisziplin des Bauingenierwesens. Alle technischen Maßnahmen im Bereich der Erdkruste mit Entwurf, Planung und Ausführung dieser Maßnahmen im Rahmen der Disziplinen Bergbau und Ingenieurbau (Praxis) sowie Bereitstellung der dazu benötigten wissenschaftlichen Grundlagen (Theorie). Zur Geotechnik gehören beispielsweise im Bereich Ingenieurbau der Erd- und Grundbau, der Tunnel-, Damm-, Stollen-, Kavernen- und Schachtbau, die Felsmechanik, der Talsperrenbau sowie im Bereich Bergbau der Tage- und Tiefbau auf Rohstoffe. Die dazu unmittelbar erforderlichen wissenschaftlichen Grundlagen werden im Rahmen der Geomechanik mit den Teilgebiten Tektonik/Gefügekunde und Gebirgsmechanik erarbeitet*] • geotechnical engineering; geotechnics (Brit.) [*That part of civil engineering involving the interrelationship between the geological environment and the works of man*]

Geotechnik *f* [*Als betriebliche Anwendung, nicht als wissenschaftliche Darstellung*] • geotechnique

Geotechnik *f* für Bauingenieure ➋ Ingenieurgeologie im Bauwesen

Geotechnik *f* im Bergbau ➋ Ingenieurgeologie im Bergbau

Geotechniker *m* • geotechnical engineering expert

geotechnisch bedingte Überwachung *f* eines Bauwerks • geotechnical observation of the behaviour of a structure

geotechnisch erfahrener Ingenieur *m* • engineer with geotechnical experience

geotechnische Charakterisierung *f* [*von Gesteinen, Sedimenten*] • geotechnical characterisation (Brit.), [*US-spelling:* characterization]

geotechnische Eigenschaften *f(pl)* • geotechnical properties

geotechnische Einflüsse *m(pl)* • geotechnically-related influences

geotechnische Erkundung *f* • geotechnical reconnaissance

geotechnische Grundlagen *f(pl)* *(erforderliche Daten für IT-Programme]* • geotechnical data

geotechnische Kennwerte *m(pl)*, geotechnische Kenngrößen [*die Eigenschaften von Boden, Fels und Gebirge werden durch geotechnische Kennwerte quantifiziert*] • geotechnical parameters, geotechnical design parameters

geotechnische Klassifizierung *f* [*der Gesteine*] • geotechnical classification [*of rocks*]

geotechnische Messung *f* • geotechnical measurement

geotechnische Parameter *m(pl)* • geotechnical parameters

geotechnische Randbedingungen *f(pl)* • geotechnical boundary conditions

Geotechnische Untersuchungen für bautechnische Zwecke (DIN 4020) • Geotechnical investigations for civil engineering purposes (DIN 4020)

geotechnischer Nachweis *m* • geotechnical verification

geotechnisches Ingenieurwesen *n* • geotechnical engineering

geotechnisches Risiko *n* • geotechnical hazard

geotechnisches Versuchswesen *n* • geotechnical testing

Geotechnologie *f* • geotechnology [*The application of scientific methods and engineering techniques to the exploitation and use of natural resources*]

geotektonisch • geotectonic, structural [*Of or relating to the form, arrangement, and structure of the rock masses of the earth's crust*]

Geotextile Encased Column®, GEC®, Säule *f* mit Geokunststoffummantelung [*Fa. Möbius AG*] • Geotextile Encased Column, GEC®

Geotextilie *f* [*Aus synthetischen Fasern hergestellte, wasserdurchlässige Vliesstoffe, Gewebe und Verbundstoffe für den Erd- und Wasserbau. Vliesstoffe entstehen durch die Verfestigung von Matten aus regellos angeordneten Endllosfäden oder 3 bis 15 cm langen Spinnfasern. Gewebe bestehen aus zwei sich rechtwinklig kreuzenden Fadensystemen. Flächenhaft verbundene Vliesstoffe und Gewebe heißen Verbundstoffe*] • geotextile

Geotextilienfilter *m*, *n* • geotextile filter

Geotextilienverstärkung *f* • geotextile reinforcement

Geotextilmatte *f* • geotextile mat, geogrid sheet

Geotextilummantelung *f* • geotextile sheath

Geotextilwall *m* • geotextile wall

geothermal, geothermisch • geothermal, geothermic [*Pertaining to heat within the earth*]
geothermale Bohrlochmessung ***f,*** geothermische Bohrlochmessung • geothermal well logging, geothermic well logging [*Measurement of the change in temperature of the earth by means of well logging*]
geothermale Energie ***f*** ➋ geothermische Energie
geothermale Karte ***f*** ➋ Erdwärmekarte
geothermale Kartierung ***f*** ➋ Erdwärmekartierung
geothermale Methode ***f*** ➋ geothermisches Verfahren
geothermale Sole ***f,*** geothermische Sole • geothermal brine, hot brine
geothermales Feld ***n*** ➋ geothermisches Feld
geothermales Potential ***n,*** geothermisches Potential, Erdwärmepotential, Geowärmepotential • geothermal potential [*This term indicates in the broad sense the thermal energy of the earth ,when there is no need to specify the different categories into which it can be subdivided and one is referring to the resource assessment in general terms*]
geothermales Verfahren ***n*** ➋ geothermisches Verfahren
geothermales Vorkommen ***n*** ➋ geothermisches Feld
Geothermie ***f*** • geothermal energy
Geothermiefeld ***n*** ➋ geothermisches Feld
Geothermievorkommen ***n*** ➋ geothermisches Feld
Geothermik ***f*** [*Wissenschaftszweig der Geophysik, welcher sich mit der Entstehung sowie der Verteilung und dem Transport von Erdwärme und deren energetischen Nutzung beschäftigt*] • geothermics
Geothermikbohrloch ***n,*** Geothermikbohrung *f* • geothermal well(bore), geothermal (bore)hole
Geothermikbohrung ***f,*** Geothermikbohrloch *n* • geothermal well(bore), geothermal (bore)hole
geothermisch, geothermal • geothermal, geothermic [*Pertaining to heat within the earth*]
geothermische Aufsuchung ***f,*** geothermische Prospektion *f,* geothermische Suche *f* [*"Geothermale" kann synonym für "geothermische" verwendet werden*] • geothermal prospection, geothermal search, geothermal prospecting, thermal prospection, thermal search, thermal prospecting
geothermische Bohrlochmessung ***f,*** geothermale Bohrlochmessung • geothermal well logging [*Measurement of the change in temperature of the earth by means of well logging*]
geothermische Energie ***f,*** Erdwämeenergie, geothermale Energie • geothermal energy, geothermal (electric) power, electric geothermal power [*Concentration of natural heat of the earth occurs in five recognized geological environments: (1) hydrothermal convection, (2) magma, (3) hot dry rock, (4) supernormal thermal gradient, and (5) geopressure zones*]
geothermische Karte ***f*** ➋ Erdwärmekarte
geothermische Kartierung ***f*** ➋ Erdwärmekartierung
geothermische Methode ***f,*** geothermisches Verfahren *n,* geothermales Verfahren, geothermale Methode • geothermal (geophysical) method
geothermische normale Tiefenstufe ***f,*** normale geothermische Tiefenstufe, geothermale normale Tiefenstufe, normale geothermale Tiefenstufe • normal reciprocal geothermal gradient, reciprocal normal geothermal gradient
geothermische Prospektion ***f*** ➋ geothermische Aufsuchung
geothermische Sole ***f,*** geothermale Sole • geothermal brine, hot brine
geothermische Suche ***f*** ➋ geothermische Aufsuchung
geothermisches Feld ***n,*** geothermisches Vorkommen *n,* Geothermiefeld, Geothermievorkommen, Erdwärmefeld, geothermales Feld, geothermales Vorkommen, Erdwärmevorkommen, Geowärmevorkommen • geothermal field
geothermisches Potential ***n,*** geothermales Potential, Erdwärmepotential, Geowärmepotential • geothermal potential [*This term indicates in the broad sense the thermal energy of the earth, when there is no need to specify the different categories into which it can be subdivided and one is referring to the resource assessment in general terms*]
geothermisches Verfahren ***n,*** geothermische Methode *f,* geothermales Verfahren, geothermale Methode • geothermal (geophysical) method
geothermisches Vorkommen ***n,*** geothermisches Feld *n,* Geothermiefeld, Geothermievorkommen, Erdwärmefeld, geothermales Feld, geothermales Vorkommen, Erdwärmevorkommen, Geowärmevorkommen [*"Vorkommnis" kann synonym für "Vorkommen" verwendet werden*] • geothermal field
Geothermometer ***n,*** Erdwärmemesser *m* • geothermometer, geologic(al) thermometer
Geotraverse ***f*** • geotraverse
Geotropismus ***m*** • geotropism [*Tropism resulting from gravitational attraction*]
Geotumor ***m*** • geotumor [*An uplift of regional extent (Haarmann 1930)*]
Geoumwelt ***f,*** geologische Umwelt, Geomilieu *n,* geologisches Milieu • geoenviroment, geologic(al) environment

Geoverbundstoff ***m*** • geocomposite
Geovliesstoff ***m*****,** Geovlies *n* • geofabric
Geowärme ***f*****,** Erdwärme • terrestrial heat, ground heat
Geowärmefluss ***m*****,** Erdwärmefluss • terrestrial heat flow, ground heat flow, terrestrial thermal flow, ground thermal flow
Geowärmekarte ***f*****,** Erdwärmekarte, geothermische Karte, geothermale Karte • geothermal map
Geowärmekartierung ***f*****,** Erdwärmekartierung, geothermische Kartierung, geothermale Kartierung • geothermal mapping
Geowärmemessung ***f*****,** Erdwärmemessung • geothermal measurement
G
Geowärmepotential ***n*** ➋ geothermisches Potential
Geowärmevorkommen ***n*** ➋ geothermisches Feld
Geowerkzeug ***n*** ➋ Geo(logen)werkzeug
Geowirtschaftskarte ***f*** • geoeconomic map
Geowissenschaft ***f*****,** geologische Wissenschaft [*Die geologischen Wissenschaften sind auf die Lithosphäre räumlich und zeitlich beschränkt. Ihre Aufgabe ist die Klärung der Bildungs- und Entwicklungsgeschichte der oberen festen Erdhüllen, d. h. der Erdkruste und des oberen Mantels bis in eine Tiefe von ungefähr 400 km. Geologische Wissenschaften sind Geophysik, Geochemie, Mineralogie, Petrografie, Paläontologie und Geologie*] • geologic(al) science, geoscience
Geowissenschaftler ***m*****,** Erdwissenschaftler • geoscientist
geowissenschaftlich, erdwissenschaftlich • geoscientific
Geozelle ***f*** [*flexible, dreidimensionale Wabeneinheit aus polymeren Kunststoffen zur Bodenstabilisierung z. B. an Hängen*] • geocell
geozentrischer Horizont ***m*** • geocentric horizon [*The plane passing through the center of the Earth, parallel to the apparent horizon*]
gepackter Steindamm ***m*** ➋ Mauerwerksperre
gepanzerte Spundwand ***f*** • armoured (US: armored) sheet pile wall
gepeilte Wassertiefe ***f*** • water depth determined by echo sounder
gepfändeter (Graben)Verbau ***m*** ➋ (vor)gepfändeter (Graben)Verbau
geplante Beobachtung ***f*** [*Programmsystem GEONET*] • error propagation
geplante Einsatzdauer ***f*** [*von tragenden Stahlteilen*] • design working life
gepochtes Erz ***n*****,** Gräupelerz, Pocherz, Satz *m*, Mehl *n*, Pochmehl, Erzmehl • pounded ore, stamped ore, ore meal
gepresste Spundwand ***f*** ➋ (ein)gepresste Spundwand
geprüfte Brunnenschüttung ***f*****,** geprüfte Schüttung eines Brunnens • tested capacity of (a) well, tested well capacity
gepufferte Ladung ***f*** ➋ Hohlladung
geputztes Grabensilo ***n*****,** Grabensilo in Putztechnik, gespitzter Grabensilo • trench silo with concrete plastered walls
Gequelle ***n*****,** Quel *n* [*Eine in das Gestein eingehauene Rinne, um das zudringende Wasser aufzufangen und zusammenzuführen*] (⚒) • (small) waterleaf
g(e)radbeiniger Streckenbogen ***m*** (⚒) • straight-legged (roadway) arch
g(e)rade Auslöschung ***f*** [*Mineralogie*] • straight extinction
g(e)rade Gewichts(stau)mauer ***f*** • straight-gravity dam
g(e)rader (Bohr)Meißel ***m*** • straight bit [*A flat or ordinary chisel for boring*]
g(e)rader Kegel ***m*****,** Umdrehungskegel • right cone
gerades Gerinne ***n*** ➋ Schuss(ge)rinne
geradlinige Interpolation ***f*** • linear interpolation
G(e)radlinigkeit ***f*** • straightness
gerammte Sanddräns ***m(pl)*** • driven sand drains
gerammter Pfahlrost ***m*** • (impact-)driven pile foundation grillage
gerammter Stahlrohrpfahl ***m*** • driven steel pipe pile
Gerät ***n*** **mit vier identischen Bildtischen mit zugehörigen Kathodenstrahlröhren und Digitalrechnersteuerung** [*Die vier unabhängigen Messsysteme ermöglichen den Betrieb des Instrumentes als Stereokomparator mit vier Bildträgern und als automatisches Stereoauswertgerät*] • universal automatic map compilation equipment, UNAMACE
Gerät ***n*** **mit zwei Bildschirmen zur automatischen Bildvergleichung** [*Luftbildtechnik. Die Bilder müssen nicht aus gleicher Höhe oder mit gleichem Bildwinkel aufgenommen sein*] • change detector
Gerät ***n*** **zur Ermittlung wasserwirtschaftlicher Kennlinien und Kurven** • router
Gerät ***n*** **zur Messung der Lotabweichung und des Azimuts mit mechanischer Markierung** [*Bohrlochmessung*] • directional double recorder
Gerät ***n*** **zur Untersuchung von Uranerzbohrkernen mit Strahlungsintensität** • core scanner
Gerätebuch ***n*** • logbook
Gerätefehler ***m*** • equipment error
Geräteführer ***m*** • equipment operator
Gerätehersteller ***m*** • machine manufacturer

Gerätepark ***m*** • equipment fleet, machinery fleet, equipment pool

Gerätesicherheitsgesetz ***n*** • Equipment Safety Act

gerätetechnische Einflüsse ***m(pl)*** • equipment-related influences

geräuscharme Unterfangungsarbeiten ***f(pl)*** • silent underpinning work

Geräuschpegel ***m*** • noise level

Gerbermühle ***f*,** Lohmühle

gerechnet, berechnet, errechnet • calculated, computed

gerichtete dombürtige Glutlawine ***f*** [*Ein Typus der Glutwolkeneruption*] • Pele directed lateral type

gerichtete Reflexion ***f*,** spiegelnde Reflexion, [*Reflexion ohne Streuung gemäß den Gesetzen der optischen Spiegelung*] • specular reflectance

gerichtete Transmission ***f*** [*Fernerkundung*] • directional transmittance

gerichtete Wasserdurchlässigkeit ***f*,** Wasserwegigkeit • directional water permeability

gerichteter Belastungs(marken)ausguss ***m*** • directional load cast [*A term originally applied to a structure interpreted as a flowage cast, but now regarded as a flute cast*]

gerichteter Druck ***m*,** Richtungsdruck • directional pressure, directed pressure

gerichteter Karst ***m*** • orien(ta)ted karst, directed karst

gerichtetes Bohren ***n*,** Richtungsbohren [*Zielbohren, bei dem während des Bohrens die Bohrrichtung geändert wird; in der Tiefbohrtechnik gebräuchlich*] • guided drilling, (controlled) directional drilling [*The drilling of a hole with an intentional deviation*]

gerichtetes Bohren ***n***
➋ horizontal gesteuertes Bohren

Gerichtsgeologie ***f*,** Rechtsgeologie • forensic geology, legal geology, law geology, court geology

gering durchlässige Schicht ***f*** • low permeable layer; *less frequent:* low permeability layer

gering (ein)fallen ➋ schwach (ein)fallen

geringe Gebirgsfestigkeit ***f*** • low rock mass strength, low rock mass cohesion

geringe Schicht(en)lücke ***f*** ➋ Diastem

geringe Tiefe ***f*** • shallow depth, near-surface depth

geringe Verwerfung ***f*,** flache Verwerfung • low (angle) fault, low dip(ping) fault [*It dips less than 45° C*]

geringe Wasserdurchlässigkeit ***f*** • low water permeability

geringer Zeitbedarf ***m*** **für Werkzeugwechsel** • low time factor for changing tools

geringes (Ein)Fallen ***n*,** geringes Einsetzen, geringes Einschießen, geringes Verflächen, Flach(ein)fallen, schwaches (Ein)Fallen, flaches (Ein)Fallen [*Die gegen den Horizont geneigte Lage; a) Im weiteren Sinne jedes Fallen unter einem Winkel von weniger als 90° b) Im engeren Sinne jedes Fallen unter einem Winkel von 45° bis 15°*] • low(-angle) dip(ping), flat dip(ping), large hade

geringes Relief ***n*,** schwaches Relief *n* • faint relief

geringmächtige Bodenbedeckung ***f*** • thin soil cover

geringmächtige Deckschicht ***f*** • thin top layer

geringmächtige Schüttung ***f*** • thin fill

geringmächtiges Flöz ***n*,** dünnes Flöz • thin seam

geringmächtiges Kohlenflöz ***n*,** nicht (ab) bauwürdiges Kohlenflöz • coal shed [*A coal bed of only a few inches in thickness, and therefore unworkable*]

(Ge)Rinne ***f*, *(n)*** ➋ (Auswasch)(Ge)Rinne

Gerinne ***n*,** Rinne *f* • channel [*An artificial waterway, such as an open conduit, irrigation ditch, floodway and the like*]

Gerinne ***n*,** Rinne *f* • flume, launder [*An artificial inclined channel used for conveying water from a distance to be utilized for industrial purposes, such as irrigation, transportation, placer mining, logging, or power production*]

Gerinne ***n*,** Rinne *f* • gutter [*A shallow, natural channel, furrow, or gull(e)y worn by running water*]

Gerinne ***n*** ➋ Freiarche

(Ge)Rinne ***f*, *(n)*** **für Grubenabgänge,** (Ge)Rinne für unhältiges Grubengut • tailrace [*A channel for conveying mine tailings*]

Gerinneabfluss ***m*,** Rinnenabfluss • channel runoff

Gerinneabspülung ***f*,** Rinnenabspülung • channel surface wash

Gerinneauflandung ***f*** [*Durch die Ablagerung von Sedimenten im Gerinne kann es zu einer Anhebung der Gerinnesohle kommen*] • bed aggradation

Gerinneauskleidung ***f*,** Rinnenauskleidung [*"Bekleidung" und "Verkleidung" können synonym für "Auskleidung" verwendet werden*] • channel revetment, channel lining, channel liner, channel facing

Gerinnebildung ***f*,** Rinnenbildung • channel formation, open channel formation

Gerinnebildung ***f*,** Rinnenbildung [*Verringerung des Querschnitts eines Kanals*] • fluming

Gerinnebreite ***f*,** Rinnenbreite • channel width

Gerinneeinschnürung ***f*,** Rinneneinschnürung • channel constriction

Gerinneentwässerung ***f*,** Rinnenentwässerung • channel (storm) drainage

Gerinneformel ***f***, Rinnenformel • water flow formula [*One of a number of formulas for determining velocity or discharge of water in a conduit or channel, includes, among others: Darcy-Weisbach, Kutter, Manning, Hazen-Williams, Chezy*]
Gerinnegefällen, Rinnengefälle • channel slope
Gerinnegeometrie ***f***, Rinnengeometrie • channel geometry
Gerinnegestaltung ***f***, Rinnengestaltung • channel configuration
Gerinnehydraulik ***f***, Rinnenhydraulik • channel hydraulics
Gerinneprofil ***n***, Rinnenprofil • channel profile
Gerinnerauh(igk)eit ***f***, Rinnenrauh(igk)eit • channel roughness, channel rugosity
Gerinnereibung ***f***, Rinnenreibung • channel friction
Gerinnereibungsmessung ***f***, Rinnenreibungsmessung • channel control [*A channel-ga(u)ging control which depends mainly on channel friction*]
Gerinnesohle ***f***, Rinnensohle • channel bed, channel bottom, channel floor
Gerinnestrich ***m***, Rinnenstrich • channel line
Gerinnetiefe ***f***, Rinnentiefe • channel depth
Gerinnetrog ***m***, Rinnentrog (⚒) • gutter trough
Gerinneumtrassierung ***f***, Rinnenumtrassierung • channel rerouting
Gerinneverhältnis ***n***, Rinnenverhältnis [*Verringerung des Querschnitts eines Kanals*] • fluming ratio
Gerinneverlagerung ***f*** [*Von einer Gerinneverlagerung spricht man, wenn das Gewässerbett auf natürliche Weise durch die Erosion der Ufer verschoben wird*] • channel displacement [*Context: Planimetric measurements of channel displacement and areas of erosion show complex channel response to flood magnitude*]
Gerippedarstellung ***f*** ➋ Grundrissdarstellung
Gerippekarte ***f*** ➋ Grundrisskarte
Gerippelage ***f*** ➋ Grundrisslage
Gerippestellung ***f*** ➋ Grundrisslage
gerippter Filter ***m*** ➋ Rippenfilter
geripptes Filter ***n*** ➋ Rippenfilter
Gerippe(ver)messung ***f*** ➋ Grundriss(ver)messung
gerissener Boden ***m*** • cracked soil
geritzt, geschrammt [*Felsoberfläche durch Gletscherabrieb*] • striated
Gerlitzenstein ***m*** ➋ Zinkvitriol
germanische Rumpfebene ***f*** • single peneplain of the German mountains
germanotype Tektonik ***f***, Paratektonik [*1. Blockgebirge; 2. Bruchfaltengebirge*] • germanotype tectonics, paratectonics
Geröll(e) ***n*** • scree, pebble(s) [*Sediment particles having diameters between 1/16 in. (2 mm) and 2 1/2 in. (64 mm)*]
Geröllablagerung ***f*** • scree deposit
Geröll(e)ton ***m***, chaotische Gleitmasse *f* • pebbly mudstone, mass flow
Geröll(e)ton ***m***, tillitartiges Gestein *n* • tilloid, nonglacial conglomeratic mudstone
Geröll(e)trieb ***m*** [*Siehe Anmerkung unter "Geröll(e)". Die auf eine bestimmte Breite und eine bestimmte Zeit bezogene Masse des transportierten Gerölls. Zeichen: mG. Einheit: kg/(s m)*] • unit bed load discharge, unit bottom load discharge
Gersdorffit ***m***
➋ Arsennickelglanz [*frühere Benennung*]
Gerstner-Welle ***f***, Trochoidenwelle, trochoidale Dünung *f* [*Zylindrische Dünung, bei der das Profil der freien Oberfläche die Form einer Trochoide annimmt*] • trochoidal wave, Gerstner wave
gerundete Konkretion ***f***, Rundkonkretion • nablock
gerunzelt • close-jointed [*Term applied to rock containing joints that are near together. Example is columnar basalt*]
Gerüst ***n*** • matrix [*Rock surrounding a mineral or ore*]
gerüstbildender Organismus ***m***, Gerüstbildner *m* [*z. B. Riffkorallen*] • framestone, frame builder
Gerüstboden ***m***, Gesteinsrohboden, Skelettboden [*Hauptkorngröße über 2 mm Durchmesser. Der Anteil dieser Größe soll mindestens 75 % betragen. Je nach der Korn-, bzw. Steingröße unterscheidet man Block-, Stein- und Kiesboden*] • lithosol (US); skeletal soil, skeleton soil (Brit.); mountain soil [*obsolete*] [*Thin stony soil, shallow over bedrock without a definite B horizon, due to relative youth*]
gerüstförmige Mineralform ***f***
➋ skelettförmige Mineralform
Gerüstkristall ***m***, Skelettkristall • skeletal crystal, skeleton crystal
Gerüstporen ***f*** • growth framework
Gerüstsilikat ***n***, Tektosilikat • frame(work) silicate, tectosilicate, tektosilicate
Gerüsttextur ***f***, Skelett-Textur • skeletal structure, skeleton structure
Gerüstzerstörung ***f***, Skelettzerstörung • skeletal breakdown, skeleton breakdown
gerutschte Böschung ***f*** • slid slope, failed slope
gerutschte Abraumhalde ***f*** • slid overburden
gerüttelte Sanddrains ***m****(pl)* • vibrated sand drains
gerüttelter Steindamm ***m*** • vibrated rock fill dam
gesackter Moorboden ***m*** • pool soil

gesalzener Sand ***m*****,** Sand mit Salzbeigabe • salted sand

gesammeltes Wasser ***n*** ➋ Stauwasser

Gesamtablauf ***m*****,** Gesamtabfluss *m*, Gesamtausfluss • total flow, total runoff

Gesamtalkalität ***f*** • total alkalinity

Gesamtauffahrlänge ***f*** gesamte Auffahrlänge *f* [*einer Neubau-Tunnelstrecke*] • total driven length

Gesamtaufstau(ungs)raum ***m*****,** Gesamt(ein)stau(ungs)raum, Gesamtspeicher(ungs)raum [*Der Raum zwischen höchstem Stauziel und Sohle. Er umfasst von unten nach oben Totraum, Dauerstauraum, gewöhnlicher Hochwasserrückhalteraum und außergewöhnlicher Hochwasserrückhalteraum*] • total storage space, total pondage space, total impounding space, total impoundment space

Gesamtausbeute ***f*** • ultimate reserves

Gesamtazimut ***m*** • total azimuth

Gesamtbaumaßnahme ***f*** • complete (entire, overall) construction project

Gesamtbilanzvorräte ***m(pl)*****,** Gesamt(nutz)vorräte, Gesamtreserven *f* [*Produktionsgeologisch ermittelter Lagerstätteninhalt*] • total (commercial) (mineral) reserves, ultimate (commercial) (mineral) reserves

Gesamt(boden)tragfähigkeit ***f*****,** Gesamt(boden)-tragvermögen *n* • total bearing capacity, total critical bearing capacity, total ultimate bearing capacity [*The maximum load the soil can support without failure and is equal to the ultimate bearing capacity multiplied by the area to which it applies*]

Gesamtbohrzeit ***f*** [*Tunnel- und Stollenbau*] • total drilling time

Gesamtdrehimpuls ***m*** **eines Systems** • spin

Gesamtdruckmessdose ***f*** • total pressure cell

Gesamtdurchfluss(menge) ***m*****,** ***(f)*** [*Gesamtwassermenge die je Zeiteinheit einen Durchflussquerschnitt durchfließt. Einheit* m^3/s] • total runoff (water), total flow (water), total throughflow (volume) [*Measured in cubic foot per second*]

gesamte Auffahrlänge ***f*** [*Tunnelbau*] ➋ Gesamtauffahrlänge

gesamte Kerngewinnung ***f*****,** TCR [*Kenngröße bei Kernbohrung*] • total core recovery, TCR [*rotary core drilling parameter*]

Gesamteigenpotential ***n*** • total SP, total spontaneous potential, total self-potential, total natural potential

Gesamteinheitsganglinie ***f*** • composite unit hydrograph, compound unit hydrograph [*A graph or tabular presentation covering several unit hydrographs for important sub-areas of a basin or drainage area; allowances are made for time of flow from sub-area outlets to the main gauging station; runoff for each sub-area is computed independently. The graph gives the estimated total flow at the outlet of the basin*]

Gesamt(ein)stau(ungs)raum ***m*****,** Gesamtaufstau(ungs)raum, Gesamtspeicher(ungs)raum [*Der Raum zwischen höchstem Stauziel und Sohle. Er umfasst von unten nach oben Totraum, Dauerstauraum, gewöhnlicher Hochwasserrückhalteraum und außergewöhnlicher Hochwasserrückhalteraum*] • total storage space, total pondage space, total impounding space, total impoundment space

Gesamtenergiehöhe ***f*** • total (energy) head [*Energy contained by liquid because of its pressure, velocity, and elevation, usually expressed in feet of liquid (foot pounds per pound)*]

Gesamtentwicklung ***f*** **eines Stromgebietes** • unified river basin development

Gesamtfeldstärke ***f*****,** Totalintensität

Gesamtfeuchte ***f*****,** Gesamtfeuchtigkeit *f* • total moisture

Gesamtgewerkevergabe ***f*** • overall contractual agreement

Gesamtgründung ***f*** • global foundation

Gesamthärte ***f*** ➋ Wasser-Gesamthärte

Gesamtintensität ***f*****,** Totalintensität

Gesamtlänge L ***f*** [*Rutschungsdimension; Definition lt. MLG*/Krauter: Die Gesamtlänge, L, ist der kleinste Abstand zwischen Fußspitze und Krone der Rutschung*] • total length L [*landslide dimension; according to the MLG*/D.M.Cruden: The* ***total length****, L, is the minimum distance from the tip of the landslide to its crown.*]

Gesamtmächtigkeit ***f*** [*Vorkommen*] • total thickness

Gesamtmengenanzeige(r) ***f*****,** ***(m)*****,** Integrator, Totalisator, Summierwerk *n* • integrator, totalizer, integration device [*A device for indicating the total quantity of flow through a measuring device*]

Gesamtniederschlag ***m*** • gross precipitation, total precipitation

Gesamt(nutz)vorräte ***f*****,** Gesamtbilanzvorräte, Gesamtreserven *f* [*Produktionsgeologisch ermittelter Lagerstätteninhalt*] • total (commercial) (mineral) reserves, ultimate (commercial) (mineral) reserves

Gesamtoptimierung ***f*** [*eines Bauprojekts*] • overall optimisation [*of a construction project*]

Gesamtpotential ***n*** [*Bodenwasser*] • total potential

Gesamtprojekt ***n*** • overall scheme, overall project

Gesamtquerprofil ***n*** ➋ Ausbruchsquerschnitt
Gesamtregen ***m*****,** Bruttoregen • gross (rain)fall, total rain(fall)
Gesamtreserven ***f(pl)*** ➋ Gesamtbilanzvorräte
Gesamtsalzgehalt ***m*** • total dissolved salt, TDS
Gesamtsaughöhe ***f*** [*Zeichen: hs Einheit: m. Gleichung: hs = hs, geo + hv*] • total suction head
Gesamtsedimentlast ***f*****,** Feststofffracht *f*, Sedimentgesamtlast • total (sediment) load, total solid material, total solids [*It is equal to bed material load plus wash load, and is expressed as the dry weight of all sediment that passes a given point in a given period of time*]
G
Gesamtsetzung ***f*** • total settlement
Gesamtspannung ***f*** • total stress
Gesamtspannungskreis ***m*** [*Bodenmechanik*] • total stress circle
Gesamtspeicher(ungs)raum ***m*** ➋ Gesamt(ein)stau-(ungs)raum
Gesamtstandfestigkeit ***f*****,** Gesamtstandsicherheit *f* [*Kippsicherheit plus Gleitsicherheit plus Grundbruchsicherheit*] • total stability [*retaining wall*]
Gesamtstauchung ***f*** [*einer verbesserten Bodenschicht*] • total compressive strain
Gesamtsteifigkeit ***f*** [*einer Bodenschicht*] • overall rigidity
Gesamtstrossenhöhe ***f*****,** Strossengesamthöhe • height of multi(ple)-bench, multi(ple)-bench height [*"Step" and "stope" may synonymously be used for "bench"*]
Gesamttragfähigkeit ***f*** [*des Baugrunds*] • overall load bearing capacity [*of the ground*]
Gesamtvektor ***m*** • total vector [*The sum or combination of all the components of a vector*]
Gesamtverdunstung ***f*** ➋ Evapotranspiration
Gesamtverkehrssystem ***n*** • transportation system as a whole
Gesamtvolumen ***n*** • bulk volume, total volume
Gesamtvorräte ***m(pl)*** ➋ Gesamt(nutz)vorräte
Gesamtwasserbedarf ***m*** **gemessen am Verteiler** • head-gate duty of water, gross duty of water, diversion requirement, diversion duty of water [*The irrigation water requirement or duty measured at the point of diversion. It includes all canal or conduit losses, seepage losses, evaporation and transpiration losses in the system, and all waste*]
Gesamtwasserbestimmung ***f*****,** Bestimmung des Gesamtwassers [*anorganische Mineralanalyse*] • determination of water, water determination
Gesamtwasserdampfmasse ***f*** **in der Troposphäre über der Flächeneinheit Erdoberfläche** • precipitable water
Gesamtwasserkraftpotential ***n*****,** Bruttowasserkraftpotential [*Das theoretische Wasserkraftpotential oder Gesamtpotential der einzelnen Fluss- und Stromsysteme von den Quellen bis zur Mündung*] • gross water power potential, total water power potential
Gesamtzufluss ***m*** • total inflow
gesättigt • saturated
gesättigt nass [*Boden. Wassergehalt in Gewicht % > 25*] • saturated
gesättigte Kalklösung ***f*****,** Kalkmilch *f* • lime milk
gesättigte Mächtigkeit ***f*** • saturated thickness
gesättigte Rohdichte ***f*****,** gesättigte Schütt(ungs)dichte • saturated (bulk) density [*The (bulk) density of a soil sample when the voids are completely filled with water*]
gesättigte Zone ***f*****,** Sättigungszone • saturated zone, saturation zone, water-bearing ground, water-carrying ground, zone of saturation, free-water zone, phreatic zone [*The zone in which the functional permeable rocks are saturated with water under hydrostatic pressure*]
gesättigter Boden ***m*** [*Zweiphasensystem, bestehend aus Korngerüst und Porenwasser*] • saturated soil [*This is a soil in which the voids between the soil particles is entirely filled with water*]
geschachtelt ➋ (ein)geschachtelt
geschachtelte Terrasse ***f*** ➋ (ein)geschachtelte Terrasse
geschätzt • estimated
geschartet, gekerbt • notched
Geschehnis ***n*** • event
gescherte Decke ***f*** ➋ (ab)gescherte Decke
geschertes Erz ***n*** ➋ (ab)geschertes Erz
geschichtet, schichtig • bedded, stratified [*Applied to rocks resulting from consolidated sediments, and accordingly exhibiting planes of separation designated bedding planes. See note under "stratification"*]
geschichtete Ablagerung ***f*****,** schichtige Ablagerung • bedded deposition, stratified deposition
geschichtete Erzlagerstätte ***f*****,** schichtige Erzlagerstätte • bedded ore deposit, stratified ore deposit
geschichtete Lagerstätte ***f*** ➋ schichtige Lagerstätte
geschichteter An-Ort-Fossilkalk ***m*****,** Biostrom *m* [*Ober- und Untergrenze sind planparallel, zur Zeit des Aufbaues und Wachstums das umgebende Sediment nicht aktiv überragend*] • biostrome [*Not to be confused with "biosome"*]
geschichteter Bodenkörper ***m*** • stratified soil mass, layered soil (mass), soil succession
geschichteter Gletscherschutt ***m*****,** Gletscherschuttanlagerung *f* • (out)wash, glacial (out)wash, (out)

wash drift [*Deposit of stratified detritus (chiefly sand and gravel) removed or "washed out" from a glacier by meltwater streams and deposited in front of or beyond the end moraine or the margin of an active glacier. The coarser material is deposited nearer to the ice*]

geschichteter Grundwasserleiter *m*, Schichtengrundwasserleiter, schichtiger Grundwasserleiter • bedded aquifer, stratified aquifer

geschichteter Halbraum *m* • layered half-space

geschichteter Sandstein *m*, Schichtsandstein • lea stone

geschichtetes Bodenprofil *n* • layered soil system

geschichtliche Gedenkstätte *f*, historische Gedenkstätte • historical site

Geschicke *n* [*Allgemeine Benennung für Erzarten*] (⚒) • stones of ore, ore stones

Geschiebe *n* • bed load, bottom load, traction load [*The part of the total stream load that is moved on or immediately above the stream bed, such as the larger or heavier particles (boulders, pebbles, gravel) transported by traction or saltation along the bottom; the part of the load that is not continuously in suspension or solution*]

Geschiebe *n* [*größere von Gletschern transportierte Gesteinsbrocken*] • erratic block

Geschiebe *n*, Flussschutt *m*, Stromschutt *m* • streamwash, riverwash [*Alluvial material on streambeds/riverbeads and in flood channels subject to erosion and deposition*]

Geschiebe(auffang)korb *m*, Fangkorb, Auffangkorb • cage screen

Geschiebebewegung *f* in Rippelform, Stromrücken *m* [*Eine Sandwelle von ungefähr dreieckigem Querschnitt (in senkrechter Ebene zur Fließrichtung) mit geringer Böschungsneigung auf der Oberstrom- und steiler Böschungsneigung auf der Unterstromseite, welche dadurch stromabwärts wandert, so dass die Sinkstoffe über die oberstromige Böschung bewegt werden und sich auf der unterstromigen Böschung ablagern*] • dune, subaqueous sand dune, underwater sand dune

Geschiebeformation *f* • unstratified deposit

Geschiebeführung *f* • transportation of debris

Geschiebelast *f* • contact load [*Solid material in sliding or rolling contact with water course bed*]

Geschiebelehm *m* ➔ Tillit

Geschiebemengenmessbauwerk *n* • structure(-type) (bed load) sampler [*It is a permanent structure built in a small stream or canal for taking intermittent or continuous records of the total rate of transport(ation)*]

Geschiebemergel *m* • alluvial marl, boulder clay, glacial clay, (glacial) till, glacial marl

Geschiebemergel *m* ➔ Tillit

geschieferter Gneis *m* • slaty gneiss

geschlagenes Gold *n*, Blattgold, Blütengold, Breitgold • beaten gold, leaf gold

geschlagenes Metall *n*, Blattmetall, Breitmetall, Blütenmetall • beaten metal, leaf metal

geschlagenes Silber *n*, Blattsilber, Breitsilber, Blütensilber • beaten silver, leaf silver

geschleppt • dragged

geschlepptes Meer(es)messkabel *n*, geschlepptes Seemesskabel • drag cable streamer, hydrophone drag cable, hydrophone streamer

geschliffene Oberfläche *f* • ground surface

geschlitzte Fangbüchse *f*, Schlitzfangbüchse

geschlitztes Überfallsturzbecken *n*, geschlitztes Überlaufsturzbecken • slot(ted) spillway bucket

geschlossene Bauweise *f*, bergmännische Bauweise, unterirdische Bauweise, (untertägige) Bauweise • underground method, mining method [*As opposed to the cut-and-cover method in tunnel construction*]

geschlossene Bauweise *f*, grabenlose Bauweise [*Verlegung von Rohren u. Leitungen*] • trenchless method, no-dig method, trenchless construction, no-dig construction, non-disruptive method, non-disruptive construction [*for the laying of pipes and lines*]

geschlossene Deponie *f* [*für Schadstoffe*] • confined disposal site

geschlossene Eisdecke *f* • closed ice sheet, intact ice sheet

geschlossene Eisenbahnüberquerung *f* ➔ Eisenbahnunterfahrung

geschlossene Felstechnik *f*, unterirdische Felstechnik [*Technik des Tunnel-Kavernen-Stollen- und Schachtbaues im Fels*] • underground rock engineering

geschlossene Förderbohrung *f*, abgesperrte Förderbohrung, abgesperrtes Förderbohrloch *n*, geschlossenes Förderbohrloch • shut-in well [*An oil or gas well that is closed (off)*]

geschlossene Form *f*, geschlossene Gestalt *f* • closed form, closed shape [*A crystal form whose faces enclose space, e.g. a dipyramid*]

geschlossene Linie *f* [*Seismik*] • closure

geschlossene Reede *f* • sheltered road(stead)

geschlossene Schöpfbüchse *f*, geschlossener Schmantlöffel *m*, geschlossene Schlämmbüchse • closed bailer, closed shell, tight bailer, tight shell

geschlossene Straßenüberquerung *f* ➔ Straßenunterfahrung

geschlossene Überquerung *f* ➔ Unterfahrung

G

geschlossene Verwerfung *f* • closed fault [*A fault in which the two walls are in contact*]

geschlossene Wasserdeponie *f* • confined aquatic disposal site [*It may be in a tidal area and have a perimeter barrier*]

geschlossene Wasserhaltung *f*, Brunnenentwässerung [*Grundwasser(ab)senkung durch Pumpen des Grundwassers aus Brunnen*] • groundwater lowering by wells

geschlossener Betrieb *m*, geschlossener Modus [*Tunnelbau*] • closed mode *(in tunnelling)*

geschlossener Entwässerungskanal *m* • drainage duct

G

geschlossener Gammastrahl *m* • shielded gamma-ray

geschlossener Grundwasserspeicher *m* ➋ (hydraulisch) geschlossener Grundwasserspeicher

geschlossener Modus *m* ➋ geschlossener Betrieb

geschlossener Polygonzug *m*, geschlossener Streckenzug • closed traverse (line)

geschlossener Profilstahlringausbau *m*, Honigmann-Schachtausbau • Honigmann steel cylinder lining

geschlossener Schildvortrieb *m* • closed shield excavation

geschlossener Schmantlöffel *m*, geschlossene Schöpfbüchse, geschlossene Schlämmbüchse *f* • closed bailer, closed shell, tight bailer, tight shell

geschlossener See(schiff)kanal *m*, Schleusen-Seekanal, See-Schleusenkanal • ship canal with lock(s), lock ship canal

geschlossener Streckenzug *m*, geschlossener Polygonzug • closed traverse (line)

geschlossener Trennflächenabschnitt *m* • closed discontinuity section

geschlossener Tunnelbau *m* ➋ Tunnelvortrieb

geschlossener Türstock *m*, Vierung *f*, Viergespann *n*, Geviert(zimmerung) *n*, *(f)* • four-piece set, square set(t) (of timbers) • [*It consists of cap, posts, and sill*]

geschlossenes Becken *n*, Wanne *f* • closed basin [*A district draining to some depression or lake within its area, from which water escapes only by evaporation*]

geschlossenes Felsbauwerk *n* ➋ Felsbauwerk unter Tage

geschlossenes Förderbohrloch *n* ➋ geschlossene Förderbohrung

geschlossenes Gefüge *n* • grain support [*A term used by Dunham (1962) to describe a sedimentary carbonate rock with little or no muddy matrix, whose sand-size particles are so abundant that they are in three-dimensional context and able to support one another*]

geschlossenes Kapillarwasser *n*, kapillares Nachschubwasser • capillary water rising directly from the groundwater table

geschlossenes System *n*, schneller (Ab)Scher(ungs)-versuch *m* • rapid shear(ing) test

geschlossenes Zahlensystem *n* • closed number system

geschmeidig [*Mineral*] • malleable, pliant

Geschmeidigkeit *f* [*Mineral*] • malleability

(ge)schneidig ➋ bröckelig

geschnittener Quarz *m* • cut quartz

Geschoßeindringung *f* • projectile penetration

Geschossdecke *f* • floor

geschossen [*Prospektionsseismik*] • shot

Geschoßlochen *n* ➋ Kugelschießen

Geschoßlocher *m* ➋ Kugelschießgerät

geschrammt, geritzt [*Felsoberfläche durch Gletscherabrieb*] • striated

geschuppt, verschuppt • imbricated [*Overlapped, as tiles on a roof*]

Geschütte *n* (M/G) • mixed layers, heaps

geschüttete Erde *f* ➋ verkippter Boden

geschüttete Geländeoberkante *f* ➋ (an)geschüttete Geländeoberkante

geschüttete Stein(ab)deckung *f* ➋ Steinwurf

geschüttete Steinbestürzung *f* ➋ Steinwurf

geschüttete Steinvorlage *f* ➋ Steinwurf

geschütteter Boden *m* ➋ verkippter Boden

geschütteter Fels *m*, geschüttetes Gestein *n*, verkippter Fels, verkipptes Gestein, abgeworfener Fels, abgeworfenes Gestein, ausgekippter Fels, ausgekipptes Gestein, abgekipptes Gestein, Schütt(ungs)fels, Schütt(ungs)gestein, abgekippter Fels • tip(ped) rock, dump (ed) rock

geschüttetes Steindeckwerk *n* ➋ Steinwurf

geschütztes Schelf *n* ➋ eingefasstes Schelf

geschwänzte Buckelstruktur *f* • knob-and-trail [*A structure, found in glaciated areas, that is made up of a protruding mass of resistant rock ("the knob") and a ridge of softer rock (the "trail") extending from the lee side of the knob*]

geschwärzt • blackened

geschweißte Bohrrohre *f* mit Sicherheitsmuffe (nverbindung), geschweißte Futterrohre mit Sicherheitsmuffe(nverbindung), geschweißte Verrohrung *f* mit Sicherheitsmuffe(nverbindung) • welded slip joint casing

Geschwindigkeit *f* • velocity, speed

Geschwindigkeitsabschnitt *m* [*Geschwindigkeitsmessung in einer Lagerstätte*] • velocity section

Geschwindigkeitsamplitude *f* [*Beschreibungsgröße z. B. einer harmonischen Schwingung*] • velocity amplitude [*a characteristic value, such as for a harmonic vibration*]

Geschwindigkeitsast *m* • velocity branch

Geschwindigkeitsaufzeichner *m*, Geschwindigkeitsschreiber • velocity recorder

Geschwindigkeits(bohrloch)messung *f* ➋ (Schall-) Geschwindigkeits(bohrloch)messung

Geschwindigkeitsdiagramm *n* eines Gezeitenstromes (oder Tide(n)stromes) für eine Messlotrechte • tidal current curve, tide current curve [*A graph showing the flow of tidal current*]

Geschwindigkeitsdiagramm *n* (in) einer Messlotrechten, Schlüsselkurve *f* zwischen mittlerer Geschwindigkeit und Pegelstand • mean velocity curve, average velocity curve, vertical-velocity curve, depth-velocity curve [*A graphic representation of the relationship between depth and velocity, at a given point along a vertical line, of water flowing in a channel or conduit*]

Geschwindigkeitsdruck *m* ➋ Staudruck

Geschwindigkeitsfeld *n* • velocity field

Geschwindigkeitsgefälle *n* • velocity gradient [*The rate of change of velocity with respect to distance normal to the flow direction*]

Geschwindigkeitsgitter *n* [*Seismik*] • velocity grid

Geschwindigkeitshöhe *f*, kinetische Energiehöhe, Fallhöhe • velocity head [*The equivalent head through which the liquid would have to fall to attain a given velocity. Mathematically it is equal to the square of the velocity (in feet) divided by 64.4 feet per second squared, h = v2/2g h = head, feet (metre); g = acceleration due to gravity, 32.2 ft./sec.2 (9.81 metre/sec.2; v = mean velocity of flow, ft./sec. (metre/sec.)*]

Geschwindigkeitsisochrone *f*, Isochrone [*Verbindungskurve aller Punkte gleicher seismischer Wellenlaufzeit*] • isochron, isotime line, isotime curve

geschwindigkeitskonstantes Kriechen *n* [*des Bodens*] • creep motion with constant velocity

Geschwindigkeitslage *f*, Geschwindigkeitsschicht *f* • velocity layer

Geschwindigkeitsmessung *f* • stream gauging; stream gaging (US) [*The measurement of the velocity of a stream of water in a channel or an open conduit and the area of cross section of the water for the purpose of determining the discharge. Measurements are usually obtained in conjunction with a record of stage to give a stage-discharge relation for the channel*]

geschwindigkeitsproportional • proportional to the velocity

Geschwindigkeitsquadrat *n* • square of (the) velocity, velocity square

Geschwindigkeitsschicht *f*, Geschwindigkeitslage *f* • velocity layer

Geschwindigkeitsschreiber *m*, Geschwindigkeitsaufzeichner • velocity recorder

Geschwindigkeitsseismograf *m* • velocity seismograph

Geschwindigkeits-Spektral-Analyse *f* • velocity-spectral analysis, VESPA

Geschwindigkeitsvektor *m* • velocity vector

Geschwindigkeits(ver)änderung *f* • velocity variation

Geschwindigkeits-Zeit-Funktion *f* [*Beschreibungsgröße z. B. einer harmonischen Schwingung*] • velocity-versus-time function [*a characteristic value, such as for a harmonic vibration*]

Gesellen *f* [*Sie haben eine gewisse Arbeit zusammen zu verrichten*] • miners of a pair

Gesellschaft *f*, Vergesellschaftung *f*, Gemeinschaft, Sippe *f*, Sippschaft *f*, Verwandtschaft • community, association

gesellschaftspolitische Verhältnisse *n(pl)* [*Diese sind bei Durchführung größerer Bauprojekte ebenso zu berücksichtigen*] • socio-political conditions [*to be taken into account when carrying out larger building projects*]

Gesenkbau *m*, Unterwerk(s)bau • dip workings, deep workings [*The workings which are on the lower side of the level or gate road in an inclined seam. These workings may present water problems and require pumping*]

Gesenk(e) *n* (⚒) • winze, winds [*The vertical 'entry' or opening which descends into a mine is generally known as a 'shaft'. Within the area of the ore body vertical openings which connect crosscuts, drives, levels, or other similar developments, are known as raises or winzes. A raise (rise in the U.K.) is an opening or shaft which is worked upwards, whereas a winze is an opening or shaft worked downwards. However, depending upon which level is used as a reference, the same connecting opening may be referred to as a raise or a winze*]

Gesenk(e)bohrer *m* • winze driller, winds driller

Gesenk(e)(ab)teufung *f*, Gesenk(e)(ab)teufen *n* (⚒) • winzing

Gesenkte ***n*** ➋ (ab)gesunkener Flügel
gesenkter Flügel ***m*** ➋ (ab)gesunkener Flügel
gesenkter Stau ***m*** ➋ (ab)gesenkter Stau
gesenkter Verwerfungsflügel ***m*** • bottom wall
Gesetz ***n*** **der rationalen Achsenabschnitte,** Haüysches Gesetz • law of rational indices, law of rational intercepts, Haüy's law [*crystallography*]
Gesetz ***n*** **der rationalen symmetrischen Parameter** [*Von G. Priedel 1905*] • law of rational symmetric intercepts
Gesetz ***n*** **der Winkelkonstanz** • law of constancy of (the) interfacial angle [*crystallography*]
Gesetz ***n*** **gegen Wettbewerbsbeschränkungen** (GWB) [*Germany*] • Law against Restrictions to Competition
Gesetz ***n*** **über den Bau und die Finanzierung von Bundesfernstraßen durch Private** [*Germany*] • Act governing the Construction and Financing of Federal Highways by Private Parties
Gesetz ***n*** **über die Mengenabnahme der Nebenkorngrößen** • law of decreasing admixtures
Gesetz ***n*** **über die Umweltverträglichkeitsprüfung** [*Germany*] • Law concerning environmental impact assessments
Gesetz ***n*** **von der Hauptkornprobe** • law of the chief ingredient
Gesetz ***n*** **von der Konstanz der Symmetrie** • law of constancy of symmetry [*crystallography*]
gesetzliche Auflagen ***f(pl)*** • legal regulations
gesicherter Aushub ***m*,** (ab)gestützter Aushub • retained excavation, supported excavation
Gesichtsschutz ***m*** [*Während des Kalkeinbaus zur Bodenverfestigung ist ein Atem- u. Gesichtsschutz zu tragen*] • face shield
gesiebter Boden ***m*** • screened soil, sized soil
Gesims ***n*** • cornice [*An overhanging formation of snow or rock, usually on a ridge or at the top of a couloir*]
Gesims ***n*** [*einer Brücke*], Gesimsband *n* • ledge, fascia rib, fascia strip, fascia
Gespärre ***n*,** (Stollen)Gespärre
gespannter (Grund)Wasserbrunnen ***m*,** Brunnen im gespannten Grundwasser • confined (ground)water well [*A well of which the sole source of supply is confined groundwater*]
gespannter Grundwasserspiegel ***m*** • perched groundwater table
gespanntes (Grund)Wasser ***n*,** Druckwasser [*Fehlbenennung, weil alles Grundwasser unter einem mit der Tiefe unter dem Grundwasserspiegel steigendem Druck steht*] • confined (ground)water [*Groundwater confined by overlying and underlying rocks or other material of low permeability and lacking free hydraulic connection with overlying groundwater except at the intake. Confined groundwater moves under a hydraulic gradient due to difference in head between intake and discharge areas of the confined water body*]
gespeicherte Spülung ***f*** [*Tiefbohrtechnik*] • bulk mud
gespeichertes Erz ***n*,** gewonnenes Erz, gespeichertes Haufwerk *n*, gewonnenes Haufwerk • broken ore [*shrinkage stoping*]
gespeichertes Flutwasser ***n*** • backwater [*Water stored during high tide and discharged during low tide*]
gespeichertes Haufwerk ***n*** ➋ gespeichertes Erz
gespeichertes Wasser ***n*** ➋ Stauwasser
gesperrtes Tal ***n*** ➋ (ab)gesperrtes Tal
gespitzter Bruchstein ***m*,** (ab)gespitzter Bruchstein
Gesprenge ***n*** (⚒) • rise in the floor (of a level)
gesprengt • shot, blasted, blown
gesprengter Bruchstein ***m*** • blown quarry stone, shot quarry stone, blasted quarry stone
gesprengter Fels ***m*,** gesprengtes Gestein *n*, Haufwerk *n* • shot rock, blasted rock, blown rock
gesprenkelt ➋ eingesprengt
gesprenkelter Perthit ***m*** • guttate perthite
gesprungene Lagerstätte ***f*** ➋ Verwerfungslagerstätte
gespülter Brunnen ***m*** ➋ (ein)gespülter Brunnen
gespülter (Erd)Damm ***m*** ➋ (Voll)Spül(stau)damm
gespülter Kern ***m*** ➋ (ein)gespülter Kern
gespülter Sanddrän ***m*** ➋ (ein)gespülter Sanddrän
gespülter (wasserdichter) Kern ***m*** ➋ (ein)gespülter (wasserdichter) Kern
gespundet ➋ (aus)gespundet
gestaffelt, fiederartig • en échelon [*French*]; in step-like arrangement
gestaffelte Falte ***f*,** Staffelfalte, gefiederte Falte, Fiederfalte • en échelon fold, fold en échelon
gestaffelte Verbauweise ***f*** [*Lawinenverbauung*] • staggered structure, staggered arrangement
Gestalt ***f*,** Form *f* • shape
Gestalt ***f*** **der Kristallausbildung** ➋ Habitus
gestaltändernde Verformung ***f*** • shape-changing deformation
gestaltbezogene Städteplanung ***f*** • urban design
gestalten [*eine Oberfläche*] • to finish
gestaltig, hoffnungsvoll, hoffnungserregend, aussichtsvoll, aussichtserregend, höfflich, nicht nachgewiesen, nicht sicher, nicht genau bekannt, höffig • promising, kind(ly), unproved, prospective,

unproven [*Said of a rock, lode (= vein), or belt of ground that gives indications of containing valuable minerals*]
gestaltliche Ausbildung *f*, Habitus *m*, Gestalt *f* der Kristallausbildung • habit(us) [*The characteristic crystal form or combination of forms of a mineral, including characteristic irregularities*]
Gestaltungsprozess *m*, Gestaltungsvorgang *m* [*z. B. an einer Küste*] • operative process
Gestaltungsvorgang *m*, Gestaltungsprozess *m* [*z. B. an einer Küste*] • operative process
Gestänge *n* ➲ (Bohr)Gestänge
Gestänge *n* ➲ (Wagen)Gestänge
Gestänge... ➲ (Bohr)Gestänge...
Gestängebruch *m*, Verdrehungsbruch, Verwindungsbruch • twist off
Gestängebühne *f*, Fingerbühne [*Tiefbohrtechnik*] • monkey board, small board, finger board
Gestängefangvorrichtung *f* [*Tiefbohrtechnik*] • box bill
Gestängependel *n* • rod pendulum
Gestängepreventer *m* [*Tiefbohrtechnik*] • over-tool joint BOP
Gestängeschacht *m* ➲ Pump(en)schacht
Gestängeverbinder A *m*, Normal(rotary)-gestängeverbinder
Gestängeverbindung *f* [*z. B. beim Einsatz der Drucksondierung*] • rod connection [*as used in the cone penetration test*]
Gestänge(ver)leger *m* [*Tiefbohrtechnik*] • rodman
gestapelte Sektion *f* [*Reflektionsseismik*] • exploding reflector model
Gestein *n* ➲ Fels
Gestein *n* der Regionalmetamorphose, Fels *m* der Regionalmetamorphose • low-grade metamorphic rock
Gesteine *f* ➲ Felsarten
Gesteine *n(pl)* aus Muschelkalk • lime shell rocks
Gesteine *f* der Kalkalkalireihe, pazifische Sippe
Gesteins(ab)folge *f* • geologic(al) succession, rock sequence
Gesteinsabgang *m* • rock fall, rockfall, falling rocks
Gesteinsabraum *m* ➲ festes Deckgebirge
Gesteinsabsonderung *f* ➲ Absonderung
Gesteinsabwitterungszone *f*, rock weathering zone
Gesteinsarbeit *f*, adwork
Gesteinsart *f* • nature of rock, rock type, type of rock,
Gesteinsaufbereitungsanlage *f* • rock mill, rock dressing plant, rock dressing installation
Gesteinsaufweichung *f*, Gesteinserweichung • rock softening
Gesteinsausbiss *m* ➲ Ausgehende
(Gesteins)Ausräumung *f* • washing away of stones, washing off of stones
(Gesteins)Bandvorspalten *n* ➲ Vorspalten eines Gesteinsbandes
Gesteinsbau *m* ➲ Felsbau
Gesteinsbaustoff *m* ➲ Felsbaustoff
Gesteinsbau *m* über Tage, Felsbau über Tage, offener Felsbau, oberirdischer Felsbau, oberirdischer Gesteinsbau, übertägiger Felsbau, Übertagefelsbau, Übertagegesteinsbau, offener Gesteinsbau, übertägiger Gesteinsbau • surface rock construction, surface rock building, above-grade rock construction, above-grade rock building, above-ground rock construction, above-ground rock building
Gesteinsbaustoff *m*, Felsbaustoff, Baufels *m*, Baugestein *n* • rock material
Gesteinsberg *m* [*Geneigte Strecke im Gestein*] (⚒) • inclined rock heading, sloping rock heading
Gesteinsbestandteil *m*, Gesteinskomponente *f* • rock constituent
Gesteinsbestimmung *f* ➲ Gesteinskennzeichnung
gesteinsbildend, petrogenetisch • petrogenetic; soil and rock forming (processes)
gesteinsbildendes Gemengeteil *n* ➲ Hauptgemengeteil
gesteinsbildendes Mineral *n* ➲ Hauptgemengeteil
Gesteinsboden *m* • rock earth
Gesteinsbrücke *f* • rock bridge
gesteinsbürtig, lithogen • lithogene [*Said of a mineral deposit formed by the process of mobilization of elements from a solid rock and their transportation and redeposition elsewhere*]
Gesteins-Chemie *f* • petrochemistry [*An aspect of geochemistry that deals with the study of the chemical composition of rocks*]
Gesteinsdruck *m* • (underground) rock pressure [*The pressure exerted by rock on the (support(ing)) systems of underground openings, including that caused by the weight of the overlying material and residual unrelieved stresses*]
Gesteinseinbaulage *f*, Gesteinseinbauschicht *f* • rock lift
Gesteinseinteilung *f* in Handelsgruppen, Einteilung der Gesteine in Handelsgruppen • trade grouping (of rocks), rock trade grouping
Gesteinsentfestigung *f* ➲ chemische Verwitterung
Gesteinsentstehung *f*, Gesteinswerdung, Lithogenese *f* • lithogenesis, lithogeny
Gesteinserstarrung *f* • rock solidification

Gesteinserweichung ***f,*** Gesteinsaufweichung • rock softening

Gesteins-Erz-Verbindung ***f*** • rock-ore association [*e.g. iron ores (magnetite, ilmenite) are found in gabbro*]

Gesteinsfaktor ***m,*** Sprengbarkeit *f* • blasting resistance, resistance to blasting, rock factor, blastibility

Gesteinsfazies ***f*** ➋ Lithofazies

Gesteinsfestigkeit ***f*** • rock strength, rock hardness

Gesteinsförderung ***f,*** Gesteinstransport *m* • rock haul (age), rock hauling, rock transport

Gesteinsfrostempfindlichkeit ***f*** • gelivity [*The sensitivity of rock to congelifraction, the property of being readily split by frost*]

Gesteinsgas ***n*** • magmatic gas

Gesteinsgefüge ***n*** ➋ Gefüge

Gesteinsgefügeachse ***f*** ➋ Gefügeachse

Gesteinsgefügeanalyse ***f*** ➋ Gefügeanlayse

Gesteinsgefügediagramm ***n,*** Gefügediagramm • fabric diagram, rock fabric diagram, petrofabric diagram, orientation diagram, structural fabric diagram [*In structural petrology, a stereographic or equal area projection of fabric elements*]

Gesteinsgefügeelement ***n,*** Gefügeelement • (rock) fabric element, petrofabric element, structural fabric element [*A component of a (rock) fabric*]

Gesteinsgefügekunde ***f*** **nach Sander** ➋ Gefügekunde nach Sander

gesteinsgefügekundliche Messungen *f*(pl) ➋ gefügekundliche Messungen

Gesteinsgefügemechanik ***f*** ➋ Gefügemechanik

Gesteinsgeschwindigkeit ***f*** [*angewandte Seismik*] • rock velocity

Gesteinsgesellschaft ***f,*** Gesteinsvergesellschaftung *f,* Gesteinsgemeinschaft, Gesteinssippe *f,* Gesteinsverwandschaft, Gesteinssippschaft • rock association, rock community

Gesteinsglas ***n*** • rock glass

Gesteinsgruppe ***f*** • rock group [*From geologic(al) aspects, rocks are grouped by origin, as igneous, sedimentary, or metamorphic*]

Gesteinsgüte ***f*** • rock quality

Gesteins(güte)klassifikation ***f,*** Fels(güte)-klassifikation • rock mass classification, rmc, rock quality designation, rqd, RQD [*Used to help designing underground cavities. The rock masses are classified according to strength, discontinuities, groundwater, foldings and faults. Description in ASTM Special Technical Publication 984, a report of a 1987 symposium*]

Gesteinshandelsgruppe ***f*** • trade group (of rocks), rock trade group

(Gesteins)Handstück ***n,*** Handgesteinsstück • hand (rock) sample

Gesteinshangende ***n,*** Felshangende • overhead rock [*underground construction*]

Gesteinshauer ***m,*** Mineur • stoneman, hardground miner, drifter, borer, drillman, stone driller, (rock) driller, stone header, stone drifter, cutter, brancher; mine driver, stone miner [*Scotland*]; drill runner, tunneler (US); tunneller (Brit.)

Gesteinshauer ***m*** (⚒) • rock picker, rock man

Gesteinshydraulik ***f,*** Felshydraulik • rock hydraulics

Gesteinskarte ***f*** • rock map

Gesteinskennwert ***m*** • rock characteristic

Gesteinskennzeichnung ***f,*** Kennzeichnung von Gesteinen, Gesteinsbestimmung • identification of rock(s), rock identification

Gesteinskippmulde ***f,*** Felskippmulde • rock body [*A dump body with oak planking set inside a double steel floor*]

Gesteinsklasse ***f*** • rock class [*Rocks are classed according to petrographic characteristics which include their mineral content and fabric*]

Gesteinsklassifizierung ***f*** • rock classification

Gesteinsknistern ***n,*** Felsknistern • rock noise [*Rock bursts are often preceded by differences in the minor noises that are given out by rocks. Listening instruments have therefore been devised to record them*]

Gesteinsköder ***m,*** Felsköder

Gesteinskomponente ***f,*** Gesteinsbestandteil *m* • rock constituent

Gesteinskorn ***n*** • rock particle, rock grain

Gesteinskörper ***m*** • rock body

Gesteinskriechen ***n,*** Felskriechen • creep(ing) [*A gradual movement of disintegrated (= loose) rock due to atmospheric changes, water, etc.*]

Gesteinskunde ***f,*** Petrografie *f,* Lithologie *f* [*insbesondere Sedimentgesteine*] • petrography, descriptive petrology, lithology [*A branch of geology that deals with the description and systematic classification of rocks, especially igneous and metamorphic rocks, and especially by means of microscopic examination of thin sections. Petrography is more restricted in scope than petrology*]

Gesteinskundiger ***m,*** Petrograph *m,* Gesteinskundler • petrographer

Gesteinskurzanker ***m,*** Kurzgesteinsanker, Kurzfelsanker, Felskurzanker • short (rock) bolt

Gesteinslandschaft ***f,*** Felslandschaft • rockscape

Gesteinslappen ***m*** [*Von den steilen Sattelflanken weg auf die Synklinen überkippt*] • flap

Gesteinslauf ***m*** [*Österreich*]; Gesteinsstrecke; [*Im Gestein aufgefahrene Strecke wie Querschlag und Richtstrecke*] (⚒) • rock drift, stone drift, rock heading, stone heading, rock gallery, stone gallery, rock level, stone level, rock drive, stone drive, rock gate (road), stone gate (road), rock gateway, stone gateway, rock road(way), stone road(way), hard heading, gain, strike, break-through

Gesteinslaufvortrieb ***m*** [*Österreich*] ➔ Gesteinsstreckenvortrieb

Gesteinsleiste ***f,*** (Fels)Leiste, Felssims, Gesteinssims *m, n* • bench, ledge, rock bench, rock ledge [*These benches are developed in the ordinary processes of land degradation, faulting, and the like*]

Gesteinsleitfähigkeit ***f,*** Gesteinsleitvermögen *n* • rock conductivity

Gesteinslösungspore ***f,*** Feinkaverne *f* • rug

Gesteinsmagnetik ***f*** • rock magnetics

Gesteinsmagnetismus ***m*** • rock magnetism

Gesteinsmagnetometer ***n*** • rock magnetometer

gesteinsmechanische Untersuchungen ***f(pl),*** felsmechanische Untersuchungen • investigations of the rock for engineering purposes, rock mechanics investigations

Gesteinsmehl ***n,*** Steinmehl • rock powder, rock flour, stone powder [*Crushed rock of silt-size*]

(Gesteins)Metamorphismus ***m,*** (Gesteins)Metamorphose *f,* (Gesteins)Umprägung *f,* (Gesteins) Umwandlung, (Gesteins)Umbildung, (Gesteins) Umänderung, (Gesteins)Umsetzung, (Gesteins) Umformung, (Gesteins)Verwandlung • metamorphism

Gesteinsmikroskopie ***f*** • rock microscopy

Gesteinsmobilisation ***f,*** Felsmobilisation

Gesteinsnische ***f,*** Felsnische *f* • cove [*A hollow recess in a rock*]

Gesteinspaket(e) ***n***(pl) • rock strata

Gesteinsphysik ***f*** • rock physics

gesteinsphysikalisch • petrophysical

gesteinsphysikalische Kenndaten ***f*** • petrophysical parameters

(Gesteins)Porenfluid ***n*** • ground fluid, fluid in (the) rock pores

Gesteinsporenfüllung ***f*** • pore-space filling [*The filling of rock pores by valuable minerals such as petroleum, copper, vanadium, radium and other compounds*]

Gesteinsprobe ***f*** • rock sample

Gesteinsprobekörper ***m*** • rock specimen

Gesteinsprovinz ***f,*** petrografische Provinz, magmatische Region *f* [*Gesamtheit der Eruptivgesteine, die demselben Magmaherd entstammen*] • petrographic (al) province, magma province, comagmatic region, igneous province [*A broad area in which similar rocks are considered to have been formed during the same period of igneous activity*]

Gesteinsprüfhammer ***m*** • rock test(ing) hammer

Gesteinsprüfung ***f*** **unter hydraulischem Druck** • confined (hydraulic) pressure test

Gesteinsrheologie ***f*** • rock rheology

Gesteinsrinde ***f,*** Lithosphäre *f* [*Erdkruste plus Erdmantel*] • lithosphere, solid earth [*See also "oxysphere"*]

Gesteinsrohboden ***m,*** Gerüstboden, Skelettboden [*Hauptkorngröße über 2 mm Durchmesser. Der Anteil dieser Größe soll mindestens 75 % betragen. Je nach der Korn-, bzw. Steingröße unterscheidet man Block-, Stein- und Kiesboden*] • lithosol, lithosolic soil (US); skeletal soil, skeleton soil (Brit.); mountain soil [*obsolete*] [*Thin stony soil, shallow over bedrock without a definite B horizon, due to relative youth*]

Gesteinssammlung ***f*** • rock collection

Gesteinsschicht ***f*** • bed [*In geophysics, a rock mass usually of large horizontal extent compared to vertical or near vertical thickness, bounded, especially on its upper side, by material with different physical properties*]

(Gesteins)Schmelze ***f,*** Magma *n* • magma [*Naturally occurring mobile rock material, generated within the Earth and capable of intrusion and extrusion from which igneous rocks are thought to have been derived through solidification and related processes. It may or may not contain suspended solids (such as crystals and rock fragments) and/or gas phases. Magma need not be wholly liquid, for it may contain solid phases, such as suspended crystals, but never in quantity or bulk sufficient to prevent mobility of the magma*]

(Gesteins)Schmelze ***f*** • melt, liquid fused rock

(Gesteins)Schutt ***m*** [*Verfestigter (Gesteins)Schutt heißt "Brekzie"*] • debris [*French term*], rock waste, debris [*Loose material worn off rocks. It should be distinguished from "detritus"*]

(Gesteins)Schuttbrekzie ***f*** • scree breccia

(Gesteins)Schutthang ***m*** • detrital slope

Gesteinssims ***m, n*** ➔ Gesteinsleiste

Gesteinssippe ***f*** ➔ Gesteinsvergesellschaftung

Gesteinssippschaft ***f*** ➔ Gesteinsvergesellschaftung

Gesteinsspaltbarkeit ***f*** • rock cleavage property, rock splitting property

Gesteinsspalt(e) ***m, (f)*** ➔ Spalt(e)

Gesteinsspalten ***n*** • rock splitting, rock cleavage

G

Gesteinsspion *m*, Felsspion • strain monitor, deformation monitor
Gesteinssplitter *m* • rock chip
Gesteinssplittergeochemie *f* • rock chip geochemistry
Gesteinssprengstoff *m*, Felssprengstoff [*Im Gegensatz zu Wettersprengstoffen brauchen Gesteinssprengstoffe Anforderungen hinsichtlich Schlagwetter- und Kohlenstaubsicherheit nicht zu genügen*] • rock (industrial) blasting explosive, rock commercial blasting explosive
Gesteinsstaub *m* • stone dust, inert dust [*It includes all dusts from clay, shale and sand, found in mines*]
Gesteinsstaubbesatz *m*, Gesteinsstaubverdämmen *n* • stone dust stemming, stone dust tamping, rock dust stemming, rock dust tamping
Gesteinsstaubmethode *f*, Gesteinsstaubverfahren *n* (⚒) • stone dusting method
Gesteinsstaubschranke *f*, Gesteinsstaubsperre *f* (⚒) • stone dust stopping, stone dust barrier
Gesteinsstaubsperre *f* • rock dust barrier [*A rock-dust barrier is a quantity of dry rock dust put in appropriate containers positioned in such a way in an underground coal mine that the advance wave of a coal-dust explosion will cause the rock dust to be instantly thrown into suspension and extinguish the flame*]
Gesteinsstaubstreuer *m*, Gesteinsstreumaschine • stone duster [*A miner who distributes stone dust in the roadways to reduce the risk of coal-dust explosions*]
Gesteinsstaubverdämmen *n* ➜ Gesteinsstaubbesatz
Gesteinsstaubverteilen *n*, Gesteinstaubstreuen (⚒) • stone dusting
Gesteinsstaubverteiler *m*, Gesteinsstaubstreumaschine (⚒) • stone dusting machine
Gesteinsstörung *f* • rock disturbance
Gesteinsstrahlbohren *n* ➜ Strahlfelsbohren
gesteinsstratigrafische Einheit *f*, felsstratigrafische Einheit • rock-stratigraphic unit [*group; formation; member; and bed*] [*These units are defined on lithology which serves as the major control for geologic mapping*]
Gesteinsstratigrafie *f* ➜ Lithostratigrafie
gesteinsstratigrafisch, lithostratigrafisch, petrostratigrafisch • rock-stratigraphic, lithostratigraphic, petrostratigraphic
Gesteinsstrecke *f* ➜ Gesteinslauf [*Österreich*]
Gesteinsstreckenauffahrung *f* (⚒) • stone-drift driving
Gesteinsstreckenvortrieb *m*; Gesteinlaufvortrieb [*Österreich*] • stone drifting, rock drifting
Gesteinstaubstreuen *n*, Gesteinsstaubverteilen (⚒) • stone dusting
Gesteinstaubverfahren *n* ➜ Gesteinsstaubmethode
gesteinstechnische Untersuchung *f* • petrographic investigation
Gesteinsteilchen *n*, Lithoklast *m* • lithoclast, lithiclast
Gesteinstor *n*, Felstor • perforated rock, pierced rock
Gesteinstransport *m*, Gesteinsförderung *f* • rock haul (age), rock hauling, rock transport
Gesteins-Tunnelbau *m*, Fels-Tunnelbau [*Gegensatz: Bodentunnelbau*] • rock tunnelling (Brit.); rock tunnel building, rock tunnel construction; rock tunneling (US)
(Gesteins)Umänderung *f* ➜ (Gesteins)Metamorphose
(Gesteins)Umbildung *f* ➜ (Gesteins)Metamorphose
(Gesteins)Umformung *f* ➜ (Gesteins)Metamorphose
(Gesteins)Umprägung *f* ➜ (Gesteins)Metamorphose
(Gesteins)Umsetzung *f* ➜ (Gesteins)Metamorphose
(Gesteins)Umwandlung *f* ➜ (Gesteins)Metamorphose
Gesteinsverband *m* • blocks of rock material
Gesteinsvergesellschaftung *f*, Gesteinsgesellschaft *f*, Gesteinsgemeinschaft, Gesteinssippe *f*, Gesteinssippschaft • rock association, rock community
Gesteinsverhältnisse *f* • character of the rock, rock character [*It is referred to in non-parametric terms, hence its influence cannot be stated as direct or inverse*]
Gesteinsversatz *m* • rock (back)fill, mine rock (back)fill
(Gesteins)Verwandlung *f* ➜ (Gesteins)Metamorphose
Gesteinsverwandschaft *f*, Ursprungsgleichheit *f* • consanguinity [*A word used to describe the genetic relationship of those igneous rocks which are presumably derived from a common magma*]
Gesteinsverwitterung *f* auf dem Meer(es)grund, Halmyrolyse *f* • halmyro(ly)sis, submarine weathering
Gesteinswasser *n* ➜ Bergfeuchtigkeit
Gesteinswerdung *f*, Gesteinsentstehung, Lithogenese *f* • lithogenesis, lithogeny
Gesteinswissenschaft *f*, Petrologie *f* • petrology, science of rocks, rock science [*The branch of geology concerned with the origin, occurrence, structure, and history of rocks, principally igneous and metamorphic rocks*]
Gesteinswissenschaftler *m*, Petrologe *m* • petrologist [*One who is engaged in the study of petrology*]
Gesteinswüste *f* ➜ Felswüste

Gesteinszeichen ***n,*** Stuf(f)e *f* (⚒) • mark cut in the rock, rock-cut mark
(Gesteins)Zerbrechung ***f*** ➋ Kataklase
(Gesteins)Zertrümmerung ***f*** ➋ Kataklase
Gesteinszusammensetzung ***f*** • rock composition
Gestell ***n*** (⚒) ➋ Schachtgestell
Gestell ***n,*** Bock *m* • horse [*A saw horse or other simple frame or support*]
Gestellanlage ***f*** ➋ Schachtgestellanlage
Gestellförderung ***f*** ➋ Schachtkorbförderung
Gestellgatter ***n*** ➋ Förderkorbgatter
Gestellwagen ***m,*** Bühnwagen [*Er besteht aus einem Gestell mit Boden zum Aufnehmen der Fördergefäße*] (⚒) • troll(e)y
gesteuerte Abgabe ***f,*** gesteuerter Abzug *m* (⚒) • controlled outfeed, controlled discharge [*The discharge of minerals at a controlled rate*]
gesteuerte automatische Gangkernkontrolle ***f,*** automatische gesteuerte Gangkernkontrolle [*Seismik*] • ganged auto(matic) gain control
gesteuerte Bohrung ***f*** • guided drilling, guided boring
gesteuerte Pilotbohrung ***f*** • guided pilot drilling (*or:* boring)
gesteuerter (Tunnel)Röhrenseitenablauf ***m*** • controlled slide launching (of tunnel) tubes), controlled slide (tunnel) tube(s) launching [*The tube supported on the sleds is gradually allowed to slide down the ways at a suitable speed, controlled by synchronized winches until it floats off the sleds*]
Gestirn ***n,*** Himmelskörper *m* • heavenly body, celestial body
gestört, berührt [*Boden*] • disturbed, remoulded; remolded (US)
gestörte Dränage ***f*** • faulty drainage
gestörte Probe ***f*** • disturbed sample
gestört ➋ verworfen
gestreckte (Erz)Linse ***f*** ➋ (lang)gestreckte (Erz)Linse
gestreckter Dom ***m*** ➋ (lang)gestreckter Dom
gestreckte Mineralfüllung ***f*** • stretched crystal
gestreckte Patronenladesäule ***f*** • string of spaced cartridges
gestreckte (Spreng)Ladung ***f,*** (Spreng)Ladesäule *f* • (charge) column, (charge) stick, column charge, stick charge, stick of powder, powder stick, powder column, column of powder
gestreckte waag(e)rechte Ladung ***f,*** waag(e)rechte gestreckte Ladung • deck charge with wooden spacers
gestreifter Sandstein ***m,*** Tigersandstein • tiger('s) sandstone
gestrickte Mineralform ***f,*** skelettförmige Mineralform, gerüstförmige Mineralform • skeletal crystal form, skeleton crystal form
gestuft ➋ (ab)gestuft
gestuft... ➋ (ab)gestuft...
gestundet [*Streb*] (⚒) • stationary
gestützte Last ***f,*** aufgenommene Last • accepted load, sustained load, carried load, supported load
gestützer Aushub ***m*** ➋ (ab)gestützer Aushub
gestützter Boden ***m*** • retained soil
gesund, (stand)fest, standsicher, stabil, tragfähig, ungestört, druckfest, unnachgiebig [*Gebirge im Tunnel-, Stollen- und Schachtbau; Baugrund*] • intact, firm, self-supporting, standing, stable, bearing, sound, unsupported, nonsupported, nonyielding
gesunde Küste ***f,*** fahrbare Küste • clear coast [*A coast free from cliffs and rocks*]
Gesundheitsgefährdung ***f*** • health hazard
Gesundheitsphysik ***f*** • health physics [*That branch of radiological physics, dealing with the protection of personnel from the harmful effects of ionizing radiation*]
Gesundheitsschutz ***m*** • health protection
gesunkener Flügel ***m*** ➋ (ab)gesunkener Flügel
Gesunkenes ***n*** ➋ (ab)gesunkener Flügel
gesüßtes Eis ***n*** ➋ entsalztes Eis
getauchter Überfall ***m,*** getauchter Überlauf, getauchte Entlastungsanlage *f* • diving overfall, diving spillway
getauchter Wirbel ***m*** • submerged vortex, underwater vortex, drowned vortex
Getreideheber ***m*** • grain elevator
getreidekornähnliche Blaste ***f,*** Frucht *f* [*Fruchtschiefer*] • wheat grain, grain of wheat
Getreidepier ***m*** • grain pier
getrennte Entlastungsanlage ***f*** • separate spillway
getrenntes Grundablassbauwerk ***n*** • separate sluiceway structure
getreppt ..., (ab)getreppt...
Getriebe... ➋ (Vor)Pfänd ...
Getriebearbeit ***f*** ➋ Abpfänden
Getriebekeil ***m*** ➋ Keil
Getriebelatte ***f*** ➋ Bergmannslatte
Getriebezimmern ***n*** ➋ Abpfänden
Getriebezimmerung ***f*** ➋ (Vor)Pfändung
Getriebezimmerung ***f*** **mit Endblöcken** ➋ (Vor) Pfändung mit Endblöcken
getrübt ➋ bewölkt
Geviertfeld ***n*** (⚒) • extended concession
Geviert(zimmerung) ***n, (f)*** ➋ geschlossener Türstock

gevouteter Balken ***m*** [*Balkenbrücke mit Vouten*] • haunched beam (*or:* girder)
gevoutete Balkenbrücke ***f*** • haunched girder bridge
gewachsene Kieslage ***f*** ➲ Kiesschicht
gewachsener Boden ***m*** ➲ Naturboden
gewachsener Fels ***m*** ➲ anstehender Fels
gewachsener Zustand ***m*,** gewachsene Beschaffenheit *f* • natural state, natural condition
gewachsenes Erz ***n*** • unaltered ore
gewachsenes Gebirge ***n*** • accumulation mountain, mountain of accumulation [*It has been piled or heaped up at the surface by gradual accumulation. Such a mountain offers a contrast to a mountain of circumdenudation and, according to some authors, to a tectonic mountain*]
gewachsenes Gelände ***n*** ➲ natürliches Gelände
gewachsenes Gestein ***n*** ➲ anstehender Fels
gewachsenes Material ***n*,** anstehendes Material • in(-)place material, bank material, in(-)situ material, material in place, material in situ [*Soil or rock in place before excavation or blasting*]
gewachsenes Terrain ***n*** ➲ natürliches Gelände
Gewächserde ***f*** ➲ (Boden)Krume
Gewährleistungsarbeit ***f*** • warranty work
gewältigen, lösen, sümpfen, abziehen [*Grubenbaue von Wasser entleeren*] (⚒) • to clear, to drain, to free from water
gewältigen ➲ aufnehmen
(gewaltsam) ausbrechen [*Vulkan*] • to blow out, to erupt
gewaltsam austreten, ausbrechen [*Erdgas oder Erdöl in Bohrlöchern aus großen Tiefen*] • to blow out, to rupture
gewaltsames Austreten ***n*** ➲ Ausbruch
gewalzte Erd(auf)füllung ***f*** ➲ Walzerd(auf)füllung
gewalzte Spundbohle ***f*,** Walzspundbohle • rolled sheet pile
gewalzter Damm ***m*** ➲ (ab)gewalzter Damm
gewalzter Kern ***m*** ➲ (ab)gewalzter Kern
gewalzter (Stau)Damm ***m*** ➲ Walz(stau)damm
gewalztes Kugelpulver ***n*** • rolled ball powder
Gewand ***n*** [*Eine Gebirgsschicht, gangartige Bildung usw., welche die Flöze abschneidet oder verwirft*] • great heave (⚒)
Gewanndorf ***n*** • nucleated village with stripfields
gewaschenes Gold ***n*,** Waschgold • wash gold
Gewässer ***n*** [*In der Natur fließendes oder stehendes Wasser einschließlich Gewässerbett und Grundwasserleiter*] • body of water; water [*Scotland*]; water body, waters [*A separate entity of water, distinguished from other water bodies*]
(Gewässer)Bett ***n*,** (Gewässer)Rinne *f* • channel, runway, trough
Gewässer(bett)sohle ***f*** ➲ Sohle
Gewässerfaktor ***m*** • hydrographic factor
Gewässergebiet ***n*** • waters region
Gewässerkunde ***f*,** Hydrologie *f*, Wasserkunde, Wasserwissenschaft *f* • hydrology, study of water, hydroscience, science of water, water science [*It includes the subjects of surface water, groundwater, meteorology, oceanography, glaciology, and related fields. Hydrology is an interdisciplinary engineering science: agricultural engineering, civil engineering, forestry, limnology, geology, marine science, and other disciplines have contributed to the study of water*]
Gewässerkundige ***m*, *f*,** Hydrologe *m* • hydrologist
gewässerkundliches Handbuch ***n*,** Handbuch der Geologie • manual of hydrology, hydrology manual, hydrology handbook, handbook of hydrology
Gewässerpflege ***f*** • waters control, waters conservation, waters care [*The physical control of water by such methods as channel improvement, erection and operation of structures for water retardation and sediment detention, and practices on the land to safeguard against depletion*]
Gewässerreinhaltung ***f*** • water pollution control; *less frequent:* waters pollution control
(Gewässer)Rinne ***f*** ➲ (Gewässer) Bett
Gewässerschutz ***m*** • protection of waters, waters protection
Gewässersohle ***f*** • waterway bottom, seabed [*seafloor*]
Gewässersohlenbauwerk, Sohlenbauwerk *n* [*Absturz; Sohl(en)rampe (Schussrinne, Sohlengleite); Absturztreppe; Stützschwelle; Grundschwelle; Sohl(en)-schwelle*] • bed structure, bottom structure, floor structure, channel bed structure, channel bottom structure, channel floor structure
Gewässerüberwachung ***f*** • waters monitoring
Gewässervermessung ***f*,** Hydrografie *f* • hydrography [*The study and measurement of seas, lakes, rivers, streams and other waters including their marginal land areas, and the preparation of maps, charts, and publications for use of navigations in such waters*]
Gewässerverunreinigung ***f*** • water pollution
gewebte Geotextilie ***f*** • woven geotextile
gewellte Ebene ***f*,** Wellenebene • rolling plain
Gewerbeaufsichtsamt ***n*** • trade supervisory board, authority entrusted with the administration of labour legislation and industrial law
Gewerbegebiet ***n*,** Gewerbefläche *f* • business park, commercial area, commercial zone, industrial area

gewerblich benutzter Bau ***m*** • professionally used building
gewerblicher Flüssigkeitssprengstoff ***m*** • liquid (industrial) explosive, liquid commercial explosive, liquid blasting explosive, liquid blasting material, liquid civil explosive
gewerblicher loser Sprengstoff ***m*****,** loser gewerblicher Sprengstoff [*DIN 20163*] • bulk (blasting) explosive [*See note under "(industrial) explosive"*]
gewerblicher Pulversprengstoff ***m*** ➋ deflagrierender Sprengstoff [*DIN 20163*]
gewerblicher Sicherheitssprengstoff ***m*** • safety (industrial) explosive, safety commercial explosive
(gewerblicher) Sprengstoff ***m*** [*DIN 20163*] • blasting explosive, commercial explosive, industrial explosive, civil explosive
Gewerker ***m*** ➋ Bergbautreibender
Gewerkertag ***m*** (⚒) • meeting of shareholders, shareholder meeting
GEWI-Pfahl ***m*** [*ein Verbundpfahl*] • GEWI pile [*a composite pile*]
Gewicht ***n*** [*Diamant*], Karat
Gewichts . . ., (Schwer)Gewicht(s). . .
Gewichtsanzeiger ***m*** ➋ Bohrdruckmesser
Gewichtsaräometer ***n*** ➋ Senkwaage
Gewichtsbelastung ***f*** • external loading
gewicht(s)bezogenes Potential ***n*****,** Potential auf das Gewicht bezogen [*Bodenwasser*] • potential defined on a unit weight basis
Gewichtsfaktormethode ***f*****,** Gewichtsfaktorverfahren *n* [*Die Seismogramme werden mit festen Gewichtsfaktoren versehen*] • weighted delay-and-sum method
Gewichtskontrollmesser ***m*** ➋ Bohrdruckmesser
Gewichtskraft ***f*** [*z. B. des Bodenkörpers*] • weight [*of soil body*]
Gewichtslast ***f*** • self-weight
gewichtslos • weightless
Gewichtsmatrix ***f*** • weight-matrix
Gewichtssonde ***f*** • weight penetrometer
Gewichtssondierung ***f*** • weight sounding test
Gewichtssondierung ***f*** [*Die Ergebnisse aus e-r G.*] • weight sounding test results
Gewichtstalsperre ***f*****,** (Beton) Gewichtstalsperre
Gewichtsunterschied ***m*****,** Masseunterschied [*Gravimetrie*] • gravity difference, gravitation(al) difference
Gewichtsverhältnis ***n*** • weight ratio, ratio by weight
Gewindeabstreiffestigkeit ***f*** [*Fangarbeit(en) in der Tiefbohrtechnik*] • joint strength
gewindelösendes Spill ***n*****,** automatisch wirkendes Spill, Abschraubspill [*(Rotary)Hebewerk*] • break-out cathead
Gewindeverbinder ***m*** **mit (Ab)Dicht(ungs)fläche** [*Tiefbohrtechnik*] • premium thread
Gewindezugfestigkeit ***f*** • thread tensile strength
gewinkelte Welle ***f*** ➋ (ab)gewinkelte Welle
Gewinn ***m*** • gain
gewinnbar im Tagebau ***m*** • strippable
gewinnbarer Anteil ***m*** • recovery [*The proportion of a coal seam extracted from a mine or given acreage*]
gewinnbarer Anteil ***m*** • recovery [*The proportion of a desired metal or mineral obtained in the treatment of an ore*]
gewinnbares Wasser ***n*** • gravity groundwater, gravitation(al) groundwater
gewinnbringende Beseitigung ***f*****,** Wiederaufbereitung, Reststoffverwertung, Reststoffnutzung, Wiederverwertung [*Wiedergewinnung der im Abfall enthalte-nen Rohstoffe und Energie*] • recycling
gewinnen ➋ abbauen
gewinnen, herauslösen [*Lagerstätteninhalt aus dem Gebirge*] (⚒) • to dig out, to excavate, to break (down), to bring down, to break off
Gewinnen ***n*****,** Herauslösen [*Lagerstätteninhalt aus dem Gebirge*] (⚒) • digging out, excavation, breakage, bringing down, breaking (down), breaking off [*Not to be confused with "winning" which includes excavation, loading and removal*]
gewinnen der Kohle von Hand, abbauen der Kohle von Hand, auskohlen von Hand • to scallop
gewinnen im Rückbau ***m*****,** nachholen, rückbauen (⚒) • to bring-back
Gewinnung ***f*** **mit Hydromonitor(en),** Abspritzen *n* mit Hydromonitor(en), hydraulische Gewinnung, Abspritzgewinnung, Druckstrahlbaggerung, Spülabbau *m* durch Lösen mit Hochdruckwasserstrahl, hydraulischer Abbau, Spritzabbau • hydraulic mining, hydraulicking, hydraulic stripping, (hydraulic) sluicing, jetting, hydraulic jetting, hydraulic working, wet mining [*Hydraulic excavation of a placer deposit or gravel banks followed by flow through flumes with riffles in the bottom (called sluices) which collect gold or other heavy mineral*]
Gewinnung ***f*** **von Erden und Steinen** • quarrying of soil and rock
Gewinnungsbohren ***n*****,** Abbaubohren
Gewinnungsbrunnen ***m*** • (water) winning well, (water) getting well, (water) extraction well
Gewinnungshorizont ***m*****,** Abbauhorizont • mining horizon

G

Gewinnungsindustrie ***f***, Abbauindustrie • extractive industry [*(a) of minerals in short supply - location fixed by the occurrence of the minerals; (b) of minerals - clay, limestone, etc. - in abundant supply and so susceptible of planned location*]

Gewinnungsschuss ***m***, Abbauschuss • cut shot [*A shot designed to bring down coal which has been sheared or opened on one side*]

Gewinnungssprengen ***n***, Gewinnungssprengung *f*, Gewinnungssprengverfahren *n*, Abbausprengen • production blasting, bench blasting (method)

Gewinnungsverlust ***m***, Abbauverlust [*Die durch den jeweiligen Stand der Technik und die wirtschaftlichen Bedingungen in der Lagerstätte zurückbleibenden Vorräte (Anfangsvorräte minus Gesamtausbeute)*] • unrecoverable reserves, nonrecoverable reserves, mining loss, extraction loss

G

Gewinnungswand ***f*** ➲ Abtragwand

Gewitter ***n*** • thunderstorm

Gewitterböenlinie ***f***, Böenlinie eines Gewitters

Gewitterregen ***m*** • thunderstorm rain, storm rainfall, thunder shower, thundery shower

gewöhnliche (Erd)Bebenbeanspruchung ***f*** • strength level (earth)quake, SLE

gewöhnliche Springgezeit ***f***, gewöhnliche Springtide *f* • ordinary spring tide

gewöhnliche Verwerfung ***f*** • hade-slip fault

gewöhnlicher Hochwasserrückhalteraum ***m*** [*Teil eines Hochwasserrückhalteraumes zwischen Stauziel und Überfallkrone bzw. Oberkante des Verschlusses in Staustellung*] • flood storage space, flood absorption space

gewöhnlicher Sprung ***m*** ➲ normale Verwerfung

gewöhnliches Blei ***n*** • common lead, ordinary lead

Gewölbe ***n*** • vault

gewölbeartig (gelagert) ➲ antiklinal

Gewölbeblock ***m*** • vault block

gewölbeförmige Sohle ***f*** ➲ Gewölbesohle

Gewölbereihen(stau)mauer ***f***, Vielfachbogensperre *f*, Bogenpfeiler(stau)mauer, Pfeilergewölbe(stau)-mauer • multi(ple) arch(ed) dam

Gewölbering ***m***, (Tal)Sperrengewölbering, Sperrmauergewölbering, Staumauergewölbering • (dam) arch element

Gewölbescheitel ***m*** [*Vielfachbogen(stau)mauer*] • crown of arch, arch crown; crown (US)

Gewölbeschenkelbruch ***m*** [*nach Heim*] ➲ Längsverwerfung

Gewölbe(stau)mauer ***f*** **mit angenähert gleich-(bleibend)em Radius (oder Halbmesser)** ➲ Bogen(stau)mauer mit angenähert gleich(bleibend)-em Halbmesser (oder Radius)

Gewölbestein ***m***, Gewölbeformstein *m* [*z. B. für Bogenbrücken*] • voussoir

Gewölbestützbogen ***m***, Pfeilerbogen, Gurtbogen, Stützbogen, Schildbogen [*Pfeiler(tal)sperre*] • buttress arch, pier arch

Gewölbestützlinie ***f*** • arching line

Gewölbetheorie ***f*** ➲ Antiklinaltheorie

Gewölbewirkung ***f*** • arch action, vault action, arching action, arching effect

Gewölbewirkungsherd ***m***, Bogenwirkungsherd [*Felsmechanik*] • focus of arching (action), focus of arch(ing) effect, focus of arch action [*See note under "arching (action)"*]

Gewölbewirkungszustand ***m***, Bogenwirkungszustand • state of arching (action), condition of arching (action), state of arch(ing) effect, condition of arch(ing) effect, state of arch action, condition of arch action

gewölbte Verdämmung ***f***, gewölbter Damm *m*, gewölbte Verspündung, Keildamm, Keilverdämmung, Keilverspündung (⚒) • wedge dam, vault(ed) dam, wedge wall, vault(ed) wall, wedge pack, vault(ed) pack

gewonnen ➲ (herein)gewonnen

gewonnenes Erz ***n***, gespeichertes Erz, gespeichertes Haufwerk *n*, gewonnenes Haufwerk • broken ore [*shrinkage stoping*]

gewunden, gedreht [*z. B. Kristall*] • twisted

gewürgt ➲ (an)gewürgt

Geyserit ***m***, Kieselsinter *m*, Fiorit, Sinterkiesel *m*, Perlsinter • siliceous sinter, (pearl) sinter, geyserite, fiorite

Geysir ***m***, Geisir, Geiser, Springquelle *f*, pulsende Quelle, pulsierende Quelle, Siedequelle, Springer *m* • geyser, gusher, pulsating spring, spouter, ebbing and flowing spring, gush(ing) spring

gezackt, zackig • serrate, saw toothed [*Toothed on the edge*]

Gezähe ***n***, (Spreng)Gezähe

Gezähenummer ***f*** (⚒) • tool number

Gezähestiel ***m***, Helm *m* (⚒) • handle, elve, shaft

gezahnte undurchlässige Platte ***f***, undurchlässige gezahnte Platte [*Rahmenschergerät*] • indented impervious plate, dentated impervious plate, impervious grid plate, toothed impervious plate, dent(iculated) impervious plate, serrated impervious plate [*"Impermeable" may synonymously be used for "impervious"*]

gezahnter Filterstein ***m*** [*Rahmenschergerät*] • indented pervious plate, dentated pervious plate, pervious grid plate, toothed pervious plate, dent(iculat)ed pervious plate, serrated pervious plate [*"Permeable" may synonymously be used for "pervious"*]

Gezeit *f*, Tide *f* • tide

Gezeiten *f*, Ebbe *f* und Flut *f*, Tiden *f* • tides, falling tide and rising tide

Gezeitenabsatz *m*, Tide(n)absatz • tidal current sand body

Gezeitenalarmgerät *n*, Tide(n)alarmgerät • tidal alarm, tide alarm [*An audible signal, as a bell or whistle, attached to a buoy, operated by tidal movements*]

Gezeitenänderung *f* ➲ Gezeiten(ver)änderung

Gezeitenanstieg *m*, Tide(n)anstieg • tidal rise, tide rise

Gezeitenart *f*, Tide(n)form *f* , Tide(n)art, Gezeitenform [*Abfolge der Hoch- und Niedrigwasser infolge der Ungleichheiten der Gezeiten und der Gezeitenströme*] • tidal type, tide type

Gezeitenästuar(ium) *n*,Tide(n)ästuar(ium) • tidal estuary, creek

Gezeitenaufzeichnung *f*, Tide(n)aufzeichnung • tidal records, tide records

Gezeiten(aus)kolkung *f*, Tide(n)(aus)kolkung, Gezeitenausschürfen *n*, Tide(n)ausschürfen, Gezeitenkolk *m*, Tide(n)kolk • tidal scour(ing), tide scour(ing) [*The downward and sideward erosion of the sea floor by powerful tidal currents resulting in the removal of inshore sediments and the formation of scourways and holes*]

Gezeitenbecken *n*, Tide(n)becken • tidal basin [*A dock or basin in the tidal region, in which water is maintained at a desired level by means of a gate, it is filled at high tide by water that is retained and then released at low tide*]

Gezeitenbecken *n*, Tide(n)becken • tidal reservoir, tide reservoir [*tidal (power) plant*]

Gezeitenbeckenhafen *m*, Tide(n)beckenhafen • tidal basin harbour, tide basin harbour (Brit.); tidal basin harbor, tide basin harbor (US) [*The ships are berthed in tidal locks in which necessary water depths are maintained by closing watertight gates as the tide falls*]

gezeitenbeeinflusst, tide(n)beeinflusst • tidal, tide-influenced

gezeitenbeherrscht, tide(n)beherrscht • tide-dominated

Gezeitenbeobachtung *f*, Tide(n)beobachtung • tidal observation, tide observation

Gezeitenbereich *m*, Gezeitenstrecke *f*, Tide(n)strecke, Tide(n)bereich [*Strom*] • tidal portion, tidal reach, tide portion, tide reach

Gezeitenbereich *m* • intertidal zone, littoral zone

Gezeitenbereichsediment *n*, Sediment *n* im Gezeitenbereich • intertidal sediment, littoral sediment

Gezeitenbrandung *f* ➲ Flutbrandung

Gezeitenbrunnen *m*,Tide(n)brunnen • tide well

Gezeitendammschleuse *f* ➲ Gezeitendeichschleuse

Gezeitendauer *f*, Tide(n)dauer • tidal duration, tide duration

Gezeitendeichschleuse *f*, Tide(n)deichschleuse, Gezeitendammschleuse, Tide(n)dammschleuse • go-out, gow't [*A sluice built into a tidal embankment for impounding tidal water*]

Gezeitendelta *n*, Tide(n)delta • tidal delta, tide delta

Gezeitendeltamarsch *f*, Tide(n)deltamarsch • tidal delta marsh, tide delta marsh [*A salt marsh found around distributary patterns of tidal rivers inside a tidal inlet*]

Gezeitendiagramm *n*, Gezeitenkurve *f*, Tide(n)-kurve, Tide(n)diagramm [*Ganglinie der Wasserstände im Tidegebiet an einem bestimmten Ort*] • tidal curve, tidal diagram, tide curve, tide diagram (Brit.); marigram (US)

Gezeitendienst *m*,Tide(n)dienst • tidal information service, tide information service

Gezeitendynamik *f*, Tide(n)dynamik [*Tide(n)hub, Strömungsgeschwindigkeiten und tide(n)induzierte Restströme*] • tidal dynamics, tide dynamics

Gezeitenellipsoid *n*, Tide(n)ellipsoid • tidal ellipsoid, tide ellipsoid

Gezeitenenergie *f* ➲ Gezeitenkraft

gezeitenerzeugend, tide(n)erzeugend • tide-producing, tide-raising, tide-generating

Gezeitenerzeuger *m*, Tide(n)erzeuger • tidal generator, tide generator

Gezeitenfall *m* ➲ Ebbe

Gezeitenfestpunkt *m*, Tide(n)festpunkt • tidal bench mark, tide bench mark

Gezeitenfeuer *n*, Tide(n)feuer • tidal light, tide light

Gezeitenfolge *f*, Tide(n)folge • sequence of tide, tidal sequence, tide sequence [*The order in which the tides of a day occur, with special reference to whether the higher high water immediately precedes or follows the lower low water*]

Gezeitenformel *f*, Tide(n)formel • tidal formula, tide formula

Gezeitenfortpflanzung *f*, Tide(n)fortpflanzung • tidal propagation, tide propagation

gezeitenfreies Schöpfwerk *n*, tide(n)freies Schöpfwerk [*Außenwasserstände schwanken nur* *langsam*] • tidal-free pump(ing) station, tide-free pump(ing) station

Gezeitengeschwindigkeit *f*, Tide(n)geschwindigkeit *f* • tidal velocity, tide velocity

Gezeitengewässer *n*, Tide(n)gewässer • tidal waters, tide waters [*A river, estuary, bay, lake, or sound where tides can be measured*]

Gezeitengrenze *f*, Tide(n)grenze [*Einflussgrenze der Gezeiten und der Gezeitenströme in Strömen*] • tidal limit, tide limit

Gezeitengröße *f* ➋ Gezeitenumkehr

Gezeitenhafen *m*, Tide(n)hafen [*Offene Verbindung zum Meer bei geringem Tide(n)hub, z. B. Hamburg*] • tidal harbour, tide harbour (Brit.); tidal harbor, tide harbor (US)

Gezeitenhochwasser *n*, Tide(n)hochwasser, Thw [*Nicht verwechseln mit "Flut" = rising tide*] • high water, high tide, tidal high water, tide high water [*The tide at its highest, the time when the tide is at the full*]

Gezeitenhochwasserhöhe *f*, Tide(n)hochwasserhöhe [*Höhe der Gezeit beim Hochwasser (bezogen auf Kartennull)*] • high-water height, height of high tide, height of high water, high tide height

Gezeitenhochwasserquadratur *f*, Tide(n)-hochwasserquadratur • high-water quadrature, high tide quadrature [*The average high-water interval when the moon is at quadrature*]

Gezeitenhochwasserstand *m*, Tide(n)-hochwasserstand • high-water level, high-water stage, high tide level, high tide stage

Gezeitenhochwasseruferlinie *f*, Tide(n)hochwasser-uferlinie • high-water shoreline, high tide shoreline

Gezeitenhöhe *f*, Tide(n)höhe, Gezeitenstand, Tide(n)-stand *m* • tidal elevation, tidal level, tide level, tide elevation

Gezeitenhöhe *f*, Tide(n)höhe • tidal height, tide height [*Vertical distance from the chart datum to the level of the water at any time, it is positive if the water level is higher than the chart datum*]

Gezeitenhub *m*, Tide(n)hub • tidal range, tide range, range of tide [*A tidal constant representing the difference in height between consecutive high water and low water at a given place, it is twice the tidal amplitude*]

Gezeitenhydraulik *f*, Tide(n)hydraulik • tidal hydraulics, tide hydraulics

Gezeitenintervall *n*,Tide(n)intervall • tidal interval, tide interval [*The average usual interval of time between tides. In diurnal tides, it amounts to 12.42 hr from high water to high water*]

Gezeitenkanal *m*,Tide(n)kanal • tidal canal, tide canal

Gezeitenkeil *m*, Tide(n)keil • tidal wedge, tide wedge [*A tidal channel that is narrower and shallower at the downstream end*]

Gezeitenkoeffizient *m*, Tide(n)koeffizient • tidal coefficient, tide coefficient

Gezeitenkolk(ung) *m*, *(f)* ➋ Gezeitenauskolkung

Gezeitenkonstante *f*, Tide(n)konstante • tidal constant, tide constant [*A parameter of a tide that, for a given locality, usually remains constant. Tide amplitude and tided epoch are harmonic tidal constants, tide range is a disharmonic constant*]

Gezeitenkraft *f*, Tide(n)kraft, Gezeitenenergie *f*, Tide(n)-energie • tidal power, tide power, tidal force, tide force [*The gravitational force of the Sun and Moon*]

Gezeitenkraftnutzung *f*, Tide(n)kraftnutzung • tidal power utilization, tide power utilization

Gezeitenkraftsperre *f*, Tide(n)kraftsperre • tidal power barrage, tide power barrage

Gezeitenkrafttechnik *f*, Tide(n)krafttechnik • tidal power engineering, tide power engineering

Gezeitenkraftwerk *n*, Flut(kraft)werk, Tide(n)-kraftwerk, Ebbe- und Flutkraftwerk, ozeanisches Flutkraftwerk, Aquapulsor *m*, Flut- und Ebbekraftwerk • tidal (power) plant, tide (power) plant, tidal generating plant, tide generating plant, tidal (power) station, tide (power) station, tidal generating station, tide generating station

Gezeitenkurve *f*, Gezeitendiagramm *n*, Tide(n)kurve, Tide(n)diagramm [*Ganglinie der Wasserstände im Tidegebiet an einem bestimmten Ort*] • tidal curve, tidal diagram, tide curve, tide diagram (Brit.); marigram (US)

Gezeitenküste *f*, Tide(n)küste • tidal coast, tide coast

Gezeitenlagune *f*, Tide(n)lagune • tidal lagoon, tide lagoon

gezeitenlos, tide(n)los • nontidal, without tide(s), tideless

Gezeitenmarke *f*, Tide(n)marke • tidal mark, tide mark

Gezeitenmarsch *f*, Tide(n)marsch • tidal marsh, tide marsh [*It is typified by a peat surface layer underlaid by organic silt*]

Gezeitenmeer *n*, Gezeitensee *f*, Tide(n)meer, Tide(n)-see • tidal sea, tide sea

Gezeitenmeerenge *f*, Tide(n)(meer)enge • tidal strait(s),tide strait(s)

Gezeitenmesslatte *f*, Tide(n)messlatte • tide pole, tide staff

Gezeitenminderungssperre ***f,*** Tide(n)minderungssperre • estuary barrage
Gezeitenmitte ***f*** ➜ Halbgezeit
Gezeitenniedrigwasser ***n,*** Tide(n)niedrigwasser, Tnw • tidal low water, tide low water
Gezeitenpegel ***m,*** Tide(n)pegel, Flutmesser *m* • tidal gauge, tide gauge; tidal gage, tide gage (US)
Gezeitenperiode ***f,*** Tide(n)periode • tidal cycle, tidal period, tide cycle, tide period [*Interval of time between two consecutive like phases of the tide*]
Gezeitenpotential ***n,*** Tide(n)potential • tide-generating potential
Gezeitenprisma ***n,*** Tide(n)prisma • tidal prism, tide prism [*The volume of water that flows in or out of a harbo(u)r or estuary with the movement of the tide, and excluding any freshwater flow; it is computed of the product of the tide range and the area of the basin at midfill level, or as the difference in volume at mean high water and at mean low water*]
Gezeitenprofil ***n,*** Tide(n)profil • tidal profile, tide profile
Gezeitenrechner ***m,*** Tide(n)rechner • tidal computer, tide computer
Gezeitenresonanztheorie ***f,*** Tide(n)resonanztheorie • tidal resonance theory, tide resonance theory [*George Darwin's postulation of the cause of continental drift; the Moon separated from the Earth, leaving the Pacific Ocean as a scar, and the consequent shortage of continental crust caused by a global tension, resulting in drifting*]
Gezeitenriss ***m,*** Tide(n)riss • tide crack, tidal crack [*The crack at the line of junction between an immoveable icefoot or ice wall and fast ice, the latter being subject to the rise and fall of the tide*]
Gezeitensand ***m,*** Tide(n)sand • tidal sand, tide sand
Gezeitensaum ***m*** ➜ nasser Strand
Gezeitenscheide ***f,*** Tide(n)scheide • tidal divide, tide divide [*A divide between two adjacent tidal channels*]
Gezeitenscheitellinie ***f,*** Tide(n)scheitellinie • tidal crest line, tide crest line
Gezeitenschichtung ***f,*** Tide(n)schichtung • tidal bedding, tide bedding [*Sedimentary bedding caused by tides in a tidal channel, a tidal flat, or a marsh*]
Gezeitenschleppung ***f,*** Tide(n)schleppung, Gezeitenschleppzug *m,* Tide(n)schleppzug • tidal drag, tide drag
Gezeitenschleuse ***f,*** Tide(n)schleuse • tidal sluice, tide sluice
Gezeitenschöpfwerk ***n,*** Tide(n)schöpfwerk [*Rascher Wasserstandswechsel im Außenwasser, bei Tide(n)-niedrigwasser natürliche Vorflut*] • tidal pump(ing) station, tide pump(ing) station
Gezeitenschorre ***f*** ➜ nasser Strand
Gezeitenschreiber ***m*** ➜ Schreibtide(n)pegel
Gezeitenschwankung ***f,*** Tide(n) Schwankung • tidal fluctuation, tide fluctuation
Gezeitenschwingung ***f,*** Tide(n)schwingung • tidal oscillation, tide oscillation
Gezeitensediment ***n,*** Tide(n)sediment • tidal deposit, tide deposit
Gezeitensedimentation ***f,*** Tide(n)sedimentation • tidal sedimentation, tide sedimentation
Gezeitensee ***f,*** Gezeitenmeer *n,* Tide(n)meer, Tide(n)-see • tidal sea, tide sea
Gezeitensignal ***n,*** Tide(n)signal • tidal ball, tide ball
Gezeitensignal ***n,*** Tide(n)signal • tidal signal, tide signal
Gezeitensinn ***m,*** Tide(n)sinn, Sinn der Tide, Sinn der Gezeit • tidal set, tide set
Gezeitenspeicherung ***f,*** Tide(n)speicherung • tidal storage, tide storage
Gezeitenspitze ***f,*** Tide(n)spitze • tidal cusp, tide cusp
Gezeitenspülung ***f,*** Tide(n)spülung • tidal flushing, tide flushing [*The removal of sediment, as from an estuary, by the ebb and flow of tidal currents that are stronger, more constant, or more prevalent than the incoming river flow*]
Gezeitenstand ***m*** ➜ Gezeitenhöhe
Gezeitenstation ***f,*** Tide(n)station • tidal station, tide station [*A place where tide observations are obtained*]
Gezeitenstrand ***m*** ➜ nasser Strand
Gezeitenstrecke ***f,*** Gezeitenbereich *m,* Tide(n)strecke, Tide(n)bereich [*Strom*] • tidal portion, tidal reach, tide portion, tide reach
Gezeitenstrom ***m,*** Gezeitenströmung *f,* Tide(n)strom, Tide(n)strömung • tidal current, periodic current, tide current; tidal stream, tide stream (Brit.); periodic stream; tide [*incorrect synonym*]
Gezeitenstrom ***m,*** Tide(n)strom • tidal river, tide river
Gezeitenstrom ***m*** **gegen den Wind (gerichtet),** Tidenstrom gegen den Wind gerichtet • weather tide current, luv tide current
Gezeitenstromatlas ***m,*** Tide(n)stromatlas • tidal stream atlas, tide stream atlas
Gezeitenstromkarte ***f,*** Tide(n)stromkarte • tidal current chart, tide current chart [*A chart on which all tidal current data are graphically depicted*]
Gezeitenströmung ***f,*** Gezeitenstrom *m,* Tide(n)-strom, Tide(n)strömung • tidal current, periodic

G

current, tide current; tidal stream, tide stream (Brit.); periodic stream; tide [*incorrect synonym*]

Gezeitentabelle *f*, Gezeitentafel *f*, Tide(n)tabelle, Tide(n)tafel • tidal table, tide table, current table

Gezeitentag *m*, Tide(n)tag • tidal day, tide day [*The interval between the two consecutive high waters of the tide at a place, averaging 24 hours and 51 minutes*]

Gezeitentätigkeit *f* , Tide(n)tätigkeit • tidal action, tide action, tidal activity, tide activity

Gezeitentor *n*, Tide(n)tor • tidal gate, tide gate, tidal control gate, tide control gate

Gezeitentümpel *m*, Tide(n)tümpel, Flutmulde *f* , Wasseransammlung *f* [*Sie bleibt bei Ebbe auf dem Strand zurück*] • tidal pool, tide pool

G

Gezeitenumkehr *f*, Gezeitenwechsel *m*, (Strom) Kentern *n*, Tide(n)umkehr, Tide(n)wechsel, Flutwechsel, Flutgröße *f*, Tide(n)größe, Gezeitengröße, Stromumkehr, Stromwechsel [*Richtungswechsel des Gezeitenstromes aus der einen Hauptrichtung in die entgegengesetzte*] • tidal change, tidal turn, tide change, tide turn, reversal (of current), current reversal, turn of current, current turn

Gezeitenunterschied *m*, Tide(n)unterschied • tidal difference, tide difference

Gezeiten(ver)änderung *f*, Tide(n)veränderung • tidal variation, tide variation

Gezeitenverfrühung *f*, Tide(n)verfrühung • tidal acceleration, acceleration (of tide), priming acceleration, tide acceleration, tidal priming, priming (of tide)

(Gezeiten)Verzögerung *f*, Tide(n)verzögerung • tidal epoch, phase lag [*The tidal constant representing the phase difference or time elapsing between the Moon's transit over a fixed meridian and the ensuing high tide*]

Gezeitenvorhersage *f*, Tide(n)vorhersage, Flutvorhersage • tidal prediction, tide prediction

Gezeitenwasser *n*, Tide(n)wasser • tidal water, tide water [*Water that overflows the land during a flood tide; water that covers the tideland. Also, river water that is affected by the rise and fall of the tide*]

Gezeitenwechsel *m* ➔ Gezeitenumkehr

Gezeitenwellenberechnung *f*, Tide(n)wellenberechnung • tidal calculation, tidal computation, tide calculation, tide computation

Gezeitenwirkung *f*, Tide(n)wirkung • tidal effect, tide effect

Gezeitenwirkungsgrad *m*, Tide(n)wirkungsgrad • tidal efficiency, tide efficiency [*Symbol: C*]

Gezeitenzählwerkpegel *m*, Tide(n)zählwerkpegel, Zählwerkgezeitenpegel, Zählwerktide(n)pegel • integrating tide gauge; integrating tide gage (US)

Gezeugstrecke *f* ➔ Grundstrecke

gezieltes Projekt *n*, gezieltes Vorhaben *n* • target project, TP

gezimmert ➔ (aus)gezimmert

gezündet worden • went off [*explosive set*]

gezwungene Strömung *f* • primary current [*ocean*]

GFZ *n*, Geoforschungszentrum *n* (Potsdam) • National German Research Centre for Earth Sciences

Gibraltaronyx *m* • Gibraltar stone [*A light colo(u)red onyx marble found at Gibraltar and elsewhere*]

Gibraltarwestwind *m* • liberator [*The west wind through the straits of Gibraltar*]

Gibson-Messverfahren *n*, Mengenmessung *f* mit Hilfe des Druckanstieges, Druckanstiegmengenmessung, Gibson-Messmethode *f* • Gibson method [*Measuring the flow of water in closed conduits*]

Gibson-Modul *m* • Gibson modulus

Giebelwand *f* • gable wall

Gießbach *m* ➔ Sturzbach

Gießharz *n*, Gussharz • casting resin

Gießrinne *f*, Sturzrinne • ravine [*A small narrow deep depression, smaller than a gorge or a canyon but larger than a gully, usually carved by running water, especially the narrow excavated channel of a mountain stream*]

Giftabfall *m* • toxic waste

Giftgesetz *n* [*Chemikaliengesetz der Schweiz*] • law on toxic substances

Giftgesetzgebung *f* [*Schweiz*] • legislation on the use of toxic substances

Gigagrid® [*Der Verbundstoff besteht aus einem hochfesten, dehnungsarmen Bewehrungsgitter mit einer extrem großen Maschenweite u. einem dehnweichen Vliesstoff, der mit der Oberseite verbunden ist*] • Gigagrid®

Gilbrethpfahl *m*; Gilbrethpilot *m* [*Österreich*] • Gilbreth pile [*A corrugated reinforced concrete pile designed by Gilbreth*]

Gildstein *m*, Lavezstein, Topfstein [*Eine Talkschieferart, dichter und dickschieferiger als der reine Talkschiefer*] • potstone

Gilpinit *m*, Johannit *m* • johannite, gilpinite [*A green secondary mineral;* $Cu(UO_2)_2(SO_4)_2(OH)_2.6H_2O$]

GIN-Wert *m* • GIN value, Grouting Intensity Number

Gilsonit *m*, Uinta(h)it • gilsonite, uinta(h)ite

Gipfel *m*, Berggipfel • mount peak; ben [*Scottish*]

Gipfel *m*, Gebirgsgipfel • crown, summit, tip, apex, peak [*In geomorphology, the top or highest part of a mountain*]

Gipfelflur *f*, gleichhohe Gipfel *f*, Gipfelebene *f*, Gipfelakkordanz *f* • accordance of summit levels, accordant summits, even-crested ridges, summit accordance, peak plane, concordance of summit levels, concordant summit levels, summit plane, uniformity of summit levels [*Hilltops or mountain peaks that regionally reach the same hypothetical level or gently sloping surface*]

Gipfelhöhe *f* [*Befliegung*] • ceiling

Gipfelkante *f* • heaved side, uplifted side [*fault block*]

Gipfelkrater *m* • summit crater

Gipfelwert *m*, Spitzenwert, Scheitelwert, Höchstwert, Maximalwert • maximum value, peak value

Gips *m* • gypsum; plaster stone (Brit.) [*A widely distributed mineral consisting of hydrous calcium sulphate:* $CaSO_4{\cdot}2H_2O$]

Gips. . . , gipsig • gypseous

Gipsabbaubetrieb *m* • gypsum operation

Gipsabdruck *m*, Gipsabguss *m* • plaster cast

Gipsanhydrithut, Hut(gestein) *m*, (*n*) • cap-rock [*A disklike plate over all or part of the top of most salt domes on the Gulf Coast states, and some in Germany, composed of anhydrite, gypsum, limestone and occasionally sulfur*]

Gipsauslaugung *f* • gypsum leaching

Gipsbergbau *m* • gypsum mining

Gipsblättchen *n* • gypsum plate [An *accessory plate used with the polarizing microscope*]

Gips-(Bohr-)Schlamm(spülung) *m*, (*f*) • gypsum (drilling) mud

Gipsdünger *m*, Düngegips *m* • land plaster [*Gypsite and anhydrite as applied to the soil as conditioner and fertilizer*]

gipsenthaltend ➋ gipsführend

Gipsentwässerung *f* • gypsum dehydration

Gipserde *f* ➋ erdiger Gips

Gipsersatzmethode *f*, Gipsersatzverfahren *n* [*Prüfung der Dichte und Wichte des Bodens*] • gypsum calibration test, gypsum replacement test, calibrated gypsum method

gipsführend, gipshaltig, gipsenthaltend • gypsiferous, gypsum-bearing, gypsum-containing, containing gypsum

Gipsgestein *n* • rock gypsum, gyprock, gypsum rock; gypsolith [*A term suggested by Grabau (1924, p. 298)*]

Gipsgesteinsmächtigkeit *f* • gypsum rock thickness, rock-gypsum thickness, gyprock thickness

Gipsgrube *f*, Gipsmine *f* • gypsum mine, gypsum pit

Gipsgur *f* • gypseous earth

gipshaltig, gipsführend, gipsenthaltend • gypsiferous, gypsum-bearing, gypsum-containing, containing gypsum

Gipshöhle *f* • gypsum cave

Gipshorizont *m* • gypsic horizon [*A diagnostic subsurface soil horizon at least 15 cm thick that is characterized by enrichment in calcium sulfate*]

Gipshut *m* • gypsiferous cap-rock

gipsig, Gips . . . • gypseous

Gipskarst *m* • gypsum karst

Gipskeil *m* • spathic gypsum of Montmartre

Gipskeuper *m* • gypsum Keuper

Gipskristall *m* • gypsum crystal

Gipskruste *f* • gypsum crust

Gibslaugung *f* ➋ Gipsauslaugung

Gipsmine *f*, Gipsgrube *f* • gypsum mine, gypsum pit

Gipsschicht *f* • gypsum layer

Gipsschlackenzement-Auspressschlämme *f*, Gipsschlackenzement-Einpressschlämme, Gipsschlackenzement(-Verpress)schlämme, Gipsschlackenzement-Injektionsschlämme, Gipsschlackenzement-Injizierschlämme [*"Sulfathüttenzement" kann synonym für "Gipsschlackenzement" verwendet werden*] supersulphated (slag) cement grout (Brit.); gypsum slag cement grout (US) [*This grout is used where groundwater has a pH as low as 3.5*]

Gipsschlotte *f* • gypsum sink

Gipsspalt(e) *m*, (*f*) • gypsum fissure

Gipsspülung *f* ➋ Gips(bohr)spülung

gipsverfestigt • gypsinate, cemented with gypsum

girlandenartige Kreuzschichtung *f*, girlandenförmige Kreuzschichtung • festoon stratification [*This term, first applied by Knight (1929) to sandstones of a Casper formation in Wyoming, is a variety of trough cross-stratification. It consists essentially of elongate(d) semiellipsoidal troughs that crosscut each other so that only parts of each unit are preserved, and, in sections, a festoon-like appearance results*]

Girlanden-Pahoehoe(lava) *f* • festooned pahoehoe (lava), festooned pahuhu (lava)

Gismondin *m*, Abrazit

Gitter *n*, Rost *m* • grille [*A cover(ing) over an inlet or outlet with openings through which fluid passes*]

gitterartige Anordnung *f* ➋ gitterförmige Anordnung

(Gitter)Aufweit(ungs)wirkung *f* [*Kristallografie*] • broadening effect

Gitterbegrenzung *f* • lattice limitation

Gitterbein *n* • open truss leg [*jack-up platform*]

Gitterbox *f* • skeleton transport box

Gitterdynamik *f*, Kristalldynamik • lattice dynamics, crystal dynamics

Gitterebenenabstand *m*, Netzebenenabstand, Abstand der Kristallebenen • interplanar spacing [*crystal system*]

Gitterenergie *f* • lattice energy [*For an ionic crystal the energy absorbed when a mode of the crystal is dispersed into infinitely separated ions*]
Gitterfalte *f* ➋ Kreuzfalte
Gitterfaltung *f* ➋ Kreuzfaltung
Gitterfehler *m* • crystal defect, lattice defect
gitterförmige Anordnung *f*, gitterartige Anordnung • grid arrangement
gitterförmige Gebietsentwässerung *f* • trellis(ed) drainage pattern, grapevine drainage pattern, espalier drainage pattern [*It is characterized by parallel main streams intersected at or nearly at right angles by their tributaries, which in turn are fed by elongated secondary tributaries parallel to the main streams, resembling in plan the stems of a vine on a trellis*]
gitterförmiger Drahtskelettkörper *m* [*Hangsicherung*] • wire skeleton grid
Gittergewebe *n* • mesh fabric
Gitterkonstante *f* • lattice constant, lattice parameter [*In a crystal lattice, the length of one edge of its unit cell; also, the angle between two edges of the cell*]
Gitterkreuz *n* • reseau cross [*photogrammetry*]
Gittermatte *f* ➋ (geflochtene) Siebmatte
Gittermatte *f* • grid mat, wire mesh mat
Gittermessspektroskop *n* • evaluating grating spectroscope
Gitter-Nord *m* • grid north [*The northerly or zero direction indicated by a meridional line of a rectangular map grid. It is coincident with true north only along the meridian of origin*]
Gitter(null)punkt *m* [*Kartografie*] • true origin
Gitterplatte *f* • reseau [*photogrammetry*]
Gitterrost *m* • grating, wire grating
Gitterschwingung *f* • lattice oscillation
Gitterspitze *f* [*eines Raupenkrans*] • lattice jib
Gitterstörung *f* • lattice distortion
Gitterstruktur *f* • lattice texture
Gittertextur *f* • lattice structure
Gitterträger *m* • lattice girder
Gitter-Verbau *m* [*Hangsicherung*] ➋ Gitterrost
Gitterverdichtung *f* [*Fotogrammetrie. Überschreitet die Krümmung benachbarter Gitterpunkte ein durch die Genauigkeit vorgegebenes Krümmungsmaß, so wird das Gitter in diesem Bereich durch zusätzliche Messungen (in einem 5 oder 2,5 mm breiten Raster) verdichtet*] • progressive sampling
Givet *n* • Givetian [*European stage: Middle Devonian (above Eifelian, below Frasnian)*]
Glacis *f* ➋ Pediment
Glanz *m* (M/G) • lustre (Brit.), luster (US)
Glanz *m* • glance [*A term used to describe various minerals with a resplendent luster, such as silver glance and lead glance*]
Glanz *m* ➋ Silberglanz
Glanz *m* und Farbenspiel *n*, Feuer *n* • fire [*Flashes of the different spectral colo(u)rs seen in diamonds and other gemstones as the result of dispersion*]
Glanzblende *f* ➋ Manganblende
Glanzbraunkohle *f* • bright brown coal
Glanzeisenstein *m* ➋ Eisenglanz
glänzend (M/G); s.a. ➋ stark glänzend • shining
glänzende Tonhaut *f* ➋ Spiegel
Glanzerz *n* • galena
Glanzerz *n* ➋ Argentit
Glanzkobalt *n*, Kobaltglanz *m*, Kobaltin *n*, Kobaltit *m*, Cobaltin, CoAsS; Kobaltkies *m* [*Fehlbenennung*] • cobalt glance, cobaltite, gray cobalt, grey cobalt, white cobalt; cobaltine [*old name*] [*A silver-white mineral with a metallic lustre that crystallizes in the isometric system, resembling crystals of pyrite*]
Glanzkohle *f* • bright coal, brights
Glanzkohle *f*, Vitrain *m*, vitrische Kohle • vitrain; pure coal [*informal synonym*]
Glanzpech *n* • glance pitch [*A black asphaltite with a black streak and brilliant conchoidal fracture; appears to be intermediate between the native asphalts and grahamite*]
Glanzsandstein *m* • glossy sandstone
Glanzstreifenkohle *f* • semibright coal, semi-brights [*A type of banded coal defined microscopically as consisting of between 80% and 61% of bright ingredients such as vitrain, clarain and fusain, with clarodurain and durain composing the remainder*]
Glanzwinkel *m* • glancing angle [*Angle under which monochromatic x-rays are reflected by a crystal*]
Glas *n* • glass [*An amorphous product of the rapid cooling of magma. It may constitute the whole rock (e.g. obsidian) or only part of a groundmass*]
Glasachat *m* ➋ isländischer Achat
Glasaschentuff *m*, Hyaloklastit *m*; Palagonit *m* [*frühere Benennung*] [*Beim Sprengen von Lava unter Wasser oder Eis bei der Abkühlung entstehendes klastisches Gestein*] • hyaloclastite, aquagene tuff
Glascontainer *m* • bottle bank, glass container
Glaser(in) • glazier
Glaserde *f*, Schmelzerde • verifiable earth
gläsern (M/G) • glassy, vitreous
Glaserz *n*, Stephanit *m*, Sprödglaserz, Melanglanz *m*, Schwarz(güldig)erz • brittle silver ore, stephanite, goldschmidtine, black silver (ore), brittle silver glance, Ag_5SbS_4

glasig, glasähnlich • glassy, hyaline, vitreous [*Said of the texture of certain extrusive igneous rocks which is similar to that of broken glass or quartz and developed as a result of rapid cooling of the lava, without distinct crystallization. Also, said of any of the other properties of a volcanic rock that resemble those of glass, such as hardness, lustre, or composition*]

glasig • vitric [*Said of pyroclastic material that is characteristically glassy, i.e. contains more than 75% glass*]

glasige Struktur *f* • glassy texture

glasiger Feldspat *m*, Sanidin *m*, empyrodoxer Feldspat, $KAlSi_3O_8$ • sanidine, glassy fel(d)spar, rhyacolite [*An alkali fel(d)spar mineral occurring in clear glassy crystals embedded in unaltered acid volcanic rocks*]

glasiger Porphyr *m*, Vitrophyr • vitrophyre, porphyritic volcanic glass, glassy porphyry

glasiges Gestein *n*, glasiger Fels *m* • glassy rock, vitreous rock [*Glassy rocks are the most evident results of cooling from fusion. They are almost always acidic and are represented by the rhyolites and dacites. More basic varieties are known, but are less frequent. Commonest glasses are the obsidians, black, red and brown, with 0.5 to 1% water. They may be assumed to be quickly-chilled rhyolites or dacites. Pumice is an excessively cellular obsidian. A rarer glass, which chills into an aggregate of shot-like spheroids, is pe(a)rlite or pearlstone, usually containing 2 to 4% water. The last glass deserving mention is the rare, resinous variety called pitchstone, having 5 to 10% water and is more easily fusible with blowpipe than the others*]

glasig-filzig, hyalopilitisch • hyalopilitic [*A fine-grained intersertal rock fabric in which the small spaces between microlites are filled with glass*]

Glaskopf *m* ➋ (roter) Glaskopf

Glaslava *f* ➋ (schwarze) Glaslava

Glasmacherseife *f*, Braunstein *m*, Mangansuperoxid *n*, Manganhyperoxid • black-wad, manganese ore

Glasopal *m*, Hyalith *m*, Hialit, Basaltglas *n* • hyalite, water opal; water stone [*obsolete*] [*Hydrated SiO_2. A colo(u)rless and clear opal, occurring in small forms with botryoidal or globular surfaces*]

Glasröhre *f*, Libelle *f*, Röhrenlibelle, Niveau *n*, Röhrenniveau • bubble (tube), glass tube, level tube [*The circular or slightly curved glass tube containing the liquid and bubble in a spirit level and mounted with the bend convex upward*]

Glasschaum *m*, Schaumglas *n* • foam glass, frothy glass [*e.g. pumice (rock)*]

Glassplitter *m* • sherd, shard [*A vitric fragment in pyroclastics*]

Glasteilchen *n*, Vitroklast *m* • vitroclast

Glastuff *m*, Asche(n)tuff • vitric tuff [*It is composed of volcanic glass fragments*]

Glasur *f* • enamel, glazing

Glasurerz *n* ➋ Hafnererz

glatte Abbruchlinie *f* [*Sprengen*] • (neat) excavation line

glatte, abgeschliffene Fläche *f* • slickenside [*A smooth, polished and striated surface on a rock resulting from friction*]

glatte Bohrrohre *f* ➋ Bohrrohre ohne Endverstärkung

glatte Böschung *f* • smooth slope

glatte Futterrohre *f*
➋ Bohrrohre ohne Endverstärkung

glatte Pumprohre *f*, Pumprohre ohne Endverstärkung, Steigrohre ohne Endverstärkung [*Tiefbohrtechnik*] • plain tubing

glatte See *f*, flache See • smooth sea

glatte Struktur *f* • smooth texture

glatte Verrohrung *f* ➋ Bohrrohre ohne Endverstärkung

Glatteis *n* • glaze, glaze ice, glazed frost, freezing rain; verglas [*French*]

Glätten *n*, Glättung *f* • smoothing

glatter Hartsandstein *m* • galliard, calliard [*A hard, smooth, close-grained, siliceous sandstone; a ganister*]

glattes Fließen *n* • smooth flow

glattes Sprengen *n* ➋ mildes Sprengen

glattflächiger Bohrkopf *m* [*e-r TBM*] • smooth cutterhead [*of a TBM*]

Glatt(ge)rinne *f*, (*n*) • smooth channel

Glattschliff *m* • smooth cut(ting)

Glattwalze *f* [*kommt z. B. zum Einsatz bei Bodenaustausch, bei dem die einzelnen Schichten durch statischen Druck verdichtet werden*] • smooth-wheel roller

Glättung *f* des Korns [*durch die zunehmenden Transportwege*] • breaking of asperities [*of soil particles*]

Glättungsvorgang *m*, Glättungsprozess *m* • smoothing process

Glatt(wand)sprengen *n* ➋ mildes Sprengen

Glauberit *m*, Brongniartin *m* • glauberite, $Na_2Ca(SO_1)_2$ [*A brittle, gray-yellow monoclinic mineral having vitreous luster and saline taste*]

Glaubersalz *n* • mirabilite, Glauber('s) salt

Glaukochroit *m*, $CaMnSiO_4$ • glaucochroite [*A bluish-green mineral that is related to monticellite, is composed of calcium manganese silicate, and occurs in prismatic crystals*]

G

Glaukonit ***m*** • glauconite [*A green mineral closely related to the micas and essentially a hydrous potassium silicate. Commonly occurs in sedimentary rocks of marine origin. Also used as a name for a rock of high glauconite content*]
Glaukonitbildung ***f*,** Glaukonitisierung • glauconi(ti)zation [*The submarine metamorphic process, taking place under anaerobic or reducing conditions whereby various minerals are altered to glauconite*]
Glaukonitsandstein ***m*** • greensand, glauconitic sandstone [*A sandstone consisting of green-sand that is often little or not at all cemented, having a greenish colo(u)r when unweathered but an orange or yellow colo(u)r when weathered, and forming prominent deposits in Cretaceous and Eocene beds*]
Glaukonitschiefer ***m*** • glauconite shale
Glaukonitton ***m*** • glauconite clay
Glaukophan ***m*** • glaucophane [*Essentially $Na(Al,Fe)(SiO_3)_2$ with $(Mg, Fe)SiO_3$ in varying proportions. A grayish blue prismatic or fibrous mineral occurring only in metamorphic rocks*]
Glaukophangestein ***n*** • glaucophane rock
Glaukophanschiefer ***m*** • glaucophane schist
Glazialablagerungsküste ***f*** • glacial deposition coast [*A coast with partly submerged moraines, drumlins, and other glacial deposits*]
glazial geformt, eisgeformt • crystic
Glazialausnagung ***f*** ➔ Gletschererosion
Glazialdeltaebene ***f*** • glacial delta(ic) plain
Glazialerosion ***f*** • glacial erosion
glaziale Sande ***m(pl)*** • glacial sands
glaziale Schuttdecke ***f*** • drift sheet
glaziale Tektonik ***f*** ➔ Glazialtektonik
glaziale Übertiefung ***f*** • glacial over-deepening, glacial overdeepening
Glazialebene ***f*** • glacial plain [*It is formed by the action of the glacier ice*]
Glazialeis ***n*** • glacial ice
Glazialentwässerung ***f*** • glacial drainage [*The system of meltwater streams flowing from a glacier or ice sheet*]
glazialer Abraum ***m*** • glacial (over)burden
glazialer Boden ***m*,** eisverfrachteter Boden • iceborne soil, ice-deposited soil, ice-laid soil, glacial soil
glazialer Fluss ***m*** • ice-marginal stream
glazialer Kies ***m*** ➔ Glazialkies
glazialer Schotter ***m*,** Glazialschotter • wash(ed) drift
glazialer See ***m*** • ice-marginal lake, proglacial lake [*A lake of meltwater dammed between an ice barrier and the valley wall, or between ice lobes*]
glazialer Strom ***m*** • ice-marginal river
Glazialerosion ***f*** ➔ Gletschererosion
glaziales Gebirgsgebiet ***n*** • glacial mountainous area
glaziales Geschiebe ***n*** ➔ Moräne
Glazialeustasie ***f*** [*Meeresspiegelschwankungen durch Bindung von Wasser in den Festlandeismassen während der Eiszeiten*] • glacial eustasy, glacioeustasy, glacioeustatism
Glazialkies ***m*** • glacial gravel, till [*till: glacial drift consisting of a mixture of clay, sand, gravel, and boulders*]
Glazialmassentransport ***m*** ➔ Gletschererosion
Glazialmorphologie ***f*** • glacial morphology
glazial-nival • glacionival
Glazialschotter ***m*,** glazialer Schotter • wash(ed) drift
Glazialtektonik ***f*,** Eistektonik, glaziale Tektonik • glacier tectonics, glacial tectonics
Glazialterrasse ***f*** • glacial terrace
Glazialtheorie ***f*,** Eiszeithypothese *f* • glacial theory, glacier theory, glacialism [*In theory, first proposed about 1840 and now universally accepted, that the drift was deposited through the agency of glaciers and ice sheets moving slowly from higher to lower latitudes during the Pleistocene (Epoch)*]
Glazialtheorieanhänger ***m*,** Eiszeithypothesenanhänger • glacialist [*A believer in the glacial theory*]
Glazialzeit ***f*,** Eiszeit *f*, Kaltzeit • glacial epoch, drift epoch, glacial period, ice age [*Any part of geologic(al) time, from Precambrian onward, in which the climate was notably cold in both the northern and southern hemispheres, and widespread glaciers moved toward the equator and covered a much larger total area than those of the present day, specifically the latest of the glacial epochs, known as the Pleistocene (Epoch). "Glacial period" as a synonym of "glacial epoch", specifically the Pleistocene (Epoch), is not strictly correct as glacial intervals during Earth history were not of the period rank, but of shorter duration*]
glazigen ➔ glazial
glaziolimaisch • glaciolimaic
Glaziologe ***m*** • glacialist, glacierist, glaciologist [*A student of glaciology*]
GLCF ***f*** [*die Global Land Cover Facility der Universität Maryland, U.S.A. hält Daten von NOAA, MODIS; Landsat, ASTER, SRTM und weitere bereit*] • Global Land Cover Facility, GLCF
Glei ***m*** ➔ Gley
gleiartiger Boden ***m*,** Krauss-Pseudogley
gleiartiger Boden ***m*** ➔ Pseudogley

gleichabständig • equidistant
gleichalt(e)rige Dolomitisierung ***f*** ➲ syngenetische Dolomitisierung
gleichartig zusammengesetzt, homogen, gleichförmig • homogeneous, uniform
gleichartiger kleiner Schichtenkomplex ***m,*** kleine Bank *f*, Komplex gleichartiger kleiner Schichten • minor set of strata, minor strata set, subset
gleichartiger Schichtenkomplex ***m*** ➲ Schichtenfolge
gleichartiges Gestein ***n,*** einfaches Gestein [*Es besteht aus Teilen eines Hauptminerals, z. B. Quarzit oder Gips*] • simple rock
gleichartiges Klima ***n*** • isonomic climate
gleichbleibend • steady, stationary
gleichchemischer Fels ***m,*** gleichchemisches Gestein *n* • isochemical rock [*One of the rocks displaying the same bulk chemical composition throughout a sequence of mineralogic or texture changes, as in a sequence of metamorphic rocks of varying grade*]
gleiche Amplitudenlinie ***f,*** Linie gleicher Amplitude [*Gezeiten*] • co-range line
gleich(ein)fallend, isoklinal, gleichgeneigt • isoclinal [*Dipping in the same direction or at the same angle*]
gleicher allseitiger Druck ***m,*** allseitiger gleicher Druck • confining pressure [*An equal, all-sided pressure*]
gleicher Höhenkreis ***m*** • circle of equal altitude
gleichförmig ➲ homogen
gleichförmig abgestufter Sand ***m,*** gleichförmiger Sand • uniformly graded sand [*A sand with a particle-size distribution extending over a limited range with one size predominating*]
gleichförmig belastet • uniformly loaded
gleichförmig verteilte Belastung ***f*** • distributed uniform loading
gleichförmige Ablagerung ***f,*** sich rhythmisch überlagernde Rippeln *f* • ordinary rolling strata, uniform deposition, uniform ripples
gleichförmige Entwick(e)lung ***f*** • uniform rate of uplift
gleichförmige Filterschicht ***f,*** gleichförmiger Filter *m*, gleichförmiges Filter *n* [*Sie baut sich aus einer Korngruppe auf, wobei die zueinander gleichmäßigen Korngrößen nur geringe Unterschiede gegenüber der maßgebenden Korngröße aufweisen*] • uniform filter layer
gleichförmige Last ***f*** • uniformly distributed load, uniformly distributed pressure
gleichförmige Lastabtragung ***f*** • uniform load transfer
gleichförmige Strömung ***f*** [*Hydrologie*] • uniform flow
gleichförmiger Boden ***m,*** gleichförmige Erde *f*, gleichförmig abgestufter Boden, gleichförmig abgestufte Erde • uniformly graded soil [*A soil with a particle-size distribution extending over a limited range with one size predominating*]
gleichförmiger Sand ***m,*** gleichförmig abgestufter Sand • uniformly graded sand [*A sand with a particle-size distribution extending over a limited range with one size predominating*]
gleichförmiges Filter ***n*** ➲ gleichförmige Filterschicht
gleichförmiges Fließen ***n*** • uniform flow [*Flow of a current of water in which there is neither convergence nor divergence*]
gleichförmiges instationäres Fließen ***n,*** instationäres gleichförmiges Fließen • unsteady uniform flow, nonsteady uniform flow [*The cross-section through the flow is constant, but the discharge varies with time. This is a complex flow pattern. An example is that of pressure surge in a long straight pipe of uniform diameter*]
Gleichförmigkeitsbeiwert ***m*** **von Kramer,** Gleichförmigkeitsfaktor *m* von Kramer [*Hydraulik*] • Kramer's uniformity factor
gleichgeneigt ➲ isoklinal
gleichgestaltig, isomorph • isomorphous
Gleichgestaltigkeit ***f,*** Isomorphie *f*, Isomorphismus *m* [*Gleiche Kristallform bei ungleicher stofflicher Zusammensetzung*] • isomorphism, allomerism
Gleichgewicht ***n,*** *s.a.* ➲ im Gleichgewicht stehen • steady state, equilibrium state
Gleichgewichts-Aussteifungssystem ***n*** [*Bei diesem von der Firma Kajima in Tokio entwickelten System ist in die Knoten der Geschossaussteifungen eine hydraulische Konstruktion eingefügt, die die Steifigkeit des Gebäudes verändert. Über einen Steuerungsrechner werden Ventile geöffnet bzw. geschlossen, um die Steifigkeit bzw. Nachgiebigkeit des Gebäudes zu verändern. Ein geschlossenes Ventil unterbindet die Bewegung der Hydraulikflüssigkeit und die Aussteifung ist wirksam. Bei offenem Ventil bewegt sich die Flüssigkeit und die Aussteifung funktioniert nicht. Bei durch Erdbeben eingeführten Schwingungen steuert der Rechner die Ventile so an, dass die Gebäudebewegungen herabgesetzt werden. Das Gebäude hat gewissermaßen einen Gleichgewichtssinn*] • active variable stiffness system, AVSS
Gleichgewichtsbedingung ***f*** • equilibrium condition
Gleichgewichtsdiagramm ***n*** • equilibrium diagram, phase diagram [*A graph designed to show the boundaries*

of the fields of stability of the various phases of a system. The coordinates are usually two or more of the intensive variables temperature, pressure, and composition, but not restricted to these]

Gleichgewichtsfeuchtegehalt ***m*,** Gleichgewicht(s)-feuchtigkeitsgehalt • equilibrium moisture content [*The moisture content of a soil at a period when no moisture movement occurs*]

Gleichgewichtsfigur ***f*** [*Bewegungsmodell für die Schwingungen einer nichtstarren Erde*] • equilibrium figure of the Earth

Gleichgewichtsgebiet ***n*** [*Wasserlauflängsprofil*] • equilibrium area, equilibrium region

Gleichgewichtskammer ***f*,** Ausgleich(s)schacht, Gleichgewicht(s)schacht *m*, Ausgleich(s)kammer, Sektorkammer *f*, Sektorschacht [*Sektorverschluss (organ)*] • equalizing chamber, balancing chamber, gate pit, gate well; gate recess (US)

Gleichgewichtsklappe ***f*** • balance(d) weir, balanc(ed) gate (Brit.); auto(matic) flap gate

Gleichgewichtskonstante ***f*** • equilibrium constant

Gleichgewichtsprofil ***n*** • equilibrium profile, profile of equilibrium

Gleichgewichtsprofil ***n*** • profile of equilibrium, equilibrium profile, graded profile [river; *stream*]

Gleichgewichtsschacht ***m*** • equilibrium shaft

Gleichgewichtsschacht ***m***
➋ Ausgleich(s)schacht [*Sektorverschluss(organ)*]

Gleichgewichtsschmelzung ***f*** [*Die Schmelze steht immer im Gleichgewicht mit dem Ausgang(s)gestein*] • batch melting

Gleichgewichtsstrecke ***f*** [*Im Mittellauf eines Wasserlaufes*] • equilibrium section, equilibrium stretch

Gleichgewichtsübergang ***m*** • equilibrium transition

Gleichgewichtsverhältnis ***n*** [*z. B. zwischen Mineralphasen*] • stability relation

Gleichgewichtsverlust ***m*** • loss of equilibrium

Gleichgewichtsverschiebung ***f*** • equilibrium displacement

Gleichgewichtswassergehalt ***m*** • equilibrium water content

Gleichgewichtszustand ***m*** • equilibrium state, state of equilibrium

Gleichhalbmesser(stau)mauer ***f***
➋ Gleichradius-(stau)mauer

gleichhohe Gipfel ***f*,** Gipfelflur *f*, Gipfelebene *f*, Gipfelakkordanz *f* • accordance of summit levels, accordant summits, even-crested ridges, summit accordance, peak plane, concordance of summit levels, concordant summit levels, summit plane, uniformity of levels [*Hilltops or mountain peaks that regionally reach the same hypothetical level or gently sloping surface*]

gleichkantige (Kristall)Ecke ***f*,** gleichkantiges (Kristall)Eck *n* • equal-edged summit

gleichkörniger Sand ***m*** • like-grained sand, even-grained sand, uniform sand

gleichlaufende Wetterführung ***f*,** gleichlaufende Bewetterung, homotropische Bewetterung, homotropische Wetterführung [*Sie verläuft in Richtung des Abtransports des Minerals*] (⚒) • homotropal ventilation

gleichmäßige Dehnung ***f*** • homogeneous strain (field), uniform strain (field) [*A state of strain of an extended body in which all initially straight lines remain straight, because the components of strain are identical at every point*]

gleichmäßige Grundwasserspiegel(ab)senkung ***f*** • retrogression [*Lowering of the groundwater table at the same discharge*]

gleichmäßige Setzung ***f*** • uniform settlement, uniform subsidence

gleichmäßiges (Schacht)Abteufen ***n*** • level (shaft) sinking

Gleichmäßigkeit ***f*** [*des Baugrunds*] • homogeneity [*of the ground*]

Gleichradius(stau)mauer ***f*,** Bogen(stau)mauer mit angenähert gleich(bleibend)em Halbmesser (oder Radius), Gleichhalbmesser(stau)mauer, Zylinder(tal)-sperre *f*, Zylindersperrmauer, Gleichradiussperrmauer, Gleichradius(tal)sperre, Gewölbe(stau)mauer mit angenähert gleich(bleibendem) Radius (oder Halbmesser) • constant radius arch(ed) dam, arch (ed) dam with constant radius; single centre arch(ed) dam (Brit.); single center arch(ed) dam (US) [*An arch (ed) dam in which every horizontal segment or slice of the dam has approximately the same radius of curvature*]

gleichsalzhaltig • isohaline [*Of equal or constant salinity*]

gleichsetzen [*Mathematik*] • to equate

gleichsinnig ➋ konform

gleichsinnige Verwerfung ***f*,** konforme Verwerfung, Querverwerfung, kondordante Verwerfung, übereinstimmende Verwerfung • dip fault [*It strikes approximately perpendicularly to the strike of the bedding or cleavage*]

gleichsohlig [*Tal; (Ein)Mündung eines Wasserlaufes in einen anderen*] • accordant, concordant

Gleichstrom-Bergwerk *n*, Bergwerk mit Gleichstrombetrieb • direct-current mine, D-C mine
Gleichstromgeoelektrik *f* • direct-current geoelectrics, d.c. geoelectrics
gleichstromgespeiste Schachtfördermaschine *f*, thyristorgesteuerte Schachtfördermaschine • converter supplied winding engine
Gleichtaktschwingung *f* [*beim Zweimassensystem*] • vibration with both masses in phase [*two-mass system*]
Gleichung *f* • equation
Gleichungsformel *f* • equation formula, equation
Gleichungslösung *f* • solution of equations
Gleichungssystem *n* • system of equations
Gleichwinkel(stau)mauer *f* ➋ Bogenmauer mit gleichem Bogenzentriwinkel
gleichzeitige Dolomitisierung *f*, syngenetische Dolomitisierung *f*, gleichalt(e)rige Dolomitisierung • contemporaneous dolomitization
gleichzeitige Sedimentation *f*, Mitsedimentation • cosedimentation, contemporaneous sedimentation
gleichzeitige Verwerfung *f* • sympathetic fault
Gleichzeitigkeit *f*, Einzeitigkeit • simultaneousness
Gleihorizont *m* ➋ Gleyhorizont
Gleisarbeiter *m* ➋ (Untertage)Gleisarbeiter
Gleiserneuerung *f* • railroad track renewal (US), railway track renewal (Brit.)
Gleisförderung *f* ➋ Schienentransport
Gleiskörper *m* • railway track
Gleiskran *m* • track crane
gleislose Förderstrecke *f* (⚒) • back entry [*Locally, an entry not having track in it*]
gleislose Grube *f*, gleisloses Bergwerk *n*, schienenlose Grube, schienenloses Bergwerk [*Förderung mit reifengängigen Fahrzeugen*] • truck mine, railless mine
gleisloser Bergbau *m*, schienenloser Bergbau • trackless mining, railless mining
Gleislostechnik *f*, Schienenlostechnik [*Untertagebergbau*] • railless technique, trackless technique
Gleisrampe *f* • bank, inclined rail track
Gleisreiniger *m* • track cleaner, road cleaner [*A labo(u)rer who cleans mine tracks by shovelling coal, ore, rock, mud, and refuse, and throwing it to one side or loading it into mine cars*]
Gleisrichtvisiergerät *n* • track alignment instrument; track alinement instrument (US)
Gleisschotter *m*, Schienenschotter, Oberbauschotter • ballast; railway ballast (Brit.); railroad ballast (US); permanent way ballast, boxing material
Gleisschotterfeld *n*, Schienenschotterfeld, Oberbauschotterfeld • boxing [*A bed of ballast between rail sleepers (US: railroad ties)*]
Gleistransport *m* ➋ Schienentransport
Gleistunnel *m* • track tunnel
Gleisverbindung *f* • track connection
Gleitbahn *f*, Gleitrinne *f* [*Chanoine-Wehr*] • slide; hurter (US)
Gleitbahn *f* [*zur Verschiebung eines Bauwerks*] • slider
Gleitbahn *f* [*Felsrutschung*] • slide path
Gleitbewegung *f* [*einer Schneedecke*] • sliding motion
Gleitbiegefaltung *f* ➋ Schichtgleitfaltung
Gleitbogenausbau *m* [*nachgiebiger Streckenausbau*] (⚒) • sliding roadway arch support
Gleitbrettfalte *f* ➋ Abscherfalte
Gleitbügel *m* [*Dammbalkenwehr*] • slide
Gleitdecke *f* ➋ (Ab)Gleitdecke
Gleitdeckenstruktur *f* • gravity collapse structure, gravitation(al) collapse structure
Gleitdeformeter *n*, Gleit-Deformeter [*Präzises Messgerät zur Ermittlung der relativen axialen Verschiebungen entlang einer Messlinie*] • sliding deformeter
Gleitdeformeter Messrohr *n* • sliding deformeter measuring casing
Gleitebene *f* • slip plane, sliding plane
Gleiten *n*, Gleitung *f*; [*Ein Bewegungstyp; Definition lt. MLG*/Krauter: **Gleiten** ist eine hangabwärts gerichtete Bewegung von Boden- oder Felsmassen auf Gleitflächen oder auf verhältnismäßig dünnen Zonen intensiver Scherverformung. Geotechnischer Sprachgebrauch: Rutschung*] • slide, sliding [*A landslide type; according to the MLG*/D.M.Cruden: A **slide** is the downslope movement of a soil or rock mass occurring dominantly on surfaces of rupture or relatively thin zones of intense shear strain.*]
gleitende Erddruckkraft *f*, kippende Erddruckkraft • free earth support [*See note under "free retaining wall"*]
gleitender Brecher *m* ➋ Schaumbrecher
gleitender Förderzins *m* [*Erdgas; Erdöl*] • sliding royalty
gleitendes Mittel *n* **der Ordnung N** • moving average of order N
Gleitfalle *f* ➋ Gleitschütz(e)
Gleitfestigkeit *f* ➋ Restscherfestigkeit
Gleitfläche *f* [*Ein Rutschungsmerkmal;Definition lt. MLG*/Krauter: Fläche, welche die untere Grenze des verlagerten Material unter der ursprünglichen Geländeoberfläche bildet (oder gebildet hat.*] • surface of rupture

G

[*A landslide feature; according to the MLG*/D.M.Cruden: The surface which forms (or which has formed) the lower boundary of the displaced material below the original ground surface.*]

Gleitfläche *f*, Gleitlinie *f*, Gleitflächenform *f* • sliding line, sliding surface, slide line, slide surface, sliding plane, slide plane

Gleitflächenfront *f* [*Ein Rutschungsmerkmal; Definition lt. MLG*/Krauter: Grenzlinie (meist verdeckt) zwischen dem unteren Teil der Gleitfläche und der ursprünglichen Geländeoberfläche.*] • toe of surface of rupture [*A landslide feature; according to the MLG*/D. M.Cruden: The intersection (usually buried) between the lower part of the surface of rupture of a landslide and the original ground surface.*]

Gleitflächenkonfiguration *f* • sliding surface configuration

Gleitflächenlänge *f* [*Rutschungsdimension; Definition lt. MLG*/Krauter: Die* ***Gleitflächenlänge, L_r*** *ist der kleinste Abstand zwischen Gleitflächenfront und Krone.*] • length of the rupture surface L_r [*landslide dimension; according to the MLG*/D.M.Cruden: The* ***length of the rupture surface, L_r,*** *is the minimum distance from the toe of the surface of rupture to the crown.*]

Gleitflächenlänge L_r *f* [*allgemein; eines rutschenden Hangs*] • slide plane [*of a slide slope*]

Gleitflächenresultierende *f* • resulting force on the slip surface

Gleitfuß *m*, Fußteil *m,n* [*Streckenbogen*] (⚒) • stilt

gleitgefährdet [*z. B. Felskörper, Hang*] • prone to slide

(Gleit)Grabenschild *m*, Grabengleitschild • (sliding) trench shield, slide trench shield [*A prefab(ricated), mov(e)able box composed of steel plates welded to a heavy steel frame*]

Gleitgeschwindigkeit *f* [*z. B. in der Schneedecke*] • glide velocity

Gleithang *m* • slip-off slope [*The long, low, relatively gentle slope on inside of a meander, produced on the downstream face of the meander spur by the gradual outward migration of the meander as a whole; located opposite to the cutbank. The term refers to meanders in a young valley and not to stream meanders in an alluvial plain*]

Gleithangterrasse *f* • slip-off slope terrace [*A terrace on the slip-off slope of a meander spur, formed by a brief halt during the irregular incision by a meander(ing) stream or river*]

Gleitkappe *f*, Schiebekappe [*Untertagebau*] • sliding (roof) bar, slide (roof) bar

Gleitkappenausbau *m* ➜ Nachziehschritt

Gleitkappenführung *f* ➜ Schiebekappenführung

Gleitkappenführung *f*, Schiebekappenführung (⚒) • sliding-bar bracket, slide-bar bracket

Gleitkeil *m* • sliding wedge, slide wedge, slip wedge

Gleitkeilrutschung *f* • wedge slide

Gleitkeiltheorie *f* ➜ klassische Erddrucktheorie

Gleitkörper *m*, Gleitmasse *f* • sliding mass, slide mass

Gleitkommaverstärker *m*, IFP-Verstärker • instantaneous floating point amplifier

Gleitkreis *m* • sliding circle, slide circle, slip circle

Gleitkreisbruch *m* ➜ (schwedischer) Gleitkreisbruch

Gleitkreismethode *f*
➜ (schwedisches) (Gleit)Kreisverfahren

Gleitkreismittelpunkt *m* • centre of the slip circle

Gleitkreisverfahren *n* • slice circle method

Gleitlinie *f*, Gleitfläche *f* • sliding line, sliding surface, slide line, slide surface, slip line

Gleitmarke *f* • sliding mark(ing), slide mark(ing), olistoglyph [*A type of tool mark*]

Gleitmarkenausfüllung *f*, Gleitmarkennegativform *f* Gleitmarkenabdruck *m*, Gleitmarkenausguss *m* [*Strömungsmarke. Siehe Anmerkung unter "Abdruck"*] • sliding mark(ing) cast, slide mark(ing) cast, olistoglyph cast

Gleitmarkennegativform *f*, Gleitmarkenausfüllung *f*, Gleitmarkenabdruck *m*, Gleitmarkenausguss *m* [*Strömungsmarke. Siehe Anmerkung unter "Abdruck"*] • sliding mark(ing) cast, slide mark(ing) cast, olistoglyph cast

Gleitmasse *f*, Gleitkörper *m* • sliding mass, slide mass

Gleitmikrometer *m* [*Messinstrument zur hochpräzisen, lückenlosen Erfassung axialer Verschiebungen im Baugrund od. Gebirge entlang einer beliebig geneigten Messlinie*] • sliding micrometer

Gleitmikrometermesslinie *f* • sliding micrometer measuring line

Gleitmikrometermessrohr *n* • sliding micrometer tube

Gleitmodul, Schubmodul *m* [*DIN 1602*] • modulus of rigidity (Plural: moduli of r.), rigidity modulus, shear modulus, shear(ing) modulus of elasticity, modulus of (elasticity in) shear(ing), torsional modulus of elasticity, modulus of (elasticity in) torsion [*A measure of stiffness of a material subjected to shear loading. Usually the tangent or secant modulus of elasticity of a material in the torsion test*]

Gleitpfosten *m* (⚒) ➜ (druck)nachgiebiger Stempel

Gleitprisma *n* • prism of sliding, sliding prism

Gleitreibung *f* • sliding friction, slide friction

Gleitrinne ***f***, Gleitbahn *f* [*Chanoine-Wehr*] • slide; hurter (US)
Gleitschachtbau ***m*** • sliding shaft building, slide shaft building, sliding shaft construction, slide shaft construction
Gleitschalung ***f*** • sliding formwork
Gleitschalung ***f*** [*das Verfahren*], Gleitbauweise *f* • slipform method
Gleitschienen(graben)sicherung ***f***, Gleitschienen(graben)verbau *m* • sliding rail (trench) support, slide rail (trench) support, slide rail (trench) shoring, sliding rail (trench) shoring
Gleitschnee ***m*** • sliding snow
Gleitschneelawine ***f*** • sliding avalanche [*A sliding avalanche is a mass of snow descending slowly down a mountain side*]
Gleitschneeschutz ***m*** • sliding avalanche protective structure
Gleitschollenbewegung ***f*** • movement of sliding blocks, sliding block movement
Gleitschuh ***m***, Führungsschuh • cage stone [*A fitting attached on the side of a cage by bolts so that they engage the rigid guides in a shaft*]
Gleitschütz(e) ***n, (m)***, Gleitschützen *m*, Gleitfalle *f* • (vertical(ly)) sliding gate [*It controls the flow of water through a channel • It can be opened rapidly to obtain a sudden rush of water which washes any silt, or slowly*]
Gleitsicherheit ***f*** [*Sie ist häufig der entscheidende gründungstechnische Nachweis bei Bauten im offenen Wasser*] • horizontal resistance, safety against sliding
Gleitsicherheitsfaktor ***m*** [*Gewichts(stau)mauer*] sliding factor, slide factor
Gleitsicherheitsnachweis ***m*** [*für Staudämme*] • analysis of sliding resistance (for dams/reservoirs]
Gleitsicherheitsrisiko ***n*** [*für ein Fundament*] • sliding risk [*of a foundation*]
Gleitstempel ***m***, (druck)nachgiebiger Stempel [*"Ständer","Pfosten", "Stütze", "Tragstempel" und "Steher" können synonym für "Stempel" verwendet werden*] [*Untertagebau*] • sliding prop, yielding prop, collapse prop, yieldable prop [*"Stay", "stanchion" and "post" may synonymously be used for "prop"*]
Gleitstreckenbogen ***m***, (druck)nachgiebiger Streckenbogen (⚒) • sliding roadway arch, slide roadway arch, yielding roadway arch
Gleitung ***f***, Gleiten *n* • slide, sliding
Gleitversagen ***n*** • failure by sliding
Gletscher ***m***, Ferner *m* [*Tirol*]; Kees *m* [*Salzburg und Kärnten*] • glacier; ice stream [*popular term*]
Gletscher ***m*** **mit mehreren Zuströmen** • composite valley glacier, compound valley glacier
Gletscherabbruch ***m*** • glacial break-off
Gletscherablagerung ***f*** • glacier deposit
Gletscherabrasion ***f***, Gletscherabrieb *m* • glacial abrasion, glacial scouring
Gletscherabrieb ***m***, Gletscherabrasion *f* • glacial scouring, glacial abrasion
Gletscheraushub ***m*** • glacier excavation, glacial excavation
Gletscherausnagung ***f*** ➋ Gletschererosion
Gletscherauspflügung ***f***, Exaration *f*, Schubwirkung des Eises, herauspflügende Glazialerosion *f* , Eisschubwirkung, Ausschürfung [*Im Lockermaterial vor der Gletscherstirn*] • exaration, glacial denudation, erosion by glacial ice
Gletscherbach ***m*** [*Das aus dem Gletscher austretende Schmelzwasser*] • glacier stream, glacial stream
gletscherbedeckt • glacier-covered [*Said of a land surface overlain by glacier ice at the present time*]
Gletscherbewegung ***f*** • glacier flow, glacier movement
Gletscherbrekzie ***f*** • drift breccia
Gletscherbruch ***m*** • glacier breakage, glacier fall
Gletschereis ***n*** • glacier ice, glacial ice
Gletschereisberg ***m*** • glacier (ice)berg [*A greenish, irregularly shaped (ice)berg consisting of ice detached from a coastal glacier, typically found in the Arctic*]
Gletschereisdecke ***f*** • glacier ice cover [*The extent of glacier ice on a land surface at the present time, with special reference to its thickness*]
Gletschereisfluss ***m*** • channel glacier [*Ice stream within a large glacier which flows more rapidly in the adjoining ice*]
(Gletscher)Eisstiel ***m*** • (glacier) ice pedestal, ice pillar, pedestal, ice column, serac; sérac [*French*]
Gletscherende ***n*** • glacier terminus, glacier's terminus, glacier snout, glacier's snout
Gletscherentwässerung ***f*** • glacier drainage [*The flow system of glacier ice*]
Gletschererosion ***f***, Gletschermassentransport *m*, Glazialerosion, Glazialmassentransport, Gletscherausnagung *f*, Glazialausnagung, Detersion, Erosion durch Gletscher • glacier erosion, glacial erosion, ice erosion [*Movement of soil or rock from one point to another by the action of the moving ice of a glacier*]
Gletscherfließen ***n*** • gravity flow, gravitation(al) flow, glacier flow [*Movement of glacier ice as a result of the inclination of the slope on which the glacier rests*]

G

Gletscherflut ***f*** • glacier flood, glacier outburst flood, outburst, glacier burst; jökulhlaup [*Icelandic term*]

Gletschergarten ***m*** • glacier garden

Gletschergebiet ***n*** • glacier area, glaciated area

gletschergespeistes Wasserwerk ***n*** • glacier (water) treatment plant

Gletschergleiten ***n,*** Gletschergleitung *f* • basal sliding, basal slide, basal slip(page) [*The sliding of a glacier on its bed*]

Gletschergleit(ungs)geschwindigkeit ***f*** • basal sliding velocity, basal sliding speed, basal slide velocity, basal slide speed, basal slip(page) velocity, basal slip (page) speed, basal sliding rate, basal slide rate, basal slip(page) rate

Gletscherhöhle ***f*** • glacier cave; ice cave [*nonrecommanded usage*]

Gletscherkartierung ***f*** • glacier mapping, glacial mapping

Gletscherkegel ***m*** (⚒) • debris cone, glacier cone, debris mound, glacier mound [*A cone or mound of ice or snow on a glacier, covered with a veneer of debris thick enough to protect the underlying material from the ablation that has lowered the surrounding*]

Gletscherkopf ***m*** • expanded foot, piedmont bulb; ice fan, glacier bulb [*non-preferred synonyms*] [*A broad, bulb-shaped lobelike or fanlike ice mass formed where the lower part of a valley glacier leaves its confining walls and extends onto an adjacent lowland at the foot of a mountain slope*]

Gletscherkratzer ***m,*** Gletscherritz *m*, Gletscherschramme *f* • glacial scratch, glacial stria, glacial striation, drift scratch [*One of a series of long, delicate, finely cut, commonly straight and parallel furrows or lines inscribed on a bedrock surface by the rasping and rubbing of rock fragments embedded at the base of a moving glacier, and usually oriented in the direction of ice movement; also formed on the rock fragments transported by the ice*]

Gletscherlandschaft ***f*** • glacier landscape, glacial landscape

Gletscherlauf ***m,*** Gletscherweg *m* • glacier path

Gletscherlawine ***f,*** Eislawine • ice avalanche, ice fall [*Fall of ice from a hanging glacier*]

Gletschermassentransport ***m,*** Gletschererosion *f*, Glazialerosion, Glazialmassentransport, Gletscherausnagung *f*, Glazialausnagung, Detersion, Erosion durch Gletscher • glacier erosion, glacial erosion, ice erosion [*Movement of soil or rock from one point to another by the action of the moving ice of a glacier*]

Gletschermilch ***f,*** Gletschertrübe *f* • glacier milk, glacial milk

Gletschermühle ***f,*** Gletschertopf *m* • glacier mill, glacial mill, glacier pothole, glacial pothole, glacial well, glacier well, pothole; moulin [*French*]

Gletscherphysik ***f*** • glacier physics

Gletscherquelle ***f*** • glacier spring

Gletscherritz ***m*** ➔ Gletscherkratzer

Gletscherrückgang ***m,*** Gletscherrückzug *m* • glacier retreat, glacial retreat, glacial recession, glacier recession [*A condition occurring when backward melting at the front of a glacier takes place at a rate exceeding forward motion*]

Gletscherrückzug ***m*** ➔ Gletscherrückgang

Gletscherrückzuggrenze ***f,*** Gletscherrückganggrenze • glacial minimum [*The time or position of the greatest retreat of a glacier*]

Gletschersammelbecken ***n*** • glacier gathering zone

Gletschersandebene ***f*** • glacier sand plain

Gletscherschliff ***m*** • glacial polish [*A smoothed surface produced on bedrock by glacial abrasion*]

Gletscherschlucht ***f*** • glacier gorge

Gletscherschmelzwasser ***n*** • (out)wash, glacier meltwater, glacial meltwater

(Gletscher)Schnauze ***f*** • snout, glacier snout, terminus, terminal face, ice front

Gletscherschnee ***m*** • glacier snow

Gletscherschramme ***f*** ➔ Gletscherkratzer

Gletscherschürze ***f*** ➔ Vorlandgletscher

Gletscherschuttanlagerung ***f,*** geschichteter Gletscherschutt *m* • (out)wash, glacial (out)wash, (out)wash drift [*Deposit of stratified detritus (chiefly sand and gravel) removed or "washed out" from a glacier by meltwater streams and deposited in front of or beyond the end moraine or the margin of an active glacier. The coarser material is deposited nearer to the ice*]

Gletscherschwankung ***f*** • glacier fluctuation

Gletscherschwund ***m,*** Entgletscherung *f*, Abschmelzung • deglaciation [*The uncovering of a land area from beneath a glacier of ice sheet by the withdrawal of ice due to the shrinkage by melting. As used in Great Britain, the term is restricted to a process that occurred in the past, in contrast to de-glacierization. Also the result of deglaciation*]

Gletschersee ***m*** • glacial lake

Gletscherseeausbruch ***m*** • glacial lake outburst flood

Gletscherspalt(e) ***m, (f)*** • crevass(e) [*French. A fissure or chasm in the ice of a glacier, usually of great depth and sometimes of great width*]

Gletscherstollen ***m*** • glacier gallery; glacier tunnel (US)
Gletschertal ***n*** • glacier(-filled) valley, glacial valley; combe [*This term is used in England and Southern Scotland. A U-shaped, steep sided valley showing signs of glacial erosion; a glaciated valley, or one that has been modified by a glacier*]
Gletschertätigkeit ***f*** • glacial action, glacial activity [*All processes due to the agency of glacier ice, such as erosion, transportation and deposition. The term sometimes includes the action of meltwater streams derived from the ice*]
Gletschertisch ***m*,** Ablationskegel *m*, Zehr(ungs)kegel, Abschmelz(ungs)kegel [*Ein Eiskegel umhüllt von einer Lockermaterialschicht wächst aus der Gletscheroberfläche heraus*] • ablation cone, wastage cone
Gletschertisch ***m*** • glacier table [*A block of stone supported on a pedestal of ice on the surface of a glacier, the stone serving to protect the pedestal from melting*]
Gletschertopf ***m*** ➋ Gletschermühle
Gletschertor ***n*** • glacier mouth
Gletschertotalisator ***m*** • glacier totalizer, glacier gauge; glacier gage (US)
gletschertransportiert ➋ erratisch
Gletschertrichter ***m*** • glacier funnel [*A superficial hollow in a glacier arising from the subsidence of the ice above a glacier cavern*]
Gletschertrübe ***f*,** Gletschermilch *f* • glacier milk, glacial milk
Gletscheruhr ***f*** • glaciometer [*An instrument for the measurement of glacial motion*]
Gletscherunterlage ***f*** • glacier bed [*The surface under a glacier*]
Gletscherveränderung ***f*** • glacier variation
gletscherverfrachtet ➋ erratisch
gletscherverlagertes Kupfer ***n*** • drift copper [*Native copper transported from its source by a glacier*]
Gletschervorland ***n*** • foreland [*Glacial geology. A lowland area, now or formerly covered by piedmont glaciers*]
(Gletscher)Vorrücken ***n*,** (Gletscher)Vorstoß *m*, (Gletscher)Vorschub *m*, Vorwärtsschreiten eines Gletschers • glacial advance, glacier advance, advance [*The forward and down-slope movement of a glacier front*]
(Gletscher)Vorschubzeitspanne ***f*** • glacier advance, glacial advance, advance [*A time interval marked by an advance or general expansion of a glacier*]
Gletscherweg ***m*,** Gletscherlauf *m* • glacier path
Gletscherwirkung ***f*** • glaciation [*The alteration of any part of the Earth's surface in consequence of glacier ice passing over it*]
Gletscherwoge ***f*,** katastrophaler Gletschervorstoß *m* • surge, glacier surge, catastrophic advance [*The period of very rapid flow of a surging glacier; also, the displacement or advance of ice resulting from the very rapid flow*]
(Gletscher)Zunge ***f*,** Lobus *m* • glacial lobe, tongue, glacier tongue, lobe; ice tongue [*non-preferred synonym*]
Gley ***m*,** Bruchboden *m*, mineralischer Nassboden, Grundwasserboden, Glei • gley (soil), glei (soil) [*Soil developed under conditions of poor drainage, resulting in reduction of iron and other elements and in grey colours and mottle*]
gleyartiger Boden ***m*,** Pseudogley *m*, Haftnässegley, Melmboden, Stauwasserboden, Staunässegley, marmorierter Boden, nasser Waldboden, gleiartiger Boden; Ilowka *m* [*russisch*] [*G. Krauss 1928, erweitert durch Laatsch 1938*] • pseudoglei (soil), pseudogley (soil), similiglei (soil), similigley (soil)
Gleyhorizont ***m*,** Gleihorizont • gley (soil) horizon, glei (soil) horizon
Glied ***n*** ➋ (Formations)Glied
Glied ***n*,** Bestandteil *m* • constituent
Glied ***n*,** Mulde *f* • pan [*A trough or section of a chain conveyor, gravity conveyor, or shaker conveyor*]
Glied ***n*** • term
Gliederrohrpfahl ***m*** • sectional pipe pile
Gliederung ***f*** • division
Gliederung ***f*** **auf physiografischer Grundlage,** physiografische Gliederung *f* • physiographic(al) division
glimmende Kohle ***f*,** Glimmkohle • ember
Glimmentladungsspektroskopie ***f*** • glow discharge optical emission spectroscopy, GDOS
Glimmer ***m*,** gemeiner Glimmer, Weißglimmer, Muskovit *m* [*hellfarbig*], Kaliglimmer, $KAl_2(AlSi_3)O_{10}(OH)_2$ • mica, muscovite [*light-colored mica*], common mica, white mica; potash mica [*misnomer*]
Glimmer ***m*** ➋ Schimmer
glimmerähnlich • micaceous, resembling mica
glimmerähnliches Schichtsilikat ***n*** • mica-type layer silicate
Glimmer-Amphibol-Peridotit ***m*** • mica-amphibole-peridotite
Glimmerandesit ***m*** • mica andesite
Glimmeranreicherung ***f*** • mica enrichment
Glimmerbasalt ***m*** • mica basalt
Glimmerblättchen ***n*** • mica flake

Glimmerdazit *m* • mica dacite [*Is one in which biotite is the important dark mineral*]

Glimmerdiorit *m* • mica diorite

glimmerführend, glimmerhaltig, glimmerenthaltend • mica-bearing, containing mica

Glimmergneis *m* • mica gneiss

Glimmergranulit *m* • mica granulite

Glimmergürtel *m* [*c-Achse von Glimmer*] • mica girdle

Glimmer-Hornblende-Schiefer *m* • mica-hornblende schist

Glimmerhornfels *m* • mica hornfels

G

glimmerig • micaceous [*Consisting of, containing, or pertaining to mica*]

Glimmerkalk *m* • micaceous lime

Glimmerkorn *n* • mica grain

Glimmerlagerstätte *f* • mica deposit

Glimmerpegmatit *m* • mica pegmatite

Glimmerperidotit *m*, Olivinglimmerfels *m* • mica peridotite

Glimmerquarzschiefer *m*; Quarzglimmerschiefer *m* [*Fehlbenennung*] • quartz-mica schist

glimmerreich • mica rich

Glimmersandstein *m* • micaceous sandstone, metaxite [*A sandstone containing conspicuous layers or flakes of mica, usually muscovite*]

Glimmerschiefer *m* • mica schist

Glimmerschuppe *f* • mica scale

Glimmersyenit *m* • mica syenite [*Is like hornblende syenite, but biotite is the prominent dark mineral*]

Glimmertextur *f* • mica structure

Glimmerton *m* ➋ Hydroglimmer

Glimmkohle *f*, glimmende Kohle • ember

Glinka *m* ➋ Solontschak

globale Datenbasis *f* • global database, blackboard

globale Erwärmung *f* • global warming

globale Umweltkrise *f* • global environmental change

globale Wärmestromkarte *f* • global heat flow map, world heat flow map

globaler Klimawechsel *m* • global climate change

globales Sicherheitsniveau *n* • global safety margin

Globalstrahlung *f* [*Sonnenstrahlung plus diffuse Himmelsstrahlung*] • global radiation

Globigerinenmergel *m* • globigerina marl

Globigerinenschlick *m* • globigerina ooze

globular, sphärolitisch, kugelförmig, kugelig • globular, spherulitic, sphaerolitic [*Relating to the texture of a rock composed of numerous spherulites*]

Globulit *m* • dobulite [*A spherical crystallite commonly found in volcanic glass*]

Globuskartografie *f* • globe cartography, globe making

Glocke *f* (⚒) • overhead cavity

glockenartige (tektonische) Injektion *f*, glockenartige (tektonische) Intrusion • bell jar(-shaped) injection

Glockenturm *m* • bell tower

Glockerit *m* • pittizite, pitticite, glockerite [*A mineral, $2Fe_2O_3.SO_3.6H_2O$. Massive, sparry, earthy, or stalactitic. Brown to ocker-yellow to pitch black, dull green*]

Gloetzl-Druck(mess)dose *f*, Druck(mess)dose nach Gloetzl • Gloetzl pressure cell [*It consists of a flatjack connected to a pneumatic or hydraulic transducer which in turn is connected by twin flexible plastic tubes to a terminal panel or gauge house*]

GLONASS, [*ein Satellitensystem für die Positionsbestimmung und Navigation; eine russische Entwicklung*] • GLONASS [*Global Navigation Satellite System: A satellite system for positioning and navigation, developed by Russia*]

Glückshaken *m*, Fanghaken, Haken, Hakenfänger *m*, Meißelfanghaken [*Zum Wenden und Zentrieren abgerissener Bohrgestänge*] • fishing hook, bit hook

Glühbrücke *f* [*Sprengtechnik*] • (heating) bridge

Glühbrückenzünder *m*, Brückenglühzünder • bridge wire detonator, bridge wire exploder

Glühdraht *m*, Brückendraht • bridge wire, heating wire [*The fine platinum wire which is heated by the passage of an electric current to ignite the priming charge of an electric blasting cap(sule), an electric squib, or similar devices*]

Glühdrahtwindmesser *m*, Heißdrahtwindmesser • hot-wire anemometer [*The amount of heat carried away from a heated wire is a function of the speed of the air (= wind) flowing across the wire*]

glühend • incandescent, glowing [*Of an ash flow, nuée ardente, or any pyroclastic matter*]

glühende Kohle *f* • living coal

Glühverlust *m* • loss on ignition

(Glüh)Zünderbrücke *f* • fusehead [*That part of an electric detonator consisting of twin metal conductors, bridged by fine resistance wire, and surrounded by a bead of igniting compound which burns when the firing current is passed through the bridge wire*]

Glutflussgestein *n*, Magmatit *m*, Erstarrungsgestein, Eruptivgestein, massiges Gestein, Magmagestein, Massengestein [*Aus einem Magma stammendes ungeschichtetes massiges Gestein, welches beim Aufstieg durch Abkühlung erstarrt, z. B. Granit, Basalt, Pechstein,*

Bimsstein] • igneous rock, pyrogen(et)ic rock; pyrolith [*proposed by Grabau*] [*Formed by crystallization from an originally deepseated magma*]

Glutwolke f • Peléean Cloud, glowing cloud, fiery cloud; nuee ardente [*French*]

Glutwolkenausbruch m • eruption of nuée ardente type

Glykol n • dihydric alcohol, glycol

Glyptik f, (Edel)Steinschneidekunst *f* • glyptics

Gneis m • gneiss [*a laminated or foliated metamorphic rock, generally made up of feldspar, quartz and mica, some of which may also be rich in hornblende or mica.*]

gneisähnlich, gneisig • gneissoid, gneisslike, gneissose [*A structure or texture that is the result of non-metamorphic processes, e.g. viscous magmatic flow forming a gneissoid granite*]

Gneisbänderung f • gneissosity, gneissose structure, gneissic structure, gneissic lineation, gneissic banding [*In a metamorphic rock, commonly gneiss, the coarse lineation or banding of the constituent minerals into alternating silicic and mafic layers*]

Gneisgestein m, (n) • gneiss(ic rock)

Gneisgranit m • gneissic granite

Gneisgranulit m • gneissic granulite

Gneisskuppel f • gneiss dome

gnomonische Projektion f, Zentralprojektion, zentrale Projektion • gnomonic projection, central projection, great-circle projection [*A perspective azimuthal map projection (of a part of a hemisphere) on a plane tangent to the surface of the sphere, having the point of projection at the centre of the sphere. All straight lines on the tangent plane represent arcs of great circles on the Earth's surface; all great circles appear as straight lines. The point of tangency may be at a pole, on the equator, or at any point in between (oblique gnomonic projection). It is used in conjunction with the Mercator projection, to plot great-circle courses in navigation*]

Goethit m im ursprünglichen Sinn(e), Lepidokrokit *m* [*Die tafelförmige Kristallisationsform des Goethits, die u.a. die diagnostisch wichtigen "Käferbeine" im Amethyst bildet, sowie die rot schillernden Plättchen im Cordierit*] • lepidocrocite, lepidokrokite [*A ruby- or blood-red mineral crystallizing in the orthorhombic system, it is associated with limonite in iron ores and is a component of meteorites, gamma-FeO(OH)*]

GOF ➋ Geländeoberfläche

GOK f, Geländeoberkante *f* • ground level

Gold n • gold

Goldader f ➋ Goldgang

Gold (-III-) . . ., dreiwertig golden

goldähnlich • chrysomorph

Goldamalgam n • gold amalgam

goldartiger Beryl m • golden beryl [*A clear, golden-yellow or yellow-green gem variety of beryl. Not to be confused with "gold beryl"*]

Goldbagger m • gold dredger

Goldbergbau m • gold-mining

Goldbergwerk n • gold mine

Goldbruchstücke n(*pl*)[*Von einem Ausbiss oder von Ausbissen*] • gold(-bearing) float, gold(-bearing) pieces; gold(-bearing) shoads [*Cornish*]

Golderz n • gold ore

Golderzbergwerk n, Golderzgrube • gold ore mine

Goldfeld n • gold field

goldfreies Gestein n, ungoldhaltiges Gestein, nicht goldhaltiges Gestein • buckstone

Goldgang m • gold(-bearing) vein, auriferous vein [*As called by geologists*], gold-bearing lode, auriferous lode [*As called by miners*]

Goldgehalt m • gold content

Goldgewinnung f auf Decken oder in Waschtrögen • blanketing

goldglänzend • inaurate [*Having a golden lustre*]

Goldglätte f ➋ rote Glätte

Goldglimmer m, Katzengold *n* • cast gold

Goldglötte f ➋ rote Glätte

Goldgräber m • hatter, gold digger

Goldgrube f, Goldmine *f* • gold mine

Goldgürtel m • gold belt

Goldhäutchen n • gold film

goldhaltige Lösung f, Goldtropfen

Goldkies m, Berggold *n* • rock gold

Goldkies m • auriferous pyrites

Goldklumpen m • nuggety gold, slug, gold nugget, golden nugget [*A large water-worn lump of native gold*]

Goldkönig m • gold regulus, regulus of gold

Goldkonglomerat n • auriferous reef

Goldkonzentrat n durch Windaussonderung gewonnen • winnowed gold

Goldlagerstätte f • gold deposit

Goldmine f, Goldgrube *f* • gold mine

Goldnassbaggern n • gold dredging

Goldopal m • gold opal, fire opal [*A fire opal that exhibits only an overall colo(u)r of golden yellow*]

Goldoxyd n, Goldsäure

Goldpulver n ➋ Flutgold

Goldquarz m • auriferous quartz, gold quartz

Goldrausch m, "Goldfieber" *n* • gold rush, gold stampede

goldreiche Seifenlage ***f***, goldreiche Seifenschicht *f* • gold run, run of gold

Goldsand ***m*** • chim

Goldschmidtsche Phasenregel ***f***, mineralogische Phasenregel • mineralogic(al) phase rule, Goldschmidt's phase rule

Goldschwefel ***m***, Antimonpentasulfid *n*, Fünffachschwefelantimon *n* • pentasulphid(e) of antimony, antimony pentasulphid(e), golden sulphid(e) of antimony

Goldseife ***f*** • placer gold, alluvial gold

Goldseifenbergbau ***m*** • placer gold mining

Goldsilber ***n***, Elektrum *n*, Silbergold *n*, güldisches Gediegensilber, Weißgold der Gallier, silberhaltiges (Frei)Gold • electrum, argentiferous gold, argentian gold, elektrum, electron, elektron, auriferous native silver; electre, elector [*obsolete*] [*A natural deep-yellow to pale-yellow alloy of gold and silver, sometimes employed in the decorations of ancient temples and palaces*]

G

Gold-Spülabbaumine ***f***, Spülabbaugoldmine • hydraulic gold mine, hydraulicking gold mine

Goldstaub ***m*** ➋ Flutgold

Goldteilchen ***n*** [*Prospektieren durch Trogwaschen*] • minute gold particle; (gold) colour (Brit.); (gold) color (US)

Goldtopas ***m*** [*Handelsbenennung und Fehlbenennung*], Zitrin *m*, Citrin (Quarzgruppe), gebrannter Amethyst *m* (Quarzgruppe) • gold topaz [*misnomer*]; golden quartz

goldüberzogen, vergoldet • inaurate, gold-covered, gilded

Goldvorkommen ***n***, Goldvorkommnis • gold occurrence

Goldwaage ***f*** • gold assay balance

Goldwäschefeld ***n*** • bar digging [*A gold-washing claim located on the bar (= shallow) of a stream or river, and worked when the water is low, or otherwise, with the aid of a cofferdam or cofferdams*]

Gold(wasch)pfanne ***f***, Waschpfanne, Gold(wasch)-schüssel *f*, Goldwäscherpfanne, Goldwäscherschüssel, Waschschüssel, Prospektorenschüssel, Prospektorenpfanne, Goldwaschtrog *m*, Goldwäschertrog • gold (wash(ing)) pan; dish [*Australia*]; vanning shovel [*Cornwall*]; gold washing tray [*A type of geologic(al) tool*]

Golf ***m*** • gulf [*Applied to very varied forms of inlets of the sea, but on the whole it is given to the largest of these inlets, e.g. Gulf of Guinea, Persia, Mexico, whereas "bay" is applied to only a few of these large forms and to many smaller ones. A gulf may contain more than one bay, e.g. the Gulf of Guinea with the Bays of Benin and Biafra*]

Gölle ***f*** ➋ Kalk

Gondwanakontinent ***m***, südlicher Großkontinent • Gondwana(land) [*The Late Pala(e)ozoic continent of the Southern Hemisphere. Gondwana is preferred as it means "land of the Gonds" and Gondwanaland is tautological*]

Goniometer ***n***, Kristallwinkelmesser *m*, Winkelmesser für Kristalle • goniometer [*An instrument used in optical crystallography for measuring the angles between crystal faces. Types are the contact goniometer, the reflection goniometer, and the two-circle goniometer*]

Goniometeröfchen ***n***, Kristallwinkelmesseröfchen • goniometer furnace

Goniometrie ***f***, Kristallwinkelmessung *f* • goniometry

Goslarit ***m*** ➋ Zinkvitriol

Gotlandium ***n*** [*frühere Benennung*] ➋ Silur

Gotthard-Basistunnel ***m*** • Gotthard Base Tunnel

Gowan ***m***, zersetzter Granit *m*, Granitboden *m* • gowan, decomposed granite, decayed granite [*A granular soil consisting of quartz, fel(d)spar and mica resulting from the decomposition of granite*]

Gow-Senkbrunnen ***m***, Boston-Senkbrunnen • Gow caisson, Boston caisson, caisson pile [*A device for sinking small shafts through soft clay or silt to prevent excessive loss of ground. A short cylinder of steel plate is driven into the clay or silt which is then excavated within it until the clay or silt in the bottom begin to heave. Another short cylinder of slightly smaller diameter is then driven inside the first and so on until the shaft reaches firm ground. The shaft is then filled with concrete and the steel tubes withdrawn as the concrete rises to their level. The excavation is belled out at the base*]

GPS, Global Positioning System [*globales Navigationssatellitensystem zur Positions- und Zeitbestimmung. Es besteht aus drei Segmenten: Weltraumsegment, Kontrollsegment, Anwendersegment; kommt auch bei der Fernerkundung zum Einsatz*] • GPS [*Global navigation satellite system for positioning and time measurement. It consists of three segments: space segment, control segment and user application segment*]

GPS-Empfänger ***m*** • GPS receiver

GPS-Permanentstation ***f*** • permanent GPS station

GPS-Referenzpunkt ***m*** • GPS reference point

GPS-Trägersignalcode ***m*** [*Mit ihm werden die einzelnen GPS-Satelliten identifiziert. Der auf die GPS-Trägersignale aufmodulierte Code enthält satellitenspezifische PRN-Sequenzen, so dass es damit dem Empfänger ermöglicht wird, zwischen den einzelnen*

Satellitensignalen zu unterscheiden. Auch später bei der Auswertung werden die GPS-Satelliten nach der PRN-Nummer bezeichnet.] • pseudorandom noise code, PRN code
Graacht *f*, Fleet *n* [*niederdeutsch*]
Grabarbeit(en) *f* ➋ Aushubbetrieb
Grabbetrieb *m* ➋ Aushubbetrieb
graben ➋ schachten
Graben *m* • graben [*German*]; trough [*An elongate, relatively depressed crustal unit or block that is bounded by faults on its long sides. It is a structural form that may or may not be geomorphologically expressed as a rift valley*]
Graben *m*, offener Graben, V-Graben, (ab)geböschter Graben, Böschungsgraben • ditch, greve, graben [*It has oblique sides and is open as opposed to a trench which has vertical sides*]
Gräben *f* auf dem Kontinent, Kontinent(al)gräben • intracontinental rifted settings
Graben *m* auf Erdschüttung [*V-Graben*] • elevated ditch [*A ditch carried across a depression or canyon by earthfill crossing*]
Graben *m* mit kontinentaler Unterlage, kontinentaler Graben • intracontinental rift basin
Graben *m* mit ozeanischer Unterlage, embryonaler Ozean *m* • protoceanic rift
Graben(ab)deckung *f* • trench cover(age)
Graben(ab)spülung *f* • trench surface wash, trench down wash
Grabenabzweig *m* • ditch branch
Grabenabzweig *m* • trench branch
grabenähnlich • ditchy [*Of the nature of a ditch*]
Grabenarbeit(en) *f* [*U-Graben*] • trench work
Grabenaushub *m* [*U-Graben*] • ditch excavation, ditch digging
Grabenaushub *m* [*V-Graben*] • trench excavation, trench digging
Grabenaushub *m* von Hand, Hand-Grabenaushub [*V-Graben*] • ditching by hand, hand ditching, ditch excavation by hand, manual ditching, manual ditch excavation
Grabenaushubmaterial *n* [*U-Graben*] • trench spoil
Grabenauskleidung *f*, Grabenverkleidung, Grabenbekleidung [*V-Graben*] • ditch lining
Grabenbaggern *n* [*V-Graben*] • ditching by excavator, excavator ditching
Grabenband *n* ➋ Grabensprieße
Grabenbau *m* [*U-Graben*] • trench construction, trench building
Grabenbauarbeiten *f* [*U-Graben*] • trenching work
Grabenbaudynamit *n* • ditching dynamite [*A 50-per cent straight dynamite designed for ditch blasting by the propagation method*]
Grabenbauer *m* [*U-Graben*] • trencher
Grabenbauer *m* [*V-Graben*] • ditcher, ditch digger, ditchman, drainman
Grabenbausicherheit *f* • trenching safety
Graben(bau)unfall *m* • trenching accident
Graben(bau)unfall *m* mit tödlichem Ausgang • trenching fatality
Grabenbauweise *f* [*Verlegung von Leitungen*] • trench method
Grabenbauzubehör *m* • trenching accessories
Grabenbekleidung *f* ➋ Grabenauskleidung
Grabenbett(ung) *n*, *(f)* • trench bed(ding)
Grabenbildung *f*, Taphogenese *f*, Zertrennung, Aufspaltung • rifting
Grabenbildung *f* [*U-Graben*] • trench formation
Grabenbohren *n* • trench drilling [*For instance, under pavements and railroad tracks*]
Grabenböschung *f* • ditch slope
Grabenbruch *m* • trench failure
Grabenbruchzone *f*, Meer(es)einbruch *m*, See-Einbruch • fault embayment [*A fault trough, or other depressed region. In a fault zone or between two faults, invaded by the sea; e.g. the Red Sea*]
Grabenbrücke *f* • trench bridge
Grabenbrust *f* • trench face
Grabenbug *m* [*Hessen*] ➋ Grabensprieße
Grabenbüge *f* [*Hessen*] ➋ Grabensprieße
Grabenbunker *m* [*Tagebau*] • ditch bunker
Grabendamm *m* • ditch bank, ditch embankment
Grabendiele *f*, Grabenspundbohle *f*, Kanalspundbohle, Kanaldiele [*Kanaldielen haben keine Schlösser und sind daher nicht wasserdicht*] • trench sheet pile
Grabendrän *m* • trench drain
Grabendruckstrebe *f* ➋ Grabensprieße
Grabeneinbruch *m*, Grabeneinsturz *m* • trench cave-in, trench collapse
Grabeneinfüllung *f*, Grabenverfüllung *f*, Grabenzufüllung • trench backfill(ing), trench (re-) fill(ing)
Grabenentwässerung *f* • trench draining
Grabenerzschurf *m* • costeaning, costeening [*Cornish*]; trenching
Grabenfräse *f* • trench excavator, ditch milling machine

Grabengleitschild, (Gleit)Grabenschild *m* • (sliding) trench shield, slide trench shield [*A prefab(ricated), mov(e)able box composed of steel plates welded to a heavy steel frame*]

Grabengürtel ***m,*** interkontinentaler Gürtel, Großgraben *m*, Grabensystem *n* • rift system

Grabenherstellung ***f*** [*U-Graben*] trenching

Grabenherstellung ***f*** [*V-Graben*] ditching

(Graben)Holzrahmenverbau ***m*** • prefab(ricated) timber frame (trench) shoring, prefab(ricated) timber frame (trench) (support(ing)) system

(Graben)Hydraulikverbau ***m*** • (trench) hydraulic shoring, (trench) hydraulic (support(ing)) system

G

Grabenkabel ***n*** • trench cable

(Graben)Kastenverbau ***m*** • box (trench) shoring, box (trench) support (system)

Grabenkonstruktion ***f*** • trench design

Grabenkuppe ***f*** [*Kuppe im Meer von einem Graben umgeben*] • moated knoll

Grabenlabilität ***f*** • trench instability

Grabenleiter ***f*** • ditch ladder

Grabenleiter ***f*** • trench ladder

Grabenleitung ***f*** • trench conduit [*A pipe set in a relatively narrow trench*]

Grabenleitungsbau ***m,*** offener Leitungsbau, Leitungsbau in Gräben • cut-and-cover line construction, cut-and-fill line construction, cut-and-cover line building, cut-and-fill line building

Graben(leitungs)kanal ***m*** [*U-Graben*] • trench conduit, trench duct

Graben(leitungs)kanal ***m*** [*V-Graben*] • ditch conduit, ditch duct

grabenlos • trenchless

grabenlose Bauweise ***f,*** geschlossene Bauweise • trenchless method, no-dig method, trenchless construction, no-dig construction, non-disruptive method, non-disruptive construction

grabenlose Eisenbahnüberquerung ***f***
➲ Eisenbahnunterfahrung

grabenlose Leitungs-Erneuerung ***f*** • trenchless replacement of pipes

grabenlose Leitungs-Neuverlegung ***f*** • trenchless installation of pipes

grabenlose Rohrerneuerung ***f*** • trenchless pipe replacement

grabenlose Rohrverlegung ***f*** • trenchless pipe laying, trenchless pipe installation

grabenlose Sanierung ***f*** **von Druckleitungen und Kanälen** • trenchless rehabilitation of pressure pipes and sewers

grabenlose Straßenüberquerung ***f***
➲ Straßenunterfahrung

grabenlose Technik ***f*** • trenchless technique, no-dig technique, non-disruptive technique

grabenlose Überquerung ***f,*** Unterfahrung, Unterquerung, Unterkreuzung, geschlossene Überquerung • trenchless crossing, no-dig crossing, non-disruptive crossing

grabenlose unbemannte Reparatur ***f,*** unbemannte grabenlose Reparatur • trenchless robotic repair, trenchless unmanned repair, no-dig robotic repair, no-dig unmanned repair, non-disruptive robotic repair, non-disruptive unmanned repair

grabenlose Verlegung ***f,*** grabenlose Leitungsverlegung *f*, grabenloser Einbau *m* • trenchless installation, no-dig installation, non-disruptive installation, trenchless laying, no-dig laying, non-disruptive laying

grabenloser Leitungsverbau ***m*** • trenchless pipelaying

grabenloser Rohrleitungs- und Kanalbau ***m*** • trenchless method of pipeline and sewer installation

grabenloses Rohrerneuerungs-Verfahren ***n*** • trenchless pipe replacement technique (*or:* method)

Grabenmethode ***f*** [*Sprengmethode, durch welche weiche Baugrundmassen mit großer Wucht auseinandergetrieben und gestört werden so dass die aufgeschütteten tragfähigen Massen auf die tragenden Lockergesteine absacken können*] • trench method

Grabennassbaggern ***n*** • trench dredging

Grabenpflaster(decke) ***n, (f)*** • ditch sett paving

Grabenregulierung ***f*** • ditch regulation

Grabenreinigen ***n,*** Ausdobben, Grabenräumen, Grabensäubern • ditch cleaning

Grabenreinigungskolonne ***f,*** Grabenreinigungsmannschaft *f*, Grabenreinigungstrupp *m* • crumb(ing) crew, crumb(ing) gang, crumb(ing) party, crumb(ing) team [*pipeline construction*]

Grabenrohr ***n*** [*V-Graben*] • ditch pipe

Grabenrohr ***n*** [*U-Graben*] • trench pipe

Grabensäubern ***n*** ➲ Grabenreinigen

Grabenschild ***m*** ➲ (Gleit)Grabenschild

Grabenscholle ***f*** • downthrow block

Grabenschott ***n*** • trench bulkhead

grabenschürfen [*Erzprospektion*] • to costean, to costeen [*Cornish*]; to trench

Grabenschwelle ***f*** • trench sill, trench cill

Grabensee ***m*** • sag pond, fault-trough lake, rift(-valley) lake [*A small body of water occupying an enclosed depression or sag formed where active or recent fault movement has impounded drainage; specifically one of*

many ponds and small lakes along the San Andreas Fault in California]

Grabenseite ***f*,** Grabenwand(ung) *f* [*U-Graben*] • trench wall, trench side

Grabenseitenunterhaltung ***f*,** Grabenwandunterhaltung [*V-Graben*] • ditch side maintenance

(Graben)Sicherung ***f*,** (Graben)Verbau *m* • (trench) shoring (system), (trench) support(ing) system

(Graben)Sicherungsarbeiten ***f*,** (Graben) Verbauarbeiten • (trench) shoring work, (trench) support(ing) work

(Graben)Sicherungseinbauten ***f***
➋ (Graben)Verbaugerät(e)

(Graben)Sicherungseinheit ***f*,** (Graben)Verbaueinheit • (trench) shoring unit, (trench) support(ing) unit

(Graben)Sicherungsgerät(e), (Graben)Verbaugerät(e) *n(pl)* (Graben) Verbaueinbauten *f*, (Graben) Sicherungseinbauten [*Grabenverbaugeräte werden eingeteilt in Verbaueinheiten und Verbauhilfsgeräte. Verbaueinheiten bilden den fertigen Verbau eines Grabenstückes. Sie bestehen im wesentlichen aus Plattenpaaren oder Sonderprofilen, die durch Streben gestützt werden. Hierbei werden unterschieden: mittiggestützte Verbaueinheiten, randgestützte Verbaueinheiten, rahmengestützte Verbaueinheiten, Gleitschienen-Verbaueinheiten, Dielenkammer-Verbaueinheiten. Verbauhilfsgeräte sind Rahmen, die zum Einbau eines Verhaus aus Einzelteilen, wie Holzbohlen, dienen. Verbaueinheiten können im Einstellverfahren und Absenkverfahren eingebaut werden*] • (trench) shoring equipment, (trench) support(ing) equipment

(Graben)Sicherungshilfsgerät(e) ***n, (f)*** ➋ (Graben) Verbauhilfsgerät(e)

(Graben)Sicherungsträger ***m*,** (Graben)Verbauträger • (trench) shoring girder, (trench) support(ing) girder

(Graben)Sicherungszylinder ***m*,** (Graben) Verbauzylinder *m* • (trench) shoring cylinder, (trench) support(ing) cylinder

Grabensilo ***n*** [*Landwirtschaft*] • trench silo

Grabensilo ***n*** **in Putztechnik,** geputztes Grabensilo • trench silo with concrete plastered walls

Grabensohle ***f*** [*U-Graben*] • trench bottom, trench floor, trench invert

Grabenspreize ***f*** ➋ Grabensprieße

Grabensprengen ***n*** [*V-Graben*] • ditch blasting, blast ditching [*A mud blasting method in which a ditch is blasted along the right of way and fill is dumped in it*]

Grabensprengen ***n*** [*U-Graben*] • trench blasting, blast trenching

Grabensprieße ***f*,** Grabendruckstrebe, Grabenspreize *f*, Graben(stütz)band, Grabensteife *f*, Grabentragband, Grabenstrebe(band) *f*, (*n*); Grabenbug *m*, Grabenbüge *f* [*Hessen*]; Grabensprießel *n* [*Österreich*] • trench strut, trench stay; trench brace(r) (US) [*A piece resisting thrusts in the direction of its own length; may be upright, diagonal, horizontal or inclined*]

Grabenspundbohle ***f*,** Grabendiele *f*, Kanalspundbohle, Kanaldiele [*Kanaldielen haben keine Schlösser und sind daher nicht wasserdicht*] • trench sheet pile, trench sheet

Grabenstandfestigkeit ***f*** • trench stability

Grabenstauvorrichtung ***f*** • ditch check [*A small dam positioned at intervals in a ditch to prevent erosion*]

G

Grabensteife ***f*** ➋ Grabensprieße

Grabenstrebe(band) ***f, (n)*** ➋ Grabensprieße

Graben(stütz)band ***n*** ➋ Grabensprieße

Grabensystem ***n*** ➋ interkontinentaler Gürtel

(Graben)Teleskopsicherung ***f*,** (Graben) Teleskopverbau *m* • (trench) telescoping shoring, (trench) telescoping (support(ing)) system

Grabentragband ***n*** ➋ Grabensprieße

Grabentunnel ***m*** • trench tunnel

Grabenunkraut ***n*** • ditch weed

(Graben)Verbau ***m*,** (Graben)Sicherung *f* • (trench) shoring (system), (trench) support(ing) system, trench sheeting, timbered trench

(Graben)Verbauarbeiten ***f(pl)*,** (Graben)Sicherungsarbeiten • (trench) shoring work, (trench) support (ing) work, timbered trench work

(Graben)Verbaueinheit ***f*,** (Graben)Sicherungseinheit • (trench) shoring unit, (trench) support(ing) unit

(Graben)Verbaugerät(e) ***n, (f)*,** (Graben) Verbaueinbauten *f*, (Graben)Sicherungsgerät(e), (Graben)Sicherungseinbauten [*Grabenverbaugeräte werden eingeteilt in Verbaueinheiten und Verbauhilfsgeräte. Verbaueinheiten bilden den fertigen Verbau eines Grabenstückes. Sie bestehen im wesentlichen aus Plattenpaaren oder Sonderprofilen, die durch Streben gestützt werden. Hierbei werden unterschieden: mittiggestützte Verbaueinheiten, randgestützte Verbaueinheiten, rahmengestützte Verbaueinheiten, Gleitschienen-Verbaueinheiten, Dielenkammer-Verbaueinheiten. Verbauhilfsgeräte sind Rahmen, die zum Einbau eines Verhaus aus Einzelteilen, wie Holzbohlen, dienen. Verbaueinheiten können im Einstellverfahren und Absenkverfahren eingebaut werden*] • (trench) shoring equipment, (trench) support(ing) equipment

(Graben)Verbauhilfsgerät(e) *n, (f),* (Graben) Sicherungshilfsgerät(e) • (trench) shoring auxiliary equipment, (trench) support(ing) auxiliary equipment

(Graben)Verbauträger *m,* (Graben)Sicherungsträger • (trench) shoring girder, (trench) support(ing) girder

(Graben)Verbauzylinder *m,* (Graben)Sicherungszylinder • (trench) shoring cylinder, (trench) support (ing) cylinder

Grabenverfahren *n* ➋ (Riesel)Grabenverfahren

Grabenverfüllung *f,* Grabeneinfüllung, Grabenzufüllung • trench backfill(ing), trench (re)fill(ing)

Grabenverkleidung *f* • (trench) sheeting, trench sheathing [*See note under* ➋ *Verkleidung*]

Grabenverkleidung *f,* Grabenauskleidung *f,* Grabenbekleidung [*V-Graben*] • ditch lining

Grabenverkleidungsbohle *f,* Grabenverkleidungsdiele *f* • (trench) sheeting member, trench sheathing member

Grabenverschalung *f,* Grabenverzug *m* • trench lagging, trench lags

Grabenverwerfung *f* • graben faulting

Grabenwalze *f* • trench compactor

Grabenwand *f* • trench wall

Grabenwandgründung *f,* Grabenwandfundament *n* [*Betonfundament für eine Wand in einem U-Graben*] • trench wall footing [*See note under "footing"*]

Grabenwand(ung) *f,* Grabenseite *f* [*U-Graben*] • trench wall, trench side

Grabenwandunterhaltung *f,* Grabenseitenunterhaltung • ditch side maintenance

Grabenwasser *n* • ditch water

Grabenziehen *n* • trench cutting, cutting of trenches, trenching

Grabenziehen *n* **mit Schürfschlepper** • bulldozing [*A method of mechanical ditching along the surface where the ground can be cut with a bulldozer blade. It is a quick and cheap method of surface prospecting and it facilitates geologic(al) surveying by opening a relatively deep and wide excavation*]

Grabenzimmerung *f* • trench timbering

Grabenzufüllung *f* ➋ Grabenverfüllung

Grabgang *m* [*von Tieren im Boden*] ➋ Bau

Grabgelände *n* ➋ Aushubgelände

Grabgrenze *f,* Aushubgrenze • digging limit, limit of digging, limit of excavation, excavation limit

Grabgut *n* ➋ Aushubgut

Grabkurve *f* [*beim Bagger*] • excavation curve

Grabmaterial *n* ➋ Aushubgut

Grabmeißel *m,* Aushubmeißel • digging bit [*A noncoring bit, usually similar to a steel drag or mud bit*]

Grabprofil *n,* Aushubprofil • digging lines, extraction lines, digging profile, excavation profile [*In open air work*]

Grabschacht *m,* Aushubschacht • digging shaft, excavation shaft, excavating shaft [*A shaft through which excavation is carried on*]

Grabseilführung *f* • fairlead

Grabstelle *f,* Aushubstelle • digging site, excavation site, diggings

Grabwand *f,* Aushubwand • digging wall, digging face, excavation wall, excavation face

Grabwerkzeug *n,* Aushubwerkzeug • digging tool

Grabwiderstand *m,* Aushubwiderstand • digging resistance

Grabzelle *f,* Aushubzelle [offener *(Senk)Kasten*] • open cell, open well, open compartment, digging well, digging cell, digging compartment

Grad *m,* Erdbebengrad, Erdbebengröße *f,* Magnitude *f* • earthquake magnitude, seismological grade, earthquake grade, seismic grade, (seismic) magnitude, seismological magnitude [*A rating of energy release for a given (earth)quake. It is calculated from measurements on seismograms and defined in terms of the logarithm of the maximum amplitude of the seismogram*]

Grad der Störung *f,* Störungsgrad *m* • degree of remoulding, degree of disturbance, remoulding degree; degree of remolding, remolding degree (US) [*soil mechanics*]

Gradbogen *m* ➋ Übertrager

Grad(ein)teilung *f* • degree graduation, graduation in degrees

Grader *m* • grader

Gradfeld *n* • quad(rangle) (US); degree square (Brit.) Micha [*A rectangular area bounded by parallels of latitude and meridians of longitude, used as a unit in systematic mapping. The dimensions of a quad(rangle) are not necessarily the same in both directions, and its size and the scale at which it is mapped are determined by the prime purpose of the map*]

Gradfeldkarte *f* • quad(rangle) map (US); degree square map (Brit.) [*A rectangular map bounded by parallels of latitude and meridians of longitude and generally published in a series with prescribed scale*]

Gradient *m* • gradient [*The space rate of decrease of a function. The gradient of a function in three-space dimensions is the vector normal to surfaces of constant value of the function and directed toward decreasing values, with magnitude equal to the rate of decrease of the function in this direction. The ascendent is the negative of the gradient*]

Gradientenabsteckung ***f*** • setting-out gradients
Gradientenwind ***m*,** freier Atmosphärenwind • gradient wind [*Any horizontal wind tangent to the contour line of a constant pressure surface (or to the isobar of a geopotential surface) at the point in question. At such points where the wind is gradient, the Coriolis acceleration and the centripetal acceleration together exactly balance the horizontal pressure force*]
gradieren • to concentrate brine
gradiert, (ab)gestuft • graded
gradierte Schichtung ***f*,** (ab)gestufte Schichtung, Gradierung, diadaktische Schichtung • graded bedding, diadactic structure, diatactic structure [*A type of bedding in which each layer displays a gradual and progressive change in particle size, usually from coarse at the base of the bed to fine at the top. It may form under conditions in which the velocity of the prevailing current declines in a gradual manner, as by deposition from a single shortlived turbidity current*]
gradierte Zyklen ***f*** **als Alluvionen** • fining-upwards cycles in alluvial successions
gradierter Zyklus ***m*** **nach oben** [*Sedimentfolge*] • fining-upwards cycle
Gradierung ***f*,** Abdampfung [*Salinenwesen*] • graduation of brine, brine graduation, refining of brine, brine refining
Gradierung ***f*** ➲ (ab)gestufte Schichtung
Gradierwaage ***f*** ➲ Senkwaage
Gradierwerk ***n*** • brine concentrating house
Gradskala ***f*** ➲ Erdbeben(größen)skala
Gradstunde ***f*** • degree-hour
Gradtafel ***f*** • traverse table [*A mathematical table listing the lengths of the two sides opposite the oblique angles for each of a series of right-angled plane triangles as function of every degree of angle (azimuth or bearing) and of all lengths of the hypotenuse from 1 to 100. Traverse tables are used in computing latitudes and departures in surveying and courses in navigation*]
Gradtag ***m*** • degree-day
Graduation ***f*** • graduation, curve fitting [*statistics*]
Graf ***m*,** Graph *m*, grafische Darstellung *f*, grafische Darstellung, Schaubild *n*, Diagramm *n* • chart, graph (ical representation) [*The plot of the points in the plane which constitute the graph of a given real function or a pictorial diagram depicting interdependence of variables*]
grafische Benutzeroberfläche ***f*** • point and click [*geoprocessing software*]
grafische Datenverarbeitung ***f*** • computer graphics
grafische Entzerrung ***f*,** zeichnerische Entzerrung • graphic rectification
grafische Fehlertafel ***f*** [*Fotogrammetie*] • error graph, error diagram, graph of errors, diagram of errors
grafische Lösung ***f*** • graphic solution
grafische Methode ***f*,** grafisches Verfahren *n* • graphic method
grafischer (Karten)Maßstab ***m*** • graphic (map) scale
grafisches Tachymeter ***n*,** Messtischtachymeter, Feldtischtachymeter • planetable tacheometer, planetable tachymeter
grafitähnlich • graphitoid(al), resembling graphite
Grafitanthrazit ***m*** • superanthracite, metaanthracite, subgraphite
grafitisch • graphitic [*Resembling, containing, derived from, or pertaining to graphite*]
Grafitisierung ***f*** • graphitization
Grahamit ***m*** • grahamite [*A hydrocarbon resembling albertite in its jet-black lustre; occurring in vein-like masses*]
Grammatit ***m*** [*Ein weißes Kontaktmineral*] • grammatite [*This term is also used as a synonym for tremolite, but this use is undesirable*]
Grammit ***m*,** Schriftjaspis *m* • grammite
Granaliennickel ***n*,** Nickelgranalien *f* • nickel shot
Granat ***m*** • garnet, grenate
granatbildend, granatformend • garnetiferous, producing garnets
Granatfels ***m*,** Granatgestein *n* • garnetite [*A metamorphic rock consisting chiefly of an aggregate of interlocking garnet grains*]
Granatfluss ***m*** • false garnet
granatformend, granatbildend • garnetiferous, producing garnets
granatführend, granathaltig, granatenthaltend • garnetiferous, containing garnets, garnet-bearing, garnet-based
Granatglimmerschiefer ***m*** • garnet-mica schist
Granatisierung ***f*** • garnetization [*Introduction of, or replacement by, garnet. It is commonly associated with contact metamorphism*]
Granatit ***m*** ➲ Staurolith
Granatoeder ***n*,** Rhombendodekaeder [*Eine bei Granat häufig anzutreffende Kristallform*] • rhombic dodecahedron
Granatstrandsand ***m*** • ruby sand [*A red-colo(u)red beach sand containing garnets, as at Nome, Alaska*]
Granit ***m*;** Körnerstein *m* [*frühere Benennung*] • granite [*Commercial use of the term "granite" is considerably broader than geologic use. In industry, the term refers to*

G

true granite and the intermediate members of the granite-gabbro series. Gabbro, granite gneiss, diabase, anorthosite, and pyroxenite are called "black granite" when used for polished dimension stone. Notwithstanding the broad use of the term, most of the granite of commerce has a composition in the range that includes true granite and granodiorite]

Granit *m* • granite [*seismology*] [*In early seismologic work, any rock in which velocity of the compressional wave is about 5.5 to 6.2 km/sec*]

Granit *m* [*Handelsname*] • (commercial) granite [*A general term for a decorative building stone that is hard and crystalline. It may be a granite, gneiss, syenite, monzonite, granodiorite, anorthosite, larvikite, quartz diorite, gabbro or diabase*]

G

Granitabbau *m* • granite quarrying

Granitaplit *m* • granite aplite, granite haplite

granitartiges Gestein *n* • granite-like rock

Granitausbiss *m* • granite (out)crop(ping)

Granitbildungs-Theorie *f* • granite problem

Granitboden *m* ➲ zersetzter Granit

Granitbruch *m* ➲ Granit(stein)bruch

Granitdom *m* • granite dome

Graniterhebung *f* • granite outcrop

Granitfamilie *f* • granite clan

Granitfelsen *m* • granite rock, granitic rock

Granitgneis *m* • granite gneiss [A *gneiss derived from a sedimentary or igneous rock and having the mineral composition of a granite*]

Granithacke *f*, Harthacke

Granitisation *f*, Granitisierung *f* • granitization, transformation, granitification [*An essentially metamorphic process or group of processes by which a solid rock is converted or transformed into a granite rock by the entry and exit of material, without passing through a magmatic stage. Some authors include in this term all granitic rocks formed from sediments by any process, regardless of the amount of evidence of movement. The precise mechanism, frequency, and magnitude of the processes are still in dispute*]

granitisch • granitic [*Characteristic of, composed of, pertaining to, or resembling granite*]

granitische Schale *f* ➲ Sial(schale)

granitische Schmelze *f*, granitisches Magma *n* • granite magma

granitisches Gestein *n*, granitischer Fels *m* • granite rock [*A name generally applied to rocks resembling granite in appearance and composition, but also (non recommended) to mafic or even ultramafic rocks*]

granitisches Magma *n*, granitische Schmelze *f* • granite magma, granitic magma

Granitisierung *f*, Granitisation *f* • granitization, transformation, granitification [*An essentially metamorphic process or group of processes by which a solid rock is converted or transformed into a granite rock by the entry and exit of material, without passing through a magmatic stage. Some authors include in this term all granitic rocks formed from sediments by any process, regardless of the amount of evidence of movement. The precise mechanism, frequency, and magnitude of the processes are still in dispute*]

Granitkontaktfels *m*, Granitkontaktgestein *n* • crocus [*A term used in some quarries to denote gneiss or any other rock in contact with granite*]

Granitkörper *m*, Granitmasse *f* • granite body, granite mass

Granitporphyr *m* • granite-porphyry, porphyroid granite

Granitsand *m*, Ursand • crumbled granite, granite sand

Granitschiefer *m* • granite schist

Granit(stein)bruch *m* • granite quarry

Granitstock *m* • granite stock

Granitstruktur *f* [*als Einheit*] • granite feature, granite structure

Granitstruktur *f* • granitic texture

Granodiorit *m* • granodiorite, granite-diorite [*A visibly crystalline plutonic rock composed chiefly of sodic plagioclase, alkali (fel(d)spar, quartz, and subordinate dark-colo(u)red minerals*]

Granodioritporphyr *m* • granodiorite-porphyry

Granodolerit *m* • granodolerite [*A dolerite that contains interstitial quartz and alkali fel(d)spar, usually as granophyric intergrowths. Not recommended usage*]

Granogabbro *m* • granogabbro [*A gabbro containing quartz and alkali fel(d)spar, analogous to granodiorite but having plagioclase more calcic than An50. Proposed by Johannsen in 1917. Not recommended usage*]

Granophyr *m* • granophyre; micropegmatite [*less-preferred synonym*]

granophyrische Struktur *f*, Implikationsstruktur • granophyric texture

Granosphärit *m* • granosphaerite [*A spherulite composed of radially or concentrically arranged grains*]

Granosyenit *m* • granosyenite [*A term for a plutonic igneous rock with a composition intermediate between that of granite and that of syenite*]

Granularbereich *m* • granular region

Granularbereichsgrenze *f* • boundary of a granular region
Granulardynamik *f* • granular dynamics
granulardynamische Berechnung *f* • granular dynamic calculation
granularer Boden *m* • granular soil
granulares Phasendiagramm *n* • granular phase diagram
Granulathärte *f* • granular hardness, granulate hardness
granulierte Bahamakalk(stein) *m* ➊ Bahama-Krümelkalk(stein)
granuliertes Kupfer *n*, Kupfergranalien *f* • bean-shot (copper), granulated copper, feathered-shot copper
Granulit *m*, feinkörniger Muskovitgranit *m* • granulite [*A fine-grained muscovite-bearing granite, especially in the French literature*]
Granulit *m* • granulite [*A metamorphic rock consisting of even-sized, interlocking mineral grains less than 10 % of which have any obvious preferred orientation*]
Granulit *m* • granulite [*A relatively coarse, granular rock formed at the high pressures and temperatures of the granulite fades, which may exhibit a crude gneissic structure due to the parallelism of flat lenses of quartz and/or fel(d)spar. The texture is typically granuloblastic*]
Granulit *m* • granulite, granulyte [*A sedimentary rock composed of sand-sized aggregates of constructional (nonclastic) origin, simulating in texture an arenite of clastic origin, e. g. a rock formed of lapilli or of oolitic grains*]
Granulitfazies *f* • granulite facies
granulitisch • granulitic [*(a) Of, pertaining to, or composed of granulite. All other usages are now discouraged, including the following: (b) A syn. of granoblastic, (c) a syn. of granuloblastic, (d) a descriptive term for a fine-grained texture produced by crushing and cataclasis, (e) a syn. of xenomorphic as used by Michel-Levy in 1874 and 1889, (f) a term applied by Judd in 1886 to the texture of basaltic or doleritic rocks (Johannsen, 1939) (preferred syn: inter granular), (g) a syn. of microgranular*]
Granulitkomplex *m*, Granulitgebirge
granuloblastisch • granuloblastic, homogranular, even-grained; equigranular, granulitic [*not recommended synonyms*] [*Said of a metamorphic homogranular texture "in which mineral grains largely lack rational faces but have straight or smoothly curving grain boundaries and approximately polygonal shapes" (Harte, 1977). This texture is typically fine-grained (< 2 mm). Granuloblastic and coarser-grained granoblastic textures are common in rocks of the granulite facies and in monomineralic rocks (Joplin, 1968)*]
granulometrisch • granulometric
granulometrische Feinstruktur *f* • granulometric fine structure
granulometrische Homogenbereiche *m(pl)* • granulometrically homogeneous regions
granulometrische Permanenz *f* • granulometric permanence
granulös • granulose [*Pertaining to the structure that is typical of granulite and that is due to the presence of granular minerals, e.g. quartz, fel(d)spars, garnet, pyroxene, in alternating streaks and bands developed on a megascopic or microscopic scale. No typical foliation is developed due to the absence of lamellar or prismatic minerals*]
Granat *m* (M/G) • garnet
Granit *m* • granite
Graphit *m*, Grafit [*Neue Rechtschreibung; empfohlen*]
Graphometer *n* [*Vermessung*] • graphometer
graptolithenführend • graptolitic
Graptolithschiefer *m* • graptolitic shale
grasausgekleidet, grasbekleidet, grasverkleidet [*Graben*] • grass(-lin)ed
Grasauskleidung *f*, Grasfutter *n*, Grasverkleidung, Grasbekleidung • grass revetment, grass chemise [*See note under "revetment"*]
Gras-Dornbusch-Steppe *f* ➊ Dornsteppe Australiens
Graskohle *f*, minderwertige Kohle *f*, oxidierte Kohle in Ausbissnähe, Rasenkohle • grassroots coal, outcrop coal [*Coal of inferior quality near the surface*]
Grasnarbe *f* • grass cover
Grassavanne *f* • grassland savannah
Grassteppe *f* • grassy steppe
grasverkleidet ➊ grasausgekleidet
Grasziegel *m* • grass brick
Grat *m*, Rücken *m* • ridge [*A narrow, elongated crest of a hill or mountain*]
Grat *m*, Felsgrat [*Form eines Hangs, der durch flächen- od. linienhafte Abtragung entstanden ist*] • arête [*Shape of a slope resulting from areal or linear erosion*]
Grätendrän *m* ➊ (Fisch)Grätendrän
Grätenstruktur *f* ➊ (Fisch)Grätenstruktur
Gratonit *m*, $9PbS{>}As_2S_3$ • gratonite [*A mineral composed of lead arsenic sulphide, occurring in rhombohedral crystals*]
Gratregion *f* • ridge area
graublauer Kohlenschiefer *m* • blaes [*Scottish term for a gray-blue carbonaceous shale that weathers to a crumbly mass and eventually to a soft clay*]

G

Graubleierz ***n*,** grauer Pyromorphit *m* • gray lead ore, gray pyromorphite, grey lead ore, grey pyromorphite

graubraun ➋ erdfarben

Graudruck ***m*** • griblet [*A map printed in a subdued monochrome, such as gray blue, which is used as a map for overprints. The term is an anglicized corruption of the French "gris-bleu"*]

Graudüne ***f*** [*Alte Düne ohne nennenswerte Sandzufuhr, meist mit einer dichten Pflanzendecke*] • gray dune, grey dune

grauer Alluvialboden ***m*** • gray warp soil, grey warp soil

G

grauer Hyazinth ***m*,** grauer Zirkon *m* • zirconite, gray zircon, grey zircon, gray hyacinth, grey hyacinth

grauer Pyromorphit ***m*,** Graubleierz *n* • gray lead ore, gray pyromorphite, grey lead ore, grey pyromorphite

grauer Waldboden ***m*** • gray forest soil, grey forest soil

grauer Zirkon ***m*,** grauer Hyazinth *m* • zirconite, gray zircon, grey zircon, gray hyacinth, grey hyacinth

Graukalk ***m*,** Kreidemergel *m*, mittlere Kreide *f* • gray chalk, grey chalk, chalk marl

Graukeil ***m*** [*Folge gleitend oder gestuft aneinandergereihter Grautöne von Weiß zu Schwarz*] • gray scale, grey scale

Graumergel ***m*** • gray marl, grey marl

Graunickelkies ***m*;** Arsennickelglanz [*frühere Benennung*]; Gersdorffit *m*, Nickelglanz *m*, NiAsS • gersdorffite, nickel glance

Graupe ***f*** (⚒) [*Korn, Erzstückchen*] • grain

Graupel ***f*** • graupel, snow pellets, soft hail, tapioca snow, pellet snow

Gräupelerz ***n*,** gepochtes Erz, Pocherz, Satz *m*, Mehl *n*, Pochmehl, Erzmehl • pounded ore, stamped ore, ore meal

Graupen ***f*,** Setzmaschinenberge *f* der Kornklassen 25-6 mm • jig(ger) waste(s) 25-6 mm

Graupenbett ***n*,** Setzbett

Graupenerz ***n*** • granular ore

Graupentonstein ***m*** • granular tonstein, graupen tonstein [*This type of tonstein consists predominantly of kaolinite grains of lighter or darker shades, often surrounded by collinite. These grains show a cryptocrystalline to finely crystalline structure; the cryptocrystalline material is isotropic*]

grauschwarzer Vertisol ***m*** • pellic vertisol

Grauschwefel ***m*,** Rossschwefel • horse brimstone

Grausilber ***n*,** Weißgültigerz *n*, Weißgülden *n* • gray silver, carbonate of silver, selbite, grey silver, silver carbonate

Grauspiegelglanz ***m*** ➋ Antimonit

Graustein ***m*** • graystone, greystone [*A dense gray-green rock, resembling basalt and composed of fel(d)spar and augite. Not recommended usage*]

Graustufe ***f*** • gray level, grey level

Grauton ***m*** [*allgemein*] • gray tint (US), grey tint (Brit.)

Grauton ***m*** • speckle

Grauton ***m*** • synthetic aperture radar image speckle, coherent aperture radar image speckle, SAR (image) speckle [*The granular, noisy phenomenon which is observed in SAR images*]

grautonig • speckled

Grautonlinear ***n*,** Grautonlineation *f*, Grautongefügespur *f* • speckle photogeologic(al) fracture trace, speckle photogeologic(al) rupture trace, speckle (airphoto) linear [*See note under "photogeologic(al) fracture trace"*]

Grautonmuster ***n*** • speckle pattern

(Grauton)Streckung ***f*** • (speckle) stretching

Gravitationsanomalie ***f*,** Schwerkraftanomalie

gravitative Massenbewegung ***f*** • gravitational mass movement

Grauwacke ***f*** [*Bergmannsausdruck aus dem Oberharz*] • graywacke, (grey)wacke, rubblestone, apogrit

Grauwackeformation ***f*** • graywacke group, greywacke group

Grauwackegebirge ***n*,** Übergangsgebirge *n* • transition rocks

Grauwackekalkstein ***m*,** Übergangskalkstein • transition-limestone, (grey)wacke limestone, graywacke limestone

Grauwackesandstein ***m*** • trap sandstone

Grauwertangleichung ***f*** • transparence rectification

Grauwertkeil ***m*,** Grauwertskala *f* [*Kartografie*] • step tablet, step wedge

Grauwerttransformation ***f*,** Intensitätstransformation • intensity scaling

Gravimeter ***n*,** Schweremesser *m* • gravimeter, gravity meter, gravitometer

Gravimetermessung ***f*** • gravimeter measurement, gravimeter observation

Gravimeterstation ***f*,** Schweremessstation, Schwerkraftmessstation, Gravitationsmessstation • gravity station [*The site of installation of gravimeters*]

Gravimetrie ***f*,** Schweremesstechnik *f* • gravimetry

gravimetrische Bewässerung ***f*** ➋ Schwerebewässerung

Gravitation ***f*** • gravitation [*The mutual attraction between two masses*]

Gravitations... ➜ Schwere...
Gravitationsfeld *n* ➜ Schwerefeld
gravitative Massenbewegung *f* [*ein hangabwärts gerichteter Verlagerungsvorgang, der durch die Schwerkraft ausgelöst wird. Darunter fallen* ➜ *Fließen, Rutschen, Kippen, Fallen, Driften*] • gravitative mass movement [*such as flowing, sliding, falling, toppling and spreading*]
Greenlandit *m* ➜ Niobit
Greenockit *m*, Schwefelkadmium *n*, Kadmiumblende *f* • greenockite, cadmium blende, cadmium yellow, cadmium ocher, xanthochroite, cadmium ochre, cadmium sulphid(e); cadmium sulfid(e) (US)
Greifbagger *m* • grab excavator, crab dredger
Greifer *m* [*eines Greifbaggers*] • grab, clamshell, clam shell
Greifer *m* ➜ Greifbagger
Greiferaushub *m*, Greiferbaggern *n* • grabbing, excavation by grab, grab excavation
Greiferberuhigungswinde *f* • tagline winch
Greiferbohrung *f* • grab drilling
Greiferbohrverfahren *n* • grab drilling method
Greigit *m*, Melnikovit *m* • melnikovite, greigite [*A dark mineral with spinel-like structure. Fe_3S_4*]
Greisen *m*, feldspatloser Granit *m* • greisen [*A pneumatolytically altered granitic rock composed largely of quartz, mica and topaz. The mica is usually muscovite or lepidolite. Tourmaline, fluorite, rutile, cassiterite, and wolframite are common accessory minerals*]
Greisenalter *n* [*Geomorphologie*] • old-age
Greisenvererzung, Vergreisenung *f* [*Eine bei Zinnsteinvorkommen und anderen pneumatolytischen Erzen auftretende Zersetzung von Granit, die durch Topasbildung auf Kosten von Feldspäten, Lithiumglimmerbildung und andere Durchsetzungserscheinungen des Gesteins mit leichflüchtigen Bestandteilen gekennzeichnet ist*] • greisening
Greensche Verzerrungstensor *m* • Green's strain tensor
Grenzabfluss *m* [*Fluss; Strom*] • limit(ing) discharge
Grenzalbedo *f* • limit(ing) value albedo
Grenzaufnahme *f*, Grenz(ver)messung *f* • boundary survey
grenzbauwürdiges Erz *n*, bedingt (ab)bauwürdiges Erz • marginal ore
Grenzbedingung *f* • limit condition
Grenzbedingung *f* **nach Coulomb** • Coulomb failure criterion
Grenzbereich *m* **Hydrosphäre - Litosphäre - Atmosphäre** • triple interface
Grenzbohrloch *n* ➜ Schutzbohrung
Grenzdruck [*des Bodens*] *m* • limit pressure [*of soil*]
Grenzdruck *m* **nach Ménard** • Ménard limit pressure
Grenzdurchmesser *m*, kritischer Durchmesser [*DIN 20163. Detonationskennwert*] • critical diameter
Grenze *f*, Grenzlinie *f* • boundary (line) [*The line of delimitation or demarcation between administrative units or between geographical regions of various types, whether physical or human*]
Grenzerddruck *m* • limit earth pressure
Grenzfall *m* • borderline-case, limit(ing) case, limit situation
grenzflächenaktive Substanz *f* • surfactant, surface active agent
Grenz(flächen)quelle *f*, Scheidequelle • depression spring [*A spring in which water flows to the surface from permeable material because the land surface extends down or below the groundwater table*]
Grenzflächenwelle *f* • boundary wave [*A seismic wave propagated along a free surface or an interface between layers*]
Grenzfundament *n* [*Ein für ein Gebäude unmittelbar an der Grundstücksgrenze zu fertigendes Fundament*] • borderline foundation
Grenzgefälle *n* • limit slope [*channel*]
Grenzgehalt *m* ➜ untere (Ab)Bauwürdigkeitsgrenze
Grenzgehalttheorie *f* ➜ (geologische) Schwellengehalttheorie
Grenzgeschwindigkeit *f*, kritische Geschwindigkeit • critical velocity [*That velocity of flow at which the flow changes from laminar to turbulent*]
Grenzgeschwindigkeit *f* **nach Belanger**, kritische Geschwindigkeit nach Belanger, Belanger-Grenzgeschwindigkeit, kritische Belanger-Geschwindigkeit • critical velocity of Belanger, Belanger's critical velocity [*Is that condition in open channels at which the velocity head equals one-half the mean depth*]
Grenzgeschwindigkeit *f* **nach Kennedy** ➜ kritische Kennedy-Geschwindigkeit
Grenzgeschwindigkeit *f* **nach Onwin** ➜ kritische Onwin-Geschwindigkeit
Grenzgeschwindigkeit *f* **nach Reynolds** ➜ kritische Reynolds-Geschwindigkeit
Grenzgipfelflur *f* • boundary peak-level
Grenzgleichgewicht *n* • limit(ing) equilibrium
Grenzgleichgewichts-Stabilitätsanalyse *f* • limit equilibrium stability analysis
Grenzgröße *f* [*Bewertung von Erzlagerstätten*] • break-even value

Grenzgutanteil ***m*** [*Ein Faktor zur Beurteilung eines Zyklondurchmessers*] • near-gravity percentage

Grenzhorizont ***m*,** Schwarztorf-Weißtorf Grenze *f* • boundary horizon, contact between black and white peat

Grenzkarst ***m*,** Tiefkarst • deep karst

Grenzkomgröße ***f*** • cutoff (grain) size

Grenzland ***n*** • border, frontier, boundary region [*The zone lying along the boundary of a country or territory*]

Grenzlinie ***f*,** Grenze *f* • boundary (line) [*The line of delimitation or demarcation between administrative units or between geographical regions of various types, whether physical or human*]

G

Grenzlinie ***f*** • failure line

Grenzmonument ***n*** • boundary monument [*A monument placed on or near a boundary (line) for the purpose of preserving and identifying its location on the ground*]

Grenzschicht ***f*** [*Bei Strömungen längs einer Wand der Bereich zwischen der Wand und der "Außenströmung", in dem die Reibungskräfte von gleicher Größenordnung wie die Trägheitskräfte sind. Diese Aufteilung benutzt die Grenzschichttheorie, nach der die Außenströmung als reibungsfrei (Potentialströmung) behandelt wird, die Grenzschicht als reibungsbehaftet, aber mit der Vereinfachung, dass die Geschwindigkeitsgradienten in Längsrichtung gegenüber den Quergradienten in der Strömung vernachlässigt werden. Das hat zur Folge, dass der Druckgradient quer zur Strömung vernachlässigt werden kann, also der Grenzschicht der Druck der Außenströmung aufgeprägt wird*] • boundary layer

Grenzschicht ***f*,** einschichtige dichte Packung *f* [*Fracbehandlung. Im Riss einstellbare Durchlässigkeitskapazität*] • monolayer

Grenzschicht ***f*,** undurchlässige Schicht, (Ab)Dicht(ungs)schicht, (Ab) Dicht(ungs)lage *f* • (water)tight stratum, waterproof stratum, confining stratum, confining layer, impermeable stratum, impermeable layer, impervious stratum, impervious layer [*An impervious stratum directly above or below one bearing water. If it is below an aquifer it is called "Sohlschicht" in German*]

Grenzschicht ***f*** **Boden-Schnee** • boundary between the ground and the snow

Grenzschichtdicke ***f*** [*Ausdehnung der Grenzschicht senkrecht zur Wand. Zeichen: d. Einheit: m*] • boundary layer thickness

Grenzschleppspannung ***f*,** kritische Schleppspannung [*Schleppspannung bei welcher der Schiebetransport gerade noch nicht beginnt*] • critical (bed) shear(ing) stress

Grenzsee ***m*** • boundary lake [*A lake situated on or crossed by a political boundary (line), as between two states or nations*]

Grenzsetzung ***f*** [*Pfahlgründung*] • limit settlement [*pile foundation*]

Grenzsonde ***f*** ➋ Schutzbohrung

Grenzspannungsfeld ***n*** • limit stress field

Grenzspannungskreis ***m*** • circle of stress limit

Grenzspannungszustand ***m*** • limit stress state

Grenzstein ***m*** • beacon, monument, boundary stone [*A stone set by a surveyor to mark a corner or line of a site boundary, etc.*]

Grenzstein ***m*,** Markstein • landmark

Grenzströmung ***f*** • boundary current [*A deep ocean current, especially along the western part of the oceans, characterized by sudden changes in temperature and salinity*]

Grenztiefe ***f*,** kritische Tiefe [*Wassertiefe, bei der für die vorgegebene Energiehöhe der maximale Abfluss auftritt, oder bei der ein vorgegebener Abfluss mit minimaler Energiehöhe erfolgt*] • critical depth

Grenz(ver)messung ***f*,** Grenzaufnahme *f* • boundary survey

Grenzvorgabe ***f*** • limit(ing) burden distance [*See note under "burden distance"*]

Grenzvorräte ***f*,** bedingte Vorräte, bedingt (ab) bauwürdige Vorräte • marginal (mineral) resources

Grenzwert ***m*** • limit value

Grenzwert der Scherfestigkeit ***m*** • ultimate shear resistance

Grenzwertgeber ***m*** • limit transducer

Grenzwinkel ***m*** (⚒) • angle of draw [*In coal mine subsidence, this angle bisects the angle between the vertical and the angle of repose of the material*]

Grenzzustand ***m*** **größter (Ab)Scher(ungs)festigkeit** • maximum state, peak state

Grenzzustand ***m*** [*eines Bauwerks*] • limit state, ultimate limit state, state of impending collapse]

Grenzzustand der Gebrauchstauglichkeit ***m*** • serviceability limit state, SLS

Grenzzustand der Tragfähigkeit ***m*,** Tragsicherheit *f* • ultimate limit state of bearing capacity, ULS (in terms of bearing capacity)

Grenzzustands-Analyse ***f*** • limit analysis, limit state analysis, finite analysis

Grenzzustandsbemessung ***f*** • ultimate limit state design

Gries ***m*,** Grus *m* • grit

Grießkohle ***f*** ➋ Perlkohle

Griespfeiler ***m*** • (sluice) gate pillar, vertical (sluice) gate pillar, vertical(ly) lifting (sluice) gate pillar; penstock pillar (Brit.)

Griffelschiefer ***m*** • cross-grain(ed) slate, pencil slate

Griffelschieferung ***f*,** Stengelschieferung • linear schistosity

Griffelung ***f*,** Stengelbruch *m* • pencil cleavage

Gripperplatte ***f*** [*einer Gripper-TBM*] • gripper plate

Gripper-Tunnelbohrmaschine ***f*,** Gripper TBM • gripper tunnel boring machine, gripper TBM

Griquait ***m*,** eruptive Eklogitfazies *f* • griquaite, garnet pyroxenite [*A coarse-grained garnet and clinopyroxene rock that may or may not contain olivine or phlogopite. It occurs as nodular xenoliths in kimberlite pipes and dikes. Named by Beck in 1907 for Griqualand, South West Africa. Not recommended usage*]

Grit ***m*** ➋ grobkörniger Sand

grob, rösch [*In der Erzaufbereitung, verhältnismäßig grob gepocht. Gegensatz: zäh*] • coarse, large-grained, coarse-grained

grob einstellen [*Objekt im Fernrohr*] • to point roughly

Grobbasalt ***m*,** körniger Basalt, Dolerit *m* • dolerite, coarse basalt

Grob(beton)zuschlag(stoff) ***m*** • coarse (concrete) aggregate

Grobboden ***m*** ➋ Bodenskelett

Grobdetritusgyttja ***f*** • coarse detritus gyttja

Grobdiamantstaub ***m*,** Diamantgrobstaub • coarse diamond dust

Gröbe ***f*,** Grobkörnigkeit *f* • coarseness (of grains)

grobe Bettablagerung ***f*,** grobes Bettsediment *n* • channel-lag (deposit) [*Relatively coarse materials that have been sorted out and left as a residue accumulation in the normal processes of stream or river*]

grobe Ermittlung ***f*,** überschlägige Ermittlung • rough estimate

grobe Schieferung ***f*,** Schieferungsklüftung • coarse cleavage

grobe See ***f*** ➋ Waffel

Grob(ein)planieren ***n*,** Grob(ein)ebnen • rough grading

Grobeisenstein ***m*** • coarse iron-stone

grober Fehler ***m*** • gross error

grober Sand ***m*** ➋ grobkörniger Sand

Grob(erd)planum, Roh(erd)planum *n*; Roh(erd)planie *f*, Grob(erd)planie [*Schweiz*] • raw (sub)grade, raw base grade (US); raw formation (Brit.)

Groberz ***n*** • coarse ore

grobes Bettsediment ***n*,** grobe Bettablagerung *f* • channel-lag (deposit) [*Relatively coarse materials that have been sorted out and left as a residue accumulation in the normal processes of stream or river*]

grobes Erz ***n*,** geringhaltiges Erz, Pocherz, Armerz, niedrigprozentiges Erz, unartiges Erz, armes Erz, ungereinigtes Erz, gemagertes Erz, schlechtes Erz, mageres Erz, minderwertiges Erz, wertloses Erz, Gangstück *n*, Pochgänge *f*, Scheidegänge [*Ein so geringhaltiges Erz, dass es zu Mehl oder Schlamm gepocht und durch Verwaschen auf Herden gereinigt werden muss*] • poor ore, low-grade ore, lean ore, dradge, raff(ain-ore), inferior ore

Grobflockengraphit ***m*** • coarse flake graphite

Grobgeschiebe ***n*** • coarse bed load, coarse bottom load, coarse traction load

Grobgold ***n*** • heavy gold, coarse gold particles, large gold particles

Grobkalkstein ***m*** • coarse shelly limestone

Grobkies ***m*** [*Korndurchmesser: 20,0 - 60,0 mm*], Schotter *m*, grobkörniger Kies *m*, grober Kies *m* • coarse gravel, coarse-grained gravel

Grobkiespfahl ***m*** [*Entwässerung*] • coarse gravel column

Grobkiesschüttung ***f*** • coarse gravel fill(ing)

grob(körnig) • coarse(ly granular), coarse(-)grained

grob(körnig) • sterny [*Scottish term. Rough, coarse-grained or crystalline, for example, sterny limestone*]

grobkörnige Zuschlagstoffe • coarse aggregate

grob(körniger) Boden ***m*,** Grobkornboden • coarse (-grain(ed)) soil [*Soil in which the larger grain sizes, such as sand and grit, predominate*]

grob(körniger) Kies ***m*** ➋ Grobkies

grob(körniger) Sand ***m*** [*Korndurchmesser: 0,6 - 2,0 mm*]; Grobsand *m*, Grit *m* • coarse(-)grain(ed)) sand, torpedo sand

grob(körniger) Sandstein ***m*** [*besonders im Steinkohlengebirge*] • grit, rock-bind, gritstone, grit sandstone

grob(körniger) Sturzversatz ***m*** (⚒) • cemented hydraulic backfill

Grobkorn ***n*** • coarse grain

Grobkörnigkeit ***f*,** Gröbe *f* • coarseness (of grains)

Grobkornboden ***m*,** grob(körnig)er Boden, nichtbindiger Boden • coarse(-grain(ed)) soil [*Soil in which the larger grain sizes, such as sand and gravel, predominate*]

grobkristalliner Kalkstein ***m*;** grobkristalliner Marmor *m* [*Fehlbenennung*] • sparry limestone, coarsely crystalline marble

groblagiger Boden ***m*,** grobschichtiger Boden • coarse-layer(ed) soil

Grobmahlgestein ***n*** ➋ Ultramylonit

grobmaschig, weitmaschig • coarse-meshed

Grobmikrinit ***m*** • coarse micrinite

Grobmylonit ***m*,** Ultramylonit, Grobmahlgestein *n*, Ultramahlgestein • ultramylonite, flinty crush rock [*An ultracrushed variety of mylonite, in which primary structures and porphyroclasts have been obliterated so that the rock becomes homogeneous and dense with little if any parallel structure*]

Grobnassbaggergut ***n*** • coarse(-)grain(ed)) dredged material

Grobplanieren ***n*,** Grobeinplanieren, Grob(ein)ebnen • rough grading

Grobpore ***f*** • coarse pore

grobporphyrisch • magnophyric [*An obsolete term for the texture of a porphyritic igneous rock in which the greatest dimension of the phenocrysts is more than 5 mm; also, said of a rock having such texture*]

Grobsand ***m*,** [*Korndurchmesser: 0,6 - 2,0 mm*] grob(körnig)er Sand, Grit *m* • coarse(-)grain(ed)) sand, torpedo sand

Grobsandfläche ***f*** [*An sie sind Rippelmarken gebunden*] • sand ribbon

grobschichtiger Boden ***m*,** groblagiger Boden • coarse-layer(ed) soil

Grobschlämme ***f*** • coarse (aggregate) slurry

Grobschlämmeabsiegelung ***f*,** Grobschlämmeversiegelung • coarse (aggregate) slurry seal(ing)

Grobschluff ***m*** • coarse silt [*Diameter in the range of 0.02 to 0.06 mm). In Great Britain, the range 1/20 to 1/10 mm is used*]

Grobschluff ***m*** [*Nach Niggli (Jahr 1938) 0,02 -0,002 mm, dieselbe Korngröße heißt nach Atterberg, Terzaghi, DIN 4022, Fischer und Udluft, Gallwitz und Grengg "Schluff", bei Dücker (Jahr 1948) umfasst sie "grobes Schlämmkorn Vb" 0,02 - 0,006 mm und "mittleres Schlämmkorn VI a"0,006 bis 0,002 mm*] • medium silt and fine silt [*British Standard "medium silt"0.02 to 0.006 mm and "fine silt" 0.006 to 0.002 mm, "fine silt" A.S.E.E. fraction 0.02 mm to no size limit*]

Grobschluffboden ***m*** • coarse silt soil

Grobschutt ***m*** • coarse debris, coarse rock waste

Grobschutthalde ***f*** [*an einem Hang*] • coarse talus

Grobstruktur ***f*** • coarse texture

Groden ***m*** ➋ Polder

Grorudit ***m*** • grorudite [*A hypabyssal rock composed of phenocrysts of microcline or microcline perthite, acmite and less kataphorite in a tinguaitic groundmass of microcline or microperthite, acmite and abundant quartz; an acmite-rich sodic granite. Named by Brögger in 1894 for Grorund, Oslo district, Norway*]

groß • strong, large, important [*vein; dike; etc.*]

Großabschlag ***m*,** Großsprengabschnitt *m*, Großsprengstrecke *f* • heavy round, heavy blasting round, heavy drilling and blasting round

Großaushub ***m*,** Massenaushub • large-scale excavation, large-scale digging, bulk excavation, bulk digging, mass excavation, mass digging, volume excavation, volume digging

Großbau ***m*,** Hochhausbau *m*, Hochhaus *n* • high-rise building, multi-storey (US: story) building

Groß-Betonbohrpfahl ***m*** ➋ Groß-Ortbetonbohrpfahl

Großbetrieb ***m*** • large-scale operation(s)

Großbewässerungsprojekt ***n*** • large-scale irrigation development

Großbleiblockversuch ***m*,** Großbleiblockprüfung *f*, Großbleiblockprobe *f* [*Sprengstoff*] • large lead block test

Großblock ***m*** • large block

Großbohrgerät ***n*** • large drilling equipment

Großbohrkern ***m*** • large drill core

Großbohrloch-Sprengmethode ***f*,** Großbohrloch-Sprengverfahren *n* • large (bore)hole blasting method, large drill hole basting method

Großbohrlochsprengung ***f*** • large (bore)hole blasting, large diameter hole blasting

Großbohrpfahl ***m*** [*Großbohrpfähle werden als Gründungselement zum Abtragen von konzentrierten Bauwerkslasten in tiefere, tragfähige Bodenschichten eingesetzt (Quelle: Bilfinger Berger Spezialtiefbau GmbH)*] • large(-diameter) bored pile, large(-diameter) drilled pile

Großbrand ***m*,** Großfeuer *n* • mass fire

Großbrunnen ***m*** ➋ Hochleistungsbrunnen

Groß-Durchgangs-Tal ***n*,** Durchgangs-Großtal • corridor valley

Größe ***f*** • quantity, magnitude [*That property of anything which can be determined by measurement*]

große Bruchsteinschüttung ***f*** • large rubble fill(ing) (Brit.); derrick stones fill(ing) (US)

große (Erd)Halbachse ***f*** • semimajor axis

große Gletschermühle ***f*,** Riesenkessel

große regionale Verbreitung ***f*** [*z. B. bei einer Regionalmetamorphose*] • widespread area

Große Tal ***n*** **der Appalachen** • Valley and Ridge Province

große Überschwemmung ***f*** • historical flood

Große Zwischeneiszeit ***f*,** Mittel-Diluvium *n* • Middle Diluvium

großer elliptischer Algenstromatolith *m* [*Bermudainseln*] • dorne
großer Meteor *m* ➋ Feuerkugel
großer Spiegel *m*, Indexspiegel, Alhidadenspiegel [*Sextant*] • index mirror, index glass
großer unterirdischer Hohlraum *m*, Dauerhohlraum • permanent opening
(großes) Strukturmerkmal *n*, (großes) Aufbaumerkmal, (großes) Baumerkmal • structure, structural feature, megascopic feature, large-scale feature [*Petrology. A feature of a rock mass or rock unit, generally seen best in the outcrop rather than in hand specimen or thin section, such as columnar structure, blocky fracture, platy parting, or foliation*]
Größenabhängigkeit *f* • size dependency
Größenbemessung *f* • sizing
Größenhäufigkeit *f* • size frequency
Größenkartenzeichen *n*, Größensignatur *f* • proportional point symbol
Größenordnung *f* • order of magnitude, magnitude order
Größenordnung *f* der Reduktion [*Bohrloch- und Trägerbehandlung*] • damage ratio
Größensignatur *f*, Größenkartenzeichen *n* • proportional point symbol
Großerdbau *m*, Massenerdbau • bulk earthwork(s), volume earthwork(s)
Großerdbewegung *f*, Massenerdbewegung • production dirtmoving, bulk dirtmoving, volume dirtmoving (US); production earthmoving, bulk earthmoving, volume earthmoving
Großerddruckprüfung *f*, Großerddruckversuch *m*, Großerddruckprobe *f* • large-scale earth pressure test
Großerzkörper *m*, Erzgroßkörper • ore mass [*A large orebody of irregular shape standing at any angles*]
Großfalte *f* • broad fold, large fold
Großfaltensystem *n* • system of large folds, system of broad faults
Großfaltung *f*, Undation *f*, Wellung • undation
Großfaltungstheorie *f*, Undationstheorie, Wellungstheorie [*Sie stammt von R.W. van Bemellen. Er erweiterte die Oszillationstheorie, indem die sich in der Orogenwurzel abspielenden magmatischen Prozesse einbezogen werden, nämlich das Aufsteigen von granitischem Magma*] • undation theory
Großfeldokular *n* • wide-angle eyepiece
Großfeuer *n*, Großbrand *m* • mass fire
Großflächenkarte *f* • large-area map
großflächige Metamorphose *f* • large-scale metamorphism
großformatige Matte *f* • large-scale mat
Großgefüge *n* ➋ Megagefüge
Großgraben *m* ➋ interkontinentaler Gürtel
Großgruppierung *f* • large-scale array
Großkluft *f* • large joint, large fracture
großklüftig • large-jointed
Großkraftwerk *n* • large (*or:* major) power station
Großloch *n* • big hole, large hole
Großlochbohrmethode *f* • large diameter drilling (method)
Großlochdrehbohren *n* (⚒) • sinking large diameter mine shafts by rotary drilling
Großmaßstab(s)karte *f* • large-scale map
großmaßstäblich • large-scale
großmaßstäbliche Topografie *f* • large-scale topography
großmaßstäblicher Belastungsversuch *m* • large-scale load test
Großmulde *f* ➋ Fächermulde
Groß-(Ort)Betonbohrpfahl *m*, Groß-(Ort) Bohrbetonpfahl • large(-diameter) (cast(-))in(-)place bored (concrete) pile [*Shaft diameter > 610 mm. "Non-displacement" may be used synonymously for "bored"*]
Großpore *f* • macropore, megapore [*A pore too large to hold water by capillarity*]
großporiger Boden *m* • large-pore soil
Großprojekt *n* • large-scale project
Großraumbüro *n* • open-plan office
großräumige rhegmatische Klüftung *f* • regional rhegmatic jointing
Großregner *m*, Groß(feld)beregner, Großflächen(be)-regner, Großfeldregner • rainer, rain gun, long throw sprinkler, large area sprinkler
Groß(sedimentations)zyklus *m*, Mega(sedimentations)zyklus • large cycle of cyclothem, large cyclothem cycle, large sedimentary cycle
Großspalt(e) *m*, (*f*), Schrund *m* • cleft; clift [*obsolete*] [*Geomorphology. An abrupt chasm, breach, cut, or other sharp opening, such as a craggy fissure in a rock, a wave-cut gully in a cliff, a trench on the ocean bottom, a notch in the rim of a volcanic crater, or a narrow recess in a cave floor*]
Großspaltenfüllung *f*, Schrundfüllung
Großspeicher *m* [*Wasserkraftanlage*] • large reservoir
Großsprengabschnitt *m*, Großabschlag *m*, Großsprengstrecke *f* • heavy round, heavy blasting round, heavy drilling and blasting round
Großsprengen *n*, Großsprengung *f* • big blasting, large blasting
Großsteinbruch *m* • large-scale quarry

G

Großstruktur ***f*** • large-scale structure
großstückig, blockig • blocky
großstückige Kohle ***f*,** Stückkohle, Würfelkohle, kubische Kohle • lump(y) coal, best coal, large coal, lumps, cobbles, cubic(al) coal, cube(-shaped) coal
Größtdurchfluss ***m*** ➲ größter Durchfluss
Größtdurchflusslinie ***f*,** Maximaldurchflusslinie, Höchstdurchflusslinie • maximum flow line, peak flow line, full supply line, maximum supply line
größte Abweichung ***f*** ➲ höchste Abweichung
größte Annäherung ***f*** • closed approach
größte Brunnenergiebigkeit ***f*** ➲ Brunnenhöchstergiebigkeit

G

größte Grundwasserdauerergiebigkeit ***f*,** höchste Grundwasserdauerergiebigkeit, maximale Grundwasserdauerergiebigkeit • maximum sustained yield, sustained maximum yield, peak sustained yield, sustained peak yield [*The maximum rate at which groundwater can be withdrawn perennially from a particular source*]
größte Leistung ***f*,** Höchstleistung, Spitzenleistung, höchste Leistung, maximale Leistung • maximum performance, peak performance
größte Scherfestigkeit ***f*** • peak shear strength
größte Spannung ***f*** • maximum stress
größter Durchfluss ***m*,** Durchflussmaximum *n*, Größtdurchfluss, Höchstdurchfluss, maximaler Durchfluss, Maximaldurchfluss, höchster Durchfluss • maximum flow, maximum discharge, peak flow, peak discharge
größter Erddruckkeil ***m*,** maximaler Erddruckkeil • maximum pressure wedge, peak pressure wedge, wedge of maximum pressure, wedge of peak pressure [*Coulomb's theory*]
größter Hochwasserdurchfluss ***m*,** höchster Hochwasserdurchfluss, maximaler Hochwasserdurchfluss, Hochwasserdurchflussmaximum *n* • maximum flood flow, peak flood flow, maximum flood discharge, peak flood discharge
größter Mehrausbruch ***m*,** höchster Mehrausbruch, maximaler Mehrausbruch • maximum overbreak
größter Normaldurchfluss ***m*,** normaler Maximaldurchfluss, maximaler Normaldurchfluss, höchster Normaldurchfluss, Entwurfswasserdurchfluss [*Für Entwurfszwecke als normal angenommene maximale Durchfluss*] • maximum normal flow, normal maximum flow, maximum normal discharge, normal maximum discharge, peak normal flow, normal peak flow
größter wirksamer Regen ***m*,** höchster wirksamer Regen, wirksamer höchster Regen, wirksamer größter Regen [*Er erzeugt den Größtabfluss (entsprechend einer hydrografischen Darstellung)*] • maximum effective rainfall, effective maximum rainfall, peak effective rainfall
größtes beobachtetes Hochwasser ***n*,** höchstes beobachtetes Hochwasser, beobachtetes höchstes Hochwasser, beobachtetes größtes Hochwasser, beobachtetes Hochwassermaximum *n* • maximum of experience flood, peak of experience flood
größtes (Ein)Fallen ***n*,** stärkstes (Ein)Fallen • full dip [*The maximum angle which an inclined bed makes with the horizontal plane*]
größtes errechnetes Hochwasser ***n*,** höchstes errechnetes Hochwasser, errechnetes größtes Hochwasser, maximales errechnetes Hochwasser, errechnetes höchstes Hochwasser, errechnetes maximales Hochwasser • maximum computed flood, peak computed flood, computed maximum flood
größtes Trockenraumgewicht ***n*** ➲ Proctordichte
größtes wahrscheinliches (Erd)Beben ***n*,** höchstes wahrscheinliches (Erd)Beben, maximales wahrscheinliches (Erb)Beben • maximum credible (earth)quake, MCE, peak credible (earth)quake
Größtkorn ***n*** • maximum grain size
größtmögliche Grundwasserentnahme ***f*** • potential (groundwater) yield [*The maximum rate at which groundwater may be extracted from an aquifer throughout the foreseeable future and ignoring the cost of recovery*]
Größtsetzung ***f*,** Höchstsetzung, Maximalsetzung • maximum settlement
Größtstauspiegel ***m*** ➲ Stauzielfläche
Größt-Trockendichte ***f*,** Höchst-Trockendichte, maximale Trockendichte • maximum dry density, dry maximum density [*The dry density obtained by a stated amount of compaction of a soil at the optimum moisture content*]
Großtunnel ***m*,** Riesentunnel • megatunnel, giant tunnel, major tunnel
Großversuch ***m*** • large-scale test
Großzyklothem ***n*,** Megazyklothem • megaunit; megacyclothem [*Term used by American writers*] [*A rhythm of larger order than a cyclothem, which includes distinct cycles of cyclothems*]
Grossular ***m*** • grossular(ite), grossularia, gooseberry stone; calcium-aluminum garnet (US); calcium-aluminium garnet (Brit.)

Grotte *f* • grotto

Grube *f* • pit [*A large hole from which some mineral deposit is dug or quarried, or the mine itself, as a gravel pit, or stone pit*]

Grube *f*, Bergwerk *n* • delf [*England*]; gro(o)ve [*Derbyshire*]; huel [*Cornwall*]

Grube *f*, Kuhle *f* • pit [*A cavity or hole in the ground, natural or artificial; deep with respect to area*]

Grube *f* [*Ostdeutschland*] ➋ Unterschneidungshang

Grube *f*, Mine *f*, Bergwerk [*Ende der 15. Jahrhunderts wurden Bergwerke in "Minen" und "Gruben" unterschieden. Möglicherweise wurden dabei unter "Minen" die Metallbergwerke verstanden, unter "Gruben" die Bergwerke auf Salz und auf im engeren Sinne nicht metallische Mineralien. Heute werden beide Benennungen synonym verwandt*] • mine, pit [*In its widest sense the term "mine" is also used for quarry, and has been sometimes so construed by the courts; but when the distinction is drawn, "mine" denotes a system of underground exploitation and quarry denotes a system of superficial exploitation*]

Grube *f* in Fristen legen, Mine *f* in Fristen legen • to stop a mine, to stop a pit

Grube *f* mit geneigtem Streckenzugang, Bergwerk *n* mit geneigtem Streckenzugang • slope mine [*It is opened by a slope or an incline*]

Grube *f* mit starkem Wasserzufluss (⚒) • wet mine, wet pit

Grubenabbau *m*, Tiefabbau, unterirdischer Abbau, Tief(berg)bau • underground extraction, underground mineral working, underground getting, underground working, underground production, underground recovery, underground cutting (out), underground bringing down, underground breakage, underground exploitation, underground excavation in mining, underground mining (excavation) [*See note under "extraction"*]

Grubenabgabe *f*, Bergwerkabgabe • acreage rent [*In mining, royalty or rent paid by the lessee for working and disposing of minerals at the rate of so much per acre*]

Grubenanlage *f* ➋ Bergwerk(anlage)

Grubenarbeit(en) *f* • inside work, mine work

Grubenatmosphäre *f*, Bergwerkatmosphäre • mine atmosphere

Grubenaufnahme *f* ➋ Markscheiden

Grubenaufsichtsbeamter *m* (⚒) • toller

Grubenausbau *m* • pit (support(ing)) system, mine (support(ing)) system

Gruben(ausbau)anker *m* • mine bolt, pit bolt

Gruben(ausbau)profil *n*, Bergbau(ausbau)profil, Bergwerk(ausbau)profil • mine support(ing) section, mining support(ing) section

Gruben(ausbau)stahl *m*, Bergbau(ausbau)stahl, Bergwerk(ausbau)stahl • mine support(ing) steel, mining support(ing) steel, pit support(ing) steel

Gruben(ausbau)stahlprofil *n* • mine (support(ing)) system steel section, pit (support(ing) system steel section

Grubenaushub *m* • pit excavation, pit digging

Grubenbahn *f*, Bergwerkbahn, Bergbaubahn • mine line, trackway

Grubenbau *m* [*Stollen, Schacht, Pfeiler usw.*] • mine structure, underground work

Grubenbeil *n*; Kaukamm *m* [*sächsisch*] [*frühere Benennung*] [*Eine leichte Axt, das Hauptgezähe zur Ausführung der Zimmerungsarbeiten in der Grube*] (⚒) • hatchet

Grubenbelegschaft *f*, Bergwerkbelegschaft • mine work force

Grubenbeleuchtung *f*, Bergwerkbeleuchtung, Bergbaubeleuchtung • mine illumination

Grubenbernstein *m* • pit amber, mine(d) amber [*In contrast to sea amber*]

Grubenbetreiber *m*, Bergwerkbetreiber, Bergbaubetreiber • mine operator

Grubenbewetterung *f*
➋ Bewetterung (der Grubenbaue)

Grubenbild *n* ➋ Gruben(gebäude)aufriss

Grubenbogen *m*, Bergwerkbogen, Bergbaubogen • mine arch

Grubenbrand *m*, Bergwerkbrand • mine fire

Grubendamm *m*, Bergwerkdamm • mine dam, underground dam, frame dam

Grubendiebstahl *m* (⚒) • high-grading [*Larceny of valuable ore or mineral specimens by mine staff*]

Grubendirektor *m* • deputy, mine boss

Grubeneingang *m*, Bergwerkeingang • mine head, mine brow, pit head, pit brow [*The top of a shaft and all the plant and machines around it*]

Grubeneinsturz *m* ➋ Einbruch

Grubenelektriker *m*, Bergwerkelektriker, Bergbauelektriker • mine electrician

Grubenentwässerung *f* ➋ Grubenwasserhaltung

Grubenentwässerungspumpe *f*, Bergwerkentwässerungspumpe, Bergbauentwässerungspumpe • mine dewatering pump, mine drainage pump, mine unwatering pump

Grubenertrag *m* ➋ Bergsegen

Grubenerweiterung ***f*,** Bergwerkerweiterung • mine expansion

Grubenexplosion ***f*,** Bergwerkexplosion • mine explosion

Grubenfeld ***n*,** Feld, Mutungsfeld, Abbaufeld, Grundlehen *n* (⚒) • claim, mining claim, set; gale [*Forest of Dean*] [*In mining law, a portion of public land on which an individual may have mining rights. Size and other legal restrictions vary from country to country*]

Grubenfeld ***n*** **mit wenig Erz,** erzarmes Grubenfeld • tucker ground [*Australia*]; poor ore ground

G

(Gruben)Feldgrenze ***f*,** Markscheide *f*, Baugrenze, Abbaugrenze • boundary of a (mining) claim, (mining) claim boundary, boundary (line), limit(ing) line, property line, working field boundary

Grubenfeldkarte ***f*,** Feldkarte, Grubenfeldriss *m*, Feldriss • claim map, mining claim map

Grubenfels ***m*** ➲ Bergbaugestein

Grubenfelsmechanik ***f*** ➲ Grubengesteinsmechanik

Grubenfolgeinrichtungen ***f*** ➲ Bergwerkgrundausstattung

(Gruben)Förderstrecke ***f*** • tramroad, (mine) haul(age) road, (mine) haul(age) drift, (mine) haul(age) way, entry, gangway

Grubenförderung ***f*,** Bergwerkförderung • mine haul(age)

Grubengas ***n*,** Bergwerkgas • mine gas [*The term includes carbon dioxid(e), hydrogen sulfid(e), methane, carbon monoxid(e), sulfur dioxid(e) and black damp*]

Grubengas ***n*,** Methan *n*, Sumpfgas • methane, carburet(t)ed hydrogen, marsh gas, CH_4 [*It is formed by the decomposition of organic matter. The most common gas found in coal mines*]

Grubengasabsaugung ***f*,** Methanabsaugung, Sumpfgasabsaugung • methane drainage, carburet(t)ed hydrogen drainage, marsh gas drainage, mine gas drainage

Grubengasanzeiger ***m*,** Methananzeiger, Sumpfgasanzeiger • methane indicator, carburet(t)ed hydrogen indicator, marsh gas indicator

Grubengasentzündung ***f*** **durch Meißel** (⚒) • ignition by machine picks

Grubengasregistriergerät ***n*,** Methanregistriergerät, Sumpfgasregistriergerät • methane recorder, carburet(t)ed hydrogen recorder, marsh gas recorder

Grubengasstrom ***m*** (⚒) • drained firedamp (flow)

Grubengasüberwachungssystem ***n*,** Methanüberwachungssystem,Sumpfgasüberwachungssystem • methane monitoring system, marsh gas monitoring system, carburet(t)ed hydrogen monitoring system

Grubengebäude ***n*** ➲ Bergwerk(anlage)

Gruben(gebäude)aufriss ***m*,** Gruben(gebäude)-zuschnitt *m*, Abbauplan *m*, Markscheidebild *n*, Bergwerkkarte *f*, Grubenkarte, Grubenbild, Markscheideriss, Markscheidekarte, Grubenriss [*Bildliche, geodätische Darstellung der Grubenbaue*] • mine layout, mine plan, mine map, mine plot

Grubengebäudeeinsturz ***m*,** Grubengebäudezusammenbruch *m* (⚒) • general (mine) collapse, general pit collapse

Gruben(gebäude)zuschnitt ***m*,** Gruben(gebäude)-aufriss *m*, Abbauplan *m*, Markscheidebild *n*, Bergwerkkarte *f*, Grubenkarte, Grubenbild, Markscheideriss, Markscheidekarte, Grubenriss [*Bildliche, geodätische Darstellung der Grubenbaue*] • mine layout, mine plan, mine map, mine plot

Grubengegenschreiber ***m*** ➲ Bergwerkgegenschreiber

Grubengeologie ***f*** ➲ Ingenieurgeologie im Bergbau

Grubengesinde ***n*,** Bergwerkgesinde (⚒) • ordinary workmen [*They assist the miners*]

Grubengestaltung ***f*** ➲ Bergwerkgestaltung

Grubengestein ***n*** ➲ Bergbaugestein

Grubengesteinsmechanik ➲ Bergbaugesteinsmechanik

Grubengrundausstattung ***f*** ➲ Bergwerkgrundausstattung

Grubenhalde ***f*** ➲ Bergbauhalde

Grubenhaspel ***f*, *m*** ➲ (Schacht)Fördermaschine

Grubenholz ***n*,** Bergbauholz, Bergwerkholz • mine (grade) timber

(Gruben)Holzdamm ***m*** • wood(en) (mine) stopping, timber (mine) stopping

Gruben(holz)kohle ***f*** [*In Gruben verkohlte Holzkohle*] • pit (burnt) charcoal, pit burned charcoal

Grubenholzsäger ***m*** (⚒) • timber cutter, timber framer, prop cutter, prop framer, timber sawyer, prop sawyer, mine timber cutter, mine timber framer, mine timber sawyer [*In mining, one who operates a power saw to cut to designated and standard-length timbers and props*]

Grubenhydraulik ***f*,** Bergbauhydraulik, Bergwerkhydraulik • mine hydraulics, mining hydraulics

Grubeninfrastruktur ***f*** ➲ Bergwerkgrundausstattung

Grubeningenieur ***m*,** Bergwerkingenieur, Berg(bau)-ingenieur • mine engineer, mining engineer

Grubenkarte ***f*,** Bergbaukarte • mining map

Grubenkarte *f* ➲ Gruben(gebäude)aufriss
Grubenkies *m* [*Kies wie er in der Kiesgrube anfällt*] • bank-run gravel
Grubenkiessand *m* • gravel(ly) pit sand
Grubenkippe *f* ➲ Bergbauhalde
Grubenkohle *f*, Bergwerkohle, Zechenkohle • mine coal, pit coal [*Coal obtained by mining as distinguished from charcoal*]
Grubenlampe *f*, Bergwerklampe, Grubenlicht *n*, Bergwerklicht, Bergbaulampe, Bergbaulicht • mine(r's) light, pit lamp, pit light, mine(r's) lamp; bug torch (US)
Grubenleuchte *f*, Bergwerkleuchte • mining light fitting
Grubenlicht *n* ➲ Grubenlampe
Grubenlok(omotive) *f*, Bergwerklok(omotive), Bergbaulok(omotive) • mine engine, mine locomotive
Grubenlok(omotiv)führer *m* (⚒) • inside-haulage engineer [*One who operates a mine locomotive to haul trains of cars along underground haulageways*]
Grubenluft *f*, Sumpfluft (⚒) • bihydroguret of carbon
Grubenluft *f*, Wetter *f*, Bergwerkluft • mine air
Grubenluftstrom *m*, Wetterstrom • mine (air) current
Grubenmann *m* (⚒) • geordie
Grubenmauerung *f*, Bergwerkmauerung, Grubenmauerwerk *n*, Bergwerkmauerwerk • mine masonry (work), mine walling, pit masonry (work), pit walling
Grubenmechanik *f*, Bergbaumechanik • mining mechanics
Grubenmechaniker *m* ➲ Bergwerkmechaniker
(Gruben)Ort *n* mit Stoßstellung senkrecht zur Schlechtenrichtung (⚒) • face heading
Grubenpächter *m*, Hauptgedingenehmer, Generalgedingeträger (⚒) • butty(-collier), master collier [*Derbyshire; Staffordshire*]
Grubenpfeiler *m*, Bergwerkpfeiler • mine pillar
Grubenplaner *m*, Bergwerkplaner • mine planner
Grubenportal *n*, Bergwerkportal
Grubenprofil *n* ➲ Gruben(ausbau)profil
Grubenprofil *n*, Bergwerkprofil • mine profile
(Gruben)Rampe *f* • inside slope [*A slope on which coal or ore is raised from a lower to a higher level, but not to the surface*]
Grubenrettung *f*, Bergwerkrettung • mine rescue
Grubenrettungsstation *f*, Grubenrettungsstelle *f*, Bergwerkrettungsstation, Bergwerkrettungsstelle, Bergbaurettungsstation, Bergbaurettungsstelle • mine rescue station
Grubenrettungstechnik *f*, Bergwerkrettungstechnik, Bergbaurettungstechnik • mine rescue engineering
Grubenrettungstrupp *m*, Bergwerkrettungstrupp, Bergbaurettungstrupp • mine rescue team, mine rescue party, mine rescue crew, mine rescue gang
Grubenriss *m* ➲ Gruben(gebäude)aufriss
Gruben(roh)sand *m*, Rohgrubensand • run-of-bank sand, run-of-pit sand, bank run sand, pit run sand
(Gruben)Schacht *m*, Bergbauschacht • shaft, mine shaft, mining shaft
(Gruben)Schachthalle *f*, (Gruben)Schachthaus *n*, (Gruben)Schachtgebäude *n* • shaft building, mine shaft building, mining shaft building, shaft house, mine shaft house, mining shaft house
Grubenschichten *f*, Bergwerkschichten
Grubenschichtpaket *n*, Bergwerkschichten
Grubenschiene *f*, Bergwerkschiene, Bergbauschiene • mine rail
Grubenschmied *m*, Bergwerkschmied, Bergbauschmied • mine blacksmith
Grubenschreitausbau *m*, Schreit(gruben)ausbau *m*, schreitender (Gruben)Ausbau (⚒) • self-advancing supports, power-operated supports, walking props, walking pit (support(ing)) system [*An assembly of hydraulically operated steel supports, on a longwall face, which are moved forward as an integral unit by means of a hydraulic ram coupled to the heavy steel face conveyor*]
(Grubenschreit)Ausbaurücker *m*, Schreit(gruben)-ausbaurücker • walking pit (support(ing)) system worker
Grubensegen *m* ➲ Bergsegen
Grubensicherheit *f*, Bergbausicherheit, Bergwerksicherheit • safety-in-mines, safety-in-pits, mine safety, pit safety
Grubensicherung *f*, vorläufiger Grubenausbau *m*, provisorischer Grubenausbau, Grubenverbau • pit temporary support(ing) system, mine temporary support(ing) system
Grubenspreize *f*, Grubensteife *f* • pit bar [*One of the wooden props bracing the sides of a pit*]
Grubensprengen *n*, Bergwerksprengen, Bergbausprengen • mine blasting
Grubenstahl *m* ➲ Gruben(ausbau)stahl
Grubenstahlprofil *n* ➲ Gruben(ausbau)stahlprofil
Grubenstation *f* (⚒) • outstation [*The electronic equipment and housing of an underground or surface terminal of data transmission equipment*]
Grubenstaub *m*, Bergwerkstaub • mine dust
Grubensteife *f*, Grubenspreize • pit bar [*One of the wooden props bracing the sides of a pit*]

Grubensteiger ***m*****,** Steiger • head miner, master miner, supervisor

Gruben(stein)bruch ***m*** • quarry of the pit type, pit (type) quarry

Grubenstempel ***m*** ➲ Stempel

Grubenstollen ***m*****,** Bergbaustollen, Bergwerkstollen [*Er tritt mindestens an einem Ende ohne Schacht zu Tage. Nicht verwechseln mit "Strecke"*] • mining gallery, mine gallery; mining tunnel, mine tunnel (US)

(Gruben)Sumpf ***m*****,** (Gruben)Tiefste *n* • dibhole [*England*]; dump [*The lowest part of a mine, into which the water drains*]

G

Grubenteufe ***f*****,** Bergwerkteufe • mine depth

(Gruben)Tiefste ***n*****,** (Gruben)Sumpf *m* • dibhole [*England*]; dump [*The lowest part of a mine, into which the water drains*]

Grubenüberwachungssystem ***n*****,** Bergwerküberwachungssystem, Bergbauüberwachungssystem • mine monitoring system

Grubenunglück ***n*****,** Bergwerkunglück

Grubenverbau ***m*** ➲ Grubensicherung

Grubenverfüllung ***f*****,** Bergwerkverfüllung • mine infilling

Grubenverkohlung ***f*** [*Verkohlung in Mauerwerkgruben*] • pit-burning, pit-charring

Grubenvermessung ***f*** ➲ Markscheiden

Grubenverschalung ***f*** • pit boards, well curbing (US) [*Sheeting to keep earth out of a pit*]

(Gruben)Wagenkippe ***f*****,** Bergwagenkippe (⚒) • (mine) car dump, (mine) car tipple, pit car dump, pit car tipple

Grubenwagenzug ***m*** (⚒) • set, trip, train of mine cars, mine car train

Grubenwand(ung) ***f*** • pit wall, excavation face

Grubenwand(ungs)böschung ***f*** • pit wall slope

Grubenwasser ***n*****,** Bergwerkwasser • mine (drainage) water, pit water; aqua metallorum [*Latin*]

Grubenwasserhaltung ***f*****,** Wasserlösung, Grubenentwässerung, Bergwerkentwässerung, Bergwerkwasserhaltung • mine drainage, mine dewatering, mine unwatering, dewatering system, mine pumping

Grubenwasserhaltungsstrecke ***f*** ➲ Rösche

Grubenwasserhaltungsstollen ***m*** ➲ Rösche

Grubenwasserstrombild ***n*****,** Wasserstammbaum *m* (⚒) • water flow diagram

Grubenwasserteich ***m*** • settling pit; settling sump [*undesirable usage*]; dredge sump (US); dredger sump (Brit.) [*An excavation through which mine water is conducted in order to reduce its velocity, thus allowing sediment to settle and to be cleaned out from time to time*]

Grubenwehr ***f*****,** Bergwerkwehr, Bergbauwehr • mine rescue brigade

Grubenwesen ***n*****,** Bergbauwesen • mining practice

Grubenwetterführung ***f*** ➲ Bewetterung

Grubenwetternetz ***n*****,** Bergwetternetz, Wetternetz • mine air network

Grubenzeug ***n*** • pit clothing

Grubenziegeldamm ***m*****,** Ziegel(gruben)damm (⚒) • brick (mine) stopping

(Gruben)Zimmermann ***m*****,** Zimmerling, Zimmerarbeiter, Holzarbeiter, Zimmerhauer, Bergzimmermann, Zimmerhäuer [*Arbeiter für die Gruben(aus)zimmerung*] (⚒) • binder [*Cornwall*]; timberman, jerry man, deputy, shorer, timberer, wooder, repairer, carpenter, roofman, ring builder, underground carpenter, builder-up

Grubenzimmerung ***f*****,** Bergwerkzimmerung, Berggehölz *n*, Berggezimmer *n* • mine timbering, mine timberwork

Grünbleierz ***n*****,** grüner Pyromorphit *m* • green lead ore, green pyromorphite

Grund ***m*** ➲ Blindholz

Grundabgabe ***f*** ➲ Abgabe

Grundablass-Regulierpfeiler ***m*****,** Grundauslass-Regulierpfeiler • bottom outlet regulating pier

Grundablassrohr ***n*****,** Grundauslassrohr • bottom outlet pipe, lower outlet pipe

Grundablassverschluss ***m*** ➲ Abschlussschütz(e)

Gründach ***n*** ➲ begrüntes Dach

Grundanfeuchtung ***f*** ➲ unterirdische Bewässerung

Grundauslass-Regulierpfeiler ***m*****,** Grundablass-Regulierpfeiler *m* • bottom outlet regulating pier

Grundauslassrohr ***n*****,** Grundablassrohr • bottom outlet pipe, lower outlet pipe

Grundausleger ***m*** [*Autokran*] • main jib

Grundausstattung ***f*** **mit Kabeln,** Kabelgrundausstattung • cable infrastructure

Grundausstattung ***f*** **mit Rohren,** Rohrgrundausstattung • pipe infrastructure

Grundbalken ***m*** • ground beam [*A beam in a substructure transmitting a load to a pile, pad or other foundation*]

Grundbalken ***m*** [*Wasserbau*] ➲ Grundschwelle

Grundbau ***m*** ➲ Grundbautechnik

Grundbaudynamik ***f*** • (foundation) ground dynamics, natural foundation dynamics

Grundbauer ***m*,** Grundbauingenieur • foundation engineer
Grundbaufirma ***f*** • foundation company, foundation firm
Grundbaugeologe ***m*,** Gründungsgeologe • foundation geologist
Grundbaugeologie ***f*,** Gründungsgeologie • foundation geology
Grundbautechnik ***f*** [*als Anwendung, nicht als Lehre*] • foundation technique
Grundbau(technik) ***m*, *(f)*,** Gründungstechnik, Baugrundtechnik, Untergrundtechnik; Fundierungstechnik [*Schweiz*] • foundation (ground) engineering, natural foundation engineering [*It is concerned with the twin problems of evaluating the ability of the ground (soil or rock) to support the loads and designing the proper transition member, called "footing", to transmit the superstructure load into the ground*]
Grundbauunternehmer ***m*** • excavation and foundation contractor
Grundbauwerk ***n*,** Gründungskörper *m*, Fundamentkörper • foundation structure, foundation body, base structure
Grundbauwerk ***n*** **mit geschlossenem Querschnitt** ➋ Gründungskörper mit geschlossenem Querschnitt
Grundbedingung ***f*** • ultimate basis
Grundbesitzer(in) ***m (f)*** • property owner
Grundbestandteil, Gefugebestandteil *m*, Gemengeteil *m, n*, Mazeral *m* [*Kohle*] • maceral, micropetrological unit
Grundbett(ung) ***n*, *(f)*,** Buschdeich
Grundbogen ***m*** • ground arch [*The ground located immediately above a tunnel which transfers the overburden load onto ground located on both sides of the tunnel*]
Grund-Bohrlochanalyse ***f*** • basic (well) log analysis
Grundbruch ***m*** ➋ hydraulischer Grundbruch
Grundbruch ***m*** • base failure, ground failure, shear failure, ground break [*Rupture of soil or rock; the failure of rock or soil in shear resulting in loss of soil or rock bearing capacity*]
Grundbruch ***m*** **im engeren Sinne** ➋ (hydraulischer) Grundbruch im engeren Sinne
Grundbruchberechnung ***f*** • base failure calculation
Grundbruchgleichung ***f*** • bearing capacity formula
Grundbruchlast ***f*** [*eines Fundaments*] • maximum load [*on a foundation*]
Grundbruchnachweis ***m*** • bearing capacity analysis, ultimate limit state check
Grundbruchscholle ***f*** • failure surface
grundbruchsicher • safe against base failure
Grundbruchsicherheit ***f*** • bearing resistance, bearing capacity, safety against ultimate limit state (failure)
Grundbruchwiderstand ***m*** • bearing capacity resistance
Grunddaten ***f*** • basic data
Grunddünung ***f*,** Grundströmung, Unterströmung, tiefe Dünung • ground swell [*Swell as it passes through shallow water; it is characterized by a marked increase in height in water shallower than one-tenth wave length. To the seaman, ground swell is often an indication of approaching bad weather*]
Grundeck(e) ***n*, *(f)*** ➋ (Kristall)Grundeck(e)
Grundeigenschaft ***f*** • basic property
Grundeigentümer ***m*** [*Zinngruben in Cornwall*] • bounder
Grundeis ***n*** • basal ice [*Ice at the bottom of a glacier or ice sheet*]
gründen, fund(ament)ieren • to found [*To make a foundation*]
Gründen ***n*,** Fundieren • founding
Grundentwässerung ***f*** ➋ Dränung
Grundfaschine ***f*** • first faggot [*US-spelling: fagot*]; first fascine, first kid
Grundfläche ***f*,** Basisfläche [*Kristall*] • basal face
Grundfläche ***f*** [*einer Gründung*] • base area
Grundgebirge ***n*,** Tiefenbau *m* • basement (complex), basal complex, basement rock(s), fundamental complex [*In geology, the rocks of the "original crust" of the Earth formerly applied to the great areas of Pre-Cambrian crystalline rocks. The terms are still used although it is now recognized that probably no part represents the "original" crust of the Earth*]
Grundgebirge-Antwortspektrum ***n*,** Tiefenbau-Antwortspektrum • basement response spectrum
Grundgebirgedecke ***f*,** Tiefenbaudecke • basement nappe
Grundgebirgehebung ***f*,** Tiefenbauhebung • basement uplift(ing), basement, updoming
Grundgebirgespalt(e) ***m*, *(f)*,** Tiefenbauspalt(e) • basement fissure, updoming
Grundgebirgespan ***m*,** Tiefenbauspan • basement sliver, sliver of basement
Grundgebirgestockwerk ***n*,** Tiefenbaustockwerk • basement stockwork
Grundgebirgetektonik ***f*,** Tiefenbautektonik • basement tectonics

G

Grundgebirgeteufen- und -strukturkarte ***f*,** Tiefenbauteufen- und -strukturkarte • basement depth and structure map

Grund(ge)rinne ***f*, *(n)*,** Abflussgraben *m* [*hydraulische Seifengewinnung*] • ground sluice [*A channel or trough in the ground through which earth containing valuable mineral is sluiced for placer mining*]

Grundgesamtheit ***f*,** Kollektiv *n*, Population *f* • universe [*statistics*]

Grundgeschwindigkeit ***f*,** Fluggeschwindigkeit über Grund [*Fotogrammetrie*] • ground speed

Grundgewebe ***n*** • wavy groundmass

G

Grundgleichung ***f*** • basic equation

Grundgleichung ***f*** **der Hydrodynamik,** hydrodynamischer Euler-Satz *m*, hydrodynamische Grundgleichung • Euler('s) hydrodynamical law, basic equation of hydrodynamics

Grundgleichung ***f*** **der Hydrostatik,** hydrostatischer Euler-Satz *m*, hydrostatische Grundgleichung • basic equation of hydrostatics, Euler('s) hydrostatical law

Grundhochwasser ***n*** ➋ angenommenes niedrigstes Hochwasser

Grundkartenwerk ***n*,** Kartenwerk für Folgemaßstäbe; Originalaufnahmen *f* [*Schweiz*] • basic mapping, base mapping

Grundkarten(werk)maßstab ***m*,** Maßstab des Grundkartenwerks, Ausgang(s)maßstab • base scale, basic scale, extraction scale

Grundkenngrößen ***f(pl)*** [*Um Kosten zu sparen, wird die Schwankungsbreite von anscheinend homogenen Böden nur anhand von Grundkenngrößen wie Korngrößenverteilung und Wassergehalt festgestellt*] • basic parameters

Grundkomponente ***f*,** Basiskomponente [*Fotogrammetrie*] • base constituent

Grundkonglomerat ***n*** ➋ Basalkonglomerat

Grundkreis ***m*** • basic circle [*planimetry*]

Grundkriechen ***n*** [*Kriechen bei völlig verhindertem Feuchtigkeitsaustausch mit der umgebenden Atmosphäre*] • basic creep(ing)

Grundkurs ***m*** [*Fotogrammetrie*] • true course

Grundladung ***f*** [*Sprenganlage*] • bottom charge

Grundlage ***f*** • basic concept

Grundlagen ***f*** **der Geologie** • principles of geology

Grundlagenaufnahme ***f*,** Grundlagen(ver)messung *f* • first order control

Grundlagenaufnahme ***f*** **und Netzverdichtung,** Grundlagen(ver)messung *f* und Netzverdichtung • second-order control

Grundlagenforschung ***f*** • basic research, scientific research

Grundlagen(ver)messung ***f*,** Grundlagenaufnahme *f* • first order control

Grund(land)form ***f*** • individual (land) form

Grundlehen ***n*** ➋ Grubenfeld

Grundlinie, (Mess)Basis(linie) *f*, Standlinie • base (line) [*A surveyed line established with more than usual care, which serves as a reference to which surveys are coordinated and correlated*]

Grundliniennetz ***n*,** Basisnetz • base net(work) [*A surveying system of quadrilaterals and triangles that include and are quite close to a base line in a triangulation system*]

grundlos ➋ unermeßlich tief

Grundmasse ***f*** ➋ Matrix

Grundmetall ***n*,** Unedelmetall • base metal, nonprecious metal

Grundmineral ***n*** • base mineral

Grundmoräne ***f*,** Bodenmoräne

Grundmoränentümpel ***m*,** Bodenmoränentümpel • swale [*A shallow depression in an undulating ground moraine due to uneven glacial deposition*]

Grundnässe ***f*,** Grundwasservernässung *f* • groundwater soil wetness

Grundoburst-Lafette ***f*** • Grundoburst rig

Grundoram-Stahlbohrvortriebsmaschine ***f*** • Grundoram steel pipe ramming machine

Grundodrill-Spülbohranlage ***f*** • Grundodrill steerable boring machine

Grundomat-Erdrakete ***f*** • Grundomat soil displacement hammer

Grundort ***n*,** Füllort, unteres Füllort, untere Hängebank *f*, Schachtstation *f*, Schachthängebank, Füllbank, Fassstall *m*, Fassfüllort, Schachtöffnung *f* [*Grubenbau am Schacht zur Überleitung der waage(e)-rechten Sohlenförderung in die senkrechte Schachtförderung*] (⚒) • bottom, (bottom) landing, kip, hanging-on, lodge, shaft landing, shaft station, tripplat(t)

Grundpfahl ***m*** [*Pfahl, der in ganzer Länge im Baugrund steht*] • pile completely in the ground

Grundplatte ***f*** • base plate, bed plate [*The plate for supporting machines*]

Grundplatte ***f*** [*im Triaxialgerät*] • bottom platen

Grundquelle ***f*** • submerged spring, drowned spring

Grundrahmen ***m*** (⚒) • sill, cill [*A piece of wood laid across a drift to constitute with the posts a frame to carry the track of the tramway*]

Grundriss *m* • site plan, plan view, (ground-)plan [*Two-dimensional graphic representation of the design, location and dimensions of the project, or parts thereof, seen in a horizontal plane viewed from above*]

Grundriss *m* der Hydraulik • outline of hydraulics

Grundriss- und Höhenmarke *f*, Grundriss- und Höhenpunkt *m* • survey(ing) monument [*It is fixed in plan as well as in elevation*]

Grundrissabmessung *f*, Grundrissmaß *n* • (ground-) plan dimension

Grundrissbewegung *f* • horizontal motion, horizontal movement [*photogrammetry*]

Grundrissdarstellung *f*, Situationsstellung; Gerippedarstellung [*Österreich*] [*Kartografische Darstellung der voneinander abgrenzbaren Erscheinungen in der Kartenebene*] • planimetric representation

Grundrissfläche *f* • ground-plan area, plan area

Grundrissgeometrie *f* • plan geometry

Grundrisskarte *f*, Situationskarte; Gerippekarte [*Österreich*] • planimetric map, uncontoured map, line map

Grundriss (karten)zeichen *n* • plan symbol

Grundrisskartierung *f* • (ground-)plan mapping

Grundrisslage *f*, Grundrissstellung *f*, Situationslage, Situationsstellung; Gerippelage, Gerippestellung [*Österreich*] • planimetric position

Grundrisslineal *n* [*Stereoautograf*] • planimetric arm

Grundrissmaß *n*, Grundrissabmessung *f* • (ground-) plan dimension

Grundrissstellung *f* ➲ Grundrisslage

Grundriss(ver)messung *f*, Situations(ver)messung; Gerippe(ver)messung [*Österreich*] [*"Aufnahme" kann synonym für " (Ver)Messung" verwendet werden*] • planimetric survey, uncontoured survey [*A survey without contours, as distinct from a photogrammetric survey which includes contouring*]

Grundrückströmung *f*, Rückströmung am Grunde • deep return current

Grundsatzaufgabe *f* [*Erfahrungssammlung, Erfahrungsauswertung, Erarbeitung von Richtlinien, Merkblättern und Normen, Forschungs- u. Entwicklungsvorhaben usw.*] • key issue [*such as gathering and evaluation of geotechnical experience, drawing up guidelines, technical bulletins and standards, research and development projects*]

Grundsatzuntersuchung *f* • basic investigation

Grundsauger *m*, Saugbagger *m* • suction dredger, suction excavator; *less frequent:* vacuum dredger

Grundschutt *m* [*Gletscher*] • bottom debris, bottom rock waste

Grundschwelle *f* [*Ein querüber auf die Sohle einer Strecke oder eines Stollens gelegtes Holz auf welches andere Zimmerungshölzer zwecks breiterer Auflage gestellt werden, so dass sie nicht einsinken*] (⚒) • sill, ground timber, cill

Grundschwelle *f* • grade sill, grade cill

Grundschwelle *f* ➲ Grundspreize

Grundschwelle *f*, Schwelle *f*, Saumschwelle, Stauschwelle, Bodenschwelle, Dielenlager *n*, Grundbalken *m* [*Wasserbau*] • dormant(-tree), sole, sleeper, dormer, ground timber, ground sill, ground cill [*An underwater wall built across the bed of a water course in order to prevent excessive scour of the bed or to increase the width of water surface*]

Grundschwingung *f*, Eigenschwingung [*z. B. Bauwerk bei Erdbebenlast*] • fundamental oscillation(s), response acceleration

Grundsee *f* • ground sea

Grundsohle *f* • base level [*The lowest level to which a stream or river can wear its bed*]

Grundsohle *f* (⚒) ➲ untere Sohle

Grundspreize *f*, Bodenspreize, Sohl(en)spreize, Liegendholz *n*, Grundbalken *m*, Grundschwelle *f* • ground cill, ground sill [*A timber laid across the floor of a heading or a trench*]

Grundstein *m* • foundation stone

Grundsteinlegung *f* • foundation stone ceremony

Grundstrahl *m* [*Talsperre*] • sluiceway flow

Grundstrecke *f* (⚒) • draining level; water level drift [*Cumberland*]

Grundstrecke *f*, Sohlenstrecke; Lauf *m*, Gezeugstrecke, Feldortstrecke [*Erzbergbau*] • prolonged drift(way), random drift(way), level drift(way)

Grundstrecke *f*, Förderstrecke (⚒) • gateway, gate (road), main brow, trail road, principal brow, gate roadway [*A road through the worked-out area (goaf) for haulage in longwall working of coal*]

Grundstrecke *f* (⚒) ➲ untere Sohle

Grundstrecke *f*, untere Abbaustrecke (⚒) • lower (mining) level

Grundströmung *f*, Grunddünung *f*, Unterströmung, tiefe Dünung • ground swell [*Swell as it passes through shallow water; it is characterized by a marked increase in height in water shallower than one-tenth wave length. To the seaman, ground swell is often an indication of approaching bad weather*]

Grundstück *n* • plot, plot of land, land, property

Grundstückentwässerungsleitung *f*, Flurstückentwässerungsleitung • lot drainage (pipe-)line

Grundstückleitung *f* • private house connection (line), private building connection (line), private house lateral (line), private building lateral (line)

Grundstückseigentümer *m* • property land owner, land owner

Gründung *f*, Fundament *n* • foundation [*That member which provides support for the structure and its loads. It includes the soil or rock of the Earth's crust and any special part of the structure which serves to transmit the loads into the soil or rock. More often, the term "foundation" is applied in a restricted sense only to the transition member. Unfortunately this can lead to trouble, since the ability of the transition member to provide support is limited by the capabilities of what is beneath. Therefore foundation engineering must consider the foundation system as a whole rather than as isolated, independent elements*]

G

Gründung *f* gegen Auftrieb, Fundament *n* gegen Auftrieb • buoyant foundation [*It is so designed that the sum total of its own weight and all load it carries is roughly equal to the weight of water logged material it displaces*]

Gründung *f* im offenen Wasser • foundation in open water

Gründungsabteilung *f* • foundation department

Gründungsarbeiten *f(pl)* • foundation activities

Gründungsart *f* • type of foundation, foundation type

Gründungsaufgabe *f* • foundation problem

Gründungsaushub *m* • foundation excavation, foundation digging

Gründungs-Auslegerplatte *f*
➋ Gründungs-Kragplatte

Gründungsbalken *m*, Fundamentbalken • grade beam [*A continuous footing reinforced to act as a beam*]

Gründungsbalken *m*, Plattengurt *m* [*Ein durchlaufender Balken, unter einer Reihe von Einzellasten (z. B. Stützen)*] • foundation beam, foundation girder

Gründungsbau *m* • foundation construction, foundation building

Gründungs(bau)grube *f* • foundation excavation, foundation pit

Gründungsbehandlung *f*, Fundamentbehandlung • foundation treatment

Gründungsberater *m* • foundation consultant

Gründungsboden *m* • foundation soil

Gründungsbohren *n* • foundation drilling

Gründungsbreite *f* • foundation width, width of the foundation

(Gründungs)Brunnen *m*, Brunnenpfeiler *m*, Senkbrunnen, Versenkbrunnen • cylinder, cylindrical column [*A steel tube of 0.25 to 1.5 m dia., 3 mm or more thick, driven through bad ground to bedrock, excavated inside, filled with concrete and used as a pile foundation and in underpinning*]

(Gründungs)Brunnen *m* mit Aushubzellen, Senkbrunnen *m* mit Aushubzellen, Versenkbrunnen mit Aushubzellen • open cell caisson, open well caisson, open compartment caisson, digging well caisson, digging cell caisson, digging compartment caisson [*It is designed to be sunk by excavating while removing soil beneath it through cells*]

(Gründungs)Brunnen *m* mit Fußverbreiterung, Senkbrunnen mit Fußverbreiterung, Versenkbrunnen mit Fußverbreiterung, Brunnenpfahl *m* mit Fußverbreiterung • belled (out) pier, belled (out) caisson [*See note under "pier"*]

(Gründungs)Brunnen *m* mit maschinell hergestellter Erweiterung, Senkbrunnen mit maschinell hergestellter Erweiterung, Versenkbrunnen mit maschinell hergestellter Erweiterung • machine-belled caisson

(Gründungs)Brunnenpfahl *m*
➋ offener Senkbrunnen mit kleinem Durchmesser

(Gründungs)Brunnenpfeiler *m* • well pier

Gründungsdrän *m* • foundation drain

Gründungsdränage *f* • foundation drainage

Gründungsebene *f*, Gründungsoberfläche *f* • foundation level, foundation surface

Gründungseigenfrequenz *f* • natural frequency of a foundation [*The frequency of free vibration of a complete soil-foundation oscillating system. This frequency must differ distinctly from that of any machinery carried by the foundation if resonance is to be avoided*]

Gründungselemente *n(pl)* [*z. B. Fundamentplatte, Pfähle und Boden*] • foundation elements [*such as raft, piles and soil*]

Gründungsempfehlung *f* • foundation recommendation

Gründungsentwurf *m* • foundation design analysis

Gründungserzeugnis *n* [*z. B. eine Spundbohle*] • foundation product [*e.g. a sheet pile*]

Gründungsfels *m*, Gründungsgestein • foundation rock

Gründungsfuge *f* • foundation joint

Gründungsgeologe *m*, Grundbaugeologe • foundation geologist

Gründungsgeologie *f*, Grundbaugeologie • foundation geology

Gründungsgraben ***m*** • foundation trench
Gründungsgrube ***f*** ➋ Gründungs(bau)grube
Gründungsgutachten ***n*** • foundation report
Gründungshöhe ***f,*** Gründungsniveau *n*, Gründungskote *f* • foundation level, foundation height, foundation elevation, foundation grade
Gründungskies ***m*** • foundation gravel
Gründungskonstruktion ***f*** • foundation design
Gründungskonzept ***n*** • foundation concept
Gründungskonzeption ***f*** • foundation design, design of the foundation
Gründungskörper ***m,*** Grundbauwerk *n*, Fundamentkörper, Fundamentbauwerk • foundation structure, foundation body, foundation member, foundation element, foundation
Gründungskörper ***m*** **mit geschlossenem Querschnitt,** Fundamentkörper mit geschlossenem Querschnitt, Monolith *m*, Grundbauwerk *n* mit geschlossenem Querschnitt • monolith [*A large hollow foundation sunk as an open caisson and excavated by grabbing crane. It has several compartments or wells of which the bottoms are sealed to the foundation when this is reached. The wells are also often filled with concrete. A monolith may also be sunk as a box caisson or be built from the foundation with a cofferdam or pneumatic caisson*]
Gründungskote ***f*** ➋ Gründungshöhe
Gründungskragplatte ***f,*** Kraggründungsplatte, Auslegergründungsplatte, Gründungsauslegerplatte • cantilever(ed) (foundation) raft, cantilevering grade slab, cantilever(ed) grade slab, cantilevering (foundation) slab, cantilever(ed) (foundation) slab, cantilevering (foundation) raft
Gründungslänge ***f*** • foundation length, length of the foundation
Gründungslast ***f*** • foundation load
Gründungsmaßnahmen ***f(pl)*** • foundation measures
Gründungsmatte ***f*** • foundation mat
Gründungsmauerwerk ***n*** • foundation masonry
Gründungsmöglichkeiten ***f(pl)*** • foundation options
Gründungsniveau ***n,*** Gründungshöhe *f*, Gründungskote *f* • foundation level, foundation height, foundation elevation, foundation grade
Gründungsoberfläche ***f,*** Gründungsebene *f* • foundation surface
Gründungspfahl ***m*** [*Als Bestandteil von Grundwerken*] • foundation pile
Gründungspfeiler ***m,*** Fundamentpfeiler • deep pier [*It may be defined as a vertical, columnlike engineering structure on land as well as in open water, whose purpose is to transmit safely structure load onto a deep-lying, firm, and load-bearing stratum of soil or rock covered by soft materials. The piers may be prismatic or cylindrical. Since the function of piers is basically the same as that of piles, no sharp distinction between piers and piles can really be made. The main difference between them is the method of their installation into the ground*]
Gründungsplanum ***n;*** Gründungsplanie *f* [*Schweiz*] • foundation (sub)grade, foundation base grade (US); foundation formation (Brit.)
Gründungsplatte ***f,*** Flächengründungsplatte [*Siehe Anmerkung unter "Plattengründung"*] • foundation raft, foundation mat
Gründungsplatte ***f,*** Fundamentplatte • foundation slab
Gründungsrost ***m*** • foundation grillage
Gründungsschaden ***m*** • foundation damage
Gründungssicherung ***f*** • foundation strengthening, foundation reinforcing, strengthening a foundation, reinforcing a foundation
Gründungssohle ***f*** [*Die Aufstandsfläche des Fundamentes auf dem Baugrund*] • foundation bottom, foundation base level, base of the foundation, foundation base
Gründungssohlenwasserdruck ***m*** • foundation bottom water pressure
Gründungsstollen ***m,*** Sohlenstollen [*Talsperre*] • foundation gallery; foundation tunnel (US)
Gründungssystem für Erdbauwerke auf gering tragfähigen Böden • foundation system for earth structures on low-bearing soil
Gründungstechnik ***f*** ➋ Grundbau(technik)
Gründungstiefe ***f,*** Fundationstiefe *f* (Schweiz) • foundation depth, depth of foundation, footing depth
Gründungston ***m*** • foundation clay
Gründungsträger ***m*** • foundation girder
Gründungsuntergrund ***m,*** Fundamentuntergrund • foundation bed [*The rock or soil layer immediately beneath the foundation, which receives the load of an engineering structure*]
Gründungsverhältnisse ***n(pl)*** • foundation conditions, soil conditions
Gründungswand ***f*** • foundation wall
Gründungswesen ***n*** • foundation practice
Gründungszeichnung ***f*** • foundation drawing, foundation plan
Gründungszylinder ***m*** • cylinder [*A circular monolith. Small cylinders resemble the Chicago caisson, and even smaller ones resemble bored piles*]
Grundverkalkung ***f*** • basal liming

G

Grundwalze *f* [*See*] • ground roller

Grundwasser *n*; Bodenwasser [*Schweiz*] • ground water, water table, plerotic water [*That part of the subsurface water which is in the zone of saturation or saturation zone. The terms "underground water", "subterrane(an) water", "phreatic water" and "subsurface water" have been used as synonyms for "groundwater", but these terms should not be used*]

Grundwasser *n* im Grundwasserleiter • aquifer groundwater

Grundwasser *n* über dem Dauerfrostboden • suprapermafrost groundwater

G

Grundwasser *n* zwischen Kapillarsaum und Wurzelzone • intermediate groundwater

Grundwasserabfluss *m*, Grundwasserablauf, Grundwasserausfluss • groundwater runoff, groundwater flow [*The runoff that has entered the ground, became groundwater, and been discharged into a stream or river channel*]

Grundwasserabflussrinne *f*, Grundwassergraben *m*, Grundwassersenke *f*, Grundwassertal *n*, Grundwasserablaufrinne • groundwater trench [*A troughlike depression in the water table or potentiometric surface, caused by groundwater flow into a stream, river, or drainage ditch*]

Grundwasserabgabe(menge) *f*, abgegebene Grundwassermenge, abgegebenes Grundwasser *n* • groundwater discharge, groundwater decrement [*The groundwater or quantity of groundwater released*]

Grundwasserablauf *m*, Grundwasserausfluss *m*, Grundwasserabfluss • groundwater outflow [*The discharge from a drainage basin, or from any area, occurring as groundwater*]

Grundwasserablauf *m*, Grundwasserabfluss *m*, Grundwasserausfluss • groundwater runoff, groundwater flow [*The runoff that has entered the ground, became groundwater, and been discharged into a stream or river channel*]

Grundwasserabnahme *f* • groundwater discharge, hydraulic discharge, hydraulic decrement, (groundwater) decrement • [*The groundwater loss by discharge through springs, pumping from wells, etc.*]

Grundwasserabschnitt *m* [*Teil eines Grundwasserkörpers, der durch Grundwasserlängsschnitte, Grundwasserquerschnitte oder andere hydrologische Grenzen bestimmt ist*] • groundwater section

Grundwasser(ab)senkung *f*, Grundwasserentnahme *f*, Grundwasserentziehung, Grundwasserentzug *m* • groundwater lowering, lowering of ground water, lowering the water table, groundwater recovery, groundwater withdrawal, groundwater offtake, groundwater draw(ing) down, groundwater retrieval, groundwater abstraction

Grundwasser(ab)senkung *f* mit Tiefbrunnen, Tiefbrunnenentwässerung *f* • groundwater lowering by deep wells

Grundwasser(ab)senkung *f* mit Vakuum(methode) [*Das Wasser fließt dem Entnahmestollen nicht nur durch Schwerkraft zu, sondern es wird ein zusätzliches Gefälle durch ein Vakuum im Brunnen erzeugt*] • soil vacuuming

Grundwasser(ab)senkung *f* nach dem Gravitationsverfahren ➔ Schwereentwässerung

Grundwasser(ab)senk(ungs)brunnen *m*, Pump(en)brunnen *m*, Absenk(ungs)brunnen, Senkbrunnen • nonflowing well, pumped well, pump(ing) well, pumper, lowering well, drawdown well

Grundwasser(ab)senk(ungs)höhe *f* [*Durch eine Grundwasserentnahme hervorgerufene Verringerung der Höhe des Standrohrspiegels. Zeichen: sGw. Einheit: m*] • groundwater lowering height, height of groundwater lowering

Grundwasser(ab)senk(ungs)kurve *f* • groundwater lowering curve

Grundwasser(ab)senk(ungs)tiefe *f* • groundwater lowering depth

Grundwasser(ab)sperren *n* ➔ Absperren

Grundwasser(ab)sperrung *f* ➔ Absperren

Grundwasserabstand *m*, Grundwasserdicke *f*, Grundwassermächtigkeit *f*, hGw [*Senkrechter Abstand zwischen Grundwasserstauer und Grundwasserspiegel*] • groundwater thickness

Grundwasser-Abstand(s)geschwindigkeit *f* • groundwater distance velocity

Grundwasserabzapfung *f*, Grundwasserverwilderung • groundwater piracy [*The tapping of groundwater that originates in another surface drainage basin by a solution channel in limestone terrain*]

Grundwasserader *f* • groundwater artery [*A body of permeable material encased in a matrix of less permeable or impermeable material and saturated with water that is under pressure, usually artesian*]

Grundwasseranomalie *f* • groundwater anomaly

Grundwasseranreicherung *f*, Grundwasserergänzung, Grundwasserneubildung, Bodenpassage *f*, Grundwasserversickerung, Grundwassereinsickerung, Grundwasserinfiltration *f*, Grundwassererneuerung • groundwater recharge, (groundwater) increment, recharge (of aquifer), recharge of groundwater, intake (of groundwater), recharging of groundwater,

(groundwater) replenishment, groundwater nourishment, groundwater intake, groundwater seepage, groundwater infiltration, groundwater enrichment, groundwater renewal

Grundwasseranreicherung *f* durch Gruben, Grundwasserergänzung durch Gruben • recharge through pits, recharging through pits, replenishment through pits, replenishing through pits, nourishing through pits

Grundwasseranreicherung *f* durch Oberflächenverteilung, Grundwasserergänzung durch Oberflächenverteilung • water spreading [*Artificial recharge of groundwater by spreading water over an absorptive area. Generally broadened to include all networks of artificial recharge involving surficial structures or shallow furrows, pits, or basins, as opposed to injection of water through wells or deep pits or shafts*]

Grundwasseranreicherungsbecken *n*, Grundwasserergänzungsbecken • recharge basin, recharging basin, replenishment basin, replenishing basin, nourishing basin

Grundwasseranreicherungsbrunnen *m*, Anreicherungsbrunnen für Grundwasser, Injektionsbrunnen, Schluckbrunnen, Ergänzungsbrunnen für Grundwasser, Grundwasserergänzungsbrunnen, Auffüll(ungs)brunnen • recharge well, recharging well, injection well, replenishment well, replenishing well, diffusion well, diffusing well, nourishing well, input well

Grundwasseranreicherungsfläche *f*, Grundwasserergänzungsfläche • catchment area, groundwater recharge area, recharge area

Grundwasseranreicherungsgrenze *f*, Grundwasserergänzungsgrenze, ernährende Grenze • recharge boundary, recharging boundary, replenishment boundary, replenishing boundary, nourishing boundary

Grundwasseranstieg *m* • groundwater rise, groundwater ascent

Grundwasseräquipotentiallinie *f*, Grundwasserhöhengleiche *f* • groundwater equipotential line

Grundwasseraufbrauch *m*, Grundwassererschöpfung • groundwater depletion, groundwater recession

Grundwasseraufbrauchkurve *f*, Grundwassererschöpfungskurve *f* • groundwater depletion curve, groundwater recession curve [*A recession curve of streamflow, so adjusted that the slope of the curve represents the runoff (depletion rate) of the ground water. Such a curve is formed by the observed hydrograph during prolonged periods of the precipitation*]

Grundwasserauffüllung *f* • groundwater recharge, deep percolation, deep drainage [*This is a hydrologic process in which water moves downward from surface water to groundwater.*]

Grundwasseraufhöhung *f* ➋ Grundwasserkuppe

Grundwasseraufnahme *f*, Grundwasser(ver)messung *f* • groundwater survey

Grundwasseraufnehmen *n*, Grundwasservermessen • groundwater surveying, groundwater measurement

grundwasseraufnehmende Pflanze *f* • phreatophyte

grundwasseraufnehmender Fluss *m* • effluent stream, gaining stream [*It abstracts groundwater*]

Grundwasseraufschluss *m*, Grundwassererschließung *f* • groundwater capture

Grundwasseraufsuchung *f*, Grundwasserprospektion *f*, Grundwassersuche *f* • groundwater prospection, groundwater search(ing), groundwater prospecting

Grundwasserausfluss *m*, Grundwasserablauf *m* • groundwater outflow [*The discharge from a drainage basin, or from any area, occurring as groundwater*]

Grundwasserausschluss *m* • groundwater exclusion [*With this method, groundwater is kept from the excavation by using compressed air or closed face tunnel shields*]

(Grundwasser)Aussickerung *f* • effluent seepage [*Seepage out of groundwater bodies*]

Grundwasserbahn *f*, Grundwasserweg *m* • groundwater path

Grundwasserbau, hydrogeologischer Bau *m* [*Ein geologisches Milieu mit vollständigem Grundwasserkreislauf*] • groundwater structure

Grundwasserbecken *n* • groundwater basin [*A subsurface structure having the character of a basin with respect to the collection, retention and outflow of water*]

Grundwasserbeherrschung *f* • groundwater control

Grundwasserberater *m* • groundwater consultant

Grundwasserbestandsaufnahme *f* • groundwater inventory [*A detailed estimate or statement of quantities of water forming groundwater increment balanced against estimates of quantities forming groundwater decrement for a particular area or basin*]

Grundwasserbett *n*, Grundwasserführer *m*, Grundwasserleiter *m*, Aquifer *m*, grundwasserführende Schicht *f*, Grundwasserspeicher *m*; Grundwasserhorizont *m*, Grundwasserträger [*Diese beiden Benennungen sind nach DIN 4049 (1) zu vermeiden. Ein Grundwasserbett, öfters auch als Aquifer bekannt ist ein Gesteinskörper mit Hohlräumen, der zur Führung von Grundwasser dient*] • rock aquifer, aquifer, groundwater reservoir, groundwater horizon, groundwater-bearing formation, groundwater-bearing zone, groundwater storage reservoir, permeable unit, porous matrix, groundwater-bearing stratum, groundwater-bearing deposit

Grundwasserbewässerung *f,* Bewässerung mit Grundwasser [*durch Brunnen*] • groundwater irrigation

Grundwasserbewegung *f* • groundwater movement, groundwater motion

Grundwasserbeweissicherung *f* • collection of groundwater evidence

Grundwasserbildung *f* • groundwater formation

G

Grundwasserboden *m,* halbterrestrischer Boden [*z. B. Gley*] • semiterrestrial soil

Grundwasserbohren *n* • groundwater drilling

Grundwasserbohrloch *n* • groundwater borehole, groundwater well(bore), groundwater drill hole

Grundwasserchemie *f* • groundwater chemistry

Grundwasserdampf *m* • groundwater vapour (Brit.); groundwater vapor (US)

Grundwasserdargebot *n* • groundwater availability

Grundwasserdeckfläche *f* • upper confining groundwater surface

Grundwasserdeckschicht *f* [*Die Schicht der Erdoberfläche (meistens der Boden), welche das Grundwasser abdeckt und das einsickernde Wasser filtriert und reinigt*] • groundwater cover(ing layer)

Grundwasserdelle *f* [*Bereich eines Grundwasserkörpers mit konkaver Ausbildung der Grundwasserdruckfläche*] • groundwater depression

Grundwasserdicke *f,* Grundwasserabstand *m,* Grundwassermächtigkeit *f,* hGw [*Senkrechter Abstand zwischen Grundwasserstauer und Grundwasserspiegel*] • groundwater thickness

Grundwasserdrän *m* • groundwater drain [*A drain that carries any groundwater. Applied in sewer practice to the drain laid below a sewer through wet ground to facilitate construction*]

Grundwasserdruck *m* • groundwater pressure

Grundwasserdruckfläche *f* • piezometric level

Grundwasserdruckhöhe *f* • groundwater (pressure) head

Grundwasserdruck(schicht)linie *f,* Wasserdruck(schicht)linie • line of equal artesian (groundwater) pressure

Grundwasserdruckschwankung *f* • groundwater pressure fluctuation

Grundwasserdurchlass *m* [*In einer (Ab)Dichtwand*] • groundwater passage

Grundwasserdurchlässigkeit *f,* hydraulische Leitfähigkeit, hydraulisches Leitvermögen *n* [*Quotient aus Filtergeschwindigkeit und zugehörigem Standrohrspiegelgefälle. Anmerkung: Die Durchlässigkeit hängt ab von den Eigenschaften des Wassers (z. B. Dichte, Viskosität) und den Eigenschaften des Grundwasserleiters (Poren, Trennfugen) kf= vf/ISt Zeichen: kf Einheit: m/s*] • groundwater permeability

Grundwasserdynamik *f* • groundwater dynamics

Grundwassereinbruch *m* • groundwater (in)rush

Grundwassereinfluss *m* • groundwater impact

Grundwassereinlagerung *f,* Grundwasserspeicherung • groundwater storage

Grundwassereinlagerungsbecken *n,* Grundwasserspeicher(ungs)becken • groundwater storage basin

Grundwassereinlagerungskurve *f,* Grundwasserspeicher(ungs)kurve • groundwater storage curve

Grundwassereinsickerung *f*
➔ Grundwasseranreicherung

Grundwassereintritt *m* • groundwater ingress

Grundwassereinzug(s)gebiet *n* • groundwater catchment area, groundwater drainage area

Grundwasserentnahme *f,* Grundwasser(ab)senkung *f,* Grundwasserentziehung, Grundwasserentzug *m* • groundwater lowering, groundwater recovery, groundwater withdrawal, groundwater offtake, groundwater draw(ing) down, groundwater retrieval, groundwater abstraction, groundwater drop

Grundwasserentspannung *f* • groundwater relief

Grundwasserentspannungsloch *n* • groundwater relief hole

Grundwasserentziehung *f* ➔ Grundwasserentnahme

Grundwasserentzug *m* ➔ Grundwasserentnahme

Grundwassererfassung *f,* Grundwassererhaltung, Grundwasserpflege *f,* Grundwasserschonung • groundwater care

Grundwasserergänzung *f,* Grundwasseranreicherung, Grundwasserneubildung, Bodenpassage *f,* Grundwasserversickerung, Grundwassereinsickerung, Grundwasserinfiltration *f* • groundwater recharge, (groundwater) increment, recharge (of aquifer), recharge of groundwater, intake (of groundwater), recharging of groundwater, (groundwater) replenishment, groundwater nourishment, groundwater intake, groundwater seepage, groundwater infiltration, groundwater enrichment

Grundwasserergänzung *f* **durch Gruben,** Grundwasseranreicherung durch Gruben • recharge through pits, recharging through pits, replenishment through pits, replenishing through pits, nourishing through pits

Grundwasserergänzungsbrunnen *m* ➋ Grundwasseranreicherungsbrunnen

Grundwasserergänzungsbecken *n*, Grundwasseranreicherungsbecken • recharge basin, recharging basin, replenishment basin, replenishing basin, nourishing basin

Grundwasserergänzungsgrenze *f*, Grundwasseranreicherungsgrenze, ernährende Grenze • recharge boundary, recharging boundary, replenishment boundary, replenishing boundary, nourishing boundary

Grundwassererhaltung *f*, Grundwassererfassung, Grundwasserpflege *f*, Grundwasserschonung • groundwater care

Grundwassererhebung *f* ➋ Grundwasserkuppe

Grundwassererkundung *f* • groundwater reconnaissance, groundwater exploration

Grundwassererneuerung *f*, Grundwasserneubildung *f* • groundwater renewal

Grundwassererschließung *f*, Grundwasseraufschluss *m* • groundwater capture

Grundwassererschöpfung *f*, Grundwasseraufbrauch *m* • groundwater depletion, groundwater recession

Grundwassererschöpfungskurve *f*, Grundwasseraufbrauchkurve • groundwater depletion curve, groundwater recession curve [*A recession curve of streamflow, so adjusted that the slope of the curve represents the runoff (depletion rate) of the ground water. Such a curve is formed by the observed hydrograph during prolonged periods of the precipitation*]

Grundwasserfall *m* • groundwater fall

grundwasserfeuchtes Gebiet *n* ➋ Fehn

Grundwasserfiltergeschwindigkeit *f* • groundwater filter(ing) velocity

Grundwasserfilterung *f* • groundwater filtering

Grundwasserfläche *f* • groundwater area

Grundwasserfließen *n* • groundwater flow [*Flow of groundwater in the zone of saturation, whether naturally or artificially induced*]

Grundwasserfließgeschwindigkeit *f* • groundwater velocity

Grundwasserfließrichtung *f* • ground water flow direction

Grundwasserflurabstand *m* [*Der Abstand zwischen Grundwasseroberfläche und Geländeoberkante*] • depth to (the) groundwater [*Distance between the groundwater table and ground surface*]

Grundwasserflussmodell *n* • groundwater flow model

Grundwasserforscher *m* • groundwater researcher

Grundwasserforschung *f* • groundwater research

Grundwasserfront *f* • groundwater front

grundwasserführend • (ground)water-bearing

grundwasserführende Schicht *f* ➋ Grundwasserbett

Grundwasserführer *m* ➋ Grundwasserbett

Grundwasserganglinie *f* • hydroisopleth

Grundwasserganglinienkarte *f* • hydroisopleth map [*It shows fluctuation of (ground)water table with respect to time and place*]

Grundwassergefährdung *f* • groundwater hazard

Grundwassergefälle *n*, Grundwasserneigung *f* [*Neigung des Grundwasserspiegels oder einer Grundwasserdruckfläche. Gewöhnlich ist das relative Gefälle in Fließrichtung gemeint, d. h. der Quotient aus dem Höhenabstand zweier Grundwasserspiegel und dem Abstand der Messstellen. Manchmal ist auch der Quotient aus Druckverlust und Wegelänge gemeint, der aber nicht genau mit dem Gefälle des Grundwasserspiegels identisch ist.*] • groundwater gradient, groundwater slope

Grundwassergeologie *f* • groundwater geology [*See note under "hydrogeology"*]

Grundwassergeophysik *f* • groundwater geophysics

Grundwassergeschwindigkeit *f* • groundwater velocity

Grundwassergestaltung *f* • groundwater configuration

Grundwassergleiche *f* • groundwater head contour, subsoil water-level contour, water table contour line, isopiestic line [*line on a map showing the piezometric surface of an aquifer*]

Grundwassergleichung *f* • groundwater equation [*(a) The equation that balances the groundwater budget; $R = E + S + I$, where R is rainfall, E is evaporation and transpiration loss, S is water discharged from the area as streamflow, and I is the recharge, (b) A mathematical statement of groundwater losses and gains in a specified area.*]

Grundwassergraben *m*, Grundwasserabflussrinne *f*, Grundwassersenke *f*, Grundwassertal *n* • groundwater trench [*A troughlike depression in the water table or potentiometric surface, caused by groundwater flow into a stream, river, or drainage ditch*]

Grundwassergüte *f* • groundwater quality

Grundwassergüteschutz *m* • groundwater quality protection

Grundwasserhaltefähigkeit ***f*,** Grundwasserhaltevermögen *n* • groundwater capacity [*The ability of a soil to hold groundwater*]

Grundwasserhaushalt ***m*** • groundwater budget, groundwater balance

Grundwasserhemmer ***m*,** Grundwassersperrer *m* [*veraltet*], Grundwassernichtleiter *m* [*Gesteinskörper, der nur eine geringe Wasserdurchlässigkeit besitzt*] • aquiclude, aquitard, groundwater inhibitor [*An impervious stratum of rock, clay or silt that hinders the water from passing through it fast enough to be used as a water supply*]

Grundwasserherkunft ***f*** • groundwater origin

Grundwasserhöhengleiche ***f*,** Grundwasseräquipotentiallinie *f* • groundwater equipotential line

Grundwasserhöhenkurve ***f*** [*Schweiz*] ➲ Grundwasserhöhenlinie

Grundwasserhöhenkurve ***f*** [*Schweiz*] ➲ Grundwasserstand(s)gleiche

Grundwasserhöhenlinie ***f*,** Grundwasserschichtlinie; Grundwasserhöhenschichtlinie [*Österreich*]; Grundwasserhöhenkurve *f* [*Schweiz*] • groundwater contour(-line)

Grundwasserhöhenlinienkarte ***f*,** Grundwasserschichtlinienkarte; Grundwasserhöhenschichtlinienkarte [*Österreich*]; Grundwasserhöhenkurvenkarte [*Schweiz*] • groundwater contour(-line) map

Grundwasserhorizont ***m*** [*Diese Benennung ist nach DIN 4049 (1) zu vermeiden*] ➲ Grundwasserbett

Grundwasserhorizont ***m*** ➲ Grundwasserstand

Grundwasserhorizont ***m*** **mit Gefällewechsel,** Grundwasserspiegel *m* mit Gefällewechsel • interrupted groundwater table, discontinuous groundwater table [*A groundwater table that has a pronounced descent along a groundwater dam*]

Grundwasserhügel ***m*,** Grundwasserkuppe *f* • groundwater mound, groundwater hill [*A mound-shaped elevation in a water table or other potentiometric surface that builds up as a result of the downward percolation of water, through the aeration zone or an overlying confining bed, into the aquifer represented by the potentiometric surface*]

Grundwasserhydraulik ***f*** • groundwater hydraulics

Grundwasserinfiltration ***f*** ➲ Grundwasseranreicherung

Grundwasserisobathe ***f*,** Grundwassertiefenlinie *f*, Grundwassertiefenkurve; Flurabstand(s)linie; Grundwassertiefenkurve *f*, Flurabstand(s)kurve [*Schweiz*] • hydroisobath, isobath (of groundwater table) [*A line on a land surface all points of which are the same vertical distance above the upper or lower surface of an aquifer may be called an isobath of the specified surface, or merely a line of equal depth to the surface*]

Grundwasserisohypse ***f*,** Grundwasserstand(s)gleiche *f*, Grundwassergleiche, Grundwasserhöhenlinie *f*; Grundwasserhöhenkurve *f* [*Schweiz*] [*Linie gleicher Standrohrspiegelhöhen einer Grundwasserdruckfläche zum Beobachtungszeitpunkt*] • line of constant piezometric head, constant piezometric head line, water table contour line, groundwater isohypse, equipotential line, isopiestic line

Grundwasserkarte ***f*** • groundwater map

Grundwasserkartierung ***f*** • groundwater mapping

Grundwasserkaskade ***f*** • groundwater cascade [*The near-vertical or vertical flow of groundwater over a groundwater barrier*]

Grundwasserkörper ***m*,** Grundwassermasse *f* [*Grundwasservorkommen oder Teil eines solchen, das eindeutig abgegrenzt oder abgrenzbar ist*] • groundwater volume, groundwater body

Grundwasserkunde ***f*** • groundwater hydrology [*The branch of hydrology that deals with groundwater, its occurrence and movement, its replenishment and depletion, the properties of rocks that control groundwater movement and storage, and the methods of investigation and use of groundwater*]

Grundwasserkuppe ***f*** [*Teilbereich eines Grundwasserkörpers*]; Grundwasserhügel *m*, Grundwasseraufhöhung *f* • groundwater mound, groundwater hill [*A mound-shaped elevation in a groundwater table or other potentiometric surface that builds up as a result of the downward percolation of water, through the aeration zone or an overlying confining bed, into the aquifer represented by the potentiometric surface*]

Grundwasserlagerstätte ***f*** • groundwater deposit

Grundwasserlängsschnitt ***m*** [*Schnitt durch einen Grundwasserkörper normal zu dessen Linien gleicher Standrohrspiegelhöhe. Anmerkung: Der Grundwasserlängsschnitt entspricht vielfach in guter Näherung einem senkrechten Schnitt entlang einer Stromlinie der Grundwasseroberfläche*] • groundwater longitudinal section

Grundwasser-Lateritboden ***m*** • Groundwater Laterite soil [*A great soil group in the 1938 classification system; an intrazonal, hydromorphic group of soils having an A 2 horizon containing concretions that is underlain by a hardpan composed of iron and aluminum compounds. These soils are formed in warm-temperate to tropical climates in response to a fluctuating water* *table (USDA, 1938). They are now classed as Aquults, Udults, and Ustults, and all contain plinthite*]

Grundwasserleckage *f*
➋ halbgespannter/halbungespannter Grundwasserleiter

Grundwasserleistung *f* • aquifer performance

Grundwasserleiter *m* ➋ Grundwasserbett

Grundwasserleiteraufschluss *m* • aquifer exploration

Grundwasserleiterdicke *f*, Grundwasserleitermächtigkeit *f* • thickness of (the) aquifer, aquifer thickness

Grundwasserleiterergiebigkeit *f* • aquifer yield

Grundwasserleitergerüst *n* • aquifer skeleton

Grundwasserleiterkonstante *f* • aquifer constant

Grundwasserleiterleckage *f* • aquifer leakage

Grundwasserleitermächtigkeit *f*, Grundwasserleiterdicke *f* • aquifer thickness, thickness of (the) aquifer

Grundwasserleitermächtigkeit *f*, Grundwasserleiterdicke *f* • thickness of (the) aquifer, aquifer thickness

Grundwasserleiterreinigung *f*, Grundwasserleitersäuberung • aquifer purification, aquifer scrub(bing), aquifer restoration

Grundwasserleitersäuberung *f*
➋ Grundwasserleiterreinigung

Grundwasserleitersohle *f* [*Die untere Grenzfläche eines Grundwasserleiters. Sie hat eine wesentlich geringere Durchlässigkeit als der Grundwasserleiter, ohne jedoch dicht sein zu müssen*] • aquifer bottom

Grundwasserleiterstollen *m* • aquifer gallery; aquifer tunnel (US)

Grundwasserleitersystem *n* • aquifer system [*A heterogeneous body of intercalated permeable and less permeable material that acts as a water-yielding hydraulic unit of regional extent*]

Grundwasserleiterverdichtung *f* • aquifer compaction

Grundwasserleiterverschmutzung *f*, Grundwasserleiterverunreinigung • aquifer contamination, aquifer pollution

Grundwasserleitung *f* • groundwater conduit, groundwater line

Grundwassermächtigkeit *f*, Grundwasserabstand *m*, Grundwasserdicke *f*, hGw [*Senkrechter Abstand zwischen Grundwasserstauer und Grundwasserspiegel*] • groundwater thickness

Grundwassermarkierungsmittel *n* • groundwater tracer

Grundwassermasse *f*, Grundwasserkörper *m* [*Grundwasservorkommen oder Teil eines solchen, das eindeutig abgegrenzt oder abgrenzbar ist*] • groundwater volume

Grundwassermenge *f* • groundwater quantity [*The quantity of groundwater in the zone of saturation*]

Grundwassermessdienst *m* • groundwater measurement service, groundwater surveying service

Grundwassermessstation *f*, Grundwassermessstelle *f* • groundwater (measuring) station, groundwater (measuring) point

Grundwassermessstelle *f* • groundwater gauging station

Grundwassermoor *n*, topogenes Moor • lowmoor bog [*A bog that is at or only slightly above the groundwater table, on which it depends for accumulation and preservation of peat (chiefly the remains of sedges, reeds, scrubs, and various mosses)*]

Grundwassermorphologie *f* • groundwater morphology

Grundwasserneigung *f*, Grundwassergefälle *n* [*Neigung des Grundwasserspiegels oder einer Grundwasserdruckfläche. Gewöhnlich ist das relative Gefälle in Fließrichtung gemeint, d. h. der Quotient aus dem Höhenabstand zweier Grundwasserspiegel und dem Abstand der Messstellen. Manchmal ist auch der Quotient aus Druckverlust und Wegelänge gemeint, der aber nicht genau mit dem Gefälle des Grundwasserspiegels identisch ist.*] • groundwater gradient, groundwater slope

Grundwasserneubildung *f* • groundwater charge

Grundwasserneubildungsrate *f*, Grundwasserneubildungsspende *f* [*l/skm2*] • groundwater recharge rate

Grundwassernichtleiter *m*, Grundwasserstauer, (Grundwasser)Sperrschicht *f*, Nichtleiter; wassertragende Sohle *f* [*nach Prinz*]; Sohle [*nach Könne*] • aquifuge [*An impermeable formation neither absorbing nor transmitting groundwater, such as solid granite*]

Grundwasseroberfläche *f*, Grundwasserspiegel *m* • groundwater table, groundwater line, groundwater level, groundwater surface, saturation plane, plane of saturation, saturated surface, saturation level, saturation line, level of saturation, line of saturation, phreatic surface [*The surface between the zone of saturation and the zone of aeration; the surface of a body of unconfined groundwater at which the pressure is equal to that of the atmosphere*]

Grundwasseroberfläche *f*, Grundwasserspiegel *m*, Bergwasserspiegel, Bergwasseroberfläche [*In diesem Fall ist der Wasserspiegel nicht wie im Boden eine geschlossene Fläche, sondern bildet sich nur in Klüften und Störungen*] • groundwater table [*rock hydraulics*]

Grundwasserökologie *f* • groundwater ecology
Grundwasserpegel *m* ➋ Grundwasserstand
Grundwasserpflege *f* ➋ Grundwassererfassung
Grundwasserprofil *n* [*Die Summe der in einem senkrechten Querschnitt durch einen Grundwasserträger vorhandenen, mit Wasser erfüllten oder erfüllbaren Hohlräume*] • groundwater profile
Grundwasserprospektion *f*, Grundwasseraufsuchung *f*, Grundwassersuche *f* • groundwater prospection, groundwater search(ing), groundwater prospecting
Grundwasserprovinz *f* [*Gebiet mit gleichen Grundwasserverhältnissen*] • groundwater province
Grundwasserquerschnitt *m* [*Schnitt durch einen Grundwasserkörper normal zu dessen Grundwasserstromlinien. Anmerkung: Der Grundwasserquerschnitt entspricht vielfach in guter Näherung einem senkrechten Schnitt entlang einer Grundwassergleiche*] • groundwater cross-section
Grundwasserquerschnitt(fläche) *m*, *(f)* [*Zeichen AGw. Einheit: m^2*] • cross-section(al area) of groundwater flow, CSA of groundwater flow, groundwater (flow) cross-section(al area)
Grundwasserradongehalt *m*, Grundwasserradonanteil • groundwater radon content
Grundwasserraubabsenkung *f*, Grundwasserraubentnahme *f* • groundwater mining [*The process, deliberate or inadvertent, of extracting groundwater from a source at a rate so in excess of the replenishment that the groundwater level declines persistently, threatening exhaustion of the supply or at least a decline of pumping levels to uneconomic depths*]
Grundwasserrecht *n* • groundwater law
Grundwasserregime *n* • groundwater regime
Grundwasserregion *f* • groundwater region
Grundwasserreinhaltung *f* • groundwater pollution control, groundwater contamination control
Grundwasserreinigung *f*, Grundwassersäuberung • groundwater scrub(bing), groundwater purification, groundwater restoration
Grundwasserreinigungsanlage *f* • groundwater stripper
Grundwasserrohr *n* • groundwater pipe
Grundwasserrückhalt *m* • groundwater retention
Grundwassersalz *n* • groundwater salt
Grundwassersanierung *f* • groundwater rehab (ilitation)
Grundwassersäuberung *f*, Grundwasserreinigung • groundwater scrub(bing), groundwater purification, groundwater restoration
Grundwasserschacht *m* • groundwater shaft
Grundwasserscheide *f* [*Die Linie, welche die höchsten Punkte des Grundwasserspiegels miteinander verbindet*] • groundwater divide, divide, groundwater ridge
Grundwasserscheitel *m* • groundwater apex
Grundwasserschichtlinie *f* ➋ Grundwasserhöhenlinie
Grundwasserschichtlinienkarte *f* ➋ Grundwasserhöhenlinienkarte
Grundwasserschnecke *f* [*unterirdischer Rohrvortrieb*] • ground water auger
Grundwasserschonung *f* ➋ Grundwassererfassung
Grundwasserschutz *m* • groundwater protection
Grundwasserschutzbauwerk *n* • groundwater protection facility
Grundwasserschwankung *f* • groundwater fluctuation, groundwater change, groundwater oscillation
Grundwassersee *m* • groundwater lake [*A surface water body that represents an exposure of the upper surface of the saturation zone, or of the groundwater table*]
Grundwassersenke *f* ➋ Grundwassergraben
Grundwasserspeicher *m* ➋ Grundwasserbett
Grundwasserspeicherung *f*, Grundwassereinlagerung • groundwater storage
Grundwasserspeicher(ungs)becken *n*, Grundwassereinlagerungsbecken • groundwater storage basin
Grundwasserspeicher(ungs)kurve *f*, Grundwassereinlagerungskurve • groundwater storage curve
Grundwassersperre *f* • groundwater dam, groundwater barrier, (hydrologic(al)) dam, hydrologic (al) barrier [*A natural or artificial obstacle, such as a dike or fault gouge, to the lateral movement of groundwater, not in the sense of a confining bed. It is characterized by a marked difference in the level of the groundwater on opposite sides*]
Grundwassersperrschicht *f*, Grundwassernichtleiter *m*, Nichtleiter, Sperrschicht • groundwater confining bed [*Not in the sense of a groundwater dam*]
(Gundwasser)Sperrschicht *f* ➋ Grundwassernichtleiter
Grundwasserspiegel *m* [*Ausgeglichene Grenzfläche des Grundwassers gegen die Atmosphäre, z. B. in Brunnen, Grundwassermessstellen, Höhlen*] • groundwater/atmosphere interface
Grundwasserspiegel *m*, Grundwasseroberfläche *f* • groundwater table, groundwater line, groundwater level, groundwater surface, saturation plane, plane of saturation, saturated surface, saturation level, saturation line, level of saturation, line of saturation, phreatic boundary, phreatic surface [*The surface between the zone of saturation and the zone of aeration; the surface*

of a body of unconfined groundwater at which the pressure is equal to that of the atmosphere]

Grundwasserspiegel ***m*,** Grundwasseroberfläche *f*, Bergwasserspiegel, Bergwasseroberfläche, Grundwasserhorizont *m* [*In diesem Fall ist der Wasserspiegel nicht wie im Boden eine geschlossene Fläche, sondern bildet sich nur in Klüften und Störungen*] • (ground) water table [*rock hydraulics*]

Grundwasserspiegel ***m*** **mit Gefällewechsel,** Grundwasserhorizont *m* mit Gefällewechsel • interrupted groundwater table, discontinuous groundwater table [*A groundwater table that has a pronounced descent along a groundwater dam*]

Grundwasserspiegelanhebung ***f*** • groundwater ridge [*A linear elevation in the (ground)water table that develops beneath an influent stream*]

Grundwasserspiegelblänke ***f*,** Blänke des Grundwasserspiegels [*Vertiefte Stelle im Gelände, die eine mit dem Grundwasser ausgespiegelte, sonst aber isolierte Wasseransammlung enthält*] • groundwater pond

Grundwasser-Staffel(ab)senkung ***f*,** Staffel(ab)-senkung • en échelon groundwater lowering

Grundwasserstand ***m*,** Grundwasserhorizont, Grundwasserpegel • groundwater level, groundwater table

Grundwasserstand(s)gleiche ***f*,** Grundwasser-isohypse *f*, Grundwasserhöhenlinie *f*; Grundwasserhöhenkurve *f* [*Schweiz*] [*Linie gleicher Standrohrspiegelhöhen einer Grundwasserdruckfläche zum Beobachtungszeitpunkt*] • line of constant piezometric head, constant piezometric head line, groundwater isohypse, equipotential line

Grundwasser(stand)(s)messgerät ***n*** ➋ Brunnenpfeife

Grundwasserstandsmessung ***f*** • groundwater table measurement

Grundwasserstauer ***m*** ➋ Grundwassernichtleiter

Grundwasserstockwerk ***n*** • ground water reservoir, aquifer, groundwater storey (Brit.); groundwater story (US)

Grundwasserstockwerke ***f*** [*Durch schwer durchlässige oder undurchlässige Schichten voneinander getrennte Grundwasserleiter übereinander*] • multi(ple)-aquifer formation

Grundwasserstollen ***m*** • storage gallery; storage tunnel (US) [*A groundwater-collecting gallery in a water-bearing formation that can be utilized for either conveying or storing groundwater*]

Grundwasserströmung ***f*** • groundwater flow, groundwater flow

Grundwasserstrom ***m*** • groundwater stream, groundwater current

Grundwasser(strom)schnelle ***f*** • groundwater rapid

Grundwassersuche ***f*** ➋ Grundwasserprospektion

Grundwassertal ***n*** ➋ Grundwassergraben

Grundwassertechnik ***f*** • groundwater engineering

Grundwassertheorie ***f*** [*1.Versickerungstheorie 2. Kondensationstheorie*] • groundwater theory

Grundwassertiefenlinie ***f*** ➋ Grundwasserisobathe

Grundwassertrog ***m*** • groundwater basin

Grundwasserträger ***m*** [*Diese Benennung ist nach DIN 4049 (1) zu vermeiden*] ➋ Grundwasserbett

Grundwasserüberfall ***m*** [*Bereich einer Stufe oder Schwelle in der Grundwasserunterfläche mit örtlich begrenzter Zunahme des Grundwassergefälles bei freiem Grundwasser. Anmerkung: Ein stromabwärts des Grundwasserüberfalls vorgenommener Eingriff in das Grundwasser würde sich nicht oder nur unwesentlich auf das stromaufwärtige Grundwasserauswirken*] • groundwater overfall

Grundwasserüberflutung ***f*,** Grundwasser-überschwemmung • groundwater floodage, groundwater inundation, groundwater over-flooding

Grundwasserübertritt ***m*** • groundwater exchange, groundwater transfer

Grundwasserüberwachung ***f*** • groundwater monitoring

Grundwasserüberwachungsbrunnen ***m*** • groundwater monitor(ing) well

Grundwasserüberwachungsinstrumente ***n(pl)*** • groundwater instrumentation

Grundwasserüberwachungsnetz(werk) ***n*** • groundwater monitor(ing) net(work)

Grundwasserumleitung ***f*** • groundwater diversion

Grundwasserumsatzraum ***m*** • groundwater hold

Grundwasserumwälzung ***f*,** Grundwasserzirkulation *f* • groundwater circulation

Grundwasserunterfläche ***f*** [*Untere Grenzfläche eines Grundwasserkörpers*] • groundwater underside

Grundwasservermessen ***n*,** Grundwasseraufnehmen • groundwater surveying, groundwater measurement

Grundwasser(ver)messung ***f*,** Grundwasseraufnahme *f* • groundwater survey

Grundwasservernässung ***f*,** Grundnässe *f* • groundwater soil wetness

Grundwasserversalzung ***f*** • groundwater salinity

Grundwasserverschmutzung ***f*,** Grundwasser-verseuchung, Grundwasserverunreinigung • groundwater contamination, groundwater pollution [*Impairment of groundwater quality by chemical or*

G

bacterial agents to a degree that creates an actual hazard to public health]

Grundwasserversickerung *f*
➲ Grundwasseranreicherung

Grundwasserversorgung *f* • groundwater supply

Grundwasserverunreiniger *m* • groundwater contaminant, groundwater polluting agent

Grundwasserverwilderung *f*, Grundwasserabzapfung • groundwater piracy [*The tapping of groundwater that originates in another surface drainage basin by a solution channel in limestone terrain*]

Grundwasservorkommen *n*, Grundwasservorkommnis *n* • groundwater occurrence

Grundwasservorrat *m* • groundwater resource

Grundwasser(vorrat)bewirtschaftung *f* • groundwater (resources) management

Grundwasser(vorrat)entwick(e)lung *f* • groundwater resource development

Grundwasserwanderung *f* • groundwater migration

Grundwasserwärme *f* • groundwater heat

Grundwasserweg *m*, Grundwasserbahn *f* • groundwater path

Grundwasserwegsamkeit *f*, hydraulische Leitfähigkeit *f*, Grundwasserwegigkeit, Grundwasserdurchlässigkeit, hydraulisches Leitvermögen *n* • groundwater permeability

Grundwasserwelle *f* • groundwater wave, phreatic wave, wave of the (ground)water table [*A wave-like movement of the groundwater table in the direction of its slope*]

Grundwasserwerk *n* [*Aufbereitung von Trinkwasser aus Grundwasser*] • groundwater works

Grundwasserzirkulation *f*, Grundwasserumwälzung *f* • groundwater circulation

Grundwasserzufluss *m* • groundwater inflow

Grund(werk)karte *f* • master map, mother map, base map, basic map [*An original map, usually of large scale, containing all the information from which other maps showing specialized information can be compiled; a primary source map*]

Grundwissen *n* • grounding [*Context: to receive a comprehensive grounding in mine safety*]

Grundzehnt *m* [*In Nordengland die Abgabe des Bergwerksunternehmers an den Grundeigentümer*] (⚒) • tentale(-rent)

Grundzehnter *m*, Abgabe *f*, Zehnter, Grundabgabe (⚒) • due, duty

Grundzeichen *n*, Hauptzeichen • main sign, principal sign

Grundzins *m* ➲ Frohn(e)

grüne Berglasur *f*, Berggrün *n*, Ungarischgrün, Tirolergrün, Kupfergrün, Schiefergrün • mountain green

grüne Eisenerde *f*, Chloropal *m* • chloropal

grüne Hornblende *f*, Pargasit *m*, Edenit • green hornblende

grüne Kohle *f* • green coal [*In Australia, freshly mined coal*]

grüne Schwimmdecke *f*, grüner Schwimmschlamm *m* [*Algen an der Wasseroberfläche*] • green scum

grüne Seifenerde *f* ➲ Fullererde

Grüneisenstein *m*, Kraurit *m*, Grüneisenerz *n*; Dufrenit *m* [*veraltete Benennung*] • dufrenite, kraurite, green iron ore

grüner Aventurinquarz *m* • chrysoquartz, green a(d)venturine quartz

grüner Glimmer *m* ➲ Tobernit [*nach A.G. Werner, 1786*]

grüner Korund *m*, grüner Schmirgel *m*, grüner Hartspat *m*, grüner Schmergel • green corundum, green diamond spar, green hard spar [*A greenish variety of corundum, sometimes used as a gemstone or ornamental stone*]

grüner Mikroklin *m* ➲ Amazonasstein

grüner Pyromorphit *m*, Grünbleierz *n* • green lead ore, green pyromorphite

grüner Sandstein *m*, Quadersandstein • green sandstone

grüner Saphir *m*; orientalischer Smaragd *m* [*Handelsbenennung*] • oriental emerald [*misnomer*]; green sapphire

grüner Schmirgel *m*, grüner Korund *m*, grüner Hartspat *m*, grüner Schmergel • green corundum, green diamond spar, green hard spar [*A greenish variety of corundum, sometimes used as a gemstone or ornamental stone*]

grüner Schwimmschlamm *m*, grüne Schwimmdecke *f* [*Algen an der Wasseroberfläche*] • green scum

grüner Spinell *m* • chlorospinel, green spinel

grüner Turmalin *m*, Brasilsmaragd *m* [*Handelsbenennung*] • Brazilian emerald [*misnomer*]; green t(o)urmaline

grüner Vitriol *m*, Grützjäckel

grüner Zinnober *m* ➲ Kobaltgrün

grüner Zirkon *m* • beccarite, green zircon

Grünerde *f* • green earth; terre verte [*French*]; terra verde [*Italian*] [*Any of various naturally occurring silicates (especially of iron) used chiefly as bases for green basic dyes and for green pigments; specifically glauconite and celadonite*]

Grünerz ***n*** • green ore [*A mix(ture) of clay and atacamite*]

grünes Magnussalz ***n*** • green salt of Magnus

Grünglas ***n*** • green glass; Brighton emerald [*misnomer*]

Grüngürtel ***m*** • green belt, country belt, agricultural belt, rural belt [*A stretch of countryside around and between towns, separating each from the others, and predominantly farmland and parkland, whether or not such land is in the ownership of a town authority*]

Grünland ***n*** • grassland

Grünlandgrundzahl ***f*** • soil grassland assessment rating

Grünlandmoor ***n*,** Flachmoor, Niedermoor, Wiesenmoor • low(-level) moor

grünlichblau • greenish blue

grünlichblauer Saphir ***m*;** orientalischer Aquamarin *m* [*Handelsbenennung*] • oriental aquamarine [*misnomer*]; aquamarine coloured sapphire (Brit.); aquamarine colored sapphire (US)

grünlicher Quarz ***m*** • greenish quartz; Gibsonville emerald [*misnomer*]

grünlicher Smithsonit ***m*,** grünlicher Zinkspat *m* • Aztec stone, greenish smithsonite

Grünmoostorf ***m*** • green moss peat

grünrostig, grünspanfarbig • eruginous

Grünsand ***m*** • greensand, glauconitic sand [*A sand having a greenish colo(u)r*]

Grünschiefer ***m*** • greenschist [*A general term for those varieties of schists in which hornblende, chlorite, or epidote are abundant constituents*]

Grünschwelle ***f*** [*Hangfußsicherung*] • crib wall

Grünspan ***m*,** Kupferazetat *n*, essigsaures Kupferoxyd *n* • copper acetate, verdigris, crystal aerugo, crystals of Venus, acetate of copper

grünspanfarbig, grünrostig • eruginous

Grünstein ***m*** • blue elvan [*Cornwall*]; greenstone

Grünstein ***m*** • diorite, greenstone [*An intrusive rock*]

Grünstein ***m*,** T(h)allit

Grünverbau ***m*,** Begrünen *n* mit Hydrosaat • hydroseeding

Gruppe ***f*** ➜ (Formations)Gruppe

Gruppe ***f*** [*Gestein*] • member

Gruppenarbeit ***f*** • teamwork

Gruppenexplosion ***f*** ➜ Gruppensprengung

Gruppenforschung ***f*** • group research

Gruppen(land)form ***f*** • composite (land) form, compound (land) form

Gruppenparallelschaltung ***f*,** Serienparallelschaltung • parallel series [*Two or more series of electric blasting caps arranged in parallel*]

Gruppenschuss ***m*** • group shot

Gruppensilikat ***n*,** Sorosilikat • sorosilicate, group silicate [*A silicate structure in which the SiO_4 units are linked into finite groups. An example is beryl*]

Gruppensprengung ***f*** [*z. B. bei der Sprengverdichtung*] • group explosion

Gruppenwirkungsfaktor ***m*** **für den Grenzzustand** [*Pfahlgründung*] • group effect factor for (the) ultimate limit state [*pile foundation*]

Grus ***m*,** Gries *m* • grit

Gruskohle ***f*** • druss, dross

GTS, geoelektrische Tiefensondierung *f* • vertical electric sounding, VES

Guano ***m*,** Seevögelkot *m*, Vogelmist *m* • guano [*A deposit of excrement which can be used as a fertiliser. It is a Spanish word ("huano" in South America) and is applied especially to the thick layers of excrete of seabirds found in many islands of the dry Peruvian and Chilean coasts, where there is little or no rain to wash away the material. The term is also applied to similar deposits elsewhere, e.g. batguano in the limestone caves of Malaya*]

Guanosuperphosphat ***n*,** aufgeschlossener Guano *m* [*Mit Schwefelsäure behandelt*] • dissolved guano

Gufferlinie ***f*,** Mittelmoräne *f* • medial moraine, median moraine

Guhr ***m*** [*Wässriger schlammartiger Absatz chemisch veränderter Mineralien*] • ferruginous mud

Guipel ***m*,** Göpel

Guldinische Regel ***f*** [*Stereometrie*] • rule of Guldin, Guldin's rule

güldisches Gediegensilber ***n*** ➜ Elektrum

Gully-Erosion ***f*** [*Eine zuerst in den USA beobachtete Erosion; deshalb wurde der Ausdruck auch im Deutschen übernommen*] • gully erosion, gullying

(Gummi)Blase ***f*,** (Gummi)Ballon *m* • (rubber) balloon, (rubber) bag

(Gummi)Blasenmethode ***f*,** (Gummi)Blasenverfahren *n* • vacuum method of testing sand, sand testing by vacuum [*A method of carrying out a triaxial test on a sand sample, by maintaining a partial vacuum in the rubber bag containing the sample*]

Gummifender ***m*** [*z. B. an einer Schlammsauge-Zusatzeinrichtung*] • rubber fender

Gummilösung ***f*** • rubber solution

Gummimanschette ***f*,** Injektionspacker *m* [*Zur Abdichtung des Spaltes zwischen Rohr- und Bohrlochwandung beim Einpressen eines Injektionsmittels um zu verhindern dass dieses nicht nach oben entweicht*] • packer, packing

Gummimetallfeder *f* • rubber-metal spring
Gummischlauch *m* • bagging [*Rubber hose for water, compressed air, or steam*] (⚒)
Günz/Mindel *m* • Günz-Mindel [*The term applied in the Alps to the first classical interglacial stage of the Pleistocene (Epoch), following the Günz and preceding the Mindel glacial stages*]
Gurt *m* ➲ (Anker)Gurt
Gurt *m* [*(Graben)Verbau, Spundwand*] • stringer, waling
Gurtbogen *m* ➲ Gewölbe(stütz)bogen
Gurtbolzen [*(Graben)Verbau, Spundwand*] • waling bolt
Gürtel *m* • belt [*A broad band characteristically distinguished from the surface it crosses; a tract or district long in proportion to its breadths; e.g. the Corn Belt and Cotton Belt of the USA*]
Gürtel *m* • belt [*A broadish strip of any kind, or a continuous series of objects encircling or girdling something*]
Gurtholz *n*, Längsholz [*Baugrubenverbau*] • wood(en) wale (piece), wood(en) ranger, wood(en) w(h)aler, timber wale (piece), timber ranger, timber w(h)aler (US); wood(en) waling (piece), timber waling (piece) (Brit.); horizontal timber
Gusseisenpfahl *m* • cast-iron pile
Gusseisenpfahlschuh *m*, Gusseisenrammschuh • cast-iron (pile) point, cast-iron (pile) shoe, cast-iron (pile) boot, cast-iron driving point, cast-iron driving shoe, cast-iron driving boot, cast-iron drive point, cast-iron drive shoe, cast-iron drive boot, cast-iron conical point, cast-iron conical shoe, cast-iron conical boot
Gusseisenspundbohle *f* • cast-iron (sheet)pile
Gussharz *n*, Gießharz • casting resin
Gussleitung *f*, Gussrohr *n* • cast-iron pipeline
Gussrohr *n*, Gussleitung *f* • cast-iron pipeline
gut, frisch, lebhaft [*Wetter*] (⚒) • good, fresh
gut abgestuft, gut gekörnt • well-graded
gut aufgeschlossene Schichten *f* • well exhibited beds, well exhibited strata
gut ausgebaute Verkehrsinfrastruktur *f* • well developed transport infrastructure
gut durchlässige Parabraunerde *f* • xerobrick soil
gut gekörnt, gut abgestuft • well-graded
gut gekörnte Kiese *m(pl)* • well graded gravels (group symbol: GW after the Unified soil classification system, USA)
gut gekörnte Sande *m(pl)* • well graded sands (group symbol: SW after the Unified soil classification system, USA)
gut gerundet, vollkommen gerundet [*Mineralkorn*] • well-rounded
gut geschichtet • well-bedded, well-stratified
gut sortiert • well-graded, well-sorted
gut zementiert • well cemented [*e.g. limestone*]
Gutachten *n* • expert testimony, expert evidence, expert report, expertise
Gutachter *m*, Sachverständiger • consultant, geotechnical consultant [*am Bau*]; [*vor Gericht*]: expert witness
Gutachterdienst *m* • testimony service, testimony assistance
gute Analyse *f* • superior analysis
gute Verbindungsmöglichkeit mit dem Bauwerk [*z. B. Stahlbetonpfähle*] • easy to connect with building
gute Wetter *f* (⚒) ➲ Frischluft
Güteindex *m* für den Gesteinskerngewinn bei Aufschlussbohrungen • rock quality designation index, RQD index
Güteklasse *f* [*von Bodenprobe*] • quality class [*of soil sample*]
Güteminderung *f* [*von Baustoffen*] • deterioration [*of building materials*]
Gutenbergzone *f* • low-velocity zone, Gutenberg (low-velocity) zone, B layer [*The zone in the upper mantle, variously defined as from 60 to 250 km in depth in which velocities are about 6% lower than in the outermost mantle. It is probably caused by the near melting point temperature of the material*]
Guterz *n* • rich ore, good ore
Güterverkehr *m* • freight traffic (US); goods traffic (Brit.)
gutes Gebirge *n* [*Untertagebau*] • workable ground
Güteverbesserung *f*, Qualitätsverbesserung • upgrading, quality improvement
Guttaperchazündschnur *f* • gutta-percha fuse, gutta-percha fuze
Guttmann-Methode *f*, Guttmann-Verfahren *n* • Guttmann method [*A chemical consolidation two-injection method developed by A. Guttmann. It differs from the Joosten two-injection method in that the viscosity of the sodium silicate is reduced before injection of a suitable salt solution. This allows the treatment of finer-grained soils*]
gut verdichtungsfähiger Sand *m* • well compactable sand
Guyot *m*, abgestumpfter Tiefseeberg *m* • guyot, tablemount, tableknoll [*A type of seamount at about 200 m depth that has a platform top*]
Gwächte ➲ Schneewächte

Gymnit *m*, Deweylit • deweylite, gymnite [*A mix(ture) of clinochrysotile (or sometimes lizardite) and stevensite. It was formerly regarded as a mineral of the serpentine group*]

Gyrosonde *f* • gyro probe

Gyttja *f* [*Schwedischer Volksname, H. v. Post 1862*]; sapropelitische Mudde *f*, Halbfaulschlamm *m* • gyttja [*Swedish*]; sapropelic mud

H

Haarballen ***m***, verfilzter Ballen, wassergerollter Häckselknäuel *m*, wassergerolltes Häckselknäuel *n* • lake ball, hair ball, burr ball, water-rolled weed ball, lacustrine ball

haar(förmig), fadenförmig, haaricht • capillary, filiform, wiry, hairlike, threadlike [*Said of a mineral that forms hairlike crystals, e.g. millerite*]

haar(förm)iger Antimonglanz ***m***, Jamesonit *m*, Federerz *n*, $Pb_4FeSb_6S_{14}$ • jamesonite, gray antimony, grey antimony, feather ore

haar(förm)iges Rotkupfererz ***n***, Chalkotrichit *m*, Haarkupfererz, Kupferblüte *f* • chalcotrichite, plush copper (ore), hair copper (ore), copper bloom

haargenau ins Ziel einfahren [*Tunnelbau*] • to arrive at the destination with knife-edge precision

Haarhygrometer ***n*** • hair hygrometer

haaricht ➋ haar(förm)ig

Haarkristall ***m*** [*Er ist fein und nadelförmig*] • whisker

Haarkupfer ***n*** • capillary copper

Haarkupfererz ***n*** ➋ haar(förm)iges Rotkupfererz

Haarnadelkurve ***f*** • switchback, hairpin turn

Haarquarz ***m***, Haarstein, Venushaar *n* [*In diesen Quarzkristallen sind Nädelchen von Rutil, Aminath oder Aktinolith eingewachsen*] • venus hairstone

Haarriss ***m***, Piöezoklase *f* [*Gestein, Mauerwerk*] • hair crack, hairline crack

Haarriss ***m*** [*an Gründungspfählen*] • microfissure

Haarrohr ***n***, Kapillarrohr, Kapillarröhrchen *n*, Haarröhrchen, Kapillare *f* • capillary (tube)

Haarröhrchenanziehung ***f***, Kapillaranziehung, Haarrohranziehung • capillary attraction [*The adhering force between a liquid and a solid in capillarity*]

Haarröhrchenkraft ***f***, Kapillarkraft, Röhrchensaugkraft, Haarrohrsaugkraft [*Molekulare Anziehungskraft zwischen Feststoff und Flüssigkeit*] • capillary force

Haarröhrchenwasser ***n*** ➋ Kapillarwasser

Haarröhrchenwirkung ***f*** ➋ Kapillarität

Haarröhrchenzone ***f***, Kapillarsaum *m*, Saugsaum, Haarröhrchensaum, Kapillarzone, Saugzone, Haarrohrzone [*Der Grundwasseroberfläche aufliegender Saum, in welchem der Wasserdruck von unten nach oben abnimmt*] • capillary fringe, zone of capillarity, capillary zone, fringe of capillarity, capillary moisture zone

Haarsalz ***n*** ➋ Halotrichit

Haarsilber ***n*** • capillary silver

Haarzeolit ***m***, Federzeolit

Habichtstein ***m***, Falkenstein • hieracites

Habitus ***m***, gestaltliche Ausbildung *f*, Gestalt *f* der Kristallausbildung • habit(us) [*The characteristic crystal form or combination of forms of a mineral, including characteristic irregularities*]

Hackboden ***m*** • compact material, compact soil [*It can be dug with a pick*]

Hackformation ***f***, Hackgebirge *n* • soft formation, soft ground [*As called by tunnellers*]; unconsolidated sediments [*As called by geologists*]

Hackprobe ***f*** [*Sie unterscheidet sich von der rechteckigen Schlitzprobe durch ihre dreieckige Form*] • triangular sample

Hafenanlagen ***f(pl)*** • harbour (US: harbor) installations

Hafenbau ***m*** • port construction

Hafendamm ***m***, Mole *f* • mole [*A massive structure extending from the shore into deep water, and serving as a breakwater or a pier. See note under "jetty"*]

Hafeneinfahrt ***f*** • harbour entrance (Brit.), harbor entrance (US)

Hafenerweiterung ***f*** • port extension

Hafenhandbuch ***n*** • port handbook

Hafenkanal ***m*** • harbour (US: harbor) channel

Hafenpfahl ***m*** ➋ Poller

Hafenplan ***m*** [*Seekarte*] • harbour (US: harbor) chart

Hafensediment ***n*** • port sediment

Hafensohle ***f*** • harbour (US: harbor) bottom

Hafenspundwand ***f*** • harbour (US: harbor) sheet pile wall

Hafenzeit ***f*** **(des Ortes)** • port establishment, establishment of a port [*The high-water lunitidal interval at full and change of the moon*]

Hafenzeit ***f*** **für Niedrigwasser**, Niedrigwasser-Hafenzeit • mean low-water lunitidal interval at syzygy, average low-water lunitidal interval at syzygy

Haff ***n*** • haff [*German*] [*A coastal lagoon of freshwater due to its being fed by a river; separated from the open sea by a sandspit (Nehrung) and linked with it by a narrow channel. The classic haffs which gave rise to the term are on the Baltic coast of East Prussia, e.g. Kurische Haff, Frische Haff*]

Hafnererz ***n***, Glasurerz • potter's ore, alquifou [*A coarse-grained galena, used by potters in preparing a green glaze*]

Haften ***n***, Adhäsion *f*, Anhaften, Anhängen • adhesion [*The molecular attraction between contiguous surfaces*]

H. Herrmann, H. Bucksch, *Wörterbuch GeoTechnik/Dictionary Geotechnical Engineering*,
DOI 10.1007/978-3-642-33335-4,

Haftnässegley ***m*** ➋ Pseudogley
Haftreibung ***f*** • static friction
Haftrippel(marke) ***f*** • adhesion ripple (mark), eolian microridge, antiripple (mark), eolic microridge
Haft(ungs)bruchröhre ***f*,** Verbundbruchröhre • debonding tube [*borehole plate bearing test*]
Haftverbundpfahl ***m*** • adhesion bond pile
Haftwasser ***n*** [*Fehlbenennung*] ➋ Anhängewasser
Haftwasser ***n*,** Adhäsionswasser, Häutchenwasser, Anhaftwasser, Anhangwasser • pellicular water, adhesive water, film water, hygroscopic water [*Water molecules held on surfaces of particles by forces of adhesion*]
Haftwasseranteil ***m*,** Rückhaltevermögen *n*, Rückhaltefähigkeit *f*, unwirksames Porenvolumen *n* • specific retention, water-retaining capacity, water retention capacity [*The ratio of the weight or volume of water which a soil will retain against the force of gravity to its own weight or volume; determined after soil has once been saturated. Specific retention is sometimes erroneously considered synonymous with field capacity of soils*]
Haftzugfestigkeit ***f*** • adhesive tensile strength
Hagel ***m*** • hail
Hagelkorneindruck ***m*** • hail(stone) imprint, hail (stone) pit
Hagelsturm ***m*** • hail storm
Hahnenstange ***f*** **(⚒)** • boot-cock
(Hahn)Küken ***n*** • plug
Haifischhaut-Pahoehoe(lava) ***f*** • sharkskin pahoehoe (lava), sharkskin lava, sharkskin pahuhu (lava)
Hakendüne ***f*** • fishhook dune, hooked dune
Haken(fänger) ***m*** ➋ Glückshaken
Hakenschlagen ***n*** [*Geotechnischer Sprachgebrauch: Eine durch Kriechen infolge der Schwerkraft entstandene talwärts gerichtete hakenförmige Abbiegung von Gesteinsschichten. Gehört nach dem MLG* zum Bewegungstyp ‚Kippen'.*] • downslope hooklike bending, hooklike downslope bending, outcrop bending [*Tilting is the generic term for this type of mass movement according to the Multilingual Landslide Glossary.*]
Haken(spundwand)schloss(eisen) ***n*** • hook(-type) (sheet pile) (inter)lock
Hakenwerfen ***n*** **einer ausgehenden Gesteinsschicht** • tipping downslope of an outcrop
Hakenzunge ***f*** • hook(ed) spit, recurved spit [*A spit whose outer end is turned landward by current deflection, by the opposing action of two or more currents, or by wave refraction*]
Halbanthrazit ***m*,** Mageranthrazit • semi-anthracite [*Nonagglomerating anthracitic coal having from 86 per cent to 92 per cent of fixed carbon (dry, mineral-matter-free) and from 14 per cent to 8 per cent of volatile matter (dry, mineral-matter-free)*]
halbautomatische Verschlusstafel ***f*** [*Wehr*] • semi-automatic shutter
Halbblindtal ***n*** • half-blind valley, semi-blind valley [*A blind valley whose stream may overflow during floods, when the sinking stream cannot manage all the water*]
halbdurchlässig • semipervious, semipermeable
halbe Gezeit ***f*** ➋ Halbgezeit
halbe Sprengstrecke ***f*,** halber Sprengabschnitt *m*, halber Abschlag *m* • half (blasting) round, half drilling and blasting round
halbe Tide ***f*** ➋ Halbgezeit
Halbebene ***f*** • half-plane
Halbedelmetall ***n*** • semiprecious metal
Halbedelstein ***m*** [*frühere Benennung*]; Schmuckstein • semiprecious stone
halbempirisch • semi-empirical; *less frequent:* half-empirical
halbempirisches Berechnungsverfahren ***n*** • semi-empirical calculation method
halbempirisches Verfahren ***n*** • semi-empirical method, semi-empirical procedure
halber äquivalenter Korndurchmesser ***m*,** halber äquivalenter Teilchendurchmesser • sedimentation radius [*One-half of the sedimentation diameter*]
halber Sprengabschnitt ***m*,** halbe Sprengstrecke *f*, halber Abschlag *m* • half (blasting) round, half drilling and blasting round
Halbfächerabspannung ***f*** [*Konstruktion einer Seilabspannung, die zwischen einer Fächer- und Harfenabspannung bei einer Schrägseilbrücke liegt*] • semi-span configuration
Halbfenster ***n*** [*Siehe Anmerkung unter "Fenster"*] • half-window
halbfest [*Boden, Ton*] • semi-stiff [*soil, clay*]
halbfester Stabilisierungspfahl ***m*** [*werden bevorzugt in Skandinavien hergestellt*] • semi-firm stabilising column, (*US spelling*: stabilizing)
Halbflächner ***m*,** Hemieder *n* • hemihedral crystal, hemisymmetric(al) crystal
Halbfreiluft-Kraftwerk ***n*** • semi-outdoor(-type) power plant
halbgeröstetes Erz ***n*** • slug, half-roasted ore
halbgespannt • semi-perched [*With respect to groundwater or a water table, having a greater pressure head than an underlying body of water not separated*

from it by any unsaturated rock. The semi-perched groundwater belongs to the same saturation zone as the underlying body of groundwater and where it occurs there is only one water table, which is called a semi-perched water table]

halbgespannter/halbungespannter Grundwasserleiter ***m*****,** tropfender Grundwasserleiter, leckender Grundwasserleiter, Grundwasserleckage *f* • leaky aquifer

halbgespülter (Stau)Damm ***m*****,** Halbspül(stau)damm • semi-hydraulic fill (embankment) dam [*See note under "hydraulic fill (embankment) dam"*]

Halbgezeit ***f*****,** Halbtide *f*, halbe Tide, halbe Gezeit, Mitte *f* der Gezeit, Mitte der Tide, Gezeitenmitte, Tide(n)mitte • half tide, mean tide

Halbgraben ***m*** • half-graben

halbharter Mergel ***m*****,** Mergeltuff *m*, Papiermergel • paper marl

Halbhöhle ***f*****,** Nischenhöhle, überhängender Fels *m*, überhängendes Gestein *n* • shelter cave, rock shelter; sandstone cave [*partial synonym*]

Halbholz ***n*** (⚒) • half-log

halbhomogenes Spannungsfeld ***n*** • semi-homogeneous stress field

Halbhydrit ***m*****,** löslicher Anhydrit • soluble anhydrite

Halbinsel ***f*** • peninsula, almost-island

halbisoliertes Vorkommen ***n*****,** halbisoliertes Vorkommnis *n* • semi-outlier, half-outlier

Halbklippe ***f*** • half-klippe

halbkontrolliertes Mosaik ***n*****,** (Luft)Bildplanskizze *f* • semicontrolled mosaic

Halbkreis-Bogen ***m*** [*z. B. der römische Halbkreis-Bogen einer Bogenbrücke*] • semi-circle arch

halbkreisförmiger Schuttkegel ***m*** • semi-circle talus cone

halbkristallin • hemicrystalline, hyalocrystalline, semicrystalline

Halbkugeltemperatur ***f*** [*Asche*] • hemisphere temperature

Halblava ***f*****,** Mühlstein *m* • semilava

halbleitend • semiconducting

halblogaritmisch • semi-logarithmic

Halbmesser ***m*** **der Kugel gleichen Volumens** • radius of sphere of equal volume

Halbmesser ***m*** **der Kugel gleicher Oberfläche** • radius of sphere of equal surface area

Halbmesser ***m*** **der luftseitigen Kronenbegrenzung,** Halbmesser der unterwasserseitigen Kronenbegrenzung [*Bogen(sperr)mauer*] • downstream radius of crest (circle), air-side radius of crest (circle)

Halbmesser ***m*** **der wasserseitigen Kronenbegrenzung** [*Bogen(stau)mauer*] • upstream radius of crest (circle), water-side radius of crest (circle)

Halbmikromethode ***f*****,** Halbmikroverfahren *n* • semi-micromethod

halbmonatliche Ungleichheit ***f*** • semimonthly inequality

halbmonatliche Ungleichheit ***f*** **(bei halbtägiger Gezeitenform)** • phase inequality

Halbmonatsperiode ***f*** **der Gezeitenkräfte** • long-period force

halbmondförmige Barre ***f*****,** sichelförmige Barre • crescent(ic) bar, lunate bar [*Lunate bars are found commonly off passes between barrier islands or off the entrances to harbo(u)rs. Where the waves are large the lunate bar may have a deep crest, for example the "Five Fathom Shoal" outside the Golden Gate at San Francisco. Where the waves are small the bar is liked to be very shallow or even stand above the surface. At both ends of the bar there is ordinarily a channel maintained by the tidal currents. Elsewhere the channel may cut through the centre of the bar or island*]

halbmondförmiger See ***m*** • crescent(ic) lake [*A lake occupying a crescent-shape(d) depression, e.g. an oxbow lake*]

halboffener Modus ***m*** [*Erddruckschild*] • semi-open mode [*earth pressure balance shield*]

Halbopal ***m*****,** Pechopal, gemeiner Opal • semiopal, hemiopal, common opal

halbprismatischer Schillerspat ***m*****,** Bronzit *m* • bronzite, hemiprismatic schillerspar

halbquantitative Prüfung ***f*** • semi-quantitative evaluation

Halbquerlüftung ***f*** • semitransverse ventilation [*tunnel*]

Halbraum ***m*** • half space

Halbraumtheorie ***f*** • half-space theory

Halbsäule ***f*** • half column

halbsalzig ➔ brackig

Halbschiefer ***m*** • semischist

Halbsekundenpendel ***n*** • half-second pendulum

Halbsekundenverzögerung ***f*** • half-second delay

Halbsekundenzünder ***m*** [*Früher Schnellzünder genannt*] • half-second delay detonator, half-second delay exploder

halbsphärisches Gewölbe ***n*****,** Kuppel *f* • dome, cupola; swell [*less-preferred synonym*]

Halbspül(stau)damm ***m*****,** halbgespülter (Stau)Damm • semi-hydraulic fill (embankment) dam [*See note under "hydraulic fill (embankment) dam"*]

H

halbstationäre Beregnungsanlage *f*, halbstationäre Verregnungsanlage [*Nur die Hauptleitungen sind unterirdisch verlegt, die Feld- und Regnerflügelleitungen bestehen aus Schnellkupplungsrohren*] • sectional sprinkler irrigation system

Halbstoper *m* ➋ Hammerbohrmaschine

Halbstrauch *m* • low shrub

Halbtagesgezeit *f*, Halbtagestide *f* • semidiurnal tide [*It has two high waters and two low waters per tidal day*]

halbtägig • semidiurnal [*Having a period or cycle of approximately one half of a tidal day. The predominating type of tide throughout the world is semidiurnal, with two low waters each tidal day*]

halbtägig wandernde Welle *f* • semidiurnal progressing wave

H

Halbtauchplattform *f*, flutbare Plattform, Halbtauch(bohr)anlage *f*, flutbare Bohrinsel *f* • submersible barge rig, submersible (drilling) rig [*offshore drilling*]

halbterrestrischer Boden *m*, Grundwasserboden [*z. B. Gley*] • semiterrestrial soil

Halbtide *f*, Halbgezeit *f*, halbe Tide, halbe Gezeit, Mitte *f* der Gezeit, Mitte der Tide, Gezeitenmitte, Tide(n)mitte • half tide, mean tide

halbüberschwemmt • semi-flooded

halb-unendliche finite Elemente *n(pl)* • semi-infinite finite elements

halb-unendliche (Gründungs)Platte *f* • semi-infinite raft

halbverhärteter erdiger Mergel *m*, Mergelniere *f* • spheroidal marl concretion, marl spheroidal concretion, spheroidal concretion of marl

Halbwasser *n*, Mittelwasser • mean tide water, half tide water

Halbwertzeit *f* • half-period, half-value time, half-life, half-value period [*luminescence*]

Halbwüste *f*, Wüstensteppe *f* • semidesert

Halbwüstenboden *m*, Wüstensteppenboden • semidesert(ic) soil

Halbzellenfangedamm *m* • semi-cellular cofferdam

Halbzellen-Stahlspundwandfangedamm *m* • semicellular steel sheet pile cofferdam, steel sheet pile semicellular cofferdam

Halbzollkarte *f* • half inch map

Halde *f*, Bergbauhalde, Berwerkhalde, Grubenhalde [*Aufschüttung von bergbaulich gewonnenen Produkten*] (⚒) • mine dump, mine pile, mine heap, mine tip, waste rock pile [*Unprocessed rock from a mining area*]

Halde *f* • dump, pile, heap, tip

Halde *f* ➋ (Abraum)Halde

Haldenbegrünung *f* ➋ (Abraum)Haldenbegrünung

Haldenbevorratung *f* von Kohle, Kohlenaufhaldung • coal (stockpiling)

Haldenböschung *f*, Haldenhang *m*, Haldenoberfläche *f* • pile slope, dump slope, heap slope, tip slope

Haldenbrand *m*, Haldenfeuer *n* (⚒) • tip fire, dump fire, pile fire, heap fire

Haldendüne *f* • blowout dune [*A dune consisting of a large accumulation of sand derived from the formation of a blowout. An "elongate blowout dune" is characterized by a slight migration of the blowout and its crescent-shaped rim in the direction of the prevailing wind*]

Haldenfeuer *n*, Haldenbrand *m* (⚒) • tip fire, dump fire, pile fire, heap fire

Haldengelände *n* ➋ (Aussatz)Kippe

Haldenhang *m* • haidenhang [*German*]; wash slope [*according to H. A. Mayerhoff*]; basal slope, under-talus rock slope of degradation [*according to Penck*]

Haldenhang *m* ➋ Haldenböschung

Haldenlaugung *f* ➋ (Abraum)Haldenlaugung

Haldenoberfläche ➋ Haldenböschung

Haldenplatz *m*, Segelplatz

Haidensickerwasser *n* (⚒) • tip seepage water, dump seepage water, pile seepage water, heap seepage water

Haldensturz *m* [*Der nötige Raum um eine durch bergmännische Arbeiten entstandene Halde aufzuhäufen*] (⚒) • space, tip forming height, dump forming height, pile forming height, tip forming height

halitisch • halitic [*Pertaining to halite; especially said of a sedimentary rock containing halite as cementing material, such as "halitic sandstone"*]

Halit *m* ➋ Steinsalz

Halitkainit *m* ➋ Hartsalzkainit

Hälleflint(a) *m* • Hälleflinta [*Swedish. A dense, compact, metamorphic rock consisting of microscopic quartz and fel(d)spar crystals; with occasional phenocrysts and sometimes hornblende, chlorite, magnetite, and h(a)ematite. It is associated with gneisses, but is of obscure origin*]

Hallenbahnhof *m* [*U-Bahn*] • central platform station

Hallig *f* • coastal saltings island

Hallinger (Kugel)Schild *m*, (Kugel)Schild von Hallinger • Hallinger shield [*A tunnel(l)ing shield of Hungarian design. It is valuable for working in very soft ground; it incorporates a mechanical excavator and does not entail the use of timbering to protect the workers*]

Halloysit *m* • halloysite [*(a) A name used in the U.S. for a porcelainlike clay mineral: $Al_2Si_2O_5(OH)_4 2H_2O$. It is synonymous with metahalloysite of European authors. Halloysite is made up of minute slender tubes, as shown by the electron microscope. The term has also been used to designate a non-hydrated mineral having the chemical* *composition of, but structurally distinct from, kaolinite. (b) A name used in Europe for a clay mineral: $Al_2Si_2O_5(OH)_4.4H_2O$. It is synonymous with endellite of U.S. authors, and designates a more highly hydrated mineral than metahalloysite. (c) A general term proposed by MacEwan (1947) and used by Grim (1968, p. 39) for all the naturally occurring halloysite minerals (hydrated, non-hydrated, and intermediate) and for artificially prepared complexes. It is a group name used with qualifications to denote the type that is being described, (e.g. "glycerol-halloysite", "fully hydrated halloysite")*]

Halmyrolyse *f*, Gesteinsverwitterung *f* auf dem Meer(es)grund, untermeerische Gesteinsverwitterung • halmyro(ly)sis, submarine weathering, undersea weathering

Halogen *n* • halogen [*One of the elements in Group VIIb of the periodic table: F (fluorine), Cl (chlorine), Br (bromine), I (iodine)*]

Halogenid *n* • hal(ogen)ide

Halokinese *f*, Salztektonik *f*, Salinartektonik • salt tectonics, halokinesis [*The study of the structure and mechanism of emplacement of salt domes and other salt-controlled structures*]

halomorpher Boden *m* ➋ Salzboden

Halon(-Feuerlösch)system *n* • halon (fire-fighting) system

Halotrichit *m*, Eisenalaun *m*, Haarsalz *n*, $FeAl_2(SO)_4 22H_2O$ • halotrichite, iron alum, butter rock

Hals *m* ➋ Landenge

Halsabschneidung *f*, Halsabschnürung [*Mäander*] • neck cutoff

Haltebucht *f* [*im Tunnelbau: wo Tunnelzüge in einem Notfall halten können*] • stopping bay

Haltekeil *m* • chock wedge

Haltekreuz *n* [*Festmacheinrichtung: Schifffahrt*] • mooring hook

Halterung *f*, Probenhalterung • mount, specimen mount

Halthauer *m* ➋ Gedingehäuer

haltig, hältig, ergiebig (⚒) • ben, yielding

haltig, führend, enthaltend • containing, bearing, carrying

Haltigkeit *f* einer Lagerstätte, Ergiebigkeit einer Lagerstätte, Lagerstättenergiebigkeit, Lagerstättenhaltigkeit • deposit yield, yield of (a) deposit

Haltung *f*, Leitungshaltung [*Strecke zwischen zwei Einsteig- oder Revisionsschächten*] • reach, line reach

Haltung *f* ➋ Abschnitt

Haltungslänge *f* ➋ Mannlochabstand

Hämachat *m*, rotstreifiger Achat • blood agate, hemachate [*A light-colo(u)red agate spotted with red jasper*]

Hämatit *m*, Eisenglanz *m*, Roteisenstein *m*, Blutstein • h(a)ematite

Hamlinit *m*, Goyazit • hamlinite, goyazite

Hammer *m* ➋ Ramme

hämmerbar • malleable

Hammerbohren *n* • hammer drilling

Hammerbohrmaschine *f*, überschwerer Bohrhammer *m*, Schwerstbohrhammer, Halbstoper • drifter (drill), leyner, liner, rock drill drifter [*An air-driven, percussive rock drill*]

Hammerbohrverfahren *n* ➋ Schlagbohren

Hammerfallhöhe *f*, Fallhammerhöhe • driller's stroke, fall, height of fall of a drop hammer weight [*Height of fall of a drop hammer weight to drive a (metal) casing or soil sampling tool*]

Hammer-Fennelsche Diagrammtachymeter *n*, Hammer-Fennelsche Tachymetertheodolit *m* [*Das Diagrammbild wird automatisch-optisch gesteuert*] • Hammer-Fennel tacheometer theodolite

Hammerfundament *n* • hammer foundation

Hammerhaue *f* • poll-pick [*A pick with a head for breaking away hard partings in coal seams or knocking down rock already seamed by blasting*]

Hammerprospektionsgerät *n* • hammer(-type) seismic-prospecting device

Hammerschlag *m* • hammerblow

Hammerschlagmethode *f* ➋ Low-Strain-Integritätsprüfung

Hammerschlag-Refraktionsseismik *f* • hammer (blow) refraction seismic(s)

Hammerschlagseismograph *m* • hammer(blow) seismograph

Handabbau *m* (⚒) • hand working, manual working, hand mining, manual mining

handabgebaut, abgebaut von Hand (⚒) • hand-mined, manually mined

Hand(an)würgen *n*, (An)Würgen von Hand • hand crimping, manual crimping

handausheben, handgraben, handschachten • to hand-dig, to dig manually, to dig by hand, to excavate manually, to hand-excavate, to excavate by hand, to cut (down) manually, to cut (down) by hand

Handausheben *n*, Handaushub *m*, Handgraben, Handgräberei *f*, Hand(aus)schachten, Hand(aus)schachtung *f*, Handschacht *f* • hand digging, hand excavating, manual excavation, hand

H

cutting (down), hand excavation [*"Manual" may synonymously be used for "hand". Removal by hand of the natural ground*]

Handauslesegerät ***n*** [*Sedimentationsuntersuchung*] • picker

Handbagger ***m*** • drag

Handbeprobung ***f*,** Handbemusterung, Handprobe(n)nahme *f* • hand sampling, manual sampling, hand sample taking, manual sample taking

Handbohrbrunnen ***m*** • hand bored (water) well, manually bored (water) well

Handbrunnen ***m*** ➋ Hand(schacht)brunnen

Handbuch ***n*** • manual, handbook

Handbuch ***n*** **der Hydrologie,** gewässerkundliches Handbuch • manual of hydrology, hydrology manual, hydrology handbook, handbook of hydrology

Handelsdiamant ***m*,** Nutzdiamant • commercial diamond

Handelsgeografie ***f*** • commercial geography

Handelsgestein ***n*,** Nutzgestein, Industriegestein • commercial rock, useful rock, industrial rock

Handelsgewächs ***n*,** Nutzgewächs • commercial crop, useful crop

Handelsgüte ***f*** • commercial grade

Handelsmarmor, Marmor *m* • marble, commercial marble [*The marble of commerce includes true metamorphic marble as recognized by the geologist, a polishable serpentine rock, known as real antique, and certain crystalline limestones that will take a polish*]

Handelsmineral ***n*,** nutzbares Mineral • economic(al) mineral [*Mineral of commercial value*]

Handelsminerallagerstätte ***f*,** nutzbare Minerallagerstätte • economic(al) mineral deposit

Handfäustel ***m*,** kleiner Fäustel • small hammer

Handflügelsonde ***f*,** Flügel(hand)sonde • hand (shear(ing)) vane tester, manual (shear(ing)) vane tester

Handförderstrecke ***f*,** Handförderweg *m* (⚒) • (hand) tram(ming) road(way)

Handförderung ***f*** ➋ Hand(strecken)förderung

Handgefällemesser ***m*** • hand inclinometer, manual inclinometer

handgeführt [*z. B. Rüttelplatte*] • manual [*e.g. vibratory plate compactor*]

Handgesteinsstück ***n*,** (Gesteins)Handstück • hand (rock) sample

handgraben, handausheben, handschachten • to hand-dig, to dig manually, to dig by hand, to excavate manually, to hand-excavate, to excavate by hand, to cut (down) manually, to cut (down) by hand

Handgraben ***n*** ➋ Handausheben

Hand-Grabenaushub, Grabenaushub *m* von Hand [*V-Graben*] • ditching by hand, hand ditching, ditch excavation by hand, manual ditching

Handgräberei ***f*** ➋ Handausheben

handhabungssicherer Sprengstoff ***m*** [*Nicht verwechseln mit Sicherheitssprengstoff als Wettersprengstoff*] • safety explosive [*It requires a powerful initial impulse and therefore may be handled safely under ordinary conditions*]

Handhabungssicherheit ***f*** • manipulation safety

Handkamera ***f*** • hand(-held) camera, manual camera

Handkippe ***f*** • hand tip, hand dump, manual tip, manual dump

Handkompass ***m*,** Geologenkompass, Gefugekompass, Bergnadel *f*, geologischer Kompass • geologist's compass, geologic(al) compass

Handkunstramme ***f*** • hand nipper pile driver [*See note under "nipper pile driver"*]

Hand-Lasermeter ***m*** • hand laser meter

Handlenkung ***f*** • hand steering, manual steering

handlich (*Gerät*] • handy

handliche Größe ***f*** • manageable size

Handlot ***n*** ➋ Senkblei

Handlungsspielraum ***m*** • room for manoeuvre (Brit.), room for maneuver (US)

Handmesskamera ***f*,** Handmesskammer *f* [*Fotogrammetrie*] • hand mapping camera, manual mapping camera

Handnivellier(instrument) ***n*** • hand level, sight(ing) level, manual level

Hangablagerung ***f*** • slope wash

hangparallele Druckspannung ***f*** [*in einer Schneelawine*] • compressive stress in the line of slope

hangparallele Richtung ***f*** • direction parallel to the line of slope

hangparallele Schneedruckkomponente ***f*** [*Kriech- und Gleitdruck*] • snow pressure component in the line of slope [*creep and glide pressure*]

hangsenkrechte Ebene ***f*** • plane normal to the slope

hangsenkrechte Schneedruckkomponente ***f*** • snow pressure component normal to the slope [*creep pressure*]

Handprobe(n)nahme ***f*** ➋ Handbeprobung

Handregister ***n*** ➋ Feldbuch

Handregisteraufzeichnung ***f*** ➋ Feldbuchaufzeichnung

Handschablone ***f*** • hand templet, manual templet

Handschacht ***f*** ➋ Handausheben

Handschacht ***m*** • hand-dug shaft, manually dug shaft

Hand(schacht)brunnen ***m*** • hand-dug well, manually dug well

Handschacht-Caisson ***m,*** Handschachtsenkkasten *m,* Handschachtsenkhohlkörper *m,* Handschacht(hohl)senkkörper • hand-dug (foundation) caisson, manually dug (foundation) caisson

handschachten ➋ handausheben

Handschachtgrube ***f*** • hand-dug pit, manually dug pit

Handschneckenbohren ***n,*** Schneckenhandbohren • hand augering, manual augering

Handschneckenbohrer ***m,*** Schneckenhandbohrer • hand(-operated) auger, manual(ly operated) auger

Handschram ***m*** (⚒) • hand (under)cut, hand furrow, hand kerf, hand kirve, manual (under)cut, manual furrow, manual kerf, manual kirve

Handschurf ***m,*** Handschürfung *f* [*Siehe Anmerkung unter "Schürf"*] hand surface exploration excavation, manual surface exploration excavation, hand test(ing) excavation, manual test(ing) excavation

Handschürfgrube ***f,*** Handschürfloch *n* • hand-dug prospection pit, hand-dug prospecting pit, hand-dug test(ing) pit, hand-dug trial pit, manually dug prospection pit, manually dug prospecting pit, manually dug test(ing) pit, manually dug trial pit

Handschuttern ***n,*** Handschutterung *f,* Handschutterarbeit *f* • hand mucking, manual mucking

Handstampfer ***m*** • hand compactor, hand tamper

Hand(strecken)förderung ***f,*** (Strecken)Förderung *f* von Hand [*Stoßen oder Schleppen von Hunden*] (⚒) • (hand) tramming [*Pushing or drawing tram(car)s by hand*]

Handstück ***n*** ➋ Handgesteinsstück

Handtorf ***m*** • hand-cut peat, manually cut peat

Handtunnelbau ***m*** • hand operated tunnelling (Brit.); hand operated tunneling (US)

Handventilator ***m*** • fanner [*Scottish term. A small portable hand fan*]

Handversatzberge ***f,*** Handversatzgut *n,* Handversatzmaterial *n* (⚒) • hand (back)fill(ing) material, manual (back)fill(ing) material, hand (back) fill(ing) waste, hand packing material, hand packing waste, manual packing material, manual packing waste

Handvollversatz ***m,*** Handvollversetzen *n* • solid (hand) stowing, solid manual stowing, solid hand packing, solid manual packing, solid hand gobbing (up), solid manual gobbing (up) [*See note under "solid packing"*]

handwerklicher Bergbau ***m,*** Kleinstbergbau • artisanal mining

Hang... ➋ (Ab)Hang...

Hangablagerungen ***f(pl)*** • slope wash

Hangabschnitt ***m*** • slope section

Hangabspülungsmaterial ***n*** • (down)wash [*Finegrained surface material (such as soil) moved down a mountain slope or hillside by rain, especially where there is little vegetation*]

Hangabtragung ***f,*** Hangbloßlegung, Hangdenudation *f,* Hangentblößung, Hangabtrag *m* [*"Abhang" und "Gehänge" können synonym für "Hang" verwendet werden*] • hillside denudation, (hill)slope denudation, hillside destruction, (hill)slope destruction, hillside wearing away, (hill)slope wearing away

hangabwärts gerichtete Verlagerung ***f*** [*z.B. von Lockergesteinen*] • downward displacement [*of loose rock etc.*]

Hangabwärtsrippel(marke) ***f*** • downslope ripple (mark)

Hanganschluss ***m*** • dam root [*The part of a dam which merges into the ground where the dam joins the hillside*]

Hanganschnitt ***m*** • slope cut

Hangaufschluss ***m*** **im Tagebau,** Aufschlussanschnitt *m* im Tagebau [*Im Hang hergestellter Aufschlussraum. Er wird angewendet beim Gewinnen von Erzen, Baustoffen, Silikatrohstoffen, zum Teil auch von Kohle, am Hang oder am Berg oberhalb eines geografischen Plateaus*] • exposed hillside (over)burden/ mineral volume, stripped hillside (over)burden/ mineral volume

hangauswärts verlaufende Gebirgstrennflächen ***f (pl)*** • outward dipping (rock) discontinuity planes

Hangbecken ***n*** [*Hangbecken bilden sich in Unebenheiten des aktiven Kontinentalhanges, welche oft durch Akkretion bedingt sind. Diese Becken sind kleiner als die auf der Ozeanseite eines Inselbogens gebildeten Becken*] • slope basin, accretionary basin

Hangbefestigung ***f*** [*z. B. mit Gabionen oder Faschinen*] • slope stabilization, slope retainment

Hangbereich ***m*** • slope area

Hangbewässerungsanlage ***f,*** Hangbewässerungssystem *n* • catchwater, catchwork [*An artificial watercourse or series of artificial watercourses for irrigating soil which has a sloping surface*]

Hangbewegung ***f*** • landslide motion, slope movement

Hangbewegungsereignis ***n*** • slope movement event

Hangbewegungsmechanismus ***m*** • slope movement mechanism

Hangbloßlegung ***f*** ➋ Hangabtragung

H

Hangböschung ***f*** • sloped area
Hangdenudation ***f*** ➜ Hangabtragung
Hangdrän ***m*** ➜ Hinterdrän
Hängebank ***f*** (⚒) ➜ (Rasen)Hängebank
Hängebankarbeiten ***f*,** Rasenhängebankarbeiten (⚒) • banking, banking work, bank head work
Hängebankarbeiter ***m*,** Rasenhängebankarbeiten (⚒) • waiter-on, banking worker
Hängebankführer ***m*** ➜ (Rasen)Hängebankführer
Hängebrücke ***f*** • suspension bridge
Hängebügel ***m*** [*Tiefbohrtechnik*] • clink
Hängebühne ***f*** • suspended platform
Hängegletscher ***m*** • hanging glacier, suspended glacier, suspension glacier
Hängemäkler ***m*** • fixed leader, fixed lead
Hängemündung ***f*,** Stufenmündung *f*, ungleichsohlige Mündung • discordant junction, hanging junction [*The joining of two streams or two valleys whose surfaces are at markedly different levels at the place of junction, as the abrupt entry of a tributary flowing at a high level into a main stream or river at a lower level*]
Hangeinschnitt ***m*** • slope cut
Hangend... ➜ First(en)...
Hangendabsenkung ***f*** ➜ (Ab)Senkung des Hangenden
Hangendbruchkante ***f*,** Bruchkante des Hangenden (⚒) • breaking roof edge
Hangenddruck ***m*** ➜ Überlagerungsdruck
Hangende ***n*** [*In gewissen Fällen nur ein relativer Begriff, weil bei einem Einfallen von 90⁰ (100⁰) von oben und unten eine Begrenzung der Lagerstätte durch das Gebirge nicht besteht und bei einem Einfallen von über 90⁰ (überkipptes Einfallen) das Hangende scheinbar an die Stelle des Liegenden trifft. In diesem Fall wird bergmännisch gesehen als das Hangende die geologisch obere Schicht bezeichnet*] • hanging side, hanging wall, hanger [*It is called the roof in bedded deposits*]
hängende Wassersäule ***f*** • hanging water column, suspended water column, suspension water column
hangende Zone, Hangendzone *f* [*Eruptivkörper des Bushvelds in Transvaal*] • upper zone
hängender Bruchstein ***m*,** Bruchstein gegen das Lager versetzt • quarry-stone laid contrary to its cleaving grain
hangender Gang ***m*** • hanging lode [*As called by miners*], hanging vein [*As called by geologists*]
hängender Grundwasserleiter ***m*** • overlying aquifer
hängender Schenkel ***m*** **(einer liegenden Falte)** • roof limb
hängendes Flöz ***n*** • overlying seam, super(im)posed seam
Hangendfilter ***m*,** *n* • hanging filter, suspended filter, suspension filter
Hangendsprung ***m*,** Sprung ins Hangende • trap up
Hangendwasser ***n*** • top water, upper water [*Water which enters an oil or gas well from a sand above the productive sand*]
Hangendwulst ***m*, *(f)*,** Wulst am Hangenden • roll [*An elongate protrusion of shale, siltstone, or sandstone (locally limestone) from the roof into a coal seam, causing a thinning of the seam and sometimes replacing it almost entirely. It is commonly overlain by a thin coal stringer*]
Hangendzone ***f*,** hangende Zone [*Eruptivkörper des Bushvelds in Transvaal*] • upper zone
Hangentblößung ***f*** ➜ Hangabtragung
Hangentnahmegrube ***f*** • sidehill borrow pit; sidehill reclaim pit [*Australia*]
Hängependel ***n*** • hanging pendulum, suspended pendulum, suspension pendulum
Hänger ***m*** [*bei Hängebrücken: mit den Hängern wird der Fahrbahnträger mit dem Haupttragseil verbunden*] • suspender, hanger
Hängetal ***n*,** ansteigendes Tal • hanging valley, suspended valley, suspension valley; valleuse [*French*] [*A tributary valley whose floor is higher than the main valley produced when erosion deepening the main valley more rapidly than the tributary*]
Hängetheodolit ***m*** • hanging theodolite, suspension theodolite, suspended theodolite
Hängezeug ***n*** • chain for suspending the miner's dial
Hängezeug ***n*** [*Zum Herablassen von Gegenständen in die Grube*] • tackle
Hangform ***f*** • shape of the slope
Hangfuß ***m*** • slope foot, foot of the slope, slope bottom, bottom of the slope
Hanggefälle ***n*** • slope inclination
Hanggelände ***n*,** abfallendes Gelände, abfallendes Terrain *n*, Hangterrain • inclined ground, sloping ground
Hanggleichgewicht ***n*** • slope equilibrium
Hanggraben ***m*** • collection ditch [*at the toe of a slope*]
Hanginstabilität ***f*** • slope instability
Hangkippe ***f*,** (Ab)Hangkippe
Hangkohlenflöz ***n*,** Gehängekohlenflöz • hillside coal seam
Hangkriechen ***n*** ➜ (Ab)Hangkriechen
Hangmoor ***n*,** Gehängemoor • hanging moor, suspended moor, suspension moor

Hangmoorquelle *f,* Gehängemoorquelle • hanging moor spring, suspended moor spring, suspension moor spring
Hangmorphologie *f* • slope morphology
Hangmure *f,* Hautrutsch *m,* Hautrutschung *f,* Fließrutschung [*Ein Gemisch aus Lockergestein, oft nur der Boden, und Wasser. bei einer Hautrutschung handelt es sich um eine spezielle Form einer spontanen Rutschung*] • slope-type debris flow, flow slide
Hangneigung *f* • slope angle, slope inclination
Hangneigungswinkel *f* • inclination of slope
Hangoberfläche *f* • slope surface
hangparallel streichende Großklüfte *f(pl)* • big joints (*or:* fractures) running parallel to the slope
hangparalleler Geschwindigkeitsvektor *m* • velocity component in the line of slope
Hangrost *m* [*Hangsicherung*] • slope grating
Hangrutsch *m*, Hangrutschung *f* • landslide, landslip (Brit.)
Hangrutschmaterial *n* • landslide deposit
Hangrutschungsgefahrenkarte *f* • landslide risk map; *less frequent:* landslip risk map (Brit.)
Hangschulter *f* • slope shoulder
Hangschutt *m* ➋ Abhangschutt
Hangschuttpolster *n* • talus deposit
hangseitig • on the side of the slope
Hangsicherung *f,* Hangstabilisierng *f* • slope stabilisation (Brit.), slope stabilization (US), slope protection, slope reinforcement
Hangstabilitätskarte *f* • slope stability map
Hangstabiliserung *f* ➋ Hangsicherung
Hangsturz *m* • toppling [*A mechanism which can permit considerable volumes of rock to move downslope*]
Hangterrain *n* ➋ Hanggelände
Hangterrasse *f* **zur Erosionsbekämpfung** • bench terrace [*A terrace or small embankment of earth formed along the contour of sloping ground to regulate runoff and reduce erosion. It has a level or nearly level top and a steep or vertical downhill face*]
Hangverflachung *f* [*Regenfeldbau, Trockenfeldbau, Bewässerungsfeldbau. Volkstümlich "Schafstiege" f* genannt] • lynchet(t), linchard, linch(et), landshard [*A terrace-like feature, commonest on steep chalk hill slopes in the south of England, often occurring in "flights" of five, or more, when they are sometimes popularly called "shepherds steps". In the Isle of Portland called "lawn"*]
Hangverflachung *f* **bei festbleibendem Hangfuß** • central rectilinear slope recession
Hangverformung *f* • slope deformation
Hangwasser *n* • slope water
Harfenabspannung *f* [*Parallel verlaufende Seilabspannung einer Schrägseilbrücke zwischen Pylon und Tragwerk*] • harp configuration
Harfenform *f* [*Anordnung der Schrägkabel bei einer Schrägkabel-Brücke, bei der alle Kabel parallel verlaufen und über die Pylonenhöhe gleichmäßig verteilt im Pylon umgelenkt werden*] • harp shape
Harmonikafalte *f* ➋ Zickzackfalte
harmonische Gezeitenberechnung *f,* harmonische Tide(n)berechnung • harmonic prediction
harmonische Schwingungen *f(pl)* • harmonic vibrations
harmonische Tide *f,* hamonische Gezeit *f* • harmonic constituent, harmonic tide
harmonische Welle *f,* sinusförmige Welle [*angewandte Seismik*] • harmonic wave
Harmotom *m,* Kreuzstein *m,* Kreuzkristall *m* • harmotome, cross-stone [*A zeolite mineral. It forms cruciform twin crystals*]
Harnisch *m,* Spiegel *m,* glänzende Tonhaut *f* • slickenside
harnischartig [*Trennflächen, deren Wandungen zumindest in eine Richtung glatt und eben sind*] • slickensided
harnischartige Trennflächenwandung *f* [*Oberflächenstruktur des Gesteins*] • slickensided discontinuity surface
Harnischfläche *f,* Spiegelfläche • slickenside surface, slickenside
Hamischflächenrinne *f,* Spiegelflächenrinne • slickenside flute
Harnischflächenstoßmarke *f,* Spiegelflächenstoßmarke • slickenside prod mark
Harnischgeometrie *f* • slickenside geometry, tectonic geometry
Harnischstriemung *f,* Spiegelstriemung • slicken-side striation
Harnischstruktur *f* • slickenside structure
hart, bruchschwierig • strong [*Scottish term*]; hard, not easily broken
hart, stark • tight [*A term applied to rock earth formations without weakness, which may require hard ripping or light blasting before excavation*]
hart gefroren • hard frozen [*Permafrost in which ice acts as a cement between grain boundaries*]
Hartbauxit *m* • hardcap [*A term used in bauxite mining for the uppermost foot or two of a bauxite deposit.*

Since it is harder and tougher than the material below it, it is usually used as a roof during mining]

harte dichte Steinkohle *f*, dichte harte Steinkohle *f* • coal stone

harte Kohle *f*, magere Kohle, Magerkohle, Sandkohle, nicht backende Flammkohle • lean coal, noncaking coal, non-agglomerating coal, dry burning coal; free-ash coal, free-burning coal (US)

harte See *f* • severe sea

harter Trinidadasphalt *m* ➋ (Trinidad)Landasphalt

hartes Gestein *n* ➋ Hartgestein

hartes Konglomeratgestein *n* • hard conglomerate

hartes Lager *n* ➋ Bruchlager

hartfelsig, knauerig (⚒) • hard, rebel

Hartgestein *n*, festes Gestein, Hartstein *m* • solid rock, hard rock [*(a) A term used loosely for igneous or metamorphic rock, as distinguished from sedimentary rock, (b) A rock that is relatively resistant to erosion, (c) Rock that requires drilling and blasting for its economical removal, (d) A term used loosely by drillers for a pre-Cretaceous sedimentary rock that is drilled relatively slowly and that produces samples usually readily identified as to depth interval*]; metal [*obsolete*]

Hartgesteinkernen *n* • hard-rock coring

Hartgestein(s)maschine *f* • solid rock machine

Hartgestein-Schild *m* • hard rock shield

Hartgesteinsvortriebsmaschine *f*, Hartgesteins-Tunnelbohrmaschine *f* • solid rock tunnel boring machine (*or:* TBM), hard rock TBM

Hartit *m* • hartite, hartine [*Hydrocarbon occurring in brown coal as transparent masses or small, waxy triclinic crystals*]

Hartkalkhorizont *m* • lime pan [*A type of hard-pan cemented chiefly with calcium carbonate*]

Hartkalkstein *m* • hard limestone

Hartkruste *f*, Hartschicht *f*, Panzer *m* • hard-pan [*This term should be avoided in view of its wide and essentially popular local use for a wide range of materials and layers. The same applies to the German terms*]

Härtlingsbuckel *m* • monadnock

Härtung *m*, Monadnock *m*, Einzelberg *m* [*Bergkuppe oder andere Erhebung, die wegen der großen Widerstandsfähigkeit ihrer Gesteine gegen Abtragung über ihre Umgebung hinausragt*] • monadnock, torso mountain [*"Monadnock" is the name of a mountain in New Hampshire, U.S.A.*]

Häufigkeitsverteilung *f* • frequency distribution

Häufigkeitsverteilung *f* [*als grafische Darstellung*] • histogram

Hartmanganerz *n*, Psilomelan *m* • psilomelane, manganomelane, hard manganese, psilomelanite [*A hard, massive botryoidal, colloform manganese oxid(e) whose mineral composition is not specifically determined. The term manganomelane is rejected by the International Mineralogical Association*]

Hartmetall *n* • sintered carbide

Hartmetallbohrkrone *f*, Hartmetallkrone *f*, Hartmetallwerkzeug *n* • Tungsten carbide hard metal bit, hard-metal bit, hard faced bit

Hartmineral *n* • hard mineral [*It ranks seven or higher on the Mohs' scale*]

Hartsalzkainit *m*, Halitkainit • thanite [*A mix(ture) of thanite and halite*]

Hartsandstein *m* • hard sandstone

Hartschicht *f*, Hartkruste *f*, Panzer *m* • hard-pan [*This term should be avoided in view of its wide and essentially popular local use for a wide range of materials and layers. The same applies to the German terms*]

Hartschnee *m* • hard(-packed) snow

Hartschrot *m* • chill(ed) shot

Hartstein *m* ➋ Hartgestein

Harttonschiefer *m* • hard slate

Harttonstoff *m* • bend [*An English miner's term for any hardened clayey substance*]

Harz *n*, Naturharz, fossiles Harz • resin, natural resin, fossil resin

Harzadsorption *f* • resin adsorption

Harzauspressen *n* ➋ Harzeinpressen

Harzburgit *m* • harzburgite [*A peridotite composed chiefly of olivine and orthopyroxene. Named by Rosenbusch in 1887 for Harzburg, Germany*]

Harzeinpressen *n*, Harzverpressen, Harzauspressen, Harzinjizieren, Harzinjektion *f* • (pressure) resin grouting, resin (grout) injecting, resin injection (grouting)

Harz(einpress)schlämme *f* • resin grout, resin slurry

Harzer Wettersatz *m* (⚒) • Harz air pump

Harzinjektion *f* ➋ Harzeinpressen

Harzinjizieren *n* ➋ Harzeinpressen

Haselgebirge *n*, salzführender Ton *m* • salt-containing clay

Haspelhorn *n* (⚒) • hook handle

Haspelknecht *m*, Knecht, Arbeiter *m* zum Haspelziehen (⚒) • haul(i)er, ordinary workman

Haspelstütze *f* [*Eine der beiden niedrigen Säulen, auf denen die Haspelzapfen ruhen*] (⚒) • winch stay

Haspeltrommel *f*, Fördertrommel, Transporttrommel (⚒) • haul(age) drum, hauling drum

HaTelit® [*Flexibles, hochfestes und temperaturbeständiges Gitter zur wirkungsvollen Bewehrung von Asphaltschichten*] • HaTelit®

HaTe®-Gewebe *f* • HaTe®-fabric

HaTe®-Vliesstoffe *m(pl)* [*Vliesstoffe für die Funktionen: Trennen, Schützen, Filtern und Dränen*] • HaTe®-nonwoven

Haubenfutter *n* ➋ (Ramm)haubenfutter

Haubenschild *m* [*Tunnelvortriebsmaschine*] • hood shield, cowl shield

Haue *f*, Aushaueisen *n* (⚒) • hoe

Haueisen *n*, Berghammer *m* • head(ed) pickax(e)

hauen • to break [*coal*]

hauen von Schrämen ➋ schrämen

Hauer *m* ➋ (Kohlen)Hauer

Hauerarbeit *f*, Häuerarbeit, Hauen *n* (⚒) • hewing, getting

Häuergedinge *n* ➋ Erzgedinge

Hauerit *m* • hauerite, MnS_2 [*A reddish-brown or brownish-black mineral composed of native manganese disulfide; occurs massive or in octahedral or pyritohedral crystals*]

Haufen *m*, Haufwerk *n* • heap, pile

Haufen *m* aufbereiteten Erzes • panel [*A heap of dressed ore*]

Haufenlaugung *f* • heap leaching [*A process used for the recovery of copper from weathered ore and material from mine dump*]

Haufwerk *n* (⚒), Haufen *m* • heap, pile (of ore)

Haufwerk *n*, hereingebrochene Masse *f*, zusammengebrochene Masse, Bruch *m* (⚒) • fallen mass, caved(-in) mass, dropped mass

Haufwerk *n* ➋ gesprengter Fels

Haufwerk *n*, Schutter *m*, Ausbruchmaterial *n* [*Tunnel-, Stollen- und Schachtbau*] • muck, dirtied rock, broken ground, broken material, spoil, waste (rock), blasted heap [*if the result of blasting*], muck

Haufwerk(s)probe *f*, Massenprobe *f* • bulk sample [*A large sample up to a ton in weight taken at regular though widely spaced intervals*]

Haugthonit *m* • haughtonite [*A black variety of biotite that is rich in iron*]

Haupt *n*, oberes Ende *n* • head, upper part, upper end [*e.g. of a valley, stream, or river*]

Haupt *n* ➋ Kernschlich

Haupt *n*, obere Lagergleiche

Hauptabriss *m*, Hauptabrisskante *f* [*Ein Rutschungsmerkmal; Definition lt. MLG*/Krauter: Steil einfallende durch die Bewegung der Rutschmasse entstandene hangabwärts gerichtete Fläche auf dem nicht bewegten Boden oder Fels am oberen Teil der Rutschung. Er ist der deutlich sichtbare Teil der Gleitfläche.*] • main scarp [*A landslide feature; according to the MLG*/D.M. Cruden: A steep surface on the undisturbed ground at the upper edge of the landslide, caused by movement of the displaced material away from the undisturbed ground. It is the visible part of the surface of rupture*]

Hauptabtrag(ungs)basis *f*, Haupterosionsbasis, Hauptausnagungsbasis • main base level (of erosion), principal base level (of erosion), main erosion base level, principal erosion base level

Hauptabwasserkanal *m* • trunk sewer(age) conduit, trunk sewage conduit, trunk sewer(age) duct, trunk sewage duct [*The terms "main" and "principal" may synonymously be used for "trunk"*]

Hauptabwasserleitung *f* • main sewer, principal sewer, major sewer, interceptor sewer, collector sewer

Hauptachse *f* (M/G) • dominant axis

Hauptachsenanalyse *f* • main axis analysis, principal axis analysis, major axis analysis

Hauptandienung *f* [*einer Druckluftbaustelle*] • main operating centre (*US:* center)

Hauptankerkraft *f* • main anchoring force

Hauptanriss *m* ➋ Hauptabriss

Hauptarm *m* [*Fluss; Strom*] • main branch, principal branch

Hauptausleger *m* [*eines Krans*] • main boom

Hauptausnagungsbasis *f* ➋ Haupterosionsbasis

Hauptbewässerungs(ge)rinne *f*, *(n)* • supply (irrigation) channel [*The main channel supplying water to the irrigation area*]

Hauptbewässerungskanal *m*, Bewässerungshauptkanal • main (irrigation) canal, feed canal, storage canal, principal (irrigation) canal [*It conveys water from a storage reservoir or point of diversion to laterals for branch canals or to a group of irrigated farms*]

Hauptbohrung *f* ➋ Erkundungsbohren

Hauptbremsberg *m* (⚒) • underground incline shaft

Hauptbruchlinie *f* (⚒) • main break line, principal break line

Hauptdolomit *m* • Main Dolomite

Hauptdrän *m* • primary drain

Hauptdruckleitung *f* ➋ Druckhauptleitung

Hauptdurchschlag *m*, Hauptdurchbruch *m* [*Tunnelbau*] • main breakthrough

Hauptebene *f* • main plane, principal plane [*With reference to an oblique photo(graph), the vertical or*

essentially vertical plane perpendicular to the plane of the photo(graph), perpendicular to the horizon line, and containing the optical axis of the camera]

Hauptentwässerungsgraben *m* • main (drainage) ditch, principal (drainage) ditch

Haupt(erd)beben *n* • main (earth)quake, main shock, principal shock, principal (earth)quake [*The largest (earth)quake in a sequence*]

Haupterosionsbasis *f*, Hauptabtrag(ungs)basis, Hauptausnagungsbasis • main base level (of erosion), principal base level (of erosion), main erosion base level, principal erosion base level

Hauptfalte *f* • main fold, principal fold, master fold, major fold

H

Hauptfeld *n*, Dipolfeld, reguläres Feld • dipole field [*A mathematically simple magnetic field, having an axis of symmetry, with magnetic-field lines pointing outward along one half of the axis (positive pole) and inward along the other half (negative pole). Most magnetic fields that are sufficiently remote from their source resemble a dipole field*]

Hauptfläche *f* ➒ obere Lagerfläche

Hauptflügel *m* ➒ Oberwasserflügel

Hauptfluss *m*, Erbfluss, Erbbach *m* [*Nach alten Berggesetzen ein Fluss, der bei Verleihung als eine gewisse Grenze betrachtet wird, über dessen Mitte hinaus bei streichendem Felde dessen Massen von einem diesseitigen Punkte aus nicht hinüber zu erstrecken sind*] (⚒) • stream crossing a vein

Hauptfluss *m* • main stream, principal stream, master stream, trunk stream [*The principal or largest stream of a given area or drainage system*]

Haupt(förder)strecke *f*, Förderhauptstrecke (⚒) • main (haulage) drift, principal (haulage) drift, main hauling drift, principal hauling drift, main (haulage) road, principal (haulage) road, main hauling road, principal hauling road, mother gate, engine-plane, carrying road, carry(ing) drift, main heading [*"Way" and "level" "gate" and "gangway" may synonymously be used for "drift" and "road"*]

Hauptgang *m* • champion lode, mother lode, master lode, principal lode, main lode [*As called by miners*]; champion vein, mother vein, master vein [*As called by geologists*]

Hauptgasleitung, Gashauptleitung *f* • gas main

Hauptgeding(e)nehmer *m*, Grubenpächter, Generalgeding(e)träger, Gutspächter (⚒) • butty(collier), master collier [*Derbyshire; Staffordshire*]

Hauptgemengeteil *m*, *n*, Hauptmineral, felsbildendes Mineral *n*, wesentliches Gemengeteil *n*, gesteins-bildendes Mineral, felsbildendes Gemengeteil *n*, gesteinsbildendes Gemengeteil *n* • essential mineral, rock-forming mineral, rock-making mineral, specific mineral

Hauptgestänge *n*, Pumpengestänge, Schachtgestänge (⚒) • pump-spears, pump-rods

Hauptgraben *m*, Sammelgraben [*Er nimmt das Wasser von den Beetgräben oder kleinen Feldgräben auf und führt es einem Vorfluter zu*] • quarter ditch

Hauptgrundwasser *n* • main groundwater, principal groundwater

Hauptgrundwasseroberfläche *f*, Hauptgrundwasserspiegel *m* • main (ground)water table, main (ground)water plane, main (ground)water surface, principal (ground)water table, principal (ground)water plane, principal (ground)water surface [*The (ground)water table above the uppermost impermeable deposit*]

Hauptgruppe *f*, Abteilung *f* • supergroup [*An assemblage of related groups, or of formations and groups, having significant lithologic(al) features in common*]

Haupthöhennetz *n*, Höhenhauptnetz • first-order level network

Hauptholz *n* ➒ Kappe

Hauptkanal *m* [*Abwasserkanal*] • main sewer

Hauptklappe *f* ➒ Oberwasserflügel

Hauptkrümmungsradius *m* • principal curvature radius

Hauptladung *f* • base charge [*The detonating component in a detonator, initiated by the priming charge*]

Hauptmineral *n* ➒ Hauptgemengeteil

Hauptnebenfluss *m* • main tributary, principal tributary

Hauptnoritzone *f* [*Eruptivkörper des Bushvelds in Transvaal*] • main Belt, principal Belt

Hauptnormalspannung *f* • main normal stress, principal normal stress

Hauptorientierung *f* • preferred orientation [*structural petrology*]

Hauptpfeiler *m* • main pier

Hauptpressenstation *f* [*einer Schildmaschine od. Installation im Startschacht*] • main jacking station [*of a shield machine*]

Hauptpunkttriangulation *f* • main point triangulation, principal point triangulation

Hauptquerschlag *m* (⚒) • lower drift

Hauptröhre *f* [*Tunnelbau*] • main tube

Hauptrohrleitung *f*, Rohrhauptleitung

Hauptrutschkörper *m* [*Ein Rutschungsmerkmal;Definition lt. MLG*/Krauter: Teil des verlagerten Materials*

der Rutschung über der Gleitfläche zwischen Hauptabriss und Gleitflächenfront] • main body [*A landslide feature; according to the MLG*/D.M.Cruden: The part of the displaced material of the landslide that overlies the surface of rupture between the main scarp and the toe of the surface of rupture.*]

Hauptschlechte *f* • main cleat (plane), principal cleat (plane), master cleat (plane), face cleat (plane), back, major joint, face cleavage plane [*In a coal seam, a cleavage plane at right angles to the bedding plane is shiny and smooth and miners give it names according to their locality. Called "main cleet" in Derbyshire*]

Hauptsenkrechte *f*, (Bild)Hauptsenkrechte

Hauptspannung *f* • main stress, principal stress

Hauptspannungskreuz *n* • principal stress cross

Hauptspannungszustand *m* [*des Bodens*] • principal stress (condition)

Hauptsperre *f* ➋ Haupt(tal)sperre

Hauptspindel *f* mit Schlagkopf, Schlagkopf-Hauptspindel • jarring mechanism [*rotary jar*]

Hauptstollen *m* • main gallery, principal gallery; main tunnel, principal tunnel (US)

Hauptstraße *f* • main road

Hauptstrecke *f* (⚒) ➋ Haupt(förder)strecke

Hauptstreichen *n*, Generalstreichen [*Das durchschnittliche Hauptstreichen eines Ganges im Gegensatz zum Spezialstreichen*] • general bearing, general strike

hauptstreichender Gang *m* • vein of constant bearing [*As called by geologists*]; lode of constant bearing [*As called by miners*]

Hauptstrom *m* • main river, principal river

Haupttal *n* • main valley, principal valley

Haupt(tal)sperre *f* • mainstem dam

Hauptträgheitsachse *f* • principal axis of inertia

Haupttragwerk *n* • main structure

Haupttragwerkselement *n* • main structural element

Haupttransgressionsphase *f* • major transgression phase

Hauptuntersuchung *f* [*Einholung von Informationen über die Baugrundverhältnisse und lokalen Bauerfahrungen, Baugrubenbesichtigung, Erkundung der Bodenarten und ihrer Schichtung usw.*] • design investigation

Hauptverkehrsstraße *f* • arterial roadway [*A plan may divide roadways into three major categories: arterial, secondary and tertiary for snow clearing purposes. Arterial streets are the main thoroughfares, which are typically bus routes and are cleared first. The next focus is secondary streets (größere Nebenstraßen), which are generally the straight roadways that feed into arterial streets. Tertiary roads (B und C-Straßen), the narrow residential streets that feed into secondary streets, are the last to be plowed*]

Hauptvertikale *f* ➋ (Bild) Hauptvertikale

Hauptverwerfung *f*, Abschiebung, Zerlegungsbruch *m* [*Verschiebungen von Schollen längs geneigten Grenzflächen, mit welchen eine Verwerfung des seitlichen Schollenabstandes verbunden ist. Indem eine Hangendscholle abwärts und eine Liegendscholle aufwärts rückt, rücken beide zugleich um eine durch die Flächenneigung und den Verschiebungsbetrag bestimmte Strecke voneinander ab. Es ist also keine absolute Abwärtsbewegung*] • main fault, principal fault

Hauptverwerfungsfläche *f*, Abschiebungsfläche, Zerlegungsbruchfläche • main fault area, principal fault area

Hauptvorgelegewelle *f*, erste (Rotary)Hebewerkvorgelegewelle • (rotary) draw works drive shaft, (rotary) hoist drive shaft, drive (main) drive shaft, principal drive shaft

Hauptwaag(e)rechte *f*, (Bild)Hauptwaag(e)rechte

Hauptwasserlauf *m* im Watt ➋ Wattstrom

Hauptwasserleitung *f*, Wasserhauptleitung • water (distribution) main, distribution water main

Hauptwetterstrecke *f* (⚒) • main air road, main airway, principal air road, principal airway

Hauptwettertür *f* (⚒) • main air gate, principal air gate, main air door, principal air door

Hauptzeichen *n*, Grundzeichen • main sign, principal sign

Haus *n* • home; *less frequent:* house

Hausanschluss(leitung) *m*, *(f)*, Gebäudeanschluss(leitung), Abzweig *m* • house connection (line), building connection (line), house lateral (line), (building) lateral (line), housing connection, take-off connection, branch, connection to housing, service connection

Hausbesitzer(in) *m*, *(f)* • home owner

Hausbrand(kohle) *m*, *(f)* • domestic coal, house(-hold) coal

Häuserblock *m* [*Von Straßen eingeschlossene Häusergruppe*] • insula, block

Hausbrunnen *m* • domestic well, house well

Hausgiebel *m* • gable of (a/the) house

Hausmannit *m* • hausmannite, Mn_3O_4

Hausmüll *m* • domestic refuse, domestic garbage (Brit.), domestic rubbish (US)

Haustechniker *m* • house technician

Häutchen *n* • film

Häutchenwasser *n* ➋ Haftwasser

H

Hauterive *f* • Hauterivian [*A European stage of geologic time, in the Lower Cretaceous, above Valanginian and below Barremian*]

Hautrutschung *f*, Hautrutsch *m*, Hangmure *f*, Fließrutschung *f* [*Ein Gemisch aus Lockergestein, oft nur der Boden, und Wasser. bei einer Hautrutschung handelt es sich um eine spezielle Form einer spontanen Rutschung*] • slope-type debris flow, flow slide

Hauttranspiration *f* [*Pflanze*] • cuticular transpiration

Haüysches Gesetz *n*, Gesetz der rationalen Achsenabschnitte • law of rational indices, law of rational intercepts, Haüy's law [*crystallography*]

Hauyn(it) *m* • hauyn(it)e, $(Na,Ca)_4$ $8(Al_6Si_6O_{24}$ $(SO_4,S)_{1\text{-}2}$

H

Havariebehebung *f* ➋ Instrumentieren

Havariewerkzeug *n* ➋ Fanggerät

Hawaiitätigkeit *f* [*Ausfließen von Lavaströmen*] • Hawaiian (type of central) eruption

HDI-Block *m*, HDI-Dichtblock *m*, Hochdruckinjektionsblock *m* • HDI block, jet grouting block

HDI-Dach *n* • jet grouting roof

HDI Schürze *f* • jet grouting curtain, grout curtain

HDPE-Folie *f* • HDPE geomembrane

HEB-Träger *m*, IPB-Träger *m* [*alte Bezeichnung*] • HE-B girder

Hebekappe *f*, Hubkappe, Hebepulle *f*, Hubpulle [*Tiefbohrtechnik*] • lifting cap, lifting nipple, lifting sub

Hebeklaue *f* [*Zum Fassen eines Bohrgestänges, ähnlich dem Glückshaken*] • runner

Hebelwaage *f* [*Schwerkraftmessung*] • lever balance

Heben *n* [*von Gebäuden*] • jacking up [*of buildings*]

Heben *n* der Sohle ➋ Sohlenhebung

Hebepulle *f* ➋ Hebekappe

Heber *m*, Saugheber • siphon, syphon

hebern ➋ (ab)hebern

Heberrohr *n* ➋ (Saug)Heberrohr

Heberüberfall *m* ➋ Saugüberfall

Heberüberlauf *m* ➋ Saugüberfall

Hebeschuss *m* • lifting shot

Hebe(spreng)loch *n* [*Einbruchsprengen*] • lifter (blasting) hole, lifter

Hebewerk *n* ➋ (Rotary-)Hebewerk

Hebewerkspillwelle *f* ➋ (Rotary-)Hebewerkspillwelle

Hebewerktrommelwelle *f* ➋ (Rotary-)Hebewerktrommelwelle

Hebewerkvorgelegewelle *f* ➋ (zweite) (Rotary)Hebewerkvorgelegewelle

Hebezeug *n* • hoisting equipment, hoist

hebräischer Stein *m*, Schriftgranit *m* • graphic granite, runite, graphic stone, Hebraic granite

Hebung *f*, Aufbruch *m* • lift, heave, uplift(ing), heaving, ground heaving, lifting [*1. The uplifting of earth between or near piles, caused by the displacement of soil by pile driving. 2. The uplift of a previously driven pile caused by the driving of an adjacent pile. 3. The upward movement of soil and/or foundations supported on soil, by expansion occurring in the soil as a result of such factors as freezing and swelling due to increased water content or sulphite soils exposed to air*]

Hebung *f* • uplift [*The elevation of any large part of the Earth's surface relative to another part*]

Hebung und Senkung *f* ➋ Verschiebung der Küstenlinie

Hebungsbeschleunigung *f*, Beschleunigung der Hebung • acceleration of upheaval, upheaval acceleration

Hebungsbruch *m* [*Bodenmechanik*] • fracture by heave, fracture by creep, fracture by lift; failure by creep, failure by heave, failure by lift (US)

Hebungsdruck *m* • upheaval thrust

Hebungsentlastungsbrunnen *m* • (pressure) relief well, uplift pressure relief well

Hebungsgebiet *n*, Hebungszone *f* [*Eine Aufwölbung erheblicher Ausdehnung wird "Antiklinale" genannt*] • uplift (zone)

Hebungskluft *f* ➋ Aufbruchkluft

Hebungsküste *f*, Auftauchküste, aufgetauchte Küste • raised coast, emerged coast, coast of emergence

Hebungs-Spaltungs-Vulkanismus *m* • rising-fissuring volcanism

Hebungszone *f*, Hebungsgebiet *n* [*Eine Aufwölbung erheblicher Ausdehnung wird "Antiklinale" genannt*] • uplift (zone)

Heckenbuschlage *f* [*platziert zwischen Drahtschotterbehältern*] • hedge-brush layer [*placed between hard gabions*]

Heckenlage *f* [*platziert zwischen Drahtschotterbehältern*] • hedge layer [*placed between hard gabions*]

Hedenbergit *m*, $(SiO_3)_2FeCa$ • hedenbergite [*A black mineral consisting of calcium-iron pyroxene and occurring at the contacts of limestone with granitic masses*]

Heerdpfahl *m* [*frühere Benennung*] ➋ Spundbohle

heftiger Niederschlag *m*, heftiger Regen *m* • heavy rainfall, heavy precipitation, rainstorm

Heideerde *f*, Blecherde

Heide(land) *f*, *(n)* • heath(land), heather

Heidemoor ***n*** • heather moor, heath(land) moor
Heidenstein ***m*,** Ericit *m* [*Dendrit mit strauchähnlichen Zeichnungen*] • erikite, heath-stone
Heidepodsol(boden) ***m*** • heath podzol, heath podsol
Heidetorf ***m*** • calluna peat, heath peat
Heilbad ***n*** • spa, watering place [*"Spa" is the name of a watering place near Liege, Belgium, celebrated for the curative properties of its mineral springs. Hence used in a general sense and applied to similar mineral springs and watering places elsewhere*]
Heilbrunnen ***m*,** Heilquelle *f* • spa, medicinal spring
Heimatform ***f*** • local form
Heimatkunde ***f*** • local studies
Heimstock ***m*** ➋ Aichpfahl
Heimwärtsbau ***m*** (⚒) ➋ Rück(wärts)bau
Heinenmethode ***f*,** Heinenverfahren *n* • gold desorption from activated carbon with alkaline alcohol solution
Heinitz ***m*** ➋ Paternosterwerk
Heinzenkunst ***f*** ➋ Paternosterwerk
heiß • hot [*As related to radioactivity, said of a highly radioactive substance*]
Heißdrahtwindmesser ***m*,** Glühdrahtwindmesser • hot-wire anemometer [*The amount of heat carried away from a heated wire is a function of the speed of the air (= wind) flowing across the wire*]
heiße Gesteinsformation ***f*,** übernormal hoch temperierte Gesteinsformation, heißes Gestein *n*, übernormal hoch temperiertes Gestein • hot dry rock, HDR [*A potential source of heat energy within the Earth's crust: rocks at depths less than 10 km and at temperatures above 150 °C. They are related to two types of heat source: igneous magmas and conduction from the Earths deeper interior*]
heiße Grube ***f*,** heiße Mine *f* [*Gebirgstemperatur 50° C und darüber*] • hot mine
heiße Mineralschlämme ***m****(pl)* [*Meer(es)sediment*] • hot mineral brine
heiße Trockengesteinmethode ***f*,** heißes Trockengesteinverfahren *n* [*geothermische Energienutzung*] • hot dry rock method
heiße Wüste ***f*,** eigentliche Wüste, vollaride Wüste • hot desert [*The mean annual temperature is higher than 18 °C (64.4 °F)*]
heiße Zone ***f*,** Tropenzone • torrid zone, tropical zone
heißer Erdmantelfleck ***m*** ➋ thermaler Fleck
heißer Fleck ***m*,** schillernder Fleck [*Amplitudenanomalie in der Reflexionsseismik*] • hot spot, bright spot
heißes Gestein ***n*** ➋ heiße Gesteinsformation
heißes Trockengesteinverfahren ***n*,** heiße Trockengesteinmethode *f* [*geothermische Energienutzung*] • hot dry rock method
Heißquelle ***f*** • hot spring [*A thermal spring whose temperature is above that of the human body*]
Heißwassermethode ***f*,** Heißwasserverfahren *n* [*Bitumenextraktion aus Ölsand*] • hot-water method
Heitholz ***n*** ➋ Kappe
Heizdraht-Niederschlagsgerät ***n*** [*Zur laufenden Aufzeichnung des Staubgehaltes über einen langen Zeitraum*] (⚒) • thermal precipitator
Heizöl ***n*** • fuel oil
Helfer ***m*,** Einwerfer [*Ein Stempel, Türstock, der bei großem Druck zwischen zwei andere zu deren Unterstützung eingelegt wird*] (⚒) • durn(s) of relief, relief durn(s)
Helfgeviert ***n*,** Hilfsgeviert, Mittelgeviert [*Vorläufiges Geviere hinter dem Ansteckgeviere, gewöhnlich etwas größer als dieses. Es sichert die Richtung der Pfähle nach außen*] (⚒) • auxiliary square set(t) (of timbers)
Helgen ***m*** ➋ Helling
Helikopter-Landeplatz ***m*,** Hubschrauber-Landeplatz [*oft auf Hochhäusern*] • heliport, helicopter landing deck
Heliktit ***m*,** exzentrischer Tropfstein *m* • helictite, eccentric (concretion)
Heliodor ***m*** • heliodor; chrysoberyl [*obsolete*]
Heliotrop ***m*** [*Lichtsignal für Triangulationsmessungen. Es leitet mit seinem Spiegel oder seinen Spiegeln aufgefangene Sonnenstrahlen durch ein Fadenkreuz zum Theodolitstandpunkt*] • heliotrope
Heliotrop ***m*** ➋ Blutstein
Heliumaltersbestimmung ***f*** • helium age method, helium dating
Heliumtaucherglocke ***f*** • helium diving bell
hell messinggelb • bright brass yellow
hellbrauner Halbwüstenboden ***m*** • light brown semi-desert soil
heller Kalkstein ***m*** **aus Israel** • golden vein [*commercial term*]
heller Larvikit ***m*,** Labrador hell *m* • Blue Pearl [*international commercial name*]
Heller ***m*** ➋ Außen(deich)land
heller Glimmer ***m*** ➋ Muskovit
heller Widerschein ***m*** • luminous glare [ice *blink*]
hell(farbig), leukokrat • leucocratic; light(-coloured) (Brit.); light(-colored) (US) [*igneous rock*]
hell(farbig)es Mineral ***n*** • light mineral, leucocratic mineral; light-coloured mineral (Brit.); light-colored mineral (US)

H

Hellfarbigkeit *f* • leucocrate
Hellfeld *n* • BF, bright field
Hellfeldbeleuchtung *f* • direct illumination [*The gem (stone) specimen under examination is illuminated by light passing directly from the mirror of the microscope, or through the substage condenser*]
Hellfeldbeleuchtung *f* [*Mikroskopie*] • bright-field illumination, BF-illumination
hellgrüner Turmalin *m* • light green t(o)urmaline; Brazilian peridot [*misnomer*]
Helligkeitsregler *m* • dimming rheostat [*photogrammetry*]
Helling *f* • slipway, slip-dock, building-slip, building berth, building slipway
Hellkammer *f*, lichte Kammer • camera lucida [*physics*]
helltürkis • pale turquoise
Helm *m*, Gezähestiel *m* (⚒) • handle, elve, shaft
Helm *m*, Sandhelm, Sandhafer *m*, Strandhafer, Helmgras *n* • sand-sedge
Helmholtzsche Funktion *f* • Helmholtz free energy, Helmholtz function, work function
Helmholtz-Labilität *f* • Helmholtz instability, shear (ing) instability [*The hydrodynamic instability arising from a shear(ing), or discontinuity, in current speed at the interface between two liquids in two-dimensional motion; the perturbation gains kinetic energy at the expense of that of the basic currents*]
Helvetikum *n* • Helvetikum
Helvetische Kalk-Mergel-Wechselfolge *f* • limestone marl alternations, alternating limestone-marl beds
Helvin *n*, $(SiO_4)_3(Ma,Be,Fe)_7S$ • helvine, helvite [*A silicate mineral isomorphous with danalite and genthelvite*]
hematoblastische Struktur *f* • hematoblastic texture
Hernieder *n*, Halbflächner *m* • hemihedral crystal, hemisymmetric(al) crystal
Hemiedrie *f* [*Kristallografie*] • hemihedrism
hemiedrisch • hemisymmetric(al), hemihedral [*Merohydral crystal class (or classes) in a system*]
Hemimorphit *m*, Kieselzinkerz *n*; (Kiesel)Galmei *m* [*frühere Benennungen*] • hemimorphite, (electric) calamine, galmei
Hemmstange *f* (⚒) • dragbar, backstay [*In Australia, an iron bar fastened to the back of a skip to prevent the later running downhill in case the hauling rope breaks*]
Hengleinit *m* ➔ Bravoit
Hencky-Theorem *n* • Hencky theorem
Heptanwanne *f* • heptane bath
herabfallen ➔ nachfallen
herabgelotet, herabgesenkelt, herabgeseigert, herabgesaigert • plumbed down
Herabsetzung *f* des Stationsdruckes auf Meereshöhe [*Höhen(ver)messung*] • field pressure reduction to mean sea level
herabstufen, mindern in der Güte • to downgrade [*To classify a substance as lower quality than warranted*]
herabstürzen ➔ nachfallen
Herabstürzen *n* der Firste ➔ Zubruchgehen der Firste
Herabwandern *n* der Mäander • (sweep(ing) [*The progressive movement of the meanders down the valley*]
heraufziehen ➔ (hoch)winden
Herausbrennen *n* • cutting out by flame
Heraushebung *f* ➔ Auftauchung
herauslösen, gewinnen [*Lagerstätteninhalt aus dem Gebirge*] • to dig out, to excavate, to break (down), to bring down, to break off
Herauslösen *n*, Gewinnen [*Lagerstätteninhalt aus dem Gebirge*] (⚒) • digging out, excavation, breakage, bringing down, breaking (down), breaking off [*Not to be confused with "winning" which includes excavation, loading and removal*]
Herauslösen, Lösen *n* • fragmentation of minerals from their solid state
Herauslösen *n* ➔ (Aus)Laugen
Herauslösung *f* ➔ Aufschluss
Herauslösung *f* ➔ (Aus)Laugen
Herauslösungskorngröße *f* ➔ Aufschließungskorngröße
Herauslösungsuntersuchung *f* ➔ Aufschlussuntersuchung
herauspflügende Glazialerosion *f* ➔ Exaration
herauspräparieren • to etch (into relief)
Herauspräparieren *n* • etching (into relief) [*The reduction of the Earth's surface by the slow process of differential weathering, mass washing (especially creep), sheetwash, and deflation, so that areas underlain by more resistant rocks are brought into relief as the less resistant rocks are lowered*]
Herausschießen *n* [*Von Teilchen aus einer Oberfläche durch Beschuss mit positiven Ionen*] • sputtering
Herausschießen *n* der Kohle aus Langbohrlöchern • longhole mining
Heraussickerung *f*, Aussickerung, Wegsickerung, Fortsickerung • outward seepage, out-seepage [*The water emerges from the ground along some rather extensive line or surface*]
heraussprengen • to blast out

herausspülen, austragen [*Entfernen der Pochtrübe aus dem Pochtrog*] • to run off [*The sand from the stamps*]
herausziehen, lüften [*Die Räumnadel (pricker) beim Besetzen eines Bohrloches*] • to draw (out)
Herausziehversuch *m*, Pull-out Versuch *m* [*um die Verbundparameter von Geokunststoffen und Erdkörpern zu ermitteln*] • pull-out test [*to determine interaction parameters of geosynthetics and soils*]
Herausziehwiderstand *m* [*z. B. eines Zugglieds*] • pull-out resistance [*such as of a tension element*]
herausziehen der Bohrgarnitur ➋ (auf)ziehen des Bohrzeuges
Herbstbewässerung *f* • fall irrigation, autumn irrigation
Herbsthochwasser *n* • fall flood, autumn flood
Herbstniederschlag *m* • fall precipitation, autumn precipitation
Herbstregen *m* • fall rain, autumn rain
Herbst-Tag- und Nachtgleiche *f* • fall equinox, autumn equinox
Herd, Erdbebenherd *m* (seismic) focus, earthquake focus
herdnah [*Erdbebenherd*] • close to the focus
Herd *m* [*Aufbereitung*] • buddle
Herd *m* [*Bei einigen Abbauweisen ein stufenförmiger Absatz, der vor Ort belassen wird*] (⚒) • step of rock at the face of a heading
Herd *m* ➋ Magmakammer
Herdarbeiter *m* ➋ Erzwäscher
Herdenergie *f* • focus energy
Herdflut *f* [*Von Waschherden abfließendes trübes Wasser, welches nicht mehr genügend Erz enthält um weiter verwaschen zu werden*] • buddle waste(s)
Herdgebiet *n*, Herdzone *f* • focus region, focus zone, focus area
Herdgraben *m*, (Ab)Dicht(ungs)graben • (toe) cutoff (trench) [*In dams, a trench excavated well below the foundation to an impervious layer and then filled with clay or concrete to make a watertight barrier*]
Herdsporn *m* ➋ Abschlusswand
Herdtiefe *f*, Erdbebenherdtiefe • focal depth, focus depth, depth of focus, seismic focus depth [*The distance from the focus of an earthquake to the epicentre*]
Herdwand *f* ➋ Abschlusswand
Herdzeit *f* • focus time
Herdzone *f*, Herdgebiet *n* • focus region, focus zone, focus area
hereinbrechen ➋ nachfallen
Hereinbrechen *n* ➋ Verbruch
Hereinbrechen *n* **der Firste** ➋ Zubruchgehen der Firste
Hereinbrechen *n* **(des Hangenden)** ➋ Einbruch
hereinbrechendes Grubenwasser *n*, Schwall *m*, Wassereinbruch *m* (⚒) • water inrush, water inflow, swallet
hereingebrochen, zubruchgeworfen, zubruchgegangen, hereingeworfen • caved(-in), fallen, dropped, collapsed, broken down
hereingebrochene Masse *f*, Haufwerk *n*, zusammengebrochene Masse, Bruch *m* (⚒) • fallen mass, caved(-in) mass, dropped mass
hereingebrochenes Erz *n* ➋ Erzhaufwerk
(herein)gewonnen, abgebaut (⚒) • gotten, won
hereingeworfen ➋ hereingebrochen
Hereinnehmen *n* **tauben Nebengesteins** • dissuing [*Cornwall. Cutting out the selvage or gouge of a lode to facilitate ore extraction*]
Hereinschießen *n* **der Firste,** Firstenschießen • heading-and-bench blasting, underhand blasting
hereinschlagen im engeren Sinne, hereintreiben im engeren Sinne, hereintreiben mit Keilen, hereinschlagen mit Keilen • to pool [*To cut a hole and inserting a wedge for splitting (as in mining or quarrying)*]
Hereinschlagen im engeren Sinne, Hereintreiben *n* im engeren Sinne, Hereintreiben mit Keilen, Hereinschlagen mit Keilen (⚒) • pool
hereinstürzen ➋ nachfallen
Hereintreibearbeit *f*, Keilarbeit (⚒) • wedging down
Hereintreibemaschine *f* (⚒) • breaking machine
hereinzugewinnender Pfeiler *m* (⚒) • pillar to be extracted
herkömmlich • conventional
Herkulespfahl *m*, Fertigbetonpfahl mit Stoßverbindung • Hercules pile, precast (concrete) pile with internal sleeve couplings
Herkules-Stahldornpfahl *m* • Hercules mandrel pile [*It is similar to the Cobi pneumatic mandrel pile, except that the straight-sided mandrel expands mechanically, whereas in the Cobi pile it is expanded using nitrogen or air at a pressure of about 125 psi*]
Herkunft *f*, Abstammung *f* • descent
Herkunftsgebiet *n* • provenance, provenience, source area, sourceland [*A place of origin; specifically the area from which the constituent materials of a sedimentary rock or facies are derived*]
Herkunftsgestein *n* • provenance [*The rocks of which a source area is composed*]
Herkunftsüberlegung *f* • provenance study

hermatypische Koralle *f*, riffbildende Flachwasserkoralle • hermatypic coral, hermatype, reef-building coral

Herrichtung *f* ➔ Fertigstellung

Herstellungsphase *f* • stage of execution

herunterbringen ➔ schlagen

Herunterbringen *n* ➔ Schlagen

herunterfahren [*einen Atomreaktor*] • to shut down

Herunterkehren *n* ➔ Abkehren

hervortretende Linie *f* [*Spektrum*] • enhanced line

Herzenbergit *m*, Kolbeckin *n*, SnS • herzenbergite; kolbeckine [*obsolete*]

Herzyniden *f* ➔ Variscisden

herzynische Gebirgsbildung *f*, variscische Gebirgsbildung, herzynisches Orogen *n*, variscisches Orogen • Hercynian orogeny, Variscan orogeny, Variscan diastrophism; Armorican orogeny [*obsolete*]

herzynische variscische (Gebirgs)Kette *f*, armorische (Gebirgs)Kette [*Armorica ist der römische Name der Bretagne. Diese Kette erstreckt sich von Südirland über Südengland und die Bretagne bis zum französischen Zentralplateau*] • Hercynian chain, Variscan chain; Armorican chain [*obsolete*]

herzynisches Streichen *n*, variscisches Streichen [*Nordwest-Südost-Orientierung. Nicht verwechseln mit der Anordnung der Gesteinszonen bzw. der Faltungsstrukturen im Harz*] • Hercynian strike, Variscan strike

Herzynit *m*, Eisen(-Tonerde)spinell *m*, Aluminium-Eisen-Spinell, Al_2FeO_4 • hercynite, iron spinel, ferrospinel [*A black mineral of the spinel group; crystallizes in the isometric system*]

Hessische Senke *f* • Hessian Depression

Hessit *m*, Tellur(gold)silber *n*, Ag_2Te • hessite, silver (-gold) telluride [*Gold is often present*]

Hessonit *m* • essonite, hessonite [*A yellow-brown or reddish-brown transparent gem variety of grossular garnet containing iron*]

heteroblastisch • heteroblastic [*Pertaining to a type of crystalloblastic texture in a metamorphic rock in which the essential mineral constituents are of two or more distinct sizes. The term was originated by Becke (1903)*]

heterogen ausgebildet sein [*z. B. Kiese*] • be heterogeneous

heterogene Baugrundverhältnisse *n(pl)* • heterogeneous subsoil conditions

heterogener Baugrund *m* • heterogeneous subsoil (ground, foundation soil, site)

heterogener Boden *m* • heterogeneous soil

Heterogenit *m*, CoO(OH) • heterogenite, stainierite

Heterogenität *f* [*des Bodens*] • heterogeneity *(of the soil)*, heterogeneous ground conditions*)*

heterolithogene Unkonformität *f* • nonconformity [*An unconformity developed between sedimentary rocks and other rocks - plutonic, igneous and massive metamorphic rocks -that had been exposed to erosion before the overlying sediments covered them. The restriction of the term to this usage was proposed by Dunbar and Rodgers (1957, page 119). Although the term is "well known in the class room", it is "not commonly used in practice" (Dennis 1967, page 160)*], heterolithic unconformity [*Proposed by Tomkeieff (1962, page 412) to replace "nonconformity" in the sense of an unconformity developed between "unlike rocks"*]

heteromorph • heteromorphic, heteromorphous [*Evolution. Deviating from the usual form, or having diversity of form*]

heteromorph • heteromorphic [*Petrology. Said of igneous rocks having similar chemical composition but different mineralogic composition*]

Heteromorphit *m* • heteromorphite, $Pb7Sb_8S_{19}$ [*An iron black, monoclinic mineral consisting of lead antimony sulfid(e)*]

heteropolytypisches Tonmineral *n* • heteropolytypic clay mineral, mixed-layer clay mineral

Heublumensaat *f*, Heublumen *f(pl)* [*zur Sicherung von Rutschhängen*] • hayseed

heuristisch-empirischer Ansatz *m* • heuristic-empirical approach

heutzeitlich, rezent • recent

Hexaedereck(e) *n*, *(f)* ➔ Würfeleck(e)

hexagonales System *n* [*Kristallografie*] • hexagonal system

Hexastannin *n* • hexastannite, stannoidite, $Cus(Fe,Zn)_2SnS_8$

hGw ➔ Grundwasserdicke

HHK ➔ hochhydraulischer Kalk

HHThw, allerhöchstes Tidehochwasser *n* • most-high high tide

HHTnw, allerhöchstes Tideniedrigwasser *n* • most-high low tide

Hialit *m* ➔ Hyalith

Hiddenit *m* [*Smaragdgrüne und gelbe Edelsteinvarietät des Spodumen. Vorkommen: North Carolina, Madagaskar, Brasilien*] • hiddenite

High-Strain-Integritätsprüfung *f* • high-strain integrity test(ing)

Hilfsarbeit(en) *f(pl)*, Nebenarbeit(en) *f(pl)* • back-work [*Any kind of operation in a mine not immediately concerned with production or haulage*]

Hilfsbaustoff ***m*** • auxiliary construction material
Hilfsbrücke ***f*** • auxiliary bridge, temporary bridge
Hilfseinrichtung ***f*** [*zum Transportieren und Absenken eines nicht selbst schwimmenden Senkkastens*] • floatation aid
Hilfselevator ***m*** [*Tiefbohrtechnik*] • pick-up elevator
Hilfsformation ***f*** ➋ Deisterformation
Hilfsfundament ***n*** ➋ Hilfsgründung
Hilfsgeviert ***n,*** Helfgeviert, Mittelgeviert [*Vorläufiges Geviert hinter dem Ansteckgeviere, gewöhnlich etwas größer als dieses. Es sichert die Richtung der Pfähle nach außen*] (⚒) • auxiliary square set(t) (of timbers)
Hilfsgründung ***f,*** Hilfsfundament *n* • provisional foundation, temporary foundation
Hilfskran ***m*** • auxiliary crane
Hilfskranz ***m*** ➋ Kranz
Hilfskugel ***f*** [*Verkleinerte Erdkugel zur Verdeutlichung der kartografischen Abbildung des geografischen Gradnetzes in die Kartenebene*] • generating globe
Hilfsmikroskop ***n*** • telescopic eyepiece [*phase-contact microscopy*]
Hilfsschacht ***m,*** Einsteigschacht, Zugang(s)schacht, Einstiegschacht, Einfahr(t)schacht, Bauschacht • access shaft, construction shaft, building shaft
Hilfsschicht ***f*** ➋ Deisterformation
Hilfssprengloch ***n*** ➋ ungeladenes Sprengloch
Hilfssprengstoff ***m,*** Sprenghilfsstoff, nicht selbständiger Sprengstoff [*In der Bundesrepublik Deutschland fallen die 'blasting agents' ebenfalls unter die Sprengstoffgesetzgebung*] • blasting agent [*Any material or mix(ture) consisting of a fuel (combustible) and oxidizer, intended for blasting, not otherwise classified as an explosive and in which none of the ingredients are classified as an explosive, provided that the finished produce, as mixed and packaged for use or shipment, cannot be detonated by a No. 89 test blasting cap when confined. An example of a blasting agent is ammonium nitrate*]
Hilfsstandlinie ***f*** [*Vermessung*] • base of verification, verification base
Hilfssteife ***f*** [*Betonbalken*] • stiffening beam
Hilfsstempel ***m*** (⚒) ➋ Bockstempel
Hilf(s)stollen ***m*** **für den Bau** ➋ Zugang(s)stollen
Hilfsstrecke ***f,*** Nebenstrecke, kurzer Querschlag *m* (⚒) • holing
Hilfsstriegel ***m*** [*Vorrichtung zum Verschluss eines Teichgerinnes*] • auxiliary sluice
Hill-Kinematismus ***m*** • Hill kinematism
Himbeerspat ***m,*** Manganspat
Himmelsbreite ***f*** • ecliptic latitude, celestial latitude
Himmelsglobus ***m,*** Stern(en)globus • celestial globe, star globe
Himmelskörper ***m,*** Gestirn *n* • heavenly body, celestial body
Himmels(körper)mechanik ***f*** • celestial mechanics, gravitation(al) astronomy, gravity astronomy [*The calculation of motions of the celestial bodies under the action of their mutual gravitational attractions*]
Himmelskoordinate ***f*** • celestial co-ordinate
Himmelskugel ***f*** • celestial sphere, celestial globe
Himmelslänge ***f*** • ecliptic longitude, celestial longitude
Himmelslicht ***n*** • skylight
Himmelsmehl ***n*** ➋ erdiger Gips
Himmelsrichtung ***f*** • compass point
Himmelsstrahlung ***f,*** Luftlicht *n* • sky radiation
Himmelstein ***m,*** Benitoit *m,* $BaTiSi_3O_9$ • benitoite, heaven stone [*Acid titano-silicate of barium*]
hinabfahren ➋ anfahren
Hinauffahren ***n*** (⚒) • climbing
Hindernis ***n*** • obstruction
Hindernis ***n,*** Schikane *f,* Störkörper *m,* Energievernichter *m* • baffle, energy dissipater, baffler, energy dissipator [*A plate, vane, or block set in a channel or conduit to secure more uniform flow conditions by damping eddies*]
Hindernisbelüfter ***m*** ➋ Schikanebelüfter
Hindernisbeseitigung ***f,*** Hindernisräumung • obstruction removal
Hindernisdüne ***f*** • tail dune [*A dune that accumulates on the leeward side of an obstacle and that tapers away gradually for a distance of up to 1 km*]
Hindernismarke ***f*** • obstacle scour mark [*A scour mark produced by the interaction of an obstacle on the bed and a current flowing around it*]
Hindemistal ***n*** ➋ abgeriegeltes Tal
Hindernisortung ***f*** [*beim unterirdischen Bauen*] • locating obstacles [*in underground construction*]
hindurchfahren [*zwischen Schlitzwänden mit einer Tunnelbohrmaschine*] • to negotiate [*with a tunnel boring machine*]
Hinmessung ***f*** ➋ Vorblick
Hinterbogen ***m*** [*Dem magmatischen Bogen auf der kontinentwärtigen Seite benachbart, z. B. beim Kontinentalrand der zentralen Anden*] • backarc
Hinterdrän ***m,*** Saumdrän, Auffangdrän, (Ab)Fangdrän, Sammeldrän, Hangdrän • catch (water) drain, catchwater, interception drain, (intercepting) drain, interceptor, curtain drain, grip, catchwork, cutoff drain, diversion drain, intercepting

H

channel [*A drain constructed at the upper end of the area to be drained to intercept surface or ground water flowing toward the protected area from higher ground and carry it away from the area*]

Hinterebbe f, Achterebbe, letzte Ebbe, Nachebbe • ebb end

Hintereinanderschaltung f [*von Federn*] ➋ Serienschaltung

hinterer Kettenzieher m, hinterer Kettenträger [*Kettenvermessung*] • chain follower

hinterfüllen [*z. B. eine Spundwand*] • to backfill

hinterfüllte Wand f • backfilled wall

Hinterfüllung f [*z. B. einer Spundwand, eines Bauwerks*] • backfill(ing)

H

Hintergraben m ➋ (Ab)Fanggraben

Hinterkammer f [*(Wehr)Trommelverschluss*] • rear chamber

Hinterkante f • foot(wall) cutoff, trailing edge [*The rear edge of a thrust sheet with respect to a given stratigraphic unit where it terminates against another thrust sheet*]

Hinterland n • hinterland, backland, back country [*1. That zone containing the beach flanks and the area inland from the coastline to a distance of five miles. 2. The region lying behind the coast district. 3. Subjective term referring to the relatively undisturbed terrain on the back of a folded mountain range, that is, the side away from which the thrusting and recumbent folding appears to have taken place. 4. The actively moving block which forces the geosynclinal sediments toward the foreland. If both blocks move equally, the distinction between foreland and hinterland breaks down. 5. The land which lies behind a seaport or seaboard and supplies the bulk of the exports, and in which are distributed the bulk of the imports of that seaport or seaboard*]

Hinterlieger m [*Grundstückseigentümer od. ähnlich Berechtigter, dessen Grundstück nicht, wie das eines Anliegers (Vorderliegers) direkt an einer öffentlichen Straße liegt, sondern indirekt erreichbar ist*] • rear resident

Hinterspülung f • outflanking [*Erosion behind or around the inner end of a groyne or bulkhead, usually causing failure of the structure*]

Hinweg m • forward run [*surveying*]

Hirschbach-Methode f, Hirschbach-Verfahren *n* (⚒) • Hirschbach method, superjacent roadway system [*A method for draining firedamp from coal seams by means of superjacent entries located 80 -138 feet (24 -42 meters) above the seams and supplemented by boreholes drilled at right angles to the entry walls*]

hirsenförmiges Sandkorn n • millet-seed sand grain

Histogramm n, Säulendiagramm • histogram, frequency distribution vertical-bar graph

historisch gewachsene Strukturen f(pl) [*in Städten*] • historically grown structures [*in towns and cities*]

historische Gedenkstätte f, geschichtliche Gedenkstätte • historical site

historische Geologie f • historical geology [*A major branch of geology that is concerned with the evolution of the Earth and its life forms from its origin to the present day. The study of historical geology therefore involves investigations into stratigraphy, pal(a)eontology, and geochronology, as well as the considerations of pal(a)eoenvironments, glacial periods, and plate-tectonic motions. It is complementary to physical geology. Not to be confused with "history of geology"*]

Historisches Archiv n • Historical Archive

historisches Gebäude n • historical building

historisch wertvolles Bauwerk n • historically valuable building

Hitzdraht m [*Indirektes Strömungsmessverfahren*] • heated wire

Hitze f [*Einrammen von Pfählen*] • number of strokes; tolly of strokes [*obsolete*]

Hitze f [*Serie von 10 Rammschlägen*] • ten driving blows

Hitzeblitz m, Sommerblitz • summer flash, summer lightning, heat flash, heat lightning [*A sheet lightning without thunder, the result of a storm at a great distance*]

Hitze-(Boden-)Stabilisierung f, Wärme-(Boden) Stabilisierung • (soil) stabilization by heating, (soil) solidification by heating

Hitzebohren n, (Flamm)Strahlbohren, thermisches Bohren, Wärmebohren, Feuerstrahlbohren, Brennbohren, Schmelzbohren, Düsenbohren, Flammenbohren, Strahldüsenbohren [*Abtragen und Trennen von Fels und Beton unter Hitzeeinwirkung mittels Lanzen*] • thermal lancing, thermal boring, thermal drilling, thermal piercing, heat lancing, heat drilling, heat boring, heat piercing, fusion lancing, fusion boring, fusion drilling, fusion piercing, jet lancing, jet drilling, jet piercing, jet boring, piercing by jet, boring by jet, drilling by jet, flame jet drilling, flame jet piercing

Hitzewind m in Südostaustralien • brickfielder [*The hot wind experienced in south-eastern Australia especially during the summer*]

H-Kronenbalken m, Kronen-H-Balken, Doppel-T-Träger-Kronenbalken • H-beam crown bar [*See note under "crown bar"*]

Hobel *m* [*Kohlengewinnung*] (⚒) • stripper, plough; plow (US)

Hobelbarkeit *f* ➔ (Kohle(n))Hobelbarkeit

Hobelgewinnung *f* von Kohle, Kohlenhobeln *n* • coal ploughing; coal plowing (US)

Hobeln *n* ➔ (Ab)Hobeln

Hobelschnitt *m*, Schrämgasse *f* (⚒) • web [*A slice of coal taken parallel to the length of a coal face*]

Hochabstimmung *f* [*Wird die Eigenfrequenz f_e weit über die Erregerfrequenz f angeordnet, liegt eine Hochabstimmung vor*]; s.a. ➔ Tiefabstimmung • high tuning [*Shifting the natural frequency f_e well above the excitation frequency f, is referred to as 'high tuning'; see also 'low tuning'*]

hochauflösende Aufnahme *f* • high-resolution image, high-resolution photo, high-resolution picture

hochbrisanter (Gesteins)Sprengstoff *m*, detonierender (Gesteins)Sprengstoff, Gesteinssprengstoff • high blasting explosive, rapid blasting explosive, high-explosive (material), rapid explosive (material), detonating blasting explosive, detonating explosive (material), HE, quick explosive (material) [*An explosive (material) that detonates, that is, explodes almost instantaneously. High explosives include all the dynamites, permissible explosives, and the low powders. They are all fired by a detonator, and the transformation from the solid to the gaseous form is much faster*]

hochauflösend • highly resolving

hochauflösende Seismik *f* • high-resolution seismics, highly resolving seismics

hochauflösendes abtastendes Aufnahmegerät *n*, abtastendes hochauflösendes Aufnahmegerät • high-resolution visible unit, HRV unit

hochauflösendes Sonargerät *n*, Sonargerät mit hoher Auflösung • multi(ple)-narrow beam sonar

Hochauflösungsverstärker *m* • high-resolution amplifier, HR amplifier

Hochbau *m* • high-rise building

Hochbefliegungsfotografie *f* • high-altitude photography, HAP

Hochbehälter *m* [*für Trinkwasser*] • water supply service reservoir

hochbelasteter Stahlankerpfahl *m* • highly loaded steel anchor pile

Hochbildkarte *f*, Reliefkarte • relief map

hochbindiges Lockergestein *n* ➔ hochhaftendes Lockergestein

hochbohren, aufwärtsbohren, überbruchbohren, aufbruchbohren • to raise-bore; to rise-bore [*Cornish*]

hochbrechen ➔ aufhauen

Hochbrechen *n*, Aufhauen, Aufbrechen, Überhauen, Überbrechen, Hochhauen • raising, raise work; rising, rise work [*Cornish*]; working up, cutting from below

(hoch)brisanter Pulversprengstoff *m*, detonierender Pulversprengstoff • rapid powder, fast powder, quick powder [*Dynamite or other blasting materials having a high speed detonation*]

Hochbruch *m* in steiler Lagerung ➔ Aufhauen in steiler Lagerung [*im Kohlenbergbau*]

Hochbruch *m* ➔ Aufhauen [*im Kohlenbergbau*]

Hochbruchbohrbühne *f* ➔ Aufbruchbohrbühne

Hochbruchbohren *n* ➔ Aufbruchbohren

Hochbruchbohrer *m*, Aufbruchbohrer, Überbruchbohrer, Aufwärtsbohrer • raise borer; rise borer [*Cornish*]

Hochbruchbohrloch *n*, Aufbruchbohrloch, Aufwärtsbohrloch, Überbruchbohrloch • raise (bore) hole; rise (bore)hole, rising (bore)hole [*Cornish*]

Hochbruchhauer *m* ➔ Aufbruchhauer

Hochbrücke *f* • high-level bridge, overhead bridge, viaduct [*this latter one generally made up of arches*]

Hochbrücke *f* mit gevouteten Balken • high-level bridge with haunched beams

Hochdruckbohrloch *n*, Hochdruckbohrung *f* • high-pressure well (bore), high-pressure borehole, high-pressure drill hole [*Petroleum engineering. A well with a shut-in-wellhead pressure of more than 2,000 psi. (1.4x107 newtons per square meter, absolute*]

Hochdruck(ein)spülhilfe *f* • high-pressure jetting aid

Hochdruckflüssigkeits-Chromatografie *f* • high performance liquid chromatography, HPLC

Hochdruckforschung *f* • high-pressure research

Hochdruck-Geowissenschaft *f* • high-pressure geoscience

Hochdruckinjektion *f* [*zur Baugrundverbesserung*] • high-pressure injection

Hochdruckinjektionsblock *m* ➔ HDI Block

Hochdruckinjektionsstrahl *m* • high-pressure jet

Hochdruckkessel *m* • high-pressure vessel

Hochdruckperforation *f* [*Tiefbohrtechnik*] • extreme overbalanced perforation

Hochdruckquecksilbermethode *f*, Hochdruckquecksilberverfahren *n* [*Bestimmung des Gesamtvolumens einer Gesteinsprobe mit einem mit Quecksilber gefüllten Pyknometer*] • high-pressure mercury method

Hochdruckschneiden *n* [*mit Zementsuspension od. Wasser beim Düsenstrahlverfahren*] • high-pressure cutting [*with cement suspension or water in jet grouting*]

Hochdruckspülen *n* • high-pressure jetting

Hochdruckturbine *f* • high-pressure turbine

Hochdrucktypus *m*, Barrow-Typus • Barrovian(type) facies series

Hochdruckverfahren *n* zur Erdölförderung durch Fluten mit (ver)mischbaren Phasen • miscible displacement method, miscible drive method; mixable displacement method, mixable drive method, mixible displacement method, mixible drive method (US); high-pressure gas injection method

Hochdruck(wasser)kraftwerk *n*, (Tal)Sperrenkraftwerk, Druckstollenkraftwerk, Mitteldruckstaukraftwerk [*Nicht "Hochdruck-Staukraftwerk", weil reiner Stau definitionsmäßig im Hochdruckbereich nicht möglich ist*] • dam power plant, dam power station

Hochdruckwasserstrahl *m* • high-pressure water jet

Hochdruckwasserstrahlen *n* [*Einsatz z. B. beim Felsschneiden*] • high-pressure water jetting

hochdurchlässig • highly permeable, highly pervious

Hochebene *f*, flaches Hochland *n* • high plain [*An extensive area of relatively level land not situated near sea level*]

Hocheinlagerungsterrasse *f*, Hoch(schotter)terrasse • high (rubble) terrace

hochentwickelte technische Geräte *f* • highly specialised (US: specialized) technical equipment

hochexplosive Ladung *f*, detonierende Ladung, Detonationsladung • high-explosive charge

hochfester Baustoff *m* • ultra-strong building (*or*: construction) material, high-strength building material

Hochflutlehm *m* • high flood loam, flood loam

hochfördern ➜ (hoch)winden

Hochfördern *n* ➜ (Zutage)Förderung

Hochfrequenzabsorptionsverfahren *n*, Hochfrequenzabsorptionsmethode *f* • high-frequency absorption method

Hochfrequenzecholot *n* • high-frequency echo sounder

Hochfrequenzschallquelle *f* • high-frequency sound source

Hochfrequenzseismik *f* • high-frequency seismics

Hochgebirge *n* [*Der Höhenlage nach, nicht im morphologischen Sinne*] • high-altitude mountain

Hochgebirge *n* • high-mountain range (*or*. region), high mountains

Hochgebirgslandschaft *f* • high-mountain landscape

Hochgebirgsregion *f* • high-mountain region (*or*: area)

hochgebrochen ➜ aufwärtsgebrochen

hochgebrochener breiter Schacht *m*, Breitaufhauen [*im Kohlenbergbau*]

hochgebrochener Schacht *m* ➜ Aufhauen [*im Kohlenbergbau*]

hochgebrochener schräger Schacht *m* ➜ Schrägaufhauen [*im Kohlenbergbau*]

hochgebrochener steiler Schacht *m* ➜ Aufhauen in steiler Lagerung [*im Kohlenbergbau*]

hochgehauen ➜ aufwärtsgebrochen

hochgehende See *f* ➜ schwere See

hochgeschlackter Zement *m* • cement with a high slag content

hochgeschleppt, aufwärts geschleppt [*Die Schichten des liegenden Schenkels bzw. der absinkenden Scholle einer Schleppung*] • dragged upward(s)

Hochgeschwindigkeits-Bahnstrecke *f* • high-speed rail route

hochgiftig • acutely poisonous

Hochglanz *m* [*Mineral*] • brilliant luster, splendent luster, shiny luster, high luster (US); brilliant lustre, splendent lustre, high lustre, shiny lustre

hochhaftendes Lockergestein *n*, hochbindiges Lockergestein, hochkohäsives Lockergestein, hochbindiger Erdstoff *m*, hochhaftender Erdstoff, hochkohäsiver Erdstoff, hochbindiges Lockermaterial *n*, hochhaftendes Lockermaterial, hochkohäsives Lockermaterial • highly-cohesive (soil) aggregate

hochhaltige Kohle *f*, Reichkohle, hochwertige Kohle • high-grade coal, rich coal

hochhaltiges Erz *n*, Reicherz, hochwertiges Erz • high-grade ore, rich ore

hochhauen ➜ aufhauen

Hochhauen *n* ➜ Hochbrechen

Hochhaus *n*, Hochhausbau *m*, Großbau *m* • high-rise building, multi-storey (US: story) building

hochhydraulischer Kalk *m*, HHK [*eignet sich für die Bodenverfestigung von großkörnigen Böden*] • Roman lime, Roman cement, eminently hydraulic lime, masonry lime, masonry cement

Hochkippe *f* [*Von der Kippenarbeitsebene in Hochschüttung hergestellte Kippe*] • elevated dump, elevated tip

Hochklettern *n* der Welle ➜ Wellenauflauf

Hochkrato(ge)n *m*, Kontinentalkrato(ge)n • continental craton, continental cratogene [*As opposed to an "oceanic craton" (Tiefseekraton). See note under "craton"*]

hochkristalliner Graphit *m* • veined graphite, high-crystalline graphite

Hochland *n* • highland [*A relative term denoting the higher land of a region; it may include mountains, valleys, and plains. The term is often used in the plural in*

a proper name; e.g. the Highlands of Scotland], uplands (Brit./obsolete)

Hochland ***n*****,** Hochplateau *n* • elevated plateau, (high) plateau [*It is intersected by deep valley(s), so that the area as a whole has noticeable relief*]

Hochleistungsbrunnen ***m*****,** Großbrunnen • high-yield well, high-capacity well, large(-capacity) well

Hochlieger ***m*** • uponlayer

Hochlöffel ***m*** [*Teil eines Hochlöffelbaggers*] • face shovel

Hochlöffelbagger ***m*** • face shovel excavator

Hochlöffelkohlenbagger ***m*****,** Kohlenhochlöffelbagger • coal (face) shovel

Hochlöffel-Schwimmbagger ***m*** • floating face shovel

hochmineralisierendes Grundwasser ***n*** • highly mineralised (US: mineralized) groundwater

hochmodern • cutting-edge

hochmodules Polyester ***n*** • high modulus polyester

Hochmoortorf ***m*** • raised bog peat

Hochofenschlacke ***f*****,** Schlacke • slag, iron blast furnace slag

Hochpassfilterung ***f*** • high pass filtering

hochplastischer Ton ***m*** • highly plastic clay, clay of high plasticity

Hochplateau ***n*****,** Hochland *n* • elevated plateau, (high) plateau [*It is intersected by deep valley(s), so that the area as a whole has noticeable relief*]

hochporös [*z. B. Loess*] • highly porous [*such as loess*]

Hochpuffen ***n*****,** Sohle(n)aufbruch *m* • boiling up

Hochquarz ***m*** • high quartz

hochreiner Dolomit ***m*** • high-purity dolomite (rock), high-purity dolostone [*It contains more than 97% total carbonates*]

hochrotes Gold ***n*** [*Es ist stark mit Kupfer vermischt*] • full-red gold

Hochschnitt ***m*****,** Überflurschnitt [*Baggern*] • cut above ground level, face cut

Hochscholle ***f*****,** Schollenkante *f* • fault ridge [*A relatively elevated elongated fault block lying between the faults with roughly parallel strike*]

Hochschorre ***f*** ➋ trockener Strand

Hoch(schotter)terrasse ***f*****,** Hocheinlagerungsterrasse • high (rubble) terrace

Hochschüttung ***f*****,** Hochverkippung [*Das Schüttgut wird oberhalb der Arbeitsebene geschüttet*] • dumping above working level, tipping above working level

Hochsee ***f*** [*Eine in der Schifffahrt übliche Benennung für küstenferne Meeresgebiete*] • deep sea

Hochstraße ***f*** • elevated street

Höchstabweichung ***f*** ➋ höchste Abweichung

Hochstandentfernungsmesser ***m*****,** Küstenentfernungsmesser • depression rangefinder [*surveying*]

Höchstdurchfluss ***m*** ➋ größter Durchfluss

Höchstdurchflusslinie ***f*** ➋ Größtdurchflusslinie

höchste. . ., größte . . .

höchste Abweichung ***f*****,** maximale Abweichung, Höchstabweichung, Maximalabweichung, Spannweite *f*, Variationsbreite *f*, größte Abweichung [*Das einfachste Streuungsmaß als Unterschied zwischen dem größten und kleinsten Wert einer Reihe*] • maximum deviation, peak deviation

höchste Brunnenergiebigkeit ***f*** ➋ Brunnenhöchstergiebigkeit

höchste Grundwasserspiegelhöhe ***f*** • groundwater high

höchste Meer(es)höhe ***f*****,** höchste Seehöhe • sea limit, marine limit

höchste Stelle ***f*** **einer Entwässerungsfläche** • drainage head [*The furthest or highest spot in a drainage area*]

Höchsteinsickerungsgeschwindigkeit ***f*****,** Höchst-Versickerungsgeschwindigkeit • infiltration capacity [*The maximum or limiting infiltration rate*]

höchster Oberwasserspiegel ***m*****,** höchster Stauspiegel [*Wehr*] • highest upstream level

höchstes Hochwasser ***n*** • extreme high water [*The highest known water elevation of a river, stream or tide*]

höchstes monatliches Hochwasser ***n*****,** monatliches höchstes Hochwasser • monthly flood

höchstes Tidehochwasser ***n*****,** HThw • highest high tide

höchstes Trockenraumgewicht ***n*** ➋ Proctordichte

Höchstfestigkeit ***f*** • maximum strength, peak strength

Höchstleistung ***f*****,** größte Leistung, Spitzenleistung, höchste Leistung, maximale Leistung • maximum performance, peak performance

Höchstleistungsbrunnen ***m*** • super-yield well

Hochstrand ***m*****,** trockener Strand, Sturmstrand, Hochschorre, Sturmschorre *f* • dry beach [*The upper part of a beach that is covered only by storm waves*]

Hochstraße ***f*** • elevated street

Höchstsetzung ***f*****,** Größtsetzung, Maximalsetzung • maximum settlement

Höchststauspiegel ***m*** ➋ Stauzielfläche

Höchst-Trockendichte, Größt-Trockendichte *f*, maximale Trockendichte • maximum dry density, dry maximum density [*The dry density obtained by a stated amount of compaction of a soil at the optimum moisture content*]

H

Höchstversickerungsgeschwindigkeit *f*, Höchsteinsickerungsgeschwindigkeit • infiltration capacity [*The maximum or limiting infiltration rate*]

Höchstwasserstand *m*, Maximalwasserstand • maximum stage, crest stage, peak stage [*The highest stage reached at a point along a stream or river culminating a rise by waters of that stream*]

Höchstwasserstandpegel *m*, Maximumwasserstandpegel [*Er zeigt nur den höchsten Wasserstand während einer Flut oder eines Hochwassers an*] • maximum stage indicator, crest stage indicator, peak stage indicator

Höchstwert *m* ➋ Spitzenwert

Hochtal *n* • high valley

H

Hochtemperaturoptik *f* [*Kleiner Winkel der optischen Achsen*] • high-temperature disordered form [*e.g. of sanidine*]

Hochtemperaturquarz *m* • high (temperature) quartz

Hochtemperaturverkohlung *f* • carbonization at high temperature, high-temperature carbonization

Hochterrasse *f* ➋ Hoch(schotter)terrasse

Hochterrassenschotter *m* • high(-lying) bench gravel, high(-lying) terrace gravel

hochtonerdehaltiger Ton *m*, tonerdereicher Ton • high-alumina clay

hochtouriges Rührgerät *n*, Dispergiergerät • highspeed stirrer

Hochverkippung *f*, Hochschüttung [*Das Schüttgut wird oberhalb der Arbeitsebene geschüttet*] • dumping above working level, tipping above working level

hochviskoses Harz *n* • highly viscous epoxy

Hochvorland *n* • highland [*A lofty headland or cliff*]

Hochvulkan *m* • high-altitude volcano

Hochwasser *n* [*Als Wasser. "Hochwasser" als Erscheinung ist "flood" oder "high water"; siehe nächste Einträge*] • floodwater [*Water that has overflowed its confines; the water of a flood*]

Hochwasser *n* [*als Erscheinung: das noch nicht über die Ufer tritt*] • high water

Hochwasser *n*, Flut *f* [*als Erscheinung: über das Ufer tretend*] • flood [*A flow of water in a channel which is beyond the capacity of the channel to carry, the excess overflowing the banks to form flood-water*]

Hochwasser *n* der Springtide, Spring(tide)-hochwasser • high-water spring (tide), H.W.S.T.

Hochwasser führen *n*, führen von Hochwasser, Hochwasser haben • to be in flood

Hochwasser *n* mit abgeflachter Spitze, Hochflut *f* mit abgeflachter Spitze • broad-crested flood

Hochwasserabflussberechnung *f*, Hochwasserablaufberechnung • (flood) routing, storm routing [*The process of computing the progressive time and shape of a flood wave at successive points along a river or stream or through a reservoir*]

Hochwasserabflussgebiet *n* • flood drainage area

Hochwasserabflusskoeffizient *m*, Hochwasserablaufkoeffizient • flood coefficient [*The numerical expression obtained by dividing the pluviograph runoff by the actual surface runoff*]

Hochwasserabflussrinne *f*, Hochwasserablaufrinne • flood flow channel, flood discharge channel

Hochwasserabfuhr *f*, Hochwasserabführung *f* • flood drainage, flood evacuation, flood conveyance

Hochwasserablaufberechnung *f* ➋ Hochwasserabflussberechnung

Hochwasserablaufkoeffizient *m*, Hochwasserabflusskoeffizient *m* • flood coefficient [*The numerical expression obtained by dividing the pluviograph runoff by the actual surface runoff*]

Hochwasserablaufrinne *f*, Hochwasserabflussrinne • flood flow channel, flood discharge channel

Hochwasserabschwächung *f*, Hochwasserdämpfung, Hochwasserminderung • reservoir action, flood attenuation, pondage action [*It refers to transformation of a flood wave with consequent attenuation of the maximum discharge and flattening of the wave*]

Hochwasserabwehr *f* ➋ Hochwasserschutzmaßnahmen

hochwasserähnlich • flood-like

Hochwasseralarm *m* • flood alarm

Hochwasseranalyse *f*, Hochwasseruntersuchung *f* • flood study, flood examination, flood analysis

Hochwasseranfälligkeit *f* • flood vulnerability

Hochwasseranstieg *m* • flood rise

Hochwasseranstieg(s)zeit *f* • period of flood rise, flood rise period

Hochwasser(auffang)becken *n*, Hochwasserschutzbecken, (Hochwasser) Rückhaltebecken, Flutbecken, Hochwasserspeicherbecken • (flood) basin, (flood) reservoir, (flood) pool, (flood) retention basin, (flood) retention reservoir, (flood) retention pool, (flood) control(ing) reservoir, (flood) retarding basin, (flood) detention basin, (flood) detention pool, (flood) detention reservoir, (flood) control(ing) basin, (flood) retardation basin, (flood) control(ling) pool, (flood) protection basin, (flood) protection reservoir, (flood) protection pool, (flood) retarding reservoir, (flood) storage basin, (flood) storage reservoir, (flood) absorption basin, (flood) absorption reservoir, (flood) holding basin, (flood) holding reservoir [*A reservoir floodwater storage, stream flow, or river flow for a relatively short period, the water is retained and the watercourse can carry released water from the reservoir plus its own flow. "Pond" may synonymously be used for "pool" and "basin".*]

Hochwasser(auffang)sperre *f*, Hochwasserschutz(tal)sperre • flood control dam, flood (protection) dam

Hochwasseraufzeichnung *f* • flood record

hochwasserbedroht, hochwassergefährdet • flood-prone, flood-threatened

Hochwasserbekämpfung *f*, Hochwasserschutzmaßnahmen *f*, Hochwasserabwehr *f* • flood control, flood protection measures, flood fighting, flood activity, flood action

Hochwasserberechnung *f* mit Becken, Ermittlung wasserwirtschaftlicher Kennlinien und Kurven von Becken (= Speichern), Hochwasserberechnung mit Speichern • reservoir (flood) routing

Hochwasserberechnungsmethode *f*, Hochwasserberechnungsverfahren *n* • flood computational method

hochwasserbeschädigt • flood-damaged, flood-hit

Hochwasserbetrieb *m* • flood control operation [*reservoir*]

Hochwasserbett *n*, Flutbett • flood channel, flood trough, flood runway

Hochwasserdämpfung *f* ➔ Hochwasserabschwächung

Hochwasserdurchfluss *m* • flood discharge

Hochwasserdurchflussmaximum *n* ➔ größter Hochwasserdurchfluss

Hochwasserentlastung *f* • flood relief, flood alleviation

Hochwasserentlastungsanlage *f* • flood spillway, flood relief installation

Hochwasserentlastungskanal *m*, Hochwasserschutzkanal • flood (relief) channel, flood-way, bypass channel [*A channel constructed to carry flood water in excess of the quantity that can be carried safely in the stream or river*]

Hochwasserentlastungsstollen *m* ➔ Hochwasserschutzstollen

Hochwasserentstehungsgebiet *n* • flood source area [*That portion of a drainage basin where conditions of precipitation and cover, topography, or land use favour frequent flooding*]

Hochwasserereignis *n* • flood event [*The series of water flows in a stream or river constituting a distinct progressive rise, culminating in a peak, crest, or summit, together with the recession that follows the peak*]

Hochwasserfluss *m* • flood(ing) stream

Hochwasserforschung *f* • flood research

hochwasserfrei • out of reach of flood, above flood mark, flood-free, non-flood

hochwasserführend • flood-swollen

Hochwasserganglinie *f* • flood hydrograph

hochwassergefährdet, hochwasserbedroht • flood-prone, flood-threatened

Hochwasser(ge)rinne *f*, *(n)* • breakaway [*A channel cut by a river or stream during flood periods*]

Hochwassergeschwindigkeit *f* • flood velocity

Hochwassergewinn *m* • flood benefits [*The value of the flood protection as estimated in terms of damage eliminated or other advantageous effects of the proposed works*]

Hochwassergrenze *f* • flood stage [*An arbitrarily fixed and generally accepted gauge height above which a rise in the water surface elevation is termed a flood. It is commonly fixed as the stage at which overflow of the normal banks or damage to property would begin*]

Hochwasserhäufigkeit *f* • flood frequency [*The average occurrence of flooding of a given magnitude, over a period of years*]

Hochwasserhäufigkeitskurve *f* • flood-frequency curve [*A graphic illustration of the number of times per year that a flood of a given magnitude is equal(l)ed or exceeded*]

Hochwasserhöhe *f*, Hochwasserkote *f*, Hochwasserniveau *n*, Hochwasserstand *m* • flood elevation, flood el., flood level, flood height [*loosely called "flood-plane"*]

Hochwasserhydrologie *f* • flood hydrology

Hochwasserkarte *f* • flood map

Hochwasserkartierung *f* • flood mapping

Hochwasserkatastrophe *f*, Katastrophenhochwasser *n* • catastrophic flood (Brit.); super flood, record flood (US); disaster flood, destructive flood, flood calamity, flood disaster

Hochwasserkote *f*, Hochwasserhöhe *f*, Hochwasserniveau *n*, Hochwasserstand *m* • flood elevation, flood el., flood level, flood height [*loosely called "flood plane"*]

Hochwasserlinie *f* • flood line

Hochwassermarke *f* • flood mark [*The level marked at salient points on banks indicating the level above which rivers or streams are considered to be in flood*]

Hochwassermarke ***f*** • high-water mark [*The mark left by the tide at high water, the line or level then touched; especially the highest line even so touched. Also, by extension, the highest line touched by a flooded river, stream, or lake*]

Hochwassermenge ***f*** • flood volume

Hochwassermesser ***m*** • floodometer [*An instrument for measuring the height of a flood*]

Hochwassermesswehr ***n*** ➲ provisorisches Wehr

Hochwasserminderung ***f*** ➲ Hochwasserabschwächung

Hochwasserniveau ***n*** ➲ Hochwasserhöhe

Hochwasserpegel ***m*** • flood gauge; flood gage (US)

Hochwasserprofil ***n*,** Hochwasserquerschnitt *m* • flood (cross-)section

Hochwasserpumpstation ***f*,** Hochwasserpumpwerk *n* • flood pumping station

Hochwasserquerschnitt ***m*,** Hochwasserprofil *n* • flood (cross-)section

Hochwasserräumung ***f*** • flood clean-up

Hochwasserreg(e)lung ***f*** • flood regulation

Hochwasserregulierungsbauten ***f*,** Hochwasser(schutz)bauten • flood control works, flood protection works, flood control structures, flood protection structures, flood protection facilities, flood control facilities [*Structures and reservoirs constructed to reduce the flood peaks on streams, rivers and torrents subject to damaging floods*]

Hochwasserreihe ***f*,** Hochwasserserie *f* • flood series [*A table or list of flood occurrences over a specified period for a river, stream or catchment area. The events are usually arranged in order of intensity or magnitude*]

(Hochwasser)Rückhaltebecken ***n*** ➲ Hochwasser(auffang)becken

(Hochwasser)Rückhalteraum ***m*** [*Der für die vorübergehende Aufnahme von Hochwasser zur Verfügung stehende Teil des Beckenraumes*] • flood (retention) space, flood detention space

(Hochwasser)Rückhaltung ***f*** • flood retention, flood detention

Hochwassersaum ***m*** • flood fringe, pondage land [*Land on which water is stored as dead water during flooding. It does not contribute to the downstream passage of flow*]

Hochwasserschadenersatzforderung ***f*** • flood compensation claim

Hochwasserschadensbegrenzung ***f*** • flood damage reduction [*This term is not synonymous with flood control since, in line with the comprehensive approach to water-resources planning, it takes into consideration the possibilities of zoning land for uses not prone to heavy flood damage, or such other measures as flood-proofing structures and limiting to safe uses those portions of structures below probable flood levels, in addition to the conventional methods of flood control*]

Hochwasserschätzung ***f*** • flood estimation

Hochwasserscheitel ***m*,** Scheitelabfluss *m* • maximum discharge, flood peak, peak discharge [*The highest discharge or stage value of a flood*]

Hochwasserschleife ***f*** • flood (rating) loop

Hochwasser(schutz)bauten ***f*,** Hochwasserregulierungsbauten • flood control works, flood protection works, flood control structures, flood protection structures, flood protection facilities, flood control facilities [*Structures and reservoirs constructed to reduce the flood peaks on streams, rivers and torrents subject to damaging floods*]

Hochwasserschutzbauvorhaben ***n*,** Hochwasserschutzprojekt *n* • flood control project, flood protection project

Hochwasser(schutz)bau(werk) ***m*, *(n)*,** Hochwasser(schutz)anlage *f* • flood control structure, flood protection structure, flood protection facility, flood control facility

Hochwasserschutz ***m*** • flood protection

Hochwasserschutzbecken ***n*** ➲ Hochwasser(auffang)-becken

Hochwasserschutzkanal ***m*,** Hochwasser(entlastungs)-kanal • flood (relief) channel, floodway, bypass channel [*A channel constructed to carry flood water in excess of the quantity that can be carried safely in the stream or river*]

Hochwasserschutzmaßnahme ***f*** • flood control measure, flood protection measure

Hochwasserschutzmaßnahmen ***f*,** Hochwasserbekämpfung *f*, Hochwasserabwehr *f* • flood control, flood protection measures, flood fighting, flood activity, flood action

Hochwasserschutzmauer ***f*** • flood masonry wall

Hochwasserschutznutzen ***m*** • flood control benefit, flood protection benefit

Hochwasserschutzprojekt ***n*,** Hochwasserschutzbauvorhaben *n* • flood control project, flood protection project

Hochwasserschutzraum ***m*** [*Talsperre*] • flood control storage space, flood protection storage space

Hochwasserschutzstollen ***m*,** Hochwasser(entlastungs)stollen, Überlaufstollen, Entlastungsstollen, Überfallstollen • flood (relief)

gallery, spillway gallery; flood (relief) tunnel, spillway tunnel (US)
Hochwasserschutz(tal)sperre *f*, Hochwasser(auffang)sperre, Hochwasserschutzdeich *m* • flood control dam, flood (protection) dam, dam, flood levee
Hochwasserschutzwand *f* • floodwall
Hochwasserschwall *m* • flood surge
Hochwassersediment *n* • flood sediment
Hochwasserserie *f*, Hochwasserreihe *f* • flood series [*A table or list of flood occurrences over a specified period for a river, stream or catchment area. The events are usually arranged in order of intensity or magnitude*]
Hochwassersicherheit *f* • flood protection safety
Hochwasserspeicherbecken *n* ➋ Hochwasser(auffang)becken
Hochwasserspeicherung *f* • flood (control) absorption, flood (control) storage [*The decrease in discharge by accommodation of water flow in a lake, reservoir, channel or other natural or artificial storage*]
Hochwasserspeicherung *f* durch natürliche Vertiefungen • natural (flood) storage
Hochwasserspeichervermögen *n*, Hochwasserspeicherfähigkeit *f* • flood absorption capacity, flood storage capacity [*Of a reservoir, lake, channel or other natural or artificial storage between high flood level and normal reservoir level*]
Hochwassersperre *f* ➋ Hochwasser(tal)sperre
Hochwasserspitze *f* • flood crest [*The highest stage of a flood. The term is nearly synonymous with flood peak, but does not refer to discharge since it connotes the top of the flood wave*]
Hochwasserstärke *f* • flood intensity, intensity of flood [*The rate of flood discharge at a given site*]
Hochwasser(stärke)formel *f* • flood formula [*A rule or statement in algebraic terms for estimating flood intensity*]
Hochwasserstand *m* ➋ Hochwasserhöhe
Hochwasserstatistik *f* • records of floods, flood records, flood statistics
Hochwasserstollen *m* ➋ Hochwasser(schutz)stollen
Hochwasserstrom *m* • flood(ing) river
Hochwasser(strömungs)achse *f* • flood axis
Hochwasser(tal)sperre *f*, Rückhalte(tal)sperre, Auffang(tal)sperre, Zurückhalte(tal)sperre, Retentions(tal)sperre, Regulierungs(tal)sperre • control(ling) (storage) dam, retention (storage) dam, regulating (storage) dam, flood (attenuation) dam, retarding (storage) dam, catchment dam
Hochwassertreibzeug *n* • flood drift
Hochwasserüberlaufschacht *m*, Hochwasserüberfallschacht • flood overflow shaft
Hochwasseruntersuchung *f*, Hochwasseranalyse *f* • flood study, flood examination, flood analysis
Hochwasserverhütung *f* • flood prevention
Hochwasserverminderungsmaßnahme *f* • flood mitigation project
Hochwasserversicherung *f* • flood insurance
Hochwasserverwüstung *f* • flood devastation
Hochwasservorhersage *f* • flood forecasting [*For warning purposes*]
Hochwasservorhersage *f* • flood prediction [*For engineering design purposes*]
Hochwasserwahrscheinlichkeit *f* • flood probability
Hochwasserwarndienst *m* • flood warning service
Hochwasserwarnung *f* • flood warning
Hochwasserwiederholungszeit *f*, Jährlichkeit
Hochwasserwiederkehrzeit *f*, Jährlichkeit
Hochwasserzeit *f* • flood season
hochwertige Kohle *f* ➋ hochhaltige Kohle
hochwertiges Bohrverfahren *n* • high-quality drilling method
hochwertiges Erz *n* ➋ hochhaltiges Erz
hochwertiges Verpresssystem *n* • high-grade grouting system
(hoch)winden, (auf)ziehen, (zutage)fördern, hochfördern, heraufziehen, anholen, hochziehen (⚒) • to draw up, to draw (out), to wind, to raise, to hoist, to pull (up), to heave (up), to bank [*Ore, coal, rock, etc., to the surface*]
Hochwinden *n* ➋ (Zutage)Förderung
Hochzieltriangulation *f* ➋ (Leucht)Hochzieltriangulation
Höcker *m(pl)*, Kuppenberge *f* • knobs [*An area marked by a group of rounded, isolated hills*]
höckerig • knobby
höckerige Erhebung *f* [*Auf einer Harnischfläche*] • knobby elevation
Hodograph *m* • hodograph
Hoesch(spund)bohle *f* • Hoesch (sheet)pile
höffig ➋ gestaltig
Höffigkeit *f* [*Bodenschätze*] • presumable occurrence, potentiality
Höffigkeitsdiagramm *n* • previsional diagram
Höffigkeitskarte *f* • previsional map
höfflich ➋ gestaltig
hoffnungsvoll ➋ gestaltig
Hoflader *m* • yard loader
Höhe *f*, Kote *f*, Ordinate *f*, Niveau *n* • elevation, height [*In surveying, the vertical distance from a datum*

(usually mean sea level) to a point or object on the Earth's surface: especially the height of a ground point above the level of the sea. The term "elevation" is used synonymously with "altitude" in referring to distance above sea level, but in modern surveying practice the term "elevation" is preferred to indicate heights on the Earth's surface whereas "altitude" is used to indicate the height of a point in space above the Earth's surface]

hohe Auflösung *f* [*Seismische Verfahren der angewandten Geophysik*] • high resolution

hohe Ausschläge *f* [*Vortäuschung von Flözen im akustischen Formationslog. Diese hohen Ausschläge entstehen durch starke Dämpfung der Schallimpulse in gebrochenen Formationen und in gasgesättigten Sanden*] • cycle skip(ping)

Höhe *f* der Wasserspiegellinie *f*, Wasserspiegellinienhöhe • hydraulic head [*The height of the free water surface above a given point*]

Höhe *f* des mittleren Hochwassers bei Nipptide ➲ Mittel-Nipp(tide)hochwasser

Höhe *f* des mittleren Hochwassers bei Springtide ➲ mittleres Spring(tide)hochwasser

Höhe *f* des mittleren Niedrigwassers bei Nipptide ➲ mittleres Niedrigwasser *n* bei Nipptide

Höhe *f* des mittleren Niedrigwassers bei Springtide ➲ mittleres (Tide)Niedrigwasser bei Springflut

hohe Durchflussmenge *f*, hoher Durchfluss *m* • high discharge (water), high flow

Hohe Kalkalpen *f* • Helvetides, High Calcareous Alps

hoher Pfahlrost *m* [*Die Pfähle reichen bis dicht unter oder noch über den niedrigsten Wasserstand*] • high pile grillage

hohe Schüttung *f* • high fill(ing)

hohe See *f*, schwere See, hochgehende See • heavy sea, billow, heaving sea, swelling sea

hohe Vortriebsleistung *f* [*beim Rohrvortrieb*] • high drilling performance

hohe und lange Welle, lange und hohe Welle *f* • blind roller

hohe Wirtschaftlichkeit *f* • high profitability

Höhenablesung *f* • height reading, elevation reading

Höhen(absteck)pflock *m*, Längsprofil(absteck)pflock, Längenprofil(absteck)pflock, Längsschnitt(absteck)pflock, Profil(absteck)pflock • grade (line) peg, grade (line) stake (US); (longitudinal) profile peg, (longitudinal) profile stake, (longitudinal) section peg, (longitudinal) section stake, hub [*A wood (en) stake, placed by surveyors along the line of the string, parallel to the road axis*]

Höhenabweichung *f* (⚒) • vertical deviation

Höhenanzeige *f* • height indication, elevation indication

Höhenaufnahme *f*, Nivellement *n*, Höhen(ver)messung *f* • levelling (Brit.); leveling (US); level [*A measurement of the difference of altitude of two points on the Earth's surface by means of a level*]

Höhenaufnehmen *n* ➲ Höhen(ver)messen

Höhenaufnehmer *m*, Höhen(ver)messer *m* • levelman [*A surveyor who operates a level(l)ing instrument*]

Höhenbereich *m* [*Auswertegerät*] • vertical range [*photogrammetry*]

Höhenberichtigung *f*, Höhenkorrektur *f* • height correction, elevation correction

Höhenbestimmung *f*, Höhenmessung • height determination, elevation determination

Höhenbezugssystem *n* • height reference system

Höhenblockausgleichung *f* [*Vermessung*] • block adjustment for heights, block adjustment for elevations, block adjustment for levels

Höhendaten *f* • elevation data

Höhenebene *f*, Bezugsebene [*Des Bildmittelpunktes im Stereopaar. Symbol: ho*] • datum (plane), datum surface

Höheneinpassung *f* • horizontalizing [*photogrammetry*]

Höhenfehler *m* • height error, elevation error, vertical error

Höhenfestpunkt *m*, Höhenfixpunkt [*Festpunkte oder andere Punkte bekannter Höhenlagen die in einem Gebiet errichtet sind*] • vertical control, level control

Höhenflurkarte *f* • cadastral map with heights

Höhengenauigkeit *f* • height accuracy, elevation accuracy

höhengleiche Oberfläche *f*, Äquipotentialoberfläche, Niveaufläche • (gravity) equipotential surface, gravitation(al) equipotential surface, level surface, surface of equal gravitation(al) potential [*A surface, within a field of flow, such that the total head is the same for all points on the surface, and therefore the direction of flow is perpendicular to the surface at all points*]

Höhengleichung *f* • height equation, elevation equation

Höhenhauptnetz *n*, Haupthöhennetz *n* • first-order level network

Höhenindex *m*, Ablesevorrichtung *f*, Höhenzeiger *m* [*Theodolit für Senkrechtmessung*] • reading device

Höheninversion *f* [*Meteorologie*] • free inversion

Höhenkarte *f* • hypsometric map; relief map (US)

Höhenkoordinate *f* • vertical coordinate [*photogrammetry*]

Höhenkorrektur *f*, Höhenberichtigung *f* • height correction, elevation correction

Höhenkrankheit *f*, Bergkrankheit, Gebirgskrankheit • mountain sickness, soroche [*This sickness attacks miners who are newcomers in high altitudes. Symptoms are headaches, nausea, vomiting and nosebleed*]

Höhenlinie *f*, Isohypse *f*; Niveaulinie, Höhenkurve *f* [*Schweiz*]; Höhenschichtlinie [*Österreich*] • contour line, isohypse, isohypsometric line, isoheight [*A line on a map connecting points of equal elevation above or below a datum plane such as sea level. May be topographic or structural*]

Höhenlinienabstand *m*, Isohypsenabstand; Höhenschichtlinienabstand [*Österreich*]; Höhenkurvenabstand [*Schweiz*] [*Orthogonaler Horizontalabstand in der Karte zwischen zwei aufeinander-folgenden Höhenlinien*] • horizontal equivalent (of contours), H.E.

Höhenmaßstab *m* • height scale, elevation scale

Höhenmesser *m*, Höhenmessgerät *n* [*Teil eines Stereoskops*] • heightfinder

Höhenmessmarke *f* ➋ Nivellierstation

Höhenmesspunkt *m* ➋ Nivellierstation

Höhenmessstation *f* ➋ Nivellierstation

Höhenmessung *f*, Höhenbestimmung • height determination, elevation determination

Höhenmessung *f*, Hypsometrie *f* • hypsometry [*The science of determining, by any method, heights on the Earth's surface with reference to sea level, e.g. barometric hypsometry in which elevations are determined by means of mercurial or aneroid barometers*]

Höhenmodell *n* [*Berechnung des Oberflächenabflusses*] • elevation model

Höhennetz *n* [*Programmsystem GEONET*] • single-dimensional network, one-dimensional network

Höhennetz *n* [*für Überwachungsmessungen*] • height net, altitude net [*for monitoring measurements*]

Höhenpasspunkt *m* • height control point, elevation control point

Höhenplanpunkt *m*, Längsprofilpunkt, Längenprofilpunkt, Längsschnittpunkt, Längenschnittpunkt • grade point

Höhenpunkt *m* • height spot, elevation spot

Höhenschicht *f* [*Durch Farbtöne oder Tonwerte abgehobene Schicht zwischen zwei ausgewählten Höhenlinien*] • hypsometric layer

Höhenschichtfarbe *f* • height tint, elevation tint

Höhenschichtlinie *f* [*Österreich*] ➋ Höhenlinie

Höhenschichtlinienabstand *m* [*Österreich*] ➋ Höhenlinienabstand

Höhenschraffe *f* • dropped line [*photogrammetry*]

Höhenschraffenplan *m* • dashed-line contour plot [*photogrammetry*]

Höhenstandlinie *f* [*Geradliniges Stück der Höhengleiche in einer Karte, das mit Hilfe einer Gestirnhöhenbeobachtung bestimmt wird*] • celestial position line, summer line

Höhensteuerung *f* (⚒) • horizon control [*Maintaining a coal cutting device within a specified region of the coal seam by steering the device to follow the seam undulations in both face-advance and along-face directions*]

Höhenstrukturen *f(pl)* • variations in elevation

Höhenstufe *f* [*Statoskop*] • scale factor

Höhenunterschied *m* ➋ (Gelände)Höhenunterschied

Höhenunterschied *m* • difference in elevation, elevation difference

Höhenunterschied *m*, Spiegelhöhenunterschied • differential head, difference in head [*Fluid mechanics*]

Höhenunterschied *m* [*Von Aufnahmestandpunkten in der Luft*] • difference in altitude, differential altitude, altitude difference, (altitude) intercept

Höhen(ver)messen *n*, Nivellieren, Höhenaufnehmen • levelling (operation) (Brit.); leveling (operation) (US) [*In surveying, the operation of ascertaining the comparative levels of different points of land, for the purpose of laying out a grade, etc., by sighting through a level(l)ing instrument at one point to a level(l)ing staff at another point*]

Höhen(ver)messer *m*, Höhenaufnehmer • levelman [*A surveyor who operates a leveling instrument*]

Höhen(ver)messung *f* ➋ Nivellement

höhenverstellbarer Wasserschöpfer *m*, Punktintegrationsprobe(n)nehmer [*Gerinnehydraulik*] • point-integrating sampler

Höhenverstellstativ *n* • height adjustable support

Höhenwechsel *m* an der Wasserscheide, Wasserpasswechsel *m* • change of (water) level, (water) level change

Höhenweg *m* [*im Gebirge*] • ridgeway

Höhenzeiger *m* ➋ Ablesevorrichtung

Höhenzeitazimut *m* • time and altitude azimuth

Höherbettung *f*, Sohlenerhöhung • bed raising

hoher Durchfluss *m*, höhere kritische Geschwindigkeit *f* • higher critical velocity [*That velocity at which eddies are first noted*]

hoher Durchfluss *m*, hohe Durchflussmenge *f* • high discharge (water), high flow

H

hoher hydrostatischer Druck ***m*** • confining pressure
hoher Pfahlrost ***m*** [*Pfahlgründung im Wasser*] • high pile structure
höhere kritische Geschwindigkeit ***f,*** hoher Durchfluss *m* • higher critical velocity [*That velocity at which eddies are first noted*]
höherer unterer Jura ***m*** • Lias epsilon
höheres Hochwasser ***n,*** HThw [*Das höhere Hochwasser, in Häfen mit zwei ungleich hohen Hochwässern, die infolge einer täglichen Ungleichheit auftreten*] • higher high water
höheres Mitteltide-Hochwasser ***n,*** mittleres höheres Tidehochwasser, durchschnittliches höheres Tidehochwasser, höheres mittleres Tidehochwasser, MHThw • mean higher high water, M.H.H.W., average higher high water, mean higher high tide, average higher high tide [*The average height of all the higher high waters recorded at a given place over a 19-year or computed equivalent period*]
Hoheitsgewässergrenze ***f*** • fairway, midway [*The middle, deepest or best navigable channel used in defining water boundaries between states, as in a sound, bay, strait, estuary or other arm of the sea, and in a lake or landlocked sea*]
Hohlbetonfertigpfahl ***m,*** Betonfertighohlpfahl • hollow precast pile, precast hollow pile
Hohlblockpackung ***f*** ➔ (Beton)Hohlblockpackung
Hohl(bohr)gestänge ***n*** • hollow drill pipe
Hohlborkrone ***f*** • hollow bit
Hohlbohrschnecke ***f,*** Bohrhohlschnecke, Schneckenhohlbohrer *m* • hollow drill(ing) auger
Höhle ***f*** • cave, hole, pothole (Brit.) [*A natural chamber or gallery or series of them beneath the earth's surface, or in the side of a mountain hill, with an opening to the surface*]
Höhle ***f*** [*Erzwagen von bestimmtem Fassungsvermögen als Maßeinheit*] • cartload of ore, ore cartload
hohle See ***f*** ➔ Waffel
Höhlenablagerung ***f*** • flowstone, flow-stone, cave deposit [*Any deposit of calcium carbonate or other mineral formed by flowing water on the walls or floor of a cave*]
Höhlenbefahrung ***f*** • cave driving, cave hunting, caving
Höhlenbrekzie ***f*** • cave breccia [*Sharp fragments of limestone deposited on the floor of a cave*]
Höhlendecke ***f*** • cave ceiling, cave roof
Höhleneinbruch ***m,*** Höhleneinsturz *m* • cave breakdown, cave breaking, cave collapse
Höhleneis ***n*** • cave ice
Höhlenerde ***f*** • cave earth
Höhlenerkundung ***f*** • pot-holing, potholing
Höhlenerhaltung ***f,*** Höhlenpflege *f* • cave conservation, cave preservation
Höhlenfahrt ***f*** • caving (trip)
Höhlenfluss ***m*** • cave stream [*Water flowing through a cave or a group of communicating caves, as in a karstic region*]
Höhlenforscher ***m,*** Höhlenwissenschaftler *m* • cave explorer, caver, speleologist; speologist [*not recommended synonym*] [*A scientist engaged in speleology*
Höhlenforschung ***f*** • caving, cave research, potholing (Brit.), caving (US), *less frequent:* spelunking (US) [*The three latter terms used for recreational pastime*]
Höhlenforschung ***f*** ➔ Höhlenkunde
Höhlenfüllung ***f*** • fill, drift, wash, cave fill, cave drift, cave wash [*Detrital material partly or completely filling a cave*]
Höhlengang ***m*** • cave passage
Höhlengrundwasser ***n*** • cave groundwater
Höhlenguano ***m*** ➔ Fledermauskot
Höhleninhalt ***m,*** Speleothem *m* • speleothem, cave formation, spelean formation [*Any secondary mineral deposit that is formed in a cave by the action of water*]
Höhlenkalkstein ***m*** • cave limestone
(Höhlen)Kammer ***f,*** (Höhlen)Raum *m* • room, chamber, cave chamber, cave room
Höhlenkoralle ***f*** • cave coral, cave popcorn, coralloid, batryoid
Höhlenkot ***m*** ➔ Fledermauskot
Höhlenkunde ***f,*** Höhlenforschung *f*, Speläologie *f* • science of cave exploration, speleology; spelaeology, speology [*not recommended synonym*] [*The scientific study of caves*]
Höhlenliste ***f,*** Höhlenverzeichnis *n* • cave file, cave index
Höhlenmalerei ***f*** • cave painting
Höhlenmarmor ***m,*** Höhlenonyx *m* • cave marble, cave onyx
Höhlenmineral ***n*** • cave mineral
Höhlenperle ***f,*** Kalziterbse *f*, Taubenei *n* • cave pearl, cave pisolite
Höhlenpflege ***f,*** Höhlenerhaltung *f* • cave conservation, cave preservation
Höhlenportal ***n*** • cave portal
Höhlenquelle ***f*** • cave spring [*It arises in a cave*]
(Höhlen)Raum ***m,*** (Höhlen)Kammer *f* • chamber, room, cave chamber, cave room

Höhlensediment *n* von außen stammend • erratic cave deposit
Höhlensinter *m* • cave sinter
Höhlensuche *f* • caving, spelunking, potholing
Höhlensucher *m* • caver, spelunker, potholer [*One who engages in the hobby of cave exploration, or caving*]
Höhlensystem *n* • cave system [*The underground network of passages, chambers, etc., or of caves in a given area whether continuous or discontinuous from a single opening*]
Höhlentaucher *m* • cave diver
Höhlentunnel *m*, Tunnelhöhle *f* • natural tunnel, tunnel (cave) [*A cave that is nearly horizontal and that is open at both ends. It may contain a stream*]
Höhlenverzeichnis *n*, Höhlenliste *f* • cave file, cave index
Höhlenwandkunst *f* • cave art
Höhlenwasser *n* • cave water
Höhlenwissenschaftler *m*, Höhlenforscher *m* • cave explorer, speleologist; speologist [*not recommended synonym*] [*A scientist engaged in speleology*]
Höhlenzufluss *m* • cave influent
Hohlform *f* [*Geomorphologie*] • negative Landform
Hohlgestänge *n* [*einer Rammsonde bzw. Dreh- od. Drehschlagbohreinrichtung*] • hollow rod(s)
Hohlkastengründung *f* • hollow box foundation
Hohlkolbenpresse *f* [*für Zugversuche*] • hollow ram jack
Hohlladung *f* [*Tiefbohrtechnik*] • jet charge, shape charge
Hohlladung *f*, unterbrochene Ladung, gepufferte Ladung • hollow charge
Hohlladung *f* für Futterrohrschießgerät • crackjet
Hohlladungsperforation *f* • hollow charge perforation
Hohlladungsperforator *m* • jet (casing) perforator
Hohllage *f* • centre hole foundation configuration
Hohlmeißel *m* • hollow chisel
Hohlmikropfahl *m*, Mikrohohlpfahl • hollow micro pile, micro hollow pile
Hohlpfahl *m*; Hohlpilot *m* [*Österreich*] • hollow pile
Hohlpfeilersperrmauer *f* ➋ Doppelpfeiler(tal)sperre
Hohlpfeiler(stau)mauer *f* ➋ Doppelpfeiler(tal)sperre
Hohlpfeiler(tal)sperre *f* ➋ Doppelpfeiler(tal)sperre
Hohlpilot *m* [*Österreich*]; Hohlpfahl *m* • hollow pile
Hohlrammpfahl *m*, Hohlverdrängungspfahl, Rammhohlpfahl, Verdrängungshohlpfahl • hollow driven pile, hollow displacement pile, driven hollow pile, displacement hollow pile
Hohlraum *m* [*der Ringraum um einen verpressten Verdrängungspfahl, der durch den vergrößerten Fuß entsteht*] • annulus
Hohlraum *m* • cavity
Hohlraum *m* ➋ Porenvolumen
Hohlraum *m* [*Bergbau*] • underground opening, underground cavity, void [*Context: Wherever coal is mined underground a void is left by the mining operation*]
Hohlraum *m* [*beim Bohrlochseitendruckversuch*] • pocket [*for the lateral pressure test*]
Hohlraum-(Ab)Dicht(ungs)wanne *f* • cavity tanking [*Tanking of basement achieved by air gaps rather than by waterproof materials; as very ancient method, the only known until about 1900. It is absolutely reliable but wastes space*]
Hohlraumanteil *m*, Porenanteil, Porenprozentsatz *m*, Hohlraumprozentsatz, Porenprozente *f*, Hohlraumprozente • percent(age) of voids, void percent(age), percent(age) of interstices, pore content, interstice percent(age), pore percent(age) [*The ratio of the unfilled space to the total space in an aggregate*]
Hohlraumaufweitung *f*, Hohlraumvergrößerung *f* • cavity enlargement, cavity expansion
Hohlraumauspressen *n*, Hohlraumeinpressen, Hohlraumverpressen, Hohlrauminjizieren [*Die Injektion von Hohlräumen, die größer als Poren und Klüfte sind. Siehe Anmerkung unter "Einpressen"*] • cavity injection, cavity grouting
Hohlraumbau *m*, unterirdischer Bau, Ausbruchbau, Untergrundbau, Untertagebau • underground construction
Hohlraumbauwerk *n* • cavity structure
Hohlraumbildung *f* [*Bildung hohler Räume zwischen einem Wasserbauwerk und seiner Gründungssohle infolge Setzung*] • roofing
Hohlraumbildung *f* [*im Erdreich*] • void formation, cavitation
Hohlraumeinpressen *n*, Hohlraumauspressen, Hohlraumverpressen, Hohlrauminjizieren [*Die Injektion von Hohlräumen, die größer als Poren und Klüfte sind. Siehe Anmerkung unter "Einpressen"*] • cavity injection, cavity grouting
Hohlraumeis *n* • cavity ice
Hohlraumerkundung *f* [*Erkundung unterirdischer natürlicher oder künstlicher Hohlräume*] • cavity reconnaissance
hohlraumfüllend • cavity-filling
Hohlraumfüllung *f* [*Talsperre*] • dental treatment [*The filling of surface cracks, flaws, potholes, faults and*

weathered rock pockets in the rock foundations of a dam. Concrete and/or grout are used]
Hohlraumgeometrie *f* • geometry of (the) voids
Hohlrauminjizieren *n* ➋ Hohlraumeinpressen
Hohlraumnachweis *m* • (buried) cavity proof
Hohlraumprozentsatz *m* ➋ Hohlraumanteil
Hohlraumverformung *f* [*Bohrlochseitendruckversuch*] • pocket deformation [*lateral pressure test in borehole*]
Hohlraumvergrößerung *f*, Hohlraumaufweitung • cavity enlargement
Hohlraumverpressen *n* ➋ Hohlraumeinpressen
hohlschaftverpresster Pfahl *m*, MV-Pfahl [*Beim Einrammen wird durch den Hohlschaft Zementmörtel eingepresst*] • jacket-grouted pile
Hohlraumvolumen *n* im Fels • void volume of rock mass
Hohlraumwand *f* [*Bohrlochseitendruckversuch*] • pocket wall [*lateral pressure test in borehole*]
Hohlraumwandung *f* [*Bohrlochseitendruckversuch*] • pocket walls [*lateral pressure test in borehole*]
Hohlschraub(en)pfahl *m*, Schraub(en)hohlpfahl • hollow screw pile, screw hollow pile
Hohlsog *m*, Kavitation *f* [*Im allgemeinen jede Hohlraumbildung im Wasser, also auch die durch Gasausscheidung in Unterdruckgebieten. Im engeren Sinne die Bildung von Dampfblasen in Gebieten, in denen der momentane örtliche Druck den Dampfdruck unterschreitet*] • cavitation
Hohlspannbetonpfahl *m*, Spannbetonhohlpfahl *m* • prestressed (concrete) hollow pile
Hohlstahlbetonpfahl *m*, Stahlbetonhohlpfahl *m* • reinforced-concrete hollow pile, hollow reinforced-concrete pile
Hohlstahlpfahl *m*, Stahlhohlpfahl • hollow steel pile, steel hollow pile
Hohl(stau)mauer *f* [*Talsperre*] • cavity dam (Brit.); hollow dam (US)
Hohlverdrängungspfahl *m*, Hohlrammpfahl, Rammhohlpfahl, Verdrängungshohlpfahl • hollow driven pile, hollow displacement pile, driven hollow pile, displacement hollow pile
Hohlverwitterung *f* • hollow weathering
Hohlvolumen *n*, Porenvolumen, Hohlraum *m*, Porenraum • pore volume, volume of voids, volume of pores, volume of interstices, interstice volume, void volume, interstitial volume, porosity [*The open spaces in a rock, soil, or aggregate considered collectively. "Space" may synonymously be used for "volume"*]
Hohlweg *m*, Engpass *m*, Tobel *m*, Klamm *f* • defile [*A long, narrow pass(age) through hills or mountains, often forming the approach to a larger pass(age)*]
Hohlwellenschnecke *f* • hollow shaft auger
Holbe *f* ➋ Deckschwelle
holländischer Rahmen *m* [*Minengangzimmerung, aus Pfostenstücken bestehend, ungefähr 22 cm breit, 4-5 cm dick*] • Dutch case
Holm *m*, (Anker)Gurt *m*, Zange *f*, Längstraverse *f*, Leitbohle *f*, Längsgurt, Streckbalken *m*, Bindebalken, Binderiegel *m* [*Baugrubenverbau*] • wale (piece), ranger, w(h)aler (US); waling (piece) (Brit.); transverse plank, binding piece, tie, (bind) rail, piling rail, intertie, waling member, horizontal beam, capping beam, w(h)aler beam [*A horizontal beam usually of wood or steel or reinforced concrete, which supports poling boards, runners or sheet piles or the earth next to an excavation and is held in place by horizontal struts (called "braces" in USA)*]
Holm *m* ➋ Deckschwelle
Holm *m* ➋ Hügelchen
Holmplatte *f* [*für Spundwand*] • capping plate [*for sheet pile wall*]
Holoeder *n*, Vollflächner *m* • holohedron [*A crystal having all the faces needed for complete symmetry*]
holoedrisch, vollflächig • holoaxial, holohiedral, holosystematic, holosymmetric [*Said of that crystal class having the maximum symmetry possible in each crystal system*]
Hologramm *n*, Speicherbild *n*, dreidimensionale Holografieaufnahme *f*, Interferenzbild • hologram
Hologrammetrie *f* • hologrammetry
Holografie *f* • holography
holografische Interferometrie *f* mit Laserlichtwellen • laser holography
holokristallin, ganzkristallin, vollkristallin • holocrystalline; pleocrystalline [*obsolete*]
Holosiderit *m* • holosiderite [*A meteorite consisting of metallic iron without stony matter*]
Holozän *n*; Alluvium *n* [*veraltete Benennung*] • Holocene, Recent [*1. Time and strata younger than the Pleistocene. 2. Considered by some to be the last subdivision of the Pleistocene representing presumed interglacial time following Wisconsin glaciation*]
holozäner Marschboden *m*, unvergleyter Schwemmboden *m* mit Landhumusbildung [*"Warp (soil)" wurde auch zum Teil für vergleyte Formen, also für "Au(en)-boden" im allgemeinen verwendet*] • warp (soil) [*Whittles 1928, popular name from Lincolnshire*]

Holstein ***n*** • Holsteinian [*North European climatostratigraphic and floral stage: Middle Pleistocene (above Elsterian, below Saalian). Equivalent in time to Mindel/Riss interglacial*]
Holster ***m*** ➋ Deckschwelle
Holz- und Fabrikenhafen ***m*** [*ältester Seehafen Bremens und südlichster in Betrieb befindlicher Seehafen Deutschlands. Umschlaghafen für Holz, , Futtermittel, Getreide usw.*] • timber and industrial harbour (of Bremen)
Holzabdeckung ***f,*** Holzbelag *m* [*Segmentwehr*] • wood(en) upstream face (US); timber planking
Holz(ab)deck(ungs)matte ***f*** • wood(en) mat(tress), timber mat(tress) [*bank protection*]
Holz(ab)dichtung ***f,*** (Ab)Dicht(ungs)holz *n* [*Gleitschütz(e)*] • wood(en) seal(ing), timber seal(ing); log seal(ing) (US)
Holzabpfändpfahl ***m*** ➋ Holzgetriebepfahl
Holzanker ***m*** (⚒) • timber rock bolt, wood(en) rock bolt [*dowel or pin*]
Holzanschlagleiste ***f*** [*Dammbalkenwehr*] • wood(en) upright, timber upright
Holzan(steck)pfahl ***m*** ➋ Holzgetriebepfahl
Holzarbeiter ***m*** ➋ (Gruben)Zimmermann
Holzart ***f*** • timber type
holzartige Braunkohle ***f*** ➋ lignitische Braunkohle
Holzasbest ***m,*** Bergholz *n,* holzförmiger Asbest, gemeiner Asbest • rock wood, ligneous asbestos, mountain wood
Holzaufschichten ***n,*** Holzaufsetzen • piling-up wood
Holzausbau ***m,*** endgültige Holzsicherung *f* [*Untertagebau*] • (permanent) wood(en) (ground) (support(ing)) system, (permanent) timber (ground) (support(ing)) system
Holzauskleidung ***f,*** Holzverzug
Holzauslese ***f*** • timber selection
Holzaußen(haut)(ab)dichtung ***f*** [*Talsperre*] • wood (en) (dam) blanket, timber (dam) facing, timber (dam) blanket, wood(en) (dam) facing
Holzbalken ***m,*** Bohle *f* • balk [*A timber for supporting the roof of a mine, or for carrying any heavy load*]
(Holz)Balkendrumme ***f,*** (Holz)Balkendurchlass *m* • wood(en) culvert, timber culvert
Holzbekleidung ***f,*** Holzverzug
Holzbelag ***m,*** Holzabdeckung *f* [*Segmentwehr*] • wood(en) upstream face (US); timber planking
Holz-Beton-Pfahl ***m*** [*Besteht aus einem unteren Holzpfahl und einem oberen Betonpfahl*] • wood(en) composite pile, timber composite pile
Holzbewachsung ***f,*** Holzbewuchs *m* • woody vegetation
Holzblock ***m*** (⚒) • chock block, chock lump [*A piece of wood, square or rectangular in cross section, usually made of hardwood*]
Holzboden ***m*** ➋ Holzteppich
Holzbohle ***f*** • wooden plank
Holzbohrtrommel ***f*** • wood(en) bullwheel, timber bullwheel
Holzbohrturm ***m*** • timber standard rig, carpenter's standard rig, wood(en) standard rig, wood(en) standard derrick, timber standard derrick, chippie's standard rig, chippie's standard derrick, standard timber rig, standard timber derrick, standard wood(men) rig, standard wood(en) derrick, carpenter's standard derrick [*standard drill(ing) system*]
Holzbretter ***f,*** Holzscheite *f* [*amerikanischer Stahlverbau*] • wood(en) blocking, timber blocking
Holzbrücke ***f,*** Holzsteg *m* (⚒) • gangway [*A wood(en) bridge in the Newcastle coalfield*]
Holzbrücke ***f*** • wood(en) bridge, timber bridge
Holzdamm ***m*** ➋ (Gruben)Holzdamm
Holzdammbalken ***m,*** Holzstaubalken, Holzeinlagebalken, Holzquerbalken, Holzplanke *f,* Holzstaubohle *f,* Holzstaubrett *n* • control(ling) timber, timber stoplog, timber flash-board, timber stop-plank, timber drop-bar, timber ba(u)lk, timber plank, timber kurrie, regulating timber, regula(riza)tion timber
Holzdrän ***m,*** Bretterdrän, Bohlendrän • wood(en) drain, timber drain
Holz-Druckluft-(Senk)Kasten ***m,*** Holz-Pressluft-(Senk)Kasten, pneumatischer Holz-(Senk)Kasten • wood(en) (compressed-)air caisson, wood(en) pneumatic caisson, timber (compressed-)air caisson, timber pneumatic caisson
Holzeinbau(ten) ***m, (f)*** ➋ Zimmerung
Holzeinlage ***f*** ➋ Kappholz
Holzeinlagebalken ***m*** ➋ Holzdammbalken
Holzeinschlag ***m,*** Holzfällung *f* • timber harvest
Holzerde ***f*** • ligneous earth
Holzernte ***f*** ➋ Holzeinschlag
holzessigsaures Salz ***n*** • pyrolignite
Holzfällung ***f,*** Holzeinschlag *m* • timber harvest
Holzfahrte ***f*** (⚒) • wood(en) ladder, timber ladder
Holzfangedamm ***m*** • wood(en) cofferdam, timber cofferdam
holzförmiger Asbest ***m*** ➋ Bergholz
Holzfüller ***m,*** Holzfüllstück *n* • glut [*A short piece of timber placed between bracing and a pile as a filler*]

H

Holzfundamentplatte *f* ➔ Holzgründungsplatte

Holzfußboden *m* • timber flooring, timber floor, wooden floor

Holzgefluder *n* • wood(en) launder, wood(en) leat, timber launder, timber leat [*See note under "launder"*]

Holz(ge)rinne *f, (n)* • wood(en) channel, timber channel, wood(en) flume, timber flume

Holzgetriebepfahl *m,* Holzvortreib(e)pfahl, Holzabpfändpfahl, Holz(vor)pfändpfahl, Holzan(steck)pfahl • wood(en) (fore)pole, wood(en) spile, wood(en) spill [*"Timber" may synonymously be used for "wood(en)"*]

Holzgetriebezimmerung *f,* Holzvortreib(e)zimmerung • timber spiling, timber forepoling system, timber horseheading system [*"Wood(en)" may synonymously be used for "timber"*]

H

Holzgewebe *n* • woody tissue

Holzgrünschwelle *f* [*begrünte Holzkrainerwand; zur Hangfußsicherung*] • vegetated timber crib wall

Holzgrundplatte *f,* Holzgründungsplatte, Holzfundamentplatte, statische Holzplatte • wood (en) foundation mat(tress), wood(en) grade mat (tress), wood(en) foundation slab, wood(en) grade slab, wood(en) foundation raft, wood(en) grade raft, timber foundation mat(tress), timber grade mat(tress), timber foundation slab, timber grade slab, timber foundation raft, timber grade raft

Holzgrundschwelle *f,* Holzstauschwelle, Holzstützschwelle, Holz(unter)schwelle • wood(en) check dam, timber check dam

Holzgründungsplatte *f,* Holzgrundplatte, Holzfundamentplatte, statische Holzplatte • wood (en) foundation mat(tress), wood(en) grade mat (tress), wood(en) foundation slab, wood(en) grade slab, wood(en) foundation raft, wood(en) grade raft, timber foundation mat(tress), timber grade mat(tress), timber foundation slab, timber grade slab, timber foundation raft, timber grade raft

Holzhammer *m* • mallet, wood(en) hammer

holzige Braunkohle *f* ➔ lignitische Braunkohle

Holzkanalbrücke *f;* Holzkanalüberführung *f* [*veraltete Benennung*] • wood(en) (canal) aqueduct, timber (canal) aqueduct [*A wood(en) structure for conveying a navigation canal over a watercourse or hollow*]

Holzkappe *f,* Holzkopfstück *n,* Holzkronenbalken *m,* Kappholz *n,* Unterleg(e)holz, (Holz)Einlage, Kappe, Querholz, Kopfholz (⚒) • (wood(en)) head tree, wood (en) crown piece, wood(en) crown (tree), wood(en) poling, (wood(en)) lid, wood(en) head piece, wood (en) crown bar, wood(en) stringing piece, (wood(en)) cap(ping) (piece), wood(en) stringer, timber roof bar, wood(en) roof bar, wood(en) top bar, wood(en) back bar, timber top bar, timber back bar, wood(en) cap sill, timber cap sill, wood(en) cap cill, timber cap cill, (wood (en)) crusher block, (wooden) head block, cap timer, poling crushing timber [*A horizontal timber overhead in square set(t) stopes and elsewhere. "Timber" may be used synonymously for "wood(en)"*]

Holzkastensperre *f,* Holzkistensperre, Steinkastensperre, Steinkistensperre • crib(work) barrier, cribbing barrier, stone-filled barrier, rock(fill) barrier

Holzkastenstützwand *f* • wood(en) crib, timber crib, timber bin (type) retaining wall, wood(en) bin (type) retaining wall [*It consists of interlocking timber members used to stabilize slopes and protect road cuts*]

Holzkastenwellenbrecher *m* • wood(en) crib(bing) breakwater, timber crib(bing) breakwater, wood(en) cribwork breakwater, timber cribwork breakwater

Holzkeildamm *m,* Keilverspündung *f* (⚒) • wood(en) wedge dam, wood(en) wedge wall, timber wedge dam, timber wedge wall

Holzkistensperre, Holzkastensperre *f,* Steinkastensperre, Steinkistensperre • crib(work) barrier, cribbing barrier, stone-filled barrier, rock(fill) barrier

Holzkohle *f* • charcoal

Holzkohlenmeiler *m* • charcoal pit [*A stack of wood, prepared for the manufacture of charcoal*]

Holzkohlengrube *f* • coal pit [*Old English*]; still (US) [*A place where charcoal is made*]

Holzkohlenstaub *m* • brasque, charcoal dust

Holzkonstruktion *f* • wooden structure

Holzkopfstück *n* ➔ Holzkappe

Holzkrainerwand *f* • timber (*or:* wooden) crib wall

Holzkrippe *f* • wooden cradle

Holzkronenbalken *m* ➔ Holzkappe

Holzküvelage *f* ➔ Küvelagezimmerung

Holzladestock *m* [*Sprengtechnik*] • timber tamping stick, wood(en) tamping stick, wood(en) tamping rod, timber tamping rod

Holzlagerstück *n,* Sohlenholz *n,* Holzsohlenstück • wood(en) footblock, timber footblock, wood(en) foot piece, timber foot piece [*A block of wood placed under ribs or posts in horseshoe-shaped or non-circular tunnels to provide bearing*]

Holzlatte *f,* Latte *f* • lath [*A thin narrow strip of wood*]

Holzleitwerk *n* [*Zum Führen von Schiffen*] • wood(en) guide wall, timber guide wall, wood(en) staging, timber staging

Holzlutte *f,* Wetterkasten *m* (⚒) • wood(en) air box, timber air box

Holzmatte *f* • lumber mattress [*It consists of a mat of 10 cm x 2.5 cm boards woven together and sunk to the bottom of the river or stream with the aid of stone-filled cribs*]

Holzmehl-Mischdynamit *n* [*früher: m*] • wood flour mixed dynamite

Holznadel *f* ➲ Verschlussbrett

Holzopal *m* ➲ versteinertes Holz

Holzpfahl *m*, Holzpflock *m* [*Absteckungsarbeiten*] • wood(en) peg, spile, timber peg

Holzpfahl *m* • wood pile, wooden pile, timber pile

Holzpfahlgründung *f* • wood(en) pile foundation, timber pile foundation

Holz(pfahl)rost *m* • wood(en) (pile) grillage, timber (pile) grillage, wood(en) (pile) grating, wood(en) (pile) grate, timber (pile) grating, timber (pile) grate

Holzpfeiler *m* (⚒) • crib [*Arkansas*]; chock [*A square pillar for supporting the roof constructed of prop timber laid up in alternate cross-layers, in logcabin style, the centre being filled with waste*]

Holzpfeilerausbau *m* • chock support; crib support [*Arkansas*] [*See note under "chock"*]

Holzpflock *m*, Holzpfahl *m* [*Absteckungsarbeiten*] • wood(en) peg, spile, timber peg

Holzpflock *m* [*z. B. für Stangenzäune*] • wooden pole

Holzplanke *f* ➲ Holzdammbalken

Holzpolygonausbau *m* (⚒) • cockering

Holz-Pressluft-(Senk)Kasten *m*, Holz-Druckluft (Senk)Kasten *m*, pneumatischer Holzsenkkasten • wood(en) (compressed-)air caisson, wood(en) pneumatic caisson, timber (compressed-)air caisson, timber pneumatic caisson

Holzquerstück *m* ➲ Holzkappe

Holzrahmensicherung *f*, Holz(sicherungs)rahmen *m*, Sicherungsholzrahmen • timber set(t), timber framing, set(t) of timber(s), frame of timbers [*For supporting the tunnel or gallery excavation temporarily. "Wood(en)" may synonymously be used for "timber"*]

Holzrahmenverbau *m*
➲ (Graben)Holzrahmenverbau

Holzrammpfahl *m*, Rammholzpfahl, Verdrängungsholzpfahl, Holzverdrängungspfahl [*DIN 4026*] • wood(en) driven pile, timber driven pile, driven timber pile, driven wood(en) pile [*Displacement may synonymously be used for "driven"*]

Holzraubarbeiter *m*, Holzrauber (⚒) • wood drawer, wood stripper, timber robber, timber drawer, timber stripper, timber puller, prop drawer, prop puller, prop stripper, wood puller, wood robber, prop robber

Holzrauben *n*, Rauben der Zimmerung (⚒) • (with) drawing timber(s), timber (with) drawing, extraction of timber supports

Holzrohrdruckleitung *f*, Holzrohrtriebwasserleitung • wood(en) pipe penstock, timber pipe penstock [*It is composed of wood staves*]

Holzschalung *f* • wood formwork, timber formwork

Holzscheite *f*, Holzbretter *f* [*amerikanischer Stahlverbau*] • wood(en) blocking, timber blocking

Holz-Schilfrohr-Matte *f*, Schilfrohr-Holz-Matte • Dutch mat(tress) [*A mat(tress) of timber and reed for protecting the bed of a water body from scour*]

Holzschlenge *f*, Holztragkranz, Holzschachtkranz *m* • wood(en) (cutting) curb, timber (cutting) curb, timber drum curb, timber shoe, wood(en) drum curb, wood (en) shoe, timber (shaft) collar, wood(en) (shaft) collar

Holzschneerechen *m* [*Lawinenverbauung*] • wooden snow rake

Holzschott *n* • wood(en) bulkhead, timber bulkhead

Holzschrank *m* (⚒) • clog pack

Holzschuh *m* • wood(en) curb, wood(en) shoe, timber curb, timber shoe [*open caisson*]

Holzschürze *f* ➲ Holzteppich

Holzschutz *m* • timber preservation

Holzschutzmittel *n* • timber preservative

Holzschütz(e) *n*, (*m*), Holzschützen *m*, Holzstauteil *m*, *n*, Versenkfalle *f* • (vertical) wood(en) (sluice) gate, (vertical) timber (sluice) gate; vertical penstock (Brit.)

Holzschwelle *f* • wood(en) sill, wood(en) cill, timber sill, timber cill

Holzschwelle *f* [*für Bahngleis od. Senkkasten*] • wooden sleeper

Holzschwergewichtswehr *n* • wood(en) gravity weir, timber gravity weir; wood(en) gravity dam, timber gravity dam (US)

Holzschwimmsenkkasten *m* • wood(en) floating (box) caisson, timber floating (box) caisson

Holzsegment *n*, Holztübbing *m* • wood(en) (tubbing) segment, wood(en) lining segment, timber (tubbing) segment, timber lining segment

Holzsegmentausbau *m*, Holztübbingausbau • wood (en) tubbing, timber tubbing

Holzsenkrechtverzug *m*, Senkrechtholzverzug, Vertikalholzverzug, Holzvertikalverzug • vertical wood(en) lagging, vertical timber lagging

Holz(setz)pfosten *m* ➲ Verschlussbrett

Holz(sicherungs)rahmen *m*, Holzrahmensicherung, Sicherungsholzrahmen, Geviert(zimmerung) *n*, (*f*) • timber set(t), timber framing, set(t) of timber(s), frame of timbers [*For supporting the tunnel or gallery*

excavation temporarily. "Wood(en)" may synonymously be used for "timber"]

Holzsohlenstück *n* ➋ Holzlagerstück

Holzspreize *f*, Holzsteife *f*, Holzstrebe *f* • wood(en) • strut, wood(en) brace, timber strut, timber brace

Holzspundwand *f* • wood(en) sheet pile wall, timber sheet pile wall, wood(en) sheetpiling, timber sheetpiling

Holzspundwandfangedamm *m* • timber skin dam, wood(en) skin dam, wood(en) (sheeting) dam, timber (sheeting) dam [*See note under 'skin dam'*]

Holzstab *m* [*Caméréwehr*] • wood(en) slat, timber slat

Holzstaubohle *f*, Verschlussbrett *n*, Holzverschlussbohle, Holznadel *f*, Holz(setz)pfosten *m*, Holzstiel *m* • wood(en) needle, timber needle [*A plank of timber, set on end to close an opening for the control of water. In weirs or control structures, this may be set in either a vertical or inclined position*]

Holzstauschwelle *f*, Holzgrundschwelle, Holzstützschwelle, Holz(unter)schwelle • wood(en) check dam, timber check dam

Holzstauteil *m*, *n* ➋ Holzschütz(e)

Holzsteg *m* ➋ Holzbrücke *f*

Holzsteife *f*, Holzspreize *f*, Holzstrebe *f* • wood(en) strut, wood(en) brace, timber strut, timber brace

Holzstiel *m* ➋ Holzstaubohle

Holzstützschwelle *f* ➋ Holzgrundschwelle

Holzteppich *m*, Holzvorlage *f*, Holzboden *m*, Holzschürze *f* • wood(en) apron, timber apron, timber floor, wood(en) floor, timber bottom, wood(en) bottom [*Timber lining of bed of channel upstream or downstream from a lined or restricted waterway*]

Holztragkranz *m* ➋ Holzschlenge

Holztübbing *m*, Holzsegment *n* • wood(en) (tubbing) segment, wood(en) lining segment, timber (tubbing) segment, timber lining segment

Holztübbingausbau *m*, Holzsegmentausbau • wood (en) tubbing, timber tubbing

Holz(unter)schwelle *f* ➋ Holzgrundschwelle

hölzerner Rammpfahl *m* • wood pile

Hölzung *f* ➋ Bohl(en)werk

Holzverbau *m* ➋ Zimmerung

Holzverdrängungspfahl *m* ➋ Rammholzpfahl

Holzverschalung *f*, Holzverzug *m*, Holzauskleidung, Holzverkleidung, Holzbekleidung • wood(en) lagging, wood(en) lags, timber lagging, timber lags, wood(en) lining, timber lining

Holzverschlussbohle *f* ➋ Holzstaubohle

Holzvertikalverzug *m* ➋ Senkrechtholzverzug

Holzvorlage *f*, Holzteppich *m*, Holzboden *m*, Holzschürze *f* • wood(en) apron, timber apron, timber floor, wood(en) floor, timber bottom, wood(en) bottom [*Timber lining of bed of channel upstream or downstream from a lined or restricted waterway*]

Holzvortreib(e)pfahl *m*, Holzgetriebepfahl, Holzabpfändpfahl, Holz(vor)pfändpfahl, Holzan(steck)pfahl • wood(en) (fore)pole, wood(en) spile, wood(en) spill [*"Timber" may synonymously be used for "wood(en)"*]

Holzvortreib(e)zimmerung *f*, Holzgetriebe(aus)zimmerung • timber spiling (system), timber (fore)poling (system), wood(en) spiling (system), wood(en) (fore)poling (system), wood(en) horseheading (system)

Holzwehr *n*, Blockwandwehr • wood(en) weir, timber weir; wood(en) dam, timber dam (US)

Holzwellenbrecher *m* • wood(en) breakwater, timber breakwater [*It allows wave energy to pass*]

Holzzinn *n*, faseriger Zinnstein *m*, SnO_2 • Cornish tin ore, wood-tin, dneprovskite; costean, costeen [*early Cornish names*] [*A nodular or reniform brownish variety of cassiterite, having a concentric structure of radiating fibres resembling dry wood in appearance*]

homoachsiale Zementation *f* • syntaxial (rim) cementation

homogen, gleichartig zusammengesetzt, gleichförmig • homogeneous, uniform

homogen durchgefrorener Boden *m* • frozen homogeneous soil

Homogenschichten *f(pl)*, Homogenbereiche *m(pl)*, homogene Bereiche *m* [*Das sind Böden, die unter gleichen Bedingungen entstanden sind*] • homogeneous strata (*or*: layers)

homogene Modellvorstellung *f* [*kommt zur Lösung felsmechanischer Problemstellungen zum Einsatz*] • homogenous conceptual model(ling) [*may be applied to solve rock mechanics problems*]

homogene Suspension *f* • homogenous slurry mix

homogene Verhältnisse *f* • homogeneous conditions

homogener Baugrund *m* • homogeneous soil

Homogenisierung *f* • homogenization (US), homogenisation (Brit.)

Homogenität *f* [*bezieht sich auf homogene Schichten des Baugrunds, deren Kennwerte ungeregelt (stochastisch), aber um einen Mittelwert, streuen*] • homogeneity

Homogenitätsgrad *m* • degree of homogeneity

homöoblastisch • homeoblastic [*Pertaining to a type of crystalloblastic texture in a metamorphic rock in which the essential mineral constituents are approximately of equal size. Depending on the habit of the minerals* *involved, this texture may also be called more specifically granoblastic, lepidoblastic, nematoblastic, or fibroblastic. The term was originated by Becke (1903)*]

homotropische Wetterführung ***f*** ➲ gleichlaufende Bewetterung

Honigmann-Schacht(ab)senkmethode *f*, Honigmann-Schacht(ab)senkverfahren *n* • Honigmann process [*A continental method of shaft sinking through water-bearing soil*]

Honigmann-Schachtausbau *m*, geschlossener Profilstahlringausbau • Honigmann steel cylinder lining

Hooke-Körper *m* • Hooke model

Hopperbagger *m*, Laderaumsaugbagger *m* • hopper suction dredger

Horde *f* ➲ Flechtwerk

Horizont *m* ➲ (Boden)Horizont

Horizont *m* ➲ (geologischer) Horizont

Horizont *m* • land(-)line [*The outline of a land against sky and sea*]

Horizont *m* • rational horizon, actual horizon [*A great circle on the celestial sphere whose plane is perpendicular to the direction of the plumb line (on the direction of gravity) at the point of observation. It is usually referred to as the "horizon"*]

Horizont *m*, Sohle *f* • level, horizon [*Mines are customarily worked from shafts through levels. These are commonly spaced at regular intervals in depth and are either numbered from the surface in regular order or designated by their actual elevation below the top of a shaft*]

horizontal, waag(e)recht, söhlig, einfallfrei, ohne Einfallen, aklinal, schwebend, aklinisch, neigungslos • aclinal, horizontal, without dip, level, without inclination, unfolded, not dipping, aclinic, dipless [*Said of strata that have no inclination. Not to be confused with "acclinal"*]

Horizontal... ➲ Waagerecht...

horizontal geschichtet, waag(e)recht geschichtet • horizontally stratified, horizontally layered

horizontal gesteuertes Bohren *n*, waag(e)recht gesteuertes Bohren, Richtungsbohren, gerichtetes Bohren • directional drilling, directional boring, directional moling, guided drilling, guided boring, guided moling [*trenchless construction*]

horizontal polarisierte Scherwelle *f*, horizontal polarisierte Transversalwelle, waag(e)recht polarisierte Scherwelle, waag(e)recht polarisierte Transversalwelle • horizontally polarized shear(ing) wave, horizontally polarized transversal wave

Horizontalachse *f*, Kippachse • horizontal axis [*The axis about which the telescope of a theodolite or transit rotates when moved vertically. It is the axis of rotation that is perpendicular to the vertical axis of the instrument*]

Horizontalanker *m* • horizontal anchor

Horizontalaufnahme *f*, Horizontalvermessung

Horizontalbeschleunigung *f* [*Erdbebentechnik*] • horizontal acceleration [*earthquake engineering*]

Horizontalbewehrung *f* • horizontal reinforcement

Horizontalbohrtechnik *f* • horizontal drilling method

Horizontalbrunnen *m*, Liegendbrunnen, Waag(e)-rechtbrunnen • horizontal well

horizontale... ➲ waag(e)rechte ...

horizontale Auslenkung *f* • horizontal deflection

horizontale Deckung *f* (⚒) ➲ Übersetzung

horizontale Gewölbedruckkraft *f* • horizontal thrust resulting from arching

horizontale Interaktion *f* [*Man spricht davon, wenn axiale Längenänderungen der Gründung behindert werden*] • horizontal interaction

horizontale Komponente H *f* des Erdmagnetfeldes, Horizontalintensität *f* • horizontal intensity, horizontal force, H.F.

horizontale laterale Trennung *f*, laterale horizontale Trennung • offset fault [*Of a fault, the horizontal separation measured perpendicular to the strike of the disrupted horizon*]

horizontale Linienlast *f* [*integrierte Cerruti-Lösung*] • horizontal line load acting on the surface of a semi-infinite mass [*integrated Cerruti problem*]

Horizontalebenenabstand *m* [*Abstand der beiden Horizontalebenen, welche man durch zwei zuvor aneinanderstoßende Schichtpunkte legen kann*] • vertical throw

Horizontalentwässerungsbohrung *f* • horizontal bored drain, horizontal drilled drain

horizontale Einwirkung *f* • horizontal action

horizontaler... ➲ waag(e)rechter ...

horizontales Spülbohrverfahren *f* • directional drilling with flushing

Horizontal-Extensometer *m* • horizontal extensometer

Horizontalfeintrieb *m* [*am Tachymeter*] • horizontal fine adjustment

Horizontalfilterbrunnen *m* • horizontal filter well

Horizontalfrac *m* mit definiertem Ausgangspunkt, Perforation *f* mit definierten Ausgangspunkt • single-point entry method

H

Horizontalinklinometer *n* • horizontal inclinometer
Horizontalintensität *f*, horizontale Komponente H *f* des Erdmagnetfeldes • horizontal intensity, horizontal force, H.F.
Horizontalkreis *m* • height circle, elevation circle, graduated horizontal circle
Horizontallast-Verschiebung *f* • horizontal load displacement
Horizontalmikroskop *n*, Schlossmachermikroskop • immersion sphere [*A device for viewing immersed (gem)stones from different directions*]
Horizontalparallaxe *f*, Längenunterschiede • linear parallax, horizontal parallax, absolute (stereo(scopic)) parallax, x-parallax, stereo(scopic) parallax [*In a stereoscopic pair of photo(graph)s, the algebraic difference, parallel to the photobase line, of the distances between the images of an object and their respective principal points*]
Horizontalschwerpendel, Kegelpendel *n* • cone pendulum
Horizontalspannung *f* • horizontal stress
Horizontalspannungsindex *m* • horizontal stress index
Horizontalspulenmethode *f* ➋ Slingram-Verfahren
Horizontdaten *f* • horizon data
Horizontkamera *f*, Horizontkammer *f* • horizon camera [*photogrammetry*]
Horizontschräge *f* ➋ Kimmtiefe
Horizont-Schrägluftaufnahme *f*, Horizont-Schrägluftbild *n* • high(-)oblique (photo(graph)) [*An oblique (photo(graph)) in which the apparent horizon (skyline) is visible. Typically the camera axis is tilted about 60° from vertical*]
Horizont-Zeitgitterdaten *f* • horizon time grid data
Horn *n*, Flügel *m* • horn, wing [*The pointed end of a dune or beach cusp; e.g. the forward, outer end of a barchan crescent*]
Hom *n* • horn [*A body of land (such as a spit), or of water, shaped like a horn*]
Horn *n*, Karling *m* • horn, matterhorn, circus mountain, pyramidal peak, monument(al peak), horn peak [*A high pyramidal peak with steep sides formed by the intersecting walls of three or more cirques, as the Matterhorn (peak) in Switzerland*]
Horn *n* [*Radialer Ansatz an einer Göpelkorbscheibe und einer Seilscheibenwange zur richtigen Einleitung des Seiles*] (⚒) • stick [*It forms a cheek of a rope roll*]
Hornblende *f* • hornblende [*(a) The commonest mineral of the amphibole group. It has a variable composition, and may contain potassium and appreciable fluorine. Hornblende is commonly black, dark green, or brown, and occurs in distinct monoclinic crystals or in columnar, fibrous, or granular forms. It is the primary constituent of many acid and intermediate igneous rocks (granite, syenite, diorite, andesite) and less commonly of basic igneous rocks, and it is a common metamorphic mineral in gneiss and schist. Symbol: Ho. (b) A term sometimes used (esp. by the Germans) to designate the amphibole group of minerals. The term "Hornblende" is an old German name for any dark, prismatic crystal found with metallic ores but containing no valuable metal (the word "Blende" indicates "a deceiver")*]
Hornblendeandesit *m* • hornblende andesite; hungarite [*obsolete*]
Hornblende-Biotit-Andesit *m* ➋ Hornblende-Glimmer-Andesit
Hornblendedazit *m* • hornblende dacite
Hornblendediabas *m*, Proterobas • proterobase [*A diabase in which the mafic mineral is primary hornblende. The term, originated by Gümbel in 1874 is obsolete*]
Hornblendegabbro *m* • hornblende gabbro [*In the IUGS classification, a plutonic rock satisfying the definition of gabbro, in which pl/(pl+hbl+px) is between 10 and 90, and px/(pl+hbl+px) is less than 5.*]
Hornblende-Glimmer-Andesit *m*, Hornblende-Biotit-Andesit • hornblende mica andesite, hornblende biotite andesite [*Is one in which both hornblende and biotite are prominent*]
Hornblendegneis *m* • hornblende gneiss [*A gneiss with hornblende as a characteristic mineral*]
Hornblendegranit *m* • hornblende granite
Hornblendeperidotit *m* • hornblende peridotite [*In the IUGS classification, a plutonic rock with M equal to or greater than 90, ol/(ol+hbl+px) between 40 and 90, and px/(ol+hbl+px) less than 5.*]
Hornblendepikrit *m* • hornblende picrite
Hornblendeplagioklasgneis *m* • hornblende plagioclase gneiss
Hornblendetrachyt *m* • hornblende trachyte
Hornblendit *m* • hornblendite [*An igneous rock composed almost entirely of hornblende. The term has been equated incorrectly by some authors with the metamorphic rock amphibolite*]
Hornergleichung *f* [*Bestimmung von Bohrlochstörungen*] • unsteady state equation, nonsteady state equation
Hörnerkalkstein *m*, horniger Kalkstein • corneous limestone, corniferous limestone
Hornerz *n* [*veraltete Benennung*] ➋ Cerargyrit

Hornfels ***m*** • hornfels [*A contact metamorphic rock formed from shales, impure limestones, and occasionally from basic igneous rocks. It is fine-textured but generally holocrystalline*]

Hornfelsstruktur ***f*** • hornfels texture [*A granular fabric acquired by a metamorphosed rock by the action of heat*]

Hornhaspel ***m, (f),*** Berghaspel *m, (f)* (⚒) • windlass

horniger Kalkstein ***m,*** Hörnerkalkstein • corneous limestone, corniferous limestone

Hornito ***m,*** Lavaofen *m*, Lavaschornstein *m*, (Lava) Schlackenschornstein • hornito, driblet cone, dribblet cone

Hornkoralle ***f*** ➲ Einzelkoralle

Hornquecksilber ***n*** • calomel(ite), horn mercury, horn quicksilver

Hornstein ***m*** • hornstone [*A compact, flinty, brittle variety of chalcedony. A siliceous mineral substance, sometimes approaching nearly to flint, or common quartz*]

hornsteinenthaltend, hornsteinhaltig, hornsteinführend • corniferous, containing hornstone, corneous

Hornsteinporphyr ***m*** • hornstone porphyry

Horst ***m*** • horst [*German*] [*An elongate, relatively uplifted crustal unit or block that is bounded by faults on its long sides. It is a structural form and not be expressed geomorphologically. No direct English equivalent*]

Horststaffel ***f*** • ridge fault [*A structure consisting of two parallel normal faults hading away from each other downwards with displacements in opposite directions, the ground between forming a ridge-like structure*]

Hortisol ***m,*** Gartenboden *m*, Gartenerde *f* • hortisol, garden soil, garden earth

Hose ***f*** ➲ (Blech)Hose

Hot-Dry-Rock Energie ***f,*** (geothermische) HDR-Energie, petrothermale geothermische Energie *f*, petrothermale Geothermie [*Gegenüber der hydrothermalen Geothermie, die auf das Vorkommen von thermalwasserführenden Gesteinsschichten (Aquifere) basiert, nutzen petrothermale Verfahren heißes Grundgestein*] • Hot Dry Rock energy, HDR geothermal energy, petrothermal geothermal energy,

Hot-Dry-Rock Verfahren ***n,*** HDR Verfahren, petrothermale Geothermie Verfahren *n* • Hot-Dry-Rock method, HDR method, petrothermal method, petrothermal system

Hotel mit Eigentumswohnungen ***n*** • condominium hotel

Howardit ***m,*** Hypersthen-Klinohypersthen-Anorthit-Achondrit • howardite [*An achondritic stony meteorite consisting largely of calcic plagioclase and orthopyroxene (commonly hypersthene). It has a lower content of iron and calcium than that of leucrite*]

Howardpulver ***n*** ➲ knallsaures Qecksilberoxyd

HThw, höchstes Tidehochwasser *n* • highest high tide

HThw, höheres Hochwasser *n* [*Das höhere Hochwasser, in Häfen mit zwei ungleich hohen Hochwässern, die infolge einer täglichen Ungleichheit auftreten*] • higher high water

Hubanlage-Steuerhaus ***n,*** Steuerhaus der Hubanlage • jack house [*offshore drilling*]

Hub-Bohrinsel ***f*** **mit ausstellbaren Beinen,** Bohr-Hubinsel mit ausstellbaren Beinen • canted leg jack-up (type) drilling rig [*"Barge" may synonymously be used for "rig"*]

Hub-Bohrinsel ***f*** **mit überkragender Bohranlage,** Bohr-Hubinsel mit überkragender Bohranlage • cantilever(ed) jack-up (type) drilling rig [*"Barge" may synonymously be used for "rig"*]

Hubbühne ***f*** • lifting platform

Hubgerät ***n*** • lifting device

Hubgerüst ***n*** • lifting scaffold

Hubinsel ***f*** • lifting island, jack-up

Hubinselschuh ***m*** • doughnut [*offshore drilling*]

Hubkappe ***f,*** Hebekappe *f*, Hebepulle *f*, Hubpulle [*Tiefbohrtechnik*] • lifting cap, lifting nipple, lifting sub

Hubschrauber ***m*** [*Einsatz für die Bauwerksüberwachung mittels einer Kamera*] • helicopter

Hubschrauber-Landeplatz ***m,*** Helikopterlandeplatz [*oft auf Hochhäusern*] • heliport, helicopter landing deck

Hubtor ***n*** ➲ (Schleusen)Hubtor

Hubzähler ***m*** • stroke counter

Hubzug ***m*** • chain hoist

Hufeisen ***n*** • horseshoe [*A topographic feature, such as a valley or a mountain range, shaped like a horseshoe*]

Hufeisenkolk ***m,*** Strömungskamm *m*, Hufeisenwulst *f, m*, Luvgraben *m* [*Ausspülung von Hindernissen, geformt wie stromabwärts geöffnete Hufeisen*] • crescent(ic) scour, crescent(ic) mark, horseshoe(-shaped) flute cast current crescent (cast)

Hufeisenkrümmung ***f,*** verlassene Flussschlinge *f* • oxbow, horseshoe bend, bow, abandoned channel [*A closely looping stream meander resembling the U-shaped frame embracing an ox's neck, having an extreme curvature such that only a neck of land is left between two parts of the stream*]

Hufeisenmagnet ***m*** • horseshoe magnet
Hufeisenmoräne ***f*** • horseshoe moraine
Hufeisenriff ***n*** • horseshoe reef
Hufeisentunnel ***m*** • horseshoe(-shaped) tunnel
Hufeisenumschließung ***f*** [*bei Caissonarbeiten*] • horseshoe(-shaped) stall
Hufeisenwulst ***f, m*** ➋ Hufeisenkolk
Hufschlagkanal ***m*** ➋ Leinpfadkanal
Hügelabtrag ***m*** • hill removal
hügelbesetzt, hügelbestückt • tumulose [*Full of small hills and mounds*]
Hügelchen ***n*****,** (Gelände)Welle *f*, Holm *m*, Brink *m*, Buckel *m*, Terrainwelle, Wörth *m* • knoll, hillock, mound; know(e), knowle [*Scottish terms*] [*A small, low, rounded hill*]
Hügelgipfel ***m*** • hilltop
Hügelkamm ***m*** • hill comb(e), hill crest
Hügelkette ***f*****,** Hügelzug *m* • ridge, range of hills, chain of hills, range (chain) of mountains
Hügelland ***n*** • hill land, hill area
Hügelprärie ***f*** • rolling prairie
Hügelseifen ***f*** • hill diggings, placers on hills
Hügelstollen ***m*** • hill gallery; hill tunnel (US)
Hügeltunnel ***m*** • hill tunnel
Hügelvorland ***n*****,** Vorgebirge *n* • foothills, submountain region
Hügelzug ***m*****,** Zug • range, hill range [*A line of hills if the heights are comparatively low*]
Hülben ***m*** ➋ Deckschwelle
Hüllenmikrotextur ***f*** ➋ (Brösel)Hüllenmikrotextur
Hüllhaut ***f*** [*Sediment; Sedimentgestein*] • coat(ing)
Hüllkurve ***f*** ➋ (Mohrsche) Hüllkurve
Hüllrohr ***n*** • sheath(ing), duct, plastic duct
Hülse ***f*** ➋ (Pfahl)Hülse
Hülse ***f*** • shell, tubing [*blasting cap(sule)*]
Humboldtstrom ***m*** • Peru current, Humboldt current
Humidität ***f*****,** Luftfeuchtigkeit *f* (der Atmosphäre) • humidity [*The water-vapo(u)r content of the atmosphere. The unmodified term often signifies relative humidity*]
humitisch, humos • humic, humous [*Pertaining to or derived from humus*]
humitische Braunkohle ***f*****,** humose Braunkohle • humodil [*Humic coal of lignitic rank; it is the third stage in the humolith series*]
humitische Kohle ***f*** ➋ humose Kohle
humitische Zersetzung ***f*****,** humose Zersetzung • humic decomposition, humous decomposition [*Chemical breakdown of rocks and minerals by the action of vegetable acids*]
Humodurit ***m*** • translucent attritus, humodurite [*Attritus consisting mostly of translucent humic degradation matter, mainly exinite, with minor amounts of opaque materials*]
humose Kohle ***f*****,** Humuskohle, humitische Kohle • humic coal, humulite, humus coal, humolith, humolite, humulith, humite, chameolith, chaemolith, cahemolith [*Sometimes applied to a coal formed according to the in-situ theory. A characteristic feature of a humic coal is its high humic acid content. In Australia, the humic coals are the brown coals or steaming brown coals of Victoria in South Australia*]
humose Zersetzung ***f*****,** humitische Zersetzung • humic decomposition, humous decomposition [*Chemical breakdown of rocks and minerals by the action of vegetable acids*]
humoser Latosol ***m*** • low humic latosol
Humus ***m*** [*die oberste, organische Deckschicht im Boden*] • humus [*is the organic, uppermost soil layer* soil ulmin, vegetable mould; vegetable mold (US)]
Humusascheboden ***m*****,** Humuspodsol(boden) *m* • humic podzol, humic podsol
Humusbildung ***f*** • humification, humus formation, formation of humus [*Transformation of organic matter into humus*]
Humusboden ***m*****,** Humuserde *f* • humic soil, humic earth, humous soil, humous earth, humus soil, humus earth
Humusgel ***n*****,** Dopplerit *m*, Torfdopplerit, Weichbraunkohlendopplerit • dopplerite, peat gel, brown coal gel, torf-dopplerit, weichbraunkohlendopplerit [*A naturally occurring gel of humic acids found in peat bogs or where an aqueous extract from a low-rank coal can collect*]
Humusgestein ***n*** • humus-rich rock
Humuskarbonatboden ***m*****,** Rendzina
Humuskohle ***f*****,** humose Kohle, humitische Kohle • humic coal, humulite, humus coal, humolith, humolite, humulith, humite, chameolith, chaemolith, cahemolith [*Sometimes applied to a coal formed according to the in-situ theory. A characteristic feature of a humic coal is its high humic acid content. In Australia, the humic coals are the brown coals or steaming brown coals of Victoria in South Australia*]
Humuspodsol(boden) ***m*****,** Humusascheboden • humic podzol, humic podsol
Humuspolsterboden ***m*****,** Polsterhumusboden • cushion humic soil
Humusschicht ***f*** • H layer, humus layer
Humussulfatboden ***m*****,** Rendzina

Humustorf ***m*** • humocoll [*Humic material of the rank of peat; it is the second stage in the humolith series*]

Hund ***m*****,** Schlepphunt *m*, (Berg)Hund, Schlepphund, Berghund • corf(e), corve, cauf [*Newcastle*]; sledge, tub, dan, buggy, carriage, tram [*A sledge or low wag(g)-on for carrying coal. When used for bringing up the rock from a shaft the corves have no wheels and are more like a basket. In early days corves were wider baskets, having wooden bows or handles; they held about 4 1/4 hundred-weight of coal*]

hundertjähriges Hochwasser ***n*****,** Jahrhunderthochwasser • hundred-year flood, 100-yr flood

Hundezahnspat ***m*** • dogtooth spar, hogtooth spar [A *variety of calcite in sharply pointed crystals of acute scalenohedral form resembling the tooth of a dog*]

Hundgestänge ***n*****,** (Wagen)Gestänge, Huntgestänge (⚒) • tramway

Hundschlepper ***m*****,** Hundzieher, Wagenschlepper, Wagenzieher, Hundläufer, Wagenläufer, Huntschlepper, Huntzieher, Huntläufer (⚒) • drawer, draw-boy, puller

Hundstößer ***m*****,** Hundstößer • dragsman [*In the North of England, a man employed as a pusher of tubs (cars) in underground working places*]

Hunt (⚒) • Hund

Hüpfablagerung ***f*** Springablagerung, Sprungablagerung • grounding [*The temporary dropping and lodg(e)ment of sedimentary particles carried in saltation, typically in sandbars, natural levees, or gravel beds*]

Hüpfbewegung ***f*** ➋ Spring(ver)frachtung

Hüpfen ***n*** ➋ Spring(Ver)frachtung

hüpfende Geröll(e)(ver)frachtung ***f*** ➋ Spring(Ver)-frachtung

hüpfender (Geröll)(e)Transport ***m*** ➋ Spring(Ver)-frachtung

Hüpffracht ***f*****,** Springfracht, pulsierende Geröll(e)-fracht, sprungweise Geröll(e)fracht • saltation load, skip(ping) load [*The part of the bed load that is bouncing along the stream or river bed or is moved, directly or indirectly, by the impact of bouncing particles*]

Hüpfmarke ***f*****,** Springmarke • saltation mark(ing), skip (ping) mark(ing) [*One of a linear series of regularly spaced, crescent-shaped tool marks produced by an object that intermittently impinged on or skipped along the bottom of a watercourse*]

Hüpfmarkenabdruck ***m*****,** Hüpfmarkenausfüllung *f*, Hüpfmarkennegativform *f*, Hüpfmarkenausguss *m* [*Siehe Anmerkung unter "Abdruck"*] • skip (mark (ing)) cast, saltation (mark(ing)) cast

Hüpftransport ***m*** ➋ Spring(ver)frachtung

Hüpf(ver)frachtung ***f*** ➋ Spring(Ver)frachtung

Hürde ***f*** ➋ Flechtwerk

Hut ***m*****,** Kappe *f*, Decke *f* • cap(ping) [*A solid or unconsolidated rock overlying a deposit of ore or coal*]

Hut(gestein) ***m*****,** ***(n)*****,** Gipsanhydrithut • cap-rock [*A disklike plate over all or part of the top of most salt domes on the Gulf Coast states, and some in Germany, composed of anhydrite, gypsum, limestone and occasionally sulfur*]

Huthaus ***n*** ➋ Zechenhaus

Hutmann ***m*** (⚒) • keeper

Hüttengast ***m*** • customer [*Mine-owner who has his ore reduced by certain smelting works on his own account*]

hüttenmännische Methode ***f*** **auf nassem Wege** ➋ Nass-Metallhüttenverfahren

Hüttenprüfer ***m*****,** Erzprobierer, Anrichter • ore assayer

Hüttensand ***m*** • granulated slag

Hüttensandanteil ***m*** [*im Zement*] • (granulated) slag [*in cement*] content

Hüttenwesen ***n*** • pyrometallurgy

Hutzinn ***n*** [*Das beste Malaccazinn*] • captin, tin in caps

Hyalith ***m*****,** Glasopal *m*, Hialit, Basaltglas *n* • hyalite, water opal; water stone [*obsolete*] [*Hydrated* SiO_2. *A colo(u)rless and clear opal occurring in small forms with botryoidal or globular surfaces*]

Hyaloklastit ***m*****,** Glasaschentuff,; Palagonit *m* [*frühere Benennung*] [*Beim Sprengen von Lava unter Wasser oder Eis bei der Abkühlung entstehendes klastisches Gestein*] • hyaloclastite, aquagene tuff

hyaloophitisch • hyaloophitic [*A rock fabric displaying glass moulded around crystals of plagioclase*]

Hyalophan ***m*** • hyalophane [*A rare fel(d)spar; a silicate of alumin(i)um, barium and potassium, and intermediate between orthoclase and celsian; physical properties similar to orthoclase. It occurs in dolomite*]

hyalopilitisch, glasig-filzig • hyalopilitic [*A finegrained intersertal rock fabric in which the small spaces between microlites are filled with glass*]

Hyazinth ***m*** • hyacinth [*A transparent orange, red or reddish-brown zircon, sometimes used as a gem. The term has been used interchangeably with "jacinth", and loosely to signify any zircon*]

hybrid • hybrid, contaminated [*Pertaining to a rock whose chemical composition is the result of assimilation*]

hybrides Element ***n*** • hybrid element

H

hybrides Magma *n* [*Durch Aufnahme von Fremdstoff verändertes Magma*] • hybrid magma, contaminated magma

Hybridformulierung *f* • hybrid formulation

hydatothermische Metamorphose *f* [*Kontaktmetamorphose durch diffuses Eindringen magmatogener Gase und Lösungen*] • hydatothermal metamorphism

Hydrantbrunnen *m*, Wasserzapfbrunnen • hydrant well (Brit.); (combination) hydrant and fountain (US)

Hydrargillit *m* • hydrargillite [*Hydrous alumin(i)um oxid(e)*]

Hydratation *f* • hydration

Hydratationsprozess *m* • water hydration process

Hydratationswärme *f* • hydration heat

Hydratationswärmefreisetzung *f* • hydration heat development, release of hydration heat

Hydratationswasser *n* • water of hydration, hydration water [*It is chemically combined in a crystalline substance to form a hydrate, but that may be driven off by heat*]

hydratisch ➋ allitisch

hydratisiert • hydrated

Hydraulik *f* • hydraulics [*The science of liquids in motion. Includes hydrostatics, the study of liquids at rest, hydrodynamics, the study of forces exerted by or on liquids in motion*]

Hydraulik *f* im Wasserbau, Hydraulik im Hydrobau, Wasserbauhydraulik, Hydrobauhydraulik • hydrotechnics hydraulic

Hydraulikaggregat *n* • hydraulic power pack

Hydraulikbagger *m* • hydraulic excavator , hydraulic dredger, hydraulic backhoe

Hydraulikbär *m*, Hydrobär *m* • hydraulic pile driver

Hydraulik-Bodendruckmessdose *f*, Hydraulik-Erddruckmessdose • hydraulic earth pressure cell, hydraulic soil pressure cell

Hydraulik-Bodenverdrängungsmaschine *f* • hydraulic underground soil displacement machine

Hydraulikdämpfer *m* [*für Maschinenfundament*] • hydraulic damper

Hydraulikhammer *m* • hydraulic breaker

Hydraulikleistung *f* [*z. B. eines eines Hydraulikbaggers*] • hydraulic performance

Hydraulikmeißel *m* • hydraulic chisel, hydraulic hammer

Hydraulikmembran(e)messwertumwandler *m* • hydraulic diaphragm transducer

Hydraulikmodell *n*, Wasserbaumodell • hydraulic model [*A flow system so operated that the characteristics of another similar system may be predicted. It is generally a small-scale reproduction of the prototype, but may be larger or geometrically distorted. Used in studies of spillways, stilling basins, flood regulation, river beds and stream beds*]

Hydrauliköl *n* • hydraulic oil

Hydraulikpfeiler *m*, (hydraulischer) Pfeiler (⚒) • hydraulic chock

Hydraulikpfeilerausbau *m*, (hydraulischer) Pfeilerausbau • (hydraulic) chock support [*It comprises four to six hydraulic props connected by a common roof canopy and floor base, which may be rigid or articulated*]

Hydraulikpiezometer *n* • hydraulic piezometer [*An instrument to measure and control water pressures in soil*]

Hydraulikpressenversuch *m*
➋ (Pfahl)Hydraulikpressenversuch

Hydraulikrohrvortriebsanlage *f* • hydraulic (pipe) jacking system

Hydraulikrohrzieher *m*, Hydraulikrohrzug(gerät) *m*, *(n)* • hydraulic pipe puller

Hydraulikstempel *m*, hydraulischer Stempel (⚒) • hydraulic stanchion, hydraulic prop, hydraulic strut, hydraulic post, hydraulic stay

Hydraulikverbau *m* ➋ (Graben)Hydraulikverbau

hydraulisch erzeugte Lagerstättenspalte *f*, hydraulisch erzeugte Trägerspalte • hydraulically induced formation fracture, hydraulically induced reservoir fracture

(hydraulisch) geschlossener Grundwasserleiter *m* [*Er ist von undurchsichtigem Gestein umgeben*] • closed aquifer

hydraulisch günstigste Querschnittfläche *f* • most advantageous (cross)section(al area)

(hydraulisch) offener Grundwasserleiter *m* [*Er ist mit der Biosphäre in Berührung*] • open aquifer

hydraulisch verschiebbarer Mikroskoptisch *m* • hydraulic microscope stage

hydraulisch wirkender Einzelpacker *m* • hydraulically operated single packer

hydraulisch wirkender Nassbagger *m* • hydraulically-operated dredger

hydraulisch wirksame Struktur *f* • hydraulically active structure

hydraulische Auffüll(ungs)fläche *f*
➋ Spülauftragfläche

hydraulische Aufschiebevorrichtung *f*, hydraulische Aufstoßvorrichtung (⚒) • hydraulic decking ram

hydraulische Aufsuchung *f*
➋ hydraulische Prospektion

hydraulische Bindewirkung *f* • hydraulic bonding effect

hydraulische (Boden)Stabilisierung *f* • hydraulic (soil) stabilization, hydraulic earth stabilization

hydraulische (Boden)Verfestigung *f*, (Boden) Verfestigung mit Kalk • deep (soil) stabilization with lime, hydraulic deep (soil) stabilization

hydraulische Bohranlage *f* • hydraulic drilling rig [*As opposed to a mechanical drilling rig*]

hydraulische Druckhöhe *f*, Strömungsdruckhöhe • hydraulic pressure head

hydraulische Druckmessdose *f*, Strömungsdruckmessdose • hydraulic pressure cell

hydraulische Gesteinszerstörung *f* • hydraulic rock fragmentation, hydraulic rock crushing

hydraulische Gewinnung *f*
➋ Abspritzen mit Hydromonitor(en)

hydraulische Grundlagen *f* *(pl) (erforderliche Daten für IT-Programme)* • hydraulic data

hydraulische Kohlengewinnung *f* unter Tage, untertägige hydraulische Kohlengewinnung • hydraulic underground mining, underground hydraulic mining [*Extraction of coal by high-pressure water jets*]

hydraulische Leitfähigkeit *f* • hydraulic conductivity

(hydraulische) Losinger-Lastmessdose *f* • Losinger (hydraulic) load cell [*For long-term monitoring of a ground anchor*]

hydraulische Mastsenkvorrichtung *f* [*eines Hängemäklers*] • hydraulic mast lowering system [*of a fixed leader*]

hyraulische Presse *f* • hydraulic jack

hydraulische Prospektion *f*, hydraulische Aufsuchung *f*, hydraulische Suche *f*, Spülprospektion, Spülaufsuchung, Spülsuche, Freispülen *n* • hydraulic prospection, hydraulic prospecting, hushing [*The use of water to excavate and remove superficial deposits and thus expose outcrops of rocks, ores or minerals*]

hydraulische Randbedingung *f* • hydraulic boundary condition

(hydraulische) Rissbildung *f* ➋ Frac-Behandlung

hydraulische Rohrerneuerung *f* im Berstverfahren, hydraulische Rohrsplittung *f* • hydraulic pipe bursting

hydraulische Seifengewinnung *f*, Wasserstrahl-Seifengewinnung, Schwemmen *n* alluvialer Seifen • ground sluicing [*Stripping ground downslope by means of a directed stream of water to excavate placer material and transport it to a riffled trough in which the valuable mineral is recovered*]

hydraulische Setzmaschine *f* (⚒) • plunger jig(ger)

hydraulische Steinauffüllung *f* ➋ Stein-Spülauftrag

hydraulische Suche *f* ➋ hydraulische Prospektion

hydraulische Verlegung *f* der nicht verwendeten Erdmassen in den Abraum • open fill, open hydraulic fill

hydraulische Verlustenergie *f* [*In Wärme umgewandelte nutzlose hydraulische Energie*] • lost hydraulic energy, lost head

hydraulische Verriegelung *f* • hydraulic lock

hydraulische Walze *f*, Wasserwalze • hydraulic roller

hydraulischer Abbau *m*
➋ Abspritzen mit Hydromonitor(en)

hydraulischer Aufbrechdruck *m*, (hydraulischer) Aufreißdruck, (hydraulischer) Rissbildungsdruck • (formation) fracturing pressure, (rock) hydraulic fracturing pressure, (rock) hydrofracturing pressure

hydraulischer Bodenabbau *m* • hydraulic soil excavation

hydraulischer (Bohr)Rohrschneider *m* • hydraulic casing cutter

hydraulischer Druck *m*, Strömungsdruck • hydraulic pressure

hydraulischer Durchmesser *m* • hydraulic diameter

hydraulischer Erdbau *m*, Hydroerdbau • hydraulic soil construction, hydraulic earth construction

hydraulischer Faktor *m* • hydraulic element [*Any value affecting the flow of water in a conduit, such as depth, area, velocity, wetted perimeter, etc.*]

(hydraulischer) Fangkorb *m*, Brockenfänger *m*, Schrottkorb [*Fangen von Kleineisenteilen in der Tiefbohrtechnik*] • junk basket, junk catcher

hydraulischer Feststofftransport *m* • hydraulic transport(ation) [*Conveyance of solids by water flowing in conduits*]

hydraulischer (Graben)Verbau *m* • hydraulic trench (support(ing)) system

hydraulischer Grundbruch *m* • hydraulic ground failure, hydraulic failure, hydraulic ground heave, hydraulic heave, failure by heave, hydraulic uplift, hydraulic shear failure, hydraulic groundbreak, piping [*in an earth dam*], tunnel erosion, breach [*at the base of a dyke*], subsurface erosion [*Erosion by percolating water in a layer of subsoil, resulting in caving and in the formation of narrow conduits, tunnels, or "pipes" through which soluble or granular soil is renewed; especially the movement of soil, from the permeable foundation of a dam or levee, by the flow or seepage of water along underground passages*]

hydraulischer Grundbruch *m* im engeren Sinne, Aufschwimmen *n* • heave

hydraulischer Halbmesser *m*, hydraulischer Radius *m* [*Zeichen: rhyR. Einheit: m. rhy = A/lu*] • hydraulic radius, hydraulic mean depth [*The right cross-sectional area of a stream of water divided by the length of that part of its periphery in contact with its containing conduit; the ratio of area to wetted perimeter. In a wide shallow stream in which the height of the channel sidewalls is negligible in comparison with channel width, the hydraulic radius is essentially equal to the mean depth*]

(hydraulischer) Pfeiler *m*, Hydraulikpfeiler *m* (⚒) • hydraulic chock

(hydraulischer) Pfeilerausbau *m*, Hydraulikpfeilerausbau • (hydraulic) chock support [*It comprises four to six hydraulic props connected by a common roof canopy and floor base, which may be rigid or articulated*]

hydraulischer Radius *m* ➋ hydraulischer Halbmesser

(hydraulischer) Rissbildungsdruck *m* ➋ (hydraulischer) Aufbrechdruck

hydraulischer Seitendruck *m* • hydraulic lateral pressure, lateral hydraulic pressure, hydraulic side pressure, side hydraulic pressure

hydraulischer Setzungsmesser *m* • hydraulic settlement gauge; hydraulic settlement gage (US)

hydraulischer Speicher *m* ➋ Speicher(becken)

hydraulischer Speicherdamm *m* ➋ Speicher(becken)damm

hydraulischer Stempel *m* ➋ Hydraulikstempel (⚒)

hydraulischer Streckenausbau *m* ➋ hydraulischer (Gruben)Ausbau

hydraulischer Verlust *m* • hydraulic loss

hydraulischer Widerstand *m* • hydraulic resistance

hydraulischer Wirkungsgrad *m* • hydraulic efficiency

hydraulischer Zugverstärker *m* [*Fangarbeit(en) in der Tiefbohrtechnik*] • hydraulic pulling tool

(hydraulisches) Aufbrechen *n*, Frac-Behandlung *f*, (hydraulische) Rissbildung, (hydraulisches) Aufreißen, (hydraulische) Risserzeugung • hydraulic fracturing, rock hydrofracturing, hydrofracturing, (rock hydraulic) fracturing [*A technique used in the petroleum industry to stimulate production from a depleted oil well. It consists of sealing off a section of a borehole in the rock, then introducing fluid pressure into this section and increasing the pressure until the wall of the borehole is caused to fracture*]

hydraulisches Auffüllen *n* ➋ Spülbau

hydraulisches (Berge)Versetzen *n* ➋ hydraulischer Versatzbau

hydraulisches Bindemittel *n* • hydraulic binder, hydraulic binding agent

hydraulisches Felsbohren *n*, hydraulisches Gesteinsbohren • hydraulic rock drilling

hydraulisches Gefälle *n* • hydraulic gradient

hydraulisches Kompensationsventil *n* [*für Fernmessung*] • hydraulic compensation valve [*for remote monitoring*]

hydraulisches Labor(atorium) *n*, Wasserbaulabor(atorium), Versuchsanstalt für Wasserbau, hydraulisches Institut *n*, Wasserbauinstitut, wasserbauliche Versuchsanstalt, Forschungsanstalt für Wasserbau, wasserbauliche Forschungsanstalt *f* • hydraulics lab(oratory), hydraulics research station

hydraulisches Potential *n* [*Bodenwasser*] hydraulic potential

hydraulisches Profil *n* • hydraulic profile [*A vertical section of the piezometric surface, or the surface to which water will rise under its full head, from a given aquifer*]

hydraulisches Spundwandrammen *n* • hydraulic (sheet)pile driving

hydraulisches Unterfangen *n* • hydraulic underpinning

Hydrierwerk *n* [*Umwandeln von Kohle in flüssigen Brennstoff*] • coal-to-oil plant

hydroakustische flächenhafte Meer(es)boden(ver)messung *f*, flächenhafte hydroakustische Meer(es)boden(ver)messung • side-scan sonar

hydroakustische flächenhafte Meer(es)bodenkartierung *f*, flächenhafte hydroakustische Meer(es)bodenkartierung • side-scan-sonar mapping

Hydrobär *m*, Hydraulikbär *m* • hydraulic pile driver

Hydrobauhydraulik *f* ➋ Hydraulik im Wasserbau

Hydrobauingenieur *m* ➋ Wasserbauingenieur

Hydrobau(technik) *m*, *(f)* ➋ Wasserbau(technik)

Hydrobienschicht *f* [*versteinerungsreicher, bituminöser Mergelschiefer im Oberrheingebiet, der sich im Tertiär gebildet hat*] • Hydrobien layer

Hydrobiologie *f* • hydrobiology [*Not to be confused with "biohydrology"*]

Hydrochemie *f* • hydrochemistry

hydrochemische Methode *f*, hydrochemisches Verfahren *n* [*Sofern uferinfiltriertes und landseitiges Wasser eine unterschiedliche chemische Beschaffenheit haben, lässt sich unter günstigen Voraussetzungen durch Vergleich der Analysenparameter der Uferfiltratanteil errechnen*] • hydrochemical method

Hydrodynamik *f*, Strömungslehre *f* • hydrodynamics [*The study of fluid motion. "Fluid" here refers ambiguously to liquids and gases. Although the "classical"*

hydrodynamics was primarily concerned with incompressible fluids, the term "aerodynamics" has been reserved for such a specialized aspect of compressible fluid flow that most of meteorological dynamics is best included under the general heading of "hydrodynamics". W. and J. Bjerknes refer to the hydrodynamics of compressible fluids as "physical hydrodynamics"]

Hydrodynamiker *m* • hydrodynamicist

hydrodynamische Bodenverlagerung *f* • hydrodynamic particle transport

hydrodynamische Falle *f* [*Ein Bereich relativ niedrigsten Potentials für Öl und Gas, also eine durch geologisch strukturell-fazielle Verhältnisse bedingte hydrodynamische Sperre*] • hydrodynamic trap, hydrodynamic entrapment

hydrodynamische Kraft *f* • hydrodynamic force

hydrodynamischer Druckverlust *m* • hydrodynamic pressure loss

hydrodynamischer Euler-Satz *m*, Grundgleichung *f* der Hydrodynamik, hydrodynamische Grundgleichung • Euler('s) hydrodynamical law, basic equation of hydrodynamics

Hydroerdbau *m*, hydraulischer Erdbau • hydraulic soil construction, hydraulic earth construction

Hydrogenese *f* • hydrogenesis [*Natural condensation of moisture in the air spaces of surficial soil or rock material*]

Hydrogeochemie *f* • hydrogeochemistry [*The chemistry of ground and surface waters, particularly the relationships between the chemical characteristics and quality of waters and the ureal and regional geology*]

Hydrogeochemiker *m* • hydrogeochemist

hydrogeochemisch • hydrogeochemical

Hydrogeologe *m* • hydrogeologist, geohydrologist

Hydrogeologie *f* • hydrogeology, geohydrology [*The science that deals with subsurface waters and with related geologic aspects of surface waters. Also used in the more re-stricted sense of groundwater geology only. The term was defined by Mead (1919) as the study of the laws of the occurrence and movement of subterranean waters. More recently it has been used interchangeably with geohydrology*]

Hydrogeologie *f* im Bergbau, Bergbauhydrogeologie • mining hydrogeology

Hydrogeologietechnik *f* • hydrogeologic(al) engineering

hydrogeologisch • hydrogeological

hydrogeologische Karte *f* • hydrogeologic(al) map

hydrogeologische Parameter *m(pl)* • hydrogeological parameters

hydrogeologische Veränderungen *f(pl)* • hydrogeological changes

hydrogeologische Verhältnisse *n(pl)* • hydrogeological conditions

hydrogeologischer Bau *m*, Grundwasserbau [*Ein geologisches Milieu mit vollständigem Grundwasserkreislauf*] • groundwater structure

hydrogeologischer Befund *m* • hydrogeological assessment

hydrogeologischer Messwert *m* • hydrogeological measurement value

Hydro(geo)tektonik *f* • hydro(geo)tectonics

Hydroglimmer *m*, Illit *m*, kristallwasserhaltiger Glimmer, Glimmerton *m* • illite, hydrous mica, hydromica, illidromica; Grundite [*commercial name*]

Hydrograf *m* • hydrographer, hydrographic surveyor

Hydrografie *f*, Gewässervermessung *f* • hydrography [*The study and measurement of seas, lakes, rivers, streams and other waters including their marginal land areas, and the preparation of maps, charts, and publications for use of navigations in such waters*]

Hydrografie *f* • hydrographic surveying

hydrografisch • hydrographic [*Having to do with the measurement or determination of various characteristics of bodies of water*]

hydrografische Karte *f* • hydrographic map [*A map showing a watercourse or a portion thereof and indicating the depth of water at various points, the diversion and velocity of the current, the character of bed and bank, and other pertinent information*]

hydrografische Kartierung *f* • hydrographic mapping

hydrografischer Einheitswert *m* ➔ Einheitsganglinie

hydrografischer Nullpunkt *m*, Kartennull *n*, Seekarten-Null, SKN, Meer(es)karten-Null • zero of (the) chart, datum of (the) chart, datum (of charts), chart datum, hydrographic datum [*The datum used as a reference for the depths of water or heights of predicted tides*]

hydrografisches Institut *n* • hydrographic office

hydrografisches Jahr *n*, Abflussjahr, hydrologisches Jahr [*Einjähriger, nach hydrologischen Gesichtspunkten festgesetzter Zeitraum. In Deutschland vom 1. November bis zum 31. Oktober des folgenden Kalenderjahres*] • water year, climatic year, hydrologic(al) year [*A special grouping of the periods of the year to facilitate water supply studies. The United States Geological Survey uses October 1 to September 30, otherwise the 12-month period ending June 30*]

H

Hydrografischnull ***n*,** Normalnull • tidal datum, tide datum [*A chart datum based on a phase of the tide*]

Hydrokinetik ***f*** • hydrokinetics [*The aspect of hydromechanics that deals with forces that cause change in motion*]

Hydroklast ***m*** [*Lithoklastischer oder bioklastischer Karbonatdetritus, der im Wasser transportiert und umgelagert wurde*] • hydroclast

Hydrolakkolith ***m*** • hydrolaccolith [*An approximate synonym of ice laccolith. The term is used often as a synonym of pingo, but a hydrolaccolith can be a seasonal mound, whereas a pingo is perennial*]

Hydrolith ***m*** • hydrolith [*A rock relatively free from organic material*]

H

Hydrologe ***m*,** Gewässerkundige • hydrologist

Hydrologie ***f*,** Gewässerkunde *f*, Wasserkunde, Wasserwissenschaft *f* • hydrology, study of water, hydroscience, science of water, water, science [*It includes the subjects of surface water, groundwater, meteorology, oceanography, glaciology, and related fields. Hydrology is an interdisciplinary engineering science: agricultural engineering, civil engineering, forestry, limnology, geology, marine science, and other disciplines have contributed to the study of water*]

Hydrologie ***f*** **im Bergbau,** Bergbauhydrologie • mining hydrology

Hydrologieingenieur ***m*,** Ingenieurhydrologe *m* • engineer-hydrologist, hydrologist-engineer

hydrologisch • hydrologic(al)

hydrologische Aufzeichnungen ***f(pl)*** • hydrological records

hydrologische Ausgangsdaten ***f*,** hydrologische Grunddaten • basic hydrologic data

hydrologische Bemessung ***f*** • hydrologic(al) design

hydrologische Datenerfassungsstelle ***f*** • hydrologic (al) data station [*A site at which information applicable to hydrologic(al) studies is collected*]

hydrologische Eigenschaft ***f*** • hydrologic(al) property

hydrologische Erfordernisse ***f(pl)*** • hydrological requirements

hydrologische Gleichung ***f*,** Wasserbilanzgleichung, Wasserhaushaltgleichung • water balance equation, water budget equation, water inventory equation, hydrologic(al) (balance) equation [*According to Horton. This equation may be written as* $E = I - O - S$ *where E is the evaporation, I is the inflow, or precipitation; O is the outflow, or total runoff and S is the change in reservoir content*]

hydrologische Gliederung ***f*** • hydrologic(al) regionalisation

hydrologische Grunddaten ***f*,** hydrologische Ausgangsdaten • basic hydrologic data

hydrologische Methode ***f*,** hydrologisches Verfahren *n* [*Baugrundverbesserung*] • hydrologic(al) method

hydrologische Methode ***f*,** hydrologisches Verfahren *n* [*Ermittlung des Uferfiltratanteils bei Wasserförderungen. Bei dieser Methode wird der Abfluss eines Gewässers an mehreren Stellen optimal genau gemessen. Die Abflussdefizite werden somit festgestellt und mengenmäßig erfasst.*] • hydrologic(al) method

(hydrologische) Verweilzeit ***f*** • (hydrologic(al)) residence time

hydrologischer Zyklus ***m*,** Wasserkreislauf *m* • water cycle, hydrologic(al) cycle

hydrologisches Dreieck ***n*** [*Ermittelung der Gleichen der Grundwasserdruckfläche*] • hydrologic(al) triangle

hydrologisches Gleichgewicht ***n*** • hydrologic(al) equilibrium

hydrologisches Jahr ***n*** ➋ hydrografisches Jahr

hydrologisches Verfahren ***n*,** hydrologische Methode *f* [*Baugrundverbesserung*] • hydrologic(al) method

hydrologisches Verfahren ***n*,** hydrologische Methode *f* [*Ermittlung des Uferfiltratanteils bei Wasserförderungen. Bei dieser Methode wird der Abfluss eines Gewässers an mehreren Stellen optimal genau gemessen. Die Abflussdefizite werden somit festgestellt und mengenmäßig erfasst.*] • hydrologic(al) method

Hydrolyse ***f*,** Lösung *f* unter Wasseraufnahme, Zersetzung unter Wasseraufnahme • hydrolysis

hydrolytische Verwitterung ***f*,** Silikatverwitterung • hydrolytic weathering, silicate weathering

Hydromagnetik ***f*** • hydromagnetics, magnetohydrodynamics

Hydromechanik ***f*** • fluid mechanics, hydromechanics [*The theoretical, experimental and practical study of the action of forces on water*]

Hydromechanik ***f*** **für Bauingenieure,** technische Hydromechanik, Bau-Hydromechanik • hydromechanics for civil engineers, civil engineering hydromechanics

hydromechanische Ähnlichkeit ***f*** [*Übertragbarkeit der geometrischen, kinematischen und dynamischen Größen zweier Strömungen unterschiedlichen Maßstabes (meist: Natur- und Modellmaßstab) in einem jeweils fest vorgegebenen Verhältnis. Die hydromechanische Ähnlichkeit ist dann hinreichend gewährleistet, wenn neben der geometrischen Ähnlichkeit die maßgeblichen dimensionslosen Kenngrößen für das betrachtete*

Strömungsproblem in beiden Strömungen den gleichen Wert besitzen, z. B. FrModell = FrNatur oder ReModell = ReNatur] • hydromechanical similarity

hydromechanische Kopplung *f* • hydromechanical coupling

hydromechanischer Vortrieb *m* [*z. B. FlowTex-Verfahren zur Durchörterung bindiger Sedimente bei der grabenlosen Leitungsverlegung*] • soft boring

hydrometallurgisch, nassmetallurgisch • hydrometallurgical

hydrometallurgische Methode *f* ➋ Nass-Metallhüttenverfahren

Hydrometeor *m* • hydrometeor [*Any product of condensation or sublimation of atmospheric water vapour, whether formed in the free atmosphere or at the Earth's surface*]

Hydrometeorologie *f* • hydrometeorology [*The study of meteorology in relation to hydrology*]

Hydrometer *n* • hydrometer [*A direct-reading instrument for indicating the density, specific gravity, or some similar characteristic of liquids*]

Hydrometeranalyse *f* ➋ Schlämmanalyse

hydrometischer Flügel *m*, Flügelströmungsmesser *m* • vane (current) meter

Hydrometrie *f*, Wassermesswesen *n* • hydrometry [*Concerned with, or determination of, the specific gravity or density of liquids. Sometimes used in relation to the measurement of velocity or discharge of waters as from any body of water*]

hydrometrische Messstation *f* • hydrometric station

hydrometrische Schale *f*, Schalenmessflügel *m* • (rotating) cup (current) meter, vertical-spindle current meter [*It consists of a series of cups revolving around a vertical axle*]

hydrometrisches Pendel *n*, Stromquadrant *m* [*Messung von Wassergeschwindigkeiten*] • hydrometric (al) pendulum

Hydromonitorbohren *n* ➋ Strahlbohren

hydromorpher dunkler tiefhumoser Boden *m*, dunkler hydromorpher tiefhumoser Boden, tiefhumoser dunkler hydromorpher Boden • hydroearth soil

Hydromuskowit *m* • hydromuscovite, hydromoscovite [*A clay mineral of the hydromica group with a composition* $KAl_2(OH)_2AlSi_3\ (O,OH)_{13}$]

Hydrophan *m*, Wasseropal *m*, Pyrophan, Weltauge *n* • hydrophane, aqueous opal, chameleon stone [*A white, yellow, brown,or green variety of common opal that becomes more translucent when immersed in water*]

hydrophob, wasserabweisend, wassermeidend, wasserfeindlich • hydrophobic, hydrophobous, water-repellent [*Having a strong aversion to water*]

Hydrophobie *f* • hydrophobicity

Hydrophon *n* • hydrophone, underwater acoustic(al) sensor, pressure detector, underwater microphone

Hydrophonkette *f* • streamer

Hydrosaat *f* • hydroseed

Hydroschild *n* • hydro shield, slurry shield

Hydroschildvortrieb *m* • hydro shield drive

hydrosilikatischer Einschluss *m* • hydrosilicate inclusion [*A fluid inclusion in a crystal representing the late-silicate fraction of magmatic crystallization*]

hydrosilikatisches Nickelerz *n* • hydrosilicate nickel ore

Hydrosphäre *f*, Wasserhülle *f* der Erde • hydrosphere [*The aqueous envelope of the earth including oceans, lakes, streams, rivers, underground waters, and the aqueous vapo(u)r in the atmosphere*]

Hydrostatik *f* • hydrostatics [*The description of a fluid in mechanical, thermal and chemical equilibrium*]

hydrostatische Druckhöhe *f* [*Zeichen: hst, Einheit: m,* Gleichung: hst= (pst/rg)] • gravity pressure head, hydrostatic (pressure) head, gravitation(al) pressure head

hydrostatische Druckkraft *f*, Wasserdruckkraft, Wasserauflast *f* [*Vom ruhenden Wasser senkrecht auf die benetzten Wandungen ausgeübte Kraft. Zeichen Fw. Einheit: kN*] • hydrostatic force

hydrostatische Festigkeit *f*, hydrostatischer Widerstand *m* • hydrostatic strength, hydrostatic resistance

hydrostatische Grundgleichung *f* ➋ hydrostatischer Euler-Satz

hydrostatische Kraft ➋ hydrostatische Druckkraft

hydrostatische Spannung *f* • hydrostatic (state of) stress, hydrostatic stress state

hydrostatischer Betondruck *m* • hydrostatic concrete pressure

hydrostatischer Druck *m* • fountain head [*The elevation of water surface in a conduit if the overlying confining stratum extends above the water table, or elevation of water table above the upper termination of the confining stratum where the latter is below the water table*]

hydrostatischer Druck *m* • hydrostatic pressure [*The pressure exerted by the water at any given point in a body of water at rest. The hydrostatic pressure of ground water is generally due to the weight of water at higher levels in the zone of saturation*]

H

hydrostatischer Druckzuwachs *m* • hydrostatic pressure increase

hydrostatischer Einsturz *m* • hydrostatic collapse [*The collapse in the ground due to hydrostatic pressure (usually below a clay strata) which will cause the collapse of a thin pile casing*]

hydrostatischer Euler-Satz *m*, Grundgleichung *f* der Hydrostatik, hydrostatische Grundgleichung • basic equation of hydrostatics, Euler('s) hydrostatical law

hydrostatischer Grundwasserdruck *m* • gravity groundwater pressure, hydrostatic groundwater pressure, gravitation(al) groundwater pressure [*The pressure generally due to the weight of water at higher levels in the same saturation zone*]

H

hydrostatischer Spannungszustand *m* [*Die Spannungen in vertikaler und horizontaler Richtung sind gleich groß*] • hydrostatic stress

hydrostatischer Wasserdruck *m* • hydrostatic water pressure

hydrostatischer Widerstand *m*, hydrostatische Festigkeit *f* • hydrostatic strength, hydrostatic resistance

hydrostatisches Gleichgewicht *n* • hydrostatic equilibrium

Hydrotechnik *f* • fluid measuring, technique of fluid measuring

hydrotechnisches Modell *n*
➜ wasserbauliches Modell

hydrothermale Durchblutung *f* [*Gestein*] • hydrothermal circulation

hydrothermale (Erz)Ausscheidung *f* • hydrothermal (ore) deposition

hydrothermale (Erz)Lagerstätte *f* [*1. hypothermale Erzlagerstätte. 2. mesothermale Erzlagerstätte. 3. epithermale Erzlagerstätte*] • hydrothermal (ore) deposit

hydrothermale Geothermie *f* • hydrothermal geothermal energy

hydrothermale Metamorphose *f* • hydrothermal metamorphism, hydrothermal metasomatism

hydrothermale Phase *f* ➜ hydrothermales Stadium

hydrothermaler Gang *m* • hydrothermal vein [*As called by geologists*]; hydrothermal lode [*As called by miners*]

hydrothermaler Vorgang *m* • hydrothermal process

Hydrothermalumsetzung *f* • hydrothermal alteration [*Alteration of rocks or minerals by the reaction of hydrothermal water with pre-existing solid phases*]

Hydro(tunnel)schild *m*, Tunnelhydroschild • slurry mole, slurry shield

Hydrovakuumzyklone *f* [*Tunnelbautechnik*] • hydrovacuum cyclone

Hydrovibration *f*, Rütteldruckverfahren *n* (nach Keller), Vibroflotation • vibroflot(ation), vibroreplacement

Hydrovulkanismus *m* ➜ Phreatomagmatismus

Hydroxid *n* • hydroxide

Hydroxy(l)apatit *m* • hydroxy(l)apatite, Ca_5 $(P0_4)$ 3(OH)

Hydrozyanit *m*, Chalkocyanit, $CuS0_4$ • chalcocyanite, hydrocyanite

Hydro-Zementationsverfahren (HZV) [*Bei diesem Verfahren wird der vorhandene Boden durch eine Zementsuspension verbessert. wobei eine Bodenverbesserung erreicht wird und eine Rutschung verhindert werden soll*] • hydro-cementation technique

Hydrozyklon *m* • wet cyclone, hydrocyclone

Hyetograf *m*, Hyetograph • hyetograph, rainfall chart [*A graphical representation of average rainfall, rainfall excess rates, or volumes over specified areas during successive units of time during a storm*]

Hyetografie *f* • hyetography [*The study of the geographic(al) distribution and annual variation of precipitation*]

Hygrograf *m*, Hygrograph ➜ Schreibhygrometer

Hygrometer *n* ➜ Luftfeuchtemesser

hygroskopisch • hygroscopic [*Tending to absorb moisture from the atmosphere*]

hygroskopisch wirkendes Material *n* • hygroscopically active material

hygroskopische Feuchte *f*, hygroskopische Feuchtigkeit *f* • hygroscopic moisture [*Moisture that is held in a substance in equilibrium with atmospheric water vapour. It can be driven off by heat of 105°C or removed by vacuum*]

hygroskopische Wirkung *f* • hygroscopic effect

hygroskopisches Salz *n* • hygroscopic salt [*Salt which attacks humidity*]

hygroskopisches Schwellen *n* • hygroscopic swelling

Hygroskopizität *f* • hygroscopicity [*The ability to absorb and retain moisture*]

hypabyssisch • hypabyssal, subvolcanic [*Terms applied to minor intrusions such as sills and dikes, and to the rocks that compose them, which have crystallized under conditions intermediate between the plutonic and extrusive classes, being distinguished from these types in some cases by texture and in others only by mode of occurrence*]

hypabyssisches Magmagestein *n* • hypabyssal (igneous) rock, subvolcanic (igneous) rock

Hyperbel ***f*** • hyperbola
Hyperbelauslenkung ***f*** [*Reflexionsseismik, Verschiebung der Einzelspuren vor dem Stapeln gegeneinander*] • normal moveout, NMO
Hyperbelcotangens ***m*** • hyperbolic cotangent [*abbreviated: coth*]
Hyperbelgleichung ***f*** • hyperbolic equation
Hyperbelkosinus ***m*** • hyperbolic cosine [*abbreviated: cosh*]
Hyperbelsinus ***m*** • hyperbolic sine [*abbreviated: sinh.*]
Hyperbeltangens ***m*** • hyperbolic tangent [*abbreviated: tank*]
hyperbolische Funktion ***f*** • hyperbolic function
hyperbolische Geometrie ***f*** • hyperbolic geometry, Lobachevski(an) geometry
hyperbolisches System ***n*** • hyperbolic system
Hyperit ***m*** • hyperite [*A plutonic rock composed of orthopyroxene, plagioclase, olivine, and clinopyroxene, being intermediate in composition between gabbro and norite. Not recommended usage*]
hypersalzig, übersalzig • supersaline, hypersaline, excessively saline
Hypersolidus-Foliation ***f*** • hypersolidus foliation
Hypersthen ***m*** • hypersthene, $(Mg,Fe)SiO_3$ [*Symbol: Hy.*]
Hypersthenandesit ***m*** • hypersthene andesite
Hypersthenbasalt ***m*** • hypersthene basalt [*It contains hypersthene and, as a rule, augite and olivine*]
Hypersthengabbro ***m*** • hypersthene gabbro [*A gabbro containing rhombic pyroxene*]
Hypersthenit ***m*** • hypersthenite [*A coarse-grained igneous rock composed mainly of hypersthene*]
Hypersthen-Klinohypersthen-Anorthit-Achondrit ***m,*** Howardit *m* • howardite [*An achondritic stony meteorite consisting largely of calcic plagioclase and orthopyroxene (commonly hypersthene). It has a lower content of iron and calcium than that of leucrite*]
hypoelastisches Stoffgesetz ***n*** • hypoelastic constitutive law
hypogen • hypogene [*Of minerals or ores, formed by ascending water*]
hypogen • hypogene [*Said of a geologic(al) process, and of its resultant features, occurring within and under the crust of the Earth*]
hypokristallin • hypocrystalline [*Said of the texture of an igneous rock that has crystalline components in a glassy groundmass, the ratio of crystals to glass being between 7:1 and 5:3*]
Hypolimnion ***n*** • hypolimnion [*A region of constant temperature below the thermocline and extending to the bottom in a thermally stratified body of water*]
Hypomagma ***n*** [*An Gasen untersättigtes Magma, das nur unter Druck existiert, der größer als der Dampfdruck des molekular gelösten Gases ist*] • hypomagma
hypomorphes Mineral ***n*** • hypomorphic mineral [*A mineral that is typically developed in only a narrow range of temperature and pressure. The term was originated by Becker*]
hypoplastisches Stoffgesetz ***n*** • hypoplastic constitutive law
Hypoplastizität ***f*** • hypoplasticity
Hypozentralentfernung ***f*** [*eines Erdbebens*] • focal distance, hypocenter distance
Hypozentrum ***n*** [*Trotzdem jeder Punkt des Herdes Erregungs- und Ausgangspunkt von Erdbebenwellen ist, darf man sich die Energie des Erdbebenherdes (focus) in einem einzigen Punkt, dem Hypozentrum, konzentriert denken. Das Hypozentrum ist also eine Rechnunggröße. Es dürfte meistens so ziemlich mit dem Massenmittelpunkt des Erdbebenherdes zusammenfallen*] • hypocenter (US); hypocentre, centrum, focus [*of the earthquake*]
Hypsometrie ***f,*** Höhenmessung *f* • hypsometry [*The science of determining, by any method, heights on the Earth's surface with reference to sea level, e.g. barometric hypsometry in which elevations are determined by means of mercurial or aneroid barometers*]
Hysteresisschleife ***f*** • hysteresis loop

I

ICAO ➋ Internationale Zivilluftfahrtorganisation

ICE-Strecke *f* • ICE rail line

Ichnologie *f* • ichnology [*The study of trace fossils, esp. the study of fossil tracks. It includes both palichnology and neoichnology*]

Iddings *n* ➋ CIPW-System

Iddingsit *m* • iddingsite [*A reddish-brown mix(ture) of silicates, forming patches in basic igneous rocks*]

ideale Flüssigkeit *f*, vollkommene Flüssigkeit, reib(ungs)freie Flüssigkeit, perfekte Flüssigkeit [*Die Elemente dieser Flüssigkeit lassen sich ohne innere Kräfte gegeneinander verschieben*] • ideal liquid, perfect liquid, nonviscous liquid, frictionless liquid, inviscid liquid

ideales Fließen *n*, perfektes Fließen, vollkommenes Fließen, reib(ungs)freies Fließen • ideal flow, perfect flow, inviscid flow, frictionless flow, nonviscous flow

ideales Strömungsmedium *n*, perfektes Strömungsmedium, vollkommenes Strömungsmedium, reib(ungs)freies Strömungsmedium • ideal fluid, perfect fluid, inviscid fluid, nonviscous fluid, frictionless fluid

idealisierte Einheitsganglinie *f*, idealisierte EGL • idealized unit (hydro)graph

idealisierte Raumstellung *f* [*von Trennflächenscharen*] • idealised orientation (Brit.) [*of sets of joints*], idealized orientation (US)

idealisierte Sedimentationstheorie *f* • idealized sedimentation theory

Idealisierung *f* des Baugrunds • idealisation of the ground

Idealkristall *m* • ideal crystal

ideal-plastisches Stoffgesetz *n* • ideal plastic constitutive model

idealstatische Anordnung *f* [*"Distribution" heißt im Englischen nicht nur Verteilung, sondern auch "Anordnung", also die räumliche Beziehung von Objekten zueinander*] • random distribution

ideeller Brunnen *m*, imaginärer Brunnen, gedachter Brunnen, Spiegelbrunnen • imaginary well, fictitious well [*It may be an imaginary discharging or recharging well. Such a well creates a hydraulic system which is equivalent to the effects of a known physical boundary on the flow system*]

Identifizierungskroki *n*, Identifizierungsskizze *f* [*Fotogrammetrie*] • identification sketch

identische Entfernung *f*, Äquidistanz *f* • equidistance

Idioblast *m* • idioblast [*A mineral constituent of a metamorphic rock formed by recrystallization and bounded by its own crystal faces. It is a type of crystalloblast. Term coined by Becker, 1903*]

idiochromatisch, eigengefärbt • idiochromatic

idiomorph, automorph • idiomorphic(-granular), automorphic, euhedral [*The term "idiomorphic" was originally proposed by Rosenbusch (1887) to describe individual euhedral crystals. Though "idiomorphic" lacks priority, it is now commonly applied to the igneous rock texture characterized by such euhedral crystals especially in American usage*]

Idokras *m*, Vesuvianit *m* • vesuvian(ite), idocrase

IF-(Gestänge)Verbinder *m* • inner flush (rotary) tool joint, internal flush (rotary) tool joint

IFP-Verstärker *m*, Gleitkommaverstärker • instantaneous floating point amplifier

Ignimbrit *m*, Feuerregen *m* • ignimbrite, flood-tuff [*The temperature of these fragments is thought to have been so high that they were viscous and adhered together after they reached the ground. The term "welded tuff" does not fully correspond to "ignimbrite"*]

IGPF, Internationale Gesellschaft *f* für Fotogrammetrie und Fernerkundung • ISPRS, International Society for Photogrammetry and Remote Sensing

illegales Kohlenbergwerk *n*, illegale Grube *f* • bootleg mine, illegal coal mine working; *less frequent:* bootleg pit

Illit *m*, Hydroglimmer *m*, kristallwasserhaltiger Glimmer, Glimmerton *m* • illite, hydrous mica, hydromica, illidromica; Grundite [*commercial name*]

Illite ➋ Illit

Illitton *m* • illitic clay

illuvial [*Im Innern ausgewaschen*] • illuvial

illuvialer Boden *m*, Einspülungsboden • illuvial soil

Illuvialhorizont *m* ➋ B-Horizont

Illuviationszone *f* ➋ B-Horizont

Ilmenit *m*, Mohsit *m*, Titaneisenerz *n*, $FeTiO_3$ oder $FeO\text{-}TiO_2$ • ilmenite, mohsite, titanic iron ore, titanoferrite

Ilowka *m* ➋ Pseudogley

Ilvait *m* ➋ Lievrit

im Bau sein • to be under construction

im Bohrloch • downhole, in a borehole

im Bruchzustand • at collapse

im Freibaue stehen, frei(ver)bauen

H. Herrmann, H. Bucksch, *Wörterbuch GeoTechnik/Dictionary Geotechnical Engineering*,
DOI 10.1007/978-3-642-33335-4,

im freien Wasser ➋ in Küstennähe

im gemischten Zustand anliefern [*Spritzbeton*] • to deliver in a mixed state [*such as shotcrete*]

im Gleichgewicht stehen • to be in equilibrium

im Pilgerschrittverfahren herstellen [*eine überschnittene Pfahlwand*] • to construct in an alternating sequence of primary and secondary piles [*a secant pile wall*]

im Rotarybohrverfahren abteufen (bohren) • to rotary drill

im Rückbau arbeiten, rückbauen (⚒) • to work back, to retreat

im Saugbohrverfahren bohren • to drill by suction

im Streichen • on strike

im Tagebau abbauen (⚒) • to extract (*or:* operate, produce, work, exploit) by opencast mining, to work opencast, to quarry, to quarry by pit open to the sky [*Context: This iron ore is mainly worked opencast, or to use another expression is 'quarried'.*]

im Untertagebau abbauen (⚒) • to quarry by underground mining, to extract (*or:* operate, produce, work, exploit) by underground mining

imaginär [*Vertikalkomponente beim Slingramverfahren*] • out-of-phase

imaginärer Brunnen ***m,*** ideeller Brunnen, gedachter Brunnen, Spiegelbrunnen • imaginary well, fictitious well [*It may be an imaginary discharging or recharging well. Such a well creates a hydraulic system which is equivalent to the effects of a known physical boundary on the flow system*]

Imbrikation ***f*** ➋ Schuppung

Imbrikationsstruktur ***f,*** Schuppenstruktur, Verschuppungsstruktur, Dachziegellagerungsstruktur • imbricate structure, schuppen structure, shingle-block structure [*A tectonic structure displayed by a series of nearly parallel overlapping minor thrust faults, high-angle reverse faults, or slides, and characterized by rock slices, sheets, plates, blocks, or wedges that are approximately equidistant and have the same displacement and that are all steeply inclined in the same direction (toward the source of stress)*]

Imlochbohren ***n,*** Senkbohren, Tieflochbohren • down-(the-)hole drilling [*It is air percussion drilling - for large diameter blastholes - with the reciprocating pneumatic piston placed in the drill holes close to the bit for minimizing energy losses*]

Imlochbohrer ***m,*** Senkbohrer, Tieflochbohrer • down-(the-)hole drill

Imlochhammer ***m*** • in-borehole hammer

Imlochinstrument ***n*** • down-(the-)hole instrument

Imlochmikroseismiktechnik ***f*** • down-(the-)hole microseismic technique

(immergrüner) Feuchtwald ***m,*** Regenwald • moist forest, rain forest

immergrüner Saisonwald ***m*** • evergreen seasonal forest, seasonal evergreen forest

Immersion ***f,*** Summersion, Submersion • submergence [*A term which implies that part of the land area has become inundated by the sea but does not imply whether the sea rose over the land (Überfluten) or the land sunk beneath the sea (Untertauchen)*]

Immissionsschutz ***m*** • immission control

Immissionsschutzgesetz ***n*** • immission control legislation

Impedanz ***f,*** Scheinwiderstand *m* • impedance [*The total opposition offered to the flow of an alternating current. It may consist of any combination of resistance, inductive resistance or capacitive resistance. It is expressed in ohms, and its symbol is Z*]

Impetus ***m*** • impetus [*A sharp onset or arrival of a seismic phase on a seismogram*]

Impfen ***n,*** Salzen • salting [*The fraudulent adulteration of a sample, for example, adding a small amount of gold to a sample to make it appear that the gold content of the rock is much higher than it actually is. Salting may be accidental, caused by the tortuitous segregation of rich mineral during sampling. Sampling methods are conducted to reduce chance segregation to a minimum*]

Implikationsstruktur ***f,*** granophyrische Struktur • granophyric texture

Implosion ***f*** • implosion, bursting inward

Implosionsbohrer ***m*** • implosion drill [*It produces implosions by pumping hermetically sealed capsules to the hole bottom and breaking them against the rock by impact or by other means. The high hydrostatic pressure in the oil well produces intense implosions in the collapsing cavities, thus creating high-pressure pulses which impact and break the rock*]

Imprägnationserz ***n,*** Einsprengungserz • disseminated ore, scattered ore [*The valuable mineral is fairly evenly distributed through the gangue as crystals or aggregates of regular size*]

Imprägnationslagerstätte ***f,*** Einsprengungslagerstätte • disseminated deposit, scattered deposit

imprägniert • impregnated [*Said of a mineral deposit (especially of metal) in which the minerals are epigenetic and diffused in the host rock*]

imprägniert ➋ eingesprengt

imprägnierter Dia(mant)meißel ***m*** • fixed cutter bit

imprägniertes Holz ***n*** • impregnated timber
Impressum ***n*** [*Kartografie*] • credit note
Impulsanalyse ***f*** • pulse analysis
Impuls-Echo-Methode ***f*,** Impuls-Echo-Verfahren *n* • pulse-echo method
Impulserzeugung ***f*** • pulse generation
Impulsfortpflanzung ***f*** • pulse propagation
Impulsgeber ***m*** [*Tiefbohrtechnik. Beim Messen während des Bohrens*] • pulser sub
Impulslasermikrosonde ***f*** • pulsed laser microprobe
Impulsverdichtung ***f*** [*Eine Baugrundverbesserungsmethode. Die von Stoll und Heym vorgestellte Luft-Impuls-Verdichtung kombiniert die Horizontalbohrtechnik mit der Airgun-Technik und vermeidet Nachteile, die bei den konventionellen Verfahren, also Fallplattenverdichtung, Rütteldruckverdichtung und Sprengverdichtung entstehen* • pulse compaction
Impulswiederholungsfrequenz ***f*** • pulse repetition frequency
Impulszähler ***m*,** Impulszählgerät *n* • pulse counter, impulse counter
in Abhängigkeit von [*z. B. Dichte des Eises in Abhängigkeit von der Temperatur*] • as a function of
inaktive Rutschung ***f*** [*Zustand einer Rutschungsaktivität; Definition lt. MLG*/Krauter: Eine* ***inaktive*** *Rutschung hat sich innerhalb der letzten 12 Monate nicht bewegt.*] • inactive landslide [State of activity of a landslide; *according to the MLG*/D.M.Cruden: An* ***inactive*** *landslide has not moved within the last 12 months.*]
in Auftrag geben [*z. B. ein ingenieurgeologisches Gutachten*] • to commission
in Fallrichtung, fallrichtungsweise • downdip [*Parallel to or in general direction of the dip of a bed, rock stratum, or vein*]
in der Praxis • in practice [*Context: this method is widely used in practice; most of these conditions are encountered in practice*]
in der Schrämgasse (⚒) • in web
in einen flüssigen Zustand versetzen ➋ verflüssigen
in einer Wechselfolge [*z. B. von Mergeln und Konglomeraten*] • marls alternating with conglomerates
in Küstennähe, im freien Wasser • offshore, in the open water
in Lee, leewärts, unter dem Wind(e) • leeward, downwind [*opposed to windward*]
in-situ Versuch ***m*** • in situ test
in Ufernähe ➋ ufernah
in voller Größe, unverkleinert • full-size [*photogrammetry*]

Inaugenscheinnahme ***f*** [*der Bodenschichten usw.*] • visual inspection [*of soil strata etc.*]
Incomat® [*Incomat Betonmatten dienen dem Erosionsschutz im Wasserbau. Sie bestehen aus zwei miteinander verbundenen, hochfesten Gewebelagen aus Polyamid*] • Incomat®
Indexeigenschaft ***f*,** Indizierungseigenschaft • index property
Indexellipsoid ***n*,** (optische) Indikatrix *f* [*Zur Charakterisierung der optischen Eigenschaften von Mineralien*] • index ellipsoid [*partial synonym*]; (optical) indicatrix
Indexfehler ***m*** ➋ Kollimations(achsen)fehler
Indexflüssigkeit ***f*** • immersion liquid, index liquid [*A liquid of known refractive index, used in the immersion method of determining a mineral's refractive index. An example is acetone*]
Indexkarte ***f*,** Leitkarte • index map
Indexlibelle ***f*** ➋ Höhenindex ➋ Libelle
Indexspiegel ***m*,** großer Spiegel, Alhidadenspiegel [*Sextant*] • index mirror, index glass
Indiana-Kalkstein ***m*** ➋ Spergenit
(indianischer) Pfeifenstein ***m*** • pipestone, catlinite, Indian pipestone [*An indurated clay used by the Dakota Indians for pipe-making*]
Indigolith ***m*,** Indikolith • indicolite, indigolite [*A deep red, deep green, or blue variety of t(o)urmaline*]
Indikation ***f*,** Anzeige(n) *f*, (*n*) • tracing
Indikator ***m*,** Markierungsmittel *n*, Anzeiger *m*, Markierungsstoff *m* • tracer [*A foreign substance mixed with or attached to a given substance for subsequent determination of the location or distribution of the substance*]
Indikatorganglinie ***f*,** Leitganglinie, Kennganglinie • characteristic hydrograph
Indikatororganismus ***m*** ➋ Leitorganismus
Indikatrix ***m*** ➋ optische Indikatrix
Indikolith ***m*,** Indigolith • indicolite, indigolite [*A deep red, deep green, or blue variety of t(o)urmaline*]
indirekte Ablation ***f*** • covered ablation, indirect ablation [*Ablation, influenced by materials covering the snow or ice surface. Heat absorbed and conducted to the snow through covering material such as dust produces depressions while the protection afforded by more massive materials such as boulders causes protuberances*]
indirekte Aufschließung ***f*,** indirekter Aufschluss *m* [*Geophysikalischer Aufschluss; physikalischer Aufschluss; chemischer Aufschluss*] • indirect exploration
indirekte Ausgabe ***f*** [*Die Weitergabe des Messwertes am Ausgang eines Messumformers durch Messsignale*

I

oder die Darstellung des Messwertes z. B. auf Lochkarten, Magnetbändern oder anderen Datenträgern] • indirect output

indirekte Durchflussmengenmessung *f* nach der Strickler- oder Manningformel • slope area discharge measurement, slope area flow measurement

indirekte Spülung *f*, umgekehrte (Bohr)Spülung, Gegenstrom(bohr)spülung, Umkehr(bohr)spülung, Verkehrt(bohr)spülung, inverse (Bohr)Spülung, Saug(bohr)spülung, indirekte Bohrspülung [*Zuleiten des Spülmittels durch den Bohrlochringraum und Ableiten des Spülmittels mit dem Bohrklein durch den Bohrer bzw. das Gestänge*] • reverse circulation, reverse flow of drilling fluid, reversing circulation, inverse(d) drilling fluid circulation, inverse(d) flushing, counterflush, countercurrent circulation

indirekte Wärmeschichtung *f*, Polarschichtung, mittelbare Wärmeschichtung • polar temperature lamination, indirect temperature lamination

indirekter Aufschluss *m*, indirekte Aufschließung *f* [*Geophysikalischer Aufschluss; physikalischer Aufschluss; chemischer Aufschluss; eine Probenentnahme und/oder Inaugenscheinnahme ist nicht möglich*] • indirect exploration, indirect (soil) investigation

indirekter Ausgeber *m*, Messgerät *n* mit indirekter Ausgabe, übertragendes Messgerät [*z. B. Lochkartenausgeber; Magnetbandausgeber; Magnetspeicher*] • indirect output device

indirekter Hochwasserschaden *m*, mittelbarer Hochwasserschaden • indirect flood damage [*All flood losses resulting from the interruption to services and production of goods, etc., as opposed to direct flood damage*]

indische Goldwaschschüssel *f*, indischer Goldwaschtrog *m* • putti [*A gold-washing tray used in Madras*]

indischer Bewässerungskanalenergievernichter *m* • Indian (type of) canal fall [*There are two characteristically Indian types of irrigation canal works: the older notch(ed) type, and the more recent standing-wave-flume type. See note under "canal fair"*]

indischer Kalksandstein *m* • kotah stone

indisches Stoßbohren *n* • yerkline drilling, yerkline boring

Indischgelb *n*, Kobaltgelb • cobalt yellow

individuelle Besonderheiten *f*, Naturverhältnisse *f* [*Lagerstätte*] • natural conditions

Indizierungseigenschaft *f*, Indexeigenschaft • index property

Induktions(bohrloch)log *n* • induction ((bore) hole) log, conductivity log [*Induction logging employs induced electromagnetic phenomena; that is, when an electric current flows in a conductor, a magnetic field is generated in the surrounding media, and, conversely, when an electric conductor is placed in a time-varying magnetic field, an electrical current is generated in the conductor*]

Induktionskernen *n*
➋ Formationsinduktionsmessung

Induktionsmagnetometer *n* • induction magnetometer

Induktionsmethode *f* mit vertikale *m* Primärkreis
➋ Induktionsverfahren mit senkrechtem Primärkreis

Induktionsneigungsmesser *m*, Erdinduktor *m* • earth inductor (compass), induction (in)clinometer, dip inductor

Induktionspolarisation *f* • induced polarization, IP [*When an electric current passing into the earth through ground electrodes is suddenly interrupted, a potential can be measured between these or nearby electrodes for some time after the current stops. This potential decays exponentially with time after the interruption. The effect was first observed by Schlumberger as early as 1912 and it was ascribed by him to polarization of earth material by the current. This induced polarization is associated with electrochemical reactions in the earth*]

Induktionspotential *n* • induced potential

Induktionsspulenmagnetometer *n* • induction coil magnetometer

Induktionsverfahren *n* mit senkrechtem Primärkreis, Induktionsverfahren mit vertikalem Primärkreis, Induktionsmethode *f* mit senkrechtem Primärkreis, Induktionsmethode mit vertikalem Primärkreis • vertical-loop method

induktiv gekuppeltes Plasma *n* • ICP, inductively coupled plasma

induktive Reaktion *f* [*Magnetotellurik*] • inductive response

induktive Wissensbereitstellung *f* [*Geoinformationssystem; Landinformationssystem. Künstliche Intelligenz. Diese Bereitstellung geht von Tatsachen aus und akkumuliert aufeinanderfolgend immer mehr Wissen*] • forward chaining, data-driven strategy

induktiver Wegaufnehmer *m* • inductive displacement transducer (*or*: gauge)

Indusium *n* [*erste chronostratigrafische Stufe der Untertrias*], Indus-Stufe *f*, Induium *n*, Induum *n* • Induan

Industrie *f* der festen mineralischen Rohstoffe, Mineralindustrie • minerals industry

Industrie *f* der Steine und Erden, Steine- und Erden-Industrie • quarry and pit industry, pit and quarry industry

Industrieabbruch *m* • industrial demo(lition)

Industrieabfall *m* • industrial waste

Industriebau *m* • industrial building

Industriediamant *m* • industrial diamond, industrial (stone)

Industriefernsehen *n*, kabelgebundenes Fernsehen

Industriefotogrammetrie *f* • industrial photogrammetry

Industriefundament *n*, Industriegründung *f* • industrial foundation [*See note under "foundation"*]

Industriegebiet *n*, Industriegelände *n* • industrial area, industrial estate, industrial park (US)

Industriegelände *n*, Industriegebiet • industrial area, industrial estate, industrial park (US)

Industriegestein *n* ➋ Handelsgestein

Industriehalde *f* • industrial dumping ground

industrielle Imprägnierung *f* [*von Holz*] • industrial impregnation [*of timber*]

industrielle Wasserentnahme *f* • industrial water withdrawal

Industriemineral *n* • nonmetal(lic), industrial mineral, useful mineral, valuable mineral, commercial mineral, mineral [*In economic geology, any rock or mineral mined for its nonmetallic value, such as stone, sulphur, or salt. It is prepared at the mine into a finished product, or the prepared mineral may be stripped elsewhere for additional treatment before being marketed*]

Industriefotogrammetrie *f* • industrial photogrammetry

Industrierücklaufwasser *n* • return flow, waste water, return water [*Water discharged from industrial plants*]

induzierte Anreicherung *f*, induzierte Infiltration *f* • induced infiltration, induced recharge [*groundwater*]

induzierte Hangbewegung *f* • induced slope movement

induzierte Magnetisierung *f* • induced magnetization, IM

induzierte Polarisation *f* [*geophysikalisches Untersuchungsverfahren*] • overvoltage survey(ing), electrode polarization survey(ing)

induzierte Polarisations-Bohrloch(ver)messung *f* • induced polarization (geophysical) (well) logging

induzierte Schichtung *f* [*Bildungsimpulse außerhalb des Sedimentationsvorganges*] • induced stratification [*See note under "stratification"*]

induzierte Sekundärrutschung *f* • induced secondary slide

induziertes Dichtelog *n* [*Die Messung einer induzierten Gammastrahlung ist eine indirekte Bestimmung der Gesteinsdichte. Wegen größerer Unterschiede in der Dicke hebt sich Nebengestein besonders gut von Kohlenflözen ab*] • compensated densilog

induziertes Polarisations-Bohrlochlog *n* • induced polarization ((bore)hole) log

in Echtzeit arbeitender Rechner *m* • processor working in real time

ineinander geschoben [*Mineralbildungszonen*] • telescoping, telescoped

Ineinandergreifen *n*, Verspannen, Verspannung *f* [*Schüttsteine; Zuschläge; Mineralmasse*] • inter-lock(ing)

Ineinanderschachtelung *f* [*Von ursprünglich übereinander gelegenen Prägungsstockwerken*] • telescoping

inertes Material *n* [*wie Schotter*] • inert material [*such as stones*]

Inertialgeodäsie *f* • inertial geodesy

Inertinit *m* • inertinite, inerts [*A coal maceral group including micrinite, macrinite, sclerotinite, fusinite, semifusinite, and inertodetrinite. They are characterized by a relatively high carbon content and a reflectance higher than that of vitrinite. They are relatively inert during carbonization*]

Infiltration... ➋ Einsickerungs ...

Infiltrierung *f* • infiltration

infinitesimal kleine Verzerrung *f* • infinitesimally small strain

Informationsausfall *m* • dropout [*A loss of information in reading from or recording on magnetic tape*]

Informationsgewinnung *f* • information acquisition

Informationstechnologie *f*, IT • information technology, IT

infraglazial, subglazial • subglacial, infraglacial [*Formed or accumulated in or by the bottom parts of a glacier or ice sheet; said of meltwater streams, till, moraine, etc.*]

Infrarotabsorption *f* • infrared absorption

Infrarotbild *n* • infrared image, infrared picture

Infrarotfernerkundung *f*, Ferninfraroterkundung • infrared remote reconnaissance, remote infrared reconnaissance

Infrarotfilm *m* für getarnte Objekte • camouflage detection film

Infrarotgasanalysator *m* • infrared gas analyser

Infrarotfotografie *f* • infrared photography

Infrarotstrahlungsmessung *f*, IR-Strahlungsmessung • infrared radiation measurement

Infrarotwärmebildkamera *f*, IRK • instrument for thermal photography

Infrarotwärmetechnik ***f***, Wärmeinfrarottechnik • thermal infrared technique, infrared thermal technique, thermic infrared technique, infrared thermic technique, TIR technique, heat infrared technique, infrared heat technique

Infrarotzeichenabtaster ***m*** • IR-line-scanner, infrared line-scanner

Infrastrukturbetreiber ***m*** • infrastructure operator

Infrastrukturpojekt ***n*** • infrastructure project, infrastructural project

Infrastrukturstollen ***m***, Leitungsstollen; Leitungstunnel *m*, Infrastrukturtunnel [*Fehlbenennungen*] • line gallery; line tunnel (US)

Ingenieuraufgabe ***f*** • engineering task

Ingenieurbau ***m*** • civil engineering, engineering construction

Ingenieurbauberatungsdienst ***m*** • civil engineering consultancy service, civil engineering consultation service, engineering construction consultancy service, engineering construction consultation service

Ingenieurbaubodenmechanik ***f*** • civil engineering soil mechanics

Ingenieurbaufelsmechanik ***f*** • civil engineering rock mechanics

Ingenieurbaugeophysik ***f*** • civil engineering geophysics

Ingenieurbaustoff ***m*** • civil engineering material

Ingenieurbautektonik ***f*** [*1. Felsbautektonik. 2. Erdbautektonik*] • civil engineering (geo) tectonics

Ingenieurbewertung ***f*** • engineer's judgment (US), engineer's judgement (Brit.)

ingenieurbiologische Bauweise ***f*** • bioengineering construction method

ingenieurbiologische Hangsicherung ***f*** • bioengineering slope protection

Ingenieurbüro ***n***, planendes Ingenieurbüro • Engineering Consultancy Bureau, engineering consultants, consulting engineers, design office

Ingenieurfelsbaumechanik ***f***, Ingenieurgesteinsmechanik • civil engineering rock mechanics

Ingenieurgeodäsie ***f***, Praktische Geodäsie *f* • engineering geodesy, practical geodesy

Ingenieurgeologe ***m***, Geologieingenieur *m* • engineering geologist, excavator, geological engineer

Ingenieurgeologe ***m*** **im Bauwesen,** Baugeologe • geotechnical engineer in building, construction geotechnical engineer, building geotechnical engineer, geotechnical engineer in construction

Ingenieurgeologe ***m*** **im Bergbau** ➋ Bergbaugeologe

Ingenieurgeologie ***f*** [*"Ingenieurgeologie" wird sehr eng interpretiert, als Ausarbeitung einer ingenieurgeologischen Begründung für Bauten, für das Studium von Rutschungen, Muren, Erdstürzen, der Karstungen usw.; "technische Geologie" hat einen weitergefassten Sinn einschließlich der geologischen Rolle des Menschen*] • engineering geology, geologic(al) engineering [*The application of geological facts and principles to engineering operations, particularly mining and civil. Not to be confused with technical geology*]

Ingenieurgeologie ***f*** **des Baugrundes** ➋ (allgemeine) Bau(grund)geologie

Ingenieurgeologie ***f*** **im Bauwesen,** Geologie für Bauingenieure, Baugeologie, Geotechnik *f* für Bauingenieure • geotechnical engineering in building, civil engineering geology, geology in civil engineering, engineering geology of construction, geotechnical engineering in construction [*That part of civil engineering involving the interrelationship between the geological environment and the works of man. It signifies studies and designs for civil engineering works such as structure foundations, retaining structures, slope stabilization, tunnels, galleries, shafts, erosion control, airfield and highway pavement support, earth and rock fill dams and embankments whether constructed in soil or rock*]

Ingenieurgeologie ***f*** **im Bergbau,** Bergbaugeologie, Geologie für Bergbauingenieure, Montangeologie, Grubengeologie, Geotechnik *f* im Bergbau • geotechnical engineering in mining, mining (engineering) geology, book geology, geology in mining (engineering), engineering geology of mining

ingenieurgeologische Feldarbeiten ***f*** • engineering geology field work, geologic(al) engineering field work

ingenieurgeologische Beurteilung • geological engineering evaluation

ingenieurgeologische Karte ***f*** • engineering geology map, geologic(al) engineering map

ingenieurgeologische Kartierung ***f*** • engineering geology mapping

ingenieurgeologisches Gutachten ***n*** • engineer's geotechnical report

ingenieurgeologische Untersuchung ***f*** • geological engineering investigation

Ingenieurgeophysik ***f*** ➋ geophysikalische Technik

ingenieurgeophysikalische Methode ***f*** • geophysical engineering method

Ingenieurgesteinsbaumechanik ***f***, Ingenieurfelsmechanik • civil engineering rock mechanics

Ingenieurhydrologe ***m***, Hydrologieingenieur • engineer-hydrologist, hydrologist-engineer
Ingenieurleistung ***f*** • engineering achievement
Ingenieurfotogrammetrie ***f*** • engineering photogrammetry
Ingenieur(ver)messung ***f*** [*Bei der Absteckung, Errichtung und Überwachung von Bauwerken und Maschinen*] • engineering surveying)
Ingenieurwissenschaft ***f*** • engineering science
inglazial • intraglacial, inglacial [*Contained, embedded, or carried within the body of a glacier or ice sheet, said of meltwater streams, till, drift, moraine, etc.*]
Ingression ***f***, positive Strandverschiebung *f*, Transgression, landwärtige Küstenverlagerung, Übergreifen *n*, Meer(es)überflutung, Seeüberflutung • transgression, encroachment, overlap, intrusion, ingression, marine transgression, sea transgression, invasion [*Oceanography. Extension of the sea over land areas*]
Inhalt(s)kurve ***f*** ➋ Speicherbeckeninhalt(s)linie
Inhalt(s)linie ***f*** ➋ Speicherbeckeninhalt(s)linie
inhomogen • inhomogenous, non-homogenous
Inhomogenität ***f*** [*des Bodens*] • inhomogeneity [*of a soil*]
initialer Gleichgewichtszustand ***m*** • initial equilibrium state, initial state of equilibrium
Initialladung ***f*** • initiating charge
Initialregen ***m***, Anfangsregen [*Die Regenmenge, die zu Beginn eines Regens fällt, bevor der Sättigungsdampfdruck vollständig aufgefüllt ist*] • initial rain(fall)
Initialstadium ***n*** [*z. B. einer Felsrutschung*] • initial stage [*such as of a rock slide*]
Initialverstärker ***m***, Initiierungsladung *f* • booster (charge), boosting charge [*An explosive of special character, generally used in small quantities to improve the performance of another explosive, the latter constituting the major portion of the charge. When it is armed with a detonator, it becomes a primer*]
Initiierbarkeit ***f***, Initiier(ungs)fähigkeit, Initiiervermögen *n* • initiating capability, initiating capacity, initiation capability, initiation capacity
initiieren • to initiate
Initiieren ***n***, Initiierung *f* [*Übergehen einer Deflagration in Detonation in der Primärladung*] • initiating
initiieren am Schlagpatronenende ***n*** • to toe prime
Initiieren ***n*** **am Schlagpatronenende** • toe priming [*The lead wire is tied to the bottom of the primer (cartridge)*]
Initiierfähigkeit ***f***, Initiierbarkeit *f*, Initiiervermögen *n* • initiating capability, initiating capacity
Initiierung ***f*** • initiation [*The process of causing an explosive charge to detonate. It requires an initiating point, which is usually a primer and electric detonator, or a primer and a detonating cord or fuse*]
Initiierung ***f***, Initiieren *n* [*Übergehen einer Deflagration in Detonation in der Primärladung*] • initiating
Initiierungsladung ***f***, Initialverstärker *m* • booster (charge), boosting charge [*An explosive of special character, generally used in small quantities to improve the performance of another explosive, the latter constituting the major portion of the charge. When it is armed with a detonator, it becomes a primer*]
Initiier(ungs)vermögen ***n*** ➋ Initiierbarkeit
Initiier(ungs)vorrichtung ***f*** • initiating device
Initialsprengstoff ***m*** • primary explosive, initiating explosive [*Explosive or explosive mix(ture) sensitive to shock and friction; used in primers and detonators to initiate explosion*]
Injektion ***f*** ➋ Einpressen
Injektion ***f*** **von Grundwasser mit Tritium** • dating of groundwater with tritium
Injektionen [*Das sind Verpressungen von abbindenden Flüssigkeiten (Zementsuspensionen usw. in den Untergrund zur Baugrundverbesserung)*] • grouting, permeation grouting
Injektions... ➋ Einpress ...
Injektionsbohrung ***f*** • injection drilling
Injektionsbrunnen ***m*** ➋ Anreicherungsbrunnen für Grundwasser
Injektionsdruck ***m*** • grouting pressure
Injektionsdübel ***m***, Bodennagel *m* • soil nail
Injektionseis ***n*** [*Es bildet sich aus unter Druck in poröses Erdreich intrudierten und injiziertem Wasser*] • injection ice
Injektionsgneis ***m*** • injection gneiss [*A composite rock whose banding is wholly or partly caused by lit-par-lit injection of granitic magma into layered rock*]
Injektionsgut ***n*** ➋ Verpressmittel
Injektionsgutaufnahme-Statistik ***f*** • statistical analysis of grout take
Injektionsharz ***n*** ➋ Verpressharz
Injektionskörper ***m*** [*chemische Verfestigung*] • stabilized zone, injected body
Injektionslamelle ***f*** **mit Schieferstruktur** • injection foliate
Injektionslanze ***f*** • injection lance, grouting lance
Injektionsleitung ***f*** [*am Tiefenrüttler*] • injection pipe, grouting pipe
Injektionsmaßnahmen ***f(pl)*** • grouting action

I

Injektionsmetamorphose *f* [*Bei dieser Metamorphose wurde durch Einwanderung eines granitisch-aplitischen "Saftes" in ein aufblätterndes Schichtenpaket eine lit-par-lit-Textur erzeugt*] • injection metamorphism
Injektionsmischung *f* • grout mix
Injektionsmittel *n* ➲ Verpressmittel
Injektionsmörtel *m* ➲ Strahl-Einpressmörtel
Injektionsöffnung *f* [*am Schild beim Tunnelvortrieb; hilfreich, um eventuell vorhandene Karsthohlräume zu verfüllen. Sie sind um den Schildmantel verteilt*] • routing port [*for grouting any karst cavities*]
Injektionspacker *m*, Gummimanschette *f* [*Zur Abdichtung des Spaltes zwischen Rohr- und Bohrlochwandung beim Einpressen eines Injektionsmittels, um zu verhindern dass dieses nicht nach oben entweicht*] • packer, packing
Injektionspumpe *f* • grouting pump, injection pump
Injektionsschacht *m* [*Aufbrechinjektion*] • injection shaft [*crack or fracture grouting*]
Injektionsschirm *m* [*beim unterirdischen Bauen*] • grouting umbrella [*in underground construction*]
Injektionsschleier *m* • grout curtain
Injektionsstrecke *f* • grouting zone
Injektionstechnik *f* • grouting technique
injektionsverdübelte Wand *f*, (boden)vernagelte Wand • soil-nailed wall, soil-nailed face
Injektionsverdübelung *f*, Boden(ver)nagelung, (Ver) Nagelung • soil nailing [*A method of in-situ soil reinforcement that combines soil nails and shotcrete in the construction of retaining structures*]
Injektionsverfahren *n* [*Baugrundverbesserung*] • grouting process
Injektionsversuch *m* • grouting test, *less frequent:* grouting trial
Injektionsvorhang *m* • grouting curtain
Injektionswasser *n* ➲ Anreicherungswasser
Injektionswirkung *f* • effectiveness of grouting
Injizier... ➲ Einpress...
injizieren, einpressen • to inject
Injizieren *n* ➲ Einpressen
Injizieren *n* in die Ölzone, Einpressen in die Ölzone • inner injection, pattern injection, internal injection, interior injection, dispersed (gas) injection; gas repressurizing [*misnomer*] [*Gas injection pressure maintenance of an oil reservoir in which the injection wells are arranged geometrically, to distribute the gas uniformly throughout the oil-productive portions of the reservoir*]
Injizieren *n* mit doppelt wirkendem Strahl ➲ Einpressen mit doppelt wirkendem Strahl
Injizierharz *n* ➲ Verpressharz
injiziert, eingepresst • injected
injizierte Sohle *f* • grout slab
Inklinometer *n*, Neigungssonde *f* • inclinometer
Inklinometermessung *f* • inclinometer measurement
Inklinometerrohr *n* • inclinometer tube, inclinometer pipe
Inklinometersensor *m* • inclinometer sensor
Inklinationsnadel *f*, Inklinationsmesser *m*, Neigungsnadel, Feldwaage *f* für Senkrechtstärke, Tiberginklinator *m* • dip(ping) compass, dip(ping) needle, doodlebug magnetometer, miner's dip(ping) needle [*A steel magnet, similar to that in a miner's dial, but so pivoted as to be free to rotate vertically, used to locate relatively shallow deposits of magnetic ores*]
inkohlter Asphalt *m* • asphaltic pyrobitumen
Inkohlung *f* • incarbonization, coalification, incoalation, bituminization, carbonification, diagenesis of coal, coal diagenesis
Inkohlungsgrad *m*, Rang *m* • rank, degree of coalification, grade, coalification degree
Inkohlungssprung *m* • coalification break, coalification jump [*That point in the process of coalification at which the exinites change from dark to pale gray in reflected lighting owing to loss of methane. This change coincides with a significant change in the slope of curves of various coalification parameters, and corresponds to a volatile-matter content in vitrain of about 20% (on a dry, ash-free basis)*]
Inkohlungssprung *m* im Bereich Glanzbraunkohle/Flammkohle, Obergrenze *f* • petroleum birth line, oil birth line
inkompressibel [*z. B. das Porenwasser*] • incompressible
Inkompressibilität *f* [*des Porenwassers*] • incompressibility
inkongruent • incongruous [*Said of a parasitic fold, the axis and axial surface of which are not parallel to the axis and axial surface of the main fold to which it is related*]
in konventioneller Bauweise • by conventional method
inkrustierte Kamee *f* • crusta
Inlanddüne *f* ➲ Winddüne
Inlandeis *n* • inland ice
Inlanderz *n*, einheimisches Erz, inländisches Erz • home ore, domestic ore
inländisch • domestic
Inland(s)bergbau *m* • domestic mining

in messbarer Bewegung sein [*z. B. ein Rutschhang*] • to show measurable movement [*such as a landslide-prone slope*]
innen gerammter Stahlrohrpfahl ***m*** • internally driven steel pipe pile
innen gestaucht [*Bohrgestänge*] • internally upset
innen glatt [*Bohrgestänge*] • internally flush, I. F.
Innen(abraum)kippe ***f*** [*Verkippung des Abraums innerhalb des Tagebaues im ausgebeuteten Raum*] • inner (over)burden dump, inner (over)burden tip
Innenausbau ***m*** ➋ Schacht-Innenausbau
Innenbecken ***n*** ➋ AtollInnenbecken
innenbürtig, endogen • endogenetic (Brit.); endogenic (US) [*Sometimes a difference is made between endogenetic (Designating rocks formed by solidification from fusion, precipitation from solution, or sublimation - opposed to clastic) and endogenic (Pertaining to, having to do with, or designating the processes of metamorphism, etc., taking place within the earth - opposed to exogenic*]
Innendelta ***n*** • intradelta, delta top
Innendichtung ***f*** ➋ (Dicht(ungs))Kern
Innendruck ***m*** **nach Bornhardt** ➋ Kristallisationsdruck
Innendurchmesser ***m*** ➋ Bohrung
Innenelektrode ***f*** [*Messanordnung nach Wenner*] • inside electrode
Innenfehlzündung ***f*** ➋ Innenversager
Innengitter ***n*** • intralattice
Innenhülse ***f*** [*Zwischen der metallischen Zünderhülse und der Zündpille angebrachte Hülse aus Isoliermaterial als Schutz gegen ungewolltes Entflammen des Zündsatzes durch Funkenüberschlag infolge elektrostatischer Aufladung*] • inner detonator tube, internal detonator tube, internal detonator shell, inner detonator shell, interior detonator tube, interior detonator shell
Innenkernrohr ***n*,** inneres Kernrohr [*Kernbohrrohr*] • inner core barrel, inner core tube, core receiving barrel, core receiving tube, core retaining barrel, core retaining tube, inner core retainer
Innenkruste ***f*** • inner crust, internal crust, interior crust
Innenleibungsanfang ***m*,** Bogenanfang des Gewölbeinnern [*Vielfachbogen(stau)mauer*] • springing of intrados, springing of soffit (Brit.); intrados springing (line), soffit springing (line) (US)
Innenpfahl ***m*,** Füll(ungs)pfahl, Binnenpfahl [*Fangedamm*] • fill(ing) pile, inner piling
Innenrammung ***f*** [*Pfahlrammung*] • inner driving, internal driving, interior driving, ramming inside the cage of reinforcement, ramming (*or:* driving) inside the casing
Innenschale ***f*** [*Tunnel- und Stollenbau*] • internal tunnel shell, inner shell, final lining
Innenschneid(e)gerät ***n*** **für (Bohr)Gestänge** • inner cutter, inner cutting tool, internal cutter, internal cutting tool, interior cutter, interior cutting tool
Innenschneidrad ***n*** [*einer Tunnelbohrmaschine*] • inner cutting wheel
Innenstadtbereich ***m*** • inner-urban area, inner-city area
Innentrog ***m*** • inner trough, internal trough, interior trough
Innenulme ***f*** • inner wall
Innenversager ***m*,** Bohrlochversager, Innenfehlzündung *f*, Bohrlochfehlzündung • misfire in the (blast)hole
Innenwölbung ***f*,** Konkavität *f* • concavity
innenzentriert [*Kristallografie*] • body-centered, I-centered
Innere ***n*** [*Bergwerk*] • inside, interior [*mine*]
innere (Aus)Kolkung ***f*** • inner scour, internal scour, interior scour
innere Bodenerosion ***f*** • inner soil erosion; ravelling (Brit.); raveling (US); internal soil erosion, interior soil erosion [*An ongoing process that results in very loose or soft soil conditions*]
innere Böschung ***f*,** Landabdachung [*Deich*] • downstream slope, lower side, ebb-side
innere Deformation ***f*,** innere Verformung *f*, innere Formänderung • inner strain, inner deformation, interior strain, internal strain, internal deformation, interior deformation
innere Erosion ***f*,** Porenwassererosion • inner erosion, interior erosion, internal erosion [*Erosion effected within a compacting sediment by movement of water through the larger pores*]
innere Kette ***f*** • inner range, interior range, internal range
innere Orientierung ***f*** • inner orientation, interior orientation, internal orientation [*The quantities which must be known so that the ray bundle between the object and the lens during photography can afterward be geometrically reconstructed from the image points*]
innere Orientierungsgenauigkeit ***f*** • accuracy of collimation, collimation accuracy [*aerial camera*]
innere Reibung ***f*** • inner friction, internal friction, interior friction
innere Tragsicherheit ***f*** [*eines Fundaments*] • internal ultimate limit state [*of a foundation*]

innere Verformung ***f,*** innere Deformation *f,* innere Formänderung • inner strain, inner deformation, interior strain, internal strain, internal deformation, interior deformation

innere Verwerfung ***f,*** widersinnige Verwerfung; innerer Sprung *m,* widersinniger Sprung (⚒) • inverse fault

innerer Bau ***m*** • inner structure, internal structure, interior structure

innerer (Erd)Mantel ***m,*** tiefer (Erd)Mantel • lower mantle, inner mantle, mesosphere, internal mantle, interior mantle, D-layer

innerer Riffhang ***m*** ➋ Riffinnenseite

inneres Kernrohr ***n,*** Innenkernrohr [*Kernbohrrohr*] • inner core barrel, inner core tube, core receiving barrel, core receiving tube, core retaining barrel, core retaning tube, inner core retainer

I

inneres Potential ***n*** • inner potential, internal potential, interior potential

inneres Produkt ***n,*** Skalarprodukt

innerstädtische Baumaßnahme ***f*** • inner-urban construction project

innerstädtische Bereich ***m*** • inner-urban area, inner-city area

innerstädtische Tunnelbau ***m*** • inner-urban tunnelling

innige Verwachsung ***f*** • intermediate intergrowth

Innovationspotential ***n*** • potential for innovations

Inosilikat ***n,*** Kettensilikat • inosilicate, chain silicate [*Silicate structure in which the SiO_4 tetrahedra are jointed together to produce chains of indefinite lengths (the ends being at the surfaces of the crystal). The amphiboles are an example*]

Inproduktionssetzungsversuch ***m*** [*Erdöl; Erdgas*] • production starting test

Insel ***f*** • island, isle [*"Isle" is generally, but not necessarily, of small size; e. g. the British Isles*]

Insel ***f*** **mit Steindeckwerk** [*In einem Fluss oder Strom*] • (stone-)pitched island

Inselangliederung ***f*** • island-tying [*The process of tombolo formation*]

Inselanteil ***m,*** Inselprozentsatz *m* • insulosity [*The percentage of area inside the shoreline of a lake occupied by islands*]

Inselberg ***m*** ➋ Einzelberg

Inselberg ***m*** ➋ Härtung

Inselberg ***m*** [*Fehlbenennung*] ➋ Zeugenberg

Inselbogen ***m*** • island arc, volcanic arc

Inselgebirge ***n*** • island mountain [*A mountain more or less completely encircled by valleys that separate it from other mountains or drainage divide ridges*]

Inselgefrierung ***f,*** Inselvereisung, Wandgefrierung, Wandvereisung [*Gegensatz: Fenstergefrierung*] [*(Baugrund)Vereisung; Gebirgsvereisung*] (⚒) • wall freezing

inselgesäumt • island-fringed

Inselgründung ***f*** • island foundation

Inselprozentsatz ***m,*** Inselanteil *m* • insulosity [*The percentage of area inside the shoreline of a lake occupied by islands*]

Inselriff ***n*** • table reef

Inselschelf ***n*** • island shelf, insular shelf [*An area of the ocean floor analogous to the continental shelf, but surrounding an island*]

Inselschüttung ***f,*** Sandinsel *f,* Absenkinsel [*Caissongründung*] • sand island

Inselschütt(ungs)verfahren ***n*** ➋ Sandinselverfahren

Inselvereisung ***f,*** Inselgefrierung, Wandgefrierung, Wandvereisung [*Gegensatz: Fenstergefrierung*] [*(Baugrund)Vereisung; Gebirgsvereisung*] (⚒) • wall freezing

insequent, nicht folgend [*Ein natürlicher Wasserlauf ist nicht folgend, wenn er keine Beziehung zum Schichtenbau der Erde hat*] • in(con)sequent

insequente Entwässerung ***f,*** nicht folgende Entwässerung • in(con)sequent drainage [*Drainage which is not consequent upon the structure. It may be antecedent or superimposed*]

in situ, vor Ort • in situ

Inspektionsbrunnen ***m*** ➋ Beobachtungsbrunnen

Inspektionsgang ***m*** ➋ Beobachtungsgang

Inspektionsschacht ***m*** ➋ Beobachtungsschacht

Inspektionsstollen ***m*** ➋ Beobachtungsgang

instabile Suspension ***f*** • instable suspension

instabiler Felshang ***m*** • unstable rockslope

instabiler Hang ***m*** • unstable slope

Instabilität ***f*** [*z. B. eines Hangs*] • instability

Instabilität ***f*** **des Gleichgewichts** • instability of equilibrium

Instabilität ***f*** **einer heißen Grenzschicht** [*Mantelkonvektion*] • plane convection, planar convection

installierte Leistung ***f,*** Leistungssoll *n* • installed (nameplate) capacity

instationäre Potentialströmung ***f*** • added mass flow

instationäre Strömungsuntersuchung ***f*** • hydraulic transient analysis

instationäres Fließen ***n*** • unsteady flow, nonsteady flow

instationäres gleichförmiges Fließen ***n,*** gleichförmiges instationäres Fließen • unsteady uniform flow, nonsteady uniform flow [*The cross-section through the flow is constant, but the discharge varies with time. This is a complex flow pattern. An example is that of pressure surge in a long straight pipe of uniform diameter*]

Instellungbringen *n* • pitching [*Lifting a runner or a pile and placing it in position for driving*]

Institut für Bautechnik • Federal Institute for Building Technology [*in Germany*]

Instrumentation *f* ➔ Instrumentieren

Instrument(en)aufnahme *f*, Instrument(en)vermessung *f* • instrumental survey(ing)

Instrumentenbasis *f*, Stereobasis • stereo(scopic) base

Instrumentenhütte *f* [*Bei meteorologischen Stationen und Observatorien*] • screen

Instrumentennetz *n* • net of instruments, instrument net [*e.g. to measure rainfall in a catchment area*]

instrumentieren ➔ fangen

Instrumentieren *n*, Fangen, Fischen, Fangarbeit *f*, Instrumentation *f*, Havariebehebung *f* [*Tiefbohrtechnik*] • fishing, extracting, recovering a fish, fishing up, fishing job, dislodgment of tools

Instrumentierung *f* [*Ausrüstung mit Messinstrumenten*] • instrumentation

Instrusionsmasse *f* ➔ Pluton

Intaglio *n* [*Gemme mit negativem Bild wie für Siegel*] • intaglio [*Italian term*]

Integral *n* **von Zeit und Abfluss** [*Wasserfrachtlinie*] • integral of duration with respect to stream flow

Integralgleichung *f* • integral equation

Integralgleichungsverfahren *n* • integral equation method

Integralsatz *m* **von Gauß**, Gauß-Integralsatz • Gauss' theorem

Integrations(strömungs)messung *f* • integration (current) measurement

Integrator *m* ➔ Gesamtmengenanzeige(r)

integrierte Verkehrspolitik *f* • integrated traffic policy

integrierter Rechner *m* [*in einer Digitalkamera für die digitale Fotogrammetrie*] • on-board computer

integriertes Bündelausgleich(ungs)programm *n* [*Auswertung von Messbildern*] • combined adjustment program (US); combined adjustment programme (Brit.)

Integritätsmessung *f* • integrity measurement

Integritätsprüfung *f* [*z. B. von Pfählen*] • integrity testing

Integrodifferentialgleichung *f* • integral/differential equation

Intensitätsanstieg *m* [*Erdmagnetfeld*] • storm commencement, SC

Intensitätsskala *f* [*für Erdbeben*] • intensity scale [*for earthquakes*]

Intensitätstransformation *f*, Grauwerttransformation • intensity scaling

Interaktion *f* **von Baugrund und Maschine** • interaction of subsoil and machine

Interaktion *f* **zwischen Baugrund und Bauwerk** • interaction between (*or:* of) subsoil and building structure, reciprocal effect between subsoil and building structure

Interaktion *f* **zwischen Baugrund und Einbaumaterial** • interaction between soil and fill material

Interaktionskräfte *f(pl)* • interaction forces

Interaktionswirkung *f* • interaction effect

Iterationstechnik *f* • iteration technique

Interferenz *f*, Zusammentreffen *n* • interference [*The condition occurring when the area of influence of a water well comes into contact with or overlaps that of a neighbor(u)ring well, as when two wells are pumping from the same aquifer or are located near each other*]

Interferenzbild *n* ➔ Hologramm

Interferenzfarbe *f* • interference colour, polarization colour (Brit.); interference color, polarization color (US)

Interferenzfleck *m* ➔ Lauefleck

Interferenzrippel(marke) *f*, Kreuzrippel(marke) • (mark(ing)), complex ripple (mark(ing)), interference ripple, dimpled current mark(ing) [*obsolete*]

Interferogramm *n* • interferogram

interferometrische Messung *f* [*Messung der Radiostrahlung von Quasaren über eine mehrere 1000 m lange Basis*] • very long baseline interferometry, VLBI

interferometrische Phase *f* • interferometric phase

Intergelisol *m* • intergelisol, pereletok [*A frozen layer of ground, between the active layer above and the permafrost below, that remains unthawed for one or several years*]

interglazial, zwischeneiszeitlich • interglacial [*Occurring between two glacial epochs*]

interglazialer Stubbenhorizont *m* • forest bed, black drift, chipyard, woodyard

intergranular • intergranular

intergranulare Dehnung *f* • intergranular strain

Intergranularraum *m*, Kornzwischenraum • intergranular space

interkapillar, zwischenkapillar • intercapillary [*Located between capillaries*]

interkontinentaler Gürtel *m*, Grabengürtel, Großgraben *m*, Grabensystem *n* • rift system
interkristalliner Riss *m*, Korngrenzenriss, Kristallgrenzenriss • grain boundary crack, crystal boundary crack
intermediäre Lava *f* • intermediate lava
intermediäres Gestein *n*, intermediärer Fels • intermediate rock [*Igneous rock containing between 66 and 55 per cent of silica and so intermediate in chemical composition between the acid (granitic) and the basic (gabbroid) rocks. Includes syenite and trachyte (subacid), diorite and andesite (subbasic)*]
intermetallische Verbindung *f* • intermetallic compound
intermittierend gestufte Kies-Sand Gemische *n(pl)* [*Kurzzeichen GI nach DIN 18196*] • poorly graded gravel-sand mixtures
intermittierend gestufte Sand-Kies Gemische *f(pl)* [*Kurzzeichen SI nach DIN 18196*] • poorly graded sand-gravel mixtures
intermittierende Förderung *f* ➲ aussetzende Förderung
intermittierende Gasliftförderung *f*, aussetzende Gasliftförderung, diskontinuierliche Gasliftförderung • slug-lifting
intermittierende Quelle *f*, periodische Quelle • intermittent spring, temporary spring, seasonal spring [*A spring from which the flow of water is variable and the discharge ceases during certain periods of the year*]
intermittierender Fluss *m*, periodischer Fluss • intermittent stream, temporary stream, seasonal stream
intermittierender See, periodischer See *m* • intermittent lake, temporary lake, seasonal lake
intermontan ➲ gebirgsumschlossen
Internationale Atomenergie Behörde *f* • International Atomic Energy Agency
internationale Datumlinie *f* • international date line [*A jagged arbitrary line, roughly equal to the 180⁰ meridian, where a date change occurs: if the line is crossed from east to west a day is skipped, if from west to east the same day is repeated*]
Internationales Geophysikalische Jahr *n* • International Geophysical Year, IGY
Internationale Gesellschaft *f* für Felsmechanik • International Society of Rock Mechanics, ISRM
Internationale Gesellschaft *f* für Fotogrammetrie und Fernerkundung, IGPF • ISPRS, International Society for Photogrammetry and Remote Sensing
Internationale Weltkarte *f* • IMW, International Map of the World
Internationale Zivilluftfahrtorganisation *f*, ICAO • International Civil Aviation Organisation, ICAO
interne Bewegung *f* entlang von Scherflächen [*L. U.de Sitter (1956) unterlegt "cleavage" eine dynamisch-genetische Bedeutung wenn er darunter die interne Bewegung entlang von Scherflächen versteht und deren Lage als normalerweise senkrecht auf die deformierende Kraft angibt*] • cleavage
Internid *m*, Stammfalte *f* • internide, primary arc
Interaktion *f* mit dem Baugrund • interaction with the subsoil
Interpolationsformel *f* • interpolation formula
Interpolieren *n* • interpolation [*Topographic mapping. Estimating the locations of lines as they pass between higher and lower grid points*]
Interpretation *f* ➲ (Aus)Deutung
Interpretation *f* der Baugrundtragfähigkeit ➲ Deutung der Baugrundtragfähigkeit
Interpretationsfähigkeit *f* ➲ Auswertbarkeit
Interpretationskarte *f* ➲ abgeleitete Karte
Interpretationsvermögen *n* ➲ Auswertbarkeit
Interpretator *m* ➲ Deuter
Interpretierbarkeit *f* von Radarbildern • target interpretability
interpretieren ➲ deuten
Interpretierer *m* ➲ Deuter
Interreflexion *f* • radiosity
interstadial • interstadial [*Between stages; used especially of the period or deposits formed during the period between two stages in glacial retreat*]
Intervallrelais *n*, Verzögerungsrelais, Zeitrelais • delay relay
Interzeption(sspeicherung) *f* [*Vorgang, bei dem Niederschlag an Pflanzenoberflächen aufgefangen und vorübergehend gespeichert wird. Ein Teil des zurückgehaltenen Niederschlags verdunstet von den Pflanzenoberflächen (Interzeptionsverdunstung)*] • interception, canopy interception, fly-off
intraformationelle Verwerfung *f*, schaufelförmige Abschiebung, listrische Abschiebung • growth fault, accumulation fault, contemporaneous fault; deposition(al) fault, flexure fault, slump fault, Gulf Coast(-type) fault, progressive fault, sedimentary fault, synsedimentary fault [*less-preferred synonyms*]
Intraklast *m*, Endoklast [*Klastischer Gefügebestandteil; das Ausgangsmaterial ist im Ablagerungskomplex zu suchen, es handelt sich um resedimentiertes Material. In Gesteinsbewegungen wird das Vorkommen von Intraklasten durch die Silbe "intra" ausgedrückt*] • intraclast

intrakristallin, transkristallin • transcrystalline, intracrystalline
Intramikrit *m* [*Karbonat-Sediment-Typ. Nach R. L. Folk (1959) Mikrit mit mehr als 25 % Intraklasten*] • intramicrite
Intramikrudit *m* [*Karbonat-Sediment-Typ. Nach R. L. Folk (1959) Rudit, der aus Intraklasten besteht, die durch feinkörnigen Kalzit (bzw. Dolomit) verkittet sind*] • intramicrudite
Intraplattenvulkan *m* [*Er entsteht über einem heißen Flecken im Erdmantel von welchem schmelzflüssiges Material zur Oberfläche gelangt*] • hot spot volcano
Intrasparit *m* [*Karbonat-Sediment-Typ. Nach R. L. Folk (1959) Sparit mit mehr als 25 % Intraklasten*] • intrasparite
Intrusion *f* • intrusion, magmatic activity [*The process of emplacement of magma in pre-existing rock; also, the igneous rock mass so formed within the surrounding rock. Syn: injection, invasion* [igneous rocks]; emplacement, irruption [*intrusive rocks*]]
Intrusions(erd)beben *n,* kryptovulkanisches (Erd) Beben • cryptovulcanic (earth)quake
Intrusionskörper *m* ➲ Intrusivkörper
intrusiv • intrusive [*In petrology, having, while molten, penetrated into or between other rocks, but solidifying before reaching the surface; said of certain igneous rocks; nearly the same as plutonic and contrasted with effusive or extrusive*]
Intrusiveis *n* • intrusive ice [*Ice that results from the freezing of injected water, as in a domal or tabular body, forming a raised surface, such as an ice laccolith or a gingo*]
Intrusivgestein *n* • intrusive rock
Intrusivkomplex *m* • igneous complex
Intrusivkörper *m,* Stock *m,* Intrusionskörper • stock, igneous intrusion, mass of intrusive rock [*A large, roughly cylindrical mass of intrusive porphyritic or granitoid rock in the midst of an older wall It does not necessarily stand in relief, but otherwise resembles a boss. The name "stock" is the German word for floor or stor(e)y in a house, and was applied to masses of igneous rock of cylindrical shape, because certain granite bodies of rounded outline, containing disseminated cassiterite, were formerly mined in horizontal slices or floors. Finally the mass of rock itself came to be called a stock*]
intuitive Auswertung *f* • intuitive evaluation
Invardraht *m* [*für Distanzmessungen*] • invar wire [*for distance measurements*]
Invardrahtdehnungsmesser *m* • invar wire extensometer [*"Invar" is a trademark*]
Invariante *f* • invariant
invers • inverse(d), inverted
invers gradiert [*Die Geröll(e)größe nimmt nach unten ab*] • inversely graded
inverse Gradierung *f,* Reibungsteppich *m* [*Schotterbank*] • traction carpet
inverse Spülung *f* ➲ indirekte Spülung
inverse Trichtermündung *f* ➲ übersalzige Trichtermündung
inverser Ästuar *m* ➲ übersalzige Trichtermündung
inverses (Ein)Fallen *n,* antithetisches (Ein)Fallen, abnormes (Ein)Fallen, widersinniges (Ein)Fallen • rollover, dip reversal [*A feature of some Gulf Coast growth faults, in which the beds of the downthrown block dip toward the fault surface in an orientation opposite to that produced by drag*]
invers-gradierte Schicht *f* • reverse(d) graded bed
Inversionsmethode *f,* Inversionsverfahren *n,* Umstülpverfahren, Umstülpmethode [*Rohrsanierung*] • inversion method
Investitionsbedarf *m* • investment needs
Investitionskosten *f* • investment cost
Iolit *m* ➲ Cordierit
Ionenaufnahme *f* • ion uptake
Ionenaustausch *m* • ion exchange
Ionen Austauscher *m* • ion exchange column
Ionen Austauschvermögen *n,* Ionen Austauschfähigkeit *f* • ion exchange capacity
Ionenhülle *f* • ion layer
Ionenleitfähigkeit *f,* Ionenleitvermögen *n* • ion(ic) conductivity
Ionenmikroskop *n* • ion microscope
Ionenmikrosonde *f* • ion microprobe
Ionentätigkeit *f* • ion(ic) activity
Ionentransport *m* • ion transport
ionenundurchlässig • impervious to ions
ionische Bindung *f* • ion(ic) bond [*A bond resulting from the electrostatic attraction between positively and negatively charged ions*]
I-Profil *n* • I-section
IPB-Träger [*alte Bezeichnung*], HEB-Träger *m* • HEB girder
Ipswich-warmzeitliche Klifflinie *f* • Ipswichian cliff line
irdischer Magnetismus *m* ➲ Erdmagnetismus
irländisches Feldmaß *n* = **65,433 Ar,** englisches Feldmaß = 40,455 Ar
Irisblende *f* [*Fotogrammetrie*] • iris diaphragm
Irisblende *f* • substage iris diaphragm [*polarizing microscope*]

Irisieren ***n,*** Regenbogenfarbenschiller *m,* Labradorisieren • iridescence [*A play of rainbow colo (u)rs*]

IRK, Infrarotwärmebildkamera *f* • instrument for thermal photography

irländisches Moos ***n,*** Perlmoos, Knorpeltang *m* • carrageen, Irish moss [*A seaweed of the Atlantic found on the coasts of Ireland and North America. It varies from purple to green in colour, is used as a food and a jelly and by painters to make size*]

irregulär pyramidale Düne ***f,*** Sterndüne • star dune, pyramid(al) dune, heaped dune

irrotationale Dehnung ***f*** • irrotational strain, nonrotational strain [*Strain at a point, in which the orientation of the principal axis of strain remains unchanged. Not to be confused with non coaxial progressive deformation*]

IR-Strahlungsmessung ***f,*** Infrarotstrahlungsmessung • infrared radiation measurement

isländischer Achat ***m,*** (schwarze) Glaslava *f,* Glasachat, Obsidian *m;* böhmischer Chrysolith [*Fehlbenennung*] • obsidian, hyalopsite, Iceland agate, mountain mahogany; Montana jet, mountain jet, Nevada diamond, Nevada topaz [*misnomers*]; bottle rock [*old name*]

isländischer Doppelspat ***m,*** Kalkspat von Island, isländischer Kalkspat [*Ein klar durchsichtiges Spaltstück von Kalkspat lässt von einer darunterliegenden Schrift zwei Bilder erscheinen*] • double refraction calcspar, twin refraction calcspar, dual refraction calcspar, Iceland spar, Iceland crystal

isländischer Pechstein ***m*** • fluolite [*A greenish-black variety of pitchstone from Iceland*]

Isobare ***f*** • line of equal barometric pressure, isobar

isobare zyklische Verformung ***f*** • isobaric cyclic deformation

Isobarenkarte ***f*** • isobaric (contour) chart, constant-pressure chart

Isobarenregel ***f,*** Daumenregel [*Variante des barischen Windgesetzes. Legt man die rechte Hand mit dem Mittelfinger in Isobarenrichtung, so zeigt der Daumen in Windrichtung, oder hält man die ausgestreckte Hand so, dass der Daumen in Richtung des Windes zeigt, so gibt der Mittelfinger die Richtung der Isobaren an, und das Tiefliegt auf der Daumenseite der Hand und das Hoch gegenüber*] • rule of thumb, thumb rule

Isobathe ***f,*** Tiefenlinie *f,* Linie gleicher Wassertiefe; Tiefenkurve *f* [*Schweiz*] • isobath, bathymetric contour (line), depth contour (line) [*A contour (line) on a map or chart that connects points of equal water depths*]

Isobathenkarte ***f,*** Tiefenlinienkarte; Tiefenkurvenkarte [*Schweiz*] • isobath chart, bathymetric (contour) (line) chart, depth contour (line) chart

isochemischer Metamorphismus ***m*** • isochemical metamorphism, treptomorphism

Isochore ***f*** • isochore [*In stratigraphy. A line drawn on a map through points of equal drilled thickness for a specified subsurface unit. Thickness figures are uncorrected for dip in vertical wells, and corrected for hole angle, but not for dip, in deviated wells*]

isochore Bedingung ***f*** • isochoric condition

Isochorenkarte ***f*** • isochore map [*A map indicating by means of isochores, the varying interval (convergence) between two designated stratigraphic planes. Differs from isopachfeous) map in that it may express the variations in many units and the effects of one or more unconformities, whereas the isopach(eous) map expresses variation within a single unit. Current usage shows little distinction between the terms*]

Isochrone ***f,*** Zeitgleiche *f* [*Linie gleichzeitigen Eintretens einer Erscheinung, z. B. (Erd)Bebenphase*] • isochrone

Isochrone ***f,*** Geschwindigkeitsisochrone *f* [*Verbindungskurve aller Punkte gleicher seismischer Wellenlaufzeit*] • isochrone, isotime line, isotime curve

Isodynamenkarte ***f*** • isodynamic map

isodynamische Linie ***f*** • isodynamic line [*A. von Humboldt. A line drawn on a map through points where intensity of the terrestrial magnetism is the same*]

Isogal ***f,*** Linie *f* gleicher Schwere • isogal [*In gravity prospecting, a contour line of equal gravity values. After gal, the common unit of gravity measurement; one gal = 1 cm/sec*^{2}]

Isogeotherme ***f*** ➲ Linie gleicher Erdtemperatur

Isohaline ***f*** • isohaline [*A line on a chart connecting points at which the waters of the sea have an equal degree of saltness*]

Isohyete ***f,*** Niederschlagsgleiche *f,* Niederschlagshöhenlinie *f;* Niederschlagshöhenkurve *f* [*Schweiz*] • isohyet(al line) [*A line on a land or water surface; all points along it receive the same amount of precipitation*]

Isohyetenmethode ***f***
➲ Niederschlagsgleichenverfahren

Isohypse ***f,*** Höhenlinie *f;* Höhenkurve *f* [*Schweiz*]; Höhenschichtlinie [*Österreich*] • isohypse, contour line, structural contour, isohypsometric line, isoheight [*A line on a map connecting points of equal elevation above or below a datum plane such as sea level May be topographic or structural*]

Isohypsenplan ***m*** • structural contour map

isoklinal, gleich(ein)fallend, gleichgeneigt • isoclinal [*Dipping in the same direction or at the same angle*]

isoklinal gefaltete Antiklinale ***f*** • cavinate anticline [*An anticlinal fold which is restricted to upper strata, while the underlying beds remain more or less undisturbed*]

isoklinal gefaltete Synklinale ***f*** • cavinate syncline [*A synclinal fold in incompetent strata while the overlying beds remain more or less flat or undisturbed*]

Isoklinale ***f*** • isoclinal line [*A line drawn on a map through points at which the dip of the magnetic needle is the same*]

Isokline ***f*** • isocline [*A fold whose limbs are parallel*]

Isokonzentrationslinie ***f*** • line of equal sediment concentration

isoliert, ausgehungert [*Rippel(marke)*] • incomplete, starved

isoliertes Vorkommen ***n*,** isoliertes Vorkommnis • outlier

Isolierwirkungsgrad ***m*** • isolation efficiency

Isolinie ***f*** • isoline, contour line [*A term used loosely in the general sense of an isopleth, e.g. a line on a map connecting points of equal magnitude of a mass property of a segment (as of porosity, permeability, colo(u)r, or thickness, or of size, shape, or roundness of sedimentary particles)*]

Isolith ***m*** • isolithic line [*A line drawn on a pal(a)-eolithologic(al) map connecting points of similar lithology and separating rocks of differing characteristics*]

Isolithenkarte ***f*** • isolith map [*A map which portrays (by isolith lines) the variations in aggregate thickness of a given lithologic(al) facies as measured perpendicular to the bedding at selected points. These may be outcrops or drill holes*]

isomagnetische Linie ***f*** • isomagnetic line [*A line connecting points of equal magnetic force*]

isometrisch, stengelig, isomorph [*Quarzeinschluss*] • regular

isometrischer (Kristall)Habitus ***m*** [*Beim Wachstum ist keine Richtung bevorzugt*] • normal (crystal) habit

isometrisches (Kristall)System ***n*,** kubisches (Kristall) System, reguläres (Kristall)System • regular system (of crystals), cubic(al) system (of crystals), isometric system (of crystals), regular crystal(lographic) system, cubic(al) crystal(lographic) system, isometric crystal (lographic) system

isometrisches Mineral ***n*** • mineral of normal habit, normal habit mineral

isomorph, gleichgestaltig • isomorphous

isomorph ➔ stengelig

Isomorphie ***f*,** Gleichgestaltigkeitf, Isomorphismus *m* [*Gleiche Kristallform bei ungleicher stofflicher Zusammensetzung*] • isomorphism, allomerism

Isopache ***f*,** Mächtigkeitslinie *f*, Linie gleicher Mächtigkeit • isopach(ous line), line of equal thickness, thickness contour, thickness line; isopachyte (Brit.) [*A line, on a map, connecting points of equal true thickness of a designated stratigraphic unit or group of stratigraphic units*]

Isopachenkarte ***f*,** Mächtigkeits(linien)karte, Karte gleicher Mächtigkeitslinien • isopach(ous) map, thickness contour map, isopach(ous) line map, thickness line map; isopachyte map (Brit.)

isoparametrische Elemente ***n(pl)*** • isoparametric elements

Isoplethe ***f*** • isopleth

Isopore ***f*** • isopore, isoporic line [*Line of equal annual change in magnetic variation*]

Isoprozentkarte ***f*** • isopercental map

Isorade ***f*,** Linie gleicher Radioaktivität • isorad [*A line joining points of equal radioactivity, drawn from Geiger- or scintillation-counter data to form an isorad map*]

Isorate ***f*** • isorat [*A line connecting points of equal isotope ratios*]

Isorrhachie ***f*** ➔ Linie *f* gleicher Hochwasserzeit

Isorrhachiekarte ***f*,** Flut(stunden)linienkarte • cotidal chart [*A chart of cotidal lines that show approximate locations of high water at hourly intervals as measured from a reference meridian, usually Greenwich*]

isoseismische Linie ***f*,** Linie gleicher (Erd)Bebenstärke • isoseismal (line), isoseism [*An imaginary line connecting all points on the surface of the Earth where an earthquake shock is of the same intensity*]

Isoseiste ***f*** [*Isoseisten trennen Gebiete unterschiedlicher Erdbeben-Intensität*] • isoseismal line, isoseismal curve, isoseismic curve [*Isoseismic curves separate areas of different earth quake intensity*]

Isostasie ***f*,** Schollengleichgewicht, Tauch-Gleichgewicht *n* • isostasy [*Theoretical balance of all large positions of the earth's crust as though they were floating on a denser underlying layer; thus areas of less dense crustal material rise topographically above areas of more dense material*]

isostatische Anpassung ***f*** • isostatic adjustment [*The adjustment of the lithosphere of the Earth to maintain equilibrium among units of varying mass and density; excess mass above is balanced by a deficit of density below, and vice versa*]

isostatische Berichtigung ***f*,** isostatische Korrektur *f* • isostatic correction [*The adjustment made to values of* *gravity, or to deflections of the vertical, observed at a point to take account of the assumed mass deficiency under topographic features for which a topographic correction is also made*]

isostatische Kompensation *f*, isostatischer Ausgleich *m* • isostatic compensation [*A deficiency of mass under land areas and an excess of mass under oceans. The isostatic compensation is in the crust of the Earth below sea-level and is assumed to be equal to the mass of the topographic features*]

isostatisches Gleichgewicht *n* • isostatic equilibrium [*The condition of rest which the outer materials of the Earth tend to acquire. The equilibrium is between the crust and the sub-crustal material and not within the crust itself • It is based on the idea that the mass of each unit section of the Earth's crust exerts the same pressure on the subcrustal material*]

Isotache *f*, Flutstromlinie *f* [*Linie gleicher Wassergeschwindigkeit in einem Durchflussquerschnitt*] • cofluctual line

Isotache *f* • isotach, isovel, equivelocity contour; isokinetic (Brit.) [*A line in a given surface connecting points with equal wind speed*]

isothermale remanente Magnetisierung *f* • isothermal remanent magnetization, IRM [*Remanent magnetization due solely to application of a magnetic field, without change of temperature*]

isotherme Bedingungen *f(pl)* • isothermal conditions

Isotherme *f*, Linie *f* gleicher Temperatur, Temperaturgleiche *f* • isotherm, line of equal temperature, isothermal (line), line of equal of

Isothermenkarte *f*, Temperaturgleichenkarte • isotherm map [*It shows lines of equal temperature*]

Isotopenalter *n* • radiometric age, isotopic age, absolute age

Isotopenanzeiger *m* • isotopic indicator

Isotopenaufbau *m*, Isotopenzusammensetzung *f* • isotope composition, isotopic composition

Isotopen(aus)tausch *m* • isotope exchange, isotopic exchange

Isotopenbestand *m* • isotope abundance, isotopic abundance

Isotopenfraktionierung *f* • isotope fractionation, isotopic fractionation

Isotopensondierung *f* • isotope sounding, isotopic sounding

Isotopenverdünnungsanalyse *f* • isotope dilution analysis, isotopic dilution analysis

Isotopenverhältnis *n* • isotope ratio, isotopic ratio

Isotopenzusammensetzung *f*, Isotopenaufbau *m* • isotope composition, isotopic composition

isotrop [*In der Kristalloptik und Kristallphysik die Gleichwertigkeit aller Richtungen in einem Kristall, z. B. für den Durchgang von Lichtstrahlen. Kubische Kristalle und amorphe Materialien sind isotrop. Gegensatz: anisotrop; speziell auf optische Eigenschaften bezogen: doppelbrechend*] • isotropic

isotrope Konsolidierung *f* • isotropic consolidation

isotroper Stoff *m* • isotropic material

isotroper Zustand *m* • isotropic state

isotropes Spannungsdehnungsverhalten *n* • isotropic stress-strain behaviour (US: behavior)

Isotropie *f* [*des Bodens*] • isotropy, isotropism

Isozentrum *n*, winkeltreuer Punkt *m* [*Bezugspunkt auf halber Strecke zwischen Bildmittelpunkt und Bildnadir bei Bildern mit stärkerer Neigung (tilt) für neigungsbedingte Entzerrung*] • isocenter (US); isocentre (Brit.); metapole

israelischer Onyx(marmor) *m* [*Siehe Anmerkung unter "Onyxmarmor"*] • travertin(e) red

ISSS = The International Society of Soil Science [*jetzt* ➋ *IUSS*]

Ist-Grundwassergeschwindigkeit *f*, wirkliche Grundwassergeschwindigkeit, wahre Grundwassergeschwindigkeit, Bahngeschwindigkeit, tatsächliche Grundwassergeschwindigkeit [*Zeichen: vb. Einheit: m/s*] • real groundwater velocity, effective groundwater velocity, field groundwater velocity, actual groundwater velocity, true groundwater velocity, groundwater field velocity, filament velocity

Isthmus *m*, Landenge *f*, Hals *m* • neck, land neck, isthmus, strait, neck of land [*A narrow strip of land which connects a peninsula with the mainland, or connects to ridges*]

Istria rossa *f* ➋ vererdeter Kalksteinrotlehm

ITA • ITA [*International Tunnelling Association*]

Itabirit *m*, gebänderter Eisenquarzit *m*, Quarzbändererz *n* • itabirite, band(ed)-quartz h(a)ematite, h(a)ematite schist

Itakolumit *m*, Gelenkquarz *m*, biegsamer Quarz • itacolumite; articulite [*obsolete*]; flexible quartz

italienische (Tunnel)Bauweise *f*, Versatz(tunnel)bauweise, Stützmauerbauweise • Italian (tunnel(l)ing) method

italienischer First(en)- oder Sohleneinbruch *m*, Fächereinbruch

italienischer First(en)einbruch *m*, First(en)-Fächereinbruch, Fächer-First(en)einbruch • top fan cut, upper fan cut, top fan breaking-in, upper fan breaking-in

italienischer Lapis *m* [*Fehlbenennung*]; Jaspis *m* • jasper(ite), jaspis, jasperoid

Italit *m* • italite [*A volcanic foidite rich in leucite and containing up to 30 per cent mafic minerals, such as melilite, biotite, and apatite. Its name, given by Washington in 1920, is derived from Italy*]

Iteration *f* • iteration

Iterationsmethode *f*, Iterationsverfahren *n* • iterative method

Iterationsprozess *m* • process of iteration

Iterationsschritt *m* • iteration

iterativ, sich wiederholend [*geotechnische Untersuchungen*] • iterative (adj.), iteratively (adv.)

IUSS = International Union of Soil Sciences [*ging im Jahre 1998 aus der International Society of Soil Science (ISSS) hervor*]

I

J

Jachthafen ***m*** • marina

Jacket ***n*** [*Fundament für Offshore-Windenergieanlage: Eine Stahl-Fachwerkskonstruktion, ähnlich eines Strommastens, das an vier Füßen mit Pfählen am Meeresboden verankert wird*] • jacket

Jacksonstufe ***f*,** Priabon *n* • Priabonian [*European stage: Upper Eocene. It is believed to consist of Auversian and Bartonian (above Lutetian, below Rupelian)*]

JACSMAN-Methode ***n*** [*In Japan so bezeichnet; eine Kombination mechanischer und hydraulischer Baugrundverbesserung*] • JACSMAN method [*a ground improvement method, combining mechanical and hydraulic ground improvement*]

Jadeitit ***m*** • jadeitite [*A metamorphic rock consisting essentially of jadeite*]

Jagd(revier) ***f*, *(n)*** • chase, hunting-ground

Jagdschleuse ***f*,** Fluchtschleuse

jäh ➲ abschüssig

Jahres-Mindesthochwasser ***n*** • minimum annual flood, minimum yearly flood, annual minimum flood, yearly minimum flood

Jahresschicht ***f*,** Warve *f* • varve [*A distinctly marked annual deposit of a sediment regardless of its origin*]

Jahresschichtenchronologie ***f*,** Warvenchronologie • varve chronology

Jahrestonnen ***f(pl)*,** Jato • tons per year, tpy, T/Y, tons/year

Jahreszeiten-Pumpspeicherwerk ***n*,** Saisonpumpspeicherwerk • seasonal pumped-storage scheme

Jahreszeitenregenwald ***m*,** Saisonregenwald • seasonal rain forest

Jahreszeitenwald ***m*,** Saisonwald • seasonal forest

jahreszeitlich • seasonal

jahreszeitlich bedingte Grundwasseranreicherung ***f*** • seasonal recovery [*The replenishment of ground water during and following a wet season with rise in level of water-table*]

jahreszeitlich bedingtes Hochwasser ***n*** • seasonal flood

jahreszeitliche Bewässerung ***f*** • seasonal irrigation

jahreszeitliche Schwankung ***f*** • seasonal variation

jahreszeitliche Speicherung ***f*,** Saisonspeicherung • seasonal storage

jahreszeitliche Spitze ***f*** • seasonal peak

jahreszeitlicher Oberflächenabfluss ***m*** • seasonal runoff

Jahrhundertbauwerk ***n*** [*wie z. B. der Gotthard Basistunnel*] • epoch-making project

Jahrhunderthochwasser ***n*,** hundertjähriges Hochwasser • hundred-year flood, 100-yr flood, once-in-a-century flood

Jahrhundertwelle ***f*** • centennial wave

jährliche mittlere Niederschlagsgleiche ***f*** ➲ Linie gleichen mittleren jährlichen Niederschlages

jährlicher Oberflächenabfluss [*des Oberflächenwassers*] • annual runoff

jährliches mittleres Hochwasser ***n*,** mittleres jährliches Hochwasser, durchschnittliches jährliches Hochwasser, jährliches durchschnittliches Hochwasser • mean annual flood, average annual flood, annual average flood, annual mean flood

Jakobsstab ***m*** • Jakob's staff [*A single, straight rod, staff, or pile, pointed and shod with iron at its lower end for insertion in the ground, and fitted with a ball-and-socket joint at its upper end for adjustment to the level position, used instead of a tripod for mounting and supporting a surveyor's compass or other instrument. Named after Jakob (St.James). symbolized in religious art by a pilgrim's staff*]

Jalousiewehr ***n*** ➲ Caméréwehr

Jamesonit ***m*,** haar(förm)iger Antimonglanz *m*, Federerz *n*, $Pb_4FeSb_6S_{14}$ • jamesonite, gray antimony, grey antimony, feather ore

Jaminwirkung *f* in kapillaren Röhren • Jamin effect in capillary tubes, Jamin effect in cylindrical tubes

Jarosit ***m*;** Utahit, Gelbeisenerz *n* • jarosite, utahite, $KFe_3(SO_4)2(OH)_6$ [*An ocher-yellow or brown alunite mineral having rhombohedral crystal structure*]

Jarrahpfahl ***m*,** Yarrahpfahl, australischer Roteichenpfahl • jarrah pile

Jaspis ***m*;** italienischer Lapis *m* [*Fehlbenennung*] • jasper(ite), jaspis, jasperoid

jaspisähnlich • jasp(er)oid, resembling jasper, jasper-like

jaspisartiger Toneisenstein ***m*** • jaspery (red) clay iron ore

Jasp(is)opal ***m*,** Eisenopal, Opaljaspis *m* • opal jasper, jasper opal, jaspopal, iron opal

Jato ***f(pl)*,** Jahrestonnen *f* • tons per year, tpy, T/Y, tons/year

Jenike-Scherzellenversuch ***m*** • Jenike shear(ing) cell test

Jet(t) ***m*** ➲ Gagat

H. Herrmann, H. Bucksch, *Wörterbuch GeoTechnik/Dictionary Geotechnical Engineering*,
DOI 10.1007/978-3-642-33335-4, © Springer-Verlag Berlin Heidelberg 2013

Joch *n* • frame, yoke
Joch *n* • joch [*German*]; yoke-pass
Joch *n* ➲ Querholz
Jochbalken *m* • yoke beam
Jöcher *f*, Jochhölzer *f*, Joche *f* [*Die beiden Langhölzer eines Gevierts bei rechteckiger Schachtzimmerung*] (⚒) • long pieces of a set of timber, long trees
Joch(holz) *n* (⚒) • long tree, long piece of a set of timber
Jochpfette *f* ➲ Deckschwelle
Jochschwelle *f* ➲ Deckschwelle
Jochträger *m* ➲ Deckschwelle
Jochwind *m* • mountain-gap wind [*Of the Tauern Pass in the Alps*]
Jochzimmerung *f*, Längsträgerzimmerung *f* [*Tunnel- und Stollenbau*] • longitudinal timbers
Jodblei *n*, Schwartzembergit *m*; $Pb_6(IO_3)_2 Cl_4O_2(OH)_2$ [*veraltete Benennung*] • lead iodite, schwartzembergite
Jodbromchlorsilber *n* • iodobromite [*An isometric mineral: Ag (Br, CI, I)*]
jodhaltig • ioduretted
Jod(mineral)quelle *f* • iodine(-bearing) spring
Jod(mineral)wasser *n* • iodine(-bearing) (mineral) water
Jodsilber *n*, Iodargyrit *m*, Jod(yr) it • iod(arg)yrite, b-AgI [*A silver iodide mineral, containing 46% silver; sectile; hexagonal*]
Jod(yr)it *m*, Iodargyrit
Jodzahl *f* • iodine value, iodine number, Hübl number [*The percentage by weight of iodine absorbed by an unsaturated fat or wax*]
Johannit *m*, Gilpinit • johannite, gilpinite [*A green secondary mineral; $Cu(UO_2)_2(SO_4)_2\ (OH)_2\ 6H_2O$*]
Johannsen-System *n* • Johannsen's classification [*A quantitative mineralogical classification of igneous rocks developed by the petrographer Albert Johannsen in 1939*]
Jolly-Federwaage *f*, Federwaage nach Jolly • Jolly balance [*In mineral analysis, a delicate spring balance used to measure specific gravity*]
Jordanit *m* • jordanite [*A lead-gray mineral composed of lead arsenic sulphid(e), occurring in monoclinic crystals*]
Jörgensen-Mauer *f*, Bogenmauer mit gleichem Bogenzentriwinkel, Gleichwinkel(stau)mauer, Bogen(stau)mauer mit gleichbleibendem Öffnungswinkel, Bogen(stau)mauer mit Festwinkel, Festwinkelbogen(stau)mauer • constant angle arch(ed) dam, arch(ed) dam with constant angle [*An arch(ed) dam in which the angle subtended by any horizontal section is constant throughout the whole height of the dam*]
Judenpech *n* • Jew's pitch, bitumen of Judea
Judenstein *m*, Krötenstein, Seeigelstein, Echinit *m* • Jew's-stone
jugendlich, jung [*Geomorphologie*] • young, youthful, juvenile
Jugendstadium *n* • stage of youth, youth stage
jung [*Beton, Mörtel*] • green [*concrete, mortar: freshly set but not yet completely hardened*]
Jungensteiger *m* [*Aufseher über die bei der Scheide- und Klaubearbeit verwendeten Jungen*] (⚒) • grass captain, overseer
jünger [*geologische Zeitalter*] • uppermost
jünger anzeigen • to face, to young, to present the younger aspect [*Of one formation toward another; e.g. if formation A "youngs" toward formation B, then B is younger than A unless some fold, fault, intrusion or unconformity intervenes. The term "to young" was coined by Bailey (1934) and used "as a record of observation and not of stratigraphic deduction"*]
jüngere Meer(es)molasse *f*, jüngere Seemolasse • upper marine molasse, younger marine molasse
jüngerer Moostorf *m*, Weißtorf • younger moss peat, white peat
junges Tal *n* • young valley
Jungfer *f* ➲ (Ramm)Jungfer
Jungfernschwefel *m*, gediegener Schwefel, Bergschwefel, freier Schwefel [*Mineral*] • native sulfur, virgin sulfur (US); native sulphur, virgin sulphur
jungfräulich, unverritzt (⚒) • unexploited, untouched, unworked, ungot, solid, maiden, virgin, undeveloped, whole
jungfräulicher Boden *m*, unberührter Boden, Urboden • virgin soil
jungfräulicher Spannungszustand *m* • virgin state of stress
Jungmoräne *f* ➲ Obermoräne
Jungmoränenlandschaft *f* • young morainic landscape
jungpaläozoische Zeit *f* • latter part of the Pal(a)eozoic Era
Jung-Pleistozän *n*, spätes Pleistozän • late Pleistocene
jungreif, frühreif • early mature
Jungtertiär • late tertiary
Jungtertiär *n* • Upper Tertiary
jungvulkanisch • cenotypal
Jura *m* • Jura(ssic); age of cycads [*informal designation*]
Juraeisenstein *m* • Jura(ssic) ironstone
Jurafalte *f* • superficial fold, décollement fold, Jura (ssic) (type) fold

Juragebirge ***n*** • Jura(ssic) Mountains
Jurageologie ***f*** • Jura(ssic) geology
Jurakalk(stein) ***m*** • Jura(ssic) limestone
Jurakalkstein-Aquifer ***m*****, Jura-Kalkstein-Aquifer** • Jurassic limestone aquifer
Jura-Kreide-Grenze ***f*** • Jura(ssic)-Cretaceous boundary
Juranagelfluh ***f*** • Jura(ssic) nagelfluh, Jura(ssic) gompholite
Jurasandstein ***m*** • Jura(ssic) sandstone
Juraschicht ***f*** • Jura(ssic) stratum
Juravulkanisierung ***f*** • Jura(ssic) volcanics
Justiergitter ***n*** [*Fotogrammetrie*] • calibration grid plate
Justierring ***m*** • adjustment ring
juvenil-authigene Auswürflinge ***f*** • essential ejecta [*Pyroclastic detritus, whether loose or indurated, which is of immediate, juvenile, magmatic origin. Corresponds to the materiaux neogénes and metagénes of Lacroix's classification, and the juvenile authigenous ejecta of Wolff's scheme*]
juvenile Quelle ***f*****,** tief(gründig)e Quelle, Tiefquelle • deep spring
juveniles Wasser ***n*** [*Dem Magma entstammendes, bei vulkanischen Vorgängen freiwerdendes und an der Schüttung der Thermalquellen beteiligtes Wasser, das neu in den Wasserkreislauf eintritt, ohne ihn jedoch mengenmäßig messbar zu beeinflussen*] • juvenile water, intratelluric water
Juxtapositionszwilling ***m*****,** Kontaktzwilling • contact twin, juxtaposition twin [*The two parts are united along the composition plane*]

J

K

K, Kalium *n* • potassium; potash [*not recommended synonym*]

Kabbeln ***n*,** Kräuseln, Kräuselung *f*, Kabbelung • rippling [*The light fretting or ruffling on the surface of water, caused by a breeze*]

Kabbelsee ***f*** • clapotis, broken water [*State of agitation of the sea resulting from interference of a system of direct normal waves towards an obstacle by the reflection of these waves from this obstacle. Clapotis is incomplete when the wave reflects with an amplitude much less than that of the incident wave. If the incident wave is not normal to the obstacle, the reflection generates a cross swell*]

Kabbelwelle ***f*,** Kräuselwelle, Rippel *f* • rip(ple) [*1. The ruffling of the water surface, hence a little curling wave or undulation. 2. A wave controlled to a significant degree by both surface tension and gravity*]

Kabelanker ***m*** [*z. B. bei einer Schrägkabel-Brücke*] • cable anchor

Kabeleinbaumaschine ***f*** ➋ Kabel(ver)legemaschine

Kabeleinsatz ***m*,** Kabelwelle *f* • cable break [*A "seismic break" on a well geophone trace caused by energy being transmitted down the electric logging cable to the well geophone*]

Kabelfinder ***m*** ➋ Kabelsuchgerät

Kabelführung ***f*** • cable duct, cable route, cable routing, cable bushing

Kabelgrundausstattung ***f*,** Grundausstattung mit Kabeln • cable infrastructure

Kabelverlegeverfahren ***n*** • cable-laying system (*or:* method)

Kabelleger ***m*** • cable layer

Kabelortungsgerät ***n*,** Kabelsuchgerät, Kabelsucher *m*, Kabelfinder • cable detector, cable locator

Kabelprobe ***f*,** Kabelversuch *m*, Kabelprüfung *f* [*Beurteilung der Zuflussverhältnisse von Speichergesteinen*] • formation (interval) test, FIT

Kabelschacht ***m*** • cable tunnel

Kabelstollen ***m*,** Kabeltunnel • cable tunnel; cable gallery, cable heading, utility tunnel

Kabelsuchgerät ***n*,** Kabelortungsgerät, Kabelsucher *m*, Kabelfinder • cable detector, cable locator

Kabeltunnel ***m*** ➋ Kabelstollen

Kabel(ver)legemaschine ***f*,** Kabel(ver)leger *m*, Kabeleinbaumaschine • cable layer, cable laying machine, cable installation machine

Kabelwelle ***f*,** Kabeleinsatz *m* • cable break [*A "seismic break" on a well geophone trace caused by energy being transmitted down the electric logging cable to the well geophone*]

Kadmiumblende ***f*** ➋ Greenockit

kadmiumführend, kadmiumhaltig, kadmiumenthaltend • cadmiferous, containing cadmium, cadmium-bearing

Kadmiumgelb ***n*,** Postgelb • cadmium yellow

kahl, öde, unfruchtbar • barren, lacking in fertility [*Said of a land that is devoid of significant vegetation compared to adjacent areas because of climate, poor soil, and/or wind*]

kahl ➋ taub

Kahlfläche ***f*** • bald [*An elevated grassy, treeless area, as on the top of a mountain*]

Kahlkarst ***m*,** nackter Karst, blanker Karst • bare karst, naked karst

Kahlschlag ***m*** [*Wald*] • clear-cutting

Kahnsche Karte ***f*,** schiefachsige Mercatorkarte • oblique Mercator projection

Kai ***m*** • levee, quay

Kaianlagen ***f(pl)*** • quay installations

Kaimauer ***f*** • quay wall, quay, sea wall

Kaiplatte ***f*** • quay platform

Kaiserjade ***m*,** Imperialjade

Kaiser-Wilhelm-Kanal ***m*,** Nord-Ostsee-Kanal • Kiel (ship) canal, North Sea and Baltic canal

Kakirit ***m*** [*geologische Störzone*] • kakirite zone

Kalamit ***m*,** spargelgrüner Grammatit *m* • calamite

Kalbeis ***n*** • calved ice, calf (ice) [*An iceberg detached from a coast glacier; a fragment of ice detached from an iceberg or floe*]

Kalben ***n*** [*Gletscher; Eisberg*] • (ice) calving, (ice) breaking-off, (ice) breaking-away

Kaldera ***m*,** Caldera, Kessel *m* • calde(i)ra [*A large basin-shaped volcanic depression, more or less circular or cirque-like in form, the diameter of which is many times greater than that of the included volcanic vent or vents, no matter what the steepness of the walls or form of the floor*]

Kalderasee ***m*,** Calderasee, Kesselsee • calde(i)ra lake [*A crater lake in a calde(i)ra*]

K

H. Herrmann, H. Bucksch, *Wörterbuch GeoTechnik/Dictionary Geotechnical Engineering*,
DOI 10.1007/978-3-642-33335-4, © Springer-Verlag Berlin Heidelberg 2013

Kaledoniden *f*, kaledonische Gebirge *f* • Caledonides [*Suess gives the name Caledonides to all pre-Devonian mountains wherever found, and the name Saharides to those of the Sahara region*]

kaledonische Faltung *f* • Caledonian folding

kaledonische Faltungsphase *f* • Caledonian structure

kaledonische Gebirgsbildung *f* • Caledonian orogeny

kaledonische Tektonik *f* • Caledonian tectonics

Kali *n* • potash [*A term that is loosely used for potassium oxid(e), potassium hydroxid(e), or even for potassium, in such informal expressions as "potash spar"*]

Kalialaun *m*, Kalinit *m*, $KA1(SO_4)_2$ $11H_2O$ • potash alum, kalinite [*A mineral of the alum group*]

Kalibermessung *f* [*Es wird der Bohrlochdurchmesser in salziger Spülung aufgezeichnet*] • (bore)hole diameter log, well(bore) diameter log, SG-log

Kalibermessung *f* [*Verfahren*], Bohrlochweitenmessung

K

Kalibrieren *n* • calibrating

Kalibrierlehre *f* • calibration device

Kalibrierpiezometer *n* • calibrating piezometer

Kalibrierung *f* • calibration

Kalifeldspat *m* • potassium fel(d)spar [*Any alkali fel(d)spar (orthoclase, microcline, sanidine, adularia) containing the molecule* $KalSi_3O_8$. *Incorrectly known as K-(fel(d)) spar and potash fel(d)spar*]

Kalifornische Längstal *n* • Great Valley

kalifornischer Verbau *m* • California wall [*It is a combination of soldier piles and slurry wall, and has been used on some stations of the Bay Area Rapid Transit System in San Francisco*]

kalifornisches Tragfähigkeitsverhältnis *n*, CBR(Verhältnis) • California bearing ratio, CBR [*A ratio for designing flexible pavements*]

Kaliglimmer *m* ➋ Glimmer

Kalimineral *n* • mineral of potassium compounds, potassium compound mineral

Kalinit *m* ➋ Kalialaun

Kaliophyllit *m*, $K(AlSiO_4)$ • facellite, phacellite, kaliophilite

Kali(roh)salz *n*, KMg-Salz; Abraumsalz [*frühere Benennung*] • potash salt, rubbish salt, waste salt [*Mixed salts overlaying rock-salt deposit at Staßfurt, Germany*]

Kalisalpeter *m*, Kaliumnitrat *n*, Nitrokalzit *m* • potassium nitrate, KNO_3

Kalium *n*, K • potassium; potash [*not recommended synonym*]

Kaliumanalcim *n* • potash analcime

Kalium/Argon-Altersbestimmung *f*
➋ K/Ar-Altersbestimmung

Kalium/Argon-Datierung *f*
➋ K/Ar-Altersbestimmung

Kaliumbentonit *m* • potassium-bentonite, K-bentonite, potash-bentonite

Kaliumchlorid *n*, Silvin *n*, Chlorkalium *n*, Hartsalz *n*, Leopoldit *m* • sylvite, sylvine, leopoldite, KCl, potassium chlorid(e)

Kaliumcyanid *n*, KCN • potassium cyanid(e)

Kaliumeisencyanid *n* ➋ rotes Blutlaugensalz

kaliumenthaltend, kaliumhaltig, kaliumführend • potassic, containing potassium

Kaliumhydroxid *n*, Ätzkali *n*, KOH • potassium hydroxid(e), caustic potash; potash [*not recommended synonym*]

Kaliumkarbonat *n*, Pottasche *f*, Kesselasche • potash, potassium carbonate, pearl ash, salt of tartar, K_2CO_3

Kalium(mon)oxid *n*, K_2O • potassium oxid(e); potash [*not recommended synonym*]

Kaliumnitrat *n*, Kalisalpeter *m*, Nitrokalzit *m* • potassium nitrate, KNO_3

kaliumreicher Hornfels *m* • high potash hornfels

Kalk *m* • lime [*(a) Calcium oxide, CaO, specif. quicklime and hydraulic lime. The term is used loosely for calcium hydroxide (as in hydrated lime) and incorrectly for calcium carbonate (as in agricultural lime). (b) A cubic mineral: CaO. (c) A term commonly misused for calcium in such deplorable expressions as "carbonate of lime" or "lime fel(d)spar". (d) A limestone. The term is sometimes used by drillers for any rock consisting predominantly of calcium carbonate*]

Kalk *m* mit Kristallgrößen über 20 µ • pseudosparite

kalkablagernd, kalkabscheidend, kalkausfällend, kalkausscheidend • lime-depositing, lime-precipitating, lime-secreting

Kalkablagerung *f* • calcareous deposit [*Dolomite and limestone consisting of the remains of molluscs, corals, foraminifera, etc.*]

Kalkablagerung *f* durch Quell(en)wasser, Mineralquellenkalkablagerung, Kalkablagerung von Mineralquellen • adarce

Kalkabnahme *f*, Entkalkung *f* • decalcification

kalkabscheidend, kalkablagernd, kalkausfällend, kalkausscheidend • lime-depositing, lime-precipitating, lime-secreting

Kalkalge *f* • calcareous alga

Kalkalkaligestein *n* • calc-alcali-rock

Kalkalkaligranit ***m*** • calc-alcali-granite
Kalkalkalimagma ***n*** • calc-alcali-magma
Kalkalkalisyenit ***m*** • calc-alcali-syenite
Kalkalpen ***f*** • Chalk Alps, Limestone Alps
Kalkanlage ***f*,** Kalkfabrik *f*, Kalkwerk *n* • lime plant, lime installation
Kalkanreicherung ***f*** • lime enrichment
Kalkarmut ***f*,** Kalkmangel *m*, Kalkknappheit *f* • lime scarcity, lime deficiency
Kalkaugenphyllit ***m*** • calc-augen-phyllite
kalkausfällend ➋ kalkablagernd
kalkausscheidend ➋ kalkablagernd
kalkausscheidendes Wasser ***n*,** Sinterwasser • scale-forming water
Kalkbank ***f*** • limestone bench
Kalk-Bindefähigkeit ***f*,** Kalk-Bindevermögen *n* • lime retention [*e.g. of montmorillonitic clays*]
Kalkbiotit ***m*,** Kalkmagnesiasprödglimmer *m* • lime biotite
Kalkboden ***m*,** Kalkerde *f* • calcareous soil, calcareous earth [*It contains enough calcium carbonate so that it effervesces when heated with hydrochloric acid*]
Kalk-(Boden-)Stabilisierung ***f*,** Kalk-(Boden-) Verfestigung • lime (soil) stabilization, soil lime stabilization
Kalkbreistabilisierung ***f*** **mit Bohrungen,** (Boden) Verfestigung mit Kalkbreiverpressung in Bohrlöchern [*Straßenbau*] • drill lime stabilization
Kalkbrücke ***f*** • lime bridge
Kalkdünger ***m*,** Düngekalk *m* • liming material, aglime, agricultural lime
Kalkeisenerz ***n*** • calcareous iron ore
Kalkeisengranat ***m***
➋ Uralsmaragd [*Handels-benennung*]
Kalkeisenstein ***m*,** eisenschüssiger Kalkstein, eisenhaltiger Kalkstein • calcareous ironstone, ferruginous limestone
kalkenthaltend, kalk(halt)ig, kalkführend • calcareous [*Said of a substance that contains calcium carbonate. When applied to a rock name it implies that as much as 50% of the rock is calcium carbonate*]
Kalkerde ***f*,** Kalkboden *m* • calcareous soil, calcareous earth [*It contains enough calcium carbonate so that it effervesces when heated with hydrochloric acid*]
Kalkfabrik ***f*,** Kalkanlage *f*, Kalkwerk *n* • lime plant, lime installation
Kalkfeldspat ***m*** • lime fel(d)spar
Kalk-Flugasche-Schlämme ***f*** • lime/fly ash slurry
Kalk-Flugasche-Verfestigung ***f*,** Kalk-Flugasche Stabilisierung • lime/fly ash stabilization
Kalkfolge ***f*,** Kalksequenz *f* • lime succession, lime sequence
kalkfreie Brack(wasser)marsch ***f*** • lime-free brackish water marsh
kalkführend ➋ kalk(halt)ig
Kalkgehalt ***m*** [*von Wasser, Sand usw.*] • lime content, carbonate content [*of water, soil etc.*]
Kalkgestein ***n*** • lime rock
Kalkgranat ***m*** • lime garnet
Kalkgyttja ***f*,** Kalkmudde *f* • lime gyttja [*See note under "gyttja"*]
kalk(halt)ig, kalkenthaltend, kalkführend • calcareous [*Said of a substance that contains calcium carbonate. When applied to a rock name it implies that as much as 50% of the rock is calcium carbonate*]
kalk(halt)iger dunkler tiefhumoser Boden ***m*** • krijt earth soil
kalk(halt)iges schwefelsaures Strontium ***n*,** dichter Cölestin *m*, schwefelsaures kalk(halt)iges Strontium, dichter Zölestin • compact celestine
Kalkhaltigkeit ***f*** • calcareousness
Kalkhumusboden ***m*,** Rendzina
Kalkhydrat ***n*** [*eignet sich für die Bodenverfestigung von feinkörnigen Böden*] • calcium hydrate, calcium hydroxide, dry hydrate, hydrated lime, hydrate [*Soils having a high swell potential may be treated with hydrated lime and compacted if they are lime-reactive*]
kalkige Mikroproblematiken ***f*,** Kalzisphären *f* • calcispheres [*Calcareous organic spinose bodies (up to 500 mm in diameter) of unknown affinities, which form components in some limestones*]
kalkige Skelettstruktur ***f*** • calcareous skeletal structure
kalkiger Tegelsand ***m*,** sandiger Grobkalk *m* • faluns, crag
kalkiges Gestein ***n*,** kalkiger Felsen *m* • calcareous rock
kalkiges sedimentäres Gestein ***n*,** sedimentäres kalkiges Gestein, Kalksedimentgestein • calcareous sedimentary rock, sedimentary calcareous rock
Kalkkarst ***m*** • lime karst
Kalkkiesel ***m*** • calcareous silex
Kalkknappheit ***f*** ➋ Kalkmangel
Kalk-Kohlensäure-Gleichgewicht ***n*** • carbonate balance
Kalkkonkretion ***f*** • calcareous concretion, lime concretion
Kalkkruste ***f*,** Tropfsteinsinter *m* • lime crust, calcareous crust

Kalklösung ***f*** • lime solution
Kalkmagnesiasprödglimmer ***m***, Kalkbiotit *m* • lime biotite
Kalkmangel ***m***, Kalkarmut *f*, Kalkknappheit *f* • lime scarcity, lime deficiency
Kalkmarsch ***f*** • lime marsh
kalkmeidend [*Pflanze*] • calciphobe, lime-hating, lime-avoiding, calcifuge
Kalkmenge ***f*** • amount of lime
Kalkmergel ***m*** • lime marl, calcareous marl
Kalk-Mergel-Wechselfolge ***f*** • limestone marl alternations, alternating limestone-marl beds
Kalkmilch ***f***, gesättigte Kalklösung *f* • lime milk
Kalkmörtelmauerwerk ***n*** • lime mortar masonry
Kalk-Natrium-Feldspat ***m***, Plagioklas *m*, Rhombenfeldspat • sodium-calcium fel(d)spar, plagioclase; soda-lime fel(d)spar, lime soda fel(d)spar [*misnomers*]
Kalknatronzeolith ***m***, Mesolith • mesolite
Kalkoolith ***m***, oolithischer Kalk *m*, Kalkrogenstein *m* • (calcareous) oölite, (calcareous) oolite
Kalkpatrone ***f*** • lime (regeneration) cartridge
Kalkpfahl ***m*** [*Branntkalk wird in senkrechte Löcher eingefüllt und durch Stampfen oder Pressluft verdichtet*] • lime pile, lime column
Kalkphyllit ***m*** • limestone phyllite
Kalkrinde ***f***, Oberflächenkalk *m* • calcareous surface rock
Kalkrogenstein ***m*** ➋ Kalkoolith
Kalksand ***m*** • calcareous sand
Kalksandstein ***m*** • calcareous sandstone [*This term is used in two senses: (1) to describe a sandstone cemented with calcite, or (2) to describe a sandstone which contains appreciable detrital calcite but in which clastic quartz still exceeds 50 per cent*]
Kalksandsteinbett ***n*** • calcereous sandstone bed
Kalksapropel ***n***, Kalkvollfaulschlamm *m* • calc-sapropel
Kalksapropelmudde ***f***, Kalkgyttja *f* [*1. Kalkmudde; 2. Muddenkalk*] • calcareous gyttja
Kalkschale ***f*** • lime shell
Kalkschiefer ***m*** • calcareous schist [*A schistose rock resulting from the metamorphism of an impure calcareous sediment*]
Kalkschlamm ***m*** • calcareous ooze [*Fine-grained sediment covering much of the floor in tropical and warm-temperature seas and consisting of at least 30% microscopic calcareous shells*]
Kalkschlamm ***m*** **der Tiefsee** ➋ Tiefseekalkschlamm
Kalkschlämme ***f*** • lime slurry
Kalkschlick ***m*** **der Tiefsee** ➋ Tiefseekalkschlamm
Kalksediment ***n*** • calcareous sediment
Kalksedimentgestein ***n*** ➋ kalkiges sedimentäres Gestein
Kalksequenz ***f***, Kalkfolge *f* • lime succession, lime sequence
Kalksilikat ***n*** • lime silicate, calc-silicate
Kalksilikatgestein ***n***, Kalksilikatfels • calc-silicate rock, lime-silicate rock [*A metamorphic rock consisting mainly of calcium-bearing silicates such as diopside and wollastonite, and formed by metamorphism of impure lime stone or dolomite*]
Kalksilikatglimmerschiefer ***m*** • calcium silicate mica schist
Kalksilikathornfels ***m*** • calc-silicate-hornfels
Kalksiltstein ***m*** ➋ Kalzisiltit
Kalksinter ***m*** • calcareous sinter, calc-sinter
Kalksinterterrassen(quell)becken ***n*** • lily pond [*A terraced rimstone pool*]
Kalkspat ***m***, Kalzit *m*, Kanonenspat, Calcit, Doppelspat, $CaCO_3$ [*Fehlbenennung: Weiß Carrara m*] [*Hexagonal-rhomboedrisch kristallisierte Form des Kalziumkarbonates; gesteinsbildend*] • calcareous spar, calcite, calc spar; tiff [*SW Missouri*]
Kalkspat ***m*** **von Island,** isländischer Doppelspat isländischer Kalkspat [*Ein klar durchsichtiges Spaltstück von Kalkspat lässt von einer darunterliegenden Schrift zwei Bilder erscheinen*] • double refraction calcspar, twin refraction calcspar, dual refraction calcspar, Iceland spar, Iceland crystal
Kalkspülung ***f*** • lime (drilling) mud, lime mudflow, lime rotary drilling mud
Kalkstabilisierung ***f*** [*zur Bodenverdichtung*] • lime stabilization (US), lime stabilisation (Brit.)
Kalkstein ***m*** • limestone
Kalksteinabbau ***m*** • limestone quarrying
Kalksteinagglomerat ***n*** • limestone agglomerate
Kalksteinassimilation ***f*** • limestone assimilation
Kalksteinauswaschungstrichter ***m***, Kalksteinschlotte *f* • limestone sink
Kalksteinband ***n*** • limestone band
Kalksteinbank ***f*** • limestone layer, bank, organic bank [*A moundlike or ridgelike limestone deposit*]
Kalksteinbergbau ***m*** • limestone mining
Kalksteinblock ***m*** • limestone block
Kalksteinbraunerde ***f***, vererdeter Kalksteinbraunlehm *m*, erdiger Kalksteinbraunlehm • earthy terra fusca
Kalksteinbraunlehm ***m*** • loamy terra fusca typical terra fusca, humid terra fusca

Kalksteinbrekzie *f* • limestone breccia
Kalksteinbruch *m* • limestone quarry
Kalksteinbruchbetrieb *m* • limestone (quarry operation(s))
Kalksteinebene *f* • limestone plain
Kalksteinerzeugnis *n*, Kalksteinprodukt *n* • lime stone product
Kalksteinformation *f*, Kalksteingebirge *n* • lime stone formation, limestone ground
Kalksteingängchen *n*, Kalksteinschnur *f*, fadenähnlicher Kalksteingang *m* • limestone stringer, limestone veinlet, stringer of lime stone, veinlet of limestone
Kalksteingebirge *n*, Kalksteinformation *f* • limestone formation, limestone ground, limestone rock
Kalksteingeröll(e) *n* • limestone gravel boulder limestone gravel bowlder
Kalksteingrube *f* • limestone pit
Kalksteingrundwasserleiter *m* • limestone aquifer
Kalksteingürtel *m* • limestone belt
Kalksteinhöhle *f* • limestone cave
Kalksteinkieselsteine *f* • limestone pebbles
Kalksteinkluft *f* • limestone cleft
Kalksteinkonglomerat *n* • limestone conglomerate
Kalksteinlage *f*, Kalksteinschicht *f* • limestone stratum
Kalksteinlagerstätte *f* • limestone deposit
Kalksteinlog *n* • limestone log [*An obsolete resistivity log device of short lateral log type that uses 5 electrodes. It was introduced in 1945 as a means of defining very thin porous sections*]
Kalksteinlösung *f* • limestone solution
Kalksteinmehl *n* • limestone powder
Kalkstein-Mergel-Abfolge *f* • limestone marl sequence
Kalksteinplateau *n* • limestone plateau
Kalksteinprodukt *n*, Kalksteinerzeugnis *n* • limestone product
Kalksteinquelle *f* • limestone spring
Kalksteinriff *n* • limestone reef
Kalksteinroterde *f* ➲ vererdeter Kalksteinrotlehm
Kalksteinschicht *f*, Kalksteinlage *f* • limestone stratum
Kalksteinschlotte *f*, Kalksteinauswaschungstrichter *m* • limestone sink
Kalksteinschlucht *f* • limestone gorge
Kalksteinschnur *f*, Kalksteingängchen *n*, fadenähnlicher Kalksteingang *m* • limestone stringer, limestone veinlet, stringer of limestone, veinlet of limestone
Kalksteinschutt *m* • limestone debris
Kalksteinsonde *f* • limestone sonde, limestone probe [*A symmetrical arrangement of two 32 in. lateral devices used as a resistivity log in borehole surveying, particularly in limestone, whence the term*]
Kalksteinvorhang *m* • limestone curtain
Kalktertiär *n* • Limestone Tertiary, limestone tertiary
Kalktonerdegranat *m* • lime-alumina garnet
Kalktonerdesprödglimmer *m*, Margarit *m*, Sprödglimmer, Perlglimmer, $CaAl_2(Si_2Al_2)O_{10}(OH)_2$ • margarite, lime mica, calcium mica, pearl mica
Kalk-Ton-Pfahl *m* [*Ton wird in senkrechten Löchern durch Einmischen von ungelöschtem Kalk und Zusatzmitteln ohne Materialentnahme stabilisiert*] • lime clay pile
Kalktuff *m* • tufa, calcareous tufa, calc-tufa, petrified moss, tophus; tuft [*Term used in England*]
Kalktuff *m* ➲ Duckstein
kalkvergütet • lime-modified
Kalkverkittung *f* • lime cementation
Kalkverträglichkeit *f* • lime compatibility
Kalkvollfaulschlamm *m*, Kalksapropel *n* • calc-sapropel
Kalkwasser *n* • hard water, earthy water [*Water that does not lather readily when used with soap, and that forms a scale in containers in which it has been allowed to evaporate; water with more than 60 mg/l of hardness-forming constituents, expressed as $CaCO_3$ equivalent*]
Kalkwasser *n* • limewater [*Natural water with large amounts of dissolved calcium bicarbonate or calcium sulfate*]
Kalkwerk *n* ➲ Kalkfabrik
Kalk-Zement Stabilisierungssäule *f* • lime-cement stabilising column
kalkzementierte Düne *f* • cemented dune
Kallait *m*, Türkis *m*, Mineraltürkis • turquoise, calaïte, Turkey stone, celestial stone; turquois (US)
Kallottenvortrieb *m* [*Tunnelbau*] • crown drive
Kalme *f*, Windstille *f* • calm(s) [*Absence of appreciable wind. Notation O in the Beaufort Scale*]
Kalmanfilter *m* • Kalman filter
Kalmanfilter-Technik *f* • Kalman filter technique
Kalmengürtel *m* • calm belt [*Calms prevail through much of the year in certain latitudes: hence the Belt of Calms or Doldrums associated with equatorial latitudes and the Calms of Cancer and Capricorn associated with the horse latitudes about the Tropics of Cancer and Capricorn*]
Kalomel *n*, Quecksilber(-I-)chlorid
Kalotte *f* [*Untertagebau*] • crown [*The curved roof of a tunnel or gallery*]

K

Kalottenauflager ***n*** • crown abutment

Kalottenbruch ***m*,** Kalotteneinsturz *m* • crown-in, crown fall, crown foundering; crown collapse [*less preferred synonym*]

Kalottenebene ***f*** • crown level

Kalottenfußbereich ***m*** • crown zone

Kalottenkappe ***f*** ➜ Kronenbalken

Kalottenvortrieb ***m*** • crown drive

kalte Auftrieb(s)strömung ***f*,** Ausgleich(s)strömung • compensation current

Kälteaufbau ***m*** [*Gefrierverfahren*] • active soil freezing, active ground freezing [*During active (soil) freezing, a dense wall of frozen soil is formed to the necessary thickness. After the ice wall has been established, active freezing ceases and passive freezing begins*]

Kältebodenkunde ***f*** ➜ Kryopedologie

Kälteflüssigkeit ***f*,** Gefrierflüssigkeit, Gefriersole *f*, Kältesole [*(Baugrund)Vereisung; Gebirgsvereisung* (⚒)] • refrigerating brine, refrigeration brine, ground refrigerating brine, ground refrigeration brine, refrigerated brine

Kältelauge ***f*** ➜ Gefrierlösung

Kältelehre ***f*,** Gefrierlehre, Frostlehre, Kryologie *f* • cryology, study of glaciology [*Shortly before the Second World War the term "cryology" was coined in central Europe for the study of glaciology*]

Kältelösung ***f*** ➜ Gefrierlösung

Kältemesser ***m*,** Kryomesser, Gefriermesser, Frostmesser • cryometer [*A thermometer for measuring low temperatures*]

Kältepedologie ***f*,** Kryopedologie, Frostbodenkunde *f*, Kältebodenkunde, Gefrierbodenkunde, Gefrierpedologie • cryopedology [*The study of frost action and permanently frozen ground*]

Kältephysik ***f*,** Frostphysik, Gefrierphysik, Kryophysik • cryophysics

kalter Lahar ***m*,** Mure *f*, kalter pyroklastischer Schlammstrom *m*, Murbruch *m* • cold lahar, cold (volcanic) mudflow [*A flow of cold volcanic materials down the slope of a volcano, produced by heavy rains, or by collapse of an unstable section of the volcano*]

kaltes Licht ***n*,** Kaltlicht [*Lumineszenzstrahlung*] • cold light

Kältesole ***f*** ➜ Gefrierflüssigkeit

Kältesteppe ***f*** ➜ Tundra

Kältestruktur ***f*** ➜ Kryostruktur

Kälteträger ***m*,** Gefrierträger, Frostträger, Vereisungsträger [*(Baugrund)Vereisung; Gebirgsvereisung* (⚒)] • freezing agent, coolant, cold agent

Kältewissenschaft ***f*,** Frostwissenschaft, Gefrierwissenschaft • cryogenics, science of extreme cold

Kaltfassen ***n*** • cold setting [*industrial diamond*]

kalthumid ➜ subnival

Kaltlicht ***n*,** kaltes Licht [*Lumineszenzstrahlung*] • cold light

Kaltumformung ***f*** • cold-drawn component

Kaltwassermethode ***f*,** Kaltwasserverfahren *n* [*Bitumenextraktion aus Ölsand*] • cold water (bitumen) separation method

Kaltwüste ***f*** • cold desert [*A desert in a high latitude or at a high altitude, whose low temperature restricts or prohibits plant and animal life. The term is often used for tundra*]

Kaltzeit ***f*** ➜ Eiszeit

kalzinierter Dolomit ***m*,** einfach gebrannter Dolomit

Kalzisiltit ***m*,** Calcisiltit, Kalksiltstein *m* • calcisiltite, limestone-siltstone [*Limestone or dolomite made up of silt-sized particles*]

Kalzisphären ***f*,** kalkige Mikroproblematiken *f* • calcispheres [*Calcareous organic spinose bodies (up to 500 mm in diameter) of unknown affinities, which form components in some limestones*]

Kalzit ***m*,** Kalkspat *m*, Kanonenspat, Calcit, Doppelspat, $CaCO_3$ [*Fehlbenennung: Weiß Carrara m*] [*Hexagonal-rhomboedrisch kristallisierte Form des Kalziumkarbonates; gesteinsbildend*] • calcareous spar, calcite, calcspar; tiff [*SW Missouri*]

Kalzit-"Blase" ***f*** [*Mit Kalzit ausgefüllter Hohlraum*] • calcite "bubble"

Kalziterbse ***f*,** Höhlenperle *f*, Taubenei *n* • cave pearl, cave pisolite

Kalzitit ***m*,** Calcitit • calcitite [*A term used by Kay (1951) for a rock composed of calcite; e. g. a limestone*]

Kalzitschild ***m*** • palette, shield [*A broad sheet of calcite representing a solutional remnant in a cave*]

Kalzitzement ***m*** • calcite cement

Kalzium-Bentonit ***m*** • calcium bentonite

Kalziumborat ***n*** • calcium borate

Kalziumboroarsenat ***n*** • boroarsenate of calcium, calcium boroarsenate

kalziumenthaltend, kalziumhaltig, kalziumführend • calcic, containing calcium, calcium-bearing [*geochemistry*]

Kalziumhydroxid [$Ca/OH)^2$] • calcium hydroxide

Kalziumkarbonatauscheidung ***f*,** Ausscheidung von $CaCO_3$ • deposition of calcium carbonate

Kalziumkarbonatwasserquelle ***f*** • calcareous spring

Kalziumoxyd ***n*** [*CAO*], Feinkalk • calcium oxide, construction quicklime

Kalziumphosphat ***n*** ➋ Apatit

Kalziumsilikatgneis ***m*** • calcium silicate gneiss

Kalzium-Silikat-Hydrat ***n*** • hydrated calcium silicate

Kalziumspülung ***f*** • calcium-treated mud

Kamazit ***m*,** Balkeneisen *n* • balk iron

Kame ***m*** • kame; perforation deposit [*Term suggested by Cook in 1946*] [*A low mound, knob, hummock, or short irregular ridge, composed of stratified sand and gravel deposited by a subglacial stream as a fan or delta at the margin of a melting glacier; by a superglacial stream in a low place or hole on the surface of the glacier; or as a ponded deposit on the surface or at the margin of stagnant ice. The term "kame" has undergone several changes in meaning, but can still be usefully applied to a deposit of glaciofluvial and glaciolacustrine sand and gravel whose precise mode of formation is uncertain. Etymol: a Scottish variant of "comb", a long, steep-sided ridge*]

Kamedelta ***n*** • kame delta, delta kame, ice-contact delta, sand plateau; morainic delta, morainal delta [*obsolete*] [*A delta whose upper margin was built in contact with glacial ice*]

Kamee ***f*** • cameo [*A carved gem that is actually a miniature bas-relief sculpture, commonly cut from materials of differently colo(u)red layers (especially onyx or a gastropod shell), the upper layer being used for the figure and the below layer serving as the background*]

Kameebene ***f*,** Kamefläche *f*, Riesenkame *m* • kame plain, ice-contact plain [*Flat-topped outwash deposits originally entirely bounded by ice contact slopes*]

Kameendmoräne ***f*** • kame end moraine, kame terminal moraine [*It contains numerous kames*]

Kamefeld ***n*** • kame field [*A group of closely spaced kames, interspersed in places with kettles and eskers, and having characteristic hummocky topography*]

Kamefläche ***f*,** Kameebene *f*, Riesenkame *m* • kame plain, ice-contact plain [*Flat-topped outwash deposits originally entirely bounded by ice contact slopes*]

Kamelandschaft ***f*,** kuppige Moränenlandschaft • kame(-and-kettle) topography, knob-and-kettle topography, knob-and-basin topography, knobby topography [*A number of low mounds associated with depressions in fluvioglacial deposits*]

Kamemoräne ***f*** • kame moraine [*A group of kames along the front of a stagnant glacier, commonly comprising the slumped remnants of a formerly continuous outwash plain built up over the foot of rapidly washing or stagnant ice*]

Kamera ***f*,** Kammer *f* [*Fotogrammetrie*] • camera, chamber

Kameraachse ***f*** • optical axis [*photogrammetry*]

Kamerad ***m*,** Kumpel *m* (⚒) • butty

Kameradschaft ***f*** ➋ Kolonne

Kameradschaftsführer ***m*** ➋ Kolonnenführer

Kameradschaftsleistung ***f*** (⚒) • work(ing) place output, output of a work(ing) place

Kameragehäuse ***n*** • camera body

Kameterrasse ***f*,** Randterrasse • kame terrace, ice-contact terrace, ice-marginal terrace [*Remnant of depositional valley surface built in contact with glacial ice*]

Kamin ***m*** ➋ Vulkanstiel

Kamin ***m*** ➋ Deckenspalt(e)

Kamin ***m*,** Schacht *m*, [*Schweiz*] [*Druckluftgründung*] • access shaft of the caisson, caisson access shaft

Kamm ***m*** ➋ (Flöz)Kamm

Kamm ***m*** ➋ Ausgehende

Kamm ***m*** ➋ Gebirgskamm

Kammbau ***m*,** Rückenbau • ridging for irrigation [*Controlling the flow of irrigation water in fields by constructing small ridges, borders, or embankments*]

Kammebene ***f*** • crestal plane, crestal surface [*It contains all the successive crests of all the beds in a fold*]

Kammeis ***n*** • needle ice, feather ice, mush frost, spew frost; pipkrake [*Swedish term*] [*1. A small, thin spike or needlelike crystal of ground ice, from 2.5 to 6 cm long, formed just below, and growing perpendicular to, the soil surface in a region where the daily temperatures fluctuate across the freezing point. It is common in periglacial areas, where it contributes to the sorting of material in patterned ground and to downslope movement of surface material. 2. A bundle, tuff, or cluster of pipkrakes*]

Kammer ***f*,** Abbaukammer • breast, chamber [*In coal mines, a chamber driven in the seam from the gangway, for the extraction of coal*]

Kammer ***f*** ➋ (Höhlen)Kammer

Kammer ***f*,** Kamera *f* [*Fotogrammetrie*] • camera, chamber

Kammer ***f*** (⚒) • open stope, open mined-out room [*It is not filled with waste and roof support if not necessary*]

Kammer ***f*** (⚒) • stall [*A working place in a coal seam for one miner or one miner and his helper in the longwall stalls method of working. The empty tub or tram is brought to the face, loaded and removed. The narrow coal drivages in pillar-and-stall are also termed stalls*]

Kammerbau ***m*** • open-stoping, open-stope method

Kammerbegehung ***f*** [*Tunnelbau*] • chamber access

K

Kammerbruchbau *m* auf volle Flözmächtigkeit mit heruntergeschossenem Vorrat (⚒) • blasted chambers with roof caving in full seam thickness

Kammerkonstantenfehler *m* [*terrestrische Stereogrammetrie*] • error of calibrated focal length

Kammerkonstantenwert *m*, Wert *m* der Kammerkonstante [*terrestrische Fotogrammetrie*] • calibrated focal length, focal calibrated length

Kammer(minen)sprengen *n* • coyote (hole) blasting, gopher hole blasting, gallery blasting, gophering; tunnel blasting (US)

Kammerpfeilerbau *m* [*Kohlenbergwerk*] • board-and-pillar system, bord-and-pillar system [*This mining method is used primarily for shallow coal mining where overburden pressure is not excessive*]

Kammerschleuse *f*, Fangschleuse

Kammersprengen *n*, Kammersprengung *f* [*An Stelle von Bohrlöchern werden Kammern als Ladungsraum verwendet. Diese Kammern werden von Hand von einem in das Gebirge vorgetriebenen Stollen oder abgesenkten Schacht aus angelegt. Je nach der zur Sprenganlage gehörenden Anzahl der Kammern werden Ein-, Zwei- oder Mehrkammeranlagen unterschieden*] • chamber blasting

Kammer- und Pfeilerbau *m* [*Kohlenbergbau*] • room and pillar mining [*With this type of mining method, coal is removed around pillars*]

Kammgrat *m*, Zackengrat • comb(e)(-like) ridge; arête [*French*]

Kammkies *m* • cockscomb pyrites

Kammlast *f*, Anfangstragkraft *f* (⚒) • setting load, initial load-bearing capacity

Kammtextur *f* • pectinate structure

Kammzug *m* [*Diejenige Linie an der Oberfläche einer gefalteten Schicht, welche ihre höchsten Punkte in allen senkrecht zum Streichen der Falte gelegten Vertikalschnitten verbindet*] • crest trace

Kämpfer *m*, Auflager *n*, Widerlager (⚒) • (a)butment, spring, springer [*of an arch bridge; the first voussoir resting on the impost of an arch*]

Kämpferbalken *m*, Kämpferlangholz *n*, Kämpferunterzug *m* [*Tunnel- und Stollenbau*] • springing (timber) bar, springing wood(en) bar

Kämpferlast *f*, Auflagerlast *f*, Widerlagerlast (⚒) • (a)butment load [*Weight transferred to the adjacent solid rock by unsupported roof*]

Kämpferlinie *f* • springline

Kanadaasbest *m*, Chrysotil

Kanadabalsam *m* • Canada balsam, Canada turpentine, balsam of fir

kanadischer Bohrkran *m* (mit Kurbelbetrieb) • Canadian pole-tool rig

kanadisches Bohren *n* [*Bohren mit hölzernem (Ober) Gestänge*] • Galician (drilling) system, Russian (drilling) system, Canadian (drilling) system, Austrian (drilling) system, pole-tool (drilling) system [*It originated in Canada and was introduced from there into Galicia*]

kanadisches Küstengebirge *n* • Coast Range

Kanal *m*, Abwasserkanal • sewer(age) conduit, sewer (age) duct, sewage conduit, sewage duct; sewer(age) tunnel, sewage tunnel (US)

Kanal *m* ➋ (Untergrund)Kanal

Kanal *m* • canal [*A long, narrow channel or arm of the sea connecting two larger stretches of water*]

Kanal *m* • channel [*An especially tubular enclosed passage, as a conduit, pipe, or duct*]

Kanal *m* • channel [*In geographical terms, a broad waterway larger than a strait, joining two seas*]

Kanal *m* • channelway, channel, feeder, feeding channel [*An opening or passage in a rock through which mineral-bearing solutions or gases may move*]

Kanal *m*, Leitungskanal • (line) conduit, (line) duct

Kanal *m*, Öffnung *f* nach Unterwasser [*Trommelwehr*] • downstream opening, air-side opening

Kanal *m* für öffentliche Bedarfseinrichtungen [*Zum Schutz, zur Aufnahme, Kontrolle, Bedienung oder Wartung von Kabeln, Rohrleitungen und Armaturen*] • utility conduit, service conduit, utility duct, service duct, mains subway

Kanal *m* ➋ Langsamschicht

Kanal *m* ➋ Öffnung nach Oberwasser

Kanal *m*, Schifffahrt(s)kanal • canal, artificial watercourse

Kanal *m*, Teilspektrum *n* [*Fernerkundung*] • band

Kanal *m* ohne Schleusen, schleusenloser Kanal • water plane [*A canal constructed on a level, without locks*]

Kanalbau *m*, Abwasserkanalbau • sewer(age) conduit construction, sewer(age) duct construction, sewage conduit construction, sewage duct construction

Kanalbett *n*, Kanalrinne *f* • canal trough, canal runway, canal channel (way)

Kanalbrücke *f* [*Eine Brücke mit einem Kanal (canal aqueduct); eine Brücke über einen Kanal (canal bridge)*] • canal aqueduct; canal bridge

Kanaldamm *m* • canal bank, canal embankment

Kanaldiele *f* ➋ Grabenspundbohle

Kanaldielenausfachung *f* [*Trägerbohlwand*] • trench sheet pile infill walling [*solder pile wall*]

Kanaleinlaufschacht *m*, Gully *m* • gully, gully hole

Kanalgeschwindigkeit ***f,*** Langsamschichtgeschwindigkeit • weathering velocity [*That velocity with which a seismic P wave travels through the low-velocity layer*]

Kanalgraben ***m*** [*U-Profil*] • duct trench

Kanalisation ***f*** [*für Abwässer*] • sewer system, sewerage system [*for waste water*]

Kanalisation ***f*** [*fließende Gewässer*] • channel system, canalisation, canalization (US)

Kanalisationsamt ***n*** • drainage board

Kanalisationssystem ***n*** ➲ Kanalisation

kanalisieren • to channel(l)ize [*waterway*]

kanalisierte Abflussmenge ***f*** [*Fehlbenennung*]; kanalisierte Durchflussmenge • regulated discharge (water), regulated flow, regulated runoff, regulated throughflow (volume) [*See note under "discharge". The flow in a stream or river that has been subjected to regulation by reservoirs, diversions or other hydraulic controls*]

kanalisiertes Bett ***n*** [*Wasserlauf*] • modified channel, modifial runway, modified trough

Kanalisierung ***f*** • channelization, channellization, channel modification [*It involves human modification and control of natural waterways, usually to permit or promote economic development or to protect established urban, agricultural, and/or industrial developments*]

Kanalisierung ***f*** [*Strom; Fluss*] • canalization

Kanalisierungsarbeiten ***f*** • channel(izing) work, channel(l)ization work [*In a river or stream*]

Kanalisierungstechnik ***f*** • channelization technique, channellization technique, channel modification technique

Kanalkabel ***n*** • cable-in-conduit, cable-in-duct

Kanalkarte ***f*** • canal map

Kanalprofil ***n,*** Kanalschnitt *m* • canal section [*1. The shape of the cross section of a canal at right angles to its axis. 2. The data, either in graphic or tabular form, which describe the shape, dimensions, side and bank slopes, normal depth of water, slope of bottom, thickness and kind of lining material (if any), and other characteristics of a canal at a given point*]

Kanalquerprofil ***n,*** Querbesteck *n* • canal cross-sectional profile

Kanalrinne ***f*** ➲ Kanalbett

Kanalrohr ***n*** ➲ Abwasserrohr

Kanalsanierung ***f*** [*Abwasserkanalsanierung*] • sewer rehabilitation

Kanalsanierung ***f*** • duct relining, duct renewal

Kanalschleusenkammer ***f*** • coffer, canal lock chamber

Kanalschnelle ***f*** • canal rapids [*An inclined conduit or structure used for conveying water at high velocity to lower levels. The singular form "rapid" is seldom used*]

Kanalschnitt ***m,*** Kanalprofil *n* • canal section [*1. The shape of the cross section of a canal at right angles to its axis. 2. The data, either in graphic or tabular form, which describe the shape, dimensions, side and bank slopes, normal depth of water, slope of bottom, thickness and kind of lining material (if any), and other characteristics of a canal at a given point*]

Kanalsicker(ungs)verlust ***m*** • canal seepage loss [*The loss of water from a canal by capillary action and percolation after the canal has reached a stable condition*]

Kanalspundbohle ***f*** ➲ Grabenspundbohle

Kanalstrebe ***f*** [*für den Grabenverbau*] • shoring strut [*for trench sheeting and bracing*]

Kanaltunnel ***m*** ➲ (Ärmel)Kanaltunnel

Kanaltunnel ***m,*** Schifffahrt(s)tunnel • canal tunnel

Kanalufer ***n*** • canal bank

Kanalwaage ***f*** ➲ Wasserwaage

Kanalwelle ***f,*** Flözwelle [*Eine Love-Welle*] • (in)-seam wave

Kaneelstein ***m*** • yellow idocrase

Kaninchensand ***m*** • rabbit sand

kanneliert, zerkart • channel(l)ed; grooved

Kannelierung ***f*** • fluting [*In geomorphology, a progress of differential weathering and erosion by which an exposed well-jointed coarse-grained rock, such as granite or gneiss, develop a corrugated surface of flutes, especially the formation of small-scale ridges and depressions by wave action*]

Kännelkohle ***f,*** Kannelkohle, Fackelkohle, Roh-Steinkohle von Kilkenny, Gayet *f,* Sapropelkohle mit Sporen, Sporen-Sapropelkohle, Cannelkohle • ca(n)nel (coal) [*old term*]; gayet, candle coal, kennel coal, cannelite, curly ca(n)nel (coal); rattler [*Yorkshire, England*] [*A fine-textured, highly volatile bituminous coal distinguished by a greasy luster and blocky, conchoidal fracture; burns with a steady luminous flame. The sapropelic origin of can(n)el (coal) was recognized at about 1900 and the terms are now used for sapropelic coal containing spores, in contrast to sapropel coal containing algae, which is normal boghead coal*]

kännelkohlenartig • canneloid [*Of or pertaining to ca(n)nel (coal)*]

Kännelmagerkohle ***f,*** Magerkännelkohle • lean cannel coal, semi-cannel coal

Kannelurenpfahl ***m*** ➲ Kehlenpfahl

Kanone ***f,*** Perforateur *m,* Schießkernrohr *n* [*Perforieren von Bohrlöchern*] • gun, jet

K

Kanoneneinbruch ***m,*** Paralleleinbruch • burn(ed) cut, burn(ed) breaking-in, parallel cut, parallel breaking-in [*Group of parallel holes, not all charged with explosive, creates the initial cavity to which the loaded holes break in blasting a development round*]

Kanonenspat ***m*** ➋ Kalkspat

Känozoikum ***n,*** Neozoikum, Erdneuzeit *f* • Cainozoic, Kainozoic, Cenozoic [*An era of geologic time, from the beginning of the Tertiary period to the present. Some authors do not include the Quaternary, considering it a separate era. It is characterized pal(a)eontologically by the evolution and abundance of mammals, advanced molusks, and birds, pal(a)eobotanically, by angiosperms. The Cainozoic is considered to have begun about 65 million years ago*]

känozoisch • cenozoic

kantengestellt • edgewise, on edge

Kantenlänge ***f*** [*Einzelpfahl*] • width [*of a single pile*]

Kantholz ***n*** • square timber

Kantine ***f*** • canteen, cafeteria

K

Kantkorn ***n*** • angular grit

Kantografie ***f*** • kantography [*The depiction of edge lines on relief maps*]

Kantonalstraße ***f*** • cantonal road

Kantung ***f*** ➋ (Ver)Kantung

Kantungsfehler ***m*** ➋ (Ver)Kantungsfehler

Kantungsgeröll(e) ***n*** ➋ (Wind)Kanter

Kantungsgeschiebe ***n*** ➋ (Wind)Kanter

Kantungsunterschied ***m*** • swing difference [*photogrammetry*]

Kantungswinkel ***m*** [*Fotogrammetrie*] • rotation angle [*photogrammetry*]

Kaolin ***n*** • kaolin(e)

Kaolinisierungsrinde ***f*** • kaolinized surface rock

Kaolinit ***m*** [*ein Tonmineral*] • kaolinite [*a clay mineral*]

Kaolinit ***m*** **mit stark gestörter Gitterstruktur,** kaolinitisches Mineral *n* mit stark gestörtem Gitter • fire clay [*A clay that is high in alumina or silica; diffusion is not less than cone 19 (1,515°C). Fire clays may be sedimentary or residual, plastic or nonplastic, and are dominantly composed of kaolinite*]

Kap ***n*** • promontory, head(land), cape, beak, cobb, reach, ness, peak, naze, foreland, nase; mull [*Scottish term*]; ross [*Celtic*]; nook [*obsolete*] [*An extensive, somewhat rounded irregularity of land jutting out from the coast into a large body of water, either as a peninsula, or as a projecting point. A cape is generally more prominent than a point*]

Kapazität ***f*** ➋ Flutraum

Kapelle ***f,*** Kupelle, Probiertiegel *m* • cupel, coppel [*Small cup made of bone-ash used in gold or silver assaying with lead*]

Kapellenzug ***m,*** Kupellenzug, Probiertiegelzug • cupel absorption

kapillar • capillary [*Said of tubes or interstices with such small openings that they can retain liquids by capillarity*]

Kapillaranstieg ***m*** • capillary rise [*The rise of a liquid in a capillary tube times the radius of the tube*]

Kapillaranziehung ***f*** ➋ Haarröhrchenanziehung

kapillarbedingt • due to capillary action

Kapillarbrücke ***f*** • capillary bridge

kapillardicht • capillary proof

Kapillardruck ***m*** • capillary pressure, seepage force [*If the ground is being drained from inside an excavation, the capillary pressure tends to cause instability and the earth faces may collapse. If the ground is being drained at points outside an excavation, e.g. by wellpoints, the capillary pressure may help to stabilize the earth. The capillary pressure varies with the nature of the ground and ranges from 0.0063 to 0.063 N/mm*^{2} *(0.9 to 9 lbf/in*^{2}*) in silt and much lower in sand*]

Kapillare ***f*** ➋ Haarrohr

kapillare Druckhöhe ***f,*** kapillare Steighöhe • capillary head [*The head in a capillary tube at any time before the water has been raised to its ultimate position in the tube by capillary force. It is equal to the difference in elevation between the ultimate position of the meniscus and the position of the meniscus at the given time. The head is zero when the water has risen to its ultimate position*]

kapillare Durchfeuchtung ***f*** • capillary penetration of moisture

kapillare Eindunstung ***f*** [*Eindunstung in den Sedimentporen oberhalb der mittleren Hochwasserlinie*] • capillary concentration

kapillare Einsaugung ***f*** • capillary percolation, imbibition [*The absorption of a liquid by a porous material, under capillary attraction, and in the absence of any pressure*]

kapillare Feuchtigkeit ***f,*** Kapillarfeuchtigkeit, Kapillarfeuchte *f*, kapillare Feuchte • capillary moisture

kapillare Fließzeit ***f*** [*DIN 4045*] • capillary suction time, CST

kapillare Hysterese ***f,*** kapillare Hysteresis *f* • capillary hysteresis

kapillare Leitfähigkeit ***f,*** kapillares Leitvermögen *n* • capillary conductivity [*It is related to the nature of the soil and its moisture content*]

kapillare Saugspannung(en) ***f*** • capillary suction

kapillare Steighöhe *f* • capillary height, capillary lift, height of capillary rise, lift of capillary rise, capillary rise

kapillare Steighöhe *f*, kapillare Druckhöhe • capillary head [*The head in a capillary tube at any time before the water has been raised to its ultimate position in the tube by capillary force. It is equal to the difference in elevation between the ultimate position of the meniscus and the position of the meniscus at the given time. The head is zero when the water has risen to its ultimate position*]

Kapillareintritt *m* • capillary entry

Kapillar(en)netz *n* • capillary network

Kapillarer Korndruck *m* • capillary grain pressure

kapillarer Unterdruck *m* • capillary suction

kapillares Grundwasser *n* • capillary groundwater

kapillares Leitvermögen *n*, kapillare Leitfähigkeit *f* • capillary conductivity [*It is related to the nature of the soil and its moisture content*]

kapillares Nachschubwasser *n*, geschlossenes Kapillarwasser • capillary water rising directly from the groundwater table

Kapillarfeuchtigkeit *f*, kapillare Feuchtigkeit, Kapillarfeuchte *f*, kapillare Feuchte • capillary moisture

Kapillargeschwindigkeit *f* • capillary (time) rate

Kapillarhohlraum *m* • capillary interstice, capillary opening, capillary void [*1. An opening small enough for water to be held in it by capillarity at a considerable height above the level at which it is held by hydrostatic pressure. 2. An opening small enough to produce appreciable capillary rise*]

Kapillarimeter *n* • capillary apparatus, capillarimeter

Kapillarität *f*, Porensaugwirkung *f*, Haarröhrchenwirkung, Kapillarwirkung [*Tangentialkomponente der molekularen Anziehungskräfte an der Grenzfläche zwischen Flüssigkeiten, Zeichen: X Einheit: N/m*] • capillarity, capillary action

Kapillarkohäsion *f* [*Bei kapillarer Durchfeuchtung zeigen die Körner eine schwache Kohäsion, die bei Austrocknung oder Überfeuchtung verloren geht. Dieser Zustand hat einen nachteiligen Einfluss auf die ➋ Verdichtung*] • capillary cohesion

Kapillarkondensation *f* • capillary condensation

Kapillarkonstante *f* • capillary constant

Kapillarkraft *f*, Haarröhrchenkraft, Röhrchensaugkraft [*Molekulare Anziehungskraft zwischen Feststoff und Flüssigkeit*] • capillary force

Kapillarporosität *f* • capillary porosity

Kapillarpotential *n* ➋ Matrixpotential

Kapillarprobe *f*, Kapillarversuch *m*, Kapillarprüfung *f* • capillary test

Kapillarrohr *n*, Haarrohr *n*, Kapillarröhrchen *n*, Haarröhrchen, Kapillare *f* • capillary (tube), glass capillary, glass capillary tube

Kapillarsaum *m*, Haarröhrchenzone, Saugsaum, Haarröhrchensaum, Kapillarzone *f*, Saugzone [*Der Grundwasseroberfläche aufliegender Saum, in welchem der Wasserdruck von unten nach oben abnimmt*] • capillary fringe, zone of capillarity, capillary zone, fringe of capillarity, capillary moisture zone

(Kapillar)Saumwasser *n*, Saugsaumwasser • (capillary) fringe water, anastatic water

Kapillarsenkung(smaß) *f*, *(n)* • capillary depression

Kapillarspannung *f* • capillary tension, (soil)moisture tension

Kapillarsperre *f* • capillary barrier

Kapillarstadium *n* • capillary stage [*The interstices are kept entirely filled with water by the adhesive and cohesive forces*]

Kapillarversuch *m*, Kapillarprobe *f*, Kapillarprüfung *f* • capillary test

Kapillarwanderung *f* • capillary migration [*Movement of water produced by the force of molecular attraction between rock material and the water*]

Kapillarwasser *n* Anmerkung unter "➋ Adsorptionswasser"

Kapillarwasser *n*, Porensaugwasser, Haarröhrchenwasser [*Das durch Menisken im Boden gehaltene Wasser*] • capillary water, water of capillarity; held water (Brit.)

Kapillarweg *m* • capillary path

Kapillarwelle *f* • capillary wave, capillary ripple, ripple [*A wave whose velocity of propagation is controlled primarily by the surface tension of the liquid in which the wave is travelling. The wavelength is shorter than 1.7 cm*]

Kapillarwirkung *f* ➋ Kapillarität

Kapillarzone *f* ➋ Haarröhrchenzone

Kappe *f* (⚒) • cap, horizontal stretcher

Kappe *f* • cap-rock [*A hard rock layer, usually sandstone, overlying the shale above a coal bed*]

Kappe *f* [*Firstzimmerung*] (⚒) • nog

Kappe *f*, Hut *m*, Decke *f* • cap, capping [*A solid or unconsolidated rock overlying a deposit of ore or coal*]

Kappe *f* ➋ Deckschwelle

Kappe *f* ➋ Holzkappe

Kappe *f* [*Fuß- und Fahrradweg auf einer Brücke; seitlicher Abschluss der Brücke an dem auch das Geländer montiert wird*] • sidewalk

K

Kappe ***f*****,** Sturz *m* [*Am Hangenden anliegendes und durch Grubenstempel gestütztes Ausbauteil. Es unterfängt das Hangende linienförmig einzeln oder in Kappenketten*] (⚒) • cap-sill, lintel, lintol, cap-cill

Kappe ***f*** ➋ Vorpfändkappe

kappen • to cope [*To cut a member, e.g. a structural steel member, so that another member may be fitted against it*]

Kappen ***n*** ➋ Abschneiden

Kappenauftrieb ***m*** ➋ Gaskappenauftrieb

Kappenauftrieb(s)speicher ***m*** ➋ Gaskappenauftrieb(s)speicher

Kappenausbau ***m*** [*Ein Ausbau, bei dem eine Kappe unter das Hangende gelegt und beiderseits in das Gebirge eingebühnt oder auf Holzkästen, Bergekästen oder Bergemauern gelegt wird. Die Kappe kann noch zusätzlich durch einen Mittelstempel, Bockstempel oder ein Sprengwerk unterstützt werden*] (⚒) • cap (support(ing)) system

Kappeneinbau ***m*****,** Kappenzimmerung *f* • bar timbering [*A method of timbering mine roadways by means of horizontal and upright bars*]

K

Kappengas ***n*** ➋ (Gas)Kappengas

Kappenkette ***f*****,** Kappenreihe *f* [*Untertagebau*] • bar row, row of bars

Kappenquarz ***m*** • cap(ped) quartz

Kappenreihe ***f*****,** Kappenkette *f* [*Untertagebau*] • bar row, row of bars

Kapp(en)schuh ***m*****,** Kapp(en)winkel *m* [*Ausbauelement zur Verbindung der Stahlkappen mit den Holz- oder Stahlstempeln*] (⚒) • jointing shoe

kappenweise (⚒) • capwise

Kapp(en)winkel ***m*****,** Kapp(en)schuh *m* [*Ausbauelement zur Verbindung der Stahlkappen mit den Holz- oder Stahlstempeln*] (⚒) • jointing shoe

Kappenzimmerung ***f*****,** Kappeneinbau *m* • bar timbering [*A method of timbering mine roadways by means of horizontal and upright bars*]

Kapphöhe ***f*** ➋ (Pfahl)Kapphöhe

Kappholz ***n*****,** Quetschholz, Unterlegeholz, Einlage *f*, Holzeinlage, Kappe *f*, Querholz, Kopfholz [*Holzklotz zwischen zwei Ausbauteilen oder zwischen Ausbauteil und Gestein, der bei Druckaufnahme zerquetscht wird*] • cap (piece), (wooden) crusher block, lid, head block, head tree, cap timber, poling, crushing timber

Kappholz ***n*** ➋ Holzkappe

Kappungsebene ***f*** ➋ Altfläche

kapselartige Kieselsäure ***f*** • capsular silica

Kapselbarometer ***n*****,** Gefäßbarometer • cistern barometer, ordinary barometer

Kapselpresse ***f*** ➋ (Freyssinet-)Kapselpresse

Kapsel(pulver)zündschnur ***f*****,** (Pulver)Zündschnur mit Kapsel • (blasting) fuse assembly, (blasting) fuze assembly, powder fuse assembly, powder fuze assembly [*Factory-assembled capped fuse equipped with metal igniter cord connector*]

Kapselton ***m*** • firestone, sagger clay, saggar clay, fire clay [*The term "firestone" was formerly, but inaccurately used for "underclay". Although many fireclays commonly occur as underclays, not all fireclays carry a roof of coal and not all underclays are refractory*]

Kapsmaragd ***m*** [*Handelsbenennung*], Prehnit *m* • Cape chrysolite, Cape emerald [*misnomers*]; prehnite

Kar ***n*** [*Kesselförmige Vertiefung in einem Berghang, meist durch Gletscher entstanden*] • cirque

K/Ar-Altersbestimmung ***f*****,** K/Ar-Datierung, Kalium/Argon- Altersbestimmung, Kalium/Argon-Datierung, Kalium/Argon-Methode, Kalium/Argon-Verfahren, K/Ar-Methode, K/Ar-Verfahren • potassium-argon age determination, K-Ar age determination, potassium-argon dating, K-Ar dating [*Determination of the age of a mineral or rock in years based on measurement of the ratio of radiogenic argon-40 to potassium-40 and the known radioactive decay rate of potassium-40 to argon-40*]

Karbeele ***f*** ➋ Kniestock

Karbidlampe ***f*** ➋ Azetylen(sicherheits)(gruben)lampe

Karbon ***n*** • Carboniferous; age of coal, coal age [*informal designations*] [*The Mississippian and Pennsylvanian periods combined, ranging from about 345 to about 280 million years ago; also, the corresponding system of rocks. In European usage, the Carboniferous is considered as a single period and is divided into upper and lower parts. The Permian is sometimes included. Partial synonym: Carbonic*]

Karbon ***n*****,** Steinkohlenformation *f* • Coal Formation

Karbonat ***n*** • carbonate

Karbonatabzugfolie ***f*** • carbonate peel

Karbonatgeologe ***m*** • carbonate geologist

Karbonatgestein ***n*** • carbonate [*Dominion of Canada*]; carbonate rock [*Limestone, magnesian limestone, dolomite and magnesite*] [*It is high in carbon dioxid(e)*]

Karbonatgestein ***n*** **mit Partikeln >2mm, die sich gegenseitig (ab)stützen** • rudstone

Karbonatgrundmasse ***f*** • carbonate matrix

Karbonathalbinsel ***f*** • carbonate peninsula [*e.g. Florida and Yucatan*]

Karbonhärte ***f*** • carbon hardness

Karbonathärte ***f*** ➋ austreibbare Härte

karbonatisches Sediment ***n*****,** Sedimentkarbonat *n* • sedimentary carbonate, carbonate sediment

karbon(at)isieren • to carbonate

Karbonatit ***m*****,** Eruptivmarmor *m* • carbonatite [*The* term *is not synonymous with limestone. Carbonatites are intrusive carbonate rocks which are associated with alkaline igneous intrusive activity*]

Karbonatlöslichkeitsgrenze ***f*** [*Meer(es)oberfläche*] • carbonate compensation depth, CCD, calcium-carbonate compensation depth, depth of compensation

Karbonat-Sedimentit ***m*** **aus sich gegenseitig abstützenden Teilchen** • grainstone

Karbonatwatt ***n*** • carbonate tidal flat

Karbonit ***m*** • carbonite [*An explosive mix(ture) of nitrobenzene, potassium nitrate, sulphur, and kieselguhr*]

Karbonperm ***n*****,** Permokarbon *n* • Permo-Carboniferous [*1. The entire Permian and Carboniferous, considered as a unit. 2. The Permian and Pennsylvanian period combined. 3. An age, or corresponding rock unit transitional between the uppermost Pennsylvanian and lowermost Permian*]

Karbonsandstein ***m*** • carboniferous sandstone

Karbontorf ***m*** • carboniferous peat

Karborund(um) ***n*****,** technisches Siliziumkarbid *n* • Carborundum [*Trade name for an artificial abrasive and grinding material; not to be confused with corundum, a mineral. Carborundum is identical with the mineral moissanite*]

Kardangelenk ***n*** • universal joint

Kardantisch ***m*** • photogrammetric plotter

K/Ar-Datierung ***f*****,** K/Ar-Altersbestimmung *f*, Kalium/Argon-Altersbestimmung, Kalium/ Argon-Datierung • potassium-argon age determination, K-Ar age determination, potassium-argon dating, K-Ar dating [*Determination of the age of a mineral or rock in years based on measurement of the ratio of radiogenic argon-40 to potassium-40 and the known radioactive decay rate of potassium-40 to argon-40*]

Karfunkel ***m*** • carbuncle

Kargletscher ***m*****,** Zirkustalgletscher • circus glacier, kar glacier, kettle glacier [*A glacier which occupies a rounded niche which it has formed on a mountain side*]

Kariesstruktur ***f*** • caries texture, cusp-and-caries texture [*In ore microscopy, a replacement pattern in which the younger mineral forms a series of scallop-shaped incursions into the host mineral, which resemble filled dented cavities*]

Karling ***m*****,** Horn *n* • horn, matterhorn, circus mountain, pyramidal peak, monument(al peak), horn peak [*A high pyramidal peak with steep sides formed by the intersecting walls of three or more cirques, as the Matterhorn (peak) in Switzerland*]

Karlsbader Zwilling ***m*** • Carlsbad twin, Karlsbad twin

Karlsbader Zwillingsgesetz ***m*** • Carlsbad twin law, Karlsbad twin law

Karmanscher Wirbel ***m*** • vortex shedding

Karminit ***m*****,** Karminspat *m* • carmine spar, carminite [*An arsenate of lead and iron of a colo(u)r varying from carmine to tile-red*]

Karnat ***m*****,** fleischfarbenes Steinmark *n* • carnat

Karneol(stein) ***m*****,** Carneol(stein) • Carneol [*trade name*]; carnelian, cornelian, red(dish) c(h)alcedony, pink-dyed c(h)alcedony, kornelian

Karorissbildung ***f*** • checking

Karpathit ***m*****,** Pendletonit, $C_{24}H_{12}$ • karpatite, carpathite, pendletonite

Karpholit ***m*****,** Strohstein *m* [*Ein Amphibolit oder prismatischer Augitspat*] • karpholite

Karrenfeld ***n*****,** Schrattenfeld • miniature erosion of a limestone surface

Karrentisch ***m*** • pseudoerratic

Karriegel ***m*****,** Karschwelle *f*, Zirkusriegel, Zirkusschwelle • circus threshold, kar threshold, kettle threshold

Kärrner ***m*****,** Pferdeführer *m* (⚒) • horse driver

Kar(r)oo ***m*** • kar(r)oo [*A tableland, found especially in South Africa, that commonly rises to a considerable height in terraces. It does not support vegetation in the dry season, but becomes a grassy plain or pastureland during wet season*]

Karschwelle ***f*****,** Karriegel *m*, Zirkusriegel, Zirkusschwelle • circus threshold, kar threshold, kettle threshold

Karsee ***m*****,** Zirkustalsee • circus lake, kar lake, kettle lake, tarn

Karstbrekzie ***f*****,** Einsturzbrekzie, Einbruchbrekzie, Nachfallbrekzie [*"Brekzie" kann auch "Breccie" geschrieben werden*] • collapse breccia, founder breccia, collapsing breccia [*Angular rock fragments derived from the collapse of rock, overlaying a hollow space*]

Karstbrücke ***f*** • karst bridge [*In a limestone terrace, the remnant of the roof of an underground cave or tunnel that has collapsed*]

Karstdoline ***f*** ➲ Doline

Karstebene ***f*** • karst plain, karst plateau [*A plain usually of limestone, on which karst features are developed*]

Karsteinebnung ***f*****,** Karstverebnung • karst planation

Karsterscheinung ***f*** • karst phenomenon

Karstfenster *n* • karst window, karst fenster
Karstgasse *f*, Karstkorridor *m* • karst corridor, solution corridor, karst street, bogaz
Karstgewässer *n* • karst waters
Karstgraben *m* • karst trench
Karsthohlraum *m* • karst cavity
Karsthydrogeologie *f* • karst hydrogeology
Karsthydrografie *f* • karst hydrography
Karsthydrologie *f* • karst hydrology
Karstinselberg *m*, Karstrestberg, residualer Karstberg • karst tower; pepito hill, haystack hill [*Puerto Rico*]; mogote [*Cuba*]; hum [*Southern Slav.*]; butte témoin [*In the Causse region of France*] [*In an advanced stage of solutional destruction of a limestone upland, residual hills analogous monadnocks in the fluidal cycle often remain*]
karstisch • karstic
Karstkalkstein *m* • karst limestone
Karstkalksteinquelle *f* • karst limestone spring
Karstkegel *m* • karst cone [*One of a group of rounded hills separated by cockpits in a cockpit karst*]
Karstkorridor *m*, Karstgasse *f* • karst corridor, solution corridor, karst street, bogaz
Karstküste *f* • karst coast
Karstmulde *f* ➲ Schüsseldoline
Karstquelle *f* • exsurgence, karst (type intermittent) spring
Karstquelle *f* • karst spring
Karstrestberg *m*, Karstinselberg, residualer Karstberg • karst tower; pepito hill, haystack hill [*Puerto Rico*]; mogote [*Cuba*]; hum [*Southern Slav.*]; butte témoin [*In the Causse region of France*] [*In an advanced stage of solutional destruction of a limestone upland, residual hills analogous monadnocks in the fluidal cycle often remain*]
Karstschlot *m* ➲ Doline
Karstsee *m* • karst lake, karst pond, sink lake, sink pond, solution lake, solution pond
Karsttrichter *m* ➲ Doline
Karstverebnung *f*, Karsteinebnung • karst planation
Karstwanne *f* ➲ Schüsseldoline
Karstwasser *n* • karst water
Karte *f*, Landkarte [*Vom 15. bis 17. Jahrhundert "Landtafel" und "tabula" genannt*] • map
Karte *f* der Phänomene • map of phenomena [*The 'map of phenomena' is based on the geological map and shows such phenomena as scarps, transverse cracks or landslide masses. Unlike the´event map' it does not contain any events and their dates*]
Karte *f* 1:250 000 • quarter-inch map
Karte *f* 1:625 000 • ten-mile map
Karte *f* gleicher Mächtigkeitslinien ➲ Isopachenkarte
Karte *f* nach Musterblatt, Musterblattkarte • map of standard form, standard form map
Kartenabriss *m* • outline map; base map [*obsolete*] [*A map that presents minimal geographic information, usually only coastlines, principal streams, major civil boundaries, and large cities, leaving as much space as possible for the reception of additional particular data*]
Kartenausbau *m*, Randüberzeichnung *f* • extrusion, boundary break; blister (US) [*Cartography. The extension of detail outside the neat line*]
Kartenauszug *m* • bleed(ing edge), bleeding margin format; extended color (US)
Kartenausschnitt *m* • map extract
Kartenauswertung *f* • map (e)valuation
(Karten)Blatt *n* • (map) sheet
Kartenebene *f* • map plane
Karteneigenschaft *f* • map character and general form
Kartenentwurf *m* • manuscript map
Kartenentwurf(s)bearbeitung *f* • cartographic compilation
Kartenerneuerung *f* • map supersession
(Karten)Farbgebung *f* • map colo(u)rs selection and specification
Kartenfehler *m* • map error
Kartenfeld *n* • map face
Kartenfeldrandlinie *f*, Blattrandlinie; Kartenfeldbegrenzung *f* [*Schweiz*] • neat line
(Karten)Fortführen *n* [*Österreich*]; (Karten) Laufendhalten; (Karten)Nachführen [*Schweiz*] • (map) revision, (map) updating, up-to-date map maintenance
Kartengebiet *n* • map area
Kartengegenstand *m*, Kartenobjekt *n* • map subject, map feature
(Karten)Gitter *n* • (map) grid
Kartenharmonie *f* • visual balance of map elements
Kartenhauptpunkt *m* • point of zero distortion, zero distortion point
kartenhausartiges Gefüge *n* • cardhouse fabric
Kartenherstellung *f* • map production
Kartenindex *m* • map index
Kartenistmaß *n*, tatsächliches Kartenmaß, wirklicher Kartenmaßstab *m* • real map size, actual map size, as-is map size
Kartenkunde *f*, Kartografie *f* • cartography, chartology [*The art of map and chart construction*]

(Karten)Laufendhalten ***n*** ➋ (Karten)Fortführen [*Österreich*]
Kartenlesen ***n*** • map reading
Kartenleser ***m*** • card reader
Kartenmacher ***m*** • mapmaker
Kartenmanuskript ***n*,** Autorenoriginal *n* [*Handgezeichnete Vorlage für eine Karte*] • compilation manuscript, compilation plot
(Karten)Maßstab ***m*** • scale of map, (map) scale
(Karten)Maßstab(s)leiste ***f*,** (Karten)Maßstab(s)skala *f* • (map) scale bar
Kartenmessen ***n*,** Kartometrie *f* • cartometric measurement
Kartenmesser ***m*** • map measurer, chartometer [*An instrument for measuring distances on charts or maps, such as the length of a stream or river in a draining basin on a topographic map*]
(Karten)Nachführen ***n*** [*Schweiz*] ➋ (Karten) Fortführen
Kartennadir ***m*** • map plumb point
Kartennull ***n*,** hydrografischer Nullpunkt *m*, Seekarten-Null, SKN, Meer(es)karten-Null • zero of (the) chart, datum of (the) chart, datum (of charts), chart datum, hydrographic datum, (marine) chart zero [*The datum used as a reference for the depths of water or heights of predicted tides*]
Kartenobjekt ***n*,** Kartengegenstand *m* • map subject, map feature
Kartenorientierung ***f*** • map orientation
Kartenprojektion ***f*** • map projection [*(a) Any orderly system or arrangement of lines drawn on a plane surface and representing a corresponding system of imaginary lines on an adopted terrestrial or celestial datum surface; esp. a graticule formed by two intersecting systems of lines (representing parallels of latitude and meridians of longitude) that portray upon a flat surface the whole or any part of the curved surface of the Earth, or a grid based on such parallels and meridians. It is frequently referred to as a projection, (b) Any systematic method by which a map projection is made; the process of transferring the outline of surface features of the Earth onto a plane, (c) The mathematical concept of a map projection.*]
Kartenquadratnetz ***n*** • square map grid
Kartenrahmenfeld ***n*** • border [*The area of a map which lies between the neat line and the outermost line of the surrounding frame*]
Kartenrandmuster ***n*** • sheet layout
Kartenredaktion ***f*** • map editing
Kartensammlung ***f*** • map collection
Kartenschrift ***f*** • map writing
Karten(schutz)tasche ***f*** • map case
Kartenschwerpunkt ***m*** • center of gravity of a map (US); centre of gravity of a map (Brit.) [*In the sense that the most important detail tends to be concentrated around it*]
Kartenskizze ***f*** • mental map
Kartenstich ***m*** • map-engraving
(Karten)Stoffaufbereitung ***f*,** Vorbereitungsprozess *m* • preparation of (map) source material, (map) source material preparation
Kartentitel ***m*** • map title
Kartentiteldruck ***m*** [*Verzeichnis der neuangeschafften Karten der Bibliotheken*] • map accessions list
Kartenverarbeitung ***f*** • map processing
Kartenwerk ***n*** **für Folgemaßstäbe,** Grundkartenwerk; Originalaufnahmen *f* [*Schweiz*] • basic mapping, base mapping
Kartenwissenschaft ***f*** • map science
Kartenzeichen ***n*,** Signatur *f* • (cartographic) symbol
Kartenzeichenmethode ***f*,** Kartenzeichenverfahren *n*, Signatur(en)verfahren, Signatur(en)methode • (cartographic) symbol(s) method of representation
Kartenzeichner ***m*,** Kartograph *m* • cartographer
kartesische Koordinate ***f*** • Cartesian co-ordinate, rectangular co-ordinate [*Co-ordinates measured perpendicularly from fixed axes of reference which are at right angles to each other. The distances east or west are called eastings, westings, abscissae or departures. The distances north or south are called northings, southings, ordinates or latitudes*]
kartesisches Koordinatensystem ***n*** • Cartesian co-ordinate system
kartierbar • mappable
Kartierbarkeit ***f*** • mappability
Kartieren ***n*** • drawing a map, mapping
Kartieren ***n*** [*Von Punkten in einer Karte*] • cartometric scaling
kartieren [*Seekarte; Luftfahrtkarte*] • to (draw a) chart
kartieren • to (draw a) map
kartierender Geologe ***m*** • mapping geologist
Kartierfläche ***f*,** Zeichenfläche • drawing surface [*photogrammetry*]
(Kartier)Folie ***f*** • (mapping) overlay
Kartiergerät ***n*,** Zeichentisch *m*, Koordinatengraf, Koordinatograph *m* • tracing table [*photogrammetry*]
Kartierung ***f*** • mapping
Kartierungsanleitung ***f*** • mapping instruction(s)
Kartierungsaufnahme ***f*,** Kartierungs(ver)messung *f* • mapping survey, mapping measurement
Kartier(ungs)einheit ***f*** • mapping unit

K

Kartierungsgenauigkeit ***f*** • mapping accuracy
Kartierungsgeschwindigkeit ***f*** • man plotting speed
Kartierungsgrafik ***f*** • mapping graphics
Kartierungshorizont ***m*** • mapping horizon
Kartier(ungs)kamera ***f*** • earth terrain camera, ETC
Kartierungsoberfläche ***f*** • mapping surface
Kartierungstektonik ***f*** • mapping (geo)tectonics
Kartierungs(ver)messung ***f*,** Kartierungsaufnahme *f* • mapping survey, mapping measurement
Kartograf ***m*,** Kartenzeichner *m* • cartographer
Kartografie ***f*,** Kartenkunde *f* • cartography, chartology [*The art of map and chart construction*]
kartografische Aussage ***f*** • cartographic information
kartografische Berichtigung ***f*,** Geländekorrektur *f*, kartografische Korrektur, Geländeberichtigung • cartographic correction
kartografische Entzerrung ***f*** • cartographic rectification
kartografische geometrische Darstellung ***f*,** geometrische kartografische Darstellung • cartographic representation of densities related to geometric(al) real units
kartografische Regeln ***f*** • cartographic convention
kartografische Übermittelung ***f*** • cartographic communication
kartografisches Archivgut ***n*,** Plankammer *f* • cartographic records
Kartometrie ***f*,** Kartenmessen *n* • cartometric measurement
Karton(stech)drän ***m*,** Papp(stech)drän • cardboard wick drain, paper wick drain, cardboard (soil) drainage wick, cardboard (soil) dewatering wick, cardboard (soil) unwatering wick, paper (soil) drainage wick, paper (soil) dewatering wick, paper (soil) unwatering wick
Kartreppe ***f*,** Stufenkar *n*, Treppenkar, Stufenzirkustal *n*, Zirkustaltreppe, Treppenzirkustal • circus stairway, circus steps, circus staircase, kar stairway, kar steps, kar staircase, kettle stairway, kettle staircase, kettle steps
Kascholong ***m*,** Cacholong [*Porzellanartiger, milchweißer Opal mit grauen, gelben, oder rötlichen Farbtönen und Perlmutterglanz, undurchsichtig bis durchscheinend*] • cacholong, cachalong, pearl opal
Kaskade ***f*,** Absturz *m*, Gefällestufe *f* • cascade; force [*northern England*] [*A stream or river irregularity intermediate between a waterfall and a rapid*]
Kaskadengletscher ***m*** • cascading glacier
Kaskaden-(Hochwasser)Entlastungsanlage ***f*,** Kaskaden-(Hochwasser)Entlaster *m* • cascading (dam) spillway, cascading flood (relief) structure
Kaskadenwehr, Stufenwehr *n* • step weir, cascade weir; step dam, cascade dam (US)
Kasseler Braun ***n*,** Kasselerbraun • Cassel brown
Kassette ***f*** [*Fotogrammetrie*] • dark slide, plate holder, magazine
Kassettensegment ***n*,** Kassettentübbing *m* • waffle (tubbing) segment, coffer (tubbing) segment, pan (tubbing) segment, caisson (tubbing) segment, cassette (tubbing) segment, waffle lining segment, waffle liner, coffer lining segment, coffer liner, pan liner, pan lining segment, caisson lining segment, caisson liner, cassette lining segment, cassette liner
kastanienfarbiger Boden ***m*,** Kastanosem *m*, kastanienbrauner Boden, Kastanienboden; Kaschtanosom *m* [*russisch*] • dark brown soil, brown dark soil [*Marbut*]
Kasten ***m*** ➋ Druckluft(-Senk)kasten
Kastenausladeplatz ***m*** (⚒) • spout
Kasten-Bodenaustausch-Verfahren ***n*,** Kastenaustauschverfahren *n* [*Ein Bodenaustausch für Linienbauwerke kann mit Hilfe von schrittweise vorgetriebenen Kästen durchgeführt werden. Mit diesem patentierten Verfahren ist ein 100-%iger Bodenaustausch bis in Tiefen von 7 m möglich. Sowohl Weichbodenschichten können damit ausgetauscht werden als auch Kontaminationen entnommen werden. Technik der Firma Möbius*], • sheeting box soil exchange method [*a term used by Möbius*]
Kastenauszimmerung ***f*** ➋ Voll(aus)zimmerung
Kastenbauwerk ***n*** • box structure
Kastendolomit ***m*** ➋ Rau(c)hwacke
Kastendrossel ***f*** (⚒) • box regulator
Kastenfalte ***f*,** Kofferfalte • box fold [*A fold with the approximate profile form of three sides of a rectangle*]
Kastenfangedamm ***m*** • box cofferdam [*A cofferdam completely surrounding an area*]
Kastenfundament ***n*** [*ein Maschinenfundament*] • box foundation
Kastengründung ***f*** [*Zu unterscheiden sind drei Arten von Kastengründungen: mit offenen Senkkästen, mit Druckluftsenkkästen und mit Schwimmkästen*] • box foundation
Kastenherstellung ***f*,** Kastenschlag
Kastenkernprobe(n)nehmer ***m*** • box corer
Kastenkunst ***f*** ➋ Paternosterwerk
Kastenpfahl ***m*** ➋ (Stahl)Kastenpfahl
Kastenpfahlwand ***f*** • box pile wall
Kastenscherbüchse ***f*,** Kastenschergerät *n* • box-shear (ing) apparatus, shear(ing) box

Kastenscherversuch ***m*** • direct shear test
Kasten-Schlitzwandelement ***n*** • box(-shaped) slurry wall panel
Kastenspundbohle ***f*** • box sheet pile
Kastenspundwand ***f*** ➋ Doppelspundwand
Kastenspundwandfangedamm ***m*** ➋ Doppelspundwandfangedamm
Kastenstahlpfahl ***m*****,** (Stahl)Kastenpfahl [*Er besteht aus zusammengeschweißten Spundwandprofilen*] • (steel) box pile, box steel pile
Kastenstahlspundwand ***f*****,** Stahlkastenspundwand • steel box sheet pile wall, steel box sheet(pil)ing (wall)
Kastenstollen ***m*** • box gallery; box tunnel (US)
Kastenstrosse ***f*** **(⚒)** • stulled stope [*A stope in which the roof is supported by stulls*]
Kastenträger ***m*** [*einer Brücke*] • box beam, box girder
Kastentunnel ***m*** • box tunnel
Kastenverbau ***m*** ➋ (Graben)Kastenverbau
Kastenzimmerung ***f*** [*Eine in unterirdischen Bauen durch Stempel und Pfähle (= Kastenstangen) und darauf gelegte Bretter gebildete Zimmerung, auf welche die unhaltigen Gesteinsmassen (= Berge) aufgestürzt, versetzt werden*] • Stull
Kastor ***m*** ➋ Petalit
katabatischer Wind ***m*** • gravity wind, drainage wind, katabatic wind, mountain wind, canyon wind
Katafels ***m*****,** Katagestein *n* • kata rock
Katagenese ***f*** [*Nach A. J. Fersman (1922), die Gesamtheit der chemischen Vorgänge im Gestein, als es vom Wasser getrennt wurde und mit der Atmosphäre in Berührung kam. Im Zusammenhang mit der Katagenese stehen typomorphe Elemente und ihre Verbindungen, deren Wanderung durch das Bodenwasser erfolgt. Die Anhäufung dieser typomorphen Elemente führt zur Lagerstättenbildung*] • katagenesis, catagenesis [*The term is more or less equivalent to "epigenesist" as applied by Russian geologists*]
Kataklase ***f*****,** mechanische Umformung *f*, (Gesteins) Zertrümmerung, (Gesteins)Zerbrechung • cataclasis [*Rock deformation accomplished by fracture and rotation of mineral grains or aggregates without chemical reconstitution*]
kataklasegeschiefert • schistoclastic
Kataklasit ***m*** ➋ kataklastischer Fels
kataklastische Brekzie ***f*** • crush breccia, cataclastic breccia, kataklastic breccia, kataclastic breccia [*A tectonic breccia in which the brecciation was accomplished without either faulting or folding except so far as the rupture planes of the breccia may be considered as minute faults, e.g. a breccia produced by lateral pressure without any further mass deformation than that exhibited by gentle warpings*]
kataklastischer Fels ***m*****,** kataklastisches Gestein *n*, Kataklasit *m* • cataclasite, cataclastic rock
kataklinal [*Mit dem Schichtfallen sich abdachend*] • acclinal, cataclinal, conclinal [*Said of a stream or of a valley that descends in the same direction as that of the several dips of the underlying strata it traverses. Not to be confused with "aclinal"*]
Kataklinaltal ***n*** • acclinal valley, conclinal valley, cataclinal valley [*A valley running in the direction of a dip*]
Kataklysmentheorie ***f*****,** Katastrophismus
Kataklysmus ***m*****,** Naturkatastrophe *f* • (natural) disaster, cataclysm, catastrophe, convulsion [*Any violent and extensive subversion of the ordinary phenomena of nature, an extensive stratigraphic catastrophe*]
kataklystisch, katastrophal • cataclysmic
Katamarmor ***m*** • kata-marble
Katamorphismus ***m*****,** Abbau *m* • katamorphism, catamorphism [*A process of metamorphism occurring at or near the earth's surface and resulting in production of simple minerals from complex minerals through oxidation, hydration, solution, and other processes*]
Katangiden ***f*** [*Nordrhodesien*] • Lufilian Arc
katangische Gebirgsbildung ***f*** • Lufilian orogeny
katangische Lusaka-Brokenhill-Serie ***f*** • Roan Group
Kataster ***n*** ➋ Flurbuch
Kataster ***m*** **(*****n*****) für Massenbewegungen** • landslide inventory
Katasteraufnehmen ***n*****,** Kataster(ver)messen • cadastral surveying, cadastral measuring
Katasterbild(ver)messung ***f*****,** Katasterfotogrammetrie *f*, Katasterphotogrammetrie *f*, Katasterbildaufnahme *f* • cadastral photogrammetry
Katasterkarte ***f*** ➋ Liegenschaftskarte
Kataster(ver)messung ***f*** • cadastral survey
katastrophal, kataklystisch • cataclysmic
katastrophaler Gletschervorstoß ***m*****,** Gletscherwoge *f* • surge, glacier surge, catastrophic advance [*The period of very rapid flow of a surging glacier; also, the displacement or advance of ice resulting from the very rapid flow*]
katastrophales Versagen ***n*** [*eines Hangs*] • catastrophic failure [*of a slope*]
Katastrophe ***f*** **durch Rutschen einer Aussatzkippe** • tip disaster, dump disaster
Katastropheneinsatz ***m*** • disaster relief effort
Katastrophen(erd)beben ***n*****,** (Erd)Bebenkatastrophe *f* • catastrophic (earth)quake, disaster (earth)quake

Katastrophen(erd)beben ***n*****,** Mammut(erd)beben, Riesen(erd)eben • worldshaking (earth-)quake

Katastrophenflut ***f*****,** Flutkatastrophe *f* • catastrophic tidal flood (Brit.); super tidal flood, record tidal flood (US); disaster tidal flood, destructive tidal flood

Katastrophenhochwasser ***n*****,** Hochwasserkatastrophe *f* • catastrophic flood (Brit.); super flood, record flood (US); disaster flood, destructive flood

Katastrophentheorie ***f*****,** Katastrophismus *m*, Kataklysmentheorie [*Von Cuvier, 1769 - 1832*] • catastrophism, convulsionism [*The doctrine that explained the differences between fossils in successive stratigraphic horizons by assuming a general catastrophe followed by creation of the different organisms found in the next younger beds*]

Katastrophenversicherung ***f*** • disaster insurance

Katastrophenvorhersage ***f*** • disaster prediction

Katavothre ***m*** [*Volksausdruck aus den griechischen Kartstgebieten*] ➔ Doline

Katazone ***f*** • katazone, catazone [*The term suggested by the German geologist Grubenmann for the zone of metamorphism at great depth in the Earth's crust, and associated with the formation of diopside, cordierite, sillimanite, corundum, wollastonite, olivine, idocrase, fel (d)spar, and graphite*]

K

Kategorie ***f*****,** Objektgattung *f* • category

Kat(h)odenbrunnen ***m*** • cathode well [*electro-osmosis*]

Kat(h)odenschutzstrom ***m*** • cathodic protection current

Kat(h)odenstrahl ***m*****,** Elektronenstrahl • electron beam, cathode ray

Kat(h)odenstrahlröhre ***f*****,** Elektronenstrahlröhre • cathode ray tube, electron beam tube

Kat(h)odentragschiene ***f*** • cathode headbar

kathodischer Korrosionsschutz ***m*****,** KKS, kathodischer Rostschutz *m* • cathodic corrosion protection

Kat(h)odolumineszenz ***f*** • cathodoluminescence [*The emission of characteristic visible luminescence by a substance that is under bombardement by electrons*]

Kat(h)odolumineszenzmikroskopie ***f*** • cathodoluminescence microscopy

Kationenaustauschvermögen ***n*** • cation exchange capacity

Kation ***f*****,** Base *f* • base, cation

kationisches Gitterion ***n*** • lattice cation

Katzenauge ***n*** • cymophane, cat's-eye

Katzenaugenquarz ***m*** • cat's-eye quartz [*It exhibits an opalescent play of light when cut in certain directions*]

Katzengold ***n*****,** Goldglimmer *m* • cat's gold

Katzensilber ***n*****,** Silberglimmer *m* • cat's silver

Katzenstein ***m*** [*Gestein mit eisenhaltigen Knoten*] • cat head

Kaue ***f*** ➔ (Wasch)Kaue

Kauenwärter ***m*** ➔ (Wasch)Kauenwärter

Kaukamm ***m*** [*sächsisch*]; Grubenbeil *n* [*frühere Benennung*] [*Eine leichte Axt, das Hauptgezäh zur Ausführung der Zimmerungsarbeiten in der Grube*] (⚒) • hatchet

kaum gefleckt [*Industriemineral*] • good stained

Kaupe ***f*****,** Bülte *f* • rush

Kausalkette ***f*** [*von Ereignissen*] • chain of cause and effect, causal chain [*of events*]

Kaustobiolith ***m*** [*Zu den Kaustobiolithen gehören Humolithe, Saprolithe und Lipto(bio)lithe*] • causto-(bio)lith [*Combustible organic rock formed by direct accumulation of plant materials, includes coal and peat. Grabau suggested the term "caustophytolith" which should, however, not be confused with "acaustophytolith"*]

Kautschuk ***m*** • caoutchouc, natural rubber, Indian rubber, gum elastic

Kaverne ***f*** • cavern, underground chamber [*An underground chamber or series of chambers of indefinite extent carved out by rock springs in limestone*]

Kavernenbau ***m*** • cavern construction, cavern structure

Kavernenboden ***m*****,** Kavernensohle *f* • cavern bottom, cavern floor, cavern invert

Kavernendach ***n*****,** Kavernendecke *f* • cavern roof, cavern ceiling

Kavernengasspeicher ***m*** ➔ Gasspeicherkaverne

Kavernenkrafthaus ***n*****,** Kavernenkraftwerk *n*, Kavernenturbinenhaus, Kraft(werk)kaverne *f*, Maschinenkaverne, Untergrundkraftwerk, Untergrundturbinenhaus, Untergrundkrafthaus, unterirdisches Krafthaus • cavern power station, cavern power plant, cavern power installation, underground power station, underground power plant, underground power installation, cavern hydroelectric (power) station, cavern hydroelectric (power) installation, cavern hydroelectric (power) plant, underground hydroelectric (power) plant, underground hydroelectric (power) station, underground hydroelectric (power) installation, cavern (electric) generating plant, cavern (electric) generating station, cavern (electric) generating installation, underground (electric) generating station, underground (electric) generating plant, underground (electric) generating installation, cavern power house, underground power house

Kavernen-Pumpspeicherwerk ***n,*** Untergrund-Pumpspeicherwerk • cavern pump(ed)-storage station, underground pump(ed)-storage station

Kavernensohle ***f,*** Kavernenboden *m* • cavern bottom, cavern floor, cavern invert

Kavernenspeicher ***m,*** Speicher(ungs)kaverne *f* • storage cavern

Kavernenspeicherung ***f*** • cavern storage

Kavernenturbinenhaus ***n*** ➋ Kavernenkrafthaus

Kavernenwasser ***n*** • cavern water [*Water occupying caverns and solution cavities*]

Kavernenwasserschloss ***n*** • underground surge tank

kavernös • cavernous

kavernöser Kalk ***m*** • cavernous limestone

kavernöser Süßwasserquarzit ***m*** ➋ Buhrstein

Kavitation ***f,*** Hohlsog *m* [*Im allgemeinen jede Hohlraumbildung im Wasser, also auch die durch Gasausscheidung in Unterdruckgebieten. Im engeren Sinne die Bildung von Dampfblasen in Gebieten, in denen der momentane örtliche Druck den Dampfdruck unterschreitet*] • cavitation

Kavitationsfestigkeit ***f*** [*Tosbecken*] • cavitation resistance

KCN, Kaliumcyanid *n* • potassium cyanid(e)

Kebir ***m*** ➋ Solontschak

Kees ***m*** [*Salzburg und Kärnten*] ➋ Gletscher

Keffekilith ***m,*** türkische Pfeifenerde *f* [*Eine Meerschaumart, besonders in Anatolien vorkommend*] • keffekilite

Kegelbildung ***f*** • coning [*The upward intrusion of bottom water sometimes resulting when an oil or gas well is over-produced, or insufficient back pressure is maintained on the well*]

Kegelbildung ***f*** • (up)coning [*The cone-shaped rise of saltwater beneath freshwater in an aquifer as fresh-water is produced from a well*]

Kegeldüne ***f*** • cone(-shaped) dune

Kegelfallgerät ***n,*** Kegelfall-Gerät *n* • fall-cone apparatus

Kegelfalte ***f*** • cone fold

kegelig, konisch, verjüngt • conic(al), taper(ed)

Kegelkarst ***m*** • cockpit karst, cone karst, polygon(al) karst [*A typical karst of the tropics, in which cockpits are separated by steep-walled rounded hills, forming a pattern that resembles a mo(u)lded egg box*]

Kegelkarst ***m*** • kegelkarst [*German. The term recommended for international use by the Commission on Karst Phenomena of the International Geographical Union in 1956 to cover the types of karst country characterized by coupoles, pitons and tourelles*]

Kegelpendel ***n,*** Horizontalschwerpendel • cone pendulum

Kegelpfahl ***m,*** konischer Pfahl • cone pile, conic(al) pile, taper(ed) pile

Kegelpiezometer ***n*** • cone piezometer

Kegelschalenfundament ***n,*** Kegelschalengründung *f* • conic(al) shell foundation [*See note under "foundation"*]

Kegelschalen-Kugelschalen-Gründung ***f,*** Kugelschalen-Kegelschalen-Gründung • dome-cum-cone combined shell foundation, cone-cum-dome combined shell foundation

Kegelschneesonde ***f*** • spring-driven snow penetrometer

Kegelwiderstand ***m*** • cone resistance

Kehlenpfahl ***m,*** Riefenpfahl, Kannelurenpfahl [*"Pilot" wird in Österreich für "Pfahl" verwendet*] • corrugated pile [*A precast, tapered, concrete pile with semi-cylindrical flutes running lengthwise, having reinforcing rods, and a two-inch hole in the centre for a jet*]

Kehltal ***n*** • throat(-like) valley

Kehrbildentfernungsmesser ***m*** • inverted image range finder, inverted picture range finder, inverted image telemeter, inverted picture telemeter

Kehre ***f,*** Biegung *f,* Krümme *f,* Krümmung • bend, curve, turn [*In the course, bed or channel of a stream or river, not yet developed into a meander*]

Kehrherd ***m,*** Glauchherd

Kehrpunkt ***m*** ➋ (Kurven)(Rück)Kehrpunkt

Kehrrad-Abhängehaken ***m,*** Abhängehaken am Kehrrad [*Tiefbohrtechnik*] • disconnecting hook, throw-off hook

Kehrsalpeter ***m*** • swept saltpetre

Kehrwand ***f*** [*frühere Benennung*] ➋ Spundwand

Keil ***m,*** (Vor)Pfändkeil, Abpfändkeil, Ansteckkeil, Getriebekeil, Vortrieb(s)keil • (fore)poling wedge, spiling wedge, horseheading wedge

Keilarbeit ***f,*** Hereintreibearbeit (⚒) • wedging down

Keilauffüllung ***f,*** Keilauftrag *m* • wedge fill(ing)

Keilbohren ***n*** • wedge drilling

Keilbruch ***m*** [*Böschung*] • wedge failure, wedge rupture

Keilbruchprobe ***f*** ➋ Spaltversuch

Keilbruchprüfung ***f*** ➋ Spaltversuch

Keilbruchversuch ***m*** ➋ Spaltversuch

Keildamm ***m*** ➋ gewölbte Verdammung

Keildoppelanker ***m,*** Doppelkeilanker • sliding wedge bolt, slide wedge bolt

Keildoppeleinbruch ***m,*** Doppelkeileinbruch • double wedge cut, dual wedge cut, twin wedge cut, two-wedge

K

cut [*A drill hole pattern consisting of a shallow wedge within an outer wedge and is often used to obtain deep pull in hard rock*]

Keileinbruch *m* mit Entspannungsbohrlöchern, V-Einbruch mit Entspannungsbohrlöchern • stabholes wedge cut, stab-holes V cut; stab-holes plough cut (Brit.); stab-holes plow cut (US)

keilen ➋ (ab)keilen

Keilfelsanker *m* • wedge rock bolt

Keilfundament *n*, Keilgründung *f* • wedge(shape(d)) foundation

Keilhülsenanker *m* • wedge-and-sleeve bolt

Keilloch *n*, Winkelloch • wedge hole, angle hole [*Drilling pattern for shaft, tunnel and quarry work*]

Keilrammschuh *m*, Keilpfahlschuh • wedge (pile) point, wedge pile shoe, wedge pile boot, wedge driving point, wedge driving shoe, wedge driving boot, wedge drive point, wedge drive shoe, wedge drive boot, wedge conical point, wedge conical shoe, wedge conical boot

Keilrutschung *f* • wedge slide, wedge landslip, wedge landslide, wedge slip(ping), wedge sliding [*A wedge of rock moves along the intersection of two slippage surfaces*]

Keilscheibe *f* [*für Verankerungen*] • wedge-shaped bearing plate

Keilschlitzanker *m*, Schlitzkeilanker, Perfoanker • slot-and-wedge bolt

Keilscholle *f* • wedge block

Keilschrift *f* • cuneiform writing

Keilschriftgranit *m* • cuneiform granite, cuneiform stone

Keilspalte *f* • sphenochasm

Keilspalten *n*, Abkeilen, Abkeilung *f*, Steinspaltung, Abschlitzen, Abschlitzung • (bed lifting by) wedging [*The process of splitting masses of rocks by means of wedges*]

Keil(spund)bohle *f* • wedge(d) sheet pile

Keilstereoskop *n* • system mesh

Keiltopf *m*, Futterrohrkeiltopf, (Bohr)Rohrkeiltopf, Verrohrungskeiltopf • (casing) spider, wedge block, (slip) bowl

Keilverdämmung *f* ➋ gewölbte Verdämmung

Keilverspündung *f* ➋ gewölbte Verdämmung

Kelchüberlauf *m*, Kelchüberfall *m* • bell-mouth(ed) (shaft) spillway, trumpet(shaped) (shaft) spillway, flared (shaft) spillway, bell-mouth(ed) overfall, trumpet(shaped) overfall

Keller *m* • basement [*often inhabited*], cellar [*for storage of food, fuel, tooling equipment etc.*

Kelleraußenwand *f* • basement retaining wall

Kellerdecke *f* • basement ceiling, cellar ceiling

Kellerfußboden *m* • basement floor, cellar floor

Kellergeschoss *n* • basement (Brit.), underground floor (US)

Kellerraum *m* • basement room, basement, cellar room

Kelly-Stange *f* • kelly rod, kelly bar

Kellyverschraubvorrichtung *f* [*Tiefbohrtechnik*] • power sub

Kelvingrade *f* • degrees Kelvin [*Absolute temperature on the Centigrade scale, or degrees C plus 273.16*]

Kelvinkörper *m* • Kelvin solid

Kelyphitrinde *f* [*Gesteinskunde*] • border rim, marginal rim

KEM ➋ Kinematische-Elemente-Methode

Kenndatenermitt(e)lung *f* • characterization

Kennedy-Grenzgeschwindigkeit *f* ➋ kritische Kennedy-Geschwindigkeit

Kennganglinie *f* ➋ Indikatorganglinie

Kennlinie *f* eines Stempels ➋ Charakterisitik eines Stempels

Kennmarke *f* • gap [*seismogram*]

Kennmineral *n*, Variationsmineral • characterizing accessory mineral, varietal mineral, distinctive mineral

Kennorganismus *m*, Leitorganismus, Indikatororganismus • characteristic organism

Kennreihe *f*, Kennserie *f* • characteristic series

Kennwert *m* • characteristic, parameter

Kennzeichen *n* • identification symbol

Kennzeichen *n* [*Karte*] • signum

Kennzeichnung *f* • identification

Kennzeichnung *f* von Böden, Bodenkennzeichnung, Bodenbestimmung • identification of soil(s), soil identification

Kennzeichnung *f* von Gesteinen, Gesteinskennzeichnung *f*, Gesteinsbestimmung • identification of rock(s), rock identification

Kennzeichnung *f* von Mineralien, Mineral(ien)-kennzeichnung *f*, Mineral(ien)bestimmung • mineral identification, identification of minerals

Kennzeichungstabelle *f* • identification table

kenorische Gebirgsbildung *f* [*Kanada*], anomische Gebirgsbildung [*USA*]

kentern, umkehren [*Strom*] • to reverse, to turn, to weaken [*current*]

Kentern *n* ➋ Gezeitenumkehr

Kentersicherheit *f* [*von Schwimmkörpern*] • stability against capsizing

Kephalarie *f* • egress cave

Keramikdocht *m* zur Bewässerung, Bewässerungs-Keramikdocht *m* • water wick

Kerargyrit *n*, Cerargyrit, Chlorsilber *n*, AgCl; (Silber) Hornerz *n* [*veraltete Benennungen*] • hornsilver, carneous silver, cerargyrite, kerargyrite, chlorargyrite

Keratophyr *m* • keratophyre [*Any dike rock or salic lava that is characterized by the presence of albite or albite oligoclase, chlorite, epidote, and calcite*]

Kerbdrän *m*, Schlitzdrän • slot(ted) drain

Kerb(e) *m*, *(f)* [*Nach hinten spitz zulaufender Einschnitt*] (⚒) • notch, jag, kerving

Kerbfilter *m*, *n* • notch filter

Kerbhaue *f*, Schneidhammer *m* [*Gezähe zum Schlitzen des Flözes*] (⚒) • pick

Kerbholz *n* • score, tally

Kerbstrecke *f*, Schlitzstrecke, Schlitzschlag *m*, Kerbschlag [*Blockbruchbau*] (⚒) • slot(ted) drift

Kerbtal *n*, V-Tal • saw-cut valley, slot, gash, V(shaped) valley, v(ee)-valley

Kerbwirkung *f* • notch(ing) effect

Kermesit *m*, Rotspießglanz *m*, Antimonblende *f*, Sb_2S_2O • kermesite, red antimony, antimony blende, saffron of antimony, antimony saffron, kermesome, purple blende; pyrostib(n)ite [*obsolete*]

Kern *m* ➋ (Dicht(ungs))Kern

Kern *m* • core

Kern *m* • core (wall) [*A wall or structure of impervious material forming the central part of an embankment, dike, or dam, the outer parts of which are pervious*]

Kern *m* aus undurchlässigem Boden [*Erd(stau)-damm*] • (water)tight soil core, impermeable soil core

Kern *m* mit Bentonit vergütet, bentonitvergüteter Kern [*Schüttstaudamm*] • bentonite-modified core

Kernabsorption *f* • nuclear absorption [*Absorption of energy by the nucleus of an atom*]

Kernachse *f* • epipolar axis, epipolar line [*photogrammetry*]

Kernanalyse *f* • core analysis [*The lab(oratory) measurement of petrophysical properties of core samples recovered from geologic(al) formations*]

Kernausbruch *m* [*Kernbauweise im Tunnelbau*] • core excavation, core removal

Kernaushub *m* • nuclear excavation [*The use of nuclear explosions to remove earth*]

Kernausstoßer *m* • core pusher, core ejector

Kernauswerteverfahren *n*, Kernauswertungsverfahren, Kernauswertungsmethode *f*, Kernauswertemethode • core evaluation method

Kernbauweise *f* mit First(en)stollen, First(en)stollen-Kernbauweise • multi(ple)-drift method, multi(ple)-heading method [*A combination of the side- and top-drift methods*]

Kernbecken *n* ➋ eingespülter wasserdichter Kern

Kernbohranlage *f* • core drill(ing) rig, coring rig

kernbohren • to core-drill [*To drill with a rotary bit which grinds the rock or concrete only at the periphery, so that in the centre of the bit the core remains undisturbed*]

Kernbohren *n* • core drilling, coring

Kernbohren *n* zur Bestimmung der Lagerungsbedingungen • structural core drilling, structural coring

Kernbohrer *m* • core drill, coring drill

Kernbohrer *m*, Kernbohrmeißel *m* • core bit, core drilling bit, coring bit

Kernbohrkrone *f* • coring bit

Kernbohrloch *n*, Kernbohrung *f* • core drill hole, coring drill hole [*Any hole drilled for the purpose of obtaining cores*]

Kernbohrprobe *f*, Bohrkernprobe • drill core sample

Kernbohrrohr *n* • core barrel

Kernbohrrohr

Kernbohrturbine *f* [*Hohlwellenturbine mit einfahrbarem Seilkernrohr*] • core (drill(ing)) turbine, coring turbine

Kernbohrung *f* • core drilling, core drilled hole, coring

Kernbrecher *m* [*Von Bohrern und Schrämköpfen*] • core breaker pick

Kernbrennstoff *m*, Reaktorbrennstoff • nuclear fuel, reactor fuel, fission fuel

Kernbüchse *f*, Kernrohr *n* • core barrel, core pipe, core tube

Kernchemie *f*, Atomchemie • nuclear chemistry [*Study of the atomic nucleus, including fission and fusion reactions and their products*]

Kerndamm *m* [*Talsperre*] • core(-type) dam

Kernebene *f* [*Fotogrammerie*] • epipolar plane, basal plane

Kerneinbau *m* [*Staudamm*] • core placement, core placing

Kerneis *n* • core ice

Kernemulsion *f* • nuclear emulsion [*A photographic emulsion specially designed to register individual tracks of ionizing particles*]

kernen • to core [*To obtain a core in drilling*]

Kernen *n*, Formationsmessung *f* • logging, coring [*oil well*]

Kernen *n* ➋ Kerngewinn(ung)

Kernenergie *f*, Atomenergie • nuclear energy, atomic energy

Kern(ent)nahme *f* ➋ Kerngewinn(ung)

K

Kernfänger(ring) ***m,*** Kernfangring • core catcher [*A hardened steel ring having a slit, an outside taper, and an inside or outside serrated surface; in its expanded state it allows the core to pass through it freely, but when the drillstring is lifted, the outside taper surface slides downward into the bevel of the bit or reaming shell, causing the ring to contract and grip tightly the core which it surrounds*]

Kernfelsschüttung ***f*** • core rockfill(ing)

Kernfestigkeit ***f*** • core strength

Kernflutversuch ***m,*** Flutversuch an Kernen [*Zur Bestimmung der nach dem Fluten verbleibenden Ölsättigung*] • flood pot test

kernfreibohren, überkernen • to overcore

Kerngewinn ***m*** • pull, core pull [*The amount of core obtained each time the core barrel is removed from a borehole*]

Kerngewinn(ung) ***m, (f),*** Kernung *f,* Kernen *n,* Kern(ent)nahme *f* [*Probekern*] • coring, core sampling, core recovery, core removal, core extraction, core taking

K

Kernheber ***m,*** Kernschneider *m* • core cutter, core lifter, lifter spring [*An attachment at the foot of the core barrel which grips the core and breaks it at the root when the core is withdrawn for examination*]

Kernholz ***n*** • heartwood

Kernkasten ***m,*** Kernkiste *f* • core box, core storage box [*Usually a large box, divided into narrow partitions, to store the rock cores at the surface as they are extracted from a borehole*]

Kernkiste ***f,*** Kernkasten *m* • core box, core storage box [*Usually a large box, divided into narrow partitions, to store the rock cores at the surface as they are extracted from a borehole*]

Kernkraftwerk ***n,*** Atomkraftwerk • nuclear plant, nuclear (electric(al)) power (generating) station, nuclear (electric(al)) power (generating) plant [*A power plant for large-scale generation of electric(al) power in which the source of energy is nuclear fusion*]

Kernkraftwerk ***n*** ➲ Atomkraftwerk

Kernkrone ***f*** [*Tiefbohrtechnik*] • core cutter head

Kern(lager)bude ***f*** • core shack

kernloser Bohrmeißel ***m*** • full-hole bit, noncoring bit

Kern-Mantel-Grenze ***f*** • core-mantle boundary [*The boundary, at a depth of about 2900 km, that marks a change from solid silicate rocks above to the fluid core below. The core is composed primarily of iron*]

Kernmarsch ***m*** ➲ gekernte Strecke od. ➲ Kernmarschlänge

Kernmarschlänge ***f*** Kernmarsch [*beim Bohrvorgang*] • core run

Kernmaterialentnahme ***f*** • core material borrow

Kernmauer(stau)damm ***m,*** Betonkern(stau)damm, Betonkern(tal)sperre *f,* Kernmauer(tal)sperre • concrete core (wall) (type) dam

Kernneigung ***f*** • core slope

Kernniederschrift ***f,*** Kernprotokoll *n* • core record [*A record showing the depth, character, lithology, porosity, permeability, and fluid content of cores*]

Kernpfahl ***m*** [*Prestcorepfahl*] • core pile [*A pile consisting of precast concrete sections assembled on a central steel pipe*]

Kernphysik ***f,*** Atomphysik • nuclear physics [*The study of the characteristics, behavio(u)r and internal structures of the atomic nucleus*]

Kernprobe ***f,*** Probekern *m* • core sample, sample core

Kernprobe(n)nehmer ***m*** • corer, core sampler, core sample taker, coring tool

Kernprotokoll ***n,*** Kernniederschrift *f* • core record [*A record showing the depth, character, lithology, porosity, permeability, and fluid content of cores*]

Kernpunkt ***m*** [*Fotogrammetrie*] • epipole

Kernrohr ***n,*** Kernbüchse *f* • core barrel, core pipe, core tube

Kernsättigungsmagnetometer ***n*** ➲ Sättigungskernmagnetometer

Kernsalz ***n*** • pure rocksalt

Kernsand ***m*** • bank sand [*A sand occurring in banks and containing a low percentage of clay; used in core making*]

Kernschale ***f*** [*Aufbewahren der Bohrkerne*] • core tray

Kernschlich ***m,*** Köpfel *m,* Haupt *n,* Stirn *f* [*Der beim Erzverwaschen auf einem Herd erlangte beste Schlich*] • best clean (washed) ore, best shlig

Kernschmelze ***f*** [*Atomkrafttechnik*] • core meltdown

Kernschneider ***m,*** Kernheber • core cutter, core lifter, lifter spring [*An attachment at the foot of the core barrel which grips the core and breaks it at the root when the core is withdrawn for examination*]

Kernspalter ***m,*** Kernspaltvorrichtung *f* • core splitter

Kernspaltung ***f*** • nuclear fission

Kernspaltungsspuralter ***n*** • fission-track age, spontaneous fission-track age

Kernspülung ***f*** • core flushing

Kern-Stein(schütt(ungs))damm ***m,*** Kern-Stein(schütt(ungs))(tal)sperre *f* • core rock(fill) dam, rock (fill) core dam

Kernstollen ***m*** • core gallery, core drift; core tunnel (US)

Kernstoßrohr ***n,*** Stoßkernrohr • biscuit cutter [*A short (6-8 inches or 15 - 20 cm) core barrel that is sharpened at the bottom and forced into the rocks by the jars*]

Kernstrahl *m* [*Fotogrammetrie*] • epipolar key

Kernstrahlenbüschel *n* [*Fotogrammetrie*] • epipolar pencil of rays, epipolar ray pencil

Kernstrecke *f*, gekernte Strecke, Kernmarsch *m* [*Tiefbohrtechnik*] • cored interval, cored section

Kernstromerzeugung *f*, Atomstromerzeugung • nuclear electric(al) power generation [*Large-scale generation of electric(al) power in which the source of energy is nuclear fusion*]

Kernteich *m* ➲ eingespülter wasserdichter Kern

Kernung *f* ➲ Kerngewinn(ung)

Kernverlust *m* • core loss

Kernvortrieb *m* • core excavation

Kernwand *f* [*frühere Benennung*] ➲ Spundwand

Kern(wasser)walze *f* • confined eddy [*An eddy which is not free to move and spread owing to contact with a structure or obstruction in channel*]

Kernwüste *f* [*Wüste mit äußerst aridem Klima*] • drought(y) desert

Kerogen *n*, Kerabitumen

Kerosin *n*, Petroleum *n*, Steinöl *n* • coal oil, kerosene, kerosine [*That distillate obtained from such a crude oil which is used for illuminating purposes*]

Kersantit *m* • kersantite; kersanton [*obsolete*] [*Dark dike rock consisting mostly of biotite, plagioclase, and augite*]

Kerzenflamme *f* • candle flame

Kessel *m* ➲ (Verdunstungs)Kessel

Kessel *m* [*Ein durch wiederholte Sprengungen mit wachsenden Lademengen im Bohrlochtiefsten aufgeweitetes Bohrloch*] • chamber, camouflet

Kessel *m* • kettle [*A pothole in a stream or river bed*]

Kessel *m*, Loch *n*, Topf *m* • pothole, pot [*In geomorphology, general terms for any hole, pit, or depression produced naturally in the ground (and often containing water) that suggests the shape or form of a pot or kettle*]

Kessel *m* ➲ Caldera

Kessel *m* • boiler

Kesselasche *f* • fuel ash, boiler ash

Kesselasche *f* ➲ Kaliumkarbonat

Kesselbrunnen *m*, Schachtbrunnen, ausgeschachteter Brunnen, Ausschachtbrunnen • dug (water) well

Kesselfeld *n* ➲ Kuppen und Senken

Kesselformel *f* [*DIN 2413; sie ist eine Berechnungsformel aus der Technischen Mechanik. Wichtig für die Berechnung von Rohrleitungen*] • Barlow's formula

Kesselkoeffizient *m* ➲ (Verdunstungs) Kesselkoeffizient

Kesselkohle *f*, Esskohle, Dampfkesselkohle, kurzflammige Kohle • steam coal, short-flaming coal, stoker coal

Kesselmoräne *f* • kettle moraine [*A terminal moraine whose surface is marked by many kettle holes*]

kesseln ➲ (aus)kesseln

kesseln [*Einhängen eines Feuerkessels in einen Schacht zur Erzeugung eines Wetterzuges*] (⚒) • to ventilate with a fire kibble

Kesseln *n* ➲ (Aus)Kesseln

Kesselschuss *m*, Schnürschuss • squib(bing shot), chambering shot, springing shot

Kesselsee *m* ➲ Calderasee

(Kessel)Speisewasservorwärmer *m*, Rauchgas-Wasservorwärmer, Eko(nomiser) *m* • economizer

Kesselsprengung *f*, (Aus)Kesseln *n*, Kesselsprengen, Schnüren • chambering, springing, squibbing, sprung borehole method [*The firing of successively larger charges of explosive with little stemming until the hole bottom is sufficiently enlarged (chambered) to take the final charge (which is properly stemmed). The method is much used for heavy blasts in quarrying*]

Kesselspreng(ungs)patrone *f*, Schnürpatrone • squibbing cartridge, chambering cartridge, springing cartridge [*See note under "chambering"*]

Kesselstein *m* [*Im Iser- und Riesengebirge volkstümlich als Opfer-, Teufels- oder Hexenstein bezeichnet*] • circus rock, kar rock, kettle rock

Kesseltal *n*, Talkessel *m* • deep circular valley, circular deep valley

Kesselverdunstung *f* ➲ (Mess)Kesselverdunstung

Kette *f* • chain [*In geomorphology, a general term for any series or sequence of related natural features arranged more or less longitudinally, such as a chain of lakes, islands, sea mounds, mountains, volcanoes etc.*]

Kette *f* von aneinanderstoßenden Rasterzellen [*Geoinformationssystem; Landinformationssystem. Datenkompression in Rastermodellen*] • chain code

kettenartige Anlagerung *f* der Chromitkristalle • chain structure

Kettenbaak(e) *f* ➲ Kettenhalter

Kettenbagger *m* • crawler excavator; *less frequent:* tracked excavator

Kettenbahn *f* ➲ Ketten(förder)strecke

kettenbestückte Grabenfräse *f* • chain-saw-type trench milling machine

Ketten(-Bohrloch)perforator *m* [*Die Ladungen sind zu einer Kette aneinandergereiht*] • fully expandable jet

Kettendozer *m* • crawler dozer; *less frequent:* tracked dozer

K

Kettenförderer ***m*** [*z. B. an einem Eimerkettenschwimmbagger*] • chain conveyor

Ketten(förder)strecke ***f*,** Förderstrecke mit Kettenbetrieb, Kettenbahn *f* (⚒) • chain road, chain way

Kettengänge ***m*(*pl*)** [*Durch kleine Quergänge verbundene parallele Gänge*] • articulated lodes, link (ed) lodes [*As called by miners*]

Kettengänge ***m*(*pl*)** [*Durch kleine Quergänge verbundene parallele Gänge*] • articulated veins, link (ed) veins[*As called by geologists*]

Kettengebirge ***n*** • mountain chain, mountain range

Kettenhalter ***m*** • end chainman, rear chainman [*He merely holds the end of the tape at a mark left by the head chainman. See note under "chainman"*]

Kettenhalter ***m*,** Kettenstab *m*, Kettenbake, Kettenbaak(e) *f* [*Feldvermessung*] • chain pole

Ketteninklinometer ***n*** • chain inclinometer

Kettenjura ***m*,** Faltenjura • Fold Jura, High Chain Jura

Kettenkoralle ***f*** • chain coral

Kettenkrater ***m*** • chain crater

Kettenlader ***m*** • crawler loader; *less frequent:* tracked loader, track loader

Kettenlasche ***f*** [*Tiefbohrtechnik*] • fishing chain

Kettenpegel ***m*** • chain gauge; chain gage (US)

Kettensilikat ***n*,** Inosilikat • inosilicate, chain silicate [*Silicate structure in which the SiO_4 tetrahedra are jointed together to produce chains of indefinite lengths (the ends being at the surfaces of the crystal). The amphiboles are an example*]

Kettenstab ***m*,** Kettenhalter *m*, Kettenbake, Kettenbaak(e) *f* [*Feldvermessung*] • chain pole

Kettenstift ***m*** [*Kettenvermessung. Er bezeichnet das Ende einer Kette*] • chain pin

kettenverankerter Halbtaucher ***m*** [*meer(es)-technische Konstruktion*] • catenary anchored floater

Ketten(ver)messung ***f*,** Stahlband(ver)messung, Band-(ver)messung [*Siehe Anmerkung unter "Stahl(mess)-band"*] • chaining, chain surveying, taping, chain measuring [*Terms which originally meant measuring with a chain, but as now used denote measuring with either a chain or tape*]

Kettenzieher ***m*,** Kettenträger [*Heute werden Bänder benutzt, doch "Kette" wird fälschlicherweise weiterhin verwendet*] • chainman; axman (US) [*Nowadays, tapes are used instead of chains, but the term "chain" is still used erroneously instead of "tape"*]

Keubel ***m*,** Sieb *n* (⚒) • crib(b)le

Keule ***f*** [*Stahlspundbohle*] • club

Keuper ***m*,** obere Trias *f* • Keuper, Upper Trias(sic) [*European stage (especially in Germany); above Muschelkalk, below Lias*]

Keuperkalkgruppe ***f*,** Triasgruppe • red sandstone group

Keupermergel ***m*,** Steinmergel • Keuper marl

Keuperton ***m*** • Keuper clay

KH ➋ austreibbare Härte

Kiellinie ***f*,** Basislinie [*Falte*] • base (line)

Kies ***m*** • gravel; channer [*Scotland*] [*An unconsolidated, natural accumulation of rounded rock fragments resulting from erosion, consisting predominantly of particles larger than sand (diameter greater than 2 mm, or 1/12 inch), and combinations of these particles; the unconsolidated equivalent of conglomerate*]

Kies ***m*** • pyrites; kies [*German term*] [*(a) Any of various metallic-looking sulfides of which pyrite ("iron disulfide") is the commonest. The term is used with a qualifying term that indicates the component metal, e.g. "copper pyrites" (ychalcopyrite), "tin pyrites" (stannite), "white iron pyrites" (marcasite), "arsenical pyrites" (arsenopyrite), "cobalt pyrites" (linnaeite), and "nickel pyrites" (millerite). When used popularly and without qualification, the term usually signifies pyrite. (b) "Pyrites" is an obsolete term for a stone that may be used for striking fire.*]

Kiesabbau ***m*** • stripping gravel, gravel stripping

Kiesablagerung ***f*** • gravel deposit

Kies(auf)füllung ***f*,** Kies(auf)schüttung, Kiesauftrag *m* • gravel fill(ing)

Kiesaufspülung ***f*,** Kiesspülauftrag *m* • gravel hydraulic fill(ing), gravel sluicing [*See note under "hydraulic fill(ing)"*]

Kiesausgleichlage ***f*,** Kiesausgleichschicht *f* • gravel blinding

Kiesaushub ***m*** • gravel excavation, gravel digging

Kiesband ***n*** • gravel layer

Kiesbank ***f*** • gravel bank

kiesbedeckt, bekiest • gravel-topped, gravel-covered

Kiesbetrieb ***m*** • gravel operation(s)

Kiesbett ***n*** [*Fluss; Strom*] • gravel channel

Kiesbett ***n*,** Kiesunterbettung *f* • gravel bed(ding)

Kiesboden ***m*,** Kiesgrund *m* • gravel soil, gravel ground, gravel

Kiesbrunnen ***m*** • gravel well

Kiesbrunnen *m* mit Filterrohr ➋ lotrechtes Rohrfilter

Kies(brunnen)packung ***f*** • gravel (well) pack(ing), gravel (well) sleeve, gravel (well) envelope [*Between well screen and aquifer sand*]

Kiesdamm ***m*** • gravel embankment, gravel bank

Kiesdeponie ***f*** • gravel disposal site, gravel depository
Kiesdrän ***m*** • gravel drain
Kiesebene ***f*** • gravel plain
Kies(einpress)pfahl ***m*,** Kies(einpress)säule *f,* Kies(einpress)schaft *m,* Kies(verdichtungs)pfahl • gravel column, gravel pile [*Gravel injection into poor bearing soil by jetting and vibro-displacement to improve carrying capacity*]
Kieselalge ***f*,** Diatomee *f* • diatom
kieselalgenhaltig, diatomeenhaltig • diatomaceous [*Composed of or containing numerous diatoms or their siliceous remains*]
Kieselalgenschlick ***m*,** Diatomeenschlick • diatom ooze [*A deep-sea pelagic sediment containing at least 30% diatom frustules; it is a siliceous ooze*]
Kieseleisenstein ***m*** • siliceous iron ore
Kieselerde ***f*** • siliceous earth
(Kiesel)Galmei ***m*** [*frühere Benennung*] ➔ Hemi-morphit
Kieselgestein ***n*** • siliceous rock
Kieselgur ***m*** • kieselghur
kiesel(halt)ig, silifiziert • siliceous [*Of or pertaining to silica; containing silica, or partaking of its nature; containing abundant quartz*]
Kieselholz ***n*** ➔ versteinertes Holz
kieseliger Kalkstein ***m*,** Kieselkalkstein, Lesekalkstein • siliceous limestone
kieseliger Magnesiakalkstein ***m*,** kieselhaltiger Magnesiakalkstein, silifizierter Magnesiakalkstein • cotton rock [*A term used in Missouri for a soft, fine-grained siliceous, white to slightly gray or buff magnesian limestone having a chalky or porous appearance suggestive of cotton*]
kieseliges Sediment ***n*** • siliceous sediment
Kieselkreide ***f*** [*Schleifrohstoff*] • chalk flint
Kieselkruste ***f*,** Kieselpanzer *m,* SiO_2-Ausscheidung *f* • siliceous (duri)crust, silcrete, silica (duri)crust
Kieselmangan ***n*** • silicate of manganese, manganese silicate
Kieselnadel ***f*** • siliceous spicule
Kieseloolith ***m*** • siliceous oolite
Kieselpanzer ***m*,** Kieselkruste *f,* SiO_2-Ausscheidung *f* • siliceous (duri)crust, silcrete, silica (duri)crust
Kieselsandstein ***m*** • siliceous sandstone
Kieselsäure ***f*** • silicic acid, hydrated silican [*A white, amorphous precipitate, used to bleach fats, waxes, and oils*]
Kieselsäuregallerte ***f*** • gelatin(e) silica, gelatinous silica
Kieselsäuregel ***n*,** Kieselsäure-Gel *n* • silica gel
Kieselsäuregehaltbestimmung ***f*** **durch Glaskügelchen** [*Diese Kügelchen werden aus dem Untersuchungsmaterial hergestellt*] • glass-bead-silica determination
kieselsäurereich ➔ sauer
kieselsäurereiches geschichtetes weißes Phosphat ***n*** • stony phosphate
kieselsaures Kupferoxid ***n*** • silicate of copper, copper silicate
Kieselschiefer ***m*** • siliceous shale [*Tarr (1938) describes this rock as porcellanite because it is not truly a shale*]
Kieselschlamm ***m*** • siliceous ooze
Kieselschwamm ***m*** • siliceous sponge
Kieselschwammnadel ***f*** • siliceous sponge spicule
Kieselsinter ***m*,** Geyserit *m,* Fiorit, Sinterkiesel *m,* Perlsinter • siliceous sinter, sinter, pearl sinter, geyserite, fiorite
Kieselspat ***m*,** Cleavelandit *m* • cleavelandite [*A white form of albite with a lamellar structure*]
Kiesel(stein) ***m*** • pebble (stone)
Kieselwismuterz ***n*,** Eulytin *m,* Wismutoxyd *n* • eulytite, eulytine, bismuth blende, agricolite, $Bi_4Si_3O_{12}$
Kieselzinkerz ***n*** ➔ Hemimorphit
Kiesentnahmestelle ***f*** • gravel borrow pit
Kieserit ***m*** • kieserite [*A white monoclinic mineral,* $MgSO_4.H_2O$]
Kieserzeuger ***m*** • gravel producer
Kieserzeugnis ***n*,** Kiesprodukt *n* • gravel product
Kiesfächer ***m*** • gravel fan
Kiesfilter(schicht) ***m, n, (f)*,** Kiesfilterlage *f,* Kiesfiltrierschicht, Kiesfiltrierlage • filter(ing) blanket of gravel, blanket of filter gravel, filtration gravel blanket
Kiesflach ***n*** [*In einem Fluss oder Strom*] • gravel flat
Kiesflusssohle ***f*,** Flusskiessohle • gravel stream bed, stream gravel bed
Kies(füll)(stau)damm ***m*,** Kiesschütt(ungs)(stau)damm, Damm aus Kiesschüttung, Staudamm aus Kiesschüttung • gravel-fill dam
Kiesfüllung ***f*** ➔ Kies(auf)füllung
Kiesgewinnung ***f*** • gravel extraction
Kiesgrube ***f*** • gravel pit, gravel workings, gravel quarry
Kiesgrubenbetreiber ***m*** • gravel (pit) operator
Kiesgrund ***m*,** Kiesboden *m* • gravel soil, gravel ground
Kieshinterfüllung ***f*** • gravel (back)fill(ing)
Kieshorizont ***m*** • gravel level

K

kiesig • gravelly

kiesiger Boden ***m*** • gravelly soil

kiesiger Lehm ***m,*** Kieslehm [*Nicht verwechseln mit "lehmiger Kies"*] • gravel(ly) loam

kiesiger Mergel ***m,*** Kiesmergel • gravel(ly) marl

kiesiger Sand ***m,*** Kiessand • gravel sand, gravelly sand, sand with gravel

kiesiger Schluff ***m,*** Kiesschluff • gravel(ly) silt

kiesiger schluffiger Sand ***m,*** schluffiger kiesiger Sand • gravel(ly) silty sand

kiesiger Ton ***m,*** Kies-Ton • gravel(ly) clay

Kieskorn ***n*** [*kleiner als Hühnereier, größer als Streichholzköpfe*]; s.a. ➋ Sandkorn, ➋ Schluffkorn, ➋ Tonkorn] • gravel grain

Kieskorn(größen)bereich ***m,*** Kieskorn(größen)-fraktion *f,* Kieskorn(größen)gruppe *f,* Kieskorn-(größen)klasse *f* • gravel grade, gravel range, gravel category, gravel fraction

Kieslage ***f*** **mit eingeschlossenen Sand- und Siltlinsen** • gravel bed with interspersed sand and silt layers

K

Kieslehm ***m,*** kiesiger Lehm [*Nicht verwechseln mit "lehmiger Kies"*] • gravel(ly) loam

Kieslinse ***f*** • gravel lens

Kiesmergel ***m,*** kiesiger Mergel • gravel(ly) marl

Kies-Nassbaggerung ***f*** ➋ Nass-Kiesgewinnung

Kies-Nassgewinnung ***f*** ➋ Nass-Kiesgewinnung

Kiesplanum ***n*** • gravel blanket

Kiespolstern [*In Österreich: m*] • gravel cushion

Kiesprodukt ***n,*** Kieserzeugnis *n* • gravel product

Kiespumpe ***f*** • gravel pump

Kiespumpenbetrieb ***m*** • gravel-pump mine, hydraulic gravel-pump mine

Kiespumpenzinnbergbau ***m*** • gravel-pump tin mining, hydraulic gravel-pump tin mining

Kiesraum ***m*** [*Kiesschütt(ungs)brunnen*] • gravel annulus

Kiesriff ***n*** • gravel reef

Kiessackkolkschutz ***m*** • gravel bagwork

Kiessand ***m,*** kiesiger Sand • gravel sand, sandy gravel

Kies-Sand-Gründungsmatte ***f,*** Kies-Sand-Fundamentmatte, Kies-Sand-Fundamentmatratze *f,* Kies-Sand-Gründungsmatratze • graveland-sand foundation mat(tress)

kiessandiger Boden ***m*** • gravel-sandy soil

Kiesschicht ***f*** • layer of gravel, gravel layer

Kiesschluff ***m,*** kiesiger Schluff • gravel(ly) silt

Kies-Schluff Gemisch ***n*** • gravel-silt mixture

Kiesschüttung ***f*** ➋ Kiesauffüllung

Kiesschütt(ungs)brunnen ***m*** • gravel filter well [*A large-diameter well in which graded pea gravel is used as filter material between two perforated tubes in the well. The outer tube is often withdrawn and the gravel allowed to spread into the ground around the well. To prevent choking of the filters by excessive pumping, a number of wells may be spread over the area to obtain the water volume required*]

Kiesschütt(ungs)(stau)damm ***m,*** Kies(füll(ungs))-(stau)damm *m,* Damm aus Kiesschüttung, Staudamm aus Kiesschüttung • gravel-fill dam

Kiesseife ***f*** • gravel placer

Kiessohle ***f*** [*Fluss; Strom*] • gravel bed

Kiessprengen ***n,*** Kiessprengung *f* • gravel blasting

Kiesspülauftrag ***m,*** Kiesaufspülung *f* • gravel hydraulic fill(ing), gravel sluicing [*See note under "hydraulic fill(ing)"*]

Kies(stampf)pfahl ***m*** ➋ (Franki-)Kies(stampf)pfahl

Kiesstampfsäule ***f*** • gravel rammed column

Kiesstrand ***m*** • gravel beach

Kiesstrombett ***n,*** Stromkiesbett • gravel river channel, river gravel channel

Kiesstromsohle ***f,*** Stromkiessohle • gravel river bed, river gravel bed

Kiesterrasse ***f*** • gravel terrace

Kies-Ton ***m,*** kiesiger Ton • gravel(ly) clay

Kies-Ton Gemisch ***n*** • gravel-clay mixture

Kiesunterbettung ***f,*** Kiesbett *n* • gravel bed(ding)

Kies(verdichtungs)pfahl ***m*** ➋ Kies(einpress)pfahl

Kiesversatz ***m*** (⚒) • gravel (back)fill(ing)

Kiesvorkommen ***n,*** Kiesvorkommnis *n* • gravel occurrence

Kiesvorrat ***m*** • gravel resource

Kiesvorverdichtung ***f*** • gravel precompaction, densification with gravel

Kieswatt ***n*** • gravel tidal flat, tidal gravel flat

Kieswerk ***n*** • gravel plant

Kieswüste ***f*** • gravel desert, reg

Kimberleyschiefer ***m,*** schwarzer Schiefer • Kimberley shale

Kimberlit ***m*** • kimberlite [*A porphyritic alkalic peridotite containing abundant phenocrysts of olivine (commonly chloritized), and possibly geikielite and chromian pyrope, in a fine-grained groundmass of calcite and second-generation olivine and phlogopite and with accessory ilmenite, serpentine, chlorite, magnetite, and perovskite. The name, derived from Kimberley, South Africa, was proposed by Lewis in 1887*]

Kimberlitschlot ***m*** ➋ (südafrikanischer) Kimberlitschlot

Kimme ***f*** **und Korn** ***n*** • notch and bead sighter

Kimm(linie) ***f*** ➋ geografischer Horizont

Kimmtiefe *f*, Kimmung *f*, Horizontschräge *f* • dip (of (the) horizon) [*The vertical angle between the sensible horizon and a line to the visible horizon at sea, due to the elevation of the observer and to the convexity of the Earth's surface*]

Kimmtiefenmesser *m*, Kimmungsmesser • horizon dip meter

kimolische Erde *f* ➲ Cimolit

Kindchen *n*, Kindl *n* • kindchen [*German term. A nodule or concretion that resembles the head of a child*]

Kinematik *f* [*von Hangbewegungen*] • kinematics [*of slope movements*]

Kinematiktheorem *n* • kinematic theorem

kinematisch zulässiges Dehnungsratenfeld *n* • kinematically admissible strain rate field

kinematisch zulässiger Lastfaktor *m* • kinematically admissible load factor

Kinematische Elemente Methode *f*, KEM • kinematic(al) element method; *less frequent:* method of kinematic elements

kinematische Viskosität *f* [*Zeichen: v. Einheit:* m^2/s] • kinematic viscosity, coefficient of kinematic viscosity

kinematische Wechselwirkung *f* • kinematic interaction

kinematische Welle *f* • kinematic wave; travelling wave (Brit.); traveling wave (US) [*A bulge on a glacier surface that travels down the glacier with a velocity three to four times faster than the surface velocity of the glacier*]

kinematische Zähigkeit *f* des Wassers • kinematic viscosity of water

kinematischer Modus *m* • kinematic mode

Kinematismus *m* • kinematism

Kinematismus *m* mit einer starren Kreisscheibe • circular rigid body kinematism

kinetische Energie *f* • kinetic energy

kinetische Energiehöhe *f*, Geschwindigkeitshöhe, Fallhöhe • velocity head [*The equivalent head through which the liquid would have to fall to attain a given velocity. Mathematically it is equal to the square of the velocity (in feet) divided by 64.4 feet per second squared,* $h - v^2/2g$; *h = Head, feet (metre); g = Acceleration due to gravity, 32.2 ft./sec.2 (9.81 metre/sec.2); v = Mean velocity of flow, ft./sec, (metre/sec.)*]

kinetische Metamorphose *f*, mechanische Metamorphose, Kinetometamorphose • mechanical metamorphism, kinetic metamorphism

kinetische Wellenenergie *f* [*Teil der Wellenlänge, die im Feld der Orbitalgeschwindigkeiten unter der Welle enthalten ist und als Orbitalbewegung am Ort verbleibt*] • kinetic wave energy

Kinradit *m* • orbicular jasper, kinradite, poppy stone

Kippachse *f*, Horizontalachse • tilting axis, horizontal axis [*The axis about which the telescope of a theodolite or transit rotates when moved vertically. It is the axis of rotation that is perpendicular to the vertical axis of the instrument*]

Kippachsenfehler *m* [*Fotogrammetrie*] • error of the axis of tilt(ing), error in the horizontality of the axis of tilt(ing), tilting axis error

Kippauftrag *m* • tip(ped) fill(ing), dumped fill(ing) [*Material placed without any treatment as, for instance, rolling*]

Kippblock *m* ➲ Schollendrehung

Kippbodenkübel *m* • dump(ing) bucket [*A lifting bucket with a tilt(ing) or drop(ping) bottom*]

Kippe *f* ➲ (Aussatz)Kippe

Kippe *f* [*künstlich aufgeschüttete Halde*] • landfill

Kippe *f* • dump, tip

Kippe *f* ➲ Müllkippe

kippen, abkippen [*Scholle*] • to tip, to tilt

kippen, überkippen • to tilt, to overturn

Kippen *n*, Überkippen • overturning, tilting

Kippen ... ➲ Deponie ...

Kippen *n* [*Ein Rutschungstyp; Definition lt. MLG*/Krauter:* ***Kippen*** *ist eine Vorwärtsrotation aus dem Hang heraus von Blöcken aus Fels- od. kohäsivem Bodenmaterial um einen Punkt oder eine Achse unterhalb ihres Schwerpunktes.*] *Nach dem geotechnischen Sprachgebrauch für Massebewegungen wird noch unterschieden in* ➲ *Beulen, Knicken, Hakenschlagen*] • topple, toppling [*A landslide type; according to the MLG*/D.M.Cruden: A* ***topple*** *is the forward rotation, out of the slope, of a mass of soil or rock about a point or axis below the centre of gravity of the displaced mass.*]

Kippen *n* [*Kippen von Kluftkörpern durch Fuß- od. Kopfrotation*] • toppling [*of joint-bordered rock bodies resulting from foot or head rotation*]

Kippenabsatz *m*, Kippenstufe *f*, Kippenbankett *n* • dump bench, tip bench, dump step, tip step

Kippenbankett *n* ➲ Kippenstufe

Kippenbau *m* • dump construction, tip construction

Kippenbetrieb *m* • dump operation(s), tip operation(s)

Kippenböschung *f* • dump slope, tip slope, tipping embankment

kippende Erddruckkraft *f*, gleitende Erddruckkraft • free earth support [*See note under "free retaining wall"*]

Kippengelände *n* ➲ (Aussatz)Kippe

Kippengraben *m* • dump ditch, tip ditch

Kippengrube *f* • dump pit, tip pit

Kippengut *n*, Schüttgut • dump material, tip material
Kippengutprobe *f*, Schüttgutprobe • dump (material) sample, tip (material) sample
Kippenranker *m* [*Mit deutlich ausgebildetem Humushorizont auf kalkfreien Kippensubstraten*] • dump rankar, tip rankar
Kippenrendzina *f* [*Mit deutlich ausgebildetem Humushorizont auf karbonhaltigen Kippensubstraten*] • dump Rendzina soil, tip Rendzina soil
Kippenrohboden *m* [*Anfangsstadium der Bodenbildung ohne Horizontunterschied*] • dump raw soil, tip raw soil
Kippenstufe *f*, Kippenabsatz *m*, Kippenbankett *n* • dump bench, tip bench, dump step, tip step
kippfreie Erddruckkraft *f* • fixed earth support [*See note under "fixed retaining wall"*]
kippfreie Stützwand *f* • fixed retaining wall, fixed bulkhead [*It is supported both at the top and bottom so that it cannot tilt, so that the earth pressure does not fall to the reduced value of the active earth pressure*]
Kippkraft *f* [*eines Radladers*] • tipping force [*of a wheel loader*]
Kippkübel *m* (⚒) • gun boat, dump(ing) bucket, overturning skip, self-dumping skip, tilt(ing) skip
Kipp(licht)bild *n*, Kipp-Foto *n* • tilted photo(graph), tilted image, tilted picture
Kippmesser *m* • tilt(ing) meter
Kippmoment *m* • overturning moment
Kippnivellier(instrument) *n* • tilt(ing) (surveyor's) level, quickset (surveyor's) level; tilt(ing) levelling instrument, quickset levelling instrument (Brit.); tilt(ing) leveling instrument, quickset leveling instrument (US)
Kipp-Foto *n*, Kipp(licht)bild *n* • tilted photo(graph), tilted image, tilted picture
Kippscholle *f*, Schollendrehung *f*, Kippblock *m* • tilt(ed) (fault) block
Kippschwingung *f* • rocking vibration
Kippsicherheit *f* • stability against tilting
Kippstein *m* [*Auf die Kippe verlegter Stein*] • stone laid contrary to its cleaving grain
Kippstelle *f* ➋ (Aussatz)Kippe
Kipptisch *m* • tilt(ing) table
Kippung *f* [*eines Bauwerks*] • tilt [*of a structure*]
Kippung *f* der optischen Achse • tilt(ing) effect
Kipp(ungs)anzeiger *m* • tilt(ing) indicator
Kipp(ungs)fühler *m* • tilt(ing) sensor
Kipp(ungs)messung *f* • tilt(ing) measurement
Kipp(ungs)schraube *f* • tilt(ing) screw
Kippwertumformer *m*, Kippwertumwandler • tilt(ing) transducer
Kippwinkelmethode *f*, Kippwinkelverfahren *n* [*Geoelektrik*] • electromagnetic tilt angle method
Kirchturm *m* • church tower
Kirschopal *m* • cherry opal, red-colo(u)red common opal
kirschrot • cherry red
Kirschsteinit *m* • iron-monticellite, kirschsteinite
Kirunamethode *f*, Kirunaverfahren *n* • Kiruna method of (bore)hole surveying [*Deposition of copper electrolytically from solution on to a metal cylinder to show the angle of dip of a borehole*]
Kissen *n* ➋ (Press)Kissen
Kissenbreccie *f*, Kissenbrekzie • pillow breccia [*A deposit of pillows and fragments of lava in a matrix of tuff*]
Kissenlava *f*, Flachlava • pillow lava, ellipsoidal lava
klaffen • to gape
klaffend • gaping
klaffende Verwerfung *f*, geöffnete Verwerfung, Zerrbruch *m* • open fault
Klaffung *f* [*In entzerrten Luftbildplänen*] • gap
Klamm *f* ➋ Hohlweg
Klampe *f*, Fußdeich *m* • dyke stage, bank, dike stage
Klanghaftigkeit *f* • sonorousness
Klappe *f* ➋ (Wehr)Klappe
Klappe *f* nach Oberwasser ➋ Oberwasserflügel
Klappe *f* nach Unterwasser ➋ Unterwasserflügel
Klappenachse *f* [*Obergewicht(s)klappe*] • gate pivot
Klappenachsen-Verankerungsschraube *f* [*Obergewicht(s)klappe*] • gate pivot anchor bolt
Klappenwehr *n*, Tafelwehr • shutter weir; shutter dam (US) [*A mov(e)able weir consisting of a row of large panels hinged at the bottom and inclined slightly downstream toward the top when the weir is closed*]
Klappenwehr *n* mit unterer Drehachse • weir with bottom-hinged gate
Klapperschlangenerz *n* • rattlesnake ore [*Mottled, gray, black and yellow carnotite, vanoxite ore. Spotted appearance resembles southwestern US snake species from which it derives its name*]
Klapperstein *m*, Adlerstein, Aëtit *m* • eaglestone, aetite [*A walnut-sized concretionary nodule (usually of clay ironstone or flint), often containing a loose stone in its hollow interior, and believed by the ancients to be taken by an eagle to the nest to facilitate egg-laying*]
Klapperstein *m*, selektiv gelöste Geode *f* • rattle stone, klapperstein
Klappmast *m*, zusammenlegbarer Mast [*Rotarybohranlage*] • jack-knife mast, folding mast
Klappschute *f* • dump barge, hopper barge, self-emptying lighter (*or:* barge), dump scow (US)

Klappspiegelstereoskop *n* • folding mirror stereoscope

Klaprothit *m* • klaprothite, $Cu_6Bi_4S_9$ [*A mineral composed of copper bismuth sulfide*]

Kläranlage *f* • sewage treatment plant

Kläranlagenabdeckung *f* • sewage treatment plant cover

Klärbecken *n* [*in einer Kläranlage*] • settling tank

Klärbecken *n* • settling basin [*A sedimentation structure designed to remove pollutant materials from mill effluents*]

Klärbecken *n*, Spülungsbecken [*Tiefbohrtechnik*] • settling pit

Klarbernstein *m* • clear amber

klarer Himmel *m*, blauer Himmel • blue sky

Klärrückstände *m(pl)* • treated tailings

Klärteich *m*, Absetzteich

Klarwasser-(Bohr)Schlamm(spülung) *m, (f)* ➲ Schlamm(spülung)

Klarwassersee *m* ➲ harmonischer See

Klarwasserspülung *f*, Reinwasserspülung [*Tiefbohrtechnik*] • clear-water circulation

Klasse *f* • grade, class [*Of things, constituted by having the same quality or value*]

Klassieranlage *f* • grader

Klassieren *n*, Klassifizierung *f* [*Das Zerlegen eines Gutes in Kornklassen*] • sizing

Klassierer *m* • sizer

Klassierzyklon *m*, Zyklonklassierer *m* • cyclone classifier, classifying cyclone

Klassifikation *f* ➲ Einteilung

Klassifikation *f* **der Lagerstättenvorräte** ➲ Vorratsklassifikation

Klassifizierung *f*, Klassieren *n* [*Das Zerlegen eines Gutes in Kornklassen*] • sizing

Klassifizierungsversuch *m* • classification test

klassische Erddrucktheorie *f*, Coulombsche Theorie, Gleitkeiltheorie • classical earth-pressure theory, wedge theory, Coulomb's (earth-pressure) theory, sliding wedge theory [*Advanced by Coulomb in 1776 and relates to the forces tending to overturn a retaining wall. It is based on the wedgeshaped block of ground that would slide forward should the wall fail*]

klassische Gleichgewichtskonstante *f* • classical equilibrium constant [*An equilibrium constant that is defined by concentrations rather than by activities*]

klassische Grundwasser(ab)senkung *f* ➲ Schwereentwässerung

Klast *m*, Bruchstück *n* • clast [*An individual grain, fragment, or constituent of detrital sediment or sedimentary rock produced by physical breakdown of a larger mass*]

klastische Struktur *f* • clastic texture

klastisches basales Gestein *n*, basales klastisches Gestein

klastisches Sediment *n* • clastic sediment, mechanical sediment [*Sediment made up of fragmental material derived from pre-existing rocks of any origin*]

Klastizitätsindex *m* [*Durchmesser des größten transportierten Teilchens als Maß für die maximale Transportenergie*] • elasticity index

Klatschen *n*, Plätschern [*Wellen*] • chop

Klauben ➲ scheiden

Klauber *m* ➲ (Berge)Klauber

Klaubetisch *m* ➲ Scheidetisch

Klaub(e)werk *n*, Klaub(e)erz *n* • culled ore

Klaue *f* • jaw, claw

Klauenschraube *f*, Steinschraube • rag bolt, stone bolt, lewis bolt [*Steel bolt with roughened conical base, used for anchorage in concrete*]

Klauen(spundwand)schloss(eisen) *n* • claw(-type) (sheet pile) (inter)lock

Klebe(ab)dichtung *f* • adhesive seal(ing)

Kleb(e)anker *m* • resin anchor, chemical anchor, capsule anchor

Kleb(e)grenze *f* • sticky limit [*Symbol: Tw*] [*The lowest water content at which the soil adheres to metal tools*]

klebend [*Baugrund*] • clogging [*subsoil*]

klebender Tonboden *m* • sticky clay soil

Kleb(e)patrone *f* [*Kleb(e)anker*] • resin capsule, chemical capsule

Kleb(e)schiefer *m*, Polierschiefer • adhesive slate

Kleb(e)schnee *m* • damp snow

Kleeblattkreuzung *f* • cloverleaf, cloverleaf intersection [*a road plan resembling a clover leaf in shape*]

Klei *m* [*sehr weicher Ton bzw. Schluff an der Küste Norddeutschlands*] • tidal mud, sea silt, sea marsh soil

Kleiaueboden *m* • clay warp

Kleinbewuchs *m*, Kleinvegetation *f*, Kleinpflanzenbestand *m*, Kleinbewachsung *f* • small crops, small vegetation

Kleinbildkamera *f* • miniature camera

Kleinbohranlage *f* • small drilling rig

Kleinbohrpfahl *m* • micropile, pillar micropile, small (-diameter) bored pile

Kleinbohrverfahren *n* • small-scale drilling

Kleinbohrung *f* [*erfordert einen geringen Geräteaufwand*] • small-scale drilling [*requires less equipment*]

Kleinbrekzie *f* • brecciola [*Italian*]

Kleinchen *n*, Kolloid *n* • colloid
kleindimensionale Schrägschichtung *f*, Rippen- und Furchenstruktur *f*, Schrägschichtungsbogen *m* [*veraltete Benennung*] • rib-and-furrow (structure)
Kleindruckbohrung *f* • small-scale pneumatic drilling
Kleindüne *f*, Erstdüne, Primärdüne, Vordüne [*Natürliche, vielfach um Strandquecken (Agropyrum) eingeleitete erste Dünenbildung*] • primary dune
kleine Bank *f*, gleichartiger kleiner Schichtenkomplex, Komplex *m* gleichartiger kleiner Schichten • minor set of strata, minor strata set, subset
kleine Einschlüsse *m(pl)* [*Diamant*] • small inclusions, s.i.
kleine Eiszeit *f* [*Ende 13. bis Mitte 19. Jahrhunderts*] • Little Ice Age [*Late 13th to mid 19th century*]
kleine (Erd)Halbachse *f* • semiminor axis
kleine Kluft *f* • parting [*A small joint in coal or rock*]
kleine Sandinsel *f*, Sandinselchen *n* • (sand) cay (Brit.); (sand) key (US); sand coastal islet, (coastal) sand islet; (sand) kay [*West Indies*] [*A small sand(y) island which is not notably elongate parallel with the shore*]
kleine Sedimentationslücke *f* ➋ Diastem
kleine Sedimentationsunterbrechung *f* ➋ Diastem
kleine Verwerfung *f* (⚒) • dropper [*A small fault. In the Maldon goldfield, Victoria, Australia, droppers are associated with rich gold values*]
kleine Verwerfung *f*, Flözsprung *m* • hitch
kleine Verwerfungsterrasse *f* • fault bench [*A small fault terrace*]
kleiner (Binnen)See *m*, kleiner Landsee • lakelet
kleiner Durchhieb *m* • doghole [*A small opening from one place in a coal mine to another; smaller than a breakthrough*]
kleiner Fäustel *m*, Handfäustel (⚒) • small hammer
kleiner Findling *m*, Lesestein *m* • rubblestone
kleiner Fluss *m* • rive; rithe (Brit.); rivulet [*A small river*]
kleiner Kohlenpfeiler *m* (⚒) • spurn, staple
kleiner Kolbenbohrer *m* • chippy [*miner's slang*], small piston drill
kleiner kopfförmiger Algenstromatolith *m* [*Bermudainseln*] • biscuit
kleiner Landsee *m*, kleiner (Binnen)See • lakelet
kleiner Meteor *m*, Sternschnuppe *f* • shooting star, falling star [*Any relatively small fragment of solid material associated with a meteor and made luminous as a result of friction during its passage through the Earth's atmosphere*]
kleiner Pilgerschritt *m* [*Spundbohlenrammung. 1-3-2-3-4-7-6*] • small driving step
kleiner Quarzgang *m* • quartz stringer
kleiner Quergang *m* • dykelet, dikelet [*A small dyke. There is no agreement on specific size distinctions*]
kleiner Spiegel, Fernrohrspiegel *m* [*Sextant*] • horizon mirror
kleiner Schuss *m* • plug shot [*In Scotland, a small charge exploded in a small hole to break up a stone of moderate size*]
kleiner Strom *m* • creek [*America and Australia. A relatively small river*]
kleiner tongedichteter Holzfangedamm *m*, tongedichteter kleiner Holzfangedamm • stank [*A small timber cofferdam made watertight with clay*]
kleiner tongefüllter Gang *m*, tongefüllter kleiner Gang • slide [*Derbyshire. A small vein loaded with clay*]
kleiner Wagen *m* (⚒) • dilly [*horse-drawn*]
Klein(erd)beben *n*, Tremor *m*, tremormetrische Erscheinung *f* [*Eine kleine Erzitterung der Erdkruste von rascher Periode und geringer Amplitude*] • (earth) tremor, earthquake tremor, slight earthquake, minor earthquake
(kleines) Aufbaumerkmal *n*, (kleines) Strukturmerkmal, (kleines) Baumerkmal • structure [*Petrology. The appearance or the small scale feature of a rock in which the texture of composition is different in neighbor(u)ring parts, e.g. banded structure, orbicular structure. The term "texture" (Struktur) is generally used for the smaller features of a rock or for the particles composing it; although the two terms are often used interchangeably, they should not be considered synonymous, even though some textures may parallel major structural features*]
kleines Tal *n* • val, small valley; vallon [*French*]
Kleinflächenkarte *f* • small-area map
kleinformatige Matte *f* • small-scale mat
Kleinhilfsbrücke *f* • small auxiliary bridge
kleinkalibrige Säule *f* • small diameter column
kleinkalibriges Richtungsbohren *n* • small-bore directional drilling
Kleinklima *n* • microclimate
Kleinkluft *f*, sekundäre Kluft • minor joint, secondary joint
kleinkörnig • small-grained
Kleinlader *m* [*elektrisch angetrieben für Bodenaushub*] • bucket loader
Kleinlochbohren *n* • small(-diameter) hole drilling
Kleinmaßstab(s)karte *f* • small-scale map

kleinmaßstäblich • small-scale
kleinmaßstäbliche Kartierung *f* • small-scale mapping
kleinmaßstäblicher Altbau *m* • small old house
Kleinpflanzenbestand *m* ➋ Kleinbewuchs
Kleinrammbohrung *f* • small-scale hammer driving
Kleinrammpfahl *m*, Kleinverdrängungspfahl • small displacement pile, small driven pile [*These piles have a relatively small cross-sectional area. They include rolled steel H-und I-sections, pipe sections and box sections driven with an open end such that the soil enters the hollow section. Screw piles that have a small-diameter shaft and a large helical blade are also classed as small-displacement piles*]
Kleinrippel(marke) *f* • small (current) ripple (mark)
Kleinschrämmaschine *f* (⚒) • breast machine
Kleinstaubecken *n* [*Angelegt auf genossenschaftlich organisierter dörflicher Grundlage*] • tank [*In the Republic of Korea*]
Kleinstbergbau *m*, handwerklicher Bergbau • artisanal mining
kleinste Eisscholle *f* • ice cake [*A general term, like floe, used in reference to flat fragments of ice. The dimensions are not fixed and the term is used when no specific size is intended. Also an ice floe smaller than 10 m across*]
kleinstes Quadrat *n* • least square
kleinstes Teilchen *n* • microsize particle
Kleinstknollen *m* • micronodule
Kleinstkohlengrube *f* • doghole (coal) mine [*A small (coal) mine that employs fewer than 15 miners*]
Kleinsträucher *m(pl)* • low bushes
Kleinstückanfall *m*, Stückung *f* • fragmentation, breaking into fragments [*The reduction of coal, ore, or rock into pieces small enough to load, handle, and transport without the need for handbreaking or secondary blasting*]
(klein)stückig, brüchig • fragmentary
Kleintalsperre *f* • minor dam
Kleintektonik *f*, Mechanotektonik [*Bestandsaufnahme. 1. Strukturtektonik (a. Kartierungstektonik. b. Gefügetektonik). 2. theoretische Tektonik (a. theoretisch-physikalische Tektonik, b. quantitativ-geometrische Tektonik). 3. Modelltektonik (a. Simulationstektonik, b. Deformationstektonik). 4. Aktualtektonik. 5. Gesteinstechnologie. 6. Gebirgstechnologie. 7. Geomechanik (a. Geostatik. b. Geodynamik). 8. Anthropogentektonik (a. Entlastungstektonik, b. Belastungstektonik)*] • mechano tectonics, small feature tectonics
Kleintriangulation *f* • low-order triangulation, subsidiary triangulation
Kleinvegetation *f*, Kleinbewuchs *m*, Kleinpflanzenbestand *m*, Kleinbewachsung *f* • small crops, small vegetation
Kleinverdrängungspfahl *m*, Kleinrammpfahl • small displacement pile, small driven pile [*These piles have a relatively small cross-sectional area. They include rolled steel H- und I-sections, pipe sections and box sections driven with an open end such that the soil enters the hollow section. Screw piles that have a small-diameter shaft and a large helical blade are also classed as small-displacement piles*]
Kleiprobe *f* • clay specimen
Klemmkonus *m* • clamp(ing) taper socket
Klemmvielkanter *m* • chink-faceted pebble
Klempner *m* ➋ Rohrschlosser
Kletterbagger *m* • climbing excavator
Kletterdüne *f* • climbing dune, rising dune [*Sand piled up against a cliff by the wind*]
Klettergerüst *n* • climbing frame, climbing scaffold
Kletterloch, Trittloch *n* (⚒) • foot hole [*A hole cut in the side of a shaft or winze to enable miners to climb up and down*]
Klettersystem *n* [*Klettergerüst*] • climbing system
Kletter(torf)moor *n* • climbing (peat) bog
Kliff *n* • cliff, sea cliff
kliffbildend • cliff-forming
Kliffbildung *f* • cliff formation
Kliffdetritushügel *m* • wash [*A mount of detritus below a cliff opening*]
Kliffdüne *f* • cliff dune
Klifferosion *f* • undermining, sapping, cliff erosion [*In geomorphology, the natural erosion process along the base of a cliff by the wearing-away of softer layers, thus removing the support for the upper material which breaks off into large blocks falling from the cliff face*]
Kliffhöhle *f* • sea cave, (marine) cave [*A split or hollow opening usually at sea level, in the base of a sea cliff, formed by waves acting on weak parts of the weathered rock*]
Kliffkerbe *f* ➋ Brandungskehle
Kliffkreide *f*, Steil(küsten)wandkreide • cliff chalk
Kliffküste *f* • cliff(ed) coast
Klifflinie *f* • cliffline [*The coastline on a steep coast, represented by an imaginary line along the base of the cliffs*]
Kliffnische *f* • goe, geo, gia, gja [*Terms used in northern Scotland for a long deep narrow coastal inlet or cove,*

K

walled in by steep, rocky cliffs, and formed by marine erosion of the cliffs, along a line of weakness, especially in a well-jointed rock, as in the Old Red Sandstone of Caithness and Orkney]

Kliffpfeiler ***m*** ➲ Felsnadel

Kliffüberhang ***m*** • cliff overhang, cliff corniche [*The sapped part of a cliff above the wavecut notch*]

Klimaanzeiger ***m*** • climatic indicator

Klimaaufzeichnung ***f*****,** Klimanachweis *m* • climatic record

klimabedingte Ruhezeit ***f*** • climate-induced stationary period

Klimaepisode ***f*** • climatic accident

Klimagang ***m*** • climatic development

Klimageomorphologie ***f*****,** klimatische Geomorphologie • climatic geomorphology

Klimalehre ***f*****,** Klimatologie *f*, Klimakunde *f* • climatology

Klimanachweis ***m*****,** Klimaaufzeichnung *f* • climatic record

Klimaschrank ***m*** • freezing and thawing chamber

Klimaschutz ***m*** • climate protection

klimatische Geomorphologie ***f*****,** Klimageomorphologie • climatic geomorphology

klimatische Kälte ***f*** • climatic cold

klimatische Waldgrenze ***f*** • climatic timberline

klimatogene Schichtung ***f*** [*Sedimentationswechsel infolge klimatischer Schwankung*] • climatic stratification

Klimatologie ***f*****,** Klimalehre *f*, Klimakunde *f* • climatology

Klimawechsel ***m*** • climate change

Klimazäsur ***f*****,** abrupter Klimawechsel

Klingel ***f*****,** bell

klingende Kohle ***f*****,** singende Kohle, tönende Kohle, gasgesättigte Kohle • singing coal [*A bed of coal from which gas escapes with a hissing sound, particularly if the surface be wet*]

klingender Strand ***m*** ➲ singender Strand

klingender (Strand)Sand ***m*****,** tönender (Strand)Sand, singender (Strand)Sand • singing sand, musical sand, sonorous sand, whistling sand, squeaking sand, sounding sand

Klingstein ***m*****,** Phonolit *m*, Fonolit [*Fehlbenennungen: Tonstein, Porphyrschiefer, Hornschiefer m*] • phonolite; echodolite, clinkstone, klingstein [*obsolete*] [*This rock emits a characteristic sound when struck with a hammer*]

Klinke ***f*** [*Für das Festhalten der Wagen auf dem Förderkorb*] (⚒) • catch

Klinkenfanggabel ***f*** [*Tiefbohrtechnik*] • boot jack

Klinkerbau ***m*** • clinker brick building

Klinkermauerwerkausbau ***m*****,** endgültige Klinkermauerwerksicherung *f* [*Tunnel- und Stollenbau*] • clinker brick masonry permanent (ground) support (system)

Klinobronzit-Olivin-Achondrit ***m*****,** Ureilit *m* • ureilite [*An achondritic stony meteorite composed essentially of olivine and clinobronzite, with accessory amounts of nickel-iron, troilite, diamond, and graphite. It is the only achondrite with an appreciable amount of nickel-iron*]

Klinohypersthen-Anorthit-Achondrit ***m*****,** Eukrit *m* • eucrite, eukrite, eucryte, eukryte [*An archondritic stony meteorite composed essentially of calcic plagioclase and pigeonite. It has a higher content of iron and calcium than that of howardite. Eucrites were originally regarded as anorthite-augite meteorites*]

Klinohypersthen-Maskelynit-Achondrit ***m*****,** Shergottit *m* • shergottite [*An achondritic stony meteorite composed mainly of pigeonite and maskelynite*]

Klinoklas ***m*****,** Strahlerz *n*, Strahlenkupfer *n* • clinoclas(it)e, aphanesite [*A hydrous copper arsenate, $Cu_3(AsO_4)(OH)_3$. Color, internally, a dark verdigris green; externally, a blackish blue-green; it crystallizes in the monoclinic system*]

Klinometer ***n*** • clinometer

Klintonit ***m*****,** Clintonit • clintonite, seybertite, xantophyllite, $Ca(Mg,Al)_3(Al_3Si)O_{10}(OH)_2$

Klippe ***f*****,** Deckscholle *f*, Überschiebungsinsel *f*, Schubklippe, Überschiebungsklippe [*Die in den Alpen und Karpaten übliche Benennung "Klippe" geht auf die unrichtige Vorstellung zurück, dass es sich um eine kleine, klippenartig aus dem Untergrund herausstehende Gesteinsmasse handelt. In Wirklichkeit sind Erosionsreste kleiner Überschiebungskörper oder tektonische Schollen, tektonisch in fremden Gesteinen eingebettet, gemeint*] • klippe, thrust outlier, nappe outlier

Klippenbai ***f*** • rock bay

Klockmannit ***m*** • klockmannite, CuSe [*A reddish-violet to slaty-gray mineral consisting of copper selenid (e), occurs in granular aggregates*]

Klöppel ***m*** ➲ Beitel

Klopfen ***n*** **der Firste** ➲ (Ab)Klopfen der Firste

Klopfgestänge ***n*** [*Ein im Förderschacht herausgeführtes Gestänge zur Signalabgabe. Es wird an Stelle eines Klingelzuges verwendet*] (⚒) • signal wire

Klotzboje ***f*****,** Blockboje

Klotzgebirge ***n*** [*Tunnel- und Stollenbau*] • rock in blocks, block rock

Kluft ***f*****,** Diaklase *f* [*In der Geotechnik werden alle einen Felskörper zerlegenden Trennflächen - unabhängig von ihrer Entstehung und Größe - als Klüfte (im weiteren Sinne) bezeichnet*] • joint, crack, fracture, separation plane

Kluft ***f*** **senkrecht zur Schichtung** • kathetal joint

Kluftabstand ***m*** • joint spacing

Kluftaufweitung ***f*** • joint widening, fissure widening

Kluftbesteg ***m*** ➋ (toniger) Kluftbesteg

Klüfte ***f(pl)*** [*Poren bzw. zerlegende Trennflächen im Fels*] • joints, cracks, fractures, separation planes

Klüftebeobachtung ***f*** • joint survey(ing), joint observation

Klufteis ***n*** • ice between cracks

Kluftfels ***m*****,** Kluftgestein *n*, geklüftetes Felsgestein *n* • jointed rock

Kluftfläche ***f*** • joint plane, joint surface, joint

Klüftfüllung ***f*** • joint filling, filling of the joint

Kluftgefüge ***n*** • joints network

Kluftgeometrie ***f*** • fissure geometry

Kluftgrundwasserspiegel ***m*** • groundwater table in fissured rock

Klufthöhlenreihe ***f*** • ceiling cavity [*Solutional hollow in a cave ceiling, orientation determined by joints*]

klüftiger Fels ***m*** ➋ klüftiges Gebirge

klüftiger Gang ***m*****,** geodischer Gang, drusiger Gang • ruggy vein [*As called by geologists*], ruggy lode [*As called by miners*]

klüftiges Gebirge ***n*****,** klüftiger Fels *m*, klüftiges Gestein *n* • jointed rock mass, jointy rock, crevassed rock

Klüftigkeit ***f*** [*technische Gebirgsklassifizierung*] • rock joints, joints, fissuring (of the rock), mechanical defect (s), discontinuities

Kluftkarre ***f*** • solution fissure, grike, cutter, gryke [*One of a series of vertical open cracks about 0.5 m wide, dislocated along joints separating limestone pavement into clints. The term "gric" is used in the west Balkan for same feature*]

Kluftkörper ***m*** [*Ein durch das Flächengefüge zerlegter Felskörper*] • jointed rock body, jointed rock mass, joint-bordered rock body, joint body

Kluftletten ***m*** [*Besteht aus Körnern von Schluffgröße (seltener Tongröße) und sandigem Zerriebsel*] • seam filling

Kluftrauhigkeit ***f*** • roughness of the most unfavourable joint

Kluftrose ***f*** • joint diagram

Kluftschar ***f*****,** Diaklasenschar • set of joints, joint set

Kluftstellung ***f*** [*nicht Kluftrichtung*] • orientation

Kluftsystem ***n*** • joint system [*Two or more joint sets that intersect. They may be of the same age or of different ages*]

Klufttektonik ***f*** • joint tectonics

Kluftvolumen ***n*** • volume of joints

Kluftwasserdruck ***m*****,** Kluftwasserschub *m* • joint water pressure, pressure of accumulating joint water

Kluftwassereinfluss ***m*** • inflow of fissure water

Kluftwasserschub ***m*** ➋ Kluftwasserdruck

Kluftweite ***f*** [*Fels*] • joint aperture, width of joints [*rock*]

Klüftung ***f*** ➋ Kluft

Kluftwand(ung) ***f*** • joint wall

Klumpen ***m*** • nugget [*A lump of mineral, usually water-worn and metallic*]

Klumpen ***m*** [*z. B. im Sandwichboden*] • lump

Klumpenbrecher ***m*** • clod buster [*A drag that follows a grading machine to break up lumps*]

Klumpengefüge ***n*** • fabric of lumps, lump fabric

Klumpfuß ***m*** ➋ (Pfahl)Klumpfuß

Klumpfuß ***m*** **mit Stützflüssigkeit,** Fußerweiterung *f* mit Stützflüssigkeit [*z. B. bei einem Gründungsbrunnen*] • slurry bell

Klumpfußpfahl ***m*****,** Rammpfahl mit vergrößertem Fuß, Zwiebelfußpfahl, Betonpfahl mit Fußverbreiterung, Klumpfußbetonpfahl • club-footed pile [*obsolete*]; pedestal pile, bulb pile, MacArthur pile, compacted concrete pile, bulb(ed)-end pile, belled (out) concrete pile [*A patented pile formed by driving a steel shell into the ground to the required depth, putting in small quantities of concrete, and hammering them down so as to force the concrete into the earth beyond the point of the shell; thus enlarging the end and greatly increasing the bearing area. The shell is afterward withdrawn gradually, as the hole that it made is filled with concrete. If the shell were left in, the method would be far more satisfactory, as the shaft of the pile is liable to be seriously imperfect*]

klumpig werden ➋ klumpen

klumpiger (Edel)Stein ***m*** [*mit zu großem Unterteil*] • lump(y) (gem)stone

KMg-Salz ***n*****,** Kali(roh)salz; Abraumsalz [*frühere Benennung*] • abraum salt, potash salt, rubbish salt [*Mixed salts overlaying rock-salt deposit at Staßfurt, Germany*]

KMgW ➋ Korrelationsverfahren gebrochener Wellen

K.N.n, (See)Kartenwall

Knabbenkohle ***f*** ➋ unreine Kohle

Knagge ***f*** • ledger

knallartiges Geräusch ***n*** [*Gebirgsschlag*] • thumping noise

K

Knallfunkengerät ***n,*** Schallquelle *f* mit elektrischer Entladung, Knallfunkengeber *m* • sparker [*A radiator of transient pulses of sound employed in research in hydro-acoustics and in submarine seismology*]

Knallgebirge ***n,*** (rock) burst

Knallglyzerin ***n*** • fulminating glycerin(e)

Knallkupfersäure ***f,*** Kupferknallsäure

Knallpulver ***n*** • fulminating powder, priming powder, detonating powder, percussion powder

Knallquecksilber ***n*** ➔ knallsaures Qecksilberoxyd

Knallsäure ***f,*** Parazyansäure, CNOH • fulminic acid, 4-cyanic acid, paracyanic acid [*An unstable isomer of cyanic acid, whose salts are known for their explosive characteristics*]

Knallsatz ***m*** ➔ Primärladung

knallsaures Quecksilberoxyd ***n,*** Quecksilberfulminat *n,* Knallquecksilber *n,* Howardpulver *n,* Quecksilbercyanat *n,* Merkuriecyanat, $Hg(ONC)_2$ • fulminate of mercury, mercury fulminate, fulminating mercury (of Howard), mercuric cyanate

K

knallsaures Silberoxid ***n,*** Knallsilber *n,* Silberfulminat *n* • deuto-fulminate of silver, fulminating silver, silver fulminate

Knall(zünd)schnur ***f*** ➔ detonierende (Zünd)Schnur

Knallzündschnurleitung ***f,*** Sprengschnurleitung • detonating cord trunk line, DC trunk line, detonating fuse trunk line

Knappeneisen ***n*** (⚒), Schrämhammer

Knäpper ***m*** • blasting boulder, blasting bowlder

Knäpperanteil ***m*** • amount of (blasting) boulders

Knäpperer ***m*** • blockholer [*A person whose duty is to break up and reduce to convenient and safe size by blasting any large blocks of rock that have been blown down by the miners*]

Knäpperloch ***n*** • block hole [*A small hole drilled into a rock or boulder into which a small charge of explosive is placed*]

knäppern [*Darunter wird das Zerkleinern von größeren Felsbrocken im Haufwerk durch Sprengung verstanden*] nachsprengen • to blockhole (US); to popshoot (Brit.)

Knäpper(sprenge)n ***n,*** Nachsprengen • blockholing (US); pop shooting (Brit.) [*Breaking boulders (=long stones) by drilling a small hole in them and firing an explosive charge*]

Knappschaft ***f,*** Bergknappschaft • corporation of miner's, miner's corporation, union of miners, miner's union

Knappschaftsfest ***n*** (⚒) • troil

Knappschaftskasse ***f*** • miner's (welfare) fund

knarren, knistern, krebsen, warnen [*Gebirge im Untertagebau*] • to creak, to crackle

knauerig, hartfelsig (⚒) • hard, rebel

Knebel ***m,*** Rumpelholz *n,* Steinknüppel *m* (⚒) • cudgel

Knebel ***m,*** Sattel *m,* Fahrsattel [*Ein am Förderseil befestigtes Querholz, auf welchem sitzend der Fahrende ein- und ausgefahren wird*] (⚒) • saddle, riding stick

Knebel ***m*** ➔ Beitel

Knecht ***m,*** Haspelknecht, Arbeiter *m* zum Haspelziehen (⚒) • haul(i)er, ordinary workman

knetbar, knetfähig • kneadable

Knetprobe ***f,*** Knetversuch *m,* Knetprüfung *f* [*Erkennen von Bodenarten*] • kneading test

Knick ***m*** • dogleg [*An abrupt angular change in course or direction, as of a borehole or in a survey traverse or anything*]

Knick ***m*** [*Geomorphologie*] • basal angle

Knick ***m*** • nick [*A sharp angle cut by waves, currents, or ice at the base of a cliff*]

Knickband ***n*** • kink band [*A type of deformation band occurring microscopically in crystals and megascopically in foliated rocks*]

knicken [*Kontext: Steifen können knicken, wenn der Erddruck langsam größer wird als der aktive*] • to buckle [*Context: Struts may buckle if the earth pressure finally exceeds the active one*]

Knickfalte ***f*** ➔ Zickzackfalte

Knickfestigkeit ***f*** • resistance to buckling

Knicklänge ***f*** • buckling length

Knicklast ***f*** [*von Pfählen*] • buckling failure load [*of piles*]

Knicklenkung ***f*** [*eines Radladers*] • articulated steering [*of a wheel loader*]

Knickmarin(boden) ***n, (m)*** • knick-crack [*C.L. Whittles 1928*]

Knicknachweis ***m*** [*Pfahlgründung*] • check for buckling

Knickpunkt ***m*** ➔ (Gelände)Knickpunkt

Knickpunkt ***m*** [*geophysikalisches (Aufschluss) Verfahren*] • break point

Knickpunkt ***m*** • knickpoint (Brit.); nickpoint (US); break of slope, rejuvenation head [*A sharp inflection in an interrupted river or stream profile*]

Knickpunkt ***m*** • knickpoint (Brit.); nickpoint (US) [*The sharp angle made by the haldenhang of Penck (wash slope of Meyerhoff) and the* Steilwand *of Penck (gravity slope of Meyerhoff)*]

knicksicher • safe against buckling

Knicksicherheit ***f*** [*z. B. von Pfählen*] • safety against buckling

Knickung *f* • buckling
Kniefalte *f*, Flexur *f* • flexure, hinge [*The locus of maximum curvature or bending in a folded surface, usually a line*]
Kniefalte *f* • knee fold [*A zigzag fold occurring in gravity-collapse structures*]
Kniehebeljoch *n* • toggle joint beam
Kniest *m* • kniest [*A finely bedded, dense, quartzose rock, interfingered with the Devonian schists*]
Kniestock *m*, Drempel *m*, Schleusenkniestock, Schleusendrempel, (Schlag)Schwelle *f*, Karbeele *f* Sohlstück *n*, Seitenschenkel *m* • clap sill, mitre(d) sill, pointing sill, lock sill, lock gate sill
Kniestück *n* • kneepiece
Kniestück *n*, Pfeife *f* • bootleg, socket [*A hole, shaped somewhat like the leg of a boot, caused by a blast that has failed to shatter the rock properly*]
Kniestück *n* [*Zur Fangarbeit in der Tiefbohrtechnik*] • knuckle joint
knistern, knarren, krebsen, warnen [*Gebirge im Untertagebau*] • to creak, to crackle
Knoblaucherz *n*, Skorodit *m* [*Ein arseniksaures Eisenoxid*] • scorodite
Knochenasche *f*, Knochenerde *f*, gebrannter Knochen *m*, Beinasche, Schafbein *n* • bone ash(es), calcined bones
Knochenbernstein *m* • osseous amber, bony amber, bone amber
Knochenbett *n*, Knochenphosphorit *m*, Knochenschicht *f*, Knochenlage *f* • bone bed
Knochenbrekzie *f* • osseous breccia, bony breccia, bone breccia [*The cemented mass of fragments of bones of extinct animals, found in caverns and fissures*]
Knochenerde *f*, Knochenasche *f*, gebrannter Knochen *m*, Beinasche, Schafbein *n* • bone ash(es), calcined bones
Knochenhöhle *f* • bone cave, ossiferous cave [*It yields fossil bones*]
Knochenphosphat *n* • earth of bone, bone phosphate
Knochenphosphorit *m*, Knochenbett *n*, Knochen-schicht *f*, Knochenlage *f* • bone bed
Knochenverwachsung *f* • co-ossification
Knolle *f*, runder Klumpen *m* • nodule, rounded lump
Knollenablagerung *f* • nodule deposit
Knollenfänger *m* [*Förderung von Knollen vom Meeresboden*] • nodule catcher
Knollengefüge *n*, Ballengefüge [*Ein primäres Sedimentgefüge in Sandsteinen und einigen Kalksteinen*] • ball-and-pillow structure
Knollenmergel *m* • nodular marl
Knollenopal *m* ➔ Menilit
Knollenriff *n*, Fleckenriff, Kuppenriff • reef knoll, knoll reef
Knollenschichtung *f* • lump(y) bedding, nodular bedding [*Layers which consist of scattered to loosely packed nodular bodies of rock in matrix of like or unlike character*]
Knollenstein *m* • siliceous concretion
knollig, rundklumpig • nodular, nodulated [*Occurring in the form of small rounded lumps*]
Knopf *m*, Passpunktknopf • stud [*mechanical radial triangulation; photogrammetry*]
Knopfstein *m* [*Eine Art harter Kieselstein*] • button stone
Knorpeltang *m* ➔ irländisches Moos
Knötchenerz *n* • nodular chromite
Knotenblech *n* • gusset plate
Knotenebene *f* • nodal plane
Knoteneisenerz *n* • nodular iron-ore
Knoten(punkt) *m* • joint, nodal point, node [*A central point in any complex or system*]
Knotenpunkt *m* • (seismic) subarray
Knotenpunktkräfte *f(pl)* • nodal point forces
Knotenpunktverschiebung *f* • nodal displacement
Knotenschiefer *m* • knotenschiefer [*A type of spotted slate characterized by conspicuous subspherical or polyhedral clots that are often individual minerals, e.g. cordierite, biotite, chlorite, andalusite (Holme, 1928)*]
Knudsenformel *f* • Knudsen formula [*It expresses the relationship between salinity and chlorinity of sea water: salinity = 0.030 x 1.8050 (chlorinity)*]
Knüppelbremsen *n* (⚒) • spragging
Knüppelbremser *m* (⚒) • spragger [*In coal mining, a labourer who rides car trains and controls their free movement down gently sloping inclines by throwing switches and by poking sprags between the wheel spokes to stop them*]
koaguliertes Gefüge *n* • coagulated structure
Kobalt *n*, Kobel *m*, Blaustein *m* • cobalt
Kobaltarsenkies *m*, Danait *m* • danaite [A *variety of arsenopyrite containing cobalt*]
Kobaltbeschlag *m*, erdige Kobaltblüte *f* • earthy cobalt bloom
Kobaltblüte *f*, rotes Erdkobalt *n*, Erythrin *m*, $Co_3(AsO_4)\ 2.8H_2O$ • erythrite, cobalt bloom, erythrine, red cobalt, peachblossom ore, pink erythrine, cobalt ocher
Kobaltbromit *m* • cobalt(ic) bromide
Kobaltgelb *n*, Indischgelb • cobalt yellow

K

Kobaltglanz *m*, Glanzkobalt *n*, Kobaltin *n*, Kobaltit *m*, Cobaltin, CoAsS; Kobaltkies *m* [*Fehlbenennung*] • cobalt glance, cobaltite, gray cobalt, grey cobalt, white cobalt; cobaltine [*old name*] [*A silver-white mineral with a metallic lustre that crystallizes in the isometric system, resembling crystals of pyrite*]
Kobaltgrün *n*, Riemann's Grün, grüner Zinnober *m* • cobalt green
Kobaltin *n* ➋ Kobaltglanz
Kobaltit *m* ➋ Kobaltglanz
Kobaltkalzit *m* • sph(a)erocobaltite, cobaltocalcite [*A peachblossom-red mineral of the calcite group;* $CoCO_3$. *It occurs in spherical masses*]
Kobaltkies *m*, Linn(a)eit *m* • linn(a)eite, cobaltpyrites [*A pale steel-gray isometric mineral:* $(Co, Ni)_3S_4$. *It has a copper-red tarnish and constitutes an ore of cobalt*]
Kobaltkies *m* [*Fehlbenennung*] ➋ Kobaltglanz
Kobaltmetall *n* • cobalt metal
Kobaltmulm *m*, schwarzes Kobaltarsenik
Kobaltnitrat *n* • cobalt nitrate
Kobaltokarbonat *n* • cobaltous carbonate
Kobaltozyankalium *n* • potassium cobaltocyanid(e)
Kobaltpentlandit *m*, $(Co,Ni,Fe)_9S_8$ • cobalt pentlandite [*It is the cobalt analogue of pentlandite*]
Kobaltpyrit *m* • cobalt pyrite [*A variety of pyrite containing cobalt*]
Kobaltschwärze *f*, schwarzes Kobaltarsenik
Kobaltspeise *f* • cobalt regulus
Kobaltspiegel *m* • transparent cobalt ore
Kobaltvitriol *n*, Bieberit *m*, $Co[SO_4].7H_2O$ • cobalt vitriol, bieberite, red vitriol [*A flesh-red to rose-red mineral occurring especially in crusts and stalactites*]
Kobel *m*, Kobalt *n*, Blaustein *m* • cobalt
Kobellit *m* • kobellite [*A blackish gray mineral composed of antimony bismuth lead sulphid(e)*]
Kochdruck *m* ➋ Siededruck
kochen ➋ sieden
Kochpunkt *m*, Blasenpunkt, Gasentlösungspunkt, Entgasungsbeginn *m* • bubble point [*A state of fluids characterized by the coexistence of a liquid phase with an infinitesimal quantity of gas phase in equilibrium*]
Kochpunkt *m* ➋ Siedepunkt
Kochsalz *n* • household salt
Kodebild *n*, Codebild • code image, code picture
Kodeninstrument *n* [*japanische Entwicklung*] • Koden instrument
Koepefördermaschine *f* (⚒) • friction winder
Koepescheibe *f*, Treibscheibe (⚒) • Koepe sheave, Koepe wheel
Koepescheibenbelag *m*, Treibscheibenbelag (⚒) • Koepe sheave lining, Koepe wheel lining
Koerzitivkraft *f* • coercive force, coercivity
Kofaktor *m* • cofactor
Kofel *m*, Koppe *f*, Kogel *m;* Belchen *m* [*Schwarzwald*]; Boll *m* [*Rheinpfalz*] • ballon [*French term. A dome-shaped hill formed either by erosion or by uplift*]
Kofferfalte *f*, Kastenfalte • box fold [*A fold with the approximate profile form of three sides of a rectangle*]
Kogel *m* ➋ Kofel
KOH ➋ Kaliumhydroxid
kohärent • coherent [*In geochemistry, said of a group of elements which, owing to similarity in valence and radius, occur intimately associated in nature, such as entering into the same minerals at about the same stage of fractional crystallization, e.g. hafnium and zirconium form a coherent pair*]
kohärent • coherent [*In geology, said of a rock or deposit that is consolidated or that is not easily shattered*]
Kohärenz *f* • coherence [*The property of wave trains being in phase. The coherence of adjacent seismic waves, along with an increase in amplitude, is the principal evidence for an event. Coherence is used qualitatively in picking events, but it can also be quantified*]
Kohäsion *f*, Bindigkeit *f* • cohesion, no load shear(ing) strength [*Shear(ing) strength of a rock not related to interpartial friction*]
Kohäsionsanteil *m* • portion of cohesion
Kohäsionsenergie *f* • cohesion energy
Kohäsionsfestigkeit *f*, Bindefestigkeit • cohesive strength [*Inherent strength of a material when normal stress across the prospective surface of failure is zero*]
Kohäsionskraft *f*, Kohäsivkraft, Bindekraft • cohesion force, cohesive force
kohäsionslos ➋ nichtbindig
Kohäsionslosigkeit *f* ➋ Nichtbindigkeit
kohäsiv, bindig • cohesive [*Said of a soil that has relatively high shear(ing) strength when air-dried, and high cohesion when wet, e.g. a clay-bearing soil*]
kohäsiver Boden *m* ➋ bindiges Lockergestein
kohäsives Lockergestein *n* ➋ bindiges Lockergestein
Kohäsivkraft *f*, Kohäsionskraft *f*, Bindekraft • cohesion force, cohesive force
Kohle *f* am Abbaubetriebspunkt, anstehende Kohle *f* • coal at (work(ing)) face, (work(ing)) face coal, coal in solid
Kohle *f* am Liegenden angebaut ➋ Liegendkohle
Kohle *f* auf dem Seeweg angeliefert • sea-borne coal

Kohle *f* in Ausstrichnähe, oberste Kohlenschicht *f* • day coal

Kohle *f* im Schichtliegenden ➲ ausgehende Kohle

Kohleflöz *n* • coal seam

Kohlenabbauschicht *f*, Kohlengewinnungsschicht • coaling shift

Kohlenabdruck *m* im Schiefer • coal print

Kohlenabfall *m* • coal feigh, coal refuse, coal dirt

Kohlenabladeplatz *m*, Kohlenkippe *f*, Kohlendeponie *f* • coal tip, coal dump

Kohlenabläutern *n*, Kohlenabsetzen • coal jigging, jigging of coal

Kohlenabläuterungsmaschine *f*, Kohlenabsetzmaschine *f* • coal jig(ging machine)

kohlenähnlich, kohlig • coaly, resembling coal

Kohle(n)ader *f*, Kohle(n)schnur

Kohlenart *f* • coal type

Kohlenaufbauteil *m*, *n*, Streifenart *f*, Lithotyp *m* • lithotype

Kohlenaufbereitung *f* • coal preparation, coal dressing

Kohlenaufhaldung *f*, Haldenbevorratung von Kohle • coal (stock)piling

Kohlenaufzug *m* • coal lift, coal hoist

Kohlenausbruch *m*, Flözschlag *m* • coal burst

Kohlenbahnhof *m* • coal terminal

Kohlenbank *f* • coal bank

Kohlenbecken *n* • coal basin [*A depression in an older rock formation, in which coal-bearing strata have been deposited*]

kohlenbedeckt • coaly, coal-covered, covered with coal

Kohlenbein *n*, Bein • fender of coal, (coal) fender

Kohlenbergbau *m* • coal mining

Kohlen-Berge-Trübe *f* • coal/shale slime

Kohlenbergmann *m*, Kohlengrubenarbeiter, Kohlenbergwerkarbeiter *m* • collier, coal miner

Kohlenbergwerk *n*, Kohlenzeche *f*, • coal mine (US+Brit.), underground coal working, underground coal mine working, pit [*Not commonly used by coal men, except in reference to surface mining where the workings may be known as a strip pit. See note under "mine"*]

Kohlenbergwerk(anlage) *n*, *(f)* ➲ Kohlenbergwerkgebäude

Kohlenbergwerkarbeiter *m* ➲ Kohlenbergmann

Kohlenbergwerkaussatzhalde *f* • burrow [*A refuse heap at a coal mine*]

Kohlenbergwerkgebäude *n*, Kohlenbergwerk (anlage) *n*, (*f*), Berghandel *m* [*Österreich*] [*Alle bergmännischen Baue und Anlagen an einem Ort über und unter Tage zur Kohlengewinnung*] • colliery (Brit.) [*A colliery is a coal mine including all the buildings and equipment associated with it*], coal mining plant, coalery

Kohlenbestandteil *m* • coal constituent

Kohlenbezirk *m* • coal county [*USA*]

Kohlenbunkern *n* • coal bunkering

Kohlendeponie *f* ➲ Kohlenabladeplatz

Kohlendioxid *n* • carbon dioxide

Kohlendioxidanzeiger *m* • carbon dioxid(e) indicator, CO_2 indicator

Kohlendirektversturz *m*, Direktkohle(n)versturz • coal strip mining, strip coal mining [*Where the coal seam lies close to the surface, it is more economical to remove the overburden that covers the coal seam*]

Kohlendünnschliff *m* • coal thin section

kohlendurchsetzter Schiefer *m*, weicher Schiefer mit Kohlenzwischenlagen • coaly rashing(s)

Kohleneisenstein *m*, Schwarzstreif *m*, toniger Sphärosiderit *m* [*Ein Gemenge von Spateisen (nebst einem geringen Gehalt an $MgCo_3$ und $MaCo_3$) mit Eisenoxyden, Ton, Sand und Kohle in wechselnden Verhältnissen, welches kontinuierliche Flöze oder hintereinanderliegende flach lentikulure Konkretionen im Kohlenschieferton mit Steinkohle bildet*] • blackband (ironstone)

kohlenenthaltend, kohlenhaltig, kohlenführend • coal-bearing, coaly, containing coal

Kohlenentschwefelung *f* [*Reduzierung des Schwefelgehaltes der Steinkohle, um niedere SO^2 Emissionen in Kraftwerken zu erreichen*] • coal desulphurisation (Brit.), coal desulphurization (US)

Kohlenentwässerung *f* • coal dewatering, coal unwatering

Kohlenfall *m* • coal-fall

Kohlenfeld *n*, Kohlenrevier *n*, Kohlenbecken *n* • coalfield [*An area of country, the underlying rocks of which contain workable coal seams. The distribution of coalfields was largely determined by folding movements and the subsequent denudation. The original coal areas were clearly larger than the present coalfields*]

Kohlenfeste *f* [*Siehe Anmerkung unter "Bergfeste"*] • permanent coal pillar, abandoned coal pillar

Kohlenflitter-Schwarzschiefer *m* ➲ Schwarzschiefer mit Kohlenflitter

Kohlenflotation *f* • coal flo(a)tation

Kohlenflotationsabgang *m*, Kohlenflotationsberge *f* • coal flo(a)tation tailings, coal flo(a)tation waste

K

Kohlenflöz *n*, Flöz • coal seam, coalbed, coal stratum [*(Coal) seam is more commonly used in the USA and Canada*]

Kohlenflöz *m* 23 cm dick • chance coal [*In Staffordshire, a name given to a 9-inch coal seam*]

Kohlenflözeinlage *f* • ply [*Any distinctive band or layer in a coal seam, e.g. durain, fusain, clarain, or vitrain*]

(Kohlen)Flözoberbank *f*
➲ Oberbank eines Kohlenflözes

Kohlenförderbetrieb *m* • coal handling

Kohlen(förder)korb *m* • corf(e), corve, cauf [*Newcastle. From the German "Korb"*]; hutch [*Scotland*]; coal basket

Kohlenförderung *f* • coal haulage

kohlenführend ➲ kohlenhaltig

kohlenführende Schicht *f* • coal metal [*Scotland*]

Kohlengas *n* • coal gas

Kohlengebirgsfläche *f* • coal area

Kohlengedinge *n* ➲ Gedinge

Kohlengeologe *m* • coal geologist

Kohlengeologie *f* • coal geology

Kohlengestübbe *n* • brask

Kohlengewinnungsschicht *f*, Kohlenabbauschicht • coaling shift

Kohlenglut *f* • live coals

Kohlengrafschaft *f* • coal county, coal shire [*England*] [*A county in which the chief industry is mining coal*]

Kohlengrube *f*, Kohlenzeche, Kohlenbergwerk • colliery (Brit.) [*A colliery is a coal mine including all the buildings and equipment associated with it*], *coal mine* (US; Brit.)

Kohlengrube *f* mit dünnen Flözen • low coal mine

Kohlengrubenarbeiter *m*, Kohlenbergmann *m*, Kohlenbergwerkarbeiter • collier, coal miner

Kohlengrubenbau *m* [*Stollen; Schacht; Pfeiler usw.*] • coal mine structure

Kohlengrubenbetrieb *m* • collieries operation(s), coal mine operation(s)

Kohlengrubenbrand *m*, Kohlengrubenfeuer *n* • coal mine fire

Kohlengrubenstaub *m* • coal mine dust

Kohlenhalde *f* • colliery spoil tip, colliery waste tip, coal dump

Kohlenhändler *m* • coal sale(s)man; hill(s)man [*Scotland*]

kohlenhaltig, kohlenenthaltend, kohlenführend • coal-bearing, coaly, containing coal

(Kohlen)Hauer *m*, Abkohler, (Kohlen)Häuer (⚒) • faceworker, (coal) digger, (coal) getter, faceman, (coal) hewer [*A coal miner who performs the duties involved in drilling underground openings into which explosives are charged and set off to extract coal, slate, and rock*]. [*Loosely also called "miner"*]

Kohlenhaufen *m* • coal heap

(Kohlen)Hobelbarkeit *f* • (coal) ploughability (Brit.); (coal) plowability (US)

Kohlenhobeln *n*, Hobelgewinnung *f* von Kohle • coal ploughing; coal plowing (US)

Kohlenhochlöffelbagger *m*, Hochlöffelkohlenbagger • coal (face) shovel

Kohlenholz *n* • coal wood [*Wood to be burned for charcoal*]

Kohlenkahn *m* • coal flat, coal barge [*A flatboat used to carry coal*]

Kohlenkalkstein *m* ➲ Karbonkalkstein

Kohlenkippe *f*, Kohlenabladeplatz *m*, Kohlendeponie *f* • coal tip, coal dump

Kohlenklein(ver)wiegeautomat *m*, automatische Kohlenkleinwaage *f* • billy playfair

Kohlenladeplatz *m* • coal ascent

Kohlenlager *n* ➲ Kohlenbank

Kohlenlager(platz) *n*, *(m)* • coal (storage) yard, coal store

Kohlenlagerstätte *f* • coal deposit; coalheugh [*Scotland*]

Kohlenlagerung *f* • coal storage

Kohlenletten *m* • black bed

Kohlenmann *m*, Kohlenträger *m* • coal hiker [*A labo(u)rer who carries coal from the delivery truck to the customer's storage place*]

Kohlenmaß *n* von 18 bushels Inhalt (⚒) • waggon [*South Wales*]

Kohlenmeißel *m* • coal (cutter) bit

Kohlenmesser *m* • coal meter [*One appointed to measure coals*]

Kohlenmikrolithotyp *m* • coal microlithotype

Kohlenmonoxyd *n*, brandige Wetter *f* • carbon monoxid(e), CO, white damp [*A colo(u)rless, odo(u)rless, tasteless, toxic, and flammable gas produced by the incomplete combustion of carbonaceous material*]

Kohlennutzung *f* • coal utilization

Kohlenpaläobotanik *f* • coal pal(a)ebotany [*A special branch of the pal(a)eobotanical sciences concerned with the origin, composition, mode of occurrences and significance of the fossil plant materials that occur in, or are associated with, coal seams*]

Kohlenpaläobotaniker *m* • coal pal(a)eobotanist

kohlenpetrografische Flözkorrelation *f* • petrographic(al) correlation of coal seams

Kohlenpetrologe *m* • coal penologist
Kohlenpetrologie *f* • coal petrology
Kohlenpfeiler *m* • pillar of coal, coal pillar
Kohlenpflanze *f* • coal plant [*A fossil plant found in association with, or contributing by its substance to the formation of, beds of coal, especially in the Coal Measures*]
Kohlenpressstein *m* ➔ Brennziegel
Kohlenregion *f* • coal region [*It consists of coalfields that have some feature or features in common, thus enabling them to be considered as a whole or separately as the problem may demand*]
Kohlenreiniger *m* • coal cleaner [*A machine for separating stone from coal and thus lowering the ash content and raising the calorific value of the coal to be sold*]
Kohlenreserven *f*, Kohlenvorkommen • coal reserves
Kohlenrevier *n*, Kohlenfeld *n*, Kohlenbecken *n* • coalfield [*An area of country, the underlying rocks of which contain workable coal seams. The distribution of coalfields was largely determined by folding movements and the subsequent denudation. The original coal areas were clearly larger than the present coalfields*]
Kohlenrohrleitung *f* • coal (pipe)line
Kohlenrolle *f* (⚒) • rock hole, rock chute, rock shoot [*A short raise driven from a lower seam to a higher one and used as a coal chute when the main haulage roads are driven in the lower seam*]
Kohlensäge *f*, Freihandschlitzmaschine *f* • coal saw
Kohlensandstein *m* • coal grit
Kohlensäuerling *m*, Sauerbrunnen *m*, kohlensäurehaltige Mineralquelle *f* • acidulous spring, acidulated spring, slightly acid spring
Kohlensäure *f* • carbonic acid
Kohlensäuredampf *m*, Kohlensäuregas, Kohlen(stoff)dioxyd(gas) *n* [*Nicht brennbares Gas zur Füllung des Grubengebäudes und dadurch zum Löschen des Feuers*] • carbonic acid gas, carbon dioxid(e), CO_2
kohlensäurehaltige Mineralquelle *f* ➔ Sauer-brunnen
kohlensäurehaltiges Mineralwasser *n*, Säuerling *m*, Sauerborn *m*, natürliches kohlensaures Wasser • acidulous water, acidulated water, slightly acid water, gaseous mineral water [*Mineral water charged naturally with carbon dioxid(e)*]
kohlensaurer Strontian *m*, Strontianit
kohlensaures Bleioxid *n* • lead carbonate [*chemistry*]
Kohlensäureschnee *m*, Trockeneis *n* • (solid) carbon dioxid(e) snow, dry ice, drikold
Kohlensäureschneelöscher *m* • carbon dioxid(e) fire extinguisher [*A portable appliance for putting out mine fires. A charge of 7 to 15 pounds of carbon dioxid(e) is stored under pressure in a steel container with a wheel or lever valve on top. Carbon dioxid(e) is released as a mix (ture) of gas and snow. This appliance must be recharged by the makers*]
kohlensaures Eisenoxydul *n* • protocarbonate of iron, iron protocarbonate
kohlensaures Wismutoxyd *n* ➔ Bismutit
Kohlensäureverwitterung *f* • carbonic acid weathering
Kohlenschiefer *m*, Schieferkohle *f*, Brandschiefer, Brennschiefer • (black) bat(t) [*England*]; bass [*A thin layer of coal occurring in the lower part of shale strata that lie above and close to a coal bed*]
Kohlenschlamm *m*, Schlammkohle *f* • coal mud, mud coal
Kohlenschlämme *f* ➔ Kohlen-Wasser-Suspension
Kohlenschleuse *f* • coal lockhopper
Kohlenschmitz *m* • coal streak
Kohlenschnitt *m* • coal cut
Kohlenschurfschacht *m* • coal bell pit [*See note under "bell pit"*]
Kohlensprengen *n* • coal blasting
Kohlenstaub *m* • coal dust; coom [*Scottish term*]
Kohlenstaubexplosion *f* • coal-dust explosion
Kohlenstoff *m* • carbon, C; carbonate [*rarely used*]
Kohlenstoff *m* mit Nickelnitrat belegt • spherocarb(on)
kohlenstoffarm • carbon-poor
Kohlenstoffdendrit *m* • carbon dendrite
Kohlen(stoff)dioxyd(gas) *n* ➔ Kohlensäuredampf
kohlenstoffenthaltend, kohlenstoffhaltig, kohlenstoffführend • carboniferous, carbon-bearing, containing carbon
kohlenstoffhaltig, organisch • organic [*Pertaining or relating to a compound containing carbon, especially as an essential component*]
kohlenstoffhaltige Substanz *f* • organic [*A substance containing "carbon"*]
Kohlenstoffisotop *n* • carbon isotope
Kohlenstoffisotopenverhältnis *n* • carbon isotope ratio
Kohlenstoffkreislauf *m*, Kohlenstoffzyklus *m* • carbon cycle [*The continued exchange and reactions of carbon in the biosphere, atmosphere and hydrosphere*]
kohlenstoffmager • carbon-lean
Kohlenstoffmineral *n* • carbon mineral
kohlenstoffreich • carbonaceous [*Said of a rock or sediment that is rich in carbon*]

Kohlenstoffträger ***m*** • carbon carrier [*Resin, meal, and naphthalene in ammonite (an ammonium nitrate explosive)*]
kohlenstoffführend ➋ kohlenstoffenthaltend
Kohlenstoff-Wasserstoff-Verhältnis ***n*** • carbon-hydrogen ratio, C/H ratio
Kohlenstoffzahl ***f*** • carbon number
Kohlenstoffzyklus ***m*,** Kohlenstoffkreislauf *m* • carbon cycle [*The continued exchange and reactions of carbon in the biosphere, atmosphere and hydrosphere*]
Kohlenstollenbergwerk ***n*** ➋ Stollenbergwerk
Kohlenstollengrube ***f*** ➋ Stollenbergwerk
Kohlenstoß ***m*** [*Die freigelegte Fläche für die Gewinnung der Kohle*] • coal face
Kohlenstoßgleitfläche ***f*,** Drucklage *f* • face slip [*The front slip of a coal seam*]
(Kohlenstoß)Tieftränkung ***f*,** Stoßtieftränkung (⚒) • deep-hole infusion
Kohlenstrom ***m*** • carbo-electricity [*Electricity produced by the use of coal and, presumably, other carbonaceous materials; used in contradistinction to hydroelectricity*]
Kohlenstürzgerüst ***n*,** Kohlensturzgerüst *n* • coal tip
Kohlentagebau ***m*** • opencast coal mining, open-cut coal mining, daylight coal mining, surface coal mining, (open) pit coal mining [*"Extraction" and "working" may synonymously be used for "mining"*]
Kohlenteerkreosot ***n*** • tar acid
Kohlenteerpech ***n*** • coal tar pitch, carbon
Kohlentiegel ***m*** [*Probieren von Erzen*] • coal crucible
Kohlenton ***m*** • black jack [*A term used in Arkansas for a soft, black, carbonaceous clay or earth associated with coal*]; carbonaceous clay
Kohlentonstein ***m*** • coal tonstein [*It occurs as parting within coal. See note under "tonstein"*]
Kohlenträger ***m*,** Kohlenmann *m* • coal hiker [*A labo(u)rer who carries coal from the delivery truck to the customer's storage place*]
Kohlentrockner ***m*** • coal dryer, coal drier
Kohlentrümmer ***f*** • coal fragments
Kohlenturm ***m*** • coal (storage) tower
Kohlenumschlag ***m*** • coal handling
Kohlenverflüssigung ***f*** • coal liquefaction
Kohlenvergaser ***m*** • coal gasifier
Kohlenvergasung ***f*** • coal gasification
Kohlenverlust ***m*** • abandoned coal
Kohlenversorgung ***f*** • coal supply
Kohlenverwendung ***f*** • coal use
Kohlenvorkommen ***n*(*pl*),** Kohlenreserven *f(pl)* • coal reserves
Kohlen(vorrats)halde ***f*** • coal (stock)pile
Kohlenwäsche ***f*** (⚒) [*Die Kohle wird gewaschen, d.h. von nicht brauchbaren Begleitbestandteilen gereinigt*] • coal washing
Kohlen-Wasser-Brennstoff ***m*** • coal-water fuel, CWF, dense coal
Kohlen-Wasser-Gemisch ***n*,** Kohlen-Wasser-Mischung *f* • coal-water mix(ture), CWM
Kohlenwasserstoff ***m*,** KW • hydrocarbon
Kohlenwasserstoffanreicherung ***f*** • bituminization, enrichment in hydrocarbon
Kohlenwasserstoff-Bodengas-Anomalie ***f*,** Bodengas-Kohlenwasserstoff-Anomalie • leak(age) halo [*An annular area of ground surface above a petroleum accumulation, supposedly characterized by an abnormal concentration in the soil gas of hydrocarbons which have leaked from the petroleum beneath*]
kohlenwasserstoffenthaltend, kohlenwasserstoffführend, kohlenwasserstoffhaltig • hydrocarbon-bearing, hydrocarbon-carrying
Kohlenwasserstoffgas ***n*** • hydrocarbon gas
Kohlenwasserstofflagerstätte ***f*** • hydrocarbon deposit
Kohlen-Wasser-Suspension ***f*,** ultrasaubere Kohle *f* • coal(-water) slurry, CWS, coal-(in-)water suspension
Kohlenwertstoff ***m*** • coal derivative, coal by-product
Kohlenzeche ***f*,** Kohlenbergwerkgebäude *n*, Kohlenbergwerk(anlage) *n*, (*f*), Zeche; Berghandel *m* [*Österreich*] [*Alle bergmännischen Baue und Anlagen an einem Ort über und unter Tage zur Kohlengewinnung*] • coal mine, coal mining plant, coalery, colliery, coal workings; pit [*Not commonly used by coal men, except in reference to surface mining where the workings may be known as a strip pit. See note under "mine"*]
Kohlenzechenbetreiber ***m*** • coal operator
Kohlereserven ***f*(*pl*)** • coal reserves
Kohleton ***m*** • coal clay
Köhler ***m*** • charcoal burner
Köhlerbaum, Steigbaum *m* [*Ein Baumstamm mit eingekerbten Tritten, an Stelle einer Fahrt*] • charcoal burner's ladder
kohlig, kohlenähnlich • coaly, resembling coal
Koinzidenzablesung ***f*** • coincidence reading
Koinzidenzapparat ***m*,** optischer Zähler *m* • optical counter
Kokardenerz ***n*,** Ringelerz • cockade ore, ring ore, sphere ore, cocarde ore
Kokkolith ***m*** • coccolite [*A granular variety of diopside of various colo(u)rs*]
Kokosgewebe ***n*** ➋ Kokosmatte

Kokosmatte [*eine natürliche Erosionsschutzmatte; ermöglicht die Vegetation auf Böschungen und in Uferzonen und verhindert dadurch den unerwünschten Bodenabtrag*] • coconut fibre mat (Brit.), coconut fiber mat (US), coco mat, coir mat
Koks *m* • coke; coak [*obsolete*]
Koksfeinkohle *f*, Feinkokskohle • coking smalls
Koksgrus *m*, Koksklein *n*, Kokslösche *f*, Feinkoks *m*, Perlkoks, Koksgestübbe *n* • breeze, coking breeze, culm coke, coke breeze, coke dust [*Fine divided material from coke production*]
Kokskohle *f*, verkokbare Kohle • coking coal, close-burning coal [*A caking coal suitable for the production of coke for metallurgical use*]
Kokslösche *f* ➋ Koksgrus
Kolbeckin *n*, Herzenbergit *m*, SnS • herzenbergite; kolbeckine [*obsolete*]
Kolbeckit *m*, Sterrettit, Eggonit, $Sc[PO_4]\cdot 2H_2O$ • kolbeckite, sterrettite
kolben, pistonieren • to swab
Kolben *n*, Pistonieren • swabbing
Kolben(ab)dichtung *f*, Kolbenpackung • piston packing
Kolben-(Boden)Probe(n)entnahmegerät *n* [*Es wird durch statischen Druck eingetrieben*] • stationary piston (type) (soil) sampler
Kolbenbohrer *m* • piston drill [*This drill has now been superseded by the hammer drill*]
Kolbendeckel *m* • piston cover
Kolbenentnahmegerät *n* • piston sampler
Kolbenführung *f* • piston guide
Kolbenkernprobe(n)nehmer *m* • piston corer, piston core sampler, piston core sample taker
Kolbenlöffel *m* • piston bailer
Kolbenmanschette *f* • piston sleeve
Kolbenmaschine *f* • piston-type machine, piston machine
Kolbenpackung *f*, Kolben(ab)dichtung *f* • piston packing
Kolbenpassung *f* • piston fit
Kolbenprobe(n)nehmer *m* • piston (driven) sampler, piston-type sampler
Kolbenproduktion *f*, Pistonierkolbenproduktion • swabbing production
Kolbenring *m* • piston ring
Kolbenringlücke *f* • piston ring gap
Kolbenseil *n*, Pistonierkolbenseil • swabbing line, swabbing rope, sandrope, sandline [*A wire line used in rotary drilling to operate a swab*]
Kolbensetzmaschine *f* • piston jig(ger)
Kolbensonde *f*, Pistoniersonde • swabbing probe
Kolbenstange *f* • piston rod
Kolbenstangenkreuzkopf *m* • piston rod crosshead
Kolk *m*, Auskolkung *f* • flute [*A primary sedimentary structure consisting of a discontinuous scoop-shaped or lobate depression, or groove generally 2-10 cm in length, usually formed by the scouring action of a turbulent, sediment-laden current of water flowing over a muddy bottom, and having a steep or abrupt upcurrent end where the depth of the mark tends to be the greatest. Its long axis is generally parallel to the current*]
Kolk *m*, Kölke *f*, Gölle *f* [*Ungewöhnlich tiefe Stelle in einem Teich oder Fluss; Wasserlache auf sumpfigem Gelände, besonders hinter Deichen*] • scour, pool, pond
Kolkbildung *f* ➋ (Aus)Kolken
kolken ➋ (aus)kolken
Kolken *n* ➋ (Aus)Kolken
Kolken *n* und (Auf)Füllen ➋ (Aus)Kolken und (Auf) Füllen
Kolkgefahr *f* • risk of scour
Kolkmarke *f* • flute mark(ing), flute mould; flute mold (US) [*See note under "mold" (US)*]
Kolk(marken)ausguss *m* • flute (cast), fluting, scour cast, vortex cast, turboglyph, lobate plunge structure
Kolkschutz *m* • scour protection
Kolkschutzberme *f* • scour(ing) protection berm(e)
Kolkschutzmatte *f*, Kolksicherungsmatte, Kolkabwehrmatte • scour(ing) protection mat(tress)
Kolksicherung *f*, Kolkschutz *m*, Kolkabwehr *f* • scour (ing) protection, protection against scour(ing)
Kolktiefe *f* • scouring depth
Kolkung *f* ➋ (Aus)Kolkung
Kolk(ungs)... ➋ (Aus)Kolk(ungs)...
kollabieren • to collapse
kollabiler Boden *m* • collapsible soil
kollabiler Bodenbereich *m* • collapsible soil region
Kollapsfestigkeit *f* für den Fließbereich [*Ölfeldrohr*] • yield strength collapse
Kollektiv *n*, Grundgesamtheit *f*, Population *f* • universe [*statistics*]
kollern, hinunterkollern [*Steine*] • to roll (down)
Kollimation *f* • collimation
Kollimations(achsen)fehler *m*, Ziel(achsen)fehler, Indexfehler, Absehfehler [*Fotogrammetrie. Beim Theodolit die Abweichung des Noniusnullpunktes vom Teilungsnullpunkt am Vertikalkreis bei waagrechter Stellung der optischen Achse des Fernrohres*] • error of collimation, error of sight(ing), error of aiming, collimation error, sight(ing) (mark) error, aiming error, index error

K

Kollimationsebene *f* • plane of collimation, collimation plane
Kollimationsinstrument *n* mit fester Basis und 80facher Vergrößerung • fixed-base 80-magnification collimator
Kollimationslinie *f* • collimation line, line of collimation
Kollimationsmarke *f*, Rahmenmarke, Bildmarke, Messmarke • collimating (index) mark, fiducial mark, collimation (index) mark [*An index mark appearing along the edge of an aerial photo(graph). Each photo(graph) usually has four fiducial marks, one on each edge, which define the centre point (principal point) of the photo(graph)*]
Kollimationsmethode *f*, Kollimationsverfahren *n* • collimation method, height of instrument method [*As opposed to the "rise and fall method"*]
Kollision *f*, Zusammenstoß *m* [*Plattentektonik*] • collision
Kollisionssicherheit *f* [*z. B. zur Sicherheit von Schiffen und Offshore-Fundamenten*] • collision protection
Kollodiumwolle *f* [*Nitrozellulose mit 9 Salpetersäureresten im Molekül*] • collodion cotton
Kolloid *n*, Kleinchen *n* • colloid
Kolloidalboden *m*, kolloidaler Boden • colloid(al) soil
kolloidale Dispersion *f*, Sol *n*, kolloidale Suspension • sol, colloid(al) dispersion, colloid(al) Suspension [*A homogeneous suspension or dispersion of colloidal matter in a fluid (liquid or gas). A sol is in a more fluid form than a gel*]
kolloidale Schlämmepumpe *f* und -mischer *m* • colloid(al) grout system, colloid(al) slurry system, colloid(al) grout plant, colloid(al) slurry plant, colloid(al) grout pump and mixer, colloid(al) slurry pump and mixer
kolloidaler Boden *m*, Kolloid(al)boden • colloid(al) soil
kolloidaler Komplex *m*, Kolloid(al)komplex • colloid (al) complex [*In a soil, a mix(ture) of humus and clay*]
kolloidaler Schlämmemischer *m* • colloid(al) grout mixer, colloid(al) (slurry) mixer
kolloidaler Ton *m*, Kolloid(al)ton, Rohton, Ultraton • colloid(al) clay, raw clay
kolloidaler Zustand *m*, Kolloidalzustand • colloid(al) state, colloid(al) condition
Kolloidalfracht *f* • colloid(al) load [*watercourse*]
Kolloidalkomplex *m*, kolloidaler Komplex • colloid (al) complex [*In a soil, a mix(ture) of humus and clay*]
Kolloidphysik *f* • colloid physics
Kolloidalschutz *m*, Schutzwirkung *f* von Kolloiden • colloid(al) protection
Kolloidalton *m*, kolloid(al)er Ton, Rohton, Ultraton • colloid(al) clay, raw clay
Kolloidalzustand *m*, kolloidaler Zustand • colloid(al) state, colloid(al) condition
kolloiddispers, hochdispers
Kolloidkohle *f*, Fließkohle • coal-in-oil suspension, colloid(al) fuel [*A fluid mix(ture) of pulverized coal dispersed in either fuel oil or coal tar oil, used as a fuel chiefly in large plants*]
Kolloidwasser *n* • colloid(al) water
Kollokation *f* • collocation
kolluvial, zusammengeschwemmt • colluvial [*Consisting of alluvium in part and also containing angular fragments of the original rocks*]
Kolluvialboden *m*, Absatzboden, Derivatboden, umgelagerter Boden, zusammengeschwemmter Boden • colluvial soil
Kolluvialseife *f* • colluvial placer
Kolluvialton *m* • colluvial clay
Kolluvium *n*, Zusammenschwemmung *f* • colluvium, colluviation, collection of washings
Kollyrit *m* • collyrite [*A variety of clay, of a white colour, with shades of gray or red*]
Kolmatage *f* • colmatage [*A term used for the artificial impounding of silt-laden water in order to build up the banks in the lower part of a river or stream by deposition of alluvium*]
Kolmatierung *f*, Anschwemmung • clogging
Kölner Verbau *m* [*Er ist aus der im Bergbau üblichen Holzgetriebezimmerung entwickelt worden. Seine Grundelemente sind stählerne Stützbögen und gerammte Tunnelbleche. Sein Vorzug besteht darin, dass bei sorgfältiger Ausführung die bei der Getriebezimmerung unvermeidbaren Bodenverluste fast vermieden werden*] • Köln(-type) support (system)
Kolonialkartografie *f* • colonial cartography
Kolonne *f*, Bock *m* [*Hölzernes Stützgerüst im Stollen- und Tunnelbau*] • trestle
Kolonne *f*, Trupp *m*, Mannschaft *f*, Kameradschaft • gang, work gang, butty gang [*A set of miners*]
Kolonnenführer *m*, Truppführer, Mannschaftsführer, Kameradschaftsführer • ganger, work gang foreman
Kolumbit *m*, Niobit *m*; Greenlandit, Dianit [*veraltete Benennungen*] • columbite, niobite, dianite, greenlandite [*A black mineral: $(Fe, Mn)(Nb,Ta)_2O_6$. It is isomorphous with tantalite, occurs in granites and pegmatites, and is an ore of niobium as well as a source of tantalum*]

K

komagmatisch • comagmatic; consanguineous [*Less preferred synonym*]
Kombi-Schlitzwand *f*
➋ kombinierte Schlitzdichtwand
Kombination *f* von Trenn- und Reinigungsflüssigkeiten [*Zementation in der Tiefbohrtechnik*] • spacer train
Kombinationsbrunnen *m* • combination well [*An open well connected to one or more other wells*]
Kombinationsfalle *f* • combination trap [*A trap for oil or gas that has both structural and stratigraphic elements*]
Kombinationsgezeit *f*, Kombinationstide *f*, zusammengesetzte Gezeit, zusammengesetzte Tide • composite tide, compound tide
Kombi(nations)pfahl *m* • combination pile [*A hollow reinforced-concrete pile is driven over the top of a wood(en) pile which had already been driven into the ground, so that the head of the wood(en) pile projects a few feet above the ground line. When a good bearing is obtained on the bottom with the hollow pile, the inside is pumped out to remove soil and water, if any, and the hollow space is filled with concrete*]
Kombinations(sohle(n))(ab)dichtung *f*, Mehrschichten(sohle(n))(ab)dichtung [*Mülldeponie. 1. (Ab)Dichtungsschichten aus Ton mit Kunststoff(ab)-dichtung. 2. Kunststoff(ab)dichtung mit Entwässerungsschichten (Filterkies)*] • sandwich base seal(ing)
Kombinationsverfahren *n* [*Schlitzwandherstellung*] • composite construction method (*or*: technique)
Kombinationstide *f*, Kombinationsgezeit *f*, zusammengesetzte Gezeit, zusammengesetzte Tide • composite tide, compound tide
kombinierte Baggerung *f*, Kopf- und Seitenbaggerung, Seiten- und Kopfbaggerung • combined excavation
kombinierte geophysikalische Bohrlochmessung *f*, geophysikalische kombinierte Bohrlochmessung • multi(ple)-method geophysical (well) logging, combined method geophysical (well) logging
kombinierte Kastenpfahlwand *f* • combined box pile wall
kombinierte Lagerstätte *f*, Verbundlagerstätte [*Kombination von struktureller und strativraphischer Falle*] • composite deposit, combined deposit, compound deposit
kombinierte Pfahl-Plattengründung *m*, KPP • combined pile-raft foundation
kombinierte Rutschung *f*, zusammengesetzte Rutschung *f* [*Art der Rutschungsaktivität; Definition lt. MLG*/Krauter: Eine **zusammengesetzte** Rutschung weist mindestens zwei Bewegungstypen auf, die gleichzeitig in verschiedenen Teilen der Rutschmasse auftreten*] • **composite** landslide [*Style of landslide activity; according to the MLG*/D.M.Cruden: A composite landslide exhibits at least two types of movement simultaneously in different parts of the displacing mass.*]
kombinierte Schattierung *f*, kombinierte Schummerung [*Böschungsschummerung plus Schräglichtschummerung*] • combined shading
kombinierte Schleuse *f* [*Personen- und Materialschleuse auf dem Druckluftcaisson*] • combined lock
kombinierte Schlitzdichtwand *f*, kombinierte Schlitzwand *f*, Kombi-Schlitzwand *f* • composite diaphgragm wall
kombinierte spannungsoptische Rosette *f*, Fotorosette • photorosette
kombinierte (Tal)Sperre *f* [*(Tal)Sperre aus Mauerwerk und Erdschüttung*] • masonry-cum-earth dam
kombinierte Spundwand *f* • combined sheet pile wall
kombinierte Stahlspundwand *f* • combined steel sheet pile wall
(kombinierte) Untergrunddrän-Tiefbrunnen-Anlage *f* zur Grundwasseranreicherung • (underground) drain collector deep well recharge system
kombinierte Zwillingsbildung *f* [*Quarz*] • combined twinning
kombinierter Ausbau *m* der Grubenbaue, kombinierter Grubenausbau (⚒) • combined permanent support (of workings) [See *note under "permanent support (of workings)"*]
(kombinierter) Futterrohr-Steigrohrkopf *m* • Cameron Uni-head
kombiniertes Pumpen *n* [*Erdöl*] • back-crack pumping
(kombiniertes) Seil- und Drehbohrgerät *n* mit Fördertrommel • California (type) combination (drilling) rig
kombiniertes Stützenfundament *n*, gemeinsames Stützenfundament • combined (column) footing, common (column) footing [*Where the exterior building columns are so located with respect to the property lines that sufficient bearing area cannot be obtained for a symmetrical isolated footing, a combined footing can be used. In such a footing, the exterior column in question is carried on a common footing with the adjacent interior*

K

column, the footing being of such size and shape as to give the required bearing area and to make the centre of gravity of the loads coincide with the centre of the upward reaction]

kommunale Verkehrsbetriebe *m(pl)*, kommunale Verkehrsunternehmen *n(pl)* • communal transportation companies

kommunaler Zweckverband *m* • local administrative unit

Kommunalverband *m* • communal association

Kommune *f*, Kommnualverwaltung *f*, Kommunalbehörde *f* • municipality, local government

Kommunikationssatellit *m* [*für die Fernerkundung*] • communications satellite, communication satellite [*for remote reconnaissance*]

kompakt, dicht(gelagert) • dense, compact, tightly arranged

kompakte Bohrgeräte *n(pl)* • compact drilling equipment

kompakter Sand *m*, dichtgelagerter Sand • close sand [*A sand so closely packed that it has low porosity and makes a poor oil reservoir*]

(kompaktes) Gestein *f* ➲ Fels

Kompaktion *f*, mechanische Diagenese *f* • mechanical diagenesis

Kompaktlader *m* • skid steer loader, skid loader

Kompaktmaschine *f* [*für den unterirdischen Rohrvortrieb*] • compact machine

Komparator *m* • comparator [*The basic measuring instrument for the analytical solution of photogrammetric problems*]

Kompartimentierung *f* [*z. B. eines Wasser-Ballastraumes*] • compartmentalisation (Brit.), compartmentalization (US)

Kompass *m*, Magnetkompass • (magnetic) compass, marine(r's) compass [*A compass whose operation depends upon an element that senses the Earth's magnetic field*]

Kompassdiopter *m* • compass sight vane

Kompassnadel *f*, Magnetnadel • compass needle, magnetic needle

Kompasspeilen *n*, Kompasspeilung *f* • (compass) bearing [*A bearing expressed as a horizontal angle measured clockwise from north as indicated by a magnetic compass*]

Kompassspiegel *m* • compass mirror

Kompassteilkreis *m*, Stundenkreis • compass circle

Kompasszug *m* • compass traverse

Kompensationsplatte *f*, Ausgleichs(s)platte • correction plate, compensation plate [*photogrammetry*]

Kompensationsventil *n* • compensation valve

Kompensator *m* ➲ (Nivellier)Kompensator

Kompensator *m*, Spannungsausgleicher *m* • compensator [*An instrument to determine the voltage difference between two points in the ground by the compensation method*]

Kompensatornivellier *n* • compensator instrument

kompetent [*Kompetent sind Gesteine in Schichten, die gerichteten Druck fortpflanzen*] • competent

Kompetentverwerfung *f* • strut thrust [*An obsolete term for a fault initiated by the shearing of a strut, or competent bed*]

Komplementärfels *m*, Komplementärgestein *n*, Ergänzungsfels, Ergänzungsgestein • complementary rock [*A rock which is differentiated from the same magma, and whose average composition is the same as the parent magma*]

Komplettierung *f* **mit Lochverrohrung** • perforated completion

komplex ➲ gemischt

Komplex *m* • complex

Komplex *m* **gleichartiger kleiner Schichten** ➲ kleine Bank

Komplex gleichartiger Schichten ➲ Schichtenfolge

Komplexanalyse *f*, Differentialanalyse [*Sie beruht im wesentlichen auf der Herausarbeitung von Grundtypen, die mit zunehmender Einengung der Merkmale zu einer Typenabfolge führen und - unter Verwendung der Beziehungen von Typus und Individium in der Geografie - zum geografischen Individium hinleiten*] • differential analysis

Komplexbildung *f* • complexing

komplexe Dielektrizitätskonstante *f* • complex dielectric constant

komplexe Düne *f*, verwachsene Düne • complex dune [*A dune of varying forms, often very large, and produced by variable, shifting winds and the merging of various dune types*]

komplexe Geografie *f* • unitary geography

komplexe Rutschung *f* [*Art der Rutschungsaktivität; Definition lt. MLG*/Krauter: Eine **komplexe** Rutschung weist mindestens zwei Bewegungstypen (Fallen, Kippen, Gleiten, Driften, Fließen) in Folge auf*] • complex landslide [*Style of landslide activity; according to the MLG*/D.M.Cruden: A **complex** landslide exhibits at least two types of movement (falling, toppling, sliding, spreading, flowing) in sequence.*]

komplexe Zahl *f* • complex number

komplexer Krater *m*, verwachsener Krater • complex crater [*A meteorite impact crater of large diameter and* *relatively shallow depth, characterized by a central uplift and peripheral slumping or terracing, which apparently develop during the late stages of the crater-forming event as a result of yielding of the underlying rocks]*

Komplexerz *n*, komplexes Erz, verwachsenes Erz [*Aus ihm werden mehrere Metalle gewonnen*] • complex ore, intergrown ore

komplexes Abflussregime *n* ersten Grades, komplexes Ablaufregime ersten Grades, original-komplexes (Abfluss)Regime, original-komplexes Ablaufregime [*Es treten zwei und mehr Abflussmaxima und Abflussminima beim mittleren Abflussgang auf*] • original-complex runoff regime

komplexes Erz *n*, Komplexerz, verwachsenes Erz [*Aus ihm werden mehrere Metalle gewonnen*] • complex ore, intergrown ore

Komplexgebirge *n* • complex mountain [*It consists of a combination of structures which, if considered in detail, could be called simple*]

Komplikationsgesetz *n* [*Kristallmorphologie. Von Victor Goldschmidt*] • complication law, law of complication

Komponente *f*, Korn *n* • grain

Komponente *f*, Teilchen *n*, Partikel *f* • particle [*A general term, used without restriction as to shape, composition, or structure, for a separable or distinct unit in a rock, e.g. a "sedimentary particle", such as a fragment or a grain, usually consisting of a mineral*]

Komponentenaggregat *n* [*Synsedimentär (chemisch und/oder durch Algen und Bakterientätigkeit) verbackenes Aggregat. In älteren Sedimentiten oft als Rundkörperchen mit gelapptem Umriss - aber ohne erkennbare Innenstruktur - auftretend*] • lump

Kompost *m* • compost [*Plant and animal residues that are arranged into piles and allowed to decompose, sometimes soil or mineral fertilizers may be added*]

kompressible Schicht *f* • compressible layer (*or:* stratum)

Kompression *f* [*einer Schicht*] • compression

Kompressionsapparat *m* nach Casagrande • Casagrande (type) consolidometer

Kompressionsbeiwert *m* • compression index

Kompressionsprobe *f* ➋ Ödometerprobe

Kompressions(prüf)gerät *n*, Ödometer *n*, Kompressions(prüf)apparat *m* [*Zur Ermittlung der Zusammendrückbarkeit von Böden im Labor(atorium)*] • compression testing device, oedometer, lab(oratory) consolidation tester, consolidation press, consolidmeter [*soil mechanics*]

Kompressionsprüfung *f* ➋ Ödometerprobe

Kompressionsverhältnis *n*, Zusammendrückungsverhältnis • compression ratio, compressive ratio

Kompressionsversuch *m* ➋ Ödometerprobe

Kompressionsversuch *m* mit kontinuierlicher Laststeigerung • continuous loading oedometer test

Kompressionsversuch mit stufenweiser Laststeigerung *m* • incremental loading oedometer test

Kompressionsverwerfung *f*, Zusammenschubverwerfung • compression fault, compressive fault

Kompressionswelle *f* [*Erdbebenaufzeichnung; Kompressions- und Longitudinal-Wellen werden auch als P-Wellen bezeichnet, weil sie auf den Seismografen zuerst auftreffen*] • compression wave [*earthquake recording; compression and longitudinal waves are also called P-waves (primary w.) because they appear first on the seismogram*]

Kompressionswellengeschwindigkeit *f*, Ausbreitungsgeschwindigkeit *f* von Kompressionswellen • compressive wave velocity, compression wave velocity

Kompressionszündung *f* [*Sprengtechnik*] • firing by compression, ignition by compression, shot firing by compression, shot ignition by compression, compression (shot) firing, compression (shot) ignition

Kompressorenstation *f* [*Tunnelbau*] • compressor station

komprimiertes Erdgas *n* in gasförmigem Zustand • compressed natural gas, CNG

Kondensat *n*, Destillat *n* • condensate, distillate [*A heavier hydrocarbon occurring usually in gas reservoirs of great depth and high pressure. It is normally in the vapo(u)r phase but condenses as reservoir pressure is reduced by production of gas*]

Kondensatbrücke *f* • condensate bridge

Kondensat(gas)lagerstätte *f* [*Gaslagerstätte mit einem bestimmten Gehalt an niedrig siedenden flüssigen Bestandteilen*] • condensate (gas) deposit

Kondensation *f* • condensation [*Hydrology. The process by which water changes from the gaseous state into the liquid or solid state. It is the reverse of evaporation*]

Kondensatorlast *f* [*Dampfturbine*] • condenser load

Kondensatorzündgerät *n*, Kondensatorzündmaschine *f* [*Sprengtechnik*] • capacitor (discharge) blasting machine, (electrical) condenser blasting machine, capacitor (discharge) dynamo exploder, (electrical) condenser dynamo exploder, CD blasting machine, CD dynamo exploder, condenser discharge dynamo exploder, dynamo condenser

Konditionierungsmittel ***n*** • conditioning agent
Konditionsgedinge ***n*,** Prämiengedinge (⚒) • bonus system, premium system
Konferenz ***f*,** Tagung
konfluent, zusammenlaufend • confluent [*Said of a stream, glacier, vein, or other geologic(al) feature that combines or meets with another like feature to form one unit*]
Konfluenzstufe ***f*** • confluence step [*A rock step that rises upstream toward the heads of two glacial valleys at their place of confluence*]
konform, konkordant, übereinstimmend, gleichsinnig • accordant, concordant
konforme Bankung ***f*** ➋ konkordante Bankung
konforme Entwässerung ***f*,** konkordante Entwässerung, übereinstimmende Entwässerung, gleichsinnige Entwässerung • accordant drainage, concordant drainage [*Drainage that has developed in a systematic relationship with, and consequent upon, the present geologic structure*]
K
konforme Falte ***f*,** konkordante Falte, übereinstimmende Falte, gleichsinnige Falte • accordant fold, concordant fold [*One of several folds that are similarly oriented*]
konforme Verwerfung ***f*** ➋ gleichsinnige Verwerfung
konformer Batholith ***m*,** konkordanter Batholith, übereinstimmender Batholith, gleichsinniger Batholith • accordant batholith, concordant batholith [*It parallels the structural trend of the enclosing rocks*]
konformer Nebenfluss ***m*,** konkordanter Nebenfluss, übereinstimmender Nebenfluss, gleichsinniger Nebenfluss • accordant tributary (stream), concordant tributary (stream) [*It enters the main stream at grade, that is, at the same elevation as the main stream*]
Konformitätsbedingung ***f*** • conformity condition
Konglomeratbank ***f*** • conglomerate bench
konglomeratisch • conglomeratic [*Composed of, or having the properties of, conglomerate*]
konglomeratische Grauwacke ***f*** [*Korngröße über 2 mm*] • conglomerate graywacke, conglomerate greywacke, conglomerate rubblestone, conglomerate apogrit
konglomeratisches Rand-Goldflöz ***n*** • Reef [*South Africa*]
Kongokopal ***m*** • Congo copal, Congo gum
kongruente Falte ***f*** • similar fold
König ***m*** ➋ (Metall)König
Königsklasse ***f*** [*Spitzenprodukt eines Geräts*] • top class
Königwaage ***f*** ➋ (Metall) Kornwaage

konisch, kegelig, verjüngt • conic(al), taper(ed)
(konisch erweiterter) Nippelverbinder ***m*** [*Bohrgestänge*] • streamflow rod coupling
konischer Einbruch ***m*** [*Oberbegriff für Kegeleinbruch, Keileinbruch und Fächerkeileinbruch*] • cone cut, cone breaking-in, conic(al) cut, conic(al) breaking-in
konischer Hügel ***m*;** runder Hügel • low; law [*Scottish term*] [*A more or less rounded or conical hill or mound*]
konischer Pfahl ***m*,** Kegelpfahl • cone pile, conic(al) pile, taper(ed) pile
Konizität ***f*** • conicity
konjugierte Kluftschar ***f*** • conjugate joint set, conjugate set of joints
konjugierter (Bild)Mittelpunkt ***m*** [*Über den Luftbildinhalt vom Nachbarbild übertragener Bildmittelpunkt. Symbole: M' und (Z)*] • conjugate principal point, CPP
Konkave ***f*** ➋ Unterschneidungshang
konkave Falte ***f*** ➋ Synklinal(falt)e
konkaves Ufer ***n*** ➋ Unterschneidungshang
Konkavität ***f*,** Innenwölbung *f* • concavity
konkordant, konform, übereinstimmend, gleichsinnig • accordant, concordant
konkordante Bankung ***f*,** gleichsinnige Bankung, konforme Bankung, übereinstimmende Bankung • accordant bedding, concordant bedding, parallel bedding [*An arrangement of bedded sedimentary rocks in which the layers are parallel and without angular junctions*]
konkordante Entwässerung ***f*,** konforme Entwässerung *f*, übereinstimmende Entwässerung, gleichsinnige Entwässerung • accordant drainage, concordant drainage [*Drainage that has developed in a systematic relationship with, and consequent upon, the present geologic structure*]
konkordante Falte ***f*,** konforme Falte, übereinstimmende Falte, gleichsinnige Falte • accordant fold, concordant fold [*One of several folds that are similarly oriented*]
konkordante Verwerfung
➋ gleichsinnige Verwerfung
konkordanter Batholith ***m*,** konformer Batholith, übereinstimmender Batholith, gleichsinniger Batholith • accordant batholith, concordant batholith [*It parallels the structural trend of the enclosing rocks*]
konkordanter Nebenfluss ***m*,** konformer Nebenfluss, übereinstimmender Nebenfluss, gleichsinniger Nebenfluss • accordant tributary (stream), concordant tributary (stream) [*It enters the main stream at grade, that is, at the same elevation as the main stream*]

Konkordanz *f* • concordance, accordance [*Parallelism of strata with sequence boundaries, with no termination of strata against the boundary surfaces*]

konkrete Beobachtung *f* [*Programmsystem GEONET*] • real observation

Konkretion *f* [*Unregelmäßige (linsenförmige, kugelige, knollige, plattige usw.) Mineralmassen, die sich in einem Gestein - meistens gleichzeitig mit diesem - durch Anhäufung mineralischer Stoffe um einen Mittelpunkt gebildet haben*] • concretion

konkretionär • concretionary [*Characterized by, consisting of, or producing concretions*]

konkretionärer Kalkstein *m* • ball(stone) [*Large mass or concretion of fine, unstratified limestone resulting from growth of coral colonies*]

konkretionäres Kalksteinmassiv *n* • concretionary limestone body; woodpack [*slang expression*]

konnates Wasser *n*, mitgeborenes Wasser, Tiefenwasser, ursprüngliches Porenwasser, Sedimentationswasser • connate water, native water, fossil(ized) water [*Water entrapped in the interstices of sedimentary rock at the time of its deposition. It has been out of contact with the atmosphere for at least an appreciable part of a geologic period. The term "connate water" is commonly misused by reservoir engineers and well-log analysts to mean "interstitial water" and "formation water"*]

Konoskop *n* • conoscope [*A polarizing microscope using convergent light with the Bertrand lens inserted; used to test the interference figures of crystals*]

Konrad-Diskontinuität *f*, Conraddiskontinuität, Sial/Sima-Grenze *f*, C-Diskontinuität, seismische Unstetigkeitsfläche *f*, Sprungfläche • Conrad discontinuity [*The seismic velocity discontinuity within the Earth's crust that is equivalent to the boundary between the sial and the sina, at which velocities increase from 6.1 km/sec to 6.4 - 6.7 km/sec. It is not always discernible, i.e. there may be a general increase in velocity with depth in the crust, with no evidence of layer boundaries*]

Konradschicht *f*, Conradschicht • Conrad layer, intermediate layer, lower crustal layer [*The seismic region of the Earth between the Conrad discontinuity and the Mohorovičić discontinuity*]

konsequent, folgend, mitfolgend • consequent [*A term applied to certain geologic(al) and topographic(al) features implying that they have originated as a consequence of existing conditions or features*]

konsequente Entwässerung *f*, (mit)folgende Entwässerung, Folgeentwässerung • consequent drainage [*A draining system directly related to the initial slope of the surface*]

konsequente Wasserscheide *f*, (mit)folgende Wasserscheide, Folgewasserscheide • consequent divide (US); consequent watershed (Brit.); consequent water-parting [*A divide between two consequent streams or rivers*]

konsequenter Fluss *m*, Folgefluss, (mit)folgender Fluss • consequent (stream), original stream [*A stream that originates on a newly exposed or recently formed surface and that flows along a course determined entirely by the initial slope and configuration of that surface; a stream whose flow direction is directly related to and a necessary consequence of the original dip-slope surface of the land and the geologic(al) structure of the area*]

konsequenter Fluss *m* in (Ein)Fallrichtung, Folgefluss in (Ein)Fallrichtung, (mit)folgender Fluss in (Ein)Fallrichtung • dip stream [*A consequent stream flowing in the general direction of dip of the strata it traverses*]

konsequenter Strom *m*, (mit)folgender Strom, Folgestrom • consequent (river), original river

konsequenter Strom *m* in (Ein)Fallrichtung, Folgestrom in (Ein)Fallrichtung, (mit)folgender Strom in (Ein)Fallrichtung • dip river [*A consequent river flowing in the general direction of dip of the strata it traverses*]

konsequentes Tal *n*, (mit)folgendes Tal, Folgetal • consequent valley

konservative Plattengrenze *f* • transform plate boundary, conservative plate boundary

Konsistenz *f*, Steife *f* • stiffness, consistency

Konsistenzgrenzen *f* nach Atterberg, Atterbergsche Konsistenzgrenzen, Atterberg-Grenzen • consistency limits, Atterberg limits (of soil)

Konsistenzzahl *f* • consistency index

Konsolidation *f*, Konsolidierung *f* • consolidation [*1. In geology, any or all of the processes whereby loose, soft or liquid earth materials become firm and coherent. 2. In soil mechanics it refers to the adjustment of a saturated soil in response to increased load, and involves the squeezing of water from the pores and decrease in void ratio*]

Konsolidations(auf)last *f* ➋ Konsolidierungs(auf)last

Konsolidationsentwässerung *f*, Konsolidierungsentwässerung • consolidation drainage, drainage by consolidation

Konsolidationsgleichung *f* • equation of consolidation

Konsolidationsgrad *m* ➋ Konsolidierungsgrad

Konsolidationskammer *f*, Konsolidierungskammer [*Ödometer*] • consolidation chamber

K

Konsolidationskoeffizient ***m,*** Konsolidationszeit, Konsolidierungskoeffizient • consolidation coefficient, coefficient of consolidation

Konsolidationskurve ***f,*** Konsolidierungskurve • consolidation curve

Konsolidationsmechanik ***f,*** Konsolidierungsmechanik • consolidation mechanics

Konsolidationssetzung ***f,*** Konsolidierungssetzung • consolidation settlement [*The gradual settlement of loaded soil; the process may be accelerated by vertical sand drains*]

Konsolidationsspannung ***f,*** Konsolidierungsspannung • consolidation stress

Konsolidationsstadium ***n,*** Finalstadium, Konsolidierungsstadium [*Es kennzeichnet den abgeschlossenen Übergang des Faltungsgebietes in eine junge Tafel*] • consolidation stage, final stage

Konsolidationsteil ***m,*** *n,* Konsolidierungsteil • consolidation section

Konsolidationstheorie ***f*** • consolidation theory, theory of consolidation

Konsolidationsverhalten ***n*** • consolidation behaviour (US: behavior)

Konsolidationsverhältnis ***n*** ➋ Konsolidierungsgrad

Konsolidationsvorgang ***m,*** Konsolidierungsvorgang • consolidation process

Konsolidations-Zeit-Kurve ***f,*** Konsolidierungs-Zeit-Kurve • consolidation-time curve

Konsolidationszone ***f,*** Konsolidierungszone • consolidation zone, zone of consolidation

konsolidieren [*z. B. weiche bindige Schichten*] • to consolidate [*a process by which loose sand or soft soil becomes coherent and firm*]

konsolidiert • consolidated

konsolidierter, undränierter Versuch ***m,*** CU-Versuch *m* • consolidated undrained test, CU-test

konsolidierter, undränierter Versuch *m* mit konstantem Volumen, CCV-Versuch *m* • consolidated test at constant volume and pore pressure, CCV-test

konsolidiertes Packeis ***n,*** zusammenhängendes Packeis • consolidated pack ice [*A sea-ice area entirely devoid of sea-water spaces, and usually including the heavier forms of ice. Obsolete synonyms: consolidated pack, consolidated ice, field ice*]

Konsolidierung ***f,*** Konsolidation *f* • consolidation [*1. In geology, any or all of the processes whereby loose, soft or liquid earth materials become firm and coherent. 2. In soil mechanics it refers to the adjustment of a saturated soil in response to increased load, and involves the squeezing of water from the pores and decrease in void ratio*]

Konsolidierungsablauf ***m*** • course of consolidation

Konsolidierungs(auf)last ***f,*** Konsolidations(auf)last • consolidation load, consolidation surcharge

Konsolidierungsbeiwert ***m*** [*Dies ist ein Maß für die Volumenänderung während der primären Konsolidation und bezieht sich auf die vertikale Drainage oder horizontale Drainage*] • coefficient of consolidation, consolidation coefficient [*This is a measure of time it takes for a soil to consolidate in a lab test*]

Konsolidierungsentwässerung ***f,*** Konsolidationsentwässerung • consolidation drainage, drainage by consolidation

Konsolidierungsgeschwindigkeit ***f*** • rate of consolidation

Konsolidierungsgrad ***m,*** Konsolidierungsverhältnis *n,* Konsolidationsgrad, Konsolidationsverhältnis • consolidation ratio, overconsolidation ratio (OCR), degree of consolidation, consolidation degree, percent(age) of consolidation, consolidation percent(age) [*The ratio, expressed as a percentage, of the amount of consolidation of a given time within a soil mass, to the total amount of consolidation obtained under a given stress condition*]

Konsolidierungshilfe ***f*** • consolidation aid

Konsolidierungskammer ***f,*** Konsolidationskammer [*Ödometer*] • consolidation chamber

Konsolidierungskoeffizient ***m,*** Konsolidationskoeffizient • consolidation coefficient, coefficient of consolidation

Konsolidierungskurve ***f,*** Konsolidationskurve • constant physical condition

Konsolidierungsmechanik ***f,*** Konsolidationsmechanik • consolidation mechanics

Konsolidierungssetzung ***f,*** Konsolidationssetzung • consolidation settlement [*The gradual settlement of loaded soil; the process may be accelerated by vertical sand drains*]

Konsolidierungsspannung ***f,*** Konsolidationsspannung • consolidation stress

Konsolidierungsstadium ***n*** ➋ Konsolidationsstadium

Konsolidierungsteif ***m, n*** ➋ Konsolidationsteil

Konsolidierungstheorie ***f*** • consolidation theory

Konsolidierungsverhältnis ***n,*** Konsolidationsverhältnis *n* ➋ Konsolidierungsgrad

Konsolidierungsvorgang ***m,*** Konsolidationsvorgang • consolidation process

Konsolidierungswirkung ***f*** • consolidation effect
Konsolidierungszeit ***f***, Konsolidierzeit • consolidation time
Konsolidierungs-Zeit-Kurve ***f***, Konsolidations-Zeit-Kurve • consolidation-time curve
Konsolidierungszone ***f***, Konsolidationszone • consolidation zone, zone of consolidation
Konsolidierzeit ***f*** ➲ Konsolidierungszeit
Konsortium ***n*** • consortium
konstant bleibendes Kriechen ***n***, sekundäres Kriechen, stationäres Kriechen • steady-state creep(ing), steady-state slow flow(age), secondary creep(ing), secondary slow flow(age)
konstante Axialspannung ***f*** • constant axial stress
konstante Bedingung ***f*** [*Sedimentationseinheit*] • constant physical condition
Konstante d100 ***f*** [*Röntgenphysik*] • grating constant
Konstantvolumenlinie ***f*** [*Chemie*] • isochore [*A line connecting points of constant volume (as in P-V-T phase diagrams)*]
konstitutiver Parameter ***m*** • constitutive parameter
Konstrukteur ***m***, Entwerfer • designer
Konstruktion ***f***, Entwurf *m* • design
Konstruktion ***f***, System *n* • system
Konstruktionsböschung ***f***, Entwurf(s)böschung • design slope
Konstruktionsdienst ***m*** • design service
Konstruktionseinpressen ***n*** [*Siehe Anmerkung unter "Einpressen"*] • structural grouting [*Injecting high-strength, cement-based grouts as part of other geotechnical techniques, as, for instance, anchors*]
Konstruktionselement ***n***, Entwurf(s)element • design element
Konstruktionsingenieur ***m*** • design engineer
Konstruktions-Kronenkote ***f***, Konstruktions-Kronenniveau *n*, Konstruktions-Kronenhöhe *f*, Konstruktions-Kronenordinate *f* • design crest level, design crown level (Brit.); design crest elevation, design crown elevation (US)
Konstruktionslast ***f*** ➲ Entwurf(s)last
Konstruktionüberlegung ***f***, Entwurf(s)überlegung • design consideration
Konstruktionsuntersuchung ***f***, Entwurf(s)-untersuchung • design investigation
konstruktiv sichern, ausbauen [*Tunnel- und Stollenbau*] • to support (permanently)
konstruktive Ausbildung ***f*** ➲ Ausbildung
(konstruktive) Bemessung ***f*** • structural design
konstruktive Betonsicherung ***f*** ➲ Betonausbau
konstruktive Böschungssicherung ***f***, Böschungsausbau *m* • (permanent) slope (support(ing)) system
konstruktive Durchbildung ***f*** • structural design
konstruktive Einzelheit ***f*** • structural detail
konstruktive Gründungsplatte ***f***, konstruktive Fundamentplatte [*Bei Bauwerken mit relativ geringer Last, z. B. bei Wohnhäusern bis zu 4 Vollgeschossen, als zweckmäßige und wirtschaftliche Konstruktion verwendet*] • structural mat, structural raft, structural single slab
konstruktive Sicherung ***f*** ➲ Ausbau
konstruktive Spritzbetonsicherung ***f*** ➲ Spritzbetonausbau
konstruktive Stollensicherung ***f*** ➲ bleibende Stollensicherung
konstruktive Tunnelsicherung ***f*** ➲ Tunnelausbau
konstruktiver Wasserbau ***m*** • structural hydraulic engineering
Kontakt Bauwerk-Baugrund ***m*** • contact between a building and the subsoil
Kontaktbrekzie ***f*** • contact breccia [*A breccia around an igneous intrusion caused by wall-rock fragmentation and consisting of both intrusive material and wall rock*]
Kontakterosionstal ***n*** • contact erosion valley [*It has been eroded along the line of weakness at the contact between two different types of rock*]
Kontaktfläche ***f***, Seitendruckübertragungsfläche • contact face [*The surface of contact between the soil and the object that exerts the lateral pressure*]
Kontakt(fläche) ***m*** • contact, interface [*The surface between two fluids in a reservoir, i.e. oil and gas, oil and water, or gas and water*]
Kontaktflüssigkeit ***f*** • contact liquid
Kontaktgang ***m*** [*Gang auf der Scheide zweier Gebirgsteile*] • contact vein [*As called by geologists*], contact lode [*As called by miners*]
Kontaktgestein ***n*** Kontaktfels • contactite, contact rock [*A rock formed by contact metamorphism*]
Kontaktgoniometer ***n***, Anlegegoniometer • contact goniometer [*It measures the solid angle between two crystal planes by contact with the surface*]
Kontakthof ***m***, Kontaktzone *f* • (contact) aureole, contact zone, exomorphic zone, metamorphic aureole, metamorphic zone, thermal aureole, zone, contact belt [*In geology, a zone surrounding an igneous intrusion in which contact metamorphism of the country rocks has taken place*]

Kontaktkorrosion ***f*****,** Spaltkorrosion • contact corrosion, crevice corrosion, dissimilar (metal) corrosion
Kontaktlagerstätte ***f*** • contact deposit
Kontaktlog ***n*** • contact log, wall-contact log [*A well log curve produced by closely spaced electrodes or source-to-detector components of the sonde placed in direct contact with the walls of the borehole*]
kontaktlos, berührungslos • non-contact
kontaktmetamorphisch • contact-metamorphic [*Said of a rock or mineral that has originated through the process of contact metamorphism. In older literature, used as a synonym of contact-metasomatic and pyrometasomatic*]
Kontaktmetamorphose ***f*** • contact metamorphism [*Metamorphism genetically related to the intrusion or extrusion of magmas and taking place in rocks at or near their contact with a body of igneous rocks. Exo(meta)morphism and endo(meta)morphism are embraced in the term "contact metamorphism"*]
kontaktmetasomatisch • contact-metasomatic [*Said of a rock or mineral that has originated through the process of contact metasomatism*]
Kontaktmetasomatismus ***m*** • contact metasomatism [*A mass change in the composition of rocks in contact with an invading magma, from which "fluid" constituents are carried out to combine with some of the country-rock constituents to form a new suite of minerals*]
Kontaktmineral ***n*** • contact mineral
Kontaktnormale ***f*** • contact normal
Kontaktpneumatolyse ***f*** • contact pneumatolysis
Kontaktpotential ***n*** • contact potential
Kontakt-Wärmebildtechnik ***f*** • contact thermography
Kontaktzone ***f*****,** Kontakthof *m* • (contact) aureole, contact zone, exomorphic zone, metamorphic aureole, metamorphic zone, thermal aureole, zone, contact belt [*In geology, a zone surrounding an igneous intrusion in which contact metamorphism of the country rocks has taken place*]
Kontaktzwilling ***m*****,** Juxtapositionszwilling • contact twin, juxtaposition twin [*The two parts are united along the composition plane*]
kontaminierter Boden ***m*****,** kontaminiertes Bodenmaterial *n* • contaminated soil
(kontaminierter) Sickerwasseraustritt ***m*** **(in den Untergrund)** • leachate escape
Kontinent ***m*****,** Erdteil *m* [*Die Wörter "Kontinent" und "continent" dürfen nicht mit "Festland" verwechselt werden, denn "Festland" umfasst auch die Inseln und steht somit im Gegensatz zum Meer*] • continent
Kontinentalbecken ***n*****,** kontinentales Becken, Schott *n* • continental basin [*A region in the interior of a continent comprising one or several closed basins*]
Kontinentaldüne ***f*** ➋ Winddüne
kontinentale Kraste ***f*** ➋ Sial(schale)
kontinentale (Wasser)Scheide ***f*** • continental divide, continental water parting [*A divide separating rivers and streams which flow to opposite sides of a continent*]
kontinentaler Graben ***m*****,** Graben mit kontinentaler Unterlage • intracontinental rift basin
kontinentales Becken ***n*****,** Kontinentalbecken, Schott *n* • continental basin [*A region in the interior of a continent comprising one or several closed basins*]
kontinentales Tiefbohrprogramm ***n*** **der Bundesrepublik Deutschland,** KTR • Continental Deep Drilling Program(me) of the Federal Republic of Germany, German Continental Deep Drilling Program(me)
Kontinentalgewässer ***f*** • continental waters
Kontinent(al)gräben ***m*****(*****pl*****),** Gräben auf dem Kontinent • intracontinental rifted settings
Kontinentalinsel ***f*** • continental island [*It is geologically related to the continent near which it lies. It rests upon the continental shelf and does not rise from the true ocean basin. Contrast oceanic island*]
Kontinentalkante ***f*****,** Schelfkante • shelf edge [*The point at which there is a marked increase of slope at the outer margin of the continental shelf. Commonly occurs between 50 and 80 fathoms*]
Kontinentalkrato(ge)n ***m*****,** Hochkrato(ge)n • continental craton, continental cratogene [*As opposed to an "oceanic craton" (Tiefseekraton). See note under "craton"*]
Kontinentalrand ***m*** • continental margin [*The ocean floor that is between the shoreline and the abyssal ocean floor, including various provinces, the continental shelf, continental borderland, continental slope and the continental rise*]
(Kontinental)Schelf ***n*****,** ***m*****,** Flachseebezirk *m*, Kontinentalsockel *m*, Kontinentaltafel *f*, Festlandsockel • (continental) shelf [*The relatively shallow belt of sea-bottom bordering a continental mass, the outer edge of which sinks rapidly to the deep ocean-floor*]
Kontinentalverschiebung ***f*** • (continental) drift, continental displacement, continental migration, epeiro-phoresis theory
kontinentbildend, ep(e)irogenetisch • epeirogen(et)ic
Kontingenztafel ***f*** • contingency table
kontinuierlich arbeitende Tagebaugewinnungsmaschine ***f*****,** Stetig-Tagebaugewinnungsmaschine

kontinuierliche Verformung ***f,*** kontinuierliche Formänderung, Fließverformung, Fließformänderung • continuous deformation, flow deformation

kontinuierlicher Abbau ***m*** ➲ (maschinelles) Auffahren von Pfeilerstrecken

kontinuierlicher Vortrieb ***m*** [*Tunnelbau*] • continuous excavation [*tunnelling*]

kontinuierliches Kriechen ***n*** [*Bewegungsvorgang bei Rutschungen*] • continuous creeping

kontinuierliches Schießen ***n,*** stetiges Schießen [*Sprengseismik. Nach jedem Schuss wird jeweils die eine Seite abgebaut und an die folgende angelegt. So wird jede Aufstellung hin-und gegengeschossen*] • continuous shooting

Kontinuitätsgesetz ***n*** [*Gesetz von der Erhaltung der Masse bei Flüssigkeitsströmungen*] • continuity law

Kontinuitätsprinzip ***n,*** Beständigkeitsprinzip, Stetigkeitsprinzip [*Hydromechanik. Konstanz des Produktes aus Querschnittsfläche und mittlerer Fließgeschwindigkeit einer unzusammendrückbaren Flüssigkeit innerhalb einer Stromröhre; Massenerhaltungssatz*] • continuity principle, principle of continuity

Kontinuum ***n*** • continuum

Kontinuum(s)mechanik ***f*** • continuum mechanics

Kontraktanz ***f*** • contractancy

Kontraktanzbehinderung ***f*** • prevention of contractancy

Kontraktanzneigung ***f*** • tendency for contractancy

Kontraktionsgang ***m,*** Schrumpf(ungs)gang

Kontraktionskluft ***f,*** Schrumpf(ungs)kluft • contraction joint, shrinkage joint

Kontraktionstheorie ***f,*** Schrumpf(ungs)theorie • contraction theory [*Theory that compression causing folding and thrusting is a result of a shrinking of the earth. The crust must decrease in size to accommodate itself to the shrinking interior of the earth*]

Kontraktorbeton ***m*** • tremie (pipe) concrete, tremie

Kontraktorbetongründung ***f,*** Kontraktorbetonfundament *n* • tremie (concrete) foundation

Kontraktorbetonrohr ***n*** • tremie pipe for concreting

Kontraktorverfahren ***n,*** Betonieren *n* unter Wasser [*Kontext: im Kontraktorverfahren betonieren*] • tremie method [*Context: to place concrete by tremie method*]

Kontrastausgleich ***m*** [*Fotogrammetrie*] • dodging

Kontrastdehnung ***f*** ➲ Kontrastverstärkung

Kontrasterhöhung ***f,*** Kontrastverstärkung, Kontrastdehnung, Kontraststeigerung [*Bildherstellung in der Fernerkundung*] • contrast enhancement, contrast stretching

Kontrasterhöhungsfilter ***m, n*** ➲ Kontrastverstärkungsfilter

Kontraststeuerung ***f*** • contrast control

Kontrastübertragung ***f*** [*frühere Benennung*], Modulationsübertragung *f* • contrast transfer

Kontrastübertragungsfunktion ***f*** [*frühere Benennung*] ➲ Modulationsübertragungsfunktion

Kontrastverstärkung ***f*** ➲ Kontrasterhöhung

Kontrastverstärkungsfilter ***m,*** *n,* Kontrasterhöhungsfilter, Kontrastdehnungsfilter, Kontraststeigerungsfilter • contrast enhancement filter, contrast stretching filter

Kontrollablesung ***f*** • check(ing) reading

Kontrollbrunnen ***m*** ➲ Beobachtungsbrunnen

Kontrolle ***f,*** Kontrollieren *n* • check(ing), verification [*Of a survey, calculation, etc.*]

Kontrollgang ***m*** ➲ Besichtigungsgang

Kontroll(-GPS)-Station ***f*** • master active control station, MACS

Kontrollieren ***n,*** Kontrolle *f* • check(ing), verification [*Of a survey, calculation, etc.*]

kontrollierte Absenkung ***f*** [*des Stauniveaus eines Speicherbeckens*] • controlled draw-down [*of the water level in a reservoir*]

kontrollierte Aufschüttung ***f*** • controlled landfill

kontrollierte Kernexplosion ***f*** • contained nuclear explosion

kontrollierte Laborbedingungen ***f(pl)*** • controlled laboratory conditions

Kontrollprobe ***f*** • check(ing) sample

Kontrollpunkt ***m*** • check(ing) point

kontrollpunktmäßig szenenkorrigierte Bilder ***f*** • precision imagery

Kontrollpunktmethode ***f,*** Kontrollpunktverfahren *n* [*Empfängeraufstellung*] • fiducial point method

Kontrollquerschnitt ***m*** • shifting control [*1. A control (cross-)section that changes from one point to another as the flow varies; for example, in a culvert, the control can shift from the axis to the entrance under some conditions with variation in the rate of flow. 2. A control (cross-)section that changes with variation in the sediment load or other physical conditions and causes a change in the head-discharge relationship*]

Kontrollschacht ***m,*** Beobachtungsschacht, Prüfschacht, Inspektionsschacht [*Talsperre*] • inspection shaft, observation shaft

Kontrollschuss ***m*** • check(ing) shot [*A shot into a well seismometer to check the results of integrating a continuous velocity or sonic log*]

K

Kontrollstollen ***m*** ➋ Besichtigungsgang
Kontrolltaste ***f*** • check(ing) key
Kontrollvermessung ***f*** • check(ing) survey
Kontrollvorrichtung ***f*,** niedriger Damm *m* • check [*A structure which controls the water level in an irrigation canal or ditch*]
Kontrollwaage ***f*** • check weigher, check weighing machine
Kontur ***f*,** Umriss(linie) *m*, *(f)* • contour, outline, formline [*Of a figure or body*]
Kontur(en)diagramm ***n*** • contour diagram [*A type of (petro)fabric diagram prepared by contouring of a point diagram, its purpose is to obtain easier visualization of the (petro)fabric study results*]
Kontur(en)diagramm ***n*** • contour diagram [*An equal-area projection of structural data in which the poles have been contoured according to their density per unit area on the projection*]
konturieren, umreißen • to contour [*1. To provide a map with lines 2. To draw a contour line*]
K
Konturladung ***f*,** Profilladung [*Sprengtechnik*] • shape charge
Konvektionsstrom ***m*,** Mantelkonvektion *f*, thermische Konvektion im Erdmantel, Wärmeströmung *f* im Erdmantel [*Diese Konvektion geht nicht auf Wärmeleitung oder Wärmestrahlung zurück, sondern ist an materielle Träger, z. B. Schmelzen, gebunden*] • mantle convection
konventionelle Bauweise ➋ in konventioneller Bauweise
Konvergentaufnahme ***f*,** Konvergentfoto *n* • convergent photo(graph)
konvergente Plattengrenze ***f*** • convergent plate boundary [*A boundary between two plates that are moving towards each other. It is essentially synonymous with subduction zone, but is used in different contexts*]
Konvergentfoto ***n*,** Konvergentaufnahme *f* • convergent photo(graph)
Konvergenz ***f*** [*Die durch Gebirgsdruck hervorgerufene Abstandsänderung der Begrenzungsflächen von untertägigen Hohlräumen wird allgemein als Konvergenz bezeichnet* (*1)] • convergence
Konvergenzmessung ***f*** • convergence measurement
Konverterkupfer ***n*,** Blisterkupfer, Blasenkupfer • blister copper, pimple copper
Konvex(ab)hang ***m*** • waxing slope, convex slope [*The upper part of a hillside surface, tending to become convex by being rounded off just above an escarpment, having an angle that increases continuously downslope as the hillside is worn back*]
Konvexität ***f*,** Außenwölbung *f* • convexity
Konzentrationsabschnitt ***m*,** ansteigender Ganglinienabschnitt • rising limb [*The rising portion of the hydrograph resulting from runoff of rainfall or snowmelt. This term is most commonly used in discussion of the mathematical or theoretical characteristics of the hydrograph rather than in reference to a specific storm event*]
konzentrieren ➋ anreichern
konzentrierter Abfluss ***m*** • concentrated flow, channel flow [*Movement of surface runoff in a long narrow troughlike depression bounded by banks or valley walls that slope toward the channel*]
konzentrische Falte ***f*,** Parallelfalte • parallel fold, concentric(al) fold [*A fold in which each bed maintains the same thickness (assuming it was initially of uniform thickness) throughout all parts of the fold. Contrasts with similar folding, in which each bed thins on the limbs and thickens towards the anticlinal and synclinal axes*]
konzentrischer Pfahlring ***m*** • concentric pile ring
konzentrischer Wirbel ***m*** • concentric(al) vortex, column vortex
Konzession ***f*,** Verleihung *f* (⚒) • concession
konzessionierte Grube ***f*** ➋ verliehenes Bergwerk
konzessioniertes Bergwerk ***n*** ➋ verliehenes Bergwerk
Konzessionsbohrung ***f*,** Konzessionssonde *f* • discovery well(bore), discovering well(bore)
Konzessionsgang ***m*** • discovery lode, discovering lode [*Terms used by miners. The mineral lode on which the prospector made his mining claim. Called "vein" by geologists*]
Konzessionsgebiet ***n*** • discovery area, discovering area
Konzessionsgrenze ***f*,** Verleihungsgrenze • concession boundary
Konzessionsinhaber ***m*** **behält sich einen Förderanteil von x % und die Betriebsführung vor, während ein anderer Partner die oder einen Teil der Kosten trägt** [*Erdöl- und Erdgaskonzessionen*] • working interest
Konzessionsmodell ***n*** [*der öffentliche Bauherr ist für Finanzierung und Betrieb eines Bauprojekts zuständig, im Gegensatz zum* ➋ *Betreibermodell*] • concession model
Konzessionssonde ***f*,** Konzessionsbohrung *f* • discovery well(bore), discovering well(bore)
Konzessionswert ***m*** ➋ Verleihungswert
Koog ***m*** ➋ Polder
Koogpumpwerk ***n*,** Polderpumpwerk • polder pumping station

Koordinate *f* • co-ordinate [*Each of a system of two or more magnitudes used to define the position of a point, line, or plane, by reference to a fixed system of lines, points, etc. (usually in plural)*]

Koordinaten *f* äquivalenter Punkte der Punktlagen [*Tabellen der Röntgenstrahlenkristallografie*] • co-ordinates of equivalent positions

Koordinatenabschluss *m* • coordinate closure

Koordinatenberechnung *f*, Koordinatenbestimmung *f* • coordinate determination

Koordinatenbestimmung *f* mit Laser [*Dieses System ertastet mit einem rotierenden Laserstrahl im Arbeitsbereich positionierte Kode-Reflektoren und bestimmt durch Triangulation seine eigene X-Y-Position*] • computer-aided positioning system, CAPSY

Koordinatennetz *n*, geografisches Koordinatennetz [*Der Bildgeometrie angepasst*] • griddiing

Koordinatennetz *n*, Planunterlage *f*, Unterlage • grid sheet [*mechanical radial triangulation*]

Koordinatenparallaxe *f* [*Fotogrammetrie*] • parallax of co-ordinates, parallactic displacement of co-ordinates

Koordinatensystem *n* • coordinate system

Koordinatentripel *n* • three co-ordinates

Koordinatenursprung *m* • origin of co-ordinates

Koordinatenzahl *f* • co-ordination number, number of nearest neighbo(u)r ions

Koordinatograph *m* ➋ Zeichentisch

Koordinatentransformation *f* • coordinate transformation

Koordinierungsaufgaben *f(pl)* • coordination commitments

Koordiskop *n* [*Ein mechanisches Gerät bei welchem die Ablesung über Massstab und Nonius erfolgt*] • coordiscope

Kopalin *n* ➋ fossiler Kopal

Kopalit *m* ➋ fossiler Kopal

Kopf *m* [*Ein Rutschungsmerkmal;Definition lt. MLG*/Krauter: Oberer Rand der Rutschung entlang dem Kontakt zwischen verlagertem Material und Hauptabriss.*] • head [*A landslide feature; according to the MLG*/D.M.Cruden: The upper parts of the landslide along the contact between the displaced material and the main scarp.*]

Kopf *m* ➋ (Bohrloch)Kopf

Kopf- und Seitenbaggerung *f*, kombinierte Baggerung, Seiten- und Kopfbaggerung • combined excavation

Kopfbalken *m*, Kopfholz *n*, Anpfahl *m*, Unterleg(e)-holz [*Ein langes Stück Halb- oder Ganzholz am Hangenden eines Baues angelegt. Gegen den Anpfahl wird ein Stempel getrieben um eine größere Fläche zu erfassen*] (⚒) • head board, spill, plank, lid, tymp

Kopfbalken *m* [*für eine Unterfahrung*] • bracing beam

Kopfböschung *f*, obere Böschung • head slope

Kopfdrän *m*, Querdrän • transverse drain, cross drain [See *note under "drain"*]

Kopfdränung *f*, Kopfdränage *f*, Querdränage, Querdränung (⚒) • transverse subsurface drainage, transverse underdrainage, cross subsurface drainage, cross underdrainage

Köpfel *m*, Kernschlich *m*, Haupt *n*, Stirn *f* [*Der beim Erzverwaschen auf einem Herd erlangte beste Schlich*] • best clean (washed) ore, best shlig

köpfen, enthaupten • to behead [*To deprive things of their top or foremost part*]

Köpfen *n*, Enthaupten • beheading [*Depriving things of their top or foremost part*]

Köpfen *n*, Enthaupten • beheading [*The removal of the upper part of a stream's drainage area by wave erosion*]

Kopfführung *f* • frontal guiding

Kopfholz *n*, Kopfbalken *m*, Anpfahl *m*, Unterleg(e)-holz [*Ein langes Stück Halb- oder Ganzholz am Hangenden eines Baues angelegt. Gegen den Anpfahl wird ein Stempel getrieben um eine größere Fläche zu erfassen*] (⚒) • head board, spill, plank, lid, tymp

Kopfholz *n* ➋ Holzkappe

Kopfinformation *f* [*Reflexionsseismik*] • header

Kopfkipper *m*, Vorwärtskipper, Frontkipper [*Entleerung von Grubenwagen*] (⚒) • end tippler, overhead tippler

Kopfpfahl *m*, Anfangspfahl; Kopfpilot *m*, Anfangspilot [*Österreich*] • leading pile [*A pile at the head of a row of piles*]

Kopfplatte *f* ➋ (Pfahl)Kopfplatte

Kopfplatte *f* [*im Triaxialgerät*] • top platen

Kopfrasen *m*, Steckrasen, Setzsode *f* • head sod

Kopfrohr *n* [*Tiefbohrtechnik*] • kelly joint, grief joint, kelly stem

Kopfschussloch *n* (⚒) • header

Kopfsohle *f* ➋ Kopfstrecke

Kopfspeicher *m* [*Der erste Speicher mehrerer am gleichen Gewässer hintereinander liegender Laufwasserkraftwerke*] • head (storage) reservoir

Kopfstein *m*, Rollstein • cobble(stone), round-stone; copple-stone [*obsolete*]; poppel [*Devonshire*] [*A rock fragment, usually rounded or semirounded, with an average dimension between 3 and 17 in. (75 and 300 mm)*]

Kopfstollen *m* • dead-end(ed) gallery; dead-end(ed) tunnel (US)

Kopfstrecke *f*, obere Strecke, obere Sohle *f*, Kopfsohle (⚒) • upper (mining) level

Kopftunnel *m* • dead-end(ed) tunnel

Kopfwelle *f*, (Machsche) Kopfwelle

Koppe *f*, Kofel *m*, Kogel *m*; Belchen *m* [*Schwarzwald*]; Boll *m* [*Rheinpfalz*] • ballon [*French term. A dome-shaped hill formed either by erosion or by uplift*]

Koppelkamera *f*, Koppelkammer *f* [*Fotogrammetrie*] • coupled camera

Koppelmatrix *f* • coupling matrix

Koppelnavigation *f* • dead reckoning [*photogrammetry*]

Koppelterm *m* • coupling term

Kopp(e)lung *f* eigensicher/nicht eigensicher (⚒) • interface FLP/IS [*The interface between the parts of an intrinsically safe circuit and associated non-intrinsically safe circuit in a flameproof enclosure*]

Koprolith *m*, fossiler Kotballen *m* • coprolite, fossil (ized) excrement, fossil(ized) dung [*Of fishes, reptiles, and mammals. Generally composed of calcium phosphate, hence "coprolite" is loosely used to include phosphatic nodules of any kind*]

Koprolithenkalk *m* • f(a)ecal pellets

Koralle *f* • coral

korallen • coralline [*Pertaining to, composed of, or having the structure of corals, as corals(line) limestone*]

Korallenbank *f* • coral bank, coral base

Korallenbau *m* • coral structure

Korallenbiolithit *m*, Korallenfestkalk *m* • coral biolithite

Korallenblock *m* ➲ (erratischer) Korallenblock

Korallenernte *f* • coral harvest

Korallenfestkalk *m*, Korallenbiolithit *m* • coral biolithite

Koralleninsel *f* • coral island

Koralleninselchen *n* • (coral) cay, (coral) key, coral coastal islet; (coral) kay [*West Indies*] [*A comparatively small and low coastal island of coral*]

Korallen-Kalkalgen-Fazies *f* • coralgal facies

Korallenkalkstein *m* • coral(line) limestone

Korallenmeer *n*, Korallensee *f* • coral sea

Korallenoolith *m*, Corallian *n* • Oxfordian, Corallian [*European stage: Upper Jurassic (above Callorian, below Kimmeridgian)*]

Korallenriff *n* • coral reef

Korallenriffküste *f* • coral-reef coast

Korallensand *m* • coral sand

Korallensandstein *m* • cave sandstone [*Friable to firmly cemented coral sand formed near the base of coral reef clays*]

Korallensee *f*, Korallenmeer *n* • coral sea

Korallenstock *m* • coral stock [*See note under "stock"*]

Korallenzone *f* • coral zone [*The depth of the sea at which corals abound*]

Korb *m* (⚒) ➲ Schachtgestell

Korbanlage *f* ➲ Schachtgestellanlage

Korbbogen *m* • compound curve

Korbförderung *f* ➲ Schachtkorbförderung

Korbgatter *n* ➲ Förderkorbgatter

Korb(geschiebe)(auf)fänger *m* ➲ (Auf)fänger

Kordierit *m*, Cordierit, Iolit, Dichroit • cordierite, iolite, dichroite [*A light-blue to dark-blue or violet-blue orthorhombic mineral: $(Mg,Fe)_2Al_4Si_5O_{18}$*]

Korkenzieher-Strömungskolkabdruck *m* • corkscrew flute cast [*It has a "twisted" beak at the up-current end*]

Korn *n*, Komponente *f* • grain

Korn *n* ➲ (Metall)König

Kornährendrän *m*, (Fisch)Grätendrän • chevron drain, herringbone drain, zigzag drain, V(ee)-drain [*Called "counterfort" in a railway cutting*]

Kornährenentwässerung *f*, (Fisch)Grätenentwässerung • chevron drainage, herringbone drainage, V(ee)-drainage, zigzag drainage

Kornährenstruktur *f*, (Fisch)Grätenstruktur • chevron texture, herringbone texture, zigzag texture, V(ee)-texture

Kornanteil *m*, Kornprozente *f*, Korngehalt *m* • grain percent(age), percent(age) of grains, grain content, content of grains

Kornbindung *f* • interparticle bond

Kornbindungsfestigkeit *f* • grain binding strength

Kornbindungskraft *f* • grain binding force, grain binding power

Kornbrücke *f* • grain bridge

Körnchen *n* • granule, little grain

Korndichte *f* • density of solid particles, particle density, packing density, grain density [*A measure of the extent to which the grains of a sedimentary rock occupy the gross volume of the rock in contrast to spaces between the grains, equal to the cumulated grain-intercept length along a traverse in a thin section*]

Korndruck *m* • grain pressure

korndruckabhängiger Schubmodul *m* • grain pressure dependent shear modulus

Korndruckfeld *n* • grain pressure field

Korndrucktensor *m* • grain pressure tensor

Korndurchmesser *m* [*Die Bezeichnung „Durchmesser" bezieht sich eigentlich nur auf kugelförmige Körner, wiewohl sie trotzdem in der Bodenmechanik Verwendung findet, wobei der sogenannte äquivalente Durchmesser*

damit gemeint ist. Unter diesem Begriff wird die Maschenweite eines Siebes verstanden, durch die ein Korn gerade noch hindurchfällt] • grain diameter, crystalline grain diameter, particle size

Korneigenschaft ***f*** • grain property

Korneinheit ***f*** • superindividual [*A grain aggregate that behaves as a unit in the fabric of a deformed rock*]

Korneis ***n*****,** Körnereis, körniges Eis • granular ice

Körnen ***n*** [*Kartografie*] • graining

Kornentmischung ***f*** • grain segregation

Körnerdynamit ***n*** • granulated dynamite

Körnereis ***n*****,** Korneis *n*, körniges Eis • granular ice

Körnergips ***m*****,** körniger Gips, Korngips • granular gypsum

Körnergold ***n*****,** Korngold, körniges Gold • grain gold [*It has become granular by heating*]

Körnerkomplex ***m*****,** Körnerkollektiv *n* • grain assembly, assembly of grains

Körnerreg(e)lung ***f*** • grain orientation

Körnerschnee ***m*****,** Schneekörner *f*, Frühjahrsschnee, körnig gewordener Altschnee • granular snow, snow grains, corn snow, spring snow, crystalline snow

Körnerstein ***m*** [*frühere Benennung*] ➔ Granit

Körnerzinn ***n*** • grain-tin

Kornform ***f*****,** Korngestalt *f* [*Man unterscheidet zwischen kugelig, gedrungen, prismatisch, plattig, stäbchenförmig und plättchenförmig*] • grain shape, shape of (soil) particle [*For engineering purposes the following distinction can be made: spherical, semi-spherical, prismatic, flat, tubular, needle-shaped, platy*]

Kornfraktion ***f*** ➔ Korn(größen)klasse

Korngefügedruck ***m*****,** wirksamer Druck, Korn-zu-Korn-Druck, Zwischenkorndruck, effektiver Druck • effective pressure, intergranular pressure, grain(-to-grain) pressure, effective (intergranular) stress, effective intergranular pressure

Korngehalt ***m*** ➔ Kornanteil

Korngerüst ***n*** • grain(-to-grain) skeleton, granular skeleton

Korngerüstdruck ***m*** • grain skeleton pressure

Korngerüstverhalten ***n*** • grain skeleton behaviour (US: behavior)

Korngestalt ***f*****,** Kornform *f* • grain shape

Korngips ***m*** ➔ körniger Gips

Korngleiten ***n*** • grain gliding [*The movement between mineral grains*]

Korngold ***n*** ➔ Körnergold

Korngrenze ***f*****,** Kristallgrenze • grain boundary, crystal boundary [*In a polycrystalline solid, the boundary between two crystals*]

Korngrenze ***f*** ➔ Korn(größen)grenze

Korngrenzenriss ***m*****,** interkristalliner Riss, Kristallgrenzenriss • grain boundary crack, crystal boundary crack

Korngrenzentechnik ***f*** • grain boundary engineering

Korngrenzentextur ***f*****,** Kristallgrenzentextur • grain boundary structure, crystal boundary structure

Korngrenzenübergang ***m*** **auf einer Einheitsstrecke** • identity change, IC

Korngröße ***f*** [*Die Korngröße der Böden variiert zwischen 0,0001 und 200 mm*] • (grain-)size [*The grain size of soil particles varies roughly between 0.0001 and 200 mm*]

Korn(größen)analyse ***f*** • (grain-)size analysis, grading analysis, granulometric analysis, size-frequency analysis

Korn(größen)aufbau ***m*****,** Korn(größen)-zusammensetzung *f* • grain(-size) composition, granulometric composition

Korngrößenaustausch ***m*** • grain(-size) exchange

Korn(größen)bereich ***m*****,** Korn(größen)klasse *f*, Korn(größen)fraktion *f*, Korn(größen)gruppe *f*, Fraktion • grain(-size) fraction, grain(-size) category, granulometric grade, granulometric range, granulometric fraction, granulometric category, grading range, grading fraction, grading category

Korngrößenbestimmung ***f*** • grain(-size) determination

Korn(größen)einteilung ***f*****,** Kornklasseneinteilung • grain(-size) classification, grain(-size) scale, grain grade classification, grain grade scale, granulometric classification, granulometric scale, grading classification, grading scale

Korn(größen)fraktion ***f*** ➔ Korn(größen)klasse

Korn(größen)grenze ***f*** • grain(-size) boundary, granulometric boundary, grading limit, grading boundary

Korngrößengruppe ***f*** ➔ Korngrößenklasse

Korngrößenhäufigkeitskurve ***f*****,** Korngrößenhäufigkeitslinie *f* • grain(-size) frequency curve, granulometric frequency curve, grading frequency curve

Korngrößenklasse ***f*** [*eingeteilt in Feinstes, Schluffkorn, Sandkorn, Kieskorn, Steine*] Korn(größen)bereich *m*, Korn(größen)fraktion *f*, Korngrößengruppe *f*, Korngruppe, Fraktion • grain size range [*classified into clay, silt, sand, gravel and cobble*] grain(-size) fraction, grain(-size) category, granulometric grade, granulometric range, granulometric fraction, granulometric category, grading range, grading fraction, grading category

Korn(größen)kurve ***f*** ➔ Siebkurve

Korn(größen)linie ***f*** ➔ Siebkurve

Korn(größen)messung ***f*** • granulometry

Korngrößenverteilung ***f*** [*Sie gibt die Massenanteile der in einer Lockergesteinsprobe enthaltenen Korngrößen an*] • grain distribution, grain size distribution, granulometric distribution, size-frequency distribution, particle size distribution

Korngrößenverteilungsindex ***m*** • grain size distribution index

Korngrößenweite ***f*** ➔ Maschenweite

Korn(größen)zusammensetzung ***f*,** Korn(größen)-aufbau *m* • grain(-size) composition, granulometric composition

Korngröße-Rundung(s)-Verhältnis ***n*** • size-roundness relation

körnig, gekörnt • granular [*Said of the texture of a rock that consists of mineral grains of approximately equal size. The term may be applied to sedimentary rocks, e. g. sandstones, but is especially used to describe holocrystalline igneous rocks whose major-phase grain size ranges from 2 to 10 mm. Not recommended synonym: granitic. The synonym "granoblastic" is used for metamorphic rock*]

K

körnig • granular [*An element in compound adjectives, especially used to differentiate a texture (e.g. xenomorphic-granular) from the corresponding crystal shape (e.g. xenomorphic)*]

körnige Bettung ***f*,** Bett(ung) aus körnigem Material, körniges Bett *n* • granular bed(ding), granular blanket, bed(ding) of granular material, blanket of granular material, granular carpet

körnige Hinterfüllung ***f*** • granular backfill(ing)

körnige Struktur ***f*,** Kornstruktur • granular texture [*A texture due to the aggregation of mineral grains of approximately equal size, whether in clastic, igneous, or recrystallized rocks*]

körnige Textur ***f*** • granular structure [*Exhibited by a mineral showing crystalline grains, but not external crystal face; for example, marble*]

körniger Anteil [*im Boden*] ***m*** • granular content

körniger Basalt ***m*** ➔ Grobbasalt

körniger Bruch ***m*** • granular fracture [*A fracture showing grains or granules on its surface*]

körniger Eisregen ***m*** ➔ Schneeregen

körniger Gips ***m*,** Körnergips, Korngips • granular gypsum

körniger Kalkstein ***m*,** Urkalkstein • granular limestone, primitive limestone

körniger Perlit ***m*** • granular pe(a)rlite, globular pe(a)rlite

körniger Zerfall ***m*,** Vergrusung *f*, Abgrusung [*Massengestein*] • mineral disintegration, mineral exfoliation, granular disintegration, granular exfoliation

körniges Bett ***n*** ➔ (Bett)ung aus körnigem Material

körniges Dynamit ***n*** [*früher: m*] granular dynamite [*A mix(ture) of* $NaNO_3$ *and combustible dope in form of hard grains, with a small percentage of nitrogly-cerin(e)*]

körniges Eis ***n*** ➔ Korneis

Körnigkeit ***f*** • granularity, (grain-)size [*In petrology, the feature of rock texture relating to the size of the constituent grains or crystals. Expressed by such terms as fine-, medium-, or coarse-grained, phanerocrystalline, microcrystalline, etc.*]

körnig-kristallin, gekörnt-kristallin • granular-crystalline

Kornhauptachse ***f*** • principal grain axis

Kornindex ***m*** • grain index

Kornkennzahl ***f*** • grain size distribution index

Kornklasseneinteilung ***f*,** Korn(größen)einteilung • grain(-size) classification, grain(-size) scale, grain grade classification, grain grade scale, granulometric classification, granulometric scale, grading classification, grading scale

Kornkontaktkraft ***f*** • grain contact force

Kornmassenverteilung ***f*** • grain mass distribution

Kornmessung ***f*** ➔ Korn(größen)messung

Kornoberfläche ***f*** • grain surface

Kornprobe ***f*** • grain sample

Kornprozente ***f*,** Kornanteil *m*, Korngehalt *n* • grain percent(age), percent(age) of grains, grain content, content of grains

Kornrauhigkeit ***f*** [*Man unterscheidet zwischen: scharfkantig, kantig, rundkantig, gerundet und glatt*] • grain roughness, roughness of particles [*The following distinction can be made: very angular, angular, subangular, subrounded, rounded, well rounded*]

Kornspannungsfeld ***n*** • (grain) skeleton stress field

Kornspannungsrate ***f*** [*das ist die zeitliche Veränderung der Kornspannung*] • grain stress rate [*this is the chronological change of grain stress*]

Kornspannungstensor ***m*** • grain stress tensor, grain skeleton tensor

Kornspannungszyklen ***m(pl)*** • grain stress cycles

Kornstruktur ***f*,** körnige Struktur • granular texture [*A texture due to the aggregation of mineral grains of approximately equal size, whether in clastic, igneous, or recrystallized rocks*]

Kornsystem ***n*** • grain system
Korntextur ***f*** • grain structure
Kornumlagerung ***f*** • grain rearrangement, grain redistribution
Körnung ***f*** ➋ (Bild)Körnung
körnungsgebunden • granular-bound
Körnungskennkurve ***f*** ➋ Summenkurve
Körnungskennlinie ***f*** ➋ Summenkurve
Körnungskomponente ***f*** • (soil) separate [*A group of rock and mineral particles in the soil, obtained in separation (as in mechanical analysis), having equivalent diameter, and ranging between specified size limits (from "very coarse sand" to "clay"*]
Körnungskurve ***f*** ➋ Siebkurve
Körnungslinie ***f*** ➋ Siebkurve
Körnungsnetz ***n*****,** RRS-Körnungsnetz, Rosin-Rammler-Sperling-(Körnungs)Netz [*DIN 4190*] • grain(-size) distribution diagram, system of coordinates for representation of grain(-size) distribution curves
Kornverbandlockerung ***f*** ➋ chemische Verwitterung
Kornverbesserungsboden ***m*****,** Zusatzboden, Ergänzungsboden • complementary soil
Kornverkleinerung ***f*****,** Mikritisierung • grain diminution, micritization
Kornverlagerung ***f*** • grain shifting
Kornverteilung ***f*** ➋ Korngrößenverteilung
Kornverteilungsdiagramm ***n*** • grain size distribution diagram
Kornverteilungskurve ***f*** [*die Kornverteilungskurve y(d) gibt den Gewichtsanteil der Körner einer Bodenprobe mit* $d \leq d$ *an*], Kornverteilungslinie • grain distribution curve, particle-size distribution curve
Kornwaage ***f*** ➋ (Metall)Kornwaage
Kornwachstum ***n*****,** Kornwuchs *m* • grain growth
Kornzementierung ***f*** **durch Porenlösungen** granular cementation
Kornzerfall ***m*** • grain disintegration
Kornzerkleinerung ***f*** • corn crushing
Korn-zu-Korn-Druck ***m*** ➋ Korngefügedruck
Kornzugspannung ***f*** • tensile grain stress
Kornzusammensetzung ***f*** ➋ Korn(größen)zusammensetzung
Kornzustand ***m*****,** Kornbeschaffenheit
Kornzwischenraum ***m*****,** Intergranularraum • intergranular space
Körper ***m*** • body
körperhaftes (Karten)Zeichen ***n*** • perspective volume (map) symbol
körperschallintensives Arbeiten ***f(pl)*** • work engendering structure-borne noise
Körperschallisolierung ***f*** • isolation against sound propagation through solids
Korrasion ***f*****,** Abschabung *f*, Abschleifung • corrasion, cutting [*The rock particles carried by the current strike against the channel floor (= bed) and sides without sufficient impact to break out new particles. Corrasion is performed by solution, and by mechanical wear. Generally speaking, "corrosion" is the name given to freeing of loosened rock fragments from their place of origin*]
Korrasion ***f*** **durch Wind** ➋ Windschliff
Korrasions-Tal ***n*** • corrasion valley [*An elongated hollow or furrow excavated by the corrading action of a moving mass of material*]
Korrekturauffahren ***n*****,** Berichtigungsauffahren • remining, redriving [*In case of misalignment in driving a tunnel or gallery*]
Korrekturblatt ***n*** **(der Laufendhaltung);** Meldeblatt [*Österreich*]; Nachführungsblatt [*Schweiz*] • (map) correction sheet
Korrekturfaktor ***m*** • correction factor
Korrekturfaktor ***m*** **bei stereoskopischer Tiefenmessung** • depth factor
Korrelation ***f*****,** Zuordnung *f* • correlation
Korrelation ***f*** **von Bildbereichen,** Bildbereichkorrelation, Zuordnung *f* von Bildbereichen, Bildbereichzuordnung • subregion correlation
Korrelationsanalyse ***f*** • correlation analysis
Korrelationsdiagramm ***n*** ➋ Korrelogramm
Korrelationsfrage ***f*****,** Zuordnungsfrage • correlation problem
Korrelationsgleichung ***f*****,** Zuordnungsgleichung • correlate equation [*photogrammetry*]
Korrelationsintervall ***n*****,** Zuordnungsintervall [*Räumliche Orientierung vom Tage erbohrter Störungszonen*] • window
Korrelationskoeffizient ***m*****,** Zuordnungskoeffizient • product moment correlation coefficient
Korrelationslänge ***f*****,** Zuordnungslänge [*Monte-Carlo-Simulation*] • range
Korrelationsmethode ***f*** **gebrochener Wellen,** Korrelationsverfahren *n* gebrochener Wellen, KMgW, Zuordnungsverfahren gebrochener Wellen, Zuordnungsmethode gebrochener Wellen • correlation method of refracted waves
Korrelationsrechnung ***f*** • correlation calculation
Korrelationsschießen ***n*****,** Zuordnungsschießen [*Seismik*] • correlation shooting

K

Korrelator-Stapler-Einheit ***f*** • correlator/stacker unit

korrelierbar • correlatable

korrelieren, zuordnen • to correlate

Korrelogramm ***n,*** Zuordnungsdiagramm, Korrelationsdiagramm • correlation diagram

korrodieren, ausnagen, benagen • to corrode

korrodierter Kristall ***m*** • brotocrystal

Korrosion ***f,*** Ausnagung *f,* Benagung • corrasion [*misnomer*]; corrosion [*"Corrosion" should preferably be restricted to chemical action*]

korrosionsarm • corrosion-resistant

Korrosionsgefahr ***f*** • risk of corrosion

korrosionsgefährdet • susceptible to corrosion, exposed to corrosion

Korrosionskonglomerat ***n*** • corrosion conglomerate

Korrosionsschutzbeschichtung ***f*** • corrosion protection coating

Korrosionsschutzmaßnahmen ***f(pl)*** • corrosion protection measures

Korrosionsschutzmasse ***f***
➋ plastische Korrosionsschutzmasse

Korrosionsschutzstufe ***f*** • corrosion protection level

Korund ***m,*** Diamantspat *m,* Demantspat, Al_2O_3 • corundum, diamond spar, adamantine spar, corindon, hard spar [*The name of this mineral is sometimes prefixed to the names of rocks containing it, as corundum-syenite*]

Korundfels ***m,*** Korundgestein *n* • corundum-bearing rock

Korundsyenit ***m*** • corundum syenite

Körwasser ***n,*** Druckwasser, Kuverwasser, Qualmwasser, Truhwasser [*Dieses Wasser dringt bei hohen Außenwasserständen durch den Untergrund in eingedeichtes Binnenland*] • rushing out water

kosmische Physik ***f,*** Kosmosphysik • cosmic(al) physics, cosmophysics

kosmischer Staub ***m,*** Kosmosstaub • cosmic(al) dust, zodiacal dust

Kosmogeologie ***f*** ➋ Astrogeologie

Kosten ***f*** **des Bohrens,** Bohrkosten • drilling costs

Kosten ***f*** **einer Bohrung,** Bohrkosten, Bohrlochkosten • total well costs

Kosten ***f*** **des Bohrplatzes,** Bohrplatzkosten • well site costs

Kosten ***f*** **von Tiefbohrungen zu Lande,** Tiefbohrlochkosten zu Lande • total onshore well costs

kostenvergütete Erdbaumasse ***f*** • earthwork [*The volume of dig or banks which is paid for*]

Kostenvergütungsmenge ***f*** • pay quantity

Kot ***m*** [*in Schlämmen*] • faecal pellets

Kote ***f,*** Höhe *f,* Ordinate *f,* Niveau *n* • level, elevation, height [*In surveying, the vertical distance from a datum (usually mean sea level) to a point or object on the Earth's surface: especially the height of a ground point above the level of the sea. The term "elevation" is used synonymously with "altitude" in referring to distance above sea level, but in modern surveying practice the term "elevation" is preferred to indicate heights on the Earth's surface whereas "altitude" is used to indicate the height of a point in space above the Earth's surface*]

Kotpille ***f*** • f(a)ecal pellet

Kötter/Reissnersche Differentialgleichung ***f*** • Kötter/Reissner differential equation

Kotunnit ***m,*** natürliches Chlorblei *n* • cotunnite

kovalente Bindung ***f,*** Atombindung, Elektronenpaarbindung • covalent bond(ing) [*The electron is shared by two atoms*]

kovalenter Kristall ***m*** • covalent crystal, valence crystal

Kovarianzfortpflanzungsgesetz ***n,*** allgemeines Fehlerfortpflanzungsgesetz [*frühere Benennung*] • covariance propagation law

Kovarianzmatrix ***f*** • covariance matrix

krabbenförmiger Graphit ***m*** • crabform graphite

Kraftabfall ***m*** • power drop, force drop

Kräfteauflösung ***f*** • force resolution, resolving forces

Kräftefeld ***n,*** Kraftfeld • field of force(s), force(s) field

Kräftegleichgewicht ***n*** • equilibrium of forces

Kräftepaar ***n*** • couple

Kraftdrehkopf ***m*** [*Einsatz z. B. beim Rammkernverfahren*] • power swivel

Krafteintragungsstrecke ***f,*** Krafteintragungslänge *f* [*von Spanngliedern, Ankern*] • force transmission length [*of a tendon*]

Kraftfahrzeugtunnel ***m,*** Autotunnel *m,* Motorfahrzeugtunnel • tunnel for automobile traffic, automobile tunnel

Kraftfluss ***m*** • force transfer (pattern)

Krafthauskaverne ***f*** • pump station cavern

kräftiges Relief ***n*** • strong relief

Kraftlinie ***f,*** Feldlinie • line of force, force line [*An imaginary line in a field of force (such as an electric, magnetic, or gravitational field) whose tangent at any point gives the direction of the field at that point; the lines are spaced so that the number through a unit area perpendicular to the field represents the intensity of the field*]

Kraftmessdose ***f*** • load cell

Kraftmesser ***m,*** Dynamometer *n* • dynamometer [*Appliance used in engineering to measure power, either as output, input, or transitional*]

Kraftmessung ***f*** • load measurement
Kraftpfad ***m*** • force path
Kraftschluss ***m*** [*zwischen Bodenpartikeln und Hydrationsprodukten*] • force-locking effect [*between soil particles and hydration products*]
Kraftstollen ***m*** ➋ Triebwasserstollen
Kraftstufe ***f*** ➋ Wasserkraftstufe
Kraftübertragung ***f*** [*z. B. über eine Feder in den Untergrund*] • force transmission [*e.g. via a spring into the soil*]
Kraftverlauf ***m*** • load distribution
Kraftwasser ***n*** ➋ Druckwasser
Kraftwasserleitung ***f*** ➋ Druckleitung
Kraftwasserrohr ***n*** ➋ Druck(wasser)rohr
Kraftwasserschacht ***m*,** Wasserkraftschacht, Druck(wasser)schacht, Triebwasserschacht, Betriebswasserschacht, Zuleitungsschacht, Druckleitungsschacht, Fallschacht • penstock shaft, pressure shaft, pressurized shaft, (water) power shaft, conversion shaft, hydro (electric) shaft, shaft penstock, hydraulic power shaft, hydropower shaft
Kraftwasserstollen ***m*** ➋ Triebwasserstollen
Kraft-Weg-Kurve ***f*** • force-path curve
Kraftwerk ***n*** • power plant, power station
Kraftwerk ***n*** **mit Trockenkühlung** • dry-cooled power plant
Kraftwerk ***n*** **und Schleuse** ***f*,** Schleuse und Kraftwerk • station-and-lock unit, lock-and-station unit
Kraft(werk)haus ***n*,** Maschinenhaus, Kraft(werk)gebäude *n* [*Gebäude, in dem die Turbinen und die Stromerzeuger oder Arbeitsmaschinen untergebracht sind*] • power house
Kraft(werk)kaverne ***f*,** Maschinenkaverne • hydroelectric (power) cavern, underground (machine) hall
Kraft(werk)kaverne ***f*** ➋ Kavernenkraftwerk
Kraftwerkkohle ***f*** • thermal coal, power station coal, power plant coal
Kraftwerkreststoff ***m*** • power plant residue, power station residue
Kraftwerkskessel ***m*** • power plant boiler
Kraftwerksstandort ***m*** • power plant site
Kraftwerk-Talsperre ***f*,** Talsperre mit Kraftwerk • (combined) dam and power station, (combined) dam and power plant
Kragarm ***m*** • cantilever arm
Kraggründung ***f*,** Auslegergründung • cantilever(ed) foundation, cantilevering foundation
Krag-Gründungsplatte ***f*,** Gründungs-Kragplatte, Ausleger-Gründungsplatte, Gründungs-Auslegerplatte • cantilever(ed) (foundation) raft, cantilevering grade slab, cantilever(ed) grade slab, cantilevering (foundation) slab, cantilever(ed) (foundation) slab, cantilevering (foundation) raft
Kraglage ***f*** • cantilevered foundation configuration
Kragplatte ***f*,** vorgekragte Platte [*einer Brücke*] • cantilever(ed) slab; *less frequent:* cantilevering slab
Kragstein ***m*** [*einer Auslegerbrücke*] • stone bracket
Kragstützwand ***f*,** vorgekragte Stützwand • cantilever (ed) (load-)bearing wall, cantilever(ed) retaining wall, cantilever(ed) retention wall, cantilever(ed) bulkhead
Kragträger ***m*** [*Bogen(sperr)mauer*] • cantilever(ed) element, cantilevering element [*arch(ed) dam*]
Kragweite ***f*** [*Brückenbau*] • cantilever width
Kragwirkung ***f*** • cantilever(ed) action, cantilevering action
Krainerwand ***f*** [*zur Sicherung eines Böschungsfußes*] • crib wall
Krakataukaldera ***m*** • Krakatoan caldera [*A type of caldera formed in the summit region of a volcano following evacuation of the underlying magma chamber by a voluminous outpouring of pyroclasts, normally of silicic composition*]
Krakatautätigkeit ***f*** [*Gasexplosion*] • Krakatoan (type of central) eruption
Kranbahn ***f*** • crane track, craneway, crane trail
Kranbahnbalken ***m*** • crane trail beam
Kranbahnkonsole ***f*** • craneway bracket
Kranbahnstütze ***f*** • gantry crane pillar
Kranbetonkübel ***m*** • concrete bucket
Kranführer ***m*** • crane operator; *less frequent:* crane driver
Kranhaken ***m*** • crane hook
Krankendruckluftkammer ***f*** ➋ Krankenschleuse
Krankenschleuse ***f*** [*Druckluftsenkkasten*] • medical (air) lock, medicine (air) lock
Krängung ***f*** [*Schieflage im Wasser, z. B. eines Senkkastens*] • lop-sidedness
Kranoberwagen ***m*** • crane's upper carriage
Kranschiene ***f*** • crane track, crane rail
Kranz ***m*** ➋ (Brunnen)Kranz
Kranz ***m*,** Pfahlkranz, Nagelkranz, Hilfskranz [*Zur Befestigung der Pfähle beim englischen Schachtausbau*] (⚒) • spiking(-crib), spiking-curb
Kranzloch ***n*** [*Kranzlöcher werden an der Firste und an den Stößen des Tunnels oder Stollens ziemlich eng gebohrt und mit weniger brisantem Sprengstoff oder nicht geladen. Dadurch werden eine Rissbildung im Vortriebgewölbe auf ein Minimum beschränkt und Überausbrüche vermieden*] • trimmer ((bore)hole), trimming (bore)hole (Brit.); rib (bore)hole (US)

K

Kranzschuss ***m*** • external shot, outer shot
Krater ***m*** • crater
Kraterauswurf ***m*** ❯ vulkanische Auswürflinge
Kraterauswürflinge ***m*** *(pl)* ❯ vulkanische Auswürflinge
Kraterbecken ***n*** • crater basin [*The depression containing craters*]
Kraterbildung ***f*** • cratering, crater formation
Kratereinbruch ***m*** • engulfment
Kraterfüllung ***f*** • crater fill(ing) [*Solidified lava at the bottom of a volcanic crater, with associated cinders and weathering debris*]
Kratergletscher ***m*** [*Gletscher in einem erloschenen oder gegenwärtig nicht aktiven Vulkankrater über der Schneegrenze*] • crater glacier
Kraterkegel ***m*** • crater cone [*A cone built around a volcanic vent by lava extruded from the vent*]
Kraterkette ***f*** • crater chain
Kraterkranz ***m*,** Kraterring *m* • crater ring [*A low-relief rim of fragmental material surrounding a maar*]
Kraterquelle ***f*** • crater spring
Kraterrand ***m*** • crater lip
Kraterröhre ***f*** ❯ Vulkanstiel
Kratersand ***m*** ❯ vulkanischer Sand
Kratersee ***m*** • crater lake
Kratersprengen ***n*** • cratering by blasting explosives, blasting explosive cratering
Kratzer ***m*** ❯ (Bohr)Rohrschrapper
Krätzer ***m*,** Schaber *m*, (Aus)Räumer, Räumspitze *f* [*Zum Reinigen eines Sprengbohrloches*] • cleanser, scraper, fluke
Kratz(er)bandklassierer ***m*** • drag classifier
Kratz(er)förderer ***m*** • drag (chain) conveyor
Krätzkupfer ***n*** • copper obtained by smelting waste copper
Kraurit ***m*,** Grüneisenstein *m*, Grüneisenerz *n;* Dufrenit *m* [*veraltete Benennung*] • dufrenite, kraurite, green iron ore
Kräuselmarke ***f*** ❯ Runzelmarke
kräuseln, krabbeln • to ripple [*water*]
Kräuseln ***n*,** Kabbeln, Kräuselung *f*, Kabbelung • rippling [*The light fretting or ruffling on the surface of water, caused by a breeze*]
Kräuselsee ***f*,** gekräuselte See • gently rippled sea
Kräuselwelle ***f*,** Kabbelwelle, Rippel *f* • rip(ple) [*1. The ruffling of the water surface, hence a little curling wave or undulation. 2. A wave controlled to a significant degree by both surface tension and gravity*]
Krautung ***f*,** Entkrautung • water-weed removal
Krebs ***m*** ❯ (Bohr)Rohrkrebs
krebsen ❯ knarren
Krebstiere ***n*** *(pl)*, Krustentiere [*oft versteinert*] • crustaceans
Kreide ***f*** [*Sehr feinkörniger weißer abfärbender Kalkstein*] • chalk; cauk, cawk [*Scotland*]
Kreide ***f*** [*Kreideformation*] • chalk formation, Cretaceous formation
Kreideabbau ***m*,** Kreidegewinnung *f* • chalk quarrying, chalk extraction
Kreideablagerung ***f*** • chalk deposit
kreid(eart)ig • chalky [*See note under "cretaceous"*]
Kreidebruch ***m*,** Kreidegrube *f* • chalk pit, chalk quarry
Kreidedecke ***f*** • chalk nappe
Kreidefels ***m*** • chalk rock
Kreideformation ***f*** • chalk formation, Cretaceous formation
Kreidegewinnung ***f*,** Kreideabbau *m* • chalk quarrying, chalk extraction
Kreidegrube ***f*,** Kreidebruch *m* • chalk pit, chalk quarry
Kreidegrund ***m*** • white stuff
Kreidegrundwasser ***n*** • chalk groundwater
Kreidehügel ***m*** • chalk hill
Kreidemergel ***m*,** Graukalk *m*, mittlere Kreide *f* • gray chalk, grey chalk, chalk marl
Kreidepulver ***n*,** Pulverkreide *f* • chalk powder, powder(ed) chalk
Kreidesandstein ***m*** • Cretaceous sandstone
Kreidesedimentation ***f*** • chalk sedimentation
Kreidetrockenrasen ***m*** • calcareous grassland
Kreisablesung ***f*** • circle reading
Kreisabwasserleitung ***f*,** Rundabwasserleitung • circular sewer, round sewer
Kreis ***m*** [*in Germany this is the regional administrative body above the* ❯ *Gemeinde*] • district, county [*including villages, small towns, hamlets. Above the Kreis is the* ❯ *Regierungsbezirk*]
Kreisbahn ***f*** • circular path
Kreisel ***m*** • gyro(scope)
Kreiselinstrument ***n*** • gyro instrument
Kreiselkompass ***m*** • gyrocompass, gyroscopic compass, gyrostatic compass
Kreiselpumpe ***f*** [*für den Spülvorgang beim Saugbohrverfahren*] • centrifugal pump
kreiselstabilisiert • gyro-stabilized
Kreiseltheodolit ***m*** • gyro theodolite
(Kreisel)Tochterkompass ***m*** • gyrocompass repeater, gyroscopic compass repeater, gyrostatic compass repeater

Kreiselwipper ***m,*** Seitenwipper [*Entleerung von Grubenwagen*] (⚒) • gyratory tippler, rotary car dumper

kreisende Gezeitenströmung ***f,*** kreisende Tideströmung • rotary tidal current, rotating tidal current, rotative tidal current, rotation tidal current

kreisendes Elektron ***n,*** Bahnelektron • orbital electron

kreisförmige Blei-Zink-Lagerstätte ***f*** • circle [*central USA*]

kreisförmige Wischfigur ***f*** ➊ Sandrad

kreisförmiger Segmentausbau ***m,*** kreisförmiger Tübbingausbau • circular set(t), circular segmental lining, circular tubbing, round set(t), round segmental lining, round tubbing

kreisfreihe Stadt ***f*** • Kreis-free town

Kreisfrequenz ***f*** [*Beschreibungsgröße z. B. einer harmonischen Schwingung*] • angular frequency, angular velocity [*a characteristic value, such as for a harmonic vibration*]

Kreisfundament ***n*** • circular footing, circular foundation, round foundation

Kreislast ***f*** • load(ing) on circular area, circular load

Kreislaufwirtschafts- und Abfallgesetz ***n,*** KrW-AbfG [*Germany*] • Law for the promotion of recycling and guarantee for environmentally suitable waste disposal

Kreisplatte ***f*** • circular plate, circular footing, circular foundation

Kreisringfundament ***n*** • ring foundation

Kreisringschergerät ***n,*** Ringscherapparat *m* • ring shear(ing) apparatus, ring shear device [*a ring shear device is mainly used to determine residual soil strength of soils*]

Kreisringscherversuch ***m*** • ring shear test

kreisrund • circular

Kreisschacht ***m,*** Rundschacht • circular shaft, round shaft, cylindrical shaft

Kreis-Schlitzwand-Fangedamm ***m*** • circular slurry (trench) wall cofferdam

kreissymmetrisch [*z. B. eine Bewehrung*] • concentric [*reinforcement*]

Kreistangente ***f*** • circular tangent

Kreisteilung ***f*** • circle graduation

Kreisverfahren ***n***
➊ (schwedisches) (Gleit)Kreisverfahren

Kreiszellenfangedamm ***m,*** Rundzellenfangedamm • circular cellular cofferdam, round cellular cofferdam, cylindrical cellular cofferdam, cellular circular cofferdam, cellular round cofferdam, cellular cylindrical cofferdam

kreiszylindrische Rutschung ***f***
➊ (schwedischer) Gleitkreisbruch

kreiszylindrische Sperre ***f*** ➊ Bogen(stau)mauer mit gleich(bleibend)em Halbmesser

Krelderboden ***m*** ➊ marine (Strand)Gyttja

Krennerit ***m*** ➊ Bunsenin

Krenulationsschieferung ***f*** • crenulation cleavage

Kreosotangriff ***m*** • creosote attack

Kreosotbeschichtung ***f,*** Kreosotüberzug *m* • creosote coat(ing)

kreosotiert [*Holzpfahl*] • brush-treated with creosote, creosoted

Kreosotlösung ***f*** • creosote solution

kretaz(e)isch • cretaceous

Kreuz(blatt)schichtung ***f,*** Winkel(blatt)schichtung, Schräg(blatt)schichtung, Diagonal(blatt)schichtung • cross lamination, oblique lamination, cross-laminated structure, diagonal lamination [*Cross-stratification characterized by cross-beds that are less than 1 cm in thickness*]

Kreuzbock ***m*** ➊ Faschinenbock

Kreuzbohrer ***m,*** Kronenbohrer [*Sprengbohrer mit vierkantiger kreuzförmig eingehauener Schneidfläche*] (⚒) • cross-mouth(ed) chisel

Kreuzdispersion ***f,*** gekreuzte Dispersion [*Kristallografie*] • crossed dispersion

kreuzende Diagonalstäbe ***m(pl)*** [*Brückenbau*] • crossing diagonals, crossing diagonal rods

kreuzender Seegang ***m*** ➊ Waffel

Kreuzfalte ***f,*** Querfalte, Gitterfalte, Durchkreuzungsfalte • cross fold, super(im)posed fold, transverse fold, subsequent fold [*A fold that intersects an existing fold of different orientation; the resulting fold is a complex fold*]

Kreuzfaltung ***f,*** Querfaltung, Gitterfaltung, Durchkreuzungsfaltung, Faltendurchkreuzung, Vergitterung [*Im gleichen Gebiet treten zwei verschiedene Faltenrichtungen auf und durchkreuzen oder "vergittern" sich*] • cross folding, super(im)posed folding, transverse folding, subsequent folding

Kreuzgang ***m*** • cross lode, intersecting lode [*As called by miners*]; cross vein, intersecting vein [*As called by geologists*]

Kreuzhacke ***f,*** Kreuzhaue *f,* Kreuzpicke(l) *f,* (*m*) [*Die Schneide steht quer gegen den Stiel*] • pick-ax(e)

Kreuzkopf ***m*** [*Kolbenstange*] • crosshead

Kreuzkristall ***m*** ➊ Harmotom

Kreuzlage ***f,*** Kreuzschicht *f,* Winkelschicht, Winkellage, Schrägschicht, Schräglage • cross-stratum [*A single layer of homogeneous or gradational lithology*

K

deposited at an angle to the original dip of the formation and separated from adjacent layers by surfaces of erosion, non-deposition, or abrupt changes in character. McKee and Weir (1953) consider it a general term that includes cross-bed and cross lamina(tion)]

Kreuzlage *f* [*Schraffierung*] • counter-hatching

Kreuzlibellen *f* • cross-levels

Kreuzpeilung *f* • cross bearing

Kreuzprodukt *n*, Vektorprodukt, äußeres Produkt • vector product, cross product

Kreuzrille *f* • cross groove

Kreuzrippel(marke) *f* ➲ Interferenzrippel(marke)

Kreuzschicht *f* • cross bed [*A single bed, inclined at an angle to the main planes of stratification. The term is restricted by McKee and Weir (1953) to a bed that is more than 1 cm in thickness*]

Kreuzschicht *f*, Kreuzlage *f*, Winkelschicht, Winkellage, Schrägschicht, Schräglage • cross-stratum [*A single layer of homogeneous or gradational lithology deposited at an angle to the original dip of the formation and separated from adjacent layers by surfaces of erosion, non-deposition, or abrupt changes in character. McKee and Weir (1953) consider it a general term that includes cross-bed and cross lamina(tion)*]

K

Kreuzschichten *f(pl)*, Schrägschichten • cross strata

Kreuzschichtung *f* • crossbedding, oblique bedding, foreset bedding; false bedding [*obsolete*]; current bedding [*Misnomer especially used in Great Britain*] [*Cross stratification in which the cross beds are more than 1 cm in thickness*]

Kreuzschichtung *f*, Schrägschichtung • cross stratification; false stratification [*obsolete*]; diagonal stratification [*Arrangement of strata inclined at an angle to the main stratification. In modern usage, following McKee and Weir (1953, page 382), cross stratification is considered to be the general term, and to have two subdivisions: cross bedding, in which the cross strata are thicker than 1 cm, and cross lamination, in which they are thinner than 1 cm. A single group of related cross strata is a set and a group of similar, related sets is a coset*]

Kreuzschlitten *m* • cross-slide [*photogrammetry*]

Kreuz-Schlitzwandelement *n* • cross-shaped slurry wall panel

Kreuzschraffierung *f* • cross-hatching

Kreuzsee *f*, Waffel *f*, bewegte See, Pyramidensee, hohle See, kreuzender Seegang *m*, grobe See [*Bewegte Meer(es)oberfläche mit zwei einander schneidenden Wellensystemen*] • cross sea, intersecting sea, rough sea

Kreuzstab *m* • cross staff [*surveying*]

Kreuzstein *m*, Basler Taufstein, Schörlstein • schorl rock [*Cornwall. A granular rock composed essentially of aggregates of needlelike crystals of black t(o)urmaline (= schorl) associated with quartz, and resulting from the complete t(o)urmalinization of granite*]

Kreuzstein *m*, Harmotom *m*, Kreuzkristall *m* • harmotome, cross-stone [*A zeolite mineral $BaAl_2Si_6O_{16}.6H_2O$ It forms cruciform twin crystals*]

Kreuzstein *m*, Staurolith *m*, Granatit *m*, prismatoidischer Granat *m* • staurolite, staurotide, cross-stone, grenatite, fairy stone, $(Fe,Mg)_2AlgSi_4O_{23}(OH)$

kreuzweise, quer • transverse, crosswise [*In geomorphology, said of an entity that is extended in a crosswise direction, especially of a topographic feature that is orientated at right angles to the grain or general strike of a region*]

kreuzweise, quer • transverse [*In an ore deposit, said of a vein or lode that is orientated across the bedding of the host rock or across any important planar feature*]

Kribbe *f* ➲ Buhne

Kriechast *m* • creep phase

Kriechbeiwert *m* • coefficient of secondary compression, index of secondary compression

Kriechbewegung *f* • creep movement, creep of material

Kriechböschung *f* • creeping slope

Kriechbruch *m* • creep rupture

Kriechbruchfestigkeit *f* • creep rupture strength

Kriechdehnung *f* • creep(ing) strain

Kriech(drän)kanal *m* • creep trench [*A small subway, containing a drain, and large enough to allow a man to crawl along to inspect the drain*]

Kriecheinflüsse *m(pl)* • creep effects

kriechen • to creep [*To deform slowly with time*]

Kriechen *n* [*Die üblicherweise als Kriechen bezeichneten Bewegungen gehören nach dem Multilingual Landslide Glossary allerdings zum Bewegungstyp* ➲ *Fließen.*] • creep(ing) [*An extremely slow movement of the Earth's surface or of loose material on it. In the Rhymney Valley (Wales) a creep(ing) of 6 to 10 feet in fifty years has been noticed*]

Kriechen *n* • creep(ing) [*Of water along the sea bottom from the temperate regions towards the equatorial zone*]

Kriechen *n* (⚒) • drag, creep [*In an inclined stope, the weight of the arch block is resolved into two components, one at right angles to the dip, which tends to close the opening, and one parallel to the dip, which tends to produce movement of the hanging wall with respect to the footwall*]

Kriechen ***n*** (⚒) • heave, creep(ing) [*Gradual strain failure of rock, as in mine pillars and roofs, owing to the pressure of superincumbent load. It generally involves lateral mass transfer in response to vertical stress*]
Kriechexponent ***m*** • creep exponent
Kriechfestigkeit ***f*** • creep strength [*The load per unit area leading to a specified steady creep strain rate at a given temperature*]
Kriechgang ***m*** • creep [*A tiny passage in a cave where to carry one's pack is impossible and everything has to be passed from hand to hand*]
Kriechgeschwindigkeit ***f*** [*z. B. in der Schneedecke*] • creep velocity
Kriechgesetz ***n*** • creep law
Kriechgrenze ***f*** • creep limit
Kriechkurve ***f*** • creep curve
Kriechmaß ***n*** • creep index, creep intensity
Kriechparameter ***m(pl)*** • creep parameters
Kriechrelaxation ***f*** • creep relaxation
Kriechsetzung ***f*** • creep settlement
Kriechspur ***f*****,** Bau *m,* Wohnspur *f,* Grabgang *m,* Bohrgang [*Von Würmern und anderen Tieren geschaffene röhrenförmige Öffnung im Boden. Eine der fünf Lebensspuren nach Seidacher*] • burrow, locomotion trail
Kriechstauchung ***f*** • creep strain
Kriechstrom ***m*** ➔ Streustrom
Kriechverformung ***f*** • creep deformation
Kriechverlauf ***m*** • creep development, development of creep
Kriechverschiebung ***f*** • creep displacement
Kriechversuch ***m*** • creep test
Kriechvorgang ***m*** • creep
Kriechweg ***m*** • crawlway [*A passage that is traversable only by crawling*]
Kriegsfolgelastenerfassung ***f*** • war damage assessment
Kriegsgeologe ***m*** • war geologist
Kriegsgeologie ***f*** • war geology
Kriegsschaden ***m*** • war damage
kriegswichtiger (Roh)Stoff ***m*** • strategic (raw) material
kriegswichtiges Mineral ***n*** • strategic mineral
krigen [*Geostatistik*] • to krige
Kriging ***n*** [*Nach Krige benanntes Schätzprinzip für den Erwartungswert einer regionalisierten Veränderlichen*] • kriging
Krigingfenster ***n*** [*Geostatistik*] • kriging search window
Krinkelmarke ***f*** ➔ Runzelmarke
Krinoidenkalkstein ***n*****,** Crinoidenkalkstein • crinoidal limestone, encrinite, encrinal limestone
Krippe ***f*** ➔ Buhne
Krippenbuhne ***f*** • fence groyne, fence jetty; fence groin (US)
krispelig ➔ blasig
Kristall ***m*** • crystal
Kristallaggregat ***n*****,** Polykristall *m* • polycrystal
kristallartig • crystalliform
Kristallaufstellung ***f*****,** Aufstellung von Kristallen • setting of crystals
Kristallausbildung ***f*****,** Kristallhabitus *m* • crystal habit (us), crystal form(s) [*The crystal habit(us) of a mineral is the form or combination of forms commonly occurring in crystals of that mineral*]
Kristallausfüllung ***f*****,** Kristallausguss *m* • crystal cast [*The filling of a crystal mold; e.g. ice-crystal cast, salt-crystal cast*]
Kristallbrechung ***f*** • crystal diffraction
Kristallbrei ***m*****,** teilweise kristallisiertes Magma *n* • crystal mush
Kristallchemie ***f*** • crystal chemistry
Kristallchemiker ***m*** • crystal chemist
Kristalldetektor ***m*** • crystal detector
Kristalldruse ***f*** • crystal(-lined) druse
Kristalldynamik ***f*****,** Gitterdynamik • lattice dynamics, crystal dynamics
Kristallembryo ***m*** ➔ Kristallgerippe
(Kristall)Endeck(e) ***n, (f)*****,** (Kristall)Poleck(e), zugespitzte (End)Ecke • terminal summit, summit of (a) pyramid
Kristallendfläche ***f*****,** Endfläche • base of crystal, crystal base
Kristallfläche ***f*** • (crystal) face [*The plane surface of a crystal*]
Kristallgehänge ***n*** • crystal drop
Kristallgerippen, Kristallit *m,* Kristallembryo *m* • crystallite [*A broad term applied to a minute body of unknown mineralogic(al) composition or crystal form that does not polarize light. Crystallites represent the initial stage of recrystallization of a magma or of a glass*]
Kristallgips ***m*****,** Selenit *m* • selenite, spectacle stone, clear transparent gypsum, finely crystallized gypsum
Kristallgitter ***n*****,** Bravaisgitter • crystal lattice, Bravais lattice, space lattice, direct lattice, (translation(al)) lattice [*It is named for the nineteenth-century French physicist, Auguste Bravais, who demonstrated that there are only 14 possible unique kinds of crystal lattices. "Direct lattice" is used when comparison is made with the "reciprocal lattice"*]

K

Kristallgrenze *f*, Korngrenze • grain boundary, crystal boundary [*In a poly crystalline solid, the boundary between two crystals*]
Kristallgrenzenriss *m* ➔ Korngrenzenriss
Kristallgrenzentextur *f*, Korngrenzentextur • grain boundary structure, crystal boundary structure
Kristallgrenz(lini)e *f* • crystal outline
(Kristall)Grundeck(e) *n*, *(f)*; (Kristall)Mitteleck(e) *n*, *(f)* • lateral summit
Kristallhabitus *m*, Kristallausbildung *f* • crystal habit (us), crystal form(s) [*The crystal habit(us) of a mineral is the form or combination of forms commonly occurring in crystals of that mineral*]
Kristallidealaufbau *m* • crystal perfection
kristallin • crystalline [*Of rocks: composed of crystals or crystalline particles; opposed to amorphous*]
kristallines Gestein *n* • crystalline rock
(kristallin)filzig, pilotaxitisch • pilotaxitic, felty
kristalliner Hornfels *m*, kristalliner Hornstein *m* • granular chert, crystalline chert
kristalliner Kalkstein *m*, polierbarer Kalkstein; Marmor *m* [*Fehlbennung*] • crystalline limestone, sedimentary marble [*A metamorphosed limestone in which the calcium carbonate is crystallized into calcite grains*]
kristalliner Schiefer *m* • secondary foliate
kristalliner Schiefer *m* magmatischer Herkunft, Orthogestein *n*, metamorphes Gestein magmatischer Herkunft, metamorphosiertes Gestein magmatischer Herkunft • crystalline rock [*A rock consisting wholly of relatively large mineral grains, e.g. a plutonic rock, an igneous rock lacking glassy material, or a metamorphic rock*]
kristalliner Schiefer *m* sedimentärer Herkunft, Paragestein, metamorphes Gestein sedimentärer Herkunft, metamorphosiertes Gestein sedimentärer Herkunft • crystalline rock [*The term has also been applied to sedimentary rocks, e.g. some limestones, that are composed of coarsely crystalline grains or exhibit a texture formed by partial or complete recrystallization*]
(kristalliner) Urschiefer *m*, (kristalliner) Primordialschiefer • fundamental (crystalline) schist
kristallines Gestein *n* mit Blätterstruktur, kristallines Gestein mit Schieferstruktur, Massengestein mit Blätterstruktur, Massengestein mit Schieferstruktur • foliate
kristallines Gestein *n* mit primärer Blätterstruktur, kristallines Gestein mit primärer Schieferstruktur, Massengestein mit primärer Blätterstruktur, Massengestein mit primärer Schieferstruktur • primary foliate
kristallinisch • crystalline
kristallinischer Gips *m*, spätiger Gips, Plattengips, $CaSO_4\ 2H_2O$ • crystalline gypsum
kristallinisches Eis *n* • crystalline ice
Kristallisation *f* • crystallization
Kristallisations(auf)spaltung *f*, Kristallisationsdifferentiation *f* • crystallization differentiation
Kristallisationsbassin *n*, Kristallisationsbett *n*, Kristallisationsbecken *n* [*Seesalzbereitung*] • last brine pit
Kristallisationsdifferentiation *f*, Kristallisations(auf)-spaltung *f* • crystallization differentiation
Kristallisationsdruck *m*, Kristallisationskraft *f*, Innendruck nach Bornhardt, Wachstumsdruck nach Andrée • pressure of crystallization, crystallization pressure
Kristallisationsfähigkeit *f*, Kristallisationsvermögen *n* • form energy, crystalloblastic strength, power of crystallization, crystallization power
Kristallisationsfolge *f* • crystallization order, sequence of crystallization, order of crystallization, crystallization sequence [*The apparent chronological sequence in which crystallization of the various minerals of an assemblage takes place, as evidenced mainly by textural features*]
Kristallisationsgefüge *n* • crystallization fabric
Kristallisationskraft *f*, Kristallisationsdruck *m*, Innendruck nach Bornhardt, Wachstumsdruck nach Andrée • pressure of crystallization, crystallization pressure
Kristallisationskurve *f* • crystallization curve [*A curve used in a phase diagram to indicate the course of crystallization of the compounds*]
Kristallisationsreihe *f*, Reaktionsreihe • (Bowen's) reaction series
Kristallisationsschieferung *f* ➔ Aufblätterung
Kristallisationsstruktur *f* • crystallization texture
Kristallisationsvermögen *n*, Kristallisationsfähigkeit *f* • form energy, crystalloblastic strength, power of crystallization, crystallization power
Kristallisationswasser *n* • water of crystallization, crystallization water [*Water in a crystal structure that is chemically combined but may be driven off by heat*]
Kristallisator *m* • chillers [*A piping system through which a wax distillate is run to chill the wax and thus make it separate from the oil*]
kristallisierbar • crystallizable
Kristallisiergefäß *n*, Kristallisator *m* • crystallizer
kristallisiert • crystallized

kristallisierter Grünspan *m***,** destillierter Grünspan, neutraler Grünspan • crystallized verdigris

kristallisierter Quarz *m* ➔ Bergkristall

Kristallit *m***,** Kristallgerippe *n*, Kristallembryo *m* • crystallite [*A broad term applied to a minute body of unknown mineralogic(al) composition or crystal form that does not polarize light. Crystallites represent the initial stage of recrystallization of a magma or of a glass*]

Kristallkante *f* • crystal edge, crystal line [*It is formed by the meeting of two crystal faces*]

Kristallkennzeichnung *f* • crystal identification

Kristallkiesel *m* • crystal pebble

Kristallklasse *f* • crystal(lographic) class

Kristallkunde *f***,** allgemeine Mineralogie *f* • general mineralogy

Kristall-Laser *m* • crystal laser

kristallmagnetisch • magnetocrystalline [*Of or relating to the magnetic properties possessed by crystals*]

Kristallmessung *f***,** Kristallometrie *f* • crystallometry

(Kristall)Mitteleck(e) *n***,** *(f)* ➔ (Kristall)Grundeck(e)

(Kristall)Nadel *f* • needle, crystal needle

Kristallnegativ *n* • negative crystal, optically negative crystal [*A pseudomorph consisting of a hollow opening shaped like a crystal, presumably formed by the solution of a previously existing crystal*]

Kristalloblast *m* • crystalloblast [*A mineral crystal produced by metamorphic processes*]

Kristalloblastese *f* • crystalloblastesis [*Deformation accomplished by metamorphic recrystallization (Knopf and Ingerson, 1938)*]

kristalloblastische Struktur *f***,** Struktur der Metamorphite • crystalloblastic texture [*It is mainly due to recrystallization*]

kristalloblastische Textur *f***,** Textur der Metamorphite • crystalloblastic structure

kristallografische Hauptachse *f***,** Drehachse, c-Achse • crystal(lographic) axis [*Not to be confused with "optical axis"*]

kristallografische Orientierungsbeziehung *f* • structural coherency

kristallografische Symmetrie *f***,** Kristallsymmetrie • crystal symmetry

kristallografische Verwachsung *f* • crystal(lographic) intergrowth

kristallografischer Parameter *m***,** (Achsen)Abschnitt *m* • intercept [*One of the three linear dimensions or diameters of a sedimentary particle*]

Kristallometrie *f***,** Kristallmessung *f* • crystallometry

Kristalloptik *f* • crystal optics

kristalloptisch • optical crystallographic

Kristallorientierung *f* [*z. B. des Eises*] • crystal orientation

Kristallphosphor *m* • crystal phosphor

Kristallphysik *f* • physical mineralogy

Kristallplatte *f* • crystal plate

Kristallplättchen *n* • crystal lamina [*Plural: laminae*], crystal lamella [*Plural: lamellae*]

(Kristall)Poleck(e) *n***,** *(f)* ➔ (Kristall)Endeck(e)

Kristallprojektion *f* • crystal projection

(Kristall)Raumgruppe *f* • (crystal) space group

Kristallreich *n* • crystal kingdom

(Kristall)Seitenfläche *f* • lateral (crystal) plane

Kristallstruktur *f* [*Gitter plus Basis*] • crystal texture

Kristallsymmetrie *f***,** kristallografische Symmetrie • crystal symmetry

(Kristall)System *n* • (crystal) system

Kristalltextur *f* • crystalline structure, crystal structure

Kristallträger *m* • crystal holder

Kristalltuff *m* • crystal tuff

Kristallumwand(e)lung *f***,** Entglasung [*Petrografie. Übergang des amorphen in den kristallisierten Zustand bei vulkanischen Gesteinen*] • devitrification

Kristallwachstumsinsel *f* • growth island

kristallwasserhaltiger Glimmer *m* ➔ Hydroglimmer

Kristallwinkelmesser *m***,** Goniometer *n*, Winkelmesser für Kristalle • goniometer [*An instrument used in optical crystallography for measuring the angles between crystal faces. Types are the contact goniometer, the reflection goniometer, and the two-circle goniometer*]

Kristallwinkelmesseröfchen *n***,** Goniometeröfchen • goniometer furnace

Kristallwinkelmessung *f***,** Goniometrie *f* • (crystal (line)) goniometry

Kristallzeichnung *f* • crystal drawing

(Kristall)Zwilling *m***,** Wachstumszwilling, Zwillingskristall *m* • twin(ned) crystal, twin, geminate crystal, made

kritisch untergesättigt • critically undersaturated [*Said of a rock having feldspathoids and olivine, but no hypersthene, in its norm*]

kritische Absetzgeschwindigkeit *f* [*Die Geschwindigkeit, bei der sich lose Feststoffe ruhend auf der Sohle absetzen*] • critical deposit velocity, limit deposit velocity

kritische Druckhöhe *f* • critical head [*hydraulics*]

kritische Festigkeit *f***,** Bruch *m* • rupture, critical strength

kritische Geschwindigkeit *f***,** Grenzgeschwindigkeit • critical velocity [*That velocity of flow at which the flow changes from laminar to turbulent*]

K

kritische Geschwindigkeit *f* nach Belanger, Grenzgeschwindigkeit nach Belanger, Belanger-Grenzgeschwindigkeit, kritische Belanger-Geschwindigkeit • critical velocity of Belanger, Belanger's critical velocity [*Is that condition in open channels at which the velocity head equals one-half the mean depth*]

kritische Geschwindigkeit *f* nach Kennedy, kritische Kennedy-Geschwindigkeit, Kennedy-Grenzgeschwindigkeit, Grenzgeschwindigkeit nach Kennedy • critical velocity of Kennedy, Kennedy's critical velocity [*That velocity at which a stream neither deposits nor picks up material when flowing over an erodible bed*]

kritische Geschwindigkeit *f* nach Onwin, kritische Onwin-Geschwindigkeit, Onwin-Grenzgeschwindigkeit, Grenzgeschwindigkeit nach Onwin • critical velocity of Onwin, Onwin's critical velocity [*In an open channel, that velocity of liquid flow at which the velocity head equals one half the mean depth, and at which the energy head is at a minimum*]

K

kritische Geschwindigkeit *f* nach Reynolds, kritische Reynolds-Geschwindigkeit, Reynolds-Grenzgeschwindigkeit, Grenzgeschwindigkeit nach Reynolds • critical velocity of Reynolds, Reynolds' critical velocity [*That velocity at which the flow of a liquid ceases to be streamline and becomes turbulent and where friction becomes approximately proportional to the square of the velocity*]

kritische Höhe *f* • critical height [*Of vertical cuts in a cohesive soil, this is the height to which they will stand without timbering*]

kritische(Korn)Größe *f* • critical (grain) size [*The maximum (grain) size that will be transported by a given velocity of water*]

kritische Last *f* • critical load

kritische Porenzahl *f* • critical voids ratio

kritische Reynoldszahl Re_{kr} *f* • critical Reynolds' number, critical Damköhler number V (DaV) [*The Reynolds' number at which there is a transition from laminar to turbulent flow*]

kritische Sättigung *f* • critical saturation [*The degree of filling by freezable water of a pore space in cement paste or aggregate that affects the response to be 91 per cent because of the 9 per cent increase in volume of water undergoing the change of state to ice*]

kritische Scherfestigkeit *f* • critical shear strength

kritische Schleppkraft *f* • critical tractive force, critical shear(ing) force, critical drag force [*The minimum tractive force required to set sediment particles of a watercourse bed moving*]

kritische Schleppspannung *f*, Grenzschleppspannung [*Schleppspannung bei welcher der Schiebetransport g(e)rade noch nicht beginnt*] • critical (bed) shear(ing) stress

kritische Stofftemperatur *f*, Curiepunkt *m* • Curie point, Curie temperature

kritische Tiefe *f*, Grenztiefe [*Wassertiefe, bei der für die vorgegebene Energiehöhe der maximale Abfluss auftritt, oder bei der ein vorgegebener Abfluss mit minimaler Energiehöhe erfolgt*] • critical depth

kritische Uferschubspannung *f*
➔ Uferschleppspannung

kritische Zone *f*, differenzierte Zone [*Intrusivkomplex des Bushvelds in Transvaal*] • critical zone, level of maximal differentiation

kritischer Außendruck *m* [*Tiefbohrtechnik*] • collapse resistance (of (a) casing), collapsing resistance (of (a) casing)

kritischer Durchmesser *m*, Grenzdurchmesser [*DIN 20163. Detonationskennwert*] • critical diameter

kritischer Grenzzustand *m* [*des Bodens*] • critical state, ultimate state, steady state [*of a soil*]

kritischer Kreis *m* • critical circle [*slope stability*]

kritisches Fließen *n* • critical flow(age), critical flowing [*Hydraulics. A condition of flow in which the mean velocity is at one of the critical values, ordinarily at Belanger's critical depth and velocity. Another important usage is in reference to Reynolds' critical velocities which define the point at which the flow changes from streamline or non-turbulent flow to turbulent flow*]

kritisches Gefälle *n* • critical grade, critical gradient [*The slope of a channel that is exactly equal to the loss of head per foot resulting from flow(age) at a depth that will give uniform flow(age) at critical depth; the minimum slope of a conduit that will produce critical flow(age)*]

kritisches Hauptspannungsverhältnis *n* • flow value [*soil mechanics*]

kritisches Kriechen *n*, Bruchkriechen • fracture creep (ing), fracture slow flow(age); failure creep(ing), failure slow flow(age) (US)

Kritze *f*, Riefenmarke *f* • stria(tion) mark [*A type of a tool mark*]

K-Röntgenabsorptionsgrenze *f* • K-absorption limit

Krönungsfaschine *f* • trench fascine, trench faggot [*US-spelling: fagot*]; trench kid

Krokiergerät *n* • open sight alidade

Kroko(is)it *m*, roter Bleispat *m* [*nach Breithaupt,* 1841]; Rotbleierz *n* [*nach Werner*], $PbCr0_4$ [*frühere Bennenung: Kallochrom n, nach Hausmann 1813*] • croco(is)ite, red lead ore, lead Chromate, crocoise

Krokydolith ***m*,** Blauasbest *m*, Blaueisenstein *m*, Fasersiderit *m* • blue asbestos, crocidolite, krokidolite, cape blue

Krone ***f*** • crown [*In geomorphology, the top or highest part of an igneous intrusion*]

Krone ***f*** • summit (level) [*The summit, or highest point of a road, railroad, canal or the like*]

Krone ***f*** [*Talsperre*] • crest, crown

Krone ***f*** [*Bohrkrone*] • drill bit, bit

Krone ***f*** [*Ein Rutschungsmerkmal;Definition lt. MLG*/ Krauter: Nicht oder gering verlagerter Bereich unmittelbar oberhalb des Hauptabrisses*] • **crown** [*A landslide feature; according to the MLG*/D.M.Cruden: The practically undisplaced material still in place and adjacent to the highest parts of the main scarp.*]

Kronenbalken ***m*,** Kalottenkappe *f* • crown bar, crown beam [*Where wood(en) or steel rib sets are being used for support and rock tends to fall out of the roof in relatively large blocks, quick support can be obtained by the use of crown bars*]

Kronenbohrer ***m*,** Kreuzbohrer [*Sprengbohrer mit vierkantiger kreuzförmig eingehauener Schneidfläche*] (⚒) • cross-mouth(ed) chisel

Kronenbrand ***m*,** Wipfelbrand • crown fire [*A fire burning in the tops of trees*]

Kronenbreite ***f*** [*Erdbauwerk*] • dam crest width

Kronenbühne ***f*** [*Tiefbohrtechnik*] • crown's nest

Kronen-H-Balken ***m*,** H-Kronenbalken, Doppel-T-Träger-Kronenbalken • H-beam crown bar [*See note under "crown* bar"]

Kronenhöhe ***f*,** Kronenkote *f*, Kronenordinate *f*, Kronenniveau *n* • crest level, crown level (Brit.); crest elevation, crown elevation (US)

Kronenholm ***m*,** Wehrlatte *f* [*oberste Horizontaleinfassung*] • saddle beam

Kronenholz ***n*** ➲ Deckschwelle

Kronenlänge ***f*** • crest length

Kron(en)schwelle ***f*** ➲ Deckschwelle

Kronpfeilerkopf ***m*,** Vorhaupt

Kronschwelle ***f*** ➲ Deckschwelle

Krötenstein ***m*,** Judenstein, Seeigelstein, Echinit *m* • Jew's-stone

Krötenstein ***m*** ➲ Gabbro

Krötenstollen ***m*** • toad tunnel (US); toad (underground) roadway, toad underground passage, toad gallery

Krume ***f*** ➲ (Boden)Krume

Krümelvermögen ***n*,** Krümelfähigkeit *f* • crumb(ling) capacity, crumb(ling) capacity

Krumenhorizont ***m*** ➲ (Boden)Krume

krumme Rinne ***f*,** Kropf(ge)rinne

krummes Gerinne ***n*,** Kropf(ge)rinne

Krümme ***f*** ➲ Biegung

Krummhälserarbeit ***f*** [*Gewinnungsweise auf wenig mächtigen, flachfallenden Flözen in niedrigen Bauen, bei welchen die Häuer liegend arbeiten und die Keilhaue unter dem etwas erhobenen Kopf hinführen*] (⚒) • holing at long work

krummliniges Koordinatensystem ***n*** • curved coordinate system

krummschalig • curved [*shell-like lammellar mineral*]

krummwüchsig [*z. B. Baum*] • bent

Krümmung ***f*** • curvature

Krümmung ***f*** ➲ Biegung

Krümmung ***f*** **der Umrisslinie** [*Bestimmung des Rundungsgrades nach Wadell*] • corner [*Every such part of the outline of an area (projection area) which has a radius of curvature equal to or less than the radius of curvature of the maximum inscribed circle of the same area*]

Krümmungsgleichung ***f*** • curvature equation

Krümmungshalbmesser ***m*,** Krümmungsradius *m* • curvature radius

Krümmungshalbmesser ***m*,** Krümmungsradius *m* [*Bogen(sperr)mauer*] • locus of centres (Brit.); line of centers (US) [*arch(ed) dam*]

Krümmungskreis ***m*** • curvature circle

Krümmungsmaßstab ***m*** • curvature scale

Krümmungsradius ***m*** • curvature radius, radius of curvature

Krümmungsverhältnis ***n*** • curvature ratio

Krümmungsverlusthöhe ***f*** [*Hydromechanik im Wasserbau. Zeichen hr, k. Einheit: m*] • curvature head loss

Krupp(-Spund)bohle ***f*** • Krupp steel sheet pile

krustaler Senkungsgraben ***m*** ➲ Geosynklin(al)e

Kruste ***f*** ➲ (Boden)Kruste

Kruste ***f*,** Kuchen *m* [*An der Bohrlochwand(ung) durch die Bohrspülung abgesetzt*] • mud cake, (filter) cake

Kruste ***f*** ➲ Erdkruste

Kruste ***f*,** Verkrustung *f*, Überwachsung [*Mineral*] • encrustation, incrustation, crust

Kruste ***f*** **unter Französisch-Polynesien** • superswell

Krustenabbiegung ***f*** • downfolding

Krustenablösung ***f*** • crustal detachment

Krustenbau ***m*** • crustal structure

Krustenbewegung ***f*** • crustal movement

Krustenbewegungssee ***m*** • crustal movement lake [*A lake formed in a depression, resulting from movements in the Earth's crust; such as down-warping of an*

K

area. Lakes as a result of faulting, probably rare, would come into this category]

Krustendeformation ***f*,** Krustenverformung *f* Krustenformänderung • crustal deformation, crustal strain

Krustendicke ***f*,** Krustenmächtigkeit *f* • crustal thickness

Krusteneinengung ***f*,** Krustenverkürzung • crustal shortening

Krusteneisenstein ***m*,** Eisensteinkruste *f* • ironstone crust, crust ironstone

Krustenentwick(e)lung ***f*** • crustal evolution

Krustenerz ***n*** • crustal ore

Krustenerzlagerstätte ***f*** • crust ore deposit

Krustenfels ***m*,** Krustengestein *n* • crustal rock

Krustenformänderung ***f*** ➋ Krustenverformung

Krustengestein ***n*,** Krustenfels *m* • crustal rock

Krustenkalkorgel ***f*** ➋ Pfeilerortstein

Krustenlage ***f*,** Krustenschicht *f* • crustal layer

Krustenmächtigkeit ***f*,** Krustendicke *f* • crustal thickness

Krusten-Mantel-Grenze ***f*** • crust-mantle boundary

Krusten-Mantel-Übergang ***m*** • crust-mantle transition

Krustenschicht ***f*,** Krustenlage *f* • crustal layer

Krustenspannung ***f*** • crustal stress

Krustenstörung ***f*** • crustal disturbance

Krustenstruktur ***f*** • crustal structure

Krustentiere ***n(pl)*,** Krebstiere [*oft versteinert*] • crustaceans

Krustenverformung ***f*,** Krustendeformation *f*, Krustenformänderung • crustal deformation, crustal strain

Krustenverkürzung ***f*,** Krusteneinengung • crustal shortening

Krustenverschiebung ***f*,** Verschiebung eines Punktes der Erdkruste • crust dislocation, crust displacement

kryogen vergleyt • cryogenic gleyed

Kryokarst(topografie) ***m*, *(f)*** ➋ Thermokarst(topografie)

Kryokonit ***m*,** Eisstaub *m* • cryoconite [*This term was introduced by A.E. Nordenskjöld, who, during his first expedition to the Greenland Ice Cap, observed numerous water-filled cylindrical holes sunk into the ice. The bottoms of these holes are covered with dust a few millimetres thick. This powdery dust he called "cryoconite" from Greek "kruos" (ice) and konis (dust)*]

Kryokonitabschmelzung ***f*,** Kryokonitzehrung, Kryokonitablation *f*, Eisstaubabschmelzung, Eisstaubzehrung, Eisstaubablation • cryoconite ablation

Kryolith ***m*,** Eisspat *m* [*Ein Aluminiummineral, das gelegentlich als feste Phase in Dreiphaseneinschlüssen im Topas auftritt*] • cryolite, Greenland spar, ice stone, sodium-alumin(i)um fluorid(e), Na_3AlF_6

Kryologie ***f*** ➋ Kältelehre

Kryomesser ***m*,** Kältemesser, Gefriermesser, Frostmesser • cryometer [*A thermometer for measuring low temperatures*]

Kryopedologie ***f*,** Kältepedologie, Frostbodenkunde *f*, Kältebodenkunde, Gefrierbodenkunde, Gefrierpedologie • cryopedology [*The study of frost action and permanently frozen ground*]

Kryophysik ***f*** Kältephysik

Kryosphäre ***f*** [*1) Der Teil der Erdoberfläche, der ständig gefroren ist, auch als* ➋ *Permafrostzone bekannt 2) Das gesamte atmosphärische und lithosphärische Gebiet, bei der Temperaturen unter 0° C herrschen*] • cryosphere

Kryostruktur ***f*,** Gefrierstruktur, Kältestruktur, Froststruktur [*z. B. von gefrorenem Boden*] • cryogenic texture

kryotektonisch • cryotectonic, glaciotectonic [*Said of complicated and deranged features and deposits found at glacier borders, and consisting of material that has been overturned, inverted, folded, and transported by the shoving action of glaciers*]

Kryoturbation ***f*** • cryoturbation [*Soil disturbance, soil weathering, soil erosion and soil deposition under extreme cold conditions*]

kryptische Schichtung ***f*** • cryptic layering [*That type of layering in an igneous intrusion in which there is a regular vertical change in chemical composition of the minerals; so named because it is less obvious than rhythmic layering. Typical element ratios defining cryptic layering are Fe(Mg) in mafic minerals and Ca/Na in fel(d)spar*]

Kryptodepression ***f*** • cryptodepression [*A lake basin in which the bottom is below sea level, although the water surface may be above sea level*]

Kryptofeuerberg ***m*** ➋ Subvulkan

kryptogen [*Bezeichnung für Gesteine unsicherer Bildung*] • cryptogene

kryptokristallin • cryptocrystalline [*Descriptive of a crystalline texture of a carbonate sedimentary rock having discrete crystals whose diameters are less than 0.0001 mm (according to Bissell and Chilinger, 1967) or less than 0.01 mm (according to Pettijohn, 1957). Some petrographers use an upper limit of 0.004 mm*]

kryptokristallin • cryptocrystalline, microaphanitic, felsiphyric, microcryptocrystalline, microfelsitic, aphaniphyric [*Said of the texture of a rock consisting of crystals that are too small to be recognized and separately distinguished even under the ordinary microscope (although cristallinity may be shown by the use of the electron microscope); indistinctly crystalline, as evidenced by a confused aggregate effect under polarized light. Also, said of a rock with such a texture*]

Kryptoperthit *m* • cryptoperthite [*It has a very fine intergrowth of the fel(d)spars microcline and albite*]

Kryptopodsol(boden) *m* ➋ Semipodsol(boden)

Kryptovulkan *m* ➋ Subvulkan

kryptovulkanisch [*Eine kryptovulkanische Bildung gelangt nicht an die Erdoberfläche*] • cryptovolcanic

kryptovulkanisches (Erd)Beben *n* Intrusions(erd)-beben • cryptovulcanic (earth)quake

KTR *n*, kontinentales Tiefbohrprogramm *n* der. Bundesrepublik Deutschland • Continental Deep Drilling Program(me) of the Federal Republic of Germany

Kubanit *m*, Chalmersit • cubanite, chalmersite, $CuFe_2S_3$

Kubatur *f* • cubature [*A term used by builders of sea walls. It is the volume of water that enters through a gap in the wall at each tide, arises daily*]

Kübelabteilung *f*, Gefäßabteilung (⚒) • skip road

Kübelaufzug *m*, Gefäßaufzug (⚒) • skip hoist(ing machine), skip winder, skip winding machine

Kübelbeton *m* • skip-placed concrete

Kübelförderung *f*, Gefäßförderung (⚒) • skip winding, skip hoisting

Kübelhaken *m*, Förderseilhaken • clevis, clivis, clive, cliwy, crab, device [*A bit of turned iron with a spring, for fastening a bucket to a rope*]

Kübelkunst *f*, Wasseraufzug *m* (⚒) • water balance

Kübelschleuse *f* • lock for buckets

Kubikfuß *m* pro Minute • cfm, cubic foot per minute, cumin

Kubikinhalt *m* • capacity, capaciousness, cubic(al) volume

Kubikmeter *m* pro Sekunde, m^3/s • cumec [*One cubic metre per second, a unit of flow of water*]

Kubikyards *f* in loser Lagerung • loose (cubic) yards [*Cubic yards loose measurement; a unit of volume of excavation*]

Kubikyards *f* in fester Masse • bank (cubic) yards [*Cubic yards of material in its original place in the ground or in situ*]

kubische Kohle *f* ➋ Stückkohle

kubischer Bleiglanz *m* • cubic(al) galena; dice mineral [*in Wisconsin*]

kubischer Habitus *m* • cubic(al) habit(us)

kubisches Gedinge *n*, Zehnergedinge (⚒) • cubic(al) system, isometric system

kubischer (Gruben)Feld *n* [*Es wird nach drei rechtwinklig aufeinander stehenden Richtungen vermessen*] (⚒) • cubic(al) claim

kubisches (Kristall)System *n*, isometrisches (Kristall) System, reguläres (Kristall)System • regular system (of crystals), cubic(al) system (of crystals), isometric system (of crystals), regular crystal(lographic) system, cubic(al) crystal(lographic) system, isometric crystal (lographic) system

Kubizierung *f* [*Durchflussberechnung für einen Tidefluss nur aus Wasserständen und Querschnitten*] • cubature calculation

Kuchen *m*, Kruste *f* [*An der Bohrlochwand(ung) durch die Bohrspülung abgesetzt*] • mud cake, (filter) cake

Küchenabfälle *f* • kitchen garbage, household garbage

Kuchenerz *n* • cake ore

Kufe *f* • skid

Kufenblech *n* • skid plate

Kugel(ab)dichtung *f* • ball sealer [*A ball of rubber, plastic, or metal that is dropped down the well(bore) to aid the acidizing of an impermeable zone of an oil reservoir; it wedges into and plugs the bottomhole tubing perforations that are adjacent to the more permeable reservoir zone*]

Kugelbildung *f*, Pelletierung [*nicht "Pelletisierung"*] • pelletization, balling

Kugelblitz *m* • globe lightning, ball lightning

Kügelchen *n* • spherule

Kugeldamm *m* (⚒) • spherical dam

Kugeldiamant *m*, Bort *m*, schwarzer Diamant • bo(o)rt, boart, bortz, bowr, borts, black diamond, carbon(ado), carbon diamond

Kugelfallviskosimeter *n* • falling ball viscosimeter

kugelf(örm)ig ➋ globular

kugel(förm)ige Verwitterung *f*, Wollsackverwitterung, chemische Verwitterung in Kugelform, schalige Verwitterung, Kugelverwitterung • spheroidal weathering, onion(skin) weathering, concentric(al) weathering, spherical weathering

kugel(förmig)es Lavateilchen *n* • volcanic globule rock

kugelgelagertes Doppelkernrohr *n* • double tube ball bearing core barrel, dual tube ball bearing core barrel, twin tube ball bearing core barrel, two-tube ball bearing core barrel

Kugelgelenkkappe *f* [*Untertagebau*] • ball-joint bar, swivel-joint bar

K

Kugelgelenk-Öl(bohr)plattform ***f,*** Öl(bohr)-plattform mit Kugelgelenklagerung • pliable offshore platform, offshore pliable platform
kugelig ➋ globular
kugelige Kluftbildung ***f,*** kugelige Klüftung • ball jointing, globular jointing, spherical jointing
Kugeligkeit ***f*** • sphericity [*Not to be confused with "roundness"*]
Kugeligkeitsindex ***m*** [*für Steine*] • sphericity index
Kugelkalotte ***f*** [*für Verankerungen*] • calotte shell, globular plate bearing
Kugel(karten)zeichen ***n*** • sphere (map) symbol
Kugel-Kegel Setzprinzip ***n*** • ball-cone seating principle
Kugelkoordinate ***f,*** räumliche Polarkoordinate • spherical (polar) co-ordinate
Kugelpackung ***f*** • packing of spheres, sphere packing
Kugelpendel ***n*** • spherical pendulum
Kugelperforator ***m*** ➋ Kugelschießgerät
Kugelperforieren ***n,*** Kugelschießen, Geschosslochen Geschoßlochen (Österreich) [*Tiefbohrtechnik*] • bullet (gun) perforating, bullet (gun) piercing
Kugelpulver ***n*** • ball powder
Kugelsandpumpe ***f*** Kugelventilbohrlöffel
Kugelschalengründung ***f*** • spherical shell foundation
Kugelschalen-Kegelschalen-Gründung ***f,*** Kegelschalen-Kugelschalen-Gründung • dome-cum-cone combined shell foundation, cone-cum-dome combined shell foundation
Kugelschießen ***n,*** Kugelperforieren, Geschosslochen *n,* Geschoßlochen [*Tiefbohrtechnik*] • bullet (gun) perforating, bullet (gun) piercing
Kugelschießgerät ***n,*** Kugelschussapparat *m,* Kugelperforator *m,* Geschosslocher *m,* Geschoßlocher *m* (Österreich) • bullet casing gun, bullet piercing gun, bullet perforating gun, bullet gun perforator, bullet (casing) perforator [*It fires conical-pointed steel projectiles through the casing from the inside with the aid of powerful explosives*]
(Kugel)Schild von Hallinger, Hallinger (Kugel)Schild *m* • Hallinger shield [*A tunnel(l)ing shield of Hungarian design. It is valuable for working in very soft ground; it incorporates a mechanical excavator and does not entail the use of timbering to protect the workers*]
Kugelschleuse ***f*** [*Komplettierungsarbeiten in der Tiefbohrtechnik*] • ball injector
Kugelschussapparat ***m,*** Kugelschießgerät *n,* Kugelperforator *m,* Geschosslocher *m,* Geschoßlocher *m* (Österreich) • bullet casing gun, bullet piercing gun, bullet perforating gun, bullet gun perforator, bullet (casing) perforator [*It fires conical-pointed steel projectiles through the casing from the inside with the aid of powerful explosives*]
Kugelstab ***m*** [*Bestimmung des Erweichungspunktes von Ton*] • hold croft bar
Kugelventil ***n*** • ball valve
Kugelversatz ***n*** • plastic filling [*It consists of pressed marl or clay balls which are carried with water through a pipeline above the mined-out room. The water is separated from the filling before it enters the mined-out room*]
Kugelverwitterung ***f*** ➋ kugel(förm)ige Verwitterung
Kuhle ***f,*** Grube *f* • pit [*A cavity or hole in the ground, natural or artificial; deep with respect to area*]
Kühlrohrsystem ***n*** • cooling pipe system
Kühlsystem ***n*** [*in einem Atomkraftwerk*] • cooling system
Kühl(ungs)..., (Ab)Kühl(ungs)...
Kühl(ungs)wasserbrunnen ***m*** • cooling water well
Kühl(ungs)wasserstollen ***m*** • cooling water gallery; cooling water tunnel (US)
Kühlwasserstollen ***m*** • cooling water tunnel
Kuhtreibe ***f*** ➋ Leiste
Küken ***n*** ➋ (Hahn)Küken
Kukersit ***m,*** estnischer Ölschiefer *m* • Est(h)onian (oil) shale, kukersite
Kulm ***m*** • culm, kolm [*Nodular or concretionary bodies of coal found in the Pal(a)eozoic alum shales of Sweden and that contain rare metals, especially uranium*]
Kulm ***m*** • culm [*The anthracite contained in the series of shales and sandstones of North Devon, England. Known as the Culm measures.*]
Kulm ***m,*** unterer Kohlenkalk
Kulmination ***f,*** Durchgang *m,* Meridiandurchgang • culmination, transit [*The movement that a star or the sun crosses the meridian, used by surveyors for determining (1) the geographical meridian and (2) the latitude and longitude*]
Kulminationszone ***f*** • culmination [*Term applied to the highest point on the crown of a nappe*]
Kulmkalkstein ***m*** ➋ Karbonkalkstein
Kulmschicht ***f*** • culm measure
kultivierbar, kulturfähig • cultiva(ta)ble
Kultur ***f*** ➋ Anbau
Kulturartenverhältnis ***n*** • crop ratio
Kulturbau ***m,*** Kulturtechnik *f* • land development, land improvement, land management
Kulturboden ***m*** ➋ (Boden)Krume
Kulturbodenbewirtschaftung ***f*** • vegetable soil management, surface soil management
Kulturbodenqualität ***f*** ➋ Bonität

Kulturerosion *f* • culturally induced erosion [*In soil conservation, erosion caused by increased run-off or wind action due to the work of man, deforestation by cutting or burning, cultivation of the land, overgrazing, and disturbance of natural drainage; the excess of erosion over that normal for the area*]

kulturfähig, kultivierbar • cultiva(ta)ble

Kulturland *n* [*Durch den Menschen gestaltetes Land*] • cultural land, cultivated land, cultured land

Kulturlandschaft *f* • cultural landscape, cultivated landscape, cultured landscape [*Most geographers who use the term "cultural landscape" mean simply the present landscape of many inhabited regions. In this sense it is demanded only where it is necessary to emphasize the present complete landscape in contrast to the "natural landscape"*]

Kulturraumforschung *f* • culture space research

Kulturrest *m*, Kulturspur *f* • cultural remain

Kulturtechnik *f*, Kulturbau *m* • land development, land improvement, land management

Kümmerfluss *m*, unterfähiger Fluss • misfit stream, underfit stream [*A stream that is too small for the valley in which it flows*]

Kümmerstrom *m*, unterfähiger Strom • misfit river, underfit river

Kumpel *m*, Kamerad *m* (⚒) • butty

Kumulativkurve *f* ➜ Summenkurve

Kumulativlinie *f* ➜ Summenkurve

Kundenliste *f*, Kundenverzeichnis *n*, Auftraggeberliste, Auftraggeberverzeichnis • roster of clients, clients roster

Kungurstufe *f* • Kungurian [*European stage: Lower or Middle Permian of some authors (above Artinskian, below Kazanian)*]

Kunkel *f*, Pellet *n* [*komprimiertes Sprengpulver*] • pellet

Kunst *f*, Maschine *f* (⚒) • engine

Kunstdiamant *m* • MM diamond, (man-)made diamond, synthetic diamond

Kunstgezeug *n*, Wasserhaltungsmaschine *f* • pumping engine [*An engine used for pumping; as a steam engine and pump combined for raising water*]

Kunstharz-Sandverfestigung *f* [*Tiefbohrtechnik*] • plastic squeezing

Kunstkautschuk(ab)dichtung *f* • synthetic rubber flexible (membrane) lining

künstlich eingebrachter Baugrund *m* • artificially placed ground

künstlich geforener Boden *m* • frozen soil, artificially frozen soil

künstlich geschütteter Boden *m* • artificial fill material

künstlich gespeichertes Wasser *n* • storage, artificially impounded water [*In surface or subsurface reservoirs*]

künstliche Bodenvereisung *f* [*Eine temporäre Bauhilfsmaßnahme zur Stabilisierung des Baugrunds. Ein vor 120 Jahren von Poetsch entwickeltes Verfahren, durch welches der Untergrund abgekühlt wird bis das Bodenwasser gefriert und damit eine höhere Festigkeit und Wasserundurchlässigkeit erreicht wird*] • artificial ground freezing

künstliche Böschung *f* • artificial slope

künstliche Brunnenoase *f*, Quellenoase • spring oasis

künstliche Grundwasseranreicherung *f* • artificial recharge

künstliche Insel *f* • artificial island

künstliche Kaverne *f*, Ausbruchskaverne • underground hall, artificial cavern, (man-)made cavern

(künstliche) Seewasserstraße *f*, See(schiff)kanal *m*, maritime Kunstwasserstraße [*1. Mündungskanal 2. großer Küstenkanal 3. Kanal im Binnenland zwischen Binnensee und mit dem Meer verbundenem Gewässer 4. Kanal zwischen zwei Meeren*] • sea(-level) canal, ship canal, maritime canal, (artificial) seaway

künstlicher Anschnitt *m* • artificial cut

künstlicher Fels *m*, künstliches Gestein *n* • synthetic rock

künstlicher Sand *m*, gekörnte Hochofenschlacke *f* • granulated blastfurnace slag

künstlicher Saphir *m*, künstlicher bengalischer Amethyst *m* [*Fehlbenennung*] • synthetic sapphire, synthetic blue corundum

künstlicher (Schmuck)Stein *m*, synthetischer (Schmuck)Stein [*Ein mit einem chemischtechnischen Verfahren hergestelltes Erzeugnis, dessen wesentliche chemische und physikalische Eigenschaften mit denjenigen der echten Steinart, nach der es benannt ist, übereinstimmen*] • synthetic stone, reproduction

künstlicher See *m* ➜ Speicher(becken)

künstlicher Smaragd *m* • igmerald, synthetic emerald

künstliches (Erd)Beben *n* • (man-)made (earth) quake, artificial (earth)quake, (man)initiated (earth) quake

künstliches Gestein *n*, künstlicher Fels *m* • synthetic rock

(künstliches) Verdichten *n* • compacting, densifying

Kunstrad *n* (⚒) • pump wheel

Kunstsatz *m*, Satz, Pumpensatz [*Die Schachtpumpen eines Bergwerks insgesamt*] (⚒) • lift, tier, pump lift, pump tier

Kunstschacht *m* ➜ Pump(en)schacht

K

Kunststoff(ab)dichtung ***f*** • flexible (membrane) lining

Kunststoff(ab)dicht(ungs)bahn ***f*** • flexible (membrane) liner, geomembrane

Kunststoffdrän ***m*** • plastic drain

Kunststoffe ***f*** **aus nachwachsenden Rohstoffen** • bioplastics

Kunststofflutte ***f*** (⚒) • plastic air duct

Kunststofflutte ***f*** **für blasende Bewetterung** (⚒) • plastic air duct for blowing ventilation

Kunststofflutte ***f*** **für saugende Bewetterung** (⚒) • plastic air duct for suction ventilation

Kunststoff-Ripprohr ***n*** [*für Spannstähle und Verbundanker*] • *corrugated plastic duct, corrugated sheath, corrugated sheathing*

Kunststoffrohr ***n*** • plastic pipe

Kunststoff(rohr)drän ***m*** [*Siehe Anmerkung unter "Drän"*] • plastic (underground) drain, plastic underdrain, plastic pipe drain, plastic subsurface drain, plastic subterrane(an) drain, plastic subterraneous drain

K

Kunststoffrohrstrang ***m*** **mit Kreisquerschnitt** [*Rohrstrangsanierung*] • inlier

Kunststoff(stech)drän ***m*** [*Siehe Anmerkung unter "Stechdrän"*] • plastic wick drain, plastic (soil) drainage wick, plastic (soil) dewatering wick, plastic (soil) unwatering wick

Kunststoffstopfen ***m,*** Neoprenstopfen, Verschlussstopfen [*Zeitzünder; Momentzünder*] • neoprene plug closure

Kunststoffüberzug ***m*** • plastic cover

Kunststoff-Vollkleb(e)anker ***m*** • fully bonded resin anchor

Kunstwärter ***m*** ➋ Absinker von (Schacht-)Sümpfen

Kunstwerk ***n,*** Pumpwerk (⚒) • draught engine, draft engine

Künzelstab ***m,*** Rammsonde *f* nach Künzel, Sondierstab Künzel, Prüfstab Künzel, leichte Rammsonde, LRS [*DIN 4094, Teil 1*] • Künzel (drop-penetration) rod, Künzel (drop-penetration) stick, Künzel sounding rod, Künzel sounding stick

Kunzit ***m*** • kunzite, Californian iris [*A pinkish, light-violet, or lilac-colo(u)red transparent gem variety of spodumene*]

Kunzsche Getriebezimmerung ***f*** ➋ (Ring)Bauweise mit Kunz-Rüstung

Kunzsches Vortriebsverfahren ***n*** ➋ (Ring)Bauweise mit Kunz-Rüstung

Kupelle ***f,*** Kapelle *f*, Probiertiegel *m* • cupel, coppel [*Small cup made of bone-ash used in gold or silver assaying with lead*]

Kupellenzug ***m,*** Kapellenzug, Probiertiegelzug • cupel absorption

Kupfer ***m*** • copper

Kupfer... • chalco- [*A prefix meaning "copper"*]

Kupferantimonglanz ***m,*** Chalkostibit *m*, Wolfsbergit, $CuSbS_2$ • chalcostibite, wolfsbergite [*A lead-gray mineral consisting of antimony copper sulfid(e)*]

Kupferazetat ***n,*** Grünspan *m*, essigsaures Kupferoxyd *n* • copper acetate, verdigris, crystalaerugo, crystals of Venus, acetate of copper

Kupferazid ***n,*** Cuproazid • copper azide

Kupferbarilla ***f,*** Kupfersand *m* [*Gediegenes Kupfer in Körnern und im Gemenge mit Kupfererzen und Erden*] • copper sand, copper barilla

Kupferbleispat ***m,*** Linarit *m*, Bleilasur *f* • linarite

Kupferblüte ***f*** ➋ haar(förm)iges Rotkupfererz

Kupfereinkristall ***m*** • copper single crystal

kupferenthaltend ➋ kupferhaltig

Kupfererz ***n,*** Cu-Erz • copper ore, ore of copper

Kupfererzdruse ***f*** • copper crystal, copper druse

Kupfererzgürtel ***m*** • copperbelt orebody

Kupfererzlager(stätte) ***n, (f)*** • copper ore deposit

Kupfererzstock ***m*** • copper ore stock, copper ore pipe, chimneylike copper orebody

Kupferfelsbank ***f,*** Kupfergesteinsbank • crystalline limestone in the basal Bucklandi zone

Kupferfindling ***m*** [*Durch Drift verfrachteter Kupferklumpen*] • copper erratic

kupferführend, kupferhaltig, kupferenthaltend • cupriferous, copper-bearing, containing copper

Kupfergalmei ***m*** • calamine of copper, copper calamine

Kupfergesteinsbank ***f,*** Kupferfelsbank • crystalline limestone in the basal Bucklandi zone

Kupferglanz ***m,*** Cu_2S [*In der mittelalterlichen Bergmannssprache "Kupferglas", seit 1813 "Kupferglanz"*] • chalcocite, copper glance, redruthite, vitreous copper, chalcosine, beta chalcocite

Kupferglimmer ***m,*** Chalkophyllit *m* • chalco-phyllite, copper mica

Kupfergranalien ***f,*** granuliertes Kupfer *n* • bean-shot (copper), granulated copper, feathered-shot copper

Kupfergrube(nbau) ***f,*** (*m*), Kupfermine *f* [*siehe Anmerkung unter "Mine"*] • copper mine, copper underground working, copper subsurface working, copper subterranean working, copper subterraneous working

Kupfergrün ***n*** ➋ Chrysokoll

kupferhaltig, kupferführend, kupferenthaltend • cupriferous, copper-bearing, containing copper

kupferhaltiger Melanterit ***m,*** Pisanit *m*, Kupfermelanterit • cuprian melanterite, pisanite

kupferhaltiger Pyrit ***m,*** Pyritimprägnation *f*, Schwarzerz *n* [*Er ist teilweise zersetzt*] • black ore

Kupferhieke ***f*** • green copper ore

Kupferhülse ***f*** • copper shell [*blasting cap(sule)*]

Kupferhüttenschlacke ***f*** [*z. B. für die Sohlensicherung beim Leuchtturmbau*] • copper slag

Kupferimprägnierung ***f*** • copperization

Kupferindig ***m*** • blue copper

Kupferkies ***m*** ➲ Narrengold

Kupferlagerstätte ***f*** • copper deposit

Kupferlebererz ***n*** ➲ Buntkupferkies

Kupfermelanterit ***m*** ➲ kupferhaltiger Melanterit

Kupfermine ***f,*** Kupfergrube(nbau) *f*, (*m*) [*siehe Anmerkung unter"Mine"*] • copper mine, copper underground working, copper subsurface working, copper subterranean working, copper subterraneous working

Kupfermineral ***n*** • copper mineral

Kupferoxydul ***n*** ➲ Cuprit

Kupferpecherz ***n*** ➲ Cuprit

Kupferpyrit ***m*** ➲ Narrengold

Kupfersam(me)terz ***n,*** Samterz, Lettsomit *m*, Cyanotrichit *m* • lettsomite, velvet copper ore, cyanotrichite [*A bright-blue or sky-blue mineral*]

Kupfersand ***m,*** Kupferbarilla *f* [*Gediegenes Kupfer in Körnern und im Gemenge mit Kupfererzen und Erden*] • copper sand, copper barilla

Kupferschrott ***m,*** Schrottkupfer • secondary copper, copper scrap

Kupferschwärze ***f*** • earthy tenorite

Kupfersilberglanz ***m*** ➲ Stromeyerit

Kupfersmaragd ***m*** ➲ Salzkupfererz *n* [*veraltete Benennung*]

Kupferstein ***m*** • matte

Kupfertagebau ***m*** • ōpencast copper mining, daylight copper mining, opencut copper mining, (open) pit copper mining, surface copper mining [*"Extraction" and "working" may synonymously be used for "mining"*]

Kupfertagebau(grube) ***m, (f)*** • opencut copper mine

Kupferuranglimmer ***m*** ➲ Tobernit [*nach A.G. Werner, 1786*]

Kupferverbindung ***f*** • copper compound

Kupferzeit ***f*** • Copper Age, Chalcolithic, Eneolithic, Aeneolithic

Kupferzinkblüte ***f,*** Aurichalcit

Kupferzündleitung ***f*** • lead wires, connecting wires, leading wires [*Two insulated copper wires leading from the battery or igniting apparatus to the primer cartridge in an explosive charge*]

kupiert ➲ durchschnitten

Kuppe ***f,*** Bergkuppe *f* • hilltop

Kuppel ***f,*** halbsphärisches Gewölbe *n* • dome, cupola; swell [*less-preferred synonym*]

Kuppel ***f,*** Lakkolith *m*, Laccolith [*In der Tiefe erstarrte glutflüssige Masse von bestimmter Form*] • laccolith, floored intrusive body; laccuolite [*old term*] [*A body of igneous rock intruding into sedimentary rocks so that the overlying strata have been notably lifted by the force of intrusion*]

Kuppeldach ***n*** • cupola [*A dome-like projection from the upper part of a batholith or stock extending upward into the invaded rock*]

Kuppelgrab ***n*** • beehive tomb

Kuppeln ***n*** [*Sprengtechnik. Verbinden der Leitungsteile zum Zündkreis*] • (wiring) hookup

Kuppelriff ***n*** • patch reef, pinnacle

Kuppelsattel ***m*** ➲ Brachyantiklinale

Kuppel(stau)mauer ***f,*** Kuppel(tal)sperre *f* • dome(-shaped) dam, cupola(-shaped) dam

Kuppen ***f*** **und Senken** ***f,*** kuppige Topografie *f*, Kesselfeld *n*, Senken und Kuppen, kuppige Glaziallandschaft *f* • sag-and-swell (topography)

Kuppenberge ***f,*** Höcker *f* • knobs [*An area marked by a group of rounded, isolated hills*]

Kuppenriff ***n*** ➲ Knollenriff

kuppige Glaziallandschaft ***f*** ➲ Kuppen und Senken

kuppige Moränenlandschaft ***f,*** Kamelandschaft • kame(-and-kettle) topography, knob-and-kettle topography, knob-and-basin topography, knobby topography [*A number of low mounds associated with depressions in fluvioglacial deposits*]

kuppige Topografie ***f,*** Kuppen *f* und Senken *f*, Kesselfeld *n*, Senken und Kuppen, kuppige Glaziallandschaft *f* • sag-and-swell (topography)

Kuppler ***m*** ➲ (An)Kuppler

Kupplungssystem ***n*** [*für Pfähle*] • splicing system

Kuprit ***m*** ➲ Cuprit

Kupromangan ***n,*** Mangankupfer *n* • cupromanganese

Kurbelrückschlag ***m*** [*z. B. bei einer handgeführten Rüttelplatte*] • back kick of the crank [*such as in the case of a manual vibratory plate compactor*]

Kurbelwelle ***f*** • crankshaft

Kurbelwinkelanordung ***f*** • crankshaft angle layout

Kurs ***m*** • heading, course [*photogrammetry*]

Kurseinhaltung ***f*** • course keeping [*navigation*]

Kurskreisel ***m*** [*Messung von Azimutwinkeln*] • directional gyro

K

Kurtosismomentkoeffizient ***m*****,** Momentkoeffizient der Kurtosis • moment coefficient of kurtosis, kurtosis moment coefficient

Kurve ***f*** **gleichen Gangunterschieds** • curve with equal relative retardation [*biaxial crystal*]

Kurve ***f*** **gleichen Phasenwertes,** Phasengleichwertkurve [*elektrischer Aufschluss*] • equiphase curve

Kurve ***f*** **mit drei Zentren** [*Vielfachbogen(stau)mauer*] • three-centred curve, triple-centred curve

Kurvenabsteckung ***f*****,** Kurvenabstecken *n* • setting out points on a curve, tracing points on a curve

Kurvenform ***f*** • curve shape

Kurvengängigkeit ***f*** [*Schildvortriebstechnik*] • ability to negotiate curves

Kurvengrad ***m*** • degree of curve, curve degree [*The number of degrees at the centre of a circle subtended by a chord of 100 feet. Occasionally, in highway surveying, it is defined as the central angle subtended by an arc of 100 feet*]

(Kurven)(Rück)Kehrpunkt ***m*** • cusp

K

Kurzanker ***m*****,** bergmännischer Anker, Ausbauanker • bolt, anchor bolt, bolt anchor

kurzblätt(e)rig, steil [*rhomboeder*] • bladed

Kurzbohrpfahl ***m*****,** Flachbohrpfahl • short bored pile, short drilled pile [*See note under "bored cast-in-situ pile"*]

Kurzbohr(pfahl)gründung ***f*****,** Flachbohr(pfahl)-gründung *f*, Flachbohr(pfahl)fundament *n*, Kurzbohr-(pfahl)fundament • short bored pile foundation, short drilled pile foundation

kurze Entwick(e)lungsgeschichte ***f*** • outline history

kurzePause ***f*** ➔ Diastem

kurze See ***f*** • short sea

kurzer Einbruch ***m*** ➔ Streckenstummel

kurzer Querschlag ***m*** ➔ Nebenstrecke

kurzer Schuss ***m*** [*Rohr; Pfahl*] • short section, short length

kurzes Joch ***n*****,** Heitholz *n*, Kappe *f* (⚒) • end plate [*In timbering of a vertical shaft, where both a cap (piece) and a sill are used, and posts act as dividers, the posts become the end plates. In an inclined shaft, the end plate is called "end piece"*]

kurzes Rahmenholz ***n*** ➔ Kappe

Kurzfassung ***f*** ➔ Übersicht

kurzflammige Kohle ***f*** ➔ Kesselkohle

kurzfristige Bestimmung ***f*** • on-line determination

kurzfristige (Wetter)Vorhersage ***f*** • short(-range) (weather) forecast

kurzfristiger Durchflussgang ***m*****,** kurzfristiger Abflussgang [*Fehlbenennung*] [*Die Erfassung wird in Zeitintervalle aufgelöst; in Tage, Stunden oder noch kleiner*] • short-term discharge (water) sequence

Kurzgrassteppe ***f*****,** reines Grasland *n* • short grass prairie

Kurzkammwelle ***f*** • short-crest(ed) wave

Kurzlochmethode ***f*****,** Kurzlochverfahren *n* • short-hole method [*Rock grouting. The same holes drilled for blasting are used for grouting, if they cut into a water-bearing fissure; grout is forced in by a pneumatic grout tank. The Canniff tank and mixer is a cylinder 18 in dia. by 3 ft long, with a door on top through which cement, sand, and water are introduced, a 2-in discharge opening at bottom, closed by a stopcock, and air connections top and bottom, each controlled by a valve*]

kurzperiodische Geomagnetfeldschwankung ***f*** • short-period geomagnetic variation

kurzperiodischer Senkrechtseismograf ***m*****,** kurzperiodischer Vertikalseismograf • short vertical seismograph

Kurzpfahl ***m*** • short pile

Kurzpfahlbohrfundament ***n*** ➔ Flachbohrgründung

Kurzpfahlfundament ***n*****,** Kurzpfahlgründung *f* [*1. Flachbohrgründung; 2. Flachrammgründung*] • short pile foundation

Kurzpfahlrammfundament ***n*****,** Flachrammgründung

Kurzpfahlrammgründung ***f*****,** Flachrammgründung

Kurzrammpfahl ***m*****,** Kurzverdrängungspfahl • short driven pile, short displacement pile

Kurzrohr ***n*** • short pipe, short-length pipe

Kurzrohrsanierung ***f*** [*Es werden selbsttragende Rohre diskontinuierlich (taktweise) in die zu sanierende Leitung eingebracht. Die Verbindung der Rohre erfolgt entweder in der zu sanierenden Haltung oder im Startschacht (Baugrube oder Einsteigschacht)*] • short (pipe) relieving

Kurzrohrvortrieb ***m*** • short (pipe) jacking [*microtunnel(l)ing*]

kurzsäulig [*Kristall*] • short prismatic

kurzsäuliger (Kristall)Habitus ***m*** [*Das Mineral ist nach der senkrechten Achse etwas gestreckt*] • short-columnar (crystal) habitus

Kurzschuss ***m*** • poop shot, weathering shot, short shot [*In seismic exploration, the detonation of a small explosive charge in the low-velocity layer or layers (the so-called weathered layer(s)) to determine its velocity characteristics and thickness*]

Kurzschlussströmung ***f*** • short-circuiting [*Any hydraulic condition occurring in parts of a tank where the time of travel is less than the flowing-through time*]

Kurzstrecken(rohr)vortrieb ***m*** • short-distance (pipe) jacking [*microtunnel(l)ing*]

Kurzterrasse ***f*** • spur terrace, short terrace [*A short ridge of earth for impounding or diverting runoff*]

Kurzverdrängungspfahl ***m,*** Kurzrammpfahl • short driven pile, short displacement pile

Kurzwellenausbreitung ***f*** **auf einer transäquatorialen Strecke** • equatorial spread

Kurzzeitelektro(spreng)zünder ***m*** [*siehe Anmerkung unter"Elektrozünder"*] • short period electric detonator, short period electric exploder

Kurzzeitfestigkeit ***f*** [*eines Geokunststoffs*] • short-term tensile strength [*of geotextiles*]

Kurzzeitfestigkeit ***f*** [*Nach Empfehlungen der ISGF Working Group sind für einaxiale Kriechversuche Kriechbelastungen von 70, 50, 30 und 10 % der Kurzzeitfestigkeit anzuwenden*] • short-term compressive strength

Kurzzeit(spreng)kapsel ***f*** • short period (blasting) cap(sule)

Küste ***f,*** Meer(es)küste, Seeküste [*"Coast" and "sea coast" bezeichnen das Gebiet binnenwärts der Hochwasserlinie, "shore"und "sea shore" den meerwärts davon gelegenen Bereich. Seemännisch: wall*] • coast, seaboard, sea coast; bank [*obsolete*]

Küstenabdachung ***f*** • coastal slope

Küstenablagerung ***f,*** Küstenaufschüttung • coastal deposit, coastal accumulation

Küstenablagerungsraum ***m*** ➋ Küstenmilieu

Küstenabrasion ***f*** • coastal abrasion

Küstenanlage ***f*** • coastal installation

Küstenaufnahme ***f,*** Küsten(ver)messung *f* • coastal survey

Küstenaufschüttung ***f,*** Küstenablagerung • coastal deposit, coastal accumulation

Küsten(bau)ingenieur ***m*** • coastal engineer

Küsten(bau)technik ***f*** • coastal engineering [*It deals with the conservation, development, and exploitation of the coastline and coastal resources. It is a branch of civil engineering, which requires a specialized knowledge of the oceanographic environment and hydrodynamics. It is also considered as a branch of oceanographical engineering applied to the "triple point", that is, where the air, sea, and land interact*]

Küstenbauwerk ***n*** • coastal (engineering) structure [*These structures are characteristically rugged and functional with few architecture niceties*]

Küstenbereich ***m*** • coastal area

Küstenbereich ***m*** **oberhalb der mittleren Hochwasserlinie** • supralittoral zone, supratidal zone

Küstenbewirtschaftung ***f*** • coastal management

Küstenbewuchs ***m,*** Küstenbewachsung *f* • coastal vegetation, coastal growth

Küstenbucht ***f*** • coastal bay

Küstendamm ***m,*** Küstenwall *m* • barrier beach, longshore barrier, offshore barrier, offshore beach [*A narrow, elongate sand ridge rising slightly above the high-tide level and extending generally parallel with the shore, but separated from it by a lagoon or marsh; it is extended by longshore drifting and is rarely more than several kilometers long. This feature was termed an offshore bar by Johnson (1919)*]

Küstendeich ***m*** • coastal dike, coastal dyke

Küstendüne ***f,*** Stranddüne, Wellendüne • coastal dune [*Deposition by sea waves*]

Küsteneinlass ***m*** ➋ Küstentief

Küsteneis ***n*** • coastal ice

Küstenentfernungsmesser ***m,*** Hochstandentfernungsmesser • depression rangefinder [*surveying*]

Küstenfazies ***f*** • coastal facies

Küstenferienort ***m*** • coastal holiday resort

Küstenfischereihafen ***m*** • coastal fishing port

Küstenflachland ***n,*** Küstenniederung *f* • coastal lowland

Küstenfluss ***m*** • coastal stream

Küstenformklassifizierung ***f*** • coastal classification

Küstengebiet ***n***, Küstenregion *f* • coastal area, coastal terrain, coastal region [*The land and sea area bordering the shore line*]

Küstengebirge ***n*** • coastal mountain

Küstengeodäsie ***f*** • coastal geodesy

Küstengeologe ***m*** • coastal geologist

Küstengeologie ***f*** • coastal geology

Küstengeomorphologie ***f*** • coastal geomorphology

Küstengestaltungsprozess ***m,*** Küstengestaltungsvorgang *m* • coastal operative process

Küstengewässer ***n*** • coastal waters

Küstengezeit ***f,*** Küstentide *f* • coastal tide

Küstengrundwasserleiter ***m,*** küstennaher Grundwasserleiter • coastal aquifer

Küstengürtel ***m*** • coastal belt [*The zone formed of coast, shore line, and shore*]

Küstenhängetal ***n*** [*An einer hebungsaktiven Meer(es)-küste gebildet*] • coastal hanging valley, coastal suspended valley

Küstenhebung ***f*** • coastal uplift

Küstenhydrografie ***f*** • coastal hydrography

Küstenhydrologie ***f*** • coastal hydrology

Küstenkalkstein ***m*** • coastal limestone

K

Küstenkanal ***m*** • coastal canal
Küstenkarst ***m*** • coastal karst
Küstenkarte ***f*** [*eine Seekarte*] • coastal chart
Küstenkette ***f*** • coastal range
Küstenkies ***m*** • coast gravel
Küstenland ***n*** • coastland, coastal land [*It lies between the shoreline, or mean low-water line, and the hinterland and includes many minor features of coastal relief as well as major features of shoreline topography*]
Küsten(land)form ***f***, Küsten(land)gestalt *f* • coastal landform
Küstenlandzunge ***f*** • coastal headland
Küstenlinie ***f*** • coastal line, coasting, coastline [*The seaward margin of the land*]
Küstenlinienausgleich ***m*** • smoothing
Küstenlinienhydrodynamik ***f*** • coastal line hydrodynamics, coastline hydrodynamics, coasting hydrodynamics
Küstenmarsch ***f***, Seemarsch • coastal marsh [*One which borders a seacoast and is usually formed under the protection of a barrier beach*]
Küstenmelioration ***f***, Deichlandmelioration *f* • land improved by diking, land improved by dyking
Küstenmilieu ***n***, Küstenumwelt *f*, Küstenablagerungsraum *m* • coastal environment
Küstenmorphologie ***f*** • coastal morphology
Küstenmudde ***f*** • coastal mud
Küstenmotorschiff ***n*** • coastal motor vessel
küstennahe Platte ***f*** • coastal plateau
küstennahe Seife ***f***, Küstenseife • coastal placer
küstennaher Grundwasserleiter ***m***, Küstengrundwasserleiter • coastal aquifer
Küstennavigation ***f*** • coastal navigation
Küstenniederung ***f***, Küstenflachland *n* • coastal lowland
Küstenozeanografie ***f***, Küstenozeanographie *f* • coastal oceanography
Küstenpass ***m***, Küstentief *n*, Küsteneinlass *m* • coastal inlet [*See note under "inlet"*]
Küstenregion ***f***, Küstengebiet *n* • coastal area, coastal region, coastal terrain [*The land and sea area bordering the shore line*]
Küstenrückverlagerung ***f***, Küstenrückzug *m* • coastal retreat
Küstensalzsee ***m***, Salzküstensee • saline-coastal lake, coastal saline lake
Küstensanddüne ***f*** • towan [*A coastal sand dune in Cornwall, England*]; coastal sand dune
Küstensandhaushalt ***m*** • coastal sand budget
Küstenschlamm ***m*** • coastal mud
Küstenschutz ***m*** • coastal protection, coastal defense; coastal defence (Brit.), shore protection
Küstenschutzbauwerk ***n*** • coastal protection structure, coastal defense structure; coastal defence structure (Brit.)
Küstensediment ***n*** • coastal sediment
Küstensee ***m*** • coastal lake
Küstenseife ***f***, küstennahe Seife • coastal placer
Küstensenke ***f*** • coastal downfold
Küstenstraße ***f*** • coastal highway, coastal road
Küstenstrich ***m*** • coastal strip
Küstenstrom ***m*** • coastal river
Küstenströmung ***f*** [*Vorwiegend durch Wellen gebildete küstennahe Strömung, z. B. Brandungsströmung, Rippströmung*] • coastal current
Küstensumpf ***m*** • pocosin, pocoson, pocosen; dismal [*The first three terms are local terms used along the Atlantic coastal plain south of Virginia for a swamp or marsh on a flat upland, bordering on or near the sea, in many places enclosing knobs or hummocks*]
Küstenterrasse ***f*** • coastal terrace
Küstentide ***f***, Küstengezeit *f* • coastal tide
Küstentief ***n***, Küstenpass *m*, Küsteneinlass *m* • coastal inlet [*See note under "inlet"*]
Küstenüberschwemmung ***f***, Küstenüberflutung • coastal floodage, coastal inundation, coastal (over) flooding
Küstenufer ***n***, Küstenverlauf *m* • coast line
Küstenumwelt ***f***, Küstenmilieu *n*, Küstenablagerungsraum *m* • coastal environment
Küsten(ver)änderung ***f*** • coastal variation
Küstenverlauf ***m*** ➔ Küstenufer
Küsten(ver)messung ***f***, Küstenaufnahme *f* • coastal survey
Küstenversatz ***m***, Küstenversetzung *f* • coastal drift(ing)
Küstenvor(wärts)verlagerung ***f*** • coastal advance, coastal progression [*As opposed to "coastal retreat" (Küstenrückzug, Küstenrückverlagerung)*]
Küstenwald ***m*** • coastal forest
Küstenwall ***m***, Küstendamm *m* • barrier beach, longshore barrier, offshore barrier, offshore beach [*A narrow, elongate sand ridge rising slightly above the high-tide level and extending generally parallel with the shore, but separated from it by a lagoon or marsh; it is extended by longshore drifting and is rarely more than several kilometers long. This feature was termed an offshore bar by Johnson (1919)*]

Küstenwasserbau(technik) *m, (f)* • coastal hydraulic engineering, coastal water engineering, coastal hydraulic construction, coastal water construction

Küstenwüste *f* • coastal desert [*It borders an ocean*]

Küstenzerstörung *f* • coastal destruction

Küstenzone *f* **zwischen NTnw und HThw** • coastal zone

Küstenzonenbewirtschaftung *f* • coastal zone management

Kustrinit *m* • custrinite (maceral)

kutten ➔ scheiden

Kuttentisch *m* ➔ Scheidetisch

Küvelage(mauer)fuß, erweiterter Mauerfuß *m* für Küvelage (⚒) • stone head

Küvelagezimmerung *f,* Cuvelagezimmerung, Holzküvelage *f* [*Wasserdichter Schachtausbau mit Holzringen*] (⚒) • crib tubbing, curb tubbing

Kuverwasser *n* ➔ Körwasser

Kuxzubuße *f,* Zubuße (⚒) • contribution, rate

KW, Kohlenwasserstoff *m* • hydrocarbon

K-Wert *m* [*Hydrologie*] • transmission constant, constant of transmission

Kyanit *m,* Cyanit, Disthen *m* • cyanite, kyanite, disthene, sappare [*A mineral,* Al_2SiO_5, *trimorphous with sillimanite and andalusite. Triclinic*]

Kyanitschiefer *m,* Disthenschiefer, Cyanitschiefer • cyanite schist, kyanite schist, disthene schist, sappare schist

Kyanit-Sillimanit-Typus *m,* Dalradian-Typus • Dalradian [*A series of highly metamorphosed rocks of the Scottish Highlands. It is mostly late Pre-Cambrian in age but contains a Cambrian fauna in its upper part*]

Kylindrit *m,* Cylindrit • cylindrite, $Pb_3Sn_4Sb_2Si_4$

Kymophan *m* ➔ Chrysoberyll

K

Printed by Printforce, the Netherlands